中国高等植物

· 修订版 ·

HIGHER PLANTS OF CHINA

· Revised Edition ·

主 编

EDITORS-IN-CHIEF

傅立国　陈潭清　郎楷永　洪　涛　林　祁　李　勇

FU LIKUO, CHEN TANQING, LANG KAIYUNG, HONG TAO, LIN QI AND LI YONG

第十一卷

VOLUME

11

编 辑

EDITORS

傅立国　洪　涛

FU LIKUO AND HONG TAO

青岛出版社

QINGDAO PUBLISHING HOUSE

中国高等植物（修订版）

主编单位	中国科学院植物研究所 深圳仙湖植物园
主　　编	傅立国　陈潭清　郎楷永　洪　涛　林　祁　李　勇
副 主 编	傅德志　李沛琼　覃海宁　张宪春　张明理　贾　渝 杨亲二　李　楠
编　　委	(按姓氏笔画排列)　王文采　王印政　包伯坚　石　铸 朱格麟　吉占和　向巧萍　邢公侠　林　祁　林尤兴 陈心启　陈艺林　陈书坤　陈守良　陈伟球　陈潭清 应俊生　李沛琼　李秉滔　李　楠　李　勇　李锡文 吴珍兰　吴德邻　吴鹏程　何廷农　谷粹芝　张永田 张宏达　张宪春　张明理　陆玲娣　杨汉碧　杨亲二 郎楷永　胡启明　罗献瑞　洪　涛　洪德元　高继民 梁松筠　贾　渝　黄普华　覃海宁　傅立国　傅德志 鲁德全　潘开玉　黎兴江
责任编辑	高继民　张　潇

中国高等植物（修订版）第十一卷

编　　辑	傅立国　洪　涛
编 著 者	陈艺林　石　铸　徐炳声　刘尚武　林有润　刘全儒 靳淑英　傅晓平　葛学军
责任编辑	高继民　张　潇

HIGHER PLANTS OF CHINA **REVISED EDITION**

Principal Responsible Institutions

Institute of Botany, Chinese Academy of Sciences

Shenzhen Fairy Lake Botanical Garden

Editors-in-Chief Fu Likuo, Chen Tanqing, Lang Kaiyung, Hong Tao, Lin Qi and Li Yong

Vice Editors-in-Chief Fu Dezhi, Li Peichun, Qin Haining, Zhang Xianchun, Zhang Mingli, Jia Yu, Yang Qiner and Li Nan

Editorial Board (alphabetically arranged) Bao Bojian, Chang Hungta, Chang Yongtian, Chen Shouling, Chen Shukun, Chen Singchi, Chen Tanqing, Chen Weichiu, Chen Yiling, Chu Gelin, Fu Dezhi, Fu Likuo, Gao Jimin, He Tingnung, Hong Deyuang, Hong Tao, Hu Chiming, Huang Puhwa, Jia Yu, Ku Tsuechih, Lang Kaiyung, Lee Shinchiang, Li Hsiwen, Li Nan, Li Peichun, Li Pingtao, Li Yong, Liang Songjun, Lin Qi, Lin Youxing, Lo Hsienshui, Lu Dequan, Lu Lingti, Pan Kaiyu, Qin Haining, Shih Chu, Shing Kunghsia, Tsi Zhanhuo, Wang Wentsai, Wang Yingzheng, Wu Pancheng, Wu Telin, Wu Zhenlan, Xiang Qiaoping, Yang Hanpi, Yang Qiner, Ying Tsunshen, Zhang Mingli and Zhang Xianchun

Responsible Editors Gao Jimin and Zhang Xiao

HIGHER PLANTS OF CHINA **REVISED EDITION** **Volume 11**

Editors Fu Likuo and Hong Tao

Authors Chen Yiling, Shih Chu, Hsu Pingsheng, Liu Shangwu, Ling Yuouruen, Liu Quanru, Jin Shuying, Fu Xiaoping and Ge Xuejun

Responsible Editors Gao Jimin and Zhang Xiao

第 十一 卷　被子植物门
Volume 11　ANGIOSPERMAE

科　次

211. 忍冬科 CAPRIFOLIACEAE

（徐炳声 傅晓平）

灌木或木质藤本，有时为小乔木或小灌木，落叶或常绿，稀多年生草本。茎干木质松软，常有发达髓部。叶对生，稀轮生，多单叶，全缘、具齿、羽状或掌状分裂，具羽状脉，稀具基部或离基3出脉或掌状脉，有时为奇数羽状复叶；叶柄短，有时两叶柄基部连合，通常无托叶，有时托叶不显著或成腺体。聚伞或轮伞花序，或由聚伞花序集合成伞房式或圆锥式复花序，有时因聚伞花序中央的花退化而仅具2花，排成总状或穗状花序，稀花单生。花两性，稀杂性，整齐或不整齐；苞片和小苞片有或无，稀小苞片成膜质翅。萼筒贴生子房，花萼裂片或萼齿5-4（-2），宿存或脱落，稀花后增大；花冠合瓣，辐状、钟状、筒状、高脚碟状或漏斗状，裂片5-4（3），覆瓦状，稀镊合状排列，有时两唇形，上唇2裂，下唇3裂，或上唇4裂，下唇单一，有或无蜜腺；花盘无，或环状或为一侧生腺体；雄蕊5，或4枚二强，着生花冠筒，花药背着，2室，纵裂，通常内向，稀外向，内藏或伸出花冠筒外；子房下位，2-5（7-10）室，中轴胎座，每室1至多数胚珠，部分子室常不发育。浆果、核果或蒴果，具1至多数种子。种子具骨质外种皮，平滑或有槽纹，内具1枚直立胚和肉质胚乳。

13属约500种，主要分布于北温带和热带高海拔山地，东亚和北美东部种类最多，个别属分布大洋洲和南美洲。我国12属200余种。

以盛产观赏植物而著称，荚蒾属 Viburnum、忍冬属Lonicera、六道木属Abelia和锦带花属Weigela等都是著名的庭园观赏花木。

1. 奇数羽状复叶；花药外向 ······ 1. **接骨木属 Sambucus**
1. 单叶；花药内向。
  2. 多年生草本；叶成对基部相连，若不相连则叶羽状深裂 ······ 3. **莛子藨属 Triosteum**
  2. 灌木或木质藤本，稀小乔木或匍匐小灌木；叶基部不相连，若相连则叶不裂。
    3. 常绿、匍匐、细茎亚灌木；花具细长梗，成对生于小枝顶端 ······ 6. **北极花属 Linnaea**
    3. 灌木或木质藤本，稀小乔木；花单生或成对生于侧生或腋生总花梗。
      4. 花冠整齐，通常辐状，若为钟状、筒状或高脚碟状，则花柱极短，无蜜腺；茎干有皮孔 ······ 2. **荚蒾属 Viburnum**
      4. 花冠多少不整齐或两唇形，若整齐则花柱细长，有蜜腺；茎干无皮孔，常纵裂。
        5. 木质藤本 ······ 12. **忍冬属 Lonicera**
        5. 灌木或小乔木。
          6. 叶具3出脉；轮伞花序集合成小头状，再组成开展圆锥花序 ······ 4. **七子花属 Heptacodium**
          6. 叶具羽状脉。
            7. 一个总花梗并生两花，两花萼筒常多少合生。
              8. 萼筒外密生长刺刚毛，超出子房部分缢缩成细长颈 ······ 7. **蝟实属 Kolkwitzia**
              8. 萼筒外无长刺刚毛，超出子房部分不缢缩成细长颈 ······ 12. **忍冬属 Lonicera**
            7. 相邻两花萼筒分离。
              9. 萼筒贴生1对大形、翅状小苞片；肉质核果 ······ 9. **双盾木属 Dipelta**
              9. 萼筒无翅状小苞片。
                10. 小枝中空；浆果，具多数种子 ······ 11. **鬼吹箫属 Leycesteria**
                10. 小枝实心。
                  11. 穗状花序生于枝端；花长达1厘米；肉质核果卵圆形 ······ 5. **毛核木属 Symphoricarpos**
                  11. 1-3花聚伞花序，单生或组成圆锥花序；花长于1厘米；干果圆柱形。
                    12. 雄蕊4；瘦果状核果，冠以增大、宿存萼裂片 ······ 8. **六道木属 Abelia**
                    12. 雄蕊5；两瓣开裂蒴果，顶端无宿存萼裂片 ······ 10. **锦带花属 Weigela**

1. 接骨木属 Sambucus Linn.

落叶乔木或灌木，稀多年生高大草本。茎干常有皮孔，髓发达。奇数羽状复叶，对生；托叶叶状或成腺体。聚伞花序组成顶生复伞式或圆锥式。花小，白或黄白色，整齐；萼筒短，萼齿5；花冠辐状，5裂；雄蕊5，开展，稀直立，花丝短，花药外向；子房3-5室，花柱短或几无，柱头2-3裂。浆果状核果红黄或紫黑色，具3-5核。种子三棱形或椭圆形；胚与胚乳等长。

20余种，几遍布北半球温带和亚热带地区。我国4-5种，引入栽培1-2种。

1. 多年生高大草本；嫩枝具棱条；聚伞花序伞形。
  2. 全为两性花；小叶的托叶成瓶状腺体，顶生小叶下沿，常与第一对侧生小叶联合；根与根茎红色 …………………………………………………… 1. **血满草 S. adnata**
  2. 具杯形不孕性花；小叶无托叶，侧生小叶中部以下或近基部边缘常有1或数枚腺齿；根与根茎非红色 …………………………………………………… 2. **接骨草 S. chinensis**
1. 灌木或小乔木；枝具皮孔；聚伞花序圆锥形。
  3. 枝髓部浅褐色；果熟时红色，稀蓝紫黑色。
    4. 小叶柄、小叶下面及叶轴均无毛 …………………………………………………… 3. **接骨木 S. williamsii**
    4. 小叶柄、小叶下面基部脉上及叶轴均被长硬毛；花序轴被短柔毛，兼有长硬毛 …………………………………………………… 3(附). **毛接骨木 S. williamsii** var. **miquelii**
  3. 枝髓部白色；果成熟时黑色 …………………………………………………… 3(附). **西洋接骨木 S. nigra**

1. 血满草　　图 1 彩片 1

Sambucus adnata Wall. ex DC. Prodr. 4: 322. 1830.

多年生高大草本或亚灌木；根和根茎红色。茎草质；嫩枝具棱条。羽状复叶具叶状或线形托叶；小叶3-5对，长椭圆形、长卵形或披针形，长4-15厘米，基部两边不等，有锯齿，上面疏被柔毛，脉上毛较密，顶生1对小叶基部下延沿柄相连，有时亦与顶端小叶相连，小叶互生，或近对生；小叶的托叶成瓶状突起腺体。聚伞花序顶生，伞形，长约15厘米，具总花梗，分枝3-5出，初密被黄色柔毛，多少杂有腺毛。花两性，有恶臭；萼被柔毛；花冠白色；花丝基部膨大，花药黄色；子房3室，花柱极短或几无，柱头3裂。果熟时红色，圆形。花期5-7月，果期9-10月。

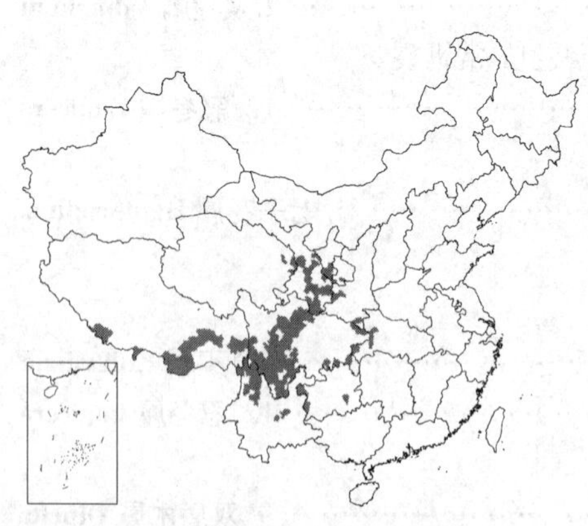

图 1 血满草 （引自《图鉴》）

产陕西南部、宁夏南部、甘肃南部、青海东北部、四川、湖北西部、贵州、云南、西藏东部及南部，生于海拔1600-3600米林下、沟边、灌丛中、山谷斜坡湿地及高山草地。民间为跌打损伤药，活血散瘀，去风湿，利尿。

2. 接骨草　　图 2 彩片 2

Sambucus chinensis Lindl. in Trans. Hort. Soc. Lond. 6: 297. 1826.

高大草本或亚灌木。茎髓部白色。羽状复叶的托叶叶状或成蓝色腺体；小叶2-3对，互生或对生，窄卵形，长6-13厘米，嫩时上面被疏长柔毛，先端长渐尖，基部两侧不等，具细锯齿，近基部或中部以下边缘常有1或数枚腺齿；顶生小叶卵形或倒卵形，基部楔形，有时与第1对小叶相连，小叶无托叶，基部1对小叶有时有短柄。复伞形花序顶生，总花梗基部托以叶状总苞片，分枝3-5出，纤细，被黄色疏柔毛。杯形不孕性花宿存，可孕性花小；萼筒杯状，萼齿三角形；花冠白色，基部联合；花药黄或紫色；子房3室。果熟时红色，近圆形，径3-4毫米；核2-3，卵圆形，长2.5毫米，有小疣状突起。花期4-5月，果期8-9月。

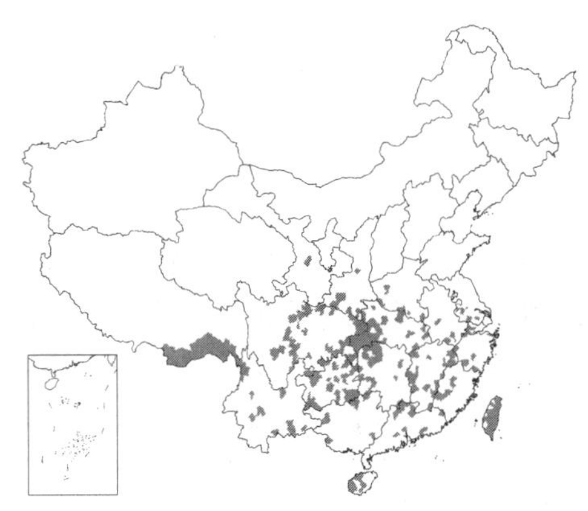

产河南、安徽、江苏、浙江、福建、台湾、江西、湖北、湖南、广东、海南、广西、贵州、云南、西藏东南部、四川、甘肃、宁夏及陕西，生于海拔300-2600米山坡、林下、沟边或草丛中。日本有分布。药用，治跌打损伤，去风湿、通经活血、解毒消炎。

图 2 接骨草（引自《图鉴》）

3. 接骨木 图 3 彩片 3

Sambucus williamsii Hance in Ann. Sci. Nat. (Paris) 4 (5): 217. 1866.

落叶灌木或小乔木。老枝具长椭圆形皮孔，髓部淡褐色。羽状复叶有小叶（1）2-3（-5）对，侧生小叶圆形、窄椭圆形或倒长圆状披针形，长5-15厘米，具不整齐锯齿，有时基部或中部以下具1至数枚腺齿，基部楔形或圆，有时心形，两侧不对称，最下1对小叶有时具长5毫米的柄，顶生小叶卵形或倒卵形，先端渐尖或尾尖，基部楔形，具长约2厘米的柄，初小叶上面及中脉被疏柔毛，后无毛；托叶窄带形，或成带蓝色突起。花叶同出，圆锥形聚伞花序顶生，长5-11厘米，具总花梗，花序分枝多成直角开展，有时疏被柔毛，旋无毛。花小而密；萼筒杯状，长约1毫米，萼齿三角状披针形，稍短于萼筒；花冠蕾时带粉红色，开后白或淡黄色，筒短，裂片长圆形或长卵圆形，长约2毫米；雄蕊与花冠裂片等长；子房3室，花柱短，柱头3裂。果熟时红色，稀蓝紫黑色，卵圆形或近圆形，径3-5毫米；分核2-3，卵圆形或椭圆形，长2.5-3.5毫米，略有皱纹。花期4-5月，果期9-10月。

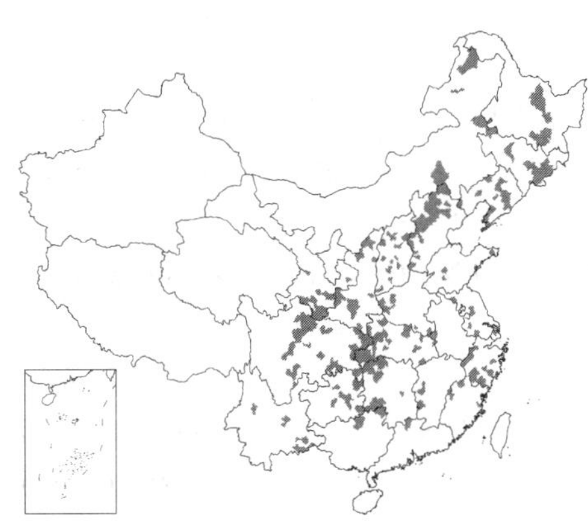

产黑龙江、吉林、辽宁、内蒙古、河北、山西、河南、山东、江苏、安徽、浙江、福建、江西、湖北、湖南、广东北部、广西东北部及北部、贵州、云南、四川、陕西、甘肃，生于海拔540-1600米山坡、灌丛、沟边。

图 3 接骨木（引自《中国北部植物志》）

[附] **毛接骨木 Sambucus williamsii** var. **miquelii** (Nakai) Y. C. Tang, Fl. Reipubl. Popul. Sin. 72: 11. 1988. —— *Sambucus ouergeriana* Bl. var. *miquelii* Nakai in Bot. Mag. Tokyo 40: 473. 1926. 与模式变种的主要区别：羽状复叶有小叶片（1）2-3对，小叶主脉及侧脉基部被黄白色长硬毛，小叶柄、叶轴及幼枝被黄色长硬毛；花序轴被柔毛，兼有长硬毛。产黑龙江、

吉林、辽宁及内蒙古，生于海拔1000-1400米松林和桦木林中及山坡岩缝、林缘。

[附] **西洋接骨木 Sambucus nigra** Linn. Sp. Pl. 269. 1753. 与模式变种的区别：枝髓部白色；果熟时黑色。花期4-5月，果期7-8月。原产欧洲。山东、江苏、上海等地民间和庭园引种栽培。

2. 荚蒾属 Viburnum Linn.

灌木或小乔木，落叶或常绿，常被簇状毛。茎干有皮孔。冬芽裸露或有鳞片。单叶，对生，稀3枚轮生，全缘、有锯齿或牙齿，有时掌状分裂；有柄，托叶通常微小，或无。花小，两性，整齐；聚伞花序组成顶生或侧生伞形式、圆锥式或伞房式，稀簇状，有时具白色大型不孕边花或全由大型不孕花组成；苞片和小苞片通常微小而早落。萼齿5，宿存；花冠白色，稀淡红色，辐状、钟状、漏斗状或高脚碟状，裂片5，开展，稀直立，蕾时覆瓦状排列；雄蕊5，着生花冠筒内，与花冠裂片互生，花药内向，宽椭圆形或近圆形；子房1室，花柱粗短，柱头头状或浅（2）3裂；胚珠1，自子房顶端下垂。核果，卵圆形或圆形，萼齿和花柱宿存；核扁平，稀圆形，骨质，有背、腹沟或无沟。种子1；胚直，胚乳硬肉质或嚼烂状。

约200种，分布于温带和亚热带地区，亚洲和南美洲种类较多。我国约74种。

1. 冬芽裸露；植株被簇状毛而无鳞片；果熟时由红转黑色。
 2. 花序有总梗；果核有2背沟和（1-）3腹沟，或背沟不明显；胚乳坚实。
  3. 叶临冬凋落，边缘常有齿。
   4. 叶侧脉近叶缘分枝，直达齿缘而非网结，或大部分如此。
    5. 萼筒无毛；花冠裂片比筒部短 ………………………………………… 1(附). **黄栌叶荚蒾 V. cotinifolium**
    5. 萼筒被簇状毛；花冠裂片比筒部长或几相等。
     6. 叶长圆状披针形，长度为宽3倍以上；雄蕊不高出花冠；花冠径7-9毫米，裂片比筒长 ……………………………………………………………………… 1. **醉鱼草状荚蒾 V. buddleifolium**
     6. 叶卵形、宽卵形或卵状长圆形，有时倒卵形或倒卵状长圆形，长为宽2倍或不及；雄蕊稍高出花冠；花冠径5-7毫米。
      7. 叶卵形或宽卵形，长不及10厘米（稀达15厘米）；花序径3-6厘米；果核长3-7（-9）毫米 ……………………………………………………………………… 2. **聚花荚蒾 V. glomeratum**
      7. 叶卵状长圆形或卵形，长10-19厘米；花序径8-10厘米；果核长0.9-1.1厘米 ……………………………………………………………………… 2(附). **壮大荚蒾 V. glomeratum** subsp. **magnificum**
   4. 叶侧脉近叶缘时网结，不直达齿端，或大部分如此。
    8. 花序有大型不孕花。
     9. 花序仅周围有大型不孕花 ………………………………………… 3. **琼花 V. macrocephalum** f. **keteleeri**
     9. 花序全部由大型不孕花组成 ………………………………………… 3(附). **绣球荚蒾 V. macrocephalum**
    8. 花序全由两性花组成，无大型不孕花。
     10. 花冠辐状，筒部比裂片短。
      11. 二年生小枝灰褐色；叶先端钝或圆，稀稍尖；花大部生于花序第3-4级辐射枝上，萼筒无毛；果核背部凸起而无沟，长6-8毫米 ………………………………………… 4. **陕西荚蒾 V. schensianum**
      11. 二年生小枝黄白色；叶先端通常尖，稀稍钝，基部两侧常不对等；花大部生于 花序第2级辐射枝上；果核扁，有2背沟 ………………………………………… 5. **修枝荚蒾 V. burejaeticum**
     10. 花冠筒状钟形，筒部远比裂片长。
      12. 叶宽卵形、椭圆形或近圆形，长2.5-6厘米，先端尖或钝，叶柄长0.4-1厘米；花生于花序的第1级（稀第2级）辐射枝上；花冠黄白色 ………………………………………… 6. **蒙古荚蒾 V. mongolicum**

12. 叶卵状披针形或卵状长圆形，长7–15厘米，先端长渐尖，叶柄较长，长1–4厘米；花生于花序第2–4级辐射枝上；花冠外面紫红色，内面白色 ……………………………………………… 7. **壶花荚蒾 V. urceolatum**

3. 叶多常绿，全缘或具不明显疏浅齿，侧脉常在近叶缘处互相网结，不直达齿端。

13. 萼筒无毛；叶长2–6厘米（烟管荚蒾V. utile有时达8.5厘米），上面小脉不凹陷。

14. 花冠钟状漏斗形，裂片短于筒部；老叶下面簇状毛均匀而不完全掩盖整个表面 … 8. **密花荚蒾 V. congestum**

14. 花冠辐状，裂片与筒部等长或稍较长；老叶下面簇状毛覆盖整个表面 ……………… 9. **烟管荚蒾 V. utile**

13. 萼筒多少被簇状毛；叶长5–25厘米。

15. 叶披针状长圆形或窄长圆形，通常长5–15厘米，上面侧脉或连同小脉微凹陷，不呈极度皱纹状，叶柄长1–2厘米；花冠外面疏被簇状毛 ……………………………………………… 10. **金佛山荚蒾 V. chinshanense**

15. 叶卵状披针形或卵状长圆形，通常长8–25厘米，上面各脉均深凹陷，呈皱纹状，叶柄长1.5–4厘米；花冠外面几无毛 ……………………………………………… 11. **皱叶荚蒾 V. rhytidophyllum**

2. 花序无总梗；果核有1条背沟和1条深腹沟；胚乳深嚼烂状。

16. 花序无大型不孕花 ……………………………………………… 12. **显脉荚蒾 V. nervosum**

16. 花序周围有大型不孕花 ……………………………………………… 13. **合轴荚蒾 V. sympodiale**

1. 冬芽有1–2对（稀3对或多对）鳞片，如裸露，则芽、幼枝、叶下面、花序、萼、花冠及果均被鳞片状毛。

17. 果核圆形、卵圆形或椭圆形，有1极细线状浅腹沟或无沟；花序复伞形式；果熟时蓝黑色或由蓝转黑色；叶常绿，无毛或近无毛。

18. 叶具羽状脉。

19. 幼枝被疏毛；叶圆卵形、卵状披针形或菱状椭圆形，长3–10厘米，先端钝有小凸尖，边缘常有不规则小尖齿，叶柄长0.6–1.2厘米 ……………………………………………… 14. **蓝黑果荚蒾 V. atrocyaneum**

19. 幼枝被密毛；叶椭圆状长圆形、宽卵形或倒卵形，长0.8–6厘米，先端钝、圆或微凹缺有小凸尖，全缘或有不规则锯齿，叶柄长达2厘米 ……………………… 14(附). **毛枝荚蒾 V. atrocyaneum** subsp. **harryanum**

18. 叶具3出脉或离基3出脉。

20. 花序径4–5厘米，无毛；叶长3–9（–11）厘米，边缘通常有锯齿。

21. 叶卵形、卵状披针形、椭圆形或椭圆状长圆形，基部近圆、宽楔形或楔形 … 15. **球核荚蒾 V. propinquum**

21. 叶线状披针形或倒披针形，基部楔形 …………………… 15(附). **狭叶球核荚蒾 V. propinquum** var. **mairei**

20. 花序径6–15厘米；叶长6–13（–18）厘米，全缘或近先端偶有少数锯齿 … 16. **樟叶荚蒾 V. cinnamomifolium**

17. 果核非上述，如为椭圆形则果核具1上宽下窄的深腹沟，或花序非上述；果熟时红色，或由红转黑或酱黑色，稀黄色。

22. 冬芽有1–2对分离鳞片；叶柄顶端或叶基部无腺体。

23. 叶不裂或2–3浅裂，多具羽状脉，有时基部1对侧脉近3出脉或离基3出脉。

24. 花序复伞形或伞形式，有大型不孕花；果核腹面有1上宽下窄的沟，沟上端及背面下半部中央有1脊。

25. 叶有10对以上侧脉，两面有长方形格纹；总花梗第1级辐射枝6–8。

26. 花序全部由大型不孕花组成 ……………………………………………… 27. **粉团 V. plicatum**

26. 花序周围有4–6大型不孕花 …………………… 27(附). **蝴蝶戏珠花 V. plicatum** var. **tomentosum**

25. 叶有5–7（–9）对侧脉，两面长方形格纹不明显；总花梗第1级辐射枝通常5 ……………………………………………… 28. **蝶花荚蒾 V. hanceanum**

24. 花序多形，无大型不孕花；果核通常非上述。

27. 花序由穗状花序组成的圆锥花序，或圆锥花序的主轴缩短而近似伞房式，稀花序紧缩近簇状；果核通常圆或稍扁，具1上宽下窄的深腹沟。

28. 花冠漏斗形或高脚碟形，稀辐状钟形，裂片短于筒部。

29. 雄蕊着生花冠筒内不同高度；花先于叶或与叶同放；叶纸质。

30. 花序圆锥式，生于具幼叶短枝之顶；苞片近无毛 …………………………………… 17. **香荚蒾 V. farreri**

30. 花序紧缩近簇状，生于无叶短枝之顶；苞片初密被银白色绢毛 ………… 17(附). **大花荚蒾 V. grandiflorum**

29. 雄蕊着生花冠筒顶端；花于叶后（稀与叶同时）开放；叶纸质或革质。

31. 叶下面脉腋无趾蹼状小孔，如有小孔则叶革质而非纸质；花序通常长6厘米以上。

32. 叶侧脉大部直达齿端；叶纸质，长4.5厘米以上，边缘有锐锯齿；花序长2.5厘米以上，花生于序轴的第1-3级辐射枝上；花冠高脚碟形，筒长5-6（-8）毫米；雄蕊稍高出花冠筒。

33. 花药黄白色。

34. 花无梗或有短梗；叶通常椭圆形或窄长圆形，稀卵状心形或近倒卵形 …… 18. **红荚蒾 V. erubescens**

34. 花序一部分有细长梗；叶多少倒卵形，基部稍圆 … 18(附). **细梗红荚蒾 V. erubescens** var. **gracilipes**

33. 花药堇紫色 ………………………………………………………… 18(附). **紫药红荚蒾 V. erulescens** var. **prattii**

32. 叶侧脉大部近叶缘处互相网结；叶纸质、厚纸质或革质。

35. 圆锥花序通常径在5厘米以下。

36. 叶边缘有尖或钝锯齿，齿顶不向内或向前弯。

37. 果核有1宽广腹沟，横切面扁圆形；叶椭圆形、卵状椭圆形、倒卵形或倒卵状长圆形，上面侧脉和小脉不凹陷；总花梗长（2-）3.5-4.5（-6）厘米；叶边缘有钝或尖锯齿，齿开展或否 ………………………………………………………………………………………… 19. **漾濞荚蒾 V. chingii**

37. 果核有1深陷封闭式管形腹沟，横切面不规则六角形 ……………………… 24. **台东荚蒾 V. taitoense**

36. 叶边缘有尖锯齿，齿顶通常向内或向前弯，叶亚革质或革质，稀厚纸质，上面中脉凸起；花药紫红色；果长6-7毫米；总花梗长（1.2-）2.5-7厘米 …………………………… 20. **少花荚蒾 V. oliganthum**

35. 圆锥花序通常径在5厘米以上，具多数稠密的花，至少部分花生于序轴的第三或第四级辐射枝上。

38. 果核稍扁，横切面扁圆形；叶厚纸质，长圆形或倒卵状长圆形，下面无毛或仅中脉和侧脉有少数簇状短毛，边缘除基部外疏生开展或稍前弯小尖齿；圆锥花序序轴缩短呈复伞房式；二年生小枝紫褐色 ………………………………………………………………… 21. **滇缅荚蒾 V. burmanicum**

38. 果核圆，横切面近圆形，长6-7毫米；叶革质，近全缘或有波状钝锯齿或不规则粗钝牙齿；苞片长不及1厘米，宽不及2毫米，或不存在 ………… 25(附). **日本珊瑚树 V. odoratissimum** var. **awabuki**

31. 叶纸质，下面脉腋有趾蹼状小孔；聚伞花序长3-4厘米 …………………………… 22. **短筒荚蒾 V. brevitubum**

28. 花冠辐状，裂片长于筒。

39. 圆锥花序尖塔形；如因花序轴稍缩短而花序近似伞房式，则叶下面脉腋有趾蹼状小孔。

40. 叶侧脉至少一部分直达齿端；花序无毛或近无毛 ……………………………………… 23. **巴东荚蒾 V. henryi**

40. 叶侧脉近叶缘弯拱而互相网结，不直达齿端。

41. 花萼和花冠均无毛；果核卵圆形或卵状椭圆形，顶端常多少缢缩而稍圆，有肩 ………………………………………………………………………………………… 25. **珊瑚树 V. odoratissimum**

41. 花萼和花冠或至少花萼外面被簇状短毛；果核卵圆形或长卵圆形，顶端常渐尖而无肩，幼果常疏生簇状毛 ………………………………………………………… 25(附). **短序荚蒾 V. brachybotryum**

39. 圆锥花序因序轴不充分伸长而呈圆顶，外观近似伞房式；如为短圆锥式，则叶下面脉腋无小孔；小枝黄白色；叶长圆形或长圆状披针形，长6-13厘米 ……………………………… 26. **伞房荚蒾 V. corybiflorum**

27. 花序复伞形式或稀由伞形花序组成尖塔形圆锥花序；果核通常扁，有浅背和腹沟，有时沟不明显，稀无沟或在腹面深陷如杓状。

42. 冬芽有1对鳞片，稀裸露；叶侧脉在近叶缘处弯拱而互相网结，不直达齿端；花序生于有1至多对叶的小枝之顶。

43. 冬芽裸露；芽、幼枝、叶下面、花序和花冠外面均被铁锈色、圆形鳞片状毛。

44. 花冠径约6毫米；果长0.8-1厘米，径6-8毫米 ……………………………… 29. **鳞斑荚蒾 V. punctatum**

44. 花冠径约8毫米；果长1.4-1.5(-1.8)厘米，径约1厘米 … 29(附). **大果鳞斑荚蒾 V. punctatum** var. **lepidotulum**

43. 冬芽有1对鳞片；植株无上述鳞片状毛。

45. 花冠钟状，裂片短直；叶下面有带红或黄色腺点（腺点有时扁似鳞片）…………… 30. **水红木 V. cylindricum**

45. 花冠辐状。

46. 叶全缘或上端有少数大牙齿，基部中脉两侧常有大形腺斑；雄蕊高出花冠，花丝在蕾中褶叠。

47. 叶通常3枚轮生；托叶2；花序无或近无总花梗 ……………………………………… 31. **三叶荚蒾 V. ternatum**

47. 叶对生，下面被厚绒状簇状毛，托叶不存在或早落；花序有总花梗；萼筒被长柔毛状簇状毛 ……………………………………………………………………………………… 32. **厚绒荚蒾 V. inopinatum**

46. 叶边缘除叶基部外有牙齿或锯齿，基部两侧无腺斑；雄蕊稍长于花冠，花丝在蕾中不褶叠。

48. 除小枝和叶下面初疏被簇状短毛，后脱落外，全株近无毛；花序通常复伞形式 … 33. **淡黄荚蒾 V. lutescens**

48. 小枝、叶下面、叶柄、总花梗、花梗和萼均被宿存黄褐色簇状绒毛；花序常由2-4层伞形花序组成的尖塔形圆锥花序 ……………………………………………………………… 33(附). **锥序荚蒾 V. pyramidatum**

42. 冬芽有2对鳞片。

49. 叶侧脉2-4对，基部1对离基或近离基3出脉状；如侧脉5-6对，则叶革质或亚革质；或叶纸质或厚纸质而下面放大镜下可见金黄和红褐至黑褐色两种腺点。

50. 幼枝四方形。

51. 叶下面有金黄、红褐或黑褐色两种腺点，干后上面通常不变黑色。

52. 幼枝和叶柄无毛或近无毛；叶柄和花序疏被黄褐色短伏毛或近无毛；叶除下面脉腋有时具簇聚毛外，无毛 …………………………………………………………………………… 34. **金腺荚蒾 V. chunii**

52. 幼枝和叶柄均密被短伏毛；叶上面近边缘处疏被短伏毛，下面中脉和侧脉疏生短毛 ……………………………………………………………………… 34(附). **毛枝金腺荚蒾 V. chunii** var. **piliferum**

51. 叶下面有黑或栗褐色腺点（在放大镜下可见），干后上面变黑色。

53. 萼筒被簇状毛；叶亚革质 ………………………………………………………… 35. **海南荚蒾 V. hainanense**

53. 萼筒无毛；叶革质。

54. 幼枝、叶柄和花序无毛或散生少数簇状短毛；果核背面凸起，腹面凹陷，其形如杓，宽3-5毫米 ……………………………………………………………………………… 36. **常绿荚蒾 V. sempervirens**

54. 幼枝、叶柄和花序均密被簇状短毛；果核背面略凸起，腹面稍呈鹅毛扇状弯拱而不明显凹陷，宽约6毫米 …………………………………………… 36(附). **具毛常绿荚蒾 V. sempervirens** var. **trichophorum**

50. 幼枝圆柱状，有棱角亦不为四方形。

55. 叶两面无毛，全缘，先端骤窄而长尾尖 ………………………………………… 38. **全叶荚蒾 V. integrifolium**

55. 叶至少下面有簇状毛。

56. 叶中部以上边缘常有少数浅齿或全缘，长3-6（-10）厘米，下面脉腋有簇聚毛；果核有3条腹沟。

57. 枝披散；小枝伸长呈蜿蜒状；总花梗极短或几无，最长达2厘米 ……………………………………………………………… 39. **直角荚蒾 V. foetidum** var. **rectangulatum**

57. 枝非披散状；小枝不甚伸长，不呈蜿蜒状；总花梗长（0.5-）2-5厘米 …… 39(附). **臭荚蒾 V. foetidum**

56. 叶边缘有不规则、圆或钝粗牙齿或缺刻，多倒卵状椭圆形，长2-5厘米 ……………………………………………………………… 39(附). **珍珠荚蒾 V. foetidum** var. **ceanothoides**

49. 叶侧脉5对以上，羽状，稀近离基3出脉；叶纸质、厚纸质或薄革质，下面无腺点或有颜色一致的腺点。

58. 果核背面凸起，腹面四周升高，中部凹陷，形状如杓；叶长圆状披针形、披针形或线状披针形，长9-19厘米；幼枝四方形；幼枝、叶下面脉上（除叉状毛及单毛外）和叶柄均被簇状短毛；叶侧脉7-14对 ……………………………………………………………………………………… 37. **披针叶荚蒾 V. lancifolium**

58. 果核通常带扁形，有时两侧边缘向腹面反卷而纵向凹陷，非杓状；如多少带浅杓状则叶形非上述。

59. 花冠外面无毛，稀蕾时有毛，花开后变无毛。

60. 花序或果序下垂；幼枝多少有棱角；芽及叶干后黑或浅灰黑色。

61. 果核两侧边缘不反卷，腹面扁平或稍凹陷 ……………………………………… 40. **茶荚蒾 V. setigerum**

61. 果核两侧边缘向腹面反卷而纵向凹陷 ························ 40(附). **沟核茶荚蒾 V. setigerum** var. **sulcatum**
60. 花序或果序不下垂。
62. 总花梗长5.5-10（-12.5）厘米；叶有时先端3浅裂或不规则分裂 ··········· 43. **衡山荚蒾 V. hengshanicum**
62. 总花梗通常长不及5厘米；叶不裂。
63. 叶下面有放大镜下可见透明腺点 ··· 44. **浙皖荚蒾 V. wrightii**
63. 叶下面无上述腺点。
64. 总花梗第1级辐射枝通常7条；花生于第（3）4-5（6）级辐射枝上；果成熟时红色 ·· 42. **桦叶荚蒾 V. betulifolium**
64. 总花梗第1级辐射枝通常5条；花生于第2-4级辐射枝上。
65. 果核多少浅杓状，腹面有1纵脊；叶倒卵形、近圆形或宽椭圆形，稀菱状椭圆形，先端常短渐尖，叶柄有或无托叶；果熟时酱黑色 ··· 41. **黑果荚蒾 V. melanocarpum**
65. 果核不为浅杓状；叶窄卵形、椭圆状卵形或菱状卵形，稀卵状披针形或倒卵形，先端通常渐尖。
66. 叶柄无托叶。
67. 萼筒无毛；幼枝和叶柄无毛或被簇状短柔毛和兼有长毛 ·· 51. **光萼荚蒾 V. formosanum** subsp. **leiogynum**
67. 萼筒被簇状短毛；幼枝、叶柄和花序均密被黄褐色簇状毛，并兼有长毛 ·· 51(附). **毛枝台中荚蒾 V. formosanum** var. **pubigerum**
66. 叶柄有托叶。
68. 叶不裂，边缘有小尖齿 ··· 52. **宜昌荚蒾 V. erosum**
68. 叶基部常浅2裂，边缘有粗牙齿或缺刻牙齿 ······ 52(附). **裂叶宜昌荚蒾 V. erosum** var. **taquetii**
59. 花冠外面被疏或密的簇状短毛。
69. 叶下面被带黄色叉状或簇状毛，脉上毛密，脉腋集聚簇状毛，在放大镜下有黄色或近无色的透亮腺点；幼枝、叶柄和花序均密被刚毛状粗毛及簇状毛；雄蕊远高出花冠 ······························ 45. **荚蒾 V. dilatatum**
69. 叶下面无腺点。
70. 叶上面有腺点；总花梗极短或几无，稀长达1.5厘米 ······································· 50. **吕宋荚蒾 V. luzonicum**
70. 叶上面无腺点；总花梗明显，稀极短。
71. 叶卵状披针形或卵状椭圆形，先端常渐尖，侧脉8-12对 ···························· 47. **粤赣荚蒾 V. dalzielii**
71. 叶形通常非上述，侧脉5-9对。
72. 花柱高出或稍高出萼齿，花冠裂片比筒长，雄蕊与花冠等长或稍高出；果核长6-7.5毫米。
73. 叶先端骤尾尖，侧脉7-9对；总花梗的第1级辐射枝5-7条 ··········· 46. **长伞梗荚蒾 V. longiradiatum**
73. 叶先端短尖或短渐尖，侧脉5-7（-9）对；总花梗的第1级辐射枝通常5条 ·· 48. **南方荚蒾 V. fordiae**
72. 花柱比萼齿短，花冠裂片与筒近等长，雄蕊短于花冠；果核长4-6毫米。
74. 当年小枝和幼叶下面被簇状绒毛；萼筒和花冠外面密被簇状短毛 ··········· 49. **西域荚蒾 V. mullaha**
74. 当年小枝近无毛；叶下面脉腋有集聚簇状毛，脉有毛；萼筒和花冠外面被极稀短毛 ·· 49(附). **少毛西域荚蒾 V. mullaha** var. **glabrescens**
23. 叶掌状3-5裂，具掌状脉 ··· 53. **甘肃荚蒾 V. kansuense**
22. 冬芽有1对合生鳞片；叶3（2-4）裂，叶柄顶端或叶基部有2-4腺体。
75. 花序无大型不孕花；叶2-3（4）裂，叶长不及2.5厘米 ·· 54. **朝鲜荚蒾 V. koreanum**
75. 花序周围有大型不孕花；叶通常3裂或小枝上部兼有不裂的叶，叶柄长2-4厘米。
76. 树皮质薄，非木栓质；花药黄白色 ··· 55. **欧洲荚蒾 V. opulus**
76. 树皮厚，木栓质；花药紫红色。
77. 小枝、叶柄和总花梗均无毛；叶下面仅脉腋有集聚簇状毛，或脉有少数柔毛 ······························

………………………………………………………………………… 55(附). **鸡条树 V. opulus** var. **calvescens**

77. 幼枝、叶下面和总花梗均被长柔毛 ……………………… 55(附). **毛叶鸡条树 V. opulus** var. **calvescens** f. **puberulum**

1. 醉鱼草状荚蒾 图 4：1-2

Viburnum buddleifolium C. H. Wright in Gard. Chron. ser. 3, 33: 257. 1903.

落叶灌木。当年小枝、冬芽、叶下面、叶柄、花序和萼筒均被由黄白色或带褐色簇状毛组成的绒毛，二年生小枝灰褐或褐色，渐无毛，散生圆形小皮孔。叶纸质，长圆状披针形，长6-11（-18）厘米，基部微心形或圆，有波状小齿，老叶齿不明显，上面密被簇状、叉状或短毛，侧脉8-12对，直伸至齿端或部分近缘处网结，连同中脉上面凹陷；叶柄长0.5-1.5厘米。聚伞花序径4-7厘米，总花梗长1-1.5（-2）厘米，第1级辐射枝6-7。花生于第2级辐射枝；萼筒筒状倒圆锥形，长2-3毫米，萼齿三角形，有少数簇状毛或几无毛；花冠白色，辐状钟形，径7-9毫米，无毛，筒部长约2毫米，裂片卵圆形，长约3毫米；雄蕊与花冠裂片几等长。果椭圆形；核长约7毫米，有2背沟和3腹沟。

产甘肃东南部、陕西南部、湖北西部及西南部，生于海拔700-1500米山坡丛林或灌丛中。

[附] **黄栌叶荚蒾** 图4：3-7 **Viburnum cotinifolium** D. Don, Prodr. Fl. Nepal. 141. 1825. 本种与醉鱼草状荚蒾的主要区别：叶圆卵形、浅心形或卵状披针形；萼筒无毛，花冠裂片比筒部短。花期5月，果期7-8月。产西藏南部，生于海拔2300-3360米冷杉与高山栎混交林中。克什米尔至印度北部、尼泊尔及不丹东部有分布。

图 4：1-2. 醉鱼草状荚蒾 3-7. 黄栌叶荚蒾（娄凤鸣 张荣生绘）

2. 聚花荚蒾 球花荚蒾 图 5

Viburnum glomeratum Maxim. in Bull. Acad. Imp. Sci. St. Pétersb. 26: 483. 1880.

落叶灌木或小乔木。当年小枝、芽、幼叶下面、叶柄及花序均被黄或黄白色簇状毛。叶纸质，卵状椭圆形、卵形或宽卵形，稀倒卵形或倒卵状长圆形，长（3.5-）6-10（-15）厘米，有牙齿，上面疏被簇状短毛，下面初被绒毛，后毛渐稀，侧脉5-11对，与支脉均直达齿端；叶柄长1-2(3)厘米。聚伞花序径3-6厘米，总花梗长1-2.5（-7）厘米，第1级辐射枝（4）5-7（-9）。萼筒被白色簇状毛，长1.5-3毫米，萼齿卵形，长1-2毫米，与花冠筒等长或为其2倍；花冠白色，辐状，径约5毫米，筒部长约1.5毫米，裂片卵圆形，长约等于或略超过筒；雄蕊稍

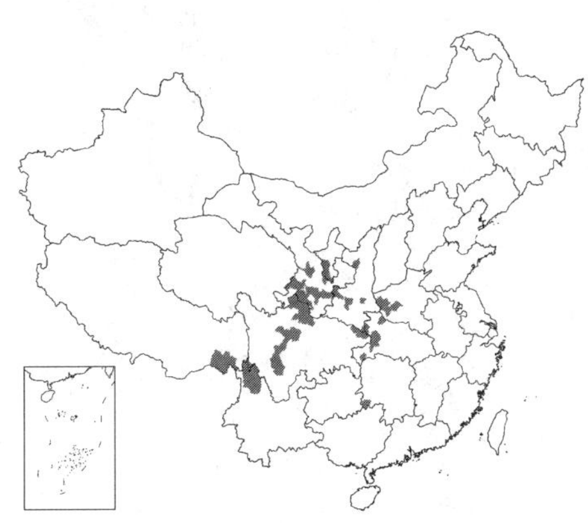

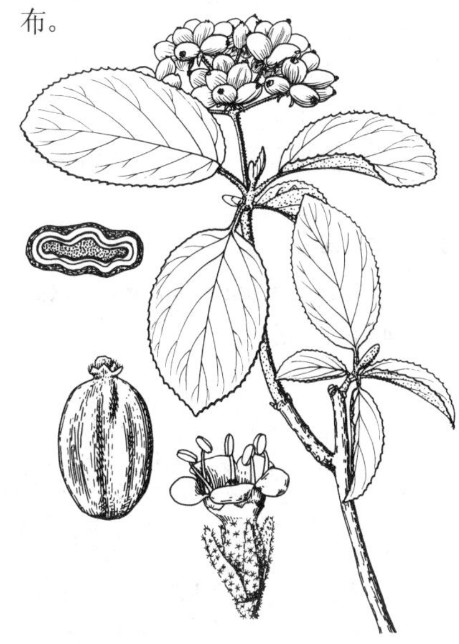

图 5 聚花荚蒾（引自《图鉴》）

高出花冠裂片。果红色，后黑色；核椭圆形，扁，长5-7（-9）毫米。花期4-6月，果期7-9月。

产甘肃南部、宁夏南部、陕西、河南西部、湖北西部、湖南西南部、四川、云南西北部及西藏东南部，生于海拔（1100-）1700-3200米山谷林中、灌丛中或草坡阴湿处。缅甸北部有分布。

[附] 壮大荚蒾 **Viburnum glomeratum** subsp. **magnificum** (Hsu) Hsu, Fl. Reipubl. Popul. Sin. 72. 24. 1988. —— *Viburnum veitchii* C. H. Wright subsp. *magnificum* Hsu in Acta Phytotax. Sin. 11 (1): 75. f. 13. 1966. 与模式变种的主要区别：叶卵状长圆形或卵形，长10-19厘米；花序径8-10厘米；果长圆形，长1.3厘米；核椭圆状长圆形，长0.9-1.1厘米。花期4月，果期9-10月。产安徽西部、浙江西北部及江西北部，生于海拔600-960米山谷林下蔽荫处。

3. 琼花 图 6

Viburnum macrocephalum Fort. f. **keteleeri** (Carr.) Rehd. Bibl. Cult. Trees and Shrubs 603. 1949.

Viburnum keteleeri Carr. in Rev. Hort. 1863: 269. f. 31.

落叶或半常绿灌木。聚伞花序仅周围具大型不孕花。花冠径3-4.2厘米，裂片倒卵形或近圆形，先端常凹缺；可孕花的萼齿卵形，长约1毫米，花冠白色，辐状，径0.7-1厘米，裂片宽卵形，长约2.5毫米，筒部长约1.5毫米；雄蕊稍高出花冠，花药近圆形，长约1毫米。果熟时红色，后黑色，椭圆形，长约1.2厘米；核扁，长圆形或宽椭圆形，长1-1.2厘米，径6-8毫米，有2浅背沟和3浅腹沟。花期4月，果期9-10月。

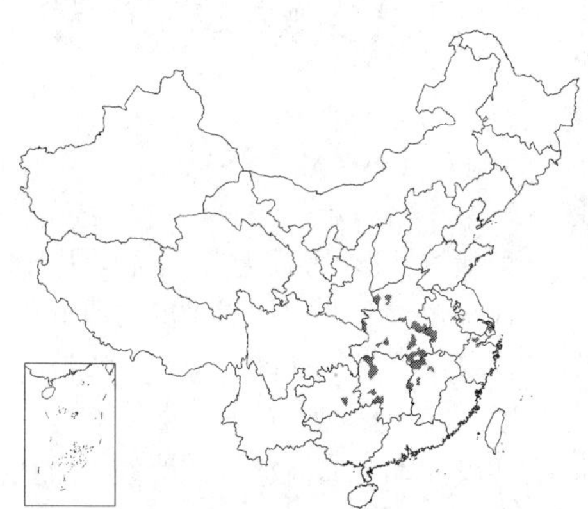

产河南、安徽、江苏、浙江北部、江西西北部及西部、湖北、湖南及贵州东南部，生于丘陵、山坡林下或灌丛中。

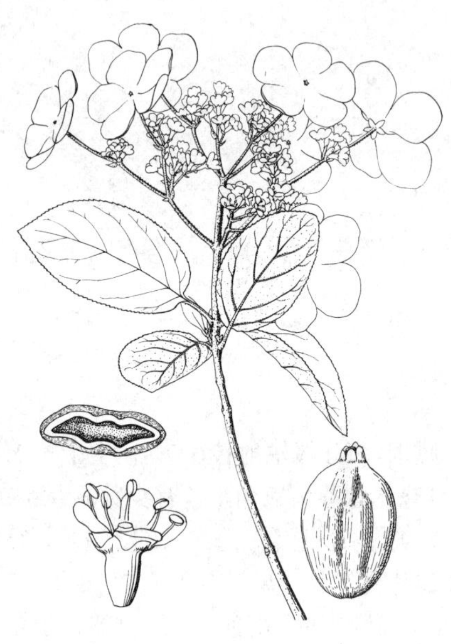

图 6 琼花（引自《图鉴》）

[附] 绣球荚蒾 绣球 **Viburnum macrocephalum** Fort. in Journ. Hort. Soc. Lond. 2: 244. 1847. 与琼花的主要区别：花序全部由大型不孕花组成。园艺种，江苏、浙江、江西和河北等地栽培。

4. 陕西荚蒾 土栾树 图 7

Viburnum schensianum Maxim. in Bull. Acad. Imp. Sci. St. Pétersb. 26 : 480. 1880.

落叶灌木。幼枝、叶下面、叶柄及花序均被黄白色簇状绒毛；芽常被带锈褐色簇状毛。二年生小枝稍四角状，灰褐色，老枝圆筒形，散生圆形小皮孔。叶纸质，卵状椭圆形、宽卵形或近圆形，长3-6（-8）厘米，先端钝或圆，有时微凹或稍尖，基部圆，有较密小尖齿，初上面疏被叉状或簇状短毛，侧脉5-7

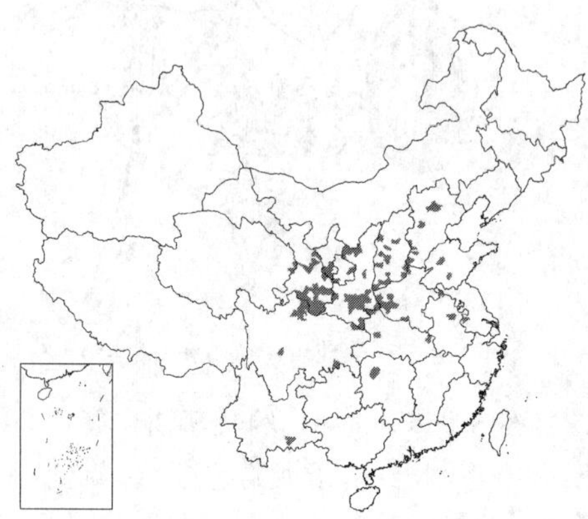

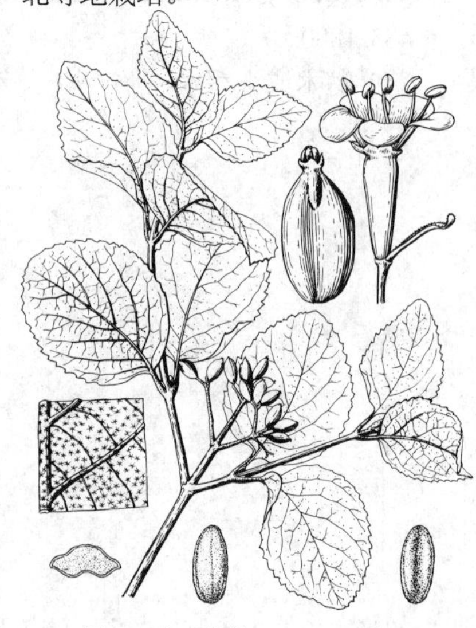

图 7 陕西荚蒾（引自《图鉴》）

对，近缘网结或部分直伸齿端，连同中脉上面凹陷，小脉两面稍凸起；叶柄长0.7-1（-1.5）厘米。聚伞花序径（4-）6-7（8）厘米，果时达9厘米，总花梗长1-1.5（-7）厘米或短。花大部生于第3级分枝；萼筒圆筒形，长3.5-4毫米，无毛，萼齿卵形，长约1毫米；花冠白色，辐状，径约6毫米，无毛，筒部长约1毫米，裂片圆卵形，长约2毫米；雄蕊与花冠等长或稍长。果熟时红色，后黑色，椭圆形，长约8毫米；核卵圆形，长6-8毫米，背部龟背状凸起或有2条不明显沟，腹部有3条沟。花期5-7月，果期8-9月。

产河北、山西、陕西、宁夏、甘肃、河南、山东、江苏西南部、安徽、湖北、湖南、四川及云南东南部，生于海拔700-2200米山谷混交林和松林下或山坡灌丛中。

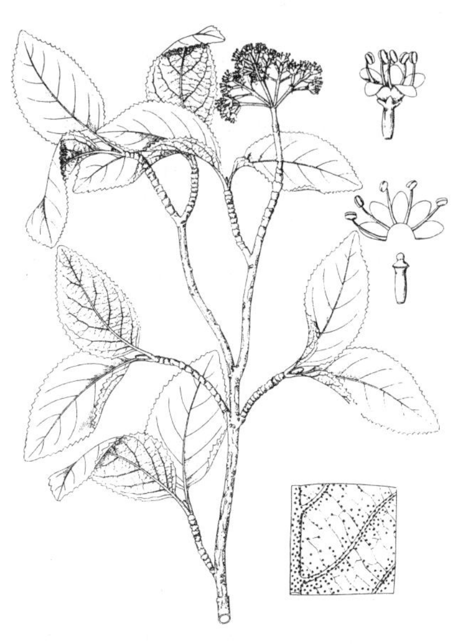

图 8 修枝荚蒾（引自《中国北部植物图志》）

5. 修枝荚蒾 图 8

Viburnum burejaeticum Regel et Herd. in Gartenfl. 11: 407. t. 384. 1862.

落叶灌木。当年小枝、冬芽、叶下面、叶柄及花序均被簇状短毛，二年生小枝黄白色，无毛。叶纸质，宽卵形、椭圆形或椭圆状倒卵形，长（3）4-6（-10）厘米，先端尖，稀稍钝，基部两侧常不等，有牙齿状小锯齿，初上面疏被簇状毛或无毛，后下面主脉及侧脉有毛，侧脉5-6对，近缘网结，连同中脉上面略凹陷；叶柄长0.5-1.2厘米。聚伞花序径4-5厘米，总花梗长达2厘米或几无，第1级辐射枝5。花大部生于第2级辐射枝；萼筒长圆筒形，长约4毫米，无毛，萼齿三角形；花冠白色，辐状，径约7毫米，无毛，裂片宽卵形，长2.5-3毫米，比筒部长近2倍。果熟时红色，后黑色，椭圆形或长圆形，长约1厘米；核扁，长圆形，有2背沟和3腹沟。花期5-6月，果期8-9月。

产黑龙江、吉林、辽宁、河北东北部及山西中北部，生于海拔600-1350米针、阔叶混交林中。俄罗斯远东地区及朝鲜半岛北部有分布。种子含油约17%，供制肥皂。

6. 蒙古荚蒾 图 9 彩片 4

Viburnum mongolicum (Pall.) Rehd. in Sarg. Trees and Shrub. 2: 111. 1908.

Lonicera mongolica Pall. Reise Russ. Reich. 3: 721. 1771.

落叶灌木。幼枝、叶下面、叶柄及花序均被簇状短毛，二年生小枝黄白色，圆，无毛。叶纸质，宽卵形或椭圆形，稀近圆形，长2.5-5（-6）厘米，先端尖或钝，有波状浅齿，齿顶具小突尖，上面被簇状或叉状毛，下面灰绿色，侧脉4-5对，近缘前分枝网结，连同中脉上面略凹陷或不明显；叶柄长0.4-1厘米。聚伞花序径1.5-3.5厘米，具少花，总花梗长0.5-1.5厘米，第1级辐

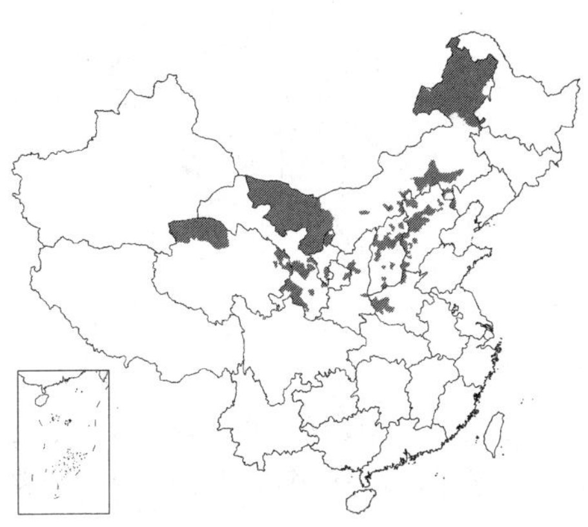

图 9 蒙古荚蒾（引自《图鉴》）

射枝5或较少。花大部生于第1级辐射枝；萼筒长圆筒形，长3-5毫米，无毛，萼齿波状；花冠黄白色，筒状钟形，无毛，筒部长5-7毫米，裂片长约1.5毫米；雄蕊约与花冠等长。果熟时红色，后黑色，椭圆形，长约1厘米；核扁，有2浅背沟和3浅腹沟。花期5月，果期9月。

产内蒙古、辽宁西部、河北、山西、河南、陕西、宁夏、甘肃南部及青海，生于海拔800-2400米山坡疏林下或河滩地。俄罗斯西伯利亚东部和蒙古有分布。

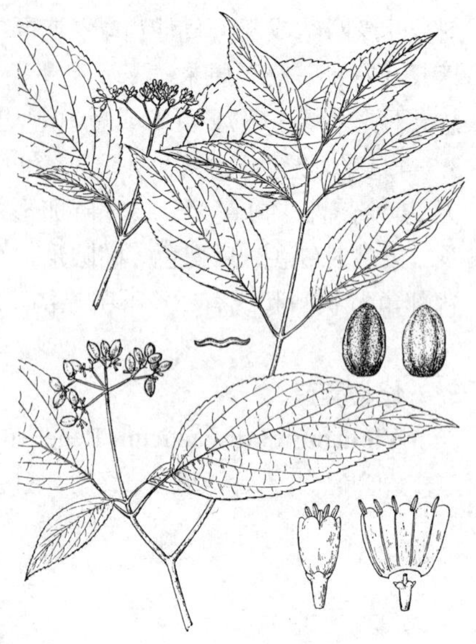

图 10 壶花荚蒾
（引自《Sarg, Trees and Shrubs》）

7. 壶花荚蒾 图 10

Viburnum urceolatum Sieb. et Zucc. in Sitz. Akad. Wiss. Wien, Mach.-Phys. 4 (3): 172. 1846.

Viburnum taiwanianum Hayata; 中国高等植物图鉴 4: 310. 1975.

落叶灌木。幼枝、冬芽、叶柄及花序均被簇状微毛。当年小枝稍有棱，

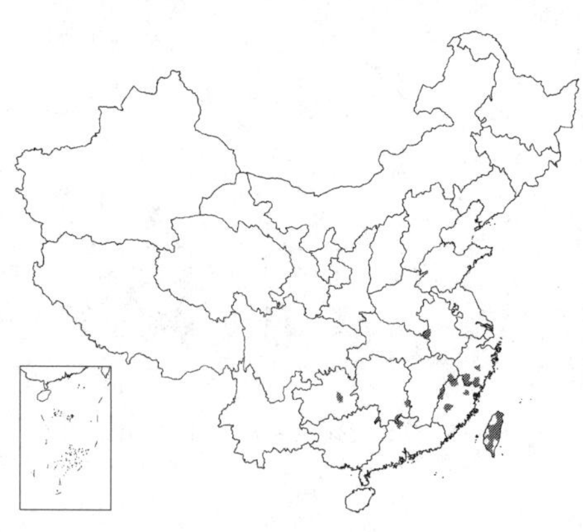

灰白或灰褐色，二年生小枝暗紫褐或近黑色，无毛。叶纸质，卵状披针形或卵状长圆形，长7-15（-18）厘米，先端渐尖或长渐尖，基部楔形，除基部全缘外有细钝或不整齐锯齿，上面沿中脉有毛，下面脉被簇状弯细毛，侧脉4-6对，近缘前网结，连同中脉上面凹陷；叶柄长1-4厘米。聚伞花序径约5厘米，生于具1-2对叶的短枝，总花梗长3-7（-8.5）厘米，有棱，连同分枝均带紫色，第1级辐射枝4-5；苞片和小苞片宿存。花多生于第3-4级辐射枝；萼筒细筒状，长约2毫米，无毛，萼齿卵形，极小；花冠外面紫红色，内面白色，筒状钟形，无毛，长约3毫米，裂片宽卵形，长约筒部1/4-1/5，直立；雄蕊高出花冠；花柱高出萼齿。果熟时红色，后黑色，椭圆形，长6-8毫米；有2浅背沟和3腹沟。花期6-7月，果期10-11月。

产安徽西部、浙江南部、福建、台湾、江西、湖南南部、广东北部、广西东北部及贵州中东部，生于海拔600-2600米山谷林中溪旁阴湿处。日本有分布。

8. 密花荚蒾 图 11

Viburnum congestum Rehd. in Sarg. Trees and Shrubs 2: 111. 1908.

常绿灌木。幼枝、芽、叶下面、叶柄及花序均被灰白色绒毛。二年生

小枝灰褐色，散生圆形小皮孔。叶革质，椭圆状卵形或椭圆形，稀椭圆状长圆形，长2-4（-6）厘米，全缘，上面初散生簇状毛，旋无毛，侧脉3-4对，近缘处网结，连同中脉上面略凹陷，下面簇状毛均匀而不完全覆盖整个表面；叶柄长0.5-1厘米。聚伞花序径2-5厘米，总花梗长0.5-2厘米，第1级辐射枝5，短而有棱。花香，生于第1-2级辐射枝，无柄；萼筒筒状，长2-3毫米，无毛，萼齿宽卵形，

图 11 密花荚蒾（娄凤鸣 张荣生绘）

极短；花冠白色，钟状漏斗形，径约6毫米，无毛，筒部长4-5毫米，裂

片圆卵形，长约筒部之半；雄蕊约与花冠等长。果圆形，径5-6毫米；核扁，径约5毫米，厚约2毫米，有2浅背沟和3腹沟，两侧生腹沟常不明显。花期1-9月。

产甘肃南部、四川、贵州西北部及云南，生于海拔1000-2800米山谷或山坡林中、林缘或灌丛中。

图 12 烟管荚蒾
（引自《Sarg. Trees and Shrubs》）

9. 烟管荚蒾 图 12

Viburnum utile Hemsl. in Journ. Linn. Soc. Bot. 23: 356. 1888.

落叶灌木。叶下面、叶柄及花序均被灰白或黄白色绒毛。当年小枝被带黄褐或带灰白色绒毛，后无毛，翌年红褐色，散生小皮孔。叶革质，卵圆状长圆形，稀卵圆形或卵圆状披针形，长2-5(-8.5）厘米，先端圆或稍钝，有时微凹，基部圆，全缘，稀有少数不明显疏浅齿，边稍内卷，上面深绿色有光泽而无毛，或暗绿色而被簇状毛，侧脉5-6对，近缘网结，上面略凸起或不明显，有时被锈色簇状毛；

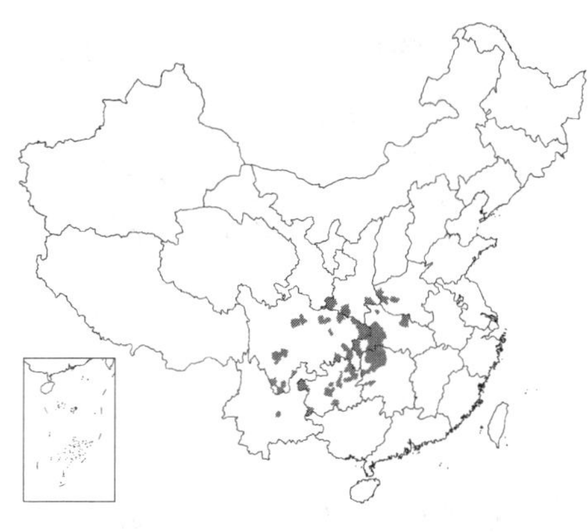

叶柄长0.5-1（-1.5）厘米。聚伞花序径5-7厘米，总花梗粗，长1-3厘米，第1级辐射枝通常5。花通常生于第2-3级辐射枝；萼筒筒状，长约2毫米，无毛，萼齿卵状三角形，长约0.5毫米，无毛或具少数簇状缘毛；花冠白色，花蕾时带淡红色，辐状，径6-7毫米，无毛，裂片圆卵形，长约2毫米，与筒部等长或略长；雄蕊与花冠裂片几等长。果熟时红色，后黑色，椭圆状，长（6-）7-8毫米；核稍扁。花期3-4月，果期8月。

产陕西南部、河南西部、湖北、湖南西部及西北部、四川、贵州及云南，生于海拔500-1800米山坡林缘或灌丛中。茎枝民间用制烟管。

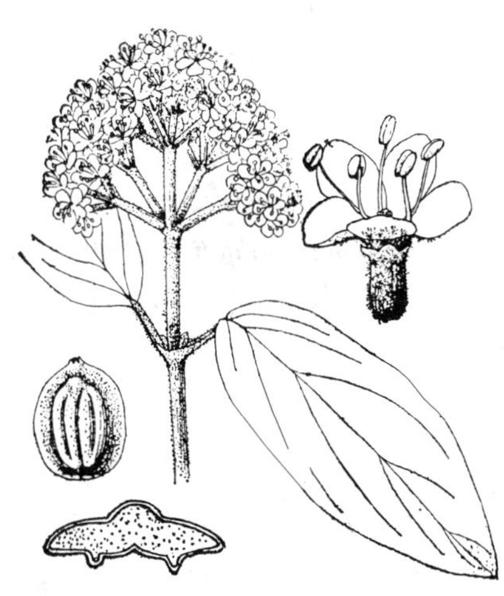

图 13 金佛山荚蒾（娄凤鸣 张荣生绘）

10. 金佛山荚蒾 图 13

Viburnum chinshanense Graebn. in Engl. Bot. Jahrb. 29: 585. 1901.

灌木。幼枝下面、叶柄及花序均被灰白或黄白色绒毛。小枝圆，当年小枝被黄白或浅褐色绒毛，二年生小枝无毛，散生小皮孔。叶纸质至厚纸质，披针状长圆形或窄长圆形，长5-10（-15）厘米，全缘，稀具少数不明显小齿，上面无毛或幼时中脉及侧脉散生短毛，老叶下面灰褐色，侧脉7-10对，近缘网结，上面凹陷(幼叶较明显)；叶柄长1-2厘米。聚伞花序径4-6(-8)厘米，总花梗长1-2.5厘米，第1级辐射枝5-7，花通常生于第2级辐射枝，有短柄。萼筒长圆状卵圆形，长约2.5毫米，多少被簇状毛，萼齿宽卵形，疏生簇状毛；花冠白色，辐状，

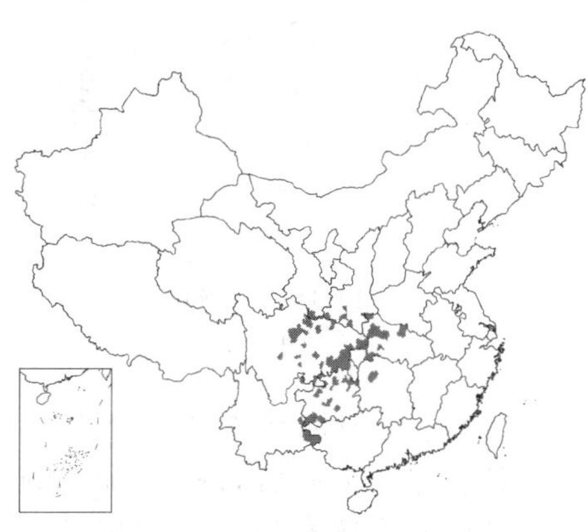

径约7毫米，外疏被簇状毛，筒部长约3毫米，裂片圆卵形或近圆形，长约2毫米；雄蕊稍高出花冠。果熟时红色，后黑色，长圆状卵圆形；核扁。花期4-5月（有时秋季开花），果期7月。

产甘肃南部、陕西南部、湖北、湖南、四川、贵州及云南东部，生于海拔100-1900米山坡疏林或灌丛中。

11. 皱叶荚蒾 枇杷叶荚蒾 图 14

Viburnum rhytidophyllum Hemsl. in Journ. Linn. Soc. Bot. 23: 355. 1888.

常绿灌木或小乔木。幼枝、芽、叶下面、叶柄及花序均被黄白、黄褐或红褐色厚绒毛，毛的分枝长0.3-0.7毫米。当年小枝粗，稍有棱角，二年生小枝无毛，散生圆形小皮孔，老枝黑褐色。叶革质，卵状长圆形或卵状披针形，长8-18（-25）厘米，全缘或有不明显小齿，上面深绿色有光泽，幼时疏被簇状柔毛，后无毛。叶脉深凹呈皱纹状，侧脉6-8（-12）对，近缘网结，稀直达齿端；叶柄粗，长1.5-3（4）厘米。聚伞花序稠密，径7-12厘米，总花梗粗，长1.5-4（-7）厘米，第1级辐射枝通常7，四角状。花生于第3级辐射枝，无梗；萼筒筒状钟形，长2-3毫米，被黄白色绒毛，长2-3毫米，萼齿宽三角状卵形，长0.5-1毫米；花冠白色，辐状，径5-7毫米，几无毛，裂片圆卵形，长2-3毫米，稍长于筒部；雄蕊高出花冠。果熟时红色，后黑色，宽椭圆形，长6-8毫米，无毛；核宽椭圆形，两端近平截，扁。花期4-5月，果期9-10月。

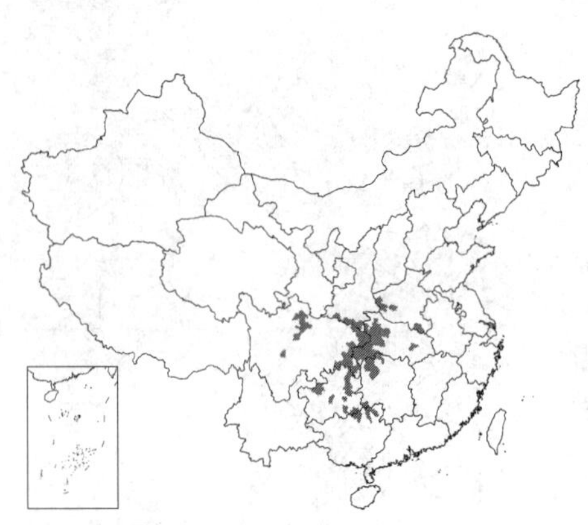

图 14 皱叶荚蒾（引自《图鉴》）

产河南西部及东南部、陕西南部、四川、湖北、湖南西北部西南部、贵州、广西东北部，生于海拔800-2400米山坡林下或灌丛中。茎皮纤维可制绳索。

12. 显脉荚蒾 图 15

Viburnum nervosum D. Don, Prodr. Fl. Nepal. 141. 1825.

Viburnum cordifolium Wall. ex DC; 中国高等植物图鉴 4: 313. 1975.

落叶灌木或小乔木。幼枝、叶下面中脉和侧脉、叶柄及花序均疏被鳞片状或糠秕状簇状毛；二年生小枝无毛，具少数大形皮孔。叶纸质，卵形或宽卵形，稀长圆状卵形，长9-18厘米，先端渐尖，基部心形或圆，有不整齐钝或圆锯齿。稀尖锯齿，上面无毛或近无毛，下面常多少被簇状毛，侧脉8-10对，上面凹陷，叶柄长2-5.5厘米。聚伞花序与叶同放，径5-15厘米，无大型不孕花，连同萼筒均有红褐色小腺体，第1级辐射枝5-7。花生于第2-3级辐射枝；萼筒筒状钟形，长约1.5毫米，无毛，萼齿卵形，被少数簇状毛；花冠白或带微红，辐状，径0.6-1厘米，裂片长为筒部2倍；雄蕊花丝长约1毫米。果熟时红色，后黑色，卵圆形，长约8毫米；核扁，两缘内弯，有1浅背沟和1深腹沟。种子胚乳深嚼烂状。花期4-6月，果期9-11月。

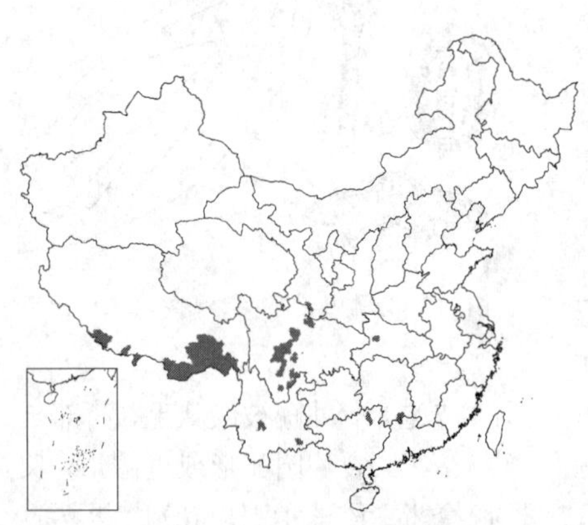

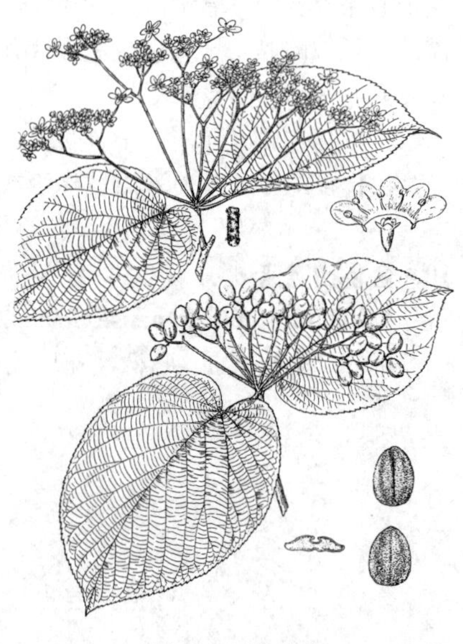

图 15 显脉荚蒾
（引自《Sarg. Trees and Shrubs》）

产湖北西部、湖南南部、广西东北部、云南东南部及近中部、四川北部至南部、甘肃南部、西藏南部及东南部，生于海拔（1800-）2100-4500米山顶、山坡林中和林缘灌丛中，冷杉林下。印度、尼泊尔、锡金、不丹、缅甸北部及越南北部有分布。

13. 合轴荚蒾 图 16

Viburnum sympodiale Graebn. in Engl. Bot. Jahrb. 29: 587. 1901.

落叶灌木或小乔木。幼枝、叶下面、叶柄、花序及萼齿均被灰黄褐色鳞片状或糠粃状簇状毛。二年生小枝无毛。叶纸质，卵形、椭圆状卵形或圆卵形，长6-13(-15)厘米，有牙齿状尖锯齿，上面无毛或幼时脉被簇状毛，侧脉6-8对，上面稍凹陷；叶柄长1.5-3（-4.5）厘米，托叶钻形，长2-9毫米，基部常贴生叶柄，有时无托叶。聚伞花序径5-9厘米，花后几无毛，周围有大型、白色不孕花，无总花梗，第1级辐射枝常5。花生于第3级辐射枝，芳香；萼筒近圆球形，长约2毫米，萼齿卵圆形；花冠白或微红，辐状，径5-6毫米，裂片卵形。果熟时红色，后紫黑色，卵圆形，长8-9毫米；核稍扁，有1浅背沟和1深腹沟。种子胚乳嚼烂状。花期4-5月，果期8-9月。

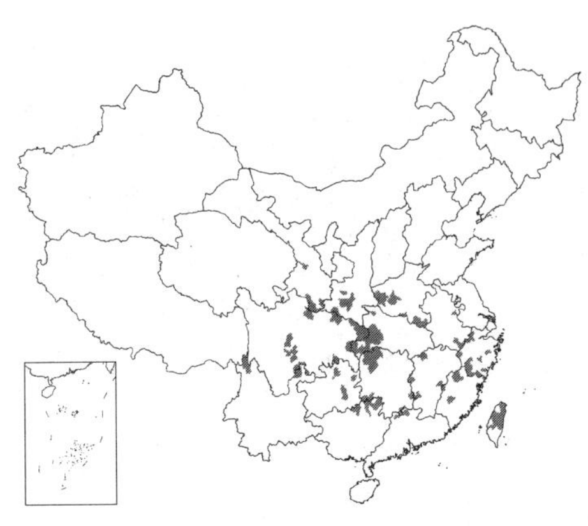

产安徽、浙江、福建、台湾、江西、湖北、湖南、广东北部、广西东北部、贵州、云南东北部及西北部、四川、甘肃南部、陕西南部及河南，生于海拔800-2600米林下或灌丛中。

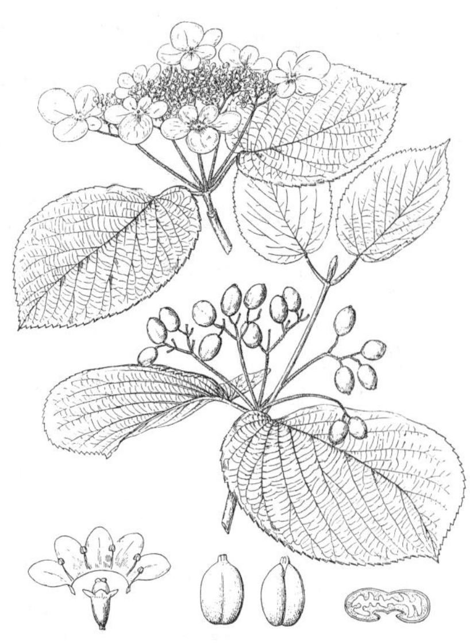

图 16 合轴荚蒾
（引自《Sarg. Trees and Shrubs》）

14. 蓝黑果荚蒾 图 17

Viburnum atrocyaneum Clarke in Hook. f. Fl. Brit. Ind. 3: 7. 1880.

Viburnum calvum Rehd.; 中国高等植物图鉴 4: 314. 1975.

常绿灌木。高达3米。幼枝连同冬芽和花序初稍被簇状微毛或近无毛。叶革质，圆卵形、卵形、卵状披针形或菱状椭圆形，长3-6（-10）厘米，先端钝而有微凸尖，常疏生小尖齿，稀全缘，下面苍白绿色，侧脉5-8对，近缘网结，上面凹陷，下面不明显；叶柄长0.6-1.2厘米。聚伞花序径2-4厘米，果时达8厘米，总花梗长0.6-2厘米，果期达6厘米，第1级辐射枝5-7。花通常生于第2级辐射枝；花梗长2-3毫米；萼筒倒圆锥形，长约1毫米，萼齿宽三角形，长约萼筒之半；花冠白色，辐状，径约5毫米，裂片卵圆形，长约1.5毫米，稍长于筒部；雄蕊稍短于花冠。果熟时蓝黑色，卵圆形或圆形，长5-6毫米，有1浅窄腹沟。花期6月，果期9月。

产四川南部、云南及西藏东南部，生于海拔1900-3200米山坡或山脊疏、密林或灌丛中。印度北部、不丹、缅甸及泰国东北部有分布。种子含油约24.7%，供制肥皂。

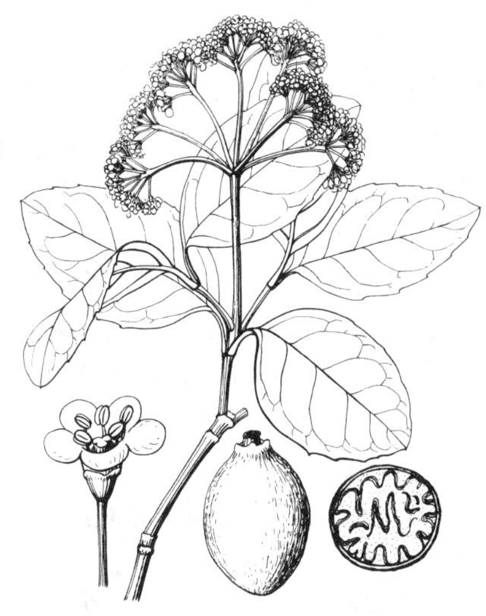

图 17 蓝黑果荚蒾 （引自《图鉴》）

[附] **毛枝荚蒾 Viburnum atrocyaneum** subsp. **harryanum** (Rehd.) Hsu, Fl. Reipubl. Popul. Sin. 72: 38. 1988.——*Viburnum harryanum* Rehd. in Mitt. Deutsch. Dendr. Ges. 1913 (22): 263. 1914. 与模式变种的主要区别：幼枝密被灰褐色簇状短毛至无毛；叶椭圆状长圆形、宽卵形或倒卵形，长0.8-6厘米，先端钝、圆或微凹缺有小凸尖，全缘或有不规则锯

齿，叶柄长达2厘米。产四川东南部及西南部、贵州中部及西南部、云南东北部及东南部、广西西北部，生于海拔1000-3000米山坡。

15. 球核荚蒾 图 18

Viburnum propinquum Hemsl. in Journ. Linn. Soc. Bot. 23: 355. 1888.

常绿灌木，全株无毛。当年小枝具凸起小皮孔。幼叶带紫色，后革质，卵形、卵状披针形、椭圆形或椭圆状长圆形，长4-9（-11）厘米，宽1.5-3厘米，基部楔形或近圆，疏生浅锯齿，基部以上两侧各有1-2腺体，具离基3出脉，脉延伸至叶中部或中部以上，近缘前网结，有时脉腋有集聚簇状毛，中脉和侧脉（有时连同小脉）上面凹陷；叶柄纤细，长1-2厘米。聚伞花序径4-5厘米，果时达7厘米，总花梗纤细，长1.5-2.5（-4）厘米，第1级辐射枝通常7。花生于第3级辐射枝；花梗细；萼筒长约0.6毫米，萼齿宽三角状卵形，长约0.4毫米；花冠绿白色，辐状，径约4毫米，内面基部被长毛，裂片宽卵形，先端圆，长约1毫米，约与筒部等长；雄蕊常稍高出花冠。果熟时蓝黑色，有光泽，近圆形或卵圆形，长（3-）5-6毫米；核有1极细浅腹沟或无沟。

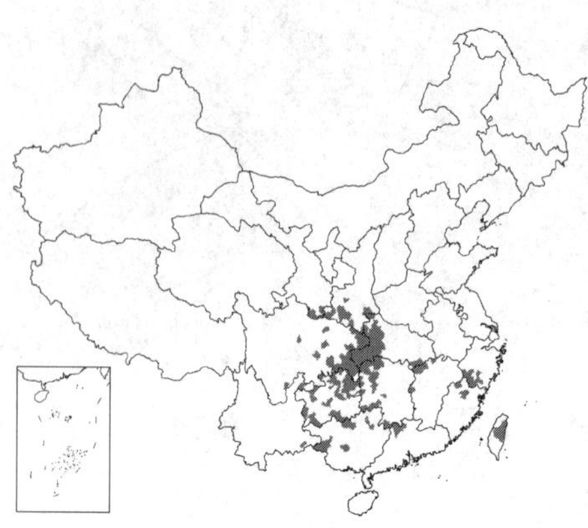

产浙江南部、福建北部、台湾、江西西北部及西部、湖北、湖南、广东北部、广西、云南东北部及东南部、贵州、四川、陕西南部及甘肃南部，生于海拔500-1300米山谷林中或灌丛中。菲律宾吕宋有分布。

图 18 球核荚蒾
（引自《Sarg. Trees and Shrubs》）

[附] 狭叶球核荚蒾 **Viburnum propinquum** var. **mairei** W. W. Smith in Notes Roy. Bot. Gard. Edinb. 9: 140. 1916. 与模式变种的主要区别：叶线状披针形或倒披针形，宽1-1.5厘米，基部楔形，疏生小锐齿；花序宽2-4厘米。产湖北西南部、四川东南部及西南部、贵州西部、云南，生于海拔420-450米山地。

16. 樟叶荚蒾 图 19

Viburnum cinnamomifolium Rehd. in Sarg. Trees and Shrubs 2: 31. t. 114. 1907.

常绿灌木或小乔木。除芽和花序有灰白或灰黄色簇状微毛外，全株近无毛；枝紫褐色，皮孔多数。幼叶紫色，叶椭圆状长圆形，长6-13（-18）厘米，先端骤渐尖，基部楔形或宽楔形，全缘或近顶部偶有少数锯齿，具离基3出脉，脉腋常有淡黄色集聚簇状毛，连同侧脉上面凹陷；叶柄粗，长1.5-3.5厘米。聚伞花序径6-15厘米，总花梗长1.5-3.5厘米，第1级辐射枝6-8。花生于第2-3级辐射枝；花梗长2-3毫米；萼筒倒圆锥形，萼齿半圆形或三角形，长约半毫米；花冠淡黄绿色，辐状，径4-5毫米，裂片宽卵形，反曲，长约1毫米，与筒部几等长；雄蕊高出花冠。果熟时蓝黑色，近圆形，径约3毫米；核有1细浅腹沟或几无沟。花期5月，果期6-7月。

图 19 樟叶荚蒾
（引自《Sarg. Trees and Shrubs》）

产四川北部及南部、云南东南部、广西西南部及东北部，生于海拔1000-1500（-1800）米山坡灌丛中。

17. 香荚蒾　图 20

Viburnum farreri W. T. Stearn in Taxon 15: 22. 1966.

落叶灌木。当年小枝绿色，近无毛。冬芽有2-3对鳞片。叶纸质，椭圆形或菱状倒卵形，长4-8厘米，具三角形锯齿，幼时上面散生细毛，下面脉被微毛，后除脉腋集聚簇状柔毛外均无毛，侧脉5-7对，直达齿端，连同中脉上面凹陷；叶柄长（1-）1.5-3厘米，幼时上面边缘被纤毛。圆锥花序长3-5厘米，多花，幼时稍被细毛，后无毛，先叶开花，芳香；苞片线状披针形，具缘毛。萼筒筒状倒圆锥形，长约2毫米，萼齿卵形，长约0.5毫米；花冠蕾时粉红色，开后白色，高脚碟状，径约1厘米，筒部长0.7-1厘米，裂片5（4）枚，长约4毫米，开展；雄蕊生于花冠筒中部以上。果熟时紫红色，长圆形，长0.8-1厘米；核扁，有1深腹沟。花期4-5月。

产河南西部及东南部、陕西秦岭西段、甘肃、青海及新疆，生于海拔1650-2750米山谷林中。山东、河北、甘肃、青海等地多有栽培。早春开花，为北方园林绿化珍品。

[附] **大花荚蒾 Viburnum grandiflorum** Wall. ex DC. Prodr. 4: 329. 1830. 与香荚蒾的主要区别：花序近簇状，生于无叶短枝之顶；苞片被银白色绢毛。产西藏南部，生于海拔2800-4300米林中。尼泊尔、锡金、不丹及克什米尔地区有分布。

图 20　香荚蒾（引自《中国北部植物图志》）

18. 红荚蒾　图 21

Viburnum erubescens Wall. Pl. Asiat. Rar. 2: 29. 1831.

落叶灌木或小乔木。当年小枝被簇状毛至无毛。冬芽有1对鳞片。叶纸质，椭圆形、长圆状披针形或窄长圆形，稀卵状心形或近倒卵形，长6-11厘米，具细锐锯齿，上面无毛或中脉有细毛，下面中脉和侧脉被簇状毛，侧脉4-6对，多直达齿端，连同中脉上面略凹陷；叶柄长1-2.5厘米，被簇状毛或无毛。圆锥花序长（5-）7.5-10厘米，下垂，被簇状短毛或近无毛，有时绒毛状，总花梗长2-6厘米。花无梗或有短梗，生于序轴第1-3级分枝；萼筒筒状，长2.5-3毫米，通常无毛，有时具红褐色微腺，萼齿卵状三角形，长约1毫米，无毛或被簇状微毛；花冠白或淡红色，高脚碟状，筒部长5-6毫米，裂片开展，长2-3毫米，顶端圆；雄蕊生于花冠筒顶端，花药微外露；花柱高出萼齿。果熟时紫红色，

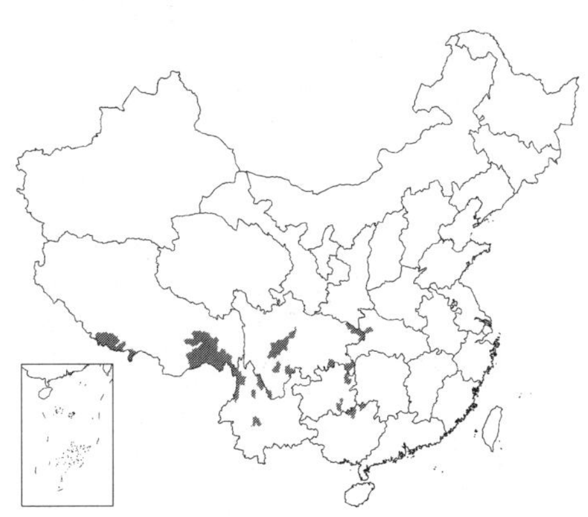

图 21　红荚蒾（引自《图鉴》）

后黑色，椭圆形；核倒卵圆形，扁，长7-9毫米，有宽深腹沟，腹面上半部有脊。花期4-6月，果期8月。

产西藏东南部及南部、云南西北部及中部、广西北部、贵州东北部及东南部、湖北西部及四川，生于海拔（1500）2400-3000米针、阔叶混交林中。印度西北部、尼泊尔、锡金、不丹及缅甸北部有分布。

[附] **细梗红荚蒾 Viburnum erubescens** var. **gracilipes** Rehd. in Sarg. Pl. Wilson. 1: 107. 1911. 与模式变种的主要区别：叶倒卵形或椭圆状倒卵形，基部稍圆；花序具稀疏花；花梗纤细，部分花具长梗，萼碟状，花药黄白色；果较细长。产甘肃南部、陕西秦岭、湖北西部、四川东部及西部，生于海拔1700-2700米林中或山坡灌丛中。

[附] **紫药红荚蒾 Viburnum erubescens** var. **prattii** (Graebn.) Rehd. in Sarg. Pl. Wilson. 1: 107. 1911.—— *Viburnum prattii* Graebn. in Engl. Bot. Jahrb. 29: 584. 1901. 与模式变种的主要区别：叶倒卵形、倒卵状椭圆形、长圆形或窄长圆形，长6-14厘米，侧脉7-9对，脉腋常生聚簇状毛；花药堇紫色。产甘肃南部、陕西秦岭、湖北西部、四川、贵州东北部及东南部、云南东北部及西北部、广西东北部，生于海拔1400-3500米山谷溪旁密林中或林缘。

19. 漾濞荚蒾 图 22 彩片 5

Viburnum chingii Hsu in Acta Phytotax. Sin. 11 (1): 68. 1966.

常绿灌木或小乔木。当年小枝圆，黄白色，连同叶柄和叶下面脉初散生带黄色簇状微柔毛，后无毛，二年生小枝灰褐色。叶亚革质，椭圆形、卵状椭圆形、倒卵形或倒卵状长圆形，长3.5-9厘米，先端短尖或钝，有时短尾尖，具钝或尖锯齿，齿端微凸尖，或为开展锐锯齿，基部全缘，侧脉约6对，沿叶缘弓弯网结，上面略凹陷；叶柄长1-2厘米。圆锥花序顶生，径4.5-5厘米，被带黄色簇状微柔毛，总花梗扁，长（2-）3.5-4.5（-6）厘米。花芳香，生于序轴第1级分枝，多无梗，长约3毫米；萼齿卵状三角形；花冠白色，漏斗状，径约6毫米，筒部长约7毫米，裂片宽卵形，长约2毫米；雄蕊约与花冠筒等长，花药紫黑色。果熟时红色，倒卵圆形，长约8毫米；核扁，两缘内弯，有1宽深腹沟，横切面扁圆形。花期12月至翌年5月，果期7-8月。

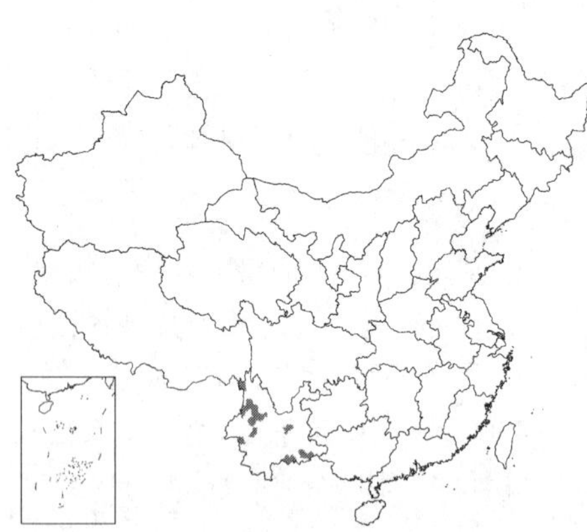

产云南，生于海拔2000-3200米山谷密林中或草坡。越南北部及缅甸北部有分布。

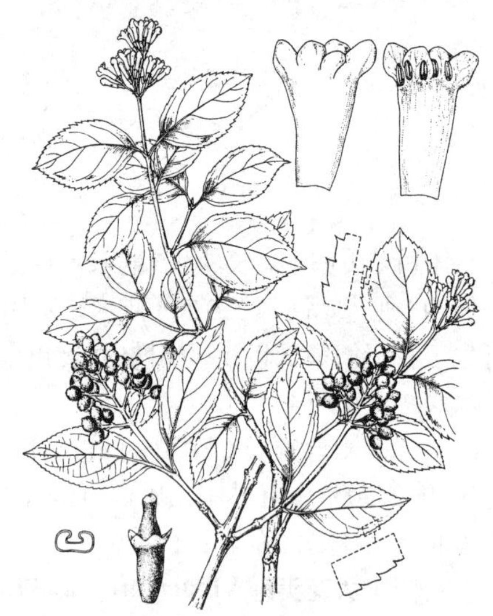

图 22 漾濞荚蒾（引自《植物分类学报》）

20. 少花荚蒾 图 23

Viburnum oliganthum Batal. in Acta Hort. Petrop. 13: 372. 1894.

常绿灌木或小乔木。当年小枝褐色，有凸起圆形皮孔，连同花序散生黄褐色簇状微柔毛，二年生小枝无毛。芽有1对宿存大鳞片，外被簇状伏毛。叶亚革质至革质，稀厚纸质，倒披针形、条状披针形、倒卵状长圆形或长圆形，稀倒卵形，长5-10（-13）厘米，离基部1/3-1/2以上具疏浅锯齿，齿顶细尖内弯或向前，稀外展，上面中脉隆起，侧脉5-6对，达叶缘前弯拱网结，上面略下陷；叶柄长0.5-1.5厘米，连同总花梗、苞片、小

图 23 少花荚蒾（张荣生绘）

苞片和萼均带紫红色。圆锥花序顶生，长2.5-4.5(-10)厘米，宽2-4厘米，总花梗长（1.2-）2.5-7厘米，细而扁，花生于序轴第1-2级分枝；苞片和小苞片宿存。萼筒筒状倒圆锥形，长约2毫米，萼齿三角状卵形，长约0.5毫米；花冠白或淡红色，漏斗状，长6-8毫米，裂片宽卵形，长约筒部1/4；花药紫红色；柱头高出萼齿。果熟时红色，后黑色，宽椭圆形，长6-7毫米；核扁，有宽深腹沟。花期4-6月，果期6-8月。

产湖北西部、陕西南部、甘肃南部、四川、西藏南部、云南、贵州、湖南西南部及广西东北部，生于海拔1000-2200米林内或溪旁灌丛中及岩石上。

21. 滇缅荚蒾 图 24

Viburnum burmanicum (Rehd.) C. Y. Wu ex Hsu in Acta Phytotax. Sin. 17(2): 79. 1979.

Viburnum erubescens Wall. var. *burmanicum* Rehd. in Sarg. Pl. Wilson. 1: 108. 1911.

灌木。当年小枝淡褐色，有极稀的簇状短毛或无毛，散生浅色皮孔；二年生小枝紫褐色。冬芽有1对鳞片，外被簇状毛。叶厚纸质，长圆形或倒卵状长圆形，长8-13.5厘米，先端尾尖长0.5-1.5厘米，镰状弯曲，边缘基部除外疏生开展或略向弯小尖齿，两面无毛或下面中脉和侧脉有少数簇状毛，并散生细小红褐色腺点，侧脉4-6对，弧形，近缘前网结，连同中脉上面明显；叶柄长1-2厘米，疏生短毛。圆锥花序序轴短近复伞房式，果时宽尖塔形，长4-6厘米，径6-8厘米，被黄褐色簇状毛，后毛稀，总花梗长1-4厘米，果时达5厘米；苞片绿色，叶状，线形或长圆形，长3-7毫米，全缘，外疏被簇状毛。花多数，生于第2-4级分枝；萼筒筒状倒圆锥形，长约1毫米，萼齿宽卵形，长约0.5毫米；花冠漏斗状，裂片开展；花药黄白色。果熟时红色，卵圆形，长约5毫米；核倒卵圆形，稍扁，横切面扁圆形，有深腹沟。果熟期5月。

产云南西北部贡山、西藏东南部墨脱，生于海拔1350-2000米山坡常绿阔叶林或混交林下。缅甸北部有分布。

图 24 滇缅荚蒾 （张荣生绘）

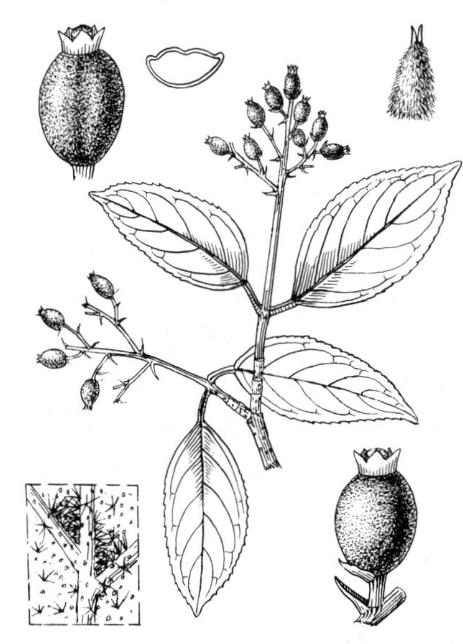

图 25 短筒荚蒾 （余汉平绘）

22. 短筒荚蒾 图 25

Viburnum brevitubum (Hsu) Hsu in Acta Phytotax. Sin. 17(2): 80. 1979.

Viburnum erubescens Wall. var. *brevitubum* Hsu in Acta Phytotax. Sin. 11(1): 67. 1966.

落叶灌木。当年小枝浅灰绿色，无毛，散生皮孔，二年生小枝浅灰褐色。冬芽鳞片1对，浅褐色，长圆形。叶纸质，椭圆状长圆形或窄长圆形，稀圆状椭圆形或近圆形，长3-7.5厘米，离基1/3以上有浅锯齿，上面无

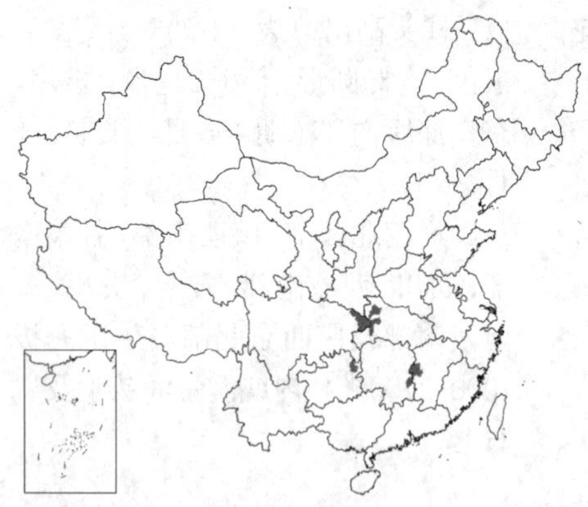

毛，下面淡绿色，脉腋集聚簇状毛，有趾蹼状小孔，中脉和侧脉散生簇状毛，侧脉约5对，直达齿端或近缘前网结；叶柄长0.7-1厘米，有窄翅，初疏被簇状柔毛，后近无毛。圆锥花序生于具1对叶的小枝之顶，径3-4厘米，初被少数簇状长柔毛和微毛，旋无毛，总花梗长(0.8-)2-3.5厘米；苞片和小苞片带紫红色，披针形，无毛，宿存。花大部生于序轴的第2级分枝，无梗；萼筒筒状，长约3毫米，萼檐碟形，齿宽三角形；花冠白色微红，筒状钟形，筒部长约4毫米，裂片宽卵形，长约2.5毫米；雄蕊生于花冠筒顶端，花药紫褐色，稍外露。果熟时红色；核扁，长约5毫米，有宽深腹沟。花期5-6月，果期7月。

产江西西部、湖南东部、湖北西部、四川东北部及贵州东北部，生于海拔1300-2300米山谷林中或林缘。

23. 巴东荚蒾 图 26

Viburnum henryi Hemsl. in Journ. Linn. Soc. Bot. 23: 363. 1888.

灌木或小乔木，常绿或半常绿；全株无毛或近无毛。冬芽有1对外被黄色簇状毛鳞片。叶亚革质，倒卵状长圆形、长圆形或窄长圆形，长6-10（-13）厘米，边缘除中部或中部以下全缘外有浅锐锯齿，齿常具硬凸头，两面无毛或下面脉散生少数簇状毛，侧脉5-7对，至少部分直达齿端，脉腋有趾蹼状小孔和少数集聚簇状毛；叶柄长1-2厘米。圆锥花序顶生，长4-9厘米，径5-8厘米，无毛或近无毛，总花梗纤细，长2-4厘米；苞片和小苞片迟落或宿存，线状披针形，绿白色。花芳香，生于序轴的第2-3级分枝；萼筒筒状或倒圆锥筒状，长约2毫米，萼檐波状或具宽三角形的齿，长约1毫米；花冠白色，辐状，径约6毫米，筒部长约1毫米，裂片卵圆形，长约2毫米；雄蕊与花冠裂片等长或略超出，花药黄白色。果熟时红色，后紫黑色，椭圆形；核稍扁，椭圆形，长7-8毫米，有深腹沟。花期6月，果期8-10月。

产浙江南部、福建西北部、江西西部、湖北西部、湖南西北部及西南部、广西东北部、贵州、四川及陕西南部，生于海拔900-2600米山谷密林中或湿润草坡。

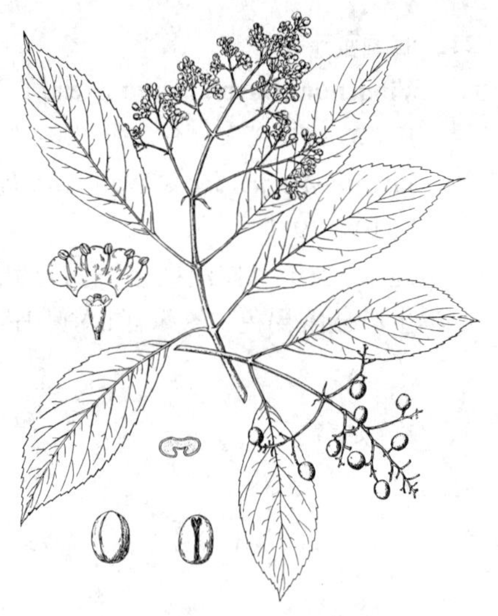

图 26 巴东荚蒾
（引自《Sarg. Trees and Shrubs》）

24. 台东荚蒾 图 27

Viburnum taitoense Hayata in Journ. Coll. Sci. Univ. Tokyo 30(1): 136. 1911.

灌木。幼枝、芽、叶下面脉、叶柄及花序均被簇状微柔毛；枝及小枝灰白色，具凸起皮孔，当年小枝紫褐色，有棱。冬芽有1对窄长鳞片。叶长圆形、长圆状披针形或倒卵状长圆形，长6-11厘米，有浅锯齿，齿顶微凸头，侧脉5-6对，弧形，近缘前网结，连同中脉上面凹陷；叶柄长0.6-

图 27 台东荚蒾（引自《Formos. Trees》）

1（-1.5）厘米。圆锥花序顶生，长约3厘米，径约2厘米，具少花，总花梗纤细，长约2厘米。萼筒筒状钟形，长约2毫米，径约1毫米，无毛或疏被簇状微毛，萼筒三角形，长、宽均约1毫米，具微缘毛；花冠白色，漏斗状，径约6毫米，筒部长5-9毫米，径1.5-2毫米，裂片近圆形，长约3毫米；雄蕊内藏。果熟时红色，宽椭圆状圆形，长约9毫米；核长7毫米，径5毫米，横切面不规则六角形，有1封闭式管形深腹沟。

产台湾、湖南南部及广西东北部，生于多石灌丛中或山谷溪旁。枝叶和根均为兽医药，广西民间用以治牛挫胛症。

25. 珊瑚树 图 28：1-5 彩片 6

Viburnum odoratissimum Ker-Gawl. in Bot. Reg. 6: t. 456. 1820.

常绿灌木或小乔木。枝有小瘤状皮孔，无毛或稍被黄褐色簇状毛。冬芽有1-2对卵状披针形鳞片。叶革质，椭圆形、长圆形、长圆状倒卵形或倒卵形，稀近圆形，长7-20厘米，上部有不规则浅波状锯齿或近全缘，两面无毛或脉散生簇状微毛，下面有时散生暗红色微腺点，脉腋常有集聚簇状毛和趾蹼状小孔，侧脉5-6对，弧形，近缘前网结；叶柄长1-2(3)厘米，无毛或被簇状微毛。圆锥花序顶生或生于侧生短枝，宽尖塔形，长（3.5-）6-13.5厘米，无毛或散生簇状毛，总花梗长达10厘米，扁，有淡黄色小瘤状突起；苞片长不及1厘米，宽不及2毫米。花芳香，通常生于序轴第2-3级分枝，无梗或有短梗；萼筒筒状钟形，长2-2.5毫米，无毛，萼檐碟状，齿宽三角形；花冠无毛，白色，后黄白色，辐状，径约7毫米，筒部长约2毫米，裂片反折，圆卵形，长2-3毫米；雄蕊稍超出花冠裂片。果熟时红色，后黑色，卵圆形或卵状椭圆形，长约8毫米；核卵状椭圆形，长约7毫米，有深腹沟。花期4-5月，果期7-9月。

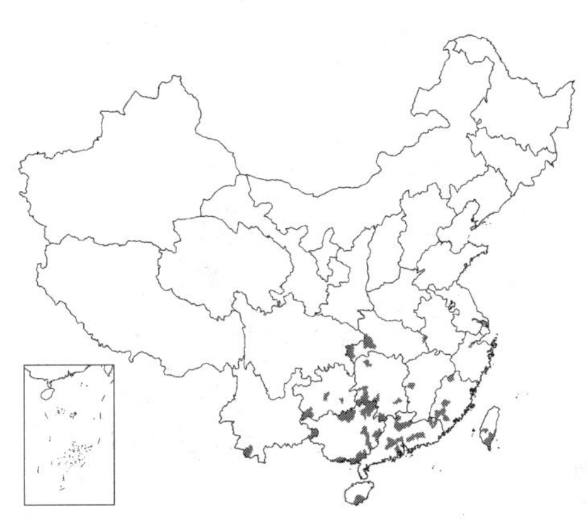

产浙江北部、福建、台湾、江西、湖北、湖南、广东、香港、海南、广西、贵州、四川东部、云南东南部及南部，生于海拔200-1300米山谷密林中溪旁蔽荫处、疏林中向阳地或平地灌丛中。印度东部、缅甸北部、泰国及越南有分布。为习见栽培绿化树种，木材供细木工原料。根和叶入药，广东民间以鲜叶捣烂外敷治跌打肿痛和骨折；亦作兽药，治牛、猪感冒发热和跌打损伤。

[附] **日本珊瑚树** 图 28：6-9 **Viburnum odoratissimum** var. **awabuki** (K. Koch) Zabel ex Rumpl. Ill. Gartenbau-Lex. ed. 3, 877. 1902. —— *Viburnum awabuki* K. Koch, Wochenschr. Gaertn. Pflanzenk. 10: 108. 1867. 与模式变种的主要区别：叶倒卵状长圆形或长圆形，稀倒卵形，侧脉6-8对；花冠筒长3.5-4毫米；果核倒卵圆形或倒卵状椭圆形。花期5-6月，果期9-10月。产浙江（普陀、舟山）、台湾。长江下游各地常见栽培。日本及朝鲜半岛南部有分布。是一种很理想的园林绿化树种，对煤烟和有毒气体具有较强的抗性和吸收能力，适合城市作绿篱或园景丛植。

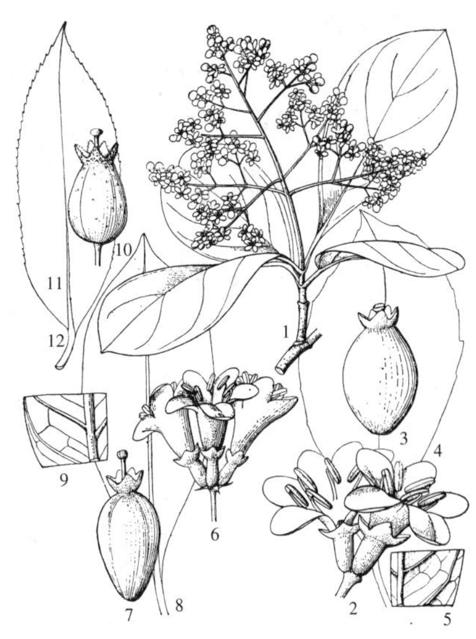

图 28：1-5. 珊瑚树 6-9. 日本珊瑚树 10-12. 短序荚蒾 （张荣生绘）

[附] **短序荚蒾** 图 28：10-12 **Viburnum brachybotryum** Hemsl. in Journ. Linn. Soc. Bot. 23: 349. 1888. 本种与珊瑚树的主要区别：萼和花冠或至少萼外面被簇状短毛；果核卵圆形或长卵圆形，顶端常渐尖而无肩，幼果常疏生簇状毛。花期1-3月，果期7-8月。产江西、湖北西部、湖南西部及西北部、广西西北部、东北部及东南部、四川、贵州、云南东南部及西南部，生于海拔（400-）600-1900米山谷密林或山坡灌丛中。

26. 伞房荚蒾 图 29

Viburnum corymbiflorum Hsu et S. C. Hsu in Acta Phytotax. Sin. 11 (1): 73. t. 12. 1966.

灌木或小乔木。小枝黄白色，无毛或近无毛。冬芽有1对鳞片。叶皮纸质，稀亚革质，长圆形或长圆状披针形，长6-10(-13)厘米，离基部1/3以上疏生外弯尖锯齿，无毛或初脉有极稀疏簇状毛，侧脉4-6对，大部直达齿端，连同中脉上面凹陷；叶柄长约1厘米，初有疏毛，后近无毛。圆锥花序成圆顶伞房状，生于具1对叶的短枝之顶，长（1.5）3-4厘米，径（3-）4-5.5（-6）厘米，疏被簇状柔毛，总花梗长2-4.5厘米。花芳香，生于序轴的第3级分枝，有长梗；萼筒筒状，长约2毫米，无毛或几无毛，常有少数腺体，萼齿窄卵形，长约1毫米；花冠白色，辐状，径约8毫米，筒部长不及1毫米，裂片长圆形，长约3毫米。果熟时红色，椭圆形，长7-8（-10）毫米；核倒卵圆形或倒卵状长圆形，有深腹沟。花期4月，果期6-7月。

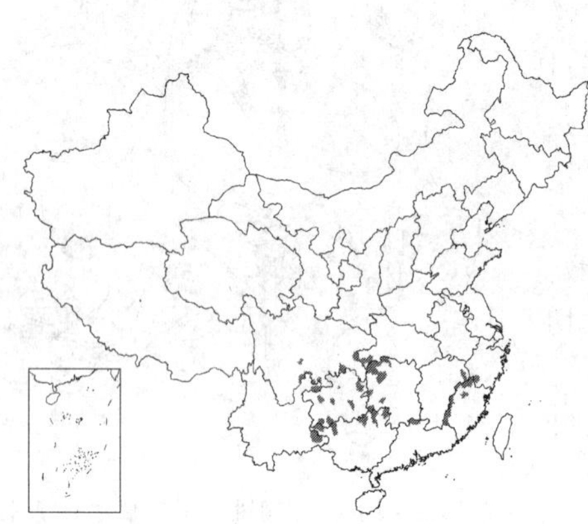

图 29 伞房荚蒾（引自《植物分类学报》）

产浙江南部、福建、江西东部、湖北西南部、湖南西北部及西南部、广东北部、广西北部、贵州、四川南部、云南东南部及东北部，生于海拔1000-1800米山谷和山坡密林或灌丛中湿润地。

27. 粉团雪球荚蒾 图 30

Viburnum plicatum Thunb. in Trans. Linn. Soc. Lond. 2: 332. 1794.

落叶灌木。当年小枝浅黄褐色，四角状，被黄褐色簇状绒毛，二年生小枝散生圆形皮孔，老枝圆筒形，近平展。冬芽有1对披针状三角形鳞片。叶纸质，宽卵形、圆状倒卵形或倒卵形，稀近圆形，长4-10厘米，有不整齐三角状锯齿，上面疏被短伏毛，中脉毛较密，下面密被绒毛，或仅侧脉有毛，侧脉10-12（13）对，直达齿端，上面常深凹陷，小脉横列，成长方形格纹；叶柄长1-2厘米，被薄绒毛，无托叶。聚伞花序伞形式，球形，径4-8厘米，常生于具1对叶的短侧枝上，全部由大型的不孕花组成，总花梗长1.5-4厘米，稍有棱角，被黄褐色簇状毛，第1级辐射枝6-8。花生于第4级辐射枝；萼筒倒圆锥形，无毛或被簇状毛，萼齿卵形；花冠白色，辐状，径1.5-3厘米，裂片4，倒卵形或近圆形。花期4-5月。

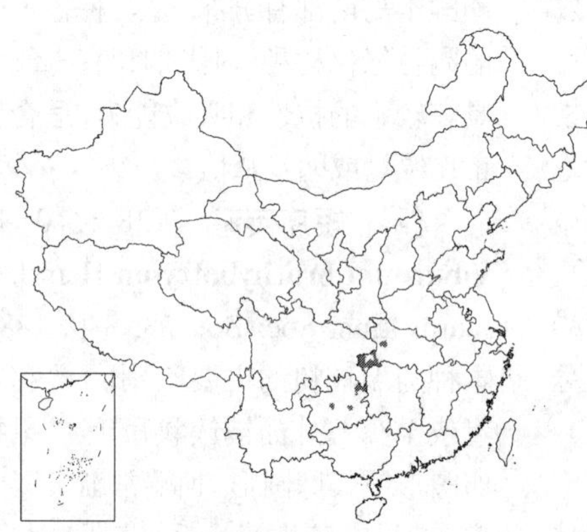

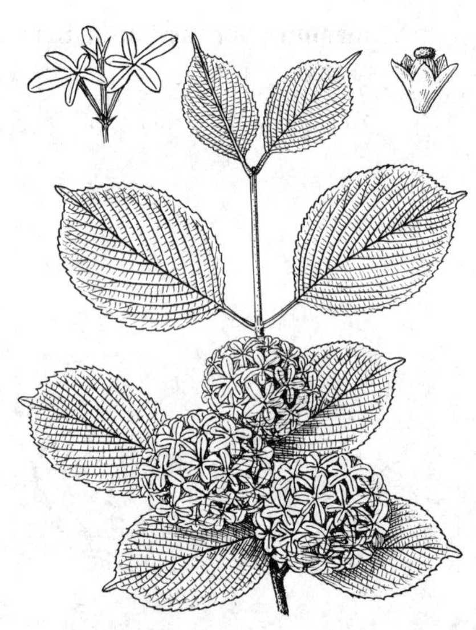

图 30 粉团雪球荚蒾（余汉平绘）

产湖北西部及西南部、贵州中部及东北部。各地常有栽培。日本有分布。

［附］ **蝴蝶戏珠花** 蝴蝶荚蒾 **Viburnum plicatum** var. **tomentosum** (Thunb.) Miq. in Ann. Mus. Bot. Lugd. - Bat. 2: 226. 1866. —— *Viburnum tomentosum* Thunb. Fl. Jap. 123. 1784, non Lam. 1778. 与模式变种的主要区别：花序周围有4-6朵大型不孕花；

叶下面常绿白色，侧脉10-17对；花冠黄白色。果期8-9月。产安徽南部及西部、浙江、福建、台湾、江西、湖北、湖南、广东北部、广西东北部、贵州、云南、四川、陕西南部及河南，生于海拔240-1800米山坡、山谷混交林内或沟谷灌丛中。各地常有栽培。日本有分布。

图 31 蝶花荚蒾（孙英宝绘）

28. 蝶花荚蒾 图 31

Viburnum hanceanum Maxim. in Bull. Acad. Imp. Sci. St. Pétersb. 26: 487. 1880.

灌木。当年小枝、叶柄和总花梗被由黄褐或铁锈色簇状绒毛，二年生小枝紫褐色，被疏毛或几无毛，散生凸起浅色皮孔。叶纸质，圆卵形、近圆形或椭圆形，稀倒卵形，长4-8厘米，具整齐稍波状锯齿，齿端具微凸尖，有时牙齿状，两面被黄褐色簇状伏毛，脉上毛较密，下面毛被有时绒状，侧脉5-7（-9）对，弧形，达齿端，上面略凹陷，小脉横列，近并行；叶柄长0.6-1.5厘米。聚伞花序伞形式，径5-7厘米，自总梗向上渐无毛，花稀疏，外围有2-5朵白色、大型不孕花，总花梗长2-4厘米，第1级辐射枝通常5。生于第2-3级辐射枝；萼筒倒圆锥形，无毛，萼齿卵形；不孕花白色，径2-3厘米，不整齐4-5裂，裂片倒卵形；可孕花花冠黄白色，径约3毫米，辐状，裂片卵形，长约筒部之半；雄蕊与花冠几等长，高出萼齿。果熟时红色，稍扁，卵圆形，长5-6毫米，核扁，有1上宽下窄腹沟，背面有多少隆起的脊。花期4-5月，果期8-9月。

产福建、江西南部、湖南西南部、广东、广西北部及贵州，生于海拔200-800米溪旁或灌丛中。

图 32 鳞斑荚蒾（引自《图鉴》）

29. 鳞斑荚蒾 点叶荚蒾 图 32

Viburnum punctatum Buch.-Ham. ex D. Don, Prodr. Fl. Nepal. 142. 1825.

常绿灌木或小乔木。幼枝、芽、叶下面、花序、苞片和小苞片、萼筒、花冠外面及果均密被铁锈色、圆形小鳞片。当年小枝密生褐色点状皮孔，初有鳞片，后光秃。冬芽裸露。叶硬革质，长圆状椭圆形或长圆状卵形，稀长圆状倒卵形，全缘或上部具少数不整齐浅齿，边内卷，长8-14（-18）厘米，先端骤钝尖，有时尾尖，侧脉5-7对，弧形，小脉不明显；叶柄粗，长1-1.5厘米。聚伞花序复伞形式，径7-10厘米，总花梗无或极短，第1级辐射枝4-5，长约2厘米，第2级辐射枝长达8毫米。花生于第3-4级辐射枝；萼筒倒圆锥形，长约1.5毫米，萼齿宽卵形；花冠白色，辐状，径约6毫米，裂片宽卵形，长约2毫米；雄蕊约与花冠裂片等长或稍超出。果熟时红色，后黑色，宽椭圆形，扁，长0.8-1厘米，径6-8毫米；核扁，两端圆，有2背沟和3浅腹沟。花期4-5月，果期10月。

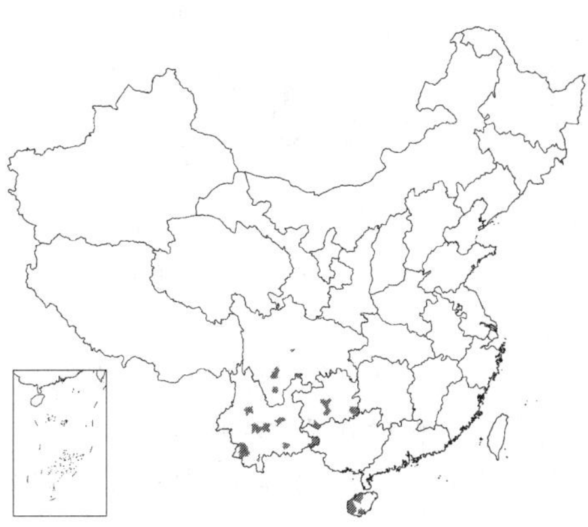

产四川南部、贵州、云南及海南，生于海拔700-1700米密林中溪旁或林缘。印度、尼泊尔、不丹、缅甸北部、泰国、越南、柬埔寨及印度尼西亚苏门答腊北部有分布。

[附] **大果鳞斑荚蒾** 鳞毛荚蒾 **Viburnum punctatum** var. **lepidotulum** (Merr. et Chun) Hus in Acta Phytotax. Sin. 13(1): 121. 1975.——*Viburnum lepidotulum* Merr. et Chun in Sunyatsenia 2: 22. pl. 12. 1934. 与模式变种的主要区别：花冠径约8毫米，裂片长约3毫米；果长1.4-1.5(-1.8)厘米。产广东西部、海南、广西东南部、南部及西部，生于海拔200-900米山谷林中。

30. 水红木 图 33

Viburnum cylindricum Buch.-Ham. ex D. Don, Prodr. Fl. Nepal. 142. 1825.

常绿灌木或小乔木。枝散生小皮孔，小枝无毛或初被簇状毛。冬芽有1对鳞片。叶革质，椭圆形、长圆形或卵状长圆形，长8-16(-24)厘米，全缘或中上部疏生浅齿，通常无毛，下面散生带红色或黄色微小腺点(有时似鳞片)，近基部两侧各有1至数个腺体，侧脉3-5(-8)对，弧形；叶柄长1-3.5(-5)厘米，无毛或被簇状毛。聚伞花序伞形式，顶圆，径4-10(-18)厘米，无毛或散生簇状微毛，连同萼和花冠有时被微细鳞腺，总花梗长1-6厘米，第1级辐射枝通常7；苞片和小苞片早落。花通常生于第3级辐射枝；萼筒卵圆形或倒圆锥形，长约1.5毫米，有微小腺点，萼齿极小；花冠白色或有红晕，钟状，长4-6毫米，有微细鳞腺，裂片圆卵形，直立，长约1毫米；雄蕊高出花冠约3毫米，花药紫色。果熟时红色，后蓝黑色，卵圆形，长约5毫米；核卵圆形，扁，长约4毫米；有1浅腹沟和2浅背沟。花期6-10月，果期10-12月。

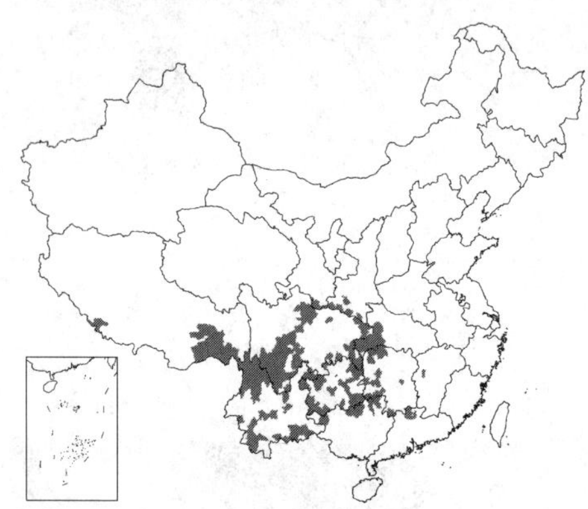

图 33 水红木 (引自《图鉴》)

产江西西部、湖北西南部、湖南、广东北部、广西北部、贵州、西藏东南部及南部、云南、四川、陕西南部及甘肃南部，生于海拔500-3300米阳坡疏林或灌丛中。印度、尼泊尔、缅甸、泰国及中印半岛有分布。叶、树皮、花和根药用。树皮和果可提取栲胶。种子含油35%，可制肥皂。

31. 三叶荚蒾 图 34

Viburnum ternatum Rehd. in Sarg. Trees and Shrubs 2: 37. t. 117. 1907.

落叶灌木或小乔木。当年枝被带黄色簇状伏毛。叶3枚轮生，在较细弱枝上对生，卵状椭圆形、椭圆形或长圆状倒卵形，有时倒卵状披针形，长8-24厘米，全缘或先端具少数大牙齿，上面初疏被叉状伏毛，中脉毛较密，后无毛，下面中脉及侧脉被簇状、叉状或单毛，基部中脉两侧常具圆形大腺斑，侧脉6-7对，弧形；叶柄细，长2-6厘米，被簇状毛，托叶2，披针形，

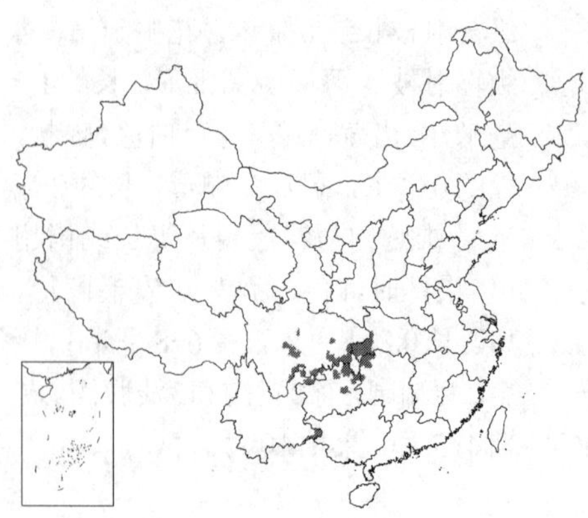

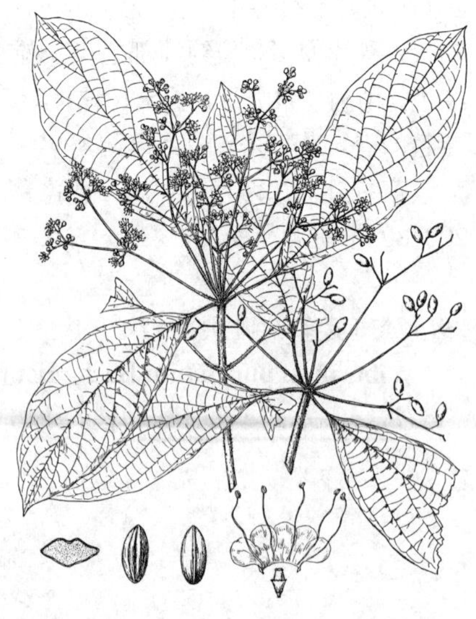

图 34 三叶荚蒾 (引自《Sarg. Trees and Shrubs》)

长4-5毫米，被毛。复伞形式聚伞花序径12-14（-18）厘米，疏被簇状毛，无或几无总花梗，第1级辐射枝5-7（-10）。花生于第2-6级辐射枝，花无梗或有短梗；萼筒倒圆锥形，长约1.8毫米，无毛，萼齿微小，具缘毛；花冠白色，辐状，径约3毫米，裂片半圆形，长约1.3毫米，稍短于筒部；雄蕊高出花冠。果红色，宽椭圆状长圆形，长约7毫米；核宽椭圆状长圆形或卵圆形，扁，长5-6毫米，有1腹沟和2浅背沟。花期6-7月，果期9月。

产湖北西南部、湖南西北部及西部、四川、贵州、云南东北部及东南部，生于海拔650-1400米山谷或山坡丛林或灌丛中。

图 35 厚绒荚蒾（引自《图鉴》）

32. 厚绒荚蒾 毛叶荚蒾 图 35

Viburnum inopinatum Craib in Kew Bull. 1911: 385. 1911.

Viburnum sambucinum Bl. var. *tomentosum* auct. non Hall. f.: 中国高等植物图鉴 4. 316. 1975.

常绿灌木或小乔木。小枝、叶下面、叶柄和花序均被黄白或黄褐色簇状绒毛。叶革质，椭圆状长圆形或长圆状披针形，长（12-）15-20（-25）厘米，全缘或先端具少数牙齿，上面初被黄褐色绒毛，后中脉有毛，下面被厚绒毛，兼有腺点，近基部中脉两侧有1至数枚大型凹腺，侧脉5-6对，弧形，连同中脉上面略凹陷；叶柄长2-5厘米，托叶2，早落。复伞形式聚伞花序径12-15厘米，果时达20厘米，总花梗粗，长（1-）1.5-2厘米，稀无，第1级辐射枝5-7，长达6.5厘米。萼筒倒圆锥形，长约0.7毫米，被长柔毛状簇状毛，萼齿长约1/4毫米，卵状三角形；花冠白或乳白色，辐状，径约3.5毫米，无毛，裂片卵形，开展，长约1毫米，比筒部稍短；雄蕊长于花冠筒基部，长约5毫米，高出花冠，花丝在芽中折叠。果熟时红色，卵圆形或椭圆形，长4-5毫米，多少被黄褐色叉状或簇状毛；核扁，有2背沟和3腹沟。

产广西西南部、云南东南部及南部，生于海拔700-1400米山坡密林中。缅甸、泰国、老挝及越南北部有分布。

33. 淡黄荚蒾 图 36 : 1-4

Viburnum lutescens Bl. Bijdr. 655. 1826.

常绿灌木。当年小枝疏被簇状毛，后无毛。芽鳞被褐色簇状毛。叶亚革质，宽椭圆形、长圆形或长圆状倒卵形，长7-15厘米，基部窄多少下延，除基部外有粗大钝锯齿，齿端微凸，嫩时下面被极稀簇状毛，后无毛，侧脉5-6对，弧形；叶柄长1-2厘米，无毛。聚伞花序复伞形式，或带圆锥式，径4-7厘米，被簇状毛，总花梗长2-5厘米，第1级辐射枝4-6，通常5。花芳香；萼筒

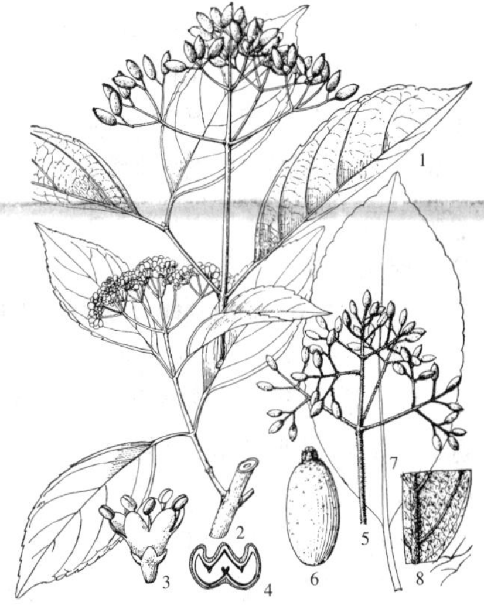

图 36 : 1-4. 淡黄荚蒾 5-8. 锥序荚蒾
（张荣生绘）

倒圆锥形，长约1.5毫米，无毛，萼齿三角状卵形，稍短于萼筒；花冠白色，辐状，径约5毫米，筒部长约1.5毫米，裂片宽卵形，长约等于筒部，开展；雄蕊稍高出花冠。果熟时红色，后黑色，宽椭圆形，长6-9（-10）毫米；核宽椭圆形、长圆状倒卵圆形或长圆状椭圆形，有1宽腹沟和2背沟。花期2-4月，果期10-12月。

产福建南部、广东、海南、广西及湖南西南部，生于海拔180-1000米山谷林中、灌丛中或河边冲积沙地。中南半岛、缅甸、马来半岛、印度尼西亚爪哇、苏门答腊及加里曼丹有分布。

[附] **锥序荚蒾** 图 36：5-8 **Viburnum pyramidatum** Rehd. in Sarg. Trees and Shrubs 2: 93. 1908. 本种与淡黄荚蒾的主要区别：幼枝、芽、叶下面、叶柄和花序均被黄褐色簇状绒毛；圆锥式花序尖塔形，长5-10厘米。花期12月至翌年1月，果期11-12月。产广西西部及云南东南部，生于海拔120-1400米山谷疏林、灌丛中、竹林中或荒地。越南北部有分布。

图 37 金腺荚蒾（孙英宝绘）

34. 金腺荚蒾 图 37

Viburnum chunii Hsu in Acta Phytotax. Sin. 11 (1): 82. 1966.

常绿灌木。当年小枝四角状，无毛。冬芽有2对鳞片。叶厚纸质或薄革质，卵状菱形、菱形或椭圆状长圆形，长5-7(-11)厘米，先端尾尖，中部以上有3-5对疏锯齿，上面常散生金黄及暗色腺点，无毛或仅中脉疏被糙毛，下面无毛或脉腋集聚簇状毛，腺点较密，侧脉3-4（5）对，近缘前内弯网结，最下1对有时成离基3出脉状；叶柄长4-8毫米，初疏被黄褐色短伏毛，后无毛，托叶无。复伞形式聚伞花序顶生，径1.5-2厘米，疏被黄褐色单毛、叉状糙伏毛和腺点，总花梗长0.5-1.8厘米。花生于第1级辐射枝，有短梗；苞片和小苞片宿存；萼筒钟状，无毛，萼齿卵状三角形，有缘毛；花冠蕾时带红色。果熟时红色，圆形，径（7）8-9（10）毫米；核卵圆形，扁，背、腹沟均不明显。花期5月，果期10-11月。

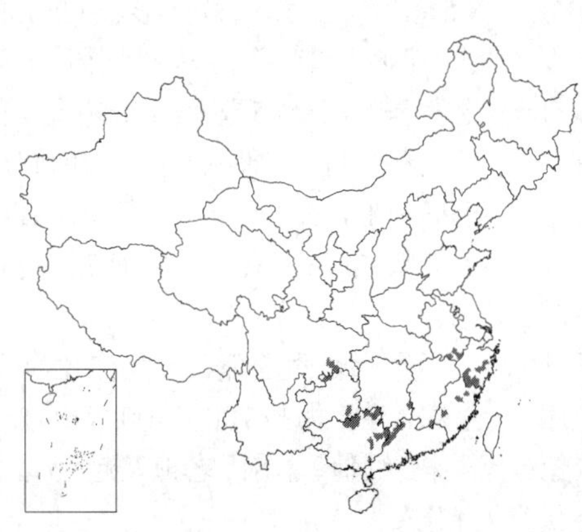

产安徽南部、浙江东部及南部、福建、江西南部、湖南、广东北部、广西、贵州及四川东南部，生于海拔140-1300米山谷密林中、疏林下蔽荫处或灌丛中。

[附] **毛枝金腺荚蒾** **Viburnum chunii** var. **piliferum** Hsu in Acta Phytotax. Sin. 11 (1): 83. 1966. 与模式变种的主要区别：幼枝、叶柄和花序均密被黄褐色伏毛；叶上面中脉和近边缘处疏被伏毛，下面中脉和侧脉疏生毛，脉腋集聚簇状毛。果期9-10月。产湖南（宜章莽山）、广东北部、广西北部、四川东南部及贵州东南部，生于海拔1900米以下灌丛、林中。

35. 海南荚蒾 图 38

Viburnum hainanense Merr. et Chun in Sunyatsenia 5: 193. 1940.

常绿灌木。小枝、叶下面和花序均有黑或栗褐色微细腺点。当年小枝四方形，连同叶柄和花序均被黄褐色簇状绒毛，去年小枝无毛。叶长圆形、宽长圆状披针形或椭圆形，长3.5-7（-10）厘米，全缘或中部以上具2-3对疏离小齿，两面无毛或下面中脉及侧脉被簇状毛，有黑或栗褐色腺点，侧脉4-5对，上面凹陷，近缘前网结，基部离基3出脉状；叶柄长3-6（-10）毫米。复伞形式聚伞花序顶生，径2-4厘米，总花梗长0.4-1厘米或几无，第1级辐射枝（3）4-5，长约1厘米。花芳香，生于第2-3级辐射枝，有短梗；萼筒长约1毫米，疏生簇状毛，萼齿宽卵形，稍有缘毛；花冠白色，辐

状，径约4毫米，无毛，筒部长约1毫米，裂片近圆形，反曲，长约等于筒部；雄蕊高出花冠。果熟时红色，扁，卵圆形，径约6毫米；核扁圆形，背面凸起，腹面深凹。花期4-7月，果期8-12月。

产广东西南部、海南、广西南部及东北部，生于海拔600-1400米灌丛或丛林中。越南北部有分布。

图 38 海南荚蒾 （引自《海南植物志》）

36. 常绿荚蒾 坚荚树　　图 39 彩片 7

Viburnum sempervirens K. Koch, Hort. Dendr. 300. 1853.

常绿灌木。当年小枝淡黄或灰黄色，四角状，散生簇状糙毛或近无毛。

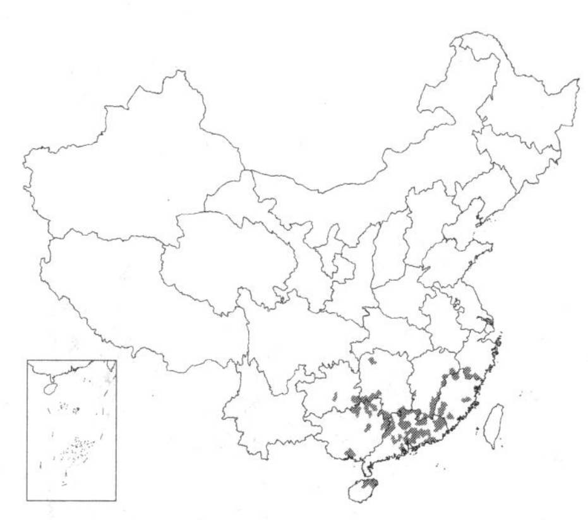

叶革质，干后上面黑至黑褐或灰黑色，椭圆形或椭圆状卵形，稀宽卵形，有时长圆形或倒披针形，长4-12(-16)厘米，全缘或上部至近顶部具少数浅齿，下面有褐色腺点，中脉及侧脉常有疏伏毛，侧脉3-4（5）对，近缘前网结或达齿端，最下1对多少离基3出脉状，上面深凹；叶柄带红紫色，长0.5-1.5厘米，无毛或散生少数簇状毛。复伞形式聚伞花序顶生，近无毛，径3-5厘米，有红褐色腺点，总花梗长不及1厘米，四角状，或几无，第1级辐射枝（4）5。花生于第3-4级辐射枝，有短梗或无梗；萼筒筒状倒圆锥形，长约1毫米，萼齿宽卵形，比萼筒短；花冠白色，辐状，径约4毫米，长约2毫米，裂片近圆形，约与筒部等长；雄蕊稍高出花冠。果熟时红色，卵圆形，长约8毫米；核扁圆形，腹面深凹，背面凸起，径3-5毫米。花期5月，果期10-12月。

图 39 常绿荚蒾
（引自《Sarg. Trees and Shrubs》）

产浙江南部、福建、江西、湖南、广东、海南、香港、广西及贵州，生于海拔100-1800米山谷林中、溪旁或丘陵灌丛中。

[附] **具毛常绿荚蒾 Viburnum sempervirens** var. **trichophorum** Hand.-Mazz. in Beih. Bot. Centralbl. Bd. 56: Abt. B, 465. 1937. 与模式变种的主要区别：幼枝、叶柄和花序均密被簇状短毛，有时兼有长单毛；叶先端具锯齿，侧脉5-6对；果较大，核长约7毫米，径约6毫米，背面略凸起，腹面略呈鹅毛扇状弯拱而不明显凹陷。产浙江、福建、江西、湖南南部、广东、广西北部、贵州、云南及四川东南部。

37. 披针叶荚蒾　　图 40

Viburnum lancifolium Hsu in Acta Phytotax. Sin. 11 (1): 81. t. 16. 1966.

常绿灌木。幼枝、叶下面、叶柄、花序和萼筒外面均有红褐色微细腺点。当年小枝四方状，连同叶（上面沿中脉，下面沿中脉和侧脉）、叶柄、花序、萼筒及萼裂片边缘均被黄褐色簇状毛，或兼有叉状或单毛和长毛。叶长圆状披针形或披针形，长9-19（-27）厘米，离基1/3以上疏生尖齿，侧脉7-12对，最下1对有时3出脉状，连中脉上面凹陷，小脉横列；叶柄长

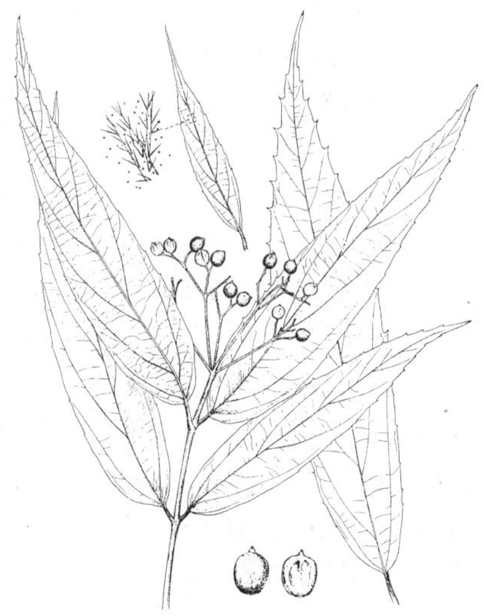

图 40 披针叶荚蒾 （引自《植物分类学报》）

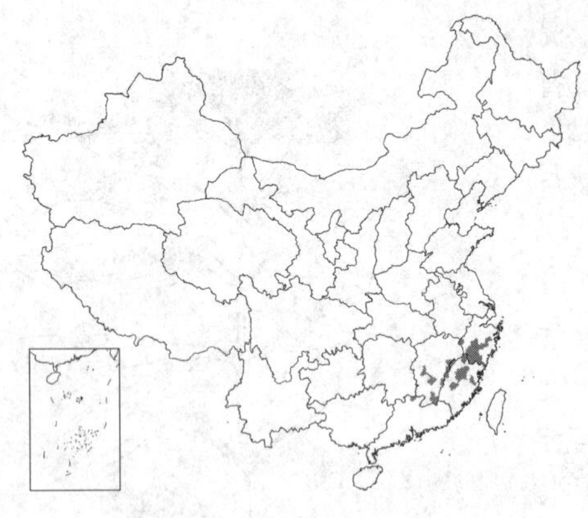

0.8-1.5(-2.5)厘米，托叶无。复伞形式聚伞花序顶生，径约4厘米，果时达6.5厘米，总花梗纤细，长1.5-4厘米。花生于第3-4辐射枝；苞片和小苞片膜质，线状披针形，边缘有疏睫毛；萼筒筒状，长约1毫米，萼齿宽卵形或三角状宽卵形，长约为筒之半，稍有小睫毛；花冠白色，辐状，径约4毫米，无毛，裂片圆卵形，稍长于筒部；雄蕊稍高出花冠。果熟时红色，圆形，径7-8毫米；核扁，常带方形，长5-6毫米，腹面凹陷，有2浅沟，背面凸起。花期5月，果期10-11月。

产浙江、福建、江西及广东北部，生于海拔200-500米山坡疏林中、林缘或灌丛中，有时亦见于竹林内。

38. 全叶荚蒾 图 41

Viburnum integrifolium Hayata in Journ. Coll. Sci. Univ. Tokyo 30 (1): 132. 1911.

灌木。当年小枝有棱角，初被带黄色簇状柔毛，后无毛，有小皮孔，二年生小枝圆，无毛。叶长圆形、长圆状披针形或线状披针形，长5-11厘米，先端长尾尖，尾突长1-2厘米，叶缘不规则波状，两面无毛，下面散生棕色小腺点，侧脉4-6对，弧形，边缘前网结；叶柄长5-10厘米，被簇状短毛，无托叶。伞形式聚伞花序顶生或生于具1对叶的小枝顶，径2.5-5厘米，各级分枝均纤细，被簇状微毛及红褐色小腺点，总花梗长2-2.5厘米，第1级辐射枝5。花生于第2-3级辐射枝，梗细长或无梗；萼筒筒状，长1毫米或略过，有少数红褐色小腺点，萼齿卵形，长约0.8毫米；花冠白色，辐状，径约4毫米，裂片卵形，长约1.2毫米，比筒部长；雄蕊约与花冠等长。果卵圆形，长约7.5毫米；核扁，腹面微凹，背面凸起。花期6月。

产台湾，生于海拔1600-2000米山地。

图 41 全叶荚蒾（引自《Formos. Trees》）

39. 直角荚蒾 图 42:1-3 彩片 8

Viburnum foetidum Wall. var. **rectangulatum** (Graebn.) Rehd. in Sarg. Trees and Shrubs 2: 114. 1908.

Viburnum rectangulatum Graebn. in Engl. Bot. Jahrb. 29: 588. 1901.

植株直立或攀援状。枝披散，侧生小枝蜿蜒状，常与主枝近直角。叶厚纸质或薄革质，卵形、菱状卵形、椭圆形、长圆形或长圆状披针形，长3-6(-10)厘米，全缘或中部以上疏生浅齿，下面偶有棕色小腺点，侧脉直达齿端或近缘前网结，基部1对侧脉较长成离基3出脉状。总花梗通常极短或几缺，稀长达2厘米；第1级辐射枝通常5。花期5-7月，果期10-12月。

图 42:1-3.直角荚蒾 4-6.珍珠荚蒾
（张荣生绘）

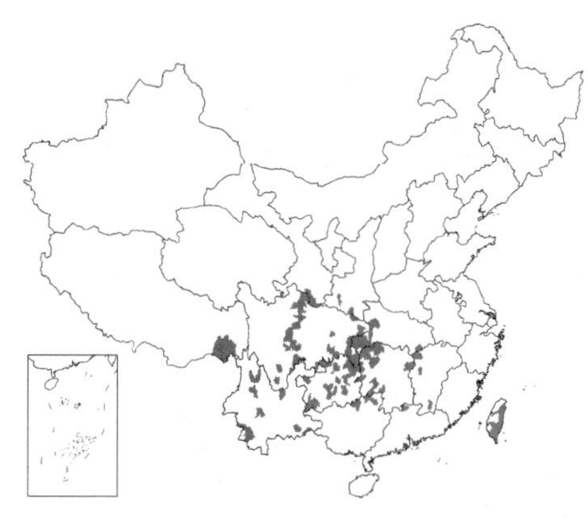

产台湾、江西、湖北、湖南、广东北部、广西东北部、贵州、云南、西藏东南部、四川、陕西南部及甘肃南部，生于海拔600-2400米山坡林中或灌丛中。

[附] **臭荚蒾 Viburnum foetidum** Wall. Pl. Asiat. Rar. 1: 49. t. 61. 1830. 与直角荚蒾的主要区别：枝非披散状，小枝非蜿蜒状；总花梗长（0.5-）2-5厘米。果期9月。产西藏南部及东南部，生于海拔1200-3100米林缘灌丛中。印度东北部、孟加拉、不丹、缅甸、泰国及老挝有分布。

[附] **珍珠荚蒾** 珍珠花 图42：4-6 **Viburnum foetidum** var. **ceanothoides** (C. H. Wright) Hand.-Mazz. Symb. Sin. 7: 1038. 1936. —— *Viburnum ceanothoides* C. H. Wright in Bull. Misc. Inform. Kew 1896: 23. 1896. 与直角荚蒾的主要区别：侧生小枝较短；叶较密，倒卵状椭圆形或倒卵形，长2-5厘米，中部以上疏生圆钝牙齿或缺刻，稀近全缘，下面常散生棕色腺点，脉腋集聚簇状毛；总花梗长1-2.5（-8）厘米。花期4-6（-10）月，果期9-12月。产四川西南部、贵州西部、云南东北部、西部及西南部，生于海拔900-2600米密林或灌丛中。种子含油约10%，供制润滑油。

40. 茶荚蒾 鸡公柴 汤饭子 图43

Viburnum setigerum Hance in Journ. Bot. n. s. 20: 261. 1882.

落叶灌木。芽及叶干后黑色、黑褐或灰黑色。当年小枝多少有棱角，无毛。冬芽长0.5-1厘米，无毛，外面1对鳞片为芽体1/3-1/2。叶纸质，卵状长圆形或卵状披针形，稀卵形或椭圆状卵形，长7-12（-15）厘米，除基部外疏生尖锯齿，上面中脉被长纤毛，后无毛，下面中脉及侧脉被浅黄色贴生长纤毛，近基部两侧有少数腺体，侧脉6-8对，直伸近平行，至齿端，上面略凹陷；叶柄长1-1.5（-2.5）厘米，有少数长伏毛或近无毛。复伞形式聚伞花序无毛或稍被长伏毛，有极小红褐色腺点，径2.5-4（-5）厘米，常弯垂，总花梗长1-2.5（-3.5）厘米，第1级辐射枝通常5。花生于第3级辐射枝，有梗或无，芳香；萼筒长约1.5毫米，萼齿卵形，长约0.5毫米；花冠白色，辐状，径4-6毫米，无毛，裂片卵形，长约2.5毫米，比筒部长；雄蕊与花冠几等长。果熟时红色，卵圆形，长0.9-1.1厘米；核扁，卵圆形，长0.8-1厘米，或卵状长圆形，凹凸不平，腹面扁平或略凹陷。花期4-5月，果期9-10月。

产河南西部及东南部、安徽南部、江苏南部、浙江、福建、江西、湖北、湖南、广东北部、广西东北部、贵州、云南东北部、四川及陕西南部，生于海拔（200-）800-1650米溪旁疏林或灌丛中。

[附] **沟核茶荚蒾 Viburnum setigerum** var. **sulcatum** Hsu in Chen et al. Observ. Fl. Hwangshan. 185. t. 10. 1965. 与模式变种的主要区别：叶锯齿较细密和尖锐外展；果核长4.5-6毫米，卵状椭圆形，两缘向腹面反卷而纵向凹陷，背面凸起。产江苏南部、安徽南部及西部、浙江西北部、江西、福建西部、湖北（武昌）及四川，生于海拔200-900米山坡丛林或灌丛中。

图43 茶荚蒾

（引自《Sarg. Trees and Shrubs》）

41. 黑果荚蒾 图44

Viburnum melanocarpum Hsu in Chen et al. Observ. Fl. Hwangshan. 181. t. 9. 1965.

落叶灌木。当年小枝、叶柄和花

序均疏被带黄色簇状毛，二年生小枝无毛。冬芽密被黄白色细毛。叶纸质，倒卵形、圆状倒卵形或宽椭圆形，稀菱状椭圆形，长6-10（-12）厘米，先端常骤短渐尖，基部圆、浅心形或宽楔形，有小牙齿，齿顶有小凸尖，上面中脉常有少数糙毛，后近无毛，下面中脉及侧脉有少数长伏毛，脉腋常有少数集聚簇状毛，无腺点，侧脉6-7对，连同中脉上面凹陷，小脉横列；叶柄长1-2（-4）厘米，托叶钻形，长约3毫米，早落，或无。复伞形式聚伞花序生于具1对叶的短枝顶，径约5厘米，散生微细腺点，总花梗纤细，长1.5-3厘米，第1级辐射枝通常5。花生于第2-3级辐射枝；萼筒筒状倒圆锥形，长约1.5毫米，被少数簇状微毛或无毛，具红褐色微细腺点，萼齿宽卵形；花冠白色，辐状，径约5毫米，无毛，裂片宽卵形。果熟时暗紫红至酱黑色，椭圆状圆形，长0.8-1厘米；核扁，卵圆形，长约8毫米，多少浅杓状，腹面有1纵脊。花期4-5月，果期9-10月。

产江苏南部、安徽南部及西部、浙江、江西、湖南西北部、湖北西南部、河南东南部，生于海拔约1000米山地林中或山谷溪旁灌丛中。

图 44 黑果荚蒾（孙英宝绘）

42. 桦叶荚蒾　　图 45 彩片 9

Viburnum betulifolium Batal. in Acta Hort. Petrop. 13: 371. 1894.

落叶灌木或小乔木。小枝紫褐或黑褐色，稍有棱角，散生圆形、凸起浅色小皮孔，无毛或初稍有毛。冬芽多少有毛。叶宽卵形、菱状卵形或宽倒卵形，稀椭圆状长圆形，长3.5-8.5（-12）厘米，先端骤短渐尖或渐尖，离基1/3-1/2以上具浅波状牙齿，上面无毛或中脉被少数短毛，下面中脉及侧脉被少数短伏毛，脉腋集聚簇状毛，侧脉5-7对；叶柄纤细，长1-2（-3.5）厘米，疏生单长毛或无毛，近基部常有1对钻形小托叶。复伞形式聚伞花序径5-12厘米，多少被黄褐色簇状毛，总花梗初长不及1厘米，果时达3.5厘米，第1级辐射枝通常7。花生于第（3）4（5）级辐射枝上；萼筒有黄褐色腺点，疏被簇状毛，萼齿宽卵状三角形，有缘毛；花冠白色，辐状，径约4毫米，无毛，裂片圆卵形，比筒部长；雄蕊常高出花冠。果熟时红色，近圆形，长约6毫米；核扁，长3.5-5毫米，有1-3浅腹沟和2深背沟。花期6-7月，果期9-10月。

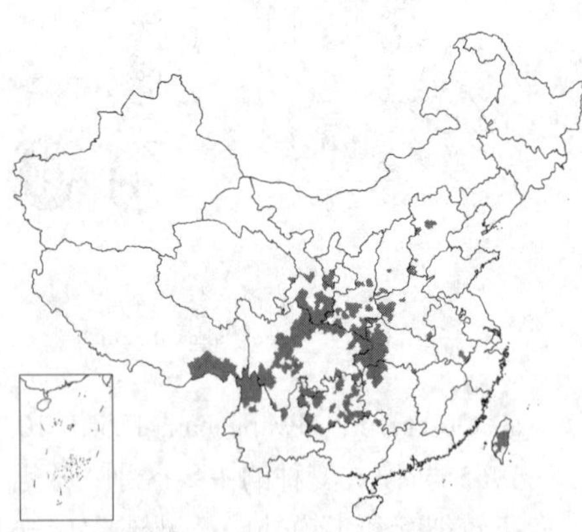

图 45 桦叶荚蒾
（引自《Sarg. Trees and Shrubs》）

产河北、山西南部、河南、安徽南部、湖北、湖南、广西东北部、贵州、云南、四川、陕西、宁夏、甘肃、青海东部、西藏东南部及台湾，生于海拔1300-3100米山谷林中或山坡灌丛中。茎皮纤维可制绳索及造纸。

43. 衡山荚蒾　　图 46

Viburnum hengshanicum Tsiang ex Hsu in Chen et al. Observ. Fl. Hwangshan. 178. 1965.

落叶灌木。除叶下面和花序外，

全株无毛。冬芽长而尖，有2对鳞片。叶纸质，宽卵形或圆卵形，稀倒卵形，长9-14（-18）厘米，先端渐尖或骤窄而具长突尖，有时3（2）浅裂，基部圆或浅心形，有时平截，疏生不整齐牙齿状尖齿，齿开展或稍外弯，上面无毛，下面中脉与侧脉疏被单伏毛或近无毛，脉腋集聚少数簇状毛，侧脉5-7对，最下1对3出脉状，连同中脉上面略凹陷；叶柄长（1）2-4.5厘米。复伞形式聚伞花序顶生，径5（-9）厘米，总花梗长（5）6-10（-12.5）厘米，第1级辐射枝（6）7，各级辐射枝的向轴面均被细毛。花生于第3-4级辐射枝；萼筒圆筒状，长约1毫米，萼齿宽卵形；花冠白色，辐状，径约5毫米，无毛，筒部长约1.2毫米，裂片近圆形，长约1毫米；雄蕊高出花冠。果熟时红色，长圆形或圆形；核扁，倒卵圆形，长6-8毫米，有2浅背沟和3浅腹沟。花期5-7月，果期9-10月。

图 46 衡山荚蒾（引自《黄山植物志资料》）

产安徽南部及西部、浙江、江西西北部、湖南中东部及中西部、广西东北部及贵州，生于海拔650-1300米山谷林中或山坡灌丛中。

44. 浙皖荚蒾 图 47

Viburnum wrightii Miq. in Ann. Mus. Bot. Lugd.-Bat. 2: 267. 1866.

落叶灌木。当年小枝无毛或有少数糙毛。叶倒卵形、卵形或近圆形，长7-14厘米，先端骤渐尖，基部圆或宽楔形，有牙齿状粗尖齿，下面主脉和侧脉有少数短糙伏毛，脉腋集聚簇状毛，有透明腺点；叶柄长0.6-2厘米。花序径5-10厘米，无毛或有少数糙毛，总花梗长0.6-2厘米。果红色。花期5-6月，果期9月。

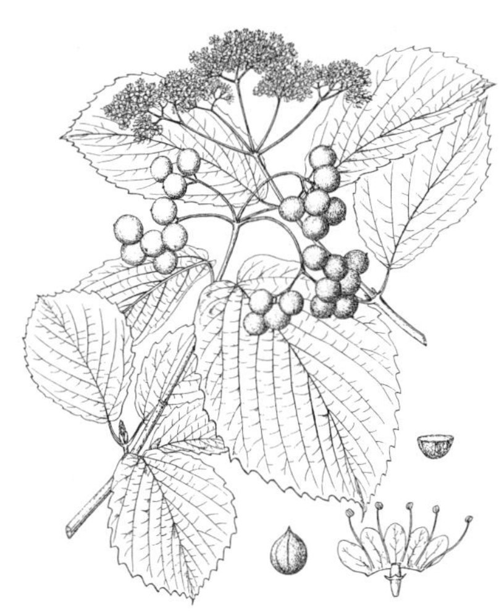

图 47 浙皖荚蒾
（引自《Sarg. Trees and Shrubs》）

产安徽南部及浙江西北部，生于溪边林下。日本及朝鲜半岛南部有分布。

45. 荚蒾 图 48 彩片 10

Viburnum dilatatum Thunb. Fl. Jap. 124. 1784.

落叶灌木。当年小枝连同芽、叶柄和花序均密被土黄或黄绿色开展小刚毛状粗毛及簇状短毛，二年生小枝被疏毛或几无毛。叶纸质，宽倒卵形、倒卵形或宽卵形，长3-10（-13）厘米，有牙齿状锯齿，齿端突尖，上面被叉状或单伏毛，下面被带黄色叉状或簇状毛，脉毛密，脉腋集聚簇状毛，有

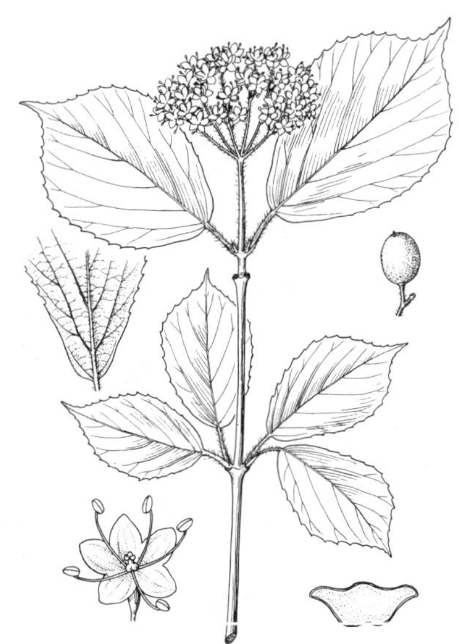

图 48 荚蒾（引自《图鉴》）

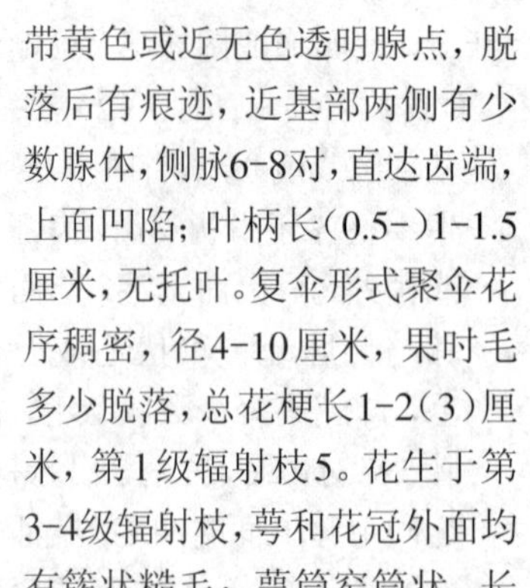

带黄色或近无色透明腺点，脱落后有痕迹，近基部两侧有少数腺体，侧脉6-8对，直达齿端，上面凹陷；叶柄长(0.5-)1-1.5厘米，无托叶。复伞形式聚伞花序稠密，径4-10厘米，果时毛多少脱落，总花梗长1-2(3)厘米，第1级辐射枝5。花生于第3-4级辐射枝，萼和花冠外面均有簇状糙毛；萼筒窄筒状，长约1毫米，有暗红色微细腺点，萼齿卵形；花冠白色，辐状，径约5毫米，裂片圆卵形；雄蕊高出花冠，花药乳白色。果熟时红色，椭圆状卵圆形，长7-8毫米；核扁，卵形，有3浅腹沟和2浅背沟。花期5-6月，果期9-11月。

产辽宁西北部、河北西南部、河南、山东东南部、江苏西南部、安徽、浙江、福建北部及西部、江西、湖北、湖南、广东、广西、贵州、云南、四川、陕西南部、宁夏及甘肃，生于海拔100-1000米山坡或山谷疏林下、林缘或山脚灌丛中。韧皮纤维可制绳和人造棉。种子油可制肥皂和润滑油。果可食，亦可酿酒。

46. 长伞梗荚蒾 图 49

Viburnum longiradiatum Hsu et S. W. Fan in Acta Phytotax. Sin. 11 (1): 78. f. 14. 1966.

落叶灌木或小乔木。当年小枝、叶柄和花序初时均密被开展黄绿色长糙毛，后毛渐稀。叶纸质，卵形、宽卵形、倒卵状圆形或长圆形，长5-10厘米，先端骤窄尾尖，尾突长0.5-1厘米，有波状牙齿，齿端突尖，常有缘毛，上面初散生糙毛，后脉有毛，下面被稍密簇状糙毛，无腺点，侧脉(6)7-9对，直达齿端，连同中脉上面略凹陷；叶柄长1-3厘米，托叶钻形，长约2毫米，或无。复伞形式聚伞花序径4-8(-14)厘米，总花梗长1.5-4厘米，第1级辐射枝5-7。花生于第2-3级辐射枝；萼筒圆筒状，长约2毫米，疏被单毛，萼齿三角形或圆形，有缘毛；花冠白或淡红色，辐状，径6毫米，外被糙毛，裂片卵形，长约3毫米，长于筒部；雄蕊高出花冠；花柱稍高出萼齿。果熟时红色；核扁，椭圆状卵圆形，长约7.5毫米，有2背沟和3腹沟。花期5-6月，果期7-9月。

图 49 长伞梗荚蒾
（引自《植物分类学报》）

产四川及云南东北部，生于海拔900-2300米山坡林下或灌丛中。

47. 粤赣荚蒾 图 50:1

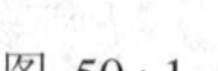

Viburnum dalzielii W. W. Smith in Notes Roy. Bot. Gard. Edinb. 9: 137. 1916.

灌木。当年小枝、叶柄、花序、萼及花冠外面均密被黄褐色刚毛状或小刚毛状簇状毛，二年生小枝灰褐色，无毛。叶纸质或厚纸质，卵状披针形或卵状椭圆形，长8-17厘米，先端长渐尖或尾尖，基部浅心形或圆，疏生小尖齿，基部全缘或微波状，两面除中脉和侧脉被黄褐色小刚毛外均无毛，侧脉8-12对，连同中脉上面凹陷；叶柄长1(-2)厘米，无托叶。复伞形式聚伞花序径5-6厘米，总花梗长1-4厘米，第1级辐射枝通常5。花有香味，生于第2-3级辐射枝；萼筒倒圆锥形，萼齿三角状卵形；花冠白

色，辐状，径约4毫米，裂片近圆形；雄蕊稍高出花冠。果熟时红色；核卵圆形，长7-8毫米，有2浅背沟和3浅腹沟。花期5月，果期11月。

产江西西部、湖南及广东，生于海拔400-1100米山坡灌丛或山谷林中。

48. 南方荚蒾 图 50：2-5

Viburnum fordiae Hance in Journ. Bot. 21: 321. 1883.

灌木或小乔木。幼枝、芽、叶柄、花序、萼和花冠外面均被暗黄或黄褐色簇状绒毛。叶宽卵形或菱状卵形，长4-7（-9）厘米，先端钝、短尖或短渐尖，除基部外常有小尖齿，上面（尤其沿脉）有时散生具柄红褐色微小腺体，初被簇状或叉状毛，后仅脉有毛，下面毛较密，无腺点，侧脉5-7（-9）对，直达齿端，上面略凹陷，萌枝的叶带革质，常较大，基部较宽，下面被绒毛，疏生浅齿或几全缘，侧脉较少；叶柄长0.5-1.5厘米，有时更短，无托叶。复伞形式聚伞花序径3-8厘米，总花梗长1-3.5厘米或近无，第1级辐射枝通常5。花生于第3-4级辐射枝；萼筒倒圆锥形，萼齿钝三角形；花冠白色，辐状，径（3.5-）4-5毫米，裂片卵形，长约1.5毫米，比筒部长；雄蕊与花冠等长或稍超出；花柱高出萼齿。果熟时红色，卵圆形，长6-7毫米；核扁，长约6毫米，有2腹沟和1背沟。花期4-5月，果期10-11月。

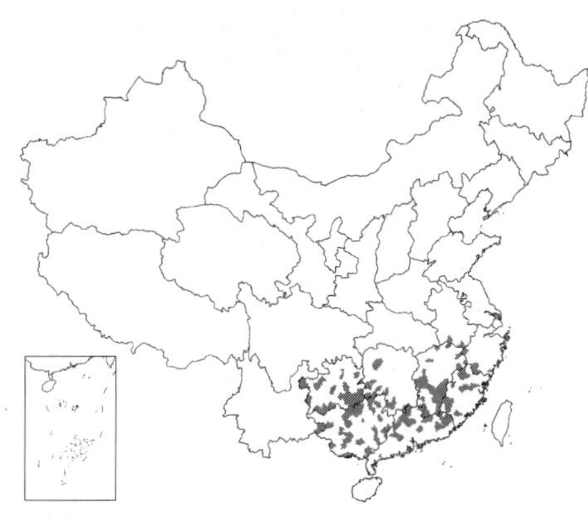

产安徽南部、浙江、福建、江西、湖南、广东、广西、贵州及云南东南部，生于海拔数十米至1300米山谷溪涧旁疏林、山坡灌丛中或平原旷野。

图 50:1. 粤赣荚蒾 2-5. 南方荚蒾
（张荣生绘）

49. 西域荚蒾 图 51

Viburnum mullaha Buch.-Ham. ex D. Don, Prodr. Fl. Nepal. 141. 1825.

落叶灌木或小乔木。当年小枝有棱角或略四方形，密被灰黄褐色簇状绒毛，兼有长柔毛，或近无毛，二年生小枝无毛。冬芽被短伏毛。叶纸质，卵形或卵状披针形，长6-10厘米，先端尾尖，除基部外有疏离锯齿，齿端具芒尖，上面散生单毛、叉状或簇状短毛，或仅中脉有毛，下面密被簇状毛，脉腋通常无簇状毛，侧脉（5-）6-8对，直达齿端；叶柄长1-2.5厘米，密被簇状毛，无托叶。复伞形式聚伞花序径约6厘米，顶生，各级花梗连同苞片、萼筒、萼齿和花冠外面均密被簇状短毛，总花梗长（0.4-）1.5-2.5厘米，第1级辐射枝5-7。花生于第2-4级辐射枝；萼筒长约1毫米，密生微细腺点，萼齿三角状卵形；花冠白色，辐状，筒部长约1.5毫米，裂片圆卵形，长约等于筒；雄蕊短于花冠裂片；花柱比萼齿短。果熟时红色，宽椭圆形，径5-7毫米；核宽卵圆形或卵圆形，长4-6毫米，腹面有浅沟，背面有2浅沟。花期7月，果期9-11月。

产云南西北部贡山、西藏东南部及南部，生于海拔2300-2700米山坡

图 51 西域荚蒾 （孙英宝绘）

针或阔叶混交林中。印度、尼泊尔及锡金有分布。

[附] **少毛西域荚蒾 Viburnum mullaha** var. **glabrescens** (Clarke) Kitam. in Fauna and Fl. Nepal. Himal. 1: 235. 1955.—— *Viburnum stellulatum* Wall. var. *glabrescens* Clarke in Hook. f. Fl. Brit. Ind. 3: 4. 1880.与模式变种的主要区别：当年小枝近无毛；叶下面除脉腋通常集聚簇状毛外，至多脉上有散生短毛；萼筒和花冠外面有极疏短毛。产西藏东南部及南部，生于海拔2200-2700米沟谷杂木林中。印度东部、不丹、锡金、尼泊尔至克什米尔有分布。

50. 吕宋荚蒾 图 52

Viburnum luzonicum Rolfe in Journ. Linn. Soc. Bot. 21: 310. 1884.

灌木。当年小枝、芽、叶柄、花序、萼筒及萼齿均被黄褐色簇状毛，二年生小枝疏被簇状毛。叶纸质或厚纸质，卵形、椭圆状卵形、卵状披针形或长圆形，有时带菱形，长4-9(-11)厘米，有深波状锯齿，有缘毛，上面有透明微小腺点，中脉被叉状毛，下面疏被簇状或叉状毛，脉毛较密，侧脉5-9对，连同中脉上面凹陷；萌枝被黄褐色绒毛，其叶缘具疏齿，上面散生簇状毛，下面毛较密；叶柄长0.3-1(-1.5)厘米，无托叶。复伞形式聚伞花序常生于具1对叶侧生短枝之顶或顶生小枝，径3-5厘米，总花梗极短或几无，稀长达1.5厘米，第1级辐射枝5，纤细。花生于第3-4级辐射枝；萼筒卵圆形，长约1毫米，萼齿卵状披针形；花冠白色，辐状，径4-5毫米，外被簇状短毛，裂片卵形，比筒部长；雄蕊短于花冠或稍长。果熟时红色，卵圆形，长5-6毫米；核扁，宽卵圆形，长4-5毫米，有2浅腹沟和3极浅背沟。花期4月，果期10-12月。

图 52 吕宋荚蒾
(引自《Sarg. Trees and Shrubs》)

产浙江南部、福建、台湾、江西、湖南、广东、广西及云南东南部，生于海拔100-700米山谷溪旁疏林、山坡灌丛中或旷野路旁。中南半岛、菲律宾至马来西亚的马六甲有分布。

51. 光萼荚蒾 图 53

Viburnum formosanum Hayata subsp. **leiogynum** Hsu in Acta Phytotax. Sin. 11 (1): 81. t. 15. 1966.

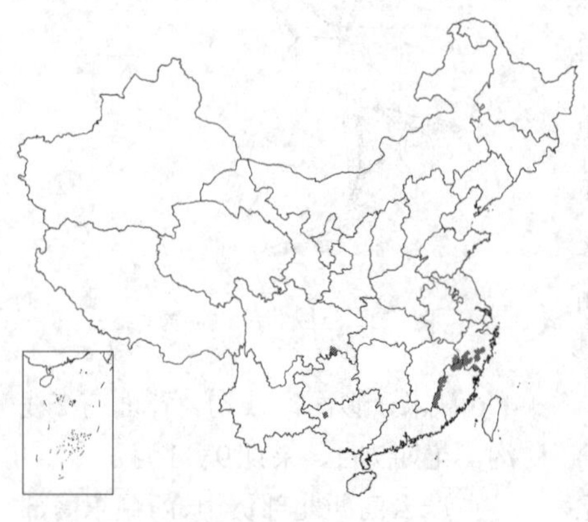

灌木。当年小枝和叶柄无毛或被簇状短柔毛，兼有长单毛。叶长达11厘米；叶柄无托叶。花序被簇状短柔毛；总花梗通常长达2.2厘米或几无。萼筒无毛。果扁圆形，顶端尖，宿存花柱远高出萼齿；核扁，卵圆形，长5-8毫米，背面微凸尖。花期5月，果期8-10月。

产浙江南部、福建西部、江西、广西西北部及四川东南部，生于海拔700-1100米山坡沟谷林中。

图 53 光萼荚蒾 (引自《植物分类学报》)

[附] 毛枝台中荚蒾 **Viburnum formosanum** var. **pubigerum** (Hsu) Hsu, Fl. Reipubl. Popul. Sin. 72: 95. 1988. —— *Viburnum formosanum* subsp. *leiogynum* Hsu var. *pubigerum* Hsu in Acta Phytotax. Sin. 13 (1): 126. 1975. 与光萼荚蒾的区别：当年小枝、叶柄和花序均密被黄褐色簇状短毛，并夹杂简单长毛。叶长圆形、卵状距圆形或卵状披针形，基部宽楔形或钝形，稀圆。雄蕊长达花冠两倍。果长约9毫米；核长6.5-9毫米。产江西、湖南南部及广东北部，生于海拔130-1000米山谷溪涧旁疏林或密林中或林缘灌丛中。

52. 宜昌荚蒾　　图 54

Viburnum erosum Thunb. Fl. Jap. 124. 1784.

落叶灌木。当年小枝、叶柄和花序均密被簇状短毛和长柔毛，二年生小枝带灰紫褐色，无毛。叶纸质，卵状披针形、卵状长圆形、窄卵形、椭圆形或倒卵形，长3-11厘米，基部圆、宽楔形或微心形，有波状小尖齿，上面无毛或疏被叉状或簇状短伏毛，下面密被簇状绒毛，近基部两侧有少数腺体，侧脉7-10(-14)对，直达齿端；叶柄长3-5毫米，被粗毛，基部有2枚宿存、钻形小托叶。复伞形式聚伞花序生于具1对叶的侧生短枝之顶，径2-4厘米，总花梗长1-2.5厘米，第1级辐射枝通常5。花生于第2-3级辐射枝，常有长梗；萼筒筒状，长约1.5毫米，被绒毛状簇状毛，萼齿卵状三角形，具缘毛；花冠白色，辐状，径约6毫米，无毛或近无毛，裂片圆卵形，长约2毫米。果熟时红色，宽卵圆形，长6-7(-9)毫米；核扁，具3浅腹沟和2浅背沟。花期4-5月，果期8-10月。

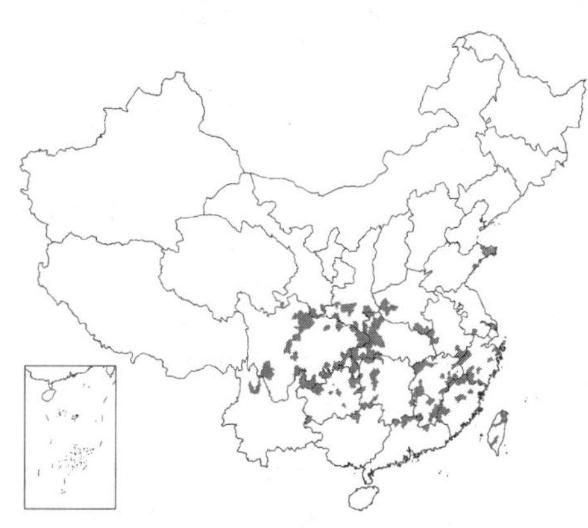

产山东东部、江苏南部、安徽南部及西部、浙江、福建、台湾、江西、湖北、湖南、广东北部、广西北部、贵州、云南西北部及东北部、四川、甘肃南部、陕西南部、河南西南部及东南部，生于海拔300-1800(-2300)米山坡林下或灌丛中。日本及朝鲜半岛有分布。种子含油供制肥皂和润滑油；茎皮纤维制绳索及造纸；枝条供编织用。

图 54 宜昌荚蒾
(引自《Sarg. Trees and Shrubs》)

[附] 裂叶宜昌荚蒾 **Viburnum erosum** var. **taquetii** (Lévl.) Rehd. in Sarg. Pl. Wilson. 1: 311. 1912. —— *Viburnum taquetii* Lévl. in Fedde, Repert. Sp. Nov. 9: 443. 1911. 与模式变种的主要区别：叶长圆状披针形，具粗牙齿或缺刻状牙齿，基部常2浅裂。产山东青岛崂山。朝鲜半岛及日本有分布。

53. 甘肃荚蒾　　图 55：1-5

Viburnum kansuense Batal. in Acta Hort. Petrop. 13: 372. 1894.

落叶灌木。当年小枝略四角状，二年生小枝近圆，散生皮孔。冬芽具2对分离鳞片。叶纸质，宽卵形、长圆状卵形或倒卵形，长3-5(-8)厘米，3-5裂，掌状3-5出脉，基部平截、近心形或宽楔形，中裂片最大，先端渐尖或尖，裂片具不规则粗牙齿，齿顶微突尖，上面全面或脉疏被簇状伏毛，下面脉被长伏毛，脉腋密生簇状柔毛；叶柄紫红色，长1-2.5(-4.5)厘米，无毛，基部常有2枚钻形托叶。复伞形式聚伞花序径2-4厘米，无大型不孕花，被微毛，总花梗长2.5-3.5厘米，第1级辐射枝5-7。花生于第2-3级辐射枝；萼筒紫红色，无毛，萼檐浅杯状，有三角状卵形小齿或齿不明显；花冠淡红色，辐状，径约6毫米，裂片近圆形，基部窄，长约2.5毫米，稍长于筒部，边缘稍啮蚀状；雄蕊稍长于花冠。果熟时红色，椭圆形或近圆形，长0.8-

1（-1.2）厘米；核扁，椭圆形，长7-9毫米，有2浅背沟和3浅腹沟。花期6-7月，果期9-10月。

产陕西南部、甘肃南部、四川、云南西北部、西藏东南部及东北部，生于海拔2400-3600米冷杉林或杂木林中。茎皮纤维制绳索和造纸。

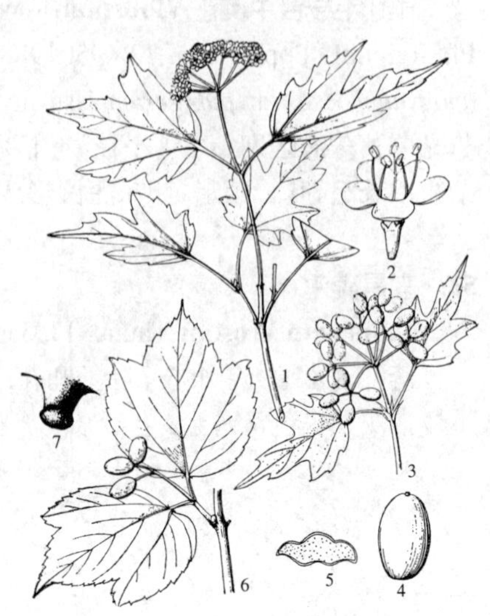

图 55：1-5. 甘肃荚蒾 6-7. 朝鲜荚蒾
（张荣生绘）

54. 朝鲜荚蒾 图 55：6-7

Viburnum koreanum Nakai, Tent. Capr. Jap. 42. 1921.

落叶灌木。幼枝绿褐色，无毛。冬芽有1对合生外鳞片。叶纸质，近圆形或宽卵形，长6-13厘米，2-3（4）浅裂，枝条顶端叶有时不裂，具掌状3-5出脉，基部圆、平截或浅心形，近叶柄两侧各有腺体1枚，裂片先端尖，有不规则牙齿，上面幼时无毛或疏被柔毛，后无毛，下面有微细腺点，脉和脉腋有带黄色长柔毛；叶柄长0.5-2（-2.5）厘米，初疏被柔毛，后无毛，基部有2钻形托叶。复伞形式聚伞花序有5-30花，无大型不孕花，总花梗长1.5-4厘米，第1级辐射枝5-7。花梗短；萼齿三角形，长约0.6毫米，无毛；花冠乳白色，辐状，径6-8毫米。果熟时黄红或暗红色，近椭圆形，长0.7-1厘米；核卵状长圆形，长约7毫米，有1宽腹沟和2浅背沟。

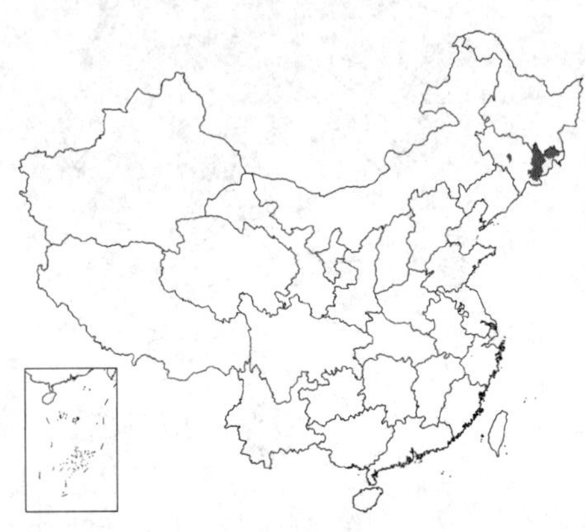

产吉林，生于海拔约1400米针叶林中或林缘。朝鲜半岛及日本北部有分布。

55. 欧洲荚蒾

Viburnum opulus Linn. Sp. Pl. 268. 1753.

落叶灌木，树皮质薄，非木栓质，常纵裂。当年小枝有棱，无毛，有凸起皮孔。冬芽卵圆形，有柄，有1对合生外鳞片，无毛。叶圆卵形、宽卵形或倒卵形，长6-12厘米，3裂，掌状3出脉，基部圆、平截或浅心形，无毛，裂片先端渐尖，具粗牙齿；小枝上部的叶椭圆形或长圆状披针形，不裂，疏生波状牙齿，或3浅裂，裂片近全缘，中裂片长；叶柄粗，长1-2厘米，无毛，有2-4至多枚长盘形腺体，钻形托叶2。复伞形式聚伞花序径5-10厘米，有大型不孕花，总花梗粗，长2-5厘米，无毛，第1级辐射枝（6）7（8）。花生于第2-3级辐射枝；花梗极短；萼筒倒圆锥形，长约1毫米，萼齿三角形，均无毛；花冠白色，辐状，裂片近圆形，长约1毫米，筒部与裂片几等长，内被长柔毛；雄蕊长为花冠1.5倍以上，花药黄白色。不孕花白色，径1.3-2.5厘米，有长梗，裂片宽倒卵形。果熟时红色，近圆形，径0.8-1（-1.2）厘米；核扁，近圆形，径7-9毫米，灰白色，稍粗糙，无纵沟。花期5-6月，果期9-10月。

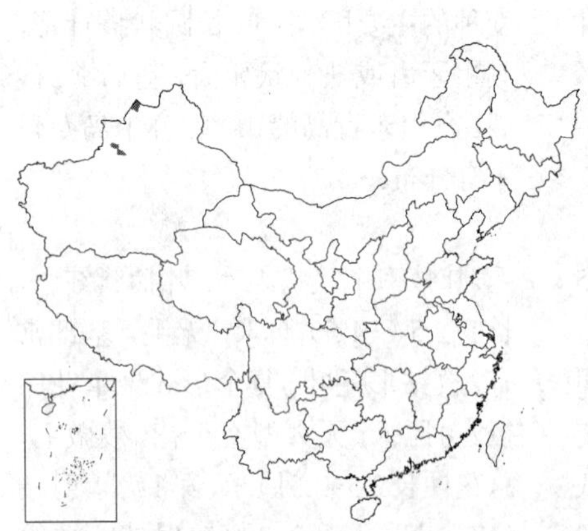

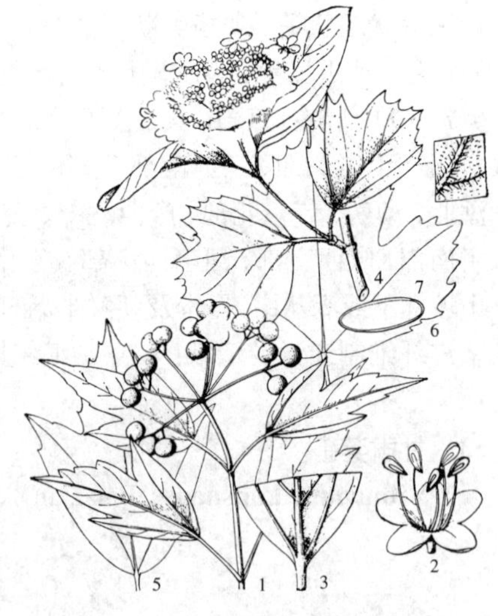

图 56：1-3. 鸡条树 4-7. 毛叶鸡条树
（张荣生绘）

产新疆西北部，生于海拔1000-1600米河谷云杉林下。欧洲、高加索及俄罗斯远东地区有分布。

[附]**鸡条树** 图 56:1-3 彩片 11 **Viburnum opulus** var. **calvescens** (Rehd.) Hara in Journ. Fac. Sci. Univ. Tokyo Bot. 6: 385. 1956. —— *Viburnum sargenti* Koehne var. *calvescens* Rehd. in Mitt. Deutsch. Dendr. Ges. 12: 125. 1903. 与模式变种的主要区别：树皮质厚，多少木栓质；小枝、叶柄和总花梗均无毛；叶下面脉腋集聚簇状毛或脉有少数长伏毛；花药紫红色。产黑龙江、吉林、辽宁、河北北部、山西、陕西南部、甘肃南部、河南西部、山东、安徽南部及西部、浙江西北部、江西（黄龙山）、湖北及四川，生于海拔1000-1650米溪谷边疏林下或灌丛中。日本、朝鲜和俄罗斯西伯利亚东南部有分布。

[附] **毛叶鸡条树** 图 56:4-7 **Viburnum opulus** var. **calvescens** f. **puberulum** (Kom.) Sugimoto, New Key Jap. Trees 478. 1961. —— *Viburnum sargenti* Koehne f. *puberula* Kom. in Acta Hort. Petrop. 25: 511. 1907. 与模式变种的主要区别：幼枝、叶下面、叶柄和总花梗均被带黄色长柔毛。产黑龙江、吉林、辽宁、内蒙古、河北北部及甘肃南部，生于海拔1200-2200米山坡溪谷矮林内或河流附近杂木林中或林缘。日本、朝鲜半岛及俄罗斯远东地区有分布。种子含油，供制肥皂和润滑油。也是优美庭园绿化树种。

3. 莛子藨属 Triosteum Linn.

多年生草本。具根茎。茎直立，不分枝。叶对生，基部常相连，倒卵形，全缘、波状或具缺刻至深裂。聚伞花序成腋生轮伞花序或于枝顶集合成穗状花序。萼檐5裂，裂片叶状，宿存；花冠近白色，黄或紫色，筒状钟形，基部一侧囊状，裂片5，不等，覆瓦状排列，两唇形，上唇4裂，下唇单一；雄蕊5，着生于花冠筒内，花药内向，内藏；子房5-3室，每室具1悬垂胚珠，花柱丝状，柱头盘形，5-3裂。浆果状核果近球形，革质或肉质；核骨质。种子3-2，长圆形；胚乳肉质，胚小。

7-8种，分布于亚洲中部至东部和北美洲。我国3种。

1. 聚伞花序集合成顶生穗状花序。
    2. 叶全缘，基部成对相连，茎贯穿其中 …………………… 1. **穿心莛子藨 T. himalayanum**
    2. 叶羽状深裂，基部不相连 …………………… 2. **莛子藨 T. pinnatifidum**
1. 聚伞花序腋生；叶全缘或具1-3对波状大圆齿 …………………… 3. **腋花莛子藨 T. sinuatum**

1. 穿心莛子藨 图 57:1-3 彩片 12

Triosteum himalayanum Wall. ex Roxb. Fl. Ind. 2: 180. 1824.

多年生草本。茎高40-60厘米，稀花时顶端有1对分枝，密生刺刚毛和腺毛。叶全株9-10对，倒卵状椭圆形或倒卵状长圆形，长8-16厘米，全缘，上面被长刚毛，下面脉毛较密，兼有腺毛，基部连合，茎贯穿其中。聚伞花序2-5轮在茎顶或分枝成穗状花序状。花萼裂片三角状圆形，被刚毛和腺毛，萼筒与萼裂片间缢缩；花冠黄绿色，冠筒内紫褐色，长1.6厘米，为花萼长约3倍，外有腺毛，冠筒基部弯曲，一侧成囊；雄蕊着生花冠筒中部，花丝细长。果熟时红色，近圆形，径10-12厘米，萼齿和缢缩萼筒宿存，被刚毛和腺毛。

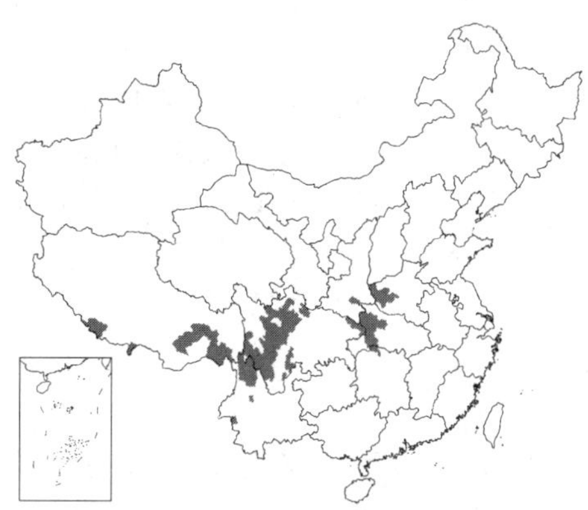

图 57:1-3. 穿心莛子藨 4-6. 莛子藨 7. 腋花莛子藨 （张荣生绘）

产河南西部、陕西秦岭东段、湖北西部、湖南北部、四川、云南西北部及西部、西藏东南部及南部，生于海拔1800-4100米山坡、暗针叶林缘、林下、沟边或草地。尼泊尔和锡金有分布。

2. 莛子藨 图 57:4-6 图 58

Triosteum pinnatifidum Maxim. in Bull. Acad. Imp. Sci. St. Pétersb. 27: 476. 1881.

多年生草本。茎花时顶部生分枝1对，高达60厘米，具条纹，被白色刚毛及腺毛，中空，髓部白色。叶羽状深裂，基部楔形或宽楔形，近无柄，倒卵形或倒卵状椭圆形，长8-20厘米，裂片1-3对，无锯齿，上面浅绿色，散生刚毛，沿脉及边缘毛较密，下面黄白色；茎基部初生叶有时不裂。聚伞花序具3花，对生，无总花梗，有时花序下具卵形全缘苞片，在茎或分枝顶端集合成短穗状花序。萼筒被刚毛和腺毛，萼裂片三角形，长3毫米；花冠黄绿色，窄钟状，长1厘米，冠筒基部弯曲，一侧成浅囊，被腺毛，裂片圆，内面有带紫色斑点；雄蕊着生花冠筒中部以下，花丝短；花柱基部被长柔毛。果卵圆形，肉质，具3槽，长1厘米，萼齿宿存；核3枚，扁，亮黑色。种子凸平，腹面具2槽。花期5-6月，果期8-9月。

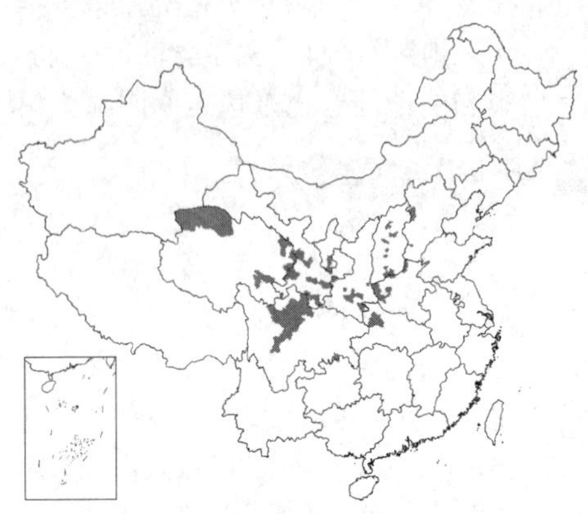

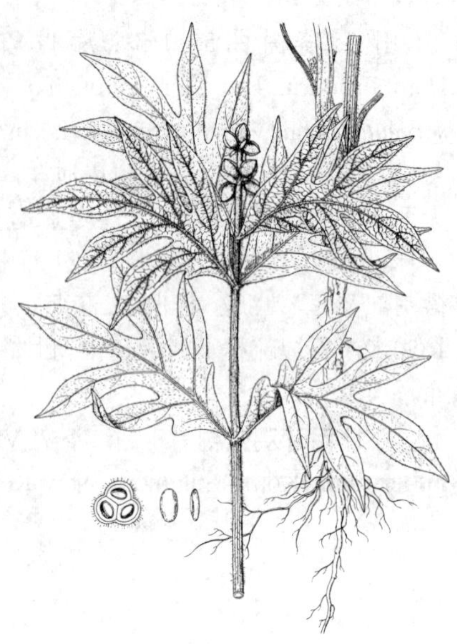

图 58 莛子藨（引自《中国北部植物图志》）

产河北西部、山西、陕西南部、宁夏南部、甘肃、青海、四川、湖北西部及河南，生于海拔1800-2900米山坡暗针叶林下和沟边向阳处。日本有分布。

3. 腋花莛子藨 图 57:7

Triosteum sinuatum Maxim. in Bull. Acad. Imp. Sci. St. Pétersb. 15: 373. 1871.

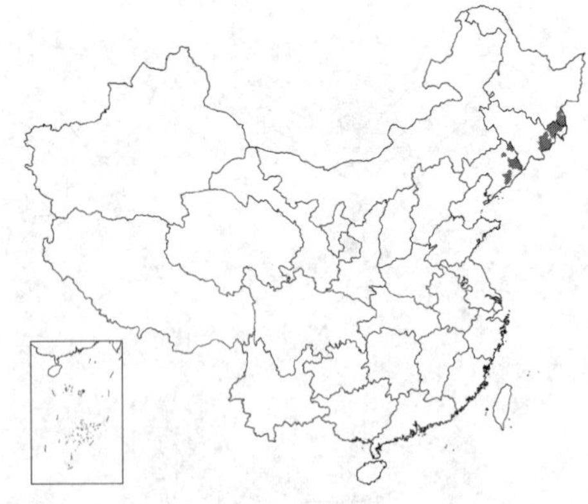

多年生草本。茎高达60厘米，密被刚毛和腺毛。叶圆卵形或长圆形，长14厘米，先端渐尖，近基部约1/3处骤窄呈匙状卵圆形或长圆形，基部有时抱茎，全缘或具1-3对波状大圆齿，两面散生刚伏毛，边缘或脉密生纤毛。聚伞花序有1-3花，腋生。萼裂片披针形或窄长椭圆形，长0.6-1厘米，与萼筒近等长，外被刚毛或腺毛；花冠黄绿色，内面紫褐色；雄蕊2枚较长，3枚相等。果圆形，径1-1.5厘米，无柄，密生刚毛。果期9-10月。

产黑龙江东南部、吉林东北部及辽宁东部，生于海拔约850米林下或沟边。俄罗斯和日本寒温带地区有分布。

4. 七子花属 Heptacodium Rehd.

落叶灌木或小乔木。茎干树皮灰白色，片状剥落。幼枝略四棱形，红褐色，疏被柔毛。枝髓部发达。冬芽具鳞片。叶对生，厚纸质，卵形或长圆状卵形，长8-15厘米，先端长尾尖，基部钝圆或近心形，全缘，近基部3出脉，下面脉疏生柔毛；叶柄长1-2厘米，无托叶。顶生圆锥花序具多轮头状聚伞花序，每轮具1对3花聚伞花序及顶生单花，计7朵花，称七子花；总苞片卵形，宿存。具10枚交互对生、密被绢毛的鳞片状苞片和小苞片，外面4，内面6。花芳香；萼筒陀螺状，密被刚毛，萼檐5裂，裂片长椭圆形，花后增大宿存；花冠白色，筒状漏斗形，长1-

1.5厘米，密被倒向柔毛，冠筒稍弯曲，5裂，稍二唇形，裂片长椭圆形，上唇直立，3裂，下唇开展或反卷，2裂；雄蕊5，花丝着生花冠筒中部，较花冠裂片长，花药长椭圆形；子房3室，具多数胚珠的2室不育，另1室具1能育胚珠，花柱被毛，柱头盘状。核果瘦果状，革质，长椭圆形，长1-1.5厘米，具10棱，疏被刺刚毛状绢毛；宿萼有主脉。种子1，近圆柱形，上部扁，外种皮膜质；胚乳肉质，胚短圆柱形，生于种子基部。

我国特有单种属。

七子花 图 59

Heptacodium miconioides Rehd. in Sarg. Pl. Wilson. 2: 618. 1916.

形态特征同属。花期6-7月，果期9-11月。

产湖北西部兴山、浙江天台山、四明山、义乌北山及昌化汤家湾、安徽东南部泾县及宣城，生于海拔600-1000米悬崖峭壁、山坡灌丛和林下。

图 59 七子花（张荣生 娄凤鸣绘）

5. 毛核木属 **Symphoricarpos** Duhamel

落叶灌木。冬芽具2对鳞片。叶对生，全缘或具波状齿裂；有短柄，无托叶。花簇生或单生于侧枝顶部叶腋成穗状或总状花序。萼杯状，5-4裂；花冠淡红或白色，钟状、漏斗状或高脚碟状，5-4裂，整齐，冠筒基部稍浅囊状，内面被长柔毛；雄蕊5-4，着生于花冠筒，内藏或稍伸出，花药内向；子房4室，2室具数枚不育胚珠，另2室各具1悬垂胚珠，花柱纤细，柱头头状或稍2裂。果为具两核的浆果状核果，白、红或黑色，圆形、卵圆形或椭圆形；核卵圆形，多少扁。种子具胚乳，胚小。

16种，15种产北美洲至墨西哥。我国1种。

毛核木 图 60 彩片 13

Symphoricarpos sinensis Rehd. in Sarg. Pl. Wilson. 1: 117. 1911.

直立灌木。幼枝红褐色，纤细，被柔毛，老枝皮细条状剥落。叶菱状卵形或卵形，长1.5-2.5厘米，全缘，下面灰白色，两面无毛，近基部3出脉，侧脉不明显；叶柄长1-2毫米。花小，无梗，单生于短小、钻形苞片腋内，组成短小顶生穗状花序，下部苞片叶状较长。萼筒长约2毫米，萼齿5，卵状披针形，长约1毫米，无毛；花冠白色，钟形，长5-7毫米，裂片卵形，稍短于冠筒，内外面均无毛；雄蕊5，着生于花冠筒中部，与花冠等长或稍伸出，花药白色，长2毫米；花柱长6-7毫

图 60 毛核木（张荣生绘）

米，无毛，柱头头状。果卵圆形，长7毫米，顶端有小喙，熟时蓝黑色，具白霜；分核2枚，密生长柔毛。花期7-9月，果期9-11月。

产陕西西南部、甘肃南部、湖北西部、四川东北部、云南北部及西北部，生于海拔610-2200米山坡灌木林中。

6. 北极花属 **Linnaea** Gronov. ex Linn.

常绿匍匐亚灌木，高5-10厘米。茎细长，红褐色，疏被柔毛。叶对生，圆形或倒卵形，长达1.2厘米，中部以上具1-3对浅圆齿，上面疏生柔毛，下面灰白色，无毛；叶柄长3-4毫米，无托叶。双花顶生小枝顶端，花梗细长；苞片1对，着生2花梗基部；小苞片1-2对；紧贴萼筒基部；萼筒长约2.5毫米，密被具柄腺毛和柔毛，萼檐5裂；花冠钟状，淡红或白色，长约1厘米，裂片卵圆形，外面无毛，内面被柔毛；雄蕊4，二强，着生冠筒中部以下，花药黄色，内向，内藏；子房3室，1室发育，花柱细长，伸出花冠，柱头头状。核果瘦果状，近圆形，黄色，下垂，种子1。

单种属。

北极花 图 61

Linnaea borealis Linn. Sp. Pl. 631. 1753.

形态特征同属。

产黑龙江、吉林东部、辽宁东部、内蒙古东北部及新疆北部，生于海拔750-2300米针叶林下，或在树干和长满苔藓的岩石上成片生长。欧洲北部、亚洲北部、西伯利亚、蒙古、朝鲜半岛北部、日本及北美有分布。

图 61 北极花（张荣生绘）

7. 蝟实属 **Kolkwitzia** Graebn.

落叶多分枝灌木，高达3米。冬芽具数对被柔毛鳞片。幼枝红褐色，被柔毛及糙毛，老枝无毛，茎皮剥落。叶对生，椭圆形或卵状椭圆形，长3-8厘米，全缘，稀有浅齿，两面疏生短毛，脉和叶缘密被直柔毛和睫毛；叶柄长1-2毫米，无托叶。2花聚伞花序组成伞房状，顶生或腋生于具叶侧枝之顶，总花梗长1-1.5厘米。花几无梗；苞片2，披针形，紧贴花基部；萼筒密被刚毛，上部缢缩成颈，5裂，裂片钻状披针形，有柔毛；花冠淡红色，钟状，长1.5-2.5厘米，5裂，裂片开展，被柔毛，2裂片稍宽短，内有黄色斑纹；雄蕊4，二强，内藏；子房3室，1室发育，1胚珠，花柱有软毛，柱头圆，不伸出冠筒。2瘦果状核果合生，密被黄色刺刚毛，顶端角状，萼齿宿存。

我国特有单种属。

蝟实 图 62

Kolkwitzia amabilis Graebn. in Engl. Bot. Jahrb. 29: 593. 1901.

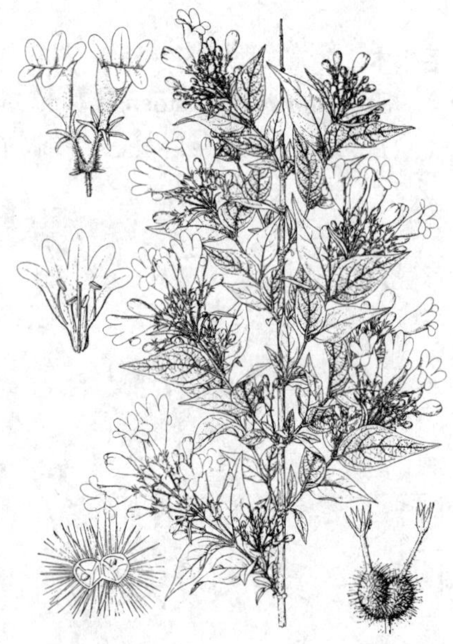

图 62 蝟实（引自《中国北部植物图志》）

形态特征同属。花期5-6月，果期8-9月。

产山西南部、陕西东南部、甘肃东南部、河南、安徽南部、湖北西部及西北部，生于海拔350-1340米山坡、路边和灌丛中。美丽观赏植物，欧洲已广泛引种。

8. 六道木属 Abelia R. Br.

落叶，稀常绿灌木。冬芽小，卵圆形，具数对鳞片。叶对生，稀3枚轮生，全缘、具齿牙或圆锯齿；具短柄，无托叶。具单花、双花或多花的总花梗顶生或生于侧枝叶腋，或3歧分枝聚伞花序或伞房花序；苞片2-4。花整齐或稍二唇形；萼筒长圆形，萼檐5、4（2）裂，裂片开展，窄长圆形、椭圆形或匙形，具1、3（7）脉，宿存；花冠白或淡玫瑰红色，筒状漏斗形或钟形，直伸或弯曲，基部两侧不等或一侧成浅囊，4-5裂；雄蕊4，等长或二强，着生花冠筒中部或基部，花药黄色，内向；子房3室，2室各具2列不育胚珠，另1室具1枚能育胚珠，花柱丝状，柱头头状。瘦果革质，长圆形，萼裂片宿存。种子近圆柱形，种皮膜质；胚乳肉质，胚短，圆柱形。

约20余种，分布于中国、日本、中亚及墨西哥。我国9种。

1. 叶柄基部不扩大，不连合；枝节不膨大；花冠钟形或钟状漏斗形。
  2. 多数聚伞花序集成圆锥状花簇，生于小枝上部叶腋；萼裂片5，雄蕊和柱头伸出花冠筒外 ………………………………………………………… 1. **糯米条 A. chinensis**
  2. 花单生或2-3朵于侧枝顶部叶腋；雄蕊和柱头几不伸出花冠筒外。
    3. 萼裂片5 ……………………………………………… 2. **细瘦六道木 A. forrestii**
    3. 萼裂片2。
      4. 侧生或顶生短枝的总花梗具2-4花；花无梗；幼枝无毛或被柔毛。
        5. 叶长3-8厘米，卵形；幼枝无毛 ……………………………… 3. **二翅六道木 A. macrotera**
        5. 叶长1.5-4厘米，长圆形或近菱形；幼枝被柔毛 ……………………… 4. **蒲梗花 A. engleriana**
      4. 侧生、具苞片的总花梗具1-2花；幼枝被柔毛，兼有糙硬毛或腺毛；叶缘内卷 … 5. **小叶六道木 A. parvifolia**
1. 叶柄基部扩大连合；枝节膨大；花冠漏斗形，筒部圆柱形，雄蕊和花柱不伸出花冠外。
  6. 萼裂片5；花单生于侧枝顶端叶腋；叶卵形或长圆形，全缘，长1.5-3厘米，宽0.5-1.5厘米 ………………………………………………… 6. **醉鱼草状六道木 A. buddleioides**
  6. 萼裂片4；单花或双花至多花生于侧枝顶端或叶腋，有时密集成聚伞花序或伞房花序；叶全缘或具缺刻，长2-6厘米，宽1-2.5厘米。
    7. 无总花梗，花单生叶腋 ……………………………………… 7. **六道木 A. biflora**
    7. 具总花梗。
      8. 总花梗具2花 ……………………………………… 8. **南方六道木 A. dielsii**
      8. 总花梗具4-8花，成复聚伞花序 ………………………… 8(附). **伞花六道木 A. umbellata**

1. 糯米条 图 63 彩片 14

Abelia chinensis R. Br. in Abel, Narr. Jour. China App. B, 376. t. 1818.

落叶多分枝灌木。嫩枝红褐色，被柔毛，老枝皮纵裂。叶有时3枚轮生，圆卵形或椭圆状卵形，基部圆或心形，长2-5厘米，疏生圆锯齿，上面初疏被柔毛，下面基部主脉及侧脉密被白色长柔毛，花枝上部叶向上渐小。聚伞花序生于小枝上部叶腋，由多数花序集合成圆锥状花簇，总花梗被柔毛，果期无毛。花芳香，具3对小苞片；小苞片长圆形或披针形，具睫毛；萼筒圆柱形，被柔毛，稍扁，具纵纹，萼檐5裂，裂片椭圆形或倒卵状长圆形，长5-6毫米，果期红色；花冠白或红色，漏斗状，长1-1.2厘米，为萼齿1倍，外面被柔毛，裂片5，圆卵形；雄蕊着生花冠筒基部，花丝细长，伸出花冠筒外；花柱细长，柱头盘形。果具宿存稍增大萼裂片。

产浙江、福建、台湾、江西、湖北、湖南、广东北部、广西东北部、贵州东南部及西南部、云南东北部、四川中南部及东部，生于海拔170-1500米山地；长江以北公园、庭园及植物园和温室栽培。花多而密集，花期长，果期宿存萼裂片红色，耐寒，为优美观赏植物。

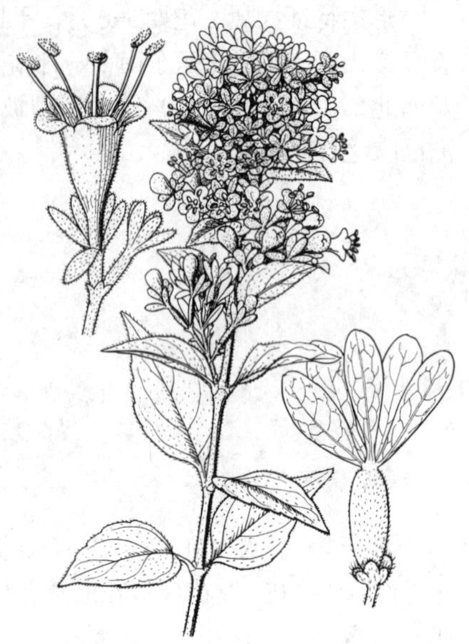

图 63 糯米条（引自《图鉴》）

2. 细瘦六道木 图 64

Abelia forrestii (Diels) W. W. Smith in Notes Roy. Bot. Gard. Edinb. 9: 76. 1916.

Linnaea forrestii Diels in Notes Roy. Bot. Gard. Edinb. 5: 178. 1912.

落叶灌木。幼枝红褐色，密被黄褐色绒毛，老枝灰色，枝皮剥落。叶窄椭圆形、长圆形或长圆状披针形，长1-2厘米，基部钝圆，全缘，侧脉不明显，下面灰绿色，有时带红色。花单生或2-3朵生于侧枝叶腋，芳香，花梗长3-4毫米；苞片1对，线形；小苞片1-2对，钻形，紧贴萼筒基部；萼檐5裂，裂片线状倒披针形，长6-8毫米，具3脉，疏被柔毛，果期带红色；花冠白或玫瑰红色，钟状漏斗形，被柔毛或腺毛，内面疏被长柔毛，筒部长约2厘米，基部一侧成浅囊，裂片5，倒卵形或圆形，长4-5毫米，两面被柔毛；雄蕊4，花丝与花冠几等长；花柱疏被柔毛，柱头盘形，稍露出。果长约7毫米，具宿存增大萼裂片。花期6-9月。

图 64 细瘦六道木（引自《图鉴》）

产四川西南部、云南西北部及湖南西北部，生于海拔1900-3300米阳坡或灌丛中。

3. 二翅六道木 图 65

Abelia macrotera (Graebn. et Buchw.) Rehd. in Sarg. Pl. Wilson. 1: 126. 1911.

Linnaea macrotera Graebn. et Buchw. in Engl. Bot. Jahrb. 29: 131. 1900.

落叶灌木。幼枝无毛。叶卵形或椭圆状卵形，长3-8厘米，先端渐尖或长渐尖，具疏锯齿及睫毛，上面叶脉下陷，疏生柔毛，下面灰绿色，中脉及侧脉基部密生白色柔毛。聚伞花序常具2-4花，生于小枝顶端或上部叶腋。花长2.5-5厘米；苞片红色，披针形；小苞片3，卵形，疏被长柔毛；萼筒被柔毛，萼裂片2，长1-1.5厘米，长圆形、椭圆形或窄椭圆形，长为花冠筒1/3；花冠浅紫红色，漏斗状，长3-4厘米，被柔毛，内面喉部有长柔毛，裂片5，略二唇形，上唇2裂，下唇3裂，筒基部具浅囊；雄蕊4，二强，花丝着生于花冠筒中部；花柱与花冠筒等长。果长0.6-1.5厘米，被柔毛，具2枚宿存增大萼裂片。花期5-6月，果期8-10月。

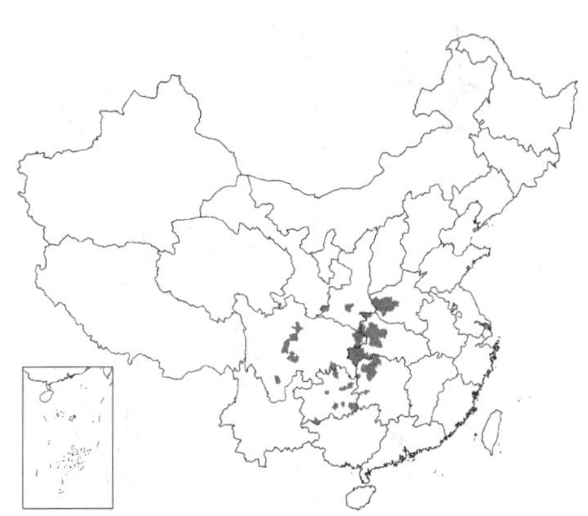

产陕西南部、河南西部、湖北西部、湖南西北部及西部、四川、贵州，生于海拔950-1000米灌丛、溪边林下。

图 65 二翅六道木（引自《图鉴》）

4. 蓪梗花 短枝六道木 图 66

Abelia engleriana (Graebn.) Rehd. in Sarg. Pl. Wilson. 1: 120. 1911.

Linnaea engleriana Graebn. in Engl. Bot. Jahrb. 29: 132. 1900.

落叶灌木。幼枝红褐色，被柔毛，老枝皮条裂脱落。叶圆卵形、窄卵圆形、菱形、窄长圆形或披针形，长1.5-4厘米，先端渐尖或长渐尖，基部楔形或钝，疏生锯齿，有时近全缘，具纤毛，两面疏被柔毛，下面基部叶脉密被白色长柔毛；叶柄长2-4毫米。花生于侧生短枝顶端叶腋，成聚伞花序状。萼筒细长，萼檐2裂，裂片椭圆形，长约1厘米，与萼筒等长；花冠红色，窄钟形，5裂，稍二唇形，上唇3裂，下唇2裂，冠筒基部两侧不等，具浅囊；雄蕊4，着生于花冠筒中部，花药长柱形，花丝白色；花柱与雄蕊等长，柱头头状，稍伸出花冠喉部。果长圆柱形，具2枚宿存萼裂片。花期5-6月，果期8-9月。

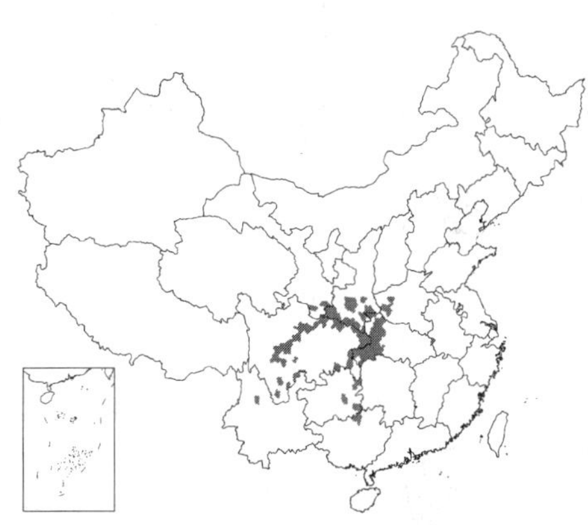

产河南西部、陕西南部、甘肃南部、四川、湖北、贵州、云南西北部及广西北部，生于海拔520-1640米沟边、灌丛、山坡林下或林缘。

图 66 蓪梗花 （钱存源绘）

5. 小叶六道木 图 67

Abelia parvifolia Hemsl. in Journ. Linn. Soc. Bot. 23: 358. 1888.

落叶灌木或小乔木。多分枝，幼枝被柔毛，兼有糙硬毛和腺毛。叶有时3枚轮生，革质，卵形、窄卵形或披针形，长1-2.5厘米，近全缘或具2-3对不明显浅圆齿，边缘内卷，下面绿白色，两面疏被硬毛，下面中脉基部密生白色长柔毛；叶柄短。具1-2花的聚伞花序腋生。萼筒被柔毛，萼檐2（3）裂，裂片椭圆形、倒卵形或长圆形，长5-7毫米；花冠粉红至浅紫

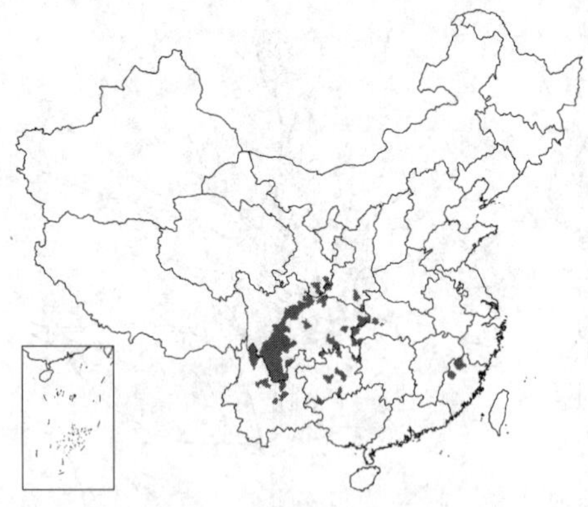

色，窄钟形，被柔毛及腺毛，基部具浅囊，花蕾时花冠弯曲，5裂，裂片圆齿形，整齐至稍不整齐，最上1片具浅囊；雄蕊4，二强，一对着生花冠筒基部，另一对着生花冠筒中部；柱头达花冠筒喉部。果长约6毫米，被柔毛，具2枚稍增大宿存萼裂片。花期4-5月，果期8-9月。

产甘肃南部、陕西南部、湖北西部、四川、贵州、云南及福建，生于海拔240-2000米林缘、路边、草坡或岩石山谷。

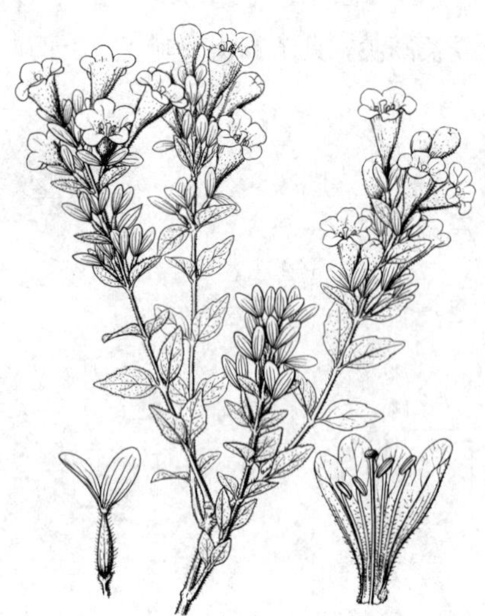

图 67 小叶六道木 （引自《图鉴》）

6. 醉鱼草状六道木 图 68

Abelia buddleioides W. W. Smith in Notes Roy. Bot. Gard. Edinb. 9: 75. 1916.

落叶灌木。幼枝被黄色倒硬毛，翌年灰色无毛。叶卵状披针形或窄披针形，长1.5-3厘米，宽0.5-1.4厘米，基部楔形或宽楔形，全缘，下面苍白色，侧脉不明显，边缘被长硬毛，余无毛；叶柄长约2毫米，被糙硬毛，基部膨大且成对相连。花单生于侧枝顶部叶腋，密集成头状，花梗或总花梗短或几无；苞片线形或钻形，长4毫米，被硬毛。萼筒窄卵形，具槽，被长糙硬毛，萼檐5裂，裂片线形，长0.4-1厘米，宽约1毫米，被糙硬毛状纤毛，主脉突出；花冠淡玫瑰红色，筒状漏斗形，长1-2厘米，为萼齿长约1倍，裂片5，近圆形，开展，被倒生疏硬毛，内面密被长柔毛；雄蕊4，二强，内藏，花丝被糙硬毛，花柱比雄蕊长。光滑。果圆柱形，具条纹。

产四川西南部、云南西北部及西藏东南部，生于海拔1800-3500米山坡林下、灌丛或草地。

图 68 醉鱼草状六道木 （引自《图鉴》）

7. 六道木 图 69

Abelia biflora Turcz. in Bull. Soc. Imp. Nat. Mosc. 10 (7): 152. 1873.

落叶灌木。幼枝被倒生硬毛，老枝无毛。叶长圆形或长圆状披针形，长2-6厘米，宽0.5-2厘米，全缘或中部以上羽状浅裂，具1-4对粗齿，下面绿白色，两面疏被柔毛，脉密被长柔毛，边缘有睫毛；叶柄长2-4毫米，被硬毛。花单生小枝叶腋，无总花梗。花梗长0.5-1厘米，被硬毛；小苞片三齿状，齿1长2短，花后不落；萼筒圆柱形，疏生硬毛，萼齿4，窄椭圆形或倒卵状长圆形，长约1厘米；花冠白、淡黄或带浅红色，窄漏斗形或高

图 69 六道木 （引自《图鉴》）

脚碟形，被柔毛，兼有倒向硬毛，4裂，裂片圆形，筒长为裂片3倍，内密生硬毛；雄蕊4，二强，着生花冠筒中部，内藏。果具硬毛，萼裂片宿存。种子圆柱形，长4-6毫米。早春开花，8-9月结果。

产黑龙江南部、吉林、辽宁、内蒙古、河北、山西、河南、陕西、甘肃及四川，生于海拔1000-2000米山坡灌丛、林下或沟边。

8. 南方六道木 图 70

Abelia dielsii (Graebn.) Rehd. in Sarg. Pl. Wilson. 1: 128. 1911.

Linnaea dielsii Graebn. in Engl. Bot. Jahrb. 29: 140. 1900.

落叶灌木。当年小枝红褐色，老枝灰白色。叶长卵形、倒卵形、椭圆形或披针形，长3-8厘米，嫩时上面散生柔毛，下面叶脉基部被白色粗硬毛，余无毛，全缘或有1-6对齿牙，具缘毛；叶柄长4-7毫米，散生硬毛。花2朵生于侧枝顶部叶腋；总花梗长1.2厘米。花梗极短或几无；苞片3，小而有纤毛，中央1枚长6毫米，侧生者长1毫米；萼筒长约8毫米，散生硬毛，萼檐4裂，裂片卵状披针形或倒卵形，基部楔形；花冠白色，后浅黄色，4裂，裂片圆，长约为冠筒1/3至1/5，筒内有柔毛；雄蕊4，二强，内藏，花柱细长，与花冠等长，不伸出花冠筒外。果长1-1.5厘米。种子柱状。花期4月下旬至6月上旬，果期8-9月。

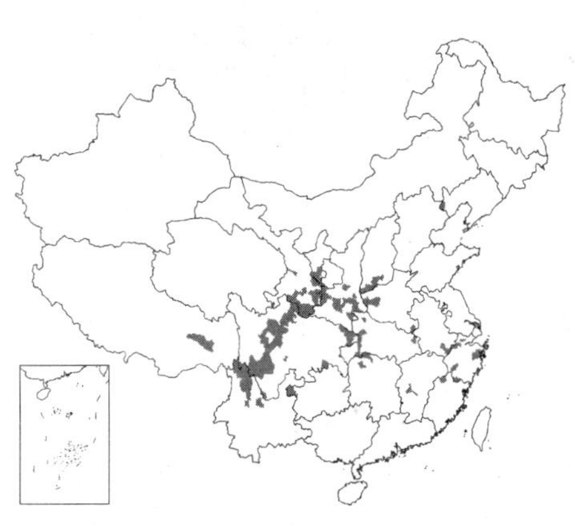

产河北东北部、山西南部、河南西部及东南部、安徽南部、浙江、福建北部、江西中西部、湖北、湖南西北部、贵州西部、云南西北部、西藏东部、四川、甘肃、宁夏南部及陕西南部，生于海拔800-3700米山坡灌丛、路边、林下或草地。

图 70 南方六道木
（引自《中国北部植物图志》）

[附] 伞花六道木 **Abelia umbellata** (Graebn. et Buchw.) Rehd. in Sarg. Pl. Wilson. 1: 122. 1911.——*Linnaea umbellata* Garebn. et Buchw. in Engl. Bot. Jahrb. 29: 143. 1900. 本种与南方六道木的主要区别：叶卵状披针形、卵形或椭圆形，两面疏被硬毛；由4-8朵花组成的复聚伞花序生于侧枝顶端。花期5-6月，果熟期8-9月。产湖北、四川西部、贵州西南部、云南西北部、西藏东部，生于海拔1400-2000米林下和灌丛中。

9. 双盾木属 **Dipelta** Maxim.

落叶灌木或乔木。冬芽有数鳞片。幼枝被柔毛。叶对生，全缘或先端具不明显浅波状牙齿，脉和边缘微被柔毛；具短柄，无托叶。花单生叶腋或由4-6花组成带叶的伞房状聚伞花序生于侧枝顶端；苞片2，生于总花梗中部。小苞片4，不等大，交互对生，较大2枚紧贴萼筒；萼筒长柱形，萼檐5裂，萼齿线形或披针形；花冠筒状钟形，稍二唇形，上唇2裂片位于最外方，下唇3裂，中裂片位于最内方；雄蕊4，二强，上面1对较长，着生花冠筒中部以下，下面1对生于花冠筒基部，花药基部2裂，内藏；子房4室，2室具多数胚珠不育，另2室各具1枚能育胚珠，花柱细长，稍短于花冠。肉质核果，萼裂片宿存，外有2宿存、增大膜质翅状小苞片。

我国特有属，3种。

1. 萼檐全裂或深裂，萼齿先端尖，长大于宽；花柱无毛。
   2. 花冠筒窄长部分伸出萼齿外；萼檐几裂至基部，萼齿线形，全为小苞片所包；果期增大的苞片盾形 ……………… 1. **双盾木 D. floribunda**
   2. 花冠筒窄长部分稍被包于萼齿中；萼檐裂至2/3处，萼齿钻状线形，不为小苞片所包；果期增大的苞片肾形 ……………… 2. **云南双盾木 D. yunnanensis**
1. 萼檐浅裂，萼齿先端钝圆，长宽相等；花柱被长柔毛；果期增大苞片盾形，径达4厘米 ……………… 2(附). **优美双盾木 D. elegans**

1. 双盾木 图 71 彩片 15

Dipelta floribunda Maxim. in Bull. Acad. Imp. Sci. St. Pétersb. 24: 51. 1877.

落叶灌木或小乔木。枝纤细，初被腺毛，后无毛；枝皮剥落。叶卵状披针形或卵形，长4-10厘米，全缘，有时顶端疏生2-3对浅齿，上面初被柔毛，后无毛，下面灰白色，侧脉3-4对，与主脉均被白色柔毛；叶柄长0.6-1.4厘米。聚伞花序簇生。花梗纤细，长约1厘米；苞片线形，被微柔毛，早落；2对小苞片紧贴萼筒的1对盾状，宿存而增大，干膜质，脉明显，下方1对一前一后，1枚卵形，基部宽，紧包花梗，长1厘米，另1枚窄椭圆形，长6毫米；萼筒疏被硬毛，萼檐几裂至基部，萼齿线形，长6-7毫米，具腺毛，全为小苞片所包，宿存；花冠粉红色，长3-4厘米，冠筒中部以下细圆柱形，上部钟形，稍二唇形，裂片圆形或长圆形，长约5毫米，下唇喉部桔黄色；花柱丝状，无毛。果具棱角，连同萼齿为宿存而增大盾形小苞片所包被。花期4-7月，果期8-9月。

图 71 双盾木（引自《图鉴》）

产陕西南部、甘肃南部、四川北部及东部、湖北西部、湖南西北部、贵州东部，生于海拔650-2200米杂木林下或灌丛中。

2. 云南双盾木 图 72：1-4

Dipelta yunnanensis Franch. in Rev. Hort. 11: 246. 1891.

落叶灌木，高达4米。幼枝被柔毛。冬芽具3-4对鳞片。叶椭圆形或宽披针形，长5-10厘米，基部钝圆，全缘，稀具疏浅齿，上面疏生微柔毛，中脉下陷，下面沿脉被白色长柔毛，边缘具睫毛；叶柄长约5毫米。伞房状聚伞花序腋生。小苞片2对，一对卵形，另一对较大，肾形；萼檐膜质，被柔毛，裂至2/3，萼齿钻状条形，长4-5毫米，不为小苞片所包；花冠白或粉红色，钟形，长2-4厘米，基部一侧有浅囊，二唇形，喉部具柔毛及黄色块状斑纹；花丝

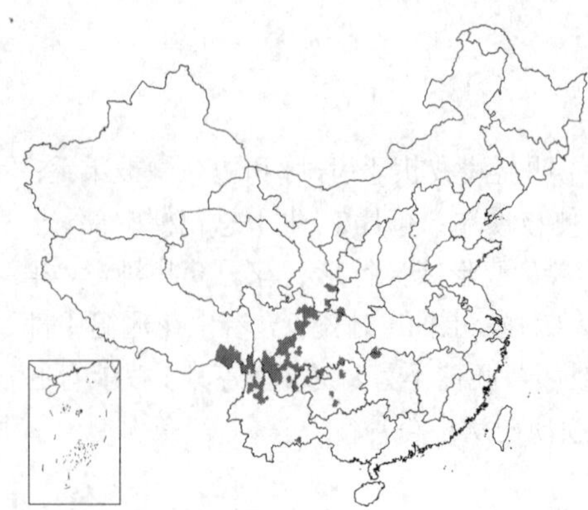

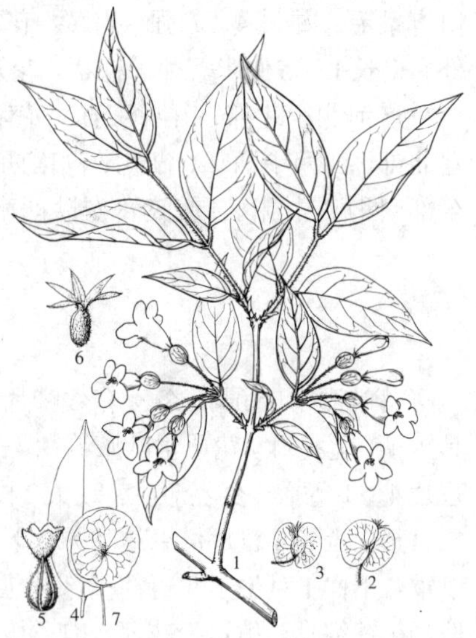

图 72：1-4. 云南双盾木 5-7. 优美双盾木（引自《图鉴》《中国植物志》）

无毛；花柱较雄蕊长，不伸出。果宽卵圆形，被柔毛，2对宿存小苞片增大，1对网脉明显，肾形，弯曲部分贴生果，长2.5-3厘米，宽1.5-2厘米。种子扁，内面平，外面具脊。花期5-6月，果期5-11月。

产甘肃东南部、陕西西南部、湖北西南部、湖南西北部、四川、贵州、云南及西藏东南部，生于海拔880-2400米林下或山坡灌丛中。

[附] **优美双盾木** 图 72:5-7 **Dipelta elegans** Batal. in Acta Hort. Petrop. 14(8): 174. 1895.本种与云南双盾木的主要区别：萼檐浅裂，萼齿先端钝圆，长宽相等；花柱被长柔毛；果期增大的苞片盾形，径达4厘米。产甘肃西部，生于海拔2000米以下山坡阔叶林内。

10. 锦带花属 Weigela Thunb.

落叶灌木。幼枝稍四方形。冬芽具数枚鳞片。叶对生，有锯齿；具柄或几无柄，无托叶。花单生或由2-6花组成聚伞花序生于侧生短枝上部叶腋或枝顶。萼筒长圆柱形，萼檐5裂，裂片深达中部或基底；花冠白、粉红至深红色，钟状漏斗形，5裂，不整齐或近整齐，筒长于裂片；雄蕊5，着生花冠筒中部，内藏；花药内向；子房上部一侧生1球形腺体，子房2室，胚珠多数，花柱细长，柱头头状，常伸出花冠筒外。蒴果圆柱形，革质或木质，2瓣裂，中轴与花柱基部残留。种子小而多，无翅或有窄翅。

约10余种，主要分布于东亚和美洲东北部。我国2种，庭园栽培1-2种。

1. 萼檐裂至中部，萼齿披针形；种子无翅 ………………………… 1. **锦带花 W. florida**
1. 萼檐裂至基部，萼齿线形；种子具窄翅 ………………………… 2. **半边月 W. japonica** var. **sinica**

1. 锦带花 锦带 海仙 图 73

Dipelta florida (Bunge) A. DC. in Ann. Sci. Nat. Bot. ser. 2, 11: 241. 1839.

Calysphyrum floridum Bunge, Enum. Pl. Chin. Bor. 33. 1833.

落叶灌木，高达1-3米。幼枝有2列柔毛。芽顶端尖，具3-4对鳞片，常光滑。叶长圆形、椭圆形或倒卵状椭圆形，长5-10厘米，先端渐尖，有锯齿，上面疏生柔毛，脉毛较密，下面密生柔毛或绒毛，具短柄至无柄。花单生或成聚伞花序。萼筒长圆柱形，疏被柔毛，萼齿披针形，长约1厘米，不等，深达萼檐中部；花冠紫红或玫瑰红色，长3-4厘米，径2厘米，外面疏生柔毛，裂片不整齐，开展，内面浅红色；花丝短于花冠，花药黄色；子房上部腺体黄绿色，柱头2裂。果长1.5-2.5厘米，顶有短柄状喙，疏生柔毛。种子无翅。花期4-6月。

产吉林、辽宁、内蒙古、陕西、山西、河南、河北、山东、江苏西南部及江西，生于海拔100-1450米杂木林下或山顶灌丛中。俄罗斯、朝鲜半岛及日本有分布。

图 73 锦带花（引自《图鉴》）

2. 半边月 水马桑 杨櫨 图 74

Weigela japonica Thunb. var. **sinica** (Rehd.) Bailey in Gent. Herb. 2(1): 49. 1929.

Diervilla japonica (Thunb.) DC. var. *sinica* Rehd. in Mitt. Deutsch. Dendr. Ges. (1913) 22: 264. 1914.

灌叶灌木，高达6米。叶长卵形或卵状椭圆形，稀倒卵形，长5-15厘米，具锯齿，上面疏生短柔毛，脉毛

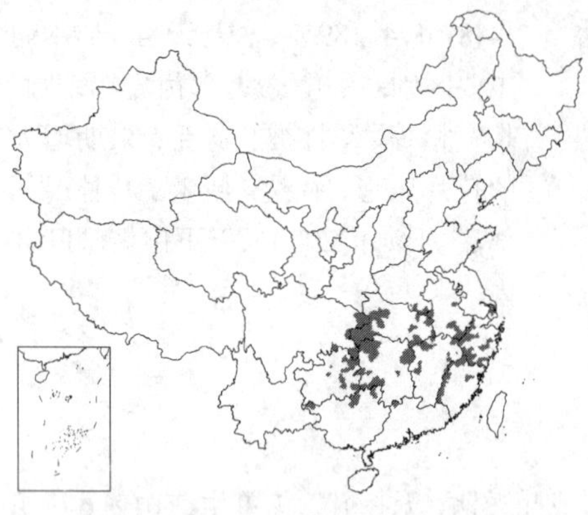

较密，下面浅绿色，密生柔毛；叶柄长0.8-1.2厘米，有柔毛。单花或具3花的聚伞花序生于短枝叶腋或顶端。萼筒长1-1.2厘米，萼齿线形，深达萼檐基部，长0.5-1厘米，被柔毛；花冠白或淡红色，花后渐红色，漏斗状钟形，长2.5-3.5厘米，外面疏被柔毛或近无毛，冠筒基部窄筒形，中部以上骤扩大，裂片开展，近整齐，无毛；花丝白色，花药黄褐色；柱头盘形，伸出花冠外。果长1.5-2厘米，顶端有短柄状喙，疏生柔毛。种子具窄翅。花期4-5月。

产河南东南部、安徽、江苏东南部、浙江、福建、江西、湖北、湖南、广东北部、广西北部及西北部、贵州及四川，生于海拔450-1800米山坡林下、山顶灌丛或沟边。

图 74 半边月（张荣生绘）

11. 鬼吹箫属 Leycesteria Wall.

落叶灌木。小枝常中空。单叶，对生，全缘或有锯齿，稀浅裂；有托叶或无。具2-6花的轮伞花序组成的穗状花序顶生或腋生，有时头状，常具叶状苞片。萼裂片5，不等形或近等长；花冠白、粉红或带紫红色，稀橙黄色，漏斗状，整齐，裂片5；雄蕊5，花药丁字状背着；子房5-8（-10）室，每室胚珠多数，花柱细长，柱头盾状或头状。浆果，萼宿存。种子微小，多数。

约8种，分布于喜马拉雅地区、缅甸。我国6种。

1. 穗状花序每节具6花。
  2. 萼裂片长1-3（-5）毫米（如长4-5毫米，则2长2短）……………………………………… 1. **鬼吹箫 L. formosa**
  2. 萼裂片长4-7（-9）毫米（如长4-5毫米，则不为2长2短）………1(附). **狭萼鬼吹箫 L. formosa** var. **stenosepala**
1. 穗状花序每节具2花 ……………………………………………………………………………… 2. **纤细鬼吹箫 L. gracilis**

1. 鬼吹箫 图 75 : 1-5 彩片 16

Leycesteria formosa Wall. in Roxb. Fl. Ind. 2: 182. 1824.

灌木，全株常被暗红色腺毛。小枝、叶柄、花序梗、苞片和萼齿均被弯伏柔毛。叶纸质，卵状披针形、卵状长圆形或卵形，长（4-）6-12（-13）厘米，先端长尾尖、渐尖或短尖，基部圆、近心形或宽楔形，常全缘，有时波状或具疏齿或有不整齐浅缺刻，上面被糙毛，中脉毛较密，下面疏生弯伏柔毛或近无毛；叶柄长0.5-1.2（-1.5）厘米。穗状花序顶生或腋生，每节具6花，具3花的聚伞花序对生，花无梗，侧生2花具极短的梗，总花梗长（0.8-）1-

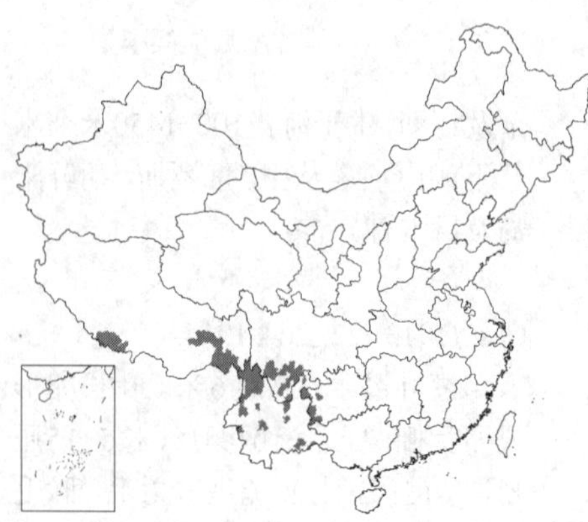

图 75 : 1-5. 鬼吹箫 6. 狭萼鬼吹箫（引自《图鉴》）

2.5（-3）厘米；苞片叶状，绿、带紫或紫红色，每轮6枚，最下面1对宽卵形、卵形或披针形，长2（-3.5）厘米。小苞片长不及1毫米；萼筒长圆形，长3-4毫米，密生糙毛和腺毛，萼檐5深裂，裂片圆卵形、披针形或线状披针形，长1-3（-5）毫米，2长3短；花冠白或粉红色，有时带紫红色，漏斗状，长（1.2-）1.4-1.8厘米，被柔毛，裂片圆卵形，冠筒基部具5个近圆形囊肿，囊内密生淡黄褐色蜜腺；雄蕊约与花冠等长；花柱稍伸出花冠，柱头盾状；子房5室。果熟时由红至黑紫色，卵圆形或近圆形，径5-7毫米，萼齿宿存。花期（5）6-9（10）月，果期（8）9-10月。

产四川西南部、贵州西部、云南、西藏南部及东南部，生于海拔1100-3300米山坡、山谷、溪边或河边林下、林缘或灌丛中。印度、尼泊尔、锡金和缅甸有分布。全株药用，祛风、平喘，主治风湿性关节炎、月经不调及尿道炎；西藏波密民间用治眼病。

[附] **狭萼鬼吹箫** 图 75：6 彩片17 **Leycesteria formosa** var. **stenosepala** Rehd. in Sarg. Pl. Wilson. 1: 312. 1912. 与模式变种的主要区别：萼裂片披针形、线状披针形或线形，常4长1短或近等长或3长2短，短者1-2（3）毫米，长者4-7（-9）毫米。产四川西部、云南西北部、中部及东部、西藏东南及南部，生于海拔1600-3500米山坡、山谷或溪边林下、林缘或灌丛中。云南用叶作凉药。

2. 纤细鬼吹箫 图 76

Leycesteria gracilis (Kurz) Airy-Shaw in Hook. Icon. Pl. 32: t. 3166. 1927.

Lonicera gracilis Kurz in Journ. Asiat. Soc. Bengal 39(2): 77. 1870.

灌木，高1.5-3（4）米。叶厚纸质，长圆状披针形或长圆状卵形，长7-12（-18）厘米，先端渐尖或长尾尖，基部圆、平截或近心形，边缘稍内卷，具疏腺齿和疏缘毛，上面中脉基部有糙伏毛，下面粉绿色，密被灰白或淡黄色微粒状鳞片，沿中脉和侧脉疏生糙伏毛；叶柄长0.6-1厘米，被糙伏毛。穗状花序顶生或腋生，每节有2花、苞片1枚和小苞片2枚。苞片和小苞片卵状披针形或披针形，长为萼筒1/3-1/2，疏被微糙毛和微腺缘毛；萼筒长5-6毫米，有时被微糙毛，萼檐长2.5-3.5毫米，下部浅杯状，裂片条状披针形或披针形，长1.5-2毫米，常具微腺缘毛；花冠白色，漏斗状，长1.5-2厘米，裂片卵形或圆卵形，长5-7毫米，筒基部有5个浅囊，囊内密生蜜腺和糙毛；雄蕊稍短于花冠；子房（5-）7-8（-10）室，胚珠多数。果熟时红或蓝紫色，长圆形或椭圆形，长1-1.3厘米。花期（9）10-11（12）月，果期（3）4-5月。

图 76 纤细鬼吹箫 （张荣生绘）

产云南及西藏东南部，生于海拔2000-3800米山坡、山谷和溪边林下或灌丛中。锡金、不丹及缅甸有分布。

12. 忍冬属 Lonicera Linn.

直立灌木，稀小乔木状，有时为缠绕藤本，落叶或常绿。小枝髓部白或黑褐色，枝有时中空，老枝皮常条状剥落。冬芽有1至多对鳞片，内鳞片有时增大反折，有时无顶芽，具2侧芽，稀具副芽。叶对生，稀3（4）轮生，纸质、厚纸质至革质，全缘，稀具齿或分裂；无托叶，稀具叶柄间托叶或线状凸起，有时花序下1-2对叶相连成盘状。花通常成对生于腋生总花梗顶端，称“双花”，或花无梗轮状排列于小枝顶，每轮3-6朵；每双花有苞片和小苞片各1对，苞片小或叶状，小苞片有时连合成杯状或坛状包被萼筒，稀无；相邻两萼筒分离或部分至全部连合，萼檐5裂或口缘浅波状或环状，稀下延成帽边状突起；花冠白、黄、淡红或紫红色，钟状、筒状或漏斗状，整齐或近整齐5（4）裂，或二唇形而上唇4裂，花冠筒基部常一侧肿大或具囊，稀有长距；雄蕊5，花药丁字着生；子房3-2（-5）室，花柱纤细，柱头头状。浆果，红、蓝黑或黑色，种子少数至多数。种子具圆胚。

约200种，产北美洲、欧洲、亚洲北部温带和亚热带地区，在亚洲南达菲律宾群岛和马来西亚南部。我国98种。

1. 花双生于总花梗之顶，稀双花之一不发育而总花梗仅有1花；对生2叶基部均不相连成盘状。
2. 直立灌木，稀枝匍匐，非缠绕；如为匍匐灌木，则叶膜质而非革质。
3. 小枝具白色、密实的髓。
4. 花冠筒基部非一侧肿大或具囊，筒长超过5枚相等或近相等（非唇形）的裂片。
5. 叶全部对生；萼齿卵形、卵状三角形或扁圆形，如为披针形或钻形，则花冠常4裂。
6. 叶脱落后小枝顶端非针刺状；花药内藏。
7. 叶和苞片较窄，倒卵形、卵形、倒披针形或披针形 ………………………………… 1. **越桔叶忍冬 L. myrtillus**
7. 叶和苞片较宽，近圆形、圆卵形或宽椭圆形 ………………… 1(附). **圆叶忍冬 L. myrtillus** var. **cyclophylla**
6. 叶脱落后小枝顶端常针刺状；花药顶端微露出花冠筒 ……………………………………… 3. **矮生忍冬 L. minuta**
5. 叶通常3（4）枚轮生，或兼有对生的；萼齿披针形；花冠5裂。
8. 叶下面通常被白色毡毛，或同一植株的部分叶如此 ……………………………………… 2. **岩生忍冬 L. rupicola**
8. 叶下面无毛或疏生柔毛 ……………………………………… 2(附). **红花岩生忍冬 L. rupicola** var. **syringantha**
4. 花冠筒基部多少一侧肿大或有囊。
9. 冬芽有数对至多对外芽鳞；小苞片分离或连合，有时无，如合生成杯状，则外面无腺毛。
10. 萼檐无下延的帽边状突起。
11. 花冠具5枚近相等裂片；如花冠唇形，则冬芽无4棱角，内芽鳞在幼枝伸长时不增大和反折。
12. 花冠5裂片近相等，或稍不等大，非唇形，比花冠筒短。
13. 花药内藏或达花冠筒口缘。
14. 幼枝无毛或有2纵列小卷毛；花冠外面无毛，或疏生糙毛 …………… 4. **唐古特忍冬 L. tangutica**
14. 幼枝通常四周密被柔毛；花冠外面上部或顶端至少蕾时疏生直糙毛 … 5. **杯萼忍冬 L. inconspicua**
13. 花药顶端或整个超出花冠筒，有时高出花冠裂片。
15. 萼筒无毛。
16. 花药有短糙毛；叶两面被灰白色弯曲短柔伏毛，下面毛较密 ………… 6. **毛药忍冬 L. serreana**
16. 花药无毛；叶两面无毛或被稍弯的短糙伏毛或仅上面有毛。
17. 苞片宽大，叶状，长超过萼筒2-3倍或近相等。
18. 总花梗通常长1-2.5厘米；冬芽顶端渐尖或稍尖；叶两面被稍弯糙伏毛，或上面有毛，稀两面无毛 ……………………………………………………………… 7. **袋花忍冬 L. saccata**
18. 总花梗极短或几无；冬芽顶端圆钝；叶两面无毛 ……………… 9. **理塘忍冬 L. litangensis**
17. 苞片小，非叶状，短于萼筒或较长；叶两面无毛。
19. 总花梗极细，常弓弯，长1.5-3.5厘米；通常有小苞片；萼檐通常杯状，顶端有齿或波状 ……………………………………………………………… 8. **短苞忍冬 L. schneideriana**
19. 总花梗较粗，常劲直，长0.2-0.5（-2）厘米；小苞片无或极微小；萼檐极短，环状，顶端平截或有不明显波状齿 ……………………………………… 10. **四川忍冬 L. szechuanica**
15. 萼筒有毛。
20. 幼枝无毛或被微直硬毛；萼筒被糙毛；叶下面散生糙伏毛；苞片叶状，长为萼筒2-3倍 ……………………………………………………… 7(附). **毛果袋花忍冬 L. saccata** var. **tangiana**
20. 幼枝和萼筒均被柔毛；幼叶下面密被灰白色绒状长柔毛，后脉有毛；苞片小，非叶状，短于萼筒或较长 ………………………………………………………… 7(附). **毛果忍冬 L. trichogyne**
12. 花冠唇形，唇瓣与花冠筒几等长；叶纸质，两面被微柔伏毛 …………… 11. **小叶忍冬 L. microphylla**

11. 花冠唇形；冬芽具4棱角，否则内芽鳞在幼枝伸长时增大且常反折。
21. 冬芽无4棱角，内芽鳞在幼枝伸长时增大且常反折。
22. 双花相邻两萼筒分离。
23. 叶两面被糙毛和疏腺，叶柄长3-6(-8)毫米；冬芽约有5对外芽鳞，花冠长约1厘米 ………………………………………………………………………………………… 12. **华西忍冬 L. webbiana**
23. 叶两面疏生微腺毛，余几无毛，叶柄长0.5-1.2厘米；冬芽有3对外芽鳞 …… 13. **异叶忍冬 L. heterophylla**
22. 双花相邻两萼筒1/2或全部合生。
24. 小苞片2裂；苞片叶状，卵状披针形或卵状长圆形，长0.8-1.5厘米；幼枝、叶柄和总花梗均被开展污白色糙毛及具腺糙毛；总花梗长3-4(5)厘米 ………………………… 14. **粘毛忍冬 L. fargesii**
24. 小苞片合生成杯状，有4枚浅圆裂片；苞片非叶状，钻形，长3-5毫米；幼枝、叶柄和总花梗初散生腺毛，后无毛；总花梗长（0.5-）0.8-2.3厘米 ………………………… 15. **倒卵叶忍冬 L. hemsleyana**
21. 冬芽具4棱角，内芽鳞在小枝伸长后不甚增大。
25. 总花梗（或果序柄）通常与叶柄等长或略长；果熟时红或黑色。
26. 叶下面非粉白色，被柔毛，长2-8.5厘米；果熟时红色。
27. 萼筒上部有腺；花冠筒与唇瓣等长或稍短；幼枝、叶柄和总花梗密被柔毛。
28. 叶下面全被柔毛 ………………………………………………………… 16. **下江忍冬 L. modesta**
28. 叶下面无毛或脉散生柔毛 ………………………… 16(附). **庐山忍冬 L. modesta** var. **lushanensis**
27.萼筒无腺；花冠筒短，长为唇瓣之半；幼枝、叶柄和总花梗疏生柔毛或近无毛 ………………………………………………………………………………………… 16(附). **短梗忍冬 L. graebneri**
26. 叶下面粉白色，常被微糙伏毛，长1-2.5厘米；果黑色；幼枝、叶柄和总花梗无毛 ………………………………………………………………………………………… 17. **凹叶忍冬 L. retusa**
25. 总花梗（或果柄）比叶柄长（光枝柳叶忍冬有时比叶柄短）；果熟时黑色。
29. 双花相邻两萼筒分离或合生至中部。
30. 叶两面有柔毛或下面中脉两侧有白色髯毛；花淡紫或紫红色。
31. 叶两面疏生柔毛；总花梗通常长1.5厘米以下。
32. 幼枝、叶柄、总花梗和花冠外面(至少囊部)均被柔毛，有时兼有微直毛 … 18. **柳叶忍冬 L. lanceolata**
32. 幼枝无毛；叶柄、总花梗和花冠外面常无毛 ………… 18(附). **光枝柳叶忍冬 L. lanceolata** var. **glabra**
31. 叶下面中脉两侧有白色髯毛；总花梗长（1.5-）2-3厘米 …………………… 18(附). **黑果忍冬 L. nigra**
30. 叶无毛或上面被微糙毛或微腺；花先白色后黄色 ………………………………… 19. **红脉忍冬 L. nervosa**
29. 双花相邻两萼筒合生至中部以上。
33. 萼齿披针形，长与萼筒相等或略过 ………………………………………… 20. **甘肃忍冬 L. kansuensis**
33. 萼齿宽三角形或三角状披针形，比萼筒短。
34. 叶下面初被灰白色细绒毛，后毛稀或无毛，边缘无睫毛；萼齿三角状披针形 ………………………………………………………………………………………… 21. **华北忍冬 L. tatarinowii**
34. 叶下面散生刚伏毛或近无毛，边缘有睫毛；萼齿宽三角形 ……………… 22. **紫花忍冬 L. maximowiczii**
10. 萼檐有下延帽边状突起。
35. 叶纸质，长5-10（-13.5）厘米，卵状披针形或线状披针形，先端长渐尖，具锐尖头，下面近基部中脉两侧常密生白色长柔毛 ………………………………………………… 23. **蕊被忍冬 L. gynochlamydea**
35. 叶纸质，薄革质或革质，长1-6（-15）厘米，近圆形、披针形或线状披针形，先端钝或圆，稀锐尖，下面中脉两侧无长柔毛。
36. 叶上面中脉凹陷或低平不凸起，基部圆或宽楔形。
37. 叶披针形或卵状披针形，长（0.5-）1-4（-8）厘米，先端渐尖或钝、极稀圆，上面中脉密生糙毛；花冠长0.8-1.2厘米 ………………………………………………… 24. **女贞叶忍冬 L. ligustrina**

37. 叶近圆形、卵形或长圆形，长0.4-1（-1.5）厘米，先端圆或钝，上面中脉无毛或有少数微糙毛；花冠长（4）5-7毫米 ………………………………………………………… 24(附). **亮叶忍冬 L. ligustrina** subsp. **yunnanensis**

36. 叶上面中脉凸起，基部常楔形，叶革质，卵形、长圆状披针形或菱状长圆形 …………… 25. **蕊帽忍冬 L. pileata**

9. 冬芽具1对外芽鳞；如有多对外芽鳞，则小苞片合成杯状，外面有多数腺毛。

38. 小苞片合生成坛状或杯状，完全或部分包被双花相邻两萼筒。

39. 小苞片合生成坛状，无毛，果熟时肉质不裂；花冠筒状漏斗形，整齐或近整齐。

40. 花冠筒比花冠裂片长1.5-2倍；花丝上部伸出花冠 ………………………… 26. **蓝靛果 L. caerulea** var. **edulis**

40. 花冠筒比花冠裂片长2-3倍；雄蕊花药微外露 …………………… 26(附). **阿尔泰忍冬 L. caerulea** var. **altaica**

39. 小苞片合生成坛状，完全包被双花的相邻两萼筒，幼时外面密被长短不一的直糙毛；果熟时非肉质，开裂而放出果实；花冠唇形 ……………………………………………………………… 27. **葱皮忍冬 L. ferdinandii**

38. 小苞片非上述。

41. 冬芽有1对连合成帽状、有纵褶皱外鳞片。

42. 花柱短，长约花冠筒之半；萼檐比萼筒短；叶缘浅波状、浅波裂或齿裂 ………… 28. **齿叶忍冬 L. setifera**

42. 花柱与花冠筒等长或较长。

43. 雄蕊高出花冠筒；花冠长1.5-3厘米；萼檐不宽大。

44. 花冠筒长为花冠裂片之半；花萼齿大小不等 ………………………………… 29. **异萼忍冬 L. anisocalyx**

44. 花冠筒比花冠裂片长；萼齿大小相等或无。

45. 直立灌木，高达1-2（3）米；萼檐无明显齿。

46. 幼枝、叶柄、叶下面、总花梗和苞片均密被微糙毛；萼筒无毛；果熟时蓝黑色 ……………………………………………………………………………… 30. **微毛忍冬 L. cyanocarpa**

46. 至少叶下面无上述毛被；萼筒常有刚毛和腺毛；果熟时红色 ……………… 31. **刚毛忍冬 L. hispida**

45. 平卧矮灌木，高不及20厘米；萼檐有齿，花柱无毛；小枝和叶柄均被微硬毛和微腺毛；苞片外面无毛 ……………………………………………………………… 32. **藏西忍冬 L. semenovii**

43. 雄蕊高不出花冠筒；花冠长3-4厘米；萼檐宽大，长4-5毫米 ……………… 33. **冠果忍冬 L. stephanocarpa**

41. 冬芽有数对分离、交互对生鳞片，有时最下1对与芽体等长，将其余鳞片覆盖，无纵褶皱。

47. 花冠近整齐或稍不整齐，非唇形；双花相邻两萼筒分离；植株毛被无瘤基。

48. 花先叶开放；花冠裂片比花冠筒长2倍；雄蕊高出花冠裂片 ………………… 34. **早花忍冬 L. praeflorens**

48. 花叶同放或开于叶后；花冠筒比花冠裂片长2倍；雄蕊不高出花冠裂片。

49. 双花及其2苞片均发育；萼檐长1-2毫米，有钝齿 ……………………………… 35. **北京忍冬 L. elisae**

49. 双花之一与其苞片均退化；萼檐长不及0.5毫米，口缘平截或浅波状 … 35(附). **单花忍冬 L. subhispida**

47. 花冠唇形；双花相邻两萼筒连合，如分离，则植株具稠密、有瘤基的微硬毛或刺毛。

50. 双花相邻两萼筒分离。

51. 花冠筒细圆柱形，长为花冠裂片1.5-2倍；叶长0.6-2厘米。

52. 叶下面被灰色毡毛状柔毛，沿脉常有较长糙毛 ……………………… 35(附). **灰毛忍冬 L. cinerea**

52. 老叶下面无毛或脉被硬伏毛 ………………………………………………… 36(附). **矮小忍冬 L. humilis**

51. 花冠筒窄漏斗形，长与花冠裂片相等或相近；叶长2-6.5厘米 ………………… 36. **截萼忍冬 L. altmannii**

50. 双花的相邻两萼筒连合至中部或全部连合。

53. 幼枝和叶柄密被微糙毛和倒硬毛；叶长1-2.2厘米 ……………………………… 37. **短尖忍冬 L. mucronata**

53. 幼枝和叶柄无毛或疏生倒硬毛；叶通常长3厘米以上。

54. 叶无毛或下面中脉有少数刚伏毛，或下面基部中脉两侧有稍弯糙毛 … 38. **郁香忍冬 L. fragrantissima**

54. 叶两面或下面中脉密被刚伏毛，有时兼有糙毛或柔毛。

55. 叶下面被刚伏毛，或中脉下部或基部两侧有糙毛 … 38(附). **苦糖果 L. fragrantissima** subsp. **standishii**

55. 叶下面被刚伏毛，兼有柔毛或基部中脉两侧有柔毛 ……………………………

…………………………………………………………………………… 38(附). **樱桃忍冬 L. fragrantissima** subsp. **phyllocarpa**

3. 小枝具黑褐色的髓，后髓消失而中空。

56. 小苞片分离，长为萼筒的1/4-1/2；总花梗通常长1厘米以上，远超过叶柄。

57. 冬芽小，卵圆形，有2-3（4）对鳞片，鳞片边缘无毛或具短睫毛；萼筒无毛。

58. 花冠筒长约与唇瓣相等或稍短。

59. 植株非粉绿色；叶有时具缘毛，余无毛 ……………………………………… 39. **新疆忍冬 L. tatarica**

59. 植株多少粉绿色；叶两面均被白色柔毛 ……………………… 39(附). **小花忍冬 L. tatarica** var. **micrantha**

58. 花冠筒长约唇瓣之半；叶长圆状倒卵形、卵状长圆形或长圆状披针形，下面密被短柔毛；幼枝被绒状柔毛 ………………………………………………………………………………… 40. **长白忍冬 L. ruprechtiana**

57. 冬芽大，卵状披针形，有5-6对外鳞，鳞片边缘密生白色长睫毛；萼筒具腺，有时被疏柔毛。

60. 幼枝、叶柄和总花梗被开展糙毛和微糙毛；叶下面疏生直或稍弯糙伏毛 …… 41. **金花忍冬 L. chrysantha**

60. 幼枝、叶柄和总花梗被稍弯曲柔毛；叶下面被绒状柔毛或近无毛 ……… 41(附). **须蕊忍冬 L. chrysantha** subsp. **koehneana**

56. 小苞片基部多少连合，长为萼筒1/2至几相等，先端多少平截；总花梗长不及1厘米，稀过叶柄。

61. 萼檐有5齿，齿宽三角形或披针形，先端尖。

62. 花冠先白色后黄色；小苞片和幼叶绿色 …………………………………………… 42. **金银忍冬 L. maackii**

62. 花冠、小苞片和幼叶均带淡紫红色 ………………………… 42(附). **红花金银忍冬 L. maackii** var. **erubescens**

61. 萼檐全裂为二半或一侧撕裂，具极短三角形齿。

63. 叶通常长圆形、卵状长圆形或倒卵状长圆形，先端钝而常具凸尖、短尖或锐尖 …… 43. **毛花忍冬 L. trichosantha**

63. 叶通常长圆状披针形或披针形，先端长渐尖或短渐尖 … 43(附). **长叶毛花忍冬 L. trichosantha** var. **xerocalyx**

2. 缠绕灌木；如为匍匐灌木，则叶革质。

64. 花冠筒有长距；双花相邻两萼筒合生；果熟时红色 …………………………………… 44. **长距忍冬 L. calcarata**

64. 花冠筒无距；双花相邻两萼筒分离；果熟时黑或蓝黑色。

65. 匍匐灌木；叶革质，先端钝或圆，有时具小凸尖，或微凹缺 ………………………… 45. **匍匐忍冬 L. crassifolia**

65. 缠绕藤本。

66. 幼枝、叶柄和总花梗均被开展黄褐色长刚毛和腺毛；叶缘有2行小刚睫毛 ……… 52. **云雾忍冬 L. nubium**

66. 植株被柔毛或卷曲、贴伏或开展糙毛，有时无毛。

67. 叶下面无毛或被糙毛、短柔毛或短糙毛，不密集成毡毛，毛之间有空隙。

68. 花冠唇瓣长为花冠筒2/5。

69. 萼筒密被糙毛 …………………………………………………………………… 55. **华南忍冬 L. confusa**

69. 萼筒无毛。

70. 苞片大，叶状，卵形，长达3厘米；总花梗明显；幼枝密被开展直糙毛。

71. 幼枝暗红褐色；花冠白色(有时向阳面基部微红色)，后黄白色 ……………… 54. **忍冬 L. japonica**

71. 幼枝紫黑色；花冠外面紫红色，内面白色 …………… 54(附). **红白忍冬 L. japonica** var. **chinensis**

70. 苞片小，非叶状；如为叶状，则总花梗极短或几缺。

72. 苞片略短于萼筒或过之。

73. 花冠长3厘米以下 。

74. 总花梗长5毫米以上；萼齿无毛或有缘毛；花柱中部以下有毛。

75. 幼枝、叶柄和叶缘均有糙毛，或叶上面中脉有糙伏毛 ………… 46. **淡红忍冬 L. acuminata**

75. 全株无毛或叶柄有少数糙毛 ………………… 46(附). **无毛淡红忍冬 L. acuminata** var. **depilata**

74. 总花梗通常长5毫米以下，有时几缺；萼齿外面和边缘均有毛。

76. 花柱全部有密毛；萼齿线状披针形或线形 ……………………… 47. **毛萼忍冬 L. trichosepala**

76. 花柱完全无毛。

77. 苞片长于萼齿，有时叶状；总花梗极短或几无；叶柄长5毫米以下，叶两面中脉有糙毛；萼齿近三角形 ………………………………………………………………………… 49. **短柄忍冬 L. pampaninii**

77. 苞片与萼齿几等长；总花梗和叶柄均较长；叶两面密被黄褐色糙毛；萼齿线形………………………………………………………………………………………………… 50. **锈毛忍冬 L. ferruginea**

73. 花冠长3-14厘米；叶下面具无柄或有极短柄的桔黄或桔红色蘑菇状腺；幼枝密被灰黄或灰白色柔毛。

78. 花冠外面疏被倒生微伏毛，常具腺 ………………………………………… 56. **菰腺忍冬 L. hypoglauca**

78. 花冠外面无毛或花冠筒有少数倒生微伏毛而无腺 …… 56(附). **净花菰腺忍冬 L. hypoglauca** var. **nudiflora**

72. 叶下面无腺或具有柄的腺毛而非蘑菇状腺。

79. 幼枝和叶下面多少有毛；果熟时黑色。

80. 幼枝和叶下面密被开展黄褐色毡毛状弯糙毛，毛长不及2毫米 ……… 51. **黄褐毛忍冬 L. fulvotomentosa**

80. 幼枝密被黄白或金黄色糙毛，毛长2毫米以上；叶下面被糙毛，兼有腺毛 ……………………………………………………………………………………………… 57. **大花忍冬 L. macrantha**

79. 植株几无毛；雌、雄蕊均伸出花冠之外；叶卵状长圆形或长圆状披针形；果熟时白色 ………………………………………………………………………………………………… 58. **长花忍冬 L. longiflora**

72. 苞片极小，三角形，长1-2毫米，远比萼筒为短。

81. 叶纸质；小枝、叶柄和总花梗均密被灰白色微柔毛；花冠长2-3.5厘米 ………… 53. **水忍冬 L. dasystyla**

81. 叶革质，无毛；花冠长8-12厘米。

82. 花冠纤细，长约8厘米；叶长4-6.5厘米 ………………………………………… 59. **卷瓣忍冬 L. longituba**

82. 花冠粗大，长9厘米以上；叶长8-12厘米 ………………………………… 60. **大果忍冬 L. hildebrandiana**

68. 花冠唇瓣极短，长约为花冠筒的1/8 …………………………………………………… 61. **西南忍冬 L. bournei**

67. 叶或至少幼叶下面被毡毛，毛之间无空隙。

83. 幼枝密被绒状或薄绒状柔毛或糙伏毛，毛长不及2毫米。

84. 幼枝、叶柄和花序的毛被黄褐或灰黄褐色；叶下面网脉不隆起，非蜂窝状。

85. 叶上面网脉不明显凹陷，下面小脉隆起；双花数朵至10余朵集合成腋生或顶生的伞房花序，稀单生叶腋；花冠长2.5厘米以下 ……………………………………………………… 48. **卵叶忍冬 L. inodora**

85. 叶或老叶上面网脉凹陷而呈皱纹状；花冠长2.5厘米以上 ……………………… 63. **皱叶忍冬 L. rhytidophylla**

84. 植株毛被通常灰白色；叶上面网脉不凹陷，下面网脉隆起呈蜂窝状；苞片无柄，非叶状，长2-4毫米；萼筒无毛；幼枝（或顶梢）、叶柄和总花梗均密被薄绒状糙毛 …………… 62. **灰毡毛忍冬 L. macranthoides**

83. 幼枝密被柔毛，兼有开展淡黄褐色长糙毛，毛长过2毫米，或幼枝近无毛。

86. 花冠长4厘米以上。

87. 萼齿长三角状披针形或三角形，长超过宽；叶下面被灰白或黄白色毡毛 ……………………………………………………………………… 57(附). **异毛忍冬 L. macrantha** var. **heterotricha**

87. 萼齿三角形，长达1毫米，宽几相等；叶下面被灰白或灰黄色细毡毛 ………… 64. **细毡毛忍冬 L. similis**

86. 花冠长3厘米以下；叶下面被灰白色毡毛 ……………………… 64(附). **峨眉忍冬 L. similis** var. **omeiensis**

1. 花单生，每3-6朵成1轮，1至数轮生于小枝顶，有总花梗或无；花序下的1-2对叶基部相连成盘状，稀分离。

88. 花冠整齐或稍不整齐，非唇形；雄蕊着生花冠筒上部。

89. 花1轮生于小枝顶；雄蕊在花冠筒内的着生处稍低于花冠裂片基部；花丝长约等于花药；花冠内外面均黄色，长2-3.5厘米，外面疏生长糙毛和腺；筒比裂片长3-4倍；萼筒上部有腺毛，萼齿有糙缘毛 ………………………………………………………………………………………………… 65. **川黔忍冬 L. subaequalis**

89. 花通常2至数轮生于小枝顶；雄蕊在花冠筒内着生处低于花冠裂片基部；花丝比花药长；花冠外面桔红色，内面黄色，长约5厘米，筒比裂片长5-6倍 …………………………… 65(附). **贯月忍冬 L. sempervirens**

88. 花冠唇形；雄蕊着生于唇瓣基部。

90. 花冠长5-9厘米，黄或橙黄色；叶下面被糙毛或中脉下部两侧密生横出髯毛状糙毛，稀无毛 …………………………………………………………………………………………… 66. **盘叶忍冬 L. tragophylla**

90. 花冠长1.5-2.5厘米，白或黄色；叶下面无毛或有长和短伏柔毛，中脉两侧无髯毛状短糙毛 …………………………………………………………………………………………… 66(附). **云南忍冬 L. yunnanensis**

1. 越桔叶忍冬　　图 77：1-6

Lonicera myrtillus Hook. f. et Thoms. in Journ. Linn. Soc. Bot. 2: 168. 1858.

落叶多枝灌木。叶、叶柄和苞片常疏生红褐色微腺缘毛。冬芽有数对顶尖鳞片。叶纸质或厚纸质，在短枝上常倒卵形、倒卵状长圆形或倒披针形，有时长圆形、宽椭圆形或卵形，长0.5-2厘米，无毛，稀下面或中脉散生糙毛，老叶下面常有极小锈色斑点；叶柄长1-2毫米，无毛，稀具微糙毛。总花梗生于侧生短枝叶腋，长0.1-1.5厘米，无毛或有微糙毛；苞片叶状。杯状小苞先端平截或有浅齿，有时2裂，长为萼筒1/2至相等；相邻两萼筒中部以上至全部合生，萼檐浅杯状，萼齿三角形或卵状三角形；花冠白、淡紫或紫红色，筒状钟形，长6-8毫米，外面无毛，冠筒内有柔毛，喉部毛较密，裂片圆卵形或近圆形，长为冠筒1/2-1/4；雄蕊和花柱内藏。果熟时紫红色，近圆形，径4-6毫米。种子淡褐色，卵圆形或长圆形，扁，长2-3毫米。花期5-6（7）月，果期8-9月。

产四川、云南西部及西北部、西藏南部及东南部，生于海拔2400-4000（-4700）米山坡灌丛、溪旁疏林或河谷石砾滩地。阿富汗至缅甸北部有分布。

[附] **圆叶忍冬** 图 77：7-8 **Lonicera myrtillus** var. **cyclophylla** Rehd. in Journ. Arn. Arb. 22: 579. 1941. 与模式变种的主要区别：小枝无毛；叶和苞片近圆形、圆卵形或宽椭圆形；杯状小苞较短，长为萼筒1/3；花淡紫色。花期9月。产云南西北部及西藏东南部，生于海拔3000-4000米多石山坡开阔处。

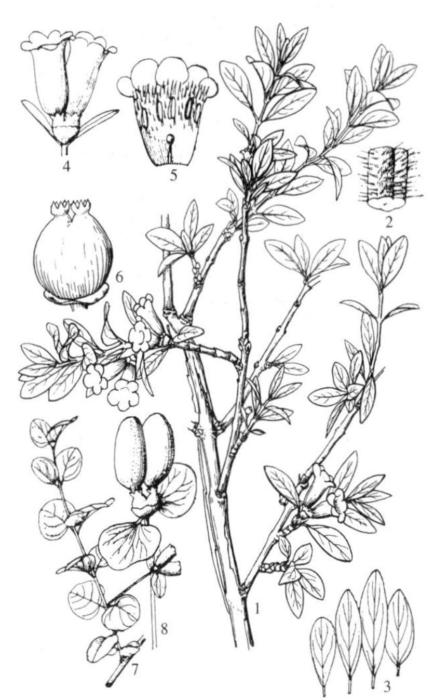

图 77：1-6. 越桔叶忍冬　7-8. 圆叶忍冬
（引自《图鉴》）《中国植物志》）

2. 岩生忍冬　　图 78：1-7 彩片 18

Lonicera rupicola Hook. f. et Thoms. in Journ. Linn. Soc. Bot. 2: 168. 1858.

落叶灌木。幼枝和叶柄均被屈曲、白色柔毛和微腺毛，或近无毛；小枝纤细，叶脱落后小枝顶常针刺状。叶纸质，3（4）枚轮生，稀对生，线状披针形、长圆状披针形或长圆形，长0.5-3.7厘米，基部两侧不等，边缘背卷，上面无毛或有微腺毛，下面被白色毡毛状屈曲柔毛。幼枝上部叶有时无毛；叶柄长达3毫米。花生于幼枝基部叶腋，芳香，总花梗极短；苞片、小苞片和萼齿边缘均具微柔毛和微腺；苞片线状披针形或线状倒披针形，稍长于萼齿。杯状小苞顶端平截或4浅裂至中裂，有时小苞片分离，长为萼筒之半至相等；相邻两萼筒分离，长约2毫米，无毛，萼齿窄披针形，长于萼筒；花冠淡紫或紫红色，5裂，筒状钟形，

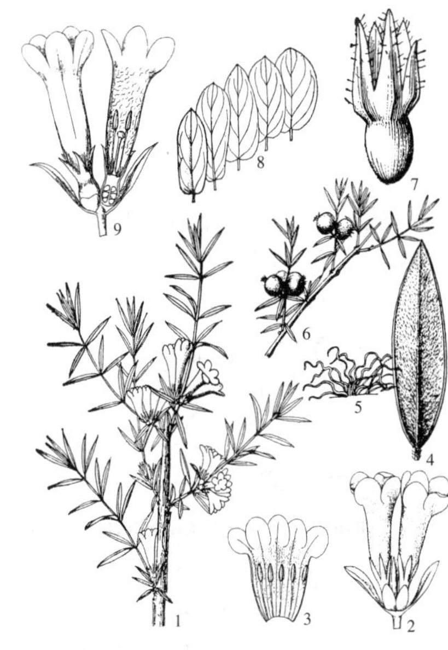

图 78：1-7. 岩生忍冬　8-9. 红花岩生忍冬
（张荣生绘）

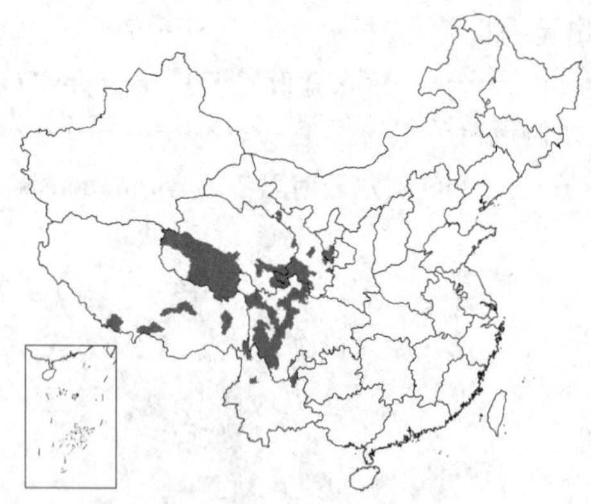

长（0.8-）1-1.5厘米，外面常被微柔毛和微腺毛，冠筒长为裂片1.5-2倍，内面上端有柔毛，裂片卵形，长3-4毫米，开展；花药达冠筒上部；花柱高达花冠筒之半，无毛。果熟时红色，椭圆形，长约8毫米。花期5-8月，果期8-10月。

产宁夏南部、甘肃、青海、西藏东部及南部、四川、云南西北部及东北部，生于海拔2100-4950米高山灌丛草甸、流石滩边缘、林缘河滩草地或山坡灌丛中。

[附] 红花岩生忍冬 图 78：8-9 **Lonicera rupicola** var. **syringantha** (Maxim.) Zabel in Beiss. et al. Handb. Laubh.-Ben. 462. 1903. —— *Lonicera syringantha* Maxim. in Bull. Acad. Imp. Sci. St. Pétersb. 24: 49. 1878. 与模式变种的主要区别：叶下面无毛或疏生柔毛。产宁夏南部、甘肃西北部及南部、青海东部、四川西南部及西北部、云南西北部及西藏东部，生于海拔2000-4600米山坡灌丛中、林缘或河漫滩。

3. 矮生忍冬 图 79

Lonicera minuta Batal. in Acta Hort. Petrop. 12: 170. 1892.

落叶多枝矮灌木，高达30厘米。幼枝、叶两面或上面、叶柄和苞片均被微糙毛。小枝叶脱落后枝顶针刺状。叶对生，线形或线状倒披针形，短枝的叶线状长圆形或卵状长圆形，长0.5-1.2厘米，边缘多少背卷，上面中脉下陷；叶柄长约1毫米。花生于当年小枝下部，几无总花梗，芳香；苞片叶状，条状披针形或条形，约与萼齿等长；杯状小苞常2裂，与萼筒等长或稍长，先端近平截，连同萼齿均有微糙缘毛；相邻两萼筒分离，长1.5-2毫米，萼檐浅杯状，长约与萼筒等，萼齿卵状三角形或窄卵形；花冠淡紫红色，筒状漏斗形，长约1.4厘米，冠筒长约1厘米，内面连同裂片中下部有柔毛，裂片近卵形，稍不等，长3.5-4毫米；花丝生于花冠筒口，花药微露出花冠筒；花柱内藏。果卵圆形或近圆形，长约7毫米。花期5-6月。

产甘肃西南部及青海，生于海拔3200-3800米山麓溪流旁石隙中及沙丘。

图 79 矮生忍冬（孙英宝绘）

4. 唐古特忍冬 图 80

Lonicera tangutica Maxim. in Bull. Acad. Imp. Sci. St. Pétersb. 24: 48. 1878.

落叶灌木。幼枝无毛或有2列弯糙毛，有时兼有腺毛。冬芽外鳞片2-4对，卵形或卵状披针形，先端渐尖或尖，背面有脊，被糙毛和缘毛或无毛。叶纸质，倒披针形、长圆形、倒卵形或椭圆形，长1-4（-6）厘米，两面常被稍弯糙毛或糙伏毛，上面近叶缘处毛常较密，有时近无毛，下面有时脉腋有趾蹼状鳞腺，常具糙缘毛；叶柄长2-3毫米。总花梗生于幼枝下方叶腋，纤细，稍弯垂，长1.5-3（-3.8）厘米，被糙毛或无毛；苞片窄细，有

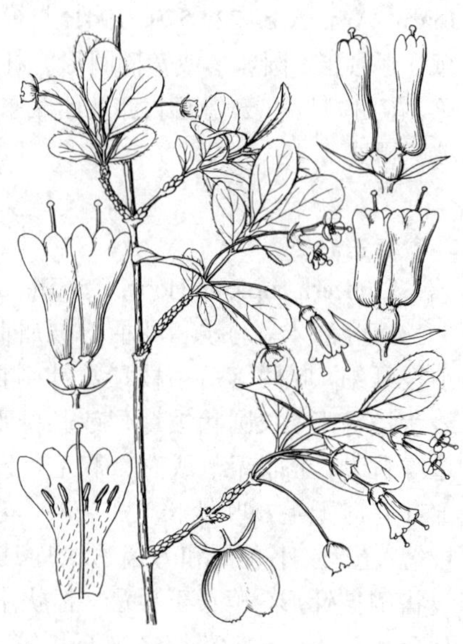

图 80 唐古特忍冬（引自《图鉴》）

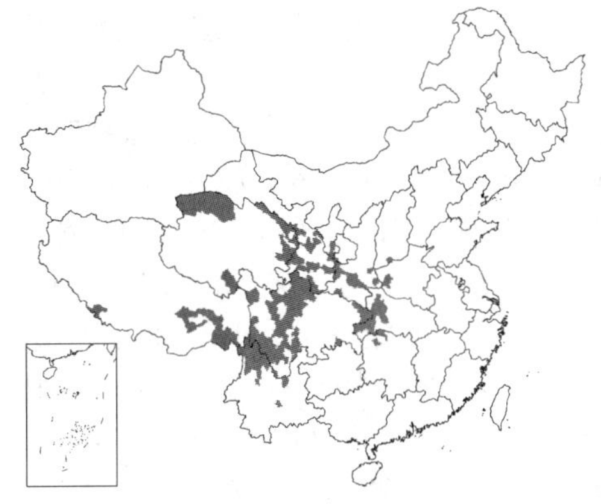

时叶状。小苞片分离或连合，长为萼筒1/4-1/5；相邻两萼筒中部以上至全部合生，椭圆形或长圆形，长2(-4)毫米，无毛，萼檐杯状，长为萼筒2/5-1/2或相等，具三角形齿、浅波状或平截，有时具缘毛；花冠白、黄白或有淡红晕，筒状漏斗形，长(0.8-)1-1.3厘米，冠筒基部稍一侧肿大或具浅囊，外面无毛或疏生糙毛，5裂片近直立，圆卵形，长2-3毫米；雄蕊着生花冠筒中部，花药内藏；花柱高出花冠裂片。果熟时红色，径5-6毫米。花期5-6月，果期7-8月（西藏9月）。

产陕西西南部、宁夏南部、甘肃、青海、西藏东南部及南部、云南、四川、湖南西北部、湖北西部及河南西部，生于海拔1600-3500(-3900)米云杉、落叶松、栎和竹林下、混交林中、山坡草地或溪边灌丛中。

5. 杯萼忍冬　　图 81

Lonicera inconspicua Batal. in Acta Hort. Petrop. 14: 172. 1895.

落叶灌木。幼枝和叶柄密被灰白色柔毛。叶纸质，倒卵形、倒披针形、长圆形或椭圆形，长1-4（-6）厘米，两面被柔伏毛，下面白色，有时近无毛，脉腋有时具趾蹼状鳞腺，有缘毛；叶柄极短。总花梗生于当年幼枝下部，纤细，弓状下弯，长（1-）1.5-3.5厘米，有开展柔毛或无毛；苞片线状披针形或钻形，被柔毛及缘毛或无毛，有时兼有腺缘毛。小苞片甚小或无，近圆形或卵形，先端常有缘毛；相邻两萼筒全部或1/2合生，长约2毫米，无毛或有柔毛，萼檐杯状，与萼筒近等长，先端具齿或浅波状，萼齿三角形或披针形，外被柔毛及缘毛或无毛；花冠白、黄或带紫色，窄漏斗状，长（0.6-）0.8-1.2（-1.4）厘米，冠筒窄细，基部一侧稍肿大，长为裂片6-7倍，外面上部或顶端常疏生糙毛，内面有柔毛，裂片圆卵形，稍开展；花药内藏，达花冠筒中部上方、花冠裂片稍下处，长2-2.5毫米；花柱伸出。果熟时红色，后紫黑色，圆形，径4-5毫米。花期5-7月，果期7月下旬-9月。

产甘肃、四川西部、云南西北部、西藏东部及湖北西部，生于海拔1700-3500（-4000）米山坡和流石滩灌丛中、云杉、冷杉、落叶松或高山栎林下和林缘，以及阴湿沟谷杂木林中。

图 81 杯萼忍冬（孙英宝绘）

图 82 毛药忍冬（引自《图鉴》）

6. 毛药忍冬　　图 82

Lonicera serreana Hand.-Mazz. in Oesterr. Bot. Zeitschr. Heft 4, Bd. 83: 234. 1934.

落叶灌木；除萼筒外几全株被柔毛。当年小枝紫褐色，常有2纵列柔毛，有时全部有毛，或无毛。冬芽顶渐尖，外鳞片2-3对，背面具脊，披针形，具缘毛。叶纸质，倒卵形、倒披针形、长圆形或椭圆形，长（1-）1.5-3.5（-4.5）厘米，两面被灰白色弯曲柔毛，下面毛常较密，具柔毛状缘毛；叶柄长1-3毫米，有柔毛。总花梗单生幼枝下方叶腋，长0.5-2厘米，有

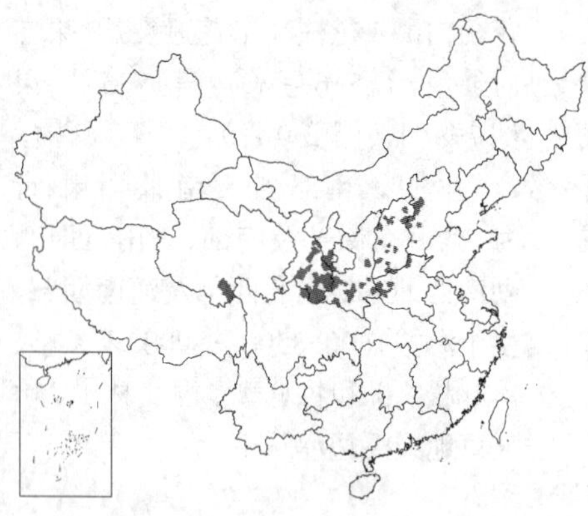

柔毛或无毛；苞片卵状披针形或卵形，有缘毛，外面中脉有柔毛。小苞片2或无，长为萼筒1/3-2/3，具缘毛，外面疏生柔毛或无毛；相邻两萼筒1/2至全部合生，长2-2.5毫米，无毛，萼檐杯状，长为萼筒1/2-3/5，萼齿波状，疏生柔毛和睫毛；花冠黄白、淡粉红或紫色，筒状或筒状漏斗形，长1-1.3厘米，冠筒基部一侧稍肿大或具浅囊，裂片卵形，直立，长1.5-2.5毫米，外面及边缘有时具微糙毛；花药与花冠裂片等长或稍超出，有短糙毛；花柱伸出，全部或中下部疏生糙毛。果熟时红色，圆形，径5-6毫米。种子淡褐色，近卵圆形，长2.5-3毫米，有4纵棱，。花期6月上旬-8月上旬，果期8-9月。

产河北西部、河南西部及北部、山西、陕西中部及南部、宁夏南部、甘肃南部、青海南部及四川北部，生于海拔800-2800米山坡、山谷或山顶的灌丛或林中。

7. 袋花忍冬 图 83

Lonicera saccata Rehd. in Sarg. Trees and Shrubs 1: 39. pl. 20. 1902.

落叶灌木。幼枝有2纵列弯曲糙毛或无毛。冬芽小，顶端渐尖或稍尖，外鳞片2-3对，背面有时具脊，连同边缘有糙毛或无毛。叶纸质，倒卵形、倒披针形、菱状长圆形或长圆形，稀扇状倒卵形或倒卵形，长（1-）1.5-5（-8）厘米，两面被稍弯糙伏毛，有时疏生腺毛，或下面或两面均无毛，下面下部有时脉腋具趾蹼状鳞腺；叶柄长1-4毫米，具糙毛或无毛。总花梗生于幼枝基部叶腋，弓弯或弯垂，长1-2.5（-4.2）厘米，或长2-5毫米，被糙毛或无毛；苞片常叶状，与萼筒近等长或常2-3倍过之，边缘有毛和腺毛或无毛，下面有时具糙毛。小苞片通常无，或极小，长为萼筒1/4-2/3；相邻两萼筒全部或2/3连合，长2-2.5毫米，萼檐杯状，长为萼筒2/5-1/2，萼齿三角形或卵形，有时波状，具缘毛和腺毛或无毛，稀极短；花冠黄、白或淡黄白色，裂片边缘有时带紫色，筒状漏斗形，外面无毛或疏生糙伏毛，长（0.9-）1-1.3（-1.5）厘米，冠筒基部一侧具囊或稍肿大，裂片卵形，直立，长1.2-2.5毫米；花药与花冠裂片等长或稍伸出；花柱伸出，子房3室。果红色，圆形，径5-6（-8）毫米。花期5月，果期6月下旬-7月。

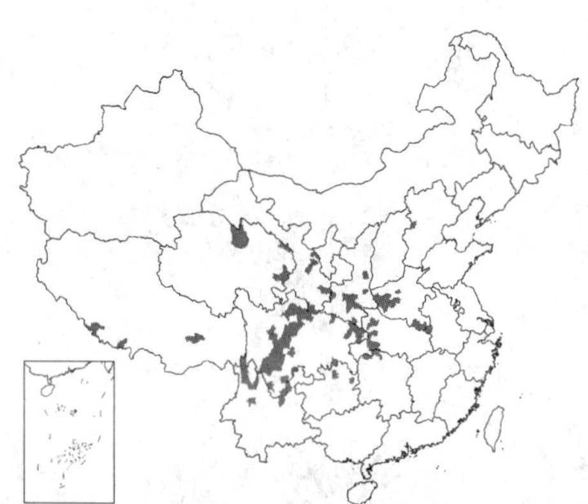

产河北西部、安徽西部、河南、湖北西部、湖南西北部、贵州东北部、云南西北部及东北部、西藏中东部及南部、青海、四川、甘肃及陕西，生于海拔1280-4200（-4500）米草地、灌丛中或山顶杜鹃林、山坡冷杉林、云杉林、混交林中或林缘。

[附] **毛果袋花忍冬 Lonicera saccata** var. **tangiana** (Chien) Hsu et H. J. Wang in Acta Phytotax. Sin. 17 (4): 76. 1979.——*Lonicera tangiana* Chien in Sunyatsenia 4 (3-4): 139. pl. 36. 1940. 与模式变种的主要区别：具小苞片，有小缘毛；萼筒被糙毛，萼齿宽三角形或圆卵形；花冠外面疏生糙毛。花期4月下旬至5月。产甘肃南部、四川中南部及东北部、云南西北部，生于海拔1650-3800米林中或灌丛中。

图 83 袋花忍冬
（引自《Sarg. Trees and Shrubs》）

[附] **毛果忍冬 Lonicera trichogyne** Rehd. in Sarg. Pl. Wilson. 1: 131. 1911. 本种与毛果袋花忍冬的主要区别：幼枝和萼筒均被柔毛；幼叶下面密被灰白色绒状长柔毛，后脉有毛；苞片小，非叶状，短于萼筒或较长。花期5月，果期10月。产甘肃南部及四川北部，生于海拔1600-2300米山谷、山顶灌丛中、林中或林缘。

8. 短苞忍冬

Lonicera schneideriana Rehd. in Sarg. Pl. Wilson. 1: 133. 1911.

落叶灌木；全株近无毛。小枝纤细，灰黄白色。冬芽有外鳞片6-8枚，无毛。叶纸质，倒卵形或长圆状倒卵形，长1-2.5厘米，下面带粉绿色；叶柄纤细，长达2毫米。总花梗生于幼枝基部叶腋，纤细，弯垂，长1.5-3.5厘米；苞片钻形，长约萼筒1/2-1/3，稀等长。通常有小苞片；相邻两萼筒全部或几全部连合，萼檐长约萼筒1/2，齿不等形，常极短或波状；花冠淡黄白色，筒状，长约9毫米，筒部一侧稍肿大，裂片近圆形，直立，长约2毫米；花药稍超出花冠裂片；花柱伸出，有柔毛。果熟时红色，近圆形，径约7毫米。花期5月下旬至6月，果期8月。

产山西中部、河南西部及北部、陕西南部及四川，生于海拔1300-2750米山坡或山谷林中或灌丛中。

9. 理塘忍冬 图 84

Lonicera litangensis Batal. in Acta Hort. Petrop. 14: 173. 1895.

落叶多枝矮灌木；全株无毛。冬芽顶端圆钝，外鳞片2-4枚，具脊，内鳞片开展，宽椭圆形，近叶状，具腺缘毛。叶纸质，椭圆形、宽椭圆形或倒卵形，先端钝或具微凸尖，基部宽楔形，长0.6-1.2厘米，两面无毛；具短柄。花叶同放，双花常1-2对生于短枝叶腋，总花梗极短或几无；苞片叶状，卵形或窄卵状披针形，长5-8毫米，超出萼筒。相邻两萼筒全部连合近球形，长2-3毫米，萼齿短三角形或浅波状；花冠黄或淡黄色，筒状或窄漏斗状，长1-1.3厘米，外面无毛，冠筒基部一侧具浅囊，裂片直立，圆卵形，长约2毫米；花药与裂片近等长或稍超出；花柱内藏或稍伸出，下部有柔毛，子房3室，每室多数胚珠。果熟时红色，后灰蓝色，圆形，径约8毫米。花期5-6月，果期8-9月。

产湖北西部、湖南西北部、四川、云南西北部、西藏东部及南部，生于海拔3000-4500米山坡灌丛、草地、林下或林缘。

图 84 理塘忍冬（孙英宝绘）

10. 四川忍冬 图 85

Lonicera szechuanica Batal. in Acta Hort. Petrop. 14: 172. 1895.

Lonicera kungeana Hao; 中国高等植物图鉴 4: 1975.

落叶灌木。小枝无毛，有时具2纵列弯曲糙毛。冬芽卵圆形，外鳞片2对，无毛。叶纸质、倒卵形、倒披针形、宽椭圆形或长圆形，先端钝圆或有小凸尖，长0.5-2.8厘米，无毛，稀叶缘或幼叶上面有少数糙毛，下面绿白色，下部脉腋有时具趾蹼状鳞腺；叶柄长1-3毫米。总花梗生于幼枝基部叶腋，长0.2-0.5（-2）厘米；苞片卵形、卵状披针形或线状披针形，长为萼筒（1/5-）1/3-2/3，或等长至稍过。小苞片无；相邻两萼筒2/3至全部

图 85 四川忍冬（引自《图鉴》）

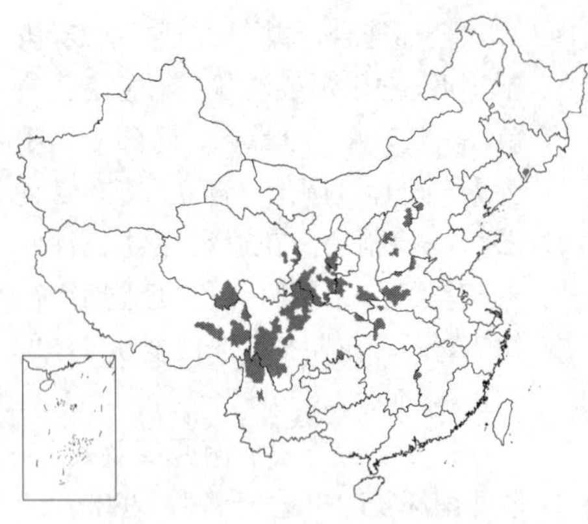

合生，长1.5-2毫米，无毛，萼檐甚短，顶端平截或浅波状；花冠白、淡黄绿或黄色，有时带紫红色，筒状或筒状漏斗形，长0.8-1.3厘米，冠筒基部一侧具囊或稍肿大，裂片卵形或圆卵形，长1.5-2.5毫米；花药与花冠裂片约等长；花柱伸出。果熟时红色，圆形，径5-6毫米。花期4-6月，果期6-8月。

产吉林南部、河北西部、山西、陕西南部、宁夏南部、甘肃南部及东南部、青海东部及南部、西藏东部、云南西北部、四川、湖北西部、河南及江西西部，生于海拔2150-3800（-4000）米山坡或山顶冷杉、云杉林中、林缘及灌丛中。

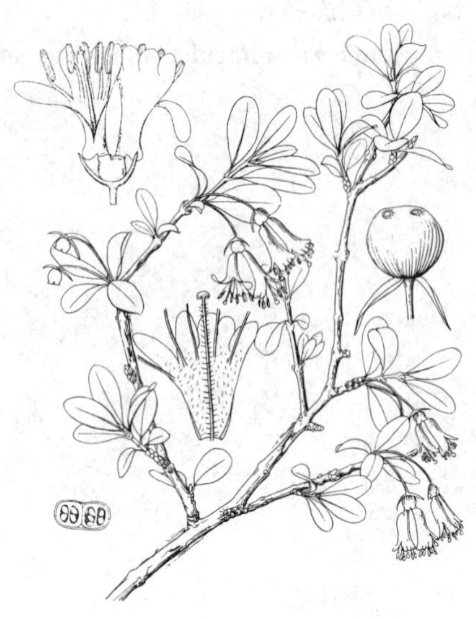

图 86 小叶忍冬（引自《图鉴》）

11. 小叶忍冬 图 86

Lonicera microphylla Willd. ex Roem. et Schult. Syst. Veg. 5: 258. 1819.

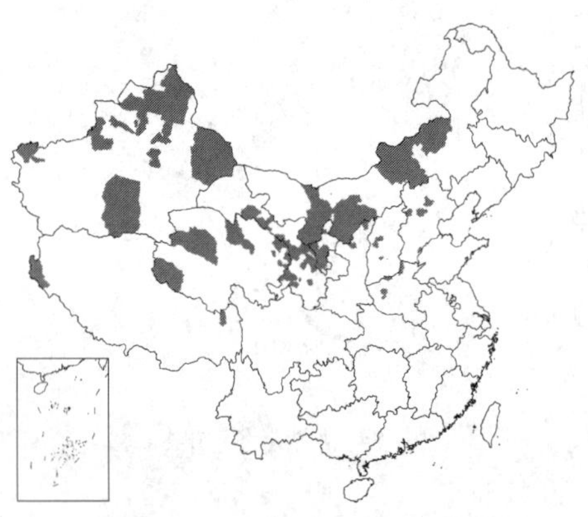

落叶灌木。幼枝无毛或疏被柔毛。叶纸质，倒卵形、倒卵状椭圆形、椭圆形或长圆形，稀倒披针形，长0.5-2.2厘米，具柔毛状缘毛，两面被微柔伏毛或近无毛，下面常带灰白色，下半部脉腋常有趾蹼状鳞腺；叶柄短。总花梗成对生于幼枝下部叶腋，长0.5-1.2厘米；苞片钻形，长稍过萼檐或为萼筒2倍。相邻两萼筒几全部合生，无毛，萼檐环状或浅波状；花冠黄或白色，长0.7-1（-1.4）厘米，外面疏生糙毛或无毛，唇形，唇瓣约等长于基部一侧具囊花冠筒，上唇裂片直立，长圆形，下唇反曲；雄蕊着生唇瓣基部，与花柱均稍伸出，花丝有极疏糙毛；花柱有糙毛。果熟时红或橙黄色，圆形，径5-6毫米。花期5-6（7）月，果期7-8（9）月。

产内蒙古、河北、山西、河南、陕西北部、宁夏、甘肃、青海、新疆、西藏东北部及西部，生于海拔1100-3600（-4050）米多石山坡、草地、灌丛中、疏林下或林缘。阿富汗、印度西北部、蒙古、中亚及俄罗斯西伯利亚东部有分布。

12. 华西忍冬 图 87

Lonicera webbiana Wall. ex DC. Prodr. 4: 336. 1830.

Lonicera tatsiensis Franch.; 中国高等植物图鉴 4: 291. 1975.

落叶灌木。幼枝常无毛或散生红色腺，老枝具深色圆形小凸起皮孔。冬芽外鳞片约5对，顶突尖，内鳞片反曲。叶纸质，卵状椭圆形或卵状披针形，长4-9（-18）厘米，基部圆、微心形或宽楔形，边缘常不规则波状或有浅圆裂，有睫毛，两面有糙毛及疏腺；叶柄长3-6（-8）毫米。总花梗长2.5-5（-6.2）厘米；苞片线形，长（1）2-5毫米。小苞片分离，卵形或长圆形，长1毫米以下；相邻两萼筒分离，无毛或有腺毛，萼齿波状或尖；花冠紫红或绛红色，稀白色或白至黄色，长约1厘米，唇形，外面有疏柔毛和腺毛或无毛，冠筒甚短，基部较细，具浅囊，向上骤扩张，上唇直立，具圆裂，下唇比上唇长1/3，反曲；雄蕊约等长于花冠，花丝和花柱下半部有柔毛。果熟时红色，后黑色，圆形，径约1厘米。花期5-6月，果期8月中旬至9月。

产山西东北部、河南西部、陕西南部、宁夏南部、甘肃南部、青海东部及南部、西藏东南部及南部、云南西北部、四川、湖北西部及江西东北部，生于海拔1800-4000米针、阔叶混交林、山坡灌丛中或草坡。欧洲东南部、阿富汗、克什米尔至不丹有分布。

图 87 华西忍冬（引自《图鉴》）

13. 异叶忍冬　　图 88：1-2

Lonicera heterophylla Decne. in Jacqemont, Voy. 1'Inde 4: 80. t. 88. 1844.

落叶灌木。幼枝、叶、叶柄、总花梗、苞片、小苞片、萼筒及花冠外面除多少散生微腺毛外，几无毛。冬芽无4棱角，具3对外鳞片，内芽鳞幼枝伸长时增大反折。叶倒卵状椭圆形或椭圆形，长4-7厘米，先端尖或突尖，基部渐窄，边缘有糙毛；叶柄长0.5-1.2厘米。总花梗长3-4厘米，有棱角，顶端增粗；苞片线状披针形，长为萼筒2-3倍。小苞片分离，卵形或卵状长圆形，长1-2毫米；双花相邻两萼筒分离，萼檐具浅齿；花冠紫红色，长约1.5厘米，外面疏生糙毛和腺，唇形，冠筒细，具深囊。花期6月，果期8-9月。

产新疆西北部天山南坡，生于海拔2000-2500米山坡林间阴处。中亚地区及俄罗斯有分布。

图 88：1-2.异叶忍冬　3.粘毛忍冬　4-6.倒卵叶忍冬（张荣生绘）

14. 粘毛忍冬　　图 88：3

Lonicera fargesii Franch. in Journ. de Bot. 10: 312. 1896.

落叶灌木。幼枝、叶柄和总花梗均被开展污白色柔毛状糙毛及具腺糙毛。冬芽外鳞片约4对，卵形，无毛。叶纸质，倒卵状椭圆形、倒卵状长圆形或椭圆状长圆形，长6-17厘米，先端骤渐尖或尾尖，边缘不规则波状，有睫毛，上面疏生糙伏毛，有时散生腺毛，下面脉密生伏毛及散生腺毛；叶柄长0.3-1厘米。总花梗长3-4(5)厘米；苞片叶状，卵状披针形或卵状长圆形，两侧稍不等，长0.8-1.5厘米，有柔毛和睫毛。小苞片圆形，2裂，有腺缘毛；相邻两萼筒全部合生，稀上端分离，萼齿三角形，有腺缘毛；花冠红或白色，唇形，外被柔毛，筒部有深囊，上唇裂片极短，下唇反曲；花丝下部有柔毛，花药稍伸出；花柱比雄蕊短。果熟时红色，卵圆形，具2-3种子。种子桔黄色，椭圆形，长约6毫米，稍扁，一面稍凹入。花期5-6月，果期9-10月。

产山西南部、河南西部、陕西南部、甘肃、四川东北部及云南东南部，生于海拔1600-2900米山坡、山谷林中或灌丛中。

15. 倒卵叶忍冬 图 88：4-6

Lonicera hemsleyana (Kuntze) Rehd. Syn. Lonicera 112. pl. 3, f. 1-4. 1903.

Caprifolium hemsleyanum Kuntze, Rev. Gen. Pl. 1: 274. 1891.

落叶灌木或小乔木。幼枝、叶两面脉上、叶柄、总花梗及苞片外面初均散生腺毛，后无毛。冬芽鳞片多数，覆瓦状排列，卵形，顶钝。叶纸质，倒卵形、倒卵状长圆形或椭圆状长圆形，长6-12厘米，先端常尾尖，下面或中脉疏生硬毛，边有长睫毛；叶柄长0.6-1.5（-2）厘米。总花梗长（0.5-）0.8-2.3厘米，扁；苞片钻形，长3-5毫米，常过萼筒。杯状小苞片常有4浅圆裂，长为萼筒1/2-2/3；相邻两萼筒合生达1/2，无毛，萼齿三角状卵形，有疏缘毛；花冠乳白或淡黄色，后黄色，唇形，长1-1.2厘米，外面无毛，冠筒粗短，有深囊，基部骤缢缩成柄状，内有长柔毛，裂片比筒稍长，上唇裂片卵形或宽椭圆形，长为唇瓣1/3，下唇反折；雄蕊和花柱与花冠几等高，花丝无毛；花柱有柔毛。果熟时红色，圆形，径0.8-1厘米。花期4月，果期6月。

产安徽南部及西部、浙江东部及西北部、江西北部及湖北西部，生于海拔900-1500米溪涧杂木林中或山坡灌丛中。

16. 下江忍冬 图 89

Lonicera modesta Rehd. in Sarg. Trees and Shrubs 2: 49. 1907.

落叶灌木。幼枝、叶柄和总花梗均密被柔毛。冬芽外鳞片约5对，内鳞片约4对。叶厚纸质，菱状椭圆形、圆状椭圆形、菱状卵形或宽卵形，长2-4（-8）厘米，先端钝圆，具短凸尖或凹缺，有短缘毛，上面中脉和侧脉有柔毛，下面被柔毛；叶柄长2-4毫米。总花梗长1-2.5毫米；苞片钻形，长2-4（-4.5）毫米，有缘毛及疏腺。杯状小苞片为萼筒1/3，有缘毛及疏腺；相邻两萼筒合生至1/2-2/3，上部具腺，萼齿线状披针形，长2-2.5毫米，外面有疏柔毛，具缘毛及疏腺；花冠白色，基部微红，后黄色，唇形，长1-1.2厘米，外面疏生柔毛或近无毛，冠筒与唇瓣等长或稍短，基部有浅囊，内面有密毛，上唇裂片为唇瓣2/5-1/2；花丝基部有毛；子房3室，花柱等长于唇瓣，有毛。相邻两果几全部合生，熟时桔红或红色，径7-8毫米。种子1-2，淡黄褐色，稍扁，卵圆形或长圆形，长约4毫米，具沟纹，颗粒状。花期5月，果期9-10月。

产河南东南部、安徽南部及西部、浙江、江西、湖北及湖南，生于海拔500-1300米杂木林下或灌丛中。

[附] **庐山忍冬 Lonicera modesta** var. **lushanensis** Rehd. in Sarg. Pl. Wilson. 3: 139. 1911. 与模式变种的主要区别：叶下面无毛或脉疏生短柔毛。产安徽南部及西部、浙江西北部、江西北部及湖南东北部，生于海拔800-1650米杂木林或灌丛中。

图 89 下江忍冬（引自《图鉴》）

[附] **短梗忍冬 Lonicera graebneri** Rehd. in Fedde, Repert. Sp. Nov. 6: 273. 1909. 本种与下江忍冬的主要区别：叶椭圆状卵形、椭圆形或椭圆状长圆形；总花梗长3-5毫米或稍较长，有疏柔毛或几无毛；萼筒无腺；花冠淡黄色，唇瓣长于花冠筒2倍；种子3-4颗。花期6月，果期8-9月。产甘肃东南部、陕西南部及河南西部，生于海拔1400-2400米山坡林中或灌丛中。

17. 凹叶忍冬 图 90

Lonicera retusa Franch. in Journ. de Bot. 10: 313. 1896.

落叶灌木。幼枝无毛或疏生腺毛，连同叶柄和总花梗均带紫色。冬芽外鳞片6对，披针形。叶倒卵形、倒卵状匙形、椭圆形或宽卵形，长1-2.5厘米，先端钝、平截或微凹，稀稍尖，近基部具疏腺缘毛，上面无毛，下面灰白色，常有白粉及微糙伏毛，两面叶脉隆起；叶柄长2-3毫米，无毛或有疏腺。总花梗长2.5-5毫米，无毛；苞片钻形，长为萼筒(1/5-)1/3-4/5，连同小苞片和萼齿均有小腺缘毛。杯状小苞有时2浅裂，长为萼筒约1/3；相邻两萼筒全部合生或顶端分离，无毛，萼齿线状披针形，长1.5-2毫米；花冠白或黄色，基部带淡红色，唇形，长1-1.2厘米，外面无毛，冠筒基部有囊，内有柔毛，唇瓣长为花冠筒2倍，上唇裂片宽卵形，下唇反折；雄蕊稍高出花冠，花丝基部有柔毛；花柱稍短于雄蕊，有柔毛。果熟时黑色，近圆形，径6-8毫米。花期5-6月，果期9-10月。

产山西西南部、陕西南部、甘肃南部、四川及云南西北部，生于海拔(1000-)2000-3300米山坡或山谷灌木林中。

图 90 凹叶忍冬（李志民绘）

18. 柳叶忍冬 图 91

Lonicera lanceolata Wall. in Roxb. Fl. Ind. 2: 177. 1824.

落叶灌木，植株各部常有腺毛，幼枝、叶柄和总花梗均有柔毛，有时兼有微直毛。冬芽具多对宿存鳞片。叶纸质，卵形、卵状披针形或菱状长圆形，长3-10厘米，先端渐尖或尾状长渐尖，边缘略波状，两面疏生柔毛，下面叶脉显著，毛较多；叶柄长0.4-1厘米。总花梗长0.5-1.5(-2.5)厘米；苞片长2-3毫米，有时条形，叶状，长达1厘米。杯状小苞一侧几全裂或部分连合，为萼筒长1/2至等长，有腺缘毛；相邻两萼筒分离或下半部合生，无毛，萼齿三角形或披针形，有缘毛，为萼筒长1/3-1/2；花冠淡紫或紫红色，唇形，长0.9-1.3厘米，冠筒长为唇瓣1/2，基部有囊，外面或囊部有微柔毛，内面有柔毛，上唇有浅圆裂，下唇反折；雄蕊约与花冠上唇等长，花丝基部有柔毛；花柱有柔毛。果熟时黑色，圆形，径5-7毫米。花期6-7月，果期8-9月。

产河南西部、湖北西部、四川、云南及西藏，生于海拔2000-3900米针、阔叶混交林或冷杉林中或林缘灌丛中。尼泊尔至不丹有分布。

图 91 柳叶忍冬（引自《图鉴》）

[附] **光枝柳叶忍冬** **Lonicera lanceolata** var. **glabra** Chien ex Hsu et H. J. Wang in Acta Phytotax. Sin. 17 (4): 77. 1979. 与模式变种的主要区别：幼枝无毛；叶柄、总花梗及花冠外面常无毛；叶下面有时粉白色。花期6-7月，果期8-10月。产安徽西部、湖北西部、四川东南及西南部、贵州东北部及云南东北部，生于海拔1500-2250米林中或灌丛中。

[附] **黑果忍冬 Lonicera nigra** Linn. Sp. Pl. 173. 1753. 本种与柳叶忍冬的主要区别：幼枝和总花梗常有微毛和细短腺毛；叶薄纸质，长圆形、椭圆状披针形、倒卵形或倒卵状披针形，先端尖，稀稍钝，下面中脉两侧常有白色髯毛，余无毛，叶柄长2-5毫米；苞片披针形；花冠红色，长约8毫米；果熟时蓝黑色。花期5月，果期8-9月。产吉林长白山区，生于海拔1700米针叶林中或林缘。朝鲜半岛北部及欧洲中部有分布。

19. 红脉忍冬 图 92 彩片 19

Lonicera nervosa Maxim. in Bull. Acad. Imp. Sci. St. Pétersb. 24: 37. 1878.

落叶灌木。幼枝和总花梗均被微直毛和微腺毛。叶纸质，初带红色，椭圆形或卵状长圆形，长2.5-6厘米，上面中脉、侧脉和细脉均带紫红色，两面无毛或上面被微糙毛或微腺；叶柄长3-5毫米。总花梗长约1厘米；苞片钻形；杯状小苞长约萼筒之半，有时裂成2对，具腺缘毛或无毛；相邻两萼筒分离，萼齿三角状钻形，具腺缘毛；花冠先白色后黄色，长约1厘米，外面无毛，内面基部密被柔毛，冠筒稍短于裂片，基部具囊；雄蕊与花冠上唇近等长；花柱端部具柔毛。果熟时黑色，圆形，径5-6毫米。花期6-7月，果期8-9月。

产湖北西部、河南西部、山西南部、陕西秦岭、宁夏南部、甘肃、青海、四川及云南，生于海拔2100-4000米山麓林下灌丛中或山坡草地。

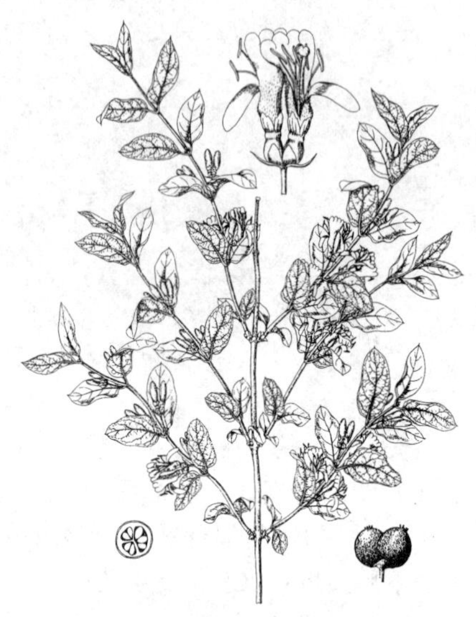

图 92 红脉忍冬
（引自《中国北部植物图志》）

20. 甘肃忍冬 图 93

Lonicera kansuensis (Batal. ex Rehd.) Pojark. in Fl. URSS 23: 540. 1958.

Lonicera orientalis Lam. var. *kansuensis* Batal. ex Rehd. Syn. Lonicera 119. 1903.

落叶灌木。幼枝和总花梗均无毛。冬芽外鳞片数对，先端尖，直伸，宿存。叶纸质，宽卵形、卵状椭圆形、卵状披针形或卵状长圆形，长3-7（-10）厘米，先端渐尖，基部楔形，稀圆形，有疏缘毛，上面疏生糙伏毛，老时近无毛，下面有柔伏毛，中脉两侧毛较密；叶柄长5-8毫米，散生小腺，有时具疏柔毛。总花梗长约1厘米，果时达2.5厘米，顶端稍宽扁而有窄翅，无毛；苞片钻形，稍高出萼筒，连同小苞和萼齿均疏生微腺缘毛。杯状小苞顶端近平截，长为萼筒1/3；相邻两萼筒常连合至1/2以上，稀分离，无毛，萼齿披针形，基部微相连，与萼筒近等长或稍长；花冠淡黄色，唇形，长约1.3厘米，无毛，冠筒长4-5毫米，上唇有浅圆裂，下唇反折，宽约3.5毫米；雄蕊和花柱比唇瓣短，外露。果熟时红色，圆形，径7-8毫米。花期6月，果期9月。

图 93 甘肃忍冬（孙英宝绘）

产陕西南部、甘肃南部及四川北

部，生于海拔1830-2400米山坡或山脊疏林中。

21. 华北忍冬 图 94

Lonicera tatarinowii Maxim. in Bull. Acad. Imp. Sci. St. Pétersb. 24: 38. 1878.

落叶灌木。幼枝、叶柄和总花梗均无毛。冬芽有7-8对宿存、先端尖的外鳞片。叶长圆状披针形或长圆形，长3-7厘米，先端尖或渐尖，上面无毛，下面除中脉外有灰白色细绒毛，后渐无毛；叶柄长2-5毫米。总花梗纤细，长1-2（-2.5）厘米；苞片三角状披针形，长约萼筒之半，无毛。杯状小苞片长为萼筒1/5-1/3，有缘毛；相邻两萼筒合生至中部以上，稀分离，长约2毫米，无毛，萼齿三角状披针形，比萼筒短；花冠黑紫色，唇形，长约1厘米，外面无毛，冠筒长为唇瓣1/2，基部一侧稍肿大，内面有柔毛，上唇两侧裂深达1/2，中裂较短，下唇舌状；雄蕊生于花冠喉部，约与唇瓣等长。果熟时红色，近圆形，径5-6毫米。花期5-6月，果期8-9月。

图 94 华北忍冬（引自《图鉴》）

产黑龙江东南部、吉林、辽宁、内蒙古东南部、河北、山西、河南及山东东部，生于海拔400-1750米山坡杂木林或灌丛中。

22. 紫花忍冬 图 95

Lonicera maximowiczii (Rupr.) Regel in Gartenfl. 6: 107. 1857.

Xylosteum maximowiczii Rupr. in Maxim. in Bull. Acad. Imp. Sci. St. Pétersb. 15: 136. 370. 1857.

落叶灌木。幼枝有疏柔毛，后无毛。叶卵形、卵状长圆形或卵状披针形，稀椭圆形，长4-10（-12）厘米，边缘有睫毛，上面疏生糙伏毛或无毛，下面散生刚伏毛或近无毛；叶柄长4-7毫米，有疏毛。总花梗长1-2（-2.5）厘米，无毛或有疏毛；苞片钻形，长为萼筒1/3。杯状小苞极小；相邻两萼筒连合成半，果时全部连合，萼齿宽三角形；花冠紫红色，唇形，长约1厘米，外面无毛，冠筒有囊肿，内面有密毛，唇瓣比花冠筒长，上唇裂片短，下唇细长舌状；雄蕊稍长于唇瓣，无毛；花柱被毛。果熟时红色，卵圆形，顶尖。花期6-7月，果期8-9月。

图 95 紫花忍冬（引自《中国北部植物图志》）

产黑龙江、吉林、辽宁东部、内蒙古东南部、新疆西北部及山东胶东半岛，生于海拔800-1800米林中或林缘。朝鲜半岛北部及俄罗斯远东地区有分布。

23. 蕊被忍冬 图 96

Lonicera gynochlamydea Hemsl. in Journ. Linn. Soc. Bot. 23: 362. 1888.

落叶灌木。幼枝、叶柄及叶中脉带紫色，后灰黄色。幼枝无毛。叶纸质，卵状披针形、长圆状披针形或条状披针形，长5-10（-13.5）厘米，先端长渐锐尖，两面中脉有毛，上面散生暗紫色腺，下面基部中脉两侧具白色长柔毛，边缘有糙毛；叶柄长3-6毫米。总花梗短于或稍长于叶柄；苞片钻形，长等于或稍超萼齿。杯状小苞包被2枚分离萼筒，顶端为萼檐下延成帽边状突起所覆盖；萼齿三角形或披针形，有睫毛；花冠白带淡红或紫红色，长0.8-1.2厘米，内、外面均有糙毛，唇形，冠筒稍短于唇瓣，基部具深囊；雄蕊稍伸出；花柱比雄蕊短，有糙毛。果熟时紫红或白色，径4-5毫米，种子1-2（-4）。花期5月，果期8-9月。

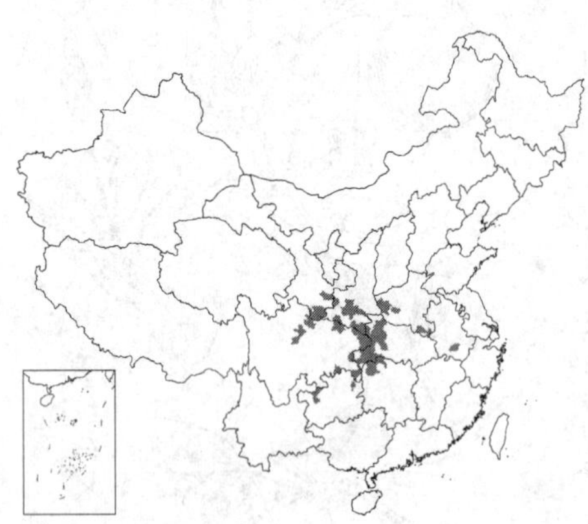

产安徽南部、河南西部及东南部、陕西南部、甘肃南部、四川、湖北西部、湖南西北部、贵州东北部及西北部，生于海拔1200-1900（-3000）米山坡、沟谷、灌丛或林中。

图 96 蕊被忍冬（引自《图鉴》）

24. 女贞叶忍冬 图 97：1-5

Lonicera ligustrina Wall. in Roxb. Fl. Ind. 2: 179. 1824.

常绿或半常绿灌木。幼枝被灰黄色糙毛。叶薄革质，披针形或卵状披针形，有时圆卵形或线状披针形，长（0.5-）1-4（-8）厘米，先端渐尖而具钝或尖头，稀圆，上面中脉稍下陷或低平，密生糙毛及腺毛。总花梗极短，具毛；苞片钻形，长2.5-5毫米。杯状小苞外面有疏腺，顶端为萼檐下延而成帽边状突起所覆盖；相邻两萼筒分离，萼齿卵形，有缘毛和腺；花冠黄白或紫红色，漏斗状，长0.8-1.2厘米，冠筒基部有囊肿，内面有长柔毛，裂片稍不相等，卵形，长为筒1/2-1/4；花丝伸出。果熟时紫红色，后黑色，圆形，径3-4毫米。花期5-6月，果期（8-）10-12月。

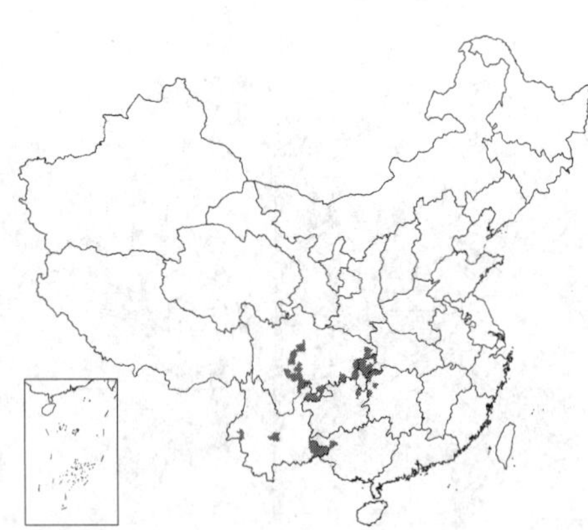

产湖北西南部、湖南西北部、四川、云南、广西西北部、贵州东北部，生于海拔（650-）1000-2000（-3000）米灌丛或常绿阔叶林中。尼泊尔及印度东部有分布。

图 97：1-5. 女贞叶忍冬 6-7. 亮叶忍冬（张荣生绘）

[附] **亮叶忍冬** 云南蕊帽忍冬 图 97：6-7 **Lonicera ligustrina** subsp. **yunnanensis** (Franch.) Hsu et H. J. Wang in Acta Phytotax. Sin. 17 (4): 77. 1979. —— *Lonicera ligustrina* β. *yunnanensis* Franch. in Journ. de Bot. 10: 317. 1896. —— *Lonicera pileata* Oliv. f. *yunnanensis* (Franch.) Rehd.; 中国高等植物图鉴 4: 288. 1975. 与模式变种的主要区别：叶近圆形、卵形或长圆形，长0.4-1（-1.5）厘米，先端圆或钝，上面中脉无毛或有少数微糙毛；花冠长（4）5-7毫米。花期4-6月，果期9-10月。产陕西西南部、甘肃南部、四川北部及西南部、云南东南部、东北及西北部，生于海拔（1600-）2100-3000米山谷林中。

25. 蕊帽忍冬 图 98

Lonicera pileata Oliv. in Hook. Icon. Pl. 16: t. 1585. 1887.

常绿或半常绿灌木。幼枝密生糙毛，老枝无毛。叶革质，卵形、长圆状披针形或菱状长圆形，长1-5（-6.5）厘米，基部楔形，上面中脉隆起，疏生腺毛及少数微糙毛或近无毛。总花梗极短；苞片叶质，钻形或线状披针形。杯状小苞包被2分离萼筒，无毛，顶端为萼檐下延而成帽边状突起所覆盖；萼齿卵形，边缘有糙毛；花冠白色，漏斗状，长6-8毫米，外被糙毛和红褐色腺毛，稀无毛，近整齐，冠筒2-3倍长于裂片，基部具浅囊，裂片圆卵形或卵形；雄蕊与花柱均稍伸出。果熟时透明蓝紫色，圆形，径6-8毫米。花期4-6月，果期9-12月。

产陕西南部、湖北西部、湖南、广东北部、广西西北部、贵州、云南及四川，生于海拔（350-）600-1700（-2200）米山谷、水边沙滩、疏林中潮湿处或山坡灌丛中。

图 98 蕊帽忍冬（引自《图鉴》）

26. 蓝靛果 图 99：1-5

Lonicera caerulea Linn. var. **edulis** Turcz. ex Herd. in Bull. Soc. Nat. Mosc. 37 (1): 205. 207. t. 3. f. 1-2a. 1864.

落叶灌木。幼枝有长、短硬直糙毛或刚毛，壮枝节部常有大形盘状托叶，茎似贯穿其中。冬芽叉开，长卵形，具1对外牙鳞，有时具副芽。叶长圆形、卵状长圆形或卵状椭圆形，稀卵形，长2-5（-10）厘米，两面疏生硬毛，下面中脉毛较密且近水平开展，有时几无毛。总花梗长0.2-1厘米；苞片线形，长为萼筒2-3倍。小苞片合生成坛状，无毛；花冠长1-1.3厘米，外面有柔毛，基部具浅囊，冠筒比裂片长1.5-2倍；花丝上部伸出花冠；花柱无毛，伸出。果熟时蓝黑色，稍被白粉，椭圆形或长圆状椭圆形，长约1.5厘米。花期5-6月，果期8-9月。

产黑龙江南部、吉林、内蒙古、河北西部、山西、河南、陕西、宁夏、甘肃、青海东北部及四川北部，生于海拔2600-3500米落叶林下或林缘荫处灌丛中。朝鲜半岛、日本及俄罗斯远东地区有分布。果味酸甜可食。

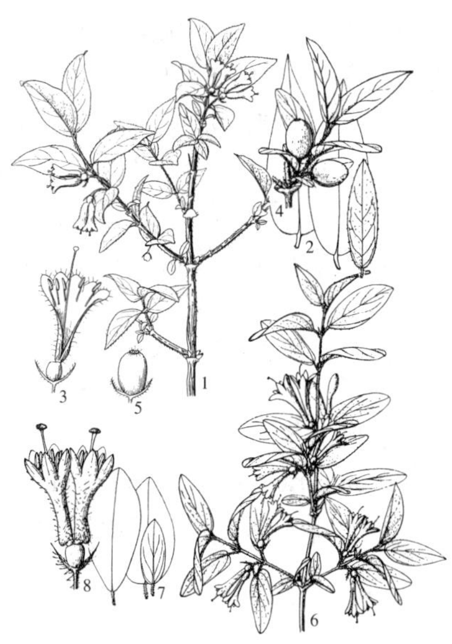

图 99：1-5. 蓝靛果 6-8. 阿尔泰忍冬（张荣生绘）

[附] **阿尔泰忍冬** 图 99：6-8 **Lonicera caerulea** var. **altaica** Pall. Fl. Ross. 1: 58. t. 37. 1789. 与蓝靛果的主要区别：当年小枝常有横出污白色，长、短细直毛，有时兼有带褐色长糙毛，去年小枝无毛；花冠筒比裂片长2-3倍，雄蕊较短，花药微露出花冠；果近圆形或椭圆形，长约1厘米。果期7月。产新疆，生于海拔1500-2500（-3500）米落叶松林下或针叶林带山沟灌丛中。中亚、俄罗斯西伯利亚及蒙

古有分布。

27. 葱皮忍冬 图 100 彩片 20

Lonicera ferdinandii Franch. in Nouv. Arch. Mus. Hist. Nat. ser. 2, 6: 31. t. 12. f. A. 1883.

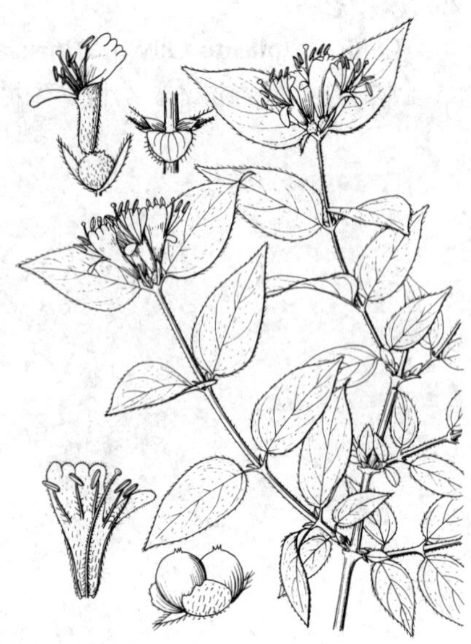

图 100 葱皮忍冬（引自《图鉴》）

落叶灌木。幼枝有开展或反曲刚毛，常兼有微毛和红褐色腺，稀近无毛，老枝有乳头状突起而粗糙，壮枝的叶柄间有盘状托叶。冬芽叉形，长4-5毫米，有1对船形外鳞片，鳞片内面密生白色棉絮状柔毛。叶纸质或厚纸质，卵形、卵状披针形或长圆状披针形，长3-10厘米，基部圆、平截或浅心形，边缘有时波状，稀有不规则钝缺刻，有睫毛，上面疏生刚伏毛或近无毛，下面脉连同叶柄和总花梗均有刚伏毛和红褐色腺；叶柄和总花梗均极短。苞片叶状，披针形或卵形，长达1.5厘米，毛被与叶同。小苞片合成坛状，全包相邻两萼筒，径约2.5毫米，果熟时长0.7-1.3厘米，幼时外面密生直糙毛，内面有贴生长柔毛；萼齿三角形，被睫毛；花冠白色，后淡黄色，长（1.3-）1.5-1.7（-2）厘米，外面密被反折刚伏毛、开展微硬毛及腺毛，稀无毛或稍有毛，内面有长柔毛，唇形，冠筒比唇瓣稍长或近等长，基部一侧肿大，上唇4浅裂，下唇细长反曲。果熟时红色，卵圆形，长达1厘米，外包撕裂的坛状小苞片，各内具2-7种子。花期4月下旬至6月，果期9-10月。

产黑龙江东南部、吉林、辽宁东部、内蒙古、河北西南部、山西、河南、陕西、宁夏南部、甘肃南部、青海东部、四川北部及云南西北部，生于海拔（200）1000-2000米阳坡林中或林缘灌丛中。朝鲜半岛北部有分布。枝皮纤维可制绳索、麻袋，亦可作造纸原料。

28. 齿叶忍冬 图 101

Lonicera setifera Franch. in Journ. de Bot. 10: 314. 1896.

图 101 齿叶忍冬（引自《图鉴》）

落叶灌木或小乔木。幼枝、叶柄密生微糙毛，兼有刚毛和腺毛，有时无毛，老枝常密生小瘤状突起毛基。冬芽长2-4毫米，有1对帽状外鳞片。叶纸质或厚纸质，长圆形或长圆状披针形，长3-10（-12）厘米，边缘浅波状或不规则浅裂或齿裂（营养枝叶分裂较深），下面被糙伏毛，两面脉有硬伏毛，边缘有硬缘毛；叶柄长4-8毫米。花先叶开放，总花梗极短，总花梗、苞片、萼筒和花冠内外面均有硬毛和腺；苞片宽卵形，长达1厘米。相邻两萼筒分离，萼檐短于萼筒，萼齿近圆形或卵形；花冠白、淡紫红或粉红色，钟状，长1-1.4厘米，近整齐，裂片卵形，稍短于冠筒；雄蕊极短，内藏；花柱长为花冠筒之半。果熟时红色，椭圆形，长1-1.2厘米，有刚毛和腺毛。花期3-4月，果期5-

6月。

产四川、云南西北部及西藏东南部，生于海拔2300-3800米云杉、冷杉、落叶松、高山栎林中或林缘灌丛中。

29. 异萼忍冬

Lonicera anisocalyx Rehd. in Fedde, Repert. Sp. Nov. 6: 271. 1909.

落叶灌木。小枝、叶柄和总花梗均被刚毛状粗硬毛。冬芽长约6毫米，有1对外鳞片。叶椭圆状卵形或长圆状卵形，长1.5-3.5厘米，上面近叶缘处被疏刚毛或近无毛，下面稍粉绿色，中脉具刚毛。花近先叶开放，总花梗短；苞片卵形，长1-1.5厘米，边缘有刚毛。相邻两萼筒分离，无毛，稀具腺，萼齿不等大，背轴者较长，有时与萼筒等长，无毛；花冠漏斗状，长约1.5厘米，外被极少硬毛，基部具腺或几秃净，冠筒具囊，裂片长圆状卵形，长为冠筒2倍；雄蕊稍短于花冠裂片；花柱伸出。果熟时红色，卵圆形，长约1厘米。花期5月，果期7-8月。

产甘肃南部、青海东南部及四川北部，生于海拔约3000米山地。

30. 微毛忍冬 蓝果忍冬

图 102

Lonicera cyanocarpa Franch. in Journ. de Bot. 10: 314. 1896.

落叶灌木。幼枝、叶柄、叶下面、总花梗及苞片均密被微糙毛。幼枝有棱，常带蓝色，老枝灰黄色，有时疏生硬毛。冬芽长5-8毫米，有1对外鳞片，外面无毛。叶带革质，长圆形，有时椭圆形，长1-3（-5）厘米，先端具微凸尖，边缘连同叶两面脉有少数硬毛；叶柄长2-6毫米。总花梗粗，稍扁，长0.5-1（-1.5）厘米；苞片宽卵形，长1-1.5厘米。相邻两萼筒分离，无毛，萼檐短，齿不明显；花冠黄绿色，漏斗状，长（1.3-）1.5-2厘米，近整齐，冠筒基部有浅囊，裂片直立，宽卵形或卵形，长5-7毫米；雄蕊和花柱与花冠几等长，花柱下半部有糙毛。果熟时蓝黑色，卵圆形，长约1厘米，种子3-8。花期6-7月，果期8月。

产四川西部、云南西北部及西藏东部，生于海拔3500-4300米石灰岩山脊、山坡林缘、灌丛中及多石草原。

图 102 微毛忍冬（孙英宝绘）

31. 刚毛忍冬

图 103

Lonicera hispida Pall. ex Roem. et Schult. Syst. Veg. 5: 258. 1819.

落叶灌木。幼枝连同叶柄和总花梗均具刚毛或兼具微糙毛和腺毛，稀无毛。冬芽长达1.5厘米，有1对具纵槽外鳞片，外面有微糙毛或无毛。叶厚纸质，椭圆形、卵状椭圆形、卵状长圆形或长圆形，稀线状长圆形，长（2）3-7（-8.5）厘米，基部有时微心形，近无毛或下面脉有少数刚伏毛或两面均有刚伏毛和糙毛，边缘有刚睫毛。总花梗长（0.5-）1-1.5（-

2）厘米；苞片宽卵形，长1.2-3厘米，有时带紫红色，毛被与叶片同。相邻两萼筒分离，常具刚毛和腺毛，稀无毛，萼檐波状；花冠白或淡黄色，漏斗状，近整齐，长（1.5-）2.5-3厘米，外面有糙毛或刚毛或几无毛，有时兼有腺毛，冠筒基部具囊，裂片直立，短于冠筒；雄蕊与花冠等长；花柱伸出。果熟时先黄色，后红色，卵圆形或长圆筒形，长1-1.5厘米。花期5-6月，果期7-9月。

产河北、山西、河南、陕西南部、宁夏南部、甘肃、青海、新疆、西藏东部及南部、四川及云南西北部，生于海拔1700-4200（-4800）米山坡林中、林缘、灌丛中或高山草地。蒙古、俄罗斯、中亚至印度北部有分布。花蕾药用，清热解毒，治感冒、肺炎。

图 103 刚毛忍冬（李志民绘）

32. 藏西忍冬

Lonicera semenovii Regel in Acta Hort. Petrop. 5: 608. 1878.

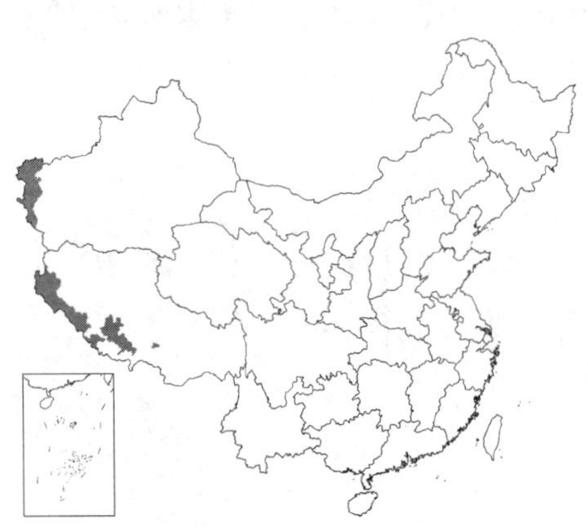

落叶平卧矮灌木，高达28厘米。小枝细而密，连同叶柄密被微硬毛和微腺毛。冬芽有1对长约4毫米外鳞片。叶长圆形、长圆状披针形，长1-2厘米，先端常具短突尖，无毛或上面和下面沿脉疏生硬伏毛，边缘有硬睫毛；叶柄长1.5-2.5毫米。总花梗生于幼枝下部叶腋，长不及5毫米；苞片卵形或卵状长圆形，长0.7-1厘米，先端骤尖，有短缘毛。萼筒无毛，萼齿钝三角形，长不及1毫米；花冠黄色，长筒状，近整齐，长1.5-3.2厘米，基部有囊状突起，裂片卵形，长5-6毫米；雄蕊高出花冠筒；花柱无毛，稍高出花冠裂片。果熟时红色，长5-6毫米，超出苞片，有蓝灰色粉霜。花期6-7月，果期8月。

产新疆西部及西藏西部及西南部，生于海拔4000-4300米高山山坡岩缝及石砾堆。克什米尔、阿富汗、伊朗、中亚及俄罗斯有分布。

33. 冠果忍冬 图 104

Lonicera stephanocarpa Franch. in Journ. de Bot. 10: 316. 1896.

落叶灌木。幼枝、叶柄和总花梗常具倒生刚毛，小枝有小瘤状突起毛基。冬芽有1对长达2.2厘米、具深槽外鳞片，外面有微糙毛或无毛。叶厚纸质，卵状披针形、长圆状披针形或长圆形，长（3-）5-9厘米，基部圆，两面均密被刚伏毛，下面连同叶柄和总花梗兼有糙毛，边缘有刚睫毛；叶柄长3-8毫米。总花梗长1-1.8厘米；苞片宽卵形，长3-4厘米，先端具短尖头，下半部连合，外被刚伏毛和糙毛。相邻两萼筒分离，卵圆形，密被淡黄褐色刚毛，萼檐长4-5毫米，果时至5毫米，萼齿圆形，具刚缘毛；花冠白色，宽漏斗形，长3-4厘米，外被小刚毛及腺，整齐，冠筒基部有囊，裂片直立，卵形，长为筒1/3-1/4；雄蕊

图 104 冠果忍冬（李志民绘）

生于花冠筒中部，内藏；花柱比雄蕊长，下半部有糙毛。果熟时黑褐色，椭圆形，长1.5-1.8厘米，稍叉开。花期7-8月，果期9-10月。

产河南西部、陕西秦岭、宁夏南部、甘肃南部、四川北部及东北部，生于海拔2000-3200米山坡、沟谷林中或灌丛中。

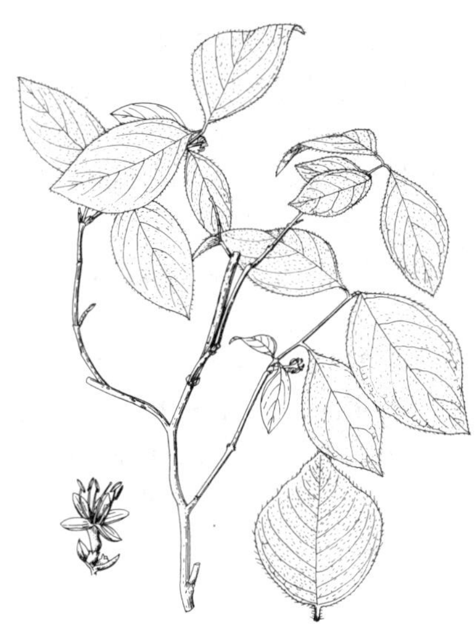

图 105 早花忍冬（孙英宝绘）

34. 早花忍冬 图 105

Lonicera praeflorens Batal. in Acta Hort. Petrop. 12: 169. 1892.

落叶灌木。幼枝疏被开展糙毛和硬毛及疏腺，冬芽卵形，有数对鳞片。叶纸质，宽卵形、菱状宽卵形或卵状椭圆形，长3-7.5厘米，两面密被绢丝状糙伏毛，下面绿白色，毛密，脉明显，边缘有长睫毛；叶柄长3-5毫米，密被长、短开展糙毛。先叶开花，总花梗极短，常为芽鳞所覆盖，果时长达1.2厘米，被糙毛及腺；苞片宽披针形或窄卵形，初带红色，长5-7毫米，边缘有糙睫毛及腺。相邻两萼筒分离，近圆形，无毛，萼檐盆状，萼齿宽卵形，不相等，有腺缘毛；花冠淡紫色，漏斗状，长约1厘米，外面无毛，近整齐，裂片长圆形，长6-7毫米，比冠筒长2倍，反曲；雄蕊和花柱均伸出。果熟时红色，圆形，径6-8毫米。花期4月，果期5-6月。

产黑龙江、吉林及辽宁，生于海拔250-600米山坡林内及灌丛中。朝鲜半岛、日本及俄罗斯远东地区有分布。

图 106：1-6. 北京忍冬 7-8. 单花忍冬（引自《中国北部植物图志》）

35. 北京忍冬 图 106：1-6 彩片 21

Lonicera elisae Franch. in Nouv. Arch. Mus. Hist. Nat. ser. 2, 6: 32. pl. 12. f. B. 1883.

落叶灌木，高达3米多。幼枝无毛或连同叶柄和总花梗均被糙毛、刚毛和腺毛，二年生小枝常有深色小瘤状突起。冬芽近卵圆形，有数对亮褐色、圆卵形外鳞片。叶纸质，卵状椭圆形、卵状披针形或椭圆状长圆形，长（3-）5-9（-12.5）厘米，两面被硬伏毛，下面被较密绢丝状长糙伏毛和糙毛；叶柄长3-7毫米。花叶同放，总花梗生于二年生小枝顶端苞腋，长0.5-2.8厘米；苞片宽卵形、卵状披针形或披针形，长（0.5-）0.7-1厘米，下面被小刚毛。相邻两萼筒分离，有腺毛和刚毛或几无毛，萼檐长1-2毫米，有不整齐钝齿，1枚较长，有硬毛及腺缘毛或无毛；花冠白或带粉红色，长漏斗状，长（1.3-）1.5-2厘米，外被糙毛或无毛，冠筒细长，基部有浅囊，裂片稍不整齐，长为筒1/3；雄蕊不高出花冠裂片；花柱稍伸出，无毛。果熟时红色，椭圆形，长1厘米，疏被腺毛和刚毛或无毛。花期4-5月，果期5-6月。

产河北、山西南部、河南、陕西、宁夏南部、甘肃南部、四川北部及东部、湖北西部、安徽西南部及浙江西

北部，生于海拔500-1600（-2300）米沟谷、山坡丛林或灌丛中。

[附]**单花忍冬**图 106：7-8 **Lonicera subhispida** Nakai in Journ. Coll. Sci. Imp. Tokyo 42 (2): 92. 1921. 本种与北京忍冬的主要区别：双花之一与其苞片均退化；萼檐长不及0.5毫米，口缘平截或浅波状。产吉林东南部，生于海拔780米林内。朝鲜半岛北部及俄罗斯远东地区有分布。

[附]**灰毛忍冬** **Lonicera cinerea** Pojark. in Fl. URSS 23: 736. 1958. 本种与北京忍冬的主要区别：萼檐长0.3-0.6毫米，花冠唇形，黄色，细管状，长1.4-1.5厘米，外被密毛；果近圆形，长5-7毫米。花期5-6月，果期7月以后。产新疆西部，生于高山峭壁和岩坡。中亚有分布。

36. 截萼忍冬 图 107：1

Lonicera altmannii Regel et Schmalh. in Acta Hort. Petrop 5: 610. 1878.

落叶灌木。幼枝连同叶柄和总花梗均密被开展微硬毛和腺毛，毛脱落后有小瘤状突起，老枝无毛。冬芽有数对鳞片。叶纸质，圆卵形或卵形，稀长圆形，长2-4.5（-6.5）厘米，基部圆或平截，边缘常不规则波状，上面密生硬伏毛，毛基部小瘤状，下面密被糙毛，边缘有长睫毛；叶柄长3-5毫米。后叶开花，生于当年小枝基部叶腋，总花梗长0.5-1.5（-2）厘米；苞片卵形或卵状披针形，长5-9毫米，两面被糙毛和腺毛，下面毛较密，有缘毛。相邻两萼筒分离，有腺毛，萼檐浅碟状，有疏腺毛，顶端近平截或浅波状，有糙缘毛；花冠淡黄色，长约1.5厘米，外面疏生小腺毛，兼有少数开展糙毛，唇形，冠筒窄漏斗形，长约6毫米，基部有囊，上唇长7-8毫米，下唇平展或稍反曲，长约8毫米；雄蕊和花柱约与花冠等长。果熟时鲜红色，圆形，径5-6毫米，顶端常具疏腺毛。花期4-5月，果期7-8月。

产新疆天山地区，生于海拔1000-2500米沟谷灌丛中或草坡。中亚有分布。

[附]**矮小忍冬** **Lonicera humilis** Kar. et Kir. in Bull. Soc. Nat. Mosc. 15. 370. 1842. 本种与截萼忍冬的主要区别：幼枝密被微柔毛，后脱落；叶质厚硬，卵形、长圆状卵形或卵状椭圆形，长0.7-2厘米，叶柄长1.5-2.5毫米；果倒披针状卵圆形，具蓝灰色粉霜。产新疆天山地区，生于亚高山或高山石坡或峭壁石隙中。中亚有分布。

图 107：1. 截萼忍冬 2-6. 苦糖果 7. 樱桃忍冬 （张荣生绘）

37. 短尖忍冬 图 108

Lonicera mucronata Rehd. Syn. Lonicera 83. pl. 2. f. 8-9. 1903.

灌木，高达2米。幼枝连同叶柄和总花梗密被微糙毛和倒硬毛。叶薄革质，宽倒卵形、宽椭圆形或近圆形，长1-2.2厘米，先端钝或圆而具短凸尖，边缘稍背卷，有硬睫毛，上面无毛或疏生短硬伏毛，下面有时粉绿色，网脉显著，被硬伏毛或无毛。总花梗生于当年小枝基部苞腋，长达6毫米；苞片卵状长圆形，有硬缘毛，长稍超过萼筒。花白色或带粉红色。相邻两果实全部或下

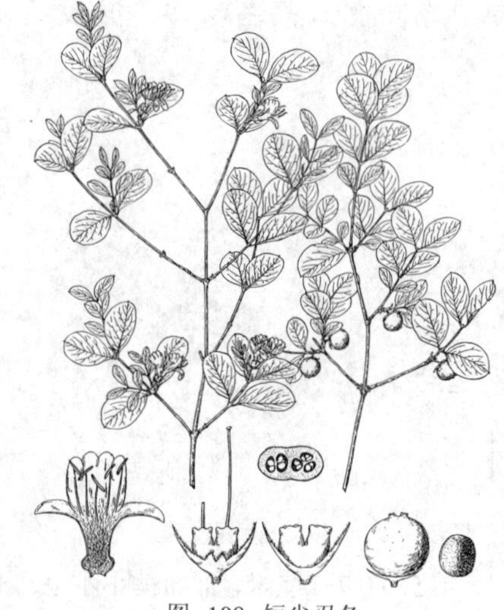
图 108 短尖忍冬
（引自《Sarg. Trees and Shrubs》）

半部连合，径约6-8毫米，各具5-10种子。种子浅褐色，长圆状椭圆形，长约2.5毫米，有细凹点；宿存萼檐近平截，有疏缘毛或无毛。花期3-4月上旬，果期4月下旬至5月。

产湖北西部及四川东部，生于海拔800-1500米沟谷灌木林中。

38. 郁香忍冬 图 109

Lonicera fragrantissima Lindl. ex Paxt. Fl. Gard. 3: 75. f. 268. 1852.

半常绿或落叶灌木。幼枝无毛或疏被倒刚毛，或兼有腺毛，毛脱落后有小瘤突。冬芽有1对先端尖的外鳞片。叶厚纸质或带革质，倒卵状椭圆形、椭圆形、圆卵形、卵形或卵状长圆形，长3-7（-8.5）厘米，先端短尖或具凸尖，两面无毛或下面中脉有少数刚伏毛，或下面基部中脉两侧有稍弯糙毛，有时上面中脉有伏毛，边缘多少有硬睫毛或几无毛；叶柄长2-5毫米，有刚毛。花先叶或与叶同放，芳香，生于幼枝基部苞腋，总花梗长（0.2-）0.5-1厘米；苞片披针形或近线形，长为萼筒2-4倍。相邻两萼筒连合至中部，长1.5-3毫米，萼檐近平截或微5裂；花冠白或淡红色，长1-1.5厘米，无毛，稀有疏糙毛，唇形，冠筒长4-5毫米，内面密生柔毛，基部有浅囊，上唇长7-8毫米，裂片达中部，下唇舌状，长0.8-1厘米，反曲；雄蕊内藏；花柱无毛。果熟时鲜红色，长圆形，长约1厘米，部分连合。花期2月中旬-4月，果期4月下旬-5月。

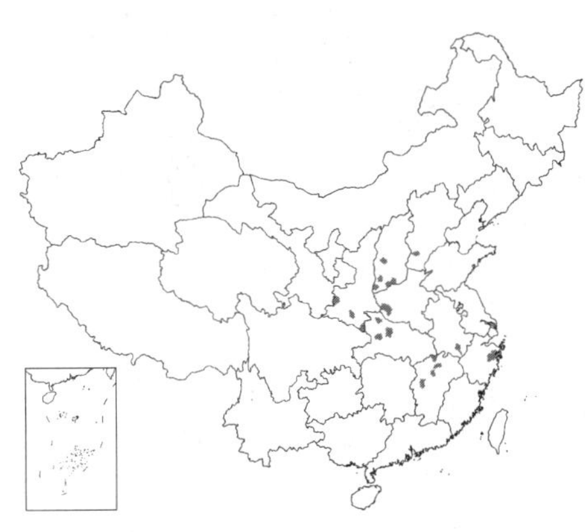

产河北西南部、陕西南部、山西南部及西部、河南西南部、湖北西部、江西、安徽南部及浙江东部，生于海拔200-700米山坡灌丛中。上海、杭州、庐山和武汉等地有栽培。

[附] **苦糖果** 图 107 : 2-6 **Lonicera fragrantissima** subsp. **standishii** (Carr.) Hsu et H. J. Wang in Acta Phytotax. Sin. 22 (1): 27. 1984. —— *Lonicera standishii* Carr. in Fl. des Serr. 13: 63. 1860. 与模式亚种的主要区别：落叶灌木；小枝和叶柄有时具短糙毛；叶卵形、椭圆形或卵状披针形，稀披针形或近卵形，通常两面被刚伏毛及腺毛或下面中脉被刚伏毛，有时中脉下部或基部两侧兼有糙毛；花柱下部疏生糙毛。花期1月下旬-4月上旬，果期5-6月。产陕西和甘肃南部、山东北部、安徽南部及西部、浙江西北部及东北部、江西西北部、河南、湖北西部及东南部、湖南西北部、四川西部、东北部及东南部、贵州北部及西部，生于海拔100-2000（-2700）米阳坡林中、灌丛中或溪旁。上海、杭州、武汉、旅顺、大连等地有栽培。

图 109 郁香忍冬（引自《图鉴》）

[附] **樱桃忍冬** 图 107 : 7 **Lonicera fragrantissima** subsp. **phyllocarpa** (Maxim.) Hsu et H. J. Wang in Acta Phytotax. Sin. 22 (1) : 28. 1984. —— *Lonicera phyllocarpa* Maxim. Prim. Fl. Amur. 138. 1859. 与模式亚种的主要区别：落叶灌木；小枝和叶柄有时被糙毛；叶卵状椭圆形、卵状披针形或椭圆形，先端渐尖或骤窄而具凸尖，两面常被刚伏毛，下面兼有柔毛和腺毛；花柱中部以下或基部有疏糙毛或无毛。花期3-4月，果期4月中旬-6月。产河北中部、山西南部、陕西南部、河南西北部、安徽北部及南部、江苏南部，生于海拔480-2000米山坡、山谷或河边。

39. 新疆忍冬 图 110 : 1-4

Lonicera tatarica Linn. Sp. Pl. 173. 1753.

落叶灌木；全株近无毛。冬芽小，有4对鳞片。叶纸质，卵形或卵状长圆形，有时长圆形，长2-5厘米，两侧常稍不对称，边缘有糙毛；叶柄长2-5毫米。总花梗纤细，长1-2厘米；苞片线状披针形或线状倒披针形，长与萼筒相近或较短，有时叶状而长于萼筒。小苞片分离，近圆形或卵状长圆形，长为萼筒1/3-1/2；相邻两萼筒分离，长约2毫米，萼檐具三角形或卵形小齿；花冠粉红或白色，长约1.5厘米，唇形，冠筒短于唇瓣，长5-6毫米，基部常有浅囊，上唇两侧裂深达唇瓣基部，开展，中裂较浅；雄蕊和花柱稍短于花冠，花柱被柔毛。果熟时红色，圆形，径5-6毫米，双果之一常不发育。花期5-6月，果期7-8月。

产新疆北部，生于海拔900-1600米石质山坡或山沟林缘和灌丛中。黑龙江和辽宁等地有栽培。俄罗斯及中亚有分布。

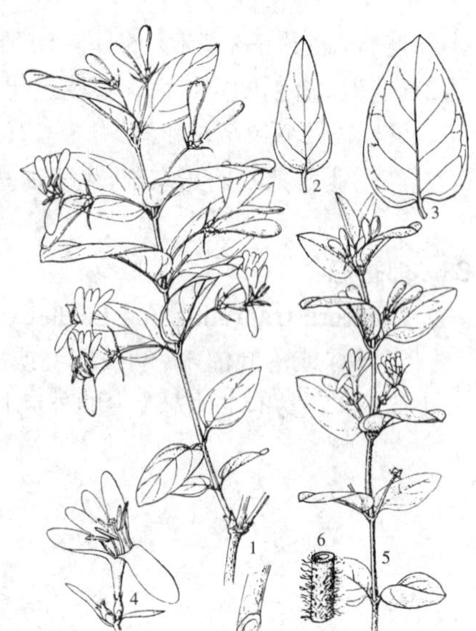

图 110：1-4. 新疆忍冬 5-6. 小花忍冬
（张荣生绘）

［附］**小花忍冬** 图 110：5-6 **Lonicera tatarica** var. **micrantha** Trautv. in Bull. Soc. Nat. Mosc. 39(1)：331. 1866. 与模式亚种的主要区别：全株多少粉绿色；幼枝、叶柄和总花梗被密或疏柔毛和开展微糙毛，散生无柄微腺；叶两面被白色柔毛，下面毛较密；苞片和小苞片外面被疏柔毛和无柄微腺，边具睫毛；萼齿有睫毛；花冠黄白色，外被微柔毛或几无毛，冠筒长约等于唇瓣，基部一侧不明显隆起或有浅囊。花期5月。产新疆伊犁地区，生于海拔700-860米河岸沙滩。中亚及俄罗斯西伯利亚地区有分布。

40. 长白忍冬 图 111 彩片 22

Lonicera ruprechtiana Regel in Gartenfl. 19：68. 1870.

落叶灌木。幼枝和叶柄被绒状柔毛，枝疏被柔毛或无毛；小枝、叶柄、叶两面、总花梗和苞片均疏生黄褐色微腺毛。冬芽约6对鳞片。叶纸质，长圆状倒卵形、卵状长圆形或长圆状披针形，长（3）4-6（-10）厘米，边缘略波状或具不规则浅波状大牙齿，有缘毛，上面初疏生微毛或近无毛，下面密被柔毛；叶柄长3-8毫米。总花梗长0.6-1.2厘米，疏被微柔毛；苞片线形，长5-6毫米，长于萼齿，被微柔毛。小苞片分离，圆卵形或卵状披针形，长为萼筒1/4-1/3，无毛或具腺缘毛；相邻两萼筒分离，长约2毫米，萼齿卵状三角形或三角状披针形，干膜质，长约1毫米；花冠白色，后黄色，外面无毛，冠筒粗，长4-5毫米，内密生柔毛，基部有深囊，唇瓣长0.8-1.1厘米，上唇两侧深达1/2-2/3处，下唇长约1厘米，反曲；雄蕊短于花冠，花药长约3毫米；花柱稍短于雄蕊，全被柔毛。果熟时桔红色，圆形，径5-7毫米。花期5-6月，果期7-8月。

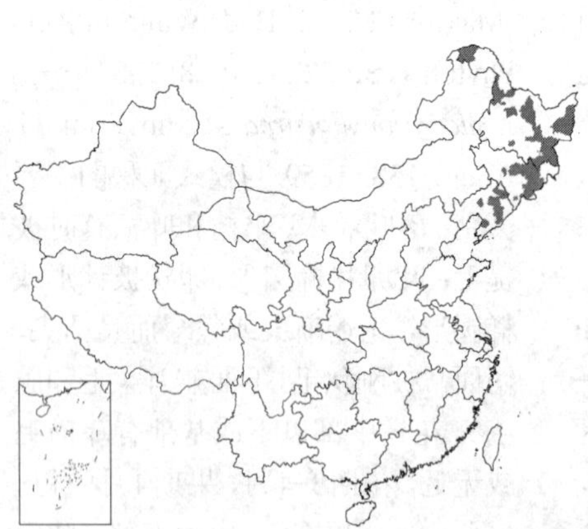

图 111 长白忍冬
（引自《中国北部植物图志》）

产黑龙江、吉林及辽宁，生于海拔300-1100米阔叶林下或林缘。朝鲜半岛北部及俄罗斯西伯利亚东部及远东地区有分布。

41. 金花忍冬 图 112

Lonicera chrysantha Turcz. ex Ledeb. Fl. Ross. 2(1)：388. 1844.

落叶灌木。幼枝、叶柄和总花梗常被开展糙毛、微糙毛和腺。冬芽鳞片5-6对，疏生柔毛，有白色长睫毛。叶纸质，菱状卵形、菱状披针形、倒卵形或卵状披针形，长4-8（-12）厘米，先端渐尖或尾尖，两面脉被糙伏毛，中脉毛较密，有缘毛；叶柄长4-7毫米。总花梗细，长1.5-3(4)厘米；苞片线形或窄线状披针形，长2.5(-8)毫米，常高出萼筒。小苞片分离，长约1毫米，为萼筒1/3-2/3；相邻两萼筒分离，长2-2.5毫米，常无毛而具腺，萼齿圆卵形、半圆形或卵形；花冠白至黄色，长(0.8-) 1-1.5（-2）厘米，外面疏生糙毛，唇形，唇瓣长于冠筒2-3倍，冠筒内有柔毛，基部有深囊或囊不明显；雄蕊和花柱短于花冠，花丝中部以下有密毛；花柱被柔毛。果熟时红色，圆形，径约5毫米。花期5-6月，果期7-9月。

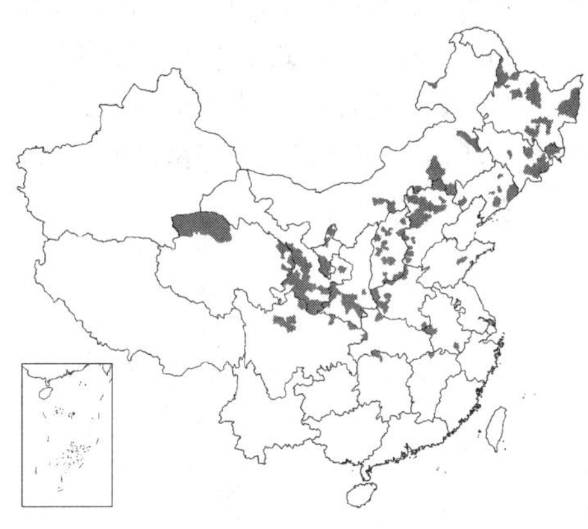

产黑龙江、吉林、辽宁、内蒙古、河北、山西、陕西、宁夏、甘肃、青海、四川、湖南北部、湖北、河南、山东、安徽及江西北部，生于海拔250-2000(-3000)米沟谷、林下或林缘灌丛中。朝鲜半岛北部及俄罗斯西伯利亚东部有分布。

[附] 须蕊忍冬 **Lonicera chrysantha** subsp. **koehneana** (Rehd.) Hsu et H. J. Wang in Acta Phytotax. Sin. 22(1): 28. 1984.——*Lonicera koehneana* Rehd. in Sarg. Trees and Shrubs 1: 41. pl. 21. 1902. 与模式亚种的主要区别：幼枝、叶柄和总花梗均被多少弯曲柔毛；叶下面被绒状柔毛或近无毛。

图 112 金花忍冬
（引自《中国北部植物图志》）

产山西西南部、河南西部、山东胶东半岛、江苏南部、安徽南部及西部、浙江、湖北西部、贵州北部及西部、云南东北部及西北部、西藏（门工）、四川、陕西、甘肃南部及东南部，生于海拔750-3000(-3800)米沟谷、林下或林缘灌丛中。

42. 金银忍冬 图 113 彩片 23

Lonicera maackii (Rupr.) Maxim. in Mem. Acad. Imp. Sci. St. Pétersb. 9: 136. 1859.

Xylosteum maackii Rupr. in Bull. Acad. Imp. Sci. St. Pétersb. 15: 369. 1857.

落叶灌木。茎干径达10厘米。幼枝、叶两面脉、叶柄、苞片、小苞片及萼檐外面均被柔毛和微腺毛。冬芽小，卵圆形，有5-6对或更多鳞片。叶纸质，卵状椭圆形或卵状披针形，稀长圆状披针形、倒卵状长圆形、菱状长圆形或圆卵形，长5-8厘米，先端渐尖或长渐尖；叶柄长2-5（-8）毫米。花芳香，生于幼枝叶腋，总花梗长1-2毫米，短于叶柄；苞片线形，有时线状倒披针形而呈叶状，长3-6毫米。小苞片绿色，多少连合成对，长为萼筒1/2至几相等，先端平截；相邻两萼筒分离，长约2毫米，无毛或疏生微腺毛，萼檐钟状，为萼筒长2/3至相等，干膜质，萼齿5，宽三角形或披针形，裂隙约达萼檐之半；花冠先白后黄色，长(1)2厘米，外被短伏毛或无毛，唇形，冠筒长约为唇瓣1/2，内被柔毛；雄蕊与花柱长约花冠2/3，花丝中部以下和花柱均有

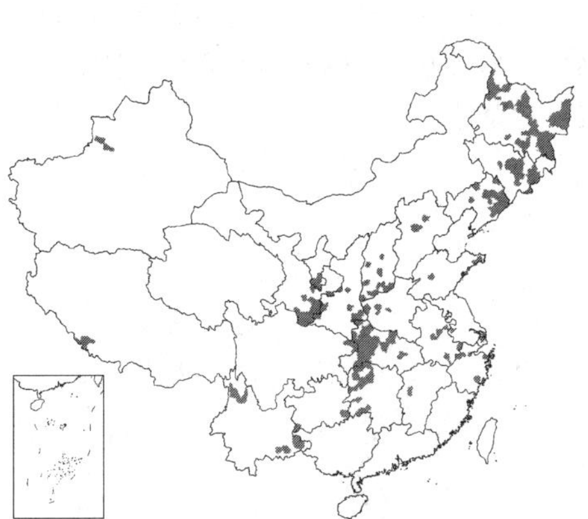

图 113 金银忍冬
（引自《中国北部植物图志》）

向上柔毛。果熟时暗红色，圆形，径5-6毫米。花期5-6月，果期8-10月。

产黑龙江、吉林、辽宁、河北、山西、河南西部、山东、江苏、浙江、安徽、江西、湖北、湖南、贵州东南部及西南部、云南东南部及西北部、西藏南部、四川东部、陕西、宁夏南部、甘肃东南部及新疆西北部，生于海拔1800米以下（云南和西藏达3000米）林中或林缘溪流附近灌木丛中。朝鲜半岛、日本及俄罗斯远东地区有分布。茎皮可制人造棉。花可提取芳香油。种子榨油可制肥皂。

[附] **红花金银忍冬 Lonicera maackii** var. **erubescens** Rehd. in Mittel. Deutsch. Dendr. Ges. 1913 (22): 263. 1914. 与模式变种的主要区别：花冠、小苞片和幼叶均带淡紫红色。产江苏、安徽东部、河南南部及甘肃，生于山坡。

43. 毛花忍冬 彩片 24

Lonicera trichosantha Bur. et Franch. in Journ. de Bot. 5: 48. 1891.

落叶灌木。小枝、叶柄和总花梗均被柔毛和微腺毛或几无毛。冬芽有5-6对鳞片。叶纸质，下面绿白色，长圆形、卵状长圆形或倒卵状长圆形，稀椭圆形、圆卵形或倒卵状椭圆形，长2-6（-7）厘米，两面或下面中脉疏生柔伏毛或无毛，边有睫毛；叶柄长3-7毫米。总花梗长0.2-0.6（-1.2）厘米，短于叶柄；苞片线状披针形，长约等于萼筒。小苞片近圆卵形，长为萼筒1/2-2/3，基部多少连合；相邻两萼筒分离，长约2毫米，无毛，萼檐钟形，长1.5-2（-4）毫米，全裂成2爿，一爿具2齿，另一爿3齿，或一侧撕裂，萼齿三角形，萼檐、苞片、小苞片均疏生柔毛及腺，稀无毛；花冠黄色，长1.2-1.5厘米，唇形，冠筒长约4毫米，常有浅囊，密被糙伏毛和腺毛，喉部密生柔毛，唇瓣毛较稀或无毛，上唇裂片浅圆形，下唇长圆形，长0.8-1厘米，反曲；雄蕊和花柱均短于花冠。果熟时橙黄、橙红至红色，圆形，径6-8毫米。花期5-7月，果期8月。

产辽宁、陕西秦岭、甘肃南部、青海东部及南部、西藏东部、云南、四川及江西，生于海拔2700-4100米林下、林缘、河边或田边灌丛中。

图 114 长叶毛花忍冬（引自《图鉴》）

[附] **长叶毛花忍冬** 干萼忍冬 图 114 **Lonicera trichosantha** var. **xerocalyx** (Diels) Hsu et H. J. Wang in Acta Phytotax. Sin. 22 (1): 29. 1984.——*Lonicera xerocalyx* Diels in Notes Roy. Bot. Gard. Edinb. 25: 177. 1912.——*Lonicera deflexicalyx* Batal.; 中国高等植物图鉴 4: 294. 1975. 与模式变种的主要区别：叶长圆状披针形或披针形，稀卵状披针形或卵状长圆形，长4-8（-10）厘米，先端长渐尖或短渐尖。产甘肃南部、四川西部及云南西北部，生于海拔2400-4600米沟谷水旁、林下、林缘灌丛中或阳坡草地。

44. 长距忍冬 距花忍冬 图 115

Lonicera calcarata Hemsl. in Bot. Mag. 27: pl. 2632. 1900.

藤本，全株无毛。叶革质，卵形、长圆形或卵状披针形，长8-13（-17）厘米，叶尖常微弯；叶柄长1-2厘米。总花梗直而扁，长1.7-3厘米，顶端稍粗；叶状苞片2，卵状披针形或圆卵形，长2-2.5厘米。小苞片短小，先端圆或微凹；相邻两萼筒合生；花冠白后黄色，长约3厘米，唇形，冠筒宽短，基部有长约1.2厘米弯距，上唇直立，裂片宽短，不等形，下唇带状，反卷；雄蕊不超花冠上唇，花丝下半部有短柔毛；花柱稍高出雄蕊。果熟时红色，径约1.5厘米，苞片宿存。花期5月，果期6-7月。

产西藏东南部、四川、云南、贵州西部及广西西部，生于海拔1200-2500米林下、林缘或溪旁灌丛中。

45. 匍匐忍冬 图 116：1

Lonicera crassifolia Batal. in Acta Hort. Petrop. 12: 172. 1892.

常绿匍匐灌木。幼枝密被淡黄褐色卷曲糙毛，枝无毛。冬芽有数对鳞片。叶密集当年小枝顶端，革质，宽椭圆形或长圆形，长1-3.5-（6.3）厘米，先端钝或圆，有时具小凸尖或微凹缺，上面中脉有糙毛，两面余均无毛，边缘背卷，密生糙缘毛；叶柄长3-8毫米，有糙毛和缘毛。双花生于小枝梢叶腋，总花梗长0.2-1（-1.4）厘米，具糙毛或无毛；苞片三角状披针形，长为萼筒1/2-2/3，苞片、小苞片和萼齿先端均有睫毛。小苞片圆卵形，长约苞片之半；萼齿卵形，长约1毫米，为萼筒1/2-1/3；花冠白色，冠筒带红色，后黄色，长约2厘米，外面无毛，内被糙毛，冠筒基部一侧稍肿大，唇瓣长为冠筒1/2，上唇直立，有波状齿或卵形裂片，下唇反卷；雄蕊长与花冠几相等；花柱高出花冠。果熟时黑色，圆形，径5-6毫米。花期6-7月，果期10-11月。

产湖北西部及西南部、湖南西北部、四川、云南及贵州北部，生于海拔900-1700（-2300）米溪旁、湿润林缘或岩缝中。

46. 淡红忍冬 巴东忍冬 图 116：2-4 图 117

Lonicera acunimata Wall. in Roxb. Fl. Ind. 2: 176. 1824.

Lonicera henryi Hemsl.; 中国高等植物图鉴 4: 294. 1975.

落叶或半常绿藤本。幼枝、叶柄和总花梗均被卷曲棕黄色糙毛或糙伏毛，有时兼有糙毛和微腺毛，或着花小枝顶端有毛，或全无毛。叶薄革质或革质，卵状长圆形、长圆状披针形或线状披针形，长4-8.5（-14）厘米，基部圆或近心形，有时宽楔形或平截，两面被糙毛或上面中脉有棕黄色糙伏毛，有缘毛；叶柄长3-5毫米。双花在枝顶集成近伞房状花序或单生小枝上部叶腋，总花梗长0.4-1.8（-2.3）厘米；苞片钻形，比萼筒短或较长，有少数糙毛或无毛。小苞片宽卵形或倒卵形，为萼筒长2/5-1/3，先端有时微凹，有缘毛；萼筒椭圆形或倒壶形，长2.5-3毫米，无毛或有糙毛，萼齿长为萼筒2/5-1/4，边缘无毛或有缘毛；花冠黄白有红

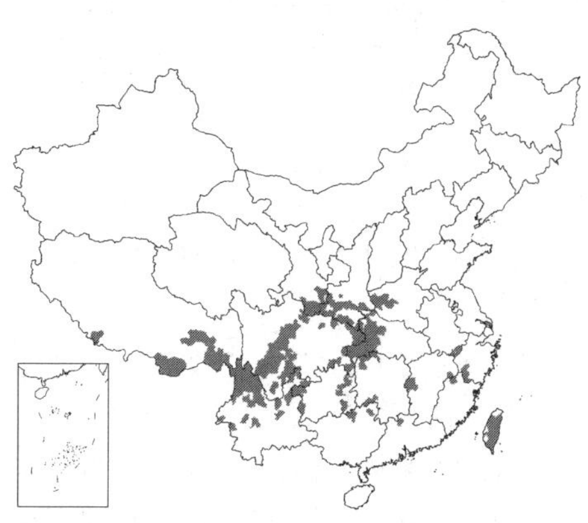

图 115 长距忍冬（引自《图鉴》）

图 116：1. 匍匐忍冬　2-4. 淡红忍冬
（张荣生绘）

图 117 淡红忍冬（引自《图鉴》）

晕，漏斗状，长1.5–2.4厘米，无毛或有糙毛，有时有腺毛，唇形，冠筒长0.9–1.2厘米，与唇瓣等长或较长，内有糙毛，基部有囊，上唇直立，裂片圆卵形，下唇反曲；雄蕊稍高出花冠；花柱有糙伏毛。果熟时蓝黑色，卵圆形，径6–7毫米。花期6月，果期10–11月。

产河南西部、安徽南部、浙江南部、福建西北部、台湾、江西西部及东北部、湖北西部、湖南西北部及西南部、广东北部、广西东北部及北部、贵州、云南、西藏东南部及南部、四川、陕西南部、甘肃东南部，生于海拔（500–）1000–3200米山坡和山谷林中、林间空旷地或灌丛中。喜马拉雅东部经缅甸至苏门答腊、爪哇、巴厘及菲律宾有分布。

[附] **无毛淡红忍冬 Lonicera acuminata** var. **depilata** Hsu et H. J. Wang in Acta Phytotax. Sin. 17 (4): 80. 1979. 与模式变种的主要区别：植株无毛或叶柄有少数糙毛；叶下面常带粉绿色。产浙江南部、福建西北部、台湾、江西南部、广东北部、湖北西部、四川中部及东南部。

47. 毛萼忍冬 图 118

Lonicera trichosepala (Rehd.) Hsu in Acta Phytotax. Sin. 11: 202. 1966. *Lonicera henryi* Hemsl. var. *trichosepala* Rehd. in Journ. Arn. Arb. 8: 199. 1927.

藤本。幼枝、叶柄和总花梗均密被开展黄褐色糙毛。叶纸质，三角状卵形或卵状披针形，稀宽卵形或长圆状披针形，长达5.5厘米，基部微心形，稀圆或平截，老叶下面稍粉白色，中脉和侧脉疏生糙伏毛；叶柄长2–5毫米。萼筒无毛或近无毛，萼齿条状披针形或条形，外被糙伏毛，有缘毛；花冠淡紫或白色，长约2厘米，外面密生倒糙伏毛；花药长2–3毫米，长为花丝1/3；花柱密被糙伏毛。花期6–7月，果期10月。

产安徽南部、浙江、江西西北部、湖南东部及贵州东南部，生于海拔400–1500米山坡林中或灌木林中。

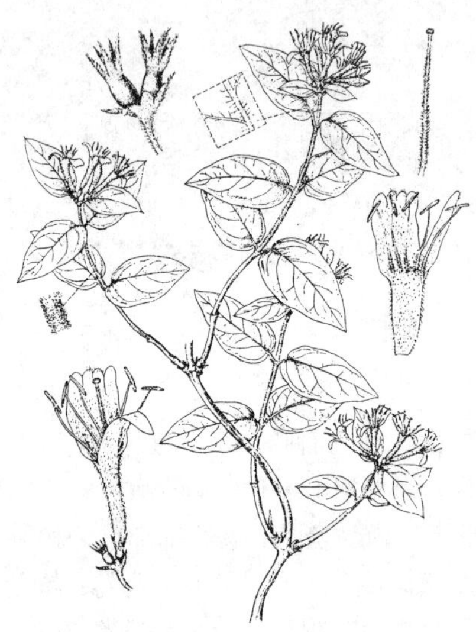

图 118 毛萼忍冬（引自《植物分类学报》）

48. 卵叶忍冬 图 119

Lonicera inodora W. W. Smith in Notes Roy. Bot. Gard. Edinb. 10: 47. 1917.

藤本。小枝、叶柄、总花梗、苞片、小苞片和萼筒均密被灰黄褐色弯曲糙伏毛，兼有少数腺毛。叶厚纸质，卵状披针形、卵状椭圆形或卵形，长6–12厘米，基部圆、平截或浅心形，上面脉不明显下陷，疏被糙伏毛，中脉毛密，下面有弯曲绒状糙毛，脉毛密，果时毛稀；叶柄长0.5–1.2厘米。双花数朵至10余朵集成腋生或顶生伞房花序，花序梗长1–2厘米，稀单生叶腋，有叶状苞，总花梗长0.3–1.5厘米；苞片卵状披针形，长1–2毫米，短于萼筒，与小苞片均被黄白色糙毛。小苞片长为萼筒（1/5–）1/3–1/2；萼筒圆形或椭圆形，长2–4毫米，外面无毛或有糙伏毛及

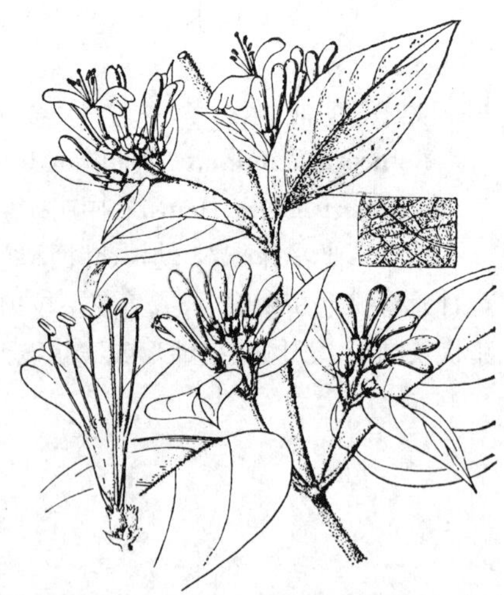

图 119 卵叶忍冬（娄凤鸣 陶德圣绘）

暗棕色腺，萼齿卵状三角形，长约1毫米，外被糙伏毛，有缘毛；花冠白至黄色，长1.5-2.5厘米，稍弓弯，外被倒糙毛，唇形，冠筒与唇瓣几等长或较长，内有小柔毛，上唇裂片长约3毫米；雄蕊和花柱与花冠几等长，花丝基部有柔毛；花柱中部或2/3以下有糙毛。果近圆形，熟时蓝黑色，稍有白粉，径约6毫米。花期8月，果期12月。

产云南西部及西藏东南部，生于海拔1700-2900米石山灌丛或山坡阔叶林中。西藏民间用花作清热解毒药。

图 120 短柄忍冬（引自《图鉴》）

49. 短柄忍冬 贵州忍冬　　图 120

Lonicera pampaninii Lévl. in Fedde, Repert. Sp. Nov. 10: 145. 1911.

藤本。幼枝和叶柄密被土黄色卷曲糙毛，后紫褐色无毛。叶有时3片轮生，薄革质，长圆状披针形、窄椭圆形或卵状披针形，长3-10厘米，基部浅心形，两面中脉有糙毛，下面幼时常疏生糙毛，边缘略背卷，有疏缘毛；叶柄长2-5毫米。双花数朵集生于幼枝顶端或单生幼枝上部叶腋，芳香，总花梗极短或几无；苞片窄披针形或卵状披针形，有时叶状，长0.5-1.5厘米，与小苞片和萼齿均有糙毛。小苞片圆卵形或卵形，长为萼筒1/2-2/3；萼筒长不及2毫米，萼齿卵状三角形或长三角形，比萼筒短，外面有糙伏毛，有缘毛；花冠白带微紫红色，后黄色，唇形，长1.5-2厘米，外面密生倒生糙伏毛和腺毛，唇瓣稍短于筒，上下唇均反曲；雄蕊和花柱稍伸出；花柱无毛。果圆形，熟时蓝黑或黑色，径5-6毫米。花期5-6月，果期10-11月。

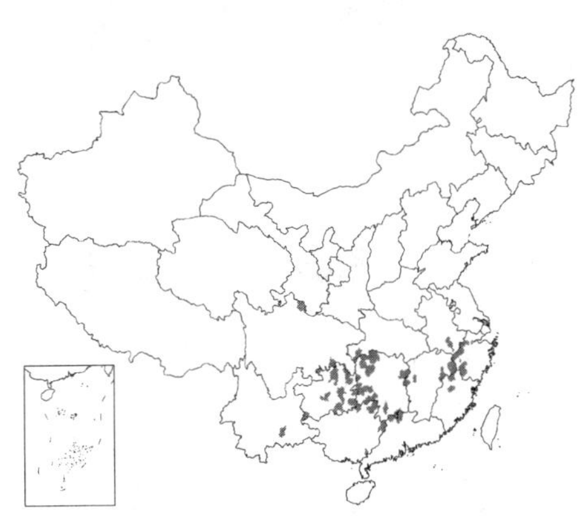

产安徽南部、浙江、福建西北部、江西西北部及东北部、湖北西南部、湖南、广东北部、广西东部、贵州、云南、四川东南部及北部，生于海拔150-750(-1400)米林下或灌丛中。花入药，贵州民间用治鼻出血、吐血及肠热。

图 121 锈毛忍冬（引自《图鉴》）

50. 锈毛忍冬　　图 121

Lonicera ferruginea Rehd. in Sarg. Trees and Shrubs 1: 41. pl. 22. 1902.

藤本。幼枝、叶柄、叶两面、叶缘、花序梗、总花梗、苞片、小苞片和花冠外面均密生黄褐色糙毛，幼枝、叶柄、叶缘和花序梗兼有极少细腺毛。叶厚纸质，长圆状卵形或卵状长圆形，稀卵状或椭圆形，长5-9(-11)厘米，先端尾尖、渐尖或短尖，基部微心形或圆，上面叶脉略下陷；叶柄长达1厘米。双花（1）2-3对组成小总状花序，腋生于小枝上方，4-5小花序在小枝顶组成小圆锥花序，每小花序下有丝状、长0.6-1.2厘米总苞片，总花梗长（1-）2.5-5（-7）毫米；苞片窄线形，长约4毫米。小苞片圆卵形或卵形，有时披针形，长为萼筒1/2-2/3或等长；萼

筒长约2毫米，上部有少数糙毛或无毛，萼齿线形，长约2毫米；花冠白至黄色，长约2.2厘米，唇形，冠筒与唇瓣约等长，外面有倒糙毛，内面中上部连同唇瓣内面均有疏糙毛，上唇裂片长圆状卵形，下唇线状长圆形，长约1厘米；花柱无毛。果熟时黑色，卵圆形。花期5-6月，果期8-9月。

产江西东部、福建、广东、广西西部、贵州东南部及西南部、云南及四川南部，生于海拔600-2000米山坡疏、密林中或灌丛中。

图 122 黄褐毛忍冬（张荣生绘）

51. 黄褐毛忍冬　　图 122

Lonicera fulvotomentosa Hsu et S. C. Cheng in Acta Phytotax. Sin. 17 (4): 80. 1979.

藤本。幼枝、叶柄、叶下面、总花梗、苞片、小苞片和萼齿均密被开展或弯伏黄褐色毡毛状糙毛，幼枝和叶两面散生桔红色腺毛。冬芽具4对鳞片。

叶纸质，卵状长圆形或长圆状披针形，长3-8（-11）厘米，基部圆、浅心形或近平截，上面疏生糙伏毛，中脉毛较密；叶柄长5-7毫米。双花排成腋生或顶生短总状花序，花序梗长达1厘米，总花梗长约2毫米，下托小形叶1对；苞片钻形，长5-7毫米。小苞片卵形或线状披针形，长为萼筒1/2或较长；萼筒倒卵状椭圆形，长约2毫米，无毛，萼齿条状披针形，长2-3毫米；花冠白至黄色，长3-3.5厘米，唇形，冠筒稍短于唇瓣，外面密被黄褐色倒伏毛和开展腺毛，上唇裂片长圆形，长约8毫米，下唇长约1.8厘米；雄蕊和花柱均高出花冠，无毛。花期6-7月。

产湖南西北部及西部、广西西北部、贵州及云南东部，生于海拔850-1300米山坡岩旁灌木林或林中。

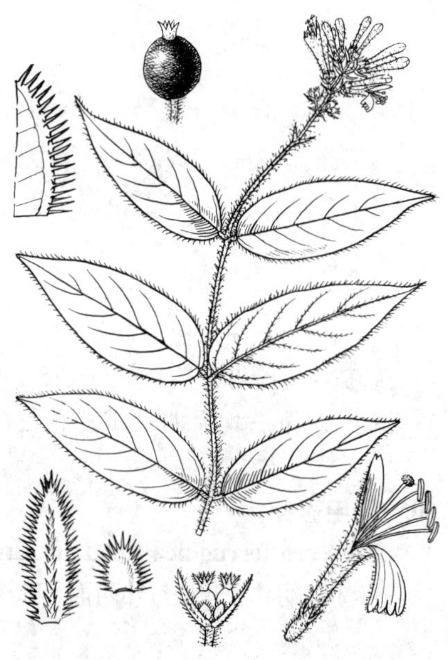

图 123 云雾忍冬（余汉平绘）

52. 云雾忍冬　　图 123

Lonicera nubium (Hand.-Mazz.) Hand.-Mazz. Symb. Sin. 7: 1048. 1936.

Lonicera giraldii Rehd. f. *nubium* Hand.-Mazz. in Sitz. Akad. Wiss. Wien, Math.-Nat. 61: 201. 1924.

藤本。幼枝、叶柄和花序梗均被开展黄褐色长刚毛和腺毛。叶硬纸质，卵状披针形或长圆状披针形，长6-14厘米，基部圆或微心形，上面中脉及下面中脉和侧脉均有刚毛，边缘有2列刚睫毛；叶柄长4-7毫米。双花密集枝顶成总状或圆锥花序，有线状披针形苞状叶，花序梗细长，总花梗长1-3毫米，有刚毛；苞片披针形，长于萼筒，连同小苞片和萼齿均有刚缘毛。小苞片卵形或圆卵形，长为萼筒3/5-2/3；萼筒长约2毫米，萼齿窄卵状三角形，稍短于萼筒；花冠白带紫红色，后黄色，长约1.8厘米，外面多少有反折刚毛，唇形，冠筒长与唇瓣相等，内面密生柔毛，上唇直立，具短圆裂，下唇反曲；雄蕊与花冠等长，花丝基部和花柱中部以下有毛。果熟时黑色，圆形，径约8毫米。花期6-7月，果期10月。

产江西西部及南部、湖南西南部、广东东北部、广西东北部及北部、贵州中东部、湖北西南部、四川南部及甘肃南部，生于海拔750-1200米山坡灌丛或山谷疏林中。

53. 水忍冬　图 124

Lonicera dasystyla Rehd. Syn. Lonicera 158. 1903.

藤本。小枝、叶柄和总花梗均密被灰白色微柔毛。叶纸质，卵形或卵状长圆形，长2-6（-9）厘米，茎下方的叶有时不规则羽状3-5中裂，两面无毛或疏生柔毛和微柔毛，上面有时具紫晕，下面稍带粉红色，壮枝叶下面被灰白色毡毛；叶柄长0.4-1（-1.3）厘米，两叶柄相连处线状凸起。双花生于小枝梢叶腋，集成总状花序，芳香；总花梗长0.4-1.2厘米；苞片三角形，长1-2毫米，比萼筒短。小苞片圆卵形，极小，疏生微缘毛；萼筒稍有白粉，长2-2.5毫米，萼齿宽三角形、半圆形或卵形；花冠白色，近基部带紫红色，后淡黄色，长2-3.5厘米，唇形，冠筒长1.4-1.7厘米，外面疏被倒生微柔伏毛或无毛，筒内沿上唇方向密生柔毛，上唇与筒几等长，裂片长圆状披针形，长约5毫米，两侧裂的裂隙深逾1/3，下唇线形，比上唇长；雄蕊与花冠几等长；花柱伸出。果熟时黑色。花期3-4月，果期8-10月。

图 124　水忍冬（孙英宝绘）

产广东鼎湖山及广西，生于海拔300米以下水边灌丛中。越南北部有分布。花蕾、茎和叶药用，清热解毒。

54. 忍冬 金银花　图 125 彩片 25

Lonicera japonica Thunb. Fl. Jap. 89. 1784.

半常绿藤本。幼枝暗红褐色，密被硬直糙毛、腺毛和柔毛，下部常无毛。叶纸质，卵形或长圆状卵形，有时卵状披针形，稀圆卵状或倒卵形，极少有1至数个钝缺刻，长3-5（-9.5）厘米，基部圆或近心形，有糙缘毛，下面淡绿色，小枝上部叶两面均密被糙毛，下部叶常无毛，下面多少带青灰色；叶柄长4-8毫米，密被柔毛。总花梗常单生小枝上部叶腋，与叶柄等长或较短，下方者长2-4厘米，密被柔毛，兼有腺毛；苞片卵形或椭圆形，长2-3厘米，两面均有柔毛或近无毛。小苞片先端圆或平截，长约1毫米，有糙毛和腺毛；萼筒长约2毫米，无毛，萼齿卵状三角形或长三角形，有长毛，外面和边缘有密毛；花冠白色，后黄色，长（2）3-4.5（-6）厘米，唇形，冠筒稍长于唇瓣，被倒生糙毛和长腺毛，上唇裂片先端钝，下唇带状反曲；雄蕊和花柱高出花冠。果圆形，径6-7毫米，熟时蓝黑色。花期4-6月（秋季常开花），果期10-11月。

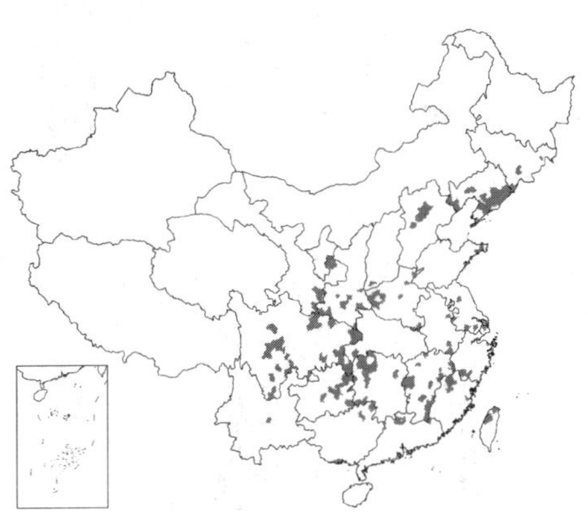

图 125　忍冬（引自《中国北部植物图志》）

除黑龙江、内蒙古、宁夏、青海、新疆、西藏和海南外，全国各地均有分布，生于海拔1500米以下山坡灌丛或疏林中、乱石堆及村边。常栽培。日本及朝鲜半岛有分布。忍冬为有悠久历史的常用中药，功能清热解毒、消炎退肿，对细菌性痢疾和化脓性疾病有效。

[附] **红白忍冬 Lonicera japonica** var. **chinensis** (Wats.) Bak. in Saunders. Refug. Bot. 4: pl. 224. 1871.——*Lonicera chinensis* Wats. Dendr. Brit. 2: pl. 117. 1825. 与模式变种的主要区别：幼枝紫黑色；幼叶带紫红色；小苞片比萼筒窄；花冠外面紫红色，内面白色，上唇裂片较长，裂隙深过唇瓣1/2。产安徽西南部，生于海拔约800米山坡。江苏、浙江、江西及云南等地有栽培。

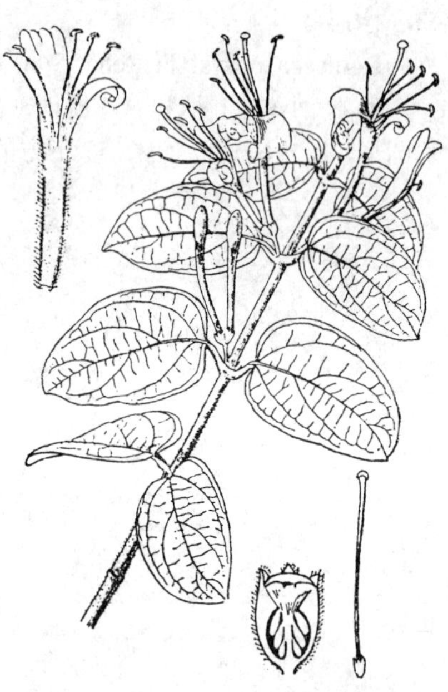

图 126 华南忍冬（引自《海南植物志》）

55. 华南忍冬 图 126

Lonicera confusa (Sweet) DC. Prodr. 4: 333. 1830.

Nintooa confusa Sweet. Hort. Brit. ed. 2, 258. 1830.

半常绿藤本。幼枝、叶柄、总花梗、苞片、小苞片和萼筒均密被灰黄色卷柔毛，并疏生微腺毛。叶纸质，卵形或卵状长圆形，长3-6(7)厘米，基部圆、平截或带心形，幼时两面有糙毛，老时上面无毛；叶柄长0.5-1厘米。花有香味，双花腋生或于小枝或侧生短枝顶集成具2-4节的短总状花序，有总苞叶；总花梗长2-8毫米；苞片披针形，长1-2毫米。小苞片圆卵形或卵形，长约1毫米，有缘毛；萼筒长1.5-2毫米，被糙毛，萼齿披针形或卵状三角形，长1毫米，外密被柔毛；花冠白色，后黄色，长3.2-5厘米，唇形，筒直或稍弯曲，外面稍被开展倒糙毛和腺毛，内面有柔毛，唇瓣稍短于冠筒；雄蕊和花柱均伸出，比唇瓣稍长，花丝无毛。果熟时黑色，椭圆形或近圆形，长0.6-1厘米。花期4-5月，有时9-10月第二次开花，果期10月。

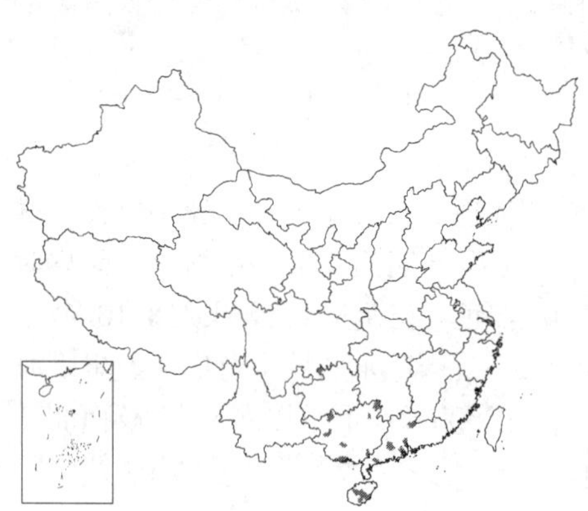

产广东、香港、海南、广西及贵州北部，生于海拔800米以下丘陵地山坡、杂木林和灌丛中、平原旷野路旁或河边。越南北部及尼泊尔有分布。花药用，为华南地区"金银花"中药材的主要品种，有清热解毒之功效。藤和叶也入药。

56. 菰腺忍冬 红腺忍冬 图 127

Lonicera hypoglauca Miq. in Ann. Mus. Bot. Lugd.-Bat. 2: 270. 1866.

落叶藤本。幼枝、叶柄、叶两面中脉及总花梗均密被上端弯曲淡黄褐色柔毛，有时有糙毛。叶纸质，卵形或卵状长圆形，长6-9(11.5)厘米，基部近圆或带心形，下面有时粉绿色，有无柄或具极短柄黄或桔红色蘑菇状腺；叶柄长0.5-1.2厘米。双花单生至多朵集生侧生短枝，或于小枝顶集成总状，总花梗比叶柄短或较长；苞片条状披针形，与萼筒几等长，外面有糙毛

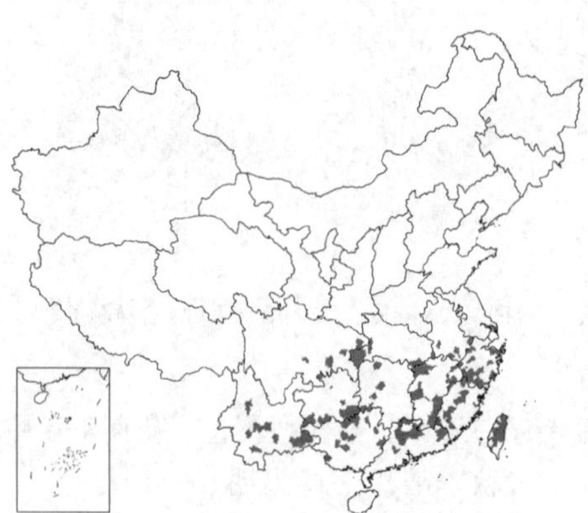

图 127 菰腺忍冬（引自《图鉴》）

和缘毛。小苞片圆卵形或卵形，稀卵状披针形，长为萼筒1/3，有缘毛；萼筒无毛或有毛，萼齿三角状披针形，长为萼筒1/2-2/3，有缘毛；花冠白色，有时有淡红晕，后黄色，长3.5-4厘米，唇形，冠筒比唇瓣稍长，外面疏生倒微状毛，常具无柄或有短柄的腺；雄蕊与花柱均稍伸出，无毛。果熟时黑色，近圆形，有时具白粉，径7-8毫米。花期4-5（6）月，果期10-11月。

产安徽南部、浙江、福建、台湾、江西、湖北、湖南、广东、广西、贵州、云南、四川东部及东南部，生于海拔200-700米（西南达1500米）灌丛或疏林中。日本有分布。花蕾药用。

[附] **净花菰腺忍冬 Lonicera hypoglauca** subsp. **nudiflora** Hsu et H. J. Wang in Acta Phytotax. Sin. 17 (4): 81. 1979. 与模式亚种的主要区别：花冠无毛或筒部外面有少数倒生微伏毛而无腺体。产广东北部及西部、广西、贵州西南部及云南，生境和海拔高度同菰腺忍冬（西南地区海拔可达1800米）。花蕾药用。

57. 大花忍冬 图 128

Lonicera macrantha (D. Don) Spreng. Syst. Veg. 4 (2): 82. 1827.

Caprifolium macranthum D. Don, Prodr. Fl. Nepal. 140. 1825.

半常绿藤本。幼枝、叶柄和总花梗均被开展黄白或金黄色长糙毛和稠密短糙毛，并散生腺毛。叶近革质或厚纸质，卵形、卵状长圆形、长圆状披针形或披针形，长5-10(-14)厘米，基部圆或微心形，边缘有长糙睫毛，上面中脉和下面脉有糙毛，兼有稀少桔红或淡黄色腺毛；叶柄长0.3-1厘米。花微香，双花腋生，常于小枝梢密集成多节伞房状花序；总花梗长1-5（-8）毫米；苞片披针形或线形，长2-4（5）毫米；与小苞片和萼齿均有糙毛和腺毛。小苞片卵形或圆卵形，长约1毫米；萼筒长约2毫米，无毛或被糙毛，萼齿长三角状披针形或三角形，长1-2毫米；花冠白至黄色，长（3.5-）4.5-7（-9）厘米，外被糙毛、微毛和小腺毛，唇形，冠筒长为唇瓣2-2.5倍，内面有密柔毛，唇瓣内面有疏柔毛，上唇裂片长卵形，下唇反卷；雄蕊和花柱稍长于花冠，无毛。果熟时黑色，圆形或椭圆形，长0.8-1.2厘米。花期4-5月，果期7-8月。

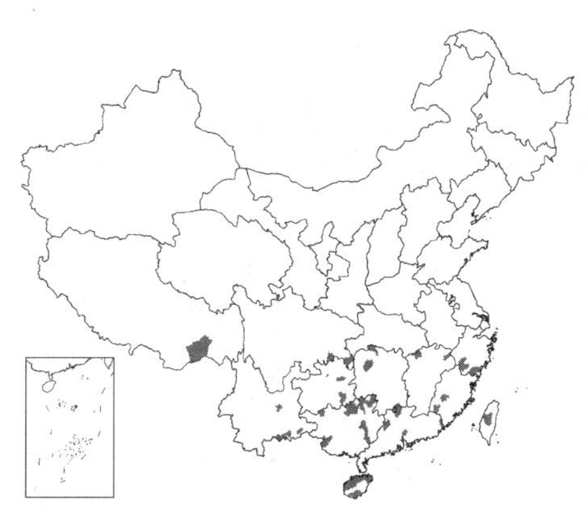

产浙江南部、福建、台湾、江西北部、湖南、广东、香港、海南、广西、贵州、四川东南部、云南及西藏东南部，生于海拔400-500米（云南和西藏达1200-1500米）山谷、山坡林中或灌丛中。尼泊尔、不丹、印度北部、缅甸及越南有分布。

图 128 大花忍冬（引自《图鉴》）

[附] **异毛忍冬 Lonicera macrantha** var. **heterotricha** Hsu et H. J. Wang in Acta Phytotax. Sin. 17 (4): 81. 1979. 与模式变种的主要区别：叶下面有糙毛，兼有由稠密糙毛组成的毡毛。花期4月底至5月下旬，果期11-12月。产浙江南部、福建北部、江西西部、湖南西南部、广西、贵州、四川东北部及东南部、云南东南部及西部，生于海拔350-1250米（云南可达1800米）丘陵、山谷林中或灌丛中。

58. 长花忍冬 图 129

Lonicera longiflora (Lindl.) DC. Prodr. 4: 331. 1830.

Caprifolium longiflorum Lindl. in Bot. Reg. 15. 1829.

藤本。除幼枝、叶柄和花序有时略被黄褐色糙毛外，全株几无毛。叶卵状长圆形或长圆状披针形，稀卵形，长5-8（-11）厘米，上面光亮，侧脉3-5对，小脉水平状，下面脉网格状；叶柄长0.5-0.8（-1.5）厘米，基部相连在节部呈线状凸起。双花常集生小枝顶成疏散总状花序；总花梗与叶柄等长或稍过；苞片线状披针形，长2-2.5毫米，常有缘毛。小苞片圆卵形，长约1毫米，无毛；萼筒长圆形，长2.5毫米，无毛，萼齿三角状披针形，长达1.5毫米，有缘毛；花冠白色，后黄色，长5-7.5厘米，外面无毛或散生少数开展长腺毛，或有倒生糙毛，唇形，筒细，唇瓣长为筒1/2；雄蕊及花柱均伸出花冠之外。果熟时白色。花期3-6月，果期10月。

产广东、香港、广西西南部及云南东南部，生于海拔1700米以下疏林内或山地路旁向阳处。

图 129 长花忍冬（孙英宝绘）

59. 卷瓣忍冬 图 130

Lonicera longituba H. T. Chang ex Hsu et H. J. Wang in Acta Phytotax. Sin. 17 (4): 82. f. 9. 1979.

藤本，全株几无毛。叶薄革质，倒披针状长圆形或长圆形，长4-6.5厘米，先端渐尖，基部下延于长达1厘米的柄，边缘微背卷，两面中脉凸起，侧脉和小脉不明显。总花梗生小枝顶，长1-1.3厘米；苞片三角形，长约1毫米。小苞片卵形，分离或连成扇形，长约1毫米；萼筒长圆形，长3-3.5毫米，萼齿宽三角形，长0.5毫米；花冠白色，后黄色，长约8厘米，唇形，冠筒长约5.4厘米，内有柔毛，唇瓣长约2.8厘米，上唇两侧裂片长达1厘米，线状长圆形，中裂片极短，下唇背向席卷成圆筒状；花丝与花冠几等长，花药长约4毫米；花柱伸出，柱头粗大，疏生长柔毛。果熟时黑色。花期8-9月，果期11月。

产广东西部及广西西南部，生于海拔1200米以下山地或溪边。

图 130 卷瓣忍冬（张荣生绘）

60. 大果忍冬 图 131

Lonicera hildebrandiana Coll. et Hemsl. in Journ. Linn. Soc. Bot. 28: 64. pl. 11. 1891.

常绿藤本；全株几无毛。小枝有时具刚毛。叶革质，椭圆形、卵状长圆形、长圆形或倒卵状椭圆形，长7-15厘米，基部圆稍下延于长1-2.5厘米叶柄。双花单生叶腋或在枝顶集成短总状花序；总花梗长0.4-1.5厘米；苞片三角形，长约1.5毫米。小苞片卵状三角形，长1-1.5毫米；萼筒长6-8毫米，萼檐杯状，萼齿三角形，长0.5-1.5(-2)毫米；花冠粗大，白色，后黄色，长（8-）10-12厘米，冠筒长（5）6-7厘米，径达4毫米，唇形，

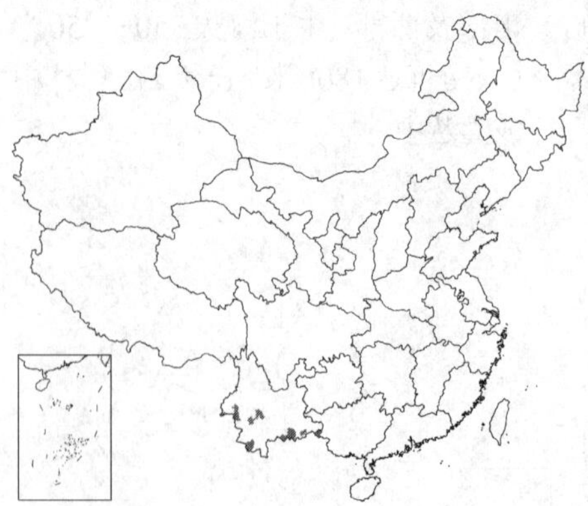

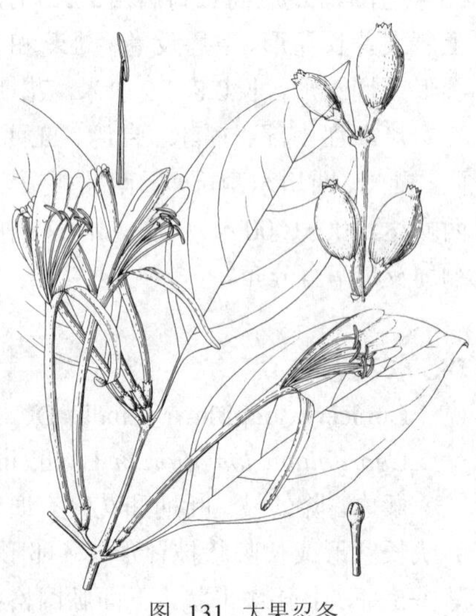

图 131 大果忍冬
（孙英宝仿《Journ. Linn. Soc. Bot.》）

上唇两侧裂片深达唇瓣3/8，中裂片长5-6毫米；雄蕊比花冠短，花丝有微伏毛；花柱有微伏毛。果梨状，卵圆形，长约2.5厘米。花期3-7月，果期5月下旬至8月。

产广西西部及云南，生于海拔1070-2300米林内或林缘湿润地灌丛中。缅甸及泰国有分布。

图 132 西南忍冬（孙英宝绘）

61. 西南忍冬　图 132

Lonicera bournei Hemsl. in Journ. Linn. Soc. Bot. 23: 360. 1888.

藤本。幼枝、叶柄和总花梗均密被黄色柔毛；老枝无毛或近无毛。叶薄革质，卵状长圆形、卵状椭圆形或长圆状披针形，接近花序者常圆卵形，长3-8.5厘米，基部圆或微心形，两面中脉有柔毛和叶缘有疏短毛，余无毛；叶柄长2-6毫米。花有香味；双花密集小枝或侧生短枝顶成短总状花序；总花梗极短；苞片披针形，长为萼筒1/2至2倍；与小苞片和萼筒均有小缘毛。小苞片圆卵形或倒卵形，长约为萼筒1/3；萼筒椭圆形或长圆形，长约2毫米，萼齿卵状三角形或近三角形，长约0.5毫米；花冠白色，后黄色，长3-4.5厘米，外面无毛，唇形，唇瓣极短，长为冠筒1/8；雄蕊和花柱不超出花冠，花柱散生柔毛。果熟时红色。花期3-4月，果期5月。

产广西西北部及云南，生于海拔780-2000米林中。缅甸及老挝有分布。

图 133 灰毡毛忍冬（张荣生绘）

62. 灰毡毛忍冬 拟大花忍冬　图 133

Lonicera macranthoides Hand.-Mazz. Symb. Sin. 7: 1050. 1936.

藤本。幼枝或其顶梢及总花梗有薄绒状糙伏毛，有时兼具微腺毛，后近无毛，稀幼枝下部有开展长刚毛。叶革质，卵形、卵状披针形、长圆形或宽披针形，长6-14厘米，上面无毛，下面被灰白或带灰黄色毡毛，并散生暗桔黄色微腺毛，网脉蜂窝状；叶柄长0.6-1厘米，有薄绒状糙毛，有时具长糙毛。花香，双花常密集小枝梢成圆锥状花序；总花梗长0.5-3毫米；苞片无柄，披针形或线状披针形，长2-4毫米，连同萼齿外面有细毡毛和缘毛。小苞片圆卵形或倒卵形，长约萼筒之半，有糙缘毛；萼筒有蓝白色粉，无毛或上半部或全部有毛，长约2毫米，萼齿三角形，长1毫米；花冠白至黄色，长3.5-4.5(-6)厘米，外被倒糙伏毛及桔黄色腺毛，唇形，筒纤细，内面密生柔毛，与唇瓣等长或较长，上唇裂片卵形，基部具耳，两侧裂片裂隙深达1/2，中裂片长为侧裂片之半，下唇线状倒披针形，反卷；雄蕊生于花冠筒顶端，连同花柱伸出而无毛。果熟时黑色，有蓝白色粉，圆形，径0.6-1厘米。花期6月中至7月上旬，果期10-11月。

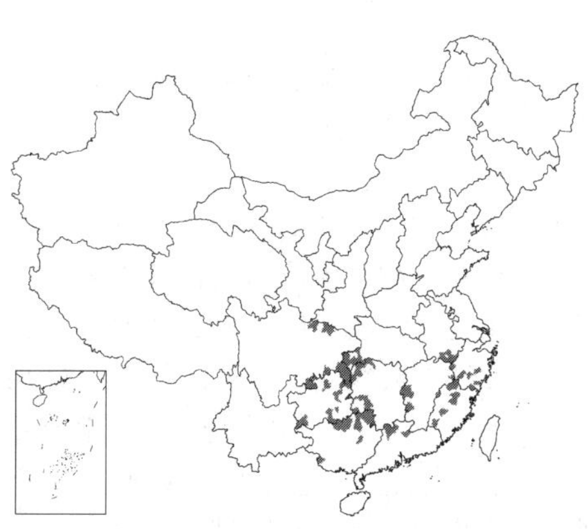

产安徽南部、浙江、福建、江西、湖北西南部、湖南、广东北部、广西、贵州及四川，生于海拔500-1800米山谷溪旁、山坡、山顶混交林内或灌丛中。花入药，为“金银花”中药材的主要品种之一，主产湖南和贵州，有“大银花”、“岩银花”、“山银花”、“木银花”等名称。

图 134 皱叶忍冬（引自《图鉴》）

63. 皱叶忍冬 图 134

Lonicera rhytidophylla Hand.-Mazz. Symb. Sin. 7: 1049. t. 16. f. 8. 1936.

Lonicera reticulata Champ.; 中国高等植物图鉴 4: 297. 1975.

常绿藤本。幼枝、叶柄和花序均被黄褐色毡毛。叶革质，宽椭圆形、卵形、卵状长圆形或长圆形，长3-10厘米，边缘背卷，上面网脉皱纹状，除中脉外几无毛，下面有白色毡毛，干后黄白色；叶柄长0.8-1.5厘米。双花成腋生小伞房花序，或在枝端组成圆锥状花序，总花梗基部常具苞状小叶；苞片线状披针形，长2-3毫米，与萼筒等长或稍过，连同小苞片和萼齿均密生糙毛和缘毛。小苞片窄卵形或圆卵形，比萼筒短或近等长；萼筒卵圆形，长约2毫米，无毛或多少有糙毛，粉蓝色，萼齿钻形，长1-2毫米；花冠白色，后黄色，长2.5-3.5（-4.5）厘米，外面密生紧贴倒生糙伏毛，并多少兼有具短柄腺毛，唇形，唇瓣内下方和冠筒内有柔毛，上唇直立，下唇反折；雄蕊稍超出花冠；花柱伸出。果熟时蓝黑色，椭圆形，长7-8毫米。花期6-7月，果期10-11月。

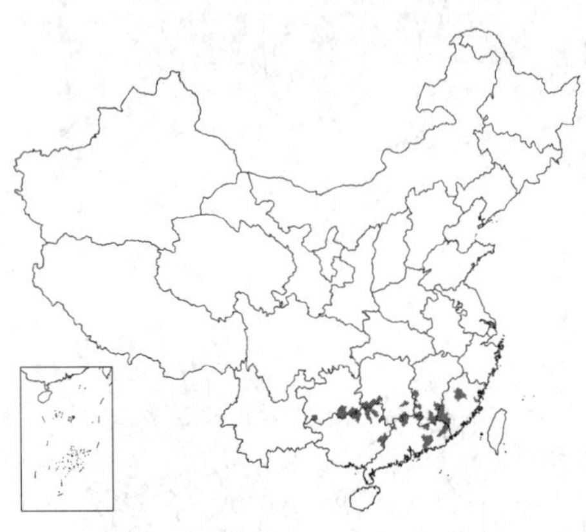

产福建、江西南部、湖南南部、广东、广西及贵州南部，生于海拔400-1100米山地灌丛中或林中。花药用，江西上犹作“金银花”收购。

图 135：1-3. 细毡毛忍冬 4-6. 峨眉忍冬（引自《图鉴》《中国植物志》）

64. 细毡毛忍冬 图 135：1-3

Lonicera similis Hemsl. in Journ. Linn. Soc. Bot. 23: 366. 1888.

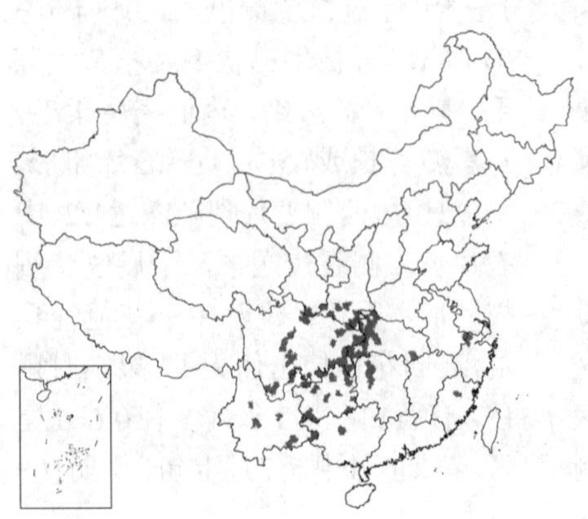

落叶藤本。幼枝、叶柄和总花梗均被黄褐色、开展长糙毛或柔毛，并疏生腺毛，或无毛。叶纸质，卵形、卵状长圆形、卵状披针形或披针形，长3-10（13.5）厘米，基部圆、平截或微心形，有或无糙缘毛，上面初时中脉有糙伏毛，后无毛，侧脉和小脉下陷，下面被灰白或灰黄色细毡毛，脉有长糙毛或无毛，老叶毛稀；叶柄长0.3-0.8（-1.2）厘米。双花单生叶腋或少数集生枝端成总状花序；总花梗下方者长达4厘米；苞片三角状披针形或线状披针形，长2（-4.5）毫米，与小苞片和萼齿均有疏糙毛及缘毛或无毛。小苞片卵形或圆形，长为萼筒1/3；萼筒椭圆形，长2（3）毫米，无毛，萼齿近三角形，长达1毫米；花冠先白后淡黄色，长4-6厘米，外被开展糙毛和腺毛或无毛，唇形，冠筒细，长3-3.6厘米，超过唇瓣，内有柔毛，上唇长1.4-2.2厘米，裂片长圆形或卵状长圆形，长2-5.5毫米，下唇线形，长约2厘米，内面有柔毛；雄蕊与花冠几等高；花柱稍超过花冠，无毛。果熟时蓝黑色，卵圆形，长7-9毫米。花期5-6（7）月，果期9-10月。

产陕西南部、甘肃南部、四川、云南、贵州、广西近中北部、湖南西部、湖北、安徽东南部、浙江西北部及福建近中部，生于海拔550-1600（-2200）米山谷溪旁或阳坡灌丛或林中。缅甸有分布。花药用，为西南“金银花”中药材主要来源，近年来有些地区已引种栽培。

[附]**峨眉忍冬** 图 135：4-6 **Lonicera similis** var. **omeiensis** Hsu et H. J. Wang in Acta Phytotax. Sin. 17(4): 82. f. 10. 1979. 与模式变种的主要区别：叶下面密被细毡毛，兼有长柔毛和腺毛；花冠长1.5-3厘米，唇瓣与筒几等长。产四川，生于海拔400-1700米山沟或山坡灌丛中。

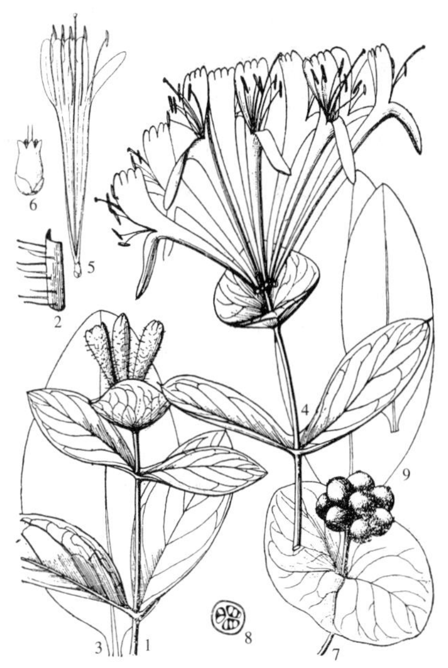

图 136：1-3 川黔忍冬 4-9. 盘叶忍冬
（张荣生绘）

65. 川黔忍冬

图 136：1-3

Lonicera subaequalis Rehd. Syn. Lonicera 172. pl. 4. f. 7-9. 1903.

藤本。小枝和叶均无毛。叶椭圆形、卵状椭圆形、长圆状倒卵形或长圆形，长6-11厘米，基部渐窄下延于短叶柄，具软骨质边缘，小枝顶端1对叶合生成盘状而顶端尖，下面有白粉。花6朵轮生小枝顶，无总花梗。小苞片近圆形，长为萼筒1/3-1/4，有缘毛；萼筒端部有腺毛，萼檐长为萼筒1/4，萼齿圆，有糙缘毛；花冠黄色，漏斗状，近整齐，长2.5-3.5厘米，外面疏被长糙毛和腺，内面有柔毛，裂片稍不相等，卵形，长7-8毫米，顶端圆；雄蕊着生于花冠裂片基部稍下处，花丝约与花药等长；花柱无毛，伸出。果熟时红色，近圆形，径约7毫米。花期5-6月。

产四川南部、贵州西部及西北部，生于海拔1500-2450米山坡林下阴湿处。

[附]**贯月忍冬 Lonicerase mpervirens** Linn. Sp. Pl. 173. 1753. 本种与川黔忍冬的主要区别：花常2至数轮生于小枝顶；雄蕊在花冠筒内着生处低于花冠裂片基部，花丝比花药长；花冠外面桔红色，内面黄色，长约5厘米，筒比裂片长5-6倍。原产北美洲。上海、杭州等城市有栽培，多为温室栽培观赏植物。

66. 盘叶忍冬

图 136：4-9 彩片 26

Lonicera tragophylla Hemsl. in Journ. Linn. Soc. Bot. 23: 367. 1888.

落叶藤本。幼枝无毛。叶纸质，长圆形或卵状长圆形，稀椭圆形，长(4)5-12厘米，下面粉绿色，被糙毛或中脉下部两侧密生横出淡黄色髯毛状糙毛，稀无毛，中脉基部有时带紫红色，花序下方1-2对叶连合成近圆形或圆卵形的盘，盘两端通常钝形或具短尖头；叶柄很短或无。由3朵花组成的聚伞花序密集成头状花序生小枝顶端，有6-9(-18)花。萼筒壶形，长约3毫米，萼齿三角形或卵形；花冠黄至橙黄色，上部外面略红色，长5-9厘米，外面无毛，唇形，冠筒稍弓弯，长2-3倍于唇瓣，内面疏生柔毛；雄蕊着生唇瓣基部，约与唇瓣等长，无毛；花柱伸出，无毛。果熟时由黄

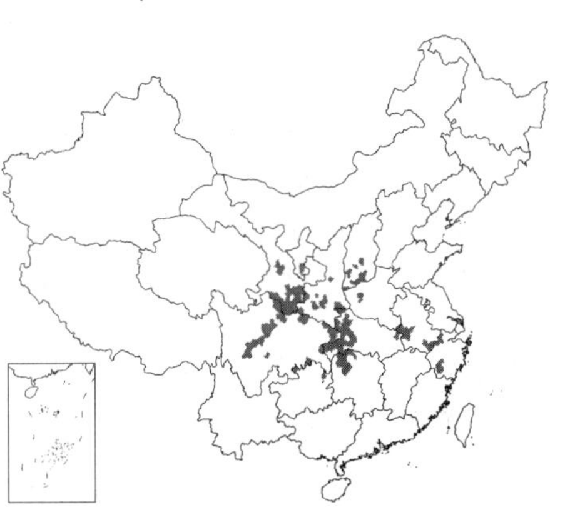

至红黄色，后深红色，近圆形，径约1厘米。花期6-7月，果期9-10月。

产安徽西部及东南部、浙江西北部及西南部、湖北西部及东北部、湖南西北部、贵州北部及东北部、四川、甘肃南部、宁夏南部、陕西中部及南部、山西南部、河南西部及河北西南部，生于海拔（700-）1000-2000（-3000）米林下、灌丛中或河滩旁岩缝中。花蕾和带叶嫩枝药用，清热解毒。

[附] **云南忍冬 Lonicera yunnanensis** Franch. in Journ. de Bot. 10: 310. 1 896. 本种与盘叶忍冬的主要区别：叶下面粉绿色而无毛或有长、短伏柔毛，中脉两侧无髯毛状短糙毛；花冠白或黄色，长1.5-2.5厘米。产四川西南部、云南西北部及北部，生于海拔1750-3000米山坡林下或灌丛中。

212. 五福花科 ADOXACEAE

（刘全儒）

多年生小草本，无毛，多汁。根茎匍匐或直立。茎单生或2-4丛生。基生叶1-3或多达10；茎生叶2枚，对生，3深裂或一至二回羽状3出复叶。花茎直立，花序顶生或腋生，总状、聚伞头状或团伞花序排成间断穗状花序。花小，萼片与花瓣合生，通常4-5基数；雄蕊2轮，内轮退化，外轮着生花冠，分裂为2半蕊，花药单室，盾形，外向，纵裂；心皮与花部同数或异数，子房半下位至下位，花柱连合或分离，柱头点状。核果。

3属4种，产北温带，亚洲、欧洲和北美均有分布。我国均产。

1. 根茎匍匐；茎1-3；基生叶1-3，3深裂，稀为二回羽状3深裂。
  2. 茎1-2；花序总状，顶生和腋生；花4基数 ……………………………… 1. **四福花属 Tetradoxa**
  2. 茎通常单一；花序聚伞头状，顶生；花4-6基数 ……………………………… 2. **五福花属 Adoxa**
1. 根茎直立；茎2-4丛生；基生叶约10，一至二回羽状3出复叶；聚伞头状或团伞花序排成间断穗状花序，顶生或腋生；花3-4基数 ……………………………… 3. **华福花属 Sinadoxa**

1. 四福花属 Tetradoxa C. Y. Wu

多年生草本。具匍匐块根状根茎。茎1-2，4棱。基生叶1-3；茎生叶2，与基生叶近同形，3裂至中部或以下，裂片长卵形，2-5浅裂，基部具柄。花茎单一、直立，3-5花组成疏总状花序，顶生，稀腋生。花黄绿色，花梗长0.5-1厘米；花萼盘状，4裂，裂片窄三角披针形，长2-3毫米，果时宿存；花冠幅状，4深裂，裂片长2.5-4毫米，窄卵形，内面密被腺状乳突；内轮雄蕊退化成小指状腺体，外轮雄蕊4，着生冠筒檐部，与花冠裂片互生，花丝2裂至中部，向上T形叉开，花药单室、盾形、外向、纵裂；雌蕊4，近分离，子房近上位，花柱微外弯，柱头点状。核果。

我国特有单种属。

四福花 图 137

Tetradoxa omeiensis (Hara) C. Y. Wu in Acta Bot. Yunnan. 3 (4): 384. 1981.

Adoxa omeiensis Hara in Journ. Jap. Bot. 56 (9): 271. f. 1. 1981.

形态特征同属。

产四川峨眉及雅安，生于海拔2300米林中湿处。

图 137 四福花（蔡淑琴绘）
（引自《云南植物研究》）

2. 五福花属 Adoxa Linn.

多年生矮小草本。具匍匐根茎。茎单一，纤细，无毛。基生叶1-3，一至二回3出复叶或3出，小叶宽卵形或圆形，3裂，叶柄长4-9厘米；茎生叶2，对生，3（5）深裂，裂片再3裂，叶柄长约1厘米。花茎直立，单一，5-7花成顶生聚伞头状花序。花黄绿色，无梗，4-5数；花萼浅杯状，顶生花的花萼裂片2，侧生花的花萼裂片3；花冠辐状，冠筒极短，顶生花的花冠裂片4，侧生花的花冠裂片5-6，裂片微具乳突；内轮雄蕊退化为腺状乳突，外轮雄蕊着生冠筒檐部，与花冠裂片同数而互生，花丝2裂几达基部，花药单室、盾形、外向、纵裂；子房半下位至下位，花柱2-5，基部连合，柱头点状。核果。

2种，产北温带的北美、欧洲和亚洲。

1. 叶一至二回3出复叶，小叶柄长约1厘米；花序较密集；花冠4-5裂；雄蕊4或5，花丝分离几达基部 ………… 五福花 A. moschatellina
1. 叶3出复叶，小叶柄长2-3毫米；花序较疏散；花冠4或6裂；雄蕊4或6，花丝合生 ………… (附). 东方五福花 A. orientalis

五福花 图 138 彩片 27

Adoxa moschatellina Linn. Sp. Pl. 367. 1753.

多年生草本，高达15厘米。根茎横生，末端加粗。茎单一，纤细，无毛，有长匍匐枝。基生叶1-3，一至二回3出复叶，小叶宽卵形或圆形，长1-2厘米，3裂，叶柄长4-9厘米；茎生叶2，对生，3全裂，裂片再3裂，叶柄长约1厘米。花黄绿色，径4-6毫米，5-7花成顶生头状花序；顶生花的花萼裂片2，花冠裂片4，外轮雄蕊4，花柱4；侧生花的

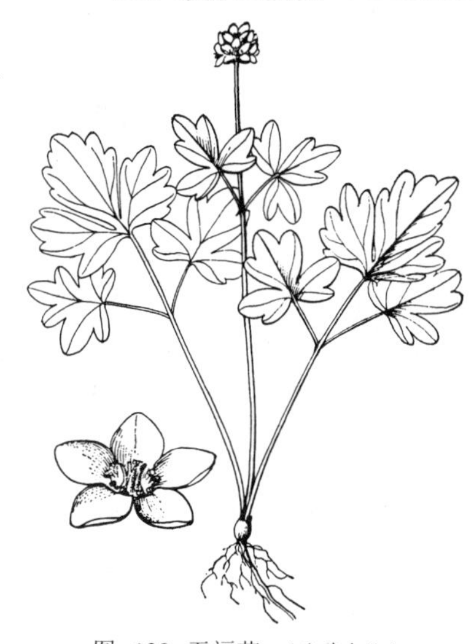

图 138 五福花（张荣生绘）

花萼裂片3，花冠裂片5，外轮雄蕊5，花柱5。核果球形，径2–3毫米。

产黑龙江南部、吉林、辽宁、内蒙古东部、河北、河南、山西南部、陕西秦岭、甘肃、新疆北部、青海东部、西藏东部、四川及云南西北部，生于海拔4000米以下林下、林缘或草地。日本、朝鲜半岛北部、北美及欧洲有分布。

[附] **东方五福花 Adoxa orientalis** Nepomn. in Бot. Жyp. 69 (2): 259. 1984. 本种与五福花的区别：叶3出复叶，小叶柄长2–3毫米；花序较疏散，顶生花的花冠裂片4，雄蕊4，花柱2；侧生花的花冠裂片6，雄蕊6，花柱3，花丝合生。产黑龙江大兴安岭地区塔河及塔源。俄罗斯外兴安岭有分布。

3. 华福花属 **Sinadoxa** C. Y. Wu, I. L. Wu et R. F. Huang

多年生多汁草本，全株光滑。根茎直立，有须根；茎2–4丛生。基生叶约10，一至二回羽状3出复叶，中间小叶片卵形或卵状长圆形，具不整齐浅裂或羽状深裂至全裂，裂片再3至多数浅裂或中裂，两侧小叶卵形，3浅裂，叶柄近基部具膜质边缘；茎生叶2，较小，对生，3出复叶，常3或5浅裂。花小，由3–5花的团伞花序排成间断穗状花序，最下部的具长梗，生于茎生叶叶腋。花萼杯状，肉质，常3裂，裂片囊状，封闭，干时脊窄翅状；花冠辐状，3–4裂，具短管；雄蕊与冠筒裂片同数、互生，着生冠筒口部，2裂至近基部，花药1室，外向；子房卵圆形，半下位，1室，悬垂1枚胚珠，心皮2，无花柱，柱头小，不明显。

我国特有单种属。

华福花 图 139 彩片 28

Sinadoxa corydalifolia C. Y. Wu, Z. L. Wu et R. F. Huang in Acta Phytotax. Sin. 19 (2): 208. f. 2. 1891.

形态特征同属。

产青海南部，生于海拔3900–4800米砾石带、峡谷潮湿地。

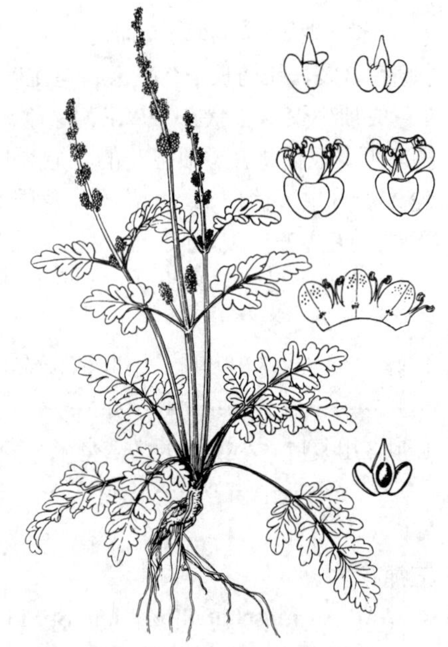

图 139 华福花（蔡淑琴仿《植物分类学报》）

213. 败酱科 VALERIANACEAE

（刘全儒）

二年生或多年生草本，稀亚灌木。根茎或根常有腐臭味、浓香或浓松脂气味。茎直立，常中空，稀蔓生。叶对生或基生；通常一回奇数羽状分裂，具1-3对或4-5对侧生裂片，有时二回奇数羽状分裂或不裂，常具锯齿；基生叶与茎生叶、茎上部叶与下部叶常异形，无托叶。聚伞花序组成顶生密集或开展的伞房花序、复伞房花序或圆锥花序，稀头状花序，具总苞片。花小，两性，稀单性，近左右对称；具小苞片；花萼萼筒贴生子房，萼齿宿存，果时常稍增大或成羽毛状冠毛；花冠钟状或窄漏斗形，冠筒基部一侧囊肿，有时具长距，裂片3-5，稍不等长，花蕾时覆瓦状排列；雄蕊3或4，有时1-2，花丝着生冠筒基部，花药背着，2室，内向，纵裂；子房下位，3室，1室发育，花柱单一，柱头头状或盾状，有时2-3浅裂，胚珠单生，倒垂。瘦果，顶端具宿存萼齿，并贴生果时增大的膜质苞片上，呈翅果状，有1种子。种子无胚乳，胚直立。

13属，约400种，多分布北温带，部分种类分布亚热带或寒带。我国4属，约30余种。

1. 多年生草本，茎不为二歧状分枝。
  2. 雄蕊4，稀1-3；萼齿5，直立或外展，果时不成冠毛状。
    3. 花序通常疏散；花冠黄或白色，萼齿常不明显；小苞片果时常增大成翅状果苞；根茎有腐臭味 ………………………… 1. **败酱属 Patrinia**
    3. 花序密集；花冠淡紫红色，萼齿明显；小苞片果时不增大成翅状果苞；根茎有松香味 ………………………… 2. **甘松属 Nardostachys**
  2. 雄蕊3；花萼多裂，开花时内卷，不明显，果期伸长并外展，成羽毛状冠毛 ………………… 3. **缬草属 Valeriana**
1. 一年生草本，茎二歧状分枝；雄蕊3，萼裂片果时不成冠毛状 ……………………… 4. **歧缬草属 Valerianella**

1. 败酱属 Patrinia Juss.

多年生草本，稀二年生。根茎有腐臭味。茎基部有时木质化。基生叶丛生，常枯萎或脱落；茎生叶对生，常一回或二回奇数羽状分裂或全裂，或不裂，常具粗锯齿或牙齿，稀全缘。二歧聚伞花序组成伞房花序或圆锥花序，通常疏散，具叶状总苞片。花梗下具小苞片，小苞片果时常增大成翅状果苞；萼齿5，直立或外展，常不明显，成浅波状或钝齿状，或卵形或卵状三角形，宿存，稀果期增大；花冠钟形或漏斗状，黄或淡黄色，稀白色，冠筒内面具长柔毛，基部一侧常膨大呈囊肿，其内密生蜜腺，裂片5，稍不等形，蜜囊上端1裂片较大；雄蕊4，稀1-2（3），着生冠筒基部，常伸出花冠，花药丁字着生，近蜜囊2枚较长，下部被长柔毛，另2枚稍短，无毛；子房1室发育。瘦果，扁椭圆形，种子1；果苞翅状，常具2-3主脉，网脉明显。种子扁椭圆形，胚直立，无胚乳。

约20种，产亚洲东部至中部和北美洲西北部。我国11种2亚种1变种。

1. 小苞片果时不增大成翅状果苞；花序梗上方一侧被开展白色粗糙毛；花冠黄色 ………… 1.**败酱 P. scabiosaefolia**
1. 小苞片果时增大成翅状果苞；花序梗四周或二侧被毛；花冠黄、淡黄或白色。
  2. 植株矮小，高不及30厘米；叶基生，花茎由叶丛中抽出，无叶或少叶；宿萼果时增大较明显。
    3. 根茎常粗厚；叶倒披针形，全缘、羽状裂与齿裂叶并存；花茎无叶或仅1对叶；果苞长6-9毫米，宽4.5-6.5毫米 ………………………… 2. **西伯利亚败酱 P. sibirica**
    3. 根茎常细长；叶长圆状披针形，羽状深裂；花茎有叶1-2对；果苞长1-1.2厘米，宽0.8-1.3厘米 ………………………… 2(附). **秀苞败酱 P. speciosa**
  2. 植株较高，通常30厘米以上；基生叶常为不育叶丛，花茎由根状茎另节生出，茎生叶多对；果时宿萼不增大。
    4. 雄蕊4，全育。
      5. 叶羽状深裂或全裂，裂片条状或窄披针形，顶裂片与侧裂片近同形同大。

6. 基生叶常浅裂或不裂仅有齿缘，茎生叶一回羽状深裂或全裂。
7. 花冠长6.5-7.5毫米，径5-6.5毫米；果苞长达8毫米，宽6-8毫米，网脉常具2主脉 ………………………………………………………………………… 3. **糙叶败酱 P. scabra**
7. 花冠长2.5-4毫米，径3-5.5毫米；果苞长3.5-5毫米，宽约3.5毫米，网脉常具3主脉 ………………………………………………………………………… 4. **岩败酱 P. rupestris**
6. 基生叶与茎生叶近同形，1-2回羽状全裂，裂片窄条形，中央裂片不宽大，网脉常具3主脉 ………………………………………………………………………… 4(附). **中败酱 P. intermedia**
5. 叶不裂或3-7羽状浅裂，裂片卵形、椭圆形或卵状披针形，顶裂片明显大于侧裂片；花黄或白色。
8. 茎生叶常羽状分裂或不裂；花序梗被微糙毛或短糙毛，花黄色；翅状果苞常具2主脉。
9. 茎下部叶2-3(-6)对羽状全裂，中部叶常具1-2对侧裂片；花丝长1.9-3.6毫米，子房长0.7-0.8毫米 ………………………………………………………………………… 5. **墓头回 P. heterophylla**
9. 茎生叶常不分裂，边缘每侧常具1-2对牙齿，或有时基部具1-2对羽状小裂片；花丝长3.5毫米以上，子房长0.8-1.5毫米 ………………………………………… 5(附). **窄叶败酱 P. heterophylla** subsp. **angustifolia**
8. 茎生叶常不裂或具1-2（3-4）对侧裂片；花序梗被长的粗糙毛或糙毛，花黄或白色。
10. 花冠白色，径4-5毫米；翅状果苞常具2主脉。
11. 根茎长而横走；叶上面绿色；花序下的总苞叶不裂 ………………………………………… 6. **攀倒甑 P. villosa**
11. 通常无根茎；叶上面具棕红色微腺；花序最下部的总苞叶常有1（2）对侧裂片 ………………………………………………………………………… 6(附). **斑叶败酱 P. villosa** subsp. **punctifolia**
10. 花冠黄色、淡黄色或兼有白色花，径1.2-4毫米；翅状果苞具2-3主脉。
12. 花黄色，叶不裂，两面无毛，翅状果苞常具3主脉 ………………………………………… 7. **光叶败酱 P. glabrifolia**
12. 花淡黄色或兼有白色花，径1.2-4毫米；茎下部叶不裂或大头羽状深裂、全裂，两面具棕褐色微腺及糙伏毛，翅状果苞常具2主脉 ………………………………………… 8. **斑花败酱 P. punctiflora**
4. 雄蕊1-2（3），稀4；翅状果苞常具2主脉。
13. 叶大头羽状全裂或不裂，下部有1-2(3)对侧裂片 ………………………………………… 9. **少蕊败酱 P. monandra**
13. 叶通常不裂，卵状长圆形，先端渐尖 ………………………………………… 9(附). **台湾败酱 P. monandra** var. **formosana**

1. 败酱 图 140

Patrinia scabiosaefolia Fisch. ex Trev. in Ind. Sem. Hort. Bot. Vratisl. App. 2: 2. 1820.

多年生草本，高达1（2）米。茎下部常被脱落性倒生白色粗毛或几无毛，上部常近无毛或被倒生稍弯糙毛，或疏被2列纵向短糙毛。基生叶丛生，花时枯落，卵形、椭圆形或椭圆状披针形，长（1.8-）3-10.5厘米，不裂或羽状分裂或全裂，具粗锯齿，两面被糙伏毛或几无毛，叶柄长3-12厘米；茎生叶对生，宽卵形或披针形，长5-15厘米，常羽状深裂或全裂，具2-3（-5）对侧裂片，顶裂片先端渐尖，具粗锯齿，两面被白色糙毛，或几无毛，叶柄长1-2厘米，上部叶渐窄小，无柄。聚伞花序组成伞房花序，具5-6（7）级分枝；花序梗上方一侧被开展

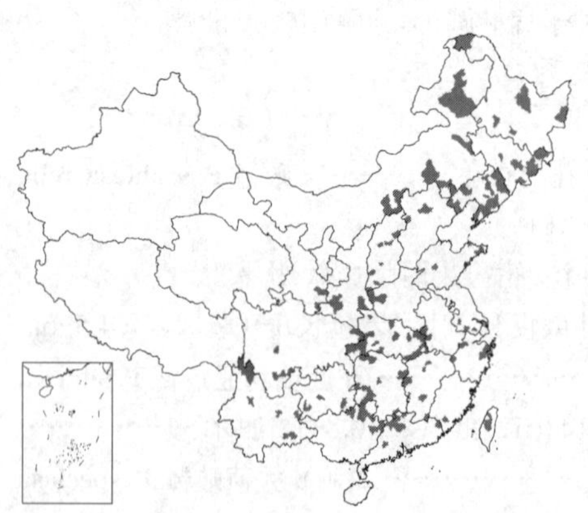

图 140 败酱（引自《Fl. Taiwan》）

白色粗糙毛；总苞片线形。小苞片果时不增大成翅状果苞；萼齿不明显；花冠钟形，黄色，冠筒长1.5毫米，筒内具白色长柔毛，花冠黄色，裂片卵形，长1.5毫米；雄蕊4，稍伸出或几不伸出花冠，近蜜囊的2枚下部被柔毛，另2枚无毛。瘦果长圆形，长3-4毫米，具3棱，2不育子室中央稍隆起成棒槌状，能育子室稍扁平，向两侧延展成窄边状，种子1，椭圆形、扁平。花期7-9月。

除宁夏、青海、新疆、西藏和海南外，全国各地均有分布，生于海拔(50-)400-2100(-2600)米山坡林下、林缘、灌丛中、草丛中。俄罗斯、蒙古、朝鲜半岛及日本有分布。全草(药材名败酱草)、根茎及根入药，清热解毒、消肿排脓、活血祛瘀，治慢性阑尾炎，疗效显著。

图 141：1-4. 西伯利亚败酱　5-7. 秀苞败酱
（张荣生绘）

2.　西伯利亚败酱　　图 141：1-4

Patrinia sibirica (Linn.) Juss. in Ann. Mus. Hist. Nat. 10: 311. 1807. *Valeriana sibirica* Linn. Sp. Pl. 34. 1753.

多年生草本。根茎粗厚。叶基生，倒卵状长圆形、长圆形、线状长圆形或线形，长2.5-5厘米，全缘或羽状深裂至全裂，裂片2-3对，线形或线状披针形，基部下延成柄，柄长2-3(-5)厘米，基部鞘状，边缘有长糙毛。花茎无叶，或中部具1对羽状分裂叶片，长2.5厘米，无柄。圆锥状伞房花序顶生；总苞片长1.45厘米，羽状全裂，无柄。小苞片倒卵形或卵形，长2.4毫米；花萼裂片异形，长0.2-1.8毫米，果时增大，宿存；花冠黄色，漏斗状钟形，冠筒长2.5-3.2毫米，上部宽2.5-3.2毫米，基部窄，裂片5，卵形或卵状椭圆形，长1.5-2.3毫米；雄蕊4，伸出冠筒，近蜜囊的2枚下部有柔毛，另2枚无毛。瘦果长卵圆形，长3-4(-6)毫米；果苞长6-9毫米，宽4.5-6.5毫米，先端圆或钝，有时微3浅裂，网脉明显，具3(4)主脉。花期5-6月，果期6-7月。

产黑龙江北部及西南部、内蒙古、新疆东北部，生于海拔1760米以下山坡森林带、林缘、森林草原、高山带砾石坡地、高原草地或河岸砾石滩。俄罗斯、蒙古及日本有分布。

[附] **秀苞败酱**　图 141：5-7 **Patrinia speciosa** Hand.-Mazz. Pl. Nov. Sinenses 3. f. 24. 1924. 本种与西伯利亚败酱的主要区别：根茎细长；叶羽状深裂；果苞长1-1.2厘米，宽0.8-1.3厘米。花期7月下旬-9月，果熟期9-10月。产西藏东南部及云南西北部怒江流域，生于海拔3100-3700(-4050)米岩坡、沙质山坡、多石草坡、灌丛中或高山荒坡。

3.　糙叶败酱　　图 142：1-5

Patrinia scabra Bunge, Fl. Mongh.-China. Dec. 1: 20. t. 1. 1835. *Patrinia rupestris* subsp. *scabra* (Bunge) H. J. Wang; 中国植物志 73(1): 15. 1986.

多年生草本，高30-60厘米。根圆柱形，稍木质，顶端常较粗厚。茎1至数枚丛生，被细密短糙毛。基生叶倒披针形，2-4羽状浅裂，花果枯萎；茎生叶对生，窄卵形或披针形，长4-10厘米，宽1-2厘米，1-3对羽状深裂至全裂，中央裂片较长大，倒披针形，两侧裂片镰状条形，全缘，两面被毛，上面常粗糙，叶柄长1-2厘米。圆锥状聚伞花序在枝顶端集生成大型伞房状花序；苞片对生，条形，不裂，少2-3裂；花萼不明显，萼齿长

0.1–0.2毫米；花冠黄色，筒状，长6.5–7.5毫米，径5–6.5毫米，基部一侧稍扩大成短距状，基部有1小苞片，顶端5裂；雄蕊4；子房下位，1室发育，2不发育室稍长。瘦果长圆柱形，与圆形膜质苞片贴生；果苞近圆形，长达8毫米，常带紫色，网脉具2主脉。

产黑龙江西南部、吉林西部、辽宁西部、内蒙古、河北、山西、山东、河南西部、陕西北部、宁夏南部及甘肃南部，生于海拔（250–）500–1700（–2340）米草原带、森林草原带石质丘陵坡地石缝或较旱阳坡草丛中。

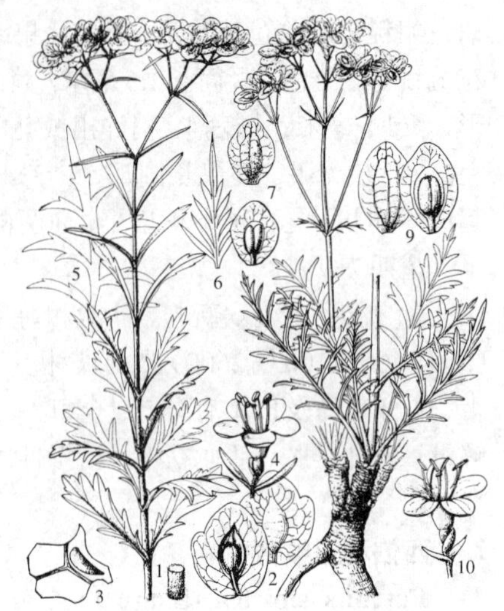

图 142：1–5. 糙叶败酱 6–7. 岩败酱 8–10. 中败酱（张荣生绘）

4. 岩败酱 图 142：6–7 图 143 彩片 29

Patrinia rupestris (Pall.) Juss. in Ann. Mus. Hist. Nat. 10: 311. 1807, quoad comb. tantum, specim. cit. excl.

Valeriana rupestris Pall. Reise 3: 266. 1776.

多年生草本，高0.6（–1）米。茎丛生，连同花序梗被糙毛。基生叶花时枯萎，倒卵状长圆形、长圆形、卵形或倒卵形，长2–6（–7）厘米，羽状浅裂、深裂至全裂或不裂而有缺刻状钝齿，顶生裂片常具缺刻状钝齿或浅裂至深裂，柄长2–4厘米或几无柄；茎生叶长圆形或椭圆形，长3–7厘米，一回羽状深裂或全裂，具3–6对侧生裂片，裂片疏具缺刻状钝齿或全缘，顶裂片与侧裂片常全裂成3个线形裂片或羽状分裂，叶柄短，上部叶无柄。花密生，伞房状聚伞花序具3–7级对生分枝，最下分枝处总苞片羽状全裂，具3–5对线形裂片，上部分枝总苞叶线形或具1–2对侧裂片。萼齿平截、波状或卵圆形，长0.1–0.2毫米；花冠黄色，漏斗状钟形，长2.5–4毫米，径3–5.5毫米，冠筒长1.8–2毫米，基部一侧有浅囊肿，花冠裂片长1.2–2毫米；近蜜囊2花丝长3–4毫米，下部有柔毛，另2花丝稍短，无毛。瘦果倒卵圆柱状，长2.4–2.6毫米，果柄长0.5–1毫米，与下面增大干膜质苞片贴生；果苞先端有时3浅裂或3微裂，长3.5–5毫米，网脉具3主脉。花期7–9月，果期8–9月中旬（–10月上旬）。

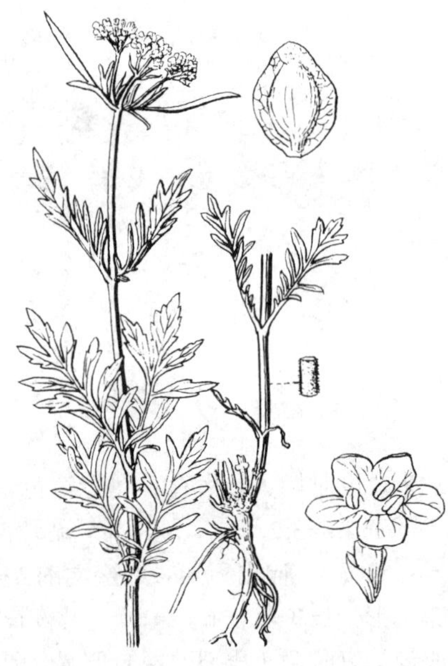

图 143 岩败酱（引自《东北药用植物志》）

产黑龙江、吉林、辽宁、内蒙古、河北、山东、河南、山西、陕西、宁夏、甘肃及四川北部，生于海拔（200–）400–1800（–2500）米小丘顶部、石质山坡岩缝、草地、草甸草原、山坡桦树林缘或杨树林下。

[附] **中败酱** 图 142：8–10 **Patrinia intermedia** (Vahl) Roem. et Schult. Syst. Veg. 3: 90. 1818. —— *Fedia rupestris* var. *intermedia* Vahl, Enum. 2: 23. 1805. 本种与岩败酱的主要区别：基生叶与茎生叶同形，一至二回羽状全裂。产新疆阿尔泰山、伊犁地区及天山一带，生于海拔1000–2500（–3000）米山麓林缘、山坡草地、荒漠化草原或灌丛中。

5. 墓头回 异叶败酱 图 144：1–5

Patrinia heterophylla Bunge in Mém. Acad. Imp. Sci. St. Pétersb. Sav. Etrang. 2: 109. 1833.

多年生草本。茎被倒生微糙伏毛。基生叶丛生，长3–8厘米，具圆齿状或糙齿状缺刻，不裂或羽状分裂至全裂，具1–4（5）对侧裂片，裂片卵形或线状披针形，顶生裂片卵形或卵状披针形，具长柄；茎生叶对生，茎下部叶2-3（-6）对羽状全裂，顶裂片长7（-9）厘米，宽5（-6）厘米，先端渐尖或长渐尖，中部叶常具1-2对侧裂片，顶裂片最大，具圆齿，疏被短糙毛，叶柄长1厘米，上部叶较窄，近无柄。伞房状聚伞花序被短糙毛或微糙毛；总花梗下总苞片常具1-2对（稀3-4对）线形裂片，分枝下者线形，常与花序近等长或稍长。萼齿长0.1-0.3毫米；花冠色，钟形，冠筒长1.8-2.4毫米，基部一侧具浅囊肿，裂片卵形或卵状椭圆形，长0.8-1.8毫米；雄蕊4，伸出，花丝近蜜囊者长3-3.6毫米，余者长1.9-3毫米。瘦果长圆形或倒卵圆形，顶端平截，翅状果苞干膜质，先端钝圆，有时极浅3裂，或仅一侧有1浅裂，长5.5-6.2毫米，宽4.5-5.5毫米，网脉常具2（3）主脉。花期7-9月，果期8-10月。

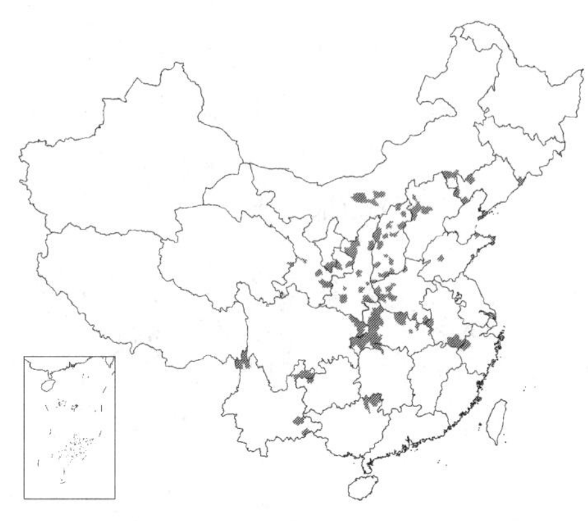

产吉林南部、辽宁、内蒙古、河北、山东、河南、山西、陕西、宁夏南部、甘肃南部、青海东部、四川东部、云南、贵州西北部、广西东北部、湖南北部及西南部、湖北、河南、安徽及浙江，生于海拔（300-）800-2100（-2600）米山地岩缝、草丛、路边、沙质坡或土坡。根含挥发油，根茎和根供药用，药名"墓头回"，能燥湿，止血。

图 144：1-5. 墓头回 6-10. 窄叶败酱（张荣生绘）

[附] **窄叶败酱** 图 144：6-10 **Patrinia heterophylla** subsp. **angustifolia** (Hemsl.) H. J. Wang in Acta Phytotax. Sin. 23 (5): 383. 1985. —— *Patrinia angustifolia* Hemsl. in Journ. Linn. Soc. Bot. 23: 396. 1888. 与模式亚种的主要区别：茎下部和中部叶常不裂或基部具1-2对裂片；花丝长3.5毫米以上。产山东、河南、安徽、浙江、江西、湖北、湖南及四川，生于海拔90-1500（-1700）米山坡草丛中、阔叶林下、马尾松林下、荒坡岩石上、沟边或路边。

6. 攀倒甑 白花败酱 图145：1-7

Patrinia villosa (Thunb.) Juss. in Ann. Mus. Hist. Nat. 10: 311. 1807.

Valeriana villosa Thunb. Fl. Jap. 32. pl. 6. 1784.

多年生草本，高0.5-1（-1.2）米。根茎长而横走。茎被白色倒生粗毛或沿叶柄相连的侧面具纵列倒生短粗伏毛，有时几无毛。基生叶丛生，卵形、宽卵形、卵状披针形或长圆状披针形，长4-10（-25）厘米，具粗钝齿，基部楔形下延，不裂或大头羽状深裂，常有1-2（3-4）对侧生裂片，叶柄较叶稍长；茎生叶对生，与基生叶同形，或菱状卵形，叶柄长1-3厘米，上部叶较窄小，常不裂，两面被糙伏毛或近无毛；向上渐近无柄。聚伞花序组成圆锥花序或伞房花序，分枝5-6级，花序梗密被长粗糙毛或2纵列粗糙毛；总苞片卵状披针形、线状披针形或线形。萼齿浅波状或浅钝裂状，被短糙毛，有时疏生腺毛；花冠钟形，白色，径4-5毫米，裂片异形，长0.75-2毫米，蜜囊顶端裂片常较大，冠筒长1.5-2.6毫米，内面有长柔毛，筒基部一侧稍囊肿；雄蕊4，伸出。瘦果倒卵圆形，与宿存增大苞片贴生；果苞长

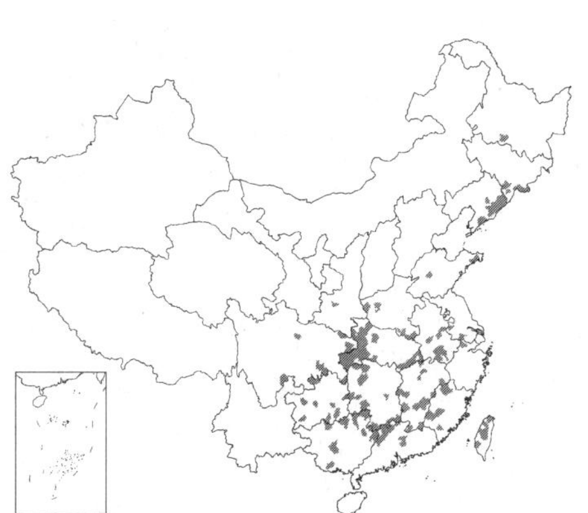

图 145：1-7. 攀倒甑 8. 斑叶败酱（张荣生绘）

(2.8-) 4-5.5 (-6.5) 毫米，先端钝圆，不裂或微3裂，基部楔形，网脉明显，主脉2 (3)，下面中部2主脉有微糙毛。花期8-10月，果期9-11月。

产黑龙江南部、吉林南部、辽宁东部、山东、河南东南部及西部、安徽、江苏西南部、浙江西北部、福建、台湾、江西、湖北、湖南、广东、广西、贵州、四川及陕西秦岭，生于海拔 (50-) 400-1500 (-2000) 米山地林下、林缘、灌丛或草丛中。日本有分布。根茎及根有腐臭味，为消炎利尿药，全草药用与败酱同。民间常以嫩苗作蔬菜食用，也作猪饲料。

[附] **斑叶败酱** 图 145 : 8 **Patrinia villosa** subsp. **punctifolia** H. J. Wang in Acta Phytotax. Sin. 23 (5): 380. 1985. 与模式亚种的主要区别：无根茎；叶上面具棕红色微腺；花序最下分枝处的总苞叶常有1 (2) 对裂片。与斑花败酱的叶上面均具微腺，但后者的花淡黄色且较小，花冠具微腺，花序最下分枝总苞叶不裂。产吉林南部及辽宁，生于海拔800米以下草丛中、灌丛中。

7. 光叶败酱 秃败酱 图 146

Patrinia glabrifolia Yamamoto et Sasaki in Trans. Nat. Hist. Formos. 19: 106. 1929.

多年生草本，高达60厘米。茎无毛，近节处有短柔毛；枝对生，节处密生短柔毛，内面有纵向排列微糙毛和散生糙毛，外面纵向部分无毛。茎基部叶倒披针形或长圆形，长达25厘米，有疏齿，两面无毛，叶柄长5厘米；无毛；茎上部叶线状披针形或线形，长 (4.5-) 6-9厘米，基部下延至柄，两面无毛，具粗锯齿或全缘，叶柄长1-3.5厘米。圆锥状两歧聚伞花序，花序梗连同幼枝纵向密被2列糙毛。花梗极短；萼齿短小；花冠黄色，长5毫米，裂片开展；雄蕊4，其中近蜜囊2花丝较长，下部具长柔毛。瘦果长2.5-3毫米，于柄处与翅状苞片贴生；果苞膜质，长3-7毫米，宽1.5-6毫米，顶端有时具3浅圆裂，网状脉具3条主脉。花期7月，果期8月。

产台湾中部及东部，生于海拔1500-2200米石灰岩砾石地田野或山坡。

图 146 光叶败酱 (引自《Fl. Taiwan》)

8. 斑花败酱 大斑花败酱 图 147

Patrinia punctiflora Hsu et H. J. Wang in Acta Phytotax. Sin. 11 (2): 203. pl. 31. 1966.

Patrinia punctiflora var. *robusta* Hsu et H. J. Wang; 中国植物志 73 (1): 21. 1986.

二年生或多年生草本，高达1.5 (-2) 米；常无匍匐根茎。茎密被倒生粗伏毛，上部毛常排成2纵列，周围有疏粗毛。叶对生，卵形、椭圆形、卵状披针形或长圆状披针形，长2.5-8 (-13) 厘米，宽1-5 (-8) 厘米，不裂、基部具1片或1-2对耳状小裂片或大头羽状深裂、全裂，基部楔形下延，具不整齐粗钝齿或浅齿，两面有棕褐色微腺和疏生糙伏毛；叶柄长6厘米，茎上部叶柄渐短至无柄；

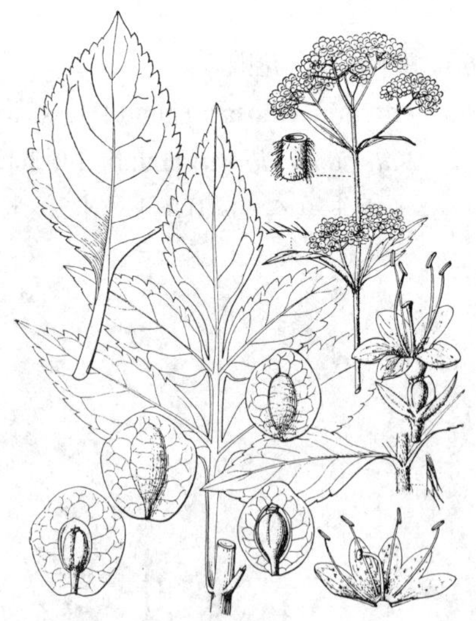

图 147 斑花败酱 (张荣生绘)

基生叶花时枯萎。聚伞花序组成疏散伞房花序，5-6级分枝，被白色倒生粗糙毛；总苞片长1-7厘米。花梗极短，其下贴生1卵形小苞片；萼齿钝齿状或微波状；花冠钟状，径2.5-4毫米，淡黄色，稀花序中兼有白色花，具棕红或褐色微腺，裂片稍异形，长1.1-1.5（2）毫米，其中具蜜腺囊的1裂片较大，冠筒内面有白色柔毛，在具蜜腺的一侧呈浅囊肿状；雄蕊4，二强，伸出，较短的1对着生远离蜜囊两侧的冠筒基部，无毛，较长的1对着生冠筒基部蜜囊下，基部被开展白色柔毛。瘦果倒卵状椭圆形，长1.6-2毫米；翅状果苞干膜质，卵形或宽卵形，长3.3-3.8（-4）毫米，先端钝圆，基部圆或平截，主脉2，网脉明显。种子扁椭圆形，长1.1毫米。花期7-10月，果期8-10月。

产安徽、江苏、浙江、福建、江西、湖北、湖南、广东、广西、贵州及四川，生于海拔（100-）400-1300（-1600）米山坡草丛、疏林下、溪边或路旁。日本有分布。药用，性能与攀倒甑相同，民间用作消炎、排脓利尿，根浸酒内服治跌打，叶外敷洗疮毒，嫩叶作蔬菜食用。

9. 少蕊败酱 单蕊败酱 图 148 : 1-7

Patrinia monandra Clarke in Hook. f. Fl. Brit. Ind. 3: 210. 1881.

二年生或多年生草本。茎被灰白色脱落粗毛，茎上部被倒生稍弯糙伏毛或微糙伏毛，或为2纵列倒生短糙伏毛。叶对生，长圆形，长4-10（14.5）厘米，不裂或大头羽状深裂，下部有1-2（3）对侧裂片，具粗圆齿或钝齿，两面疏被糙毛，有时兼被腺毛；叶柄长1厘米，向上部渐短至近无柄；基生叶和茎下部叶花时常枯萎。聚伞圆锥花序顶生及腋生，常聚生枝端成伞房状，径达20（-25）厘米，花序梗密被长糙毛；总苞片线状披针形或披针形，长8.5厘米，不裂或羽状3-5裂，顶裂片卵状披针形。花梗基部贴生1小苞片；花萼5齿状；花冠漏斗形，淡黄色，或花序中兼有白色花，冠筒长1.2-1.8毫米，花冠裂片稍异形，长（0.6-）1.2-1.5（-1.8）毫米；雄蕊1-3（4），1枚最长，伸出花冠外。瘦果卵圆形，倒卵状长圆形，无毛或疏被微糙毛；果苞薄膜质，近圆形或宽卵形，长5-7.2毫米，先端常呈极浅3裂，基部圆微凹或截形，主脉2（3），网脉明显。花期8-9月，果期9-10月。

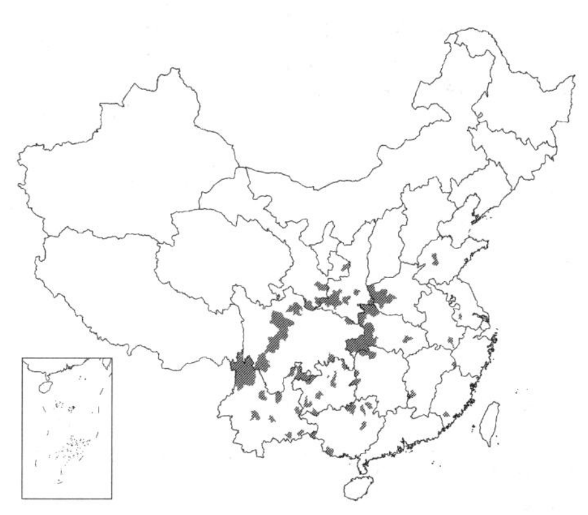

产辽宁南部、山东、河南、安徽南部、江苏西南部、江西、福建南部、湖北、湖南、广西、云南、贵州、四川、陕西南部及甘肃南部，生于海拔（150-）500-2400（-3100）米山坡草丛、灌丛中、林下、林缘、溪旁。药用，性能与攀倒甑相似，治漆疮、肠胃病、痈肿、毒蛇咬伤和跌打损伤。

图 148 : 1-7. 少蕊败酱 8-10. 台湾败酱
（张荣生绘）

[附] **台湾败酱** 图 148 : 8-10

Patrinia monandra var. **formosana** (Kitam.) H. J. Wang in Acta Phytotax. Sin. 23 (5): 384. 1985.—— *Patrinia formosana* Kitam. in Acta Phytotax. Geobot. 6: 18. 1937. 与模式变种的主要区别：叶不裂，卵状长圆形，先端渐尖。产甘肃南部、四川、湖北西部及西南部、贵州、广东东北部、台湾，生于海拔（50-）400-800米山坡灌丛中、草丛中、林下。

2. 甘松属 Nardostachys DC.

多年生草本。根茎密被叶鞘纤维，或片状老叶鞘。基生叶丛生，长匙形、线状倒披针形或线状倒卵形，长3-25厘米，主脉平行3-5出，无毛或微被毛，全缘，先端钝渐尖，基部渐窄成叶柄，叶柄与叶近等长；茎生叶1-2对，下部的椭圆形或倒卵形，基部下延成叶柄，上部的倒披针形或披针形，有时具疏齿，无柄。花茎旁出；聚伞花序头状，径1.5-2厘米，花后主轴及侧轴常伸长；花序基部有4-6披针形总苞片。每花基部有窄卵形或卵形苞片1，与花近等长，小苞片2；花萼5齿裂，果时常增大；花冠紫红色，钟形，长0.7-1.1厘米，顶端5裂，裂片宽卵形或长圆形，长2-3.8毫米，冠筒外面稍被毛，内面有白毛；雄蕊4，与花冠裂片近等长，花丝具毛；花柱与雄蕊近等长，子房仅1室发育。瘦果倒卵圆形，长约4毫米，被毛；宿萼5裂，裂片三角形或卵形，网脉明显，被毛或无毛。

单种属。

甘松 匙叶甘松 图 149

Nardostachys jatamansi (D. Don) DC. Prodr. 4: 624. 1830.

Patrinia jatamansi D. Don, Prodr. Fl. Nepal 159. 1825.

Nardostachys chinensis Batal.;中国高等植物图鉴 4: 329. 1995; 中国植物志 73 (1): 25. 1986.

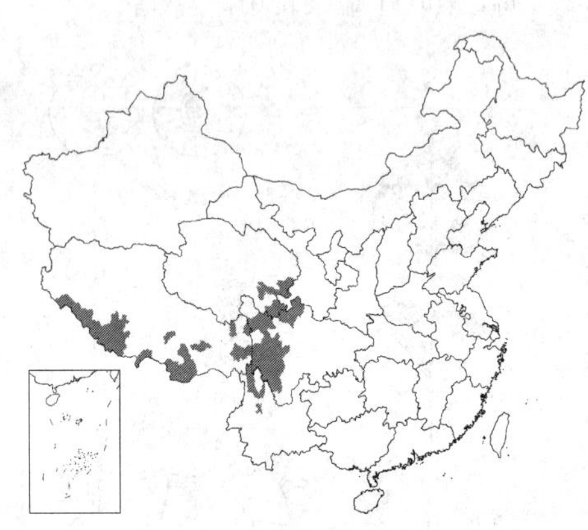

形态特征同属。花期6-8月。

产云南西北部、四川、西藏南部及青海东部，生于海拔2600-5000米高山灌丛、草地、河漫滩或沼泽草甸。印度、尼泊尔、不丹及锡金有分布。

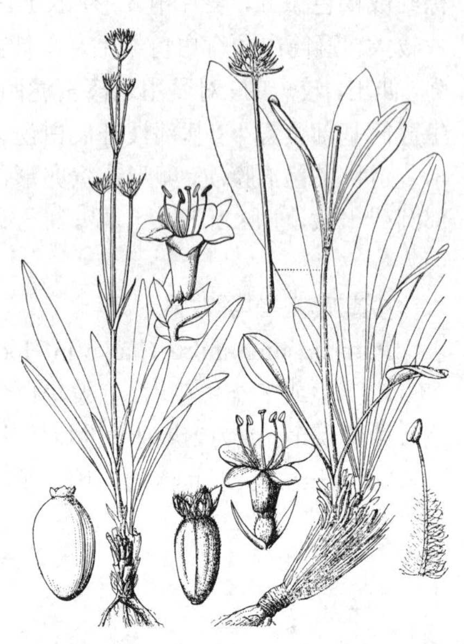

图 149 甘松 （张荣生绘）

3. 缬草属 Valeriana Linn.

多年生草本。根或根茎常有浓烈气味。叶对生，羽状分裂，稀不裂。聚伞花序多种排列，花后多少扩展。花两性，有时杂性；花萼多裂，花期内卷，不显著，果期伸长并外展，成羽毛状冠毛；花冠白或粉红色，裂片5，冠筒基部一侧偏突成囊距状；雄蕊3，着生花冠筒；子房仅1室发育有1胚珠。瘦果扁平，前面3脉，后面1脉，顶端有冠毛状宿存花萼。

约200余种，分布于欧亚大陆、南美和北美中部。我国17种2变种。

1. 根茎块茎状；基生叶心状圆形或卵状心形 ………… 1. **蜘蛛香 V. jatamansi**
1. 根茎其它形状。
  2. 花序花后向上延伸，果序长而疏展。
    3. 植株较粗壮，根茎块柱状；基生叶常3-5（-7）羽状全裂或浅裂；果序长50-70厘米；花白色；瘦果常具毛 ………… 2. **长序缬草 V. hardwickii**
    3. 植株较柔细，根茎细柱状，具环节；基生叶心形或卵形；花淡红色；瘦果通常无毛 ………… 3. **柔垂缬草 V. flaccidissima**
  2. 花序花后向四周疏展。
    4. 植株高达1.5米；根茎头状，带状须根簇生；叶羽状分裂。
      5. 茎被粗毛，无腺毛。
        6. 叶裂片7-13，裂片披针形或线形，全缘或有疏锯齿，顶裂片与侧裂片大小相同 ………… 4. **缬草 V. officinalis**
        6. 叶裂片5-7，裂片宽卵形，有锯齿，顶裂片较侧裂片大 ………… 4(附). **宽叶缬草 V. officinalis** var. **latifolia**
      5. 茎上部及花序被有柄腺毛 ………… 5. **黑水缬草 V. amurensis**
    4. 植株高不及50厘米。

7. 羽裂叶的侧裂片通常5对以上，倒卵状长圆形 ………………………………………………… 6. **高山缬草 V. kawakamii**
7. 羽裂叶的侧裂片5对以下，若5对以上，常线形或长圆形。
8. 花冠筒窄长，向上几不扩展，长度常为花冠裂片一半 …………………………………… 7. **瑞香缬草 V. daphniflora**
8. 花冠筒长不及花冠裂片3倍。
9. 茎生叶羽状分裂，顶裂片与侧裂片近同形同大小，线形或窄披针形，长1.2-2厘米；花淡红色；花时植株下部不具延长而无叶的茎 ……………………………………………………………………………… 8. **窄裂缬草 V. stenoptera**
9. 茎生叶羽状分裂，顶裂片比侧裂片大。
10. 羽裂片3出或最多5裂，有时为单叶。
11. 密花头状花序，径1-1.5厘米；小苞片先端钝 ………………………………………… 9. **髯毛缬草 V. barbulata**
11. 圆锥状聚伞花序；小苞片先端锐尖 ……………………………………… 9(附). **小花缬草 V. minutiflora**
10. 羽裂片的裂片常5枚以上。
12. 茎生叶裂片不裂至中肋，茎基部无老叶鞘 …………………………………………… 10. **毛果缬草 V. hirticalyx**
12. 茎生叶羽裂深达中肋，呈复叶状，茎基部被纤维状老叶鞘或无。
13. 根茎长1-2厘米，根茎有细须状根；茎基部稍被膜状老叶鞘 ……………… 11. **北疆缬草 V. turczaninovii**
13. 根茎不明显。
14. 根须状或细带状；植株高10-25厘米；茎基部密被膜质纤维状老叶鞘。
15. 叶裂片全缘 ……………………………………………………………………………… 12. **小缬草 V. tangutica**
15. 叶裂片边缘具疏钝锯齿 ……………………………………………… 12(附). **新疆缬草 V. fedtshenkoi**
14. 根粗带状；植株高30-40厘米；茎基部无纤维状老叶鞘；对生的宽膜质叶柄连合成筒状叶鞘，抱茎…………………………………………………………………………… 12(附). **芥叶缬草 V. sisymbriifolia**

1. 蜘蛛香 图150 彩片30

Valeriana jatamansi Jones in Asiat. Res. 2: 405. 416. 1790.

多年生草本，高达70厘米。根茎块茎状，节密。茎1至数茎丛生。基生叶心状圆形或卵状心形，长2-9厘米，具疏浅波齿，被短毛或无毛，叶柄长为叶2-3倍；茎生叶不发达，每茎2（3）对，下部的心状圆形，近无柄，上部的常羽裂，无柄。聚伞花序顶生；苞片和小苞片长钻形，中肋明显，最上部的小苞片常与果等长。花白或微红色，杂性；雌花长1.5毫米，不育花药着生在极短的花丝上，位于花冠喉部，雌蕊伸出花冠，柱头3深裂；两性花较大，长3-4毫米，雌、雄蕊与花冠等长。瘦果长卵圆形，两面被毛。花期5-7月，果期6-9月。

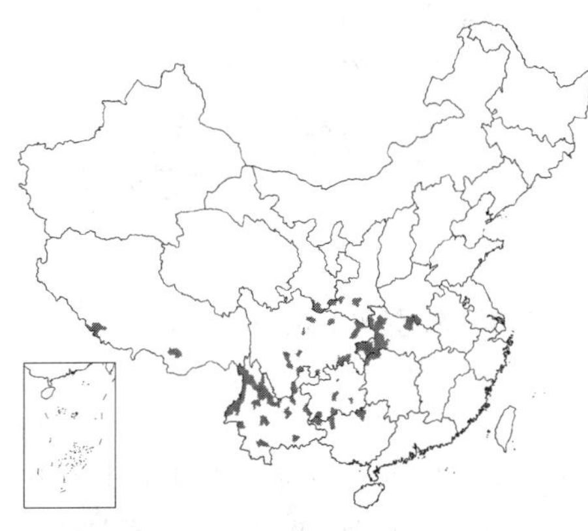

产陕西南部、甘肃南部、河南南部、湖北、湖南西北部、四川、贵州、广西北部及西北部、云南及西藏南部，生于海拔2500米以下山顶草地、林中或溪边，常有栽培。药用或香料用。印度有分布。

图 150 蜘蛛香（引自《昆明民间常用草药》）

2. 长序缬草 图151

Valeriana hardwickii Wall. in Roxb. Fl. Ind. ed. Carey et Wall. 1: 166. 1820.

大草本，高达1.5米。根茎块柱

状；茎粗壮，具粗纵棱槽，下部常被疏粗毛，向上除节部外渐光秃。基生叶3-5（-7）羽状全裂或浅裂，稀不裂为心形叶；顶裂片卵形或卵状披针形，长3.5-7厘米，基部近圆，具齿或全缘，两侧裂片稍小，疏离，叶柄细长；茎生叶与基生叶相似，向上叶渐小，柄渐短；全部叶多少被短毛。圆锥状聚伞花序顶生或腋生；苞片线状钻形。小苞片三角状卵形，全缘或具钝齿；花冠白色，长1.5-2.5（-3.5）毫米，漏斗状，裂片卵形，长为花冠1/2；雌、雄蕊与花冠等长或稍伸出。果序长50-70厘米。瘦果宽卵圆形或卵圆形，长2-2.5（-3）毫米，被白色粗毛。花期6-8月，果期7-10月。

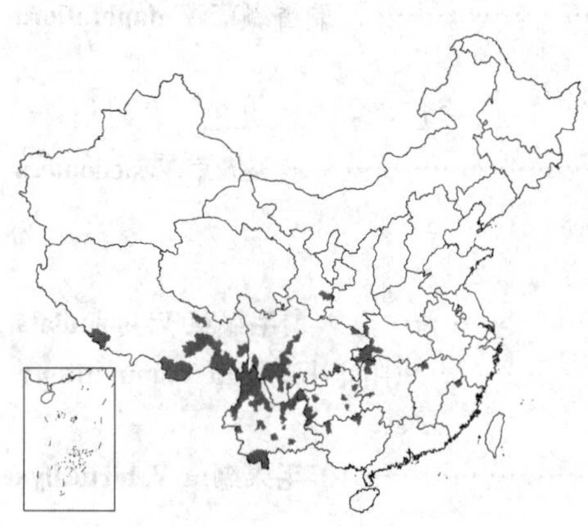

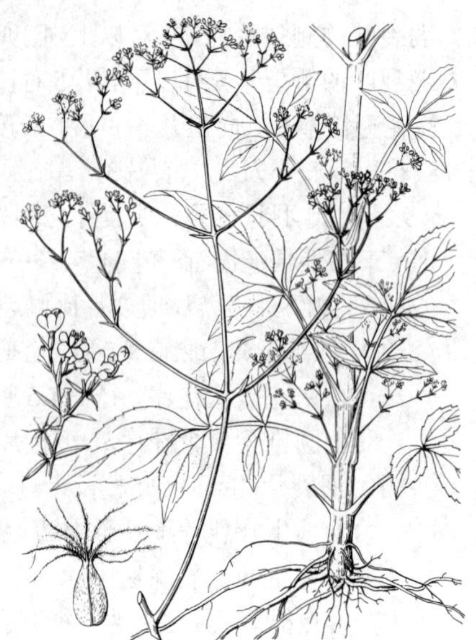

图 151 长序缬草（许梅娟绘）

产福建西北部、江西西北部、湖北西部及西南部、湖南西北部及西部、广西北部、贵州、云南、西藏、四川及甘肃东南部，生于海拔1000-3500米草坡、林下或溪边。不丹、锡金、尼泊尔、印度喀西山、缅甸及印度尼西亚苏门答腊、爪哇有分布。

3. 柔垂缬草 图 152

Valeriana flaccidissima Maxim. in Bull. Acad. Imp. Sci. St. Pétersb. 12: 228. 1868.

细柔草本，高达80厘米。根茎细柱状。具环节。茎密被细纵棱；枝端柔垂；匍枝细长，每节有1对具柄心形或卵形小叶。基生叶与匍枝叶同形，有时3裂，具波状圆齿或全缘；茎生叶卵形，羽状全裂，裂片3-7，疏离，顶裂片卵形或披针形，长2-4厘米，具疏齿，侧裂片与顶裂片同形渐小。花序顶生或上部腋生，伞房状聚伞花序分枝细长；苞片和小苞片线形或线状披针形。花冠淡红色，长2.5-3.5毫米，裂片较冠筒短，长圆形或卵状长圆形；雌、雄蕊常伸出花冠。瘦果线状卵圆形，长约3毫米，光秃，或被白色粗毛。花期4-6月，果期5-8月。

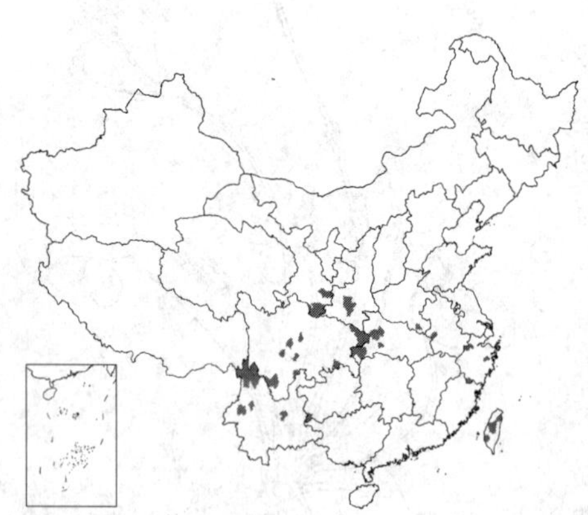

图 152 柔垂缬草（引自《Fl. Taiwan》）

产台湾、浙江、安徽西部、河南东南部、湖北西部及西南部、陕西南部、甘肃南部、四川、云南及贵州西南部，生于海拔1000-3600米林缘、草地、溪边湿润地方。日本有分布。

4. 缬草 图 153：1-4 彩片 31

Valeriana officinalis Linn. Sp. Pl. 31. 1753.

多年生草本，高达1.5米。根茎头状，须根簇生。茎有纵棱，被粗毛，节部密，老时毛少。匍枝叶、基出叶和基部叶花期常凋萎。茎生叶卵形或宽卵形，羽状深裂，裂片7-13；顶裂片与侧裂片近同形，有时与第一对侧裂片合成3裂状，裂片披针形或线形，基部下延，全缘或有疏锯齿，两面及柄轴稍被毛。伞房状3出聚伞圆锥花序顶生。小苞片两侧膜质，先端芒状突尖，边缘多少有粗缘毛；花冠淡紫红或白色，长4-5（6）毫米，裂片椭圆形；雌、雄蕊约与花冠等长。瘦果长卵圆形，长4-5毫米，基部近平截，光秃或两面被毛。花期5-7月，果期6-10月。

除广西、广东、香港、海南、福建、江苏外，全国均有分布，生于海拔2500米以下山坡草地、林下或沟边，在西藏分布至4000米。欧洲和亚洲西部广布。各地药圃常栽培。根茎及根药用，可驱风、镇痉，治跌打损伤。

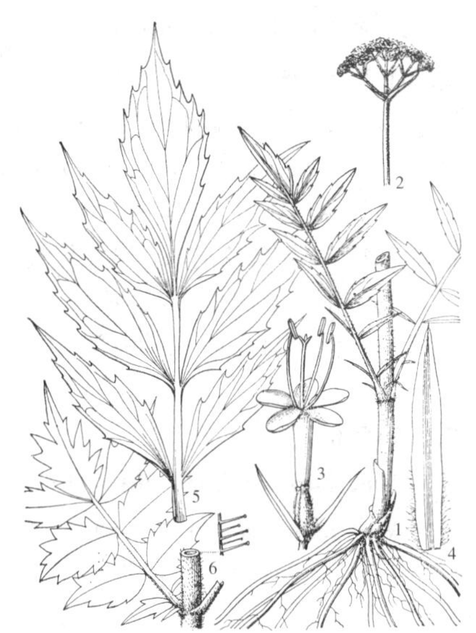

图 153：1-4. 缬草 5. 宽叶缬草 6. 黑水缬草（张荣生绘）

[附] **宽叶缬草** 广州拔地麻 图 153：5 **Valeriana officinalis** var. **latifolia** Miq. in Ann. Mus. Bot. Lugd.- Bat. 3: 114. 1867. 与模式变种的主要区别：叶5-7裂，裂片宽卵形，有锯齿，顶裂片较侧裂片大。产地与模式变种同，安徽、江苏、浙江、江西等省野生的均为本变种，生于海拔1500米以下林下或沟边。

5. 黑水缬草 图 153：6 图 154

Valeriana amurensis Smir. ex Kom. in Bull. Jard. Bot. Acad. Sci. URSS. 30: 214. 1932.

植株高达1.5米。根茎短，不明显。茎不分枝，被粗毛，向上至花序具柄腺毛渐多。叶5-7-11对，羽状全裂；较下部的叶长9-12厘米，宽4-10厘米，叶柄基部扁平，裂片卵形，通常钝，具粗牙齿，疏生短毛；较上部的叶较小，无柄，叶裂片窄，锐尖，具牙齿或全缘。多歧聚伞花序顶生。小苞片边缘膜质，披针形或线形，具腺毛；花梗被腺毛和粗毛；花冠淡红色，漏斗状，长3-5毫米。瘦果窄三角卵圆形，长约3毫米，被粗毛。花期6-7月，果期7-8月。

图 154 黑水缬草（引自《东北药用植物志》）

产黑龙江、吉林东南部及东北部，生于山坡草甸或落叶松和桦木林下。俄罗斯远东地区及朝鲜半岛北部有分布。

6. 高山缬草 图 155

Valeriana kawakamii Hayata, Ic. Pl. Formos. 5: 82. 1915.

矮小草本，高达20厘米。茎不分枝，无毛。叶向茎基部近对生，倒卵状匙形，长2-3厘米，羽状分裂至叶轴，顶裂片卵形，长1厘米，先端钝尖，戟状3裂，基部楔形，侧裂片对生，通常5对以上，倒卵状长圆形，长4毫

米，近顶裂片的愈大，向下渐小，先端锐尖，基部楔形，草绿色，膜质，全裂，具睫毛，两面具短柔毛或后近无毛；叶轴和叶柄具宽约0.7毫米的翅；叶柄与叶近等长，基部半抱茎；较上部的叶极疏离，相距3-4厘米。聚伞花序顶生，径1-2厘米，苞片线形，长4毫米，基部半抱茎，具耳，全缘，基部具睫毛。花近无梗，密生；萼筒卵球形，长约1.3毫米，无毛；花冠筒状钟形，长约2.7毫米，裂片长圆状三角形，长0.7毫米，无毛；花丝着生冠筒中部，不伸出；花柱伸出。花期4-7月，果期7月。

产台湾中部，生于高海拔林中。

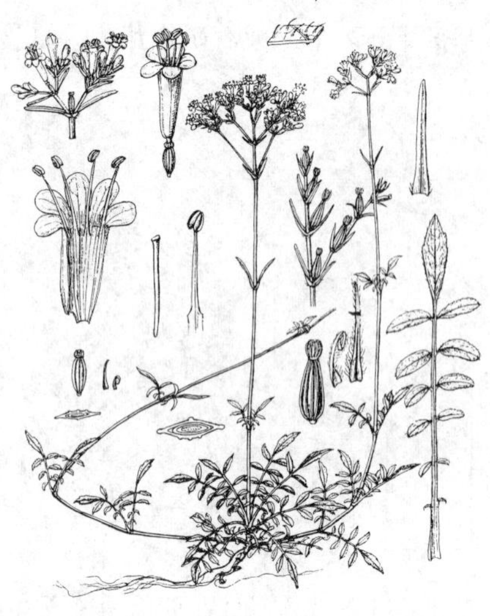

图 155 高山缬草（引自《Fl. Taiwan》）

7. 瑞香缬草 图 156

Valeriana daphniflora Hand.-Mazz. in Acta Hort. Gothob. 9: 179. 1934.
Valeriana delavayi Franch.; 中国高等植物图鉴 4: 332. 1975.

植株高达40厘米。根簇生。茎纤细，不分枝，稍被短毛。茎基部叶圆形或宽椭圆形，不裂或基部有1对小裂片，叶或中裂片全缘或顶部有不等疏齿；茎中上部叶卵形，长1.5-2厘米，羽状分裂，裂片3-5，中裂片长1-1.2厘米，大于侧裂片，裂片菱状卵形或线形，有不等疏齿，两面被疏毛或无毛；茎中下部叶叶柄细长，向上柄渐短至无柄。聚伞圆锥花序顶生，二歧分枝，分枝细长，弧状上升，花疏；苞片细线形。花冠粉红色，高脚碟形，冠筒窄长，向上几不扩展，长4.5-6毫米，长为花冠裂片4-5倍；雌、雄蕊均伸出冠筒。瘦果卵状椭圆形，长1.5-2毫米，有时被疏柔毛。花期8月，果期9月。

产四川西南部、云南西北部及西藏东南部，生于海拔2600-3000米山坡草丛。

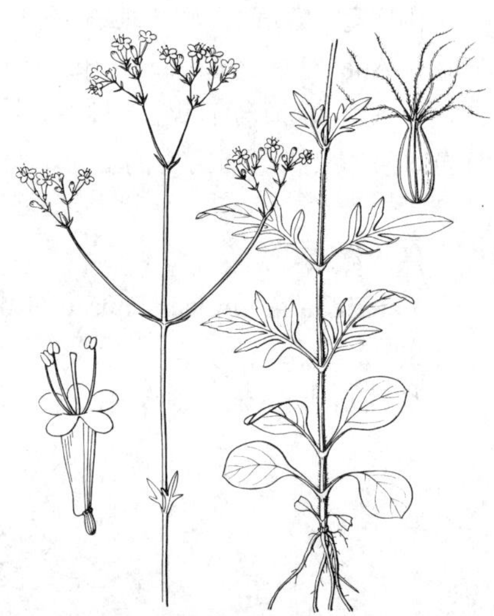

图 156 瑞香缬草（许梅娟绘）

8. 窄裂缬草 图 157

Valeriana stenoptera Diels in Notes Roy. Bot. Gard. Edinb. 5(25): 295. 1912.

纤细草本，高达50厘米。根茎不发达，具纤细匍枝。茎单生，下部微被倒生短毛，上部除节部外光秃。近基部叶倒卵形或卵形，长1-2厘米，不裂或基部有1对小裂片，具浅齿，柄长3-4厘米；茎中上部叶长方状披针形或长方形，长2-5厘米，篦齿形羽状全裂，裂片5-15，线形或披针形，有时弯曲，全缘或有缺刻，长1.2-2厘米，顶

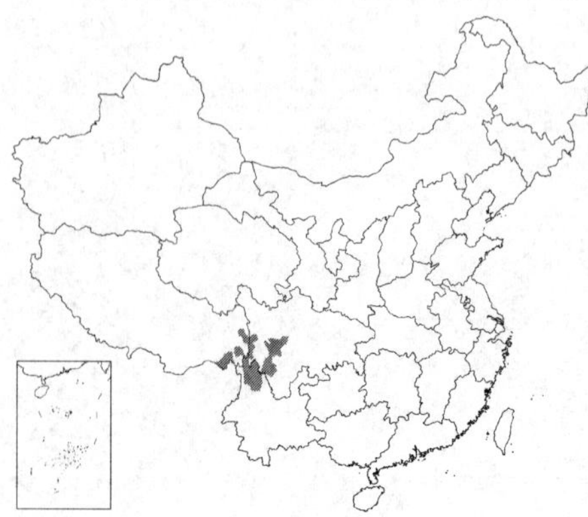

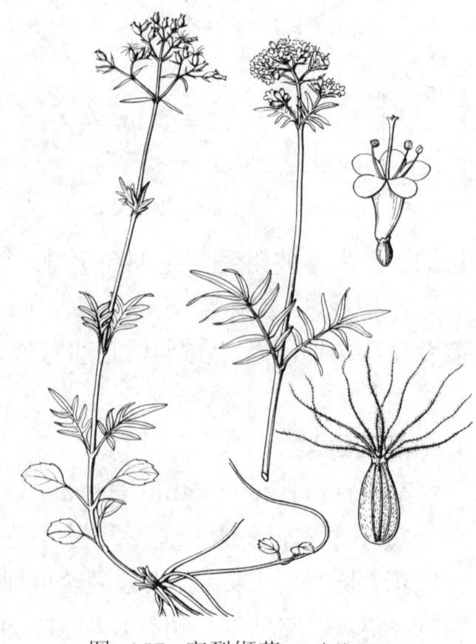

图 157 窄裂缬草（许梅娟绘）

裂片与侧裂片同形同大；叶全部微被柔毛。聚伞花序花期常为密生头状花序，长6-12厘米；苞片线状披针形，具疏齿牙。花淡红色，漏斗状，冠筒长2-3毫米，内侧被长柔毛，花冠裂片椭圆形，长1.5-2毫米；雌、雄蕊均伸出花冠。瘦果卵状长椭圆形，长约4毫米，常被毛。花期7-8月，果期8-9月。

产四川西南部、云南西北部及西藏东南部，生于海拔3000-4000米草坡、林缘、水边。

9. 髯毛缬草 图 158：1-3

Valeriana barbulata Diels. in Notes Roy. Bot. Gard. Edinb. 5(25): 295. 1912.

细小草本，高达15厘米。根簇生。匍匐枝线状，具鳞片状叶。茎基部叶椭圆形或宽卵形，全缘或有波状疏齿，长0.5-1.2厘米，叶柄长约1厘米；茎生叶2-3对，3裂或羽状5裂，顶裂片卵圆或宽椭圆形，长0.8-1.5厘米，侧裂片极小，叶柄长1-1.2厘米，向上柄渐短至无柄；叶及叶柄边缘有时有缘毛，下面沿脉有疏毛。聚伞花序密花成头状，径1-1.5厘米，果时稍增大；苞片线状披针形或披针形，长约3毫米，背面有疏毛，边缘具缘毛。小苞片先端钝；花淡红色，花冠长(2.5-)3-3.5(-4)毫米，裂片宽椭圆形，长(0.7-)1-1.5毫米，冠筒喉部有长柔毛或无；雌、雄蕊几与花冠等长。瘦果长卵圆形或长椭圆形，具毛或无。花期7-9月，果期8-9月。

产四川中部及西南部、云南西北部及西部、西藏、青海东部及南部，生于海拔3600-4200米草坡、石砾堆上或潮湿草甸。

图 158：1-3. 髯毛缬草 4-6. 小花缬草
（张荣生绘）

[附] **小花缬草** 图 158：4-6 **Valeriana minutiflora** Hamd.-Mazz. in Acta Hort. Gothob. 13: 233. 1939. 本种与髯毛缬草的主要区别：为圆锥状聚伞花序；小苞片先端常锐尖。产陕西、四川、云南及西藏，生于海拔3000-3800米山坡林下、草地或沟边。

10. 毛果缬草 图 159

Valeriana hirticalyx L. C. Chiu in Acta Phytotax. Sin. 17(3): 124. f. 1. 1979.

矮小草本，高达10(-18)厘米。根茎短，簇生多数带状须根。茎基部无老叶鞘；匍枝细长，节部具近膜质的鳞片，匍枝叶圆形、全缘、长4毫米，柄长1.5厘米。茎单生，节部具粗毛。茎生叶2(3)对，倒卵形，长1.5-3厘米，羽状分裂，不裂至中肋，裂片3-9，叶轴宽1.5-2毫米，长圆形或倒卵形，全缘，顶裂片长1-1.5厘米，与最前1对侧裂片靠生，侧裂片与顶裂片同形，疏离，叶柄宽，近膜质，最下1对叶柄长为叶2

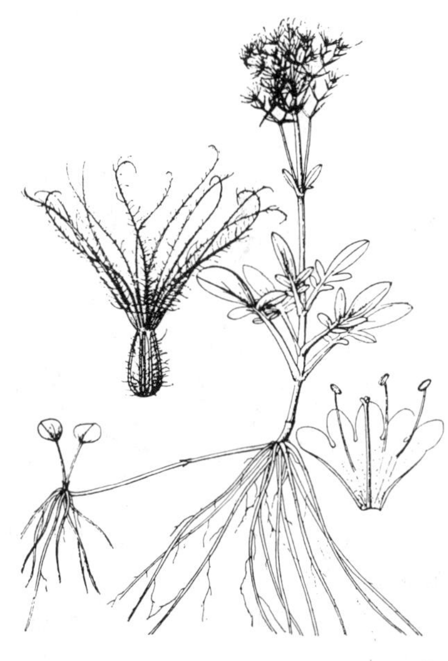

图 159 毛果缬草（张荣生绘）

倍，向上渐短至无柄，边缘有粗毛。聚伞花序头状，长约1厘米。小苞片匙形或披针形；花冠红色，筒状，长约5毫米，裂片椭圆状长圆形，长约2毫米，冠筒内侧具长柔毛；雌、雄蕊均伸出花冠。果序稍疏展，长3-4厘米；瘦果椭圆状卵圆形，长3.5-4毫米，密被粗长毛，冠毛粗，长为果1倍以上；小苞片稍短于瘦果。花期7-8月，果期8-9月。

产青海及西藏东北部，生于海拔4100-4300米灌丛草坡或河滩石砾地。

11. 北疆缬草 图 160：1-3

Valeriana turczaninovii Grub. in Fl. URSS 23: 615. 1958.

直立草本，高达35厘米，全株近无毛。根茎长1-2厘米，具须状根。茎基部稍被膜质状老叶鞘。基生叶2-3对，圆卵形，长1-1.8厘米，不裂，有时有浅圆齿，柄长3-4厘米；茎生叶2-3对，倒卵状长圆形或宽卵形，长约4厘米，茎下部叶常为大头羽状分裂，裂片3-5，顶裂片近圆形，茎上部叶不为大头羽裂，顶裂片较窄。顶生头状花序径1.5厘米。小苞片长线状披针形；花红色，漏斗形，花冠长5-6毫米，冠筒长3-3.5毫米，裂片椭圆状长圆形；雌、雄蕊均与花冠裂片等长或稍长，伸出花冠。花期6-7月，果期7-8月。

产新疆北部，生于海拔2000-3000米云杉林下。俄罗斯及蒙古有分布。

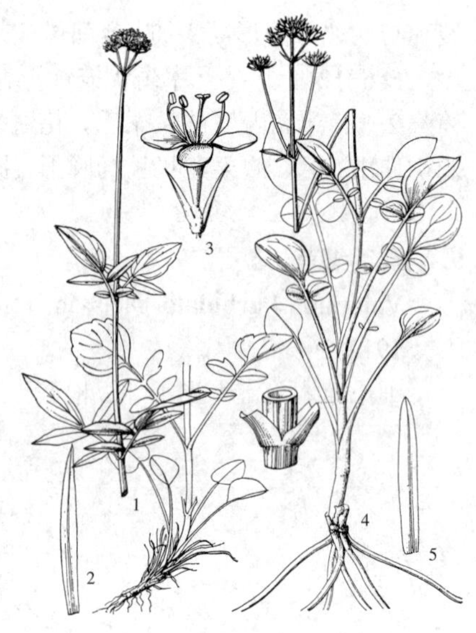

图 160：1-3. 北疆缬草 4-5. 芥叶缬草
（张荣生绘）

12. 小缬草 图 161：1-3

Valeriana tangutica Batal. in Acta Hort. Petrop. 13: 375. 1894.

细弱小草本，高10-15（-20）厘米，全株无毛。根茎斜升。茎基部包有膜质纤维状老叶鞘；根细带状。基生叶心状宽卵形或长方状卵形，长1-2-4厘米，全缘或大头羽裂，顶裂片圆形或椭圆形，长约1厘米，全缘，侧裂片1-2对，椭圆形或窄椭圆形，全缘，叶柄长达5厘米；茎上部叶羽状3-7深裂，裂片线状披针形，全缘。聚伞花序半球形，径1-2厘米。小苞片披针形，边缘膜质；花白或粉红色，花冠筒状漏斗形，长5-6毫米，花冠裂片倒卵形；雌、雄蕊近等长，伸出花冠外。花期6-7月，果期7-8月。

产内蒙古西部、宁夏北部、甘肃及青海，生于海拔1200-3600米山沟或潮湿草地。

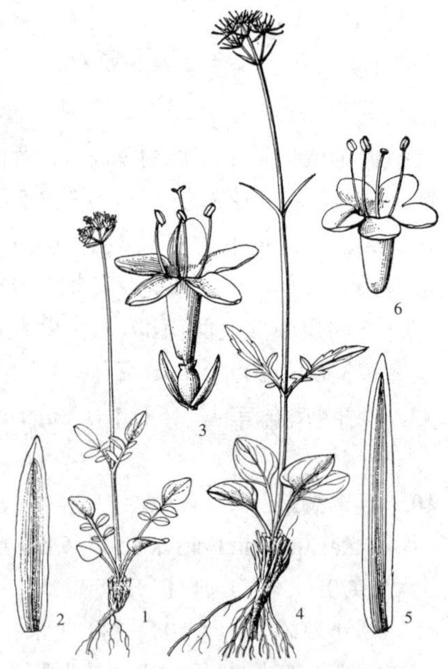

图 161：1-3. 小缬草 4-6. 新疆缬草
（张荣生绘）

[附] **新疆缬草** 图 161：4-6 **Valeriana fedtschenkoi** Coincy, Ecloga Alt. Pl. Hispan. 15. 1895. 本种与小缬草的主要区别：茎生叶的叶柄较宽短，叶裂片边缘有疏钝锯齿。产新疆，生于海拔约2000米山坡林下或山顶草地。俄罗斯有分布。

[附] **芥叶缬草** 图 160 : 4-5 **Valeriana sisymbriifolia** Vahl. Enum. 2: 7. 1805. 本种与小缬草和新疆缬草的主要区别：植株高30-40厘米；根粗带状；茎基部不密被纤维状老叶鞘；对生的宽膜质叶柄连合成筒状叶鞘。产新疆天山北麓，生于海拔约2800米山坡。俄罗斯有分布。

4. 岐缬草属（新缬草属）Valerianella Mill.

一年生草本。茎直立，二歧状分枝。叶对生，不裂或浅裂。聚伞花序头状或伞房状，顶生，或单花生于二歧分枝的腋处；花两性，小，花萼上部常分裂为6（-30）齿；花冠白、紫红或蓝色，5裂，花冠管漏斗状，不超过裂片2倍，基部无明显距或囊突；雄蕊3，着生花冠管上，子房下位，3室，但仅1室1胚珠发育，柱头3裂。瘦果3室，2室不育，果实顶端具规则或不规则宿存花萼。

约50种，分布于北温带及非洲北部，但大多分布于欧洲西部至亚洲中部。我国3种，其中1种为栽培种。

1. 果长柱状，弯曲，能育子房背部无海绵状外果皮，宿存花萼浅杯状，具短齿或细长裂片。
  2. 宿存花萼一侧具1极短的齿，长0.2-0.5毫米 ······ **斜冠岐缬草 V. plagiostephana**
  2. 宿存花萼一侧线状伸长，长约2毫米，顶端具2-3齿 ······ (附). **舟果岐缬草 V. cymbicarpa**
1. 果卵形或稍圆，能育子房背部有海绵状加厚的外果皮，宿存花萼极短小，不明显 ······ (附). **野苣菜 V. olitoria**

斜冠岐缬草 图 162

Valerianella plagiostephana Fisch. et C. A. Mey. Ind. Sem. Hort. Petrop. 2: 52. 1835.

一年生草本，高约13厘米；茎二歧分枝，具纵棱，被疏白毛。单叶对生，线状长圆形、长圆匙形或披针形，长1.5-3.5厘米，宽2-4毫米，全缘或基部有少数锯齿。聚伞花序顶生，疏松，苞片线状披针形；花两性，极小，花冠白色或紫红色，长仅1毫米左右，花冠裂片5，与花冠管近等长，雄蕊3，着生花冠管上，花丝稍伸出花冠外，子房下位，花柱短于雄蕊，柱头3裂。瘦果线状四棱形，长约3毫米，径1毫米，弧状弯曲，背部被白毛，腹部具深沟，宿存花萼浅杯状，偏斜，具网状脉，前面有1极短萼齿，长0.2-0.5毫米。

产新疆北部，生于海拔1300-2000米干燥山地，花期4-5月。亚洲中部和西南部、土耳其、伊朗、阿富汗及巴基斯坦有分布。

[附] **舟果岐缬草** 新缬草 **Valerianella cymbicarpa** C. A. Mey. Verz. Pfl. Cauc. 49. 1831. 本种与斜冠岐缬草的主要区别：本种宿存花萼一侧线状伸长，长约2毫米，顶端具2-3齿。产新疆昆龙山区（策勒），生于海拔500-2700米干燥山地，花期4-5月。中亚、土耳其、高加索、伊朗、阿富汗及巴基斯坦有分布。

[附] **野苣菜 Valerianella olitoria** Poll. Hist. Pl. Palad. 1: 30. 1776. 本种与斜冠岐缬草的主要区别：聚伞花序密集，瘦果卵形或稍圆，能育子房背部具海绵状加厚的外果皮，宿存花萼极短小，不明显。原产欧洲。我国上海曾作蔬菜栽培。叶质柔嫩，可做沙拉或羹汤。

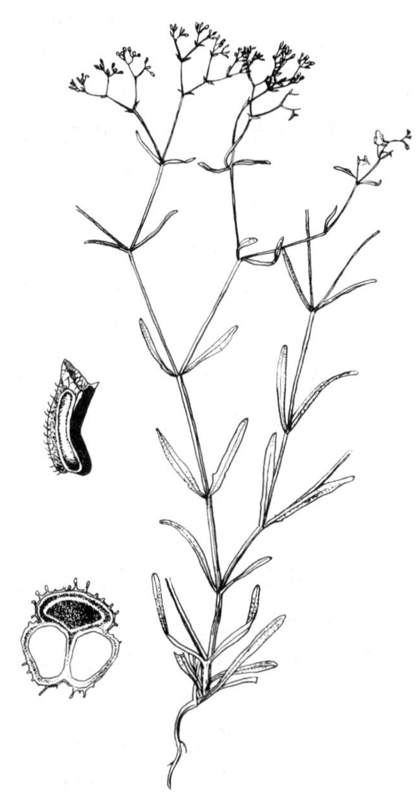

图 162 斜冠岐缬草
（刘全儒仿《西巴基斯坦植物志》）

214. 川续断科 DIPSACACEAE

（刘全儒）

一年生、二年生或多年生草本，有时亚灌木状，稀灌木。茎无毛、被长柔毛或有刺，少数具腺毛。单叶对生，稀轮生，基部相连；无托叶；全缘或有锯齿、浅裂至深裂，稀羽状复叶状。花序为密集具总苞的头状花序或为间断穗状轮伞花序，稀成疏散聚伞圆锥花序。花序托伸长或球形，具鳞片状苞片（托片）或毛，花两性，两侧对称，同形或边缘花与中央花异形，每花外围具由2个小苞片结合形成的小总苞副萼，小总苞副萼管状，具沟孔或棱脊，有时囊状，檐部具膜质冠、刚毛或齿，稀具2层小总苞；花萼整齐，杯状或不整齐筒状，口部斜裂，边缘有刺或全裂成具5-20条针刺状或羽毛状刚毛，成放射状；花冠漏斗状，4-5裂，裂片稍不等大或二唇形，上唇2裂片较下唇3裂片短；雄蕊4，有时2枚退化，着生在冠筒，和花冠裂片互生，花药2室，纵裂；子房下位，2心皮合生，1室，包于宿存小总苞内，花柱线形，柱头单一或2裂，胚珠1，倒生，悬垂于室顶。瘦果包于小总苞内，顶端常冠以宿存萼裂。种子下垂，种皮膜质，具少量肉质胚乳，胚直伸，子叶细长或卵形。

约12属，300种，主产地中海地区、亚洲及非洲南部。我国6属25种5变种，另引入栽培3种。

1. 二歧疏散聚伞圆锥花序；花近辐射对称，花梗密生腺毛；小总苞2层，4裂，合生成囊状 …… 1. **双参属 Triplostegia**
1. 头状花序或轮伞花序。
  2. 轮伞花序间断成穗状或紧缩成假头状花序；萼片二唇形，先端2-3裂；叶缘、总苞苞片边缘、小总苞、花萼均具细长齿刺；瘦果和小总苞分离 …… 2. **刺续断属 Morina**
  2. 头状花序；植株具刺或无刺；小总苞萼状。
    3. 植株具刺或刺毛；头状花序成球形或长椭圆形；花萼整齐，盘状或杯状，4裂，近辐射对称；小总苞通常无明显冠檐；茎、叶脉、总苞苞片常有钩刺；瘦果和小总苞稍合生 …… 3. **川续断属 Dipsacus**
    3. 植株无刺；花萼5裂或8-24裂，裂片针刺状、刚毛状、羽毛状或花萼浅杯状，边缘具多数硬缘毛或具齿；小总苞多少有冠檐；边缘花二唇形。
      4. 总苞苞片草质，1-2层，花萼裂片针刺状、刚毛状或羽毛状。
        5. 花萼8-24裂，裂片刚毛状或羽毛状，脱落 …… 4. **翼首花属 Pterocephalus**
        5. 花萼5裂，裂片针刺状刚毛，宿存 …… 5. **蓝盆花属 Scabiosa**
      4. 总苞苞片革质，2-多层，花萼浅杯状，边缘具多数硬缘毛或具齿 …… 6. **头序花属 Cephalaria**

1. 双参属 Triplostegia Wall. ex DC.

多年生草本。根茎水平伸展，主根常纺锤状。枝和小枝具腺毛。叶交互对生，无托叶；基生叶假莲座状，边缘具齿或羽裂，无柄或基部紧缩成短柄；茎生叶和基生叶同形，向上渐小而渐无叶柄。二歧疏散聚伞圆锥花序，密被白色平展毛和腺毛，分枝处有1对线形苞片。小总苞2层，4裂，先端具钩，合生成囊状，外面密生腺毛；花梗短，密生腺毛；花小，两性，5数，近辐射对称；花萼坛状，具8条肋棱，萼檐极短，具4-5齿；花冠筒状漏斗形，顶端4-5裂，裂片几相等；雄蕊4，等长，花丝分离，花药内向，背着；花柱1，线形，柱头头状，子房下位，1室，胚珠1，悬垂于室顶。瘦果具1种子，包藏于囊状小总苞内，小总苞顶端常具曲钩，熟时自顶端破裂。种子近圆形，柱状，两端渐尖，平滑，具2条不明显的棱。

2种，分布于印度、尼泊尔、不丹、缅甸、马来西亚及中国。

1. 叶倒卵形或倒卵状披针形，无柄，两面被白色长柔毛；花长1-1.2厘米，小总苞裂片先端无曲钩 …… 1. **大花双参 T. grandiflora**
1. 叶倒卵状披针形，基部常明显具柄，两面被微柔毛或近光滑；花长3-5毫米，小总苞裂片先端多具曲钩 …… 2. **双参 T. glandulifera**

1. 大花双参

图 163

Triplostegia grandiflora Gagnep. in Bull. Soc. Bot. France 47: 333. 1900.

多年生草本，高20-45厘米。茎纤细，单一，微四棱形，具沟，被白色长柔毛和糙毛，有时并有腺毛。叶对生，基部相连；下部叶倒卵形或倒卵状披针形，长3-8厘米，基部渐窄，无柄，2-3对羽状深裂或浅裂，中裂片宽椭圆形，两侧裂片牙齿状，边缘锯齿状或具钝齿，两面被白色长柔毛；上部叶渐小至苞片状。花序第一至二回分枝细长，密被白色平展毛和腺毛，分枝处各有1对苞片，长约5毫米，下部苞片叶状，长约2厘米，密被白色平展毛和腺毛。小总苞萼状，4裂，长2-3毫米，先端尖，密被黑色腺毛；花梗长2-3毫米；萼筒卵形，具8肋，檐部具5齿，齿端尖，被长硬毛；花冠白带粉红色，基部窄筒状，上部漏斗形，近辐射对称，长1-1.2厘米，外面微被白色柔毛，裂片5，长为花冠1/3，先端钝；雄蕊4，稍伸出，花药黄色；子房包于窄长圆形囊状小总苞内，花柱短于雄蕊。瘦果包于囊苞内，囊苞4裂，裂片先端直尖，无曲钩。花果期7-10月。

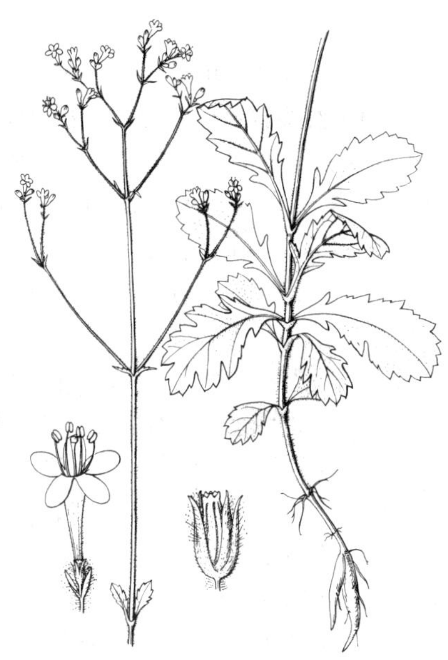

图 163 大花双参（许梅娟绘）

产云南、四川中北部及西南部，生于海拔2000-3000米山谷林下、林缘或草坡。根入药，调经活血、益肾。

2. 双参

图 164

Triplostegia glandulifera Wall. ex DC. Prodr. 4: 642. 1830.

多年生草本。茎方形，有沟，近无毛或微被疏柔毛。叶近基生，假莲座状，3-6对生于缩短节上，或在茎下部疏散排列；叶倒卵状披针形，连柄长3-8厘米，二至四回羽状中裂，中裂片较大，两侧裂片渐小，有不整齐浅裂或锯齿，基部渐窄成长1-3厘米的柄，上面疏被白色渐脱毛，下面脉具疏柔毛；茎上部叶渐小，浅裂，无柄。花序各分枝外有1对长2-4毫米苞片。小总苞4裂，裂片披针形，长1.5-2毫米，密被紫色腺毛，先端多具曲钩；花梗短；萼筒壶状，长约1.5毫米，具8肋棱，顶端具8个微小牙齿状或锯齿状檐部；花冠白或粉红色，长3-5毫米，短漏斗状，5裂，裂片先端钝；雄蕊4，稍外伸，花药白色；花柱稍长于雄蕊。瘦果包于囊苞中，囊苞长3-4毫米，外被腺毛，4裂，裂片先端长渐尖，多曲钩。花果期7-10月。

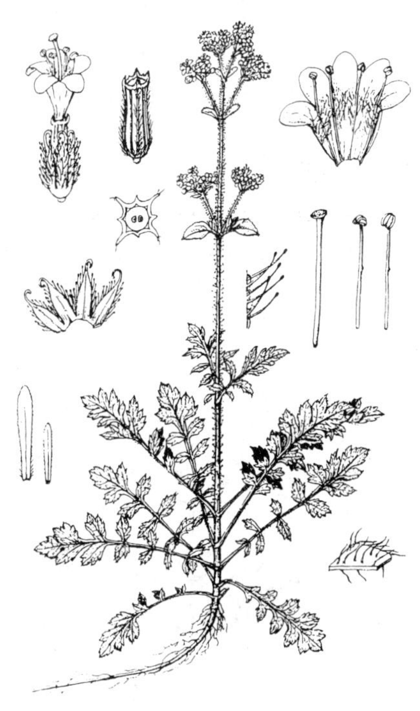

图 164 双参（引自《Fl. Taiwan》）

产云南、西藏东南部及南部、四川、甘肃南部、陕西南部、湖北西部、江西东北部、台湾，生于海拔1500-4000米林下、溪旁、山坡草地、草甸或林缘路旁。尼泊尔、不丹、印度、缅甸及马来西亚有分布。

2. 刺续断属 **Morina** Linn.

多年生草本。根粗壮，有分枝。叶对生或（3）4（6）叶轮生，全缘、波状或羽裂，具刺毛或硬刺。花多数，密集成顶生假头状花序或成轮伞花序间断成穗状。花位于小总苞内；小总苞钟形，具柄或无柄，上部边缘具10或更多长短不等齿刺；萼筒偏斜，裂口边缘有齿刺，或浅钟形，裂片二唇形，先端2-3裂，露于小总苞外；花冠筒长或微短于花萼，裂片5，微二唇状或近辐射对称；雄蕊4，2强，生于花冠喉部，或2枚能育2枚退化，后者生于冠筒基部；子房下位，包于小总苞内，花柱较雄蕊长，不伸出花冠，柱头头状。瘦果和小总苞分离，柱状，有皱纹或小瘤。

约10余种，主要分布于南亚山地，西达欧洲地中海东部，东至中国。我国5种2变种。

1. 茎生叶对生；花萼具3-5或多数齿刺；雄蕊4，2强；花冠紫、红、粉红或白色。
  2. 花萼下部绿色，上部边缘紫色，或全部紫色；花冠红或紫色。
    3. 花冠筒径约3毫米，花冠裂片倒心形，长3-4毫米 ………… 1. **刺续断 M. nepalensis**
    3. 花冠筒径4-5毫米，花冠裂片长椭圆形，长5-6毫米 ………… 1(附). **大花刺参 M. nepalensis** var. **delavayi**
  2. 花萼全部绿色；花冠白色 ………… 1(附). **白花刺参 M. nepalensis** var. **alba**
1. 茎生叶轮生；花萼2裂；能育雄蕊2。
  4. 花冠淡绿或绿黄色，花冠筒较花萼为短。
    5. 叶线状披针形，基部下延抱茎，边缘有波状裂片，其上具硬刺；花萼露出总苞片。
      6. 叶浅裂，不达中脉；花萼长0.6-1厘米，萼裂片2裂成4小裂片，小裂片卵形，先端圆钝 ………… 2. **圆萼刺参 M. chinensis**
      6. 叶深裂，几达中脉；花萼长0.8-1.2（-1.5）厘米，萼裂片2裂或3裂成4-5（6）小裂片，小裂片长卵形或卵状披针形，先端常具刺尖 ………… 3. **青海刺参 M. kokonorica**
    5. 叶披针形或长卵形，具长柄，边缘有细刺，稀具微波状齿，齿缘具刺；花萼全为总苞片所掩盖，萼片2裂，小裂片先端圆钝或2片有刺尖 ………… 4. **绿花刺参 M. chlorantha**
  4. 花冠紫红色，花冠筒细长，远超出花萼 ………… 5. **长叶刺参 M. longifolia**

1. 刺续断 刺参 图 165：1-3 彩片 32

Morina nepalensis D. Don, Prodr. Fl. Nepal. 161. 1825.

Morina betonicoides Benth.; 中国高等植物图鉴 4: 336. 1975.

多年生草本。茎单一或2-3分枝，上部疏被纵列柔毛。基生叶线状披针形，长10-20厘米，基部鞘状抱茎，边缘有疏刺毛，两面光滑；茎生叶对生，2-4对，长圆状卵形或披针形，边缘具刺毛。花茎从基生叶旁生出；假头状花序顶生，径3-5厘米，有10-20花，枝下部近顶处叶腋有少数花；总苞苞片4-6对，长卵形或卵圆形，渐尖，边缘具多数黄色硬刺，基部更多。小总苞钟形，无柄，长0.8-1厘米，脉明显，顶端平截，被长柔毛，具齿刺15条以上；花萼筒状，长7-9毫米，裂口达花萼一半，边缘具长柔毛及齿刺，齿刺3-5或多达10枚以上；花冠红或紫色，径7-9毫米，稍近左右对称，冠筒径约3毫米，长2-2.5毫米，外

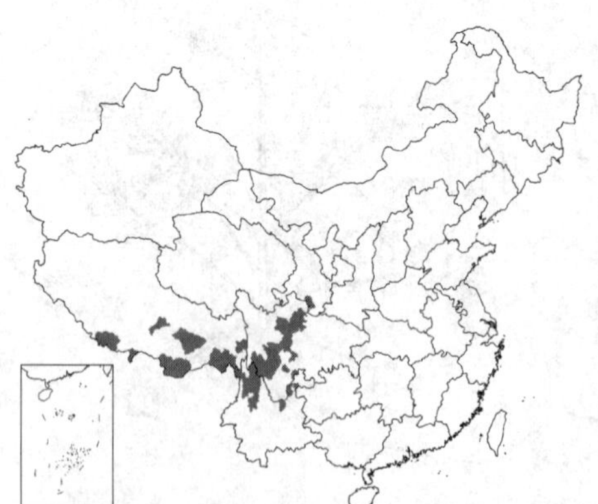

图 165：1-3. 刺续断 4. 白花刺参 5-6. 大花刺参 （引自《中国植物志》）

弯，被长柔毛，裂片5，倒心形，长3-4毫米，先端凹陷；雄蕊4，2强，花柱高出雄蕊。瘦果柱形，长4-6毫米，熟时蓝褐色，被短毛，具皱纹，顶端斜截。花期6-8月，果期7-9月。

产西藏、云南、四川及甘肃南部，生于海拔3200-4000米山坡草地。印度、锡金及尼泊尔有分布。

[附] **大花刺参** 图 165：5-6 彩片 33 **Morina nepalensis** var. **delavayi** (Franch.) C. H. Hsing, Fl. Reipubl. Popul. Sin. 73(1): 51. 1986.—— *Morina delavayi* Franch. in Bull. Soc. Bot. France 32: 8. 1885.—— *Morina bulleyana* Forr. et Diels; 中国高等植物图鉴 4: 337. 1975. 与模式变种的主要区别：花径1.2-1.5厘米，花冠裂片长椭圆形，长5-6毫米，先端微凹，冠筒较宽，径4-5毫米。产四川西南部及云南西北部，生于海拔3000-4000米山坡草甸。

[附] **白花刺参** 图 165：4 **Morina nepalensis** var. **alba** (Hand.-Mazz.) Y. C. Tang, Fl. Reipubl. Popul. Sin. 73 (1): 51. 1986. ——*Morina alba* Hand.-Mazz. in Sitz. Akad. Wiss. Wien, Math.-Nat. 62: 68. 1925; 中国高等植物图鉴 4: 366. 1975. 与模式变种和大花刺参的主要区别：花萼全绿色，长5-8毫米；花冠白色，裂片长3毫米。产西藏东部及中部、云南西部及北部、四川西部及中部、青海南部及甘肃东南部，生于海拔3000-4000米山坡草甸或林下。

2. 圆萼刺参 图 166

Morina chinensis (Batal. ex Diels) Pai in Fedde, Repert. Sp. Nov. 44.122. 1938.

Morina parviflora Kar. et Kir. var. *chinensis* Batal. ex Diels in Notes Roy. Bot. Gard. Edinb. 5: 208. 1912.

多年生草本。茎下部光滑，上部被白色绒毛，基部常有褐色纤维状残叶。基生叶6-8，簇生，线状披针形，长10-20(-25)厘米，基部下延抱茎，边缘具不整齐浅裂片，裂片近三角形，裂至中脉一半，边缘有3-9硬刺，两面光滑；茎生叶与基生叶相似，长5-15厘米，4(-6)叶轮生，2-3轮，向上渐小，裂片边缘具硬刺。花茎生于叶丛中；轮伞花序顶生，6-9轮，紧密穗状，花后各轮疏离，每轮有叶状总苞片4，长卵形，长2.5-3.5厘米，边缘具密集刺，基部更多。小总苞藏于总苞内，钟形，长1-1.4厘米，顶端平截，边缘有10条以上硬刺，2条较长，达6毫米，基部有柄，外面疏被长柔毛；花萼露出总苞约3毫米，二唇形，唇片2裂，先端钝圆，脉明显，外面光滑，内面被绒毛，基部具髯毛；花冠二唇形，短于花萼，长6-7毫米，淡绿色，上唇2裂，下唇3裂，疏被柔毛；雄蕊4，上面2枚能育，下面2枚退化，花药不外露。瘦果长圆形，长2-3毫米，熟时褐色，有皱纹，顶端斜截，具宿存花萼，藏于小总苞内。花期7-8月，果期9月。

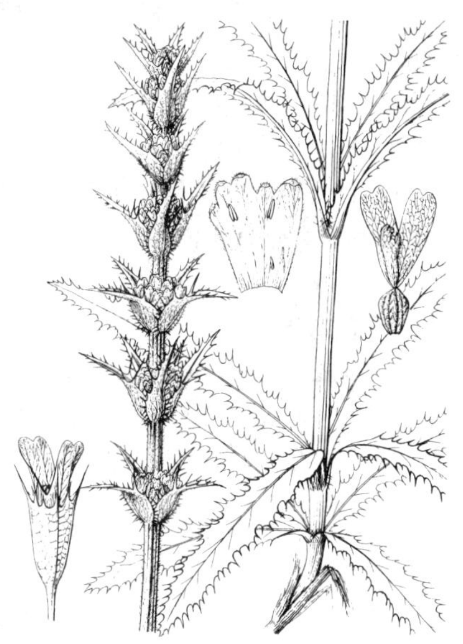

图 166 圆萼刺参（蔡淑琴绘）

产内蒙古西部、甘肃中部、青海东部、四川西部及西藏，生于海拔2800-4000米高山草坡灌丛中。果入药，主治关节疼痛、小便失禁、腰痛、眩晕等症。

3. 青海刺参 小花刺参 图 167

Morina kokonorica Hao in Fedde, Répert. Sp. Nov. 40: 215. 1936.

Morina parviflora aucts. non Kar. et Kir.: 中国高等植物图鉴 4: 338. 1975.

多年生草本。茎单一，稀具2-3分枝，下部具沟槽，光滑，上部被绒毛，基部多有褐色纤维状残叶。基生叶5-6，簇生，线状披针形，长(7-)10-15(-20)厘米，基部渐窄成柄，边缘具深波状齿，齿裂片近三角形，裂至近中脉，边缘有3-7硬刺，两面光滑；茎生叶似基生叶，长披针形，常4叶轮生，2-3轮，向上渐小，基部抱

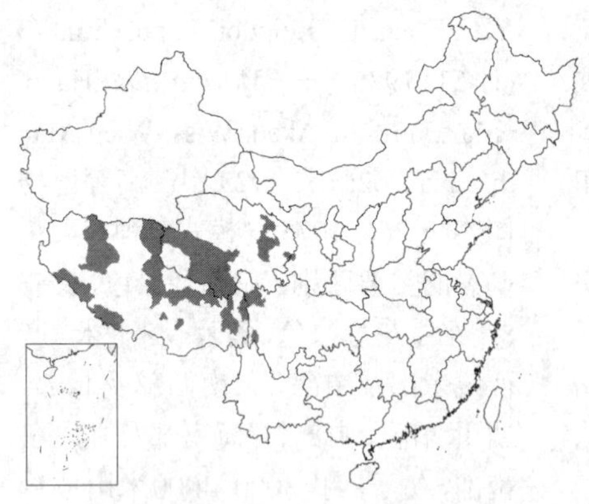

茎。轮伞花序顶生，6-8轮，穗状，花后各轮疏离，每轮有总苞片4；总苞片长卵形，近革质，长2-3厘米，边缘具多数黄色硬刺。小总苞钟状，藏于总苞内，长1.2-1.5厘米，具柄，边缘具10条以上硬刺，1-2条较长，达7毫米；花萼杯状，长0.8-1.2(-1.5)厘米，露出总苞约3毫米，外面光滑，内面有柔毛，基部具髯毛，2深裂，裂片2或3裂，成4-5（6）小裂片，小裂片披针形，先端常刺尖；花冠二唇形，5裂，淡绿色，外面被毛，较花萼短；雄蕊4，能育雄蕊2，花丝被长柔毛，不育雄蕊2；花柱不露出花冠，较雄蕊稍长。瘦果熟时褐色，圆柱形，近光滑，长6-7毫米，具棱，顶端斜截。花期6-8月，果期8-9月。

产甘肃西南部、青海、西藏及四川西部，生于海拔3000-4500米砂石质山坡、山谷草地或河滩。

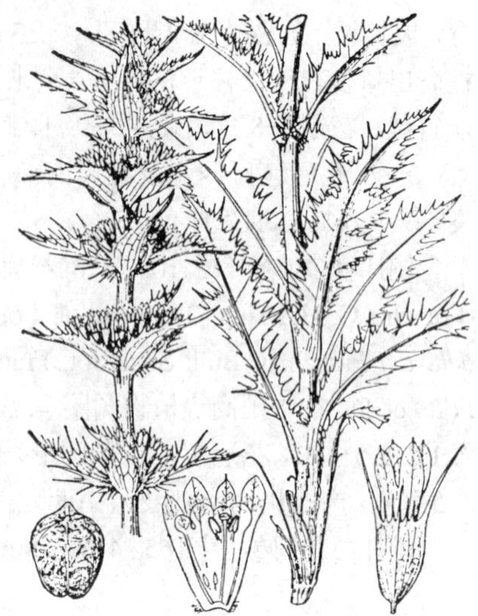

图 167 青海刺参（引自《图鉴》）

4. 绿花刺参 图 168

Morina chlorantha Diels in Notes Roy. Bot. Gard. Edinb. 5: 208. 1912.

多年生草本。茎基部具暗褐色纤维状残留叶柄，下部有沟槽。基生叶丛生，披针形或长卵形，长15-25(-35)厘米，基部渐窄成柄，边缘有细刺，稀具微波状齿，齿缘具刺，叶柄长5-7厘米；茎生叶似基生叶，较短，具短柄，向上渐无柄，4叶轮生，2-3轮，稀2叶对生，光滑。轮伞花序6-8轮，紧密相接，花后渐疏离，每轮有总苞片4，总苞片长卵形或卵圆形，长2.5-3厘米，光滑，先端渐尖，边缘具硬刺，基部多。小总苞筒状，长1.2-1.5厘米，具柄，外被柔毛，顶端齿刺约10条，长约5毫米，常无明显2长刺；花萼全为总苞片所掩盖，绿色，内外均有柔毛，长0.8-1厘米，二唇形，每唇片2裂，小裂片披针形，具长缘毛，先端钝或2片具刺尖；花冠二唇形，稍短于花萼，5裂，绿黄色，外面具柔毛；雄蕊4，能育雄蕊2，花丝有柔毛，不育雄蕊2；雌蕊稍长于雄蕊，不露出花冠。瘦果长圆形，长5毫米，具棱和纵沟，顶端平斜，熟时紫褐色。花期7-9月。

产云南西北部、四川西部及青海南部，生于海拔2800-3400米草坡或林缘。

图 168 绿花刺参（吴彰桦绘）

5. 长叶刺参 图 169

Morina longifolia Wall. Cat. 426. 1829.

多年生草本。茎直立不分枝，下部光滑，上部多少被绒毛。基生叶线

图 169 长叶刺参（刘全儒仿《Fl. Iranica》）

状披针形，边缘波状齿裂，有硬齿刺，中脉明显，两面光滑，长8-25厘米，茎生叶似基生叶，常3叶轮生，基部成鞘，下部叶较长，向上渐短。轮伞花序紧接成穗状，顶生，花后疏离，总苞片每轮3，叶状，宽卵形，长3-5厘米，最宽处达2.5厘米，先端长渐尖，边缘有硬刺，密被短柔毛，小总苞钟状，长0.8-1.3厘米，外面被白色柔毛，顶端缘刺9-11条，长短不等，常有2条最长，达6毫米；花萼露出小总苞约5毫米，稍不整齐，长1.2-1.5厘米，2裂，裂片先端再2浅裂，小裂片钝，无刺尖，常带紫红色，内外均被柔毛，花冠紫红色，花冠管细长，达2.5厘米，远超出花萼之外，被短柔毛，花冠裂片5，不等，稍成二唇形，能育雄蕊2，生于花冠喉部，短于花冠裂片，花柱丝状，不外露。瘦果倒卵状长圆形，长6-7毫米，背面有棱和皱纹，腹面具沟，顶端斜截形。花期6-9月。

产西藏南部吉隆、鲁成附近，生于海拔2000-4250米山谷草地。巴基斯坦、印度、尼泊尔及不丹有分布。

3. 川续断属 **Dipsacus** Linn.

二年生或多年生草本。茎直立，中空，具棱和沟，棱常具短刺或刺毛。基生叶具长柄，不裂、3裂或羽状深裂，叶缘常具齿或浅裂；茎生叶对生，具柄或无，常3-5裂，或羽状深裂或不裂；叶两面常被刺毛，或光滑无刺或具乳头状刺毛。头状花序长椭圆形、球形或卵圆形，顶生，基部具叶状总苞片1-2层，直伸或扩展，小总苞通常无明显冠檐。花序轴具多数苞片，苞片先端具喙尖；两性花从苞片内侧伸出；花萼整齐，盘状或杯状，4裂，具白色柔毛；花冠基部常细筒状，4裂，裂片不等；雄蕊4，着生冠筒；雌蕊由2心皮组成，子房包于囊状小总苞内，1室，1倒生胚珠，垂悬顶部，花柱线形，柱头斜生或侧生。瘦果藏于革质囊状小总苞内，顶端有宿存萼片，果皮与小总苞稍合生，小总苞具4-8棱。种子具薄膜质种皮，胚被肉质胚乳所包。

约20余种，主要分布于欧洲、北非和亚洲。我国约9种1变种，其中2种为引入栽培。

1. 二年生草本；头状花序长椭圆形。
  2. 苞片短于花或近相等，先端具钩状喙尖 ······ 1. **拉毛果 D. sativus**
  2. 苞片长于花，先端具直伸喙尖 ······ 1(附). **起绒草 D. fullonum**
1. 多年生草本；头状花序球形或卵圆形。
  3. 茎生叶为单叶对生，两面具乳头状刺毛；花淡黄色，冠筒基部细而明显，长约3-5毫米。
    4. 茎上部叶不裂；总苞片披针形，先端渐尖；花淡黄色 ······ 2. **劲直续断 D. inermis**
    4. 茎上部叶3裂或仅上部的叶不裂；总苞片倒卵状长圆形，具线状短尖；花白或淡黄色 ······ 2(附). **滇藏续断 D. inermis** var. **mitis**
  3. 茎生叶常3-5裂或羽裂或琴裂。
    5. 茎生叶常3-5裂或羽裂；头状花序径小于4厘米；叶上面被白色刺毛或疏被乳头状刺毛，下面沿脉被钩刺和白色刺毛。
      6. 茎棱具较密钩刺；叶上面被白色刺毛，下面脉上具疏钩刺，无乳头状刺毛；花常紫红色，花冠漏斗状，冠筒长5-8毫米，基部细而明显 ······ 3. **日本续断 D. japonicus**
      6. 茎棱疏生下弯粗硬刺；叶上面密被白色刺毛或乳头状刺毛，下面沿脉密被刺毛；花淡黄或白色，冠筒窄漏斗状，长0.9-1.1厘米 ······ 4. **川续断 D. asper**
    5. 茎生叶琴裂，两面被黄白色粗毛；头状花序径4厘米以上；花通常白色 ······ 5. **大头续断 D. chinensis**

1. 拉毛果 图 170：1-5

Dipsacus sativus (Linn.) Honck. in Vollst. Syst. Verz. 1: 374. 1872.

Dipsacus fullonum Linn. β. *sativus* Linn. Sp. Pl. ed. 2. 1677. 1763.

二年生草本。茎具7-8棱，棱具刺。基生叶长倒卵形，长30-50厘米，光滑，主脉具疏刺，具柄；茎生叶对生，披针形或宽披针形，全缘或波状，边缘无纤毛，基部抱茎，呈杯状。头状花序长椭圆形，长约11厘米；总苞片线状披针形，具疏刺。苞片短于花或近等长，长卵形，先端具钩状喙尖；花萼盘状，4裂，裂片被毛；花冠白色，部分稍带紫色，冠筒长0.8-1.2厘米，基部细而明显，长4-6毫米，4裂，裂片不等；雄蕊4，稍伸出花冠；柱头侧生，小总苞具8棱，长5-8毫米。瘦果楔状卵圆形，成熟时褐色。花期4-5月，果期6-7月。

原栽培于欧洲。浙江东部有大量栽培。本种头状花序的苞片先端具有整齐而富有弹性的钩状喙尖，可用于大衣呢、羊毛衫等高级毛纺品的起绒，是毛纺工业重要起绒材料。

[附] **起绒草** 图170：6-7 **Dipsacus fullonum** Linn. Sp. Pl. 97. 1753. 本种与拉毛果的主要区别：叶长达35厘米；头状花序长5-7厘米；苞片比花长，先端具直伸喙尖；花紫或白色；小总苞具4棱；瘦果椭圆形。花期6-7月，果期8-9月。原产欧洲，为拉毛果（D. sativus）的野生种。南京、杭州等庭院曾有栽培。起绒草不能起绒，因头状花序的苞片先端具伸长喙尖，不能用于毛纺工业。

图 170：1-5. 拉毛果 6-7. 起绒草
（引自《中国植物志》）

2. 劲直续断 图 171：1-4

Dipsacus inermis Wall. in Roxb. Fl. Ind. 1: 367. 1820.

多年生草本。茎具6-7棱，棱具刺毛或疏钩刺。基生叶椭圆形，长10-13厘米，羽状裂或不裂，具锯齿，具长柄；茎生叶对生，长椭圆形、长披针形或宽披针形，全缘或具齿，两面具乳头状刺毛，上面密，上部叶不裂，无柄，叶基连合。头状花序圆球形，径2-3.5厘米；总苞片披针形。苞片长倒卵形，长6-8毫米，先端喙尖长约3毫米，两侧具刺毛；花萼浅杯状，4裂，被白色柔毛；花冠淡黄色，冠筒长7-9毫米，基部细而明显，长约3毫米，4裂，裂片不等，外侧被白色柔毛；雄蕊与柱头均伸出花冠；小总苞具棱，长4-6毫米，被白色短柔毛。瘦果顶端稍外露。花期8-10月，果期9-11月。

产云南，文献记载四川有分布，生于山坡、沟边或灌丛中。阿富汗、克什米尔及尼泊尔有分布。

图 171：1-4. 劲直续断 5-7. 日本续断
（引自《中国植物志》）

[附] **滇藏续断** **Dipsacus inermis** var. **mitis** (D. Don) Y. Nasir in Fl. W. Pakist. 94: 10. 1975.—— *Dipsacus mitis* D. Don, Prodr. Fl. Nepal. 161. 1825. 与模式变种的主要区别：茎上部叶3裂或最上部叶不裂；总苞片倒卵状长圆形，具线状短尖头；花白或淡黄色。产云南西部及西藏。阿富汗、喜马拉雅（自克什米尔至不丹）及缅甸有分布。

3. 日本续断 续断 图 171 : 5-7 图 172 彩片 34

Dipsacus japonicus Miq. in Versl. Med. Akad. Wetenschap. ser. 2, 2: 83. 1867.

多年生草本。茎具4-6棱，棱具钩刺。基生叶具长柄，长椭圆形，分裂或不裂；茎生叶对生，椭圆状卵形或长椭圆形，长8-20厘米，先端渐尖，基部楔形，常3-5裂，顶裂片最大，裂片基部下延成窄翅，具粗齿或近全缘，有时全为单叶对生，上面被白色短毛，叶柄和下面脉上均具疏钩刺和刺毛。头状花序圆球形，径1.5-3.2厘米；总苞片线形，具白色刺毛。苞片倒卵形，长0.9-1.1厘米，先端喙长5-7毫米，两侧具长刺毛；花萼盘状，4裂，被白色柔毛；花冠常紫红色，漏斗状，冠筒长5-8毫米，基部细筒长3-4毫米，4裂，外被白色柔毛；小总苞具4棱，长5-6毫米，被白色短毛，顶端具8齿。瘦果长圆楔形。花期8-9月，果期9-11月。

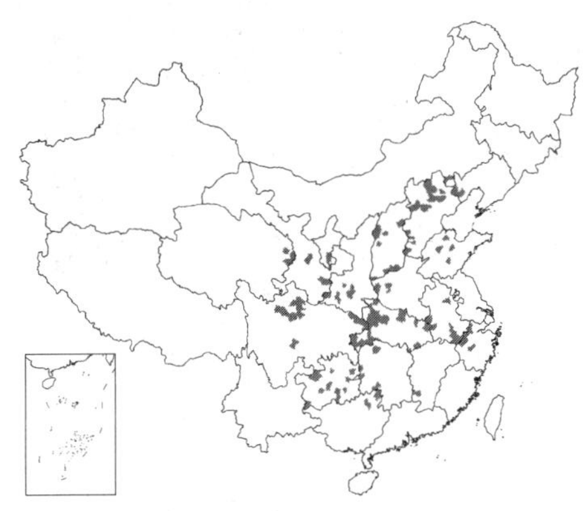

产辽宁东部及南部、内蒙古南部、河北、山西、河南、山东、安徽、浙江、江西、湖北、湖南、广西、贵州、四川、陕西、宁夏、甘肃及青海东部，生于山坡、路旁或草坡。朝鲜半岛及日本有分布。

图 172 日本续断 (引自《中国药用植物志》)

4. 川续断 图 173

Dipsacus asper Wall. ex Henry in Journ. China Branch Royal Asiat. Soc. 164. 1888.

Dipsacus asperoides C. Y. Cheng et T. M. Ai；中国植物志 73 (1): 63. 1986.

多年生草本。茎具6-8棱，棱上疏生下弯粗硬刺。基生叶稀疏丛生，琴状羽裂，长15-25厘米，顶裂片卵形，长达15厘米，侧裂片3-4对，多为倒卵形或匙形，上面被白色刺毛或乳头状刺毛，下面沿脉密被刺毛；叶柄长达25厘米；茎中下部叶为羽状深裂，中裂片披针形，长11厘米，具疏粗锯齿，侧裂片2-4对，披针形或长圆形，茎下部叶具长柄，向上叶柄渐短，茎上部叶披针形，不裂或基部3裂。头状花序径2-3厘米，总花梗长达55厘米；总苞片5-7，披针形或线形，被硬毛。苞片倒卵形，长0.7-1.1厘米，被柔毛，先端喙尖长3-4毫米，两侧密生刺毛或稀疏刺毛，稀被毛；小总苞4棱，倒卵柱状，每侧面具2纵沟；花萼4棱，皿状，不裂或4裂，被毛；花冠淡黄或白色，冠筒窄漏斗状，长0.9-1.1厘米，4裂，被柔毛；雄蕊明显超出花冠。瘦果长倒卵柱状，包于小总苞内，长约4毫米，顶端外露。花期7-9月，果期9-11月。

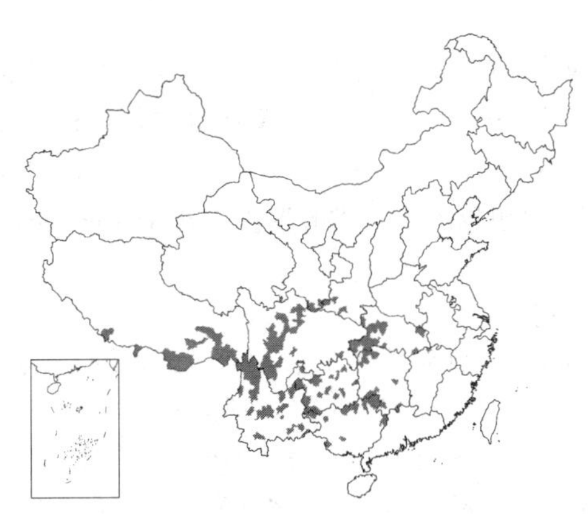

图 173 川续断 (引自《植物分类学报》)

产江西北部、湖北、湖南、广西、贵州、云南、西藏东南部及南部、四川、甘肃南部、陕西南部，生于沟边、草丛、林缘或田野路旁。根入药，有行血消肿、生肌止痛、续筋接骨、补肝肾、强腰膝、安胎的功效。印度有分布。

5. 大头续断 图 174 彩片 35

Dipsacus chinensis Batal. in Acta Hort. Petrop. 13: 377. 1894.

多年生草本，高达2米。茎具8纵棱，棱具疏刺。茎生叶对生，具柄，长约5厘米，向上渐短；叶宽披针形，长达25厘米，成3-8琴裂，顶裂片大，卵形，两面被黄白色粗毛。头状花序圆，单序顶生或3出，径4-4.9厘米；总花梗长达23厘米；总苞片线形，被黄白色粗毛。苞片披针形或倒卵状披针形，长1.4-1.5厘米，先端喙尖长8-9毫米，两侧具刺毛和柔毛；花冠通常白色，冠筒长1-1.4厘米，基部细筒长5-6毫米，4裂，裂片不相等；雄蕊4，与柱头均伸出花冠；子房包于杯状小总苞内，小总苞长卵圆柱状，长5-8毫米。瘦果窄椭圆形，被白色柔毛，顶端外露。花期7-8月，果期9-10月。

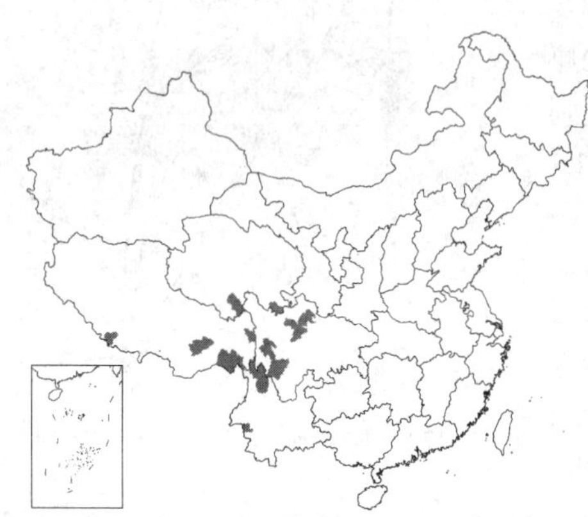

图 174 大头续断（引自《图鉴》）

产云南西北部及西南部、四川、西藏东部及南部、青海南部，生于林下、沟边和草坡地。

4. 翼首花属 Pterocephalus Vaill. ex Adans.

一年生或多年生草本，有时亚灌木状。叶全部基生或对生，密集丛生成莲座状，全缘或羽状分裂至全裂。头状花序单生花葶上，具多数花，外面围以2轮总苞，通常4-6片，花托被长毛或苞片。小总苞具4-8条肋，先端具不明显牙齿或呈副冠状或膜质牙齿状；花萼8-14裂，萼裂片刚毛状或羽毛状；花冠4-5裂，边缘花近二唇形，上唇1片，全缘或2裂，下唇通常3裂；雄蕊4，稀2-3，通常着生于冠筒上部；子房下位，包于小总苞内。瘦果平滑或具肋棱，顶端宿存萼片易脱落。

约25种，产地中海地区至亚洲中部及非洲热带。我国2种。

1. 叶匙形或线状匙形，全缘或一回羽状深裂；头状花序球形，径3-4厘米，外层总苞苞片长卵形；宿萼具20条棕褐色萼刺，刺长约1厘米，被白色羽毛状毛，花冠5裂，小总苞倒卵形 ······················ 1. **匙叶翼首花 P. hookeri**
1. 叶窄长圆形或倒披针形，一至二回羽状深裂至全裂，裂片线形或宽线形；头状花序扁球形，径2.5-3厘米，外层总苞苞片披针形；宿萼具8条棕褐色刚毛状毛，花冠4裂，小总苞椭圆状倒卵形 ··· 2. **裂叶翼首花 P. bretschneideri**

1. 匙叶翼首花 图 175 彩片 36

Pterocephalus hookeri (Clarke) Höck. in Engl. u. Prant. Nat. Pflanzenf. 4(4): 189. 1897.

Scabiosa hookeri Clarke in Hook. f. Fl. Brit. Ind. 3: 218. 1881.

多年生草本，全株被白色柔毛。根粗壮，单一，近圆柱形，径1.5-2.5厘米。叶全部基生，成莲座状，匙形或线状匙形，长5-18厘米，基部渐窄成翅状柄，全缘或一回羽状深裂，裂片3-5对，顶裂片大，披针形，下面中脉明显，白色，上面疏被白色糙伏毛，下面密被糙硬毛，中脉两侧更密，边缘具长缘毛。花葶生于叶丛，高10-40厘米，无叶，被白色贴伏或伸展长柔毛；头状花序单生葶顶，球形，径3-4厘米；总苞苞片2-3层，外层长卵形或卵状披针形，被毛，边缘密被长柔毛；内层总苞片线状倒披针形，基部有细爪。小总苞倒卵形，长4-5毫米，筒状，基部渐窄，顶端具波状齿牙，外面被白色糙硬毛；花萼全裂，成20条柔软羽毛状毛；花冠筒状漏斗形，黄白或淡紫色，长1-1.2厘米，外面被长柔毛，5浅裂，裂片钝，近等长；雄蕊4，稍伸出冠筒；花柱伸出冠筒，柱头扁球形。瘦果倒卵圆形，长3-5毫米，成熟时淡棕色，具8纵棱，疏生贴伏毛，具棕褐色宿存萼刺20条，刺长约1厘米，被白色羽毛状毛。花果期7-10月。

图 175 匙叶翼首花（引自《中国植物志》）

产云南西北部、四川西北部至西南部、西藏及青海，生于海拔1800-4800米山野草地、高山草甸或耕地附近。不丹、锡金及印度有分布。根可入药，性寒，味苦，有小毒；能清热解毒、祛风湿、止痛。

2. 裂叶翼首花 图 176

Pterocephalus bretschneideri (Batal.) Pritz. in Engl. Bot. Jahrb. 29: 601. 1900.

Scabiosa bretschneideri Batal. in Acta Hort. Petrop. 14: 184. 1895.

多年生草本。根圆柱形，径约3-8毫米。叶密集丛生成莲座状，对生，基部相连，窄长圆形或倒披针形，长5-20厘米，一至二回羽状深裂或全裂，裂片线形或宽线形，小裂片先端尖，两面疏被柔毛；叶柄长3-10厘米，黄白色。花葶高约30厘米，疏被白色卷伏毛，近花序处较密，无叶，微具棱；头状花序扁球形，单生花葶顶端，径2.5-3厘米；总苞苞片2轮，10-14片，宽线形，具中脉，外面微被白色疏柔毛；花托圆顶状，密被白毛；苞片小，线状倒披针形，先端渐尖，微被疏柔毛。小总苞椭圆状倒卵形，长4-5毫米，具8肋棱，密被白色糙毛，顶端膜质，牙齿状；花萼全裂，成8条棕褐色刚毛状毛，长1-1.2厘米，被极短毛；花冠淡粉或紫红色，筒状，长1.2厘米，冠筒长约7毫米，外面被白色柔毛，裂片4，钝头，微二唇形，上唇1片稍大，下唇3片稍短，具数条棕色脉纹；雄蕊4，着生冠筒上部，花丝长约5毫米，伸出冠筒外甚多，柱头头状。瘦果椭圆形，长4毫米，顶端渐窄成喙状，具8脉纹，疏被柔毛，宿萼刚毛状。花期7-8月，果期9-10月。

图 176 裂叶翼首花（引自《图鉴》）

产云南西北部及北部、四川、西藏东南部，生于海拔1600-3400米山地岩石缝中或林下草坡。

5. 蓝盆花属 Scabiosa Linn.

多年生草本，有时基部木质成亚灌木状，或为二年生草本，稀一年生草本。叶对生，茎生叶基部连合，羽状半裂或全裂，稀不裂。头状花序扁球形、卵形或卵状圆锥形，顶生，具长梗或在上部成聚伞状分枝；总苞苞片草质，1-2层；花序托果时成拱形或半球形，有时成圆柱状，具苞片，苞片线状披针形，具1脉，背部常龙骨状。小总苞宽漏斗形或方柱状，果时具8肋棱，全长具沟槽，或上部具沟槽而基部圆，上部常裂成2-8窝孔，末端成膜质冠；冠钟状或辐射状，具16-30脉，边缘具齿牙；花萼具柄，盘状，5裂成针刺状刚毛；花冠筒状，4-5裂，边缘花常较大，二唇形，上唇2裂，较短，下唇3裂，较长，中央花筒状，裂片近等长；雄蕊4；子房下位，包于宿存小总苞内，花柱细长，柱头头状或盾形。瘦果包于小总苞内，顶端冠以宿存萼刺。

约100种，产欧洲、亚洲、非洲南部和西部，主产地中海地区。我国9种2变种，其中1种为栽培种。

1. 小总苞筒状或漏斗状，具纵沟或上部具孔和槽。
  2. 小总苞无纵肋，上部具窝孔和浅沟或不明显，膜质冠平展或反卷。
    3. 小总苞下部圆，无纵肋，上部具8窝孔。
      4. 多年生草本；头状花序径3-4厘米；萼刺刚毛较膜质冠稍长；基生叶叶柄较叶长，叶披针形，不裂；茎生叶1-3对，第2-3对羽状深裂；花玫瑰紫色 ······ 1. **高山蓝盆花 S. alpestris**
      4. 一年生草本，茎二歧分枝；头状花序径3-5毫米；萼刺刚毛长为膜质冠4-5倍 ······ 2. **小花蓝盆花 S. olivieri**
    3. 小总苞基部钝圆，具浅沟，管部孔穴通常不明显，膜质冠短，浅碟状，边缘皱，反卷，脉弯拱；叶羽状深裂至全裂；花冠黑紫、淡红或白色；果序卵圆形或长圆形；一年生草本 ······ 4. **紫盆花 S. atropurpurea**
  2. 小总苞具8纵肋和8纵沟，即沟为肋所分割；花淡黄或鲜黄色，花序果时长圆形；果脱落后花序托纺锤形；基生叶不裂或2-4对羽裂；茎生叶一至二回羽状浅裂或全裂 ······ 3. **黄盆花 S. ochroleuca**
1. 小总苞方柱状或倒圆锥形，无明显沟，具8肋。
  5. 叶羽状深裂至全裂，裂片线形或披针形。
    6. 叶裂片宽1-1.5毫米。
      7. 多年生草本；茎疏被或密被贴伏白色短柔毛，花序下有密生贴伏短柔毛；叶两面光滑或疏生白色短伏毛；茎生叶一至二回羽状全裂，裂片线形 ······ 5. **窄叶蓝盆花 S. comosa**
      7. 亚灌木状；茎下部具开张刚毛和短卷曲柔毛，上部仅有短卷曲柔毛，花序下有伸展刚毛；叶两面具短卷曲柔毛；茎生叶大头羽裂，裂片线状披针形 ······ 5(附). **毛叶蓝盆花 S. comosa** var. **lachnophylla**
    6. 叶裂片宽3-4毫米。
      8. 叶裂片披针形，先端渐尖或尖。
        9. 植株高达60厘米；头状花序径2.5-4厘米，总苞苞片长0.5-1厘米，小总苞长2.5-3毫米；萼刺刚毛果时长2-2.5厘米 ······ 6. **华北蓝盆花 S. tschiliensis**
        9. 植株高达16厘米；头状花序径5-7厘米，总苞苞片长达2.8厘米，小总苞长4毫米；萼刺刚毛长达3毫米 ······ 6(附). **大花蓝盆花 S. tschiliensis** var. **superba**
      8. 叶裂片线形，先端尖 ······ 7. **日本蓝盆花 S. japonica**
  5. 叶线状披针形，边缘牙齿状或撕裂 ······ 8. **台湾蓝盆花 S. lacerifolia**

1. 高山蓝盆花 图 177

Scabiosa alpestris Kar. et Kir. in Bull. Soc. Nat. Mosc. 15: 536. 1842.

多年生草本。茎具2-3（4）节，常被短柔毛或光滑。基生叶和茎下部第一对叶通常不裂，披针形，连柄长10-12（15）厘米，两面近光滑或微被短柔毛，边缘具白色长硬毛，全缘，基部渐窄成细长的柄，叶柄和叶近等长或稍长；茎生叶1-3对，第2-3对羽状全裂，侧裂片线状披针形，顶裂片披针形，长4-7厘米，边缘及下面被白色长硬毛。头状花序径3-4厘米，

果时球形；总花梗长约10厘米；总苞苞片线状披针形，长1.2-1.5厘米，密被白色粗硬毛。小总苞筒状，长0.8-1厘米，下部圆，疏生白色柔毛，上部具8窝孔，膜质冠宽5-6毫米，具16-18脉，边缘具波状牙齿；花萼裂片刺毛状，棕褐色，成放射状，较膜质冠长1-3毫米；花冠玫瑰紫色，被皱卷绒毛，裂片5，近二唇形；雄蕊外伸，花药黄色；花柱紫红色，柱头头状，伸出花冠。花期5-8月，果期8-9月。

产新疆西北部，生于海拔达3000米高山山坡草地。中亚有分布。

图 177 高山蓝盆花
（刘全儒仿《中国植物志》）

2. 小花蓝盆花 图 178

Scabiosa olivieri Coult. Mém. Dips. 36. t. 2. f. 10. 1823.

一年生草本。茎纤细，基部二歧分枝，具白色柔毛。叶对生，长圆形或线状披针形，长2-5厘米，全缘或基部具1-2对耳状小叶，有时琴形羽状分裂，上面有长绒毛，下面具疏长柔毛。头状花序球形，径3-5毫米，果时不连萼刺长达1厘米，具5-15花，边缘花较中央花大；总花梗长3-10厘米，疏生柔毛；总苞苞片3-5，长圆状卵形或卵圆形，较花稍短，疏生柔毛。小总苞宽漏斗形，长约2毫米，基部具白色糙硬毛，上半部具8深窝孔，膜质冠近平展，宽3-6毫米，具20-24脉，外面脉疏生柔毛；花萼裂片刚毛状，棕褐色，刚毛外展，较膜质冠长4-5倍，有短毛；花冠淡紫色，有时白色，疏生柔毛。瘦果具乳白色毛。花期5-6月，果期6-7月。

产新疆准噶尔及玛纳斯河流域，生于平原沙地或沙漠。地中海东部、小亚细亚、俄罗斯高加索、中亚、伊朗、阿富汗、巴基斯坦及印度有分布。

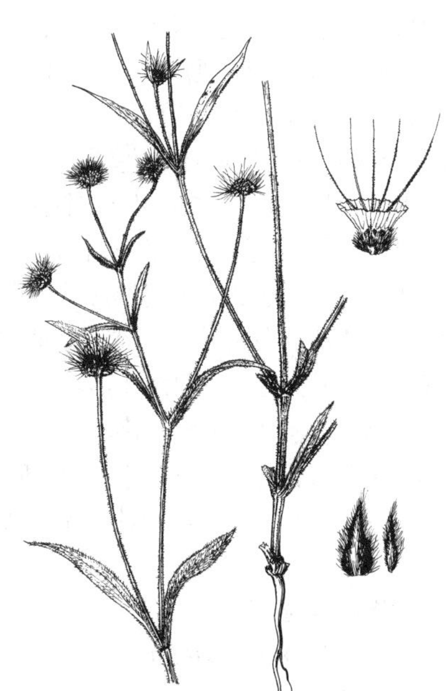

图 178 小花蓝盆花
（刘全儒仿《中国植物志》）

3. 黄盆花 图 179

Scabiosa ochroleuca Linn. Sp. Pl. 101. 1753.

多年生草本。茎和花序下被白色卷伏毛。基生叶椭圆形或披针形，不裂或2-4对羽裂，长5-10厘米，叶柄长2-5厘米；茎生叶对生，基部相连，2-5对，长4-10厘米，一至二回羽状深裂或全裂，末裂片披针形或线状披针形，上面疏生白色柔毛，下面密生卷曲柔毛，近无柄或近下部叶具短柄。头状花序扁球形，径2-2.5厘米，果时长圆形；总花梗长18-30厘米，密生

白色卷伏毛；总苞苞片8-10，线状披针形，长1-1.2厘米，两面疏生柔毛；苞片倒披针形，有不整齐浅裂，疏生柔毛，向下渐窄成柄状。小总苞窄漏斗形，长3-4毫米，具8纵肋，肋间具8纵沟，肋疏生白色长柔毛，沟内疏生短柔毛，冠径1.5-2毫米，长约小总苞之半，膜质，黄褐色，外面散生柔毛，边缘钝牙齿状，具20-24黄褐色脉纹；花萼裂片刺毛状，长4毫米，棕黄色；花冠淡黄或鲜黄色，长0.7-1厘米，冠筒长6-7毫米，密生白色柔毛，裂片5，下唇中裂片长达3毫米，余裂片较短；雄蕊伸出冠筒。瘦果椭圆形，黄白色，长约2.5毫米，果时萼刺刚毛长达7毫米；果脱落后花序托纺锤形，长1-1.5厘米，蜂窝状，密生柔毛。花期7-8月，果期8-9月。

产新疆西北部及北部，生于海拔1300-2200米草原、草甸草原或山坡草地。欧洲中部到巴尔干半岛北部、中亚、俄罗斯西伯利亚及蒙古有分布。

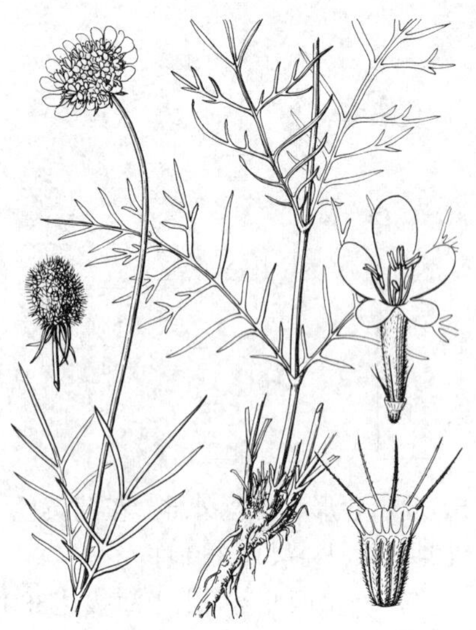
图 179 黄盆花（许梅娟绘）

4. 紫盆花 图 180

Scabiosa atropurpurea Linn. Sp. Pl. 144. 1753.

一年生草本。茎微具棱，棱疏生白色卷伏毛。基生叶长圆状匙形，不裂或琴形羽裂，具粗牙齿，具柄；茎生叶对生，基部相连，长圆形，长5-12厘米，羽状深裂或全裂，裂片5-9，顶裂片倒披针形或长圆形，全缘或锯齿状或浅裂，侧裂片披针形，具不整齐浅裂，上面光滑，下面沿中脉疏生白色长柔毛；最上部叶倒披针形，叶柄长约1厘米。头状花序圆头状，径4-5厘米；总花梗长15-25厘米，上面疏生白色卷伏毛；总苞苞片2层，12-14片，内层长0.8-1.2厘米，披针形，密生白色柔毛；小总苞筒状，长约6毫米，疏生长硬毛，上部花篮状，具8纵肋，肋弯拱，具浅沟，筒部孔穴不明显，顶端分为8个圆裂片，裂片边缘棱状，膜质冠短，浅碟状，边缘皱，反卷；花萼裂片刺毛状，棕黄色，长约8毫米，上面具短毛；花冠紫黑、淡红或白色，冠筒漏斗形，长约1厘米，密生白色柔毛，裂片5，长圆形，长7-8毫米；雄蕊与花冠近等长；花柱伸出冠筒，柱头头状。果序长卵圆形或长圆形，长4.5厘米。花期6-7月。

原产南欧。陕西武功及云南昆明等地栽培，观赏草花。

图 180 紫盆花（许梅娟绘）

5. 窄叶蓝盆花 图 181

Scabiosa comosa Fisch. ex Roem. et Schult. Syst. 3: 84. 1818.

多年生草本，高达80厘米。茎具棱，被贴伏白色短柔毛，茎基部和花序下毛密。基生叶成丛，窄椭圆形，长6-10厘米，羽状全裂，稀齿裂，裂片线形；叶柄长3-6厘米，花时常枯萎；茎生叶对生，长圆形，长8-15厘米，一至二回窄羽状全裂，裂片线形，两面光滑或疏生白色短伏毛，基部抱茎，柄长1-1.2厘米或无柄。头状花序单生或3出，径3-3.5厘米，半球形，果时球形；总花梗长10-25厘米，近顶端密生卷曲白色短纤毛；总苞苞片6-10，披

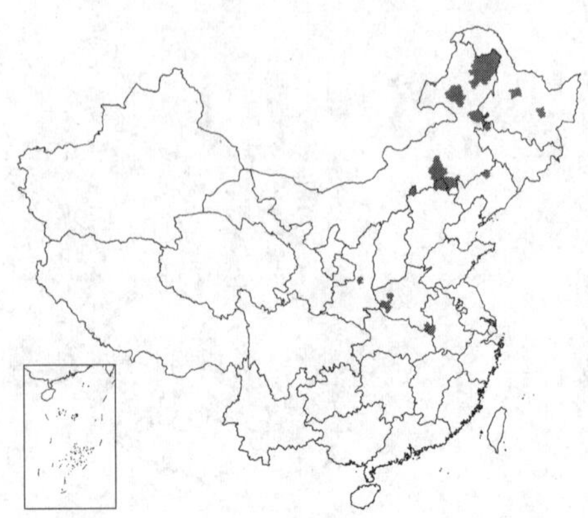

图 181 窄叶蓝盆花（许梅娟绘）

针形，长1-1.2厘米，光滑或疏生柔毛。小总苞倒圆锥形，方柱状，淡黄白色，不连冠部长2.5-3毫米，具8纵棱，中棱较细弱，密生白色长柔毛，顶端具8凹穴，1-2明显，冠部干膜质，长约1.2毫米，带紫或污白色，具18-20脉，边缘牙齿状，脉密生白色柔毛；花萼裂片细长针状，长2.5-3毫米，棕黄色，疏生短毛；花冠蓝紫色，密生柔毛，中央花冠筒状，长4-6毫米，5裂，边缘花二唇形，长达2厘米，上唇2裂，较短，下唇3裂，较长，中裂片长达1厘米，倒卵形；雄蕊外伸；花柱伸出，柱头头状。瘦果长圆形，长约3毫米，具5棕色脉，萼刺宿存。花期7-8月，果期9月。

产黑龙江、吉林西北部、辽宁北部、内蒙古、河北北部、陕西中部、河南及安徽西部，生于海拔500-1600米干旱砂地、砂丘、干山坡或草原。俄罗斯及蒙古有分布。

[附] **毛叶蓝盆花 Scabiosa comosa** var. **lachnophylla** (Kitag.) Kitag. in Rep. Inst. Sci. Res. Manch. 4: 113. 1940. —— *Scabiosa lachnophylla* Kitag. in Rep. First. Sci. Exped. Manch 4 (2): 33. t. 10. 1935. 与模式变种的主要区别：亚灌木状；茎下部具开张刚毛和短卷曲柔毛，上部有短卷曲柔毛；花序下有伸展刚毛；叶两面具短卷曲柔毛，茎生叶大头羽裂，裂片线状披针形。产辽宁、内蒙古及河北北部，生于林缘、灌丛、河岸砂地或草坡。俄罗斯远东地区及朝鲜半岛北部有分布。

6. 华北蓝盆花 图 182：1-4

Scabiosa tschiliensis Grün. in Fedde, Repert. Sp. Nov. 12: 311. 1913.

多年生草本。茎具白色卷伏毛。基生叶簇生，卵状披针形、窄卵形或椭圆形，有疏钝锯齿或浅裂片，稀深裂，长2.5-7厘米，基部楔形，两面疏生白色柔毛，下面较密，老时近光滑，叶柄长4-10厘米；茎生叶对生，羽状深裂或全裂，侧裂片披针形，长1.5-2.5厘米，有时具小裂片，顶裂片卵状披针形或宽披针形，长5-6厘米，叶柄短或向上渐无柄；近上部叶羽状全裂，裂片线状披针形，下面疏生柔毛。头状花序在茎上部成3出聚伞状，扁球形，径2.5-4厘米（连边缘辐射花）；总花梗长15-30厘米，上面具浅纵沟，密生白色卷曲伏柔毛，近花序最密；总苞苞片10-14，披针形，长0.5-1厘米，具3脉，外面及边缘密生柔毛。小总苞果时方柱状，具8肋，肋生白色长柔毛，长2.5-3毫米（不连冠部），顶端具8窝孔，膜质冠直伸，白或紫色，边缘牙齿状，具16-19棕褐色脉，脉疏生柔毛；花萼裂片刚毛状，果时长2-2.5厘米，棕褐色，上面疏生白色柔毛；边花花冠二唇形，蓝紫色，冠筒长6-7毫米，密生白色柔毛，裂片5，上唇2裂片长3-4毫米，下唇3裂，中裂片长达1厘米，倒卵状长圆形，侧裂片长约5毫米；中央花筒状，冠筒长约2毫米，裂片5，长约1毫米；雄蕊伸出冠筒，花药紫色；花柱伸出花冠。瘦果椭圆形，长约2毫米；果序径约1厘米，卵圆形或卵状椭圆形，果脱落时花序托长圆棒状，长约1.3厘米。花期7-8月，果期8-9月。

产黑龙江、吉林、辽宁、内蒙古、河北、山西、河南、陕西、甘肃及宁夏南部，生于海拔300-1500米山坡草地或荒坡。

图 182：1-4. 华北蓝盆花 5-6. 大花蓝盆花
（许梅娟绘）

[附] **大花蓝盆花** 图 182：5-6 彩片 37 **Scabiosa tschiliensis** var. **superba** (Grün.) S. Y. He, Fl. Reipubl. Popul. Sin. 73 (1): 81. 1986. —— *Scabiosa superba* Grün. in Fedde, Repert. Sp. Nov. 12: 310. 1913; 中国高等植物图鉴 4: 342. 1975. 与模式变种的主要区别：植株高10-16厘米；头状花序径5-7厘米；总苞苞片长达2.8厘米；小总苞长4毫米；萼刺刚毛长达3毫米。产河北北部及山西北部，生于海拔1600-3200米山顶草甸。

7. 日本蓝盆花 山萝卜 图 183

Scabiosa japonica Miq. in Ann. Mus. Bot. Lugd.-Bat. 3: 114. 1867.

多年生草本，高达80厘米。茎微被柔毛。基生叶羽状分裂，长5-12厘米，顶裂片倒卵形，边缘微具缺刻，侧裂片披针形；茎生叶对生，具柄，羽状深裂，裂片线形，全缘，先端尖。头状花序稍扁球形，径2.5-4.5厘米；花序梗长10-15厘米；总苞苞片披针形或线形，具柔毛。小总苞倒圆锥状，被白色长柔毛，具8肋棱；萼刺刚毛5；花冠蓝紫色，边缘花外侧裂片伸长。果序球形或椭圆形，径约1.5厘米；瘦果包藏在小总苞内。花期8-9月。

原产日本。我国各地庭园偶有栽培。观赏植物。

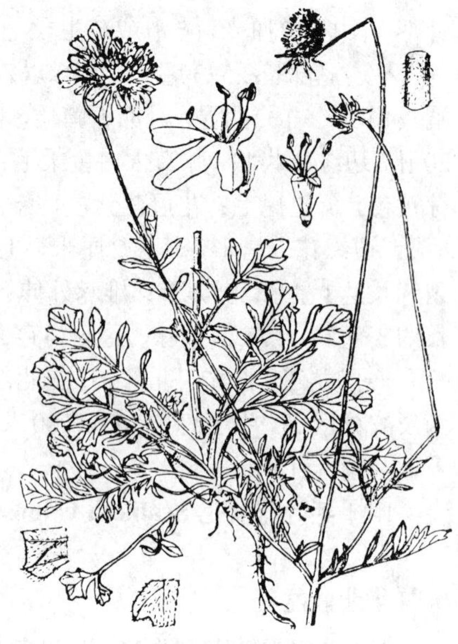

图 183 日本蓝盆花（引自《江苏植物志》）

8. 台湾蓝盆花 玉山山萝卜 图 184

Scabiosa lacerifolia Hayata in Bot. Mag. Tokyo 20: 16. 1906.

多年生草本，被短柔毛或近光滑。茎高10-20厘米，少分枝。叶无柄，基部半抱茎，线状披针形，边缘牙齿状或撕裂，裂片具不整齐锯齿；基生叶长达12厘米；茎生叶对生，长4-5厘米，先端尖，基部渐宽。头状花序扁球形，径3.5-4厘米；花序梗长5-6厘米或更长；总苞苞片3轮，草质，离生，近披针形，最外层苞片长1.5厘米，内层较短；花序托苞片匙形，长5毫米。小总苞具4棱，顶端具8窝孔，膜质冠部4齿裂，裂片钝；花萼裂片刺毛状；边缘辐射花花冠长1.8厘米，裂片5，二唇形；雄蕊全育；花柱线形。瘦果基部与小总苞合生，倒卵圆形，长3毫米，顶端冠以宿存萼刺，萼刺刚毛长约1毫米。

产台湾，生于海拔约3928米高山。

图 184 台湾蓝盆花（引自《Fl. Mont. Formosa》）

6. 头序花属（头花草属）Cephalaria Schrad. ex Roem. et Schult.

一年生，二年生或多年生草本，稀亚灌木状。茎具纵棱，无刺，光滑或被毛。叶对生，羽状分裂或不裂，具锯齿或全缘，基部抱茎或具柄，叶缘被毛或无毛。头状花序顶生，扁球形、卵形或圆球形；总苞苞片多层，稀2层，常较花冠短，常革质，卵圆形，苞片与总苞片相似，较窄而薄，先端窄尖；花萼浅杯状，边缘被多数硬缘毛或具齿；花冠4裂，黄色，白色，稀蓝色，边花较大，两侧对称，其中1枚裂片较宽长，中央花近整齐；雄蕊4枚，外伸；小总苞常具8条肋棱，有4或8角，顶端具4或8齿刺；子房下位，包藏于小总苞内，花柱线形。瘦果包藏于小总苞内，先端露出或隐藏。

约65种，分布于地中海地区至中亚及非洲南部。我国1种。

北疆头序花 图 185

Cephalaria beijiangensis Y. K. Yang et al. in Acta Bot. Boreal.-Occident. Sin. 11 (1): 94-96. 1991.

多年生草本，高约1米。茎具8-12纵棱，无毛。茎生叶对生，下部叶具长柄，向上叶柄渐短，羽状全裂，裂片4-7对，椭圆形或宽披针形，长2-8厘米，边缘具锯齿，顶裂片与侧裂片同形，稍大，两面近无毛。头状花序顶生，扁球形，径约4.5厘米；总苞苞片2层或更多，革质，三角状卵形，先端尖，被长柔毛，苞片与总苞片相似，较窄；花萼杯状，上部齿裂，齿缘密生硬缘毛；花冠黄色，4裂，边花较大，基中1枚裂片较宽长，中央花近整齐；雄蕊4枚，生于花冠管上部，外伸；小总苞四棱柱形，具8条肋棱，果时顶端具8齿刺；子房包藏于小总苞内，花柱与花冠管近等长，柱头棒状。瘦果包藏于小总苞内，顶端冠以宿存的花萼。

图 185 北疆头序花（刘全儒仿杨永康）

产新疆西北部特克斯大库斯台，生于海拔1900-2000米河谷及平缓山坡、山顶。

215. 菊科 COMPOSITAE

（陈艺林 石 铸 刘尚武 林有润 郭学军 靳淑英）

草本、亚灌木或灌木，稀乔木；有时有乳汁管或树脂道。叶互生，稀对生或轮生，全缘、具齿或分裂，无托叶或叶柄基部成托叶状。花两性或单性，稀单性异株，整齐或左右对称，5基数，少数或多数密集成头状或短穗状花序，为1层或多层总苞片组成的总苞所围绕；头状花序单生或数个至多数排列成总状、聚伞状、伞房状或圆锥状；花序托平或凸起，具窝孔或无窝孔，无毛或有毛；具托片或无托片。萼片不发育，通常鳞片状、刚毛状或毛状冠毛；花冠常辐射对称，管状或左右对称，两唇形或舌状；头状花序盘状或辐射状，有同形小花，全为管状花或舌状花，或有异形小花，外围为雌花，舌状，中央为两性管状花；雄蕊4-5，着生花冠管上，花药内向，合生成筒状，基部钝、锐尖、戟形或具尾；花柱2裂，花柱分枝上端有附器或无附器，子房下位，合生心皮2，1室，具1直立胚珠。瘦果。种子无胚乳，具2、稀1枚子叶。

约1000属，25000-30000种，广布全世界，热带较少。我国约233属，近3000种。

菊科种类繁多，许多种类富经济价值，如莴苣、莴笋、茼蒿、菊芋等作蔬菜；向日葵、小葵子、苍耳的种子可榨油，供食用或工业用；橡胶草和银胶菊可提取橡胶；艾纳香可蒸制冰片；红花和白花除虫菊为著名杀虫剂；泽兰、紫菀、旋复花、天名精、茵陈蒿、艾、白术、苍术、牛蒡、红花、蒲公英等为重要药用植物；菊花、翠菊、大丽菊、石寿菊、波斯菊、金光菊、金鸡菊等，花美丽鲜艳供观赏，全世界各地庭园均有栽培。

1. 头状花序全为同形管状花，或有异形小花，中央花非舌状；植株无乳汁。
2. 花药基部钝或微尖。
3. 花柱分枝圆柱形，上端有棒锤状或稍扁而钝的附器；头状花序盘状，有同形管状花；叶常对生。
4. 花药上端平截，无附片；总苞片多数，1-2层；冠毛3-5，棒状，基部结合成环状 …………………………………………………………………………… 6. **下田菊属 Adenostemma**
4. 花药上端尖，有附片；总苞片基部不结合。
5. 冠毛膜片状，下部宽，上部细长；总状片2-3层，稍不相等 ……………………… 7. **霍香蓟属 Ageratum**
5. 冠毛毛状，多数，分离。
6. 总苞片多数，覆瓦状排列或2-3层；头状花序有5至多数小花；直立草本 ……… 8. **泽兰属 Eupatorium**
6. 总苞片4-6，1层；头状花序有4-6小花。
7. 总苞片5-6，近等长；头状花序具4-6小花；直立草本 …………………………… 9. **甜叶菊属 Stevia**
7. 总苞片4，稍不等长；头状花序具4小花；攀援草本 …………………………… 10. **假泽兰属 Mikania**
3. 花柱分枝上端非棒锤状，或稍扁而钝；头状花序辐射状，边缘常有舌状花，或盘状而无舌状花。
8. 花柱分枝通常一面平一面凸形，上端有尖或三角形附器，有时上端钝；叶互生。
9. 头状花序辐射状，舌状花黄色；冠毛有多数长毛 …………………………… 11. **一枝黄花属 Solidago**
9. 头状花序辐射状，舌状花白、红或紫色，或头状花序盘状，无舌状花。
10. 头状花序小，盘状，有2至多层筒状雌花；花冠筒上端2-4裂；冠毛无，或齿状或短毛状。
11. 花序托球状；瘦果上端无细裂或具齿环；通常直立草本。
12. 花序托上端平；瘦果有厚边缘 …………………………………… 12. **鱼眼草属 Dichrocephala**
12. 花序托上端凸；瘦果无厚边缘 …………………………………… 13. **杯菊属 Cyathocline**
11. 花序托圆锥形或凸起；瘦果上端平，有细裂或具齿的环；通常匍匐草本 …… 14. **田基黄属 Grangea**
10. 头状花序较大，辐射状，有舌状雌花，或头状花序盘状而有细筒状雌花。
13. 头状花序有展开的舌状雌花，或无雌花。
14. 瘦果有喙，或上端窄或微尖，上端有粘质环；雌花常2至多层。
15. 无茎草本；头状花序单生花葶顶端；两性花常不结果 ……………… 15. **瓶头草属 Lagenophora**
15. 茎直立，有分枝；头状花序生枝上。
16. 全部瘦果有喙；冠毛无或有1-5脱落的毛 ……………… 16. **秋分草属 Rhynchospermum**
16. 瘦果微尖或有短喙；无冠毛 ………………………………… 17. **粘冠草属 Myriactis**
14. 果无喙，扁；雌花常1层。
17. 具冠毛；总苞片大，近等长 ………………………………………………… 18. **雏菊属 Bellis**
17. 冠毛有长或短毛，或膜片，或瘦果顶端窄环状而无冠毛。
18. 冠毛极短，膜片状、芒状或窄环状。
19. 两性花不结果；冠毛有1至多数芒，或兼有芒和膜片 ……………… 19. **刺冠菊属 Calotis**
19. 两性花结果。
20. 瘦果顶端有窄环状边缘而无冠毛 ………………………………… 20. **裸菀属 Gymnaster**
20. 瘦果顶端有糙毛状或膜片状短冠毛 ……………………………… 21. **马兰属 Kalimeris**
18. 冠毛长，毛状，有或无外层膜片。
21. 总苞片外层叶状，内层膜质或干膜质；冠毛2层，内层毛质，外层膜质冠状 …………………………………………………………………………… 22. **翠菊属 Callistephus**
21. 总状片外层非叶状；冠毛1层或多层，有时兼有外层膜片。
22. 总苞片多层，覆瓦状排列，叶质或边缘干膜质，或2层，近等长；舌状花常1层，花柱分枝顶端披针形。
23. 舌状花长于冠毛，有时无舌状花。

24. 管状花左右对称，1裂片较长，舌状花冠毛毛状或膜片状，或无冠毛 ………… 23. **狗娃花属 Heteropappus**
24. 管状花辐射对称，5裂片等长；舌状花及筒状花冠毛均糙毛状。
25. 冠毛1-2层，外层极短或膜片状。
26. 瘦果圆柱形，两端稍窄，除边肋外，两面各有2细肋；冠毛有多数毛 …… 24. **东风菜属 Doellingeria**
26. 瘦果长圆形或卵圆形，稍扁。
27. 瘦果边缘有细肋，两面无肋，被长密毛 …………………………………… 25. **女菀属 Turczaninowia**
27. 瘦果边缘有肋，两面有肋或无肋，被疏毛或密毛。
28. 瘦果有肋，边缘小花结果；冠毛1-2层，外层极短或较短。
29. 花柱分枝附片披针形；瘦果被疏毛或腺。
30. 冠毛1或2层，外层短膜状 ……………………………………………………… 26. **紫菀属 Aster**
30. 冠毛2层，外层较短；筒状花花冠常二唇形 ………………………… 27. **岩菊属 Krylovia**
29. 花柱分枝附片三角形；瘦果被长贴毛；亚灌木 ……………… 28. **紫菀木属 Asterothamnus**
28. 瘦果无明显肋；边缘小花不结果或无；冠毛有2-3层糙毛。
31. 边缘小花不结果，舌状，无雌蕊；瘦果倒披针形 ………………………… 29. **乳菀属 Galatella**
31. 边缘小花无；瘦果长圆形 ………………………………………………………… 30. **麻菀属 Linosyris**
25. 冠毛多层，多少不等长，全部毛状。
32. 瘦果长圆形，两面无肋，密被长毛；头状花序单生茎端；叶窄长，禾草状 …… 31. **莎菀属 Arctogeron**
32. 瘦果窄长圆形，有厚边肋，两面各有1细肋，无毛或有疏毛；头状花序多数，伞房状排列；叶披针形 ……………………………………………………………………………………… 32. **碱菀属 Tripolium**
23. 舌状花短于冠毛。
33. 两性花辐射对称；直立草本 ……………………………………………………… 33. **短星菊属 Brachyactis**
33. 两性花左右对称；攀援草本 ……………………………………………………… 34. **异裂菊属 Heteroplexis**
22. 总苞片2-3层，窄，等长；花柱分枝短三角形，雌花1或多层。
34. 两性花及雌花同色（黄或红色）；两性花不育。
35. 头状花序有3型小花；雌花舌状和细丝状；两性花管状；雌蕊不育 ………… 35. **毛冠菊属 Nannoglottis**
35. 头状花序有2型小花；雌花丝状；两性花管状不结果 ……………………… 36. **寒蓬属 Psychrogeton**
34. 两性花及雌花异色（紫、白或橙色）；两性花结果 ……………………………… 37. **飞蓬属 Erigeron**
13. 头状花序有细管状雌花，有时雌花花冠有直立小舌片，或雌花无花冠，无明显开展的舌状花，雌花通常多层；冠毛毛状。
36. 冠毛长，雌花有花冠。
37. 瘦果圆柱形，有5棱；高大或攀援亚灌木 ……………………………………… 38. **小舌菊属 Microglossa**
37. 瘦果扁或稍扁，有2-5棱；直立草本 …………………………………………… 39. **白酒草属 Conyza**
36. 冠毛短，雌花常无花冠；直立草本 ……………………………………………… 40. **歧伞菊属 Thespis**
8. 花柱分枝通常平截，无或有尖或三角形附器，有时分枝钻形。
38. 冠毛无，或鳞片状、芒状或冠状。
39. 总苞片叶质。
40. 花序托常有托片；头状花序通常辐射状，稀冠状；叶通常对生。
41. 花序托无托片或在雌花以内（花序托中央）无托片；头状花序小，有异形小花，两性花不结果；叶互生。
42. 一年生小草本；雌花2-4，两性花1-3；瘦果有3锐棱；叶窄长 ……………… 65. **虾须草属 Sheareria**
42. 多年生草本；雌花2-4，两性花较多；瘦果棱，棒锤状；叶心形。
41. 花序托有托片。
43. 头状花序单性，有同形花；雌花无花冠；花药分离或贴合；花序托在两性花间有毛状托片；雄头状

花序总状 或穗状排列；雌头状花序无梗；内层总苞片结合成蒴果状，有喙及钩刺。

44. 雄头状花序的总苞片分离；雌头状花序的总苞片有多数钩刺；一年生草本 ……………… 66. **苍耳属 Xanthium**

44. 雄头状花序的总苞片结合；雌头状花序的总苞片结合；雌头状花序的总苞有1列钩刺或瘤；草本或灌木 …………………………………………………………………………………………………… 67. **豚草属 Ambrosia**

43. 头状花序有异形花；雌花花冠舌状或筒状，或无雌花，头状花序具同形花；花药贴合。

45. 两性花不结果；花柱不分枝；花序托的托片常膜质。

46. 瘦果肥厚，不扁，为具钩刺的内层总苞片所包被；一年生草本或亚灌木；叶对生…………………………………………………………………………………… 68. **刺苞果属 Acanthospermum**

46. 瘦果背面扁，腹面有棱，为无刺的内层总苞片所包被；草本或亚灌木；叶互生 … 69. **银胶菊属 Parthenium**

45. 两性花通常结果；花柱分枝；花序托的托片膜质或干膜质，常褶叠，或平或内凹。

47. 舌状花无或有短筒部，宿存于瘦果，一同脱落；头状花序有异形小花；叶对生，稀上部互生。

48. 花托圆锥状或圆柱状；至少内部瘦果有1-3芒；总苞片3至多层，覆瓦状排列 ……… 70. **百日菊属 Zinnia**

48. 花托稍平；瘦果无芒或有1-2短芒；总苞片2-3层，稍不等长 ……………………… 71. **蛇目菊属 Sanvitalia**

47. 舌状花脱落；头状花序有异形花，辐射状或近盘状；舌状花结果或无性，或有同形的两性花。

49. 冠毛无或芒状、短冠状、小鳞片状或具倒刺的芒。

50. 瘦果肥厚，圆柱形，或舌状花瘦果有棱，筒状花瘦果侧扁。

51. 瘦果为内层总苞片（或外层托片）所包，无冠毛或有微鳞片。

52. 雌花1层，外层总苞片5，开展；头状花序疏圆锥状排列，有花序梗 ……… 72. **豨莶属 Siegesbeckia**

52. 雌花多层；总苞片4，宽大，排成2对；头状花序腋生，几无花序梗 ……………… 73. **沼菊属 Enydra**

51. 内层总苞片平，不包瘦果。

53. 托片平，窄长；舌片小，近2层；无冠毛或有2短芒；叶对生 ……………………… 74. **醴肠属 Eclipta**

53. 托片内凹或对褶，多少包小花。

54. 两性花的瘦果有4-5棱，或侧扁。

55. 冠毛无或有微睫毛；花托圆锥状或柱状 ……………………………………… 75. **金光菊属 Rudbeckia**

55. 冠毛鳞片状、刺状、芒状，或无；花托平或稍凸起。

56. 头状花序有结果的舌状花。

57. 冠毛2-5宿存不等长的芒，基部结合成环状或杯状，雌花花冠有短舌片或筒状；头状花序小，有或近无花序梗 …………………………………………………… 76. **异芒菊属 Blainvillea**

57. 冠毛无或鳞片状，睫毛状，或有1-2脱落短芒，基部结合成环状或杯状；头状花序有花序梗 …………………………………………………………………………………… 77. **蟛蜞菊属 Wedelia**

56. 头状花序有不育或无性的舌状花。

58. 冠毛有脱落或宿存小鳞片；头状花序大，花序梗棒锤状 ……………… 78. **肿柄菊属 Tithonia**

58. 冠毛有脱落芒，无宿存鳞片；头状花序大；花序梗非棒锤状 ……… 79. **向日葵属 Helianthus**

54. 两性花的瘦果有锐棱或翅状棱，或背扁；冠毛有2-3细芒或无冠毛；花托球形或圆柱形；叶对生 …………………………………………………………………………………… 80. **金钮扣属 Spilanthes**

50. 瘦果多少背扁。

59. 冠毛鳞片状，或芒状无倒刺，或无冠毛；叶对生。

60. 总苞片分离，外层草质，几等长，内层较短，与托片同形；舌状花瘦果边缘有撕裂状翅，翅上端有2芒 ………………………………………………………………………… 81. **金腰箭属 Synedrella**

60. 总苞片2层，外层小，内层膜质，几等长，基部或下部结合；冠毛有2-4芒或鳞片，或无冠毛。

61. 花柱分枝顶端笔状或平截，有或无短附器；瘦果边缘有翅或有睫毛或无毛，有2短芒或上端有毛或无冠毛；舌状花黄或黄褐色；根非块状 ……………………………… 82. **金鸡菊属 Coreopsis**

61. 花柱分枝顶端有具毛长附器；瘦果无翅，无冠毛；舌状花白、红或紫色；根块状 …………………

…… 83. **大丽花 Dahlia**

59. 冠毛为宿存具倒刺芒；叶对生或上部互生。

62. 花柱分枝有短附器；瘦果有2-4芒。

63. 瘦果上端有喙；舌状花红或紫色 ……………………………………………………… 84. **秋英属 Cosmos**

63. 瘦果上部窄，无喙；舌状花黄或白色，或无 ………………………………………… 85. **鬼针草属 Bidens**

62. 花柱分枝有长线形附器；瘦果有2芒 …………………………………………………… 86. **香茹属 Glossogyne**

49. 冠毛有多数分离，栉状、縫状、羽状大鳞片或芒状；瘦果圆柱状，或有棱或外部背扁；叶对生；有舌状花。

64. 冠毛鳞片全缘或縫形，全部或一部有短芒；总苞片1-2层，4-5个，质薄，近等长 … 87. **牛膝菊属 Galinsoga**

64. 冠毛鳞片羽状，有长芒；总苞片2层，内层膜质，外层草质，不等长 ………………… 88. **羽芒菊属 Tridax**

40. 花序托无托片；头状花序辐射状；叶互生。

65. 总苞片1层，常结合，等长；冠毛有具5-6芒的鳞片；叶对生 ………………………… 89. **万寿菊属 Tagetes**

65. 总苞片1-2或少数层，分离；花托凸起，球形或近卵圆形；叶互生。

66. 花序托无托片；叶基部下延；冠毛有5-8鳞片 ………………………………………… 90. **堆心菊属 Helenium**

66. 花序托多少有毛或有縫形膜片；叶基部不下延；冠毛有5-10芒状鳞片 …………… 91. **天人菊属 Gaillardia**

39. 总苞片全部或边缘干膜质；头状花序盘状或辐射状。

67. 花托有托片。

68. 头状花序大，单生枝端（即具叶侧枝），植株有多数头状花序；总苞径0.7-.5厘米。

69. 花冠管基部不扩大增生；瘦果有4-5（-8）肋，冠状冠毛极短或果肋伸延至瘦果顶端成芒尖或尖头状，或果肋在瘦果顶端成瘤状 …………………………………………………………………… 92. **春黄菊属 Anthemis**

69. 花冠管基部扩大，包子房上部；瘦果有3肋，无冠状冠毛 ……………………… 93. **果香菊属 Chamaemelum**

68. 头状花序小，在茎枝顶端排成疏散或紧密伞房花序；花序梗无真正的叶；总苞径2-7毫米，稀达9毫米。

70. 头状花序异型，边缘雌花舌状，舌片有时极小；中央盘花两性，管状 ……………… 94. **蓍属 Achillea**

70. 头状花序同型，全部小花两性，管状 ……………………………………………………… 95. **天山蓍属 Handelia**

67. 花托无托片、无托毛或有托毛。

71. 头状花序大或较大，边缘雌花舌状或向舌状花转化，中央盘花两性，管状。

72. 瘦果有翅肋；边花瘦果2-3翅肋，盘花瘦果1-2翅肋。

73. 亚灌木；瘦果有冠状冠毛；舌状花白色 ……………………………………… 96. **木茼蒿属 Argyranthemum**

73. 草本；瘦果无冠状冠毛；舌状花黄色 ………………………………………… 97. **茼蒿属 Chrysanthemum**

72. 瘦果无翅肋。

74. 瘦果无冠状冠毛或无真正冠状冠毛，即果肋常在瘦果顶端伸延成钝形冠齿。

75. 果肋在瘦果顶端具钝形冠齿，无冠状冠毛。

76. 沼生植物；舌状花不育 …………………………………………………… 98. **小滨菊属 Leucanthemella**

76. 草原植物；舌状花结实 ……………………………………………………… 99. **滨菊属 Leucanthemum**

75. 果肋在瘦果顶端无冠齿。

77. 小亚灌木；总苞钟状、半球形或倒圆锥状；舌状花黄色，舌片短 …… 100. **短舌菊属 Brachanthemum**

77. 一年生或多年生草本；总苞浅盘状；舌状花白、红、紫色，稀黄色，舌片长。

78. 多年生草本；瘦果圆柱形，有5-8条细肋 ……………………………… 101. **菊属 Dendranthema**

78. 一年生草本；瘦果扁，背面突起，腹面有3-5条白色细肋 ……………102. **母菊属 Matricaria**

74. 瘦果有冠状冠毛，冠状冠毛浅裂、深裂或全裂至基部，或冠毛毛状，基部扁平，或冠毛芒片状或鞘状。

79. 冠状冠毛鞘状，斜截形或芒片状，着生瘦果背面顶端边缘，瘦果腹面顶端边缘裸露。

80. 冠状冠毛芒片状，大小及长短不等，着生瘦果背面顶端边缘，瘦果腹面顶端裸露，无芒片；叶羽状或二回羽状分裂 ………………………………………………………………… 105. **太行菊属 Opisthopappus**

80. 冠状冠毛鞘状；叶不裂，边缘有锯齿 ……………………………………… 106. **鞘冠菊属 Coleostephus**

79. 冠状冠毛非鞘状或芒片状，冠缘浅裂、深裂或全裂至基部，或冠状冠毛毛状，基部扁平。
81. 冠状冠毛冠状，冠缘浅裂、深裂或全裂至基部。
82. 瘦果有3条突起纵肋；顶端背面有2颗红褐或棕色大腺体 …………………… 103. 三肋果属 **Tripleurospermum**
82. 瘦果有5-10条突起纵肋，顶端无粗大腺体。
83. 总苞浅盘状，总苞片草质；舌状花舌片长，白或红色，稀黄或桔黄色，如黄或桔黄色，则头状花序单生茎顶 …………………………………………………………………………………………………… 104. 匹菊属 **Pyrethrum**
83. 总苞钟状，总苞片硬草质；舌状花舌片短或向雌性管状花转化，黄色 …………… 107. 菊蒿属 **Tanacetum**
81. 冠状冠毛毛状，基部扁平。
84. 毛状冠毛5条长3毫米，10-12条短于3毫米；灌木 ………………………………… 108. 复芒菊属 **Formania**
84. 毛状冠毛25-50条，等长，长4-8毫米，基部连合成束，冠毛束与果肋数目相等或几相等；草本 …………… ……………………………………………………………………………………………… 109. 扁芒菊属 **Allardia**
71. 头状花序小，边缘花雌性或无雌蕊及雄蕊，为无性，花冠管状、细管状或无管状花冠，中央小花两性管状，或头状花序全部小花为两性，管状。
85. 头状花序全部小花两性，管状。
86. 瘦果顶端无冠状冠毛。
87. 头状花序多数或少数在茎枝顶端排成伞房花序、束状伞房花序、团伞花序或疏散不规则伞房花序。
88. 多年生草本、小亚灌木或垫状草本；头状花序在茎枝顶端排成束状伞房花序、伞房花序或团伞花序 … ……………………………………………………………………………………………… 110. 女蒿属 **Hippolytia**
88. 一年生草本；头状花序大，通常下垂，多数头状花序排成疏散伞房花序；总苞径0.8-2厘米；瘦果纺锤形、长棒形或斜倒卵圆形，两端窄 ……………………………………………… 111. 百花蒿属 **Stilpnolepis**
87. 头状花序排成穗状花序、总状花序或圆锥状花序，具同型两性花，结实；总苞片4-7层 ……………… ……………………………………………………………………………………………… 118. 绢蒿属 **Seriphidium**
86. 瘦果顶端有冠状冠毛。
89. 瘦果背面顶端有2颗红褐色大腺体，纵肋3条，龙骨状突起 ……………… 103. 三肋果属 **Tripleurospermum**
89. 瘦果背面顶端无大腺体，纵肋多条，细弱或椭圆形突起。
90. 头状花序单生茎顶 ……………………………………………………………………… 104. 匹菊属 **Pyrethrum**
90. 头状花序在茎顶端成疏散伞房状排列，或单生；植株有多数或少数头状花。
91. 一年生草本；瘦果扁，背面突起，无肋，腹面有3-5条细肋 ………………………… 102. 母菊属 **Matricaria**
91. 二年生或多年生草本，或小亚灌木；瘦果三棱状圆柱形，有5-6条椭圆形突起纵肋 ………………… ……………………………………………………………………………………………… 112. 小甘菊属 **Cancrinia**
85. 头状花序边缘花雌性，或雌雄蕊退化为无性，花冠管状或细管状，或无管状花冠。
92. 边缘雌花1层。
93. 头状花序在茎枝顶端排成伞房花序或束状伞房花序。
94. 全部小花花冠外面无毛，有腺点。
95. 瘦果有5-7条椭圆形突起纵肋，顶端有冠状冠毛 ………………………………… 107. 菊蒿属 **Tanacetum**
95. 瘦果有2-6条脉纹或钝棱，顶端无冠状冠毛。
96. 全部小花结实；瘦果圆柱状，下部窄，有4-6条脉纹，顶端平 ……………………… 113. 亚菊属 **Ajania**
96. 中央两性花不育；瘦果稍扁，倒卵圆形，果肋在瘦果顶端稍伸延，顶端不平整 …………………… ……………………………………………………………………………………………… 115. 线形菊属 **Filifolium**
94. 全部小花花冠外面有毛。
97. 花冠顶端被稠密、光洁毛刷状长硬毛；一年生草本 ……………………………… 114. 画笔菊属 **Ajaniopsis**
97. 花冠外面散生星状毛；小亚灌木 …………………………………………………… 116. 喀什菊属 **Kaschgaria**
93. 头状花序排成穗状花序、窄圆锥状花序或总状花序。

98. 瘦果无冠状冠毛。
99. 边花雌性，中央花两性或雄性；瘦果密集花托上；雌花花冠顶端2-4齿裂 …………… 117. **蒿属 Artemisia**
99. 边花部分雌性，部分两性，结果；中央花两性，不育；瘦果1圈，排列在花托下部或基部；雌花花冠顶端平截或2-3微凹 ………………………………………………………………… 119. **栉叶蒿属 Neopallasia**
98. 瘦果顶端有冠状冠毛 ……………………………………………………………… 120. **芙蓉菊属 Crossostephium**
92. 边缘雌花多层。
100. 边缘雌花有管状花冠；瘦果四棱形，有毛 ………………………………………… 121. **石胡荽属 Centipeda**
100. 边缘雌花无花冠或花冠成芒齿状；瘦果扁。
101. 瘦果边缘宽翅平展，无横皱纹，无毛；花托乳突果期伸长成果柄 …………………… 122. **山芫荽属 Cotula**
101. 瘦果边缘窄翅有横皱纹，顶端有长柔毛；花托乳突果期不伸长 ……………………… 123. **裸柱菊属 Soliva**
38. 冠毛通常毛状；头状花序辐射状或盘状。
102. 总苞片2层，草质，稀革质；花药基部钝或具小耳，颈部圆柱形或倒锥形，基部边缘无增大细胞，药室内壁细胞壁增厚，两极、分散或辐射状排列。
103. 花药颈部圆柱形或倒锥形，药室内壁细胞壁增厚，两极排列；柱头区汇合或连接。
104. 总苞片2层，同形，草质 ………………………………………………………… 124. **多榔菊属 Doronicum**
104. 总苞片1层，草质、软骨质或革质，如外层存在，则大小形状与内层不同。
105. 内层小花两性；花非早熟。
106. 叶基部具鞘；瘦果无喙。
107. 叶边缘内卷；瘦果被密毛 ……………………………………………………… 125. **大吴风草属 Farfugium**
107. 叶边缘外卷；瘦果无毛。
108. 总苞圆柱形或倒锥状 …………………………………………………………… 126. **橐吾属 Ligularia**
108. 总苞宽钟状或半球形 ……………………………………………………… 127. **垂头菊属 Cremanthodium**
106. 叶基部无叶鞘；瘦果具喙或无喙。
109. 头状花序辐射状，有舌状花；根茎块根状 ……………………………………… 128. **华蟹甲属 Sinacalia**
109. 头状花序盘状，具同形的两性花；根茎非块根状。
110. 花柱分枝顶端具叉状画笔状乳头状毛 ………………………………………… 129. **歧笔菊属 Dicercoclados**
110. 花柱分枝顶端具不分叉乳头状毛。
111. 子叶2；基生叶幼时非伞状下垂。
112. 花药基部箭形或具尾；基生叶花期常枯萎 ………………………………… 130. **蟹甲草属 Parasenecio**
112. 花药基部钝，无尾；基生叶花期生存 ……………………………………… 131. **假橐吾属 Ligulariopsis**
111. 子叶1；基生叶幼时伞状下垂 ………………………………………………… 132. **兔儿伞属 Syneilesis**
105. 内层小花雌性；花早熟。
113. 花雌雄同株；花序梗具1头状花序 ……………………………………………… 133. **款冬属 Tussilago**
113. 花近雌雄异株；花序梗具数个头状花序，头状花序具杂性小花 ……………… 134. **蜂斗菜属 Petasites**
103. 花药颈部圆柱形，狭窄，边缘基部细胞不增大；花药室内壁细胞壁增厚，两极、分散或辐射状排列；柱头区汇合，连接或分离。
114. 叶掌状分裂或不裂。
115. 叶具掌状脉；药室内壁细胞壁增厚两极排列或散生，稀辐射状排列；总苞有时具外苞片 ………………………………………………………………………………… 135. **蒲儿根属 Sinosenecio**
115. 叶具羽状脉；药室内壁细胞壁增厚辐射状排列；总苞无外苞片 ……………… 136. **狗舌草属 Tephroseris**
114. 叶羽状分裂 ………………………………………………………………………… 137. **羽叶菊属 Nemosenecio**
102. 总苞片1层，软骨质，边缘膜质；花药基部尾状或箭状，花药颈部栏杆柱状、倒卵状或倒梨状，基部边缘细胞增大，药室内壁细胞壁增厚通常辐射状，稀分散排列；柱头区通常分离，稀汇合或连接。

116. 花药基部具尾。
117. 植株直立或近攀援；无卷缠叶柄 ………… 138. **合耳菊属 Synotis**
117. 攀援植物；叶柄基部增厚，卷缠 ………… 139. **藤菊属 Cissampelopsis**
116. 花药基部钝或箭状。
118. 总苞具外苞片。
119. 花柱分枝外弯，顶端无钻形附器。
120. 边缘雌性小花辐射状，或边缘无花。
121. 花柱分枝顶端边缘具较钝乳头状毛，中央有或无乳头状毛 ………… 140. **千里光属 Senecio**
121. 花柱分枝顶端有乳头状毛 ………… 141. **野茼蒿属 Crassocephalum**
120. 边缘雌性小花丝状 ………… 142. **菊芹属 Erechtites**
119. 花柱分枝直立，顶端有被乳头状毛的钻形附器 ………… 143. **菊三七属 Gynura**
118. 总苞无外苞片。
122. 花柱分枝顶端有短锥形附器，被短毛；头状花序有同形两性管状花 ………… 144. **一点红属 Emilia**
122. 花柱分枝顶端平截，有画笔状毛；头状花序常有舌状花 ………… 145. **瓜叶菊属 Pericallis**
2. 花药基部锐尖、戟形或尾形。
123. 花柱分枝细长，圆柱状钻形；头状花序有同形管状花。
124. 头状花序分散，有多数小花。
125. 瘦果有4-5（6）高肋，顶端平截，有五角形厚环，无冠毛 ………… 1. **都丽菊属 Ethulia**
125. 瘦果有10纵肋，或4-5棱。
126. 冠毛有多数毛，宿存，外层冠毛有时膜片状 ………… 2. **斑鸠菊属 Vernonia**
126. 冠毛有1-10易脱落或部分脱落的毛 ………… 3. **凋缨菊属 Camchaya**
124. 头状花序密集成第二次的复头状花序，各有1至少数小花；瘦果有10纵肋，冠毛1层。
127. 冠毛多数，毛上端细长，基部宽；复头状花序单生或排成伞房状 ………… 4. **地胆草属 Elephantopus**
127. 冠毛有2特长扭曲毛；复头状花序排成穗状 ………… 5. **假地胆草属 Pseudelephantopus**
123. 花柱分枝非细长钻形；头状花序无舌状花，或辐射状有舌状花。
128. 花柱先端无被毛的节；分枝顶端平截，无附器或有三角形附器。
129. 头状花序的管状花浅裂，非二唇状。
130. 冠毛通常毛状，有时无冠毛；头状花序盘状，或辐射状边缘有舌状花。
131. 雌花花冠细管状或丝状；头状花序盘状，有异形小花；雌雄同株，或有同形小花而雌雄异株或近异株；雌花花柱较花冠长。
132. 总苞片草质、干质或厚质；花托无托片，有托毛；两性花花柱分枝钝，丝状，或不分枝；草本或亚灌木。
133. 头状花序分散，不紧密结合或复头状花序。
134. 瘦果长5-6毫米；冠毛有红褐色直糙毛；头状花序单生茎端，有异形小花或同形小花，总苞片厚质 ………… 41. **葶菊属 Cavea**
134. 瘦果小；冠毛细或无冠毛；头状花序排成伞房状或圆锥状花序，有异形小花。
135. 有细毛状冠毛。
136. 总苞片窄，线状披针形或披针形；一年生或多年生草本或茎基部稍木质。
137. 花药基部有尾，结合；总苞片草质 ………… 42. **艾纳香属 Blumea**
137. 花药基部钝或有小尖头，无尾。
138. 雄蕊1-4，花药分离；总苞片草质 ………… 43. **拟艾纳香属 Blumeopsis**
138. 雄蕊5，花药结合；总苞片常硬质 ………… 44. **六棱菊属 Laggera**
136. 总苞片宽，卵圆形或披针形，干质稀膜质。

139. 总苞倒卵圆形、宽钟形或半球形；花药基部有尾；亚灌木或灌木 ························ 45. **阔苞菊属 Pluchea**
139. 总苞长圆形；花药基部有小尖头；多年生草本 ··· 46. **花花柴属 Karelinia**
135. 无冠毛；直立或铺散草本；花药有尾；总苞片干质 ·· 47. **鹅不食草属 Epaltes**
133. 头状花序球状或圆柱状复头状花序，有1至少数两性花及少数雌花。
140. 无冠毛；复头状花序单生枝顶 ··· 48. **戴星草属 Sphaeranthus**
140. 有细毛状冠毛；复头状花序无梗，疏散总状排列，或单生枝端 ························ 49. **翼茎草属 Pterocaulon**
132. 总苞片干膜质，或膜质透明，有时内层开展或辐射状；草本，通常被密绵毛，稀无毛。
141. 花托有托片；外层小花为托片包被；两性花花柱不分枝，或前端钝，有钻形分枝；头状花序通常密集成团伞状；细弱草本。
142. 无冠毛；托片褶合，基部贴着子房；植株无毛 ······································ 50. **含苞草属 Symphyllocarpus**
142. 两性花及内层雌花有1-2层毛状冠毛，外层雌花有较少冠毛或无冠毛；托片内凹，包被外层或全部雌花；植株被绵毛 ·· 51. **絮菊属 Filago**
141. 花托无托片；两性花花柱分枝顶端平截；草本或亚灌木；有毛状冠毛。
143. 两性花不结果；两性花花柱不分枝或浅裂，或有短分枝；头状花序有多层雌花和少数两性花，或仅有两性花或雌花。
144. 冠毛基部结合成环状；头状花序多少密集，伞房状排列，稀单生。
145. 雌雄异株，头状花序通常伞房状排列，外围无开展的苞叶；两性花冠毛顶部扁；总苞片干膜质 ······ ·· 52. **蝶须属 Antennaria**
145. 雌雄同株或异株，头状花序单性或有雌花及两性不育花，伞房状密集排列，稀单生；外围通常有开展的星状苞叶；两性花冠毛通常上端稍粗厚；总苞片边缘膜质 ············ 53. **火绒草属 Leontopodium**
144. 冠毛基部分离，分散脱落；头状花序伞房状稀穗状排列，有雌花和较少两性不育花或仅有两性不育花，近雌雄异株 ·· 54. **香青属 Anaphalis**
143. 两性花全部或大部结果；两性花花柱有分枝；冠毛基部分离或结合。
146. 头状花序有雌花和两性花；总苞片黄或褐色，或无色，通常不开展。
147. 雌花多层；花药基部钝或微尖；亚灌木或多年生草本 ·························· 55. **棉毛菊属 Phagnalon**
147. 雌花2至多层；花药基部有尾；草本，稀亚灌木 ································ 56. **鼠麹草属 Gnaphalium**
146. 头状花序仅有两性花，或外层兼有少数雌花；总苞片有白色或颜色显明瓣状附片，紧压或松疏，或放射状开展 ·· 57. **蜡菊属 Helichrysum**
131. 雌花花冠舌状或管状；头状花花序辐射状或盘状，有异形小花，或仅有同形两性花，雌雄同株，雌花花柱较花冠短，两性花花柱有线状分枝。
148. 花托无托片；两性花花柱分枝顶端较宽，圆形；草本或亚灌木。
149. 有冠毛。
150. 冠毛全部毛状，头状花序通常辐射状，或有时盘状而无舌状花。
151. 小花全部有冠毛，冠毛近等长，有多数细毛；瘦果有肋或无肋 ···························· 58. **旋覆花属 Inula**
151. 舌状花无冠毛或有少数冠毛，冠毛有少数或多数细毛；瘦果无肋 ·············· 59. **苇谷草属 Pentanema**
150. 冠毛2层，内层毛状，外层短，膜片状；总苞片草质；头状花序辐射状而有舌状花 ··························· ·· 60. **蚤草属 Pulicaria**
149. 无冠毛；头状花序盘状，雌花花冠管状。
152. 两性花和雌花均结果；小花极多数；瘦果有纵肋，上部喙状，有腺 ·················· 61. **天名精属 Carpesium**
152. 两性花7-18，不结果，雌花7-12个结果；瘦果纵肋不明显，下部窄，有腺 ··· 62. **和尚菜属 Adenocaulon**
148. 花托有托片；两性花花柱分枝顶端圆或平截；草本；头状花序辐射状。
153. 舌状花瘦果有3棱或翅；冠毛的膜片基部结合成冠状，顶部有时芒状；头状花序常单生 ························ ·· 63. **牛眼菊属 Buphthalmum**

153. 瘦果圆柱形，无棱；冠毛的膜片分离，有3-5芒或无芒；头状花序近伞房状排列或单生 ……………………………………………………………… 64. 山黄菊属 **Anisopappus**

130. 冠毛无；头状花序辐射状，雌花舌状，结果，两性花管状，不结果；花药基部有尾；果大，两端向内卷曲 ……………………………………………… 146. 金盏菊属 **Calendula**

129. 两性花不规则深裂或二唇形，或边缘花舌状。

154. 两性花花冠辐射对称。

155. 小乔木；头状花序聚集成放射状复头状花序，先叶开花；冠毛2层，外层稍短 … 187. 白菊木属 **Gochnatia**

155. 灌木、亚灌木或草本；头状花序单生、双生或组成疏散伞房花序或具叶大圆锥花序，稀团伞花序，后叶开花；冠毛1层，近等长 ……………………………… 188. 帚菊属 **Pertya**

154. 两性花花冠二唇形，两侧对称。

156. 头状花序同性，全为两性花或雌花和不育两性花异株。

157. 总苞片5，大小近相等；头状花序雌花和不育两性花异株 ……………… 189. 蚂蚱腿子属 **Myripnois**

157. 总苞片多数、多层，大小极不等；头状花序全为能育的两性花。

158. 草本；头状花序通常3，稀4或1，花冠无舌片；冠毛为羽状毛 ……………… 190. 兔儿风属 **Ainsliaea**

158. 小乔木；头状花序多花，边缘花花冠具舌片；冠毛为具齿糙毛 ……………… 191. 栌菊木属 **Nouelia**

156. 头状花序异性，边缘花雌性，盘花两性。

159. 头状花序外层有舌状雌花，中层有管状两性花，内层有管状雌花；瘦果有长喙 ……………………………………………………… 192. 毛大丁菊属 **Piloselloides**

159. 头状花序外层有舌状雌花，余为管状两性花，或无雌花。

160. 头状花序同形，具辐射状异形小花 ……………………………… 193. 扶郎花属 **Gerbera**

160. 头状花序异形，春型辐射状，有异形小花，秋型盘状，有同形管状花 ……… 194. 大丁菊属 **Leibnitzia**

128. 花柱先端有稍膨大被毛的节，节以上分枝或不分枝；头状花序有同形管状花，有时不结果。

161. 每头状花序有1小花；头状花序在茎端密集成球形或卵状复头状花序 ……………… 147. 蓝刺头属 **Echinops**

161. 每个头状花序有数个或多数小花；头状花序不密集成复头状花序。

162. 瘦果基底着生面，着生面平或稍偏斜。

163. 瘦果被密毛，顶端无喙。

164. 雌雄同株；头状花序全为两性小花，有发育雌蕊和雄蕊 ……………………… 148. 刺苞菊属 **Carlina**

164. 雌雄异株，或植株全部头状花序，小花均两性，有发育雌蕊和雄蕊，或整株全部头状花序小花均雌性，有退化雄蕊 ……………………………………… 149. 苍术属 **Atractylodes**

163. 瘦果无毛，顶端多少有齿状喙。

165. 头状花序同型，小花均两性。

166. 花丝无毛或有微小乳突，稀有腺点。

167. 花托有稠密托毛或托片，托毛和托片宿存，稀无托片（风毛菊属一些种）。

168. 花托有稠密托片。

169. 冠毛刚毛边缘锯齿状、糙毛状或短羽毛状，常有2-4超长冠毛刚毛。

170. 头状花序非棉球状，总苞不被棉毛；冠毛中常有2-4超长刚毛 …………… 150. 苓菊属 **Jurinea**

170. 头状花序棉球状，总苞被稠密膨松长棉毛；冠毛中无超长刚毛 …… 151. 球菊属 **Bolocephalus**

169. 冠毛刚毛长羽毛状或内层冠毛刚毛为长羽毛状。

171. 冠毛多层，同型，全部冠毛刚毛长羽毛状，基部不连合成环，固结于瘦果。

172. 花药无弯曲细柔毛 ……………………………………………… 150. 苓菊属 **Jurinea**

172. 花药有弯曲易脱落细柔毛 ……………………………………… 152. 毛蕊菊属 **Pilostemon**

171. 冠毛2层，异型，外层冠毛刚毛极短，糙毛状，分散脱落，内层冠毛刚毛长，长羽毛状，基部连合成环，整体脱落 ……………………………………… 153. 风毛菊属 **Saussurea**

168. 花托有稠密或稀疏托毛。
173. 冠毛刚毛锯齿状、糙毛状或短羽毛状，或外层冠毛锯齿状。
174. 冠毛刚毛同型，全部冠毛刚毛毛状，边缘锯齿状、糙毛状或短羽状。
175. 全部冠毛基部不连合成环，易分散脱落。
176. 总苞片顶端无钩刺亦无透明膜质附属物。
177. 冠毛刚毛糙毛状，近等长 …………………………………………………… 154. **刺头菊属 Cousinia**
177. 冠毛刚毛短羽毛状，向顶端渐长 ……………………………………… 155. **虎头蓟属 Schmalhausenia**
176. 总苞片顶端有钩刺或透明膜质附属物。
178. 总苞片顶端有钩刺 ………………………………………………………………… 156. **牛蒡属 Arctium**
178. 总苞片顶端有透明膜质附属物 …………………………………………… 157. **顶羽菊属 Acroptilon**
175. 全部冠毛刚毛基部连合成环，整体脱落。
179. 总苞片顶端及边缘无膜质附属物。
180. 无茎莲座状草本；小花花冠黄色，花柱分枝极短；冠毛刚毛等长；小花黄色 ………………………
………………………………………………………………………………… 158. **黄缨菊属 Xanthopappus**
180. 有茎草本；小花花冠紫或白色，花柱分枝细枝；冠毛刚毛不等长，向内层渐长；小花紫或蓝色
………………………………………………………………………………………………… 159. **猬菊属 Olgaea**
179. 总苞片顶端及边缘有膜质附属物 ………………………………………… 160. **翅膜菊属 Alfredia**
174. 冠毛异型，外层毛状，边缘锯齿状，内层窄膜片状 ………………… 161. **疆菊属 Syreitschikovia**
173. 冠毛刚毛长羽毛状或外层冠毛刚毛长羽毛状。
181. 冠毛多层，同型，全部冠毛刚毛羽毛状；总苞片顶端无鸡冠状附属物。
182. 花托肉质；栽培植物 ……………………………………………………………… 162. **菜蓟属 Cynara**
182. 花托非肉质；野生植物。
183. 瘦果扁，无纵肋 ………………………………………………………………… 163. **蓟属 Cirsium**
183. 瘦果不扁，有3-4突起纵肋 ……………………………………………… 164. **肋果蓟属 Ancathia**
181. 冠毛2层，异型，外层冠毛刚毛长羽毛状，内层3-9个膜片状；总苞片顶端有紫红色鸡冠状突起附属物 …………………………………………………………………………… 165. **泥胡菜属 Hemistepta**
167. 花托蜂窝状，窝缘有易脱落硬膜质突起。
184. 冠毛刚毛糙毛状。
185. 冠毛中有1(2-3)超长冠毛刚毛；茎有翼 ……………………………… 166. **大翅蓟属 Onopordum**
185. 冠毛中无超长冠毛刚毛；多年生莲座状草本，如植株有茎，则无茎翼 …………… 167. **川木香属 Dolomiaea**
184. 冠毛刚毛羽毛状。
186. 高大草本，茎有翼；冠毛刚毛不等长，有1超长冠毛刚毛 ……………… 166. **大翅蓟属 Onopordum**
186. 无茎莲座状草本；冠毛刚毛等长，无超长冠毛刚毛 ………………… 168. **重羽菊属 Diplazoptilon**
166. 花丝有毛或有稠密乳突，或有乳突状毛。
187. 全部冠毛刚毛边缘锯齿状或糙毛状或外层冠毛刚毛糙毛状。
188. 花丝分离；叶无白色花斑。
189. 冠毛同型，全部冠毛刚毛刚毛状，向内层渐长，最内层最长 ……………………… 169. **飞廉属 Carduus**
189. 冠毛异型，外层冠毛毛状，内层冠毛膜片状，极短 ……………………… 170. **寡毛菊属 Oligochaeta**
188. 花丝上部分离，下部粘合；叶有白色花斑 ………………………………… 171. **水飞蓟属 Silybum**
187. 全部冠毛刚毛长羽毛状。
190. 总苞片多层，外层无刺齿；冠毛多层，全部羽毛状；雌雄同株 ………………… 163. **蓟属 Cirsium**
190. 总苞片3-4层，外层革质，具刺齿；冠毛1层，糙毛状；雌雄异株，两性花不结果 ……………………
……………………………………………………………………………… 172. **革苞菊属 Turgarinovia**

165. 头状花序异型，边缘小花无性，无雄蕊亦无雌蕊，中央花盘两性，有发育的雌雄蕊；瘦果有毛 …… 173. **半毛菊属 Crupina**

162. 瘦果侧生着生面。

191. 头状花序同型，全部小花两性。

192. 花丝无毛或有乳突毛。

193. 全部冠毛刚毛状，边缘锯齿状或糙毛状；头状花序不为外层苞叶所包；瘦果有冠毛。

194. 冠毛基部不连合成环，不脱落或分散脱落。

195. 瘦果顶端有缘；总苞片顶端无附属物。

196. 花冠及瘦果无毛 ………………………………………………………… 174. **麻花头属 Serratula**

196. 花冠及瘦果有白色柔毛 …………………………………………………… 175. **纹苞菊属 Russovia**

195. 瘦果顶端圆，无缘；内层总苞片顶端有透明膜质附属物 ……………… 176. **斜果菊属 Plagiobasis**

194. 冠毛基部连合成环，整体脱落。

197. 总苞片顶端渐尖，无附属物；花药基部附属结合成管，包花丝 ……………… 177. **山牛蒡属 Synurus**

197. 总苞片顶端圆，有浅褐色膜质附属物；花药基部附属物箭形，结合包围花丝分离 ……………………………………………………………………………………………… 178. **漏芦属 Stemmacantha**

193. 全部冠毛刚毛膜片状或无冠毛；头状花序为外层苞叶所包 ……………………… 179. **红花属 Carthamus**

192. 花丝有毛或有乳突毛。

198. 冠毛刚毛膜片状或无冠毛；总苞非针芒状；头状花序为外层苞叶所包 ………… 179. **红花属 Carthamus**

198. 冠毛刚毛毛状，边缘锯齿状、糙毛状或短羽毛状；总苞片极窄，针芒状，宽1毫米；头状花序不为外层苞叶所包 ……………………………………………………………… 180. **针苞菊属 Tricholepis**

191. 头状花序异型，边花雌性，雄蕊发育不全，或边花无性，无雄蕊亦无雌蕊，中央盘花两性。

199. 花丝无毛或有乳突毛。

200. 冠毛刚毛同型，或全部冠毛刚毛毛状，边缘锯齿状或糙毛状，或全部冠毛刚毛膜片状，或瘦果无冠毛。

201. 全部冠毛刚毛毛状，边缘锯齿状或糙毛状，或无冠毛。

202. 头状花序显露，外层无苞叶。

203. 瘦果顶端平截，有缘；花冠无毛。

204. 瘦果有冠毛，冠毛刚毛多层，向内层渐长，最内层最长 …………………… 174. **麻花头属 Serratula**

204. 冠毛多层，2列，内层冠毛最短，或无冠毛 ……………………………… 183. **矢车菊属 Centaurea**

203. 瘦果顶端圆，无缘；花冠有白色柔毛 ……………………………………… 176. **斜果菊属 Plagiobasis**

202. 头状花序不显露，为外层苞叶所包 ………………………………………… 181. **藏掖花属 Cnicus**

201. 全部冠毛刚毛膜片状 ……………………………………………………………… 182. **珀菊属 Amberboa**

200. 冠毛刚毛异型，外列冠毛刚毛多层，毛状，边缘锯齿状、糙毛状或短羽毛状，内列冠毛刚毛1层，膜片状。

205. 外层冠毛刚毛锯齿状或糙毛状；茎无翼。

206. 头状花序显露，不为上部茎叶所包 ……………………………………… 183. **矢车菊属 Centaurea**

206. 头状花序不显露，为上部茎叶所包 ……………………………………… 184. **白刺菊属 Schischkinia**

205. 外列冠毛刚毛为羽毛状；茎有翼 ………………………………………… 185. **薄鳞菊属 Chartolepis**

199. 花丝有乳突毛或有柔毛。

207. 花丝有乳突毛 ……………………………………………………………… 183. **矢车菊属 Centaurea**

207. 花丝有柔毛 ………………………………………………………………… 186. **琉苞菊属 Hyalea**

1. 头状花序全为舌状花；舌片顶端5齿裂；花柱分枝细长线形，无附器；叶互生；植株通常有乳汁。

208. 冠毛刚毛膜片状或短单毛状，或无冠毛。

209. 冠毛刚毛膜片状；舌状小花蓝色 ………………………………………… 195. **菊苣属 Cichorium**

209. 无冠毛或冠毛刚毛单毛状，如为后者则内层总苞片果期坚硬包外层瘦果或瘦果异形。

210. 总苞片果期不坚硬，无冠毛，或冠毛刚毛单毛状。
211. 瘦果同型，椭圆状披针形或线形，无冠毛。
212. 瘦果椭圆状披针形，扁，每面有12-20纵肋，顶端两侧各有1下垂长钩刺 ……………… 220. **稻槎菜属 Lapsana**
212. 瘦果线状圆柱形，蝎尾状内弯，背面有多数针刺，顶端有针刺，针刺放射状排列 … 196. **蝎尾菊属 Koelpinia**
211. 瘦果异型，外层菱形，边缘宽厚翅状，顶端凸尖或近喙状，无冠毛，内层倒金字塔状，顶端平截收窄成长喙，喙顶有冠毛，果体上部有鳞状或瘤状突起 ……………… 236. **异喙菊属 Heteracia**
210. 内层总苞片果期坚硬，内弯，包外层瘦果；冠毛刚毛单毛状，短 ……………… 202. **小疮菊属 Garhadiolus**
208. 冠毛刚毛羽毛状、单毛状或糙毛状。
213. 冠毛刚毛羽毛状。
214. 总苞片多层或2层。
215. 花托无托毛。
216. 冠毛刚毛羽枝不交错；瘦果有横皱纹；植株通常被锚状刺毛 ……………… 201. **毛连菜属 Picris**
216. 冠毛刚毛羽枝交错；瘦果无横皱纹；植株无锚状刺毛。
217. 总苞片多层，向内层渐长；冠毛刚毛白或褐色 ……………… 197. **鸦葱属Scorzonera**
217. 总苞片2层，近等长；冠毛刚毛鼠灰色 ……………… 198. **鼠毛菊属 Epilasia**
215. 花托有膜片状托毛，托毛长于瘦果 ……………… 200. **猫儿菊属 Hypochaeris**
214. 总苞片1层 ……………… 199. **婆罗门参属 Tragopogon**
213. 冠毛刚毛单毛状或糙毛状。
218. 瘦果至少上部有瘤状或鳞片状突起。
219. 多分枝草本，茎枝有叶；头状花序1-3着生枝端；喙基不增粗 ……………… 234. **粉苞菊属 Chondrilla**
219. 葶状草本，全部叶根生；头状花序单生花葶；喙基增粗 ……………… 235. **蒲公英属 Taraxacum**
218. 瘦果无瘤状或鳞片状突起。
220. 冠毛刚毛柔软、纤细，密集；头状花序具80枚以上舌状小花 ……………… 203. **苦苣菜属 Sonchus**
220. 冠毛刚毛细而坚挺；头状花序具少数舌状小花，稀50枚小花。
221. 瘦果异形；外层瘦果椭圆形，褐或灰色，有10尖纵肋，有横皱纹及微齿，顶端三角状渐尖成细喙；内层瘦果三角状圆柱形，黄色，有6钝纵肋，无横皱纹及微齿，顶端渐尖成细喙 ……………… 237. **假小喙菊属 Paramicrorhynchus**
221. 瘦果同型。
222. 瘦果顶端无喙（假福王草属Paraprenanthes瘦果具极短喙状物）。
223. 冠毛同型，单毛状或糙毛状。
224. 头状花序具7枚以上舌状小花。
225. 瘦果灰色，边缘加宽加厚成厚翅 ……………… 204. **山莴苣属 Lagedium**
225. 瘦果非灰色，边缘非厚翅状。
226. 舌状小花黄色。
227. 肉质植物；叶紫红色 ……………… 219. **肉菊属 Stebbinsia**
227. 非肉质植物；叶绿色。
228. 总苞片覆瓦状排列，向内渐长或全部总苞片近等长。
229. 瘦果具不等形纵肋；花柱分枝稍扁 ……………… 206. **厚喙菊属 Dubyaea**
229. 瘦果有等形纵肋；花柱分枝圆柱形 ……………… 207. **山柳菊属 Hieracium**
228. 总苞片非覆瓦状排列，外层及最外层最短，内层及最内层最长。
230. 冠毛5-7层；植株等2叉式分枝 ……………… 210. **河西菊属 Hexinia**
230. 冠毛2-3层；植株不等2叉式分枝。
231. 瘦果顶端收缢。

232. 瘦果圆柱形或纺锤形，具等形纵肋 …………………………………………………… 208. **还阳参属 Crepis**
232. 瘦果扁，具不等形纵肋 …………………………………………………………………… 209. **黄鹌菜属 Youngia**
231. 瘦果顶端不收缢。
233. 头状花序具20枚以上舌状小花；瘦果每面具10条以上纵肋 ……………………… 222. **耳菊属 Nabalus**
233. 头状花序具20枚以下舌状小花；瘦果每面有10纵肋。
234. 小亚灌木 ……………………………………………………………………… 211. **假还阳参属 Crepidiastrum**
234. 草本。
235. 瘦果有10纵肋 ……………………………………………………………… 211. **假还阳参属 Crepidiastrum**
235. 瘦果有4-6纵肋 ……………………………………………………………………… 212. **栓果菊属 Launaea**
226. 舌状小花紫红或蓝色。
236. 葶状草本或近葶状草本；叶几基生，革质或草质。
237. 舌状花紫红色，舌片5齿裂 ……………………………………………………………… 213. **花佩菊属 Faberia**
237. 舌状花蓝色，舌片3全裂，中央裂片宽，3齿裂，两侧裂各有1个全裂至基部线形侧裂片 ………………………………………………………………………………………………… 214. **假花佩菊属 Faberiopsis**
236. 草本或草质藤本。
238. 草本。
239. 总苞片覆瓦状排列 …………………………………………………………………… 206. **厚喙菊属 Dubyaea**
239. 总苞片非覆瓦状排列，外层及最外层最小，内层及最内层最长 …… 215. **假福王草属 Paraprenanthes**
238. 草质藤本 …………………………………………………………………………… 216. **福王草属 Prenanthes**
224. 头状花序具5-7舌状小花。
240. 舌状小花黄色。
241. 头状花序密集成团伞花序或长圆柱状花序。
242. 瘦果微扁，有17-30细肋 ………………………………………………………… 217. **绢毛苣属 Soroseris**
242. 瘦果扁，每面有1-2细脉纹 …………………………………………………… 218. **合头菊属 Syncalathium**
241. 头状花序在茎枝顶端排列成伞房花序 ……………………………………………… 206. **厚喙菊属 Dubyaea**
240. 舌状小花紫红或白色。
243. 瘦果圆柱状，有4-5棱 …………………………………………………………… 216. **福王草属 Prenanthes**
243. 瘦果倒披针形或倒卵形，扁。
244. 高大草本；头状花序在茎枝顶端排成伞房花序、伞房状圆锥花序或圆锥花序；瘦果每面有多条纵肋 ………………………………………………………………………………………………… 221. **紫菊属 Notoseris**
244. 低矮草本；头状花序密集成复头状花序，生于基生叶的莲座状叶丛中；瘦果每面有1-2细纵脉纹 ………………………………………………………………………………………………… 218. **合头菊属 Syncalathium**
223. 冠毛异形，外层极短，糙毛状，内层长，单毛状 …………………………………… 223. **岩参属 Cicerbita**
222. 瘦果顶端有喙。
245. 冠毛同形，毛状。
246. 头状花序具5枚以上舌状小花；草本。
247. 舌状小花黄色。
248. 头状花序果期卵圆形；总苞片厚；瘦果边缘加宽成厚翅 ……………………… 224. **翅果菊属 Pterocypsela**
248. 头状花序果期非卵圆形；总苞片薄；瘦果边缘不加宽成厚翅。
249. 瘦果顶端骤尖成细丝状喙。
250. 喙长于或等于或极少短于瘦果 ……………………………………………………… 225. **莴苣属 Lactuca**
250. 喙短于瘦果。
251. 瘦果有10条尖翅肋 …………………………………………………………………… 227. **苦荬菜属 Ixeris**

251. 瘦果有9-12条钝纵肋 …………………………………………………… 228. 小苦荬属 **Ixeridium**
249. 瘦果顶端骤尖成粗喙。
252. 匍匐草本；叶3-5掌状浅裂或深裂 ………………………………………… 229. 沙苦荬属 **Chorisis**
252. 直立草本；叶非掌状分裂 ………………………………………………… 230. 黄瓜菜属 **Paraixeris**
247. 舌状小花紫红或蓝紫色。
253. 果喙非细丝状，稀细丝状 …………………………………………………… 205. 乳苣属 **Mulgedium**
253. 果喙细丝状 …………………………………………………………………… 225. 莴苣属 **Lactuca**
246. 头状花序具5枚舌状小花；小亚灌木 ……………………………………………… 226. 雀苣属 **Scariola**
245. 冠毛异形，外层极短，糙毛状或退化，无或几无外层短冠毛。
254. 瘦果边缘加宽加厚成厚翅或厚肋状。
255. 头状花序具多数舌状小花；瘦果顶端渐窄成长细喙 ……………………… 231. 毛鳞菊属 **Chaetoseris**
255. 头状花序具3-5舌状小花 ………………………………………………… 232. 细莴苣属 **Stenoseris**
254. 瘦果边缘非厚翅或厚肋状 ……………………………………………… 233. 头嘴菊属 **Cephalorrhynchus**

1. 都丽菊属 **Ethulia** Linn.

（陈艺林 靳淑英）

直立草本。叶互生，具锯齿或全缘，羽状脉。头状花序小，有多数同形花，排成疏伞房花序；总苞钟状或半球形；总苞片多层，覆瓦状排列，近叶质，具干膜质边缘，外层较短；花托平或稍凸起，无托毛。花两性；花冠管状、淡紫或淡红色，管部细，檐部钟状，上端5齿裂；花药顶端稍尖，基部有钝或圆形耳；花柱分枝丝状，顶端钻形，被微毛。瘦果倒塔形，具4-5（6）高起肋，肋间有腺点，顶端平截，具五角形厚质环，无冠毛。

约10种，分布于非洲、马达加斯加和亚洲热带地区。我国1种。

都丽菊 图 186

Ethulia conyzoides Linn. Sp. Pl. 836. 1753.

一年生草本。茎坚硬，直立，高达1米，绿色或下部紫色，被柔毛或近无毛，上部有分枝。叶较密集，基部叶花期凋落，中部叶长圆形或长圆状披针形，长5-9厘米，宽1.5-2.5厘米，先端渐尖或尖，基部楔状渐窄成短柄，具小锯齿，侧脉7-8对，两面有腺点，上部及花序下部的叶较小，具浅锯齿或近全缘。头状花序小，通常在叶腋或枝顶排成疏伞房花序；花序梗密被锈色柔毛；总苞半球形，径5-7毫米，总苞片4-5层，卵形或长圆状披针形，外层及中层背面被锈色柔毛及腺点，内层无毛，具腺点；花多数，花冠管状，淡紫色，有腺点，裂片5，披针形。瘦果近倒锥形，有4-5肋，肋间有棕黄色腺点，顶端平截，有五角形厚质环，无冠毛。花期4-5月。

图 186 都丽菊（王金凤绘）

产云南南部及台湾，生于海拔600-1400米池塘或稻田边。印度、中南半岛及非洲热带地区有分布。

2. 斑鸠菊属 **Vernonia** Schreb.

（陈艺林 靳淑英）

草本，灌木或乔木，有时藤本。叶互生，稀对生，具柄或无柄，不下延，全缘或具齿，羽状脉，稀具近基3出脉，两面或下面常具腺。头状花序排成圆锥状、伞房状或总状，或数个密集成球状，稀单生，具同型两性花，花全结实；总苞钟状，长圆状圆柱形、卵形或近球形；总苞片多层，覆瓦状，草质，或具草质或膜质有色附属物，向外渐短，常具腺；花托平；花冠管状，常具腺，管部细，檐部钟状或钟状漏斗状，具5裂片；花药顶端尖，基部箭形或钝，具小耳；花柱分枝细，钻形，顶端稍尖，被微毛。瘦果圆柱状或陀螺状，具棱，或具肋，顶端平截，基部常具胼胝质，常具腺体；冠毛2层，稀1层，内层细长，糙毛状，外层极短，刚毛状或鳞片状，或无冠毛。

约1000种，分布于美洲、亚洲和非洲热带和温带地区。我国27种。

1. 头状花序小，具2–12花，稀1花，排成宽圆锥花序或伞房状圆锥花序，内层总苞片钝，果时时常脱落；冠毛刚毛状，外层短，多数、少数或无。
 2. 小乔木或灌木。
  3. 小乔木或灌木；枝被黄褐或褐色绒毛。
   4. 总苞杯状或半球形，径3–4毫米，总苞片钝或圆钝；叶基部近圆或稍心形，叶柄细长，基部不扩大。
    5. 头状花序具5–6花，总苞径2–3毫米，总苞片背面上部和边缘被柔毛，稀近无毛；瘦果近三角形，具8–10肋，被短毛和腺体；叶近革质，全缘，无毛或仅下面沿脉被疏毛 ………………… 1. **树斑鸠菊 V. arborea**
    5. 头状花序约具10花，总苞径4–5毫米，总苞片背面密被绒毛；瘦果具4–5棱，无毛；叶纸质，具波状或疏钝齿，上面被硬毛，下面被绒毛 ……………………………………………… 2. **茄叶斑鸠菊 V. solanifolia**
   4. 总苞圆柱状窄钟形，径5–6毫米，总苞片淡褐色或上端紫色，先端渐尖；叶柄基部鞘状；瘦果长3–4毫米，具10肋，肋间具腺体或多少被微毛 ……………………………………………… 3. **大叶斑鸠菊 V. volkameriifolia**
  3. 灌木，稀小乔木；枝被灰或灰褐色密绒毛。
   6. 头状花序径6–8毫米，具8–12花，总苞近球形或半球形，径4–6毫米，基部圆，总苞片先端钝或圆，背面被白色绢毛；瘦果长3.5–4毫米，腹面具3肋，无毛；叶膜质或薄纸质 ………… 4. **南川斑鸠菊 V. bockiana**
   6. 头状花序径2–3毫米，具5–6花，总苞倒锥状，径2–3毫米，基部尖，总苞片多数，先端尖，背面及边缘被疏灰色柔毛；瘦果稍具棱，被疏微毛，具腺；叶硬纸质 ……………………… 4(附). **斑鸠菊 V. esculenta**
 2. 攀援灌木；枝密被红褐色柔毛，无腺体；叶卵形或长圆形，侧脉7–8对，叶柄长0.5–1厘米；头状花序径0.7–1.2厘米，具10花；花序梗长达1.5厘米；瘦果具10肋，无腺 ……………………… 5. **林生斑鸠菊 V. sylvatica**
1. 头状花序较小或中等大，多花，多数成伞房状圆锥花序或聚伞状伞房花序，或少数或单生。
 7. 瘦果具10肋或条纹，稀7–8肋。
  8. 冠毛刚毛状，外层短，多数或极多数；总苞片钝、尖、芒状或刺尖，稀具短附属物。
   9. 攀援灌木或藤本。
    10. 头状花序较多数或数个排成顶生或腋生圆锥花序；花托被锈色柔毛；冠毛红或红褐色；叶纸质；枝被锈褐或灰褐色绒毛。
     11. 叶卵状长圆形、长圆状椭圆形或长卵状披针形，侧脉5–7对，下面被锈色柔毛；头状花序径0.8–1厘米，具18–21花；瘦果长4–4.5毫米 ……………………………………… 6. **毒根斑鸠菊 V. cumingiana**
     11. 叶长圆形或长圆状披针形，侧脉7–9对，下面密被灰绿或灰褐色绒毛；头状花序径1–1.5厘米，约10花；瘦果长3–3.5厘米 ……………………………………………… 6(附). **台湾斑鸠菊 V. gratiosa**
    10. 头状花序通常3–5个排成具叶小圆锥花序或单生叶腋排成总状，花托无毛；冠毛淡黄褐色；叶革质或近革质；枝被疏柔毛或无毛。
     12. 头状花序径7–8毫米，3–5个排成小圆锥花序；花淡紫色；瘦果长3–3.5毫米，具10肋，被开展短毛及腺体；叶近革质，椭圆形或卵状椭圆形，全缘 ……………………………… 7. **喜斑鸠菊 V. blanda**
     12. 头状花序径达2厘米，单生叶腋，总状排列；花白色；瘦果长7–9毫米，7–8肋，无毛；叶革质，倒卵状长圆形或椭圆状长圆形，边缘常反卷，上部具疏细齿 ……………………… 7(附). **广西斑鸠菊 V. chingiana**

9. 多年生直立草本。

13. 头状花序6-8排成顶生伞房状花序，径5-8毫米，具6-12花；瘦果无毛，肋间具腺体；冠毛淡白色，1层易脱落 ……………………………………………………………………………… 8. **柳叶斑鸠菊 V. saligna**

13. 头状花序少数，2-3（-5）个排成圆锥状伞房花序或疏伞房状花序，稀单生上部叶腋，径0.8-1.5厘米，具15-30花；瘦果被毛及腺，冠毛污白或红色，外层脱落或宿存。

14. 茎被糙毛；头状花序径1-1.5厘米，近无花序梗；总苞片具骤窄短渐尖头；叶倒披针形或倒卵状披针形，具尖锯齿，两面被糙毛 ……………………………………………………… 9. **糙叶斑鸠菊 V. aspera**

14. 茎被柔毛或贴生短毛；头状花序径6-8（-10）毫米，具15-20花，具长0.7-1.5厘米花序梗，总苞片尖或渐尖；叶长圆形、长圆状披针形、倒卵形或倒卵状椭圆形，近无毛或仅下面沿脉被柔毛。

15. 总苞倒锥状；总苞片近干膜质具小尖头，边缘被柔毛；瘦果被开展长柔毛；叶近革质，常密集花枝下部，倒卵形或倒卵状椭圆形，上部叶线形或线状披针形，具细齿 ………… 10. **狭长斑鸠菊 V. attenuata**

15. 总苞半球形，总苞片先端尖，背面被蛛丝状柔毛和腺；瘦果被硬毛；叶纸质，疏生，长圆形或长圆状披针形，上部具疏锯齿 ……………………………………………… 10(附). **岗斑鸠菊 V. clivorum**

8. 外层冠毛刚毛状，少数或极少数或无；总苞片钝、尖或刺尖。

16. 头状花序小，多数排成多分枝伞房状花序，具8-10花，总苞圆柱形，径4-5毫米，总苞片卵形或长圆形，背面及边缘多少被短柔毛或近无毛；花冠被腺状微柔毛；瘦果被柔毛和腺体；叶薄质或近膜质，边缘具小尖锯齿，上面被贴生短毛，下面被柔毛；灌木或亚灌木 ……………………… 11. **展枝斑鸠菊 V. extensa**

16. 头状花序中等大或较大，少数排成伞房状圆锥花序，或单生，具多花，总苞片多层，先端尖，常具明显或近具色的刺尖。

17. 一年生或多年生草本；花冠淡红紫色；叶脉羽状。

18. 一年生草本，被疏糙毛和无柄腺毛；叶薄纸质；头状花序径1.2-1.5厘米，花序梗粗，上部常扩大，总苞宽钟状，总苞片卵形或长圆形，先端尖，被密柔毛；瘦果被柔毛，无腺 ……………………………………………………………………………………… 12. **南漳斑鸠菊 V. nantcianensis**

18. 多年生坚硬草本，被锈褐色柔毛或贴毛；叶硬纸质；头状花序径1.5-2.5厘米；总苞倒锥状或近球形，总苞片钻形或线形，先端具长硬尖头或硬刺尖，被蛛丝状毛。

19. 头状花序径1.5-2厘米；花序梗长3-9厘米，上部常具1-2小叶；总苞片（除内层外）先端具长3-5毫 米硬尖，常反折；瘦果被贴短毛及腺；叶椭圆状倒卵形或长圆状披针形 … 13. **折苞斑鸠菊 V. spirei**

19. 头状花序径2-2.5厘米，无或具短花序梗，总苞倒锥状，总苞片钻形或长圆状披针形，先端具硬刺尖，不反折；瘦果密被绢毛及腺；叶倒卵形或卵状披针形 ………………… 13(附). **刺苞斑鸠菊 V. squarrosa**

17. 直立灌木；茎被白或灰白色绒毛；花冠金黄色；头状花序单生茎端，径达2厘米，总苞片革质，长于花盘，无毛或外层有时被蛛丝状绵毛；瘦果长约3毫米，密被绢状长柔毛；叶柄长1-1.5厘米，叶具近基3出脉 ………………………………………………………………………… 14. **滇西斑鸠菊 V. forrestii**

7. 瘦果具4-5肋，或无肋；总苞片尖或芒状渐尖。

20. 瘦果无肋，稀具不明显肋，多少扁，密被白色柔毛和腺点，冠毛2层，外层多数，短，宿存；头状花序径6-8毫米，多数或较多数排成伞房状圆锥花序，具19-23花；茎生叶菱状卵形、菱状长圆形或卵形 ……………………………………………………………………………………………… 15. **夜香牛 V. cinerea**

20. 瘦果具4-5肋，无毛，具腺，冠毛1层，刚毛状，脱落；头状花序2-3生于枝端或成对着生，径0.8-1厘米；茎叶疏生，卵形、卵状椭圆形，稀近圆形 ……………………………………… 16. **咸虾花 V. patula**

1. 树斑鸠菊 图 187 : 1-7

Vernonia arborea Buch.-Ham. in Trans. Linn. Soc. 14: 218. 1825.

小乔木或灌木。枝被密黄褐色绒毛或脱毛。叶近革质，卵形、椭圆状卵形或长圆形，长8-25厘米，先端渐尖，基部钝圆或窄，全缘，侧脉8-12

对，上面无毛，下面或沿脉被黄褐色柔毛或无毛，有腺点；叶柄长1-3厘米，被密柔毛。头状花序在顶端或上部叶腋排成宽复伞房状圆锥花序，花序梗短；总苞杯状，径2-3毫米，总苞片约5层，卵形或卵状长圆形，背面上部和边缘被密柔毛，稀近无毛，外层极短，卵形。花5-6，淡紫或白色，全结实，花冠管状，裂片尖，被微毛。瘦果扁，近三角形，具8-10肋，被短毛和腺体；冠毛污白色，1层或近2层。花果期8-11月。

产云南东南部及广西南部，生于海拔800-1200米山谷、山坡或疏林中。印度、尼泊尔、斯里兰卡、越南、老挝、泰国、印度尼西亚及马来西亚有分布。

图 187：1-7. 树斑鸠菊 8-10. 广西斑鸠菊（吴彰桦绘）

2. 茄叶斑鸠菊 图 188

Vernonia solanifolia Benth. in London. Journ. Bot. 1: 486. 1842.

直立灌木或小乔木。枝开展或攀援，被黄褐或淡黄色密绒毛。叶卵形或卵状长圆形，长6-16厘米，基部圆、近心形或平截，全缘，浅波状或具疏钝齿，侧脉7-9对，上面被疏贴生硬毛，后多少脱落，有腺点，下面被淡黄色密绒毛，叶柄长1-2.5厘米，被密绒毛。头状花序径5-6毫米，在枝顶排成具叶复伞房花序，花序梗密被绒毛；总苞半球形，径4-5毫米，总苞片4-5层，卵形、椭圆形或长圆形，长2-6毫米，背面被淡黄色绒毛；花有香气，花冠管状，粉红或淡紫色，管部细，檐部窄钟状，具5线状披针形裂片，外面有腺，顶端常有白色微毛。瘦果具4-5棱，无毛；冠毛淡黄色，2层，外层极短，内层糙毛状。花期11月至翌年4月。

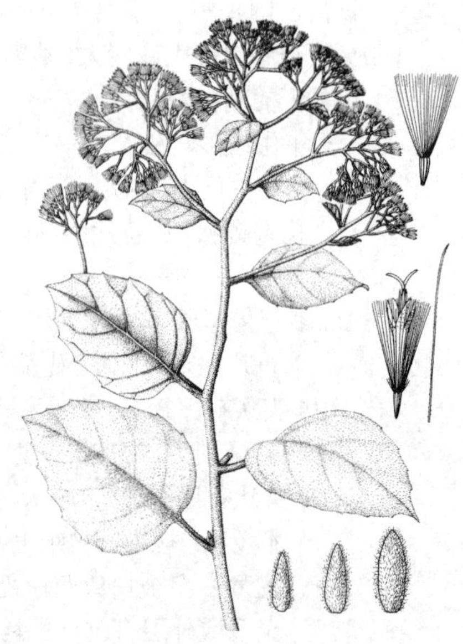

图 188 茄叶斑鸠菊（王金凤绘）

产福建、广东、海南、广西、云南东南部及南部，生于海拔500-1000米山谷疏林中，或攀援于乔木上。全草入药，治腹痛、肠炎、痧气等症。

3. 大叶斑鸠菊 图 189

Vernonia volkameriifolia Wall. ex DC. Prodr. 5: 32. 1836.

小乔木。枝被淡黄褐色绒毛。叶倒卵形或倒卵状楔形，稀长圆状倒披针形，长15-40厘米，基部渐窄，边缘深波状或具疏粗齿，稀近全缘，侧脉12-17对，上面叶脉无毛或中脉被疏柔毛，下面沿脉被柔毛，具腺点，叶柄长1-1.8厘米，基部鞘状，密被绒毛。头状花序径5-8毫米，在枝顶端成无叶复圆锥花序，花序轴被黄褐色密绒毛；总苞圆柱状窄钟形，径5-6毫米，总苞片约5层，淡褐色或上端紫色，卵形或卵状长圆形，渐尖，长3-6毫米，外层短而钝，内层稍尖，背面及边缘被柔毛或后脱毛。花淡红或淡红紫色，花冠管状，管部短，檐部窄钟形，无毛，上端有5线状披针形裂片，裂片先端外面有腺。瘦果长圆状圆柱形，长3-4毫米，具10肋，肋间具腺或多少被微毛；冠毛淡白或污白色，外层短，内层糙毛状。花期10月至翌年4月。

产贵州西南部、广西西北部、云南西部及西南部、西藏东南部，生于海拔800-1600米山谷灌丛或林中。印度、尼泊尔、锡金、不丹、缅甸、泰国、老挝及越南有分布。

图 189 大叶斑鸠菊（引自《图鉴》）

4. 南川斑鸠菊 图 190:1-8 彩片 38

Vernonia bockiana Diels in Engl. Bot. Jahrb. 29: 608. 1900.

Vernonia esculenta auct. non Hemsl.: 中国高等植物图鉴 4: 406. 1975.

灌木或小乔木。枝被灰或淡黄色密绒毛；叶膜质或薄纸质，长圆状披针形或长圆状椭圆形，稀卵状披针形，长(8)12-22厘米，先端渐尖，有时具小尖头，基部楔尖，边缘波状或近全缘，侧脉10-13对，上面具乳头状突起，下面被灰色柔毛和银白色腺点；叶柄长1.2-2.5厘米，密被灰或淡黄褐色绒毛。头状花序径6-8毫米，具8-12花，在枝端或上部叶腋成疏复伞房花序，花序梗被灰色绒毛；总苞近球形或半球形，径4-6毫米，总苞片5层，革质，卵状长圆形或长圆状倒卵形，稀匙形，先端钝，具暗褐或紫红色增厚小尖，背面被白色绢毛，外层短，内层长；花淡红紫色，花冠管状，具腺，向上部稍扩大，裂片线状披针形，顶端外面具腺。瘦果近圆柱形，淡黄褐色，长3.5-4毫米，腹面具3肋，近无毛，具腺；冠毛白色，外层短，内层糙毛状。花期7-11月。

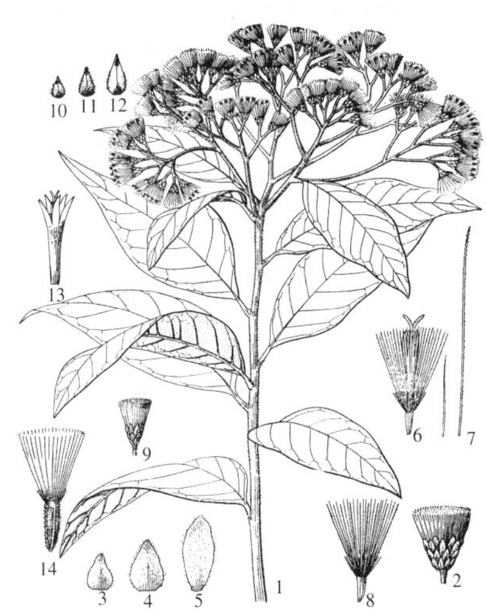

图 190：1-8. 南川斑鸠菊 9-14. 斑鸠菊（王金凤绘）

产四川、贵州北部及云南东南部，生于海拔500-1300米山坡开旷处、灌丛或林缘。

[附] **斑鸠菊** 图 190:9-14 **Vernonia esculenta** Hemsl. in Journ. Linn. Soc. Bot. 23: 401. 1888. 本种与南川斑鸠菊的区别：头状花序小，具5-6花，总苞倒锥状，径2-3毫米，基部尖；总苞片少数，约4层，卵形或卵状长圆形，先端尖，背面及边缘被灰色柔毛；瘦果稍具棱，被疏微毛，具腺；叶硬纸质。产四川西部及西南部、云南、贵州西南部、广西西部，生于海拔1000-2700米山坡阳处、草坡灌丛、山谷疏林中或林缘。

图 191 林生斑鸠菊（引自《中国植物志》）

5. 林生斑鸠菊 图 191

Vernonia sylvatica Dunn in Journ. Linn. Soc. Bot. 35: 501. 1903.

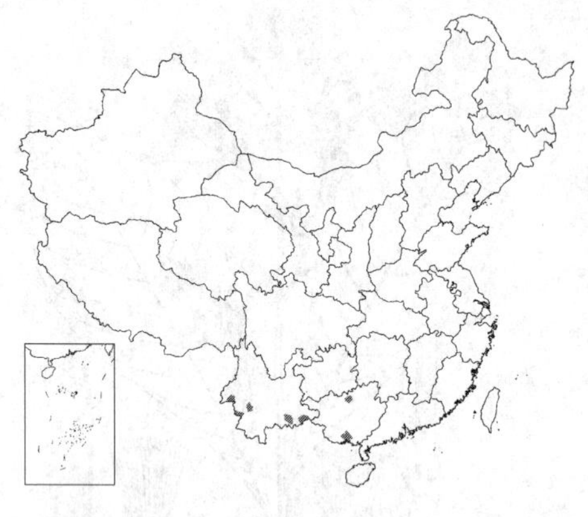

攀援灌木。枝密被红褐色柔毛。叶纸质，卵形或长圆形，长6-13厘米，基部斜圆，全缘或具波状小齿，侧脉7-8对，两面沿脉被红褐色密柔毛，余无毛而有下陷腺点；叶柄长0.5-1厘米，被密红褐色柔毛。头状花序径0.7-1.2厘米，在枝顶端排成宽圆锥花序，具10花；花序梗长达1.5厘米，具1-2卵状披针形小苞片；总苞半球形，长3-5毫米，总苞片约4层，卵形或卵状披针形，背面被褐色密柔毛，外层短，卵形。花紫或粉紫色，全部结实，花冠管状，长约7毫米，裂片披针形，具腺点。瘦果圆柱形，具10肋，无腺，无毛或上部被疏微毛；冠毛白色，2层，极短，内层糙毛状。花果期9月至翌年3月。

产云南东南部及西南部、广西南部及北部，生于海拔550-1900米山谷疏林或路边灌丛中。

6. 毒根斑鸠菊 图 192：1-7

Vernonia cumingiana Benth. in Journ. Bot. 4: 232. 1825.

Vernonia andersonii auct. non Clarke: 中国高等植物图鉴 4: 403. 1983.

攀援灌木或藤本。枝被锈色或灰褐色密绒毛。叶厚纸质，卵状长圆形、长圆状椭圆形或长圆状披针形，长7-21厘米，全缘，稀具疏浅齿，侧脉5-7对，上面中脉和侧脉被毛，余近无毛，下面被锈色柔毛，两面有树脂状腺；叶柄长0.5-1.5厘米，密被锈色绒毛。头状花序径0.8-1厘米，具18-21花，在枝端或上部叶腋成疏圆锥花序，花序梗常具1-2线形小苞片，密被锈色或灰褐色绒毛和腺；总苞卵状球形或钟状，径0.8-1厘米，总苞片5层，卵形或长圆形，背面被锈色或黄褐色绒毛，外层短，内层长圆形，长6-7毫米。花淡红或淡红紫色，花冠管状，具腺，裂片线状披针形。瘦果近圆柱形，长4-4.5毫米，被柔毛；冠毛红或红褐色，外层易脱落，内层糙毛状。花期10月至翌年4月。

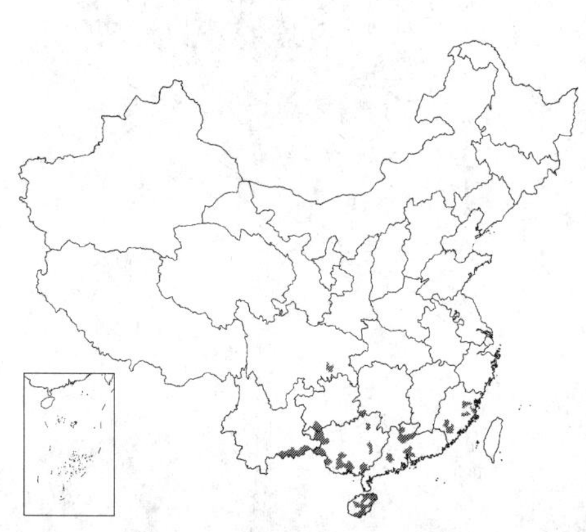

产云南南部及东南部、四川东南部、贵州西南部、湖南西南部、广西、海南、广东及福建，生于海拔300-1500米河边、溪边、山谷阴处灌丛或疏林中，泰国、越南、老挝及柬埔寨有分布。

[附] **台湾斑鸠菊** 图 192：8-13 **Vernonia gratiosa** Hance in Journ. Bot. 20: 290. 1882.本种与毒根斑鸠菊的区别：叶长圆形或披针状长圆形，侧脉7-9对，下面密被灰绿或灰褐色绒毛；头状花序径1-1.5厘米，具10花；瘦果长3-3.5毫米；冠毛污褐或红褐色。花期8月至翌年2月。产台湾、福建及贵州，生于山坡林缘。

图 192：1-7. 毒根斑鸠菊 8-13. 台湾斑鸠菊 （王金凤绘）

7. 喜斑鸠菊 图 193

Vernonia blanda Wall. ex DC. Prodr. 5: 32. 1836.

藤本。枝被褐色柔毛及腺点，稀近无毛。叶近革质，椭圆形或卵状椭圆形，稀卵状长圆形，长4.5-12厘米，全缘，侧脉4-5对，上面无毛，下面除中脉和侧脉外无毛，具腺点；叶柄被柔毛。头状花序3-5在叶腋和枝端排成具叶的小圆锥花序，稀单生上部叶腋，径7-8毫米，具20-50花，花序梗被密褐色柔毛，常具1线状披针形小苞片；总苞窄钟状，径5-7毫米，总苞片5-6层，黄绿色，卵形或长圆状披针形，边缘及顶端被缘毛，外层长约2毫米，内层长7-8毫米。花淡紫色，檐部漏斗状，上部具5披针形裂片，外面具腺点。瘦果近圆柱形，长3-3.5毫米，具10肋，被开展短柔毛和腺点；冠毛1层，淡红色。花期9月至翌年2月。

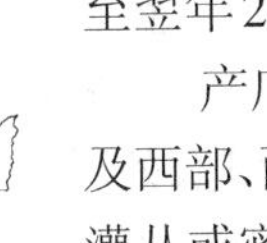

产广西西南部、云南南部及西部、西藏东南部，生于山坡灌丛或密林中。印度、缅甸、越南、老挝、泰国及马来西亚有分布。

[附] **广西斑鸠菊** 图187：8-10 **Vernonia chingiana** Hand.-Mazz. in Sinensia 7：622. 1936. 本种与喜斑鸠菊的区别：头状花序径达2厘米，排成总状，总苞宽钟形，长1.2-1.5厘米，径1.5-2厘米；花白色，芳香；瘦果长7-9毫米，具7-8肋，无毛；叶倒卵状长圆形或长椭圆状长圆形，边缘常反卷，上部具疏细齿。产广西及贵州，生于海拔400-600米石山疏林、岩缝中或山坡灌丛中。叶可治小儿惊风，烂疮。

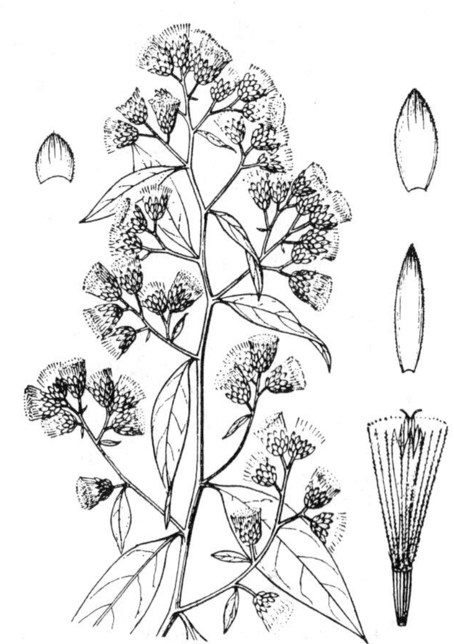

图193 喜斑鸠菊（张泰利绘）

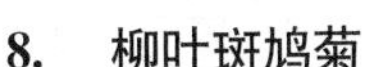

8.　柳叶斑鸠菊　图 194

Vernonia saligna Wall. ex DC. Prodr. 5: 33. 1836.

多年生坚硬草本。茎基部木质，直立，分枝劲直，被贴生疏柔毛或近无毛，具腺。叶硬纸质，椭圆状长圆形或倒披针形，长5-18厘米，有疏锯齿，侧脉7-8对，两面被糙毛和腺点；叶近无柄。头状花序径5-8毫米，6-8个在侧枝顶端或上部叶腋排成具叶伞房花序，具6-12花；花序梗被密柔毛和腺；总苞窄钟状，长5-7毫米，径约6毫米，总苞片4-5层，干膜质，卵形或长圆形，长1.5-6毫米，全部或上部红紫色，背面被疏绒毛状缘毛，或近无毛。花淡红紫色。瘦果长圆形，无毛，肋间具腺体；冠毛淡白色，1层，糙毛状，易脱落。花期9月至翌年2月。

产云南、贵州南部、广西、广东中南部、福建南部及湖北西部，生于海拔500-1600（-2100）米开旷山坡灌丛中或疏林下。印度、尼泊尔、孟加拉、缅甸、越南及泰国有分布。叶治高烧，根可催产堕胎，全草治疟疾。

图 194　柳叶斑鸠菊（王金凤绘）

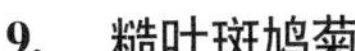

9.　糙叶斑鸠菊　图 195　彩片 39

Vernonia aspera (Roxb.) Buch.-Ham. in Trans. Linn. Soc. 14: 219. 1824.

Eupatorium asperum Roxb. Fl. Ind. ed. 2, 3: 415. 1832.

多年生草本，高达2米。茎坚硬，直立，稀分枝，被淡黄褐色糙毛，或下部近无毛。叶厚纸质，倒披针形或倒卵状披针形，稀椭圆形，长5-12厘米，有尖锯齿，下部近全缘，侧脉7-10对，上面被乳突状糙毛，下面密被糙毛，两面有腺点；叶近无柄。头状花序径1-1.5厘米，约30花，通常3-5在枝端或上部叶腋密集成顶生圆锥状伞房花序，近无花序梗；总苞钟状，径达1.5厘米，总苞片5-6层，卵形，

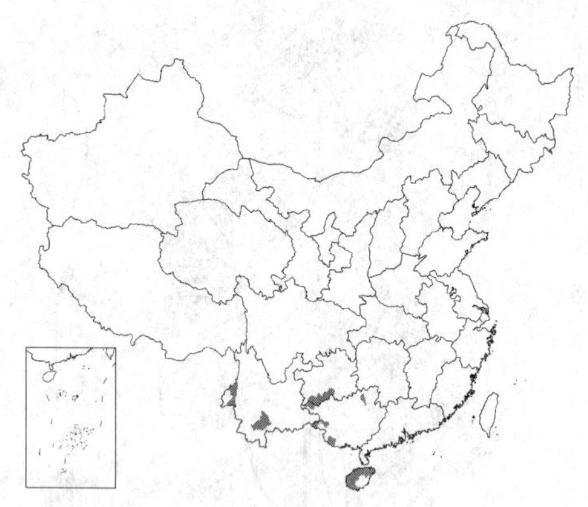

长圆形或线形，长0.3-1.2厘米，先端紫红色，具红褐色硬小尖，背面被疏柔毛或脱毛；花淡红紫。瘦果长圆状圆柱形，被柔毛；冠毛污白或后红色，外层极短，内层糙毛状。花期10月至翌年3月。

产云南西部及南部、贵州西南部、广西、海南，生于开旷山坡草地或路旁。印度、缅甸、越南、老挝及泰国有分布。

图 195 糙叶斑鸠菊（王金凤绘）

10. 狭长斑鸠菊 图 196：1-7

Vernonia attenuata Wall. ex DC. Prodr. 5: 33. 1836.

多年生草本。茎基部木质，不分枝，或上部有花枝，绿色，被贴生柔毛和腺体。叶常密集花枝下部，近革质，下部叶倒卵形或倒卵状椭圆形，稀倒卵状长圆形，长7-14厘米，具有小尖头疏细齿，上部叶少数，线形或线状披针形，长3.5-12厘米，具疏细齿或近全缘，叶上面无毛，下面仅沿脉被疏短柔毛，具下陷腺点；叶柄长2-5毫米，被密柔毛。头状花序3-5在顶端排成疏伞房状或单生上部叶腋，径1-1.2厘米，具15-20花；花序梗长0.7-1.5（2）厘米，被淡黄色密柔毛和腺，基部具线形小苞片；总苞倒锥状，径约8毫米；总苞片6层，长圆形或线形，绿色或上端红紫色，先端近干膜质，具小尖头，边缘及顶端被淡黄色柔毛，背面近无毛，外层钻形，内层长约8毫米，无毛，具窄干膜质边缘；花淡红紫色。瘦果近圆柱形，被长柔毛和腺点；冠毛白色，2层。花期10月至翌年2月。

产云南，生于海拔600-1100米山谷灌丛或疏林中。印度东部、锡金及缅甸有分布。

[附] **岗斑鸠菊 Vernonia clivorum** Hance in Journ. Bot. 7: 164. 1869. 本种与狭长斑鸠菊的区别：叶纸质，在茎上疏生，长圆形或长圆状披针形，上部具疏锯齿；头状花序排成疏散圆锥伞房状；总苞半球形，总苞片先端尖，背面被蛛丝状柔毛和腺；瘦果密被硬毛及褐色腺点。产广东及云南，生于山谷旷野或湖边灌丛中。缅甸有分布。

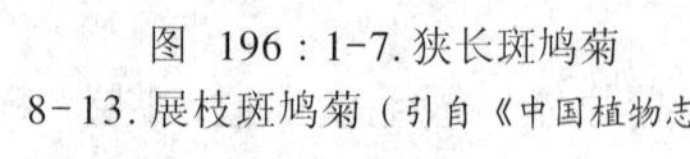

图 196：1-7. 狭长斑鸠菊 8-13. 展枝斑鸠菊（引自《中国植物志》）

11. 展枝斑鸠菊 图 196：8-13

Vernonia extensa Wall. ex DC. Prodr. 5: 33. 1836.

灌木或亚灌木。小枝和花序均被淡黄褐色密柔毛和腺；叶薄质或近膜质，长圆形或长圆状披针形，长9-23厘米，基部长楔状渐窄，具小尖锯齿，侧脉9-10对，上面暗绿色，被贴生糙毛或后脱毛，下面被淡黄色柔毛，具腺点；叶柄长0.5-1厘米，被密柔毛。头状花序径4-5毫米，具8-10花，在枝端或上部叶腋排成多分枝伞房花序；花序梗常具1-2线形小

苞片，密被淡黄色柔毛和腺；总苞圆柱状，径4-5毫米；总苞片约5层，卵状长圆形或长圆形，黄绿色或上端红紫色，背面及边缘被柔毛或近无毛，先端常具腺，外层极短，内层线状长圆形，宽1-1.5毫米；花白或淡红色，被腺状微柔毛。瘦果长圆状圆柱形，被柔毛和腺点；冠毛淡红色。花期10月至翌年3月。

产云南及贵州西南部，生于海拔1200-2100米山坡路旁、山谷疏林或沟边灌丛中。尼泊尔、锡金及不丹有分布。

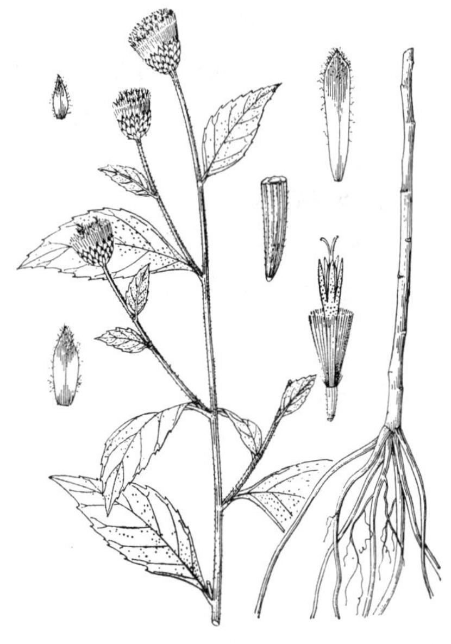

图 197 南漳斑鸠菊（王金凤绘）

12. 南漳斑鸠菊 图 197

Vernonia nantcianensis (Pamp.) Hand.-Mazz. in Notizbl. Bot. Gart. Berl.-Dahl. 13: 608. 1937.

Vernonia bracteata Wall. ex DC. var. *nantcianensis* Pamp. in Nouv. Giorn. Bot. Ital. n. s. 18: 98. 1911.

一年生草本。上部分枝，被疏糙毛和无柄腺毛。叶薄纸质，卵形或披针状椭圆形，长3-10厘米，先端渐尖，基部楔状成长0.5-1.5厘米叶柄，边缘中部或中部以上有疏锯齿，侧脉5-7对，上面被疏贴生糙毛，下面沿叶脉被柔毛和腺点。头状花序在枝端或叶腋单生，径1.2-1.5厘米；花序梗粗，上部常扩大，被密柔毛和腺毛；总苞宽钟状，径1.2-1.5厘米；总苞片5-6层，卵形或卵状长圆形，下部绿色，上部及边缘紫红色，先端背面被密柔毛；花全部结实，花冠管状，粉紫色。瘦果圆柱形，暗褐色，被柔毛；冠毛淡黄褐色，2层，外层刚毛状，易脱落，内层糙毛状。花果期8-10月。

产湖北、湖南北部及四川，生于海拔700-1950米山谷、山坡或林缘。

13. 折苞斑鸠菊 图 198：1-7

Vernonia spirei Gandog. in Bull. Soc. Bot. France 54: 194. 1907.

多年生草本。茎坚硬，被锈褐色柔毛。叶厚纸质，椭圆状倒卵形或长圆状披针形，稀倒披针形，长5-12厘米，宽2.5-4厘米，具疏细锯齿或锯齿，上面被基部疣状硬毛，下面或沿脉被柔毛和银白色腺点；叶柄长3-5毫米，被密柔毛。头状花序径1.5-2厘米，常单生枝顶和上部叶腋成总状；花序梗长3-9厘米，密被锈褐色柔毛，上部常具1-2小叶；总苞圆锥状或

图 198：1-7. 折苞斑鸠菊 8-13. 刺苞斑鸠菊（王金凤绘）

近球形，径1.5-2厘米；总苞片约6层，先端具长3-5毫米反折硬尖，背面及边缘被黄或淡黄褐色蛛丝毛状长柔毛，内层线形，长1-1.2厘米，顶端红紫色。花淡红紫色，花冠管状，具5线状披针形裂片，先端具腺。瘦果长圆状圆柱形，被贴毛及腺点；冠毛淡黄褐色，外层短，内层糙毛状。花期9-11月。

产云南、贵州西南部、广西东部及西部，生于海拔1000-2400米山坡草地、灌丛中或林缘。

[附] **刺苞斑鸠菊** 图 198：8-13 **Vernonia squarrosa** (D. Don) Less. in Einnaea 4: 627. 1831.—— *Acilepis squarrosa* D. Don, Prodr. Fl. Nepal. 169. 1825. 本种与折苞斑鸠菊的区别：头状花序径2-2.5厘米，无或具短花序梗；总苞倒锥形，总苞片钻形或长圆状披针形，先端具硬刺尖不反折；瘦果密被绢毛和腺；叶倒卵形或倒卵状披针形。产云南中部至东南部，生于海拔1200-1800米山坡。印度、尼泊尔、锡金、不丹、缅甸、泰国、越南及柬埔寨有分布。

14. 滇西斑鸠菊 图 199

Vernonia forrestii Anthony in Notes Roy. Bot. Gard. Edinb. 18: 35. 1933.

直立灌木。茎被白或灰白色绒毛，兼有多数黄色无柄腺体。叶纸质，卵形，长4-5厘米，先端渐尖，基部宽楔形或近圆，全缘，下面或沿脉被灰白色柔毛，两面具黄色无柄腺体；叶柄长1-1.5厘米。头状花序径达2厘米，常单生枝顶；总苞钟形，长于花盘，总苞片5-6层，革质，披针形，长1.5厘米，无毛，外层总苞片短，有时被蛛丝状棉毛。花芳香，金黄色，全部结实，花冠管状，长0.8-1厘米，外面有腺，裂片线状披针形。瘦果倒锥形，密被绢毛状长柔毛；冠毛白色，2层，外层短，少数，内层糙毛状。

产云南西北部及四川西南部。

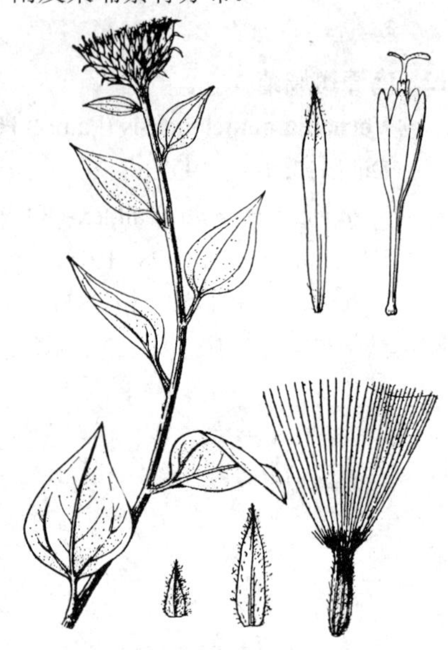

图 199 滇西斑鸠菊 （路桂兰绘）

15. 夜香牛 图 200

Vernonia cinerea (Linn.) Less. in Linnaea 4: 291. 1829.

Conyza cinerea Linn. Sp. Pl. 862. 1753.

一年生或多年生草本。茎上部分枝，被灰色贴生柔毛，具腺。下部和中部叶具柄，菱状卵形、菱状长圆形或卵形，长3-6.5厘米，基部窄楔状成具翅柄，疏生具小尖头锯齿或波状，侧脉3-4对，上面被疏毛，下面沿脉被灰白或淡黄色柔毛，两面均有腺点；叶柄长1-2厘米；上部叶窄长圆状披针形或线形，近无柄。头状花序径6-8毫米，具19-23花，多数在枝端成伞房状圆锥花序；花序梗细长，具线形小苞片或无苞片，被密柔毛；总苞钟状，径6-8毫

图 200 夜香牛 （引自《图鉴》）

米；总苞片4层，绿色或近紫色，背面被柔毛和腺，外层线形，长1.5-2毫米，中层线形，内层线状披针形，先端刺尖。花淡红紫色。瘦果圆柱形，无肋，被密白色柔毛和腺点；冠毛白色，2层，外层多数而短，宿存。花期全年。

产浙江、福建、台湾、江西、湖北东南部、湖南、广东、海南、广西、贵州、云南及四川，生于山坡旷野、荒地、田边或路旁。印度至中南半岛、日本、印度尼西亚及非洲有分布。全草入药，有疏风散热，拔毒消肿，安神镇静，消积化滞之功效。

16. 咸虾花 图 201

Vernonia patula (Dryand.) Merr. in Philipp. Journ. Sci. Bot. 3: 439. 1908.

Conyza patula Dryand. in Ait. Hort. Kew 3: 184. 1789.

一年生粗壮草本。茎多分枝，被灰色柔毛，具腺。基部和下部叶花期凋落，中部叶具柄，卵形、卵状椭圆形，稀近圆形，长2-9厘米，基部渐窄成叶柄，具圆齿状小尖浅齿，波状，或近全缘，侧脉4-5对，上面被疏毛或近无毛，下面被灰色绢状柔毛，具腺点；叶柄长1-2厘米。头状花序2-3生于枝顶，或排成分枝宽圆锥状或伞房状；径0.8-1厘米；花序梗密被绢状长柔毛，无苞片；总苞扁球状，径0.8-1厘米，总苞片4-5层，绿色，披针形，向外渐短，最外层近刺尖，背面绿色或多少紫色，边缘杆黄色，近革质，被绢状柔毛，兼有腺体，中层和内层窄长圆状披针形，先端具短刺尖。花淡红紫色，花冠裂片线状披针形，外面被疏微毛和腺。瘦果近圆柱状，具4-5肋，通常无毛，具腺点；冠毛白色，1层，刚毛状，脱落。花期7月至翌年5月。

产福建、台湾、广东南部、海南、广西、湖南西部、贵州东南部及云南东南部，生于荒坡旷野、田边或路旁。印度、中南半岛、菲律宾及印度尼西亚有分布。全草药用，发表散寒，清热止泻。

图 201 咸虾花（王金凤绘）

3. 凋缨菊属 Camchaya Gagnep.

（陈艺林 靳淑英）

一年生直立草本。叶互生，具柄，边缘波状或具锯齿，羽状脉。头状花序有多数同形两性花，单生枝顶或上部叶腋，稀成伞房状；总苞钟状或半球形，总苞片多层，覆瓦状，草质，外层较短；花托平，中央具圆形窝孔，无托毛。花紫或淡紫色，花冠管部细，檐部具5个三角形或线状披针形裂片，外面常有腺毛；花药顶端三角形，尖，基部具钝耳；花柱分枝线形，顶端渐尖，被微毛。瘦果倒卵圆形或长圆状卵圆形，稍扁，顶端圆，无毛，具10纵肋；冠毛有1-10个易脱落或部分脱落的毛，或无冠毛。

约4种，分布于中南半岛。我国1种。

凋缨菊 图 202

Camchaya loloana Kerr. in Bull. Misc. Inform. 327. 1935.

一年生草本。茎上部分枝，茎枝被贴生毛和疏腺毛。叶纸质，下部叶披针形，长5-6厘米，先端短尖或渐尖，基部渐窄成短柄，边缘波状或具

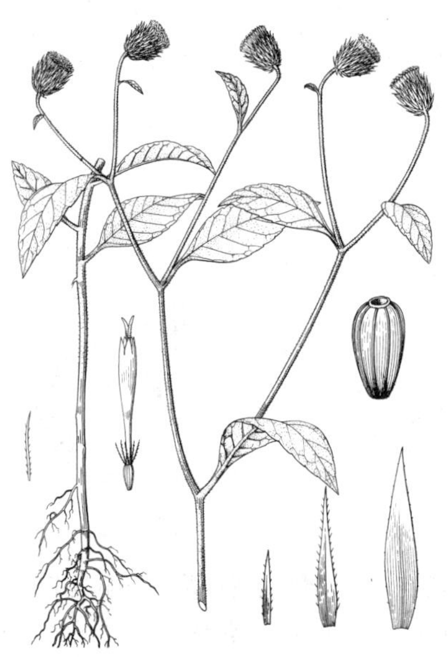

图 202 凋缨菊（王金凤绘）

钝浅齿，侧脉7-9对，两面被白色贴生疏硬毛和腺点，上部叶较小，卵形，先端钝，基部圆。头状花序单生枝端或上部叶腋，径达1厘米；花序梗密被贴生毛；总苞半球形，总苞片多层，外层披针形，边缘被睫毛，背面被贴生硬毛和腺点，长3-7毫米，最内层长圆状披针形，长约8毫米，边缘有短睫毛，背面被疏毛和腺点。花紫色。瘦果倒卵圆形，无毛；冠毛极少数，易脱落。

产云南，生于山谷灌丛、林缘或疏林中。泰国及越南有分布。

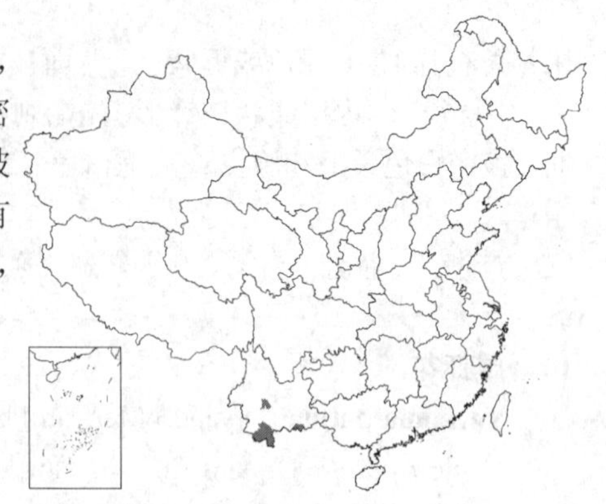

4. 地胆草属 Elephantopus Linn.

（陈艺林 靳淑英）

多年生坚硬草本，被柔毛。叶互生，无柄或具短柄，全缘或具锯齿，稀羽状浅裂，羽状脉。头状花序多数成球形复头状花序，复头状花序基部被数个叶状苞片所包，花序梗坚硬，在枝顶单生或排成伞房状，具数花；总苞圆柱形或长圆形，稍扁，总苞片2层，覆瓦状，交互对生，长圆形，先端尖或具小刺尖，外层4个较短；花托小，无毛。花两性，同形，结实；花冠管状，檐部漏斗状，5裂，通常一侧深裂；花药顶端短尖，基部短箭形，具钝耳；花柱分枝丝状，被微毛，顶端钻形。瘦果长圆形，顶端平截，10肋，被柔毛；冠毛1层，具5硬刚毛，基部宽，上端细长。

约30余种，大部产美洲，少数种分布热带非洲、亚洲及大洋洲。我国2种。

1. 茎多少二歧分枝，被贴生长硬毛；叶大部基生，基生叶花期生存，匙形或倒披针状匙形，茎生叶少而；花淡紫或淡红色 …………………………………………………… 1. **地胆草 E. scaber**
1. 茎多分枝，被开展长柔毛；叶散生，基生叶花期常凋萎，茎生叶长圆状倒卵形或椭圆形；花白色 …………………………………………………… 2. **白花地胆草 E. tomentosus**

1. **地胆草** 苦地胆 图 203

Elephantopus scaber Linn. Sp. Pl. 814. 1753.

多年生草本。根茎平卧或斜升。茎高20-60厘米，多少二歧分枝，密被白色贴生长硬毛；基生叶花期生存，莲座状，匙形或倒披针状匙形，长5-18厘米，基部渐窄成宽短柄，具圆齿状锯齿；茎叶少而小，倒披针形或长圆状披针形，向上渐小，叶上面被疏长糙毛，下面密被长硬毛和腺点。头状花序在枝端束生成球状复头状花序，基部被3个叶状苞片所近包；苞片绿色，草质，宽卵形或长圆状卵形，长1-1.5厘米，被长糙毛和腺点；总苞窄，长0.8-1厘米，总苞片绿色或上端紫红色，长圆状披针形，先端具刺尖，被糙毛和腺点，外层长4-5毫米，内层长约1厘米。花淡紫或粉红色。瘦果长圆状线形，被柔毛；冠毛污白色，具5（6）刚毛。花期7-11月。

图 203 地胆草（引自《中国植物志》）

产浙江、福建、台湾、江西、湖南、广东、海南、广西、贵州及云南，生于开旷山坡、路旁或山谷林缘。美洲、亚洲、非洲热带地区广泛分布。全草入药，有清热解毒、消肿利尿之功效。

2. 白花地胆草 图 204:1-4

Elephantopus tomentosus Linn. Sp. Pl. 814. 1753.

多年生草本。茎多分枝，被白色开展长柔毛，具腺点。叶散生茎上，基生叶花期常凋萎，下部叶长圆状倒卵形，长8-20厘米，先端尖，基部渐窄成具翅柄，上部叶椭圆形或长圆状倒卵形，长7-8厘米，近无柄，最上部叶极小，叶均有小尖锯齿，稀近全缘，上面被柔毛，下面被密长柔毛和腺点。总苞长圆形，长0.8-1厘米，总苞片绿色，或顶端紫红色，外层4，披针状长圆形，长4-5毫米，近无毛，内层4，椭圆状长圆形，长7-8毫米，被疏贴毛和腺点。花冠白色，漏斗状。瘦果长圆状线形，被柔毛；冠毛污白色，具5刚毛。花期8月至翌年5月。

产福建、台湾、广东沿海地区、香港、海南、广西及贵州东南部，生于山坡旷野或灌丛中。热带地区有分布。

图 204:1-4. 白花地胆草 5-6. 假地胆草
（张泰利绘）

5. 假地胆草属 Pseudelephantopus Rohr.

（陈艺林 靳淑英）

多年生草本。茎直立，稍坚硬。叶互生，最下部叶密集呈莲座状，近无柄，羽状脉。头状花序1-6束生于茎上部叶腋，密集成球状，无花序梗，具4花；总苞长圆形，总苞片紧贴，4层，每层各有1对，交叉着生，覆瓦状，最外2层较短；花托小，无毛。花两性，结实，花冠管状，5浅裂，裂片上半部掌状开展，花期转向头状花序边缘；花药顶端短，稍钝，基部具钝小耳；花柱分枝纤细，丝状，被毛，顶端尖。瘦果线状长圆形，扁平，具10肋，被毛；冠毛5-15，不等长，刚毛状，其中2条极长且顶端常扭曲。

约2种，分布于热带美洲和非洲。我国引入栽培1种，已野化。

假地胆草 图 204:5-6

Pseudelephantopus spicatus (Juss. ex Aublet) Gleason in N. Am. Fl. 33: 109. 1922.

Elephantopus spicatus Juss. ex Aublet, Pl. Guiana 2: 808. 1775.

多年生草本。茎直立，有分枝，被疏硬毛或近无毛。叶近无柄，全缘或具疏锯齿，侧脉8-11对，上面被疏糙毛或近无毛，具腺点，下面脉被糙毛，具密腺点，下部叶长圆状倒卵形或长圆状匙形，长7-20厘米，上部叶长圆状披针形，长2.5-11.5厘米。头状花序球状，束生于茎枝上端叶腋，成顶生穗状排列；总苞长圆形，长1-1.2厘米，总苞片椭圆状长圆形，长1厘米，暗绿色，具腺点。花冠近管状，白色。瘦果线状长圆形，被密绒毛，肋间有腺点。

原产美洲热带及非洲。台湾及广东有栽培，已野化，生于草地。

6. 下田菊属 Adenostemma J. R. et G. Forst.

（陈艺林 靳淑英）

一年生草本，全株被腺毛或无毛。叶对生，3出脉，有锯齿。头状花序在假轴分枝顶端排成伞房状或伞房状圆锥花序；总苞钟状或半球形，总苞片草质，2层，近等长，分离或全长结合；花托扁平，无托毛。花两性；花冠白色，管状，辐射对称，管部短，檐部钟状，顶端5齿裂；花药顶端平截，无附片，基部近平截；花柱分枝细长，扁平，顶端钝，无附片。瘦果顶端钝圆，3-5棱，有腺点或乳突；冠毛毛状，3-5，坚硬，棒锤状，果期分叉，基部结合成短环状。

约20种，主要分布于热带美洲。我国1种2变种。

1. 叶长圆状披针形，基部楔形，边缘有圆锯齿 …………………………………………………………… **下田菊 A. lavenia**

1. 叶卵形或宽卵形，基部心形或圆，边缘有缺刻状或大齿锯齿或重锯齿 … (附). **宽叶下田菊 A. lavenia** var. **latifolium**

下田菊 图 205

Adenostemma lavenia (Linn.) Kuntze, Rev. Gen. Pl. 304. 1891.

Verbesina lavenia Linn. Sp. Pl. 902. 1735.

一年生草本。茎单生，坚硬，上部叉状分枝，被白色柔毛，下部或中部以下无毛。全株叶稀疏；中部茎生叶长椭圆状披针形，长4-12厘米，基部楔形，叶柄有窄翼，长0.5-4厘米，边缘有圆锯齿，叶两面疏生柔毛或脱毛；上部和下部的叶渐小，叶柄短。花序分枝粗，花序梗长0.8-3厘米，被灰白或锈色柔毛；总苞半球形，径6-8毫米，总苞片2层，窄长椭圆形，近膜质，绿色，外层苞片大部合生，外面疏被白色长柔毛，基部毛较密。花冠下部被粘质腺毛，被柔毛。瘦果倒披针形，被腺点，熟时黑褐色；冠毛4，棒状，顶端有棕黄色粘质腺体。花果期8-10月。

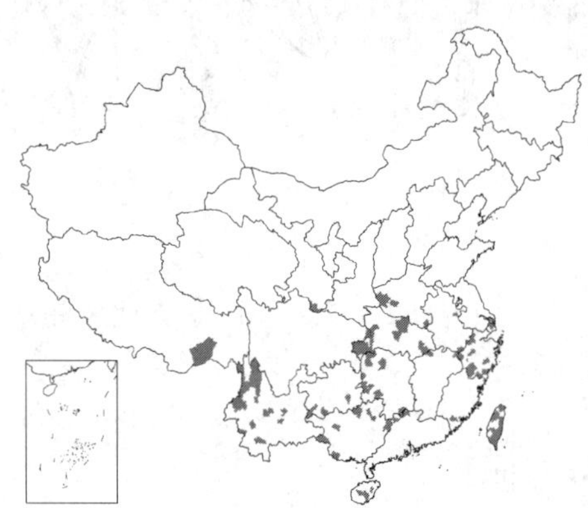

产河南、安徽、江苏南部、浙江、福建、台湾、江西北部、湖北、湖南、广东北部及南部、香港、海南、广西、贵州、云南、西藏东南部、四川东部及甘肃南部，生于海拔460-2000米水边、路旁、柳林沼泽地、林下或山坡灌丛中。印度、中南半岛、菲律宾、日本琉球群岛、朝鲜半岛及澳大利亚有分布。

[附] **宽叶下田菊 Adenostemma lavenia** var. **latifolium** (D. Don.) Hand.-Mazz. Symb. Sin. 7: 1086. 1939.—— *Adenostemma latifolium* D. Don. Prodr. Fl. Nep. 181. 1826. 与模式变种的区别：叶卵形或宽卵形，基部心形或圆，边缘有缺刻状或大齿锯齿或重锯齿。产福建、台湾、江西、广东、广西、湖南、湖北、四川、云南及西藏，生于海拔500-2300米林下、林缘、河边湿地、水旁或灌丛中。日本、朝鲜半岛、印度及中南半岛有分布。

图 205 下田菊 （钱存源绘）

7. 藿香蓟属 **Ageratum** Linn.

（陈艺林 靳淑英）

一年生或多年生草本或灌木。叶对生或上部叶互生。头状花序小，同型，有多数小花，在茎枝顶端排成紧密伞房状花序，稀成疏散圆锥花序；总苞钟状，总苞片2-3层，线形，草质，不等长；花托平或稍突起，无托片或有尾状托片。花管状，檐部有5裂齿；花药基部钝，顶端有附片；花柱分枝长，顶端钝。瘦果有5纵棱；冠毛膜片状或鳞片状，5个，尖或长芒状渐尖，分离或合成短冠状；或冠毛鳞片10-20个，狭窄，不等长。

约30余种，主产中美洲。我国引入2种。

1. 叶基部心形或平截；总苞片窄披针形，长渐尖，全缘，背面被腺质柔毛 …………………… **熊耳草 A. houstonianum**

1. 叶基部钝或宽楔形；总苞片长圆形或披针状长圆形，先端尖，边缘栉齿状、縫状或缘毛状撕裂，背面无毛无腺点 ………………………………………………………………………………… (附). **藿香蓟 A. conyzoides**

熊耳草 图 206

Ageratum houstonianum Mill. Gard, Dict. ed. 8. 1768.

一年生草本。茎不分枝，或下部茎枝平卧而节生不定根。茎枝被白色绒毛或薄绵毛，茎枝上部及腋生小枝毛密。叶对生或上部叶近互生，卵形或三角状卵形，中部茎叶长2-6厘米，或长宽相等；叶柄长0.7-3厘米，边缘有规则圆锯齿，先端圆或尖，基部心形或平截，两面被白色柔毛，上部叶的叶柄、腋生幼枝及幼枝叶的叶柄被白色长绒毛。头状花序在茎枝顶端排成伞房或复伞房花序；花序梗被密柔毛或尘状柔毛；总苞钟状，径6-7毫米，总苞片2层，窄披针形，长4-5毫米，全缘，外面被腺质柔毛。花冠淡紫色，5裂，裂片外被柔毛。瘦果熟时黑色；冠毛膜片状，5个，膜片长圆形或披针形，顶端芒状长渐尖。花果期全年。

原产墨西哥及毗邻地区。黑龙江、山东、江苏、福建、广东、海南、广西、云南及四川均有栽培或已野化。全草药用，有清热解毒之效。

[附] **藿香蓟 Ageratum conyzoides** Linn. Sp. Pl. 839. 1753. 本种与熊耳草的区别：叶基部钝或宽楔形；总苞片长圆形或披针状长圆形，背面无毛无腺点，先端尖，边缘栉齿状、繸状或缘毛状撕裂。原产美洲及非洲。广东、广西、贵州及云南引种栽培。民间用全草治感冒发热、疔疮湿疹、外伤出血、烧烫伤。

图 206 熊耳草（引自《中国植物志》）

8. 泽兰属 Eupatorium Linn.

（陈艺林　靳淑英）

多年生草本、亚灌木或灌木。叶对生，稀互生，全缘，有锯齿或3裂。头状花序在茎枝顶端排成复伞房花序或单生于长花序梗。花两性，管状，花多数，稀1-4；总苞长圆形、卵形、钟形或半球形，总苞片多层或1-2层，覆瓦状排列，外层渐小或全部苞片近等长；花托平、突起或圆锥状，无托片。花紫、红或白色；花冠等长，辐射对称，檐部钟状，5裂或具5齿；花药基部钝，顶端有附片；花柱分枝，线状半圆柱形，顶端钝或微钝。瘦果5棱，顶端平截；冠毛多数，刚毛状，1层。

600余种，主要分布于中南美洲温带至热带地区，欧、亚、非及大洋洲种类很少。我国14种及数变种。

1. 总苞圆柱状；瘦果沿果棱疏生白色紧贴柔毛；茎分枝粗壮，水平直出 ………… 1. **飞机草 E. odoratum**
1. 总苞钟状或窄钟状；瘦果无毛或全部或上部疏被柔毛；茎分枝斜升。
  2. 叶两面无毛无腺点，或下面疏被柔毛，通常3裂，裂片长椭圆状披针形或倒披针形，羽状脉；总苞片先端钝或稍钝；瘦果无毛无腺点；多年生草本，少分枝；全株及花部揉之有香气………… 2. **佩兰 E. fortunei**
  2. 叶两面被柔毛或绒毛，两面或叶下面有腺点；瘦果被柔毛、微毛或无毛，有腺点。
    3. 总苞片先端尖；叶羽状脉 ………… 3. **林泽兰 E. lindleyanum**
    3. 总苞片先端钝或圆。
      4. 瘦果疏被白色柔毛，无腺点；叶卵状披针形、卵状长圆形或卵形，基出3脉，几无柄 ………… 4. **毛果泽兰 E. shimadai**
      4. 瘦果有腺点；叶羽状脉。
        5. 叶不裂，基部圆，叶柄长2-4毫米 ………… 5. **多须公 E. chinense**
        5. 叶分裂，裂片长椭圆形或披针形或不裂，基部楔形，叶柄长0.5-2厘米。
          6. 叶两面被柔毛或绒毛，下面及沿脉毛密，边缘缺刻状圆钝齿，叶柄长0.5-1厘米 ………… 6. **异叶泽兰 E. heterophyllum**
          6. 叶两面粗涩，疏被柔毛，边缘有细尖锯齿，叶柄长1-2厘米 ………… 7. **白头婆 E. japonicum**

1. 飞机草 图 207：1

Eupatorium odoratum Linn. Syst. ed. 10. 1205. 1759.

多年生草本。茎分枝粗壮，常对生，水平直出，茎枝密被黄色茸毛或柔毛。叶对生，卵形、三角形或卵状三角形，长4-10厘米；叶柄长1-2厘米，上面绿色，下面色淡，两面粗涩，被长柔毛及红棕色腺点，下面及沿脉密被毛和腺点，基部平截、浅心形或宽楔形，基部3脉，侧脉纤细，疏生不规则圆齿或全缘或一侧有锯齿或每侧各有1粗大圆齿或3浅裂状，花序下部的叶小，常全缘。头状花序径3-6（-11）厘米，花序梗粗，密被柔毛；总苞圆柱形，长1厘米，径4-5毫米，约20小花，总苞片3-4层，覆瓦状排列，外层苞片卵形，长2毫米，外被柔毛，先端钝，中层及内层苞片长圆形，长7-8毫米，先端渐尖；全部苞片有3条宽中脉，麦秆黄色，无腺点。花白或粉红色，花冠长5毫米。瘦果熟时黑褐色，长4毫米，5棱，无腺点，沿棱疏生白色贴紧柔毛。花果期4-12月。

原产美洲。云南、海南栽培。花果期全年。种子和根茎均易发芽生根，为田间杂草，生于低海拔丘陵地、灌丛中、稀树草原、干旱地、垦荒地、田间。叶含香豆素，可杀蚂蝗。

图 207：1. 飞机草 2-6. 佩兰（张泰利绘）

2. 佩兰 兰草 图 207：2-6

Eupatorium fortunei Turcz. in Bull. Soc. Nat. Mosc. 24(1): 150. 1851.

多年生草本。全株及花部揉之有香气。茎少分枝，茎枝疏被柔毛。中部茎生叶3全裂或3深裂，叶柄长0.7-1厘米，中裂片长椭圆形、长椭圆状披针形或倒披针形，长5-10厘米，先端渐尖，侧生裂片与中裂片同形较小，上部茎生叶不裂，披针形、长椭圆状披针形或长椭圆形，长6-12厘米，叶柄长1-1.5厘米，茎生叶均两面无毛无腺点，或下面疏被柔毛，羽状脉，有粗齿或不规则细齿。总苞钟状，长6-7毫米，总苞片2-3层，外层短，卵状披针形，中内层苞片渐长，长椭圆形；苞片紫红色，外面无毛，无腺点，先端钝。花白或带微红色。瘦果熟时黑褐色，长椭圆形，长3-4毫米，无毛无腺点；冠毛白色。花果期7-11月。

产山东、江苏南部、浙江、安徽北部、江西北部、河南西部、湖北西北部、湖南西南部及南部、广东北部、海南、广西北部、贵州、云南中部、四川东北部及陕西南部，生于路边灌丛或山沟路旁。野生或栽培。日本及朝鲜半岛有分布。全株及花揉之有香味。全草药用，利湿、健胃、清暑热。

3. 林泽兰 图 208

Eupatorium lindleyanum DC. Prodr. 5: 180. 1836.

多年生草本。茎枝密被白色柔毛，下部及中部红或淡紫红色。中部茎生叶长椭圆状披针形或线状披针形，长3-12厘米，不裂或3全裂，基部楔形，两面粗糙，被白色粗毛及黄色腺点，全部茎叶边缘有犬齿，几无柄。花序分枝及花梗密被白色柔毛；总苞钟状，总苞片约3层；外层苞片长1-2毫米，披针形或宽披针形，中层及内层苞片长5-6毫米，长椭圆形或长椭圆状披针形；苞片绿或紫红色，先端尖。花白、粉红或淡紫红色，花冠外面散生黄色腺点。瘦果黑褐色，长3毫米，椭圆状，散生黄色腺点；冠毛

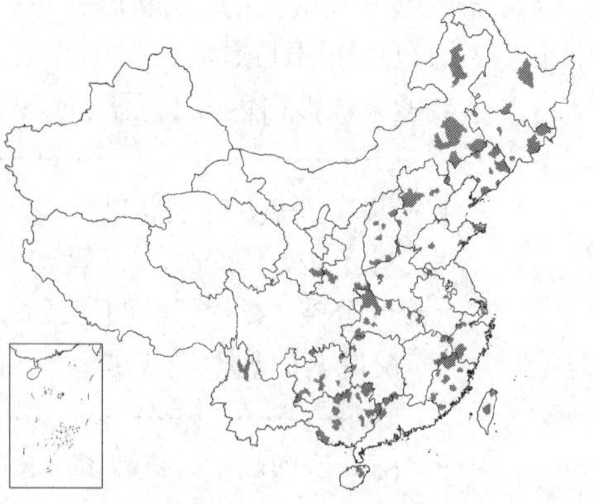

白色。花果期5-12月。

除新疆、青海、西藏及宁夏外，遍布全国各省区，生于海拔200-2600米山谷阴处水湿地、林下湿地或草原。俄罗斯西伯利亚地区、朝鲜半岛及日本有分布。枝叶入药，有发表祛湿、和中化湿之效。

图 208 林泽兰（马平绘）

4. 毛果泽兰 图 209

Eupatorium shimadai Kitam. in Acta Phytotax. Geobot. 1: 284. 1932.

多年生草本。茎通常不分枝，茎顶有伞房状花序分枝，上部被白色柔毛，花序分枝及花梗毛较密，下部脱毛。叶对生，不裂；中部茎生叶卵状披针形、卵状长圆形或卵形，长8-10厘米，基部圆或平截，先端近尾尖，基出3脉，几无柄，上面绿色，下面色淡，被黄色腺点，两面被白色柔毛，有粗或浅尖锯齿。头状花序在茎顶排成复伞房花序，花序径8-18厘米；总苞钟状，长约6毫米，总苞片2-3层；外层长圆形或披针状长圆形，长2-2.5毫米；中内层苞片长圆形，长约6毫米；全部苞片先端钝或圆，背面沿中部或上部疏被白色柔毛，无腺点。花白或微带紫色。瘦果熟时黑褐色，椭圆形，疏被白色柔毛，无腺点；冠毛污白色。花果期5-6月。

产福建东部及台湾，生于山坡草地或海滨岩崖。

图 209 毛果泽兰（孙英宝绘）

5. 多须公 图 210:1-3 彩片 40

Eupatorium chinense Linn. Sp. Pl. 837. 1753.

多年生草本，或小亚灌木状。多分枝，茎枝被污白色柔毛，茎枝下部花期脱毛、疏毛。叶对生，中部茎生叶卵形或宽卵形，稀卵状披针形、长卵形或披针状卵形，长4.5-10厘米，基部圆，羽状脉，叶两面被白色柔毛及黄色腺点，茎生叶有圆锯齿；叶柄长2-4毫米。头状花序在茎顶及枝端排成大型疏散复伞房花序，花序径达30厘米；总苞钟状，长约5毫米，总苞片3层；外层苞片卵形或披针状卵形，外被柔毛及稀疏腺点；中层及内层苞片长椭圆形或长椭圆状披针形，长5-6毫米，上部及边缘白色，膜质，背面无毛，有黄色腺点。花白、粉或红色；疏被黄色腺点。瘦果熟时淡黑褐色，椭圆状，疏被黄色腺点。花果期6-11月。

产浙江、福建南部、安徽、湖北、湖南、广东南部、海南、广西、贵州、云南、四川东南部、甘肃东部、陕西中部及河南，生于海拔800-1900米山谷、山坡林缘、林下、灌丛中、山坡草地、村旁或田间。全草有毒，叶为

甚，消肿止痛，外敷痈肿疮疖，毒蛇咬伤。

6. 异叶泽兰 红梗草 图 211 彩片 41

Eupatorium heterophyllum DC. Prodr. 5: 180. 1836.

多年生草本，或小亚灌木状。茎枝被白或污白色柔毛，中下部花期脱毛或疏毛。叶对生，中部茎生叶3全裂、深裂、浅裂或半裂，中裂片长椭圆形或披针形，长7-10厘米，侧裂片与中裂片同形但较小；或中部或全部茎叶不裂，长圆形、长椭圆状披针形或卵形，上面被白色柔毛，下面密被灰白或淡绿色绒毛，两面密被黄色腺点，有缺刻状圆钝齿；叶柄长0.5-1厘米。花序径达25厘米；总苞钟状，长7-9毫米，总苞片3层，外层卵形或宽卵形，背面沿中部疏被白色柔毛，中内层苞片长椭圆形，苞片紫红或淡紫红色。花白或微带红色，疏被黄色腺点。瘦果熟时黑褐色，长椭圆状，疏被黄色腺体，无毛；冠毛白色。花果期4-10月。

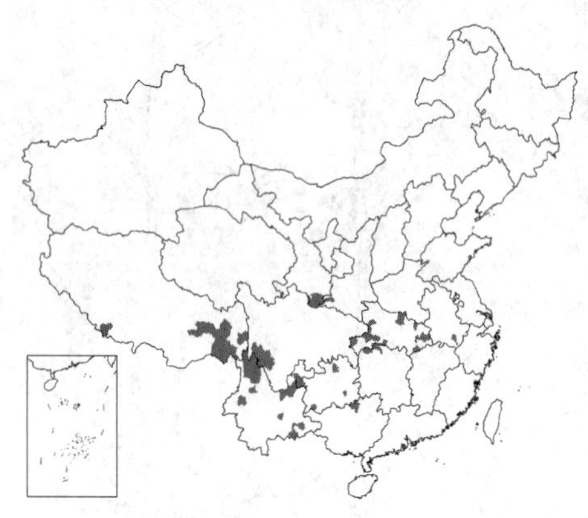

产安徽南部、湖北、陕西西南部、甘肃南部、四川、贵州、广西北部、云南、西藏东南部及南部，生于海拔1700-3000米山坡林下、林缘、草地或河谷。根可防治感冒，茎及全草治疗跌打损伤或妇女病，叶可敷刀伤。

图 210：1-3. 多须公 4-6. 白头婆 （张泰利绘）

7. 白头婆 图 210：4-6 彩片 42

Eupatorium japonicum Thunb. Fl. Jap. 307. 1784.

多年生草本。茎枝被白色皱波状柔毛，花序分枝毛较密。叶对生，质稍厚，中部茎生叶椭圆形、长椭圆形、卵状长椭圆形或披针形，长6-20厘米，基部楔形，羽状脉，侧脉约7对，自中部向上及向下部的叶渐小，两面粗涩，疏被柔毛及黄色腺点，边缘有细尖锯齿；叶柄长1-2厘米。总苞钟状，长5-6毫米，花白色或带红紫色或粉红色，外面有较密黄色腺点。瘦果熟时淡黑褐色，椭圆形，被多数黄色腺点，无毛；冠毛白色。花果期6-11月。

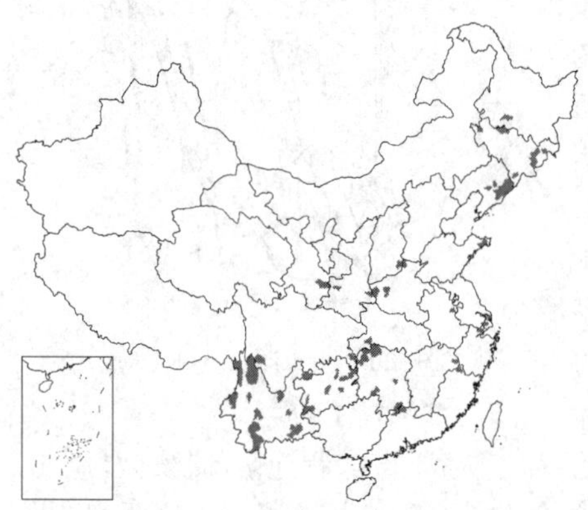

图 211 异叶泽兰 （张泰利绘）

产黑龙江西南部、吉林、辽宁、山东东部、江苏南部、安徽东部、浙江北部、福建西北部、江西东北部、湖北西南部、湖南、广东北部、海南、贵州、云南、四川东南部及西南部、甘肃东南部、陕西秦岭、山西东南部、河南，生于山坡草地、密疏林下、灌丛中、水湿地或河岸水旁。日本及朝鲜半岛有分布。全草药用，退热消炎。

9. 甜叶菊属 Stevia Cav.

（陈艺林　靳淑英）

一年生或多年生草本；直立，稀铺散状。叶对生，稀互生，全缘，有细锯齿或有时深3裂，多为离基3出脉。头状花较小，花同型，多数排列呈疏松的圆锥花序或紧密的伞房花序；总苞柱状，通常较花长，而稀较短；总苞片5-6片，坚硬，近等长；花序托平坦。花冠白或紫色；雄蕊和花柱外露。瘦果线形、倒圆锥形或略纺锤形，扁平，无毛或仅肋上有睫毛；冠毛1层稀2层。

约80余种，分布于南美洲及印度西部等热带地区。我国1种，为引进栽培种。

甜叶菊　图 212

Stevia rebaudiana (Bertoni) Hemsl. in Hook. Icon. Pl. 9(1): pl. 2816. 1906.

Eupatorium rebaudianum Bertoni in Bolet. Escul. Agric. Asun. Parag. 2: 35. 1899.

多年生草本。茎粗1厘米左右，下部木质，坚硬，上部多分枝，高0.6-1米。下部叶有短柄，上部叶近无柄，叶倒卵形、匙状披针形或披针形，长2-11厘米，先端钝圆，基部渐窄下延，下部全缘，上部有钝圆锯齿，两面均被短毛。头状花序多数排列成疏散的伞房花序，每一头状花序含4-6花；总苞片5，披针形，外面被短毛，与花相等。两性花为筒状，花冠白色，5裂，有腺毛；雄蕊外露，花药先端有附属体，基部钝圆；花柱柱头2裂，外露，反卷。果实微小，略纺锤形，有肋，黑褐色、被腺毛；冠毛淡黄色，较花冠短。花期7-10月，果期9-11月。

产巴拉圭、墨西哥、巴西、阿根廷、南美热带地区及西印度。我国已有27个省区引进栽培。巴拉圭用甜叶菊作饮料已有一百余年的历史；本世纪三十年代初从其叶片中分离出具甜味的白色物质甜叶菊苷，是一种无毒很有价值的天然甜味剂，现已被广泛应用于医药、食品和饮料中。

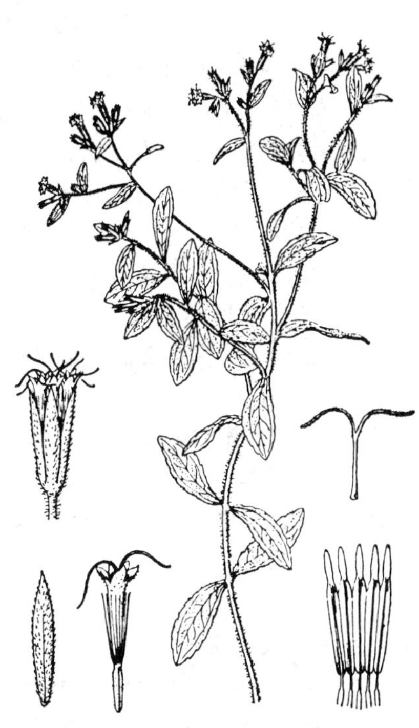

图 212　甜叶菊（钱存源绘）

10. 假泽兰属 Mikania Willd.

（陈艺林　靳淑英）

灌木或攀援草本，通常无毛。叶对生，通常有叶柄。头状花序排成穗形总状伞房状或圆锥状花序；总苞长椭圆状或窄圆柱状，总苞片1层，4枚，稍不等长，向基部结合，或有5枚外层小苞片，有纵条纹；花托小，无托毛；头状花序具4小花。花两性；花冠白或微黄色，等长，辐射对称，管部细，檐部钟状，稀不扩大，有5裂齿；花药顶端有附属片，基部钝，全缘；花柱分枝细长，顶端尖，边缘有乳突。瘦果4-5棱，顶端平截；冠毛糙毛状，多数，1-2层，基部通常结合为环状。

约60余种，主产美洲。我国1种。

假泽兰　图 213

Mikania cordata (Burm. f.) B. L. Robinson in Contr. Gray Herb. 104: 65. 1934.

Eupatorium cordatum Burm. f. Fl. Ind. 176. 1768.

攀援草本。茎细长，多分枝，疏被柔毛。中部茎生叶三角状卵形、卵形，长4-10厘米，基部心形，全缘或浅波状圆锯齿，两面疏生柔毛，花期脱毛，叶柄长2.5-6厘米，上部叶三角形或披针形，基部平截或楔形，叶柄

短。头状花序在枝端排成伞房花序或复伞房花序，有线状披针形小苞片；总苞片4，窄长椭圆形，长5-7毫米，外面疏被柔毛和腺点。花冠长3.5-5毫米，疏被柔毛。瘦果长椭圆形，有腺点；冠毛污白或微红色，1-2层。花果期8-11月。

产台湾、海南及云南东南部，生于海拔80-100米山坡灌木林下。印度尼西亚爪哇、老挝、柬埔寨及越南有分布。

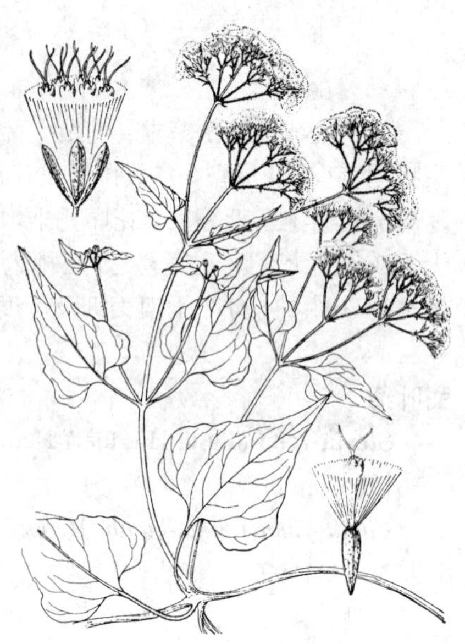
图 213 假泽兰（张泰利绘）

11. 一枝黄花属 Solidago Linn.

（陈艺林 靳淑英）

多年生草本，稀亚灌木。叶互生。头状花序异型，辐射状，多数在茎上部排成总状花序、圆锥花序、伞房状花序或复头状花序；总苞窄钟状或椭圆形，总苞片多层，覆瓦状；花托小，通常蜂窝状。边花雌性，舌状1层，或边缘雌花退化而头状花序同型。盘花两性，管状，檐部稍扩大或窄钟状，5齿裂，全部小花结实；花药基部钝；两性花花柱分枝扁平，顶端有披针形附片。瘦果近圆柱形，有8-12纵肋；冠毛多数，细毛状，1-2层，稍不等长或外层稍短。

约120余种，主产美洲。我国4种。

1. 总苞片先端长渐尖或尖。
  2. 头状花序径约1厘米，长1-1.2厘米 ………… 1. **毛果一枝黄花 S. virgaurea**
  2. 头状花序径6-9毫米，长6-8毫米 ………… 2. **一枝黄花 S. decurrens**
1. 总苞片先端圆或钝圆 ………… 3. **钝苞一枝黄花 S. pacifica**

1. 毛果一枝黄花 图 214

Solidago virgaurea Linn. Sp. Pl. 880. 1753.

多年生草本。茎上部疏被柔毛，中下部无毛。中部茎生叶椭圆形、长椭圆形或披针形，长5-17厘米；茎下部叶与中部茎生叶同形，稀卵形；叶两面无毛或沿中脉疏生柔毛，下部渐窄，沿叶柄下延成翅，下部叶的叶柄通常与叶片等长，有锯齿。头状花序径1厘米，长1-1.2厘米，在茎上部分枝上排成长圆锥状花序，花序长达30厘米，或成长10-12厘米的总状花序，稀成复头状花序；总苞钟状，总苞片4-6层，披针形或长披针形，长5-8毫米，边缘窄膜质。边缘舌状花黄色，两性花多数。瘦果疏被柔毛；冠毛白色。花果期6-9月。

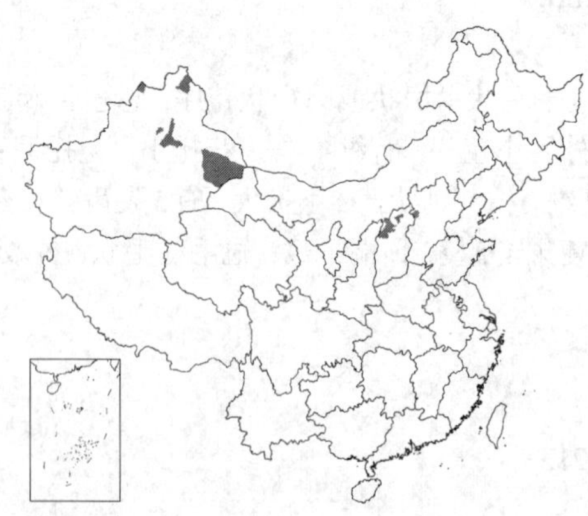

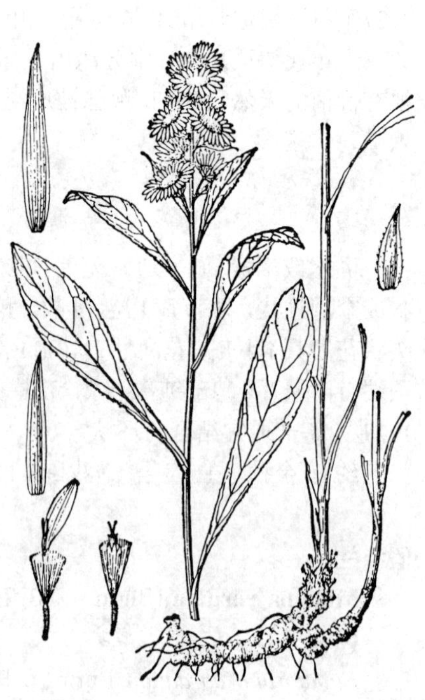
图 214 毛果一枝黄花（引自《图鉴》）

产新疆、河北西部及山西北部，生于海拔1200-2620米林下、林缘或灌丛中。俄罗斯高加索、蒙古及欧洲有分布。全草药用，对肾炎及膀胱炎有效果。也是蜜源植物。

2.　一枝黄花　图 215 彩片 43

Solidago decurrens Lour. Fl. Cochinch. 501. 1790.

多年生草本。茎单生或丛生。中部茎生叶椭圆形、长椭圆形、卵形或宽披针形，长2-5厘米，下部楔形渐窄，叶柄具翅，仅中部以上边缘具齿或全缘；向上叶渐小；下部叶与中部叶同形，叶柄具长翅；叶两面有柔毛或下面无毛。头状花序径6-9毫米，长6-8毫米，多数在茎上部排成长6-25厘米总状花序或伞房圆锥花序，稀成复头状花序。总苞片4-6层，披针形或窄披针形，中内层长5-6毫米。舌状花舌片椭圆形，长6毫米。瘦果长3毫米，无毛，稀顶端疏被柔毛。花果期4-11月。

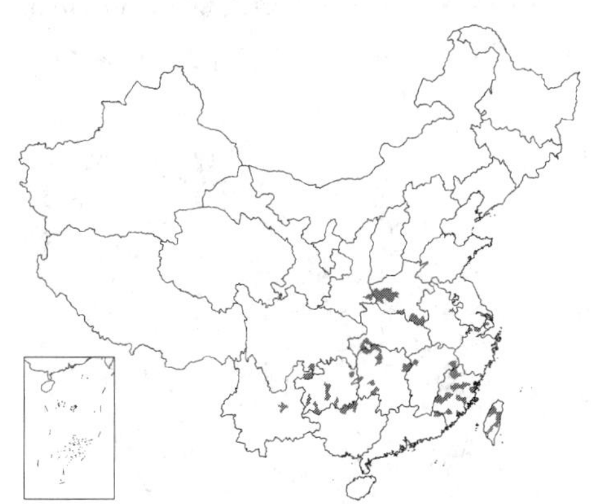

图 215　一枝黄花（引自《江苏植物志》）

产江苏南部、浙江北部、安徽东部、福建、台湾、江西、湖北西南部、湖南、广东东北部、广西北部、贵州、云南近中部及东北部、四川南部及陕西东南部，生于海拔565-2850米阔叶林林缘、林下、灌丛中或山坡草地。全草入药，疏风解毒、退热行血、消肿止痛，主治毒蛇咬伤、痈、疖。

3.　钝苞一枝黄花

Solidago pacifica Juz. in Fl. URSS 25: 576. 1959.

多年生草本。茎直立，不分枝。叶长椭圆形或宽披针形，下部的茎生叶有具窄翅的长叶柄，上部茎生叶渐小；叶两面均无毛，或疏生缘毛。头状花序长0.7-1.2厘米，在茎上部的短花序分枝上排成伞房花序，多数伞房花序沿茎排成总状，长达35厘米；总苞片3-4层，长椭圆形或倒长披针形，尖端圆或钝圆。瘦果长2毫米，无毛。花果期8-10月。

产黑龙江、吉林东南部及南部、辽宁南部、河北东北部，生于山坡草地、林缘或林下。日本及俄罗斯远东地区有分布。

12. 鱼眼草属 Dichrocephala DC.

（陈艺林　靳淑英）

一年生草本。叶互生或大头羽状分裂。头状花序小，异型，球状或长圆状，在枝端和茎顶排成小圆锥花序或总状花序，稀单生。总苞小；总苞片近2层；花托突起，球形或倒圆锥形，顶端平或尖，无托片。全部花管状，结实，边花多层，雌性，顶端2-3齿或3-4齿裂；中央两性花紫或淡紫色，檐部窄钟状，顶端4-5齿裂；花药顶端有附片，基部楔形，有尾。两性花花柱分枝短，扁，上部有披针形附片。瘦果扁，边缘脉状加厚；无冠毛或两性花瘦果有1-2枚短刚毛状冠毛。

约5-6种，分布亚洲、非洲及大洋洲热带地区。我国3种。

1. 雌花花冠短漏斗形；总苞片外面疏被柔毛，花托倒圆锥形，顶端尖，果期长5-6毫米 ······································· 1. **菊叶鱼眼草 D. chrysanthemifolia**

1. 雌花花冠细，线形、卵状或坛状；总苞片外面无毛，花托高起，顶端平。

  2. 雌花花冠线形；叶大头羽裂，基部渐窄成具翼的柄，柄长1-3.5厘米 ································ 2. **鱼眼草 D. auriculata**

  2. 雌花花冠卵状或坛状；叶通常羽裂，稀大头羽裂，无叶柄，基部圆耳状抱茎 ·············· 3. **小鱼眼草 D. bentamii**

1. 菊叶鱼眼草 图 216

Dichrocephala chrysanthemifolia DC. in Wight, Contr. Bot. Ind. 11. 1834.

一年生草本，多分枝。茎枝被白色绒毛或柔毛或粗毛。叶长圆形或倒卵形，长3-5厘米，羽状半裂、深裂或浅裂，侧裂片长圆形、披针形或三角状披针形，边缘一侧或两侧有1-2细小尖锯齿或无锯齿，中部叶侧裂片较大，下部叶侧裂片较小或锯齿状；花序下部的叶线形，全缘或有细尖齿；叶基均圆耳状抱茎，叶两面被白色柔毛。头状花序球形或长圆状，径达7毫米，单生茎枝上部叶腋，近总状排列；花序梗密被柔毛或尘状绒毛，有线形或披针形苞片；总苞片1-2层，边缘白色膜质，外面疏被柔毛。外围雌花多层，花冠紫色，短漏斗形；中央两性花少数，管状，外面疏被粘质黄色腺点和柔毛。瘦果扁，倒披针形，边缘脉状加厚，无冠毛，或两性花瘦果顶端有1-2细毛状冠毛。

图 216 菊叶鱼眼草 （张泰利绘）

产西藏南部、云南西北部及东南部，生于海拔2900米山坡、路旁草丛中。印度、不丹、尼泊尔及非洲热带地区有分布。

2. 鱼眼草 图 217：1-3

Dichrocephala auriculata (Thunb.) Druce in Rep. Bot. Exch. Club. Brit. 1916: 619. 1917.

Ethulia auriculata Thunb. Prodr. Fl. Cap. 141. 1794.

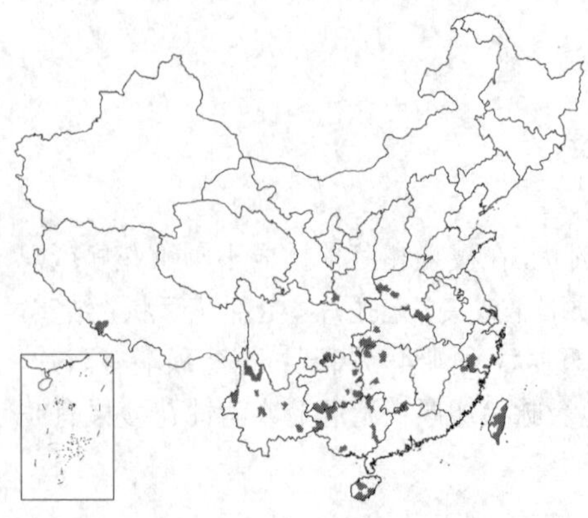

一年生草本。茎枝被白色绒毛，果期近无毛。叶卵形、椭圆形或披针形；中部茎生叶长3-12厘米，大头羽裂，顶裂片宽达4.5厘米，侧裂片1-2对，基部渐窄成具翅柄，柄长1-3.5厘米；基部叶不裂，卵形；有重粗锯齿或缺刻状，稀有规则圆锯齿，叶两面疏被柔毛；中下部叶腋有不发育叶簇或小枝，叶簇或小枝被较密绒毛。头状花序球形，径3-5毫米，在枝端或茎顶排成伞房状花序或伞房状圆锥花序；总苞片1-2

图 217：1-3. 鱼眼草 4-7. 小鱼眼草 （张泰利绘）

层，膜质，长圆形或长圆状披针形，微锯齿状撕裂，外面无毛。外围雌花多层，紫色，花冠线形，顶端具2齿；中央两性花黄绿色。瘦果倒披针形，边缘脉状加厚，无冠毛，或两性花瘦果顶端有1-2细毛状冠毛。花果期全年。

产浙江南部、福建北部、台湾、广东北部、海南、广西、湖南、湖北、河南、陕西西南部、四川东南部、贵州、云南及西藏南部，生于海拔200-2000米山坡、山谷、山坡林下、平川耕地、荒地或沟边。广布于亚洲与非洲热带和亚热带地区。药用消炎止泻，治小儿消化不良。

3. 小鱼眼草 图 217:4-7

Dichrocephala benthamii Clarke, Comp. Ind. 36. 1876.

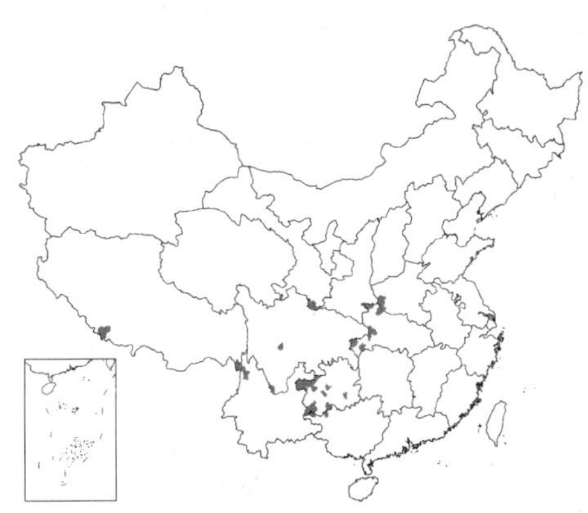

一年生草本。茎单生或簇生，茎枝被白色柔毛。叶倒卵形、长倒卵形、匙形或长圆形，中部茎生叶长3-6厘米，羽裂，稀大头羽裂，侧裂片1-3对，耳状抱茎，无柄，中部向上及向下叶渐小，匙形或宽匙形，具深圆锯齿；叶长2-2.5厘米，两面被白毛或无毛。头状花序扁球形，径约5毫米，在茎枝顶端排成伞房花序或圆锥状伞房花序；总苞片1-2层，长圆形，边缘锯齿状微裂。雌花多层，花冠卵形或坛形，白色。瘦果倒披针形。花果期全年。

产河南西南部、陕西东南部、湖北西北部及西南部、四川、西藏南部、云南西北部及东北部、贵州、广西西北部，生于海拔1350-3200米山坡、山谷、草地、河岸、溪旁、路旁或田边荒地。印度有分布。药用消炎止泻，治小儿消化不良。

13. 杯菊属 Cyathocline Cass.

（陈艺林 靳淑英）

一年生草本。叶互生，羽状分裂。头状花序小，异型，盘状，在茎枝顶端排成圆锥状伞房花序或近总状花序；花托杯状或漏斗状，边缘突起，中部凹陷，无托片。总苞半球形，总苞片近2层，稍不等大，披针形，边缘膜质。边花多层，雌性，结实，花冠线形，白色，顶端2齿裂，花柱分枝短；中央两性花不育，管状，檐部窄钟状，顶端5齿裂；花药基部平截；两性花花柱不分枝或微二叉状分枝。瘦果小，长圆形，扁平，无加厚边缘；无冠毛。

约2种，产印度及我国。我国1种。

杯菊 图 218

Cyathocline purpurea (Buch.-Ham. ex D. Don) Kuntze. Rev. Gen. 333. 1891.

Tanacetum purpureum Buch.-Ham. ex D. Don, Prodr. Fl. Nep. 181. 1825.

一年生矮小草本，高达15厘米。茎直立，基部分枝。茎枝红紫或或带红色，被粘质长柔毛。中部茎生叶长2.5-12厘米，卵形、倒卵形或长倒卵形，二回羽状分裂，一回全裂，二回半裂；羽轴有栉齿；二回羽裂片斜三角形，全缘或有微尖齿；自中部向上或向下的叶渐小；叶下面沿羽轴及侧脉上被柔毛，上面几无毛；叶无叶柄，基部耳状抱茎。花序梗被白色粘质柔毛；总苞半球形，径2毫米，总苞片2层，边缘膜质，有缘毛，外面疏被白色长毛或无毛，顶端染紫色。头状花序外围有多层结实的雌花，花冠线形，红紫色；中央花两性。瘦果长圆形。花果期近全年。

图 218 杯菊（张泰利绘）

产云南、四川南部、贵州西南部

及广西西北部，生于海拔150-2600米山坡林下、山坡草地、村舍路旁或田边水旁。印度有分布。全草消炎止血。

14. 田基黄属 **Grangea** Adans.

（陈艺林 靳淑英）

一年生或多年生草本。叶互生。头状花序有异形花，顶生或与叶对生。总苞宽钟状，总苞片2-3层，草质，稍不等长，内层苞片顶端膜质；花托突起，半球形或圆锥状，无托毛。外围有1-12层雌花，中央有两性花，均结实；花冠管状；雌花线形，外层的顶端2齿裂，内层的顶端3-4齿裂；两性花檐部钟状，顶端4-5齿裂；花药基部钝，全缘，顶端多少有附片；两性花的花柱分枝扁，平截，钝或有三角形短附片，有时不分枝。瘦果扁或近圆柱形，顶端平截，常有短软骨质的环，环缘有短鳞片状或毛状细齿。

约7种，分布于亚洲、非洲热带及亚热带地区。我国1种。

田基黄 图 219

Grangea maderaspatana (Linn.) Poir. in Lam. Encycl. Suppl. 3: 825. 1812.

Artemisia maderaspatana Linn. Sp. Pl. 849. 1753.

一年生草本。茎纤细，分枝铺展，被白色长柔毛，下部花期毛稀至无毛。叶两面被柔毛及棕黄色腺点，下面及沿脉毛较密，叶倒卵形、倒披针形或倒匙形，长3.5-7.5厘米，基生叶长达10厘米，无柄，基部耳状贴茎，竖琴状半裂或大头羽状分裂，顶裂片倒卵形或几圆形，有锯齿。头状花序球形，径0.8-1厘米，单生茎顶或枝端；总苞宽杯状，总苞片2-3层，外层披针形或长披针形，长4-8毫米，边缘有撕裂状缘毛，内层苞片倒卵形，基部有爪。小花花冠疏被棕黄色小腺点；雌花2-6层，花冠线形，黄色；两性花短钟状，有5卵状三角形裂片。瘦果有加厚边缘，被棕黄色小腺点，顶端平截，环状加厚，环缘有齿状撕裂冠毛。花果期3-8月。

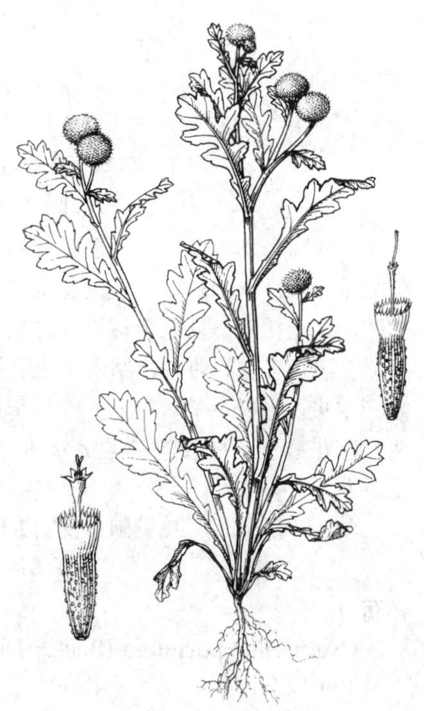

图 219 田基黄（冯晋庸绘）

产台湾、广东中南部、海南、广西及云南南部，生于海拔20-1000米干旱荒地、河边沙滩、水旁向阳处、疏林或灌丛中。印度、中南半岛、马亚半岛、爪哇、巽他群岛、几内亚及尼日利亚有分布。

15. 瓶头草属 **Lagenophora** Cass.

（陈艺林 靳淑英）

一年生小草本。叶全根生，或有极少数茎生叶。头状花序有异形花，辐射状或盘状，单生枝端；总苞半球形或近半球形，总苞片2-4层，不等长；花托平或高起，无托毛。外围有2-3层或1-多层雌花，结实，中央有少数两性花，通常不育；雌花花冠舌状，或细管状而有多少开展的短舌片；两性花管状，黄色，檐部钟状，有4-5齿；花药基部钝，全缘，顶端无附片；两性花花柱分枝细长或稍宽大，多少扁，顶端有披针形或三角形附片。瘦果极扁，长椭圆状，边缘脉状加厚，顶端有短喙，无冠毛。

约5种。我国1种。

瓶头草 图 220

Lagenophora stipitata (Labill.) Druce in Rep. Bot. Exch. Club. Brit. 1916: 630. 1917.

Bellis stipitata Labill. Pl. Nov. Holl. 2: 55. 1806.

Lagenophora billardieri Cass; 中国高等植物图鉴 4: 415. 1975.

一年生矮小草本。根生叶莲座状，倒卵状或宽匙形，长1.2-3厘米，基部渐窄成极短柄，有浅波状锯齿，齿端有尖头，两面疏被柔毛；葶叶1-2，长1-1.5毫米，线形，苞叶状。头状花序径4-7（-9）毫米，顶生；总苞半球形，径3-5毫米，总苞片3-4层，先端尖，外层苞片披针形，中层苞片倒披针形或长椭圆形，先端染紫色，最内层苞片线形，边缘宽膜质。小花管部被腺状乳突；雌花3-4层，淡紫色，顶端全缘；两性花短钟状。瘦果倒披针状，被腺点。花果期9月。

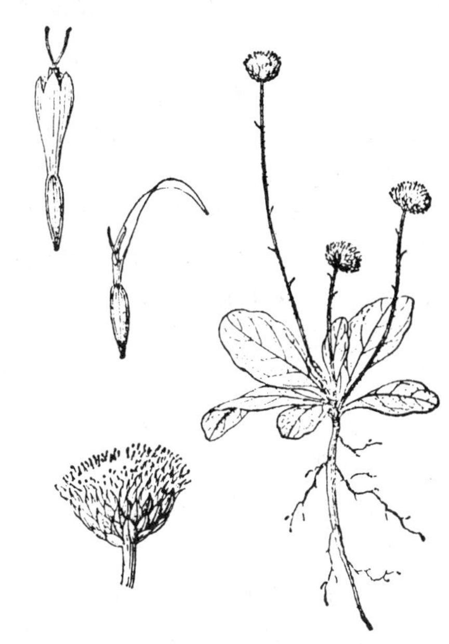

图 220 瓶头草（引自《图鉴》）

产台湾、海南、广西西南部及云南西北部，福建及广东有记载，生于山坡草地。印度、中南半岛、爪哇、巽他群岛及澳大利亚有分布。

16. 秋分草属 Rhynchospermum Reinw. ex Blume

（陈艺林 靳淑英）

多年生草本。茎单生或少数簇生，被微柔毛。基生叶花期脱落；下部茎生叶倒披针形、长椭圆状倒披针形或长椭圆形，稀匙形，长4.5-14厘米，基部窄楔形；叶柄长，具翼；中部茎生叶披针形，叶柄短，全缘或有波状圆齿或尖齿；上部茎生叶渐小，全缘或有尖齿。头状花序单生叶腋及分枝顶端，排成总状，花序梗密被锈色柔毛；总苞宽钟状或半球状，径3-4（5）毫米，总苞片2-3层，边缘膜质，撕裂，外层卵状长椭圆形，中层长椭圆形，内层窄长椭圆形；花托平，无托毛。雌花2-3层，花冠白色，舌状，管极短，外被腺点；中央两性花花冠长2毫米，外被腺点，花柱分枝扁平，顶端有短附片。雌花瘦果扁，长椭圆形，长4毫米，有脉状加厚边缘，被棕黄色小腺点，喙较长；两性花瘦果喙短或无；冠毛毛状，约10枚，易脱落。

单种属。

秋分草 图 221

Rhynchospermum verticillatum Reinw. in Blume, Fl. Nederl. Ind. 902. 1825.

形态特征同属。花果期8-11月。

产浙江南部、福建、台湾、江西东部、湖北西南部、湖南、广东北部、广西西南部、贵州、云南、西藏东部、四川、甘肃南部、陕西南部及河南

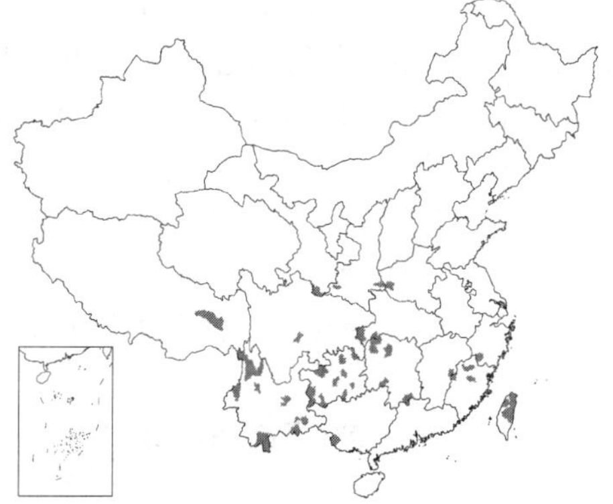

西部，生于海拔400-2500米沟边、林缘、林下阴湿处。印度、锡金、不丹、缅甸、马来西亚及日本有分布。

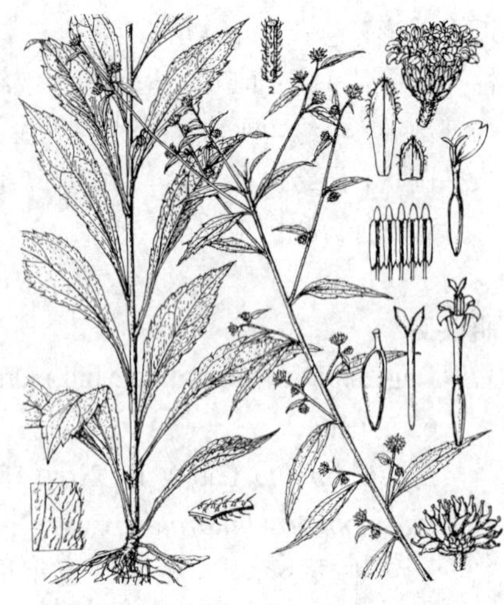

图 221 秋分草（引自《Fl. Taiwan》）

17. 粘冠草属 Myriactis Less.

（陈艺林 靳淑英）

一年生或多年生草本。叶互生。头状花序小，异型，在茎枝顶端排成伞房状或圆锥状花序，花序梗长；总苞半球形，总苞片2层；花托突起，半圆球形或匙状球形，无托片。边花雌性，2至多层，舌状；中央两性花管状，檐部窄钟状，5齿裂；花药基部钝，两性花花柱分枝扁平，顶端有披针形附片，花全部结实。瘦果扁平，边缘脉状加厚，顶端有短喙或钝而无喙；无冠毛，果顶有粘质分泌物。

约10种，分布亚洲及非洲热带地区。我国5种。

1. 边缘雌花舌片圆形，雌花多层。
   2. 叶不裂，间或下部叶有浅裂或深裂的两侧裂片1-2对，下部叶的叶柄长达10厘米 ··· 1. **圆舌粘冠草 M. nepalensis**
   2. 叶大头羽状深裂或浅裂，或近圆形不裂，下部叶的叶柄长2.5-4厘米 ······ 1(附). **台湾粘冠草 M. longipedunculata**
1. 边缘雌花舌片线形；雌花2层。
   3. 中下部叶卵形、宽卵形或长卵形；舌片先端2裂 ···················· 2. **粘冠草 M. wightii**
   3. 中下部叶披针形或长披针形，羽状深裂；舌片先端无裂齿 ···················· 2(附). **羽裂粘冠草 M. delavayi**

1. 圆舌粘冠草 图 222:1-2 彩片 44

Myriactis nepalensis Less. in Linnaea 6: 128. 1831.

一年生草本。茎中部或基部分枝，茎枝无毛，或接头状花序处疏被毛或糠秕状毛。中部茎生叶长椭圆形或卵状长椭圆形，长4-10厘米，有锯齿，基部渐窄下延成具翅叶柄；基生叶及茎下部叶较大，间或浅裂或深裂，侧裂片1-2对，叶柄长达10厘米；上部茎叶渐小，长椭圆形或长披针形，渐无柄，接花序下部的叶边缘有小齿或无齿；叶上面均无毛，下面沿脉有极稀疏柔毛。头状花序球形或半球形，径1-1.5厘米，单生茎顶或枝端，排成疏散伞房状或伞房状圆锥花序；总苞片2-3层，外面被微柔毛。边缘舌状雌花多层，舌片圆形；两性花管状，管部有微柔毛。瘦果扁，边缘脉状加厚，顶端有粘质分泌物；无冠毛。花果期4-11月。

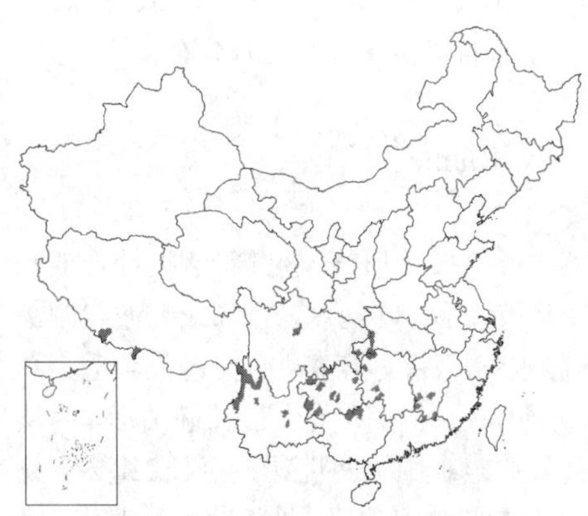

图 222：1-2. 圆舌粘冠草 3-5. 粘冠草（张泰利绘）

产江西南部、湖南西北部及西南部、湖北西南部、四川、西藏南部、云南、贵州及广西北部，广东有记载，生于海拔1250-3400米山坡、山谷林缘、林下、灌丛中、近水潮湿地或荒地。印度、尼泊尔、锡金及越南北部有分布。

[附] **台湾粘冠草 Myriactis longipedunculata** Hayata in Journ. Coll. Sci. Univ. Tokyo 30(1): 150. 1911. 本种与圆舌粘冠草的区别：叶大头羽状深裂或浅裂，或近圆形不裂，下部叶的叶柄长2.5-4厘米。产台湾，生于海拔2300-2500米山坡阴湿地。

2. 粘冠草 齿冠草 图 222：3-5

Myriactis wightii DC. Wight, Contr. 10. 1834.

一年生草本。茎分枝斜升或外展。茎枝被白色柔毛，或中下部几无毛。叶互生，常有腋生枝或叶簇，中部茎生叶宽卵形、卵形或长卵形，长5-8厘米，稀近大头羽裂状，顶裂片与非裂片的叶片同形，自中部向下叶渐大，向上叶渐小，中部叶长2厘米；叶两面被柔毛，下部沿叶柄下延成窄翅，有深圆锯齿或锯齿或缺刻状锯齿，接花序下部的叶或侧裂片常无齿。头状花序在茎枝顶端排成疏散伞房状花序或伞房状圆锥花序，花序梗长5厘米，或成稀疏总状花序，头状花序少数花序梗短；头状花序径达1.2厘米，半球形；总苞片2层，近等长，长4毫米，窄长圆形，无毛，顶端常繸状撕裂。外围舌状雌花约2层，舌片线形，先端2裂；中央两性花管状。瘦果扁，倒披针形，边缘脉状加厚，有短喙，喙顶有粘质分泌物。花果期6-11月。

产贵州西北部、云南、四川西南部及西藏东南部，生于海拔2100-3600米山坡林下、山坡草地、溪旁或沟边近水处。印度及斯里兰卡有分布。

[附] **羽裂粘冠草 Myriactis delavayi** Gagnep. in Bull. Soc. Bot. France 68: 122. 1912. 本种与粘冠草的区别：中下部叶披针形或长披针形，羽状深裂；舌片先端无裂齿。产云南及四川，生于海拔约3000米山坡林下或山坡草地。

18. 雏菊属 Bellis Linn.

（陈艺林 靳淑英）

多年生或一年生草本，葶状丛生或茎分枝而疏生。叶基生或互生，全缘或有波状齿。头状花序常单生。有异型花，放射状，外围有1层雌花，中央有多数两性花，均结果。总苞半球形或宽钟形；总苞片近2层，稍不等长，草质；花托凸起或圆锥形，无托片。雌花舌状，舌片白或浅红色，开展，全缘；花柱分枝短扁，三角形。瘦果扁，有边脉，两面无脉或有1脉；无冠毛或有连合成环与花冠管部或瘦果合生的微毛。

约7种，分布于北半球地区。我国引入栽培1种。

雏菊 图 223

Bellis perennis Linn. Sp. Pl. 886. 1753.

多年生或一年生葶状矮小草本，高约10厘米。叶基生，匙形，先端圆，基部渐窄成柄，上半部有疏钝齿或波状齿。头状花序单生，径2.5-3.5厘米，花葶被毛；总苞半球形或宽钟形，总苞片近2层，稍不等长，长椭圆形，外面被柔毛。舌状花1层，雌性，舌片白带粉红色，开展，全缘或有2-3齿；管状花多数，两性，均结实。瘦果倒卵形，扁平，有边脉，被细毛，无冠毛。

原产欧洲。各地庭院栽培，为花坛观赏植物。

图 223 雏菊（引自《图鉴》）

19. 刺冠菊属 Calotis R. Br.

（陈艺林 靳淑英）

多年生或一年生丛生草本。叶互生，全缘、有齿或羽状裂片。头状花序小，有异型花，放射状，外围有1层结果的雌花，中央常有不育的两性花，有花序梗。总苞半球形或宽钟形，总苞片近3层，稍不等长，边缘干膜质；花托平或凸起，无托片。雌花舌状，全缘，白色，有时蓝或紫色；两性花管状，檐部稍宽，有5裂片；花药基部钝，全缘；花柱分枝窄或近条形，附片短而钝。雌花瘦果扁，倒卵圆形或长圆形；冠毛毛状或有2至多数芒，具短髯，短或1至多数而花后增长，开展，刺状，有时有2至多数钝膜片。

约20种，主产大洋洲，2种分布于东南亚。我国1种。

刺冠菊 图 224

Calotis caespitosa Chang in Sunyatsenia 3: 280. f. 23. 1937.

一年生矮小草本，高约10余厘米。茎多分枝，无毛。叶线形或线状披针形，长约2.5厘米，宽约1.5毫米，基部渐窄，无柄，全缘，无毛，上部叶较窄小。头状花序单生枝端，径约4毫米；总苞半球形，总苞片约3层，线形或线状披针形，边缘干膜质，有缘毛，背部疏生长柔毛。舌状花1层，雌性，能育，舌片白色；管状花多数，两性，不育，花冠筒状，黄色，檐部稍宽，有5裂片。瘦果倒卵形，扁，疏生星状或分枝柔毛，边肋稍薄；冠毛刺状，有短髯毛，易脱落。

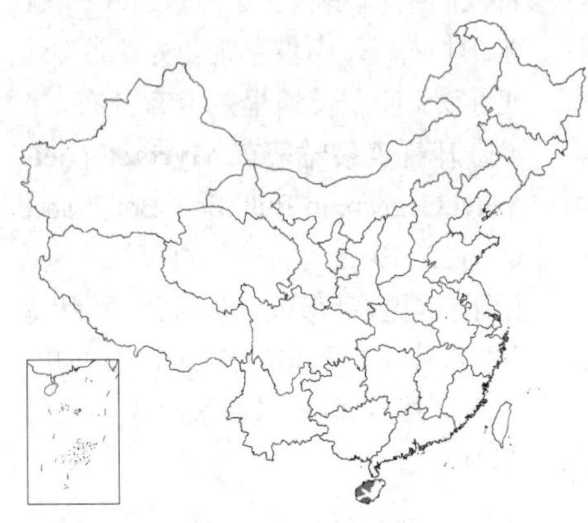

产海南，生于海边干旱向阳沙地。

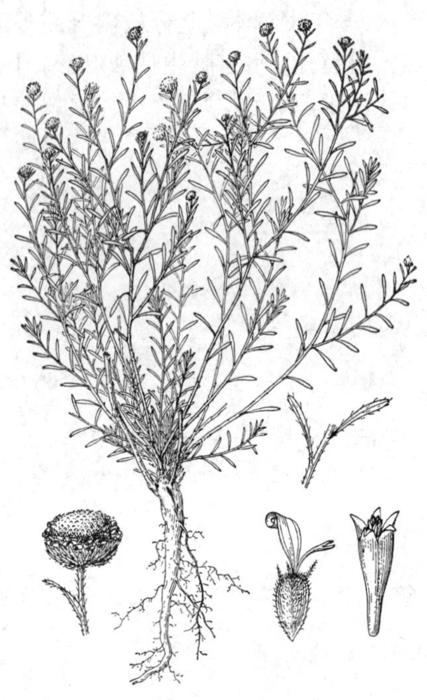

图 224 刺冠菊（引自《图鉴》）

20. 裸菀属 Gymnaster Kitam.

（陈艺林 靳淑英）

多年生草本。茎常分枝。叶互生，全缘或有疏齿。头状花序在茎和枝端单生或排成伞房状，有异型花，放射状，外围有1或2层雌花，中央有多数两性花，均结果；总苞半球形或宽钟状，总苞片2至多层，近等长或外层渐短而疏散覆瓦状排列，外层草质，内层边缘宽膜质；花托圆锥形，蜂窝状，无托片。雌花舌状，舌片蓝紫或白色，开展，全缘或有齿。两性花管状，黄色，檐部钟状，有5裂片；花药基部钝，全缘；花柱分枝有三角形或披针形附片。瘦果扁，近四棱形或倒卵圆形，边缘及两面有肋或无肋，无毛或上部被疏毛，顶端有窄环状边缘，无冠毛。

6种，分布于中国、朝鲜半岛及日本。我国3种。

裸菀 图 225

Gymnaster piccolii (Hook. f.) Kitam. in Mem. Coll. Sc. Kyoto Univ. ser. B, 13: 303. 1937.

Aster piccolii Hook. f. in Curtis's Bot. Mag. t. 7669. 1899.

图 225 裸菀（引自《图鉴》）

多年生草本。茎直立，被糙毛及腺状微毛，上部分枝。叶长圆状倒披针形，长7-9厘米，基部渐窄，无柄，有粗锯齿，上面深绿色，下面色较浅，两面被糙毛或上面近无毛，边缘及下面脉被毛，分枝的叶长2-3厘米，全缘或有齿。头状花序径2-2.5厘米，排成伞房状；总苞近陀螺半球形，长7-8毫米，基部有苞片状小叶，总苞片约5层，覆瓦状排列，疏散，外层草质，卵状长圆形，上部常反卷带紫色，内层窄长圆形或倒披针形，边缘宽膜质，有睫毛。舌状花蓝紫色，长约1.5厘米，基部管长2毫米，舌片长1.3厘米，管状花黄色，长5-6毫米，管部长1.8毫米，有腺毛。瘦果倒卵形，扁，有边肋，无毛，顶端有窄环状边缘，无冠毛。

产河南、山西及陕西，生于海拔950-1700米山坡草地。

21. 马兰属 Kalimeris Cass.

（陈艺林 靳淑英）

多年生草本。叶互生，全缘或有齿，或羽状分裂。头状花序单生枝端或排成疏散伞房状，辐射状，外围有1-2层雌花，中央有多数两性花，均结果；总苞半球形，总苞片2-3层，近等长或外层较短而覆瓦状排列，草质或边缘膜质或革质；花托凸起或圆锥形，蜂窝状。雌花花冠舌状，舌片白或紫色，顶端有微齿或全缘；两性花花冠钟状，有裂片；花药基部钝，全缘；花柱分枝附片三角形或披针形；冠毛极短或膜片状，分离或基部结合成杯状。瘦果稍扁，倒卵圆形，边缘有肋，两面无肋或一面有肋，无毛或被疏毛。

约20种，分布于亚洲南部及东部、喜马拉雅地区及西伯利亚东部。我国7种。

1. 总苞片上部草质，先端稍尖；瘦果长1.5-2.5毫米，上部有腺及短毛，冠毛长0.1-0.5毫米。
  2. 叶倒卵状长圆形或倒披针形，有齿或羽状裂片，上部叶常全缘。
    3. 叶较薄，被疏微毛或近无毛；瘦果长1.5-2毫米，冠毛长0.1-0.3毫米；叶形多变异。
      4. 总苞片倒卵状长圆形，先端稍尖；茎多少有分枝。
        5. 叶倒披针形或倒卵状长圆形。
          6. 下部及中部叶有齿或全缘 ………………………… 1. **马兰 K. indica**
          6. 下部及中部叶羽状深裂 ………………………… 1(附). **多型马兰 K. indica** var. **polymorpha**
        5. 叶线状披针形 ………………………… 1(附). **狭叶马兰 K. indica** var. **stenophylla**
      4. 总苞片窄披针形或线状披针形，先端尖；茎多分枝………… 1(附). **狭苞马兰 K. indica** var. **stenolepis**
    3. 叶较厚，两面密被毡状毛；瘦果长2.5-2.7毫米，冠毛长0.3毫米；叶有1-2对齿或近全缘 ………………………… 2. **毡毛马兰 K. shimadai**
  2. 叶线状披针形、倒披针形或长圆形，有时全缘，两面密被粉状绒毛；瘦果长1.8-2毫米，冠毛长0.3-0.5毫米………………………… 3. **全叶马兰 K. integrifolia**
1. 总苞片近革质，边缘膜质，上部稍绿或红紫色，先端圆或钝；瘦果长2.5-3.5毫米，被长疏毛，冠毛长0.7-1.5毫米，稀长2毫米。
  7. 总苞径1-1.2厘米，总苞片较窄，长4-5毫米；叶疏生缺刻状锯齿或有羽状披针形尖裂片 … 4. **裂叶马兰 K. incisa**
  7. 总苞径1-1.5厘米，总苞片长5-7毫米，宽2-3毫米。
    8. 叶全缘或有羽状浅裂片或疏浅齿，近革质………………………… 5. **山马兰 K. lautureana**
    8. 叶羽状中裂，纸质或近膜质………………………… 6. **蒙古马兰 K. mongolica**

1. 马兰 图 226 彩片 45

Kalimeris indica (Linn.) Sch.-Bip. Zoll. Syst. Verz. Ind. Archip. 125. 1854-55.

Aster indicus Linn. Sp. Pl. 876. 1753.

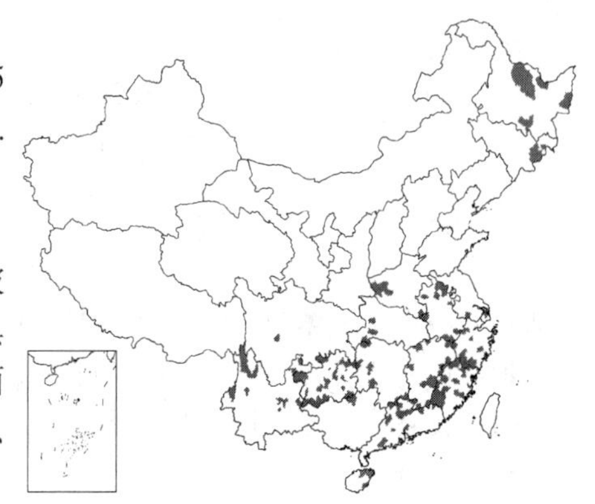

根茎有匍枝。茎上部有毛，有分枝。基生叶花期枯萎；茎生叶倒披针形或倒卵状长圆形，长3-6厘米，基部渐窄成具翅长柄，中部以上具有小尖头的齿或羽状裂片，上部叶全缘，基部骤窄无柄，叶较薄，两面或上面近无毛，边缘及下面沿脉有粗毛。总苞半球形，径6-9毫米，总苞片2-3层，外层倒披针形，长2毫米，内层倒披针状长圆形，长达4毫米，上部草质，有疏毛，边缘膜质，有缘毛；花托圆锥形。舌状花1层，管部长1.5-1.7毫米，舌片浅紫色，长达1厘米；管状花长3.5毫米，管部长1.5毫米，被密毛。瘦果倒卵状长圆形，极扁，长1.5-2毫米，熟时褐色，边缘浅色有厚肋，上部被腺及柔毛；冠毛易脱落。花期5-9月，果期8-10月。

产黑龙江、吉林东部、江苏南部、安徽、浙江、福建、江西、河南、湖北西南部、湖南、广东、海南、广西北部、贵州、云南及四川，生于林缘、草地、溪岸。朝鲜半岛、日本、中南半岛至印度有分布。全草药用，清热解毒、消食积、利小便、散瘀止血。

图 226 马兰 （引自《图鉴》）

[附] **多型马兰 Kalimeris indica** var. **polymorpha** (Vant.) Kitam. in Journ. Jap. Bot. 19: 340. 1943.—— *Martinia polymorpha* Vant. in Bull. Acta Int. Géogr. Bot. 12: 32. 1903. 与模式变种的区别：下部及中部叶有2-4对深裂片，裂片线形。产江苏、安徽、江西、湖北、湖南、贵州、云南、四川及陕西南部。

[附] **狭叶马兰 Kalimeris indica** var. **stenophylla** Kitam. in Journ. Jap. Bot. 19: 340. 1943. 与模式变种的区别：叶线状披针形，下部及中部叶有浅齿，近无毛；茎常多分枝；总苞片倒卵状长圆形。产江苏、江西、河南及山西南部。

[附] **狭苞马兰 Kalimeris indica** var. **stenolepis** (Hand.-Mazz.) Kitam. in Journ. Jap. Bot. 19: 340. 1943.—— *Asteromoea indica* var. *stenolepis* Hand.-Mazz. in Acta Hort. Gothob. 12: 225. 1938. 与模式变种的区别：叶线状披针形或窄披针形，下部及中部叶有浅齿；总苞片窄披针形或线状披针形；茎多分枝。产江苏、浙江、安徽、福建、江西、湖北、湖南、广东、四川东部及陕西南部。

2. 毡毛马兰 图 227

Kalimeris shimadai (Kitam.) Kitam. in Acta Phytotax. Geobot. 6: 50. 1937.

Asteromoea shimadai Kitam. in Acta Phytotax. Geobot. 2: 37. 1933.

多年生草本。茎密被粗毛，多分枝。茎中部叶倒卵形、倒披针形或椭圆形，长2.5-4厘米，基部渐窄，近无柄，中部以上有的叶有1-2对浅齿或全缘；上部叶渐小，倒披针形或条形；叶较厚，两面密被毡状毛，下面沿脉及边缘密被糙毛。头状花序径2-2.5厘米，单生枝端，排成疏散伞房状；总苞半球形，径0.8-1厘米，总苞片3层，外层窄长圆形，长2-3毫米，上部草质；内层倒披针状长圆形，长约5毫米，草质，边缘膜质，全部背面被密毛，有缘毛。舌状花1层，管部有毛；舌片浅紫色，长1.1-1.2厘米；管状花长4-4.5毫米，管部长1.5毫米，有毛。瘦果倒卵圆形，极扁，长2.5-2.7毫米，熟时灰褐色，边缘有肋，被贴毛；冠毛膜片状，锈褐色，不脱落。

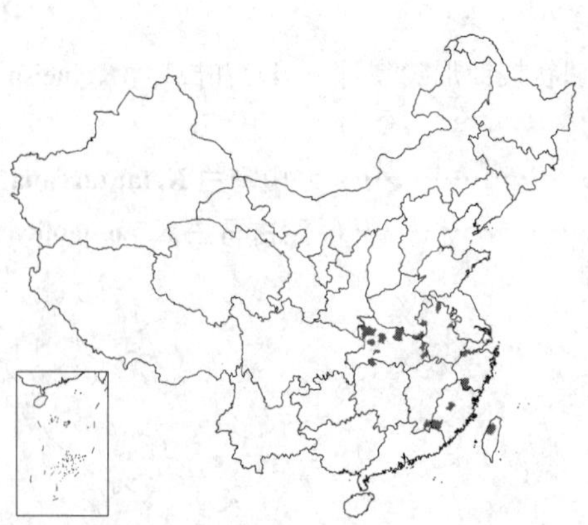

图 227 毡毛马兰 （引自《图鉴》）

产江苏南部、安徽、浙江、福建、台湾、江西南部、湖北及湖南北部，生于林缘、草坡或溪岸。

3.　全叶马兰　　图 228

Kalimeris integrifolia Turcz. ex DC. Prodr. 5: 259. 1836.

多年生草本。茎单生或丛生，被硬毛，中部以上有近直立帚状分枝。茎中部叶多而密，线状披针形、倒披针形或长圆形，长2.5-4厘米，基部渐窄无柄，全缘，边缘稍反卷；上部叶线形，全部叶下面灰绿，两面密被粉状绒毛。总苞半球形，径7-8毫米，总苞片3层，外层近线形，内层长圆状披针形，长达4毫米，上部革质，先端尖，有粗毛及腺点。舌状花1层，管部有毛，舌片淡紫色，长1.1厘米；管状花花冠长3毫米，管部有毛。瘦果倒卵形，长1.8-2毫米，熟时浅褐色，扁，有浅色边肋，或一面有肋果呈三棱形，上部有短毛及腺；冠毛带褐色，长0.3-1.5毫米，易脱落。花期6-10月，果期7-11月。

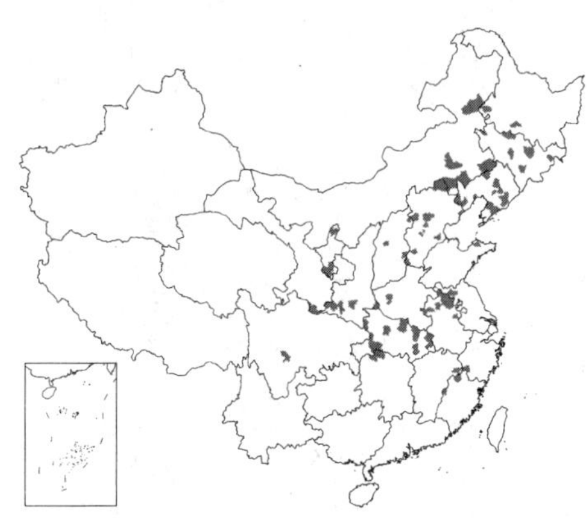

产黑龙江西南部、吉林、辽宁、内蒙古东部、河北、山西、河南、山东东北部、江苏西北部、安徽、浙江西南部、福建西北部及西部、江西东北部、湖北、湖南北部、四川、陕西南部、甘肃南部、宁夏，生于山坡、林缘、灌丛或路旁。朝鲜半岛、日本及俄罗斯西伯利亚东部有分布。

图 228　全叶马兰（引自《图鉴》）

4.　裂叶马兰　　图 229：1-6

Kalimeris incisa (Fisch.) DC. Prodr. 5: 258. 1836.

Aster incisus Fisch. in Mém. Soc. Imp. Nat. Mosc. 3: 76. 1812.

多年生草本。茎无毛或疏生向上白色短毛，上部分枝。叶纸质，中部叶长椭圆状披针形或披针形，长6-10厘米，基部渐窄，无柄，疏生缺刻状锯齿或有羽状披针形尖裂片，上面无毛，边缘粗糙或有上弯刚毛，下面近光滑，上部分枝的叶线状披针形，全缘。头状花序径2.5-3.5厘米，单生枝端，排成伞房状；总苞半球形，径1-1.2厘米，总苞片3层，有微毛，外层长椭圆状披针形，长3-4毫米，内层长4-5毫米，近革质，边缘膜质。舌状花淡蓝紫色，管部长约1.5毫米，舌片长1.5-1.8厘米；管状花黄色，长3-4毫米，管部长1-1.3毫米。瘦果倒卵形，淡绿褐色，扁而有浅色边肋或偶有3肋果呈三棱形，被白色短毛；冠毛淡红色。花果期7-9月。

图 229：1-6. 裂叶马兰　7-13. 蒙古马兰（引自《中国植物志》）

产黑龙江南部、吉林、辽宁及内蒙古东南部，生于山坡草地、灌丛、林间空地或湿草地。朝鲜半岛、日本及俄罗斯东西伯利亚有分布。

5. 山马兰 图 230 彩片 46

Kalimeris lautureana (Debx.) Kitam. in Acta Phytotax. Geobot. 6 : 22. 1937.

Boltonia lautureana Debx. in Acta Soc. Linn. Bordeaux, 31: 215. 1876.

茎单生或簇生，被白色向上糙毛，上部分枝。叶近革质，中部叶披针形或长圆状披针形，长3-6（-9）厘米，基部渐窄，无柄，有疏齿或羽状浅裂，分枝叶线状披针形，全缘；叶两面均疏生糙毛或无毛。总苞半球形，径1-1.4厘米，总苞片3层，近革质，上部绿色，无毛，外层长椭圆形，内层倒披针状长椭圆形，长5-6毫米，有膜质缝状边缘。舌状花淡蓝色，长1.5-2厘米，管部长约1.8毫米；管状花黄色，长约4毫米，管部长约1.3毫米。瘦果倒卵圆形，熟时淡褐色，疏生柔毛，有浅色边肋或偶有3肋果呈三棱形；冠毛淡红色。

图 230 山马兰（引自《图鉴》）

产黑龙江、吉林、辽宁、河北、山西东部及南部、陕西东部、河南、山东东北部及江苏西南部，生于山坡、草原、灌丛中。

6. 蒙古马兰 图 229 : 7-13

Kalimeris mongolica (Franch.) Kitam. in Acta Phytotax. Geobot. 6: 21. 1937.

Aster mongolicus Franch. Pl. David. 1: 161. t. 13. 1884.

多年生草本。茎被向上糙伏毛，上部分枝。叶纸质或近膜质，中部及下部叶倒披针形或长圆形，长5-9厘米，羽状中裂，两面疏生硬毛或近无毛，边缘具硬毛，裂片线状长圆形，上部分枝叶线状披针形，长1-2厘米。头状花序单生分枝顶端，径2.5-3.5厘米；总苞半球形，径1-1.5厘米，总苞片3层，无毛，椭圆形或倒卵形，长5-7毫米，有白或带紫红色膜质缝缘。舌状花淡蓝紫、淡蓝或白色；管状花黄色。瘦果倒卵圆形，长约3.5毫米，熟时黄褐色，有黄绿色边肋；冠毛淡红色，舌状花瘦果冠毛长约0.5毫米，管状花瘦果冠毛长1-1.5毫米。花果期7-9月。

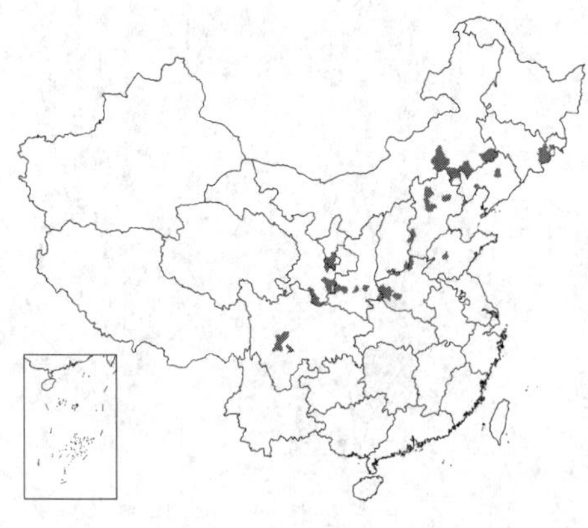

产吉林东南部、辽宁、内蒙古东南部、河北、山东中西部、河南西部、山西、陕西南部、宁夏南部、甘肃东部及南部、四川，生于山坡、灌丛或田边。

22. 翠菊属 Callistephus Cass.

（陈艺林 靳淑英）

一年生或二年生草本，高达1米。茎单生，被白色糙毛。下部茎生叶花期脱落；中部茎生叶卵形、菱状卵形、匙形或近圆形，长2.5-6厘米，有不规则粗锯齿，两面疏被硬毛；叶柄长2-4厘米，被白色硬毛，有窄翼；上部茎生叶渐小，菱状披针形、长椭圆形或倒披针形，有1-2锯齿，或线形，全缘。头状花序单生茎顶，径6-8厘米，花序梗长；总苞半球形，径2-5厘米，总苞片3层，近等长，外层长椭圆状披针形，或匙形，叶质，长1-2.4厘米，边缘有白色长睫毛，中层匙形，质较薄，带紫色，内层长椭圆形，膜质。雌花1层，栽培品种为多层，红、淡红、蓝、黄或淡蓝紫色，花冠舌状，长2.5-3.5厘米，管部长2-3毫米；两性花花冠黄色，管状，辐射对称，檐部稍扩大，有5裂齿，花柱分枝扁，有三角状披针形附片。瘦果稍扁，长椭圆状披针形，长3-3.5毫米，有多数纵棱，中部以上被柔毛；外层冠毛短，冠状，白色，宿存，内层冠毛白色，不等长，长3-4.5毫米，易脱落。

我国特有单种属。

翠菊 图 231

Callistephus chinensis (Linn.) Nees, Gen. Sp. Aster. 222. 1832.

Aster chinensis Linn. Sp. Pl. 877. 1753.

形态特征同属。花果期5-10月。

产吉林东南部、辽宁、内蒙古、河北、山东东北部、山西北部、云南及四川西南部，生于海拔30-2700米山坡撩荒地、山坡草丛、水边或疏林阴处。国内外植物园、花园、庭院及公共场所栽植供观赏。

图 231 翠菊（张海燕绘）

23. 狗娃花属 Heteropappus Less.

（陈艺林 靳淑英）

一、二或多年生草本。叶互生，全缘或有疏齿。头状花序排成疏散伞房状或单生，有异型花，外围有1层雌花，放射状，中央有多数两性花，均结果，有时仅有同型两性花而无雌花。总苞半球形，总苞片2-3层，近等长或稍覆瓦状，条状披针形，草质，内层边缘膜质；花序托稍凸起，蜂窝状。雌花花冠舌状，舌片蓝或紫色，顶端有微齿，稀无舌片；两性花管状，黄色，有5不等形裂片，1裂片较长；花药基部钝，全缘；花柱分枝附片三角形；冠毛同形，有近等长的带黄或带红色细糙毛，或异形而雌花的冠毛极短成冠状，或雌花无冠毛。瘦果倒卵形，扁，下部极窄，被绢毛，有较厚边肋。

约30种，主要分布于亚洲东部、中部及喜马拉雅地区。我国12种。

1. 多年生草本；全部小花有同形冠毛。
  2. 植株较高大，非垫状，无圆柱状直根。
    3. 总苞片边缘膜质或仅内层边缘膜质。
      4. 茎直立，被上曲或开展毛；总苞片边缘膜质；舌状花15-20 ························ 1. **阿尔泰狗娃花 H. altaicus**
      4. 茎外倾或近平卧，被平贴柔毛；总苞片仅内层边缘窄膜质；舌状花20-35 ··· 3. **半卧狗娃花 H. semiprostratus**
    3. 总苞片草质，通常无膜质边缘；茎斜升或近平卧 ··························· 2. **华南狗娃花 H. ciliosus**
  2. 植株较低矮、垫状，有肥厚圆柱状直根 ··························· 4. **青藏狗娃花 H. bowerii**
1. 一或二年生草本；小花有同形冠毛或外层小花有短冠毛或无冠毛。
  5. 植株较高大。
    6. 舌状花无冠毛或有短冠毛。
      7. 舌状花瘦果窄长，不育 ··························· 6. **砂狗娃花 H. meyendorffii**
      7. 舌状花瘦果能育。

8. 舌状花瘦果冠毛少数或极短而非膜片状；茎生叶倒披针形、长圆形或匙形 …… 7. **圆齿狗娃花 H. crenatifolius**
8. 舌状花瘦果冠毛为膜片状；茎生叶长圆状披针形或线形 ………………………………… 5. **狗娃花 H. hispidus**
6. 舌状花有长冠毛 ……………………………………………………………………………… 5(附). **鞑靼狗娃花 H. tataricus**
5. 植株较低矮，基部具铺散分枝 ……………………………………………………………… 8. **拉萨狗娃花 H. gouldii**

1. 阿尔泰狗娃花 阿尔泰紫菀 图 232 彩片 47

Heteropappus altaicus (Willd.) Novopokr. Herb. Fl. Ross. 56: n. 2769. et Fl. Ross. 8: 193. 1922.

Aster altaicus Willd. Enum. Pl. Hort. Berol. 2: 880. 1809.

多年生草本。茎直立，被上曲或开展毛，上部常有腺，上部或全部有分枝。下部叶线形、长圆状披针形、倒披针形或近匙形，长2.5-10厘米，全缘或有疏浅齿；上部叶线形；叶两面或下面均被粗毛或细毛，常有腺点。头状花序单生枝端或排成伞房状；总苞半球形，径0.8-1.8厘米，总苞片2-3层，长圆状披针形或线形，长4-8毫米，背面或外层草质，被毛，常有腺，边缘膜质。舌状花15-20，管部长1.5-2.8毫米，有微毛，舌片浅蓝紫色，长圆状线形，长1-1.5厘米，管状花长5-6毫米，管部长1.5-2.2毫米，裂片不等大，有疏毛。瘦果扁，倒卵状长圆形，灰绿或浅褐色，被绢毛，上部有腺；冠毛污白或红褐色，有不等长微糙毛。花果期5-9月。

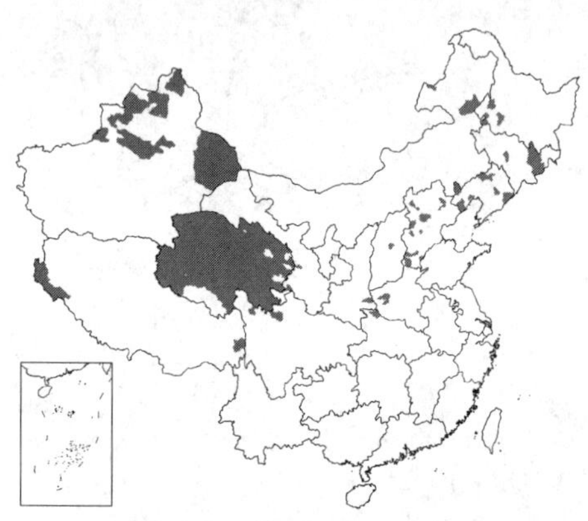

图 232 阿尔泰狗娃花（王金凤绘）

产黑龙江西部、吉林、辽宁、内蒙古东部、河北、山西近中部、陕西东南部、河南西部、湖北西北部、四川西北部、甘肃、青海、西藏及新疆，生于海拔4000米以下滨海平原、草原、荒漠、沙地及干旱山地。广泛分布亚洲中部、东部、北部及东北部。

2. 华南狗娃花 华南铁杆蒿 图 233

Heteropappus ciliosus (Turcz.) Ling, Fl. Reipubl. Popul. Sin. 74. 110. 1985.

Calimeris ciliosa Turcz. in Bull. Soc. Nat. Mosc. 24: 61. 1851.

多年生草本。茎斜升或近平卧，高达35厘米，被上曲疏柔毛至无毛，上部有分枝，枝顶有莲座状叶丛。不育茎的叶匙形，长1-1.5厘米，基部渐窄；发育茎下部叶花期凋落；中部叶匙状长圆形，长1.5-2.5厘米，基部稍渐窄，叶均无柄，全缘，有缘毛，两面无毛。总苞半球形，径0.8-1厘米，总苞片2层，披针形，长4-5毫米，绿色，草

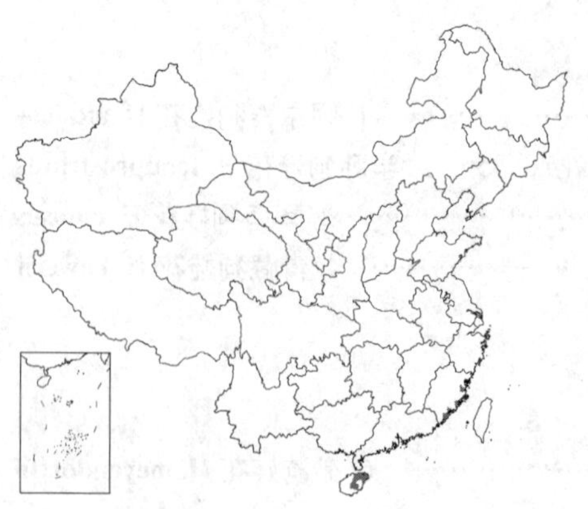

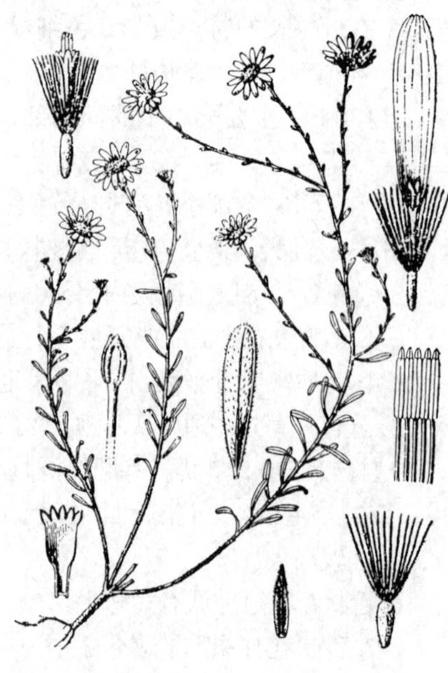

图 233 华南狗娃花（引自《海南植物志》）

质，背面被柔毛，通常无膜质边缘或内层下部边缘窄膜质。舌状花1层，15-20，管部长约1.5毫米，有微毛；舌片粉红或白色，线状长圆形，长1-1.2厘米；管状花长约4毫米，管部长1-1.1毫米，裂片不等长，有微毛。瘦果扁，倒卵圆形，熟时浅褐色，被硬毛，上部有腺；冠毛红褐色，有不等长糙毛。花果期7-9月。

产广东汕尾、海南及福建沿海地区，生于海岸沙地或河边草地。日本有分布。

3. 半卧狗娃花 图 234

Heteropappus semiprostratus Griers. in Notes Roy. Bot. Gard. Edinb. 26: 151. 1964.

多年生草本。茎枝簇生，平卧或斜升，高5-15厘米，被平贴柔毛，基部分枝，有时叶腋有具密叶的不育枝。叶线形或匙形，长1-3厘米，先端宽短尖，基部渐窄，全缘，两面被平贴柔毛或上面近无毛，散生腺体。头状花序单生枝端；总苞半球形，径1.3厘米，总苞片3层，披针形，长6-8毫米，绿色，外面被毛和腺体，内层边缘宽膜质。舌状花20-35，管部长约2毫米，舌片蓝或浅紫色，长1.2-1.5厘米。管状花黄色，长4-6毫米，管部长1.5-2.3毫米，裂片1长4短，长1.2-1.5毫米；冠毛浅棕红色。瘦果倒卵圆形，被绢毛，上部有腺。

产西藏及青海，生于海拔3200-4600米干旱多砂石山坡、冲积扇或河滩砂地。尼泊尔及克什米尔地区有分布。

图 234 半卧狗娃花（引自《中国植物志》）

4. 青藏狗娃花 图 235

Heteropappus bowerii (Hemsl.) Griers. in Notes Roy. Bot. Gard. Edinb. 26: 155. 1964.

Aster bowerii Hemsl. in Journ. Linn. Soc. Bot. 30: 113. 1894.

二或多年生草本，低矮，垫状，有肥厚圆柱状直根。茎单生或簇生根颈，高2.5-7厘米，纤细，被白色密硬毛，上部常有腺，基生叶密集，线状匙形，长达3厘米，基部宿存；下部叶线形或条状匙形，长1.2-2.5厘米，基部抱茎；上部叶线形，长5-8毫米；叶质厚，全缘或边缘皱缩，两面密生白色长粗毛或上面近无毛，有缘毛。头状花序单生茎端或枝端；总苞半球形，径1-1.5(-2)厘米，总苞片2-3层，线形或线状披针形，被腺及密粗毛，外层长7毫米，草质，内层较尖，长7-9毫米，边缘窄膜质。舌状花管部长2-3毫米，舌片蓝紫色，长0.9-1.3厘米；管状花长4.5-5毫米，管部长1.5毫米；裂片外面有微毛。瘦果窄，倒卵圆形，熟时浅褐色，有黑斑，被疏细毛；冠

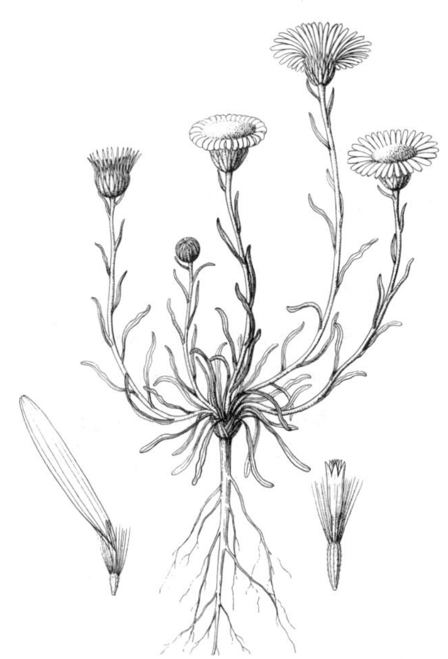

图 235 青藏狗娃花（引自《图鉴》）

毛污白或稍褐色，有糙毛。花果期7-8月。

产西藏、青海及甘肃中部，生于海拔5000-5200米高山砾石沙地。

5. 狗娃花 图 236

Heteropappus hispidus (Thunb,) Less. Syn. Comp. 189. 1832.

Aster hispidus Thunb. Fl. Jap. 315. 1784.

一或二年生草本。茎高达50（-150）厘米，单生或丛生，被粗毛，下部常脱毛，有分枝。基部及下部叶花期枯萎，倒卵形，长4-13厘米，基部渐窄成长柄，全缘或有疏齿；中部叶长圆状披针形或线形，长3-7厘米，常全缘，上部叶条形；叶质薄，两面被疏毛或无毛，边缘有疏毛。头状花序单生枝端，排成伞房状；总苞半球形，径1-2厘米，总苞片2层，线状披针形，草质，或内层菱状披针形而下部及边缘膜质，背面及边缘有粗毛，常有腺点。舌状花管部长2毫米，舌片浅红或白色，线状长圆形，长1.2-2厘米；管状花花冠长5-7毫米，管部长1.5-2毫米，裂片长1-1.5毫米。瘦果倒卵圆形，扁，被密毛；冠毛在舌状花极短，白色，膜片状，或部分带红色；管状花冠毛糙毛状，初白色，后带红色，与花冠近等长。花期7-9月，果期8-9月。

产吉林、辽宁、内蒙古、河北、山西、河南西部、安徽北部、浙江、福建、台湾、江西西北部、湖南西部、湖北、四川东部、甘肃东部及宁夏南部，生于海拔2400米以下荒地、路旁、林缘或草地。蒙古、俄罗斯西伯利亚及远东地区、朝鲜半岛及日本有分布。

图 236 狗娃花（王金凤绘）

[附] **鞑靼狗娃花 Heteropappus tataricus** (Lindl.) Tamamsch. Fl. URSS 25: 71. 1959.—— *Calimeris tatarica* Lindl. ex DC. Prodr. 5: 259. 1836. 本种与狗娃花的区别：叶长2-5厘米，宽2-5毫米，两面被紧贴柔毛或上面毛少；舌状花淡紫或淡蓝紫色，有长冠毛；瘦果冠毛淡红褐色。产台湾，生于海岸岩石上。

6. 砂狗娃花 图 237 : 1-3

Heteropappus meyendorffii (Reg. et Maack) Komar. et Klob.-Alis. Key Pl. Far. E. Reg. USSR 2: 1010. 1932.

Galatella meyendorffii Reg. et Maack in Bull. Acta Imp. Sci. St. Pétersb. sér. 7, 4 (4): 81. t. 5. f. 2. 1861.

一年生草本。茎被粗长毛和细贴毛。基生及下部叶花期枯萎，卵形或倒卵状长圆形，长5-6厘米，基部渐窄成长柄，有粗圆齿；中部茎生叶窄长圆形，长6-8厘米，基部稍渐窄，无柄，上部有粗齿或全缘，下面浅绿，两面被平贴硬毛或边缘及下面脉被硬毛；上部叶披针形或线状披针形，小枝叶长1-

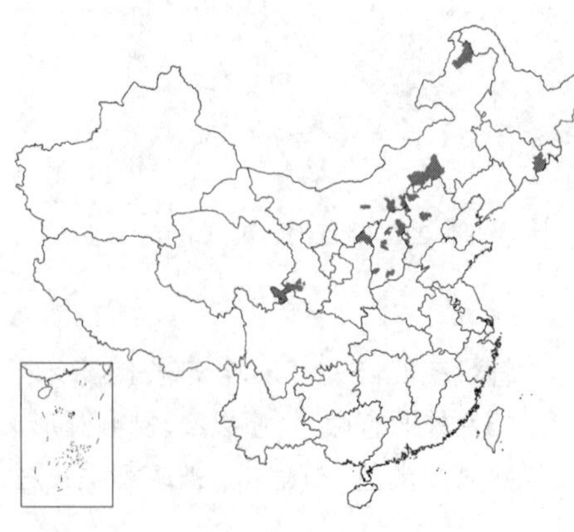

图 237 : 1-3. 砂狗娃花 4-6. 拉萨狗娃花（王金凤绘）

1.5厘米，全缘。头状花序单生枝端，基部有苞片状小叶；总苞半球形，径1.3-1.8厘米，总苞片2-3层，草质，线状披针形，长7-8毫米，背面被粗长毛和腺，内层下部边缘膜质。舌状花管部长约1.8毫米，舌片蓝紫色，线状长圆形，长1.4-1.7厘米，先端3裂或全缘；管状花黄色，管部长1-1.5毫米，疏生硬毛，裂片5。管状花瘦果能育，倒卵圆形，扁，有边肋，被硬毛，舌状花瘦果窄长，不育；冠毛淡红褐色，有糙毛，舌状花冠毛少或有时无冠毛。

产吉林、内蒙古、河北、山西、陕西北部及甘肃西南部，生于河岸砂地、林下沙丘或山坡草地。朝鲜半岛、日本及俄罗斯远东地区有分布。

7. 圆齿狗娃花 图 238

Heteropappus crenatifolius (Hand.-Mazz.) Griers. in Notes Roy. Bot. Gard. Edinb. 26: 152. 1964.

Aster crenatifolius Hand.-Mazz. Symb. Sin. 7: 1092. t. 16. f. 14. 1936.

一或二年生草本。茎密生开展长毛，上部常有腺，叶疏生；基生叶花期枯萎，莲座状；下部茎生叶倒披针形、长圆形或匙形，长2-10厘米，基部渐窄成细柄或有翅长柄，全缘或有圆齿或密齿；中部叶基部稍窄或近圆，常全缘，无柄；上部叶常线形；叶两面被伏粗毛，常有腺。头状花序径2-2.5厘米；总苞半球形，径1-1.5厘米，总苞片2-3层，线形或线状披针形，长5-8毫米，外层草质，深绿或带紫色，被密腺毛及细毛，内层边缘膜质。舌状花管部长1.2-1.8毫米，舌片蓝紫或红白色，长0.8-1.2厘米。管状花长4.2毫米，管部长1.4-1.6毫米，裂片有微毛；冠毛黄或近褐色，与管状花花冠近等长，有微糙毛；舌状花冠毛常较少，或极短，或无。瘦果倒卵圆形，稍扁，熟时淡褐色，有黑色条纹，上部有腺，被疏绢毛。花果期5-10月。

图 238 圆齿狗娃花（引自《图鉴》）

产陕西南部、甘肃南部、宁夏、青海、西藏东部及南部、四川及云南，生于海拔1900-3900米开旷山坡、田野或路旁。尼泊尔有分布。

8. 拉萨狗娃花 图 237:4-6

Heteropappus gouldii (C. E. C. Fisch.) Griers. in Notes Roy. Bot. Gard. Edinb. 26: 152. 1964.

Aster gouldii C. E. C. Fisch. in Kew Bull. 286. 1938.

一年生草本，有直根。茎较低矮，基部具铺散分枝，被平贴糙伏毛或开展硬毛并兼有腺毛。叶宽线形、倒披针形或匙形，长0.7-3.5厘米，基部无柄，全缘，两面被平贴糙伏毛，疏生腺。头状花序径1.5-2.5厘米；总苞半球形，径1-1.5厘米，总苞片2-3层，近等长，线形或披针形，长5-7毫米，外层草质，绿或带紫色，被腺伏柔毛和疏长毛，内层有白色膜质边缘。舌状花管部长1.5-2.1毫米，舌片淡紫或浅蓝色，长1-1.1厘米；管状花黄色，长3.5-4毫米，管部长1-1.2毫米，裂片5，不等长；冠毛污白或浅棕色，较管状花花冠短，舌状花冠毛常较短。瘦果倒卵圆形，扁，绿色，有黑斑，被绢毛，顶部有少数腺点。

产青海及西藏，生于海拔2900-5540米山坡草地、田边或河滩。

24. 东风菜属 Doellingeria Nees

（陈艺林 靳淑英）

多年生草本，有根茎。茎直立。叶互生，有锯齿，稀近全缘。头状花序成伞房状排列，有异形花，外围有1层雌花，放射状，中央有多数两性花，均结果；总苞半球状或宽钟状，总苞片2-3层，近覆瓦状排列或近等长，条状披针形，厚质或叶质，边缘常干膜质；花序托稍凸起，窝孔全缘或稍撕裂。雌花舌状，舌片常白色，长圆状披针形，顶端有微齿；两性花管状，黄色，上部钟状，有5裂片；花药基部钝，近全缘；花柱分枝附片三角形或披针形，尖；冠毛同形，污白色，有多数不等长细糙毛，与管状花花冠近等长或不过花冠管部。瘦果圆柱形，两端稍窄，或稍扁，有5厚肋（除边肋外，一面有1肋，一面有2肋），无毛或有疏粗毛。

约7种，分布于亚洲东部。我国2种。

1. 总苞片不等长，背部窄，草质，边缘宽膜质；冠毛有多数稍不等长而与管状花花冠等长的毛；瘦果无毛；中部以上叶常有楔形具宽翅的柄 ………… 1. **东风菜 D. scaber**
1. 总苞片近等长，有时外层稍短，草质绿色，仅内层边缘膜质；冠毛有少数不等长而不过管状花花冠管部的糙毛；瘦果有毛；中部以上叶常有不具翅叶柄 ………… 2. **短冠东风菜 D. marchandii**

1. 东风菜 图 239 彩片 48

Doellingeria scaber (Thunb.) Nees, Gen. et Sp. Aster 183. 1833.

Aster scaber Thunb. Fl. Jap. 316. 1784.

茎高达1.5米，分枝被微毛。基生叶花期枯萎，叶心形，长9-15厘米，宽6-15厘米，有具小尖头的齿，基部骤窄成长10-15厘米被微毛的柄；中部叶卵状三角形，基部圆或稍平截，有具翅短柄；上部叶长圆状披针形或线形，叶两面被微糙毛。头状花序径1.8-2.4厘米，圆锥伞房状排列，花序梗长0.9-3厘米；总苞半球形，径4-5毫米，总苞片约3层，不等长，无毛，边缘宽膜质，有微缘毛，外层长1.5毫米。舌状花舌片白色，线状长圆形，长1.1-1.5厘米，管部长3-3.5毫米；管状花长5.5毫米，檐部钟状，有线状披针形裂片，管部骤窄，长3毫米。瘦果倒卵圆形或椭圆形，无毛；冠毛污黄白色，有多数稍不等长而与管状花花冠近等长的微糙毛。花期6-10月，果期8-10月。

图 239 东风菜（引自《图鉴》）

产辽宁、内蒙古、河北、山西、河南、安徽、浙江、福建北部、江西北部、湖北、湖南、广西北部、贵州西南部、陕西南部及甘肃南部，生于山谷坡地、草地或灌丛中。朝鲜半岛、日本及俄罗斯西伯利亚东部有分布。民间用治蛇毒，本草纲目"主治风毒壅热、头痛目眩、肝热眼赤"。

2. 短冠东风菜 图 240

Doellingeria marchandii (Lévl.) Ling, Fl. Reipubl. Popul. Sin. 74: 130. 1985.

Aster marchandii Lévl. in Fedde, Repert. Sp. Nov. 11: 306. 1912.

茎直立，高达1.3米，粗壮，上部有柔毛，下部分枝。下部叶花期枯萎，叶心形，长宽均7-10厘米，有具小尖头的锯齿，先端尖或近圆，基部骤窄成长达17厘米的叶柄；中部叶稍小，宽卵形，基部近平截，骤窄成

较短的柄；上部叶小，卵形，基部常楔形，有下延成翅状的短柄；叶质厚，上面有疏糙毛，下面浅色。头状花序径2.5-4厘米，排成疏散圆锥状伞房花序，花序梗长1-5厘米，有长圆形或条状披针形苞叶；总苞宽钟状，径6-7毫米，总苞片约3层，近等长，草质，背面稍粘质，近无毛，内层边缘窄膜质，有缘毛。舌状花，舌片白色，长0.9-1.1厘米，长圆状条形，管部长3毫米；管状花长6-7毫米，有线状披针形深裂片，管部长2-3毫米，无毛。瘦果倒卵形或长椭圆形，被粗伏毛；冠毛褐色，有少数不等长而不超过管状花花冠管部的糙毛。花期8-9月，果期9-10月。

产江苏南部、浙江东部、福建、江西、湖北、湖南、广东北部、广西、贵州西南部、四川中西部、云南东南部及东北部，生于海拔500-1100米山谷、水边、田间或路旁。

图 240 短冠东风菜（引自《图鉴》）

25. 女菀属 Turczaninowia DC.

（陈艺林 靳淑英）

多年生草本，高达1米。根颈粗壮。茎被柔毛，下部常脱毛，上部有伞房状细枝。叶互生，下部叶花期枯萎，线状披针形，长3-12厘米，基部渐窄成短柄，全缘，中部以上叶渐小，披针形或线形，上面无毛，下面密被毛及腺点，边缘有糙毛，稍反卷，中脉及3出脉在下面凸起。头状花序径5-7毫米，多数密集成伞房状复花序，花序梗具苞叶；总苞筒状或钟状，长3-4毫米，总苞片3-4层，被密毛，外层长圆形，长约1.5毫米，内层倒披针状长圆形，上端及中脉绿色；花托稍凸起，蜂窝状，窝孔撕裂。雌花花冠舌状，白色，舌片椭圆形，先端有2-3微齿或近全缘，管部长2-3毫米；两性花花冠管状，黄色，檐部钟状，有5裂片，花药基部钝，全缘，花柱分枝附片三角形或花柱不发育；冠毛1层，与管状花花冠近等长，污白或稍红色，有多数微糙毛。瘦果长圆形，长约1毫米，稍扁，边缘有细肋，被密毛。

单种属。

女菀 图 241

Turczaninowia fastigiata (Fisch.) DC. Prodr. 5. 238. 1836.

Aster fastigiatus Fisch. in Mem. Soc. Imp. Nat. Mosc. 3. 74. 1812.

形态特征同属。花果期8-10月。

产辽宁、内蒙古、河北、山西、河南、山东、江苏、安徽、浙江西北部、福建西北部、江西东北部、湖南西北部、湖北、四川东部及陕西西南部，生于海拔50-150米荒地、山坡或路边。朝鲜、日本及俄罗斯西伯利亚东部有分布。

图 241 女菀（引自《图鉴》）

26. 紫菀属 Aster Linn.

（陈艺林 靳淑英）

多年生草本，亚灌木或灌木。茎直立。叶互生，有齿或全缘。头状花序排成伞房状或圆锥伞房状，或单生，有多数异形花，放射状，外围有1-2层雌花，中央有多数两性花，均结果，稀无雌花，呈盘状。总苞半球状、钟状或倒锥状，总苞片2至多层，外层渐短，覆瓦状排列或近等长，边缘常膜质；花托蜂窝状，平或稍凸起。雌花花冠舌状，舌片窄长，白、浅红、紫或蓝色，顶端有2-3不明显齿；两性花花冠管状，黄色或顶端紫褐色，常有5等形裂片；花药基部钝，常全缘，花柱分枝附片披针形或三角形；冠毛宿存，白或红褐色，有多数近等长细糙毛，或另有一外层极短的毛状或膜片状。瘦果长圆形或倒卵圆形，扁或两面稍凸，有2边肋，常被毛或有腺。

250-600种，广泛分布于亚洲、欧洲及北美洲。我国约100种。

1. 总苞片3至多层，稀2层，覆瓦状排列，外层渐短，稀与内层等长；冠毛1层，稀2层而外层短毛状，稀膜片状；头状花序多数或少数，伞房状排列，稀单生茎端。
 2. 总苞片上部或外层均草质，边缘有时膜质。
  3. 冠毛与管状花花冠多少等长。
   4. 冠毛白或稍红色，稀稍红褐色；总苞片外层渐短，稀近等长，先端钝或稍尖。
    5. 舌状花10-30。
     6. 总苞径1-2.5厘米，总苞片先端尖或圆，边缘常红紫色；多年生草本。
      7. 叶有6-10对羽状脉；总苞片先端尖或圆 ………… 1. **紫菀 A. tataricus**
      7. 叶有离基3出脉；总苞片先端圆 ………… 2. **圆苞紫菀 A. maackii**
     6. 总苞径0.5-1（-1.5）厘米，总苞片先端尖、渐尖或钝，有时带紫红色。
      8. 瘦果疏被短毛；多年生草本。
       9. 叶长圆形、舌状、翅状或披针状长圆形，基部圆或有耳，先端尖或渐尖，稀稍钝；总苞长5-8毫米，直立。
        10. 总苞长6-8毫米；茎下部叶花期枯萎；叶下面及总苞片有腺及被密糙毛，沿脉及边缘有长粗毛 ………… 4. **耳叶紫菀 A. auriculatus**
        10. 总苞长5毫米；叶有腺，两面被贴生毛和密短毛，下面沿脉及边缘被长毛 ………… 5. **琴叶紫菀 A. panduratus**
       9. 叶长圆形或倒卵状长圆形，先端圆，基部无柄或骤窄成短柄，长不及2.5厘米；总苞长4-5毫米，总苞片先端钝或内层稍尖 ………… 5(附). **莽山紫菀 A. mangshanensis**
      8. 瘦果密被绢毛。
       11. 多年生草本；茎和叶下面被卷曲长密毛；叶有离基3出脉及3-4对侧脉；总苞片约3层，上部或全部草质 ………… 6. **密毛紫菀 A. vestitus**
       11. 丛生亚灌木；总苞片4-5层。
        12. 叶两面及总苞片被短糙毛或长柔毛和腺点；叶有羽状脉，侧脉不明显；总苞片全部或上部草质 ………… 7. **灰枝紫菀 A. poliothamnus**
        12. 叶两面及总苞片被毡毛；叶有3出脉及2-3对羽状脉；总苞片非草质 … 8. **西固紫菀 A. sikuensis**
    5. 舌状花50-60；总苞径1-1.2厘米；瘦果被疏毛，冠毛污白或稍红褐色 …… 9. **凉山紫菀 A. taliangshanensis**
   4. 冠毛红褐色，基部稍黄色；总苞片近等长，先端长尖；多年生草本 ………… 3. **褐毛紫菀 A. fuscescens**
  3. 冠毛与管状花花冠管部等长或几达花冠裂片基部。
   13. 草本；叶有羽状脉，两面被短糙毛；舌状花有冠毛。
    14. 叶基部楔形，渐窄成短柄；舌状花约20，白色 ………… 10. **高茎紫菀 A. procerus**
    14. 叶基部圆，常抱茎；舌状花约40，舌片浅蓝紫色 ………… 11. **长梗紫菀 A. dolichopodus**

13. 木质草本或亚灌木；叶有离基3出脉，两面被微伏毛；舌状花常无冠毛 ………… 12. **甘川紫菀 S. smithianus**

2. 总苞片干膜质或厚干膜质，或上部草质。

15. 总苞片2-4（5）层，膜质或干膜质，有时先端或外层草质；管状花檐部有浅裂片。

16. 总苞半球形或倒锥形，有时管形；总苞片背部无黑色条纹，外层总苞片非苞叶状。

17. 草本；茎下部有时木质；茎基部和下部叶多少宽大；头状花序多数在茎和枝端排成伞房状或圆锥伞房状；总苞片（2）3-5层；叶卵圆形、披针形或心形；冠毛白或带红褐色，有少数外层短毛或短膜片。

18. 总苞片覆瓦状排列，外层渐短。

19. 总苞半球状或倒锥状，稀管状，总苞片2-3层，先端钝、尖或渐尖。

20. 叶有3或5基出脉或离基3出脉；冠毛污白或带红褐色。

21. 叶宽卵圆形或长圆状披针形。

22. 叶有远基3出脉；总苞径0.4-1厘米。

23. 茎密被黄褐或灰白色茸毛；叶上面密被糙毛或两面密被茸毛或毡毛，质厚，先端钝或尖；舌状花常白色 ………………………………… 13(附). **毛枝三脉紫菀 A. ageratoides** var. **lasiocladus**

23. 茎和叶被柔毛、粗毛、糙毛或腺点。

24. 叶下面沿脉、茎和花序梗被开展灰白色长粗毛，叶下面常被短柔毛及腺点 …………………………………………………………………… 13(附). **长毛三脉紫菀 A. ageratoides** var. **pilosus**

24. 叶下面沿脉、茎和花序梗被短疏毛或近无毛，或叶下面被密短毛或有腺点，或沿脉有较长柔毛。

25. 叶窄披针形，长5-8厘米，宽0.7-1厘米，质厚，有浅锯齿，下面近无毛；总苞片稍尖 ………………………………………………… 13(附). **狭叶三脉紫菀 A. ageratoides** var. **gerlachii**

25. 叶卵圆形或长圆披针形，有浅或深锯齿。

26. 叶下面密被短柔毛，有较密腺点，上面平或有时泡状，通常卵圆形或卵圆状披针形，有浅齿；总苞片有毛及缘毛，先端紫红色 …………………………………………………………………………………… 13(附). **微糙三脉紫菀 A. ageratoides** var. **scaberulus**

26. 叶下面被疏毛或近无毛，有疏腺点或无腺点。

27. 叶网脉明显，网隙在上面凸起呈泡状；叶通常卵圆形或长圆状披针形 ……………………………………………………… 13(附). **坚叶三脉紫菀 A. ageratoides** var. **firmus**

27. 叶网脉间隙在上面不凸起呈泡状。

28. 总苞片宽1-2毫米，先端较钝，有密缘毛，或较尖而有短缘毛，边缘有齿蚀状细锯齿。

29. 茎中部叶长圆状披针形或窄披针形，长为宽3-8倍，边缘常有粗锯齿，基部常骤缢缩成具宽翅的长柄；总苞片先端紫褐或紫红色，有时叶质；头状花序常较大 ………………………………………………………………… 13. **三脉紫菀 A. ageratoides**

29. 茎中部叶卵圆形或卵状披针形，长为宽2-3倍，边缘常有浅齿，基部渐窄成短柄；总苞片先端常有紫红色小尖头 ………………………………………………………………………………… 13(附). **卵叶三脉紫菀 A. ageratoides** var. **oophyllus**

28. 总苞片宽1毫米，先端稍尖，边缘无毛或有短缘毛，常全缘。

30. 花序枝有披针形近全缘的叶，较茎上部的叶稍小；总苞片先端褐色 ……………………………………… 13(附). **异叶三脉紫菀 A. ageratoides** var. **heterophyllus**

30. 花序枝有卵圆形具齿的叶，远较上部的叶为小；总苞片先端常绿色 ……………………………………… 13(附). **宽伞三脉紫菀 A. ageratoides** var. **laticorymbus**

22. 叶有3基出脉；总苞径0.8-1.5厘米 ……………………………… 13(附). **三基脉紫菀 A. trinervius**

21. 叶圆形或近心形，具窄翅长柄，有3-4对羽状脉；总苞半球形，径5毫米；总苞片3层，长圆形

或线状披针形 ………………………………………………………………………… 17. **翼柄紫菀 A. alatipes**

20. 叶有2-3对羽状脉；窄长匙形或线形，两面无毛，边缘有伏糙毛；冠毛白色 ……………………………………………………………………………………………… 14. **川鄂紫菀 A. moupinensis**

19. 总苞管状，总苞片4-5层，先端圆，干膜质；叶披针形或长圆状披针形，有离基3出脉 ……………………………………………………………………………………………… 15. **台湾紫菀 A. taiwanensis**

18. 总苞片近等长，2-3层；叶脉羽状 …………………………………… 16. **等苞紫菀 A. homochlamydeus**

17. 灌木；头状花序在茎端和枝端排成复伞房状或伞房状。

31. 冠毛1层；叶全缘或有浅齿，长3-17厘米，下面被蛛丝毛或茸毛。

32. 叶网脉不明显凸起，网脉间隙不隆起呈泡状。

33. 叶下面被平贴白色薄茸毛，或两面或上面无毛。

34. 叶下面被平贴白色厚茸毛；总苞片外面被疏毛或近无毛 ………………… 18. **小舌紫菀 A. albescens**

34. 叶下面无毛或沿中脉有薄茸毛；总苞片常无毛 … 18(附). **无毛小舌紫菀 A. albescens** var. **levissimus**

33. 叶下面被绵毛，或下面沿脉有短柔毛或长粗毛，或下面近无毛而有腺点。

35. 叶下面无毛或沿脉有褐色短柔毛，有腺点。

36. 叶椭圆状披针形，两端渐尖，长7-17厘米，下面沿脉有褐色柔毛 ……………………………………………………………………… 18(附). **柳叶小舌紫菀 A. albescens** var. **salignus**

36. 叶卵圆形、卵圆状或椭圆状披针形，长4-10厘米，下面沿脉无毛，稀稍有柔毛 ……………………………………………………………………… 18(附). **腺点小舌紫菀 A. albescens** var. **glandulosus**

35. 叶下面被毛或沿脉有长白色毛，常有腺点。

37. 叶上面疏被糙毛，或沿脉有长毛，长圆状或线状披针形，长4-9厘米，宽1-2厘米 ……………………………………………………………………… 18(附). **长毛小舌紫菀 A. albescens** var. **pilosus**

37. 叶下面被白或灰白色绵毛，长3-20厘米，宽1-5厘米，沿脉无长柔毛。

38. 叶椭圆形或长圆形，基部圆或宽楔形，先端钝；外层总苞片卵圆形 ……………………………………………………………………… 18(附). **椭叶小舌紫菀 A. albescens** var. **limprichtii**

38. 叶窄披针形，基部窄，先端渐尖，外层总苞片长圆形或披针形 ……………………………………………………………………… 18(附). **狭叶小舌紫菀 A. albescens** var. **gracilior**

32. 叶网脉明显凸起，网脉间隙向上隆起呈泡状 …………… 18(附). **糙叶小舌紫菀 A. albescens** var. **rugosus**

31. 冠毛2层，外层极短，毛状或膜片状；叶全缘或近波状，长1-4厘米，上面被粉末状细糙毛，下面被白色茸毛或绵毛 ……………………………………………………………… 19. **银鳞紫菀 A. argyropholis**

16. 总苞近倒锥形，总苞片沿脉有3-5条黑色条纹，外层总苞片苞片状 ……………… 20. **镰叶紫菀 A. falcifolius**

15. 总苞片4-7层，干膜质或厚膜质，先端常褐色而非草质；管状花花冠檐部常有深裂片；总苞倒锥形。

39. 总苞片卵圆形或长圆形，先端钝或尖，厚干膜质。

40. 头状花序径2-4厘米，总苞径1-1.8厘米，总苞片质厚，背面近无毛；中部叶基部有抱茎的圆形小耳 ……………………………………………………………………………………………… 21. **陀螺紫菀 A. turbinatus**

40. 头状花序径0.8-2厘米，总苞径5-8毫米，总苞片质较薄，背面被短密毛；中部叶基部渐窄或骤窄。

41. 花序梗短，有密集的苞叶；总苞长5-7毫米 ………………………………… 22. **白舌紫菀 A. baccharoides**

41. 花序梗短或较长，无密集苞叶；总苞长4-5毫米 ……………………… 22(附). **岳麓紫菀 A. sinianus**

39. 总苞片线状披针形，先端渐尖，边缘膜质，总苞长4-5毫米；冠毛白色 ……………… 23. **短舌紫菀 A. sampsonii**

1. 总苞片2-3层，等长或外层稍短，非覆瓦状排列；冠毛1或2层，外层短毛状或短膜片状；头状花序单生茎端，稀伞房状排列；总苞片全部或上部草质，基部革质，边缘有时膜质。

42. 总苞片草质或下部革质，有时边缘窄膜质或宽膜质。

43. 冠毛1层，稀2层，糙毛状，或有少数外层短毛或短膜片。

44. 总苞片外层全部或内层上部草质，下部常革质，先端钝或稍尖。

45. 冠毛白或稍红褐色，与管状花花冠等长，常有少数外层较短的毛。
46. 冠毛白或污白色，或带红色；叶两面被柔毛或粗毛。
47. 总苞片匙形、舌形、倒披针形或线形，先端圆钝或稍尖，宽1.5–3毫米；总苞径1–2厘米，被密毛或疏毛。
48. 总苞片近等长或外层稍短。
49. 总苞径1.5–2厘米，总苞片匙状披针形或线形，稀匙形；头状花序单生茎端 ………………………………………………………………………………………… 24. **高山紫菀 A. alpinus**
49. 总苞径1–1.2厘米，总苞片匙状圆形或舌形，头状花序3–30以上排成伞房状 ………………………………………………………………………………………… 25. **石生紫菀 A. oreophilus**
48. 总苞片不等长，外层舌形，先端圆，内层披针形，先端尖或渐尖 …………… 26. **异苞紫菀 A. heterolepis**
47. 总苞片线状长圆形，先端渐尖，宽约1毫米；总苞径0.7–1.2厘米；冠毛带红色；头状花序2–4排成伞房状，稀单生 ………………………………………………………………… 27. **舌叶紫菀 A. lingulatus**
46. 冠毛红褐色；叶两面密被白色粗毛；总苞片钝或稍尖，宽约2毫米，被长密毛 …… 28. **红冠紫菀A. handelii**
45. 冠毛紫褐色，长稍过管状花花冠管部或等长。
50. 根茎细，常有细匍枝；叶两面及总苞片密被粗毛 ……………………………… 29. **东俄洛紫菀 A. tongolensis**
50. 根茎粗壮；叶两面及总苞片外面近无毛或沿脉被疏毛，有白色长缘毛；总苞片有时有缘毛 ………………………………………………………………………………………… 30. **缘毛紫菀 A. souliei**
44. 总苞片草质，先端尖或渐尖。
51. 冠毛白或污黄色，与管状花花冠等长；花茎从莲座状叶丛的外侧斜升。
52. 植株无腺毛；冠毛污黄或白色；总苞片长0.8–1厘米，有明显中脉，边缘宽膜质；舌状花15–30，瘦果两面无毛或上部有疏毛 ……………………………………………………………… 31. **怒江紫菀 A. salwinensis**
52. 植株被腺毛或有腺；冠毛白色；总苞片长达1.2厘米，舌状花50–70 ……………… 32. **须弥紫菀 A. himalaicus**
51. 冠毛紫褐色，基部黄色。
53. 冠毛与管状花花冠等长或长达花冠裂片基部；瘦果无翅。
54. 冠毛1层，有紫褐色而下部黄色糙毛；瘦果窄倒卵形，被腺毛；总苞片被深色短毛和腺毛，舌状花70–100，舌片长3–4厘米 …………………………………………………………… 33. **线舌紫菀 A. bietii**
54. 冠毛2层，外层极短，白色，毛状或膜片状，内层有褐色微糙毛；瘦果长圆形，疏被短毛；舌状花约30，舌片长达2厘米 ……………………………………………………… 33(附). **宽苞紫菀 A. latibracteatus**
53. 冠毛与管状花花冠管部近等长，有不等长糙毛；瘦果边缘有翅，无毛或有短糙毛；舌状花30–50。
55. 基生叶花期枯萎，长5–10厘米；茎中部叶卵圆形、长圆形或卵圆状披针形；舌片长1.5–3.5厘米；瘦果心状卵圆形 ……………………………………………………………… 34. **短毛紫菀 A. brachytrichus**
55. 基生叶宿存，长2–4厘米；茎中部叶卵状披针形或线形；舌片长1.5–1.8厘米；瘦果倒卵圆形 ………………………………………………………………………………………… 35. **滇西北紫菀 A. jeffreyanus**
43. 冠毛2层，内层与管状花花冠等长，白或稍带红色，外层短膜片状。
56. 舌状花舌片线状披针形；茎基部无纤维状枯叶残片。
57. 植株有块根。
58. 总苞径1–2厘米，总苞片宽2–3毫米；管状花花冠上部紫褐色，裂片有腺毛或近无毛 ………………………………………………………………………………………… 36. **丽江紫菀 A. likiangensis**
58. 总苞径0.7–1.5厘米，总苞片宽1–1.5毫米；管状花橙黄色，裂片有黑色或无色腺毛 ………………………………………………………………………………………… 36(附). **星舌紫菀 A. asteroides**
57. 植株有长根茎。
59. 总苞径1.5–3厘米；管状花花冠黄色，裂片有黑色或无色短毛，长5.5–6.5毫米；总苞片宽1.5–2.2毫米；植株被长毛，常兼有腺毛；叶两面近无毛或有腺毛 ……………………………… 37. **萎软紫菀 A. flaccidus**

59. 总苞径2-3厘米；管状花花冠黄色，上部常紫色，长7.5-9毫米；总苞片宽1.5-3.5毫米；两面被粗毛和腺毛或上面无毛 ………………………………………………… 38. **察瓦龙紫菀 A. tsarungensis**

56. 舌状花舌片线形；茎基部为纤维状枯叶残片所包被。

60. 总苞片宽0.8-5毫米，先端尖或渐尖。

61. 总苞片被黑色腺毛，基部被长柔毛，宽1-3毫米；茎上部被柔毛，上部被腺毛；管状花黄色，开放前上端紫褐色 ………………………………………………… 39. **重冠紫菀 A. diplostephioides**

61. 总苞片被白色长毛，有时上部有腺点；管状花花冠上部黄色。

62. 总苞片卵状披针形，宽达3-4（5）毫米，常仅下部被柔毛；舌片宽1.5-2.5毫米；叶常较宽大，中部叶的基部圆、心形或有圆耳，半抱茎，上面被疏毛，有腺 ……………………… 40. **云南紫菀 A. yunnanensis**

62. 总苞片线状披针形，宽0.8-2毫米，背面或至少下部被密柔毛，舌片宽1-2毫米；叶通常较窄，中部以上叶的基部圆、心形或平截。

63. 叶较薄，上面和总苞片背面被疏毛及腺，叶有疏锯齿或全缘 ……………………………………………… 40(附). **狭苞云南紫菀 A. yunnanensis** var. **angustior**

63. 叶较厚，两面和总苞片背面被密毛及腺，叶有小尖头状齿或全缘 ……………………………………………… 40(附). **夏河紫菀 A. yunnanensis** var. **labrangensis**

60. 总苞片宽1-1.5毫米，先端渐细尖，外层被长节毛，无腺，内层几无毛；叶窄；茎上部被密卷毛和疏长毛；管状花花冠上部黄色，与白或黄白色的冠毛等长 ………………………………… 41. **狭苞紫菀 A. farreri**

42. 总苞片边缘宽膜质；冠毛2层，内层糙毛状，与管状花花冠等长，外层短毛状或膜片状。

64. 总苞片线状或倒卵状长圆形；头状花序2-8排列伞房状；多年生草本 ……… 42. **狗舌紫菀 A. senecioides**

64. 总苞片线状披针形；头状花序单生茎顶；亚灌木状。

65. 叶两面疏被柔毛；总苞片外层背面被腺和柔毛 ……………………………… 43. **巴塘紫菀 A. batangensis**

65. 叶两面无毛，仅沿脉有微柔毛；总苞片背面有腺，无毛 … 43(附). **匙叶巴塘紫菀 A. batangensis** var. **staticefolius**

1. 紫菀 图 242 彩片 49

Aster tataricus Linn. f. Suppl. Pl. 373. 1781.

多年生草本。茎疏被粗毛。叶疏生，基生叶长圆形或椭圆状匙形，基部渐窄成长柄，连柄长20-50厘米，边缘有具小尖头圆齿或浅齿；茎下部叶匙状长圆形，基部渐窄或骤窄成具宽翅的柄，除顶部外有密齿；中部叶长圆形或长圆状披针形，无柄，全缘或有浅齿；上部叶窄小；叶厚纸质，上面被糙毛，下面疏被粗毛，沿脉较密，侧脉6-10对。头状花序径2.5-4.5厘米，多数在茎枝顶端排成复伞房状，花序梗长，有线形苞叶；总苞半球形，径1-2.5厘米，总苞片3层，覆瓦状排列，线形或线状披针形，先端尖或圆，被密毛，边缘宽膜质，带红紫色。舌状花约20，舌片蓝紫色。瘦果倒卵状长圆形，紫褐色，上部被疏粗毛；冠毛1层，污白或带红色，有多数糙毛。花期7-9月，果期8-10月。

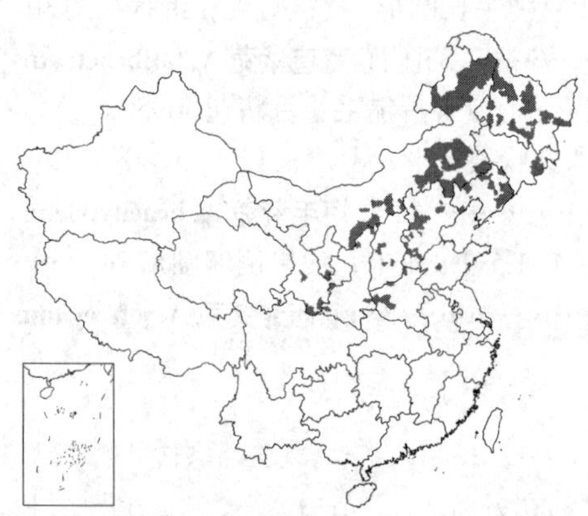

图 242 紫菀（张泰利绘）

产黑龙江、吉林、辽宁、内蒙古、河北、山东、山西、河南西部、陕西、甘肃南部及宁夏南部，生于海拔400-2000米阴坡、山顶草地或沼泽。朝鲜半岛、日本、俄罗斯西伯利亚东部有分布。

2. 圆苞紫菀 图 243

Aster maackii Regel in Bull. Acad. Imp. Sci. St. Petersb. ser. 7, 4(4): 81. t. 4. f. 6-8. 1861.

多年生草本。茎被糙毛，下部常脱毛，上部常分枝。茎中部叶长椭圆状披针形，长4-11厘米，基部渐窄，无柄或有短柄，有小尖头状浅齿；上部叶长圆披针形，全缘；叶纸质，两面被糙毛，离基3出脉。头状花序径3.5-4.5厘米，在茎或枝端排成疏散伞房状，有时单生，花序梗长2-8厘米，顶端有长圆形或卵圆形苞叶；总苞半球形，径1.2-2厘米，总苞片3层，疏覆瓦状排列，长圆形或线状长圆形，先端圆，外层长3-4毫米，上部草质，内层长达8毫米，上端紫红色，有微毛，下部革质，边缘膜质。舌状花20余，管部长2.5-3毫米，有微毛，舌片紫红色，长圆状披针形，长1.5-1.8厘米；管状花黄色，长约6毫米，管部长约3毫米，外面有微毛；冠毛白色或基部稍红色，与管状花花冠近等长，有微糙毛。瘦果倒卵圆形，被密毛。花果期7-10月。

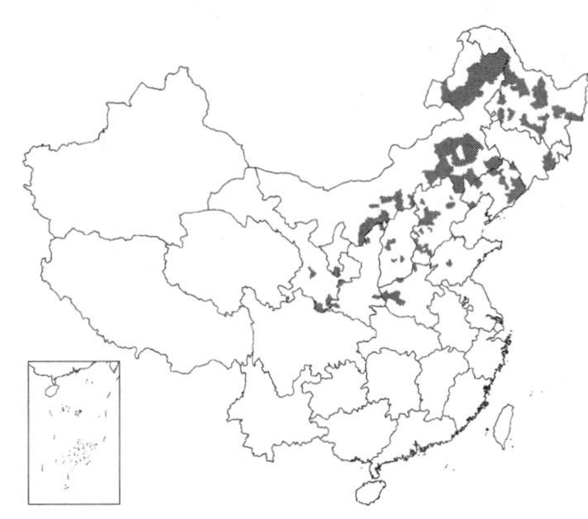

产黑龙江、吉林、辽宁东部、内蒙古及宁夏南部，生于海拔900-1000米阴湿坡地、林缘、积水草地和沼泽地。朝鲜及俄罗斯远东地区有分布。

图 243 圆苞紫菀（吴彰桦绘）

3. 褐毛紫菀 图 244

Aster fuscescens Burr. et Franch. in Journ. de Bot. 5: 49. 1891.

多年生草本。茎被柔毛和具柄腺毛。茎下部叶有长达15厘米的柄，宽卵圆形，长5-12厘米，基部圆或心形，边缘有具小尖头的锯齿；中部及上部叶卵圆形或披针形，有短柄；叶上面被疏伏毛，下面有疏柔毛，或两面近无毛而沿脉有长毛。头状花序径约3厘米，在茎和枝端排成伞房状，花序梗长1-8厘米，有线形或长圆披针形苞片；总苞半球形，径1-1.5厘米，总苞片2-3层，近等长，覆瓦状排列，线状披针形，先端长尖，被密腺毛或近无毛，内层边缘膜质，有缘毛。舌状花管部长1.5-2毫米，舌片蓝紫色。管状花黄或橙色，长5.5-7.5毫米；冠毛1层，红褐色，基部稍黄色，长5-7.5毫米。瘦果倒卵圆形，稍扁，褐色，被腺和短毛或脱毛。花期7-10月，果期8-12月。

图 244 褐毛紫菀（引自《图鉴》）

产四川、云南及西藏东南部，生于海拔2900-4200米高山及亚高山草坡、灌丛边缘、石砾地或沟旁。缅甸东北部有分布。

4. 耳叶紫菀 图 245

Aster auriculatus Franch. in Journ. de Bot. 10: 379. 1896.

多年生草本。茎单生，稀丛生，被长粗毛，常有腺。茎下部叶花期枯萎，倒卵圆形或长圆形，基部渐窄；中部叶长圆形或窄椭圆形，长3-6厘米，基部成圆形抱茎的耳，中上部有浅齿或圆齿，或近全缘；上部叶线状披针形或长圆形；叶上面或两面均被密糙毛，下面有腺及长粗毛，沿脉及边缘有长粗毛。头状花序径2-2.5厘米，在茎和枝端排成圆锥伞房状或伞房状，花序梗长1-8厘米，有线形苞片；总苞半球状，长6-8毫米，径6-8毫米；总苞片3层，覆瓦状排列，线状披针形，近革质，长6-8毫米，外层上部草质，有密腺，或兼有糙毛，内层中脉有腺，边缘膜质，常撕裂，常有紫色长尖头。舌状花约30，舌片白色。管状花长5毫米，管部长2.5毫米；冠毛1层，白或稍红色，有多数糙毛。瘦果窄倒卵圆形，疏被短毛。花果期4-8月。

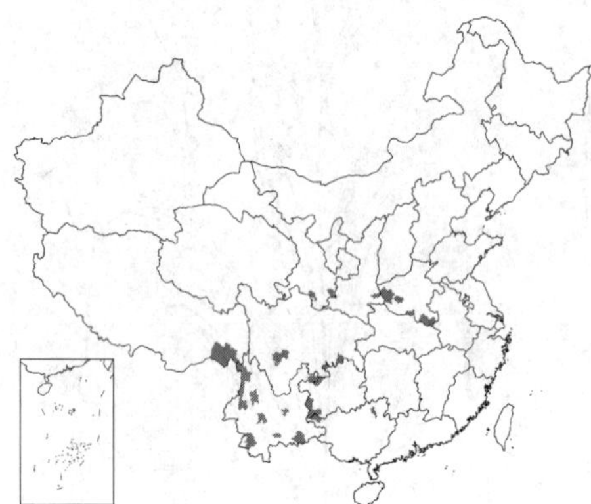

产河南、陕西东南部、甘肃南部、四川、西藏东南部、云南、贵州及广西，生于海拔1500-3000米疏林下、灌丛或草地。

图 245 耳叶紫菀（吴彰桦绘）

5. 琴叶紫菀 图 246

Aster panduratus Nees ex Walper, Nov. Acta Cur. 19, Suppl. 1: 258. 1843.

多年生草本。茎单生或丛生，被长粗毛，常有腺。茎下部叶匙状长圆形，长达12厘米，下部渐窄成长柄；中部叶长圆状匙形，长4-9厘米，基部半抱茎，全缘或有疏齿；上部叶卵状长圆形，基部心形抱茎，常全缘；叶两面被长贴生毛和密毛，有腺，下面沿脉及边缘有长毛。头状花序径2-2.5厘米，单生枝端或成疏散伞房状排列，花序梗有线状披针形或卵形苞叶；总苞半球形，长约5毫米，径6-8毫米，总苞片3层，覆瓦状排列，长圆状披针形，外层草质，长2-3毫米，被密短毛及腺，内层上部或中脉草质，长4毫米，边缘膜质而无毛。舌状花约30，管部长1.5毫米；舌片浅紫色；管状花长约4毫米，管部被密毛；冠毛1层，白或稍红色，与管状花花冠近等长，有微糙毛。瘦果卵状长圆形，两面有肋，被柔毛。花期2-9月，果期6-10月。

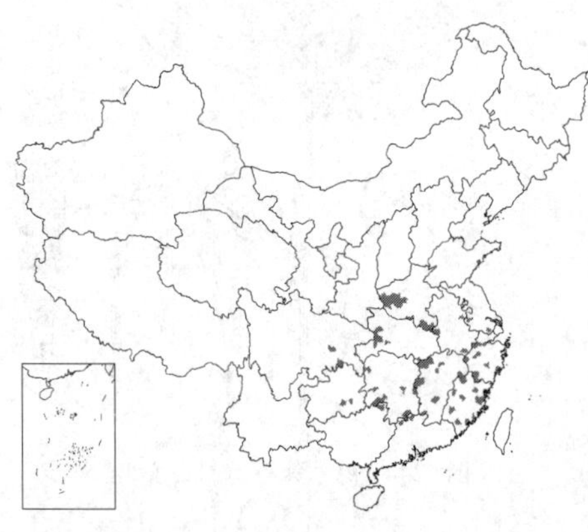

图 246 琴叶紫菀（引自《江苏植物志》）

产河南、安徽、江苏南部、浙江、福建、江西、湖北、湖南、广东北部、广西东北部、贵州南部、四川东部及东南部，生于海拔100-1400米山坡灌丛、草地、溪岸或路旁。

[附] **莽山紫菀 Aster mangshanensis** Ling, Fl. Reipubl. Popul. Sin. 74: 148. pl. 41: 1-4. Addenda 355. 1985. 本种与琴叶紫菀的区别：叶长圆形或倒卵状长圆形，基部无柄或骤窄成短柄，长不及2毫米；总苞长4-5毫米。产湖南南部。

6. 密毛紫菀 图 247

Aster vestitus Franch. in Journ. de Bot. 10: 378. 1896.

多年生草本。茎单生，稀丛生，被卷曲或开展密长毛，上部兼有腺毛，茎中部叶长圆状披针形，长4-11厘米，无柄，全缘或上部有2-3对浅锯齿；上部叶线状披针形、长圆形或卵形；叶密被腺毛，下面灰绿色，被卷曲毛或长毛，离基3出脉，侧脉3-4对。头状花序径2-3厘米，排成复伞房状，花序梗长1-5厘米；总苞半球状，径0.8-1厘米。总苞片约3层，覆瓦状排列，外层先端尖，上部或全部草质，顶部常紫红色，下部革质，被腺和密毛；内层窄披针形，上部草质，下部和边缘干膜质，具腺，有缘毛。舌状花管部长1.5毫米，舌片白或浅紫红色；管状花黄色，管部长1.5毫米。冠毛1层，污白或稍红色，有微糙毛。瘦果倒卵圆形，扁，两面各有1肋，被白色绢毛。花果期9-12月。

产云南、四川西南部及西藏南部，生于海拔2200-3200米林缘、草坡、溪岸或沙地。不丹、锡金及缅甸北部有分布。

图 247 密毛紫菀（吴彰桦绘）

7. 灰枝紫菀 图 248

Aster poliothamnus Diels in Fedde, Repert. Sp. Nov. 12: 503. 1922.

丛生亚灌木。茎帚状，被密糙毛或柔毛，有腺。茎中部叶长圆形或线状长圆形，长1-2(3)厘米，全缘，基部稍窄或骤窄，边缘平或稍反卷；上部叶椭圆形；叶上面被短糙毛，下面被柔毛，两面有腺点，羽叶脉，侧脉不明显。头状花序在枝端密集成伞房状或单生，花序梗细，长1-2.5厘米，有疏生苞叶；总苞宽钟状，径5-7毫米，总苞片4-5层，覆瓦状排列，外层卵圆或长圆状披针形，长2-3毫米，全部或上部草质，先端尖，外面或沿中脉被密柔毛和腺点；内层长达7毫米，近革质，上部草质带红紫色，有缘毛。舌状花10-20，淡紫色，舌片长圆形，4脉；管状花黄色，长5-6毫米，裂片长0.7毫米；冠毛1层，污白色，长约5毫米，有微糙毛或有外层短毛。瘦果长圆形，常一面有肋，密被白色绢毛。花期6-9月，果期8-10月。

图 248 灰枝紫菀（吴彰桦绘）

产甘肃南部、青海东部及南部、四川西北部及北部、西藏东部及南部，生于海拔1800-3300米山坡或溪岸。

8. 西固紫菀 图 249

Aster sikuensis W. W. Smith et Farr. in Notes Roy. Bot. Gard. Edinb. 9: 80. 1916.

丛生亚灌木。茎丛生，被密毡毛。茎中部叶长圆形、椭圆形或长圆状披针形，长1.5-2.5厘米，几无柄，全缘，

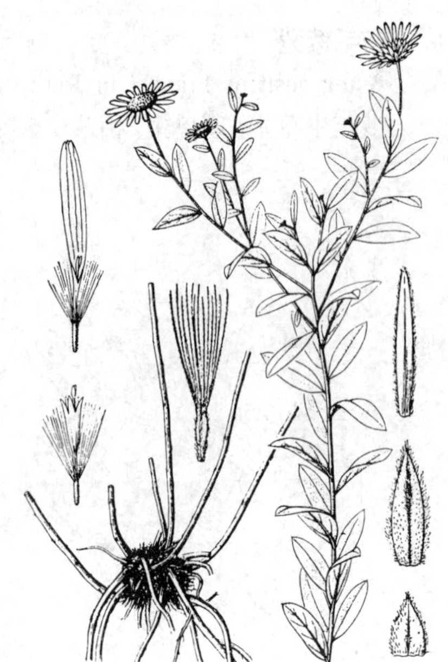

图 249 西固紫菀（吴彰桦绘）

边缘常反卷；上部叶椭圆形，长4-6毫米；叶上面被毡毛，下面密被毡毛，有3出脉及2-3(4)对侧脉。头状花序径约1.5厘米，单生枝端或排成伞房状；花序梗短或长达3厘米；总苞半球形，径6-7毫米，总苞片约4层，覆瓦状排列，外层卵圆状披针形，长1.5毫米，被毡毛，先端稍紫红色；内层线状披针形，长达4.5毫米，先端有白色长密毛，背面被密毛，边缘膜质，有缘毛。舌状花约10，舌片白或浅红色，线状长圆形；管状花长4毫米，外面无毛，裂片长0.6毫米；冠毛1层，白或稍红色，长约4毫米，有多数微糙毛。瘦果倒卵状椭圆形，稍扁，两面有肋，被白色绢毛。果期10月。

产甘肃南部、陕西西南部及四川北部，生于海拔800-2300米干旱坡地或石砾地。

9. 凉山紫菀 图 250：1-4

Aster taliangshanensis Ling, Fl. Reipubl. Popul. Sin. 74: 151. pl. 44: 1-4. Addenda 356. 1985.

多年生草本。茎高达80厘米，多分枝，被长柔毛。下部叶花期枯萎；中部叶长圆状披针形，长6-11厘米，有短柄，有5-6对小尖头状齿或浅齿；上部叶长圆状或线状披针形，长3-5厘米，边缘波状，稍有齿或近全缘；叶近纸质，上面被密糙毛，下面被贴毛，有腺点。头状花序径3-4厘米，在茎和枝端排成疏散伞房状；花序梗长2-10厘米，有线形苞叶；总苞半球状，径1-1.2厘米，总苞片2（3）层，覆瓦状排列，外层草质，基部近革质，长圆披针形，边缘紫红色，背面被短毛，常有腺，内层上端草质，边缘膜质，有缘毛。舌状花50-60，管部长1毫米，舌片蓝紫色；管状花长3-4毫米，黄色，裂片长1毫米；冠毛1层，污白或带红褐色，长4毫米，有微糙毛。瘦果倒卵圆形，一面有肋，被疏毛。花期7-8月，果期8-9月。

图 250：1-4. 凉山紫菀 5-8. 高茎紫菀 9-12. 长梗紫菀（引自《中国植物志》）

产四川南部，生于海拔2500-3100米山坡林下、草地或路旁。

10. 高茎紫菀 图 250：5-8

Aster procerus Hemsl. in Journ. Linn. Soc. Bot. 23: 415. 1888.

多年生草本。茎高达1米，被糙毛。茎中部叶卵状披针形，长7-11厘

米，基部楔形，渐窄成短柄，具小尖头锯齿；上部叶无柄，有细齿或近全缘；叶两面被糙毛。头状花序径3-4厘米，有长梗，单生枝端，排成伞房状；总苞半球形，径1.2-1.5厘米，总苞片2-3层，覆瓦状排列，外层草质，被密糙毛，最内层窄，近无毛。舌状花约20，白色，管部长1.5毫米，有微毛，舌片长圆状线形；管状花长达5毫米，骤窄成1.5-2毫米管部，裂片卵圆披针形。瘦果倒卵圆形，褐色，极扁，边肋厚；冠毛污白色，长1-1.5（2）毫米，近膜片状。花期5-9月，果期8-10月。

产河南西部及东南部、湖北西南部、安徽、浙江西北部，生于林缘及山地。

11. 长梗紫菀 图 250：9-12

Aster dolichopodus Ling, Fl. Reipubl. Popul. Sin. 74: 156. pl. 44: 5-8. Addenda 356. 1985.

多年生草本。茎高达85厘米，被长毛。茎中部叶长圆状披针形，长4-7.5厘米，先端镰状渐尖，基部圆，常抱茎，全缘或上部有1-2对小尖头状齿或浅齿；上部叶线状披针形；叶上面被伏糙毛，下面被粗毛，有缘毛。头状花序径3-4厘米，单生枝端或排成伞房状，花序梗长4-15厘米，有线形苞片；总苞半球形，径0.7-1厘米，总苞片3-4层，覆瓦状排列，被密腺毛，外层长圆状披针形，草质，有短缘毛，内层倒卵状披针形，上部及中脉草质，下部革质，有缘毛。舌状花约40，舌片浅蓝紫色；管状花长5毫米，管部长2毫米，上部被微毛；冠毛1层，浅红或基部白色，有微糙毛。瘦果倒卵圆形，除厚边肋外，一面有肋，被粗毛。花果期7-9月。

产云南西北部、四川、甘肃南部及陕西南部，生于海拔2400-3200米山坡、沟边或路旁。

12. 甘川紫菀 图 251

Aster smithianus Hand.-Mazz. in Acta Hort. Gothob. 12: 216. 1938.

木质草本或亚灌木。茎高达1.5米，被微柔毛。茎中部叶窄卵圆形或披针形，长5-10厘米，全缘，稀中部以上有浅锯齿；上部叶卵圆状或线状披针形；叶两面被微柔毛，下面有腺点，脉被粗毛，具离基3出脉及2-4对细侧脉。头状花序径1.5-2.5厘米，排成伞房状，花序梗长达4厘米，有苞叶；总苞半球形，径6-9毫米，总苞片2-3层，覆瓦状排列，外层长圆状或匙状线形，长约3.5毫米，草质，密被微柔毛，内层卵圆披针形，下部革质，长4.5-5毫米，上部被密微毛，常有缘毛。舌状花约30，管部长1.5毫米，舌片白或浅紫红色，长0.6-1厘米；管状花长约4毫米，管部长1毫米，裂片长约1毫米，外面有短毛；冠毛1层，白或稍红色，有少数微糙毛，舌状花常无冠毛。瘦果倒卵圆形，黑色稍扁，一面有肋，被密伏毛。花期8-10月，果期9-10月。

图 251 甘川紫菀（吴彰桦绘）

产甘肃南部、陕西南部、四川及云南西北部，生于海拔1350-3400米沟坡草地或河岸。

13. 三脉紫菀 野白菊花 图 252 彩片 50

Aster ageratoides Turcz. in Bull. Soc. Nat. Mosc. 17: 154. 1837.

多年生草本。茎高达1米，被柔毛或粗毛。下部叶宽卵圆形，骤窄成长柄；中部叶窄披针形或长圆状披针形，长5-15厘米，基部骤窄成楔形具宽翅的柄，边缘有3-7对锯齿；上部叶有浅齿或全缘；叶纸质，上面被糙毛，下面被柔毛常有腺点，或两面被茸毛，下面沿脉有粗毛，离基3出脉，侧脉3-4对。头状花序径1.5-2厘米，排成伞房或圆锥伞房状，花序梗长0.5-3厘米；总苞倒锥状或半球状，径0.4-1厘米，总苞片3层，覆瓦状排列，线状长圆形，上部绿或紫褐色，有缘毛。舌状花管部长2毫米，舌片线状长圆形，紫、浅红或白色；管状花黄色，长4.5-5.5毫米，管部长1.5毫米，裂片长1-2毫米；冠毛1层，浅红褐或污白色。瘦果倒卵状长圆形，灰褐色，有边肋，一面常有肋，被粗毛。花果期7-12月。

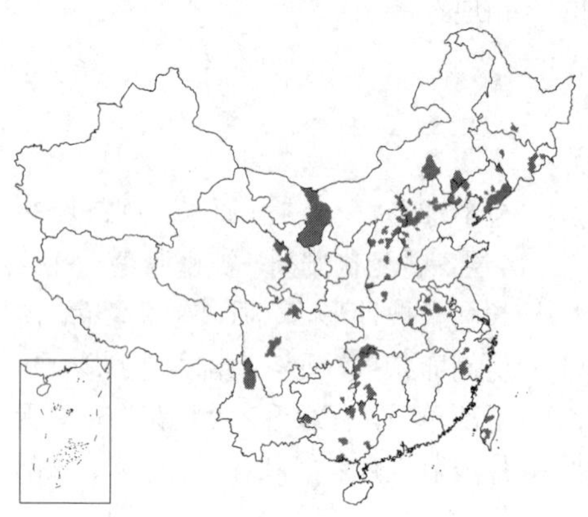

产黑龙江南部、吉林、辽宁、内蒙古、河北、山西、河南、安徽、浙江、台湾、广西、湖南、湖北西南部、贵州、云南西北部、四川及青海东北部，生于海拔100-3350米林下、林缘、灌丛及山谷湿地。喜马拉雅南部、朝鲜半岛、日本及亚洲东北部有分布。

[附] **长毛三脉紫菀 Aster ageratoides** var. **pilosus** (Diels) Hand.-Mazz. in Acta Hort. Gothob. 12: 214. 1938.—— *Aster trinervius* Roxb. var. *pilosus* Diels in Engl. Bot. Jahrb. 29: 610. 1901. 与模式变种的区别：叶卵圆形或长圆状披针形，下部渐窄或骤窄，边缘有浅锯齿，质稍厚，下面沿脉及茎被长约1毫米开展白或灰色长粗毛，下面被密短毛，有腺点，上面被糙毛；总苞片尖端紫褐色。产陕西南部、湖北西部、四川东部及中部。

[附] **微糙三脉紫菀 Aster ageratoides** var. **scaberulus** (Miq.) Ling, Fl. Reipubl. Popul. Sin. 74: 162. 1985.——*Aster scaberulus* Miq. in Journ. Bot. Meerl. 1: 100. 1861. 与模式变种的区别：叶卵圆形或卵圆状披针形，边缘有6-9对浅锯齿，下部渐窄或骤窄具窄翅或无翅短柄，质较厚，上面密被微糙毛，下面密被柔毛，有腺点，沿脉常有长柔毛，或脱毛；总苞径0.6-1厘米，长5-7毫米，总苞片上部绿色；舌状花白或带红色。产江苏南部、安徽南部、浙江、福建、江西、湖北、湖南、广东、广西、贵州、云南及四川东部。越南有分布。

[附] **坚叶三脉紫菀 Aster ageratoides** var. **firmus** (Diels) Hand.-Mazz. in Acta Hort. Gothobl. 12: 215. 1938.——*Aster trinervius* Roxb. var. *firmus* Diels in Engl. Bot. Jahrb. 29: 610. 1901. 与原变种的区别：叶卵圆形或长圆状披针形，纸质，下面密被糙毛，后近无毛，常有光泽，下面沿脉被长粗毛，网脉明显，网隙在叶上面凸起作泡状；舌状花白或带红色。产湖南西部、湖北西部、陕西南部、四川及云南北部。喜马拉雅南部有分布。

[附] **毛枝三脉紫菀 Aster ageratoides** var. **lasiocladus** (Hayata) Hand.-Mazz. in Acta Hort. Gothob. 12: 215. 1938.—— *Aster lasiocladus* Hayata, Ic. Pl. Formos. 8: 49. f. 26-1. 1919. 与原变种的区别：茎被黄褐或灰色密茸毛；叶长圆状披针形，长4-8厘米，边缘有浅齿，先端钝或尖，质厚，上面密被糙毛，或两面密被茸毛，沿脉常有粗毛；总苞片质厚，密被茸毛；舌状花白色。产安徽、福建、台湾、江西、湖南、广东、海南、广西、贵州及云南东南部。药用，治感冒、骨痛、蛇伤。

图 252 三脉紫菀（吴彰桦绘）

[附] **狭叶三脉紫菀 Aster ageratoides** var. **gerlachii** (Hance) Chang, Fl. Reipubl. Popul. Sin. 74: 163. 1985. —— *Aster gerlachii* Hance in Journ. Bot. 262. 1880. 与原变种的区别：茎上部微被糙毛；叶线状披针形，长5-8厘米，宽0.7-1厘米，有浅锯齿，两端渐尖，薄纸质，上面疏被粗毛，下面近无毛；总苞片上端绿色；舌状花白色。产广东及贵州。

[附] **宽伞三脉紫菀 Aster ageratoides** var. **laticorymbus** (Vant.) Hand.-Mazz. in Acta Hort. Gothob. 12: 214. 1936.—— *Aster laticorymbus* Vant. in Bull. Acad. Int. Geogr. Bot. 12:

494. 1903. 与原变种的区别：茎多分枝，中部叶长圆状披针形或卵圆状披针形，下部渐窄，边缘有7-9对锯齿，下面常脱毛，上部叶小，卵圆形或披针形，全缘或有齿；总苞片较窄，先端绿色；舌状花常白色。产安徽、福建、江西、湖北、湖南、广东、广西、贵州、四川及陕西。

[附] **异叶三脉紫菀 Aster ageratoides** var. **heterophyllus** Maxim. in Bull. Acta Imp. Sci. St. Pétersb. 9: 144. 472. 1859. 与原变种的区别：茎多分枝；中部叶长圆状披针形，边缘有粗锯齿，上部叶稍小，常全缘；总苞片较窄，上部绿色，常有褐色尖头。产河北、山西、陕西、甘肃南部、河南、湖北西部、四川及云南北部。

[附] **三基脉紫菀** 三脉叶马兰 **Aster trinervius** D. Don, Prodr. Fl. Nepal 177. 1825. 本种与三脉紫菀的区别：叶质较厚，近圆形或卵状披针形，有3基出脉；总苞径0.8-1.5厘米。产西藏南部。尼泊尔、不丹、印度东北部及缅甸北部有分布。

14. 川鄂紫菀 图 253：1-4

Aster moupinensis (Franch.) Hand.-Mazz. in Notizbl. Bot. Gart. Berl.-Dahl 13: 613. 1937.

Erigeron moupinensis Franch. in Nouv. Arch. Mus. Hist. Nat. sér. 2, 10: 16. 1888.

多年生草本。茎下部无毛或有疏毛，上部有伏毛。基部叶在花期生存，窄长匙形或线形，长4-12厘米，下部渐窄成长柄，全缘或上部有1-3对疏浅齿，先端有角质小尖头；茎下部及中部叶线形，长2-4厘米，上部叶线形；两面无毛，边缘有伏糙毛，侧脉2-3对。头状花序单生枝端，径3-4厘米；总苞半球形，长7-8毫米，总苞片3层，覆瓦状排列，线形或线状长圆形，先端带紫色，外层草质，或除中脉外宽膜质，长约7毫米，边缘撕裂或有缘毛。舌状花管部长3毫米，有短毛，舌片白色，长椭圆形；管状花长7毫米，管部长2.5毫米，裂片长2毫米。冠毛1层，白色，长约7毫米，有细糙毛。瘦果长圆形，两面无肋，被伏柔毛。花果期7-11月。

产湖北西部、四川东部及云南西北部，生于河滩、沙地、草坡或岩缝中。

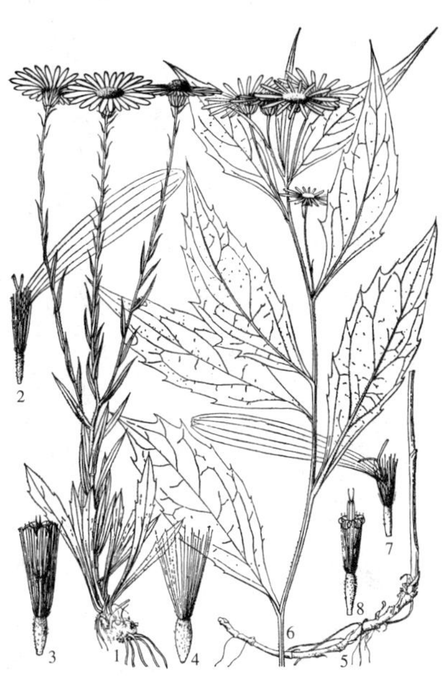

图 253：1-4. 川鄂紫菀 5-8. 等苞紫菀（引自《中国植物志》）

15. 台湾紫菀 图 254

Aster taiwanensis Kitam. in Acta Phytotax. Geobot. 1: 145. 290. 1932.

多年生草本。茎被粗毛或下部近无毛。茎下部及中部叶披针形或长圆状披针形，长8-14厘米，基部渐窄成长3-5毫米的柄，边缘有锯齿；上部叶先端渐尖，基部圆，有短柄；叶厚纸质，上面被微毛或几无毛，下面有时沿脉有细点，被微毛

图 254 台湾紫菀（引自《Fl. Taiwan》）

或近无毛，有离基3出脉，侧脉3对。头状花序多数，在茎和枝端排成圆锥伞房状；总苞管状，长5毫米，径5-6毫米，总苞片覆瓦状排列，干膜质，4-5层，外层卵圆形，长1毫米，中层长2-3毫米，内层长4-5毫米，先端圆，有啮蚀状缘毛，背面在顶端下有粗毛。舌状花1层，管部长2.5-3毫米，有微毛，舌片白色，长4.5-7毫米；管状花黄色，长约6毫米，管部长2.5毫米，裂片长2.5毫米。冠毛1层，长约4毫米，白或稍红色，有微糙毛。瘦果稍扁，长圆形，长2-2.5毫米，两面各有1肋。花果期5-12月。

产台湾，生于山坡草地。

16. 等苞紫菀 图 253：5-8

Aster homochlamydeus Hand.-Mazz. Symb. Sin. 7: 1901. 1936.

多年生草本。茎高达50厘米，下部被毛，后脱毛，上部被密伏毛。茎下部叶卵圆形，长2-7厘米，基部骤窄成长3-10厘米具窄翅的柄，上部有疏齿；中部叶卵圆或长圆状披针形，长6-15厘米，中部或下部骤窄成楔形短柄，上部有疏齿；上部叶无柄；叶上面被糙毛，下面被伏毛，侧脉4对。头状花序径2-3厘米，排成伞房状，花序梗细长；总苞倒锥形，径0.5-1厘米，总苞片2-3层，常等长，线状披针形，长达8毫米，外层草质，被柔毛，内层上部草质，边缘宽膜质，有缘毛。舌状花管部长达2毫米，舌片白或紫色；管状花长4-5毫米，管部长1.5-2毫米，有毛，裂片长达2毫米；冠毛1层，稍红色，有微糙毛。瘦果长圆形或倒卵圆形，褐色，两面常有肋，被粗毛。花期4-8月，果期7-9月。

产云南西北部、四川西南部及甘肃南部，生于海拔3000-3300米高山及亚高山林中。

17. 翼柄紫菀 图 255

Aster alatipes Hemsl. in Journ. Linn. Soc. Bot. 23: 407. 1888.

多年生草本。茎高达1米，被粗毛。下部叶圆形或近心形，长达3.5厘米，具窄翅长柄；中部叶卵圆状披针形，长5-10厘米，具宽翅柄，上部有7-10对具小尖头疏齿；上部叶有具宽翅短柄；上面密生糙毛，下面被毛，稍有腺点，侧脉3-4对。头状花序径1.5厘米，在枝端排成伞房状，花序梗被密伏毛；总苞半球状，径5毫米，总苞片3层，覆瓦状排列，外层长圆形，长1.5毫米，草质，被毛，内层线状披针形，长4毫米，先端绿色，宽膜质，有缘毛。舌状花管部长2毫米，舌片浅紫色；管状花长约4毫米，管部长1.5毫米，裂片长0.7毫米；冠毛1层，污白或浅红色，与管状花近等长，有微糙毛。瘦果长圆形，稍扁，一面有肋，被粗毛。花果期7-10月。

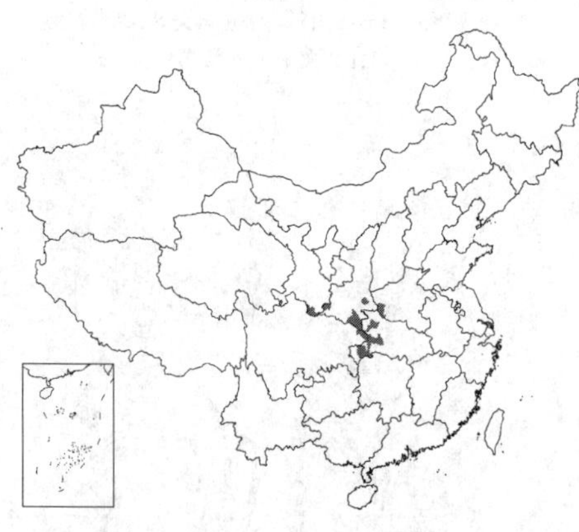

图 255 翼柄紫菀（吴彰桦绘）

产湖北西部、河南西南部、陕西南部、甘肃南部及四川东部，生于海拔800-1600米沟谷阴地或溪岸。全草药用，有退热、止渴、止汗、表寒的功效。

18. 小舌紫菀 图 256 彩片 51

Aster albescens (DC.) Hand.-Mazz. in Acta Hort. Gothob. 12: 205. 1938.

Amphirhapis albescens DC. Prodr. 5: 343. 1836.

灌木。老枝无毛，当年枝有白色柔毛和具柄腺毛。叶卵形、椭圆形、长圆形或披针形，长3-17厘米，全缘或有浅齿，上部叶披针形，叶下面被白或灰白色蛛丝状毛或平贴茸毛，常有腺点或沿脉有粗毛。头状花序径5-7毫米，在茎和枝端排成复伞房状，花序梗有钻形苞叶；总苞倒锥状，径4-7毫米，总苞片3-4层，覆瓦状排列，被疏毛或近无毛，外层窄披针形，内层线状披针形，先端常带红色，近中脉草质，边缘宽膜质或基部稍革质。舌状花管部长2.5毫米，舌片白、浅红或紫红色；管状花黄色，长4.5-5.5毫米，管部长2毫米，裂片长0.5毫米，有腺。冠毛1层，污白色，后红褐色，有微糙毛。瘦果长圆形，有4-6肋，被白色绢毛。花期6-9月，果期8-10月。

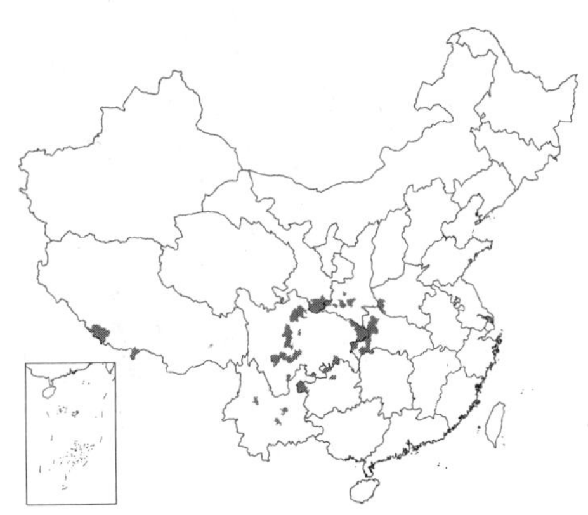

图 256 小舌紫菀（吴彰桦绘）

产甘肃南部、陕西南部、河南西南部、湖北西部、四川、贵州北部、云南及西藏南部，生于海拔500-4100米林下及灌丛中。缅甸、印度北部、不丹、尼泊尔及喜马拉雅西部有分布。

[附] **无毛小舌紫菀 Aster albescens** var. **levissimus** Hand.-Mazz. in Acta Hort. Gothob. 12: 208. 1938. 与模式变种的主要区别：叶形近模式变种，常较短窄。两面和总苞片均无毛，幼叶下面基部沿中脉有时被薄茸毛。产湖北西部、四川及云南北部，生于海拔800-3000米。

[附] **柳叶小舌紫菀 Aster albescens** var. **salignus** Hand.-Mazz. in Acta Hort. Gothob. 12: 207. 1938. 与模式变种的主要区别：叶长椭圆状披针形，长7-17厘米，宽1.5-4.5厘米，基部渐窄，先端渐尖，下面沿脉或全部被褐色毛，有腺点；外层总苞片窄披针形，被毛；茎常较粗壮。产四川、云南西部及北部，生于海拔1900-3900米，常见。印度北部有分布。

[附] **腺点小舌紫菀 Aster albescens** var. **glandulosus** Hand.-Mazz. in Journ. Bot. 79: 284. 1938. 与模式变种的主要区别：叶卵圆形或长圆状披针形，长4-10厘米，下面有密腺点，沿脉稍有褐色毛。产西藏南部及东部、四川西部及西南部、云南西北部，生于海拔1900-3900米。

[附] **长毛小舌紫菀 Aster albescens** var. **pilosus** Hand.-Mazz. in Acta Hort. Gothob. 12: 207. 1938. 与模式变种的主要区别：叶长圆状披针形，长4-9厘米，宽1-2厘米，下面沿中脉或全部被白色疏长毛，上面被疏糙毛，叶面平；总苞片外层被疏毛；瘦果密被长毛。产四川西部、云南西北部、西藏东部，生于海拔2800-4000米，常见。

[附] **糙叶小舌紫菀 Aster albescens** var. **rugosus** Ling, Fl. Reipubl. Popul. Sin. 74: 358. 1985. 本变种与原变种的区别：叶形近原变种，但网脉较明显而凸起，网脉间隙向上隆起呈泡状，叶上面被微糙毛。产云南西北部及四川西部。

[附] **椭叶小舌紫菀 Aster albescens** var. **limprichtii** (Diels) Hand.-Mazz. in Acta Hort. Gothob. 12: 206. 1938. —— *Aster limprichtii* Diels in Fedde, Repert. Sp. Nov. Beih. 12: 503. 1922. 与模式变种的主要区别：叶椭圆形或长圆形，长3-7厘米，基部宽楔形或圆，先端钝，下面被白或灰白色密茸毛或棉毛；总苞片外层卵圆形，被疏茸毛。产四川西部及西北部、甘肃西部，生于海拔2400-3100米。

[附] **狭叶小舌紫菀 Aster albescens** var. **gracilior** Hand.-Mazz. in Acta Hort. Gothob. 12: 206. 1938. 与模式变种的主要区别：叶椭圆状披针形，长7-20厘米，宽1-5厘米，基部渐窄，先端渐尖，下面被白或灰白色密茸毛或棉毛；外层总苞片长圆形或披针形。产四川西部及南部、云南西北部、甘肃南部、陕西南部。

19. 银鳞紫菀 图 257

Aster argyropholis Hand.-Mazz. in Acta Hort. Gothob. 12: 208. 1938.

灌木。小枝纤细，被白色蛛丝状或棉状茸毛，下部叶较密。叶椭圆形、

长圆形或卵圆状披针形，长1-4厘米，有短柄，先端尖或骤尖，或枝基部叶先端圆，全缘或边缘近波状；上部叶较小，椭圆形或椭圆状线形；叶上面被粉末状细糙毛，常有腺点，下面被灰白色茸毛或绵毛，侧脉5对。头状花序径1.5-2厘米，在枝端成伞房状排列，花序梗细，有线形苞片；总苞倒锥状或钟状，径约5毫米，总苞片4-5层，覆瓦状排列，被柔毛或无毛，长圆状披针形，内层中脉绿色，上部绿或紫红色，边缘膜质，有缘毛。舌状花管部长2.2毫米，裂片长1.5毫米；冠毛2层，外层极短，毛状或膜片状，内层污白或浅红色，有微糙毛。瘦果稍扁或近圆柱形，被糙毛。花期5-10月，果期8-10月。

图 257 银鳞紫菀（吴彰桦绘）

产四川及云南，生于海拔2000-2800米山坡、林下、草地或溪岸。

20. 镰叶紫菀 图 258

Aster falcifolius Hand.-Mazz. in Notizbl. Bot. Gart. Berl.-Dahl. 13: 670. 1937.

多年生草本。茎被疏微毛，上部有腋生短花枝。茎中部叶窄长披针形，长4-10厘米，无柄或渐窄成短柄，全缘或中上部有具小尖头疏锯齿；上部叶线状披针形；叶上面无毛，下面沿脉有疏毛，有缘毛。头状花序径2.5-3厘米，顶生或腋生，有短花序梗或无梗；苞叶披针状线形；总苞近倒锥状，径0.8-1.2厘米，总苞片3-4层，覆瓦状排列，外层苞片状，草质，披针形，长达4毫米，被密微毛及缘毛，内层长约8毫米，沿脉有3-5条黑色条纹，边缘宽膜质，有缘毛，顶端草质。舌状花舌片线形，浅红紫或白色，管部长3毫米，有短微毛；管状花长6-6.5毫米，管部长2-2.5毫米，裂片长0.7毫米；冠毛1层，稍红紫或白色，与管状花花冠等长，有微糙毛。瘦果长圆形，扁，一面有肋，被微粗毛。花期8-10月，果期10-11月。

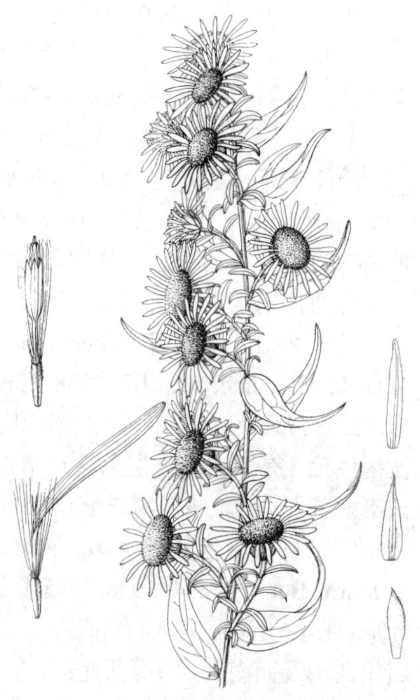

图 258 镰叶紫菀（引自《图鉴》）

产河南西部、湖北西部、四川、甘肃南部及陕西东南部，生于海拔800-1450米坡地、路边或溪岸。

21. 陀螺紫菀 图 259

Aster turbinatus S. Moore in Journ. Bot. n. s, 7: 132. 1878.

多年生草本。茎被糙毛。下部叶卵圆形或卵圆状披针形，长4-10厘米，

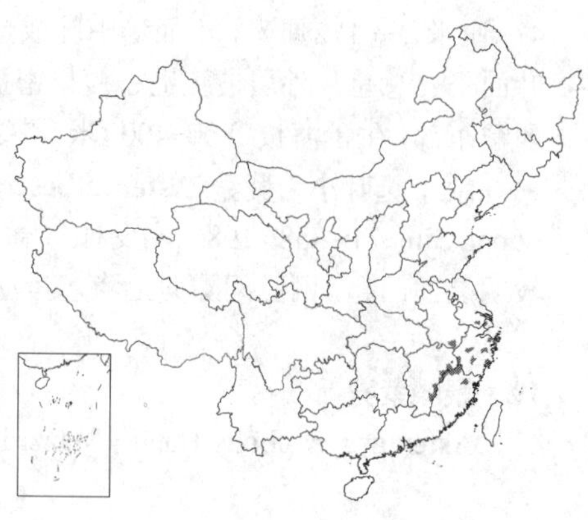

有疏齿，基部渐窄成具宽翅的柄；中部叶无柄，长圆形或椭圆状披针形，长3-12厘米，有浅齿，基部有抱茎圆形小耳；上部叶卵圆形或披针形；叶两面被糙毛，下面沿脉有长糙毛。头状花序径2-4厘米，单生或簇生上部叶腋，花序梗长1.5-5厘米，有密集苞叶；总苞倒锥形，径1-1.8厘米，总苞片约5层，覆瓦状排列，厚干膜质，背面近无毛，边缘膜质，带紫红色，有缘毛，外层卵圆形，长2-3毫米，先端圆或尖，内层长圆状线形，长达1厘米，先端圆。舌状花管部长2.5毫米，舌片蓝紫色，长达1.4厘米；管状花长6.5毫米，管部长3毫米，裂片长1.7毫米；冠毛1层，白色，有微糙毛。瘦果倒卵状长圆形，两面有肋，被密粗毛。花期8-10月，果期10-11月。

产江苏南部、安徽南部、浙江、福建及江西东部，生于海拔200-800米山谷、溪岸或林阴地。

图 259 陀螺紫菀（引自《江苏植物志》）

22. 白舌紫菀 图 260 彩片 52

Aster baccharoides (Benth.) Steetz. in Seem. Bot. Voy. "Herald": 385 (1856-57).

Diplopappus baccharoides Benth. in Journ. Bot. 4: 233. 1845.

木质草本或亚灌木。幼枝被卷曲密毛。下部叶匙状长圆形，长达10厘米，上部有疏齿；中部叶长圆形或长圆状披针形，长2-5.5厘米，基部渐窄或骤窄，有短柄，全缘或上部有小尖头状疏锯齿；上部叶近全缘；叶上面被糙毛，下面被毛或有腺点。头状花序径1.5-2厘米，在枝端排成圆锥伞房状，或在短枝单生，花序梗短；苞叶极小，在梗端密集；总苞倒锥状，长5-7毫米，总苞片4-7层，覆瓦状排列，外层卵圆形，内层长圆披针形，背面或上部被密毛，边缘干膜质，有缘毛。舌状花管部长3毫米，舌片白色，长5毫米；管状花长6毫米，管部长3毫米，有微毛，裂片长达2毫米；冠毛1层，白色，有微糙毛。瘦果窄长圆形，稍扁，有时两面有肋，被密毛。花期7-10月，果期8-11月。

图 260 白舌紫菀（吴彰桦绘）

产浙江西南部、福建、江西、湖南东部、广东东部及北部、广西东部，生于海拔50-900米山坡路旁、草地和沙地。

[附] **岳麓紫菀 Aster sinianus** Hand.-Mazz. in Notizbl. Bot. Gart. Berl.-Dahl. 13: 609. 1937. 本种与白舌紫菀的主要区别：花序梗短或较长，无密集苞叶；总苞长4-5毫米。产湖南中部、江西西部及西北部，生于海拔600-840米山坡路旁。

23. 短舌紫菀 图 261

Aster sampsonii (Hance) Hemsl. in Journ. Linn. Soc. Bot. 23: 415. 1888.

Heteropappus sampsonii Hance in Journ. Bot. 5: 570. 1867.

多年生草本。茎被粗毛，中上部有帚状分枝，下部有枯萎叶柄残片。下

图 261 短舌紫菀（吴彰桦绘）

部叶匙状长圆形，长2.5-7厘米，下部渐窄成长柄，先端有小尖头，边缘有具小尖头疏锯齿；中部叶椭圆形，长3-4厘米，基部渐窄，有短柄，全缘或有1-2对锯齿；上部叶线形；叶上面被糙毛，下面被毛，有腺点，有离基3出脉及侧脉。头状花序径0.8-1.5厘米，疏散伞房状排列，花序梗长1-4.5厘米，有钻形苞片；总苞倒锥形，长4-5毫米，径5-8毫米，总苞片4层，覆瓦状排列，线状披针形，先端渐尖，外层长2-3毫米，被密毛，内层长达5毫米，边缘宽膜质，有缘毛。舌状花管部长1.5毫米，舌片白或浅红色；管状花花冠长3.2毫米，管部长1.2毫米，裂片长1毫米，上部有腺；冠毛1层，白色，较管状花花冠稍短，有微糙毛。瘦果长圆形，稍扁，一面有肋，被密毛。花果期7-10月。

产广东北部、湖南南部及西南部，生于山坡草地或灌丛中。

24. 高山紫菀 图 262

Aster alpinus Linn. Sp. Pl. 872, 1753.

多年生草本；有丛生茎和莲座状叶丛。茎被毛，下部叶匙状或线状长圆形，长1-10厘米，基部渐窄成具翅的柄，有时具长达11厘米细柄，全缘；中部叶长圆状披针形或近线形，下部渐窄，无柄；上部叶窄小；叶被柔毛，或稍有腺点。头状花序单生茎端，径3-3.5（-5）厘米；总苞半球形，径1.5-2厘米，总苞片2-4层，匙状披针形或线形，稀匙形；等长或外层稍短，宽1.5-3毫米，上部或外层草质，下面近革质，内层边缘膜质，边缘常紫红色，长6-8毫米，被柔毛。舌状花35-40，管部长约2.5毫米，舌片紫、蓝或浅红色，长1-1.6厘米；管状花花冠黄色，长5.5-6毫米，管部长2.5毫米，裂片长约1毫米，花柱附片长0.5-0.6毫米；冠毛1层，白色，长约5.5毫米，有少数糙毛。瘦果长圆形，基部较窄，长3毫米，褐色，被密绢毛。花期6-8月，果期7-9月。

产吉林东南部、内蒙古、河北、山西北部、陕西及新疆。亚洲北部至欧洲有分布。

图 262 高山紫菀（吴彰桦绘）

25. 石生紫菀 图 263：1-4

Aster oreophilus Franch. in Journ. de Bot. 10: 378. 1896.

多年生草本；有丛生茎和莲座状叶丛。茎被长粗毛，基部莲座状叶窄匙形，长4-8厘米，下部渐窄成具翅长柄，全缘或有小尖头状疏齿或浅齿；茎下部叶匙状或线状长圆形，长4-8厘米，全缘或上部有浅齿；中部及上部叶线状或披针状长圆形，基部骤窄，半抱茎，全缘；叶两面被糙毛。头状花序径2.5-3.5厘米，3-30以上伞房状排列，稀单生茎端，花序梗长2-10厘米，被长密毛；总苞径1-1.2厘米，半球形，总苞片约3层，外层与内层近等长，匙状长圆形或舌形，宽1.5-3毫米，外层草质，长5-7毫米，被长

图 263：1-4. 石生紫菀 5-8. 异苞紫菀（吴彰桦绘）

密毛，常紫褐色，内层上部草质，被密毛，下部厚膜质。舌状花管部长1.5毫米，舌片蓝紫色，长达1.2厘米；管状花长4-5毫米，管部长1.7毫米，裂片长0.7毫米；冠毛1层，带红色或污白色，有微糙毛。瘦果倒卵圆形，稍扁，一面有肋，被密绢毛。花果期8-10月。

产四川西南部、贵州西部及云南，生于海拔2300-4000米针叶林下、坡地或山坡。

26. 异苞紫菀　　图 263：5-8

Aster heterolepis Hand.-Mazz. in Notizbl. Bot. Gart. Berl.-Dahl. 13: 614. 1937.

多年生草本；有丛生的花茎与莲座状叶丛。茎被粗伏毛和微腺毛，上部毛较密。下部叶匙形或长圆状匙形，长3-9厘米，下部渐窄成具翅柄，全缘；中部叶匙状或线状长圆形，渐无柄；上部叶线形；叶两面被密柔毛和微腺毛，离基3出脉。头状花序径3.5-5（6）厘米，单生枝端；总苞半球形，径1-1.5厘米，总苞片3层，宽1.5-3毫米，外层舌形，长4-7毫米，先端圆，被密毛，有腺，内层披针形，长1厘米，先端尖或渐尖，带紫红色，上部被密毛，基部革质，边缘膜质。舌状花管部长2.5毫米，舌片浅蓝色；管状花长约6毫米，管部长2.5毫米，上端有微毛，裂片长达1毫米；冠毛1层，白色，有微糙毛及极短毛。瘦果稍扁，被疏柔毛，上部常有腺。花果期6-9月。

产甘肃南部及西藏南部，生于海拔1500-2500米砾石坡地。

图 264　舌叶紫菀（王金凤绘）

27. 舌叶紫菀　　图 264

Aster lingulatus Franch. in Journ. de Bot. 10: 377. 1896.

多年生草本；有单生或莲座状叶丛丛生的花茎。茎被长毛。下部叶长圆状匙形，长3-7厘米，下部渐窄，全缘或有微齿；中部叶长圆形或线状长圆形，基部常半抱茎；上部叶较小；叶质厚，两面密被微糙毛。头状花序径2-3厘米，2-4排成伞房状，稀单生；总苞半球形，径0.7-1.2厘米，总苞片约3层，线状长圆形，被密毛，先端渐尖，常紫褐色，宽约1毫米，外层草质，内层上部草质，边缘膜质，常有缘毛。舌状花舌片蓝紫色；管部花长约4毫米；冠毛1层，带红色，约与管状花等长。瘦果倒卵圆形，稍扁，被密绢毛。花期8-10月。

产云南西北部、四川西南部及西藏东南部，生于海拔2600-3600米山坡草地或松林下。

28. 红冠紫菀　　图 265

Aster handelii Onno, Biblioth. Bot. 106: 52 . t. IB. f. 4. 1932.

多年生草本；有单生或与莲座状叶丛丛生的茎。下部叶匙形或长圆状匙形，长1.5-4厘米，下部渐窄成具翅的柄，全缘；中部叶长圆状披针形或线形，长2-4厘米，基部半抱茎；上部叶渐窄小；叶两面密被白色粗毛。头状花序单生茎端，径4-5.5厘米；

图 265 红冠紫菀（王金凤绘）

总苞半球状，总苞片2层，长圆状线形，长7.5-9毫米，宽约2毫米，先端钝或稍尖，被长密毛。舌状花舌片浅蓝紫色，长1.5-2.5厘米；管状花长约6毫米，裂片外面有毛；冠毛1层，红褐色，几与管状花花冠等长，有细糙毛。瘦果长圆形，稍扁，被密绢毛。花果期7-9月。

产云南西北部及四川西南部，生于海拔3000-3500米草坝和干旱草地。

29. 东俄洛紫菀 图 266

Aster tongolensis Franch. in Journ. de Bot. 10: 376. 1896.

多年生草本。根茎细，常有细匍枝。茎直立或丛生，被长毛，不分枝。基部叶与莲座状叶长圆状匙形或匙形，长4-12厘米，下部窄成具翅基部半抱茎的柄，全缘或上半部有浅齿；茎下部叶长圆状或线状披针形，基部半抱茎；中部及上部叶长1-4厘米，稍尖；叶两面密被粗毛。头状花序单生茎端，径3-5(-6.5)厘米；总苞半球形，径0.8-1.2厘米，总苞片2-3层，长圆状线形，长约8毫米，上部草质，密被毛，下部革质。舌状花管部长1.5毫米，有微毛，舌片蓝或浅红色；管状花黄色，长4-5毫米，管部长1.5毫米，裂片外面有疏毛；冠毛1层，紫褐色，长稍过花冠管部。瘦果倒卵状圆形，被粗毛。花期6-8月，果期7-9月。

图 266 东俄洛紫菀（吴彰桦绘）

产甘肃南部、青海南部、四川西北部至西南部、云南西北部、西藏东部，生于海拔2800-4000米林下、水边或草地。

30. 缘毛紫菀 图 267 彩片 53

Aster souliei Franch. in Journ. de Bot. 10: 390. 1896.

多年生草本，根茎粗壮。茎单生或丛生，被长粗毛。莲座状叶与茎基部叶倒卵圆形、长圆状匙形或倒披针形，长2-7(-11)厘米，下部渐窄成具宽翅而抱茎的柄，全缘；下部及上部叶长圆状线形，长1.5-3厘米；叶两面近无毛，或上面近边缘而下面沿脉被疏毛，有白色长

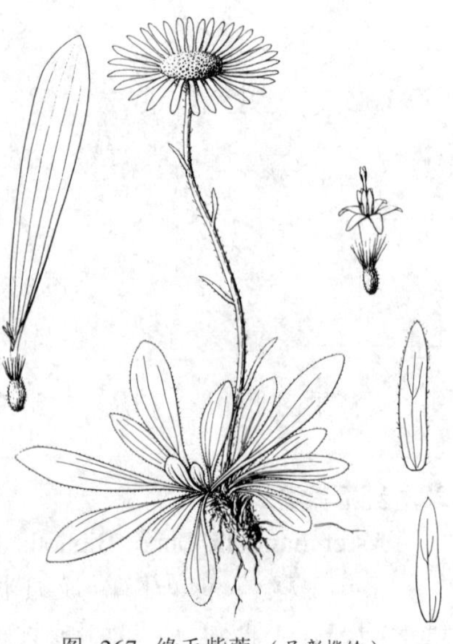

图 267 缘毛紫菀（吴彰桦绘）

缘毛。头状花序单生茎端，径3-4（-6）厘米；总苞半球形，径0.8-1.5（-2）厘米，总苞片约3层，线状稀匙状长圆形，下部革质，上部草质，背面无毛或沿中脉有毛，或有缘毛，先端有时带紫绿色。舌状花黄色，管部长1.2-2毫米，有毛，裂片长1.5毫米；冠毛1层，紫褐色，有糙毛。瘦果卵圆形，稍扁，被密粗毛。花期5-7月，果期8月。

产甘肃南部、四川、云南西北部、西藏东部及东南部，生于海拔2700-4000米高山针叶林林缘、灌丛或山坡草地。不丹及缅甸北部有分布。

31. 怒江紫菀 图 268

Aster salwinensis Onno, Biblioth. Bot. 106: 74. t. IB. 2. 1932.

多年生草本，高达25厘米，被长毛。莲座状叶倒卵状匙形，长3-9厘米，下部渐窄成具翅的柄，边缘有小尖头状或疏齿或近全缘，先端圆或稍凹，有小尖头；茎生叶直立，长圆形、倒卵形或卵圆状披针形，长1-4厘米，稍有齿或全缘，半抱茎；叶质薄，下面沿脉及上面被长毛，常有缘毛。头状花序径2-3厘米，单生茎端；总苞半球形，径0.8-1.5厘米，总苞片2层，线状披针形或倒披针形，长0.8-1厘米，草质，边缘宽膜质，先端和沿脉有粗毛。舌状花15-30，管部长2-2.5毫米，舌片蓝紫色，稀白色；管状花黄色，长5-6毫米，管部长1.5-2.5毫米，裂片长1-1.5毫米，常带紫褐色，近无毛；冠毛2层，与管状花花冠等长，内层污黄色，外层白色，毛状，稀膜片状。瘦果窄倒卵圆形，褐色，扁，有2-4肋，无毛或上部有毛。花期7-9月，果期8-10月。

产云南西北部、四川西南部、西藏东南部及东北部，生于海拔3300-4570米山坡草地或石砾地。缅甸东北部有分布。

图 268 怒江紫菀（吴彰桦绘）

32. 须弥紫菀 喜马拉雅紫菀 图 269

Aster himalaicus Clarke, Comp. Ind. 42. 1876.

多年生草本。茎被长毛，全部或上部有具柄腺毛。莲座状叶倒卵形、倒披针形或宽椭圆形，长2-3.5厘米，全缘或有1-2对小尖头状齿，叶柄具宽翅；茎下部和中部叶倒卵圆形或长圆形，稀近披针形，长1.5-3.5厘米，基部半抱茎，全缘或有齿，叶两面或下面沿脉及边缘有长毛，有腺。头状花序单生茎端，径4-4.5厘米；总苞半球形，径1.5-2厘米，常过花盘，总苞片2层，长圆状披针形，长达1.2厘米，草质，或带紫色，外层或基部和沿脉被长毛，有腺，内层上部近无毛。舌状花50-70，管部长1.5-2毫米，舌片蓝紫色，长1.3-1.7厘米；管状花紫褐或黄色，长6-8毫米，管部长2毫米，有毛，裂

图 269 须弥紫菀（吴彰桦绘）

片长1.5毫米；冠毛1层，白色，与管状花花冠等长，有微糙毛，有少数短毛或膜片。瘦果倒卵圆形，扁，褐色，有2肋，被绢毛，上部有腺。花期7-8月。

产西藏南部及东南部、云南西北部、四川西南部，生于海拔3600-4800米高山草甸及针叶林下。尼泊尔、锡金、不丹及缅甸北部有分布。

33. 线舌紫菀 图 270：1-3

Aster bietii Franch. in Journ. de Bot. 10: 373. 1876.

多年生草本。茎丛生，下部被卷曲柔毛，后常脱毛，上部被腺毛和柔毛。莲座状叶长圆状匙形，长7-11厘米，叶柄长，具翅，边缘有浅或小尖头状齿，先端尖或渐尖；茎中部叶卵圆形、长圆形或长圆状披针形，长3-9厘米，基部半抱茎，全缘或有疏齿；上部叶稍小；叶近无毛，下面沿脉有长疏毛，常有缘毛。头状花序单生茎端，径7-8厘米；总苞半球形，径1.5-2.5厘米，总苞片约2层，等长，窄披针形，草质，背面和边缘被深色毛和腺毛。舌状花70-100，管部长1毫米，有毛，舌片蓝或蓝紫色，线形，长3-4厘米；管状花长6-7毫米，管部长2-2.5毫米，有毛，裂片长1.5毫米，干后紫色，有腺；冠毛1层，紫褐色，基部稍黄色，与管状花花冠近等长，有糙毛。瘦果窄倒卵圆形，被具柄腺毛。花期7-8月，果期8-11月。

产云南西北部及西南部、西藏东南部、四川西南部，生于海拔3300-4570米山坡草地、沙地或石砾地。

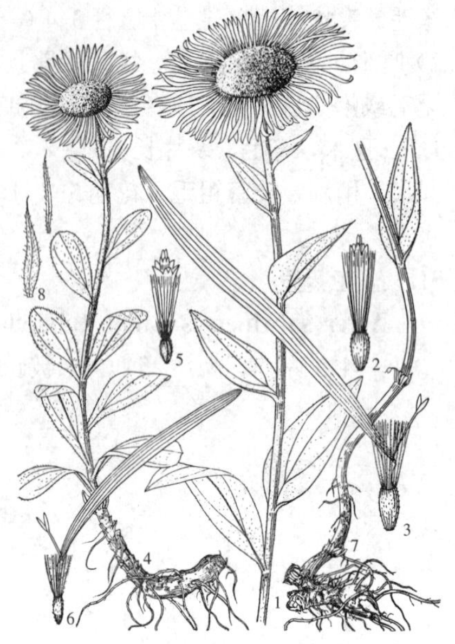

图 270：1-3. 线舌紫菀 4-8. 宽苞紫菀（路桂兰绘）

[附] **宽苞紫菀** 图 270：4-8 **Aster latibrateatus** Franch. in Journ. de Bot. 10: 371. 1896. 本种与线舌紫菀的主要区别：冠毛2层，外层极短，白毛，毛状或膜片状，内层有褐色微糙毛；瘦果长圆形，疏被毛；舌状花约30，舌片长达2厘米。产云南西北部，生于海拔3600-4000米坡地或石砾地。

34. 短毛紫菀 图 271

Aster brachytrichus Franch. in Journ. de Bot. 10: 372. 1896.

多年生草本，高达50厘米。茎单生或丛生，被疏毛或下部毛密。叶疏生。基生叶花期枯萎，莲座状，匙形，长5-10厘米，向基部渐窄成长柄；茎下部及中部叶卵圆形、长圆状或卵圆状披针形，长2-9厘米，基部半抱茎，全缘或有疏齿；上部叶稍小；叶质薄，两面被疏毛或上面无毛，或被密毛，下面沿脉及边缘有长毛。头状花序单生茎端，径4-7.5厘米；总苞半球形，径1-2厘米，总苞片2-3层，草质，长1-1.3厘米，沿脉有长毛，内层线状披针形。舌状花30-50，管部长不及1毫米，舌片蓝或紫色，长1.5-3.5厘米；管状

图 271 短毛紫菀（吴彰桦绘）

花橙黄色，长4-6毫米，管部长1.5-2毫米；冠毛1层，长约2毫米，基部黄色，干膜质，上部紫褐色，有不等长糙毛。瘦果极扁，心状卵圆形，边缘有翅，无毛或有短糙毛。花期6-8月，果期8-10月。

产四川西南部及云南西北部。缅甸北部有分布。

35. 滇西北紫菀 图 272

Aster jeffreyanus Diels in Notes Roy. Bot. Gard. Edinb. 5: 185. 1912.

多年生矮小草本。根茎粗壮。茎单生或丛生，高10-25厘米，不分枝，被长毛。基生叶花期生存，莲座状，卵圆形、卵圆披针形或倒披针形，长2-4厘米，具短柄，全缘；茎中部叶卵圆状披针形或线形，基部半抱茎；上部叶长1-1.5厘米；叶上面有疏毛，下面沿脉有长毛。头状花序单生茎端，径3.5-5厘米；总苞半球形，径约1厘米，总苞片2-3层，卵圆状披针形，外面沿脉有长毛，常有缘毛。舌状花蓝或紫色，舌片长1.5-1.8厘米；管状花长4-5毫米，无毛；冠毛1层，基部黄色，上部紫褐色，有糙毛。瘦果倒卵圆形，扁，边缘有翅，无毛或有粗毛。花期6-7月。

产云南西北部及四川西南部，生于高山或亚高山开旷坡地。

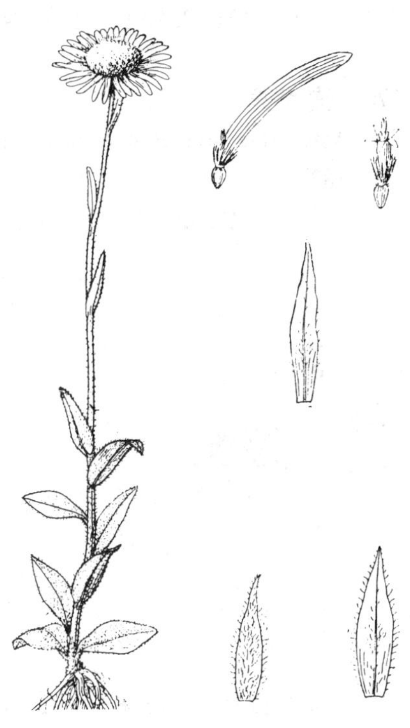

图 272 滇西北紫菀（冯晋庸绘）

36. 丽江紫菀 图 273

Aster likiangensis Franch. in Journ. de Bot. 10: 370. 1896.

多年生草本。根状茎有块根。茎单生或丛生，常紫色，被长毛或紫色腺毛。基生叶密集，倒卵圆形、菱形或长圆形，长1.5-7厘米，近全缘；茎中部叶卵圆形或线状披针形，无柄；叶上面被长毛，下面被毛。头状花序单生茎端，径2.5-5厘米；总苞半球形，径1-2厘米，总苞片2-3层，近等长，披针形，草质，紫绿色，背面及边缘有紫褐色腺毛，基部有长密毛。舌状花30-50，蓝紫色，稀浅红色，舌片长1-2厘米，宽2-3毫米，常有2齿；管状花长达5毫米，上部紫褐色，有腺毛或近无毛，管部长1-1.5毫米，裂片长1.5毫米；冠毛2层，外层短，膜片状，白色，有白或污白色微糙毛，内层与管状花花冠等长。瘦果长圆形，被白色疏毛或绢毛。花果期6-8月。

产云南中东部及西北部、四川西南部及南部、西藏东南部，生于海拔3500-4500米高山草甸、开旷坡地、河谷或泥炭沼泽地。不丹有分布。

图 273 丽江紫菀（吴彰桦绘）

[附] **星舌紫菀** 彩片 54 **Aster asteroides** (DC.) O. Kuntze, Rev. Gen.

315. 1891.——*Heterochaeta asteroides* DC. Prodr. 5: 282. 1836.本种与丽江紫菀的主要区别：总苞径0.7-1.5厘米，总苞片宽1-1.5毫米；管状花橙黄色，裂片有黑色或无色腺毛。产西藏中部及南部、四川西部。

图 274 萎软紫菀（吴彰桦绘）

37. 萎软紫菀 图 274 彩片 55

Aster flaccidus Bunge in Mém. Acat. Imp. Sci. St. Pétersb. 2: 599. 1835.

多年生草本。根茎细长。茎高达30（-40）厘米，被长毛，上部常兼有腺毛。下部叶密集。全缘，稀有少数浅齿；茎生叶3-4，长圆形或长圆状披针形，长3-7厘米，基部半抱茎；上部叶线形；叶两面近无毛，或有腺毛。头状花序单生茎端，径3.5-5（-7）厘米；总苞半球形，径1.5-3厘米，被长毛或有腺毛，总苞片2层，线状披针形，宽1.5-2.2毫米，草质。舌状花40-60，舌片紫色，稀浅红色，长1.3-2.5（-3）厘米；管状花黄色，长5.5-6.5毫米，裂片长约1毫米，被黑色或无色短毛；冠毛2层，白色，外层披针形，膜片状，内层与管状花花冠等长。瘦果长圆形，有2边肋，被疏贴毛，或兼有腺毛，稀无毛。花果期6-11月。

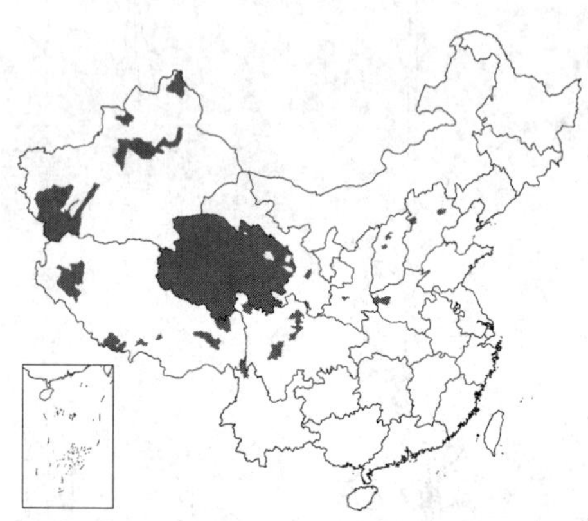

产河北、山西、河南西部、陕西、甘肃、青海、新疆、西藏、云南西北部及四川。喜马拉雅山区、中亚、蒙古及俄罗斯西伯利亚东部有分布。全草治肺痈、肺结核、百日咳、目疾。

图 275 察瓦龙紫菀（吴彰桦绘）

38. 察瓦龙紫菀 图 275

Aster tsarungensis (Griers.) Ling, Fl. Reipubl. Popul. Sin. 74: 241. 1985. *Aster flaccidus* Bunge subsp. *tsarungensis* Griers. in Notes Roy. Bot. Gard. Edinb. 26: 133. 1964.

多年生草本。根状茎细长。茎高达25（-45）厘米，单生或与莲座状叶丛丛生，基部被枯叶残片，上部或全部紫褐色，被开展紫褐色密腺毛并兼有白色疏毛。下部叶较密，匙形，长5-10厘米，下部渐窄成具翅长柄，全缘或有小尖头状疏齿；中部叶长圆状匙形或披针形，长2.5-5厘米，基部骤窄，半抱茎；上部叶线状披针形；两面被粗毛和腺毛或上面无毛，下面脉有长毛，有长缘毛。头状花序径4-6厘米，单生茎端；总苞宽半球形，径2-3厘米，总苞片2-3层，近等长，线状披针形，宽1.5-3.5毫米，草质，外面或沿中脉有长毛，上部带紫色，内层较窄，边缘窄膜质。舌状花约2层，60-85，舌片蓝紫色，长1.5-2厘米，管部长1-2毫米，有微毛；管状花长7.5-9毫米，黄色，带紫色，裂片长1.2-1.4毫米；冠毛2层，外层短，白色，膜片状，内层污白色，长约8毫米，有等长微糙毛。花果期6-10月。

产四川、云南西北部、西藏东南

部及南部，生于海拔2650-4880米草甸或山谷坡地。

39. 重冠紫菀 图 276 彩片 56

Aster diplostephioides (DC.) Clarke, Comp. Ind. 45. 1876.

Heterochaeta diplostephioides DC. Prodr. 5: 282. 1836.

多年生草本。有莲座状叶丛。茎被柔毛，上部被腺毛，不分枝，基部为枯叶残片所包被。下部叶与莲座状叶长圆状匙形或倒披针形，连柄长6-22厘米，全缘或有小尖头状齿；中部叶长圆状或线状披针形，基部稍窄或近圆，上部叶渐小；叶上面近无毛，下面沿脉和边缘有长疏毛。头状花序单生，径6-9厘米；总苞半球形，径2-2.5厘米，总苞片约2层，线状披针形，宽1-3毫米，外层深绿色，草质，背面被较密黑色腺毛，基部被长柔毛，内层边缘有时窄膜质。舌状花常2层，80-100，管部长1.5毫米，舌片蓝或蓝紫色，线形；管状花长5-6毫米，黄色，开放前上端紫褐色，近无毛，管部长1.5-2毫米，裂片长1毫米。冠毛2层，外层极短，膜片状，白色，内层污白色，与管状花花冠等长，有微糙毛。瘦果倒卵圆形，被黄色密腺点及疏贴毛。花期7-9月，果期9-12月。

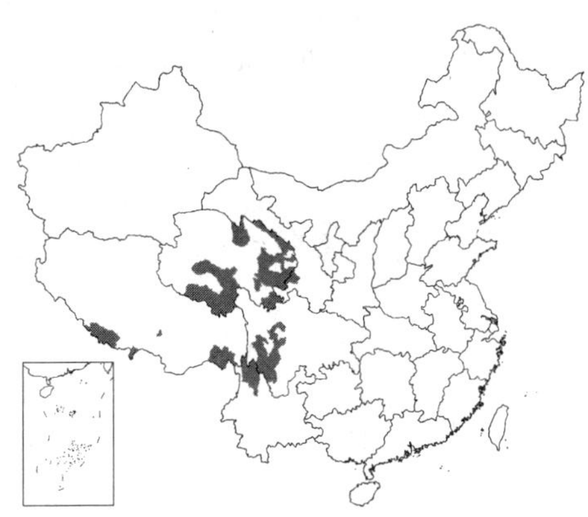

产甘肃、青海、西藏南部及东南部、四川西部及西南部、云南西北部，生于海拔2700-4600米草地或灌丛中。不丹、锡金、尼泊尔、印度及巴基斯坦北部有分布。

图 276　重冠紫菀（引自《图鉴》）

40. 云南紫菀 图 277

Aster yunnanensis Franch. in Journ. de Bot. 10: 375. 1896.

多年生草本。茎被柔毛，上部兼有腺毛，不分枝，基部为枯叶残片所包被。下部叶及莲座状叶长圆形、倒披针状或匙状长圆形，长7-15厘米，具柄或下部叶无柄，全缘或有小尖头状齿或疏齿；中部叶长圆形，基部圆、心形或有圆耳，半抱茎，长10-18厘米；上部叶卵圆形或线形；叶上面被疏毛，有腺。头状花序径4-8.5厘米，单生茎枝端；总苞半球形，径1.5-2.5厘米，总苞片2层，卵状披针形，宽达3-4(5)毫米，深绿色，下部密被白色长柔毛，上部被疏毛和深色腺毛，边缘窄膜质。舌状花80-120，管部长1.6-2毫米，舌片蓝或浅蓝色，宽1-2.5毫米；管状花长约7毫米，上部黄色，管部长1.8-2毫米，裂片长1-1.2毫米；冠毛2层，外层极短，白色，膜片状，有白或带黄色微糙毛，内层与管状花花冠等长。瘦果长圆形，被绢毛，上部有黄色腺点，有4肋。花期7-9月，果期9-10月。

图 277　云南紫菀（引自《图鉴》）

产甘肃西南部、青海东部、四川、西藏及云南，生于海拔2500-4500米草地或林缘。

[附] **狭苞云南紫菀 Aster yun-**

nanensis var. **angustior** Hand.- Mazz. in Notizbl. Bot. Gart. Berl.-Dahl. 13: 622. 1937. 与模式变种的主要区别：茎有2-3分枝或不分枝；叶有疏锯齿或近全缘，中部叶被毛茸；头状花序径4-6厘米，总苞径1.5-2厘米，总苞片线状披针形，宽0.8-1.5毫米，背面基部或全部被疏柔毛和腺毛；舌片宽1-2毫米。产云南西北部（中甸）、四川西部及西南部，生于海拔2300-4100米林缘和开旷草地。

[附] **夏河云南紫菀** 彩片 57 **Aster yunnanensis** var. **labrangensis** (Hand.-Mazz.) Ling, Fl. Reipubl. Popul. Sin. 74: 246. 1985. —— *Aster labrangensis* Hand.- Mazz. in Notizbl. Bot. Gart. Berl.- Dahl. 13: 621. 1937. 与模式变种的主要区别：茎有2-5个伞房状分枝；叶有小尖头状齿或全缘，下部和中部叶长5-10厘米，基部平截或心形，质稍厚，两面密被黄色毛和腺毛；头状花序径4-6厘米，总苞径1.5-2厘米，总苞片线状披针形，宽1-2毫米，被黄白色长毛和紫色腺毛。舌片宽1-1.5毫米。产甘肃南部、青海东部及南部、四川西部、西藏东部及南部，生于海拔3650-4260米开旷坡地及草地。

41. 狭苞紫菀 图 278

Aster farreri W. W. Smith. et J. F. Jeffr. in Notes Roy. Bot. Gart. Edinb. 9: 78. 1926.

多年生草本。茎下部被长毛，上部常稍紫色，被密卷毛和疏长毛，基部为枯叶残片所包被。茎下部叶及莲座状叶窄匙形，长5-22厘米，宽1.2-2.2厘米，下部渐窄成长柄，全缘或有小尖头状疏齿；中部叶线状披针形，长7-13厘米，基部半抱茎；上部叶线形；叶上面被疏长伏毛，下面沿脉和边缘被长毛。头状花序单生茎端，径5-8厘米；总苞半球形，径2-2.4厘米，总苞片约2层，近等长，线形，宽1-1.5毫米，先端渐细尖，外层被长毛，草质，内层几无毛，边缘常窄膜质。舌状花约100，舌片紫蓝色，长2-3厘米；管状花长约7毫米，管部长2毫米，上部黄色，被疏毛，裂片长1-1.5毫米；冠毛2层，外层极短，膜片状，内层白或污白色，有与管状花花冠等长，被微糙毛。瘦果长圆形，被粗毛。花期7-8月，果期8-9月。

产河北西部、山西、甘肃、青海东部及四川北部，生于海拔3200-3400米山区。

图 278 狭苞紫菀（引自《图鉴》）

42. 狗舌紫菀 图 279

Aster senecioides Franch. in Journ. de Bot. 10: 381. 1896.

多年生草本。茎被长粗毛。下部叶椭圆形或长圆状匙形，长5-18厘米，下部渐窄成具翅短柄，边缘有浅齿；中部及上部叶长圆形或线状披针形，长2-6厘米，基部半抱茎，有疏齿或全缘；叶两面或上面被密糙毛，下面沿脉有密长毛。头状花序径2-3厘米，2-8排成伞房状，花序梗长1.5-7厘米，有线形或线状披针形苞叶；总苞半球形，长1-1.2厘米，总苞片2-3层，线状或倒卵状长圆形，外层长0.7-1厘米，背面有疏粗毛；内层长1-1.1厘米，背面无毛或沿中脉和紫绿色顶部有毛，边缘宽膜质。舌状花约20，管部长

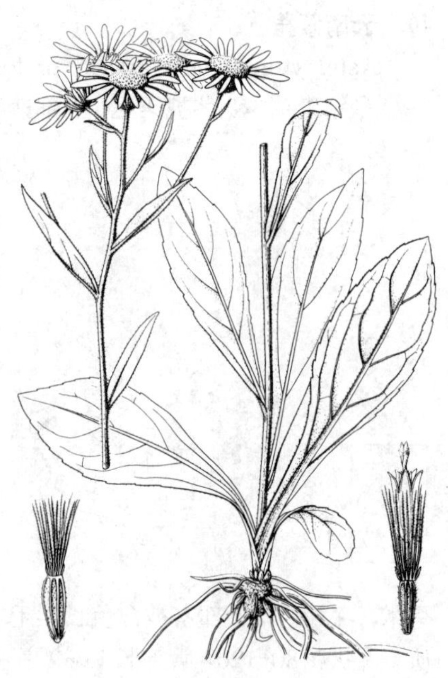

图 279 狗舌紫菀（吴彰桦绘）

2.5毫米，舌片淡紫色；管状花黄绿色，长5-6毫米，管部长2.5毫米，有疏短毛，裂片长1毫米。冠毛2层，外层极短，白色，毛状稀膜片状，内层浅红褐色，长5毫米，有微糙毛。瘦果长圆形，稍扁，被腺点。花期8-9月，果期9-10月。

产云南西北部及四川西南部，生于海拔2100-3000米山谷坡地、针叶林下或山顶石砾地。

43. 巴塘紫菀　　图 280 彩片 58

Aster batangensis Bur. et Franch. in Journ. de Bot. 5: 50. 1891.

亚灌木。枝端有丛生基出条和花茎，基出条有密集叶和顶生莲座状叶丛。叶匙形或线状匙形，长1.5-8厘米，下部渐窄长具翅的柄。花茎疏被柔毛，下部有密生叶。下部叶线状匙形或线形，长1.5-3.5厘米，基部渐窄；上部叶苞叶状；叶较厚，两面疏被柔毛，有缘毛，中脉与侧脉几平行。头状花序单生，径3-4.5厘米；总苞半球状，径1-1.5毫米；总苞片约2层，近等长，线状披针形，长0.7-1.2厘米，宽1-2毫米，外层草质，背面有腺和柔毛；内层上部草质，边缘宽膜质，背面有腺。舌状花15-20，管部长3毫米，舌片紫色，长1.2-2.2厘米，宽1-2.5毫米；管部花长约5毫米，管部长1.5毫米，裂片长1毫米；花柱附片长0.5毫米；冠毛2层，白或稍红色，外层有少数极短毛，内层长达5毫米，有多数微糙毛。瘦果长圆形，长达4毫米，稍扁，下部渐窄，一面有1-2肋，一面有1肋或无肋，被密粗毛。花期5-9月，果期9-10月。

产四川西部及西南部、云南西北部、西藏东部，生于海拔3400-4400米森林和灌丛边缘、开旷草地或石砾地。

图 280　巴塘紫菀（引自《图鉴》）

[附]**匙叶巴塘紫菀 Aster batangensis** var. **staticefolius** (Franch.) Ling, Fl. Reipubl. Popul. Sin. 74: 253. 1985.—— *Aster staticefolius* Franch. in Journ. de Bot. 10: 370. 1896. 与模式变种的主要区别：叶长2-5厘米，宽4-6毫米，沿脉有微柔毛；总苞片外面常有腺，无毛。产四川西南部及云南西北部，生于海拔2500-4000米开旷坡地。药用，称“万年青”，根可解毒。

27. 岩菀属 **Krylovia** Schischk

（陈艺林　靳淑英）

多年生草本。根茎粗壮，木质，多分枝。具茎或花茎；全株被密弯曲糙毛。基生叶簇生，基部渐窄成叶柄，具3出脉；茎生叶具短柄或无柄。头状花序单生茎枝顶端，或数个成总状排列，具异形花；总苞宽钟形或近半球形，总苞片3-4层，覆瓦状，革质，边缘膜质或具膜质缘毛，被毛，外层较短；花托稍凸，具有不规则短膜质边缘的蜂窝状小孔。花多数，全部结实，外围具1层雌花，雌花舌状，长于花盘2倍，淡紫色；中央两性花多数，花冠管状，黄或淡紫色，稍两侧对称，檐部钟形，具5披针形裂片，1裂片较长；花药顶端具窄三角形附片，基部渐尖，有极短尾，花柱丝状，顶端稍扁；两性花花柱2裂，顶端具长圆状三角形附片，外面稍凸，被微毛。瘦果长圆形，浅褐色，多少具棱，被长伏毛，基部具环；冠毛2层，白或污白色，外层较短，内层顶端多少增粗，与花冠几等长。

4种，主要分布于俄罗斯西伯利亚和中亚地区。我国2种。

1. 基生叶倒卵形或长圆状倒卵形，先端钝或圆；头状花序数个生于花茎及分枝顶端；植株高达25厘米，有茎……… 1. 岩菀 K. limoniifolia

1. 基生叶长圆状倒卵形或长圆状倒披针形，先端尖或稍钝；头状花序单生花茎顶端；植株高不及10厘米，无茎……… 2. 沙生岩菀 K. eremophila

1. 岩菀 图 281

Krylovia limoniifolia (Less.) Schischk. Fl. Occid. Sibir. 11: 2670. 1949.

Rhinactina limoniifolia Less. in Linnaea 6: 119. 1831.

多年生草本；全株被弯曲糙毛。茎多数，高达25厘米，上部分枝。基生叶莲座状，具柄，叶倒卵形或长圆状倒卵形，长2.5-4.5厘米，先端钝或圆，全缘，或具疏钝齿，叶柄细；茎生叶长圆形或长圆状卵形，较下部叶具短柄，上部叶无柄。头状花序数个顶生于花茎或分枝，径约2厘米；总苞宽钟形，或近半球形，长6-7毫米，总苞片3层，革质，先端尖，边缘膜质，具缘毛，外层绿色，长圆状披针形或披针形，中层和内层长圆形，下部无毛。雌花花冠舌状，舌片淡紫色；两性花花冠管状，黄色，檐部钟形，两侧对称，具5披针形裂片。瘦果长圆形，淡黄褐色，被长伏毛；冠毛白色，2层，内层糙毛状。花果期6-8月。

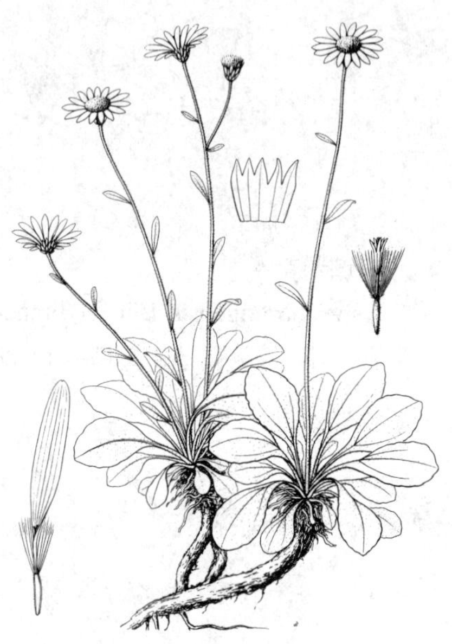

图 281 岩菀 （吴彰桦绘）

产新疆，生于海拔1200-2300米山沟、河谷或山坡石缝中。中亚、俄罗斯西伯利亚、蒙古有分布。

2. 沙生岩菀 图 282

Krylovia eremophila (Bunge) Schischk. Fl. Occid. Sibir. 9: 2671. 1949.

Aster eremophilus Bunge in Mém. Acad. Imp. Sci. St. Pétersb. Sav. etr. 2: 103. 1835.

多年生矮小草本，无茎，花茎高达10厘米；全株被弯曲密糙毛。基生叶莲座状，长圆状倒卵形或长圆状倒披针形，长1.5-4厘米，先端尖或稍钝，基部渐窄成叶柄，叶柄与叶片等长或短于叶片，全缘或具疏齿；花茎叶窄长圆形或近线形，无柄。头状花序单生花茎顶端，径1.5-2厘米；总苞近半球形，长5-6毫米，总苞片3层，革质，边缘膜质，具缘毛，外层披针形，中层和内层长圆形，下部无毛。雌花花冠舌状，舌片淡紫色，花后常螺状外卷；两性花花冠管状，黄色，檐部钟状，多

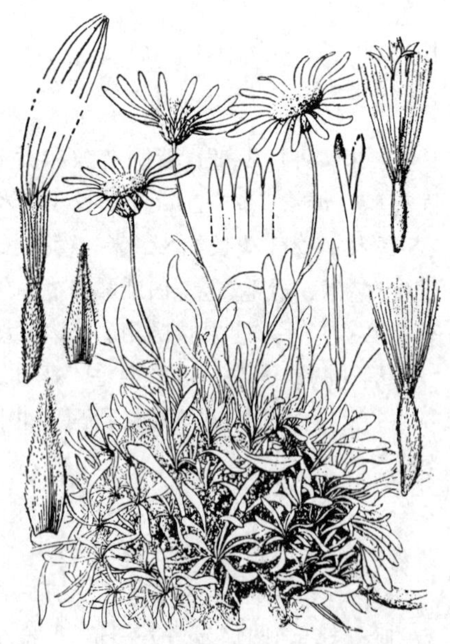

图 282 沙生岩菀 （引自《中国植物志》）

少两侧对称，裂片5，披针形。瘦果长圆形，褐色，被密长伏毛；冠毛2层，白或污白色，内层糙毛状。

产新疆近中部，生于海拔1800-2000米山谷河滩或山坡石缝中。俄罗斯西伯利亚西部及阿尔泰地区、蒙古有分布。

28. 紫菀木属 **Asterothamnus** Novopokr

（陈艺林 靳淑英）

多分枝亚灌木，全株被白或灰白色蛛丝状绒毛。根茎木质，多分枝。茎多数，多分枝。叶小或较小，密集，近革质，边缘常反卷，具1脉。头状花序在茎和枝顶端单生或3-5排成伞房状，异形花，或仅有管状花；总苞宽倒卵形或近半球形，总苞片3层，革质，覆瓦状，具淡绿或紫红色中脉，有白色宽膜质边缘；花托平，具边缘具不规则齿的窝孔；花全部结实，外围雌花舌状，舌片开展，淡紫或淡蓝色，花柱丝状，2裂；中央两性花花冠管状，黄或紫色，檐部钟状，有5披针形裂片；花药基部钝，顶端有披针形附片，花丝无毛；两性花花柱2裂，分枝顶端具短三角状卵形附器，外面微凸，被微毛。瘦果长圆形，被稍贴生长伏毛，扁三棱形，一面凸出，一面扁平或凹入，具3棱；冠毛白色，糙毛状，稀淡黄褐色，2层，外层较短，内层先端稍粗，与花冠等长。

约7种，主要分布于我国西北部、俄罗斯中亚地区及蒙古，我国5种2变种。

1. 叶宽短，长圆状倒披针形，长6-8毫米，宽2-3（4）毫米，被蛛丝状绒毛；植株高不及20厘米 ………………………………………… 1. **紫菀木 A. alyssoides**
1. 叶窄长，线形或长圆状线形；植株高达40厘米。
   2. 茎帚状分枝，被蛛丝状毛；叶线形，长1-1.5（-2）厘米；头状花序有舌状花，或无舌状花；花序梗细长；总苞片先端淡绿或白色，稀淡紫色 ………………………… 2. **灌木紫菀木 A. fruticosus**
   2. 茎下部有分枝，上部有花序枝，被灰白色绒毛，或多少脱毛；头状花序常有舌状花；花序梗较粗壮；叶长圆状线形，长（0.8）1.2-1.5厘米；总苞片卵圆形、披针形或长圆形，先端紫红色 ………………………………………… 3. **中亚紫菀木 A. centrali-asiaticus**

1. 紫菀木 图 283

Asterothamnus alyssoides (Turcz.) Novopokr. in Not. Syst. Herb. Inst. Bot. Acad. Sci. URSS 13: 336. 1950.

Aster alyssoides Turcz. in Bull. Soc. Nat. Mosc. 5: 189. 1832.

亚灌木，高达15（-20）厘米；全株被白色蛛丝状绒毛。茎基部有分枝，淡红褐色。叶密集，长圆状倒披针形，无柄，长6-8毫米。头状花序单生茎端，或排成伞房状；总苞宽倒卵形，长6-7毫米，径1.2-1.3厘米，总苞片3层，背面被蛛丝状绒毛，外层卵状披针形，中层和内层长圆形，均革质，具白色宽膜质边缘。外围有6个舌状花，舌片开展，淡蓝色；中央两性花花冠管状，黄色，檐部有5个披针形裂片。瘦果长圆形，被白色密长毛；冠毛白色，糙毛状。

产内蒙古中北部，生于沙地或干旱地方。蒙古东南部有分布。

图 283 紫菀木（张泰利绘）

2. 灌木紫菀木 图 284

Asterothamnus fruticosus (C. Winkl.) Novopokr. in Not. Syst. Herb. Inst. Bot. Acad. Sc. URSS 13: 337. 1950.

Calimeris fruticosus C. Winkl. in Acta Hort. Petrop. 9: 419. 1886.

亚灌木，高达40厘米；全株被蛛丝状绒毛。茎帚状分枝，坚硬，淡黄或黄褐色，上部草质，灰绿色，被蛛丝状毛，近基部脱毛。叶较密集，线形，长1-1.5（-2）厘米，无柄，上面有时近无毛，上部叶渐小。头状花序长0.8-1厘米，在茎枝端排成疏伞房状，花序梗细长，常具线形小叶；总苞宽倒卵形，长6-7毫米，总苞片3层，革质，外层和中层卵状披针形，内层长圆形，边缘白色宽膜质，先端绿或白色，稀紫红色；有舌状花，或无舌状花，舌片淡紫色；中央两性花花冠管状，檐部钟形，有5个披针形裂片。瘦果长圆形，被白色长伏毛；冠毛白色，糙毛状。花果期7-9月。

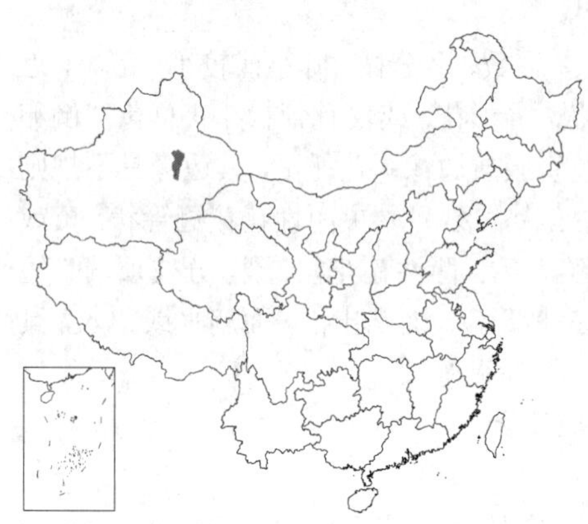

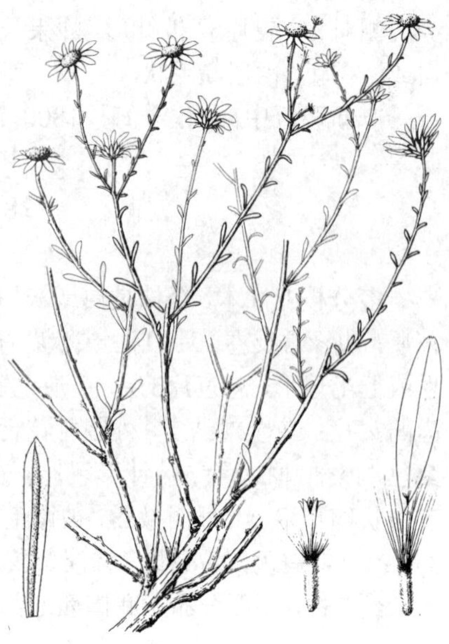

图 284 灌木紫菀木（吴彰桦绘）

产新疆中东部，生于荒漠草原。俄罗斯中亚地区有分布。

3. 中亚紫菀木 图 285 彩片 59

Asterothamnus centrali-asiaticus Novopokr. in Not. Syst. Herb. Inst. Bot. Acad. Sci. URSS 13: 338. 1950.

多分枝亚灌木，高达40厘米；全株被蛛丝状绒毛。茎簇生，下部多分枝，上部有花序枝。叶较密集，长圆状线形或近线形，长（0.8）1.2-1.5厘米。头状花序长0.8-1厘米，径约1厘米，在茎枝顶端排成疏散伞房状，花序梗较粗；总苞宽倒卵形，长6-7毫米，总苞片3-4层，外层卵圆形或披针形，内层长圆形，先端渐尖或稍钝，紫红色，背面中脉紫红或褐色，具白色宽膜质边缘。外围有舌状花，舌片淡紫色；中央两性花花冠管状，黄色，檐部钟状，有披针形裂片。瘦果长圆形，稍扁，被白色长伏毛；冠毛白色，糙毛状。花果期7-9月。

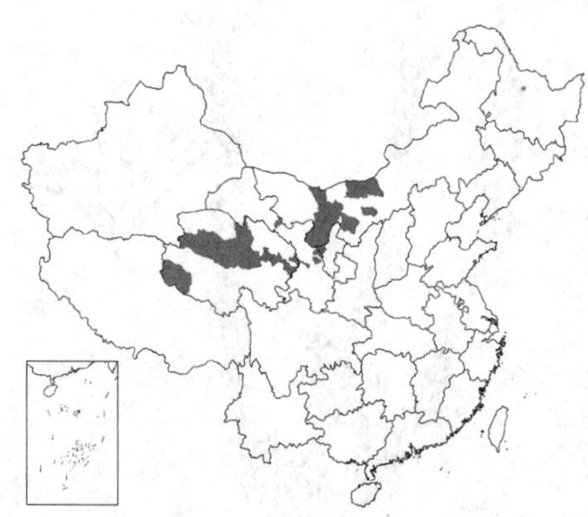

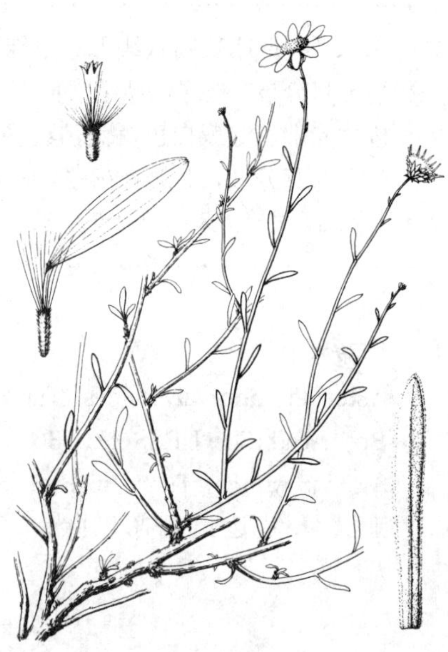

图 285 中亚紫菀木（吴彰桦绘）

产内蒙古中西部、宁夏西部、甘肃中部及青海，生于草原或荒漠地区。蒙古南部有分布。

29. 乳菀属 Galatella Cass.

（陈艺林 靳淑英）

多年生草本。根茎粗壮。茎直立或基部斜升，上部常伞房状分枝，稀不分枝，植株被乳头状短毛或细刚毛，或几无毛。叶互生，无柄，全缘，下部和中部叶或仅下部叶有3脉，稀全部叶具1脉，两面有腺点，稀无腺点。头状花序辐射状，在茎、枝端排成伞房状，稀单生；总苞倒锥形或近半球形，总苞片多层，覆瓦状，草质，绿色，具白膜质边缘，背面被灰白色绒毛或几无毛，具1-3脉，外层较小，最内层较大，近膜质，无毛；花托稍凸，具不规则软骨质状边缘的小窝孔；头状花序具异形花，外围1层雌花舌状，不结实，舌片开展，淡紫红或蓝紫色，长于花盘1.5-2倍，1-20，稀无舌状花；中央两性花5-60（-100），花冠管状，黄色，有时淡紫色，常超出总苞1.5-2倍，檐部钟状，有5披针形裂片；花药基部钝，花丝无毛，顶端有宽披针形附片；花柱2裂，顶端有附片，外面被微毛。瘦果长圆形，向基部缩小，背面略扁，无肋，被密长硬毛或糙伏毛，基部或近基部具脐，冠毛2（3）层，糙毛状，不等长，基部常连合成环，白色或淡紫红，长于瘦果。

约40余种，广泛分布于欧洲和亚洲大陆。我国12种。

1. 叶两面或上面有腺点，或腺点不明显，下部和中部叶有3脉，或中部及上部叶有1脉；植株被乳头状毛或微刚毛，或近无毛；总苞片叶质，或内层膜质，稀近革质。
  2. 茎中部叶线状披针形或线形，长4-8厘米，下部和中部叶片有3脉；具舌状花 ………… 1. **兴安乳菀 G. dahurica**
  2. 茎中部叶线形，长3-4厘米，仅下部叶有3脉，其余叶有1脉；无舌状花 ………………… 2. **昭苏乳菀 G. regelii**
1. 叶无腺点，下部叶有3脉，中部和上部或全部叶有1脉；植株无毛或被白色蛛丝状棉毛。
  3. 总苞近半球形，外层总苞片披针形；头状花序单生或少数排成疏散伞房状；舌状花10-20；叶质较厚，常有1脉，密集茎下部和偏向一侧生长 ……………………………… 3. **天山乳菀 G. tianshanica**
  3. 总苞宽倒锥形，外层总苞片极短，卵形、卵状披针形或披针形；头状花序较多数，稀1个，排成帚状或疏伞房状；有或无舌状花。
    4. 头状花序无舌状花；叶窄线形，边缘常反卷；植株被白蛛丝状毛 ……………………… 4. **卷缘乳菀 G. scoparia**
    4. 头状花序有舌状花；叶长圆形、披针形、线状披针形或线形，边缘平展；植株无毛。
      5. 下部叶或一部分中部叶长圆形，宽5-7毫米，中部和上部叶披针形，宽3-5毫米，具1-3脉；头状花序少数，稀1个，总苞片长6-9（10）毫米 ……………………………… 5. **鳞苞乳菀 G. hauptii**
      5. 下部叶线形或线状披针形，宽3-4毫米，中部和上部叶窄线形，宽1-2（3）毫米，具1脉；头状花序较多数，总苞片长5-7毫米 ……………………………… 6. **窄叶乳菀 G. angustissima**

1. 兴安乳菀　图 286

Galatella dahurica DC. Prodr. 5: 256. 1836.

多年生草本；全株被密乳头状毛和微刚毛，下部近无毛。茎中部叶线状披针形或线形，长4-8厘米，具3脉，两面或仅上面有腺点，上部叶线形。头状花序在茎和枝端排成疏伞房状，花序梗细，具线形苞片；头状花序长1-1.5厘米，径1.5-2.5厘米，具30-60花；总苞近半球形，长3.5-6毫米，径0.8-1厘米，总苞片3-4层，黄绿色，背面被毛，或近无毛，外层宽披针形或披针形，叶质，内层长圆状披针形，近膜质，具白色窄膜质边缘。外围有10-20舌状花，舌片淡紫红或紫蓝色；中央两性花花冠管状，黄或带淡紫红色，檐部有长圆状披针形裂片。瘦果长圆形，被白色长柔毛；冠毛白或污黄色，糙毛状。花期7-9月。

产黑龙江、吉林、辽宁及内蒙古，生于海拔500-1400米山坡草地、碱地或草原。俄罗斯西伯利亚及远东地区、蒙古有分布。

图 286 兴安乳菀（吴彰桦绘）

2. 昭苏乳菀 图 287

Galatella regelii Tzvel. Fl. URSS 25: 153. 1959.

多年生草本；全株被疏乳头状毛。茎纤细，上部直立，基部斜升，基部紫红色，近无毛，上部分枝。叶较密集，下部叶花后凋落，线形或线状披针形，中部叶线形，长3-4厘米，无柄，两面有腺点，边缘具微糙刺毛，下部叶具3脉，其余叶有1脉，上部叶线形。头状花序单生或2-3个排成极疏伞房状，花序长0.8-1.1厘米，宽1.2-1.4厘米，有20-30花，花序梗有线形苞片；总苞宽倒圆锥形，长4-5毫米，径5-8毫米，总苞片3层，淡绿色，背面近无毛，边缘薄膜质，被蛛丝状短棉毛，外层披针形，内层长圆形。无舌状花；管状花花冠淡黄色，檐部具长圆状披针形裂片。瘦果长圆形，被密白色长毛；冠毛淡白色，糙毛状。花果期7-9月。

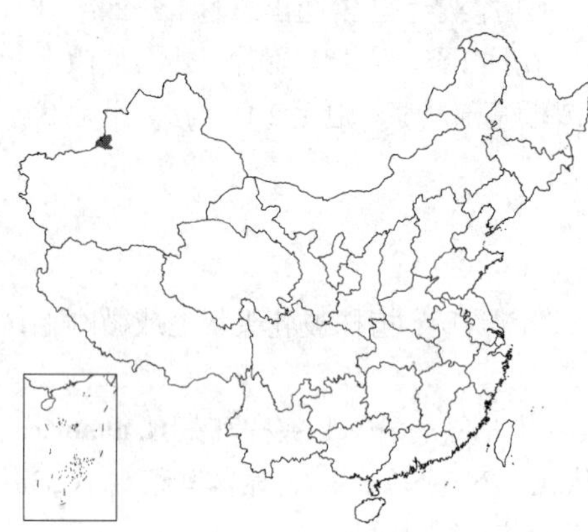

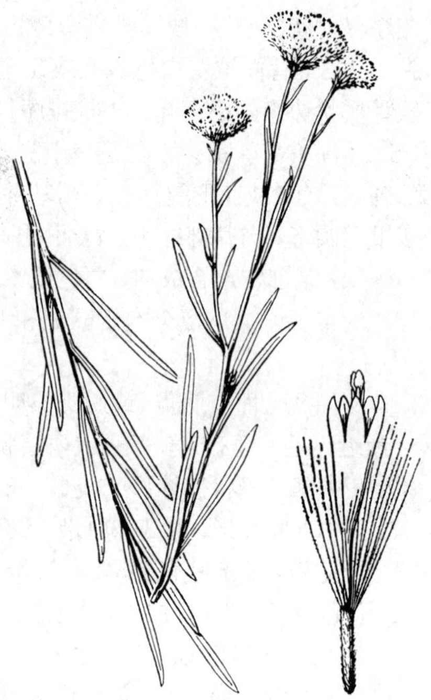

图 287 昭苏乳菀（吴彰桦绘）

产新疆西北部，生于山间盆地。中亚有分布。

3. 天山乳菀 图 288

Galatella tianshanica Novopokr. in Acta Inst. Bot. Acad. Sci. URSS ser. 1, 7: 130. 1948.

多年生草本，高达60厘米；全株无毛或上部被蛛丝状。茎多数，稀单生，径1.5毫米，上部分枝，叶密集茎下部，且偏向一侧生长。下部叶线状披针形，长2.5-3厘米，无柄，质厚较，中部叶线形，长1.5-2厘米，上部叶窄线形，边缘反卷，具1脉，两面无腺点。头状花序单生或数个排成疏伞房状，径1-1.5厘米，花序梗细长，具窄线形苞片；总苞近半球形，径0.8-1厘米，总苞片3层，叶质，淡绿色，近等长，常具白膜质边缘，先端有时淡紫红色，背面被蛛丝状毛，外层和中层披针形，内层长圆状披针形。头状花序外围舌状花15-20，舌片淡紫色，长圆形，长1厘米；中央两性花花冠管状，淡黄色，檐部钟状，具长圆状披针形裂片。瘦果长圆形，被密白色长毛；冠毛淡白色，糙毛状。花果期7-9月。

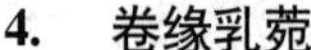

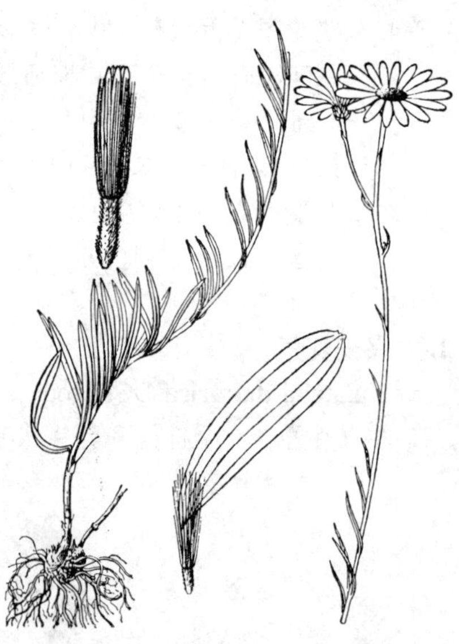

图 288 天山乳菀（引自《中国植物志》）

产新疆中西部，生于河谷沼泽地。中亚有分布。

4. 卷缘乳菀 图 289

Galatella scoparia (Kar. et Kir.) Novopokr. in Bull. Acad. Sci. Russ. ser. 6, 12: 2274. 1918.

Linosyris scoparia Kar. et Kir. Enum. Pl. Song. 109. 1842.

多年生草本；全株被白色蛛丝状毛，后脱落。茎多数，稀单生，高达45厘米。叶无柄，窄线形，近革质，

灰绿色，无腺点，边缘常反卷，最下部叶线形，1脉，上部叶刚毛状。头状花序在茎端排成疏伞房状，花序梗细长，具疏线形苞片；头状花序长1.2-1.7厘米；总苞宽倒锥形，长1-1.5厘米，径1-1.8厘米，总苞片4-5层，近革质，淡绿色，被白或灰白色蛛丝状密绒毛，具窄膜质边缘，外层卵形或卵状披针形，最内层长圆形；头状花序全管状花，花冠淡黄色，檐部窄钟形，具披针形裂片。瘦果长圆形，被白色长柔毛；冠毛白色，糙毛状。花果期7-9月。

产新疆北部，生于干旱草原或多砾石和粘土山坡。中亚有分布。

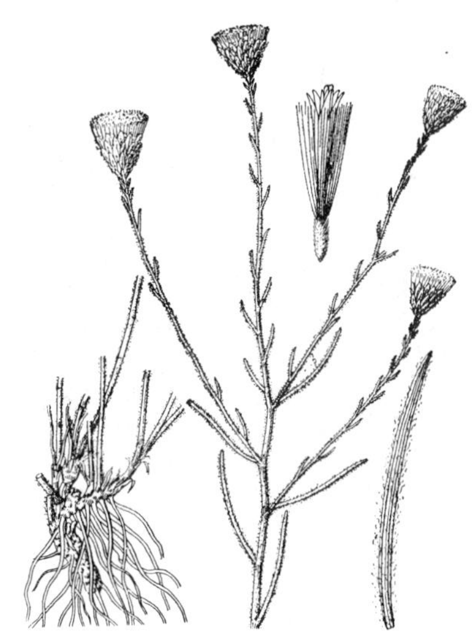

图 289 卷缘乳菀（王金凤绘）

5. 鳞苞乳菀 图 290

Galatella hauptii (Ledeb.) Lindl. in DC. Prodr. 5: 256. 1836.

Aster hauptii Ledeb. Fl. Alt. 100. 1833.

多年生草本。茎单生，近无毛，绿色，近基部紫色。叶无柄，无腺点，近无毛，下部或部分中部叶长圆形，宽5-7毫米，具3脉，中部叶披针形或披针状线形，宽3-5毫米，具1-3脉，上部叶线形，具1脉。头状花序少数，长0.8-1.5厘米，在茎顶端排成帚状伞房花序，稀单生，花序枝有线形苞片，下面有鳞状苞叶；总苞宽倒锥形，长0.6-1厘米，总苞片约4层，长6-9（10）毫米，叶质，淡绿色，先端和边缘紫红色，背面近无毛，边缘窄膜质，被蛛丝状毛，外层披针形或披针状卵形，有1中脉，内层长圆形，有3脉；外围具10-15舌状花，舌片紫红或淡紫红色，长圆形，长1.3-1.5厘米；中央两性花花冠管状，淡黄色，檐部钟形，有披针形裂片。瘦果长圆形，长3.5-5毫米，被白色长伏毛；冠毛白色，糙毛状，长6-7毫米。花果期7-9月。

产新疆北部，生于海拔1400-1800米山坡、草地或沟边。俄罗斯中亚、西伯利亚地区及蒙古有分布。

图 290 鳞苞乳菀（吴彰桦绘）

6. 窄叶乳菀 图 291

Galatella angustissima (Tausch.) Novopokr. in Acta Inst. Bot. Acad. Sci. URSS ser. 1, 7: 136. 1948.

Aster angustissimus Tausch. in Fl. od. Bot. Zeit. 6: 487. 1828.

多年生草本。茎上部及花序梗被蛛丝毛，余无毛。叶无柄，无腺点，下

图 291 窄叶乳菀（张荣生绘）

部叶线形或线状披针形，宽3-4毫米，具3脉；中部和上部叶窄线形，宽1-2（3）毫米，具1脉；花序枝有线形小叶。头状花序较多数在茎端排成疏伞房状，长0.8-1.8厘米；总苞宽倒锥形，长5-7毫米，总苞片4-5层，长5-7毫米，叶质，淡绿色，先端淡紫红色，边缘窄膜质，有蛛丝状棉毛，背面近无毛，外层卵状披针形，最内层长圆形；外围有舌状花，舌片淡紫色，长圆形，长约1厘米；中央两性花花冠管状，淡黄或淡紫色，长5-6毫米，檐部钟状，具披针形裂片。瘦果长圆形，被白色疏长伏毛；冠毛白色，糙毛状。花果期7-9月。

产新疆北部，生于海拔约900米干旱草地。俄罗斯西伯利亚、中亚及蒙古有分布。

30. 麻菀属 **Linosyris** Cass.

（陈艺林 靳淑英）

多年生草本；全株被乳头状毛或蛛丝状毛。根茎细长。茎基部常被纤维状残存叶柄，有分枝。叶互生，无柄，全缘，有或稀无腺点，具1脉。头状花序极小，多数，在茎、枝顶端排成伞房状，稀单生；总苞片3-多层，覆瓦状，淡黄绿色，具膜质透明边缘，近无毛或多少被蛛丝状毛，具1-3脉，不等长，外层和中层线状钻形，内层长圆形；花托极小，多少凸出，具不规则窝孔；花5-40个，全结实，两性，常长于花盘。花冠管状，黄色，檐部具5宽披针形裂片；花药多少内弯，顶端有披针形附片，基部钝；花柱2浅裂，顶端有卵状披针形附器，钝。瘦果长圆形，基部缩小，背部扁，具1-2侧条棱，被贴生长伏毛；冠毛2层，糙毛状，淡白或淡褐色，长于瘦果，基部常联结成环状。

约5种，主要分布于欧洲和亚洲草原及森林草原地区。我国2种。

新疆麻菀 图 292

Linosyris tatarica (Less.) C. A. Meyer in Bong. et Meyer, Verzeichn. der Am Zaisang Nor und Irtysch Gesamm. Pfl. 38. 1841.

Chrysocoma tatarica Less. in Linnaea 9: 186. 1835.

多年生草本，高达30厘米；植株被极薄蛛丝状毛，后脱落。茎数个。叶近革质，线形或长圆状线形，长1-3厘米，无柄，两面或仅上面有腺点，上部叶渐小。头状花序长0.8-1厘米，在茎枝端排成密集伞房状，花序梗细长；总苞短圆柱形或窄倒圆锥形，径3-5毫米，总苞片3-4层，薄革质，背面和边缘被蛛丝状毛，或近无毛，外层卵形，内层长圆形，具宽薄膜质边缘；花全部两性花，花冠管状，淡黄色，檐部窄钟状，具宽披针形裂片。瘦果长圆形，长3-4毫米，被长伏毛；冠毛淡白色，有时淡褐色，糙毛状。花果期7-9月。

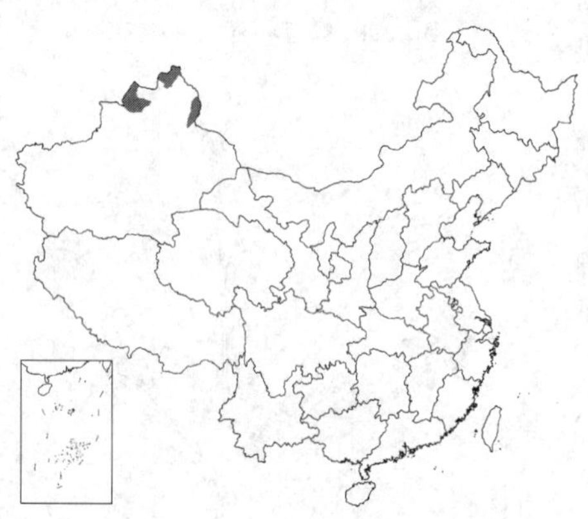

产新疆北部，生于海拔700-1200米砂质碱地、半荒漠或砾石干旱山坡。中亚、俄罗斯西部及西伯利亚有分布。

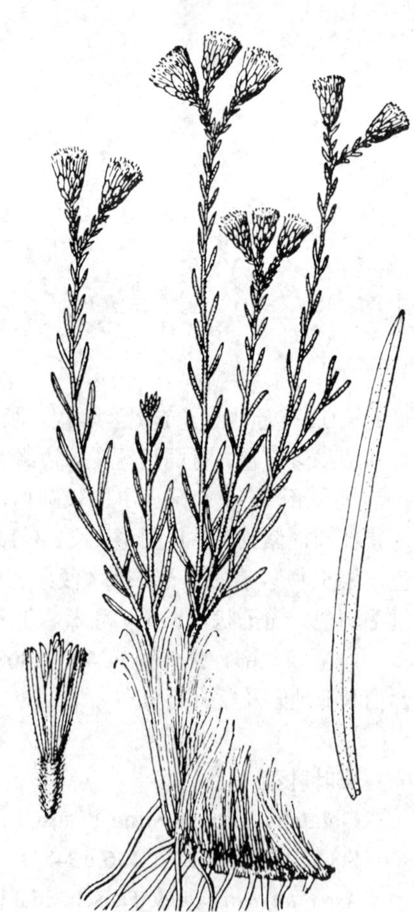

图 292 新疆麻菀（王金凤绘）

31. 莎菀属 Arctogeron DC.

（陈艺林　靳淑英）

多年生丛生草本；根茎短，分枝密集，密被残存叶鞘。叶密集基部，质硬，线形或线状钻形，长5-10厘米，边缘具糙毛，具1脉，两面无毛或稍被蛛丝状柔毛，基部鞘状。花茎2-6；头状花序单生花茎顶端，径1.5-2厘米；总苞半球形，总苞片3层，窄披针形，背面沿中脉具龙骨状凸起，绿色，密被柔毛，具白色干膜质宽边缘；花托窄而平，蜂窝状，窝孔有齿。外围雌花1层，白或淡粉红色，卵状长圆形，顶端具细齿；中央两性花黄色，花冠管状，长5-6毫米，顶端5齿裂，花药基部钝，花柱顶端具短三角形附器。瘦果长圆形，稍扁，长约3毫米，稍具肋，密被银白色长柔毛；冠毛多层，白色，糙毛状。

单种属。

沙菀　图 293

Arctogeron gramineum (Linn.) DC. Prodr. 5: 261. 1836.

Erigeron gramineum Linn. Sp. Pl. 864. 1753.

形态特征同属。花期5-6月，果期8-12月。

产黑龙江、内蒙古及河北，生于干旱山坡或多砾石处。俄罗斯西伯利亚及远东地区、蒙古有分布。

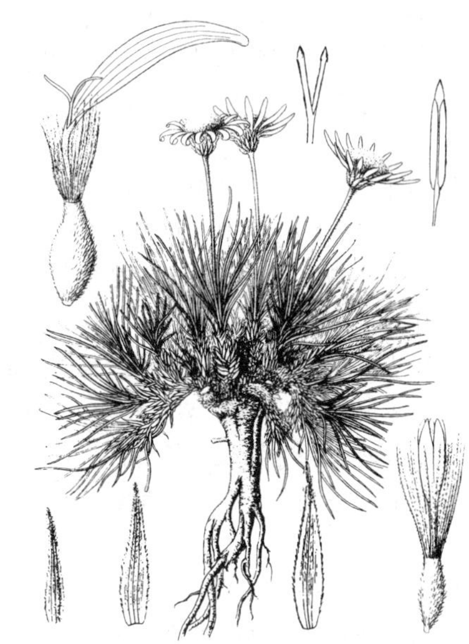

图 293　沙菀（吴彰桦绘）

32. 碱菀属 Tripolium Nees

（陈艺林　靳淑英）

一年生草本。茎直立。基生叶花期枯萎，茎下部叶线状或长圆状披针形，长5-10厘米，全缘或有疏齿，无毛。头状花序稍小，疏散伞房状排列，辐射状，有异形花，外围有1层雌花，中央有多数两性花，后者有时不育。总苞近钟状；总苞片2-3层，外层较短，稍覆瓦状排列，肉质，边缘近膜质；花托平，蜂窝状，窝孔有齿。雌花舌状，舌片蓝紫或浅红色；两性花黄色，管状，檐部窄漏斗状，有不等长分裂片，花药基部钝，全缘，花柱分枝附片肥厚，顶端三角形；冠毛多层，极纤细，有微齿，稍不等长，白或浅红色，花后增长。瘦果窄长圆形，扁，有厚边肋，两面各有1细肋，无毛或有疏毛。

单种属。

碱菀　铁杆蒿　金盏菜　图 294

Tripolium vulgare Nees, Gen. et Sp. Aster 152. 1833.

形态特征同属。花果期8-12月。

产吉林、辽宁、内蒙古、河北、河南、山西、陕西、宁夏、甘肃、新疆、江苏、山东、安徽、浙江及福建，生于海岸、湖滨、沼泽或盐碱地。朝鲜半岛、日本、俄罗斯西伯利亚东部至西部、中亚、伊朗、欧洲、非洲

图 294　碱菀（引自《图鉴》）

北部及北美洲有分布。

33. 短星菊属 Brachyactis Ledeb.

（陈艺林 靳淑英）

一年生或多年生草本。茎常基部分枝和有总状圆锥状短枝。叶互生。头状花序具异型花，盘状，多数或较多数排成总状或总状圆锥状，稀单生或数个腋生；总苞半球状，总苞片2-3层，外层常叶质，绿色，边缘具窄膜质或具粗缘毛；花托平，无毛，多少具窝孔。花全结实，外围雌花多数，1-数层，花冠管状，管部短于花柱顶端斜切，具微毛，无舌片，或舌状具极细舌片，超出花柱；中央两性花，常短于冠毛，花冠管状，上端5齿裂，花柱分枝披针形，顶端尖，花药基部钝，全缘。瘦果扁，被贴伏微毛；冠毛2层，糙毛状，外层极短。

约5种，主要分布于亚洲北部和北美洲。我国4种。

1. 多年生草本；上部叶无柄，基部半抱茎沿茎短下延；头状花序单生或3-4密集茎或枝顶端，外层有1-2、叶质、长于花盘的总苞片；雌花稍长于花盘，舌片淡蓝色，长于花柱 ································ 1. **香短星菊 B. anomalum**
1. 一年生草本；上部叶无柄或基部窄成柄，不下延；头状花序多数或较多数排成总状或总状圆锥状，总苞片短于花盘；雌花短于花盘，舌片极短，无色，短于花柱，或仅管部上端斜切而无舌片。
   2. 茎上部及枝被疏毛；叶线形或线状披针形，无柄，全缘，边缘有睫毛，两面无毛或上面被疏毛；总苞片绿色，线形，先端及边缘有睫毛 ··· 2. **短星菊 B. ciliata**
   2. 茎密被腺毛和长节长毛；叶倒卵形或倒卵状长圆形，基部渐窄成长柄，边缘具粗锯齿，两面密被腺毛或腺状柔毛；总苞片内层先端紫红色，线状披针形，密被具柄腺毛 ··································· 3. **西疆短星菊 B. roylei**

1. 香短星菊 图 295

Brachyactis anomalum (DC.) Kitam. in Hara, Fl. East. Himal. 3: 113. 1975.

Erigeron anomalum DC. Prodr. 5: 293. 1836.

多年生草本，有甜薄荷味；全株被腺状柔毛。茎带紫红色，具总状短分枝。叶倒卵形或长圆状披针形，长1.5-5厘米，具锯齿，基部和下部叶具长柄，上部叶无柄，基部半抱茎沿茎短下延，两面被腺状柔毛。头状花序单生或3-4密集茎或枝顶端，径1-1.5厘米，有花序梗；总苞半球状钟形，总苞片2-3层，草质，外层有1-2叶质、长于花盘的宽苞片，内层线形或线状披针形，长6-7毫米，紫红色，具窄膜质边缘，与花盘等长或稍长于花盘。雌花近2层，舌状，稍长于花盘，舌片淡蓝色，细窄，顶端具3细齿，长于花柱；两性花花冠细管状，长约5毫米，檐部短钟状，管部上部及檐部下部常被疏微毛，裂片短，无毛，花全结实。瘦果倒卵状长圆形，扁，长3-3.5毫米，被疏微毛；冠毛淡红色，2层，外层刚毛状，内层糙毛状，长于瘦果。花果期7-9月。

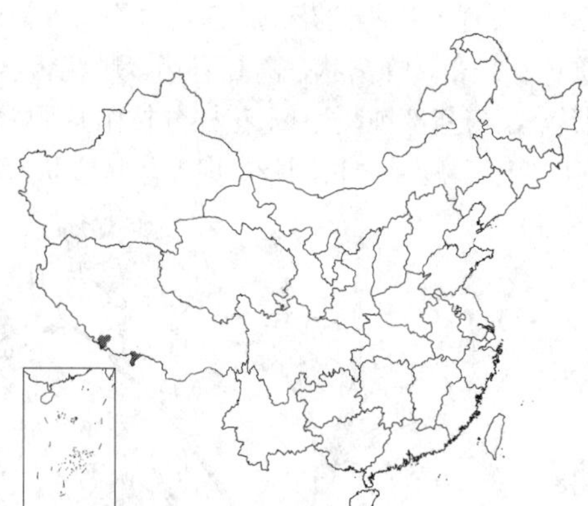

产于西藏南部，生于海拔3300-4000米高山灌丛边缘或山坡草丛中。克什米尔地区、尼泊尔及锡金有分布。

图 295 香短星菊（王金凤绘）

2. 短星菊 图 296

Brachyactis ciliata Ledeb. Fl. Ross. 2: 495. 1845.

一年生草本。茎基部分枝，近无毛，上部及分枝疏被糙毛。叶线形或线状披针形，长2-6厘米，基部半抱茎，全缘，两面无毛或上面被疏毛，边缘有睫毛，无柄。头状花序在茎或枝端排成总状圆锥状，稀单生枝顶，径1-2厘米，花序梗短；总苞半球状钟形，总苞片2-3层，线形，短于花盘，外层绿色，草质，长7-8毫米，先端及边缘有缘毛，内层下部边缘膜质，上部草质。雌花花冠细管状，无毛，上端斜切，或有长达1.2毫米舌片，上部及斜切口被微毛；两性花花冠管状，长4-4.5毫米，管部上端被微毛，无色或裂片淡粉色，花全结实。瘦果长圆形，长2-2.2毫米，红褐色，被密软毛；冠毛白色，2层，外层刚毛状，内层糙毛状。花果期8-10月。

产黑龙江、吉林、辽宁、内蒙古南部、河北、河南、山西、陕西秦岭、甘肃东南部、宁夏北部及新疆北部，生于海拔500-1500米山坡荒野、山谷河滩或盐碱湿地。蒙古、朝鲜半岛、日本、中亚及俄罗斯西伯利亚地区有分布。

图 296 短星菊（引自《图鉴》）

3. 新疆短星菊 图 297

Brachyactis roylei (DC.) Wendelbo in Nutt. Mag. Bot. 11: 62. 1953.

Conyza roylei DC. Prodr. 5: 381. 1836.

一年生草本；全株密被密腺毛和长毛。茎有总状圆锥状短分枝。基生叶倒卵形或倒卵状长圆形，长0.5-4厘米，基部渐窄成长柄，边缘有疏粗锯齿，茎上部叶具疏齿或近全缘，两面密被腺毛和疏毛。头状花序径1-1.2厘米，在茎或枝端排成总状或总状圆锥状，花序梗长3-5毫米；总苞半球形，总苞片2-3层，草质，线状披针形，先端尖或流苏状，紫红色，边缘薄膜质，背面密被腺毛和疏长毛。雌花花冠细管状，无色，管部长2.5-3.5毫米，顶端斜切，具极小舌片，上部被疏微毛；两性花花冠管状，无色，长4-4.5毫米，檐部窄漏斗状，具短裂片，管部上端和裂片顶端被微毛，花全结实。瘦果长圆状倒披针形，扁，长2-2.2毫米，被贴生微毛；冠毛白色，2层，外层刚毛状，极短，内层糙毛状。花果期7-9月。

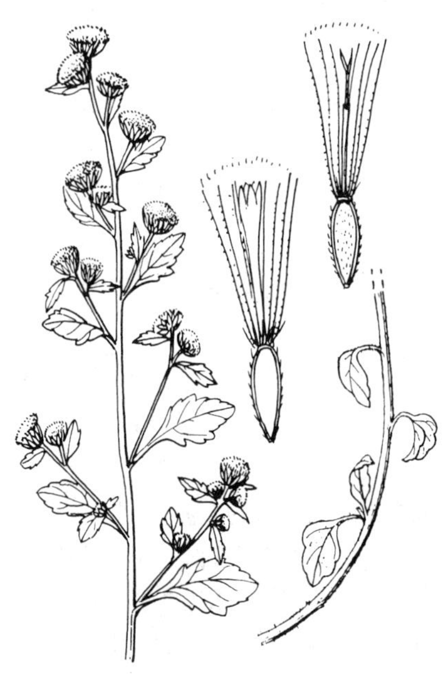

图 297 新疆短星菊（张荣生绘）

产西藏西部及新疆。印度、巴基斯坦、阿富汗及中亚有分布。

34. 异裂菊属 Heteroplexis Chang

（陈艺林 靳淑英）

攀援或直立草本。叶互生，具柄，全缘或具不明显细齿。头状花序盘状，单生或2-3簇生枝顶，花序梗短或无，具异形花；总苞钟状圆柱形，总苞片草质，5-6层，紧贴，覆瓦状；花托平，无毛，具蜂窝状小孔；花全结实。外围雌花1层，舌状，管部圆柱形，舌片极小，先端具不明显3小齿，花柱分枝线形，顶端钝，外面被疏微毛；中央两性花少数，花冠管状，管部圆柱形，向基部多少增粗，檐部窄钟形，顶端具不等长5齿裂，外面裂片较长，雄蕊5，着生檐部基部，部分伸出，花药顶端稍尖，基部钝，花柱分枝顶端具三角形附器。雌花瘦果稍扁，腹面具棱，两边具1肋，背面稍凸起，具3肋；两性花瘦果两面具2肋，被疏柔毛；冠毛黄白色，1层，糙毛状，近等长。

我国特有属，2种。

1. 茎被灰色柔毛，兼有腺；叶披针状椭圆形，两面被糙毛，下面兼有腺点；总苞长5-5.5毫米，总苞片背面被疏柔毛兼有腺；两性花裂片无毛；攀援草本 …………………………………………………………… **异裂菊 H. vernonioides**
1. 茎被灰色密毛，无腺；叶披针形或线状披针形，上面被贴生硬毛，下面被白色密绢状长柔毛；总苞长3-4毫米，总苞片背面被白色长柔毛；两性花裂片顶端被白色微毛；直立草本 …………… (附). **绢叶异裂菊 H. sericophylla**

异裂菊 图 298

Heteroplexis vernonioides Chang in Sunyatsenia 3: 267. t. 34. 1937.

攀援草本。茎上部有伞房状分枝，被灰色柔毛，兼有腺体。叶硬纸质，中部叶披针状椭圆形，长8-9厘米，中上部有不明显疏细齿，侧脉上面凹下，两面被糙毛，下面兼有腺点，叶柄长3-5毫米，密被柔毛；上部叶长圆形、椭圆状长圆形或窄卵形，长达2厘米，全缘；最上部叶近无柄。头状花序盘状，单生或2-3簇生，花序梗长达6毫米，苞片卵状披针形2；总苞钟状圆柱形，长5-5.5毫米，径3-4毫米，总苞片5-6层，外层卵形，长1.5-2毫米，中层卵状长圆形，长2.5-3毫米，内层长圆形，长约4毫米，背面及边缘被疏柔毛，常兼有腺。外围雌花1层，约7花，舌状，管部圆柱形，长约2.5毫米，舌片极小，先端具不明显3齿，花柱分枝线形；中央两性花约3花，花冠黄色，管状，长4.5-5毫米，管部圆柱形，檐部窄钟状，具5线状披针形裂片，无毛，内弯，外面2裂片长1.6毫米，内面裂片长约1毫米。瘦果长圆状倒卵形，长1.5毫米，两面具2肋，被疏微毛；冠毛淡黄白色，糙毛状，长4.3毫米。花期10月。

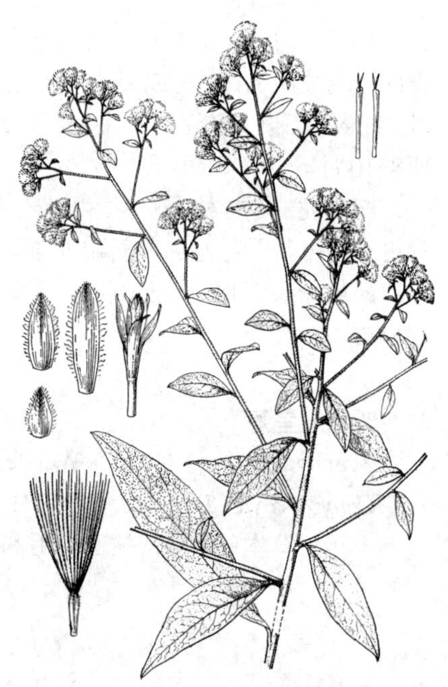

图 298 异裂菊 （冯晋庸绘）

产广西西南部，生于石灰岩山地山谷石缝中。

[附] **绢叶异裂菊 Heteroplexis sericophylla** Y. L. Chen, Fl. Reipubl. Popul. Sin. 74: 292. Addenda. 361. 1985. 本种与异裂菊的主要区别：直立草本；茎被灰色密毛，无腺；叶披针形或线状披针形，上面被贴生硬毛，下面被白色密绢状长柔毛；总苞长3-4毫米，总苞片背面被白色长柔毛；两性花裂片先端被白色微毛。产广西阳朔，生于海拔340米丘陵山地林中。

35. 毛冠菊属 Nannoglottis Maxim.

（陈艺林 靳淑英）

多年生草本或亚灌木。根茎木质化。叶互生，基生叶具长柄或短柄；中上部茎生叶无柄，常沿茎下沿成翅状。

头状花多数或少数在枝茎端排成圆锥状、总状或伞房状聚伞花序，稀单生；头状花序具三型小花，外层舌状花，内层管状花，管状花和舌状花之间有丝状花，舌状花及丝状花为雌花，管状花为两性花，其雌蕊不育；头状花序同色或异色，在花序同色的种群中，舌状花2-4层，丝状花1-2层，不稳定，少数时不形成1层或无；总苞半球状或杯状，总苞片2-4层，草质，稀薄革质，内层边缘稍膜质，外面被柔毛、腺毛或叉状毛；花托平或稍凸起，无托片。舌状花花冠有舌片；丝状花顶端平截或斜截，短于花柱；管状花上部窄漏斗状，5齿裂，裂片外面有腺毛，花药基部钝，稀稍尖，花柱分枝，披针形，稍扁，密被短毛。瘦果长圆形，有数纵肋，被粗毛。染色体2n=18。

9种，分布于中国、尼泊尔、锡金及不丹。我国均产。

1. 舌状花黄色，舌片长，伸出总苞。
 2. 基生叶下面密被绵毛；总苞片近等长，头状花序2-18。
  3. 基生叶心形，有长柄，边缘具浅齿，中上部茎生叶不发达；总苞片披针形 ·············· 1. **厚毛毛冠菊 N. delavayi**
  3. 基生叶长圆形，柄短，边缘具细齿，中上部茎生叶发达；总苞片卵状披针形 ······ 2. **宽苞毛冠菊 N. latisquama**
 2. 基生叶下面被腺毛；总苞片不等长，外层短于内层，头状花序多达27 ······················ 3. **狭舌毛冠菊 N. gynura**
1. 舌状花栗色，舌片短，稍伸出总苞；中上部叶基部渐窄，边缘有粗齿，下面疏被腺毛和绵毛 ·································· 4. **毛冠菊 N. carpesioides**

1. 厚毛毛冠菊 图 299

Nannoglottis delavayi (Franch.) Ling et Y. L. Chen in Acta Phytotax. Sin. 10(1): 97. 1965.

Stereosanthus delavayi Franch. in Journ. de Bot. 10: 385. 1896.

多年生草本。茎直立，被白色绵毛，兼有腺毛。基生叶心形，长6-18厘米，先端钝，基部渐窄成长柄，边缘具浅齿，上面被疏蛛丝状毛或多少脱毛，下面密被白色绵毛；茎中部及上部叶不发达，无柄。头状花序3-18，排成伞房状聚伞花序；总苞半球形；总苞片3-4层，披针形，近等长，外面密被绵毛和腺毛。舌状花黄色，舌片长，伸出总苞，内面具1-2层丝状小花，黄色，长3-4毫米，中央小花管状，黄色，裂片先端具腺毛。瘦果具细纵肋，被毛；冠毛白色，刚毛状，长3-4毫米。花期8-9月。

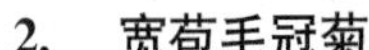

图 299 厚毛毛冠菊（孙英宝绘）

产四川西南部、云南西北部及北部，生于海拔2900-3200米云南松林下或高山栎林下。

2. 宽苞毛冠菊 图 300

Nannoglottis latisquama Ling et Y. L. Chen in Acta Phytotax. Sin. 10 (1): 98. 1965.

多年生草本。茎直立，密被蛛丝状绵毛。茎生叶长圆形，柄短，中上部茎生叶发达，披针形或长圆形，长3-17厘米，先端渐尖，基部渐窄，下延成具翅的短柄或近无柄，边缘具细齿，下面密被白色绵毛。头状花序2-

14，排成伞房状聚伞花序；总苞半球形，径3-3.5厘米；总苞片2-3层，卵状披针形，近等长，宽3-5毫米。舌状花黄色，长0.9-1.5厘米；丝状花1-2层，黄色；中央的管状花不育，黄色，裂片先端具腺毛。瘦果长圆形，长约5毫米，具10纵肋，被毛；冠毛稀少，白色，刚毛状。花期6-7月。

产云南西北部及四川西南部，生于海拔3400-3900米冷杉林下、灌丛草坡。

图 300 宽苞毛冠菊（引自《图鉴》）

3. 狭舌毛冠菊 图 301

Nannoglottis gynura (C. Winkl.) Ling et Y. L. Chen in Acta Phytotax. Sin. 10 (1): 97. 1965.

Senecio gynura C. Winkl. in Acta Hort. Petrop. 14: 157. 1805.

多年生草本。茎直立，疏被腺毛或近无毛。叶长圆形或卵状长圆形，长9-23厘米，先端渐尖，基部渐窄成具翅的短柄。边缘具不规则牙齿，下面被腺毛。头状花序（5-）10-27个排成较密圆锥状聚伞花序；总苞钟状，径3-3.5厘米，总苞片3-4层，线状披针形，不等长，外层短于内层。舌状花黄色，舌片线形，长0.9-1.3厘米；丝状花1-2层，黄色，长约3毫米；中央的管状花黄色，裂片先端具腺毛。瘦果具8-10纵肋，被毛；冠毛白色，较多，等长，刚毛状。花期7-8月。

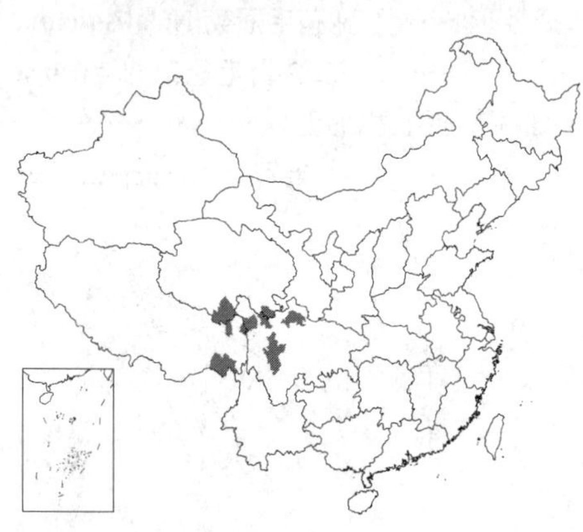

产四川西北部及西部、青海南部及西藏东部，生于海拔3500-4000米云杉林下或灌丛草坡。

图 301 狭舌毛冠菊（引自《图鉴》）

4. 毛冠菊 图 302

Nannoglottis carpesioides Maxim. in Bull. Acad. Imp. Sci. St. Pétersb. 27: 480. 1881.

多年生草本。茎被蛛丝状绒毛。叶卵状披针形或长圆形，长16-27厘米，基部渐窄成窄翅，沿茎下延成具翅柄，边缘具粗牙齿，下面疏被绵毛和腺毛。头状花序3-12在茎端排成总状或伞房状聚伞花序；总苞半球形，总苞片2-3层，近等长，线状披针形。舌状花栗色，舌片长，稍伸出总苞，背面具腺毛；丝状花少数，不形成一层，有时无；管状花淡黄色，裂片先端具腺毛。瘦果长圆形，长4.5-5毫米，具8-10纵肋，被毛。冠毛白色稀少。花期6-7月。

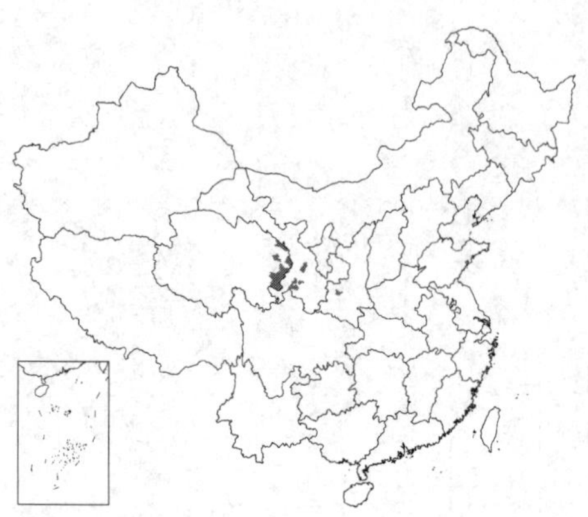

产陕西太白山、甘肃中南部及青海东部，生于海拔2000-3400米云杉林下或桦杨混交林下。

图 302 毛冠菊（引自《图鉴》）

36. 寒蓬属 Psychrogeton Boiss.

（陈艺林　靳淑英）

多年生稀一或二年生草本。根茎粗壮木质。具花茎。叶互生，常具腺毛，全缘、具齿或近羽状浅裂，具柄。头状花序单生或少数，稀排成总状或伞房状；总苞半球形，总苞片2-3层，覆瓦状，外层草质，内层具干膜质边缘；外围有数个至多数雌花；中央两性花8-10或多数，不结实，花冠管状，与雌花同色，与冠毛等长；花柱在雌花线形，在两性花披针形，无附器。瘦果长2-3毫米，雌花瘦果倒卵圆形或倒披针形，两性花瘦果线形；冠毛1层，或不孕瘦果外层具少数刚毛。

约20种，主要分布于中亚和亚洲西部。我国2种。

1. 一年生或二年生草本；茎高达55厘米，有分枝，密被灰白色短柔毛或近无柄腺毛；头状花序多数，径0.7-1厘米，排成伞房状圆锥花序；雌花细管状，无色 …………………………………………… **黑山寒蓬 P. nigromontanus**
1. 多年生草本；茎矮小，不分枝，被疏或密绵毛状绒毛；头状花序单生，径1.5-2.4厘米；雌花舌状，舌片金黄色 ……………………………………………………………………………………… (附). **藏寒蓬 P. poncinsii**

黑山寒蓬　图 303

Psychrogeton nigromontanus (Boiss. et Buhse) Griers. in Notes Roy. Bot. Gard. Edinb. 27: 144. 1967.

Erigeron nigromontanus Boiss. et Buhse in Nouv. Mem Soc. Imp. Nat. Mosc. 12: 114. 1860.

一年生或二年生草本；全株密被灰白色柔毛和近无柄腺毛。茎高达55厘米，淡灰绿色，上部圆锥状分枝。叶密集，下部叶倒卵形或倒披针形，长达8厘米，基部渐窄成长柄，全缘或具疏尖齿，中部叶与下部叶同形，无柄半抱茎，上部叶渐小，全缘；叶两面密被灰白色柔毛，兼有近无柄腺毛。头状花序径0.7-1厘米，多数在茎枝端排成伞房状圆锥花序，花序梗细，长0.5-1厘米；总苞半球形，总苞片绿色，2-3层，线状披针形，近等长，长约4毫米，边缘干膜质，背面被密柔毛和腺毛。雌花花冠细管状，无色，长1.7-2毫米，上端多少斜切，无齿，被微毛；两性花花冠管状，无色，长约3.5毫米，管部中部被毛，檐部漏斗状，裂片卵状披针形，先端被微毛。仅雌花结实，瘦果倒披针形，长1.8-2毫米，扁，被柔毛和腺毛；两性花瘦果线形，中空；冠毛白色，2层，外层少数，极短，内层多数，糙毛状。花期7-9月。

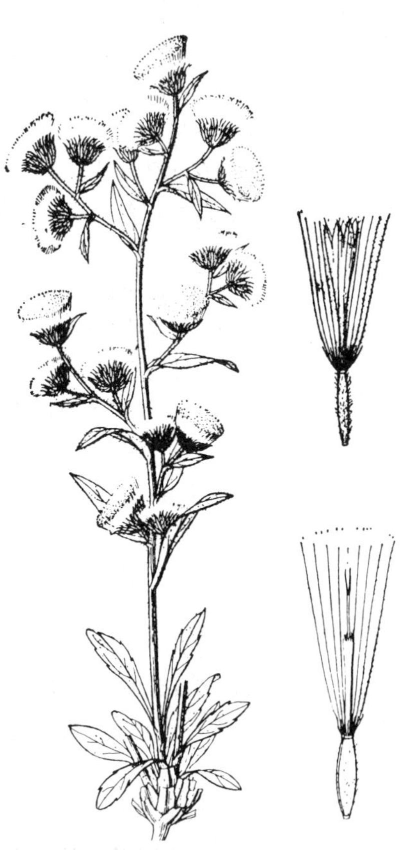

图 303　黑山寒蓬（张泰利绘）

产新疆北部，生于海拔1200-1500米亚高山草地。伊朗、伊拉克、土耳其、中亚及俄罗斯高加索有分布。

[附] **藏寒蓬 Psychrogeton poncinsii** (Franch.) Ling et Y. L. Chen in Acta Phytotax. Sin. 11: 427. 1973.—— *Aster poncinsii* Franch. in Bull. Mus. Hist. Nat. (Paris) ser. 2, 7: 345. 1896. 本种与黑山寒蓬的区别：多年生矮小草本；茎不分枝，疏被或密被棉毛状绒毛；头状花序单生，径1.5-2.4厘米；雌花舌状，舌片金黄色。产新疆及西藏。印度、伊朗、阿富汗及中亚有分布。

37. 飞蓬属 Erigeron Linn.

（陈艺林　靳淑英）

多年生、稀一年生或二年生草本，或亚灌木。叶互生，全缘或具锯齿。头状花序辐射状，单生或数个排成总状、伞房状或圆锥状花序；总苞半球形或钟形，总苞片数层，薄质或草质，窄长，边缘和先端干膜质，中脉红褐色。雌雄同株；花多数，异色；雌花多层，舌状，或内层无舌片，紫、蓝或白色，稀黄色；两性花管状，檐部窄，管状或漏斗状，具5裂片，花药线状长圆形，基部钝，顶端具卵状披针形附片，花柱分枝附片宽三角形；花全结实。瘦果长圆状披针形，扁，被短毛；冠毛通常2层，内层及外层同形或异形，常有极细而易脆折的刚毛，离生或基部稍连合，外层极短或等长；有时雌花冠毛成少数鳞片状膜片小冠。

约200余种，主产欧洲、亚洲及北美洲，少数分布非洲及大洋洲。我国35种。

1. 头状花序有二型花，雌花全部舌状；舌状花白、紫、浅红、橙色；两性花黄色。
  2. 雌花和两性花冠毛同形，2层，外层极短，内层刚毛状；舌状花2-3层，舌片通常较宽，开展或细窄不开展；多年生草本，稀二年生草本或亚灌木。
    3. 总苞片通常与花盘等长或长于花盘。
      4. 总苞片与花盘等长或较花盘稍长，两性花花冠裂片黄色，稀淡紫色。
        5. 舌状花桔红、黄或红褐色 ……………… 1. **橙花飞蓬 E. aurantiacus**
        5. 舌状花紫、蓝、浅红或白色。
          6. 花药及花柱分枝伸出两性花花冠。
            7. 舌片干时平展，不卷成管状；两性花花冠管状漏斗形。
              8. 两性花花冠裂片黄色。
                9. 舌状花长1-1.2厘米；总苞片密被腺毛，兼有疏长毛 ……………… 2. **阿尔泰飞蓬 E. altaicus**
                9. 舌状花长6-8（13）毫米；总苞片被较密长毛，兼有腺毛 ……… 2(附). **泽山飞蓬 E. seravschanicus**
              8. 两性花花冠裂片浅紫色；总苞片与花盘等长或稍长于花盘。
                10. 茎生叶多数，常疏生茎上，倒披针形、披针形或线形；总苞片被疏长毛或硬毛状长柔毛而无腺毛。
                  11. 头状花序单生茎端，径2.5-4厘米，舌状花长0.8-1.4厘米，宽0.8-1.5毫米 … 3. **山飞蓬 E. komarovii**
                  11. 头状花序通常2-6排列伞房状，稀单生，径1.5-2厘米；舌状花长6-7毫米，宽0.5毫米 ……………… 4. **玉山飞蓬 E. morrisonensis**
                10. 茎生叶少数，密集基部，倒卵状披针形或宽匙形；总苞片被硬毛，兼有具柄腺毛 ……………… 5. **短葶飞蓬 E. breviscapus**
            7. 舌片干时常卷成管状，舌状花长不及1厘米，宽不及0.5毫米。
              12. 总苞片被较密长毛，兼有贴毛和腺毛，外层常开展，先端常反折；舌状花紫红色，两性花花冠裂片被微毛 ……………… 6. **展苞飞蓬 E. patentisquamus**
              12. 总苞片外层绿色，被长毛和疏贴毛；舌状花白或淡红色；两性花花冠裂片浅紫色，无毛 ……………… 7. **密叶飞蓬 E. multifolius**
          6. 花药及花柱分枝不伸出两性花花冠，花冠圆柱状或倒锥状；舌片干时常卷成管状；两性花花冠圆柱形，下部骤缩成细管状。
            13. 总苞片较疏散，绿色，或先端或全部紫色，被浅黄色棉毛状长毛 …… 8. **毛苞飞蓬 E. lachnocephalus**
            13. 总苞片紧贴，全部暗紫色，先端紫色，密被具暗色隔膜的长节毛 ……… 8(附). **棉苞飞蓬 E. eriocalyx**
      4. 总苞片较花盘长，全部或上部紫色；两性花花冠裂片先端紫色，舌状花紫或浅红色。
        14. 头状花序径3-4厘米，总苞片被疏长毛和腺毛；下部和中部叶全缘，稀具疏齿 ……………… 9. **多舌飞蓬 E. multiradiatus**

14. 头状花序径不及2.5厘米；总苞片全部密被具柄腺毛；下部和中部叶在中部以上有锐锯齿 ………………………………………………………………………………………… 9(附). **俅江飞蓬 E. kiukiangensis**

3. 总苞片短于花盘，头状花序径1-1.5厘米；舌片极细窄，宽0.3毫米；中部和上部叶线状长圆形，先端钝圆，两面无腺毛 …………………………………………………………………… 10. **珠峰飞蓬 E. himalajensis**

2. 雌花和两性花冠毛异形，雌花冠毛极短，由膜质鳞片结合成环状小冠，两性花冠毛2层，外层鳞片状，内层为10-15刚毛；舌状花2层，舌片平展；一年生或二年生草本 ……………………………… 11. **一年蓬 E. annuus**

1. 头状花序有三型花，雌花二型，外层舌状，舌片紫或浅紫色，较内层细管状，与外层同色或无色；两性花花冠管状，黄色。

15. 头状花序多数或少数；舌状花短，舌片与花盘等长或稍长于花盘；总苞片较花盘短；冠毛长为瘦果3-4倍；二年生稀多年生草本。

16. 茎和总苞紫或紫红色，稀绿色；总苞片密被腺毛，兼有长毛，有时下部几无毛；头状花序较少数排成伞房状圆锥花序 …………………………………………………………………… 12. **长茎飞蓬 E. elongatus**

16. 茎和总苞绿色，稀紫色；总苞片被长毛，兼有腺毛；头状花序多数，排成圆锥状或总状花序。

17. 头状花序排成密集窄圆锥花序；总苞片被长毛和腺毛；基部及下部茎生叶通常全缘 ……… 13. **飞蓬 E. acer**

17. 头状花序排成疏散宽圆锥花序；总苞片密被腺毛和疏长毛；基部及下部茎生叶常有疏锯齿 ………………………………………………………………………………………… 14. **堪察加飞蓬 E. kamtschaticus**

15. 头状花序少数或多数；舌片长于花盘；舌状花浅紫或浅红色；总苞片与花盘等长或较花盘稍短；冠毛长于瘦果2-2.5倍；多年生草本。

18. 茎和总苞片密被具柄腺毛和开展疏长毛；叶倒披针形或披针形。

19. 茎疏被腺毛和较密长毛，下部几全部密被长毛；舌状花浅紫色 …… 15. **假泽山飞蓬 E. pseudoseravschanicus**

19. 茎密被腺毛和疏长毛；舌状花浅红色 ……………………………………… 15(附). **西疆飞蓬 E. krylovii**

18. 茎被贴毛或基部几无毛；叶线形或线状披针形。

20. 茎紫色，弯曲，密被贴生毛，下部几无毛；叶线形或线状披针形，全缘，无毛或边缘有睫毛；总苞片浅紫色，密被毛，内层短于花盘，外层短于内层之半 ……………………… 16. **革叶飞蓬 E. schmalhausenii**

20. 茎绿色，直，疏被贴生毛或几无毛；叶线状倒披针形，具疏细锯齿；总苞片绿色，密被贴毛，内层稍长于花盘或与花盘几等长 ……………………………………………… 16(附). **台湾飞蓬 E. fukuyamae**

1. 橙花飞蓬　　图 304 彩片 60

Erigeron aurantiacus Regel, Gartenfl. 289. t. 987. f. 1. 1879.

多年生草本。茎绿色或下部紫色，或全部紫色，不分枝，被长节毛，上部常兼有贴毛。基部叶莲座状，长圆状披针形、倒披针形或倒卵形，长1-16厘米，基部渐窄成长柄；茎生叶基部半抱茎，下部叶披针形，中部和上部叶披针形，长0.7-7厘米；叶全缘，边缘和两面被硬长节毛。头状花序单生茎顶；总苞半球形，总苞片3层，稍长于花盘，线状披针形，长7-9毫米，背面被硬长节毛；外围雌花舌状，3层，长0.8-1.2厘米，管部长2.5毫米，被疏贴微毛，桔红、黄或红褐色，舌片先端具2-3细齿；中央两性花管状，黄色，长4-5.5毫米，管部长

图 304　橙花飞蓬（许梅娟绘）

约1.5毫米，檐部窄漏斗形，上半部被疏微贴毛。瘦果线状披针形，扁，被贴生毛；冠毛2层，刚毛状。花期7-9月。

产新疆西北部，生于海拔2100-3400米草地或林缘。中亚有分布。

2. 阿尔泰飞蓬 图 305 彩片 61

Erigeron altaicus M. Pop. in Not. Syst. Herb. Inst. Bot. Sci. URSS. 8: 53. 1940.

多年生草本。茎被长节毛，上部密被腺毛。叶全缘，基生叶莲座状，倒披针形或匙形，长2-16厘米，基部渐窄成长柄，有时两面被长节毛，兼有少数腺毛，稀近无毛；茎下部叶与基生叶同形，中部和上部叶披针形，无柄，长0.5-7.5厘米。头状花序径2.1-3.7厘米，2-5排成伞房状，或单生；总苞半球形，总苞片3层，绿色，线状披针形，长6-9毫米，背面密被腺毛和疏长毛；外围雌花舌状，长1-1.2厘米，管部长约2.5毫米，上部被贴微毛，舌片淡紫色，宽0.5-1.2毫米，先端具2细齿；中央两性花管状，黄色，长4-4.5毫米，管部长1-1.5毫米，檐部窄漏斗形，上半部被微贴毛，裂片黄色，无毛，花药及花柱分枝伸出花冠。瘦果线状披针形，扁，被贴生毛；冠毛2层，刚毛状。花期6-8月。

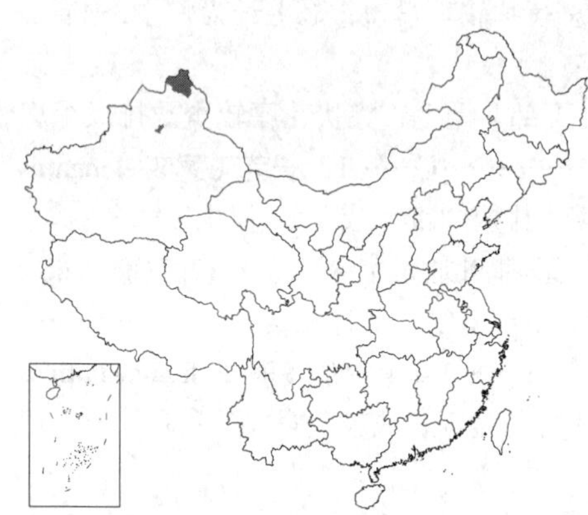

产新疆北部，生于海拔2500米亚高山草甸和高山草地。中亚及俄罗斯西伯利亚有分布。

[附] **泽山飞蓬** 图 311 : 5-6 **Erigeron seravschanicus** M. Pop. in Not. Syst. Herb. Inst. Bot. Sci. URSS. 8: 54. 1940. nomen et in Acta Inst. Bot. Acad. Sci. URSS. 7: 10. 1948. 本种与阿尔泰飞蓬的主要区别：舌状花长6-8（13）毫米；总苞片被较密长毛，兼有腺毛。花期7-9月。产新疆中部，生于海拔约2600米草地。中亚有分布。

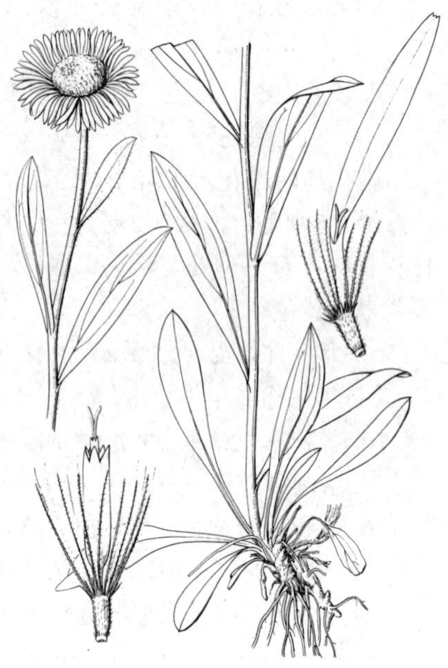

图 305 阿尔泰飞蓬（许梅娟绘）

3. 山飞蓬 图 306

Erigeron komarovii Botsch. in Not. Syst. Herb. Inst. Bot. Sci. URSS. 16: 391. 1954.

多年生草本。茎不分枝，被长节毛，上部毛较密，兼有头状具柄腺毛。基生叶莲座状，倒卵形、匙形或倒披针形，长2-10厘米，全缘，或具疏小尖头，基部渐窄成具翅长柄，两面和边缘被疏长节毛，有时近无毛；茎下部茎生叶倒披针形，具短柄；中部和上部叶披针形或线状披针形，长1-4厘米，无柄。头状花序径2-4厘米，单生茎端；总苞半球形，总苞片3层，线状披针形，与花盘等长或稍长于花盘，背面被长毛；外围雌花2层，舌状，长0.8-1.4厘米，宽0.8-1.5毫米，管部长

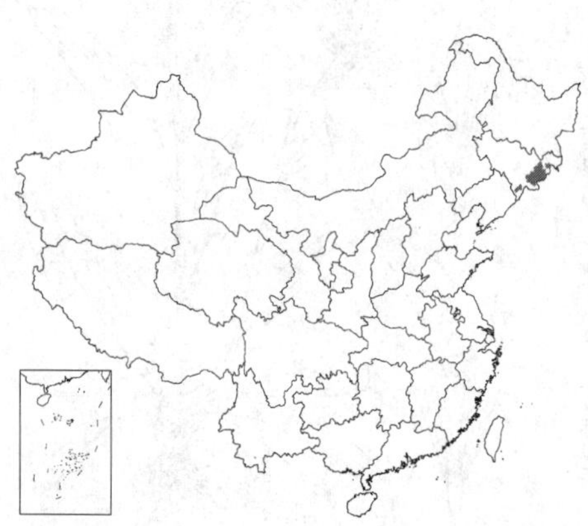

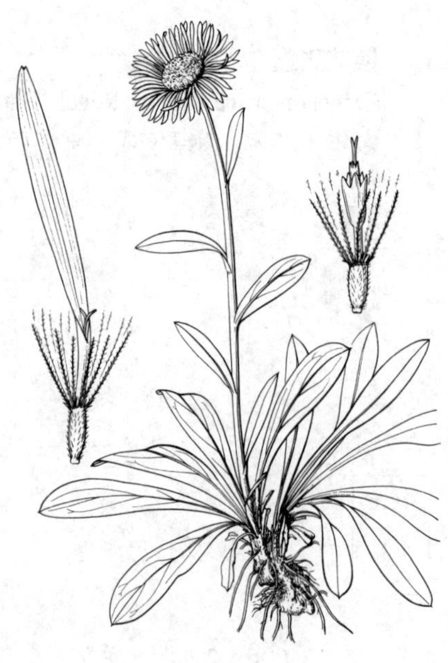

图 306 山飞蓬（许梅娟绘）

2毫米，被疏贴微毛，舌片平，淡紫色，稀白色，先端具细齿；中央两性花管状，黄色，长3-4.5毫米，管部短，檐部漏斗状，中部被疏贴微毛，裂片无毛。瘦果倒披针形，长2-2.2毫米，扁，被较密贴毛；冠毛污白色，2层，刚毛状。外层极短，内层长。花期7-9月。

产吉林东部及南部，生于海拔1700-2600米草地、苔原或林缘。俄罗斯西伯利亚及堪察加地区有分布。

4. 玉山飞蓬 图 307

Erigeron morrisonensis Hayata in Journ. Coll. Sci. Univ. Tokyo 25(19): 126. 1908.

多年生矮小草本，高达10厘米，被微柔毛和疏细硬毛。基生叶莲座状，线状匙形或匙形，长2-6厘米，边缘具疏小尖头或全缘；茎生叶线形或长圆状披针形，长1-3(-5)厘米，全缘，两面疏被硬毛至无毛，最上部叶长5毫米。头状花序径1.5-2厘米，2-6排成伞房状，稀单生，花序梗长；总苞半球形，长5-7毫米，径1.1-1.5厘米，总苞片3层，线状披针形，稍长于花盘，背面密被长柔毛。外围雌花3层，花冠舌状，淡紫色，长6-7毫米，宽0.5毫米；中央两性花管状，长3.5毫米，黄色，顶端具5齿，外面被微毛，花药及花柱分枝伸出花冠。瘦果长圆形，扁，长2毫米，顶端平截，被糙毛；冠毛污白或红色，外层短刚毛状，内层糙毛状。花期7月。

产台湾，生于高山草地。

图 307 玉山飞蓬（引自《Fl. Taiwan》）

5. 短葶飞蓬 图 308

Erigeron breviscapus (Vant.) Hand.-Mazz. Symb. Sin. 7: 1093. 1936.

Aster breviscapus Vant. in Bull. Acad. Int. Geogr. Bot. 12: 495. 1903.

多年生草本。茎被硬毛，兼有贴毛和腺毛。基生叶莲座状，倒卵状披针形或宽匙形，长1.5-11厘米，全缘，基部成具翅的柄，边缘被硬毛，兼有不明显腺毛，稀近无毛；茎生叶少数，窄长圆状披针形或窄披针形，长1-4厘米，基部半抱茎，无柄；上部叶线形。头状花序径2-2.8厘米，单生茎或分枝顶端；总苞半球形，径1-1.5厘米，总苞片3层，线状披针形，长8毫米，绿色，或上部紫红色，外层背面被硬毛，兼有贴毛和腺毛，内层具窄膜质边缘，近无毛。外围雌花舌状，3层，长1-1.2厘米，舌片蓝或粉紫色，管部长2-2.5毫米，上部疏被毛，顶端全缘；中央两性花管状，黄色，管部长约1.5毫米，檐部窄漏斗形，中部疏被微毛，裂片无毛，花药及花柱分枝

图 308 短葶飞蓬（张泰利绘）

伸出花冠。瘦果窄长圆形，扁，密被毛；冠毛淡褐色，2层，刚毛状。花期3-10月。

产湖北西南部、湖南西北部及西南部、广西东北部、贵州、四川西南部、云南、西藏东南部及南部，生于海拔1200-3500米开旷山坡、草地或林缘。全草药用，主治小儿疳积、小儿麻痹、脑膜炎后遗症、牙痛、小儿头疮。

图 309 展苞飞蓬（张泰利绘）

6. 展苞飞蓬 图 309 彩片 62

Erigeron patentisquamus J. F. Jeffr. in Notes Roy. Bot. Gard. Edinb. 5: 185. 1912. pro part.

多年生草本。茎中部或中上部分枝，被长毛和贴毛，上部及顶部密被腺毛。基生叶莲座状，匙形或倒披针状匙形，长4-15厘米，全缘，基部成具翅长柄；茎中部和上部叶窄披针形或披针形，无柄，长2-7厘米，基部半抱茎；最上部叶线形或线状披针形；叶缘和两面被近贴生长毛和短贴毛，上部叶兼有密具柄腺毛。头状花序径2.5厘米，单生或2-4排成伞房状；总苞半球形，径1.5-2厘米，总苞片3层，线状披针形，外层常开展，先端常反折，背面密被长节毛和短贴毛，兼有具柄腺毛。外围雌花舌状，约3层，长0.8-1厘米，管部长2-2.5毫米，上部被疏微毛，舌片宽约0.4毫米，紫红色，干时内卷成管状，顶端全缘；中央两性花管状，黄色，檐部或裂片紫色，裂片三角状卵形，被微毛，花药及花柱分枝伸出花冠。瘦果长圆形，长2.5-3毫米，稍扁，被毛；冠毛淡黄色，2层，刚毛状。花期7-9月。

产青海东部及南部、四川、西藏东南部及云南，生于海拔2700-4000米草地、林间草地或林缘。

图 310 密叶飞蓬（张泰利绘）

7. 密叶飞蓬 图 310

Erigeron multifolius Hand.-Mazz. in Notizbl. Bot. Gart. Berl.-Dahl. 13: 627. 1937.

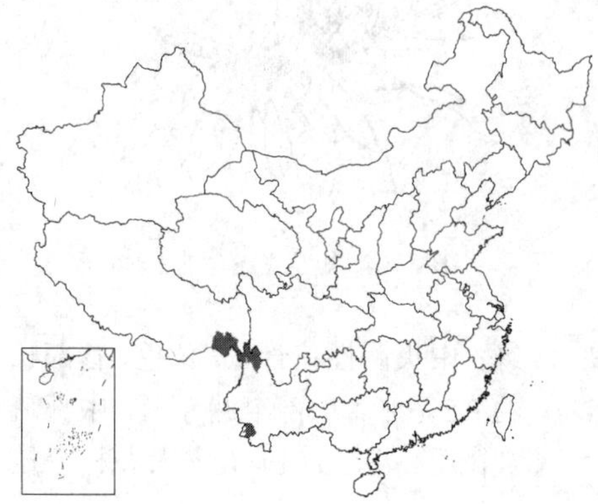

多年生草本。根茎顶端常具莲座状叶丛。茎密被长柔毛和短贴毛，或兼有腺毛。基生叶匙形或倒披针形，全缘或具疏齿；下部茎生叶长圆形或倒披针状长圆形，长3-7厘米，全缘或具1-2小尖齿，基部成具窄翅的柄；中部和上部叶无柄，长圆状线形或线状披针形，长2-6厘米，基部半抱茎；叶两面和边缘被疏长毛或短贴毛。头状花序单生，或2-4排成伞房状，径2-3厘米；总苞半球形，径1.5-2.5厘米，总苞片3层，外层绿色，线状披针形，长0.7-1厘米，淡红色，被长毛，兼有疏贴毛，无腺毛。外围雌花舌状，约3层，长0.8-1厘米，管部长2.5-3毫米，上部被微毛，舌片白或淡红色，先端具2细齿，干时内卷成管状；中央两性花管状，黄色，檐部漏斗状或圆柱状，裂片淡紫色，无毛，管部长2毫米，上部被微毛，花药及花柱分枝伸出花冠。瘦果长圆形，长2-3毫米，扁，被疏毛；冠毛2层，淡黄色，刚毛状。花期6-8月。

产西藏东南部、云南西北部及西南部，生于海拔2800-4100米草地或林缘。

8. 毛苞飞蓬　　图 311：1-4

Erigeron lachnocephalus Botsch. in Fl. URSS 25: 230. 1959.

多年生草本。茎被软长毛和贴毛。叶全缘，两面被长软毛，稀近无毛；基生叶密集，倒披针形，长1-7厘米，基部渐窄成柄；下部茎生叶与基生叶同形，具短柄；中部和上部叶披针形，长1-3厘米，无柄。头状花序单生茎端，稀2个，径2-3厘米，总苞半球形，总苞片3层，线状披针形，长7-9.5毫米，绿色，先端或全部紫色，背面密被淡黄色棉毛状长毛。外围雌花舌状，2-3层，长7-8.5毫米，管部长2.5毫米，上部疏被微毛或无毛，舌片淡紫红色，干时内卷成管状，先端全缘；中央两性花管状，淡黄色，檐部圆柱形，下部骤窄成细管，上部疏被贴微毛，裂片无毛，与舌片同色，花药及花柱分枝不伸出花冠。瘦果窄长圆形，长约2毫米，扁，密被贴毛；冠毛白色，2层，刚毛状。花期6-8月。

产新疆北部及东北部，生于海拔2500-3600米草地或多石山坡。

[附] 棉苞飞蓬 **Erigeron eriocalyx** (Ledeb.) Vierh. in Beih. Bot. Centralbl. 19. 522. 1906.—— *Erigeron alpinus* β. *eriocalyx* Ledeb. Fl. Alt. 4: 91. 1833. 本种与毛苞飞蓬的主要区别：总苞片紧贴，全部暗紫色，先端紫色，密被具暗色隔膜的长毛。产新疆北部及内蒙古，生于海拔2400-2600米草地。

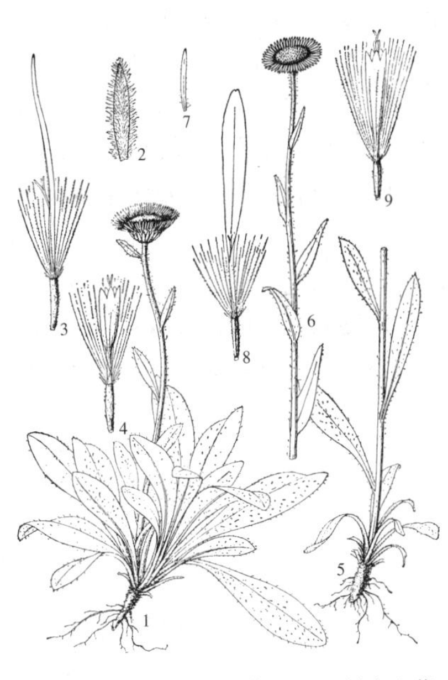

图 311：1-4. 毛苞飞蓬　5-6. 泽山飞蓬
（吴彰桦绘）

9. 多舌飞蓬　　图 312

Erigeron multiradiatus (Lindl. ex DC.) Benth. Gen. Pl. 2: 281. 1873.

Stenactis multiradiatus Lindl. ex DC. Prodr. 5: 229. 1836.

多年生草本。茎绿色，基部或全部紫色，上部被较密硬毛，兼有贴毛或腺毛。基生叶莲座状，长圆状倒披针形或倒披针形，长5-15厘米，全缘或具数齿，基部渐窄成紫色长柄，两面疏被硬毛和头状具柄腺毛；下部茎生叶与基生叶同形，具短柄；中部和上部叶无柄，卵状披针形或长圆状披针形，稀窄披针形，长4-6厘米，全缘，稀有疏齿，基部半抱茎；最上部叶线形或线状

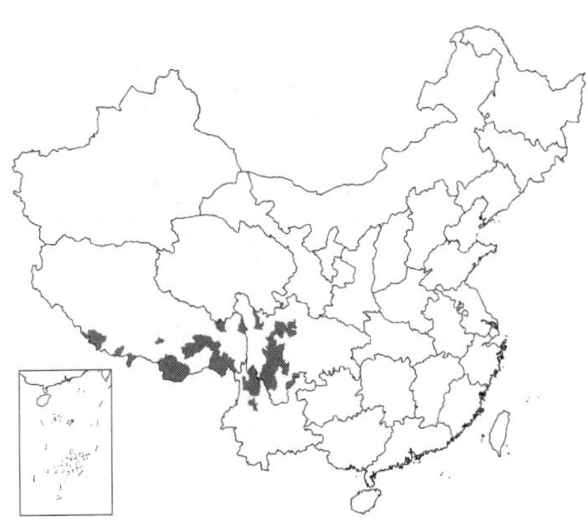

图 312　多舌飞蓬（张泰利绘）

披针形，长1-2厘米。头状花序径3-4厘米，2至数个伞房状排列，或单生茎枝顶端；总苞半球形，宽1.5-2厘米，总苞片3层，较花盘长，线状披针形，绿色，上端或全部紫色，外层背面疏被长毛和腺毛。外围雌花舌状，3层，长为总苞2倍，舌片紫色，长1.4-1.7厘米，管部长1.5-2毫米，上部被微毛，干时不卷成管，先端全缘；中央两性花管状，黄色，管部1-1.5毫米，檐部窄漏斗状，上部被微毛，裂片三角形，先端紫色，无毛。瘦果长圆形，长2毫米，扁，被毛；冠毛2层，污白或淡褐色，刚毛状。花期7-9月。

产四川西部、西藏及云南西北部，生于海拔2500-4600米草地、山坡或林缘。印度、阿富汗、尼泊尔及锡金有分布。

[附] **俅江飞蓬 Erigeron kiukiangensis** Ling et Y. L. Chen in Acta Phytotax. Sin. 11: 412. 1973.本种与多舌飞蓬的主要区别：头状花序径不及2厘米，舌状花较短，稍长于总苞，先端具2小齿；总苞片绿色，密被具柄腺毛，稀被较硬短节毛；下部及中部茎生叶的中上部边缘具3-6尖齿。产云南西北部及西藏东南部，生于海拔3000-3200米开旷山坡和多岩石处。

10. 珠峰飞蓬 图 313

Erigeron himalajensis Vierh. in Beih. Bot. Centralbl. 19: 491. 1906.

多年生草本。茎紫色，或上部绿色，有伞房状分枝，被疏长节毛和贴毛，基部近无毛。基生叶莲座状，和下部茎生叶均窄倒披针形，长2-3.5厘米，全缘，基部渐窄成具翅短柄；中部和上部叶线状长圆形，长2-5厘米，无柄，先端钝圆，基部半抱茎，具1-2小尖齿或全缘，上部叶线形；叶两面和边缘疏被短毛和贴毛，或近无毛。头状花序径1-1.5厘米，2至多数在枝顶排成伞房状，花序梗细长，具线形苞片；总苞半球形，径1-1.5厘米，总苞片3层，全部或上部紫色，短于花盘，外层背面及边缘疏被毛或近无毛。外围雌花舌状，2-3层，长于花盘或与花盘等长，管部长3毫米，上部几无毛，舌片极细窄，淡紫色，宽0.3毫米，干时内卷成管状，顶端具2小齿；中央两性花管状，黄色，管部细长，长达花冠之半，檐部窄漏斗状，裂片紫色，无毛。瘦果长圆形，长2毫米，扁，被毛；冠毛淡褐色，2层。花期8-9月。

产四川中西部、西藏东部及云南西北部，生于海拔2000-3600米泥石流冲积扇或林缘。阿富汗有分布。

图 313 珠峰飞蓬（引自《中国植物志》）

11. 一年蓬 图 314

Erigeron annuus (Linn.) Pers. Syn. Pl. 2: 43. 1807.

Aster annuus Linn. Sp. Pl. 875. 1753.

一年生或二年生草本。茎下部被长硬毛，上部被上弯短硬毛。基部叶长圆形或宽卵形，稀近圆形，长4-17厘米，基部窄成具翅长柄，具粗齿；下部茎生叶与基部叶同形，叶柄较短；中部和上部叶长圆状披针形或披针形，长1-9厘米，具短柄或无柄，有齿或近全缘；最上部叶线形；叶边缘被硬毛，两面被疏硬毛或近无毛。头状花序数个或多数，排成疏圆锥花序，总苞半球形，总苞片3层，披针形，淡绿色或多少褐色，背面密被腺毛和

图 314 一年蓬（张泰利绘）

疏长毛；外围雌花舌状，2层，长6-8毫米，管部长1-1.5毫米，上部被疏微毛，舌片平展，白色或淡天蓝色，线形，宽0.6毫米，先端具2小齿；中央两性花管状，黄色，管部长约0.5毫米，檐部近倒锥形，裂片无毛；瘦果披针形，长约1.2毫米，扁，被疏贴柔毛；冠毛异形，雌花冠毛极短，小冠腺质鳞片结合成环状，两性花冠毛2层，外层鳞片状，内层为10-15刚毛。花期6-9月。

原产北美洲。吉林、河北、河南、山东、江苏、安徽、福建、江西、湖北、湖南、四川及西藏已野化，生于路边旷野或山坡荒地。全草可入药，有治疟的良效。

图 315 长茎飞蓬（张泰利绘）

12. 长茎飞蓬 图 315

Erigeron elongatus Ledeb. Icon. Pl. Ross. 1: 9. t. 31. 1829.

二年生或多年生草本。茎紫色，稀绿色，密被贴毛，兼有长硬毛；头状花序下部有腺毛或兼有长硬毛。叶全缘，绿色，或叶柄紫色，边缘常有睫毛状长节毛，两面无毛；基部叶莲座状，和下部叶均倒披针形或长圆形，长1-10厘米，基部渐窄成长叶柄；中部和上部叶无柄，长圆形或披针形，长0.5-7厘米。头状花序较少，生于长枝顶端，排成伞房状或圆锥状，径1.2-2.2厘米；总苞半球形，总苞片3层，线状披针形，紫红色，稀绿色，背面密被腺毛，有时兼有长毛，内层长4.5-8毫米，具窄膜质边缘。雌花外层舌状，与花盘等长，长6-8毫米，管部长3-4.3毫米，上部被疏微毛，舌片淡红或淡紫色；两性花管状，黄色，檐部窄锥形，管部长1.5-2.5毫米，上部被疏微毛，裂片暗紫色。瘦果长圆状披针形，长2-2.5毫米，扁，密被贴毛；冠毛白色，2层，刚毛状。花期7-9月。

产黑龙江、吉林东部、内蒙古、河北西北部、山西北部、甘肃、宁夏、新疆、西藏、四川及湖北西部，生于海拔1900-2600米开旷山坡草地、沟边及林缘。中亚、俄罗斯西伯利亚、欧洲中部至北部、蒙古及朝鲜有分布。

13. 飞蓬 图 316 彩片 63

Erigeron acer Linn. Sp. Pl. 863. 1753.

二年生草本。茎被硬长毛，兼有疏贴毛；头状花序下部常被具柄腺毛。茎基部叶倒披针形，长1.5-10厘米，基部渐窄成长柄，全缘，稀具小尖齿；中部和上部叶披针形，长0.5-8厘米，无柄；最上部叶线形；叶两面被硬毛。头状花序多数，径1.1-2.1厘米，在茎枝端排成密集窄圆锥状或伞房状；总苞半球形，总苞片3层，线状披针形，绿色，稀紫色，背面被长毛，兼有腺毛，边缘膜质。外层雌花舌状，长5-7毫米，管部长2.5-3.5毫米，舌

图 316 飞蓬（引自《中国植物志》）

片淡红紫，稀白色；中央两性花管状，黄色，长4-5毫米，管部长1.5-2毫米，上部被疏贴微毛，檐部圆柱形，裂片无毛。瘦果长圆披针形，长约1.8毫米，被疏贴毛；冠毛白色，刚毛状，外层极短，内层长5-6毫米。花期7-9月。

产黑龙江、吉林、辽宁、内蒙古、河北、山东、河南、山西、陕西、宁夏、甘肃、青海、新疆、西藏东北部、四川及湖北西部，生于海拔1400-3500米山坡草地、牧场及林缘。中亚、俄罗斯高加索、西伯利亚、蒙古、日本及北美洲有分布。

14. 堪察加飞蓬 图 317

Erigeron kamtschaticus DC. Prodr. 5: 290. 1836.

二年生草本。茎全部或仅下部被疏长毛，中部及上部兼有贴毛；头状花序下部密被腺毛。基生叶倒披针形，长2-13厘米，基部渐窄成长柄，边缘具疏锯齿，稀具小齿尖；中部和上部茎生叶披针形，长0.3-8.5厘米，无柄，全缘；叶薄质，两面疏被长毛，或边缘有长毛，两面无毛。头状花序多数排成疏宽的圆锥状或伞房状，长0.6-1厘米，径1-1.9厘米；总苞半球形，总苞片3层，绿或紫色，线状披针形，背面密被腺毛，有时兼有疏长毛，内层短于花盘。外层雌花舌状，长5-6.3毫米，舌片淡红紫色，宽约0.25毫米；两性花管状，黄色，长4-4.5毫米，管部长2-2.5毫米，上部有疏微毛，檐部近圆柱形，裂片淡红紫色，无毛。瘦果长圆状披针形，长1.6-2毫米，扁，被疏贴毛；冠毛淡白色，2层，刚毛状。花期6-9月。

产黑龙江、吉林、内蒙古东部、河北、山西西北部、河南、陕西秦岭、宁夏南部、甘肃及新疆，生于海拔700-1200米低山山坡草地和林缘。俄罗斯西伯利亚及堪察加地区、蒙古有分布。

图 317 堪察加飞蓬（李志民绘）

15. 假泽山飞蓬 图 318 彩片 64

Erigeron pseudoseravschanicus Botsch. in Fl. URSS 25: 585. 1959.

多年生草本。茎被较密长毛和腺毛，或兼有贴毛，下部常被密长毛而无腺毛，稀近无毛。叶全缘，两面被疏长毛和腺毛，有时边缘有睫毛状长毛；基生叶莲座状，倒披针形，长2-15厘米，基部渐窄成长柄；下部茎生叶与基生叶相同；中部和上部叶无柄，披针形，长0.3-13厘米。头状花序排成伞房状总状花序，径1.3-3厘米，花序梗长；总苞半球形，总苞片3层，稍短于花盘，绿或紫色，线状披针形，背面密被具柄腺毛和疏长节毛，稀仅有腺

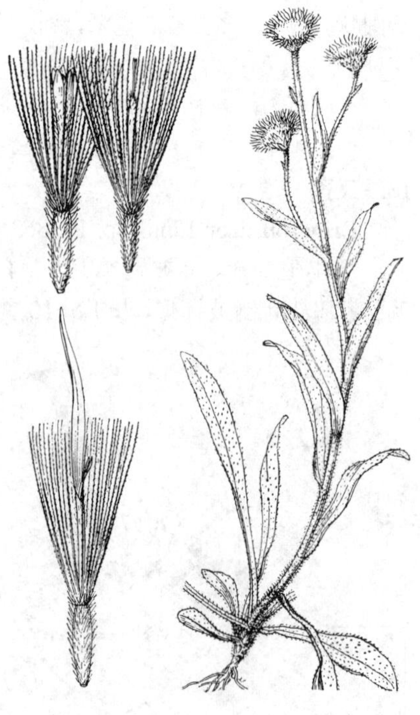

图 318 假泽山飞蓬（冯晋庸绘）

毛，内层总苞片长5-7毫米；雌花2型，外层舌状，长5.8-8.5毫米，舌片淡紫色，长于花盘，先端全缘，较内层细管状，无毛，上部被贴微毛；两性花管状，黄色，管部长1.5-2毫米，檐部窄锥形，被贴微毛，裂片淡红或淡紫色。瘦果长圆状披针形，长2-2.2毫米，密被贴毛；冠毛白色，刚毛状，外层极短，内层长4-5.3毫米。花期7-9月。

产新疆，生于海拔1700-2800米草地或林缘。中亚及俄罗斯西伯利亚有分布。

[附] **西疆飞蓬 Erigeron krylovii** Serg. B1: 2. 1945. 本种与假泽山飞蓬的主要区别：茎密被腺毛和疏长毛；舌状花浅红色。产新疆北部，生于海拔1700-2800米开旷山坡草地。中亚及俄罗斯西伯利亚有分布。

16. 革叶飞蓬　图 319

Erigeron schmalhausenii M. Pop. in Not. Syst. Herb. Inst. Bot. Sci. URSS 8: 51. 1940.

多年生草本。茎上部常弯曲，紫色，密被贴生毛。叶革质，线形或线状披针形，全缘，无毛或边缘被睫毛；基生叶莲座状，长1.5-6（-9）厘米，具1脉，基部渐窄成长柄；茎生叶无柄，长0.5-7（-9）厘米；上部叶渐小。头状花序多数，在茎枝顶端排成伞房状总状花序，径1.4-2.5厘米；总苞半球形，总苞片3层，淡紫色，线状披针形，背面密被毛，内层短于花盘，长6-9毫米，外层短于内层之半。雌花外层舌状，上端疏被微毛，舌片粉红或淡紫色，较内层细管状，无色；两性花管状，黄色。瘦果长圆状披针形，扁，长约3毫米，密被稍贴生毛；冠毛白色，2层，刚毛状。花期6-9月。

产新疆，生于海拔2100米山坡冰积石和砾石地。

图 319　革叶飞蓬（张荣生　张泰利绘）

[附] **台湾飞蓬 Erigeron fukuyamae** Kitam. in Acta Phytotax. Geobot. 2. 42. 1933. 本种与革叶飞蓬的主要区别：茎直立，绿色，疏被贴短毛或几无毛；叶线状倒披针形，具疏细锯齿；总苞片绿色，密被贴生毛，内层稍长于花盘或与花盘几等长。产台湾，生于海拔3000米山区草地。

38. 小舌菊属 Microglossa DC.

（陈艺林　靳淑英）

亚灌木，直立或攀援。叶互生，具柄，全缘或锯齿不明显。头状花序较小，多数成复伞房状，辐射状，具异形花；总苞钟状，总苞片多层，覆瓦状，干膜质；花托平或稍凸，无托毛，花全部结实。外围雌花多数，舌状，舌片白色，丝状，短于花柱；中央两性花少数，花冠管状，黄色檐部膨大，3-5齿裂，花药顶端尖，基部钝，全缘，花柱分枝扁，顶端尖，长披针形。瘦果圆柱状或长圆形，边缘具棱，两面具1肋，被柔毛；冠毛稍红色，1-2层，多数，糙毛状，近等长。

约10种，主要分布于亚洲和非洲。我国1种。

小舌菊　图 320

Microglossa pyrifolia (Lam.) Kuntze, Rev. Gen. 1: 353. 1891.

Conyza pyrifolia Lam. Encycl. 2: 89. 1786.

亚灌木。茎攀援状，叉状分枝，被腺状柔毛，后无毛。叶卵形或卵状长

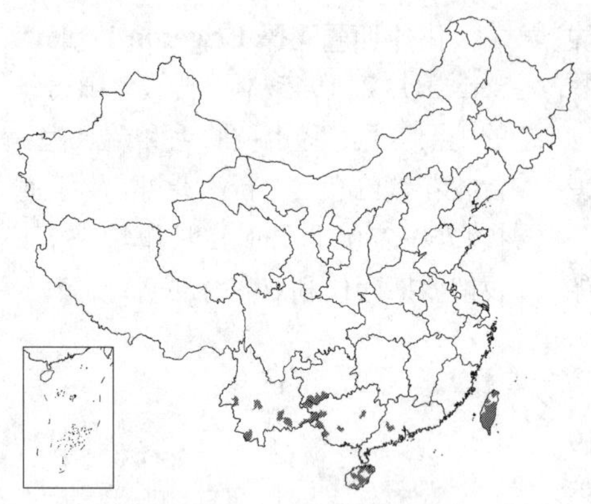

圆形，长5-10厘米，边缘疏生小齿或近全缘，上面疏被柔毛，后无毛，下面密被锈色柔毛和腺点；叶柄长0.7-1.3厘米，被柔毛。头状花序径5-6毫米，在茎枝顶端排成密复伞房状，花序轴细，长2-5毫米，被柔毛，常有披针形小苞片；总苞钟状，总苞片约5层，干膜质，外层卵状披针形，背面被柔毛，中层披针形，内层线形，具透明边缘，背面具褐色中肋；花托稍凸，具蜂窝状小孔。外围雌花多数，丝状，舌片极小；中央两性花2-3，花冠管状，长约4.5毫米，管部被微毛，顶端5齿裂。瘦果长圆形，长1毫米，边缘脉状，两面具1肋，被微毛；冠毛浅红色，糙毛状。花期1-8月。

产云南、贵州西南部、广西、广东、海南及台湾，生于海拔400-1800米山坡灌丛或疏林中。印度、缅甸、越南、老挝、泰国、马来西亚、菲律宾及印度尼西亚有分布。全株药用，解毒，生肌，明目；可治疮疥。

图 320 小舌菊（冯晋庸绘）

39. 白酒草属 Conyza Less.

（陈艺林 靳淑英）

一或二年生或多年生草本，稀灌木。茎直立或斜升，不分枝或上部多分枝。叶互生，全缘、具齿或羽状分裂。头状花序异形，盘状，通常多数或极多数排成总状、伞房状或圆锥状，稀单生；总苞半球形或圆柱形，总苞片（2）3-4层，通常草质，具膜质边缘；花托半球状，具窝孔或锯屑状缘毛；花全结实。外围雌花多数，花冠丝状，无舌片或具短舌片，常短于花柱或舌片短于管部不超出冠毛，顶端被疏微毛，稀具2-4细齿或撕裂；中央两性花，少数，花冠管状，顶端5齿裂，花药基部钝，全缘，花柱分枝具短披针形附器，具乳头状突起。瘦果小，长圆形，极扁，边缘脉状，无肋，被微毛或兼有腺；冠毛污白或红色，糙毛状或刚毛状，1层，近等长，稀2层，外层极短。

80-100种，主要分布于热带和亚热带地区。我国（含栽培）10种1变种。

1. 雌花花冠丝状，无舌片，顶端被疏微毛。
  2. 叶羽状深裂或浅裂。
    3. 植株密被粘状腺毛和开展长毛；中部叶羽状深裂，基部不抱茎；头状花序径0.7-1厘米，排成窄短圆锥状 ………………………………………… 1. **熊胆草 C. blinii**
    3. 全株被灰白色长柔毛，兼有腺毛；中部叶羽状浅裂，基部半抱茎；头状花序径1.2-1.5厘米，2-6排成伞房状 ………………………………………… 1(附). **埃及白酒草 C. aegyptiaca**
  2. 叶具圆齿、粗锯齿或疏细齿。
    4. 一或二年生草本。
      5. 植株被尘状腺点柔毛；茎生叶具短柄，不抱茎；头状花序径7毫米，排成宽圆锥状；雌花花冠短于花柱1/5 ………………………………………… 2. **粘毛白酒草 C. leucantha**
      5. 植株被长柔毛或糙毛；茎生叶无柄，基部半抱茎；头状花序径约1.1厘米，密集成球状或伞房状；雌花花冠短于花柱2.5倍 ………………………………………… 3. **白酒草 C. japonica**
    4. 多年生草本；头状花序径4-5毫米，总苞片几无或有极窄膜质边缘；叶椭圆形或卵状椭圆形，具粗锯齿；两性花裂片具腺 ………………………………………… 4. **宿根白酒草 C. perennis**
1. 雌花花冠舌状，常具舌片，稀具2-4细齿或撕裂。

6. 冠毛2层，外层极短；头状花序径2-3毫米；叶具粗齿或羽状浅裂 ………………………… 5. **劲直白酒草 C. stricta**
6. 冠毛1层；头状花序径0.3-1厘米；叶具疏锯齿或全缘。
 7. 茎疏被长毛；叶两面或仅上面疏被短毛，边缘被上弯硬缘毛；头状花序径3-4毫米 … 6. **小蓬草 C. canadensis**
 7. 茎被贴生毛和疏长毛；叶两面密被糙毛；头状花序径0.5-1厘米。
  8. 茎粗壮，高0.8-1.5米；茎生叶倒披针形或近线形；头状花序多数，排成圆锥花序；冠毛黄褐色 ………………………………………………………………………………………… 7. **苏门白酒草 C. sumatrensis**
  8. 茎较细，高30-50厘米；茎生叶线形或窄披针形；头状花序较多数，排成总状或总状圆锥花序；冠毛淡红褐色 ………………………………………………………………………………………… 8. **香丝草 C. bonariensis**

1. 熊胆草 苦蒿　图 321

Conyza blinii Lévl. in Fedde, Repert. Sp. Nov. 8: 451. 1910.

一年生草本，有多数纤维状根。全株被白色开展长毛和粘状腺毛。下部叶有柄；中部叶及上部叶卵形或卵状长圆形，长4-7.5厘米，无柄；叶羽状深裂，稀浅裂，裂片线形或线状披针形，极偏斜，全缘或有疏齿，顶端裂片倒卵状披针形，具疏齿，两面被长毛和密腺毛。头状花序径0.7-1厘米，在茎和枝端排成窄短圆锥状，花序梗短，密被长毛及腺毛；总苞半球状钟形，径约1厘米，总苞片3-4层，绿色，线形，有白色膜质边缘，背面密被长毛和腺毛，外层长约3.5毫米，内层长6-7毫米，先端常红紫色。花黄色，全结实。外围雌花极多数，花冠丝状，长2-2.5毫米，上部被疏微毛；中央两性花，花冠管状，长4-4.5毫米，檐部窄钟状，有5披针形裂片，管部上端被微毛。瘦果长圆形，长约1毫米，边缘脉状，两面被微毛；冠毛1层，污白色，糙毛状，稍长于花冠，基部连合成环。

图 321　熊胆草（冯晋庸绘）

产云南、四川中南部及贵州西北部，生于海拔1800-2600米山坡草地、荒地路旁或旷野。全草药用，有消炎止血、截疟之功效。

［附］**埃及白酒草 Conyza aegyptiaca** (Linn.) Ait. Hort. Kew. 3: 183. 1789.—— *Erigeron aegyptiacus* Linn. Mant. 112. 1767. 本种与熊胆草的主要区别：全株被灰白色长毛，兼有腺毛；根纺锤状，有多数须根；中部叶基部渐窄半抱茎，羽状浅裂，基部半抱茎；头状花序径1.2-1.5厘米，2-6排成伞房状。产福建、台湾及广东，生于海边或荒地。埃及、伊朗、阿富汗、印度、印度支那、马亚西亚、澳大利亚及日本有分布。

2. 粘毛白酒草 白花白酒草　图 322

Conyza leucantha (D. Don) Ludlow et Raven in Kew. Bull. 17(1): 71. 1963. *Erigeron leucanthum* D. Don, Prodr. Fl. Nepal. 171. 1825.

图 322　粘毛白酒草（冯晋庸绘）

一年生草本。茎密被尘状具腺点柔毛。中部茎生叶椭圆状长圆形或长圆状披针形，长7-14厘米，有短柄，边缘有具小尖头锯齿，侧脉4-6对，两

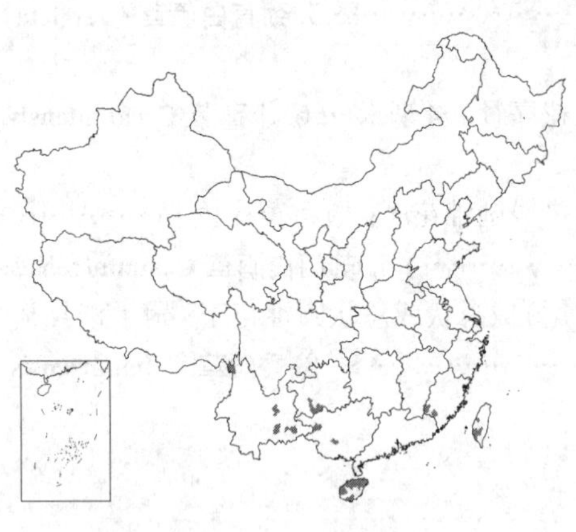

面被腺状柔毛；上部叶长圆状披针形；最上部叶长3-5厘米，近无柄，全缘或有细齿。头状花序径7毫米，在茎枝端排成宽圆锥状，花序梗细，长3-9毫米，密被腺状柔毛；总苞钟状，干时半球形，径7毫米，总苞片3层，外层绿色，线状披针形，背面密被腺状柔毛，线状披针形，干膜质，常紫色。花白色，全部结实。外围雌花极多数，花冠丝状，顶端撕裂，短于花柱1/5；中央两性花6-9，花冠管状，长3.5-4毫米，有5披针形裂片，管部上部有疏微毛。瘦果长圆形，长约0.6毫米，边缘脉状，被疏微毛；冠毛1层，淡红色，刚毛状，基部连合成环，易脱落。花期9-12月。

产福建南部、台湾、海南、广西、云南及贵州西南部，生于海拔1000-1800米开旷山坡、荒地路旁或田边。印度、尼泊尔、缅甸、泰国、老挝、柬埔寨、越南、马来西亚、菲律宾及澳大利亚有分布。

3. 白酒草 图 323

Conyza japonica (Thunb.) Less. Syn. Comp. 204. 1832.

Erigeron japonicum Thunb. Fl. Jap. 312. 1784.

一年生或二年生草本。全株被白色长柔毛或糙毛。基生叶莲座状，倒卵形或匙形，长6-7厘米，下部茎生叶长圆形、椭圆状长圆形或倒披针形，先端圆，基部常下延成具宽翅的柄，边缘有圆齿或粗锯齿，侧脉4-5对，两面被白色长柔毛，叶柄长3-13厘米；中部叶倒披针状长圆形或长圆状披针形，长3.5-5厘米，基部半抱茎，有小尖齿，无柄；上部叶披针形或线状披针形，两面被长贴毛。头状花序在茎顶端密集成球状或伞房状，径约1.1厘米，花序梗纤细，密被长柔毛；总苞半球形，径0.8-1厘米；总苞片3-4层，外层卵状披针形，长约2毫米，内层线状披针形，长4-5毫米，边缘膜质或带紫色，背面沿中脉绿色，被长柔毛。花全结实，黄色。外围雌花多数，花冠丝状，短于花柱2.5倍；中央两性花15-16，花冠管状，有5卵形裂片。瘦果长圆形，黄色，长1-1.2毫米，边缘脉状，有微毛；冠毛污白或稍红色，糙毛状。花期5-9月。

产浙江、福建、台湾、江西、湖南、广东北部、广西北部及西北部、贵州南部、云南西北部、四川西南部及甘肃南部，生于海拔700-2500米山谷田边、山坡草地或林缘。阿富汗、印度、缅甸、泰国、马来西亚及日本有分布。根或全草药用，治小儿肺炎、肋膜炎、喉炎、角膜炎等症。

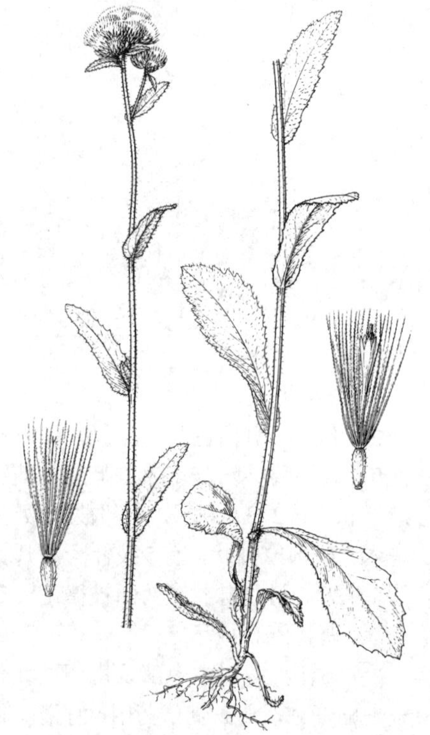

图 323 白酒草（冯晋庸绘）

4. 宿根白酒草 图 324

Conyza perennis Hand.-Mazz. in Notizbl. Bot. Gart. Berl.-Dahl. 13: 630. 1937.

多年生草本；全株有开展白色硬毛，茎上部常兼有短贴毛。基生叶莲

座状，叶椭圆形或卵状椭圆形，长5-9厘米；下部茎生叶基部楔状窄成具窄翅的细柄，边缘有短宽锯齿，齿端具长小尖，两面被疏毛，边缘有白色长硬毛；上部叶长圆状披针形，无柄；最上部叶全缘，先端渐尖，基部近圆。头状花序半球形，径4-5毫米，在茎枝端排成聚伞状或球状，花序梗有披针形小苞片，被贴生毛或近无毛；总苞半球形，径约4毫米，总苞片约3层，披针形或线状披针形，外层约短于内层1/2，几无或有极窄膜质边缘，背面密被柔毛，内层近干膜质，有膜质而多少流苏状的边缘。花干时黄色，全结实。外围雌花极多数，花冠丝状，顶端有微毛，短于花柱1/2；中央两性花约23，花冠管状，管部细，与檐部几等长，裂片5，披针形，有褐色腺点。瘦果长圆形，长0.7毫米；冠毛白色，与花冠几等长。花期2-4月。

产贵州西南部及云南南部，生于低海拔河岸沙地灌丛中。

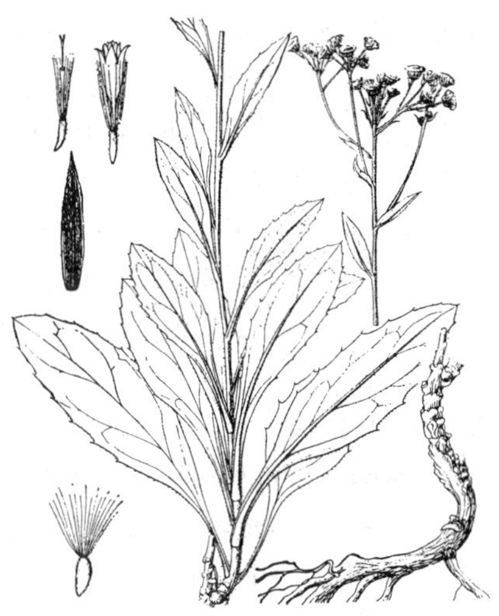

图 324 宿根白酒草（引自《中国植物志》）

5. 劲直白酒草 图 325

Conyza stricta Willd. Sp. Pl. 3. 1922. 1803.

一年生草本；全株被灰白色糙状柔毛。下部或中部叶匙状倒卵形，稀倒披针形，长3-5.5厘米，基部楔形渐窄成细柄，具粗齿或羽状浅裂，稀全缘，侧脉3-4对，两面被灰白色糙毛；上部及分枝叶线形或线状倒披针形，长1.2-2厘米，全缘，无柄。头状花序径（2）3毫米，极多数，在茎枝顶端排成紧密复伞房状，花序梗长2-4毫米，有1线形或钻形小苞片，密被糙柔毛；总苞半球形，径约3毫米，总苞片3层，线状披针形，外层绿色，被毛，内层干膜质，长1.5-1.8毫米，先端稍反折。花黄色，全结实。外围雌花多数，花冠舌状，长1.5毫米，舌片白色，有时2-3撕裂；中央两性花4-5（-7）个，花冠筒状，有5披针形裂片，裂片有腺点。瘦果长圆形，长约0.6毫米，有蜜腺；冠毛淡红色，2层，外层极短，内层刚毛状。花果期9-11月。

产四川南部、云南及海南，生于草坡、荒地、田边。印度、尼泊尔、缅甸、泰国及非洲东部有分布。

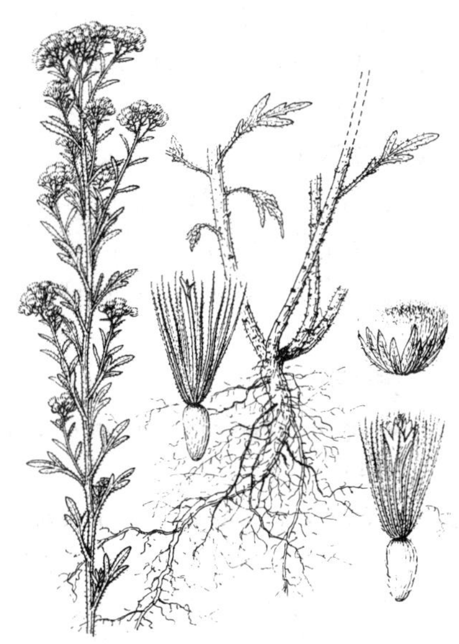

图 325 劲直白酒草（冯晋庸绘）

6. 小蓬草 小白酒草 图 326

Conyza canadensis (Linn.) Crong. in Bull. Torrey Bot. Club. 70: 632. 1943.

Erigeron canadensis Linn. Sp. Pl. 863. 1753.

一年生草本。茎疏被长毛。叶密集，下部叶倒披针形，长6-10厘米，先端尖或渐尖，基部渐窄成柄，具疏锯齿或全缘；中部和上部叶线状披针形或线形，近无柄，两面或仅上面疏被短毛，边缘常被上弯硬缘毛。头状花序多数，径3-4毫米，排成顶生多分枝圆锥花序，花序梗细，总苞近圆柱状，总苞片2-3层，淡绿色，线状披针形或线形，外层短于内层之半，背

图 326 小蓬草（引自《图鉴》）

面被疏毛，内层边缘干膜质。雌花多数，舌状，白色，舌片小，线形，先端具2钝小齿；两性花淡黄色，花冠管状，顶端具4-5齿裂，管部上部被疏微毛。瘦果线状披针形，长1.2-1.5毫米，被贴微毛；冠毛污白色，1层，糙毛状。花期5-9月。

原产北美洲。南北各地均有分布，已野化，生于旷野、荒地、田边或路边，为常见杂草。嫩茎叶可作猪饲料；全草入药，消炎止血、祛风湿，治血尿、水肿、肝炎、胆囊炎、小儿头疮等症。

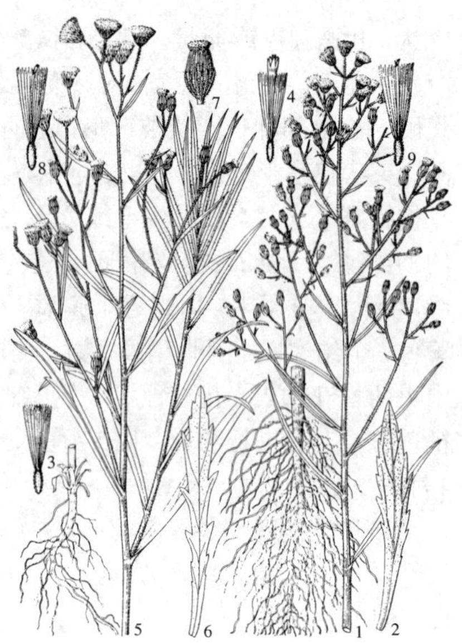

图 327：1-4. 苏门白酒草 5-9. 香丝草
（王金凤绘）

7. 苏门白酒草 图 327：1-4

Conyza sumatrensis (Retz.) Walker in Journ. Jap. Bot. 46(3): 72. 1971.

Erigeron sumatrensis Retz. Obs. Bot. 5: 28. 1789.

一年生或二年生草本。茎高达1.5米，被较密灰白色上弯糙毛，兼有疏柔毛。下部叶倒披针形或披针形，长6-10厘米，基部渐窄成柄，上部有4-8对粗齿，基部全缘；中部和上部叶窄披针形或近线形，具齿或全缘，两面密被糙毛。头状花序多数，径5-8毫米，在茎枝端排成圆锥花序，花序梗长3-5毫米；总苞卵状短圆柱状，长4毫米，总苞片3层，灰绿色，线状披针形或线形，背面被糙毛，边缘干膜质。雌花多层，管部细长，舌片淡黄或淡紫色，丝状，先端具2细裂；两性花花冠淡黄色，檐部窄漏斗形，具5齿裂，管部上部被疏微毛。瘦果线状披针形，长1.2-1.5毫米，被贴微毛；冠毛1层，初白色，后黄褐色。花期5-10月。

原产南美洲，现热带和亚热带地区广泛分布。云南、贵州、广西、广东、海南、江西、福建、台湾栽培，均已野化，生于山坡草地、旷野或路旁，为常见杂草。

8. 香丝草 图 327：5-9

Conyza bonariensis (Linn.) Cronq. in Bull. Torrey Bot. Club. 70: 632. 1943.

Erigeron bonariensis Linn. Sp. Pl. 863. 1753.

一年生或二年生草本。茎高达50厘米，密被贴短毛，兼有疏长毛。下部叶倒披针形或长圆状披针形，长3-5厘米，基部渐窄成长柄，具粗齿或羽状浅裂；中部和上部叶具短柄或无柄，窄披针形或线形，长3-7厘米，中部叶具齿，上部叶全缘；叶两面均密被糙毛。头状花序径0.8-1厘米，在茎端排成总状或总状圆锥花序，花序梗长1-1.5厘米；总苞椭圆状卵形，长约5毫米，总苞片2-3层，线形，背面密被灰白色糙毛，具干膜质边缘。雌花多层，白色，花冠细管状，长3-3.5毫米，无舌片或顶端有3-4细齿；两性花淡黄色，花冠管状，管部上部被疏微毛，具5齿裂。瘦果线状披针形，长1.5毫米，被疏短毛；冠毛1层，淡红褐色。花期5-10月。

原产南美洲，广泛分布于热带及亚热带地区。我国中部、东部、南部至西南各省区均有栽培，已野化，生于荒地、田边或路旁。全草入药，治感冒、疟疾、急性关节炎及外伤出血。

40. 岐伞菊属 Thespis DC.

（陈艺林 靳淑英）

一年生草本。茎高达23厘米，基部分枝，无毛。叶互生，倒卵状披针形、倒卵形或匙形，长1-2.5厘米，基部渐窄成具翅柄，有粗锯齿，侧脉2-4对，两面沿脉疏被硬毛或近无毛。头状花序盘状，径2-3毫米，常5-10簇生二歧伞形分枝顶端，花序梗极短，具异型花；总苞半球形，总苞片1-2层，卵状长圆形，长1.5-2毫米，草质，边缘干膜质，具3脉，无毛，稍短于花盘。花黄色；外围雌花约13，无花冠，结果；中央两性花6-8，不结果，管部极短，檐部漏斗状，5齿裂。瘦果长圆状纺锤形，长1毫米，扁，无肋，具乳头状凸起；冠毛短毛状。

单种属。

歧伞菊 图 328

Thespis divaricata DC. in Guill. Arch. Bot. 2: 517. 1833.

形态特征同属。

产云南南部及西南部，生于海拔约1000米山区、田边、路旁。印度、尼泊尔、锡金及柬埔寨有分布。

图 328 歧伞菊（冯晋庸绘）

41. 葶菊属 Cavea W. W. Smith et J. Small

（陈艺林　靳淑英）

多年生草本。根茎长达10厘米。花茎高达26厘米，被褐色腺毛，有少数至10余叶，有时茎高3-5厘米，有少数叶，或雄株近无茎。基生叶莲座状，长匙形，长达12厘米，下部渐窄成长柄，或倒卵圆形，长1.5-2厘米；茎生叶卵圆状披针形或长圆状匙形，长3-6厘米，宽0.5-1.2厘米，疏生浅齿，稍肉质，被腺毛，或上面近无毛；上部叶长圆状披针形；顶部叶近轮生，成苞叶状。头状花近球形，单生茎端，径（2）3-3.5厘米；总苞半球形，长1-2厘米，总苞片4-5层，长圆状披针形，外层较短，叶质，内层革质，边缘近干膜质，背面和边缘被腺毛，内层背面并被长伏毛。小花紫色，100-200；外围小花雌性多层，结果；中央小花两性或为雄花，20-30，或雌雄异株，全为雌花或不育两性花。不育两性花花冠无毛，下部管状，上部钟状，具5披针形裂片，花药长约2毫米，冠毛紫色。雌花细管状，外面有伏毛，顶端3-4细裂，花柱较花冠短，2深裂，冠毛紫色，具50以上有细齿的刚毛，子房密被毛。瘦果圆柱形或微四角形，长5-6毫米，密被黄白色绢毛。

单种属。

葶菊 图 329

Cavea tanguensis (J. R. Drumm.) W. W. Smith et J. Small in Trans. Bot. Soc. Edinb. 27: 119. pl. 5. 1917.

Saussurea tanguensis J. R. Drumm. in Bull. Misc. Inform. Kew. 78. 1910.

形态特征同属。花期5-7月，果期8月。

产四川中西部及西南部、西藏南部及云南西北部，生于海拔3960-5080米高山近雪线地带砾石坡地、干旱沙地、河谷或灌丛间。锡金有分布。

图 329 葶菊（引自《图鉴》）

42. 艾纳香属 Blumea DC.

（陈艺林 靳淑英）

一年生或多年生草本，亚灌木或藤本，常有香气。茎被毛。叶互生，无柄、具柄或沿茎下延成茎翅，边缘有细齿、粗齿、重锯齿，或琴状、羽状分裂，稀全缘。头状花序腋生和顶生，排成长圆形或塔状圆锥花序，稀成球形或穗状圆锥花序，盘状，有多数异形小花，黄或紫红色，外围雌花多层，能育，中央两性花；总苞半球形、圆柱形或钟状，总苞片多层，覆瓦状排列，绿或紫红色，外层极短，叶质或边缘干膜质，背面被毛，内层具膜质边缘，背面被疏毛或无毛；花托平或稍凸起，有时中央多少凹入，蜂窝状或有泡状突点。雌花花冠细管状，檐部2-4齿裂；两性花花冠管状，向上渐扩大，檐部5（6）浅裂，花药5，合生，基部戟形，有长渐尖或芒状尾部，花柱分枝窄，扁或近丝状，有乳头状突起。瘦果小，圆柱形或近纺锤形；冠毛1层，糙毛状。

约80余种，分布热带、亚热带亚洲、非洲及大洋洲。我国30种。

1. 外层总苞片卵形或卵状长圆形；花托被密毛；冠毛白色。
  2. 攀援状草质藤本；叶下面无毛或疏被毛，边缘疏生细齿或点状齿。
    3. 头状花序径1.5-2厘米，1-7在腋生小枝端排列成总状或近伞房状花序，再组成具叶圆锥花序；总苞半球形；花托径0.8-1.1厘米 …… 1. **东风草 B. megacephala**
    3. 头状花序径5-8毫米，多数在叶腋或枝端排成密圆锥花序；总苞钟状或圆柱状；花托径2-3毫米 …… 1(附). **假东风草 B. riparia**
  2. 草本或亚灌木状；叶下面被绒毛状长柔毛。
    4. 叶近无柄，基部窄，有时半抱茎，边缘有不规则粗重锯齿或有粗尖齿 …… 2. **高艾纳香 B. repanda**
    4. 叶基部长渐窄，骤缩成柄，下半部有规则的疏细齿，上半部有不规则细重齿 …… 2(附). **光叶艾纳香 B. eberhardtii**
1. 外层总苞片线形、线状披针形或长圆形，如为卵状披针形或长圆状披针形，则冠毛非白色，花托不被密毛。
  5. 冠毛红褐、棕红、黄褐、污黄或淡黄色。
    6. 叶基部圆或尖；雌花花冠2-4等裂。
      7. 茎、叶及花序轴被白色厚棉毛。
        8. 头状花序径0.8-1厘米，总苞片背面被疏毛或无毛，先端钝而外弯，条裂或撕裂状 …… 3. **裂苞艾纳香 B. martiniana**
        8. 头状花序径1.2-1.5厘米，总苞片背面被密毛，先端直而长尖，非撕裂状 … 3(附). **尖苞艾纳香 B. henryi**
      7. 茎、叶及花序轴被柔毛或绒毛，非白色棉毛。
        9. 外层总苞片卵状披针形；叶上面有泡状突起，干后黑色 …… 4. **千头艾纳香 B. lanceolaria**
        9. 外层总苞片长圆形、线形或线状披针形；叶上面无泡状突起，干后非黑色。
          10. 叶基部常有1-5对窄线形叶状附属物，叶下面和总苞片背面被密毛，无腺体 …… 5. **艾纳香 B. balsamifera**
          10. 叶基部无叶状附属物，叶下面和总苞片背面被毛，兼有腺体。
            11. 叶基部渐窄，边缘有粗或粗细相间锯齿 …… 6. **馥芳艾纳香 B. aromatica**
            11. 叶基部长渐窄，边缘疏生点状细齿或小尖头 …… 7. **台北艾纳香 B. formosana**
    6. 叶基部戟形；雌花花冠檐部近二唇状 …… 8. **戟叶艾纳香 B. sagittata**
  5. 冠毛白色。
    12. 叶边缘有粗齿、细齿、重齿或不同程度的分裂，但无刺状齿；花药5，全部发育；瘦果具条棱，稀近有角至平滑。
      13. 叶不裂，边缘有粗锯齿、细齿或重齿。
        14. 花托无毛。
          15. 瘦果近有角至平滑。

16. 花冠紫红色；下部叶长7-9厘米，边缘有密细齿 …………………………………… 13. **柔毛艾纳香 B. mollis**

16. 花冠黄色；下部叶长达15厘米，边缘有疏粗齿 ……………………………………………… 14. **见霜黄 B. lacera**

15. 瘦果有纵条棱。

17. 叶下面被白色绢毛或棉毛。

18. 叶常茎生，椭圆形或长椭圆形，边缘有规则硬尖齿；总苞片上部淡紫色 …… 9. **毛毡草 B. hieracifolia**

18. 叶常基生，倒卵状匙形或倒披针形，边缘有细齿，或重齿，有时具不明显的齿；总苞绿色或麦秆黄色。

19. 粗壮草本，高0.6-1米；茎生叶较多，向上部小，边缘有不规则密细齿；总苞片绿色或内层先端麦秆黄色 ……………………………………………………………………………… 10. **拟毛毡草 B. sericans**

19. 矮小草本，高15-40厘米；茎生叶2-4，边缘有较疏或不明显细齿；总苞片麦秆黄或淡黄色 ……… ……………………………………………………………………………… 10(附). **少叶艾纳香 B. hamiltoni**

17. 叶下面无白色绢毛或棉毛，茎生，具长2.5-3.5厘米的柄；头状花序多数，排列成疏的大圆锥花序；总苞片绿色，花冠黄色 ……………………………………………………… 18(附). **芜菁叶艾纳香 B. napifolia**

14. 花托被毛。

20. 头状花序径0.8-1.2厘米。

21. 叶边缘有规则的尖锯齿；头状花序无梗或有长2-3毫米的短梗，排成窄密圆锥花序；最内层总苞片宽达1毫米，先端短尖 ……………………………………………………………………… 11. **七里明 B. clarkei**

21. 叶边缘具重锯齿；头状花序常有长达2厘米的梗，排成开展圆锥花序；最内层总苞片宽约0.5毫米，先端尾尖 ……………………………………………………………………… 12. **长圆叶艾纳香 B. oblongifolia**

20. 头状花序径3-5毫米；茎紫红色，上部被柔毛或绒毛，无腺毛；叶倒卵形或倒披针形，两面被长柔毛；头状花序无梗，排成间断或顶端紧密的穗状圆锥花序 ………………………………… 16. **节节红 B. fistulosa**

13. 叶琴状分裂或羽状全裂。

22. 叶两面被白色丝状绒毛 ……………………………………………………………… 14. **见霜雪 B. lacera**

22. 叶被柔毛，或近无毛。

23. 头状花序簇生成球状，排成穗状花序；总苞片禾秆黄或绿色，花后开展，不反折 ……… 15. **无梗艾纳香**

23. 头状花序排成圆锥花序，近无梗或具不等长的花序梗；总苞片花后反折。

24. 花托径4-5毫米，被毛；总苞片5-6层，带紫红色；叶琴状分裂，中脉在两面凸起；瘦果具10棱 ……… ……………………………………………………………………………… 17. **六耳铃 B. laciniata**

24. 花托径2-3毫米，无毛；总苞片约4层，绿色。

25. 叶顶裂片卵形或椭圆形；头状花序近无梗或梗极短，排成紧密窄圆锥花序 ……………………… ……………………………………………………………………… 18. **长柄艾纳香 B. membranacea**

25. 叶顶裂片近圆形；头状花序具梗，排成开展圆锥花序 …………… 18(附). **芜菁叶艾纳香 B. napifolia**

12. 叶边缘具刺状硬齿；花药退化或部分退化；瘦果无棱 ………………………… 19. **尖齿艾纳香 B. oxyodonta**

1.　东风草　　图 330 : 1-7

Blumea megacephala (Randeria) Chang et Tseng in Acta Phytotax. Sin. 12 (3): 310. 1974.

Blumea riparia DC. var. *megacephala* Randeria in Blumea 10: 215. 1960.

攀援状草质藤本。茎被疏毛或后脱毛。茎下部和中部叶卵形、卵状长圆形或长椭圆形，长7-10厘米，边缘有疏细齿或点状齿，上面被疏毛，下面无毛或被疏毛，侧脉5-7对，叶柄长2-6毫米；小枝上部叶椭圆形或卵状长圆形，长2-5厘米，有细齿，具短柄。头状花序径1.5-2厘米，1-7在腋生枝顶排成总状或近伞房状，再组成具叶圆锥花序，花序梗长1-3厘米；总苞半球形，总苞片5-6层，外层卵形，长3-5毫米，背面被密毛，中层线状长圆形，长0.8-1厘米，背面脊被毛，有缘毛；花托平，径0.8-1.1厘米，密被白色长柔毛。花黄色；雌花多数，细管状；两性花花冠管状，连伸出的花药长约1厘米，被白毛。瘦果圆柱形，被疏毛；冠毛白色。花期8-12月。

产浙江东南部、福建、台湾、江西南部、湖南、广东北部、海南、广西北部、贵州、云南及四川东南部，生于林缘、灌丛中、山坡或丘陵阳处。越南北部有分布。

[附] 假东风草 **Blumea riparia** (Bl.) DC. Prodr. 5: 444. 1836.—— *Conyza riparia* Bl. Bijdr. 899. 1826. 本种与东风草的主要区别：头状花序径5-8毫米，多数花生叶腋或枝端排成密圆锥花序；总苞钟形或圆柱状，花托径2-3毫米。产云南西南及东南部、广西西南部、广东西南部，生于林缘、山坡灌丛、密林中、路边或溪旁。锡金、印度、缅甸、泰国、马来西亚、菲律宾、印度尼西亚、巴布亚新几内亚及所罗门群岛有分布。

图 330：1-7. 东风草 8-12. 高艾纳香（黄少容绘）

2. 高艾纳香 图 330：8-12

Blumea repanda (Roxb.) Hand.-Mazz. Symb. Sin. 7: 1378. 1936.

Conyza repanda Roxb. in Fl. Ind. ed. 2, 3: 413. 1832.

草本或亚灌木状。茎下部被疏柔毛，上部或幼枝被密绒毛状长柔毛，花序轴毛密。下部叶倒披针形、倒披针状长圆形或长椭圆形，长8-16厘米，基部窄，有时半抱茎，稀心形，有不规则粗锯齿或重齿，上面被基部粗肿糙毛，下面被绒毛状长柔毛，侧脉5-7对，近无柄；上部叶基部圆钝，有粗重锯齿或有粗尖齿。头状花序多数，径5-9毫米，无梗或梗长约2毫米，在枝顶密集成复圆锥花序；总苞圆柱形或近钟状，总苞片4-5层，花后反折，外层卵状长圆形，长2-4毫米，背面密被柔毛，中层线形或线状长圆形，边缘干膜质，背面密被柔毛，长5-8毫米；花托密被污白色托毛。花黄色；雌花多数，细管状，长约8毫米，檐部3-4齿裂，被白色柔毛或节毛；两性花花冠管状，长约8毫米，管部向上渐扩大，檐部5裂，裂片三角形，被白色柔毛或节毛。瘦果圆柱形，具多数细棱，被毛，长约1毫米；冠毛白色。花期1-5月。

产云南南部及东南部、海南，生于海拔1200-1700米路旁、沟谷或灌丛中。尼泊尔、锡金、印度、巴基斯坦、缅甸、越南有分布。

[附] 光叶艾纳香 **Blumea eberhardtii** Gagnep. in Bull. Soc. Bot. France 68: 42. 1921. 本种与高艾纳香的主要区别：叶基部长渐窄而具长约5毫米的柄，边缘下半部有规则锯齿，上半部有不规则重细齿，侧脉10-12对。产云南东南部及中部，生于海拔1600米草坡、灌丛中或路边。越南北部有分布。

3. 裂苞艾纳香 图 331

Blumea martiniana Vaniot in Bull. Acad. Int. Geogr. Bot. 12: 26. 1903.

多年生草本。茎被白色厚棉毛。下部叶长达40厘米，叶柄长5-6厘米；中部和上部叶长圆状倒披针形或椭圆状倒披针形，长15-21厘米；小型叶长4-10厘米；叶基部渐窄，几不下延，边缘有点状或具短尖细齿，上面中脉下半部被密棉毛，余被基部粗肿的疏长毛，下面被白色厚棉毛，侧脉约13对。头状花序多数，径0.8-1厘米，排成紧密圆锥花序，花序梗长约1厘米，被密棉毛；总苞半球形，长约8毫米，总苞片4层，带淡红色，外层长圆形或长圆状披针形，长约4毫米，边缘干膜质，背面被疏毛或无毛，先端钝，条裂或撕裂状，内层和最内层线形，长6-7毫米，干膜质或边缘膜质，背面无毛，先端钝而反折，条裂或撕裂状；花托蜂窝状，无毛。花黄色；雌花多数，细管状，檐部4齿裂；两性花花冠与雌花等长，管状，檐部5齿裂，被乳突。瘦果圆柱形，12棱，

长约2毫米，被疏毛；冠毛淡黄褐或污黄色。花期11-12月。

产云南东南部、贵州西南部及广西西部，生于海拔700-850米溪边或草地。越南北部有分布。

[附] **尖苞艾纳香 Blumea henryi** Dunn in Journ. Linn. Soc. Bot. 35: 503. 1903. 本种与裂苞艾纳香的主要区别：头状花序径1.2-1.5厘米；总苞片背面被密毛，先端直而长尖，非撕裂状。产云南南部及东南部、广西西南部，生于海拔600-1000米山谷、林缘湿地或山坡灌丛。越南东北部有分布。

图 331 裂苞艾纳香（王金凤绘）

4. 千头艾纳香 图 332

Blumea lanceolaria (Roxb.) Druce in Rep. Bot. Exch. Club Brit. Isles 4: 609. 1917.

Conyza lanceolaria Roxb. Fl. Ind. ed. 2, 3: 432. 1832.

草本或亚灌木。茎无毛或被柔毛。下部和中部叶倒披针形、窄长圆状披针形或椭圆形，长15-30厘米，基部渐窄下延，或有耳状附属物，边缘有齿，上面有泡状突起，无毛，干后黑色，下面无毛或被微柔毛，侧脉13-20对，叶柄长2-3厘米；上部叶窄披针形或线状披针形，长7-15厘米，基部渐窄下延成翅状。头状花序多数，径0.6-1厘米，几无梗或梗长0.5-1厘米，常3-4簇生，排成顶生塔形圆锥花序；总苞圆柱形或近钟形，长6-8毫米，总苞片5-6层，绿或紫红色，弯曲，外层卵状披针形，背面被柔毛，中层窄披针形或线状披针形，长3-4毫米，内层线形，长约8毫米，被疏毛；花托平，蜂窝状，被白色密柔毛。花黄色；雌花多数，花冠细管状；两性花少数，花冠管状，与雌花近等长。瘦果圆柱形，长约1.5毫米，有5棱，被毛；冠毛黄或黄褐色。花期1-4月。

产云南、贵州南部、湖南、广西西北部、海南及台湾，生于海拔420-1500米林缘、山坡、路旁、草地或溪边。锡金、印度、巴基斯坦、斯里兰卡、缅甸、泰国、菲律宾及印度尼西亚有分布。

图 332 千头艾纳香（王金凤绘）

5. 艾纳香 图 333

Blumea balsamifera (Linn.) DC. Prodr. 5: 447. 1836.

Conyza balsamifera Linn. Sp. Pl. ed. 2, 1280. 1763.

多年生草本或亚灌木。茎被黄褐色密柔毛。下部叶宽椭圆形或长圆状披针形，长22-25厘米，边缘有细锯齿，上面被柔毛，下面被淡褐或黄白色密绢状棉毛，柄两侧有3-5对窄线形附属物；上部叶长圆状披针形或卵状披针形，长7-12厘米，全缘、具细锯齿或羽状齿裂，无柄或有短柄，基部或短柄两侧常有1-3对窄线形附属物。头状花序多数，径5-8毫米，排成具叶圆锥花序，花序梗被黄褐色密柔毛；总苞钟形，长约7毫米，总苞片约6层，草质，外层长圆形，背面被密柔毛，中层线形，背面被疏毛。花黄色；雌花多数，花冠细管状；两性花较少，与雌花几等长，花冠管状。瘦果圆柱形，长约1毫米，具5棱，被密柔毛；冠毛糙毛状。花期几全年。

产云南、贵州西部、广西、广东、海南、福建及台湾，生于海拔600-1000米林缘、林下、河床谷地或草地。印度、巴基斯坦、缅甸、泰国、马来西亚、印度尼西亚及菲律宾有分布。为提取冰片的原料，又为发汗祛痰药，对食伤、霍乱、中暑、胸腹疼痛有疗效。

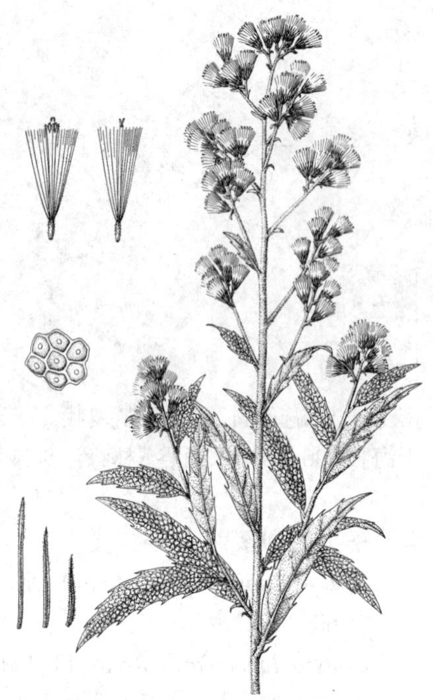

图 333 艾纳香（王金凤绘）

6. 馥芳艾纳香 图 334

Blumea aromatica DC. Prodr. 5: 446. 1836.

粗壮草本或亚灌木状。茎被粘绒毛或上部花序轴被密柔毛，兼有腺毛，叶腋常有束生白或污白色糙毛。下部叶倒卵形、倒披针形或椭圆形，长20-22厘米，基部渐窄，边缘有粗细相间的锯齿，上面被疏糙毛，下面被糙伏毛，兼有腺体；侧脉10-16对，近无柄；中部叶倒卵状长圆形或长椭圆形，长12-18厘米，基部渐窄下延，有时抱茎；上部叶披针形或卵状披针形。头状花序多数，径1-1.5厘米，无梗或梗长1-1.5厘米，花序梗被柔毛，兼有卷腺毛，腋生或顶生，排成具叶圆锥花序；总苞圆柱形或近钟形，长0.1-1厘米，总苞片5-6层，绿色，外层长圆状披针形，长2-4毫米，背面被柔毛，兼有腺体，中层和内层线形，长0.6-1厘米，背面被疏毛，有时脊具腺体。花黄色；雌花多数，花冠细管状，两性花花冠管状。瘦果圆柱形，有12棱，长约1毫米，被柔毛；冠毛棕红或淡褐色。花果期10月-翌年3月。

产云南、四川东南部、贵州、湖南南部、广西、广东北部、福建东南部沿海地区及台湾，生于低山林缘、荒坡或山谷路旁。尼泊尔、不丹、锡金、印度、缅甸、泰国和中南半岛有分布。

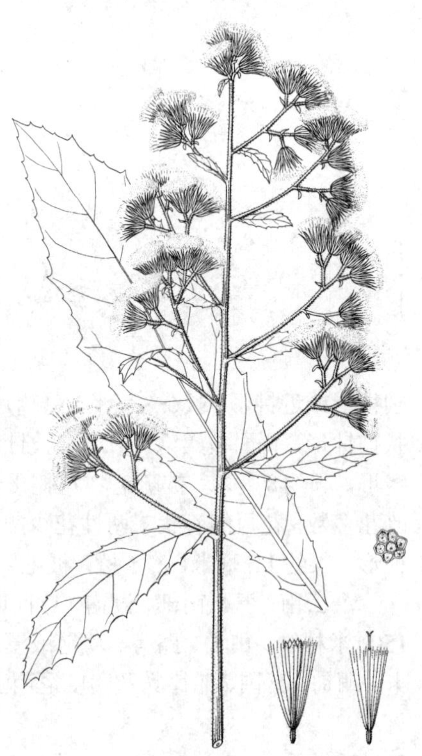

图 334 馥芳艾纳香（王金凤绘）

7. 台北艾纳香 图 335

Blumea formosana Kitam. in Acta Phytotax. Geobot. 2: 38. 1933.

草本。茎被白色长柔毛，基部常脱毛。茎中部叶倒卵状长圆形，长12-

20厘米，基部长渐窄，边缘疏生点状细齿或小尖头，上面被柔毛，下面被紧贴白色绒毛，兼有密腺体，有时脱毛，侧脉9-11对，近无柄；上部叶长圆形或长圆状披针形，长5-12厘米，基部渐窄；最上部叶苞片状。头状花序径约1厘米，排成顶生圆锥花序，花序梗被白色绒毛；总苞球状钟形，长约1厘米，总苞片4层，近膜质，绿色，外层线状披针形，长2-3毫米，背面被密柔毛，兼有腺体，中层线状长圆形，长4-5毫米，内层线形，长约8.5毫米，先端尾尖。花黄色；雌花多数，花冠细管状；两性花较少，花冠管状，檐部5浅裂，裂片卵状三角形，有密腺点。瘦果圆柱形，有10棱，长约1毫米，被白色腺状粗毛；冠毛污黄或黄白色。花期8-11月。

产浙江、福建北部、台湾、江西东北部、湖南、广东北部及广西东北部，生于低山山坡、草丛、溪边或疏林下。

图 335　台北艾纳香（引自《Fl. Taiwan》）

8.　戟叶艾纳香　　图 336：1-5

Blumea sagittata Gagnep. in Bull. Soc. Bot. France 68: 43. 1921.

草本。茎被灰褐色密柔毛。中部叶长圆状披针形或披针形，稀椭圆形，连叶柄长17-26厘米，基部戟形，具三角形耳，有时耳下叶柄两侧具1-2对极小附属物，疏生尖细齿，上面粗糙，被具疣状基部糙毛，下面毛较长而密，侧脉8-12对，叶柄长0.5-1厘米；上部叶卵状披针形或线状披针形，长5-9厘米，基部有不明显耳，无柄；最上部叶苞片状。头状花序多数，径约1厘米，在茎端排成具叶圆锥花序；总苞近钟形，长约1厘米，总苞片5层，外层披针形，背面被柔毛，兼有腺体，中层线形，长3-5毫米，背面上半部被柔毛和腺体，内层线形，干膜质，近无毛。花黄色；雌花多数，3-4层，花冠细管状，檐部4-5齿裂，裂片不等，近二唇状；两性花花冠管状，檐部5齿裂，裂片卵状三角形，背面有白色疏毛，兼有腺体。瘦果纺锤形，长约1.2毫米，具10棱，被毛；冠毛淡黄或黄白色。花期8-12月。

图 336：1-5. 戟叶艾纳香　6-12. 毛毡草
（黄少容绘）

产云南东南部、广西西部及贵州南部，生于山坡、林下或湿润草丛中。越南及老挝有分布。

9.　毛毡草　　图 336：6-12

Blumea hieracifolia (D. Don) DC. in Wight, Contrib. Bot. Ind. 15. 1834.

Erigeron hieracifolium D. Don, Prodr. Fl. Nepal. 172. 1825.

草本。茎被密绢毛状长柔毛，兼有头状具柄腺毛，在上部和花序轴毛密，基部脱毛。叶常茎生，下部和中部叶椭圆形或长椭圆形，稀倒卵形，

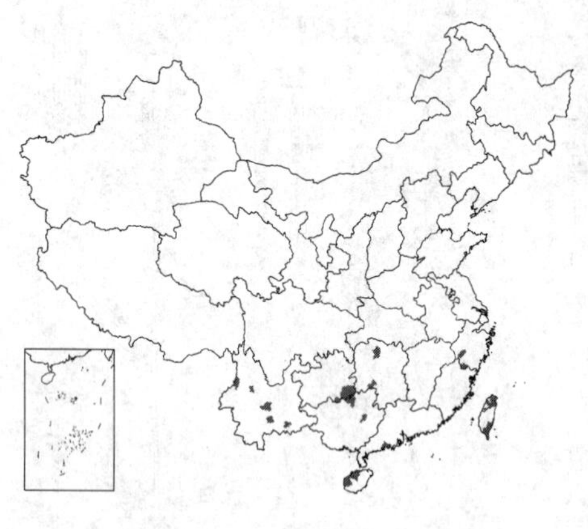

长7-10厘米，基部渐窄，下延，近无柄，边缘有硬尖齿，上面被白毛，下面被密绢毛状绒毛或棉毛；上部叶长圆形或长圆状披针形，长2-4厘米，两面被白色密棉毛或丝毛，边缘有尖齿，无柄。头状花序多数，径5-8毫米，簇生，排成穗状圆锥花序；总苞圆柱形或钟形，总苞片4-5层，上部淡紫色，外层线状披针形，长2-3毫米，背面被白色绒毛，中层线状长圆形，长4-6毫米，边缘干膜质，背面被疏毛或上半部被疏绒毛，内层丝状，干膜质，无毛；花托无毛。花黄色；雌花多数，花冠细管状；两性花较少，花冠管状，与雌花几等长。瘦果圆柱形，长1-1.2毫米，10棱，被毛；冠毛白色。花期12月－翌年4月。

产浙江西南部、福建北部、台湾、广东南部、海南、广西、湖南、贵州东南部及云南，生于田边、草地或低山灌丛中。印度、巴基斯坦、缅甸、中南半岛、菲律宾、印度尼西亚及巴布亚新几内亚有分布。

10. 拟毛毡草 图 337

Blumea sericans (Kurz) Hook. f. Fl. Brit. Ind. 3: 262. 1881.

Blumea barbata DC. var. *sericans* Kurz in Journ. Asiat. Soc. Bengal. 46: 188. 1877.

粗壮草本。茎高达1米，被白色密绢毛状绒毛。叶常基生，几莲座状，

倒卵状匙形或倒披针形，长6-12厘米，基部下延成具长翅的柄，边缘有不规则密细齿，上面被白色绒毛，后渐脱毛，下面被绢状绒毛，侧脉5-6对；茎生叶疏生，匙形、匙状长圆形，稀长圆形，长6-12厘米，无柄或有翅柄，边缘有细齿，两面被密绢状绒毛或棉毛。头状花序径0.6-1厘米，常2-7球状簇生，排成穗状窄圆锥花序，无花序梗，稀梗长约3毫米；总苞圆柱状或钟形，长约8毫米，总苞片约4层，线形或线状长圆形，绿色或上部禾秆黄色，外层长3-4毫米，背面被白色密绒毛，中、内层长5-8毫米，背面被绒毛，长5-8毫米；花托无毛。花黄色；雌花多数，花冠细管状，檐部3-4齿裂，无毛；两性花花冠管状，与雌花等长，檐部5浅裂，裂片三角状卵形，被疏毛，兼有乳点。瘦果圆柱形，长1-1.2厘米，具10棱，被疏毛；冠毛白色，长约6毫米。花期4-8月。

产浙江西南部、福建、台湾、江西、湖南西部及西南部、广东、香港、海南、广西北部及贵州南部，生于路旁、荒地、田边、山谷或丘陵地带草丛中。印度、缅甸、中南半岛、印度尼西亚及菲律宾有分布。

[附] **少叶艾纳香 Blumea hamiltoni** DC. Prodr. 5: 439. 1836. 本种与拟毛毡草的主要区别：植株较矮小，高15-40厘米；茎生叶2-4，边缘有较疏或不明显细齿；总苞片麦秆黄或淡黄色。产贵州西南部、云南东南至西南部，生于海拔1400-1500米山坡草丛或空旷草地。印度、缅甸、泰国、中南半岛及印度尼西亚有分布。

图 337 拟毛毡草（孙英宝绘）

11. 七里明 图 338：1-6

Blumea clarkei Hook. f. Fl. Brit. Ind. 3: 267. 1881.

多年生草本。茎直立，稀攀援状，不分枝，下部无毛或被疏毛。下部叶

叶长圆形或长圆状披针形，长8-14厘米，边缘有规则锯齿或具细尖牙齿，上面无毛或被糙毛，下面被绒毛，侧脉5-7对，近无柄或有短柄；上部叶长圆形，长3-5厘米，边缘有细尖齿，稀近全缘，无柄。头状花序多数，径0.8-1.2厘米，无梗或具长2-3毫米的短梗，3-5簇生，排成顶生紧密窄圆锥花序；总苞卵状圆柱形，长约1.2厘米，总苞片4层，上部或先端紫红色，外层披针形，长3-5毫米，背面被密柔毛，具缘毛，中、内层线状披针形或线形，宽达1毫米，边缘干膜质，先端短尖，背面被疏毛，先端有缘毛。花黄色，花托被毛；雌花多数，花冠细管状；两性花花冠管状，与雌花等长。瘦果圆柱形，长约1.2毫米，10棱，被疏毛；冠毛白色。花果期10月-翌年4月。

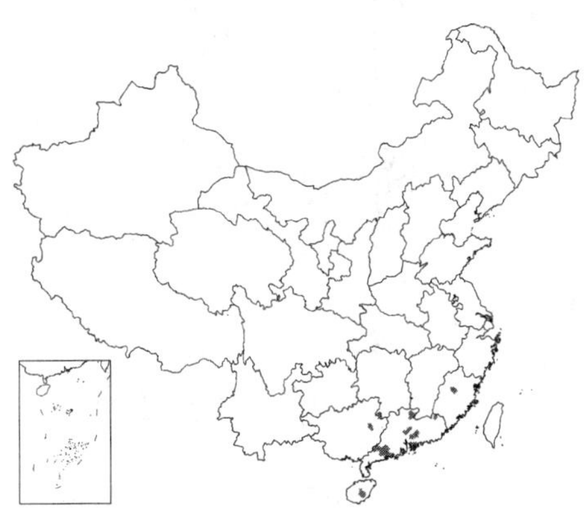

产福建中部、广东、香港、海南及广西东部，生于海拔400-700米荫湿林、谷中或空旷湿润草地。印度、缅甸、中南半岛、印度尼西亚及菲律宾有分布。

图 338：1-6. 七里明 7-12. 长圆叶艾纳香
（黄少容绘）

12. 长圆叶艾纳香 图 338：7-12

Blumea oblongifolia Kitam. in Acta Phytotax. Geobot. 2: 37. 1933.

多年生草本。茎下部被疏毛或脱毛，上部毛较密。基生叶较小；中部茎生叶长圆形或窄椭圆状长圆形，长9-14厘米，基部楔形渐窄，边缘反卷，有重锯齿，上面被柔毛，下面稍被长柔毛，侧脉5-7对，近无柄；上部叶长圆状披针形或长圆形，长4-5.5厘米，具尖齿或角状疏齿，稀全缘，无柄。头状花序径0.8-1.2厘米，排成顶生开展圆锥花序；花序梗长达2厘米，被密长柔毛；总苞球状钟形，长约1厘米，总苞片约4层，绿色，外层线状披针形，背面被密长柔毛，最内层线形或线状披针形，宽约0.5毫米，先端尾尖，背面被柔毛；花托被毛。花黄色；雌花多数，花冠细管状；两性花较少，花冠管状。瘦果圆柱形，长1-1.1毫米，被疏白色粗毛；冠毛白色。花期8月-翌年4月。

产浙江南部、福建、台湾、江西东北部及南部、广东，生于路旁、田边、草地或山谷溪边。

13. 柔毛艾纳香 图 339

Blumea mollis (D. Don) Merr. in Philipp. Journ. Sci. Bot. 5: 395. 1910.

Erigeron molle D. Don, Prodr. Fl. Nepal. 172. 1825.

草本。茎被白色长柔毛，兼有腺毛。下部叶倒卵形，长7-9厘米，基部楔状渐窄，边缘有密细齿，两面被绢状长柔毛，侧脉5-7对，有长柄；中部叶倒卵形或倒卵状长圆形，长3-5厘米，具短柄；上部叶近无柄，长1-2厘米。头状花序无或有短梗，径3-5毫米，3-5簇生，密集成聚伞状，组成圆锥花序，花序梗被密长柔毛；总苞圆柱形，长约5毫米，总苞片近4层，草质，紫或淡红色，外层线形，长约3毫米，背面被密柔毛，兼有腺体，中

层与外层同形，长约5毫米，背面被疏毛，内层窄长；花托无毛。花紫红色或花冠下半部淡白色；雌花多数，花冠细管状，两性花约10，花冠管状。瘦果圆柱形，近有角或平滑，被柔毛；冠毛白色。花期几全年。

产浙江南部、福建北部、台湾、江西、湖南南部、广东、海南、广西、贵州南部、云南及四川南部，生于海拔400-900米田野或空旷草地。非洲、阿富汗、巴基斯坦、不丹、尼泊尔、锡金、印度、斯里兰卡、缅甸、中南半岛、菲律宾、印度尼西亚及大洋洲北部有分布。

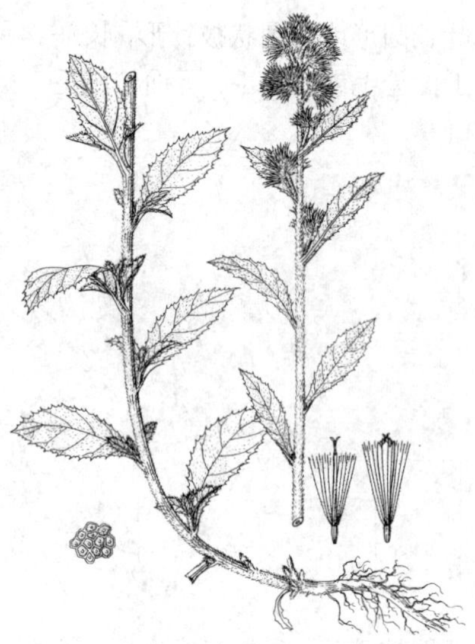

图 339 柔毛艾纳香 （王金凤绘）

14. 见霜黄 图 340

Blumea lacera (Burm. f.) DC. in Wight, Contr. Ind. Bot. 14. 1834.

Conyza lacera Burm. f. Fl. Ind. 180. 1768.

草本。茎被白色绢毛状绒毛或密绒毛，有时下部脱毛。下部叶倒卵形或倒卵状长圆形，长7-15厘米，边缘有疏粗齿，或下半部琴状分裂，上面被白色丝状绒毛或绒毛，下面被丝状密绒毛或棉毛，无柄或柄长1-3厘米；上部叶不裂，倒卵状长圆形或长椭圆形，长2.5-4厘米，上半部有尖齿，有时全缘，两面密被白色丝状绒毛，无或有短柄。头状花序径5-6.5毫米，排成圆锥花序；总苞圆柱形，长约6毫米，总苞片约4层，线形，花后反折，外层背面被白色密长柔毛，有密缘毛，内层长于外层2倍；花托无毛。花黄色；雌花多数，花冠细管状；两性花花冠管状。瘦果圆柱状纺锤形，近有角或平滑，长1-2毫米，被疏毛；冠毛白色。花期2-6月。

产福建、台湾、江西、广东、海南、广西、贵州南部及云南，生于海拔120-800米草地、路旁或田边。非洲东南部、亚洲东南部及澳大利亚北部有分布。

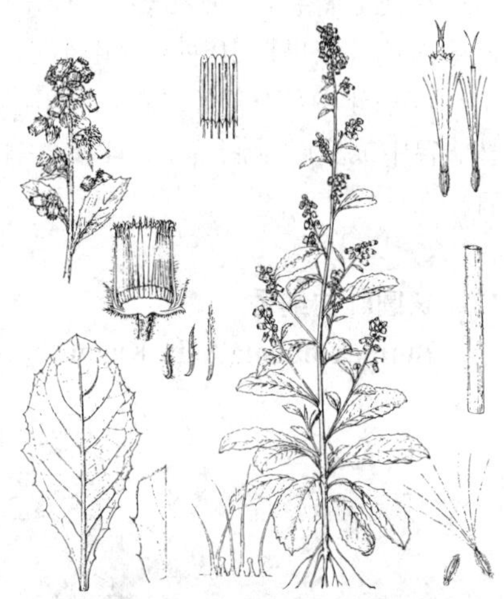

图 340 见霜黄 （引自《Fl. Taiwan》）

15. 无梗艾纳香 图 341

Blumea sessiliflora Decne. in Nouv. Arch. Mus. Hist. Nat. 3: 140. 1834.

草本。茎上部被长柔毛或绒毛。下部叶倒披针形或倒卵状长圆形，长10-16厘米，基部渐窄，下延，常琴状分裂，有粗或细齿，两面被长柔毛，无柄；上部或小枝叶倒披针形或长圆形，长3-6厘米，基部下延成翅，琴状浅裂或具粗或细齿，无柄；最上部叶线形，苞片状，全缘或有疏细尖齿。头状花序无梗，稀梗长约2毫米，径3-5毫米，单生或2-

图 341 无梗艾纳香 （孙英宝绘）

4簇生，排成具叶穗状花序，再排成具叶圆锥花序；总苞圆柱形或近钟形，长4-6毫米，总苞片近5层，禾秆黄色或绿色，花后开展，外层和中层披针形或线状披针形，背面被密柔毛，内层线形。花黄色；雌花多数，花冠细管状，檐部3齿裂，裂片无毛；两性花少数，花冠管状，檐部5裂，裂片被疏毛和腺体。瘦果圆柱形或近纺锤形，长约1毫米，有8-10棱；冠毛白色。花期6-10月。

产江西西南部、广东及海南，生于海拔200-700米山坡草地。印度、缅甸、泰国、中南半岛及印度尼西亚有分布。

16. 节节红 图 342

Blumea fistulosa (Roxb.) Kurz in Journ. Asiat. Soc. Bengal 46(2): 187. 1877.

Conyza fistulosa Roxb. in Fl. Ind. ed. 2, 3: 429. 1832.

草本。茎被柔毛或基部常脱毛，紫红色，上部被柔毛或绒毛。下部叶倒卵形或倒披针形，长6-13厘米，基部楔状下延，两面被长柔毛，具短柄；上部叶倒卵形或倒卵状长圆形，长2-4厘米，基部渐窄下延成翅状，边缘有疏粗齿或细尖齿，稀全缘，无柄；头状花序无梗，径3-5毫米，2-5簇生，排成间断或顶端密集具叶的穗状圆锥花序；总苞圆柱形或近钟形，长4-6毫米，总苞片约5层，紫红色或先端紫红色，外层线形，弯曲，长约2毫米，背面及边缘被密柔毛，中层线状披针形，长3-4毫米，背面及上部边缘被疏柔毛，内层线形，长4-6毫米，背面被疏柔毛；花托被毛。花黄色；雌花多数，细管状，檐部3齿裂；两性花略少，花冠管状，檐部5浅裂，有乳头状柔毛。瘦果圆柱形，长约1毫米，8-10棱；冠毛白色。花期12月至翌年4月。

产云南、贵州西南部、广西西北部、广东东部、海南及福建，生于海拔300-1900米山坡林缘、空旷草地或溪边。印度、尼泊尔、锡金、不丹、缅甸、泰国及中南半岛有分布。

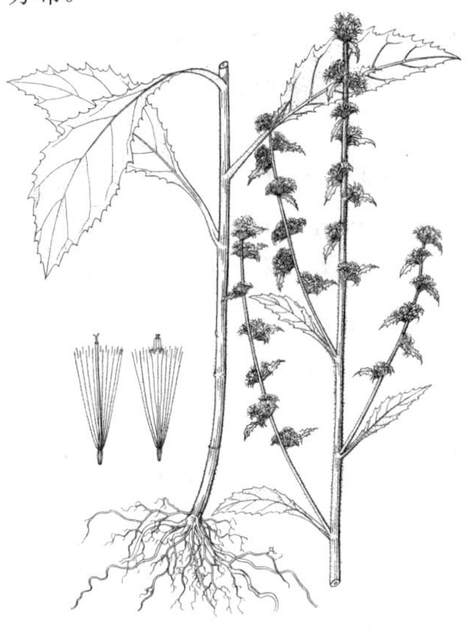

图 342 节节红（王金凤绘）

17. 六耳铃 图 343

Blumea laciniata (Roxb.) DC. Prodr. 5: 436. 1836.

Conyza laciniata Roxb. in Hort. Beng. 61. 1814.

粗壮草本。茎下部被疏柔毛或后脱毛，上部被长柔毛，兼有具柄腺毛。下部叶倒卵状长圆形或倒卵形，长10-30厘米，基部下延成翅，下半部琴状分裂，顶裂片卵形或卵状长圆形，侧裂片2-3对，三角形或三角状长圆形，具锯齿或粗齿，上面被糙毛，下面被疏柔毛或后脱毛，中脉在两面凸起，有长2-4厘米具窄翅的柄；中部叶与下部叶长6-10厘米，有齿刻，有时琴状浅裂，无柄；上部叶全缘或有齿刻。头状花序径6-8毫米，多数排成顶生圆锥花序；花序梗被具柄腺毛和长柔毛；

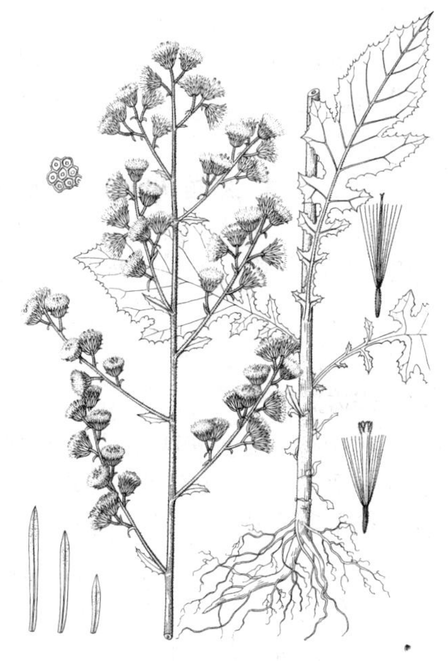

图 343 六耳铃（王金凤绘）

总苞圆柱形或钟形，长约9毫米，总苞片5-6层，带紫红色，花后常反折，外层线形，背面被密柔毛或被具柄腺毛，中层长圆状披针形，内层线形，长约9毫米，背面上部被疏毛；花托径2.5-5毫米，蜂窝状，窝孔周围被柔毛。花黄色；雌花多数，花冠细管状，檐部2-3齿裂；两性花花冠管状，与雌花等长，檐部5裂，裂片三角形，被疏毛。瘦果圆柱形，长约1毫米，具10棱，被疏毛；冠毛白色。花期10月-翌年5月。

产云南南部、贵州西南部、广西西南部及南部、福建东部、台湾，生于海拔400-800米田畦、草地、山坡或河边、林缘。印度、不丹、锡金、巴基斯坦、斯里兰卡、缅甸、中南半岛、马来西亚、菲律宾、印度尼西亚、巴布亚新几内亚、所罗门群岛及夏威夷有分布。

图 344 长柄艾纳香（孙英宝绘）

18. 长柄艾纳香 图 344

Blumea membranacea DC. Prodr. 5: 440. 1836.

一年生草本。茎下部被疏腺状柔毛。下部叶倒卵形或倒披针形，连叶柄长9-15厘米，齿状或琴状分裂，顶裂片卵形或椭圆形，侧裂片三角形或线状长圆形，有锯齿，两面被疏柔毛，有长3-4厘米细柄；上部叶不裂，倒卵形或倒卵状披针形，长2-4厘米，有锯齿，无柄或有短柄。头状花序径5-7毫米，无梗或有短梗，3-5簇生或在小枝顶端排成窄圆锥花序，再组成具叶大圆锥花序；总苞圆柱形，长约5毫米，花后常反折，总苞片约4层，绿色，线形，长1-4毫米，背面被疏柔毛或兼有多数腺体，内层先端长尖或尾尖，边缘干膜质，上部被疏毛。花托平或稍凸，径2-3毫米，无毛。花黄色；雌花多数，细管状，檐部2-3齿裂；两性花少数，花冠管状，檐部5齿裂，裂片背面有腺体。瘦果圆柱形，长约0.7毫米，被疏毛；冠毛白色。花期1-3月。

产云南西北部、广东南部、海南及台湾，生于海拔500-1400米密林中或山谷溪边。印度、巴基斯坦、斯里兰卡、缅甸、中南半岛、马来西亚及印度尼西亚有分布。

[附] **芜菁艾纳香 Blumea napifolia** DC. Prodr. 5: 440. 1836. 本种与长柄艾纳香的主要区别：叶顶裂片近圆形；头状花序具梗，排成开展圆锥花序。花期1-3月。产云南西部及海南，生于海拔600米以下田边、草地或空旷山坡。印度、缅甸、泰国及中南半岛有分布。

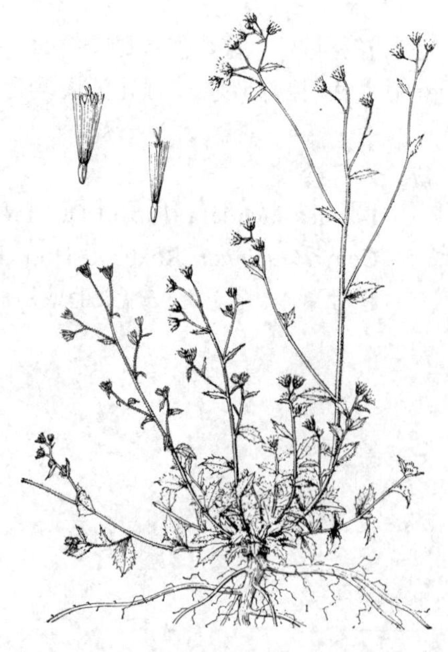

图 345 尖齿艾纳香（冀朝祯 王金凤绘）

19. 尖齿艾纳香 图 345

Blumea oxyodonta DC. in Wight, Contrib. Bot. Ind. 15. 1834.

多年生草本。茎被白色长柔毛或绢毛。基生叶近无柄或有短柄，叶倒卵形或倒卵状长圆形，连叶柄长3.5-7厘米，先端刺状短尖，边缘有刺状硬齿，两面被白色长柔毛兼有具柄腺体，侧脉5-6对；茎生叶宽椭圆形或倒卵形，稀长圆形，长2-4厘米，有刺状尖齿，两面被密绢毛状长柔毛兼有具柄腺体，无柄；上部叶苞片状。头状花序无梗或有短梗，径约6毫米，在叶腋和顶端排成伞房状圆锥花序；总苞圆柱形或近钟形，长4-6毫米，总苞片4层，线形，花后反折，外层叶质，长1-3毫米，背面被白色密长柔

毛，兼有腺体，中、内层边缘干膜质，背面被疏毛，长4-6毫米。花黄色；雌花多数，花冠细管状，檐部2-3齿裂，裂片被毛；两性花较少，花冠管状，长3.5-4.5毫米；中央两性花通常不发育，檐部5浅裂，裂片三角形，被密毛；花药全部或部分退化。瘦果圆柱形，无棱，被柔毛，长0.6毫米；冠毛糙毛状。花期4-5月。

产云南西部及西南部，生于海拔1200-1480米湿润山坡、草地或空旷的溪流边。印度、巴基斯坦、缅甸、中南半岛、马来西亚及菲律宾有分布。

43. 拟艾纳香属 **Blumeopsis** Gagnep.

（陈艺林　靳淑英）

一年生草本。茎上部分枝，无毛或被疏柔毛。叶互生，基生叶或茎下部叶倒卵形，长3-10厘米，有不明显细齿，无毛或上面疏被白色柔毛，侧脉5-9对，近无柄；中部和上部叶倒卵状长圆形或长圆形，长2.5-6厘米，边缘有不规则锯齿或细尖齿，基部心形或圆，抱茎，无柄。头状花序径约6毫米，2-5在枝顶排成伞房状，再组成圆锥状，花序梗纤细，长2-3毫米，无毛；总苞钟形，长6-7毫米，径5-6毫米，总苞片4层，无毛，麦秆黄色，外层卵形，中层披针形，内层窄线形。雌花多层，丝状，黄色；两性花较少，细管状，4（5）齿裂；雄蕊1-3（4），中央小花有时具5雄蕊，花柱分枝线形。瘦果近纺锤形，稍扁，有2-3棱，长约0.5毫米，无毛，冠毛多数，白色。

单种属。

拟艾纳香　图 346

Blumeopsis flava (DC.) Gagnep. in Bull. Mus. Hist. Nat. (Paris) 26: 76. 1920.

Blumea flava DC. Prodr. 5: 433. 1836.

形态特征同属。花果期10月至翌年3月。

产云南、贵州西南部、广西西北部及海南，生于低海拔空旷草地。中南半岛及印度有分布。

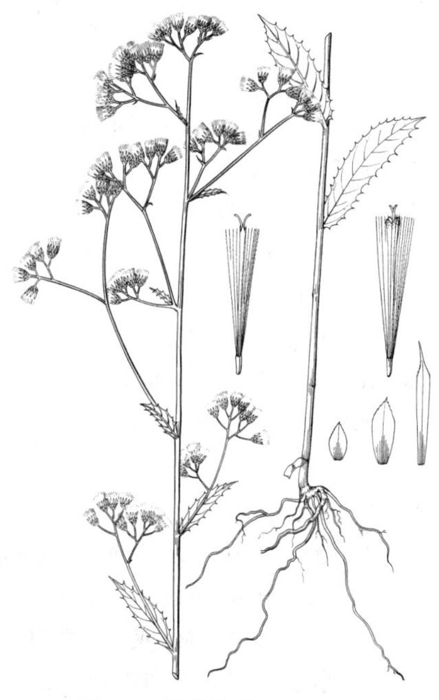

图 346　拟艾纳香（王金凤绘）

44. 六棱菊属 **Laggera** Sch.-Bip. ex Hochst.

（陈艺林　靳淑英）

一年生或多年生草本。茎上部分枝。叶互生，全缘或有齿刻，基部沿茎下延成茎翅，无柄。头状花序多数，异型，盘状，在茎、枝顶端排成圆锥状花序或腋生；外围雌花多层，结实，中央两性花较少，结实；花冠黄或玫瑰色；总苞钟形或近半球形，总苞片多层，覆瓦状排列，坚硬，内层窄，干膜质，外层短；花托扁平，无托片。雌花花冠丝状，顶端（3）4（5）齿裂，花柱分枝顶端钝；两性花花冠管状，檐部扩大，具5裂片，花药顶端圆或钝，基部2浅裂或箭形，小耳钝或尖，不等长，花柱分枝线状钻形，具乳突。瘦果圆柱形，有10棱；冠毛1层，刚毛状，分离或基部联合，白色，易脱落。

约20种，分布于非洲热带及亚洲东南部。我国3种。

1. 茎翅全缘，宽2-5毫米；叶缘有疏细齿；总苞长约1.2厘米；瘦果圆柱形 ······························ 1. **六棱菊 L. alata**
1. 茎翅具粗齿，宽不及2毫米；叶缘有粗细相间的密重齿；总苞长约8毫米；瘦果近纺锤形 ······························ 2. **翼齿六棱菊 L. pterodonta**

1. 六棱菊 图 347

Laggera alata (D. Don) Sch.-Bip. ex Oliv. in Trans. Linn. Soc. 39: 94. 1873.

Erigeron alata D. Don, Prodr. Fl. Nepal. 171. 1825.

多年生草本。茎密被淡黄色腺状柔毛，茎翅全缘，宽2-5毫米。叶长圆形或匙状长圆形，长8-1.8厘米，边缘有疏细齿，基部沿茎下延成茎翅，两面密被贴生、扭曲或头状腺毛，侧脉8-10对，无柄；上部叶窄长圆形或线形，长1.6-3.5厘米，宽3-7毫米，疏生细齿或不显著。头状花序下垂，径约1厘米，成总状着生具翅小枝叶腋，在茎枝顶端排成总状圆锥花序，花序梗密被腺状柔毛；总苞近钟形，长约1.2厘米，总苞片约6层，外层叶质，绿色或上部绿色，长圆形或卵状长圆形，长5-6毫米，背面密被疣状腺体，兼有扭曲腺状柔毛，内层干膜质，先端通常紫红色，线形，长0.7-1厘米，背面疏被腺点和柔毛，或无毛。花淡紫色；雌花多数，花冠丝状；两性花多数，花冠管状。瘦果圆柱形，长约1毫米，被疏白色柔毛。花果期10月至翌年2月。

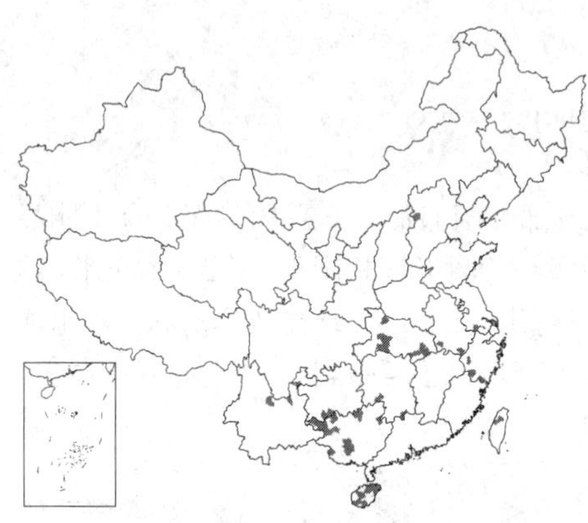

图 347 六棱菊（黄少容绘）

产河北西部、江苏南部、安徽南部、浙江、台湾、广东北部、海南、广西、湖南、湖北、贵州西南部及云南，生于旷野、路旁或山坡阳处。菲律宾、印度尼西亚、中南半岛、印度、斯里兰卡及非洲东部有分布。

2. 翼齿六棱菊 图 348

Laggera pterodonta (DC.) Benth. Gen. Pl. 2: 290. 1873.

Blumea pterodonta DC. Prodr. 5: 448. 1836.

草本。茎疏被柔毛或兼有腺体，或无毛，茎翅宽不及2毫米，边缘有粗细相间的密重齿。中部叶倒卵形或倒卵状椭圆形，稀椭圆形，长7-10厘米，基部沿茎下延成翅，两面疏被柔毛，兼有腺体，无柄；上部叶倒卵形或长圆形，长2-3厘米，锯齿较小。头状花序径约1厘米，在茎枝顶端排成总状或近伞房状圆锥花序，花序梗密被腺状柔毛；总苞近钟形，长约8毫米，总苞片约7层，外层绿色或中部以上绿色，长圆形或长圆状披针形，长4-5毫米，背面被腺状短柔毛，内层上部有时紫红色，线形，背面脊被腺状柔毛或无毛，最内层丝状。雌花多数，花冠丝状；两性花与雌花近等长，花冠管状。瘦果近纺锤形，被白色长柔毛。花果

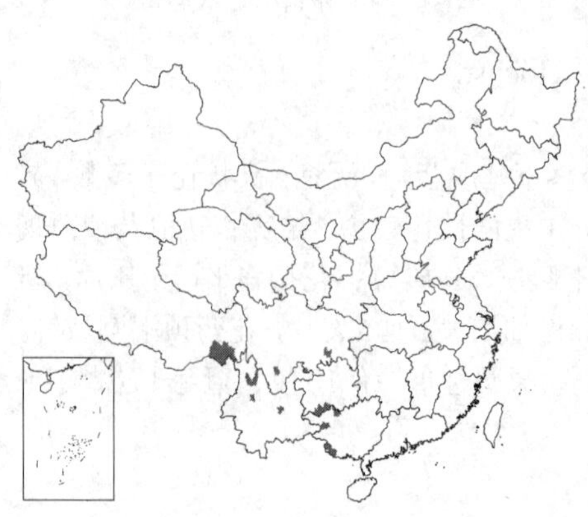

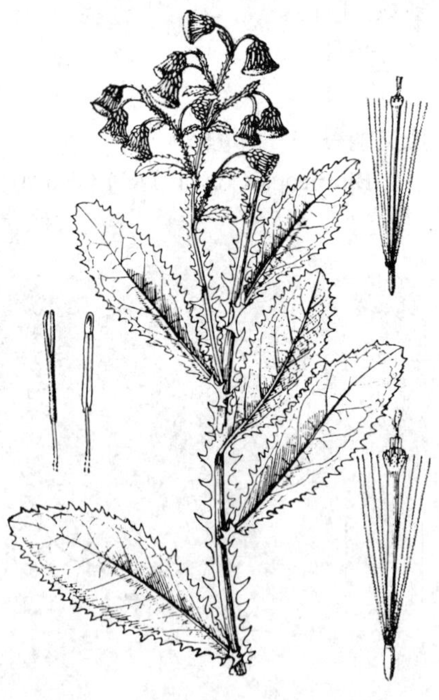

图 348 翼齿六棱菊（黄少容绘）

期4-10月。

产广西、贵州南部、云南、西藏东南部及四川南部，生于空旷草地或山谷疏林中。印度、中南半岛及非洲热带地区有分布。

45. 阔苞菊属 **Pluchea** Cass.

（陈艺林　靳淑英）

灌木或亚灌木，稀多年生草本。茎被绒毛或柔毛。叶互生，有锯齿，稀全缘或羽状分裂。头状花序小，在枝顶成伞房状排列或近单生；有异型小花，盘状，外层雌花多层，白、黄或淡紫色，结实，中央两性花少，不结实。总苞卵形、宽钟形或近半球状，总苞片多层，覆瓦状排列，外层宽，内层常窄，稍长；花托平，无托毛。雌花花冠丝状，顶端3浅裂或有细齿；两性花花冠管状，檐部稍扩大，顶端5浅裂，花药基部矢状，有渐尖尾部，花柱丝状，全缘或2浅裂，被微硬毛或乳头状突起。瘦果小，稍扁，具4-5棱，无毛或被疏柔毛；冠毛毛状，1层，宿存。

约50种，分布于美洲、亚洲和澳大利亚热带和亚热带地区。我国3种。

1. 枝、叶、花梗和总苞片均无毛；头状花序径约9毫米 ………………………………………… 1. **光梗阔苞菊 P. pteropoda**
1. 枝、叶、花序梗和外层总苞片背面及边缘被毛；头状花序径3-5毫米。
  2. 叶倒卵形或宽倒卵形，稀椭圆形，边缘有较密细齿或锯齿；瘦果有4棱 ……………………… 2. **阔苞菊 P. indica**
  2. 叶宽线形或线形，边缘有疏齿；瘦果有5棱 ………………………………………… 2(附). **长叶阔苞菊 P. eupatorioides**

1. 光梗阔苞菊　　图 349

Pluchea pteropoda Hemsl. in Journ. Linn. Soc. Bot. 23: 422. 1888.

草本或矮小亚灌木。茎斜升或平卧，高达35厘米，多分枝，无毛。下部叶倒卵状长圆形或倒卵状匙形，长2.5-5厘米，基部长渐窄，有锯齿，两面无毛，侧脉6-7对，无柄；中部和上部叶倒卵状长圆形或披针形，长1.5-4厘米，有疏齿或浅裂，无柄。头状花序径约9毫米，在茎枝顶端排成伞房花序，花序梗较粗，长2-6毫米；总苞卵状球形或宽钟形，总苞片5-6层，外层卵形或宽卵形，背面无毛，内层及中层线形，无毛。雌花多数，丝状，长约4毫米，檐部3-4齿裂；两性花少数，花冠管状，长5-6毫米，檐部5浅裂，裂面背面具泡状或乳头状突起。瘦果圆柱形，具4棱，长1.2-1.8毫米，被疏毛；冠毛白色。花果期5-12月。

图 349 光梗阔苞菊（吴彰桦绘）

产台湾、福建、广东、香港、海南、广西等沿海一带及岛屿，生于海滨沙地、石缝或潮水到达之地。中南半岛有分布。

2. 阔苞菊　　图 350

Pluchea indica (Linn.) Less. in Linnaea 6: 150. 1831.

Baccharis indica Linn. Sp. Pl. 861. 1753.

灌木，高达3米。幼枝被柔毛，后脱毛。下部叶倒卵形或宽倒卵形，稀椭圆形，长5-7厘米，上面稍被粉状柔毛或脱毛，下面无毛或沿中脉被疏毛，有时仅具泡状突点，无柄或近无柄；中部和上部叶倒卵形或倒卵状长圆形，长2.5–4.5厘米，边缘有较密细齿或锯齿，两面被卷柔毛，无柄。头状花序径3–5毫米，在茎枝顶端伞房花序排列．花序梗密被卷柔毛；总苞卵形或钟状，长约6毫米，总苞片5–6层，外层卵形或宽卵形，长3–4毫米，有缘毛，背面被柔毛，内层线形，长4–5毫米，无毛或上半部疏被缘毛。雌花多层，花冠丝状；两性花花冠管状。瘦果圆柱形，有4棱，被疏毛。花期全年。

产台湾、福建、广东、香港、海南等沿海一带及岛屿，生于海滨沙地或近潮水的旷地。印度、缅甸、中南半岛、马来西亚、印度尼西亚及菲律宾有分布。鲜叶与米磨烂，做糍粑，称栾樨饼，有暖胃去积效能。

[附] **长叶阔苞菊 Pluchea eupatorioides** Kurz, For. Fl. Brit. Burma 2: 575. 1877.本种与阔苞菊的主要区别：叶宽线形或线形，边缘有疏齿；瘦果有5棱。花期4–6月。产广西南部及云南南部，生于旷野或路旁。缅甸及中南半岛有分布。

图 350 阔苞菊（吴彰桦绘）

46. 花花柴属 Karelinia Less.

（陈艺林 靳淑英）

多年生草本，高达1（–1.5）米。茎粗壮，多分枝，中空。幼枝密被糙毛或柔毛，老枝无毛，有疣状突起。叶卵圆形、长卵圆形或长椭圆形，长1.5–6.5厘米，基部有圆形或戟形小耳，抱茎，全缘或疏生不规则短齿，近肉质，两面被糙毛至无毛。头状花序长1.3–1.5厘米，3–7排成伞房状；总苞卵圆形或短圆柱形，长1–1.3厘米，总苞片约5层，外层卵圆形，内层长披针形，外面被短毡状毛。小花黄或紫红色；雌花花冠丝状，长7–9毫米，花柱分枝细长；两性花花冠细管状，长0.9–1厘米；冠毛白色，雌花冠毛纤细，有疏齿，两性花及雄花冠毛上端较粗厚，有细齿。瘦果圆柱形，长约1.5毫米，有4–5棱，无毛。

单种属。

花花柴 图 351

Karelinia caspia (Pall.) Less. Linnaea 9: 187. 1834.

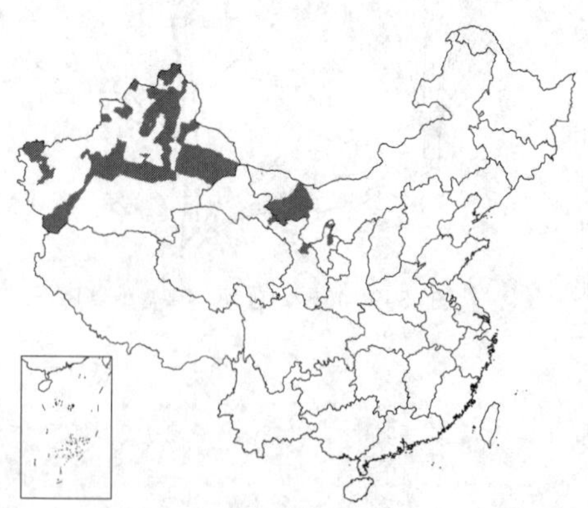

Serratula caspia Pall. Reiss. 2, App. 923. t. z. 743. 1773.

形态特征同属。花期7–9月，果期9–10月。

产内蒙古西部、宁夏、甘肃中部及新疆，生于戈壁滩、沙丘、草甸盐碱地或苇地水田旁，常群生。蒙古、俄罗斯、中亚、欧洲东部、伊朗及土耳其有分布。

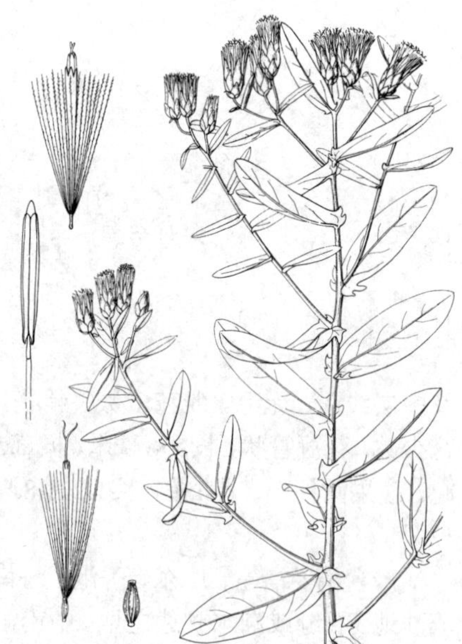

图 351 花花柴（引自《图鉴》）

47. 鹅不食草属 Epaltes Cass.

（陈艺林 靳淑英）

直立或铺散草本；无毛或被疏毛。叶互生，全缘，有锯齿或分裂。头状花序小，盘状，单生或排成伞房花序；花异型，花冠带淡紫色，外围雌花多层，结实，中央两性花多数，不结实；总苞宽钟形、球形或半球形，总苞片多层，覆瓦状排列，内层窄；花托扁，无托片。雌花花冠圆筒形或锥形，短于花柱，檐部2-3齿裂，花柱分枝细弱，丝状；两性花花冠管状，檐部稍扩大，顶端3-5短裂，雄蕊4-5，花药基部矢状，有渐尖尾部，花柱钻形，不裂或2浅裂。瘦果近圆柱形，有5-10棱，无毛，被疣突；无冠毛或两性花有时具2-3早落刺毛状冠毛。

约17种，分布于非洲、美洲、澳大利亚及亚洲东南部。我国2种。

1. 叶倒卵形或倒卵状长圆形，边缘有粗锯齿；茎、枝无翅；头状花序侧生，总苞片先端圆或钝；雌花花冠锥状……………………………… **鹅不食草 E. australis**
1. 叶线形或线状长圆形，全缘或有不明显疏细齿；茎、枝有翅；头状花序顶生，总苞片先端线状渐尖；雌花花冠圆筒状 ……………………………… (附). **翅柄鹅不食草 E. divaricata**

鹅不食草 球菊 图 352

Epaltes australis Less. in Linnaea 5: 148. 1831.

一年生草本。茎枝铺散或匍匐状，基部多分枝，无毛或被疏粗毛，无翅。叶倒卵形或倒卵状长圆形，长1.5-3厘米，边缘有粗锯齿，无毛或被疏柔毛，侧脉2-3对，无柄或有短柄。头状花序侧生，扁球形，径约5毫米，无或有短花序梗，单生或双生；总苞半球形，径5-6毫米，总苞片4层，绿色，干膜质，无毛，先端圆或钝；外层卵圆形，内层倒卵形或倒卵状长圆形，长约2毫米。雌花多数，檐部3齿裂，有疏腺点；两性花约20，花冠锥状，檐部4裂，有腺点；雄蕊4。瘦果近圆柱形，有10棱，长约1毫米，有疣突，顶端平截，被疏柔毛，无冠毛。花期3-6月，9-11月。

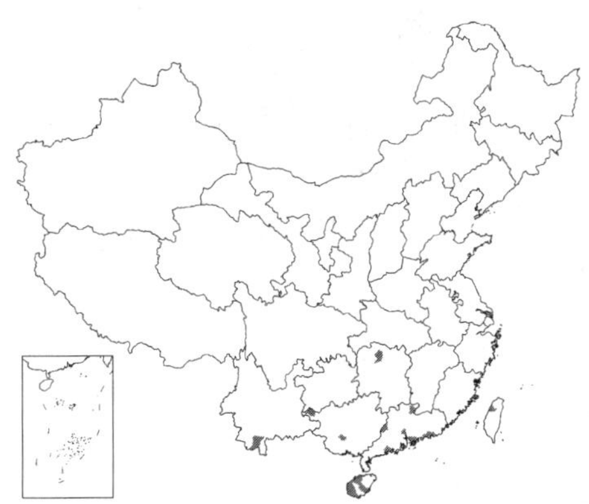

产台湾、福建南部、广东、香港、海南、湖南、广西及云南南部，生于旱田中或旷野沙地。印度、泰国、中南半岛、马来西亚至澳大利亚有分布。

图 352 鹅不食草（王金凤绘）

[附] **翅柄鹅不食草** 翅柄球菊 **Epaltes divaricata** (Linn.) Cav. in Bull. Soc. Philom. 139. 1818.—— *Ethulia divaricata* Linn. Mant. Pl. 1: 110. 1767. 本种与球菊的主要区别：茎、枝有翅；叶倒卵形或倒卵状长圆形，有粗锯齿；头状花序顶生，总苞片先端线状渐尖；雌花花冠圆筒形。花期12月至翌年2月。产海南，生于旷野或田中。印度、斯里兰卡、越南及印度尼西亚（爪哇）有分布。

48. 戴星草属 **Sphaeranthus** Linn.

（陈艺林 靳淑英）

草本；叉状分枝。叶互生，具齿，稀全缘，基部沿茎枝下延成翅状。头状花序小，盘状，密集成复头状花序，单生和顶生；花异型，外围雌花少数或较多，结实，中央两性花极少或1个，结实或不结实；总苞窄，总苞片1-2层，外层先端尖，内层先端钝、圆或有小齿，干膜质；花托窄，无毛。雌花纤细，花冠管中部以下有时增厚或肿胀，檐部2-4齿裂；两性花管状、漏斗状或坛状，檐部4-5裂，雄蕊5，花药基部有毛；雌花花柱2裂，两性花花柱不裂或丝状2裂。瘦果圆柱形，稍扁，有棱，无冠毛。

约40余种，分布于亚洲、非洲及大洋洲热带地区。我国3种。

1. 叶疏被柔毛或后脱毛；茎和枝有疏点状细齿或小尖头的宽翅；总苞片外层背部常有腺点；花冠顶端灰白色……

………………………………………………………………………………………… 1. 戴星草 S. africanus

1. 叶被绒毛或棉毛；茎和枝有具密尖齿或刺尖齿的翅；总苞片上部密被长柔毛和缘毛；花冠顶端紫红色。

2. 叶具无柄腺体，边缘有较密刺状细齿或微刺状尖齿；雌花无梗，花冠管向下膨大；两性花花冠管下部骤增厚而膨大，呈坛状 …………………………………………………………………… 2. 非洲戴星草 S. senegalensis

2. 叶有具柄腺体，边缘具细尖重齿；雌花具短梗，花冠管向下稍膨大；两性花花冠管向下渐窄，近钟状 …………………………………………………………………………………… 2(附). 绒毛戴星草 S. indicus

1. 戴星草 图 353

Sphaeranthus africanus Linn. Sp. Pl. ed. 2, 1314. 1763.

芳香草本。茎直立或斜升，多分枝，疏被柔毛或无毛，茎与枝有疏点状细齿或小尖头的宽翅。茎下部叶窄倒卵形、倒卵形或椭圆形，长4.5-9厘米，基部渐窄，沿茎下延成宽翅，有疏离细齿，两面疏被柔毛或脱毛，侧脉约5对；中部叶倒披针形或窄倒披针形，稀椭圆形，长2-4厘米，向上叶渐小。复头状花序椭圆状或球状，径0.7-1.2厘米，白或绿色，单生枝顶；头状花序极多数；总苞片2层，外层长圆状披针形，背面常有腺点，内层倒卵状匙形或匙状长圆形，先端圆或平截，常啮齿状，无毛。雌花20-22，花细管状；两性花1-3，花冠钟状，有腺点，顶端灰白色。瘦果圆柱形，有4棱，被短柔毛。花期12月至翌年5月。

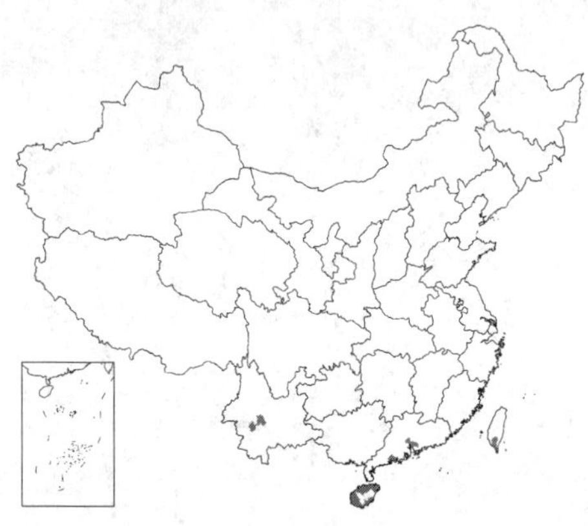

图353 戴星草（邓盈丰绘）

产台湾南部、广东南部、香港、海南及云南，广西有记载，生于田间、荒地或山坡。亚洲热带地区、非洲及澳大利亚有分布。

2. 非洲戴星草 图 354:1-6

Sphaeranthus senegalensis DC. Prodr. 5: 370. 1836.

粗壮草本。茎分枝叉形、平展或铺地，被白或黄褐色绒毛或绵毛，茎枝有刺状尖齿的翅。茎生叶长圆形，稀线状长圆形、倒披针形或倒卵形，长3-10厘米，基部渐窄，沿茎下延成窄翅，边缘有较密刺状细齿或微刺状尖齿，稀有重齿，两面被白或带黄褐色棉毛及无柄腺体，侧脉5-6对；枝叶长0.6-1.3厘米。复头状花序近球形、椭圆形或窄椭圆形，径0.9-1厘米，红紫色，单生枝顶；头状花序极多数；总苞片9-14，外层线状披针形，长4-4.5毫米，背面被密毛，上部边缘有缘毛，内层线状倒披针形或丝状。雌花7-12(-18)，圆锥状，长3-4毫米，花

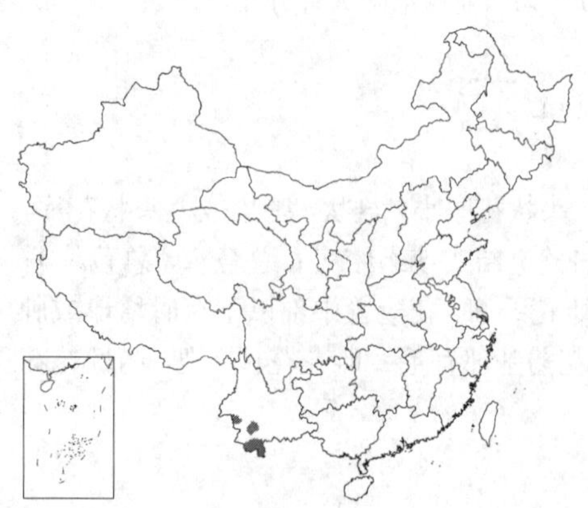

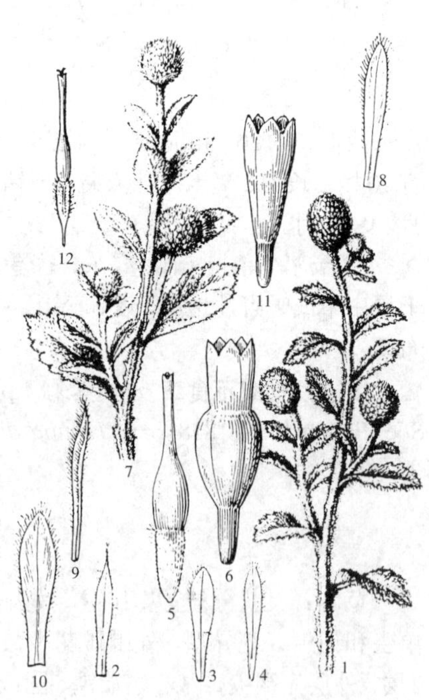

图 354:1-6. 非洲戴星草 7-12. 绒毛戴星草（邓盈丰绘）

冠管长约2.5毫米，下部膨大，檐部2-3齿裂，无毛；两性花（1）2-5，长5-5.5毫米，无梗花冠管长3-3.5毫米，顶端紫红色，有腺点，中部以下坛状，海绵质，檐部5裂，裂片近三角形。瘦果圆柱形，有4棱，具腺点，长约1毫米。花期12月至翌年4月。

产云南西南部及南部，生于海拔580-1300米路旁、河边或灌丛中。亚洲及非洲热带地区有分布。

[附] **绒毛戴星草** 图 354:7-12 **Sphaeranthus indicus** Linn. Sp. Pl. 927. 1753.本种与非洲戴星草的主要区别：叶有具柄腺体，边缘细尖重齿；雌花具短梗，花冠筒向下稍膨大；两性花花冠向下渐窄，近钟状。产云南西南部，生于海拔700-1000米河边沙滩、草地或灌丛中。亚洲热带地区、非洲马达加斯加及澳大利亚北部有分布。

49. 翼茎草属 Pterocaulon Elliot

（陈艺林 靳淑英）

草本。茎被灰白色绒毛。叶互生，基部沿茎下延成翅。头状花序小，在枝顶密集成球状或圆柱状穗状花序；花异型，黄色，外围雌花多层，结实，中央两性花数个或1个，不结实；总苞卵形或钟状，总苞片数层，覆瓦状排列，内层窄，干膜质，脱落，外层较短，背面被绵状毛或疏柔毛；花托小，无或有托毛或托毛芒片状而花期脱落。雌花花冠丝状，顶端有2-3齿或平截，无齿裂；两性花花冠管状，顶端5（6-7）齿裂，花药顶端平截，基部箭形有耳，耳连接成尾尖，花柱分枝丝状，稍钝。瘦果小，圆柱形，具4-5棱；冠毛毛状，2层。

约25余种，分布于热带地区。我国1种。

翼茎草 图 355

Pterocaulon redolens (Willd.) F.-Vill. Novis. App. Blanco Fl. Fillip. ed. 3, 4(3): 116. 1880.

Conyza redolens Willd. Sp. Pl. 3: 1915. 1803.

直立草本。茎、枝有翅，被棉毛。叶无柄，中部叶倒卵形或倒卵状长圆形，长4-6厘米，基部下延成茎翅，有细密尖齿，两面被棉毛；上部叶或花序下方的叶窄长圆形或倒卵状长圆形，长1.5-2.5厘米，边缘常背卷，波状。头状花序径1.5-2毫米，2-7球状簇生，多数球状簇生花序排成穗状，长2-9厘米；总苞钟形，长约4毫米，总苞片4-5层，先端紫红色，外层匙形或倒卵状长圆形，长约3毫米，背面密被棉毛，中层窄长圆形或线形，先端有时撕裂，内层线形或丝状，无毛。雌花多层，丝状，顶端3齿裂或平截；两性花1或数个，筒状、长圆状或卵状。瘦果倒卵状圆柱形，长约0.5毫米；冠毛白色。花期12月至翌年4月。

图 355 翼茎草（王金凤绘）

产海南，生于低海拔旷野荒地或沙地。印度、老挝、越南、菲律宾、印度尼西亚（爪哇）、澳大利亚及新喀里多尼亚岛有分布。

50. 含苞草属 Symphyllocarpus Maxim.

（陈艺林 靳淑英）

一年生草本；无毛。茎细弱，高达30厘米，多分枝，上部有2歧式花序短枝，下部叶花期凋落。叶互生，花序枝上端叶近对生或近轮生，披针形或线状披针形，长1-2.5厘米，宽2-4毫米，疏生1-3齿或全缘，下部渐窄成柄状；花序枝端叶窄长。头状花序径3-5毫米，无梗，淡黄色；总苞半球状，长约3毫米，总苞片2层，卵圆形、倒卵圆形、菱形或披针形，膜质，有细齿。边缘多层雌花；中央两性花6-20；雌花舌状，有3个细小裂片，两性花管形，上部钟状，有4卵圆状披针形裂片，雄蕊4，花药无附片，花柱分枝粗短；雌花子房附有宿存合着的托片。瘦果长圆柱形，长约1毫米，疏被腺毛，顶端和茎部被长毛；花冠宿存。

单种属。

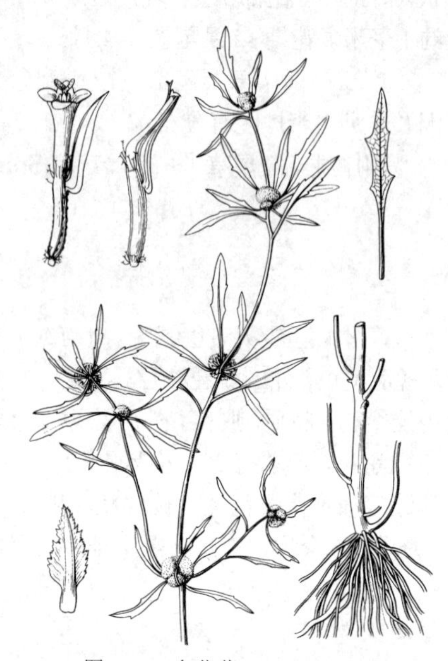

图 356 含苞草（引自《图鉴》）

含苞草 图 356

Symphyllocarpus exilis Maxim. in Bull. Acta Imp. Sci. St. Pétersb. 9: 151. t. 8. f. 1. 1859.

形态特征同属。花期7-8月。

产黑龙江、吉林乌苏里江、松花江流域，生于淤泥地、淹没地、浅滩或河岸。俄罗斯远东地区有分布。

51. 絮菊属 Filago Linn.

（陈艺林 靳淑英）

一年生细弱草本，密被白色茸毛或棉毛。茎直立，多分枝。叶互生，全缘。头状花序小，无梗，密集成顶生或腋生团伞花序，为密集苞叶所包；小花异形，盘状，外层有多数结果雌花，中央有少数结果或不育两性花；总苞圆锥状或卵圆状，总苞片2-多层，干膜质，外层背面有毛，内层为托片，直或稍内弯；花托柱状或倒锥状，或上部平，周围稍紧缩，托片透明，外凸，包被外部或全部雌花，中央两性花和内层雌花在外侧常无托片。雌花花冠丝状，顶端有2-3细齿，花柱分枝长圆形或线形，背面有乳头状毛；两性花花冠管状，有4-5细齿，花药基部箭头形，有尾部，花柱分枝顶端钝；两性花或内层雌花冠毛有2-3层细糙毛，外层雌花冠毛毛较少或无冠毛。瘦果小，近圆柱形，或稍扁，顶端圆，无毛，或有乳头状突起。

约40种，分布于欧洲、非洲北部、亚洲西部及中部。我国2-3种。

絮菊 图 357

Filago arvensis Linn. Sp. Pl. 1312. 1753.

一年生草本，茎枝被密棉毛。叶披针形或线状披针形，长0.5-1.5厘米，两面被厚棉毛。头状花序长3-4毫米，卵圆形或圆锥形，2-10密集成团伞状，有几个苞叶排成总状或圆锥状花序；总苞片2-3层，外层线形或线状披针形，长2-3毫米，中脉绿色，背面被长棉毛，内层宽披针形，背面无毛或稍有毛，果成熟后开展呈星状。雌花花冠细丝状；两性花少数，花冠细管状；冠

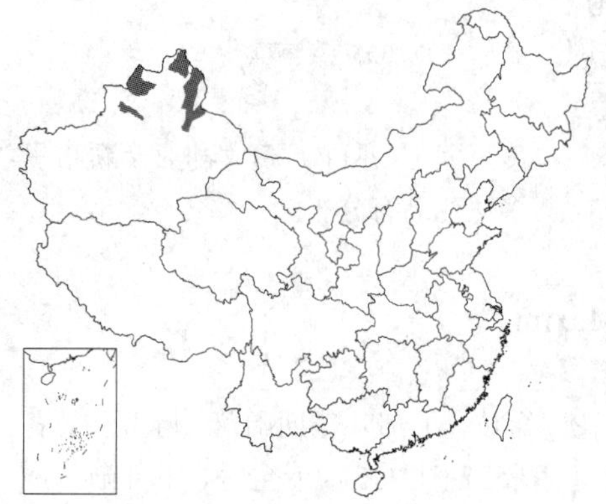

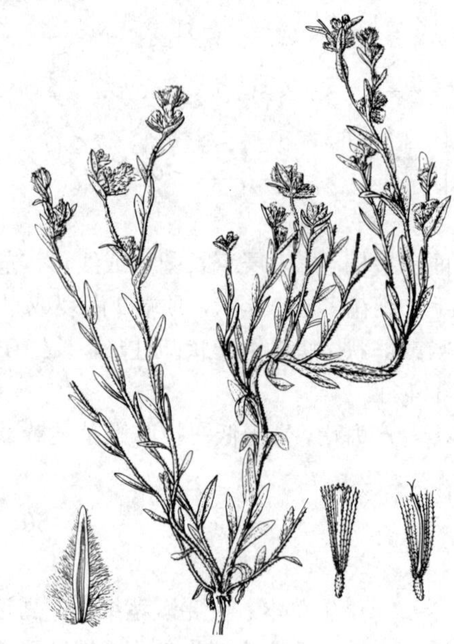

图 357 絮菊（引自《图鉴》）

毛白色，极细，上端稍粗糙，两性花有16-20毛，内层雌花有6-10毛，外层雌花无冠毛。瘦果长圆形，长达1毫米，稍扁，有微小乳头状毛。

产新疆北部，文献记载西藏西部有分布，生于海拔约1000米干旱坡地、滩地或沙地。蒙古、俄罗斯西伯利亚西部、中亚至欧洲有分布。

52. 蝶须属 **Antennaria** Gaertn.

（陈艺林　靳淑英）

多年生草本，被白色棉毛或茸毛，常有匍枝。茎基部叶莲座状，上部叶互生，全缘。头状花序在茎端排成伞房状，稀单生；小花同形，雌雄异株，雌株的结果，雄株的两性，不结果。总苞倒卵圆形或钟形，总苞片多层，覆瓦状排列，干膜质，外层背面有棉毛，内层渐长，上部不透明，常瓣状；花托凸起或稍平，有窝孔，无托片。雄花花冠管状，上部钟状，有5裂片，花药基部箭头形，有尾状耳部，花柱不裂或浅裂，顶端钝或平截；雌花花冠丝状，顶端平截或有细齿，花柱分枝，扁，顶端钝或平截，冠毛1层，基部多少结合；雄花冠毛较少，皱曲，上部扁，稍粗厚，有羽状锯齿。瘦果小，长圆形，稍扁，有棱。

约100种，分布于亚洲、欧洲、美洲北部及南部、大洋洲寒带和温带高山地区。我国1种。

蝶须　　图 358

Antennaria dioica (Linn.) Gaertn. De Fruct. et Sem. 2: 410. 1791.

Gnaphalium dioicum Linn. Sp. Pl. 850. 1753.

多年生矮小草本；有簇生或匍匐根茎；匐枝平卧或斜升，花茎高达25厘米，被密棉毛。茎基部叶匙形，长1.8-3.5厘米，全缘，下部渐窄成柄状，边缘平，上面被伏毛，有时近无毛，下面被白薄层密棉毛；中部叶线状长圆形，长1-1.5厘米；上部叶披针状线形。头状花序3-5排成密集伞房花序；雌株头状花序径0.8-1厘米，总苞宽钟状或半球状，长8-9毫米，总苞片约5层，外层先端圆，被密棉毛，内层披针形，中部以上白或红色；雄株头状花序径达7毫米，总苞宽钟形，长5-6毫米，总苞片3层，外层卵圆形，被棉毛，内层倒卵圆形，中部以上红色。雌花花冠纤细，长6-7毫米；雄花花冠管状，有5裂片；冠毛白色，雌花冠毛长约8.5毫米，雄花冠毛上端棒槌状，长约4毫米。瘦果无毛，稍扁，有棱。花期5-8月。

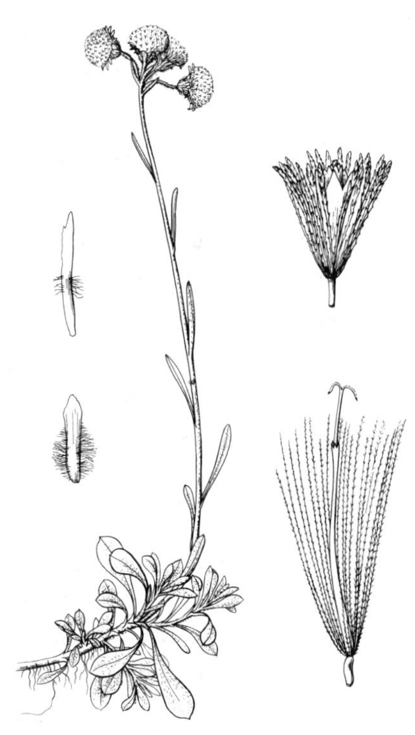

图 358　蝶须（引自《图鉴》）

产新疆北部及西部，文献记载黑龙江兴安岭有分布，生于海拔2400-2700米向阳湿润草地、干旱坡地、瘠薄砂砾地或针叶林下。欧洲各地、中亚、俄罗斯高加索及西伯利亚、蒙古及美洲北部有分布。

53. 火绒草属 **Leontopodium** R. Br.

（陈艺林　靳淑英）

多年生草本或亚灌木，簇生或丛生，有时垫状，被白、灰白、黄或黄褐色棉毛或茸毛。叶互生，全缘，有或无鞘部。苞叶数个包被花序，开展或少数直立，稀无苞叶。头状花序多数，排成伞房花序；小花同形或异形；或雌雄同株，中央小花雄性，外层小花雌性，稀中央的头状花序有雄性小花或同时有雄性及雌性小花而外围头状花序仅有雌花；或雌雄异株，头状花序仅有雄性或雌性小花。总苞半球状或钟状，总苞片覆瓦状排列或近等长，中部草质，先端及边缘褐或黑色，膜质或近干膜质，外层总苞片被棉毛或柔毛；花托无毛，无托片。雄花（不育两性花）花冠管状，上部漏斗状，有5裂片，花药基部有毛状小耳，花柱2浅裂，顶端平截，子房不育；雌花花冠丝状或细管状，顶端有3-4细齿，花柱分枝细长。瘦果长圆形或椭圆形，稍扁；冠毛多数，分离或基部合生，近等长，下部细，常有细齿，雄花冠毛上部较粗厚，有齿或锯齿。

约56种，主要分布于亚洲、欧洲寒带、温带和亚热带地区。我国40余种。

1. 茎和叶上面被腺毛，或叶两面被绒毛、下面有黑色易脱落腺毛。
  2. 叶两面被灰或青灰色茸毛，下面兼有黑色易脱落腺毛，叶窄披针形或线状披针形，基部渐窄，无小耳 ………………………………………………………………………………………… 6. **香芸火绒草 L. haplophylloides**
  2. 叶下面被白色密茸毛，上面和茎被黄或褐色密腺毛，基部心形或有小耳，或窄。
    3. 叶线形，边缘反卷，有中脉或近基部有3出脉，基部等宽或有小耳，密集，节间长3-5毫米；茎下部木质，不分枝 ………………………………………………………………………………………… 8. **坚杆火绒草 L. franchetii**
    3. 叶卵状披针形或卵状线形，边缘平或波状反卷，基部有3出脉。
      4. 茎近草质或基部稍木质，不分枝或有不发育细枝；高达60厘米；节间长0.5-1厘米；叶基部圆或近心形，抱茎；苞叶卵形或卵状披针形；总苞被长柔毛 ………………………………… 7. **毛香火绒草 L. stracheyi**
      4. 茎木质，挺直，基部常有长分枝，高达1米，节间长1-1.5厘米，有时上部达3厘米；叶基部多少狭窄或稍耳形，无柄；苞叶披针形或长披针形；总苞被绒毛 ……………………… 7(附). **艾叶火绒草 L. artemisiifolium**
1. 茎和叶无腺毛，被白、灰白（稀黄）色茸毛或长柔毛。
  5. 叶基部心形，或窄有小耳，无鞘部。
    6. 叶基部心形或箭形，抱茎，下部叶密集，线形，长1-4厘米，上面被灰色棉状或绢状毛，下面被白色茸毛；茎草质或下部木质 ………………………………………………………………… 9. **戟叶火绒草 L. dedekensii**
    6. 叶基部窄，有小耳，下部叶不密集，中部叶长圆状线形，长1.8-6.5厘米，上面被蛛丝状毛或疏茸毛，下面被白或黄白色厚茸毛；茎下部或全部木质 ………………………………………… 5. **华火绒草 L. sinense**
  5. 叶基部较窄或等宽，或基部扩大楔形或圆，非心形无小耳。
    7. 根出条或茎基部叶与茎上部叶均无褐色抱茎鞘部或几无鞘部。
      8. 根茎分枝短，有单生或簇生花茎和不育茎；茎不分枝或有分枝，下部木质；叶卵圆状、倒圆状披针形或线状披针形，边缘平或反卷；苞叶小，两面被灰白色茸毛。
        9. 茎上部被薄茸毛；叶长1.5-5.5厘米；总苞片露出毛茸。
          10. 茎数个簇生；苞叶卵形或长圆形；头状花序径3.5-4.5毫米，总苞片先端无毛 ……………………………………………………………………………………………… 4. **薄雪火绒草 L. japonicum**
          10. 茎多数密集丛生；苞叶线状披针形或椭圆状披针形；头状花序径约3毫米，总苞片先端有毛 ……………………………………………… 4(附). **小头薄雪火绒草 L. japonicum** var. **microcephalum**
        9. 茎上部密被厚茸毛；叶长达7厘米；总苞片埋于毛茸中 …………………………………………………………………………………………… 4(附). **厚茸薄雪火绒草 L. japonicum** var. **xerogenes**
      8. 根茎分枝长，下部茎或根出条细长，平卧或斜升，有稍密集枯萎宿存叶和顶生叶丛；花茎单生或簇生根出条顶端叶丛中，不分枝。
        11. 根茎分枝或根出条散生或疏散丛生；苞叶与茎部叶近等长；叶倒披针状线形，上面被蛛丝状毛至无毛，下面被灰白色密茸毛，边缘反卷 …………………………………………………… 3. **川甘火绒草 L. chuii**
        11. 根茎分枝或根出条多数疏散丛生或聚成垫状；苞叶较茎部叶宽。
          12. 叶窄长线形或线状钻形，边缘反卷，上面被蛛丝状毛或近无毛，下面被白色茸毛根出条叶常被长柔毛；苞叶卵圆状披针形或披针形，两面被白色或干后黄色的厚茸毛；花茎草质或基部木质。
            13. 花茎高达30厘米；叶长0.8-3厘米；头状花序径3-4毫米。
              14. 叶全部密生或上部有疏生叶，宽不及1毫米，边缘反卷；节间除上部外长1-3毫米 ……………

………………………………………………………………………………………… 1. **钻叶火绒草 L. subulatum**

14. 叶疏生，宽 1-2 毫米，边缘稍反卷；节间长达 5 毫米 ……… 1(附). **疏钻叶火绒草 L. subulatum** var. **bonati**

13. 花茎高达 70 厘米；叶长 1.5-4 厘米；头状花序径约 5 毫米 ……………………… 2. **松毛火绒草 L. andersonii**

12. 叶线状披针形，边缘平，长0.7-1.2厘米，两面被白色长柔毛；根出条叶两面被灰色茸毛；苞叶被白色棉状茸毛；花茎高3-10厘米 ……………………………………………………… 10. **小叶火绒草 L. microphyllum**

7. 茎下部和根出条或莲座状叶丛的叶有鞘部。

15. 植株丛生或垫状，有多数根出条，无莲座状叶丛，或有莲座状叶丛而叶匙形。

16. 苞叶少数，直立，与花序等长；头状花序1-3，径0.6-1.3厘米；总苞被灰白色棉毛；花茎高达18厘米，或无花茎；植株垫状丛生 ……………………………………………………… 12. **矮火绒草 L. nanum**

16. 苞叶多数，匙形或线状匙形，开展成苞叶群，较花序长或稍长；头状花序5，径5-6毫米；总苞被白色长柔毛状茸毛；花茎高2-7(-13)厘米；根茎分枝细长；莲座状叶有褐色鞘部 ……… 13. **弱小火绒草 L. pusillum**

15. 茎单生或簇生，或根茎分枝细长而有散生茎，或丛生而有叶簇或莲座状叶丛。

17. 茎上部叶基部常抱茎，有长柔毛或较密茸毛，基部以上叶的下面被银色茸毛，或全部被蛛丝状毛，茎下部叶及莲座状叶丛的叶长披针形或线形，较上部叶长。

18. 叶窄线形或舌状线形，茎上部叶基部半抱茎；苞叶较花序长约2倍，线形，开展成径达5厘米的苞叶群；头状花序径5-7毫米 ……………………………………………………… 15. **银叶火绒草 L. souliei**

18. 叶披针形或线状披针形，茎上部叶卵圆状披针形，基部鞘状有长柔毛；苞叶较花序长2-5倍，基部鞘状，上部常尖三角形，开展成径达12厘米的苞叶群；头状花序径0.5-1.2厘米(有叶基部不甚扩大而茎细弱或叶和苞叶较窄常脱毛的变种)。

19. 苞叶下面被白或银灰色茸毛；总苞片露出毛茸 ……………………………… 16. **美头火绒草 L. calocephalum**

19. 苞叶下面被疏毛；总苞片稍超出毛茸 …………… 16(附). **湿生美头火绒草 L. calocephalum** var. **uliginosum**

17. 茎上部叶基部窄或等宽，基部和上部被同样绒毛。

20. 苞叶基部稍宽，披针状线形，上部稍舌形，被银白色长棉毛；茎生叶线形或线状披针形 ……………………………………………………………………………… 11. **珠峰火绒草 L. hamalayanum**

20. 苞叶卵状披针形或卵圆形，稀线形，被白或灰白色茸毛或稍黄色长柔毛，稀近无毛；叶被白或灰色茸毛、长柔毛或绢毛，上面有时近无毛。

21. 叶两面被白或银白色长柔毛或密茸毛，上面旋即脱毛；茎部叶线形或舌状线形，或基部叶窄长匙形，有紫红色无毛长鞘部；头状花序径6-9毫米 …………………………………… 14. **长叶火绒草 L. longifolium**

21. 叶两面被宿存灰白色蛛丝状茸毛、长柔毛或绢毛。

22. 叶长圆形、舌形、披针形或线状披针形，下部叶有长鞘；苞叶椭圆形或长圆状披针形，密被浅黄色柔毛或茸毛；多数花茎和莲座状叶丛密集丛生，或花茎单生或与莲座状叶丛簇生 ……………………………………………………………………………… 17. **黄白火绒草 L. ochroleucum**

22. 叶披针形、线状披针形或倒披针状线形，常有短窄鞘部，被灰白色蛛丝状茸毛、长柔毛或绢毛；茎多数簇生，或有不育茎或不育叶丛而非真丛生。

23. 苞叶卵圆形或卵圆状披针形，基部骤窄，两面被白色茸毛，形成径4-7厘米的苞叶群；茎生叶披针形或披针状线形 ……………………………………………… 19. **团球火绒草 L. conglobatum**

23. 苞叶长圆形或线形，近基部不扩大，下面非绿色。

24. 苞叶线形或披针状线形，形成密集苞叶群；总苞长 3.5-4毫米；叶舌状或线状披针形，茎下部叶渐窄成长柄 ……………………………………………………… 18. **山野火绒草 L. campestre**

24. 苞叶长椭圆形、长圆形、线状披针形或线形；总苞长4-6毫米；叶线形或线状披针形，无柄或稍窄成短柄；有与花茎同形的不育茎，无不育叶丛；下部叶花期枯萎宿存。

25. 苞叶形成苞叶群或分苞叶群；花茎被灰白或白色茸毛或绢毛；总苞片褐色 ……………………………………………………………………………… 20. **绢茸火绒草 L. smithianum**

25. 苞叶少数，在雄株多少开展成苞叶群，在雌株多少直立不形成苞叶群；花茎被灰白色长柔毛或白色近绢状毛；总苞片无色或浅褐色 ………………………………………………………… 21. **火绒草 L. leontopdioides**

1. 钻叶火绒草 图 359

Leontopodium subulatum (Franch.) Beauv. in Bull. Soc. Bot. Gen. 2 ser. 1: 193. 374. f. 1: 3. 1909.

Gnaphalium subulatum Franch. in Bull. Soc. Bot. France 39: 130. 1892.

多年生草本。根茎粗短，多分枝，疏散丛生。花茎多数，高达30厘米，被白色绢状蛛丝状或棉状茸毛，叶全部有密生或上部有疏生叶，节间除上部外长1-3毫米。叶线形或线状钻形，长0.8-3厘米，宽不及1毫米，无柄，边缘反卷，上面被蛛丝状毛或长柔毛，或近无毛，下面被白色茸毛；根出条顶生叶较短，两面被较密长柔毛。苞叶多数，与茎部叶等长或较长，卵圆状披针形或披针形，宽1.2-3毫米，两面被白色或黄褐色厚茸毛，开展成径2-6厘米苞叶群。头状花序径3-4毫米，常密集成团伞状或复伞房状；总苞长约3毫米，被白色厚茸毛，总苞片约3层，常藏于毛茸中。小花异形或雌雄异株；花冠长2.5-3毫米；雄花冠漏斗状管状，有披针形尖裂片；雌花花冠丝状；冠毛白色。不育子房和瘦果有乳突。花期8-9月。

产四川及云南，生于海拔2500-2900米亚高山荒原、草甸、砾石坡地或针叶林外缘。

[附] **疏钻叶火绒草 Leontopodium subulatum** var. **bonatii** (Beauv.) Hand.-Mazz. in Schrot. Pflzleb. d. Alp. 2 Aufl. 505. 1924, monen et in Beih. Bot. Gentralbl. 44, 2: 46. 1928. —— *Leontopodium banatii* Beauv. in Bull. Soc. Bot. Gen. ser. 2, 4: 30. f. 7. 1-9, 11. 1912. 与模式变种的主要区别：叶疏生，宽1-2毫米，边缘稍反卷；茎节间长达5毫米。分布区同模式变种，生于高山或亚高山草甸或牧场。

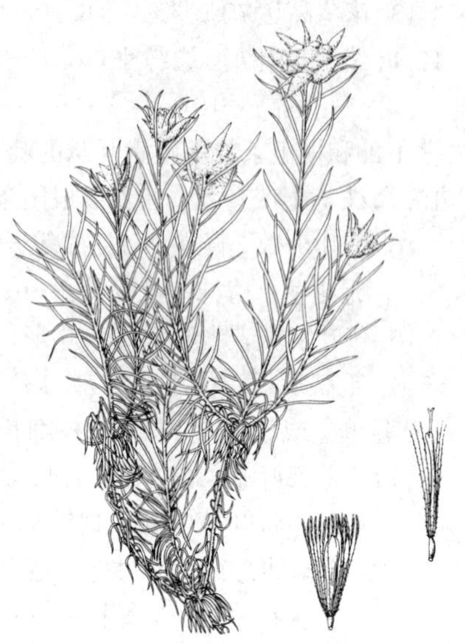

图 359 钻叶火绒草 （郭木森绘）

2. 松毛火绒草 图 360

Leontopodium andersonii Clarke, Comp. Ind. 100. 1876.

多年生草本。根茎粗短，上端有花茎和多少平卧，长达15厘米，具顶生密集叶丛的根出条。花茎高达70厘米；下部被平伏绢状蛛丝状毛，上部常被近黄色棉状茸毛，全部有密集或上部有疏生叶。叶窄线形，长1.5-4厘米，边缘反卷，上面有蛛丝状毛或近无毛，下面被白色茸毛；根出条叶常被长柔毛。苞叶多数，卵圆披针形，宽达4毫米，两面被白色或干后黄色厚茸毛，开展成径2.5-7厘米苞叶群，有时成分散复苞叶群。头状花序径约5毫米，常10-40密集；总苞长3-4毫米，被白色厚茸毛，总苞片约3层，先端无毛。小花

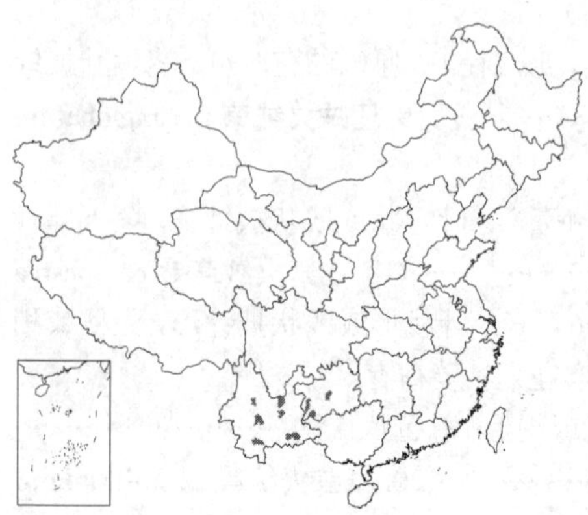

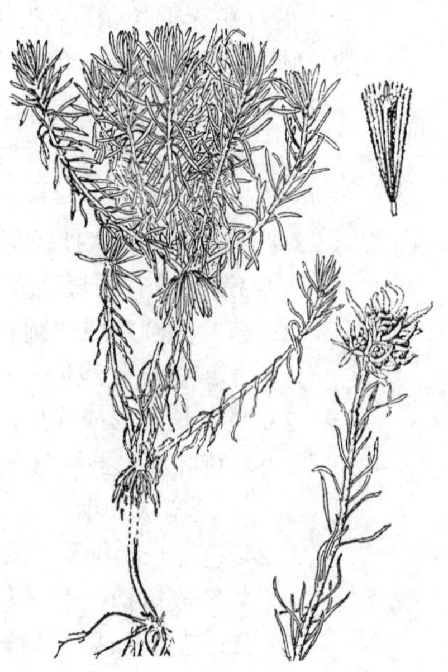

图 360 松毛火绒草 （何 平绘）

异形或雌雄异株；花冠长3-3.5毫米；雄花花冠窄漏斗状，裂片披针形；雌花花冠丝状；冠毛白色。不育子房和瘦果有乳突。花期8-11月。

产云南及贵州，生于海拔1000-2500米干旱草坡、开旷草地、针叶林下和丘陵顶部。缅甸北部及东部、老挝北部有分布。

3. 川甘火绒草 图 361

Leontopodium chuii Hand.-Mazz. in Oesterr. Bot. Zeitschr. 89: 59. 1940.

多年生草本。根茎分枝或根出条散生或疏散丛生，在顶生或腋生的叶丛上生长花茎。花茎木质，长12-42厘米，被灰白色蛛丝状茸毛，下部常脱毛，叶较密。根出条的叶倒披针形；花茎基部叶密集成莲座状，中部叶倒披针状线形，长1.5-3厘米，宽1-2.5毫米，边缘反卷，上面被蛛丝状毛至无毛，下面被灰白色密茸毛。苞叶多数，披针形或线形，与茎部叶近等长，上面被灰白色，下面被黄褐色密茸毛，较花序长2倍，成疏散复苞叶群，或有时花序梗短成密集苞叶群。头状花序径约5毫米，10-15或较少，花序梗常与苞叶基部合着；总苞长约4毫米，被灰白色长柔毛状茸毛，总苞片约3层，先端褐色，无毛，钝或啮蚀状。小花异形，外围雌花，余雄花；花冠长3毫米；雄花花冠管状，雌花花冠丝状，有细齿；冠毛较花冠稍长，白色，基部有时稍黄色。不育子房和瘦果近无毛。花期7-8月。

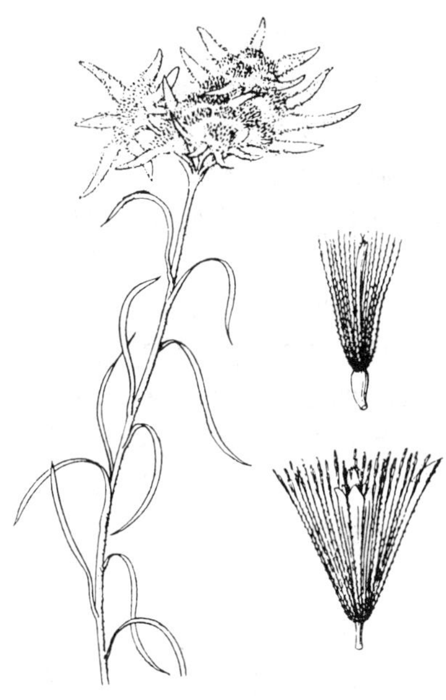

图 361 川甘火绒草（引自《中国植物志》）

产四川及甘肃东部，生于海拔2000-3000米亚高山草地、灌丛和黄土坡地。

4. 薄雪火绒草 图 362

Leontopodium japonicum Miq. in Ann. Mus. Bot. Ludg.-Bat. 2: 178. 1866.

多年生草本。根茎有数个簇生花茎和幼茎。茎上部被白色薄茸毛，下部旋即脱毛。叶窄披针形，或下部叶倒卵状披针形，长2.5-5.5厘米，基部骤窄，无鞘部，边缘平或稍波状反折，上面有疏蛛丝状毛或脱毛，下面被银白或灰白色薄层密茸毛，3-5基出脉，侧脉在上面明显。苞叶多数，卵圆形或长圆形，两面被灰白色密茸毛或上面被珠丝状毛，成苞叶群，或有长花序梗成复苞叶群。头状花序径3.5-4.5毫米，多数，较疏散；总苞钟形或半球形，被白或灰白色密茸毛，总苞片3层，露出毛茸，先端无毛。小花异形或雌雄异株；花冠长约3毫米；雄花花冠窄漏斗状，裂片披针形；雌花花冠细管状，冠毛白色，基部稍浅红色。瘦果常有乳突或粗毛。花期6-9月，果期9-10月。

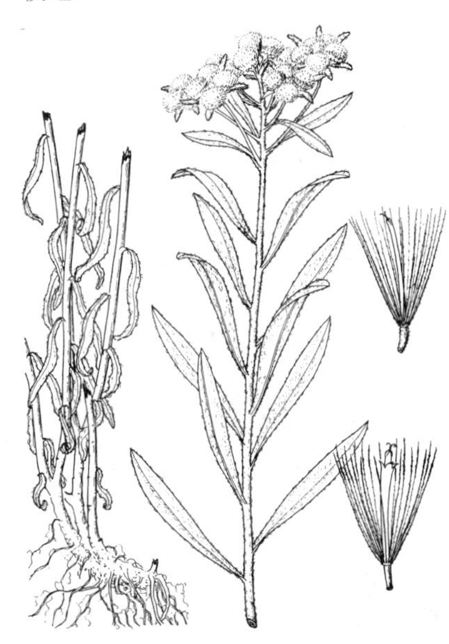

图 362 薄雪火绒草（郭木森绘）

产浙江西北部、安徽南部及西南部、河南西部、山西、陕西秦岭、宁夏南部、甘肃东南部、四川东部、湖北及湖南西北部，生于海拔1000-1200米山地灌丛、草坡或林下。日本有分布。药用，止咳。

[附] **厚茸薄雪火绒草 Leontopodium japonicum** var. **xerogenes** Hand.-Mazz. in Schrot. Pflzleb. de Apl. 2 Aufl. 505. 1924, nomem et 1. c. 67. 1928. 本变种的主要鉴别特征：茎粗壮，上部有长分枝，密被白色厚茸毛；叶长达7厘米，宽达1.5厘米；苞叶长圆形或卵圆形，排成疏散复苞叶群；头状花序长5毫米，总苞片先端无色，藏于毛茸中。产甘肃南部、陕西中部及南部、湖北西部、河南南部、安徽西部山区，生长环境同上。

[附] **小头薄雪火绒草 Leontopodium japonicum** var. **microcephalum** Hand.-Mazz. in Schrot. Pflzleb. de Apl. 2 Aufl. 67. 1928. 本变种的主要鉴别特征：花茎与不育茎多数密集丛生；茎径约1毫米，稀达2.5毫米，上部被薄茸毛，叶较密集，节间长0.5-1.5厘米；叶线形或线状披针形，长1.5-4.5厘米，宽3-4毫米，边缘反卷，基部窄，中脉凸起，基出脉和侧脉不明显；苞叶线状披针形或椭圆状披针形；头状花序长2-3毫米，径约3毫米，密集或伞房状排列，总苞片先端褐色，有毛。产山西南部、河南西部及陕西中部，生于海拔900-1650米山区干旱坡地或石砾地。

5. 华火绒草 图 363

Leontopodium sinense Hemsl. in Journ. Linn. Soc. Bot. 23: 424. pl. 12. 1888.

多年生草本。根茎常成球茎状，有1-10余个簇生花茎。茎下部或全部木质，被白色密茸毛，基部常脱毛，叶密集。中部叶长圆状线形，长1.8-6.5厘米，基部窄，有小耳，无柄，上面被蛛丝状毛或疏茸毛，下面被白或黄白色厚茸毛；上部叶基部渐窄。苞叶多数，椭圆状线形或椭圆状披针形，两面被白色或上面带绿色厚茸毛，开展成径2.5-7.5厘米的苞叶群，或有长花序梗而成几个分苞叶群。头状花序径3.5-5毫米，7-20个疏散排列或稍密集；总苞长3-4毫米，被白色茸毛，总苞片约3层，褐色。小花异型，雄花少数，或雌雄异株，花冠长2.5-3毫米；雄花花冠管漏斗状；雌花花冠丝状；冠毛白色，基部稍黄色。瘦果有乳突。花期7-11月。

产四川、西藏东南部、云南及贵州，生于海拔2000-3100米干旱草地、草甸、灌丛或针叶林中。

图 363 华火绒草（引自《图鉴》）

6. 香芸火绒草 图 364 彩片 65

Leontopodium haplophylloides Hand.-Mazz. in Schrot. Pflzleb. de Alp. 2 Aufl. 505. 1924, nomem et in Acta Hort. Gothob. 1: 120. 1924.

多年生草本。根茎有多数不育茎和花茎，簇状丛生。茎被蛛丝状毛，上部常有腺毛，叶密生。叶窄披针形或线状披针形，长1-4厘米，基部渐窄，无小耳，无柄，两面被灰或青色茸毛，或上部叶上面被茸

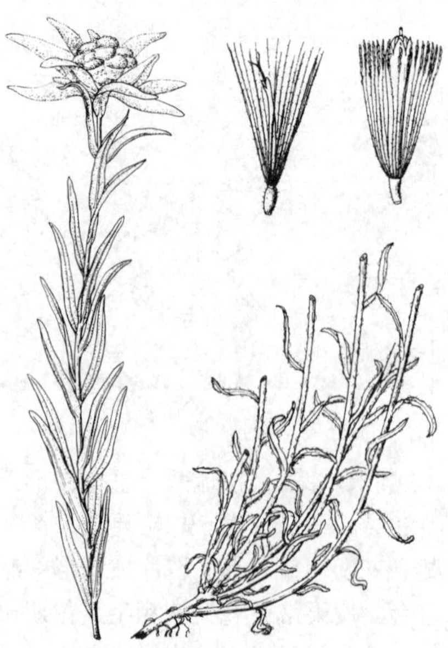

图 364 香芸火绒草（郭木森绘）

毛，下面兼有黑色易脱落腺毛。苞叶常多数，披针形，上面被白色厚茸毛，开展成径2-5厘米的苞叶群。头状花序径约5毫米，常5-7密集；总苞长约5毫米，被白色柔毛状茸毛，总苞片3-4层，先端无毛，露出毛茸。小花异形，雄花或雌花较少，花冠长约3.5毫米；雄花花冠管状，裂片卵圆形；雌花花冠丝状管状；冠毛白色。瘦果有粗毛。花期8-9月。

产四川中西部及北部、青海及甘肃，生于海拔2600-4000米石砾地、灌丛或林缘。

7. 毛香火绒草 图 365

Leontopodium stracheyi (Hook. f.) Clarke ex Hemsl. in Journ. Linn. Soc. Bot. 35: 181. 1894.

Leontopodium alpinum Cass. var. *stracheyi* Hook. f. Fl. Brit. Ind. 3: 279. 1881.

多年生草本。根茎有簇生花茎和不育茎。茎高达60厘米，草质或基部稍木质，不分枝或有不发育的细枝，被浅黄褐或褐色腺毛，上部被较密腺毛，兼有蛛丝状毛，叶密集，节间长0.5-1厘米。叶卵状披针形或卵状线形，长2-5厘米，边缘平或波状反卷，基部圆或近心形，抱茎，上面被密腺毛，或被蛛丝状毛，下面脉上有腺毛或近无毛，余被灰白色茸毛，脉3出。苞叶多数，卵形或卵状披针形，两面被灰白色茸毛，或顶端和下面稍绿色而被腺毛，形成径2-6厘米苞叶群。头状花序径4-5毫米，密集；总苞长4-5毫米，被长柔毛，总苞片2-3层，先端无毛，露出毛茸。小花异形，雄花少数，花冠长3-4毫米；雄花管状漏斗形；雌花花冠线状；冠毛白色。瘦果有乳突或粗毛。花期7-9月。

产四川、云南西北部、西藏东部及南部，生于海拔3000-4000米山谷溪岸、湿润或干旱草地、砾石坡地、沟地灌丛或林缘。喜马拉雅山有分布。

[附] 艾叶火绒草 **Leontopodium artemisiifolium** (Lévl.) Beauv. in Bull. Soc. Bot. Genéve. sér. 2, 5: 142. f. I: 1-11. 1913.—— *Gnaphalium artemisiifolium* Lévl. in Fedde, Repert. Sp. Nov. 9: 192. 1913. 本种与毛香火绒草的主要区别：茎木质，挺直，基部常有长分枝，高达1米，节间长1-1.5厘米，有时上部达3厘米；叶基部多少窄或稍耳形，无柄；苞叶披针形或长披针形；总苞被绒毛。产四川西部及西南部、贵州、云南北部及西北部，生于海拔1000-3000米草坡、牧场、林缘或山谷溪岸。

图 365 毛香火绒草 （郭木森绘）

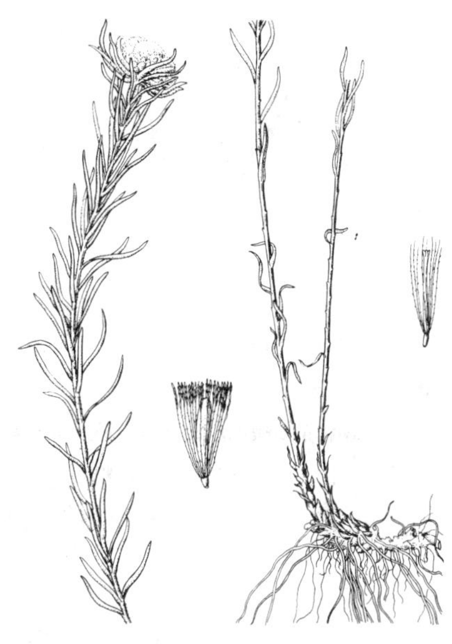

图 366 坚杆火绒草 （郭木森绘）

8. 坚杆火绒草 图 366

Leontopodium franchetii Beauv. in Bull. Soc. Bot. Genéve. ser. 2, 3: 258. f. 3: 1-10. 1911.

多年生草本。根茎有多数密集簇生花茎和不育幼茎，无莲座状叶丛。茎下部木质，不分枝，节间长3-5毫米，被黄色腺毛，上部稍有蛛丝状毛。叶密集，线形，长1-3（3.5）厘米，宽1-3毫米，边缘反卷，基部等宽或有小耳，有中脉，或近基部有3出脉，密被浅色粘质腺毛，下面被较疏腺毛和密白色棉毛。苞叶多数，线形，边缘稍反卷，长0.5-1厘米，宽1-2毫米，两面白色茸毛，形成径1.5-4厘米的

苞叶群。头状花序径3-5毫米，10-30或更多；总苞长约3毫米，被疏棉毛，总苞片2-3层，褐色，多少露出毛茸。小花异形，雌花少数；花冠长2-3毫米，浅黄色，雄花花冠窄漏斗状，雌花花冠丝状；冠毛白色。瘦果有粗毛。花期7-9月。

产四川中西部及西南部、云南西北部，生于海拔3000-5000米干旱草地、石砾坡地或河滩湿地。

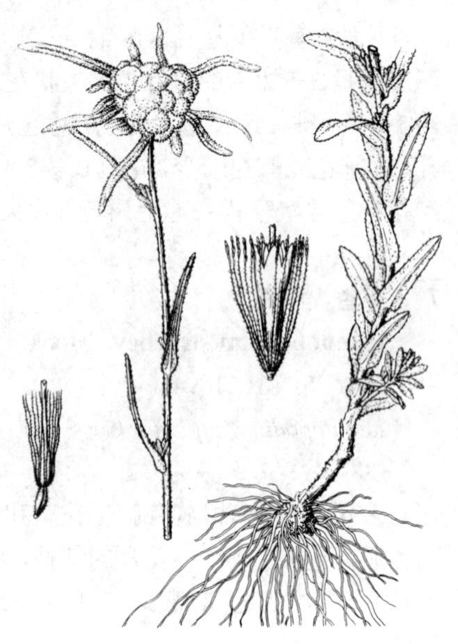

图 367 戟叶火绒草（郭木森绘）

9. 戟叶火绒草 图 367

Leontopodium dedekensii (Bur. et Franch.) Beauv. in Bull. Soc. Bot. Genéve. ser. 2, 1: 193. 195. 374. 1909.

Gnaphalium dedekensii Bur. et Franch. in Journ. de Bot. 5: 70. 1891.

多年生草本。根茎有簇生花茎和少数不育茎。茎草质或下部木质，被蛛丝状密毛或灰白色棉毛。下部叶密集，上部叶线形，长1-4厘米，基部心形或箭形，抱茎，边缘波状，上面被灰色棉状或绢状毛，下面被白色茸毛，小枝叶被密茸毛。苞叶多数，披针形或线形，两面被白或灰白色密茸毛，形成径2-7厘米星状苞叶群，或成数个分苞叶群。头状花序径4-5毫米，5-30密集，稀单生；总苞长3-4毫米，被白色长柔毛状密茸毛，总苞片约3层，先端无毛，超出毛茸。小花异形，雌花少数，花冠长约3毫米，雄花花冠漏斗状，雌花花冠丝状；冠毛白色，基部稍黄色。瘦果有乳突或粗毛。花期6-7月。

产甘肃西南部、陕西南部、湖北西南部、湖南北部、四川、青海、西藏东部及云南，生于海拔1400-3500米针叶林、干旱灌丛、干旱草地或草地。缅甸北部有分布。

10. 小叶火绒草 图 368：1-3

Leontopodium microphyllum Hayata in Journ. Coll. Sc. Univ. Tokyo 25, art. 19: 127. pl. 17. 1908.

多年生草本，根出条分枝被灰白色棉毛，密集枯叶和顶生叶丛，形成垫状体，叶丛生出花茎或1-3不育茎。花茎高3-6（-10）厘米，被白色棉毛。根出条叶两面被灰色茸毛；花茎基部叶线状披针形，长0.7-1.2厘米，两面被灰色长柔毛，边缘平，基部稍窄，无柄。苞叶多数，较叶稍长，宽达2.5毫米，披针形或线状披针形，两面被白色棉状厚茸毛，开展成密集、径1.2-

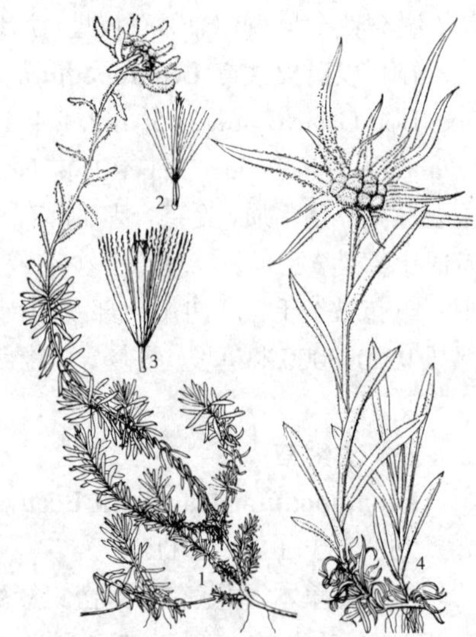

图 368：1-3. 小叶火绒草 4. 珠峰火绒草（引自《中国植物志》）

2.8厘米的星状苞叶群。头状花序径约4毫米，常4-6密集；总苞长约3毫米，被厚棉毛，总苞片约3层，长圆形，褐色，稍超出毛茸。小花异形，有多数雌花和少数雄花，或全为雄花；花冠长约2.5毫米，雄花花冠管状漏斗状，有披针形裂片，雌花花冠细管状；冠毛白色。瘦果无毛。花期7-9月。

产台湾，生于海拔3300-3900米干旱坡地。

11. 珠峰火绒草 图 368:4

Leontopodium himalayanum DC. Prodr. 6: 276. 1837. pro part.

多年生草本。根茎有密集莲座状叶丛。茎高达25厘米，被灰白色茸毛或上部被白色密棉毛。茎生叶线形或线状披针形，长1-4.5厘米，宽1-3.5毫米，基部稍抱茎，两面被毛或上面疏被银灰色茸毛。苞叶基部稍宽，披针状线形，上部稍舌形，被银白色长棉毛，形成径2-7厘米苞叶群。头状花序径5-7毫米，3-10密集；总苞长4-5毫米，被疏棉毛，总苞片3-4层，先端无毛，黑褐色，露出毛茸。小花异型，中央花雄性，外围花雌性，稀中央花雌性，外围花雄性，或雌雄异株。花冠长3-3.5毫米，雄花花冠窄漏斗形，有卵圆形裂片，雌花花冠线状；冠毛白色，基部稍黄色，较花冠稍长。瘦果常有乳突或粗毛。花期7-8月。

产云南西北部及西藏南部，生于海拔3000-5000米石砾坡地、岩石缝隙或湿润草地。锡金、尼泊尔、印度、缅甸北部及克什米尔地区有分布。

12. 矮火绒草 图 369

Leontopodium nanum (Hook. f. et Thoms.) Hand.-Mazz. in Beih. Bot. Centralbl. 44 (2): 111. pl. II. f. 11-17. 1928.

Antennaria nana Hook. f. et Thoms. in Clarke, Comp. Ind. 100. 1876.

多年生草本，垫状丛生。无花茎或花茎高达18厘米，被白色棉状厚茸毛，全部有叶。基部叶匙形或线状匙形，长0.7-2.5厘米，下部渐窄成短鞘部，边缘平，两面被白色或上面被灰白色长柔毛状密茸毛。苞叶少数，直立，与花序等长，不形成性状苞叶群。头状花序径0.6-1.3厘米，单生或3个密集；总苞长4-5.5毫米，被灰白色棉毛，总苞片4-5层，披针形，深褐或褐色，超出毛茸。小花异形，通常雌雄异株；花冠长4-6毫米，雄花花冠窄漏斗状，有小裂片，雌花花冠细丝状；冠毛亮白色。瘦果无毛或多少有粗毛。花期5-6月，果期5-7月。

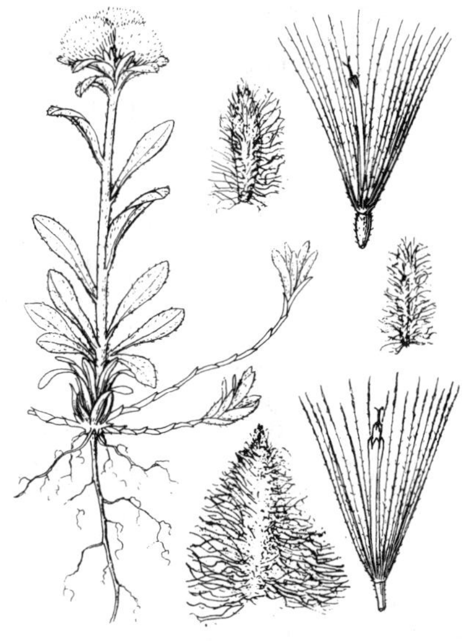

图 369 矮火绒草（郭木森绘）

产西藏、四川、青海、新疆西部、内蒙古西部、宁夏、甘肃、陕西东南部及河南西部，生于海拔1600-5500米湿润草地、泥炭地或石砾坡地。

13. 弱小火绒草 图 370

Leontopodium pusillum (Beauv.) Hand.-Mazz. in Beih. Bot. Centralbl. 44 (2): 97. pl. II. f. 10. 1928.

Leontopodium alpinum Cass. var. *pusillum* Beauv. in Bull. Soc. Bot. Genéve. ser. 2, 2: 251. f. 24. 1910.

矮小多年生草本。根茎分枝细长，丝状，有疏生褐色短叶鞘，顶端有不育的或生长花茎的莲座状叶丛。花茎极短，高2-7（-13）厘米，细弱，被白色密茸毛，叶较密。叶匙形或线状匙形，下部叶和莲座状叶长达3厘米，有褐色鞘部，茎中部叶长1-2厘米，边缘平，下部稍窄，无柄，两面被白或银白色密茸毛，常褶合。苞叶多数，匙形或线状匙形，开展成径1.5-2.5厘米的苞叶群，较花序长或稍长，两面密被白色茸毛。头状花序径5-6毫米，（1-）3-7密集；总苞长3-4毫米，被白色长柔毛状茸毛，总苞片约3层，先端无毛，超出毛茸。小花异形或雌雄异株；花冠长2.5-3毫米，雄花花冠上部窄漏斗状，雌花花冠丝状；冠毛白色。瘦果无毛或稍有乳突。花期7-8月。

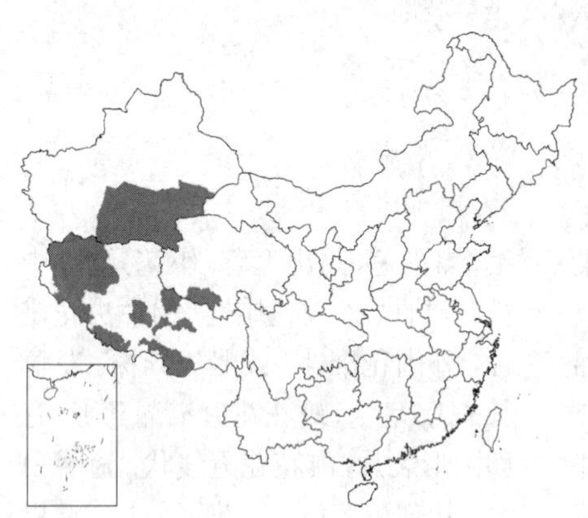

图 370 弱小火绒草（引自《西藏植物志》）

产西藏、青海南部及新疆南部，生于海拔3500-5000米高山雪线附近草滩地、盐湖岸或石砾地。锡金北部有分布。

14. 长叶火绒草 图 371

Leontopodium longifolium Ling in Acta Phytotax. Sin. 10, 2: 177. 1965.

多年生草本。根茎有顶生莲座状叶丛，或有叶鞘和多数近丛生花茎，或分枝匍枝状。花茎高达45厘米，被白或银白色疏柔毛或密茸毛，全部有叶。基部叶常窄长匙形，近基部成紫红色无毛长鞘部；茎中部叶和部分基部叶线形、宽线形或舌状线形，长2-13厘米；叶两面被毛或下面被白或银白色长柔毛或密茸毛，上面渐无毛。苞叶多数，卵圆状披针形或线状披针形，上面或两面被白色长柔毛状茸毛，形成径2-6厘米苞叶群，或有长序梗而成径达9厘米复苞叶群。头状花序径6-9毫米，3-30密集；总苞长约5毫米，被长柔毛，总苞片约3层，椭圆状披针形，先端无毛，有时啮蚀状。小花雌雄异株，稀花异形；花冠长约4毫米，雄花花冠管状漏斗状，雌花花冠丝状管状；冠毛白色，较花冠稍长。瘦果无毛或有乳突，或有粗毛。花期7-8月。

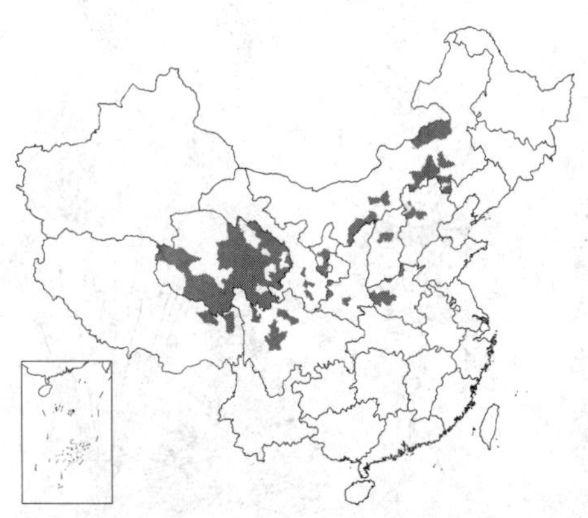

图 371 长叶火绒草 （引自《图鉴》）

产西藏东北部、青海、四川、甘肃、宁夏、陕西、山西、河南、河北及内蒙古，生于海拔1500-4800米洼地、灌丛或岩缝中。克什米尔地区有分布。

15. 银叶火绒草 图 372:1

Leontopodium souliei Beauv. in Bull. Soc. Bot. Genéve. ser. 2, 1: 191. 195. 375. f. 5: 4-7. 1909. pro part.

多年生草本。根茎细。茎纤细，被白色蛛丝状长柔毛。莲座状叶上面常脱毛，基部鞘状；茎部叶窄线形或舌状线形，长1-4厘米，下部叶无柄，上部叶基部半抱茎，基部被长柔毛；

叶两面被毛或下部叶上面疏被银白色绢状茸毛。苞叶多数，较花序长约2倍，线形，两面被银白色长柔毛或白色茸毛，或下面毛茸较薄，密集，开展成径约5厘米的苞叶群，或成复苞叶群。头状花序径5-7毫米，少数密集，或达20个；总苞长3.5-4毫米，有长柔毛状密茸毛，总苞片约3层，先端无毛，褐色，稍露出毛茸。小花异型，雄花或雌花较少，或雌雄异株；花冠长3-4毫米，雄花花冠窄漏斗状，有卵圆形裂片；雌花花冠丝状；冠毛白色。瘦果被粗毛或无毛。花期7-8月，果期9月。

产青海、甘肃西南部、四川、云南西北部、西藏东部及南部，生于海拔3100-4000米林地、灌丛、湿润草地和沼泽地。

图 372：1. 银叶火绒草　2-5. 美头火绒草
（引自《中国植物志》）

16. 美头火绒草　图 372：2-5

Leontopodium calocephalum (Franch.) Beauv. in Bull. Soc. Bot. Genéve. ser. 2, 1: 189. 1909.

Gnaphalium leontopodium Linn. γ. *calocephalum* Franch. in Bull. Soc. Bot. France 39: 131. 1892.

多年生草本。根茎颈部粗厚，不育茎被密集叶鞘，有顶生叶丛，与1至数个簇生花茎，茎被蛛丝状毛或上部被白色棉状茸毛，下部后近无毛。下部叶与不育茎的叶披针形、长披针形或线状披针形，长2-15厘米，基部成褐色长鞘；中部或上部叶卵圆状披针形，基部抱茎，无柄；叶草质，上面无毛，或有蛛丝状毛或灰色绢状毛，或上部叶基部多少被柔毛或茸毛，下面被白色或边缘被银白色茸毛。苞叶多数，上面被带白色或干后黄或黄褐色厚茸毛，下面被白或银灰色茸毛，较花序长2-5倍，形成分散径4-12厘米苞叶群。头状花序5-20（-25），径0.5-1.2厘米；总苞片长4-6毫米，被白色柔毛，总苞片约4层，先端无毛，深褐或黑色，露出毛茸。小花异形，有1或少数雄花和雌花，或雌雄异株；花冠长3-4毫米，雄花花冠窄漏斗状管状，雌花花冠丝状；冠毛白色。瘦果被粗毛。花期7-9月，果期9-10月。

产青海东部、甘肃西南部、四川及云南西北部，生于海拔2800-4500米草甸、石砾坡地、湖岸、沼泽地、灌丛、冷杉和其他针叶林下或林缘。

[附] **湿生美头火绒草 Leontopodium calocephalum** var. **uliginosum** Beauv. in Bull. Soc. Bot. Genéve. ser. 2, 5: 144. f. II. 1-13. 1913. 与模式变种的主要区别：苞叶下面被疏毛；总苞片稍超出毛茸。产甘肃西部及西南部、青海东部、四川西部及西北部、云南西北部，生于海拔1500-3750米沼泽地、草地和林下。全株药用，磨粉作外敷剂治风湿病。

17. 黄白火绒草　图 373

Leontopodium ochroleucum Beauv. in Bull. Soc. Bot. Genéve. ser. 2, 4: 146. f. 1: 1-11. f. 2: 1-11. 1914.

多年生草本。根茎有莲座状叶丛和花茎密集成高达15厘米植丛，或花茎单生或与莲座状叶丛簇生。茎极短或高达15厘米，有时无茎，被白色或上部被带黄色长柔毛或茸毛，下部常稍脱毛，叶疏生。莲座状与茎部叶同形，较长，长达6厘米，常脱毛，有宽长的鞘部；茎基部叶花期生存；中部叶舌形、长圆形、匙形或线状披针形，长1-5厘米，边缘平，无柄，下部叶有长鞘，有时褶合；叶两面被灰白稀稍绿色长柔毛，有时毛絮状而部分脱毛，有时上部叶被较密黄或白柔毛。苞叶较少，椭圆形或长圆状披针形，两面密被浅黄色柔毛或茸毛，稀被灰白色疏毛或近无毛，形成径1.5-2.5厘米密集苞叶群。头状花序径5-7毫米，少数至15个密集，稀1个；总苞长4-5毫米，被长柔毛，总苞片约3层，披针形，褐或深褐色，露出毛茸。小花异型，有时在外的头状花序雌性；花冠长3-4毫米，雄花花冠管状，上部窄漏斗状，雌花花冠细管状；冠毛白色，基部黄或稍褐色。瘦果无毛或有乳突或短毛。花期7-8月，果期8-9月。

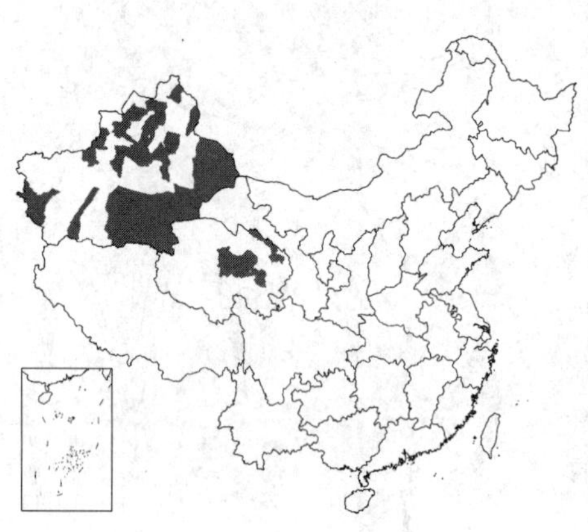

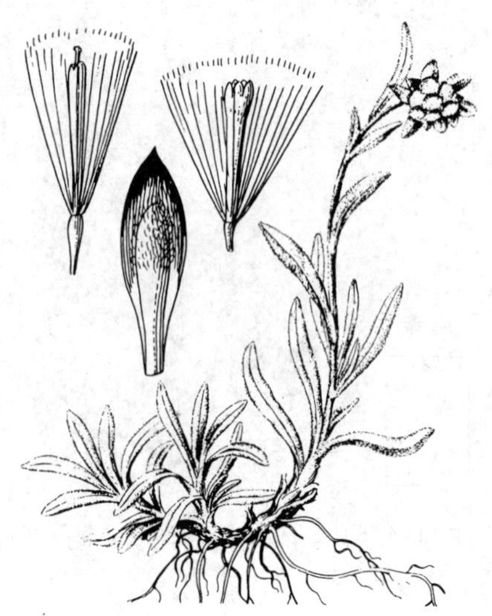

图 373 黄白火绒草（张荣生绘）

产新疆及青海，文献记载西藏有分布，生于海拔2300-4500米湿润或干旱草地、沙地、石砾地或雪线附近岩缝中。蒙古、俄罗斯西伯利亚西部及中部、中亚及锡金有分布。

18. 山野火绒草 图 374 彩片 66

Leontopodium campestre (Ledeb.) Hand.-Mazz. in Schrot. Pflzleb. de. Alp. 2 Aufl. 505. 1924.

Leontopodium alpinum Cass. α. *campestre* Ledeb. Fl. Ross. 2: 614. 1846. pro part.

多年生草本。根茎细长，有几个花茎与无茎或有短茎的叶束簇生。花茎高达35厘米，被灰白或白色蛛丝状茸毛，全部有叶。茎基部叶下部渐窄成细长柄，成褐色长鞘；茎下部以上叶舌状或线状披针形，长2-9（-15）厘米，无柄，两面被毛或下面被较密灰白色蛛丝状或绢状茸毛；上部叶渐小。苞叶多数，线形或披针状线形，先端尖或渐尖，长0.8-2.3厘米，宽2-3毫米，密被白或灰白色茸毛，稀下面近无毛，形成密集径2-5厘米苞叶群，或成复或分散的苞叶群。头状花序径5-7毫米，多数，密集；总苞长3.5-4毫米，被长柔毛或茸毛，总苞片约3层，通常黑色，超出毛茸。小花异形，中央雄花少数；花冠长3-3.5毫米，雄花花冠漏斗状管状，裂片小，雌花花冠粗丝状；冠毛白色，较花冠稍长。瘦果无毛或有乳突，或有粗毛。花期7-9月，果期9月。

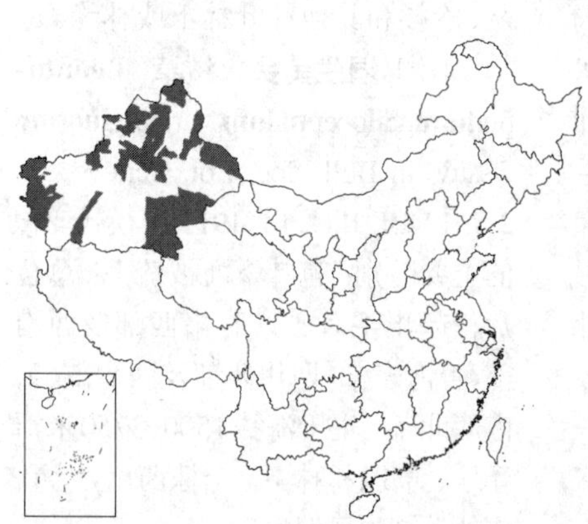

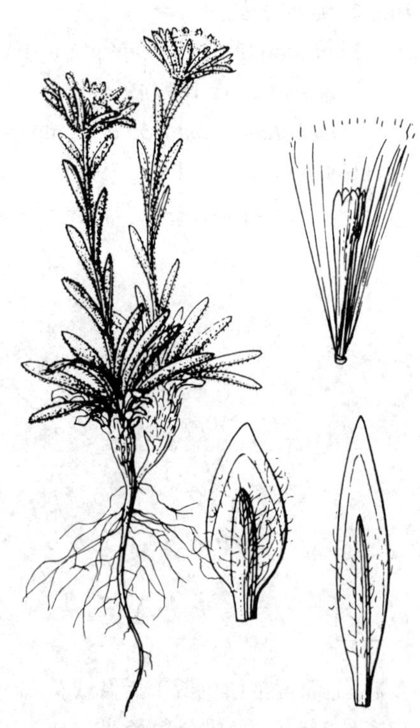

图 374 山野火绒草（张荣生绘）

产新疆，生于海拔1400-3000米干旱草原、干旱坡地、河谷阶地、沙地或石砾地，也生于较湿润林间草地。俄罗斯、中亚、蒙古西部及北部有分布。

19. 团球火绒草 图 375

Leontopodium conglobatum (Turcz.) Hand.-Mazz. in Schrot. Pflzleb. de Alp. Aufl. 2. 505. 1924.

Leontopodium sibiricum Cass. var. *conglobatum* Turcz. in Bull. So. Nat. Mosc. 20 (3): 9. 1847.

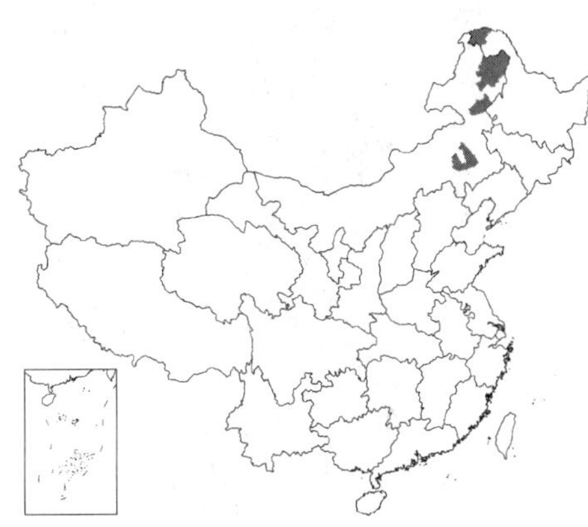

多年生草本。根茎有单生或簇生或与少数莲座状叶丛簇生的茎。茎被灰白或白色蛛丝状茸毛。莲座状叶窄倒披针状线形，长达12厘米，下部渐窄成长柄状，稍紫色；茎基部叶长达7.5厘米，在花期常生存；茎部叶披针形或披针状线形，长2-7厘米，基部有短窄鞘部，上部叶无柄；叶两面被同样的或下部被较密灰白色蛛丝状茸毛。苞叶多数，无柄，卵圆形或卵圆状披针形，基部骤窄，两面被白色茸毛，或下面被较薄蛛丝状茸毛，形成密集、径4-7厘米苞叶群，或复苞叶群。头状花序径6-8毫米，5-30成球状伞房花序；总苞长约5毫米，被白色绵毛，总苞片约3层，先端撕裂，褐色，露出毛茸。小花异型，中央的头状花序雄性，外围的雌性；花冠长约4毫米，雄花花冠上部漏斗形，雌花花冠丝状；冠毛白色。瘦果有乳头状粗毛。花期6-8月。

图 375 团球火绒草（马 平绘）

产内蒙古东部及东北部、黑龙江北部大兴安岭，生于干旱草原、向阳坡地、石砾地、沙地，稀灌丛或林中草地。蒙古、俄罗斯西伯利亚中部及东部有分布。

20. 绢茸火绒草 图 376 彩片 67

Leontopodium smithianum Hand.-Mazz. in Schrot. Pflzleb. de Alp. 2 Aufl. 505. 1924, nomem et in Acta Hort. Gothob. 1: 115. 1924.

多年生草本。根茎有少数簇生花茎和不育茎，无不育叶丛。花茎高达45厘米，被灰白色或上部被白色茸毛或绢毛。下部叶花期枯萎宿存；叶线状披针形，长2-5.5厘米，无柄，上面被灰白色柔毛，下面被灰白或白色密茸毛或绢状毛；苞叶3-10，长椭圆形或线状披针形，边缘常反卷，两面被白或灰白色厚茸毛，形成苞叶群，或分苞叶群。头状花序径6-9毫米，常3-25密集，稀1个，或有花序梗成伞房状；总苞长4-6毫米，被白色密棉毛，总苞片3-4层，褐色。小花异型，有少数雄花；花冠长3-4毫米，雄花花冠管状漏斗状，雌花花冠丝状；冠毛白色，较花冠稍长。瘦果有乳头状粗毛。花期6-8月，果期8-10月。

图 376 绢茸火绒草（郭木森绘）

产内蒙古、河北北部、河南、山西、陕西、宁夏及甘肃南部，生于海拔1500-2400米草地或干旱草地。

21. 火绒草 图 377

Leontopodium leontopodioides (Willd.) Beauv. in Bull. Soc. Bot. Genéve. ser. 2, 1: 371. 374. f. 3. 1909.

Filago leontopodioides Willd. in Phytogr. 12. 1794.

多年生草本。根茎有多数簇生花茎和根出条。花茎高达45厘米，被灰白色长柔毛或白色近绢状毛。叶线形或线状披针形，长2-4.5厘米，宽2-5毫米，上面灰绿色，被柔毛，下面被白或灰白色密棉毛或被绢毛。苞叶少数，长圆形或线形，两面或下面被白或灰白色厚茸毛，与花序等长或较长，在雄株多少开展成苞叶群，在雌株多少直立，不形成苞叶群。头状花序雌株径0.7-1厘米，密集，稀1个或较多，在雌株常有较长花序梗排成伞房状；总苞半球形，长4-6毫米，被白色棉毛，总苞片约4层，稍露出毛茸。小花雌雄异株，稀同株；雄花花冠长3.5毫米，窄漏斗状，雌花花冠丝状，长4.5-5毫米；冠毛白色。瘦果有乳突或密粗毛。花果期7-10月。

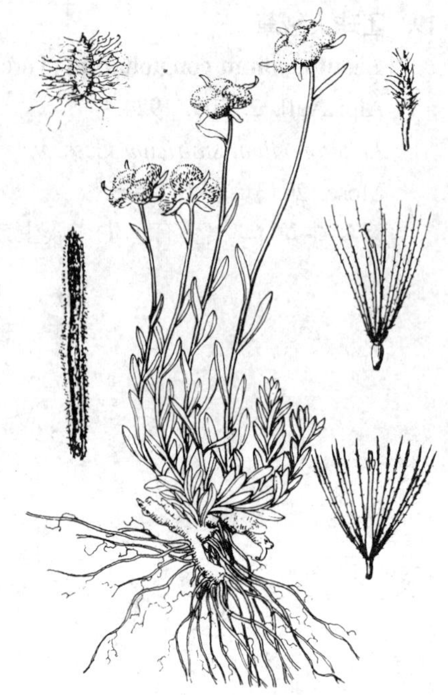

图 377 火绒草（郭木森绘）

产黑龙江西南部、吉林、辽宁、内蒙古、河北、河南、山西、山东、江苏东北部、陕西、宁夏、甘肃、青海及新疆北部，生于海拔100-3200米干旱草原、黄土坡地、石砾地或山区草地，稀生于湿润地。蒙古、朝鲜半岛、日本及俄罗斯西伯利亚有分布。

54. 香青属 Anaphalis DC.

（陈艺林 靳淑英）

多年生、稀一或二年生草本，或亚灌木。茎被白或灰白色棉毛或腺毛。叶互生，全缘。头状花序常多数排成伞房或复伞房花序，稀少数或单生，近雌雄异株或同株；外围有多层雌花，中央有少数或1雄花即两性不育花，或中央有多层雄花而外围有少数雌花或无雌花，仅雌花结果。总苞钟状、半球状或球状，总苞片多层，覆瓦状排列，下部常褐色，1脉，上部常干膜质，白、黄白色，稀红色；花托蜂窝状，无托片。雄花花冠管状，上部钟状，5裂片，花药基部箭头形，有细长尾部，花柱2浅裂，顶端平截；雌花花冠细丝状，基部稍膨大，2-4细齿；花柱分枝长，顶端近圆；冠毛1层，白色，约与花冠等长，有多数分离易散落的毛，在雄花向上部渐粗厚或宽扁，有锯齿，在雌花细丝状，有微齿。瘦果长圆形或近圆柱形，有腺或乳突，或近无毛。

80余种，主要分布亚洲热带和亚热带，少数分布温带及北美和欧洲。我国50余种。

1. 总苞倒卵圆状、钟状或半球状，长4-8毫米，总苞片先端钝或圆，稀稍尖，通常花后开展；头状花序通常多数，稀少数，在茎或枝端密集排成复伞房状或伞房状。
  2. 叶不沿茎下延成翅，稀稍下延成极短翅。
    3. 叶基部有抱茎小耳，边缘反卷，长1.5-6厘米，上面被蛛丝状毛或无毛；内层总苞片白或乳白色 …………………………………… 5. **旋叶香青 A. contorta**
    3. 叶基部较窄，不明显抱茎，边缘平。
      4. 叶线形或线状披针形，长5-9厘米，基部不沿茎下延；总苞长5-8毫米，内层总苞片乳白色。
        5. 叶有单脉或有近边缘的2细脉。

6. 叶线形或线状披针形，宽0.3-1.2厘米 …………………………………………………… 3. **珠光香青 A. margaritacea**
6. 叶线形，宽3-6毫米 ………………………………………………… 3(附). **线叶珠光香青 A. margaritacea** var. **japonica**
5. 叶有3或5出脉，或有2细脉，长圆状或线状披针形，宽0.7-2.5厘米 ……………………………………………………………………………………………… 3(附). **黄褐珠光香青 A. margaritacea** var. **cinnamomea**
4. 叶线形、长圆形或倒披针状线形，长1.5-3.5厘米，基部半抱茎；总苞长约5毫米，内层总苞片黄白色 ……………………………………………………………………………………… 4. **玉山香青 A. morrisonicola**
2. 叶沿茎下延成宽或窄翅状。
7. 茎、叶和总苞外层被锈褐色粘毛；总苞倒卵圆状，总苞片浅褐色，膜质，透明，下部浅黄色，不开展 …………………………………………………………………………………………… 1. **粘毛香青 A. bulleyana**
7. 茎、叶和总苞外层被灰白、白或黄褐色棉毛、秕糠状毛或腺毛，或蛛丝状毛，或多少脱毛；总苞钟状或半球状，总苞片白或带红色，通常干膜质，不透明，稀膜质，多少开展。
8. 二年生草本；叶上面被秕糠状密毛，下面被黄色腺点和秕糠毛，两面沿脉及边缘有蛛丝状毛或下面被蛛丝状棉毛；总苞宽钟形，长4-5毫米，总苞片白色 …………………………………………………… 2. **蛛毛香青 A. busua**
8. 多年生草本、亚灌木或小亚灌木。
9. 多年生草本，有根茎，有时有直根；茎有分枝或下部木质有腋芽或短枝。
10. 内层总苞片爪部上端有腺点；叶两面被灰白或黄白色棉毛，或被腺毛；总苞长6-7毫米。
11. 茎和叶被白或灰白色蛛丝状棉毛和腺毛 ………………………………………………… 6. **宽翅香青 A. latialata**
11. 植株绿色，茎上部被蛛丝状薄棉毛；叶两面腺毛，幼叶被蛛丝状棉毛 ……………………………………………………………………………………… 6(附). **绿宽翅香青 A. latialata** var. **viridis**
10. 内层总苞片爪部上端无腺点。
12. 内层总苞片上部白色，下部膜质近透明；叶线状匙形或线形，两面被灰白色蛛丝状棉毛 ……………………………………………………………………………………………… 12. **萎软香青 A. flaccida**
12. 总苞片干膜质，不透明。
13. 茎高达1米，下部木质，常有腋芽或短分枝；总苞近钟形，长4-5毫米；当年生枝被蛛丝毛及腺毛 ……………………………………………………………………………………… 13. **萌条香青 A. surculosa**
13. 茎高达50厘米，草质，不分枝，稀茎下部稍木质，有腋芽及短枝。
14. 植株有细长根茎。
15. 总苞长6-8毫米。
16. 植株上部被黄或黄白色棉毛，下部被灰白色棉毛，在棉毛下有腺毛。
17. 叶密生，节间长2-5毫米，中部和上部叶多少直立或贴茎，线形或长圆状线形，长1.5-4厘米，宽2-4毫米，先端尖；总苞长6-7毫米 ……………………………… 7. **二色香青 A. bicolor**
17. 叶较疏，节间长0.5-1厘米，上部叶多少开展，长圆状线形，长6-7厘米，宽4-8毫米，先端钝；总苞长7-8毫米 ……………………………… 7(附). **长叶二色香青 A. bicolor** var. **longifolia**
16. 植株被灰白或白色棉毛；叶较密集，节间长2-5毫米，上部叶直立或稍开展，先端稍尖；总苞长6毫米 ………………………………………………… 7(附). **同色香青 A. bicolor** var. **subconcolor**
15. 总苞长4-5（6）毫米。
18. 总苞长4-5毫米，内层总苞片乳白或污白色；茎叶较密，节间长0.5-2厘米；叶有单脉或离基3出脉。
19. 叶长圆形或倒披针状长圆形；节间长0.5-1厘米 ………………………………… 10. **香青 A. sinica**
19. 叶披针状、线状长圆形或线形；节间长1-2厘米，上部节间更长 ……………………………………………………………………………… 10(附). **疏生香青 A. sinica** var. **remota**
18. 总苞长5-6毫米（畸形的更长），内层总苞片白或黄白色；茎上部叶较疏，节间长4-10厘米；叶有离基3出脉或5出脉。

20. 内层总苞片白或黄白色，基部干后浅褐色。
21. 叶下面被蛛丝状毛或脱毛。
22. 下部叶匙形或披针状椭圆形，有具翅的柄 ………………………………… 11. **黄腺香青 A. aureo-punctata**
22. 下部和中部叶宽椭圆形，骤窄成长柄 … 11(附). **车前叶黄腺香青 A. aureo-punctata** var. **plantaginifolia**
21. 叶下面被白或灰白色密棉毛及沿脉锈色毛 ……… 11(附). **绒毛黄腺香青 A. aureo-punctata** var. **tomentosa**
20. 内层总苞片黄白色，基部深褐或紫褐色；叶下面被白或灰白色密棉毛 ………………………………………………………………………………………… 11(附). **黑鳞黄腺香青 A. aureo-punctata** var. **atrata**
14. 植株有粗壮木质根或根茎。
23. 叶两面被白、灰白或灰色棉毛，几无腺毛。
24. 内层总苞片乳白色，总苞钟形，长6毫米；叶先端圆，密被白或灰白色棉毛；花茎与莲座状叶丛常丛生 ………………………………………………………………………… 18. **乳白香青 A. lactea**
24. 内层总苞片紫红或白色，干后常黄白色，先端尖，总苞宽钟形，长7-8毫米；叶被灰色棉毛或蛛丝状毛；花茎与不育茎常密集成垫状 ………………………………………… 20. **红指香青 A. rhododactyla**
23. 叶两面被腺毛及蛛丝状毛，或边缘及下面莲座状叶被棉毛。
25. 叶质薄，黄绿色，茎部叶两面被腺毛；总苞长约7毫米，内层总苞片黄白色，下部黄褐色 ………………………………………………………………………………………… 8. **黄绿香青 A. virens**
25. 叶质较厚，两面被蛛丝状毛及腺毛；内层总苞片乳白、褐或紫褐色。
26. 茎高达30或50厘米；花茎与莲座状叶丛多少丛生。
27. 茎下部木质；茎中部叶椭圆形或长圆状披针形，两面被腺毛；内层总苞片乳白色或稍带红色 ……………………………………………………………………………………… 9. **雅致香青 A. elegans**
27. 茎草质；茎中部叶倒披针状长圆形或线形，两面被蛛丝状棉毛及腺毛；内层总苞片上部白色 ……………………………………………………………………………………… 19. **蜀西香青 A. souliei**
26. 茎高3-7（-17）厘米，花茎与莲座状叶丛多少密集成垫状；茎下部叶匙形、长圆状或线状匙形；内层总苞片下部紫或紫褐色，先端尖 ……………………………………… 21. **木根香青 A. xylorhiza**
9. 亚灌木或小亚灌木。
28. 总苞长6-8毫米，宽钟状；叶两面被蛛丝状棉毛或上面无毛。
29. 总苞片外层褐或深褐色，内层先端白或黄白色；叶匙形或长圆状匙形，两面被棉毛 ……………………………………………………………………………………… 14. **云南香青 A. yunnanensis**
29. 总苞片外层红褐色，内层白或浅红白色；叶倒卵状长圆形或线状长圆形，上面被蛛丝状毛或脱毛，下面被棉毛 ……………………………………………………………………… 15. **木里香青 A. muliensis**
28. 总苞长4-5毫米，圆筒形或窄钟形；叶两面被棉毛。
30. 叶长椭圆形或线状长圆形，上面被蛛丝状棉毛，下面被白或淡黄白色厚棉毛 … 16. **狭苞香青 A. stenocephala**
30. 叶线形、线状披针形或倒披针形，上面被蛛丝状毛或上面有腺毛，下面被灰白色密棉毛 ……………………………………………………………………………………… 17. **纤枝香青 A. gracilis**
1. 总苞宽钟形或近球形，长0.8-1.1厘米；头状花序通常少数，在茎端排成伞房状或复伞房状，或单生。
31. 叶多少沿茎下延成翅状；总苞宽钟形。
32. 小亚灌木状多年生草本，或呈垫状，无茎。
33. 茎和叶两面被黄褐色长棉毛；总苞片上部黄白色；茎高达20厘米 ………………… 22. **污毛香青 A. pannosa**
33. 茎和叶两面被黄白或灰白色棉毛；茎高3-8厘米，或无茎。
34. 叶两面被银灰色长棉毛；总苞片白色，基部深褐色 ………………………… 23. **灰毛香青 A. cinerascens**
34. 叶两面黄绿色，被灰白或黄白色棉毛；总苞片外层褐色，内层上部白或浅黄色 …… 24. **绿香青 A. viridis**
32. 多年生草本，根茎细长。
35. 外层总苞片黄褐色，内层上部淡黄或黄白色；叶两面被灰白或黄白色蛛丝状棉毛，或白色厚棉毛 …………

…… 25. **淡黄香青 A. flavescens**

35. 外层总苞片红褐或黑褐色，内层上部白色；叶两面被头状具柄腺毛及疏蛛丝状毛 …… 26. **铃铃香青 A. hancockii**

31. 叶不沿茎下延成翅状；总苞球状。

36. 内层总苞片白色，基部深褐色，外层深褐色；叶上面被蛛丝状毛或棉毛，下面被白色棉毛或兼被腺毛，基部稍抱茎，有1脉或离基3出脉。

37. 茎高达45厘米；头状花序少数或较多，疏散伞房状排列，稀1个。

38. 茎较细弱，高5-30厘米；头状花序1-6；下部叶花期生存 ……………………… 27. **尼泊尔香青 A. nepalensis**

38. 茎较粗壮，高30-45厘米；头状花序8-15；下部叶花期常枯萎 ……………………………………………………………………………… 27(附). **伞房尼泊尔香青 A. nepalensis** var. **corymbosa**

37. 无茎或茎低矮，高达6厘米，稀更高，密集丛生；头状花序单生茎端，稀2-3生于莲座状叶丛中 ……………………………………………………………………………… 27(附). **单头尼泊尔香青 A. nepalensis** var. **monocephala**

36. 内层总苞片白或黄白色，外层红褐色；叶两面密被灰白色棉毛 ……………………… 28. **永健香青 A. nagasawai**

1. 粘毛香青　　图 378

Anaphalis bulleyana (J. F. Jeffr.) Chang in Contr. Biol. Lab. Sci. China, Bot. 6: 549. 1935.

Pluchea bulleyana J. F. Jeffr. in Notes Roy. Bot. Gard. Edinb. 5: 183. 1912.

一或二年生草本。直根，有莲座状叶丛及单生或丛生花茎；茎、叶、总苞片外层均被长棉毛及锈褐色粘毛。茎下部常脱毛。莲座状叶倒卵圆形，长达9厘米，下部渐窄成翅状短柄；茎下部叶花期枯萎，中部和上部叶倒披针形或倒卵状匙形，长3.5-10厘米，沿茎下延成楔形宽翅；上部叶线状披针形。头状花序多数，在茎枝端密集成复伞房状；总苞倒卵圆状，长5-6毫米，总苞片4-5层，直立，膜质、透明，下部浅黄色，不开展；外层卵状长圆形，内层长匙形，长5-6毫米，最内层宽线形，有长爪。瘦果长圆形，有微腺体。花期8-9月，果期9-10月。

产四川、云南及贵州西部，生于海拔1180-3300米阴湿坡地或低山草地。

图 378　粘毛香青（引自《图鉴》）

2. 蛛毛香青　　图 379

Anaphalis busua (Buch.-Ham.) DC. Prodr. 6: 275. 1837.

Gnaphalium busuum Buch.-Ham. in Don, Prodr. Nepal. 270. 173. 1825.

二年生草本。根垂直，粗壮。茎上部被蛛丝状棉毛，下部后脱毛并被褐色腺毛。中部叶线形或线状披针形，长4-10厘米，宽0.3-1厘米，沿茎下延成楔形渐窄长翅，边缘平或稍波状，先端有细长尖头，上部叶线形或

图 379　蛛毛香青（孙英宝绘）

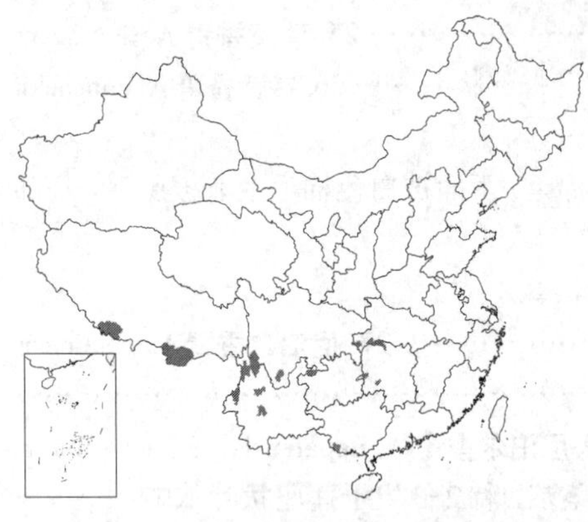

钻形；叶上面被秕糠状密毛，下面被黄色腺点和秕糠状毛，两面沿脉及边缘有蛛丝状毛或下面被蛛丝状棉毛。头状花序极多数，在枝端密集成复伞房状；总苞宽钟状，长4-5毫米，径5-7毫米，总苞片4-5层，白色，下面稍褐色，外层椭圆形，长4毫米，内层倒卵圆形，最内层匙形，长3.5毫米，有爪。瘦果椭圆形，长0.5毫米，有小腺体。花期9-10月，果期10月。

产湖北西南部、湖南北部及西南部、广西西南部、云南、贵州西北部、四川西南部及西藏南部，生于海拔1500-2800米山谷、坡地、林地或草地。印度尼西亚、尼泊尔及锡金有分布。

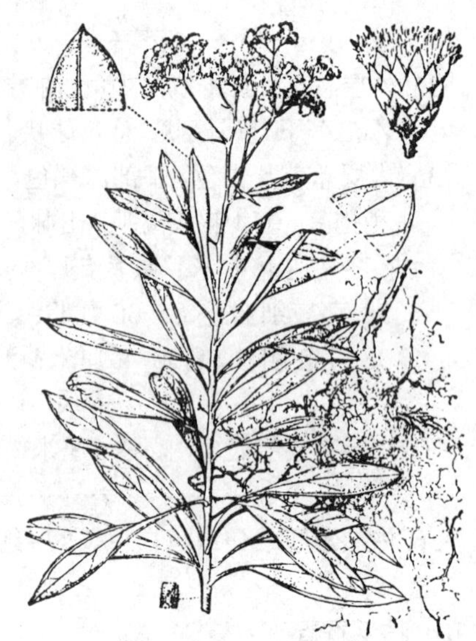

图 380 珠光香青（引自《图鉴》）

3. 珠光香青 图 380

Anaphalis margaritacea (Linn.) Benth. et Hook. f. Gen. Pl. 2: 303. 1862.
Gnaphalium margaritaceum Linn. Sp. Pl. 850. 1753.

茎被灰白色棉毛，下部木质。中部叶线形或线状披针形，长5-9厘米，宽0.3-1.2厘米，基部稍窄或骤窄，多少抱茎，上部叶有长尖头；叶上面被蛛丝状毛，下面被灰白或红褐色厚棉毛，有单脉或有近边缘的2细脉。头状花序多数，在茎枝端排成复伞房状，稀伞房状；总苞宽钟状或半球状，长5-8毫米，径0.8-1.3厘米，总苞片5-7层，基部多少褐色，上部白色，外层卵圆形，被棉毛，内层卵圆形或长椭圆形，长5毫米，先端圆或稍尖，最内层线状倒披针形，宽0.5毫米，有长爪。瘦果长椭圆形，长0.7毫米，有小腺点。花果期8-11月。

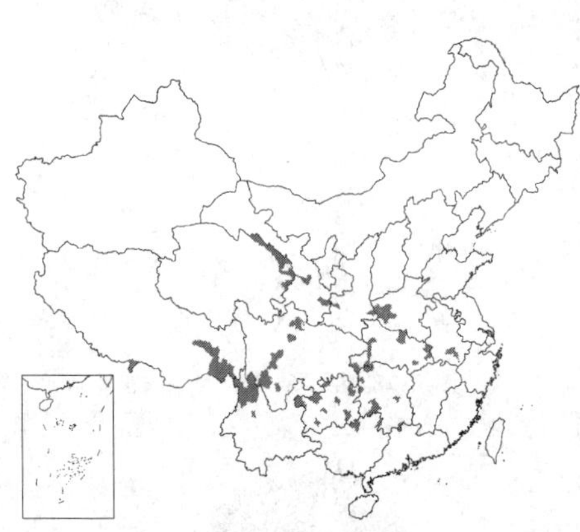

产安徽南部、河南西部、湖北、湖南、广西、贵州、云南、四川、西藏、青海东北部、甘肃南部及陕西南部，生于海拔300-3400米草地、石砾地、山沟。印度、俄罗斯远东地区、日本及北美有分布。

[附] **线叶珠光香青** 彩片 68 **Anaphalis margaritacea** var. **japonica** (Sch.-Bip) Makino in Bot. Mag. Tokyo 22: 36. 1908.——*Antennaria japonica* Sch.-Bip. in Zoll. Syst. Veg. Ind. Arch. 126. 1854. 本变种的鉴别特征：叶线形，长3-10厘米，宽3-6毫米，先端渐尖，下部叶先端钝或圆，上面被蛛丝状毛或脱毛，下面被淡褐或黄褐色密棉毛；总苞有时长5毫米；花冠长约3毫米。产甘肃西部及南部、陕西南部、四川、湖北西部、贵州、云南、西藏东南部。朝鲜半岛及日本有分布。

[附] **黄褐珠光香青 Anaphalis margaritacea** var. **cinnamomea** (DC.) Herd. ex Maxim. in Bull. Acad. Imp. Sci. St. Pétersb. 27: 481. 1882.——*Antennaria cinnamomea* DC. Prodr. 6: 270. 1837. 本变种的鉴别特征：茎高0.5-1米；叶长圆状或线状披针形，长4-9厘米，宽0.7-1.2(-2.5)厘米，基部抱茎，先端渐尖，上面被灰白色蛛丝状棉毛，下面被黄褐或红褐色厚棉毛，下面有凸起3或5出脉。产甘肃南部及东部、陕西南部、湖北西部、四川、云南及贵州，生于海拔500-2800米灌丛、草地、山坡和溪岸。尼泊尔、锡金、不丹、印度及缅甸有分布。

4. 玉山香青 图 381

Anaphalis morrisonicola Hayata, Ic. Pl. Formos. 8: 516. 1919.

茎常丛生，被灰白色密棉毛。茎下部叶先端钝，中部叶线形、长圆形或倒披针状线形，长1.5-3.5厘米，基部半抱茎或稍下延，先端有小尖头，上部叶窄小；叶稍革质，上面脱毛或被蛛丝状毛，下面被灰白或黄褐色厚棉毛，有单脉或3出脉。头状花序5至多数在茎端密集成伞房状；花序梗

长2-6毫米；总苞宽钟状或半球状，长约5毫米，径5-6毫米，总苞片7-8层，外层卵圆形，长1-2毫米，被棉毛，内层椭圆形，长4.3毫米，黄白色，最内层匙形，具长爪。瘦果长圆形，长0.5-0.7毫米，有疏腺点。花果期6-10月。

产台湾，生于海拔1600-3500米低山或亚高山草地或岩石上。菲律宾有分布。

图 381 玉山香青（孙英宝绘）

5. 旋叶香青　　图 382

Anaphalis contorta (D. Don) Hook. f. Fl. Brit. Ind. 3: 284. 1881.

Antennaria contorta D. Don in Bot. Reg. 7: t. 605. 1821.

根茎有单生或丛生根出条及花茎。茎被白色密棉毛，或有被棉毛腋芽。叶线形，长1.5-6厘米，基部有抱茎小耳，边缘反卷，上面被蛛丝状毛或无毛，下面被白色密棉毛；根出条有长圆形、披针形或倒披针形叶，被棉毛。头状花序极多数，无梗或有长达3毫米花序梗，在茎枝端密集成复伞房状；总苞钟状，长5-6毫米，径4-6毫米，总苞片5-6层，外层浅黄褐或带紫红色，被长棉毛，卵圆形，内层倒卵状长圆形，在雌株呈白色，宽约1.2毫米，在雄株呈乳白稀稍红色，宽达1.5毫米，最内层匙形，有长爪。瘦果长圆形，具小腺体。花果期8-10月。

产湖北西部、湖南西南部、四川及西藏。锡金、印度及克什米尔地区有分布。

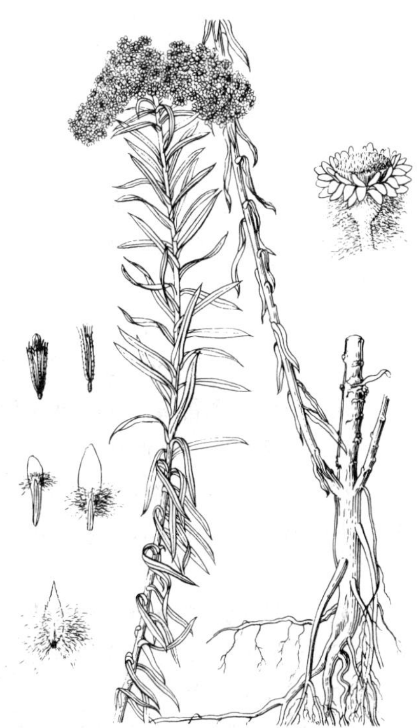

图 382 旋叶香青（蔡淑琴绘）

6. 宽翅香青　　图 383

Anaphalis latialata Ling et Y. L. Chen in Acta Phytotax. Sin. 11: 98. 1966.

多年生草本。根茎有丛生不育茎和花茎。茎被白色蛛丝状棉毛和腺毛。茎中部叶线状披针形或线状长圆形，长3-5厘米，基部沿茎下延成窄或楔形翅；上部叶渐细尖，有干膜质长尖头；叶被蛛丝状棉毛或密棉毛或仅被腺毛。头状花序极多数，密集茎枝端成复伞房状，总花序梗长达2厘米；总苞钟状，长6-7毫米，总苞片6-7层，外层卵圆形，被疏棉毛，内层长圆形，白或浅黄色，爪部上端有腺点，最内层长圆状线形，有长爪。瘦果长达1毫米，有疏腺点。花果期6-8月。

产四川及甘肃南部，生于高山或亚高山开旷坡地或向阳山地。

[附] **绿宽翅香青 Anaphalis latialata** var. **viridis** (Hand.-Mazz.) Ling et Y. L. Chen in Acta Phytotax. Sin. 11: 99. 1966.——*Anaphalis alata* Maxim. var. *viridis* Hand.-Mazz. in Acta Hort. Gothob. 12: 245. 1938. 与模式变种的主要区别：植株绿色，茎上部被丝状薄棉毛；叶两面被腋毛，幼叶被蛛丝状棉毛。产青海东部、甘肃西部及四川西部，生于海拔3500-3600米。

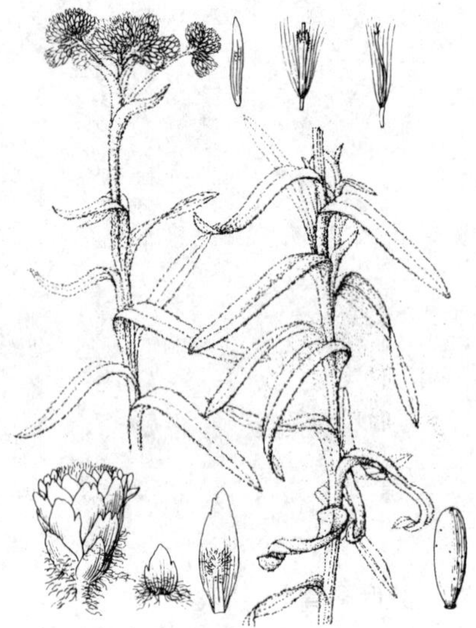

图 383 宽翅香青（引自《图鉴》）

7. 二色香青 图 384

Anaphalis bicolor (Franch.) Diels in Notes Roy. Bot. Gard. Edinb. 7: 337. 1912.

Gnaphalium bicolor Franch. in Journ. de Bot. 10: 411. 1896.

多年生草本。根出条有顶生被白色厚茸毛莲座状叶丛，与花茎密集丛生。茎被白、灰白或黄白色棉毛和腺毛，节间长2-5毫米，叶密生。中部和上部叶多少直立或贴茎，线形或长圆状线形，长1.5-4（-7）厘米，宽2-4毫米，先端尖，基部下延成窄翅，被灰白、白或黄白色厚棉毛及腺毛。头状花序多数在茎枝端成复伞房花序，花序梗短，总花序梗长达3厘米；苞叶钻状线形；总苞钟状，长6-7毫米，径6-8毫米，总苞片5-6层，外层被棉毛，内层倒披针状椭圆形，稍黄或污白色，基部浅褐色，最内层线状长圆形，有长爪。瘦果长圆形，长1毫米。花期7-10月，果期9-11月。

产青海东南部及南部、西藏东部、四川西南部、贵州西部、云南北部及西北部，生于海拔2500-3000米草地、荒地、灌丛或针叶林下。

[附] **长叶二色香青 Anaphalis bicolor** var. **longifolia** Chang in Contr. Biol. Lab. Sci. China Bot. 6: 548. 1935. 与模式变种的主要区别：叶较疏，节间长0.5-1厘米，上部叶多少开展，长6-7厘米，宽4-8毫米，长圆状线形，先端钝；总苞长7-8毫米。产四川西部及西南部、云南西北部，生于海拔3400-3800米。

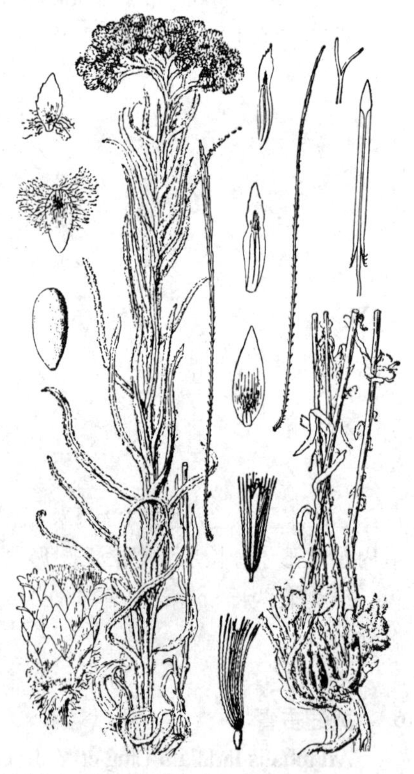

图 384 二色香青（引自《中国植物志》）

[附] **同色香青 Anaphalis bicolor** var. **subconcolor** Hand.-Mazz. in Acta Hort. Gothob. 12: 245. 1938. 与模式变种及上一变种的主要区别：植株被灰白或白色棉毛；叶较密集，节间长2-5毫米，上部叶直立或稍开展，先端稍尖；总苞长6毫米，总苞片淡黄色。有时茎较低矮、叶宽不及2毫米。产四川西部及西南部、西藏东部、甘肃东部，生于海拔3100-3600米。

8. 黄绿香青 图 385

Anaphalis virens Chang in Contr. Biol. Lab. Sci. China Bot. 6: 546. 1935.

多年生草本。根茎粗壮，木质，有莲座状叶丛和密集丛生花茎和不育茎。茎下部木质，不分枝，被黄色腺毛，上部兼被蛛丝状疏毛。莲座状叶倒卵圆形或长圆形，长1.5厘米，两面被灰白色密棉毛；茎中部叶黄绿色，质薄，两面被腺毛，长圆状或线状披针形，长3-7厘米，基部下延成

翅；上部叶披针状线形，有干膜质长尖头。头状花序极多数，在茎枝端成复伞房状，花序梗细；总苞宽钟形，长约7毫米，总苞片4-5层，外层宽卵圆形，被棉毛，内层长圆形，先端钝或圆，黄白色，下部黄褐色，最内层长圆形，有长爪。瘦果长圆形，长约1毫米，有疏乳突。花期7-9月。

产四川北部及西南部、云南西北部及西藏东南部，生于海拔1800-3600米草地或岩石间。

图 385 黄绿香青（孙英宝绘）

9. 雅致香青 图 386

Anaphalis elegans Ling in Acta Phytotax. Sin. 11: 101. 1966.

多年生草本。根茎粗壮，木质，有莲座状叶丛，花茎多少丛生。茎高达50厘米，下部木质，不分枝，被腺毛和蛛丝状疏毛，上部被密毛。莲座状叶倒卵圆形或匙状椭圆形，长0.7-1.5厘米；茎下部叶长圆状匙形，下部渐窄成具翅鞘状长柄；中部叶椭圆形或长圆状披针形，长3-5厘米，基部下延成窄翅；上部叶线状披针形；叶两面被腺毛，边缘和下面被白色蛛丝状棉毛。头状花序多数，在枝端排成疏散复伞房状；总苞宽钟状，长6-7毫米，总苞片4-5层，外层卵圆形，淡褐色，被棉毛，内层倒卵状长圆形，乳白色或稍带红色，先端圆，长5-6毫米，最内层匙状长圆形，有长爪。瘦果长圆形，长1.2毫米，有乳突。花期7-8月。

产四川西部及云南西北部，生于海拔3100-3450米山坡向阳砾石坡地。

图 386 雅致香青（引自《中国植物志》）

10. 香青 图 387

Anaphalis sinica Hance in Journ. Bot. 12: 261. 1874.

多年生草本。茎被白或灰白色棉毛，叶较密，节间长0.5-1厘米。莲座状叶被密棉毛；茎中部叶长圆形、倒披针长圆形或线形，长2.5-9厘米，基部下延成翅；上部叶披针状线形或线形；叶上面被蛛丝状棉毛，下面或两面被白或黄白色厚棉毛，常兼有腺毛，有单脉或具侧脉向上离基3出脉。头状花序密集成复伞房状或多次复伞房状；总苞钟状或近倒圆锥状，长4-5（6）毫米，总苞片6-7层，外层卵圆形，白或浅红色，被蛛丝状毛，长2毫米，内层舌状长圆形，乳白或污白色，最内层长椭圆形，有长爪。瘦果长

0.7-1毫米，被小腺点。花期6-9月，果期8-10月。

产吉林东部、河北、河南、安徽、江苏南部、浙江、福建北部、江西、湖北、湖南、广西东北部、四川东部、陕西东南部、甘肃东部及青海东北部，生于海拔400-2000米灌丛、草地、山坡及溪岸。朝鲜半岛及日本有分布。

[附] **疏生香青 Anaphalis sinica** var. **remota** Ling in Acta Phytotax. Sin. 11: 103. 1966. 与模式变种的主要区别：叶披针形、线状长圆形或线形；节间长1-2厘米，上部节间更长。产河北、山西、陕西及甘肃，生于海拔800-2100米。

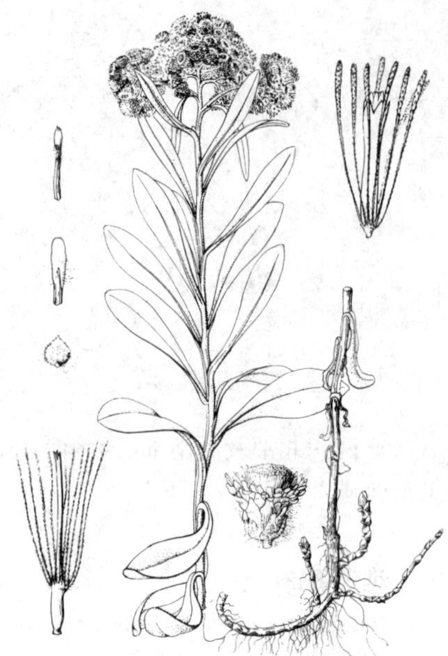

图 387 香青（引自《图鉴》）

11. 黄腺香青 图 388

Anaphalis aureo-punctata Lingelsh et Borza in Fedde, Repert. Sp. Nov. 13: 392. 1914.

多年生草本。根茎有长匍枝。茎被白或灰白色蛛丝状棉毛，叶较疏，节间长4-11厘米。莲座状叶宽匙状椭圆形，下部渐窄成长柄，常被密棉毛；茎下部叶匙形或披针状椭圆形，有具翅的柄，长5-16厘米，宽1-6厘米；中部叶基部沿茎下延成翅；上部叶披针状线形；叶上面被具柄腺毛及易脱落的蛛丝状毛；叶下面被白或灰白色蛛丝状毛及腺毛，或脱毛，有离基3出脉或5出脉。头状花序多数密集成复伞房状；总苞钟状或窄钟状，长5-6毫米，总苞片约5层，外层褐色，卵圆形，被棉毛；内层白或黄白色，在雄株顶端宽圆，宽达2.5毫米，在雌株顶端钝或稍尖，宽约1.5毫米，最内层匙形或长圆形，有长爪。瘦果长达1毫米，被微毛。花期7-9月，果期9-10月。

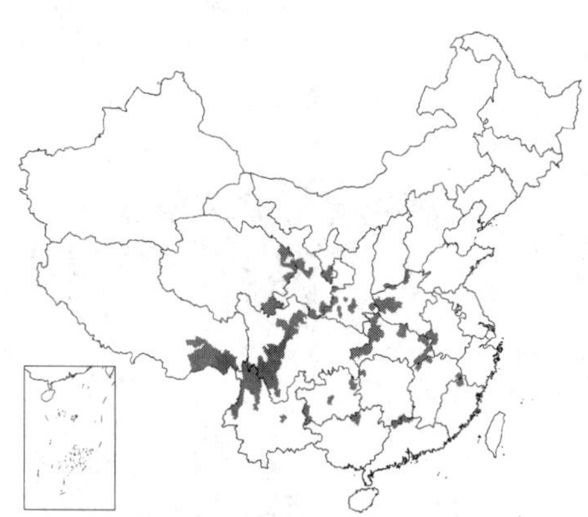

产青海东部、甘肃、宁夏、陕西秦岭、山西南部、河南、安徽西部、福建西北部、江西、湖北、湖南、广东北部、广西北部、贵州、云南、四川及西藏东南部，生于海拔1700-3600米林下、林缘、草地、河谷、泛滥地及石砾地。

[附] **车前叶黄腺香青 Anaphalis aureo-punctata** var. **plantaginifolia** Chen in Acta Phytotax. Sin. 11: 105. 1966. 本变种的鉴别特征：茎粗壮，被蛛丝状毛；下部及中部叶宽椭圆形，骤窄成长柄，两面初被蛛丝状毛和具柄腺毛，后除下面沿脉外脱毛，有长达顶端的5出脉及侧脉，上部叶小，椭圆形或线状披针形，有3出脉或单脉。产江西西北部、湖北西部、湖南西部及四川中部，生于海拔1000-2700米山地或湿地。

[附] **绒毛黄腺香青 Anaphalis aureo-punctata** var. **tomentosa** Hand.-Mazz. in Acta Hort. Gothob. 12: 242. 1938. 本变种的鉴别特征：茎粗壮，被蛛丝状毛，下部及中部叶宽椭圆形、匙形或披针状椭圆形，下部骤窄成宽翅，长5-9厘米，宽2-4厘米，上面被蛛丝状毛及具柄头状腺毛，下面被白或灰白色密棉毛及沿脉锈色毛，有长达叶端的3出脉；总苞基部浅褐色。产云南、贵州东北部、四川、湖北西部、陕西南部及河南西部，生于海拔2100-3800米林下或山坡竹林。

图 388 黄腺香青（引自《图鉴》）

[附] **黑鳞黄腺香青 Anaphalis aureo-punctata** var. **atrata** Hand.-Mazz. in Acta Hort. Gothob. 12: 242. 1938. 本变种的鉴别特征：茎粗壮或较细；叶较窄，匙状或倒披针状椭圆

形，基部渐窄，上面被蛛丝状毛和腺毛，下面被白或灰白色密棉毛，离基3出脉；内层总苞片黄白色，基部干后深褐或紫褐色。产云南西北部、四川西南部及西部，生于海拔3000-4200米林下、草坡或石砾地。

12. 萎软香青 图 389

Anaphalis flaccida Ling in Acta Phytotax. Sin. 11: 105. 1966.

多年生草本。根茎细长，稍木质。茎丛生，不分枝或有少数花序枝，被灰白色蛛丝状长柔毛。茎下部叶密集，窄匙形，渐窄成长柄，长达5厘米，花期枯萎；中部及上部叶线状匙形或线形，长2.5-5厘米，宽2-5毫米，基部沿茎下延成窄翅，边缘平；叶两面被灰白色蛛丝状棉毛，有不明显离基3出脉。头状花序多数在茎端及枝端密集成复伞房状；总苞钟状，长4-5毫米，总苞4-5层，外层椭圆形，浅黄褐色，被棉毛，先端钝，内层长圆形或椭圆形，上部白色，先端钝或微尖，有时撕裂，下部膜质，近透明，最内层窄长圆形，长4毫米，有长爪。瘦果近圆柱形，长0.7毫米，有微毛及小腺点。花果期6-8月。

产贵州西部及云南东北部，生于海拔1800-2400米山顶、山坡草地及灌丛中。

图 389 萎软香青（引自《中国植物志》）

13. 萌条香青 图 390

Anaphalis surculosa (Hand.-Mazz.) Hand.-Mazz. in Acta Hort. Gothob. 12: 243. 1938.

Anaphalis pterocaula Maxim. var. *surculosa* Hand.-Mazz. Symb. Sin. 7: 1103. 1936.

多年生草本。根茎粗壮，木质。茎高达1米，下部木质，当年枝被蛛丝状毛及腺毛，后下部常脱毛，常有被密茸毛的腋芽或短枝，下部叶较密。中部叶线形、线状披针形或长圆形，长3-8厘米，下部沿茎下延成翅；上部叶渐小；顶部叶线形或钻形，苞叶状；叶质薄，两面被头状具柄腺毛，下面或两面被疏蛛丝状或下面有腺点，有离基3出脉。头状花序极多数，密集成复伞房状；总苞近钟形，长4-5毫米，总苞片约6层，外层卵圆形，浅褐色，内层椭圆形或匙状椭圆形，白色，最内层近匙形，长约4毫米，白色，有长爪。瘦果长圆形，长1毫米，被毛及腺点。花期7-10月，果期9-

图 390 萌条香青（孙英宝绘）

10月。

产四川及云南西北部，生于海拔180-2700米开旷草地或灌丛中。

14. 云南香青 图 391

Anaphalis yunnanensis (Franch.) Diels in Notes Roy. Bot. Gard. Edinb. 7: 337. 1912.

Gnaphalium yunnanensis Franch. in Journ. de Bot. 10: 410. 1896.

多枝亚灌木。根茎粗壮。花茎高达20厘米，被白或灰白色蛛丝状棉毛，叶较密生。基部叶和根出条顶生叶匙形或匙状长圆形，长0.5-1.5厘米；茎下部和中部叶长圆状匙形，长2-4厘米，基部沿茎下延成窄翅；上部叶直立，渐尖；叶两面被灰白或黄白色密棉毛。头状花序多数密集成复伞房状；总苞宽钟状，长6-7毫米，总苞片约5层，外层卵圆状披针形，褐或深褐色，被蛛丝状毛，内层椭圆状披针形，长达5毫米，先端白或黄白色，最内层线状长圆形，有长爪。瘦果长圆形，长约1毫米，密被乳突。花期7-9月，果期8-9月。

产四川西南部及云南西北部，生于海拔2800-4000米草地、林缘、湖岸或岩石上。

图 391 云南香青 （引自《中国植物志》）

15. 木里香青 图 392：1-7

Anaphalis muliensis (Hand.-Mazz.) Hand.-Mazz. in Notizbl. Bot. Gart. Berl.-Dahl. 13: 631. 1937.

Anaphalis yunnanensis Diels var. *muliensis* Hand.-Mazz. in Sitz. Acad. Wiss. Wien, Mach.-Nat. 61: 203. 1924.

多枝亚灌木。花茎高达20厘米，被白色蛛丝状厚棉毛，后常脱毛，下部叶较密集。基部叶倒卵状长圆形，莲座状排列；茎中部叶倒卵状或线状长圆形，长1-3.5厘米，基部沿茎下延成窄翅；上部叶有长尖头；叶上面被蛛丝状毛或脱毛，下面被白色棉毛。头状花序密集成复伞房状；总苞宽钟状，长6-7毫米，总苞片4-5层，外层卵圆形，红褐色，内层匙状椭圆形，白或浅红白色，下部褐色，最内层匙形，有长爪。瘦果椭圆形，长1.5毫米，近无毛。花期6-9月，果期9-10月。

图 392：1-7. 木里香青 8-15. 狭苞香青 （引自《中国植物志》）

产四川西南部及云南西北部，生于海拔3400-4000米高山针叶林下、草地或岩石上。

16. 狭苞香青 图 392 : 8-15

Anaphalis stenocephala Ling et Shih in Acta Phytotax. Sin. 11: 108. 1966.

多枝亚灌木。根茎粗壮。不育枝较低矮，被灰白或白色棉毛；花枝或一年生枝稍木质，常无毛，节间长0.5-1(1.5)厘米，腋芽花后成具密叶短枝。叶长椭圆状或线状长圆形，长1.5-3厘米，基部沿茎下延成长翅，上面被蛛丝状棉毛，下面被白或淡黄白色厚棉毛，有不明显离基3出脉或单脉；上部叶先端钝或有褐色小尖头。头状花序密集成径1.5-4厘米伞房花序；总苞圆筒状，长4-5毫米，径2-3毫米，总苞片约5层，外层卵圆形，常褐色，被蛛丝状棉毛，内层白色，长圆状匙形，最内层匙状线形，有长爪。瘦果长椭圆形，长约1毫米，被乳突。花果期7-8月。

产西藏东南部及云南西北部，生于海拔3000-3200米干旱山地及松林下。

17. 纤枝香青 图 393

Anaphalis gracilis Hand.-Mazz. Symb. Sin. 7: 1103. t. 17. f. 5. 1936.

多枝亚灌木。根茎粗壮，有密生叶、腋芽和顶芽。花茎高达40厘米，被蛛丝状毛或腺毛，叶较疏生。

叶线形、线状披针形或倒披针形，长1-3.5厘米，沿茎下延成绿色翅；上部叶有长尖头；叶质厚，上面被蛛丝状棉毛或腺毛，下面被蛛丝状密棉毛；不育茎顶部叶较短，两面被白色密棉毛。头状花序密集成伞房或复伞房状；总苞窄钟状，长4-5毫米，总苞片约6层，外层宽卵圆形，褐色，被棉毛，内层舌状椭圆形，白色，最内层长约4毫米，有长爪。瘦果长圆形，长约1毫米，被密乳突。花期7-8月，果期8-9月。

产四川，生于海拔3200-4000米干旱坡地或石砾地。

[附] **皱缘纤枝香青 Anaphalis gracilis** var. **ulophylla** Hand.-Mazz. in Acta Hort. Gothob. 12: 244. 1938. 本变种的鉴别特征：茎较高大，分枝粗壮，被蛛丝状毛和腺毛；叶线形、线状披针形或披针形，长1.5-3.5厘米，宽3-7毫米，基部沿茎下延成宽翅，上面被蛛丝状毛和腺毛，下面被灰白色密棉毛，边缘波状反卷，先端尖或渐尖；根出条长，匍枝状。产四川西北部及西南部、云南西北部，生于海拔2060-3000米草坡、沟谷或溪岸。

图 393 纤枝香青（引自《图鉴》）

18. 乳白香青 图 394

Anaphalis lactea Maxim. in Mél. Biol. 11: 324. 1881.

多年生草本。根状茎粗壮。莲座状叶丛或花茎常丛生。茎被白或灰白色棉毛。莲座状叶披针状或匙状长圆形，长6-13厘米，下部渐窄成具翅鞘状长柄；茎下部叶稍小，中部及上部叶直立或附茎，长椭圆形、线状披针

形或线形，长2-10厘米，基部下延成窄翅，先端有长尖头；叶被白或灰白色密棉毛。头状花序在茎枝端密集成复伞房状；总苞钟状，长6毫米，径5-7毫米，总苞片4-5层，外层卵圆形，褐色，被蛛丝状毛，内层卵状长圆形，乳白色，先端圆，最内层窄长圆形，有长爪。瘦果圆柱形，长约1毫米，近无毛。花果期7-9月。

产内蒙古西部、宁夏、甘肃、青海及四川北部，生于海拔2000-3400米草地及针叶林下。全草入药，活血散瘀，平肝，祛痰，外用止血。

图 394 乳白香青（郭木森绘）

19. 蜀西香青 图 395

Anaphalis souliei Diels in Fedde, Repert. Sp. Nov. Beih. 12: 505. 1922.

多年生草本。根茎粗壮。莲座状叶丛和花茎多少丛生。茎高达30厘米，草质，被蛛丝状棉毛。莲座状叶披针形或倒卵状椭圆形，长2-9(-23)厘米，下部渐窄具翅鞘状柄；茎下部叶与莲座状叶近同形，较小；中部和上部叶倒披针状长圆形或线形，长2-4厘米；叶两面被蛛丝状棉毛及腺毛。头状花序密集成复伞房状；总苞宽钟状，长5-7毫米，径5-6毫米，总苞片5-6层，外层卵圆形，浅褐色，被棉毛，内层长圆形或倒卵状长圆形，上部白色，先端尖或圆，最内层线形，有长爪。瘦果长约1毫米，有乳突。花期6-8月，果期7-9月。

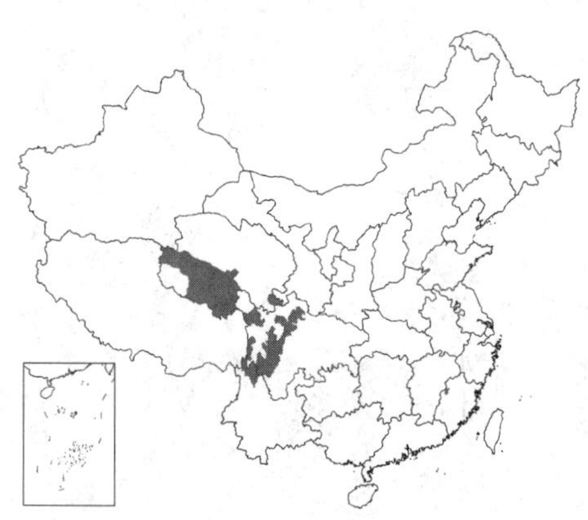

产青海南部至西部、四川西北部至西南部、云南西北部，生于海拔3000-4200米山坡、山脊、草地或林下。

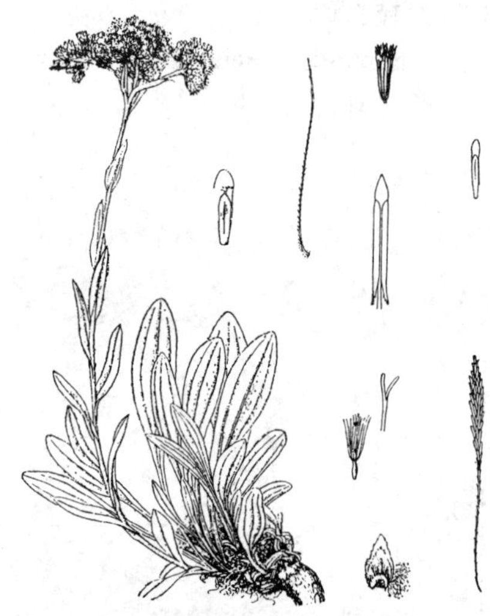

图 395 蜀西香青（引自《中国植物志》）

20. 红指香青 图 396

Anaphalis rhododactyla W. W. Smith in Notes Roy. Bot. Gard. Edinb. 10: 169. 1918.

多年生草本。根茎粗壮。花茎与不育茎常密集成垫状，花茎高达30厘米，被灰或黄白色密棉毛，叶较密。基部叶倒卵状或匙状长圆形，长1.5-4厘米，下部渐窄成长柄；中部叶匙状或披针状长圆形，基部沿茎下延成窄翅；上部叶披针形或线形，有膜质长尖头；叶被灰色棉毛或蛛丝状毛，有离基3出脉。头状花序密集成伞房状；总苞宽钟状，长7-8毫米，径5-6毫米，总苞片约5层，外层卵圆形或椭圆

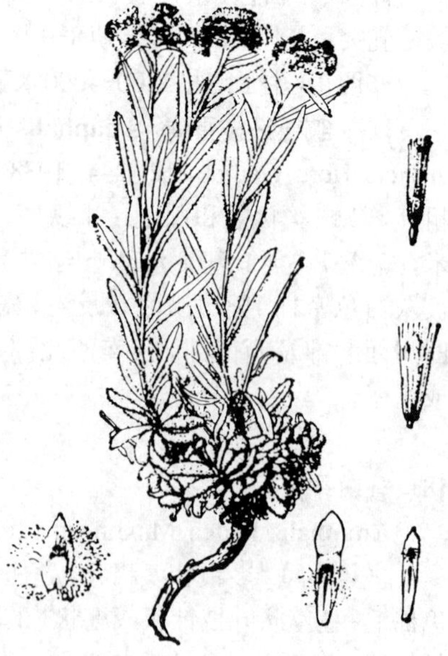

图 396 红指香青（引自《中国植物志》）

形，上部紫红色，下部褐色，被棉毛，内层长圆状披针形，紫红或白色，干后常黄白色，先端尖，最内层线状倒披针形，有长爪。瘦果长圆形，长约1毫米，被密腺体。花期7-8月，果期9月。

产四川西南部、云南西北部及西藏东南部，生于海拔3800-4200米草地、坡地或石缝中。

图 397 木根香青（郭木森绘）

21. 木根香青 图 397

Anaphalis xylorhiza Sch.-Bip. ex Hook. f. Fl. Brit. Ind. 3: 281. 1881.

多年生草本。根茎粗壮，有顶生莲座状叶丛和花茎，常密集成垫状，高3-7（-17）厘米，被白或灰白色蛛丝状毛或薄棉毛，叶密生。莲座状叶与茎下部叶匙形、长圆状或线状匙形，长0.5-3厘米，下部渐窄成宽翅状长柄；上部叶直立，倒披针状或线状长圆形，基部稍沿茎下延成短窄翅；叶两面被白或灰褐色疏棉毛，基部和上面除边缘外常脱毛露出腺毛，有3出脉，或上部叶单脉。头状花序密集成复伞房状；总苞宽钟状或倒锥状，长5-6毫米，总苞片约5层，开展，外层卵圆形或卵状椭圆形，被棉毛，内层长圆状披针形，下部褐或紫褐色，先端尖，最内层线状长圆形，有长爪。瘦果长圆状倒卵圆形，长约1.5毫米，被微毛。花期7-9月，果期8-10月。

产西藏，生于海拔3800-4000米草地、草原或苔藓中。尼泊尔、不丹及喜马拉雅有分布。

22. 污毛香青 图 398

Anaphalis pannosa Hand.-Mazz. Symb. Sin. 7: 1100. t. 17. f. 8-9. 1936.

多年生草本，小亚灌木状，有顶生莲座状叶丛和花茎。茎高达20厘米，被黄褐色长棉毛。茎下部叶与莲座状叶同形，倒卵圆状或长圆状匙形，长1.5-4厘米，下部骤窄成基部褐色无毛宽鞘；中部和上部叶直立，匙状长圆形或窄长圆形，长2-4厘米，基部沿茎下延成不明显短翅，先端有黑色小尖头；叶两面被黄褐或褐色厚棉毛，有不明显3出脉。头状花序密集成团球伞房状；总苞宽钟状，径约1厘米，总苞片约5层，开展，外层卵圆状披针形，被黄褐色长棉毛，内层倒卵圆状或长圆状披针形，上部黄白色，最内层线状披针形，有长爪。瘦果长圆形，长2毫米，有密乳突。花期7-8月，果期9月。

产云南，生于海拔3800-4300米干旱石砾坡地。

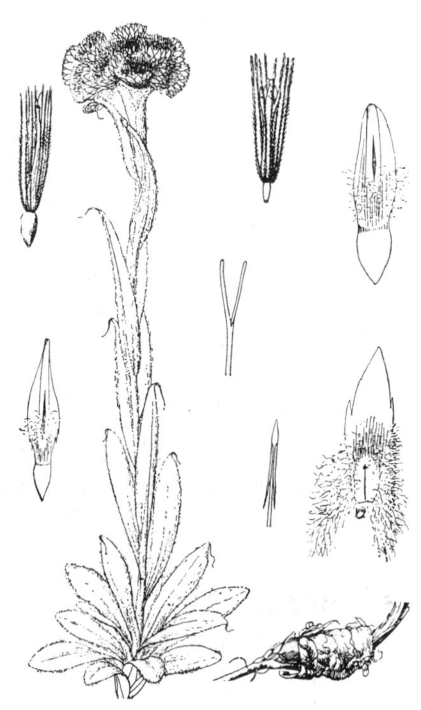

图 398 污毛香青（引自《中国植物志》）

23. 灰毛香青 图 399 : 1-4

Anaphalis cinerascens Ling et W. Wang in Acta Phytotax. Sin. 11: 110. 1966.

多年生草本，小亚灌木状，莲座状叶丛和花茎密集成垫状。茎高达6厘米，或近无茎。茎基部叶与莲座状叶同形，倒卵状长圆形或匙形；茎下部叶倒披针状长圆形，基部沿茎下延成短翅；上部叶较窄，直立，或茎无叶；叶两面被银灰色长棉毛，基部有时脱毛，有不明显3出脉。头状花序密集成伞房状，或单生茎端；总苞宽钟状，长0.9-1厘米；总苞片约5层，白色，稀黄白色，基部深褐色，外层卵圆状披针形，被疏棉毛；内层长圆状披针形，最内层稍短长圆状或匙状线形，有长爪。幼果长圆形，长约1毫米，无毛。花期7-9月。

产四川西南部及云南西北部，生于海拔约4000米山坡岩石上。

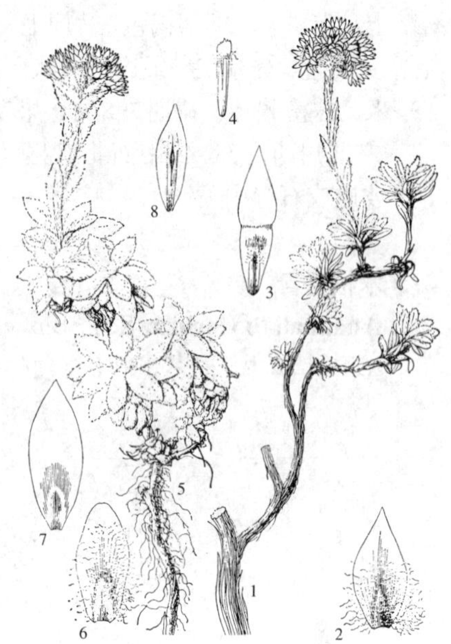

图 399 : 1-4. 灰毛香青 5-8. 绿香青
（引自《中国植物志》）

24. 绿香青 图 399 : 5-8

Anaphalis viridis Cumm. in Kew Bull. 21: 19. 1906.

多年生草本，小亚灌木状，叶丛及花茎密集丛生成垫状。茎高达8厘米或近无茎，被灰白色棉毛。茎基部叶与莲座状叶同形，倒卵圆形、倒披针形或匙状椭圆形，长0.3-2厘米；中部及上部叶直立，披针形或倒披针状长圆形，基部沿茎下延成楔形短翅；叶两面黄绿色，被灰白或黄白色棉毛。头状花序排成团球伞房状或单生；总苞宽钟状，长0.9-1.1厘米；总苞片4-5层，外层卵圆形，褐色，被棉毛，内层长圆状披针形，上部白或浅黄色，最内层线状倒披针形，有长爪。瘦果倒卵状长圆形，长约2毫米，被密乳突。花期7-8月，果期8-9月。

产四川西南部、云南西北部及西藏东南部，生于海拔3000-4800米山坡或草地。

25. 淡黄香青 图 400

Anaphalis flavescens Hand.-Mazz. Symb. Sin. 7: 1100. 1936.

多年生草本。根状茎细长，匍枝有顶生莲座状叶丛。茎高达22厘米，被灰白色蛛丝状棉毛，稀白色厚棉毛。莲座状叶倒披针状长圆形，长1.5-5厘米，下部渐窄成长柄；茎下部及中部叶长圆状披针形或披针形，长2.5-5厘米，基部下延成窄翅；上部叶窄披针形，长1-1.5厘米；叶被灰白或

图 400 淡黄香青 （引自《图鉴》）

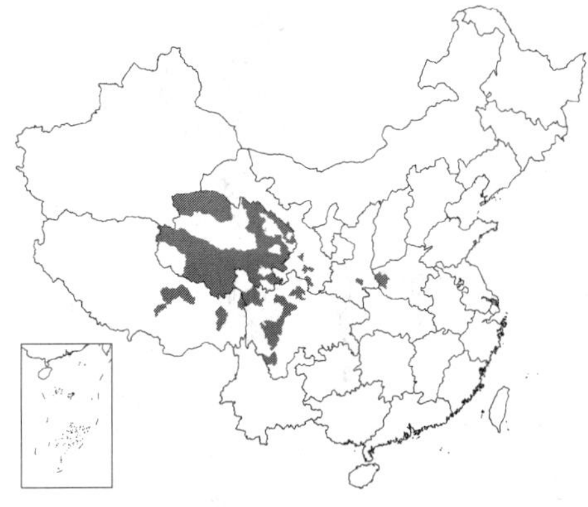

黄白色蛛丝状棉毛或白色棉毛，离基3出脉。头状花序密集成伞房或复伞房状；总苞宽钟状，长0.8-1厘米，总苞片4-5层，外层椭圆形，黄褐色，基部被密棉毛，内层披针形，上部淡黄或黄白色，最内层线状披针形，有长爪。瘦果长圆形，长1.5-1.8毫米，被密乳突。花期8-9月，果期9-10月。

产河南西部、陕西东南部、甘肃南部、青海、西藏、四川西北部至西南部，生于海拔2800-4700米坡地、坪地、草地或林下。

26. 铃铃香青　　图 401

Anaphalis hancockii Maxim. in Bull. Acta Imp. Sci. St. Pétersb. 27: 478. 1881.

多年生草本。根茎细长，匍枝顶生莲座状叶丛。茎被蛛丝状毛及腺毛，上部被蛛丝状密棉毛。莲座状叶与茎下部叶匙状或线状长圆形，长2-10厘米，基部渐窄成具翅柄或无柄；中部及上部叶直立，线形或线状披针形，稀线状长圆形；叶两面被蛛丝状毛及头状具柄腺毛，边缘被灰白色蛛丝状长毛，离基3出脉。头状花序在茎端密集成复伞房状；总苞宽钟状，长8-9(-11)毫米，总苞片4-5层，外层卵圆形，红褐或黑褐色，内层长圆披针形，上部白色，最内层线形，有长爪。瘦果长圆形，长约1.5毫米，被密乳突。花期6-8月，果期8-9月。

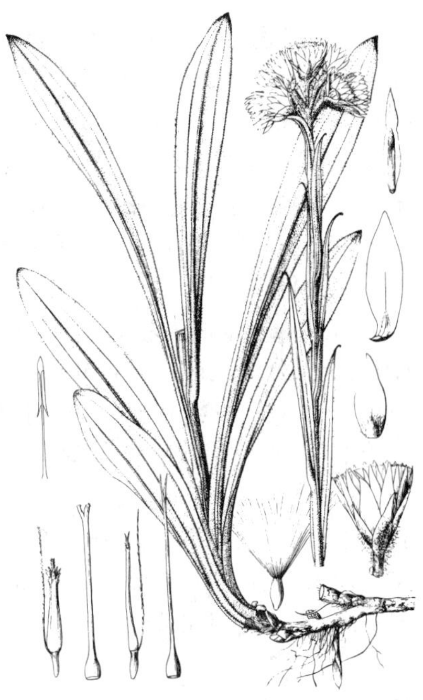

图 401　铃铃香青（引自《图鉴》）

产内蒙古、河北西北部、山西、河南、陕西秦岭、宁夏、青海、西藏东部及四川，生于海拔2000-3700米山顶及山坡草地。

27. 尼泊尔香青　　图 402

Anaphalis nepalensis (Spreng.) Hand.-Mazz. Symb. Sin. 7: 1099. 1936. pro part.

Elichrysum nepalensis Spreng. Syst. Veg. 3: 485. 1826.

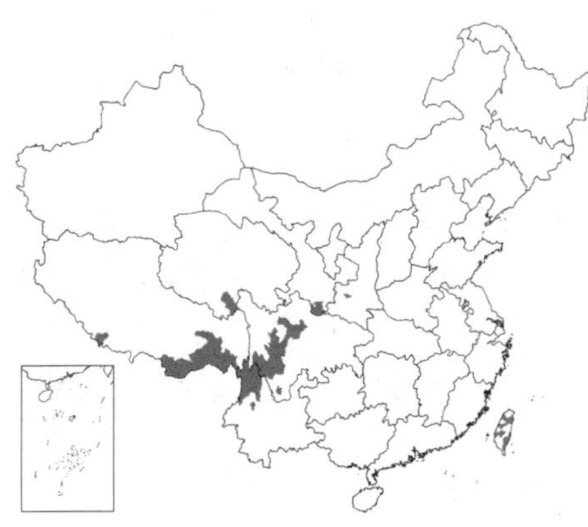

多年生草本。根茎匍枝有倒卵形或匙形叶和顶生莲座状叶丛。茎高5-30厘米，被白色密棉毛，或无茎。下部叶花期生存，与莲座状叶同形，匙形、倒披针形或长圆状披针形，长1-7厘米，基部渐窄；中部叶长圆形或倒披针形，基部稍抱茎，或茎短而无中上部叶；叶两面或下面被白色棉毛及腺毛，有1脉或离基3出脉。头状花序1-6，稀较多疏散伞房状排列；总苞近球状，径1.5-2厘米，总苞片8-9层，开展，外层卵圆状披针形，深褐色；内层披针形，白色，基部深褐色；最内层线状披针形，有长爪。瘦果圆柱形，长1毫米，被微毛。花期6-9月，果期8-10月。

产陕西秦岭西部、甘肃南部、青海南部、四川、西藏及云南西北部，生于海拔2400-4500米草地、林缘或沟边。尼泊尔、锡金、不丹及印度有分布。西藏民间用为治咳药。四川俗名清明草。

[附] 伞房尼泊尔青香 **Anaphalis nepalensis** var. **corymbosa** (Bur. et Franch.) Hand.-Mazz. in Acta Hort. Gothob. 12: 239. 1938.——*Gnaphalium corymbosa* Bur. et Franch. in Journ. d. Bot. 5: 71. 1891. 本变种的鉴别特征：茎较粗壮，高达45厘米；下部叶花期常枯萎，长圆状披针形，长达10厘米，渐窄成长柄；头状花序8-15，排成疏伞房状，花序梗长1-3厘米或总花序梗更长。产四川西部、云南西部及西北部，生于海拔2500-4100米草地、灌丛、松林下或河滩地。

[附] 单头尼泊尔青香 **Anaphalis nepalensis** var. **monocephala** (DC.) Hand.-Mazz. in Acta Hort. Gothob. 12: 239. 1938.——*Anaphalis monocephala* DC. Prodr. 6: 272. 1837. 本变种的鉴别特征：茎高6-10厘米，稀较高，被疏棉毛，与莲座状叶丛密集丛生，或无茎；叶密集，匙形或倒披针状长圆形，长0.8-2（3）米，宽0.2-2厘米，上面被蛛丝状毛，下面被白色密棉毛，1脉或不明显3出脉；头状花序单生茎端，稀2-3生于莲座状叶丛。产西藏南部及东南部、四川中部、云南西北部，生于海拔4100-4500米阴湿坡地、岩石缝隙、沟旁溪岸苔藓中。

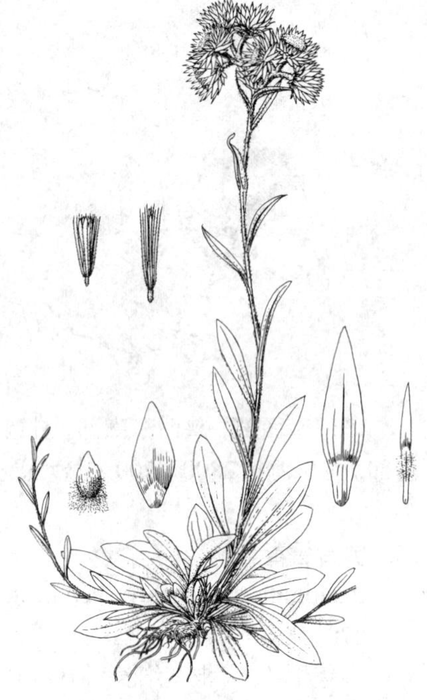
图 402 尼泊尔香青（引自《图鉴》）

28. 永健香青 图 403

Anaphalis nagasawai Hayata in Bot. Mag. Tokyo 20: 15. 1906.

多年生草本。根状茎细，稍木质，匍枝有密生叶和顶生莲座状叶丛。花茎与不育茎或匍枝密集丛生，茎高达12厘米，被白色密棉毛，叶密生。茎下部叶花期生存，匙形或倒卵形，长0.5-1厘米；中部叶长圆状披针形，长1-2厘米，基部沿茎下延成窄翅；上部叶稍短小；叶两面被灰白色密棉毛。总苞近球形，长达1厘米，径1-1.5厘米；总苞片约7层，放射状开展，外层卵圆披针形，红褐色，基部被薄棉毛，内层椭圆状披针形，白或黄白色，最内层线状披针形，有长爪。瘦果圆柱形，长1毫米。花期7-8月。

产台湾，生于高山干旱草地。

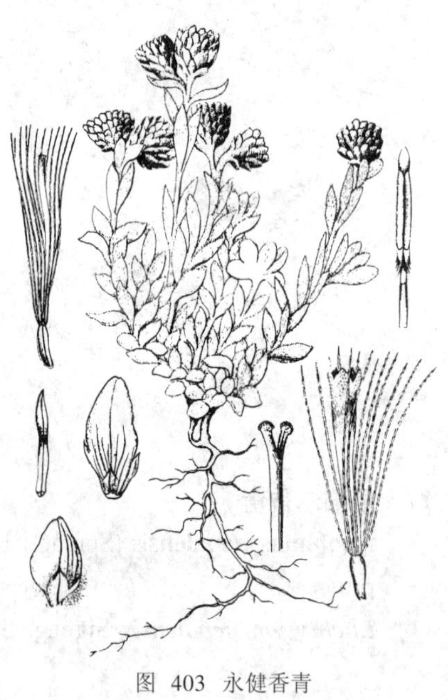
图 403 永健香青
（引自《Bot. Mag. Tokyo》）

55. 棉毛菊属 Phagnalon Cass.

（陈艺林 靳淑英）

灌木、亚灌木或多年生草本，被白色棉毛或无毛。叶互生，全缘或有浅齿。头状花序单生枝端或密集成团伞状，有多数异形小花，盘状，外围有多层雌花，中央有较少两性花，均结实；总苞宽钟状或倒卵状，总苞片多层，覆瓦状排列，披针形或钻形，干质，顶端干膜质，外层渐小，背面被毛；花托平，无毛或小窝孔。雌花花冠丝状，上端2-3细齿；花柱分枝细，顶端钝或圆；两性花花冠管状，上部稍扩大，有5裂片；花药基部全缘，或箭头形，或具微小尾部。瘦果小，稍扁，无沟棱。冠毛1层，有少数宿存细硬毛。

约20种，主要分布于地中海地区、亚洲西部、中亚和喜马拉雅西部。我国1种。

图 404 棉毛菊（孙英宝绘）

棉毛菊 图 404

Phagnalon niveum Edgew. in Trans. Linn. Soc. 20: 68. 1846.

亚灌木。茎仰卧，多分枝，长10-30厘米，径1-1.5毫米，密被白色棉毛，老枝常脱毛；节间长0.5-1.5厘米。叶线状长圆形、椭圆状长圆形或近长匙形，长1.5-2.5（-4）厘米，全缘或有波状浅齿，下部渐窄，无柄，半抱茎，下面密被白色棉毛，上面被蛛丝状毛或脱毛，下面侧脉不明显，上部叶缘常稍反卷。头状花序单生枝端，径0.8-1厘米，花序梗长1-3厘米；总苞半球形，长约7毫米，总苞片5-6层，外层较内层短5-6倍，钻形，渐细尖成针状紫色尖端，被棉毛或绒毛，最内层干膜质，无毛。小花长约6毫米，雌花极多数，花冠丝状；两性花花冠管状，上部稍扩大，裂片卵圆状披针形；冠毛白色，约与花冠等长，有5-6或稍多细毛。瘦果窄长，长达1.5毫米，有疏毛。

产西藏西部，生于海拔2000-2700米地带。喜马拉雅北部、克什米尔地区及阿富汗有分布。

56. 鼠麹草属 Gnaphalium Linn.

（陈艺林 靳淑英）

一年生稀多年生草本。茎草质或基部稍木质，被白色棉毛或绒毛。叶互生，全缘，无或具短柄。头状花序小，排成聚伞花序或圆锥状伞房花序，稀穗状、总状或球状；小花异型，盘状，外围雌花多数，中央两性花少数，均结实；总苞卵圆形或钟形，总苞片2-4层，覆瓦状排列，顶端膜质或几全膜质，背面被棉毛；花托扁平、突起或凹入，无毛或蜂巢状。花冠黄或淡黄色；雌花花冠丝状，3-4齿裂；两性花花冠管状，檐部5浅裂，花药5，顶端尖或略钝，基部箭头形，有尾部，花柱分枝近圆柱形，顶端平截或头状，有乳突。瘦果无毛，稀有疏短毛或腺体；冠毛1层，分离或基部联合成环，易脱落，白或污白色。

近200种，广布全球。我国20种。

1. 头状花序排成伞房状；总苞片膜质，金黄、柠檬黄、淡黄、黄白、淡黄白或亮褐色。
  2. 总苞片黄白或淡黄色，稀亮褐色。
    3. 粗壮草本，高达1米，基径4-8毫米；叶倒披针状长圆形或倒卵状长圆形，先端短尖；总苞近球形 ………………………… 1. **宽叶鼠麹草 G. adnatum**
    3. 植株高10-40厘米，基径1-2毫米；叶匙形或匙状长圆形，先端钝圆；总苞近钟形 ………………………… 2. **丝棉草 G. luteo-album**
  2. 总苞片金黄或柠檬黄色。
    4. 茎被白色厚棉毛；叶基部稍下延，有时稍抱茎；头状花序径2-4毫米。
      5. 茎高10-40厘米，基径约3毫米，基部有匍匐或斜上分枝；叶倒卵状匙形或匙状倒披针形；总苞钟形；冠毛基部联合成2束 ………………………… 3. **鼠麹草 G. affine**
      5. 茎高达70厘米，基径约5毫米。总苞球形。
        6. 茎基部木质；下部叶线形，长约8厘米，上面有腺毛或中脉被疏蛛丝状毛，下面被白色棉毛 ………………………… 4. **秋鼠麹草 G. hypoleucum**

6. 茎基部通常草质；叶质较厚，线状倒披针形，长2-4厘米，上面无腺毛，两面密被白色棉毛 ………………………………………………………………………… 4(附). **同白秋鼠麹草 G. hypoleucum** var. **amoyense**

4. 茎密被柔毛状腺毛；叶基部沿茎下延成翅；头状花序径约5毫米 …………… 5. **金头鼠麹草 G. chrysocephalum**

1. 头状花序密集成球状、团伞花序状或成总状、穗状花序，稀单生；总苞片草质，稀膜质，麦秆黄、淡黄、黄褐、棕褐或红褐色。

7. 头状花序密集成球状、团伞花序状或复头状，稀单生。

8. 头状花序具短梗，密集成球状或团伞花序状，稀单生，花序下面有不等大叶群；总苞片淡黄、黄褐或麦秆黄色；叶两面被白色绒毛。

9. 头状花序有雌花150(-240)，花托径1-1.5毫米。

10. 茎高20-40厘米或更高，被丛卷白色密绒毛，基部木质，分枝与主茎成锐角直升或斜升 ……………………………………………………………………… 6. **湿生鼠麹草 G. tranzschelii**

10. 茎高12-15厘米，基部通常无毛，常变红色，不分枝或有开展弧曲弯拱分枝，上部被丛卷绒毛 ……………………………………………………………………… 7. **贝加尔鼠麹草 G. baicalense**

9. 头状花序有雌花75-100(-125)，花托径0.5-0.7毫米；茎上部被白色丛卷绒毛，下半部及基部近无毛 ……………………………………………………………………… 8. **东北鼠麹草 G. mandshuricum**

8. 头状花序无梗，密集成复头状，其下有等大呈放射状或星芒状排列的叶；总苞片红褐色；叶上面被疏毛，下面密被白色棉毛。

11. 茎不分枝或基部发出数条匍匐枝。

12. 基部叶花期宿存，莲座状，叶线状剑形或线状倒披针形；茎稍直立或自基部发出数条匍匐小枝 ……………………………………………………………………… 9. **细叶鼠麹草 G. japonicum**

12. 基部叶花期凋落，线形，宽2-3毫米；茎直立 ……… 9(附). **单茎星芒鼠麹草 G. involucratum** var. **simplex**

11. 茎通常多分枝，直立，茎生叶花期凋落 ………………… 9(附). **分枝星毛鼠麹草 G. involucratum** var. **ramosum**

7. 头状花序排成具叶穗状或总状花序，有时单生。

13. 头状花序排成多头穗状花序；植株高20-45厘米。

14. 叶线形、近丝状、披针形或线状披针形。

15. 叶线形或丝状，宽1-3毫米，具1脉 ……………………………………………… 10. **南川鼠麹草 G. nanchuanense**

15. 叶披针形或线状披针形，宽0.5-1.5厘米，下部叶有3脉 ……………… 10(附). **挪威鼠麹草 G. norvegicum**

14. 叶倒披针形、匙形、倒卵状长圆形或匙状长圆形。

16. 叶具5-7脉；花托凹入；冠毛基部联合成环 ……………………………… 11. **匙叶鼠麹草 G. pensylvanicum**

16. 叶具1脉；花托平或中央稍凹入；冠毛基部分离 ………………………… 12. **多茎鼠麹草 G. polycaulon**

13. 头状花序排成具叶总状花序，外层总苞片倒卵形；植株高2-10厘米 ………………… 13. **矮鼠麹草 G. stewartii**

1. 宽叶鼠麹草 图 405

Gnaphalium adnatum (Wall. ex DC.) Kitam. in Journ. Jap. Bot. 21: 51. 1947.

Anaphalis adnata Wall. ex DC. Prodr. 6: 274. 1837.

粗壮草本。茎高达1米，基径4-8毫米，密被紧贴白色棉毛。茎中部及下部叶倒披针状长圆形或倒卵状长圆形，长4-9厘米，基部下延抱茎，先端短尖，两面密被白色棉毛，侧脉1对；上部花序枝的叶线形，长1-3厘米；叶两面密被白色棉毛。头状花序径5-6毫米，在枝端密集成球状，排成大伞房花序；总苞近球形，径5-6毫米，总苞片3-4层，干膜质，淡黄或黄白色，外层倒卵形或倒披针形，内层长圆形或窄长圆形。瘦果圆柱形，长约0.5毫米，具乳突；冠毛白色。花期8-10月。

产江苏南部、浙江、福建北部、台湾、江西东北部及西北部、广东北部、广西、湖南、湖北、贵州、云南、四川东部、甘肃南部、陕西东南部及河南，生于山坡、路旁或灌丛中。东南部地区海拔500-600米，西南部地区海拔2500-3000米。菲律宾、中南半岛、缅甸及印度北部有分布。

图 405 宽叶鼠麹草（王金凤绘）

2. 丝棉草 图 406

Gnaphalium luteo-album Linn. Sp. Pl. 851. 1753.

一年生草本。茎高10-40厘米或更高，基径1-2毫米，被白色厚棉毛。茎下部叶匙形，长3-6厘米，基部下延，先端钝圆，两面被白色厚绵毛，具1脉；上部叶匙状长圆形，稀线形，长2-5厘米，基部稍抱茎。头状花序径2-3毫米，近无梗，在枝顶密集成伞房状，花淡黄色；总苞近钟形，长2-3毫米，总苞片2-3层，黄白、麦秆黄或亮褐色，有光泽，外层倒卵形，背面脊上被绵毛，基部具爪，内层长匙形，背面无毛。瘦果圆柱形或倒卵状圆柱形，长约0.5毫米，有乳突；冠毛粗糙，污白色。花期5-9月。

产甘肃南部、陕西南部、四川、湖北西部、河南、山东东南部、江苏南部、安徽西部、海南及台湾，生于耕地、路旁或山坡草丛中。非洲、欧洲、亚洲中部及东南部、大洋洲及美洲北部有分布。

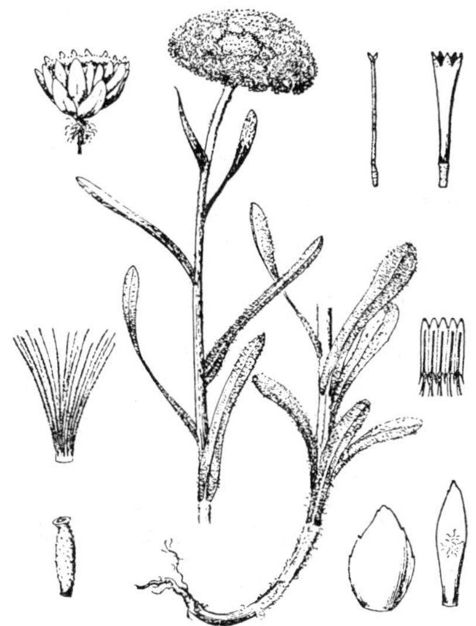

图 406 丝棉草（钱存源绘）

3. 鼠麹草 图 407

Gnaphalium affine D. Don, Prodr. Fl. Nepal. 173. 1825.

一年生草本。茎直立或基部有匍匐或斜上分枝，高10-40厘米，被白色厚棉毛。叶匙状倒披针形或倒卵状匙形，长5-7厘米，上部叶长1.5-2厘米，基部稍下延，具刺尖头，两面被白色棉毛，无柄。头状花序径2-3毫米，近无梗，在枝顶密集成伞房状，花黄或淡黄色；总苞钟形，径2-3毫米，总苞片2-3层，金黄或柠檬黄色，膜质，有光泽，外层倒卵形或匙状倒卵形，背面基部被棉毛，内层长匙形，背面无毛。瘦果倒卵形或倒卵状圆柱形，长约0.5毫米，有乳突；冠毛粗糙，污白色，易脱落，基部联合成2束。花期1-4月，8-11月。

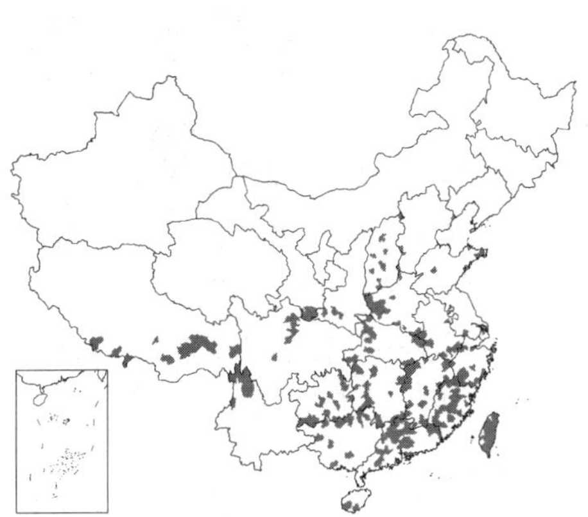

图 407 鼠麹草

（引自《江苏南部种子植物手册》）

产河北、河南、山东、江苏南部、安徽、浙江、福建、台湾、江西、广东、海南、广西、湖南、湖北、四川、云南西北部、贵州、西藏、甘肃南部、陕西及山西，生于低海拔干地或湿润草地，稻田常见。日本、朝鲜半岛、菲律宾、印度尼西亚、中南半岛及印度有分布。茎叶入药，可镇咳、祛痰，治气喘和支气管炎及非传染性溃疡、创伤，内服有降血压疗效。

4. 秋鼠麹草 图 408

Gnaphalium hypoleucum DC. in Wight, Contr. Bot. Ind. 21. 1843.

粗壮草本。茎高达70厘米，基部木质，上部有斜升分枝，被白色厚棉毛。叶线形，长约8厘米，基部稍抱茎，上面有腺毛，或沿中脉被疏蛛丝状毛，下面被白色棉毛，叶脉1，无柄。头状花序径约4毫米，无或有短梗，在枝端密集成伞房状；花黄色；总苞球形，径约4毫米，总苞片4层，金黄或黄色，有光泽，膜质或上半部膜质，外层倒卵形，背面被白色棉毛，内层线形，背面无毛。瘦果卵圆形或卵状圆柱形，顶端平截，无毛，长约0.4毫米；冠毛绢毛状，粗糙，污黄色，易脱落，基部分离。花期8-12月。

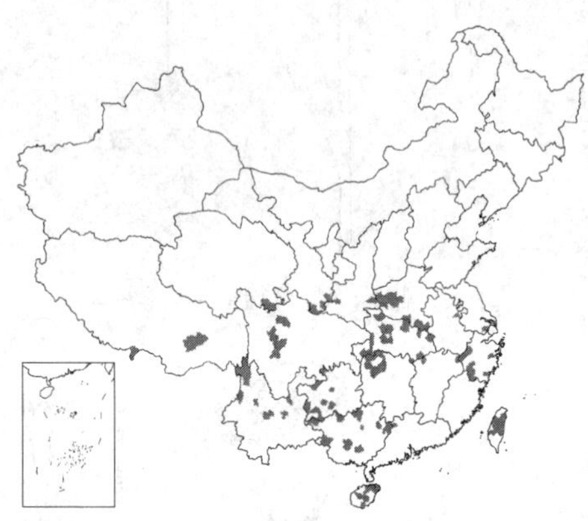

图 408 秋鼠麹草
（引自《江苏南部种子植物手册》）

产河南、安徽、江苏南部、浙江、福建北部、台湾、江西北部、湖北、湖南、广东北部、海南、广西、贵州、云南、西藏、青海东南部、四川、甘肃南部及陕西秦岭，生于海拔200-800米空旷沙土或山地路旁及山坡，在西南地区海拔较高。日本、朝鲜半岛、菲律宾、印度尼西亚、中南半岛及印度有分布。

[附] **同白秋鼠麹草 Gnaphalium hypoleucum** var. **amoyense** (Hance) Hand.-Mazz. Symb. Sin. 7: 1105. 1936.—— *Gnaphalium amoyense* Hance in Journ. Bot. 6: 174. 1868. 本变种的鉴别特征：茎基部通常草质；叶质较厚，线状倒披针形，长2-4厘米，宽2-6毫米，两面密被白色棉毛，上面无腺毛。产安徽南部、浙江、福建、台湾、江西、湖南及广东，生于海拔约800米荒坡干旱地或路旁草丛中。

5. 金头鼠麹草 图 409

Gnaphalium chrysocephalum Franch. in Journ. de Bot. 10: 412. 1896.

草本。茎密被柔毛状腺毛，上部有时被棉毛。基部叶密集，花期凋落；茎中部叶无柄，窄披针形或线状披针形，长4-7厘米，宽1.1-1.5厘米，基部沿茎下延成翅，上面中脉被薄棉毛，余密被柔毛状腺毛，下面密被白色棉毛，叶脉1；上部叶线形或线状披针形，长3.5-5厘米。头状花序多数，径约5毫米，在枝端密集成球状再伞房花序式排列，花黄色；总苞钟形，径约5毫米，总苞片3层，外层倒卵状长圆形，金黄色，有光泽，背面基部被白色棉毛，中层倒卵形或倒卵状长圆形，亮

图 409 金头鼠麹草（余汉平绘）

黄色，背面基部疏被棉毛或无毛，内层倒卵状长圆形或近匙形，无毛。瘦果圆柱形或几椭圆形，无毛，长约1毫米；冠毛白色，糙毛状，易脱落。花期6-10月。

产云南、贵州西北部及四川西南部，生于海拔2600-2800米山坡草丛中。

6. 湿生鼠麴草 图 410:1-4

Gnaphalium tranzschelii Kirp. in Not. Syst. Herb. Inst. Bot. Sci. URSS. 19: 352. 1959.

一年生草本。茎基部木质，常丛生小枝，中部和上部有斜升侧枝，被丛卷白色密绒毛。茎中部和上部叶长圆状线形或线状披针形，长2-4(-7)厘米，无明显叶柄，两面被丛卷白色绒毛。头状花序梗长2-2.5毫米，径约4.5毫米，在茎枝顶端密集成团伞花序状或近球状的复式花序；总苞近杯状，径约4.5毫米，总苞片2-3层，草质，外层宽卵形，黄褐色，被蛛丝状绒毛，内层长圆形，淡黄或麦秆黄色。花托径1-1.5毫米；头状花序有雌花150-208；两性花少数。瘦果纺锤形，有多数乳突，长约0.7毫米。花期7-10月。

产黑龙江、吉林、辽宁、内蒙古东部及河北北部，生于湿润草地、路旁、河边及沟谷中。朝鲜半岛、日本及俄罗斯远东地区有分布。

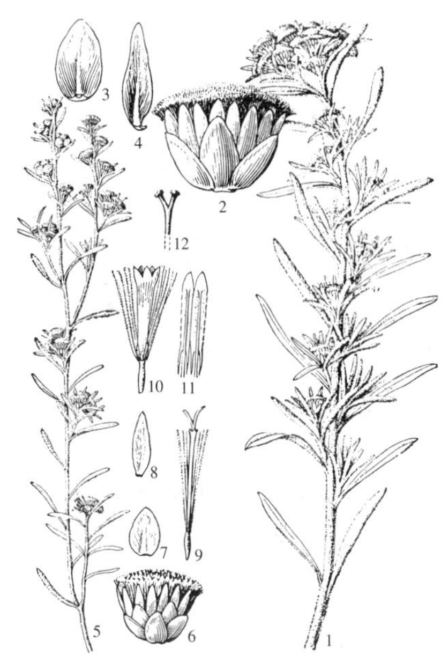

图 410:1-4.湿生鼠麴草
5-12.东北鼠麴草 （邓盈丰绘）

7. 贝加尔鼠麴草 图 411

Gnaphalium baicalense Kirp. in Not. Syst. Herb. Inst. Bot. Sci. URSS. 20: 300. 1960.

一年生草本。茎高12-15厘米，不分枝或有开展、弧曲弯拱分枝，下部、基部几无毛或被疏柔毛，常变红色，上部被丛卷绒毛。茎叶线状披针形，长2.5-4厘米，无明显叶柄，绿色或浅绿带淡红色，两面被白色丛卷绒毛；枝叶线形，长1-1.5厘米。头状花序钟状或杯状，具短梗，径4-5毫米，在茎及短侧枝顶端密集成团伞花序钟状或近球状复式花序，上部或顶部复式花序具多数头状花序，较下面的复式花序大；总苞钟形或杯状，径4-5毫米，总苞片2层，近草质，外层卵形，麦秆黄色，背部被蛛丝状毛，内层长圆形，淡黄色，背面几无毛。花托径1-1.5毫米；头状花序有雌花150-242，两性花5-11。瘦果卵状椭圆形或纺锤形，长约0.5毫米，有棱角，稀具乳突。花期7-9月。

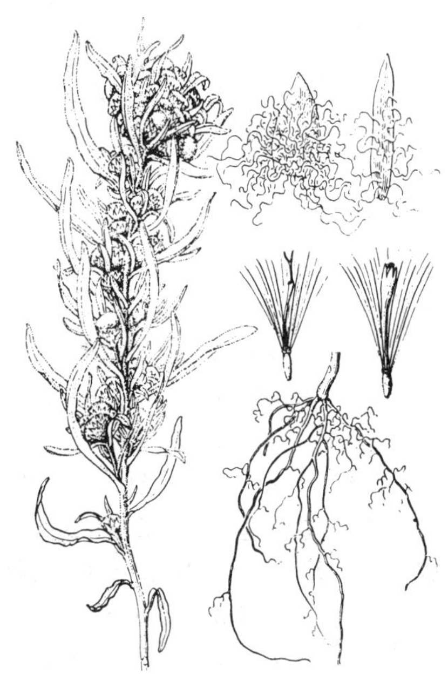

图 411 贝加尔鼠麴草（马 平绘）

产吉林东部、辽宁东部、内蒙古及河北北部，生于河边或湿地。蒙古及俄罗斯贝加尔有分布。

8. 东北鼠麴草 图 410:5-12

Gnaphalium mandshuricum Kirp. in Not. Syst. Herb. Inst. Bot. Sci. URSS. 20: 298. 1960.

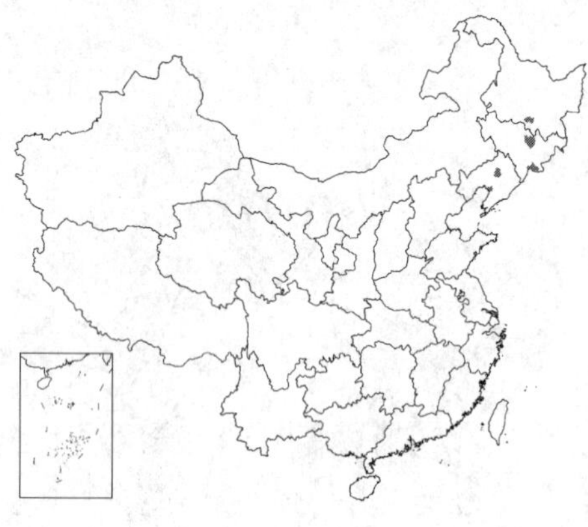

一年生细弱草本。茎高达18厘米，下半部无毛或多少被白色丛卷毛，上部密被白色丛卷绒毛。茎中部和上部叶线状披针形，长1.5-2厘米，两面被白色绒毛，叶脉1。头状花序近头状，径3-3.5毫米，具短梗，在茎枝顶端或顶部叶腋密集成球状，稀单生，花序梗被蛛丝状绒毛；总苞近杯状，径3-3.5毫米，总苞片2层，草质，黄或淡黄色，外层卵形，背面被白色绒毛，内层卵状披针形；花托径0.5-0.7毫米。头状花序有雌花75-110（-125），花冠丝状，黄色，上部有腺点；两性花4-6，黄褐色，檐部5浅裂，裂片三角形。瘦果卵状圆柱形，长0.5-0.7毫米，具乳突；冠毛白色，糙毛状。花期7-9月。

产黑龙江南部、吉林及辽宁，生于水边湿地或落叶松林下。朝鲜半岛北部及俄罗斯亚洲部分的东南部有分布。

9. 细叶鼠麴草 白背鼠麴草 图 412

Gnaphalium japonicum Thunb. Fl. Jap. 331. 1784.

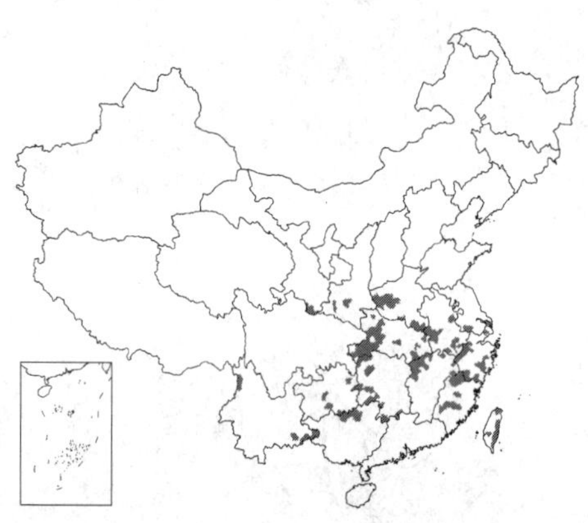

一年生细弱草本。茎稍直立或自基部发出数条匍匐小枝，密被白色棉毛。基生叶花期宿存，莲座状，线状剑形或线状倒披针形，长3-9厘米，宽3-7毫米，上面疏被棉毛，下面厚被白色棉毛；茎叶（花葶的叶）少数，线状剑形或线状长圆形，长2-3厘米。头状花序少数，径2-3毫米，无梗，在枝端密集成球状，成复头状花序，其下有等大放射状或星状排列的叶；花黄色，总苞近钟形，径约3毫米，总苞片3层，外层宽椭圆形，干膜质，带红褐色，背面被疏毛，中层倒卵状长圆形，上部带红褐色，内层线形，先端钝而带红褐色，中下部浅绿色。瘦果纺锤状圆柱形，长约1毫米，密被棒状腺体；冠毛粗糙，白色。花期1-5月。

产甘肃南部、陕西南部、河南、安徽、江苏南部、浙江、福建、台湾、江西、湖北、湖南、广东北部、广西、贵州及云南，生于低海拔草地或耕地，喜光。日本、朝鲜、澳大利亚及新西兰有分布。

[附] **单茎星芒鼠麴草 Gnaphalium involucratum** var. **simplex** DC. Prodr. 6: 236. 1837. 本变种与细叶鼠麴草的区别：茎直立；基生叶线形，宽2-3毫米，花期凋落。花期8-12月。产台湾，生于山地。日本、菲律宾、印度尼西亚、澳大利亚及新西兰有分布。

[附] **分枝星芒鼠麴草 Gnaphalium involucratum** var. **ramosum** DC. Prodr. 6: 236. 1837. 与细叶鼠麴草和单茎星芒鼠麴草的区别：茎通常多分枝，直立，茎生叶花期凋落。产台湾及福建，生于山地。菲律宾、印度尼西亚、澳大利亚、新西兰及夏威夷群岛有分布。

图 412 细叶鼠麴草
（引自《江苏南部种子植物手册》）

10. 南川鼠麴草 图 413

Gnaphalium nanchuanense Ling et Tseng in Acta Phytotax. Sin. 16(3): 85. f. 2. 1978.

直立草本。茎高达40厘米，密被白色棉毛。基生叶簇生。茎叶线形，长4-6厘米，宽2-3毫米，上面被疏毛，下面被白色厚棉毛，叶脉1；上部叶近丝状，长约3厘米，宽1-1.5毫米，具1脉。头状花序具65小花，径2-3毫米，在顶端密集成具叶穗状花序，花序长3-5（-8）厘米；总苞圆筒状，径2-3毫米，长约5毫米，总苞片3-4层，草质，黄褐色，先端齿裂，外层卵形，先端带褐色，内层长圆形，近先端有褐色条纹。雌花约60；两性花约5。瘦果圆柱形，长约1毫米，被白色疏毛；冠毛污白色，糙毛状，长约3毫米，基部联合成环。花期7-8月。

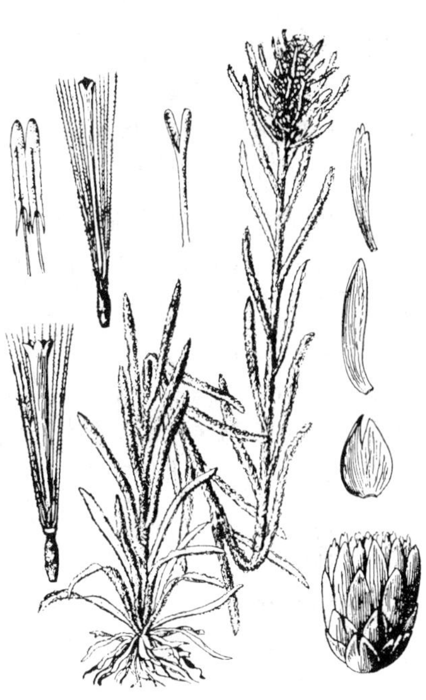

图 413 南川鼠麹草（引自《植物分类学报》）

产四川东南部及湖北西部，生于海拔2000-2200米草坡。

[附] **挪威鼠麹草 Gnaphalium norvegicum** Gunn. Fl. Norv. 2: 105. 1766. 本种与南川鼠麹草的区别：叶披针形或线状披针形，宽0.5-1.5厘米，下部叶有3脉。产新疆北部，生于高山草地。欧洲和亚洲北部有分布。

11. 匙叶鼠麹草 图 414

Gnaphalium pensylvanicum Willd. Enum. Hort. Berol. 867. 1809.

一年生草本。茎高30-45厘米，被白色棉毛。茎下部叶无柄，倒披针形或匙形，长6-10厘米，全缘或微波状，上面被疏毛，下面密被灰白色棉毛；中部叶倒卵状长圆形或匙状长圆形，长2.5-3.5厘米，先端刺尖状；叶具5-7脉，头状花序多数，长3-4毫米，成束簇生，排成顶生或腋生、紧密穗状花序；总苞卵圆形，径约3毫米，总苞片2层，污黄或麦秆黄色，膜质，外层卵状长圆形，背面被绵毛，内层线形，背面疏被绵毛；花托干时凹入，无毛。瘦果长圆形，长约0.5毫米，有乳突；冠毛绢毛状，污白色，易脱落，基部连合成环。花期12月至翌年5月。

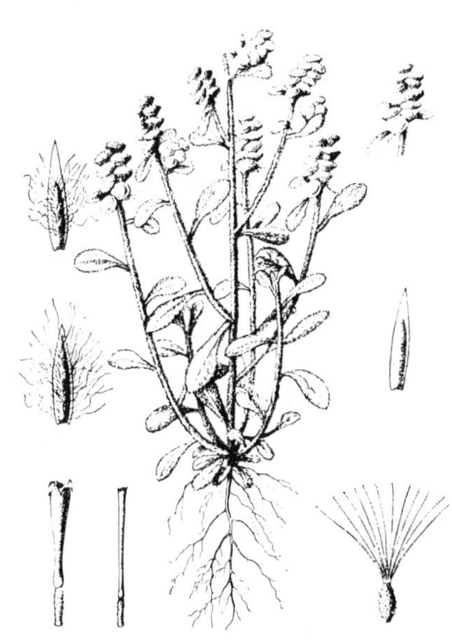

图 414 匙叶鼠麹草（余汉平绘）

产江苏南部、安徽、浙江、福建北部、台湾、江西、湖北、湖南、广东、香港、海南、广西北部、云南、贵州南部及四川东南部，常见于篱园或耕地。美洲南部、非洲南部、澳大利亚及亚洲热带地区有分布。

12. 多茎鼠麹草 图 415

Gnaphalium polycaulon Pers. Syn 2: 421. 1807.

一年生草本。茎高达25厘米，密被白色棉毛或基部多少脱毛。茎下部叶倒披针形，长2-4厘米，基部下延，无柄，全缘或微波状，两面被白色棉毛或上面多少脱毛；中部和上部叶倒卵状长圆形或匙状长圆形，长1-2厘米；叶具1脉。头状花序多数，径2-2.5毫米，在茎枝顶端密集成穗状花序；总苞卵圆形，宽近2毫米，总苞片2层，麦秆黄或污黄色，膜质，外层长圆状披针形，背面中部以下沿脊有淡红色条状增厚，被棉毛，内层线形，基部稍弯曲，背面被疏毛或几无毛；花托干时平或中央稍凹入，无毛。瘦果圆柱形，长约0.5毫米，具乳突；冠毛绢毛状，污白色，基部分离。花期1-4月。

产安徽南部、浙江、福建、江西北部、湖南西南部、广东南部、海南、香港、广西、贵州西南部及云南南部，生于耕地、草地或湿润山地。埃及、印度、泰国、澳大利亚及热带非洲有分布。

图 415 多茎鼠麹草（王金凤绘）

13. 矮鼠麹草 图 416

Gnaphalium stewartii Clarke ex Hook. f. Fl. Brit. Ind. 3: 289. 1881.

矮小细弱草本。茎直立，基部丛生，高2-10厘米，被棉毛。基部叶簇生，莲座状，直挺或外弯，线形，长1.5-2厘米，无柄，基部或下半部被疏毛，上半部密被灰白色棉毛；茎（花葶）叶少数，窄线形，长约1厘米，两面被白色棉毛。头状花序少数，径约5毫米，具梗，排成具叶总状花序；总苞圆筒形，径约5毫米，总苞片2-3层，栗褐色或上半部栗褐色，外层倒卵形，近膜质，基部较厚，背面被棉毛，内层线状长圆形，背面被疏毛或无毛。瘦果圆柱形，被疏毛，长约2毫米；冠毛绢毛状，离生，白色，稍粗糙。花期6-9月。

产西藏西部及新疆阿尔泰地区，生于海拔约2500米较干旱草坡。印度有分布。

图 416 矮鼠麹草（孙英宝绘）

57. 蜡菊属 Helichrysum Mill.

（陈艺林 靳淑英）

草本、灌木或亚灌木；常被白色棉毛或茸毛。叶互生或下部对生，全缘。头状花序单生枝端或排成伞房状，稀腋生，小花同型或异型，周围有少数或2-3层雌花，余为两性花；总苞半球状、钟状、球状或管状，总苞片多层，覆瓦状排列，下部较厚，干膜质，染色；花托平，凸起或锥形，有窝孔，有时窝孔边缘毛状或托片状。雌花花冠丝状，上部有齿，或2-3短裂，花柱分枝线形，多少扁平，顶端平截或球形；两性花管状，上部稍宽大，有5-4齿或裂片，花药基部戟形，有细尾状或毛状耳部，花柱分枝近圆柱形，顶端近平截；冠毛1层或多层，纤细，或雄花冠毛顶部较粗厚，分离或基部多少结合成环状。瘦果4-5棱，无毛，有乳突或有绢毛。

约500种，广布于东半球，非洲热带、地中海地区、小亚细亚半岛和印度有分布，少数产亚洲和欧洲。我国2种和1栽培种。

1. 头状花序径4-6毫米，排成复伞房花序；总苞片内层宽匙形、椭圆状匙形或线形，柠檬黄或橙黄色；叶茎基部叶椭圆状匙形或倒披针形 …………………………………………………………………… 1. **沙生蜡菊 H. arenarium**
1. 头状花序径2-5厘米，单生枝端；总苞片内层宽披针形，黄、白、红或紫色，基部厚，有光泽；叶长披针形或线形 ………………………………………………………………………………… 2. **蜡菊 H. bracteatum**

1. 沙生蜡菊 图 417

Helichrysum arenarium (Linn.) Moench. Meth. 575. 1794.

Gnaphalium arenarium Linn. Sp. Pl. 854. 1753.

多年生草本。不育茎少数，与多数花茎密集丛生。花茎高达30厘米，被白色密棉毛，下部花后脱毛或有疏棉毛。不育茎或花茎基部叶椭圆状匙形或倒披针形，两面被棉毛，基部下延成楔状渐窄翅，叶柄长；中部叶披针状线形或线形，长3-8厘米，宽2-5毫米，厚纸质，灰绿色，两面被长棉毛，基部半抱茎。头状花序宽倒卵形或球形，径4-6毫米，密集成复伞房花序；花序梗被厚棉毛；总苞基部近圆，总苞片近50，4-6层，柠檬黄或橙黄色，先端反折，外层倒卵形或匙形，先端圆，背面有蛛丝状毛，内层宽匙形、椭圆状匙形或线形。瘦果有乳突。花期8月。

图 417 沙生蜡菊（引自《图鉴》）

产新疆北部，生于海拔900-2400米沙丘、半沙丘、砾质土、湿盐土山坡、土岗、草地或松林下。广泛分布于欧洲北部、中部、东南部、俄罗斯、中亚及蒙古。

2. 蜡菊 图 418

Helichrysum bracteatum (Vent.) Andr. in Bot. Reg. 6: sub. t. 428. 1805.

Xeranthemum bracteatum Vent. Jard. Malm. t. 2. 1803.

一年生或二年生草本。茎高达1.2米。叶长披针形或线形，长达12厘米，光滑或粗糙，全缘，基部渐窄，先端尖，主脉明显。头状花序径2-5厘米，单生枝端；总苞片覆瓦状排列，外层短，内层长，宽披针形，基部厚，先端渐尖，有光泽，黄、白、红或紫色。瘦果无毛；冠毛有近羽状糙毛。

原产澳大利亚。各地广泛栽培，供观赏。

图 418 蜡菊（王鸿青绘）

58. 旋覆花属 Inula Linn.

（陈艺林 靳淑英）

多年生稀一或二年生草本，或亚灌木；常有腺，被糙毛、柔毛或茸毛。有茎或无茎。叶互生或生于茎基部。头状花序多数，伞房状或圆锥伞房状排列，或单生，或密集于根颈，有多数异形稀同形小花，雌雄同株，外缘有1至数层雌花，稀无雌花；中央有多数两性花。总苞半球状、倒卵圆状或宽钟状，总苞片多层，覆瓦状排列，内层常窄，干膜质，外层叶质、革质或干膜质，渐短或与内层等长，最外层有时较长大，叶质；花托平或稍凸起，有蜂窝状孔或浅窝孔，无托片。雌花花冠舌状，黄色，稀白色，舌片长，开展，有3齿，或短小直立，有2-3齿；两性花花冠管状，黄色，上部窄漏斗状，有5裂片，花药上端圆或稍尖，基部戟形，有细长尾部，花柱分枝稍扁，雌花花柱顶端近圆，两性花花柱顶端较宽、钝或平截；冠毛1-2层，稀多层，有多数或较少稍不等长微糙细毛。瘦果近圆柱形，有4-5棱或多数纵肋或细沟，无毛、有短毛或绢毛。

约100种，分布于欧洲、非洲及亚洲，主产地中海地区。我国20余种。多种供药用。

1. 头状花序径5-8厘米。
  2. 瘦果四或五面形；头状花序排成伞房状或总状花序；总苞片外层先端常反折，被茸毛；叶有具翅叶柄。
    3. 头状花序梗长6-12厘米，排成伞房状花序；茎常不分枝 ………………………………… 1. **土木香 I. helenium**
    3. 头状花序无梗或梗长0.5-4厘米，排成总状花序；茎常有长分枝 …………………… 2. **总状土木香 I. racemosa**
  2. 瘦果长圆形；头状花序单生茎枝顶端；总苞片外层反折，被开展锈褐色长毛；叶基部有半抱茎小耳，无柄 …… ……………………………………………………………………………………………… 3. **锈毛旋覆花 I. hookeri**
1. 头状花序径0.5-4.5厘米。
  4. 总苞片多少等长，稀内层较长，外层线形，草质或上部草质，或上部有长尾而具长硬毛，或最外层叶状；多年生或一或二年生草本。
    5. 舌状花黄色；叶上面无毛或有密柔毛或有腺，侧脉稍弯曲，不与叶缘平行。
      6. 叶椭圆状或长圆状披针形，两面无毛或下面中脉有硬毛；总苞常为密集苞叶所包被，外层总苞片披针形或匙状长圆形；瘦果无毛 ………………………………………………………… 4. **柳叶旋覆花 I. salicina**
      6. 叶卵圆形、椭圆形、披针形或线状披针形，下面无毛，有腺点，或脉有柔毛，或被贴毛和腺点，或下面或两面有基部疣状糙毛；总苞不为密集苞叶所包。
        7. 叶下面无毛，有腺点，脉上有柔毛，冠毛较管状花花冠短；瘦果有深沟，无毛。
          8. 叶卵圆状披针形或披针形，基部半抱茎；冠毛较管状花花冠稍短，有10-11微糙毛 ……………… ………………………………………………………………… 5. **水朝阳旋覆花 I. helianthus-aquatica**
          8. 叶长椭圆状披针形，基部圆，有小耳，抱茎；冠毛与管状花花冠的管部等长，有5-6细糙毛 ………… …………………………………………………………………………… 5(附). **湖北旋覆花 I. hupehensis**
        7. 叶下面被贴毛和腺点，或下面或两面有基部疣状糙毛；冠毛与管状花花冠等长；瘦果有浅沟，被疏短毛或长毛。
          9. 头状花序径1.5-5厘米；总苞片近等长或外层稍短，外层常开展或反折；茎上部、花序梗和叶下面被细贴毛，稀被基部稍疣状细毛；多年生草本。
            10. 叶长圆状、椭圆状披针形或椭圆形，边缘不反卷，基部有耳，半抱茎；头状花序径3-5厘米，总苞片外面有毛，有或无腺点。
              11. 叶基部心形或有耳半抱茎；总苞径1.5-2.2厘米 ……………………… 6. **欧亚旋覆花 I. britanica**
              11. 叶基部有圆形半抱茎小耳；总苞径1.3-1.7厘米 …………………………… 7. **旋覆花 I. japonica**
            10. 叶线状披针形，边缘反卷，基部无小耳；头状花序径1.5-2.5厘米，总苞片背面有腺，被柔毛 ……… ……………………………………………………………………………… 8. **线叶旋覆花 I. lineariifolia**
          9. 头状花序径2-3厘米，总苞片外层长3-7毫米，内层长0.7-1厘米，不反折；茎基部和叶下面被基部疣状糙毛，或茎下部和叶面无毛；二年生草本 ……………………………………… 9. **里海旋覆花 I. caspica**
    5. 舌状花白色；叶两面有糙毛，侧脉约4对，弧曲几与下部叶缘平行；头状花序径1.5-2.5厘米，外层总苞片被长糙毛；瘦果被绢毛；茎上部被极密硬长毛 ………………………………… 10. **显脉旋覆花 I. nervosa**
  4. 总苞片多层，外层渐短小，较内层短4-5倍，线形或钻形，或内层线状披针形；亚灌木或多枝灌木；头状花序径0.5–1.5（–2）厘米。

12. 头状花序多数，在茎枝端多少密集，伞房状排列，稀聚伞状或枝端单生，总苞钟状，总苞片厚质，被茸毛、腺毛或柔毛。

13. 叶厚质，被密茸毛、糙毛或腺毛；头状花序径0.5–1.5厘米。

14. 叶不下延成翅状，基部圆或渐窄；头状花序有异形小花；冠毛污白色。

15. 叶上面被基部疣状密糙毛，下面被绢状厚茸毛；头状花序径5–8毫米，多数密集成聚伞圆锥状；舌状花舌片短小或无；总苞片被绢状茸毛 ………… 11. **羊耳菊 I. cappa**

15. 叶两面有腺毛，下面沿脉有黄褐色密柔毛；头状花序径1–1.5厘米，数个排成总状花序或单生枝端；总苞片背面被腺点和柔毛；舌状花舌片超出总苞 ………… 12. **拟羊耳菊 I. forrestii**

14. 叶下延成翅；头状花序全部为管状花，径5–6毫米；多数密集排成聚伞圆锥状或伞房花序；冠毛浅红褐色 ………… 13. **翼茎羊耳菊 I. pterocaula**

13. 叶质薄，两面无毛；头状花序径1.5–2厘米；1–5排成短总状或聚伞状；茎上部被密柔毛，兼有腺点 ………… 14. **赤茎羊耳菊 I. rubricaulis**

12. 头状花序单生枝端；叶基部心形或有小耳，半抱茎；茎基部有密集长分枝 ………… 15. **蓼子朴 I. salsoloides**

1.　土木香　　图 419 彩片 69

Inula helenium Linn. Sp. Pl. 881. 1753.

多年生草本。茎不分枝或上部有分枝，被长毛。基部和下部叶椭圆状披针形，基部渐窄成具翅长达20厘米的柄，连柄长30–60厘米，宽10–25厘米，边缘有不规则齿或重齿，上面被基部疣状糙毛，下面被黄绿色密茸毛；侧脉近20对；中部叶卵圆状披针形或长圆形，长15–35厘米，基部心形，半抱茎；上部叶披针形。头状花序少数，径6–8厘米，排成伞房状花序，花序梗长6–12厘米，为多数苞叶所包被；总苞片5–6层，外层草质，宽卵圆形，先端常反折，被茸毛，内层长圆形，先端卵圆三角形，干膜质，背面有疏毛，有缘毛，较外层长3倍，最内层线形。舌状花黄色，舌片线形，长2–3厘米，先端有3–4浅裂片；管状花长0.9–1厘米，裂片披针形；冠毛污白色，长0.8–1厘米，有极多数具细齿毛。瘦果四或五面形，有棱和细沟，无毛，长3–4毫米。花期6–9月。

图 419　土木香（引自《图鉴》）

产吉林东南部、山西南部及新疆西北部，各地常栽培。广泛分布于欧洲、亚洲西部及中部、俄罗斯西伯利亚西部、蒙古北部及北美。

2.　总状土木香　　图 420 彩片 70

Inula racemosa Hook. f. Fl. Brit. Ind. 3: 292. 1881.

多年生草本。茎常有长分枝，上部被长密毛。基部和下部叶椭圆状披针形，有具翅长柄，长20–50厘米，宽10–20厘米，毛被与上种同；中部叶长圆形或卵圆状披针形，或有深裂片，基部宽或心形，半抱茎。头状花

序径5-8厘米，花序梗无或长0.5-4厘米，排成总状花序；总苞径2.5-3厘米，长1.8-2.2厘米，总苞片5-6层，外层叶质，宽达7毫米，内层较外层长约2倍；最内层干膜质；形状和毛茸与上种同。舌状花舌片线形，先端有3齿；管状花长9-9.5毫米；冠毛污白色，长0.9-1厘米，有40余具微齿毛。瘦果与上种同。花期8-9月，果期9月。

产新疆天山及阿尔泰山，生于海拔700-1500米水边荒地、河滩、湿润草地。四川、湖北、陕西、甘肃、西藏有栽培。克什米尔地区有分布。药用，药效大致与土木香相同。

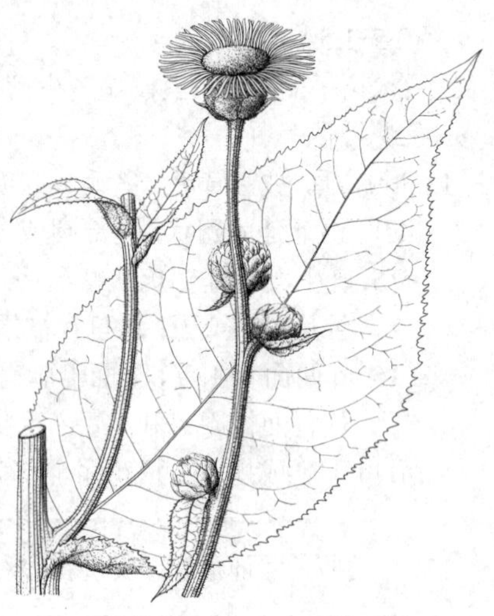
图 420 总状土木香（引自《图鉴》）

3. 锈毛旋覆花 图 421

Inula hookeri Clarke, Comp. Ind. 122. 1876.

多年生草本。常有匍枝。茎被柔毛，顶部被白色长棉毛。叶长圆或椭圆状披针形，长7-17厘米，基部有半抱茎小耳，无柄，边缘有小尖头锯齿，上面被密伏毛，下面被腺和长伏毛，沿脉有长毛，侧脉6-8对；中部叶基部渐窄成短柄。头状花序单生茎枝端，径6-8厘米；总苞半球状，径2-3厘米，总苞片多层，外层反折，基部革质，较宽，向上渐窄成长达2-3厘米的线状长尾形，被开展锈褐色长毛，内层线状披针形，干膜质，上部有缘毛。舌状花黄色，舌片线形，长达3厘米，背面有长伏毛；管状花花冠长约4毫米，冠毛1层，上端紫褐色。瘦果长达1.5毫米，有12细沟及棱，长圆形，无毛。花期7-10月，果期10月。

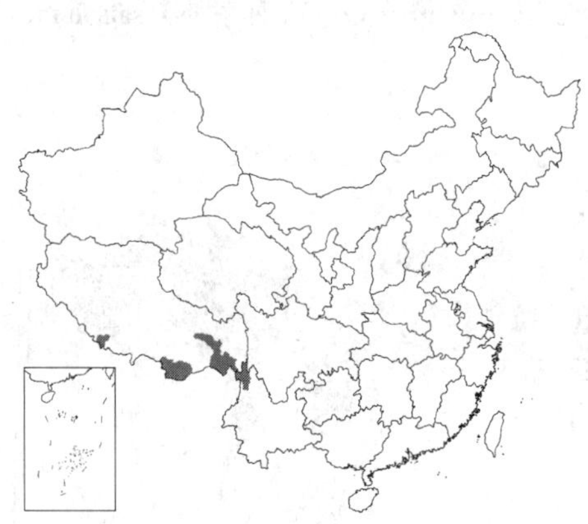

产云南西北部、西藏东南部及南部，生于海拔2000-3500米山谷坡地、灌丛、林下草地或开旷草地。锡金及喜马拉雅西北部有分布。

图 421 锈毛旋覆花（引自《中国植物志》）

4. 柳叶旋覆花 图 422

Inula salicina Linn. Sp. Pl. 822. 1753.

多年生草本。茎下部有硬毛或脱落。茎下部叶长圆状匙形；中部叶椭圆状或长圆状披针形，长3-8厘米，基部心形或有圆形小耳，半抱茎，边缘有小尖头状或细齿；叶两面无毛或下面中脉有硬毛，边缘有密糙毛，侧脉5-6对。头状花序径2.5-4厘米，单生茎枝端，常为密集苞叶所包被；总苞半球形，径1.2-1.5厘米，总苞片4-5层，外层稍短，披针形或匙状长圆形，下部革质，上部叶质，常稍红色，背面

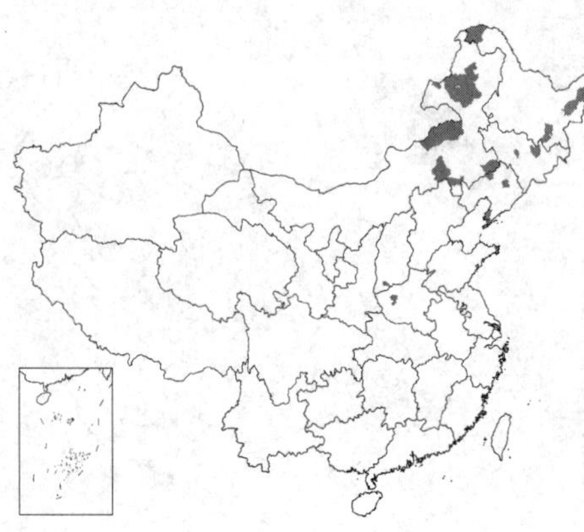

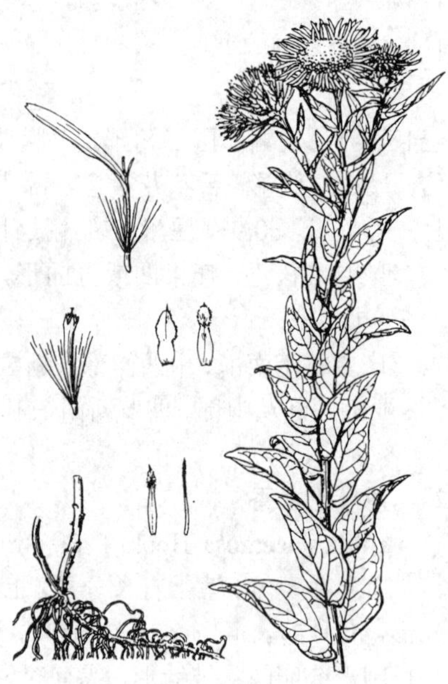
图 422 柳叶旋覆花（马 平绘）

有密短毛，内层线状披针形，上部背面有密毛。舌状花较总苞长达2倍，舌片黄色，线形，长1.2-1.4厘米；管状花花冠长7-9毫米；冠毛1层，白色或下部稍红色，与花冠近等长。瘦果有细沟及棱，无毛。花期7-9月，果期9-10月。

产黑龙江、吉林、辽宁、内蒙古东北部及东南部、山东东部、山西南部及河南西部，生于海拔250-1000米山顶、山坡草地、半湿润或湿润草地。欧洲、中亚、俄罗斯及朝鲜半岛有分布。

5. 水朝阳旋覆花 水朝阳草 图 423：1-5 彩片 71

Inula helianthus-aquatica C. Y. Wu ex Ling in Acta Phytotax. Sin. 10: 178. 1965.

多年生草本。根茎基部被薄柔毛，顶部被较密毛，兼有腺点，上部有伞房状长分枝或短花序枝，稀不分枝。叶卵圆状披针形或披针形，长4-10厘米，基部圆或楔形，或有小耳，半抱茎，有细密尖齿，上面无毛，下面有黄色腺点，脉有柔毛，侧脉7-8对，中部以上叶无柄。头状花序单生茎枝端，径2.5-4.5厘米；总苞半球形，径1-1.5厘米，长7-9毫米，总苞片多层，外层线形，上部叶质，有柔毛，内层线状披针形，背面无毛，边缘宽膜质，有缘毛。舌状花较总苞长2-3倍，舌片黄色，线形；管状花花冠长3毫米；冠毛污白色，较管状花花冠稍短，有10-11微糙毛。瘦果圆柱形，有10条深沟，无毛。花期6-10月，果期9-10月。

产西藏东南部、云南、贵州、四川及甘肃南部，生于海拔1200-3000米湿润坡地、林中溪岸、稻田或河旁，稀生于山坡草地或灌丛中。

图 423：1-5. 水朝阳旋覆花 6-10. 湖北旋覆花 （引自《中国植物志》）

[附] **湖北旋覆花** 图 423：6-10 **Inula hupehensis** (Ling) Ling, Fl. Reipubl. Popul. Sin. 75: 260. pl. 42: 6-10. 1979.—— *Inula helianthus-aquatica* C. Y. Wu ex Ling subsp. *hupehensis* Ling in Acta Phytotax. Sin. 10: 178. 1965. 本种与水朝阳旋覆花的主要区别：叶椭圆状披针形，基部有圆形小耳，抱茎；冠毛与管状花花冠的管部等长，有5-6细糙毛。产湖北西南部及四川东部，生于海拔1300-1900米林下或山坡草地。

6. 欧亚旋覆花 大花旋覆花 图 424

Inula britanica Linn. Sp. Pl. 881. 1753.

多年生草本。茎上部有伞房状分枝，被长柔毛。基部叶长椭圆形或披针形，长3-12厘米，下部渐窄成长柄；中部叶长椭圆形，长5-13厘米，基部心形或有耳，半抱茎，有疏齿，稀近全缘，上面无毛或被疏伏毛，下面被密伏柔毛，有腺点，中脉和侧脉被较密长柔毛。头状花序1-5生于茎枝端，径2.5-5厘米，花序梗长1-4厘米；总苞半球形，径1.5-2.2厘米，总苞片4-5层，外层

图 424 欧亚旋覆花 （蔡淑琴绘）

线状披针形，上部草质，被长柔毛，有腺点和缘毛，内层披针状线形，干膜质。舌状花舌片线形，黄色，长1-2厘米；管状花花冠有三角状披针形裂片，冠毛白色，与管状花花冠约等长，有20-25微糙毛。瘦果圆柱形，长1-1.2毫米，有浅沟，被毛。花期7-9月，果期8-10月。

产黑龙江、吉林、辽宁、内蒙古、新疆、山西、河南、河北、山东、江苏北部、湖南、广东北部及广西东北部，生于河流沿岸、湿润坡地、田埂或路旁。欧洲、中亚、俄罗斯、朝鲜半岛及日本有分布。

7. 旋覆花 图 425

Inula japonica Thunb. in Nova Acta Soc. Upsal. 4: 35. 39. 1784.

多年生草本。茎被长伏毛，或下部脱毛。中部叶长圆形、长圆状披针形或披针形，长4-13厘米，基部常有圆形半抱茎小耳，无柄，有小尖头状疏齿或全缘，上面有疏毛或近无毛，下面有疏伏毛和腺点，中脉和侧脉有较密长毛；上部叶线状披针形。头状花序径3-4厘米，排成疏散伞房花序，花序梗细长。总苞半球形，径1.3-1.7厘米，总苞片约5层，线状披针形，近等长，最外层常叶质，较长，外层基部革质，上部叶质，背面有伏毛或近无毛，有缘毛，内层干膜质，渐尖，有腺点和缘毛。舌状花黄色，较总苞长2-2.5倍，舌片线形，长1-1.3厘米；管状花花冠长约5毫米，冠毛白色，有20余微糙毛，与管状花近等长。瘦果长1-1.2毫米，圆柱形，有10条浅沟，被疏毛。花期6-10月，果期9-11月。

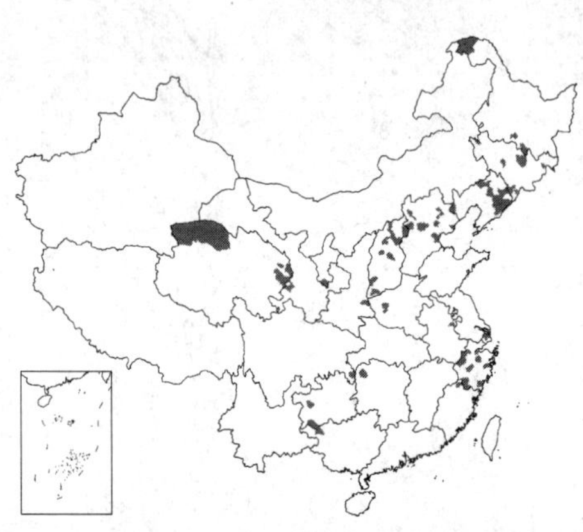

图 425 旋覆花（引自《图鉴》）

产黑龙江、吉林、辽宁、河北、山西、河南西部、安徽东部及东南部、江苏南部、浙江、福建北部、广西西北部、湖南西北部、贵州、四川东南部、青海、甘肃西南部、宁夏南部及陕西东部，生于海拔150-2400米山坡、湿润草地、河岸。蒙古、俄罗斯西伯利亚、朝鲜半岛及日本有分布。药用，根及叶治刀伤、疔毒，煎服可镇咳；花健胃祛痰，治胸闷、胃胀、咳嗽、水肿。

8. 线叶旋覆花 条叶旋覆花 图 426

Inula lineariifolia Turcz. in Bull. Soc. Nat. Mosc. 10 (7): 154. 1837.

多年生草本。茎被柔毛，上部常被长毛，兼有腺体。基部叶和下部叶线状披针形，有时椭圆状披针形，长5-15厘米，下部渐窄成长柄，边缘常反卷，有不明显小齿，上面无毛，下面有腺点，被蛛丝状柔毛或长伏毛；中部叶渐无柄，上部叶线状披针形或线形。头状花序径1.5-2.5厘米，单生枝端或3-5排成伞房状；总苞半球形，长5-6毫米，总苞片约4层，线状披针形，上部叶质，下部革质，背面被腺和柔毛，有时最外层叶状，较总苞稍长，内层较窄，干膜质，有缘毛。舌

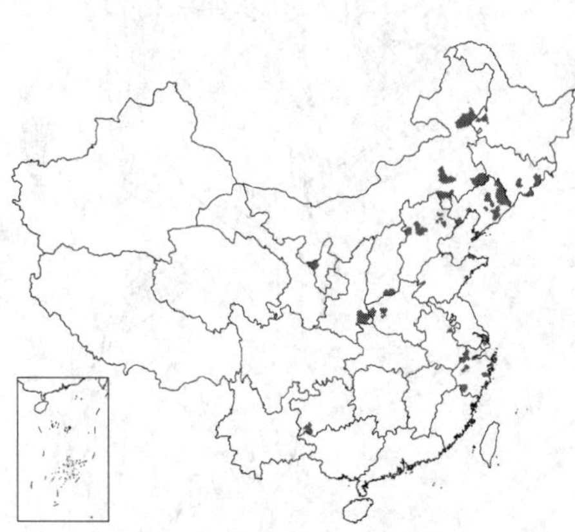

图 426 线叶旋覆花（钱存源绘）

状花较总苞长2倍；舌片黄色，长圆状线形，管状花有尖三角形裂片；冠毛白色，与管状花花冠等长，有多数微糙毛。瘦果圆柱形，有细沟，被粗毛。花期7-9月，果期8-10月。

产黑龙江西部、吉林、辽宁、内蒙古东部、宁夏西部、陕西东南部、河北、河南西部、山东东北部、江苏南部、安徽东部、浙江、福建西北部及贵州西南部，生于海拔150-500米山坡、荒地、路旁或河岸。蒙古、朝鲜半岛、俄罗斯远东地区及日本有分布。

9. 里海旋覆花 图 427

Inula caspica Blum. in Ledeb. Ind. Sem. Hort. Acta Dorpat. 10. 1822.

二年生草本。幼茎被白色长棉毛，后基部和基部叶被长毛和基部疣状糙毛或近无毛。下部叶长圆状线形或窄披针形，渐窄成长柄；中部以上叶线状披针形，长4-12厘米，宽0.5-2厘米，基部心形，有半抱茎小耳，无柄，全缘，上面近无毛，下面或近边缘被基部疣状糙毛，常有腺点；上部叶线形。头状花序径2-3（-4）厘米，单生枝端或2-5排成伞房花序，花序梗被长毛；总苞半球形，径1-1.5厘米，总苞片3-4层，外层线状披针形，长3-7毫米，下部革质，外面被糙毛，内层长0.7-1厘米，线状披针形，干膜质，边缘常红紫色，有疣毛。舌状花黄色，舌片长圆状线形，先端有3齿，下部外面有腺；管状花花冠有三角形裂片；冠毛白色，有20-25细糙毛，与管状花花冠近等长。瘦果近圆柱形，长1.2-1.5毫米，有细沟，被长伏毛。花期8-9月。

产新疆北部至西部、甘肃西北部，生于海拔270-1580米盐化草甸、洼地或干旱荒地。中亚、俄罗斯、西伯利亚西部及高加索、伊朗北部有分布。

图 427 里海旋覆花（张荣生绘）

10. 显脉旋覆花 图 428：1-9

Inula nervosa Wall. ex Hook. f. Fl. Brit. Ind. 3: 293. 1881.

多年生草本。茎上部被极密具基部疣状黄褐色长硬毛。叶椭圆形、披针形或倒披针形；下部和中部叶长5-10厘米，下部渐窄成长柄，中部以上边缘有锯齿，两面有基部疣状糙毛，下面叶脉有长密毛，侧脉约4对，弧曲，几与下部叶缘平行；上部叶无柄。头状花序单生枝端或排成伞房状，径1.5-2.5厘米，花序梗细长；总苞半球形，长6-8毫米，总苞片4-5层，外层椭圆状披针形，上部或先端叶质，被长糙毛，下部革质，最外层椭圆状或线状披针形，全部叶质，内层线状披针形，先端紫红色，近膜质，有柔毛和缘毛。舌状花舌片白色，长8-9毫米，线状椭圆形；管状花花冠黄色，冠毛

图 428：1-9. 显脉旋覆花 10-17. 翼茎羊耳菊（引自《中国植物志》）

白色，后稍带黄色，与管状花花冠近等长，有20糙毛。瘦果圆柱形，长2-2.5毫米，被绢毛。花期7-10月，果期9-12月。

产四川西南部及东南部、西藏南部、云南、贵州西南部及西北部、广西西北部，生于海拔1200-2100米林下、草坡或湿润草地。越南、缅甸、泰国、印度、不丹、锡金及尼泊尔有分布。

11. 羊耳菊 图 429

Inula cappa (Buch.-Ham.) DC. Prodr. 5: 469. 1836.

Conyza cappa Buch.-Ham. ex D. Don, Prodr. Fl. Nepal. 176. 1825.

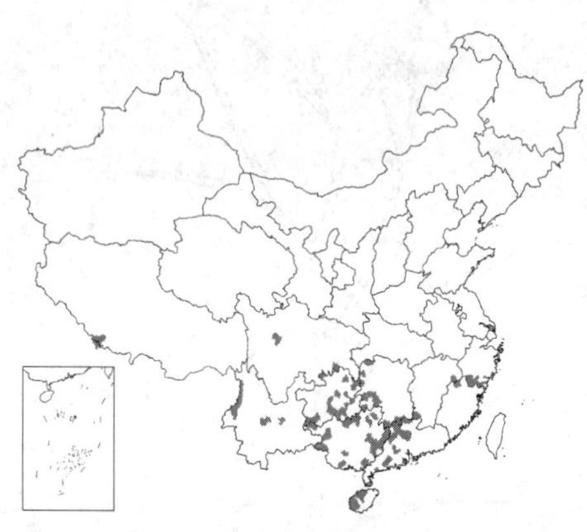

亚灌木。茎被污白或浅褐色密茸毛。叶长圆形或长圆状披针形；中部叶长10-16厘米，上部叶近无柄；叶基部圆或近楔形，有小尖头状细齿或浅齿，上面被基部疣状密糙毛，沿中脉毛密，下面被白或污白色绢状厚茸毛，侧脉10-12对。头状花序倒卵圆形，径5-8毫米，多数密集茎枝端成聚伞圆锥状；线形苞叶被绢状密茸毛；总苞近钟形，长5-7毫米，总苞片约5层，线状披针形，外层较内层短3-4倍，背面被污白或带褐色绢状茸毛。小花长4-5.5毫米；边缘小花舌片短小，有3-4裂片，或无舌片而有4个退化雄蕊；中央小花管状；冠毛污白色，与管状花花冠近等长，具20余糙毛。瘦果长圆柱形，长约1.8毫米，被绢毛。花期6-10月，果期8-12月。

图 429 羊耳菊（引自《图鉴》）

产四川、西藏南部、云南、贵州、广西、广东、海南、湖南、江西东北部及西南部、福建北部、浙江南部，生于海拔500-3200米湿润或干旱丘陵地、荒地、灌丛或草地。越南、缅甸、泰国、马来西亚及印度有分布。

12. 拟羊耳菊 图 430

Inula forrestii Anth. in Notes Roy. Bot. Gard. Edinb. 18: 197. 1934.

灌木。叶椭圆形或倒披针形，长2-7厘米，先端有长细尖头，上部边缘有具小尖头浅锯齿，下部全缘，渐窄成短柄状，近革质，两面被粘质腺毛，下面沿脉密生黄褐色柔毛，侧脉5-6对，侧脉向上弯曲。头状花序在枝上部腋生及顶生，排成总状，或单生枝端，倒卵圆形，径1-1.5厘米，花序梗长0.5-1.5厘米；苞叶少数，线状披针形，被白色绢毛；总苞近钟状，长0.8-1厘米，总苞片4-5层，线状披针形，外层稍革质，较内层短4-5倍，被腺点和柔毛，内层先端渐尖，边缘干膜质，有缘毛。舌状花稍超出总苞，舌片线状长圆形；管状花花冠长5毫米，裂片披针形，有腺点，冠毛

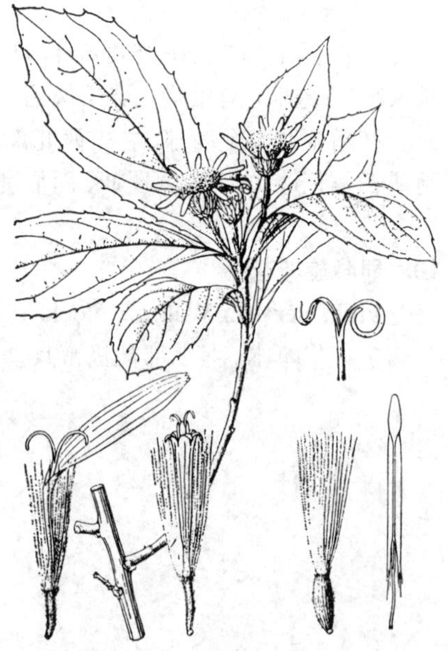

图 430 拟羊耳菊（引自《中国植物志》）

污白色，与管状花花冠近等长，在舌状花较短，约有20微糙毛。瘦果窄圆柱形，长约3毫米，被白色密绢毛，有腺点。花果期11月。

产云南西北部及四川西南部，生于海拔2000-2100米开旷坡地或石砾间。

13. 翼茎羊耳菊　　图 428 : 10-17

Inula pterocaula Franch. in Journ. de Bot. 10: 383. 1896.

多年生草本或亚灌木。茎被红褐色密柔毛和腺点。下部叶披针形或椭圆状披针形，长18-20厘米；上部叶长圆状披针形或线状披针形，长1-4厘米，基部下延成宽0.1-1厘米的翅，有具小尖头细重锯齿，上面被细密粗伏毛，下面被红褐色柔毛或茸毛，两面有腺点，侧脉7-10对。头状花序径5-6毫米，在枝端密集成聚伞圆锥状或复伞房花序；苞叶细线形；总苞钟状，长约7毫米，径5-6毫米，总苞片约5层，线状披针形，外层被密毛，内层中脉被毛，边缘宽干膜质，有缘毛。花全部管状，长4.5毫米，外面有黄色腺点；冠毛1层，浅红褐色，与花冠等长。瘦果近圆柱形，有浅沟，被密毛。花期7-9月，果期9-10月。

产四川西南部、云南西北部及近中部，生于海拔2000-2800米灌丛或草地。

14. 赤茎羊耳菊　　图 431 : 1-10

Inula rubricaulis (DC.) Benth. et Hook. f. Gen. Pl. 2: 331. 1873.

Amphiraphis rubricaulis DC. Prodr. 5: 343. 1836.

亚灌木。茎上部被密柔毛，兼有腺点，腋芽被黄褐色密毛。中部叶椭圆状披针形或椭圆形，长8-15厘米，有微细锯齿，基部渐窄成叶柄或无柄，质薄，两面无毛，侧脉约5对。头状花序径1.5-2厘米，1-3（-5）成短总状或聚伞状排列，沿茎和分枝排成聚伞圆锥状花序，花序梗有线形苞叶；总苞倒卵圆形，总苞片6-7层，外面被柔毛，外层钻形或线形，内层线状披针形，干膜质，有缘毛。舌状花黄色，舌片长8毫米；管状花中部以上窄漏斗状，裂片卵圆状披针形；冠毛白色，有20余微齿上端稍厚细毛。瘦果窄长圆形，长约2毫米，有细沟，密被白色绢毛。花期5-8月，果期7-11月。

产云南西部及南部，生于海拔1000-2000米山谷坡地。越南、泰国、缅甸、不丹、锡金、尼泊尔及印度北部有分布。

图 431 : 1-10. 赤茎羊耳菊 11-17. 蓼子朴 （引自《中国植物志》）

15. 蓼子朴　　图 431 : 11-17

Inula salsoloides (Turcz.) Ostenf. in S. Hedin, South. Tibet. 4 (3): 39. 1922.

Conyza salsoloides Turcz. in Bull. Soc. Nat. Mosc. 5: 197. 1832.

亚灌木。茎基部有密集长分枝，中部以上有较短分枝，被白色基部疣

状长粗毛，后上部常脱毛。叶披针状或长圆状线形，长0.5–1厘米，全缘，基部心形或有小耳，半抱茎，稍肉质，上面无毛，下面有腺及短毛。头状花序径1–1.5厘米，单生枝端；总苞倒卵圆形，长8–9毫米，总苞片4–5层，线状卵圆形或长圆状披针形，干膜质，基部稍革质，黄绿色，背面无毛。舌状花较总苞长半倍，舌片浅黄色，椭圆状线形，长约6毫米；管状花花冠上部窄漏斗状；冠毛白色，与管状花药等长，有约70细毛。瘦果长1.5毫米，有多数细沟，被腺和疏粗毛，上端有较长毛。花期5–8月，果期7–9月。

产吉林西北部、辽宁西部、内蒙古、河北、山东、山西、陕西北部、宁夏、甘肃、青海及新疆，生于海拔500–2000米干旱草原、半荒漠、荒漠、戈壁滩地、流砂地、固定沙丘、湖河沿岸冲积地。中亚、俄罗斯及蒙古有分布。为良好的固沙植物。

59. 苇谷草属 Pentanema Cass.

（陈艺林 靳淑英）

一年生或多年生草本。茎基部多分枝，常有腺，被糙毛、柔毛或棉毛。叶互生，基部常心状，半抱茎。头状花序小或较小，单生枝端，或腋生而有与叶对生的细花序梗，小花异形，雌雄同株，外围有1–2层雌花，中央有多数两性花，或仅有同形两性花，均结果；总苞宽钟状或半球状，总苞片多层，覆瓦状排列，外层窄小，边缘干膜质，内层干膜质；花托平或稍凸起，无毛。雌花花冠舌状，舌片窄长，先端有2–3齿；两性花花冠管状，黄色，上部稍宽，有5裂片，花药基部箭头形，有纤细尾部，上端稍尖，花柱分枝稍扁，上端较宽，钝或平截；冠毛5至多数，1层，极纤细，有时有极微小膜片或粗毛，舌状花有或无冠毛。瘦果近圆柱形或稍四角形，无肋或棱，顶端圆，基部窄，常有毛。

约10余种，主要分布于亚洲南部和西南部、非洲热带。我国3种。

1. 叶长圆状披针形或线状披针形，全缘或有浅齿，上面有糙疣毛，下面被粗毛；总苞片被柔毛和腺点；瘦果圆柱形，被密伏毛。
   2. 叶宽0.3–1厘米，先端渐尖，下面黄绿色，被短粗毛 ………… 1. **苇谷草 P. indicum**
   2. 叶较窄，先端稍钝，下面被白色厚茸毛 ………… 1(附). **白背苇谷草 P. indicum** var. **hypoleucum**
1. 叶长圆形或匙状长圆形，边缘有细或浅锯齿；两面密被柔毛；总苞片被糙毛；瘦果近四角形，细长，稍被伏毛 ………… 2. **毛苇谷草 P. vestitum**

1. 苇谷草 图 432

Pentanema indicum (Linn.) Ling in Acta Phytotax. Sin. 10: 179. 1965.
Inula indica Linn. Sp. Pl. ed. 2, 1834. 1763.

一年或二年生草本。茎被柔毛或粘毛，稀近无毛。叶长圆状披针形或线状披针形，长3–8厘米，宽0.3–1厘米，基部戟形或有圆形小耳，半抱茎，无柄，全缘或有浅齿，先端渐尖，上面有糙疣毛，下面黄绿色，被粗毛。头状花序单生枝端，花序梗长3–5厘米；总苞宽钟形，长达6毫米，总苞片多层，外层钻形，草质，被柔毛和腺点，较内层短4–5倍，内层线形，膜质，先端稍外曲，有腺点。小花黄色，外面有腺点，舌状花约1层，舌片窄，长0.6–1厘米，无冠毛；管状花多数，有卵圆形尖裂片，冠毛白色，后稍黄色，与管状花花冠等长，有约15糙毛。瘦

图 432 苇谷草（冀朝祯绘）

果圆柱形，长0.6-0.7毫米，被密伏毛。

产广西西北部及西部、贵州西南部及云南东南部，生于荒地。越南、缅甸、斯里兰卡及印度有分布。全草药用止血。

[附] **白背苇谷草 Pentanema indicum** var. **hypoleucum** (Hand.-Mazz.) Ling in Acta Phytotax. Sin. 10: 179. 1965.——*Inula indica* Linn. var. *hypoleuca* Hand.-Mazz. Symb. Sin. 7: 1107. 1936.与模式变种的主要区别：叶较窄，先端稍钝，下面被白色厚茸毛。花期2-7月，果期10月。产广西西部及南部、贵州南部、云南金沙江中游、澜沧江、红河、南盘江河谷干热地区。生于海拔700-2000米山坡草地或荒地。全草治疳积。

2. 毛苇谷草　图 433

Pentanema vestitum (Wall. ex DC.) Ling in Acta Phytotax. Sin. 10: 180. 1965.

Inula vestita Wall. ex DC. Prodr. 5: 470. 1836.

一或二年生草本。茎基部密集簇生分枝，密被长柔毛。叶密集，长圆形或下部叶匙状长圆形，基部有耳，多少抱茎，无柄或下部叶有具翅长柄，长1-3厘米，边缘有细或浅锯齿，两面密被柔毛，侧脉不明显。头状花序数个或多数，单生枝顶；总苞宽钟状，长5-6毫米，总苞片多层，线形，被密糙毛，外层上部反折。小花黄色，舌状花1-2层，舌片细，长6毫米；冠毛稍黄白色。瘦果小，近四角形，细长，稍被伏毛。

产西藏西部。锡金、巴基斯坦及印度北部有分布。

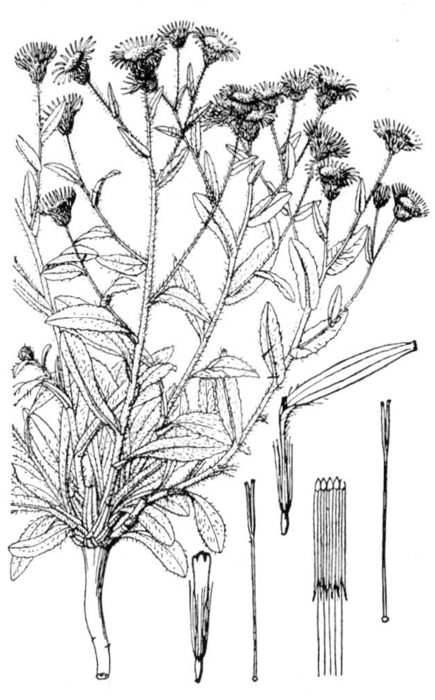

图 433　毛苇谷草（引自《中国植物志》）

60. 蚤草属 Pulicaria Gaertn.

（陈艺林　靳淑英）

一年生或多年生草本，或亚灌木。茎多分枝。叶互生，全缘，边缘波状或有浅齿，基部常心形，半抱茎。头状花序单生茎或枝端，总状或圆锥状排列，小花异形，辐射状或近盘状，外围有1-2层雌花，中央有多数两性花，均结果。总苞半球状或宽钟状；总苞片多层，覆瓦状排列，或2-3层，多少等长，窄长渐尖，外层草质或边缘膜质，内层干膜质；花托平或稍凸起，多少蜂窝状，无毛。雌花花冠舌状，舌片窄长，开展，或极小直立，先端有2-3齿，黄色，或无舌片；两性花花冠管状，上部较宽，黄色，有5短裂片，花药窄长，上端短披针形，基部箭头形，有细长渐尖尾部，花柱分枝窄长，稍扁，上部稍宽，顶端钝；冠毛白色，2层，外层极短，膜片状，5或多数，分离或多少结合成撕裂或具齿冠圈状，常宿存；内层5或多数，较长，毛状、糙毛状或羽状，常易脱落。瘦果圆柱形，或有棱，无毛或有密毛。

约50种，主要分布于地中海地区和非洲热带，较少数分布于非洲南部、欧洲北部、中亚、西亚、印度和中国西部。我国6种，另有栽培种。

1. 一年生草本；头状花序径5-7毫米，总苞半球形，径5-8毫米，总苞片约4层，边缘膜质；冠毛内层有6-12具微齿的毛 ………… 1. **蚤草 P. prostrata**
1. 多年生草本或亚灌木；头状花序径1.5-6厘米，总苞宽钟状，径0.9-2.5厘米，总苞片多层，革质，或下部革质。
  2. 亚灌木；头状花序径1.5-3.5厘米；冠毛内层有多数具齿或稍羽状的长毛；叶缘有锯齿或圆齿 …………

……………………………………………………………………………………………… 2. 金仙草 **P. chrysantha**

2. 多年生草本；头状花序径4-6厘米；冠毛内层有5个羽状毛；叶全缘，边缘有粗毛 …… 3. 臭蚤草 **P. insignis**

1. 蚤草 图 434

Pulicaria prostrata (Gilib.) Ascher, Fl. d. Prov. Brand. 1: 304. 1864.

Inula prostrata Gilib. Fl. Lithuan. 3: 205. 1787.

一年生草本。茎被柔毛，上部毛密长而开展，下部常脱毛，下部或中部多分枝。叶长圆形、披针形或倒披针形，长1-3厘米，全缘，基部渐窄，或有小耳，半抱茎，下部叶渐窄成长柄；薄叶两面被柔毛，后下面常脱毛。头状花序径5-7毫米，单生分枝顶端；总苞半球形，径5-8毫米，总苞片约4层，线状披针形或线形，背面有长柔毛，边缘膜质，有缘毛，内层长达4毫米。舌状花1层，较总苞稍长，花冠长2.5-3.5毫米，舌片直立，长圆形，先端有3齿，黄色；两性花花冠黄色，管状；冠毛白色，外层冠圈状，有多数膜片，内层长1-1.5毫米，有6-12具微齿的毛。瘦果圆柱形，长约2毫米，被密毛。花期6-9月。

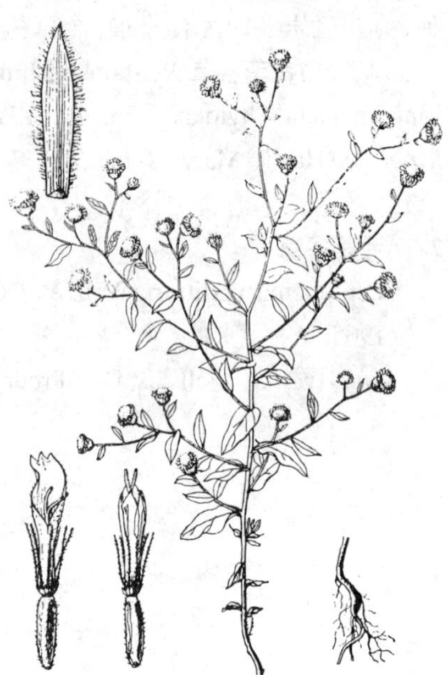

图 434 蚤草（张泰利绘）

产新疆北部，生于草地、沙地、沟渠沿岸或路旁。蒙古、俄罗斯西部、中亚、伊朗、欧洲各地有分布。

2. 金仙草 图 435

Pulicaria chrysantha (Diels) Ling in Acta Phytotax. Sin. 10: 180. 1965.

Inula chrysantha Diels in Engl. Bot. Jahrb. 29: 614. 1900.

亚灌木，根茎有簇生茎和密被长柔毛的芽。茎被开展和卷曲毛，上端有腺和较密毛。叶线状披针形或长圆状披针形，长1.5-5.5厘米，基部圆或稍心形，半抱茎，边缘有锯齿或圆齿，上面有疏糙毛，下面被灰色柔毛和腺点。头状花序在茎端和枝端单生，径1.5-3.5厘米；总苞宽钟状，长1-1.3厘米，总苞片多层，外层倒披针形或舌形，下部革质，上部草质，常反折，背面被腺和柔毛，内层线状披针形，长尾状，干膜质，上部边缘有长缘毛。舌状花1层，舌片长圆状线形，黄色，长约1厘米；两性花细管状，外面有腺，裂片披针形，深黄色；冠毛白色，外层有多数膜片，窄长披针形，全缘或顶端撕裂；内层有多数具微齿或上端稍羽状的长毛。瘦果近圆柱形，长2.7毫米，被密粗毛。花期7-8月，果期8-9月。

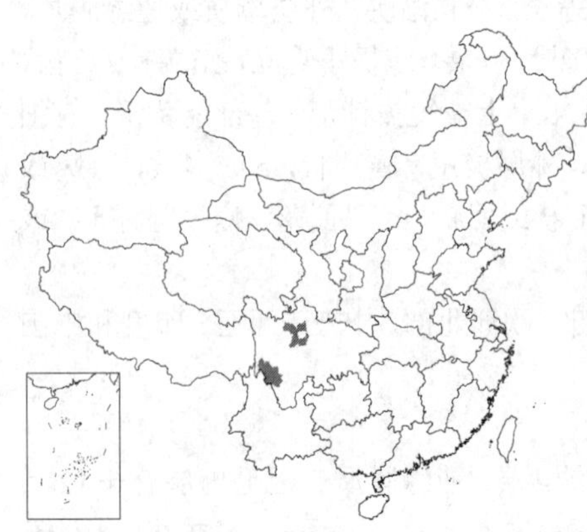

图 435 金仙草（吴彰桦绘）

产四川，生于海拔2500-3000米亚高山或高山草地或林缘。

3. 臭蚤草 图 436 彩片 72

Pulicaria insignis Drumm. ex Dunn in Bull. Misc. Inform. 118. 1912.

多年生草本；根茎上端有密集分枝和被白色密毛的芽。茎密被粗毛，基部密被绢状长茸毛。基部叶倒披针形，下部渐窄成长柄；茎部叶长圆形或卵圆状长圆形，全缘，长4-8厘米，基部半抱茎，两面被毡状长贴毛，边缘和叶脉密生长达2毫米粗毛，侧脉4-5对。头状花序径4-6厘米，单生茎端，有时1-2个侧生于短梗上；总苞宽钟状，径2-2.5厘米，总苞片多层，线状披针形或线形，外层草质，背面和内面上部密生长粗毛，内层上部草质，疏被毛，边缘膜质。舌状花黄色，外面有毛，舌片长1-1.5（2）厘米，先端有3齿，花柱分枝线形；两性花花冠无毛，长约7毫米，管状，裂片卵圆披针形；冠毛白色；外层有5窄长披针形膜片，内层有5羽状毛。瘦果近圆柱形，有棱，被浅褐色绢毛，长2.5-3.5毫米。花期7-9月。

图 436 臭蚤草（张泰利绘）

产西藏南部及东北部，生于海拔4000-4310米山脊岩缝中、石砾坡地或草丛中。药用，去热止痛。

61. 天名精属（金挖耳属）Carpesium Linn.

（陈艺林　靳淑英）

多年生草本。茎直立，多分枝。叶互生，全缘或具不规则牙齿。头状花序常下垂；总苞盘状、钟状或半球形，苞片3-4层，干膜质或外层草质，叶状；花托扁平，有细点。花黄色，异型，外围雌性，结实，花冠筒状，顶端3-5齿裂；盘花两性，花冠筒状或上部漏斗状，5齿裂，花药基部箭形，尾细长，柱头2深裂，裂片线形，扁平。瘦果细长，有纵纹，先端喙状，顶端具软骨质环状物，无冠毛。

约21种，主产亚洲中部和中国西南山区，少数种广布欧、亚大陆。我国17种3变种。

1. 总苞外层苞片草质或叶状，与内层苞片近等长或更长，常与苞片无明显区别。
  2. 头状花序单生茎枝端或上部叶腋，总苞盘状或半球形，径0.9-3.5厘米。
    3. 花冠无毛。
      4. 总苞径2.5-3.5厘米 ………………………… 1. **大花金挖耳 C. macrocephalum**
      4. 总苞径0.9-2厘米。
        5. 外层总苞片先端钝；下部叶长椭圆形或匙状椭圆形，基部长渐窄下延；茎密被长柔毛及卷曲柔毛 ………………………… 2. **烟管头草 C. cernuum**
        5. 外层总苞片先端锐尖；下部叶卵形或卵状椭圆形，基部圆或心形。
          6. 茎、叶、苞叶及总苞片均疏被薄毛或柔毛 ………………………… 3. **尼泊尔天名精 C. nepalense**
          6. 茎、叶、苞叶及总苞片均密被白色棉毛 ……………… 3(附). **棉毛尼泊尔天名精 C. nepalense** var. **lanatum**
    3. 花冠被毛。
      7. 苞叶及外层总苞片匙形或线状匙形，密被柔毛 ………………………… 4. **葶茎天名精 C. scapiforme**
      7. 苞叶及外层总苞片披针形，被疏柔毛。
        8. 茎高达25厘米，被绒毛状长柔毛；头状花序具短梗或近无梗；苞叶通常不反折 … 5. **矮天名精 C. humile**

8. 茎高达70厘米，初被较密长柔毛，后渐稀；头状花序梗较长；苞叶反折 ………… 6. **高原天名精 C. lipskyi**

2. 头状花序排成总状或圆锥状，总苞钟状，径0.4-1厘米；茎疏被长柔毛 …………………… 7. **暗花金挖耳 C. triste**

1. 总苞外层苞片向内层渐长，干膜质或先端稍草质，与苞叶有区别。

9. 总苞径0.6-1厘米，头状花序球形，单生于茎和枝端，具花序梗 ………………………… 8. **金挖耳 C. divaricatum**

9. 头状花序径3-5毫米，如达6毫米，则沿茎、枝生于叶腋，无梗或具短梗，成穗状或总状排列。

10. 头状花序钟状，径3-6毫米，花序梗纤细。

11. 下部茎叶椭圆形或椭圆状披针形，基部渐窄，近无毛或叶腋有疏柔毛，两面有腺点；头状花序具长梗，单生茎和枝端 …………………………………………………………………… 9. **小花金挖耳 C. minus**

11. 下部茎叶卵圆形或卵状披针形，基部宽楔形、近圆或心形，两面被毛；头状花序腋生，通常无梗或具短梗，成穗状排列。

12. 茎中、上部叶披针形或线状披针形，近全缘或疏生锯齿；茎下部叶基部宽楔形或近圆 ……………………………………………………………………………… 10. **贵州天名精 C. faberi**

12. 茎中、下部叶卵形或卵状披针形，边缘有粗齿；茎下部叶基部心形或圆 ……………………………………………………………………………… 11. **粗齿天名精 C. trachelifolium**

10. 头状花序半球形或钟状球形，径6-8毫米；花序梗较粗，顶端增大。

13. 茎下部及中部叶椭圆形或长圆状披针形，长10-23厘米，两面近无毛，叶柄长2-4厘米；两性花长3-3.5毫米；总苞半球形，径0.8-1.2厘米 ……………………………………… 12. **长叶天名精 C. longifolium**

13. 茎下部叶宽椭圆形或长椭圆形，长8-16厘米，下面密被柔毛，叶柄长0.5-1.5厘米；两性花长2-2.5毫米；总苞钟状球形，径6-8毫米 ……………………………………… 13. **天名精 C. abrotanoides**

1. 大花金挖耳 图 437

Carpesium macrocephalum Franch. et Sav. Enum. Pl. Jap. 2. 405. 1879.

多年生草本。茎被卷曲柔毛。茎下部叶宽卵形或椭圆形，长15-20厘米，基部骤缩成楔形，下延，边缘具粗大重牙齿，齿端有腺体状胼胝，下面淡绿色，两面被柔毛，叶柄长15-28厘米，具窄翅；中部叶椭圆形或倒卵状椭圆形，中部以下渐窄，无柄，基部稍耳状，半抱茎；上部叶长圆状披针形。头状花序单生茎枝端；苞叶多枚，椭圆形或披针形，长2-7厘米，叶状，边缘有锯齿；总苞盘状，径2.5-3.5厘米，高0.8-1厘米，外层苞片叶状，披针形，长1.5-2厘米，两面密被柔毛，中层长圆状线形，先端草质，被柔毛，下部干膜质，无毛，内层匙状线形，干膜质。两性花筒状，长4-5毫米，冠檐5齿裂；雌花长3-3.5毫米。瘦果长5-6毫米。

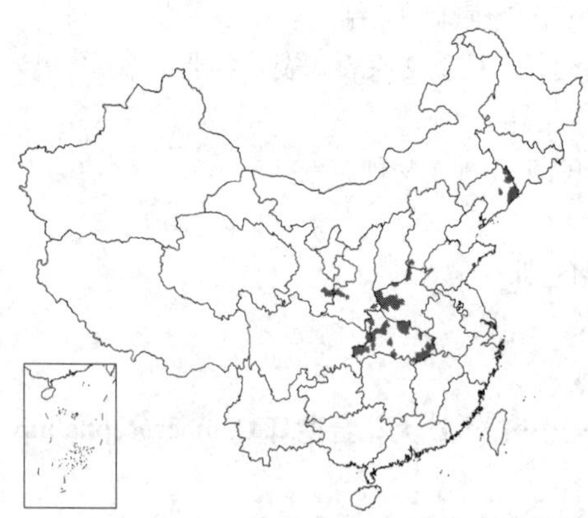

产辽宁东部及东南部、河北南部、河南、陕西秦岭、甘肃东南部、四川东部及湖北，生于山坡灌丛或混交林边。日本、朝鲜半岛及俄罗斯远东地区有分布。民间作治吐血药。

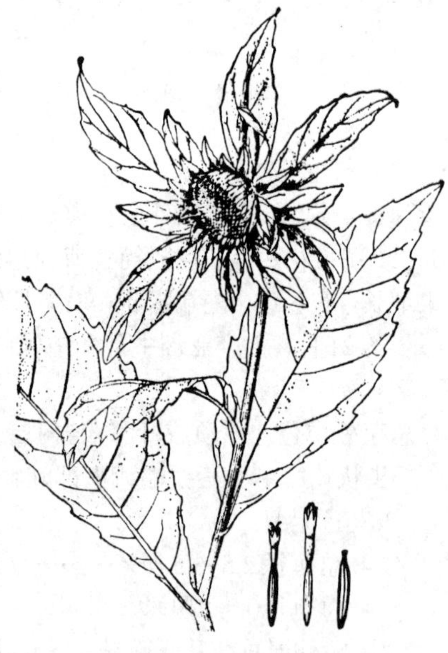

图 437 大花金挖耳（引自《图鉴》）

2. 烟管头草 图 438

Carpesium cernuum Linn. Sp. Pl. 859. 1753.

多年生草本。茎下部密被白色长柔毛及卷曲柔毛，基部叶腋成棉毛状，上部被疏柔毛。基生叶开花前凋萎，稀宿存；茎下部叶长椭圆形或匙状长椭圆形，长6-12厘米，基部长渐窄下延，上面被稍密倒伏柔毛，下面被白色长柔毛，中肋及叶柄常密集成绒毛状，两面有腺点，具长柄，柄下部具窄翅；中部叶椭圆形或长椭圆形，长8-11厘米，具短柄；上部叶椭圆形或椭圆状披针形，近全缘。头状花序单生茎枝端；苞叶多枚，椭圆状披针形，长2-5厘米，密被柔毛及腺点，余条状披针形或条状匙形。总苞半球形，径1-2厘米，总苞片4层，外层叶状，披针形，草质或基部干膜质，密被长柔毛，先端钝，通常反折，中层及内层干膜质，窄长圆形或条形，有微齿。雌花窄筒状；两性花筒状，冠檐5齿裂。瘦果长4-4.5毫米。

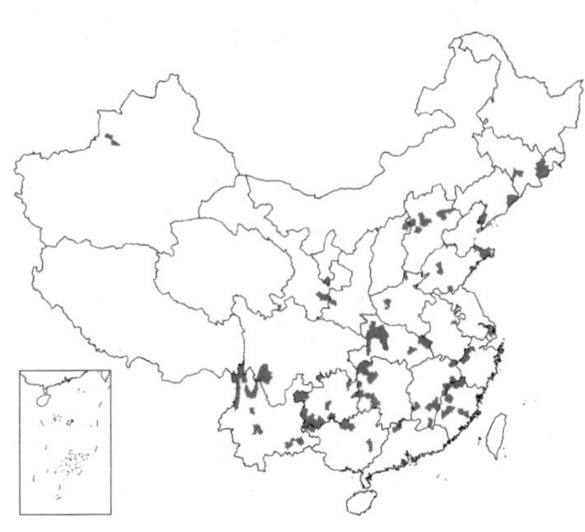

图 438 烟管头草（王金凤绘）

产吉林、辽宁、河北、山西、河南、山东、江苏南部、安徽、浙江、福建、广东北部、广西、江西、湖南、湖北、陕西秦岭、宁夏南部、甘肃东南部、新疆西北部、四川、贵州及云南，生于路边、荒地、山坡或沟边。欧洲至朝鲜和日本有分布。

3. 尼泊尔天名精 图 439

Carpesium nepalense Less. in Linnaea 6: 234. 1831.

多年生草本。茎被稀薄棉毛。基生叶开花前凋萎；茎下部叶卵形或卵状椭圆形，长6-8厘米，基部圆或心形，有稍不整齐锯齿，齿端有腺体状胼胝，上面被疏柔毛，下面疏被长柔毛，两面有小腺点；叶柄与叶片等长或稍长，基部及茎被棉毛，顶端与叶片连接处有翅；中部叶椭圆形或椭圆状披针形，长约8厘米，有细齿或近全缘，具短柄，上部叶披针形，几无柄。头状花序单生茎、枝端，花时下垂；苞叶4-6，椭圆形或披针形，长达3厘米，具短柄，两面疏被柔毛。总苞盘状，长约6毫米，径0.9-1.3厘米，苞片4层，近等长，外层草质，披针形，先端锐尖，背面被疏柔毛，中层披针形，干膜质，先端稍带绿色，内层干膜质，先端有小齿。雌花窄筒状，长约1.5毫米；两性花筒状，长约2.5毫米，冠檐5齿裂。

图 439 尼泊尔天名精
（引自《中国植物志》）

产湖北西部及西南部、四川、西藏东南部及南部、云南西北部及台湾，生于林下。尼泊尔、锡金及印度有分布。

[附] **棉毛尼泊尔天名精 Carpesium nepalense** var. **lanatum** (Hook. f. et T. Thoms. ex C. B. Clarke) Kitam. in Fl. East. Himal. 1: 335. 1966.—— *Carpesium cernuum* α. *lanatum* Hook. f. et T. Thoms. ex Clarke, Comp. Ind. 130. 1876. 与模式变种的区别：全株被白色棉毛，茎尤密；头状花序径1.2-2厘米，苞片锐尖；花冠有时疏被柔毛。产云南、四川、贵州、广西、湖南及湖北，生于山坡、路旁。锡金有分布。全草煎水洗疥疮、脓泡疮、痔疮，清热解毒。

4. 葶茎天名精 图 440：1-2

Carpesium scapiforme Chen et C. M. Hu in Acta Phytotax. Sin. 12 (4): 497. 1974.

多年生草本。茎疏被长柔毛，基部及顶端密集成绒毛状。基生叶宿存；椭圆形，长6-9厘米，近全缘或有具胼胝尖头小齿，上面被倒伏硬毛，下面密被灰黄色长柔毛，中肋及侧脉常密集成绒毛状，余疏被柔毛，两面有腺点，基部下延成具翅短柄或几无柄；茎下部叶与基生叶相同，具长1.5-3厘米的柄；中、上部叶椭圆状披针形或披针形。头状花序单生茎端或1-2生于上部叶腋，花序梗长3-11厘米；苞叶3-5，匙形或线状匙形，长0.7-1.5厘米，先端钝或近圆，两面密被污黄色长柔毛及腺点；总苞半球形，径1.5-2厘米，苞片4层，外层草质，匙形，长约7毫米，密被柔毛，中层干膜质，长圆形，背面中脉被疏毛，内层窄披针形。雌花窄筒状，冠檐5齿裂，筒部被柔毛；两性花筒部细，被柔毛，冠檐漏斗状，5齿裂，瘦果长约5毫米。

产云南西北部、四川西南部及西藏东南部，生于海拔3000-3500米草地或林缘。

图 440：1-2. 葶茎天名精 3-4. 高原天名精 （引自《中国植物志》）

5. 矮天名精 图 441

Carpesium humile Winkl. in Acta Hort. Petrop. 14: 70. 1895.

多年生草本。茎高达25厘米，单一或上部分枝，被污黄色绒毛状长柔毛，下部较疏，上部及花梗极密。基生叶宿存，长椭圆形，长6-9厘米，基部下延成极短柄，上面被柔毛，下面被白色长柔毛，中脉基部及叶柄密集成绒毛状，两面有腺点，具小齿或近全缘；茎中部叶长椭圆形或椭圆状披针形，无柄。头状花序单生茎、枝端及上部叶腋，具短梗或近无梗；苞叶3-7，披针形，长0.8-1.6厘米，被柔毛；总苞盘状，径1-1.5厘米，苞片4层，外层披针形，长7-8毫米，上部草质，基部干膜质，背面被疏长柔毛，内层线形，干膜质。雌花筒状，筒部被柔毛，5齿裂；两性花筒部细，被柔毛，冠檐漏斗状，5齿裂。瘦果长约3毫米。

产青海东部、四川西部及西藏东部，生于山坡草地或林缘。

图 441 矮天名精 （引自《中国植物志》）

6. 高原天名精 高山金挖耳 图 440：3-4

Carpesium lipskyi Winkl. in Acta Hort. Petrop. 14: 68. 1895.

多年生草本。茎高达70厘米，初被较密长柔毛，后渐稀。茎下部叶椭圆形或匙状椭圆形，长7-15厘米，近全缘，有腺体状胼胝或具小齿，上面

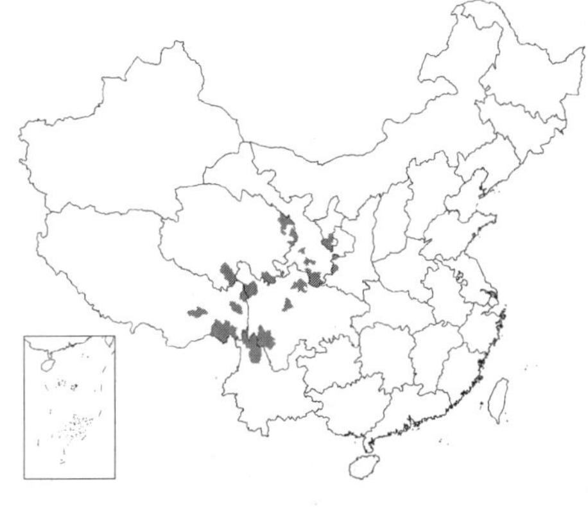

被基部膨大倒伏柔毛，下面被白色疏长柔毛，两面有腺点，叶柄长1.5-6厘米；上部叶椭圆形或椭圆状披针形，无柄。头状花序单生茎、枝端或腋生，花序梗较长，花时下垂；苞叶5-7，披针形，长0.8-1.6厘米，反折，被疏长柔毛；总苞盘状，径1-1.5厘米，苞片4层，外层披针形，上半部草质，下部干膜质，背面被柔毛，常反折，中层干膜质，披针形，内层线状披针形。两性花长3-3.5毫米，筒部被白色柔毛，冠檐漏斗状，5齿裂；雌花窄漏斗状，冠檐5齿裂。瘦果长3.5-4毫米。

产陕西西南部、宁夏南部、甘肃南部、青海东部、西藏东部、四川及云南西北部，生于海拔2000-3500米林缘或山坡灌丛中。

7. 暗花金挖耳 图 442

Carpesium triste Maxim. in Bull. Acad. Imp. Sci. St. Pétersb. 19: 479. 1874.

多年生草本。茎疏被长柔毛。基生叶卵状长圆形，长7-16厘米，基部近圆，稀宽楔形，骤下延，边缘有粗齿，上面被柔毛，下面被白色长柔毛，叶柄与叶等长或更长，上部具宽翅，向下渐窄；茎下部叶与基生叶相似；中部叶较窄，先端长渐尖，叶柄较短；上部叶披针形或条状披针形，几无柄。头状花序生茎、枝端及上部叶腋，具短梗，排成总状或圆锥状；苞叶多枚，线状披针形，长1.2-3厘米，疏被柔毛，约与总苞近等长；总苞钟状，径0.4-1厘米，总苞片约4层，近等长，外层长圆状披针形或近匙形，上半部草质，疏被柔毛或几无毛，内层线状披针形，干膜质，先端钝或具细齿。两性花筒状，长3-3.5毫米；雌花窄筒形。瘦果长3-3.5毫米。

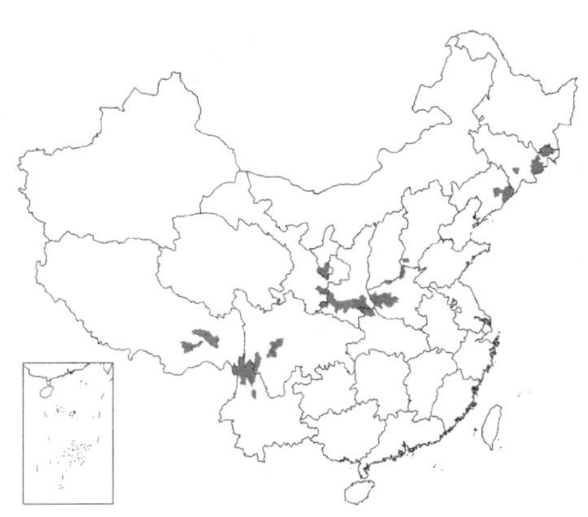

产黑龙江东南部、吉林东南部及南部、辽宁东南部、河北南部、河南、陕西秦岭南部、宁夏南部、甘肃东南部、四川、湖北西北部、云南西北部、西藏东部，生于林下或溪边。日本、朝鲜半岛及俄罗斯远东地区有分布。

图 442 暗花金挖耳（引自《图鉴》）

[附] **毛暗花金挖耳** 图 446: 4-6 **Carpesium triste** var. **sinense** Diels in Engl. Bot. Jahrb. 29: 615. 1900. 与模式变种的区别：花冠筒部被疏柔毛。产河北、河南、山西、陕西、四川、甘肃及新疆。

8. 金挖耳 图 443

Carpesium divaricatum Sieb. et Zucc. in Sitz. Akad. Wiss. Wien, Mach-Nat. 4(3): 187. 1845.

多年生草本。茎被白色柔毛。茎下部叶卵形或卵状长圆形，长5-12厘米，基部圆或稍心形，有时宽楔形，边缘具粗大有胼胝尖的牙齿，上面被柔毛，稍粗糙，下面被白色柔毛及疏长柔毛，叶柄较叶短或近等长，与叶片连接外有窄翅，下部无翅；中部叶长椭圆形，先端渐尖，基部楔形，叶柄较短，无翅；上部叶长椭圆形或长圆状披针形，几无柄。头状花序单生茎端及枝端，具花序梗；苞叶3-5，披针形或椭圆形，密被柔毛和腺点；总苞卵圆形，径0.6-1厘米，苞片4层，覆瓦状排列，向内层渐长，外层宽

卵形，干膜质或先端稍草质，背面被柔毛，中层窄长椭圆形，干膜质，内层线形。雌花窄筒状；两性花筒状，冠檐5齿裂。瘦果长3-3.5毫米。

产黑龙江南部、吉林、辽宁、河南、安徽、浙江、福建、台湾、江西、湖北、湖南、广西北部、贵州及云南西北部，生于灌丛中。日本及朝鲜半岛有分布。药用，治感冒、蛔虫、痢疾、尿道感染、淋巴结结核，外用治疮疖、乳腺炎、带状疱疹、毒蛇咬伤。

图 443 金挖耳 （王金凤绘）

9. 小花金挖耳 图 444

Carpesium minum Hemsl. in Journ. Linn. Soc. Bot. 23: 431. 1888.

多年生草本。茎高达30厘米，基部常带紫褐毛，密被卷曲柔毛，有腺点。茎下部叶椭圆形或椭圆状披针形，长4-9厘米，基部渐窄，上面深绿色，下面淡绿色，几无毛或叶脉有疏柔毛，两面有腺点，叶柄长1-3厘米；上部叶披针形或线状披针形，近全缘，具短柄。头状花序单生茎、枝端，花序梗长；苞叶2-4，线状披针形，长0.6-1.5厘米，密被柔毛；总苞钟状，径4-6毫米，苞片3-4层，外层较短，卵形或卵状披针形，干膜质，背面被柔毛，内层线状披针形。雌花窄筒状；两性花筒状。瘦果长约1.8毫米。

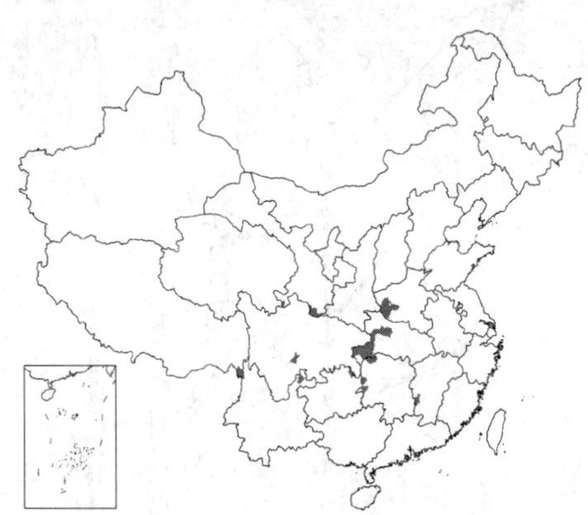

产云南西北部及东北部、四川、贵州东北部、湖南西北部及西部、湖北西部及西北部、河南西南部及江西井冈山，生于海拔800-1000米山坡草丛或沟边。

图 444 小花金挖耳 （王金凤绘）

10. 贵州天名精 图 445

Carpesium faberi Winkl. in Acta Hort. Petrop. 14: 65. 1895.

多年生草本。茎常带紫褐色，下部被白色长柔毛。基生叶花前凋萎；茎下部叶卵形或卵状披针形，长4-7厘米，宽2-3厘米，基部宽楔形或近圆，具疏齿，上面被倒伏硬毛，下面被白色疏长柔毛，叶柄长1-5厘米，疏被白色长柔毛，上部具窄翅；中部叶披针形，长5-9厘米，具短柄，疏生锯齿或近全缘；上部叶披针形或线状披针形，近全缘。头状花序多数，生茎、枝端及下部枝条叶腋，几无梗，常穗状花序式排列；苞片2-3，椭圆形或椭圆状披针形，长0.6-1.5厘米，具短柄，两面被柔毛；总苞钟状，径3-5毫米，总苞片4层，向内渐长，干膜质，外

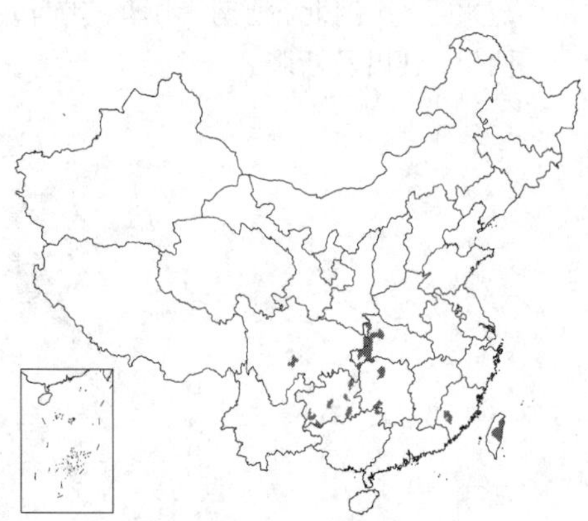

图 445 贵州天名精 （引自《中国植物志》）

层卵形，背面被微毛，中层窄长圆形，先端钝或有细齿，内层线形。雌花窄筒状；两性花筒状。瘦果长2-2.5毫米。

产四川中南部及东部、贵州、广西东北部、湖南、湖北西部、福建西南部及台湾，生于海拔700-1900米旷地或林缘。日本有分布。

11. 粗齿天名精 图 446：1-3

Carpesium trachelifolium Less. in Linnaea 6: 233. 1831.

多年生草本。茎被疏长柔毛。茎下部叶卵形或卵状披针形，长5-10厘米，基部心形或圆，有粗大具胼胝尖疏齿，上面被倒伏硬毛，下面疏被白色柔毛，叶柄长4-8厘米，无翅或与叶片连接处有翅，被疏柔毛，叶腋密被长柔毛，具长柄；中部叶卵状披针形，柄短，具疏齿；上部披针形，具疏粗齿，无柄或柄短。头状花序单生茎、枝端及上部叶腋，梗短或几无梗，排成总状；苞叶3-5，椭圆形或披针形，长0.5-1.5厘米，有腺体状胼胝，两面被柔毛；总苞钟状，长约5毫米，径4-6毫米，总苞片4层，向内渐长，干膜质，外层卵状披针形，背面中部被疏柔毛，中层长圆状披针形，内层线形。雌花窄筒状，长1.5-2毫米；两性花筒状。瘦果长约2.5毫米。

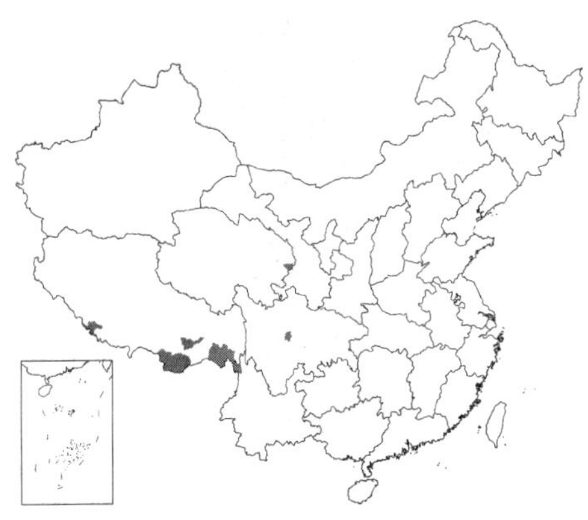

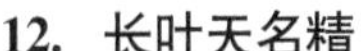

产青海东部、西藏东南部及南部、云南西北部及四川中部，生于海拔2500米山谷及林下。尼泊尔有分布。

图 446：1-3. 粗齿天名精 4-6. 毛暗花金挖耳 （引自《中国植物志》）

12. 长叶天名精 图 447

Carpesium longifolium Chen et C. M. Hu in Acta Phytotax. Sin. 12(4): 498. pl. 97. 1974.

多年生草本。茎几无毛，上部被柔毛。茎下部及中部叶椭圆形或长圆状披针形，长10-23厘米，近全缘或疏生胼胝尖头，两面近无毛或具极疏细长毛，上面深绿色，中脉紫色，下面具球状白色及金黄色小腺点，叶柄长2-4厘米；上部叶披针形或窄披针形，长8-15厘米，宽1.5-3厘米，近全缘，具短柄。头状花序穗状排列，腋生者无苞叶或苞叶极小，着生茎枝端者具苞叶；苞叶2-4，披针形，长1.5-3.5厘米，被疏柔毛；总苞半球形，径0.8-1.2厘米，总苞片4层，向内渐长，外层卵圆形，干膜质或顶端稍带绿色，背面疏被柔毛，中层长圆形，具缘毛或细齿，内层线状披针形。雌花3-4层，花冠窄筒状，长约2毫米；两性花筒状，长3-3.5毫米。瘦果长约3毫米。

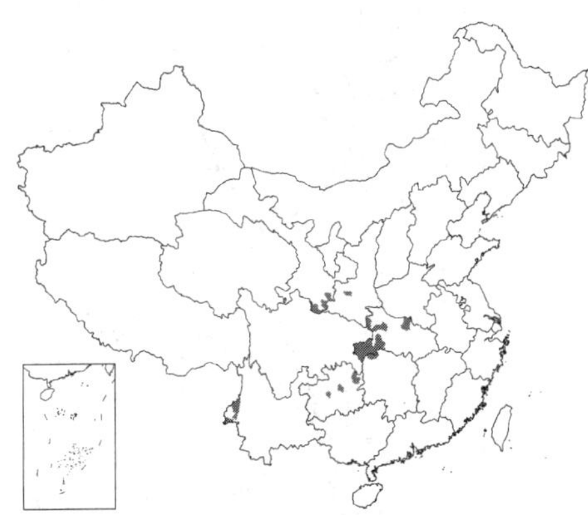

产甘肃南部、陕西秦岭、湖北、湖南西北部、贵州、云南西部及四川东部，生于海拔800-2300米山坡灌丛边或林下。

图 447 长叶天名精 （引自《植物分类学报》）

13. 天名精 图 448

Carpesium abrotanoides Linn. Sp. Pl. 860. 1753.

多年生粗壮草本。茎下部近无毛，上部密被柔毛，多分枝。茎下部叶宽椭圆形或长椭圆形，长8-16厘米，上面被柔毛，老时几无毛，下面密被柔毛，有细小腺点，具不规则钝齿，叶柄长0.5-1.5厘米，密被柔毛；茎上部叶较密，长椭圆形或椭圆状披针形，具短柄。头状花序多数，生茎端及沿茎、枝生于叶腋，近无梗，成穗状排列，着生茎端及枝端者具椭圆形或披针形、长0.6-1.5厘米的苞叶2-4，腋生头状花序无苞叶或具1-2小苞叶；总苞钟状球形，径6-8毫米，总苞片3层，向内渐长，外层卵圆形，膜质或先端草质，具缘毛，背面被柔毛，内层长圆形。雌花窄筒状，长1.5毫米，两性花筒状，长2-2.5毫米。瘦果长约3.5毫米。

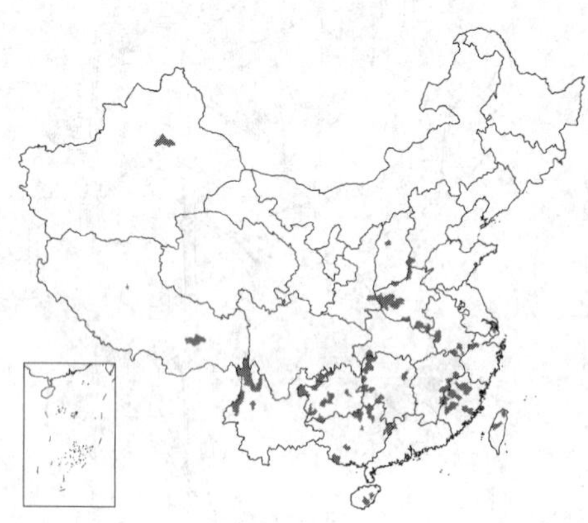

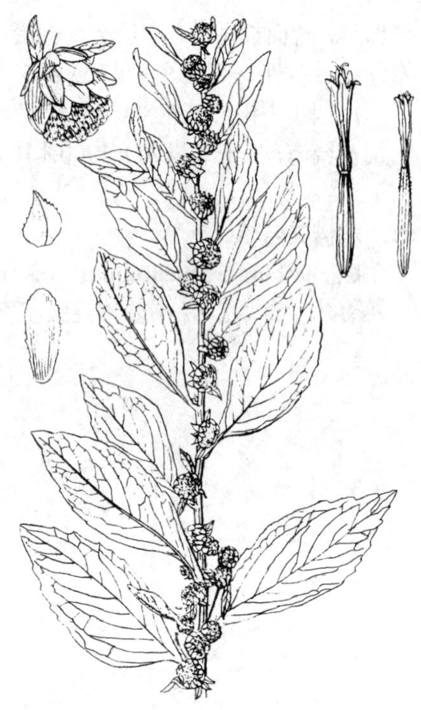

图 448 天名精
（引自《江苏南部种子植物手册》）

产河北西南部、山西、陕西东部、河南、安徽、江苏南部、浙江西北部、福建、江西、湖北西南部、湖南、广东北部、海南、广西、贵州、四川南部、云南、西藏及新疆，生于村旁、路边荒地、溪边或林缘，垂直分布可达海拔2000米。朝鲜半岛、日本、越南、缅甸、锡金、伊朗及俄罗斯高加索地区有分布。果为杀虫重要药物，治蛔虫、蛲虫、绦虫、虫积腹痛。全草药用，清热解毒、祛痰止血，治咽喉肿痛、扁桃体炎、支气管炎；外用治创伤出血、疔疮、蛇虫咬伤。

62. 和尚菜属 Adenocaulon Hook.

（陈艺林 靳淑英）

多年生或一年生草本。茎上部常有腺毛。叶互生，下面被白色茸毛；叶柄长。头状花序小，在茎和分枝顶端排成圆锥状，小花异型，外围有7-12结实雌花，中央有7-18不育两性花。总苞钟状或半球形，总苞片少数，近1层，等长，草质；花托短圆锥状或平，无托片。花冠全部管状，雌花花冠管部短，有4-5深裂片，花柱短叉状分枝，分枝宽扁，顶端圆；两性花花冠细，有4-5齿，花柱棒棍状，花药基部全缘或有2齿，顶端有尖的短附片，雌花有时具退化雄蕊。瘦果长椭圆状棍棒形，有不明显纵肋，被腺毛；无冠毛。

约3种，分布亚洲东部及南北美洲。我国1种。

和尚菜 腺梗菜 图 449

Adenocaulon himalaicum Edgew. in Trans. Linn. Soc. 20: 64. 1851.

根状茎匍匐。茎中部以上分枝，被蛛丝状绒毛，根生叶或茎下部叶花期凋落；茎下部叶肾形或圆肾形，长5-8厘米，基部心形，边缘有波状大牙齿，上面沿脉被尘状柔毛，下面密被蛛丝状毛，叶柄长5-17厘米，有翼；中部叶三角状圆形，长7-13厘米，宽8-14厘米；向上叶三角状卵形或菱状倒卵形，最上部叶长约1厘米，披针形或线状披针形，无柄，全缘。头

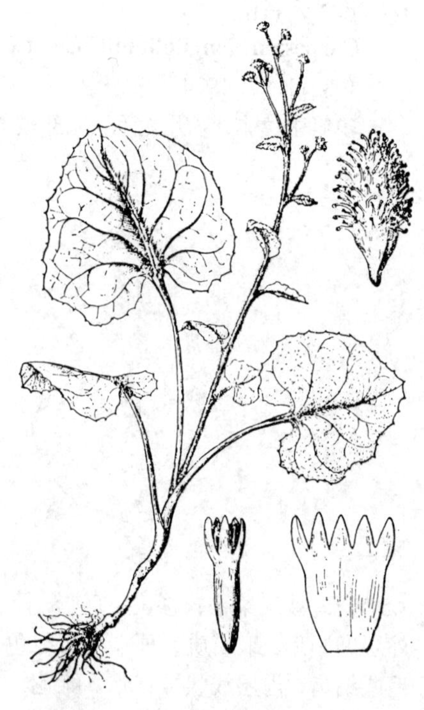

图 449 和尚菜（王鸿青绘）

状花序排成圆锥状，花序梗密被腺毛；总苞半球形，径2.5-5毫米，总苞片5-7，宽卵形，长2-3.5毫米，全缘。雌花白色，檐部长于管部，裂片卵状长椭圆形；两性花淡白色，檐部短于管部2倍。瘦果棍棒状，长6-8毫米，被多数头状具柄腺毛。花果期6-11月。

产黑龙江、吉林、辽宁、内蒙古、河北、山西、河南、安徽南部、浙江、福建北部、江西东北部、湖北西部、湖南西北部、贵州、云南西北部、四川、西藏东南部及南部、青海东部、甘肃东南部，生于海拔3400米以下河岸、湖旁、峡谷、密林下或干旱山坡。

63. 牛眼菊属 Buphthalmum Linn.

（陈艺林 靳淑英）

多年生草本。叶互生。头状花序单生茎、枝顶端；小花异型，辐射状，全部结实；总苞半球形，总苞片近3层，草质，覆瓦状排列；花托凸或几圆锥状，具窄而凹陷具小尖的托片。外围雌花1-2层，舌状，舌片开展，先端2-4齿裂；中央两性花多数，花冠管状，檐部稍扩大或窄钟状，5浅裂；花药基部戟形，具稍尖或尾尖小耳；花柱分枝线状楔形，扁，顶端圆，有乳突。雌花的瘦果背面稍扁，3棱，内边具窄翅；两性花的瘦果近圆柱形或一侧稍扁，内边常具窄翅；冠毛膜片基部结合成冠状，全缘或顶端撕裂成短芒状。

4种，主要分布于欧洲。我国引入栽培1种。

牛眼菊 图 450

Buphthalmum salicifolium Linn. Sp. Pl. 1275. 1753.

多年生草本。茎紫红色，被柔毛或近无毛；茎下部叶倒卵状披针形，基部渐窄成长柄；中部叶长圆形或披针形；上部叶披针形或线状披针形，无柄；叶全缘或具疏细齿，两面被贴伏毛或绢毛。头状花序径3-6厘米；总苞半球形，总苞片绿色，草质，卵状披针形，背面被贴生绢毛。花暗黄色，舌状花雌性；两性花花冠管状，檐部钟状。雌花瘦果三棱形，长3-4毫米，具窄翅；两性花瘦果近圆柱形，长2-3毫米，无毛；冠毛膜片冠状，具齿或短芒。

原产欧洲。各地庭园栽培供观赏。

图 450 牛眼菊（孙英宝绘）

64. 山黄菊属 Anisopappus Hook. et Arn.

（陈艺林 靳淑英）

一年生草本。茎被糙伏毛。叶互生，有锯齿。头状花序单生茎或分枝顶端，排成疏散伞房状；小花异型，辐射状，外围雌花1-2层，结实，中央有多数结实的两性花。总苞半球形，总苞片数层，稍不等长，覆瓦状排列，草质；花托突起，托片半抱瘦果，脱落。雌花花冠舌状，开展，先端3齿裂，黄色；两性花花冠管状，管部短，上部窄钟状，5尖裂，花药基部箭形，有尾尖的耳部；花柱分枝线形，上部稍扁，顶端钝圆。瘦果近圆柱形，雌花瘦果背部稍扁，有多数纵肋；冠毛短冠状，膜片撕裂，不等长，分离，有2-5长于膜片的细芒。

约3种，分布于热带非洲东部及喀麦隆、亚洲南部。我国1种。

山黄菊 图 451

Anisopappus chinensis (Linn.) Hook. et Arn. Bot. Beech. Voy. 196. 1836.

Verbesina chinensis Linn. Sp. Pl. 901. 1753.

一年生草本。茎单生，稀簇生，被锈色尘状密柔毛或下部花期毛变疏。

基部及下部茎叶花后脱落；中部叶卵状披针形或窄长圆形，长3-6厘米，纸质，两面被微柔毛，有钝锯齿；上部叶渐小。头状花序单生或数个排成伞房状花序，花序梗被锈色密柔毛；总苞半球形，长0.6-1厘米，总苞片3层，窄披针形或宽线形，长3-5毫米，背面密被伏柔毛，边缘窄膜质，緌状。雌花黄色，舌片倒长三角形；两性花花冠管状。瘦果圆柱形，被疏柔毛，雌花瘦果长2毫米，两性花瘦果稍扁，有4纵肋，长1.5毫米；冠毛污白色，膜片状，4-5，顶端有长1毫米细芒。花果期8-11月。

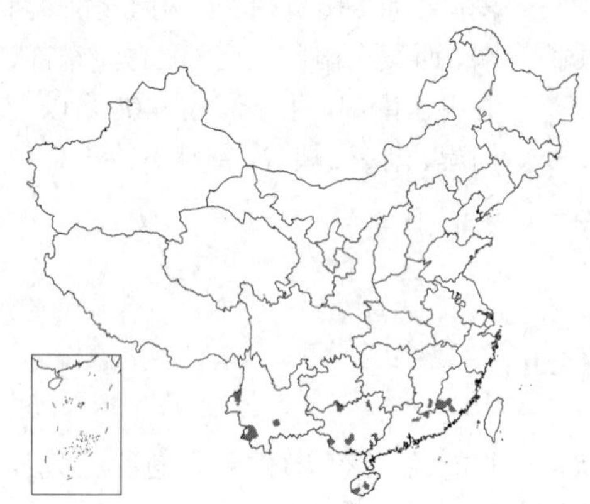

产江西南部、福建南部、广东、海南、广西及云南，生于海拔840-2100米干旱山坡、沙地、荒地、草地或潮湿山坡及林缘。

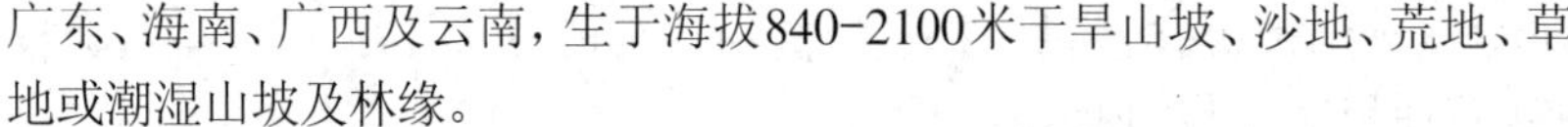

图 451 山黄菊（冀朝祯绘）

65. 虾须草属 **Sheareria** S. Moore

（陈艺林 靳淑英）

一年生草本，高达40厘米。茎下部分枝，绿或稍带紫色。叶互生，线形或倒披针形，长1-3厘米，全缘，无柄；上部叶鳞片状。头状花序径2-4毫米，顶生或腋生，花序梗长3-5毫米；总苞钟形，总苞片2层，4-5片，宽卵形，长约2毫米，稍被细毛；花托稍平，无托片。雌花舌状，白或淡红色，舌片宽卵状长圆形，先端全缘或有5钝齿；两性花管状，上部钟形，有5齿，花药长椭圆形，顶端有近三角形附片，花柱棒状，上端被细毛；雌花花柱2裂，裂片线形，圆钝。瘦果长椭圆形，褐色，长3.5-4毫米，有3窄翅，翅缘具细齿；无冠毛。

我国特有单种属。

虾须草 图 452

Sheareria nana S. Moore in Journ. Bot. 277. t. 165. 1875.

形态特征同属。

产江苏南部、安徽、浙江北部、江西、湖北、湖南、广东、贵州、云南东北部及四川南部，生于山坡、田边、湖边草地或河边沙滩。

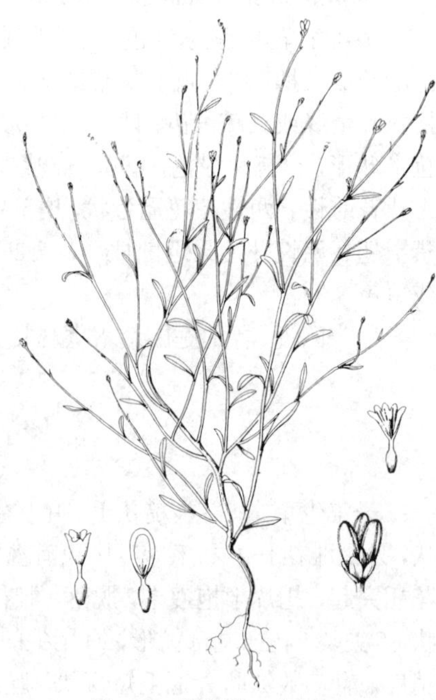

图 452 虾须草（蔡淑琴绘）

66. 苍耳属 **Xanthium** Linn.

（陈艺林 靳淑英）

一年生草本。根纺锤状或分枝。茎直立，具糙伏毛、柔毛或近无毛，有时具刺，多分枝。叶互生，全缘或多少分裂；有柄。头状花序单性，雌雄同株，无或近无花序梗，在叶腋单生或密集成穗状，或成束聚生茎枝顶端。雄头状花序着生茎枝上端，球形，具多数不结果两性花；总苞宽半球形，总苞片1-2层，分离，椭圆状披针形，革质；花托柱状，托片披针形，无色，包围管状花；花冠管部上端有5宽裂片；花药分离，上端内弯，花丝结合成管状，包围花柱，花柱细小，不裂，上端稍膨大。雌头状花序单生或密集茎枝下部，卵圆形，各有2结果小花；总苞片两层，外层小，椭圆状披针形，分离，内层结合成囊状，卵形，果熟时变硬，上端具1-2个坚硬的喙，外面具钩状刺，2室，每室1小花；雌花无花冠，柱头2深裂，裂片线形，伸出总苞的喙外。瘦果2，倒卵圆形，藏于总苞内，无冠毛。

约25种，主要分布于美洲北部和中部、欧洲、亚洲及非洲北部。我国3种1变种。

1. 茎上部叶卵状三角形或心形，基部与叶柄连接处成相等楔形，边缘有粗齿；具瘦果的成熟总苞较大。
  2. 具瘦果的成熟总苞卵形或椭圆形，连同喙部长1.2-1.5厘米，背面疏生细钩刺，刺长1-1.5毫米，基部不增粗。
    3. 总苞背面有钩刺 ………………………………………… 1. **苍耳 X. sibiricum**
    3. 总苞背面几无刺或有极疏的刺 ………………… 1(附). **近无刺苍耳 X. sibiricum** var. **subinerme**
  2. 具瘦果的成熟总苞椭圆形，连同喙部长1.8-2厘米，背面有较疏生刺，刺坚硬，长2-5.5（通常5）毫米，基部粗 ………………………………………… 2. **蒙古苍耳 X. mongolicum**
1. 茎上部叶长三角形，中部基部与叶柄连接处成不相等偏楔形，边缘有波状齿；具瘦果的成熟总苞连同喙长0.8-1.1厘米，背面有密而等长的刺 ………………………………………… 3. **偏基苍耳 X. inaequilaterum**

1. 苍耳 苔耳　　图 453 彩片 73

Xanthium sibiricum Patrin ex Widder in Fedde, Repert. Sp. Nov. 20: 32. 1923.

一年生草本。茎被灰白色糙伏毛。叶三角状卵形或心形，长4-9厘米，近全缘，基部稍心形或平截，与叶柄连接处成相等楔形，边缘有粗齿，基脉3出，脉密被糙伏毛，下面苍白色，被糙伏毛；叶柄长3-11厘米。雄头状花序球形，径4-6毫米，总苞片长圆状披针形，被柔毛，雄花多数，花冠钟形；雌头状花序椭圆形，总苞片外层披针形，长约3毫米，被柔毛，内层囊状，宽卵形或椭圆形，绿、淡黄绿或带红褐色，具瘦果的成熟总苞卵形或椭圆形，连喙长1.2-1.5厘米，背面疏生细钩刺，粗刺长1-1.5毫米，基部不增粗，常有腺点，喙锥形，上端稍弯。瘦果2，倒卵圆形。花期7-8月，果期9-10月。

图 453 苍耳（引自《图鉴》）

除台湾外全国各省区均产，生于平原、丘陵、低山、荒野或田边。俄罗斯、伊朗、印度、朝鲜半岛及日本有分布。果药用。

[附] **近无刺苍耳 Xanthium sibiricum** var. **subinerme** (Winkl.) Widder in Fedde, Repert. Sp. Nov. 20: 36. 1923.—— *Xanthium strumarium* var. *subinerme* Winkl. in Sched. ex Widder in Fedde, Repert. Sp. Nov. 20: 36. 1923. 与模式变种的主要区别：茎较矮小，基部有分枝；具瘦果的成熟总苞较小，基部缩小，上端常具较长的喙，另有1较短侧生的喙，两喙分离或连合，有时侧生的短喙成刺状或无，总苞背面有极疏刺或几无刺。产吉林、内蒙古、河北、山西、陕西、四川、云南、西藏及新疆，生于空旷干旱山坡、旱田边盐碱地、干涸河床或路旁。

2. 蒙古苍耳 图 454

Xanthium mongolicum Kitag. in Rep. First. Sc. Exped. Manch. 4. f. 97. 1936.

一年生草本。茎被糙伏毛。叶互生，宽卵状三角形或心形，长5-9厘米，3-5浅裂，基部心形，与叶柄连接处成相等楔形，有不规则粗齿，基脉3出，密被糙伏毛，下面苍白色；叶柄长4-9厘米。具瘦果的总苞成熟时坚硬，椭圆形，绿或黄褐色，连喙长1.8-2厘米，顶端具1-2锥状喙，具较疏总苞刺，刺长（2-）5（5.5）毫米，基部粗，顶端具细倒钩，中部以下被柔毛，上端无毛。瘦果2，倒卵圆形。花期7-8月，果期8-9月。

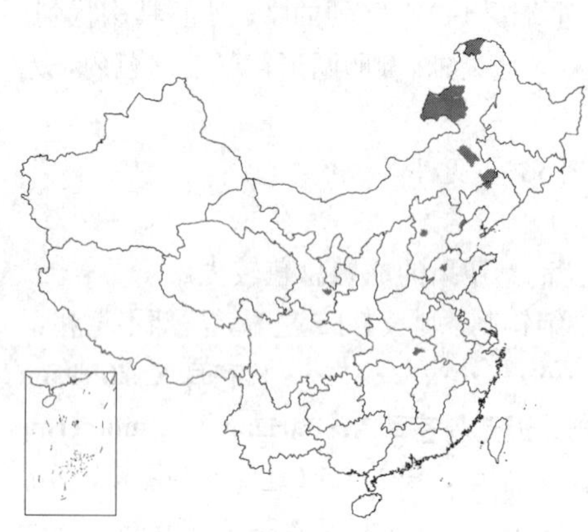

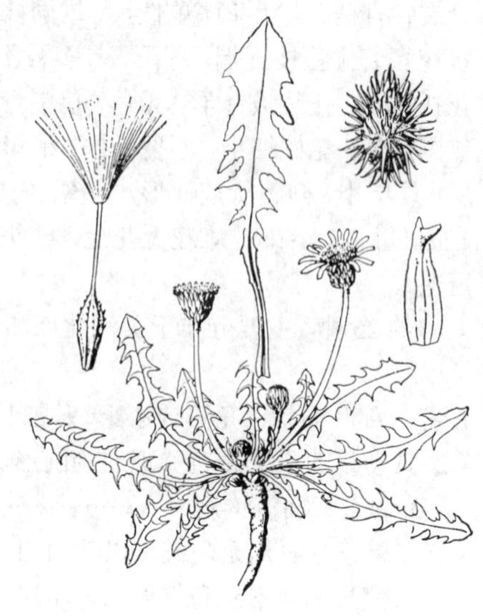

图 454 蒙古苍耳（仿《辽宁植物志》）

产黑龙江北部、辽宁北部、内蒙古东部、河北、山东中西部、湖北中东部及甘肃东南部，生于干旱山坡或沙荒地。

3. 偏基苍耳 图 455

Xanthium inaequilaterum DC. Prodr. 5: 522. 1836.

一年生草本。茎下部被疏糙伏毛，上部及小枝密被糙伏毛。茎下部叶心形；中部叶心状卵形，长12.5厘米，3-5浅裂，基部微心形或近平截，与叶柄连接处成不相等偏楔形，有不规则波状齿，基脉3出，叶柄长5-10厘米，被密糙伏毛；上部叶长三角形，长7-10厘米。雄头状花序径4-5毫米，着生茎枝上端，球形，雄花多数，总苞半球形，总苞片1层，长椭圆形，被微毛。雄花花冠管状，上部漏斗状。雌头状花序卵形或卵状椭圆形，总苞片2层，外层长圆状披针形，长约3毫米，内层结合成囊状，背面有密而等长的刺，刺及喙基部被柔毛；具瘦果的成熟总苞连同喙部长0.8-1.1厘米，喙直立，锥状，顶端内弯成镰刀状，基部被棕褐色柔毛。瘦果2，倒卵圆形。花期6-8月。

图 455 偏基苍耳（孙英宝绘）

产湖南南部、广东及福建南部，生于沿海地区沙质土。日本及印度尼西亚有分布。

67. 豚草属 Ambrosia Linn.

（陈艺林 靳淑英）

一年或多年生草本；植株全部有腺。茎直立。叶互生或对生，全缘或浅裂，或1-3次羽状细裂。头状花序小，单性，雌雄同株；雄头状花序在枝端密集成穗状或总状花序；雌头状花序无花序梗，在上部叶腋单生或成团伞状。雄头状花序有多数不育两性花；总苞宽半球状或碟状，总苞片5-12，基部结合；花托稍平，托片丝状或几无托片；不育花花冠整齐，有短管部，上部钟状，5裂；花药近分离，基部钝，近全缘，上端有披针形具内屈尖端的附片；

花柱不裂，顶端画笔状。雌头状花序有1个无被能育的雌花；总苞闭合，总苞片结合，倒卵形或近球形，背面顶部以下有1层4-8瘤或刺，顶端紧缩成围裹花柱的嘴部，花冠无，花柱2深裂，上端从总苞嘴部外露。瘦果倒卵圆形，无毛，藏于坚硬总苞中。

35-40种，分布于美洲北部、中部和南部。我国有2野化种。

1. 雄头状花序的总苞无肋；雌头状花序在雄头状花序的下面或在上部叶腋单生，或2-3成团伞状；下部叶2次羽状深裂，上部叶羽状分裂 ………… 1. **豚草 A. artemisiifolia**
1. 雄头状花序的总苞有3肋；雌头状花序在雄头状花序下面叶状苞片的腋部成团伞状；下部叶3-5裂，上部叶3裂或不裂 ………… 2. **三裂叶豚草 A. trifida**

1.　豚草　　图 456

Ambrosia artemisiifolia Linn. Sp. Pl. 988. 1753.

一年生草本。茎上部圆锥状分枝，被糙毛。茎下部叶对生，2次羽状分裂，裂片长圆形或倒披针形，全缘，上面被伏毛或近无毛，下面密被糙毛，叶柄短；上部叶互生，羽状分裂，无柄。雄头状花序半球形或卵圆形，径4-5毫米，具短梗，在枝端密集成总状；总苞宽半球形或碟形，总苞片结合，无肋，具波状圆齿，稍被糙伏毛；每头状花序有10-15不育小花；花冠淡黄色，管部短，上部钟状。雌头状花序无花序梗，在雄头状花序下面或在上部叶腋单生，或2-3成团伞状，有1个无被能育雌花；总苞闭合，总苞片结合，倒卵形或卵状长圆形，长4-5毫米，顶端有围裹花柱的圆锥状嘴部，顶部以下有4-6尖刺，稍被糙毛。瘦果倒卵圆形，无毛，藏于坚硬总苞中。花期8-9月，果期9-10月。

原产北美。长江流域已野化成路旁杂草。

图 456　豚草
（引自《江苏南部种子植物手册》）

2.　三裂叶豚草　　图 457

Ambrosia trifida Linn. Sp. Pl. ed. 2, 987. 1762.

一年生粗壮草本。茎被糙毛，有时近无毛。叶对生，有时互生，具叶柄，下部叶3-5裂，上部叶3裂或不裂，裂片卵状披针形或披针形，有锐齿，基脉3出，下面灰绿色，两面被糙伏毛；叶柄长2-3.5厘米，被糙毛，边缘有窄翅，被长缘毛。雄头状花序多数，圆形，径约5毫米，花序梗长2-3毫米，下垂，在枝端密集成总状；总苞浅碟形，绿色，总苞片有3肋，有圆齿，被疏糙毛；花托无托片，具白色长柔毛；每头状花序有20-25不育小花；小花黄色，长1-2毫米；花冠钟形，上端5裂，外面有5紫色条纹。雌头状花序在雄头状花序下面叶状苞片的腋部成团伞状；总苞倒卵形，长6-8毫米，顶端具圆锥状短嘴，嘴部以下有5-7肋，每肋顶端有瘤或尖刺，无毛。瘦果倒卵圆形，无毛。花期8月，果期9-10月。

原产北美。东北已野化，常见于田野、路旁或河边湿地。

图 457　三裂叶豚草（引自《中国植物志》）

68. 刺苞果属 Acanthospermum Schrank.

（陈艺林　靳淑英）

一年生草本。茎多分枝，被柔毛或糙毛。叶对生，有锯齿或稍尖裂。头状花序小，单生于2叉分枝顶端或腋生，花序梗短或近无；小花异形，放射状，周围有1层结果雌花，中央有不结果两性花；总苞钟状，总苞片2

层，外层5，扁平，革质，内层5-6，基部紧包雌花，开放后膨大，上部包瘦果；花托小，稍凸，托片膜质，折叠，包两性花。雌花花冠舌状，舌片小，淡黄色，上端3齿裂，花柱2裂；两性花花冠管状，黄色，上部钟状，浅裂片5，花药基部平截，全缘，花柱不裂。瘦果长圆形，中部以上宽，藏于扩大变硬内层总苞片中，外面具倒刺，有时具1-3硬刺；无冠毛。

约3种，分布于美洲南部。我国有1野化种。

刺苞果 图 458

Acanthospermum australe (Linn.) Kuntze, Rev. Gen. 303. 1891.

一年生草本。茎中空或髓部白色，中部以上有2叉分枝，上部及分枝被白色柔毛。叶椭圆形或近菱形，长2-4厘米，中部以上有齿，基部楔形，多少抱茎，两面及边缘被密刺毛。总苞钟形，总苞片草质，长圆状披针形，外面及边缘被白色柔毛，内层倒卵状长圆形，基部紧包雌花，顶端具2直刺。雌花1层，5-6，花冠舌状，淡黄色，兜状椭圆形。瘦果倒卵状长三角形，长8毫米，顶端平截，有2不等长硬刺，周围有钩刺。花期6-7月，果期8-9月。

原产南美洲。云南已野化，广布，生于海拔350-1900米平坡、河边或沟旁。

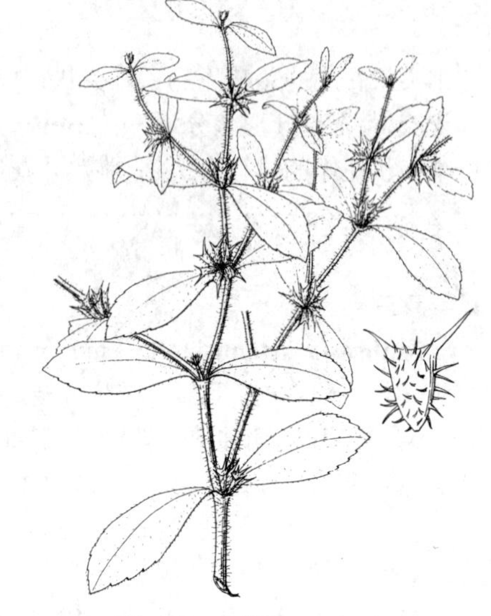

图 458 刺苞果（吴彰桦绘）

69. 银胶菊属 Parthenium Linn.

（陈艺林 靳淑英）

一年生或多年生草本，亚灌木或直立灌木，被绒毛或无毛。叶互生，全缘、具齿或羽裂。头状花序小；小花异型，放射状，多数排成圆锥花序或伞房花序，外围雌花1层，结实，中央两性花多数，不结实，花冠白或浅黄色；总苞钟状或半球形，总苞片2层，覆瓦状排列，外层宽，与内层等长或稍短；花托小，凸起或圆锥状，有膜质楔形托片。雌花花冠舌状，舌片短宽，先端凹入，2或3齿裂；两性花花冠管状，向上渐扩大，顶端4-5裂，雄蕊4-5，花药顶端卵状渐尖或锥尖，基部无尾；雌花花柱分枝2，两性花花柱不分枝，顶端头状或球状。雌花瘦果背面扁平，腹面龙骨状，与内向两侧2朵被鳞片包裹的两性花着生总苞片基部；冠毛2-3，刺芒状或鳞片状。

约24种，分布于美洲北部、中部和南部、西印度群岛。我国引栽2种，其中1种野化。

1. 叶二回羽状深裂；头状花序径3-4毫米；管状花檐部4浅裂，雄蕊4；冠毛鳞片状，顶端平截或有疏细齿 ……………… **银胶菊 P. hysterophorus**
1. 叶具齿或羽裂；头状花序径约6毫米；管状花檐部5裂，雄蕊5；冠毛刺芒状，顶端锐尖 ……………………… (附). **灰白银胶菊 P. argentatum**

银胶菊 图 459

Parthenium hysterophorus Linn. Sp. Pl. 988. 1753.

一年生草本。茎多分枝，被柔毛。茎下部和中部叶二回羽状深裂，卵形或椭圆形，连叶柄长10-19厘米，羽片3-4对，卵形，小羽片卵状或长圆状，常具齿，上面疏被基部疣状糙毛，下面毛较密柔软；上部叶无柄，羽裂，裂片线状长圆形，有时指状3裂。头状花序多数，径3-4毫米，在茎枝顶端排成伞房状，花序梗长3-8毫米，被粗毛；总苞宽钟形或近半球形，径约5毫米，总苞片2层，每层5，外层卵形，背面被柔毛，内层较薄，近圆形，边缘近膜质，上部被柔毛。舌状花1层，5个，白色，舌片卵形或卵圆形，先端2裂；管状花多数，檐部4浅裂，具乳突；雄蕊4。雌花瘦果倒

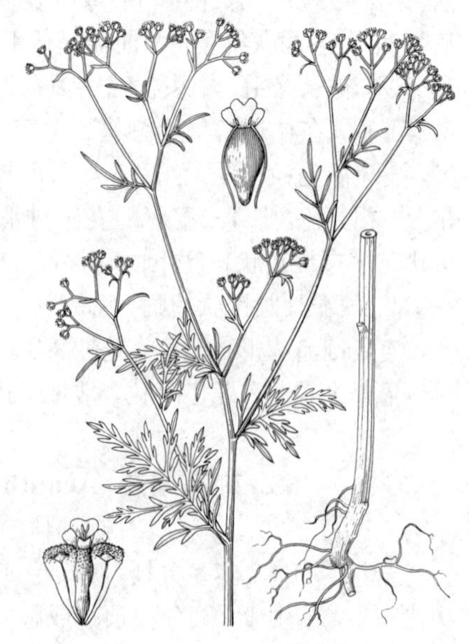

图 459 银胶菊（王金凤绘）

卵圆形，干后黑色，长约2.5毫米，被疏腺点；冠毛2，鳞片状，长圆形，顶端平截或具细齿。花期4-10月。

原产美洲热带地区。广东东北部及雷州半岛、海南、广西西部、贵州西南部、云南南部已野化，生于海拔90-1500米旷地、路旁、河边或坡地。

［附］**灰白银胶菊 Parthenium argentatum** A. Gray, Syn. Fl. North Amer. 1 (2): 245. 1884. 本种与银胶菊的主要区别：叶具齿或羽裂；头状花序径约6毫米或更大；管状花檐部5裂，雄蕊5；冠毛刺芒状，顶端锐尖。原产美洲中部及北部。南部常栽培。

70. 百日菊属 Zinnia Linn.

（陈艺林　靳淑英）

一年生或多年生草本，或亚灌木。叶对生，全缘，无柄。头状花序单生茎顶或二歧式分枝枝端，头状花序辐射状；花异型，外围有1层雌花，中央有多数两性花，全结实；总苞钟状，总苞片3至多层，覆瓦状排列，干质或先端膜质；花托圆锥状或柱状，托片对折，包两性花。雌花舌状，舌片开展，有短管部；两性花管状，5浅裂，花柱分枝顶端尖或近平截，花药基部全缘。雌花瘦果扁三棱形；两性花瘦果扁平或外层的三棱形，上部平截或有短齿；冠毛有1-3芒或无冠毛。

约17种，主要分布墨西哥。我国引入栽培3种。

1. 头状花序径5-6.5厘米，花序梗不肥壮；托片有三角形流苏状附片；管状花瘦果无芒 ……… 1. **百日菊 Z. elegans**
1. 头状花序径2.5-3.8厘米，花序梗膨大呈圆柱状；托片无附片；管状花瘦果有1-2芒刺 ……………………………… 2. **多花百日菊 Z. peruviana**

1. 百日菊　　图 460

Zinnia elegans Jacq. Coll. Bot. 3: 152. 1789.

一年生草本。茎被糙毛或硬毛。叶宽卵圆形或长圆状椭圆形，长5-10厘米，基部稍心形抱茎，两面粗糙，下面密被糙毛，基脉3。头状花序径5-6.5厘米，单生枝端，花序梗不肥壮；总苞宽钟状，总苞片多层，宽卵形或卵状椭圆形，外层长约5毫米，内层长约1厘米，边缘黑色；托片附片紫红色，流苏状三角形。舌状花深红、玫瑰、紫堇或白色，舌片倒卵圆形，先端2-3齿裂或全缘，上面被短毛，下面被长柔毛；管状花黄或橙色，顶端裂片卵状披针形，上面被黄褐色密茸毛。雌花瘦果倒卵圆形，长6-7毫米，扁平，腹面正中和两侧边缘有棱，被密毛；管状花瘦果倒卵状楔形，长7-8毫米，扁，被疏毛，顶端有短齿。花期6-9月，果期7-10月。

原产墨西哥。著名观赏植物，有单瓣、重瓣、卷叶、皱叶和各种不同颜色的园艺品种。我国各地栽培，有的已野化。

邻近种：**小百日菊 Zinnia baageana** Regel 叶披针形或窄披针形；头状花序径1.5-2厘米；小花橙黄色；托片有黑褐色全缘的尖附片。原产墨西哥。我国各地栽培。

图 460　百日菊

（引自《江苏南部种子植物手册》）

2. 多花百日菊　　图 461

Zinnia peruviana (Linn.) Linn. Syst. ed. 10: 1221. 1759.

Chrysogonum peruvianum Linn. Sp. Pl. 920. 1753.

一年生草本。茎被糙毛或长柔毛。叶披针形或窄卵状披针形，长2.5-6厘米，宽0.5-1.7厘米，基部圆半抱茎，两面被糙毛，3出基脉在下面稍凸起。头状花序径2.5-3.8厘米，生枝端，排成伞房状圆锥花序；花序梗膨大呈圆柱状，长2-6厘米；总苞钟状，径1.2-1.5厘米，总苞片多层，长圆形，边缘稍膜质。托片无附片，先端黑褐色，钝圆，边缘稍膜质撕裂。舌状花黄、紫红或红色，舌片椭圆形，全缘或2-3齿裂；管状花红黄色，长约5毫米，5裂，裂片长圆形，上面被黄褐色密茸毛。雌花瘦果窄楔形，长约1厘米，宽约2毫米，扁，具3棱，被密毛；管状花瘦果长圆状楔形，长约1厘米，扁，有1-2芒刺，具缘毛。花期6-10月，果期7-11月。

原产墨西哥。各地栽培，河北、河南、陕西、甘肃、四川及云南等地已野化，生于山坡、草地或路边。

图 461 多花百日菊（吴彰桦绘）

71. 蛇目菊属 Sanvitalia Gualt.

（陈艺林 靳淑英）

一年生草本。叶对生，具柄，常全缘。头状花序较小，单生茎、枝顶端；小花多数；总苞片2-3层，覆瓦状排列，外层总苞片草质，长于内层。外围花雌性，舌状，黄、橙或白色，先端3齿裂；中央两性花管状，褐或暗紫色，顶端5齿裂；花托凸起，托片长圆形，半抱瘦果。瘦果三棱形，稍扁，顶端有1-2刺芒或无芒；两性花瘦果常具翅，被短缘毛。

7-8种，产美洲中部。我国栽培或野化1种。

蛇目菊 图 462

Sanvitalia procumbens Lam. in Journ. Nat. Hist. 2: 176. t. 33. 1792.

一年生草本，高达50厘米，茎被毛。叶菱状卵形或长圆状卵形，长1.2-2.5厘米，全缘，稀具齿，两面被疏贴短毛。头状花序径约1厘米；总苞片被毛，外层基部软骨质，上部草质。雌花10-12，舌状，黄或橙黄色，先端具3齿；两性花暗紫色，顶端5齿裂；雌花瘦果扁，三棱形，具3芒刺；两性花瘦果三棱形或扁，暗褐色，有2刺芒或无刺芒，边缘有窄翅，外面有白色瘤突或无小瘤，具细纵肋。

原产墨西哥。香港有栽培或野化。

图 462 蛇目菊（孙英宝仿《Bot. Reg》）

72. 豨莶属 Siegesbeckia Linn.

（陈艺林 靳淑英）

一年生草本。茎双叉状分枝，多少被腺毛或柔毛。边缘叶对生，有锯齿。头状花序排成疏散圆锥状；有多数异型小花，外围有1-2层雌性舌状花，中央有多数两性管状花，全结实或中心的两性花不育；总苞钟状或半球形，总苞片2层，背面被腺毛，外层草质，通常5，匙形或线状匙形，开展，内层与花托外层托片相对，半包瘦果；花托有膜质半包瘦果的托片。雌花花冠舌状，舌片先端3浅裂；两性花花冠管状，顶端5裂，花柱分枝短，稍扁，花药基部全缘。瘦果倒卵状四棱形或长圆状四棱形，顶端平截，黑褐色，无冠毛；外层瘦果通常内弯。

约4种，分布两半球热带、亚热带及温带地区。我国3种。

1. 花序梗和枝上部被柔毛；茎中部以上叶三角状卵形或卵状披针形。
   2. 花序梗和枝上部密被柔毛；中部叶三角状卵圆形或卵状披针形，有不规则浅裂或粗齿 …… 1. **豨莶 S. orientalis**
   2. 花序梗和枝上部被平伏柔毛；中部叶卵圆形、三角状卵圆形或卵状披针形，边缘有规则的齿 …………………… 2. **毛梗豨莶 S. glabrescens**
1. 花序梗密被紫褐色腺毛和长柔毛；茎枝被灰白色长柔毛和糙毛；中部叶卵圆形或卵形，边缘有尖头状齿 ……………… 3. **腺梗豨莶 S. pubescens**

1. 豨莶 图 463

Siegesbeckia orientalis Linn. Sp. Pl. 900. 1753.

一年生草本。茎上部分枝常成复2歧状，分枝被灰白色柔毛。茎中部叶三角状卵圆形或卵状披针形，长4-10厘米，基部下延成具翼的柄，边缘有不规则浅裂或粗齿，下面淡绿，具腺点，两面被毛，基脉3出；上部叶卵状长圆形，边缘浅波状或全缘，近无柄。头状花序径1.5-2厘米，多数聚生枝端，排成具叶圆锥花序，花序梗长1.5-4厘米，密被柔毛；总苞宽钟状，总苞片2层，叶质，背面被紫褐色腺毛，外层5-6，线状匙形或匙形，长0.8-1.1厘米，内层苞片卵状长圆形或卵圆形，长约5毫米。花黄色；雌花花冠管部长0.7毫米；两性管状花上部钟状，有4-5卵圆形裂片。瘦果倒卵圆形，有4棱，顶端有灰褐色环状突起，长3-3.5毫米。花期4-9月，果期6-11月。

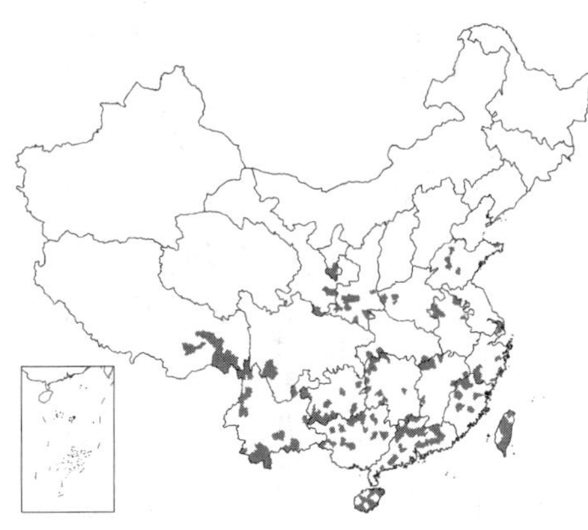

图 463 豨莶（引自《图鉴》）

产河南西部、山东、江苏南部、安徽、浙江、福建、台湾、江西、湖北、湖南、广东、海南、广西、贵州、云南、西藏、四川、陕西南部、甘肃南部及宁夏南部，生于海拔110-2700米山野、荒草地、灌丛、林缘或林下，耕地常见。欧洲、俄罗斯高加索、朝鲜半岛、日本、东南亚及北美有分布。全草药用，有解毒、镇痛作用，治全身酸痛、四肢麻痹，并有降血压作用。

2. 毛梗豨莶 图 464

Siegesbeckia glabrescens Makino in Journ. Jap. Bot. 1: 25. 1917.

一年生草本。茎上部分枝，被平伏柔毛，有时上部毛较密。茎中部叶卵圆形、三角状卵圆形或卵状披针形，长2.5-11厘米，边缘有规则尖头状齿，基部有时下延成具翼长0.5-6厘米的柄；上部叶卵状披针形，长1厘米，有疏齿或全缘，有短梗或无梗；叶两面被柔毛，基脉3出。头状花序径1-1.8厘米，多数排成圆锥状，花序梗疏生平伏柔毛；总苞钟状，总苞片2层，叶质，背面密被紫褐色腺毛，外层苞片5，线状匙形，长6-9毫米，内层苞片倒卵状长圆形，长3毫米。雌花花冠管部长约0.8毫米；两性花花冠上部钟状，顶端4-5齿裂。瘦果倒卵圆形，长约2.5毫米，有灰褐色环状突起。花期4-9月，果期6-11月。

图 464 毛梗豨莶
（引自《江苏南部种子植物手册》）

产吉林、辽宁、河南东南部、安徽、浙江、福建、江西、湖北、湖南、四川东部、云南及广东北部，生于海拔300-1000米路边、旷野荒草地或山坡灌丛中。日本及朝鲜半岛有分布。

3. **腺梗豨莶** 图 465 彩片 74

Siegesbeckia pubescens Makino in Journ. Jap. Bot. 1 (7): 21. 1917.

一年生草本。茎上部多分枝，被灰白色长柔毛和糙毛。基部叶卵状披针形；中部叶卵圆形或卵形，长3.5-12厘米，基部下延成具翼长1-3厘米的柄，边缘有尖头状粗齿；上部叶披针形或卵状披针形；叶上面深绿色，下面淡绿色，基脉3出，两面被平伏柔毛。头状花序径1.8-2.2厘米，多数排成疏散圆锥状；花序梗较长，密生紫褐色腺毛和长柔毛；总苞宽钟状，总苞片2层，叶质，背面密生紫褐色腺毛，外层线状匙形或宽线形，长0.7-1.4厘米，内层卵状长圆形，长3.5毫米。舌状花花冠管部长1-1.2毫米，先端2-3（5）齿裂；两性管状花长约2.5毫米，冠檐钟状，顶端4-5裂。瘦果倒卵圆形。花期5-8月，果期6-10月。

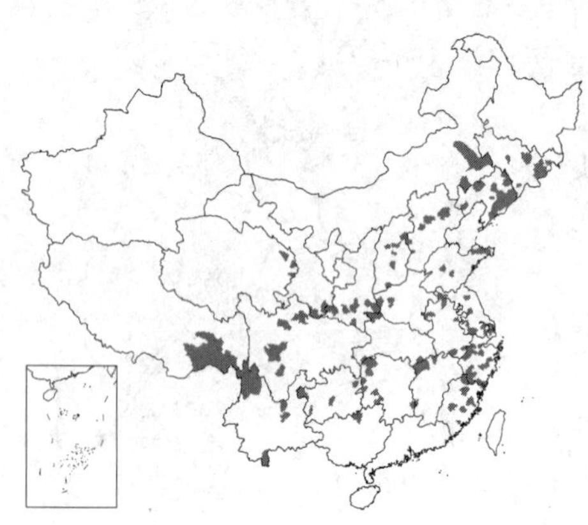

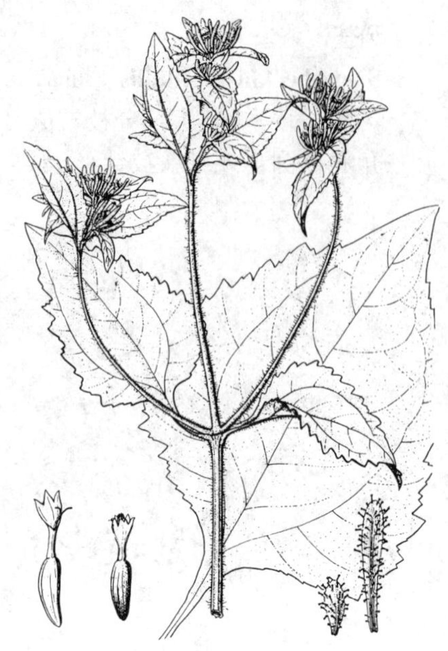

图 465 腺梗豨莶（马 平绘）

产吉林、辽宁、内蒙古东部、河北、山西、河南、山东、安徽、江苏、浙江、福建、江西、湖北、湖南、四川、贵州、广西北部、云南、西藏东南部、青海东北部、甘肃南部及陕西南部，生于海拔160-3400米山谷林缘、灌丛中、河谷、溪边、旷野或耕地。

73. 沼菊属 Enydra Lour.

（陈艺林 靳淑英）

沼生草本，无毛或被糙毛。叶对生，无柄。头状花序近无梗，单生，顶生或腋生；异型小花多数，近放射状，外缘雌花多层，结实，中央两性花较少数，结实或内层的有时不结实；总苞片4，叶状，外面的较大；花托凸起或圆锥状，托片包小花，先端被腺状疏柔毛。雌花花冠舌状，舌片先端3-4裂；两性花花冠管状，檐部钟状，顶端5裂，雄蕊5，花药基部钝、全缘或有不明显短耳；两性花花柱分枝顶端钝被毛。瘦果长圆形，包于坚硬托片中，外面的背部扁，中央的两侧扁，无毛；无冠毛。

约10种，分布热带和亚热带。我国1种。

沼菊 图 466

Enydra fluctuans Lour. Fl. Cochinch. 511. 1790.

沼生草本。茎粗壮，稍肉质，下部匍匐，长达80厘米，分枝。叶长椭圆形或线状长圆形，长2-6厘米，基部骤窄，抱茎，边缘有疏锯齿，两面无毛或疏生泡状小突点，侧脉6-8对。头状花序径0.8-1厘米；总苞片4，背面无毛，外面1对绿色，宽卵形，长约1.3厘米，内面1对卵状长圆形，长1-1.1厘米。舌状花长约3毫米，舌片先端3-4裂；管状花与舌状花等长，檐部有5深裂或齿

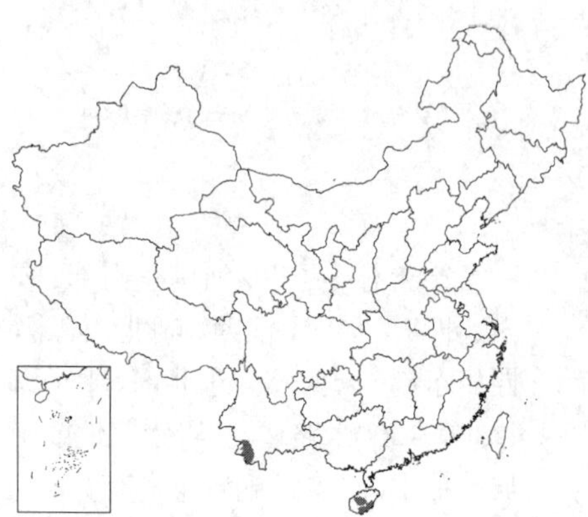

图 466 沼菊（冯晋庸绘）

刻，雄蕊5（6）。瘦果倒卵状圆柱形，长约3.5毫米。花期11月至翌年4月。

产海南及云南西南部，生于湿地或溪边。印度、泰国、中南半岛、马来西亚、印度尼西亚及澳大利亚有分布。

74. 鳢肠属 **Eclipta** Linn.

（陈艺林 靳淑英）

一年生草本。茎有分枝，被糙毛。叶对生。头状花序生于枝端或叶腋，具花序梗；花异型，放射状；总苞钟状，总苞片2层，草质，内层稍短；花托凸起，托片膜质，披针形或线形。外围雌花2层，结实，花冠舌状，白色，开展，舌片短而窄，先端全缘或2齿裂；中央两性花多数，花冠管状，白色，结实，顶端4齿裂，花药基部具极短2浅裂，花柱分枝扁，顶端钝，有乳突。瘦果三角形或扁四角形，顶端平截，有1-3刚毛状细齿，两面有瘤突。

4种，主要分布于南美洲和大洋洲。我国1种。

鳢肠 图 467 彩片 75

Eclipta prostrata (Linn.) Linn. Mant. 2: 286. 1771.

Verbesina prostrata Linn. Sp. Pl. 902. 1753.

一年生草本。茎基部分枝，被贴生糙毛。叶长圆状披针形或披针形，长3-10厘米，边缘有细锯齿或波状，两面密被糙毛，无柄或柄极短。头状花序径6-8毫米，花序梗长2-4厘米；总苞球状钟形，总苞片绿色，草质，5-6排成2层，长圆形或长圆状披针形，背面及边缘被白色伏毛。外围雌花2层，舌状，舌片先端2浅裂或全缘；中央两性花多数，花冠管状，白色。瘦果暗褐色，长2.8毫米，雌花瘦果三棱形，两性花瘦果扁四棱形，边缘具白色肋，有小瘤突，无毛。花期6-9月。

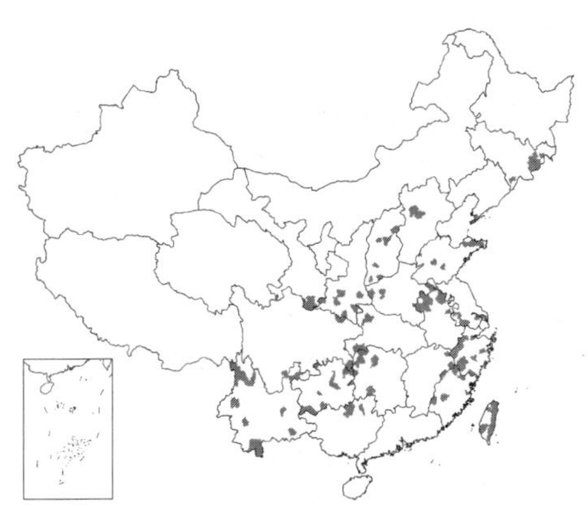

产吉林东部及南部、辽宁南部、河北、河南、山西、山东、江苏、安徽、浙江、福建、台湾、江西、湖北、湖南、广西、贵州、云南、四川、陕西南部及甘肃南部，生于河边、田边。热带及亚热带地区广泛分布。全草入药，有凉血、止血、消肿、强壮之效。

图 467 鳢肠（引自《江苏植物志》）

75. 金光菊属 **Rudbeckia** Linn.

（陈艺林 靳淑英）

二年生或多年生，稀一年生草本。叶互生，稀对生，全缘或羽状分裂。头状花序大或较大；小花异形，周围有1层不结实舌状花，中央有多数结实两性花；总苞碟形或半球形，总苞片2层，叶质，覆瓦状排列；花托凸起，圆柱形或圆锥形，托片干膜质，对折或龙骨爿状。舌状花黄、橙或红色，舌片先端全缘或具2-3短齿；管状花黄棕或紫褐色，管部短，上部圆柱形，顶端有5裂片；花药基部平截，全缘或具2小尖头，花柱分枝顶端具钻形附器，被锈毛。瘦果具4棱或近圆柱形，稍扁，顶端钝或平截；冠毛短冠状或无冠毛。

约45种，产北美及墨西哥，多为观赏植物。我国引种栽培6种。

1. 管状花花冠褐紫或黑紫色；叶不裂 ………………………………………… **黑心金光菊 R. hirta**
1. 管状花花冠黄或黄绿色；叶3-5深裂 ………………………………… (附). **金光菊 R. laciniata**

黑心金光菊 图 468

Rudbeckia hirta Linn. Sp. Pl. 907. 1753.

一年生或二年生草本；全株被刺毛。茎下部叶长卵圆形、长圆形或匙形，长8-12厘米，基部楔形下延，3出脉，边缘有细锯齿，叶柄具翅；上部叶长圆状披针形，长3-5厘米，两面被白色密刺毛，边缘有疏齿或全缘，无柄或具短柄。头状花序径5-7厘米，花序梗长；总苞片外层长圆形，长1.2-1.7厘米，内层披针状线形，被白色刺毛；花托圆锥形，托片线形，对折呈龙骨瓣状，长约5毫米，边缘有纤毛。舌状花鲜黄色，舌片长圆形，10-14个，长2-4厘米，先端有2-3不整齐短齿；管状花褐紫或黑紫色。瘦果四棱形，黑褐色，无冠毛。

原产北美。各地庭园常见栽培，供观赏。

[附] **金光菊** **Rudbeckia laciniata** Linn. Sp. Pl. 906. 1753. 本种与黑心金光菊的主要区别：管状花花冠黄或黄绿色；叶3-5深裂。花期7-10月。原产北美。美丽观赏植物，各地庭园常见栽培。

图 468 黑心金光菊 （引自《江苏植物志》）

76. 异芒菊属（百能葳属）Blainvillea Cass.

（陈艺林 靳淑英）

一年生或多年生草本，被糙毛或长柔毛。叶对生或上部互生，有齿，具柄。头状花序顶生或腋生，总花梗长，放射状或近盘状；小花异型；外缘雌花1-2层，中央花两性，全部结实；花冠浅黄或黄色，稀白色；总苞宽卵形、卵状钟形或近半球形，总苞片少数，外层叶质，由外向内渐成鳞片状；花托窄，稍凸起，托片坚硬，干膜质，包裹小花。雌花花冠舌状或管状，舌片短或极短，开展，先端有2-4细齿；两性花整齐，管状，檐部稍扩大，顶端5齿裂，花药基部钝，全缘或有不明显小耳，花柱分枝窄，扁平，顶端有短尖或近钝的附器。雌花的瘦果有3棱或背部扁，两性花的瘦果具3-4棱或侧扁；瘦果顶端平截，无毛或被细毛、糙毛或有具疣突；冠毛刚毛状、刺毛状或近鳞片状，2-5个，不等长，基部联合成浅杯状或环状。

约10种，分布于热带地区。我国1种。

异芒菊 百能葳 图 469

Blainvillea acmella (Linn.) Philipson in Blumea 6 (2): 350. 1950.

Verbesina acmella Linn. Fl. Zeyl. 309. f. 1. 1748.

一年生草本。茎稍被柔毛。茎下部叶对生，卵形或卵状披针形，长3-6厘米，基部楔形，边缘有疏齿，两面被糙毛，柄长达1厘米；上部叶互生，卵形或卵状长圆形，长2-3厘米。头状花序径约1厘米，花序梗被糙毛；总苞片近2层，外层绿色，卵状长圆形，长约6毫米，背面密被基部粗肿糙毛，内层卵状长圆形或长圆状线形，长约5毫米，被疏毛。舌状花1层，黄或黄白色，舌片长约3毫米，先端2-4齿裂；管状花钟形，被疏毛。雌花瘦果三棱形，长约4毫米，两性花瘦果扁，长约5毫米；密被毛；冠毛刺芒状。花期4-6月。

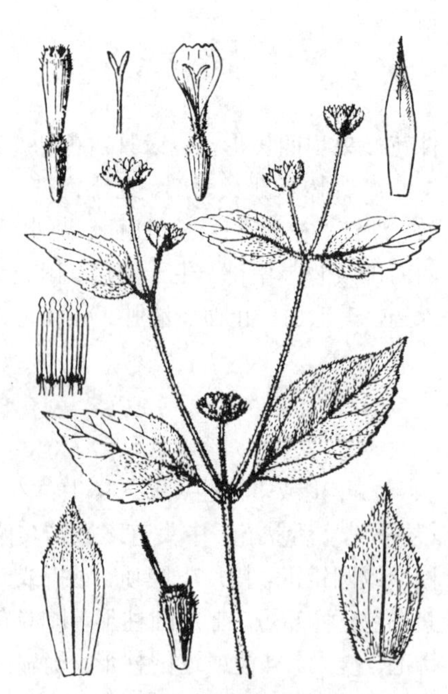

图 469 异芒菊 （引自《海南植物志》）

产云南、贵州西南部、广西、广东、香港及海南，生于疏林中或山顶斜坡草地。亚洲热带、非洲、美洲及澳大利亚有分布。

77. 蟛蜞菊属 **Wedelia** Jacq.

（陈艺林 靳淑英）

一年生、多年生、直立或匍匐草本，或攀援藤本；被糙毛。叶对生、具齿，稀全缘，不裂。头状花序单生或2-3生于叶腋或枝端；小花异型，外围雌花1层，黄色，中央两性花较多，黄色，全部结实；总苞钟形或半球形，总苞片2层，覆瓦状，外层叶质，绿色，被糙毛或柔毛，内层鳞片状；花托平或凸，托片折叠，包两性小花。雌花花冠舌状，舌片长，开展，2-3齿裂，管部短；两性花花冠管状，檐部5浅裂，花药顶端卵状，基部戟形，具2钝小耳；两性花花柱分枝有多数乳突，顶端有附属物，背面有毛。瘦果倒卵形或楔状长圆形，舌状花瘦果三棱形；无冠毛或具1-3刺芒或冠毛环。

约60余种，分布于热带和亚热带地区。我国5种。

1. 叶缘有多数锯齿，叶柄长0.5-4厘米。
  2. 托片先端钝或短尖；瘦果顶端平截，无冠毛及冠毛环 ………… 1. **李花蟛蜞菊 W. biflora**
  2. 托片先端芒尖或芒状刺尖；瘦果顶端圆，有冠毛环，冠毛为2-3短刺芒状，稀无冠毛。
    3. 叶具不规则锯齿或重齿；头状花序径2-2.5厘米，花序梗被白色糙毛；托片先端芒尖或芒状刺尖 ………… 2. **麻叶蟛蜞菊 W. urticifolia**
    3. 叶具不规则圆齿或细齿；头状花序径约1.5厘米，花序梗被贴生糙毛；托片收缩部分常有裂片 ………… 2(附). **山蟛蜞菊 W. wallichii**
1. 叶缘全缘或有1-3对疏粗齿，无叶柄或不明显。
  4. 总苞片长于托片；瘦果顶端圆，有冠毛环 ………… 3. **蟛蜞菊 W. chinensis**
  4. 总苞片短于托片或稀与托片等长；瘦果顶端平截，无冠毛环 ………… 3(附). **卤地菊 W. prostrata**

1. 李花蟛蜞菊 图 470

Wedelia biflora (Linn.) DC. in Wight, Contrib. Bot. Ind. 18. 1834.

Verbesina biflora Linn. Sp. Pl. ed 2, 1272. 1763.

攀援草本。茎无毛或被疏贴生糙毛。下部叶卵形或卵状披针形，长7-23厘米，边缘有锯齿，两面被贴生糙毛，叶柄长2-4厘米；上部叶卵状披针形或披针形，连叶柄长5-7厘米。头状花序少数，径达2厘米，生叶腋和枝顶，有时孪生，花序梗长2-4（-6）厘米，被贴生粗毛；总苞半球形或近卵状，径0.8-1.2厘米，总苞片2层，长约5毫米，背面被贴生糙毛，外层卵形或卵状长圆形，内层卵状披针形；托片先端钝或短尖，全缘，被糙毛。舌状花1层，黄色，舌片倒卵状长圆形，长约8毫米，先端2齿裂，被疏柔毛；管状花花冠黄色，檐部5裂，被疏毛。瘦果倒卵圆形，长约4毫米，3-4棱，顶端平截，密被毛；无冠毛及冠毛环。花期几全年。

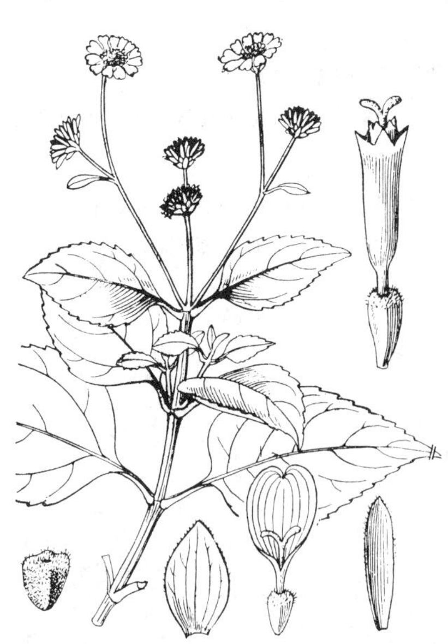

图 470 李花蟛蜞菊（余汉平绘）

产福建、台湾、广东南部、香港、海南、广西及云南南部，生于草地、林下或灌丛中，海岸干旱砂地常见。印度、中南半岛、印度尼西亚、马来西亚、菲律宾、日本及大洋洲有分布。

2. 麻叶蟛蜞菊 图 471

Wedelia urticifolia DC. in Wight, Contrib. Bot. Ind. 18. 1834.

草本，有时攀援状。茎被糙毛或下部脱毛。叶卵形或卵状披针形，连叶柄长10-13厘米，边缘有不规则锯齿或重齿，上面被糙毛，下面毛较密，叶柄长0.5-4厘米；上部叶披针形，长2.5-6厘米，有短柄或无柄。头状花序少数，径2-2.5厘米，每2个腋生，或单生枝顶，花序梗长2-3厘米，被白色糙毛；总苞宽钟形或半球形，径约1.5厘米，总苞片2层，外层长圆形或倒披针形，长约8毫米，密被长粗毛，内层长圆形或倒卵状长圆形，长5-6毫米，被疏毛；托片先端芒尖或芒状刺尖，背面及上部边缘被粗毛。舌状花1层，黄色，舌片卵状长圆形；管状花多数，黄色，裂片三角状渐尖。瘦果倒卵圆形，背腹略扁，密被白色疣突，顶端圆，收缩部分密被毛；冠毛短刺芒状，2-3个，基部有冠毛环。花期7-11月。

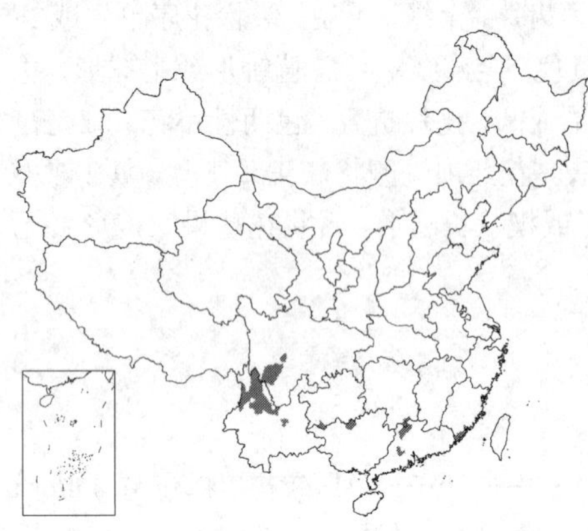

产云南、四川西南部、贵州西南部、湖南南部、广西北部、广东、香港及福建南部，生于溪畔、谷地、坡地或空旷草丛中。印度、中南半岛及印度尼西亚有分布。

[附] **山蟛蜞菊 Wedelia wallichii** Less. in Linnaea 6: 162. 1831. 本种与麻叶蟛蜞菊的主要区别：叶缘有不规则圆齿或细齿；头状花序径约1.5厘米，花序梗被贴生糙毛；托叶收缩部分常有裂片。花期4-10月。产南部及西南部各省，生于海拔500-3000米溪边、山沟或路旁。印度及中南半岛有分布。

图 471 麻叶蟛蜞菊（孙英宝绘）

3. 蟛蜞菊 图 472 彩片 76

Wedelia chinensis (Osbeck.) Merr. in Philipp. Journ. Sci. Bot. 12: 111. 1917.

Solidago chinensis Osbeck. Dagbok Ostind. Resa 241. 1757.

多年生草本。茎匍匐，上部近直立，疏被贴生糙毛或下部脱毛。叶椭圆形、长圆形或线形，长3-7厘米，全缘或有1-3对疏粗齿，两面疏被贴生糙毛，侧脉1-2对，无柄。头状花序少数，径1.5-2厘米，单生枝顶或叶腋，花序梗长3-10厘米，被贴生粗毛；总苞钟形，长约1.2厘米，总苞片2层，长于托片，外层椭圆形，长1-1.2厘米，背面疏被贴生糙毛，内层长圆形，长6-7毫米；托片先端渐尖。舌状花1层，黄色，舌片卵状长圆形，长约8毫米，管部细短；管状花较多，黄色，花冠近钟形，裂片卵形。瘦果倒卵圆形，多疣突，舌状花瘦果具3边，边缘厚；无冠毛，有具细齿冠毛环。花期3-9月。

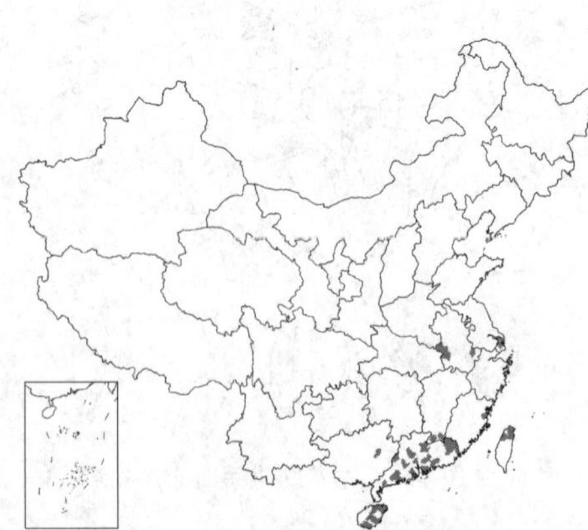

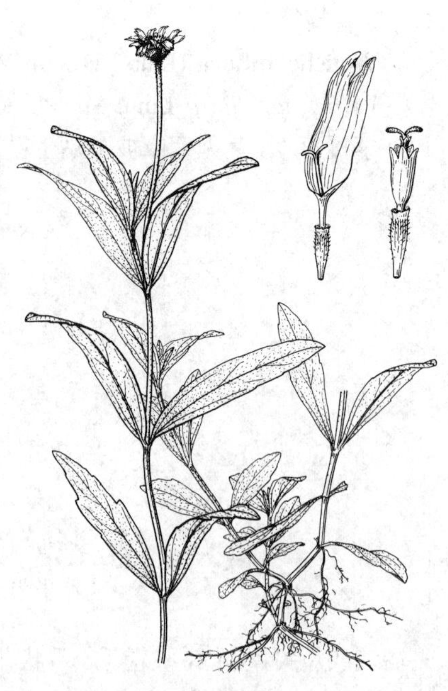

图 472 蟛蜞菊（冯晋庸绘）

产江苏南部、安徽、福建、台湾、江西南部、广东、香港、海南及广西，生于路旁、田边、沟边或湿润草地。印度、中南半岛、印度尼西亚、菲律宾及日本有分布。

[附] **卤地菊 Wedelia prostrata** (Hook. et Arn.) Hemsl. in Journ. Linn. Soc. Bot. 23: 434. 1888.—— *Verbesina prostrata* Hook. et Arn. Beech. Voy. 195. 1836. 本种与蟛蜞菊的主要区别：总苞片短于托片或稀与托片等长；瘦果顶端平截，无冠毛环。产江苏、浙江、福建、台湾、广东及沿海岛屿、香港、广西，生于海岸干旱沙土地。印度、越南、菲律宾、朝鲜半岛及日本有分布。

78. 肿柄菊属 Tithonia Desf. ex Juss.

（陈艺林 靳淑英）

一年生草本。茎直立。叶互生，全缘或3-5深裂。头状花序大，花序梗长棒锤状；小花异型，外围有雌性小花，中央有多数结实的两性花；总苞半球形或宽钟状，总苞片2-4层，有多数纵纹，坚硬，先端近膜质；花托凸起，托片有皱纹，先端尖或芒尖，稍平或半包雌花。雌花舌状，舌片开展，先端全缘或有2-3小齿；两性花管状，基部稍窄，被较密柔毛，中部稍膨大，上部长圆筒形，顶端有5齿，花药基部钝，花柱分枝有具硬毛的线状披针形附器。瘦果长椭圆形，扁，4纵肋，被柔毛；冠毛多数，鳞片状。

约10种，产美洲中部及墨西哥。我国引入栽培1种。

肿柄菊 图 473

Tithonia diversifolia A. Gray in Prodr. Am. Acad. 19: 5. 1883.

一年生草本，高达5米。茎分枝粗壮，密被短柔毛或下部脱毛。叶卵形、卵状三角形或近圆形，长7-20厘米，叶柄长；上部叶有时分裂，裂片卵形或披针形，有细锯齿，下面被柔毛，基出3脉。头状花序径5-15厘米，顶生于假轴分枝的长花序梗上；总苞片4层，外层椭圆形或椭圆状披针形，基部革质，内层苞片长披针形，上部叶质或膜质。舌状花1层，黄色，舌片长卵形；管状花黄色。瘦果长椭圆形，长约4毫米，被柔毛。花果期9-11月。

原产墨西哥。广东及云南引种栽培。

图 473 肿柄菊（引自《图鉴》）

79. 向日葵属 Helianthus Linn.

（陈艺林 靳淑英）

一年生或多年生草本，通常高大，被短糙毛或白色硬毛。叶对生，或上部或全部互生，常有离基3出脉，有柄。头状花序大或较大，单生或排成伞房状，有多数异形小花，外围有一层无性舌状花，中央有极多数结实的两性花；总苞盘形或半球形，总苞片2至多层，膜质或叶质；花托平或稍凸起，托片折叠，包围两性花。舌状花舌片开展，黄色；管状花管部短，上部钟状，上端黄、紫或褐色，有5裂片。瘦果长圆形或倒卵圆形，稍扁或具4厚棱；冠毛膜片状，具2芒、有时附有2-4较短芒刺，脱落。

约100种，主要分布于美洲北部，少数产南美洲秘鲁、智利等地，一些种在世界各地栽培。我国引入栽培约9种，2种常见。

1. 一年生草本，无块状地下茎；头状花序径10-30厘米，常下倾；管状花棕或紫色 ………… 1. **向日葵 H. annuus**
1. 多年生草本，有块状地下茎；头状花序径2-5厘米，直立；管状花黄色 ………… 2. **菊芋 H. tuberosus**

1. 向日葵 丈菊 图 474

Helianthus annuus Linn. Sp. Pl. 904. 1753.

一年生草本；无块状地下茎。茎高达3米，被白色粗硬毛。叶互生，心状卵圆形或卵圆形，有粗锯齿，两面被糙毛，有长柄。头状花序径10-30

厘米，单生茎端或枝端，常下倾；总苞片多层，叶质，覆瓦状排列，卵形或卵状披针形，被长硬毛或纤毛。舌状花多数，黄色，不结实；管状花极多数，棕或紫色，有披针形裂片，结果。瘦果倒卵圆形或卵状长圆形，长1-1.5厘米，常被白色柔毛，上端有2膜片状早落冠毛。花期7-9月，果期8-9月。

原产北美，各国栽培，通过人工培育，不同生境形成许多品种，头状花序的大小色泽及瘦果形态有许多变异。种子含油量高，为半干性油，味香可口，供食用。花穗、种子皮壳及茎秆可作饲料及工业原料，供制人造丝及纸浆等；花穗药用。

图 474 向日葵
（张泰利仿《江苏南部种子植物手册》）

2. 菊芋 图 475

Helianthus tuberosus Linn. Sp. Pl. 905. 1753.

多年生草本；有块状地下茎及纤维状根。茎高达3米，有分枝，被白色糙毛或刚毛。叶对生，卵圆形或卵状椭圆形，长10-16厘米，有粗锯齿，离基3出脉，上面被白色粗毛，下面被柔毛，叶脉有硬毛，有长柄；上部叶长椭圆形或宽披针形，基部下延成短翅状。头状花序单生枝端，有1-2线状披针形苞片，直立，径2-5厘米；总苞片多层，披针形，长1.4-1.7厘米，背面被伏毛。舌状花12-20，舌片黄色，长椭圆形，长1.7-3厘米；管状花花冠黄色，长6毫米。瘦果小，楔形，上端有2-4有毛的锥状扁芒。花期8-9月。

原产北美。我国各地栽培，块茎供食用。块茎富含淀粉，是优良饲料。新鲜茎、叶作青贮饲料，营养价值较向日葵为高。块茎可加工制酱菜、菊糖及酒精；菊糖是治疗糖尿病的良药，也是有价值的工业原料。

图 475 菊芋（冯晋庸绘）

80. 金钮扣属 Spilanthes Jacq.

（陈艺林 靳淑英）

一年或多年生草本。叶对生，常具柄。头状花序单生茎、枝顶端或上部叶腋，花序梗长；花异型，辐射状，或同型，盘状；总苞盆状或钟状，总苞片1-2层；花托圆柱形或圆锥形，托片舟形，先端膜质。花黄或白色，全部结实，外围雌花1层，花冠舌状，先端2-3浅裂；内面两性花多数，花冠管状，顶端有4-5裂片，花药顶端尖，基部全缘或具小耳，花柱分枝短，平截。瘦果长圆形，黑褐色；雌花瘦果三棱形；两性花瘦果背扁，边缘常有缘毛；冠毛有2-3个短细芒或无冠毛。

约60种，主产美洲热带。我国2种。

1. 一年生草本，茎直立或斜升，被柔毛或近无毛；叶卵形、宽卵形或椭圆形，基部宽楔形或圆，全缘、波状或有波状钝齿；花序梗长2.5-6厘米 ·· **金钮扣 Sp. paniculata**
1. 多年生疏散草本，茎匍匐或平卧，节上常有须根，无毛或近无毛；叶宽披针形或披针形，基部楔形，常有尖锯齿或近缺刻；花序梗长5-9厘米，稀14-17厘米 ································ (附). **美形金钮扣 Sp. callimorpha**

金钮扣 图 476

Spilanthes paniculata Wall. ex DC. Prodr. 5: 125. 1836.

一年生草本。茎直立或斜升，多分枝，带紫红色，被柔毛或近无毛。叶卵形、宽卵圆形或椭圆形，长3-5厘米，基部宽楔形或圆，全缘、波状或具波状钝齿，两面无毛或近无毛，叶柄长0.3-1.5厘米，被短毛或近无毛。

头状花序单生，或圆锥状排列，卵圆形，径7-8毫米，花序梗长2.5-6厘米；总苞片约8，2层，绿色，卵形或卵状长圆形，长2.5-3.5毫米，无毛。花黄色，雌花舌状，舌片宽卵形或近圆形，先端3浅裂；两性花花冠管状，长约2毫米。瘦果长圆形，有白色软骨质边缘，有疣状腺体及疏微毛，边缘有缘毛，顶端有细芒。花果期4-11月。

产浙江北部、福建南部、台湾、广东、海南、广西南部、湖南南部、云南及西藏东南部，生于海拔800-1900米田边、沟边、溪旁潮湿地、荒地、路旁或林缘。印度、锡金、尼泊尔、缅甸、泰国、越南、老挝、柬埔寨、印度尼西亚、马来西亚及日本有分布。全草药用，有解毒、消炎、祛风除湿、止痛、止咳定喘等功效。

图 476 金钮扣（吴彰桦绘）

[附] **美形金钮扣 Spilanthes callimorpha** A. H. Moore in Proceed. Amer. Acad. 42: 536. 1907. 本种与金钮扣的主要区别：多年生散生草本，茎匍匐或平卧，节常有须根，无毛或近无毛；叶宽披针形或披针形，基部楔形，边缘常有尖锯齿或近缺刻；花序梗长5-9厘米，稀达14-17厘米。产云南南部及东南部，生于海拔1000-1900米山谷溪边、林缘或荒地。全草药用，消炎、消肿、止血、止痛。

81. 金腰箭属 Synedrella Gaertn.

（陈艺林 靳淑英）

一年生草本。茎直立，分枝，被柔毛。叶对生，边缘有不整齐齿刻，具柄。头状花序小，异型，无或有花序梗，簇生叶腋和枝顶，稀单生，外围雌花1至数层，黄色，中央两性花略少，全结实；总苞卵圆形或长圆形，总苞片数个，外层叶状，内层窄，干膜质，鳞片状；花托小，有干膜质托片。雌花花冠舌状，舌片短，先端2-3齿裂；两性花管状，向上稍扩大，檐部4浅裂，雄蕊4，花药顶端圆，基部全缘、平截或有矢状短耳，花柱分枝纤细，顶端尖。雌花瘦果平滑，扁，边缘有翅，翅具撕裂状硬刺；两性花的瘦果窄，扁平或三角形，无翅，常有小突点；冠毛硬，刚刺状。

约50种，产美洲、非洲热带，1种广布于热带和亚热带地区。我国1种。

金腰箭 图 477

Synedrella nodiflora (Linn.) Gaertn. Fruct. Sem. Plant. 2: 456. t. 171. f. 7. 1791.

Verbesina nodiflora Linn. Cent. Pl. 1: 28. 1755.

一年生草本。茎2歧分枝，被贴生粗毛或后脱毛。下部和上部叶具柄，宽卵形或卵状披针形，连叶柄长7-12厘米，基部下延成翅状宽柄，两面被贴生、基部疣状糙毛。头状花序径4-5毫米，常2-6簇生叶腋，或在顶端成扁球状，稀单生；小花黄色；总苞卵圆形或长圆形，总苞片数个，外层绿色，卵状长圆形或披针形，长1-2厘米，被贴生糙毛，内层干膜质，长圆形或线形，长4-8毫米，背面被疏糙毛或无毛。舌状花连管部长约1厘米，舌片椭圆形；管状花檐部4浅裂。雌花瘦果倒卵状长圆形，黑色，长约5毫米，边缘有污白色宽翅，翅缘有尖刺，冠毛2；两性花瘦果倒锥

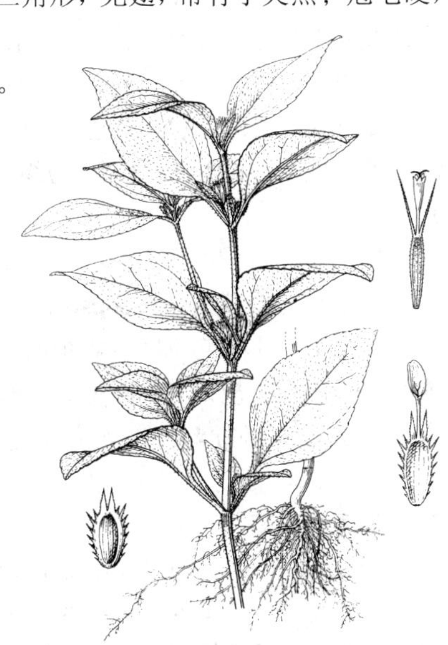

图 477 金腰箭（冯晋庸绘）

形或倒卵状圆柱形，长4-5毫米，黑色，有疣突；冠毛2-5，刚刺状。花期6-10月。

原产美洲，广布热带和亚热带地区。在云南、广西、海南、福建及台湾已野化，生于旷野、耕地、路旁或宅旁。

82. 金鸡菊属 **Coreopsis** Linn.

（陈艺林 靳淑英）

一年生或多年生草本。茎直立。叶对生或上部叶互生，全缘或羽状分裂。头状花序较大，单生或成疏散伞房状圆锥花序，花序梗长，有多数异形小花，外层有1层无性或雌性结果的舌状花，中央为多数结果的两性管状花；总苞半球形，总苞片2层，每层约8，基部多少连合，外层窄小，革质，内层膜质；花托平或稍凸起，托片膜质，线状钻形或线形，有条纹。舌状花舌片开展；两性花花冠管状，檐部有5裂片，花药基部全缘，花柱分枝顶端平截或钻形。瘦果扁，长圆形、倒卵圆形或纺锤形，边缘有翅或无翅，顶端平截、有2尖齿、2小鳞片或芒。

约100种，主要分布于美洲、非洲南部及夏威夷群岛等地。我国栽培或野化7种，常见3种。

1. 头状花序单生茎顶，管状花及舌状花黄色；瘦果有翅。
   2. 瘦果圆形或椭圆形，边缘有膜质翅，顶端有2短鳞片；叶匙形或线状倒披针形 ………………………………………… 1. **剑叶金鸡菊 C. lanceolata**
   2. 瘦果宽椭圆或近圆形，边缘翅较厚，内凹成耳状，内面有多数小瘤突；下部叶羽状全裂，裂片线形或线状长圆形 ……………………………………… ……………………………………………… 1(附). **大花金鸡菊 C. grandiflora**

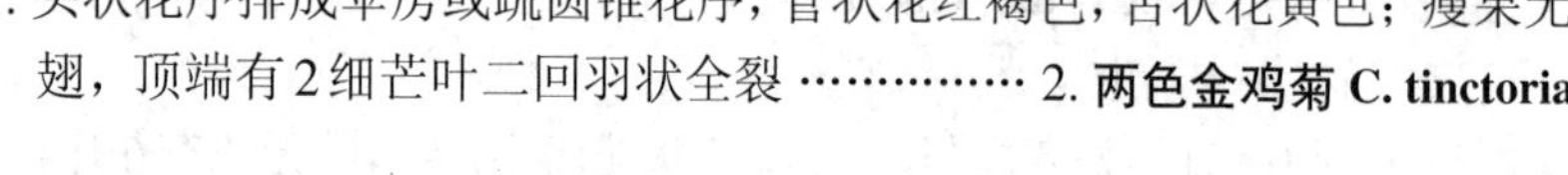

1. 头状花序排成伞房或疏圆锥花序，管状花红褐色，舌状花黄色；瘦果无翅，顶端有2细芒叶二回羽状全裂 …………… 2. **两色金鸡菊 C. tinctoria**

图 478 剑叶金鸡菊（引自《江苏植物志》）

1. 剑叶金鸡菊 图 478

Coreopsis lanceolata Linn. Sp. Pl. 908. 1753.

一年生草本。茎无毛或基部被软毛，上部有分枝。茎基部叶成对簇生，叶匙形或线状倒披针形，长3.5-7厘米；茎上部叶全缘或3深裂，裂片长圆形或线状披针形，顶裂片长6-8厘米，叶柄长6-7厘米；上部叶线形或线状披针形，无柄。头状花序单生茎端，径4-5厘米；总苞片近等长，披针形，长0.6-1厘米。舌状花黄色，舌片倒卵形或楔形；管状花窄钟形。瘦果圆形或椭圆形，长2.5-3毫米，边缘有膜质翅，顶端有2短鳞片。花期5-9月。

原产北美。各地庭园常有栽培。

[附] **大花金鸡菊 Coreopsis grandiflora** Hogg. in Sweet, Brit. Fl. Gard. 2: 175. 1825. 本种与剑叶金鸡菊的主要区别：下部叶羽状全裂，裂片线形或线状长圆形；瘦果宽椭圆形或近圆形，边缘翅较厚，内凹成耳状，内面有多数小瘤突。原产美洲，观赏植物。各地常栽培，有的已野化。

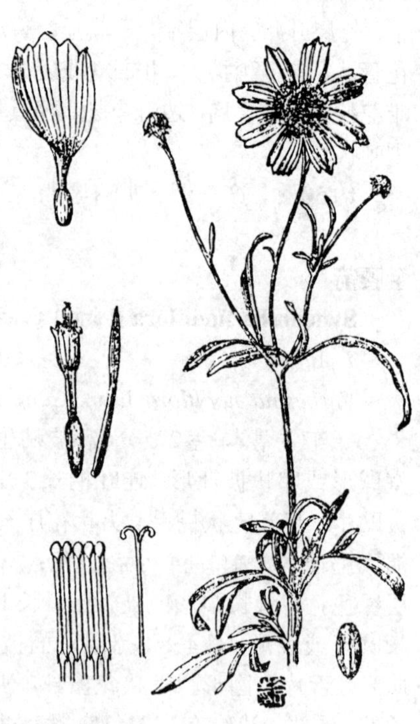

图 479 两色金鸡菊（引自《江苏植物志》）

2. 两色金鸡菊 图 479

Coreopsis tinctoria Nutt. in Journ. Acad. Sc. Philadelph. 2: 114. 1821.

一年生草本，无毛。茎上部分枝。叶对生，下部及中部叶二回羽状全裂，裂片线形或线状披针形，全缘，有长柄；线形，上部叶无柄或下延成翅状柄。头状花序多数，花序梗长2-4厘米，排成伞房状或疏圆锥状；总苞半球形，总苞片外层长约3毫米，内层卵状长圆形，长5-6毫米。舌状花黄色，舌片倒卵形，长0.8-1.5厘米；管状花红褐色，窄钟形。瘦果长圆形或纺锤形，两面光滑或有瘤突，顶端有2细芒。花期5-9月，果期8-10月。

原产北美，观赏植物。各地常见栽培。

83. 大丽花属 **Dahlia** Cav.

（陈艺林 靳淑英）

多年生草本。茎直立，粗壮。叶互生，一至三回羽状分裂，或兼有单叶。头状花序大，花序梗长；花异形，外围有无性或雌性小花，中央有多数两性花；总苞半球形，总苞片2层，近等长，外层近叶质，开展，内层椭圆形，基部稍合生，近膜质；花托平，托片宽大，膜质，稍平，半抱雌花。无性花或雌花舌状，舌片先端全缘或有3齿；两性花管状，上部窄钟状，顶端有5齿，花药基部钝，花柱分枝顶端有线形或长披针形具硬毛的长附器。瘦果长圆形或披针形，背扁，顶端圆，有不明显2齿。

约15种，产南美、墨西哥和美洲中部。我国引入栽培1种。

大丽花 图 480

Dahlia pinnata Cav. Icon. et Descr. Pl. 1: 57. 1791.

多年生草本。块根棒状。茎多分枝，高达2米。叶一至三回羽状全裂，上部叶有时不裂，裂片卵形或长圆状卵形，下面灰绿色，两面无毛。头状花序有长花序梗，常下垂，径6-12厘米；总苞片外层约5，卵状椭圆形，叶质，内层膜质，椭圆状披针形。舌状花1层，白、红或紫色，常卵形，先端有不明显3齿，或全缘；管状花黄色，有时栽培种全为舌状花。瘦果长圆形，长0.9-1.2厘米，黑色，有2个不明显的齿。花期6-12月，果期9-10月。

原产墨西哥，为全世界栽培最广的观赏植物，约有3000个栽培品种，分单瓣、细瓣、菊花状、牡丹花状、球状等类型。适于花坛、花径丛栽，矮生品种适于盆栽。根内含菊糖，有与葡萄糖同样医效。

图 480 大丽花（引自《江苏植物志》）

84. 秋英属 **Cosmos** Cav.

（陈艺林 靳淑英）

一年生或多年生草本。茎直立。叶对生，全缘，二回羽状分裂。头状花序较大，单生或排成疏伞房状，有多数异形小花，外围有1层无性舌状花，中央有多数结果两性花；总苞近半球形，总苞片2层，基部联合，先端尖；花托平或稍凸，托片膜质，上端线形。舌状花舌片大，全缘或先端齿裂；两性花花冠管状，冠檐5裂片，花药全缘或基部有2细齿，花柱分枝细，顶端膨大，具短毛或短尖附器。瘦果窄长，有4-5棱，背面稍平，顶端有长喙，有2-4具倒刺毛的芒刺。

约25种，分布于美洲热带。我国引入栽培2种。

秋英 图 481

Cosmos bipinnata Cav. Icon. et Descr. Pl. 1: 10. t. 14. 1791.

一年生或多年生草本，高达2米。茎无毛或稍被柔毛。叶二回羽状深裂。头状花序单生，径3-6厘米，花序梗长6-18厘米；总苞片外层披针形或线状披针形，近革质，淡绿色，具深紫色条纹，长1-1.5厘米，内层椭圆状卵形，膜质。舌状花紫红、粉红或白色，舌片椭圆状倒卵形，长2-3厘

图 481 秋英（钱存源绘）

米；管状花黄色，长6-8毫米，管部短，上部圆柱形，有披针状裂片。瘦果黑紫色，长0.8-1.2厘米，无毛，上端具长喙，有2-3尖刺。花期6-8月，果期9-10月。

原产美洲墨西哥，观赏植物。我国栽培甚广，在路旁、田埂、溪岸常自生。云南、四川西部有大面积野化，海拔达2700米。我国栽培的黄秋英**C. sulphureus** Cav. 其鉴别特征：舌状花金黄或橘黄色；叶二至三回羽状深裂，裂片较宽，披针形或椭圆形；瘦果被粗毛，连同喙长1.8-2.5厘米，喙纤弱。原产墨西哥至巴西；在云南西南及南部野化，海拔500-1500米。

85. 鬼针草属 Bidens Linn.

（陈艺林 靳淑英）

一年生或多年生草本。茎直立或匍匐。叶对生或茎上部互生，稀3叶轮生，全缘或具牙齿、缺刻，或一至三回三出羽裂。头状花序单生茎、枝端或多数排成伞房状圆锥花序丛；总苞钟状或近半球形，苞片1-2层，基部常合生，外层草质，内层膜质，具透明或黄色边缘；托片窄，近扁平，干膜质。花杂性，外围1层为舌状花，或无舌状花全为筒状花，舌状花中性，稀雌性，白或黄色，稀红色；盘花筒状，两性，能育，冠檐壶状，整齐，4-5裂，花药基部钝或近箭形，花柱分枝扁，顶端有三角形锐尖或渐尖附器，被硬毛。瘦果扁平或具4棱，倒卵状椭圆形、楔形或线形，顶端平截或渐窄，无明显喙，芒刺2-4，具倒刺状刚毛。

约230余种，广布热带至温带地区，主产美洲。我国9种2变种。

1. 瘦果楔形或倒卵状，顶端平截。
  2. 瘦果具4棱，顶端芒刺4；盘花冠檐5齿裂；头状花序径大于高 …… 1. **柳叶鬼针草 B. cernua**
  2. 瘦果扁平，顶端芒刺2，稀3-4。
    3. 头状花序与高约相等，外层总苞片5-9；瘦果长0.5-1.1厘米。
      4. 茎高0.2-1.5米；瘦果楔形或倒卵状楔形，长0.6-1.1厘米 …… 2. **狼杷草 B. tripartita**
      4. 茎高10-20厘米；瘦果楔状线形，长5-8毫米 …… 2(附). **矮狼杷草 B. tripartita** var. **repens**
    3. 头状花序径大于高，外层总苞片8-14；瘦果长3-4.5毫米。
      5. 瘦果边缘浅波状，具小瘤或啮齿状；外层总苞片8-10；叶侧裂片线形或线状披针形，疏生内弯锯齿 …… 3. **羽叶鬼针草 B. maximovicziana**
      5. 瘦果边缘无小瘤；外层总苞片（9）10-12（-14）；叶裂片较宽，锯齿较密 …… 3(附). **大羽叶鬼针草 B. radiata**
1. 瘦果线形，先端渐窄。
  6. 瘦果顶端芒刺2；盘花冠檐4齿裂；叶羽状分裂，裂片宽约2毫米 …… 4. **小花鬼针草 B. parviflora**
  6. 瘦果顶端芒刺3-4；盘花冠檐5裂。
    7. 总苞外层苞片匙形或线状匙形，先端宽，无毛或边缘有疏柔毛；叶通常3出复叶，无毛或被极疏柔毛。
      8. 头状花序边缘无舌状花 …… 5. **鬼针草 B. pilosa**
      8. 头状花序边缘具5-7舌状花，舌片白色 …… 5(附). **白花鬼针草 B. pilosa** var. **radiata**
    7. 总苞外层苞片披针形，背面被柔毛；叶一回羽状复叶或二回羽状分裂，两面被柔毛；舌片花1-5，舌片黄或淡黄色。
      9. 顶生小叶卵形、长圆状卵形或卵状披针形，具稍密近均匀锯齿；叶一回羽状复叶 …… 6. **金盏银盘 B. biternata**
      9. 顶生裂片窄，边缘疏生不规则粗齿；叶二回羽状分裂 …… 7. **婆婆针 B. bipinnata**

1. 柳叶鬼针草 图 482

Bidens cernua Linn. Sp. Pl. 832. 1753.

一年生草本，生于岸上的有主茎；生于水中的常基部分枝，主茎不明显。茎无毛或嫩枝有疏毛。叶对生，稀轮生，不裂，披针形或线状披针形，长

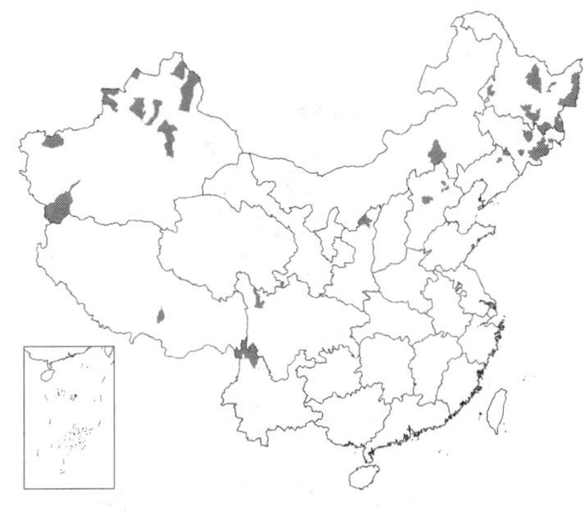

3-14（-22）厘米，边缘有疏锯齿，两面无毛，基部半抱茎，通常无柄。头状花序单生茎、枝端，连同总苞苞片径达4厘米，高0.6-1.2厘米；总苞盘状，外层总苞片5-8，线状披针形，长1.5-3厘米，叶状，内层膜质，长椭圆形或倒卵形，长6-8毫米，背面有黑纹，具黄色薄膜质边缘，无毛。舌状花中性，舌片黄色，卵状椭圆形，长0.8-1.2厘米；盘花两性，筒状，长约3毫米，花冠管细，长约1.5毫米，冠檐壶状，5齿裂。瘦果窄楔形，长5-6.5毫米，具4棱，棱有倒刺毛，顶端芒刺4，有倒刺毛。

产黑龙江、吉林、辽宁东北部、内蒙古、河北、陕西北部、四川西北部、云南西北部、西藏及新疆，生于草甸或沼泽边缘，有时沉于水中。广布于北美、欧洲和亚洲。

图 482　柳叶鬼针草（引自《图鉴》）

2.　狼杷草　　图 483

Bidens tripartita Linn. Sp. Pl. 832. 1753.

一年生草本。茎无毛。叶对生，下部叶不裂，具锯齿；中部叶柄长0.8-2.5厘米，有窄翅，叶无毛或下面有极稀硬毛，长4-13厘米，长椭圆状披针形，3-5深裂，两侧裂片披针形或窄披针形，长3-7厘米，顶生裂片披针形或长椭圆状披针形，长5-11厘米；上部叶披针形，3裂或不裂。头状花序单生茎枝端，径1-3厘米，高1-1.5厘米，花序梗较长；总苞盘状，外层总苞片5-9，线形或匙状倒披针形，长1-3.5厘米，叶状，内层苞片长椭圆形或卵状披针形，长6-9毫米，膜质，褐色，具透明或淡黄色边缘。无舌状花，全为筒状两性花，冠檐4裂。瘦果扁，楔形或倒卵状楔形，长0.6-1.1厘米，边缘有倒刺毛，顶端芒刺2，稀3-4，两侧有倒刺毛。

产黑龙江南部、吉林、辽宁、内蒙古东南部、河北、山西、河南、山东、江苏、安徽、浙江、福建、台湾、江西、湖北、湖南、贵州、云南、西藏、四川、陕西、宁夏、甘肃、青海及新疆，生于路边荒野或水边湿地。广布于亚洲、欧洲和非洲北部，大洋洲东南部有少量分布。全草入药，清热解毒。

[附] **矮狼杷草 Bidens tripartita** var. **repens** (D. Don) Sherff in Bot. Gaz. 81: 45. 1926.—— *Bidens repens* D. Don. Prodr. Fl. Nepal. 180. 1825. 与模式变种的主要区别：茎高10-20厘米；叶披针形，不裂或3-5裂，两侧裂片披针形，顶生裂片长圆状披针形，具粗齿；瘦果楔状线形，长5-8毫米，顶端宽约2毫米，边缘光滑或具纤细疏刺毛，顶端芒刺2-3，有倒刺毛。产云南、四川、河北、陕西及新疆，生于路边荒野。朝鲜半岛、日本、菲律宾、印度尼西亚至印度、尼泊尔有分布。

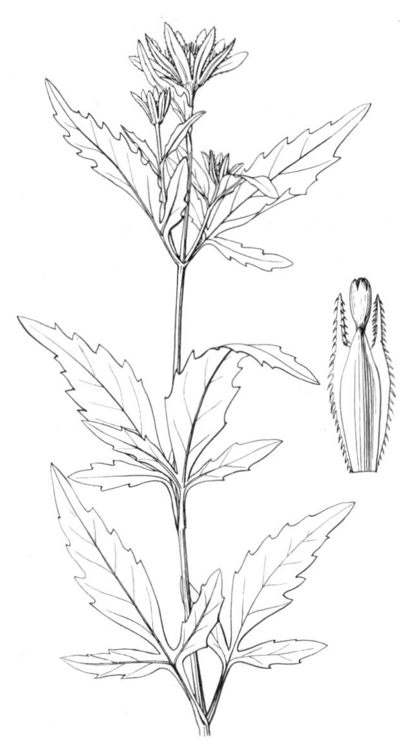

图 483　狼杷草（引自《图鉴》）

3. 羽叶鬼针草 图 484

Bidens maximovicziana Oett. in Acta Hort. Jurj. 6: 219. 1906.

一年生草本。茎无毛或上部有疏柔毛。茎上部叶长5-11厘米，三出复叶状分裂或羽状分裂，两面无毛，侧裂片线形或线状披针形，具疏生内弯粗齿，顶裂片窄披针形，叶柄长1.5-3厘米，具极窄翅，基部边缘有稀缘毛。头状花序单生茎枝端，径约1厘米，高5毫米，果时径1.5-2厘米，高0.7-1厘米；外层总苞片叶状，8-10，线状披针形，长1.5-3厘米，具疏齿及缘毛，内层苞片膜质，披针形，果时长约6毫米。无舌状花，盘花两性，花冠管细，冠檐壶状，4齿裂。瘦果扁平，倒卵圆形或楔形，长3-4.5毫米，边缘浅波状，具小瘤或啮齿状，具倒刺毛，顶端芒刺2，有倒刺毛。

产黑龙江、吉林、辽宁及内蒙古东部，生于路旁及河边湿地。俄罗斯西伯利亚东部、朝鲜半岛北部及日本有分布。

[附] **大羽叶鬼针草 Bidens radiata** Thuill. Fl. Par. ed. 2, 422. 1799. 本种与羽叶鬼针草的主要区别：瘦果边缘无小瘤；叶裂片较宽，锯齿较密。产黑龙江及吉林，生于沼泽及河边湿地。日本、朝鲜半岛北部、俄罗斯及欧洲有分布。

图 484 羽叶鬼针草（引自《图鉴》）

4. 小花鬼针草 图 485

Bidens parviflora Willd. Enum. Pl. Hort. Berol. 848. 1809.

一年生草本。茎无毛或疏被柔毛。叶对生，长6-10厘米，二至三回羽状分裂，裂片线形或线状披针形，宽约2毫米，上面被柔毛，下面无毛或沿叶脉疏被柔毛，上部叶互生，叶柄长2-3厘米；二回或一回羽状分裂。头状花序单生茎枝端，具长梗，高0.7-1厘米；总苞筒状，基部被柔毛，外层总苞片4-5，草质，线状披针形，长约5毫米，内层常1枚，托片状。无舌状花，盘花两性，6-12，花冠筒状，冠檐4齿裂。瘦果线形，稍具4棱，长1.3-1.6厘米，两端渐窄，有小刚毛，顶端芒刺2，有倒刺毛。

图 485 小花鬼针草（引自《图鉴》）

产黑龙江、吉林、辽宁、内蒙古、河北、山东、江苏北部、安徽、河南、山西、陕西南部、甘肃南部、宁夏、青海东部及四川，生于荒地、林下或沟边。日本、朝鲜半岛及俄罗斯西伯利亚有分布。全草入药，清热解毒、活血散瘀。

5. 鬼针草 图 486

Bidens pilosa Linn. Sp. Pl. 832. 1753.

一年生草本，茎无毛或上部被极疏柔毛。茎下部叶3裂或不裂，花前枯萎；中部叶柄长1.5-5厘米，无翅，小叶3，两侧小叶椭圆形或卵状椭圆形，长2-4.5厘米，具短柄，有锯齿，顶生小叶长椭圆形或卵状长圆形，长3.5-7厘米，有锯齿，无毛或被极疏柔毛；上部叶3裂或不裂，线状披针形。头状花序径8-9毫米，花序梗长1-6厘米；总苞基部被柔毛，外层总苞片7-8，线状匙形，草质，背面无毛或边缘有疏柔毛。无舌状花，盘花筒状，冠檐5齿裂。瘦果熟时黑色，线形，具棱，长0.7-1.3厘米，上部具稀疏瘤突及刚毛，顶端芒刺3-4，具倒刺毛。

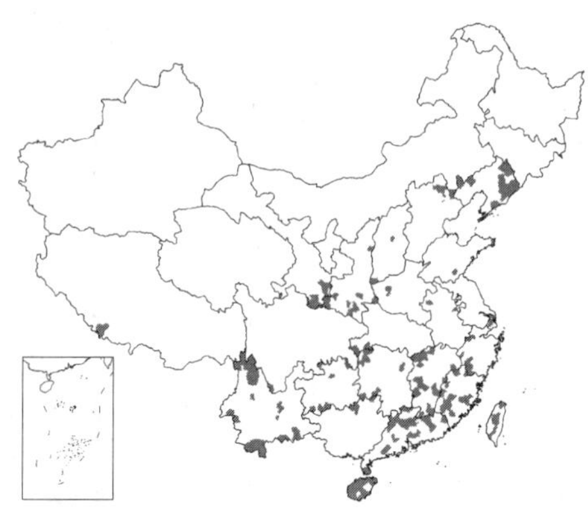

产辽宁、河北、山西、河南、山东、江苏、安徽、浙江、福建、台湾、江西、广东、海南、广西、湖南、湖北、云南、贵州、西藏、四川、陕西及甘肃，生于村旁、路边或荒地。广布于亚洲和美洲热带和亚热带地区。民间常用草药，有清热解毒、散瘀活血功效。

图 486 鬼针草（引自《江苏植物志》）

[附] **白花鬼针草 Bidens pilosa** var. **radiata** Sch.-Bip. in Baker-Webb et Berthelot, Hist. Canar. 3 (2): 242. 1842-50. 与模式变种的主要区别：头状花序边缘具舌状花5-7，舌片椭圆状倒卵形，白色，长5-8毫米，先端钝或有缺刻。分布区与模式变种同。

6. 金盏银盘 图 487

Bidens biternata (Lour.) Merr. et Sherff in Bot. Gaz. 88: 293. 1929.

Coreopsis biternata Lour. Fl. Cochinch. 508. 1790.

一年生草本。茎无毛或疏被卷曲柔毛。一回羽状复叶，叶柄长1.5-5厘米，顶生小叶卵形、长圆状卵形或卵状披针形，长2-7厘米，边缘具稍密近均匀的锯齿，两面被柔毛，侧生小叶1-2对，卵形或卵状长圆形，近顶部的1对稍小，通常不裂，无柄或具短柄，下部的1对3出复叶分裂或一侧具1裂片，裂片椭圆形，有锯齿。头状花序径0.7-1厘米，花序梗长1.5-5.5厘米；总苞基部有柔毛，外层总苞片8-10，草质，线形，背面密被柔毛，内层长椭圆形或长圆状披针形，背面褐色，被柔毛。舌状花2-5，不育，舌片淡黄色，长椭圆形，先端3齿裂，或无舌状花；盘花筒状，长4-5.5毫米，冠檐5齿裂。瘦果线形，熟时黑色，长0.9-1.9毫米，具4棱，多少被小刚毛，顶端芒刺3-4，具倒刺毛。

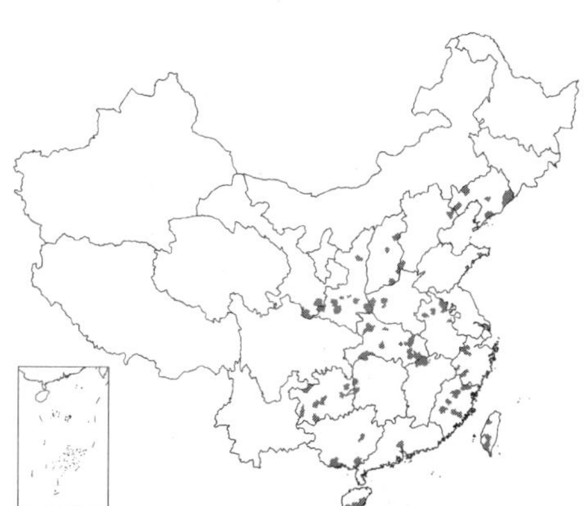

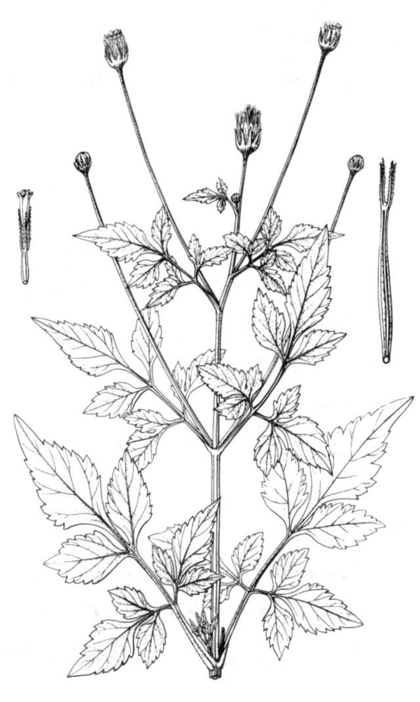

图 487 金盏银盘（引自《图鉴》）

产辽宁、河北、山西、陕西、甘肃南部、河南、山东东部、安徽北部、浙江、福建、台湾、江西、湖北、湖南、广东、海南、广西及贵州，生于村旁或荒地。朝鲜半岛、日本、东南亚及非洲、大洋洲均有分布。全草入药，功效同鬼针草。

7. 婆婆针 图 488

Bidens bipinnata Linn. Sp. Pl. 832. 1753.

一年生草本。茎无毛或上部疏被柔毛。叶对生，长5-14厘米，二回羽状分裂，顶生裂片窄，先端渐尖，边缘疏生不规则粗齿，两面疏被柔毛，叶柄长2-6厘米。头状花序径0.6-1厘米，花序梗长1-5厘米；总苞杯形，外层总苞片5-7，线形，草质，被稍密柔毛，内层膜质，椭圆形，长3.5-4毫米，背面褐色，被柔毛。舌状花1-3，不育，舌片黄色，椭圆形或倒卵状披针形；盘花筒状，黄色，冠檐5齿裂。瘦果线形，具3-4棱，长1.2-1.8厘米，具瘤突及小刚毛，顶端芒刺3-4，稀2，具倒刺毛。

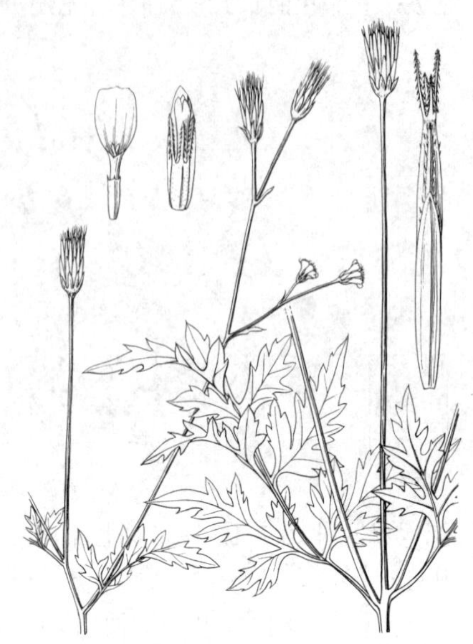

图 488 婆婆针（引自《图鉴》）

产黑龙江南部、吉林、辽宁、内蒙古、河北、山西、河南、山东、江苏、安徽、浙江、福建、台湾、江西、湖南、广东、广西、云南、四川、陕西及甘肃南部，生于路边荒地、山坡或田间。广布于美洲、亚洲、欧洲及非洲东部。全草入药，功效与鬼针草相同。

86. 香茹属(鹿角草属) Glossogyne Cass.

（陈艺林 靳淑英）

多年生草本。茎直立或斜升。叶互生或下部叶对生，羽状深裂或楔状3齿裂，裂片线形。头状花序单生枝端或成稀疏伞房状，外围有1层雌性舌状花，中央有多数两性花，均结实，或无舌状花。总苞小，钟形，总苞片2-3层，近革质，内层较大，基部结合；花托扁平，托片膜质，抱两性花。舌状花舌片开展，先端全缘或3裂；两性花花冠管状，上部圆柱状或窄钟状，冠檐4裂，花药基部钝或近全缘，花柱分枝顶端具被毛长附器。瘦果无毛，背部扁，线形或卵圆形，顶端平截，有2个宿存被倒刺毛的芒。

约6种，分布于亚洲热带地区及大洋洲。我国1种。

鹿角草 香茹 图 489

Glossogyne tenuifolia Cass. in Dict. Sc. Nat. 51: 475. 1827.

多年生草本。茎基部分枝，小枝无毛。基生叶密集，长4-8厘米，羽状深裂，两面无毛，裂片2-3对，线形，长0.7-1.5厘米，叶柄长2-4.5毫米，与叶轴相接；茎中部叶稀少，羽状深裂，有短柄；上部叶线形。头状花序单生枝端，径6-8毫米，有1线状长圆形苞片；总苞片外层约7，长圆状披针形，内层窄长圆形。舌状花花冠黄色，长4毫米，舌片开展，宽椭圆形，先端有3宽齿；管状花长3毫米，冠檐4齿裂。瘦果熟时黑色，无毛，线形，长7-

图 489 鹿角草（引自《图鉴》）

8毫米，上端有2长1.5-2毫米被倒刺毛的芒刺。花期6-7月，果期8-9月。

产广东南部、海南、广西东南部、福建东南部及台湾，生于沙土、空旷沙地及海边。菲律宾、马来西亚及大洋洲有分布。全草治淋疸、牙痛、带状湿疹。

87. 牛膝菊属 Galinsoga Ruiz et Pav.

（陈艺林　靳淑英）

一年生草本。叶对生，全缘或有锯齿。头状花序小，异型，放射状，顶生或腋生，多数在茎枝顶端排成疏散伞房状，花序梗长；雌花1层，4-5，舌状，白色，盘花两性，黄色，全部结实；总苞宽钟状或半球形，总苞片1-2层，约5枚，卵形或卵圆形，膜质，或外层较短而薄草质；花托圆锥状或伸长，托片质薄，先端分裂或不裂。舌片开展，先端全缘或2-3齿裂；两性花管状，檐部稍扩大或窄钟状，顶端具短或极短5齿，花药基部箭形，有小耳，花柱分枝微尖或顶端短尖。瘦果有棱，倒卵圆状三角形，背腹扁，被微毛；冠毛膜片状，膜质，长圆形，流苏状，顶端芒尖或钝；雌花无冠毛或冠毛短毛状。

约5种，主要分布于美洲。我国引入2种，已野化。

牛膝菊　辣子草　　　图 490

Galinsoga parviflora Cav. Icon. et Descr. Pl. 3: 41. 1795.

一年生草本。茎枝被贴伏柔毛和少量腺毛。叶对生，卵形或长椭圆状卵形，长2.5-5.5厘米，叶柄长1-2厘米；向上及花序下部的叶披针形；茎叶两面疏被白色贴伏柔毛，沿脉和叶柄毛较密，具浅或钝锯齿或波状浅锯齿，花序下部的叶有时全缘或近全缘。头状花序半球形，排成疏散伞房状，花序梗长约3厘米；总苞半球形或宽钟状，径3-6毫米，总苞片1-2层，约5个，外层短，内层卵形或卵圆形，白色，膜质。舌状花4-5，舌片白色，先端3齿裂，筒部细管状，密被白色柔毛；管状花黄色，下部密被白色柔毛。瘦果具3棱或中央瘦果4-5棱，熟时黑或黑褐色，被白色微毛。舌状花冠冠毛状，脱落；管状花冠毛膜片状，白色，披针形，边缘流苏状。花果期7-10月。

原产南美洲。在四川、贵州、云南、西藏及辽宁已野化，生于林下、河谷地、荒野、河边、田间、溪边或路旁。全草药用，有止血、消炎之功效。

图 490　牛膝菊（马　平绘）

88. 羽芒菊属 Tridax Linn.

（陈艺林　靳淑英）

多年生草本。叶对生，有缺刻状齿或羽状分裂。头状花序较少，异型，放射状，单生茎、枝顶端，具长梗，外围雌花1层，淡黄色，中央两性花黄或绿色，全部小花结实；总苞卵圆形、钟形或近半球状，总苞片数层，覆瓦状排列，外层短宽，叶质，内层窄，较长，干膜质；花托扁平或凸起，托片干膜质。雌花花冠舌状或二唇形，外唇大，先端3齿或3深裂，内唇小或极小，2裂或不裂；两性花花冠管状，檐部5浅裂，花药顶端尖，基部矢状，有短尖小耳，花柱分枝顶端钻形，被毛。瘦果陀螺状或圆柱状，被毛；冠毛芒状渐尖，羽状。

约26种，分布于美洲热带及亚洲东南部。我国1种。

羽芒菊　　　图 491

Tridax procumbens Linn. Sp. Pl. 900. 1753.

多年生铺地草本。茎长达1米，被倒向糙毛或脱毛。中部叶披针形或卵状披针形，长4-8厘米，边缘有粗齿和细齿，基部渐窄或近楔形，叶柄长达1厘米；上部叶卵状披针形或窄披针形，长2-3厘米，有粗齿或基部近浅裂，具短柄。头状花序少数，径1-1.4厘米，单生茎、枝顶端，花序梗长10-20（-30）厘米，被白色疏毛；

总苞钟形，长7-9毫米，总苞片2-3层，外层绿色，卵形或卵状长圆形，背面被密毛，内层长圆形，无毛，最内层线形，鳞片状。雌花1层，舌状，舌片长圆形，长约4毫米，先端2-3浅裂；两性花多数，花冠管状，被柔毛。瘦果陀螺形或倒圆锥形，稀圆柱状，密被疏毛；冠毛上部污白色，下部黄褐色。花期11月至翌年3月。

产福建东南部、台湾、广东南部、香港、海南、广西南部及云南南部，生于低海拔旷野、荒地、坡地或路旁阳处。印度、中南半岛、印度尼西亚及美洲热带地区有分布。

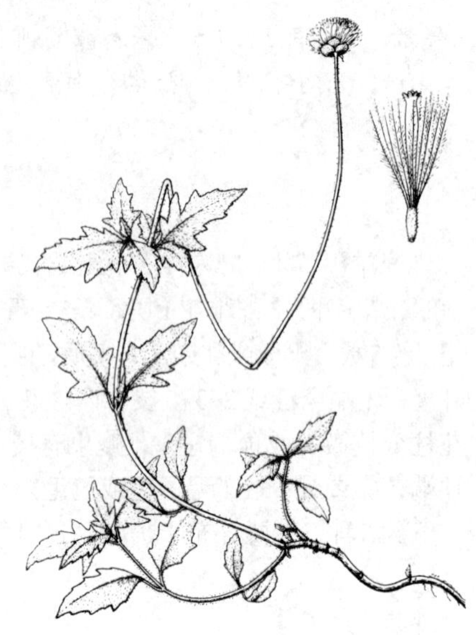

图 491 羽芒菊（吴彰桦绘）

89. 万寿菊属 Tagetes Linn.

（陈艺林 靳淑英）

一年生草本。茎直立，有分枝，无毛。叶对生，稀互生，羽状分裂，具油腺点。头状花序通常单生，稀排成花序；总苞片1层，几全部连成管状或杯状，有半透明油点；花托平，无毛。舌状花1层，雌性，金黄、橙黄或褐色；管状花两性，金黄、橙黄或褐色；均结实。瘦果线形或线状长圆形，具棱；冠毛有3-10个不等长鳞片或刚毛，一部分连合，余多少离生。

约30种，产美洲中部及南部，多为观赏植物。我国引入栽培2种。

1. 头状花序梗顶端稍粗，总苞长1.5厘米，径约7毫米；舌状花金黄或橙黄色，带红色斑，舌片近圆形；叶裂片线状披针形 ······ 1. **孔雀草 T. patula**
1. 头状花序梗顶端棒状，总苞长1.8-2厘米，径1-1.5厘米；舌状花黄或暗橙黄色，无红色斑，舌片倒卵形；叶裂片长椭圆形或披针形 ······ 2. **万寿菊 T. erecta**

1. 孔雀草 图 492

Tagetes patula Linn. Sp. Pl. 887. 1753.

一年生草本。茎近基部分枝。叶羽状分裂，长2-9厘米，裂片线状披针形，有锯齿，齿端常有长细芒，齿基部通常有1腺体。头状花序单生，径3.5-4厘米，花序梗长5-6.5厘米，顶端稍粗，总苞长1.5厘米，径约7毫米，长椭圆形，上端具锐齿，有腺点。舌状花金黄或橙黄色，带红色斑，舌片近圆形，长0.8-1厘米；管状花冠黄色，长1-1.4厘米，与冠毛等长，冠檐5齿裂。瘦果线形，长0.8-1.2厘米，被柔毛；冠毛鳞片状，1-2个长芒状，2-3个短而钝。花期7-9月。

原产墨西哥。各地庭园栽培，在云南中部及西北部、贵州西部、四川中部及西南部已野化。

图 492 孔雀草（引自《江苏植物志》）

2. 万寿菊 图 493

Tagetes erecta Linn. Sp. Pl. 887. 1753.

一年生草本。叶羽状分裂，长5-10厘米，宽4-8厘米，裂片长椭圆形或披针形，具锐齿，上部叶裂片齿端有长细芒，叶缘有少数腺体。头状花序单生，径5-8厘米，花序梗顶端棍棒状；总苞长1.8-2厘米，径1-1.5厘米，杯状，顶端具尖齿。舌状花黄或暗橙黄色，长2.9厘米，舌片倒卵形，长1.4厘米，基部成长爪，先端微弯缺；管状花花冠黄色，长约9毫米，冠檐5齿裂。瘦果线形，被微毛；冠毛有1-2长芒和2-3短而钝鳞片。花期7-9月。

原产墨西哥。各地均有栽培，在广东、云南南部及东南部已野化。

图 493　万寿菊（引自《江苏植物志》）

90. 堆心菊属 Helenium Linn.

（陈艺林　靳淑英）

一年生或多年生直立草本。叶互生，全缘或具齿，有黑色腺点。头状花序单生或排成伞房花序状，多数具异型花；总苞片2-3层，通常草质；花序托凸起，球形或长圆形，无毛。舌状花一轮，舌瓣黄色，3-5裂；盘状花管状；冠毛具5-6鳞片。

约40种，产北美和墨西哥。我国引入栽培2种。

1. 叶披针形或卵状披针形，基部下延，多有锯齿；花盘黄或红色，近球形或半球形 ·············· **堆心菊 H. autumnale**
1. 叶窄披针形或长圆形，全缘，基生叶匙形，有锯齿；花盘褐色或紫色，球形 ·············· (附). **紫心菊 H. flexuosum**

堆心菊　图 494

Helenium autumnale Linn. Sp. Pl. 886. 1753.

多年生草本，高1-2米。叶枝近无毛。叶披针形或卵状披针形，基部下延，多有锯齿。头状花序径3-5厘米，在枝顶排成伞房状。舌状花雌性，3裂，黄色；管状花黄色，半球形。花期夏秋。

原产北美。国内引种栽培。

[附] **紫心菊 Helenium flexuosum** Rafin, New Fl. Amer. 4: 81. 1895. 本种与堆心菊的主要区别：植株高30-90厘米；叶枝粗糙；上部叶窄披针形或长圆形，全缘；基生叶匙形，有锯齿；舌状花中性，舌瓣黄或紫色，或具黄和紫色条纹；管状花紫褐或褐色，球形。花期7-10月。原产北美。国内引种栽培。

图 494　堆心菊（引自《江苏植物志》）

91. 天人菊属 Gaillardia Foug.

（陈艺林　靳淑英）

一年生或多年生草本。茎直立。叶互生，或全基生。头状花序大，边花辐射状，中性或雌性，结实，中央有多数结实两性花，或头状花序仅有同型两性花。总苞宽大，总苞片2-3层，覆瓦状，基部革质；花托突起或半球形，托片长刚毛状。边花舌状，先端3浅裂或3齿，稀全缘；中央管状花两性，冠檐5浅裂，裂片先端被节状毛，花药基部短耳形，花柱分枝顶端画笔状，附片有丝状毛。瘦果长椭圆形或倒塔形，有5棱；冠毛6-10，鳞片状，有长芒。

约20种，产南北美洲热带地区。我国引入栽培2种。

1. 一年生草本；舌状花基部带紫色；近无叶柄；冠毛长5毫米 ·············· 1. **天人菊 G. pulchella**
1. 多年生草本；舌状花基部不带紫色；叶柄长；冠毛长2毫米 ·············· 2. **宿根天人菊 G. aristata**

1. 天人菊 图 495

Gaillardia pulchella Foug. in Mem. Acad. Sci. Paris 1786: 5. 1. 1788.

一年生草本。茎中部以上多分枝，被柔毛或锈色毛。下部叶匙形或倒披针形，长5-10厘米，边缘波状钝齿、浅裂或琴状分裂，近无柄；上部叶长椭圆形、倒披针形或匙形，长3-9厘米，全缘或上部有疏锯齿或中部以上3浅裂，基部无柄或心形半抱茎；叶两面被伏毛。头状花序径5厘米；总苞片披针形，长1.5厘米，边缘有长缘毛，背面有腺点，基部密被长柔毛。舌状花黄色，基部带紫色，舌片宽楔形，长1厘米，先端2-3裂；管状花裂片三角形，顶端芒状，被节毛。瘦果长2毫米，基部被长柔毛；冠毛长5毫米。花果期6-8月。

原产北美东部。华东庭园栽培，供观赏。

图 495 天人菊（引自《江苏植物志》）

2. 宿根天人菊 图 496

Gaillardia aristata Pursh. Fl. Am. Sept. 2: 573. 1814.

多年生草本。茎被粗节毛。基生叶和下部茎叶长椭圆形或匙形，长3-6厘米，宽1-2厘米，全缘或羽状缺裂，两面被柔毛，叶柄长；中部茎叶披针形、长椭圆形或匙形，长4-8厘米，基部无柄或心形抱茎。头状花序径5-7厘米；总苞片披针形，长约1厘米，外面有腺点及密柔毛。舌状花黄色；管状花外面有腺点，裂片长三角形，先端芒状渐尖，被节毛。瘦果长2毫米，被毛；冠毛长2毫米。花果期7-8月。

原产北美。华东庭园栽培，供观赏。

图 496 宿根天人菊（引自《江苏植物志》）

92. 春黄菊属 Anthemis Linn.

（石铸 靳淑英）

一年生或多年生草本。叶互生，一至二回羽状全裂。头状花序单生枝端，有长梗，具异型花，稀全为管状花；舌状花1层，常雌性，白或黄色；管状花两性，5齿裂，黄色；总苞片常3层，覆瓦状排列，边缘干膜质；花托凸起或伸长，有托片。花柱分枝顶端平截，画笔状；花药基部钝。瘦果长圆状或倒圆锥形，有4-5（-8）纵肋，无冠状冠毛或冠状冠毛极短，或膜质小耳状。

约200种，产欧洲和地中海地区。我国引入3种，栽培或已野化。

春黄菊 图 497

Anthemis tinctoria Linn. Sp. Pl. 2: 896. 1753.

多年生草本。茎有条棱，带红色，上部常伞房状分枝，被白色疏棉毛。叶长圆形，羽状全裂，裂片长圆形，有三角状披针形、先端具小硬尖的篦齿状小裂片，叶轴有锯齿，下面被白色长柔毛。头状花序单生枝端，径达3（-4）厘米，有长梗；总苞半球形，总苞片被柔毛或渐脱落，外层披针形，先端尖，内层长圆状线形，先端钝，边缘干膜质；雌花舌片金黄色；两性花花冠管状，冠檐5齿裂。瘦果四棱形，稍扁，有沟纹；冠状冠毛极短。花果期7-10月。

原产欧洲。北京、武功等地公园常栽培。

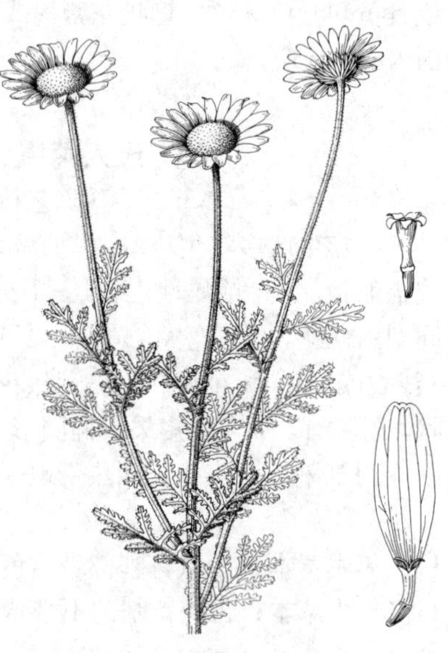
图 497 春黄菊（冀朝祯绘）

93. 果香菊属 **Chamaemelum** Mill.

（石 铸　靳淑英）

草本，有浓香。叶互生，二至三回羽状全裂。头状花序多数，单生枝端，具异型或同型花；总苞宽碟形，径0.6-1.2厘米，总苞片3-4层，覆瓦状排列，草质，边缘膜质，先端膜质部分扩大。舌片白色，花后反折，管部基部向下增生包子房顶部；管状花多数，两性，花冠黄色，冠檐5齿，基部多少囊状包子房顶部，并斜向果背延伸，花柱分枝窄线形，顶端平截，花药基部钝，顶端具卵状披针形附片。瘦果三棱状圆筒形，稍侧扁，顶端圆，基部骤窄，具3（4）凸起细肋；无冠状冠毛。

2-3种，主产南欧与北非。我国引入栽培1种。

果香菊　图 498

Chamaemelum nobile (Linn.) All. Fl. Pedem. 1: 185. 1785.

Anthemis nobilis Linn. Sp. Pl. 894. 1753.

多年生草本，有浓香，高15-30厘米，基部多分枝，全株被柔毛。叶互生，无柄，长圆形或披针状长圆形，长1-6厘米，二至三回羽状全裂，小裂片线形或宽披针形，先端有软骨质尖头。头状花序单生茎和长枝顶端，径约2厘米，具异型花；总苞径0.6-1.2厘米，长3-6毫米，总苞片具宽膜质边缘，3-4层，覆瓦状排列；花托圆锥形，具宽钝膜质托片。舌状花雌性，白色，花后舌片反折；管状花两性，黄色。瘦果具3（4）凸起细肋；无冠状冠毛。

原产欧洲。引种栽培，头状花序药用，功能同母菊。

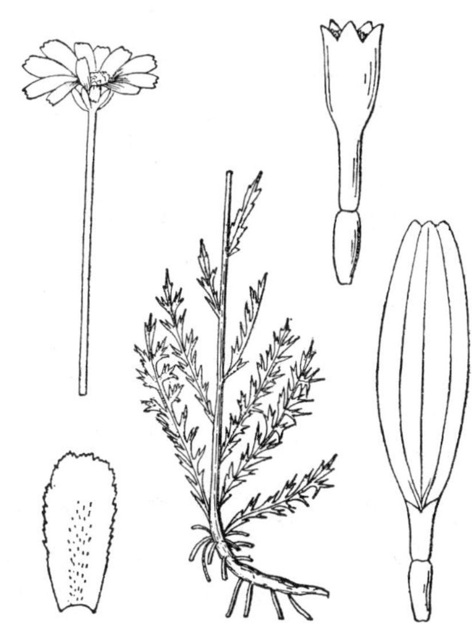

图 498　果香菊（引自《北京植物志》）

94. 蓍属 **Achillea** Linn.

（石 铸　靳淑英）

多年生草本。叶互生，羽状浅裂至全裂或不裂有锯齿，有腺点或无腺点，被柔毛或无毛。头状花序小，异型多花，排成伞房状花序，稀单生；总苞长圆形、卵圆形或半球形，总苞片2-3层，覆瓦状排列，边缘膜质，棕或黄白色；花托凸起或圆锥状，有膜质托片。边花雌性，常1层，舌状，舌片白、粉红、红或淡黄白色，比总苞短或等长，或长于总苞，稀变形或无；盘花两性，多数，花冠管骤窄，常翅状扁，基部多少包子房顶部，冠檐5裂，花柱分枝顶端平截，画笔状，花药基部钝，顶端附片披针形。瘦果小，腹背扁，长圆形、长圆状楔形、长圆状倒卵圆形或倒披针形，顶端平截，光滑；无冠状冠毛。

约200种，广泛分布于北温带。我国10种。

1. 叶羽状分裂。
  2. 叶二至三回羽状全裂。
    3. 叶主轴宽1.5-2毫米，小裂片宽0.3-0.5毫米；舌片白、粉红或淡紫红色 ……………… 1. **蓍 A. millefolium**
    3. 叶主轴宽0.5-1毫米，小裂片宽0.5-2毫米；舌片粉红或淡紫红色 ……………… 2. **亚洲蓍 A. asiatica**
  2. 叶一至二回羽状分裂。
    4. 一回羽状浅裂或深裂。
      5. 总苞近球形或宽长圆形，径(4-)5-7毫米，总苞片具较宽褐色膜质边缘；叶有少数腺点或几无腺点 ……………… 3. **高山蓍 A. alpina**
      5. 总苞长圆形，径3.5-4毫米，总苞片膜质部分黄色或有褐色窄缘；叶有多数腺点 ……………… 3(附). **短瓣蓍 A. ptarmicoides**
    4. 叶二回羽状全裂，一回裂片椭圆状披针形，长0.5-1厘米，小裂片少数，下面的披针形，具1-2齿，上部的裂片较短小 ……………… 4. **云南蓍 A. wilsoniana**

1. 叶不裂，边缘有上弯重细锯齿，老叶两面无毛或下面沿脉有柔毛，具极疏腺点；舌片长7毫米，宽5毫米；托片上部和先端有黄色长柔毛 ·· 5. 齿叶蓍 A. acuminata

1. 蓍 图 499 彩片 77

Achillea millefolium Linn. Sp. Pl. 899. 1753.

多年生草本。茎常被白色长柔毛。叶无柄，披针形、长圆状披针形或近线形，长5-7厘米，二至三回羽状全裂，主轴宽约1.5-2毫米，一回裂片多数，小裂片披针形或线形，长0.5-1.5毫米，先端具软骨质短尖，上面密生凹入腺体，稍被毛，下面被较密贴伏长柔毛；下部叶长10-20厘米。头状花序多数，密集成复伞房状；总苞长圆形或近卵圆形，宽约3毫米，疏生柔毛，总苞片3层，覆瓦状排列，椭圆形，宽1-1.3毫米，边缘膜质，棕或淡黄色，背面散生黄色亮腺点，上部被柔毛。舌状花5，舌片近圆形，白、粉红或淡紫红色，宽2-2.5毫米，先端2-3齿；盘花管状，黄色，冠檐5齿裂，具腺点。瘦果长圆形，淡绿色。花果期7-9月。

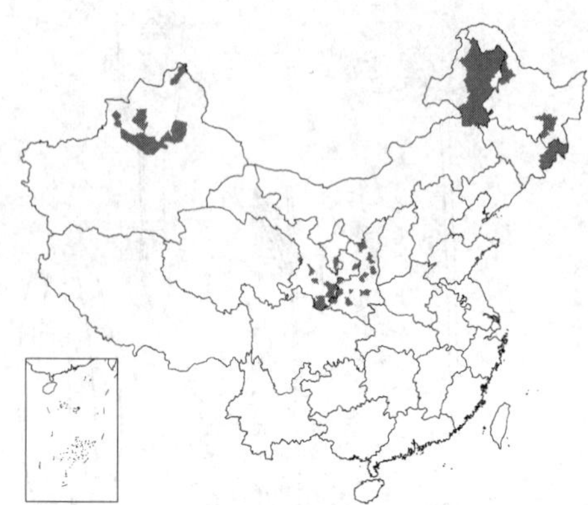

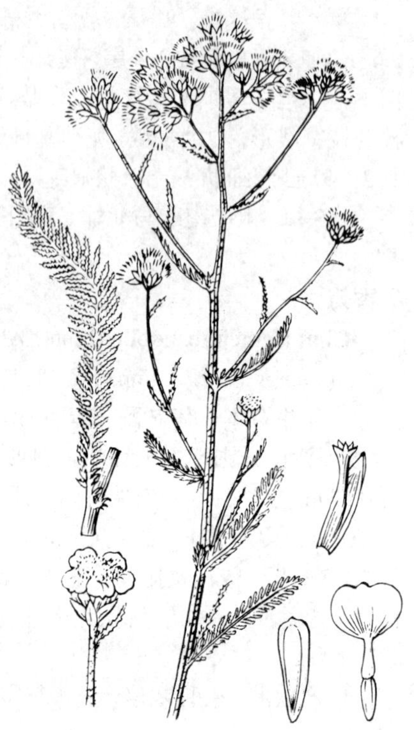

图 499 蓍 （引自《图鉴》）

产黑龙江、吉林、内蒙古、陕西、宁夏、甘肃及新疆，生于海拔500-3000米湿草地、山地草原、河滩、草甸或荒地。各地庭园栽培。广布北美、欧洲、北非、俄罗斯西伯利亚、伊朗、蒙古及印度尼西亚。叶、花含芳香油；全草药用，发汗、驱风。

2. 亚洲蓍 图 500

Achillea asiatica Serg. in Animadvers. Syst. Herb. Univ. Tomsk. 1: 6. 1946.

多年生草本。茎被棉状长柔毛。叶线状长圆形、线状披针形或线状倒披针形，二至三回羽状全裂，主轴宽0.5-1毫米，上面疏生长柔毛，下面被较密长柔毛；中上部叶无柄，长1-8厘米，一回裂片多数；中部叶一回裂片长2-6毫米，羽状全裂，小裂片线形或披针形，长0.5-2毫米，先端渐窄成软骨质尖头；下部叶有柄或近无柄，长7-18厘米。头状花序组成伞房状；总苞长圆形，宽2.5-3毫米，被疏柔毛，总苞片3-4层，卵形、长圆形或披针形，长1.5-4毫米，先端钝，有棕或淡棕色膜质边缘，上部具疏伏毛，边缘棕色。舌状花具黄色腺点，舌片粉红或淡紫红色，半椭圆形或近圆形，先端近平截，具3圆齿；管状花具腺点，冠檐5裂。瘦果长圆状楔形，具边肋。花期7-8月，果期8-9月。

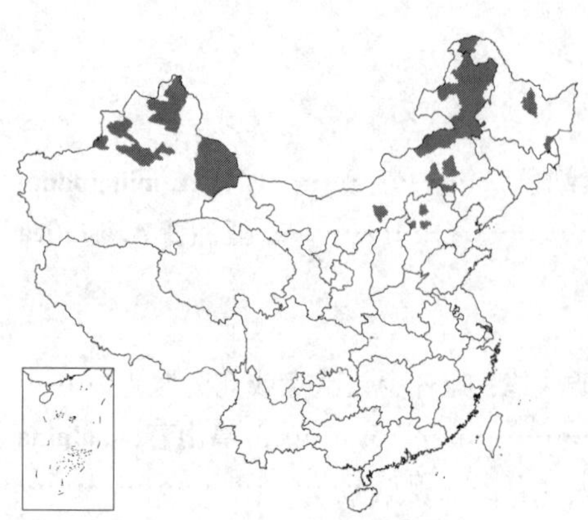

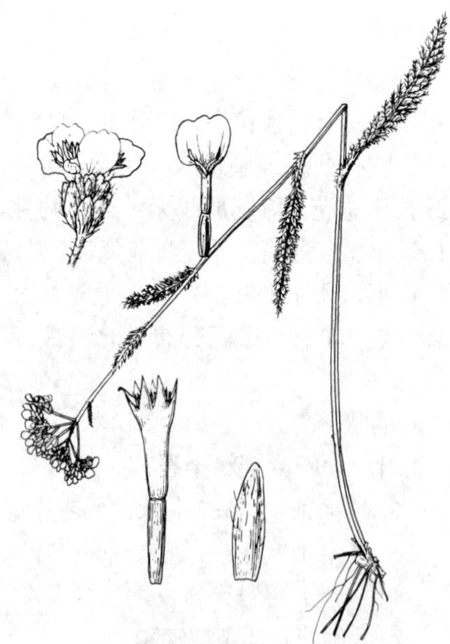

图 500 亚洲蓍 （孙英宝绘）

产黑龙江、内蒙古、河北及新疆，生于海拔590-2600米山坡草地、河边、草场或林缘湿地。中亚、蒙古、俄罗斯西伯利亚及远东地区有分布。

3. 高山蓍 图 501

Achillea alpina Linn. Sp. Pl. 899. 1753.

多年生草本。茎被伏柔毛。叶无柄，线状披针形，长6-10厘米，篦齿羽状浅裂至深裂，基部裂片抱茎，裂片线形或线状披针形，尖锐，有锯齿或浅裂，齿端和裂片有软骨质尖头，上面疏生长柔毛，下面毛较密，有少数腺点或几无腺点。头状花序集成伞房状；总苞宽长圆形或近球形，径（4-）5-7毫米，总苞片3层，宽披针形或长椭圆形，长2-4毫米，中间绿色，边缘较宽，膜质，褐色，疏生长柔毛。边缘舌状花长4-4.5毫米，舌片白色，宽椭圆形，长2-2.5毫米，先端3浅齿，管部翅状扁，无腺点；管状花白色，冠檐5裂。瘦果宽倒披针形，边肋淡色。花果期7-9月。

产黑龙江、吉林、辽宁、内蒙古、河北、山西、陕西、宁夏、甘肃、青海东北部、四川西南部及云南西北部，生于海拔1800-2500米山坡草地、灌丛间或林缘。朝鲜半岛、日本、蒙古、俄罗斯东西伯利亚及远东地区有分布。药用，为健胃强壮剂，又可治痔；茎叶含芳香油，可作调香原料。

[附] **短瓣蓍 Achillea ptarmicoides** Maxim. in Mém. Acad. Imp. Sci. St. Pétersb. Sav. Etrang. 9: 154. 1859. 本种与高山蓍的主要区别：总苞长圆形，径3.5-4毫米，总苞片膜质部分黄色或有棕色窄缘；叶有多数腺点。产黑龙江、吉林、辽宁、内蒙古及河北北部，生于河谷草甸、山坡路旁或灌丛间。朝鲜半岛、日本、蒙古、俄罗斯西伯利亚及远东地区有分布。

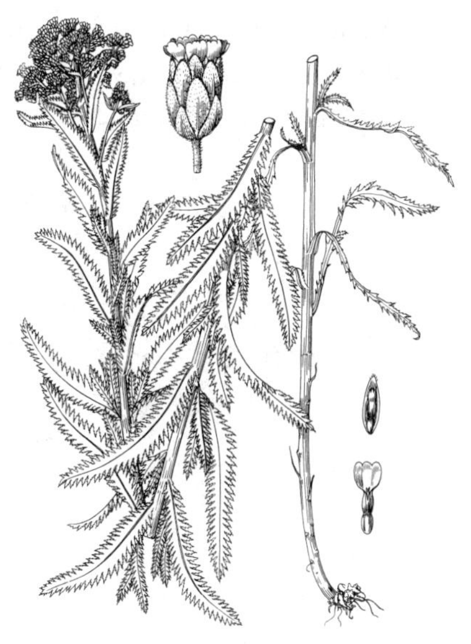

图 501 高山蓍（王金凤绘）

4. 云南蓍 图 502 彩片 78

Achillea wilsoniana Heimerl ex Hand.-Mazz. Symb. Sin. 7: 1110. 1936.

多年生草本。叶无柄，中部叶长圆形，长4-6.5厘米，二回羽状全裂，一回裂片椭圆状披针形，长0.5-1厘米，小裂片少数，下面的披针形，有1-2齿，上部的裂片较短小，近无齿或有单齿，齿端具白色软骨质小尖头；叶上面疏生柔毛和凹入腺点，下面被较密柔毛，全缘或上部裂片间有单齿。头状花序集成复伞房花序；总苞宽钟形或半球形，径4-6毫米，总苞片3层，外层卵状披针形，长2.3毫米，中层卵状椭圆形，长2.5毫米，内层长椭圆形，长4毫米，有褐色膜质边缘，被长柔毛。边花舌片白色，稀边缘淡粉红色，长宽约2.2毫米，先端具3齿，管部与舌片近等长，翅状扁，具少数腺点；管状花淡黄或白色。瘦果长圆状楔形，具翅。花果期7-9月。

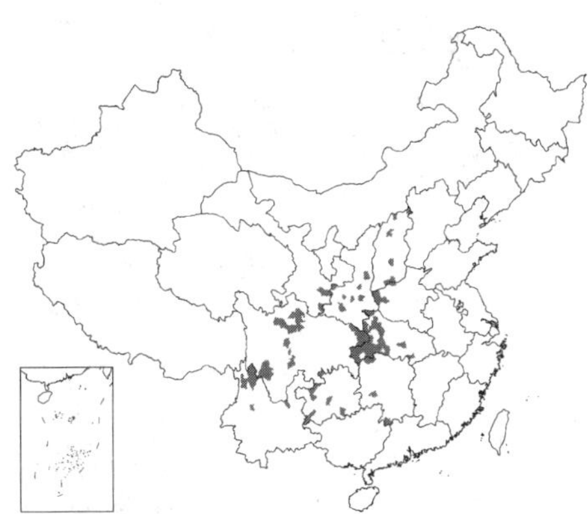

产河南西部、山西、陕西、甘肃东南部、四川、湖北、湖南、贵州及云南，生于海拔600-1200米山坡草地或灌丛中。全草药用，解毒消肿、止血、止痛，又可健胃。

图 502 云南蓍（王金凤绘）

5. 齿叶蓍 图 503

Achillea acuminata (Ledeb.) Sch.-Bip. in Flora 38: 15. 1855.

Ptarmica acuminata Ledeb. Fl. Ross. 2: 529. 1845.

多年生草本。茎上部密被柔毛，下部光滑。中部叶披针形或线状披针形，长3-8厘米，边缘有上弯重细锯齿，齿端具软骨质小尖，初两面被柔毛，后光滑或下面沿叶脉有柔毛，具极疏腺点，无柄。头状花序排成疏伞房状；总苞半球形，径9毫米，被长柔毛，总苞片3层，外层卵状长圆形，先端尖，内层长圆形，先端圆，中部淡黄绿色，边缘宽膜质，淡黄或淡褐色，被较密长柔毛，托片上部和先端有黄色长柔毛。边缘舌状花；舌片白色，长7毫米，宽5毫米，顶端有圆齿，管部极短，翅状扁；两性管状花白色。瘦果倒披针形，有淡白色边肋。花果期7-8月。

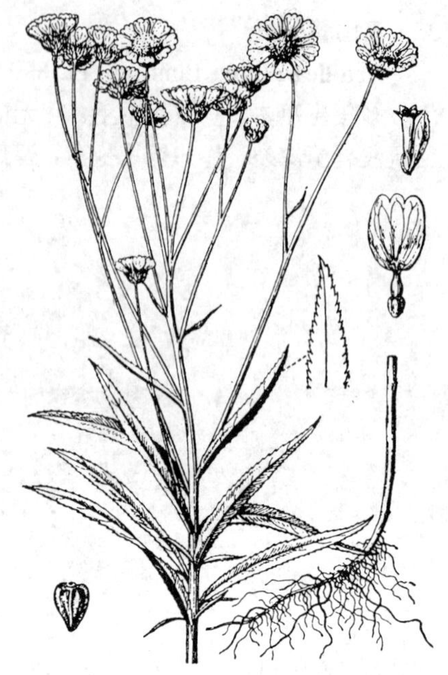

图 503 齿叶蓍（张大成绘）

产黑龙江、吉林、内蒙古、河南西部、河北西北部、山西、陕西秦岭西部、甘肃、宁夏、青海东北部及西北部，生于海拔2500-2600米山坡湿地、草甸或林缘。朝鲜半岛、日本、蒙古、俄罗斯西伯利亚及远东地区有分布。

95. 天山蓍属 Handelia Heimerl

（石 铸 靳淑英）

多年生草本。茎粗壮，下部被厚密带白色棉毛。叶长圆形，三回羽状全裂，小裂片近毛发状；基生叶长5-30厘米，宽2-12厘米，被密毛，具柄；茎生叶较小，毛被较少，无柄。头状花序半球形，径5毫米，集成伞房状；总苞片3层，长圆形，边缘宽膜质，背面被疏长毛；花托凸起，蜂窝状，托片干膜质，窄长圆形或倒披针形。花两性，全为管状花，黄色，长2毫米，径1毫米，倒圆锥形，冠檐5裂，被腺点，花药附片尖，花柱2深裂，裂片棍棒状长圆形。瘦果楔形，长1-1.5毫米，背面圆，腹面有5不明显小肋，黄褐色，顶端斜截，有极短白色膜质齿状冠毛。

单种属。

天山蓍 图 504

Handelia trichophylla (Schrenk ex Fisch et Mey.) Heimerl in Oesterr. Bot. Zeitschr. 71: 215. 1922.

Achillea trichophylla Schrenk ex Fisch et Mey. Enum. Pl. Nov. Schrenk 1: 48. 1841.

形态特征同属。

产新疆及甘肃西部。中亚地区哈萨克斯坦及乌兹别克斯坦有分布。

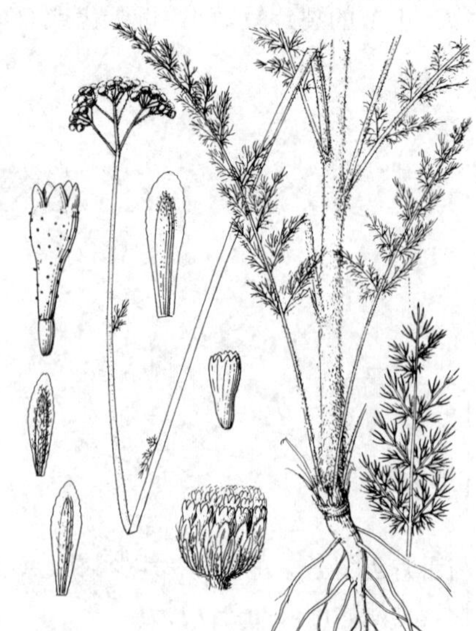

图 504 天山蓍（张荣生绘）

96. 木茼蒿属 **Argyranthemum** Webb ex Sch.-Bip.

（石铸 靳淑英）

亚灌木。头状花序异型，多数，在茎枝顶端排成伞房状；边缘舌状花雌性，1层，中央盘状花两性管状；总苞碟状，总苞片3-4层，硬草质；花托极突起，无毛。舌状花白色，舌片线形或线状长圆形；管状花黄色，花冠下半部窄管状，上半部宽钟状，冠檐5齿裂，花柱分枝线形，顶端平截，花药基部钝，顶端有卵状披针形附片。边缘舌状花瘦果有3条具宽翅的肋及不明显间肋，顶端有冠状冠毛，冠缘不整齐；管状花瘦果有5-8条椭圆形肋，其中1或2条腹肋突起；顶端有冠状冠毛。

约10种，产北非西海岸加那利群岛。我国引入栽培1种。

木茼蒿　　图 505

Argyranthemum frutescens (Linn.) Sch.-Bip. in Webb et Berth. Phyt. Canar. 2: 264. 1842.

Chrysanthemum frutescens Linn. Sp. Pl. 877. 1753.

亚灌木。叶宽卵形、椭圆形或长椭圆形，长3-6厘米，二回羽状分裂，一回深裂或几全裂，侧裂片2-5对，二回浅裂或半裂，侧裂片线形或披针形，两面无毛；叶柄长1.5-4厘米，有窄翼。头状花序排成伞房状，花序梗长；总苞径1-1.5厘米，总苞片边缘白色宽膜质，内层先端膜质成附片状。舌状花舌片长0.8-1.5厘米。舌状花瘦果有3条具白色膜质宽翅形的肋；两性花瘦果有1-2条具窄翅的肋，并有4-6条细间肋；冠状冠毛长0.4毫米。花果期2-10月。

原产北非加那利群岛。各地公园或植物园常栽培作盆景，供观赏。

图 505 木茼蒿（蔡淑琴绘）

97. 茼蒿属 **Chrysanthemum** Linn.

（石铸 靳淑英）

一年生草本。叶互生，叶羽状分裂或有锯齿。头状花序异型，单生茎顶，或少数生茎枝顶端，不形成伞房状花序；边缘雌花舌状，1层，中央盘花两性管状；总苞宽杯状，总苞片4层，硬草质；花托突起，半球形，无毛。舌状花黄色，舌片长椭圆形或线形；两性花黄色，下半部窄筒状，上半部宽钟状，冠檐5齿裂，花药基部钝，顶端附片卵状椭圆形，花柱分枝线形，顶端平截。边缘舌状花瘦果有3或2条突起的硬翅肋及2-6条间肋。两性花瘦果有6-12条等距的肋，其中1条突起成硬翅状，或腹面及背面各有1条突起的肋，余肋不明显；无冠状冠毛。

约5种，主产地中海地区。我国引入栽培4种。

茼蒿　　图 506

Chrysanthemum coronarium Linn. Sp. Pl. 890. 1753.

Chrysanthemum coronarium var. *spatiosum* Bailey;中国高等植物图鉴 4: 505. 1983.

全株无毛。茎不分枝或中上部分枝。基生叶花期枯萎；中下部茎生叶长椭圆形或长椭圆状倒卵形，长8-10厘米，无柄，二回羽状分裂，一回深裂或几全裂，侧裂片4-10对；二回浅裂、半裂或深裂，裂片卵形或线形；上部叶小。头状花序单生茎顶或少数生茎枝顶端，花序梗长15-20厘米；总苞径1.5-3厘米，总苞片4层，内层长1厘米，先端膜质成附片状。舌片长1.5-2.5厘米。舌状花瘦果有3条突起窄翅肋；管状花瘦果有1-2条椭圆形突起的肋及不明显间肋。花果期6-8月。

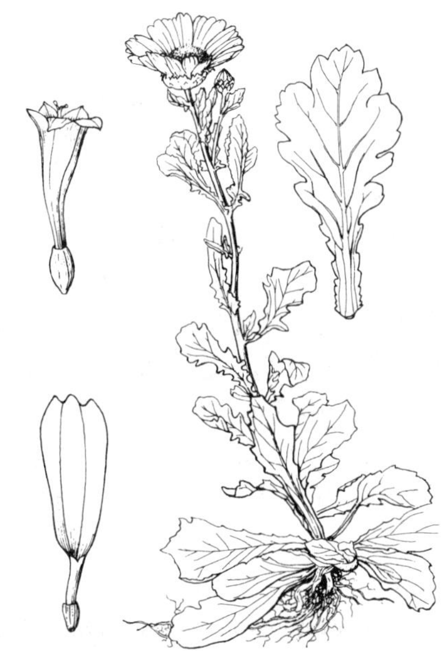

图 506 茼蒿（引自《图鉴》）

我国各地花园栽培供观赏，也栽培供食用或作嫁接菊花的砧木。河北、山东等地有野化。

98. 小滨菊属 Leucanthemella Tzvel.

（石铸 靳淑英）

多年生沼生草本；匍匐茎长。叶互生，不裂或3-7羽状深裂。头状花序异型，单生或2-8在茎枝顶端排成伞房状花序。舌状花1层，雌性，常不育；盘状花多数，两性，管状；总苞碟状，总苞片2-3层，边缘膜质；花托极突起，无毛。舌状花白色，舌片线形或椭圆状线形；两性管状花黄色，冠檐5齿裂，花药基部钝，顶端附片卵形或椭圆状卵形，花柱分枝线形，顶端平截。瘦果圆柱状，基部骤窄，有8-12椭圆形突起纵肋，纵肋伸延瘦果顶端，具长0.3毫米的增厚的冠齿。

2种，1种分布于欧洲东南部，1种分布于亚洲东北部。

小滨菊 图 507

Leucanthemella linearis (Matsum.) Tzvel. in Fl. URSS 26: 139. 1961.

Chrysanthemum lineare Matsum. in Bot. Mag. Tokyo 13: 83. 1899.

多年生沼生草本。茎常簇生，有短柔毛至无毛。叶椭圆形或披针形，长5-8厘米，中部以下羽状深裂，侧裂片3对、2对或1对，侧裂和顶裂片线形或窄线形，宽约3毫米，全缘；上部茎生叶常不裂；叶两面绿色，下面色淡，上面及边缘有皮刺状乳突，下面有腺点，无柄。头状花序单生茎顶，或2-8排成伞房状花序。总苞碟状，径1-1.5厘米，总苞片边缘褐色或暗褐色膜质，无毛，外层总苞片线状披针形，内层长椭圆形。舌状花白色，舌片长1-2厘米，先端2-3齿。瘦果顶端有钝冠齿。花果期8-9月。

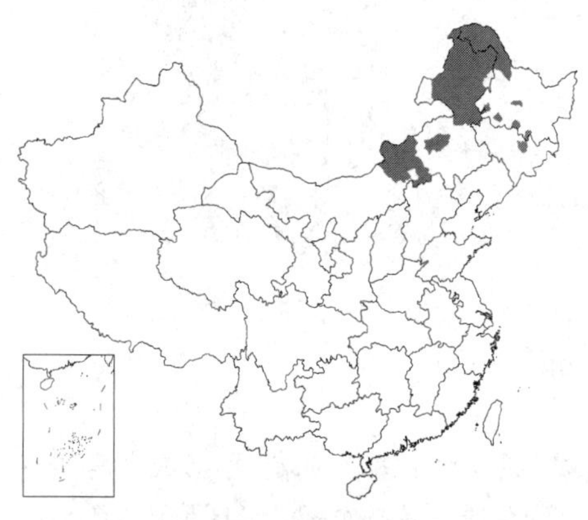

图 507 小滨菊（引自《中国植物志》）

产黑龙江、吉林及内蒙古，生于沼泽地。俄罗斯远东地区、朝鲜半岛北部及日本有分布。

99. 滨菊属 Leucanthemum Mill.

（石铸 靳淑英）

多年生草本。茎直立。头状花序单生，稀茎生2-5在茎枝顶端排成疏散伞房状；花异型，边缘雌花1层，舌状，中央盘状花多数，两性，管状；总苞碟状，总苞片3-4层，边缘膜质；花托稍突起，无毛。舌状花白色；管状花黄色，冠檐5齿裂；花柱分枝线形，顶端平截；花药基部钝，顶端附片卵状披针形。瘦果（8-）10（-12）条等距椭圆形纵肋，纵肋光亮。舌状花瘦果扁，弯曲，腹面纵肋贴近，顶端无冠齿或有长0.8毫米的侧缘冠齿；管状花瘦果顶端无冠齿或有长0.3毫米的由果肋伸延形成的钝形冠齿。

约20种，主要分布于中欧和南欧山区。我国引入栽培2种。

滨菊 图 508

Leucanthemum vulgare Lam. Fl. Franc. 2: 137. 1778.

多年生草本。茎被绒毛或卷毛至无毛。基生叶花期生存，长椭圆形、倒

图 508 滨菊（引自《江苏植物志》）

披针形、倒卵形或卵形，长3-8厘米，基部楔形，渐窄成长柄，柄长于叶片，边缘具圆或钝锯齿；中下部茎生叶长椭圆形或线状长椭圆形，向基部骤窄，耳状或近耳状半抱茎；中部以下或近基部有时羽状浅裂；上部叶渐小，有时羽状全裂；叶两面无毛。头状花序单生茎顶，花序梗长，或茎生排成疏散伞房状；总苞径1-2厘米，苞片无毛，边缘白色或褐色膜质；舌片长1-2.5厘米。瘦果无冠毛或舌状花瘦果有侧缘冠齿。花果期5-10月。

公园栽培观赏；河南、甘肃、江苏、江西及四川有野化，生于山坡草地或河边。

100. 短舌菊属 **Brachanthemum** DC.

（石铸 靳淑英）

小亚灌木，被单毛、叉状分枝毛或星状毛。叶互生或近对生，羽状、掌状或掌式羽状分裂。头状花序异型，单生枝顶，或少数至多数排成疏散或紧密伞房状花序；边花雌性，舌状，1-15个，稀无舌状花，边缘雌花成管状；中央盘花两性管状；总苞钟状、半球形或倒圆锥状，总苞片4-5层，硬草质，边缘光亮或褐色膜质；花托突起，钝圆锥状，无毛，或花托平，有短毛。舌状花黄色，稀白色，舌片卵形或椭圆形，长1.2-8毫米；管状花黄色，冠檐5齿裂，花柱分枝线形，顶端平截。瘦果同形，圆柱形，基部收窄，有5条脉纹，无冠状冠毛。

约7种，分布亚洲中部，生于草原及半荒漠地区。我国约5种。

星毛短舌菊 图 509

Brachanthemum pulvinatum (Hand.-Mazz.) Shih in Bull. Bot. Lab. North.-East. Forest. Inst. 6: 1. 1980.

Chrysanthemum pulvinatum Hand.-Mazz. in Acta Hort. Gothob. 12: 263. 1938.

亚灌木；全株密被贴伏尘状星状毛。老枝扭曲，枝皮剥落，幼枝浅褐色。叶楔形、椭圆形或半圆形，长0.5-1厘米，3-5掌状、掌式羽状或羽状分裂，裂片线形，长3-6毫米，先端钝或圆，叶柄长达8毫米；花序下部叶3裂；叶灰绿色，叶腋有密集叶簇。头状花序单生或枝生，排成伞房状花序，花序梗长2.5-7厘米，常下垂；总苞半球形或倒圆锥形，径6-8毫米，总苞片4层，边缘褐色膜质，先端钝圆，外层卵形或宽卵形，长2.5毫米，中层椭圆形，长4-4.5毫米，内层倒披针形，长约4毫米，中外层背面密被贴伏尘状星状毛，内层几无毛。舌状花黄色，舌片椭圆形，长约5毫米，先端2微尖齿。瘦果长2毫米。花果期7-9月。

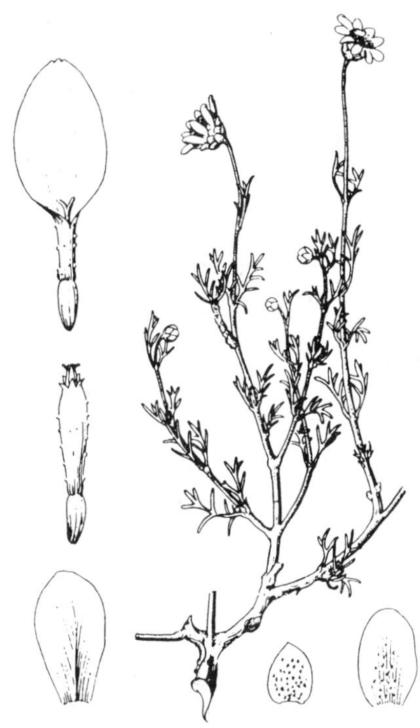

图 509 星毛短舌菊（马 平绘）

产内蒙古西部、宁夏、甘肃、新疆东部及青海，生于海拔1200-3800米山坡或戈壁滩。

101. 菊属 **Dendranthema** (DC.) Des Moul.

（石铸 靳淑英）

多年生草本。叶不裂或一回至二回掌状或羽状分裂。头状花序异型，单生茎顶，或少数至较多在茎枝顶端排成伞房或复伞房花序；边缘花雌性，舌状，1层（栽培品种多层），中央盘花两性管状；总苞浅碟状，稀钟状，总苞片4-5层，边缘白、褐、黑褐或棕黑色膜质或中外层苞片叶质化而边缘羽状浅裂或半裂；花托突起，半球形或圆锥状，无毛。舌状花黄、白或红色，舌片长0.2-2.5厘米或更长；管状花黄色，冠檐5齿裂，花柱分枝线形，顶端平截，花药基部钝，顶端附片披针状卵形或长椭圆形。瘦果同形，近圆柱状，下部骤窄，有5-8纵纹，无冠状冠毛。

约30余种，主要分布我国及日本、朝鲜半岛、俄罗斯。我国17种。

1. 总苞片不裂，边缘膜质。
  2. 头状花序径1.5-5厘米；舌状花舌片长1-1.5厘米。
    3. 叶疏生浅波状锯齿或有单齿或全缘，或3-7掌状或羽状浅裂或半裂或3-7掌式羽状浅裂、半裂或深裂。
      4. 叶卵形、近圆形或卵状披针形，长3.5-7厘米，中上部边缘疏生浅波状钝齿，下面密被贴伏厚柔毛；舌状花白色 ………… 1. **毛华菊 D. vestitum**
      4. 叶3-7掌状或羽状浅裂或半裂或3-7掌式羽状浅裂、半裂或深裂。
        5. 叶裂片先端尖；野生植物。
          6. 舌状花黄色 ………… 2. **野菊 D. indicum**
          6. 舌状花白、粉红或紫色。
            7. 叶肾形、半圆形、圆形或宽卵形，基部稍心形或平截 ………… 3. **小红菊 D. chanetii**
            7. 叶椭圆形、长椭圆形或卵形，基部楔形或宽楔形 ………… 3(附). **楔叶菊 D. naktongense**
        5. 叶裂片先端圆或钝；著名观赏或药用栽培植物 ………… 4. **菊花 D. morifolium**
    3. 叶二回掌状或掌式羽状分裂或二回羽状分裂。
      8. 叶二回羽状分裂；头状花序多数排成疏散伞房或复伞房花序，或茎生2-5个头状花序，排成近伞房花序，稀单生。
        9. 头状花序单生茎顶或多数排成疏散伞房或复伞房花序。
          10. 头状花序单生（稀2-3）茎顶或茎生；叶两面同色或几同色，绿或淡绿色，下面疏被柔毛；舌状花白或粉红色 ………… 5. **甘菊 D. lavandulifolium**
          10. 头状花序多数排成疏散伞房或复伞房花序；叶两面异色，上面绿色，有稀毛或几无毛，下面灰白色，密被柔毛；舌状花黄色。
            11. 苞片外面密被柔毛，外层苞片线形或线状倒披针形，先端圆形膜质扩大 ………… 5(附). **委陵菊 D. potentilloides**
            11. 外层苞片卵形、长卵形，先端非圆形膜质扩大，仅外层苞片基部或中部有稀疏短柔毛 ………… 5(附). **阿里山菊 D. arisanense**
        9. 头状花序2-5在茎枝顶端排成疏散伞房花序，稀单生。
          12. 叶二回半裂或深裂，二回裂片三角形或斜三角形，宽达3毫米；舌状花白紫红或白色，舌片先端全缘或微凹 ………… 6. **紫花野菊 D. zawadskii**
          12. 叶二回全裂，二回裂片线形或窄线形，宽1-2毫米；舌状花白或粉红色，舌片先端3微钝齿 ………… 7. **细叶菊 D. maximowiczii**
      8. 叶二回掌状或掌式羽状分裂；头状花序单生茎端，稀茎生2-3头状花序；舌状花白、粉红色 ………… 8. **小山菊 D. oreastrum**
  2. 头状花序径0.5-1厘米，多数排成复伞房花序；舌状花舌片长1-2.5毫米；叶二回羽状分裂，上面绿或淡绿色，近无毛，下面灰白色，密被贴伏厚柔毛 ………… 9. **拟亚菊 D. glabriusculum**
1. 外层或中外层苞片羽状浅裂或半裂，无膜质边缘，裂片先端芒尖。
  13. 叶不裂或大头羽裂，上面绿色，无毛或近无毛，下面灰白色，密被贴伏长柔毛 …… 10. **银背菊 D. argyrophyllum**
  13. 中下部茎叶二回羽状或掌式羽状分裂，两面同色或近同色，无毛或近无毛 ………… 11. **蒙菊 D. mongolicum**

1. 毛华菊 图 510

Dendranthema vestitum (Hemsl.) Ling in Bull. Bot. Lab. North-East. Forest. Inst. 6: 2. 1980.

Chrysanthemum sinense Sabine var. *vestitum* Hemsl. in Journ. Linn.

Soc. Bot. 23: 438. 1888.

多年生草本。茎枝密被贴伏厚柔毛，后毛稀。中部茎生叶卵形、宽卵形、卵状披针形、近圆形或匙形，长3.5-7厘米，中上部疏生浅波状钝齿，中下部楔形；叶柄长0.5-1厘米，柄基偶有披针形叶耳；上部叶较小；叶下面灰白色，密被贴伏柔毛，上面灰绿色，毛稀疏。头状花序径2-3厘米，在茎枝顶端排成疏散伞房状花序；总苞碟状，径1-1.5厘米，总苞片4层，边缘褐色膜质，外层三角形或三角状卵形，长3.5-4.5厘米，中层披针状卵形，长约6.5毫米，内层倒卵形或倒披针状椭圆形，长6-7毫米，中外层背面密被柔毛，向内层毛稀疏。舌状花白色，舌片长1.2厘米。瘦果长约1.5毫米。花果期8-11月。

产河南、陕西东南部、湖北及安徽西部，生于海拔340-1500米山坡及丘陵地。

图 510 毛华菊（王金凤绘）

2. 野菊 图 511 彩片 79

Dendranthema indicum (Linn.) Des Moul. in Acta Soc. Linn. Bord. 20: 561. 1855.

Chrysanthemum indicum Linn. Sp. Pl. 889. 1753.

多年生草本。茎枝疏被毛。中部茎生叶卵形、长卵形或椭圆状卵形，长3-7（-10）厘米，羽状半裂、浅裂，有浅锯齿，基部平截、稍心形或宽楔形，裂片先端尖，叶柄长1-2厘米，柄基无耳或有分裂叶耳，两面淡绿色，或干后两面橄榄色，疏生柔毛。头状花序径1.5-2.5厘米，排成疏散伞房圆锥花序或伞房状花序；总苞片约5层，边缘白或褐色宽膜质，先端钝或圆，外层卵形或卵状三角形，长2.5-3毫米，中层卵形，内层长椭圆形，长1.1厘米。舌状花黄色，舌片长1-1.3厘米，先端全缘或2-3齿。瘦果长1.5-1.8毫米。花期6-11月。

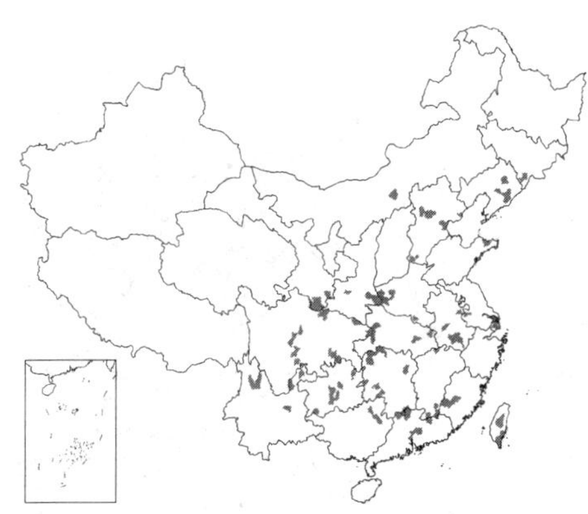

产吉林南部、辽宁、内蒙古、河北、河南、山东东部、江苏南部、安徽、福建、台湾、江西、湖北、湖南、广东、澳门、香港、广西东北部、云南、贵州、四川、陕西秦岭及甘肃南部，生于海拔1000-1200米山坡草地、灌丛、河边、滨海盐渍地、田边或路旁。印度、日本、朝鲜半岛、越南及俄罗斯有分布。叶、花及全草入药，清热解毒，疏风散热，散瘀，明目，降血压，防治流行性脊髓膜炎，预防流行性感冒，治高血压、肝炎、痢疾、痈疖疔疮。野菊花浸液可杀灭孑孓及蝇蛆。

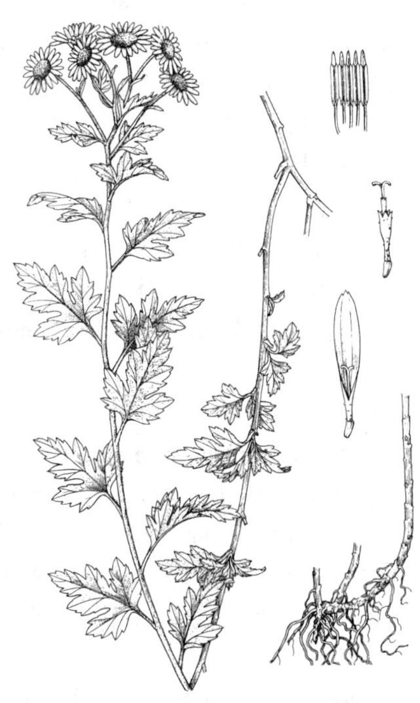

图 511 野菊（引自《中国药用植物志》）

3. 小红菊 图 512 彩片 80

Dendranthema chanetii (Lévl.) Shih in Bull. Bot. Lab. North-East. Forest. Inst. 6: 3. 1980.

Chrysanthemum chanetii Lévl. in Fedde, Repert. Sp. Nov. 9: 450. 1911.

Dendranthema erubescens (Stapf.) Tzvel.;中国高等植物图鉴 4: 508. 1975.

多年生草本。茎枝疏被毛。中部茎生叶肾形、半圆形、近圆形或宽卵形，长2-5厘米，常3-5掌状或掌式羽状浅裂或半裂，稀深裂，侧裂片椭圆形，宽（0.5）1-1.5厘米，顶裂片较大，裂片具钝齿、尖齿或芒状尖齿；上部茎叶椭圆形或长椭圆形，接花序下部的叶长椭圆形或宽线形，羽裂、齿裂或不裂；中下部茎生叶基部稍心形或平截，叶柄长3-5厘米。头状花序径2.5-5厘米，排成疏散伞房花序，稀单生茎端；总苞碟形，径0.8-1.5厘米，总苞片4-5层，边缘白或褐色膜质，外层宽线形，长5-9毫米，先端膜质或膜质圆形扩大，边缘穗状撕裂，背面疏生长柔毛，中内层渐短，宽倒披针形、三角状卵形或线状长椭圆形。舌状花白、粉红或紫色，舌片长1.2-2.2厘米，先端2-3齿裂。瘦果具4-6脉棱。花果期7-10月。

产黑龙江、吉林、辽宁、内蒙古、河北、山东东部、河南西部、山西、湖北西部、四川东北部、陕西南部、甘肃南部、宁夏及青海东部，生于海拔1800-2500米草原、山坡林缘、灌丛、河滩或沟边。俄罗斯及朝鲜半岛有分布。

[附] **楔叶菊 Dendranthema naktongense** (Nakai) Tzvel. in Fl. URSS 26: 375. 1959.—— *Chrysanthemum naktongense* Nakai in Bot. Mag. Tokyo 23. 186. 1909. 本种与小红菊的主要区别：叶椭圆形、长椭圆形或卵形，基部楔形或宽楔形；舌状花舌片长1-1.5厘米，先端全缘或2齿。产黑龙江、吉林、辽宁、内蒙古及河北，生于海拔1400-1720米草原。俄罗斯、朝鲜半岛有分布。

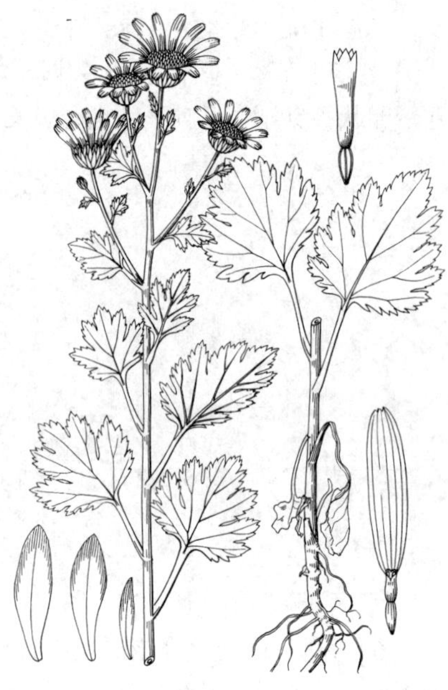

图 512 小红菊（王金凤绘）

4. 菊花 图 513

Dendranthema morifolium (Ramat.) Tzvel. in Fl. URSS 26: 373. 1961.

Chrysanthemum morifolium Ramat. in Journ. Hist. Nat. 2: 240. 1792.

多年生草本。叶卵形或披针形，边缘有粗大锯齿或深裂，基部楔形，裂片先端圆或钝；有叶柄。头状花序径2.5-20厘米，单生或数个集生茎枝顶端；外层总苞片绿色，线形，边缘膜质。管状花黄色；舌状花白、红、紫或黄色。瘦果不发育。

原产我国及日本，为观赏栽培种。用人工杂交育成新品种约1000余个，用分根及嫁接法繁殖，头状花序形态奇特多样，花色丰富多采。

图 513 菊花（引自《图鉴》）

5. 甘菊 图 514 彩片 81

Dendranthema lavandulifolium (Fisch. ex Trautv.) Kitam. in Acta Phytotax. Geobot. 29: 167. 1978.

Pyrethrum lavandulifolium Fisch. ex Trautv. in Acta Hort. Petrop. 1: 181. 1871.

多年生草本。茎密被柔毛，下部毛渐稀至无毛。基生及中部茎生叶菱

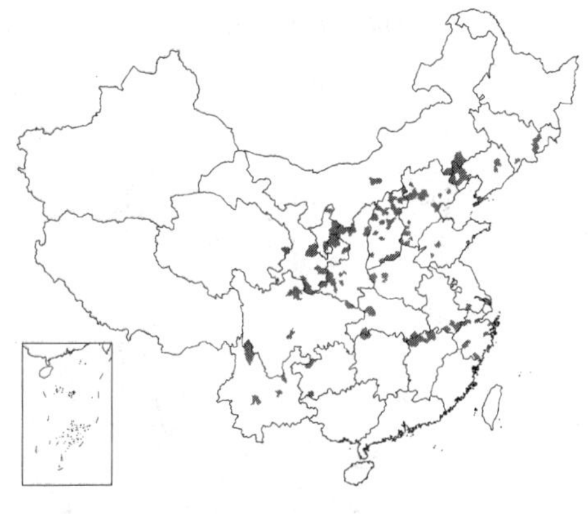

形、扇形或近肾形，长0.5-2.5厘米，两面绿或淡绿色，二回掌状或掌式羽状分裂，一至二回全裂；最上部及接花序下部的叶羽裂或3裂，小裂片线形或宽线形，宽0.5-2毫米；叶下面疏被柔毛，有柄。头状花序径2-4厘米，单生茎顶，稀茎生2-3头状花序；总苞浅碟状，径1.5-3.5厘米，总苞片4层，边缘棕褐或黑褐色宽膜质，外层线形、长椭圆形或卵形，长5-9毫米，中内层长卵形、倒披针形，长6-8毫米，中外层背面疏被长柔毛。舌状花白、粉红色，舌片先端3齿或微凹。瘦果长约2毫米。花果期6-8月。

产吉林、辽宁、内蒙古、河北、山东、河南、山西、陕西、宁夏、甘肃、青海东部、四川、云南、贵州、湖南北部、湖北、江西北部、安徽南部、浙江及江苏南部，生于海拔1800-3000米草甸。印度、日本、朝鲜半岛及俄罗斯东部有分布。

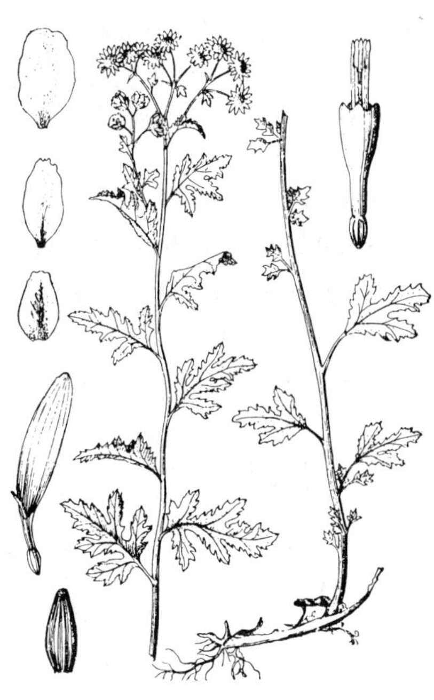

图 514 甘菊（王鸿青绘）

[附] 委陵菊 **Dendranthema potentilloides** (Hand.-Mazz.) Shih in Bull. Bot. Lab. North.-East. Forest. Inst. 6: 7. 1980.—— *Chrysanthemum potentilloides* Hand.-Mazz. in Acta Hort. Gothob. 12: 261. 1938. 本种与甘菊的主要区别：叶两面异色，上面绿色，或几无毛，下面灰白色，密被柔毛；头状花序多数排成疏散伞房或复伞房花序；全部苞片外面密被柔毛，外层苞片线形或线状倒披针形，先端圆形膜质扩大；舌状花黄色。产陕西、山西、河南及山东，生于低山丘陵地。

[附] 阿里山菊 **Dendranthema arisanense** (Hayata) Ling et Shih in Bull. Bot. Lab. North-East. Forest. Inst. 6: 7. 1980.—— *Chrysanthemum arisanense* Hayata, Ic. Pl. Formos. 6: 26. 1916. 本种与委陵菊的主要区别：外层苞片卵形、长卵形，先端非圆形膜质扩大，仅外层苞片基部或中部有稀疏短柔毛。产台湾。

6. 紫花野菊 图 515

Dendranthema zawadskii (Herb.) Tzvel. in Fl. URSS 26: 376. 1916.

Chrysanthemum zawadskii Herb. Addit. Fl. Galic. 44. 1831.

多年生草本。茎枝中下部紫红色，疏被柔毛，上部及接花序处毛稍多。中下部茎生叶卵形、宽卵形、宽卵状三角形或几菱形，长1.5-4厘米，二回羽状分裂，一回几全裂，侧裂片2-3对，二回深裂或半裂，裂片三角形或斜三角形，宽达3毫米，叶柄长1-4厘米；上部茎生叶长椭圆形，羽状深裂，或宽线形而不裂；叶两面同色，疏被柔毛至无毛。头状花序径1.5-4.5厘米，排成疏散伞房状花序，稀单生；总苞浅碟状，总苞片4层，边缘白或褐色膜质，外层线形或线状披针形，长3.5-8毫米，背面疏被柔毛，先端圆，膜质扩大，中内层椭圆形或长椭圆形，长3-7毫米。舌状花白或紫红色，舌片长1-2厘

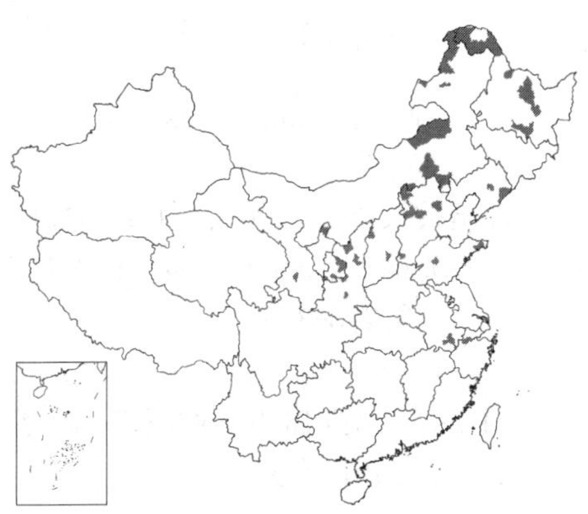

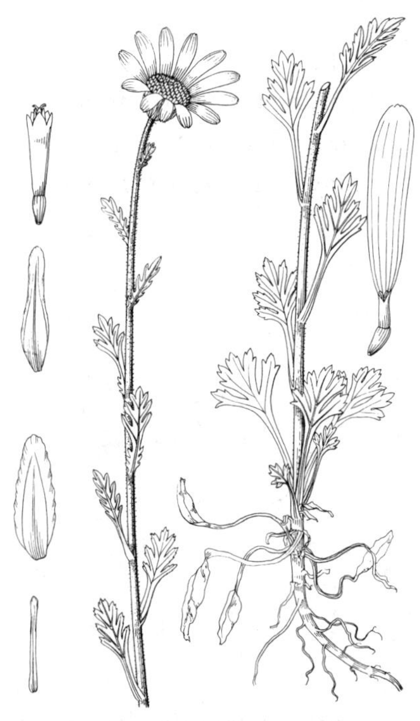

图 515 紫花野菊（王金凤绘）

米，先端全缘或微凹。瘦果长1.8毫米。花果期7-9月。

产黑龙江、辽宁、内蒙古、宁夏、甘肃、陕西、山西、河北、山东、安徽南部及浙江西部，生于海拔850-1800米草原、林间草地、林下或溪边。俄罗斯西伯利亚及远东、朝鲜半岛北部、蒙古、欧洲有分布。

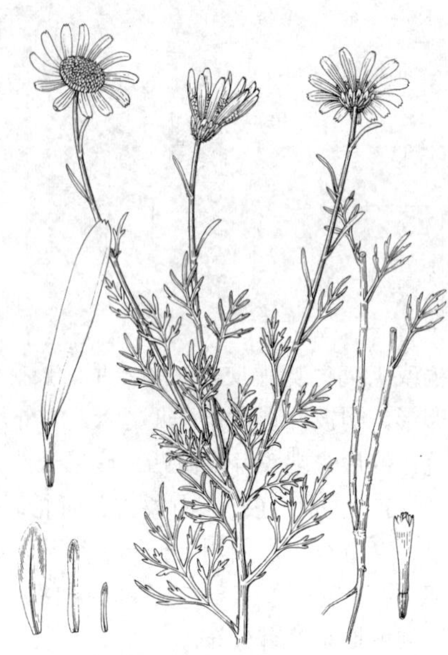

图 516 细叶菊（引自《图鉴》）

7. 细叶菊 小白菊 图 516

Dendranthema maximowiczii (Komar.) Tzvel. in Fl. URSS 26: 379. 1961.

Chrysanthemum maximowiczii Komar. in Bull. Jard. Bot. Pierre Grand. 16: 179. 1916.

Leucanthemella linearis auct. non (Matsum.) Tzvel.: 中国高等植物图鉴 4: 506. 1975.

二年生草本。茎枝疏被柔毛。中下部茎生叶卵形、宽卵形，长2-2.5厘米，二回羽状分裂，一回为全裂，侧裂片常2对；二回为全裂，裂片线形或窄线形，宽1-2毫米；上部及接花序下部的叶羽状分裂。头状花序排成疏散伞房状花序；总苞浅碟形，径1-1.5厘米，总苞片4层，边缘浅褐色，外层线形，长5-6毫米，中内层长椭圆形或倒披针形，长7-8毫米；中外层背面被柔毛或几无毛。舌状花白或粉红色，舌片长1-1.5厘米，先端3微钝齿。花期7-9月。

产内蒙古及甘肃东部，生于海拔1250米山坡、湖边或沙丘。俄罗斯东部及朝鲜半岛有分布。

8. 小山菊 图 517

Dendranthema oreastrum (Hance) Ling in Bull. Bot. Lab. North-East. Forest. Inst. 6: 4. 1980.

Chrysanthemum oreastrum Hance in Journ. Bot. Brit. For. 16: 108. 1878.

多年生草本。茎密被柔毛，下部毛渐稀至无毛。基生叶及中部茎生叶菱形、扇形或近肾形，长0.5-2.5厘米，二回掌状或掌式羽状分裂，一至二回全裂；最上部及接花序下部叶羽裂或3裂，小裂片线形或宽线形，宽0.5-2毫米；叶下面密被长柔毛至几无毛，有柄。头状花序径2-4厘米，单生茎顶，稀茎生2-3头状花序；总苞浅碟状，径1.5-3.5厘米，总苞片4层，边缘棕褐或黑褐色宽膜质，外层线形、长椭圆形或卵形，长5-9毫米，中内层长卵形、倒披针形，长6-8毫米，中外层背面疏被长柔毛。舌状花白或粉红色，舌片先端3齿或微凹。瘦果长约2毫米。花果期6-8月。

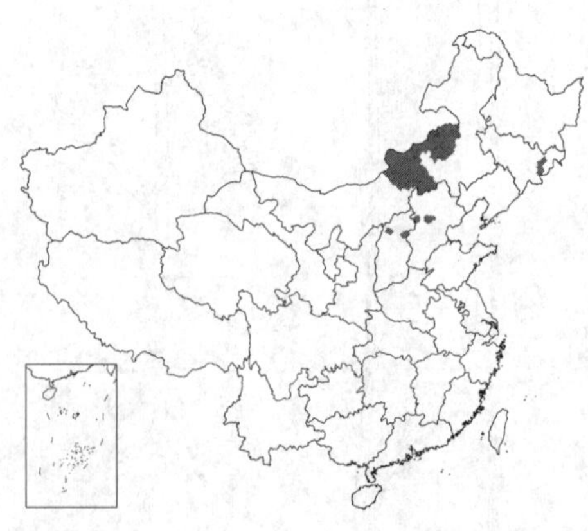

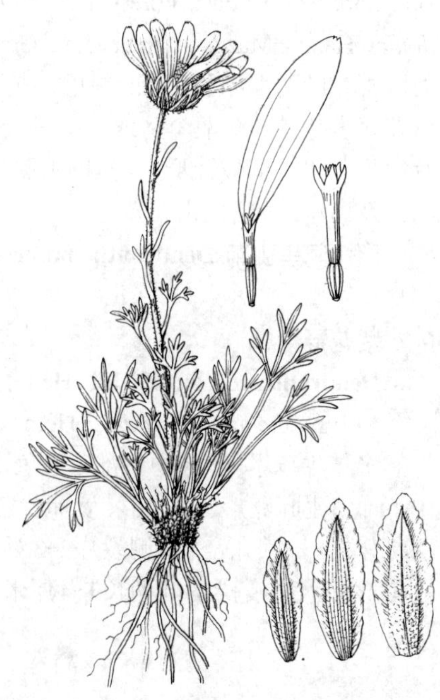

图 517 小山菊（王金凤绘）

产吉林东部、内蒙古、河北及山西，生于海拔1800-3000米草甸。俄罗斯远东地区有分布。

9. 拟亚菊 图 518

Dendranthema glabriusculum (W. W. Smith) Shih in Bull. Bot. Lab. North-East. Forest. Inst. 6: 8. 1980.

Tanacetum glabriusculum W. W. Smith in Notes Roy. Bot. Gard. Edinb. 10: 202. 1918.

多年生草本。茎枝被柔毛，中上部以上毛密。中部茎生叶卵形、倒卵形或椭圆形，长2.5-6厘米，二回羽状分裂。一回全裂或深裂，侧裂片2对，二回为深裂或半裂，裂片披针形或长斜三角形，宽1.5-3毫米，叶柄长2-3厘米，上部叶与中部茎生叶羽状浅裂、半裂或深裂；叶上面绿或淡绿色，几无毛，下面灰白色，密被贴伏厚柔毛。头状花序径0.5-1厘米，多数排成复伞房花序；总苞钟状，总苞片4层，背面疏被柔毛，边缘褐或白色膜质，外层披针形或三角状披针形，长2-3毫米，中内层长椭圆形，长4-5.5毫米。舌状花舌片长1-2.5毫米，黄色，先端2-3齿或全缘。花期9-10月。

产河南、陕西秦岭、四川中西部及云南，生于海拔940-2600米山坡。

图 518 拟亚菊（孙英宝绘）

10. 银背菊 图 519

Dendranthema argyrophyllum (Ling) Ling et Shih in Bull. Bot. Lab. North-East. Forest. Inst. 6: 9. 1980.

Chrysanthemum argyrophyllum Ling in Contr. Inst. Bot. Acad. Peiping 3: 465. 1935.

多年生草本。茎枝密被长柔毛，下部毛稍稀。基生叶圆形或近肾形；下部及中部茎生叶圆形、扁圆形、宽椭圆形、宽卵形或倒披针形，长2-3厘米，宽2.5-3.5厘米，基部心形或平截，有锯齿或重锯齿，叶柄长2-3.5厘米，有时叶椭圆形或倒披针状椭圆形，长3-4厘米，大头羽状深裂，侧裂片3-5对；上部叶倒披针形或倒长卵形，大头或近大头羽状深裂；叶上面绿色，无毛或稀毛，下面灰白色，密被贴伏长柔毛。头状花序径3-4厘米，3-4排成伞房状，稀单生；总苞碟状，径2-3厘米，总苞片3层，外层苞片叶质，羽裂，裂片先端芒尖，中内层密被贴伏长柔毛。舌状花白色，舌片长约1厘米。瘦果长2.2毫米。花果期8-9月。

图 519 银背菊（引自《中国植物志》）

产河南西部及陕西东南部，生于海拔1440-2140米山坡岩缝中。

11. 蒙菊 图 520

Dendranthema mongolicum (Ling) Tzvel. in Fl. URSS 26: 378. 1961.

Chrysanthemum mongolicum Ling in Contr. Inst. Bot. Nat. Acad.

Peiping. 3: 463. 1935.

多年生草本。茎常簇生，中上部分枝，有时基部分枝，常紫红色，疏被柔毛。中下部茎生叶宽卵形、近菱形或椭圆形，长1-2厘米，二回羽状或掌式羽状分裂，一回深裂，侧裂片1-2对，二回浅裂，裂片三角形，宽0.5-1.5毫米；上部茎生叶长椭圆形，羽状半裂；叶两面同色或近同色，无毛或几无毛。头状花序径3-4.5厘米，2-7排成伞房状，稀单生；总苞碟状，径1-2厘米，总苞片5层，外层或中外层叶状，羽状浅裂或半裂，裂片先端芒尖。舌状花粉红或白色。

产内蒙古，生于海拔1500-2500米石质山坡。俄罗斯及蒙古有分布。

图 520 蒙菊（王金凤绘）

102. 母菊属 Matricaria Linn.

（石铸 靳淑英）

一年生草本；常有香味。叶一至二回羽状分裂。头状花序同型或异型；舌状花1列，雌性，舌片白色；管状花黄或淡绿色，冠檐4-5裂，花柱分枝顶端平截，画笔状，花药基部钝，顶端有三角形附片；花托圆锥状，中空。瘦果圆筒状，顶端斜截，基部骤窄，背面凸起，无肋，腹面有3-5细肋，褐或淡褐色，光滑，无冠状冠毛或有极短有锯齿的冠状冠毛。

约40种，分布于欧洲、地中海、亚洲西部、北部及东部、非洲南部及西北美。我国2种。

1. 头状花序边缘有白色舌状花，管状花花冠黄色，5裂；瘦果有5条白色细肋，顶端无冠状冠毛 ………………………………………… 1. **母菊 M. recutita**

1. 头状花序全为管状花，花冠淡黄绿色，4裂；瘦果有2-3条细肋，两侧各有1红色条纹，顶端有冠状冠毛 ………………………………………… 2. **同花母菊 M. matricarioides**

1. 母菊 图 521

Matricaria recutita Linn. Sp. Pl. 891. 1753.

一年生草本；全株无毛。茎上部多分枝。下部叶长圆形或倒披针形，长3-4厘米，二回羽状全裂，无柄，裂片线形，先端具短尖头；上部叶卵形或长卵形。头状花序异型，径1-1.5厘米，在茎枝顶端排成伞房状，花序梗长3-6厘米；总苞片2层，苍绿色，先端钝，边缘白色宽膜质，全缘。舌状花沿边缘1列，舌片白色，反折，宽2.5-3毫米；管状花多数，花冠黄色，中部以上扩大，冠檐5裂。瘦果长0.8-1毫米，径约0.3毫米，淡绿褐色，侧扁，稍弯，顶

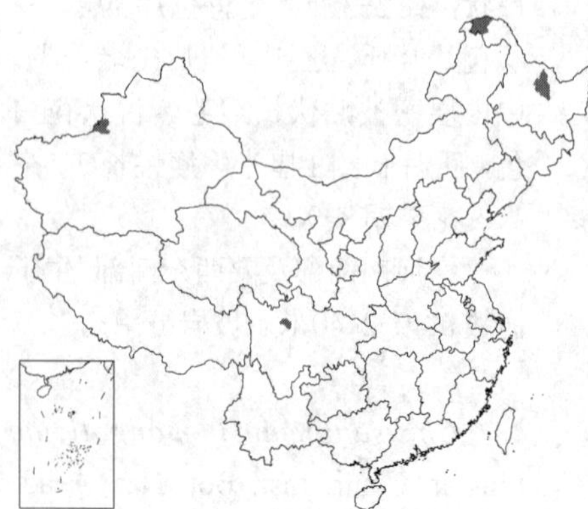

图 521 母菊（引自《北京植物志》）

端斜截，背面圆形凸起，腹面及两侧有5条白色细肋，顶端无冠状冠毛。花果期5-7月。

产黑龙江、新疆西北部及四川，生于河谷、旷野或田边；北京和上海庭园有栽培，供观赏。欧洲、亚洲北部及西部、美洲有分布。头状花序药用，有发汗和镇痉作用。全草富含维生素A和C。

2. 同花母菊 图 522

Matricaria matricarioides (Less.) Porter ex Britton in Mem. Torrey Bot. Club. 5: 341. 1884.

Artemisia matricarioides Less. in Linnaea 6: 210. 1831.

一年生草本。茎单一或基部有多数花枝和细小不育枝，无毛，上部分枝。叶长圆形或倒披针形，长2-3厘米，二回羽状全裂，两面无毛，裂片线形，小裂片短线形；无叶柄，基部稍抱茎。头状花序同型，径0.5-1厘米，生于茎枝顶端，花序梗长0.5-1厘米；总苞片3层，近等长，长圆形，有白色透明膜质边缘，先端钝。全为管状花，淡黄绿色，花冠长约1.5毫米，冠檐4裂。瘦果长圆形，淡褐色，光滑，长约1.5毫米，稍弯，顶端斜截，基部骤窄，背凸起，腹面有2-3条白色细肋，两侧各有1条红色条纹；冠状冠毛极短，有微齿，白色。花果期7月。

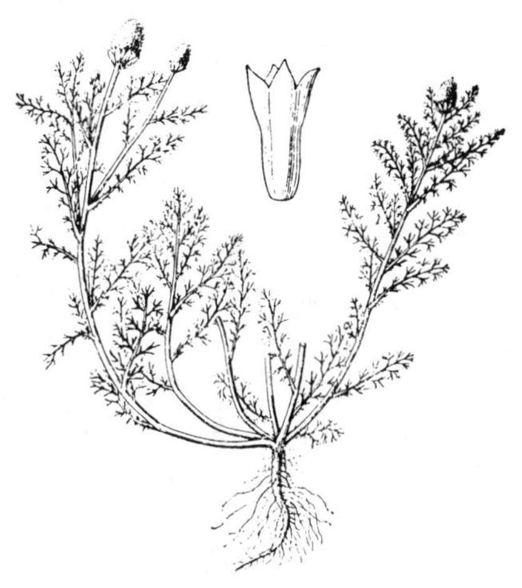

图 522 同花母菊（吴彰桦绘）

产吉林西部、辽宁东部及内蒙古东北部，生于旷野、路边或宅旁。朝鲜半岛、日本、亚洲北部及西部、欧洲、北美有分布。

103. 三肋果属 Tripleurospermum Sch. -Bip.

（石铸 靳淑英）

一、二年生或多年生草本。叶二至三回羽状全裂，裂片线形、披针形或卵形。头状花序异型，或无舌状花，少数或多数生茎枝顶端，排成伞房状花序或单生茎顶，多花。舌状花1列，雌性，白色；管状花两性，黄色，冠檐5裂，裂片先端常有红褐色树脂状腺点，花柱分枝顶端平截，画笔状，花药基部钝，顶端有卵状三角形或长圆形附片；花托圆锥形或半球形。瘦果长达3毫米，圆筒状三角形，顶端平截，基部骤窄，背面扁，顶端有2红褐或棕色树脂状腺体，两侧和腹面有3淡白色龙骨状肋，褐或淡褐色，常多皱纹，稀光滑；冠状冠毛膜质，短，近全缘或较长而浅裂。

约30种，分布于北半球。我国5种。

1. 多年生草本；总苞片具深褐色波状膜质边缘；冠状冠毛短，顶端3浅裂或具宽钝齿 …………………………………………………………………………………………………… 1. **褐苞三肋果 T. ambiguum**
1. 一或二年生草本。
   2. 总苞片具窄的淡褐色膜质边缘；冠状冠毛近全缘 ………………………… 2(附). **东北三肋果 T. tetragonospermum**
   2. 总苞片具白或稍带褐色有光泽的膜质边缘。
      3. 舌片长约4毫米，冠状冠毛长约0.5毫米，有3个三角状裂齿 ……………………………… 2. **三肋果 T. limosum**
      3. 舌片长约1厘米，冠状冠毛短，近全缘 …………………………………………………… 3. **新疆三肋果 T. inodorum**

1. 褐苞三肋果 图 523

Tripleurospermum ambiguum (Ledeb.) Franch. et Sav. Enum. Fl. Jap. 1: 236. 1875.

Pyrethrum ambiguum Ledeb. Fl.

Alt. 4: 118. 1833.

多年生草本。茎上部近花序处散生短毛。叶倒披针状长圆形或长圆形，长3-7（10）厘米，二回羽状全裂，裂片窄线形，具短尖头，两面无毛；基生叶有柄，茎生叶无柄，基部半抱茎。头状花序单生茎端，径3-4厘米；总苞半球形，径1-1.5厘米，总苞片约3层，有窄的深褐色波状膜质边缘，先端扩大，外层披针形，长6-6.5毫米，背面有星散毛，中层长圆形，内层倒披针形，无毛。舌状花舌片白色，长2厘米；管状花黄色，冠檐5裂，裂片先端有红色腺点。瘦果深褐色，有皱纹状瘤突，具3条淡白色厚肋，背面近顶部有2红色腺体；冠状冠毛短，顶端3浅裂或具宽钝齿。花果期6-8月。

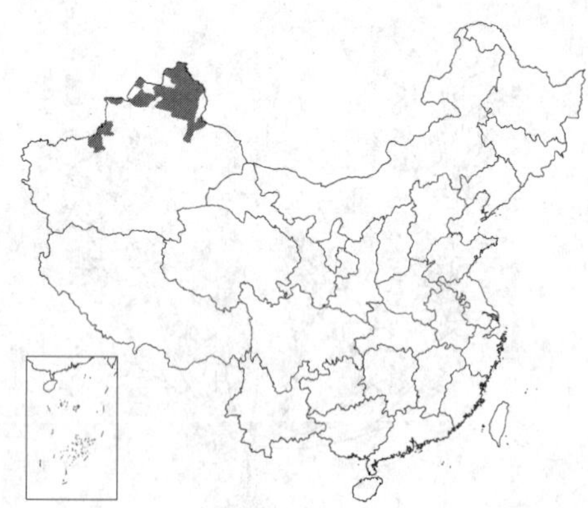

图 523 褐苞三肋果（夏 泉绘）

产新疆天山和阿尔泰山，生于海拔1700-2630米阳坡或河谷草地。蒙古、俄罗斯西西伯利亚、中亚及伊朗北部有分布。

2. 三肋果 图 524

Tripleurospermum limosum (Maxim.) Pobed. in Not. Syst. Herb. Inst. Bot. Sci. URSS 21: 352. 1961.

Chamaemelum limosum Maxim. Prim. Fl. Amur. 156. 1859.

一或二年生草本。茎无毛。茎下部和中部叶倒披针状长圆形或长圆形，长5.5-9.5厘米，三回羽状全裂，基部抱茎，裂片窄线形，两面无毛。头状花序异形，单生茎枝顶端，径1-1.5厘米，花序梗顶端膨大，疏生柔毛；总苞半球形，总苞片2-3层，近等长，外层宽披针形，内层长圆形，淡绿或苍白色，光滑，有白或稍带褐色有光泽膜质边缘。舌状花舌片白色，长约4毫米；管状花黄色，冠檐5裂，裂片先端有红色腺点。瘦果褐色，冠状冠毛长约0.5毫米，有3个三角状裂齿。花果期6-7月。

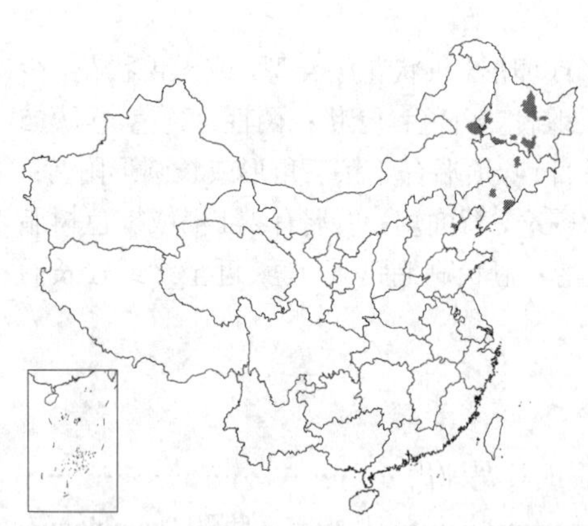

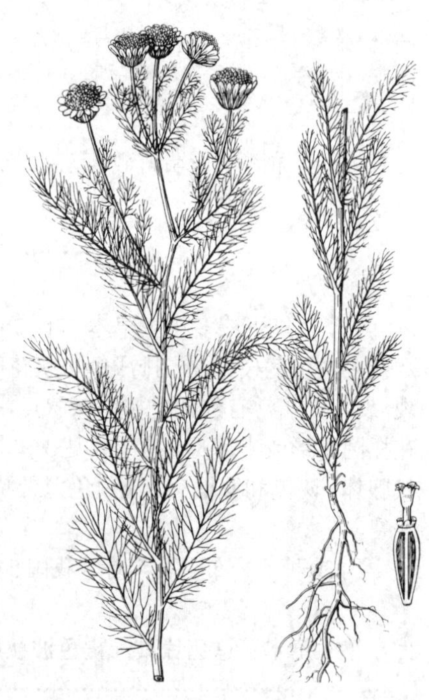

图 524 三肋果（王金凤绘）

产黑龙江、吉林、辽宁、内蒙古东部及河北东部，生于江河湖岸砂地、草甸或干旱砂质山坡。朝鲜半岛、日本、蒙古及俄罗斯远东地区有分布。

[附] **东北三肋果 Tripleurospermum tetragonospermum** (F. Schmidt) Pobed. in Not. Syst. Herb. Inst. Bot. Sci. URSS 21: 346. 1961.—— *Chamaemelum tetragonospermum* F. Schmidt, Fl. Sach. 148. 1868. 本种与三肋果的主要区别：总苞片约4层，具窄的淡褐色膜质边缘；冠状冠毛近全缘。产东北，生于海拔320米河岸砂地或路旁空地。日本、俄罗斯远东及西伯利亚地区有分布。

3. 新疆三肋果 图 525

Tripleurospermum inodorum (Linn.) Sch.-Bip. Tanacet. 32. 1844.

Matricaria inodora Linn. Fl. Suec. ed. 2: 765. 1755.

一或二年生草本。茎无毛。叶卵状长圆形或长圆形，长2-4厘米，羽状全裂，小裂片窄线形，两面无毛，无叶柄。头状花序数个生于茎枝顶端，径2-3厘米，花序梗长；总苞半球形，径0.7-1厘米，总苞片3-4层，外层披针形，苍白绿色，膜质边缘不明显，中内层长圆形或倒披针形，边缘窄膜质，白或淡绿色；花托半球形或宽圆锥形。舌状花舌片白色，长约1厘米；管状花黄色，花冠长1.8毫米，冠檐5裂，裂片先端有红色树脂状腺点。瘦果长2毫米，褐色，多皱纹，有3条苍白色肋，背面顶端有2红色圆形腺体，冠状冠毛短，近全缘。花果期9月。

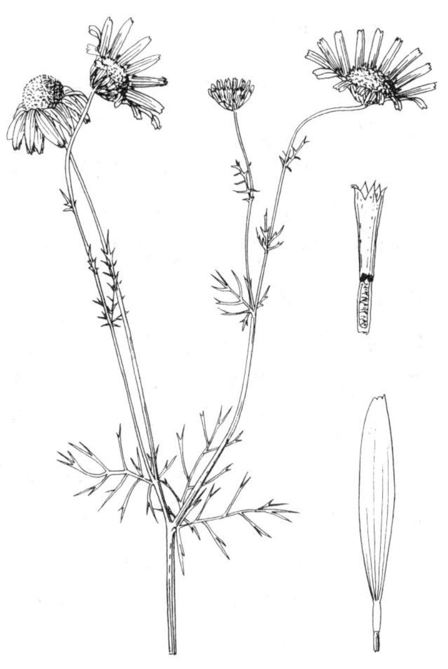

图 525 新疆三肋果（孙英宝绘）

产新疆北部塔城，生于海拔1100米山麓河谷。欧洲、中亚及俄罗斯西伯利亚地区有分布。

104. 匹菊属 Pyrethrum Zinn.

（石 铸 靳淑英）

多年生草本或亚灌木。叶互生，羽状或二回羽状分裂，被弯曲长单毛、叉状分枝毛或无毛。头状花序异型，单生茎顶或少数至多数头状花序在茎枝顶端排成伞房状花序；边花1层或几2层，雌性，舌状，中央两性花管状；总苞浅盘状，总苞片3-5层，草质或厚草质，边缘白、褐或黑褐色膜质；花托突起，无毛或有毛，易脱落。舌状花白、红或黄色，舌片卵形、椭圆形或线形；管状花黄色，管部短，上半部微扩大或骤扩大，冠檐5齿裂，花药基部钝，顶端附片卵状披针形或宽披针形，花柱分枝线形，顶端平截。瘦果圆柱状或三棱状圆柱形，有5-10（12）条多少突起的椭圆形纵肋；边缘雌花瘦果的肋常集中腹面；冠状冠毛长0.1-1.5毫米，或不及0.1毫米，冠缘浅裂或裂至基部，或瘦果背面冠缘分裂至基部，或冠缘锯齿状。

约100种，分布欧洲、北非至中亚一带。我国10余种。

1. 植株银灰色；茎及叶两面被贴伏丁字形毛及顶端分叉短毛；头状花序排成疏散伞房花序；总苞片几无膜质窄边 …… 1. **除虫菊 P. cinerariifolium**
1. 植株灰白、灰绿或绿色；茎、叶被弯曲长单毛或短柔毛；头状花序单生茎顶；总苞片质薄，边缘黑褐或褐色膜质；茎生叶常无柄或有短柄。
    2. 冠状冠毛长0.1毫米或不及0.1毫米。
        3. 叶二回羽状分裂，二回掌状或掌式羽状分裂；舌状花桔黄色或微带桔红色，舌片线形或宽线形，长达2厘米 …… 2. **川西小黄菊 P. tatsienense**
        3. 叶二至三回羽状全裂；舌状花黄色，舌片长椭圆形，长1厘米 …… 3. **藏匹菊 P. atkinsonii**
    2. 冠状冠毛长1-1.2毫米，花托无托毛；叶二回羽状分裂，二回掌状或掌式羽状分裂。
        4. 植株绿或暗绿色，疏生弯曲长单毛；基生叶宽1-2厘米，舌状花白色，舌片线形，长1.5-3厘米，先端全缘 …… 4. **美丽匹菊 P. pulchrum**
        4. 植株灰白色，密被膨松弯曲长单毛；舌状花白或淡红色，舌片椭圆形或长椭圆形，长0.5-1.5厘米，先端3微齿 …… 5. **灰叶匹菊 P. pyrethroides**

1. 除虫菊 图 526

Pyrethrum cinerariifolium Trev. Ind. Sem. Hort. Vratisl. App. 2: 2. 1820.

多年生草本。植株银灰色。茎被贴伏丁字形或顶端分叉柔毛。基生叶卵形或椭圆形，长1.5-4厘米，二回羽状分裂，一回全裂，侧裂片3-5对，卵形或椭圆形，二回深裂或几全裂，裂片全缘或有齿，叶柄长10-20厘米；中部茎生叶渐大，叶柄长2.5-5厘米；向上叶渐小，二回羽状或羽状分裂或不裂；叶两面银灰色，被丁字形毛及顶端分叉短毛。头状花序单生茎顶或茎生，排成疏散伞房状花序；总苞径1.2-1.5厘米，总苞片约4层，硬草质，背面有腺点及短毛，外层披针形，长约4毫米，几无膜质窄边，中内层披针形或宽线形，长5-6毫米，边缘白色窄膜质。舌状花白色，舌片长1.2-1.5厘米。瘦果长2.5-3.5毫米，具5-7条椭圆形纵肋，舌状花瘦果的肋常集中腹面；冠状冠毛长0.8-1.5毫米，边缘浅齿裂。花果期5-8月。

原产欧洲。黑龙江、吉林、辽宁、河北、陕西、山东、江苏、安徽、浙江、江西、湖南、广东、云南及四川栽培。花序及叶作农业杀虫剂；可制成油膏，外用治疥癣；粉剂可驱蚊。

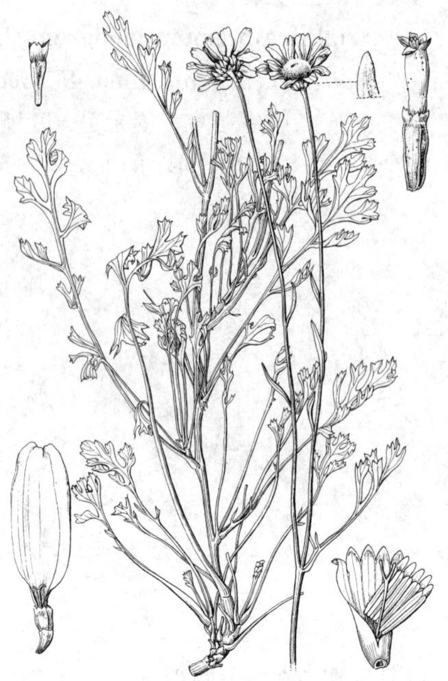

图 526 除虫菊
（引自《江苏南部种子植物手册》）

2. 川西小黄菊 图 527 彩片 82

Pyrethrum tatsienense (Bur. et Franch.) Ling ex Shih in Acta Phytotax. Sin. 17 (2): 113. 1979.

Chrysanthemum tatsienense Bur. et Franch. in Journ. Bot. 5: 72. 1891.

多年生草本。茎被弯曲长单毛。基生叶椭圆形或长椭圆形，长1.5-7厘米，二回羽状分裂，一、二回全裂，一回侧裂片5-15对，二回掌状或掌式羽状分裂，小侧裂片线形，叶柄长1-3厘米；茎生叶无柄；叶绿色，疏生长单毛。头状花序单生茎顶；总苞径1-2厘米，总苞片约4层，边缘黑褐或褐色膜质，外层线状披针形，长约6毫米，中内层长披针形或宽线形，长7-8毫米；外层基部和中外层中脉疏生长单毛，或全部苞片灰色，密被弯曲长单毛。舌状花桔黄色或微带桔红色，舌片线形或宽线形，长达2厘米，先端3齿裂。瘦果长约3毫米，有5-8条椭圆形纵肋；冠状冠毛长0.1毫米，裂至基部。花果期7-9月。

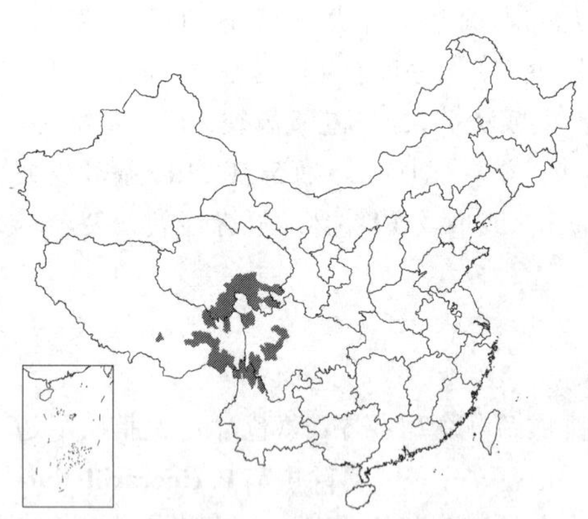

产青海东南部及南部、云南西北部、四川西部、西藏东部，生于海拔3500-5200米草甸、灌丛、杜鹃灌丛或山坡砾石地。全草入药，活血、祛湿、消炎止痛，主治跌打损伤，湿热。

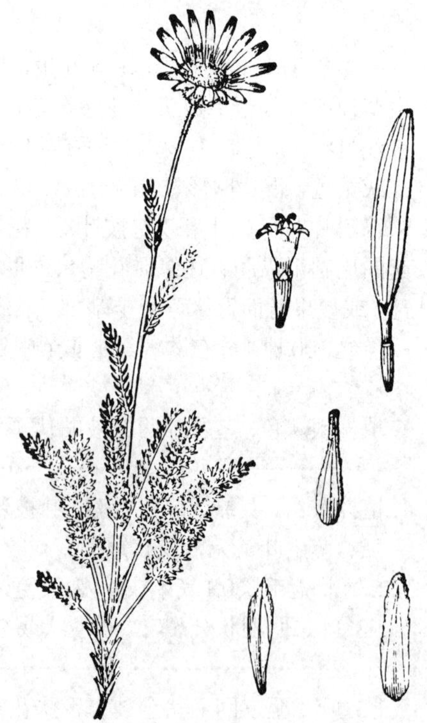

图 527 川西小黄菊（引自《图鉴》）

3. 藏匹菊 图 528

Pyrethrum atkinsonii (C. B. Clarke) Ling et Shih in Acta Phytotax. Sin. 17 (2): 113. 1979.

Chrysanthemum atkinsonii Clarke, Comp. Ind. 147. 1876.

多年生草本。茎单生或簇生，有弯曲长单毛。基生叶倒披针形或长椭圆形，长4-10厘米，二至三回羽状全裂，一回侧裂片7-12对，末回裂片斜三角形、披针形、线形或宽线形，叶柄长2-4厘米；茎生叶与基生叶同形，常二回分裂，无叶柄；叶浅绿色，疏生弯曲长单毛。头状花序单生茎顶；总苞径1-2.5厘米，总苞片4层，边缘黑褐色，宽膜质，外层披针形，长约6毫米，疏被长单毛，中内层苞片长椭圆形或倒披针形，长7-9毫米，无毛。舌状花黄色，舌片长椭圆形，长1厘米；冠状冠毛长不及0.1毫米。花期7月。

产西藏南部。锡金有分布。

图 528 藏匹菊（引自《中国植物志》）

4\. **美丽匹菊** 小黄菊 图 529

Pyrethrum pulchrum Ledeb. Icon. Pl. Fl. Ross. Impr. Alt. 1: 20. 1829.

多年生草本，植株绿或暗绿色，被弯曲长单毛。基生叶线形、宽线形，长2-10厘米，宽1-2厘米，二回羽状分裂，一、二回全裂，一回裂片6-12对，二回掌状或掌式羽状分裂，末回裂片线形或线状披针形，宽达1毫米，叶柄长达4毫米；茎生叶无柄，绿色，无毛或稍被弯曲长单毛。头状花序单生茎顶，花序梗长，上部密被弯曲长单毛；总苞径1.5-2.5厘米，总苞片5层，背面被弯曲长单毛，边缘黑褐色膜质，外层卵形或宽卵形，长5-6毫米，中内层椭圆形或宽线形，长0.8-1厘米。舌状花白色，舌片线形，长1.5-3厘米，先端全缘。瘦果长2.5-3毫米，有约10条椭圆形纵肋；冠状冠毛长1-1.2毫米，分裂近中部。花期8月。

产新疆北部及西部，生于海拔2600米以上草甸。俄罗斯及蒙古有分布。

图 529 美丽匹菊（王金凤绘）

5\. **灰叶匹菊** 图 530

Pyrethrum pyrethroides (Kar. et Kir.) B. Fedtsch. ex Kresch. in Acta Inst. Bot. Acad. Sci. URSS ser. 1, Fasc. 1: 176. 1933.

Richteria pyrethroides Kar. et Kir. in Bull. Soc. Nat. Mosc. 15: 127. 1842.

多年生草本，植株灰白色。茎枝密被膨松弯曲长单毛。基生叶长椭圆形，长1.5-7厘米，二回羽状分裂，一、二回全裂，或二回深裂或半裂，一

回侧裂片3-8对，二回羽状或掌式羽状分裂，末回裂片线状披针形或卵状披针形，先端有软骨质芒尖，叶柄长达4厘米；茎生叶少数，较小，无柄；叶两面灰白色，密被膨松弯曲长单毛，或毛被稀疏。头状花序单生茎顶，稀茎生；总苞径1-1.4厘米，总苞片约4层，边缘黑褐色膜质，外层卵形或长卵状三角形，长3-4(-6)毫米，中内层长椭圆形或倒披针形，长5-8毫米，中外层苞片密被膨松弯曲长单毛，近白色，内层苞片无毛或几无毛。舌状花白或淡红色，舌片椭圆形或长椭圆形，长0.5-1.5厘米，先端3微齿。瘦果长约2.5毫米，有5-9条椭圆形纵肋；冠状冠毛长约1毫米，分裂至基部。花果期6-8月。

产新疆，生于海拔3700米以下草甸、草原、岩坡或河滩。俄罗斯及印度有分布。

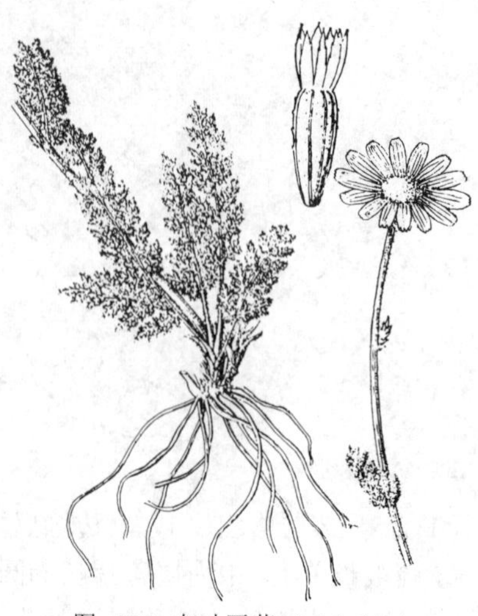
图 530 灰叶匹菊（王金凤绘）

105. 太行菊属 Opisthopappus Shih

（石铸 靳淑英）

多年生草本，高达15厘米。茎淡紫红或褐色，被贴伏柔毛。基生叶卵形、宽卵形或椭圆形，长2.5-3.5厘米，二回羽状分裂，一、二回全裂，一回侧裂片2-3对，叶柄长1-3厘米，茎生叶与基生叶同形；最上部叶常羽裂，小裂片披针形、长椭圆形或斜三角形，宽1-2毫米；叶两面均被柔毛。头状花序异型，单生枝顶或茎生2-3头状花序；边缘花雌性，舌状，一层，中央盘花两性，管状，多数；总苞浅碟状，径约1.5厘米，总苞片4层，草质，边缘宽膜质，中外层线形和披针形，长4-5.5毫米，稍被毛，内层长椭圆形，长6-7毫米，近无毛；花托半球形或近圆锥状，无毛。舌状花粉红或白色，舌片线形，长约2厘米，先端3浅齿裂；管状花黄色，花冠长2.8毫米，冠檐5齿裂，花药基部钝，顶端附片披针形，花柱分枝线形，顶端平截。瘦果长1-1.2毫米，有3-5条翅状纵肋；冠毛芒片状，4-6，集生瘦果背面顶端，腹面顶端无芒片。

我国特有单种属。

太行菊 长裂太行菊 图 531

Opisthopappus taihangensis (Ling) Shih in Acta Phytotax. Sin. 17 (3): 111. f. 1: 9-17. 1979.

Chrysanthemum taihangense Ling in Contr. Bot. Surv. North.-West. China 1 (2): 22. 1939.

Opisthopappus longilobus Shih; 中国植物志 76 (1): 73. 1983.

形态特征同属。花果期6-9月。

产河北西南部、山西南部及河南北部三省毗邻的太行山区，生于海拔约1000米山坡岩缝中。花药用，清肝明目。

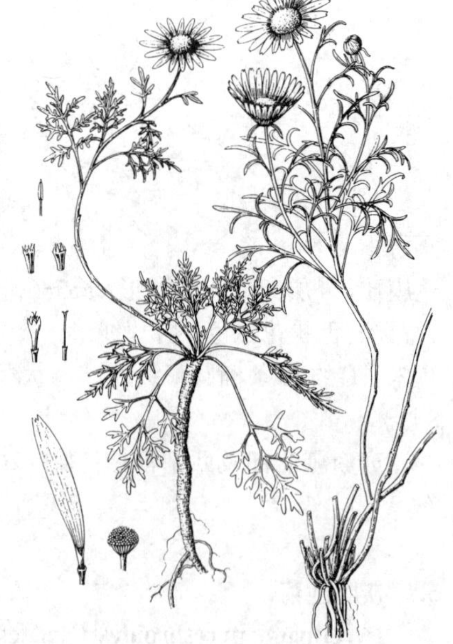
图 531 太行菊（蔡淑琴绘）

106. 鞘冠菊属 Coleostephus Cass.

（石铸 靳淑英）

一年生草本。叶互生，常有锯齿。头状花序异型，单生，或茎生2-15头状花序；边花雌性，舌状，一层，常不育；盘状花多数，两性，管状。总苞碟状，总苞片2层，外层与内层近等长，线形或椭圆状线形，边缘窄膜质，或几无；花托圆锥状，无毛。舌状花黄色，舌片长0.6-1.5厘米；管状花黄色，下半部窄管状，上半部宽钟状，冠檐5齿裂，花药基部钝。顶端附片披针状卵形，花柱分枝线形，顶端平截。瘦果圆柱状，弯曲，有8-10条椭圆状纵肋；冠状冠毛斜截，鞘状，长1.2-1.8毫米。边缘花的冠状冠毛漏斗状。

约7种，主产地中海沿岸和北非西海岸加拿里群岛。我国引入栽培1种。

鞘冠菊　　图 532

Coleostephus myconis (Linn.) Cass. in Dict. Sc. Nat. 41: 43. 1826.

Chrysanthemum myconis Linn. Sp. Pl. ed. 2, 1254. 1763.

一年生草本；植株无毛。基生叶宽卵形，基部楔形骤窄，有长柄；中部茎叶卵形、长椭圆形或倒披针状长椭圆形，长6厘米，边缘有细锯齿，无柄，基部抱茎；上部叶渐小；叶均两面无毛。头状花序单生茎顶，或茎生2-15头状花序，花序梗长；总苞碟形，径0.8-2厘米，总苞片2层，近等长。舌状花黄色，舌片长0.6-1.5厘米；管状花花冠2-3毫米。瘦果长1.8-2毫米。果期10月。

原产地中海地区，为广布杂草。北京公园早年有栽培。

图 532　鞘冠菊（引自《中国植物志》）

107. 菊蒿属 Tanacetum Linn.

（石铸　靳淑英）

多年生草本；全株有单毛、丁字毛或星状毛。叶互生，羽状全裂或浅裂。头状花序异型，茎生2-80头状花序，排成伞房花序，稀单生；边缘雌花一层，管状或舌状；中央两性花管状；总苞钟状，总苞片硬草质或草质，3-5层，有膜质窄边或几无；花托凸起或稍凸起，无毛。如边缘为舌状花，则舌片有各种式样，或肾形而先端3齿裂或宽椭圆形而先端有多少明显的2-3齿裂，长达1.1厘米。舌状花和雌性管状花之间有过渡变化，类似两性管状花，但雄蕊极退化，花冠顶端2-5齿裂；两性管状花上半部稍扩大或渐扩大，冠檐5齿裂；小花均黄色，花药基部钝，顶端附片卵状披针形，花柱分枝线形，顶端平截。瘦果同形，三棱状圆柱形，有5-10条椭圆形纵肋；冠状冠毛长0.1-0.7毫米，冠缘有齿或浅裂，有时分裂近基部。

约50种，分布北半球外热带地区。我国7种。

1. 植株高达1.5米；无营养短枝；茎生叶多数；全部小花管状，冠檐5齿裂；冠缘浅齿裂 ········ 1. **菊蒿 T. vulgare**
1. 植株高达60厘米；有营养短枝；全部小花管状，边缘雌花管状，有时多少向舌状花转化，冠缘有细齿或齿裂。
    2. 基生叶与茎生叶同形，等样分裂，二回羽状分裂，一至二回全裂，小裂片线状长椭圆形；基生叶叶柄长3-5厘米 ········ 2. **密头菊蒿 T. crassipes**
    2. 基生叶或下部茎生叶与中上部茎生叶异型，茎生叶二回羽状分裂。中上部茎生叶羽状分裂，裂片全缘，或有单齿，小裂片卵状披针形或斜三角形；基生叶叶柄长达2厘米 ········ 3. **岩菊蒿 T. scopulorum**

1. 菊蒿　　图 533

Tanacetum vulgare Linn. Sp. Pl. 845. 1753.

多年生草本，高达1.5米。茎常无毛；无营养短枝。茎生叶多数，椭圆形或椭圆状卵形，长达25厘米，二回羽状分裂，一回全裂，侧裂片达12对，二回深裂，裂片卵形、线状披针形、斜三角形或长椭圆形，全缘或有浅齿或半裂呈三回羽状分裂，羽轴有节齿；叶绿或淡绿色，有极稀疏毛，下部茎生叶有长柄，中上部茎生叶无柄。头状花序排成稠密伞房或复伞房花序；总苞径0.5-1.3厘米，总苞片3层，草质，边缘白或浅褐色窄膜质，先端膜质扩大，外层卵状披针形，中内层披针形或长椭圆形，长3-4毫米。全部小花管状，冠檐5齿裂。瘦果长1.2-2毫米；冠状冠毛长0.1-0.4毫米，冠缘浅齿裂。花果期6-8月。

产黑龙江北部、内蒙古东部及东北部、新疆北部，生于海拔250-2400米山坡、河滩、草地、丘陵地或桦木林下。北美、日本、朝鲜半岛、蒙古、俄罗斯、中亚及欧洲有分布。茎及头状花序作杀虫剂。

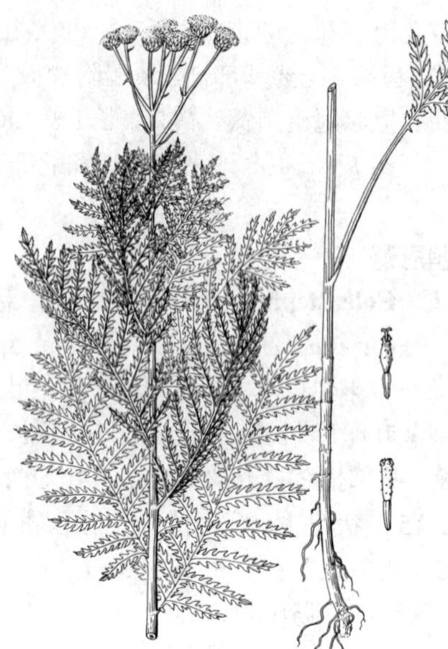

图 533 菊蒿（王金凤绘）

2. 密头菊蒿 图 534

Tanacetum crassipes (Stschgel.) Tzvel. in Fl. URSS 26: 338. 1961.

Pyrethrum crassipes Stschgel. in Bull. Soc. Nat. Mosc. 27: 172. 1854.

多年生草本。高达60厘米。有营养短枝，茎被丁字毛和单毛。基生叶长椭圆形，长8-15厘米，二回羽状分裂，一至二回全裂，一回侧裂片10-15对，末回裂片线状长椭圆形，叶柄长3-5厘米；茎生叶少数，与基生叶同形并等样分裂，无柄；叶绿色，有贴伏丁字毛及单毛。头状花序在茎顶密集排列，花序梗长0.5-1.5厘米；总苞径0.7-1（-1.4）厘米，总苞片3-4层，硬草质，苞片背面有毛，先端光亮膜质扩大，中外层披针形，长2.5-4毫米，内层线状长椭圆形，长约4毫米。边缘雌花管状，有时多少向舌状花转化。瘦果有5-8条椭圆形纵肋；冠状冠毛长达0.3毫米，冠檐有细齿。花果期6-8月。

产新疆北部阿尔泰山区，生于海拔约2100米石质山坡、草原或针叶林下。俄罗斯及中亚有分布。

图 534 密头菊蒿（引自《中国植物志》）

3. 岩菊蒿 图 535

Tanacetum scopulorum (Krasch.) Tzvel. in Fl. URSS 26: 342. 1961.

Pyrethrum scopulorum Krasch. in Not. Syst. Herb. Inst. Bot. Sci. URSS 9: 164. 1946.

多年生草本，高达35厘米。有营养短枝，茎有丁字毛或单毛。基生叶线状长椭圆形或椭圆形，长4-8厘米，二回羽状分裂，一至二回全裂或二回浅裂，末回裂片卵状披针形或斜三角形，叶柄长达2厘米；茎生叶无柄，下部茎生叶二回羽状分裂，二回半裂或深裂，有时羽状分裂，裂片全缘或有单齿；中上部茎生叶羽状分裂或基部羽状分裂；叶绿或淡灰白色，被单毛或

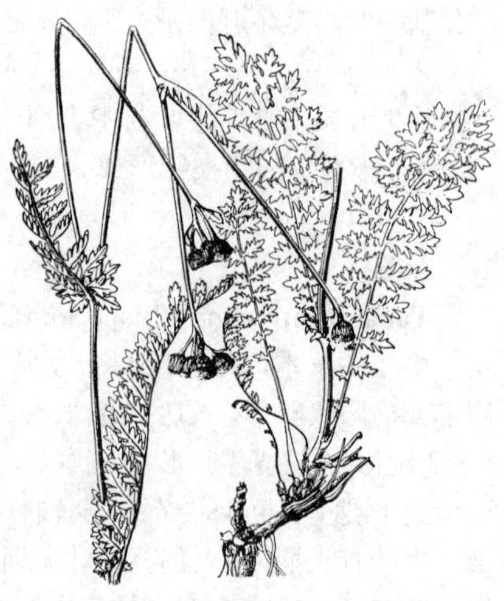

图 535 岩菊蒿（引自《中国植物志》）

丁字毛。头状花序排成疏散伞房花序，花序梗长1-8厘米；总苞径0.7-1厘米，总苞片约4层，硬草质，背面有毛，先端白色膜质扩大，外层披针形，长2.5毫米，中内层长椭圆形或线状长椭圆形，长3-5毫米。边缘雌花管状，有时向舌状花转化，冠檐3-4齿裂。瘦果长2-2.3毫米，有8条椭圆形纵肋；冠缘齿裂。花果期6-8月。

产新疆北部，生于海拔约1100米山坡。俄罗斯及中亚有分布。

108. 复芒菊属 Formania W. W. Smith et J. Small

（石铸　靳淑英）

灌木。小枝浅灰褐色。叶互生，厚纸质，卵形，长1-1.5厘米，基部渐窄成宽的短柄，中上部羽状锐裂，裂片5-9，三角形或近方形，常再锐裂，小裂片有细尖，两面无毛。头状花序圆筒形，异型，顶生，3-12排成伞房状，花序梗长0.1-1厘米；总苞片多层，长圆形或线状长圆形，先端钝，干膜质，中部淡绿色，上部有白色缘毛；花托平，具縫状边缘的小窝。边缘花雌性或中性，舌状，舌片长约4.5毫米，淡黄白色，花柱分枝宽；盘花两性，花药基部箭头形，具短尖耳，顶端有长急尖的附片，花柱不裂，平截。瘦果长2毫米，有微柔毛；冠毛具5条长于3毫米和10-12条短于3毫米的刚毛；盘花约8朵，连同瘦果长约6毫米。

我国特有单种属。

复芒菊　图 536

Formania mekongensis W. W. Smith et J. Small in Trans. Bot. Soc. Edinb. 28: 91. t. 2. 1922.

形态特征同属。

产云南西北部及四川西部，生于海拔2450-2800米河谷山坡干旱灌丛中。

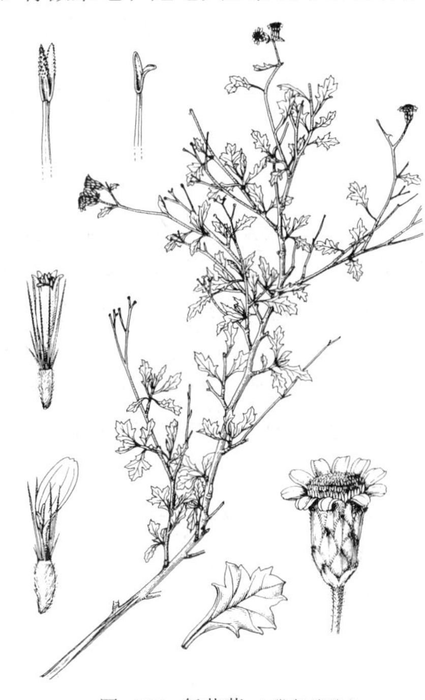

图 536　复芒菊（冀朝祯绘）

109. 扁芒菊属 Allardia Decne.

（石铸　靳淑英）

多年生草本。叶互生，匙形或楔形，先端3-5裂，或长圆形，一至二回羽状分裂。头状花序单生茎枝顶端，异型，有花序梗或几无花序梗。舌状花1层，雌性，常不发育，管状花多数，两性能育；总苞半球形，总苞片覆瓦状排列，3-4层，有黑色膜质边缘；花托平或稍凸起，有细微小瘤点。舌片开展，淡粉红至深粉红色；管状花黄色，上半部钟状，冠檐5裂，花药基部平截，顶端有宽披针形附片，花柱2深裂，分枝线形，顶端平截。瘦果稍弯，具5条纵肋（舌状花瘦果常不发育且无冠毛或极退化），无毛或有毛，具腺；冠毛25-50条，1层，长4-7毫米，毛状、扁平、膜质，基部多少连成数束，冠毛刚毛有时顶端扩大。

约9种，分布于喜马拉雅山区和亚洲中部。我国8种。

1. 叶长圆形或线状长圆形，长4-5厘米，二回羽状深裂，两面被白色棉毛；边缘舌状花雌性，能育；瘦果有6-8条纵肋，上部疏生长柔毛 ………………………………………………………………………… 1. 羽叶扁芒菊 **A. tomentosa**
1. 叶匙形，长1-1.5厘米，3（5）浅裂或深裂，两面无毛，有腺点；边缘舌状花中性；瘦果有5条纵肋，无毛 ……

1. 羽叶扁芒菊 图 537

Allardia tomentosa Decne. in Jacquem. Voy. Ind. Bot. 4: 87. t. 95. 1844.

Waldheimia tomentosa (Decne.) Regel; 中国植物志 76(1): 82. 1983.

多年生小草本。茎丛生，高达15厘米，被白色棉毛。叶长圆形或线状长圆形，长4-5厘米，两面被白色棉毛，二回羽状深裂，下部裂片一回羽状深裂，末回裂片披针形或卵形，叶柄基部近膜质，几无毛。头状花序单生茎枝端，有花序梗；总苞径1.7-2厘米，基部密被棉毛，总苞片3-4层，外层披针形，具深褐色撕裂膜质边缘，背面被棉毛，内层线状长圆形，膜质，先端褐色撕裂状。舌状花约20，雌性，能育，舌片线状长圆形，粉红色，长1.5厘米，瘦果被腺点，上部疏生白色柔毛，冠毛发育。管状花两性，多数，花冠长4毫米，黄色，檐部5裂；瘦果窄长圆形，长4.5毫米，上部疏生长柔毛，有6-8纵肋，肋上半部淡红褐色，散生腺点；冠毛淡黄绿色，边缘撕裂状。花期7月，果期8-9月。

产西藏西南部，生于海拔4200-5200米碎石山坡。印度北部、巴基斯坦、阿富汗及俄罗斯中亚地区有分布。

图 537 羽叶扁芒菊（张泰利绘）

2. 扁芒菊 新疆扁芒菊 图 538

Allardia tridactylites (Kar. et Kir.) Sch.-Bip. in Pollichia 20-21: 442. 1863.

Waldheimia tridactylites Kar. et Kir. in Bull. Soc. Nat. Mosc. 15: 126. 1842; 中国高等植物图鉴 4: 503. 1983;中国植物志 76(1): 83. 1980.

多年生矮小草本，高约6厘米。茎多数，有密集莲座状叶丛。叶匙形，长1-1.5厘米，3(5)浅裂或深裂，向基部楔状渐窄，裂片常长圆形，全缘或2-3浅裂，两面无毛，有腺点。头状花序单生茎端，径2.5-3.5厘米；总苞半球形，径1.5-2厘米，无毛，总苞片3-4层，外层卵状长圆形或长圆形，长约7毫米，具黑褐色膜质边缘，内层线状长圆形，长约8毫米。舌状花中性，无冠毛，舌片粉红或紫红色，椭圆状长圆形，长约8毫米，具5脉，先端2-3小齿，管状花两性，多数，黄色，有腺点，上部带紫色，钟形，有5个三角状披针形裂齿，管部长2.5-3毫米；瘦果长2.5毫米，稍弯，有5条纵肋，无毛，有黄色腺点，冠毛带褐色。花果期7-8月。

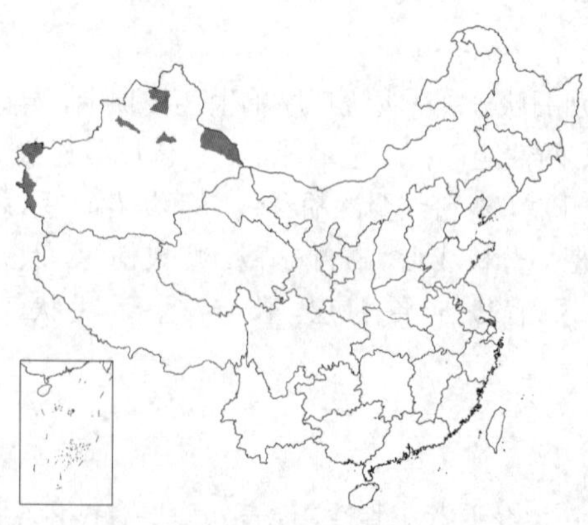

图 538 扁芒菊（引自《图鉴》）

产新疆北部及西部，生于海拔2400-4700米河滩地或山坡石隙间。蒙古西部、俄罗斯及中亚地区有分布。

110. 女蒿属 Hippolytia Poljak.

（石铸 靳淑英）

多年生草本、亚灌木、垫状或无茎草本。叶互生，羽状分裂或3裂。头状花序同型，常2-15或更多在茎枝顶端排成伞房花序、束状伞房花序或团伞花序；总苞钟状或楔状，总苞片3-5层，草质或硬草质；花托稍突起或平，无毛。全部小花管状，两性，冠檐5齿裂，花药基部钝，顶端有卵状披针形附片，花柱分枝线形，顶端平截。瘦果几圆柱形，基部骤窄，有4-7条椭圆形脉棱；无冠状冠毛，沿果缘常有环边。

约18种，分布亚洲中部及喜马拉雅山区。我国12种。

1. 头状花序排成束状伞房状花序；总苞钟状，总苞片有光泽。
    2. 亚灌木。
        3. 叶羽状分裂，下面灰白色，密被贴伏柔毛，上面毛稀或沿中脉毛稍多 ………… 1. **贺兰山女蒿 H. kaschgarica**
        3. 叶二回羽状全裂，两面绿色，无毛 ……………………………………………… 1(附). **束伞女蒿 H. desmantha**
    2. 多年生草本 ……………………………………………………………………………… 2. **川滇女蒿 H. delavayi**
1. 头状花序排成伞房状；总苞楔状，总苞片无光泽，3层，外层背面密被长棉毛；叶匙形，先端3-6裂；垫状植物 ……………………………………………………………………………………… 3. **棉毛女蒿 H. gossypina**

1. 贺兰山女蒿　　图 539

Hippolytia kaschgarica (Krasch.) Poljak. in Not. Syst. Herb. Inst. Bot. Sci. URSS 18: 290. 1957.

Tanacetum kaschgaricum Krasch. in Acta Inst. Bot. Acad. Sci. URSS ser. 1, Fasc. 1: 175. 1933.

Hippolytia alashanensis (Ling.) Shih; 中国植物志 76 (1): 89. 1983.

亚灌木，高达50厘米。当年枝密被贴伏尘状柔毛。叶长椭圆形、披针形或椭圆形，长1.5-2厘米，羽状分裂，侧裂片2-5对，全缘或有单齿或2齿，接花序下部的叶有时匙形，全缘，不裂；叶下面灰白色，密被贴伏柔毛，上面毛稀或沿脉毛稍多，叶柄长3-8毫米。头状花序3-10排成束状伞房花序，花序梗长0.5-1.5厘米，被白色贴伏柔毛；总苞钟状，径4-5毫米，总苞片约4层，有光泽，外层披针形，中层椭圆形，内层倒披针形，中内层长3毫米，边缘浅褐或白色膜质。两性小花花冠长2毫米，有腺点。瘦果长1.5毫米。花果期8-10月。

产内蒙古西部、宁夏北部、陕西北部、甘肃中南部、青海南部及新疆近中部，生于海拔1900-2250米山坡或石缝中、草原或荒漠草原。

[附] **束伞女蒿 Hippolytia desmantha** Shih in Acta Phytotax. Sin. 17 (4): 63. 1979. 本种与贺兰山女蒿的区别：植株高达15厘米；叶卵形、椭圆形、偏斜椭圆形或长扇形，二回羽状全裂，两面无毛，绿色。产青海南部，生于海拔3800-3900米草甸或沟谷岩石露头处。

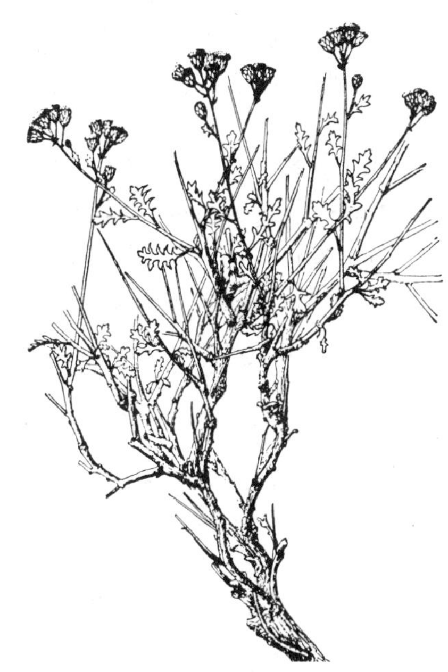

图 539 贺兰山女蒿 （引自《中国植物志》）

2. 川滇女蒿　　图 540

Hippolytia delavayi (Franch. ex W. W. Smith) Shih in Acta Phytotax. Sin. 65. 1979.

Tanacetum delavayi Franch. ex W. W. Smith in Notes Roy. Bot. Gard. Edinb. 8: 345. 1915.

多年生草本，高达25厘米。茎密被长柔毛。基生叶椭圆形或长椭圆形，长2-7.5厘米，二回羽状分裂，一回侧裂片4-11对，卵形、偏卵形或偏斜椭圆形，掌状全裂或掌式羽状全裂或深裂，小裂片线形、三角状披针形或镰刀形，宽0.2-1毫米，或叶卵形，一回侧裂片边缘粗齿或浅裂；最上部叶常羽裂；叶下面均被长柔毛，上面无毛，基生叶叶柄长2-6厘米。头状花序6-12成束状伞房花序，径1.2-2.2毫米，花序梗长2毫米，密被柔毛；总苞钟状，径约5毫米，总苞片4层，黄白色，有光泽，硬草质，边缘淡褐或白色膜质，外层披针形，长4毫米，中层长椭圆形或椭圆状倒披针形，内层倒披针形，长4.5-5毫米。两性花花冠长2.5-2.8毫米，有腺点。瘦果近纺锤形，长2毫米，果缘有环边。花果期8-10月。

产四川西南部及云南西北部，生于海拔3300-4000米高山草甸。块根药用，主治肺热咳嗽、久咳不止、支气管炎。

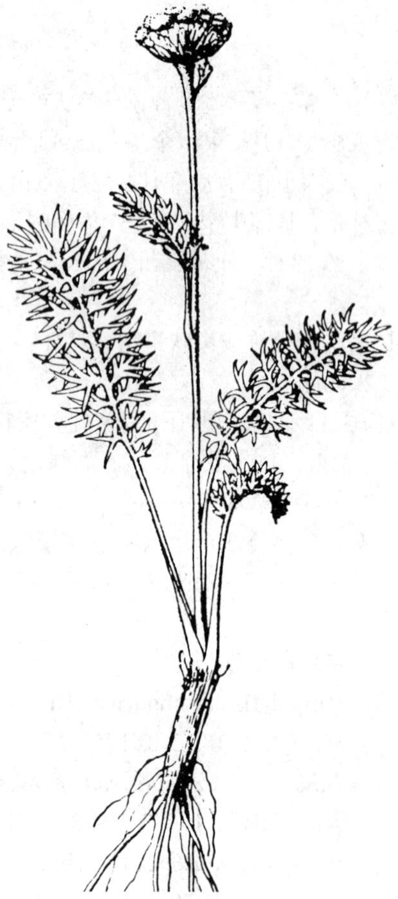

图 540 川滇女蒿（引自《中国植物志》）

3. 棉毛女蒿 图 541

Hippolytia gossypina (Clarke) Shih in Acta Phytotax. Sin. 17(4): 67. 1979. *Tanacetum gossypina* Clarke, Comp. Ind. 154. 1876.

垫状植物。茎枝多次分枝，密被残叶，末次分枝长3-4厘米或更短，密被厚棉毛。顶生紧密伞房花序或冠以莲座状叶簇。花茎叶少数，营养枝叶密厚。莲座状叶簇的叶匙形，长1-1.2厘米，先端圆或近平截，3-6裂，基部渐窄成楔形，两面密被长棉毛而呈灰白色，叶簇向下叶逐渐变小。头状花序排列成伞房状，花序径2.5厘米；总苞楔形，径约6毫米，总苞片3层，无光泽，外层线形，长约7毫米，背面密被长棉毛，中内层倒披针形，长约5毫米，中部以上或内层上部被棉毛。两性花花冠长约3毫米，有腺点。花期6-10月。

产西藏南部，生于海拔4500-5400米荒漠、砾石堆或山顶裸岩上。印度北部、尼泊尔及锡金有分布。

图 541 棉毛女蒿（引自《中国植物志》）

111. 百花蒿属 Stilpnolepis Krasch.

（石铸 靳淑英）

一年生草本。叶互生，或茎上部对生，基部有2-3对羽状浅裂片，或羽状分裂，无柄。头状花序半球形，腋生，有花序梗，下垂，径1-2厘米，有多数能育两性花，多数头状花序排成疏散伞房花序；总苞片外层3-4，草质，有膜质边缘，余全部膜质或边缘宽膜质，先端圆。花冠上部宽杯状，檐部5裂，花药顶端附片三角状披针形，基部钝；花托半球形，无毛。瘦果近纺锤形或长棒状，长5-6毫米，有纵肋纹，密生腺点。

2种，分布于蒙古和我国。

1. 总苞径0.8-2厘米；叶基部有2-3对羽状裂片；瘦果近纺锤形或长棒状，有不明显纵肋，密被腺点 …… 1. **百花蒿 S. centiflora**

1. 总苞径5-6毫米；叶基部有2对裂片，先端有1对裂片；瘦果斜倒卵圆形，有15-20条细沟纹 …… 2. **紊蒿 S. intricata**

1.　百花蒿　图 542

Stilpnolepis centiflora (Maxim.) Krasch. in Not. Syst. Herb. Inst. Bot. Sci. URSS. 9: 209. f. 2. 1946.

Artemisia centiflora Maxim. in Bull. Acad. Imp. Sci. St. Pétersb. 26: 493. 1880.

一年生草本。茎枝被绢状柔毛。叶线形，长3.5-10厘米，宽2.5-4毫米，具3脉，两面疏被柔毛，先端渐尖，基部有2-3对羽状裂片，裂片线形，无柄。头状花序半球形，下垂，多数头状花序排成伞房花序，花序梗长3-5厘米；总苞径0.8-2厘米，总苞片外层3-4枚，草质，有膜质边缘，中内层卵形或宽倒卵形，宽约5毫米，全部膜质或边缘宽膜质，先端圆，背面有长柔毛。两性花极多数，结实；花冠黄色，上部3/4呈宽杯状，径约2毫米，膜质，外面被腺点，檐部5裂。瘦果近纺锤形，密被腺点。花果期9-10月。

图 542　百花蒿（马　平绘）

产内蒙古西部、陕西北部、宁夏及甘肃河西走廊，生于沙丘。蒙古南部有分布。

2.　紊蒿　图 543

Stilpnolepis intricata (Franch.) Shih in Acta Phytotax. Sin. 23 (6): 271. 1985.

Artemisia intricata Franch. David. 1: 170. 1884.

Elachanthemum intricatum (Franch.) Ling et Y. R. Ling; 中国植物志 76 (1): 97. 1983.

一年生草本。茎基部多分枝，淡红色，疏被绵毛。叶羽状分裂，有绵毛，无柄；基部叶和茎中下部叶长1-3厘米，裂片

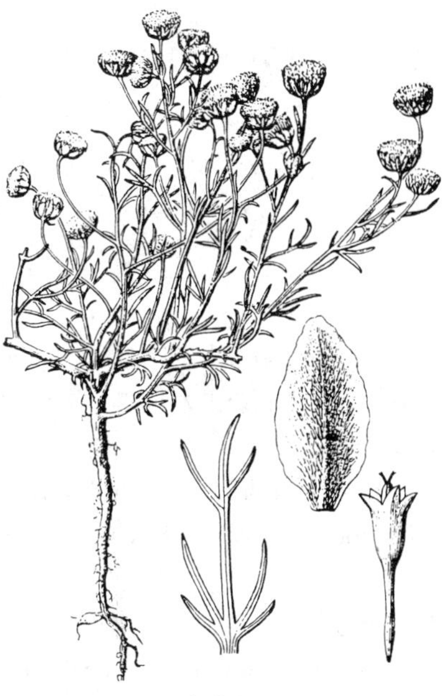

图 543　紊蒿（张海燕绘）

3对，裂片线形，长2-5毫米；上部叶3-5裂或线形不裂。头状花序排成伞房花序；径5-6毫米，花极多，总苞杯状半球形，总苞片3-4层，内外层近等长，最外面有绵毛。小花花冠淡黄色，高脚杯状，檐部裂片短，三角形，外卷。瘦果斜倒卵圆形，有细沟纹。花果期9-10月。

产内蒙古、宁夏、甘肃中部、青海东部及新疆西北部，生于海拔约2200米荒漠、草原、山坡或滩地。蒙古有分布。牧区牲畜饲料。

112. 小甘菊属 Cancrinia Kar. et Kir.

（石铸　靳淑英）

二年生至多年生草本或小亚灌木，被棉毛或绒毛。叶常羽状分裂。头状花序单生，有时兼有少数头状花序或排成疏散伞房状花序，同型，具多数管状两性花；总苞半球形或碟状，总苞片草质，3-4层，覆瓦状，边缘膜质，有时带褐色；花托半球状凸起或近平，无毛，稀具疏毛，稍有点状小瘤，有时蜂窝状。花冠黄色，檐部5齿裂，花药基部钝，顶端附片卵状披针形，花柱分枝线形。瘦果三棱状圆筒形，基部骤窄，有5-6条凸起纵肋；冠状冠毛膜质，5-12浅裂或裂达基部，顶端稍钝或多少芒尖，边缘常多少撕裂状。

约30种，广泛分布于亚洲中部。我国5种。

1. 亚灌木，被白色绒毛和褐色腺体；头状花序2-5在枝端排成伞房状；叶羽状深裂；瘦果具纵肋和腺体 ………………………………………………………………………… 1. **灌木小甘菊 C. maximowiczii**
1. 二年生至多年生草本，被白色棉毛；头状花序单生枝顶；叶二回羽状深裂。
   2. 瘦果无毛；花托凸起，锥状球形；叶裂片2-5深裂或浅裂，稀全缘 ……………… 2. **小甘菊 C. discoidea**
   2. 瘦果疏生长柔毛；花托小，平或稍凸起；叶裂片全缘或2浅裂 ………… 2(附). **毛果小甘菊 C. lasiocarpa**

1. 灌木小甘菊　　图 544

Cancrinia maximowiczii Winkl. in Acta Hort. Petrop. 12: 29. 1892.

亚灌木。上部小叶细长帚状，被白色绒毛和褐色腺点。叶长圆状线形，长1.5-3厘米，有叶柄，羽状深裂，裂片2-5对，镰状，先端短渐尖，全缘或有1-2小齿，边缘常反卷；最上部叶线形，全缘或有齿；叶上面均疏被毛，下面被白色绒毛，两面有褐色腺点。头状花序2-5排成伞房状；总苞钟状或宽钟状，径5-7毫米，总苞片3-4层，外层卵状三角形或长圆状卵形，疏被柔毛和褐色腺点，有淡褐色窄膜质边缘，内层长圆状倒卵形，边缘膜质，先端钝。花冠黄色，宽筒状，有棕色腺点。瘦果有纵肋和腺体；冠毛膜片状，5裂达基部，有时边缘撕裂。花果期7-10月。

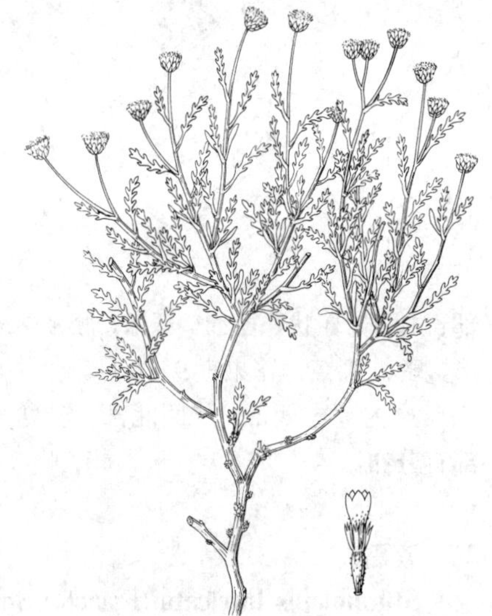

图 544　灌木小甘菊（王金凤绘）

产内蒙古西部、宁夏北部、甘肃中部、新疆中北部及青海，生于海拔2100-3600米多砾石山坡或河岸冲积扇。

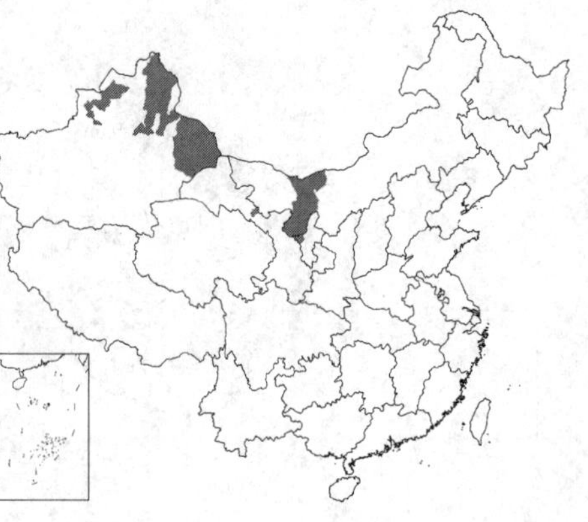

2. 小甘菊　　图 545 彩片 83

Cancrinia discoidea (Ledeb.) Poljak. in Fl. URSS 26: 313. 1961.

Pyrethrum discoideum Ledeb. Icon. Pl. Fl. Ross. Impr. Alt. t. 153.

1830.

二年生草本。茎基部分枝，被白色棉毛。叶灰绿色，被白色棉毛至几无毛，叶长圆形或卵形，长2-4厘米，二回羽状深裂，裂片2-5对，每裂片2-5深裂或浅裂，稀全缘，小裂片卵形或宽线形，先端钝或短渐尖；叶柄长，基部扩大。头状花序单生，花序梗长4-15厘米，直立；总苞径0.7-1.2厘米，疏被棉毛至几无毛；总苞片3-4层，草质，长3-4毫米，外层少数，线状披针形，先端尖，几无膜质边缘，内层较长，线状长圆形，边缘宽膜质；花托凸起，锥状球形；花黄色。瘦果无毛，冠状冠毛膜质，5裂，花果期4-9月。

产内蒙古西部、宁夏、甘肃中部、新疆东部及北部，生于山坡、荒地或戈壁。蒙古及俄罗斯有分布。

[附] **毛果小甘菊 Cancrinia lasiocarpa** Winkl. in Acta Hort. Petrop. 12: 30. 1892. 与小甘菊的主要区别：瘦果疏生长柔毛；花托小，平或稍凸起；叶裂片全缘或2浅裂。花果期6-9月。产内蒙古、甘肃、宁夏及新疆，生于海拔1500-2000米干旱山坡。蒙古西部有分布。

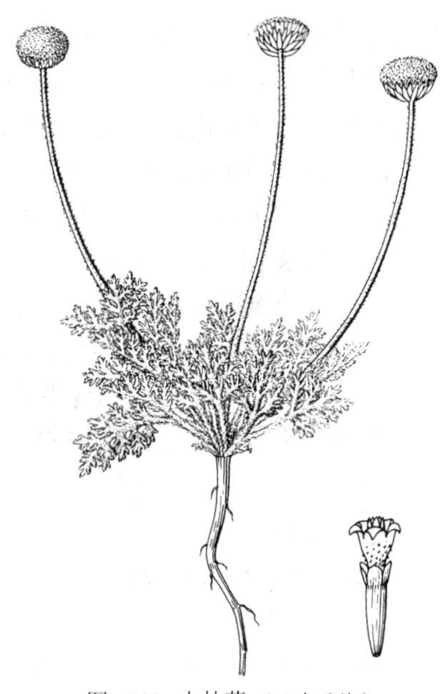

图 545 小甘菊（王金凤绘）

113. 亚菊属 Ajania Poljak.

（石铸　靳淑英）

多年生草本或小亚灌木。叶互生，羽状或掌式羽状分裂，稀不裂。头状花序小，异形，多数或少数在茎枝顶排成复伞房花序、伞房花序，稀头状花序单生。边缘雌花2-15，细管状或管状，2-3（4-5）齿。中央两性花多数，管状，自中部向上加宽，冠檐5齿裂；全部小花结实，黄色，花冠外面有腺点，稀红紫色。总苞钟状或窄圆柱状；总苞片4-5层，草质，稀硬草质，先端及边缘白或褐色膜质；花托突起或圆锥状突起，无毛。花柱分枝线形，顶端平截，花药基部钝，无毛，上部有披针形附片。瘦果无冠毛，有4-6脉肋。

约30种，主产我国。蒙古、俄罗斯、朝鲜半岛北部及阿富汗北部有少数种分布。

1. 总苞非麦秆黄色，无光泽，径0.4-1厘米，稀2.5-3.5毫米；总苞片边缘黄褐、褐、黑褐、灰褐或青灰色。
  2. 叶不裂或有锯齿、缺刻状锯齿或羽状全裂。
    3. 叶不裂或有锯齿或缺刻状锯齿。
      4. 叶全缘，线形或窄线形 …… 1. **柳叶亚菊 A. salicifolia**
      4. 叶边有粗齿、缺刻状浅裂或半裂，椭圆形、倒卵状长圆形或披针形 …… 2. **栎叶亚菊 A. quercifolia**
    3. 叶羽状3-5全裂，裂片线形或窄线形，宽0.8-1.5毫米，边缘反卷 …… 3. **异叶亚菊 A. variifolia**
  2. 叶二回羽状分裂或二回掌状或掌式羽状3-5裂或三回羽状分裂或三回掌式羽状分裂。
    5. 高大草本或铺散草本。
      6. 叶二回羽状分裂，一回为全裂、二回为浅裂、半裂或深裂；总苞径2.5-4毫米。
        7. 总苞片边缘全部黄褐、褐色或深褐色膜质。
          8. 一回侧裂片1-2对，如2对，则排列稀疏，裂距1厘米，小裂片长椭圆形或镰刀形，上面被贴伏柔毛 …… 4. **疏齿亚菊 A. remotipinna**
          8. 一回侧裂片2-4对，密集，裂距长5毫米，小裂片椭圆形、披针形或斜三角形，上面无毛 …… 5. **多花亚菊 A. myriantha**
        7. 总苞片边缘宽膜质，内缘棕褐色，外缘透明膜质 …… 6. **细叶亚菊 A. tenuifolia**
      6. 叶二回掌状3-5裂，小裂片椭圆形，叶两面均灰白色，被贴伏柔毛；总苞径0.6-1厘米 …… 7. **铺散亚菊 A. khartensis**
    5. 小亚灌木；根木质；头状花序单生枝端，总苞径0.7-1厘米 …… 8. **单头亚菊 A. scharnhorstii**

1. 总苞麦秆黄色，有光泽，径2.5-4毫米，总苞片边缘白色膜质。
  9. 头状花序5-10排成束状伞房花序；总苞圆柱状，总苞片硬草质，先端尖 …………… 9. **束伞亚菊 A. parviflora**
  9. 头状花序多数排成伞房或复伞房花序；总苞钟状，总苞片草质，先端钝或圆。
    10. 小灌木或小亚灌木。
      11. 叶两面或下面灰白色，被贴伏短柔毛；有锯齿或浅裂，小裂片椭圆形、长椭圆形、线形、披针形、三角形或镰刀形。
        12. 叶缘有不规则三角形锯齿或3-5不明显浅裂 …………………………… 10. **川甘亚菊 A. potaninii**
        12. 中部茎生叶二回掌状或掌式羽状3-5全裂，叶耳一回分裂，无柄 …………… 11. **灌木亚菊 A. fruticulosa**
      11. 叶两面绿或淡绿色，无毛或有极稀疏微毛，小裂片丝状 …………………… 12. **丝裂亚菊 A. nematoloba**
    10. 多年生草本；总苞径2.5-4毫米，外层总苞片线形 ……………………………… 13. **新疆亚菊 A. fastigiata**

1. 柳叶亚菊 图 546

Ajania salicifolia (Mattf.) Poljak. in Not. Syst. Herb. Inst. Bot. Sci. URSS 17: 424. 1955.

Tanacetum salicifolium Mattf. in Journ. Arn. Arb. 13: 407. 1932.

小亚灌木。当年生枝长20-30厘米；不育短枝顶端有密集莲座状叶丛；花枝紫红色，被绢毛。叶线形或窄线形，全缘，长5-10厘米，上叶部渐小，叶上面绿色，无毛，下面白色，密被厚绢毛。头状花序多数排成密集伞房花序；总苞钟状，径4-6毫米，总苞片4层，边缘棕褐色宽膜质，外层卵形，长2毫米，背面稀被绢毛，中内层卵形、卵状椭圆形或线状披针形，长3-4毫米。边缘雌花约6，花冠细管状，长2毫米，冠檐3尖齿裂；两性花花冠长3.5毫米。瘦果长1.8毫米。花果期6-9月。

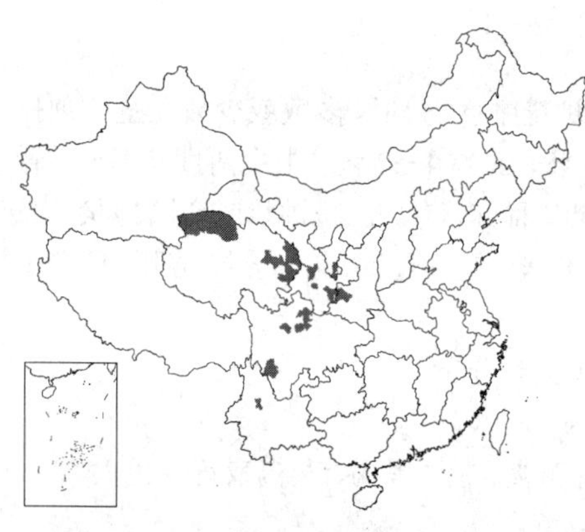

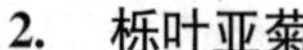

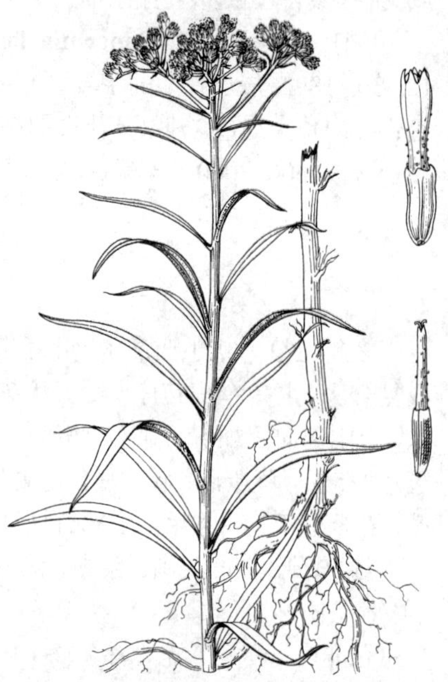

图 546 柳叶亚菊 （引自《图鉴》）

产陕西西南部、宁夏南部、甘肃东南部、青海、四川及云南，生于海拔2600-4600米山坡。

2. 栎叶亚菊 图 547

Ajania quercifolia (W. W. Smith) Ling et Shih in Bull. Bot. Lab. North.-East. Forest. Inst. 6: 12. 1980.

Tanacetum quercifolium W. W. Smith in Notes Roy. Bot. Gard. Edinb. 8: 119. 1913.

亚灌木。花枝被白色尘头绢毛。花枝中部叶长椭圆形、披针形、倒卵状长圆形，长5-8厘米，边缘具粗齿、缺刻状浅裂或半裂，缺刻状锯齿或裂片3-4对，斜三角形或披针形，宽6毫

图 547 栎叶亚菊 （孙英宝绘）

米；有时中上部叶不裂，线状披针形或宽线形，长达10厘米；叶坚硬，上面绿色，无毛，下面灰白色，密被绢毛，有短柄，柄基无叶耳。头状花序多数排成径4-9厘米伞房花序；总苞钟状，径5-6毫米，总苞片4层，边缘黄褐色膜质，外层卵状披针形，疏被绢毛，中内层长椭圆形或披针形，长3-4毫米。花冠黄色，有腺点；边缘雌花花冠细管状，冠檐4微齿裂，一齿较大。两性花管状。瘦果长1.5毫米。花果期8-10月。

产云南西北部及四川西南部，生于海拔3200-3900米山坡林下及林缘灌丛中。

3. 异叶亚菊 图 548

Ajania variifolia (Chang) Tzvel. in Fl. URSS. 26: 401. 1961.

Chrysanthemum variifolium Chang in Sinensis 5: 161. 1934.

小亚灌木。花枝有极稀疏绢毛。中部叶卵形，长2-3厘米，羽状3-5全裂，裂片线形或窄线形，宽0.8-1.5毫米，边缘反卷；上部及下部和叶簇的叶3全裂；叶上面绿色，无毛，下面灰白色，密被绢毛，叶柄长1-2厘米，无叶耳。头状花序排成径达4厘米复伞房花序；总苞钟状，径4-5毫米，总苞片4层，边缘黄褐色膜质，外层卵形或长卵形，长约2毫米，基部疏被绢毛，中内层长倒卵形、长椭圆形，长3-4毫米。边缘雌花花冠细管状，冠檐2-4尖裂齿；两性花花冠长3毫米；花冠外面有腺点。花果期8-9月。

产陕西秦岭、湖北西部及四川东部，文献记载黑龙江绥芬河流域有分布，生于海拔1200-3500米岩坡。俄罗斯及朝鲜有分布。全草入药，祛风镇静、清热解毒，治小儿惊风，风湿麻木和阑尾炎。

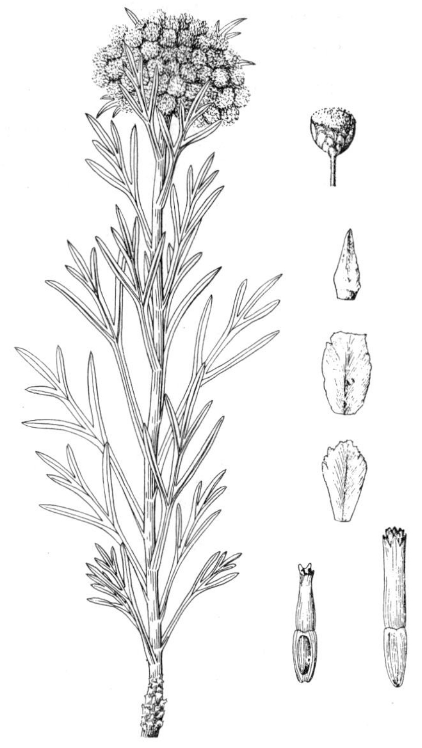

图 548 异叶亚菊（王金凤绘）

4. 疏齿亚菊 图 549

Ajania remotipinna (Hand.-Mazz.) Ling et Shih in Bull. Bot. Lab. North.-East. Forst. Inst. 6: 13. 1980.

Chrysanthemum remotipinnum Hand.-Mazz. in Acta Hort. Gothob. 12: 265. 1938.

多年生草本。分枝被柔毛。茎中部叶椭圆形、卵形或倒卵形，长3.5-5厘米，二回羽状分裂，一回全裂，二回深裂，一回侧裂片1-2对，排列稀疏，裂距1厘米；小裂片长椭圆形、镰刀形，宽1.5-2毫米，全缘或有单齿；接花序下部的叶羽裂；叶上面绿色，被贴伏柔毛，下面灰白色，密被贴伏长柔毛，叶柄长1-2厘米。头状花序多数排成径3-5(-11)厘米复伞房花序；总苞钟状，径

图 549 疏齿亚菊（孙英宝绘）

2.5-3.5毫米，总苞片4层，边缘黄褐或深褐色膜质，外层三角状披针形，长3毫米，疏被柔毛，中内层椭圆形。边缘雌花约8，花冠细管状，冠檐2-3齿，冠长1.8毫米；两性花冠长2.5毫米；花冠均有腺点。瘦果长1毫米。花果期8-10月。

产河南西部、陕西秦岭、甘肃东南部、四川及西藏东部，生于海拔2200-3800米山坡。

图 550 多花亚菊 （引自《图鉴》）

5. 多花亚菊 千花亚菊 图 550

Ajania myriantha (Franch.) Ling ex Shih in Acta Phytotax. Sin. 17(2): 114. 1979.

Tanacetum myrianthum Franch. in Bull. Soc. Philom. 8(3): 144. 1891.

多年生草本或小亚灌木状。茎枝疏被柔毛。茎中部叶卵形或长圆形，长1.5-3厘米，二回羽状分裂，一回为全裂，二回为半裂、浅裂或锯齿状，一回侧裂片2-4对，密集，裂距长5毫米，小裂片椭圆形、披针形或斜三角形，宽1-2毫米，全缘；接花序下部的叶常羽裂；叶上面绿色，无毛，下面灰白色，密被贴伏柔毛，叶柄长0.5-1厘米。头状花序多数排成复伞房花序；总苞钟状，径2.5-3毫米，总苞片4层，无毛，边缘褐色膜质，先端圆或钝，外层卵形，中内层椭圆形或披针形，长2-2.5毫米。边缘雌花细管状，冠檐4-5周裂齿或2侧裂齿；中央两性花管状；花冠顶端均有腺点。瘦果长约1毫米。花果期7-10月。

产甘肃南部、青海、四川、云南西北部及西藏，生于海拔2250-3600米山坡或河谷。

6. 细叶亚菊 图 551

Ajania tenuifolia (Jacq.) Tzvel. in Fl. URSS 26: 411. 1961. in note

Tanacetum tenuifolium Jacq. in DC. Prodr. 6: 129. 1837.

多年生草本，高达20厘米。根茎短，生出多数地下匍匐茎和地上茎；匍匐茎上疏生宽卵形浅褐色苞鳞。茎枝被柔毛，上部及花序梗毛密。叶二回羽状分裂，半圆形、三角状卵形或扇形，长宽1-2厘米，常宽大于长，一回侧裂片2-3对，小裂片长椭圆形或倒披针形，宽0.5-2毫米，先端钝或圆；叶上面淡绿色，疏被长柔毛，或灰白色毛被较多，下面灰白色，密被贴伏长柔毛，叶柄长4-8毫米。头状花序排成径2-3厘米伞房花序；总苞钟状，径约4毫米，总苞片4层，先端钝，边缘宽膜质，膜质内缘棕褐色，膜质外缘无色透明，外层披针形，长2.5毫米，疏被柔毛，中内层椭圆形或倒披针形，长3-4毫米。边缘雌花细管状，两性花冠状；花冠有腺点。花果期6-10月。

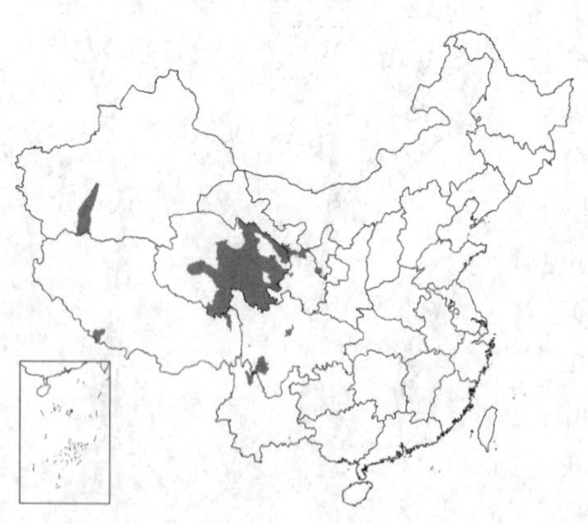

图 551 细叶亚菊 （王金凤绘）

产宁夏南部、甘肃中部、新疆南部、青海、四川、云南西北部及西藏，生于海拔2000-4580米山坡草地。印度西北部及西部有分布。

7. 铺散亚菊 图 552

Ajania khartensis (Dunn) Shih in Acta Phytotax. Sin. 17 (2): 115. 1979.

Tanacetum khartense Dunn in Kew Bull. 150. 1922.

多年生铺散草本，高达20厘米。花茎和不育茎被贴伏柔毛。叶圆形、半圆形、扇形或宽楔形，长0.8-1.5厘米，二回掌状3-5全裂，小裂片椭圆形；接花序下部的叶和下部或基部叶常3裂；两面灰白色，被贴伏柔毛，叶柄长达5毫米。头状花序排成径2-4厘米伞房花序，稀单生；总苞宽钟状，径0.6-1厘米，总苞片4层，先端钝或稍圆，被柔毛，边缘棕褐、黑褐或暗灰褐色宽膜质，外层披针形或线状披针形，长3-4毫米，中内层宽披针形、长椭圆形或倒披针形，长4-5毫米。边缘雌花细管状。瘦果长1.2毫米。花果期7-9月。

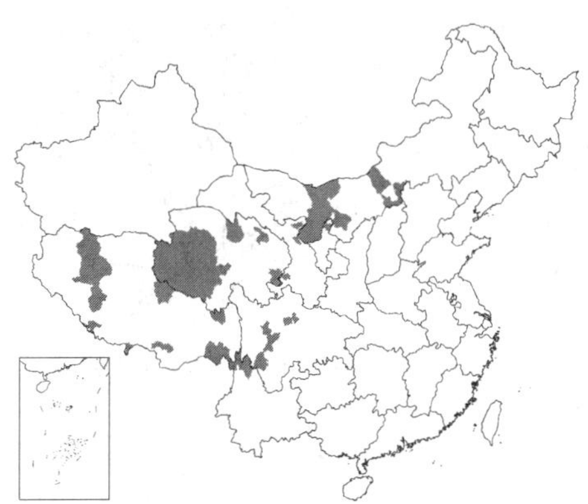

图 552 铺散亚菊（王金凤绘）

产内蒙古、宁夏贺兰山、甘肃、青海、四川、云南西北部及西藏，生于海拔2500-5300米山坡。印度北部、俄罗斯及中亚有分布。

8. 单头亚菊 图 553

Ajania scharnhorstii (Rgl. et Schmalh.) Tzvel. in Fl. URSS 26: 409. 1961.

Tanacetum scharnhorstii Rgl. et Schmalh. in Acta Hort. Petrop. 5 (2): 620. 1878.

小亚灌木，高达10厘米。根木质。茎灰白色，密被贴伏柔毛。叶半圆形、扇形或扁圆形，长3-5毫米，宽5-6毫米，二回掌状或近掌状分裂，一、二回全裂，或3-4-5掌裂，一回侧裂片3-7出，二回2-3出，小裂片卵形或椭圆形，叶两面灰白色，被柔毛，叶柄长1-2毫米。头状花序单生枝端；总苞宽钟状，径0.7-1厘米，总苞片4层，边缘黄褐或青灰色宽膜质，外层卵形，长3毫米，中内层宽椭圆形或倒披针形，长3-5毫米，中外层疏被毛。边缘雌花细管状。瘦果长2毫米。

图 553 单头亚菊（引自《中国植物志》）

产甘肃中部、新疆南部及西南部、青海及西藏西部，生于海拔3900-5100米山坡石缝、石灰岩碎石山坡或山坡灌丛中。中亚地区有分布。

9. 束伞亚菊 小花亚菊 图 554

Ajania parviflora (Grun.) Ling in Bull. Bot. Lab. North.-East. Forest. Inst. 6: 15. 1980.

Chrysanthemum parviflorum Grun. in Fedde, Repert. Sp. Nov. 12: 312. 1913.

小亚灌木状，高达25厘米。花茎不分枝，枝顶有束伞状短分枝，疏被微毛。茎中部叶卵形，长约2.5厘米，二回羽状分裂，一回侧裂片1-2对，二回为叉裂或3裂，有时掌状或掌状二回3出全裂；茎上部和中下部叶3-5羽状全裂，小裂片线形；不育枝叶密集簇生；叶上面淡绿色，疏被柔毛，下面淡灰白色，密被柔毛。头状花序5-10排成束状伞房花序，径1.5-2.5厘米；总苞圆柱状，径2.5-3毫米，总苞片4层，硬草质，先端尖，麦秆黄色，有光泽，边缘白色膜质，外层披针形，基部有微毛，内中层长椭圆形，长3.5毫米。硬草质，边缘雌花花冠与两性花花冠同形，管状，冠檐深裂，裂片反折。瘦果长1.5毫米。花果期8-9月。

产内蒙古西部、河北西北部及山西东北部，生于海拔约1400米低山丘陵地区。

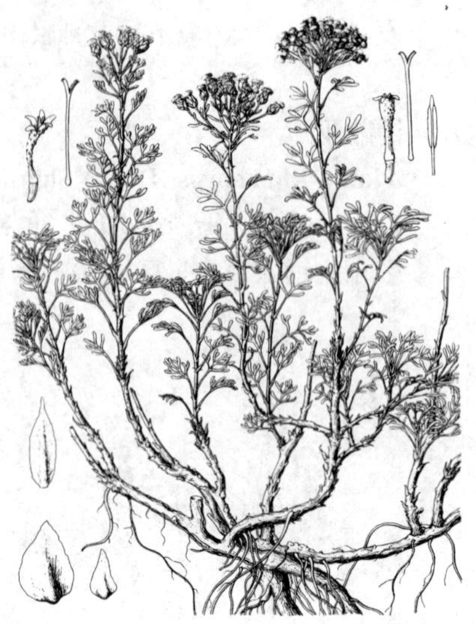

图 554 束伞亚菊 （引自《图鉴》）

10. 川甘亚菊 图 555

Ajania potaninii (Krasch.) Poljak. in Not. Syst. Herb. Inst. Bot. Sci. URSS 17: 424. 1955.

Tanacetum potaninii Krasch. in Fedde, Repert. Sp. Nov. 26: 28. 1929.

小灌木。花枝疏被贴伏柔毛。叶宽卵形、圆形、卵形、扁圆形或宽椭圆形，长1.5-2.5厘米，边缘有不规则三角形锯齿或3-5不明显浅裂；上部叶匙形、圆形或长椭圆形；叶上面绿或灰绿色，无毛或被极疏柔毛，下面白或灰白色，被贴伏柔毛，叶柄长5毫米。头状花序排成径约2厘米的复伞房花序或大型复伞房花序；总苞钟状，径约3毫米，总苞片4层，麦秆黄色，边缘白色膜质，外层长椭圆状披针形，长2毫米，中内层卵形或披针形，长2.5毫米，中外层被微毛。边缘雌花花冠细管状，冠檐4深裂尖齿；中央两性花，花冠有腺点。花期8月。

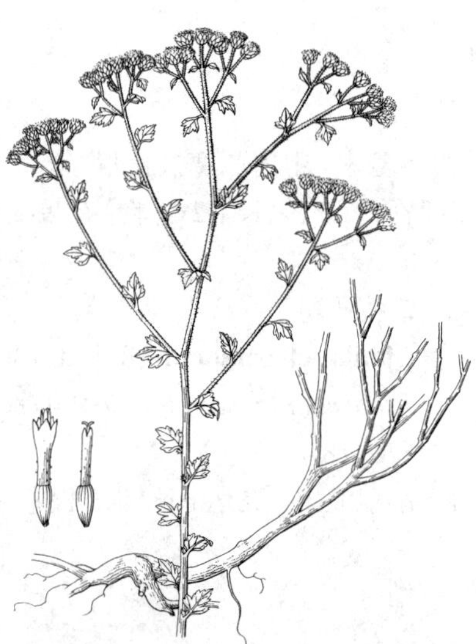

图 555 川甘亚菊 （王金凤绘）

产陕西西南部、甘肃南部及四川，生于海拔1800米草原或荒漠草原。蒙古有分布。

11. 灌木亚菊 图 556

Ajania fruticulosa (Ledeb.) Poljak. in Not. Syst. Herb. Inst. Bot. Sci. URSS 17: 428. 1955.

Tanacetum fruticulosum Ledeb. Icon. Pl. Fl. Ross. 1: 10. 1829.

Ajania achilloides auct. non Poljak.; 中国高等植物图鉴 4: 515. 1975.

小亚灌木。老枝麦秆黄色，花枝灰白或灰绿色，被柔毛。茎中部叶圆形、扁圆形、三角状卵形、肾形或宽卵形，长0.5-3厘米，二回掌状或掌式

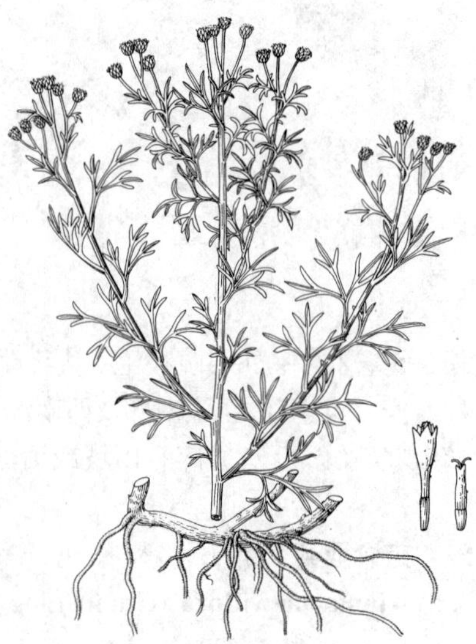

图 556 灌木亚菊 （王金凤绘）

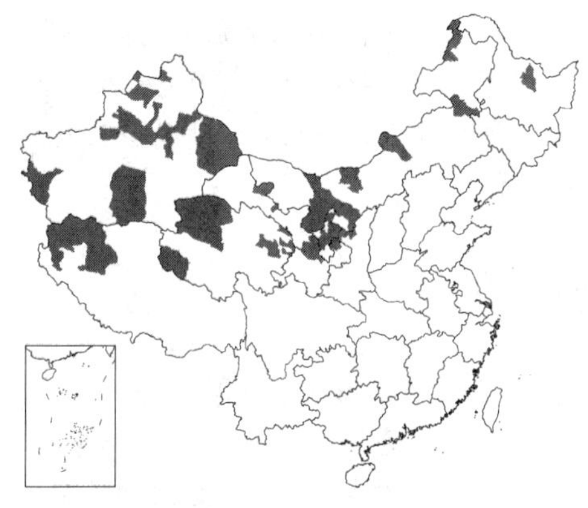

羽状3-5裂，一、二回全裂；一回侧裂片1对或不明显2对，常3出；中上部和中下部的叶掌状3-4全裂或掌状5裂，或茎叶3裂，叶有柄；小裂片线状钻形、宽线形、倒长披针形，宽0.5-5毫米，两面均灰白或淡绿色，被贴伏柔毛；叶耳一回分裂，无柄。总苞钟状，径3-4毫米，总苞片4层，边缘白或带浅褐色膜质，外层卵形或披针形，被柔毛，麦秆黄色，中内层椭圆形，长2-3毫米。边缘雌花细管状，冠檐3-（5）齿。花果期6-10月。

产黑龙江、内蒙古、陕西、宁夏、甘肃、新疆、青海及西藏西北部，生于海拔550-4400米荒漠或荒漠草原。中亚、俄罗斯及蒙古有分布。

12. 丝裂亚菊 图 557

Ajania nematoloba (Hand.-Mazz.) Ling et Shih in Bull. Bot. Lab. North-East. Forest. Inst. 6: 16. 1980.

Chrysanthemum nematolobum Hand.-Mazz. in Acta Hort. Gothob. 12: 271. 1938.

小亚灌木。茎枝无毛。茎中下部叶宽卵形、楔形或扁圆形，长1-2厘米，宽1-4厘米，二回3（5）出掌状或掌式羽状分裂，一或二回全裂；上部叶3-5全裂，或叶羽状全裂，小裂片丝状，两面绿或淡绿色，无毛或有极疏微毛。头状花序排成径达8厘米疏散伞房花序，花序梗长0.5-2厘米；总苞钟状，径2.5-3毫米，总苞片4层，麦秆黄色，无毛，边缘白色膜质，外层卵形，中内层宽倒卵形，长2.5-3毫米。边缘雌花细管状，冠檐2侧裂尖齿。两性花冠管状。花果期9-10月。

产内蒙古东北部、宁夏、甘肃及青海，生于海拔1750-2250米。

图 557 丝裂亚菊（引自《中国植物志》）

13. 新疆亚菊 图 558

Ajania fastigiata (C. Winkl.) Poljak. in Not. Syst. Herb. Inst. Bot. Sci. URSS 17: 428. 1955.

Artemisia fastigiata C. Winkl. in Acta Hort. Petrop. 11 (12): 373. 1891.

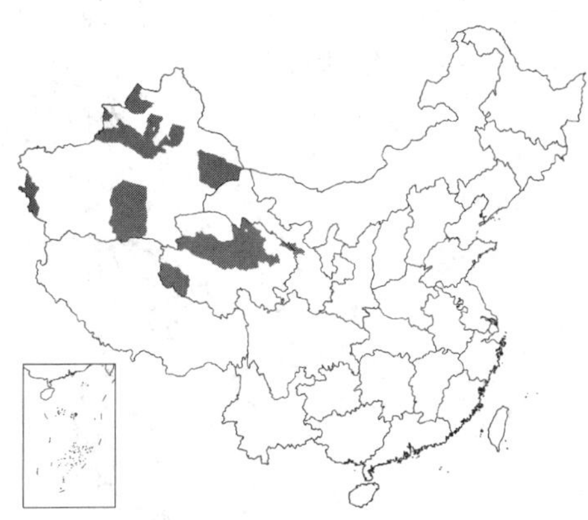

多年生草本。茎枝有柔毛。茎中部叶宽三角状卵形，长3-4厘米，二回羽状全裂，一回侧裂片2-3对，小裂片长椭圆形或倒披针形，宽1-2毫米；花序下部叶羽状分裂；叶两面灰白色，密被贴伏柔毛，叶柄

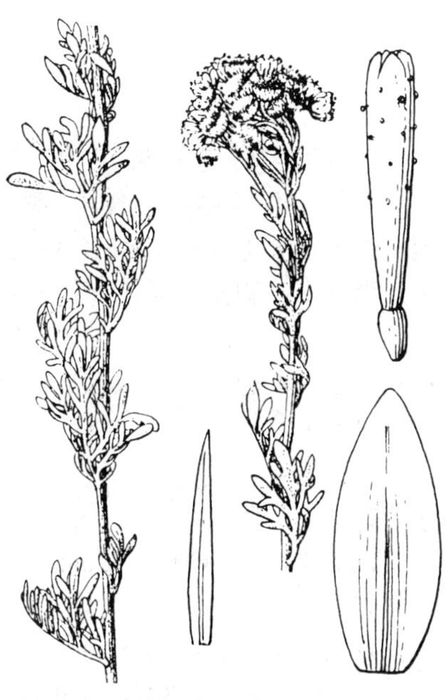

图 558 新疆亚菊（引自《中国植物志》）

长1厘米。总苞钟状，径2.5-4毫米，总苞片4层，麦秆黄色，边缘膜质，白色，先端钝，外层线形，长2.5-3.5毫米，基部被微毛，中内层椭圆形或倒披针形，长3-4毫米。边缘雌花花冠细管状，冠檐3齿裂。花果期8-10月。

产甘肃中部、新疆及青海，生于海拔900-2260米草原、半荒漠或林下。俄罗斯西伯利亚、中亚及蒙古有分布。

114. 画笔菊属 Ajaniopsis Shih

（石铸 靳淑英）

一年生矮小草本，高达10厘米，被白色长柔毛。叶羽状分裂或3全裂，茎中部叶宽楔形或半圆形，长5-7毫米，宽约1厘米，二回3出羽状全裂或二回羽状全裂，小裂片线形或宽线形，两面灰白色，密被长柔毛，叶柄长5毫米。多数头状花序在茎枝顶端组成伞房状花序；总苞倒卵圆形，径4-5毫米，总苞片2层，密被长柔毛，边缘黑色窄膜质，外层椭圆形，长3-3.5毫米，内层匙形或倒披针形，长约3毫米；花托起，无毛。边缘雌花花冠瓶状，中央两性花管状，花冠均黄色，中部以上密被刷状硬毛，花药基部钝，顶端有三角形附片，花柱分枝顶端平截。瘦果近三棱形，长1.5-1.8毫米，有3主肋及2-3间肋；无冠毛。

我国特有单种属。

画笔菊 图 559

Ajaniopsis penicilliformis Shih in Acta Phytotax. Sin. 16 (2): 87. f. 1. 1978.

形态特征同属。花果期9月。

产西藏南部，生于海拔4600-5000米流石山坡。

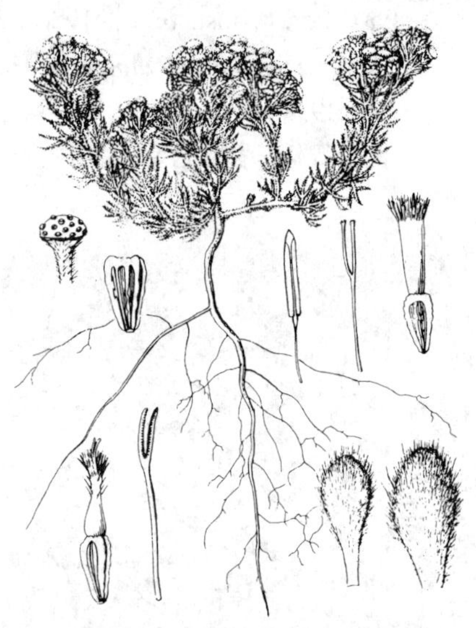

图 559 画笔菊（蔡淑琴绘）

115. 线叶菊属 Filifolium Kitam.

（石铸 靳淑英）

多年生草本。茎无毛，丛生，基部密被纤维鞘。基生叶莲座状，有长柄，倒卵形或长圆形，长20厘米；茎生叶互生，二至三回羽状全裂，小裂片丝形，长达4厘米，宽达1毫米，无毛，有白色乳凸。头状花序盘状，在茎枝顶端组成伞房花序，花序梗长0.1-1.1厘米；总苞球形或半球形，径4-5毫米，无毛；总苞片3层，卵形或宽卵形，边缘膜质，先端圆，背面厚硬，黄褐色；花托稍凸起，蜂窝状。边花雌性，1层，能育，花冠筒状，扁，冠檐2-4齿，有腺点；盘花多数，两性，不育，花冠管状，黄色，冠檐5齿裂，无窄管部，花药基部钝，顶端有三角形附片，花柱2裂，顶端平截。瘦果倒卵圆形或椭圆形，稍扁，黑色，无毛，腹面有2条纹；无冠状冠毛。

单种属。

线叶菊 图 560

Filifolium sibiricum (Linn.) Kitam. in Acta Phytotax. Geobot. 9: 157. 1940.

Tanacetum sibiricum Linn. Sp. Pl. 844. 1753.

形态特征同属。花果期6-9月。

产黑龙江、吉林、辽宁、内蒙古、河北及山西，生于海拔1000-1750米

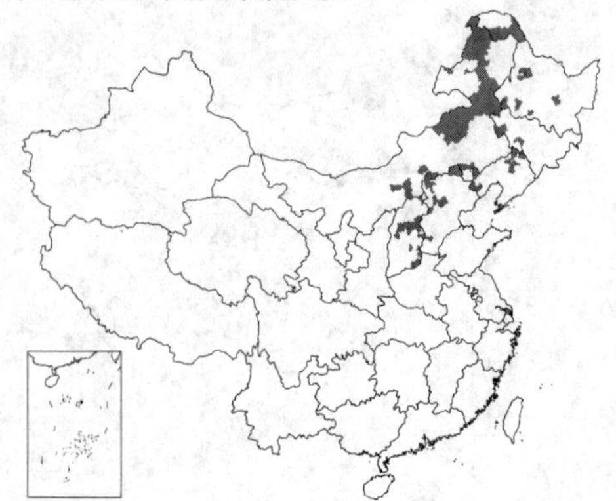

山坡草地。蒙古、朝鲜、日本、俄罗斯东西伯利亚及远东地区有分布。

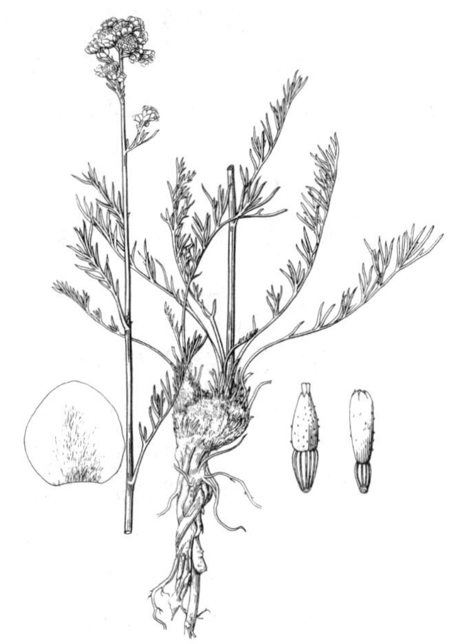
图 560 线叶菊（王金凤绘）

116. 喀什菊属 Kaschgaria Poljak.

（石铸 靳淑英）

亚灌木。叶互生，无柄，线状披针形或线形，全缘，3裂或羽状全裂。头状花序卵圆形，异型，排成束状伞房花序；总苞窄杯状，总苞片2-4层，覆瓦状排列；花托圆锥状凸起，无托毛。边缘雌花3-5，花冠窄管状，基部扩大，冠檐2-3齿；盘花11-17，两性，花冠管状，冠檐具5齿；花均结实，花冠散生星状毛，花药基部钝，顶端附片披针形，花柱分枝线形，顶端平截，有画笔状毛。瘦果卵圆形，具钝棱，上部有细纹；无冠状冠毛。

2种，分布于我国新疆、蒙古西部及哈萨克斯坦东部。

喀什菊 图 561

Kaschgaria komarovii (Krasch. et N. Rubtz.) Poljak. in Not. Syst. Herb. Inst. Bot. Sci. URSS 18: 283. 1957.

Tanacetum komarovii Krasch. et N. Rubtz. in Not. Syst. Herb. Inst. Bot. Sci. URSS 9: 168. 1946.

亚灌木。老枝枝皮灰色开裂；当年生枝麦秆色，上部淡绿色，常散生星状毛。叶线形、匙形或倒披针形，长1-3厘米，先端3-5裂，稀羽状分裂，两面疏生星状毛，上部叶条形，全缘。头状花序卵圆形，长3.5-4毫米，排成束状伞房花序或紧密伞房花序；总苞窄杯状，总苞片草质，边缘膜质，外层近圆形，内面的宽卵形。边缘花3-5个雌性，花冠窄管状，基部扩大，冠檐3齿；盘花两性，花冠管状，冠檐5裂；花冠疏生星状毛，被腺体。瘦果卵圆形，无冠状冠毛。花果期7-8月。

产新疆北部，生于海拔700-1500米荒漠山坡。蒙古西部及中亚地区有分布。

图 561 喀什菊（王金凤绘）

117. 蒿属 Artemisia Linn.

（林有润）

一、二年生或多年生草本，稀灌木状或小灌木；常有浓烈挥发性香气。根茎粗或细小，常有营养枝。茎直立，具纵棱；分枝长或短，稀不分枝；茎、枝、叶及头状花序总苞片常被毛，稀无毛或部分无毛。叶互生，一至三（四）回羽状分裂，或不裂，稀近掌状分裂，叶缘或裂片有裂齿或锯齿，稀全缘；叶柄有或无，常有假托叶。头状花序小，具短梗或无梗，基部常有小苞叶，在茎或分枝上排成花序，常在茎上组成圆锥花序；总苞片（2）3-4层，外、中层总苞片草质，稀半革质，背面常有绿色中肋，边缘膜质，内层总苞片半膜质或膜质，或总苞片全为膜质、且无绿色中肋；花序托具托毛或无托毛。边缘花雌性，1（2）层，花冠窄圆锥状或窄管状，檐部2-3（4）裂齿，花柱伸出花冠，顶端2叉，子房下位，2心皮，1室，1胚珠；中央花两性，数层，孕育或不孕育，多朵或少数，花冠管状，檐部5裂齿，雄蕊5，花药侧边聚合，2室，纵裂，顶端附属物长三角形，基部圆钝或具短尖头，孕育的两性花花时花柱伸出花冠，子房同雌花子房；不孕育两性花的雌蕊退化，花柱极短，退化子房小或无。瘦果小，无冠毛；种子1。

约300多种。主产亚洲、欧洲及北美洲温带、寒温带及亚热带地区，少数种至亚洲南部热带地区及非洲北部、东部、南部及中、南美洲和大洋洲地区。我国187种、46变种。

1\. 中央花为两性花，结实，花时两性花的花柱与花冠等长、近等长或稍长于花冠，先端2叉，子房明显。

2\. 花序托具毛或鳞片状毛，或初有毛，后脱落；雌花花冠瓶状或窄圆锥状，稀窄管状，檐部具（3）4或（2）3裂齿。

3\. 一、二年生草本，主根单一，垂直向下；基生叶连叶柄长不及8厘米。

4\. 头状花序半球形或近球形，径4毫米以上。

5\. 头状花序排成总状或复总状，并组成圆锥花序；下部与中部叶二回至三回羽状全裂，小裂片线形或线状披针形，宽1-2毫米 ………………………………………………………… 1. **大籽蒿 A. sieversiana**

5\. 头状花序排成总状花序或总状窄圆锥花序；中部叶二回羽状全裂，小裂片窄线形，宽0.5-1毫米 ………………………………………………………………………………………………- 1(附). **大花蒿 A. macrocephala**

4\. 头状花序椭圆状倒圆锥形、半球形、宽卵圆形或近球形，径1.5-3（4）毫米。

6\. 茎中部叶二回羽状全裂，每侧裂片3（4），两侧中部裂片3全裂，小裂片窄线形，长0.4-1.5厘米；头状花序径3（-4）毫米，总苞片背面初微被白色毛。

7\. 头状花序半球形或宽卵圆形，径2-3（4）毫米，总苞片背面微被柔毛或近无毛 ………………………………………………………………………………………………… 13. **碱蒿 A. anethifolia**

7\. 头状花序椭圆状倒圆锥形，径3-4毫米，总苞片背面初微被蛛丝状毛 ………… 13(附). **矮滨蒿 A. nakai**

6\. 茎中部叶二至三回羽状全裂，每侧裂片（1）2-3，小裂片丝线形或毛发状，长2-5毫米；头状花序径1.5-2(-2.5)毫米，总苞片背面密被白色柔毛 ………………………………………… 14. **莳萝蒿 A. anethoides**

3\. 多年生草本或亚灌木状，稀小灌木或二年生草本；基生叶连叶柄长11-18厘米。

8\. 叶匙形、长椭圆状倒披针形或披针形，全缘或下部叶先端有3-5浅圆裂齿；头状花序腋内单生或排成总状或总状圆锥花序 ………………………………………………………………… 8. **白山蒿 A. lagocephala**

8\. 叶非上述特征；头状花序排成总状花序、穗状花序或各种类型的圆锥花序。

9\. 头状花序径（4）5-8毫米，排成窄圆锥花序；多年生草本，稀亚灌木状。

10\. 茎、枝、叶两面及总苞片背面被毛或无毛；花冠外不粘附绒毛；基生叶长不及5厘米，每侧裂片3-5或先端3浅裂。

11\. 茎中部叶二回羽状全裂，每侧裂片5-7，上半部裂片常羽状全裂或3出全裂；总苞片背面被柔毛 ………………………………………………………………………………………………… 5. **岩蒿 A. rupestris**

11\. 茎中部叶二回羽状全裂或第二回为深裂齿，每侧裂片2-4(5)，每裂片或仅侧边中部裂片再分裂，叶下面及总苞片背面被毛或否。

12\. 植株高达50厘米；叶二回羽状全裂，每侧有裂片2-3，上部裂片常2-4裂，小裂片椭圆形或椭圆状披针形；花冠檐部紫色，被疏毛 ……………………………………………… 4. **银叶蒿 A. argyrophylla**

12\. 植株高20厘米以下；叶二回羽状全裂或深裂，每侧有裂片2-3，小裂片短小，或每侧有裂片（3）4（5），二回为裂齿；花冠檐部无毛。

13\. 多年生草本；茎下部与中部叶二回羽状分裂，一回全裂，每侧裂片（3）4（5），二回深裂片和小齿裂，长2-8毫米；叶两面初微被柔毛，总苞片背面无毛 ……… 9. **玉山艾 A. niitakayamensis**

13\. 垫状亚灌木状草本；茎下部与中部叶二回羽状全裂，每侧裂片2（3），每裂片3-5全裂，长1-2毫米；叶两面及总苞片背面密被淡灰黄或灰白色平贴丝状绵毛 …………… 10. **垫型蒿A. minor**

10\. 茎、叶两面及总苞片背面密被灰黄或淡灰黄色绢质绒毛；花冠外粘附长绒毛；基生叶叶长5-10厘米，二至三回羽状全裂，每侧裂片7-13，小裂片线形或窄线状披针形，叶柄5-8厘米 ………………………………………………………………………………… 11. **冻原白蒿 A. stracheyi**

9. 头状花序径2-3毫米，稀4-4.5毫米，后者为亚灌木状或小灌木，在茎上排成开展或中等开展的圆锥花序，或为总状、间有复总状花序，后者叶为二回三出羽状全裂。

14. 茎中部叶长6-9厘米，二回羽状全裂，小裂片线状披针形，长1-2.5厘米，宽（2）3-5毫米；头状花序组成扫帚形圆锥花序 …………………………………………………………………… 2. **中亚苦蒿 A. absinthium**

14. 茎中部叶长不及6厘米，一至二（三）回羽状全裂，或二回三出全裂，小裂片长不及1.2厘米，宽不及2毫米；头状花序排成圆锥花序、总状花序或穗状花序。

15. 多年生草本，根茎不粗大，或成二年生，根茎稍粗大，后者基生叶长10厘米以上，三（四）回羽状全裂；茎中部叶一至二（三）回羽状全裂，每侧裂片2-3（4）。

16. 基生叶与下部茎生叶长不及2厘米，二（三）回羽状全裂，小裂片窄线形，长不及1.2厘米。

17. 茎中部叶长圆形或倒卵状长圆形，长5-7毫米，一至二回羽状全裂，小裂片长2-3毫米，先端不外弯。

18. 植株高达70厘米；头状花序径2.5-3毫米，排成总状或总状圆锥花序；花冠檐部黄色 …………………………………………………………………… 3. **冷蒿 A. frigida**

18. 植株高10-18厘米；头状花序径3.5-4.5毫米，排成穗状或窄圆锥花序；花冠檐部紫色 …………………………………………………………………… 3(附). **紫花冷蒿 A. frigida** var. **atropurpurea**

17. 茎中部叶肾形或近半圆形，长1-2厘米，宽0.8-2.8厘米，二回羽状全裂或二回近掌状式三出全裂，小裂片长0.6-1.2厘米，先端稍外弯 …………………………………………………………………… 7. **香叶蒿 A. rutifolia**

16. 基生叶长11-18厘米，三（四）回羽状全裂，小裂片窄线形，长0.5-1.5厘米 ……… 12. **海州蒿 A. fauriei**

15. 亚灌木状或小灌木状，根茎粗大木质；茎中部叶二回或二至三回羽状全裂，每侧裂片3-5。

19. 小灌木状；茎中部叶二回羽状全裂，每侧裂片2-3，小裂片窄匙形、倒披针形或线状倒披针形，长1-3毫米；植株密被灰白或灰黄色稍绢质柔毛 …………………………………… 6. **内蒙古旱蒿 A. xerophytica**

19. 亚灌木状；茎下部与基部叶二至三回羽状全裂，每侧裂片3-5，小裂片近栉齿状线状披针形或窄短线形，长4-6毫米；茎枝初被灰白色蛛丝状柔毛 …………………………………… 15. **伊朗蒿 A. persica**

2. 花序托无毛；雌花花冠窄管状，稀窄瓶状，檐部具2（3）裂齿或无裂齿。

20. 茎、枝、叶及总苞片背面无明显腺毛或粘毛；外、中层总苞片草质，背面有绿色中肋，边缘膜质。

21. 头状花序球形，稀半球形或卵球形；叶小裂片锯齿状或栉齿状，长、宽均小于5毫米，或叶小裂片窄线形、窄线状棒形或窄线状披针形，宽不及1毫米，稀达1.5毫米。

22. 叶羽状深裂至全裂，小裂片锯齿状或栉齿状。

23. 多年生草本或亚灌木；茎数条或多条，稀单生或少数。

24. 茎中部叶一至二回羽状分裂，一回为深裂，二回为栉齿状羽状深裂。

25. 多年生草本；高达70厘米；叶小裂片栉齿状；头状花序径3-4毫米，两性花18-25 …………………………………………………………………… 21. **宽叶蒿 A. latifolia**

25. 亚灌木状草本；高达1.2米；叶小裂片为尖锐齿；头状花序径4-6毫米，两性花20-40 …………………………………………………………………… 21(附). **尖栉齿叶蒿 A. medioxima**

24. 茎中部叶二至三（四）回羽状分裂，第一或第一、二回为全裂，末次为小栉齿或小裂片。

26. 头状花序半球形或近球形，径4-7毫米。

27. 亚灌木状多年生草本；头状花序具短梗，排成穗形总状花序，再组成圆锥花序；花冠檐部无毛 …………………………………………………………………… 17. **甘新青蒿 A. polybotryoidea**

27. 多年生草本；头状花序无梗，在茎上排成总状花序或窄圆锥花序，花冠檐部常有短柔毛。

28. 茎中部叶二回栉齿状羽状分裂，一回为羽状全裂，每侧裂片5-7（8），裂片具多枚栉齿状或短披针形小裂片；总苞片具褐色、宽膜质边缘 …………………………………… 22. **褐苞蒿 A. phaeolepis**

28. 茎中部叶一至二回羽状全裂或深裂，一回全裂，每侧裂片3-4，侧边中部裂片具2-4深裂齿；总苞片具膜质、常撕裂状、稍带褐色的边缘 ……………………… 22(附). **雪山艾 A. tsugitakaensis**

26. 头状花序近球形，径2.5-4毫米，排成开展或中等开展、稀稍窄的圆锥花序。

29. 茎中部叶每侧裂片3-5，小裂片栉齿状、椭圆形或短线形，长1-2毫米，下面被毛或无。

30. 茎中部叶二至三回栉齿状羽状全裂或深裂，小裂片椭圆形或短线形，或具锯齿或细小栉齿，齿端尖或钝，下面被毛或无。

31. 茎中部叶二至三回羽状全裂，小裂片椭圆形或短线形，长3-5毫米，先端钝 ……… 16. **西北蒿A. pontica**

31. 茎中部叶二至三回或二回栉齿状羽状分裂，小裂片具锯齿或细小栉齿，长1-2（3）毫米，齿端尖。

32. 茎中部叶长卵形或长卵状椭圆形；总苞片背面初被柔毛。

33. 叶两面初被灰白色柔毛，后脱落或下面毛宿存。

34. 叶下面初密被灰白色平贴柔毛，后渐脱落无毛 ……………………………… 18. **白莲蒿 A. sacrorum**

34. 叶下面被灰白色宿存毛 …………………………………………… 18(附). **灰莲蒿 A. sacrorum** var. **incana**

33. 叶两面被宿存柔毛，上面毛稍稀疏 ………… 18(附). **密毛白莲蒿 A. sacrorum** var. **messerschmidtiana**

32. 茎中部叶卵形、椭圆状卵形或近圆形，（二）三回栉齿状羽状分裂；总苞片背面被灰白色柔毛 ……… …………………………………………………………………………………………… 20. **毛莲蒿A. vestita**

30. 茎中部叶二至三回栉齿状羽状分裂，小裂片栉齿状短线形或短线状披针形，齿端尖，下面密被灰或淡灰黄色蛛丝状柔毛 ………………………………………………………………… 19. **细裂叶莲蒿 A. gmelinii**

29. 茎中部叶每侧裂片6-8，小裂片椭圆状披针形或线状披针形栉齿，下面初密被白色绒毛，后稍稀疏 ………… ……………………………………………………………………………………………… 23. **裂叶蒿A. tanacetifolia**

23. 一、二年生草本；茎单生。

35. 茎中部叶二至三回羽状分裂，每侧裂片3-4，二、三回为深裂齿或为宽栉齿；总苞片背面疏被灰黄色柔毛 ……………………………………………………………………………………… 24. **商南蒿A. shangnanensis**

35. 茎中部叶二至三回或二回羽状分裂，每侧有裂片4-10，末回为细小栉齿或栉齿状的披针形小齿，宽通常长不及2毫米；总苞片背面无毛。

36. 茎中部叶小裂片小栉齿状；头状花序径3毫米以上，或径1.5-2.5毫米，后者头状花序排成开展、大型尖塔形圆锥花序，两性花多达30-40。

37. 基生叶及头状花序非上述特征。

38. 茎中部叶二回栉齿状羽状分裂，叶下面深绿色，无腺点，叶中轴或羽轴两侧有栉齿；头状花序径3.5毫米以上，排成中等开展圆锥花序。

39. 叶侧裂片具长三角形栉齿或近线状披针形小裂片；头状花序径3-5-4毫米，花后总苞片稍开展 …… ………………………………………………………………………………………… 25. **青蒿 A. carvifolia**

39. 叶侧裂片楔形；头状花序径4.5-7毫米，花后总苞片放射状张开 ………………………………… ……………………………………………………………… 25(附). **大头青蒿 A. carvifolia** var. **schochii**

38. 茎中部叶二(三)回栉齿状羽状分裂，叶两面具脱落性白色腺点及细小凹点，基生叶中轴两侧有窄翅，无小栉齿；头状花序径1.5-2.5毫米，在分枝上排成总状或复总状花序，在茎上组成开展的尖塔形圆锥花序 ………………………………………………………………………………… 26. **黄花蒿 A. annua**

37. 基生叶密集成莲座状，每侧裂片20余；头状花序径3-4（5）毫米，在分枝上排成密穗状花序，在茎上组成密集窄圆锥花序，总苞片具紫褐色膜质边缘 ……………………………………… 27. **臭蒿 A. hedinii**

36. 茎中部叶小裂片椭圆状披针形；头状花序径1.5-2毫米，在茎上或分枝上排成密集短穗状花序，在茎上组成窄圆锥花序，两性花10-15 ……………………………………………………… 28. **湿地蒿A. tournefortiana**

22. 叶羽状全裂，小裂片窄线形、丝状线形、窄线状棒形、窄披针形或线状披针形，长（0.5-）1厘米以上。

40. 多年生草本、亚灌木或小灌木状；根非窄纺锤状；头状花序径2-3毫米；茎、枝、叶及总苞片背面均被毛或毛脱落。

41. 茎中部叶二或一至二回羽状全裂，小裂片窄线形或窄线状棒形，两面疏被柔毛或初微被蛛丝状柔毛，后脱落，或上面绿色，无毛，下面密被白色绒毛；花冠檐部无毛。

42. 茎不分枝或具着生头状花序的小枝；中部叶长0.8-2.5(-3)厘米，两面疏被柔毛或被腺点及蛛丝状柔毛，一至二回羽状全裂；总苞片背面微有柔毛。

43. 茎中部叶的小裂片窄线形，先端尖或钝尖，常被腺点及蛛丝状柔毛 ………… 29. **东北丝裂蒿 A. adamsii**

43. 茎中部叶的小裂片窄线状棒形或窄线形，先端钝或稍膨大，两面微被柔毛 …………………………………………………………………………………………………… 29(附). **米蒿 A. dalai-lamae**

42. 茎丛生；中部叶长2-4厘米，上面绿色无毛，下面被白色绒毛，二回羽状全裂；总苞片背面被灰白色绒毛 ……………………………………………………………………………… 32. **山蒿 A. brachyloba**

41. 茎中部叶二至三回羽状全裂，小裂片窄线形，叶两面、茎、枝及总苞片背面均密被银白或淡灰黄色绢质绒毛；花冠檐部背面有短柔毛 ……………………………………………………… 31. **银蒿 A. austriaca**

40. 一年生草本；根窄纺锤状；头状花序径4-5毫米；茎、枝、叶、总苞片背面均无毛。

44. 茎不分枝或分枝；中部叶（一）二回羽状全裂，每侧裂片（2）3-4；头状花序每2-10成簇或疏离成短穗状花序，组成稍开展或窄圆锥花序 …………………………………………… 30. **黑蒿 A. palustris**

44. 茎多分枝；中部叶二至三回羽状全裂，裂片4-5对；头状花序2-5簇生，排成穗状花序，组成开展、疏散圆锥花序 …………………………………………………………………… 30(附). **黄金蒿 A. aurata**

21. 头状花序通常椭圆形、长圆形或长卵球形；叶小裂片宽线形、线状披针形、椭圆形或缺裂，宽（1.5）2毫米或更宽，或叶不裂，全缘或具小锯齿或小裂齿。

45. 叶上面密被白或棕色腺点及小凹点，或腺点脱落留有小凹点。

46. 茎中部叶全缘或具2-3浅裂齿，或羽状浅裂至深裂，或全裂，每侧裂片1-3；茎、枝、叶两面非深黄或锈色柔毛或绒毛，叶上面疏被蛛丝状毛，下面被灰白色蛛丝状绵毛。

47. 茎中部或上部具着生头状花序的短分枝；茎中部叶全缘或中上部具2-3裂齿，有少数锯齿，下部楔形，渐窄成短柄；头状花序径3-4毫米，组成窄圆锥花序；总苞片背面深褐色，被蛛丝状绒毛 …………………………………………………………………………………… 33. **宽叶山蒿 A. stolonifera**

47. 茎具分枝；茎中部叶二回、一至二回或一回羽状分裂；头状花序径1.5-3毫米，排成窄或开展圆锥花序；总苞片背面被毛或无毛，外、中层总苞片背面中部非深褐色。

48. 茎中部叶二回、一至二回或一回羽状深裂、半裂或浅裂。

49. 茎中部叶（一）二回羽状深裂或半裂，每侧裂片2-3对，裂片宽2-3（-4）毫米，叶干后下面主脉、侧脉常深褐或锈色 ……………………………………………………………… 34. **艾 A. argyi**

49. 茎中部叶一回羽状深裂或半裂，裂片1-2对，裂片宽（3-）5毫米以上，干后背面主脉、侧脉不成褐或锈色。

50. 茎、枝密被灰褐色绵毛；叶下面及总苞片背面被蛛丝状绵毛。中部叶3深裂，稀5裂；头状花序组成开展圆锥花序 …………………………………………………… 35. **湘赣艾 A. gilvescens**

50. 茎、枝、叶下面及总苞片背面微被平贴柔毛、绒毛或近蛛丝状柔毛或无毛；头状花序组成窄或开展圆锥花序，后者叶裂片宽不及1厘米，且叶下面被密绒毛。

51. 茎中部叶3深裂或浅裂，稀5深裂，中裂片椭圆形，长6-10厘米，下面密被灰白或淡黄色蛛丝状柔毛；头状花序排成穗状或圆锥花序 ……………………………… 36. **滇南蒿 A. austro-yunnanensis**

51. 茎中部叶5深裂，稀3深裂，中裂片略大于侧裂片或与侧裂片近相等，椭圆形、长圆形或披针形，长2-6厘米，宽0.3-0.6（-1）厘米，先端锐尖，下面除叶脉外均被黄色密绒毛，脉上毛少，色淡；头状花序排成开展或窄圆锥花序。

52. 叶中裂片稍大于侧裂片，不裂，上面疏被柔毛；头状花序卵球形，总苞片背面被柔毛 …………………………………………………………………………………… 36(附). **美叶蒿 A. calophylla**

52. 叶中裂片与侧裂片近等大，裂片具深裂齿或浅裂齿，上面疏被糙毛；头状花序椭圆形，总苞片背面被蛛丝状毛 ……………………………………………………………… 36(附). **黄毛蒿 A. velutina**

48. 茎中部叶二回或一至二回羽状全裂或一回全裂。

53. 茎中部以上分枝，枝长（3-）5-10厘米；中部叶长5-10厘米，宽3-8厘米，叶上面无毛或初有蛛丝状毛，后无毛，下面被灰白色绒毛，小裂片披针形或线状披针形，宽3毫米以上。

54. 茎、枝被灰白色蛛丝状柔毛；叶上面初疏被蛛丝状柔毛；总苞片背面密被蛛丝状柔毛 ………………………………………………………………………………………… 37. **野艾蒿 A. 1avandulaefolia**

54. 茎、枝初微被柔毛，后无毛；叶上面近无毛；总苞片背面初微有蛛丝状柔毛，后无毛 ………………………………………………………………………………………… 38. **南艾蒿 A. verlotorum**

53. 茎上部分枝，枝长2-3（-5）厘米；中部叶长、宽4厘米以下，叶上面疏被短柔毛或近无毛，下面被厚绒毛或蛛丝状毛，小裂片窄线形或线形，宽不及3毫米。

55. 叶上面初微被蛛丝状柔毛及白色腺点和小凹点，下面密被蛛丝状毛；总苞片背面初微被柔毛 ………………………………………………………………………………………… 39. **矮蒿 A. lancea**

55. 叶上面疏被柔毛，下面密被厚绒毛；总苞片背面密被厚蛛丝状绒毛 …… 39(附). **狭裂白篱 A. kanashiroi**

46. 茎中部叶二至三回羽状全裂，每侧裂片（3）4-5；茎、枝初被微灰黄或锈色平贴柔毛，叶上面疏被绢质柔毛及白色腺点，下面密被灰白色绵毛；总苞片背面密被锈色柔毛 ……………………… 59. **锈苞蒿 A. imponens**

45. 叶上面无白色腺点，稀微有稀疏白色腺点，无明显小凹点。

56. 茎中部叶不裂，有细锯齿或无锯齿或为浅裂齿；头状花序排成窄圆锥花序。

57. 叶长不及10厘米，全缘或具1-3浅锯齿或裂齿。

58. 茎、枝、叶下面及总苞片背面被蛛丝状绒毛或柔毛；头状花序椭圆形或长圆形。

59. 茎中部叶椭圆形、椭圆状披针形或线状披针形，长4-7厘米，先端锐尖，具1-3裂齿或锯齿 ………………………………………………………………………………………… 53. **柳叶蒿 A. integrifolla**

59. 茎中部叶线形、线状披针形，稀镰状线形，长5-10厘米，先端钝尖，全缘，稀有1-2小齿 ………………………………………………………………………………………… 54. **线叶蒿 A. subulata**

58. 茎、枝初疏被丝状绒毛；叶下面疏被柔毛；总苞片背面无毛；头状花序近球形 …… 63. **菴闾 A. keiskeana**

57. 叶长8-13厘米，不裂，边缘具细密锯齿；总苞片背面无毛 ……………………… 55. **林艾蒿 A. viridissima**

56. 茎中部叶羽状深裂或全裂；头状花序排成总状花序或中等开展或开展窄圆锥花序。

60. 茎中部叶一至二回羽状深裂、半裂或浅裂，每侧裂片1-3，裂片边缘无小浅裂齿或有1至数枚浅或深裂齿或粗锯齿。

61. 茎中部叶每侧具2-3裂片，裂片椭圆形或长圆形，(2)3(4)深裂或浅裂，或裂片具数粗齿 ………………………………………………………………………………………… 52. **岐茎蒿 A. igniaria**

61. 茎中部叶每侧具1-2裂片，不裂或3全裂，裂片或小裂片线状披针形 …… 52(附). **绿苞蒿 A. viridisquama**

60. 茎中部叶二至三回、二回或一至二回羽状全裂，或一回近羽状全裂，或一回羽状深裂，后者叶裂片长4-13厘米，宽2-4厘米。

62. 头状花序半球形、近球形或卵钟形，径（3-）3.5-7毫米，稀宽卵圆形或长圆形，后者头状花序在茎上端短分枝排成密穗状花序。

63. 茎中部叶每侧裂片2-3(4)；头状花序在茎分枝排成总状或穗状花序。

64. 植株高达1.3米；分枝长15-35厘米或更长；叶长6-22厘米，一回羽状深裂，每侧裂片2-3，裂片椭圆形或长椭圆形，稀椭圆状披针形，长4-13厘米，具1-5裂齿；头状花序排成开展圆锥花序 ………………………………………………………………………………………… 44. **粗茎蒿 A. robusta**

64. 植株高达30厘米；分枝长7-8厘米；叶长2-4厘米，（一）二回羽状全裂，每侧裂片3（4），裂片羽状全裂或3全裂，小裂片线形或线状披针形，长1-3厘米；头状花序组成疏散总状圆锥花序 ………………………………………………………………………………………… 60. **山艾 A. kawakamii**

63. 茎中部叶每侧裂片5-6，稀3-4，后者头状花序在分枝排成密穗状或近复头状花序。

65. 总苞片多少棕褐色，密被柔毛 ……………………………………………… 58. **绒毛蒿 A. campbellii**

65. 总苞片被灰白或灰黄色毛或近无毛。

66. 茎下部叶长6-14厘米，二（三）回羽状全裂，中部叶二回羽状全裂，小裂片长1-1.5厘米，叶上面微被绒毛或柔毛，背面密被灰白或灰黄色柔毛或蛛丝状毛；总苞片背面被柔毛或无毛。

67. 头状花序球形或半球形，总苞片背面绿色，被柔毛。

68. 下部叶宽2-3厘米，二（三）回羽状全裂或深裂 ……………………………… 56. **小球花蒿 A. moorcroftiana**

68. 下部叶宽6-7厘米，二回羽状全裂 ……………………………………………… 56(附). **西南圆头蒿 A. sinensis**

67. 头状花序卵状钟形或宽卵圆形，总苞片背面褐色，初被柔毛 ……………… 65. **太白山蒿 A. taibaishanensis**

66. 茎下部叶长不及6厘米，二回羽状全裂或深裂，中部叶一至二回或一回羽状深裂或全裂，小裂片长不及1厘米，叶上面与总苞片背面被毛或无毛，若叶长超过9厘米，则叶面及总苞片背面初被绢质丝状毛，后无毛，叶裂片规整，裂片间距宽，小裂片披针形或线状披针形，宽约2毫米。

69. 叶下面密被白色棉毛；总苞片背面初被白色柔毛；中部叶的裂片常3全裂，小裂片披针形或线状披针形；头状花序梗长2-2.5毫米，排成短总状花序，在茎上组成窄圆锥花序 ……………… 61. **台湾狭叶艾 A. somai**

69. 叶两面及总苞片背面密被白色绒毛，中部叶的裂片每侧具1-2长椭圆形或椭圆状披针形小裂片或小裂齿；头状花序无梗或有短梗，单生或2-3集生茎枝端，在茎上组成穗状花序或窄圆锥花序 ………………………………………………………………………………………… 61(附). **川藏蒿 A. tainingensis**

62. 头状花序长圆形、椭圆形、卵圆形或长卵圆形，径1.5-2.5（-3.5）毫米。

70. 茎中部叶每侧裂片4-6。

71. 茎、枝密被灰黄或淡黄色长柔毛和绵毛 ……………………………………………… 57. **阿坝蒿 A. abaensis**

71. 茎、枝毛被非上述特征。

72. 小枝、叶两面及总苞片背面被蛛丝状毛；头状花序径2-3（-3.5）毫米。

73. 茎中部叶的小裂片椭圆状披针形或线状披针形；头状花序在小枝上排成密穗状花序，在茎上组成圆锥花序 ………………………………………………………………………………… 40. **北艾 A. vulgaris**

73. 茎中部叶的小裂片椭圆形、长圆形或为缺齿；头状花序在小枝上10-20余枚排成穗状花序，在茎上组成开展并具多级分枝圆锥花序，或头状花序少数，在茎枝端排成穗状花序或单生叶腋，在茎上组成窄或中等开展的圆锥花序。

74. 头状花序在小枝排成穗状花序，小苞片线形或线状披针形 ……………………… 45. **秦岭蒿 A. qinlingensis**

74. 头状花序在小枝单生叶腋，小苞片椭圆形 ……………………………………… 45(附). **叶苞蒿 A. phyllobotrys**

72. 小枝、叶两面及总苞片背面初被毛，后脱落；头状花序径1.5-2（-2.5）毫米 …… 49. **叉枝蒿 A. divaricata**

70. 茎中部叶每侧裂片1-2或2-3，稀4，后者总苞片灰绿色，密被蛛丝状绒毛。

75. 总苞片背面密被蛛丝状绒毛、绵毛或柔毛。

76. 茎中部叶二回，稀一至二回羽状全裂，小裂片线形、线状披针形或披针形，先端锐尖。

77. 茎中部叶每侧裂片2-3（4）；头状花序径2-3毫米，在茎上组成开展圆锥花序。

78. 总苞片被灰白色蛛丝状绒毛 ………………………………………………………… 42. **灰苞蒿 A. roxburghiana**

78. 总苞片紫色，微被蛛丝状柔毛 ……………………… 42(附). **紫苞蒿 A. roxburghiana** var. **purpurascens**

77. 茎中部叶每侧裂片2-3；头状花序径1-2毫米，在茎上组成窄或中等开展圆锥花序 ……………………………………………………………………………………………………… 46. **蒙古蒿 A. mongolica**

76. 茎中部叶一至二回羽状深裂或一回羽状全裂，小裂片长椭圆形或椭圆状披针形，稀线状披针形，后者先端钝尖。

79. 叶上面疏被灰白色柔毛及稀疏白色腺点；总苞片背面密被灰白色蛛丝状柔毛，中部褐色 ……………………………………………………………………………………………………… 41. **云南蒿 A. yunnanensis**

79. 叶上面被蛛丝状绒毛及稀疏白色腺点或初被蛛丝状绒毛，后脱落，或无腺点；总苞片背面多少被毛，中部非褐色。

80. 叶上面被宿存蛛丝状绒毛；茎下部叶的裂片宽菱形、椭圆形或长圆形，每侧裂片具1-3小裂片或浅裂齿，中部叶一回羽状全裂，每侧裂片2-3（4）；头状花序在茎上半部组成稍密集窄圆锥花序 …… ………………………………………………………………………………………… 43. **白叶蒿 A. leucophylla**

80. 叶上面初被蛛丝状绒毛，茎下部叶的裂片椭圆形，先端具2-3浅裂齿，中部叶二回羽状分裂，一回全裂，每侧裂片3（4）；头状花序组成疏离、稍开展或窄圆锥花序 ………………………………… 47. **辽东蒿 A. verbenacea**

75. 总苞片背面无毛或近无毛，或疏被薄绒毛或薄蛛丝状柔毛。

81. 头状花序多数，长圆形或椭圆形，径（1.5-）2-3毫米，在茎上常组成窄或中等开展、稀开展圆锥花序。

82. 头状花序的枝上通常间有小苞叶；叶非上述分裂方式，常有裂齿。

83. 茎中部叶（一）二回羽状分裂，小裂片披针形或线状披针形，宽2-（6-10）毫米；头状花序在分枝上半部或小枝上排成密穗状花序，在茎上组成开展或中等开展圆锥花序 ……………… 48. **红足蒿A. rubripes**

83. 茎中部叶一至二回或一回羽状深裂或一回全裂，二回深裂、浅裂或半裂，小裂片非上述特征；头状花序在分枝上排成穗状花序，在茎上组成中等开展、开展或稍窄圆锥花序。

84. 茎中部叶（一）二回羽状全裂，或大头羽状分裂，每侧裂片3（4）；头状花序直立或斜展 ……………………………………………………………………………………… 50. **五月艾 A. indica**

84. 茎中部叶中裂片较侧裂片大，每侧裂片2（3）；头状花序下垂 ……………………… 51. **魁蒿 A. princeps**

82. 头状花序的分枝无明显小苞叶；茎中部叶近掌状5深裂或指状3深裂，裂片线形或线状披针形，或间有不裂叶，椭圆形，叶缘或裂片具细齿或无齿，基部楔形、渐窄成柄状。

85. 叶缘或裂片具锯齿 ………………………………………………………………………… 62. **蒌蒿 A. selengensis**

85. 叶缘或裂片全缘，稀间有少数小锯齿 ……………………… 62(附). **无齿蒌蒿 A. selengensis** var. **shansiensis**

81. 头状花序极多数，近球形、宽卵球形或卵状椭圆形，径1-2（-2.5）毫米，组成开展、具多分枝圆锥花序。

86. 叶薄纸质，叶下面及总苞片背面初被灰白色蛛丝状薄绒毛至近无毛；头状花序组成疏散、开展、多级分枝圆锥花序 ………………………………………………………………………… 64. **阴地蒿 A. sylvatica**

86. 叶厚纸质，叶下面及总苞片被薄绒毛；头状花序在分枝密集 ………………………………………………………………………………………… 64(附). **密序阴地蒿 A. sylvatica** var. **meridionalis**

20. 茎、枝、叶及总苞片背面有腺毛或粘毛，或茎、枝、叶被腺毛或粘毛；外、中层总苞片草质，有绿色中肋，边缘膜质；或植株无腺毛或粘毛，外、中层总苞片膜质或半膜质，无绿色中肋。

87. 茎、枝、叶及总苞片背面有腺毛或粘毛，或茎、枝、叶被腺毛或粘毛；外、中层总苞片草质，有绿色中肋，边缘膜质；头状花序基部有小苞叶。

88. 茎中部叶一至三回羽状分裂，每侧裂片4-6。

89. 茎、枝、叶上面被腺毛，叶下面被蛛丝状绒毛；头状花序径4-6毫米，总苞片背面微有腺毛，初密被锈色绒毛，后脱落 ………………………………………………………………………… 66. **腺毛蒿 A. viscida**

89. 茎、枝、叶两面脉被腺毛或粘毛；叶下面被蛛丝状绒毛或无；头状花序径1.5-3毫米，总苞片背面被绒毛或柔毛或近无毛，或头状花序径3-4毫米，总苞片背面无柔毛、绒毛，稀微被疏柔毛。

90. 茎中部叶一至二回羽状分裂，一回为全裂或深裂，二回为深裂。

91. 头状花序径3-4毫米，在茎上部短分枝排成穗状花序，在茎上组成窄圆锥花序 ………………………………………………………………………………… 67. **甘青蒿 A. tangutica**

91. 头状花序径1.5-2.5（-3）毫米，排成开展或中等开展圆锥花序。

92. 茎、枝被密腺毛及稀少柔毛，叶两面脉被腺毛，或叶上面无毛或被脱落性绵毛；头状花序排成开展圆锥花序；总苞片背面初疏被蛛丝状毛。

93. 叶裂片椭圆形或卵状椭圆形，下面初被灰白色蛛丝状薄绵毛及稀疏腺毛，后绵毛脱落；总苞片初被蛛丝状柔毛 ……………………………………………………………… 73. **多花蒿 A. myriantha**

93. 叶裂片宽卵形，下面密被蛛丝状绵毛；总苞片疏被灰白色蛛丝状柔毛 ……………………………………………………………… 73(附). **白毛多花蒿 A. myriantha** var. **pleiocephala**

92. 茎、枝密被粘质绒毛，叶上面疏被柔毛，下面密被蛛丝状绵毛及白色腺点，脉脉疏被腺毛；头状花序排成中等开展圆锥花序；总苞片密被绒毛及疏腺毛 …………………… 73(附). **亚东蒿 A. yadongensis**

90. 茎中部叶（二）三回羽状分裂，一回为全裂或深裂，二回为深裂齿。

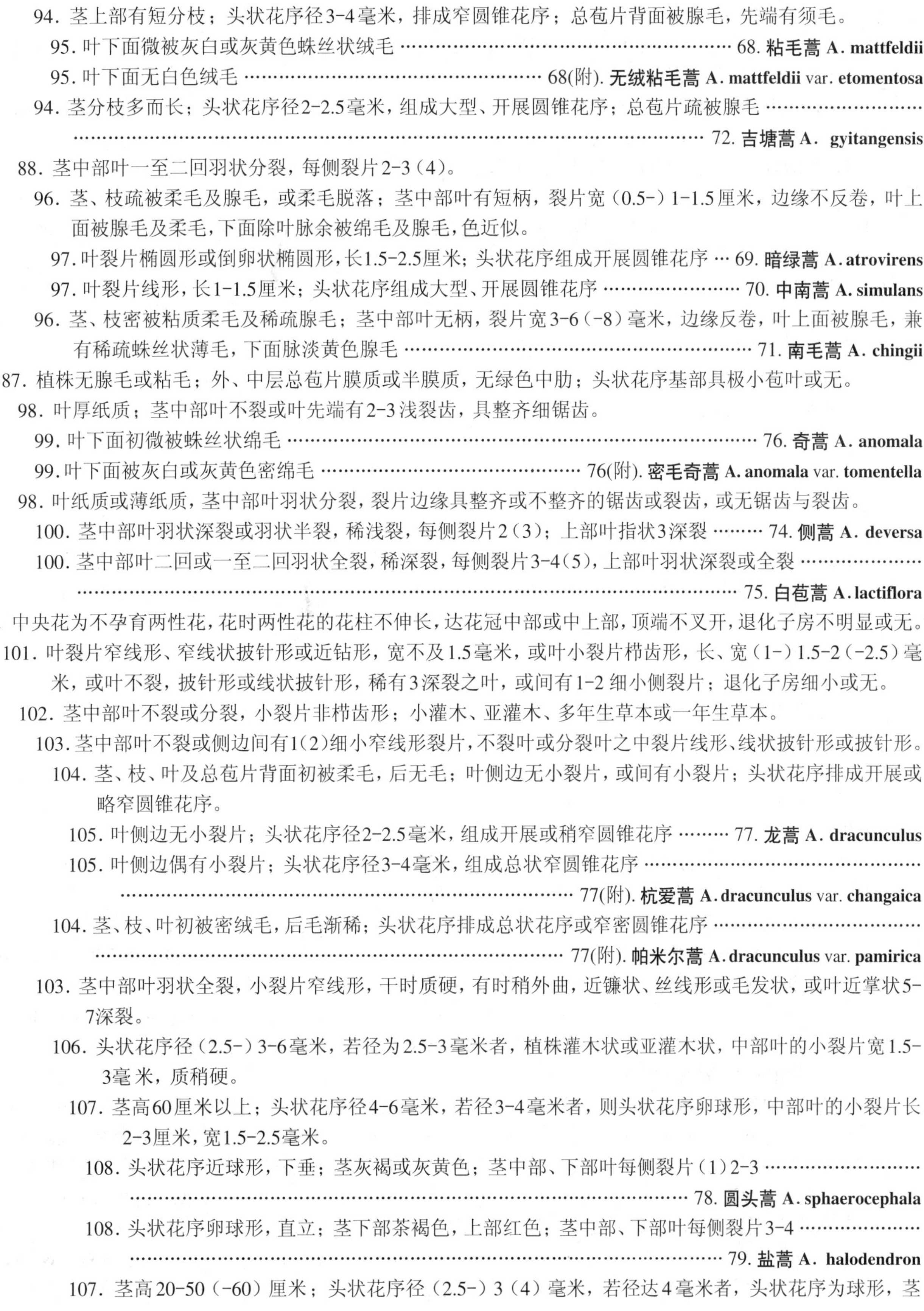

94. 茎上部有短分枝；头状花序径3-4毫米，排成窄圆锥花序；总苞片背面被腺毛，先端有须毛。

95. 叶下面微被灰白或灰黄色蛛丝状绒毛 ………………………………………… 68. **粘毛蒿 A. mattfeldii**

95. 叶下面无白色绒毛 ……………………………………… 68(附). **无绒粘毛蒿 A. mattfeldii** var. **etomentosa**

94. 茎分枝多而长；头状花序径2-2.5毫米，组成大型、开展圆锥花序；总苞片疏被腺毛 ………………………………………………………………………… 72. **吉塘蒿 A. gyitangensis**

88. 茎中部叶一至二回羽状分裂，每侧裂片2-3（4）。

96. 茎、枝疏被柔毛及腺毛，或柔毛脱落；茎中部叶有短柄，裂片宽（0.5-）1-1.5厘米，边缘不反卷，叶上面被腺毛及柔毛，下面除叶脉余被绵毛及腺毛，色近似。

97. 叶裂片椭圆形或倒卵状椭圆形，长1.5-2.5厘米；头状花序组成开展圆锥花序 … 69. **暗绿蒿 A. atrovirens**

97. 叶裂片线形，长1-1.5厘米；头状花序组成大型、开展圆锥花序 ……………… 70. **中南蒿 A. simulans**

96. 茎、枝密被粘质柔毛及稀疏腺毛；茎中部叶无柄，裂片宽3-6（-8）毫米，边缘反卷，叶上面被腺毛，兼有稀疏蛛丝状薄毛，下面脉淡黄色腺毛 ………………………………………… 71. **南毛蒿 A. chingii**

87. 植株无腺毛或粘毛；外、中层总苞片膜质或半膜质，无绿色中肋；头状花序基部具极小苞叶或无。

98. 叶厚纸质；茎中部叶不裂或叶先端有2-3浅裂齿，具整齐细锯齿。

99. 叶下面初微被蛛丝状绵毛 ………………………………………………………… 76. **奇蒿 A. anomala**

99. 叶下面被灰白或灰黄色密绵毛 ……………………………… 76(附). **密毛奇蒿 A. anomala** var. **tomentella**

98. 叶纸质或薄纸质，茎中部叶羽状分裂，裂片边缘具整齐或不整齐的锯齿或裂齿，或无锯齿与裂齿。

100. 茎中部叶羽状深裂或羽状半裂，稀浅裂，每侧裂片2（3）；上部叶指状3深裂 ……… 74. **侧蒿 A. deversa**

100. 茎中部叶二回或一至二回羽状全裂，稀深裂，每侧裂片3-4（5），上部叶羽状深裂或全裂 ……………………………………………………………………………… 75. **白苞蒿 A. lactiflora**

1. 中央花为不孕育两性花，花时两性花的花柱不伸长，达花冠中部或中上部，顶端不叉开，退化子房不明显或无。

101. 叶裂片窄线形、窄线状披针形或近钻形，宽不及1.5毫米，或叶小裂片栉齿形，长、宽（1-）1.5-2（-2.5）毫米，或叶不裂，披针形或线状披针形，稀有3深裂之叶，或间有1-2 细小侧裂片；退化子房细小或无。

102. 茎中部叶不裂或分裂，小裂片非栉齿形；小灌木、亚灌木、多年生草本或一年生草本。

103. 茎中部叶不裂或侧边间有1（2）细小窄线形裂片，不裂叶或分裂叶之中裂片线形、线状披针形或披针形。

104. 茎、枝、叶及总苞片背面初被柔毛，后无毛；叶侧边无小裂片，或间有小裂片；头状花序排成开展或略窄圆锥花序。

105. 叶侧边无小裂片；头状花序径2-2.5毫米，组成开展或稍窄圆锥花序 ……… 77. **龙蒿 A. dracunculus**

105. 叶侧边偶有小裂片；头状花序径3-4毫米，组成总状窄圆锥花序 ……………………………………………………………… 77(附). **杭爱蒿 A. dracunculus** var. **changaica**

104. 茎、枝、叶初被密绒毛，后毛渐稀；头状花序排成总状花序或窄密圆锥花序 ……………………………………………………………… 77(附). **帕米尔蒿 A. dracunculus** var. **pamirica**

103. 茎中部叶羽状全裂，小裂片窄线形，干时质硬，有时稍外曲，近镰状、丝线形或毛发状，或叶近掌状5-7深裂。

106. 头状花序径（2.5-）3-6毫米，若径为2.5-3毫米者，植株灌木状或亚灌木状，中部叶的小裂片宽1.5-3毫米，质稍硬。

107. 茎高60厘米以上；头状花序径4-6毫米，若径3-4毫米者，则头状花序卵球形，中部叶的小裂片长2-3厘米，宽1.5-2.5毫米。

108. 头状花序近球形，下垂；茎灰褐或灰黄色；茎中部、下部叶每侧裂片（1）2-3 ……………………………………………………………………………… 78. **圆头蒿 A. sphaerocephala**

108. 头状花序卵球形，直立；茎下部茶褐色，上部红色；茎中部、下部叶每侧裂片3-4 ……………………………………………………………………………… 79. **盐蒿 A. halodendron**

107. 茎高20-50（-60）厘米；头状花序径（2.5-）3（4）毫米，若径达4毫米者，头状花序为球形，茎中部叶的小裂片长0.5-1厘米，宽0.5-1毫米。

109. 茎下部与中部叶一至二回羽状全裂，小裂片宽1-2.5毫米；头状花序非半球形，无梗或有短梗，后者叶裂片镰状披针形，头状花序排成开展或窄圆锥花序。

110. 茎高达30厘米；苞片叶比头状花序长2-3倍 ………………………………………… 83. **江孜蒿 A. gyangzeensis**

110. 茎高30-60厘米；苞片叶比头状花序稍长。

111. 茎中部叶侧裂片线形或线状披针形，叶基部有假托叶状小裂片；头状花序组成开展圆锥花序；花冠檐部具柔毛 ……………………………………………………………………………… 82. **藏龙蒿 A. waltonii**

111. 茎中部叶侧裂片窄线形，不向基部弯曲，叶基部无假托叶；头状花序排成中等开展、稍伸长的圆锥花序；花冠檐部无毛 ……………………………………………………………………… 82(附). **藏岩蒿 A. prattii**

109. 茎下部与中部叶二（三）回羽状全裂，小裂片宽0.5-0.8毫米；头状花序半球形，具梗，组成总状窄圆锥花序 ……………………………………………………………………………… 90. **高山艾 A. oligocarpa**

106. 头状花序径1-2.5（-3）毫米；茎中部叶的小裂片窄线形、丝线形或毛发状，宽0.5-1.5（-2）毫米；若头状花序径2-2.5或3毫米者，植株非亚灌木或小灌木状，叶的小裂片宽0.5-1毫米，质软。

112. 小灌木或丛生状亚灌木，主根与根茎粗大，木质；茎多数，丛生，木质或下半部木质；茎中部叶的小裂片窄线形，宽0.5-1.5（-2）毫米，干后叶稍硬。

113. 茎分枝通常多而长，下部枝长12厘米以下，上部枝长5厘米以上；头状花序排成开展圆锥花序。

114. 茎中部叶一回羽状全裂，裂片宽0.5-1毫米，两侧中部与基部裂片不裂 …………… 80. **黑沙蒿 A. ordosica**

114. 茎中部叶二回羽状全裂，两侧中部与基部裂片3全裂，裂片或小裂片宽1.5-2毫米。

115. 茎和老枝皮薄片状剥落；茎中部叶小裂片长1.5-2厘米 ………………………… 81. **光沙蒿 A. oxycephala**

115. 茎与老枝皮非薄片状剥落；茎中部叶小裂片长0.4-1厘米 ………………… 81(附). **荒野蒿 A. campestris**

113. 茎分枝稍短，下部枝长4-10厘米，上部枝长3-5厘米；头状花序组成窄圆锥花序 ……………………………………………………………………………………………… 84. **日喀则蒿 A. xigazeensis**

112. 多年生或一、二年生草本，根细垂直，或植株亚灌木状，非丛生；茎少数或单一，草质或下部半木质，后者根、根茎稍粗大，近木质化，其茎中部叶两面密被灰白或灰黄色柔毛或近无毛，叶的小裂片细软，其余种茎中部叶的小裂片窄线形、丝线形或毛发状，宽不及1毫米，干后不坚硬。

116. 多年生草本，稀近亚灌木状，主根通常数枚，稀单一，非窄纺锤状；中部叶的小裂片窄线形，宽（0.5-）1毫米以上。

117. 头状花序径1.5-2毫米，均匀着生分枝上下部，组成开展或中等开展圆锥花序。

118. 茎中部叶二回羽状全裂，每侧裂片(2)3，或一至二回羽状全裂，裂片或小裂片线状披针形或近钻形；头状花序多数，在茎上组成开展或中等开展、稀稍窄圆锥花序。

119. 头状花序长圆形、近球形或卵球形，径1.5-2毫米，斜展或下垂，组成开展或中等开展圆锥花序 ………………………………………………………………………………………… 85. **柔毛蒿 A. pubescens**

119. 头状花序宽卵圆形，径2.5-3毫米，直立或斜展，排成中等开展、稀稍窄圆锥花序 ……………………………………………………………………… …85(附). **大头柔毛蒿 A. pubescens** var. **gebleriana**

118. 茎中部叶一（至二）回羽状全裂，每侧裂片1-2（3），小裂片窄线形；头状花序少数，在茎上组成狭窄或中等开展的圆锥花序。

120. 茎中部叶宽1.5-2.5厘米，小裂片长3-5毫米；头状花序组成中等开展圆锥花序 ……………………………………………………………………………………………… 86. **甘肃蒿 A. gansuensis**

120. 茎中部叶长3-3.5厘米，宽3-4厘米，裂片长（1）2-3厘米，宽1-2毫米；头状花序在茎上组成总状窄圆锥花序 ……………………………………………………………… 89. **细叶山艾 A. morrisonensis**

117. 头状花序径1.5-2毫米，在分枝或小枝的上半部排成复总状花序，在茎上组成开展圆锥花序 ……………………………………………………………………………………………… 88. **茵陈蒿 A. capillaris**

116. 一、二年生或虽为多年生草本，主根单一，垂直，窄纺锤状；中部叶的小裂片细软，窄线形、丝线形、窄线状披针形或毛发状，宽0.2-0.5（-1）毫米。

121. 茎中部叶二回或一至二回羽状全裂，每侧裂片（1-）2-3；头状花序在分枝或分枝的小枝上分散着生，不排成密穗状花序，而在茎上组成开展的圆锥花序或为穗状圆锥花序。

122. 植株高达20厘米，茎下部分枝；茎中部叶羽状全裂，每侧裂片1-3；头状花序组成窄穗状圆锥花序 ………………………………………………………………………………………… 87. **纤杆蒿 A. demissa**

122. 植株高达1.3米；茎中部以上分枝；茎中部叶一至二回羽状全裂，每侧 裂片2-3；头状花序在茎上组成开展圆锥花序 ………………………………………………………………… 91. **猪毛蒿 A. scoparia**

121. 茎生叶二回羽状全裂，每侧裂片（3）4；头状花序在分枝或小枝上成密集穗状花序，在茎上组成稍窄或稍开展圆锥花序 ………………………………………………………………… 92. **直茎蒿 A. edgeworthii**

102. 茎中部叶二回栉齿状羽状分裂，一回全裂，每侧裂片5-8，裂片具5-8对深裂栉齿，栉齿长0.3-0.8（-1.5）毫米；一、二年生草本 ……………………………………………………… 93. **白莎蒿 A. blepharolepis**

101. 叶裂片稍宽，宽线形、线状披针形、椭圆形或披针形，或齿裂或缺裂，宽（1.5-）2毫米以上，或叶匙形或倒卵形，先端具锯齿或浅裂齿，边全缘；退化子房无，稀细小。

123. 茎中部叶一至二回或一回羽状全裂或深裂，裂片常有裂齿，裂片宽不及5毫米，或叶匙形，上端有小锯齿或自上端向基部斜向浅或深裂或几全裂。

124. 头状花序径1.5-3（-3.5）毫米；根茎不匍匐斜向上；茎中部叶匙形或倒卵状楔形，自上端向基部斜向3-5浅裂或深裂，稀近全裂或羽状分裂，裂片线形。

125. 根茎略肥厚，粗短，成短圆柱状，营养枝叶及茎中部叶非匙形，茎中部叶二回、一至二回或一回羽状全裂或一回全裂，二回深裂或浅裂。

126. 茎不分枝或分枝，枝短或稍长，贴向茎端生长，基生叶卵形、长卵形或长圆形，宽不及3厘米；头状花序径2-3毫米，排成窄长、扫帚形圆锥花序。

127. 植株高（15-）20-70厘米；茎、枝、叶初被灰白色柔毛，后脱落无毛；中部叶一至二回羽状全裂或深裂；头状花序径1.5-2（-2.5）毫米，排成窄长、扫帚形圆锥花序。

128. 基生叶卵形，长2-3厘米，二回羽状深裂，小裂片椭圆形或长卵形 ………… 94. **沙蒿 A. desertorum**

128. 基生叶长椭圆形，长3厘米以上，二回羽状全裂，小裂片线形或线状披针形 …………………………………………………………………… 94(附). **东俄洛沙蒿 A. desertorum** var. **tongolensis**

127. 植株高不及20厘米；中部叶一（二）回羽状全裂或深裂；茎、枝、叶被宿存灰白或灰黄色柔毛；头状花序径（2-）2.5-3毫米，排成总状花序或总状圆锥花序 … 94(附). **矮沙蒿 A. desertorum** var. **foetida**

126. 茎分枝多；基生叶宽卵形、近圆形或倒卵形，宽（3）4厘米以上，一至二回大头羽状分裂，茎中部叶一至二回羽状深裂或全裂；头状花序径1-2.5毫米，组成开展圆锥花序 ………… 95. **南牡蒿 A. eriopoda**

125. 根茎稍粗大，不肥厚，非短圆柱状；茎中部叶匙形或倒卵状楔形，不裂或上端斜向基部3-5浅裂、深裂或近全裂，或叶二型，营养枝叶匙形或楔形，上端有浅裂缺及锯齿，茎中部叶为一（二）回羽状或成掌状全裂或深裂。

129. 基生叶倒卵形或宽匙形，有羽状深裂或半裂；茎中部叶匙形，不裂或上端有3-5斜向浅裂片或深裂片 …………………………………………………………………………………… 96. **牡蒿 A. japonica**

129. 基生叶一至二回羽状深裂、全裂或与中部叶同，叶质厚，茎中部叶倒卵状匙形、扇形、近匙形、卵形、倒卵形、长圆形或椭圆形，一至二回羽状深裂或全裂，或叶自上端向基部斜向3-5深裂或全裂，裂片有1-2浅裂齿或锯齿。

130. 具营养枝，营养枝叶匙形或近匙形，上端有细锯齿，不裂或有3-5浅裂齿；茎中部叶自上端向基部斜向3-5深裂或羽状全裂。

131. 中部叶一至二回羽状或掌状式全裂，裂片窄匙形或倒披针形；总状花序径1.5-2毫米，排成穗形总状花序或复总状花序，在茎上组成窄长圆锥花序 ………………………… 97. **东北牡蒿 A. manshurica**

131. 中部叶自上端向基部斜向或近掌状3-5深裂；头状花序径2-3毫米，排列密集，成穗形总状花序，并在茎上组成开展或中等开展尖塔形圆锥花序 ………………………………… 97(附). **滨海牡蒿 A. littoricola**

130. 无营养枝，若有营养枝的叶与茎生叶同，茎中部叶一至二回羽状全裂或深裂，或叶自上端向基部斜向羽状全裂。

132. 中部叶长2-3厘米，斜向3-5深裂至全裂，裂片宽1-2毫米 ………………………… 98. **西南牡蒿 A. parviflora**

132. 中部叶长1-2厘米，一至二回羽状深裂或全裂，每侧有裂片2，有时再分裂，裂片或小裂片宽0.5-1毫米 ……………………………………………………………………………… 98(附). **狭叶牡蒿 A. angustissima**

124. 头状花序径3-4毫米；根茎长，匍匐或斜上；茎中部叶匙形或倒卵状楔形，自上端向基部斜向（2）3（4）深裂，稀近全裂，裂片椭圆形或线形 ……………………………………………… 99. **昆仑蒿 A. nanschanica**

123. 茎中部叶羽状5深裂或指状3深裂。

133. 分枝长15厘米以上，常屈曲延伸；茎中部叶长5-12厘米，羽状5深裂，裂片椭圆状披针形或披针形，长3-8厘米；头状花序组成开展、多分枝圆锥花序。

134. 叶下面毛密，宿存 ……………………………………………………………… 100. **牛尾蒿 A. dubia**

134. 叶下面初被灰白色柔毛，后脱落 ……………………………… 100(附). **无毛牛尾蒿 A. dubia** var. **subdigitata**

133. 分枝长8-14厘米，斜展；中部叶长2-3厘米，指状3深裂，裂片线形或线状披针形，长1-2厘米；头状花序在茎上组成开展圆锥花序 ……………………………………………… 101. **华北米蒿 A. giraldii**

1. 大籽蒿 图 562:1-6

Artemisia sieversiana Ehrhart ex Willd. Sp. Pl. 3: 1845. 1800.

一、二年生草本。主根单一。茎单生，高达1.5米，纵棱明显，分枝多；茎、枝被灰白色微柔毛。下部与中部叶宽卵形或宽卵圆形，两面被微柔毛，长4-8（-13）厘米，二至三回羽状全裂，稀深裂，每侧裂片2-3，小裂片线形或线状披针形，长0.2-1厘米，宽1-2毫米，叶柄长（1-）2-4厘米；上部叶及苞片叶羽状全裂或不裂。头状花序大，多数排成圆锥花序，总苞半球形或近球形，径（3）4-6毫米，具短梗，稀近无梗，基部常有线形小苞叶，在分枝排成总状花序或复总状花序，并在茎上组成开展或稍窄圆锥花序；总苞片背面被灰白色微柔毛或近无毛；花序托凸起，半球形，有白色托毛。雌花20-30；两性花80-120。瘦果长圆形。花果期6-10月。

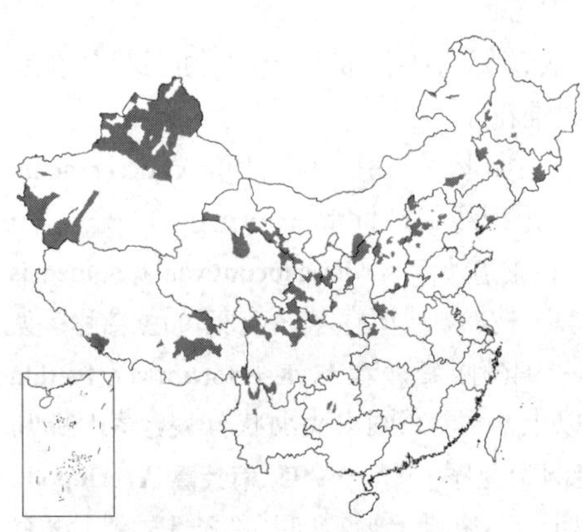

产黑龙江、吉林、辽宁南部、内蒙古、河北、山东中西部、山西、河南、湖北西北部、陕西北部、宁夏、甘肃、青海、新疆、西藏、四川、云南及贵州，生于海拔500-2200米地区路旁、荒地、河漫滩、草原、干山坡或林缘，西南最高达海拔4200米。朝鲜半岛北部、日本北部、蒙古、阿富汗、巴基斯坦北部、印度北部、克什米尔地区、哈萨克斯坦、吉尔吉斯斯坦、塔吉克斯坦、俄罗斯西伯利亚及远东、欧洲部分有分布。全草入药，有消炎、清热、止血之效。

[附] **大花蒿** 图 562:7-12 **Artemisia macrocephala** Jacq. ex Bess. in Bull. Soc. Nat. Mosc. 9: 28. 1836. 本种与大籽蒿的区别：头状花序在茎上排成总状花序或总状窄圆锥花序；中部叶二回羽状全裂，小裂片窄线形，宽0.5-1毫米。产宁夏、甘肃、青海、新疆及西藏，生于海拔1500-3400(-4850)米草原、荒漠草原、山谷、洪积扇、河湖岸边、砂砾地或路边。蒙古、伊朗、阿富汗、巴基斯坦、印度、克什米尔、俄罗斯及中亚有分布。

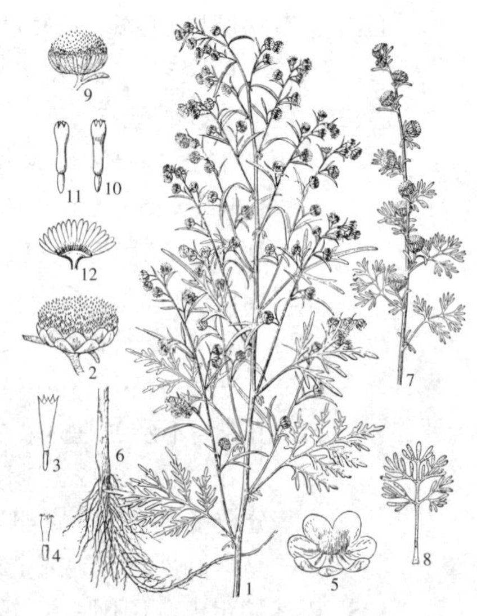

图 562：1-6. 大籽蒿 7-12. 大花蒿
（引自《图鉴》）

2. 中亚苦蒿 图 563

Artemisia absinthium Linn. Sp. Pl. 848. 1753.

多年生草本。茎密被灰白色柔毛。叶两面幼时密被黄或灰黄色稍绢质柔毛，后上面毛渐稀；茎下部与营养枝的叶长卵形或卵形，长8-12厘米，二至三回羽状全裂，每侧裂片4-5，裂片长卵形或椭圆形，小裂片椭圆状披针形或线状披针形，长0.8-1.5厘米，叶柄长6-12厘米；中部叶长卵形或卵形，长6-9厘米，二回羽状全裂，小裂片线状披针形，长1-2.5厘米，宽（2）3-5毫米，上部叶羽状全裂或5全裂，裂片披针形或线状披针形，苞片叶3深裂或不裂。头状花序球形或近球形，径2.5-3.5（-4）毫米，有短梗或近无梗，基部有窄线形小苞叶，排成穗状花序式总状花序，在茎上组成扫帚形圆锥花序；总苞片背面有白色柔毛，中肋绿色，花序托密被白色托毛；雌花1层，15-25，两性花4-6层，30-70（-90）。瘦果长圆形。花果期8-11月。

图 563 中亚苦蒿（黄先容绘）

产新疆天山北部，生于海拔1100-1500米山坡、草原、林缘、灌丛中。伊朗、阿富汗、巴基斯坦北部、印度北部、克什米尔地区、哈萨克斯坦、吉尔吉斯斯坦、塔吉克斯坦、俄罗斯、欧洲各国、非洲北部及西北部、加拿大及美国东部有分布。入药，消炎、健胃、驱虫。

3. 冷蒿 图 564

Artemisia frigida Willd. Sp. Pl. 3: 1838. 1800.

多年生草本，有时稍亚灌木状。茎数枚或多数常丛生，稀单生，高达70厘米。茎、枝、叶两面及总苞片背面密被淡灰黄或灰白色、稍绢质绒毛，后茎毛稍脱落。茎下部叶与营养枝叶长圆形或倒卵状长圆形，长0.8-1.5厘米，二（三）回羽状全裂，每侧裂片（2）3-4，小裂片线状披针形或披针形，叶柄长0.5-2厘米；中部叶长圆形或倒卵状长圆形，长0.5-0.7厘米，一至二回羽状全裂，每侧裂片3-4，中部与上半部侧裂片常3-5全裂，小裂片长椭圆状披针形、披针形或线状披针形，长2-3毫米，基部裂片半抱茎，成假托叶状，无柄；上部叶与苞片叶羽状全裂或3-5全裂。头状花序半球形、球形或卵球形，径2.5-3（4）毫米，排成总状或总状圆锥花序；总苞片边缘膜质，花序托有白色托毛；雌花8-13，两性花20-30，花冠檐部黄色。瘦果长圆形或椭圆状倒卵圆形。花果期7-10月。

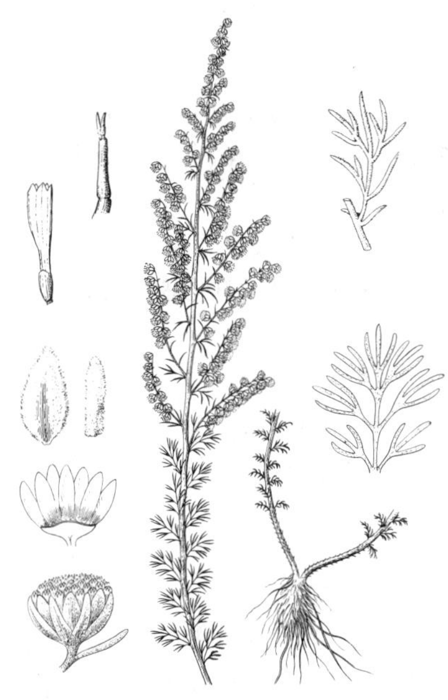

图 564 冷蒿（引自《图鉴》）

产黑龙江西南部、吉林西部、辽宁北部、内蒙古、河北、山西西北部、陕西北部、宁夏、甘肃、青海、新疆北部及西藏北部，生于海拔1000-4000米。蒙古、土耳其、伊朗、哈萨克斯坦、俄罗斯及北美洲有分布。入药，止痛、消炎、镇咳。为牧区营养价值较好饲料。

[附] **紫花冷蒿 Artemisia frigida** var. **atropurpurea** Pamp. in Nouv. Giorn. Bot. Ital. n. s. 34: 655. 1927. 与

模式变种的区别：植株高10-18厘米；头状花序径3.5-4.5毫米，排成穗状或窄圆锥状花序；花冠檐部紫色。产宁夏、甘肃、青海及新疆，生于海拔2000-2600米山坡。

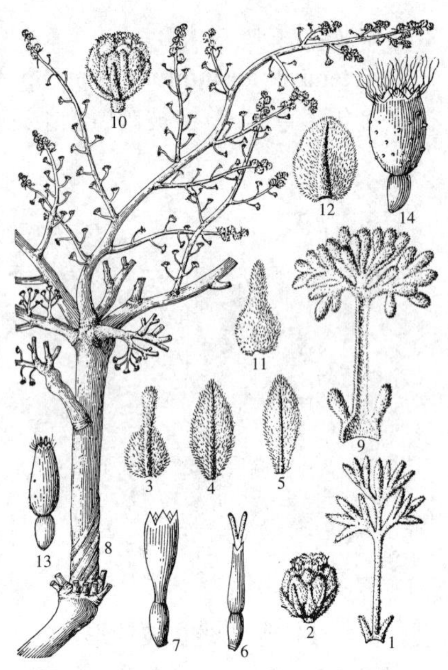

图 565：1-7. 银叶蒿 8-14. 内蒙古旱蒿
（余汉平绘）

4. 银叶蒿 图 565：1-7

Artemisia argyrophylla Ledeb. Fl. Alt. 4: 166. 1833.

多年生草本或近亚灌木状。茎多数，高达50厘米。茎、枝、叶两面及总苞片背面密被银白色、稍绢质柔毛。茎下部、中部及营养枝叶倒卵状椭圆形或椭圆形，长5-8毫米，一至二回羽状全裂，每侧裂片2-3，上部裂片常2-4全裂，下部裂片不裂，小裂片椭圆形或椭圆状倒披针形，长2-4毫米，叶柄长0.5-1厘米，基部有小假托叶；上部叶与苞片叶羽状全裂。头状花序半球形或近卵钟形，径4-7毫米，具短梗及小苞叶，在分枝排成总状花序，并在茎组成中等开展圆锥花序；雌花5-10，两性花20-40，花冠檐部紫色，被疏毛。瘦果长圆形或倒卵状长圆形。花果期8-10月。

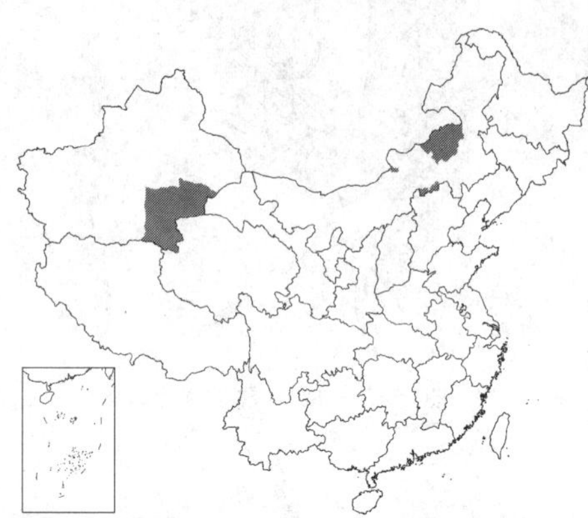

产内蒙古及新疆东南部，甘肃西部有记载，生于海拔2000米以下干旱草原。蒙古及俄罗斯西伯利亚西部有分布。

5. 岩蒿 图 566

Artemisia rupestris Linn. Sp. Pl. 841. 1753.

多年生草本。茎多数，高达50厘米，褐或红褐色，初微被柔毛，后无毛，上部密被灰白色柔毛，不分枝。叶薄纸质，初两面被灰白色柔毛，后无毛；茎下部与营养枝叶有短柄，中部叶无柄，叶卵状椭圆形或长圆形，长1.5-3(-5)厘米，二回羽状全裂，每侧裂片5-7，上半部裂片常羽状全裂或3出全裂，基部小裂片半抱茎，小裂片短小，栉齿状线状披针形或线形，长1-6毫米；上部叶与苞片叶羽状全裂或3全裂。头状花序半球形或近球形，径4-7毫米，基部常有羽状分裂小苞叶，排成穗状花序或近总状花序，稀茎上部有短分枝，头状花序排成穗状圆锥花序；总苞片背面有柔毛，边缘膜质、撕裂状；花序托凸起，半球形，具灰白色托毛；雌花8-16，檐部3-4裂齿；两性花5-6层，30-70。瘦果长圆形或长圆状卵圆形。花果期7-10月。

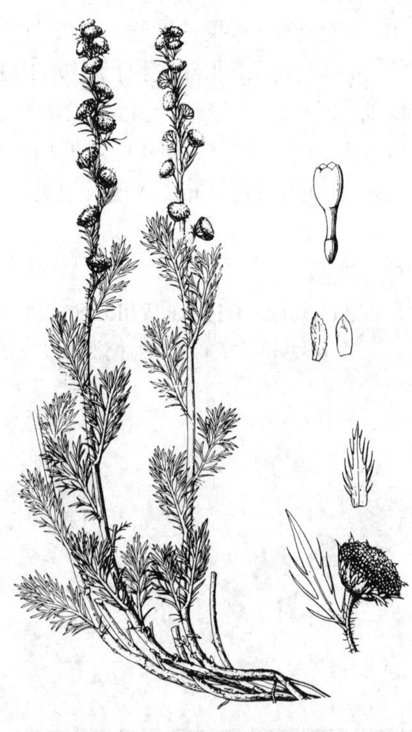
图 566 岩蒿（张荣生绘）

产新疆，生于海拔1100-2900米干旱山坡、半荒漠草原、草甸、平原或干河谷。蒙古、哈萨克斯坦、吉尔吉斯斯坦、塔吉克斯坦、俄罗斯及北欧各国有分布。入药，消炎、止血。

6. 内蒙古旱蒿 图 565：8-14

Artemisia xerophytica Krasch. in. Not. Syst. Herb. Hort. Bot. Petrop. 3: 24. 1922.

小灌木状。植株密被灰白或灰黄色稍绢质柔毛。茎多数，稀少数，丛生，高达40厘米，棕黄或褐黄色，枝细长，初密被绒毛。叶小，半肉质，两面被灰白或灰黄色、稍绢质柔毛；基生叶与茎下部叶二回羽状全裂；中部叶窄卵形或近圆形，长1-1.5厘米，二回羽状全裂，每侧裂片2-3，常3-5全裂，小裂片窄匙形、倒披针形或线状倒披针形，长1-3毫米，叶柄长3-5毫米；上部叶与苞片叶羽状全裂或3-5全裂，无柄。头状花序近球形，径3.5-4.5毫米，具短梗，在分枝端排成疏散开展总状花序或穗状花序状总状花序，在茎上组成中等开展圆锥花序；总苞片背面被灰黄色柔毛；花序托具白色托毛；雌花4-10；两性花10-20，檐部外面被柔毛。瘦果倒卵状长圆形。花果期7-10月。

产内蒙古西部、陕西北部、宁夏、甘肃、青海北部及新疆，生于海拔1700-3500米戈壁、半荒漠草原或半固定沙丘。蒙古有分布。防风固沙植物；为良好饲料。

7. 香叶蒿 图 567

Artemisia rutifolia Steph. ex Spreng. Syst. Veg. 3: 488. 1826.

亚灌木状草本，有时小灌木状，植株有浓香。茎成丛，高达80厘米，幼时被灰白色平贴丝状柔毛，老时渐脱落。叶两面被灰白色平贴丝状柔毛，茎下部与中部叶近半圆形或肾形，长1-2厘米，宽0.8-2.8厘米，二回羽状全裂或二回近掌状式三出全裂，每侧裂片1-2，小裂片长椭圆状倒披针形或椭圆状披针形，长0.6-1.2厘米，先端稍外弯，叶柄长0.3-1厘米，基部无假托叶；上部叶与苞片叶近掌状式羽状全裂，3全裂或不裂。头状花序半球形或近球形，径3-4（-4.5）毫米，梗长0.2-1.5厘米，下垂或斜展，在茎上半部排成总状花序或部分间有复总状花序，花序托具脱落性秕糠状或鳞片状托毛；总苞片背面被白色丝状柔毛；雌花5-10；两性花12-15。瘦果椭圆状倒卵圆形。花果期7-10月。

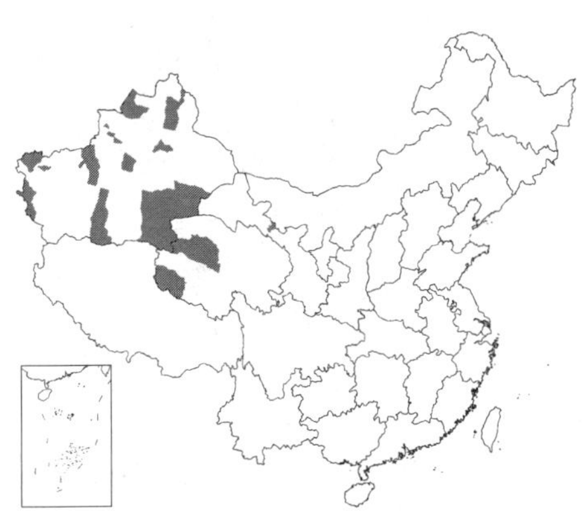

产甘肃中部、青海及新疆，文献记载西藏有分布，生于海拔1300-3800米干旱山坡、干河谷、山间盆地、森林草原或半荒漠草原。蒙古、阿富汗、伊朗、巴基斯坦北部、哈萨克斯坦、吉尔吉斯斯坦、塔吉克斯坦及俄罗斯西伯利亚有分布。

图 567 香叶蒿（余汉平仿《新疆植物志》）

8. 白山蒿 图 568

Artemisia lagocephala (Fisch. ex Bess.) DC. Prodr. 6: 122. 1837.

Absinthium lagocephalum Fisch. ex Bess. in Bull. Soc. Nat. Mosc. 1 (8): 233. 1829.

亚灌木状草本。茎多数，丛生，高达80厘米。茎、枝被灰白色柔毛。

叶厚纸质，上面暗绿色，微有白色柔毛或近无毛，下面密被灰白色平贴柔毛；茎下部、中部及营养枝叶匙形、长椭圆状倒披针形或披针形，长3-6厘米，全缘或下部叶先端常有3-5浅圆裂齿，中部叶先端不裂，全缘，基部渐窄楔形，无柄；上部叶及苞片叶披针形或线状披针形。头状花序半球形或近球形，径4-6毫米，在苞片腋内单生或在叶腋内2-5排成短总状花序，在茎上组成总状圆锥花序或总状花序；总苞片背面密被灰褐色柔毛；花序托凸起，半球形，具托毛；雌花7-10，檐部外面被柔毛或无毛；两性花30-80，花冠檐部外面有柔毛。花果期8-10月。

产黑龙江、吉林东部及内蒙古，生于海拔1400米以上山坡、砾质坡地、路旁或森林草原。朝鲜、俄罗斯北极地区、西伯利亚及远东地区有分布。

图 568 白山蒿（马 平绘）

9. 玉山艾 图 569

Artemisia niitakayamensis Hayata in Bot. Mag. Tokyo 20: 16.

多年生草本。茎高达20厘米，紫红或紫褐色，幼时被柔毛，常不分枝。叶两面初微被柔毛；茎下部与中部叶卵形或倒卵形，长12.5厘米，二回羽状分裂，一回全裂，每侧裂片(3)4(5)，二回深裂，每侧具2-4小裂齿，长2-8毫米，宽0.6-1毫米；叶柄长0.5-1厘米或近无柄，常有小型分裂假托叶；上部叶一或二回羽状全裂或深裂，苞片叶羽状分裂或不裂。头状花序半球形，径0.7-1厘米，梗长0.5-2厘米，在茎上排成总状花序；总苞片背面无毛；花序托凸起，半球形，具稀疏白色托毛；雌花10-18；两性花40-60。瘦果长圆形或倒卵状长圆形，有3条稍明显纵纹。花果期8-11月。

产台湾，生于海拔3800米高山地区。

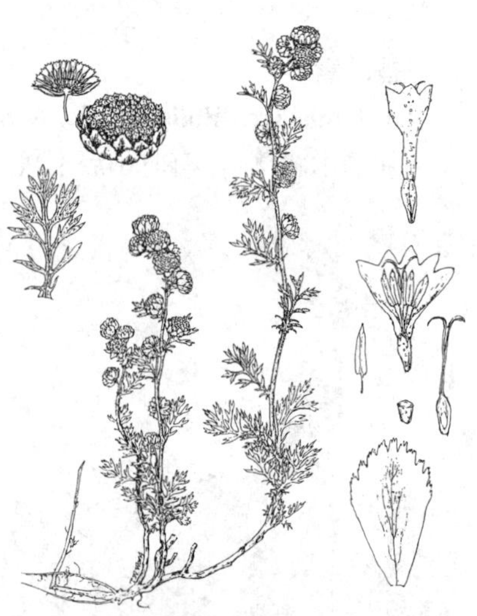

图 569 玉山艾（引自《Fl. Taiwan》）

10. 垫型蒿 图 570

Artemisia minor Jacq. ex Bess. in Bull. Soc. Nat. Mosc. 9: 22. 1836.

垫状亚灌木状草本。茎丛生，高达15厘米。茎、枝、叶两面及总苞片背面密被灰白或淡灰黄色平贴丝状绵毛。茎下部与中部叶近圆形、扇形或肾形，长0.6-1.2厘米，二回羽状全裂，每侧裂片2（3），每裂片3-5全裂，小裂片披针形或长椭圆状披针形，长1-2毫米，叶柄长4-8毫米；上部叶与苞片叶小，羽状全裂或深裂、3全裂或不裂。头状花序半球形或近球形，径（0.3-）

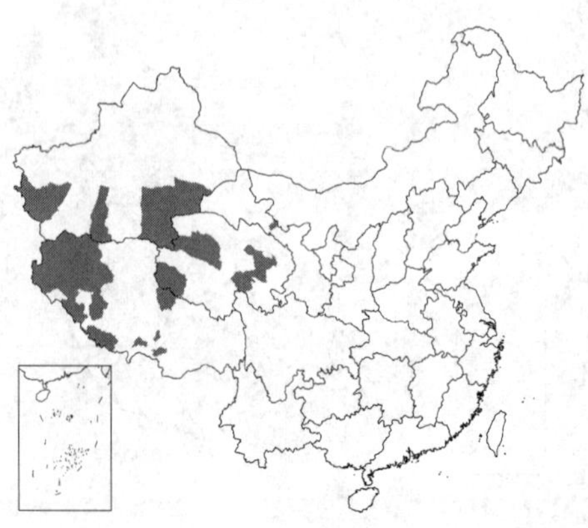

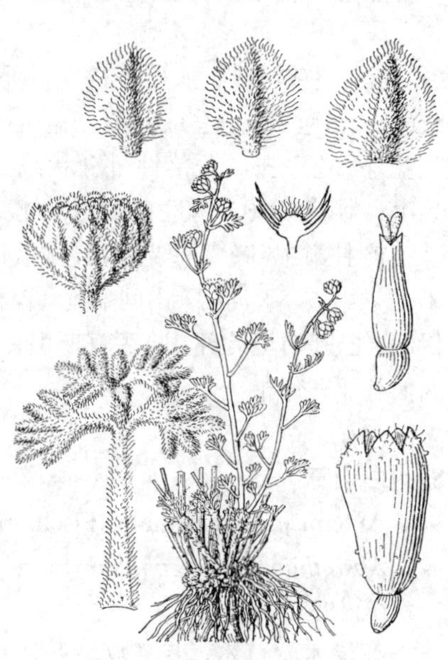

图 570 垫型蒿（余汉平绘）

0.5-1厘米，有短梗或近无梗，排成穗状总状花序；花序托半球形，密生白色托毛；雌花10-18；两性花50-80，花冠檐部紫色。瘦果倒卵圆形。花果期7-10月。

产甘肃中部、青海、新疆南部及西藏，生于海拔3000-5800米山坡、山谷、砾石坡地或砾质草地。伊朗、克什米尔地区、印度北部、巴基斯坦北部及锡金有分布。

图 571 冻原白蒿（引自《图鉴》）

11. 冻原白蒿 图 571

Artemisia stracheyi Hook. f. et Thoms. ex Clarke, Comp. Ind. 164.1876.

多年生草本。茎多数，密集，高达45厘米。茎、叶两面及总苞片背面密被灰黄或淡黄色绢质绒毛。基生叶与茎基部叶窄长卵形、长圆形或长椭圆形，长5-10厘米，二至三回羽状全裂，每侧裂片7-13，裂片椭圆形或卵状椭圆形，长1-1.5厘米，裂片间隔大，每裂片常羽状全裂，每侧具1-3小裂片，小裂片窄线状披针形或线形，长3-5毫米，叶柄长5-8厘米，基部稍抱茎；中部叶与上部叶稍小，一至二回羽状全裂；苞片叶羽状全裂或不裂。头状花序半球形，径0.6-1厘米，有短梗，下垂，排成总状花序或密穗状总状花序；花序托半球形，具稀疏脱落性托毛；雌花4-10，花冠外面粘附淡黄色脱落性长绒毛。瘦果倒卵圆形。花果期7-11月。

产西藏，生于海拔4300-5700米山坡、河滩、湖边砾质滩地、草甸及灌丛。克什米尔地区、印度北部及巴基斯坦北部有分布。

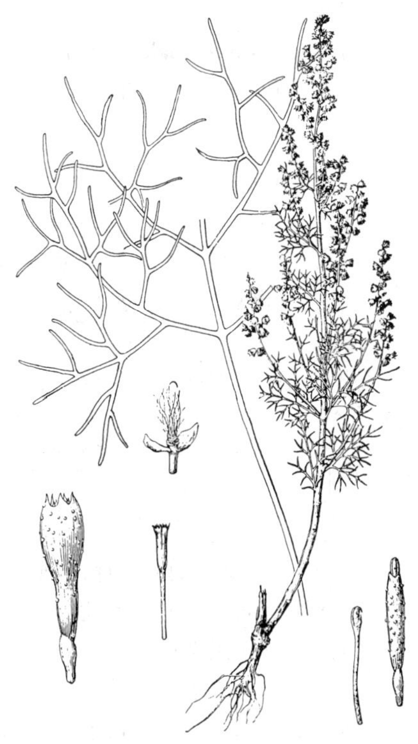

图 572 海州蒿（余 峰绘）

12. 海州蒿 图 572

Artemisia fauriei Nakai in Bot. Mag. Tokyo 29: 7. 1915.

多年生草本。茎单一，高达60厘米。茎、枝初被灰白色蛛丝状绒毛。叶稍肉质，初两面被蛛丝状绒毛，基生叶密集，卵形或宽卵形，长11-18厘米，三（四）回羽状全裂，小裂片窄线形，长（1-）1.5-3厘米；下部与中部叶宽卵形，长、宽3-5厘米，二（三）回羽状全裂，每侧裂片3-4，裂片间隔疏离，小裂片窄线形，长0.5-1.5厘米，叶柄长0.8-1.2厘米，基部半抱茎；上部叶、苞片叶与小枝叶倒卵形，3-5全裂或不裂。头状花序卵圆形或卵圆状倒圆锥形，径2-3（4）毫米，多数，下垂，具短梗或近无梗，排成复总状花序，并在茎上组成稍开展或窄长圆锥花序；总苞片初背面微被蛛丝状绒毛；花序托凸起，托毛白色；雌花2-5；两性花8-15。瘦果倒卵圆形，稍扁。花果期8-10月。

产河北、山东及江苏北部沿海滩涂或沟边。朝鲜半岛及日本有分布。

13. 碱蒿 图 573

Artemisia anethifolia Web. ex Stechm. Artem. 29. 1775.

一、二年生草本。主根单一，垂直。茎高达50厘米。茎、枝初被绒毛，叶时被柔毛。基生叶椭圆形或长卵形，长3-4.5厘米，二至三回羽状全裂；中部叶卵形、宽卵形或椭圆状卵形，长2.5-3厘米，一至二回羽状全裂，每侧裂片3-4，侧边中部裂片常羽状全裂，裂片或小裂片窄线形，长0.6-1.2厘米；上部叶与苞片叶无柄，5或3全裂或不裂。头状花序半球形或宽卵圆形，径2-3（4）毫米，具短梗，基部有小苞片，排成穗状总状花序，并在茎上组成疏散、开展圆锥花序；总苞片背面微被白色柔毛或近无毛；花序托凸起，托毛白色；雌花3-6；两性花18-28，檐部黄或红色。瘦果椭圆形或倒卵圆形。花果期8-10月。

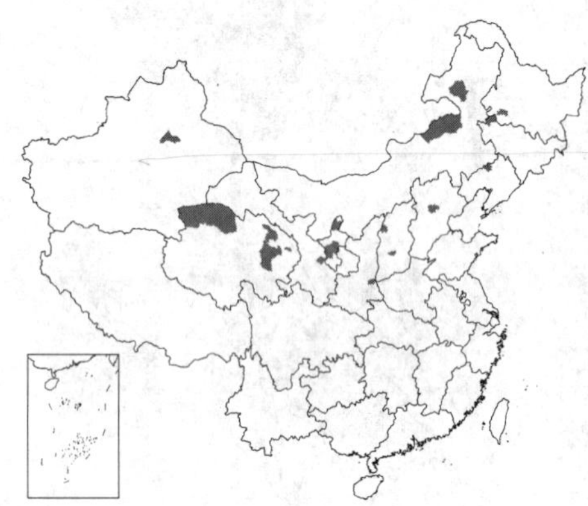

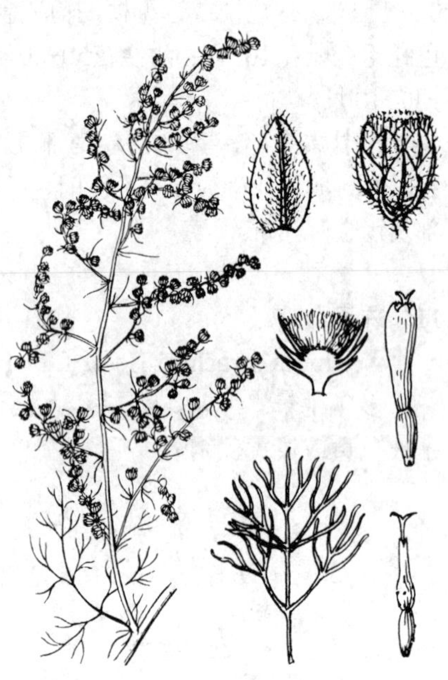

图 573 碱蒿（阎翠兰 余汉平绘）

产黑龙江西南部、吉林西北部、辽宁、内蒙古东北部、河北、山西、陕西中东部、宁夏、甘肃、青海及新疆，生于海拔800-2300米干山坡、干河谷、碱性滩地或盐渍化草原。蒙古及俄罗斯西伯利亚有分布。

[附] **矮滨蒿 Artemisia nakai** Pamp. in Nouv. Giorn. Bot. Ital. n. s. 34: 682. 1927. 本种与碱蒿的区别：头状花序椭圆状倒圆锥形，径2-4毫米，总苞片背面初微被蛛丝状毛。产内蒙古南部、辽宁及河北，生于低海拔地区海边、河岸或草原。朝鲜半岛北部有分布。

14. 莳萝蒿 图 574

Artemisia anethoides Mattf. in Fedde, Repert. Sp. Nov. 22: 249. 1926.

一、二年生草本。主根单一。茎单生，高达90厘米。茎、枝均被灰白色柔毛，叶两面密被白色绒毛。基生叶与茎下部叶长卵形或卵形，长3-4（5）厘米，三（四）回羽状全裂；中部叶宽卵形或卵形，长2-4厘米，宽1-3厘米，二至三回羽状全裂，每侧有裂片（1）2-3，小裂片丝线形或毛发状，长2-5毫米，基部裂片半抱茎；上部叶与苞片叶3全裂或不裂。头状花序近球形，多数，径1.5-2（-2.5）毫米，具短梗，下垂，排成复总状花序或穗状总状花序，并在茎上组成开展圆锥花序；总苞片背面密被白色柔毛；花序托具托毛；雌花3-6；两性花8-16。瘦果倒卵形。花果期6-10月。

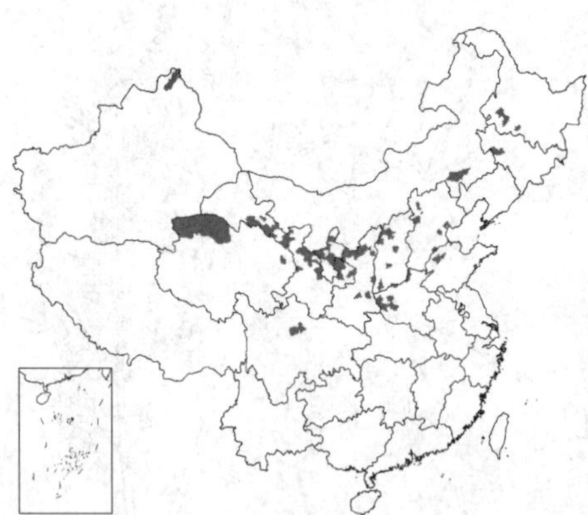

图 574 莳萝蒿（引自《图鉴》）

产黑龙江西南部、吉林西南部、辽宁南部、内蒙古东南部、河北、山东、河南、山西、陕西、宁夏、甘肃、新疆北部、青海、四川中北部及江苏东南部，生于低海拔至3300米干山坡、草原、半荒漠草原或森林草原。蒙古及俄罗斯有分布。

15. 伊朗蒿 图 575

Artemisia persica Boiss. Diagn. ser. 1, 6: 91. 1845.

亚灌木状草本。茎、枝初被灰白色蛛丝状柔毛。茎下部与基部叶近圆形或卵形，长1.5-3.5（-4.5）厘米，两面疏被蛛丝状短柔毛，二至三回羽状全裂，每侧裂片3-5，小裂片近成栉齿状线状披针形或窄短线形，长4-6毫米，叶柄长0.5-1厘米；上部叶与苞片叶无柄，一至二回羽状全裂。头状花序半球形，径3-4（5）毫米，有短梗及小苞叶，排成穗状总状花序或复总状花序，在茎上常组成稍开展或窄长圆锥花序；总苞片背面密被白色蛛丝状柔毛，边缘褐色，膜质；花序托具托毛；雌花10-15；两性花35-50，花冠檐部紫色，外面初被疏柔毛。瘦果椭圆状卵圆形或长卵圆形。花果期8-9月。

产西藏，生于海拔2900-3300米或更高地区砾质地或沙地。伊朗、阿富汗、印度北部、巴基斯坦北部、克什米尔地区、哈萨克斯坦、吉尔吉斯斯坦及塔吉克斯坦有分布。

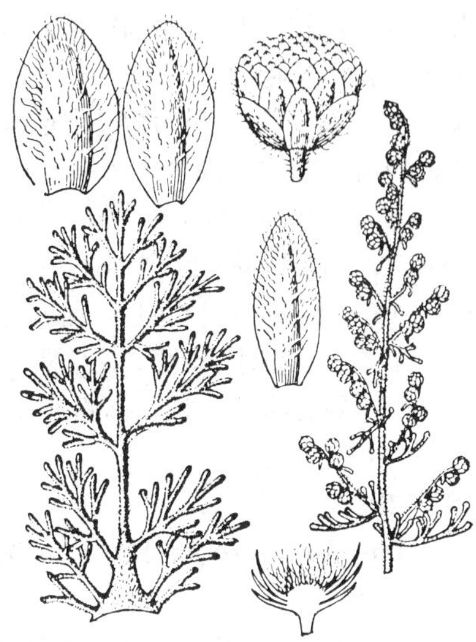

图 575 伊朗蒿（余汉平绘）

16. 西北蒿 图 576

Artemisia pontica Linn. Sp. Pl. 847. 1753.

亚灌木状草本。茎少数或单生，高达0.6（-1）米；多分枝，茎上部及分枝密被灰白色柔毛或柔毛。叶上面疏被灰白色微柔毛，下面密背灰绿色柔毛，基生叶密集，与茎下部叶卵形或宽卵形，长2-5厘米，二至三回羽状全裂，具短柄；中部叶二回羽状全裂，每侧裂片3-4，裂片斜向叶端，小裂片椭圆形或短线形，长3-5毫米，先端钝，上部叶与苞片叶羽状全裂或不裂。头状花序多数，近球形，径2.5-3（-3.5）毫米，具短梗或近无梗，有小苞片叶，排成穗状花序，在茎上组成窄或中等开展圆锥花序；总苞片背面被灰白或灰绿色柔毛；雌花8-12；两性花30-40，花冠檐部外面无毛或微被细柔毛。瘦果倒卵圆形。花果期7-10月。

产宁夏、甘肃东部、新疆北部及西北部，生于中、低海拔地区砾质坡地、干旱河谷、草原及荒坡。俄罗斯及中欧有分布。

图 576 西北蒿（孙英宝绘）

17. 甘新青蒿 图 577

Artemisia polybotryoidea Y. R. Ling in Bull. Bot. Res. (Harbin) 5 (2): 1. f. 9. 1985.

亚灌木状多年生草本。茎多数，常成小丛，高达60厘米，下部木质；

分枝多。茎、枝无毛。叶下面微被灰白色柔毛或近无毛；下部叶花期凋谢；中部叶卵形或椭圆形，长4-5.5厘米，三（四）回栉齿状羽状全裂，每侧裂片5-8，再次羽状全裂或栉齿形深裂，每侧具小裂片6-8，椭圆形或短线形或近栉齿形，长1-3毫米，边缘偶有细小栉齿，上面中肋凹陷，叶柄长2.5-3.5厘米；上部叶与苞片叶二至三回栉齿状羽状全裂。头状花序多数，球形，径4-5毫米，具短梗与线形小苞叶，排成穗形总状花序，在茎上常组成开展、伸长圆锥花序；总苞片背面近无毛；雌花8-12；两性花25-35，花冠檐部无毛。瘦果倒卵圆形。花果期8-10月。

产新疆北部及甘肃中东部，生于海拔1000-1550米干旱山坡或路旁。

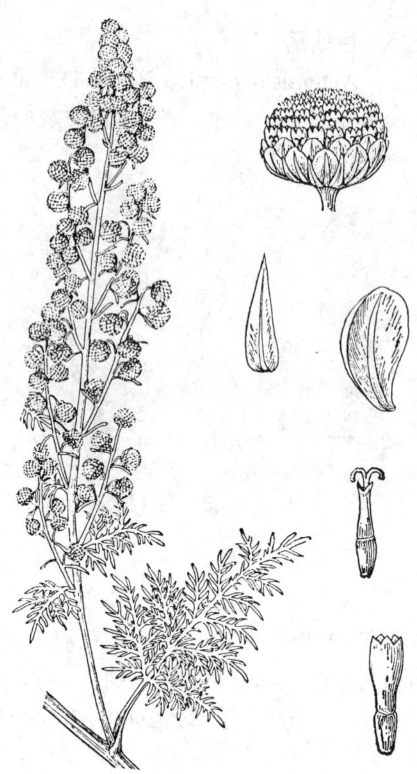

图 577 甘新青蒿（余汉平 邓盈丰绘）

18. 白莲蒿 图 578

Artemisia sacrorum Ledeb. in Bull. Acad. Imp. Sci. St. Pétersb. 5: 571. 1815.

Artemisia gmelinii auct. non Web. ex Stechm.: 中国高等植物图鉴 4: 535. 1975.

亚灌木状草本。茎常成丛，高达1（-1.5）米。茎、枝初被微柔毛。叶下面初密被灰白色平贴柔毛；茎下部与中部叶长卵形、三角状卵形或长椭圆状卵形，长2-10厘米，二至三回栉齿状羽状分裂，一回全裂，每侧裂片3-5，小裂片栉齿状披针形或线状披针形，中轴两侧具4-7栉齿，叶柄长1-5厘米，基部有小型栉齿状分裂的假托叶；上部叶一至二回栉齿状羽状分裂；苞片叶羽状分裂或不裂。头状花序近球形，下垂，径2-3.5（-4）毫米，具短梗或近无梗，排成穗状总状花序，在茎上组成密集或稍开展圆锥花序；总苞片背面初密被灰白色柔毛；雌花10-12；两性花20-40。瘦果窄椭圆状卵圆形或窄圆锥形。花果期8-10月。

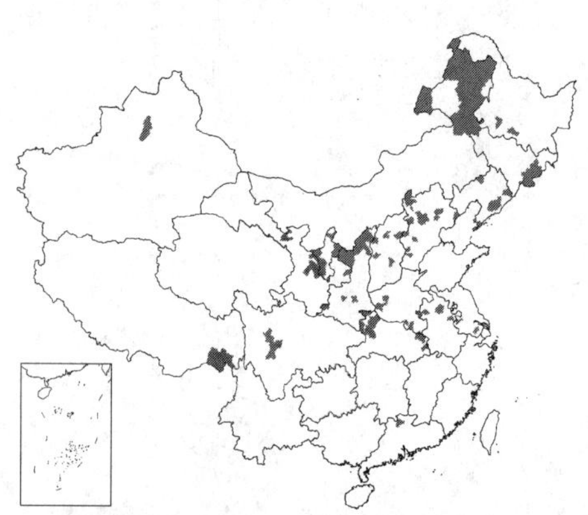

产黑龙江、吉林东部、辽宁、内蒙古、河北、山西、陕西、宁夏、甘肃、新疆、西藏东南部、四川、湖北、河南、安徽、江苏南部及广东北部，生于中、低海拔地区山坡、路旁、灌丛地或森林草原。日本、朝鲜半岛、蒙古、阿富汗、印度北部、巴基斯坦北部、克什米尔地区、哈萨克斯坦及俄罗斯亚洲部分有分布。

[附] **灰莲蒿 Artemisia sacrorum** var. **incana** (Bess.) Y. R. Ling in Bull. Bot. Res. (Harbin) 8 (4): 13. 1988.——*Artemisia messerschmidtiana* Bess. var. *incana* Bess. in Nouv. Mem. Soc. Imp. Nat. Mosc. 3: 26. 1834. 本变种与模式变种的区别：叶下面被灰白色宿存毛，产地同模式变种。蒙古、朝鲜半岛北部及日本有分布。

[附] **密毛白莲蒿 Artemisia sacrorum** var. **messerschmidtiana** (Bess.) Y. R. Ling in Bull. Bot. Res. (Harbin) 8 (4): 13. 1988.—— *Artemisia messerschmidtiana* Bess. in Nouv. Mem. Soc. Imp. Nat. Mosc. 3: 27. 1834. 本变种与模式变种及灰莲蒿的区别：叶二（三）回栉齿状羽状分裂，两面被宿存柔毛，上面毛稍稀疏。产黑龙江、吉林、辽宁、内蒙古、宁夏、新疆、青海、甘肃、陕西、山西、河北、河南、山东及江苏，生于低海拔地区

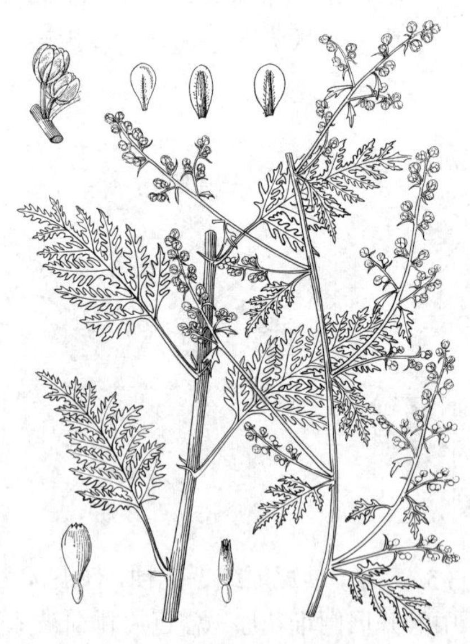

图 578 白莲蒿（黄少容绘）

山坡或路旁。阿富汗、俄罗斯、蒙古、朝鲜半岛北部及日本有分布。

19. 细裂叶莲蒿 图 579

Artemisia gmelinii Web. ex Stechm. Artem. 30. 1775.

Artemisia santolinaefolia Turcz.; 中国高等植物图鉴 4: 536. 1975.

亚灌木状草本。茎丛生。茎、枝初被灰白色绒毛。叶上面初被灰白色柔毛，常有白色腺点或凹皱纹，下面密被灰或淡灰黄色蛛丝状柔毛；茎下部、中部与营养枝叶卵形或三角状卵形，长2-4厘米，二至三回栉齿状羽状分裂，一至二回羽状全裂，每侧裂片4-5，小裂片栉齿状短线形或短线状披针形，先端尖，边缘常具数枚小栉齿，叶柄长0.8-1.3厘米，基部有栉齿状假托叶；上部叶一至二回栉齿状羽状分裂；苞片叶栉齿状羽状分裂、披针形或披针状线形。头状花序近球形，径3-4(-6)毫米，排成穗状花序或穗状总状花序，在茎上组成总状窄圆锥花序；外层总苞片背面被灰白色柔毛或近无毛，花序托半球形；雌花10-12；两性花40-60。瘦果长圆形。花果期8-10月。

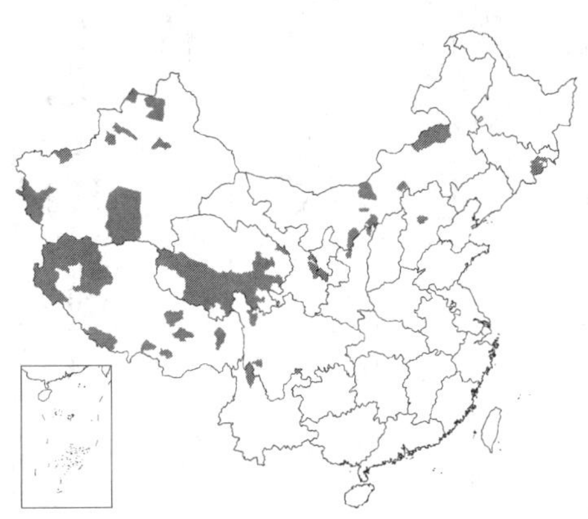

图 579 细裂叶莲蒿（引自《图鉴》）

产吉林东部、内蒙古、河北、陕西北部、宁夏、甘肃、青海、新疆、西藏、四川及云南西北部，生于海拔1500-4900米山坡、草原、半荒漠草原、草甸、灌丛、砾质阶地或滩地。中亚、蒙古及俄罗斯有分布。

20. 毛莲蒿 图 580

Artemisia vestita Wall. ex Bess. in Nouv. Mem. Soc. Imp. Nat. Mosc. 3: 25. 1834.

亚灌木状草本或小灌木状。茎多数，高达1.2米。茎、枝被蛛丝状微柔毛。叶两面被灰白色密绒毛或上面毛稍少，下面毛密；茎下部与中部叶卵形、椭圆状卵形或近圆形，长（2-）3.5-7.5厘米，二（三）回栉齿状羽状分裂，每侧裂片4-6，小裂片常具数枚栉齿状假托叶；上部叶栉齿状；苞片叶分裂或不裂。头状花序多数，球形或半球形，径2.5-3.5(-4)毫米，有短梗或近无梗，排成总状、复总状或近穗状花序，常在茎上组成圆锥花序；总苞片背面被灰白色柔毛；雌花6-10；两性花13-20。瘦果长圆形或倒卵状椭圆形。花果期8-11月。

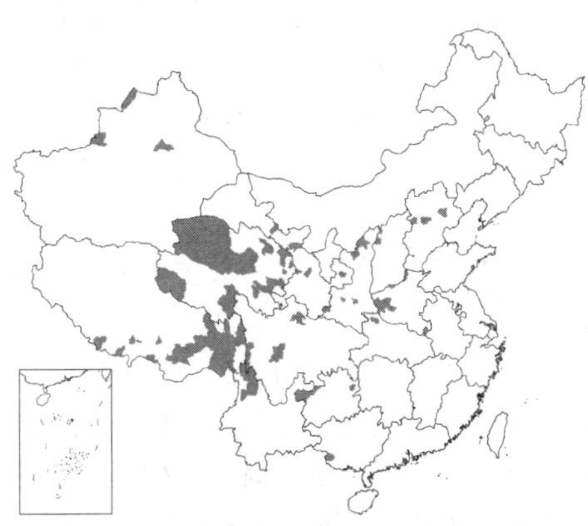

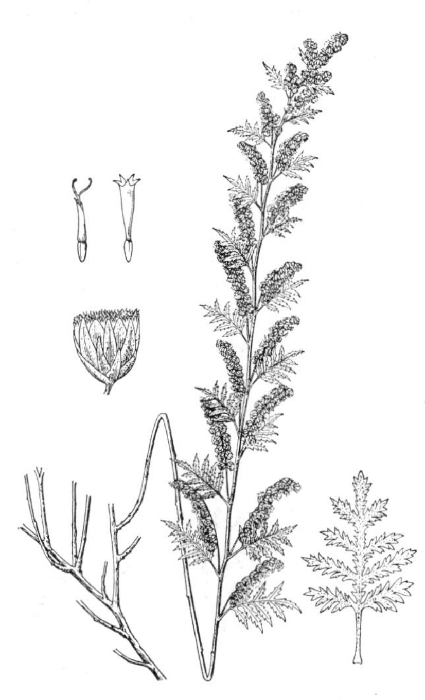

图 580 毛莲蒿（引自《图鉴》）

产河北、河南、山西、陕西、甘肃、青海、新疆、西藏、四川、湖北西北部、贵州、云南及广西西南部，生于低海拔至4000米山坡、草地、灌丛或林缘。印度北部、巴基斯坦北部、尼泊尔及克什米尔地区有分布。

21. 宽叶蒿 图 581

Artemisia latifolia Ledeb. in Mém. Acad. Pétersb. 5: 569. 1815.

多年生草本。茎高达70厘米，无毛或上部微有平贴柔毛。叶两面无毛或初疏被柔毛；基生叶长圆形或长卵形，一至二回羽状分裂，具长柄；茎下部与中部叶椭圆状长圆形或长卵形，长4-14(-18)厘米，一回羽状深裂，每侧裂片5-7，再成栉齿状羽状深裂，栉齿长(-0.3)0.5-1.3厘米，叶柄长3-6厘米，基部无假托叶；上部叶栉齿状羽状深裂；苞片叶线形，全缘。头状花序近球形或半球形，径3-4毫米，有短梗，排成短穗状总状花序，在茎上组成窄圆锥花序；总苞片背面无毛或近无毛；雌花5-9；两性花18-25。瘦果倒卵圆形或稍呈棱形。花果期7-10月。

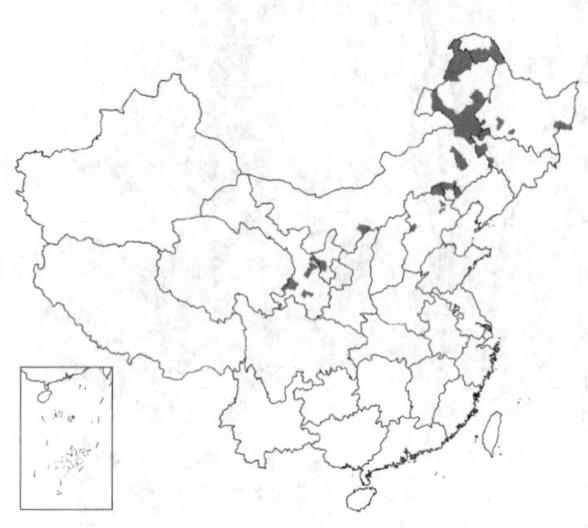

产黑龙江、吉林西部、内蒙古、宁夏、甘肃及河北，生于中、低海拔草原、森林草原或疏林边缘。蒙古、朝鲜、哈萨克斯坦、俄罗斯西伯利亚及欧洲部分有分布。

[附] **尖栉齿叶蒿 Artemisia medioxima** Krasch. ex Poljak. in Not. Syst. Herb. Inst. Bot. Acad. Sci. URSS 17: 405. 1955.本种与宽叶蒿的主要区别：亚灌木状草本，高达1.2米；栉齿长0.4-1厘米；头状花序，径4-6毫米，两性花20-40。

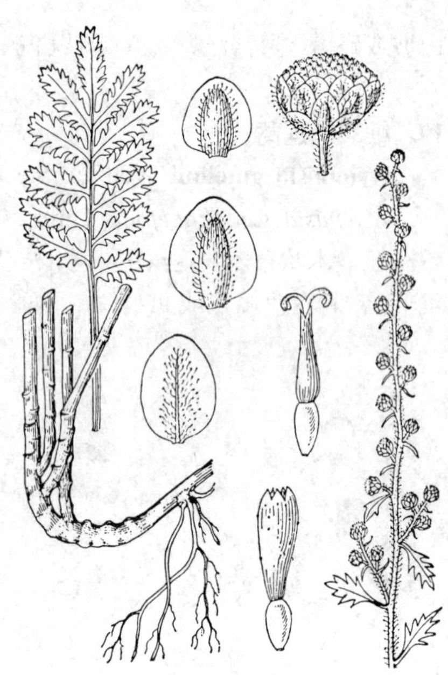

图 581 宽叶蒿 (余汉平绘)

22. 褐苞蒿 图 582

Artemisia phaeolepis Krasch. B. Сист. Заи Герδ. Том. унив. 1-2. 1949.

多年生草本。茎上部初密被平贴柔毛；不分枝或茎中部具少数着生头状花序细短分枝。叶椭圆形或长圆形，上面近无毛，微有小凹点，下面初微被灰白色长柔毛，基生叶与茎下部叶二至三回栉齿状羽状分裂；中部叶二回栉齿状羽状分裂，长2-6厘米，一回为羽状全裂，每侧有裂片5-7(8)，裂片两侧具多枚栉齿状或短披针形小裂片；叶柄长3-5厘米；苞片叶披针形或线形，全缘或有少数栉齿。头状花序少数，半球形，径4-6毫米，下垂，排成总状花序或穗状总状花序，在茎上排成总状窄圆锥花序；总苞片3-4层，内、外层近等长，具褐色、宽膜质边缘。花序托半球形；雌花12-18；两性花40-80。瘦果长圆形或长圆状倒卵圆形。花果期7-10月。

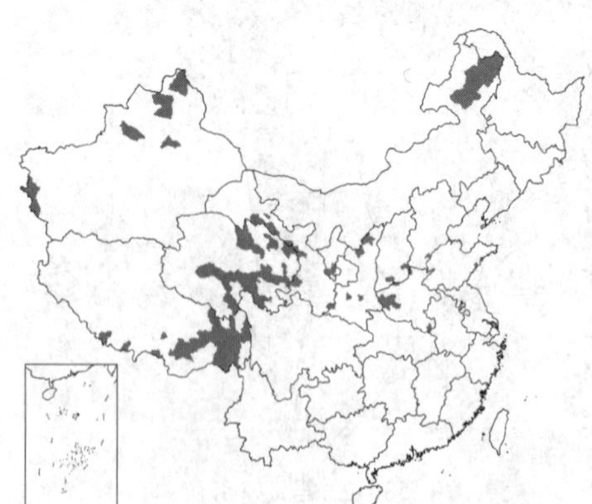

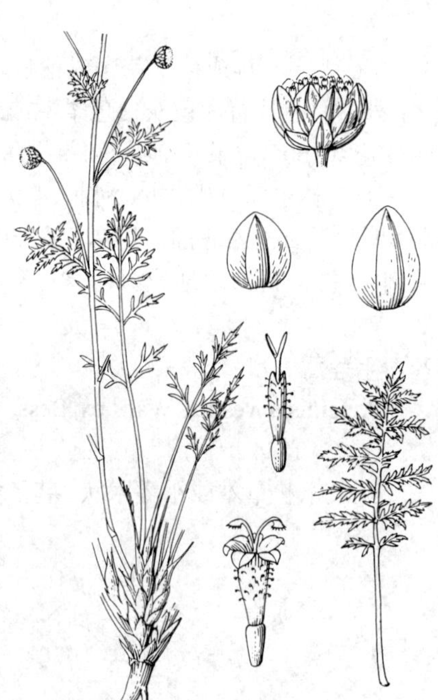

图 582 褐苞蒿 (引自《新疆植物志》)

产内蒙古东北部、河北南部、河南、山西南部、陕西、宁夏、甘肃、青海、新疆及西藏，内蒙古生于中、低海拔地区，其他省区分布在2500-3600米山坡、沟谷、路旁、草地、荒滩、草甸、林缘、灌丛、砾质坡地或半荒漠草原。蒙古及俄罗斯西伯利亚西部有分布。

[附] 雪山艾 **Artemisia tsugitakaensis** (Kitam.) Ling et Y. R. Ling in Bull. Bot. Res. (Harbin) 2(2): 43. 1984.—— *Artemisia niitakayamensis* Hayata var. *tsugitakaensis* Kitam. in Acta Phytotax. Geobot. 9: 32. 1940. 本种与褐苞蒿的区别：茎中部叶一至二回羽状全裂或深裂，一回全裂，每侧裂片3-4，侧边中部裂片具2-4深裂齿；总苞片具膜质、常撕裂状、稍带褐色的边缘。产台湾，生于嘉义玉山山脉海拔约3900米附近地区。

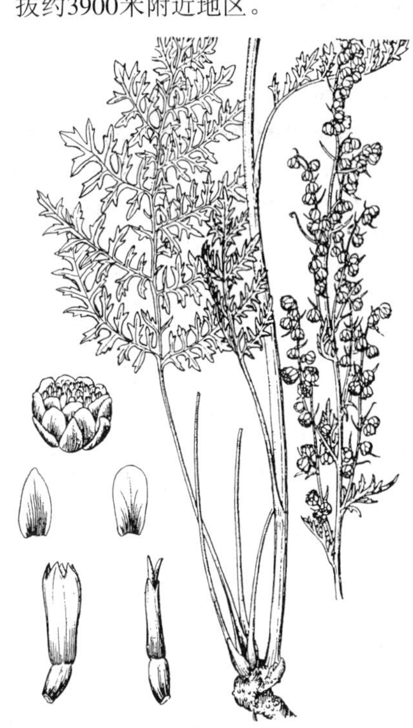

图 583 裂叶蒿（马 平绘）

23. 裂叶蒿 图 583

Artemisia tanacetifolia Linn. Sp. Pl. 848. 1753.

多年生草本。茎少数或单生，高达70(-90)厘米，茎上部与分枝通常被平贴柔毛。叶下面初密被白色绒毛，后稍稀疏；茎下部与中部叶椭圆状长圆形或长卵形，长3-12厘米，二至三回栉齿状羽状分裂，一回全裂，每侧裂片6-8，裂片基部下延在叶轴与叶柄上端成窄翅状，小裂片椭圆状披针形或线状披针形栉齿，不裂或具小锯齿，叶柄长3-12厘米，基部有小型假托叶；上部叶一至二回栉齿状羽状全裂；苞片叶栉齿状羽状分裂或不裂，线形或线状披针形。头状花序球形或半球形，径2-3(-3.5)毫米，下垂，排成密集或稍疏散穗状花序，在茎上组成扫帚状圆锥花序；总苞片背面无毛或初微被稀疏绒毛；雌花8-15；两性花30-40，花冠檐部背面有柔毛。瘦果椭圆状倒卵圆形。花果期7-10月。

产黑龙江、吉林、辽宁、内蒙古、河北、山西、宁夏、甘肃、青海东北部及新疆北部，生于中、低海拔地区森林草原、草原、草甸、林缘或灌丛。蒙古、朝鲜、哈萨克斯坦、俄罗斯、欧洲及北美阿拉斯加有分布。牧区作牲畜饲料。

图 584 商南蒿（邓晶发绘）

24. 商南蒿 图 584

Artemisia shangnanensis Ling et Y. R. Ling in Bull. Bot. Res. (Harbin) 4(2): 14. f. 1. 1984.

一、二年生草本。茎单生，高达1.5米，多分枝，开展。茎、枝被淡黄或灰黄色柔毛。叶两面初被淡黄或灰黄色柔毛，后渐稀疏；基生叶与茎下部叶卵圆形，(二)三回羽状深裂；中部叶卵形或长卵形，长10-12厘米，二至三回羽状分裂，一回全裂，每侧裂片3-4，二、三回为深裂齿或为宽栉齿，叶柄长2-3(-4)厘米，基部有半抱茎假托叶；上部叶一至二回羽状深裂；苞片叶3-5深裂或不裂。头状花序半球形或近球形，径5-7毫米，具短梗，下垂，基部有小苞叶，排成总状花序或

近穗状花序，在茎上组成开展圆锥花序；总苞片背面疏被灰黄色柔毛；雌花15-20；两性花80-150。瘦果倒卵圆形或椭圆形。花果期8-10月。

产河南西部及北部、陕西东南部及南部、湖北及四川东北部，生于中、低海拔地区山坡、路旁或林缘。

25. 青蒿 图 585

Artemisia carvifolia Buch.-Ham. ex Roxb. Fl. Ind. 3: 422. 1832.

Artemisia apiacea Hance; 中国高等植物图鉴 4: 530. 1983.

一年生草本。茎单生，高达1.5米，无毛。叶两面无毛；基生叶与茎下部叶三回栉齿状羽状分裂，叶柄长；中部叶长圆形、长圆状卵形或椭圆形，长5-15厘米，二回栉齿状羽状分裂，一回全裂，每侧裂片4-6，裂片具长三角形栉齿或近线状披针形小裂片，中轴与裂片羽轴有小锯齿，叶柄长0.5-1厘米，基部有小形半抱茎假托叶；上部叶与苞片叶一(二)回栉齿状羽状分裂，无柄。头状花序近半球形，径3.5-4毫米，具短梗，下垂，基部有线形小苞叶，穗状总状花序组成圆锥花序；总苞片背面无毛；雌花1-20；两性花30-40。瘦果长圆形。花果期6-9月。

图 585 青蒿（引自《图鉴》）

产吉林、辽宁、河北、山西、河南、山东、江苏南部、安徽、浙江、福建、江西、湖北、湖南、广东、广西、贵州、云南、四川及陕西西南部，生于低海拔湿润河岸砂地、山谷、林缘或路旁。朝鲜、日本、越南北部、缅甸、印度北部及尼泊尔有分布。入药，消炎、杀菌、清热、解毒。

[附] **大头青蒿 Artemisia carvifolia** var. **schochii** (Mattf.) Pamp. in Nuov. Mem. Soc. Imp. Nat. Mosc. 34: 649. 1927.—— *Artemisia schochii* Mattf. in Fedde, Repert. Sp. Nov. 22: 245. 1926. 本变种与模式变种的区别：头状花序径4.5-7毫米，排成总状花序状，总苞片花后放射状张开；叶侧裂片近楔形。产江苏、江西、湖北、湖南、广东、广西、贵州及云南。

26. 黄花蒿 图 586

Artemisia annua Linn. Sp. Pl. 847. 1753.

一年生草本。茎单生。茎、枝、叶两面及总苞片背面无毛或初叶下面微有极稀柔毛。叶两面具脱落性白色腺点及细小凹点，茎下部叶宽卵形或三角状卵形，长3-7厘米，三(四)回栉齿状羽状深裂，每侧裂片5-8(-10)，中肋在上面稍隆起，中轴两侧有窄翅无小栉齿，稀上部有数枚小栉齿，叶柄长1-2厘米，基部有半抱茎假托叶；中部叶二(三)回栉齿状羽状深裂，小裂片栉齿状三角形，具短柄；上部叶与苞片叶一(二)回栉齿状羽状深裂，近无柄。头状花序球形，多数，

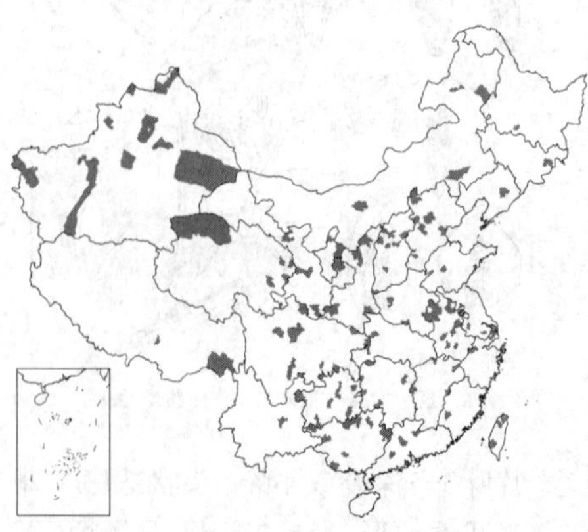

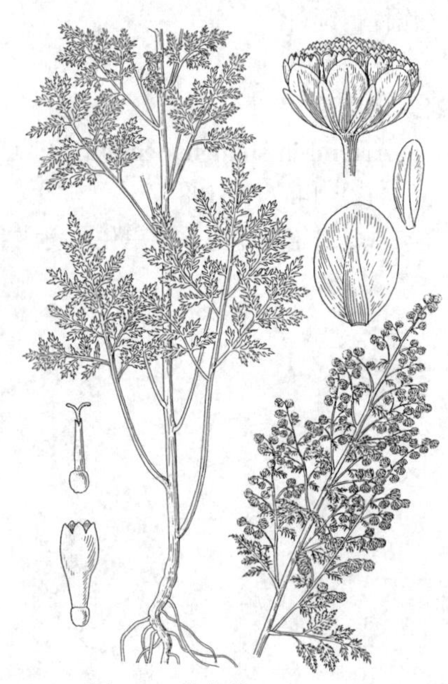

图 586 黄花蒿（佘汉平绘）

径1.5-2.5毫米，有短梗，基部有线形小苞叶，在分枝上排成总状或复总状花序，在茎上组成开展的尖塔形圆锥花序；总苞片背面无毛；雌花10-18；两性花10-30。瘦果椭圆状卵圆形，稍扁。花果期8-11月。

除海南外，各省区均有分布，在东部分布海拔1500米以下地区，西北及西南分布2000-3600米地区，生于荒地、山坡、林缘、草原、森林草原、干河谷、半荒漠及砾质坡。欧洲、亚洲温带、寒温带及亚热带地区、地中海地区、非洲北部、亚洲南部及西南部、加拿大、美国有分布。入药，清热、解毒、杀虫。为提取“青蒿素”的原料。

27. 臭蒿　图 587

Artemisia hedinii Ostenf. et Pauls. in S. Hedin, South. Tibet. 6 (3): 41. pl. 3. f. 1. 1922.

一年生草本。茎、枝无毛或疏被腺毛状柔毛。叶下面微被腺毛状柔毛；基生叶密集成莲座状，长椭圆形，二回栉齿状羽状分裂，每侧裂片20余枚，小裂片具多枚栉齿，叶柄短或近无柄；茎下部与中部叶长椭圆形，长6-12厘米，二回栉齿状羽状分裂，每侧裂片5-10，具多枚小裂片，小裂片两侧密被细小锐尖栉齿，中轴与叶柄两侧有少数栉齿，中肋白色，下部叶柄长4-5厘米，中部叶柄长1-2厘米，基部半抱茎；上部叶与苞片叶一回栉齿状羽状分裂。头状花序半球形或近球形，径3-4(5)毫米，在花序分枝上排成密穗状花序，在茎上组成密集窄圆锥花序，总苞片背面无毛或微有腺毛状柔毛，边缘紫褐色，膜质；花序托凸起，半球形；雌花3-8；两性花15-30。瘦果长圆状倒卵圆形。花果期7-10月。

产内蒙古西部、宁夏、甘肃、青海、新疆、西藏、四川、云南西北部及贵州中部，生于海拔2000-4800(-5000)米湖边草地、河滩、砾质坡地、田边、路旁或林缘。印度北部、巴基斯坦北部、尼泊尔、克什米尔地区、锡金及塔吉克斯坦有分布。入药，清热、解毒、消毒。

图 587　臭蒿（余汉平绘）

28. 湿地蒿　图 588

Artemisia tournefortiana Reich. Icon. Exot. Cent. 1: 6. t. 5. 1827.

一年生草本。茎单生，高达1.5米。茎、枝初被叉状灰白色柔毛。叶两面初被毛；茎下部与中部叶长卵状椭圆形或长圆形，长5-18厘米，二回栉齿状羽状分裂，每侧裂片5-8，裂片羽状深裂，小裂片椭圆状披针形，长3-5毫米，叶柄长2-6厘米，基部有半抱茎栉齿状假托叶；上部叶具短柄，一至二回栉齿状羽状深裂；苞片叶无柄，羽状深裂或不裂。头状花序多数，宽卵圆形或近球形，径1.5-2毫米，直立，在茎上部短分枝上排成密集短穗状花

图 588　湿地蒿（引自《图鉴》）

序，在茎上组成窄圆锥花序；总苞片背面突起，无毛；雌花10-20；两性花10-15。瘦果椭圆状卵圆形。花果期8-11月。

产新疆北部及西部，生于海拔800-1500米滩地、山谷或坡地。蒙古、阿富汗、伊朗、巴基斯坦北部、克什米尔地区、哈萨克斯坦、吉尔吉斯斯坦、塔吉克斯坦及俄罗斯高加索有分布。

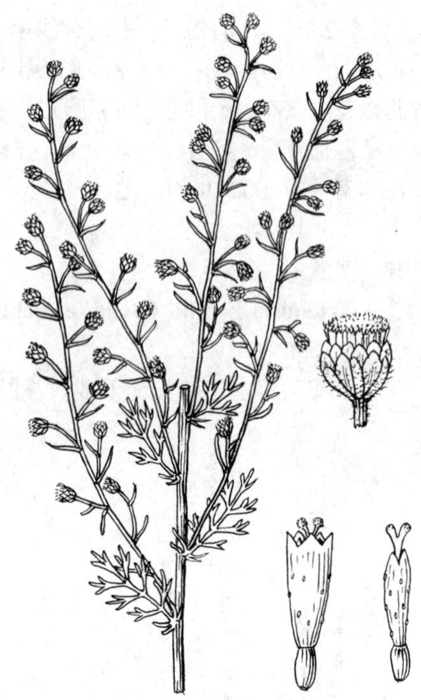

图 589 东北丝裂蒿
（余汉平仿《中国沙漠植物志》）

29. 东北丝裂蒿 图 589

Artemisia adamsii Bess. in Nouv. Mem. Soc. Imp. Nat. Mosc. 3: 27. 1834.

多年生草本或亚灌木状。不分枝或具着生头状花序的小枝，茎、枝幼时微被苍白色蛛丝状柔毛。叶常被腺点及蛛丝状柔毛；茎下部叶与营养枝叶椭圆形或近圆形，（二）三回羽状全裂，每侧裂片3-4，小裂片窄线形，长2-4毫米，叶柄长0.5-1厘米；茎中部叶卵圆形，一至二回羽状全裂，每侧裂片3-4，小裂片窄线形，长2-3毫米，先端尖或钝尖，叶柄短或近无柄；上部叶羽状全裂；苞片叶近掌状全裂。头状花序近球形，径2-3毫米，下垂，排成短总状花序，在茎中上部排成窄圆锥花序；总苞片背面微被柔毛；雌花9-12；两性花35-45。瘦果长椭圆状倒卵圆形，稍扁，上端稍平。花果期7-10月。

产黑龙江南部、吉林西部及内蒙古东北部，生于低海拔河湖岸边、盐渍化草原或草甸、石质草原或山坡。蒙古东部及俄罗斯西伯利亚东部有分布。

［附］ **米蒿 Artemisia dalai-lamae** Krasch. in Not. Syst. Herb. Hort. Bot. Petrop. 3: 17. 1922. 本种与东北丝裂蒿的区别：茎多数，常成丛，密被灰白色柔毛；茎中部叶小裂片窄线状棒形或窄线形，先端钝或稍膨大。产内蒙古西南部、甘肃西部及青海，西藏有记载，生于海拔1800-3200米砾质干山坡、干草原、半荒漠草原、盐碱地、干河床、洪积扇、河漫滩或河边沙地。为牧畜饲料。

30. 黑蒿 图 590

Artemisia palustris Linn. Sp. Pl. 846. 1753.

一年生草本。茎单生，高达40厘米，基部分枝或不分枝。茎、枝、叶及总苞片背面均无毛。茎下部与中部叶卵形或长卵形，长2-5厘米，（一）二回羽状全裂，每侧裂片（2）3-4，羽状全裂或3裂，小裂片窄线形，长1.5-3.5厘米，下部叶叶柄长0.2-1厘米，中部叶无柄；茎上部叶与苞片叶小，一回羽状全裂。头状花序近球形，径2-3毫米，每2-10成簇，间有单生，排成短穗状花序，组成稍开展或窄圆锥花序；雌花10-13；两性花20-26。瘦果长卵圆形，稍扁，褐色。花果期8-11月。

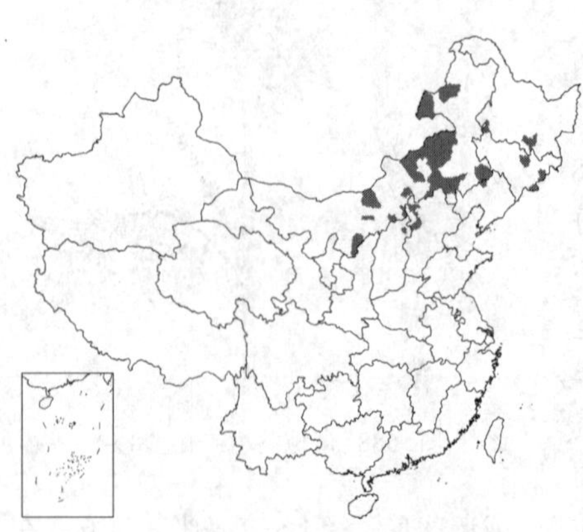

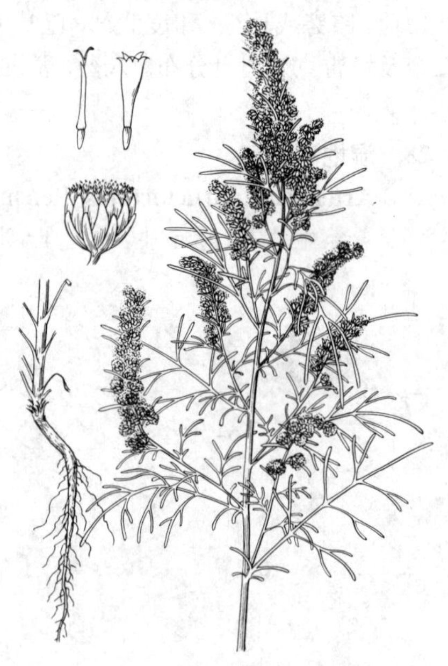

图 590 黑蒿 （引自《图鉴》）

产黑龙江南部、吉林、辽宁北部、内蒙古、河北西北部及山西北部，生于中、低海拔草原、森林草原、河湖边沙质地或低处草甸。蒙古、朝鲜、俄罗斯西伯利亚及远东地区有分布。

[附] **黄金蒿 Artemisia aurata** Kom. in Acta Hort. Petrop. 10: 422. 1901. 本种与黑蒿的区别：茎多分枝，开展；中部叶二至三回羽状全裂。每侧具裂片4-5；头状花序2-5簇生，排成穗状花序，在茎上组成开展、疏散圆锥花序。产黑龙江、吉林及辽宁，生于中、低海拔石质山坡。俄罗斯远东地区、朝鲜半岛北部及日本有分布。

31. 银蒿　　图 591

Artemisia austriaca Jacq. in Murr. Syst. 744. 1784.

多年生草本，有时亚灌木状。茎多数，高达50厘米。茎、枝、叶两面及总苞片背面密被银白或淡灰黄色绢质绒毛；茎下部叶与营养枝叶卵形或长卵形，三回羽状全裂，每侧裂片2-6，小裂片窄线形；中部叶长卵形或椭圆状卵形，长1.5-4厘米，二至三回羽状全裂，每侧裂片2-3，3全裂或羽状全裂，小裂片窄线形，长0.2-1.2厘米，叶柄长0.5厘米；上部叶羽状全裂。头状花序卵球形或卵钟形，径1-2毫米，排成密穗状花序，在茎上组成开展圆锥花序；雌花3-7；两性花7-8，花冠檐部背面有柔毛。瘦果椭圆形，稍扁。花果期8-10月。

产内蒙古中南部集宁及新疆，生于中、低海拔地区干旱地、滩地、疏林下、沙质草滩、干旱沟底及荒地。伊朗、哈萨克斯坦、吉尔吉斯斯坦、塔吉克斯坦、俄罗斯及欧洲有分布。含挥发油，作香料用；牧区作牧畜饲料。

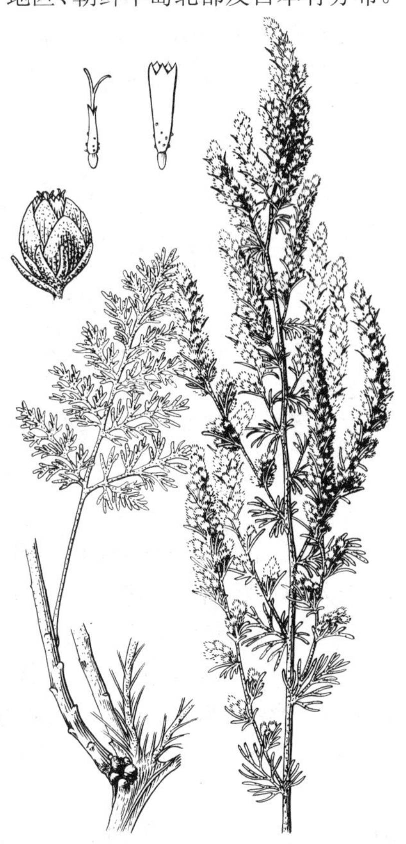

图 591　银蒿（引自《图鉴》）

32. 山蒿　　图 592

Artemisia brachyloba Franch. Pl. David. 1: 171. 1884.

亚灌木状草本或为小灌木状。茎丛生，高达60厘米。茎、枝幼时被绒毛。叶上面无毛，下面被白色绒毛；基生叶卵形或宽卵形，二(三)回羽状全裂；茎下部与中部叶宽卵形或卵形，长2-4厘米，二回羽状全裂，每侧裂片3-4，羽状全裂，每侧小裂片2-5，小裂片窄线形或窄线状披针形，叶柄长0.5-1.3厘米；上部叶羽状全裂；苞片叶3裂或不裂。头状花序卵圆形或卵状钟形，径2.5-3.5毫米，排成短总状穗状花序，稀单生叶腋，在茎上组成稍窄圆锥花序；总苞片背面被灰白色绒毛；雌花10-15；两性花20-25。瘦果卵圆形。花果期7-10月。

产吉林西部、辽宁西南部、内蒙古、河北北部、山西东北部、陕西、宁

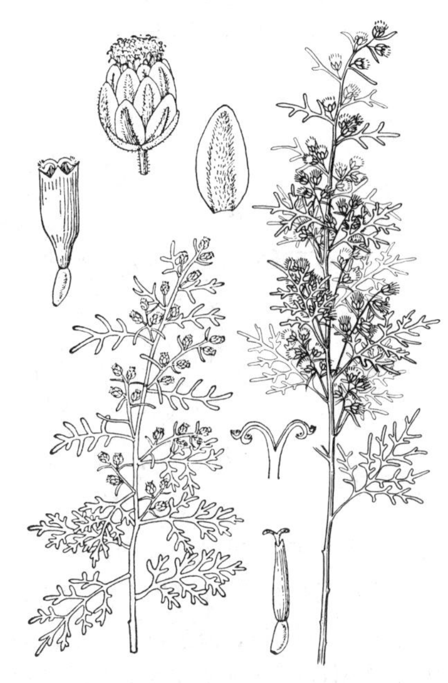

图 592　山蒿（引自《图鉴》）

夏及甘肃，生于中、低海拔阳坡草地、砾质坡地、半荒漠草原、戈壁或石缝中。蒙古有分布。入药，清热、消炎、祛湿、杀虫。

33. 宽叶山蒿 图 593

Artemisia stolonifera (Maxim.) Kom. Fl. Mansh. 3: 676. 1907.

Artemisia vulgaris Linn. var. *stolonifera* Maxim. Prim. Fl. Amur 161. 1944.

多年生草本。茎中部或上部着生头状花序的短分枝，高达1.2米，茎、枝初被灰白色蛛丝状薄毛。叶上面具小凹点及白色腺点，初微被蛛丝状柔毛，下面密被灰白色蛛丝状绒毛；基生叶、茎下部叶与营养枝叶椭圆形或椭圆状倒卵形，不裂，具疏裂齿或疏锯齿；中部叶椭圆状倒卵形、长卵形或卵形，长6-12厘米，全缘或中上部具2-3裂齿，有少数锯齿，叶下部楔形，渐窄成短柄状，基部常有分裂、半抱茎假托叶；上部叶卵形，疏生粗齿或全缘，无柄；苞片叶椭圆形、卵状披针形或线状披针形，全缘。头状花序多数，长圆形或宽卵圆形，径3-4毫米，在短分枝上密集排成穗状花序或穗状总状花序，在茎上组成窄圆锥花序；总苞片背面深褐色，被蛛丝状绒毛；雌花10-12；两性花12-15。瘦果窄卵圆形或椭圆形，稍扁。花果期7-10月。

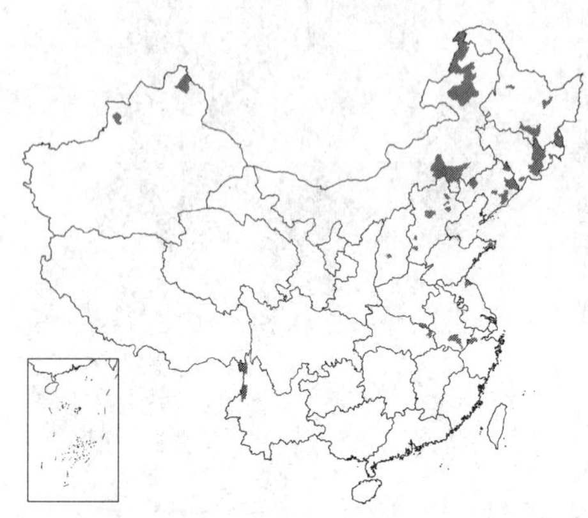

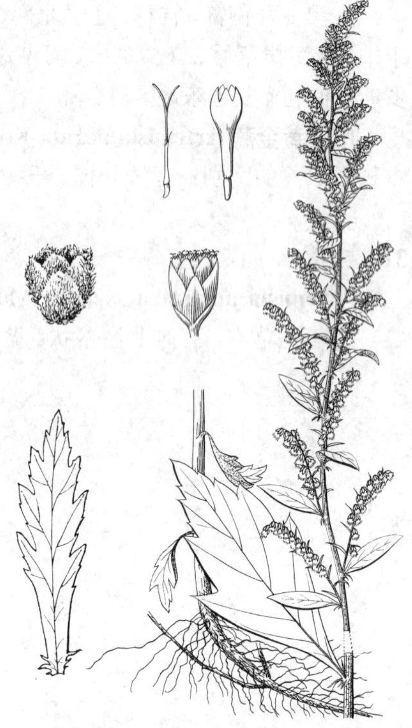

图 593 宽叶山蒿 （引自《图鉴》）

产黑龙江、吉林、辽宁、内蒙古、河北、山西、山东、江苏、浙江、安徽、湖北、云南及新疆，生于低海拔林缘、疏林下、路旁、荒地、沟谷或森林草原地带。朝鲜半岛、日本及俄罗斯远东地区有分布。

34. 艾 艾蒿 白蒿 医草 甜艾 海艾 白艾 蕲艾 家艾 图 594

Artemisia argyi Lévl. et Van. in Fedde, Repert. Sp. Nov. 8: 138. 1910.

多年生草本或稍亚灌木状，植株有浓香。茎有少数短分枝；茎、枝被灰色蛛丝状柔毛。叶上面被灰白色柔毛，兼有白色腺点与小凹点，下面密被白色蛛丝状绒毛；基生叶具长柄；茎下部叶近圆形或宽卵形，羽状深裂，每侧裂片2-3，裂片有2-3小裂齿，干后下面主、侧脉常深褐或锈色，叶柄长0.5-0.8厘米；中部叶卵形、三角状卵形或近菱形，长5-8厘米，一（二）回羽状深裂或半裂，每侧裂片2-3，裂片卵形、卵状披针形或披针形，宽2-3（4）毫米，干后主脉和侧脉深褐或锈色，叶柄长0.2-0.5厘米；上部叶与苞片叶羽状半裂、浅裂、3深裂或不裂。头状花序椭圆形，径2.5-3（-3.5）毫米，排成穗状花序或复穗状花序，在茎上常组成尖塔形窄圆锥花序；总苞片背面密被灰白色蛛丝状绵毛，边缘膜质；雌花6-10；两性花8-12，檐部紫色。瘦果长卵圆形或长圆形。花

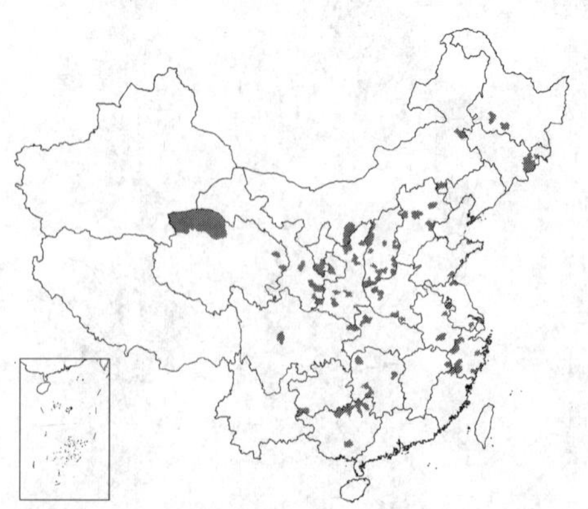

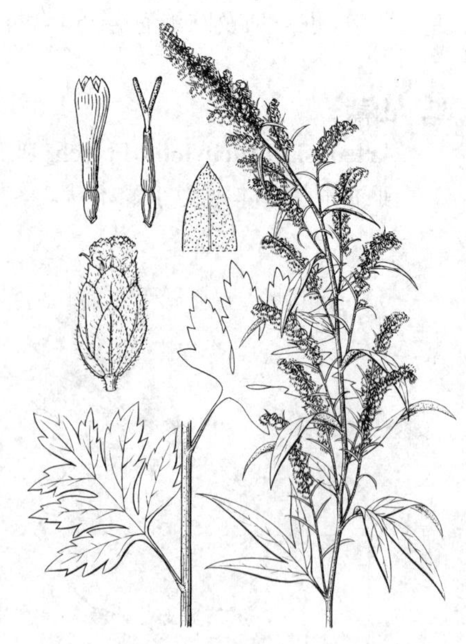

图 594 艾 （引自《图鉴》）

果期7-10月。

产黑龙江西南部、吉林东部、辽宁南部、内蒙古、河北、山东、山西、陕西、宁夏、甘肃、青海、四川、贵州西南部、广西、湖南、湖北、河南、安徽、江苏、浙江、福建西北部及江西东北部，生于低海拔至中海拔荒地、路旁、河边、山坡及森林草原。蒙古、朝鲜半岛、日本及俄罗斯远东地区有分布。入药，杀菌、消炎、清热、祛湿，为良好的止血、通经药。

35. 湘赣艾 图 595

Artemisia gilvescens Miq. in Ann. Mus. Bot. Lugd.-Bat. 2: 175. 1866.

多年生草本。茎单生，稀少数，高达1.5米，上半部分枝；茎、枝密被灰褐色绵毛。叶上面密被白色腺点，疏被灰白色蛛线状绵毛或近无毛，下面密被蛛丝状绵毛；下部叶卵形，长9-11厘米，羽状浅裂或深裂；中部叶长圆形或卵状椭圆形，长6-7(-10)厘米，3深裂，稀5裂，中裂片椭圆形，两侧裂片椭圆状披针形，裂片长3-4厘米，全缘或有1-2粗齿或浅裂齿，叶基部楔形，无假托叶；上部叶椭圆形，不裂。头状花序长圆球形，径2.5-3毫米，排成总状或穗状花序，在茎上组成开展圆锥花序；总苞片背面被灰白色蛛丝状绵毛；雌花5-8；两性花7-13。瘦果椭圆形或倒卵圆形。花果期8-10月。

产安徽西南部、江西、湖北东南部、湖南东部及四川东南部，生于低海拔地区路旁、灌丛或林缘。日本有分布。入药，作"艾"的代用品。

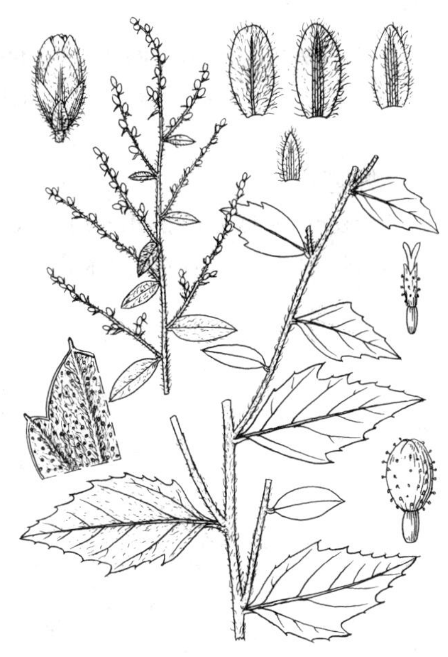

图 595 湘赣艾（余汉平绘）

36. 滇南蒿 图 596

Artemisia austro-yunnanensis Ling et Y. R. Ling in Bull. Bot. Res. (Harbin) 4 (2): 20. f. 4 (10-18). 1984.

亚灌木状草本。茎高达2米或更高，分枝多而长；茎、枝初密被灰黄或灰白色柔毛。叶上面密被柔毛与白色腺点，下面密被灰白或淡黄色蛛丝状柔毛；茎下部叶卵形，长7-12厘米，羽状深裂或浅裂，每侧裂片2（3），全缘或偶有1-2浅齿，叶柄长0.5-1厘米，基部有小假托叶；中部叶3深裂或浅裂，稀5深裂，中裂片椭圆形，长6-10厘米，叶柄长0.4-1厘米，基部有1对假托叶；上部叶与苞片叶3深裂或不裂。头状花序多数，长圆形或宽卵圆形，径1.5-2.5（-3）毫米，排成穗状或圆锥花序；总苞片背面微被稀疏柔毛或无毛，中肋绿色；雌花5-7；两性花12-16，花冠檐部紫色。瘦果长圆形。

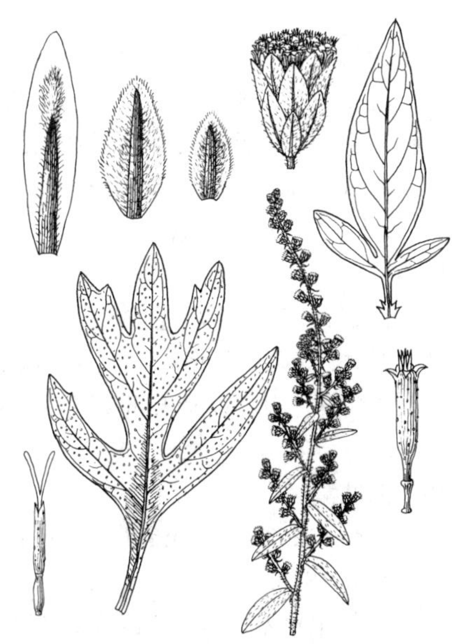

图 596 滇南蒿（余汉平绘）

产云南中南部及西南部，生于海拔800-2300米稀树草原、草地、山坡、谷地、林缘或灌丛。印度北部、缅甸北部及越南北部有分布。

[附] 美叶蒿 **Artemisia calophylla**

Pamp. in Nouv. Giorn. Bot. Ital. n. s. 36: 457. 1930.本种与滇南艾及黄毛蒿的区别：茎中部叶羽状深裂，中裂片稍大于侧裂片，不裂，上面疏被柔毛；头状花序卵球形，总苞片背面被柔毛。产广西西部、贵州、云南、四川、西藏东部及青海南部，生于海拔1600-3000米林缘、针阔混交林下、河岸沙地或田边。

[附] **黄毛蒿 Artemisia velutina** Pamp. in Nouv. Giorn. Bot. Ital. n. s. 36: 413. 1930. 本种与滇南蒿及美叶蒿的区别：茎中部叶5-7深裂，中裂片与侧裂片近等大，裂片具深裂齿或浅裂齿，上面疏被糙毛；头状花序椭圆形，总苞片背面被蛛丝状毛。产陕西南部、山西、河南、山东、安徽、福建、江西、湖北、湖南、四川西部、云南西部及西藏东南部，生于低、中海拔地区。

37. 野艾蒿 图 597

Artemisia lavandulaefolia DC. Prodr. 6: 110. 1837.

多年生草本，有时亚灌木状。茎成小丛，稀单生，高达1.2米，分枝多；茎、枝被灰白色蛛丝状柔毛。叶上面具密集白色腺点及小凹点，初疏被灰白色蛛丝状柔毛，下面除中脉外密被灰白色密绵毛；基生叶与茎下部叶宽卵形或近圆形，长8-13厘米，二回羽状全裂或一回全裂，二回深裂；中部叶卵形、长圆形或近圆形，长6-8厘米，（一）二回羽状深裂，每侧裂片2-3，裂片椭圆形或长卵形，具2-3线状披针形或披针形小裂片或深裂齿，边缘反卷，叶柄长1-2（-3）厘米，基部有羽状分裂小假托叶；上部叶羽状全裂；苞片叶3全裂或不裂。头状花序极多数，椭圆形或长圆形，径2-2.5毫米，排成密穗状或复穗状花序，在茎上组成圆锥花序；总苞片背面密被灰白或灰黄色蛛丝状柔毛；雌花4-9；两性花10-20，花冠檐部紫红色。瘦果长卵圆形或倒卵圆形。花果期8-10月。

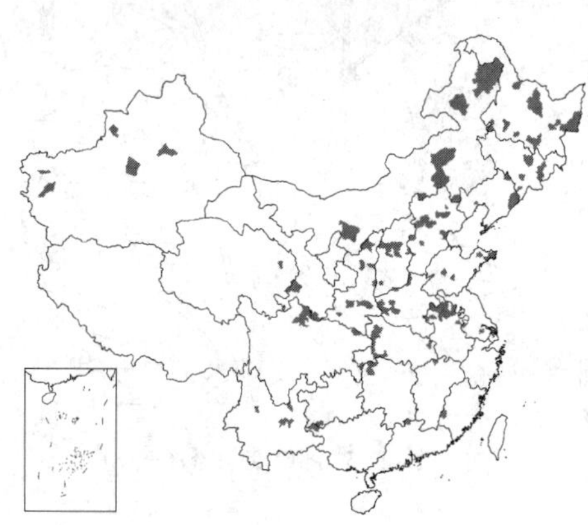

图 597 野艾蒿（引自《图鉴》）

产黑龙江、吉林、辽宁、内蒙古、河北、山西、河南、山东、江苏、安徽、福建、江西、湖北、湖南、广东、广西西北部、贵州西南部、云南、四川、陕西、甘肃、青海东部及新疆，生于低或中海拔地区路旁、林缘、山坡、草地、山谷、灌丛或湖滨草地。日本、朝鲜半岛、蒙古及俄罗斯西伯利亚东部及远东地区有分布。入药，作“艾”的代用品。

38. 南艾蒿 图 598

Artemisia verlotorum Lamotte in Mem. Asso. Franc. Cong. Clerm. Ferr. 511. 1876.

多年生草本。茎单生或少数，高达1米，中上部分枝。茎、枝初微被柔毛。叶上面近无毛，被白色腺点及小凹点，下面除叶脉外密被灰白色绵毛；基生叶与茎下部叶卵形或宽卵形，一至二回羽状全裂，具柄；中部叶卵形或宽卵形，长5-10（-13）厘米，一（二）回羽状全裂，每侧裂片3-4，裂片披针形或线状披针形，稀线形，长3-5厘米，不裂或偶有数浅裂齿，边反卷，叶柄短或近无柄；上部叶5-3全裂或深裂；苞片叶不裂。头状花序椭圆形或长圆形，径2-2.5毫米，排成穗状花序，在茎上组成圆锥花序；总苞片背面初微有蛛丝状柔毛；雌花3-6；两性花8-18，花冠檐部紫红色。瘦

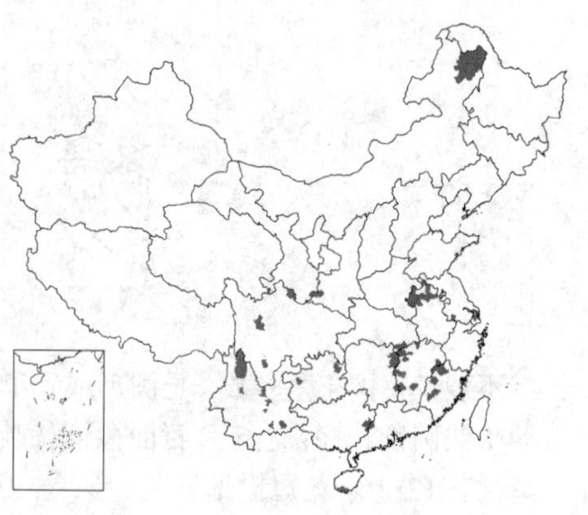

果倒卵圆形或长圆形，稍扁。花果期7-10月。

产内蒙古东北部、甘肃南部、陕西西南部、河南东部、安徽北部、江苏南部、福建、江西、湖北、湖南、广东西部、海南、广西东部、贵州、云南及四川，生于低海拔至中海拔山坡、路旁或田边。朝鲜半岛、日本、越南、老挝、柬埔寨、马来西亚、泰国、印度尼西亚、印度、尼泊尔、斯里兰卡及小亚细亚、欧洲中部以南至非洲北部及东部有分布。入药，作"艾"的代用品。

图 598 南艾蒿（孙英宝绘）

39. 矮蒿　　图 599

Artemisia lancea Van. in Bull. Acad. Int. Geogr. Bot. 12: 500. 1903.

Artemisia feddei Lévl. et Van.; 中国高等植物图鉴 4: 540. 1983.

多年生草本。茎常成丛，高达1.5米；中部以上有分枝；茎、枝初微被蛛丝状微柔毛。叶上面初微被蛛丝状柔毛及白色腺点和小凹点，下面密被灰白或灰黄色蛛丝状毛；基生叶与茎下部叶卵圆形，二回羽状全裂，每侧裂片3-4，中部裂片羽状深裂，小裂片线状披针形或线形；中部叶长卵形或椭圆状卵形，长1.5-2.5（-3）厘米，一（二）回羽状全裂，稀深裂，每侧裂片2-3，裂片披针形或线状披针形，长1.5-2.5厘米，边外卷，基部1对裂片假托叶状；上部叶与苞片叶5或3全裂或不裂。头状花序多数，卵圆形或长卵圆形，无梗，径1-1.5毫米，排成穗状花序或复穗状花序，在茎上端组成圆锥花序；总苞片背面初微被柔毛；雌花1-3；两性花2-5，花冠檐部紫红色。瘦果长圆形。花果期8-10月。

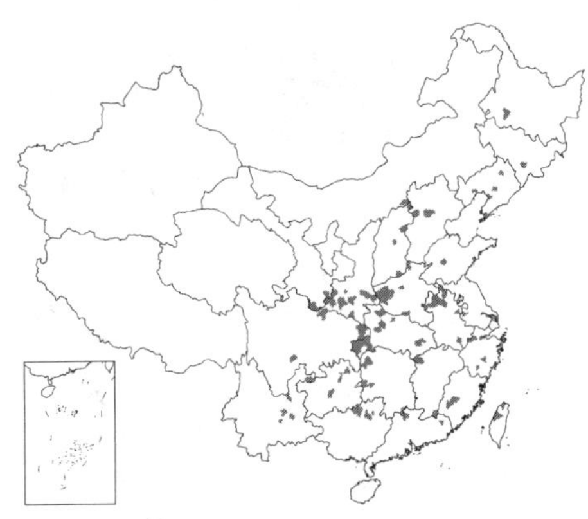

产黑龙江西南部、吉林南部、辽宁、内蒙古南部、河北、山西、河南、山东、江苏、安徽、浙江、福建、台湾、江西、湖北、湖南、广东、广西、贵州、云南、四川、陕西南部及甘肃南部，生于低海拔至中海拔地区林缘、路旁、荒坡或疏林下。日本、朝鲜半岛、印度及俄罗斯东部有分布。

[附] **狭裂白蒿 Artemisia kanashiroi** Kitam. in Acta Phytotax. Geobot. 12: 147. 1943. 本种与矮蒿的区别：茎单生或少数；叶上面疏被短柔毛，下面密被厚绒毛，小裂片先端钝尖；总苞片背面密被厚蛛丝状绒毛。产内蒙古南部、河北西部、山西、陕西北部、宁夏南部及甘肃东部，生于海拔2300米以下田边、路旁或山坡。

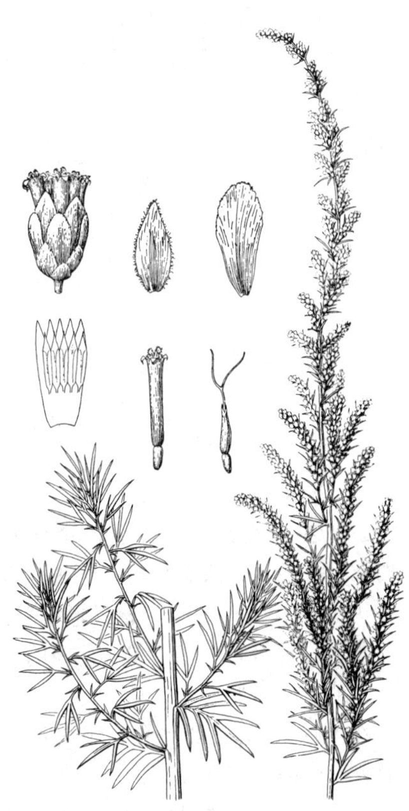

图 599 矮蒿（引自《图鉴》）

40. 北艾　　图 600:1-9

Artemisia vulgaris Linn. Sp. Pl. 848. 1753.

多年生草本。茎少数或单生，高达1.6米，多少分枝；茎、枝微被柔毛。叶上面初疏被蛛丝状薄毛，下面密被灰白色蛛丝状绒毛；茎下部叶椭圆形或长圆形，二回羽状深裂或全裂，具短柄；中部叶椭圆形、椭圆状卵形或长卵形，长3-10（-15）厘米，一至二回羽状深裂或全裂，每侧裂片（3）4-5，小裂片椭圆状披针形或线状披针形，长3-5厘米，边缘常有1至数枚裂齿，中轴具窄翅，基部裂片假托叶状，半抱茎，无叶柄；上部叶羽状深裂，裂片披针形或线状披针形；苞片叶3深裂或不裂。头状花序长圆形，径

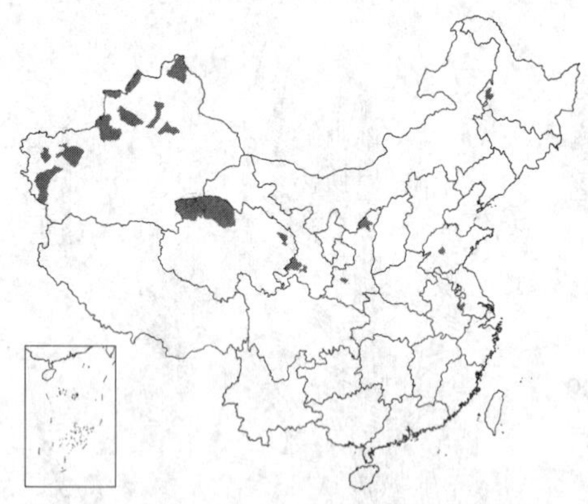

2.5-3（-3.5）毫米，基部有小苞片，在小枝上排成密穗状花序，在茎上组成圆锥花序；总苞片背面密被蛛丝状柔毛；雌花7-10，紫色；两性花8-20，花冠檐部紫红色。瘦果倒卵圆形或卵圆形。花果期8-10月。

产黑龙江西南部、陕西北部及秦岭、甘肃西南部、青海、新疆北部至西部、山东中西部、江苏西南部，生于海拔1500-2100米草原、林缘、谷地、荒坡。蒙古、哈萨克斯坦、吉尔吉斯斯坦、塔吉克斯坦、俄罗斯、欧洲及北美洲有分布。

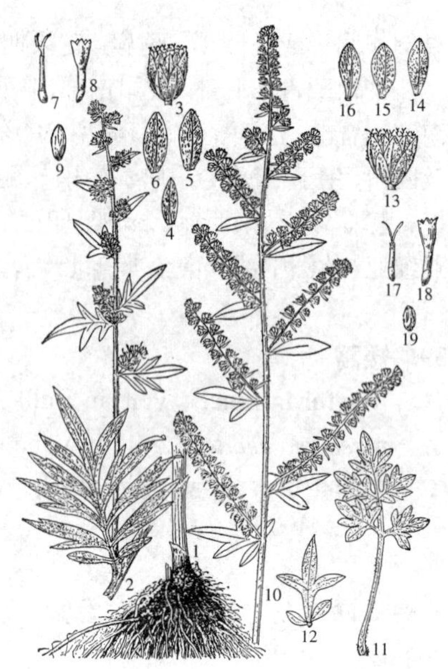

图 600：1-9. 北艾 10-19. 云南蒿
（邓晶发绘）

41. 云南蒿 图 600：10-19

Artemisia yunnanensis J. F. Jeffrey ex Diels in Notes Roy. Bot. Gard. Edinb. 15: 187. 1912.

亚灌木状草本。茎常丛生，高达90厘米，分枝多；茎、枝初被灰白色绢质丝状毛，后茎下部毛部分脱落。叶上面疏被灰白色柔毛及稀疏白色腺点，下面被白色蛛丝状长绒毛；下部叶卵形，二回羽状全裂或深裂，第一回全裂，每侧裂片2-3，第二回深裂或浅裂齿，每侧具2小裂片，小裂片长卵形，叶柄长3-5厘米，基部被长绒毛；中部叶卵形或倒卵状楔形，长5-7厘米，一至二回羽状深裂或全裂，每侧裂片2-3，长2-4厘米，羽状深裂或浅裂，每侧具1-2小裂片或裂片不裂，基部宽楔形，叶柄长1-4厘米；上部叶3-5深裂；苞片叶3深裂或不分裂。头状花序多数，长圆形或椭圆状宽卵圆形，径2-2.5（-3）毫米，具卵形或倒卵形小苞叶，在分枝端或分枝的小枝上单生或2-3集生，排成疏散穗状花序或穗状总状花序，在茎上组成开展的圆锥花序；总苞片背面密被灰白色蛛丝状柔毛，中部褐色；雌花7-13；两性花8-15。瘦果卵圆形或倒卵圆形。花果期8-11月。

产四川东北部及中西部、云南西北部及中部、西藏东部及东南部，生于低海拔至3700米干热山坡与河谷或石灰岩山谷、灌丛及针叶林边缘。

42. 灰苞蒿 图 601

Artemisia roxburghiana Bess. in Bull. Soc. Nat. Mosc. 9: 57. 1836.

亚灌木状草本。茎分枝多；茎、枝被灰白色蛛丝状薄柔毛。叶上面初微被柔毛，下面密被灰白色蛛丝状绒毛；下部叶卵形或长卵形，二回羽状

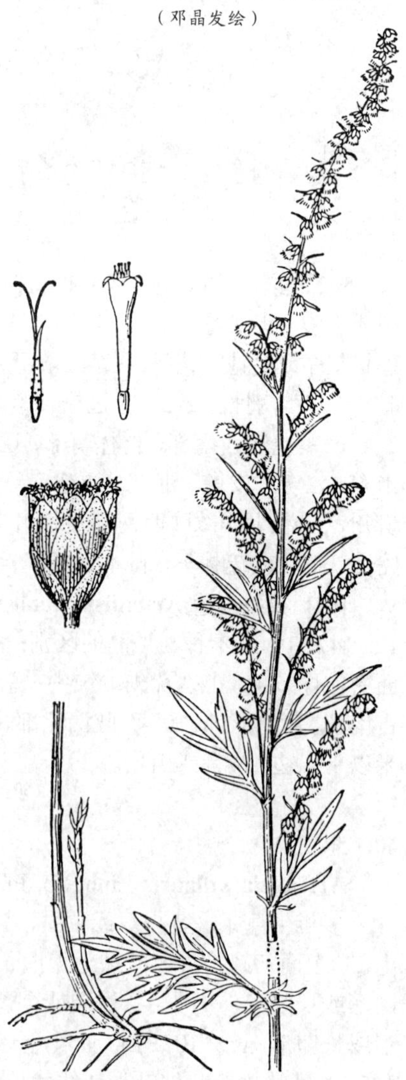

图 601 灰苞蒿（引自《图鉴》）

深裂或全裂；中部叶卵形、长卵形或长圆形，长6-10厘米，二回羽状全裂，每侧裂片2-3(4)，裂片椭圆形或长卵形，两侧中部裂片常羽状全裂或深裂，每侧具1-3披针形、线状披针形小裂片或为深裂齿，小裂片长0.5-1.5厘米，中轴具窄翅，叶基部渐窄成柄，叶柄长1.5-2厘米，基部有半抱茎小假托叶；上部叶卵形，一(二)回羽状全裂；苞片叶3-5全裂或不裂。头状花序多数，卵圆形、宽卵圆形或近半球形，稀长圆形，径2-3毫米，基部常有小苞叶，排成穗状总状花序，在茎上组成开展圆锥花序；总苞片背面被灰白色蛛丝状绒毛；雌花5-7；两性花10-20，檐部反卷，紫或黄色。瘦果倒卵圆形或长圆形。花果期8-10月。

产河南西部、陕西秦岭、宁夏、甘肃、青海、四川、湖北西部、湖南西北部、贵州西北部、广西、云南西部及西藏，生于海拔700-3900米荒地、干河谷、阶地、路旁或草地。克什米尔地区、阿富汗、印度北部、尼泊尔及泰国有分布。

[附] **紫苞蒿 Artemisia roxburghiana** var. **purpurascens** (Jacq. ex Bess.) Hook. f. Fl. Brit. Ind. 3: 326. 1881. —— *Artemisia purpurascens* Jacq. ex Bess. in Bull. Soc. Nat. Mosc. 9: 60. 1836. 与模式变种的区别：总苞片紫色，微被蛛丝状柔毛。产四川西部及西藏，生于海拔2000-3800米荒地、干河谷或草地。印度北部、尼泊尔、巴基斯坦北部及克什米尔地区有分布。

43. 白叶蒿 图 602：1-2

Artemisia leucophylla (Turcz. ex Bess.) Clarke, Comp. Ind. 162. 1876. *Artemisia vulgaris* Linn. var. *leucophylla* Turcz. ex Bess. in Nouv. Mem. Soc. Imp. Nat. Mosc. 3: 54. 1834.

多年生草本。茎、枝微被蛛丝状柔毛。叶上面被蛛丝状绒毛，兼疏生白色腺点，下面密被灰白色蛛丝状绒毛；茎下部叶椭圆形或长卵形，一至二回羽状深裂或全裂，每侧裂片3(-4)，裂片宽菱形、椭圆形或长圆形，羽状分裂，每侧具1-3小裂片或浅裂齿，小裂片长0.5-1厘米，叶柄长1-2厘米，两侧偶有小裂齿；中部与上部叶羽状全裂，每侧具裂片2-3(4)，裂片线状披针形、线形、椭圆状披针形或披针形，长1-1.5厘米，无柄；苞片叶3-5全裂或不裂。头状花序宽卵圆形或长圆形，径2.5-3.5(-4)毫米，基部常有小苞片，数枚成簇或单生，排成穗状花序，在茎上半部组成稍密集窄圆锥花序；总苞片背面绿或带紫红色，被蛛丝状毛；雌花5-8；两性花6-13，檐部及花冠上部红褐色。瘦果倒卵圆形。花果期7-10月。

产黑龙江、吉林西部、内蒙古、河北南部、山西、陕西、宁夏、甘肃、新疆、青海、西藏及四川，生于低海拔山坡、路边、林缘、草地、河湖岸边或砾质坡。蒙古、朝鲜半岛及俄罗斯西伯利亚西部有分布。

图 602：1-2. 白叶蒿 3-7. 辽东蒿 （马 平绘）

44. 粗茎蒿 图 603

Artemisia robusta (Pamp.) Ling et Y. R. Ling in Bull. Bot. Res. (Harbin) 8 (4): 26. 1988. *Artemisia strongylocephala* Pamp. var. *sinensis* Pamp. f. *robusta* Pamp.

in Nouv. Giorn. Bot. Ital. n. s. 34: 178. 1927.

亚灌木状草本。茎高达1.3米，分枝长15-35厘米。茎、枝初被淡黄色柔毛，偶有稀疏腺毛。叶上面初微被疏柔毛，脉疏被腺毛，偶有疏白色腺点，下面被蛛丝状绒毛；下部与中部叶宽卵形或卵形，长6-22厘米，一回羽状深裂，每侧裂片2-3，裂片椭圆形或长椭圆形，稀椭圆状披针形，长4-13厘米，具1-5裂齿，中轴具窄翅，基部渐窄成柄，叶柄长1-3.5厘米；上部叶羽状深裂；苞片叶3-5深裂或不裂。头状花序多数，宽卵圆形或卵状钟形，径3.5-5毫米，基部具细小苞叶，单生或数枚集生，排成穗状花序状或穗状总状花序，在茎上组成圆锥花序；总苞片初背面疏被蛛丝状柔毛；雌花8-13；两性花13-26，淡黄白色。瘦果长圆形或长圆状倒卵圆形。花果期8-10月。

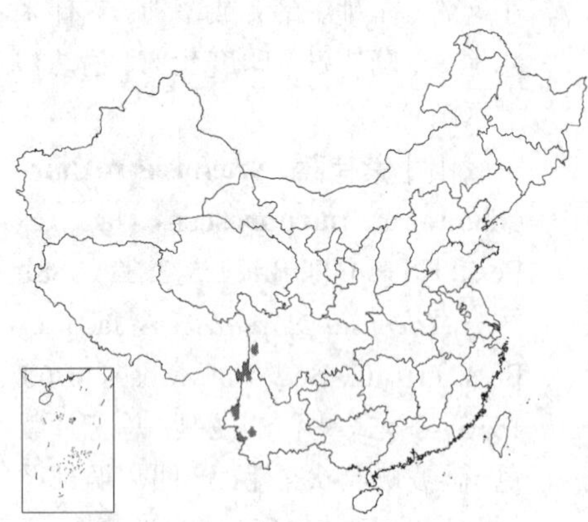

产四川西部、云南西北部及西部，生于海拔2200-3500米山坡、路旁、沟边或灌丛中。印度北部及锡金有分布。

图 603 粗茎蒿（孙英宝绘）

45. 秦岭蒿 图 604

Artemisia qinlingensis Ling et Y. R. Ling in Bull. Bot. Res. (Harbin) 4 (2): 18. f. 3. 1984.

多年生草本。茎单生或少数，初被灰黄或灰白色蛛丝状绵毛，分枝多，密被蛛丝状绵毛。叶上面疏被蛛丝状绵毛与稀疏白色腺点，下面密被灰白色蛛丝状绵毛；基生叶与茎下部叶长卵形或椭圆状卵形，二回羽状分裂，叶柄长；中部叶椭圆形、长圆形或卵状椭圆形，长6-8（-10）厘米，二回羽状分裂，一回全裂或深裂，每侧裂片4-6，羽状深裂或浅裂，每侧具小裂片3-5或小裂片缺齿状，中轴有窄翅，叶柄长0.5-1.5厘米，基部常有2对栉齿状半抱茎假托叶；上部叶与苞片叶卵形，一至二回羽状深裂或3-5深裂或不裂。头状花序长圆形或近卵圆形，径3-3.5毫米，小苞片线形或线状披针形，下垂，通常10-20在小枝上排成穗状花序，在茎上组成多级分枝圆锥花序；总苞片背面初密被蛛丝状绵毛；雌花10-15；两性花15-25。瘦果倒卵圆形或椭圆状倒卵圆形。花果期7-10月。

产河南西部、陕西秦岭、甘肃及云南，生于海拔1300-1500米山坡、路旁或林缘。

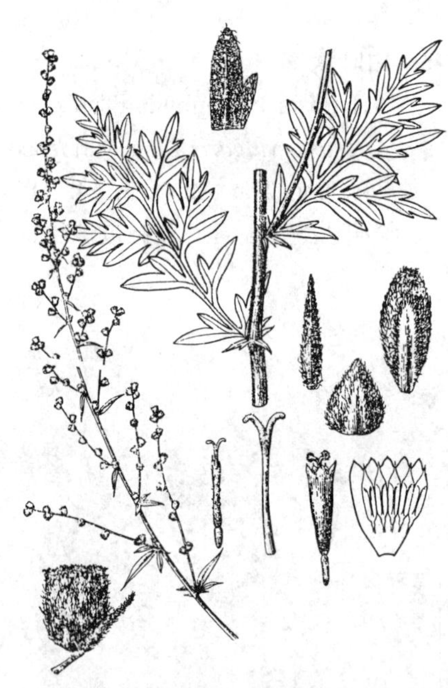

图 604 秦岭蒿（余 峰绘）

［附］**叶苞蒿 Artemisia phyllobotrys** (Hand.-Mazz.) Ling et Y. R. Ling in Bull. Bot. Res. (Harbin) 8 (3): 27. 1988.—— *Artemisia strongylocephala* Pamp. var. *phyllobotrys* Hand.-Mazz. in Acta Hort. Gothob. 12: 278. 1938. 本种与秦岭蒿的区别：茎多数成密丛；头状花序在小枝单生叶腋，小苞片椭圆形。产青海南部及四川西部，生于海拔3000-3900米草原、灌丛、草地或荒坡。

46. 蒙古蒿 图 605：1-9

Artemisia mongolica (Fisch. ex Bess.) Nakai in Bot. Mag. Tokyo 31: 112. 1917.

Artemisia vulgaris Linn. var. *mongolica* Fisch. ex Bess. in Nouv. Mem. Soc. Imp. Nat. Mosc. 3: 53. 1834. pro part.

多年生草本。茎少数或单生，分枝多。茎、枝初密被灰白色蛛丝状柔毛。叶上面初被蛛丝状柔毛，下面密被灰白色蛛丝状绒毛，下部叶卵形或宽卵形，二回羽状全裂或深裂，一回全裂，每侧裂片2-3，羽状深裂或浅裂齿，叶柄长；中部叶卵形、近圆形或椭圆状卵形，长(3-)5-9厘米，(一)二回羽状分裂，一回全裂，每侧裂片2-3，裂片椭圆形、椭圆状披针形或披针形，羽状全裂，稀深裂或3裂，小裂片披针形、线形或线状披针形，叶基部渐窄成短柄，叶柄长0.5-2厘米；上部叶与苞片叶卵形或长卵形，羽状全裂、5或3全裂，无裂齿或1-3浅裂齿，无柄。头状花序多数，椭圆形，径1.2毫米，小苞叶线形，排成穗状花序，在茎上组成窄或中等开展圆锥花序；总苞片背面密被灰白色蛛丝状毛；雌花5-10；两性花8-15，檐部紫红色。瘦果长圆状倒卵圆形。花果期8-10月。

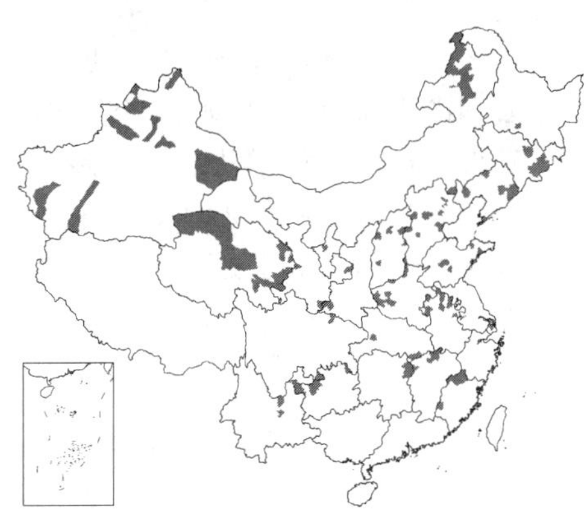

产黑龙江西南部、吉林、辽宁、内蒙古、河北、山西、陕西、宁夏、甘肃、青海、新疆、河南、安徽、江苏、浙江、福建、江西、湖北、湖南、贵州、云南及四川，生于中或低海拔地区山坡、灌丛、河湖岸边、森林草原、干河谷或路旁。蒙古、朝鲜半岛、日本及俄罗斯西伯利亚有分布。入药，作“艾”的代用品。

图 605：1-9. 蒙古蒿 10-12. 红足蒿（邓盈丰绘）

47. 辽东蒿 图 602：3-7

Artemisia verbenacea (Kom.) Kitag. Lineam. Fl. Mansh. 434. 1939.

Artemisia vulgaris Linn. var. *verbenacea* Kom. Fl. Mansh. 3: 673. 1907.

多年生草本。茎高达70厘米，上部具短小分枝；茎、枝初被灰白色蛛丝状短绒毛。叶上面初被灰白色蛛丝状绒毛及稀疏白色腺点，下面密被灰白色蛛丝状绵毛；茎下部叶卵圆形或近圆形，长(1.5-)2-4(-6)厘米，一至二回羽状深裂，稀全裂，每侧裂片2-3(-4)，裂片椭圆形，先端具2-3浅裂齿，叶柄长1-2厘米；中部叶宽卵形或卵圆形，长2-5厘米，二回羽状分裂，一回全裂，每侧裂片3(4)，小裂片长椭圆形或椭圆状披针形，稀线状披针形，长(0.3)0.5-1厘米，叶柄长1-2厘米，两侧常有短小裂齿或裂片，基部具假托叶；上部叶羽状全裂，苞片叶3-5全裂。头状花序长圆形或长卵圆形，径2-2.5(-3)毫米，有小苞叶，排成穗状花序，在茎上常组成疏离、稍开展或窄圆锥花序；总苞片背面密被灰白色蛛丝状绵毛；雌花5-8；两性花8-20。瘦果长圆形或倒卵状椭圆形。花果期8-10月。

产辽宁、内蒙古、河北、山东、山西、陕西、宁夏、甘肃、青海东部、四川及云南东北部，生于海拔3500米以下山坡、路旁或河湖岸边。

48. 红足蒿 图 605：10-12

Artemisia rubripes Nakai in Bot. Mag. Tokyo 31: 112. 1917.

多年生草本。茎少数或单生，高达1.8米，中上部分枝。茎、枝初微被柔毛。叶上面近无毛，下面除中脉外密被灰白色蛛丝状绒毛；营养枝叶与茎下部叶近圆形或宽卵形，二回羽状全裂或深裂，具短柄；中部叶卵形、长卵形或宽卵形，长7-13厘米，(一)二回羽状分裂，一回全裂，每侧裂片3-4，羽状深裂或全裂，每侧具2-3小裂片或为浅裂齿，叶柄长0.5-1厘米，基部常有小型假托叶；上部叶椭圆形，羽状全裂，每侧具裂片2-3；苞片叶小，3-5全裂或不裂。头状花序椭圆状卵圆形或长卵圆形，径1-1.5（-2）毫米，具小苞叶，排成密穗状花序，在茎上组成圆锥花序；总苞片背面初疏被蛛丝状柔毛，后无毛；雌花9-10；两性花12-14，檐部紫或黄色。瘦果窄卵圆形，稍扁。花果期8-10月。

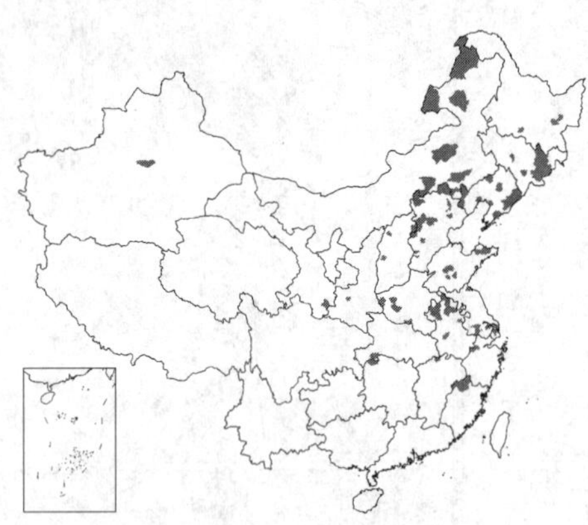

产黑龙江、吉林、辽宁、内蒙古、新疆、甘肃南部、陕西秦岭、河北、河南、山西、山东、江苏、安徽、浙江、福建西北部、江西北部、湖北西南部及湖南北部，生于低海拔地区荒地、草坡、森林草原、灌丛、林缘、路旁、河边或草甸。朝鲜、日本、蒙古、俄罗斯西伯利亚东部及远东地区有分布。

49. 叉枝蒿 图 606

Artemisia divaricata (Pamp.) Pamp. in Nuov. Giorn. Bot. Ital. n. s. 46: 560. 1939.

Artemisia roxburghiana Bess. var. *divaricata* Pamp. in Nuov. Giorn Bot. Ital. n. s. 36: 431. 1930.

多年生草本。茎成丛，稀单生，高达1.2（-1.5）米，分枝多而细；茎、枝初被灰白色柔毛。叶上面初被灰白或淡灰黄色柔毛，下面初被淡黄色柔毛与灰白色蛛丝状绒毛，后柔毛脱落；基生叶与茎下部叶卵形或椭圆状卵形，二回羽状全裂或二回为羽状深裂，每侧裂片4，具长柄；中部叶卵形或长卵形，长4-5厘米，二回羽状分裂，一回为全裂，每侧裂片4(5)，裂片卵形，长1.5-2.5厘米，二回深裂或近全裂，每侧具小裂片3-4，小裂片偶有1-2浅锯齿，中轴有窄翅，叶柄长1-1.5厘米；苞片叶羽状全裂。头状花序长圆形或长卵圆形，径1.5-2毫米，排成穗状花序，在茎上组成多级分枝圆锥花序；外层、中层总苞片背面初被灰白色绒毛；雌花3-5；两性花4-8。瘦果长圆形或长椭圆形。花果期8-10月。

图 606 叉枝蒿（余 峰绘）

产湖北西南部、四川北部及云南，生于海拔2000-3400米荒山、草坡或路旁。

50. 五月艾 野艾蒿 图 607

Artemisia indica Willd. Sp. Pl. 3: 1846. 1800.

亚灌木状草本，植株具浓香。茎单生或少数，高达1.5米，分枝多；茎、枝初微被柔毛。叶上面初被灰白或淡灰黄色绒毛，下面密被灰白色蛛丝状绒毛；基生叶与茎下部叶卵形或长卵形，(一)二回羽状分裂或近大头羽状深裂，一回全裂或深裂，每侧裂片3-4，裂片椭圆形，上半部裂片大，二回为裂齿或为粗齿，中轴有时有窄翅，叶柄短；中部叶卵形、长卵形或椭圆形，长5-8厘米，一（二）回羽状全裂或大头羽状深裂，每侧裂片3（4），裂片椭圆状披针形、线状披针形或线形，长1-2厘米，不裂或有1-2裂齿，近无柄，假托叶小；上部叶羽状全裂；苞片叶3全裂或不裂。头状花序直立或斜展，卵圆形、长卵圆形或宽卵圆形，径2-2.5毫米，具短梗及小苞叶，在分枝排成穗形总状或复总状花序，在茎上组成开展或中等开展的圆锥花序；总苞片背面初微被灰白色绒毛；雌花4-8；两性花8-12，檐部紫色。瘦果长圆形或倒卵圆形。花果期8-10月。

产内蒙古、甘肃、陕西、山西、河南、河北、山东、江苏、安徽、浙江、福建、台湾、江西、湖北、湖南、广东、香港、海南、广西、贵州、云南及四川，生于低海拔至中海拔林缘、坡地、灌丛或森林草原。大洋洲及北美洲有分布。入药，作"艾"代用品，解毒、杀菌、消炎。

图 607 五月艾（邓盈丰绘）

51. 魁蒿 图 608

Artemisia princeps Pamp. in Nuov. Giorn. Bot. Ital. n. s. 36: 445. 1930.

多年生草本。茎、枝初被蛛丝状薄毛。叶上面无毛，下面密被灰白色蛛丝状绒毛；下部叶卵形或长卵形，一至二回羽状深裂，每侧有裂片2，羽状浅裂，具长柄；中部叶卵形或卵状椭圆形，长6-12厘米，羽状深裂或半裂，稀全裂，每侧裂片2（3），裂片椭圆状披针形或椭圆形，中裂片较侧裂片大，侧裂片基部裂片较侧边与中部裂片大，不裂或每侧具1-2疏裂齿，叶柄长1-2(-3)厘米，基部有小假托叶；上部叶羽状深裂或半裂，每侧裂片1-2；苞片叶3深裂或不裂。头状花序长圆形或长卵圆形，径1.5-2.5毫米，排成穗状或穗状总状花序，在茎上组成中等开展圆锥花序；总苞片背面绿色，微被蛛丝状毛。瘦果椭圆形或倒卵状椭圆形。花果期7-11月。

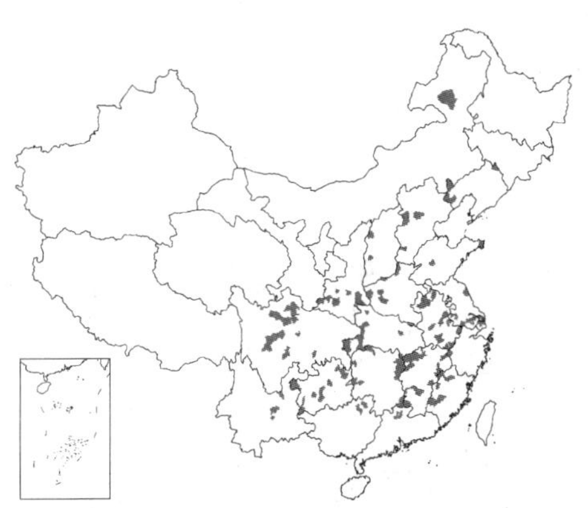

产辽宁、内蒙古、河北、山西、河南、山东、江苏、安徽、浙江、福建、江西、湖北、湖南、广东、香港、广西、贵州、云南、四川、陕西南部及甘肃南部，生于低海拔至中海拔地区路旁、山坡、灌丛、林缘或沟边。日本及朝鲜有分布。

图 608 魁蒿（引自《图鉴》）

52. 歧茎蒿 图 609

Artemisia igniaria Maxim. Prim. Fl. Amur. 161. 1859.

亚灌木状草本。茎少数或单生，高达1.2（-1.5）米，多分枝；茎、枝初被灰白色绵毛。叶上面初被灰白色绒毛，下面密被灰白色绒毛，茎下部叶卵形或宽卵形，一至二回羽状深裂，具短柄；中部叶卵形或宽卵形，长6-12厘米，一至二回羽状分裂，一回深裂，每侧具2-3裂片，裂片椭圆形或长圆形，长3-5（-6）厘米，（2）3（4）深裂或浅裂或边缘具数粗齿，基部渐窄成柄，叶柄长0.5-1.5厘米，基部常有细小假托叶；上部叶3深裂或不裂。头状花序椭圆形或长卵圆形，径2.5-3.5毫米，小苞叶披针形或线形，排成总状花序，在茎上组成圆锥花序；总苞片背面微被灰白色蛛丝状绵毛；雌花5-8；两性花7-14。瘦果长圆形。花果期8-11月。

产黑龙江、吉林、辽宁、内蒙古

东部、河北、山东、河南、山西、陕西秦岭、宁夏南部及甘肃南部，生于低海拔山坡、林缘、草地、森林草原、灌丛或路旁。入药，作“艾”的代用品。

[附] **绿苞蒿 Artemisia viridisquama** Kitam. in Acta Phytotax. Geobot. 12: 148. 1943. 本种与歧茎蒿的区别：多年生草本；茎上部及分枝被粉末状柔毛；茎中部叶每侧具1-2裂片，不裂或3全裂，裂片或小裂片线状披针形。产河北、山西、甘肃南部及四川，生于低海拔山坡。

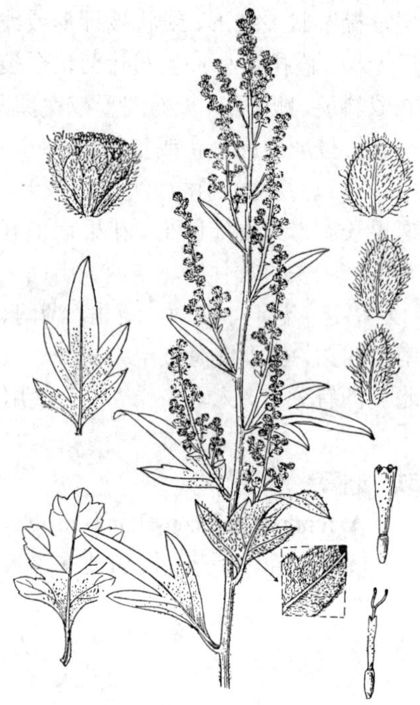

图 609 歧茎蒿（邓盈丰绘）

53. 柳叶蒿 图 610

Artemisia integrifolia Linn. Sp. Pl. 848. 1753.

多年生草本。茎单生，稀少数，高达1.2米，中上部有分枝；茎、枝被蛛丝状薄毛。叶全缘或具稀疏锯齿或裂齿，上面初被灰白色短柔毛，下面除叶脉外密被灰白色密绒毛；基生叶与茎下部叶窄卵形或椭圆状卵形，稀宽卵形，有少数深裂齿或锯齿；中部叶椭圆形、椭圆状披针形或线状披针形，长4-7厘米，先端锐尖，每侧具1-3裂齿或锯齿，基部楔形，常有小假托叶；上部叶椭圆形或披针形，全缘，稀有数枚不明显小齿。头状花序多数，椭圆形或长圆形，径(2.5)3-4毫米，倾斜或直立，有披针形小苞叶，排成密集穗状总状花序，在茎上部组成窄圆锥花序；总苞片疏被灰白色蛛丝状柔毛；雌花10-15；两性花20-30。瘦果倒卵圆形或长圆形。花果期8-10月。

产黑龙江、吉林、内蒙古东部、河北、山西中南部及安徽西部，生于低海拔至中海拔林缘、路旁、河边、草地、草甸、森林草原、灌丛或沼泽地边缘。蒙古、朝鲜半岛、俄罗斯西伯利亚及远东地区有分布。

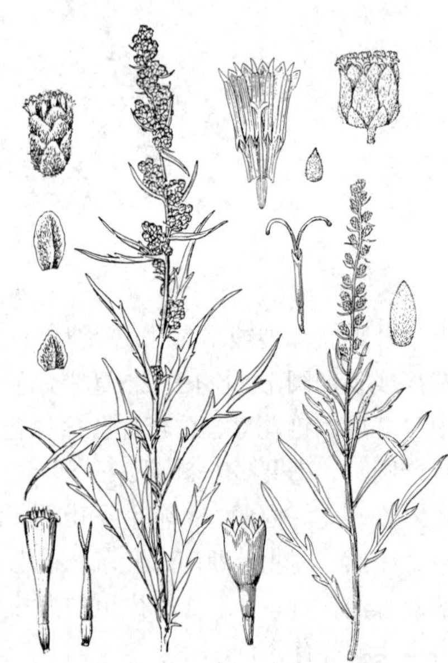

图 610 柳叶蒿（马 平 黄少容绘）

54. 线叶蒿 图 611

Artemisia subulata Nakai in Bot. Mag. Tokyo 29: 8. 1915.

多年生草本。茎少数或单生，高达80厘米。茎、枝初微有蛛丝状薄柔毛。叶上面无毛，下面密被灰白色蛛丝状绒毛；基生叶与茎下部叶倒披针形或倒披针状线形，长8-13厘米，全缘或上半部有1-2疏齿，基部窄楔形成柄状；中部叶线形或线状披针形，稀镰状线形，长5-10厘米，先端钝尖，全缘，稀有1-2小齿，边反卷，无柄，基部有极小假托叶；上部叶与苞片叶线形，全缘。头状花序长圆形或卵状椭圆形，径2-3毫米，基部有线形小

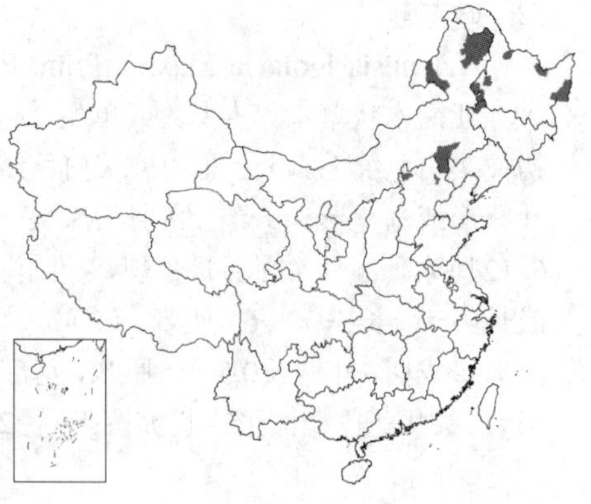

苞叶，排成穗状或穗状总状花序，在茎上组成总状窄圆锥花序；总苞片密被灰白色蛛丝状柔毛；雌花10-11；两性花10-15，檐部紫红色。瘦果长卵圆形或椭圆形。花果期8-10月。

产黑龙江、吉林、内蒙古东部及东南部、河北北部，山西北部有记载，生于低海拔湿润、半潮湿地区山坡、林缘、河岸、沼泽地边缘或草甸。朝鲜半岛北部、日本及俄罗斯远东地区有分布。

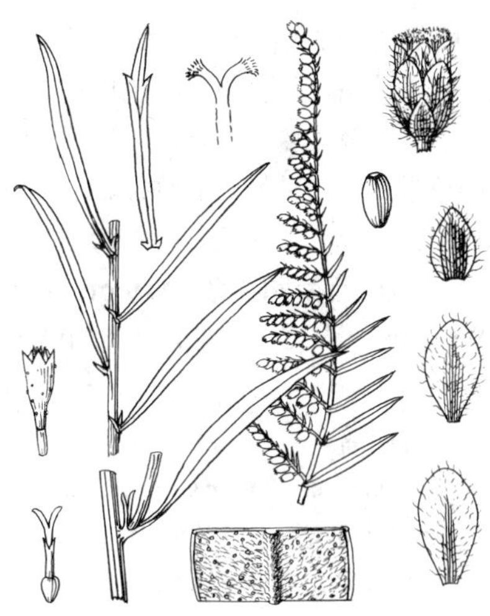

图 611 线叶蒿（余汉平绘）

55. 林艾蒿 绿蒿 图 612

Artemisia viridissima (Kom.) Pamp. in Nuov. Giorn. Bot. Ital. n. s. 36: 484. 930.

Artemisia vulgaris Linn. var. *viriissima* Kom. Fl. Mansh. 3: 673. 1907.

多年生草本。茎单生或少数，高达1.4米，不分枝或上部有着生头状花序短分枝；茎、枝无毛。叶无柄或柄极短，上面无毛，下面幼时疏生柔毛；下部与中部叶椭圆状披针形或披针形，长8-13厘米，不裂，边缘具细密锯齿，基部渐窄，无假托叶；上部叶与苞片叶小。头状花序宽卵圆形或卵钟形，径2-3毫米，下垂，在茎端或短花序分枝上排成穗状总状花序，在茎上组成窄圆锥花序；外、中层总苞片背面无毛，淡黄绿色；雌花3-5；两性花8-12。瘦果倒卵圆形或卵圆形。花果期7-10月。

产吉林、辽宁及河南西部，生于海拔1400-1700米林缘或路旁。

图 612 林艾蒿（引自《图鉴》）

56. 小球花蒿 图 613

Artemisia moorcroftiana Wall. ex DC. Prodr. 6: 117. 1837.

亚灌木状草本。茎少数或单生。茎、枝初被灰白或淡灰黄色短柔毛。叶上面微被绒毛，下面密被灰白或灰黄色绒毛；茎下部叶长圆形、卵形或椭圆形，宽2-3厘米，二（三）回羽状全裂或深裂，每侧裂片（4-）5-6，小裂片披针形或线状披针形，长1-1.5厘米，中轴具窄翅，叶柄长1-3厘米，基部有小假托叶；中部叶卵形或椭圆形，二回羽状分裂，一回近全裂或深裂，每侧裂片（4-）5-6，二回深裂或浅裂齿，上部叶羽状或3-5全裂；苞片叶3全裂或不裂。头状花序球形或半球形，径4-5毫米，有线形小苞叶，排成穗状花序，在茎上组成窄长圆锥花序；总苞片

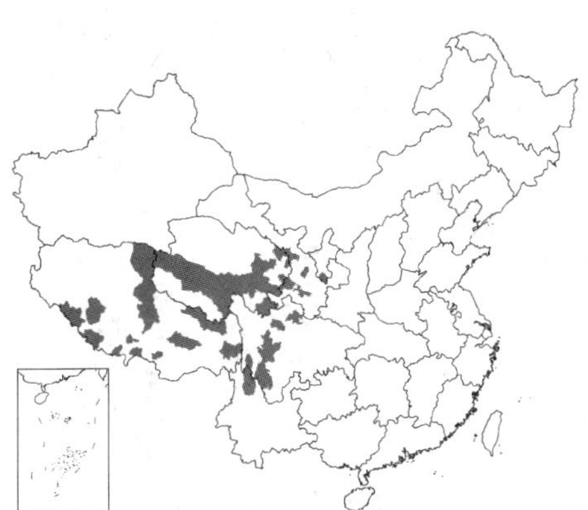

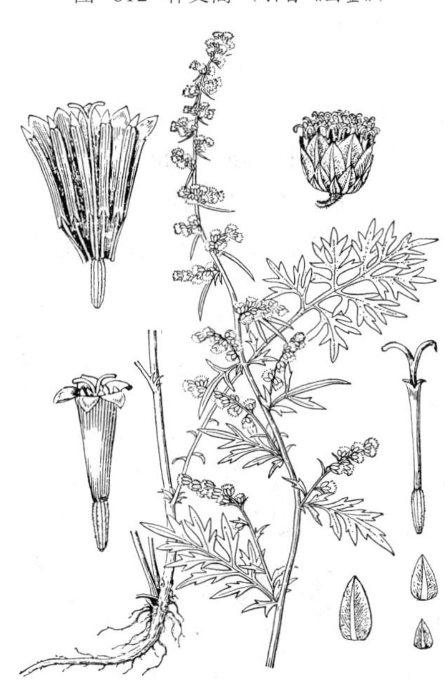

图 613 小球花蒿（黄少容绘）

背面绿色，被灰白或淡灰黄色柔毛；雌花15-20；两性花30-35。瘦果长卵圆形或长圆状倒卵圆形。花果期7-10月。

产宁夏南部、甘肃、青海、四川、云南西北部及西藏，生于海拔3000-4800米山坡、台地、干河谷、砾质坡地、草原和草甸。克什米尔地区及巴基斯坦有分布。入药，止血、消炎。

[附] **西南圆头蒿 Artemisia sinensis** (Pamp.) Ling et Y. R. Ling in Acta Phytotax. Sin. 18 (4): 505. 1980.—— *Artemisia strongylocephala* Pamp. var. *sinensis* Pamp. in Nuov. Giorn. Bot. Ital. n. s. 34: 177. 1927. 本种与小球花蒿的区别：多年生草本；茎丛生或少数；下部叶宽6-7厘米，二回羽状全裂。产青海西南部、西藏东部、四川西部及云南西北部，生于海拔(2600-)3000-3950米草原、灌丛、林缘或路旁。

57. 阿坝蒿 图 614

Artemisia abaensis Y. R. Ling et S. Y. Zhao in Bull. Bot. Res. (Harbin) 5 (2): 4. f. 11. 1985.

多年生草本。茎少数或单生，分枝多。茎、枝密被灰黄或淡黄色长柔毛和绵毛。叶上面微被蛛丝状柔毛，下面密被灰白色蛛丝状绵毛；中部叶长卵形或椭圆形，长6-8厘米，二回羽状分裂，一回近全裂，每侧裂片（4）5-6，裂片每侧具2-3深裂片或裂齿，裂片中央小裂片长0.5-1.2厘米，全缘或偶有1-2小齿，中轴具窄翅，叶柄长3-5毫米，基部具羽状全裂的细小假托叶；上部叶一至二回或一回羽状深裂；苞片叶羽状深裂或3全裂或不裂。头状花序长卵圆形或长圆形，径1.5-2毫米，基部有小苞叶，排成穗状花序或复穗状花序，在茎上组成多级分枝圆锥花序；总苞片疏被蛛丝状柔毛；雌花2-5；两性花4-8。瘦果倒卵圆形。花果期8-10月。

产青海东部、甘肃南部及四川北部，生于湖边、沟边或路旁。

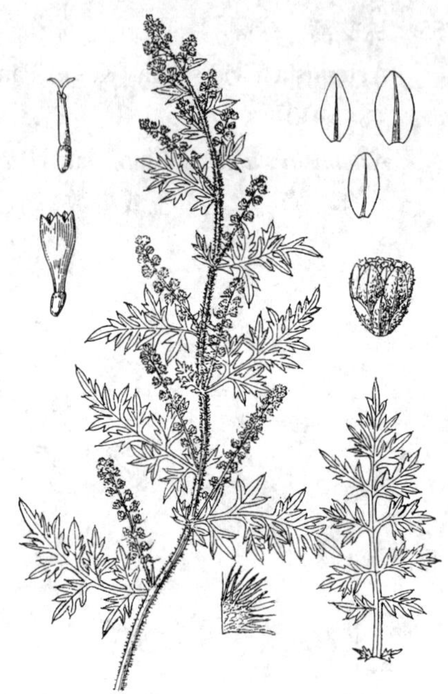

图 614 阿坝蒿（邓晶发绘）

58. 绒毛蒿 图 615

Artemisia campbellii Hook. f. et Thoms. in Clarke, Comp. Ind. 164. 1876.

亚灌木状草本。茎成丛，高达35厘米，茎、枝密被淡黄或灰黄色绒毛，叶两面密被灰白或淡灰黄色绒毛或上面毛少；基生叶与茎下部叶卵形，长2.5-4厘米，二（三）回羽状全裂，每侧裂片3-5，裂片3深裂或羽状深裂，叶柄长0.5-1.5厘米；中部与上部叶卵形，长2-3厘米，一至二回羽状深裂或全裂，每侧裂片3-4（5）；苞片叶3-5。头状花序半球形，径3-4（5）毫米，3-5密集着生成密穗状或复穗状花序，在茎上组成窄圆锥花序。外、中层总苞片多少棕褐色，背面密被黄褐或锈色柔毛；雌花8-10；两性花15-18。瘦果

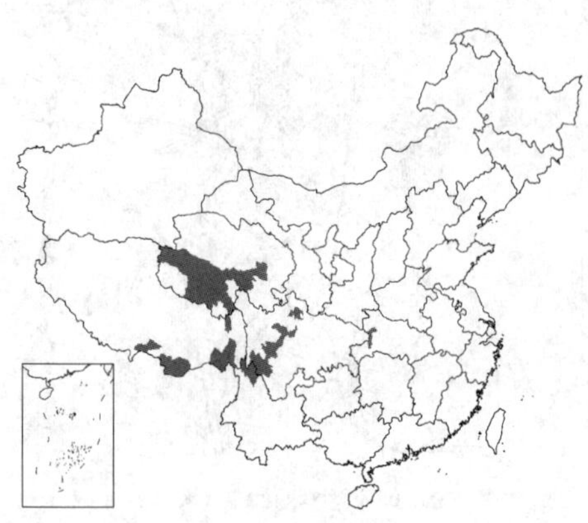

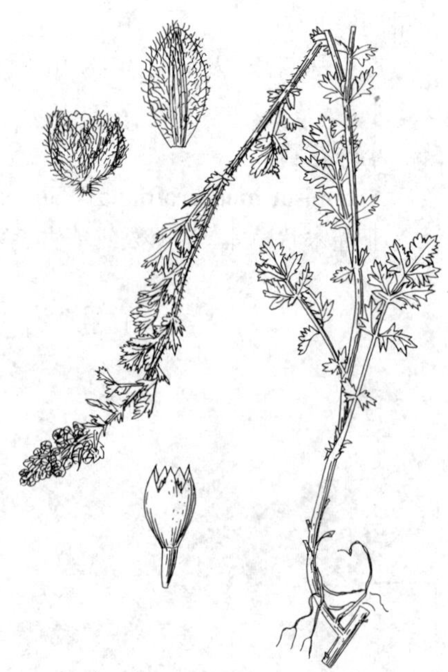

图 615 绒毛蒿（孙英宝绘）

长圆形或倒卵圆形。花果期7-11月。

产青海、西藏、云南西北部、四川及湖北西部，生于海拔3800-4800(-5400)米干旱山坡或灌丛中。不丹、锡金、巴基斯坦北部及克什米尔地区有分布。

59. 锈苞蒿 图 616

Artemisia imponens Pamp. in Nuov. Giorn. Bot. Ital. n. s. 36: 424. 1930.

多年生草本。茎少数或单一，高达1米，分枝多；茎、枝初被微灰黄或锈色平贴柔毛。叶上面疏被平贴绢质柔毛及白色腺点，下面密被灰白色绵毛；茎下部叶卵形或宽卵形，二至三回羽状全裂，小裂片披针形或线状披针形；中部叶宽卵形或长圆形，长5-7厘米，二（三）回羽状全裂，每侧具4-5裂片，羽状全裂或深裂，小裂片披针形或线状披针形，长1-1.5厘米，中轴具窄翅，无叶柄；上部叶一（二）回羽状全裂；苞片叶羽状全裂、3-5全裂至不分裂。头状花序半球形或近卵球形，径3-4（5）毫米，小苞叶披针形或线形，单生或2-3密集成穗状花序，在茎上组成圆锥花序；总苞片背面密被锈色绒毛；雌花8-10。瘦果长圆形。花果期8-10月。

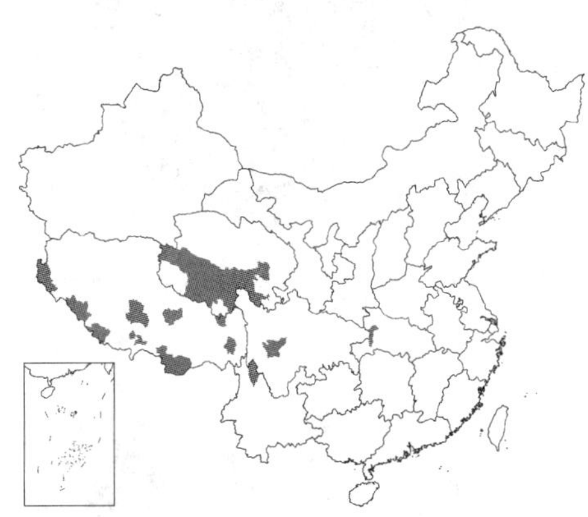

产湖北西部、四川、云南西北部、西藏及青海，生于海拔4700米以下山坡、林缘或草地。

图 616 锈苞蒿（余汉平绘）

60. 山艾 图 617

Artemisia kawakamii Hayata, Ic. Pl. Formos. 8: 65. pl. 9. 1919.

亚灌木状草本。茎高达30厘米，上部分枝，长7-8厘米；茎、枝初被绢质绒毛。叶上面初被绢质绒毛，下面密被白色绵毛；基生叶卵形或宽卵形，莲座状着生，二回羽状全裂，具长柄；茎下部与中部叶长圆形或椭圆形，长2-4厘米，（一）二回羽状全裂，每侧具3（4）裂片，裂片羽状全裂或3全裂，小裂片线形或线状披针形，长1-3厘米，叶柄长0.5-2厘米，无假托叶；上部叶3全裂；苞片叶线状披针形或线形。头状花序半球形或宽卵圆形，径4-4.5毫米，梗长0.2-2厘米，基部有小苞叶，8-12排成总状花序，在茎上部组成疏散总状圆锥花序；总苞片背面稍被绵毛；雌花8-12；两性花18-25。瘦果倒卵圆形。花果期7-11月。

图 617 山艾（引自《Fl. Taiwan》）

产台湾，生于海拔2700-3900米旷地、砾质坡地或干旱荒坡。

61. 台湾狭叶艾 图 618

Artemisia somai Hayata, Ic. Pl. Formos. 8: 64. pl. 8. 1918.

多年生草本。茎单生，稀少数，高达1.2米。茎、枝初被白色绢质柔毛。叶下面密被白色绵毛；基生叶、茎下部叶及中部叶长圆状倒卵形或椭圆状倒卵形，长10-12厘米，二回羽状全裂，每侧有裂片（3）4-5，裂片间隔宽，中央与侧边中部裂片常3全裂，小裂片披针形或线状披针形，长5-8毫米，叶柄长1.5-2.5厘米；上部叶与苞叶羽状全裂、3全裂或不裂，裂片或不裂苞片叶披针形或线状披针形，长1-1.5厘米。头状花序宽卵圆形或近半球形，径3.5-4毫米，具小苞叶，梗长2-2.5毫米，排成短总状花序，在茎上组成窄圆锥花序；总苞片背面初被白色柔毛；雌花8-15；两性花18-25。瘦果长卵圆形。花果期11月至翌年2月。

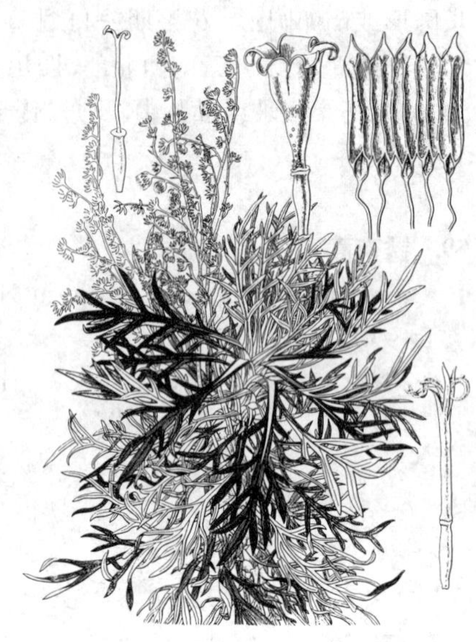

图 618 台湾狭叶艾（引自《台湾植物图谱》）

产台湾，生于海拔1500-2000米石质坡地。

[附] **川藏蒿 Artemisia tainingensis** Hand.-Mazz. in Acta Hort. Gothob. 12: 277. 1938. 本种与台湾狭叶艾的区别：茎高达30厘米；叶两面及总苞片密被白色绒毛；叶裂片间隔密，中部叶的裂片每侧具1-2长椭圆形或椭圆状披针形小裂片或小裂齿；头状花序无梗或有短梗，在茎上排成穗状花序或窄圆锥花序。产青海南部、西藏东部及四川西部，生于海拔3700-4000米砾质山坡。

62. 蒌蒿 图 619

Artemisia selengensis Turcz. ex Bess. in Nouv. Mem. Soc. Imp. Nat. Mosc. 3: 50. 1834.

多年生草本；植株具清香气味。茎少数或单一，高达1.5米，无毛，上部分枝。叶上面无毛或近无毛，下面密被灰白色蛛丝状平贴绵毛；茎下部叶宽卵形或卵形，长8-12厘米，近成掌状或指状5裂或3裂或深裂，稀间有7裂或不裂的叶，裂片线形或线状披针形，长5-7（8）厘米，叶柄长0.5-2（-5）厘米，无假托叶；中部叶近成掌状5深裂或指状3深裂，稀间有不裂之叶，裂片长椭圆形、椭圆状披针形或线状披针形，长3-5厘米，叶缘或裂片有锯齿，基部楔形，渐窄成柄状；上部叶与苞片叶指状3深裂、2裂或不裂。头状花序多数，长圆形或宽卵形，径2-2.5毫米，在分枝上排成密穗状花序，在茎上组成窄长圆锥花序；总苞片背面初疏被灰白色蛛丝状绵毛；雌花8-12；两性花10-15。瘦果卵圆形。稍扁。花果期7-10月。

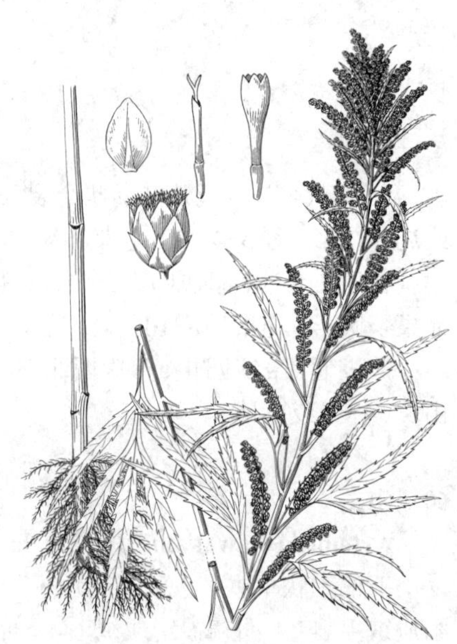

图 619 蒌蒿（引自《图鉴》）

产黑龙江、吉林、辽宁东南部、内蒙古东部、河北、山西、河南、山东、江苏、浙江北部、安徽、江西北部、湖北、湖南南部、广东北部、贵州、陕西西南部及甘肃南部，文献记载四川有分布，生于低海拔河边、沼泽地、湿润疏林中、山坡或荒地。蒙古、朝鲜半岛、俄罗斯西伯利亚东部及远东地区有分布。入药，作"艾"的代用品，可止血、消炎、镇咳、化痰，治黄疸型或无黄疸型肝炎。嫩苗作菜蔬。

[附] **无齿蒌蒿** 柳叶蒿 **Artemisia selengensis** var. **shansiensis** Y. R. Ling in Bull. Bot. Res. (Harbin) 8 (3): 5. 1988. 与模式变种的区别：叶裂片边缘全缘，稀间有少数小锯齿。产河北、山西、河南、湖北及湖南，生于中、低海拔山坡或路旁。

63. 菴闾 图 620

Artemisia keiskeana Miq. in Ann. Mus. Bot. Lugd.-Bat. 2: 176. 1866.

亚灌木状草本。茎多数，成丛，高达1（2）米，分枝多。茎、枝初被疏丝状绒毛。叶不裂，上面初微被柔毛，下面被疏柔毛；基生叶莲座状，基生叶、茎下部叶及营养枝叶倒卵形或宽楔形，长3-8厘米，中上部具数枚粗尖浅齿，基部楔形，渐窄成柄，叶柄长0.3-0.8厘米，无假托叶；中部叶倒卵形、卵状椭圆形或倒卵状匙形，长4.5-6.5厘米，中部以上具数枚疏锯齿或浅裂齿，齿端尖，基部楔形；上部叶卵形或椭圆形，全缘或上半部有数枚小齿裂。头状花序近球形，径3-3.5毫米，梗长1.5-2毫米，排成总状或复总状花序，在茎上组成圆锥花序；总苞片背面无毛；雌花6-10；两性花13-18。瘦果卵状椭圆形，稍扁。花果期8-11月。

产黑龙江、吉林、辽宁、河北及山东东部，生于低海拔地区路旁、干山坡、灌丛、草地或疏林下。日本、朝鲜及俄罗斯东部有分布。入药，止血、消炎、驱风、活络。

图 620 菴闾（引自《图鉴》）

64. 阴地蒿 图 621

Artemisia sylvatica Maxim. Prim. Fl. Amur. 1261. 1859.

多年生草本。茎少数或单生，高达1.3米，中上部分枝。茎、枝初微被柔毛，后脱落。叶薄纸质，上面初微被柔毛及疏生白色腺点，下面被灰白色蛛丝状薄绒毛或近无毛；茎下部叶具长柄，卵形或宽卵形，二回羽状深裂；中部叶具柄，卵形或长卵形，长8-12（-15）厘米，一至二回羽状深裂，每侧裂片2-3，裂片椭圆形或长卵形，长6-7（-9）厘米，3-5深裂、浅裂或不裂，小裂片或裂片长椭圆形或椭圆状披针形，有疏锯齿或无，叶柄长2-4（-6）厘米，基部有小假托叶；上部叶有短柄，羽状深裂或近全裂，中裂片长，偶有1-2小锯齿；苞片叶3-5深裂或不裂。头状花序近球形或宽卵圆形，径1.5-2（-2.5）毫米，具短梗及细小、线形小苞叶，下垂，在茎上常

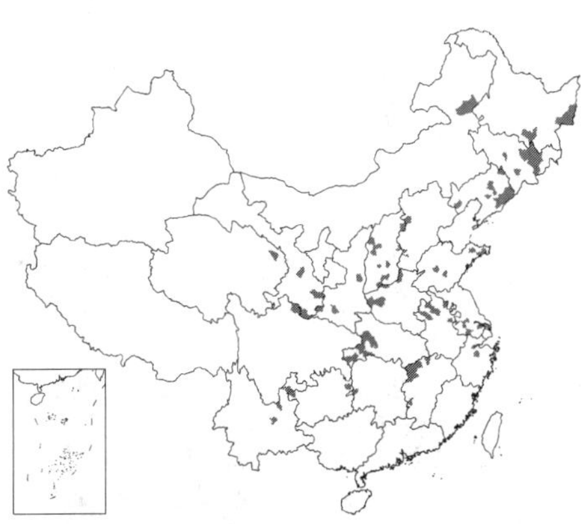

图 621 阴地蒿（引自《图鉴》）

组成疏散、开展、具多级分枝的圆锥花序；总苞片初微被蛛丝状薄毛；雌花4-7；两性花8-14。瘦果窄卵圆形或窄倒卵圆形。花果期8-10月。

产黑龙江、吉林、辽宁、内蒙古、河北、河南、山西、陕西、甘肃、青海东北部、四川、云南、贵州、湖南、湖北、江西、安徽、浙江、江苏及山东，生于低海拔湿润地区林下、林缘或灌丛下阴蔽处。朝鲜、蒙古及俄罗斯远东地区有分布。

[附] 密序阴地蒿 **Artemisia sylvatica** var. **meridionalis** Pamp. in Nuov. Giorn. Bot. Ital. n. s. 36: 444. f. 71. 1930. 与模式变种的区别：叶厚纸质，裂片与小裂片较短，具钝尖头，叶下面及总苞片被薄绒毛；头状花序径2-2.5毫米，排列密集。产山西、河南及江苏，生于山坡或灌丛。

65. 太白山蒿 图 622

Artemisia taibaishanensis Y. R. Ling et C. J. Humphries in Bull. Bot. Res. (Harbin) 10 (1): 101. t. 1: 1-9. 1900.

多年生草本或亚灌木状。茎少数，高达1米；茎、枝被灰白色柔毛。叶上面初被灰黄色柔毛，下面被灰白色蛛丝状柔毛；中部叶具柄，近圆形或宽卵形，长10-14厘米，二回羽状分裂，一回全裂，每侧裂片4-5，二回为深裂，每侧（2）3小裂片，小裂片常有1-2裂齿，中轴具窄翅，叶柄长2-3厘米；上部叶与苞片叶无柄，二回或一至二回羽状全裂。头状花序卵状钟形或宽卵圆形，径3-3.5（-4）毫米，下垂，在分枝或分枝的小枝上排成总状穗状花序，在茎上组成圆锥花序；外、中层总苞片背面褐色，初被灰白色柔毛；雌花5-9；两性花14-22。瘦果倒卵圆形。花果期8-11月。

产陕西南部及四川东北部，生于中、高海拔地区坡地、林缘或灌丛中。

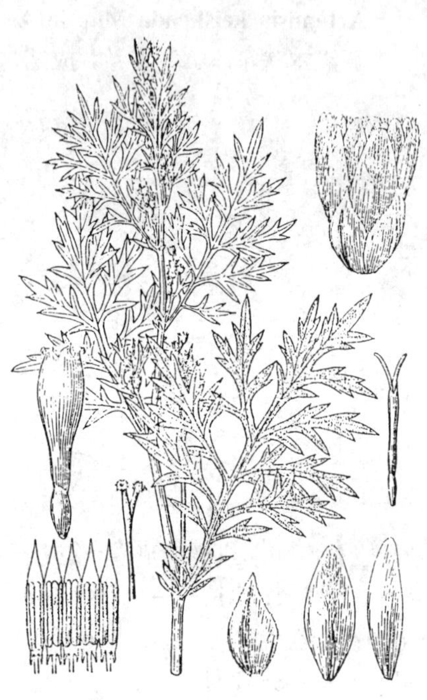

图 622 太白山蒿（余 峰绘）

66. 腺毛蒿 图 623

Artemisia viscida (Mattf.) Pamp. in Nouv. Giorn. Bot. Ital. n. s. 36: 424. 1930.

Artemisia moorcroftiana Wall. ex DC. var. *viscida* Mattf. in Fedde, Repert. Sp. Nov. 22: 247. 1926.

多年生草本。茎少数，高达1.2米，茎、枝密被腺毛。叶上面腺毛，下面除叶脉外密被平贴蛛丝状绒毛，叶脉凸起，白色，疏被腺毛；中部叶长圆形或长卵形，长7-8厘米，二回羽状分裂，一回全裂，每侧裂片4-6（-8），裂片羽状深裂或全裂，每侧有2-4小裂片，小裂片边缘反卷，偶有1、2枚小齿，中

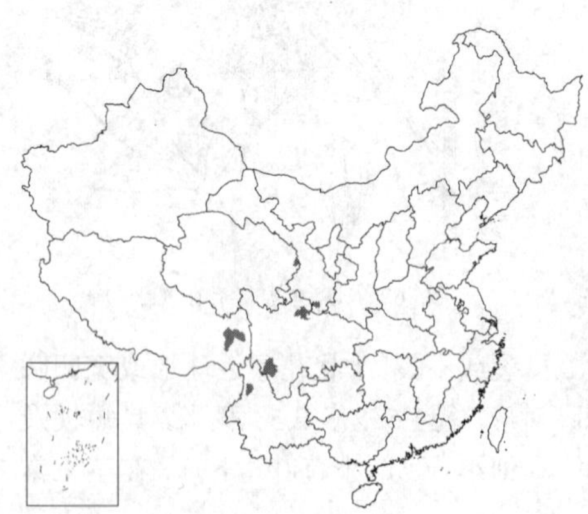

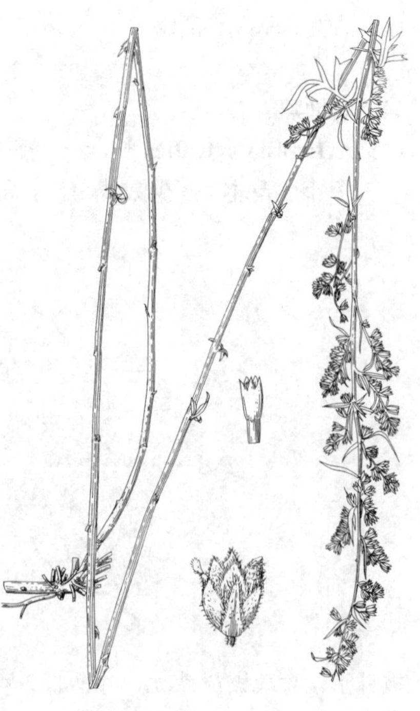

图 623 腺毛蒿（孙英宝绘）

轴有窄翅，上部叶一至二回羽状分裂，一回全裂，每侧裂片3-4，二回为深或浅裂齿；苞片叶羽状全裂或深裂或3裂。头状花序多数，半球形或宽卵圆形，径4-6毫米，下垂，在分枝上单生或2-3密集着生，排成总状、穗状或复总状花序，在茎上组成圆锥花序；外、中层总状苞片背面微有腺毛，初密被锈色绒毛；雌花9-15；两性花18-33。瘦果倒卵状长圆形。花果期8-11月。

产甘肃南部、青海东部、四川西南部及北部、云南西北部及西藏东部，生于海拔2400-4100米灌丛或高山草原地区。巴基斯坦有分布。

67. 甘青蒿　　图 624

Artemisia tangutica Pamp. in Nouv. Giorn. Bot. Ital. n. s. 36: 426. 1930.

多年生草本。茎通常单生，高达90厘米，纵棱明显，紫褐或褐色，初密被蛛丝状绒毛，兼被疏腺毛，后下部毛稍稀疏。叶上面微被腺毛，茎下部叶长卵形或卵形，二回羽状全裂或深裂，每侧裂片4-6，具叶柄；中部叶长卵形或卵形，长6-10厘米，二回羽状全裂，每侧裂片4-6，裂片羽状深裂或浅裂，每侧具2-4小裂片，中轴具窄翅，叶柄长0.5-2厘米，两侧常有小裂齿；上部叶羽状深裂，裂片不裂或偶有1、2枚小裂齿；苞片叶5或3深裂或不裂。头状花序径3-4毫米，多数，在分枝上排成穗状花序，在茎上组成窄圆锥花序；外、中层总苞片背面近无毛；雌花3-8；两性花5-15。瘦果倒卵圆形或长卵圆形。花果期7-10月。

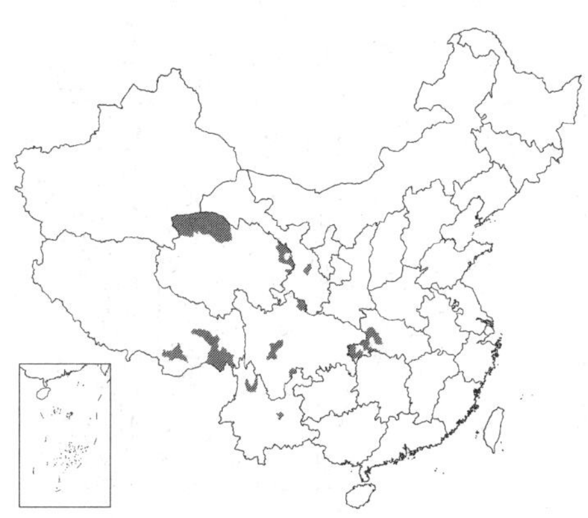

产甘肃、青海、四川、西藏东部、云南及湖北西部，生于海拔3000-3800米山坡或河边沙地。

图 624　甘青蒿（引自《图鉴》）

68. 粘毛蒿　　图 625

Artemisia mattfeldii Pamp. in Nuov. Giorn. Bot. Ital. n. s. 36: 425. 1930.

多年生草本。茎单生，高达50厘米，密被粘质腺毛。叶上面被腺毛，下面除脉外微被灰白或灰黄色蛛丝状绒毛，脉被腺毛；茎下部叶长圆状卵形或卵形，长4-6厘米，（二）三回羽状全裂，每侧裂片5-6，二回羽状全裂，小裂片披针形，基部有半抱茎假托叶；中部叶长圆形或长圆状卵形，长3.5-5.5厘米，二（三）回羽状全裂，每侧裂片5-6，裂片卵形或长卵形，长1.5-2.5厘米，一（二）回羽状全裂，小裂片披针形或为细长裂齿，长3-7毫米，边稍反卷，中轴有窄翅，叶柄长2-3厘米，基部有半抱茎小假托叶；上部叶二回羽状全裂；苞片叶一至二回羽状全裂。头状花序长圆形或宽卵圆形，径3-4毫米，有披针形小苞叶，排成穗状花序，在茎上组成窄圆锥花序；总苞片背面微被腺毛，先端具疏

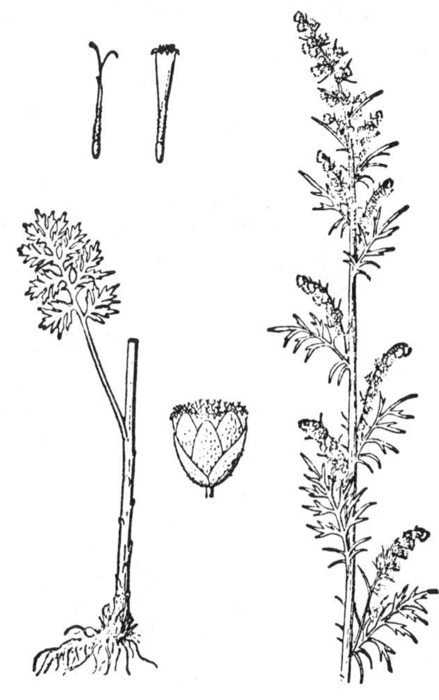

图 625　粘毛蒿（引自《图鉴》）

须毛；雌花5-7；两性花8-15，檐部紫色。瘦果倒卵圆形或长圆形。花果期7-10月。

产甘肃西南部及南部、青海东部、四川、西藏东部及东南部、云南西北部、贵州西北部、湖北西部及西南部，生于海拔2600-4700米林缘、草地。

[附] **无绒粘毛蒿 Artemisia mattfeldii var. etomentosa** Hand.-Mazz. in Acta Hort. Gothob. 12: 276. 1938. 与模式变种的区别：叶下面无白色绒毛。产甘肃西南部、青海南部、四川西部及西藏东部，生于海拔2700-4200米山坡。

69. 暗绿蒿 图 626

Artemisia atrovirens Hand.-Mazz. in Acta Hort. Gothob. 12: 280. 1938.

多年生草本。茎初被柔毛及腺毛。叶上面初被丝状柔毛、腺毛与白色腺点，后柔毛渐脱落，下面初除叶脉外密被灰白色绵毛与腺毛，后绵毛稀疏，腺毛宿存，脉具腺毛；茎下部叶卵形或宽卵形，长5-10厘米，一至二回羽状深裂，中裂片最长，稀叶不裂；中部叶卵形或长卵形，长(5)6-8厘米，一回羽状深裂，每侧裂片2-3，裂片椭圆形或倒卵状椭圆形，长1.5-2.5厘米，具1-2浅裂齿，基部下延在叶轴或叶柄成窄翅，叶柄长1-2厘米，基部无假托叶；上部叶与苞片叶羽状深裂、3深裂或不裂。头状花序长圆形或长卵圆形，径1.5-2(-2.5)毫米，有小苞叶，下垂，偏向一侧，排成穗状花序，在茎上组成开展圆锥花序；总苞片初微被蛛丝状柔毛；雌花3-6；两性花5-8。瘦果倒卵圆形或近倒卵圆形。花果期8-10月。

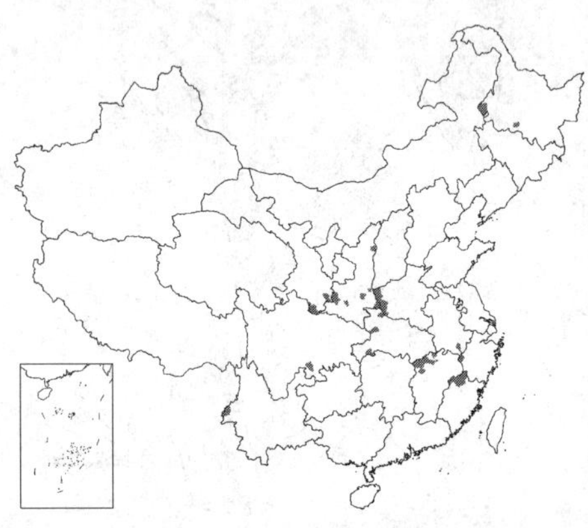

产黑龙江、甘肃南部、陕西、河南西南部、安徽南部、浙江西部、福建西北部、江西、湖北、湖南北部、云南西部及四川，生于低海拔至1200米山坡、草地或路旁。泰国有分布。

图 626 暗绿蒿（钱存源绘）

70. 中南蒿 图 627

Artemisia simulans Pamp. in Nuov. Giorn. Bot. Ital. n. s. 36: 434. 1930.

多年生草本。茎少数或单一，高达1.2米；茎、枝、小枝疏被粘质腺毛及柔毛，后柔毛渐脱落。叶上面疏被粘质腺毛或近无毛，下面被蛛丝状绒毛与疏腺毛；茎下部叶一(二)回羽状全裂；中部叶卵形或长卵形，长4-8厘米，羽状全裂，每侧裂片2-4，裂片线形，长1-1.5(-3)厘米，叶柄长3-5毫米，具假托叶；上部叶与苞片叶3-5深裂或不裂。头状花序椭圆形，径1.5-2毫米，在分枝的小枝排成密穗状花序，在茎上组成开展、大型圆锥花序；外、中层总苞片微被蛛丝状绒毛；雌花3-5；两性花8-15。瘦果倒卵圆形。花果期8-11月。

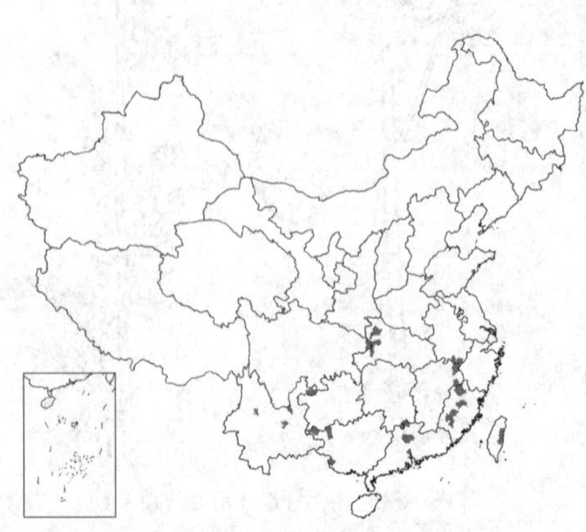

图 627 中南蒿（孙英宝绘）

产安徽南部、浙江南部、福建、台湾、江西东北部、湖北西部、湖南南部、广东、广西、贵州、云南及四川东部，生于低海拔至2100米山坡或荒地。

71. 南毛蒿 图 628：1-9

Artemisia chingii Pamp. in Nuov. Giorn. Bot. Ital. n. s. 39: 24. 1932.

多年生草本。茎、枝密被粘质柔毛及稀疏腺毛。叶上面被腺毛，兼有稀疏蛛丝状薄毛，下面除叶脉外密被灰白或灰黄色蛛丝状平贴绵毛，脉具淡黄色腺毛；茎下部叶宽卵形或卵形，长5-6厘米，一（二）回羽状深裂或近全裂，每侧裂片2-3，叶柄长0.5-1.5厘米，基部有小假托叶；中部叶卵形、长卵形或宽卵形，长3.5厘米，无柄，羽状深裂，每侧裂片2-3，裂片椭圆形或椭圆状披针形，宽3-6（-8）厘米，边缘反卷，不裂或有1-2浅裂齿，叶基部宽楔形，渐窄成柄状，基部有假托叶；上部叶3-5深裂，苞片叶3深裂或不裂。头状花序宽卵圆形或长圆形，径1.5-2毫米，有线形小苞叶，排成密穗状花序，在茎上组成窄圆锥花序；总苞片密被灰白色蛛丝状毛，后稍稀疏或光滑；雌花3-5；两性花8-12。瘦果倒卵圆形或卵圆形。花果期8-10月。

产甘肃南部、陕西南部、山西南部、河南西部、安徽北部、江西东部及西部、台湾、湖北西部及西南部、湖南西部、广东北部、广西西部、贵州西南部及北部、四川中部及云南西北部，生于中、低海拔地区山坡或草地。越南及泰国有分布。

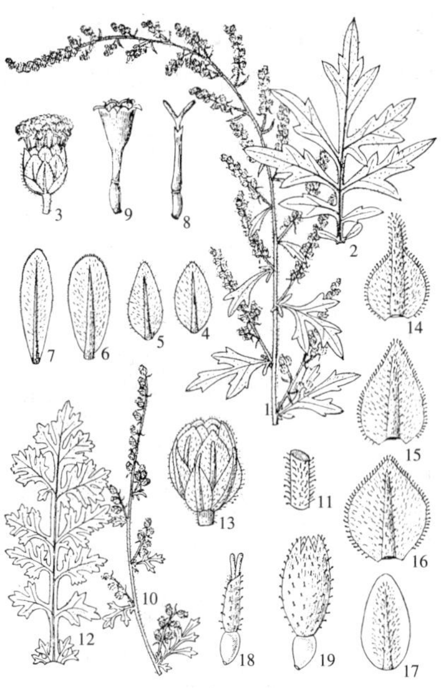

图 628：1-9. 南毛蒿 10-19. 吉塘蒿
（余汉平绘）

72. 吉塘蒿 图 628：10-19

Artemisia gyitangensis Ling et Y. R. Ling in Acta Phytotax. Sin. 18 (4): 507. f. 5. 1980.

多年生草本。茎分枝多而长，茎、枝密被腺毛。叶上面密生腺毛，下面除脉外被灰白色绒毛，脉有腺毛；中部叶椭圆形，长8-11厘米，（二）三回羽状深裂或全裂，一回全裂，每侧裂片5，裂片卵形或长卵形，长1.5-2.5厘米，二回羽状深裂，每侧具1-3小裂片，小裂片卵形或卵状披针形，长5-7毫米，常有浅裂齿，中轴有窄翅，基部裂片半抱茎成假托叶状，无叶柄；上部叶与苞片叶羽状全裂、3全裂或深裂。头状花序椭圆形或长圆形，径2-2.5毫米，基部有小苞叶，数枚至10余枚排成穗状或穗状总状花序，在分枝排成复穗状花序，在茎上组成大型、开展圆锥花序；总苞片疏被腺毛，初微被柔毛；雌花5-10；两性花8-20。瘦果倒卵圆形。花果期7-10月。

产西藏东南部及东北部，生于海拔3100-3800米干旱稀疏灌丛或或林下。

73. 多花蒿 图 629：1-9

Artemisia myriantha Wall. ex Bess. in Nuov. Mem. Soc. Imp. Nat. Mosc. 3: 51. 1834.

多年生草本。茎、枝密被粘质腺毛及稀少柔毛。叶上面密被腺毛，初疏被柔毛，后柔毛脱落，下面除脉外初被灰白色蛛丝状薄绵毛及稀疏腺毛，后绵毛脱落，脉凸起，密被腺毛；

茎下部叶与营养枝叶卵形，二回羽状深裂；中部叶椭圆形或卵形，长（5-）7-12（-19）厘米，一至二回羽状深裂或一回近全裂，每侧裂片4-5（-6），裂片椭圆形或卵状椭圆形，长2.5-5（6）厘米，二回羽状深裂或浅裂，每侧具小裂片2-3，小裂片椭圆状披针形或卵状椭圆形，长1-1.5（-2）厘米，有时有1-2小裂齿，中轴成翅状；叶柄长0.5-2厘米，两侧偶有小裂片，基部具半抱茎假托叶；上部叶羽状深裂；苞片叶5或3深裂或全裂或不裂。头状花序长卵圆形或长圆形，径1.5-2.5（-3）毫米，基部有披针形小苞叶，排成穗状总状花序及复总状花序，在茎上组成开展、具多分枝圆锥花序；总苞片初微被蛛丝状柔毛；雌花3-5；两性花4-6。瘦果倒卵圆形或长圆形。花果期8-11月。

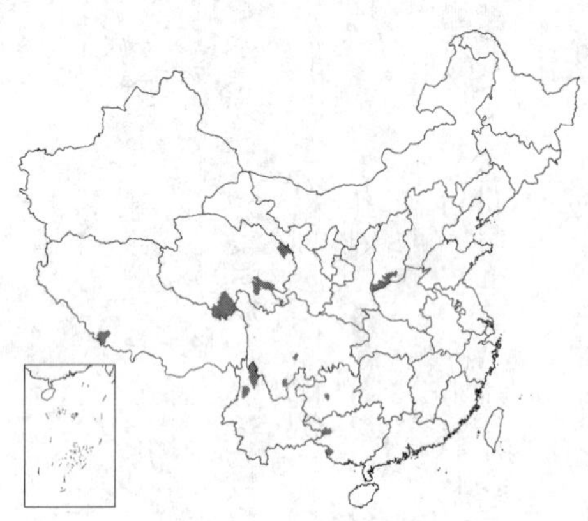

产山西南部中条山、青海、西藏南部、四川中部及南部、云南西北部、贵州中部、广西西部及西南部，生于海拔1000-2800米山坡、路旁或灌丛中。印度北部、不丹、尼泊尔、克什米尔地区、缅甸北部及泰国北部有分布。

[附] **白毛多花蒿 Artemisia myriantha** var. **pleiocephala** (Pamp.) Y. R. Ling in Kew Bull. 42 (2): 446. 1987.—— *Artemisia pleiocephala* Pamp. var. *typica* Pamp. in Nuov. Giorn. Bot. Ital. n. s. 36: 446. 1930. 与模式变种的区别：叶裂片宽卵形，下面密被灰白色蛛丝状绵毛；总苞片疏被灰白色蛛丝状柔毛。产青海、四川、贵州、云南及西藏，生于中、高海拔地区山坡或路旁。印度北部、不丹、尼泊尔及克什米尔地区有分布。

[附] **亚东蒿** 图 629: 10-19 **Artemisia yadongensis** Ling et Y. R. Ling in Acta Phytotax. Sin. 18 (4): 506. f. 3. 1980. 本种与多花蒿的区别：茎枝密被稍呈粘质绒毛；叶上面疏被柔毛，下面密被蛛丝状棉毛和白色腺点，脉疏被腺毛；头状花序排成中等开展圆锥花序；总苞片密被绒毛及疏腺毛。产西藏南部，生于海拔约2900米草地。

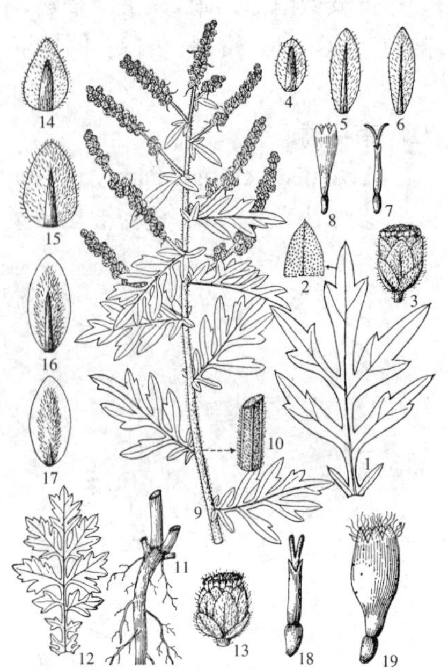

图 629：1-9. 多花蒿 10-19. 亚东蒿
（余汉平绘）

74. 侧蒿 图 630

Artemisia deversa Diels in Engl. Jahrb. Bot. 29: 618. 1901.

多年生草本。茎单生，稀少数，高达1米，幼时疏被柔毛。叶上面初疏被腺状柔毛，下面初疏被蛛丝状柔毛；茎下部叶宽卵形或卵形，羽状深裂，叶柄短；中部叶卵形或宽卵形，长8-14（-18）厘米，羽状深裂或半裂，稀浅裂，每侧裂片2（-3），裂片卵形、长卵形或卵状披针形，长2.5-8厘米，常有数枚缺齿及密生锯齿，叶基部渐窄成短柄，叶柄长2-14厘米；上部叶指状3深裂，稀2裂或不裂；苞片叶不裂或偶有1-2深裂或浅裂片。头状花序长圆形或椭圆形，径1.5-2.5毫米，

图 630 侧蒿（钱存源绘）

无小苞叶，数枚至10余枚排成穗状花序，在分枝成复穗状排列，在茎端组成圆锥花序；总苞片无毛；雌花3-5；两性花4-9。瘦果圆形或倒卵状长圆形。花果期8-10月。

产陕西秦岭、甘肃东南部、四川东部、湖北西部及西南部、河南西部，生于海拔1000-2300米林下、林缘、山谷、坡地或河边。

75. 白苞蒿 图 631

Artemisia lactiflora Wall. ex DC. Prodr. 6: 115. 1837.

多年生草本。茎、枝初微被稀疏、白色蛛丝状柔毛。叶上面疏被腺状柔毛，下面初微被稀疏柔毛；基生叶与茎下部叶宽卵形或长卵形，二回或一至二回羽状全裂，叶柄长；中部叶卵圆形或长卵形，长5.5-12.5（-14.5）厘米，二回或一至二回羽状全裂，稀深裂，每侧裂片3-4（5），裂片或小裂片卵形、长卵形、倒卵形或椭圆形，基部与侧边中部裂片长2-8厘米，常有细小假托叶；上部叶与苞片叶羽状深裂或全裂。头状花序长圆形，径1.5-2.5（-30）毫米，数枚或10余枚排成密穗状花序，在分枝排成复穗状花序，在茎上端组成圆锥花序；总苞片无毛；雌花3-6；两性花4-10。瘦果倒卵圆形或倒卵状长圆形。花果期8-11月。

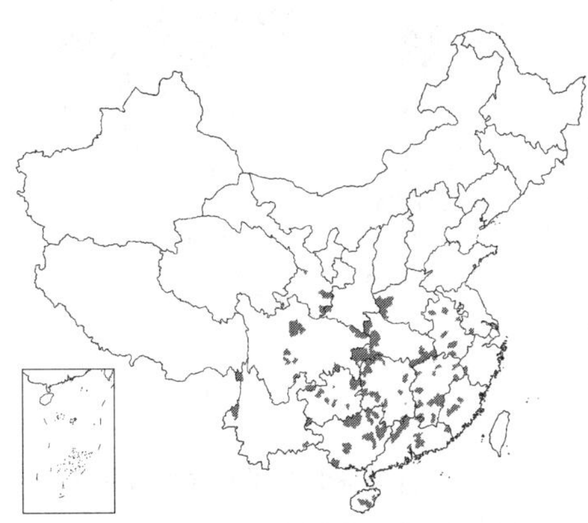

图 631 白苞蒿（引自《图鉴》）

产甘肃南部、陕西西南部、河南西部、安徽、江苏、浙江、福建、江西、湖北、湖南、广东、海南、香港、广西、四川、贵州及云南，生于中、低海拔林下、林缘、山谷。越南、老挝、柬埔寨、新加坡、印度东部及印度尼西亚有分布。入药，广东、广西作奇蒿的代用品，清热、解毒、止咳、消炎、活血，用治肝病、肾病及血丝虫病。

76. 奇蒿 刘寄奴 图 632

Artemisia anomala S. Moore in Journ. Bot. 13: 2227. 1875.

多年生草本。茎单生，高达1.5米，初被微柔毛。叶上面初微被疏柔毛，下面初微被蛛丝状绵毛；下部叶卵形或长卵形，稀倒卵形，不裂或先端有数枚浅裂齿，具细锯齿，具短柄，叶柄长3-5毫米；中部叶卵形、长卵形或卵状披针形，长9-12(-15)厘米，具细齿，叶柄长2-4（-10）毫米；上部叶与苞片叶小。头状花序长圆形或卵圆形，径2-2.5毫米，排成密穗状花序，在茎上端组成窄或稍开展的圆锥花序；总苞片背面淡黄色，无毛；雌花4-6；两性花6-8。瘦果倒卵圆形或长圆状倒卵圆形。花果期6-11月。

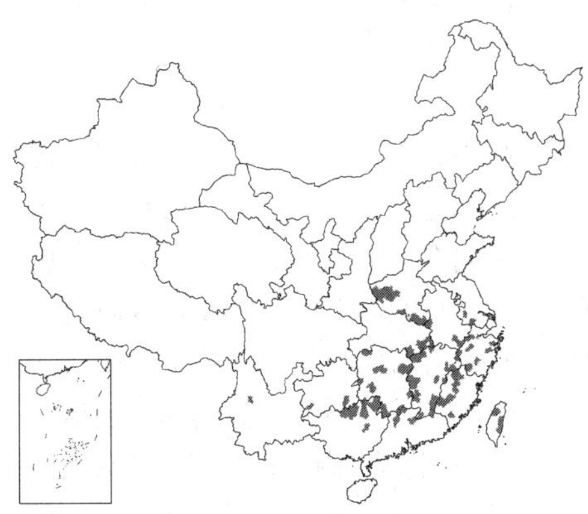

图 632 奇蒿（引自《Fl. Taiwan》）

产河南、安徽、江苏西南部、浙江、福建、台湾、江西、湖北、湖南、广东北部、广西、云南及贵州，生于低海拔林缘、沟边、河岸、灌丛或荒坡。越南有分布。入药，活血、通经、清热、消炎、止痛、消食。

[附] **密毛奇蒿 Artemisia anomala** var. **tomentella** Hand.-Mazz. in Not. Bot. Gart. Berl. 13: 633. 1937. 与模式变种的区别：叶上面初疏被糙毛，下面密被灰白或灰黄色密绵毛。产浙江、江西、湖北、湖南、广东北部及广西北部。

77. 龙蒿 图 633

Artemisia dracunculus Linn. Sp. Pl. 849. 1753.

亚灌木状草本。茎成丛，高达1.5米，多分枝；茎、枝初微被柔毛。叶无柄，初两面微被柔毛，中部叶线状披针形或线形，长（1.5-）3-7（-10）厘米，全缘；上部叶与苞片叶线形或线状披针形，长0.5-3厘米，宽1-2毫米。头状花序近球形，径2-2.5毫米，基部有线形小苞叶，排成复总状花序，在茎上组成开展或稍窄的圆锥花序；总苞片无毛；雌花6-10；两性花8-14。瘦果倒卵形或椭圆状倒卵形。花果期7-10月。

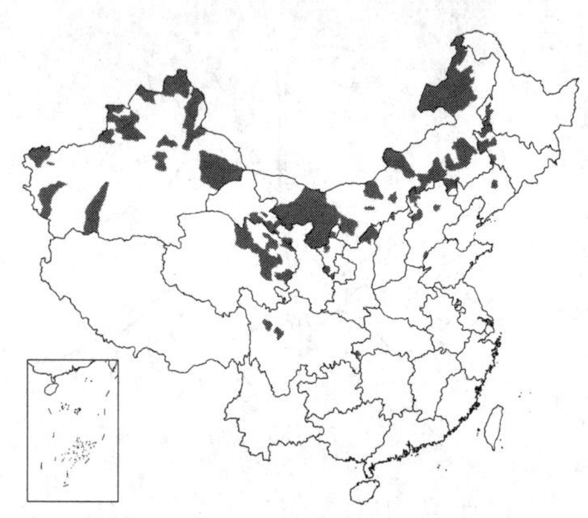

产黑龙江西南部、吉林西部、辽宁、内蒙古、河北、山西北部、陕西北部、宁夏、甘肃、新疆、青海、四川及湖北西南部，生于海拔500-3800米干山坡、草原、半荒漠草原、森林草原、林缘或亚高山草甸。蒙古、阿富汗、印度北部、巴基斯坦北部、克什米尔地区、锡金、俄罗斯、中亚、欧洲及北美洲有分布。

[附] **杭爱龙蒿 Artemisia dracunculus** var. **changaica** (Krasch.) Y. R. Ling in Bull. Bot. Res. (Harbin) 2 (2): 36. 1982.—— *Artemisia changaica* Krasch. in Acta Inst. Bot. Acad. Sci. URSS 1 (3): 346. 1937. 与模式变种的区别：叶不裂或侧边偶有1（2）细小、窄线形侧裂片；头状花序径3-4毫米，在茎上组成总状圆锥花序。产宁夏、甘肃、青海及新疆北部。蒙古有分布。

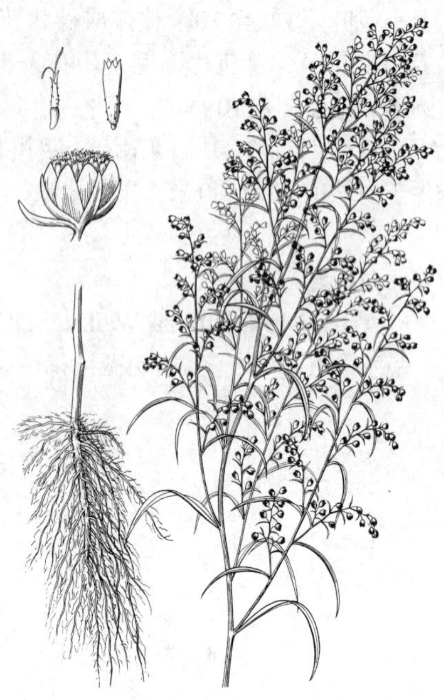

图 633 龙蒿 （引自《图鉴》）

[附] **帕米尔蒿 Artemisia dracunculus** var. **pamirica** (C. Winkl.) Y. R. Ling et C. J. Humphries in Bull. Bot. Res. (Harbin) 8 (4): 45. 1988.—— *Artemisia pamirica* C. Winkl. in Acta Hort. Petrop. 11: 329. 1890. 与模式变种的区别：植株稍矮小；茎、枝、叶初被密绒毛，后渐稀疏；头状花序在茎上排成总状花序或窄密圆锥花序。产青海、新疆西部及西藏西部，生于海拔3000-3400米草甸草原或砾质坡。巴基斯坦西部、阿富汗及塔吉克斯坦有分布。

78. 圆头蒿 图 634

Artemisia sphaerocephala Krasch. in Acta. Inst. Bot. Acad. Sci. URSS 1 (3): 348. 1937.

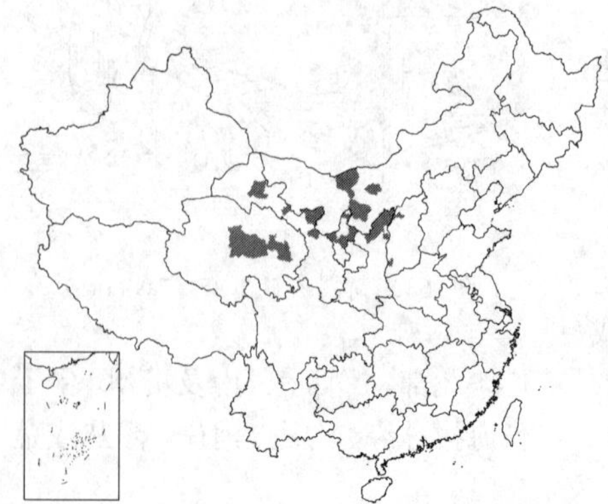

小灌木。茎成丛，灰褐或灰黄色，高达1.5米，分枝多而长，初被灰白色柔毛。叶近肉质，初两面密被灰白色柔毛；短枝叶常成簇生状；茎下部、中部叶宽卵形或卵形，长2-5(-8)厘米，二回或一至二回羽状全裂，每侧有裂片（1）2-3，两侧中部裂片长，常3全裂，小裂片线形或镰形，长（0.5-）1-2（3）厘米，先端有小硬尖头，基部半抱茎，叶柄长0.3-0.8厘米，基部常有线形假托叶；上部叶羽状分裂或3全裂；苞片叶不裂，稀3全裂。头状花序近球形，径3-4毫米，下垂，排成穗状总状花序或复总状花序，在茎上组成开展圆锥花序；总苞片淡黄色，光滑；雌花4-12；两性花6-12。瘦果黑色，果壁有胶质。花果期7-10月。

产内蒙古、山西、陕西北部、宁夏、甘肃及青海，新疆有记载，生于海拔1000-2850米流动、半流动或固定沙丘、干旱荒坡。蒙古南部有分布。抗风、抗旱、固沙、抗寒、抗盐碱性能好，果壁含胶质物，遇水膨胀，利于胶结与固定沙粒。为西北、华北沙荒地区良好的固沙植物之一。瘦果入药，作消炎或驱虫药。

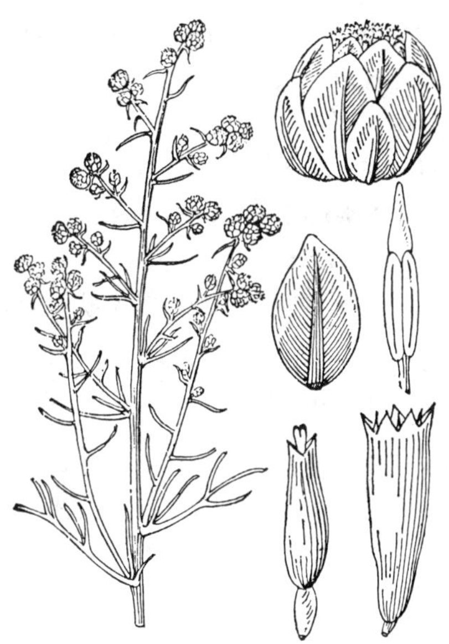

图 634　圆头蒿（余汉平绘）

79. 盐蒿　　图 635

Artemisia halodendron Turcz. ex Bess. in Bull. Soc. Nat. Mosc. 8: 17. 1835.

小灌木。茎高达80厘米，下部茶褐色，上部红色；基部分枝，枝多而长，常与营养枝组成密丛，具短枝，短枝上叶常密集成丛生状；茎、枝初被灰黄色绢质柔毛。叶初微被灰白色柔毛；茎下部叶与营养枝叶宽卵形或近圆形，长3-6厘米，二回羽状全裂，每侧裂片（2）3-4，基部裂片长，羽状全裂，每侧具小裂片1-2，小裂片窄线形，长1-1.5(-2)厘米，先端具硬尖头，叶柄长1.5-4厘米，基部有线形假托叶；中部叶宽卵形或近圆形，一至二回羽状全裂，无柄。头状花序卵球形，径（2.5-）3-4毫米，直立，基部有小苞叶，排成复总状花序，在茎上组成开展的圆锥花序；总苞片无毛，绿色；雌花4-8；两性花8-15。瘦果长卵圆形或倒卵状椭圆形，果壁有细纵纹及胶质。花果期7-10月。

产黑龙江西南部、吉林、辽宁、内蒙古、河北北部、山西西北部、陕西北部、宁夏、甘肃及新疆西部，生于中、低海拔地区流动、半流动或固定沙丘，荒漠草原、草原或森林草原。蒙古及俄罗斯西伯利亚东部有分布。固沙性能强，为良好固沙植物之一。嫩枝及叶入药，有止咳、镇喘、祛痰、消炎、解表之效。

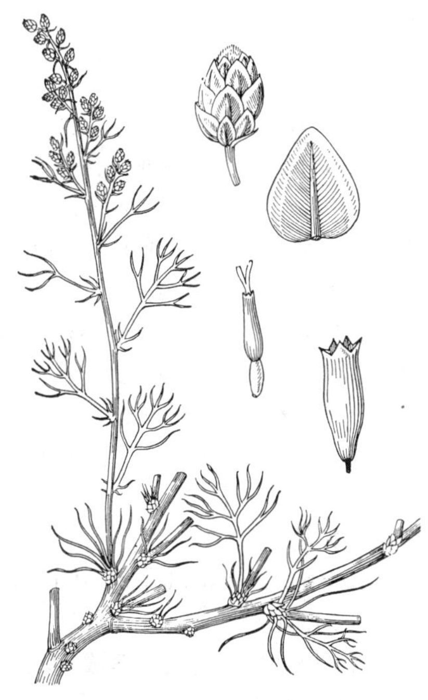

图 635　盐蒿（余汉平绘）

80. 黑沙蒿　　图 636

Artemisia ordosica Krasch. in Not. Syst. Herb. Inst. Bot. Sci. URSS 9: 173. 1946.

小灌木。茎高达1米，分枝多，茎、枝组成密丛。叶初两面微被柔毛，稍肉质；茎下部叶宽卵形或卵形，一至二回羽状全裂，每侧裂片3-4，基部裂片长，有时2-3全裂，小裂片线形，叶柄短；中部叶卵形或宽卵形，长3-5（-7）厘米，一回羽状全裂，每侧裂片2-3，裂片线形，长0.5-1厘米；上部叶5或3全裂，裂片线形；苞片叶3全裂或不裂。头状花序卵圆形，径1.5-2.5毫米，有短梗及小苞叶，排成总状或复总状花序，在茎上组成圆锥花序；总苞片黄绿色，无毛；雌花10-14；两性花5-7。瘦果倒卵圆形，果壁具细纵纹及胶质。花果期7-10月。

产内蒙古西部、河北东部、山西、陕西北部、宁夏及甘肃，生于海拔

1500米以下荒漠与半荒漠、流动与半流动或固定沙丘、干草原与干旱坡地，固沙植物。枝、叶入药，消炎、止血、祛风、清热。

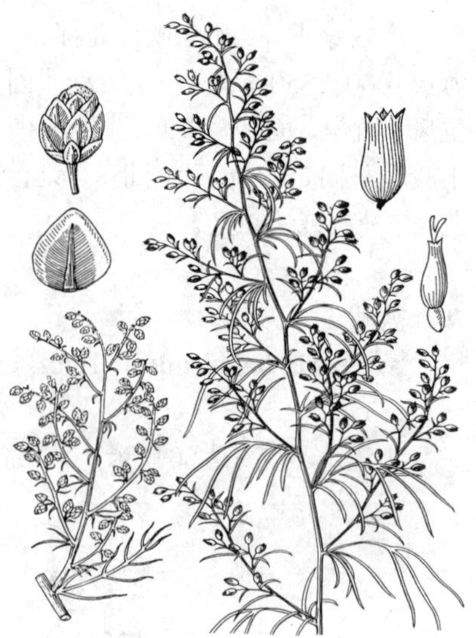

图 636 黑沙蒿 （引自《图鉴》）

81. 光沙蒿 图 637: 6-7

Artemisia oxycephala Kitag. in Rep. First Sci. Exped. Manch. 4 (4): 51. 93. 1936.

亚灌木状草本或小灌木状。茎成丛，高达80厘米；茎和老枝皮薄片剥落。叶两面无毛或幼微被柔毛；基生叶宽卵形，具长柄；茎下部与中部叶宽卵形或近圆形，长2-5厘米，二回羽状全裂，每侧裂片2-3，中部与下部裂片3全裂，小裂片线形，长1.5-2厘米，宽1.5-2毫米，基部半抱茎，近无柄；上部叶与苞片叶3-5全裂或不裂。头状花序长卵形，径1.5-2.5（-3.5）毫米，梗长2-4毫米或近无梗，排成穗状总状花序或复总状花序，在茎上组成圆锥花序；总苞片无毛；雌花8-14；两性花3-10。瘦果长圆形。花果期8-10月。

产黑龙江西南部、吉林西部、辽宁北部及西部、内蒙古及河北北部，山西北部有记载，生于干草原、干山坡、固定沙丘、沙碱或湖滨沙地。防风固沙植物；牧区牲畜饲料。

[附] 荒野蒿 图 637 : 1-5 **Artemisia campestris** Linn. Sp. Pl. 846. 1753. 本种与光沙蒿的区别：茎和老枝皮非薄片剥落；茎中部叶小裂片长0.4-1厘米，宽0.5-1.5毫米；头状花序无梗；雌花3-6。产新疆及甘肃北部，生于海拔500-2000米干草原、荒坡、砾质坡地或荒漠边缘。俄罗斯、欧洲及北美洲有分布。

图 637 : 1-5. 荒野蒿 6-7. 光沙蒿
（引自《中国沙漠植物志》《内蒙植物志》）

82. 藏龙蒿 图 638 : 1-3

Artemisia waltonii J. R. Drumm. ex Pamp. in Nuov. Giorn. Bot. Ital. n. s. 34: 707. 1927.

小灌木状或亚灌木。茎成丛，高达60厘米，分枝多；茎、枝初微被柔毛。叶初两面被灰白色柔毛；基生叶与茎下部叶长卵形或长圆形，长2-2.5厘米，二回羽状全裂或深裂，每侧裂片3，小裂片线状披针形或窄线形，叶柄长0.2-0.5厘米；中部叶一（二）回羽状全裂，侧裂片线形或线状披针形，长0.5-1.5厘米，侧边中部裂片有时分裂，叶基部楔形，无柄，基部有假托叶状小裂片；上部叶3-5深裂；苞片叶不裂，比头状花序稍长。头状花序近球形或

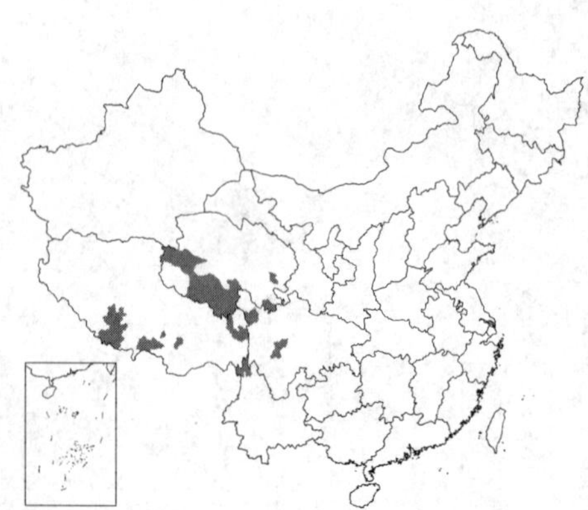

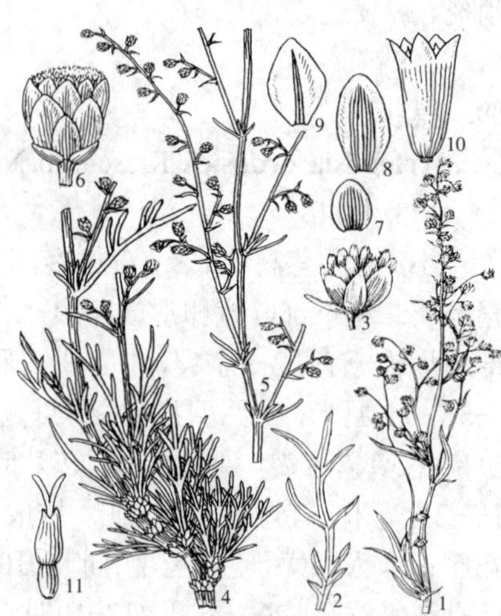

图 638 : 1-3. 藏龙蒿 4-11. 藏岩蒿
（余汉平 王 颖绘）

近卵圆形，径2.5-3（-3.5）毫米，排成穗状总状花序或复总状花序，在茎上组成开展的圆锥花序；总苞片光滑；雌花18-29；两性花20-30；花冠檐部具柔毛。瘦果长圆形或倒卵圆形。花果期5-9月。

产青海、四川、云南西北部及西藏，生于海拔3000-4300米路边、河滩、灌丛、山坡、草原或干河谷。

[附] **藏岩蒿** 图 638:4-11 **Artemisia prattii** (Pamp.) Ling et Y. R. Ling in Acta Phytotax. Sin. 18 (4): 511. 1980.—— *Artemisia salsoloides* Willd. var. *prattii* Pamp. in Nuov. Giorn. Bot. Ital. n. s. 34: 689. 1927. 本种与藏龙蒿的区别：茎中部叶侧裂片窄线形，不向基部弯曲，叶基部无假托叶；头状花序在茎上排成中等开展、稍伸长圆锥花序，花冠檐部无毛。产西藏东部、四川西部及青海，生于海拔2500-3600米干旱山坡或半荒漠草原。

图 639 江孜蒿（引自《植物分类学报》）

83. 江孜蒿 图 639

Artemisia gyangzeensis Ling et Y. R. Ling in Acta Phytotax. Sin. 18 (4): 510. f. 8. 1980.

亚灌木状草本。茎直立，成丛，高达30厘米，分枝多数；茎、枝初微被柔毛。叶两面无毛；茎下部与中部叶卵形或长圆形，长3.5-4.5厘米，二回羽状全裂，每侧裂片3，裂片长0.8-1.2厘米；上部叶羽状全裂；苞片叶比头状花序长2-3倍，3全裂或不裂，线状披针形。头状花序球形或宽卵圆形，径2.5-3.5毫米，单生或数枚集生，排成穗状花序，在茎上组成窄长圆锥花序；总苞片无毛；雌花3-8；两性花10-20。瘦果倒卵圆形或倒卵状椭圆形。花果期7-9月。

产内蒙古南部、青海、甘肃西南部及西藏南部，生于海拔约3900米山坡。

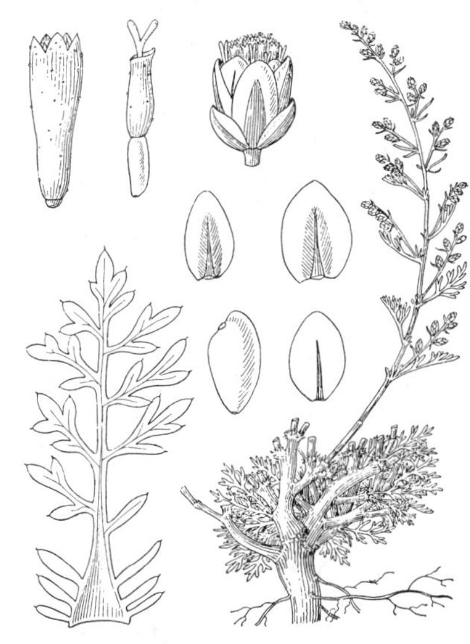

图 640 日喀则蒿（余汉平绘）

84. 日喀则蒿 图 640

Artemisia xigazeensis Ling et Y. R. Ling in Acta. Phytotax. Sin. 18 (4): 511. 1980.

亚灌木状草本或小灌木状。茎多数，高达40厘米，分枝稍短，下部枝长4-10厘米，上部枝长3-5厘米；茎、枝、叶初被灰白色微柔毛。基生叶、茎下部叶与营养枝叶长圆形，长1.5-2.5厘米，（一）二回羽状全裂，每侧裂片4-5，两侧中部与基部裂片常羽状全裂、3全裂或不裂，裂片或小裂片线形或线状披针形，长0.3-1厘米，向叶基部弯曲，叶柄长1-1.7厘米，基部常有小假托；中部叶长圆形，长1-1.5厘米，一至二回羽状全裂，每侧裂片2-3，裂片线形或线状披针形，长3-7毫米，叶柄长0.8-1.3厘米；上部叶3-5全裂；苞片叶3全裂或不裂。头状花序卵圆形或卵状钟形，径1.5-2.5毫米，排成穗状总状花序或复总状花序，在茎上组

成窄圆锥花序；总苞片绿褐色，无毛；雌花5-8；两性花5-9。瘦果倒卵圆形。花果期7-10月。

产青海及西藏南部，甘肃有记载，生于海拔2700-4600米石质山坡、草地或路旁。入药，清热解毒。

85. 柔毛蒿 变蒿 图 641

Artemisia pubescens Ledeb. in Mém. Acad. Imp. Sci. St. Pétersb. 5: 568. 1805.

多年生草本。茎成丛，高达60厘米；茎基部被棕黄色绒毛；茎上部及枝初被灰白色柔毛。叶初两面密被柔毛，下面微被柔毛；基生叶与营养枝叶卵形，二至三回羽状全裂，叶柄长；茎下部、中部叶卵形或长卵形，长3-8（-12）厘米，二回羽状全裂，每侧裂片（2-）3-4，基部与侧边中部的裂片3-5全裂，裂片、小裂片线形或线状披针形，长1-3厘米，叶柄长2-5厘米，基部有分裂的假托叶；上部叶羽状全裂，无柄；苞片叶3全裂或不裂。头状花序长圆形、近球形或卵圆形，径1.5-2毫米，斜展或下垂，具短梗及小苞叶，排成总状或近穗状花序，在茎上组成中等开展圆锥花序；总苞片无毛；雌花8-15；两性花10-15。瘦果长圆形或长卵圆形。花果期8-10月。

产黑龙江东部及西南部、吉林西北部、辽宁北部、内蒙古、河北、山西北部、陕西北部、甘肃东部及新疆北部，生于中、低海拔草原、草甸、林缘、荒坡、砾质坡地。蒙古、日本及俄罗斯有分布。

[附] **大头柔毛蒿 Artemisia pubescens** var. **gebleriana** (Bess.) Y. R. Ling in Bull. Bot. Res. (Harbin) 8 (4): 51. 1988.—— *Artemisia commutata* Bess. var. *gebleriana* Bess. in Bull. Soc. Nat. Mosc. 8: 72. 1835. 与模式变种的区别：头状花序宽卵圆形，径2.5-3毫米，直立或斜展，在茎上组成中等开展、稀稍窄圆锥花序。产黑龙江、吉林、辽宁及内蒙古。蒙古及俄罗斯西伯利亚地区有分布。

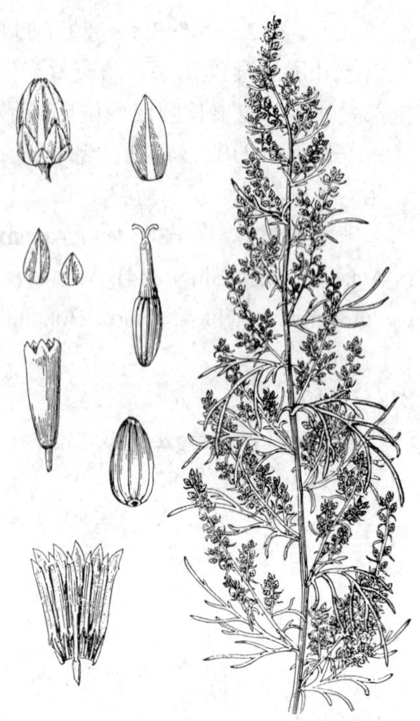

图 641 柔毛蒿（黄少容绘）

86. 甘肃蒿 图 642

Artemisia gansuensis Ling et Y. R. Ling in Bull. Bot. Res. (Harbin) 5 (2): 9. f. 14. 1985.

半灌木状草本。茎常成小丛，高达40厘米；茎、枝、叶两面及总苞片初被灰白色微柔毛。基生叶与茎下部叶宽卵形或近圆形，长2-3（-3.5）厘米，二回羽状全裂，每侧裂片2（3）4，裂片3全裂，小裂片窄线形，长0.5-0.8厘米，先端具小尖头，叶柄短；中部叶宽卵形或近圆形，长、宽1.5-2.5厘米，一（二）回羽状全裂，每侧裂片2（3），小裂片窄线形，长3-5毫米，近无柄；上部

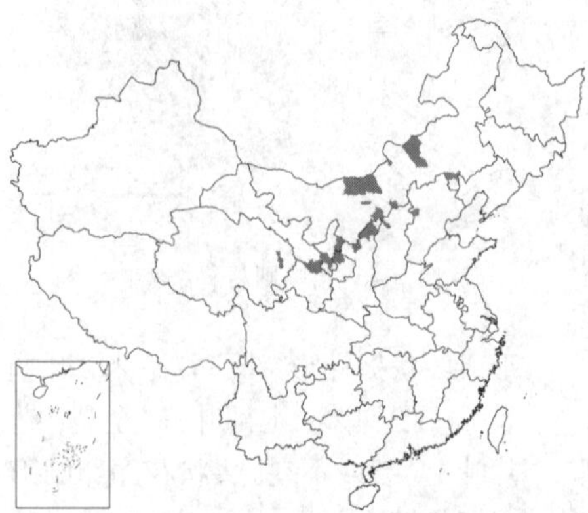

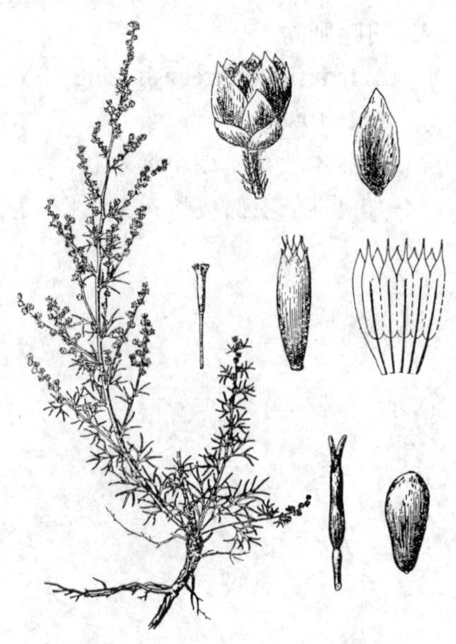

图 642 甘肃蒿（引自《植物研究》）

叶与苞片叶无柄，5或3全裂。头状花序卵状钟形或宽卵圆形，径1.5-2毫米，基部小苞叶极小，排成穗状总状花序，在茎上组成中等开展圆锥花序；雌花3-6；两性花4-8。瘦果倒卵圆形。花果期8-10月。

产内蒙古、河北西部、山西北部、陕西北部、甘肃、宁夏及青海东部，生于干旱坡地、黄土高原。

87. 纤杆蒿 图 643

Artemisia demissa Krasch. in Acta. Inst. Bot. Acad. Sci. URSS 1 (3): 348. 1936.

一、二年生草本。茎少数，成丛，稀单一，高达20厘米，下部分枝；茎、枝初密被淡灰黄色柔毛。叶初两面被灰白色柔毛；基生叶与茎下部叶长圆形或宽卵形，长1-1.5厘米，二回羽状全裂，每侧裂片2-3，裂片羽状全裂或3全裂，小裂片线状披针形或长椭圆状披针形，长3-5毫米，先端有硬短尖头，叶柄长0.5-1厘米，有假托叶；中部叶与苞片叶卵形，羽状全裂，每侧裂片1-3，裂片线形或线状披针形，基部具假托叶，无柄。头状花序卵圆形，径1.5-2毫米，单生或2-5集生，排成短穗状花序，在茎上组成窄穗状圆锥花序；总苞片初被柔毛；雌花10-19；两性花3-8。瘦果倒卵圆形。花果期7-9月。

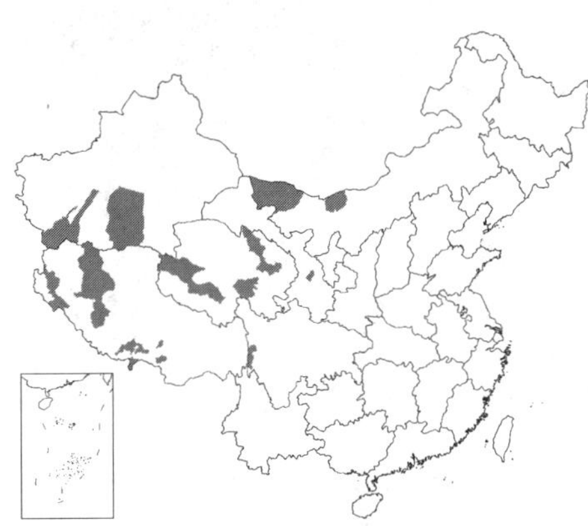

图 643 纤杆蒿（张荣生绘）

产内蒙古西北部、甘肃中南部、新疆南部、青海、四川西部、西藏西部及南部，生于海拔2600-4800米山谷、山坡、路旁、草坡、沙质或砾质草地。塔吉克斯坦有分布。

88. 茵陈蒿 棉茵陈 白茵陈 图 644

Artemisia capillaris Thunb. Fl. Jap. 309. 1784.

亚灌木状草本，植株有浓香。茎、枝初密被灰白或灰黄色绢质柔毛。枝端有密集叶丛，基生叶常成莲座状；基生叶、茎下部叶与营养枝叶两面均被棕黄或灰黄色绢质柔毛，叶卵圆形或卵状椭圆形，长2-4(-5)厘米，二(三)回羽状全裂，每侧裂片2-3(4)，裂片3-5全裂，小裂片线形或线状披针形，细直，不弧曲，长0.5-1厘米，叶柄长3-7毫米；中部叶宽卵形、近圆形或卵圆形，长2-3厘米，(一)二回羽状全裂，小裂片线形或丝线形，细直，长0.8-1.2厘米，近无毛，基部裂片常半抱茎；上部叶与苞片叶羽状5全裂或3全裂。头状花序卵圆形，稀近球形，径1.5-2毫米，有短梗及线形小苞片，在分枝的上端或小枝端偏向外侧生长，排成复总状花序，在茎上端组成大型、开展圆锥花序；总苞片淡黄色，无毛；雌花6-10；两性花3-7。瘦果长圆形或长卵圆形。花果期7-10月。

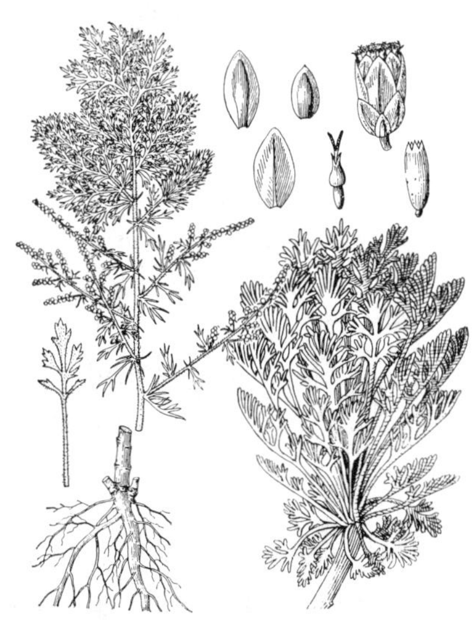

图 644 茵陈蒿（余汉平绘）

产吉林、辽宁、内蒙古、河北、山西、河南、山东、江苏、安徽、浙江、福建、台湾、江西、湖北、湖南、广东、香港、广西、贵州、云南、四川及陕西南部，生于低海拔河岸、海岸沙地、路旁或低山坡。朝鲜半岛、日本、菲律宾、越南、柬埔寨、马来西亚、印度尼西亚及俄罗斯远东地区有分布。嫩苗与幼叶入药，中药称“因陈”、“绵茵陈”，为治肝、胆疾患主要用药。

89. 细叶山艾 图 645

Artemisia morrisonensis Hayata, Ic. Pl. Formos. 8: 63. 1919.

亚灌木状草本。茎直立，单一或多数，高达60厘米，不分枝或具分枝；茎、枝初微被柔毛。叶初被丝状柔毛；茎下部叶近圆形或三角状卵形，长3-4厘米，二（三）回羽状全裂，中部叶近圆形或三角状卵形，长3-3.5厘米，宽3-4厘米，一（二）回羽状全裂，每侧裂片2(3)，3全裂或不裂，裂片或小裂片窄线形，长(1)2-3厘米，先端钝，叶柄长1-2厘米；上部叶小，3-5全裂；苞片叶3全裂或不分裂，窄线形。头状花序近球形，径1.5-2毫米，在茎端或短分枝上排成总状花序，在茎上组成总状窄圆锥花序；总苞片无毛；雌花11-15；两性花4-16。瘦果椭圆形。花果期7-10月。

产台湾，生于海拔300-2500米林缘、路旁或林中空地。

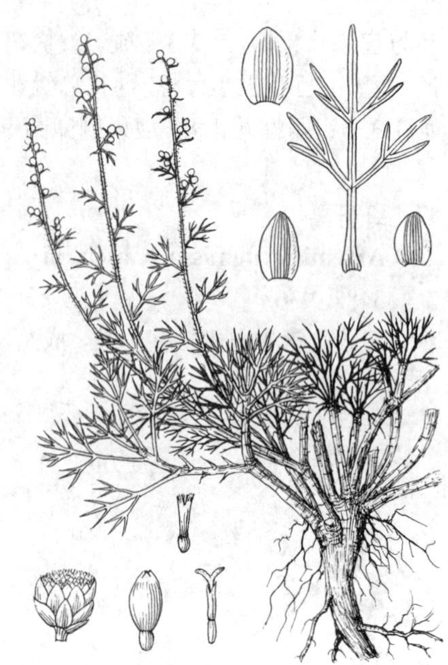

图 645 细叶山艾（余汉平绘）

90. 高山艾 图 646

Artemisia oligocarpa Hayata, in Fl. Mont. Formos. 137. t. 21. 1908.

亚灌木状草本。茎少数，稀单生，高达35厘米，分枝多；初被淡黄或灰黄色丝状柔毛。叶两面初被灰黄色丝状柔毛；茎下部与中部叶宽卵形，长2.5-4.5厘米，二（三）回羽状全裂，每侧裂片2-3（4），裂片5或3全裂，小裂片窄线形或丝线形，长0.4-1厘米，宽0.5-0.8毫米，叶柄长0.5-1厘米，有假托叶；上部叶宽卵形，5或3全裂，裂片窄线形或丝线形；苞片叶羽状全裂或不裂。头状花序半球形，径3（-4）毫米，具短梗及小苞叶，下垂，在茎上组成总状窄圆锥花序，梗与小苞叶微被柔毛；总苞片无毛；雌花10-15；两性花11-18。瘦果倒卵圆形，稍弯。花果期7-11月。

产台湾，生于海拔3000-3800米阳坡草地。

图 646 高山艾（黄少容绘）

91. 猪毛蒿 北茵陈 白蒿 图 647

Artemisia scoparia Waldst. et Kit. Pl. Rar. Hung 1: 66. t. 65. 1802.

多年生草本或一、二年生草本；植株有浓香。茎单生，稀2-3，高达1.3米，中部以上分枝，茎、枝幼被灰白或灰黄色绢质柔毛。基生叶与营养枝叶两面被灰白色绢质柔毛，近圆形或长卵形，二至三回羽状全裂，具长柄；茎下部叶初两面密被灰白或灰黄色绢质柔毛，长卵形或椭圆形，长1.5-3.5厘米，二至三回羽状全裂，每侧裂片3-4，裂片羽状全裂，每侧小裂片1-2，小裂片线形，长3-5毫米，叶柄长2-4厘米；中部叶初两面被柔毛，长圆形或长卵形，长1-2厘米，一至二回羽状全裂，每侧裂片2-3，不裂或3全裂，小裂片丝线形或毛发状，长4-8毫米；茎上部叶与分枝叶及苞片叶3-5全裂或不裂。头状花序近球形，稀卵圆形，径1-1.5（-2）毫米，基部有线形小苞叶，排成复总状或复穗状花序，在茎上组成开展圆锥花序；总苞片无毛；雌花5-7；两性花4-10。瘦果倒卵圆形或长圆形。

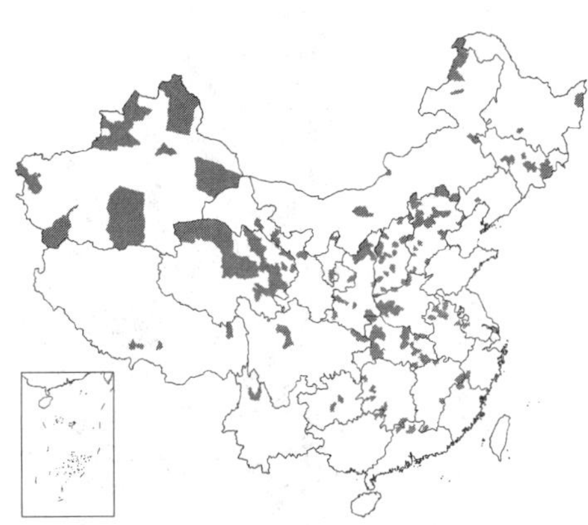

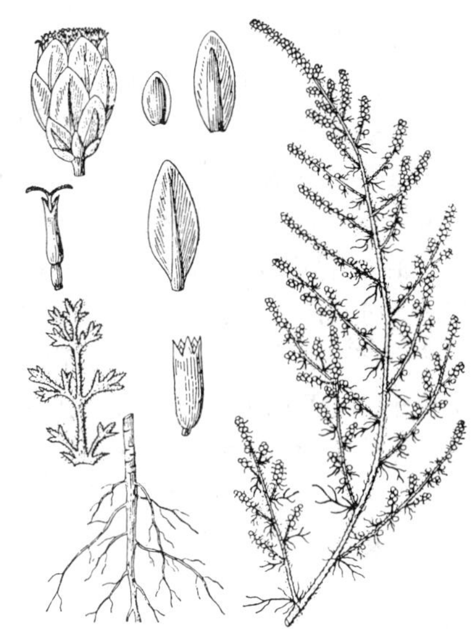

图 647　猪毛蒿（余汉平绘）

除台湾、海南外，遍及全国，生于低海拔至3800米山坡、林缘、草原、黄土高原或荒漠边缘。朝鲜半岛、日本、伊朗、土耳其、阿富汗、巴基斯坦、印度、哈萨克斯坦、吉尔吉斯斯坦、俄罗斯及欧洲有分布。基生叶、幼苗及幼叶入药，称“土茵陈”，药效与“茵陈蒿”同。

92. 直茎蒿　　图 648

Artemisia edgeworthii Balakr. in Journ. Bomb. Nat. Hist. Soc. 63: 329. 1967.

一、二年生草本。茎单一，稀少数，高达90厘米，茎、枝初被灰白色柔毛。叶两面初被灰白色柔毛；基生叶与茎下部叶卵形或长卵形，长1.5-2.5（-3）厘米，二回羽状全裂，每侧裂片(3)4，裂片长1-1.5厘米，3全裂，小裂片线形或线状披针形，长2-3毫米，叶柄长0.5-1（-2）厘米，基部有假托叶；上部叶与苞片叶一至二回羽状全裂。头状花序近球形或卵圆形，径2-2.5毫米，直立，2至数枚排成密集穗状花序，在茎上组成稍窄或稍开展圆锥花序；总苞片初被柔毛；雌花10-20，两性花3-5。瘦果倒卵圆形。花果期7-9月。

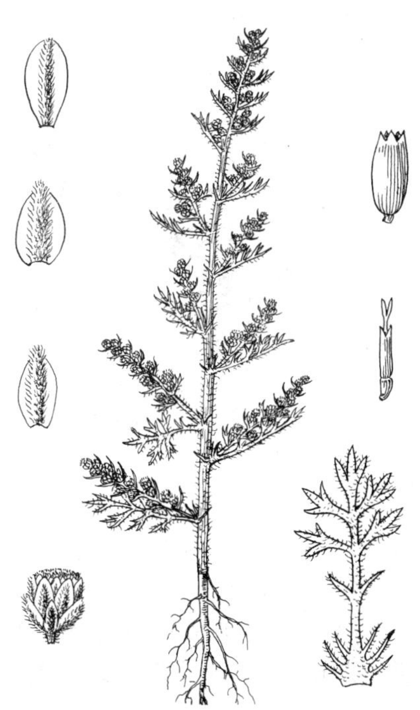

图 648　直茎蒿（余汉平绘）

产青海、甘肃、新疆北部及南部、西藏南部及东部、四川及云南西北部，生于海拔2200-4700米山坡、林缘或荒地。克什米尔地区、锡金、印度北部及尼泊尔有分布。

93. 白莎蒿　　图 649

Artemisia blepharolepis Bunge in Mém. Acad. Imp. Sci. St. Pétersb.

7: 340. 1854.

一、二年生草本；茎单生，高达60厘米，分枝多；茎、枝密被灰白色细柔毛。叶两面密被灰白色柔毛；茎下部叶与中部叶长卵形或长圆形，长1.5-4厘米，二回栉齿状羽状分裂，一回全裂，每侧裂片5-8，裂片长卵形或近倒卵形，长0.3-0.5厘米，边缘稍反卷，二回栉齿状深裂，每裂片侧边有5-8栉齿，栉齿长0.3-0.8（-1.5）毫米，叶柄长0.5-3厘米，基部有小形或栉齿状分裂的假托叶；上部叶与苞片叶栉齿状羽状深裂或浅裂或不裂。头状花序椭圆形或长椭圆形，径1.5-2毫米，具短梗及小苞叶，排成穗状短总状花序，在茎上组成开展圆锥花序；总苞片疏被灰白色柔毛；雌花2-3；两性花3-6。瘦果椭圆形。花果期7-10月。

产内蒙古、陕西北部及宁夏，生于低海拔干山坡、草地、荒漠草原或荒地。蒙古有分布。

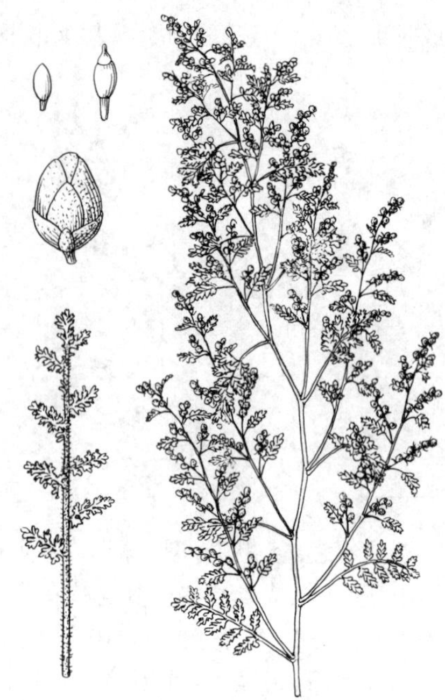

图 649 白莎蒿（引自《图鉴》）

94. 沙蒿 图 650

Artemisia desertorum Spreng. Syst. Veg. 3: 490. 1826.

多年生草本。茎单生或少数，高达70厘米，上部分枝；茎、枝幼被微柔毛。基生叶卵形，长2-3厘米，二回羽状深裂，小裂片椭圆形或长卵形；叶下面无毛，下面初被绒毛；茎下部叶与营养枝叶长圆形或长卵形，长2-5厘米，二回羽状全裂或深裂，每侧裂片2-3，裂片椭圆形或长圆形，长1-1.5（-2）厘米，每裂片常3-5深裂或浅裂，小裂片线形、线状披针形或长椭圆形，长0.5-1.5厘米，叶柄长1-3厘米，基部有线形、半抱茎假托叶；中部叶长卵形或长圆形，一至二回羽状深裂，叶柄短，具半抱茎假托叶；上部叶3-5深裂；苞片叶3深裂或不裂；头状花序卵圆形或近球形，径2.5-3毫米，基部有小苞叶，排成穗状总状或复总状花序，在茎上组成扫帚形圆锥花序，总苞片初微有薄毛；雌花4-8；两性花5-10。瘦果倒卵圆形或长圆形。花果期8-10月。

产黑龙江、吉林、内蒙古、河北、山西、陕西、宁夏、甘肃、青海、新疆西部、西藏、云南西北部及四川，生于海拔4000米以下草原、高山草原、荒坡或砾质坡地。朝鲜半岛、日本、印度北部、巴基斯坦北部及俄罗斯东部有分布。

[附] **东俄洛沙蒿 Artemisia desertorum** var. **tongolensis** Pamp. in Nuov. Giorn. Bot. Ital. n. s. 34: 651. 1927, incl. f. **glabra**, excl. f. **latifolia.**与模式变种的区别：植株高10-15厘米；茎生叶长椭圆形，长3厘米以上，二回羽状全裂，小裂片线形或线状披针形；头状花序径1.5-2厘米，排成总状花序或总状窄圆锥花序。产甘肃、四川西部及西藏，生于高山或亚高山草原、草甸或砾质坡地。

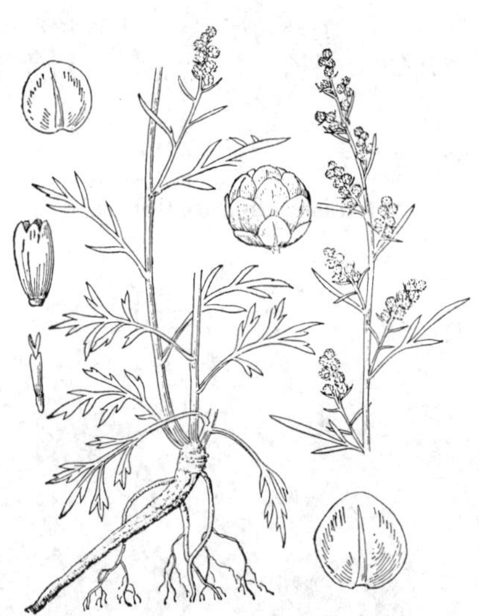

图 650 沙蒿（邓盈丰绘）

[附] **矮沙蒿 Artemisia desertorum** var. **foetida** (Jacq. ex DC.) Ling et Y. R. Ling in Bull. Bot. Res. (Harbin) 8 (4): 55. 1988.—— *Artemisia foetida* Jacq. ex DC. Prodr. 6. 98. 1837. 与模式变种的区别：植株矮小，茎多数，成丛，不分枝或分枝极短；茎下部与中部叶一（二）回羽状深裂，小裂片线形，先端尖；头状花序径2.5-3毫米，直立，具短梗，在茎上排成穗状总状花序，稀总状窄圆锥花序；总苞片边缘膜质，褐色。产青海、西藏及四川西部，生于海拔3500-4200米高山或亚高山草原、草甸、砾质坡地或灌丛中。

95. 南牡蒿 图 651

Artemisia eriopoda Bunge in Mém. Acad. Imp. Sci. St. Pétersb. 2: 111. 1833.

多年生草本。茎单生，稀2至少数，高达80厘米，基部密生柔毛，余无毛，分枝多，初疏被毛。叶上面无毛，下面微被柔毛或无毛；基生叶与茎下部叶近圆形、宽卵形或倒卵形，长4-6(-8)厘米，一至二回大头羽状深裂或全裂或不裂，具疏生锯齿，叶柄长1.5-3厘米；中部叶近圆形或宽卵形，长2-4厘米，一至二回羽状深裂或全裂，每侧裂片2-3，裂片椭圆形或近匙形，先端3深裂、浅裂齿或全缘，近无柄；上部叶卵形或长卵形，羽状全裂，每侧裂片2-3，苞片叶3深裂或不裂。头状花序宽卵圆形或近球形，径1.5-2.5毫米，基部具线形小苞叶，排成穗状或穗状总状花序，在茎上组成开展圆锥花序；总苞片背面绿色或稍带紫褐色，无毛；雌花4-8；两性花6-10。瘦果长圆形。花果期6-11月。

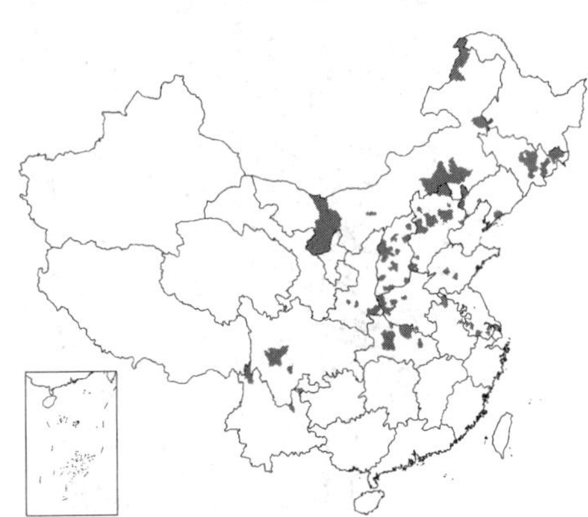

产吉林、辽宁、内蒙古、河北、山西、陕西南部、河南、山东、江苏、安徽、湖北、四川及云南，生于海拔1500米以下林缘、草坡、灌丛、溪边、疏林内。朝鲜半岛、日本及蒙古东部有分布。入药，祛风、去湿、解毒。

图 651 南牡蒿（引自《图鉴》）

96. 牡蒿 蔚 齐头蒿 水辣菜 图 652

Artemisia japonica Thunb. Fl. Jap. 308. 1784.

多年生草本。茎单生或少数，高达1.3米；茎、枝被微柔毛。叶两面无毛或初微被柔毛；基生叶与茎下部叶倒卵形或宽匙形，长4-6(-7)厘米，羽状深裂或半裂，具短柄；中部叶匙形，长2.5-3.5(-4.5)厘米，上端有3-5斜向浅裂片或深裂片，每裂片上端有2-3小齿或无齿，无柄；上部叶上端具3浅裂或不裂；苞片叶长椭圆形、椭圆形、披针形或线状披针形。头状花序卵圆形或近球形，径1.5-2.5毫米，基部具线形小苞叶，排成穗状或穗状总状花序，在茎上组成窄或中等开展圆锥花序；总苞片无毛；雌花3-8；两性花5-10。瘦果倒卵圆形。花果期7-10月。

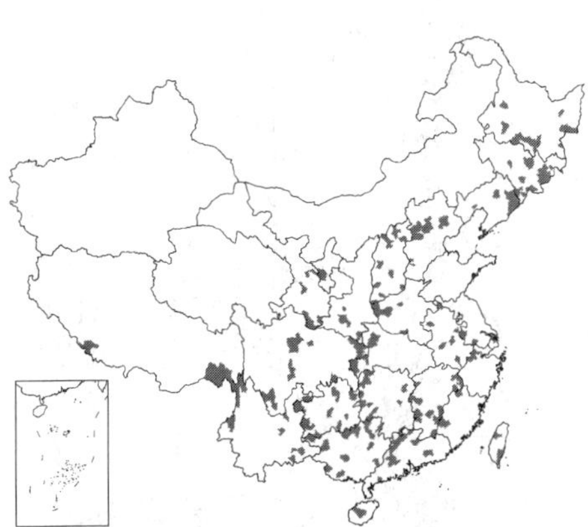

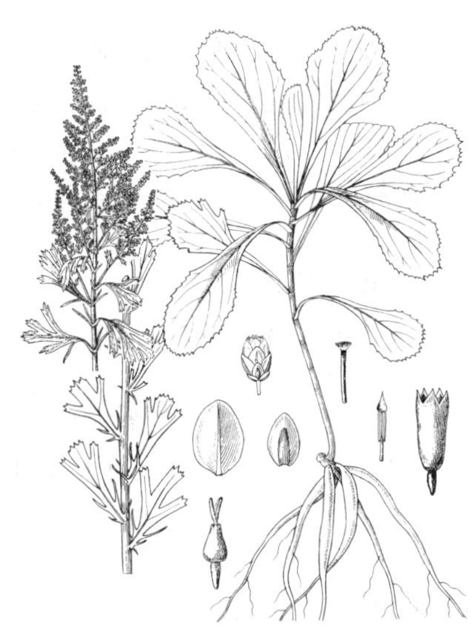

图 652 牡蒿（引自《图鉴》）

除新疆、青海及内蒙古干旱地区外，几遍及全国，生于低海拔至3300米林缘、山坡。日本、朝鲜半岛、阿富汗、印度北部、不丹、尼泊尔、锡金、克什米尔地区、越南北部、老挝、泰国、缅甸、菲律宾及俄罗斯远东地区有分布。全草入药，清热、解毒、消暑、去湿、止血、消炎。

97. 东北牡蒿 图 653

Artemisia manshurica (Kom.) Kom. in Komar. et Alis. Key. Pl. Far East. Reg. URSS 2: 1053. t. 308. 1932.

Artemisia japonica Thunb. var.

manshurica Kom. Fl. Mansh. 3: 625. 1907.

多年生草本。茎单生或少数，高达0.8（-1）米。叶初两面被微毛；叶密生，匙形或楔形，长3-7厘米，有浅缺裂及细密齿，无柄；茎下部叶倒卵形或倒卵状匙形，5深裂或不规则齿裂，无柄；中部叶倒卵形或椭圆状倒卵形，长2.5-3.5厘米，一（二）回羽状或掌状式全裂或深裂，每侧裂片1-2，裂片窄匙形或倒披针形，3浅裂齿或无裂齿；苞片叶披针形或椭圆状披针形。头状花序近球形或宽卵圆形，径1.5-2毫米，排成穗形总状或复总状花序，在茎上组成窄长圆锥花序；外、中层总苞片绿色；雌花4-8；两性花6-10。瘦果倒卵圆形或卵圆形。花果期8-10月。

产黑龙江南部、吉林、辽宁、内蒙古东部及河北东北部，生于低海拔湿润或半湿润地区山坡、林缘、草原、森林草原、灌丛、路旁或沟边。朝鲜半岛北部及日本有分布。入药，消炎、解毒、清热。

图 653 东北牡蒿（张海燕绘）

[附] **滨海牡蒿 Artemisia** littoricola Kitam. in Acta Phytotax. Geobot. 5: 95. 1936. 本种与东北牡蒿的区别：中部叶自上端向基部斜向或近掌状3-5深裂；头状花序径2-3毫米，排列密集成穗形总状花序，在茎上组成开展或中等开展尖塔形圆锥花序。产黑龙江西部及内蒙古东部，生于低海拔河岸、盐碱化或沼泽化草地。

98. 西南牡蒿 图 654

Artemisia parviflora Buch.-Ham. ex Roxb. Fl. Ind. 3: 420. 1832. nom. conserv.

多年生草本，有时亚灌木状。茎成丛，稀单一，高达80厘米；茎、枝初被黄或褐黄色柔毛。叶上面无毛，下面初被黄或褐黄色柔毛；茎下部叶卵形、椭圆状卵形，长2-3厘米，二回羽状深裂或近全裂，每侧裂片2-3，裂片椭圆形或近匙形，长1.5-2.5厘米，羽状2-3深裂，小裂片披针形或深裂齿，叶柄长2-3厘米；中部叶倒卵状匙形、扇形或楔形，长2-3厘米，宽1-2毫米，斜向3-5深裂至全裂，裂片线形、线状披针形或线状倒披针形，长0.5-1厘米，不裂或分裂，具1-2小裂齿，近无柄，基部有假托叶；上部叶3深裂或不裂；苞片叶不裂。头状花序卵圆形或近球形，径1-2毫米，下垂，排成穗状或穗状总状花序，在茎上组成稍窄或中等开展圆锥花序；总苞片无毛；雌花2-4；两性花4-10。瘦果长圆形。花果期8-10月。

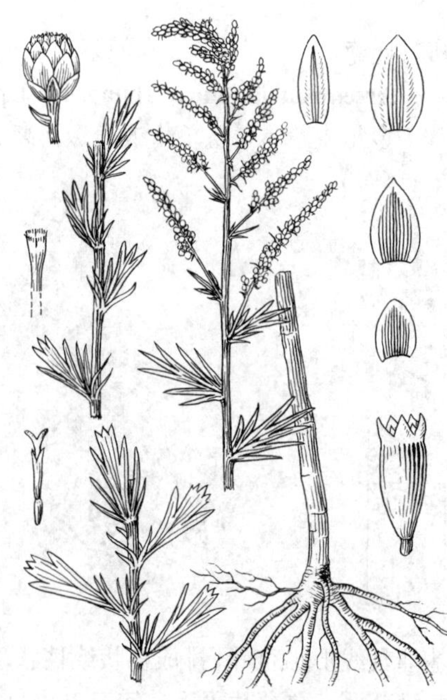

图 654 西南牡蒿（余汉平绘）

产陕西秦岭、甘肃南部、青海东部、西藏东部及南部、云南、贵州西南部、四川、湖北西北部及河南西部，生于海拔2200-3100米草丛、坡地、林缘、路旁。阿富汗、克什米尔地区、印度、尼泊尔、锡金、缅甸及斯里兰卡有分布。入药，清热、解毒、止血、祛湿，可代“青蒿”（黄花蒿）入药。

[附] **狭叶牡蒿** **Artemisia angustissima** Nakai in Bot. Mag. Tokyo 29: 7. 1915. 本种与西南牡蒿的区别：茎少数或单生；中部叶长1-2厘米，一至二回羽状深裂或全裂，每侧有裂片2，有时再分裂，裂片或小裂片宽0.5-1毫米。产黑龙江东南部、吉林、辽宁、河北、山东、江苏、河南、山西、陕西南部及甘肃南部，生于低海拔山坡或路旁。朝鲜半岛中部有分布。

99. 昆仑蒿 图 655

Artemisia nanschanica Krasch. in Not. Syst. Herb. Hort. Bot. Peterop. 3: 19. 1922.

多年生草本。根茎长，匍匐或斜上。茎成丛，高达30厘米，上部具短分枝；茎、枝初微被灰白或灰黄色平贴柔毛。叶初两面被灰或灰黄色绢质平贴柔毛；茎下部叶与营养枝叶匙形、倒卵形或宽卵形，长1-2厘米，羽状或近掌状深裂或浅裂，稀近全裂，裂片小，斜向叶先端，椭圆形、长圆形或椭圆状披针形，长0.5-1厘米，叶基部渐窄成柄，柄长0.3-0.6厘米；中部叶匙形或倒卵状楔形，上端斜向基部（2）3（4）深裂，稀近全裂，裂片椭圆形或线形，长0.5-0.8厘米；上部叶匙形，自叶上端斜向基部3-2深裂、浅裂或不裂。头状花序半球形或近球形，径3-3.5（-4）毫米，排成密集短穗状或穗状总状花序，在茎上组成总状窄圆锥花序或穗状总状花序；总苞片初被灰黄色柔毛；雌花10-15；两性花12-20，檐部背面疏被柔毛。瘦果长圆形或长圆状倒卵圆形。花果期7-10月。

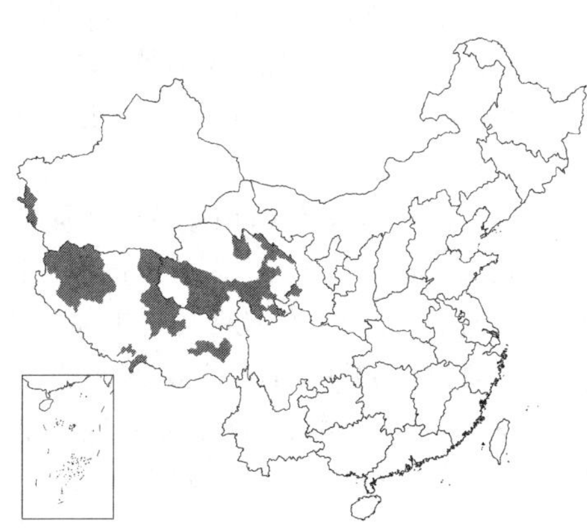

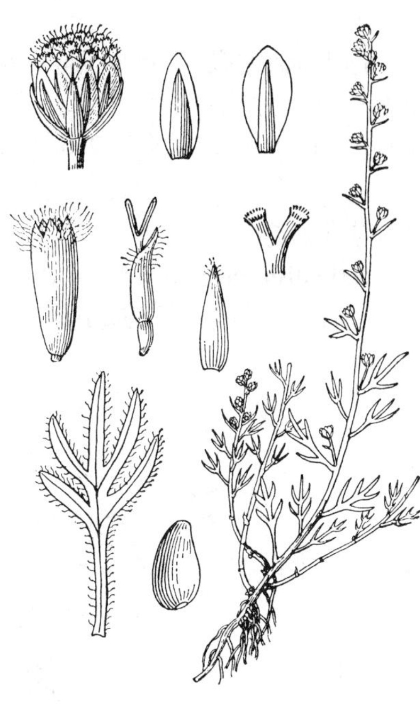

图 655 昆仑蒿（余汉平绘）

产青海、甘肃西南部、新疆西部及西藏，生于海拔2100-5300米草原、滩地或砾质坡地。

100. 牛尾蒿 图 656:1-8

Artemisia dubia Wall. ex Bess. in Nouv. Mem. Soc. Imp. Nat. Mosc. 3: 39. 1934.

亚灌木状草本。茎丛生，高达1.2米，分枝长15厘米以上，常屈曲延伸；茎、叶幼被柔毛。叶上面微有柔毛，下面毛密，宿存；基生叶与茎下部叶卵形或长圆形，羽状5深裂，有时裂片有1-2小裂片，无柄，中部叶卵形，长5-12厘米，羽状5深裂，裂片椭圆状披针形或披针形，长3-8厘米，基部成柄状，有披针形或线形假托叶；上部叶与苞片叶指状3深裂或不裂，裂片或不裂苞片叶椭圆状披针形或披针形。头状花序宽卵圆形或球形，径1.5-2毫米，基部有小苞叶，排成穗状总状花序及复总状花序，茎上组成开展、具多分枝圆锥花序；总苞片无毛；

图 656：1-8. 牛尾蒿 9-16. 华北米蒿（邓晶发绘）

雌花6-8；两性花2-10。瘦果小，长圆形或倒卵圆形。花果期8-10月。

产吉林南部、河北、河南、湖北西部、陕西南部、甘肃南部、青海东部、四川、贵州、云南及西藏东部，生于低海拔至3500米干山坡、草原、疏林下或林缘。印度北部、不丹及尼泊尔有分布。入药，清热、解毒、消炎、杀虫。

[附] **无毛牛尾蒿 Artemisia dubia** var. **subdigitata** (Mattf.) Y. R. Ling in Kew Bull. 42 (2): 445. 1987.—— *Artemisia subdigitata* Mattf. in Fedde, Repert. Sp. Nov. 22: 243. 1926.与模式变种的区别：茎、枝、叶下面初被灰白色柔毛，后无毛。产内蒙古南部、河北、山西、陕西、宁夏、甘肃中部以南、青海、山东西部、河南南部、湖北西部、四川、贵州、云南及广西西北部，生于海拔3000米以下河边、沟谷或林缘。印度北部、不丹、锡金、尼泊尔及克什米尔地区有分布。

101. 华北米蒿 图 656:9-16

Artemisia giraldii Pamp. in Nouv. Giorn. Bot. Ital. n. s. 34: 657. 1927.

亚灌木状草本。茎常成小丛；分枝长8-14厘米，斜展。茎、枝幼被微柔毛。叶上面疏被灰白或淡灰色柔毛，下面初密被灰白色微蛛丝状柔毛；茎下部叶卵形或长卵形，指状3（5）深裂，裂片披针形或线状披针形，中部叶椭圆形，长2-3厘米，指状3深裂，裂片线形或线状披针形，长1-2厘米，叶基部渐窄成短柄状；上部叶与苞片叶3深裂或不裂，线形或线状披针形。头状花序宽卵圆形、近球形或长圆形，径1.5-2毫米，有小苞叶，排成穗状总状花序或复总状花序，在茎上组成开展圆锥花序；总苞片无毛；雌花4-8；两性花5-7。瘦果倒卵圆形。花果期7-10月。

产吉林东南部、内蒙古南部及西北部、河北、山西、陕西、宁夏、甘肃南部、青海东部及四川近中部，生于海拔1000-1200（-2300）米黄土高原、山坡、干河谷、丘陵、森林草原或灌丛。入药，清热、解毒、利肺。

118. 绢蒿属 Seriphidium (Bess.) Poljak.

（林有润）

多年生草本、亚灌木或小灌木状，稀一、二年生草本；常有浓香。根粗大，木质，稀细；根茎通常粗短，木质，常有营养枝。茎、枝、叶与总苞片初被绒毛、蛛丝状柔毛或绵毛，宿存或后部分脱落或全脱落。茎直立，少数至多数，常与营养枝组成疏散或密集小丛，稀单生。叶互生，茎下部叶与营养枝叶通常二至三（四）回羽状全裂，稀浅裂或近栉齿状细裂，或一至二回掌状或三出全裂，小裂片窄线形、窄线状披针形，稀细短线形、椭圆形或栉齿形；茎中部与上部叶二至三回或一回羽状分裂或3裂，稀不裂；苞片叶分裂或不裂。头状花序小，椭圆形、长圆形、长卵圆形或椭圆状卵圆形，稀卵圆形、卵状钟形或近球形，无梗或有短梗，在茎端或分枝排成疏散或密集穗状花序、总状花序、复穗状或复总状花序，或密集成近复头状花序，在茎组成开展或窄圆锥花序，稀穗状圆锥花序；总苞片（3）4-6（7）层，外层总苞片最小，卵形，中、内层总苞片椭圆形、长卵形或披针形，稀总苞片先端合生，背面常被宿存或脱落性柔毛或蛛丝状毛，有时背面龙骨状突起，边缘窄或宽膜质；花序托小；全为两性花，孕育，（1-）3-12（-15），花冠管状，黄色，檐部5齿裂，黄或红色，花药线形或披针形，先端附属物线状披针形、线形或锥形，基部圆钝，花柱线形或披针形，先端附属物线状披针形、线形或锥形，基部圆钝，花柱线形，较雄蕊短，稀等长，花期不伸长或稍伸长，先端稍叉开或不叉开，多为闭花授粉。瘦果小，卵圆形或倒卵圆形，稍扁，具不明显细纵纹。

约100种，主产中亚及中国西北干旱地区，北美洲西部及中部次之，少数种至蒙古、阿富汗、伊朗、巴基斯坦北部、印度西北部及非洲北部。我国31种，3变种。

1. 茎下部与中部叶羽状全裂或深裂。
  2. 叶二至三回或一至二回或一回羽状全裂，小裂片窄长，或为圆形浅裂齿，或叶不裂。
    3. 头状花序在茎分枝不排成密集穗状花序或复头状花序。

4. 茎下部叶二至三回或一至二回羽状全裂。

5. 茎具分枝，枝长或短；头状花序在茎分枝不排成密集密穗状花序或复头状花序；茎中部叶长卵形或长圆形，一至三回羽状全裂。

6. 茎下部叶三回或二至三回羽状全裂，中部叶二至三回或一至二回或一回羽状全裂。

7. 分枝长（3-）5厘米以上；茎、枝及叶两面被蛛丝状绒毛或柔毛，宿存或脱落；茎中部叶每侧裂片4-6。

8. 茎下部与中部叶长2.5厘米以上；枝多贴向茎端生长或开展。

9. 植株被宿存蛛丝状及绵毛状绒毛；下部叶宽卵形或长卵形，二至三回羽状全裂，中部叶二回羽状全裂，小裂片长2-4毫米 …………………………………………………………… 1. **草原绢蒿 S. schrenkianum**

9. 植株初密被毛，后毛部分脱落；下部叶椭圆状卵形或长卵形，（二）三回羽状全裂，中部叶三或二回或一至二回羽状全裂，小裂片长5毫米以上。

10. 茎、枝、叶两面及总苞片背面被宿存蛛丝状绒毛或柔毛；头状花序长圆形、长圆状卵形或长卵形，在茎排成中等开展或窄扫帚形圆锥花序。

11. 茎、枝、叶及总苞片背面被蛛丝状绒毛或柔毛；中部叶一至二回羽状全裂，小裂片宽0.5-1毫米；头状花序径1-2毫米 …………………………………………………… 2. **伊犁绢蒿 S. transiliense**

11. 茎、枝、叶及总苞片背面被蛛丝状柔毛；中部叶（一）二回羽状全裂，小裂片宽1-1.5毫米；头状花序径2-2.5毫米 ……………………………………………………………… 4. **东北蛔蒿 S. finitum**

10. 茎、枝、叶两面及总苞片背面被蛛丝状绒毛或柔毛；头状花序椭圆形或长卵形 …………………………………………………………………………………………… 5. **蒙青绢蒿 S. mongolorum**

8. 茎下部与中部叶长不及2.5厘米；枝多开展。

12. 茎、枝、叶两面及总苞片背面被蛛丝伏柔毛或灰白色柔毛，后近无毛；头状花序长卵圆形或椭圆形 …………………………………………………………………………… 8. **短叶绢蒿 S. brevifolium**

12. 茎、枝、叶两面及总苞片背面被宿存蛛丝伏柔毛；头状花序近球形 ……………………………………………………………………………… 8(附). **西藏绢蒿 S. thomsonianum**

7. 分枝长不及3厘米；茎多数，常成密丛；茎、枝及叶两面被绒毛或柔毛，后脱落无毛；下部叶长1-2厘米，每侧裂片2-3 ………………………………………………………………… 9. **纤细绢蒿 S. gracilescens**

6. 茎下部叶二回或一至二回羽状全裂，中部叶二回、一至二回或一回羽状全裂。

13. 茎中部叶一至二回羽状全裂，每侧裂片1-3。

14. 叶小裂片长3-5毫米 ……………………………………………………… 6. **新疆绢蒿 S. kaschgaricum**

14. 叶小裂片长1-3毫米 …………………………… 6(附). **准噶尔绢蒿 S. kaschgaricum** var. **dshugaricum**

13. 茎中部叶一至二回或一回羽状全裂，后者叶坚硬，每侧裂片（2）3-5。

15. 茎少数或稍多，不成粗大密丛，上半部分枝，枝长（3-）5厘米以上；茎下部与中部叶二回羽状全裂，裂片或小裂片细软，干后不成细硬刺状。

16. 茎上部分枝，下部叶二回羽状全裂，每侧裂片4-5；头状花序在茎组成窄长或稍开展圆锥花序 ………………………………………………………………………………… 3. **西北绢蒿 S. nitrosum**

16. 茎中部或下部分枝，中部叶每侧裂片3-4；茎、枝、叶两面及总苞片初被柔毛。

17. 茎下部叶长3-6厘米；头状花序排成穗状花序，在茎组成紧密圆锥花序 …………… 7. **蛔蒿 S. cinum**

17. 茎下部叶长1.5-3厘米；头状花序在分枝排成疏离穗状花序，在茎组成扫帚形窄圆锥花序 …………………………………………………………………… 7(附). **苍绿绢蒿 S. fedtschenkoanum**

15. 茎多数，成密丛，上部分枝，枝长2-3（-5）厘米；茎下部叶二回羽状全裂，中部叶一至二回羽状全裂，裂片或小裂片细直，干后坚硬，细刺状 ………………………… 10. **针裂叶绢蒿 S. sublessingianum**

5. 茎通常不分枝，或上部具密生头状花序的短分枝；头状花序在短分枝排成密而短的穗状花序；茎下部叶近圆形，二（三）回羽状全裂 ……………………………………………12(附). **球序绢蒿 S. 1ehmanianum**

4. 茎中部叶羽状全裂，每侧具裂片数枚至10(-15)，裂片近圆形或长圆形，裂片不裂或裂成2-3圆形小浅裂片 ………

……………………………………………………………………………………………………… 11. 沙漠绢蒿 **S. santolinum**

3. 头状花序在分枝排成短穗状花序或复头状花序，在茎组成短总状窄圆锥花序；下部叶卵形，二至三回羽状全裂，每侧裂片4-5(6) ……………………………………………………………… 12. 聚头绢蒿 **S. compactum**

2. 茎下部叶二（三）回羽状全裂，小裂片锯齿状或栉齿形 ……………………………… 13. 民勤绢蒿 **S. minchunense**

1. 茎下部叶二回或一回三出全裂，中部叶三出全裂 ……………………………………… 14. 三裂叶绢蒿 **S. junceum**

1. 草原绢蒿 图 657

Seriphidium schrenkianum (Ledeb.) Poljak. B. Мат. Фл. Раст. Казах. 11: 172. 1961.

Artemisia schrenkiana Ledeb. Fl. Ross. 2 (2): 575. 1844-1846.

多年生草本。茎少数，成疏丛，高达60厘米。茎、枝、叶两面密被灰白色、平贴、蛛丝状及绵毛状绒毛。茎下部叶与营养枝叶宽卵形或长卵形，长3-6厘米，二至三回羽状全裂，每侧裂片4-5(6)，小裂片窄线形或窄线状倒披针形，长2-6毫米，叶柄长2-4厘米，基部具羽状分裂、半抱茎假托叶；中部叶二回羽状全裂，小裂片长2-4毫米，近无柄，基部具半抱茎假托叶；上部叶与苞片叶羽状全裂。头状花序长卵圆形或椭圆状卵圆形，径1.5-2（-2.5）毫米，直立，数枚或10余枚排成穗状花序，在分枝排成复穗状花序，在茎常组成开展或中等开展圆锥花序；总苞片密被灰白色绒毛；两性花5-6。瘦果卵圆形或倒卵圆形。花果期8-10月。

图 657 草原绢蒿（余汉平仿 张荣生绘）

产新疆北部及西北部、西藏西部，在北部生于海拔1000米以下，东部吐鲁番地区生于-130米荒漠化草原、草原、草甸状草原、滩地、荒地、河湖岸边、阶地、冲积平原或半固定沙丘低洼地。蒙古、哈萨克斯坦、吉尔吉斯斯坦及俄罗斯有分布。含挥发油及生物碱。牧区作牲畜饲料。

2. 伊犁绢蒿 图 658

Seriphidium transiliense (Poljak.) Poljak. B. Мат. Фл. Раст. Казах. 11: 174. 1961.

Artemisia transiliensis Poljak. in Not. Syst. Herb. Inst. Bot. Sci. URSS 16: 417. 1954.

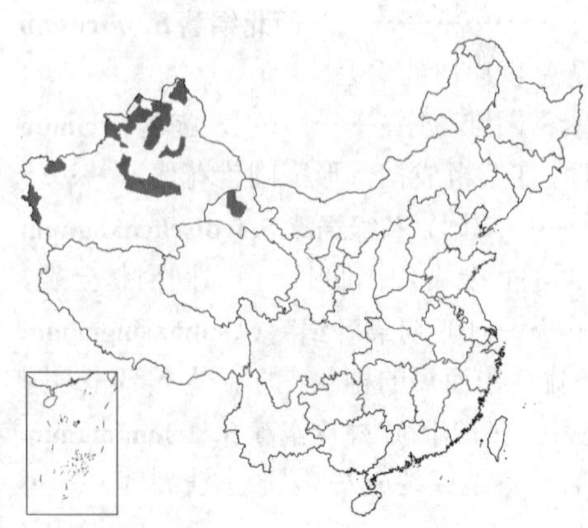

亚灌木状草本或近小灌木状。茎高达80厘米；茎、枝幼时密被灰白或灰绿色蛛丝状绒毛。叶两面被灰绿色蛛丝状柔毛；茎下部与营养枝叶长圆形，长3.5-6厘米，二（三）回羽状全裂，每侧裂片4-5（6），

图 658 伊犁绢蒿（余汉平绘）

裂片羽状全裂，小裂片窄线形或窄线状披针形，长4-8毫米，先端具硬尖头，叶柄长2-3.5厘米；中部叶一至二回羽状全裂，小裂片宽0.5-1毫米，叶柄长0.5-1.5厘米，基部有小型羽状全裂假托叶；上部叶羽状全裂；苞片叶不裂，线形。头状花序椭圆状卵圆形或长圆形，径1-2毫米，有短梗，排成疏离或间有密集着生的穗状花序，在茎组成窄或中等开展扫帚形圆锥花序；总苞片密被白色柔毛，常有小囊状突起；两性花3-5，花冠黄或檐部红色。瘦果倒卵圆形。花果期8-10月。

产甘肃西部及新疆，生于中或低海拔小丘下部、山谷、砾质或黄土坡地、河岸边草原或路旁。哈萨克斯坦有分布。含挥发油及生物碱等，主要成分有山道年等。牧区作牲畜饲料。

3. 西北绢蒿 图 659

Seriphidium nitrosum (Web. ex Stechm.) Poljak. B. Мат. Фл. Раст. Казах. 11: 172. 1961.

Artemisia nitrosa Web. ex Stechm. Artem. 24. 1775.

多年生草本或近亚灌木状。茎高达50厘米，上部分枝；茎、枝被灰绿色蛛丝状柔毛。叶两面初被蛛丝状柔毛；茎下部叶长卵形或椭圆状披针形，长3-4厘米，二回羽状全裂，每侧裂片4-5，羽状全裂，小裂片窄线形，长3-5毫米，叶柄长3-7毫米；中部叶（一）二回羽状全裂；上部叶羽状全裂；苞片叶不裂，窄线形，稀羽状全裂。头状花序长圆形或长卵圆形，径1.5-2毫米，基部有小苞叶，排成穗状花序，在茎组成窄长或稍开展圆锥花序；总苞片初密生灰白色蛛丝状柔毛；两性花3-6。瘦果倒卵圆形。花果期8-10月。

产甘肃东部、青海西部及西南部、新疆北部及西藏西部，甘肃西部有记载，生于海拔1500米以下荒漠化或半荒漠草原、戈壁、砾质坡地、干山谷、山麓、干河岸、湖边、路旁或洪积扇地带。蒙古、哈萨克斯坦及俄罗斯西伯利亚有分布。

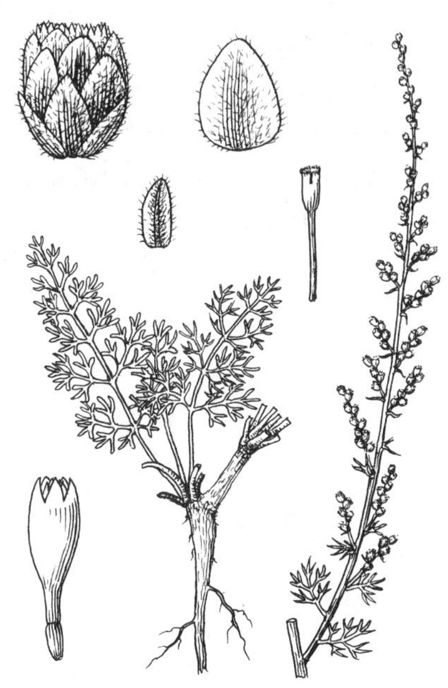

图 659 西北绢蒿（余汉平仿 张荣生绘）

4. 东北绢蒿 图 660

Seriphidium finitum (Kitag.) Ling et Y. R. Ling in Acta. Phytotax. Sin. 18 (4): 513. 1980.

Artemisia finita Kitag. in Rep. Inst. Sci. Res. Manch. 4: 124. pl. 3. f. 2. 1942.

亚灌木状草本。茎少数，稀单一，高达60厘米；茎、枝、叶两面密被灰白色蛛丝状柔毛。茎下部叶与营养枝叶长圆形或长卵形，长2-3（-5）厘米，二至三回羽状全裂，每侧裂片（3）4-5，羽状全裂，小裂片每侧2-3，窄线形，长3-1.3毫米，基部小裂片有时羽状全裂，叶柄长2-5厘米；中部叶卵形或长卵形，（一）二回羽状全裂，小裂片窄线形或窄线状披针形，宽1-1.5

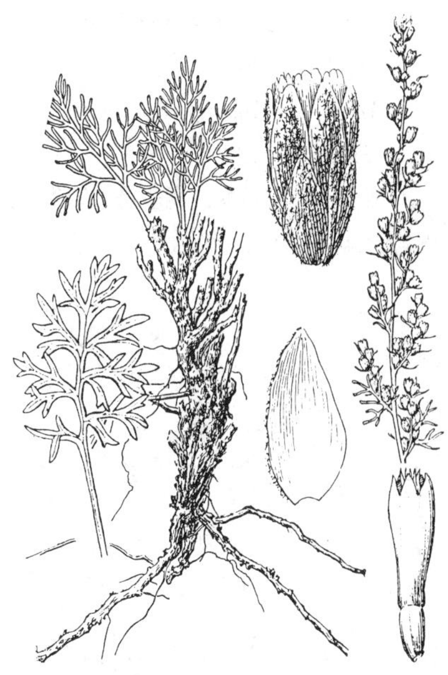

图 660 东北绢蒿（余汉平绘）

毫米，叶柄短，基部具半抱茎、羽状全裂假托叶；上部叶与苞片叶3全裂或不裂。头状花序长圆状倒卵圆形或长圆形，径2-2.5毫米，基部有线形小苞叶，排成稍疏散穗状花序，在茎组成窄或中等开展圆锥花序；总苞片被灰白色蛛丝状柔毛。瘦果长倒卵圆形。花果期8-10月。

产内蒙古东部呼伦贝尔盟及锡林郭勒盟，生于低海拔砾质坡地、半荒漠草原、草甸或草原。

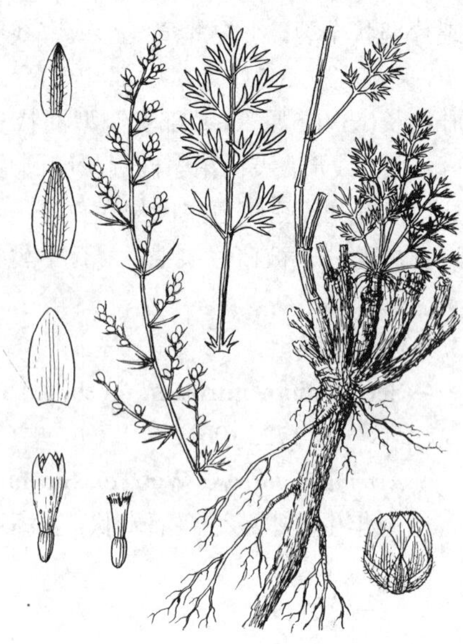

图 661 蒙青绢蒿（余汉平仿绘）

5. 蒙青绢蒿 图 661

Seriphidium mongolorum (Krasch.) Ling et Y. R. Ling in Bull. Bot. Res. (Harbin) 1988.

Artemisia mongolorum Krasch. in Acta Inst. Bot. Acad. Sci. URSS 1 (3): 350. 1937.

亚灌木状草本。茎中下部开始分枝；茎、枝初密被苍白色绒毛，后茎下部近光滑，茎上部毛部分脱落。叶两面初密被苍白色绒毛；茎下部叶椭圆形或长卵形，长3-4厘米，二（三）回羽状全裂，每侧裂片4-5，羽状全裂或3全裂，小裂片窄线形或窄线状披针形，长2-3毫米，微有腺点，叶柄长1.5-2.5厘米，基部有小型羽状全裂假托叶；中部叶一至二回羽状全裂，小裂片窄线形，宽约1毫米；上部叶与苞片叶羽状全裂或3全裂。头状花序椭圆形或长卵圆形，径2-3毫米，基部有小苞片，2至数枚密集排成密穗状花序，在分枝排成疏离复穗状花序，在茎组成稍开展或伸长圆锥花序；总苞片初被灰白色柔毛；两性花3-6。瘦果倒卵圆形。花果期8-10月。

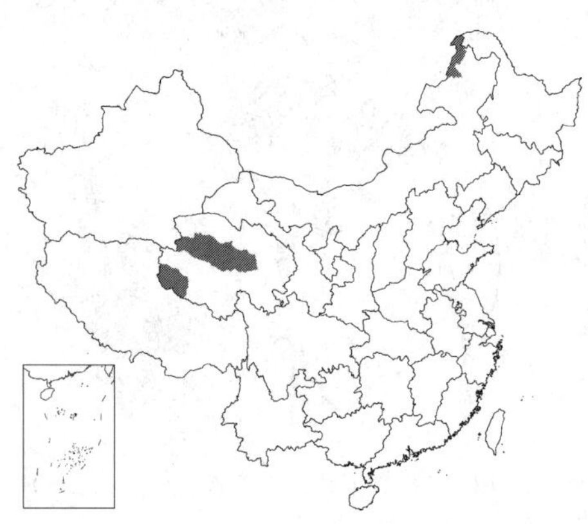

产内蒙古东北部及青海，生于海拔1100-2700米荒漠化或半荒漠化草原及低山区砾质坡地或戈壁。蒙古西南部有分布。

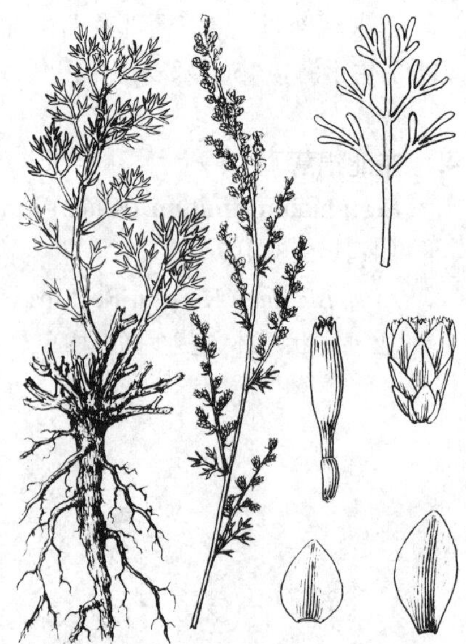

图 662 新疆绢蒿（余汉平仿 张荣生绘）

6. 新疆绢蒿 图 662

Seriphidium kaschgaricum (Krasch.) Poljak. B Мат. Фл. Раст. Казах. 11: 175. 1961.

Artemisia kaschgarica Krasch. in Acta Inst. Bot. Acad. Sci. URSS 1 (3): 350. 1937.

亚灌木状草本。茎多数，高达35厘米，基部分枝；茎、枝初密被灰白色蛛丝状疏柔毛。叶两面初被灰白色蛛丝状疏柔毛；茎下部、中部叶及营养枝叶长椭圆形或长卵形，长1.5-2厘米，一至二回羽状全裂，每侧裂片2-3，不裂或分裂，具2-3小裂片，小裂片窄披针形或窄线状披针形，长3-5毫米，叶柄长0.5-0.8厘米；中部叶基部有小型、羽状分裂假托叶；上部叶与苞片叶不裂，窄线形，基部有假托叶。头状花序长卵圆形或长倒卵圆形，径2-3毫米，在分枝排成穗状或总状穗状花序，在茎组成开展、宽卵形圆锥花序；总苞

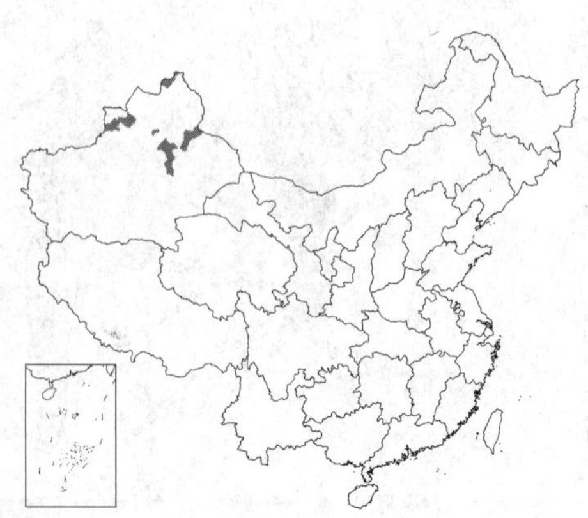

片初被灰白色蛛丝状柔毛；两性花4-6，花冠檐部红色。瘦果卵圆形或倒卵圆形。花果期8-10月。

产新疆，生于海拔1200米以下砾质坡地、戈壁、干河谷、河岸砾质滩地或路旁。哈萨克斯坦有分布。

[附] **准噶尔绢蒿 Seriphidium kaschgaricum** var. **dshungaricum** (Filat.) Y. R. Ling in Bull. Bot. Res. (Harbin.) 8 (3): 116. 1988.—— *Artemisia kaschgarica* Krasch. var. *dshungarica* Filat. Фл. Казах. 9: 128. 1966. 与模式变种新疆绢蒿的区别：叶小裂片长1-3毫米；头状花序在分枝排成疏离穗状花序，在茎组成扫帚形窄圆锥花序。分布同模式变种。

7.　蛔蒿　山道年蒿　　图 663

Seriphidium cinum (Berg. ex Poljak.) Poljak В Мат. Фл. Раст. Казах. 11: 176. 1961.

Artemisia cina Berg. ex Poljak. В Тр. Инст. хим. АН Каз. СССР 4: 69. 1959.

多年生草本。茎数枚，高达40(-70)厘米，中部或下部开始分枝；茎、枝初被灰白色蛛丝状柔毛。叶初被灰白色柔毛；茎下部叶与营养枝叶卵形或长卵形，长3-6厘米，二（三）回羽状全裂，每侧裂片3-4，小裂片窄线状披针形，有时基部小裂片裂成1-2小裂片，叶柄长2-4厘米；中部叶卵形，一（二）回羽状全裂，基部有羽状全裂假托叶；上部叶与苞片叶分裂或不裂。头状花序椭圆状卵圆形或长卵圆形，径2毫米，排成密集穗状花序，在茎组成紧密窄圆锥花序；外层总苞片卵形，中、内层总苞片椭圆形或椭圆状卵形；两性花3-5。瘦果卵圆形。花果期8-10月。

原产俄罗斯中亚南部。新疆及西北、华北和东北部分地区引种栽培。头状花序含α-山道年，为提取驱蛔虫药的主要原料，亦驱蛲虫。

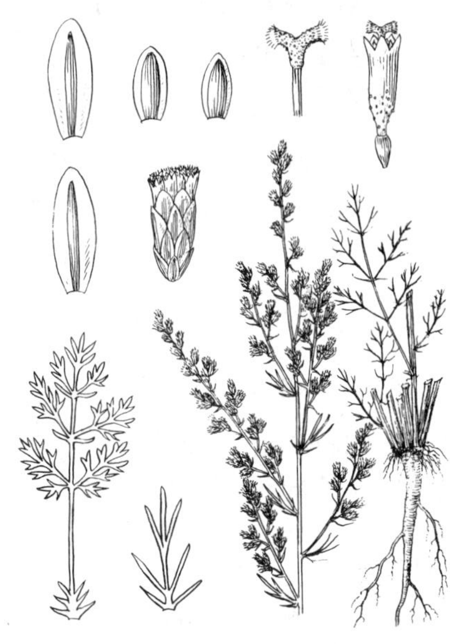

图 663　蛔蒿（余汉平绘）

[附] **苍绿绢蒿 Seriphidium fedtschenkoanum** (Krasch.) Poljak. B. В Мат. Фл. Раст. Казах. 11: 176. 1961.—— *Artemisia fedtschenkoana* Krasch. in Acta Inst. Bot. Acad. Sci. URSS 1 (3): 351. 1937. 本种与蛔蒿的区别：茎下部叶长1.5-3厘米；头状花序在分枝上排成疏离穗状花序，在茎组成稍窄扫帚形圆锥花序。产甘肃西部及新疆，生于海拔1500米以下半荒漠草原、草甸低丘、干山坡、荒地及路旁。

8.　短叶绢蒿

Seriphidium brevifolium (Wall. ex DC.) Ling et Y. R. Ling in Acta. Phytotax. Sin. 18 (4): 513. 1980.

Artemisia brevifolia Wall. ex DC. Prodr. 6: 103. 1837.

亚灌木状草本或小灌木。茎高达45厘米，分枝多；茎、枝初被灰白色蛛丝状柔毛，后近无毛。叶两面密被蛛丝状柔毛；茎下部叶卵形，长1.5-2.5厘米，二至三回羽状全裂，每侧具3-4裂片，羽状全裂，小裂片线形，长2-4毫米，密集，叶柄长3-5毫米；中部叶长0.8-1厘米，二回羽状全裂；上部叶与苞片叶羽状全裂或不裂。头状花序长卵圆形或椭圆形，径2毫米，在小枝2-3集生，组成复穗状花序，在茎组成窄、稀中等开展圆锥花序；总苞片密被灰白色柔毛；两性花3-4(-8)，花冠黄或檐部红色。瘦果长卵圆形或长椭圆状倒卵圆形。花果期8-10月。

产西藏西部及青海，生于海拔3700-4500米盐渍化土壤。阿富汗、巴基斯坦北部、克什米尔地区及印度北部有分布。含山道年，可作提取驱蛔虫药的原料。

[附] **西藏绢蒿 Seriphidium thomsonianum** (Clarke) Ling et Y. R. Ling in Acta Phytotax. Sin. 18 (4): 513. 1980.—— *Artemisia maritima* Linn. var. *thomsoniana* Clarke, Comp. Ind. 160. 1878. 本种与短叶绢蒿的区别：茎、枝、叶两面及总苞片背面被宿存

蛛丝状柔毛；头状花序近球形。产西藏北部，生于海拔3600-4270米。阿富汗、克什米尔地区、印度北部及巴基斯坦有分布。

9. 纤细绢蒿 图 664

Seriphidium gracilescens (Krasch. et Iljin) Poljak. В Мат. Фл. Раст. Казах. 11: 175. 1961.

Artemisia gracilescens Krasch. et Iljin, in Anim. Syst. Herb. Univ. Tomsk. 1-2 : 2. 1949.

亚灌木状草本。茎多数，高达30厘米，成矮小密丛，分枝长不及3厘米。茎、枝初被灰白色细绒毛。叶两面被灰绿色柔毛及腺点；茎下部叶及营养枝叶三角状卵形，长1-2厘米，二至三回羽状全裂，每侧裂片2-3，裂片羽状全裂或3全裂，小裂片窄线形，叶柄长0.3-0.5厘米；中部叶长卵圆形，一至二回羽状全裂，基部裂片半抱茎；上部叶羽状全裂或不裂；苞片叶窄线形。头状花序长圆形或椭圆形，径1-1.5毫米，排成短穗状花序，在茎组成尖塔形窄圆锥花序；总苞片被柔毛及腺点；两性花2-5，花冠管状，黄色。瘦果长圆形。花果期8-10月。

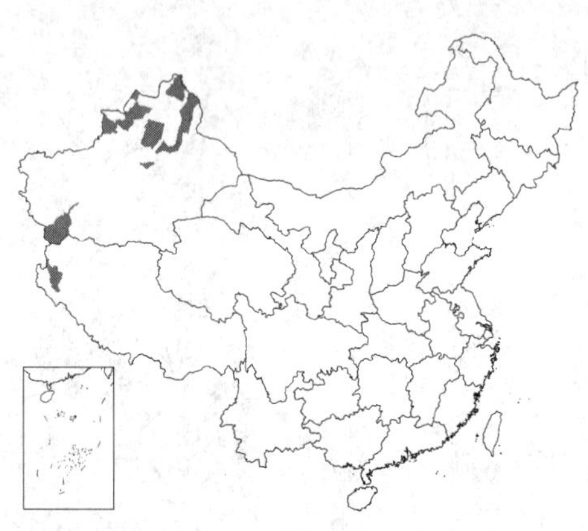

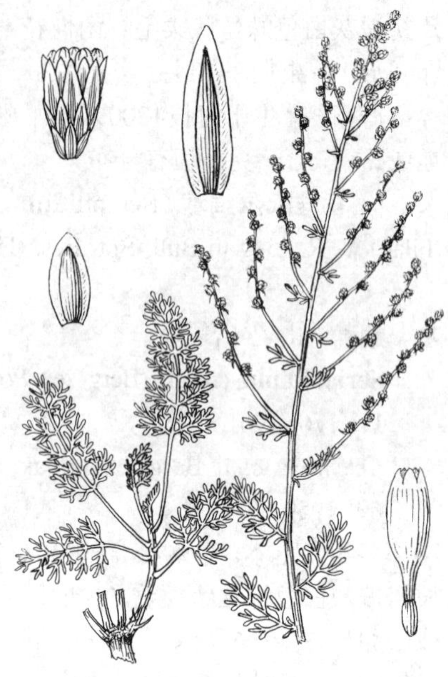

图 664 纤细绢蒿（余汉平仿 张荣生绘）

产新疆北部及西南部、西藏西部，生于海拔800-2300米干旱、瘠薄及盐渍化土壤、砾质坡地、戈壁、干山坡、半荒漠或荒漠化草原、干河谷阶地。蒙古西南部及哈萨克斯坦有分布。

10. 针裂叶绢蒿 图 665

Seriphidium sublessingianum (Kerr.) Poljak. В Мат. Фл. Раст. Казах. 11: 174. 1961.

Artemisia maritima Linn. var. *sublessingiana* Kerr. Бот.-геогр. иссле∆. Заис. у. Семипалат. обл. 89. 1912. nomen.

亚灌木状草本或小灌木状。茎多数，成密丛，上部分枝，枝长2-3（-5）厘米，茎、枝初被灰绿色蛛丝状细柔毛。叶两面初被灰绿色蛛丝状柔毛；茎下部叶与营养枝叶长卵圆形或宽卵圆形，长3-4厘米，二回羽状全裂，每侧裂片3-4（5），裂片羽状全裂或3全裂，小裂片窄线形，长0.5-1.2厘米，叶柄长1-2（2.5）厘米；中部叶与上部叶一至二回羽状全裂，裂片或小裂片细直，干后坚硬，成细刺状，基部常有羽状全裂假托叶；苞片叶羽状全裂、3全裂或不裂。头状花序长卵形或长椭圆状卵圆形，径1-2毫米，2-3簇生，排成窄穗状花序，在茎组成扫帚形圆锥花序；总苞片背面突起，密被灰绿色绒毛；两性花2-7（8）。瘦果小，卵圆形或倒卵圆形。花果期8-10月。

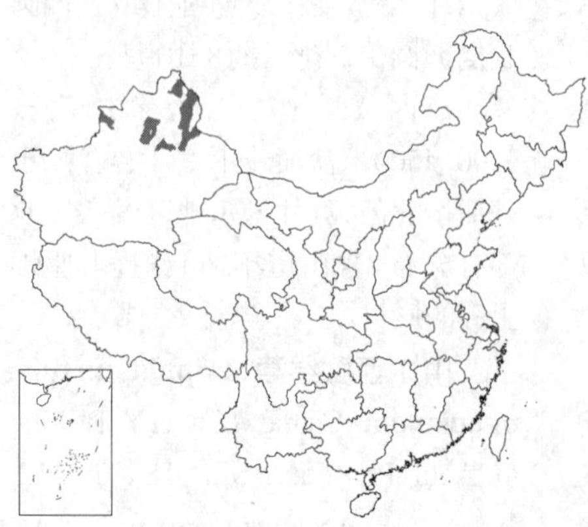

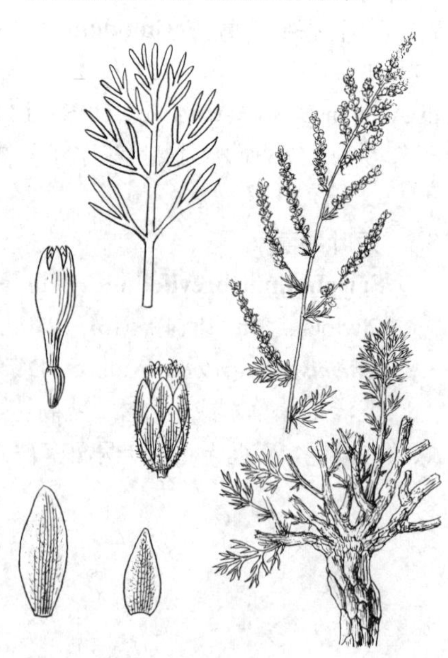

图 665 针裂叶绢蒿（余汉平仿 张荣生绘）

产新疆北部，生于海拔800-1300米地区砾质坡地、戈壁、干河谷、半荒漠草原或固定沙丘上部。哈萨克斯坦及俄罗斯西伯利亚西部有分布。

11. 沙漠绢蒿 图 666

Seriphidium santolinum (Schrenk) Poljak. B Мат. Фл. Раст. Казах. 11: 173. 1961.

Artemisia santolina Schrenk in Bull. Phys. Math. Acad. Sci. Petersb. 3 (7): 106. 1845.

亚灌木状草本。茎多数，高达45厘米，有多数细长分枝；茎、枝、叶两面密被灰白色绒毛。茎下部、中部与营养枝叶长椭圆状线形或宽线形，长1-7厘米，羽状浅裂，每侧具数枚至10（-15）枚近圆形或长圆形浅裂片，裂片不裂或裂成2-3圆形小浅裂片；上部叶与苞片叶线形，不裂。头状花序长卵圆形或卵圆形，径2-3.5毫米，在分枝排成穗状花序、穗形总状花序或复穗状花序，在茎组成开展、疏散圆锥花序；总苞片密被灰白色柔毛；两性花3-4。瘦果卵圆形或倒卵圆形，果时总苞片与果脱落。花果期8-10月。

产新疆东部及北部、西藏西部，生于海拔1400米以下沙漠地区半流动或固定沙丘。伊朗、哈萨克斯坦、乌兹别克斯坦、吉尔吉斯斯坦及俄罗斯有分布。

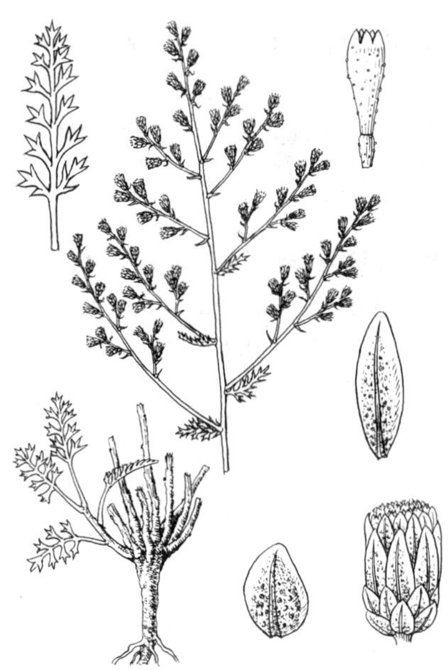

图 666 沙漠绢蒿（余汉平仿 张荣生绘）

12. 聚头绢蒿 图 667 图 668：8-9

Seriphidium compactum (Fisch. ex Bess.) Poljak. B Мат. Фл. Раст. Казах. 11: 175. 1961.

Artemisia compacta Fisch. ex Bess. in Bull. Soc. Nat. Mosc. 7: 34. 1834. pro syn.

多年生草本或亚灌木状。茎数枚或多数，高达40厘米；茎、枝初被灰白色蛛丝状绒毛。叶初被灰白色蛛丝状柔毛；茎下部叶卵形，长1.5-3.5（-4）厘米，二至三回羽状全裂，每侧裂片（3）4-5（6），裂片羽状全裂或3全裂，叶柄长0.5-1厘米；中部叶一至二回羽状全裂；上部叶羽状全裂或3-5全裂；苞片叶窄线形。头状花序长卵圆形或卵圆形，径2-3毫米，在分枝上端排成密集短穗状花序或复头状花序，在茎组成短总状窄圆锥花序；外层总苞片背面被灰白色柔毛，中、内层总苞片背面毛少或无毛；两性花3-5。瘦果倒卵圆形，稍扁。花果期8-10月。

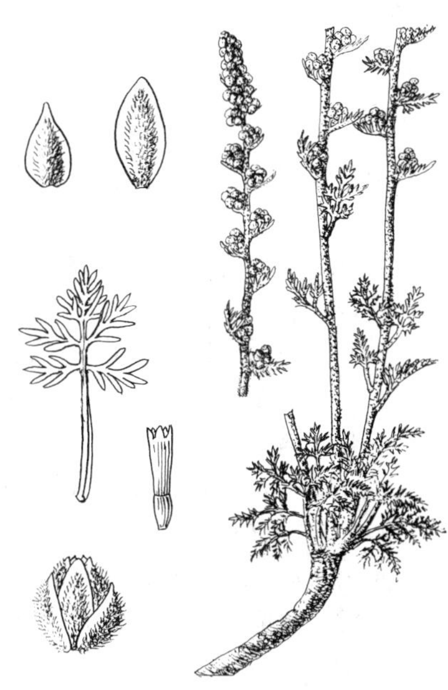

图 667 聚头绢蒿（余汉平绘）

产内蒙古西部、甘肃中部及西部、青海中部、新疆北部及西部，生于低山或亚高山地区砾质坡地或半荒漠地区。中亚、蒙古及俄罗斯西伯利亚西部有分布。

[附] **球序绢蒿 Seriphidium lehmannianum** (Bunge) Poljak. B Мат. Фл. Раст. Казах. 11: 175. 1961.—— *Artemisia lehmanniana* Bunge in Mém.

Acad. Imp. Sci. St. Pétersb. 7: 340. 1854. 本种与聚头绢蒿的区别：下部叶近圆形，二（三）回羽状全裂，每侧裂片（2）3-4，小裂片长3-4毫米，先端锐尖。产新疆北部，生于海拔1800-2400米多砾石山坡或路旁。克什米尔、阿富汗、哈萨克斯坦、吉尔吉斯坦、塔吉克斯坦及乌兹别克斯坦有分布。

13. 民勤绢蒿 图 668：1-7

Seriphidium minchunense Y. R. Ling in Bull. Bot. Res. (Harbin) 5 (3): 159. f. 1. 1985.

多年生草本。根茎具短小营养枝，枝端密生叶。茎成丛，高达50厘米，分枝多；茎、枝初密被灰白色蛛丝状厚绒毛。叶两面初密被灰白色蛛丝状柔毛。茎下部与营养枝叶卵形，长0.5-1厘米，二（三）回羽状深裂或近全裂，每侧裂片3（4），裂片3全裂或深裂，小裂片锯齿状或栉齿形，长1-2.5毫米，叶柄长0.5-0.8毫米；中部叶一至二回羽状全裂，每侧裂片2-3，小裂片椭圆形或短线形；上部叶与苞片叶羽状全裂或3全裂。头状花序长圆形或长卵状钟形，径2-2.5毫米，在小枝排成穗状花序，在茎组成开展或中等开展尖塔形圆锥花序；总苞片微被灰白色蛛丝状短柔毛；两性花5-8，花冠檐部黄或淡紫色。瘦果倒卵圆形或长卵圆形。花果期8-10月。

产甘肃中部及新疆东部，生于海拔1300-1380米沙砾质滩地。

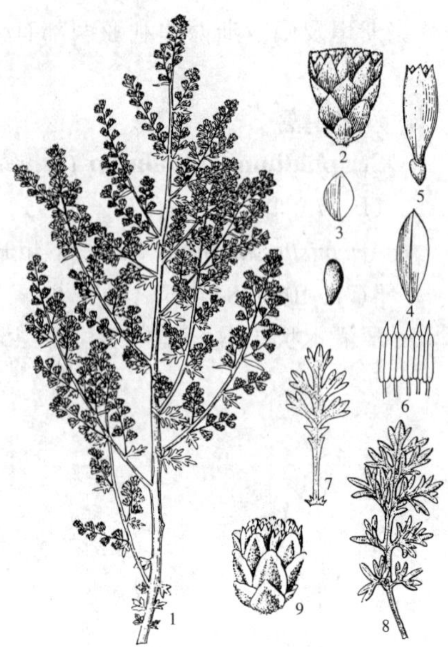

图 668：1-7. 民勤绢蒿 8-9. 聚头绢蒿（邓晶发绘）

14. 三裂叶绢蒿 图 669

Seriphidium junceum (Kar. et Kir.) Poljak. B Мат. Фл. Раст. Казах. 11: 175. 1961.

Artemisia juncea Kar. et Kir. in Bull. Soc. Nat. Mosc. 15. 383. 1842.

亚灌木状草本。茎多数，高达40厘米，上部分枝；茎、枝密被灰白色平贴柔毛。叶两面密被灰白色平贴柔毛；茎下部叶与营养枝叶宽卵圆形或倒卵圆形，长1.5-5厘米，二回三出全裂或一回三出全裂，裂片每侧具1-2枚小裂片或无小裂片，裂片或小裂片线形、线状倒披针形或线状披针形，长1-1.5毫米，叶柄长1.5-4厘米；中部叶3出全裂，裂片线状披针形或线形，长1-1.5厘米；上部叶与苞片叶不裂，线形或线状披针形。头状花序长卵圆形或椭圆状卵圆形，径2.5-4毫米，排成紧密穗状花序，在茎端稍疏散，在茎组成窄或中等开展圆锥花序；总苞片密被灰白色平贴柔毛；两性花4-7。瘦果卵圆形或倒卵圆形。花果期8-10月。

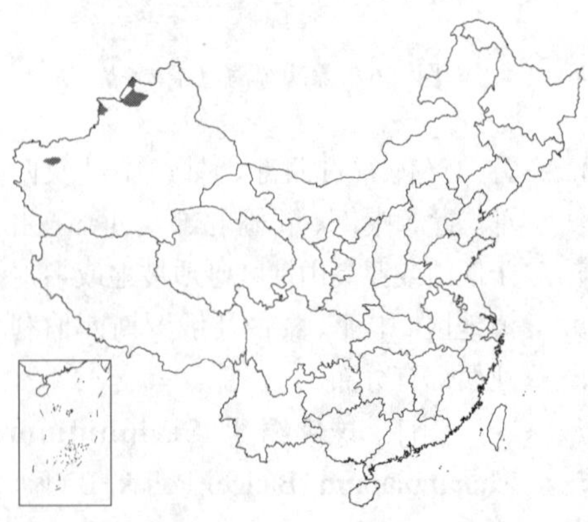

图 669 三裂叶绢蒿（余汉平仿绘）

产新疆部及西北部，生于海拔800-1500米砾质坡地、山麓、戈壁、荒漠化或半荒漠化草原、漠钙土或干河谷地带。哈萨克斯坦、吉尔吉斯斯坦及塔吉克斯坦有分布。

119. 栉叶蒿属 Neopallasia Poljak.

一年生草本。茎淡紫色，被白色绢毛。叶长圆状椭圆形，栉齿状羽状全裂，裂片线状钻形，单一或有1-2线状钻形小齿，无毛，无柄，羽轴向基部渐膨大，下部和中部茎生叶长1.5-3厘米。头状花序卵圆形，排成穗状或窄圆锥状花序；总苞片卵形，边缘宽膜质；花托窄圆锥形，无托毛。边花3-4，雌性，能育，花冠窄管状，全缘；盘花9-16，两性，花托下部4-8个能育，花冠筒状，具5齿，花药窄披针形，顶端具圆菱形附片，花柱分枝线形，顶端具缘毛。瘦果椭圆形，稍扁，黑褐色，具细条纹，无冠状冠毛。

单种属。

栉叶蒿 图 670

Neopallasia pectinata (Pall.) Poljak. in Not. Syst. Herb. Inst. Bot. Sci. URSS 17: 428. 1955.

Artemisia pectinata Pall. Reise 3: 755. 1776.

形态特征同属。花果期7-9月。

产吉林西部、辽宁西北部、内蒙古东南部、河北、山西、陕西北部、宁夏、甘肃、新疆、青海、四川西北部及西藏东北部，生于海拔1100-3700米荒漠、河谷砾石地或山坡荒地。蒙古、中亚地区及俄罗斯东西伯利亚有分布。

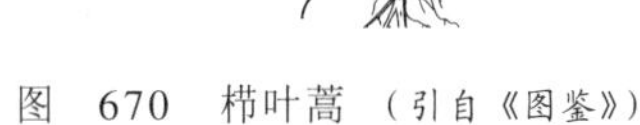

图 670 栉叶蒿 （引自《图鉴》）

120. 芙蓉菊属 Crossostephium Less.

（石 铸 靳淑英）

亚灌木，枝、叶密被灰色柔毛。叶互生，聚生枝顶，质厚，窄匙形或窄倒披针形，长2-4厘米，全缘或3-5裂，先端钝，基部渐窄，两面密被灰色柔毛。头状花序盘状，径约7毫米，花序柄长0.6-1.5厘米，生于枝端叶腋，排成总状花序；总苞半球形，外层和中层总苞片椭圆形，外层叶质，内层长圆形，几无毛，边缘宽膜质。边花雌性，1列，花冠管状，顶端有2-3裂齿，具腺点；盘花两性，花冠管状，顶端有5裂齿，密生腺点。瘦果长圆形，基部窄，具5棱，被腺点；冠状冠毛长约0.5毫米，顶端撕裂状。

我国特有单种属。

芙蓉菊 图 671

Crossostephium chinense (Linn.) Makino in Bot. Mag. Tokyo 20: 30. 1906.

Artemisia chinensis Linn. Sp. Pl. 849. 1753.

形态特征同属。花果期全年。

产台湾，中南地区有栽培。药用，治小儿麻痘作痒。

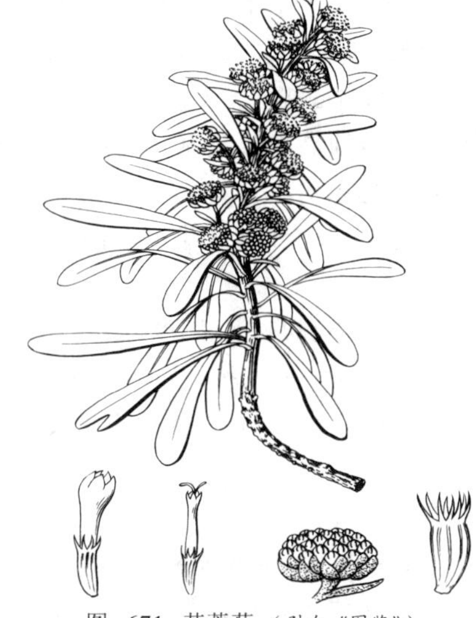

图 671 芙蓉菊 （引自《图鉴》）

121. 石胡荽属 Centipeda Lour.

（石铸 靳淑英）

一年生匍匐状小草本。叶互生，楔状倒卵形，有锯齿。头状花序小，单生叶腋，无梗或有短梗，异型，盘状；总苞半球形，总苞片2层，平展，长圆形，近等长，具透明窄边；花托半球形，蜂窝状。边花雌性，能育，多层，花冠细管状，顶端2-3齿裂；盘花两性，能育，数朵，花冠宽管状，冠檐4浅裂，花药短，基部钝，顶端无附片，花柱分枝短，顶端钝或平截。瘦果四棱形，棱有毛；无冠状冠毛。

6种，产亚洲、大洋洲及南美洲。我国1种。

图 672 石胡荽

（引自《江苏南部种子植物手册》）

石胡荽 鹅不食草 图 672

Centipeda minima (Linn.) A. Br. et Aschers. Index Sem. Hort. Berol. App. 6. 1867.

Artemisia minima Linn. Sp. Pl. 849. 1753.

一年生草本，高5-20厘米。茎多分枝，匍匐状，微被蛛丝状毛或无毛。叶楔状倒披针形，长0.7-1.8厘米，先端钝，基部楔形，边缘有少数锯齿，无毛或下面微被蛛丝状毛。头状花序小，扁球形，花序梗无或极短；总苞半球形，总苞片2层，椭圆状披针形，绿色，边缘透明膜质，外层较大；边花雌性，多层，花冠细管状，淡绿黄色，2-3微裂；盘花两性，花冠管状，4深裂，淡紫红色，下部有明显的窄管。瘦果椭圆形，具4棱，棱有长毛，无冠状冠毛。花果期6-10月。

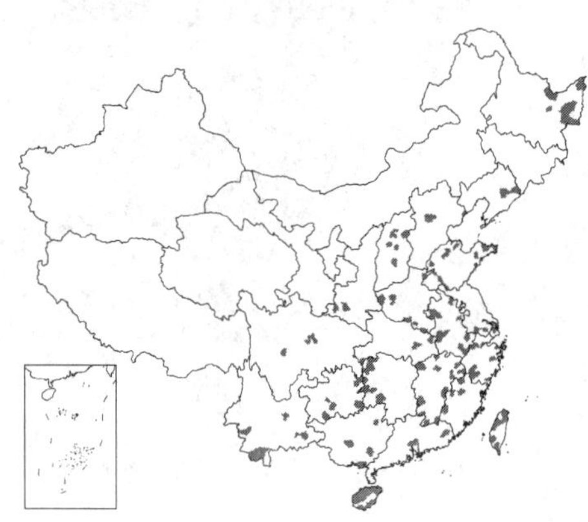

产黑龙江、辽宁、河北、山西、陕西、河南、山东、江苏、安徽、浙江、福建、台湾、江西、湖北、湖南、广东、香港、海南、广西、贵州、云南及四川，生于路旁或荒野阴湿地。朝鲜半岛、日本、印度、马来西亚、中印半岛、菲律宾及澳大利亚有分布。为中草药“鹅不食草”，能通窍散寒、祛风利湿，散瘀消肿。

122. 山芫荽属 Cotula Linn.

（石铸 靳淑英）

一年生小草本。叶互生，羽状分裂或全裂。头状花序小，有梗，异型，盘状，单生枝端或叶腋或与叶对生。边花数层，雌性，能育，无花冠或为极小2齿状；盘花两性，能育，花冠筒状，黄色，冠檐4-5裂。总苞半球形或钟状，总苞片2-3层，少数，不等大，长圆形，草质，绿色，边缘常窄膜质；花托无托毛，平或凸起；花药基部钝，花柱分枝顶端平截或钝，或花柱不分枝。瘦果长圆形或倒卵形，扁，被腺点，边缘有宽厚翅常伸延瘦果顶端，成芒尖状或几无翅，边缘瘦果基部有花托乳突伸长近形成的果柄，无冠状冠毛。

约75种，主产南半球，我国2种。

1. 雌花瘦果倒卵状长圆形，边缘有宽厚的翅；叶小裂片为浅裂的三角状短尖齿，或为半裂披针形 ……………………………………………… **芫荽菊 C. anthemoides**
1. 雌花瘦果窄长圆形，有窄的翅状边缘；叶小裂片为深裂或全裂条形或条状披针形 …（附）. **山芫荽 C. hemisphaerica**

芫荽菊 图 673

Cotula anthemoides Linn. Sp. Pl. 891. 1753.

一年生小草本。茎具多数铺散分枝，多少被淡褐色长柔毛。叶二回羽状分裂，两面疏生长柔毛或几无毛；基生叶倒披针状长圆形，长3-5厘米，有稍膜质扩大的短柄，一回裂片约5对；中部茎生叶长圆形或椭圆形，长1.5-2厘米，基部半抱茎；叶小裂片多为浅裂三角状短尖齿，或为半裂的三角状披针形小裂片，先端短尖。头状花序单生枝端或叶腋，或与叶对生，径约5毫米，花序梗纤细，长0.5-1.2厘米，被长柔毛或近无毛；总苞盘状，总苞片2层，长圆形，绿色，具红色中脉，边缘膜质，内层短小。边花雌性，多数，无花冠；盘花两性，少数，花冠管状，黄色，4裂。瘦果倒卵状长圆形，扁平，长1.2毫米，边缘有宽厚的翅，被腺点。花果期9月至翌年3月。

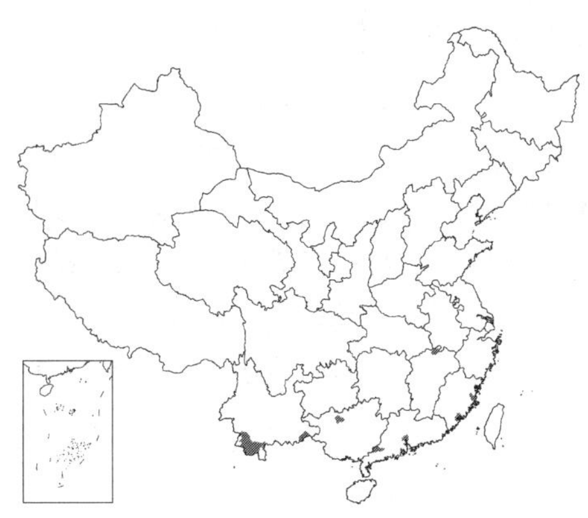

图 674 芫荽菊（引自《图鉴》）

产福建东部、江西北部、广东、香港、广西北部、云南东南部及南部，生于河边或湿地，为稻田杂草。中南半岛、尼泊尔、印度、巴基斯坦及非洲有分布。

[附] **山芫荽 Cotula hemisphaerica** Wall. ex Charke, Comp. Ind. 150. 1876. 本种与芫荽菊的主要区别：雌花瘦果窄长圆形，有窄的翅状边缘；叶小裂片为深裂或全裂条形或条状披针形。花果期1-5月。产湖北西部及四川东部，生于河边沙石地或稻田边。巴基斯坦、印度及中南半岛有分布。

123. 裸柱菊属 **Soliva** Ruiz et Pavon.

（石铸 靳淑英）

矮小草本。叶互生，通常羽状全裂，裂片极细。头状花序无柄；总苞半球形；总苞片2层，近等长，边缘膜质；花托平，无托毛。边花雌性，数层，能育，无花冠；盘花两性，通常不育，花冠管状，稍粗，基部渐窄，冠檐具极短4齿裂，稀2-3齿裂；花药基部钝；花柱2裂或微凹，平截。雌花瘦果扁平，边缘有翅，花柱宿存；无冠状冠毛。

约8种，产美洲及大洋洲。我国引入栽培1种，已野化。

裸柱菊 图 674

Soliva anthemifolia (Juss.) R. Br. in Trans. Linn. Soc. 12: 102. 1817.

Gymnostyles anthemifolia Juss. in Ann. Mus. Hist. Nat. 4: 262. t. 61. f. 1. 1804.

一年生矮小草本。茎极短，平卧。叶互生，长5-10厘米，二至三回羽状分裂，裂片线形，全缘或3裂，被长柔毛或近无毛，有柄，头状花序近球形，无梗，生于茎基部，径0.6-1.2厘米；总苞片2层，长圆形或披针形，边缘干膜质；边缘雌花无花冠；中央两性花少数，花冠管状，黄色，顶端3裂齿，基部渐窄，常不结实。瘦果倒披针形，扁平，有厚翅，顶端圆，有长柔毛，花柱宿存，下部翅有横皱纹。花果期全年。

原产南美洲及大洋洲。福建、台湾、江西、广东、香港及海南栽培，已野化，生于荒地或田野。

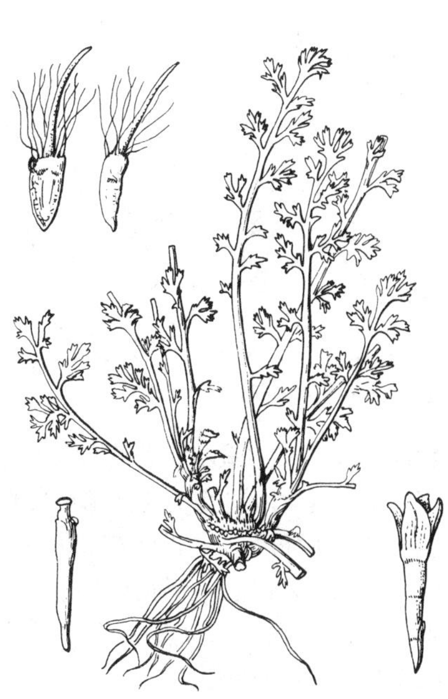

图 674 裸柱菊（引自《广州植物志》）

124. 多榔菊属 **Doronicum** Linn.

（陈艺林 靳淑英）

多年生草本。叶互生，基生叶具长柄；茎生叶疏生，常抱茎或半抱茎。头状花序通常单生或2-6（8）排成伞房状花序；总苞半球形或宽钟状，总苞片2-3层，草质，近等长，外层披针形、长圆状披针形或披针状线形，内层线形或线状披针形，被疏柔毛或腺毛，先端长渐尖；花托多少凸起，无毛或有毛。小花异形；边缘舌状小花雌性，1层，全部结实；中央小花多层，两性，花冠管状，黄色，檐部圆柱形或钟状，具5齿裂；花药基部全缘或多少具耳，附片卵形；花柱2裂，裂片分枝短线形，顶端圆或平截，被微毛。瘦果长圆形或长圆状陀螺形，无毛或有贴生短毛，具10条等长纵肋。舌状花有冠毛或无冠毛；管状花常有冠毛，冠毛多数，白或淡红色，具疏细齿。

约35种，分布于欧洲和亚洲温带山区和北美洲。我国7种。头状花序大，色泽鲜艳，有些种类常栽培供观赏，有些种类供药用。

1. 舌状花超出总苞；头状花序径（2）3-7厘米，单生，稀2。
  2. 瘦果同形，无毛或被疏毛，瘦果均有冠毛。
    3. 基生叶卵形或倒卵状长圆形，叶柄长达19厘米，下部茎生叶基部窄成长达2厘米具宽翅的叶柄，无毛或边缘被腺状缘毛；总苞径2-3厘米，舌状花长1.8-2.5厘米；瘦果无毛或被疏微毛 ··· 1. **阿尔泰多榔菊 D. altaicum**
    3. 基生叶倒卵状匙形或长圆状椭圆形，叶柄较短，下部茎生叶基部窄成长2-4厘米具宽翅的叶柄，两面沿脉有长柔毛和腺毛；总苞径3-3.5厘米；舌状花长2.5-2.8厘米；瘦果沿肋有疏短毛 ··· 2. **西藏多榔菊 D. thibetanum**
  2. 瘦果异形，舌状花瘦果无毛和无冠毛，管状花瘦果有冠毛和贴生疏微毛或无毛，舌状花外面密被腺毛，舌片基部无毛；基生叶倒卵状匙形或近圆形 ························ 3. **中亚多榔菊 D. turkestanicum**
1. 舌状花短于总苞或与总苞近等长；头状花序径1.5-2（2.5）厘米，2-10个在茎端排成总状；花序梗长1-1.5厘米，被密长柔毛和腺毛；舌片线形，长0.7-1厘米；瘦果同形，全部小花瘦果被微毛 ··· 4. **狭舌多榔菊 D. stenoglossum**

1. 阿尔泰多榔菊 图 675

Doronicum altaicum Pall. in Acta Hort. Petrop. 6: 2. 1783.

多年生草本。茎单生，不分枝，下部无毛，上部被密腺毛。基生叶卵形或倒卵状长圆形，长5-10厘米，基部窄成长柄；茎下部叶卵状长圆形，长5-6厘米，基部窄成长达2厘米具宽翅的叶柄，其余茎生叶宽卵形，无柄，抱茎，中部叶长7-8厘米，上部叶长2.5-3.5厘米，基部宽心形；叶无毛，边缘具波状短齿或全缘，有腺状缘毛。头状花序单生茎端；总苞半球形，径2-3厘米；总苞片等长，长1-1.3厘米，先端长渐尖，外层长圆形状披针形或披针形，宽1.8-2毫米，基部密被腺毛，内层线状披针形或线形，宽0.5-1毫米，无毛或边缘具缘毛。全部总苞片长渐尖。舌状花长1.8-2.5厘米，黄色，无毛，舌片线状长圆形，长1.6-2.2厘米；管状花花冠黄色，长5-5.5毫米。瘦果同形，圆柱形，黄褐或深褐色，无毛或有疏微毛，均有冠毛，白或基部红褐色，长3-4毫米。花期6-8月。

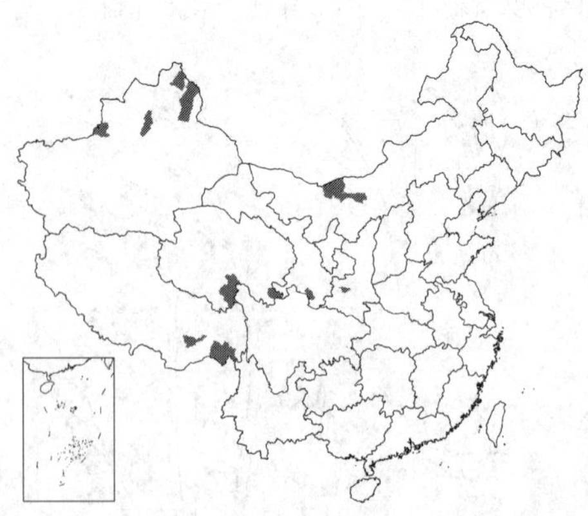

图 675 阿尔泰多榔菊（引自《图鉴》）

产内蒙古、陕西秦岭西部、甘肃南部、青海东南部及南部、新疆北部、西藏东南部，生于海拔2300-2500米山坡草地或云杉林下。哈萨克斯坦、俄罗斯西伯利亚及蒙古有分布。

2. 西藏多榔菊 图 676 彩片 84

Doronicum thibetanum Cavill. in Ann. Cons. Jard. Bot. Géneve 10: 225. f. 13: B-C. 1907.

多年生草本。茎被密或较密长柔毛，黄褐色，兼有腺毛，稀仅有腺毛。基生叶倒卵状匙形或长圆状椭圆形，长4-15厘米，基部窄成具翅叶柄，叶柄基部扩大；下部茎生叶卵状长圆形或长圆状匙形，边缘具细齿或近全缘，基部楔状成长2-4厘米具宽翅叶柄，中部及上部叶卵形、卵状长圆形或椭圆形，无柄，抱茎，长3-8.5厘米，叶两面沿脉被长柔毛和腺毛，边缘具脉状缘毛。头状花序单生茎端；总苞半球形，径3-3.5厘米，总苞片2-3层，近等长，外层披针形或线状针形，长1.5-1.8厘米，内层线状披针形，被密柔毛及腺毛。舌状花黄色，长2.5-2.8厘米，舌片长圆状线形，宽1.8-3毫米，具3-4脉，先端有3细齿，有时中央褐黄色；管状花花冠黄色，长4.5-5毫米。瘦果同形，圆柱形，具10肋，沿肋有疏短毛，瘦果均有冠毛，冠毛黄褐色，糙毛状。花期7-9月。

图 676 西藏多榔菊（孙英宝绘）

产西藏东部、云南西北部及西南部、四川北部至西南部、青海东南部及南部，生于海拔3400-4200米高山草地、灌丛或多砾石山坡。

3. 中亚多榔菊 图 677:1-5 彩片 85

Doronicum turkestanicum Cavill. in Ann. Cons. Jard. Bot. Genéve 13-14: 301. 354. 1909-1911.

多年生草本。茎疏被腺状毛，上部较密，下部近无毛。叶全缘或具疏齿，两面无毛或下面及边缘有疏毛；基生叶倒卵状匙形或近圆形，长4-11厘米，基部骤窄或渐窄成长4-10（15）厘米具翅叶柄；茎生叶排列达茎之半或2/3，长圆状卵形或长圆形，稀卵形，长3-11厘米，无柄或具有宽翅短柄，半抱茎，上部叶卵形或卵状披针形，稀线状披针形。头状花序单生茎端；总苞半球形，径（2）2.5-3厘米，外层总苞片披针形或披针状线形，长1.2-1.7厘米，宽1.8-2毫米，内层线形，宽1-1.5毫米，背面及边缘被腺毛。舌状花长1.8-3厘米，淡黄色，外面密被腺毛，舌片长1.5-2厘米，基部无毛；管状花长5.5-7毫米，花冠深黄色，无毛。瘦果异形，褐色；舌状花的瘦果无毛，无冠毛；管状花的瘦果无毛或有向上贴生疏微毛，有冠毛；冠毛白色，有多数具细齿糙毛。花期6-8月。

图 677：1-5. 中亚多榔菊 6-10. 狭舌多榔菊（张泰利绘）

产新疆北部及东北部，生于海拔1900-2680米山坡或云杉林下。俄罗斯西伯利亚西部及哈萨克斯坦有分布。

4. 狭舌多榔菊 图 677 : 6-10

Doronicum stenoglossum Maxim. in Bull. Acad. Imp. Sci. St. Pétersb. 27: 483. 1882.

多年生草本。茎不分枝，或上部有帚状花序枝，上部被白色柔毛，兼有腺毛。基生叶椭圆形或长圆状椭圆形，长8-10厘米，基部楔状渐窄成长3-6厘米叶柄；下部茎生叶长圆形或卵状长圆形，长4-10厘米，基部窄成具窄翅的叶柄，上部茎生叶无柄，卵状披针形或披针形，长3-12厘米，基部心形，半抱茎或下半部缢缩成提琴状；叶缘有细尖齿或近全缘，两面沿脉有柔毛及腺毛。头状花序径1.5-2.5厘米，2-10在茎顶排成总状，花序梗长1-1.5厘米，被密腺毛及长柔毛；总苞半球形或宽钟状，长达1.5厘米，总苞片2-3层，披针形或线状披针形，绿色，上部近无毛，下部有长柔毛和腺毛。舌状花淡黄色，短于总苞或近等长，舌片线形，长0.7-1厘米，具2-3细齿；管状花花冠黄色，长3.5毫米。瘦果均近圆柱形，褐色，长2.5-3毫米，具10肋，被微毛；小花均有冠毛。瘦果同形，冠毛白、黄白或微红色，糙毛状，与瘦果近等长。花期7-9月。

产四川、云南西北部、西藏东北部、青海及甘肃中部，生于海拔2150-3900米草坡、林缘、灌丛中或云杉林下。

125. 大吴风草属 Farfugium Lindl.

（刘尚武）

多年生草本或常绿多年草本，根茎极长，颈部被一圈密长毛。茎花葶状，无叶或有少数苞片状叶。叶全基生，幼时内卷呈拳状，被密毛，莲座状，肾形或近圆肾形，叶脉掌状；叶柄基部鞘状。头状花序辐射状，排成疏伞房状花序；总苞钟形，基部有少数小苞片，总苞片2层，覆瓦状排列，外层窄，内层宽，有白色膜质边缘，近等长；花托浅蜂窝状，小孔边缘有齿。边花雌性，舌状，1层；中央花两性，管状，多数，檐部5裂；花药顶端附片长圆形，先端钝圆，基部有尾，花丝光滑；花柱分枝顶端圆，有短毛；冠毛白色，糙毛状，多数。瘦果圆柱形，被成行短毛。

2种，产我国和日本。

大吴风草 图 678 彩片 86

Farfugium japonicum (Linn. f.) Kitam. in Acta Phytotax. Geobot. 8: 268. 1939.

Tussilago japonica Linn. f. Mant. Pl. 1: 113. 1767.

多年生葶状草本。花葶高达70厘米，幼时密被淡黄色柔毛，后多少脱落，基部被极密柔毛。基生叶莲座状，肾形，长9-13厘米，宽11-22厘米，先端圆，全缘或有小齿或掌状浅裂，基部弯缺宽，两面幼时被灰白色柔毛，后无毛；叶柄长15-25厘米，幼时密被淡黄色柔毛，后多脱落，基部短鞘，抱茎，鞘内被密毛；茎生叶1-3，苞叶状，长圆形或线状披针形，长1-2厘米。头状花序辐射状，2-7，排成伞房状花序，花序梗长2-13厘米，被毛；总苞钟形或宽陀螺形，长1.2-1.5厘米，总苞片12-14，2层，长圆形，先端渐尖，背部被毛，内层边缘褐色宽膜质。舌

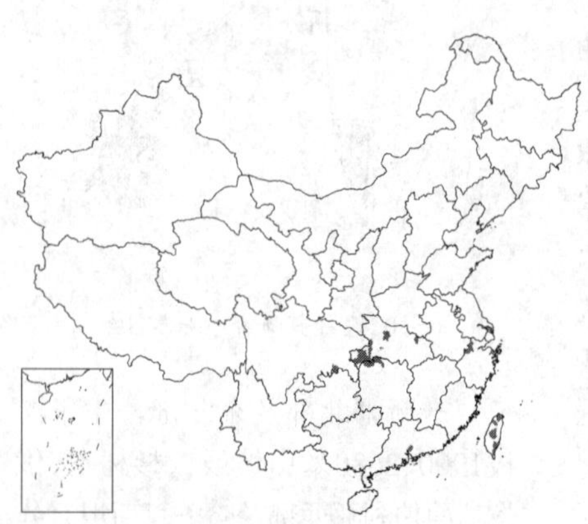

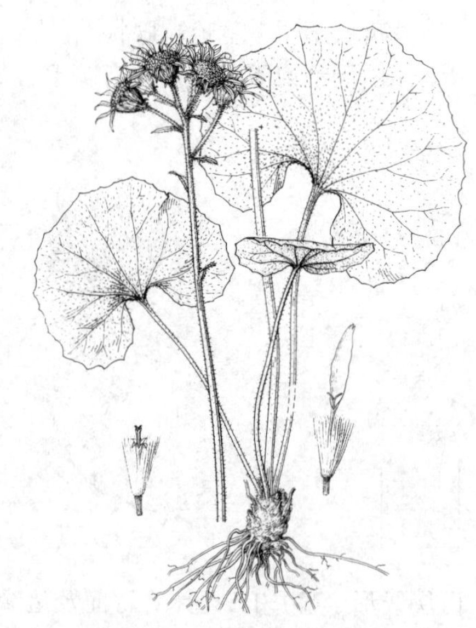

图 678 大吴风草（冯晋庸绘）

状花8-12，黄色，舌片长圆形或匙状长圆形，长1.5-2.2厘米，管部长6-9毫米。管状花多数，长1-1.2厘米，管部长约6毫米；花药基部有尾；冠毛白色与花冠等长。瘦果圆柱形，长达7毫米，有纵肋，被成行短毛。花果期8月至翌年3月。

产浙江、福建、台湾、广东南部、香港、湖南北部、湖北及四川东南部，广西有记载，生于低海拔林下、山谷或草丛。日本有分布。

126. 橐吾属 Ligularia Cass.

（刘尚武）

多年生草本。根茎极短；根肉质或草质，粗壮或纤细，无毛或被短毛。茎直立，常单生，自丛生叶丛外围叶腋中抽出，当年开花后死亡。幼叶外卷；不育茎的叶丛（丛生叶或基生叶）发达，具长柄，叶柄基部膨大成鞘状，叶肾形、卵形、箭形、戟形或线形，叶脉掌状或羽状，稀掌式羽状；茎生叶互生，少数，叶柄较短，常具膨大的鞘，叶形多与丛生叶同，较小。头状花序辐射状或盘状，大或极小，排成复伞房状花序、伞房状花序或总状花序，稀单生；花序梗常单生，具叶状或膜质苞片；总苞半球形、钟形、陀螺形或窄筒形，基部有少数小苞片，稀较多；总苞片2层，分离，覆瓦状排列，外层窄，内层宽，常具膜质边缘，或1层，合生，先端具2-5齿；花托平，浅蜂窝状。边花雌性，舌状或管状，有时无花冠；中央花两性，管状，多数，檐部5裂；花药顶端附片三角形或卵形，急尖，基部钝，花丝光滑，近花药处膨大；花柱分枝细，顶端钝或近圆；冠毛白色，糙毛状，多数。瘦果光滑，有肋；冠毛2-3层，糙毛状，长或极短，稀无冠毛。

约130种，主产亚洲，2种分布于欧洲。我国118种。

1. 头状花序排列成伞房状或复伞房聚伞状花序，稀单生。
  2. 叶脉掌状，主脉3-9；苞片卵形或线形；冠毛与管状花花冠或仅与花冠管部等长。
    3. 头状花序连同舌状花径3-12厘米；总苞半球形或宽钟形，径（0.7-）1-3厘米；舌状花多数，舌片较长而宽。
      4. 总苞片排列紧密，不开展，内层背部隆起，两侧有脊，边缘宽膜质；冠毛红褐色。
        5. 总苞半球形，长1.5-2.5厘米，径1.8-3厘米；舌状花舌片长4-6.5厘米。
          6. 叶缘有齿；冠毛与管状花花冠等长 ············ 1. **齿叶橐吾 L. dentata**
          6. 叶掌状3-5全裂；冠毛与管状花管部等长。
            7. 叶两面幼时被毛，后无毛 ············ 2. **大头橐吾 L. japonica**
            7. 叶上面被短柔毛 ············ 2(附). **糙叶大头橐吾 L. japonica** var. **scaberrima**
        5. 总苞宽钟形或钟形，稀半球形，长1-1.4厘米，径0.7-1.8厘米；舌状花舌片长1.5-2.5厘米。
          8. 头状花序1至多数；总苞长大于径，总苞片先端三角形，背部光滑或疏被白色蛛丝状柔毛；冠毛与管状花冠等长 ············ 3. **鹿蹄橐吾 L. hodgsonii**
          8. 头状花序2-4；总苞长径近相等或径大于长，总苞片先端尖，背部被褐色柔毛，冠毛比管状花管部稍长 ············ 3(附). **乌苏里橐吾 calthifolia**
      4. 总苞片排列疏散，开展，背部不隆起，无脊，内层边缘窄膜质；冠毛白色。
        9. 茎上部密被黄色柔毛；总苞片被白色蛛丝状柔毛 ············ 4. **垂头橐吾 L. cremanthodioides**
        9. 茎上部及总苞片被黑色柔毛 ············ 4(附). **黑毛橐吾 L. retusa**
    3. 头状花序小，连同舌状花径不及2厘米；总苞窄钟形或窄筒形，宽2-7毫米；若总苞宽，则头状花序无舌状花。
      10. 头状花序有舌状花，舌片稍伸出总苞，稀较长而分裂。
        11. 舌状花1，管状，一侧开裂，与管状花等长 ············ 5. **隐舌橐吾 L. franchetiana**
        11. 舌状花3-5，舌片长1-1.5厘米，2-5深裂或全裂 ············ 5(附). **裂舌橐吾 L. stenoglossa**
      10. 头状花序无舌状花。
        12. 总苞窄筒形，径3-7毫米。
          13. 总苞片5-10，窄披针形，先端渐尖。

14. 叶边缘有大而深裂的齿，齿宽达2厘米；总苞片背部无毛；小花6-8 ……… 6. **大齿橐吾 L. macrodonta**
14. 叶边缘有小而密的齿；总苞片背部被黄色柔毛；小花20以上 ……………… 7. **黄毛橐吾 L. xanthotricha**
13. 总苞片5-7，长圆形，先端三角状尖或钝；小花5-9（-12）。
15. 管状花伸出总苞；冠毛与管状花管部等长 ………………………………… 8. **大黄橐吾 L. duciformis**
15. 管状花稍伸出总苞；冠毛稍短于管状花管部 ……………………………… 9. **莲叶橐吾 L. nelumbifolia**
12. 总苞钟状陀螺形或钟形，径0.5-2厘米。
16. 叶不裂，边缘有齿。
17. 头状花序排成复伞房状聚伞花序；总苞片排列紧密，被黄褐色柔毛，内层具褐色膜质边缘；冠毛褐色 …………………………………………………………………………… 10. **褐毛橐吾 L. purdomii**
17. 头状花序排成伞房状花序；总苞片排列疏散，内层边缘窄膜质，背部光滑；冠毛白色，与管状花花冠等长；茎径达7毫米。
18. 叶具波状齿，叶下面常紫红色，脉有柔毛；头状花序（3-）7-9；总苞陀螺形，总苞片9-10；小花20-30 ……………………………………………………………………… 11. **浅齿橐吾 L. potaninii**
18. 叶具大而尖锯齿，上面绿色，下面淡绿色；头状花序多达30；总苞窄钟形，总苞片5-8；小花6-20 ……………………………………………………………………… 11(附). **云南橐吾 L. yunnanensis**
16. 叶掌状3-8深裂，裂片3出深裂，末回裂片线状长圆形；总苞钟状陀螺形，径0.7-1.2厘米；冠毛褐色，短于管状花花冠 ……………………………………………………………… 12. **畸形橐吾 L. paradoxa**
2. 叶脉羽状，主脉1；苞片线形；冠毛与管状花花冠等长。
19. 茎基部无红褐或褐色棉毛；茎生叶有膨大叶鞘；总苞片披针形、卵状披针形或长圆形。
20. 叶两面被白色蛛丝状柔毛；茎径0.8-2.5厘米。
21. 头状花序50以上；叶基部浅心形；冠毛淡黄或白色 ……………………… 13. **舟叶橐吾 L. cymbulifera**
21. 头状花序6-23，稀较多；叶基部平截或近平截；冠毛红褐或淡黄红色 … 14. **牛蒡叶橐吾 L. lapathifolia**
20. 叶两面被柔毛；茎径4-7毫米；冠毛淡褐色 ……………………………… 15. **东俄洛橐吾 L. tongolensis**
19. 茎基部被一圈密而卷曲褐或红褐色棉毛；茎生叶无膨大叶鞘；苞片线形。
22. 叶卵状长圆形，基部浅心形或近圆，网脉突起；总苞陀螺形，口部径达1厘米，总苞片具浅褐色膜质边缘；舌状花3-7 ……………………………………………………………… 16. **藏橐吾 L. rumicifolia**
22. 叶箭形、三角形或卵状心形，无明显网脉；总苞片具白色膜质边缘。
23. 总苞窄筒形，径4-5毫米，长大于宽；舌状花3-4；叶箭形 ……………… 17. **准噶尔橐吾 L. songarica**
23. 总苞杯状，径0.6-2厘米，宽大于长；舌状花5-12。
24. 头状花序多数，排成塔形圆锥状花序；总苞杯状，径6-9毫米，总苞片6-8 … 18. **塔序橐吾 L. thyrsoidea**
24. 头状花序1-8，单生或排成伞房状花序；总苞半球形或杯状，径1.1-2厘米，总苞片10-13 …………………………………………………………………………… 18(附). **天山橐吾 L. narynensis**
1. 头状花序排成总状或圆锥状总状花序，稀单生。
25. 基生叶平展或斜伸，上面绿色，下面淡绿色，被毛或叶缘有毛。
26. 茎花葶状，无叶，基部被一圈密而长白色棉毛；叶脉羽状；总苞钟形，长1-1.2厘米，径0.8-1厘米；舌状花舌片长1-1.8厘米 …………………………………………………… 19. **棉毛橐吾 L. vellerea**
26. 茎有正常的叶，基部不被密毛。
27. 茎生叶有膨大叶鞘，叶脉掌状，主脉3-9。
28. 冠毛与管状花花冠等长。
29. 苞片卵形或卵状披针形。
30. 总苞光滑 ………………………………………………………………………… 20. **橐吾 L. sibirica**
30. 总苞密被白色蛛丝状毛和黄褐色有节短毛 ……………… 20(附). **毛苞橐吾 L. sibirica** var. **araneosa**
29. 苞片线形，全缘。

31. 总苞钟形和陀螺形；冠毛白或淡黄色。

32. 茎径0.6-1厘米；叶肾形，宽11-24厘米，上面密被柔毛，下面光滑；舌状花舌片长7-9毫米 …… 21. **川鄂橐吾 L. wilsoniana**

32. 茎径2-4毫米；叶三角状箭形或卵状心形，宽2.2-15厘米，两面光滑；舌状花舌片长0.7-1厘米 …… 22. **沼生橐吾 L. lamarum**

31. 总苞钟形或宽钟形；冠毛褐或淡褐色；茎径1.5-4毫米；叶肾形或心状肾形，宽1.5-5.5厘米，具三角状齿或大齿 …………………………………………………………………………………………… 23. **细茎橐吾 L. hookeri**

28. 冠毛与管状花管部等长或较短。

33. 苞片卵形、宽卵形或卵状披针形，边缘常有齿。

34. 叶肾形或基部心形，两面三角状或卵状心形；茎生叶的鞘全缘。

35. 叶肾形，及总苞片光滑；冠毛红褐色 …………………………………………… 24. **蹄叶橐吾 L. fischeri**

35. 叶三角状或卵状心形，上面两面无毛，基部近戟形；总苞片被柔毛。

36. 叶无毛或下面脉被白色毛；苞片近膜质，无毛；冠毛黄白色 ……………… 25. **离舌橐吾 L. veitchiana**

36. 叶下面密被黄色柔毛；苞片草质，被黄色柔毛；冠毛黄褐色 … 25(附). **黑龙江橐吾 L. sachalinensis**

34. 叶三角状或卵状心形，基部心形；茎生叶的鞘具齿 …………………………… 26. **黄亮橐吾 L. caloxantha**

33. 苞片线状钻形、线状或卵状披针形，全缘。

37. 总苞窄筒形或宽筒形，径2-4（-8）毫米，总苞片（3）4-6。

38. 叶掌状4-7裂；管状花3 ………………………………………………………… 27. **掌叶橐吾 L. przewalskii**

38. 叶不裂，边缘有齿，心状戟形，两侧裂片外缘具1-2大齿；管状花5-10。

39. 叶两面光滑 ……………………………………………………………… 28. **窄头橐吾 L. stenocephala**

39. 叶两面被柔毛，叶柄顶端被蛛丝状毛 ……………… 28(附). **糙叶窄头橐吾 L. stenocephala** var. **scabrida**

37. 总苞钟形，径4-5毫米，总苞片6-8；叶心形或肾形，有三角状齿或小齿 …… 29. **狭苞橐吾 L. intermedia**

27. 茎生叶无膨大叶鞘；叶脉羽状。

40. 头状花序多数，排成总状花序或圆锥状总状花序。

41. 圆锥状总状花序长达50厘米；舌状花舌片长1.3-1.8厘米；苞片线形；叶三角形或卵状三角形，基部心形或近平截 ………………………………………………………………………………… 30. **复序橐吾 L. jaluensis**

41. 总状花序，有时下部分枝；苞片线形、披针形或卵状披针形。

42. 花序梗常2-4簇生；总苞片被柔毛；舌状花舌片线形，长达1.5厘米；叶心形或宽卵状心形，下面有短毛 ………………………………………………………………………………………… 31. **簇梗橐吾 L. tenuipes**

42. 花序梗单生；舌状花舌片较宽，若线形，则长3厘米以上。

43. 叶两面无毛或下面脉上被柔毛。

44. 茎中部及上部叶无柄。

45. 叶长圆状卵形或卵形，基部平截，下部叶柄长10-20厘米；总状花序长达25厘米，头状花序多数2；总苞片绿色，背部无毛 ……………………………………………………… 32. **苍山橐吾 L. tsangchanensis**

45. 叶长圆形或卵状长圆形，基部楔形或近圆，下部叶柄短；总状花序长7-9厘米；头状花序4-13；总苞片绿或紫蓝色，背部被柔毛 …………………………………………… 32(附). **木里橐吾 L. muliensis**

44. 茎中部及上部叶具短柄。

46. 叶卵状心形，茎下部叶柄长达35厘米，全具翅；总状花序长达35厘米；舌状花的舌片线形，长3-4厘米 ………………………………………………………………………………… 33. **翅柄橐吾 L. alatipes**

46. 叶卵状心形、三角状心形或近圆形；茎下部叶柄长达35厘米，上部有翅；总状花序长12-26厘米；舌状花的舌片长圆形，长2-3毫米 …………………………………………… 33(附). **总状橐吾 L. botryodes**

43. 叶下面被白色蛛丝状柔毛。

47. 叶卵形或卵状三角形，基部近平截，叶柄长4-18厘米，无鞘；总苞片背部被灰白色柔毛 ………………

………………………………………………………………………………………… 34. **洱源橐吾 L. lankongensis**

47. 叶箭形、戟形或长圆状箭形，基部两侧三角形，叶柄长25-32厘米，基部鞘状；总苞片背面无毛 ………………………………………………………………………………………………… 35. **箭叶橐吾 L. sagitta**

40. 头状花序单生；总苞宽钟形；舌状花舌片长达4厘米；叶三角状戟形，上面被黄色短毛 ……………………………………………………………………………………………… 36. **长白山橐吾 L. jamesii**

25. 基生叶直立，蓝绿或灰绿色，无毛，常有腊粉。

48. 冠毛红褐色，与管状花管部等长；总苞窄钟形或筒形，总苞片5-6，长圆形，先端钝；叶全缘 ……………………………………………………………………………………………… 37. **全缘橐吾 L. mongolica**

48. 冠毛白色，与管状花花冠等长。

49. 圆锥状总状花序具多而密的头状花序，下部有分枝；总苞窄筒形或窄陀螺形，长3.5-5（-6）毫米，径2-3(-5)毫米，总苞片4-5，背部被白色柔毛；舌状花1-3，管状花2-7 ……………… 38. **大叶橐吾 L. macrophylla**

49. 总状花序具少数头状花序，稀下部分枝；总苞片6-14，背部光滑无毛。

50. 叶网脉明显；茎生叶倒卵形或卵形，基部心形，鞘状抱茎或半抱茎 ………… 39. **网脉橐吾 L. dictyoneura**

50. 叶无网脉；茎生叶基部楔形，半抱茎或不抱茎。

51. 叶卵状长圆形、长圆形或椭圆形，基部楔形，下延成柄；总苞钟形或近杯状 … 40. **阿勒泰橐吾 L. altaica**

51. 叶卵形、披针形或线状长圆形，先端尖；总苞陀螺形或杯状。

52. 茎生叶椭圆形或线形；头状花序常偏向花序轴一侧；舌状花舌片椭圆形或卵状长圆形，长0.7-1.4厘米；管状花檐部长为管部6倍 ……………………………………………………… 41. **侧茎橐吾 L. pleurocaulis**

52. 茎生叶卵形、卵状披针形或线形；头状花序均匀生于花序轴；舌状花舌片线形，长0.8-2.2厘米。

53. 叶全缘或有小齿；总苞无毛 …………………………………………………………… 42. **黄帚橐吾 L. virgaurea**

53. 叶有齿；总苞背部被白色柔毛或无毛，边缘密被白色睫毛 ………… 42(附). **缘毛橐吾 L. liatroides**

1. 齿叶橐吾 图 679

Ligularia dentata (A. Gray) Hara in Journ. Jap. Bot. 15: 318. 1938.

Erythrochaeta dentata A. Gray in Mem. Acad. Natl. Sci. Lyon. 6: 395. 1858-1859.

多年生草本。茎上部被白色蛛丝状柔毛和黄色短柔毛。丛生叶与茎下部叶肾形，长7-30厘米，边缘具整齐齿，上面光滑，下面被白色蛛丝状毛，叶脉掌状，叶柄长22-60厘米，被白色柔毛，基部鞘状；上部叶近无柄，具膨大叶鞘。伞房状或复伞房状花序开展；苞片及小苞片卵形或线状披针形；头状花序多数，辐射状；总苞半球形，长1.5-2.5厘米，径1.8-3厘米，总苞片8-14，2层，排列紧密，背部隆起，两侧有脊，长圆形，宽达1厘米，先端三角状具长尖头，背部密被白色蛛丝状柔毛，内层具褐色膜质宽边。舌状花黄色，舌片窄长圆形，长达5厘米；管状花多数，长1-1.8厘米，冠毛红褐色，与管状花冠等长。

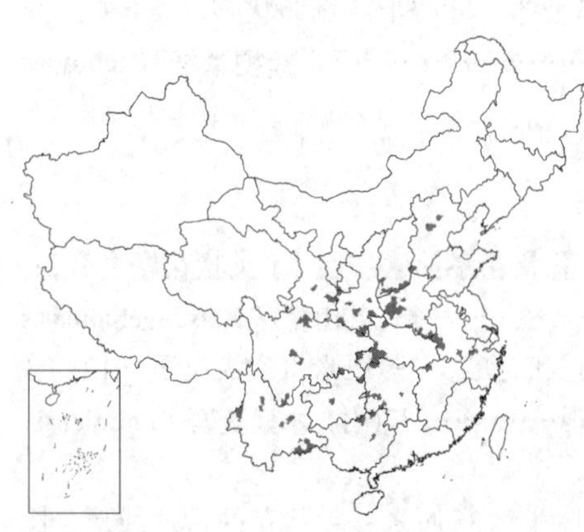

产河北、山西南部、河南、安徽东南部及西南部、浙江西北部、江西西北部、湖北、湖南、广西、云南、贵州、四川、陕西南部及甘肃南部，生于海拔650-3200米山坡、水边、林缘或林中。日本有分布。

图 679 齿叶橐吾 （引自《图鉴》）

2. 大头橐吾 图 680

Ligularia japonica (Thunb.) Less. Syn. Gen. Comp. 390. 1832.

Arnica japonica Thunb. Fl. Jap. 319. 1784.

多年生草本。茎上部被白色蛛丝状柔毛和黄色柔毛。从生叶与茎下部叶具柄，柄长0.2-1米，具紫斑，基部鞘状，叶宽约40厘米，掌状3-5全裂，裂片长14-18厘米，掌状浅裂，小裂片羽状，两面幼时被白色柔毛，后无毛，叶脉掌状；茎中上部叶较小，具短柄，鞘状抱茎；最上部叶无鞘，掌状分裂。头状花序辐射状，2-8排成伞房状花序；常无苞片或小苞片；总苞半球形，长1-2.5厘米，径1.5-2.4厘米，总苞片9-12，2层，排列紧密，背部隆起，两侧有脊，宽长圆形，宽达8毫米，先端三角形，背部被白色柔毛，内层具膜质宽边。舌状花黄色，舌片长圆形，长4-6.5厘米；管状花多数，长约2厘米，冠毛红褐色，与花冠管部等长。

产河南东南部、安徽南部、浙江、福建、台湾、江西、湖北东北部、湖南南部、广东、香港、广西东北部、贵州近中部、云南西南部及西北部，生于海拔900-2300米山坡草地、水边或林下。朝鲜半岛及日本有分布。

图 680 大头橐吾（引自《图鉴》）

[附] **糙叶大头橐吾 Ligularia japonica** var. **scaberrima** (Hayata) Ling in Contr. Inst. Bot. Nat. Acad. Peiping. 2: 532. 1934.—— *Senecio japonicus* var.*scaberrima* Hayata, Ic. Pl. Formos. 8: 68. 1914.与模式变种的主要区别：叶上面被短柔毛。产浙江、台湾、福建、江西、广东及广西，生于海拔约650米山坡草地或水边。

3. 鹿蹄橐吾 图 681

Ligularia hodgsonii Hook. in Curtis's Bot. Mag. ser. 3, 20: t. 5417. 1863.

多年生草本。茎上部被白色蛛丝状柔毛和黄色柔毛。从生叶与茎下部叶肾形或心状肾形，长（2）5-8厘米，宽4.5-13.5厘米，具三角状齿或圆齿，两面光滑，叶脉掌状，叶柄长10-30厘米，基部具窄鞘；茎中上部叶较小，具短柄或近无柄，鞘膨大。头状花序辐射状，单生或多数排成伞房状或复伞房状花序；苞片舟形，长2-3厘米；小苞片线状钻形；总苞宽钟形，长1-1.4厘米，径0.7-1厘米，总苞片8-9，2层，排列紧密，背部隆起，两侧有脊，长圆形，宽3-4毫米，先端三角形，背部无毛或被白色蛛丝状柔毛，内层具膜质宽边。舌状花黄色，舌片长圆形，长1.5-2.5厘米；管状花多数，长0.9-1厘米，伸出总苞，冠毛红褐色，与花冠等长。

图 681 鹿蹄橐吾（引自《图鉴》）

产甘肃南部、陕西南部、河南西部、安徽、湖北、湖南西北部及西南部、广西北部、贵州、云南及四川，生于海拔850-2800米山坡草地、河边或林下。俄罗斯远东地区及日本有分布。

[附] **乌苏里橐吾 Ligularia calthifolia** Maxim. in Bull. Acad. Imp. Sci. St. Petersb. 15: 374. 1870.—— *Senecio calthaefolius* Maxim. in Bull. Acad. Imp. Sci. St. Petersb. 16: 220. 1871. 本种与鹿蹄橐吾的主要区别：头状花序2-4，总苞长径近相等或径大于长，总苞片先端尖，背部被褐色柔毛。

产东北，生于山坡草地或草甸。俄罗斯远东地区有分布。

4. 垂头橐吾 图 682

Ligularia cremanthodioides Hand.-Mazz. in Sitz. Akad. Wiss. Wien, Math.-Nat. 62: 13. 1925.

多年生草本。茎上部密被黄色柔毛。丛生叶与茎下部叶肾形，长3.5-13.5厘米，宽4.5-11厘米，先端圆或凹缺，具三角状齿，两面光滑或下面脉有毛，叶脉掌状，叶柄长7-33厘米，基部具鞘；茎中上部叶较小，柄基部鞘状，或上部叶有膨大的鞘。头状花序2-11，辐射状，排成伞房状花序，稀单生；苞片及小苞片线形；总苞钟形或半球形，长1-1.4厘米，径1-1.5厘米，总苞片10-13，2层，披针形或长圆形，背部不隆起，无径，光滑或被白色蛛丝状柔毛，内层具窄膜质边缘。舌状花黄色，舌长圆形片，长1-1.5厘米；管状花多数，长5-8毫米，冠毛白色，与花冠近等长。

产西藏东南部及云南西北部，生于海拔3600-4000米山谷林下或岩石下。

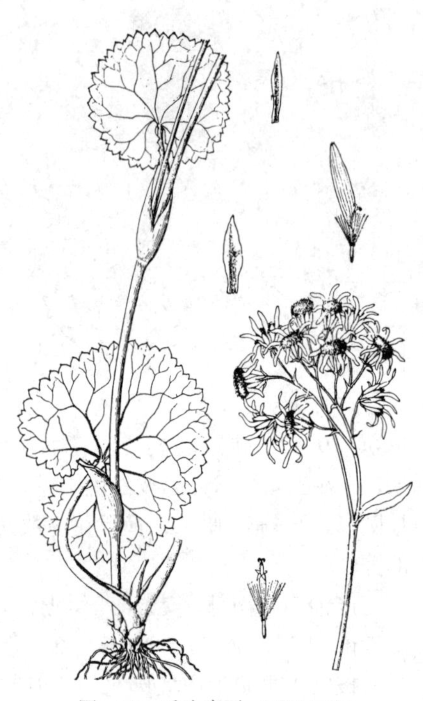

图 682 垂头橐吾（阎翠兰绘）

[附] **黑毛橐吾 Ligularia retusa** DC. Prodr. 6: 314. 1837. 本种与垂头橐吾的主要区别：茎上部及总苞片背部被黑色柔毛。产西藏东南部及云南西北部，生于海拔3800-4500米沟边、草坡或山顶坡地。尼泊尔、锡金、不丹及印度东北部有分布。

5. 隐舌橐吾 图 683:1-4

Ligularia franchetiana (Lévl.) Hand.-Mazz. Symb. Sin. 7: 1134. 1936. *Senecio franchetianus* Lévl. in Bull. Acad. Int. Geogr. Bot. 25: 16. 1915.

多年生草本。茎上部常被紫红色柔毛。丛生叶与茎下部叶肾形，长4-30厘米，宽6-42厘米，有三角状锯齿，两面光滑，或下面幼时被褐色柔毛，叶脉掌状，叶柄长9-32厘米，被褐色柔毛或光滑，基部具窄鞘；茎中上部叶较小，具短柄及膨大叶鞘。复伞房状花序长达17厘米；苞片及小苞片线状钻形；头状花序盘状；总苞窄筒形，长0.5-1.1厘米，径2-3毫米，总苞片(2)3-5，长圆形，宽1-2毫米，先端三角状急尖，背部无毛，具膜质窄边。小花

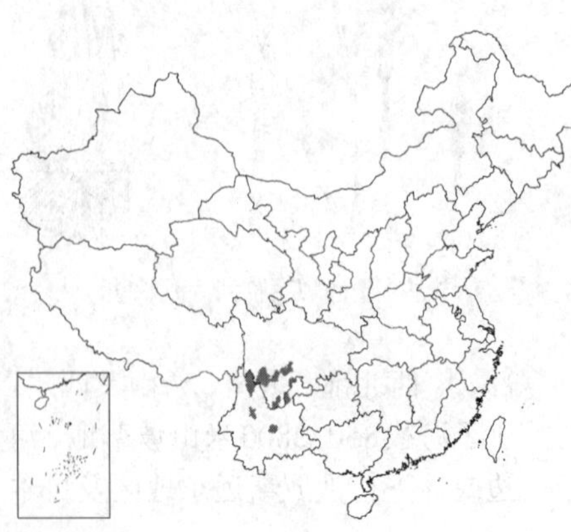

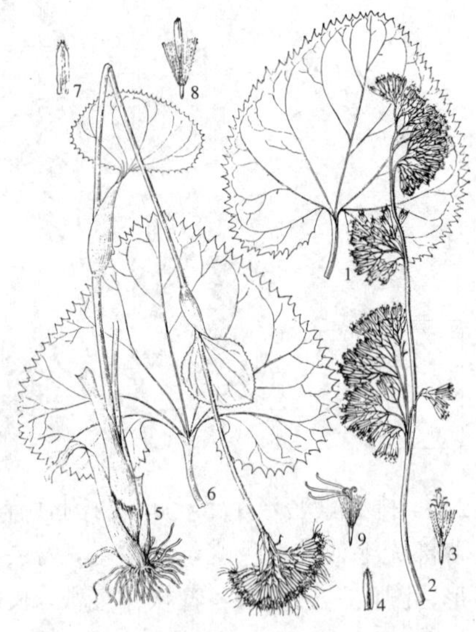

图 683：1-4. 隐舌橐吾 5-9. 裂舌橐吾（阎翠兰绘）

（2）3-5，黄色，舌状花1，管状，一侧开裂，与管状花等长，或无舌状花；管状花长0.9-1厘米，冠毛白色，稍短于花冠。

产云南及四川西南部，生于海拔2350-3900米河边、山坡草地或林下。

[附] **裂舌橐吾** 图 683：5-9 **Ligularia stenoglossa** (Franch.) Hand.-Mazz. in Engl. Bot. Jahrb. 69: 111. 1938.—— *Senecio stenoglossa* Franch. in Bull. Soc. Bot. Fance 39: 304. 1892. 本种与隐舌橐吾的主要区别：舌状花3-5，舌片长1-1.5厘米，2-5深裂或全裂。产云南西北部及西部，生于海拔2100-4000米山坡及林下。

6. 大齿橐吾 图 684

Ligularia macrodonta Ling in Contr. Inst. Bot. Nat. Acad. Peiping. 5: 2. t. 2. 1937.

多年生草本。茎光滑或上部被褐色柔毛。从生叶与茎下部叶柄长达30厘米，基部具鞘，叶肾形，长5-16厘米，宽8-20厘米，先端凹缺，边缘具大而深裂的齿，齿三角状披针形，宽达2厘米，两面光滑或下面有短毛，叶脉掌状；茎中上部叶具短柄，鞘宽卵形，全缘。复伞房状花序开展；苞片及小苞片线状钻形；头状花序多数，盘状；总苞窄筒形，长约1（-1.3）厘米，径3-4毫米，总苞片5-8，2层，线状披针形，宽1.5-2毫米，被紫色睫毛，背部无毛，内层具膜质边缘。小花6-8，黄色，全部管状，长于总苞，冠毛白色，长约7毫米，稍短于花冠。

产青海东部及甘肃西南部，生于海拔2600-3800米山坡。

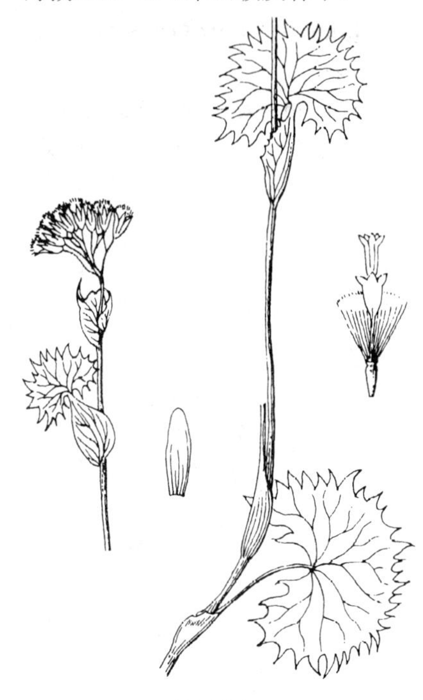

图 684 大齿橐吾（王 颖绘）

7. 黄毛橐吾 图 685

Ligularia xanthotricha (Gruning) Ling in Contr. Inst. Bot. Nat. Acad. Peiping 5: 4 1937.

Cacalia xanthotricha Gruning in Fedde, Repert. Sp. Nov. 12: 312. 1913.

多年生草本。茎粗壮，高达1.5米，密被黄色柔毛。从生叶与茎下部叶肾形，长7-13.5厘米，宽达31厘米，先端圆或凹缺，边缘具小而密的齿，两面光滑，叶脉掌状，叶柄长达38厘米，密被黄色柔毛，基部具膨大的鞘；茎中部叶较小，长2.7-6.5厘米，具短柄，鞘宽卵形，长达7厘米，被黄色柔毛。复伞房状花序长达38厘米；苞片及小苞片线状钻形；头状花序多数，盘状；总苞窄筒形，基部有黄色柔毛，总苞片8-10，2层，窄披针形，长0.9-1.5厘米，背部被黄色柔毛，具膜质窄

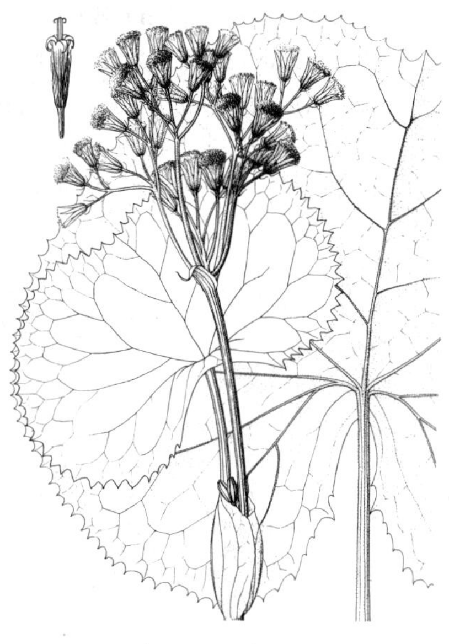

图 685 黄毛橐吾（引自《图鉴》）

边。小花20以上，黄色，全部管状，长8-9毫米，冠毛白色，与花冠等长。

产河北西部、山西及甘肃中南部，生于海拔1650-3200米沟边、草地或山坡灌丛中。

8. 大黄橐吾 图 686 彩片 87

Ligularia duciformis (Winkl.) Hand.-Mazz. Symb. Sin. 7: 1135. 1936.

Senecio duciformis Winkl. in Acta Hort. Petrop. 14: 155. 1895.

多年生草本。茎上部被黄色柔毛。丛生叶与茎下部叶肾形或心形，长5-16厘米，有不整齐的齿，两面光滑，叶脉掌状，叶柄长达31厘米，被黄色柔毛，基部具鞘；中部叶较小，长4-10厘米，叶柄短，基部鞘长达5厘米，被黄色毛。复伞房状花序长达20厘米；苞片及小苞片线状钻形；头状花序多数，盘状；总苞窄筒形，长0.8-1.3厘米，径3-4毫米，总苞片5，2层，长圆形，先端三角状尖，被睫毛，背部无毛，内层具膜质宽边。小花5-7，全部管状，黄色，伸出总苞，长6-9毫米，冠毛白色，与花冠管部等长。

图 686 大黄橐吾 （引自《图鉴》）

产宁夏南部、甘肃南部、湖北西部、四川西部、云南西北部及东北部，生于海拔1900-4100米沟边、林下、草地或高山草地。

9. 莲叶橐吾 图 687 彩片 88

Ligularia nelumbifolia (Bur. et Franch.) Hand.-Mazz. in Stiz. Akad. Wiss. Wien, Math.-Nat. 62: 27. 1925.

Senecio nelumbifolius Bur. et Franch. in Journ. de Bot. 5: 74. 1891.

多年生草本。茎上部被白色蛛丝状柔毛和黄褐色柔毛。丛生叶与茎下部叶盾状着生，肾形，长7-30厘米，宽13-38（-80）厘米，有尖锯齿，上面光滑，下面被白色蛛丝状柔毛，叶脉掌状，叶柄长10-50厘米，被白色蛛丝状柔毛，基部具鞘；茎上部叶小，柄长5-20厘米，鞘长5-6厘米，被白色蛛丝状柔毛。复伞房状花序开展；苞片及小苞片线状钻形；头状花序多数，盘状，排成复伞房状花序；总苞窄筒形，长1-1.2厘米，径3-4毫米，总苞片5-7，2层，长圆形，宽2.5-3毫米，先端三角形，钝，被白色睫毛，背部无毛，内层具褐或黄色膜质宽边。小花6-8（-12），全部管状，黄色，稍伸出总苞，长7-9毫米，冠毛白色，稍短于花冠管部。

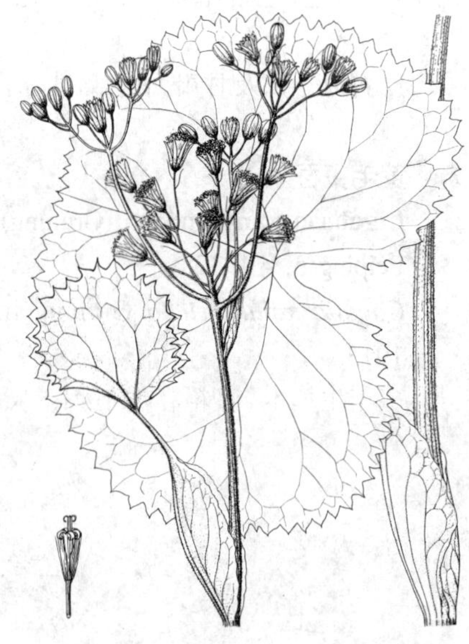

图 687 莲叶橐吾 （引自《图鉴》）

产云南西北部及东北部、四川及甘肃南部，湖北西部有记载，生于海拔2350-3900米林下、山坡草地或高山草地。

10. 褐毛橐吾 图 688

Ligularia purdomii (Turrill) Chittnden in Royle Hort. Soc. Diet. Gard. 3: 1165. 1951.

Senecio purdomii Turrill in Kew Bull. 1914: 327. 1914.

Ligularia achyrotricha auct. non (Diels) Ling: 中国高等植物图鉴 4: 578. 1975.

多年生草本。茎被褐色柔毛。丛生叶与茎下部叶肾形或圆肾形，宽14-50厘米，盾状着生，先端圆或凹缺，具整齐的小浅齿，上面光滑，下面密被褐色柔毛，叶脉掌状，叶柄长达50厘米，基部具鞘；茎中部叶肾形，宽达18厘米，先端深凹，叶柄短，鞘长7-10厘米；最上部叶仅有膨大的鞘。复伞房状花序长达50厘米；苞片及小苞片线形；头状花序多数，盘状，下垂，总苞钟状陀螺形，长0.8-1.3厘米，径0.6-1.6厘米，总苞片6-12，2层，长圆形或披针形，黑褐色，背部密被黄褐色柔毛，稀几无毛，内层具褐色膜质边缘。小花多数，全部管状，黄色，长7-9毫米，冠毛长3-4毫米，幼时黄白色，老时褐色。

图 688 褐毛橐吾（引自《图鉴》）

产四川西部及西北部、青海东南部及甘肃西南部，生于海拔3650-4100米河边或沼泽浅水处。

11. 浅齿橐吾 图 689：1-3

Ligularia potaninii (C. Winkl.) Ling in Contr. Inst. Bot. Nat. Acad. Peiping. 5: 4. 1937.

Senecio potaninii C. Winkl. in Acta Hort. Petrop. 13: 5. 1893.

多年生小草本。茎上部密被褐色柔毛。丛生叶与茎下部叶宽肾形，长4.5-6厘米，宽9-11厘米，先端圆或凹缺，具波状圆齿，上面光滑，下面常紫红色，脉被柔毛，叶脉掌状，叶柄长达11厘米，基部具窄鞘；茎中部叶较小，鞘膨大，长2.5-5厘米；最上部叶仅有膨大的鞘，稀披针形。头状花序（3-）7-9，盘状，排成伞房状花序；苞片及小苞片线形；总苞陀螺形，长1-1.1厘米，口部径约1厘米，总苞片9-10，2层，长圆形或披针形，被紫色柔毛，背部光滑，内层具膜质边缘。小花20-30，全部管状，黄色，长0.9-1厘米，冠毛白色，与花冠等长。

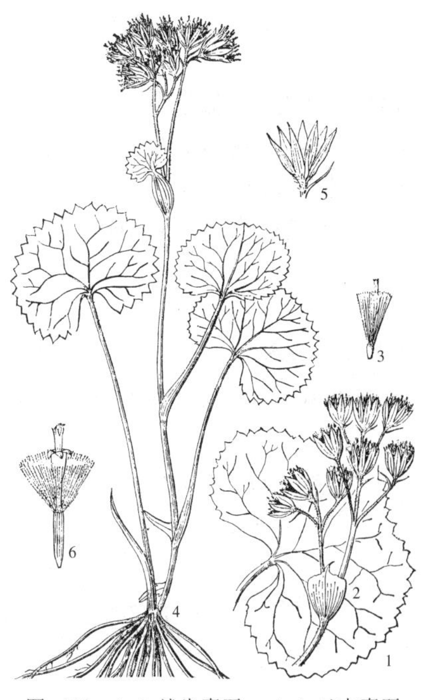

图 689：1-3. 浅齿橐吾　4-6. 云南橐吾（宁汝莲绘）

产四川北部及甘肃南部，生于海拔约4000米沼泽地。

[附] **云南橐吾** 图 689：4-6 **Ligularia yunnanensis** (Franch.) Chang in Bull. Fan Mem. Inst. Biol. Bot. 6: 673. 1935.—— *Senecio yunnanensis* Franch. in Bull. Soc. Bot. France 39:

303. 1892. 本种与浅齿橐吾的主要区别：叶具大而尖的锯齿，上面绿色，下面淡绿色；总苞窄钟形，总苞片5-8；小花6-20。产云南西部及西北部，生于海拔3100-4000米草坡、林下或岩石间。

12. 畸形橐吾 奇形橐吾 图 690

Ligularia paradoxa Hand.-Mazz. in Stiz. Akad. Wiss. Wien, Math.-Nat. 59: 140. 1922.

多年生草本。茎上部被白色蛛丝状柔毛。丛生叶宽10-22.5厘米，掌状3-8深裂，裂片3出深裂，小裂片羽状深裂，末回羽片开展，线状长圆形，长0.7-1.5厘米，宽3-6（-8）毫米，先端尖，两面光滑或下面幼时被毛，叶脉掌状，叶柄长达32厘米，基部具窄鞘；茎生叶2-3，分裂较少，鞘舟形，全缘，光滑。头状花序盘状，多达30，排成伞房状花序；苞片及小苞片线形，光滑；总苞钟状陀螺形，长1-1.3厘米，径0.7-1.2厘米，总苞片8-9，2层，长圆形或披针形，宽3-5毫米，先端急尖，背部被柔毛，内层具紫色膜质宽边。小花全部管状，多数，黄色，长6-7毫米，伸出总苞，冠毛褐色，短于花冠。

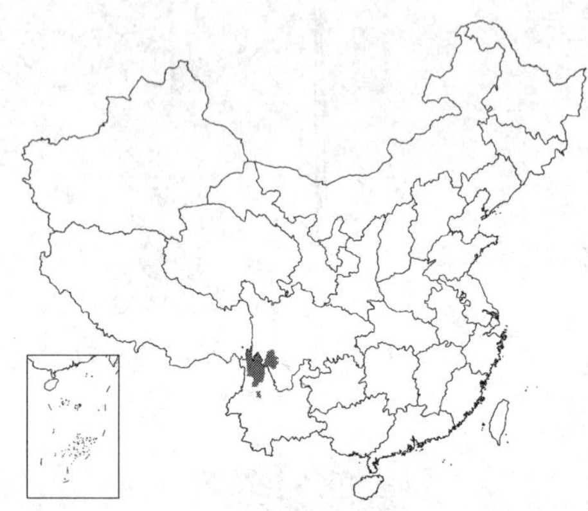

产云南西北部及四川西南部，生于海拔3650-4300米草坡、林下或竹林内。

图 690 畸形橐吾（宁汝莲绘）

13. 舟叶橐吾 图 691 彩片 89

Ligularia cymbulifera (W. W. Smith) Hand.-Mazz. Symb. Sin. 7: 1133. 1936.

Senecio cymbulifera W. W. Smith in Notes Roy. Bot. Gard. Edinb. 8: 115. 1913.

多年生草本。茎径达2.5厘米，被白色蛛丝状柔毛和柔毛。丛生叶与茎下部叶椭圆形或卵状长圆形，稀倒卵形，长15-60厘米，边缘具小齿，基部浅心形，叶脉羽状，两面被白色蛛丝状柔毛，叶柄长约15厘米；茎中部叶无柄，舟形，鞘状抱茎；最上部叶鞘状。复伞房状花序长达40厘米，被白色蛛丝状柔毛；苞片及小苞片线形；头状花序50以上，辐射状，总苞钟形，长0.8-1厘米，口部径达1厘米，总苞片7-10，2层，披针形或卵状披针形，边缘黑褐色膜质，背面被白色丝毛状柔毛或近光滑。舌状花黄色，舌片线形，长1-1.4厘米；管状花多数，暗黄色，长6-7毫米，冠毛淡黄或白色，与花冠等长。

图 691 舟叶橐吾（引自《图鉴》）

产云南西北部及四川，生于海拔3000-4800米荒地、河边、草坡、林缘、高山灌丛或高山草甸。

14. 牛蒡叶橐吾 酸模叶橐吾 图 692 彩片 90

Ligularia lapathifolia (Franch.) Hand.-Mazz. in Vegetationsbild. 22: Heft. 8. t. 45a. 1932.

Senecio lapathifolius Franch. in Bull. Soc. Bot. France 39: 306. 1892.

多年生草本。茎上部被白色蛛丝状柔毛和柔毛，下部光滑，条棱明显，基部径0.8-1.5厘米。丛生叶与茎下部叶卵形或卵状长圆形，长19-41厘米，边缘具小齿，齿间有睫毛，基部平截或近平截，叶脉羽状，两面疏被白色蛛丝状柔毛或脱毛，叶柄长7-25厘米；茎中部叶无柄，卵状长圆形或卵状披针形，鞘状抱茎；最上部叶鞘状。复伞房状花序，长达40厘米；苞片及小苞片线状钻形；头状花序6-23，稀较多，辐射状；总苞半球形或宽钟形，长1-1.2厘米，口部径达2厘米，总苞片8-14，2层，卵状披针形或披针形，背面被白色蛛丝状柔毛。舌状花黄色，舌片线状长圆形，长1.5-2厘米；管状花多数，暗黄色，长1-1.1厘米，冠毛红褐或淡黄红色，与花冠等长。

产云南及四川西南部，生于海拔1800-3000米荒草坡、林下或灌丛中。

图 692 牛蒡叶橐吾（引自《图鉴》）

15. 东俄洛橐吾 图 693 彩片 91

Ligularia tongolensis (Franch.) Hand.-Mazz. Symb. Sin. 7: 1136. 1936.

Senecio tongolensis Franch. in Bull. Soc. Bot. France 39: 305. 1892.

多年生草本。茎径4-7毫米，被白色蛛丝状柔毛。丛生叶与茎下部叶卵状心形或卵状长圆形，长3-17厘米，边缘具小齿，基部浅心形或近平截，叶脉羽状，两面被柔毛，叶柄长6-25厘米，被柔毛；茎中上部叶与下部叶同形，渐小，鞘长达10厘米，被柔毛。伞房状花序长达20厘米，稀头状花序单生；苞片及小苞片线形；头状花序辐射状，总苞钟形，长0.5-1厘米，径5-6毫米，总苞片7-8，2层，长圆形或披针形，背部光滑，内层具褐色膜质宽边。舌状花5-6，黄色，舌片长圆形，长0.7-1.7厘米；管状花多数，暗黄色，伸出总苞，长约7毫米，冠毛淡褐色，与花冠等长。

产西藏东部及南部、四川、云南西北部，生于海拔2140-4000米山谷湿地、林缘、林下、灌丛或高山草甸。

图 693 东俄洛橐吾（引自《图鉴》）

16. 藏橐吾 图 694 彩片 92

Ligularia rumicifolia (Drumm.) S. W. Liu, Fl. Xizang. 4: 832. 1985.

Senecio rumicifolius Drumm. in Kew Bull. 1911: 371. 1911.

多年生草本。茎被白色棉毛，基部密被一圈褐色棉毛。丛生叶与茎下

部叶卵状长圆形，长10-19厘米，边缘具小齿，基部浅心形或圆，叶脉羽状，幼时两面被白色蛛丝状柔毛，后无毛，叶柄长约20厘米；茎中上部叶无柄，卵形或卵状披针形；最上部叶披针形。复伞房状花序被白色棉毛；苞片及小苞片线形，较短；头状花序多数，辐射状，总苞钟状陀螺形或陀螺形，长5-9毫米，口部宽达1厘米，总苞片5-8，2层，椭圆形或长圆形，先端急尖，背部无毛或幼时被白色棉毛，内层具浅褐色膜质边缘。舌状花3-7，黄色，舌片线状长圆形，长1-1.6厘米；管状花多数，黄色，长5.5-6.5毫米，冠毛白色，与花冠等长。

产西藏东部及中东部，生于海拔3700-4500米湖边、林缘、高山灌丛或山坡。

图 694 藏橐吾（宁汝莲 王 颖绘）

17. 准噶尔橐吾 图 695

Ligularia songarica (Fisch.) Ling in Contr. Inst. Bot. Nat. Acad. Peiping 5: 4. 1937.

Senecio songaricus Fisch. in Fisch. et Mey. Enum. Pl. Schrenk. 52. 1841.

多年生草本。茎无毛，基部密被一圈红褐色棉毛。丛生叶与茎下部叶箭形、卵状箭形或长圆状箭形，长6-14（-35）厘米，具小齿，叶脉羽状，两面光滑，叶柄长8.5-26厘米；茎中部叶与下部叶同形；最上部叶卵状披针形或窄披针形，先端渐尖。复伞房状花序开展；苞片及小苞片窄披针形或钻形；头状花序多数，辐射状，总苞窄钟形，长5-7毫米，径（3）4-5毫米，总苞片5-7，2层，卵状长圆形或长圆形，背部内层具白色膜质边缘。舌状花3-4，黄色，舌片长圆形，长6-8毫米；管状花8-13，伸出总苞，黄色，长6-7毫米，冠毛白色，与花冠等长。

图 695 准噶尔橐吾（宁汝莲 王 颖绘）

产新疆北部，生于海拔500-1130米水边或山坡。中亚地区有分布。

18. 塔序橐吾 图 696：1-4

Ligularia thyrsoidea (Ledeb.) DC. Prod. 6: 315. 1838.

Cineraria thyrsoidea Ledeb. Icon. Pl. Fl. Ross. 2: 18. 1830.

多年生草本。茎幼时被毛，后无毛，基部密被一圈红褐色棉毛。丛生叶与茎下部叶箭形、卵状三角形或三角形，长9-14厘米，先端钝，边缘具不整齐的齿，基部心形，叶脉羽状，两面光滑，叶柄长10-26厘米；茎中上部叶卵状三角形或线状披针形。圆锥状复伞房状花序呈塔形，在最上部叶腋内常有不发育的头状花序；苞片及小苞片披针状钻形，较短；头状花序多数，辐射状，总苞杯状，长5-6毫米，径6-9毫米，总苞片6-8，2层，卵形或长圆形，先端尖，背部隆起，光滑，内层具白色膜质宽边。舌状花7-12，黄色，舌片长圆形，长达1厘米；管状花多数，黄色，长6-7毫米，冠毛白色，与花冠等长。

产新疆北部，生于海拔500-2000米山坡或林下。中亚有分布。

[附] **天山橐吾** 图 696：5-6 彩片93 **Ligularia narynensis** (C. Winkl.) O. et B. Fedtsch. Consp. Fl. Turkest. 3: 212. 1909.—— *Senecio narynensis* C. Winkl. in Acta Hort. Petrop. 11: 319. 1890. 本种与塔序橐吾的主要区别：头状花序1-8，单生或排成伞房状花序；总苞半球形或杯状，径1-2厘米，总苞片10-13。产新疆天山南北，生于海拔800-3200米阴坡灌丛、林下或草地。中亚有分布。

图 696：1-4. 塔序橐吾 5-6. 天山橐吾 （宁汝莲 王 颖绘）

19. 棉毛橐吾 图 697

Ligularia vellerea (Franch.) Hand.-Mazz. in Stiz. Akad. Wiss. Wien, Math.-Nat. 62: 12. 1925.

Senecio vellereus Franch. in Bull. Soc. Bot. France 39: 299. 1892.

多年生草本。茎花葶状，疏被白色柔毛，基部密被一圈白色棉毛。丛生叶与茎基部叶卵形、椭圆形或近圆形，长2.5-15厘米，先端尖，边缘具整齐细齿，基部浅心形、平截或楔形，叶脉羽状，上面光滑，下面被白色棉毛，叶柄长达23厘米，上部具窄翅；茎基部以上无叶。苞片及小苞片线形。总状花序长4.5-15厘米；头状花序辐射状，总苞钟形，长1-1.2厘米，径0.8-1厘米，总苞片10，2层，披针形，稀卵形，背部被疏毛，内层边缘膜质。舌状花5-7，黄色，舌片长圆形，长1-1.8厘米；管状花多数，黄色，长7-8毫米，冠毛淡黄色，与花冠等长。

产云南及四川西南部，生于海拔2100-4600米水边、林下或山坡草地。

图 697 棉毛橐吾（王 颖绘）

20. 橐吾 图 698：1-4

Ligularia sibirica (Linn.) Cass. in Dict. Sci. Nat. 26: 401. 1823.

Othonna sibirica Linn. Sp. Pl. 924. 1753.

多年生草本。茎上部被白色蛛丝状毛和黄褐色柔毛。丛生叶与茎下部叶卵状心形、三角状心形、肾状心形或宽心形，长3.5-20厘米，边缘具细齿，两面光滑，叶脉掌状，叶柄长14-39厘米，基部具鞘；茎中部叶与下

部叶同形，鞘膨大，长3-6厘米；最上部叶仅有膨大的鞘。总状花序长4-42厘米；苞片卵形或卵状披针形，宽达2厘米；小苞片窄披针形；头状花序辐射状，总苞宽钟形或钟状陀螺形，长0.7-1.4厘米，径0.6-1.1厘米，总苞片7-10，2层，长圆形或披针形，背部无毛，具膜质边缘。舌状花6-10，黄色，舌片倒披针形或长圆形，长1-2.2厘米；管状花多数，黄色，长0.8-1.3厘米，冠毛白色，与花冠等长。

产黑龙江、吉林、内蒙古东北部、河北、山西、安徽南部、湖北、湖南、广西东北部、贵州及四川东部，生于海拔373-2200米河边、沼泽、湿草地、山坡或林缘。欧洲及俄罗斯东西伯利亚有分布。

[附] **毛苞橐吾 Ligularia sibirica** var. **araneosa** DC. Prod. 6: 315. 1838. 与模式变种的区别：总苞被白色蛛丝状毛和黄褐色短毛。产贵州、湖南及安徽，生于海拔1300-2200米水边或山坡。

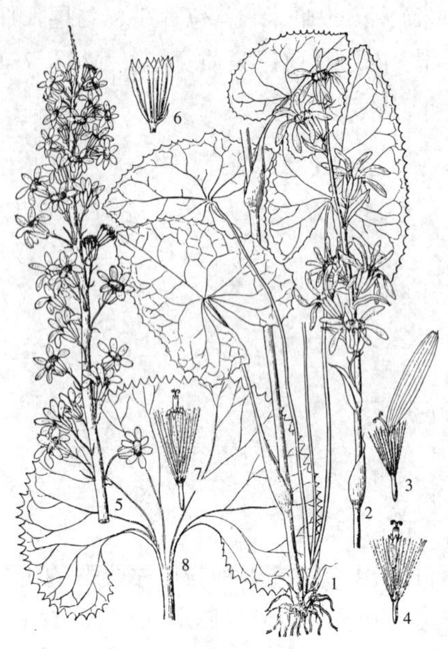

图 698：1-4. 橐吾 5-8. 川鄂橐吾
（阎翠兰绘）

21. 川鄂橐吾 图 698：5-8

Ligularia wilsoniana (Hemsl.) Greenm. in Bailey. Stand. Cycl. Hort. 6: 513. 1917.

Senecio wilsonianus Hemsl. in Gard. Chron. ser. 3, 38: 173. 1905.

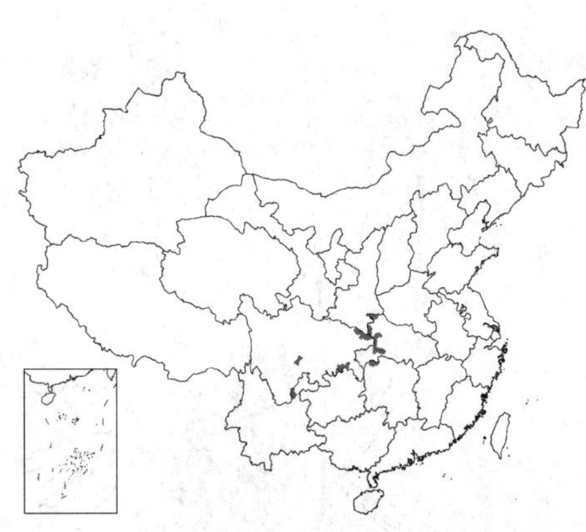

多年生草本。茎径0.6-1厘米，被柔毛。丛生叶与茎下部叶肾形，长6.5-13.5厘米，宽11-24厘米，边缘具密生尖齿，上面被柔毛，下面光滑，叶脉掌状，叶柄长19-51厘米，基部具鞘；茎中部叶与下部叶同形，向上减缩。总状花序长15-34厘米；苞片丝状，长达2.5厘米；小苞片丝状钻形；头状花序多数，辐射状，总宽钟状陀螺形，长7-8毫米，径6-7毫米，总苞片7-9，2层，长圆形或披针形，先端尖或三角形，背部无毛，内层具膜质边缘。舌状花5-6，黄色，舌片长圆形，长7-9毫米；管状花多数，黄色，长6-7毫米，冠毛白，与花冠等长。

产湖北西部、湖南西北部、四川及云南东北部，生于海拔1600-2050米山坡或林缘。

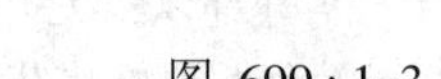

22. 沼生橐吾 图 699：1-3

Ligularia lamarum (Diels) Chang in Bull. Fan Mem. Inst. Biol. Bot. 6: 65. 1935.

Senecio lamarum Diels in Fedde, Repert. Sp. Nov. Beih. 12: 508. 1922.

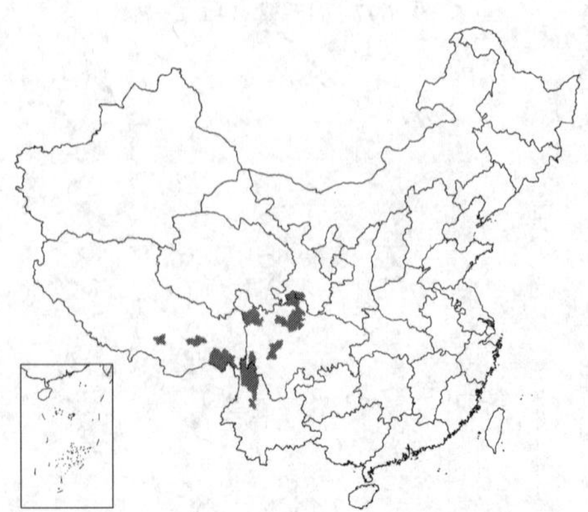

多年生草本。茎高达52厘米，径2-4毫米，上部被柔毛。丛生叶与茎下部叶卵状心形或三角状箭形，长3-9厘米，两面光滑，叶脉掌状，叶柄长8-29厘米，基部具鞘；茎中上部叶卵状心形或心形，具短柄，鞘膨大。总状花序长10-16厘米，密集近穗状或疏离；苞片线形，长达1.7厘米；小苞片钻形；头

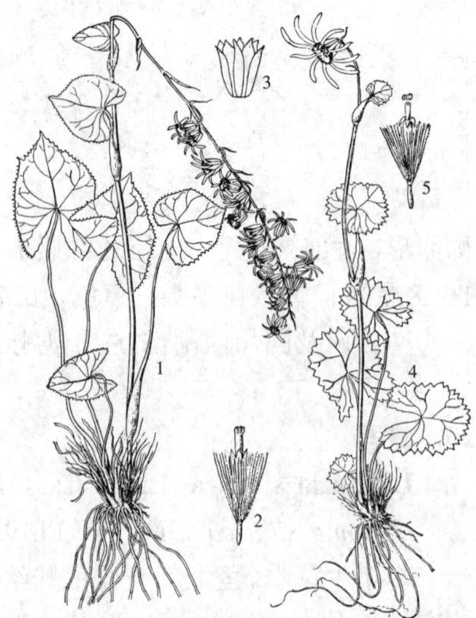

图 699：1-3. 沼生橐吾 4-5. 细茎橐吾
（阎翠兰绘）

状花序多数，辐射状，总苞钟状陀螺形，长6-9毫米，径3-5毫米，总苞片6-8，2层，长圆形，先端急尖，背部无毛，内层具膜质边缘。舌状花5-8，黄色，舌片长圆形，长0.7-1厘米；管状花多数，黄色，长5-7毫米，冠毛淡黄色，稍短于花冠。

产西藏东南部、云南西北部、四川及甘肃西南部，生于海拔3300-4360米沼泽地、湿草地、灌丛或林缘。缅甸东北部有分布。

23. 细茎橐吾　　图 699：4-5

Ligularia hookeri (Clarke) Hand.-Mazz. in Engl. Bot. Jahrb. 69: 127. 1938.

Cremanthodium hookeri Clarke, Comp. Ind. 169. 1876.

多年生草本。茎高达40厘米，径1.5-4毫米，上部被白色蛛丝状毛和柔毛。丛生叶与茎下部叶心状箭形或肾形，长0.7-2.4厘米，宽1.5-5.5厘米，边缘具三角状齿或大齿，两面光滑，叶脉掌状，叶柄纤细，长5-10厘米，基部具鞘；茎中部叶1，肾形或心状箭形，具短柄，鞘膨大；最上部叶苞片状。头状花序辐射状，单生或2-7（-16）排成总状花序；苞片窄披针形；小苞片丝状；总苞钟形或宽钟形，长0.8-1.1厘米，径0.6-0.8（1）厘米，总苞片8-10，2层，长圆形，先端尖，背部无毛，内层具膜质边缘。舌状花黄色，舌片线形，长1-1.5厘米；管状花多数，黄色，长7-8毫米，冠毛褐或淡褐色，与花冠等长。

产西藏东部及南部、云南、四川及陕西秦岭，生于海拔3000-4200米水边、山坡、灌丛、林缘或高山草地。尼泊尔、锡金及不丹有分布。

24. 蹄叶橐吾　　图 700　彩片 94

Ligularia fischeri (Ledeb.) Turcz. Cat. Fl. Baic. Dahur. 644. 1837.

Cineraria fischeri Ledeb. Index Sem. Hort. Dorp. 170. 1820.

多年生草本。茎上部被黄褐色柔毛。丛生叶与茎下部叶肾形，长10-30厘米，宽13-40厘米，基部心形，边缘具锯齿，两面光滑，叶脉掌状，叶柄长18-59厘米，基部具鞘；茎中上部叶较小，具短柄，鞘膨大，全缘。总状花序长25-75厘米；头状花序辐射状；苞片卵形或卵状披针形，下部者长达6厘米，边缘有齿；小苞片窄披针形或线形丝状；总苞钟形，长0.7-2厘米，径0.5-1.4厘米，总苞片8-9，2层，长圆形，先端尖，背部光滑，内层具膜质边缘。舌状花5-6（-9），黄色，舌片长圆形，长1.5-2厘米；管状花多数，黄色，长1-1.7厘米，冠毛红褐色，短于花冠管部。

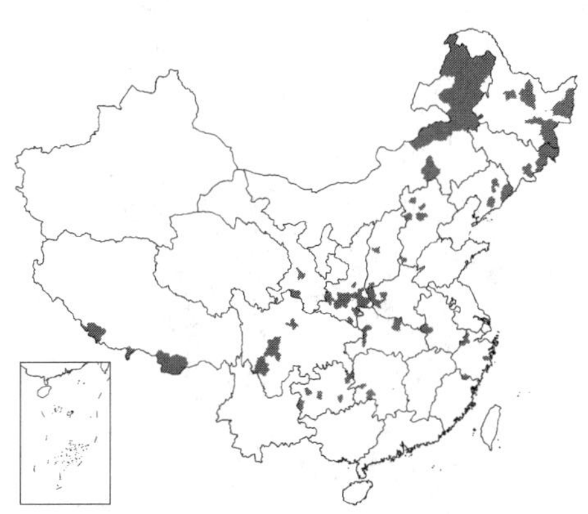

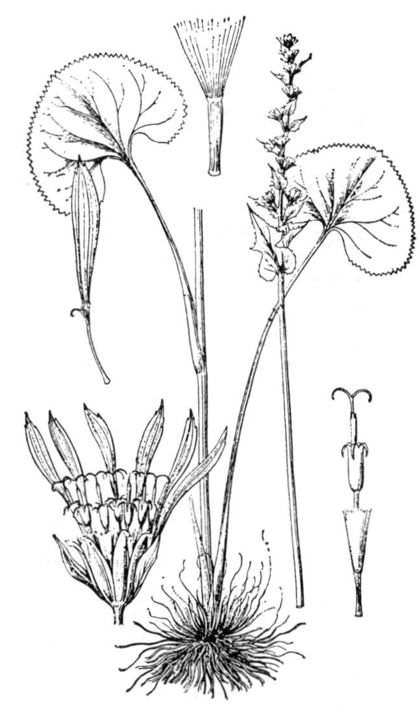

图 700　蹄叶橐吾（钱存源绘）

产黑龙江、吉林、辽宁、内蒙古、河北、山西、陕西、甘肃、四川、西藏南部、贵州、湖南西南部、湖北、河南西部、安徽西部及浙江，生于海拔100-2700米水边、草甸子、山坡、灌丛、林缘或林下。尼泊尔、锡金、不丹、俄罗斯东西伯利亚、蒙古、朝鲜半岛及日本有分布。

25. 离舌橐吾 图 701 彩片 95

Ligularia veitchiana (Hemsl.) Greenm. in Baily Stand. Cyclop. Hort. 6: 3135. 1917.

Senecio veitchianus Hemsl. in Gard. Chron. ser. 3, 38: 211. 1905.

多年生草本。茎高达1.2米，上部被白色蛛丝状柔毛和黄褐色柔毛。从生叶与茎下部叶三角状或卵状心形，稀近肾形，长7-17厘米，宽12-26厘米，边缘具尖齿，基部近戟形，两面光滑或下面脉被白色毛，叶脉掌状，叶柄长15-47厘米，基部具鞘；茎中上部叶与下部叶同形，较小，具短柄，鞘膨大，全缘。总状花序长13-40厘米；头状花序辐射状；苞片宽卵形或卵状披针形，长达3厘米，边缘有齿或全缘，近膜质；小苞片窄披针形或线形；总苞钟形或筒状钟形，长0.8-1（-1.5）厘米，径5-8毫米，总苞片7-9，2层，长圆形，先端尖，背部被柔毛，内层具膜质边缘。舌状花6-10，黄色，舌片窄倒披针形，长1.3-2.2厘米；管状花多数，黄色，长0.9-1.5厘米，冠毛黄白色，短于或等长于花冠管部。

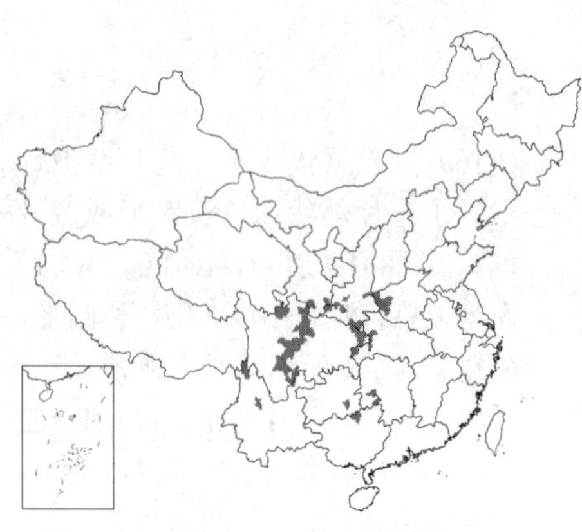

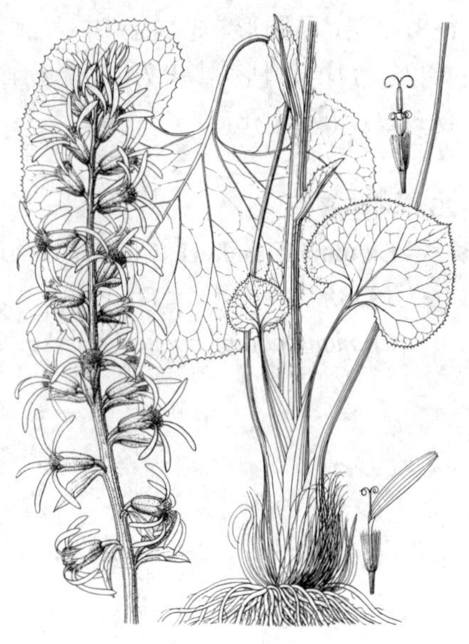

图 701 离舌橐吾（引自《图鉴》）

产云南西北部、贵州东南部、广西北部、湖南西南部、湖北西部、四川、甘肃南部、陕西南部及河南西部，生于海拔1400-2300米河边、山坡或林下。

[附] **黑龙江橐吾 Ligularia sachalinensis** Nakai in Journ. Jap. Bot. 20: 137. 1944. 本种与离舌橐吾的主要区别：叶下面密被黄色柔毛；苞片草质，被黄色柔毛；冠毛黄褐色。产黑龙江、吉林及辽宁，生于海拔220-900米水甸子、草甸子或山坡草地。俄罗斯远东地区有分布。

26. 黄亮橐吾 图 702

Ligularia caloxantha (Diels) Hand.-Mazz. in Sitz. Akad. Wiss. Wien, Math.-Nat. 60: 101. 1923.

Senecio caloxanthus Diels in Notes Roy. Bot. Gard. Edinb. 5: 194. 1912.

多年生草本。茎高达1.2米，上部被黄褐色柔毛。从生叶与茎下部叶三角状或卵状心形，长6-14厘米，宽8-18厘米，基部心形，先端边缘具整齐的细齿，两面光滑，叶脉掌状，叶柄长达45厘米，基部具鞘；茎中部叶小，具短柄或无柄，基部膨大成鞘或叶片状，具齿；上部叶圆形或卵形。总状花序疏离，长9-30厘米；头状花序10-25，辐射状；苞片卵状披针形，长达4厘米，有齿；小苞片窄披针形；总苞钟形，长0.9-1.1厘米，宽5-7毫米，总苞片8-10，2层，长圆形，先端三角形，尖，背部无毛，内层具膜质宽边。舌状花黄色，舌片倒披针形，长1.2-

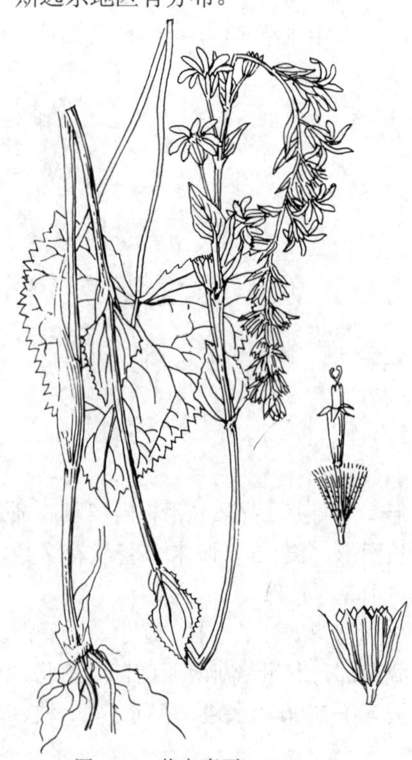

图 702 黄亮橐吾（阎翠兰绘）

2厘米；管状花多数，黄色，长1-1.1厘米，冠毛淡黄色，与花冠管部等长。

产云南西北部及东北部、四川中南部，生于海拔1600-3800米水边、草坡或山顶草地。

27. 掌叶橐吾 图 703

Ligularia przewalskii (Maxim.) Diels in Engl. Bot. Jahrb. 29: 621. 1900.

Senecio przewalskii Maxim. in Bull. Acad. Imp. Sci. St. Pétersb. 26: 493. 1880.

多年生草本。茎光滑。丛生叶与茎下部叶卵形，长4.5-10厘米，宽8-18厘米，掌状4-7裂，裂片3-7裂，中裂片二回3裂，小裂片边缘具条裂，两面光滑，叶脉掌状，叶柄长达50厘米，基部具鞘；茎中上部叶少而小，掌状分裂，具膨大的鞘。总状花序长达48厘米；头状花序辐射状；苞片线状钻形；小苞片常无；总苞窄筒形，长0.7-1.1厘米，径2-3毫米，总苞片（3）4-6（7），2层，线状长圆形，宽约2毫米，背部无毛，内层具膜质窄边。舌状花2-3，黄色，舌片线状长圆形，长达1.7厘米；管状花3，黄色，长1-1.2厘米，伸出总苞，冠毛紫褐色，短于管部。

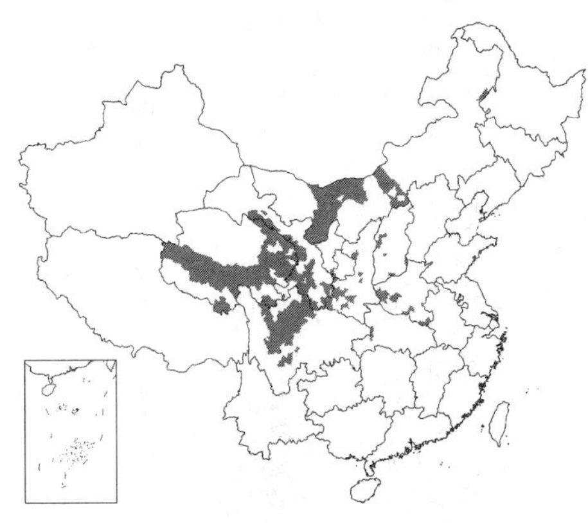

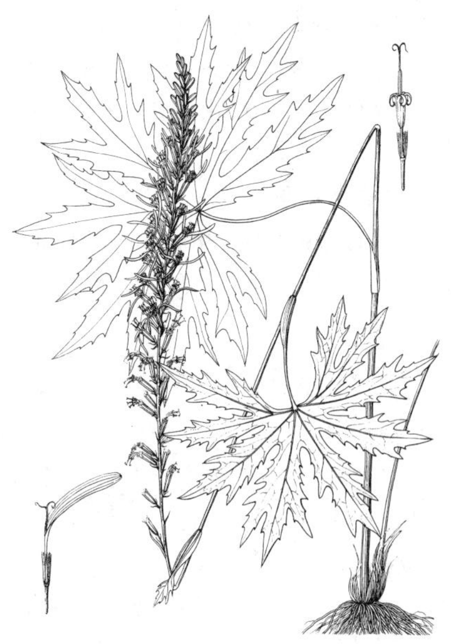

图 703 掌叶橐吾（引自《图鉴》）

产内蒙古、宁夏、甘肃、青海、四川、陕西、山西、河南及湖北西部，生于海拔1100-3700米河滩、山麓、林缘、林下或灌丛。

28. 窄头橐吾 图 704

Ligularia stenocephala (Maxim.) Matsum. et Koidz. in Bot. Mag. Tokyo 24: 149. 1910.

Senecio stenocephalus Maxim. in Bull. Acad. Imp. Sci. St. Pétersb. 16: 218. 1871.

多年生草本。茎光滑。丛生叶与茎下部叶心状戟形、肾状戟形，稀箭形，长2.5-16.5厘米，宽6-32厘米，有尖锯齿，两侧裂片外展，具尖齿或1-2大齿，两面光滑，叶脉掌状，叶柄长27-75厘米，基部具鞘；茎中上部叶与下部叶同形，具膨大的鞘。总状花序长达90厘米；头状花序辐射状；苞片卵状披针形或线形；小苞片线形；总苞窄筒形或宽筒形，长0.8-1.2（-1.8）厘米，径2.5-4（8）毫米，总苞片5（6-7），2层，长圆形，径1.5-3（4）毫米，先端三角形，尖，背部无毛，内层具膜质边缘。舌状花1-4（5），黄色，舌片线状长圆形或倒披针形，长1-1.7厘米；管状花5-10，黄色，长1-1.9厘米，冠毛短于管部。

图 704 窄头橐吾（引自《图鉴》）

产河北西部、山西、河南、山东东南部、江苏东北部及西南部、浙江、福建西部、台湾、江西、湖北、湖南、广东北部、广西北部、贵州东部、四川及云南西北部，生于海拔850-3100

米山坡、水边、林中或岩石下。

[附] **糙叶窄头橐吾 Ligularia stenocephala** var. **scabrida** Koidz. in Bot. Mag. Tokyo 24: 264. 1910. 与模式变种的主要区别：叶两面被有节短柔毛，叶柄顶端被蛛丝状毛。产四川西南部、云南西北部及广西，生于海拔2000-3300米草坡、林中或附生树上。

29. 窄苞橐吾 图 705 彩片 96

Ligularia intermedia Nakai in Bot. Mag. Tokyo 31: 125. 1917.

多年生草本。茎高达1米，上部被白色蛛丝状柔毛。从生叶与茎下部叶心形或肾形，长8-16厘米，宽12-23厘米，边缘有三角状齿或小齿，两面光滑，叶脉掌状，叶柄长16-43厘米，基部具鞘；茎中上部叶小，与下部叶同形，具膨大的鞘。总状花序长22-25厘米；头状花序辐射状；苞片线状披针形或线形；小苞片线形；总苞钟形，长0.8-1.1厘米，径4-5毫米，总苞片6-8，2层，长圆形，宽约3毫米，先端三角形，背部无毛，内层具膜质边缘。舌状花4-6，黄色，舌片长圆形，长1.7-2厘米；管状花7-12，黄色，长1-1.1厘米，伸出总苞，冠毛紫褐色，有时白色，短于管部。

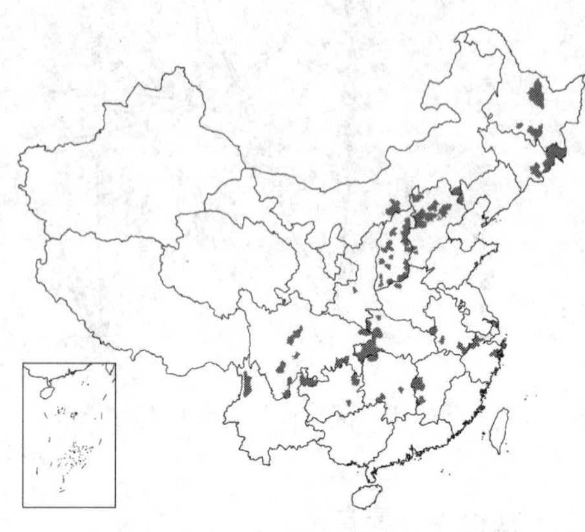

产黑龙江、吉林、辽宁西部、内蒙古南部、河北、山西、河南北部、安徽、浙江、江西西部、湖南、湖北西部及西南部、四川、贵州、云南西北部及东北部、陕西及甘肃，生于海拔120-3400米水边、山坡、林缘、林下及高山草原。

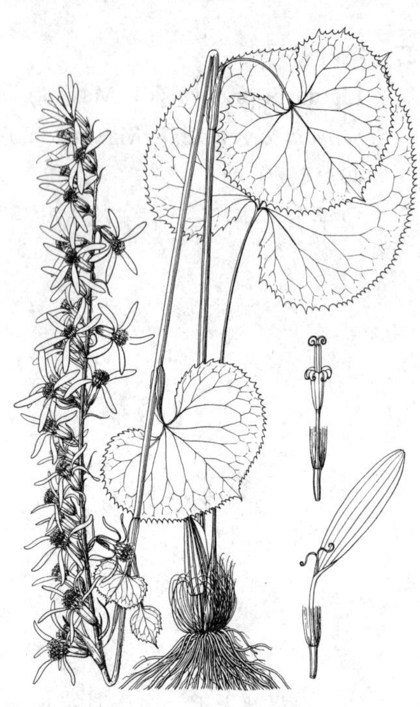

图 705 窄苞橐吾 （引自《图鉴》）

30. 复序橐吾 图 706

Ligularia jaluensis Kom. in Acta Hort. Petrop. 18: 420. 1901.

多年生草本。茎高达1.5米，上部被白色蛛丝状柔毛和褐色柔毛。从生叶与茎下部叶三角形或卵状三角形，长8-20厘米，宽7-22厘米，边缘有三角状浅齿，基部心形或近平截，上面光滑，下面脉具乳突状毛，叶脉羽状，叶柄长达40厘米，具窄翅，基部具鞘；茎中上部叶小，三角形或长圆形，具短翅状柄，基部鞘状。圆锥状总状花序或总状花序长达50厘米；头状花序辐射状；苞片线形；小苞片钻形或无；总苞钟形或杯状，长1-1.1厘米，径0.8-1.5厘米，总苞片8-12，2层，长圆形，宽3-4毫米，背部无毛，内层具膜质宽边。舌状花5-7，黄色，舌片椭圆形，长1.3-1.8厘米；管状花多数，黄色，长8-9毫米，冠毛白色，与花冠等长。

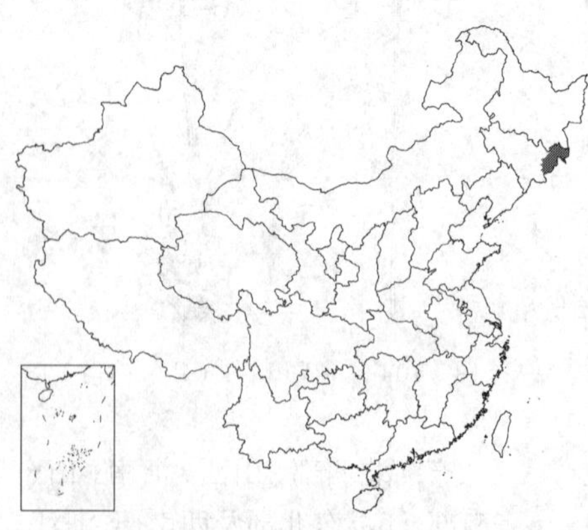

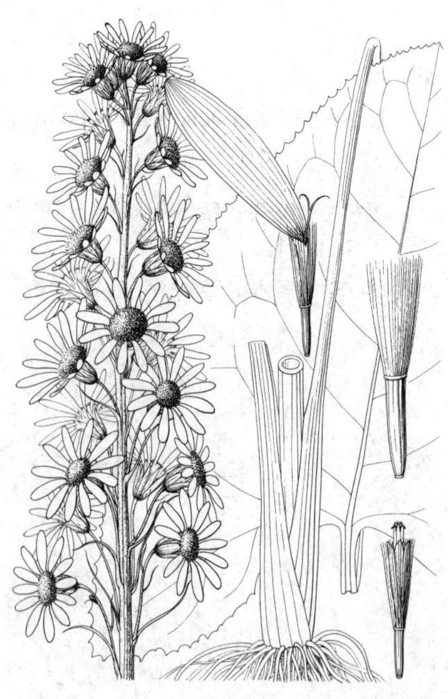

图 706 复序橐吾 （引自《图鉴》）

产吉林东部，生于海拔450-1000米草甸子或林缘。

31．簇梗橐吾　　图 707：1-5

Ligularia tenuipes (Franch.) Diels in Engl. Bot. Jahrb. 29: 621. 1900.

Senecio tenuipes Franch. in Bull. Soc. Bot. France 39: 297. 1892.

多年生草本。茎高达1米，上部被白色蛛丝状柔毛和柔毛。从生叶与茎下部叶心形或宽卵状心形，长9.5-16厘米，宽14-22厘米，边缘有齿，基部心形，上面光滑，下面疏被短毛或仅脉有毛，叶脉羽状，叶柄长达45厘米，基部具鞘；茎中部叶与下部叶同形，较小，具短翅状柄，基部鞘状；上部叶卵状披针形，无柄。总状花序长达59厘米；头状花序辐射状；苞片和小苞片窄披针形或线形；花序梗常2-4簇生或单生，下部者具2-4头状花序；总苞陀螺形，长0.5-1.1厘米，径5-7毫米，总苞片7-8，2层，长圆形或披针形，背部被柔毛，内层具褐色膜质宽边。舌状花4-5，黄色，舌片线形，长0.9-1.5厘米；管状花多数，黄色，长0.8-1厘米，冠毛污褐色，稍长于管部。

产陕西东南部、湖北西部、贵州、四川北部及中部，生于海拔2200-3200米水边、山坡湿地或草坡。

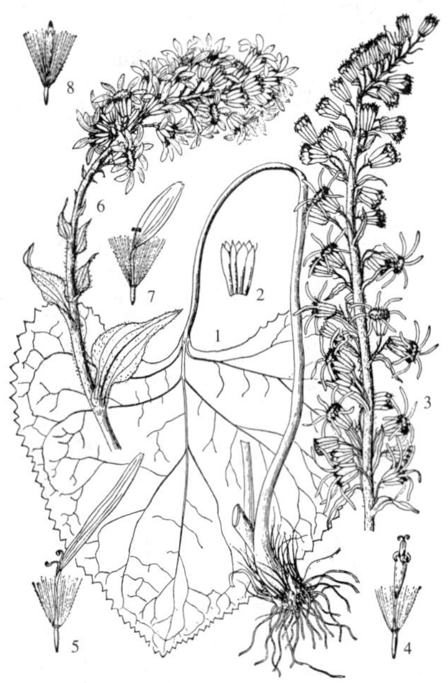

图 707：1-5. 簇梗橐吾　6-8. 洱源橐吾
（阎翠兰绘）

32．苍山橐吾　　图 708 彩片 97

Ligularia tsangchanensis (Franch.) Hand.-Mazz. Symb. Sin. 7: 1140. 1936.

Senecio tsangchanensis Franch. in Bull. Soc. Bot. France 39: 299. 1892.

多年生草本。茎高达1.2米，上部及花序密被白色蛛丝状柔毛和黄褐色柔毛。从生叶和茎下部叶有翅，叶长圆状卵形或卵形，稀圆形，长3.5-18厘米，先端急尖，边缘有齿，基部平截或宽楔形，两面光滑，叶脉羽状，叶柄长10-20厘米，有翅；茎中上部叶长圆形，无柄，基部半抱茎；最上部叶披针形。总状花序长7-25厘米；头状花序多数，辐射状；苞片和小苞片线状披针形或线形；总苞宽钟形，长7-9毫米，径约4-7毫米，总苞片7-8，2层，长圆形或披针形，先端黑褐色，背部绿色，无毛。舌状花黄色，舌片长圆形，长0.8-1.2厘米；管状花多数，黄色，长6-7毫米，冠毛白色，与花冠等长或稍短。

产西藏东南部、四川西南部、云南西北部及东北部，生于海拔2800-4100米草坡、灌丛或林下。

图 708　苍山橐吾　（引自《图鉴》）

[附] **木里橐吾 Ligularia muliensis** Hand.-Mazz. in Engl. Bot. Jahrb. 69: 117. 1936. 本种与苍山橐吾的主要区别：叶长圆形或卵状长圆形，基部楔形或近圆，下部叶柄短；总状花序长7-9厘米，具4-13头状花序；总苞片黑紫色，背部被柔毛。产云南西北部及四川西南部，生于海拔3800-3900米草坡、灌丛或林下。

33. 翅柄橐吾 图 709 : 1-5

Ligularia alatipes Hand.-Mazz. in Engl. Bot. Jahrb. 69: 132. 1938.

多年生草本。茎高达1.5米，上部被白色蛛丝状柔毛和黄色柔毛。从生叶与茎下部叶卵状心形，长7-40厘米，边缘有齿，基部心形，两面光滑或下面脉被柔毛，叶脉羽状，叶柄长达32厘米，全具翅，翅宽达5毫米，全缘，基部鞘状；茎中部叶与下部叶同形，具有翅短柄，翅缘有齿，鞘长达10厘米，鞘口有齿；上部至花序下的叶苞叶状，卵形或肾形，叶脉羽状或掌式羽状，具膨大的鞘。总状花序长达35厘米；头状花序多数，辐射状；苞片卵状披针形，长达7.5厘米，具齿，或肾形，具鞘状柄；小苞片窄披针形；总苞宽钟形，长0.8-1.1厘米，径约1厘米，总苞片10-11，2层，长圆形，宽4-5毫米，背部被白色蛛丝状柔毛或光滑。舌状花，黄色，舌片线形，长3-4厘米；管状花多数，长约8毫米，冠毛白色，与花冠等长。

产云南西北部及四川西南部，生于海拔2740-3600米草地或草丛中。

[附] **总状橐吾 Ligularia botryodes** (Winkl.) Hand.-Mazz. in Engl. Bot. Jahrb. 69: 126. 1938.—— *Senecio botryodes* Winkl. in Acta Hort. Petrop. 14: 154. 1895. 本种与翅柄橐吾的主要区别：叶卵状心形、三角状心形或近圆形，下部叶柄长达25厘米，上部具翅；总状花序长12-26厘米；舌状花的舌片长2-3毫米。产四川西北部及北部、甘肃西南部，生于海拔3120-4000米草坡或林下。

图 709 : 1-5. 翅柄橐吾 6-9. 箭叶橐吾
（阎翠兰绘）

34. 洱源橐吾 图 707 : 6-8

Ligularia lankongensis (Franch.) Hand.-Mazz. Symb. Sin. 7: 1179. 1936.
Senecio lankongensis Franch. in Bull. Soc. Bot. France 39: 301. 1892.

多年生草本。茎上部密被白色蛛丝状柔毛。从生叶卵形或三角形，长19.5-24厘米，先端钝，边缘有整齐的齿，基部近平截，上面光滑，下面被灰白色蛛丝状柔毛，叶脉羽状，叶柄长达23厘米，基部具鞘；茎下部叶鳞片状，卵形；茎中部叶与丛生叶相似，较小，具短柄，无鞘；最上部叶箭形或卵状披针形，基部楔形下延成宽翅柄。总状花序长9-25厘米，头状花序辐射状；苞片和小苞片线形；总苞宽的浅钟形，长0.7-1.2厘米，径约与长相等，总苞片8-9，2层，线状长圆形，宽约2毫米，背部被灰白色柔毛。舌状花7，黄色，舌片长圆形，长1-1.3厘米；管状花多数，黄色，长约7毫米，冠毛白色，与花冠等长。

产云南及四川西南部，生于海拔2100-3350米山坡、灌丛或林下。

35. 箭叶橐吾 图 709 : 6-9

Ligularia sagitta (Maxim.) Mattf. In Journ. Arn. Arb. 14: 40. 1933.
Senecio sagitta Maxim. in Mel. Biol. 11: 240. 1881.

多年生草本。茎上部被白色蛛丝状柔毛，后无毛。从生叶与茎下部叶箭形、戟形或长圆状箭形，长2-20厘米，边缘有小齿，两侧裂片外缘常有大齿，上面光滑，下面被白色蛛丝状柔毛，叶脉羽状，叶柄长4-18厘米，具窄翅，基部鞘状；茎中部叶与下部

叶同形，较小，具短柄，鞘状抱茎；最上部叶苞叶状。总状花序长6-40厘米；头状花序多数，辐射状；苞片窄披针形或卵状披针形，草质，长达6.5厘米；小苞片线形；总苞钟形或窄钟形，长0.7-1厘米，径4-8毫米，总苞片7-10，2层，长圆形或披针形，背部无毛，内层边缘膜质。舌状花5-9，黄色，舌片长圆形，长0.7-1.2厘米；管状花多数，长7-8毫米，冠毛白色，与花冠等长。

产内蒙古、河北西北部、山西南部、陕西秦岭西部、宁夏、甘肃、青海、西藏东部及四川，生于海拔1270-4000米水边、草坡、林缘、林下或灌丛中。

36. 长白山橐吾 单头橐吾 图 710 彩片 98

Ligularia jamesii (Hemsl.) Kom. in Acta Hort. Petrop. 25: 697. 1907.

Senecio jamesii Hmsl. in Journ. Linn. Soc. Bot. 23: 453. 1888.

多年生草本。茎上部被白色蛛丝状柔毛。丛生叶与茎下部叶三角状戟形，长3.5-9厘米，边缘有尖锯齿，两侧裂片全缘或2-3深裂，上面及边缘被黄色短毛，下面无毛，叶脉掌式羽状，叶柄长达29厘米，基部有窄鞘；茎中部叶卵状箭形，较小，鞘状抱茎；最上部叶苞叶状，披针形。头状花序单生，辐射状，径5-7厘米；小苞片线状披针形；总苞宽钟形，长1.5-1.7厘米，径达1.5厘米，总苞片约13，2层，披针形，背部被白色蛛丝状柔毛，内层边缘褐色膜质。舌状花13-16，黄色，舌片线状披针形，长达4厘米；管状花多数，长1-1.1厘米，冠毛淡黄色，与花冠等长。

图 710 长白山橐吾（引自《图鉴》）

产吉林东部、内蒙古东北部，生于海拔300-2500米林下、灌丛或高山草地。朝鲜有分布。

37. 全缘橐吾 图 711

Ligularia mongolica (Turcz.) DC. Prodr. 6: 315. 1837.

Cineraria mongolica Turcz. in Bull. Soc. Nat. Mosc. 5: 99. 1832.

多年生灰绿或蓝灰色草本，全株光滑。丛生叶直立，与茎下部叶卵形、长圆形或椭圆形，长6-25厘米，全缘，基部下延，叶脉羽状，叶柄长达35厘米，基部有窄鞘；茎中上部叶长圆形或卵状披针形，稀哑铃形，近直立，无柄，基部半抱茎。总状花序密集，长2-4厘米，或下部疏离，长达16厘米；头状花序多数，辐射状；苞片和小苞片线状钻形；总苞窄钟形或筒形，长0.8-1厘米，

图 711 全缘橐吾（引自《图鉴》）

径4-5毫米，总苞片5-6，2层，长圆形，宽达4毫米，内层边缘膜质。舌状花1-4，黄色，舌片长圆形，长1-1.2厘米；管状花5-10，长0.8-1厘米，冠毛红褐色，与花冠管部等长。

产黑龙江、吉林、辽宁、内蒙古、河北北部及山西北部，生于海拔1500米下沼泽草甸、山坡、林间或灌丛。俄罗斯远东地区、蒙古及朝鲜有分布。

38. 大叶橐吾 图 712

Ligularia macrophylla (Ledeb.) DC. Prodr. 6: 316. 1837.

Cineraria macrophylla Ledeb. Fl. Alt. 4: 108. 1833.

多年生灰绿色草本。茎上部被柔毛。丛生叶，直立，叶卵状长圆形或长圆形，长6-16(-45)厘米，具波状小齿，基部楔形下延，两面光滑，叶脉羽状，叶柄长5-20厘米，具窄翅，基部有窄鞘；茎生叶卵状长圆形或披针形，长达12厘米，无柄，筒状抱茎或半抱茎。圆锥状总状花序长7-24厘米，下部有分枝；头状花序辐射状；苞片和小苞片线状钻形；总苞窄筒形或窄陀螺形，长3.5-5（-6）毫米，径2-3（-5）毫米，总苞片4-5，2层，倒卵形或长圆形，宽1.5-3毫米，背部被白色柔毛，内层边缘膜质。舌状花1-3，黄色，舌片长圆形，长6-8毫米；管状花2-7，长5-7毫米，伸出总苞，冠毛白色，与花冠等长。

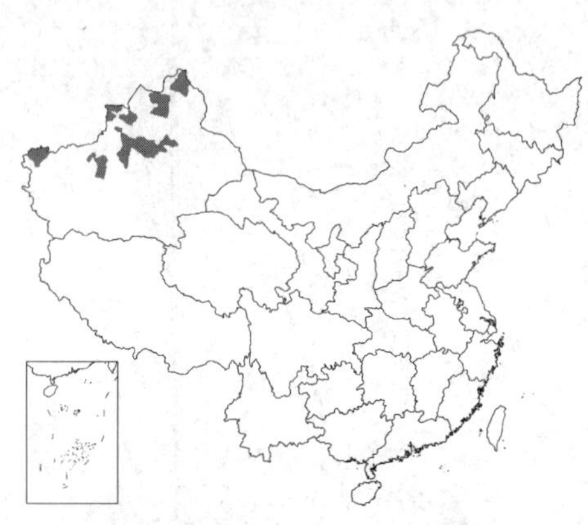

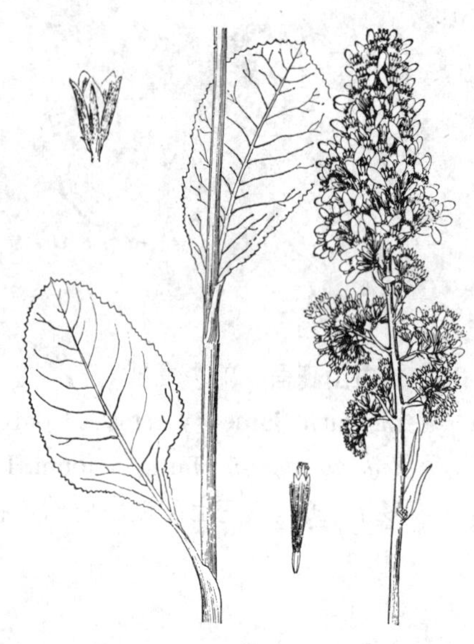

图 712 大叶橐吾（刘进军绘）

产新疆天山及阿勒泰地区。生于海拔700-2900米河谷水边、芦苇沼泽或阴坡草地。中亚有分布。

39. 网脉橐吾 图 713

Ligularia dictyoneura (Franch.) Hand.-Mazz. in Vegetationsbild. 22: Heft. 8: 6. 1932.

Senecio dictyoneurus Franch. in Bull. Soc. Bot. France 39: 294. 1892.

多年生灰绿色草本。茎无毛。丛生叶，直立，柄长8-22厘米，上部具窄翅，基部有窄鞘，叶卵形、长圆形或近圆形，长8-30厘米，边缘有锯齿或具小齿，基部心形，两面无毛，叶脉羽状，网脉明显，叶柄长8-22厘米，上部具窄翅，基部有窄鞘；茎生中下部叶倒卵形或卵形，长7-16厘米，无柄，基部鞘状抱茎或半抱茎；茎上部叶卵状披针形或线形。总状花序长达30厘米，头状花序辐射状；苞片和小苞片线形，长达1厘米；总苞近钟形或陀螺形，长6-9毫米，径4-5毫米，总苞片6-8，2层，长圆形，宽3-4毫米，先端宽三角形，尖，背部黑褐色，无毛，内层边缘宽膜质。舌状花4-6，黄色，舌片长圆形，长0.6-0.8（-2）厘米；管状花多数，长5-6毫米，伸出总苞，冠毛黄白色，与花冠等长。

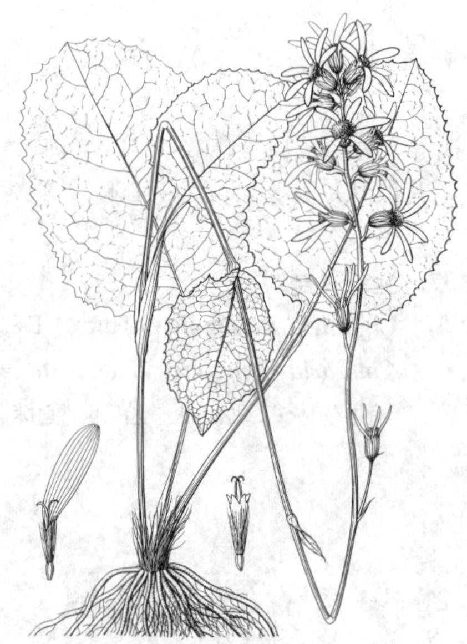

图 713 网脉橐吾（引自《图鉴》）

产云南西北部及四川西部，生于

海拔1900-3600米水边、林下、灌丛或山坡草地。

40. 阿勒泰橐吾 图 714

Ligularia altaica DC. Prodr. 6: 315. 1837.

多年生灰绿或蓝灰色草本。茎无毛。丛生叶，直立，叶卵状长圆形、长圆形或椭圆形，长8-15厘米，全缘，基部楔形，下延成柄，两面光滑，叶脉羽状，叶柄长13-20厘米，具窄翅，基部有窄鞘；茎生叶与丛生叶同形，无柄，半抱茎，向上渐小。总状花序长6-7厘米；头状花序10-1(25)，辐射状；苞片和小苞片线状钻形；总苞钟形或近杯状，长6-8毫米，径5-7毫米，总苞片6-9，2层，长圆形或窄披针形，宽1.5-3毫米，背部无毛，内层边缘膜质。舌状花4-5，黄色，舌片倒卵状长圆形，长6-7毫米；管状花多数，长约7毫米，伸出总苞，冠毛白色，与花冠等长。

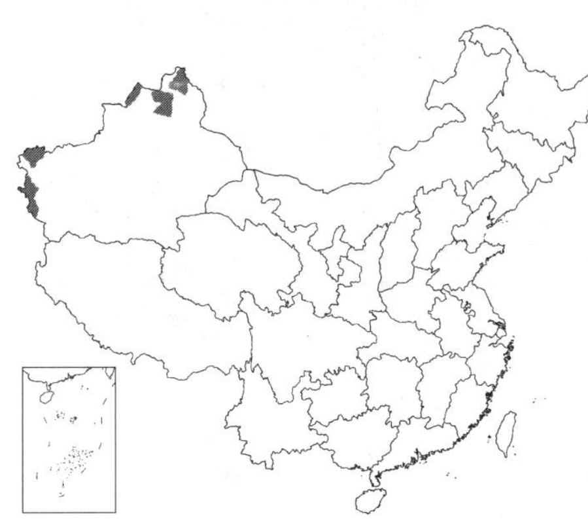

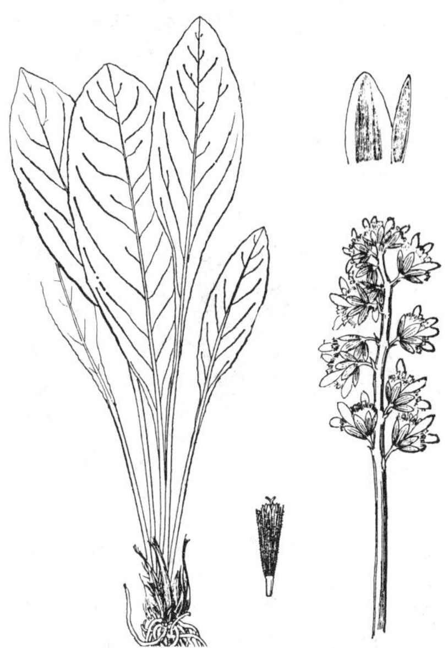

图 714 阿勒泰橐吾 （刘进军绘）

产新疆北部及西部，生于海拔1060-2000米山坡或草地。中亚及蒙古有分布。

41. 侧茎橐吾 图 715 彩片 99

Ligularia pleurocaulis (Franch.) Hand.-Mazz. in Sitz. Akad. Wiss. Wien, Math.-Nat. 62: 149. 1925.

Senecio pleurocaulis Franch. in Journ. de Bot. 8: 365. 1894.

多年生灰绿色草本。茎上部被白色蛛丝状毛。丛生叶直立，与茎基部叶线状长圆形或宽椭圆形，长8-30厘米，全缘，基部楔形，两面光滑，叶脉平行或羽状平行，叶近无柄，叶鞘常紫红色；茎生叶小，椭圆形或线形，无柄，半抱茎或否。圆锥状总状花序或总状花序长达20厘米；头状花序多数，辐射状，常偏向花序轴的一侧；苞片披针形或线形；小苞片线状钻形；总苞陀螺形，长0.5-1.4厘米，径0.5-1.5厘米，总苞片7-9，2层，卵形或披针形，宽2-7毫米，背部无毛，内层边缘膜质。舌状花黄色，舌片椭圆形或卵状长圆形，长0.7-1.4厘米，先端尖；管状花多数，长5-6毫米，檐部长为管部6倍，冠毛白色，与花冠等长。

图 715 侧茎橐吾 （王金凤绘）

产云南西北部及四川西部，生于海拔3000-4700米山坡、溪边、灌丛或草甸。

42. 黄帚橐吾 图 716 彩片 100

Ligularia virgaurea (Maxim.) Mattf. in Journ. Arn. Arb. 14: 40. 1933.

Senecio virgaureus Maxim. in Mel. Biol. 11:241. 1881.

多年生灰绿色草本。茎无毛。丛生叶直立，与茎下部叶卵形、长圆状披针形或椭圆形，长3-15厘米，全缘或有小齿，两面无毛，叶柄长达22厘米，上部具窄翅，基部有窄鞘，紫红色；茎生叶小，卵形、卵状披针形或线形，无柄。总状花序长4-22厘米，头状花序辐射状；苞片线状披针形或线形；小苞片丝状；总苞陀螺形或杯状，长0.7-1厘米，径6-9毫米，总苞片10-14，2层，长圆形或披针形，宽达5毫米，背部无毛或幼时被毛，内层边缘膜质。舌状花5-14，黄色，舌片线形，长0.8-2.2厘米；管状花多数，长7-8毫米，冠毛白色，与花冠等长。

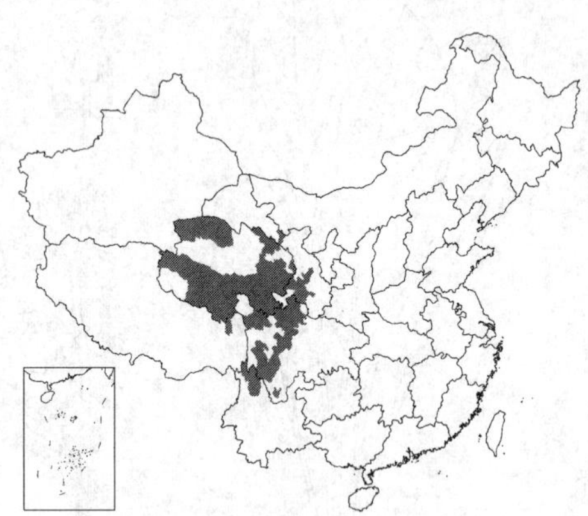

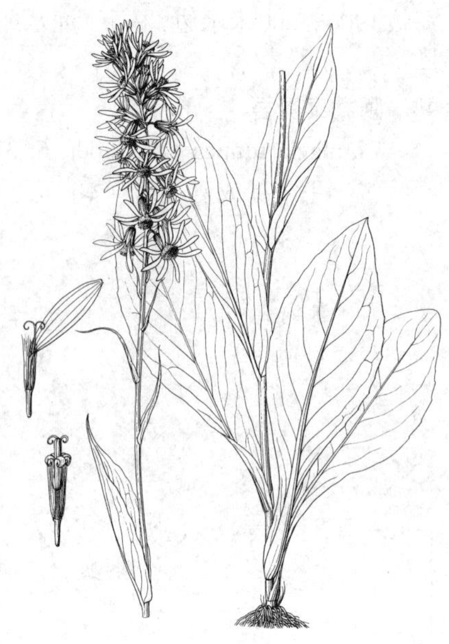

图 716 黄帚橐吾（引自《图鉴》）

产甘肃、青海、西藏东北部、四川及云南西北部，生于海拔2600-4700米河滩、沼泽草甸、阴坡湿地或灌丛中。尼泊尔及不丹有分布。

[附] **缘毛橐吾 Ligularia liatroides** (C. Winkl.) Hand.-Mazz. in Acta Hort. Gothob. 12: 303. 1938. ——*Senecio liatroides* C. Winkl. in Acta Hort. Petrop. 13: 8. 1898. 本种与黄帚橐吾的主要区别：叶有齿；总苞片背部被白色柔毛或光滑，边缘密被白色睫毛。产西藏东北部、青海西南部、四川西南部至西北部及北部，生于海拔2890-4450米河滩、沼泽草甸、林缘、灌丛草甸。

127. 垂头菊属 **Cremanthodium** Benth.

（刘尚武）

多年生草本。根茎极短，顶端具莲座状丛叶，根肉质，稀无根茎及莲座状丛叶。茎直立，单生或数个丛生常呈花葶状，花后枯死。幼叶外卷；叶大部或全部基生，丛生叶和基生叶发达，叶肾形、卵形、箭形、戟形、长圆形或线形，叶脉掌状、羽状或平行，稀掌式羽状，具柄，叶柄基部膨大成鞘状；茎生叶互生，少数，苞叶状，有鞘或无鞘。头状花序辐射状或盘状，下垂，通常单生，稀排成总状花序；总苞半球形，稀钟形，基部近圆，具少数小苞片，苞片线形，稀宽卵形或椭圆形，草质或膜质；总苞片2层，分离，覆瓦状排列，外层窄，内层宽，常具膜质边缘，或1层，基部合生成浅杯状，等宽或近等宽，全部总苞片先端被睫毛；花托平，裸露。边花雌性，舌状或管状，结实，舌片发达，长为总苞数倍，稀不发达或无；中央花两性，管状，多数，花冠有檐部与管部，檐部常5裂；花药基部钝；花柱分枝扁平，顶端钝圆或钝三角形；冠毛糙毛状，多数，与管状花花冠等长或较短，稀不无。瘦果光滑，有肋。

约67种，产喜马拉雅及我国青藏高原地区。我国均产。

1. 叶肾形或圆肾形，具掌状脉。
  2. 头状花序无舌状花；总苞片花瓣状，膜质，紫红色，先端圆，背部常被紫红色长柔毛。
    3. 叶缘具浅圆齿，叶柄长6-12厘米；茎上部被紫色柔毛；总苞片倒卵状长圆形或宽椭圆形 ………………………………………………………… 1. **钟花垂头菊 C. campanulatum**
    3. 叶掌状全裂，叶柄长2-5厘米；茎被黄褐色柔毛；总苞片长圆形或近圆形 ………………………………………………………… 1(附). **裂叶垂头菊 C. pinnatisectum**
  2. 头状花序有舌状花；总苞片先端尖或渐尖。
    4. 舌状花紫红或黄色，舌片宽倒披针形或楔形，先端平截或圆，3浅裂，稀具3齿。
      5. 舌状花紫红色；冠毛白色。

6. 叶下面疏被柔毛；管状花紫红色，花柱紫红色，长2-3厘米，伸出花冠 … 2. **长柱垂头菊 C. rhodocephalum**

6. 叶下面密被白色蛛丝状柔毛；管状花黄色，花柱上部黑灰色，下部黄白色，稍伸出花冠 …… 2(附). **红花垂头菊 C. farreri**

5. 舌状花黄色；冠毛白或褐色。

7. 叶缘具棱角状锯齿，下面无毛；舌状花的舌片先端圆，具小齿；冠毛白色 …… 3. **垂头菊 C. reniforme**

7. 叶缘具浅圆齿或锯齿，下面被柔毛；舌状花的舌片先端平截，3浅裂；冠毛褐色 …… 4. **叉舌垂头菊 C. thomsonii**

4. 舌状花黄色，舌片长圆形或披针形，先端尖或长渐尖，稀钝。

8. 舌状花的舌片长圆形或窄椭圆形，长1-2厘米，先端尖或钝。

9. 叶两面网脉明显，白色，下面稀幼时被毛，总苞片背部无毛，舌状花的舌片先端钝 …… 5. **紫茎垂头菊 C. smithianum**

9. 叶无网状脉，下面及总苞片背面被褐色柔毛；舌状花的舌片先端急尖 …… 6. **喜马拉雅垂头菊 C. decaisnei**

8. 舌状花的舌片线状披针形，长2.5-3.5厘米，膜质近透明，先端长渐尖；叶缘棱角状 …… 7. **狭舌垂头菊 C. stenoglossum**

1. 叶形多样，具羽状或平行脉。

10. 叶绿色或两面异色，披针形或圆形，具羽状脉。

11. 舌状花的舌片倒披针形，先端平截，具3短裂片；叶戟形或矢形，基部心形，叶脉3出，掌式羽状；冠毛淡褐色 …… 8. **矢叶垂头菊 C. forrestii**

11. 舌状花的舌片椭圆形、披针形或线状披针形，先端尖或渐尖。

12. 植株灰绿或蓝绿色，常有白粉，光滑；茎生叶多数，常直立，贴茎，筒状抱茎或基部抱茎。

13. 总苞基部有宽的叶状小苞片；舌状花的舌片长披针形，长达3.5厘米；有冠毛。

14. 叶卵状椭圆形或宽椭圆形，长3-15厘米，宽达9厘米，基部楔形 …… 9. **向日垂头菊 C. helianthus**

14. 叶窄椭圆形或窄匙形，长10-18厘米，宽达2.5厘米，基部渐窄 …… 9(附). **木里垂头菊 C. suave**

13. 总苞基部有线形小苞片；舌状花的舌片披针形，长0.7-1.5厘米；无冠毛 …… 10. **柴胡叶垂头菊 C. bupleurifolium**

12. 植株绿色，常被毛或茎上部及总苞基部被毛，稀无毛。

15. 总苞片1层，等宽或近等宽，基部合生成浅杯状，背部被黑和白色柔毛。

16. 舌状花的舌片伸出总苞；无丛生叶，叶全茎生，下面密被白色柔毛，上面无毛；根茎长 …… 11. **矮垂头菊 C. humile**

16. 舌状花的舌片不伸出总苞；有丛生叶，叶基生或茎生；根茎极短。

17. 舌状花黄色，舌片椭圆形，长6-8毫米；叶下面密被白色柔毛 …… 12. **小垂头菊 C. nanum**

17. 舌状花白色，舌片线形，长3-4毫米；叶两面被白色和黑色柔毛 … 13. **小舌垂头菊 C. microglossum**

15. 总苞片2层，不等宽，内层宽，外层窄，背部被毛或光滑。

18. 头状花序无舌状花；总苞密被黑褐色长柔毛；叶全缘，上面深绿色，下面灰绿色 …… 14. **盘花垂头菊 C. discoideum**

18. 头状花序有舌状花；如无舌状花，则总苞被铁灰色柔毛；叶缘有大齿。

19. 舌状花的舌片披针形或窄椭圆形，先端渐尖或尾状，长为总苞3倍；茎被黑色柔毛；叶基部楔形 …… 15. **壮观垂头菊 C. nobile**

19. 舌状花的舌片长圆形、椭圆形或线形，长为总苞1-2倍或更短。

20. 头状花序单生；茎生叶苞片状，卵状长圆形或线形；植株较矮。

21. 冠毛褐色；总苞被褐或淡褐色柔毛；叶基部心形。

22. 从生叶和茎部叶卵状心形、三角状心形、卵状披针形或披针形；总苞宽钟形，舌状花的舌片线形 …… 16. **戟叶垂头菊 C. potaninii**

22. 从生叶和茎部叶长圆形、四方形或近圆形；总苞半球形，舌状花的舌片长圆形 ··· 17. **方叶垂头菊 C. principis**

21. 冠毛白色；总苞被白或铁灰色柔毛；叶基部楔形，稀平截。

23. 从生叶的柄细而无翅，密被柔毛；茎生叶线状长圆形，全缘，密接；总苞片背部无毛；舌状花的舌片长1-1.5厘米，先端钝或近平截 ··························· 18. **变叶垂头菊 C.variifolium**

23. 从生叶的柄宽有翅，有时叶柄片状与叶片不易区分，叶两面光滑；茎生叶卵状长圆形或披针形，边缘有齿；舌状花的舌片长为总苞2倍，先端尖。

24. 总苞密被铁灰色柔毛。

25. 头状花序有舌状花。

26. 舌状花黄色 ··························· 19. **车前状垂头菊 C. ellisii**

26. 舌状花紫红色 ··························· 19(附). **红舌垂头菊 C. ellisii** var. **roseum**

25. 头状花序无舌状花 ··························· 19(附). **祁连垂头菊 C. ellisii** var. **ramosum**

24. 总苞密被白色蛛丝状柔毛 ··························· 20. **矩叶垂头菊 C. oblongatum**

20. 头状花序常2-13，排成总状花序；茎生叶近似正常叶，卵形、长圆形或卵状长圆形，基部圆；植株高大。

27. 总苞片被黑色柔毛；舌状花的舌片宽椭圆形；叶草质，叶脉羽状 ··············· 21. **宽舌垂头菊 C. arnicoides**

27. 总苞片被白色柔毛；舌状花的舌片长圆形；叶革质，叶脉网状 ··········· 21(附). **革叶垂头菊 C. coriaceum**

10. 叶蓝绿色或灰绿色，线形至椭圆形，具平行脉。

28. 总苞无毛，或基部疏生柔毛；叶较窄，线形、线状披针形或线状长圆形，宽2-3.5毫米，稀较宽。

29. 叶先端圆，边缘反卷；舌状花舌片先端钝 ··························· 22. **不丹垂头菊 C. bhutanicum**

29. 叶及舌状花舌片先端急尖或长渐尖 ··························· 23. **线叶垂头菊 C. lineare**

28. 总苞被密毛；叶较宽，披针形或椭圆形。

30. 头状花序单生，无舌状花；总苞密被紫褐色柔毛 ··························· 24. **狭叶垂头菊 C. angustifolium**

30. 头状花序2-13，常排成总状花序，稀单生；有舌状花，舌片膜质，透明，线状披针形，长2.5-6厘米；总苞密被褐色长柔毛。

31. 总苞基部的小苞片披针形或线形，草质，绿色 ··························· 25. **褐毛垂头菊 C. brunneo-pilosum**

31. 总苞基部的小苞片卵形，膜质，黄白色 ··························· 25(附). **膜苞垂头菊 C. stenactinium**

1. 钟花垂头菊 图 717

Cremanthodium campanulatum (Franch.) Diels in Notes Roy. Bot. Gard. Edinb. 5: 190. 1912.

Senecio campanulatus Franch. in Bull. Soc. Bot. France 39: 284. 1892.

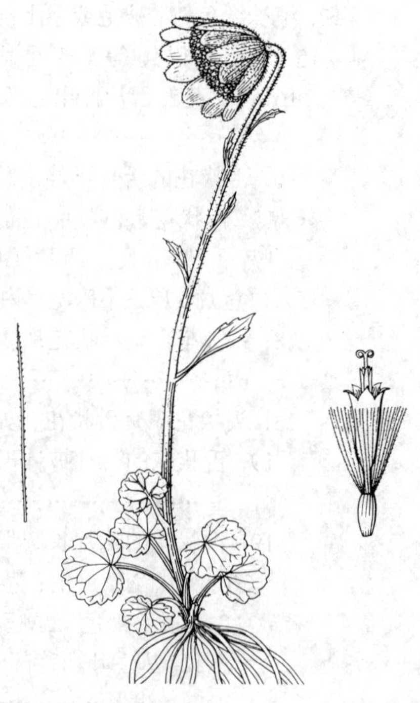

图 717 钟花垂头菊 （引自《图鉴》）

多年生草本。茎高达30厘米，紫红色，上部被紫色柔毛。从生叶和茎基部叶肾形，长0.7-2.5厘米，宽1-5厘米，边缘有浅圆齿，齿端有骨质小尖头或浅裂，齿间或裂片间有紫色柔毛，两面光滑，下面紫色，有时被毛，叶脉掌状，叶柄长6-12厘米，被紫色柔毛，基部有鞘；茎中部叶较小，具短柄，基部鞘状；上部叶卵形或披针形，边缘具尖齿，无鞘。头状花序单生，盘状；总苞钟形，长1.5-2.8厘米，径1.5-4.5厘米，总苞片10-14，2层，淡紫红或紫红色，花瓣状，倒卵状长圆形或宽椭圆形，宽0.7-2厘米，近全缘，有睫毛，稀披针形，背部被黑紫色柔毛，或基部有毛，内层近膜质，有脉纹。小花多数，全部管状，紫红色，长6-8毫米，花柱伸出花冠，冠毛白色，与花冠等长。

产西藏东南部、云南西北部及四川西南部，生于海拔3200-4800米林中、林缘、灌丛、草坡、高山草甸或高山流石滩。缅甸东北部有分布。

[附] **裂叶垂头菊 Cremanthodium pinnatisectum** (Ludlow) Y. L. Chen et S. W. Liu in Acta Plat. Biol. Sin. 3: 65. 1984. —— *Cremanthodium campanulatum* (Franch.) Diels var. *pinnatisectum* Ludlow in Bull. Brit. Mus. (Nat. Hist.) Bot. 5 (5): 279. 1976. 本种与钟花垂头菊的主要区别：茎被黄褐色柔毛；叶掌状全裂，叶柄长2-5厘米；总苞片长圆形或近圆形。产西藏东南部及云南西北部，生于海拔约4200米山坡草地。

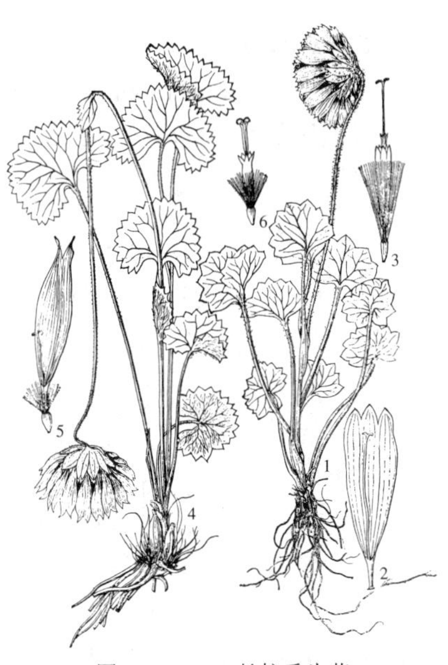

图 718：1-3. 长柱垂头菊 4-6. 红花垂头菊（王 颖绘）

2. 长柱垂头菊 图 718：1-3 彩片 101

Cremanthodium rhodocephalum Diels in Notes Roy. Bot. Gard. Edinb. 5: 190. 1912.

多年生草本。茎高达33厘米，密被紫红色柔毛。无丛生叶。茎生叶圆肾形，长0.7-4厘米，宽1-6厘米，边缘具圆齿，上面无毛，下面紫红色，疏被白色柔毛，叶脉掌状，两面突起，白色，中下部叶柄长2-12厘米，被柔毛，基部半抱茎；叶茎中上部叶圆肾形或线形，边缘具齿或全缘，具短柄，无鞘。头状花序单生茎顶，辐射状；总苞半球形，长1-1.5厘米，径1.5-3厘米，总苞片10-16，2层，长圆状披针形，宽3-5毫米，背部密被紫红色长柔毛，内层具白色膜质宽边。舌状花紫红色，舌片倒披针形，长1.5-2.5厘米，先端平截或圆，具2-3浅裂片，花柱紫红色，长达3厘米；管状花，多数，紫红色，长1-1.2厘米，花柱紫红色，长达3厘米，冠毛白色，稍短于花冠。

产西藏东南部、云南西北部及四川西南部，生于海拔3000-4800米林缘、山坡草地、高山草甸或高山流石滩。

[附] **红花垂头菊** 图 718：4-6 **Cremanthodium farreri** W. W. Smith in Notes Roy. Bot. Gard. Edinb. 12: 202. 1920. 本种与长柱垂头菊的主要区别：叶下面密被白色蛛丝状柔毛；管状花黄色，花柱上部黑灰色，下部黄白色，稍伸出花冠。产云南西部，生于海拔4000-4600米高山草地或砾石地。缅甸东北部有分布。

3. 垂头菊 图 719

Cremanthodium reniforme (DC.) Benth. in Hook. Icon. Pl. t. 1141. 1873. *Ligularia reniformis* DC. Prodr. 6: 315. 1838.

多年生草本。茎高达40厘米，上部被紫红色柔毛。丛生叶肾形、圆肾形或心状肾形，长2-3.5厘米，边缘具棱角状锯齿，齿间有睫毛，两面光滑，叶脉掌状，下面突起，叶柄长6-17厘米，无毛，基部鞘状；茎生叶1-2，小，下部者肾形，具短柄，基部鞘状，上部叶仅有叶鞘。头状花序单生，辐射

图 719 垂头菊（王 颖绘）

状；总苞半球形，长1-1.5厘米，径2-2.5厘米，总苞片10-12，2层，宽4-6毫米，先端尖，背部被黑色柔毛，外层披针形，内层长圆形，具膜质宽边。舌状花黄色，舌片倒披针形，先端圆，具小齿，长1.5-2厘米；管状花多数，深黄色，长6-7毫米，冠毛白色，稍短于花冠。

产西藏南部及云南西北部，生于海拔3300-3400米林缘或草地。尼泊尔、锡金及不丹有分布。

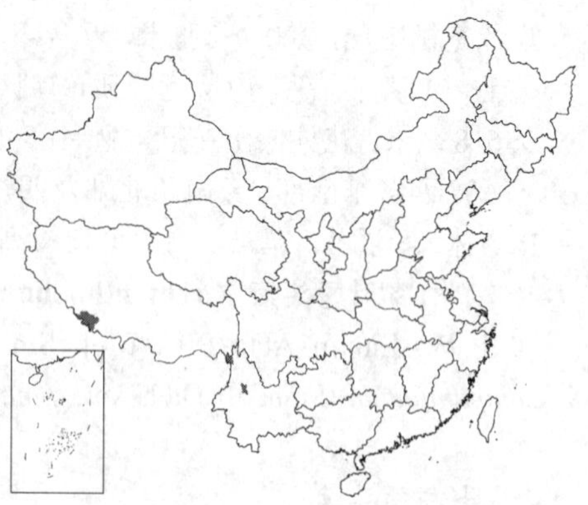

4. 叉舌垂头菊 图 720

Cremanthodium thomsonii Clarke, Comp. Ind. 169. 1876.

多年生草本。茎高达50厘米，上部被褐色柔毛。从生叶肾形或圆肾形，长2-4厘米，边缘具浅圆齿或锯齿，上面光滑，下面疏被柔毛，叶脉掌状，下面明显；叶与茎基部叶柄长10-15厘米，光滑，基部有窄鞘；茎中部叶1，肾形，较小，全缘，具短柄，鞘稍膨大；上部叶1-2，线状披针形，全缘，无柄。头状花序单生，辐射状；总苞半球形，长1-1.5厘米，径1.5-2.5厘米，总苞片10-14，2层，先端尖，背部被褐色柔毛或光滑，外层披针形，宽3-4毫米，内层长圆形，宽4-6毫米，具褐色膜质边缘。舌状花黄色，舌片宽倒披针形或楔形，长1.6-2.3厘米，先端平截，3浅裂，裂片长2-4毫米；管状花多数，黄色，长0.7-1厘米，冠毛褐色，下部色深，与花冠等长。

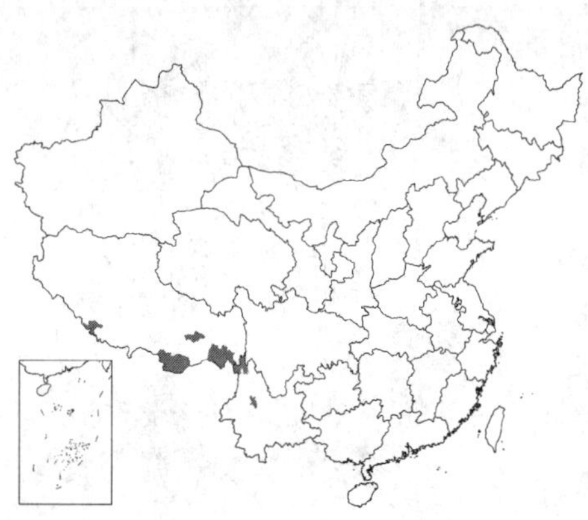

图 720 叉舌垂头菊（王 颖绘）

产西藏南部及东南部、云南西北部，生于海拔3500-4600米林下、草坡、高山草地或高山流石滩。尼泊尔及锡金有分布。

5. 紫茎垂头菊 图 721

Cremanthodium smithianum (Hand.-Mazz.) Hand.-Mazz. in Sitz. Akad. Wiss. Wien, Math.-Nat. 62: 14. 1925.

Cathcartia smithiana Hand.-Mazz. in Sitz. Akad. Wiss. Wien, Math.-Nat. 60: 182. 1923.

多年生矮小草本。茎高10-25厘米，紫红色，上部被白色和褐色柔毛。从生叶与茎基部叶肾形，紫红色，长0.5-5厘米，宽1.2-7厘米，先端钝圆或凹缺，边缘具整齐小齿，上面无毛，稀下面幼时被柔毛，叶脉掌状，两面网脉明显，常白色，叶柄紫红色，长2-15厘米，上部被紫红色柔毛或无毛，基部有窄鞘；

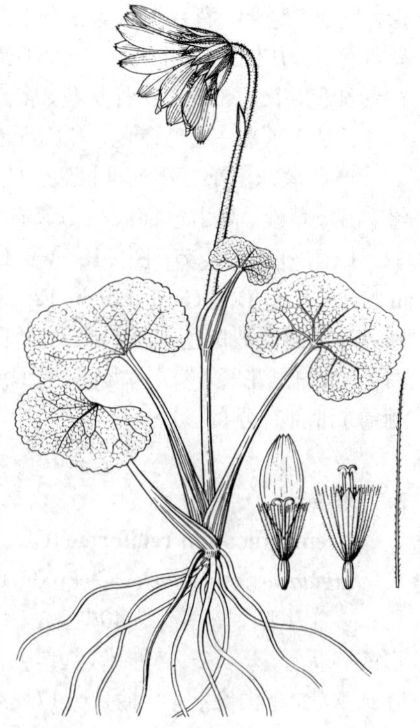

图 721 紫茎垂头菊（王金凤绘）

茎中上部叶1-2，肾形或线状披针形，具短柄或无柄。头状花序单生，辐射状；总苞半球形，长0.8-1.6厘米，径1.5-2.5厘米，总苞片12-14，2层，幼时背部被短毛，后无毛，外层披针形，背部无毛，内层宽，长圆形或窄倒披针形，宽约5毫米，具膜质宽边。舌状花黄色，舌片长圆形，长1-2厘米，先端钝，全缘或浅裂；管状花多数，黄色，长6-9毫米，冠毛白色，与花冠等长。

产湖北西部、四川西南部、云南西北部、西藏东南部及南部，生于海拔3000-5200米山坡草地、水边、高山草甸或高山流石滩。缅甸东北部有分布。

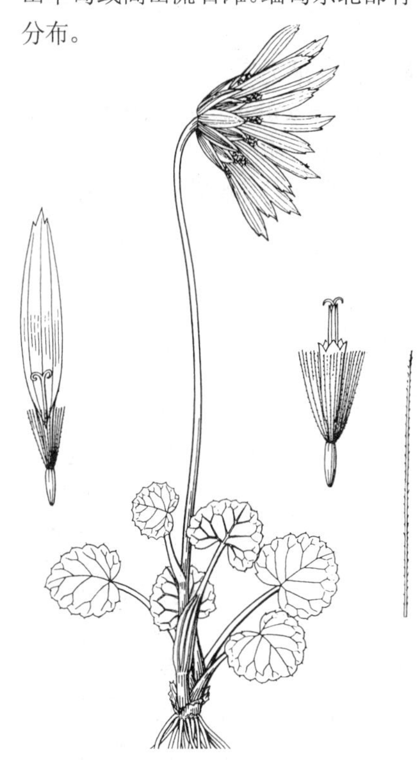

图 722 喜马拉雅垂头菊（王金凤绘）

6. 喜马拉雅垂头菊 图 722 彩片 102

Cremanthodium decaisnei Clarke, Comp. Ind. 168. 1876.

多年生矮小草本。茎高6-25厘米，上部被褐色柔毛。从生叶与茎基部叶肾形或圆肾形，长0.5-4.5厘米，宽0.9-5厘米，边缘具不整齐浅圆钝齿，稀浅裂，上面无毛，下面密被褐色柔毛，叶脉掌状，叶柄长3-14厘米，光滑，基部有窄鞘；茎中上部叶1-2，具短柄或无柄。头状花序单生，辐射状；总苞半球形，稀钟形，长0.7-1.5厘米，径1-2厘米，总苞片8-12，2层，先端渐尖，有小尖头，背部密被褐色柔毛，后有时脱毛，外层窄披针形，内层长圆状披针形，具宽的膜质边缘。舌状花黄色，舌片窄椭圆形或长圆形，长1-2厘米，先端急尖；管状花多数，黄色，长5-7毫米，冠毛白色，与花冠等长。

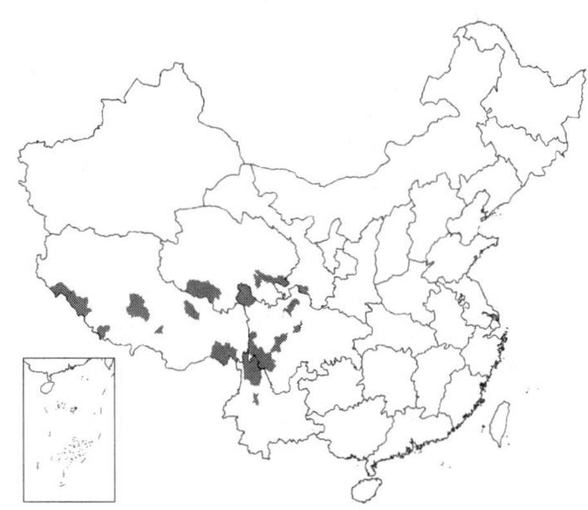

产西藏、云南西北部、四川、青海南部及甘肃西南部，生于海拔3500-5400米山坡草地、高山草甸或高山流石滩。尼泊尔、锡金及不丹有分布。

7. 狭舌垂头菊 图 723 彩片 103

Cremanthodium stenoglossum Ling et S. W. Liu in Acta Plat. Biol. Sin. 1: 55. 1982.

多年生草本。根肉质，多数。茎花葶状，上部被白色卷曲柔毛和褐色柔毛，下部无毛。从生叶和基部叶肾形或圆肾形，长0.7-2厘米，宽1.5-4厘米，边缘棱角状，具白色有节柔毛，基部弯缺窄，裂片重叠，两面光滑，叶脉掌状，常不明显，叶柄长2.5-11.5厘米，光滑，基部有膨大的鞘；茎下部叶1片，宽肾形，边缘具棱角状锯齿；茎中上部无叶，或有1长圆形苞叶。头状花序单生，辐射状；总苞半球形，长1.3-1.6厘米，径达2厘米，总苞片9-14，2层，紫红色，外层窄披针形，内层长圆形，被褐色睫毛，背部无毛。舌状花黄色，舌片线状披针

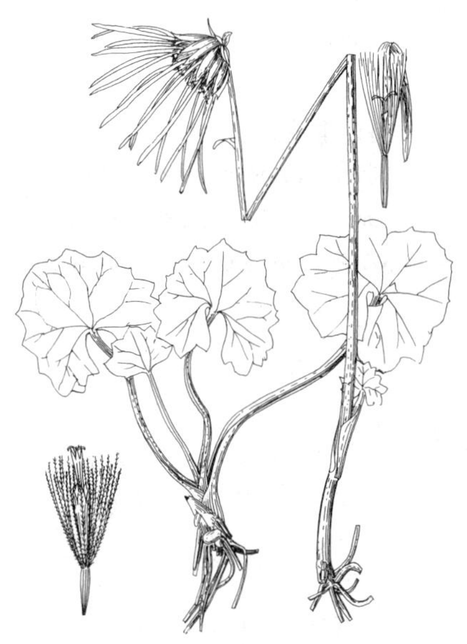

图 723 狭舌垂头菊（孙英宝绘）

形，长2.5-3.5厘米，基部宽约5毫米，先端长渐尖，膜质近透明，脉纹6-7；管状花多数，黄色，长7-9毫米，冠毛白色，与花冠等长。

产四川西北部及中西部、甘肃西南部、青海东南部及南部，生于海拔3400-4700米水边、沼泽地、高山草甸、岩石隙中或高山流石滩。

8. 矢叶垂头菊 图 724

Cremanthodium forrestii J. F. Jeffr. in Notes Roy. Bot. Gard. Edinb. 5: 191. 1912.

多年生草本。茎高达30厘米，上部被白色柔毛。丛生叶与茎基部叶戟形或矢形，长0.8-5厘米，宽1.5-7.5厘米，基部心形，全缘或疏生齿，稀浅裂，裂片长圆形或近圆形，基部两侧裂片尖三角形，两面光滑或下面脉具白色柔毛，叶脉3出，掌式羽状，叶柄长2-17厘米，光滑，基部有窄鞘；茎下部叶与基部叶同形，较小；茎中上部叶线状长圆形，长1-1.5厘米，无柄。头状花序单生，辐射状；总苞半球形，基部被黄褐色柔毛，长1-1.5厘米，径1.5-2厘米，总苞片8-10，2层，外层披针形，宽2-3毫米，内层卵状披针形，宽5-6毫米，边缘褐色膜质，背部光滑。舌状花黄色，舌片倒披针形，长1.4-2.2厘米，宽6-7毫米，先端平截，具3个短裂片，脉纹褐色；管状花多数，黄色，长6-8毫米，冠毛褐色，与花冠等长。

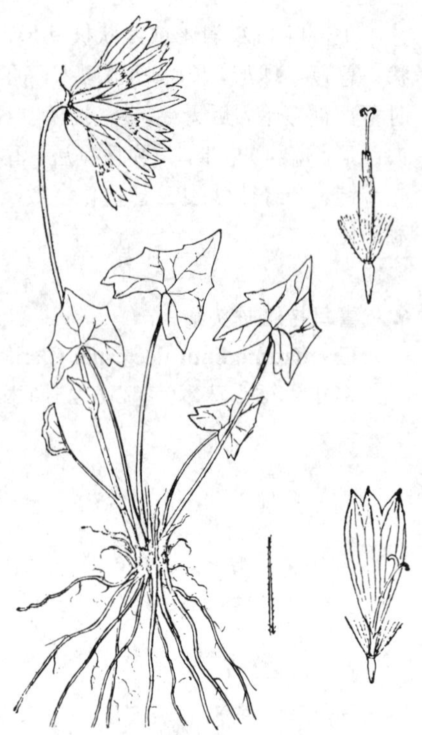

图 724 矢叶垂头菊（阎翠兰绘）

产西藏东南部及云南西北部，生于海拔3500-4000米草坡或高山草地。

9. 向日垂头菊 图 725

Cremanthodium helianthus (Franch.) W. W. Smith in Notes. Roy. Bot. Gard. Edinb. 14: 289. 1924.

Senecio helianthus Franch. in Bull. Soc. Bot. France 39: 286. 1892.

多年生草本。茎高达56厘米，灰绿色，被白粉，无毛。丛生叶与茎基部叶卵状椭圆形或宽椭圆形，长3-15厘米，宽2-9厘米，全缘，基部楔形，两面光滑，叶脉羽状，叶柄长1-12厘米，光滑，基部有长鞘；茎生叶6-8，长圆形，贴生，无柄，筒状抱茎。头状花序单生，辐射状；苞片叶状，卵状披针形或宽椭圆形，长1.5-2.5厘米，全缘，光滑，常包被头状花序；总苞半球形，长1-1.5厘米，径2-2.5厘米，总苞片12-20，2层，披针形或卵状披针形，宽3-7毫米，背部无毛，灰绿色。舌状花黄色，舌片长披针形，长达3.5厘米，宽3-4毫米，先端3浅裂；管状花多数，黄色，长6-7毫米，冠毛白色，与花冠等长。

图 725 向日垂头菊（王金凤绘）

产云南西北部及四川西南部，生于海拔2800–4500米林下、灌丛、草坡或高山草地。

[附] **木里垂头菊 Cremanthodium suave** W. W. Smith in Notes Roy. Bot. Gard. Edinb. 12: 203. 1920. 本种与向日垂头菊的主要区别：叶窄椭圆形或窄匙形，长10–18厘米，宽达2.5厘米，基部渐窄成柄；冠毛短于花冠。

产云南西北部及四川西南部，生于海拔3000–4300米林缘、草坡或高山草地。

10. 柴胡叶垂头菊 图 726

Cremanthodium bupleurifolium W. W. Smith in Notes Roy. Bot. Gard. Edinb. 8: 112. 1913.

多年生草本，灰绿色。茎高20–40厘米，上部被黑色有节柔毛，下部光滑。丛生叶与茎基部叶椭圆形，长3.5–11厘米，全缘或具齿，基部楔形，稀近平截，两面光滑，略有白粉，灰绿色，叶脉羽状，叶柄长5–11厘米，基部有鞘；茎生叶2–4，卵状长圆形或倒披针形，贴生，无柄，抱茎。头状花序单生，辐射状；总苞半球形，黑色，长0.7–1厘米，径约1.5厘米，基部被黑色柔毛，有线形小苞片，总苞片2层，宽3–7毫米，先端尖，光滑，外层总苞片线形或窄披针形，内层长圆形或倒披针形，具膜质边缘。舌状花黄色，舌片披针形，长0.7–1.5厘米；先端渐尖；管状花多数，黄色，长约6毫米；冠毛无。

图 726 柴胡叶垂头菊（王金凤绘）

产云南西北部及四川西南部，文献记载西藏东南部有分布，生于海拔3540–4060米山坡草地或岩石边。

11. 矮垂头菊 图 727 彩片 104

Cremanthodium humile Maxim. in Mel. Biol. 11: 236. 1881.

多年生矮小草本。根茎长，节被鳞片状叶及不定根。茎高5–20厘米，上部被黑和白色有节长柔毛。根茎状，无丛生叶；茎下部叶卵形或卵状长圆形，稀近圆形，长0.7–6厘米，全缘或具齿，基部楔形或近圆，上面无毛，下面密被白色柔毛，叶脉羽状，叶柄长2–14厘米，无毛，基部稍鞘状；茎中上部叶卵形或线形，全缘或有齿，下面被白色柔毛，无柄或有短柄。头状花序单生，辐射状；总苞半球形，长0.7–1.3厘米，径1–3毫米，密被黑和白色有节柔毛，总苞片8–12，1层，基部合生成浅杯状，分离部分线状披针形，宽2–3毫米。舌状花黄色，舌片椭圆形，伸出总苞，长1–2厘米，宽3–4毫米，先端渐尖；管状花多数，黄色，长7–9毫米，冠毛白色，与花冠等长。

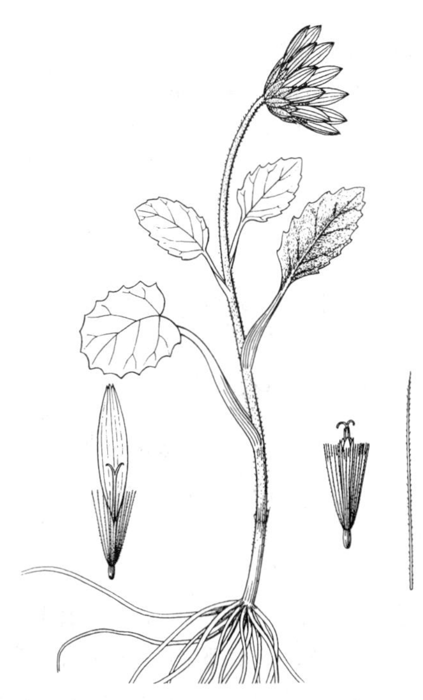

图 727 矮垂头菊（王金凤绘）

产西藏、云南西北部、四川、青海及甘肃，生于海拔3500-5300米高山流石滩。

12. 小垂头菊 图 728

Cremanthodium nanum (Decne.) W. W. Smith in Notes Roy. Bot. Gard. Edinb. 14: 118. 1924.

Ligularia nana Decne. in Jacquem. Voy. Bot. 41. 1844.

多年生矮小草本。茎高5-10厘米，上部被白色柔毛，下部紫红色。从生叶卵形、倒卵形或近圆形，长1-4厘米，全缘，基部楔形，上面光滑，下面密被白色柔毛，后脱毛，叶脉羽状或近平行，叶柄长2-4厘米，无毛，基部鞘状；茎生叶集生茎上部，2-4，叶卵形或长圆形，两面有白色柔毛，或上面脱毛，无柄，基部半抱茎。头状花序单生，常直立，辐射状；总苞半球形，长1-1.5厘米，径1.5-3厘米，密被黑和白色柔毛，总苞片10-14，1层，基部合生成浅杯状，分离部分长圆形，宽2-3毫米，先端尖。舌状花黄色，舌片椭圆形，长6-8毫米，比总苞短；管状花多数，黄色，长5-8毫米，冠毛白色，多层，长于花冠。

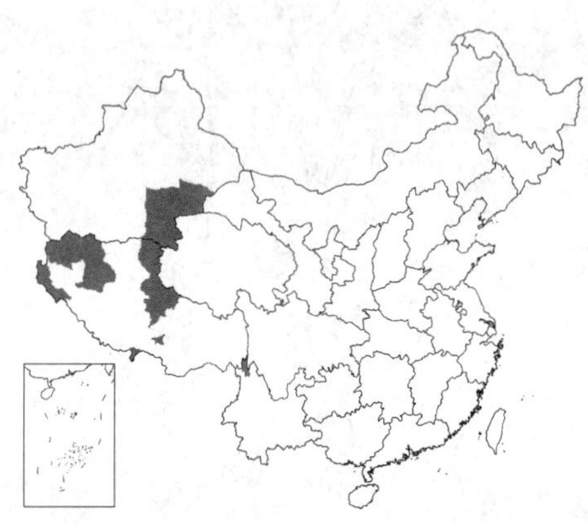

图 728 小垂头菊（王 颖绘）

产新疆东南部、西藏及云南西北部，生于海拔4500-5400米高山流石滩。克什米尔地区、喜马拉雅西部、尼泊尔及锡金有分布。

13. 小舌垂头菊 图 729

Cremanthodium microglossum S. W. Liu in Novon 6: 184. f. 1: 1-4. 1996.

多年生草本。茎高4-15厘米，黑紫色，上部被白和黑色柔毛。从生叶卵形或宽卵形，长1-3厘米，全缘，基部圆或平截，两面被白和黑色柔毛，叶脉羽状或近平行，叶柄紫褐色，长4-14厘米，光滑，基部鞘状；茎上部叶卵形或卵状长圆形，两面或下面有白或黑色柔毛，基部半抱茎，具短柄或无柄，茎下部叶鳞片状。头状花序单生，常直立，辐射状；总苞半球形，长1.5-2厘米，径2.5-3厘米，密被黑和白色柔毛，总苞片9-12，1层，基部合生成浅杯状，分离部分长圆形或窄披针形，宽3-7毫米，中上部平展，先端钝或尖。边花舌状或细管状，舌片白色，线形，长3-4毫米，短于总苞，与中央管状花等长；管状花多数，桔黄色，长为总苞片之半，冠毛白色多层，长1-1.2厘米，长于花冠。

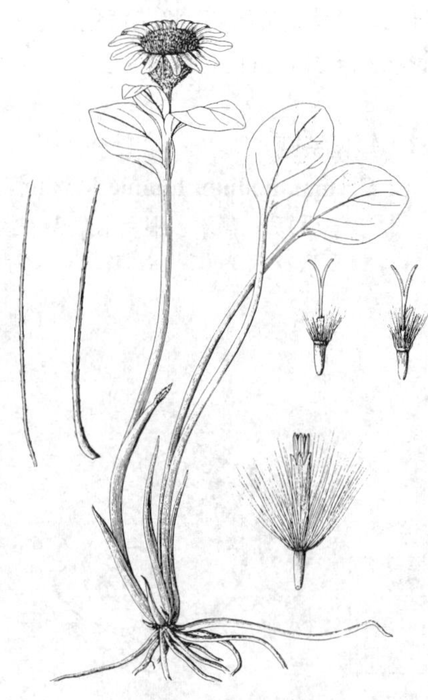

图 729 小舌垂头菊（引自《Novon》）

产云南西北部、四川西南部、青海及甘肃西南部，生于海拔4000-5400

米高山流石滩。

14. 盘花垂头菊 图 730

Cremanthodium discoideum Maxim. in Mel. Biol. 11: 238. 1881.

多年生草本。茎高15-30厘米，黑紫色，上部被白和紫褐色长柔毛。丛生叶卵状长圆形或卵状披针形，长1.5-4厘米，宽0.7-1.5厘米，先端钝，全缘，稀有小齿，基部圆，两面无毛，叶脉羽状，叶柄长1-6厘米，无毛，基部鞘状；茎生叶少，上部叶线形，下部叶披针形，半抱茎，无柄。头状花序单生，盘状；总苞半球形，长0.8-1厘米，径1.5-2.5厘米，密被黑褐色长柔毛，总苞片8-10，2层，线状披针形，宽1-3毫米。小花多数，黑紫色，全部管状，长7-8毫米，冠毛白色，与花冠等长或稍短。

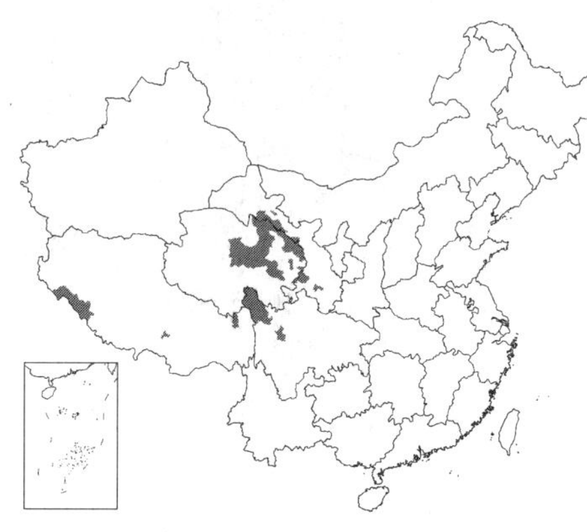

产西藏、四川西北部、青海及甘肃，生于海拔3000-5400米林中、草坡、沼泽地或高山流石滩。尼泊尔及锡金有分布。

图 730 盘花垂头菊（王金凤绘）

15. 壮观垂头菊 图 731

Cremanthodium nobile (Franch.) Diels ex Lévl. Cat. Yunnan 43. 1915.

Senecio nobilis Franch. in Bull. Soc. Bot. France 39: 287. 1892.

多年生草本。茎高15-40厘米，上部被黑色有节柔毛。丛生叶和茎基部叶倒卵形、宽椭圆形或近圆形，长1.2-10厘米，全缘，基部楔形，下延成柄，两面无毛，叶脉羽状，无柄或有短柄，柄长达3厘米，有翅，基部鞘状；茎生叶少，窄长圆形或线形，无柄。头状花序单生，辐射状；总苞半球形，长1.2-1.7厘米，径2-3厘米，被黑褐色柔毛，总苞片10-14，2层，外层披针形，宽4-5毫米，内层宽卵形，宽达8毫米，边缘具短毛和宽膜质。舌状花黄色，舌片长披针形或窄椭圆形，长2.5-3.5厘米，先端渐尖或尾状；管状花多数，黄色，长5-6米，冠毛白色，与花冠等长。

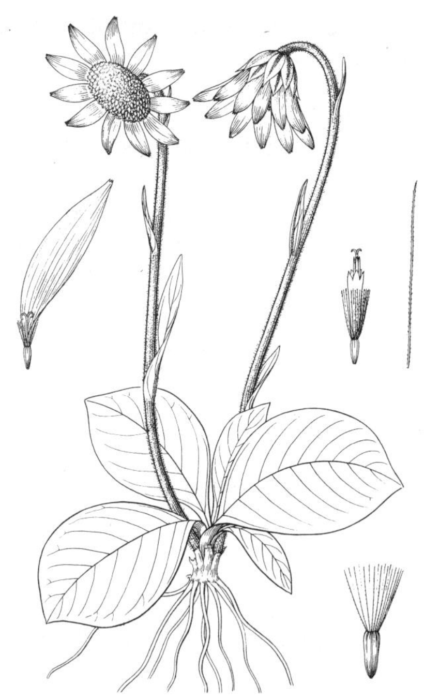

图 731 壮观垂头菊（王金凤绘）

产青海、西藏东南部、云南西北部、四川西南部及西北部，生于海拔3400-4200米灌丛中或高山草地。

16. 戟叶垂头菊 图 732 彩片 105

Cremanthodium potaninii C. Winkl. in Acta Hort. Petrop. 14: 150. 1895.

多年生草本。茎高5-30厘米，上部被白色蛛丝状柔毛。丛生叶和茎基部叶卵状心形、三角状心形、卵状披针形或披针形，长1.5-2.5厘米，宽0.5-

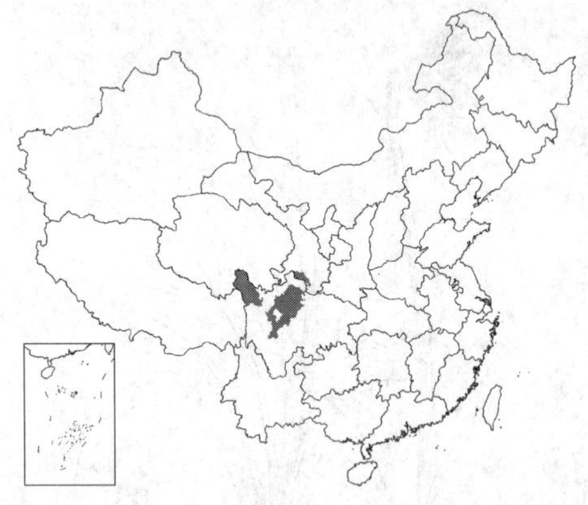

3厘米，边缘具三角齿或全缘，或下部有齿，上部全缘，基部心形、平截或楔形，两面无毛，叶脉羽状，叶柄长1-7厘米，光滑，基部有鞘；茎中上部叶线状披针形或线形，全缘，长2-5厘米。头状花序单生，辐射状；总苞宽钟形，长0.8-1.4厘米，径1-1.5厘米，被淡褐色柔毛或无毛，总苞片12-14，2层，披针形或线状披针形，宽2-3毫米，内层边缘宽膜质。舌状花黄色，舌片线形，长1.5-2（3.5）厘米，宽2-3毫米，先端渐尖；管状花多数，黄色，长6-8米，冠毛褐色，与花冠等长。

产四川西北部及西部、甘肃西南部，生于海拔3600-4500米灌丛中、山坡湿地或高山草地。

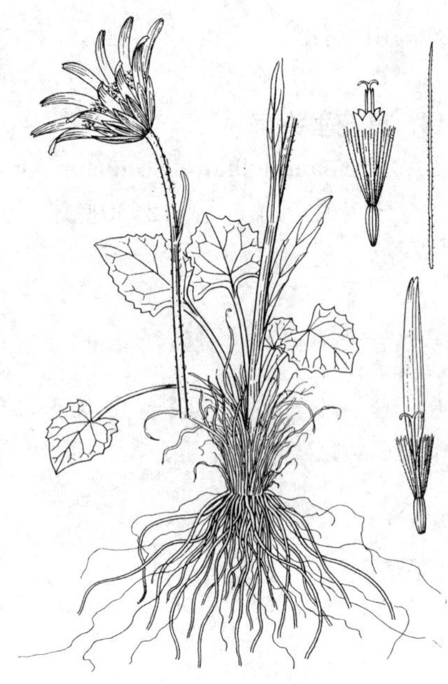

图 732 戟叶垂头菊（王金凤绘）

17. 方叶垂头菊

图 733

Cremanthodium principis (Franch.) Good in Journ. Linn. Soc. Bot. 48: 283. 1929.

Senecio principis Franch. in Journ. de Bot. 10: 412. 1896.

多年生草本。茎高10-30厘米，上部被白色柔毛。从生叶和茎基部叶长圆形、四方形或近圆形，长1.8-5厘米，宽2-5厘米，先端圆、平截或凹缺，边缘具细齿，基部心形、平截或楔形，两面无毛或下面被褐色柔毛，叶脉羽状，叶柄长2-6厘米，被褐色柔毛，基部有鞘；茎中上部叶苞叶状，四方形或线形。头状花序单生，辐射状；总苞半球形，长0.8-1.3厘米，径1-2厘米，被淡褐色柔毛或脱毛，总苞片约12，2层，宽3-5毫米，先端尖，外层披针形，内层长圆形，边缘宽膜质。舌状花黄色，舌片长圆形，长1.6-2.5厘米，宽达8毫米，先端尖或平截；管状花多数，黄色，长约8毫米，冠毛褐色，与花冠等长。

图 733 方叶垂头菊（阎翠兰绘）

产云南西北部、四川西南部及西藏中南部，生于海拔3600-4600米灌丛中、高山草地或砾石地。

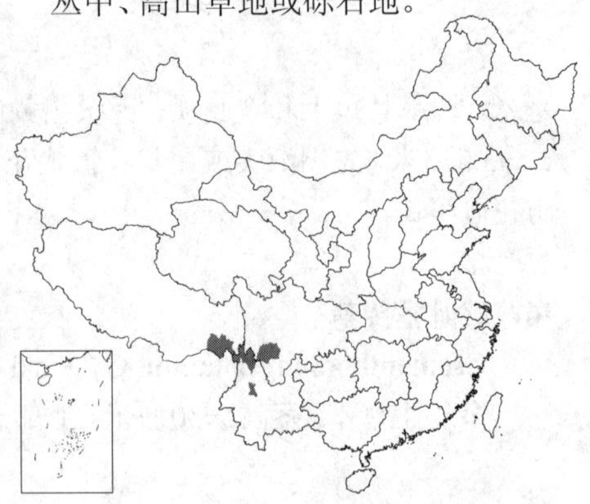

18. 变叶垂头菊

图 734

Cremanthodium variifolium Good in Journ. Linn. Soc. Bot. 48: 298. 1929.

多年生草本。茎高8-25厘米，上部密被白色、下半部褐色有节柔毛。从生叶和茎基部叶椭圆形、卵形或倒卵形，长1-4.5厘米，全缘，边缘具有节柔毛，两面光滑，叶脉羽状，叶柄长2-5厘米，密被有节柔毛，基部有鞘；茎生叶多数，近密接，线状长圆形，较小，无柄。头状花序单生，辐射状；总苞半球形，长0.8-1厘米，径约1.5厘米，无毛或基部被柔毛，总苞片12-14，2层，长圆形或披针形，宽3-5毫米，先端尖，背部无毛，内层较宽，具膜质边缘。舌状花黄色，舌片长圆形或窄倒披针形，长1-1.5厘米，先端钝或近平截，具3齿，脉纹褐色；管状花多数，深黄色，长6-7毫米，冠毛白色，与花冠等长。

产西藏东南部、云南西北部及四川西南部，生于海拔3200-4200米林中草地、竹林边缘、山坡草地或高山草地。

图 734 变叶垂头菊 （阎翠兰绘）

19. 车前状垂头菊 图 735

Cremanthodium ellisii (Hook. f.) Kitam. in Hara et al. Enum. Fl. Pl. Nepal 3: 22. 1982.

Werneria ellisii Hook. f. Fl. Brit. Ind. 3: 357. March. 1881.

Cremanthodium plantagineum Maxim.; 中国高等植物图鉴 4: 596. 1975.

多年生草本。茎高8-60厘米，不分枝或上部花序有分枝，密被铁灰色长柔毛。从生叶卵形、宽椭圆形或长圆形，长1.5-19厘米，全缘或有小齿或缺齿，稀浅裂，基部下延，两面无毛或幼时疏被白色柔毛，叶脉羽状，叶柄长1-13厘米，宽约1.5厘米，常紫红色，基部具筒状鞘；茎生叶卵形、卵状长圆形或线形，全缘或有齿，半抱茎。头状花序1-5，通常单生或排成伞房状总状花序，辐射状；总苞半球形，长0.8-1.7厘米，径1-2.5厘米，密被铁灰色柔毛，总苞片8-14，2层，宽2-9毫米，先端尖，外层披针形，内层宽，卵状披针形。舌状花黄色，舌片长圆形，长1-1.7厘米；管状花多数，深黄色，长6-7毫米，冠毛白色，与花冠等长。

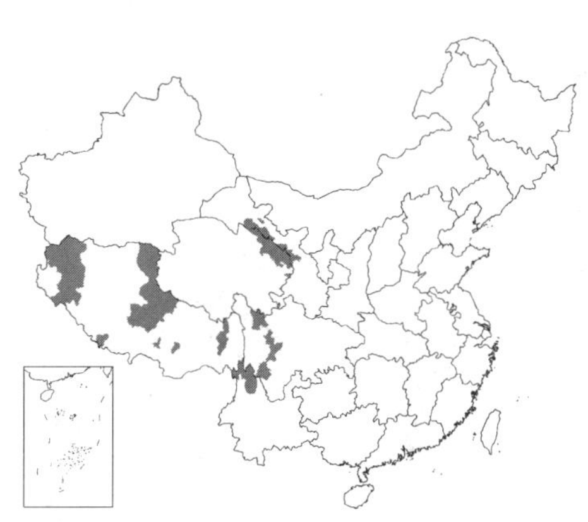

产西藏、云南西北部、四川西部、青海东北部及甘肃中部，生于海拔3400-5600米河滩、沼泽草地或高山流石滩。克什米尔及喜马拉雅山西部也有分布。

[附] 祁连垂头菊 **Cremanthodium ellisii** var. **ramosum** (Ling) Ling et S. W. Liu in Acta Plat. Biol. Sin. 3: 65. 1984.—— *Cremanthodium discoideum* subsp. *ramosum* Ling in Contr. Inst. Bot. Nat. Acad. Peiping 5: 1-2. 1935. 与模式变种的主要区别：头状花序无舌状花。产西藏东北部及青海祁连山，生于海拔3000-4600米高山流石滩。

[附] 红舌垂头菊 **Cremanthodium ellisii** var. **roseum** (Hand.-Mazz.) S. W. Liu, Fl. Republ. Popul. Sin. 77 (2): 162. 1989.—— *Cremanthodium plantagineum* Maxim. f. *roseum* Hand.-Mazz. in Acta Hort. Gothob. 12: 307. 1938. 与模式变种的主要区别：舌状花紫红色；从生叶长达30厘米。产四川西北部，生于海拔4000-4300米灌丛、草地或高山草地。

图 735 车前状垂头菊 （王金凤绘）

20. 矩叶垂头菊 图 736

Cremanthodium oblongatum Clarke, Comp. Ind. 168. 1876.

多年生草本。茎高8-20厘米，常紫红色，上部被白色长柔毛。从生叶长圆形、椭圆形或圆形，长2-8厘米，先端钝或圆，边缘有锯齿或近全缘，两面光滑，叶脉羽状，叶柄长1.5-5厘米，常紫红色，光滑，基部具鞘；茎生叶3-4，长圆形或披针形，长1-4.5厘米，有疏齿，基部半抱茎，无柄。头状花序单生，辐射状；总苞半球形，长0.9-1.2厘米，径达2.5厘米，被白色蛛丝状柔毛，总苞片10-14，2层，外层披针形，宽2-3毫米，内层卵状披针形，宽5-8毫米，具黄褐色膜质边缘。舌状花黄色，舌片长圆形，长1-2.5厘米，先端渐尖或尖；管状花多数，深黄色，长7-8毫米，冠毛白色，与花冠等长。

图 736 矩叶垂头菊（阎翠兰绘）

产青海、西藏南部及云南东北部，生于海拔4500-5300米高山草地或高山流石滩。尼泊尔及锡金有分布。

21. 宽舌垂头菊 图 737

Cremanthodium arnicoides (DC. ex Royle) Good in Journ. Linn. Soc. Bot. 48: 288. 1929.

Ligularia arnicoides DC. ex Royle, Ill. Bot. Himal. t. 60. f. 2. 1835.

多年生草本。茎上部密被白和黑色柔毛。从生叶与茎基部叶草质，叶卵形或卵状长圆形，长3-8厘米，边缘有锯齿，两面无毛或下面脉有毛，叶脉羽状，叶柄长达5厘米，基部具窄鞘；茎中部叶卵形，长3-7厘米，边缘有锯齿，具短柄，基部鞘状抱茎；上部叶卵形，基部圆心形，抱茎，无柄；最上部叶苞叶状，两面有毛。头状花序单生或多至4，呈疏总状花序，辐射状；总苞半球形或宽钟形，长0.9-2厘米，径2-4厘米，总苞片约14，2层，先端尖，背部被黑色柔毛，宽0.3-1厘米，外层披针形，内层宽卵形，具宽膜质边缘。舌状花黄色，舌片宽椭圆形，长1.5-2.7厘米；管状花多数，深黄色，长6-9毫米，冠毛白色，与花冠等长。

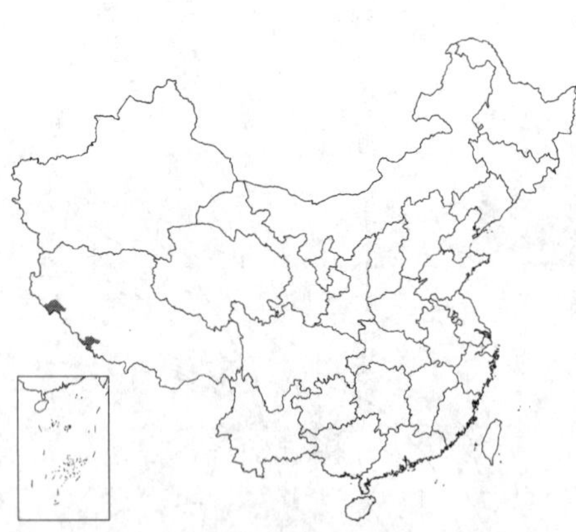

图 737 宽舌垂头菊（阎翠兰绘）

产西藏西南部，生于海拔3600-4600米高山流石滩。巴基斯坦、克什米尔地区、尼泊尔及锡金有分布。

[附] **革叶垂头菊 Cremanthodium coriaceum** S. W. Liu, Fl Reipubl. Popul. Sin. 77(2): 165. 1989.本种与宽舌垂头菊的主要区别：叶革质，叶脉网状；总苞片背部被白色柔毛；舌状花的舌片长圆形。产云南西部及西北部，生于海拔3000-4000米山坡、石坡、草地或高山草地。

22. 不丹垂头菊 图 738

Cremanthodium bhutanicum Ludlow in Bull. Brit. Mus. (Nat. Hist.) Bot. 5(5): 278. pl. 32a. 1976.

多年生草本，灰绿色。茎高7-25厘米，最上部被白色蛛丝状柔毛。从生叶与茎基部叶线形、线状倒披针形或线状长圆形，长1.5-8厘米，宽2-3.5毫米，先端圆，全缘，边缘反卷，基部下延成柄，两面光滑，下面灰绿色，叶脉平行，常不明显，叶柄长1-2厘米，光滑，基部有长鞘；茎中上部叶线形，长1.5-2.5厘米。头状花序单生，辐射状；总苞半球形，长约1厘米，径约1.5厘米，无毛，总苞片12，2层，披针形或窄披针形，宽2-3毫米，具白色睫毛，边缘窄膜质，背部无毛，绿色。舌状花黄色，舌片椭圆形，长1.2-1.4厘米，先端钝，具3齿，脉褐色；管状花多数，黄色，长5-6毫米，冠毛白色，与花冠等长。

产西藏南部，生于海拔4300米山坡草地。印度东北部及不丹有分布。

图 738 不丹垂头菊（阎翠兰绘）

23. 条叶垂头菊　　图 739 彩片 106

Cremanthodium lineare Maxim. in Mel. Biol. 11: 238. 1881.

多年生草本，蓝绿色。茎高达45厘米，最上部疏被白色柔毛。丛生叶与茎基部叶线形或线状披针形，长2-3厘米，先端急尖，全缘，基部下延成柄，两面光滑，叶脉平行，常不明显，叶无柄或具短柄；茎生叶多数，披针形或线形，苞叶状。头状花序单生，辐射状；总苞半球形，长1-1.2厘米，径1-2.5厘米，无毛或基部疏生柔毛，总苞片12-14，2层，披针形或卵状披针形，宽2-4毫米，具白色睫毛，边缘窄膜质，背部黑灰色。舌状花黄色，舌片线状披针形，长达4厘米，先端长渐尖；管状花多数，黄色，长5-7毫米，冠毛白色，与花冠等长。

产西藏东南部、云南西北部、四川、青海及甘肃，生于海拔2400-4800米水边、沼泽草地、灌丛或高山草地。印度东北部及不丹有分布。

[附] **红花条叶垂头菊 Cremanthodium lineare** var. **roseum** Hand.-Mazz. in Acta Hort. Gothob. 12: 307. 1938. 本变种与模式变种的主要区别：舌状花紫红色。产四川西北部，生于海拔3900-4300米灌丛、高山草甸。

[附] **无舌条叶垂头菊 Cremanthodium lineare** var. **eligulatum** Ling et S. W. Liu in Acta Plat. Biol. Sin. 1: 54. 1982. 与模式变种的主要区别：头状花序无舌状花。产四川西南部，生于海拔3950-4600米河滩或草甸。

图 739 条叶垂头菊（王金凤绘）

24. 狭叶垂头菊　　图 740

Cremanthodium angustifolium W. W. Smith in Notes Roy. Bot. Gard. Edinb. 12: 200. 1920.

多年生草本。茎高20-50厘米，紫

红色，最上部被紫褐色有节长柔毛。丛生叶与茎基部叶披针形或线状披针形，长7-23厘米，全缘，基部渐窄呈翅状柄，两面无毛，叶脉平行；茎中上部叶4-5，向上渐小，窄披针形或线形，基部无鞘，半抱茎。头状花序单生，稀2，盘状；总苞半球形，长0.7-1.5厘米，径1.3-3.2厘米，密被紫褐色柔毛，总苞片16-24，2层，披针形，宽2-4毫米，内层边缘窄膜质。小花多数，全部管状，黄色，长7-8毫米，花冠裂片先端具乳突，冠毛白色，与花冠等长。

产西藏东南部、云南西北部及四川西南部，生于海拔3200-4800米河边、高山沼泽草地、灌丛或高山草地。

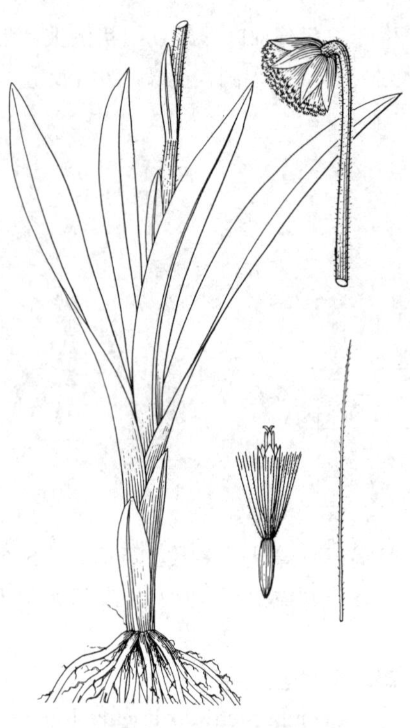

图 740 狭叶垂头菊 （王金凤绘）

25. 褐毛垂头菊 彩片 107

Cremanthodium brunneo-pilosum S. W. Liu in Acta Plat. Biol. Sin. 3: 63. pl. 3: f. 3. 1984.

多年生草本，灰绿或蓝绿色。茎最上部被白或褐色长柔毛。丛生叶与茎基部叶长椭圆形或披针形，长6-40厘米，全缘或有骨质小齿，上面光滑，下面脉有点状柔毛，叶脉羽状平行或平行，叶柄长6-15厘米，宽1.5-2.5厘米，无毛，基部具宽鞘；茎生叶4-5，渐小，窄椭圆形；最上部叶苞叶状，披针形。头状花序2-13，通常呈总状花序，稀单生，辐射状；总苞半球形，长1.2-1.6厘米，径1.5-2.5厘米，密被褐色长柔毛，基部具披针形或线形、草质、绿色小苞片，总苞片10-16，2层，披针形或长圆形，宽3-5毫米，内层边缘褐色膜质。舌状花黄色，舌片线状披针形，长2.5-6厘米，宽2-5毫米，膜质透明；管状花多数，黄色，长0.8-1厘米，冠毛白色，与花冠等长。

产西藏东北部、四川西北部及东南部、青海及甘肃西南部，生于海拔3000-4300米水边、沼泽草地或河滩草地。

[附] **膜苞垂头菊 Cremanthodium stenactinium** Diels ex Limpr. in Fedde, Repert. Sp. Nov. Beih. 12: 510. 1922. 本种与褐毛垂头菊的主要区别：叶长4-8厘米；总苞基部小苞片卵形，膜质，黄白色。产西藏东部及四川西北部，生于海拔3600米水边、灌丛或草地。

128. 华蟹甲属 Sinacalia H. Robins. et Brettel

（陈艺林 靳淑英）

多年生直立草本，具粗大块状根茎和多数纤维状根。基生叶和下部茎生叶花期常凋落，中部茎生叶不裂或羽状深裂，基部心形或近平截，具掌状或羽状脉，具柄，柄无翅，有时近抱茎，基部无鞘。头状花序单生或数个至多数排成顶生疏伞房花序或复圆锥状花序，辐射状，花序梗具小苞片；总苞窄圆柱形或倒锥状钟形，无外苞片，总苞片4-5或8，1层，线状长圆形或线状披针形，先端被微柔毛，边缘干膜质。舌状花2-8，舌片黄色，长圆形或线状长圆形，具4-7脉，有2-3小齿；管状花2至多数，两性，花冠黄色，檐部漏斗状，具5裂片，花药基部短尖或钝尾，尾部长为花药颈部1/4-3/4，基部较粗，花柱分枝内弯，钝，被乳头状微毛。瘦果圆柱形，具肋，无毛；冠毛丝状或糙毛状，宿存。

我国特有属，4种。

1. 叶不裂，三角形或五角形，边缘具锐小尖齿，基生掌状脉3-5；茎无毛 ……………………… 1. **双花华蟹甲 S. davidii**
1. 叶羽状深裂，具3-4对侧裂片，羽状脉；茎下部被褐色腺状柔毛 ………………………………… 2. **华蟹甲 S. tangutica**

1. 双花华蟹甲 双舌蟹甲草 图 741

Sinacalia davidii (Franch.) Koyama in Acta Phytotax. Geobot. 3 (1-3): 82. 1979.

Senecio davidii Franch. in Nouv. Arch. Mus. Hist. Nat. ser. 2, 10: 40. 1888.

Canalia davidii (Franch.) Hand.-Mazz.; 中国高等植物图鉴 4: 558. 1975.

茎无毛。中部茎生叶三角形或五角形，长8-15厘米，基部平截或浅心形，边缘具锐小尖齿，上面被疏糙毛或近无毛，下面沿脉疏被蛛丝状毛及柔毛，基生掌状脉3-5，叶柄长3-5厘米，基部半抱茎，被疏柔毛或无毛；上部茎生叶渐小，最上部叶卵状三角形，具短柄。头状花序排成顶生复圆锥花序，花序轴及总花梗被黄褐色柔毛，花序梗长2-5毫米，具2-3线形或线状披针形小苞片；总苞圆柱形，长0.8-1厘米，总苞片4-5，线状长圆形，被微柔毛，边缘窄干膜质，背面无毛。舌状花2，黄色，舌片长圆状线形，长1-1.2厘米，具2小齿；管状花2，稀4，花冠黄色。瘦果圆柱形，长约3毫米，具4肋，无毛；冠毛白色，稀红色，长5-6毫米。花期7-8月。

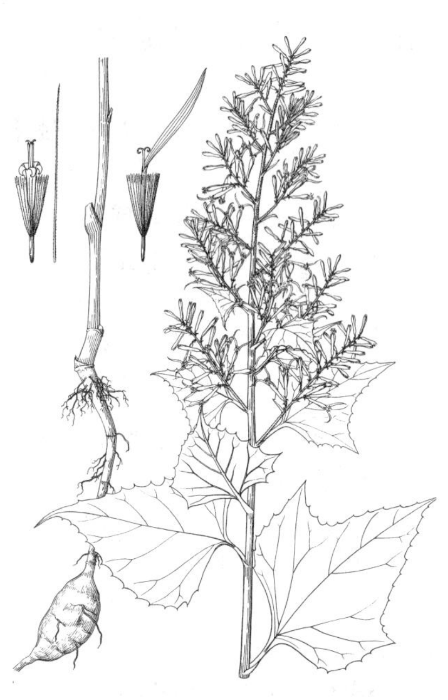

图 741 双花华蟹甲（王金凤绘）

产陕西东南部、四川中部及中南部、云南东北部及西藏东部，生于海拔900-3200米草坡、悬崖、路边或林缘。

2. 华蟹甲 羽裂蟹甲草 图 742 彩片 108

Sinacalia tangutica (Maxim.) B. Nord. in Opera Bot. 44: 15. 1978.

Senecio tangutica Maxim. in Bull. Acad. Imp. Sci. St. Pétersb. 27: 486. 1882.

Canalia tangutica (Franch.) Hand.-Mazz.; 中国高等植物图鉴 4: 559. 1975.

茎下部被褐色腺状柔毛。中部叶卵形或卵状心形，长10-16厘米，羽状深裂，侧裂片3-4对，近对生，长圆形，边缘常具数个小尖齿，上面疏被贴生硬毛，下面沿脉被柔毛及疏蛛丝状毛，羽状脉，叶柄长3-6厘米，基部半抱茎，被疏柔毛或近无毛；上部茎生叶渐小，具短

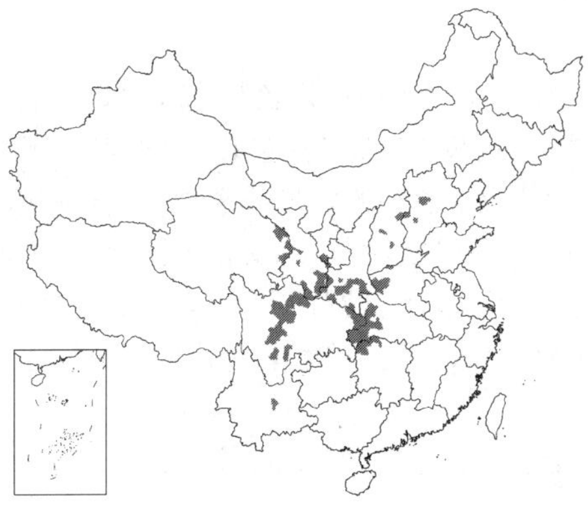

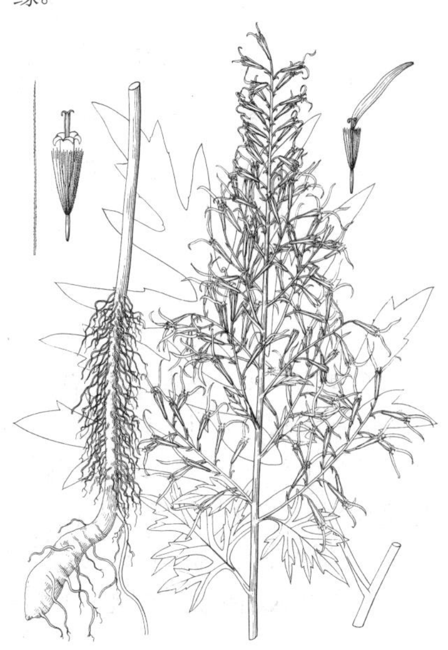

图 742 华蟹甲（王金凤绘）

柄。头状花序常排成多分枝宽塔状复圆锥状，花序轴及花序梗被黄褐色腺状柔毛，花序梗长2-3毫米，具2-3线形小苞片；总苞圆柱状，长0.8-1厘米，总苞片5，线状长圆形，长约8毫米，被微毛，边缘窄干膜质。舌状花2-3，黄色，舌片长圆状披针形，长1.3-1.4厘米，具2小齿，4脉；管状花4（-7），花冠黄色。瘦果圆柱形，长约3毫米，无毛，具肋；冠毛糙毛状，白色，长7-8毫米。花期7-9月。

产河北、山西、陕西南部、甘肃南部、宁夏南部、青海东北部、四川、云南中部、湖南西北部、湖北西部及西南部，生于海拔1250-3450米山坡草地、悬崖、沟边、草甸、林缘或路边。

129. 歧笔菊属 Dicercoclados C. Jeffrey et Y. L. Chen

（陈艺林 靳淑英）

多年生草本。根密被绒毛；根茎木质。茎单生，上部具叶，下部无叶，不分枝或上部具伞房状分枝。枝淡紫色，幼时疏被黄褐色柔毛，后无毛。下部茎生叶花期凋落；中部茎生叶长圆状披针形或披针形，长5-9厘米，边缘疏生小尖齿，上面中脉凹下，沿中脉及边缘疏被柔毛，下面无毛，离基3出脉，叶柄长3-5毫米，疏被柔毛；上部叶及分枝叶披针形或线状披针形，具短柄。头状花序盘状，单生，稀2个生于上部叶腋，花序梗细，长1-2.5厘米，密被锈褐色柔毛，基部具2线状钻形小苞片，上部较密集7-9小苞片；总苞圆柱形，长7-9毫米，外层苞片5-6，线状钻形，总苞片10-11，线形或线状披针形；疏被柔毛，近革质，边缘干膜质，背面无毛。小花15-16，全管状，两性，结实，花冠黄色，管部长2-2.5毫米，檐部漏斗状，5裂，裂片长圆状披针形，花药基部有尾，顶端具披针形附片；子房圆柱形，无毛；冠毛白色，糙毛状，多层。

我国特有单种属。

歧笔菊 歧柱蟹甲草 图 743

Dicercoclados triplinervis C. Jeffrey et Y. L. Chen in Kew Bull. 39(2): 214. 1984.

形态特征同属。花期9月。产贵州中南部贵定。

图 743 歧笔菊 （蔡淑琴绘）

130. 蟹甲草属 Parasenecio W. W. Smith et J. Small

（陈艺林 靳淑英）

多年生草本。根茎粗壮，有多数纤维状被毛的根。茎单生，常具条纹或沟棱，无毛或被蛛丝状毛或腺状柔毛。基生叶或下部茎生叶花期枯萎。叶互生，具叶柄，不裂或掌状或羽状分裂，具锯齿。头状花序盘状，两性花同形，在茎端或上部叶腋排成总状或圆锥状花序，具花序梗或近无梗，下部常有小苞片；总苞圆柱形或窄钟形，稀钟状，总苞片1层，离生；花托平，无托片或有托毛。小花少数至多数，全部结实，花冠管状，黄、白或橘红色，管部细，檐部窄钟状或宽管状，具5裂片，裂片披针形或卵状披针形；花药基部箭形或具尾，颈部圆柱形，花丝细；花柱分枝顶端平截或稍扩大，被乳头状微毛。瘦果圆柱形，无毛，具纵肋；冠毛刚毛状，1层，白色，污白或淡黄褐色，稀变色。

约60余种，主要分布于东亚及中国喜马拉雅地区，俄罗斯欧洲部分及远东地区有分布。我国51种。

1. 叶基生，茎生叶1，稀2，或苞叶状；头状花序3-4或较多；总苞钟状或窄钟状，总苞片8-10；小花10-28。
  2. 植株密被腺毛，基生叶宽心形；茎生叶1，稀2，近无柄；头状花序下垂；小花10-16；花冠白或粉白色……………………………………………………………… 1. **蟹甲草 P. forrestii**
  2. 植株密被褐色柔毛；基生叶卵形或宽卵形；茎生叶数枚呈苞叶状，具短柄；头状花序直立；小花28；花冠黄色 ………………………………………………… 1(附). **海棠叶蟹甲草** P. **begoniaefolius**
1. 基生叶或下部茎生叶花期枯萎，茎生叶少数至多数；头状花序少数至多数，排成圆锥状或总状圆锥花序；总苞圆柱形或窄钟形，总苞片3-10，稀更多；小花（2）3-5（-8）或稀更多。
  3. 茎生叶少数至多数，三角形、三角状卵形、肾形、多角形或卵状心形，具粗齿或浅裂，下面无毛，被柔毛、蛛丝状毛或密绒毛。
    4. 叶下面无毛或被柔毛；冠毛白或红褐色。
      5. 头状花序数个至10个，在茎端和上部叶腋排成伞房状，下垂；总苞钟状，径0.5-1厘米；总苞片8-10；小花约38；叶三角形，叶柄无翅 ……………………………… 2. **三角叶蟹甲草 P. deltophyllus**
      5. 头状花序多数或较多数，在茎端排成总状或圆锥状，总苞圆柱形或窄钟状，径（1-）3-5毫米，总苞片3-8；小花少数；叶非三角形，叶柄具翅或无翅。
        6. 头状花序较多，总苞径3-5毫米或1-2厘米。
          7. 总苞长5-8（-10）毫米，总苞片和小花均4-8，稀更多；冠毛白或污白色。
            8. 叶柄具翅。
              9. 叶柄具窄翅或不明显翅，基部不扩大成耳。
                10. 头状花序下垂，排成塔状圆锥花序；总苞片7-8，背面被腺毛；小花8-15（-20）；叶三角状戟形，叶柄具窄翅。
                  11. 叶下面和总苞片背面被密腺毛 ……………………………… 3. **山尖子 P. hastatus**
                  11. 叶下面无毛或沿脉疏被柔毛；总苞片外面无毛或基部被微毛 ………………………………………………… 3(附). **无毛山尖子 P. hastatus** var. **glaber**
                10. 头状花序直立，排成叉状分枝宽圆锥花序，总苞片5-6，小花5-8；叶三角状披针形，先端长渐尖或尾尖，下面沿脉疏被短毛或近无毛，叶柄具不明显翅 … 3(附). **披针叶蟹甲草 P. lancifolius**
              9. 叶柄具宽翅，基部常扩大成耳。
                12. 植株高1-2米；茎粗壮；叶三角状戟形，叶柄具宽1.5-2厘米的翅，基部大耳抱茎；头状花序250-350，密集成塔状圆锥花序 ……………………… 4. **星叶蟹甲草 P. komarovianus**
                12. 植株高0.3-1米；茎较细弱；叶肾形或三角状肾形，叶柄基部具耳；头状花序较多，排成总状或圆锥花序。
                  13. 叶两面无毛，窄肾形或三角状肾形。
                    14. 总苞片长4-8毫米，短于花冠，头状花序排成总状；叶宽达14厘米，叶柄基部有小耳 ………………………………………………… 5. **耳叶蟹甲草 P. auriculatus**
                    14. 总苞片长0.8-1.1厘米，与花冠等长或稍短，头状花序排成长圆锥花序；叶宽达24厘米，叶柄基部有宽1.5-2厘米的耳 ……………………… 6. **长白蟹甲草 P. praetermissus**
                  13. 叶两面被毛。
                    15. 中部茎生叶三角状戟形，侧生裂片三角形，有不规则波状齿，上面疏被贴生短毛，下面沿脉被柔毛，叶柄基部有卵圆形或圆形、宽1.5-2.5厘米的耳，叶耳全缘或具疏齿；小花5-6 ……………………………………………………… 7. **甘肃蟹甲草 P. gansuensis**
                    15. 茎生叶宽卵状心形或宽心形，上面疏被褐色腺毛，下面疏被蛛丝状毛或近无毛，叶柄具宽0.5-1厘米的翅，基部有抱茎大耳；小花3-4（-5）……………… 8. **耳翼蟹甲草 P. otopteryx**
            8. 叶柄无翅，基部不扩大成耳。

16. 叶腋无芽。

17. 叶五角状肾形，先端短尖或圆钝，基部深心形，上面被糙短毛，下面沿脉被疏刚毛；总苞片8（9），小花16-19 …………………………………………………………………… 9. **川鄂蟹甲草 P. vespertilo**

17. 叶三角状戟形，先端长尖或渐尖，基部宽心形或近心形，两面无毛或近无毛；总苞片5，小花5-6 ……………………………………………………………………………… 10. **无毛蟹甲草 P. subglaber**

16. 叶腋具芽，叶戟状三角形，先端渐尖或长渐尖，基部心形，两面被鳞状短毛；总苞片7-8，小花10-13 …………………………………………………………………………… 10(附). **能高蟹甲草 P. nokoensis**

7. 总苞钟状，长1-1.5厘米；总苞片7-12；小花8-38；冠毛白或淡红褐色。

18. 叶宽三角形，3-5浅裂，裂片三角形；头状花序较小，总苞窄钟状，径0.5-1厘米，总苞片7-8；小花8-10 ……………………………………………………………………… 13. **矢镞叶蟹甲草 P. rubescens**

18. 叶宽五角形或矢形，侧生裂片小，窄三角形或不明显；头状花序大，总苞钟状，径1.7-2厘米，总苞片12；小花38 ……………………………………………………………… 13(附). **天目山蟹甲草 P. matsudai**

6. 头状花序极多，小；总苞径1-2毫米；总苞片及小花3-5；叶多角形或肾形，5-7浅裂或具粗齿。

19. 头状花序无梗排成宽圆锥花序；总苞长5毫米，径1毫米，总苞片和小花各3；冠毛污白或黄褐色；叶多角形或肾状三角形 ……………………………………………………… 11. **两似蟹甲草 P. ambiguus**

19. 头状花序具短梗，排成总状或复总状，总苞长6-8毫米，径1.5-2毫米，总苞片和小花均5；冠毛白或污白色；叶心状肾形或圆肾形 …………………………………………… 12. **兔儿风蟹甲草 P. ainsliiflorus**

4. 叶下面被蛛丝状毛或密棉毛，初被毛，后渐脱落。

20. 茎无毛或上部疏被毛；叶具3条突起脉。

21. 叶不裂，卵状三角形或宽三角形，叶柄具宽翅，基部具叶耳；总苞和小花均5 …… 14. **阔柄蟹甲草 P. latipes**

21. 叶分裂。

22. 叶5浅裂至中裂，肾状五角形或宽卵状五角形，叶柄无翅，上部叶腋和花序枝常具多数球状珠芽 ………………………………………………………………………… 15. **五裂蟹甲草 P. quinquelobus**

22. 叶倒卵状匙形，琴状羽裂，裂片卵状长圆形或倒卵形，不等三角形粗齿，下面被蛛丝状绒毛，叶柄具宽翅，基部有宽2-5毫米的耳 ……………………………………………… 16. **轮叶蟹甲草 P. cyclotus**

20. 植株全部或至少茎上部被蛛丝状毛或长柔毛；叶具3条基出脉或5-7条掌状脉。

23. 叶常具3-5条基出脉，稀为掌状脉；总苞片（2）3-5；小花1-5，稀更多。

24. 头状花序多数，开展或下垂，总状或圆锥状排列，总苞片（1-）3（4）；小花1-3（4）。

25. 总苞片（2）-3（4）；小花1-3（4）；头状花序排成塔状疏圆锥花序偏向一侧着生，开展或下垂；叶卵状三角形或长三角形，上面疏被贴生毛，下面被白或灰白色蛛丝状毛 …… 17. **蛛毛蟹甲草 P. roborowskii**

25. 总苞片2，小花1；叶4，在茎上疏生，近三角状肾形，上面被卷毛；下面密被棉毛 ………………………………………………………………………… 17(附). **玉山蟹甲草 P. morrisonensis**

24. 头状花序排成疏生圆锥状或总状窄圆锥花序，总苞片5；小花5-6，稀10-13。

26. 茎叶4-5；叶柄具翅。

27. 叶膜质，宽卵形或卵状菱形，先端尖或短尖，边缘具较密尖齿，叶柄具翅 ………………………………………………………………………… 18. **深山蟹甲草 P. profundorum**

27. 叶纸质，卵形或卵状三角形，先端尾尖，边缘具细锯齿，叶柄具不明显翅或近无翅 ………………………………………………………………………… 18(附). **苞鳞蟹甲草 P. phyllolepis**

26. 茎叶2-4（5），叶柄无翅。

28. 茎较粗壮，上部被白色蛛丝状毛；茎生叶卵状三角形或戟状三角形，下面被白色丝状毛；头状花序排成窄圆锥状，总苞长0.8-1厘米，宽4-5毫米，总苞片背面被白色棉毛；小花10-13 ………………………………………………………………………… 19. **白头蟹甲草 P. leucocephalus**

28. 茎细弱，无毛；茎生叶2-3，宽心状圆形或卵状心形，下面蓝紫或紫色，疏被蛛丝状毛；头状花序排成宽圆锥状，总苞长1.2-1.4厘米，宽1.5-2毫米，总苞片背面无毛；小花5-6 … 19(附). **紫背蟹甲草 P. ianthophyllus**

23. 叶具掌状5-7脉，稀基出3脉，下面被蛛丝状绒毛或腺毛；总苞片3-5（6）；小花3-5（-8）。

29. 叶腋具卵圆形鳞芽，芽被褐色绒毛；头状花序排成总状或复总状，总苞片5-6；小花8-10 ………………………………………………………………………… 20. **珠芽蟹甲草 P. bulbiferoides**

29. 叶腋无珠芽；头状花序排成穗形总状或圆锥状花序。

30. 茎、叶柄和总苞均被蛛丝状毛或多少脱落。

31. 头状花序排成疏圆锥状，总苞长1厘米；叶具基出3脉，叶柄有不明显窄翅，基部半抱茎 ………………………………………………………………………… 21. **黄山蟹甲草 P. hwangshanicus**

31. 头状花序排成穗状总状花序；总苞长1.2-1.4厘米；叶具5-7掌状脉，叶柄无翅，基部不扩大 ………………………………………………………………………… 21(附). **蜂斗菜状蟹甲草 P. petasitoides**

30. 茎、叶柄和总苞被红褐或褐色长柔毛，或具腺状柔毛。

32. 茎、叶柄和总苞片被红褐或褐色柔毛；花序梗近无；花冠黄色。

33. 叶宽卵状心形或肾形，具5个三角形裂片或深锯齿，两面被红褐色透明腺毛，叶柄长5-10厘米，基部不扩大 ………………………………………………………………………… 22. **红毛蟹甲草 P. rufipilis**

33. 叶肾形或卵状心形，边缘波状浅裂，裂片宽三角形，上面被褐色短柔毛，下面被蛛丝状毛及短毛，叶柄长1-1.5厘米，基部扩大，半抱茎 ……………………………… 22(附). **秦岭蟹甲草 P. tsinlingensis**

32. 茎下部被腺毛或近无毛，上部被白色蛛丝状毛或腺毛；花序梗长3-4毫米；花冠橙黄色 ………………………………………………………………………… 23. **山西蟹甲草 P. desythyrsus**

3. 茎生叶多数；叶掌状分裂；总苞片3-5，稀7-8；小花3-5（-10-14）。

34. 叶掌状5-7中裂，裂片倒卵形、长圆形或卵状长圆形。

35. 叶长15-22厘米，宽20-30厘米，叶柄长10-20厘米；花序无梗，密被淡褐色短毛；总苞片和小花各3 ………………………………………………………………………… 24. **太白山蟹甲草 P. pilgerianus**

35. 叶长9-15厘米，宽11-18厘米，叶柄长4-6.5厘米；花序梗长1毫米，被腺毛；总苞片和小花各5 ………………………………………………………………………… 24(附). **翠雀叶蟹甲草 P. delphiniphyllus**

34. 叶掌状5-7深裂，裂片披针形、长圆状披针形或线形，稀倒卵形或匙形。

36. 裂片边缘有硬缘毛，具疏软骨质小尖或波状细齿，下面无毛；中部叶叶柄具窄翅；总苞片7-8；小花10-14，冠毛红褐色 ………………………………………………………………………… 25. **中华蟹甲草 P. sinicus**

36. 裂片羽状浅裂或具2-4小齿，下面被毛或沿脉被柔毛，叶柄无翅；总苞片4；小花4-5（-7）；冠毛白色。

37. 茎上部、花序轴、花序梗和总苞片疏被柔毛或近无毛；叶下面沿脉被柔毛 ………………………………………………………………………… 26. **掌裂蟹甲草 P. palmatisectus**

37. 茎上部、花序轴、花序梗和总苞片均被腺状柔毛或腺毛；叶下面被白色卷毛 ………………………………………………………………………… 26(附). **腺毛掌裂蟹甲草 P. palmatisectus var. moupinensis**

1.　蟹甲草　　图 744

Parasenecio forrestii W. W. Smith et Small in Trans. Proc. Bot. Sci. Edinb. 38: 93. t. 3. 1922.

多年生草本；植株密被腺状柔毛。茎上部具疏圆锥状花序枝。叶集生茎下部，2-3；基生叶1，宽心形，长10-12厘米，宽14-17厘米，先端钝或近圆，边缘具有小尖的圆齿，被缘毛，上面被长柔毛，下面沿脉密被长柔毛，叶柄长3-5厘米，无翅，密被柔毛；茎生叶1，稀2，与基生叶近似或苞叶状，较小，近无柄。头状花序在茎端排成窄圆锥状，下垂，花序梗长0.5-5厘米，具小苞片，被柔毛；总苞钟状，长1.3-1.4厘米，总苞片8-9，近2层，外层3-4，内层4-5，披针形，长1-1.2厘米，边缘窄膜质，背面被腺状柔毛。小花10-16，花冠淡粉红或近白色，长约8毫米。瘦果圆柱形，长5-6毫米，无毛，具5肋；冠毛白色。花期8月，果期9-10月。

产四川西南部及云南，生于海拔2300-3700米高山栎或冷杉林下。

[附] **秋海棠叶蟹甲草 Parasenecio begoniaefolius** (Franch.) Y. L. Chen, Fl. Reipubl. Popul. Sin. 77 (1): 28. 1999.—— *Senecio begoniaefolius* Franch. in Journ. de Bot. 8: 358. 1894. 本种与蟹甲草的主要区别：植株密被褐色柔毛；基生叶卵形或宽卵形；茎生叶数枚呈苞叶状，具短柄；头状花序直立；小花28，花冠黄色。产四川东北部及湖北西部，生于海拔1000-2200米山坡林下、林缘或路边。

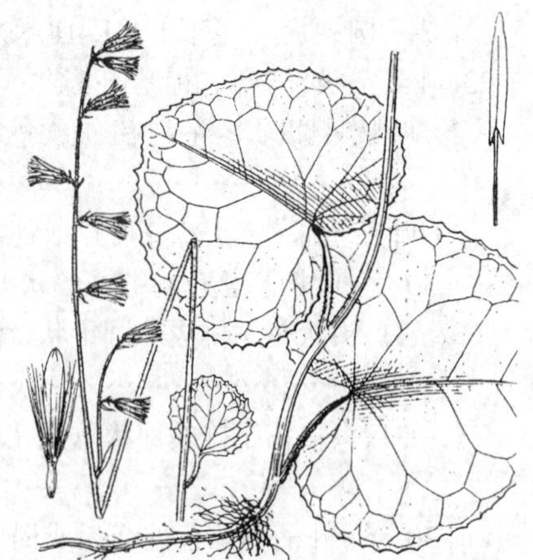

图 744 蟹甲草 （张春方绘）

2. 三角叶蟹甲草 图 745

Parasenecio deltophyllus (Maxim.) Y. L. Chen, Fl. Reipubl. Sin. 77 (1): 30. pl. 4: 1-3. 1999.

Senecio deltophyllus Maxim. in Bull. Acad. Imp. Sci. St. Petersb. 27: 487. 1881.

Cacalia deltophylla (Maxim.) Mattf. ex Rehd. et Koboski; 中国高等植物图鉴 4: 552. 1975.

多年生草本。茎疏被柔毛或近无毛。中部叶三角形，长4-10厘米，边缘具浅波状齿，上面无毛，下面疏被柔毛，基脉3-5，叶柄长3-6厘米，无翅，被白色卷毛或疏腺毛；最上部叶披针形，具短柄。头状花序数个至10个，下垂，在茎端和上部叶腋排成伞房状，花序梗长1-3厘米，疏被卷毛和腺毛，具3-8线形小苞片；总苞钟状，长6-8毫米，总苞片8-10，长圆形，长8毫米，有髯毛，边缘宽膜质，背面疏被白色柔毛和腺毛。小花约38，花冠黄或黄褐色，长5-7毫米。瘦果圆柱形，长3-4毫米，无毛，具肋；冠毛白色。花期7-8月，果期9月。

图 745 三角叶蟹甲草 （王金凤绘）

产甘肃西南部、青海东部及西北部、四川北部，生于海拔3100-4000米林下或山谷灌丛中阴湿处。

3. 山尖子 图 746

Parasenecio hastatus (Linn.) H. Koyama Fl. Japan 3b: 52. 1995.

Cacalia hastata Linn. Sp. Pl. 835. 1753; 中国高等植物图鉴 4: 552. 1975.

多年生草本。茎下部近无毛，上部密被腺状柔毛。中部茎生叶三角状戟形，长7-10厘米，宽13-19厘米，基部戟形或微心形，沿叶柄下延成具窄翅叶柄，边缘具不规则细尖齿，基部侧裂片有时具缺刻小裂片，上面无毛或疏被短毛，下面被较密柔毛，叶柄长4-5厘米；上部叶基部裂片三角形或近菱形；最上部叶和苞片披针形或线形。头状花序下垂，在茎端和上部叶腋排成塔状窄圆锥花序，花序梗长0.4-2厘米，被密腺状柔毛；总苞圆柱形，长0.9-1.1厘米，径5-8毫米，总苞片7-8，线形或披针形，

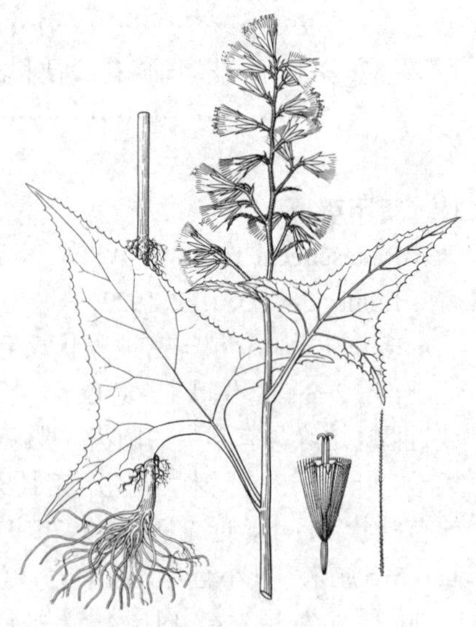

图 746 山尖子 （王金凤绘）

背面密被腺毛，基部有2-4钻形小苞片。小花8-15(20)，花冠淡白色，长0.9-1.1厘米。瘦果圆柱形，淡褐色，长6-8毫米，无毛，具肋；冠毛白色，约与瘦果等长或短于瘦果。花期7-8月，果期9月。

产黑龙江、吉林、辽宁、内蒙古、河北、山东中西部、河南西部、山西、陕西西南部、宁夏南部、甘肃南部，生于林下、林缘或草丛中。朝鲜半岛北部、蒙古及俄罗斯远东地区有分布。

[附] **无毛山尖子 Parasenecio hastatus** var. **glaber** (Ledeb.) Y. L. Chen, Fl. Reipubl. Popul. Sin. 77 (1): 33. 1999.—— *Cacalia hatata* Linn. var. *glabra* Ledeb. Fl. Alt. 4: 52. 1833. 与模式变种的主要区别：叶下面无毛或沿脉疏被柔毛；总苞片外面无毛或基部被微毛。产辽宁东北部、内蒙古、河北西部、山西、陕西西南部及宁夏南部，生于山坡林下、林缘或路旁。

[附] **披针叶蟹甲草 Parasenecio lancifolius** (Franch.) Y. L. Chen Fl. Reipubl. Popul. Sin. 77 (1): 33. 1999. —— *Senecio sagittatus* Sch.-Bip. var. *lancifolia* Franch. in Journ. de Bot. 10: 421. 1896. 本种与山尖子的区别：叶三角状披针形，先端长渐尖或尾尖，下面沿脉疏被短毛或近无毛，叶柄具不明显翅；头状花序直立，排成叉状分枝的宽圆锥花序；总苞片5-6；小花5-8。产湖北西南部、四川东北部及东南部，生于海拔1300-2100米山坡林下、灌丛中或草地潮湿处。

4. 星叶蟹甲草 图 747：1-4

Parasenecio komarovianus (Poljark.) Y. L. Chen Fl. Reipubl. Popul. Sin. 77 (1): 34. pl. 5: 4-7. 1999.

Hasteola komaroviana Poljark. in Not. Syst. Herb. Inst. Bot. Sci. URSS 20: 381. f. 5-6. 1960.

多年生草本。茎粗壮，高1-2米，无毛或被疏柔毛。中部茎生叶三角状戟形，稀扁三角状戟形，长20-30厘米，宽20-50厘米，先端尾尖，基部平截或微心形，沿叶柄下延成宽翅，侧生裂片2裂，小裂片长披针形，离基3出脉，上面疏被短毛，下面淡绿色，沿脉被腺毛，叶柄具宽1.5-2厘米的翅，基部大耳抱茎；上部叶具短柄，下部叶1-2，三角状戟形，2-3浅裂，或侧裂片有小齿。头状花序250-350，在茎端密集成长20-50厘米塔状圆锥花序，花序梗长0.4-1.2厘米，和花序轴密被腺状柔毛；总苞窄圆柱形，长0.9-1.2厘米，径2-3毫米，总苞片5，线状披针形，长0.9-1.2厘米，绿色，边缘膜质，背面疏被腺状毛或近无毛。小花5-7；花冠黄色。瘦果窄圆柱形，长7-8毫米，无毛，具多条纵肋；冠毛白色。花期7-8月，果期9月。

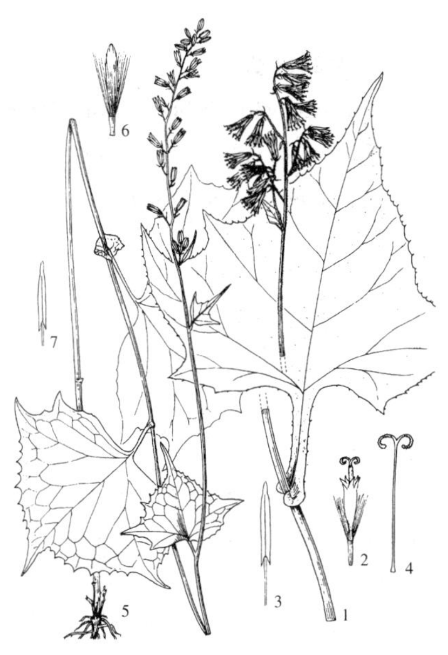

图 747：1-4. 星叶蟹甲草 5-7. 长白蟹甲草 （张春方绘）

产吉林东部及辽宁东部，生于海拔850-2100米林下或林缘。朝鲜半岛、俄罗斯远东地区有分布。

5. 耳叶蟹甲草 图 748

Parasenecio auriculatus (DC.) H. Koyama Fl. Japan 3b: 50. 1995.

Cacalia auriculata DC. Prodr. 6: 326. 1837; 中国高等植物图鉴 4: 555. 1975.

多年生草本。茎无毛。茎生叶4-6，下部茎生叶1-2，肾形，长2-4厘米，宽4-7厘米，先端缢缩成长尖，或微凹，边缘齿不等大，叶柄基部有小耳；中部茎生叶肾形或三角状肾形，长5-16厘米，宽7-14厘米，基部深凹或微凹，常具角，有时先端长渐尖，边缘齿等大，或叶下部或近基部具凹齿或齿不明显，稀全缘，两面无毛，基部有小耳；上部叶三角形或长圆状卵形，具短柄；最上部叶披针形。头状花序排成总状，花序梗被腺毛及柔毛，具小苞片；总苞圆柱形，紫、紫绿或绿色；总苞片（4）5，长圆形，长4-8毫米，背面无毛。小花4-7，花冠黄色。瘦果圆柱形，淡黄色，长3.5-5毫米，无毛，具肋；冠毛白色，长约7毫米。花期6-7月，果期9月。

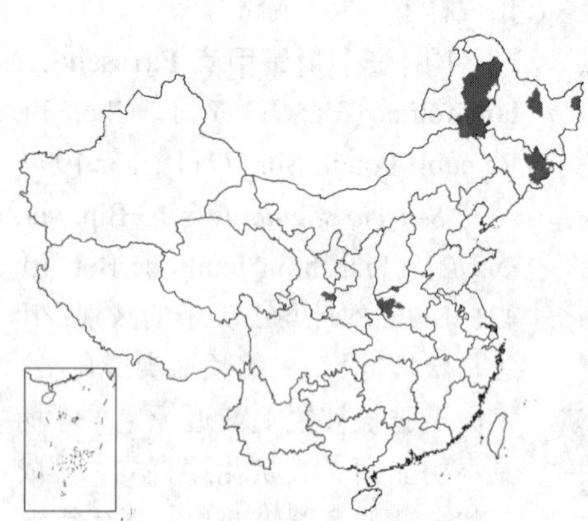

产黑龙江、吉林东部、内蒙古东北部、甘肃东南部及河南，生于海拔1400-1600米林下或林缘。朝鲜半岛北部及俄罗斯远东地区有分布。

图 748 耳叶蟹甲草（王金凤绘）

6. 长白蟹甲草 图 747：5-7

Parasenecio praetermissus (Poljark.) Y. L. Chen Fl. Reipubl. Popul. Sin. 77 (1): 38. pl. 5: 1-3. 1999.

Hasteola praetermissa Poljark. in Not. Syst. Herb. Inst. Bot. Sci. URSS 20: 368. f. 7. 1960.

多年生草本。下部茎生叶1-2，肾形，具长柄；中部茎生叶3-4，窄肾形，稀三角状肾形，长7-15厘米，宽12-24厘米，先端常收缩成大齿，下部有2尖齿，基部心形或近戟形，边缘具波状齿，基出3脉，两面无毛，叶柄多少具翅，基部有宽1.5-2厘米的耳，半抱茎；上部叶1-2，三角形或三角状肾形，具3齿或近3浅裂。头状花序下垂，在茎端排成长圆锥花序，花序梗长3-8毫米，被微毛，具2-4刚毛状小苞片；苞叶披针状线形，长0.8-2厘米，最上部苞叶刚毛状。总苞窄圆柱形，总苞片5，窄线形，长0.8-1.1厘米。小花5-8，花冠长8-9毫米，管部长3-5毫米，檐部钟状筒形，裂片披针形。瘦果圆柱形，淡褐色，长约6毫米，无毛，具肋；冠毛白色，长7-8毫米。花期8月，果期9-10月。

产吉林及黑龙江伊春，生于海拔900-140-0米林下或河岸边。朝鲜半岛北部及俄罗斯远东地区有分布。

7. 甘肃蟹甲草 图 749：1-4

Parasenecio gansuensis Y. L. Chen in Acta Phytotax. Sin. 34 (6): 643. f. 2. 1996.

多年生草本。中部茎生叶三角状戟形，长9-13厘米，基部戟状心形，中裂片大，侧生裂片三角形，边缘有不规则具小尖的波状齿，基生脉5-6，在叶上面凹入，上面疏被贴生短毛，下面沿脉被柔毛，全缘或有疏齿，被疏柔毛，叶柄长5-8厘米，基部有卵圆形或圆形抱茎叶耳，叶耳宽1.5-2.5厘米；上部叶与中部茎叶同形，叶柄短，最上部叶三角状戟形或披针形，具极宽抱茎叶耳或无柄。头状花序在茎端或上部叶腋排成总状或圆锥状，花

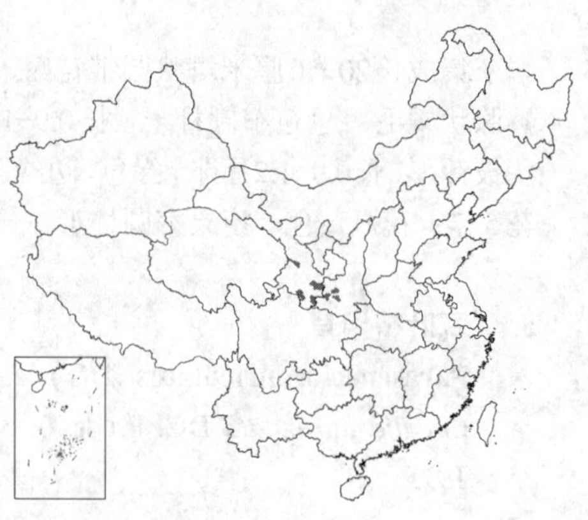

序轴和花序梗被腺毛，花序梗长1-2毫米，具1-2线形小苞片；总苞圆柱形，长6-7毫米，总苞片5，线形或线状披针形，紫红色，边缘窄膜质。小花5-6，花冠黄色。瘦果圆柱形，长3-4毫米，无毛，具肋；冠毛白色。花期7-8月，果期9-10月。

产甘肃南部及陕西西南部，生于海拔1300-2500米山坡林下、灌丛中或沟边阴湿处。

图 749：1-4. 甘肃蟹甲草 5-7. 紫背蟹甲草 （张春方绘）

8. 耳翼蟹甲草 图 750

Parasenecio otopteryx (Hand.-Mazz.) Y. L. Chen, Fl. Reipubl. Popul. Sin. 77 (1): 40. pl. 9: 4-6. 1999.

Cacalia otopteryx Hand.-Mazz. Symb. Sin. 7: 1132. 1936; 中国高等植物图鉴 4: 554. 1975.

多年生草本。茎下部常紫色，无毛。茎生叶4-6，叶宽卵状心形或宽心形，长10-16厘米，宽11-19厘米，边缘有波状锯齿，基出3脉，侧脉3-4对，上面疏被褐色腺毛，下面疏被蛛丝状毛或近无毛；叶柄翅宽0.5-1厘米，基部有抱茎大耳。头状花序在茎端排成复总状，花序轴和花序梗被腺毛，花序梗基部有1-2披针状钻形小苞片；总苞圆柱形或窄钟状，长5-7毫米，总苞片（3-）5，长圆状披针形，长6-7毫米，边缘膜质，背面被糠状短毛。小花3-4（5），花冠黄白色。瘦果圆柱形，长4-5毫米，褐色，无毛，具肋；冠毛白色。花果期7-9月。

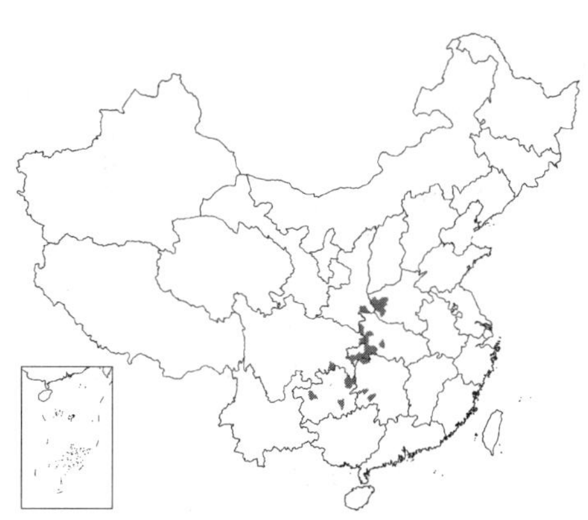

产河南西部、陕西东南部、湖北西部及西南部、湖南西北部及西南部、贵州、四川东部及东南部，生于海拔海拔1400-2800米山坡林下、林缘或灌丛中阴湿处。

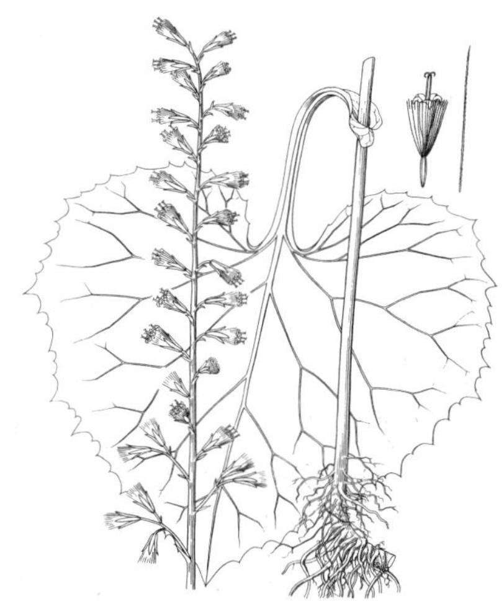
图 750 耳翼蟹甲草 （王金凤绘）

9. 川鄂蟹甲草 图 751：1-5

Parasenecio vespertilo (Franch.) Y. L. Chen, Fl. Reipubl. Popul. Sin. 77 (1): 44. pl. 15: 5-9. 1999.

Senecio vespertilo Franch. in Journ. de Bot. 8: 359. 1894.

多年生草本。茎下部无毛，上部被极疏刚毛和褐色腺毛。叶少数，具长柄；下部茎生叶五角状肾形，长20-22厘米，宽30厘米，先端短尖或圆钝，基部深心形，边缘有浅波状齿，基出脉7-9，上面被极疏糙毛，下面沿脉被疏刚毛，叶柄长15-20

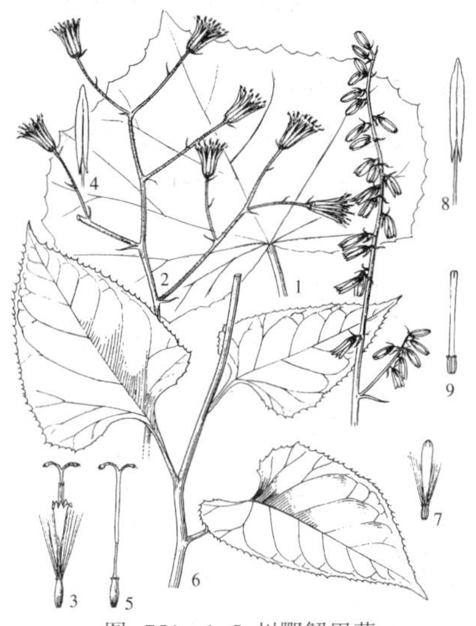

图 751：1-5. 川鄂蟹甲草 6-9. 苞鳞蟹甲草 （张春方绘）

厘米，上部连接叶片处有短毛和褐色腺毛；上部叶心形或五角状心形，角状渐尖，边缘具波状粗齿，长约10厘米。头状花序在茎端排成长达50厘米宽圆锥花序，花序长2.5-3.5厘米，具2-3线形小苞片，被疏短毛和褐色腺毛；总苞圆柱形或窄钟状，长1.3-1.5厘米，径5-7毫米；总苞片8（9），长圆状披针形，橄榄绿色，边缘窄膜质，背面疏被毛和腺毛。小花16-19，花冠黄色。瘦果圆柱形，长5-6毫米，无毛，具肋；冠毛白色，长9毫米。花期7-8月，果期9月。

产四川东北部及湖北西部，生于海拔1200-2350米山地林缘或沟边阴湿处。

10. 无毛蟹甲草 图 752：1-4

Parasenecio subglaber (Chang) Y. L. Chen, Fl. Reipubl. Popul. Sin. 77 (1): 43. pl. 7: 5-8. 1999.

Cacalia subglabra Chang in Sunyatsenia 6: 19. pl. 3. 1941.

多年生草本。茎除上部花序分枝外近无毛。下部茎生叶三角状戟形，长7.5-15厘米，宽10-18厘米，先端长尖或渐尖，基部宽心形或近心形，两面无毛或近无毛，边缘具细或粗齿，叶柄长4-6.5厘米，无翅，被硬毛，基部稍扩大，无耳；最上部茎生叶卵形或窄卵形，基部圆，具短柄。头状花序在茎端和上部叶腋排成塔状圆锥花序；花序分枝开展，被黄色柔毛，花序梗被硬毛，基部有线状披针形小苞片；总苞圆柱形，长0.9-1.1厘米，径2-3毫米；总苞片5，线状披针形，宽1.5-2毫米，边缘窄膜质，背面被柔毛。小花5-6，花冠黄色，常超出总苞。瘦果圆柱形，长4毫米，无毛，具肋；冠毛白色，长达花冠裂片。花期7月，果期9-10月。

产广西东北部及北部、湖南西北部及西南部、贵州北部及东部，生于海拔1290-1500米山谷河边或山坡灌丛中。

图 752：1-4. 无毛蟹甲草 5-8. 天目山蟹甲草 （张春方绘）

[附] 能高蟹甲草 **Parasenecio nokoensis** (Maxamune et Suzuki) Y. L. Chen, Fl. Reipubl. Popul. Sin. 77 (1): 42. 1999.——*Cacalia nokoensis* Maxamune et Suzuki in Journ. Soc. Trop. Agric. 2: 51. 1930. 本种与无毛蟹甲草的主要区别：叶腋有芽，叶两面无毛或近无毛；总苞片5；小花5-6。产台湾，生于海拔2850米山坡林缘。

11. 两似蟹甲草 图 753

Parasenecio ambiguus (Ling) Y. L. Chen, Fl. Reipubl. Popul. Sin. 77 (1): 44. pl. 8: 1-4. 1999.

Cacalia ambigua Ling in Contr. Inst. Bot. Nat. Acad. Peiping 2: 528. t. 22. 1934; 中国高等植物图鉴 4: 553. 1975.

多年生草本。茎下部被疏毛或无毛，上部花序枝被贴生柔毛。叶多角形或肾状三角形，长15-20厘米，掌状浅裂，裂片5-7，宽三角形，基部心形或平截，边缘疏生波状齿，叶脉5-

图 753 两似蟹甲草 （王金凤绘）

7，上面被疏毛，后无毛，下面无毛，叶柄长10-18厘米，无毛；上部叶具短柄；最上部叶窄卵形，苞片状，全缘或有疏细齿。头状花序在茎端和上部叶腋排成长达10厘米宽圆锥花序，无或近无花序梗，基部常有钻形小苞片；花序轴被毛或下部近无毛；总苞圆柱形，长约5毫米，径1毫米；总苞片3（4），线形，被髯毛，边缘膜质，具条纹，背面无毛。小花3，花冠白色。瘦果圆柱形，长3-4毫米，淡褐色，无毛；冠毛污白或黄褐色。花期7-8月，果期9-10月。

产河北南部、河南、山西、陕西南部及甘肃东南部，生于海拔1200-2400米山坡林下、林缘灌丛或草坡阴湿处。

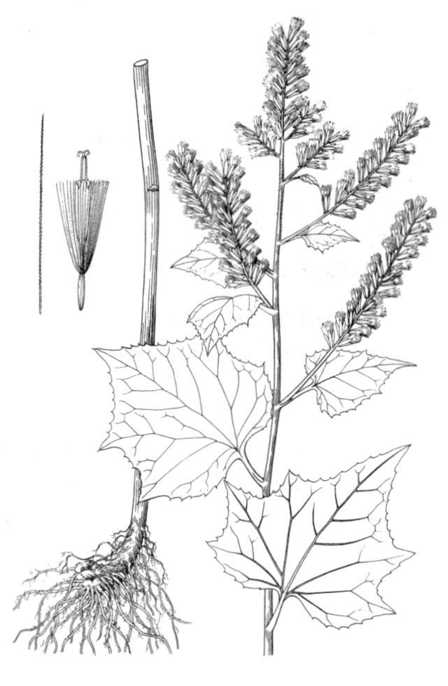

图 754 兔儿风蟹甲草 （王金凤绘）

12. 兔儿风蟹甲草 图 754

Parasenecio ainsliiflorus (Franch.) Y. L. Chen, Fl. Reipubl. Popul. Sin. 77 (1): 47. pl. 9: 1-3. 1999.

Senecio ainsliaeflorus Franch. in Journ. de Bot. 8: 361. 1894.

Cacalia ainsliaeflora (Franch.) Hand.-Mazz.; 中国高等植物图鉴 4: 554. 1975.

多年生草本。茎下部无毛，上部和花序分枝被黄褐色毛。中部茎生叶5-8，心状肾形或圆肾形，长宽8-12厘米，有5-7三角形中裂，基部宽心形或近平截，边缘有不规则锯齿，基出5脉，上面被贴生疏毛或近无毛，下面沿脉被柔毛，叶柄长5-10厘米；上部叶宽卵形，3-5浅裂，叶柄短。头状花序在茎端或上部叶腋排成总状或复总状，花序梗短或极短，具1-3线形或线状钻形小苞片，花序轴和花序梗被黄褐色密毛；总苞圆柱形，长6-8毫米，径1.5-2毫米，总苞片5，线形或线状披针形，被微毛，边缘膜质，背面无毛。小花5，花冠白色。瘦果圆柱形，长3-4毫米，无毛，具肋；冠毛白或污白色。花期7-8月，果期9-10月。

产陕西南部、河南西部、湖北西部及西南部、湖南西北部及西南部、四川、贵州及云南西北部，生于海拔1500-2600米山坡林缘、林下、灌丛或草坪。

13. 矢镞叶蟹甲草 图 755

Parasenecio rubescens (S. Moore) Y. L. Chen. Fl. Reipubl. Popul. Sin. 77 (1): 49. pl. 6: 4-6. 1999.

Senecio rubescens S. Moore in Journ. Bot. 13: 228. 1875.

Cacalia rubescens (S. Moore) Matsuda; 中国高等植物图鉴 4: 553. 1975.

多年生草本，植株无毛，高达80（100）厘米。茎不分枝。下部和中部茎生叶宽三角形，长10-18厘米，3-4（5）浅裂，裂片三角形，基部楔形或平截，边缘有小尖硬锯齿，有时下面沿脉被微毛，叶柄长3-4.5厘米；上部叶渐小，叶柄较短；最上部叶卵状披针形，长5-10厘米。头状花序小，在茎端和上部叶腋排成叉状宽圆锥花序，花序梗长0.5-1.5厘米，具1-2线形小苞片；总苞窄钟形，长1-1.2厘米，径0.5-1厘米，总苞片7-8（10），长圆形或长圆状披针形，边缘膜质，背面无毛。小花8-10；花冠黄色。瘦果圆柱形，淡黄褐色，长6毫米，具肋；冠毛白或淡红褐色，长约7毫米。花

图 755 矢镞叶蟹甲草 （王金凤绘）

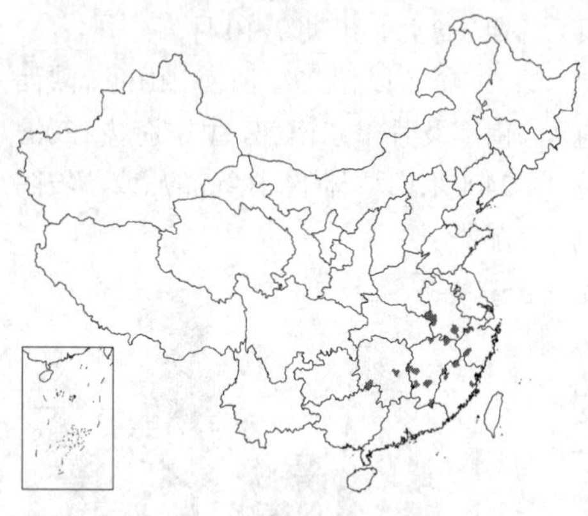

期7-8月，果期9月。

产安徽、浙江、福建、江西及湖南，生于海拔800-1400米山谷林下或林缘灌丛中。

[附] **天目山蟹甲草** 图752:5-8 **Parasenecio matsudai** (Kitam.) Y. L. Chen, Fl. Reipubl. Popul. Sin. 77 (1): 50. pl. 7: 1-4. 1999. —— *Cacalia matsudai* Kitam. in Journ. Jap. Bot. 20: 196. 1944. —— *Cacalia rubescens* auct. non S. Moore: 中国高等植物图鉴 4: 553. 1975, descr. pro part 本种与矢镞叶蟹甲草的区别：植株高大；头状花序大，总苞钟状，长1.3-1.5厘米，径1.7-2厘米；总苞片12；小花38。产浙江西北部及安徽南部，生于海拔约950米山坡路旁或沟边。

14. 阔柄蟹甲草 图 756

Parasenecio latipes (Franch.) Y. L. Chen. Fl. Reipubl. Popul. Sin. 77 (1): 52. pl. 13: 4-6. 1999.

Senecio latipes Franch. in Journ. de Bot. 8: 356. 1894.

Cacalia latipes (Franch.) Hand.-Mazz.; 中国高等植物图鉴 4: 556. 1975.

多年生草本。茎被疏柔毛或近无毛。中部茎生叶卵状三角形或宽三角形，长8-10厘米，宽10-14厘米，基部平截或楔状下延成翅，边缘有不规则锯齿，上面被贴生糙毛，下面被蛛丝状毛，稀沿叶脉被柔毛，叶柄长3-5厘米，具宽翅，基部成抱茎叶耳；上部叶三角形或三角状披针形，叶柄短，最上部叶披针形或线状披针形，近全缘或具1-2细齿。头状花序在茎端或上部叶腋排成总状或复总状，偏一侧着生，花序梗长2-3毫米，被蛛丝状毛或近无毛，具1-3线形小苞片；总苞圆柱形，长6-8（10）毫米，总苞片5，长圆状披针形，被缘毛，边缘窄膜质，背面无毛。小花5（6），花冠黄色。瘦果圆柱形，长约4毫米，无毛，具肋；冠毛白色。花期7-8月，果期9月。

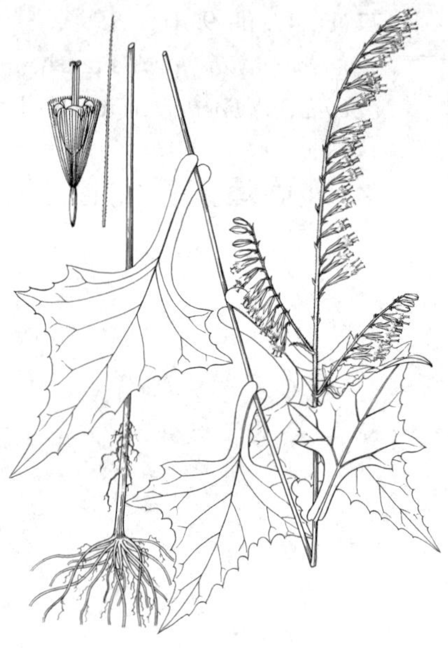

图 756 阔柄蟹甲草 （王金凤绘）

产云南西北部及四川西部，生于海拔3200-4100米冷杉林下、林缘或灌丛中。

15. 五裂蟹甲草 图 757

Parasenecio quinquelobus (Wall. ex DC.) Y. L. Chen, Fl. Reipubl. Popul. Sin. 77 (1): 59. pl. 18: 5-8. 1999.

Prenanthes quinqueloba Wall. ex DC. Prodr. 7: 195. 1838.

多年生草本。茎无毛。茎生叶5-8，中部茎生叶肾状五角形或宽卵状五角形，长6-10厘米，宽5-14厘米，具浅裂至中裂，先端尖、渐尖或尾尖，基部宽心形或平截，有不规则粗齿，基出3-5脉，上面被贴生毛，下面被蛛丝状毛，后脱落，叶柄长2-8厘米；上部叶具短柄，三角形或长三角形；最上部叶窄披针形或线形，苞叶状；上部叶腋和花序枝常有多数球状珠芽。头状花序在茎端排成窄圆锥状，花序梗长1-2毫米，具1-2线形小苞片；总苞圆柱形，长7-8毫米，总苞片4-5，长圆形，背面无毛。小花4-5，花

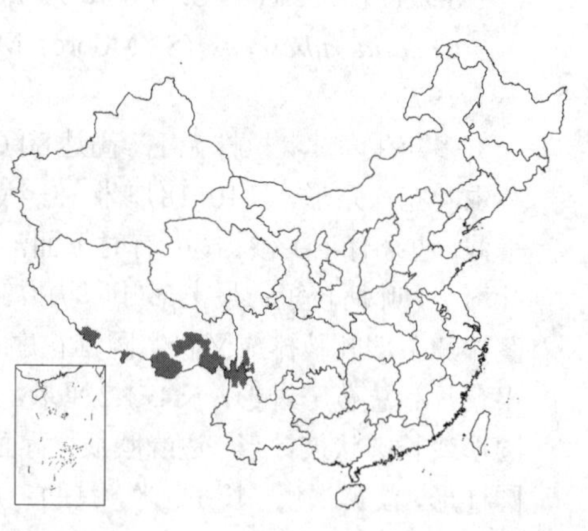

冠黄色，长6-7毫米。瘦果圆柱形，长4-5毫米，无毛，具肋；冠毛白色。花期8月，果期9-10月。

产西藏东南部及南部、云南西北部及四川西南部，生于海拔2800-4100米高山栎或冷杉林下或高山草地。尼泊尔、锡金、不丹、印度西北部及缅甸有分布。

图 757 五裂蟹甲草（张春方绘）

16. 轮叶蟹甲草 图 758

Parasenecio cyclotus (Bur. et Franch.) Y. L. Chen, Fl. Reipubl. Popul. Sin. 77 (1): 64. pl. 14: 1-3. 1999.

Senecio cyclotus Bur. et Franch. in Journ. de Bot. 5: 74. 1891.

Cacalia cyclota (Bur. et Franch.) Hand.-Mazz.; 中国高等植物图鉴 4: 557. 1975.

多年生草本。上部疏被蛛丝状毛。中部茎生叶倒卵状匙形，琴状羽裂，长5-10厘米，裂片卵状长圆形或倒卵形，边缘有不等三角形粗齿，上面被疏贴生毛，下面被蛛丝状绒毛，基部下延成具宽翅叶柄，叶柄基部有宽2-5厘米、全缘或具疏齿的叶耳；最上部叶线形或线状披针形。头状花序在茎端排成总状，或有1-2分枝，侧向着生，下垂，花序梗长2-4毫米，基部有线状披针形小苞片；总苞圆柱形，长0.8-1厘米，径2-3毫米，总苞片5-6，披针形，长0.8-1厘米，背面被微毛，边缘膜质。小花5-6（7），花冠黄色。瘦果圆柱形，长约4毫米，黄褐色，无毛，具肋；冠毛白色。花果期8-9月。

产四川西南部及云南西北部，生于海拔2200-3600米山坡林下、林缘、草地。

图 758 轮叶蟹甲草（王金凤绘）

17. 蛛毛蟹甲草 图 759

Parasenecio roborowskii (Maxim.) Y. L. Chen, Fl. Reipubl. Popul. Sin. 77 (1): 65. pl. 8: 5-7. 1999.

Senecio roborowskii Maxim. in Bull. Acad. Imp. Sci. St. Petersb. 27: 487. 1881.

Cacalia roborowskii (Maxim.) Ling; 中国高等植物图鉴 4: 554. 1975.

多年生草本。茎被白色蛛丝状毛或后脱毛。中部茎生叶卵状三角形或长三角形，长8-13厘米，基部平截或微心形，边缘有不规则锯齿，上面被疏贴生毛或近无毛，下面被白或灰白色蛛丝状毛，基部5脉，叶柄长6-10厘米，被蛛丝状毛；上部叶与中部叶长卵形或长三角形，叶柄短。头状花序在茎端或上部叶腋排成塔状疏圆锥状，偏向一侧着生，花序梗长约3毫米，与花序轴均被蛛状毛和柔毛，具2-3线形或线状披针形小苞片；总苞圆柱形，长0.8-1.3厘米，总苞片（2）3（4），线状长圆形，有微毛，边缘窄膜质，背面无毛，具数条细脉。小花1-3（4），花冠白色。瘦果圆柱形，长3-4毫米，无毛，具肋；冠毛白色。花期7-8月，果期9-10月。

产陕西南部、宁夏南部、甘肃南

部、青海、四川及云南东北部，生于海拔1740-3400米山坡林下、林缘、灌丛或草地。

[附] **玉山蟹甲草 Parasenecio morrisonensis** Y. L. Chen, Fl. Reipubl. Popul. Sin. 77 (1): 67. 1999. 本种与蛛毛蟹甲草的主要区别：总苞片2，小花1；叶4，在茎上疏生，近三角状肾形，上面被卷毛，下面密被棉毛。产台湾宜兰、嘉义，生于海拔约3000米中山顶。

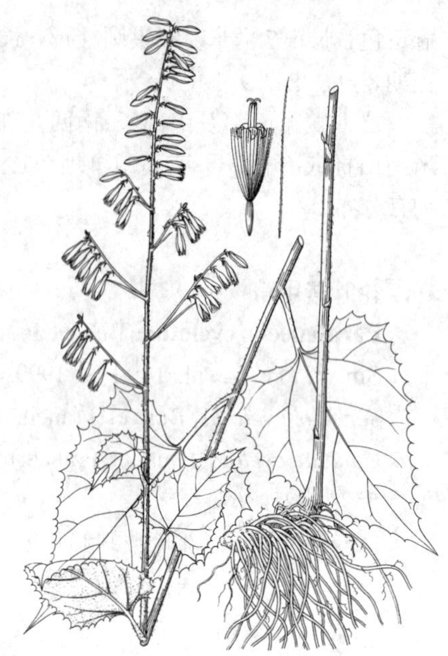

图 759 蛛毛蟹甲草（王金凤绘）

18. 深山蟹甲草 图 760

Parasenecio profundorum (Dunn) Y. L. Chen, Fl. Reipubl. Popul. Sin. 77 (1): 68. pl. 13: 1-3. 1999.

Senecio profundorum Dunn in Journ. Linn. Soc. Bot. 35: 507. 1903, pro part.

Cacalia profundorum (Dunn) Hand.-Mazz.; 中国高等植物图鉴 4: 555. 1975.

多年生草本。茎疏被蛛丝状毛，后无毛，上部被锈褐色腺状柔毛。中部茎生叶膜质，宽卵形或卵状菱形，长10-13厘米，先端尖或短尖，基部平截或微心形，或楔状骤窄成具翅叶柄，边缘有较密尖齿，上面被疏糙毛，下面被疏蛛丝状毛，后无毛，基出3脉，叶柄长5-8厘米，基部半抱茎；上部叶有短柄。头状花序在茎端排成疏散圆锥状，花序梗被疏腺状柔毛，有1-3线形小苞片；总苞圆柱形，长0.8-1厘米；总苞片5，线状披针形，长8-9毫米，被微毛，边缘膜质，背面近无毛。小花5，花冠黄色。瘦果圆柱形，长约6毫米，无毛，具肋；冠毛白色，短于花冠或与花冠近等长。花果期8-9月。

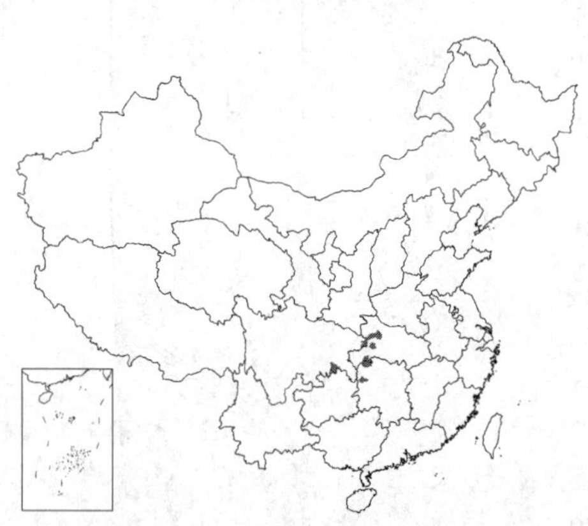

产四川东部及东南部、湖北西部、湖南西北部及西部，生于海拔1000-2100米山坡林缘或山谷。

[附] **苞鳞蟹甲草** 图 751：6-9 **Parasenecio phyllolepis** (Franch.) Y. L. Chen, Fl. Reipubl. Popul. Sin. 77 (1): 69. pl. 15: 1-4. 1999.—— *Senecio phyllolepis* Franch. in Journ. de Bot. 8: 360. 1894. 本种与深山蟹甲草的主要区别：叶纸质，卵形或卵状三角形，边缘具细锯齿，叶柄具不明显窄翅或近无翅。产湖北西部及四川东北部，生于海拔1000-2500米山坡林下或沟边。

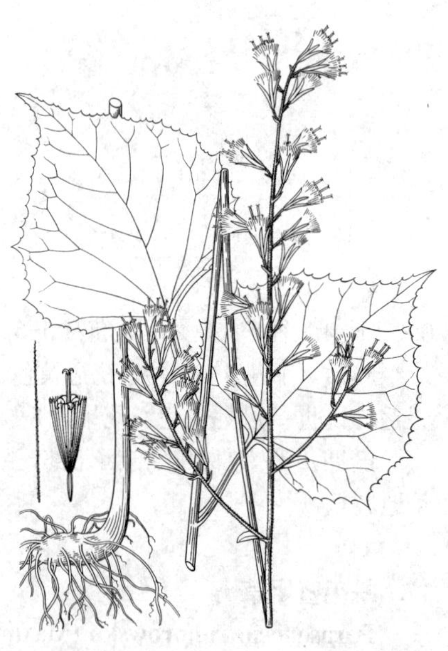

图 760 深山蟹甲草（王金凤绘）

19. 白头蟹甲草 图 761

Parasenecio leucocephalus (Franch.) Y. L. Chen, Fl. Reipubl. Popul. Sin. 77 (1): 71. pl. 19: 6-11. 1999.

Senecio leucocephalus Franch. in Journ. de Bot. 8: 360. 1894.

多年生草本。茎较粗壮，上部被白色蛛丝状毛。中部茎生叶卵状三角形或戟状三角形，稀卵状心形，长8-12厘米，基部心形或平截，边缘有锯齿，上面被疏糙毛，下面被白色蛛丝状毛，掌状3-5脉，叶柄长4-9厘米，近无毛；上部叶叶柄极短。头状花序在茎端和上部叶腋排成窄圆锥状，花序梗长0.2-1.7厘米，有2-3线形小苞片，密被绒毛；总苞圆柱形或圆柱状窄钟形，长0.8-1厘米，宽4-5毫米，总苞片5，长圆形或长圆状披针形，长0.8-1厘米，背面被白色棉毛。小花10-13，花冠黄色。瘦果圆柱形，长5-6毫米，无毛，具肋；冠毛白色。花期8-9月，果期10月。

产四川东北部及东部、湖北西部，生于海拔1250-3000米林下、林缘或草丛中。

[附] **紫背蟹甲草** 图 749 : 5-7 **Parasenecio ianthophyllus** (Franch.) Y. L. Chen, Fl. Reipubl. Popul. Sin. 77 (1): 71. pl. 10: 5-7. 1999.—— *Senecio ianthophyllus* Franch. in Journ. de Bot. 8: 661. 1894. 本种与白头蟹甲草的主要区别：茎细弱，无毛；茎生叶2-3，宽心状圆形或卵状心形，下面蓝紫或紫色，疏被蛛丝状毛；头状花序排成宽圆锥状；总苞长1.2-1.4厘米，宽1.5-2毫米，无毛。产湖北西部及四川东北部，生于海拔1400-1600米落叶混交林或针阔叶混交林中。

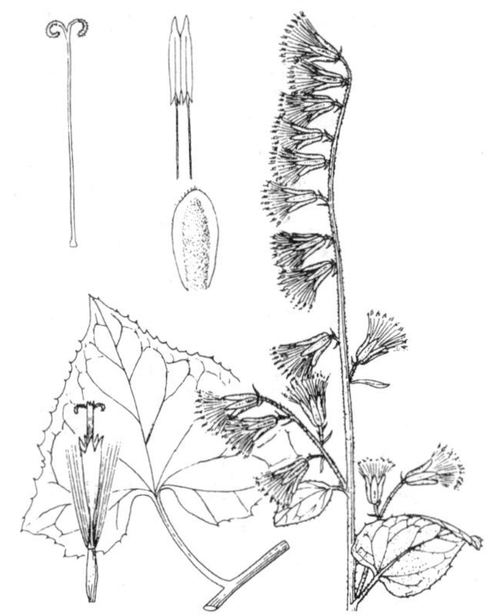

图 761 白头蟹甲草（张春方绘）

20. 珠芽蟹甲草 图 762 : 1-4

Parasenecio bulbiferoides (Hand.-Mazz.) Y. L. Chen, Fl. Reipubl. Popul. Sin. 77 (1): 73. pl. 17: 1-4. 1999.

Cacalia bulbiferoides Hand.-Mazz. Symb. Sin. 7: 1131. 1936.

多年生草本。茎上部被蛛丝状毛。茎中部茎生叶宽三角状卵形或宽卵状心形，长6-12厘米，宽达15厘米，基部直角状心形，边缘具波状粗圆齿或9-11小裂片，掌状5-7脉和1-2侧脉，上面沿脉被疏褐色毛，下面被疏蛛丝状毛，后无毛，叶柄长3-5厘米；上部叶柄渐短；叶腋有卵圆形鳞芽，芽被褐色绒毛。头状花序在茎端排成总状或复总状，花序长达40厘米，最上部苞片长达8厘米，苞片披针形，花序梗长1-2毫米，被绒毛，具1小苞片；总苞圆柱状钟形，总苞片5-6，披针形，长1.1-1.3厘米，边缘窄膜质，背面无毛。小花8-10，花冠黄色。子房无毛，圆柱形；冠毛白色，短于花冠。花期9月。

产陕西西南部、湖北西部及西北部、湖南东部，生于海拔1000-2200米山坡山谷湿地。

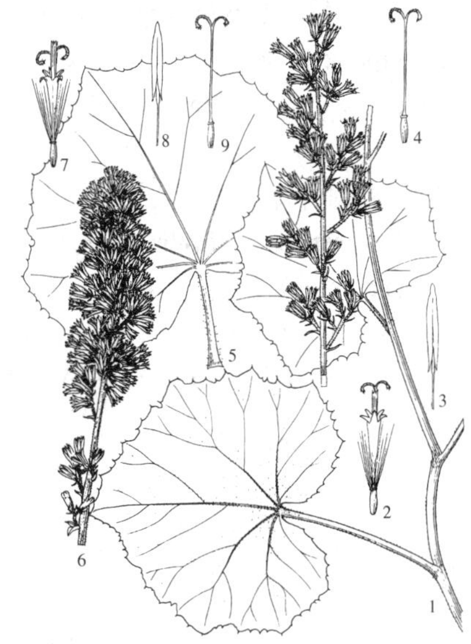

图 762 : 1-4. 珠芽蟹甲草 5-9. 红毛蟹甲草（张春方绘）

21. 黄山蟹甲草 图 763

Parasenecio hwangshanicus (Ling) Y. L. Chen, Fl. Reipubl. Popul. Sin. 77 (1): 75. 1999.

Cacalia hwangshanica Ling in

Contr. Inst. Bot. Nat. Acad. Peiping 5: 11. t. 3. 1937.

多年生草本。茎被疏蛛丝状毛，后渐脱毛。叶3-4，集生茎中部，宽圆肾形或宽卵圆状心形，长6-12厘米，宽达15厘米，基部心形，短楔状下延成叶柄，边缘具深波状细齿，基出3脉，上面被疏生或沿脉较密褐色糙毛，下面被薄白色蛛丝状毛；下部叶柄长达9厘米，具不明显窄翅，被疏蛛丝状毛或近无毛，基部半抱茎；上部叶卵状心形，具短柄；最上部叶苞片状，卵形或卵状披针形。头状花序排成长8-18厘米疏圆锥花序，花序轴纤细，被蛛丝状毛和褐色柔毛，花序梗长3-5毫米或近无梗，具1-2钻形小苞片；总苞窄钟状圆柱形，长1厘米，总苞片5，长圆状披针形，长1厘米，边缘宽膜质，被縫毛。小花7-8，花冠黄色。瘦果圆柱形，淡褐色，长4-5毫米，无毛，具肋；冠毛白色。花期7-8月，果期9月。

产安徽南部及西部、浙江东部及西部、江西西部，生于海拔1500-1800米草地或山坡阴湿处。

［附］ **蜂斗菜状蟹甲草 Parasenecio petasitoides** (Lévl.) Y. L. Chen, Fl. Reipubl. Popul. Sin. 77 (1): 73. 1999.—— *Senecio petasitoides* Lévl. in Fedde, Repert. Sp. Nov. 8: 360. 1910. 本种与黄山蟹甲草的主要区别：叶具5-7掌状脉，叶柄长5-14厘米，无翅，基部不扩大；花序排成穗状总状花序；总苞长1.2-1.4厘米；小花5-8。产贵州东北部及近中部、四川东南部，生于海拔1750-2170米山坡林下阴湿处或山坡草地。

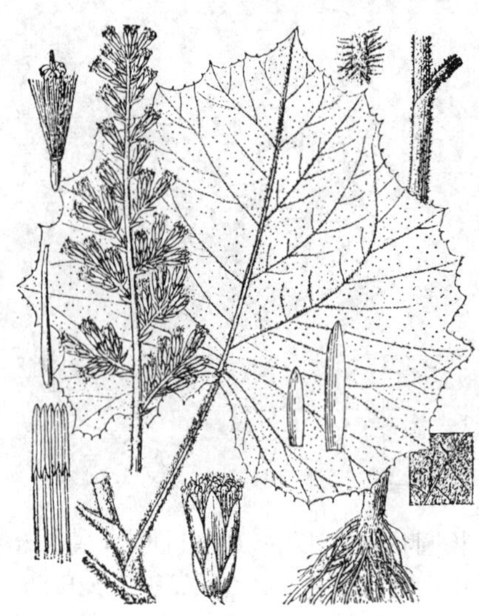

图 763 黄山蟹甲草 （邓晶发绘）

22. 红毛蟹甲草

图 762：5-9

Parasenecio rufipilis (Franch.) Y. L. Chen, Fl. Reipubl. Popul. Sin. 77 (1): 76. pl. 17: 5-9. 1999.

Senecio rufipilis Franch. in Journ. de Bot. 8: 359. 1894.

多年生草本。茎下部被红褐色透明长柔毛，上部被白色蛛丝状毛，兼有长柔毛。中部茎生叶宽卵状心形或肾形，长7.5-13厘米，宽达19厘米，基部深心形，边缘具5个三角形小裂片或深锯齿，掌状5-7脉，两面被红褐色透明腺毛，叶柄长5-10厘米，被红褐色长柔毛，基部不扩大。头状花序在茎端排成圆锥状，花序轴和花序梗均被白色蛛丝状毛，花序梗近无，具1-3三角形小苞片；总苞圆柱形，长1-1.3厘米，总苞片5-6，线状披针形，背面被褐色柔毛。小花5，花冠黄色，长约1厘米。瘦果圆柱形，长约5毫米，无毛，具肋；冠毛白色。花期7-8月，果期9月。

产河南西部、陕西东南部、甘肃南部及四川东北部，生于海拔1100-1800米山坡草地灌丛或林下。

［附］ **秦岭蟹甲草 Parasenecio tsinlingensis** (Hand.-Mazz.) Y. L. Chen, Fl. Reipubl. Popul. Sin. 77 (1): 77. 1999.—— *Cacalia tsinlingensis* Hand.-Mazz. in Oesterr. Bot. Zeitschr. 85: 221. 1936, pra part. 本种与红毛蟹甲草的主要区别：茎被褐色蛛丝状毛或后无毛；叶肾形或卵状心形，边缘波状浅裂，裂片宽三角形，上面被褐色柔毛，下面被蛛丝状毛或短毛，叶柄长10-15厘米，基部扩大，半抱茎。产陕西东南部及西南部、甘肃东部，生于海拔1400-1800米山谷疏林下或山沟阴湿处。

23. 山西蟹甲草

Parasenecio dasythyrsus (Hand.-Mazz.) Y. L. Chen, Fl. Reipubl. Popul. Sin. 77 (1): 78. 1999.

Cacalia dasythyrsa Hand.-Mazz. in Acta Hort. Gothob. 12: 296. 1938.

多年生草本。茎下部被腺毛或近无毛，上部被蛛丝状毛或腺毛。中部茎生叶较密集，宽卵圆状心形或心形，长10-15厘米，宽达20厘米，边缘具深波状粗齿，掌状7脉，上面被褐色糙毛，下面被疏生蛛丝状毛和腺毛，叶柄长7-14厘米，被腺毛。头状花序在茎端排成窄圆锥状，花序梗长3-4毫米，基部有1-3线形小苞片，花序轴和花序梗被蛛丝状毛和腺毛；总苞窄钟状或圆柱状，总苞片4-5，宽线状披针形，长1-1.2厘米，边缘窄膜质，背面被疏腺毛。小花5-6，花冠橙黄色，超出总苞。瘦果圆柱形，无毛；冠毛白色，约与花冠等长。花果期8-9月。

产甘肃东南部、陕西秦岭、山西中部及河南，生于海拔700-1200米山坡草地。

24. 太白山蟹甲草 图 764

Parasenecio pilgerianus (Diels) Y. L. Chen. Fl. Reipubl. Popul. Sin. 77 (1): 80. pl. 14: 4-7. 1999.

Senecio pilgerianus Diels in Engl. Bot. Jahrb. 36: (Beibl. 82): 106. 1905.

Cacalia pilgeriana (Diels) Ling; 中国高等植物图鉴 4: 558. 1975.

多年生草本。茎下部无毛或有疏蛛丝状毛，上部和花序分枝被柔毛。中部茎生叶纸质，肾形或宽肾形，长15-22厘米，宽20-30厘米，掌状中裂至深裂，裂片5-7，倒卵形或长圆形，羽状浅裂，有波状齿，具小尖头，基出5脉，上面被贴生疏毛，下面沿脉被柔毛，叶柄长10-20厘米；上部叶具短柄；最上部叶近苞片状。头状花序在茎端排成密集圆锥花序，花序轴和花序梗被密淡褐色毛，花序梗近无，基部有1线状披针形小苞片；总苞圆柱形，长5-6毫米，总苞片3，线状披针形，背面被微毛。小花3，花冠白或淡黄色。瘦果圆柱形，长2-3毫米，无毛，具肋。冠毛黄褐色。花期7-8月，果期9月。

产河南西部、陕西西南部、甘肃及青海东部，生于海拔1200-2500米山坡林下、山谷阴湿处或沟旁。

[附] **翠雀叶蟹甲草 Parasenecio delphiniphyllus** (Lévl.) Y. L. Chen, Fl. Reipubl. Popul. Sin. 77 (1): 79. 1999. —— *Senecio delphiniphyllus* Lévl. in Bull. Acad. Geogr. Bot. 25: 18. 1885. 本种与太白山蟹甲草的主要区别：叶长9-15厘米，宽11-18厘米；叶柄长4-6.5厘米；花序梗长约1毫米，被腺毛；总苞片和小苞片均5。产云南东北部及贵州西北部，生于海拔1650-3200米山坡林下阴湿处。

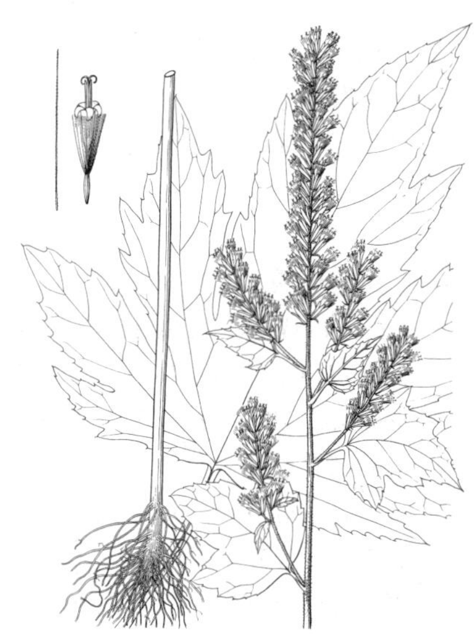

图 764 太白山蟹甲草（王金凤绘）

25. 中华蟹甲草 图 765

Parasenecio sinicus (Ling) Y. L. Chen, Fl. Reipubl. Popul. Sin. 77 (1): 81. pl. 12: 1-4. 1999.

Cacalia sinica Ling in Contr. Inst. Bot. Nat. Acad. Peiping 5: 7. f. 1. 1937.

多年生草本。茎无毛。中部茎生叶肾形或宽卵状三角形，长10-20厘米，宽达24厘米，5-7掌状深裂，裂片披针形或椭圆状披针形，基部心形或近心形，边缘有硬缘毛和有疏软骨质小尖或波状细齿，中裂片较大，侧生裂片常具1小裂片，上面沿脉被褐色糙毛，下面苍白色，无毛，叶柄长10-12厘米，具窄翅；上部叶戟状3裂；最上部叶极小具短柄。头状花序多数，在茎端或上部叶腋排成疏散宽圆锥花序，长15-20厘米，花序梗粗，长0.8-1.5厘米，花序轴被褐色毛，基部有2-3钻形小苞片；总苞圆柱形，总苞片7-8，线状披针形或线形，长0.8-1厘米，被乳头状微毛，背面无毛。小花10-14，花冠黄或淡紫色。瘦果长圆状圆柱形，长5-6毫米，无毛，具肋，褐色；冠毛红褐色。花期7-8月，果期9月。

产河南西部及陕西秦岭，生于海拔970-2000米山坡林下阴湿处或沟边林缘。

图 765 中华蟹甲草（张春方绘）

26. 掌裂蟹甲草 图 766

Parasenecio palmatisectus (J. F. Jeffrey) Y. L. Chen, Fl. Reipubl. Popul. Sin. 77 (1): 82. pl. 18: 1-4. 1999.

Senecio palmatisectus J. F. Jeffrey in Notes Roy. Bot. Gard. Edinb. 34: 363. 1916.

Cacalia palmatisecta (J. F. Jeffrey) Hand. -Mazz.; 中国高等植物图鉴 4: 557. 1975.

多年生草本。茎疏被柔毛或近无毛。中部茎生叶宽卵圆形或五角状心形，长5-14厘米，羽状掌状5-7深裂，裂片长圆形、长圆状披针形或匙形，稀线形，长2-9厘米，羽状浅裂或具2-4小齿，上面疏被贴生毛或近无毛，下面沿脉被柔毛，叶柄无翅，长4-7厘米，疏被短柔毛或近无毛；上部叶与中部叶同形，叶柄较短。头状花序在茎端排成总状或疏圆锥状，花序梗被柔毛或近无毛，具1-2线形小苞片；总苞圆柱形，长0.8-1厘米，总苞片4，绿或紫色，线状长圆形，边缘窄膜质，背面有疏毛或近无毛。小花4-5（-7），花冠黄色。瘦果圆柱形，长5-6毫米，无毛，具肋；冠毛白色。花期7-8月，果期9-10月。

产云南、四川及西藏东南部，生于海拔2600-3800米山坡林下、林缘或灌丛中。

图 766 掌裂蟹甲草（引自《图鉴》）

[附] **腺毛掌裂蟹甲草 Parasenecio palmatisectus** var. **moupinensis** (Franch.) Y. L. Chen, Fl. Reipubl. Popul. Sin. 77 (1): 82. 1999. —— *Senecio quinquelobus* (Wall. ex DC.) var. *moupinensis* Franch. in Nouv. Arch. Mus. Hist. Nat. ser. 2, 10: 40. 1887.与模式变种的主要区别：茎上部、花序轴、花序梗和总苞片均被腺状柔毛或腺毛；叶下面被白色卷毛。产四川西部及西南部、西藏东南部，生于海拔2400-2900米山坡林下、林缘或次生灌丛中。不丹有分布。

131. 假橐吾属 Ligulariopsis Y. L. Chen

（陈艺林 靳淑英）

多年生草本。根茎粗短，具多数纤维状须根。茎基部被残存叶柄，被蜘蛛状毛和柔毛。基部叶花期宿存，具长柄，叶纸质，长圆状心形或宽卵状心形，长5.5-13（-16）厘米，基部深心形，楔状下延成具宽达1厘米翅的叶柄，边缘有锯齿，上面无毛，下面被蛛丝状毛，基部具卵形叶耳，抱茎，叶柄长9-20厘米；上部叶卵状披针形或披针形，无柄，具叶耳抱茎。头状花序盘状，在茎端排成总状，长20-25（-50）厘米，花序轴和梗被蛛丝状毛和腺毛，花序梗长2-3毫米，具2-3钻形或线形小苞片；总苞圆柱形或窄钟形，长6-7毫米，径1.5-2毫米，总苞片4，线状披针形，背面被疏腺毛。小花4，全管状，超出花盘，两性，花冠黄色。瘦果圆柱形，褐色，长3-4毫米，无毛，具肋；冠毛1层，紫褐色，具细齿。

我国特有单种属。

假橐吾 图 767

Ligulariopsis shichuana Y. L. Chen in Acta Phytotax. Sin. 34 (6): 632. f. 1. 1986.

形态特征同属。花期7月，果期8-9月。

产陕西秦岭及甘肃东南部，生于海拔1500-2100米山坡林下或草地。

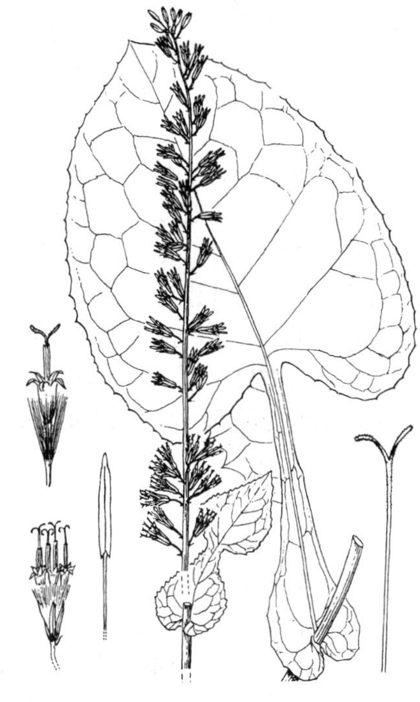

图 767 假橐吾（张春方绘）

132. 兔儿伞属 Syneilesis Maxim.

（陈艺林 靳淑英）

多年生粗壮草本。基生叶盾状，掌状分裂，叶柄长，幼时被密卷毛，茎生叶互生，少数，叶柄基部抱茎。头状花序盘状，小花全部管状，多数在茎端排成伞房状或圆锥状；总苞窄筒状或圆柱状，基部有2-3线形小苞片，总苞片5，不等长，内层较宽，外层较窄；花托平，无毛，具窝孔。小花花冠淡白或淡红色，两性，结实，具不规则5裂，花药基部戟形，具短尖附属物；花柱分枝伸长，顶端钝或具扁三角形附器，外面被毛。瘦果圆柱形，无毛，具多数肋；冠毛多数，细刚毛状，不等长或近等长。子叶1枚，微裂。

5种，产东亚，主要分布中国、朝鲜半岛及日本。我国4种。

1. 叶小裂片宽4-8毫米，叶柄长10-16厘米 ………………………………… **兔儿伞 S. aconitifolia**
1. 叶小裂片宽2-3厘米，叶柄长3-8厘米 ………………………………… (附). **南方兔儿伞 S. australis**

兔儿伞 图 768

Syneilesis aconitifolia (Bunge) Maxim. Prim. Fl. Amur. 165. t. 8. f. 8-18. 1859.

Cacalia aconitifolia Bunge in Mém. Acad. Imp. Sci. St. Pétersb. Sav. Etrang. 2: 111. 1831.

多年生草本。茎紫褐色，无毛，不分枝。叶通常2，下部叶盾状圆形，宽

20-30厘米，掌状深裂，裂片7-9，每裂片2-3浅裂，小裂片线状披针形，宽4-8毫米，被密蛛丝状绒毛，叶柄长10-16厘米，无毛，基部抱茎；中部叶径12-24厘米，裂片4-5，叶柄长2-6厘米；余叶苞片状，披针形，无柄或具短柄。头状花序在茎端密集成复伞房状，花序梗长0.5-1.6厘米，具数枚线形小苞片；总苞筒状，长0.9-1.2厘米，径5-7毫米，基部有3-4小苞片；总苞片1层，5，长圆形，边缘膜质，背面无毛。小花8-10，花冠淡粉白色，长1厘米。瘦果圆柱形，长5-6毫米，无毛，具肋；冠毛污白至红色，糙毛状。花期6-7月，果期8-10月。

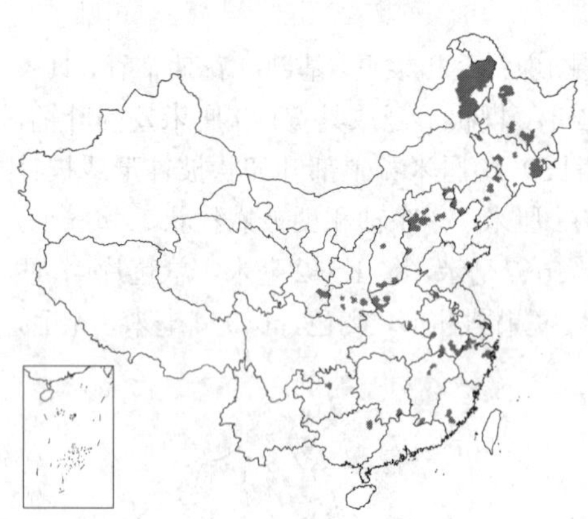

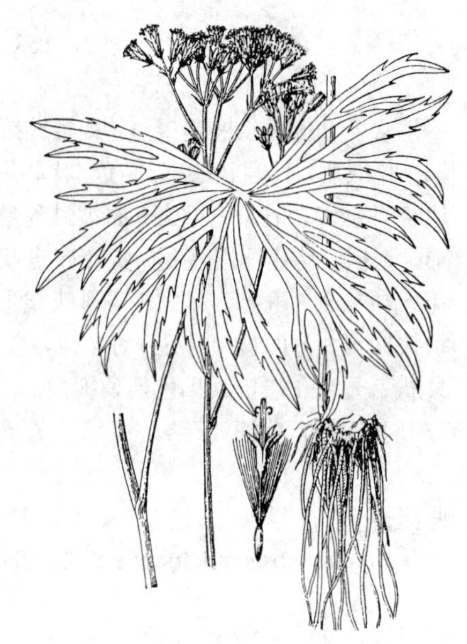

图 768 兔儿伞（傅季平绘）

产黑龙江、吉林、辽宁、内蒙古、河北、山西、陕西、甘肃、河南、山东、安徽、浙江、福建、江西、广西、贵州及湖南，生于海拔500-1800米山坡荒地林缘或路旁。俄罗斯远东地区、朝鲜半岛及日本有分布。根入全草入药，具祛风湿、舒筋活血、止痛之功效。

[附] **南方兔儿伞 Syneilesis australis** Ling in Contr. Inst. Bot. Nat. Acad. Peiping 5: 5. 1937. 与兔儿伞的主要区别：叶基部宽盾形，小裂片宽2-3厘米，叶柄长3-8厘米；花序分枝开展。产浙江西北部及安徽南部。

133. 款冬属 Tussilago Linn.

（陈艺林 靳淑英）

多年生葶状草本。根茎横生。先叶开花，早春抽出花葶，高达10厘米，密被白色茸毛，有互生淡紫色鳞状苞叶。基生叶卵形或三角状心形，后出基生叶宽心形，长3-12厘米，宽达14厘米，边缘波状，顶端有增厚疏齿，下面密被白色茸毛，掌状脉，叶柄长5-15厘米，被白色棉毛。头状花序单生花葶顶端，径2.5-3厘米，初直立，花后下垂；总苞钟状，总苞片1-2层，披针形或线形，常带紫色，被白色柔毛，后脱落，有时具黑色腺毛；花序托平，无毛。小花异形；边缘有多层雌花，花冠舌状，黄色，柱头2裂；中央两性花少数，花冠管状，5裂，花药基部尾状，柱头头状，不结实。瘦果圆柱形，长3-4毫米，具5-10肋；冠毛白色，糙毛状，长1-1.5厘米。

单种属。

款冬 图 769 彩片 109

Tussilago farfara Linn. Sp. Pl. 865. 1753.

形态特征同属。

产吉林东部、河北、山西、陕西、宁夏南部、甘肃东南部、青海东北部、新疆北部、西藏东南部、四川西南部、贵州、云南西北部及湖南西北部，生于山谷湿地或林下。印度、伊朗、巴基斯坦、俄罗斯、西欧和北非有分布。花蕾及叶入药，有止咳、润肺、化痰功效；蜜源植物。

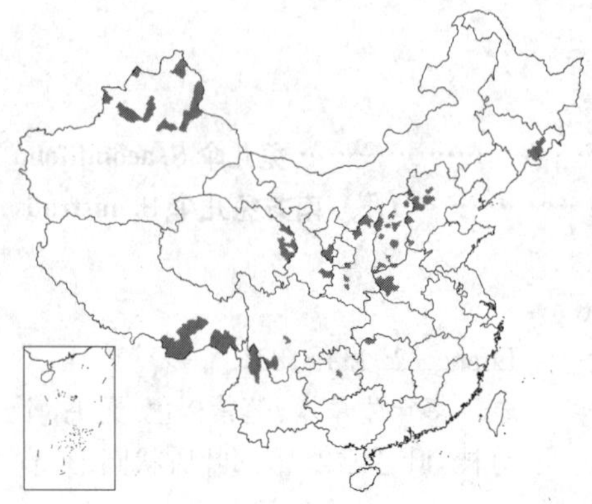

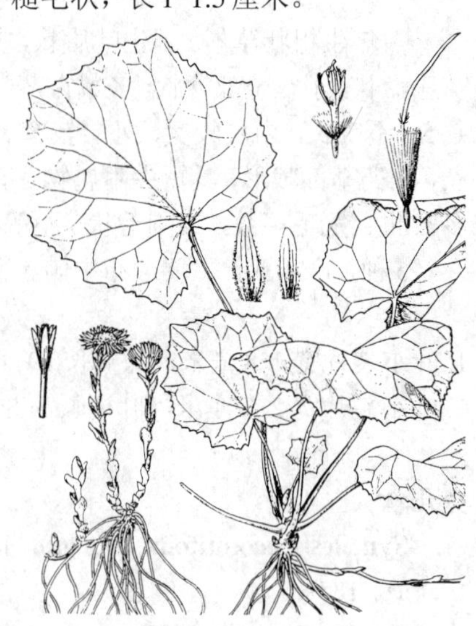

图 769 款冬（马 平绘）

134. 蜂斗菜属 Petasites Mill.

（陈艺林　靳淑英）

多年生草本。根茎与茎同粗或较粗，节状或至少茎下最粗。基生叶宽心形或肾状心形，边切缺或基部裂片，平行至有分叉，具长柄；茎生叶苞片状，无柄，半抱茎；下部茎生叶常有叶痕。头状花序近雌雄异株，辐射状或盘状，小花异形；总苞钟状，基部有小苞片，总苞片1-5层，等长；花序托平，无毛，盾状；雌性头状花序的小花结实，雌花花冠顶端平截，或多少形成短舌或较长舌片，先端3浅裂，花柱丝状；两性花不结实，花冠管状，顶端5裂；花药基部全缘或钝，稀短箭状；花柱顶端棒状、锥状，2浅裂。瘦果圆柱状，无毛，具肋；冠毛白色，糙毛状。

18种，分布于欧洲、亚洲和北美洲。我国6种。

1. 叶掌状浅裂，裂片7-9，肾形或圆肾形，顶裂片3浅裂，裂片有缺刻状齿，有小尖头；总苞半球形，雄性花序伞房状或圆锥状；雌花舌片长1毫米 …… 1. **掌叶蜂斗菜 P. tatewakianus**
1. 叶不裂，具角或有齿，多少肾形。
  2. 头状花序多数，排成聚伞圆锥状或圆锥状花序；苞叶卵状长圆形或卵状披针形，先端尖或渐尖。
    3. 茎密被褐色柔毛及蛛丝状棉毛；茎叶苞片状 …… 2. **台湾蜂斗菜 P. formosanus**
    3. 全株被薄蛛丝状白色棉毛；茎叶鳞片状 …… 3. **毛裂蜂斗菜 P. tricholobus**
  2. 头状花序少数，排成伞房状或总状花序，稀下部2-3分枝；苞叶长圆形或卵状披针形。
    4. 叶质薄深心形或圆肾形；长6-12厘米或更长；头状花序排成伞房状或总状。
      5. 苞叶长圆形或卵状长圆形，先端钝；头状花序在花茎端密集成密伞房状状；总苞片窄长圆形；子房无毛 …… 4. **蜂斗菜 P. japonicus**
      5. 苞叶宽卵形，茎生叶和下部苞叶披针形，先端长渐尖；头状花序排成总状；总苞片11-15，线形；子房被毛 …… 4(附). **盐源蜂斗菜 P. versipilus**
    4. 叶厚纸质，肾状心形，长3-5.5厘米；头状花序6-9，排成伞房状；总苞倒锥状，长0.8-1厘米；雌花有短舌片，顶端2-3细裂 …… 4(附). **长白蜂斗菜 P. rubellus**

1.　掌叶蜂斗菜　　图 770

Petasites tatewakianus Kitam. in Acta Phytotax. Geobot. 9: 64. 1940.

雄性花葶高50厘米，雌株超过50厘米，全株被蛛丝状微卷毛；苞叶卵状长圆形，长4-4.5厘米，无柄，先端钝，全缘，被密丛卷毛；叶全基生，叶柄长20-30厘米，初被卷长柔毛，后无毛；叶肾形或圆肾形，长10-23厘米，宽20-40厘米，掌状浅裂，裂片7-9，楔形，顶裂片3浅裂，具小尖头的齿，上面被卷微毛，下面被密白色卷毛。雄性头状花序伞房状或圆锥状排列；花序梗长4-8厘米；雌性头状花序同形或异形，边缘小花雌性，中央小花两性，淡紫或白色；总苞半球形，长宽1厘米，基部有线状披针形苞片；总苞片1层，窄长圆形，背面下部被卷柔毛；雌花结实，花冠丝状，长1厘米，舌片长1毫米；两性花不结实；花冠管状，长1厘米。瘦果圆柱形，无毛。雌花冠毛白色，长0.9-1.2厘米；雄花冠毛少数，刚毛状，花序托盾状。雄性头状花序长达40厘米，具异形小花；雌花多数，花冠丝状；雄花花冠

图 770　掌叶蜂斗菜（孙英宝绘）

管状，长6.5毫米。

产黑龙江。俄罗斯远东地区及萨哈林岛有分布。

2. 台湾蜂斗菜 台湾款冬 图 771

Petasites formosanus Kitam. in Acta Phytotax. Geobot. 9: 177. 1933.

多年生草本。茎葶状，丛生，密被褐色柔毛及蛛丝状绵毛。基部叶心形或肾形，长5-8厘米，宽7-12厘米，边缘具有尖头细齿，上面被柔毛，下面沿脉被疏蛛丝状柔毛，基部掌状脉，叶柄长15-30厘米，基部扩大，无毛；茎叶苞片状，无柄，半抱茎，长圆状披针形或长圆形，稀卵状长圆形，长2-4厘米，全缘，被密蛛丝状毛。头状花序多数，排成圆锥状花序，雄花序宽8-10厘米，雌花序径7-8厘米，花序梗长0.5-1.5厘米，被褐色柔毛，苞片2-5，线形或线状披针形，长4-5毫米。总苞钟状，长8-9毫米，径1-1.4厘米，总苞片1层，长圆形或长圆状披针形，背面被疏微毛。雌性头状花序具少数两性花，花梗序长0.7-1.5厘米；两性花多数，花冠管状，长0.7-1厘米；雌花花冠丝状，花柱丝状，长于花冠。瘦果圆柱形，无毛；冠毛白色。花期5月。

产台湾，生于山区草地。

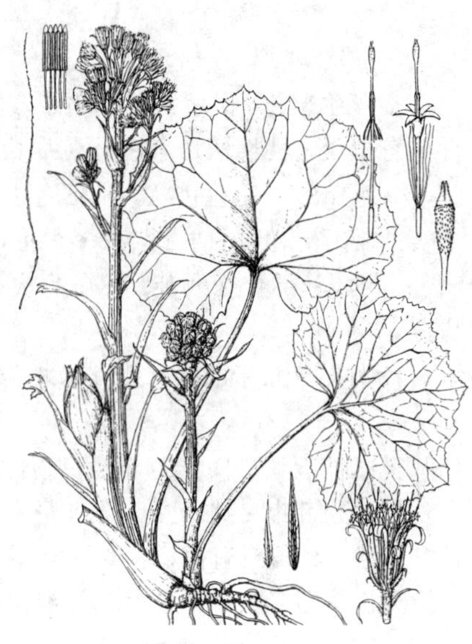

图 771 台湾蜂斗菜（引自《Fl. Taiwan》）

3. 毛裂蜂斗菜 图 772

Petasites tricholobus Franch. in Nouv. Arch. Mus. Hist. Nat. ser. 2, 6: 52. 1883.

多年生草本，全株被薄蛛丝状白色绵毛。雌株花茎具鳞片状叶；苞叶卵状披针形，长3-4厘米；基生叶宽肾状心形，长2-8厘米，边缘有细齿，叶脉掌状，两面被白色绵毛，具长柄。雌头状花序多数，排成密集聚伞状圆锥花序，径0.8-1.2厘米；花序梗长1-2.5厘米，有1或数枚披针形苞叶；总苞钟状，总苞片1层，10-12，披针形或披针状长圆形，长约7毫米，外面有小苞片；雌花花冠顶端4-5撕裂，裂片丝状或钻形，花柱伸出花冠，柱头2裂。雄头状花序多数，排成伞房状或圆锥状；花冠管状，裂片披针形；花柱伸出花冠。瘦果圆柱形，无毛；雌花冠毛多，白色；雄花冠毛较少，短于花冠。

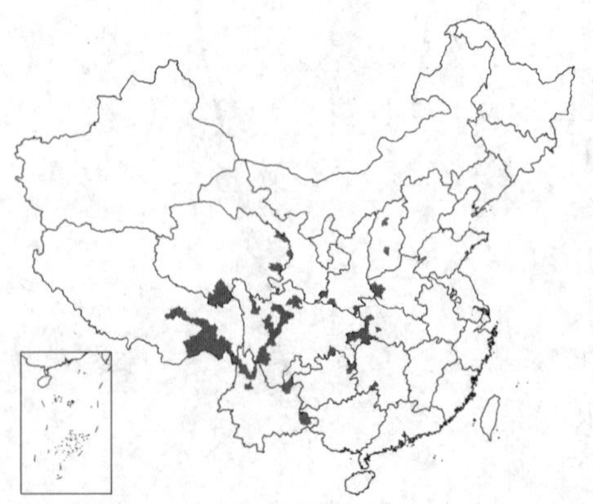

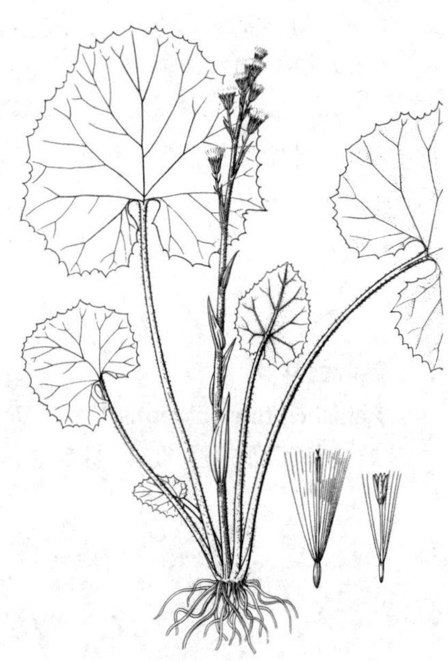

图 772 毛裂蜂斗菜（王金凤绘）

产山西、陕西南部、甘肃东南部、青海东部及南部、西藏东部、四川、云南、贵州东部、湖南西北部及西南部、湖北西部、河南西部，生于海拔700-4200米山谷路旁或水旁。尼泊尔、印度及越南有分布。全草入药，功效与蜂斗菜相同。

4. **蜂斗菜** 图 773

Petasites japonicus (Sieb. et Zucc.) Maxim. in Award 34 th. Demidov. Prize 212. 1866.

Nardosmia japonica Sieb. et Zucc. Fl. Jap. 181. 1843.

多年生草本。雄株花茎被褐色柔毛；苞叶长圆形或卵状长圆形，长3-8厘米，紧贴花葶。基生叶质薄，圆形或肾状圆形，长、宽15-30厘米，不裂，有细齿，基部深心形，上面幼时被卷柔毛，下面初被蛛丝状毛，具长柄。头状花序少数，密集成密伞房状，小花同形；总苞筒状，长6毫米，基部有披针形苞片；总苞片2层，近等长，窄长圆形，无毛；全部小花管状，两性，不结实，花冠白色，长7-7.5毫米，有宽长圆形附片。雌性花葶有密苞片，花后高达70厘米；花序密伞房状，花后成总状；头状花序具异形小花，雌花多数，花冠丝状，花柱伸出花冠，子房无毛。瘦果圆柱形，无毛；冠毛白色，细糙毛状。花期4-5月，果期6月。

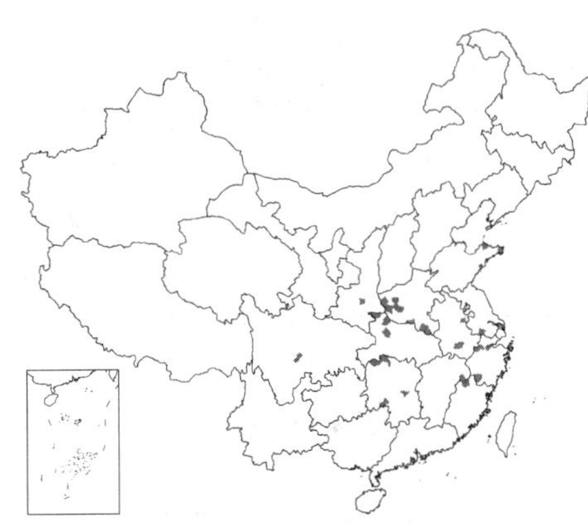

产山东东部、江苏西南部、安徽、浙江、福建西北部、江西东北部、湖南、湖北西部、四川、陕西及河南，生于溪流边、草地或灌丛中，常有栽培。朝鲜半岛、日本及俄罗斯远东地区有分布。根茎药用，解毒祛瘀，外敷治跌打损伤、骨折及蛇伤。栽培作蔬菜，叶柄和嫩花芽供食用。味美可口。

[附] **盐源蜂斗菜 Petasites versipilus** Hand. -Mazz. in Sitz. Akad. Wiss. Wien, Math. -Nat. Kl. 57: 289. 1920. 本种与蜂斗菜的主要区别：苞叶宽卵形、基生叶和下部苞叶披针形，先端长渐尖；头状花序成总状；总苞片11-15，线形；子房被毛。产四川西南部及云南西北部，生于海拔2700-3200米亚高山草披、林下或灌丛边。

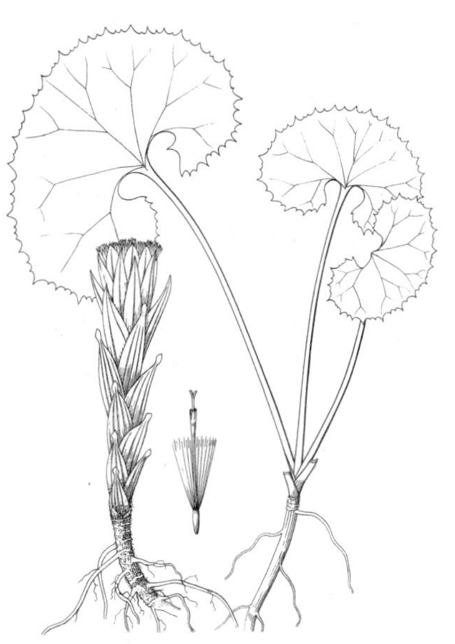

图 773 蜂斗菜 （王金凤绘）

[附] **长白蜂斗菜 Petasites rubellus** (J. F. Gemel.) Toman in Folia Geobot. Phytotax. 7: 391. 1972.——*Tussilago rubella* J. F. Gmelin. in Syst. Nat. ed. 13, 2: 1725. 本种与蜂斗菜的区别：叶厚纸质，肾状心形，长3-5.5厘米；头状花序6-9，排成伞房状；总苞倒锥状，长0.8-1厘米；雌花有短舌片，先端2-3细裂。产吉林长白山区，生于海拔1800-2800米林下或林缘。俄罗斯西伯利亚及远东地区、蒙古、朝鲜半岛北部有分布。

135. 蒲儿根属 Sinocenecio B. Nord.

（陈艺林 靳淑英）

直立多年生或二年生草本，具匍匐枝或根状茎，根纤维状。茎葶状、近葶状或具叶，幼时常被长柔毛或蛛丝状绒毛。叶不裂，具柄，全部基生或大部基生，或基生兼茎生；基生叶莲座状，除具茎生叶的种类外花期宿存；叶圆形、肾形、卵形或三角状，稀卵状长圆形或椭圆形，掌状脉或极稀羽状脉，掌状裂，边缘具齿、棱角或近全缘，基部心形或近平截，稀圆或楔形；基生叶叶柄无翅，茎叶叶柄下部有具翅、基部扩大半抱茎、全缘或具齿的耳。头状花序单生或多数排成顶生近伞形或复伞房状聚伞花序，具异形小花，辐射状，具花序梗。总苞无苞片，稀有苞片，倒锥形、半球形或杯状；花序托平或凸起，具小窝孔，或具缘毛；总苞片草质，7-10，或13-17，通常8-13，线形或卵形，通常披针形，先端及上部边缘常被缘毛或流苏状缘毛，边缘干膜质。小花全部结实，舌状花6-15，通常13个，雌性，舌片黄色，长圆形或披针状长圆形，具4-10脉，顶端具3小齿；管状花多数，两性，花冠黄色，檐部钟状，5裂；花药长圆形；花柱分枝外弯，极短，顶端平截或微凸起，或较长边缘被乳头状毛。瘦果圆柱形或倒卵圆状，具肋，无毛，或沿肋被柔毛；全部小花的瘦果有冠毛，或舌状花或全部小花无冠毛；冠毛细，同形，白色，宿存，稀脱落。

约36种，3种分布朝鲜、缅甸及中南半岛；1种产北美洲。我国35种。

1. 全部小花瘦果至少幼时均有冠毛。
  2. 茎花葶状，无叶或至多近基部有1-2茎叶，或仅有披针形或线形苞片，或有数个小于基生叶的叶状苞片。
    3. 叶下面密被白或黄褐色绒毛。
      4. 头状花序2-10排成伞房状；叶近革质。
        5. 叶卵状心形，边缘具小尖头的波状齿，上面疏被绢状长柔毛及贴生密柔毛，下面被黄褐色绢状棉毛，叶柄长5-22厘米，被黄褐色绢状长柔毛 ………………………………………… 1. **毛柄蒲儿根 S. eriopodus**
        5. 叶肾形，掌状5-7浅裂，边缘具宽三角形齿或三角形裂片，两面无毛，叶柄短，无毛 …… 1(附). **岩生蒲儿根 S. saxatilis**
      4. 头状花序单生，径4-5厘米；总苞倒锥状钟形，总苞片被白色绒毛；叶厚纸质，宽卵形或卵状心形，下面密被黄褐色绒毛 ………………………………………………………………… 2. **单头蒲儿根 S. hederifolius**
    3. 叶下面无毛或疏被蛛丝状毛或长柔毛。
      6. 叶膜质；茎下部至少有1茎生叶 ………………………………………………… 3. **莲座蒲儿根 S. subrosulatus**
      6. 叶近革质；叶全基生。
        7. 头状花序3-7（-9），钟状；总苞片约13，被柔毛；舌片长8-9毫米；叶下面疏被长软毛或沿脉被短柔毛 …………………………………………………………………………… 4. **滇黔蒲儿根 S. bodinieri**
        7. 头状花序单生，倒锥状钟形；总苞片10-12，密被褐色长柔毛；舌片长1.2-1.3厘米；叶下面密被长柔毛 ……………………………………………………………………………… 4(附). **川鄂蒲儿根 S. dryas**
  2. 茎具叶，通常具4叶，稍小于基生叶，稀更少。
    8. 瘦果无毛。
      9. 植株无匍匐枝；茎生叶通常1-2，肾形，具波状或三角形粗齿，下面初被蛛丝状毛 …… 3. **莲座蒲儿根 S. subrosulatus**
      9. 植株具匍匐枝；茎生叶通常4，或更多。
        10. 头状花序小，花序梗长0.5-3厘米；总苞径2.5-4毫米；叶柄无翅，基部稍扩大成卵形或圆形的小耳 ………………………………………………………………………………………… 7. **耳柄蒲儿根 S. euosmus**
        10. 头状花序较大，花序梗长达5厘米；总苞径5-7毫米；叶柄具宽翅，基部扩大成径3-5厘米、宽卵形或圆形的耳 ………………………………………………………………… 7(附). **齿耳蒲儿根 S. cortusifolius**
    8. 瘦果被柔毛。
      11. 叶宽扇形或近圆形，近革质，掌状深裂，两面无毛 ………………………………… 8. **武夷蒲儿根 S. wuyiensis**
      11. 叶圆形或近圆形，纸质，边缘具粗齿或波状齿，两面被毛。
        12. 茎生叶1-2，叶基部耳状；花序梗长3-6厘米，疏被绒毛或长柔毛，后无毛，有苞片 ………………………………………………………………………………………………… 9. **白背蒲儿根 S. latouchei**
        12. 茎生叶4，叶基部扩大成半抱茎的耳；花序梗长1-1.5厘米，密被白色绒毛，无苞片 ……………………………………………………………………………………… 10. **九华蒲儿根 S. jiuhuashanicus**
1. 全部小花瘦果或舌状花瘦果无冠毛。
  13. 全部小花瘦果无冠毛；瘦果无毛。
    14. 多年生具葶草本；叶全部或几全部基生，莲座状。
      15. 叶肾状或宽卵状圆形，基部心形，具5-7掌状脉；花序梗基部有1苞片，上部具数苞片 ………………………………………………………………………………………… 5. **肾叶蒲儿根 S. homogyniphyllus**
      15. 叶卵形、卵状长圆形或倒卵形，基部圆或宽楔形，羽状脉，侧脉6-7对；花葶无苞片 ………………………………………………………………………………………… 5(附). **海南蒲儿根 S. hainanensis**
    14. 多年生具匍匐枝草本；具茎生叶；总苞片边缘无白色缘毛，无毛或上部1/3边缘被不明显缘毛或柔毛 ………

………………………………………………………………………………………… 6. 匍枝蒲儿根 **S. globigerus**

13. 舌状花瘦果无冠毛，无毛；管状花瘦果有冠毛，被柔毛 ……………………………… 11. 蒲儿根 **S. oldhamianus**

1. 毛柄蒲儿根 图 774

Sinocenecio eriopodus (Cumm.) C. Jeffrey et Y. L. Chen in Kew Bull. 39 (2): 226. 1984.

Senecio eriopodus Cumm. in Kew Bull. 1908: 18. 1908.

多年生草本。茎花葶状，高达36厘米，被黄褐色或绢状绵毛。叶少数，基生，卵状心形，长6-10厘米，边缘具小尖头的波状齿，上面疏被绢状长柔毛及贴生密柔毛，下面被黄褐色绢状绵毛，基生7-9掌状脉；叶柄长5-22厘米，被黄褐色绢状长柔毛。头状花序2-10，排成顶生伞房状花序；花序梗长2-4厘米，被绒毛，基部具1线形苞片及3-4线状钻形小苞片。总苞宽钟状，长6-8毫米，无外层苞片，总苞片1层，8个，长圆状披针形，草质，常紫色，边缘宽干膜质，紫色，背面密被绒毛或花后多少脱毛。舌状花6-8，舌片黄色，长圆形，长0.8-1.5厘米；管状花多数，花冠黄色。瘦果圆柱形，无毛，具肋；冠毛白色。花期4-7月。

产湖北西南部及湖南西北部，生于海拔约820米山坡疏林下。

[附] **岩生蒲儿根** 图 775 **Sinocenencio saxatilis** Y. L. Chen in Acta Phytotax. Sin. 33 (1): 76. f. 1. 1995. 本种与毛柄蒲儿根的区别：叶肾形，掌状5-7浅裂，边缘具宽三角形齿或三角形裂片，两面无毛，叶柄短，无毛。产广东北部及湖南南部，生于海拔1200-1650米山顶石缝中。

图 774 毛柄蒲儿根（孙英宝绘）

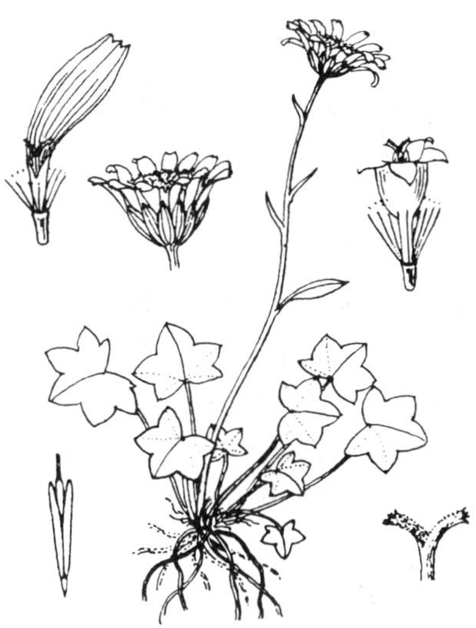

图 775 岩生蒲儿根（张泰利绘）

2. 单头蒲儿根 图 776

Sinocenecio hederifolius (Dunn) B. Nord. in Opera Bot. 44: 50. 1978.

Gerbera hederifolia Dunn in Gard. Chron. ser. 3, 3: 482. 1912.

Senecio goodianus Hand.-Mazz.;中国高等植物图鉴 4: 562. 1975.

多年生草本。茎花葶状，高13-30厘米，密被黄褐色绒毛。叶基生，厚纸质，宽卵形或卵状心形，长3-7厘米，先端圆，基部深心形，全缘或具浅波状齿，上面近无毛，下面密被黄褐色绒毛，掌状脉5-7；叶柄长3-7厘米，密被黄褐色绒毛。头状花序单生，径4-5厘米；花葶上部具少数线状披针形小苞片；总苞倒锥状

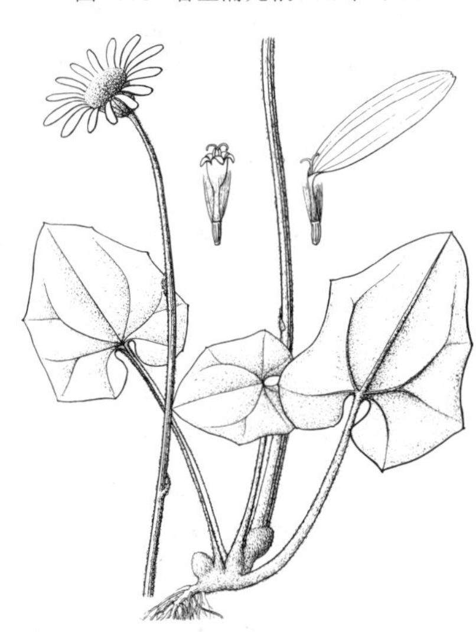

图 756 单头蒲儿根（引自《图鉴》）

钟形，长1-1.2厘米，无外苞片，总苞片约15个，1层，草质，卵状长圆形或线状长圆形，长0.8-1厘米，先端尖，紫色，被流苏状缘毛，边缘宽干膜质，背面密被白色绒毛，后脱毛或多少无毛；舌状花约10，舌片黄色，长圆形或倒披针状长圆形，长2厘米；管状花多数，花冠黄色。瘦果圆柱形，无毛；冠毛白色。花期4-5月。

产甘肃南部、湖北西部及四川东部，生于海拔700-2000米松林下或石灰岩缝中。

3. 莲座蒲儿根 图 777

Sinocenecio subrosulatus (Hand.-Mazz.) B. Nord. in Opera Bot. 44: 51. 1978.

Senecio subrosulatus Hand.-Mazz. in Acta Hort. Gothob. 12: 293. 1938.

多年生草本。茎花葶状，高20-35厘米，初被蛛丝状绒毛。叶莲座状，具长柄；茎生叶通常1-2，肾形，膜质，长4-9厘米，基部心形，边缘波状或具三角形粗齿，上面无毛，下面初被灰白或黄褐色蛛丝状毛，叶柄长6-8厘米，初被密蛛丝状绒毛，基部稍扩大。头状花序径1.5-2厘米，排成顶生疏伞房状，花序梗长1-6厘米，被蛛丝状毛及柔毛，基部及上部有2-3线形或线状钻形小苞片；总苞倒锥状或钟状，长5-8毫米，无外苞片，总苞片约10，1层，披针形或长圆状披针形，长5-7毫米，暗紫色，被缘毛，草质，具窄干膜质边缘，背面无毛或基部被疏柔毛。舌状花8-10，舌片黄色，线状长圆形；管状花多数，花冠黄色，长8-9毫米。瘦果圆柱形，无毛，具肋；冠毛白色。花期7月。

产甘肃近中部及四川北部，生于海拔3300-3500米冷杉林下。

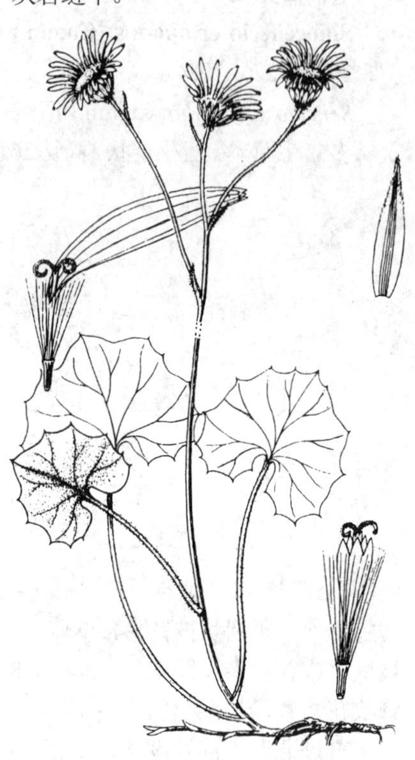

图 777 莲座蒲儿根（张泰利绘）

4. 滇黔蒲儿根 图 778

Sinocenecio bodinieri (Vant.) B. Nord. in Opera Bot. 44: 49. 1978.

Senecio bodinieri Vant. in Bull. Acad. Int. Geogr. Bot. 11: 348. 1902.

多年生草本。茎花葶状，单生，稀2-5，高10-30厘米，被红褐色长柔毛，下部毛较密，近上部被黄褐色绒毛，常具1-2叶状苞片，苞片卵形或匙形，具短柄，长1-2厘米，有小齿。叶基生，莲座状，近革质，圆形或近圆形，长2-6厘米，基部心形，稀近平截，边缘波状，稀浅裂，具宽三角形或圆形浅齿，上面被贴生疏毛或无毛，下面疏被长柔毛或沿脉被柔毛，或边缘有紫褐色缘毛，掌状脉5-7；叶柄长3.5-9厘米，被密红褐色长柔毛。头状花序半圆形，径1.5厘米，3-7（-9）排成顶生伞房状，花序梗长1-6厘米，被柔毛或近无毛，具1基生苞片及2-3小苞片，

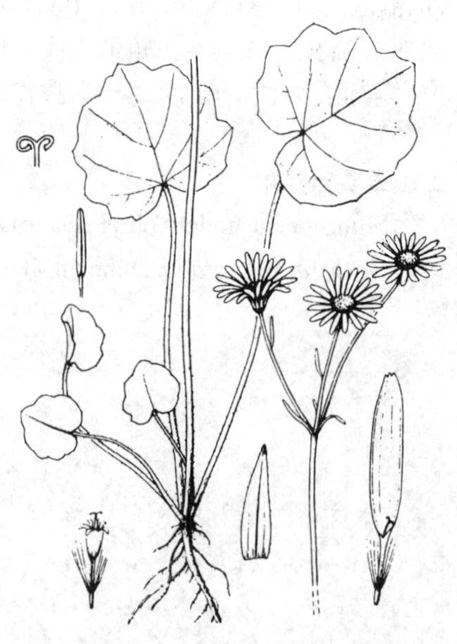

图 778 滇黔蒲儿根（吴彰桦绘）

苞片及小苞片线形或线状匙形，长0.5-1厘米；总苞钟状，长5-7毫米，总苞片草质，约13，披针形或宽披针形，长6-7毫米，边缘干膜质，背面被柔毛。舌状花约13，无毛，舌片黄色，长圆形，长8-9毫米；管状花多数，花冠黄色，长4.5毫米。瘦果圆柱形，无毛；冠毛白色。花期4-6月。

产贵州、四川南部及云南东部，生于海拔650-2700米山麓、溪边或林下阴湿处。

[附] **川鄂蒲儿根 Sinocenecio dryas** (Dunn) C. Jeffrey et Y. L. Chen in Kew Bull. 39(2): 231. 1984.—— *Senecio dryas* Dunn in Journ. Linn. Soc. Bot. 35: 504. 1903. 本种与滇黔蒲儿根的主要区别：叶下面密被长柔毛；头状花序单生，倒锥状钟形；总苞片10-12，密被褐色长柔毛。产湖北西部及四川东部，生于山坡岩石处。

5. 肾叶蒲儿根 图 779

Sinocenecio homogyniphyllus (Cumm.) B. Nord. in Opera Bot. 44: 50. 1978.

Senecio homogyniphyllus Cumm. in Kew Bull. 1908: 17. 1908.

多年生具葶草本。茎花葶状，高10-25厘米，基部及近上部疏被黄褐色长柔毛，上部具1-4线状匙形苞片。叶基生，莲座状，宽卵状圆形或肾形，长2-4厘米，基部心形，边缘浅波状或近全缘，上面被疏长柔毛，下面通常紫色，被疏贴生长柔毛，具5-7掌状脉；叶柄长2.5-9厘米，被密黄褐色长柔毛或近无毛。头状花序径2厘米，单生，或排成顶生疏近伞形伞房状，花序梗长2-3.5厘米，基部具1线状匙形苞片，上部具数个小苞片；总苞倒锥状，长4-5毫米，无外层苞片，花托稍凸起，具毛，总苞片草质，7-10，1层，长圆形或长圆状披针形，被流苏状缘毛，上部深绿色或变紫色，背面无毛。舌状花10-12，长1.2厘米，无毛，舌片长圆形，长9-9.5毫米；管状花多数，花冠黄色，长4.5毫米。瘦果倒卵状圆柱形，无毛；冠毛无。

产四川中部及南部，生于海拔1300-2900米岩石上、阴湿处或林下。

[附] **海南蒲儿根 Sinocenecio hainanensis** (Chang et Tseng) C. Jeffrey et Y. L. Cheng in Kew Bull. 39(2): 238. 1984.—— *Senecio hainanensis* Chang et Tseng, Fl. Hainan 3: 585. 1974. 本种与肾叶蒲儿根的主要区别：叶卵形、卵状长圆形或倒卵形，基部圆或宽楔形，羽状脉，侧脉6-7对；花葶无苞片。花期7-10月。产海南，生于海拔900-1200米山坡阳处或林中。

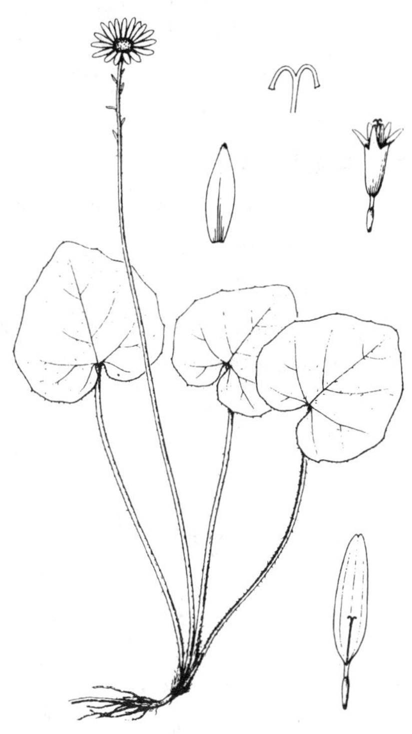

图 779 肾叶蒲儿根（吴彰桦绘）

6. 匍枝蒲儿根 图 780

Sinocenecio globigerus (Chang) B. Nord. in Opera Bot. 44: 50. 1978.

Senecio globigerus Chang in Sunyatsenia 6: 21. 1941; 中国高等植物图鉴 4: 562. 1975.

具匍匐枝多年生草本。匍匐枝细长，具疏生叶。茎单生或2-3，高30-70厘米，被蛛丝状毛或黄褐色长柔毛或腺毛。基生叶数个，莲座状，宽卵形，长3-6厘米，基部心形。3-5掌状裂，裂片宽三角形，上面被疏黄褐

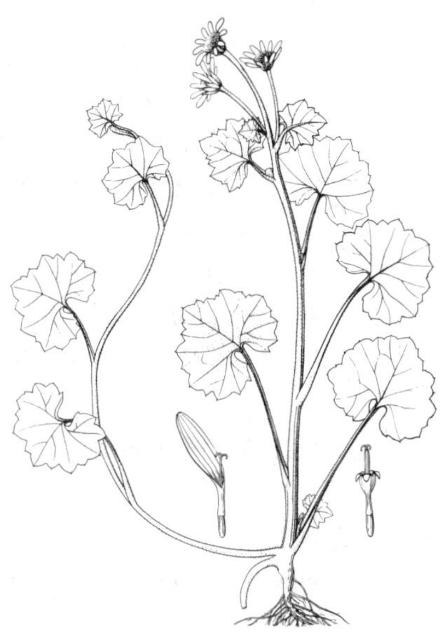

图 780 匍枝蒲儿根（引自《图鉴》）

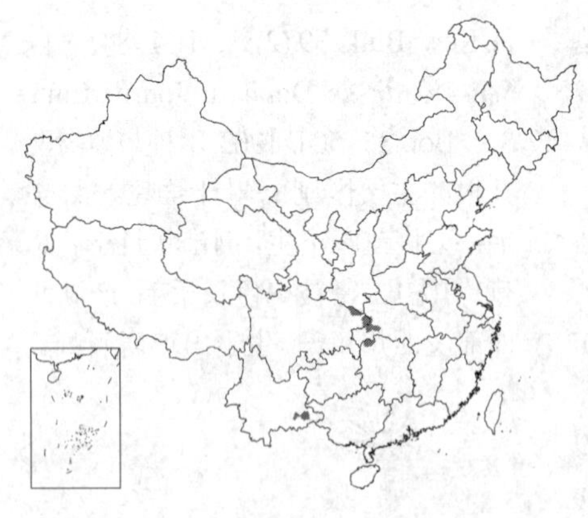

色柔毛，下面被疏柔毛或无毛，掌状脉，叶柄长6-8厘米，被长柔毛或褐色腺毛，稀近无毛；茎生叶4-5，与基生叶同形，向上渐小，具短柄。头状花序排成近伞形伞房花序，花序梗长达7厘米，无小苞片，被疏蛛丝状毛或腺状柔毛，稀近无毛；总苞倒锥状钟形，长6-7毫米，无外层苞片，总苞片草质，约13，长圆形，宽1.5-2毫米，被缘毛，背面被腺状柔毛、柔毛至无毛。舌状花1层，无毛，舌片黄色，长圆形或长圆状椭圆形，长1-1.1厘米；管状花多数，花冠黄色，长4毫米。瘦果圆柱形，无毛；无冠毛。花期4-6月。

产湖北西南部、湖南西北部、四川东北部及云南东南部，生于海拔1500-2100米溪边、林中或阴湿处。

7. 耳柄蒲儿根 图 781

Sinocenecio euosmus (Hand. -Mazz.) B. Nord. in Opera Bot. 44: 50. 1978.

Senecio euosmus Hand.-Mazz. in Sitz. Akad. Wiss. Wien, Mach.-Nat. 62: 148. 1925.

Senecio winklerianus Hand.-Mazz.; 中国高等植物图鉴 4: 564. 1975.

具匍匐枝多年生草本。茎单生，高20-75厘米，被长柔毛。基生叶花期凋落；中部茎生叶卵形或宽卵形，长2-5厘米，浅裂或具5-13掌状裂，裂片近三角形，上面被柔毛或近无毛，下面沿脉被长柔毛，稀近无毛；叶柄无翅，被长柔毛至近无毛，基部稍扩大，或中上部叶柄基部渐扩大成卵形或圆形、全缘或稀具齿半抱茎的耳，稀全部叶无耳；上部茎叶渐小，最上部叶苞片状，线形。头状花序排成近伞形伞房花序或复伞房花序，花序梗长0.5-3厘米，被长柔毛，基部有时具线形苞片，上部无苞片或有1钻形小苞片；总苞近钟形，径2.5-4毫米，无外苞片，总苞片草质，约15，1层，披针形或线状披针形，紫色，被缘毛，具膜质边缘，背面近无毛。舌状花约10，无毛，舌片黄色，长圆形或线状长圆形，长3.5-4毫米；管状花多数，花冠黄色，长4毫米。瘦果圆柱形，无毛，具肋；冠毛白色。花期7-8月。

产甘肃西南部、陕西南部、湖北西北部、四川、西藏东部、云南西北部及西南部，生于海拔2400-4000米林缘、高山草甸或潮湿处。缅甸有分布。

[附] **齿耳蒲儿根 Sinocenecio cortusifolius** (Hand.-Mazz.) B. Nord. in Opera Bot. 44: 50. 1978.—— *Senecio cortusifolius* Hand.-Mazz. in Acta Hort. Gothob 12: 289. 1938.本种与耳柄蒲儿根的主要区别：球头花序较大，花序梗长达5厘米；总苞径5-7毫米；叶柄具宽翅，基部扩大成径3-5厘米、宽卵形或圆形、具齿或全缘的耳。产四川，生于海拔2670-4000米灌丛、林缘或高山草地。

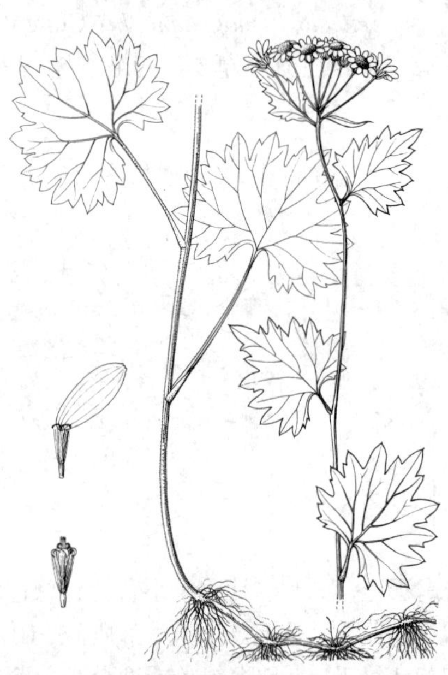

图 781 耳柄蒲儿根 （引自《图鉴》）

8. 武夷蒲儿根 图 782

Sinocenecio wuyiensis Y. L. Chen in Acta Phytotax. Sin. 26 (1): 51. f. 2. 1988.

多年生草本。茎纤细，高10-20厘米，下部被疏蛛丝状毛，上部无毛。基生叶莲座状，宽扇形或近圆形，近革质，长1.5-2.5厘米，基部心形或平截，掌状深裂，稀具粗齿，裂片宽长圆形，长5-6毫米，上面绿色，下面紫红色，两面无毛，掌状脉5-7；叶柄长3-5厘米；茎生叶与基生叶同形，长1.5-2.5厘米，叶柄较短，基部半抱茎；最上部叶苞片状，倒披针形或线形，3-5裂或全缘，无柄。头状花序辐射状，近伞房状排列，稀单生，径2-3厘米，花序梗长2-3.5厘米，小苞片线形，长0.5-1.5厘米，全缘或2-3细裂；总苞半球状钟形，长5-6毫米，径0.8-1厘米，总苞片1层，约13枚，草质，长圆状披针形，宽1-1.5毫米，变紫色，有缘毛，边缘干膜质，背面被疏柔毛或近无毛。舌状花13-14，舌片黄色，长圆形，长1-1.1厘米；管状花多数，黄色，长3.5-4毫米。瘦果圆柱形，被疏微毛；冠毛白色。花果期8月。

产福建西北部及西部、江西东北部，生于海拔1200-2300米山顶草甸、岩壁上。

图 782　武夷蒲儿根（冀朝祯绘）

9. 白背蒲儿根　　图 783

Sinocenecio latouchei (J. F. Jeffrey) B. Nord. in Opera Bot. 44: 50. 1978.
Senecio latouchei J. F. Jeffrey in Notes Roy. Bot. Gard. Edinb. 9: 128. 1916.

近葶状草本。茎单生，近葶状，高15-30厘米，被长柔毛或褐色或白色棉毛状绒毛，或后脱毛。基生叶少数，莲座状，叶近圆形，纸质，长2.5-5.5厘米，基部心形，掌状浅裂或具粗齿，齿卵状三角形，上面被黄褐色长柔毛及疏散贴生短毛，下面被密长柔毛或棉毛状绒毛，或脱毛，掌状5-7脉，叶柄长4-12厘米，被长柔毛，基部稍扩大；茎生叶1-2，与基生叶同形，长宽1.5-3厘米，叶柄长1.5-4厘米，基部耳状；最上部茎叶苞片状，3-5裂或全缘。头状花序排成顶生伞房状花序，径2-2.5厘米，花序梗长3-6厘米，疏被绒毛或长柔毛，后无毛，基部及上部有线形或线状钻形苞片，或苞片分裂；总苞半球状钟形，长6-7毫米，无外层苞片，总苞片约13，1层，长圆状披针形，长6-7毫米，紫红色，被缘毛，草质，具宽干膜质边缘，背面被疏蛛丝状毛至无毛。舌状花11-13，1层，无毛，舌片黄色，长圆形，长0.7-1厘米；管状花多数，花冠黄色，长4-5毫米。瘦果圆柱形，被柔毛；冠毛白色。花期4月。

图 783　白背蒲儿根（引自《中国植物志》）

产福建西北部及东部、江西东部及湖南东北部，生于海拔170-1700米沟边潮湿处或山谷湿处。

10. 九华蒲儿根　　图 784

Sinocenecio jiuhuashanicus C. Jeffrey et Y. L. Chen in Kew Bull. 39 (2): 257. f. 8. 1984.

Senecio latouchei auct. non J. F.

Jeffrey: 中国高等植物图鉴 4: 563. 1975.

具茎生叶矮小草本。茎单生，高13-15厘米，被长柔毛及白色多少脱落棉毛状绒毛。基生叶数个，莲座状，圆形，长、宽2-3.5厘米，基部心形，边缘具波状齿，上面被贴生柔毛及薄棉毛状绒毛，下面被白色棉毛状绒毛，掌状脉5-7，叶柄长3.5-6厘米，密被褐色长柔毛及蛛丝状绒毛，基部扩大；茎生叶4，与基生叶同形，下部叶叶柄具翅，基面扩大成圆形半抱茎的耳；最上部叶无柄，叶片与耳合生。头状花序排成伞房状，径约2厘米，花序梗长1-1.5厘米，密被白色绒毛，无苞片；总苞半球状钟形，长7毫米，无外层苞片，总苞片草质，约13，1层，长圆状披针形，长7毫米，红紫色，具缘毛，边缘宽干膜质，基面被白色蛛丝状绒毛。舌状花约15，舌片黄色，长圆形，长7.5-8毫米；管状花多数，花冠黄色，长4毫米。子房圆柱形，被疏柔毛；冠毛白色。花期4月。

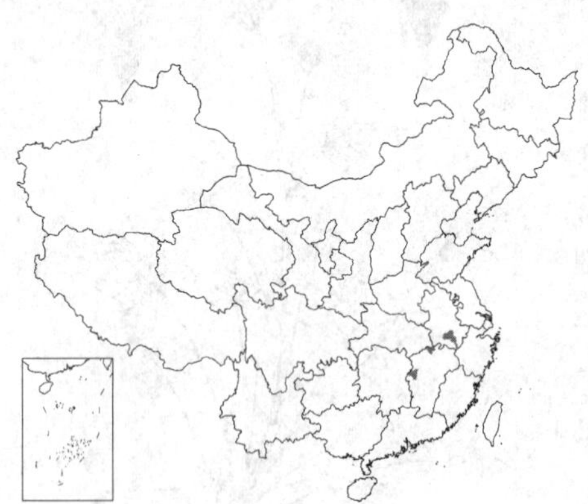

产安徽南部、江西北部及西部，生于海拔约1200米沟边、阴湿岩缝中。

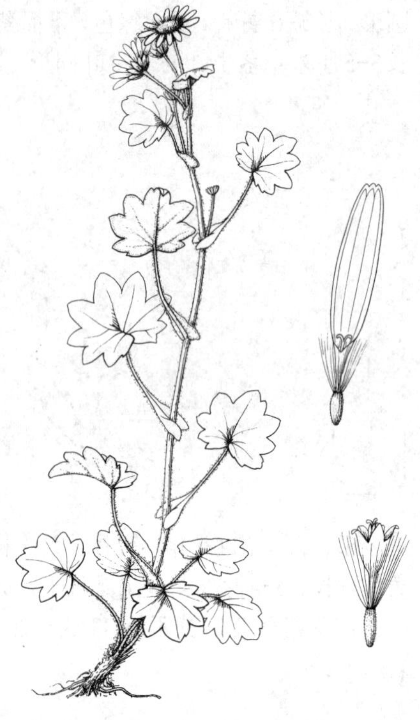

图 784 九华蒲儿根（吴彰桦绘）

11. 蒲儿根 图 785

Sinocenecio oldhamianus (Maxim.) B. Nord. in Opera Bot. 44: 50. 1978.

Senecio oldhamianus Maxim. in Bull. Acad. Imp. Sci. St. Petersb. 16: 219. 1871.; 中国高等植物图鉴 4: 544. 1975.

多年生或二年生茎叶草本。茎单生，或数个，高40-80厘米，被白色蛛丝状毛及疏长柔毛，或近无毛。基部叶具长柄；下部茎生叶卵圆形或近圆形，长3-5厘米，基部心形，边缘具重锯齿，上面被疏蛛丝状毛至近无毛，下面被白蛛丝状毛，有时脱毛，掌状5脉，叶柄长3-6厘米，被白色蛛丝状毛；上部叶渐小，卵形或卵状三角形，基部楔形，具短柄；最上部叶卵形或卵状披针形。头状花序排成顶生复伞房状花序；花序梗长1.5-3厘米，被疏柔毛，基部具1线形苞片；总苞宽钟状，长3-4毫米，无外层苞片，总苞片约13，1层，长圆状披针形，紫色，草质，具膜质边缘，背面被白色蛛丝状毛或柔毛至无毛。舌状花约13，无毛，舌片黄色，长圆形，长8-9毫米；管状花多数，花冠黄色，长3-3.5毫米。瘦果圆柱形，舌状花瘦果无毛，在管状花瘦果被柔毛；舌状花无冠毛，管状花冠毛白色。花期1-12月。

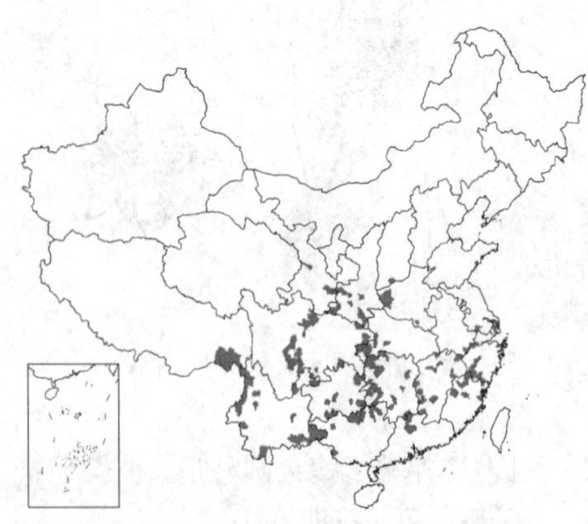

产山西南部、河南西部及南部、安徽南部、江苏南部、浙江、福建、江西、湖北西南部、湖南、广东北部、香港、广西、贵州、云南、西藏东南部、四川、陕西南部及甘肃，生于海拔360-2100米林缘、溪边、潮湿岩石边、草坡或田边。缅甸、泰国及越南有分布。

图 785 蒲儿根（引自《图鉴》）

136. 狗舌草属 **Tephroseris** (Reichenb.) Reichenb.

（陈艺林　靳淑英）

多年生草本，直立，稀具匍匐枝，具根茎，稀二年生或一年生，具纤维状根。茎具茎生叶，近葶状或稀葶状，常被蛛丝状绒毛。叶不裂，互生，具柄或无柄，基生及茎生，或稀多数或全基生；基生叶莲座状；叶宽卵形或线状匙形，羽状脉，边缘具粗深波状锯齿或全缘，基部心形或楔状，叶柄无翅或具翅，基部扩大无耳。头状花序少数至较多数，排成顶生近伞形、简单或复伞房状聚伞花序，稀单生；小花异形，结实，辐射状，或同形，盘状；具花序梗；总苞无外层苞片，半球形、钟状或圆柱状钟形，花托平，总苞片草质，18-25，稀13，1层，线状披针形或披针形，通常具窄干膜质或膜质边缘。舌状花雌性，11-15，通常13，稀18或20-25，舌片黄、桔黄或紫红色，长圆形，稀线形或椭圆状长圆形，具4脉，顶端具3小齿；管状花多数，两性，花冠黄、桔黄或桔红色，有时染有紫色，檐部漏斗状，稀钟状，裂片5；花药稍宽于花丝；花柱分枝顶端凸，稀平截，被少数乳头状微毛。瘦果圆柱形，具肋，无毛或被柔毛；冠毛细毛状，同形，白色或变红色，宿存。

约50种，分布于温带及极地欧亚地区，1种至北美洲。我国14种。

1. 多年生草本；冠毛果期不明显伸长；舌状花舌片黄、橙黄或橙红色。
  2. 植株基部长出扇状长匍匐枝 ………………………………………… 1. **匍枝狗舌草 T. stolonifera**
  2. 植株无匍匐枝。
    3. 瘦果无毛。
      4. 舌状花舌片黄色；总苞绿色。
        5. 总苞长4-6毫米；茎疏被蛛丝状毛或多少无毛。
          6. 总苞片18-20，背面无毛；舌片长6-7毫米；基生叶匙形、线状匙形或倒披针形，全缘或具有小尖头的齿，茎生叶基部无耳 ………………………………………… 2. **尖齿狗舌草 T. subdentata**
          6. 总苞片22-25，背面疏被柔毛或无毛；舌片长1厘米；基生叶倒卵状椭圆形或倒披针形，边缘有波状齿；茎生叶基部具耳半抱茎 ………………………………………… 3. **黔狗舌草 T. pseudosonchus**
        5. 总苞长7-9毫米；茎被棉状绒毛或蛛丝状绒毛，稀无毛。
          7. 茎和叶被蛛丝状毛；总苞径1-1.4厘米；舌状花20-25，舌片长7-8毫米 …… 4. **江浙狗舌草 T. pierotii**
          7. 茎及叶被柔毛或近无毛；总苞径6-8毫米；舌状花13-15，舌片长1.2厘米 ………………………………………… 4(附). **台东狗舌草 T. taitoensis**
      4. 舌状花舌片橙黄或橙红色；总苞片深紫或褐紫色。
        8. 茎高达60厘米，被棉状绒毛；舌片橙黄或橙红色，长2厘米；冠毛稍红色，长3.5-4毫米 ………………………………………… 5. **橙舌狗舌草 T. rufa**
        8. 茎高10-20厘米，密被腺状长柔毛；舌片橙黄色，长1.5厘米；冠毛白色，长5.5毫米 ………………………………………… 5(附). **天山狗舌草 T. turczaninowii**
    3. 瘦果被柔毛，或部分被柔毛。
      9. 舌状花舌片黄色，舌片长0.6-1.1厘米。
        10. 茎叶及花序梗常密被蛛丝状绒毛；基生叶长圆形或倒卵状长圆形，基部楔形或窄楔形，叶柄具翅；瘦果密被硬毛 ………………………………………… 6. **狗舌草 T. kirilowii**
        10. 茎叶及花序梗密被蛛丝状绒毛及黄褐色柔毛；基生叶卵形或卵状长圆形，基部心形或平截，叶柄无翅；瘦果疏被柔毛 ………………………………………… 6(附). **长白狗舌草 T. phaeantha**
      9. 舌状花舌片橙黄或橙红色，舌片长1.2-2厘米。
        11. 基生叶花期生存；总苞片20-22，褐紫色或上端紫色；舌片长圆形，长约2厘米 ………………………………………… 5. **橙舌狗舌草 T. rufa**
        11. 基生叶花期凋落；总苞片约25，深紫色；舌片线形，长1.2-1.6厘米 ………… 7. **红轮狗舌草 T. flammea**
1. 二年生或一年生草本；冠毛果期伸长，长于管状花花冠；舌状花舌片浅黄色，长5.5毫米 ………………

…………………………………………………………………………………… 8. 湿生狗舌草 T. palustris

1. 匍枝狗舌草 图 786

Tephroseris stolonifera (Cuf.) Holub in Folia Geobot. Phytotax. 8: 174. 1973.

Senecio stolonifer Cuf. in Fedde, Repert. Sp. Nov. Beih. 70: 100. 1933.

多年生草本。匍匐枝纤细，扇状。茎单生，幼时被棉状绒毛。基生叶数个，莲座状，宽卵形或卵状匙形，长5-8厘米，基部宽楔形或近心形下延至叶柄，近全缘或具疏浅波状齿，上面被薄蛛丝状绒毛或脱毛，下面密被蛛丝状毛或棉状绒毛，侧脉3对；叶柄长1.5-12厘米，被棉状绒毛或黄褐色硬毛；下部及中部茎生叶卵形或披针形，长3-6厘米，柄较短至近无柄；上部叶披针形或线形，无柄，苞叶状。头状花序排成近伞形伞房花序或复伞房花序，花序梗被白色蛛丝状毛及黄褐色柔毛，基部具钻状苞片；总苞宽钟状，长7-8毫米，总苞片约20，线状披针形，疏被柔毛，草质，边缘近膜质。舌状花11-13，舌片黄色，长圆形，长9毫米；管状花多数，花管黄色，长7毫米。瘦果圆柱形，无毛；冠毛白色。花期4-6月。

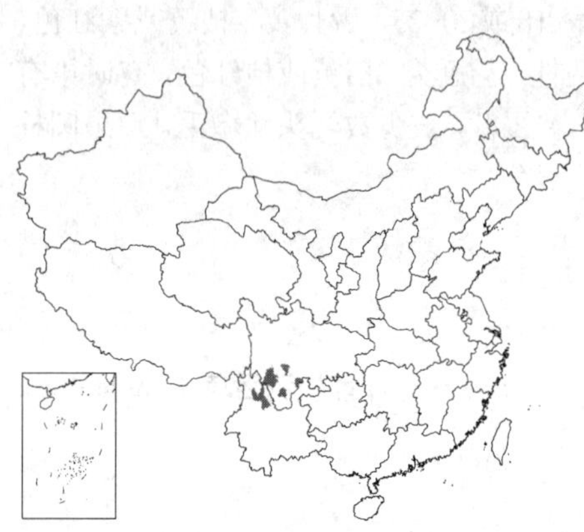

图 786 匍枝狗舌草 （冀朝祯绘）

产四川西南部及云南西北部，生于海拔1450-2750米溪边潮湿处。

2. 尖齿狗舌草 图 787：1-4

Tephroseris subdentata (Bunge) Holub in Folia Geobot. Phytotax. 8(2): 174. 1973.

Cineraria subdentata Bunge, Enum. Pl. Chin. Bor. 39. 1833.

多年生草本。初疏被蛛丝状毛，后多少脱落。基生叶数个，莲座状，匙形、线状匙形或倒披针形，长6-15厘米，基部渐窄成柄，全缘或具有尖头的齿，两面疏被蛛丝状毛或无毛，叶柄长2-13厘米，具窄翅，被蛛丝状毛至无毛，基部扩大；中部茎生叶无柄，披针形或线形，长4-9厘米，全缘或具数齿；上部叶长线形或线状钻形，苞片状。头状花序排成近伞状伞房或复伞房花序，花序梗长1.5-3厘米，疏被蛛丝状毛及黄褐色柔毛，基部具线状钻形苞片，长0.7-1厘米；总苞钟状，长4.5-5毫米，总苞片18-20，披针形或线状披针形，绿或顶端稍紫色，草质，边缘窄膜质，背面无毛。舌状花13-15，无毛，舌片黄色，长圆形，长6-7毫米。管状花多数，花冠黄色，长6-6.5毫米。瘦果圆柱形，无毛；冠毛白色。花期6-7月。

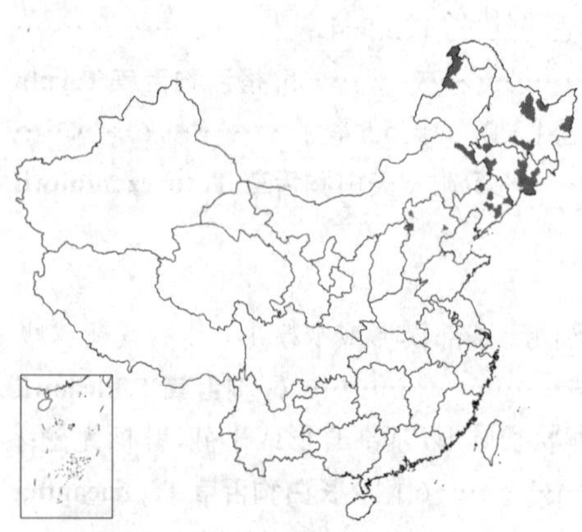

图 787：1-4. 尖齿狗舌草 5-8. 黔狗舌草 （马 平 钱存源绘）

产黑龙江、吉林、辽宁、内蒙古及河北，生于潮湿草地或阴湿处。俄罗斯远东地区及朝鲜半岛北部有分布。

3. 黔狗舌草 图 787 : 5-8

Tephroseris pseudosonchus (Vant.) C. Jeffrey et Y. L. Chen in Kew Bull. 39 (2): 272. 1984.

Senecio pseudosonchus Vant. in Bull. Acad. Int. Geogr. Bot. 11: 349. 1902.

多年生草本。具根茎。茎幼时被疏蛛丝状毛。基生叶数个，莲座状，倒卵状椭圆形或倒披针形，长6-15厘米，基部楔状窄成柄，边缘波状齿，初两面疏被蛛丝状毛，侧脉10-12；叶柄长3-17厘米，具翅，后无毛，基部扩大；中部茎生叶长圆形或长圆状披针形，长6-15厘米，基部具耳半抱茎，无柄；上部叶披针形或线形，苞片状。头状花序径2.5-3厘米，排成近伞形伞房花序，花序梗疏被柔毛，基部具苞片，无小苞片或上部有线状钻形苞片；总苞宽钟状或半球形，长5-6毫米，总苞片22-25，披针形，草质，边缘膜质，背面疏被柔毛或无毛。舌状花13-15，无毛，舌片黄色，长圆形，长1厘米；管状花多数，花冠黄色，长7-7.5毫米。瘦果圆柱形，无毛；冠毛白色。花期4-5月。

产山西中部、陕西秦岭、甘肃南部、湖北西部、湖南西部、广西北部及贵州，生于海拔300-400米溪边或潮湿草地。

4. 江浙狗舌草 图 788 : 1-6

Tephroseris pierotii (Miq.) Holub in Folia Geobot. Phytotax. 8 (2): 174. 1973.

Senecio pierotii Miq. in Ann. Mus. Bot. Lugd.-Bat. 2: 182. 1866.

多年生草本；具根茎。茎幼时被蛛丝状毛。基生叶数个，莲座状，长圆形、窄长圆形或披针形，长12-20厘米，基部楔形，或渐窄成叶柄，边缘具小尖头齿或近全缘，叶柄长4-11厘米，具翅，基部扩大；茎生叶较多，无柄，下部叶长圆形或披针形，基部半抱茎，上部茎叶披针形或线形，基部半抱茎，最上部叶苞片状，线形或线状钻形；叶被白色蛛丝状绒毛。头状花序排成近伞形或伞形伞房花序，花序梗长达5厘米，疏被蛛丝状毛或柔毛，基部具线状钻形苞片；总苞半球形，长7-8.5毫米，径1-1.4厘米，总苞片20-22，宽披针形，草质，边缘膜质，背面疏被蛛丝状毛至无毛。舌状花20-25，舌片黄色，长圆形，长7-8毫米；管状花多数，花冠黄色，长7-9毫米。瘦果圆柱形，无毛；冠毛白色。花期4-5月。

产江苏南部、浙江东北部及西南部、福建近中部，生于沼泽、潮湿处。日本及朝鲜有分布。

[附] **台东狗舌草 Tephroseris taitoensis** (Hayata) Holub in Folia Geobot. Phytotax. 8 (2): 174. 1973.—— *Senecio taitoensis* Hayata in Journ. Coll. Sc. Univ. Tokyo 30: 156. 1911.本种与江浙狗舌草的主要区别：茎及叶被柔毛或近无毛；总苞径6-8毫米；舌状花13-15，舌片长1.2厘米。产台湾，生于沼泽地。

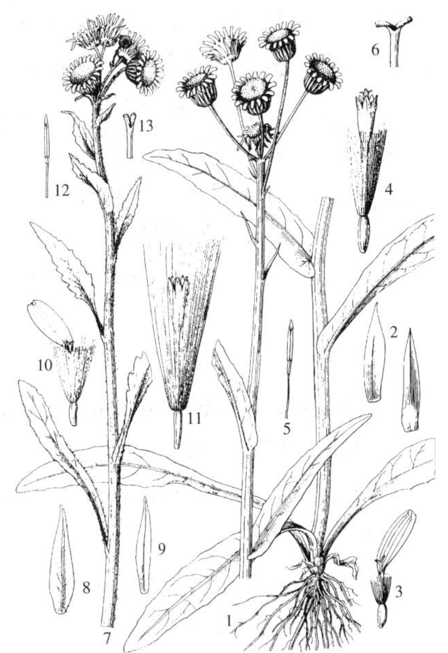

图 788 : 1-6. 江浙狗舌草 7-13. 湿生狗舌草 （冀朝祯绘）

5. 橙舌狗舌草 图 789

Tephroseris rufa (Hand.-Mazz.) B. Nord. in Opera Bot. 44: 45. 1978.

Senecio rufus Hand.-Mazz. in Acta Hort. Gothob. 12: 291. 1938.

多年生草本。茎高达60厘米，被白色棉状绒毛，或脱毛。基生叶花期存在，莲座状，具短柄，卵形、椭圆形或倒披针形，长2-10厘米，基部楔状窄成叶柄，全缘或具疏小尖齿，叶柄长0.5-3厘米，具翅，基部扩大；下部茎生叶长圆形或长圆状匙形；中部叶无柄，长圆形或长圆状披针形，长3-6厘米，基部半抱茎；上部叶线状披针形或线形；叶两面疏被蛛丝状毛至近无毛，兼有柔毛。头状花序辐射状，稀盘状，排成近伞形伞房花序，花序梗被蛛丝状绒毛及柔毛，基部具线形苞片或无苞片；总苞钟状，长6-7毫米；总苞片20-22，褐紫色或上端紫色，披针形或线状披针形，宽1-1.5毫米，草质，背面被蛛丝状毛及褐色柔毛至无毛。舌状花约15，舌片橙黄或橙红色，长圆形，长约2厘米；管状花多数，花冠管橙黄至橙红色，或黄色具橙黄色裂片，长7-8毫米。瘦果圆柱形，无毛或被柔毛；冠毛稍红色，长3.5-4毫米。花期6-8月。

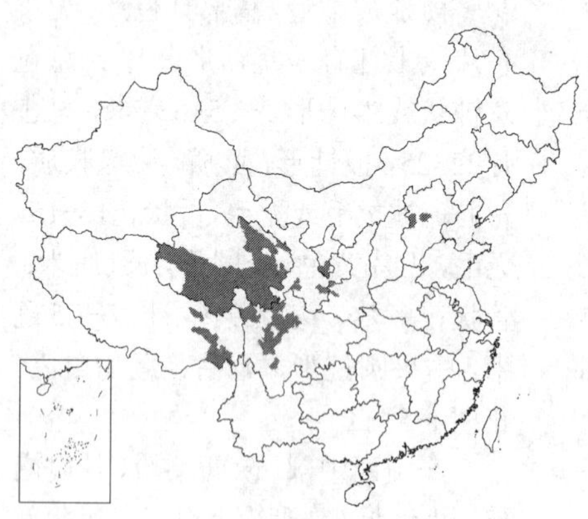

产河北、陕西秦岭西部、宁夏南部、甘肃南部、青海、西藏及四川，生于海拔260-4000米高山草甸。

[附] **天山狗舌草 Tephroseris turczaninowii** (DC.) Holub in Folia Geobot. Phytotax. 8 (2): 174. 1973.—— *Senecio turczaninowii* DC. Prodr. 6: 360. 1838. 本种与橙舌狗舌草的主要区别：茎高10-20厘米，上部密被腺状长柔毛；总苞片深紫色，密被深紫腺状长柔毛；舌片橙黄色，长1.5厘米；冠毛白色，长5.5毫米。产新疆阿尔泰及天山，生于海拔约3000米山坡草地。俄罗斯东西伯利亚及蒙古有分布。

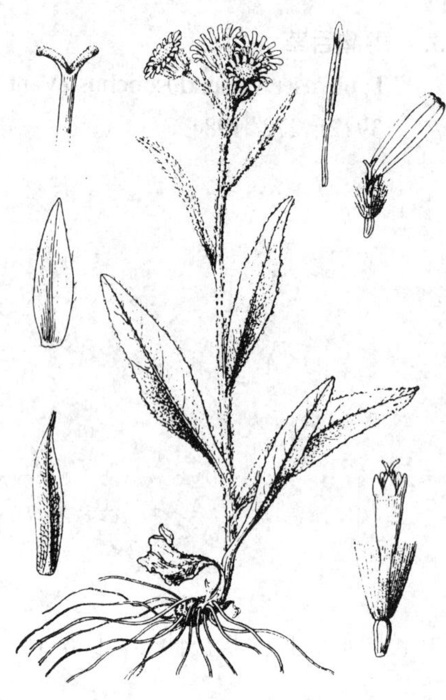

图 789 橙舌狗舌草（冀朝祯绘）

6. 狗舌草 图 790：1-6 彩片 110

Tephroseris kirilowii (Turcz. ex DC.) Holub in Folia Geobot. Phytotax. 12 (4): 429. 1977.

Senecio kirilowii Turcz. ex DC. Prodr. 6: 361. 1838; 中国高等植物图鉴 4: 561. 1975.

多年生草本；根茎斜升，常覆盖以褐色宿存叶柄。茎近葶状，高20-60厘米，密被白色蛛丝状毛，有时脱毛。基生叶莲座状，长圆形或倒卵状长圆形，长5-10厘米，基部楔状渐窄成具翅叶柄，两面被白色蛛丝状绒毛；茎生叶少数，下部叶倒披针形或倒披针状长圆形，长4-8厘米，无柄，基部半抱茎；上部叶披针形，苞片状。头状花序排成伞形伞房花序，花序梗密被蛛丝状绒毛和黄褐色腺毛，基部具苞片，上部无小苞片；总苞近圆柱状钟形，长6-8毫米，总苞片18-20，披针形或线状披针形，绿或紫色，草质，具窄膜质边缘，背面被蛛丝状毛，或脱毛。

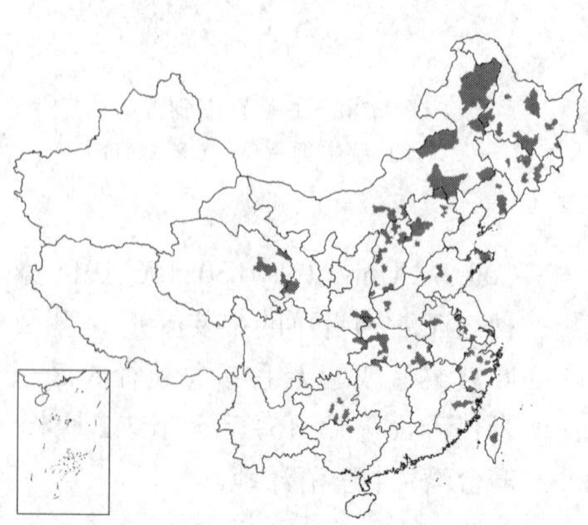

图 790：1-6. 狗舌草 7-12. 长白狗舌草（冀朝祯绘）

舌状花13-15，舌片黄色，长圆形，长6.5-7毫米；管状花多数，花冠黄色，长约8毫米。瘦果圆柱形，密被硬毛；冠毛白色，长约6毫米。花期2-8月。

产黑龙江、吉林、辽宁、内蒙古、河北、山西、河南西部、山东、江苏、安徽、浙江、福建、台湾、江西北部、湖北、湖南北部、广西北部、贵州、四川东部、陕西东南部、甘肃西南部及青海东北部，生于海拔250-2000米草地、山坡或山顶阳处。俄罗斯远东地区、朝鲜半岛及日本有分布。

[附] **长白狗舌草** 图 790:7-12 彩片 111 **Tephroseris phaeantha** (Nakai) C. Jeffrey et Y. L. Chen in Kew Bull. 39 (2): 279. 1984.—— *Senecio phaeantha* Nakai in Bot. Mag. Tokyo 31: 110. 1917.本种与狗舌草的主要区别：茎叶及花序梗密被蛛丝状绒毛及黄褐色柔毛；基生叶卵形或卵状长圆形，基部心形或平截，叶柄无翅；瘦果疏被柔毛。产吉林长白山，生于海拔2000-2500米山坡。朝鲜半岛北部有分布。

7. 红轮狗舌草 红轮千里光 图 791

Tephroseris flammea (Turcz. ex DC.) Holub in Folia Geobot. Phytotax. 8 (2): 173. 1973.

Senecio flammeus Turcz. ex DC. Prodr. 6: 362. 1838; 中国高等植物图鉴 4: 561. 1975.

多年生草本。茎初被白色蛛丝状绒毛及柔毛。基生叶花期凋落，椭圆状长圆形，基部楔状具长柄；下部茎生叶倒披针状长圆形，长8-15厘米，基部窄成翅，稍下延成叶柄半抱茎，边缘中部以上具尖齿，两面疏被蛛丝状绒毛及柔毛，或变无毛；中部叶无柄，椭圆形或长圆状披针形；上部叶线状披针形或线形。头状花序排成近伞形伞房花序，花序梗被黄褐色柔毛及疏白色蛛丝状绒毛，基部有苞片，上部具2-3小苞片；总苞钟状，长5-6毫米，总苞片约25，披针形或线状披针形，草质，深紫色，背面疏被蛛丝状毛或近无毛。舌状花13-15，舌片深橙或橙红色，线形，长1.2-1.6厘米；管状花多数，花冠黄或紫黄色，长6-6.5毫米。瘦果圆柱形，被柔毛；冠毛淡白色，长5.5毫米。花期7-8月。

产黑龙江、吉林、内蒙古东部、山西、陕西南部、宁夏南部及甘肃东南部，生于海拔1200-2100米山地草原或林缘。俄罗斯西伯利亚及远东地区、朝鲜半岛及日本有分布。

图 791 红轮狗舌草（冀朝祯绘）

8. 湿生狗舌草 图 788 : 7-13

Tephroseris palustris (Linn.) Four. in Ann. Soc. Linn. Journ. Lyon n. s. 16: 404. 1868.

Othonna palustris Linn. Sp. Pl. 924. 1753.

二年生或一年生草本。茎下部被腺状柔毛或稍无毛。基生叶数个，具柄；下部茎生叶具柄；中部茎生叶长圆形、长圆状披针形或披针状线形，长5-15厘米，基部半抱茎，边缘疏生波状齿，稀全缘，两面被腺状柔毛，稀无毛，无柄。头状花序排成伞房花序，花序梗密被腺状柔毛；总苞钟状，长、宽5-7毫米，总苞片18-20，披针形，草质，具膜质边缘，绿色，背面疏被腺毛。舌状花20-25；舌片浅黄色，椭圆状长圆形，长5.5毫米，先端具2-3细齿或全缘；管状花多数，花冠黄色，长5毫米。瘦果圆柱形，无

毛；冠毛多，白色，长3-3.5毫米，果期伸长达1.3厘米。花期6-8月。

产黑龙江、辽宁北部及河北北部，生于海拔580-1020米沼泽、潮湿地或水边。除格陵兰及欧洲西北部外，世界各国均有分布。

137. 羽叶菊属 **Nemosenecio** (Kitam.) B. Nord.

（陈艺林 靳淑英）

多年生直立草本，具根茎及纤维状根。单叶互生，具柄；基生叶及下部茎叶花期常凋落；叶宽卵形或卵状长圆形，羽状脉，羽状深裂，裂片常具细裂或疏生粗齿，叶柄无翅。头状花序少数至较多数排成顶生疏近伞形聚伞花序，具异形小花，辐射状，花序梗细；总苞宽钟状、杯状或近半球形，无外层苞片，总苞片6-8，或10-13，1层，长圆形或卵状披针形，先端具柔毛，边缘干膜质；小花全部结实，边缘花舌状，5-13，雌性，舌片黄色，具4-5脉，先端具3齿；中央花管状，多数两性，花冠黄色，管部窄，檐部钟状，裂片5；花药通常稍宽于花丝；花柱分枝短，顶端平截，被乳头状毛。瘦果圆柱形，具肋，被柔毛或无毛；冠毛毛状，同形，白色，宿存，或小花均无冠毛。

6种。分布于中国和日本。我国5种。

1. 总苞径3-4毫米；叶有4-6对侧裂片；舌片长5-7毫米 ………………………… 1. **刻裂羽叶菊 N. incisifolius**
1. 总苞径6-8毫米；叶有6-7对侧裂片；舌片长1-1.3厘米 ………………………… 2. **滇羽叶菊 N. yunnanensis**

1. 刻裂羽叶菊 　　图 792：1-5

Nemosenecio incisifolius (J. F. Jeffrey) B. Nord. in Opera Bot. 44: 46. 1978.

Senecio incisifolius J. F. Jeffrey in Notes Roy. Bot. Gard. Edinb. 9: 127. 1916.

多年生草本。根茎疏被柔毛或无毛。中部茎生叶卵状长圆形，长5-10厘米，羽状深裂，有4-6侧裂片，草质，无毛或下面沿脉疏被白色柔毛，具柄。头状花序排成近伞形伞房花序；花序梗细，疏被黄褐色柔毛。总苞宽钟状，径3-4毫米；总苞片10-13，近1层或近2层，卵状披针形，长6-7毫米，被柔毛，草质，具干膜质边缘，背面被柔毛。舌状花约13，无毛，舌片黄色，线状披针形，长5-7厘米；管状花多数，花冠黄色，长4-4.5毫米。瘦果圆柱形，被柔毛；冠毛白色，长4-5毫米。花期8月。

产云南，生于海拔2200-2800米混交林中。

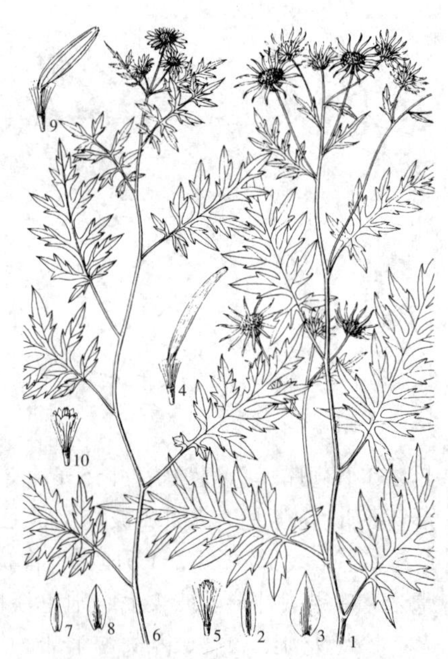

图 792：1-5. 刻裂羽叶菊 6-10. 滇羽叶菊（张泰利绘）

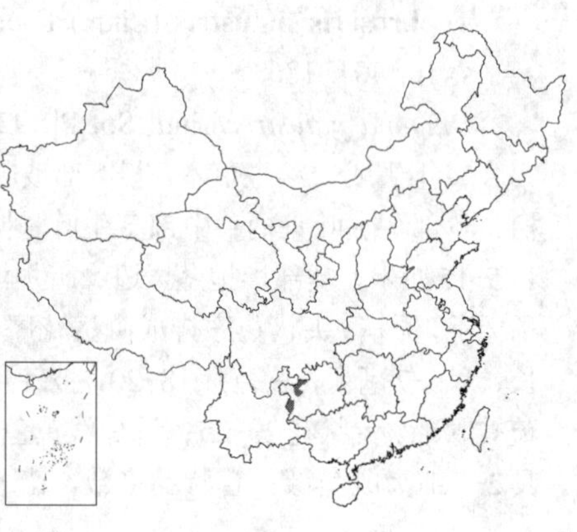

2. 滇羽叶菊 　　图 792：6-10

Nemosenecio yunnanensis B. Nord. in Opera Bot. 44: 46. f. 21. 1978.

多年生草本。茎上部疏被贴生柔毛，下部无毛。中部茎生叶卵状长圆形，长5-16厘米，羽状深裂，有侧裂片6-7对，上面疏被硬毛状柔毛，下面无毛，侧裂片近对生或互生，卵状长圆形；叶柄长0.5-1.5厘米，疏被柔毛。头状花序排成近伞形伞房花序；花序梗疏被柔毛，无苞片；总苞宽钟状，径6-8毫米；总苞片10-13，1层或近2层，卵状披针形，长6-7毫米，被微毛，草质，背面被柔毛，舌状花约13，无毛，舌片黄色，线状倒披针形，长1.1-1.3厘米；管状花多数，花冠黄色，长4-4.5毫米。瘦果窄圆柱形，被柔毛或近无毛；冠毛毛状，白色，长4-4.5毫米。花期7-8月。

产云南东部及贵州西北部，生于海拔1750-2800米山坡灌丛或草坡。

138. 合耳菊属 Synotis (Clarke) C. Jeffrey et Y. L. Chen

（陈艺林　靳淑英）

直立、攀援或多少藤状多年生草本，灌木状草本或亚灌木。根茎木质。茎下部花期通常无叶，上部具叶或花序基部具莲座状叶。叶宽卵状心形或窄长圆状披针形，不裂，稀羽裂，边缘通常具尖锯齿或齿，羽状脉，稀离基三出脉，具柄或无柄，有时基部有耳。头状花序少数至多数，排成顶生或腋生兼顶生、简单或复伞房花序，或聚伞状圆锥花序，具异形小花，辐射状或盘状，或具同形小花，盘状，具花序梗或近无梗；总苞钟状或圆柱状，具外层苞片，花托平，总苞片（2-）4-5，或10-15，离生，草质或革质，具干膜质边缘，边缘小花舌状或线状，雌性，1-10（-20）或无，舌片黄色，具（1-3-）4（-6）脉，先端具2-3（-5）细齿，稀无齿；管状花1至多数，两性，花冠黄色，有时淡黄或乳白色，檐部漏斗状，裂片5；花药基部具尾；花柱分枝顶端平截或凸，两侧被乳头状毛，中央有较长束状乳头状毛。瘦果圆柱形，具肋，无毛，稀被柔毛；具条纹或乳突；冠毛毛状，同形，白或禾秆黄色，或变红色。

约54种，分布于中国及喜马拉雅地区。我国43种。

1. 植株花序基部具近莲座状叶，草本；茎下部无叶；花序顶生；叶下面无白色绒毛。
  2. 叶基部楔形，渐窄成具翅或无翅叶柄。
    3. 总苞长5-7毫米；总苞片10-12；舌片长1厘米 ………………………………… 1. **昆明合耳菊 S. cavaleriei**
    3. 总苞长1-1.1厘米。
      4. 花茎密被黄褐色绒毛；花序梗有1苞片；总苞片13-15 ……………………………… 2. **褐柄合耳菊 S. fulvipes**
      4. 花茎疏被毛，后无毛；花序梗有2-3苞片；总苞片10 …………… 2(附). **滇南合耳菊 S. austro-yunnanensis**
  2. 叶基部心形、平截或宽楔形，骤窄成翅或柄无翅。
    5. 叶柄具翅，半抱茎，叶长9-22厘米；总苞片背面常密被硬毛 ……………………………… 3. **翅柄合耳菊 S. alata**
    5. 叶柄无翅，叶长3.5-13厘米；总苞片无毛，稀疏被蛛丝状毛 ……………………………… 3(附). **合耳菊 S. wallichii**
1. 植株沿茎具多少等距的叶，草本、藤状或亚灌木；花序顶生和腋生；叶下面有时被白色绒毛。
  6. 茎细弱，曲折；植株藤状或半藤状；头状花序具异形小花。
    7. 叶具羽状脉，叶柄长1.5-6厘米；总苞长5-7毫米；管状花花冠长约7.5毫米；冠毛长约5毫米 ……………………………………………………………………………… 4. **四花合耳菊 S. tetrantha**
    7. 叶具离基三出脉，叶柄长5-8毫米；总苞长0.8-1.2厘米；管状花花冠长约1.3厘米；冠毛长约9毫米 ……………………………………………………………………………… 4(附). **蔓生合耳菊 S. yui**
  6. 茎直立；植株稍直立；头状花序具异形或同形小花。
    8. 头状花序少数，排成顶生窄圆锥状聚伞花序，无舌状花；总苞长7-9毫米；叶下面疏被硬毛 ……………………………………………………………………………… 5. **华合耳菊 S. sinica**
    8. 头状花序多数，排成顶生平顶伞房花序，圆形腋生或顶生伞房花序或大聚伞状圆锥花序；总苞长达7毫米，若较大，则叶下面密被白色绒毛。
      9. 花序排成腋生及顶生稍圆形伞房花序，或顶生塔状聚伞圆锥花序。
        10. 头状花序排成腋生和顶生伞房花序；小花5-35，边缘至少具1枚丝状或舌状雌花。
          11. 叶下面被毛。
            12. 头状花序辐射状；舌状花约8 ……………………………………… 6. **密花合耳菊 S. cappa**
            12. 头状花序盘状或不明显辐射状；边缘小花12-13 ………………………… 7. **锯叶合耳菊 S. nagensium**
          11. 叶下面无毛或沿脉疏被柔毛。

13. 冠毛白色。
14. 茎疏被柔毛或后脱毛；总苞片4-5，线状长圆形；叶柄长1-2厘米，无毛 … 10. **三舌合耳菊 S. triligulata**
14. 茎密被黄褐色腺毛或后脱毛；总苞片8，线状披针形；叶柄长0.6-1厘米，被柔毛 …………………………… 11. **腺毛合耳菊 S. saluenensis**
13. 冠毛禾秆色，茎被黄褐色柔毛或无毛；总苞片3-4；叶柄长3-5毫米 ………… 12. **尾尖合耳菊 S. acuminata**
10. 头状花序排成顶生圆锥聚伞花序；小花1-4（5），全部两性。
15. 头状花序排成窄塔状复圆锥聚伞状；总苞片4-5；冠毛白或淡禾秆色；叶长6-12厘米，叶柄长0.5-2厘米 …………………………… 8. **川西合耳菊 S. solidaginea**
15. 头状花序排成宽塔状复圆锥聚伞状；总苞片2-3；冠毛淡红褐或污白色；叶长10-20厘米，叶柄长2-6厘米 …………………………… 9. **红缨合耳菊 S. erythropappa**
9. 头状花序排成顶生复伞房花序；叶具短柄，下面无毛或沿脉疏被柔毛；冠毛禾秆色。
16. 总苞片3-4，长7毫米；舌状花1，舌片长3毫米；叶柄长3-5毫米 ……………… 12. **尾尖合耳菊 S. acuminata**
16. 总苞片5，长5毫米；舌状花2-3，舌片长0.8-1厘米；叶柄长1-2厘米 … 12(附). **美头合耳菊 S. calocephala**

1. 昆明合耳菊 图 793

Synotis cavaleriei (Lévl.) C. Jeffrey et Y. L. Chen in Kew Bull. 39 (2): 291. 1984.

Senecio cavaleriei Lévl. in Fedde, Repert. Sp. Nov. 12: 537. 1913.

多年生草本。根茎块状，木质。营养茎长达5厘米，密被黄褐色棉毛；花茎单生或数个，葶状，基部或上部分枝高5-42厘米，被黄褐色蛛丝状绒毛，或脱毛，基生具近莲座状叶。叶倒卵形或倒披针形，或近提琴形，长4-20厘米，基部楔状渐窄，边缘具波状浅齿或近全缘，上面疏被刚毛，下面疏被蛛丝状柔毛或后脱毛，侧脉5-9对，叶柄短，被柔毛。头状花序辐射状，径1.5-2.5厘米，排成复伞房花序；花序梗被蛛丝状长柔毛，具基生苞片及3-6线形或线状披针形小苞片，被柔毛；总苞窄钟形，长5-7毫米，苞片6-8，线形或线状钻形，总苞片10-12，长圆形，宽1-2毫米，被柔毛，草质，背面疏被蛛丝状绒毛至近无毛。舌状花8，舌片黄色，长圆形或长圆状披针形，长1厘米；管状花约20，花冠黄色，长7-7.5毫米。瘦果圆柱形，无毛；冠毛白色，长7-7.5毫米。花期10-11月。

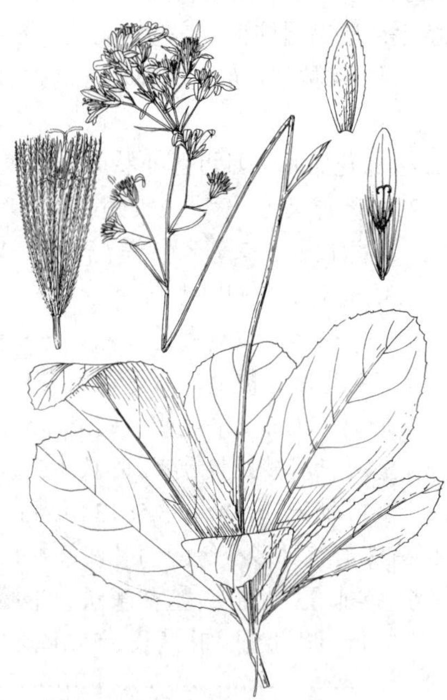

图 793 昆明合耳菊 （孙英宝绘）

产四川东部及西南部、贵州西南部及云南，生于海拔1700-3000米山坡多岩石处、溪边或瀑布边潮湿处。

2. 褐柄合耳菊 图 794

Synotis fulvipes (Ling) C. Jeffrey et Y. L. Chen in Kew Bull. 39 (2): 294. 1984.

Senecio fulvipes Ling in Contr. Inst. Bot Nat. Acad. Peiping 5: 27. t. 8. f. 6. 1938.

多年生草本。营养茎长达10厘米，被黄褐色绒毛。花茎单生，葶状，高17-22厘米，密被黄褐色绒毛，基部具近莲座状叶。叶倒卵状披针形或近匙形，长6-13厘米，基部楔状渐窄，边缘具疏粗深波状锯齿或波状齿；上面疏被细刚毛，下面疏被蛛丝状绒

毛，或后无毛，侧脉4-5对，近无柄或具短柄；茎生叶少数，小，倒披针状匙形或成窄苞片。头状花序辐射状，排成伞房状，花序梗短或近无，密被黄褐色绒毛，基部有1线形苞片；总苞钟状，长1-1.2厘米，基部被绒毛，外层苞片10-12，线形或绒状披针形，近等长，长约总苞片之半，总苞片13-15，长圆状线形，宽1-2毫米，被柔毛，背部被柔毛至无毛。舌状花6-10，舌片黄色，椭圆状长圆形，长1-1.1厘米；管状花多数，花冠黄色，长0.9-1.1厘米。瘦果圆柱形，无毛；冠毛白色，长8-9毫米。花期8-9月。

产江西西部及湖南，生于海拔1000-1200米山谷林中。

[附] **滇南合耳菊 Synotis austro-yunnanensis** C. Jeffrey et Y. L. Chen in Kew Bull. 39(2): 296. f. 11. 1984.本种与褐柄合耳菊的主要区别：花茎疏被毛，后无毛；花序梗有2-3苞片；总苞片10。产云南南部及贵州西南部，生于海拔1100米混交林或灌丛中。

图 794 褐柄合耳菊 （吴彰桦绘）

3. 翅柄合耳菊 图 795：1-5

Synotis alata (Wall. ex DC.) C. Jeffrey et Y. L. Chen in Kew Bull. 39 (2): 306. 1984.

Senecio alatus Wall. ex DC. Prodr, 6: 368. 1838.

多年生草本。营养茎横走，长3-50厘米，上部及顶端具叶，密被黄褐色长柔毛或绒毛。花茎单生，近葶状，高30-60厘米，被绒毛或长柔毛。叶密集于花茎基部，近莲座状，宽卵形或披针形，长9-22厘米，基部心形、平截或宽楔形，上面被贴生硬毛，下面沿脉被柔毛或长柔毛，侧脉5-6对；叶柄长5-10厘米，具翅，半抱茎，耳具疏齿或全缘；花茎叶少数，较小，卵状长圆形、椭圆形、倒披针状长圆形或披针状长圆形，无柄。上部叶基部半抱茎。头状花序具异形小花，盘状或具极小舌状花，排成塔状聚伞圆锥状伞房花序，花序梗密被硬毛或绒毛，具1-2线形小苞片；总苞圆柱形，长5-7毫米，具少数短外层苞片，总苞片4-5，长圆状线形；草质，背部常密被硬毛。舌状花2，长2-3.5毫米，舌状或丝状；管状花2-3（4），花冠黄色，长7-7.5毫米。瘦果圆柱形，被柔毛或无毛；冠毛白色。花期8-11月。

产西藏东南部及南部、云南西北部及东南部、贵州西北部，生于海拔1900-4000米林中或灌丛中。尼泊尔、印度、不丹及缅甸有分布。

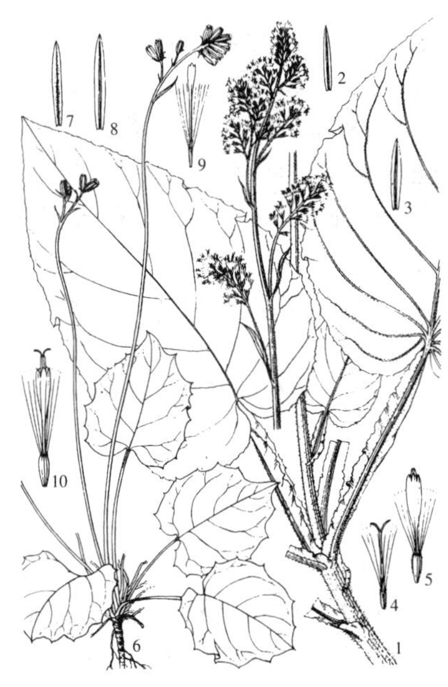

图 795：1-5. 翅柄合耳菊 6-10. 合耳菊 （张泰利绘）

[附] **合耳菊** 图 795：6-10 **Synotis wallichii** (DC.) C. Jeffrey et Y. L. Chen in Kew Bull. 39(2): 305. 1984. —— *Senecio wallichii* DC. Prodr. 6: 364. 1838.本种与翅柄合耳菊的主要区别：叶长3.5-13厘米，叶柄无翅；总苞片无毛，稀疏被蛛丝状毛。产西藏南部，生于海拔约2700米混交林中。尼泊尔、锡金及不丹有分布。

4. 四花合耳菊 图 796：1-4

Synotis tetrantha (DC.) C. Jeffrey et Y. L. Chen in Kew Bull. 39(2): 308. 1984.

Senecio tetranthus DC. Prodr. 6: 370. 1838.

多年生攀援草本。茎被柔毛或近无毛。叶较疏生，卵形或卵状披针形，长5.5-12厘米，基部心形、平截或圆，边缘具深波状锯齿，上面被贴生硬毛，下面沿脉疏被柔毛至无毛，羽状侧脉5对，叶柄长1.5-6厘米，密被柔毛；分枝的叶较小，卵状长圆形或披针状长圆形，柄极短。头状花序具异形小花，排成圆锥聚伞花序，花序梗短或近无，密生柔毛，具线形苞片；总苞窄圆柱形，长5-5.5毫米，径1-1.5毫米，外层苞片4，线状披针形，总苞片4-5，长圆形，草质，背部疏被柔毛。舌状花2，黄色，长5毫米，管部长2.5毫米，舌片小，长圆状线形，先端具3细齿，短于花柱，管状花2（3），花冠黄色，长7.5毫米，管部长2.5毫米，檐部漏斗状；裂片直立，长圆状披针形，长1.5毫米；花药长2毫米；花柱分枝外弯，长0.8毫米，顶端钝，被乳头状毛。瘦果圆柱形，长2.5毫米，疏被柔毛；冠毛白或淡红色，长约5毫米。花期8-9月。

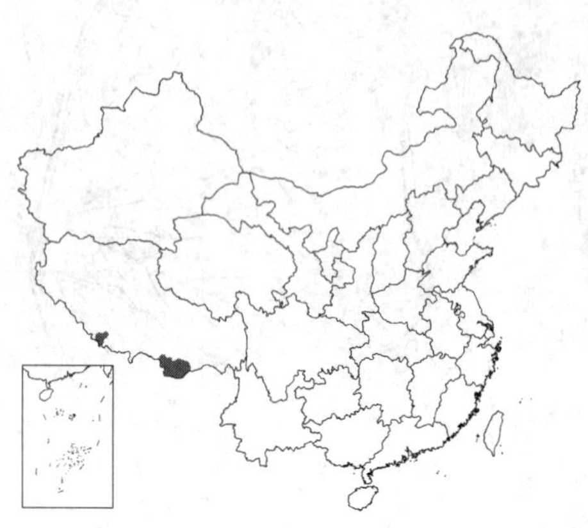

产西藏南部，生于海拔2000-2700米林内或混交林中。尼泊尔及印度东北部有分布。

[附] **蔓生合耳菊** 图 796：5-9 **Synotis yui** C. Jeffrey et Y. L. Chen in Kew Bull. 39(2): 308. f. 16. 1984.本种与四花合耳菊的主要区别：叶具离茎三出脉，叶柄长5-8毫米；总苞长0.8-1.2厘米；管状花花冠长约1.3厘米；冠毛长9毫米。产云南西北部，生于海拔2700-2900米林下或潮湿草坡。缅甸有分布。

图 796：1-4. 四花合耳菊 5-9. 蔓生合耳菊 （张泰利绘）

5. 华合耳菊 图 797

Synotis sinica (Diels) C. Jeffrey et Y. L. Chen in Kew Bull. 39(2): 313. 1984.

Gynura sinica Diels in Engl. Bot. Jahrb. 29: 618. 1901.

多年生草本。茎下部无叶，上部具较密的叶，被黄褐色蛛丝状毛，后脱毛。叶窄倒披针状椭圆形或倒披针形，长10-16厘米，基部楔状渐窄，边缘具疏齿浅波状，齿端具小尖，上面沿脉疏被黄褐色蛛丝状毛，下面疏被硬毛，有时紫色，侧脉5-7对；叶柄长0.5-1.5厘米，密被黄褐色柔毛，叶柄短。头状花序无舌状花，少数，排成顶生窄圆锥状聚伞花序，或单生上部叶腋，或排成腋生及顶生伞房花序，花序梗长0.5-1厘米，密被黄褐色蛛丝状毛，具3-4线状钻形小苞片；总苞圆柱

图 797 华合耳菊 （引自《中国植物志》）

形或窄钟形，长7-9毫米，径2-3毫米，外层苞片3-5，总苞片8，线状披针形，宽1.5-2毫米，草质，背面被蛛丝状毛。无舌状花；管状花14-15，花冠黄色，长1厘米，管部长3毫米，檐部漏斗状，裂片长圆状披针形，长1.7毫米。瘦果圆柱形，长3-4毫米，无毛；冠毛白色，长7-9毫米。花期7-9月。

产四川东南部及贵州西南部，生于海拔1280-2200米山坡密林中。

6. 密花合耳菊 密花千里光 图 798

Synotis cappa (Buch.-Ham. ex D. Don) C. Jeffrey et Y. L. Chen in Kew Bull. 39 (2): 319. 1984.

Senecio cappa Buch.-Ham. ex D. Don Prodr. Fl. Nepal. 179. 1825.

Senecio densiflorus Wall. ex DC.; 中国高等植物图鉴 4: 574. 1975.

多年生灌木状草本或亚灌木。茎高达1.5米，密被棉毛或蛛丝状绒毛，或后脱毛。叶倒卵状倒披针形或长圆状椭圆形，长10-28厘米；基部楔状，边缘具锯齿，上面被柔毛，有时具薄白色蛛丝状毛至近无毛，下面被黄褐色柔毛和白色绒毛，有时脱毛，侧脉6-14对，叶柄长达1厘米，密生绒毛，基部常具耳；上部及分枝叶较小，披针形或线状披针形。头状花序辐射状，在茎枝端及叶腋排成密复伞房花序或圆锥状聚伞花序，花序梗被密绒毛，具数个线形或线状钻形苞片；总苞窄钟状，长5-7毫米，外层苞片约8，线状披针形，长3-5毫米，总苞片8-13，线状披针形，草质，背面密被密绒毛。舌状花8，舌片黄色，长圆形，长约3.5毫米；管状花11-17，花冠黄色，长约5毫米。瘦果圆柱形，无毛；冠毛白色。花期9月至翌年1月。

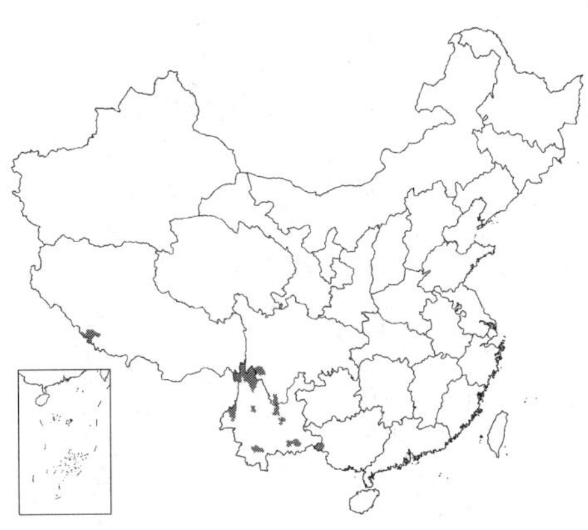

图 798 密花合耳菊（张泰利绘）

产西藏南部、四川西南部、云南及广西西部，生于海拔1500-2300米林缘、灌丛、溪边或草地。尼泊尔、印度、不丹、缅甸及泰国有分布。

7. 锯叶合耳菊 锯叶千里光 图 799 彩片 112

Synotis nagensium (Clarke) C. Jeffrey et Y. L. Chen in Kew Bull. 39 (2): 321. 1984.

Senecio nagensium Clarke in Journ. Linn. Soc. Bot. 35: 39. 1898.

Senecio prionophyllus Franch.; 中国高等植物图鉴 4: 574. 1975.

多年生灌木状草本或亚灌木。茎高达1.5米，密被白色绒毛或黄褐色绒毛。叶倒卵状椭圆形、倒披针状椭圆形或椭圆形，长7-23厘米，基部楔形或窄成短柄，边缘具小尖锯齿或重锯齿，上面疏被蛛丝状绒毛及贴生柔毛，下面密被白色绒毛或黄褐色绒毛及沿脉被褐色硬毛，侧脉10-13，叶柄长0.5-

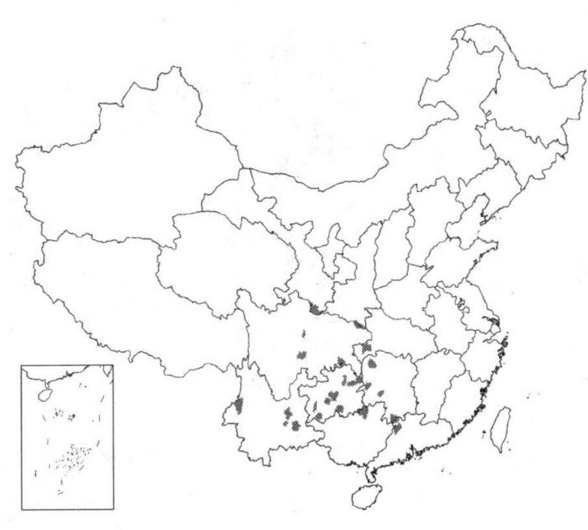

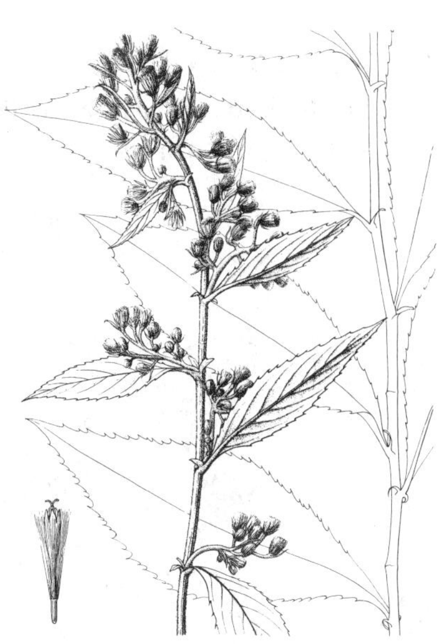

图 799 锯叶合耳菊（引自《图鉴》）

2.5厘米，密被绒毛，兼有红褐色硬毛；上部及分枝叶较小，窄椭圆形或披针形，具短柄。头状花序具异形小花，盘状或不明显辐射状，多数，排成顶生及上部腋生窄圆锥状圆锥聚伞花序，花序梗密被绒毛，有时兼有锈褐色硬毛，具线形苞片；总苞倒锥状钟形，长7-8毫米，外层苞片约8，线形，与总苞片等长，或叶状，总苞片13-15，线形，草质，背面密被绒毛。边缘小花12-13，花冠黄色，丝状或具细舌，长约6毫米；管状花12-20，花冠黄色，长约6毫米。瘦果圆柱形，疏被柔毛；冠毛白色。花期8月至翌年3月。

产甘肃南部、四川、云南、贵州、湖北西南部、湖南西部、广东西北部及广西北部，文献记载西藏南部有分布，生于海拔100-2000米林内、灌丛或草地。印度东北部及缅甸北部有分布。

8. 川西合耳菊 图 800

Synotis solidaginea (Hand.-Mazz.) C. Jeffrey et Y. L. Chen in Kew Bull. 39 (2): 323. 1984.

Senecio solidagineus Hand.-Mazz. in Acta Hort. Gothob. 12: 285. 1938.

多年生草本。茎疏被蛛丝状毛，或脱毛。叶卵状披针形、披针形或椭圆状长圆形，长6-12厘米，基部楔形或圆，边缘具密尖锯齿或近重锯齿，侧脉4-5对，叶柄长0.5-2厘米，疏被蛛丝状毛；上部叶较小，具短柄。头状花序具同形小花，盘状，极多数，排成密窄塔状复圆锥聚伞花序，花序梗短或近无梗，密被白色绒毛，具钻状小苞片；总苞窄圆柱形，长3毫米，外层苞片少数，鳞片状，极短，总苞片4-5，宽长圆形，具短缘毛，近革质，绿色，上端深色，背面被蛛丝状毛或脱毛。无舌状花；筒状花两性，花冠淡黄色或乳黄色，长6毫米。瘦果圆柱形，被柔毛；冠毛白或淡禾秆色。花期7-10月。

图 800 川西合耳菊 （张泰利绘）

产西藏东部、四川北部及西部、云南西北部，生于海拔2900-3900米开旷阳坡。

9. 红缨合耳菊 双花千里光 图 801

Synotis erythropappa (Bur. et Franch.) C. Jeffrey et Y. L. Chen in Kew Bull. 39 (2): 324. 1984.

Senecio erythropappus Bur. et Franch. in Journ. de Bot. 5: 73. 1891; 中国高等植物图鉴 4: 575. 1975.

Senecio dianthus Franch.; 中国高等植物图鉴 4: 575. 1975.

多年生具根茎草本。茎被黄褐色柔毛或蛛丝状柔毛，或近无毛。叶卵形、卵状披针形或长圆状披针形，长10-20厘米，先端渐尖或尾状渐尖，基部心形、近平截、圆形或楔形，边缘具密至粗、浅至深的锯齿或齿，上面疏被

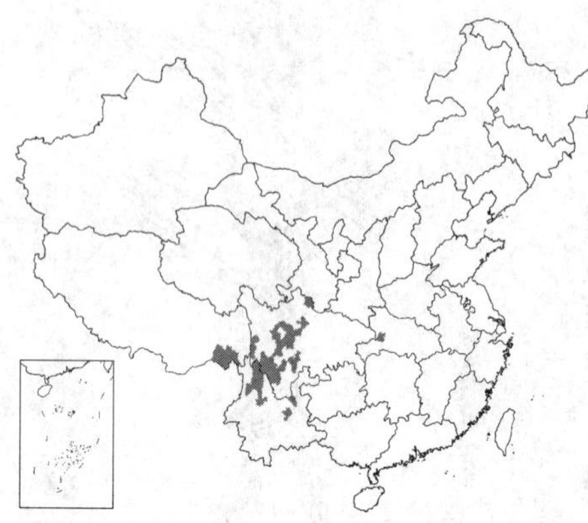

图 801 红缨合耳菊 （引自《图鉴》）

柔毛至无毛，下面沿脉被柔毛至近无毛，侧脉3-5对，叶柄长2-6厘米，疏被柔毛或近无毛；上部及分枝上叶较小，窄披针形，具短柄。头状花序具同形小花，无舌状花，极多数，排成宽塔状复圆锥状聚伞花序，花序梗极短，具1线形苞片；总苞窄圆柱形，长4-5毫米，外层苞片3-4，极小，总苞片2-3，线状长圆形，被柔毛，草质，背面基部被白色绒毛或柔毛，或无毛。无舌状花；管状花2-3，两性，花冠淡黄色，长7.5-8毫米。瘦果圆柱形，疏被柔毛；冠毛污白或淡红褐色。花期7-10月。

产西藏东南部、云南、四川及湖北西部，生于海拔1500-3900米林缘、灌丛边或草坡。

10. 三舌合耳菊 图 802 : 1-6

Synotis triligulata (Buch.-Ham. ex D. Don) C. Jeffrey et Y. L. Chen in Kew Bull. 39 (2): 329. 1984.

Senecio triligulatus Buch.-Ham. ex D. Don, Prodrs. Fl. Nepal. 178. 1825.

灌木状草本或亚灌木。茎疏被柔毛或后脱毛。叶椭圆状披针形或宽长圆状椭圆形，长10-15厘米，先端长渐尖或尾状渐尖，基部圆或宽楔形，边缘具尖锯齿，两面无毛，侧脉5-7对，叶柄长1-2厘米，无毛。头状花序具细舌状花，极多数，在茎、枝端及上部叶腋排成圆形复伞房花序，花序梗疏被柔毛，苞片线状钻形，极小；总苞圆柱形，长3-4毫米，具极小外层苞片，苞片1-3，钻状，总苞片4-5，线状长圆形，上端被微毛，具宽干膜质边缘，背面无毛。舌状花3（4），花冠黄色，长4.5毫米，舌片小；管状花3-4，花冠黄色。瘦果圆柱形，无毛；冠毛白色。花期10月至翌年5月。

产西藏南部及云南，生于海拔1200-2100米森林或灌丛中。印度东北部、尼泊尔、不丹、缅甸及泰国有分布。

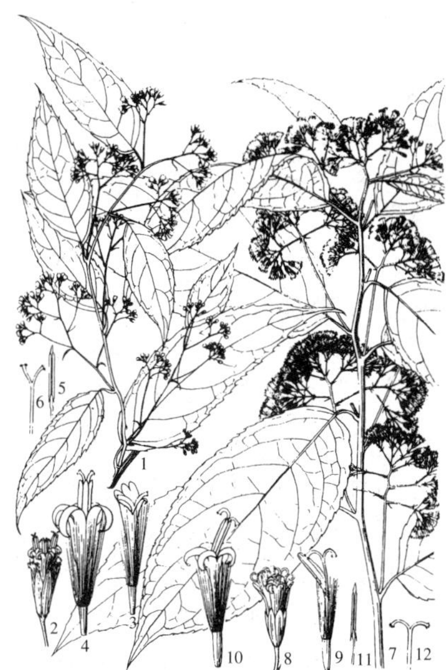

图 802 : 1-6. 三舌合耳菊 7-12. 腺毛合耳菊 （引自《中国植物志》）

11. 腺毛合耳菊 图 802 : 7-12

Synotis saluenensis (Diels) C. Jeffrey et Y. L. Chen in Kew Bull. 39 (2): 330. 1984.

Senecio saluenensis Diels in Notes Roy. Bot. Gard. Edinb. 5: 193. 1912.

灌木状草本或亚灌木。茎密被黄褐色腺毛，或脱毛。叶椭圆形或椭圆状披针形，长10-22厘米，顶端渐尖，基部宽楔形或近圆，边缘具不规则小尖锯齿，上面近无毛，下面沿脉被腺状黄褐色柔毛，侧脉5-7对，叶柄长0.6-1厘米，被柔毛。头状花序具异形小花，盘状，多数排成圆形复伞房状，花序梗具黄褐色腺状柔毛，具苞片及数小苞片，苞片和小苞片线形或线状钻形；总苞窄钟状，长4毫米，具外苞片，苞片4-5，极小，总苞片8，线状披针形，上端被柔毛，草质，背面疏被腺状柔毛或近无毛。雌花5，花冠黄色，丝状；管状花5-6，花冠黄色。瘦果圆柱形，无毛；冠毛白色。花期10月至翌年2月。

产西藏东南部及云南，生于海拔1000-3000米林下、林缘或灌丛边。缅甸及越南有分布。

12. 尾尖合耳菊 图 803 : 1-6

Synotis acuminata (Wall. ex DC.) C. Jeffrey et Y. L. Chen in Kew Bull. 39 (2): 332. 1984.

Senecio acuminatus Wall. ex DC. Prodr. 6: 368. 1838.

多年生草本。茎被黄褐色柔毛或脱毛至无毛。叶窄椭圆形或披针形，长8-18厘米，先端长渐尖或尾状渐尖，基部楔形，边缘具较疏具小尖细齿或锯齿，上面无毛，下面无毛或沿脉疏被柔毛，侧脉5-6对，叶柄长3-5毫米，无毛或疏被柔毛。头状花序具小舌状花，多数，排成顶生复伞房花序，花序梗长1-2毫米，被黄褐色柔毛，常具1-2个苞片或小苞片；总苞窄圆柱形，长5-6毫米，径1-1.5毫米，外苞片2-3，线形，长2毫米，被柔毛，总苞片3-4，线状长圆形，长7毫米，上端被微毛，背面无毛。舌状花1，花冠黄色，长5-7毫米，管部长3-3.5毫米，舌片线形，长3毫米；管状花2-3，花冠黄色，长约7毫米，管部长2.5毫米，檐部漏斗状，裂片长圆状披针形，长1.5毫米。瘦果圆柱形，长3.5毫米，无毛；冠毛长4-4.5毫米，禾秆色。花期8-9月。

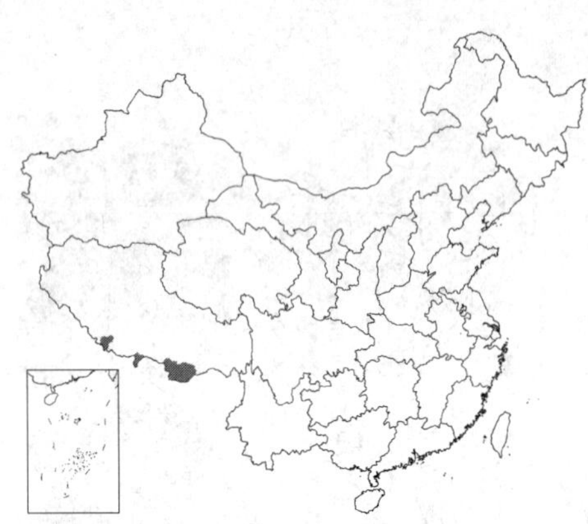

产西藏南部，生于海拔2600-3350米山坡林缘及溪边。尼泊尔、锡金及不丹有分布。

[附] **美头合耳菊** 图 803 : 7-12 **Synotis calocephala** C. Jeffrey et Y. L. Chen in Kew Bull. 39 (2): 334. 1984.本种与尾尖合耳菊的主要区别：叶柄长1-2厘米；总苞片5，长5毫米；舌状花2-3，舌片长0.8-1厘米。产云南西部，生于海拔2100-2700米灌丛边。缅甸有分布。

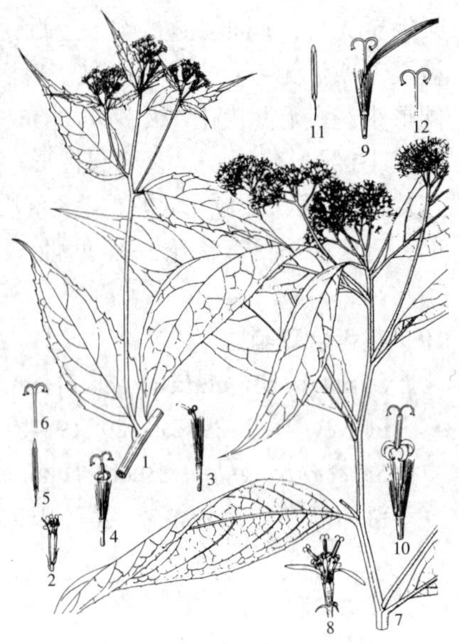

图 803 : 1-6. 尾尖合耳菊 7-12. 美头合耳菊 （引自《中国植物志》）

139. 藤菊属 Cissampelopsis (DC.) Miq.

（陈艺林 靳淑英）

藤状多年生草本或亚灌木，以叶柄攀援。茎多分枝。单叶互生，宽卵形、卵形或三角形，不裂，基部心形，离基3-7掌状脉，中脉具1-2对上升侧脉；叶柄旋卷，基部增厚，无耳，宿存。头状花序多数，排成上部腋生及顶生聚伞花序复合成叉状分枝塔状或圆锥状聚伞圆锥花序，小花异形，辐射状或同形，盘状，具花序梗；总苞圆柱状或窄钟状，具外层苞片，花托平，总苞片8或13，离生，草质，具干膜质边缘。无舌状花，或舌状花5-6，或8，舌片黄色，开展，4-5脉，先端常具3细齿；管状花8-20，花冠白、粉红或黄色，檐部漏斗状，具5裂片；花药线形或线状长圆形，基部具尾；花柱分枝平截或凸起，具边缘乳头状毛及中央有或无成束乳头状毛。瘦果圆柱形，具肋，无毛，具条纹或光滑；冠毛毛状，同形，白色，污白至红色。

约20种，分布于热带非洲和亚洲。我国6种。

1. 叶革质或近革质，具硬骨状细齿，两面无毛 ……………………………… 1. **革叶藤菊 C. corifolia**
1. 叶纸质或近革质，具波状齿或细齿；下面被毛。
   2. 小花8-10；叶下面疏被灰白色绒毛或沿脉被褐色细刚毛，基生5-7掌状脉 ……………… 2. **藤菊 C. volubilis**
   2. 小花15-17；叶下面被黄白色蛛丝状绒毛，基生3-5掌状脉 ……………………… 3. **岩生藤菊 C. spelaeicola**

1. 革叶藤菊 图 804 : 1-6

Cissampelopsis corifolia C. Jeffrey et Y. L. Chen in Kew Bull. 39 (2): 342. f. 21. 1984.

藤状草本或亚灌木。茎3-7米，近

无毛。叶革质或近革质，卵形或宽卵形，长8-14厘米，基部心形或近平截，边缘具硬骨状细齿，两面无毛，基生5-7，掌状脉，叶柄长3-6厘米，无毛，基部粗、旋卷；上部及花序叶较小，卵形或卵状披针形。头状花序盘状，排成密集顶生及上部腋生复伞房花序，形成大型叉状分枝圆锥状伞房花序；花序分枝及花序被腺状柔毛，具基生苞片及2-3线状披针形小苞片；总苞圆柱状，长5-6毫米，外层苞片4-5，线状披针形，总苞片8，线状长圆形，被柔毛，近革质，背面无毛。小花全为管状，约10，花冠淡黄、乳黄或粉红色，长8-9毫米。瘦果圆柱形，无毛；冠毛白色。花期9月至翌年1月。

产西藏东部、云南及四川西南部，生于海拔1500-2800米，攀援于混交林中乔木或灌木上。印度、锡金及缅甸有分布。

图 804：1-6. 革叶藤菊 7-12. 藤菊
（引自《Kew Bull.》）

2. 藤菊 滇南千里光 图 804：7-12

Cissampelopsis volubilis (Bl.) Miq. Fl. Ind. Bot. 2: 103. 1856.

Cacalia volubilis Bu. Bijdr. 908. 1826.

Senecio hoi Dunn; 中国高等植物图鉴 4: 573. 1975.

藤状草本或亚灌木，茎3米或更长，疏被白色蛛丝状绒毛，有时有疏褐色刚毛，或脱毛。叶纸质或近革质，卵形或宽卵形，长达15厘米，基部心形或戟形，边缘疏生波状齿，上面被疏蛛状毛，后无毛，下面疏被灰白色绒毛或沿脉被褐色细刚毛，基生5-7掌状脉，叶柄长3-6厘米，被绒毛，有时疏被褐色刚毛；上部及花序枝叶较小，基部心形或圆，叶柄短。头状花序盘状，排成复伞房花序，花序分枝被白色绒毛，有时兼有褐色腺毛，花序梗被蛛丝状绒毛，具基生苞片及3-5小苞片，苞片及小苞片线形，长3-4毫米，被柔毛；总苞圆柱形，长7-8毫米，具4-5外苞片，总苞片约8，线状长圆形，草质，背面疏被蛛丝状毛或柔毛。小花全部管状，8-10，花冠白、淡黄或粉色，长0.9-1厘米。瘦果圆柱状，无毛；冠毛白色。花期10月至翌年1月。

产云南、广西及广东，生于海拔780-2000米，攀援于林中乔木及灌木上。印度东北部、缅甸、泰国、中南半岛及马来西亚有分布。

3. 岩穴藤菊 岩穴千里光 图 805

Cissampelopsis spelaeicola (Vant.) C. Jeffrey et Y. L. Chen in Kew Bull. 39 (2): 346. 1984.

Vernonia spelaeicola Vant. in Bull. Acad. Int. Geogr. Bot. 12: 123. 1903.

Senecio spelaeicolus (Vant.) Gagnep.; 中国高等植物图鉴 4: 573. 1975.

藤状草本或亚灌木，长5米或更长。叶纸质，卵形或宽卵形，长4-11厘米，基部心形，边缘具波状细齿，下面被黄白色蛛丝状绒毛，基生3-5掌状脉，叶柄长3-6厘米，密被绒毛，基部粗，旋卷；上部及花序叶较小，卵

形或卵状披针形，基部心形或楔形。头状花序盘状，排成复伞房花序，花序分枝及花序梗密生绒毛，常具线形或卵形基生苞片；总苞圆柱形，长6-7毫米，外层苞片6-8，线形，密被绒毛，总苞片8，线状长圆形，宽1.5-2毫米，被柔毛，草质，背面密被绒毛。小花全为管状，15-17，花冠白色，长0.9-1厘米。瘦果圆柱形，无毛；冠毛白或污白色。花期11-12月。

产四川西南部、贵州中部及南部、云南东南部及广西北部，生于海拔660-2000米，常攀援于混交林中乔木或灌木上，石灰岩地区常见。

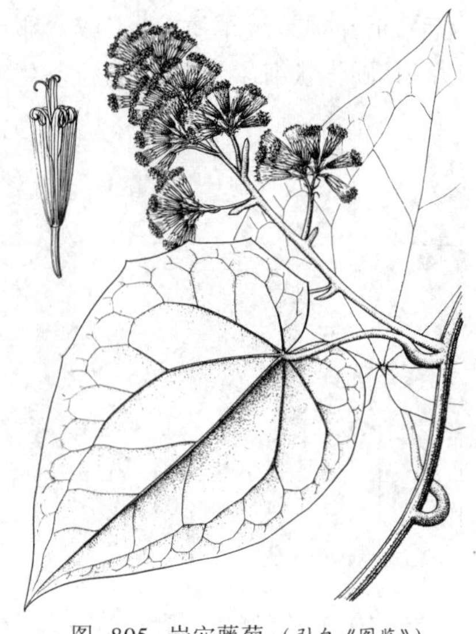

图 805 岩穴藤菊（引自《图鉴》）

140. 千里光属 Senecio Linn.

（陈艺林 靳淑英）

多年生或一年生草本，直立稀具匍匐枝，平卧，或稀攀援具根茎。茎具叶，稀近葶状。叶不裂，基生叶三角形、提琴形，或羽状分裂，常具柄，无耳；茎生叶大头羽状或羽状分裂，稀不裂，边缘稍具齿，羽状脉，基部常具耳，常无柄。头状花序排成顶生简单或复伞房或圆锥聚伞花序，稀单生叶腋，具异形小花，具舌状花，或同形，无舌状花，直立或下垂，常具花序梗；总苞具外层苞片，半球形、钟状或圆柱形，花托平，总苞片5-22，离生，稀中部或上部联合，草质，稀革质或近革质，边缘干膜质或膜质。无舌状花或舌状花1-17（-24），舌片黄色，有时极小，3（4）-9脉，先端常具3细齿；管状花3至多数，花冠黄色，檐部漏斗状或圆柱状，裂片5；花药长圆形或线形，具短耳；花柱分枝平截或多少凸起，边缘具较钝乳头状毛，中央有或无较长乳头状毛。瘦果圆柱形，具肋，无毛或被柔毛；光滑或具乳头状毛；冠毛毛状，同形或异形，顶端具叉状毛，白色或禾秆色，或变红色，有时舌状花或稀全部小花无冠毛。

约1000种，除南极洲外遍布全世界。我国63种。

1. 多年生草本。
  2. 头状花序盘状，无边缘的舌状雌花。
    3. 总苞片8-13，通常8。
      4. 基生叶和下部茎生叶三角形；头状花序排成较密的伞房花束。
        5. 上部茎叶叶柄具窄翅；总苞片8，草质；头状花序多数，排成顶生伞房状花序，小花约10 ………………………………………………………………… 7. **凉山千里光 S. liangshanensis**
        5. 上部茎叶叶柄具宽翅；总苞片8-13，革质；小花22-26 ……………………… 8. **黑苞千里光 S. nigrocinctus**
      4. 基生叶和下部茎生叶大头羽状浅裂或倒羽状裂。
        6. 瘦果无毛；叶柄基部无耳；总苞长0.8-1厘米，总苞片近革质；头状花序排成圆锥聚伞状伞房花序，无舌状花 ……………………………………………………………… 5. **西南千里光 S. pseudomairei**
        6. 瘦果被柔毛；叶柄基部有宽圆耳；头状花序排成复伞房状花序，总苞片草质；有舌状花5 ………………………………………………………………… 16. **异羽千里光 S. diversipinnus**
    3. 总苞片多达20。
      7. 中部茎生叶卵状三角形或三角形，叶柄具宽翅，基部扩大成半抱茎具齿的耳；总苞片8-13，线状披针形，革质 ……………………………………………………………… 8. **黑苞千里光 S. nigrocinctus**
      7. 中部茎生叶椭圆形或披针形，羽状深裂，叶柄无翅，无耳；总苞片15-20，宽披针形，边缘流苏状，草质…………………………………………………………………… 8(附). **风毛菊状千里光 S. saussureoides**

2. 头状花序辐射状，边缘舌状花少数，有时不明显。

8. 边缘舌状花舌片极小，不明显，短于花柱 ………………………………… 6. **纤花千里光 S. graciliflorus**

8. 边缘舌状花舌片明显，至少长4毫米，长于花柱。

9. 管状花的瘦果被柔毛，或具疏毛。

10. 植株近葶状；茎生叶较基生叶小，呈苞片状。

11. 基生叶柄长达10厘米 ………………………………………………… 18. **菊状千里光 S. laetus**

11. 基生叶无柄。

12. 总苞长3-4毫米，径2-3.5毫米 ……………………………………… 17. **钝叶千里光 S. obtusatus**

12. 总苞长5-7毫米，宽5-8毫米。

13. 叶倒卵形、倒卵状长圆形或倒卵状匙形，具不规则波状齿、圆齿状细齿或锯齿状细裂，上面疏被柔毛至无毛，下面被薄蛛丝状绒毛 ……………………………………… 20. **裸茎千里光 S. nudicaulis**

13. 叶匙形、椭圆形或倒披针形，具浅波状细齿，两面无毛 ……… 20(附). **匙叶千里光 S. spathiphyllus**

10. 植株具茎叶；茎生叶明显发育。

14. 茎攀援或半攀援，稀微直立。

15. 叶具柄；植株攀援 ………………………………………………… 26. **千里光 S. scandens**

15. 叶无柄；茎微直立或半攀援。

16. 叶披针形或线形，被糙毛或硬毛；总苞片具宽膜质边缘 ……………… 23. **糙叶千里光 S. asperifolius**

16. 叶卵状披针形或窄长圆状披针形，疏被柔毛或无毛；总苞片具宽膜质边缘 ……………………………………………………………………… 25. **闽粤千里光 S. stauntonii**

14. 茎直立。

17. 总苞片5-6；舌状花2 ………………………………………………… 13. **双舌千里光 S. biligulatus**

17. 总苞片8-22；舌状花5或更多。

18. 叶二回羽状，羽状或大头羽状分裂。

19. 茎叶无耳，基部非半抱茎 ……………………………………… 4. **玉山千里光 S. morrisonensis**

19. 茎叶基部具有齿或撕裂的耳，半抱茎。

20. 舌状花5，稀无；总苞片8-9 ………………………………… 16. **异羽千里光 S. diversipinnus**

20. 舌状花10-15；总苞片10-15，稀8。

21. 总苞长3-4毫米；冠毛污白或禾秆色 ……………………………… 18. **菊状千里光 S. laetus**

21. 总苞长5-8毫米，径0.8-1.5厘米；冠毛白色。

22. 茎中部叶羽状深裂或羽状全裂，裂片边缘具齿或深细裂；花序梗长1.5-6厘米；舌状花冠毛宿存，舌片长1.2厘米 ……………………………………… 21. **琥珀千里光 S. ambraceus**

22. 茎中部叶羽状全裂，裂片边缘具齿或近全缘；花序梗长0.5-1.5厘米；舌状花冠毛脱落，舌片长8-9毫米 ……………………………………… 21(附). **新疆千里光 S. jacobaea**

18. 叶全部或大部不裂，近全缘或具齿。

23. 叶无耳。

24. 叶两面无毛，边缘平，具粗齿；头状花序排成伞房花序；总苞长4.5-6毫米，总苞片边缘窄膜质；舌状花5-6 ……………………………………… 4. **玉山千里光 S. morrisonensis**

24. 叶两面被糙毛或上面无毛，边缘反卷，具软骨质细齿或近全缘；头状花序排成圆锥状聚伞花序；总苞长7-9毫米，总苞片边缘宽膜质；舌状花12-13 ……… 23. **糙叶千里光 S. asperifolius**

23. 叶具耳，基部半抱茎；头状花序排成疏伞房状 ……………… 25. **闽粤千里光 S. stauntonii**

9. 瘦果全部无毛。

25. 头状花序下垂，花序梗下垂。

26. 叶两面被蛛丝状绒毛或上面脱毛，叶柄长达15厘米；总苞片20，上部黑紫色，背面疏被蛛丝状毛或无毛；舌状花舌片长8毫米 …………………………………………………………………………… 9. **节花千里光 S. nodiflorus**

26. 叶两面无毛，叶柄长2.5-8厘米；总苞片17，上部边缘黑色，背面疏被褐色柔毛；舌状花舌片长1-1.1厘米 ……………………………………………………………………………………… 9(附). **黑褐千里光 S. atrofuscus**

25. 头状花序和花序梗直立或斜上。

27. 基生叶和下部茎生叶基部心形或戟形，非羽状裂，花期宿存。

28. 植株高0.4-1米；头状花序多数。

29. 下部茎叶卵状披针形或卵状椭圆形，基部微心形或楔形；总苞片10-13，长圆状披针形；舌状花10-13，舌片长6.5毫米 …………………………………………………………………………… 18. **菊状千里光 S. laetus**

29. 下部茎叶三角形，基部深心形或线形；总苞片6-8，舌状花3，长4毫米 ……… 12. **湖南千里光 S. actinotus**

28. 植株高10-25厘米；头状花序3-5；总苞片15-18，具黑色边缘 ……………… 12(附). **黑缘千里光 S. dodrans**

27. 基生叶和下部茎生叶基部楔状渐窄，不裂、羽状或羽状深裂，大头羽状浅裂或倒向羽裂，花期生存或凋落。

30. 舌状花无冠毛。

31. 茎生叶大头羽状深裂或大头羽状浅裂；中部叶长10-22厘米。

32. 总苞长3-4毫米；径3-4毫米；舌片长6.5毫米；冠毛禾秆色，稀淡红色 …… 18. **菊状千里光 S. laetus**

32. 总苞长5-7毫米；径0.4-1厘米；舌片长8毫米；冠毛淡红色 ………… 19. **莱菔千里光 S. raphanifolius**

31. 茎生叶不裂，长5-10厘米，边缘疏生软骨质小尖 ……………………………………… 24. **岩生千里光 S. wightii**

30. 舌状花有冠毛。

33. 总苞径1.2-1.7厘米；花序梗粗，长1.5-3.5厘米；瘦果长7-8毫米 …… 2(附). **多肉千里光 S. pseudoarnica**

33. 总苞径0.2-1.6厘米；花序梗细；瘦果长2-5毫米。

34. 叶窄披针形或线状披针形，边缘具密细锯齿，上面被贴生柔毛，下面除中脉外被白色绒毛；总苞径1.5-2.5毫米；花序梗长3-5毫米；舌状花5 ……………………………………… 2. **密齿千里光 S. densiserratus**

34. 叶非上述性状。

35. 植株近葶状，茎生叶比基生叶小，苞片状。

36. 中部茎叶倒匙状线形或线状披针形，基部多少扩大；头状花序3-10；舌状花6-8；冠毛白色 ……………………………………………………………………………… 20(附). **匙叶千里光 S. spathiphyllus**

36. 中部茎叶长圆形或倒披针状长圆形，大头羽状浅裂，耳具齿或细裂片，稍被绒毛；头状花序多数；舌状花10-13；冠毛污白或禾秆色，稀淡红色 ……………………………………… 18. **菊状千里光 S. laetus**

35. 植株具明显发育的茎生叶。

37. 茎高2-20厘米；头状花序每个花序1-10；茎中部叶长2.5-4厘米，上部叶具全缘的耳或无耳。

38. 总苞片18-20；总苞径0.8-1.2厘米；舌状花10-13，舌片长1-1.2厘米；基生叶和茎下部叶椭圆状或倒椭圆状，具短柄 ……………………………………………………… 10. **白紫千里光 S. albopurpureus**

38. 总苞片约13；总苞径5-6毫米；舌状花约10，舌片长5-6毫米；基生叶和茎下部叶倒卵形或匙形，中部茎无叶柄 ……………………………………………………… 11. **天山千里光 S. thianshanicus**

37. 茎高0.3-1.5米；头状花序多数，若植株矮，则每个花序具数个头状花序；茎上部叶具有粗齿的耳。

39. 茎生叶不裂，稀羽状分裂，边缘具齿。

40. 叶柄基部具2小耳；冠毛禾秆色 …………………………………………… 1. **麻叶千里光 S. cannabifolius**

40. 叶无耳；冠毛白色。

41. 舌状花8-10，舌片长1.1-1.3厘米；总苞片12-18，边缘宽膜质 …… 3. **林荫千里光 S. nemorensis**

41. 舌状花5-6，舌片长8-9毫米；总苞片通常13，边缘窄膜质 …… 4. **玉山千里光 S. morrisonensis**

39. 茎生叶分裂，或至少下部叶二回羽状，大头羽状或倒羽状分裂。

42. 总苞片5-10，通常5或8。

43. 下部及中部茎叶不裂或羽状分裂，基部楔形，长11-30厘米，有2-3对顶裂片长圆状披针形；

舌状花 8-10 ………………………………………………………………………… 1. **麻叶千里光 S. cannabifolius**

43. 下部和中部茎生叶大头羽状浅裂或羽状深裂。

44. 中部茎叶倒羽状裂顶裂片大，长达18厘米，侧裂片1-2对；舌状花3-4 ………… 14. **峨眉千里光 S. faberi**

44. 中部茎叶羽状深裂；顶裂片小，侧裂片3-12对，中部或中部以下裂片最大；若叶多少大头羽状裂则顶生裂片最大；舌状花10-13。

45. 基生叶及最下部茎生叶有1-4对侧裂片，中部茎叶大头羽状浅裂或羽状浅裂；舌片长6.5毫米；冠毛污白或禾秆色，稀淡褐色 ………………………………………………………… 18. **菊状千里光 S. laetus**

45. 中部及上部茎生叶有15-20对侧裂片；总苞长3-4毫米；舌片长4.5毫米；冠毛白色 ………………………………………………………………………… 22(附). **蕨叶千里光 S. pteridophyllus**

42. 总苞片10-20，通常13。

46. 植株具长匍匐枝；总苞片 13 ……………………………………………… 15. **匍枝千里光 S. filiferus**

46. 植株无匍匐枝。

47. 茎生叶无耳 ……………………………………………………………… 4. **玉山千里光 S. morrisonensis**

47. 茎生叶具有齿或撕裂的耳。

48. 头状花序大；总苞径0.8-1.5厘米；舌片长0.9-1.2厘米。

49. 外层苞片2-5；总苞片13-15；舌状花13-14 ……………………………… 21. **琥珀千里光 S. ambraceus**

49. 外层苞片 10-12；总苞片 18-20；舌状花 13-18 ……………… 21(附). **多苞千里光 S. multibracteolatus**

48. 头状花序小；总苞径3-7毫米；舌片长4.5-9毫米。

50. 基生叶和下部茎叶不裂或大头羽状分裂，顶裂片较大而宽，具齿 …………… 18. **菊状千里光 S. laetus**

50. 基生叶和下部茎叶羽状全裂或羽状深裂，顶裂片小而不明显。

51. 总苞长5-6毫米，径3-5毫米；舌状花10-13，舌片长8-9毫米；叶侧裂片约6对 ……………………………………………………………………………… 22. **额河千里光 S. argunensis**

51. 总苞长3-4毫米，径约2毫米；舌状花5，舌片长4.5毫米；叶侧裂片15-20对 ……………………………………………………………………… 22(附). **蕨叶千里光 S. pteridophyllus**

1. 一年生草本。

52. 头状花序盘状，小花全部管状。

53. 总苞片约15；外层小苞片4-5；花序疏散；花序梗长1.5-4厘米 ……………… 29. **北千里光 S. dubitabilis**

53. 总苞片 18-22；外层小苞片 7-11；花序密集；花序梗长 0.5-2 厘米 ……………… 30. **欧洲千里光 S. vulgaris**

52. 头状花序辐射，具数个有时不明显舌状花。

54. 边缘舌状花舌片极短，长不及2.5毫米；总苞片离生；冠毛分离；瘦果密被柔毛。

55. 叶羽状浅裂至全裂，裂片线形；总苞片边缘窄膜质；舌状花4-7 …… 28. **细梗千里光 S. krascheninnikovii**

55. 叶羽状深裂，裂片长圆状披针形或长圆形，总苞片边缘宽膜质；舌状花约12 …… 31. **散生千里光 S. exul**

54. 边缘舌状花舌片长6毫米。

56. 叶不裂，长圆形或宽线形，具数齿或近全缘；总苞片约13，具2-5绿色外层苞片；舌状花7-8 ……………………………………………………………………………… 27. **近全缘千里光 S. subdentatus**

56. 叶羽状浅裂，裂片长圆形或线状长圆形，全缘或具1-2细齿；总苞片15-20，具8-10有黑尖的外苞片；舌状花 8-12 ……………………………………………………………… 27(附). **芥叶千里光 S. desfontainei**

1.　麻叶千里光　　　　图 806 彩片 113

Senecio cannabifolius Less. in Linnaea 6: 242. 1831.

多年生草本。茎无毛。基生叶和下部茎生叶花期凋萎；中部茎生叶长圆状披针形，长11-30厘米，不裂或羽状分裂成4-7裂片，先端尖或渐尖，基部楔形，边缘具内弯尖锯齿，上面深绿色，无毛，下面淡绿色，具卷曲柔毛，顶裂片大，长圆状披针形，具柄；上部渐小，3裂或不裂，叶柄短，基部具2小耳，叶耳圆形或半圆形。头状花序辐射状，排成顶生宽复伞房状花序，花序梗细，长1-2厘米，具2-3线形苞片，苞片疏被柔毛；总苞圆柱状，长5-6毫米，外层苞片3-4，线形，总苞片8-10，长圆状披针形，长5毫米，背面疏被柔毛或近无毛。舌状花8-10，舌片黄色，长约1厘米；管状花约21，花冠黄色，长8毫米。瘦果圆柱形，无毛；冠毛禾秆色。花期7月。

产黑龙江、吉林及内蒙古东北部，生于草地、林下或林缘。俄罗斯西伯利亚东部及远东地区、朝鲜半岛、日本及阿留申群岛有分布。

图 806 麻叶千里光（引自《图鉴》）

2. 密齿千里光 图 807

Senecio densiserratus Chang in Bull. Fan Mem. Inst. Biol. Bot. 6: 56. 1935.

多年生草本。茎疏被蛛丝状绒毛，或下部脱毛。基生叶和下部茎生叶花期凋落；中部茎生叶窄披针形或线状披针形，长7-16厘米，宽1-2厘米，基部楔状窄成叶柄，上面被贴生柔毛，下面除中脉外被白色绒毛，侧脉9-11对，边缘具密细锯齿，具短柄；上部叶渐小，最上部叶线形。头状花序有舌状花，排成复伞房花序，花序梗长3-5毫米，密被柔毛，具2-3丝状小苞片；总苞圆柱状钟形，长5毫米，径1.5-2.5毫米，外层苞片约3，丝状，长1-2毫米，总苞片8，线形，长5毫米，上端微紫色，被柔毛，背面被柔毛。舌状花5，舌片黄色，长圆形，长4毫米；管状花7-9；花冠黄色，长6毫米。瘦果圆柱形，长3毫米，无毛；冠毛白色。花期8-9月。

产四川中部及北部、甘肃南部，生于海拔2450-3000米高山山谷。

[附] **多肉千里光 Senecio pseudoarnica** Less. in Linnaea 6: 240. 1831. 与密齿千里光的主要区别：叶卵状长圆形、椭圆形或倒卵状长圆形，具小尖粗齿，无柄；总苞径1.2-1.7厘米；花序梗粗，长1.5-3.5厘米；瘦果长7-8毫米。产黑龙江及吉林，生于海岸边。俄罗斯远东地区、日本、阿留申群岛、近北极及北美有分布。

图 807 密齿千里光（张春方绘）

3. 林荫千里光 图 808 彩片 114

Senecio nemorensis Linn. Sp. Pl. 870. 1753.

多年生草本。茎疏被柔毛或近无毛。基生叶和下部茎生叶花期凋萎；中部茎生叶披针形或长圆状披针形，长10-18厘米，基部楔状渐窄或稍半抱茎，边缘具密锯齿，两面疏被柔毛或近无毛，侧脉7-9对，近无柄；上部叶渐小，线状披针形或线形，无柄。头状花序具舌状花，排成复伞房花序，花序梗细，具3-4小苞片，小苞片线形，长0.5-1厘米，疏被柔毛；总苞近圆柱形，长6-7毫米，外层苞片4-5，线形，短于总苞，总苞片12-18，长圆形，长6-7毫米，先端三角状渐尖，被褐色柔毛，边缘宽干膜质，背面被柔毛。舌状花8-10，舌片黄色，线状长圆形，长1.1-1.3厘米；管状花15-16，花冠黄色，长8-9毫米。瘦果圆柱形，无毛；冠毛白色。花期6-12月。

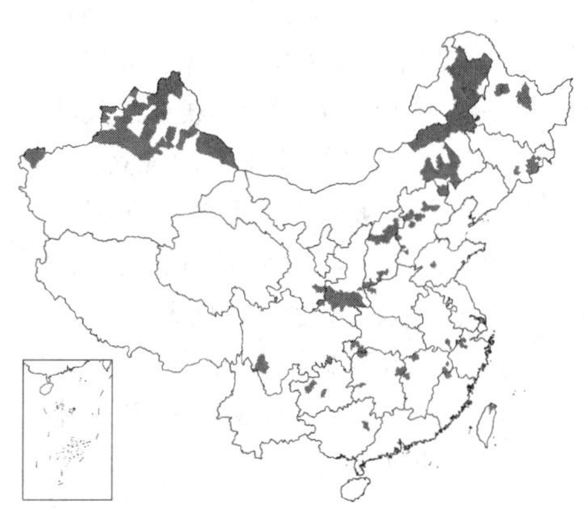

产黑龙江、吉林、内蒙古、河北、山西、河南西部、山东中西部、安徽南部、浙江西部、福建西北部、台湾、江西、湖北、湖南、广西、贵州、四川、陕西秦岭、甘肃东南部及新疆，生于海拔770-3000米林中开旷处、草地或溪边。日本、朝鲜半岛、俄罗斯西伯利亚及远东地区、蒙古及欧洲有分布。

图 808 林荫千里光（引自《图鉴》）

4. 玉山千里光 图 809

Senecio morrisonensis Hayata in Journ. Coll. Sc. Univ. Tokyo 30(1): 155. 1911.

多年生草本。茎无毛。基生叶和下部茎叶花期凋萎；茎中部叶宽披针形或长圆状披针形，长7-14厘米，基部楔状窄成短柄，无耳，不裂，具锯齿或具粗齿裂，或羽状深裂，具4-5对侧生不规则裂片，纸质，两面无毛，近无柄或具短柄；上部叶渐小，披针形或线状披针形，无柄，边缘具粗齿。头状花序具舌状花，排成伞房花序。花序梗长1-2厘米，具2-3小苞片；小苞片线形，疏被柔毛或近无毛；总苞近圆柱状，长4.5-6毫米，外层苞片4-5，线形；总苞片通常13，长圆形，上端紫色，具柔毛，边缘窄干膜质，背面无毛。舌状花5-6，舌片黄色，长圆形，长8-9毫米，管状花14-15，花冠黄色，长6-6.5毫米。瘦果圆柱形，疏被短毛或近无毛；冠毛白色。花期6-10月。

产台湾，生于海拔2500-3300米林下或多石河床。

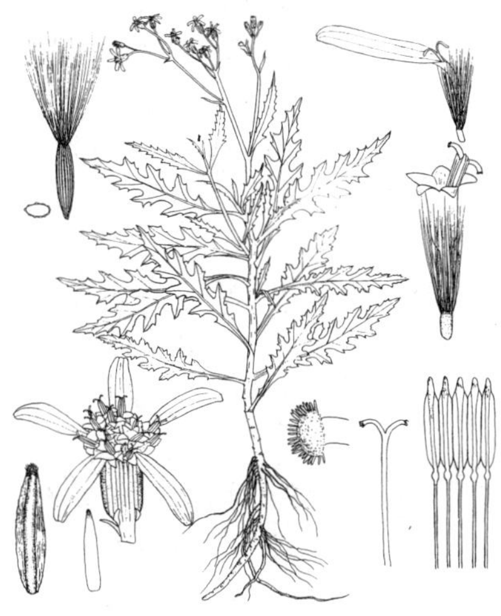

图 809 玉山千里光（引自《Fl. Taiwan》）

5. 西南千里光 图 810

Senecio pseudomairei Lévl. in Fedde, Repert. Sp. Nov. 13: 345. 1914.

多年生草本。基生叶和下部茎生叶花期凋萎；中部茎生叶卵状长圆形

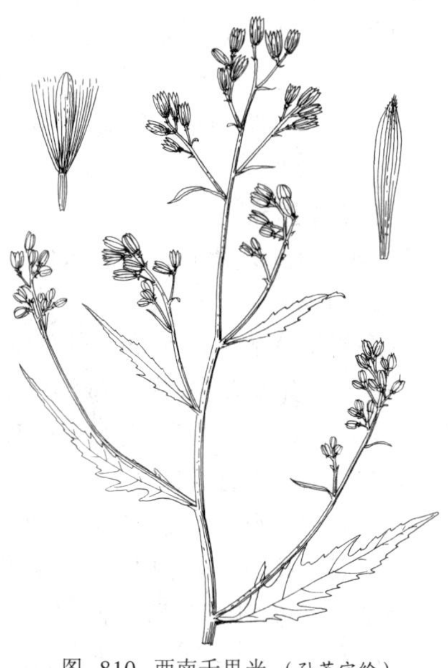

图 810 西南千里光（孙英宝绘）

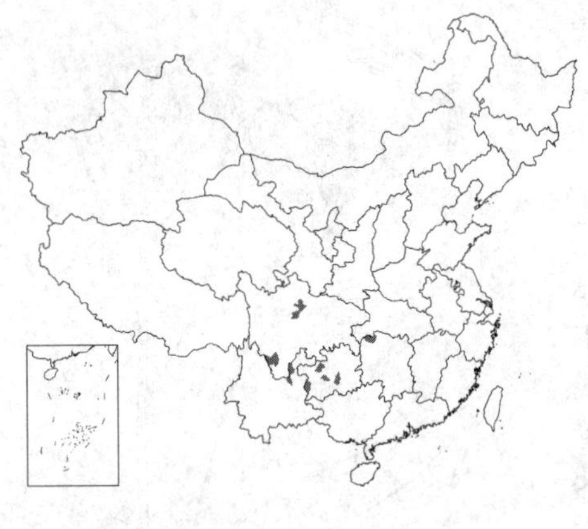

或长圆状披针形，长15-20厘米，羽状分裂；顶裂片披针形，侧生裂片约5对，长圆状披针形或近菱形，基部楔形，具不规则尖齿或撕裂，纸质，上面和下面沿脉疏被贴生柔毛，叶柄长2-3厘米，无翅；上部叶渐小，披针形，具2-3对侧裂片；最上部叶具短柄或近无柄，线形或线状披针形，边缘具锐锯齿。头状花序无舌状花，排成圆锥聚伞状伞房花序，花序梗密被黄褐色柔毛，具2-3钻状小苞片；总苞圆柱形或窄钟状，长0.8-1厘米，外层苞片3-4，钻形，总苞片8，线形或线状披针形，近革质，上端及边缘紫色，上端及背面被柔毛。管状花10-12；花冠红或紫色，长1厘米。瘦果圆柱形，无毛；冠毛白色。花期8-9月。

产云南东北部、贵州、四川及湖南西北部，生于海拔1700-3200米山谷阴处或竹丛中。

6. **纤花千里光** 多翼千里光 图 811 彩片 115

Senecio graciliflorus DC. Prodr. 6: 365. 1838.

Senecio pleopterus Diels; 中国高等植物图鉴 4: 568. 1975.

多年生草本。基生叶和下部茎生叶花期凋萎；中部茎生叶卵形或卵状长圆形，长10-25厘米，羽状分裂，顶生裂片长圆状披针形，侧生裂片4-5对，长圆状披针形，具粗锯齿，上面疏被贴生柔毛，下面沿脉被柔毛，叶柄长2-4.5厘米，基部稍扩大，无耳；上部叶渐小，浅裂；最上部叶线状披针形或线形，具细锯齿。头状花序具不明显舌状花，排成复伞房花序，花序梗密被黄褐色柔毛，具线形小苞片；总苞窄圆柱形，长8-9毫米，外层苞片4-5，线状钻形，长2-3毫米，被柔毛，总苞片5，线形，长8毫米。边缘舌状花舌片极小，不明显，短于花柱。瘦果圆柱形，无毛；冠毛白色。花期5-10月。

图 811 纤花千里光（引自《图鉴》）

产西藏南部、四川中部及云南，生于海拔2000-4100米草坡、林缘、林中开旷处或溪边。克什米尔至锡金有分布。

7. **凉山千里光** 图 812：1-4

Senecio liangshanensis C. Jeffrey et Y. L. Chen in Kew Bull. 39 (2): 374. 25. 1984.

多年生草本。基生叶和下部茎生叶花期凋萎；中部茎生叶窄三角形，长6-15厘米，先端渐尖，基部戟形，具三角状披针形侧裂片，边缘具不规则粗齿，纸质，两面无毛，侧脉5-7对，叶柄长3.5-12厘米，具窄翅，基部扩大成具齿、半抱茎的耳；上部叶渐小，叶柄较短，具较宽的翅和叶耳；最上部叶披针形，具细锯齿，无柄，半抱茎。头状花序盘状，排成较密集顶生伞房状花束，花序梗长5-7毫米，具微柔毛，具2-3丝状小苞片；总苞圆柱状钟形，长6毫米，外层苞片3-4，线状钻形，不等长，总苞片8，线形，先端黑色，流苏状，草质，边缘窄干膜质，背面无毛。小花全部管状，

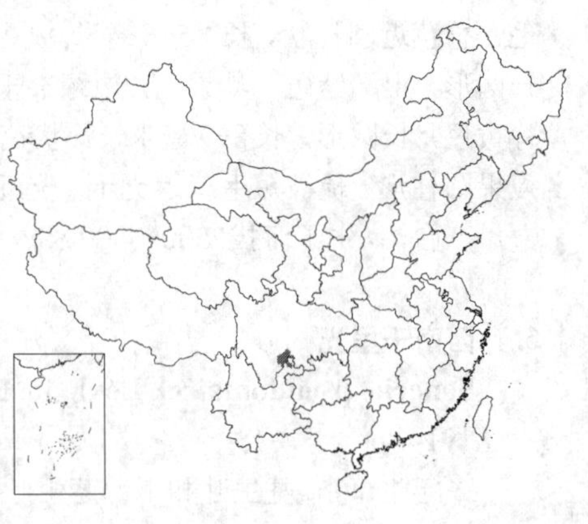

10，花冠黄色，长6.5毫米。瘦果圆柱形，无毛；冠毛白色。

产四川南部及云南东北部，生于海拔2600-3400米高山草地或林下。

8.　黑苞千里光　　图 812:5-8

Senecio nigrocinctus Franch. in Journ. de Bot. 10: 417. 1896.

多年生草本。基生叶和下部茎生叶花期枯萎；中部茎生叶长6-10厘米，卵状三角形或三角形，两面无毛，侧脉5-7对，叶柄长3-5厘米，具宽翅，基部扩大成半抱茎具齿的耳；上部叶无柄，卵状披针形或长圆状披针形，与叶相连的耳和柄翅长4-9厘米，边缘具不规则深齿。头状花序盘状，排成圆球形伞房状花束，花序梗密被黄褐色柔毛，具1-3线形小苞片；总苞倒锥状钟形，长6-7毫米，外层苞片4-5，线形，不等长，长3-6毫米，先端黑色，总苞片8-13，线状披针形，长6-7毫米，革质，背面被微毛至无毛。小花22-26，全部管状，花冠黄色，长7.5毫米。瘦果圆柱形，无毛；冠毛白色。花期7-9月。

产西藏东南部及云南西北部，生于海拔3200-4000米高山草甸、开旷山坡或林缘。

[附] **风毛菊状千里光　Senecio saussureoides** Hand.-Mazz. in Acta Hort. Gothob. 12: 294. f. 3. 1938. 本种与黑苞千里光的主要区别：中部茎叶椭圆形或披针形，羽状深裂；总苞片宽披针形，边缘流苏状，草质。产西藏东部及四川西部，生于海拔3900-4200米灌丛草地。

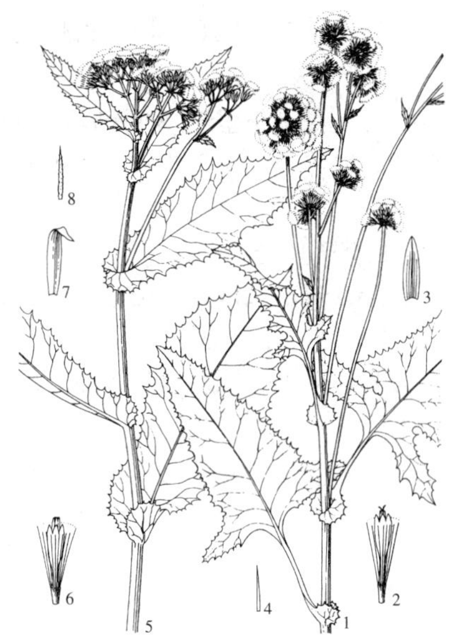

图 812：1-4. 凉山千里光
5-8. 黑苞千里光（张泰利绘）

9.　节花千里光　　图 813

Senecio nodiflorus Chang in Bull. Fan Mem. Inst. Biol. Bot. 6: 54. 1935.

多年生草本。茎被白色蛛丝状毛。基生叶和下部茎生叶花期生存，叶卵形或椭圆状长圆形，长4-6厘米，具不规则尖齿，纸质，上面疏被蛛丝状毛或脱毛，下面密被白色蛛丝状绒毛，侧脉3-5对，叶柄长2.5-8厘米，具疏蛛丝状毛至无毛，基部稍扩大；中部茎生叶具短柄，椭圆状长圆形或长圆状披针形；上部叶渐小，无柄，长圆状线形或线形，半抱茎；最上部叶苞片状。头状花序径约3厘米，排成疏圆锥状聚伞花序，下垂，花序梗密被蛛丝状绒毛，具苞片和1-2小苞片，小苞片线状披针形或线形，长0.5-1.2厘米，被蛛丝状毛；总苞钟状，长7-8毫米，外层苞片8，线形，长4-6毫米，紫色，被蛛丝状绒毛，总苞片20，线形，长7-8毫米，上端具长柔毛，近革质，脉及上部黑紫色，背面疏被蛛丝状毛，或变无毛。舌状花18-20，舌片淡黄色，长圆形，长8毫米；管状花多数，花冠黄色，长8毫米。瘦果圆柱形，无毛；冠毛白色。花期8-10月。

图 813　节花千里光（张泰利绘）

产西藏东南部及云南西北部，生于海拔3000-4500米多石潮湿牧场、岩石边或流石滩。

[附] **黑褐千里光 Senecio atrofuscus** Griers in Notes Roy. Bot. Gard. Edinb. 22. 433. 1958. 本种与节花千里光的主要区别：叶两面无毛，下面绿色，侧脉5对；总苞片17，背面被褐色绒毛；舌状花18。产西藏东部及云南西北部，生于海拔约3900米高山草坡。

10. 白紫千里光 图 814

Senecio albopurpureus Kitam. in Sci. Res. Jap. Exped. Nepal Himal. 1952-53, 1: 271. 1955.

多年生矮小草本。茎高8-20厘米，被蛛丝状绒毛至无毛。基生叶和茎下部叶花期生存，叶椭圆形或倒卵状椭圆形，具齿或稍浅裂，具长柄；中部茎生叶长圆形或长圆状披针形，长3-5厘米，羽状浅裂或中裂，侧裂片3-5对，长圆形或卵状长圆形，具浅齿或近全缘，上面疏被蛛丝状毛，下面密被绒毛，具短柄，叶柄基部稍扩大；上部叶披针形或线状披针形，浅裂或近全缘，无柄，基部半抱茎。头状花序具舌状花，2-3（4）排成疏生伞房花序，稀单生，花序梗长达5厘米，具疏蛛丝状毛，具2-3线形或线状钻形小苞片；总苞钟状，径0.8-1.2厘米，外层苞片6-8（-10），线状钻形，绿或紫色，长3-5毫米，疏被蛛丝状毛，总苞片18-20，线状披针形，上端边缘黑褐或紫色，先端具白色柔毛，绿或紫色，背面疏被蛛丝状毛或柔毛。舌状花10-13，舌片黄色，长圆形，长1-1.2厘米；管状花多数，花冠黄色，长7-8毫米。瘦果圆柱形，无毛；冠毛白或基部禾秆色。花期7-8月。

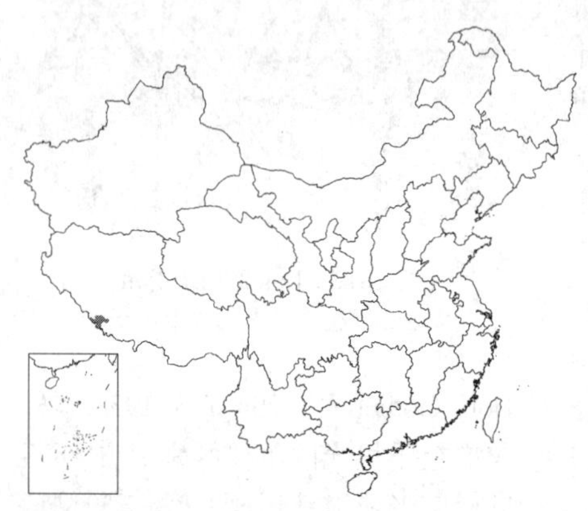

图 814 白紫千里光（张泰利绘）

产西藏南部，生于海拔3900-4250米溪边。尼泊尔及锡金有分布。

11. 天山千里光 图 815

Senecio thianshanicus Regel et Schmalh. in Acta Hort. Petrop. 6: 311. 1879.

多年生矮小草本。茎高5-20厘米。基部叶和下部茎生叶花期生存，叶倒卵形或匙形，长4-8厘米，基部窄成柄，近全缘，有时具浅齿或浅裂，上面近无毛，下面被蛛丝状柔毛或脱毛，具柄；中部茎生叶长圆形或长圆状线形，长2.5-4厘米，边缘具浅齿或羽状浅裂，稀羽状深裂，无柄，基部半抱茎；上部叶较小，线形或线状披针形，全缘，两面无毛。头状花序具舌状花，2-10排成疏伞房花序，稀单生；花序梗被蛛丝状毛至无毛，小苞片线形或线状钻形，长3-5毫米；总苞钟状，径5-6毫米，外层苞片4-8，线形，长3-5毫米，常紫色，总苞片约13，线状长圆形，长6-7毫米，上端黑色，常流苏状，具缘毛或长柔毛，背面疏被

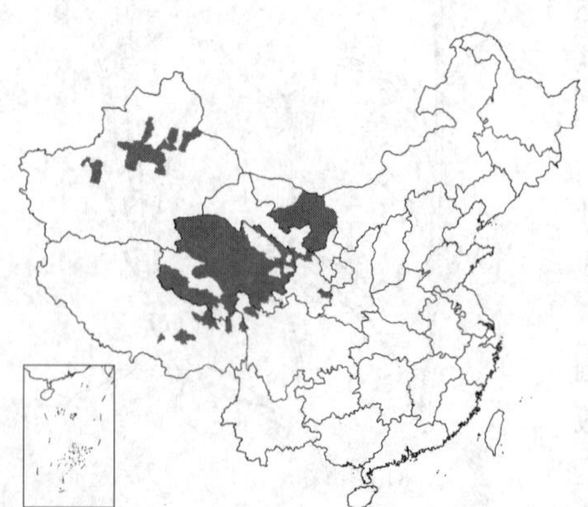

图 815 天山千里光（张泰利绘）

蛛丝状毛至无毛。舌状花约10；舌片黄色，长圆状线形，长5-6毫米；管状花26-27；花冠黄色，长6-7毫米。瘦果圆柱形，无毛。冠毛白或污白色。花期7-9月。

产新疆、西藏、青海、四川西北部、甘肃及内蒙古西部，生于海拔2450-5000米草坡、开旷湿处或溪边。俄罗斯、吉尔吉斯斯坦及缅甸北部有分布。

图 816：1-8.湖南千里光
9-13.双舌千里光 （张泰利绘）

12. 湖南千里光　图 816：1-8

Senecio actinotus Hand.-Mazz. Symb. Sin. 7: 1121. 1936.

多年生草本。茎高达1米，疏被柔毛。基生叶和下部茎生叶花期生存，具长柄；叶三角形，长13-15厘米，基部深心形，有粗钝三角形齿，两面无毛，侧脉6-9对；叶柄长达19厘米；中部茎叶与基生叶长达18厘米，叶柄长12-13厘米，基部具耳，叶耳圆形或肾形，径1.5-4厘米，具粗齿，抱茎；上部叶椭圆形、卵形或披针形，有短柄或无柄，具耳，羽状裂；最上部叶披针形，近全缘，无柄，具耳。头状花序有舌状花，极多数，排成复伞房花序；花序枝和花序梗被柔毛；花序梗细，基部通常有苞片，具2-3个小苞片；苞片和小苞片线形。总苞窄钟状，长4-5毫米，外层苞片4-5，线状钻形；总苞片6-8，线形，长4毫米。舌状花3，舌片黄色，长圆形，长4毫米；管状花7-9，花冠黄色，长5-5.5毫米。瘦果圆柱形，无毛；冠毛白色。花期6月。

产湖南西南部及广西东北部，生于海拔1200-1260米山地灌丛或沼泽。

[附] **黑缘千里光 Senecio dodrans** Winkl. in Acta Hort. Petrop. 14: 152. 1895. 本种与湖南千里光的主要区别：植株高10-25厘米；下部茎叶宽卵形或近圆形；头状花序3-5；总苞片15-18，具黑色边缘。产四川西部至北部，生于海拔约4400米高山草甸。

13. 双舌千里光　图 816：9-13

Senecio biligulatus W. W. Smith in Journ. Asiat. Soc. Bengal n. s. 7: 69. 1911.

多年生草本。茎被黄褐色柔毛至无毛。基生叶花期枯萎，下部和中部茎生叶三角形或三角状披针形，长7-12厘米，基部心形、箭形或近戟形，有时大头状2-4裂，边缘有粗齿，上面有贴生柔毛，下面常紫色，沿脉具柔毛或无毛，侧脉9对；叶柄上部有多少间断的翅，向基部成渐宽的翅，基部具耳，半抱茎，具齿；上部叶三角状披针形或线状披针形，长5-10厘米，常大头羽状浅裂，基部楔形，具连合的耳，无柄。头状花序有舌状花，密集成复伞房花序，花序梗长1-2毫米，有黄褐色柔毛，具1-2细小苞片；总苞圆柱形，长5毫米，外层苞片5-7，线状钻形，上端黑色，总苞片5-6，线形，长3毫米，上端黑色，背面疏被短柔毛。舌状花2，管部长2毫米，舌片黄色，长4毫米；管状花2-3，花冠黄色，长6毫米。瘦果圆柱形，有疏微毛；冠毛白色。花期6-9月。

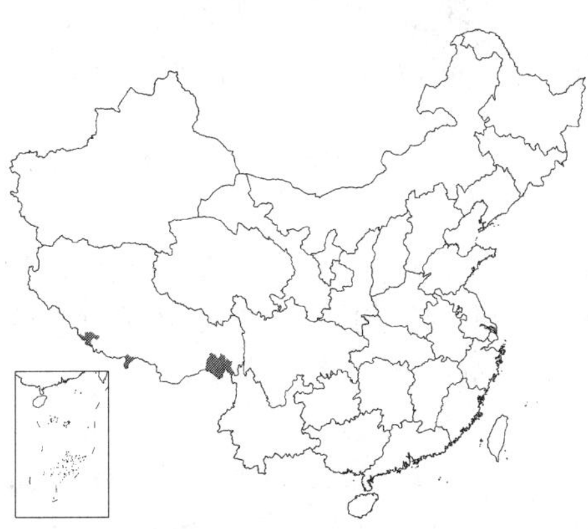

产西藏南部及东南部，生于海拔3000-3900米山坡。尼泊尔、锡金、不丹及缅甸有分布。

14. 峨眉千里光 密伞千里光 图 817 彩片 116

Senecio faberi Hemsl. in Journ. Linn. Soc. Bot. 23: 452. 1888.

多年生草本。基生叶花期枯萎。下部和中部茎生叶大头羽状浅裂，长达40厘米，顶生裂片卵状三角形，长达18厘米，先端渐尖，基部戟形或平截，边缘具粗齿，侧裂片1-2对，长圆状披针形，具齿，上面无毛，下面沿中脉疏被柔毛，叶柄长8-10厘米，稍具翅，基部有圆形耳，半抱茎；上部叶卵状披针形或长圆形，长10-25厘米，有粗齿或羽状窄撕裂，叶与圆形抱茎具齿叶耳相连，无柄；最上部叶线状披针形或线形。头状花序有舌状花，排成密集复伞房花序，花序梗细，被柔毛，基部有线形苞片，小苞片2-3，线状钻形；总苞窄钟状，长3-5毫米，外层苞片3-4，线形，总苞片8，线形，长3-4毫米，上端紫色，背面无毛。舌状花3-4，舌片黄色，线形，长4.5毫米；管状花6-9，花冠黄色，长5.5毫米。瘦果圆柱形，无毛；冠毛白色。花期6-8月。

图 817 峨眉千里光（引自《图鉴》）

产湖南西南部、广西北部、贵州及四川中南部，生于海拔950-2700米林下、灌丛、草坡或阴湿处。

15. 匍枝千里光 图 818

Senecio filiferus Franch. in Journ. de Bot. 10: 416. 1896.

多年生草本，匍匐枝数个，长达40厘米，具叶或叶成鳞片状。茎有疏柔毛。基生叶花期生存，提琴形或大头羽状，长12-18厘米；叶柄长3-6厘米，上部常具翅，基部扩大，无耳；中部茎生叶长圆状披针形，无柄或有具宽翅叶柄，边缘有粗齿，有时下部大头羽状浅裂，叶多少连接圆形具齿、抱茎叶耳；上部叶渐小，披针形或线状披针形，基部有圆形的耳，无柄；最上部叶较窄、长渐尖或尾状。头状花序有舌状花，排成近伞形伞房花序，花序梗有疏柔毛，有基生苞片和2-3线状钻形小苞片；总苞窄钟状，长4-5毫米，外层苞片3-5，钻形，总苞片13，线形，长4-5毫米，上端紫色，背面有柔毛。舌状花5，上端有微毛，舌片黄色，长圆形，长4.5毫米；管状花11-13；花冠黄色，长4.5毫米。瘦果圆柱形，无毛；冠毛白色。花期5-8月。

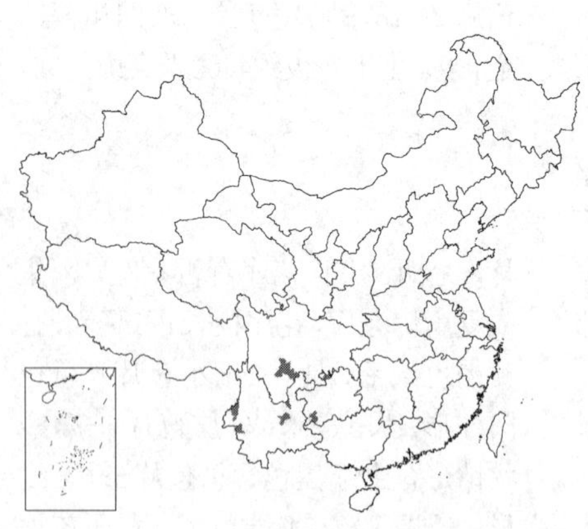

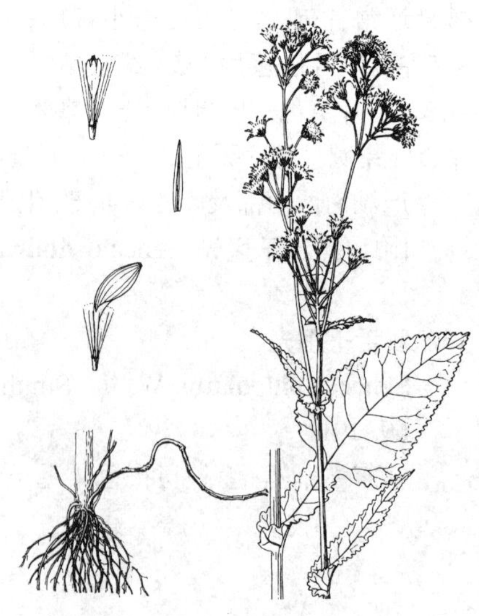

图 818 匍枝千里光（张泰利绘）

产四川南部、云南、贵州西南部及北部，生于海拔750-3700米混交林下潮湿处、林缘或草坡。

16. 异羽千里光 图 819

Senecio diversipinnus Ling in Contr. Inst. Bot. Nat. Acad. Peiping 5: 21. f. 4. 1937.

Senecio kaschkarovii auct. non C. Winkl.: 中国高等植物图鉴 4: 570. 1975.

多年生草本。茎被柔毛。基生叶和下部茎生叶花期生存或枯萎，倒披针状匙形，大头羽状分裂，长达30厘米，上面有贴生疏柔毛至近无毛，下面疏被蛛丝状毛或柔毛，中部与下部茎生叶具短柄，基部有耳，叶耳宽圆，深裂或具撕裂齿，宽达2厘米；上部茎叶无柄，具侧生窄裂片和顶裂片，具疏齿或近全缘。头状花序有舌状花或无舌状花，排成复伞房花序，花序分枝和花序梗被黄褐色柔毛，花序梗有基生线形苞片，小苞片1-3，线状钻形，长2-3毫米，被微毛；总苞窄钟状，长5-6毫米，外层苞片3-5，线形，总苞片8-9，线状披针形，上端紫色，有细缘毛，草质，背面疏被柔毛至无毛。舌状花5，稀无，无毛，舌片黄色，长圆形，长6-8毫米；管状花12-15，花冠黄色，长7-7.5毫米。瘦果圆柱形，有柔毛；冠毛白色。花期6-8月。

产青海、甘肃西南部及四川西北部，生于海拔1900-3500米草坡或岩石山坡。

图 819 异羽千里光（引自《图鉴》）

17. 钝叶千里光　　图 820：1-5

Senecio obtusatus Wall. ex DC. Prodr. 6: 367. 1836.

多年生近葶状草本。茎疏被柔毛或无毛，近葶状。基生叶花期生存，莲座状，椭圆形或倒披针状椭圆形，长5-21厘米，先端钝，基部楔状窄成具翅柄，边缘有波状细齿，侧脉7-9对，两面有疏柔毛至无毛，叶柄不明显，具翅，基部扩大，无耳；中部茎生叶长圆形或线形，具细齿，无柄，基部半抱茎；最上部叶线形，苞片状。头状花序有舌状花，排成伞房或复伞房花序，花序梗有疏柔毛，具线形苞片和2-3线形小苞片；总苞窄钟状，长3-4毫米，外层苞片4-5，线状钻形，总苞片10-13，长圆形。舌状花约8，舌片黄色，长圆形或椭圆状长圆形，长6.5毫米；管状花约25，花冠黄色，长5毫米。瘦果圆柱形，被微毛。花期4-6月。

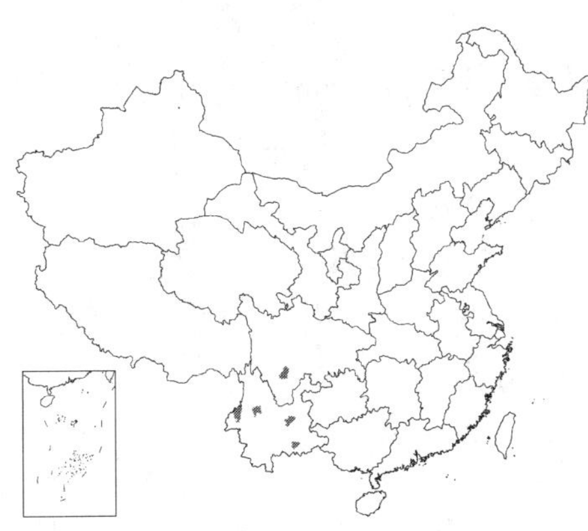

图 820：1-5. 钝叶千里光
6-11. 匙叶千里光（张泰利绘）

产四川南部及云南，生于海拔1500-3300米干旱和潮湿草地或牧场。印度东北部及缅甸有分布。

18. 菊状千里光　　图 821 彩片 117

Senecio laetus Edgew. in Trans. Linn. Soc. 20: 74. 1846.

Senecio chrysanthemoides DC.; 中国高等植物图鉴 4: 571. 1975.

多年生近葶状草本。茎疏被蛛丝状毛，或变无毛。基生叶花期生存或凋落。基生叶和最下部茎生叶卵状椭圆形、卵状披针形或倒披针形，长8-10厘米，基部微心形或楔形，具齿，

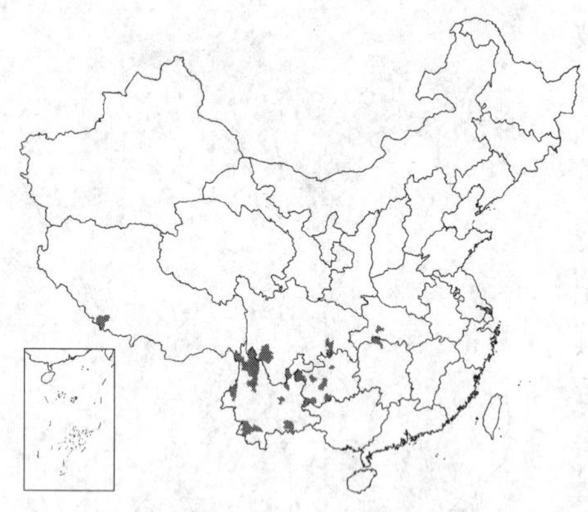

不裂或大头羽状分裂，顶裂片较大而宽，具齿，侧裂片1-4对，上面无毛，下面有疏蛛丝状毛至无毛，侧脉8-9对，叶柄长达10厘米，基部扩大；中部茎生叶长圆形或倒披针状长圆形，长5-22厘米，大头羽状浅裂或羽状浅裂，耳具齿或细裂，半抱茎；上部叶渐小，长圆状披针形或长圆状线形，具羽状齿。头状花序有舌状花，排成顶生伞房或复伞房花序，花序梗被蛛丝状绒毛或黄褐色柔毛，或变无毛，有线形苞片和2-3线状钻形小苞片；总苞钟状，径3-7毫米，外层苞片8-10，线状钻形，总苞片10-13，长圆状披针形。舌状花10-13，舌片黄色，长圆形，长约6.5毫米，管状花多数，花冠黄色，长5-5.5毫米。瘦果圆柱形，全部或管状花的瘦果有疏柔毛，有时舌状花或全部小花的瘦果无毛；冠毛污白或禾秆色，稀淡红色；全部瘦果均有冠毛，或舌状花的瘦果无冠毛。花期4-11月。

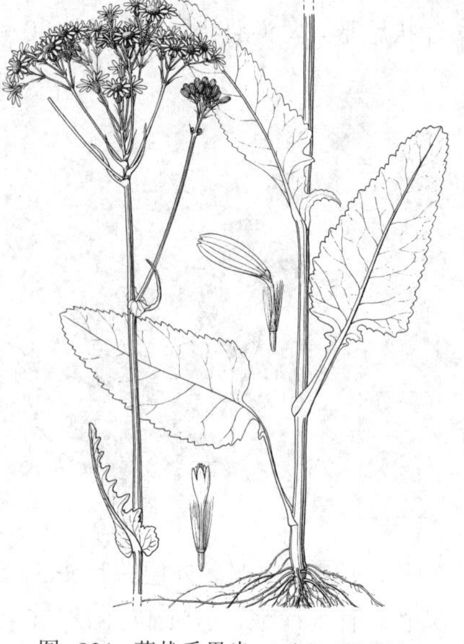

图 821 菊状千里光（引自《图鉴》）

产西藏南部、云南、四川东南部及西南部、贵州、湖北西南部及湖南北部，生于海拔1100-3750米林下、林缘、开旷草坡、田边或路边。巴基斯坦、印度、尼泊尔及不丹有分布。

19. 莱菔叶千里光 图 822

Senecio raphanifolius Wall. ex DC. Prodr. 6: 366. 1838.

多年生草本。茎疏被蛛丝状毛，或后变无毛。基生叶花期常枯萎或脱落。基生叶和最下部茎叶倒披针形，长15-30厘米，大头羽状浅裂，叶柄长5-8厘米，基部扩大；中部茎生叶长圆形，长10-15厘米，羽状浅裂或近羽状深裂，侧生裂片5-8对，无柄，叶耳有齿或撕裂，半抱茎；上部叶长圆形或长圆状披针形，具羽状齿或细裂。头状花序有舌状花，排成伞房或复伞房花序，花序梗初有疏蛛丝状毛，黄褐柔毛，后渐无毛，有2-3线形小苞片；总苞宽钟状或半球形，长5-7毫米，外层苞片8-10，线状钻形，长约3毫米，总苞片12-16，长圆形，宽1.5-2毫米。舌状花12-16，舌片黄色，长圆形，长约8毫米；管状花多数，花冠黄色，长5毫米。瘦果圆柱形，无毛；冠毛淡红色，管状花有冠毛，舌状花冠毛少，旋即脱落或无。花期7-9月。

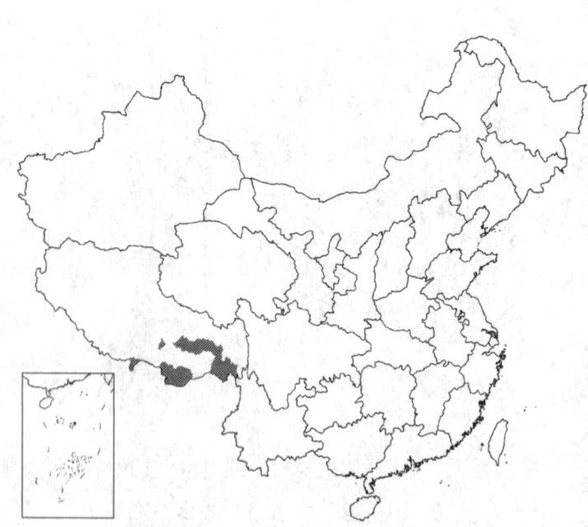

图 822 莱菔叶千里光（张泰利绘）

产西藏南部及东南部，生于海拔2700-4400米山地林下、草甸、草坡或河边。尼泊尔、印度东北部、不丹及缅甸北部有分布。

20. 裸茎千里光 图 823

Senecio nudicaulis Buch.-Ham. ex D. Don Prodr. Fl. Nepal 178. 1825.

多年生近亭状草本。茎疏被蛛丝状柔毛，脱毛至无毛。基生叶花期生存，莲座状，无柄或具短柄，倒卵形、倒卵状长圆形或倒卵状匙形，长3-18厘米，基部楔状窄成短柄，具不规则波状齿、圆齿状细裂或锯齿状细裂，上面疏被柔毛至无毛，下面有蛛丝状绒毛至无毛，侧脉5-7对；茎生叶常3-5，长圆形或倒披针状长圆形，长2-4厘米，有圆齿或细裂，基部扩大，具耳半抱茎，无柄。头状花序排成复伞房花序，花序梗有疏蛛丝状毛或柔毛，具苞片和1-3线形小苞片；总苞宽钟状，长5-6毫米，外层苞片2-6，苞片4-5，线状钻形，长2-3毫米，总苞片13，长圆状披针形，长5-6毫米。舌状花13，管部长4毫米，冠毛宿存，舌片黄色，长圆形，长1厘米；管状花多数，花冠黄色，长6毫米。瘦果圆柱形，有柔毛；冠毛淡白色。花期3-4月。

产云南、四川中南部、贵州中部及南部，生于海拔1500-1850米林下或草坡。巴基斯坦、印度、尼泊尔及不丹有分布。

[附] **匙叶千里光** 图 820: 6-11 **Senecio spathiphyllus** Franch. in Journ. de. Bot. 10: 416. 1896. 本种与裸茎千里光的主要区别：茎生叶和下部茎叶匙形、椭圆形或倒披针形，具长柄，具浅波状锯齿，两面无毛。产云南西北部，生于海拔1500-3000米湿草甸或草坡。

图 823　裸茎千里光（孙英宝绘）

21. 琥珀千里光　图 324

Senecio ambraceus Turcz. ex DC. Prodr. 6: 348. 1838.

多年生草本。茎疏被蛛丝状柔毛或近无毛。基生叶花期枯萎；下部茎生叶倒卵状长圆形，长6-12厘米，羽状深裂，顶裂片不明显，侧裂片5-8对，长圆形，具齿或细裂，上面无毛，下面疏被柔毛或无毛，具柄；中部茎生叶羽状深裂或羽状全裂，侧裂片长圆状线形，具齿或深细裂，基部常有撕裂状耳，无柄；上部叶羽状裂或有粗齿，线形，近全缘。头状花序有舌状花，排成顶生伞房花序，花序梗长1.5-6厘米，有疏蛛丝状柔毛或无毛，有苞片和数个线形或线状钻形、长3-5毫米小苞片；总苞宽钟状或半球状，长7-8毫米，外层苞片2-5，线形，总苞片13-15，窄长圆形，长7-8毫米。舌状花13-14，管部长4.5毫米，舌片黄色，长圆形，长1.2厘米；管状花多数，花冠黄色，长6毫米。瘦果圆柱形，舌状花的瘦果无毛，管状花的瘦果疏被柔毛，稀无毛；全部小花有冠毛，冠毛淡白色。花期8-9月。

产黑龙江西南部、吉林东北部、辽宁、内蒙古、河北、山东东部、河南西部、陕西东南部及山西东北部，生于草坡。朝鲜半岛北部、俄罗斯西伯利亚东部及蒙古有分布。

图 324　琥珀千里光（冀朝祯绘）

[附] **新疆千里光 Senecio jacobaea** Linn. Sp. Pl. 870. 1753. 本种与琥珀千里光的主要区别：下部茎生叶具柄，边缘是钝齿或大头羽状浅裂；中部茎叶羽状全裂；舌状花冠毛脱落。产新疆北部，江苏南部已野化，生于疏林下或草地。欧洲、中亚、俄罗

斯及蒙古有分布。

[附] **多苞千里光 Senecio multibracteolatus** C. Jeffrey et Y. L. Chen in Kew Bull. 39 (2): 402. f. 28. 1984.本种与琥珀千里光的主要区别：下部和中部茎生叶大头羽状浅裂或羽状浅裂；外层苞片10-12；总苞片18-20；舌状花13-18。花期1月。产四川西南部及云南西北部，生于海拔2700-2800米林缘。

22. 额河千里光 图 825 彩片 118

Senecio argunensis Turcz. in Bull. Soc. Nat. Mosc. 20 (2): 18. 1847.

多年生草本。茎被蛛丝状柔毛，有时脱毛。基生叶和下部茎生叶花期枯萎；中部茎生叶卵状长圆形或长圆形，长6-10厘米，羽状全裂或羽状深裂，顶生裂片小而不明显，侧裂片约6对，窄披针形或线形，长1-2.5厘米，具1-2齿或窄细裂，或全缘，上面无毛，下面有疏蛛丝状毛或脱毛，基部具窄耳或撕裂状耳，无柄；上部叶渐小，羽状分裂。头状花序有舌状花，排成复伞房花序；花序梗细，有蛛丝状毛，有苞片和数个线状钻形小苞片；总苞近钟状，径3-5毫米，外层苞片约10，线形，长3-5毫米，总苞片约13，长圆状披针形，上端具短髯毛，绿色或紫色，背面疏被蛛丝毛。舌状花10-13，舌片黄色，长圆状线形，长8-9毫米；管状花多数，花冠黄色，长6毫米。瘦果圆柱形，无毛；冠毛淡白色。花期8-10月。

产黑龙江、吉林、辽宁、内蒙古、河北、山西、陕西北部、甘肃西南部、青海、四川西北部及东部、湖北、河南西部及安徽北部，生于海拔500-3300米草坡或山地草甸。朝鲜半岛、俄罗斯西伯利亚及远东地区、蒙古有分布。

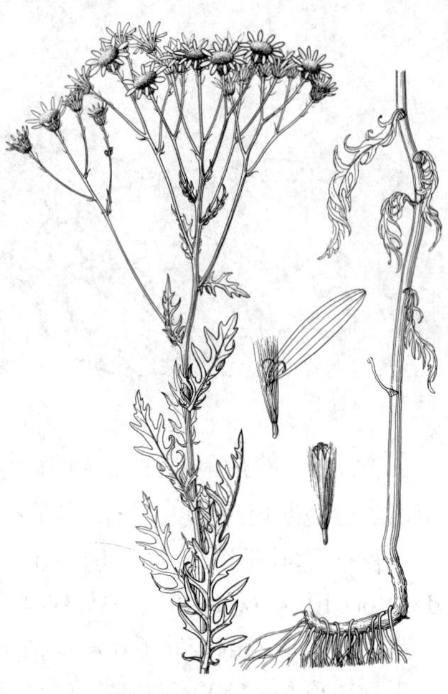

图 825 额河千里光（引自《图鉴》）

[附] **蕨叶千里光 Senecio pteridophyllus** Franch. in Journ. de Bot. 8: 364. 1894.本种与额河千里光的主要区别：叶侧裂片15-20对；总苞长3-4毫米，径约2毫米；舌状花5，舌片长4.5毫米。产云南西北部，生于海拔3000-3800米高山草甸或牧场。

23. 糙叶千里光 图 826

Senecio asperifolius Franch. in Journ. de Bot. 10: 414. 1896.

多年生草本。茎疏被蛛丝状柔毛，后变无毛。基部和下部叶花期枯萎凋落；中部茎生叶披针形或线形，长5-10厘米，基部楔形，边缘反卷，具软骨质细齿或近全缘，上面具疏糙毛或无毛，下面及边缘具硬毛或糙毛，侧脉6-7对，无柄；上部叶较小，线形。头状花序具舌状花，排成圆锥状聚伞花序，花序梗被蛛丝状毛，具苞片和1-10线状钻形小苞片；总苞钟状或短陀螺状，长7-9毫米，外层苞片6-8，线状钻形，总苞片13，披针形，具宽膜质

图 826 糙叶千里光（引自《图鉴》）

边缘，背面有疏蛛丝状绒毛，或变无毛。舌状花12-13；舌片黄色，长圆形，长8-9毫米；管状花花冠黄色，长6毫米。瘦果圆柱形，被柔毛。冠毛白色。花期10月至翌年5月。

产广西西部、贵州西南部及云南，生于海拔690-2450米干旱草地或岩石山坡。

24. 岩生千里光 图 827

Senecio wightii (DC. ex Wight) Benth. ex Clarke, Comp. Ind. 197. 1875

Doronicum wightii DC. ex Wight, Contrib. 23. 1834.

多年生草本。茎无毛或有糙毛。基生叶花期枯萎；茎生叶不裂，长5-10厘米，较下部叶椭圆形或线形，基部楔形或窄成柄状；中部叶窄长圆形、长圆状披针形或线形，无柄，基部半抱茎；叶边缘疏生软骨质小尖齿，上面有疏贴生短毛至无毛，下面沿脉被柔毛至无毛，侧脉6-7对。头状花序有舌状花，排成疏伞房花序，花序梗有疏柔毛，具苞片和2-3线状钻形、长2-3毫米的小苞片；总苞半球形，长3-4毫米，外苞片3-5，钻形，总苞片20-22，长圆状线形，绿或紫色，背面有疏柔毛或无毛。舌状花11-13，上部有疏毛；舌片黄色，长圆形，长7-8毫米；管状花多数，花冠黄色，长3.5毫米，上端有乳头状毛。瘦果圆柱形，无毛；花冠禾秆色，舌状花无冠毛。花期8-11月。

图 827 岩生千里光（引自《图鉴》）

产四川中南部、云南及贵州近中部，生于海拔1150-3000米溪边或池旁潮湿处。印度、不丹及缅甸有分布。

25. 闽粤千里光 图 828

Senecio stauntonii DC. Prodr. 6: 363. 1838.

多年生草本，根茎微直立或半攀援。茎具棱，无毛。基生叶在花期迅速枯萎；茎叶无柄，卵状披针形或窄长圆状披针形，长5-12厘米，基部具圆耳，半抱茎，边缘内卷，具疏生细齿，革质，上面有贴生毛，下面沿脉有疏短毛至无毛，侧脉7-9对，耳全缘或有齿，或具短撕裂，抱茎；上部叶较窄。头状花序有舌状花，排成疏伞房花序，花序梗无毛或疏被柔毛，有基生苞片及数个线状钻形小苞片；总苞钟状，长7毫米，外层苞片6-8，线状钻形，有柔毛，总苞片13，线状披针形，边缘窄干膜质，背面无毛或疏生柔毛。舌状花8-13，近上部有微毛；舌片黄色，长圆形，长8毫米；管状花多数，花冠黄色，长7毫米。瘦果圆柱形，被柔毛；冠毛白色。花期10-11月。

图 828 闽粤千里光（引自《图鉴》）

产江西南部、湖南南部、广东北部、香港及澳门，生于灌丛、疏林中、干旱山坡或河谷。

26. 千里光 九里明 图 829 彩片 119

Senecio scandens Buch.-Ham. ex D. Don, Prodr. Fl. Napel. 178. 1825.

多年生攀援草本。茎长2-5米，多分枝，被柔毛或无毛。叶卵状披针形或长三角形，长2.5-12厘米，基部宽楔形、平截、戟形，稀心形，边缘常具齿，稀全缘，有时具细裂或羽状浅裂，近基部具1-3对较小侧裂片，两面被柔毛至无毛，侧脉7-9对，叶柄被柔毛或近无毛，无耳或基部有小耳；上部叶变小，披针形或线状披针形。头状花序有舌状花，排成复聚伞圆锥花序；分枝和花序梗被柔毛，花序梗具苞片，小苞片1-10，线状钻形；总苞圆柱状钟形，长5-8毫米，外层苞片约8，线状钻形，长2-3毫米，总苞片12-13，线状披针形。舌状花8-10，管部长4.5毫米，舌片黄色，长圆形，长0.9-1厘米；管状花多数，花冠黄色，长7.5毫米。瘦果圆柱形，被柔毛；冠毛白色。花期8月至翌年4月。

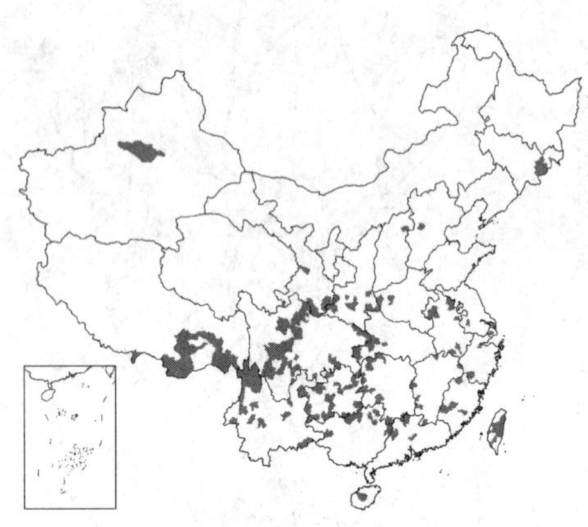

产吉林东部、河北西部、山西东北部、河南、安徽、江苏、浙江、福建、台湾、江西、湖北、湖南、广东、香港、海南、广西、贵州、云南、西藏、四川、陕西秦岭、甘肃及新疆，生于海拔50-3200米林下、灌丛中、岩石上或溪边。印度、尼泊尔、不丹、缅甸、中南半岛、菲律宾及日本有分布。

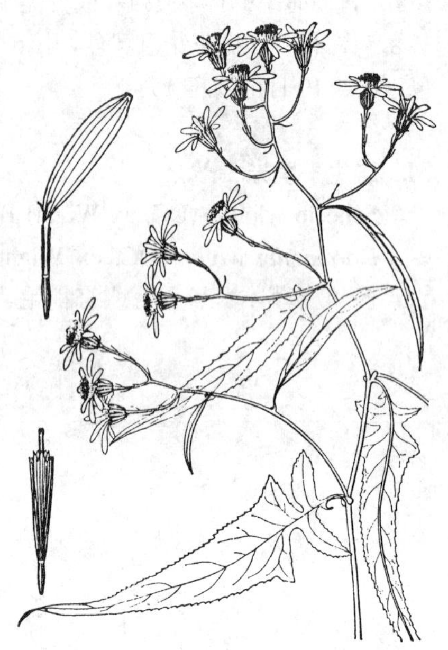

图 829 千里光（引自《图鉴》）

27. 近全缘千里光 图 830

Senecio subdentatus Ledeb. Fl. Alt. 4: 110. 1833.

一年生矮小草本。茎高5-25厘米，无毛。叶长圆形或宽线形，长2.5-6.5厘米，宽0.2-1厘米，具数齿或近全缘，两面无毛，上部叶基部半抱茎，无柄；最上部叶线形，苞片状。头状花序有舌状花，排成疏散伞房花序；花序梗细，长1.5-4厘米，无毛或疏被短毛，具线状钻形小苞片。总苞圆柱形，长6毫米，外层苞片绿色，2-5，线状钻形；总苞片约13，长圆状披针形，上端有柔毛，背面无毛。舌状花7-8，管部长2.5毫米，舌片黄色，长圆形，长6毫米；管状花多数，花冠黄色，长4.5-5毫米。瘦果圆柱形，密被柔毛；冠毛白色。花期5-6月。

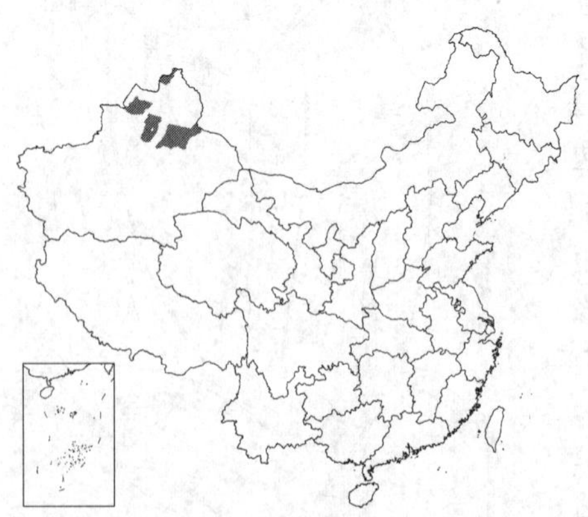

产新疆北部，生于多砂砾处。外高加索、西伯利亚、中亚地区及蒙古有分布。

[附] **芥叶千里光** **Senecio desfontainei** Druce, Brit. Pl. Lists. ed. 2, 61. 1928. 本种与近全缘千里光的区别：叶羽状浅裂，裂片长圆形或线状长圆形，全缘或具1-2细齿；总苞片

图 830 近全缘千里光（张春方绘）

15-20，具8-10有黑尖的外苞片。产西藏西部，生于海拔3100-4600米溪边多砂砾地或山坡。加那利群岛、北非洲、西南亚及喜马拉雅西部有分布。

28. 细梗千里光 图 831

Senecio krascheninnikovii Schischk. in Not. Syst. Herb. Inst. Bot. Sci. URSS 15: 410. 1953.

一年生矮小草本。茎高3-30厘米，疏被柔毛或近无毛。叶卵状长圆形，长1.5-5厘米，羽状浅裂或羽状全裂；侧裂片2-4对，窄，线形，边缘具不规则细齿或全缘，基部稍扩大半抱茎，两面疏被柔毛或近无毛；上部叶羽裂至线形，近全缘，无柄。头状花序有舌状花，排成伞房花序，花序梗有白色柔毛，具2-4线状钻形小苞片；总苞窄钟状，长5-7毫米，外层苞片4-5，钻形，总苞片13-15，线状披针形，渐尖或尖，背面无毛。舌状花4-7，舌片黄色，极短，长圆形，长2-2.5毫米；管状花多数，花冠黄色，长5.5毫米。瘦果圆柱形，疏被贴生柔毛；冠毛白色。花期6-9月。

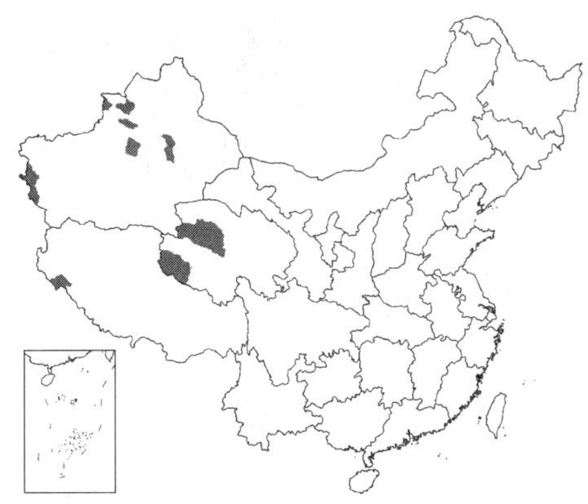

产新疆、青海及西藏西南部，生于海拔1780-3900米多砂砾山坡或砂地。哈萨克斯坦、阿富汗、巴基斯坦及印度西北部有分布。

图 831 细梗千里光（张春方绘）

29. 北千里光 图 832

Senecio dubitabilis C. Jeffrey et Y. L. Chen in Kew Bull. 39 (2): 427. 1984.

Senecio dubius Ledeb.; 中国高等植物图鉴 4: 560. 1975.

一年生矮小草本。茎高5-30厘米，无毛或有疏白色柔毛。叶匙形，长圆状披针形、长圆形或线形，长3-7厘米，羽状细裂或具疏齿或全缘，无柄。下部叶基部窄成柄状；中部叶基稍扩大成具齿半抱茎的耳；上部叶披针形或线形，有细齿或全缘；叶两面无毛。头状花序无舌状花，排成疏散伞房花序，花序梗长1.5-4厘米，无毛，或有疏柔毛，有1-2线状披针形小苞片；总苞窄钟状，长6-7毫米，外层苞片4-5，线状钻形，总苞片约15，线形，上端具细髯毛，背面无毛。无舌状花；管状花多数，花冠黄色，长6-6.5毫米。瘦果圆柱形，密被柔毛；冠毛白色。花期5-9月。

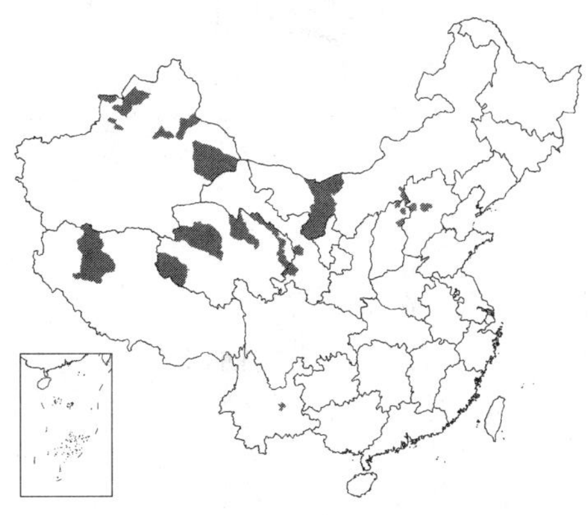

图 832 北千里光（引自《图鉴》）

产内蒙古南部及西部、河北、山西北部、甘肃、青海、新疆、西藏西北部及云南近中部，生于海拔2000-4800米砂石处或田边。俄罗斯西伯利亚、哈萨克斯坦、蒙古、巴基斯坦及印度西北部有分布。

30. 欧洲千里光 图 833

Senecio vulgaris Linn. Sp. Pl. 867. 1753.

一年生草本。茎疏被蛛丝状毛至无毛。叶倒披针状匙形或长圆形，长3-11厘米，羽状浅裂至深裂，侧生裂片3-4对，长圆形或长圆状披针形，具齿，下部叶基部渐窄成柄，无柄。中部叶基部半抱茎，两面尤其下面多少被蛛丝状毛至无毛；上部叶线形，具齿。头状花序无舌状花，排成密集伞房花序，花序梗长0.5-2厘米，有疏柔毛或无毛，具数个线状钻形小苞片；总苞钟状，长6-7毫米，外层小苞片7-11，线状钻形，长2-3毫米，具黑色长尖头，总苞片18-22，线形，宽0.5毫米，上端变黑色，背面无毛。无舌状花；管状花多数，花冠黄色。瘦果圆柱形，沿肋有柔毛；冠毛白色。花期4-10月。

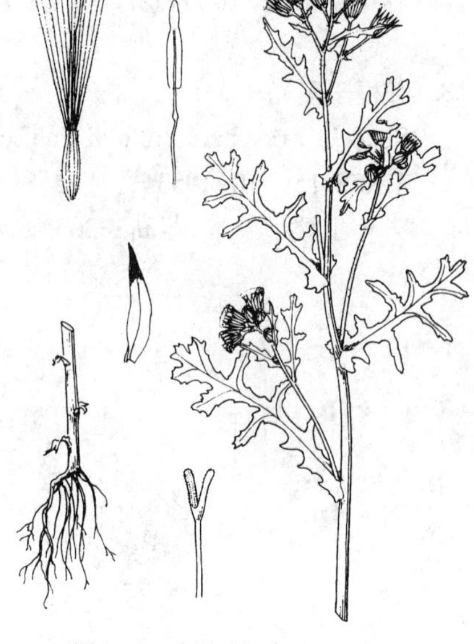

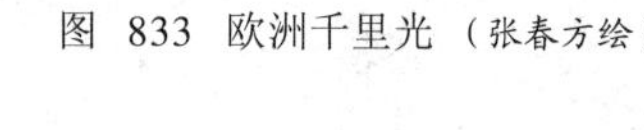
图 833 欧洲千里光（张春方绘）

产黑龙江东部、吉林、辽宁、内蒙古东北部、河北西部、山西东部、四川、贵州、云南东北部、西藏东北部及台湾，生于海拔300-2300米开旷山坡、草地或路旁。欧亚及北非洲有广泛分布。

31. 散生千里光 田野千里光 图 834

Senecio exul Hance in Journ. Bot. 6: 174. 1868.

Senecio oryzetorum auct non Diels: 中国高等植物图鉴 4: 560. 1975.

一年生草本。茎疏被柔毛或近无毛。叶倒披针形或长圆形，长4-6厘米，羽状深裂，侧生裂片3-4对，不等长，长圆状披针形或长圆形，全缘或具疏齿至羽状浅裂，无柄，下部叶基部窄成柄状，中部叶基部具全缘或有细齿半抱茎的耳，两面有疏柔毛至无毛；上部叶线形或线状披针形，羽状浅裂或具齿。头状花序有舌状花，排成疏伞房花序或近伞形状伞房花序，花序梗无毛，有1-3线状钻形小苞片；总苞近钟状，长4-5毫米，外苞片2-3，极小，线状钻形，总苞片14-15，线形，上端有疏柔毛，边缘宽膜质，背部无毛。舌状花约12，舌片黄色，极小，长圆形；管状花多数；花冠黄色。瘦果圆柱形，有密柔毛；冠毛白色。花期4-6月。

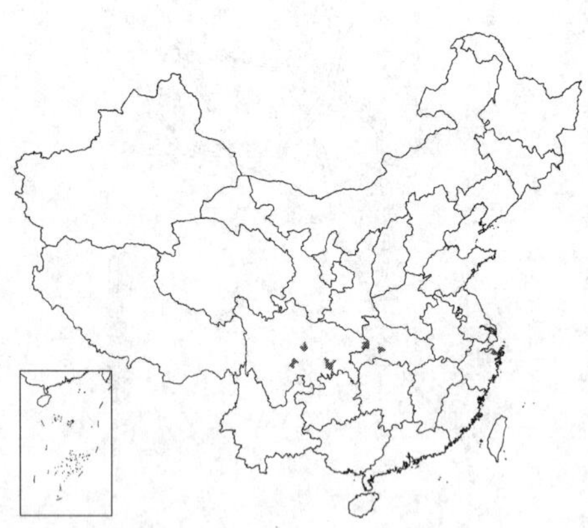

图 834 散生千里光（引自《图鉴》）

产四川、湖北西部及浙江东北部，生于河边草地。泰国有分布。

141. 野茼蒿属 Crassocephalum Moench.

（陈艺林 靳淑英）

一年生或多年生草本。叶互生。头状花序盘状或辐射状，中等大，花期常下垂；小花同形，多数，全部为管状，两性，总苞片1层，近等长，线状披针形，边缘窄膜质，花期直立，粘合成圆筒状，后开展而反折，基部有数枚不等长外苞片；花序托扁平，无毛，具蜂窝状小孔，窝孔具膜质边缘。花冠细管状，上部逐渐扩大成短檐部，裂片5；花药全缘，或基部具小耳；花柱分枝细长，线形，被乳头状毛。瘦果窄圆柱形，具棱条，顶端和基部具灰白色环带；冠毛多数，白色，绢毛状，易脱落。

约21种，主要分布于热带非洲。我国1种。

野茼蒿 图 835 彩片 120

Crassocephalum crepidioides (Benth.) S. Moore in Journ. Bot. Btit. For. 50: 211. 1912.

Gynura crepidioides Benth. in Hook. f. Fl. Niger. 438. 1849.; 中国高等植物图鉴 4: 550. 1975.

直立草本，高0.2-1.2米，无毛。叶膜质，椭圆形或长圆状椭圆形，长7-12厘米，先端渐尖，基部楔形，边缘有不规则锯齿或重锯齿，或基部羽裂，两面近无毛；叶柄长2-2.5厘米。头状花序在茎端排成伞房状，径约3厘米；总苞钟状，长1-1.2厘米，有数枚线状小苞片，总苞片1层，线状披针形，先端有簇状毛。小花全部管状，两性，花冠红褐或橙红色；花柱分枝，顶端尖，被乳头状毛。瘦果窄圆柱形，红色，被毛；冠毛多数，白色，绢毛状，易脱落。花期7-12月。

产福建、台湾、江西东北部、湖北西部及西南部、湖南、广东、海南、广西北部、贵州、云南、四川东南部、西藏东南部及南部，生于海拔300-1800米山坡、路旁、水边或灌丛中。泰国、东南亚和非洲有分布。泛热带广泛分布的杂草。全草入药，有健脾、消肿之功效；嫩叶为味美野菜。

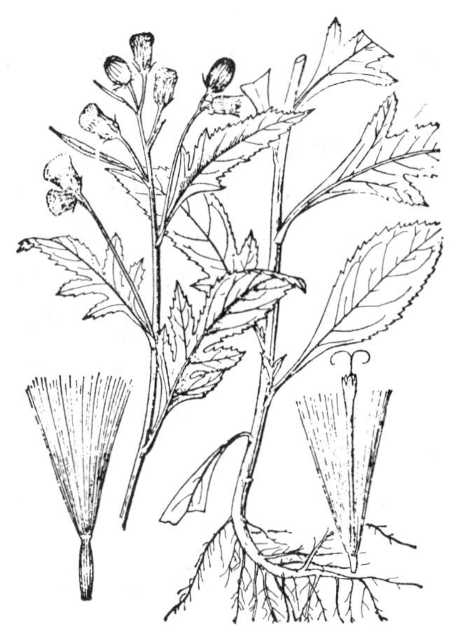

图 835 野茼蒿（引自《图鉴》）

142. 菊芹属 Erechtites Rafin

（陈艺林　靳淑英）

一年生或多年生草本。茎粗，直立。叶互生，近全缘，具锯齿或羽状分裂，无毛或被柔毛。头状花序盘状，具异型小花，在茎端排成圆锥状伞房花序，基部具少数外苞片；总苞圆柱状；总苞片1层，等长，边缘干膜质；花序托平或微凹，具小窝孔。小花全部管状，结实，外围小花2层，雌性，花冠丝状，顶端4-5齿裂；中央小花细漏斗状，5齿裂；花药基部钝，花柱分枝伸长，顶端平截或钝，被微毛。瘦果近圆柱形，基部和顶端具不明显胼胝质的环，淡褐色，具10细肋；冠毛多层，近等长，细毛状。

约15种，主要分布于美洲和大洋洲。我国2野化种。

1. 茎疏被柔毛；叶无柄，基部渐窄或半抱茎，边缘具粗齿；冠毛白色 ………………………… 1. **梁子菜 E. hieracifolia**
1. 茎近无毛；叶具柄，有窄翅，边缘具重锯齿或羽状深裂；冠毛淡红色 ………………… 2. **败酱叶菊芹 E. valerianaefolia**

1. 梁子菜 图 836

Erechtites hieracifolia (Linn.) Raf. ex DC. Prodr. 6: 294. 1838.

Senecio hieracifolius Linn. Sp. Pl. 866. 1753.

一年生草本。茎疏被柔毛。叶披针形或长圆形，长7-16厘米，边缘具不规则粗齿，羽状脉，两面无毛或下面沿脉被柔毛，无柄，具翅，基部渐窄或半抱茎。头状花序长约1.5厘米，排成伞房状；总苞筒状，淡黄或褐绿色，基部有数枚线形小苞片，总苞片线形或线状披针形，长0.8-1.1厘米，背面无毛或疏被短刚毛。小花多数，全部管状，淡绿或带红色；外围小花1-2层，雌性，花冠丝状，长0.7-1.1厘米；中央小花两性，花冠细管状，长0.8-1.2厘米。瘦果圆柱形；冠毛多，白色。花果期6-10月。

原产北美南部墨西哥。云南、贵州、四川、福建、台湾引入栽培，已野化，生于海拔1000-1400米山坡、林下、灌丛中或湿地。叶可作蔬菜。

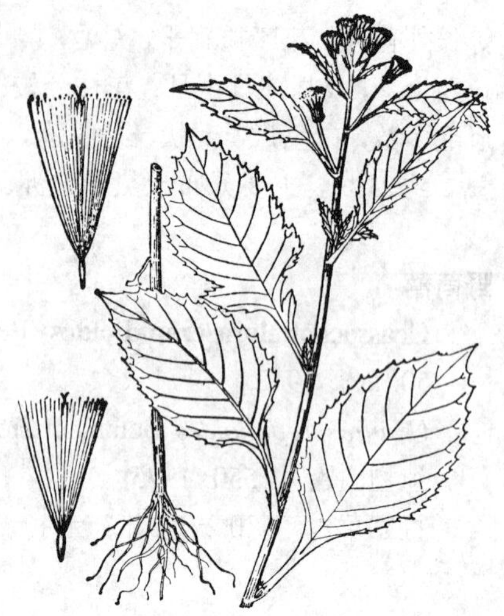

图 836 梁子菜（引自《图鉴》）

2. 败酱叶菊芹 图 837

Erechtites valerianaefolia (Wolf.) DC. Prodr. 6: 249. 1838.

Senecio valerianaefolius Wolf. Ind. Sem. Hort. Berol. 1825.

一年生草本。茎近无毛。叶长圆形或椭圆形，基部斜楔形，边缘有重锯齿或羽状深裂，裂片6-8对，披针形，叶脉羽状，两面无毛；叶柄具下延窄翅；上部叶与中部叶相似，渐小。头状花序排成较密集伞房状圆锥花序，具线形小苞片；总苞圆柱状钟形，总苞片12-14 线形，长7-8毫米，具4-5脉。小花多数，淡黄紫色；外围小花1-2层，花冠丝状。瘦果圆柱形，具淡褐色细肋，无毛或被微柔毛；冠毛多层，细，淡红色，约与小花等长。

原产南美洲。台湾引入栽培，已野化，生于田边或路旁，为田间杂草。

图 837 败酱叶菊芹（引自《Fl. Taiwan》）

143. 菊三七属 Gynura Cass. nom. cons.

（陈艺林 靳淑英）

多年生草本，有时肉质，稀亚灌木，无毛或有硬毛。叶互生，具齿或羽状分裂，稀全缘，有柄或无柄。头状花序盘状，具同形小花，单生或数个至多数排成伞房状；总苞钟状或圆柱形，基部有多数线形小苞片，总苞片1层，9-13，等长，覆瓦状，具干膜质边缘；花序托平，有窝孔或短流苏状。小花全部两性，结实，花冠黄或橙黄色，稀淡紫色，管状，檐部5裂，管部细长；花药基部全缘或近具小耳；花柱分枝细，顶端有钻形附器，被乳头状微毛。瘦果圆柱形，具10-15肋，两端平截，无毛或有短毛；冠毛多，细，白色绢毛状。

约40种，分布于亚洲、非洲及澳大利亚。我国10种。

1. 根肥大成块状。
    2. 葶状草本，花茎不分枝，高20-50厘米；叶密集茎基部，莲座状，倒卵形、匙形或椭圆形，羽状浅裂，叶柄基部无耳；头状花序1-5，排成疏伞房状 ………… 1. **狗头七 G. pseudochina**
    2. 非葶状草本，高达1.5米，多分枝；叶多数，不裂或大头羽状至羽状深裂，叶柄基部有圆形、具齿或羽裂叶耳；头状花序多数，排成伞房圆锥状 ………… 2. **菊三七 G. japonica**
1. 根不肥大，非块状。
    3. 直立草本或灌木状。

4. 茎下部匍匐。

5. 茎、总苞片和叶两面无毛，或茎上部多少被毛。

6. 叶倒卵形或倒披针形，基部渐窄，无耳，边缘具波状齿或小尖齿，侧脉7-9对；头状花序多数，排成疏伞房状 ………………………………………………………………………… 3. **红凤菜 G. bicolor**

6. 叶倒卵形、长圆状椭圆形、椭圆形或长圆状披针形，基部抱茎，有宽叶耳，边缘有锐锯齿，侧脉12-30对；头状花序排成伞房圆锥花序 ………………………………………………………… 4. **木耳菜 G. cusimbua**

5. 茎株和总苞片密被黄褐色绒毛；叶窄椭圆形、卵形或菱形，全缘或上半部有锯齿，基部楔状窄成叶柄，无耳，侧脉3-6对，两面被疏或密短毛 ………………………………… 4(附). **尼泊尔菊三七 G. nepalensis**

4. 茎直立或基部斜升。

7. 叶通常集生茎下部，卵形、椭圆形或倒披针形，网脉干时呈黑线，两面被柔毛；头状花序3-5排成疏伞房圆锥状，叉状分枝 ………………………………………………………………… 5. **白子菜 G. divaricata**

7. 茎叶疏生，稀向上密集，椭圆形、匙形，细脉不明显，干时不连结成黑线网，两面被贴生毛；头状花序疏伞房状，非叉状分枝。

8. 茎被黄褐色柔毛；叶大头羽裂，长4-12厘米，顶裂片三角状卵形，头状花序1-3，花序梗长1-3厘米 ………………………………………………………………………… 6. **山芥菊三七 G. barbareifolia**

8. 茎被糙毛；叶先端钝，琴状卵形，基部骤窄成长柄，上部或中上部有1-2小齿；两两面被贴生毛；头状花序3，花序梗长5-7厘米 ……………………………………………… 6(附). **白凤菜 G. formosana**

3. 攀援草本，茎匍匐，无毛；叶卵形或卵状长圆形，先端尖或渐尖，全缘或有波状齿，两面无毛或疏被毛，下面紫色；头状花序3-5排成顶生或腋生伞房状 ……………………………… 7. **平卧菊三七 G. procumbens**

1.　狗头七　紫背天葵　　图 838：1-4

Gynura pseudochina (Linn.) DC. Prodr. 6: 299. 1838.

Senecio pseudochina Linn. Sp. Pl. 867. 1753.

多年生葶状草本。根肥大成块状。茎直立，单生，或2-3从块根上部生出，绿或带紫色，疏被柔毛或无毛。叶密集茎基部，莲座状，叶倒卵形、匙形或椭圆形，长5-18厘米，羽状浅裂，裂片三角形或卵状长圆形，全缘或具3齿。侧脉4-10对，下面常变紫色，两面被柔毛或后脱毛，叶柄长0.3-3厘米，无耳；中部或上部叶退化，或有1-2小叶，小叶羽状分裂，两面被柔毛，叶柄短宽或近无柄。头状花序1-5，径1-1.5厘米，排成疏伞房状，花序梗常有1-2线形或丝状线形苞片，被柔毛；总苞钟状，长1-1.2厘米，基部有线形小苞片，总苞片13，线状披针形或披针形，长0.7-1.2厘米，绿或带紫色。小花黄或红色，花冠长1-1.3厘米，伸出总苞。瘦果圆柱形，红褐色，无毛或被微毛；冠毛易脱落。

产广东雷州半岛、海南、广西中西部、贵州西南部及云南，生于海拔160-2100米山坡沙地、林缘或路旁。印度、斯里兰卡、缅甸及泰国有分布。

图 838：1-4. 狗头七　3-8. 菊三七
（张春方绘）

2.　菊三七　三七草　　图 838：3-8　图 839　彩片 121

Gynura japonica (Thunb.) Juel. in Acta Hort. Berg. 1 (3): 86. 1891.

Senecio japonicus Thunb. Fl. Jap. 315. 1784.

Gynura segetum (Lour.) Merr.; 中国高等植物图鉴 4: 550. 1975.

多年生草本。根粗大成块状。茎直立，多分枝。基部和下部叶椭圆形，不裂或大头羽状，叶柄基部有圆形具齿或羽裂叶耳，多少抱茎；中部叶椭圆形或长圆状椭圆形，长10-30厘米，羽状深裂，顶裂片倒卵形、长圆形或长圆状披针形，两面被贴生短毛或近无毛；上部叶较小，羽状分裂，渐成苞叶。头状花序多数，排成伞房圆锥花序；每花序枝有3-8头状花序，花序梗细，被柔毛，有1-3线形苞片；总苞窄钟状或钟状，长1-1.5厘米，基部有线形小苞片，总苞片13，线状披针形，长1-1.5厘米。小花50-100，花冠黄或橙黄色，长1.3-1.5厘米。瘦果圆柱形，棕褐色，肋间被微毛，冠毛易脱落。花果期8-10月。

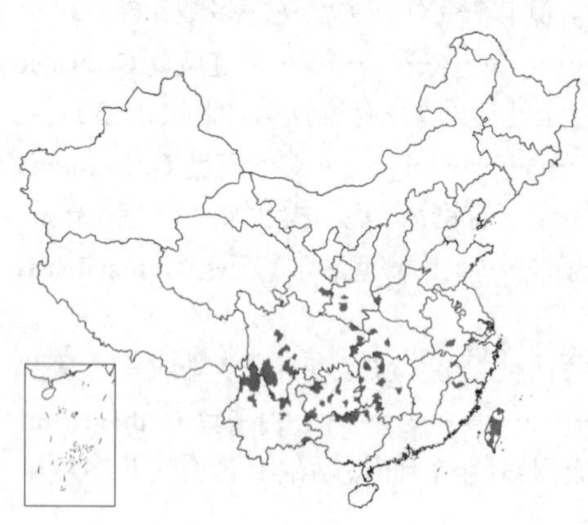

产江苏南部、安徽南部、浙江西北部、福建西北部、台湾、江西东北部、湖北西部、湖南、广西北部、贵州、云南、四川、河南西部、陕西秦岭及甘肃东南部，生于海拔1200-3000米山谷、山坡草地、林下或林缘。尼泊尔、泰国及日本有分布。

图 839 菊三七
（引自《江苏南部种子植物手册》）

3. 红凤菜 图 840 : 1-4

Gynura bicolor (Roxb. ex Willd.) DC. Prodr. 6: 299. 1838.

Cacalia bicolor Roxb. ex Willd. Sp. Pl. 3: 1731. 1804.

多年生草本，高0.5-1米，全株无毛。茎直立，上部有伞房状分枝。中部叶倒卵形或倒披针形，稀长圆状披针形，长5-10厘米，基部渐窄成具翅叶柄，或近无柄而多少扩大，边缘有波状齿或小尖齿，稀近基部羽状浅裂，侧脉7-9对，两面无毛；上部和分枝叶披针形或线状披针形，具短柄或近无柄。头状花序多数，排成疏伞房状，花序梗有1-2（3）丝状苞片；总苞窄钟状，长1.1-1.5毫米，基部有7-9线形小苞片，总苞片约13，线状披针形或线形，长1.1-1.5厘米，背面无毛。小花橙黄或红色，花冠伸出总苞，长1.3-1.5厘米。瘦果圆柱形，淡褐色，具10-15肋，无毛；冠毛易脱落。花果期5-10月。

产云南东南部及西北部、四川中南部、贵州、广西、广东西北部、台湾及浙江东南部，生于海拔600-1500米山坡林下、岩石上或河边湿地。印度、尼泊尔、不丹、缅甸及日本有分布。

图 840 : 1-4. 红凤菜 5-8. 木耳菜
（张春方绘）

4. 木耳菜 图 840 : 5-8

Gynura cusimbua (D. Don) S. Moore in Journ. Bot. 50: 212. 1912.

Cacalia cusimbua D. Don, Prodr. Fl. Nep. 1791. 1825.

多年生草本。茎肉质，下半部平卧，上部直立，无毛或上部多少被毛。叶倒卵形、长圆状椭圆形、椭圆形或长圆状披针形，长10-30厘米，基部楔状窄成短柄或无柄具抱茎的宽叶耳，边缘有锐锯齿，侧脉12-30对，两面无毛；上部叶渐小，长圆状披针形或披针形。头状花序排成伞房状圆锥花序；花序梗有丝状线形的苞片，被柔毛。总苞片窄钟形或圆柱状，长1.2-1.7厘米，基部有线状丝形小苞片；总苞13-15，线形或线状披针形，长1.3-1.5厘米，背面无毛或近无毛。小花约50，橙黄色，花冠长1.1-1.3厘米。瘦果圆柱形，褐色，肋间有微毛；冠毛易脱落。花果期9-10月。

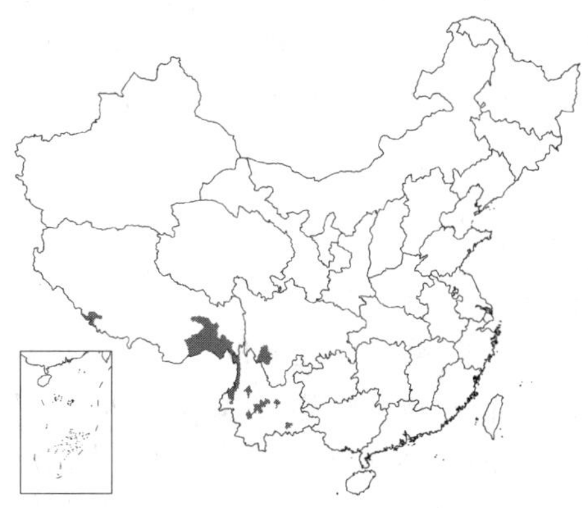

产四川西南部、云南、西藏东南部及南部，生于海拔1350-3400米林下、草丛中。印度、尼泊尔、缅甸及泰国有分布。

[附] **尼泊尔菊三七 Gynura nepalensis** DC. Prodr. 6: 300. 1838. 本种与木耳菜、红凤菜的主要区别：植株和总苞片密被黄褐色绒毛；叶窄椭圆形、卵形或菱形，全缘或上半部有锯齿，基部楔形窄成叶柄，侧脉3-6对，两面被疏或密短毛。产云南及贵州，生于海拔1100-2100米溪边岩石上或田边。印度、尼泊尔、锡金、不丹、缅甸及泰国有分布。

5. 白子菜　　图 841：1-4

Gynura divaricata (Linn.) DC. Prodr. 6: 301. 1838.

Senecio divaricatus Linn. Sp. Pl. 866. 1753.

多年生草本。高30-60厘米，茎无毛或被柔毛，稍带紫色。叶通常集生茎下部，具柄或近无柄，卵形、椭圆形或倒披针形，长2-15厘米，基部楔状下延成柄，或近平截或微心形，边缘具粗齿，有时提琴状裂，稀全缘，下面带紫色，侧脉3-5对，干时呈黑线，两面被柔毛；叶柄长0.5-4厘米，有柔毛；上部叶渐小，苞叶状，窄披针形或线形，羽状浅裂，无柄，稍抱茎。头状花序3-5排成疏伞房状圆锥花序，花序梗长1-15厘米，密被柔毛，具线形苞片；总苞钟状，长0.8-1厘米，基部有线状或丝状小苞片；总苞片11-14，窄披针形，长0.8-1厘米，背面疏被毛或近无毛。小花橙黄色，有香气，略伸出总苞；花冠长1.1-1.5厘米，顶端红色，尖。瘦果圆柱形，褐色，被微毛；冠毛白色，绢毛状。花果期8-10月。

图 841：1-4. 白子菜　5-8. 平卧菊三七
（张春方绘）

产云南中西部及南部、广东中南部、香港及海南，生于山坡草地、荒坡或田边潮湿处。越南北部有分布。

6. 三芥菊三七

Gynura barbareifolia Gagnep. in Bull. Soc. Bot. France 68: 119. 1921.

多年生草本。茎被黄褐色柔毛。叶疏生，稀向上密集，叶大头羽裂，长4-12厘米，基部骤窄成具裂片叶柄，叶柄基部具耳；顶裂片三角状卵形，长3-7厘米，干时不变黑色，两面被黑褐色贴生柔毛，下面和叶柄毛较密；

叶耳与侧裂片同形。头状花序1-3，排成疏伞房状，花序梗长1-3厘米，被黄褐色柔毛，有1-3线形苞片；总苞钟状，长1-1.5厘米，基部有外苞片，总苞片约13，线状长圆形，长0.9-1.2厘米，先端渐尖，背面被密或疏短毛。小花黄色，花冠长1.1-1.4厘米，上部扩大，裂片5，卵形，先端渐尖带红色。瘦果圆柱形，肋间被微毛。花果期4月。

产云南东南部及海南，生于林中岩石上。越南北部有分布。

[附] 白凤菜 **Gynura formosana** Kitam. in Acta Phytotax. Geobot. 2: 175. 1933. 本种与山芥菊三七的主要区别：茎被糙毛；叶琴状卵形，先端钝，基部骤窄成长柄，上部或中上部有1-2小齿；头状花序3，花序梗长5-7厘米。产台湾。

7. 平卧菊三七 图 841：5-8

Gynura procumbens (Lour.) Merr. Enum. Philipp. Fl. Pl. 3: 618. 1923. — *Cacalia procumbens* Lour. Fl. Cochin. 485. 1790.

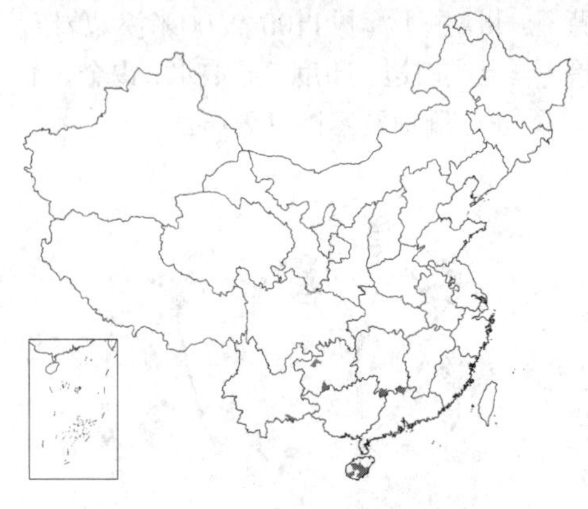

攀援草本。茎匍匐，淡褐或紫色，无毛。叶卵形、卵状长圆形或椭圆形，长3-8厘米，全缘或有波状齿，侧脉5-7对，下面紫色，两面无毛，稀疏被柔毛，基部圆钝或楔状窄成叶柄，叶柄长0.5-1.5厘米，无毛；上部茎叶和花序枝叶退化，披针形或线状披针形，近无柄。顶生或腋生伞房花序具3-5头状花序，花序梗细长，有1-3线形苞片，疏被毛或无毛；总苞窄钟状或漏斗状，长1.5-1.7厘米，基部有线形小苞片，总苞片11-13，长圆状披针形，长1.5-1.7厘米，干时紫色，背面无毛。小花橙黄色，花冠长1.2-1.5厘米，上部扩大，裂片卵状披针形。瘦果圆柱形，栗褐色，无毛；冠毛细绢毛状。

产湖南南部、广东北部、海南、贵州及云南东南部，生于林间、溪旁、坡地，攀援灌、乔木上。越南、泰国、印度尼西亚及非洲有分布。

144. 一点红属 Emilia Cass.

（陈艺林 靳淑英）

一年生或多年生草本。茎常有白霜。叶互生，通常密集基部，具叶柄；茎生叶少数，羽状浅裂，全缘或有锯齿，基部常抱茎。头状花序盘状，具同形小花，单生或数个排成疏伞房状，花序梗长，花前下垂；总苞筒状，基部无外苞片，总苞片1层，等长，花后伸长；花序托平，无毛，具小窝孔。小花多数，全部管状，两性，结实；黄或粉红色，管部细长，檐部5裂；花药顶端有窄附片，基部钝；花柱分枝长，顶端具短锥形附器，被短毛。瘦果近圆柱形，两端平截，5棱或具纵肋；冠毛细软，雪白色，刚毛状或细软。

约100种，分布于亚洲和非洲热带，少数产美洲。我国3种。

1. 下部叶近全缘或具波状细齿；总苞坛状或陀螺状，长1-1.2厘米；小花橙红色 ………………… 1. **绒缨菊 E. coccinea**
1. 下部叶大头状羽裂或具锯齿；总苞窄圆柱形，长约9毫米；小花粉红或紫色。
    2. 下部叶大头状分裂；总苞约与小花等长；瘦果被毛 ………………………………………… 2. **一点红 E. sonchifolia**
    2. 下部叶不裂；总苞短于小花；瘦果无毛 ………………………………………… 2(附). **小一点红 E. prenanthoidea**

1. 绒缨菊 图 842

Emilia coccinea (Sims) G. Don in Sweet, Hort. Brit. ed. 3: 382. 1839.

Cacalia coccinea Sims in Curtis's Bot. Mag. 16: t. 564. 1802.

一年生草本。茎直立，高达0.7-1米，无毛或有糙短毛。基部叶和茎下部叶长圆形、倒卵形或近匙形，长5-7厘米，基部渐窄成翅，抱茎，近全缘或具波状细齿，两面被细柔毛，上面叶脉下凹，具短柄；中部茎叶长圆形或卵状长圆形，无柄，基部箭状抱茎；上部叶渐小，披针形或长圆状披针形，基部耳状抱茎。头状花序排成疏伞房状，长1-1.5厘米，花序梗无苞片；总苞坛状或陀螺状，长1-1.2厘米，总苞片线状披针形，边缘窄膜质，背面无毛。小花多数，约50，花冠橙红色。瘦果圆柱形，具5肋，被微毛；冠毛长约4毫米。

原产非洲，世界各国广泛栽培。北京、河北、西安等地植物园和公园有栽培，供观赏。

图 842 绒缨菊
（孙英宝仿《Curtis's Bot. Mag》）

2. 一点红 图 843

Emilia sonchifolia (Linn.) DC. in Wight, Contr. Ind. Bot. 24. 1834.

Cacalia sonchifolia Linn. Sp. Pl. 835. 1753.

一年生草本。茎直立或斜升，高达40厘米以下，常基部分枝，无毛或疏被短毛。下部叶密集，大头羽状分裂，长5-10厘米，下面常变紫色，两面被卷毛；中部叶疏生，较小，卵状披针形或长圆状披针形，无柄，基部箭状抱茎，全缘或有细齿；上部叶少数，线形。头状花序长8毫米，长达1.4厘米，花前下垂，花后直立，常2-5排成疏伞房状，花序梗无苞片；总苞圆柱形，长0.8-1.4厘米，基部无小苞片，总苞片8-9，长圆状线形或线形，黄绿色，约与小花等长。小花粉红或紫色，长约9毫米。瘦果圆柱形，肋间被微毛；冠毛多，细软。花果期7-10月。

产江苏西南部、安徽南部及西部、浙江、福建西部、台湾、江西、湖北、湖南、广东、香港、海南、广西、贵州、云南及四川，生于海拔800-2100米山坡荒地、田埂或路旁。亚洲热带、亚热带或非洲广布。全草药用，消炎、止痢，主治腮腺炎、乳腺炎、小儿疳积、皮肤湿疹等症。

[附] **小一点红 Emilia prenanthoidea** DC. Prodr. 6: 302. 1838. 本种与一点红的主要区别：下部叶不裂；总苞短于小花；瘦果无毛。产浙江、福建、广东、广西、贵州及云南，生于海拔550-2000米山坡路旁、疏林或林中潮湿处。印度至中南半岛有分布。

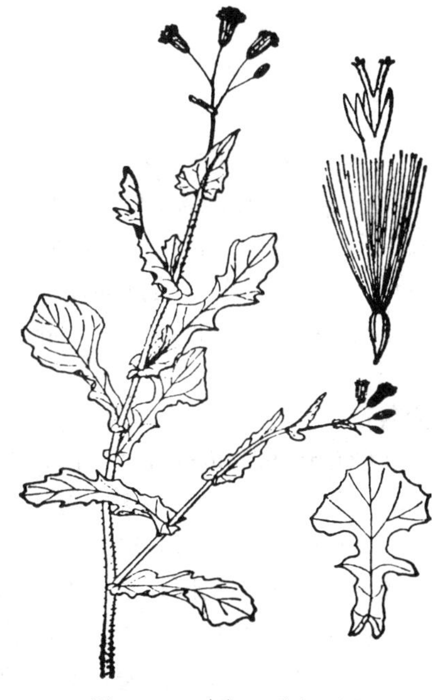

图 843 一点红（傅季平绘）

145. 瓜叶菊属 Pericallis D. Don

（陈艺林 靳淑英）

草本或亚灌木，疏被灰白色绒毛或无毛。叶互生或基生，边缘具钝或锐锯齿，稀羽状分裂。头状花序多数，排成疏伞房状；总苞钟状，总苞片1层，等长，边缘膜质；花序托平，无苞片，具异形小花。边缘小花舌状，雌性，能育，稀无舌状花；中央小花管状，两性，能育或不育；花药基部平截或耳状短箭形；花柱分枝长，顶端平截，被画笔状毛。瘦果背扁；舌状花瘦果卵圆形，通常具翅；管状花瘦果与舌状花瘦果同形或长圆形，具5棱；冠毛1-2层，有时脱落。

约15种，主产加那利群岛马德拉岛及亚速尔群岛。我国引入栽培1种。

瓜叶菊 图 844

Pericallis hybrida B. Nord. in Opera Bot. 44: 21. 1978.

多年生草本。茎密被白色长柔毛。叶肾形或宽心形，有时上部叶三角状心形，长10-15厘米，宽10-20厘米，先端尖或渐尖，基部深心形，边缘不规则三角状浅裂或具钝锯齿，下面密被绒毛，叶脉掌状，在上面下凹，叶柄长4-10厘米，基部抱茎；上部叶近无柄。头状花序径3-5厘米，排成宽伞房状，花序梗长3-6厘米；总苞钟状，长0.5-1厘米，总苞片披针形。小花紫红、淡蓝、粉红或近白色；舌片长椭圆形，长2.5-3.5厘米；管状花黄色，长约6毫米。瘦果长圆形，长约1.5毫米；冠毛白色。花果期3-7月。

原产大西洋加那利群岛。各地公园或庭院栽培。花色美丽鲜艳，为常见盆景花卉和庭院居室的观赏植物。

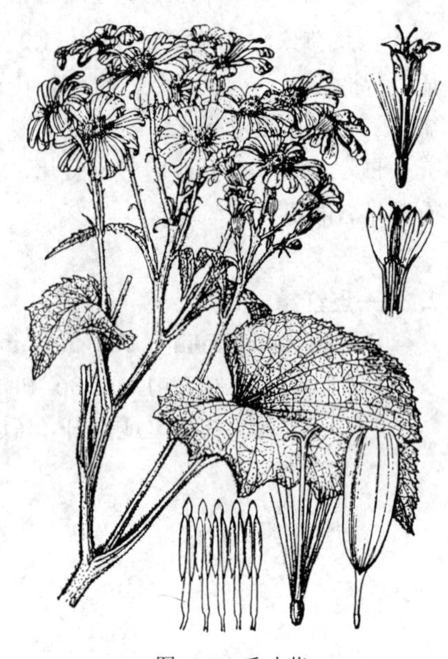

图 844 瓜叶菊
（引自《江苏南部种子植物手册》）

146. 金盏花属 Calendula Linn.

（陈艺林 靳淑英）

一年生或多年生草本。茎被腺状柔毛。叶互生，全缘或具波状齿。头状花序顶生；总苞钟状或半球形，总苞片1-2层，披针形或线状披针形，边缘干膜质；花序托平或凸起，无毛，具异形小花。外围花雌性，舌状，2-3层，结实，舌片先端具3齿裂，花柱线形2裂；中央小花两性，不育，花冠管状，檐部5浅裂；花药基部箭形，柱头不裂，球形。瘦果2-3层，向内卷曲，外层的瘦果形状与中央和内层的不同。

约20余种，主产地中海、西欧及西亚。我国常见栽培1种。

金盏花 图 845

Calendula officinalis Linn. Sp. Pl. 921. 1753.

一年生草本。茎常自基部分枝，绿色或多少被腺状柔毛。基生叶长圆状倒卵形或匙形，长15-20厘米，全缘或具疏细齿，具柄；茎生叶长圆状披针形或长圆状倒卵形，长5-15厘米，先端钝，稀尖，边缘波状具不明显细齿，基部多少抱茎，无柄。头状花序单生茎枝顶端，径4-5厘米；总苞片1-2层，外层稍长于内层，披针形或长圆状披针形，先端渐尖。小花黄或橙黄色，长于总苞2倍，舌片宽4-5毫米；管状花檐部具三角状披针形裂片。瘦果全部弯曲，淡黄或淡褐色，外层瘦果多内弯，外面常具小针刺，顶端具喙，两侧具翅，脊部具规则横折皱。花期4-9月，果期6-10月。

花美丽鲜艳，供庭院、公园装饰花圃、花坛。各地广泛栽培，供观赏。

图 845 金盏花（引自《江苏植物志》）

147. 蓝刺头属 Echinops Linn.

（石 铸 靳淑英）

多年生、二年生，稀一年生草本。茎直立，上部常分枝，被蛛丝状毛或绵毛，或兼有褐色长单毛，常有腺点。头状花序有1小花，多数头状花序在茎枝顶端排成球形或卵圆形复头状花序，外被1-2层刚毛状苞叶；头状花序基部有刚毛状扁平基毛；苞片3-5层，膜质或革质；外层线形，上部三角形或椭圆状，中层龙骨状，先端钻状渐尖；总苞片边缘有缘毛，内层总苞片先端渐尖。花冠管状，两性，白、蓝或紫色，花药基部附属物钻形或箭形，花柱分枝短，分枝以下有毛环。瘦果倒圆锥形，有纵肋，密被贴伏长毛；冠毛冠状或量杯状，冠毛刚毛膜片状，线形或钻形，边缘糙毛状或平滑，无糙毛，上部、中部以上或大部分离。

约120余种，分布欧洲、北非、中亚、俄罗斯东部及中国。我国17种。

1. 多年生草本；苞片外面无蛛丝状长毛。
  2. 叶革质。
    3. 基毛长约8毫米，长为总苞1/3-1/2 …… 1. **火烙草 E. przewalskii**
    3. 基毛长3-4毫米，长为总苞1/5-1/4 …… 2. **硬叶蓝刺头 E. ritro**
  2. 叶纸质，稀厚纸质。
    4. 总苞片背面无毛。
      5. 茎灰白色，被蛛丝状绵毛，或下部被绵毛或无毛。
        6. 中部和下部茎叶羽状深裂，裂片边缘有细密刺状缘毛 …… 3. **华东蓝刺头 E. grijsii**
        6. 中部和下部茎叶二回羽状分裂、深裂或浅裂，裂片边缘具不规则刺齿或三角形刺齿 …… 4. **驴欺口 E. latifolius**
      5. 茎中部以下被多数褐色长毛及稀疏蛛丝毛；叶二回羽状分裂；总苞片16-19，基毛长不及总苞片1/2 …… 5. **褐毛蓝刺头 E. dissectus**
    4. 外层苞片背面被糙毛及腺点；叶上面密被糙毛 …… 6. **蓝刺头 E. sphaerocephalus**
1. 一年生草本；外层苞片基部、中内层苞片背面被蛛丝状长毛。
  7. 茎枝淡黄色，疏被腺毛；叶边缘具刺齿或刺状缘毛，两面绿色，疏被蛛丝毛及腺点；总苞片16-20 …… 7. **砂蓝刺头 E. gmelini**
  7. 茎枝灰白色，密被蛛丝状绵毛；叶羽状半裂或浅裂，两面近灰白色，密被蛛丝状绵毛；总苞片12-14 …… 8. **丝毛蓝刺头 E. nanus**

1.　火烙草　　图 846 : 1-3

Echinops przewalskii Iljin in Not. Syst. Herb. Hort. Bot. Petrop. 4: 108. 1923.

多年生草本。茎单生或簇生，茎枝被薄棉毛或蛛丝状绵毛。基生叶与下部茎生叶长椭圆形、长椭圆状披针形或长倒披针形，长10-20厘米，近二回羽状分裂，一回深裂，侧裂片5-8对，二回半裂；中上部茎生叶渐小，无柄，羽状深裂，裂片边缘及顶端有刺齿及针刺；叶革质，上面疏被蛛丝毛，下面密被灰白色蛛丝状绵毛。复头状花序单生茎枝顶端，径5-5.5厘米，基毛白色，长约8毫米，约为总苞长之半或过之；总苞片16-20，龙骨状，外层线状倒披针形，褐色，爪部有长缘毛，中层长1.5厘米，倒披针形，中部以上成刺芒状长渐尖，内层与中层同形，稍长。小花白或浅蓝色。瘦果倒圆锥状，密被黄褐色长直毛，遮盖冠毛，冠毛量杯状，冠毛刚毛膜片线形。花果期6-8月。

产内蒙古、新疆北部、甘肃中部、宁夏、山西南部及东部、山东东南部，生于海拔500-2200米荒漠草原、草原荒漠、石质戈壁、砂质山地。蒙古有分布。

图　846 : 1-3. 火烙草 4-5. 硬叶蓝刺头
（引自《中国植物志》）

2. 硬叶蓝刺头 图 846：4-5 彩片 122

Echinops ritro Linn. Sp. Pl. 815. 1753.

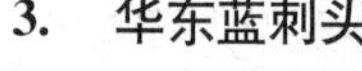

多年生草本。茎单生或簇生，被绵毛。基生叶与下部茎生叶长椭圆形、长倒披针形或线状长椭圆形，羽状深裂或近全裂，侧裂片5-8对；中部及上部茎生叶与下部茎叶同形或披针形，羽状浅裂或半裂，侧裂片三角形，先端及边缘有针刺或刺齿；叶革质，上面疏生蛛丝毛，下面密被灰白色蛛丝状绵毛。复头状花序单生茎枝顶端，径3.5-4.5厘米，基毛长3-4毫米，长为总苞1/5-1/4；总苞片20-21，背面无毛，龙骨状，外层倒披针形，上部褐色，中层长椭圆形或倒披针形，先端针刺状长渐尖，内层稍短，先端芒状齿裂。小花蓝色，5深裂，裂片线形。瘦果倒圆锥状，被褐色长直毛，遮盖瘦果；冠毛膜片线形。花果期7-8月。

产新疆阿尔泰山及天山，生于海拔1200-2400米山坡砾石地。中亚及俄罗斯西伯利亚地区、伊朗、中欧及东欧有分布。

3. 华东蓝刺头 图 847

Echinops grijsii Hance in Ann. Sci. Nat. (Paris) 5(5): 221. 1866.

多年生草本。茎单生，上部有花序分枝，基部有棕褐色叶柄，茎枝灰白色，被蛛丝状绵毛。叶纸质，基部叶与下部茎生叶有长柄，椭圆形、长椭圆形、长卵形或卵状披针形，羽状深裂，侧裂片4-5(7)对，裂片有细密刺状缘毛；中部茎生叶披针形或长椭圆形，与基部及下部茎叶等样分裂；茎生叶上面无毛，下面灰白色，被绵毛。复头状花序单生枝端或茎顶，基毛多数，白色，为总苞片长之半；总苞片背面无毛，外层与基毛近等长，线状倒披针形，上部椭圆状，褐色，中层长椭圆形，上部以上渐窄，内层长椭圆形，先端芒状齿裂或芒状片裂。瘦果倒圆锥状，被棕黄色长直毛。花果期7-10月。

产辽宁南部、山东、河南、湖北、江西、安徽、江苏、浙江、福建及台湾，生于山坡草地。

图 847 华东蓝刺头
（引自《江苏南部种子植物手册》）

4. 驴欺口 图 848 彩片 123

Echinops latifolius Tausch. in Flora 11: 486. 1828.

多年生草本。茎灰白色，下部被绵毛或无毛，向上被蛛丝状绵毛。基生叶与下部茎生叶椭圆形、长椭圆形或披针状椭圆形，二回羽状分裂，一回几全裂，一回侧裂片4-8对，中部侧裂片较大，二回为深裂或浅裂，边缘具不规则刺齿或三角形刺齿；中上部茎生叶与基生叶及下部茎生叶同形并近等样分裂；上部茎生叶羽状半裂或浅裂，无柄，基部抱茎；叶纸质，上面无毛，下面灰白色，密被蛛丝状绵毛。复头状花序单生茎顶或茎生，径3-5.5厘米，基毛白色，长约7毫米，长为总苞2/5；总苞片14-17，背面无

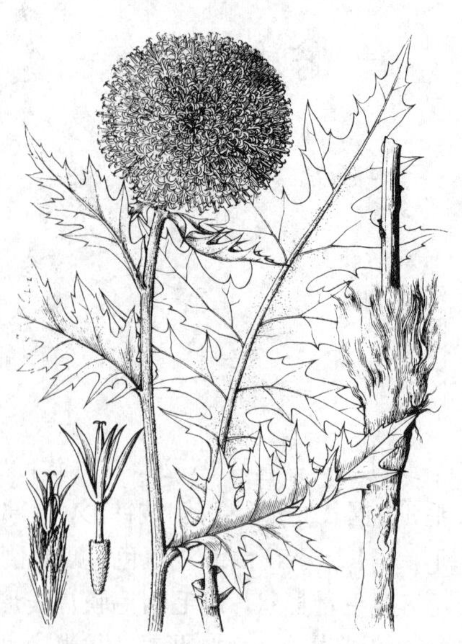

图 848 驴欺口（引自《图鉴》）

毛，外层线状倒披针形，上部菱形或椭圆形，中层倒披针形，内层长椭圆形。小花蓝色。瘦果密被淡黄色长直毛，遮盖冠毛；冠毛膜质线形。花果期6-9月。

产黑龙江、吉林、辽宁、内蒙古、河北、河南、山西、陕西、甘肃及宁夏，生于海拔120-2200米山坡草地或山坡疏林下。蒙古及俄罗斯西伯利亚有分布。

5.　褐毛蓝刺头　　图 849

Echinops dissectus Kitag. in Rep. First. Sci. Exped. Manch. 4 (2): 118. 1935.

多年生草本。茎单生，中部以下被多数褐色长毛及稀疏蛛丝毛，接复头状花序下部灰色，被蛛丝状绵毛。基生叶及中下部茎生叶椭圆形或长椭圆形，二回羽状分裂，一回为全裂，一回侧裂片椭圆形或披针形，6-10对，二回为半裂或浅裂，二回裂片长披针形或线状披针形，边缘具刺齿或针刺状缘毛，先端针刺状渐尖，或二回裂片为三角形刺齿状；上部茎生叶与基生叶及中下部茎生叶同形并等样分裂，接复头状花序下部的叶羽裂；叶纸质，下面灰白色，密被绵毛。复头状花序单生茎顶，基毛白色，长为总苞1/2；总苞片16-19，背部无毛，外层线状倒披针形，上部椭圆形，褐色，中层倒披针形或倒披针状长椭圆形，内层长椭圆形。小花蓝色。瘦果倒圆锥形，密被黄色长直毛，遮盖冠毛；冠毛膜质线形，长1.2毫米。花果期7-8月。

产黑龙江西南部、吉林西部、辽宁、内蒙古、河北北部、山西北部及南部，生于海拔1530-1750米山坡林缘、多石向阳山坡、湿草地或河畔。俄罗斯远东地区及朝鲜半岛北部有分布。

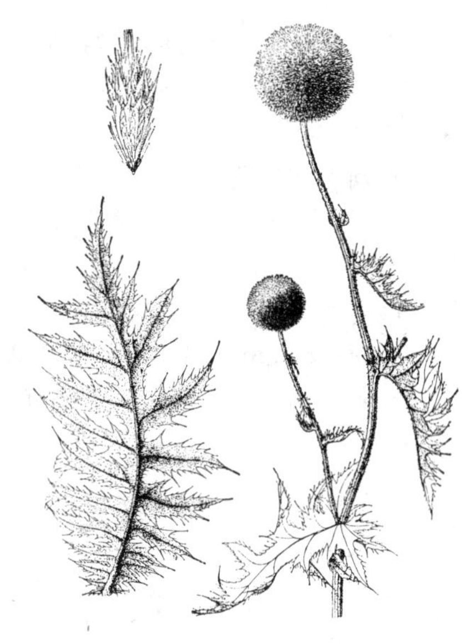

图 849　褐毛蓝刺头（引自《中国植物志》）

6.　蓝刺头　　图 850

Echinops sphaerocephalus Linn. Sp. Pl. 814. 1753.

多年生草本。茎单生，上部分枝，茎枝被长毛和薄毛。基生叶和下部茎生叶宽披针形，长15-25厘米，羽状半裂；中部茎生叶与基生叶及下部茎生叶同形并等样分裂；叶纸质，上面密被糙毛，下面被灰白色蛛丝状绵毛，沿脉有长毛。复头状花序单生茎枝顶端，径4-5.5厘米，基毛长1厘米，长为总苞之半，白色；总苞片14-18。外层稍长于基毛，长倒披针形，上部褐色，背面被糙毛及腺点，边缘有稍长缘毛，先端针芒状长渐尖，中层

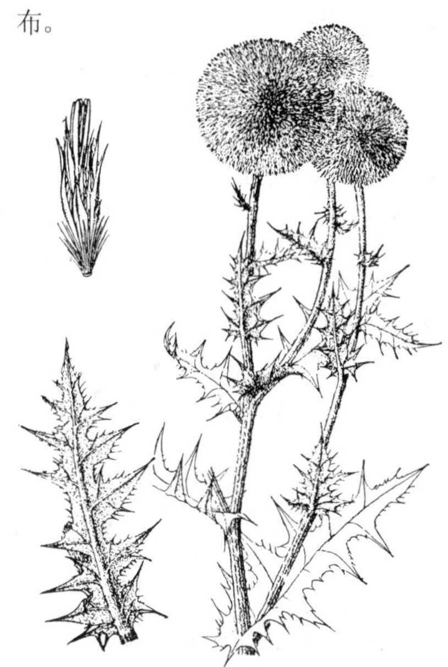

图 850　蓝刺头（引自《中国植物志》）

倒披针形或长椭圆形，内层披针形。小花淡蓝或白色。瘦果倒圆锥状，密被黄色贴伏长直毛，不遮盖冠毛。冠毛杯状，膜片线形，边缘糙毛状。花果期8-9月。

产新疆北部及东北部，生于林缘或渠边。中亚、高加索、俄罗斯西伯利亚地区、欧洲中部及南部有分布。

7. 砂蓝刺头 图 851

Echinops gmelinii Turcz. in Bull. Soc. Nat. Mosc. 5: 195. 1832.

一年生草本。茎单生，茎枝淡黄色，疏被腺毛。下部茎生叶线形或线状披针形，边缘具刺齿或三角形刺齿裂或刺状缘毛；中上部茎生叶与下部茎生叶同形；叶纸质，两面绿色，疏被蛛丝状毛及腺点。复头状花序单生茎顶或枝端，径2-3厘米，基毛白色，长1厘米，细毛状，边缘糙毛状；总苞片16-20，外层线状倒披针形，爪基部有蛛丝状长毛，中层倒披针形，长1.3厘米，背面上部被糙毛，背面下部被长蛛丝状毛，内层长椭圆形，中间芒刺裂较长，背部被长蛛丝状毛。小花蓝或白色。瘦果倒圆锥形，密被淡黄棕色长直毛，遮盖冠毛。冠毛膜片线形，边缘疏糙毛状。花果期6-9月。

产内蒙古、河北、河南、山西、陕西、甘肃、宁夏、新疆及青海，生于海拔580-3120米山坡砾石地、荒漠草原、黄土丘陵或河滩。俄罗斯西伯利亚及蒙古有分布。

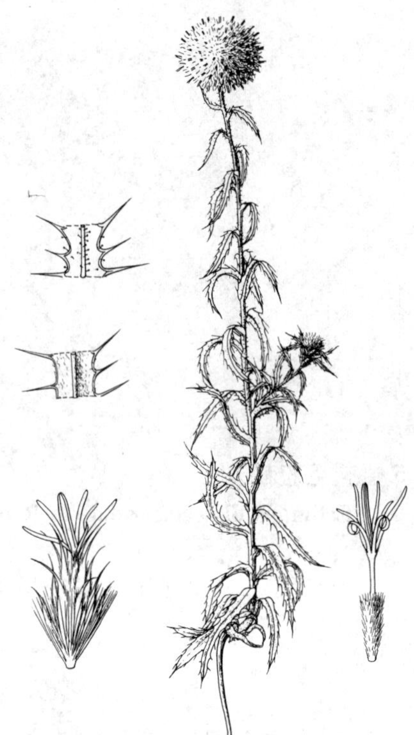

图 851 砂蓝刺头（引自《图鉴》）

8. 丝毛蓝刺头 图 852

Echinops nanus Bunge in Bull. Acad. Imp. Sci. St. Pétersb. 6: 411. 1863.

一年生草本，高达16厘米。茎单生，茎枝灰白色，密被蛛丝状绵毛。下部茎生叶倒披针形或线状披针形，羽状半裂或浅裂，侧裂片2-4(5)对，中部茎生叶与下部茎生叶同形并等样分裂，边缘有刺齿，或茎生叶不裂，长椭圆形或椭圆形，边缘疏生芒刺；叶厚纸质，两面近灰白色，密被蛛丝状绵毛。复头状花序单生茎枝顶端，径2.5-3厘米。基毛白色；总苞片12-14，外层线形，中层长椭圆形，内层长椭圆形，背部密被蛛丝状长毛，先端中间芒裂较长。小花蓝色。瘦果倒圆锥形，密被棕黄色长直毛；冠毛膜片线形，边缘糙毛状。花果期6-7月。

图 852 丝毛蓝刺头（引自《中国植物志》）

产新疆，生于海拔1300-1500米荒漠。中亚及俄罗斯西伯利亚地区有分布。

148. 刺苞菊属 Carlina Linn.

（石　铸　靳淑英）

二年生或多年生草本，有时无茎，稀灌木。叶基生或茎生，羽状浅裂、半裂或有锯齿，稀全缘，有针刺状缘毛。头状花序单生茎端或少数头状花序在茎枝顶端排成伞房花序，具多数同型两性管状花；总苞宽钟状或半球形；总苞片多层，外层总苞片较宽，叶质，边缘有刺齿，中层苞片窄而短，边缘有分枝针刺，内层苞片长于小花，长线形，全缘，硬膜质或软骨质，淡白、黄或紫色；花托平，有稠密长几等于小花的硬质托片，常深裂成细刚毛状。小花同型，两性，管状，黄或紫色，花冠5裂；花药基部箭形，附属物边缘有长尾状长缘毛，花丝光滑；花柱分枝短。瘦果长椭圆形或圆柱形，无肋，顶端平截，无果缘，密被贴伏长毛；冠毛1层，膜片状，深裂成羽毛状刚毛。

约28种，主要分布于地中海地区、西欧、东欧和亚洲温带地区。我国1种。

刺苞菊　图 853

Carlina biebersteinii Bernh. ex Hornem. Hort. Hafn. Suppl. 94. 1819.

二年生草本。茎枝微被白色蛛丝状毛。基生叶有渐窄长叶柄；茎生叶无柄；叶纸质，不裂，披针形或线状披针形，长4-15厘米，两面几同色，边缘有针刺状缘毛；最上部茎生叶包围头状花序。头状花序单生茎顶，或排成伞房花序；总苞半球形，总苞片多层，外层绿色，叶状，背面被蛛丝状毛，边缘有针刺或针刺分枝，中层褐或暗紫色，边缘有针刺或针刺分枝，最内层亮黄色，硬膜质，线形，比中层苞片长。小花紫色或紫中带黄，全为两性，管状。瘦果长椭圆状，密被长直毛；冠毛刚毛长羽毛状，每2-3个冠毛刚毛基部结合成束。花果期8-9月。

产新疆北部，生于河边石滩地、干草甸或灌丛中。欧洲、中亚及俄罗斯西伯利亚地区有分布。

图 853　刺苞菊（引自《中国植物志》）

149. 苍术属 Atractylodes DC.

（石　铸　靳淑英）

多年生草本。具根茎，结节状。叶互生，边缘有针刺状缘毛或三角形刺齿。雌雄异株；头状花序同型，单生茎枝顶端，全为两性花或全为雌花。小花管状，黄或紫红色，檐部5深裂；总苞钟状、宽钟状或圆柱状，苞叶近2层，羽状全裂、深裂或半裂；总苞片多层，覆瓦状排列，全缘，常有缘毛，先端钝或圆；花托平，托片密。花丝无毛，分离，花药基部附属物箭形；花柱分枝短，三角形，外被柔毛。瘦果倒卵圆形或卵圆形，扁，顶端平截，无果缘，密被贴伏长直毛，基底着生面平；冠毛刚毛1层，羽毛状，基部连合成环。

约7种，分布亚洲东部地区。我国5种。

1. 叶不裂，圆形、倒卵形、偏斜卵形、卵形或椭圆形，硬纸质 ………………………… 1. **苍术 A. lancea**

1. 叶羽状半裂或浅裂，侧裂片6-9对，或大头羽状深裂或半裂，侧裂片1-2（3-4）对，或3-5羽状全裂。

　2. 叶大头羽状深裂或半裂，侧裂片椭圆形、长椭圆形或倒卵状长椭圆形 ………………… 1. **苍术 A. lancea**

2. 叶3-5羽状全裂。
 3. 总苞径3-4厘米；小花紫红色；瘦果倒圆锥形 ……………………………………………… 2. 白术 **A. macrocephala**
 3. 总苞径1-1.5厘米；小花黄或白色；瘦果倒卵圆形 ……………………………………… 2(附). 关苍术 **A. japonica**

1. 苍术 赤术 图 854

Atractylodes lancea (Thunb.) DC. Prodr. 7: 48. 1838.

Atractylis lancea Thunb. Fl. Jap. 306. 1784.

多年生草本。茎单生或簇生，茎枝疏被蛛丝状毛。中下部茎生叶圆形、倒卵形、偏斜卵形、卵形或椭圆形，3-5（7-9）羽状深裂或半裂，基部楔形或宽楔形，侧裂片1-2（3-4）对，椭圆形、长椭圆形或倒卵状长椭圆形，几无柄；中部以上或上部茎生叶不裂，倒长卵形、倒卵状长椭圆形或长椭圆形；或全部茎生叶不裂；中部茎生叶倒卵形、长倒卵形、倒披针形或长倒披针形；叶硬纸质，两面绿色，无毛。头状花序单生茎枝顶端；总苞钟状，径1-1.5厘米，总苞片5-7层，最外层及外层卵形或卵状披针形，中层长卵形、长椭圆形或卵状长椭圆形，内层线状长椭圆形或线形；苞叶针刺状羽状全裂或深裂。小花白色。瘦果倒卵圆形，密被白色长直毛；冠毛刚毛褐色或污白色。花果期6-10月。

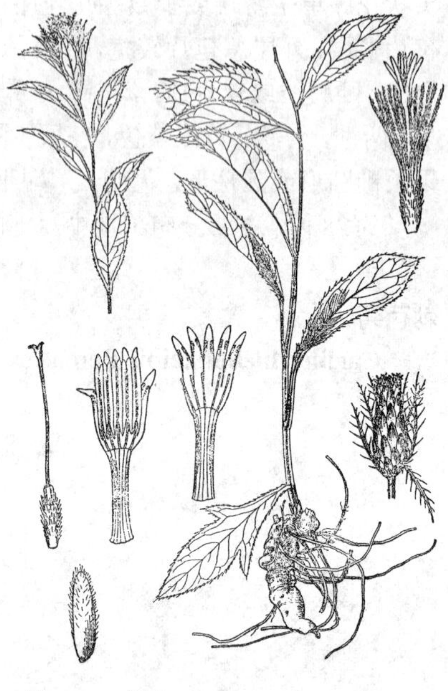

图 854 苍术（引自《中国药用植物志》）

产黑龙江、吉林、辽宁、内蒙古、河北、山西、河南、山东、安徽、江苏、浙江、江西、湖北、湖南、四川东部、甘肃东南部及陕西秦岭，生于山坡草地、林下、灌丛或岩缝中。俄罗斯远东地区、朝鲜半岛及日本有分布。根茎为健脾药。

2. 白术 图 855 彩片 124

Atractylodes macrocephala Koidz. Fl. Symb. Or.-Asiat. 5. 1930.

多年生草本。茎无毛。中下部茎生叶3-5羽状全裂，侧裂片1-2对，倒披针形、长椭圆形或椭圆形；中部茎生叶椭圆形或长椭圆形，无柄；或大部茎生叶不裂；叶纸质，两面绿色。头状花序单生茎枝顶端；苞叶绿色，长3-4厘米，针刺状羽状全裂；总苞径3-4厘米，宽钟状，总苞片9-10层，外层及中外层长卵形或三角形，中层披针形或椭圆状披针形，最内层宽线形；苞片先端钝。小花紫红色。瘦果倒圆锥状，密被白色长直毛；冠毛刚毛羽毛状，污白色。花果期8-10月。

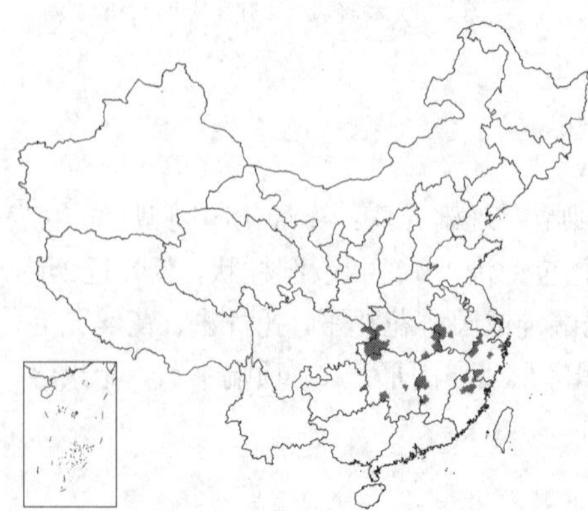

产浙江、安徽西部、福建北部、江西西部、湖北、湖南、四川东部及贵州，生于山坡草地或林下。药效同苍术。

图 855 白术（引自《图鉴》）

[附] 关苍术 **Atractylodes japonica** Koidz. ex Kitam. in Acta Hort.

Phytotax. Geobot. 4: 178. 1935. 本种与白术的主要区别：总苞径1-1.5厘米；小花黄或白色；瘦果倒卵圆形。产黑龙江、吉林、辽宁、内蒙古及河北，生于海拔200-800米林缘或林下。日本有分布。

150. 苓菊属 Jurinea Cass.

（石 铸 靳淑英）

多年生草本或小亚灌木。叶不裂或分裂。头状花序单生茎顶或多数头状花序在茎枝顶端排成伞房花序，或有少数头状花序，同型，有多数两性小花；总苞碗状、卵状、钟状或半球形，稀椭圆状或楔状，总苞片多层，覆瓦状排列，紧贴或外层或中外层上部或先端不同程度向外开张或反折，内层苞片直立紧贴；苞片草质或近革质，被蛛丝毛或无毛，常有腺点。冠檐5浅裂或偏斜5深裂；花药无毛，基部附属物尾状，撕裂，花丝分离，无毛或有乳突；花柱短2裂，花柱分枝顶端平截，基部有毛环。瘦果长倒卵状、长椭圆状或长倒圆锥状，有4条椭圆状纵肋，基底着生面平或稍偏斜，无毛，有时有腺点、刺瘤、刺脊或无刺瘤和刺脊，无腺点，顶端有果缘，果缘边缘锯齿状；冠毛多层，向内层渐长，冠毛刚毛锯齿状、短糙毛状、短羽毛状或羽毛状，最内层通常有2-5超长冠毛刚毛，冠毛刚毛基部连合成环、整体脱落或基部不连合成环而固结在瘦果上。

约250种，分布欧洲中部及南部、俄罗斯中亚和西南亚。我国约14种。

1. 瘦果无刺瘤。
  2. 头状花序小，多数在茎枝顶端排成紧密伞房花序；总苞圆柱状，径5毫米，总苞片膜质；叶线形，不裂，两面异色，上面绿色，有极稀疏蛛丝毛和极稠密黄色小腺点，下面灰白色，密被绒毛和多数黄色小腺点 ………………………… 1. **多花苓菊 J. multiflora**
  2. 头状花序大，少数，单生枝端；总苞碗状，径2-2.5厘米，总苞片革质；叶长椭圆形或长椭圆状披针形，羽状深裂、浅裂或齿裂，两面几同色，灰绿或绿色，疏被蛛丝毛 ………… 2. **蒙疆苓菊 J. mongolica**
1. 瘦果密被或上部疏被刺瘤。
  3. 冠毛基部不连合成环，不脱落；总苞碗状；叶侧裂片边缘全缘；植株不分枝；叶质厚 … 3. **绒毛苓菊 J. lanipes**
  3. 冠毛基部连合成环，整体脱落。
    4. 瘦果上部被刺瘤；叶上面绿色，疏被蛛丝毛，下面灰白色，密被蛛丝状绒毛。
      5. 总苞片直立，紧贴；茎明显，被卷毛 ………… 4. **苓菊 J. lipskyi**
      5. 中外层总苞片先端反折或开展；几无茎或茎稍明显 ………… 5. **矮小苓菊 J. algida**
    4. 瘦果密被刺瘤；叶两面同色，疏被蛛丝毛和密被绒毛 ………… 6. **刺果苓菊 J. chaetocarpa**

1. 多花苓菊 图 856

Jurinea multiflora (Linn.) B. Fedtsch. in Перец. Раст. Typk. 4: 259. 1911.
Serratula multiflora Linn. Sp. Pl. 1145. 1753.

多年生草本，高达20厘米。茎绿或略带红色，茎枝被绒毛及棕黄色腺点。茎生叶线形或宽线形，直立贴茎，全缘，反卷，上面绿色，有极稀疏蛛丝毛和极稠密黄色小腺点，下面灰白色，密被绒毛及多数黄色小腺点；基部和下部茎生叶向下渐窄成短柄，中部茎生叶基部沿茎下延成小耳状半抱茎，中部茎生叶长4-8厘米。头状花序小，多数在茎枝顶端排成紧密伞房花序；总苞圆

图 856 多花苓菊（引自《图鉴》）

柱状，径5毫米，疏被蛛丝毛，中部以上或大部红紫色，总苞片5-6层，膜质，最外层长或宽三角形，中层椭圆形或长椭圆形，最内层苞片线形；苞片直立，膜质。小花红或紫色。瘦果长倒圆锥形，褐色或肉红色，无刺瘤；冠毛白色，多层，冠毛刚毛锯齿状，宿存。花果期8月。

产新疆准噶尔阿拉套山地区，生于山坡草地。欧洲、中亚、俄罗斯西伯利亚及蒙古有分布。

2. 蒙疆苓菊 图 857

Jurinea mongolica Maxim. in Bull. Acad. Imp. Sci. St. Pétersb. 19: 519. 1874.

多年生草本，高达25厘米。茎基密被绵毛及残存褐色叶柄。茎粗壮，分枝，茎枝被蛛丝状棉毛至无毛。基生叶长椭圆形或长椭圆状披针形，叶柄长2-4厘米，叶羽状深裂、浅裂或齿裂，侧裂片3-4对，侧裂片长披针形或长椭圆状披针形，裂片全缘，反卷；茎生叶与基生叶同形或披针形或倒披针形并等样分裂或不裂；茎生叶两面几同色，绿或灰绿色，疏被蛛丝毛。头状花序大，单生枝端；总苞碗状，径2-2.5厘米，绿或黄绿色，总苞片4-5层，革质，最外层披针形，中层披针形或长圆状披针形，最内层线状长椭圆形或宽线形；苞片革质，直立。花冠红色。瘦果淡黄色，倒圆锥状，无刺瘤；冠毛褐色，冠毛刚毛短羽毛状，宿存。花期5-8月。

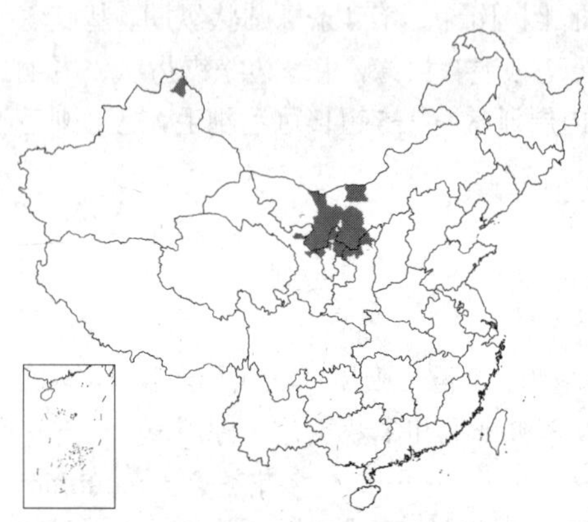

图 857 蒙疆苓菊 （引自《图鉴》）

产内蒙古西部、陕西北部、甘肃中部、宁夏及新疆北部，生于海拔1040-1500米砂地。蒙古有分布。

3. 绒毛苓菊 图 858

Jurinea lanipes Rupr. ex Osten-Sacken et Rupr. in Mém. Acad. Imp. Sci. St. Pétersb. ser. 7, 14 (4): 58. 1869.

多年生草本，高30厘米。茎基短，粗厚，密被残存褐色柄鞘及绵毛。茎单生，直立，不分枝，被白色蛛丝状线毛及稀疏小腺点。基生叶倒披针形、长倒披针形或长椭圆形。长5-10厘米，羽状深裂、浅裂或大头羽状深裂，侧裂片3-6对，边缘全缘；茎生叶与基生叶同形并等样分裂，无叶柄，最上部茎生叶线形，不裂，叶质厚，上面绿色，无毛，疏生腺点，下面灰白色，密被绒毛。头状花序单生茎端；总苞碗状，径2厘米，总苞片6层，外层三角形，长约6毫米，疏被蛛丝毛及小腺点，中内层窄披针形或长椭圆形，长达1.7厘米，被糙毛，边缘有缘毛。小花红色，花冠外被腺点。瘦果有刺瘤，长圆状倒圆锥形，棕色；冠毛白色，冠毛刚毛短羽毛状，有2超长冠毛刚毛，不脱落。

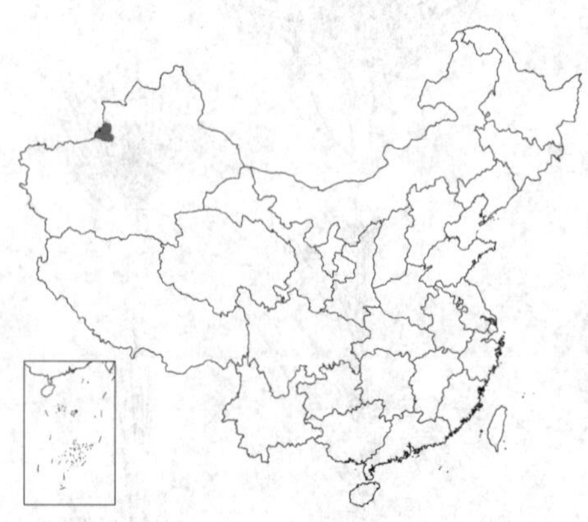

图 858 绒毛苓菊 （引自《中国植物志》）

产新疆西北部，生于海拔1900-

2840米草原。天山西部及帕米尔地区有分布。

4. 苓菊 图 859

Jurinea lipskyi Iljin in Тр. Турк. Научн. общ. 2: 23. 1925.

多年生草本，高约35厘米。茎直立，茎枝被卷毛。基生叶长椭圆形或倒披针形，羽状深裂，侧裂片3-4对，向上或向下侧裂片渐小，侧裂片长椭圆形、披针形或长三角形，边缘少锯齿或浅波状；下部茎生叶与基生叶同形并等样分裂，上部茎生叶不裂，线形或钻形，茎生叶上面绿色或浅灰绿色，疏生蛛丝毛，下面灰白色，被薄绒毛，叶及叶裂片边缘反卷。头状花序单生茎枝顶端；总苞碗状，径1.5-2厘米，总苞片披针形或线状披针形，直立，紧贴，疏生蛛丝毛。小花紫色，外面疏生黄色小腺点。瘦果倒圆锥形，上部有刺瘤；冠毛多层，有2超长冠毛刚毛，长达9毫米，冠毛刚毛短羽毛状或糙毛状，基部连合成环，整体脱落。花果期7月。

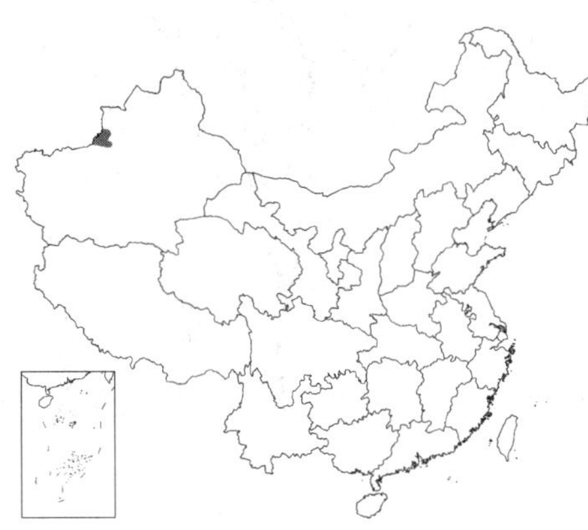

图 859 苓菊（吴彰桦绘）

产新疆西北部，生于海拔1900米山地草原。巴尔哈什地区有分布。

5. 矮小苓菊 图 860

Jurinea algida Iljin in Bull. Jard. Bot. Princ. URSS 5(11-12): 170. 1924.

多年生短小草本，几无茎或茎稍明显。基生叶莲座状，长椭圆形或倒披针形，长2.5-4厘米，羽状或大头羽裂，莲座状叶丛的叶线状长椭圆形，凹缺状羽状浅裂或齿裂，基部渐窄成短柄，宽5-6毫米，连叶柄长2.5-4厘米；茎生叶与莲座状叶丛的叶同形或线形，等样分裂或不裂，上部或最上部叶钻形，上面绿色，疏被蛛丝毛，下面灰白色，密被绒毛。头状花序单生茎端；总苞碗状，径1.5-2厘米，上部红色，总苞片4-5层，先端反折或外展，最外层披针形或三角状披针形，长2-5毫米，中层披针形，最内层线形。小花红紫色，有腺点。瘦果倒圆锥形，上部有刺瘤；冠毛白色，冠毛刚毛短羽毛状，基部连合成环，整体脱落。花果期6月。

图 860 矮小苓菊（引自《中国植物志》）

产新疆西部，生于海拔2300米山沟及水旁。

6. 刺果苓菊 图 861

Jurinea chaetocarpa Ledeb. Fl. Ross. 2: 765. 1845-1846.

多年生草本，高30厘米。花茎直立，疏被蛛丝毛及黄色小腺点。莲座状叶丛的叶长椭圆形，羽状深裂，叶柄长达5厘米，侧裂片4-5对，侧裂片全缘或浅波状；茎生叶与莲座状叶丛的叶同形并等样分裂或不裂为线形或钻形，叶两面同色，灰绿、绿或灰

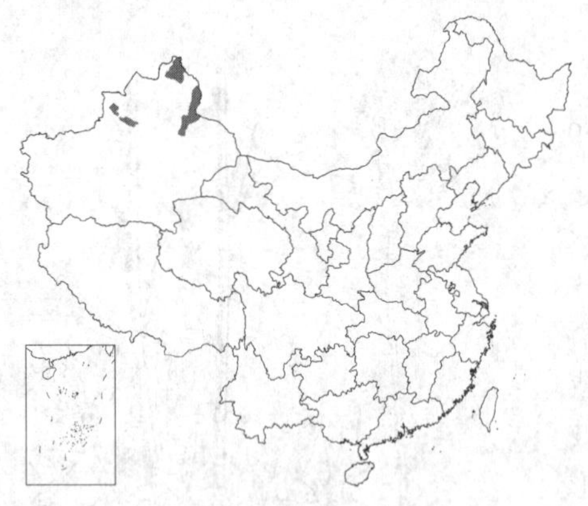

白色，疏被蛛丝毛和密被绒毛。头状花序单生枝端；总苞碗状，总苞片4-5层，先端刺芒状长渐尖，最外层披针形，最内层线状披针形。小花红紫色，外被黄色小腺点。瘦果椭圆状倒圆锥形，密被刺瘤；冠毛白色，冠毛刚毛短羽毛状，基部连合成环，整体脱落。花果期6月。

产新疆北部，生于砾石戈壁。中亚、蒙古西部及巴尔哈什地区有分布。

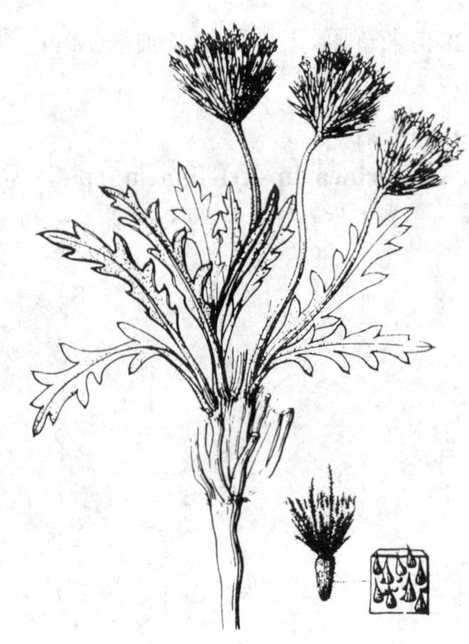

图 861 刺果苓菊（谭丽霞绘）

151. 球菊属 Bolocephalus Hand.-Mazz.

（石 铸 靳淑英）

多年生草本。茎单生，疏被蛛丝状毛，茎基密被残存褐色叶柄。基生叶长椭圆形或宽线形，羽状或倒向羽状浅裂或半裂，侧裂片2-3对，叶柄长3-6厘米；茎生叶与基生叶同形并等样分裂，最上部叶线形，不裂；叶上面密被糙毛，下面灰白色，被蛛丝状绒毛。头状花序单生茎端；总苞球形，径5-6厘米，灰白色，密被长棉毛，总苞片5-6层，钻状长三角形或钻状长披针形，草质，最内层长3.5厘米；花托平，密被托片。小花两性，紫红色，管状，檐部长为管部3倍，5裂，裂片线形；花丝分离，无毛，花药基部附属物箭形，长1-1.2毫米，撕裂；花柱分枝细长，基部有毛环，顶端平截或钝。瘦果倒圆锥形，褐色，有4稍椭圆形纵肋，顶端有果缘，基部着生面平；冠毛多层，内层较长，冠毛刚毛糙毛状，基部连合成环，整体脱落。

我国特有单种属。

球菊 丝苞菊 图 862

Bolocephalus saussureoides Hand.-Mazz. in Journ. Bot. 76: 292. 1938.

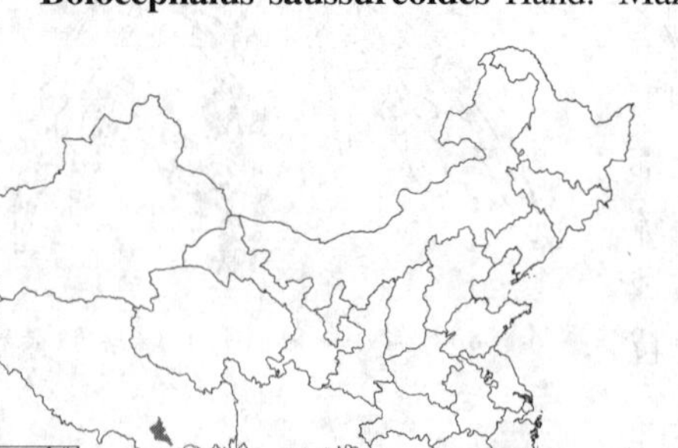

形态特征同属。花果期8月。

产西藏中南部朗县，生于海拔5000米高山流石堆。

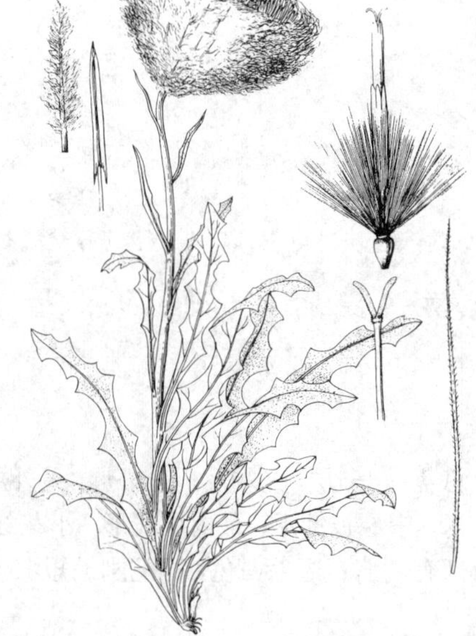

图 862 球菊（王 颖绘）

152. 毛蕊菊属 Pilostemon Iljin

（石 铸 靳淑英）

多年生草本。头状花序钟状，果期楔状或倒圆锥状，单生枝端，同型；花托平，密被托片。小花两性，管状，花冠红紫色，外被腺点；花药被细长易脱落柔毛，花丝分离，无毛；花柱分枝开张，基部有毛环。瘦果长倒圆锥形，具3-4肋，密被腺体，基底着生面平，顶端有齿状果喙；冠毛白色，多层，不等长，内层较长，冠毛刚毛长羽毛状，基部不连合成环，宿存。

2种，分布中亚及我国新疆。

毛蕊菊　图 863

Pilostemon filifolia (C. Winkl.) Iljin in Not. Syst. Herb. Inst. Bot. Sci. URSS 21: 393. 1961.

Jurinea filifolia C. Winkl. in Acta Hort. Petrop. 11: 170. 1890.

多年生草本。茎直立，分枝细长，茎枝坚挺，灰白色，密被蛛丝状绵毛及黄色小腺体。茎生叶线形或钻形，长1-2厘米，质坚硬，边缘反卷，先端尖，上面绿色，无毛，下面灰白色，密被蛛丝毛绒毛。头状花序单生枝端；总苞幼时圆柱状，熟时倒圆锥形，径1.5厘米，总苞片5层，最外层披针形，长3毫米，中层长椭圆形或倒披针形，最内层宽线形；苞片质稍坚硬，先端软骨质渐尖，外面紫红色，被淡黄色小腺点。小花紫红色，花冠外被黄色小腺点。瘦果倒长圆锥状，黑褐色，上部密被腺点；冠毛黄白色，多层，冠毛刚毛长羽毛状。花果期9月。

产新疆西北部，生于海拔720米沟边潮湿地。天山西部及中亚有分布。

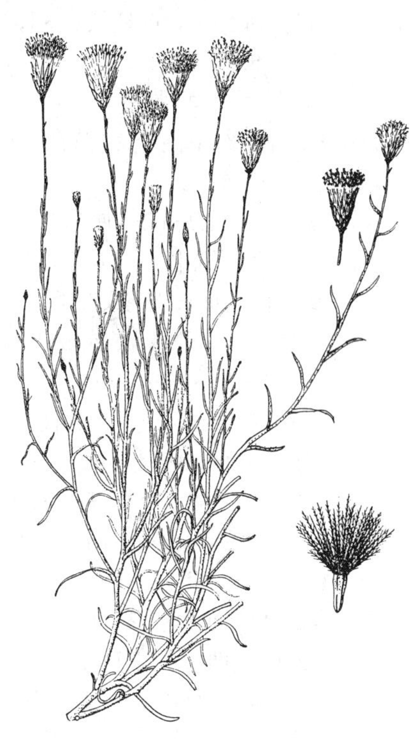

图 863　毛蕊菊（引自《中国植物志》）

153. 风毛菊属 Saussurea DC.

（石　铸　靳淑英）

一年生、二年生或多年生草本，有时为小亚灌木。茎高或矮小，有时无茎。叶互生，全缘、有锯齿或羽状分裂。头状花序具多数同型小花，在茎枝端排成伞房花序、圆锥花序或总状花序，或集生茎端，稀单生；总苞球形、钟形、卵形或圆柱状，总苞片多层，覆瓦状排列，紧贴，先端尖、渐尖、钝或圆，有时有干膜质红色附属物，或附属物绿色、草质；花托密生刚毛状托片，稀无托片。小花两性，管状，结实；花冠紫红或淡紫色，稀白色，管部细丝状或细，檐部5裂至中部；花药基部箭头形，尾部撕裂，花丝分离，无毛；花柱长，顶端2分枝，花柱分枝线形，顶端钝或稍钝。瘦果圆柱状或椭圆状，基底着生面平，禾秆色，有时有黑色斑点，稀黑色，具4钝肋或多肋，平滑或有横皱纹，顶端平截，有具齿的小冠或无小冠；冠毛（1）2层，外层短，糙毛状或短羽毛状，易脱落，内层长，羽毛状，基部连合成环，整体脱落。

约400余种，分布亚洲与欧洲。我国约264种。

1. 头状花序少数或多数在茎端密集，为扩大的膜质、染色的苞叶所承托或包围。
 2. 叶两面或边缘有腺毛。
  3. 苞叶紫红色，卵形、宽卵形、圆形或舟状。
   4. 植株高达8厘米；头状花序单生茎端，总苞片不等长；叶窄长圆形，两面密生腺毛 ··· 1. **膜苞雪莲 S. bracteata**
   4. 植株高30-70厘米；头状花序1-12，密集茎端或在茎端成伞房状排列，稀单生。
    5. 总苞宽钟状，径2-3厘米；头状花序1-5 ·· 2. **唐古特雪莲 S. tangutica**
    5. 总苞倒圆锥状，径1.5厘米；头状花序1-12 ································· 2(附). **红柄雪莲 S. erubescens**

3. 苞叶黄色，长椭圆形或卵状长圆形。

6. 苞叶长达11厘米；头状花序6-15，几无花序梗，直立；总苞片背面有腺毛或短柔毛；茎生叶长椭圆形、长圆形或卵形，叶柄长达8厘米 ………………………………………………………… 3. **苞叶雪莲 S. obvallata**

6. 苞叶长不及7厘米；头状花序1-3，花序梗短，下垂，总苞片背面有长柔毛；茎生叶状披针形或披针形，叶柄长达19厘米 ……………………………………………………………… 3(附). **垂头雪莲 S. wittsteiniana**

2. 叶被棉毛、绒毛、柔毛、蛛丝毛或糙毛，无腺毛或无毛。

7. 头状花序单生。

8. 总苞径（1.2-）2-5厘米。

9. 叶两面无毛；苞叶大，全包头状花序 ………………………………………… 4(附). **单花雪莲 S. uniflora**

9. 叶两面被长柔毛或绒毛。

10. 叶线状披针形或披针形，边缘疏生细齿，两面密被红褐色绒毛；苞叶半包被头状花序 …………………………………………………………………………………… 4. **毡毛雪莲 S. velutina**

10. 叶长圆形或长圆状披针形，全缘，两面被黄褐色长柔毛；苞叶不包头状花序 …… 5. **长叶雪莲 S. longifolia**

8. 总苞径1-1.3厘米 ……………………………………………………………… 5(附). **多鞘雪莲 S. polycolea**

7. 头状花序多数或少数，在茎端密集排成伞房或球状花序。

11. 叶两面疏生褐色糙毛；苞叶不包被总花序 ……………………………………… 6. **球花雪莲 S. globosa**

11. 叶两面无毛，或上面被长柔毛、下面无毛，或上面被长柔毛、下面被棉毛。

12. 叶两面无毛；苞叶淡黄色，包被总花序 ……………………………………… 7. **雪莲花 S. involucrata**

12. 叶两面被长柔毛或下面被棉毛，或上面被长柔毛、下面无毛。

13. 叶上面疏被长柔毛、下面无毛 ………………………………………………… 8. **紫苞雪莲 S. iodostegia**

13. 叶两面被长柔毛、无毛或上面被长柔毛、下面被棉毛。

14. 叶边缘有倒生细尖齿，两面疏被长柔毛或无毛 ………………………… 9. **钝苞雪莲 S. nigrescens**

14. 叶边缘有直生细齿，两面被长柔毛，或下面被棉毛或蛛丝毛。

15. 叶披针形，长5-10厘米，上面被白色柔毛，下面被棉毛或蛛丝毛 …… 10. **褐花雪莲 S. phaeantha**

15. 叶线状披针形，长17-30厘米，两面被长柔毛 ………………… 10(附). **华中雪莲 S. veitchiana**

1. 头状花序不为扩大的膜质、染色的苞叶所承托或包围，或密集于茎端，通常为密被棉毛的苞叶所承托或半包围。

16. 头状花序多数，密集于膨大的茎端或生于莲座状叶丛中，通常为密被棉毛的苞叶所包围或半包围，稀苞叶无棉毛也不包围头状花序。

17. 全株无毛；无茎或几无茎。

18. 叶线状披针形、窄披针形或线形，星状排列或非星状排列。

19. 叶星状排列，全缘；冠毛白色 ……………………………………………… 11. **星状雪兔子 S. stella**

19. 叶非星状排列，羽状深裂；冠毛褐色 ………………………………… 11(附). **草甸雪兔子 S. thoroldii**

18. 叶椭圆形、卵形或匙形 ……………………………………………………… 11(附). **肉叶雪兔子 S. thomsonii**

17. 全株或多或少被棉毛、线毛或微柔毛。

20. 植株被绒毛、蛛线毛、微柔毛或腺毛，有茎的直立草本或无茎莲座状草本；外层总苞片先端无叶质附属物。

21. 多年生一次结实草本。

22. 冠毛褐或黄褐色。

23. 冠毛2层，外层短，糙毛状，内层长，羽毛状 ……………………………… 12. **羌塘雪兔子 S. wellbyi**

23. 冠毛1层，羽毛状 ……………………………………………………… 12(附). **昆仑雪兔子 S. depsangensis**

22. 冠毛鼠灰色 ……………………………………………………………… 12(附). **云状雪兔子 S. aster**

21. 多年生多次结实草本。

24. 冠毛黑色；叶羽状浅裂 …………………………………………………… 13. **黑毛雪兔子 S. hypsipeta**

24. 冠毛鼠灰色；叶不裂。

25. 叶长圆形或匙形，顶端钝或圆，全缘或上部疏生浅钝齿，宽3-8毫米；小花紫红色 ………………………………………………………………………………………… 14. **鼠麹雪兔子 S. gnaphalodes**
25. 叶椭圆形或长椭圆形，先端尖，边缘有粗齿，宽1-1.3厘米；小花蓝紫色 …… 15. **槲叶雪兔子 S. quercifolia**
20. 植株被棉毛。
26. 叶羽状浅裂、半裂或深裂。
27. 叶长椭圆形，长3-4厘米，宽1.7厘米 ………………………… 15(附). **羽裂雪兔子 S. leucoma**
27. 叶线形，长2-4厘米，宽3-6毫米 ………………………… 15(附). **小果雪兔子 S. simpsoniana**
26. 叶不裂，全缘、浅波状或有齿或钝裂。
28. 头状花序密集成圆锥状穗状花序 ………………………… 16. **绵头雪兔子 S. laniceps**
28. 头状花序密集成半球状总花序。
29. 头状花序2-5；总花序不为苞叶所包围；叶下面紫红色 ………… 16(附). **红叶雪兔子 S. paxiana**
29. 头状花序多数；总花序为被棉毛的苞叶所包围或半包围。
30. 冠毛白色；叶倒卵形、圆形、扇形、长圆形或菱形；瘦果长8-9毫米 …… 17. **水母雪兔子 S. medusa**
30. 冠毛褐色；瘦果长2-4毫米。
31. 叶线状长圆形、长椭圆形或线状披针形 ………………………… 17(附). **雪兔子 S. gossypiphora**
31. 叶线形，有锯齿或羽状浅裂 ………………………… 17(附). **小果雪兔子 S. simpsoniana**
16. 头状花序多数或少数在茎枝顶端排成伞房状、圆锥状或总状花序，或头状花序单生茎端，不为密被棉毛的苞片所包围或承托。
32. 总苞片先端有或至少内层苞片先端有扩大的染色膜质附属物。
33. 总苞片或至少内层总苞片先端有扩大的红紫色膜质附片或附片不明显。
34. 外层总苞片先端无软骨质小尖头。
35. 外层总苞片先端非骨针形。
36. 外层总苞片先端无附片，总苞圆柱状或窄钟状。
37. 茎无翼；叶不裂 ………………………… 18. **草地风毛菊 S. amara**
37. 茎有翼；叶羽状浅裂、深裂或全裂，稀不裂 ………………………… 18(附). **抱茎风毛菊 S. chingiana**
36. 全部总苞片先端有附片。
38. 总苞径5-8毫米。
39. 茎常无翼，稀有翼；总苞窄钟状或圆柱状 ………………………… 19. **风毛菊 S. japonica**
39. 茎有窄翼；总苞钟形或卵状钟形 ………………………… 19(附). **羽裂风毛菊 S. pinnatidentata**
38. 总苞径1-1.5厘米，球形或球状钟形 ………………………… 20. **美花风毛菊 S. pulchella**
35. 外层总苞片先端骨针状；叶长椭圆形或披针形，全缘 ………………………… 20(附). **强壮风毛菊 S. robusta**
34. 外层总苞片多少有软骨质小尖头。
40. 茎无翼或有不明显窄翼；叶羽状或大头羽状深裂或全裂，两面无毛 …… 21. **倒羽叶风毛菊 S. runcinata**
40. 茎有翼。
41. 基生叶二回羽状深裂；外层总苞片先端反折或不反折 ………………………… 22. **裂叶风毛菊 S. laciniata**
41. 基生叶羽状浅裂、深裂至全裂；外层总苞片先端不反折 ………………………… 22(附). **翼茎风毛菊 S. alata**
33. 总苞片或至少内层总苞片先端有叶质附片或全部总苞片先端长渐尖，附片不明显。
42. 叶不裂，全缘，下面无毛 ………………………… 23. **京风毛菊 S. chinnampoensis**
42. 叶羽状深裂，下面密被柔毛 ………………………… 23(附). **尖头风毛菊 S. malitiosa**
32. 总苞片先端无扩大的染色膜质附属物。
43. 瘦果顶端小冠具齿。
44. 叶不裂，基生叶有长翼柄，翼柄圆齿状浅裂 ………………………… 24. **云木香 S. costus**
44. 叶大头羽状深裂或全裂或二回羽状深裂。

45. 叶大头羽状深裂或全裂。
46. 中部茎生叶无柄，基部有抱茎小耳 ……………………………………………………… 25. **白背风毛菊 S. auriculata**
46. 叶有长或短柄，柄基无抱茎小耳。
47. 叶顶裂片长20厘米；总苞径3-4厘米 ……………………………………………………… 26. **三角叶风毛菊 S. deltoidea**
47. 叶顶裂片长8-11厘米；总苞径0.7-1.8厘米 ……………………………………………… 26(附). **小头风毛菊 S. crispa**
45. 叶二回羽状深裂或近全缘；头状花序总状或总状圆锥花序状排列 …………………… 27. **叶头风毛菊 S. peguensis**
43. 瘦果顶端无小冠；花托有线状托片，托片宿存。
48. 总苞片边缘栗色，宽膜质；叶上面绿色，无毛，下面灰白色，密被白色绒毛 ……… 28. **奇形风毛菊 S. fastuosa**
48. 总苞片边缘非栗色。
49. 植株无茎或茎不发育；头状花序单生或极少植株具少数或多数头状花序。
50. 外层冠毛反折包被瘦果；叶椭圆形、匙形、卵状三角形或卵圆形，上面绿色，无毛，边缘有细密尖齿或重锯齿；总苞片背面无毛 …………………………………………………………………… 29. **重齿风毛菊 S. katochaete**
50. 外层冠毛不反折，亦不包被瘦果。
51. 外层冠毛羽毛状；叶上面灰绿色，疏被绒毛，下面密被白色绒毛；总苞片背面疏被白色长柔毛 ……………………………………………………………………………………… 29(附). **维西风毛菊 S. spathulifolia**
51. 外层冠毛短，糙毛状。
52. 多年生垫状草本；叶线状钻形；总苞径5-7毫米；叶两面无毛 ……… 29(附). **钻叶风毛菊 S. subulata**
52. 植株非垫状；叶线形；总苞径0.8-2.5毫米。
53. 叶上面绿色或干时褐色，无毛或有糙伏毛，下面密被白色棉毛或绒毛。
54. 叶全缘，宽1-2毫米 ……………………………………………………… 29(附). **柱茎风毛菊 S. columnaris**
54. 叶具微锯齿、锯齿、圆锯齿或羽状分裂。
55. 头状花序多数密集成球状，总苞长圆形，长2-2.2厘米 ……………………… 30. **青藏风毛菊 S. haoi**
55. 头状花序单生根茎分枝顶端，总苞钟形，径1-1.5厘米 …… 30(附). **锥叶风毛菊 S. wernerioides**
53. 叶两面绿色，无毛，线形或线状披针形，无柄，边缘倒向羽状浅裂或具微齿 ……………………………………………………………………………………………………… 30(附). **无梗风毛菊 S. apus**
49. 植株有茎，极少无茎；头状花序多少多数，在茎顶排列成总花序或头状花序单生。
56. 根及根茎纤维状撕裂或被纤维。
57. 植株盐渍化，味苦；叶肉质，叶羽状浅裂、深裂至全裂。
58. 植株灰绿色，高达15厘米；瘦果顶端有小冠 …………………………… 31. **达乌里风毛菊 S. davurica**
58. 植株绿色，高达50厘米；瘦果顶端无小冠 ……………………………………… 32. **盐地风毛菊 S. salsa**
57. 植株非盐渍化；叶非肉质。
59. 基生叶鞘部及叶柄基部内面有白色棉毛 ………………………………… 32(附). **垫风毛菊 S. pulvinata**
59. 基生叶鞘部及叶柄基部内面无白色棉毛。
60. 瘦果有横皱纹 …………………………………………………………………… 33. **美丽风毛菊 S. pulchra**
60. 瘦果无横皱纹。
61. 总花序为最上部茎叶所承托；小花紫色；叶上面疏被糙毛，下面被白色绒毛 ……………………………………………………………………………………………… 34. **川陕风毛菊 S. licentiana**
61. 总花序不为最上部茎叶所承托。
62. 簇生草本；叶上面无毛，下面密被白色棉毛；小花浅红色 ………………… 35. **灰白风毛菊 S. cana**
62. 植株非簇生草本。
63. 叶两面绿色，被糙硬毛，或下面沿脉疏生长柔毛，上面密被糙硬毛，有时两面无毛。
64. 总苞片背面被蛛丝毛；叶柄长20-25厘米，茎单生，密被刚毛 ……………………………………………………………………………… 35(附). **四川风毛菊 S. sutchuenensis**

64. 总苞片背面无毛或内层顶端有髯毛。

65. 总苞径5-7毫米；花序梗粗；叶长圆状披针形、卵状披针形或长圆形，长12-14厘米，先端渐尖或尾尖……………………………………………………………………………………………… 36. **长梗风毛菊 S. dolichopoda**

65. 总苞径3-5毫米；花序梗细；叶披针形，长18-20厘米，先端长尾尖…… 36(附). **尾尖风毛菊 S. saligna**

63. 叶上面绿色，无毛或疏被柔毛，下面灰白色，密被绒毛或柔毛。

66. 叶不裂，全缘或有锯齿。

67. 叶长圆形、长椭圆状披针形、披针形或线形。

68. 叶宽1.5-3厘米；头状花序较小；总苞径5-6毫米…………………………… 37. **多头风毛菊 S. polycephala**

68. 叶宽不及1厘米。

69. 叶宽2-4毫米，疏生细齿………………………………………………………… 38. **西北风毛菊 S. petrovii**

69. 叶宽3-5毫米，全缘，稀基部有齿……………………………………………… 39. **柳叶风毛菊 S. salicifolia**

67. 叶长椭圆形或披针形，宽5-6厘米，有细齿，叶柄无翼；总苞径3毫米… 39(附). **假蓬风毛菊 S. conyzoides**

66. 叶羽状浅裂，叶腋常有营养短枝，叶长圆形或长圆状卵形，宽1.5-3厘米…… 39(附). **优雅风毛菊 S. elegans**

56. 根及根茎非纤维状撕裂。

70. 花药尾部有长棉毛，极少撕裂。

71. 叶不裂，披针形、倒披针形或卵状披针形，全缘，有时有细锯齿。

72. 茎基部有纤维状撕裂叶残迹并密被褐色长棉毛；叶窄线形，宽1-2厘米… 40. **鸢尾叶风毛菊 S. romuleifolia**

72. 茎基部有叶残迹有时纤维状撕裂，有时全缘，不撕裂，无长棉毛，宽0.8-3.5厘米。

73. 花托有乳突状小尖头；叶宽2-3.5厘米…………………………………… 40(附). **大头风毛菊 S. baicalensis**

73. 花托有稠密的托片。

74. 叶窄线形，宽1-3毫米，两面被毛；总苞径1.5-1.8厘米……………………… 41. **禾叶风毛菊 S. graminea**

74. 叶宽披针形、卵形或椭圆形，宽0.8-7厘米，两面无毛。

75. 叶宽披针形，宽0.8-2厘米；总苞径2-5厘米…………………………… 41(附). **林生风毛菊 S. sylvatica**

75. 叶窄针形或披针状长圆形。

76. 总苞钟形，径2-3厘米…………………………………………………… 41(附). **锯叶风毛菊 S. semifasciata**

76. 总苞半球状钟形，径3-3.5厘米……………………………………………… 42. **昂头风毛菊 S. sobarocephala**

71. 叶通常羽状分裂，稀不裂，全缘或有锯齿。

77. 茎发育，高大或矮小。

78. 叶两面绿色，无毛或几无毛，疏被腺点或两面灰白色，上面疏被棉毛，下面密被绒毛。

79. 茎与花序梗被节毛；总苞径1.5-2.5厘米……………………………………… 42(附). **糙毛风毛菊 S. scabrida**

79. 茎与花序梗被蛛丝毛或糙毛，稀有棉毛；叶羽状全裂，侧裂片线形，全缘；总苞径1-1.3厘米………………………………………………………………………………………… 42(附). **巴东风毛菊 S. henryi**

78. 叶上面绿色，无毛或几无毛或疏被柔毛或棉毛，下面密被白色绒毛、蛛丝状毛或棉毛。

80. 头状花序单生茎端或植株有2头状花序。

81. 叶二回羽状深裂或全裂；茎密被黄棕色绒毛；总苞片背面被黄色绒毛… 43. **百裂风毛菊 S. centiloba**

81. 叶羽状分裂或不裂。

82. 叶不裂，全缘…………………………………………………………… 43(附). **云南风毛菊 S. yunnanensis**

82. 叶羽状分裂。

83. 叶上面无毛或被短柔毛、腺毛、糙毛或蛛丝毛。

84. 叶上面被腺毛或无毛。

85. 总苞片背面疏被白色长柔毛，草质；叶上面被腺毛，裂片有锯齿………………………………………………………………………………………… 44. **半琴叶风毛菊 S. semilyrata**

85. 总苞片无毛或疏被蛛丝毛，革质；叶上面无毛，裂片全缘……………………………………

…………………………………………………………………………………… 44(附). 尖苞风毛菊 **S. subulisquama**

84. 叶上面绿色，无毛。

86. 总苞径2厘米，总苞片背面被稍密长柔毛 ………………………… 43(附). 云南风毛菊 **S. yunnanensis**

86. 总苞径2.5-3厘米，总苞片背面密被长柔毛 …………………………………… 45. 川滇风毛菊 **S. wardii**

83. 叶上面疏被腺毛，下面密被白色绒毛，羽状全裂，裂片有三角形粗齿；总苞径2.2-3.5厘米 ………………………………………………………………………………………… 46. 东俄洛风毛菊 **S. pachyneura**

80. 头状花序多数集生茎端。

87. 草本，高达25或80厘米；叶柔软，长6-18厘米。

88. 总苞径0.8-1.2厘米 ………………………………………………………… 46(附). 丽江风毛菊 **S. likiangensis**

88. 总苞径6-8毫米 ……………………………………………………………………… 47. 弯齿风毛菊 **S. przewalskii**

87. 垫状多年生草本，高达4厘米；叶坚硬，长3-7厘米 ……………………… 47(附). 怒江风毛菊 **S. salwinensis**

77. 无茎或几无茎多年生矮小草本，高达6-10厘米。

89. 叶全缘、浅波状、浅圆齿或有尖齿。

90. 总苞径2-3厘米；叶全缘、微波状或有尖齿 ………………………………… 48. 沙生风毛菊 **S. arenaria**

90. 总苞径1厘米；叶长椭圆形或倒卵形，边缘浅波状或浅圆齿 …… 48(附). 中甸风毛菊 **S. dschungdienensis**

89. 叶羽状分裂，有时为波状齿。

91. 叶两面被白色绒毛；根茎上部无黑褐色叶残迹；头状花序单生根茎顶端 …… 49. 川藏风毛菊 **S. stoliczkae**

91. 叶上面无毛或有腺毛或糙毛，下面被糙毛、柔毛、绒毛或无毛；根茎被稠密的黑褐或暗紫色叶柄残迹。

92. 叶椭圆形或倒披针形，长2-5厘米，下面密被黄色绒毛；头状花序3-9集生茎端 ……………………………………………………………………………………… 49(附). 褐黄色风毛菊 **S. ochlochleana**

92. 叶线状长椭圆形，长4-15厘米，下面密被灰白色绒毛；头状花序单生莲座叶中或之上 ……………………………………………………………………………………… 50. 狮牙草状风毛菊 **S. leontodontoides**

70. 花药基部有缘毛或撕裂，无棉毛。

93. 外层总苞片边缘有栉齿。

94. 总苞径5-6毫米；茎几无毛；叶长10-12厘米，宽4-5厘米，下面无毛 ……… 51. 齿苞风毛菊 **S. odontolepis**

94. 总苞径1-2厘米；茎上部被糙毛，下部被蛛丝毛；叶长9-22厘米，宽4-12厘米，下面有柔毛及腺点 ……………………………………………………………………………………… 52. 篦苞风毛菊 **S. pectinata**

93. 外层总苞片全缘或几全缘。

95. 叶基部通常心形。

96. 叶两面同色，绿色，下面色淡。

97. 头状花序单生茎端或茎生2头状花序 ………………………………………… 53. 杨叶风毛菊 **S. populifolia**

97. 头状花序多数或少数。

98. 总苞片先端有附属物。

99. 总苞片附属物马刀形，头状花序多数；总苞长圆形，径5-7毫米 ……… 54. 蒙古风毛菊 **S. mongolica**

99. 总苞片先端附属物非马刀形。

100. 总苞钟状或倒圆锥状，径0.8-1.5厘米。

101. 中下部茎生叶心形，长宽10-18厘米，叶柄长8-10厘米；茎无毛 … 55. 心叶风毛菊 **S. cordifolia**

101. 中下部茎生叶宽卵状心形，长宽5-11厘米，叶柄长9-15厘米；茎疏被节毛至无毛 ……………………………………………………………………………………… 56. 少花风毛菊 **S. oligantha**

100. 总苞圆柱状，径5-7毫米 ………………………………………………… 56(附). 喜林风毛菊 **S. stricta**

98. 总苞片先端无附属物，先端钝或尖，有时芒状。

102. 头状花序排成圆锥状或伞房圆锥状。

103. 总苞圆柱状，径6毫米；叶两面无毛；茎无毛 ……………………………… 57. 东北风毛菊 **S. manshurica**

103. 总苞倒圆锥状，径1.2–1.5厘米；叶两面无毛；茎被毛 ………………………… 58. **庐山风毛菊 S. bullockii**

102. 头状花序排成伞房花序。

104. 总苞径5毫米 ……………………………………………………………… 58(附). **长白山风毛菊 S. tenuifolia**

104. 总苞径0.5–1.5厘米。

105. 总苞径1.5厘米。

106. 叶两面疏被糙毛 ……………………………………………………………… 59. **大叶风毛菊 S. grandifolia**

106. 叶上面疏被糙毛，下面无毛 ………………………………………… 59(附). **黄山风毛菊 S. hwangshanensis**

105. 总苞径5–8毫米；叶上面有微糙毛及密腺点，下面疏被柔毛 ………… 60. **乌苏里风毛菊 S. ussuriensis**

96. 叶上面绿色，无毛，下面被白色绒毛、蛛丝毛或棉毛。

107. 下部与中部茎生叶披针状三角形、心形或戟形 ………………………………………… 61. **银背风毛菊 S. nivea**

107. 叶卵形或肾形。

108. 总苞片先端有黑紫色小尖头，总苞径0.6–1厘米，头状花序钟状 …… 61(附). **肾叶风毛菊 S. acromeleana**

108. 总苞片先端无小尖头。

109. 头状花序总状或窄总状圆锥状排列；总苞椭圆形，径7–9毫米 …………… 62. **松林风毛菊 S. pinetorum**

109. 头状花序伞房状排列。

110. 叶缘有不明显细齿或尖头；总苞楔钟状，径7毫米 ……………………… 62(附). **膜片风毛菊 S. paleata**

110. 叶缘有小尖齿；总苞长圆状，径1.2厘米 ……………………………… 63. **大坪风毛菊 S. chetchozensis**

95. 叶基部非心形，为楔形、圆或平截，如叶有抱茎小耳，则基部为心形。

111. 叶基部有抱茎小耳。

112. 头状花序单生茎枝顶端；总苞钟状，径1.2–2厘米；叶长圆形或长圆状倒披针形，基部渐窄具翼，两面无毛 ……………………………………………………………………………… 64. **耳叶风毛菊 S. neofranchetii**

112. 头状花序2–10在茎枝顶端排成伞房状；总苞卵圆形，花后圆柱形，径6–8毫米；叶椭圆形或卵状椭圆形，基部深心形，上面疏被糙毛，下面疏被腺毛 ……………………………………… 65. **大耳叶风毛菊 S. macrota**

111. 叶基部无抱茎小耳。

113. 叶大头羽状分裂或不明显大头羽状分裂。

114. 叶沿茎下延；茎有翼或几有翼。

115. 叶两面无毛 ……………………………………………………………………… 66. **狭翼风毛菊 S. frondosa**

115. 叶上面无毛或被柔毛，下面被蛛丝毛或棉毛。

116. 总苞卵圆形，长1–1.2厘米；叶上面疏被糙毛，下面被白色蛛丝毛 …… 67. **川西风毛菊 S. dzeurensis**

116. 总苞钟状，长7毫米；叶上面被柔毛，下面被棉毛 ………………… 67(附). **台岛风毛菊 S. kiraisiensis**

114. 叶不沿茎下沿；茎无翼。

117. 叶两面无毛。

118. 头状花序多数，在茎枝顶端排成伞房状或圆锥状；总苞径4–9毫米；小花白色 ……………………………………………………………………………………………… 68. **变叶风毛菊 S. mutabilis**

118. 头状花序单生茎端或茎生2–4头状花序；总苞径1.5–2厘米；小花紫色 ………………………………………………………………………………………… 68(附). **桑叶风毛菊 S. morifolia**

117. 叶上面无毛，下面被蛛丝状绒毛或糙毛，或两面被棉毛或柔毛。

119. 叶顶裂片卵状三角形、卵形或稍心形，叶有翼柄 ……………………… 68(附). **翼柄风毛菊 S. alatipes**

119. 叶顶裂片三角状卵形，基部楔形或近平截，叶柄无翼 ……………… 69. **秦岭风毛菊 S. tsinlingensis**

113. 叶不裂或羽状分裂。

120. 叶不裂。

121. 叶两面同色，绿色，无毛或疏被柔毛或上面有腺毛。

122. 头状花序单生茎顶。

123. 叶两面疏被长柔毛；茎密被白色长柔毛 …………………………………………… 70. **长毛风毛菊 S. hieracioides**
123. 叶两面无毛；茎疏被糙毛至无毛；外层总苞片先端反折 ……………… 70(附). **卷苞风毛菊 S. sclerolepis**
122. 头状花序1-4或多数排成伞房状。
124. 叶上面或下面有腺点。
125. 叶上面密被腺点；总苞片先端无附属物 …………………………………… 70(附). **腺点风毛菊 S. glandulosa**
125. 叶下面有腺点；总苞片先端有附属物 ……………………………………… 71. **柳叶菜风毛菊 S. epilobioides**
124. 叶无腺点。
126. 全部总苞片或中外层总苞片先端有马刀形附属物。
127. 总苞钟状，径1厘米；叶缘有刺头锯齿，两面疏被柔毛或蛛丝毛 …… 71(附). **湿地风毛菊 S. umbrosa**
127. 总苞半球状钟形，径3-3.5厘米；叶边缘有细尖齿，两面无毛 ……… 42. **昂头风毛菊 S. sobarocephala**
126. 总苞片先端无附属物。
128. 总苞径0.5-1厘米。
129. 茎无腺点；中部茎叶披针形或椭圆状披针形，长12-15厘米 …………… 72. **小花风毛菊 S. parviflora**
129. 茎密被黑褐色腺点；中部茎叶长椭圆形或长圆形，长7-10厘米 …… 72(附). **湖北风毛菊 S. hemsleyi**
128. 总苞径4-5毫米；茎生叶长圆状三角形，宽4-8厘米，具波状锯齿 … 72(附). **狭头风毛菊 S. dielsiana**
121. 叶上面无毛，下面密被白色蛛丝状棉毛；总苞片密被棉状长柔毛 ………………… 73. **龙江风毛菊 S. amurensis**
120. 叶羽状深裂。
130. 头状花序3-4密集成伞房状；总苞钟状，外层总苞片先端常反折；叶上面疏被糙硬毛，下面疏被柔毛 ……… ……………………………………………………………………………………………… 74. **折苞风毛菊 S. recurvata**
130. 头状花序多数，密集成伞房状；总苞窄钟状或圆柱状，外层总苞片先端外弯；叶两面绿色，无毛 …………… …………………………………………………………………………………………… 72(附). **狭头风毛菊 S. dielsiana**

1. 膜苞雪兔子 图 864

Saussurea bracteata Decne. in Jacq. Voy. Bot. 4: 91. t. 102. 1844.

小草本，高达8厘米。茎基部密被残存褐色叶柄，茎生叶紫红色，窄长圆形，长7-15厘米，边缘有锯齿，两面密生腺毛或下面几无毛，叶柄长1-3厘米；最上部叶苞叶状卵形，膜质，紫红色，长达3.5厘米，包被头状花序，两面被腺毛。头状花序单生茎顶；总苞窄钟状，径1.5-2厘米，总苞片4层，紫红或边缘紫红色，背面被白色长柔毛，外层卵状披针形，长达1.3厘米，中层长椭圆状披针形，长1.5厘米，内层披针形，长1.9厘米。小花紫红色。瘦果长圆形，长5毫米，深褐色；冠毛淡褐色，外层糙毛状，内层羽毛状。花果期7-9月。

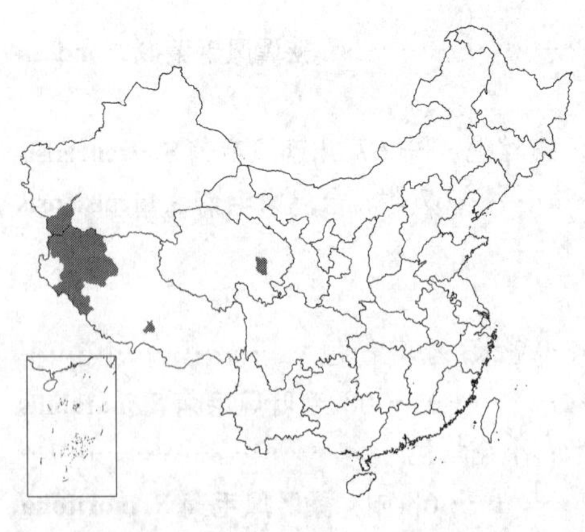

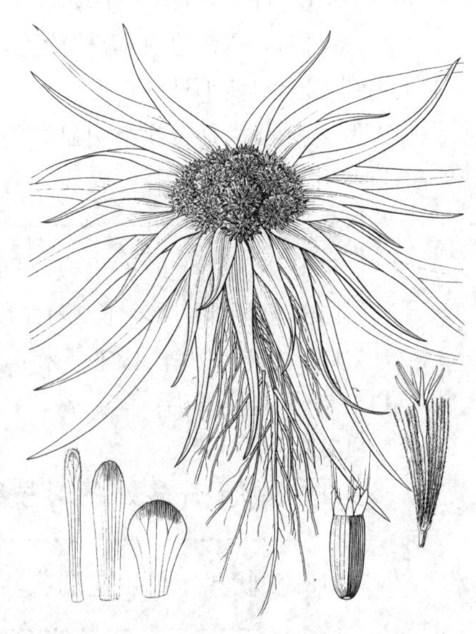

图 864 膜苞雪兔子（王 颖绘）

产青海东南部兴海、新疆西南部和田、西藏西部及中南部，生于海拔4000-5400米高山草甸或流石滩。克什米尔及印度西北部有分布。

2. 唐古特雪莲 图 865

Saussurea tangutica Maxim. in Bull. Acad. Imp. Sci. St. Pétersb. 27: 489. 1881.

多年生草本，高30-70厘米。茎单生，疏被白色长柔毛，紫或淡紫色。

基生叶长圆形或宽披针形，长3-9厘米，有细齿，两面有腺毛，叶柄长2-6厘米；茎生叶长椭圆形，两面有腺毛；最上部叶苞叶状，宽卵形，膜质，紫红色，边缘有细齿，两面有粗毛和腺毛，包被头状或总花序。头状花序无梗，2-5在茎端成径3-7厘米的总花序或单生；总苞宽钟状，径2-3厘米，总苞片4层，黑紫色，背面被黄白色长柔毛，外层椭圆形，长5毫米，中层长椭圆形，长1厘米，内层线状披针形，长1.5厘米。小花蓝紫色。瘦果长圆形，长4毫米，紫褐色；冠毛2层，淡褐色。花果期7-9月。

产河北西部、山西东北部、甘肃中部、青海、四川中西部及西北部、云南西北部、西藏，生于海拔3800-5000米高山流石滩及草甸。

[附] **红柄雪莲** 彩片 125 **Saussurea erubescens** Lipsch. in Not. Syst. Herb. Inst. Bot. Acad. Sci. URSS 20: 343. 1960. 本种与唐古特雪莲的主要区别：茎密被黄白色长柔毛；头状花序有梗1-12，总苞倒圆锥状，径1.5厘米；小花黑紫色。产甘肃、青海及西藏（丁青、定日），生于海拔3100-4800米沼泽草地、河边、山谷、山顶或草甸。

图 865 唐古特雪莲（王 颖绘）

3. 苞叶雪莲 苞叶风毛菊 图 866 彩片 126

Saussurea obvallata (DC.) Edgew. in Trans. Linn. Soc. 29: 76. 1846.

Aplotaxis obvallata DC. Prodr. 6: 541. 1838.

多年生草本。茎有柔毛或无毛。基生叶长椭圆形、长圆形或卵形，长7-20厘米，有细齿，两面有腺毛，叶柄长达8厘米；茎生叶与基生叶同形、等大，无柄；最上部叶苞叶状；长椭圆状或卵状长圆形，膜质，黄色，两面被柔毛和腺毛，包被总花序。头状花序在茎端密集成球形总花序；总苞半球形，径1-1.5厘米，总苞片4层，边缘黑紫色，背面被柔毛及腺毛，外层卵形，中层椭圆形，内层线形。小花蓝紫色。瘦果长圆形，长5毫米；冠毛2层，淡褐色，外层糙毛状，内层羽毛状。花果期7-9月。

产甘肃中部及东南部、青海北部及南部、四川、云南西北部、西藏东南部及南部，生于海拔3200-4700米高山草地、山坡多石地、溪边石缝中或流石滩。克什米尔、尼泊尔、锡金及印度西北部有分布。全草入药，主治风湿性关节炎、高山不适应、月经不调。

图 866 苞叶雪莲（引自《图鉴》）

[附] **垂头雪莲 Saussurea wettsteiniana** Hand.-Mazz. in Sitz. Akad. Wiss. Wien, Math.-Nat. Kl. 57: 144. 1920. 本种与苞叶雪莲的主要区别：基生叶线状披针形或线状长圆形，长约25厘米，叶柄长5-19厘米；头状花序1-3，下垂，总苞径1.5-2.5厘米，总苞片3层。产四川西部、云南西北部及西藏林芝，生于海拔3400-4450米山坡林下、林缘、草地、草甸。

4. 毡毛雪莲 毡毛风毛菊 图 867 彩片 127

Saussurea velutina W. W. Smith in Notes Roy. Bot. Gard. Edinb. 12: 221. 1920.

多年生草本。茎被黄褐色长柔毛。下部茎生叶线状披针形或披针形，长9-12厘米，叶缘疏生细齿，两面密被红褐色绒毛，叶长2.5厘米；中部叶与下部叶同形或长圆状披针形；最上部叶倒卵形，紫红色，长3-4厘米，膜质，两面被淡黄色绒毛，半包被头状花序。头状花序有梗，单生茎顶；总苞半球形，径2.5厘米，总苞片4层，黑紫色或边缘黑紫色，背面被黄褐色长柔毛，外层披针形，长1.1厘米，中层长圆状披针形，长1厘米，内层线形或线状披针形，长1.4厘米。小花紫红色。瘦果长圆形，长3毫米；冠毛污白色，2层，外层糙毛状，内层羽毛状。花果期7-9月。

产四川西南部、云南西北部及西藏东南部，生于海拔5000米高山草地、灌丛中或流石滩。

[附] **单花雪莲 Saussurea uniflora** (DC.) Wall. ex Sch.-Bip. in Linnaea 19: 320. 1846.—— *Aplotaxis uniflora* DC. Prodr. 6: 534. 1838. 本种与毡毛雪莲的主要区别：茎密被白色长柔毛；叶两面无毛；苞叶大，全包头状花序，总苞片紫红色；瘦果冠毛淡褐色。产云南西北部及西藏南部，生于海拔3400-4000米林下、灌丛中。尼泊尔及锡金有分布。

图 867 毡毛雪莲（引自《图鉴》）

5. 长叶雪莲 长叶风毛菊 图 868

Saussurea longifolia Franch. in Journ. de Bot. 2(20): 354. 1888.

多年生草本。茎被白色长柔毛。基生叶长圆形或长圆状披针形，长7-15厘米，全缘，两面被黄褐色长柔毛，翼柄长2.5-6厘米；中部茎生叶无柄；最上部茎生叶椭圆形，膜质，紫红色，不包被头状花序。头状花序单生茎端；总苞钟状，径1.2-2厘米，总苞片4层，紫红色，背面被长柔毛，外层卵状披针形，长1厘米，中层长圆状披针形，长1.4厘米，内层线状披针形，长1厘米。小花红紫色。瘦果长圆形，长3-4毫米，冠毛污白色，2层，外层糙毛状，内层羽毛状。花果期7-9月。

产四川西南部、云南西北部、西藏东南部及青海南部，生于海拔3400-4500米高山草地或灌丛中。

[附] **多鞘雪莲 Saussurea polycolea** Hand.-Mazz. in Notzbl. Bot. Gart. Berlin 13: 654. 1937. 本种与长叶雪莲的主要区别：叶长3.5-6厘米，叶缘疏生小尖头，两面被白色长柔毛；总苞径1-1.3厘米；小花蓝紫色。产四川西部及云南西北部，生于海拔3200-4460米山坡草地。

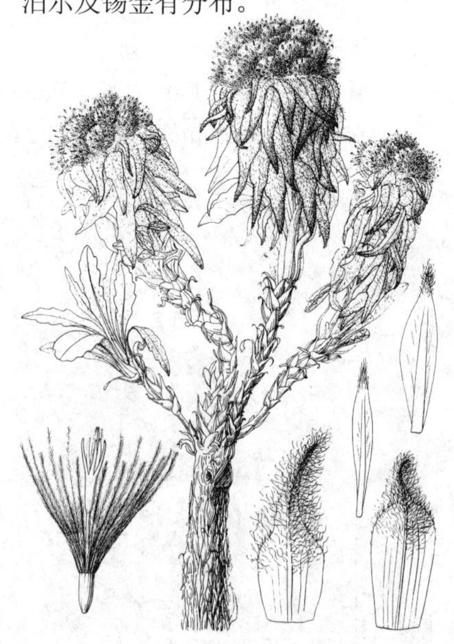

图 868 长叶雪莲（引自《图鉴》）

6. 球花雪莲 图 869 彩片 128

Saussurea globosa Chen in Bull. Fan Mem. Inst. Biol. Bot. 6(2): 96. 1935.

多年生草本。茎上部有白色长柔毛和头状腺毛。基生叶长椭圆形、披针形或长椭圆状披针形，长13-20厘米，基部楔形渐窄，边缘有小尖齿，两面疏生褐色糙毛，叶柄长达14厘米；茎生叶线状披针形或线形，无柄，基部沿茎下延；最上部叶苞叶状，卵状或舟形，紫色，长4-6厘米，膜质，全缘，不包被总花序。头状花序在茎顶排成伞房状总花序；总苞球形，径1-1.5厘米，总苞片3-4层，全部或边缘紫红色，背面被白色长柔毛或腺毛，外层卵形或卵状披针形，长1.4厘米，中层长圆形或长圆状披针形，长1.3厘米，内层线状披针形，长2.5厘米。小花紫色。瘦果长圆形，长3毫米；冠毛白色，外层糙毛状，内层羽毛状。花果期7-9月。

图 869 球花雪莲（引自《图鉴》）

产陕西秦岭、甘肃南部、青海、四川及云南西北部，生于海拔2100-4500米高山草坡、山顶、荒坡或草甸。

7. 雪莲花 图 870

Saussurea involucrata (Kar. et Kir.) Sch.-Bip. in Linnaea 19: 331. 1846.

Aplotaxis involucrata Kar. et Kir. in Bull. Soc. Nat. Mosc. 15(2): 389. 1842.

多年生草本。茎无毛。叶密集，基生叶和茎生叶无柄，叶椭圆形或卵状椭圆形，长达4厘米，宽2-3.5厘米，基部下延，有尖齿，两面无毛；最上部叶苞叶状，宽卵形，长5.5-7厘米，边缘有尖齿，膜质，淡黄色，包被总花序。头状花序在茎顶密集成球形总花序；总苞半球形，径1厘米，总苞片3-4层，边缘或全部紫褐色，外层长圆形，长1.1厘米，疏被长柔毛，中层及内层披针形，长1.5-1.8厘米。小花紫色。瘦果长圆形；冠毛污白色，2层。花果期7-9月。

图 870 雪莲花（引自《图鉴》）

产新疆，生于海拔2400-3470米山谷、石缝、水边、草甸。俄罗斯及哈萨克斯坦有分布。

8. 紫苞雪莲 紫苞风毛菊 图 871 彩片 129

Saussurea iodostegia Hance in Journ. Bot. 16: 109. 1878.

多年生草本。茎被白色长柔毛。基生叶线状长圆形，长20-35厘米，基部渐窄成长7-9厘米叶柄，柄基鞘状，边缘疏生细锐齿，上面疏被长柔毛，下面无毛；茎生叶披针形或宽披针形，无柄，基部半抱茎，边缘疏生细齿，最上叶茎苞叶状，椭圆形，长5.5厘米，膜质，紫色，包被总花序。头状花序密集成伞房状总花序；总苞宽钟状，径1-1.5厘米，总苞片4层，全部或上部边缘紫色，背面被白色长柔毛，外层卵形或三角状卵形，长8毫米，中层披针形或卵状披针形，长1厘米，内层线状披针形或线状椭圆形，长1.3厘米。小花紫色，瘦果长圆形，淡褐色，长4毫米；冠毛淡褐色，2层，花果期7-9月。

产内蒙古、河北、河南、山西、陕西秦岭西部、宁夏及甘肃，生于海拔1750-3300米山坡草地、山地草甸、林缘或盐沼泽。

图 871 紫苞雪莲（引自《图鉴》）

9. 钝苞雪莲 瑞苓草 图 872

Saussurea nigrescens Maxim. in Bull. Acad. Imp. Sci. St. Pétersb. 27: 491. 1881.

多年生草本。茎簇生或单生，疏被长柔毛或后无毛。基生叶线状披针形或线状长圆形，长8-15厘米，边缘有倒生细尖齿，两面疏被长柔毛至无毛，叶柄长1厘米或无柄；中部和上部茎生叶无柄，基部半抱茎；最上部叶苞叶状，紫色，不包被总花序。头状花序有梗，梗长1.5-7厘米，疏被长柔毛，在茎顶成伞房状排列；总苞窄钟状，径1-1.5厘米，总苞片4-5层，背面被白色长柔毛，外层卵形，内层披针形或线状披针形。小花紫色。瘦果长圆形，长3毫米；冠毛污白或淡棕色，2层。花果期9-10月。

产河南西部、陕西秦岭西部、甘肃东南部、青海东部至北部，生于海拔2200-3000米高山草地。

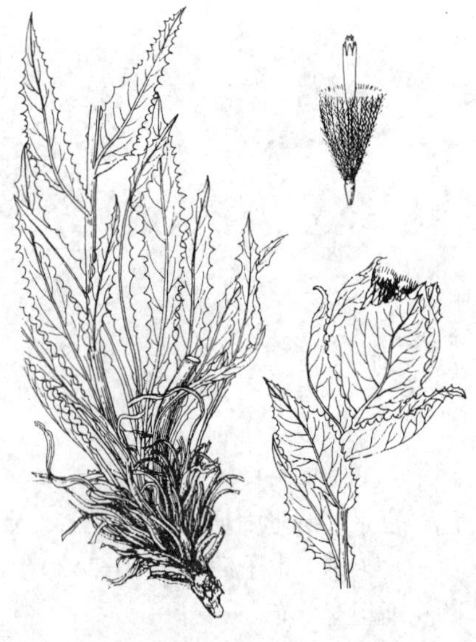

图 872 钝苞雪莲（引自《图鉴》）

10. 褐花雪莲 褐花风毛菊 图 873

Saussurea phaeantha Maxim. in Bull. Acad. Imp. Sci. St. Pétersb. 27: 489. 1881.

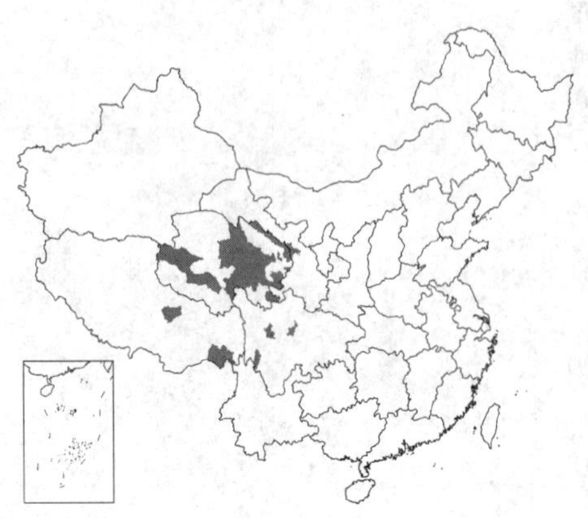

多年生草本。茎被长柔毛。基生叶披针形，长5-10厘米，边缘有细齿，上面被白色柔毛，下面被棉毛或蛛丝毛，叶柄长1厘米或无叶柄；茎生叶披针形或线状披针形，基部半抱茎；最上部叶苞叶状，椭圆形或披针形，膜质，紫色，全缘，包被总花序。头状花序无梗或梗极短，在茎顶密集成伞房状总花序；总苞片卵状钟形，径1-1.5厘米，总苞片4层，紫褐色，背面被白色长柔毛，外层卵状披针形，长1.2厘米，中层披针形或椭圆状披针形，长1.4厘米，内层长披针形或线状披针形，长1厘米。小花褐紫色。瘦果长圆形，长3-4毫米，紫褐色；冠毛污白色，2层。花果期6-9月。

产甘肃中部、青海、四川及西藏，生于海拔3800-4500米草甸、沼泽地或高山草地。

[附] **华中雪莲 Saussurea veitchiana** Drumm. et Hutch. in Kew Bull. 4: 190. 1911. 本种与褐花雪莲的主要区别：基生叶与下部茎生叶线状披针形，长17-30厘米，两面被长柔毛，叶柄长4.5-8.5厘米；瘦果冠毛淡褐色。产湖北西部及四川（平坝、巫溪），生于海拔1850-2900米沼泽、山坡草地或山顶。

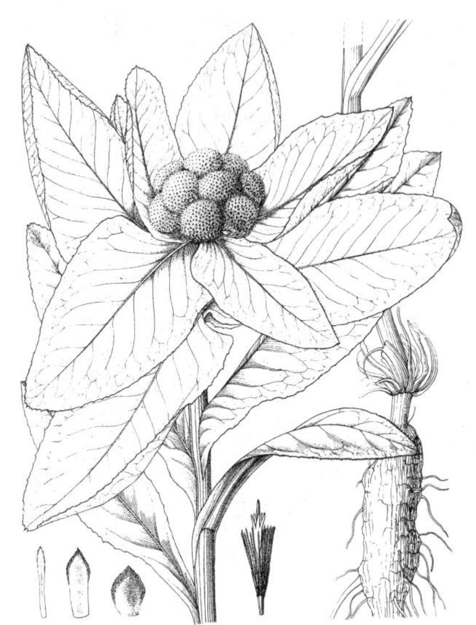

图 873　褐花雪莲（引自《图鉴》）

11. 星状雪兔子　图 874 彩片 130

Saussurea stella Maxim. in Bull. Acad. Imp. Sci. St. Pétersb. 27: 490. 1881.

无茎莲座状草本，全株无毛。叶莲座状，星状排列，线状披针形，长3-19厘米，宽0.3-1厘米，无柄，向基部常卵形，全缘，两面紫红或近基部紫红色，或绿色，无毛。头状花序无梗，多数在莲座状叶丛中密集成半球形、径4-6厘米的总花序；总苞圆柱形，径0.8-1厘米，总苞片5层，外层长圆形，长9毫米，中层窄长圆形，长1厘米，内层线形，长1.2厘米，总苞片背面无毛，中层与外层苞片边缘有睫毛。小花紫色。瘦果圆柱状，长5毫米，顶端具膜质冠状边缘；冠毛白色，2层，外层糙毛状，长3毫米，内层羽毛状，长1.3厘米。花果期7-9月。

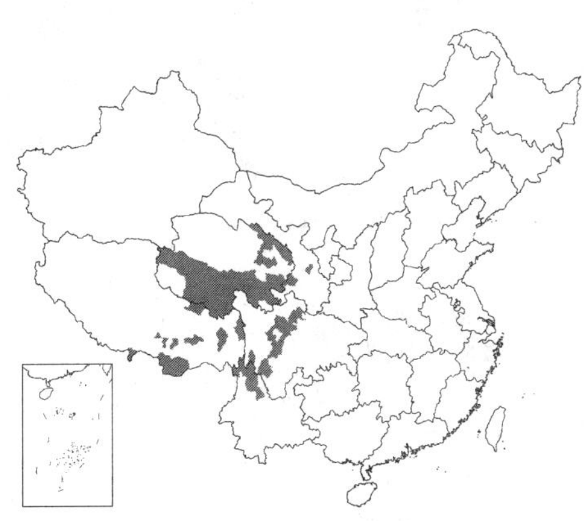

产甘肃、青海、四川、云南西北部及西藏，生于海拔2000-5400米高山草地、山坡灌丛草地、河边、沼泽草地或河滩地。锡金及不丹有分布。

[附] **草甸雪兔子** 彩片 131 **Saussurea thoroldii** Hemsl. in Journ. Linn. Soc. Bot. 30: 115. t. 4. f. 5-9. 1894. 本种与星状雪兔子的主要区别：叶非星状排列，窄披针形或线形，长2-4厘米，羽状深裂；瘦果长2-3毫米，冠毛褐色。产甘肃河西走廊、青海、新疆及西藏，生于海拔4300-5200米河滩地、湖滨沙地或盐碱地。克什米尔地区有分布。

图 874　星状雪兔子（引自《图鉴》）

[附] **肉叶雪兔子 Saussurea thomsonii** Clarke, Comp. Ind. 227. 1876. 本种与星状雪兔子的主要区别：叶椭圆形、卵形或匙形；小花蓝紫色；瘦果冠毛褐色。花果期6-8月。产青海、新疆及西藏，生于海拔4700-5300米河滩地。

12. 羌塘雪兔子　图 875 彩片 132

Saussurea wellbyi Hemsl. in Hook. f. Icon. Pl. 26: t. 25-88. 1899.

多年生一次结实莲座状无茎草本。叶线状披针形，长2-5厘米，上面中上部无毛，中下部被白色绒毛，下面密被白色绒毛，全缘；无叶柄。头状花序无梗或梗长约2毫米，在莲座状叶丛中密集成半球形、径4厘米的总花序；总苞圆柱状，径6毫米，总苞片5层，外层长椭圆形，长7毫米，紫红色，背面密被白色长柔毛，中层长圆形，长1.2厘米，内层长披针形，长9毫米，无毛。小花紫红色。瘦果圆柱形，长3毫米；冠毛2层，淡褐色，外层糙毛状，内层羽毛状。花果期8-9月。

产新疆东南部、青海、四川及西藏，生于海拔4800-5500米高山流石滩、山坡沙地或草地。

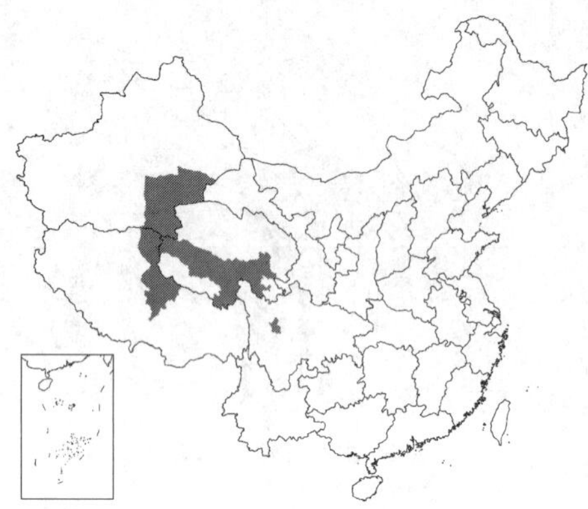

[附] **昆仑雪兔子** 彩片133 **Saussurea depsangensis** Pamp. Aggiunte Fl. Caracorum 176. t.9. f. 4. 1934.本种与羌塘雪兔子的主要区别：叶长圆形，长1-2.4厘米，两面被黄褐色稀白色绒毛；总苞钟状，径7-8毫米，总苞片3-5层，近等长，披针形，长6-8毫米；瘦果冠毛1层，羽毛状。产青海、新疆及西藏，生于海拔4800-5400米高山流石滩。

[附] **云状雪兔子 Saussurea aster** Hemsl. in Journ. Linn. Soc. Bot. 30: 115. t. 5. 1894.本种与羌塘雪兔子的主要区别：叶线状匙形、椭圆形或线形，长1.5-3厘米；瘦果冠毛鼠灰色。花果期6-8月。产青海及西藏，生于海拔4500-5400米高山流石滩。

图 875 羌塘雪兔子（王 颖绘）

13. 黑毛雪兔子　　图 876 彩片 134

Saussurea hypsipeta Diels in Fedde, Repert. Sp. Nov. Beih. 12: 512. 1922.

多年生丛生小草本，高达13厘米。根茎密被黑色叶柄残迹，有数个莲座状叶丛。茎被淡褐色绒毛。莲座状叶丛的叶及下部茎生叶窄倒披针形或窄匙形，长3-6厘米，羽状浅裂，基部渐窄，叶两面被白或淡黄褐色绒毛，叶柄长3-6厘米；最上部茎生叶线状披针形，全缘或有齿，两面被黑色绒毛。头状花序无梗，密集于茎端成径4厘米半球形总花序；总苞圆锥状，径6毫米，总苞片3层，背面紫色，外层线形，长7毫米，背面近顶端被白色长棉毛，中层长披针形，长8毫米，背面被长棉毛，内层椭圆形，长7-8毫米，背面近先端被白色长棉毛，边缘白色膜质。小花紫红色。瘦果褐色，长3毫米；冠毛黑色，2层，外层糙毛状。花果期7-8月。

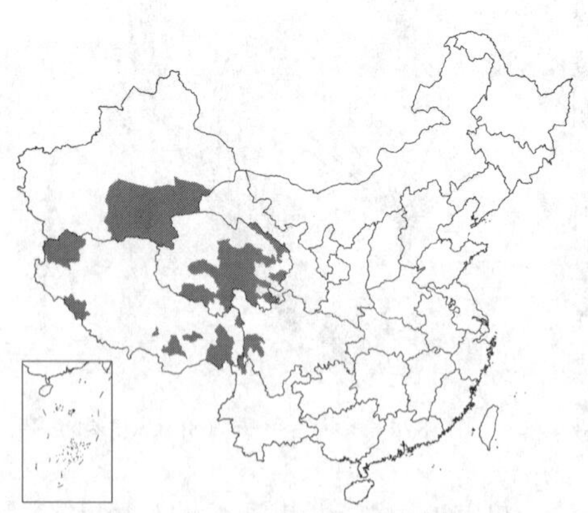

图 876 黑毛雪兔子（引自《西藏植物志》）

产四川西部、青海、新疆、西藏及云南西北部，生于海拔4700-5400米高山流石滩。

14. 鼠麹雪兔子　　图 877

Saussurea gnaphalodes (Royle) Sch.-Bip. in Linnaea 19: 331. 1846. *Aplotaxis gnaphalodes* Royle, Ill. Bot. Himal. 1: 251. t. 59. f. 1. 1835.

多年生丛生小草本，高达6厘米。根茎有数个莲座状叶丛。叶密集，长圆形或匙形，长0.6-3厘米，宽3-8毫米，先端钝或圆，基部楔形渐窄成柄，全缘或上部疏生浅钝齿；最上部叶宽卵形；叶两面灰白色，密被灰白或黄褐色绒毛。头状花序无梗，在茎端密集成径2-3厘米半球形总花序；总苞长圆状，径8毫米，总苞片3-4层，外层长圆状卵形，长7毫米，背面被白或褐色长棉毛，中内层椭圆形或披针形，长9毫米，上部或上部边缘紫红色，下部背面被白色长柔毛。小花紫红色。瘦果倒圆锥状，长3-4毫米，褐色；冠毛鼠灰色，2层，外层糙毛状，内层羽毛状。花果期6-8月。

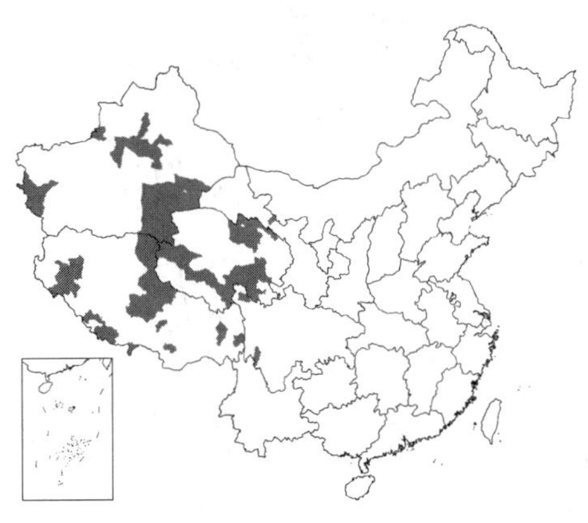

图 877 鼠麹雪兔子（引自《图鉴》）

产甘肃中部、新疆、青海、西藏、四川西北部及西南部，生于海拔2700-5700米山坡流石滩。印度西北部、尼泊尔、巴基斯坦及哈萨克斯坦有分布。

15. 槲叶雪兔子 图 878 彩片 135

Saussurea quercifolia W. W. Smith in Notes Roy. Bot. Gard. Edinb. 8: 115. 1913.

多年生簇生草本。茎高达20厘米，被白色绒毛。基生叶椭圆形或长椭圆形，长2-4.5厘米，宽1-1.3厘米，先端急尖，基部楔形渐窄成柄，边缘有粗齿，两面灰白色或上面灰绿色，上面被薄蛛丝毛，下面密被白色绒毛；上部叶披针形或线状披针形，疏生齿或近全缘，上面无毛，下面灰白色，密被棉毛。头状花序无梗，在茎端集成径达5厘米半球形总花序；总苞长圆形，径8毫米，总苞片3-4层，近等长，边缘膜质，外层椭圆形或披针形，长1厘米，先端紫红色或上部紫红色，背面上半部被长柔毛，中内层椭圆形或线状披针形，长0.9-1厘米，紫红色，背面上部或近先端有长柔毛。小花蓝紫色。瘦果褐色，圆柱状，长2.8毫米；冠毛鼠灰色，2层，外层糙毛状，内层羽毛状。花果期7-10月。

图 878 槲叶雪兔子（引自《图鉴》）

产四川及云南西北部，生于海拔3300-4800米高山灌丛草地、流石滩或岩坡。

[附] **羽裂雪兔子** 彩片 136 **Saussurea leucoma** Diels in Notes Roy. Bot. Gard. Edinb. 5: 197. 1912. 本种与槲叶雪兔子的主要区别：茎密被长棉毛；叶长椭圆形，长3-4厘米，宽1.7厘米，羽状半裂或深裂；小花紫黑色；瘦果紫黑色，冠毛褐色。产四川西南部、云南西北部及西藏东部，生于海拔3200-4700米高山多石地或流石滩。

[附] **小果雪兔子 Saussurea simpsoniana** (Field. et Gardn.) Lipsch. in Nov. Syst. Pl. Vas. 1964: 319. 1964.—— *Aplotaxis simpsoniana* Field. et Gardn. Sertum Pl. t. 26. cum describ. 1844. 本种与槲叶雪兔子的主要区别：茎密被白色棉毛；叶线形，长2-

4厘米，宽3-6毫米，有锯齿或羽状浅裂；小花紫红色；瘦果冠毛褐色。花果期8-9月。产新疆塔什库尔干及西藏（普兰、仲巴），生于海拔5200-5700米高山流石滩。巴基斯坦、尼泊尔及印度西北部有分布。

16. 绵头雪兔子 绵头雪莲花 图 879 彩片 137

Saussurea laniceps Hand.-Mazz. in Notizbl. Bot. Gard. Berl.-Dahl. 13: 657. 1937.

多年生一次结实草本，茎上部密被白或淡褐色棉毛。叶极密集，倒披针形、窄匙形或长椭圆形，长8-15厘米，全缘或浅波状，上面被蛛丝状棉毛，下面密被褐色绒毛，叶柄长达8厘米。头状花序无梗，多数，在茎端密集成圆锥状穗状花序；总苞宽钟状，径1.5厘米，总苞片3-4层，外层披针形或线状披针形，长6毫米，背面被白或褐色棉毛，内层披针形，长9毫米，背面密被黑褐色长棉毛；苞叶线状披针形，两面密被白色棉毛。小花白色。瘦果圆柱状，长2.5-3毫米；冠毛鼠灰色，2层，外层糙毛状，内层羽毛状。花果期8-10月。

产四川西南部、云南西北部及西藏东南部，生于海拔3200-5280米高山流石滩。

[附] **红叶雪兔子 Saussurea paxiana** Diels in Fedde, Repert. Sp. Nov. Beih. 12: 512. 1922. 本种与绵头雪兔子的主要区别：叶缘有锯齿，下面紫红色，叶柄长3-4厘米；头状花序2-5在茎端密集成直径5厘米半球形总花序，总苞长圆状；小花深红色。花果期6-8月。产青海、四川及西藏东部，生于海拔4350-4800米高山流石滩。

图 879 绵头雪兔子（引自《图鉴》）

17. 水母雪兔子 水母雪莲花 图 880 彩片 138

Saussurea medusa Maxim. in Bill. Acad. Imp. Sci. St. Pétersb. 27: 488. 1881.

多年生草本。茎密被白色棉毛。叶密集，茎下部叶倒卵形、扇形、圆形、长圆形或菱形，连叶柄长达10厘米，上半部边缘有8-12粗齿；上部叶卵形或卵状披针形；最上部叶线形或线状披针形，边缘有细齿；叶两面灰绿色，被白色长棉毛。头状花序在茎端密集成半球形总花序，为被棉毛的苞片所包围或半包围；总苞窄圆柱状，径5-7毫米，总苞片3层，近等长，外层长椭圆形，背面被白或褐色棉毛，中层及内层披针形，长1.1厘米。小花蓝紫色。瘦果纺锤形，浅褐色，长8-9毫米；冠毛白色，2层，外层糙毛状，内层羽毛状。花果期7-9月。

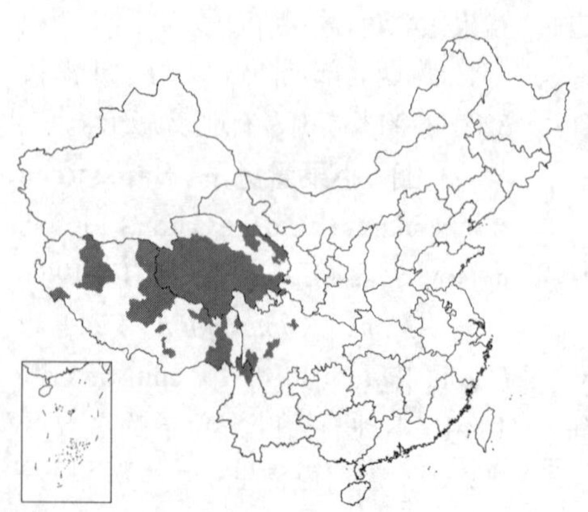

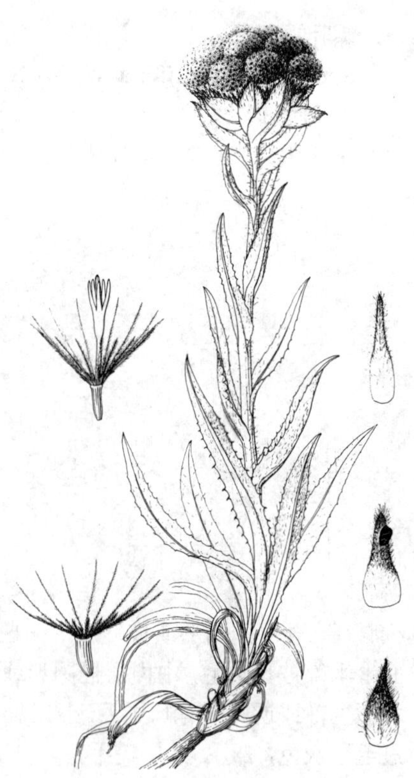

图 880 水母雪兔子（引自《图鉴》）

产甘肃西南部、青海、四川、云南西北部及西藏，生于海拔3000-5600米多砾石山坡或高山流石滩。克什米尔地区及尼泊尔有分布。全草入药，主治风湿性关节炎、高山不适症、月经不调。

[附] **雪兔子 Saussurea gossypiphora** D. Don in Mem. Werner Nat. Hist. Soc. 3: 414. 1821. 本种与水母雪兔子的主要区别：下部茎生叶线状长圆形、长椭圆形或线状披针形，两面无毛；小花紫红色；瘦果黑色，长3-4毫米，冠毛褐色。产云南西北部及西藏南部，生于海拔4500-5000米高山流石滩、山坡岩缝中或山顶沙石地。锡金、尼泊尔及印度西北部有分布。

[附] **小果雪兔子 Saussurea simpsoniana** (Fiel. et Gardn.) Lipsch. in Nov. Syst. Pl. Vas. 1964: 319. 1964.—— *Aplotaxis simpsoniana* Fiel. et Gardn. Sertum Pl. t. 26. 1844. 本种与水母雪兔子的主要区别：基生叶及下部茎生叶线形，有锯齿或羽状浅裂；小花紫红色；瘦果长2-3毫米，冠毛褐色。产新疆塔什库尔干及西藏西南部，生于海拔5200-5700米高山流石滩。巴基斯坦、尼泊尔及印度西北部有分布。

18. 草地风毛菊 图 881

Saussurea amara (Linn.) DC. in Ann. Mus. Hist. Nat. 16: 200. 1810. *Serratula amara* Linn. Sp. Pl. 819. 1753.

多年生草本。茎无翼，上部或中下部有分枝。基生叶与下部茎生叶披针状长椭圆形、椭圆形或披针形，长4-18厘米，全缘，稀有钝齿，叶柄长2-4厘米；中上部茎生叶有短柄或无柄，椭圆形或披针形；叶两面绿色，被柔毛及金黄色腺点。头状花序在茎枝顶端排成伞房状或伞房圆锥花序；总苞窄钟状或圆柱形，径0.8-1.2厘米，总苞片4层，外层披针形或卵状披针形，长3-5毫米，有细齿或3裂，中层与内层线状长椭圆形或线形，长9毫米，先端有淡紫红色、边缘有小锯齿的圆形附片；苞片绿色，背面疏被柔毛及黄色腺点。小花淡紫色。瘦果长圆形，长3毫米，4肋；冠毛白色，2层。花果期7-10月。

产黑龙江西南部、吉林西北部、辽宁、内蒙古、河北、河南西部、山西北部、陕西北部、甘肃东南部、青海东北部及西北部、新疆东部及北部，生于海拔510-3200米生荒地、山坡草地、草原、盐碱地、水边或沙丘。欧洲、俄罗斯、哈萨克斯坦、乌兹别克斯坦、塔吉克斯坦及蒙古有分布。

图 881 草地风毛菊 （引自《图鉴》）

[附] **抱茎风毛菊 Saussurea chingiana** Hand.-Mazz. in Notizbl. Bot. Gart. Berlin 13: 647. 1937. 本种与草地风毛菊的主要区别：茎具翼，有棱；叶羽状浅裂、深裂或全裂，稀不裂；瘦果倒卵圆形，冠毛淡褐色。产甘肃及青海祁连，生于海拔2500-3100米杨树林下或沟堤。

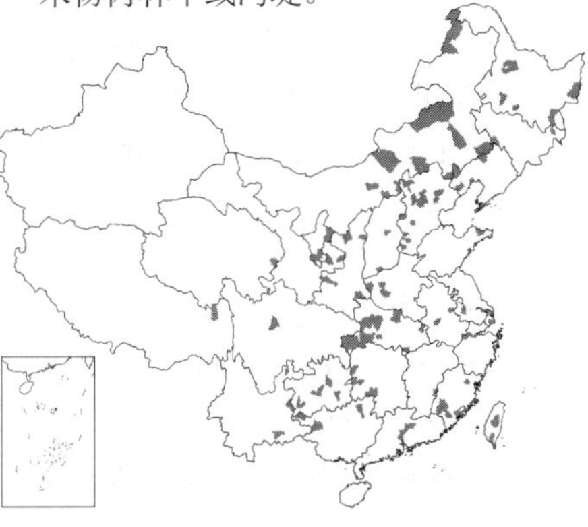

19. 风毛菊 图 882 彩片 139

Saussurea japonica (Thunb.) DC. in Ann. Mus. Hist. Nat. 16: 203. 1810. *Serratula japonica* Thunb. Fl. Jap. 305. 1784.

二年生草本。茎无翼，稀有翼，疏被柔毛及金黄色腺点。基生叶与下部茎生叶椭圆形或披针形，长7-22厘米，羽状深裂，裂片7-8对，长椭圆形、斜三角形、线状披针形或线形，裂片全缘，极稀疏生大齿，叶柄长3-3.5（-6）厘米，有窄翼；中部叶有短柄，上部叶浅羽裂或不裂，无柄；叶两面绿色，密被黄色腺点。头状花序排成伞房状或伞房圆锥花序；总苞窄钟状或圆柱形，径5-8毫米，疏被蛛丝状毛，总苞片6层，外层长卵形，长2.8毫米，先端有扁圆形紫红色膜质附片，有锯齿。小花紫色。瘦果圆柱形，长4-5毫米，深褐色；冠毛白色，外层糙毛状。花果期6-11月。

产黑龙江、吉林、辽宁、内蒙古、河北、山西、河南、山东、江苏、安徽、浙江、福建、台湾、江西、湖北、湖南、广东、广西、云南、贵州、四川、陕西、甘肃、宁夏、青海东部及西藏东北部，生于海拔200-2800米山坡、山谷、林下、灌丛中或水边。朝鲜半岛及日本有分布。

[附] **羽裂风毛菊 Saussurea pinnatidentata** Lipsch. in Journ. Bot. URSS 57(4): 524. t. 4. 1972. 本种与风毛菊的主要区别：茎有具锯齿的窄翼；叶裂片1-5对，叶两面粗糙，被糙毛；总苞钟形或卵状钟形，总苞片4-5层。花果期8-10月。产内蒙古、甘肃及青海，生于海拔2200-3200米荒坡草地、盐碱地或农田。

图 882 风毛菊（引自《图鉴》）

20. 美花风毛菊 图 883

Saussurea pulchella (Fisch.) Fisch. in Colla, Herb. Pedemont. 3: 234. 1834.

Heterotrichum pulchellum Fisch. in Mem. Soc. Imp. Nat. Mosc. 3: 71. 1812.

多年生草本。茎被硬毛和腺点或近无毛。基生叶长圆形，长12-15厘米，羽状深裂或全裂，裂片线形或披针状线形，全缘，或分裂或有齿，两面被糙毛或近无毛，叶柄长1.5-3厘米；下部与中部茎生叶与基生叶同形并等样分裂；上部叶披针形或线形，无柄，羽状浅裂或不裂。头状花序排成伞房状或伞房圆锥花序；总苞球形或球状钟形，径1-1.5厘米，总苞片6-7层，背面疏被长柔毛或近无毛，外层卵形，长2毫米，先端有圆形具齿红色膜质附片，中层与内层卵形、长圆形或线状披针形，长0.4-1.5厘米，先端有粉红色膜质有锯齿的圆形附片。小花淡紫色。瘦果倒圆锥状，长4-5毫米，黄褐色；冠毛2层，淡褐色。花果期8-10月。

产黑龙江东部及西南部、吉林东部、辽宁、内蒙古东北部、河北及山西中部，生于海拔300-2200米草原、林缘、灌丛中或沟谷草甸。朝鲜半岛、日本、蒙古、俄罗斯西伯利亚及远东有分布。

[附] **强壮风毛菊 Saussurea robusta** Ledeb. Icon. Pl. Fl. Ross. 1: 16. t. 65. 1829. 本种与美花风毛菊的主要区别：茎有窄翼；总苞钟形，径1.5-2厘米，总苞片5层，外层披针形，长8毫米，顶端骨针状，反折；瘦果冠毛白色。产新疆（伊宁、阿勒泰），生于海拔700-2000米草滩、盐地附近荒地、山坡。哈萨克斯坦、俄罗斯西伯利亚及蒙古有分布。

图 883 美花风毛菊（引自《图鉴》）

21. 倒羽叶风毛菊 碱地风毛菊 图 884

Saussurea runcinata DC. in Ann. Mus. Hist. Nat. 16: 202. 1810.

多年生草本。茎单生或簇生，无毛，无翼或有不明显窄翼，上部密被金黄色腺点。基生叶及下部茎生叶椭圆形、倒披针形、线状倒披针形或披针形，长4-20厘米，羽状或大头羽状深裂至全裂，侧裂片4-7对，叶柄长1-5厘米，基部半抱茎；中上部叶不裂，披针形或线状披针形；叶两面无毛。头状花序排成伞房状或伞房圆锥花序；总苞钟状，径0.5-1厘米，总苞片4-6层，无毛，外层卵形或卵状披针形，长3.5毫米，先端草质扩大，有小尖头，中层椭圆形，长7毫米，先端红色膜质扩大，内层线状披针形或线形，长1.9厘米，先端红色膜质扩大。小花紫红色。瘦果圆柱状，黑褐色，长2-3毫米；冠毛2层，淡黄褐色。花果期7-9月。

产黑龙江西南部、吉林西北部、内蒙古、河北东部、山西西北部、陕西北部、宁夏北部及新疆，生于海拔700-1300米河滩湿地、盐碱地、盐渍低地或沟边石缝中。俄罗斯西伯利亚及蒙古有分布。

图 884 倒羽叶风毛菊 （引自《图鉴》）

22. 裂叶风毛菊 图 885

Saussurea laciniata Ledeb. Icon. Pl. Fl. Ross. l: 16. t. 64. 1827.

多年生草本。茎具有尖齿的窄翼，疏被柔毛。基生叶长椭圆形，长3-12厘米，二回羽状深裂，一回侧裂片5-10对，二回裂片三角形或锯齿状，先端有软骨质小尖头，叶柄长1-7厘米，柄基鞘状；中部与上部茎生叶线形或长椭圆形，羽裂或不裂，全缘，无柄；叶两面疏被柔毛和腺点。头状花序有梗，排成伞房状花序；总苞钟形，径8毫米，总苞片5层，外层卵形，长4毫米，先端绿色，反折或几不反折，有软骨质小尖头，中层卵状披针形，长6-8毫米，先端绿色，有齿，内层线形或线状披针形，长1厘米，先端有淡紫色具齿膜质附片，附片密被长柔毛及腺点。小花红紫色。瘦果圆柱形，深褐色，长2-3毫米；冠毛白色，2层。花果期7-8月。

产内蒙古、陕西西北部、宁夏、甘肃及新疆，生于荒漠草原或盐碱地。俄罗斯西伯利亚、哈萨克斯坦及蒙古有分布。

[附] **翼茎风毛菊 Saussurea alata** DC. in Ann. Mus. Hist. Nat. 16: 202. 1810. 本种与裂叶风毛菊的主要区别：基生叶羽状浅裂、深裂至全裂；总苞长圆形或卵形，外层总苞片先端不反折；瘦果倒圆锥状，冠毛污黄色。花果期8-9月。产新疆北部，生于海拔540-1200米农田、潮湿地或水塘边。俄罗斯及蒙古有分布。

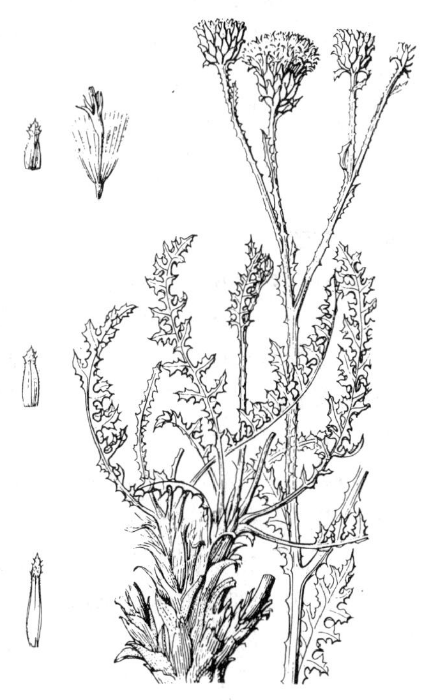

图 885 裂叶风毛菊 （张海燕绘）

23. 京风毛菊 图 886

Saussurea chinnampoensis Lévl. et Vaniot in Bull. Acta Int. Géorgr. Bot. 20: 145. 1909.

一年生或二年生草本。高达60厘米。茎基部长分枝，茎枝近无毛。基生叶厚，线形、线状长椭圆形、倒披针形、长椭圆状披针形或线状披针形，长5-12厘米，全缘，反卷，两面粗糙，无毛，基部渐窄成短柄；下部及中部茎生叶与基生叶同形，无柄。头状花序有梗，单生茎端或少数排成伞房状或圆锥花序；总苞宽钟形或半球形，径1.3-2厘米，总苞片4-6层，外层椭圆形，长4毫米，先端有软骨质小尖头，中层披针形，长5-7毫米，上部扩大成草质绿色附片，附片全缘或有小锯齿，内层线形或宽线形，长9毫米，先端稍扩大成草质带紫色的附片。小花淡紫色，疏被腺点。瘦果圆柱形，长3毫米；冠毛淡褐色，2层。花果期7-9月。

图 886 京风毛菊（引自《图鉴》）

产辽宁北部、内蒙古、河北及陕西西北部，生于海拔约1200米沼泽地、草甸或潮湿地。朝鲜有分布。

[附] **尖头风毛菊 Saussurea malitiosa** Maxim. in Bull. Acad. Imp. Sci. St. Pétersb. 27: 403. 1881. 本种与京风毛菊的主要区别：茎被长柔毛；叶纸质，长圆形或披针形，长2.5-5厘米，羽状深裂，下面密被柔毛；小花紫红色；瘦果冠毛白色。花果期6-7月。产甘肃西部及青海，生于海拔3500米以上山坡。蒙古有分布。

24. 云木香 图 887

Saussurea costus (Falc.) Lipsch. in Journ. Bot. URSS 49 (1): 131. 1964.

Auclandia costus Falc. in Ann. Mag. Nat. Hist. 6 (39): 475. 1841.

多年生草本。茎上部密被柔毛。基生叶心形或戟状三角形，长24厘米，边缘有大锯齿，齿缘有缘毛，有长翼柄，翼柄圆齿状浅裂；下部及中部茎生叶卵形或三角状卵形，长30-50厘米，边缘有锯齿，上部叶三角形或卵形，无柄或有短翼柄；叶上面疏被糙毛，下面绿色。头状花序单生茎端与叶腋，或密集成束生伞房花序；总苞半球形，径3-4厘米，黑色，初被蛛丝状毛，后无毛，总苞片7层，直立，先端软骨质针刺状。外层长三角形，长8毫米，中层披针形或椭圆形，长1.4-1.6厘米，内层线状长椭圆形，长2厘米。小花暗紫色。瘦果三棱状，长8毫米，浅褐色，有黑斑，顶端有具齿的小冠；冠毛1层，浅褐色，羽毛状。花果期7月。

图 887 云木香（引自《中国植物志》）

原产克什米尔。四川、云南、贵州及广西等地有栽培。根入药，健脾和胃、止痛、安胎。

25. 白背风毛菊 图 888

Saussurea auriculata (DC.) Sch.-Bip. in Linnaea 19: 331. 1846.

Aplotaxis auriculata DC. Prodr. 6: 541. 1838.

多年生草本。茎无毛或疏被柔毛。中部茎生叶大头羽状深裂，长8-12厘米，顶裂片三角形，边缘有锯齿，侧裂片2-3对，斜三角形，全缘，上面疏被糠秕状毛或无毛，下面灰白色，密被薄蛛丝状绒毛，无柄，基部有抱茎小耳。头状花序单生茎顶；总苞宽钟状，径3.5厘米，总苞片5层，有缘毛，外层长三角形，长8毫米，中层长椭圆形或披针形，长1.4-1.6厘米，先端长渐尖，反折，内层线形，长1.7厘米。小花紫色。瘦果圆柱形，黑褐色，长3.5毫米，4钝棱，有瘤状或刺突，顶端有具细齿小冠；冠毛1层，污褐色。花果期8-9月。

产西藏南部，生于海拔2700-2900米河谷针阔叶混交林中。克什米尔、锡金及不丹有分布。

图 888　白背风毛菊（引自《图鉴》）

图 889　三角叶风毛菊（引自《图鉴》）

26. 三角叶风毛菊　　图 889

Saussurea deltoidea (DC.) Sch.-Bip. in Linnaea 19: 331. 1846.

Aplotaxis deltoidea DC. Prodr. 6: 541. 1838.

二年生草本。茎密被锈色毛及蛛丝状毛。中下部茎生叶大头羽状全裂，顶裂片三角形或三角状戟形，长20厘米，边缘有锯齿，侧裂片1-2对，长椭圆形或三角形，近全缘，羽轴有窄翼，叶柄长3-6厘米，被锈色毛；上部叶不裂，三角形、三角状卵形或三角状戟形，有锯齿，有短柄，最上部叶披针形或长椭圆形，有尖齿或全缘；叶上面粗糙，疏被糠秕状糙毛，下面灰白色，密被绒毛。头状花序具长梗，下垂，单生茎枝顶端或排成圆锥花序；总苞半球形或钟状，径3-4厘米，疏被蛛丝状毛，总苞片5-7层，外层卵状披针形或卵状长圆形，长7-8毫米，先端草质绿色，有细齿或流苏状锯齿，中层长披针形，长0.1-1.2厘米，先端草质绿色，有齿，内层长披针形或线状披针形，长1.8-2厘米。小花淡紫红或白色。瘦果倒圆锥形，长5毫米，黑色，有皱纹，顶端有具齿小冠；冠毛1层，白色，羽毛状。花果期5-11月。

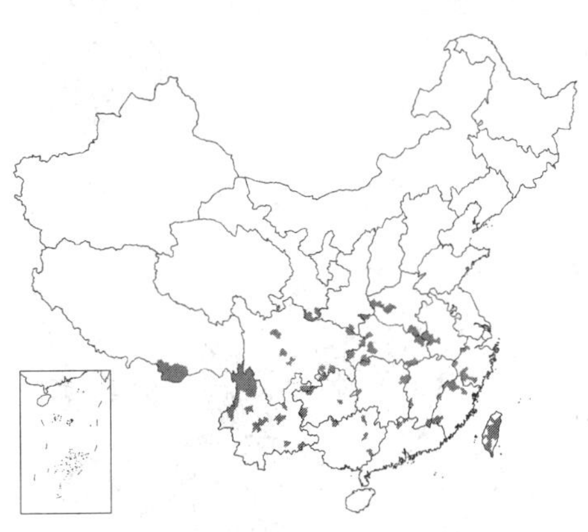

产河南、安徽西部、浙江、福建、台湾、江西、湖北、湖南、广东北部、广西、贵州、云南、西藏南部、四川、陕西东南部及甘肃南部，生于海拔800-3400米草地、林下、灌丛中或林缘。缅甸、泰国、老挝及尼泊尔有分布。

[附] **小头风毛菊 Saussurea crispa** Vaniot in Bull. Acad. Int. Géogr. Bot. 12: 21. 1903. 本种与三角叶风毛菊的主要区别：叶顶裂片长8-11厘米；总苞径0.7-1.8厘米，总苞片先端反折。花果期8-10月。产贵州、云南及西藏，生于海拔200-2750米山坡草地、山谷密林下或林缘。尼泊尔、印度北部、缅甸、越南、老挝及泰国有分布。

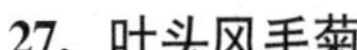

27. 叶头风毛菊　　图 890

Saussurea peguensis Clarke, Comp. Ind. 235. 1876.

多年生草本。茎密被褐色毛。下部茎生叶长椭圆形，长8-15(-30)厘米，二回羽状深裂或近全裂，一回侧裂片5-10对，二回裂片少数，椭圆形或斜三角形，无柄，基部耳状半抱茎；中部叶、上部叶及头状花序的叶与下部茎生叶同形并等样分裂或心状深裂至全裂；叶上面密被褐色毛，下面灰白色，密被白色绒毛。头状花序梗粗短，排成总状或总状圆锥花序，密被褐色毛；总苞钟状，径1.5-2厘米，总苞片5层，外层长圆形，长9毫米，上部叶质绿色，被白色蛛丝状棉毛，

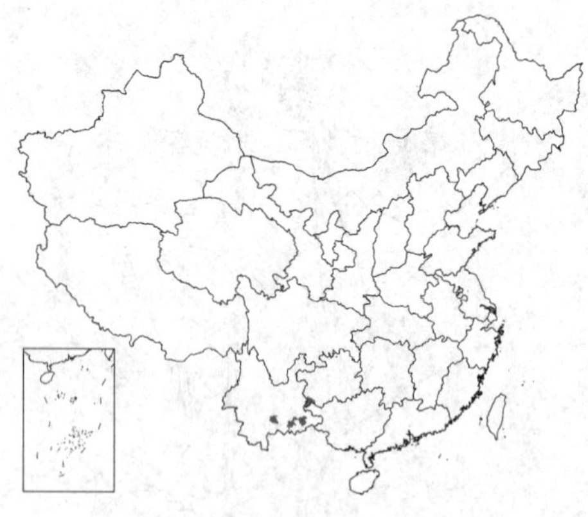

先端有软骨质小尖头，中层长三角形或长三角状披针形，长0.8-1厘米，背面上部被蛛丝状棉毛，内层线形，长0.8-1厘米。小花紫色。瘦果褐或褐黑色，长圆形，长4毫米，顶端有具齿小冠；冠毛1层，污白色，羽毛状。花果期9-10月。

产云南东南部及中南部、贵州西南部，生于海拔1200-1500米林下或山间平坝。缅甸及泰国有分布。

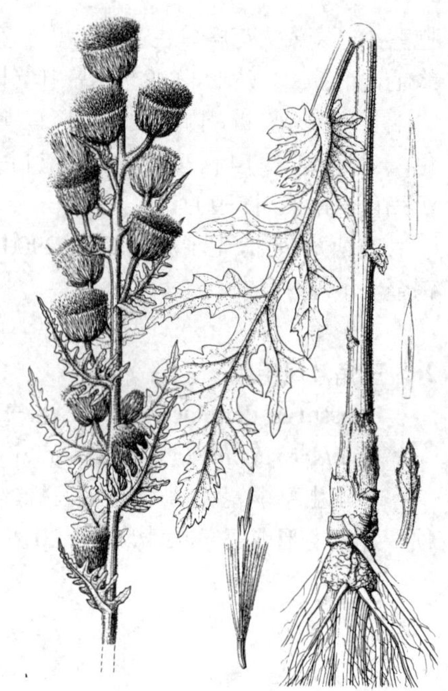

图 890 叶头风毛菊（引自《图鉴》）

28. 奇形风毛菊 图 891

Saussurea fastuosa (Decne.) Sch.-Bip. in Linnaea 19: 331. 1846.

Aplotaxis fastuosa Decne. in Jacquem. Voy. Inde 4: 97. t. 105. 1844.

多年生草本。茎无毛或疏被褐色柔毛。基生叶及下部茎生叶花期脱落；中部茎生叶叶柄长5毫米，叶厚纸质，披针形、椭圆形或披针状椭圆形，长6-15厘米，有细密尖齿，侧脉多对，叶上面绿色，无毛，下面灰白色，密被白色绒毛。头状花序单生茎端或排成伞房状花序，花序梗粗；总苞钟状或宽钟状，径1.5-2.5厘米，总苞片4层，背面无毛，边缘栗色宽膜质，外层宽卵形，长8毫米，中层椭圆形，长0.9-1.3厘米，内层线状长椭圆形，长1.1厘米。小花紫色。瘦果浅褐色，无毛，有棱；冠毛白色，1层，羽毛状。花果期8-10月。

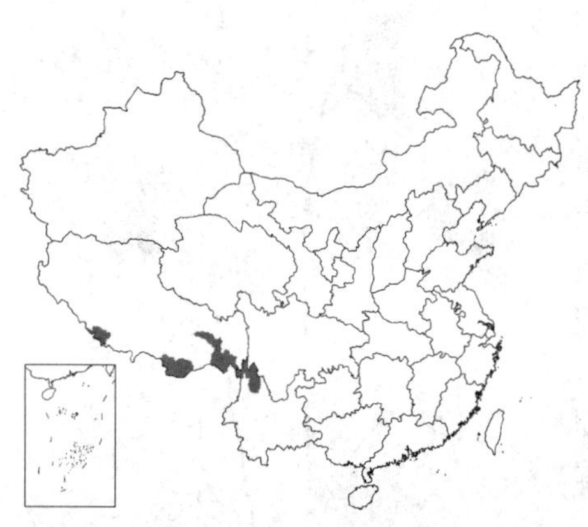

产云南西北部、西藏东南部及南部，生于海拔2400-3700米林下、林缘或灌丛边缘、草丛多石地。尼泊尔及锡金有分布。

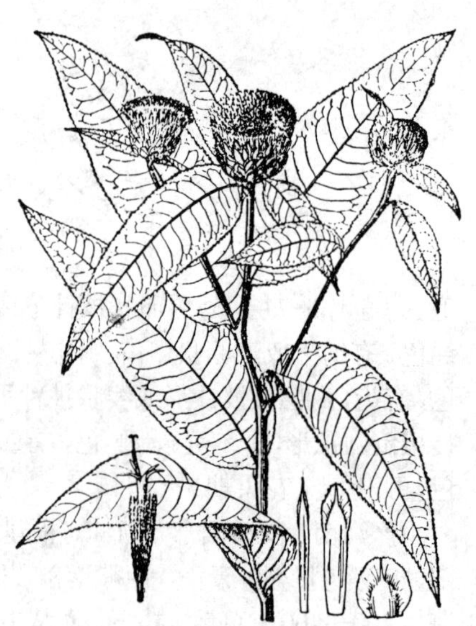

图 891 奇形风毛菊（引自《图鉴》）

29. 重齿风毛菊 图 892 彩片 140

Saussurea katochaete Maxim. in Bull. Acad. Imp. Sci. St. Pétersb. 27: 491. 1881.

多年生无茎小草本。叶莲座状，椭圆形、匙形、卵状三角形或卵圆形，长3-9厘米，边缘有细密尖齿或重锯齿，上面无毛，下面密被白色绒毛，侧脉多对；叶柄宽，长1.5-6厘米，疏被蛛丝毛或无毛。头状花序单生于莲座状叶丛中；总苞宽钟形，径达4厘米，总苞片4层，背面无毛，外层三角形或卵状披针形，长9毫米，边缘紫黑色窄膜质。小花紫色。瘦果褐色，长4毫米，三棱状；冠毛2层，浅褐色，外层糙毛状，反折包瘦果，内层羽毛状。花果期7-10月。

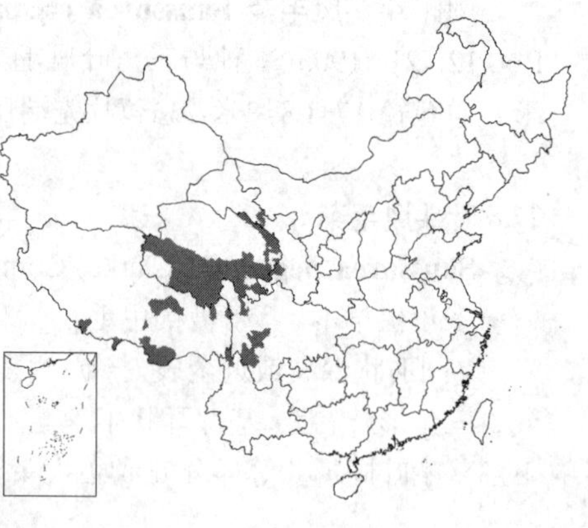

产甘肃、青海、四川西北部及西南部、云南西北部、西藏，生于海拔

2230-4700米山坡草地、河滩草甸或林缘。

[附] **维西风毛菊 Saussurea spathulifolia** Franch. in Journ. de Bot. 2 (19): 338. 1888. 本种与重齿风毛菊的主要区别：叶匙形或长圆状，长1-2厘米，全缘，上面灰绿色，疏被白色绒毛，下面密被白色绒毛；总苞钟状，径1.5厘米，总苞片疏被白色长柔毛；瘦果淡黄色，外层冠毛不反折。产四川西南部及云南西北部，生于海拔3000-4600米山地草坡、石坡、冲积地或流石滩。

[附] **钻叶风毛菊 Saussurea subulata** Clarke, Comp. Ind. 226. 1876. p. p. 本种与重齿风毛菊的主要区别：叶无柄，钻状线形，长0.8-1.2厘米，全缘，两面无毛；总苞钟状，径5-7毫米。花果期7-8月。产青海、新疆及西藏，生于海拔4600-5250米河谷砾石地、山坡草地、草甸、河谷、盐碱湿地或湖边。印度有分布。

[附] **柱茎风毛菊 Saussurea columlaris** Hand.-Mazz. in Notizbl. Bot. Gart. Berl.-Dahl. 13: 652. 1937. 本种与重齿风毛菊的主要区别：多年生丛生草本，茎高达10厘米；叶无柄，线形，宽1-2毫米，全缘，反卷；总苞钟状，径2-2.5厘米，总苞片5层，外面被长柔毛。产云南西北部、四川西部及西藏东南部，生于海拔3200-4670米高山草甸或多石山坡。

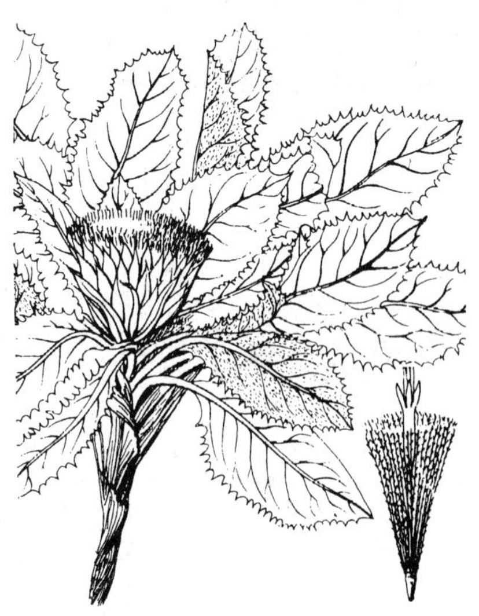

图 892 重齿风毛菊（王 颖绘）

30. 青藏风毛菊 图 893

Saussurea haoi Ling ex Y. L. Chen et S. Y. Liang in Acta Phytotax. Sin. 19 (1): 103. 1981.

多年生矮小草本，高达4厘米。叶莲座状，革质，心形或近圆形，长2-6厘米，边缘具齿，上面被糙伏毛，下面密被白色绒毛；叶柄长2-7厘米。头状花序具短梗，多数排成球状，径1.2-1.5厘米；总苞长圆形，长2-2.2厘米，总苞片5层，外层卵状披针形，长1厘米，草质，黄绿色，上部绿色，反折，内层线形，长1.6厘米，干膜质，淡黄色，上部绿色，先端稍弯；托片钻形，与果等长。小花紫色。瘦果有4棱，具浅缺刻，长5毫米；冠毛淡褐色，外层糙毛状，内层羽毛状。

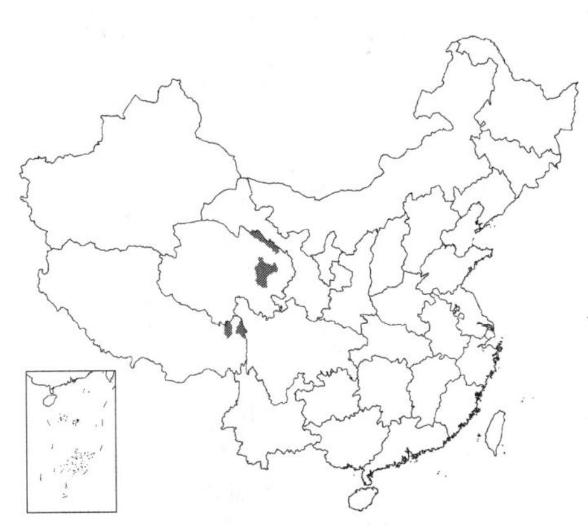

产青海中东部及东北部、西藏东北部，生于海拔3200-4400米高山流石山坡。

[附] **锥叶风毛菊 Saussurea wernerioides** Sch.-Bip. ex Hook. f. Fl. Brit. Ind. 3: 367. 1881. 本种与青藏风毛菊的主要区别：叶长椭圆状倒披针形，长1.3-1.5厘米，叶柄长3-4毫米；头状花序单生于根茎分枝顶端。总苞钟形，径1-1.5厘米。花果期8-9月。产四川、云南西北部及西藏，生于海拔4200-5400米山坡草地或砾石山坡。锡金有分布。

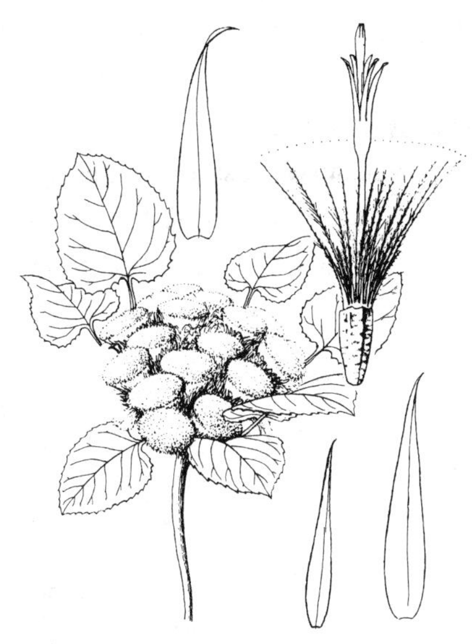

图 893 青藏风毛菊（张泰利绘）

[附] **无梗风毛菊** 彩片 141 **Saussurea apus** Maxim. in Bull. Acad. Sci. St. Pétersb. 27: 490. 1881. 本种与青藏风毛菊的主要区别：叶线形或线状披针形，两面绿色，无柄，倒向羽状浅裂或有微齿；头状花序无梗。产甘肃、青海及西藏，生于河谷。

31. 达乌里风毛菊 图 894

Saussurea davurica Adams in Nour. Mém. Soc. Imp. Nat. Mosc. 3: 251. 1834.

多年生小草本，高达15厘米，全株灰绿色。茎单生或2-3，无毛或疏被柔毛。基生叶披针形或长椭圆形，长2-10厘米，全缘、浅波状锯齿或下部倒向羽状浅裂至深裂，侧裂片宽三角形；叶柄长（1）1.5-3厘米；茎生叶长椭圆形或宽线形，无柄；叶两面灰绿色，肉质，无毛，密被淡黄色腺点。头状花序排成球形或半球形伞房花序；总苞圆柱形，径（3-）5-6毫米，总苞片6-7层，背面无毛，上部带紫红色，边缘有柔毛，外层卵形或椭圆形，长2-4毫米，中层长椭圆形，长7毫米，内层线形，长1.1厘米。小花粉红色。瘦果圆柱形，长2-3毫米，顶端有小冠；冠毛2层，白色，外层单毛状，内层羽毛状。花果期8-9月。

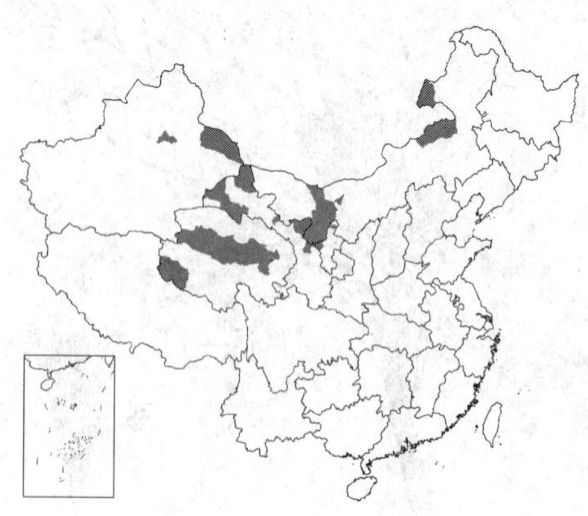

产内蒙古、甘肃、宁夏、青海及新疆，生于海拔1060-3120米河岸碱地、湿河床、河床林下、盐渍化低湿地或盐化草甸。俄罗斯西伯利亚有分布。

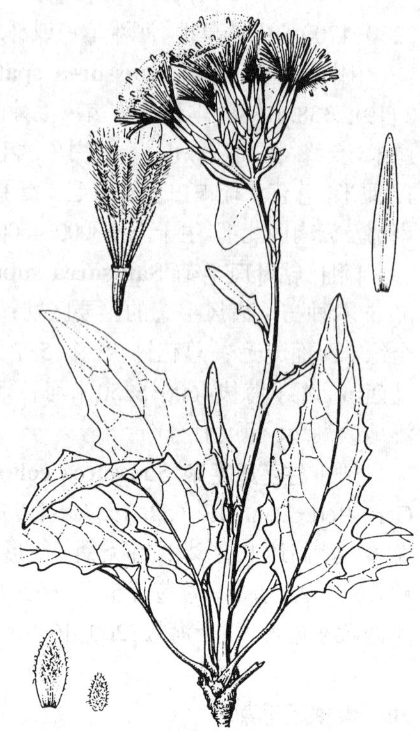

图 894 达乌里风毛菊（马 平绘）

32. 盐地风毛菊 图 895

Saussurea salsa (Pall.) Spreng. Syst. Veg. 3: 381. 1826.

Serlatura salsa Pall. Reise 1: 502. 1771.

多年生草本。全株绿色。茎疏被蛛丝状毛。基生叶与下部茎生叶长圆形，长5-30厘米，大头羽状深裂或浅裂，顶裂片三角形或箭头形；中下部叶长圆形、长圆状线形或披针形，全缘或疏生锯齿；上部叶披针形，全缘；叶肉质，两面绿色，上面疏被白色糙毛或无毛，下面有白色透明腺点。头状花序排成伞房花序；总苞窄圆柱形，径5毫米，总苞（5-）7层，背面被蛛丝状棉毛；外层卵形，长2毫米，中层披针形，长0.9-1厘米，内层长披针形，长1.2厘米。小花粉紫色。瘦果长圆形，红褐色，顶端无小冠；冠毛白色，外层糙毛状，内层羽毛状。花果期7-9月。

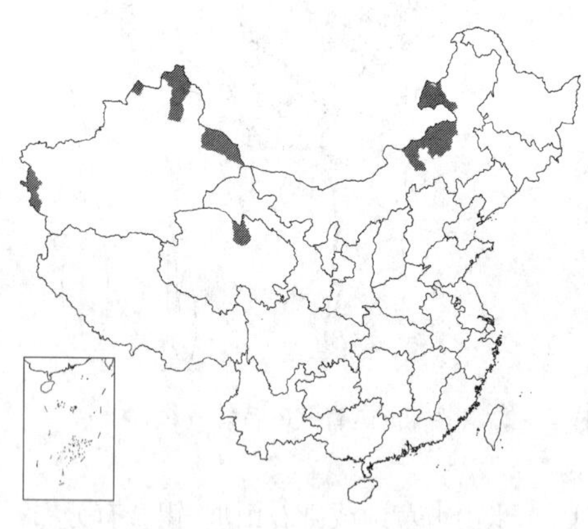

图 895 盐地风毛菊（引自《图鉴》）

产内蒙古、新疆及青海北部，生于海拔2740-2800米盐土草地、戈壁滩或湖边。蒙古、阿富汗、高加索、中亚及俄罗斯西伯利亚有分布。

[附] **垫风毛菊 Saussurea pulvinata** Maxim. in Bull. Acad. Imp. Sci. St. Pétersb. 27: 493. 1881. 本种与盐地风毛菊的主要区别：基生叶长圆状线形，长3-5厘米，鞘部及叶柄基部内面有白色棉毛，叶硬；总苞圆柱状倒卵形，径9毫米，总苞片4层；小花淡红色；瘦果有瘤状横皱纹。花果期7月。产甘肃、青海及西藏，生于海拔1100-1200米。

33. 美丽风毛菊 图 896

Saussurea pulchra Lipsch. in Not. Syst. Herb. Inst. Bot. Sci. URSS 10: 389. 1959.

多年生草本，高达27厘米。茎枝

灰绿或灰白色，被薄棉毛。基生叶密，茎生叶疏，叶均无柄，线形，长1-2.5厘米，全缘，反卷，上面无毛，下面灰白色，密被棉毛。头状花序有梗，单生茎端或少数在茎枝顶端成伞房状花序；总苞楔形，径1厘米，总苞片5层，疏被白色棉毛，背面紫色，先端有软骨质小尖头，外层披针形，长6毫米，中层椭圆形或椭圆状披针形，长0.6-1厘米，内层线状长椭圆形或宽线形，长1.5-1.9厘米。小花紫色。瘦果青绿色，长5.5毫米，有瘤状小突起及横皱纹；冠毛2层，白色。花果期8-9月。

图 896 美丽风毛菊（刘进军绘）

产黑龙江、吉林东部、辽宁、内蒙古、河北西北部、山西中部、甘肃及青海东部，生于海拔1920-2800米河谷。

34. 川陕风毛菊 图 897

Saussurea licentiana Hand. -Mazz. in Oesterr. Bot. Zeitschr. 85: 222. 1936.

多年生草本。茎单生，无毛。中部茎生叶卵形、倒卵形、卵状披针形或椭圆形，长4-13厘米，先端渐尖或尾尖，叶柄长1厘米；上部叶无柄，叶上面疏被糙毛，下面被白色绒毛。头状花序在茎枝顶端成伞房状排列，为最上部茎叶所承托；总苞窄圆锥状，径5毫米，总苞片3-4层，麦秆黄色，背面无毛，外层宽卵形，长1.5毫米，中层椭圆形，长3毫米，内层椭圆形或宽线形，长6-7毫米。小花紫色。瘦果淡褐色，长4毫米，无毛；冠毛2层，淡褐色。花果期8-9月。

图 897 川陕风毛菊（引自《图鉴》）

产甘肃南部、陕西秦岭、湖北西部、四川东部及云南中部，生于海拔1950-3300米林中、山崖下或草坡。

35. 灰白风毛菊 图 898

Saussurea cana Ledeb. Icon. Pl. Fl. Ross. 1: 18. t. 75. 1829.

多年生簇生草本。根茎颈部生出多数花茎及莲座状叶丛。茎被白色棉毛或脱落。基生叶及下部茎生叶长椭圆形、线状长椭圆形或线形，长4-7.5厘米，羽状浅裂或羽状尖齿或全缘，叶柄长1.5-3厘米；最上部叶线形，无柄；叶上面绿色，无毛，下面密被白色棉毛。头状花序排成伞房花序状；总苞窄圆柱形，径8毫米，总苞片5层，紫红色或边缘紫红色，背面疏被蛛丝毛，

图 898 灰白风毛菊（引自《图鉴》）

外层卵形，长3毫米，中层卵形或长圆形，长3.5-5毫米，内层宽线形，长0.9-1厘米。小花浅红色。瘦果褐色，长4毫米；冠毛白色，2层。花果期7-9月。

产内蒙古、陕西西北部、宁夏、甘肃、青海及新疆，生于海拔800-2800米河谷、河滩、山坡砾石地或干旱山坡。中亚及俄罗斯西伯利亚有分布。

[附] **四川风毛菊 Saussurea sutchuenensis** Franch. in Journ. de Bot. 8: 353. 1894. 本种与灰白风毛菊的主要区别：茎单生，密被刚毛；基生叶及下部茎生叶卵形或三角状卵形，两面无毛，叶柄长20-25厘米；总苞卵状圆柱形，径5毫米，总苞片背面被蛛丝毛；小花紫色。产河南西部、陕西南部及四川东北部，生于海拔700-1700米山坡。

36. 长梗风毛菊　　图 899

Saussurea dolichopoda Diels in Engl. Bot. Jahrb. 29: 623. 1901.

多年生草本。茎无毛。中部茎生叶长圆状披针形、卵状披针形或长圆形，长12-14厘米，先端渐尖或尾尖，有细锯齿，叶柄长1.5-2厘米；茎上部叶长圆状披针形或长椭圆形；叶两面无毛。头状花序具粗梗，梗长1.5-5厘米，排成伞房状或伞房圆锥花序；总苞钟状或圆形，径5-7毫米，总苞片4-6层，背面无毛，外层卵形，长2毫米，中层长圆形，长4毫米，内层长椭圆形或宽线形，长0.9-1.1厘米。瘦果褐色，长4毫米，无毛；冠毛2层，淡褐色。

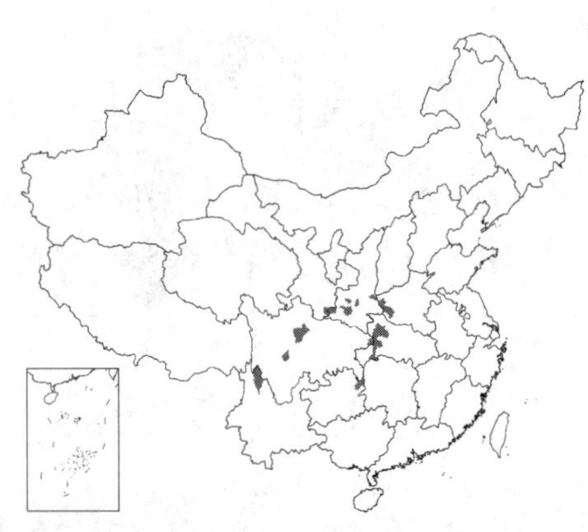

产甘肃东南部、陕西秦岭、河南西部、湖北西部、四川、贵州东北部及云南西北部，生于海拔1400-2750米山谷林下或山坡。

[附] **尾尖风毛菊 Saussurea saligna** Franch. in Journ. de Bot. 8 (20): 345. 1894. 本种与长梗风毛菊的主要区别：茎上部叶披针形，长18-20厘米，先端长尾尖；花序梗细，总苞圆柱形，径3-5毫米；瘦果冠毛污白色。产陕西南部及四川东部，生于海拔1200-2500米山坡或林下。

图 899 长梗风毛菊（引自《图鉴》）

37. 多头风毛菊　　图 900

Saussurea polycephala Hand.-Mazz. in Acta Hort. Gothob. 12: 313. tant. nom. nov. 1938.

多年生草本。茎被蛛丝毛或无毛。中部茎生叶披针形、长椭圆状披针形或长椭圆形，长10-15厘米，宽1.5-3厘米，有小锯齿，叶柄长4-6毫米；上部茎生叶披针形；叶上面绿色，疏被糙毛，下面密被白色绒毛。头状花序排成伞房状花序；总苞圆柱形，径5-6毫米，

图 900 多头风毛菊（引自《图鉴》）

总苞片6层，外层卵形，长2毫米，背面被蛛丝毛，中层长椭圆形，长6毫米，背面被白色长柔毛，内层长椭圆形，长7毫米，上部及边缘被白色长柔毛。小花紫色。瘦果圆柱形，长3毫米，有肋；冠毛白色，2层。花果期8-9月。

产湖北西部、湖南西北部及四川东南部，生于海拔1230-2200米山坡林缘或林中。

38. 西北风毛菊 图 901：1-3

Saussurea petrovii Lipsch. in Journ. Bot. URSS 57 (4): 524. 1972.

多年生小草本，高达20厘米。茎疏被白色柔毛。基生叶、下部及中部茎生叶线形、线状长圆形或长圆形，长2-10厘米，宽2-4毫米，无柄，疏生细齿；上部及近顶端茎生叶线形，全缘；叶上面无毛，下面密被白色绒毛。头状花序排成伞房花序；总苞圆柱形，径5-8毫米，总苞片4-5层，背面疏被白色蛛丝状柔毛，外层卵形，长2.5毫米，中层长圆形，长6毫米，内层长椭圆形，长7毫米。小花粉红色。瘦果圆柱形，长3-4毫米，无毛，冠毛2层，白色。花果期6-9月。

产内蒙古、宁夏及甘肃，生于海拔1700-2500米山坡。

图 901：1-3. 西北风毛菊 4-6. 柳叶风毛菊（马 平绘）

39. 柳叶风毛菊 图 901：4-6

Saussurea salicsifolia (Linn.) DC. in Ann. Mus. Hist. Nat. 16: 200. 1810.

Serratula salicifolia Linn. Sp. Pl. 2: 817. 1753.

多年生草本。茎被蛛丝毛或柔毛。叶线形或线状披针形，长2-10厘米，宽3-5毫米，全缘，稀基部有锯齿，上面无毛或疏被柔毛，下面密被白色绒毛。头状花序排成窄帚状伞房或伞房花序；总苞圆柱状，径4-7厘米，总苞片4-5层，紫红色，背面疏被蛛丝毛，外层卵形，长1.5毫米，中层卵形，长2毫米，内层线状披针形或宽线形，长6-8毫米。小花粉红色。瘦果褐色，长3.5毫米，无毛；冠毛2层，白色。花果期8-9月。

产内蒙古、河北西部、甘肃西南部、新疆中北部、青海东部及四川北部，生于海拔1600-3800米高山灌丛中、草甸或山沟阴湿地。蒙古及俄罗斯西伯利亚有分布。

[附] **假蓬风毛菊 Saussurea conyzoides** Hemsl. in Journ. Linn. Soc. Bot. 29: 309. 1892. 本种与柳叶风毛菊的主要区别：茎几无毛；叶长椭圆形或披针形，宽5-6厘米，边缘有细齿，叶柄无翼；总苞径3毫米。产湖北西部、贵州及四川，生于海拔2000-2100米林下。

[附] **优雅风毛菊 Saussurea elegans** Ledeb. in Icon. Pl. Fl. Ross. 1: 19. t. 77. 1829. 本种与柳叶风毛菊的主要区别：茎叶腋常有营养短枝；叶长圆形或长圆状卵形，长15厘米，宽1.5-3（4）厘米，羽状浅裂或近大头羽状浅裂；总苞径5-8毫米。花果期7-8月。产新疆，生于海拔1470-2000米山坡、田间及草坡。俄罗斯西伯利亚、乌兹别克斯坦及吉尔吉斯斯坦有分布。

40. 鸢尾叶风毛菊 图 902 彩片 142

Saussurea romuleifolia Franch. in Journ. de Bot. 2 (19): 339. 1888.

多年生草本。茎被长柔毛及腺毛，基部有纤维状撕裂叶残迹并密被深褐色绢状长棉毛。基生叶多数，茎生叶少，叶窄线形，长3-45厘米，宽1-2毫米，上面无毛，下面疏被灰白色柔毛，全缘，内卷。头状花序单生茎顶；总苞楔钟状，径2-2.5厘米，总苞片5层，全部或上部及边缘紫色，先端具硬刺尖，外层卵形，长1.3厘米，中层宽椭圆形，长2.5厘米，内层披针形，长2.3厘米。小花紫色。瘦果长4-5毫米，顶端有小冠；冠毛污白色，2层。花果期7-8月。

产四川、西藏东南部及云南，生于海拔2200-3800米山坡草地、林下或林缘。全草药用，可解热、散瘀、止痛。

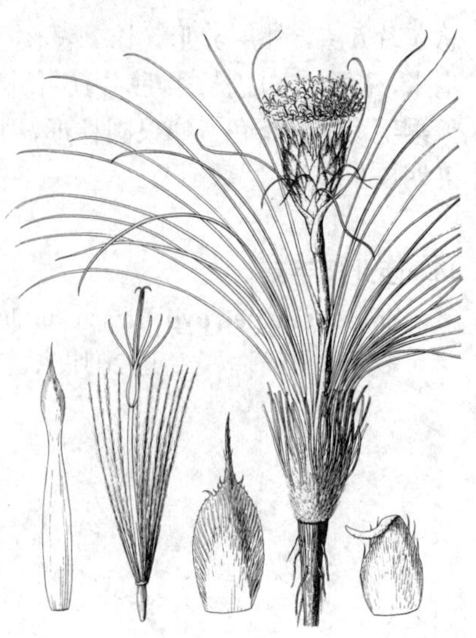

图 902 鸢尾叶风毛菊（引自《图鉴》）

[附] **大头风毛菊 Saussurea baicalensis** (Adams) Robins. in Proc. Amer. Acad. Arts. 47: 216. 1911.—— *Liatris baicalensis* Adams in Mem. Soc. Imp. Nat. Mosc. 5: 115. 1817. 本种与鸢尾叶风毛菊的主要区别：茎被长硬毛；叶椭圆状披针形，宽2-3.5厘米，两面绿色，粗糙，被长柔毛；头状花序沿茎排成紧密总状花序，长10-20厘米，花托有乳突状小尖头，总苞片被长硬毛。花果期6-7月。产河北西北部，生于海拔2200-3000米山顶。俄罗斯贝加尔地区有分布。

41. 禾叶风毛菊 图 903

Saussurea graminea Dunn in Journ. Linn. Soc. Bot. 35: 509. 1903.

多年生草本。茎密被白色绢状柔毛。基生叶及茎生叶窄线形，长3-15厘米，宽1-3毫米，全缘，上面疏被绢状柔毛，下面密被绒毛，基部稍鞘状。头状花序单生茎端；总苞钟状，径1.5-1.8厘米，总苞片4-5层，被绢状长柔毛，长约1.2厘米，外层卵状披针形，中层长椭圆形，内层线形。小花紫色。瘦果圆柱状，长3-4毫米，无毛，顶端有小冠；冠毛2层，淡黄褐色。花果期7-8月。

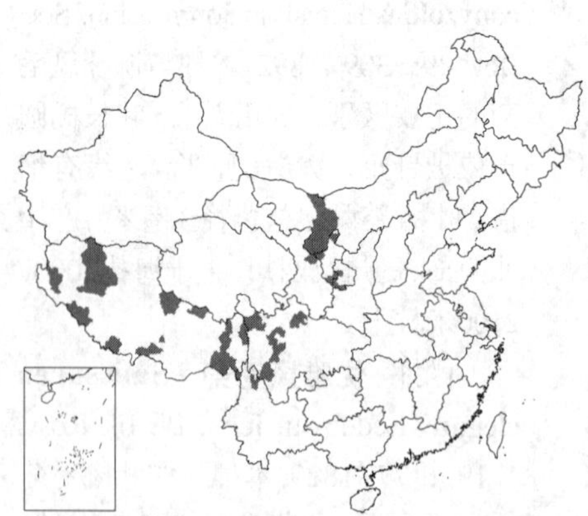

产内蒙古西部、宁夏、甘肃、四川、云南西北部及西藏，生于海拔3400-5350米山坡草地、草甸、河滩草地或杜鹃灌丛中。

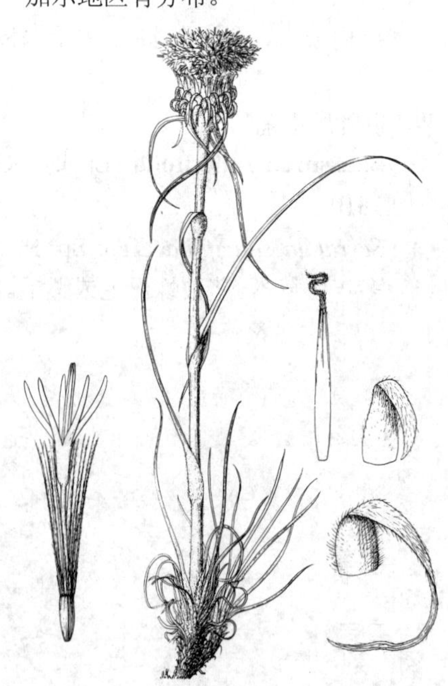

图 903 禾叶风毛菊（引自《图鉴》）

[附] **林生风毛菊 Saussurea sylvatica** Maxim. in Bull. Akad. Imp. Sci. St. Pétersb. 27: 495. 1881. 本种与禾叶风毛菊的主要区别：茎紫色，上部被白色绢毛；叶宽披针形，宽0.8-2厘米，有锯齿，两面无毛；总苞球形，径2-5厘米；瘦果四棱形。产山西、甘肃及青海，生于海拔2150-4500米山坡、草丛或阴地。

[附] **锯叶风毛菊 Saussurea semifasciata** Hand.-Mazz. in Sitz. Akad. Wiss. Wien, Math.-Nat. Kl. 60: 100. 1923. 本种与禾叶风毛菊的主要

区别：茎稍有柔毛或无毛；叶宽披针形，宽1-1.5厘米，两面无毛；总苞钟形，径2-3厘米；小花红色；瘦果四棱形。产四川及云南西北部，生于海拔3875-4500米山坡灌丛、草地或云杉林下。

42. 昂头风毛菊 图 904

Saussurea sobarocephala Diels in Engl. Bot. Jahrb. Beibl. 82: 108. 1905.

多年生草本。茎近顶端疏被白色柔毛。下部与中部茎生叶披针状长圆形，长8-12厘米，宽1-2厘米，基部沿茎下延成翼，边缘及翼缘有细尖齿，两面绿色，无毛，无柄；上部茎生叶披针形。头状花序排成伞房状；总苞半球状钟形，径3-3.5厘米，总苞片4层，常黑色，边缘被蛛丝状毛，外层卵状三角形或长圆形，长1厘米，先端有草绿色叶状附属物，内层线状披针形，先端叶状附属物长渐尖。小花紫色。瘦果圆柱状，长5-6毫米，有肋，顶端有流苏状小冠；冠毛浅褐色，2层。花果期7-8月。

产河北西部、山西、河南、陕西秦岭西部、青海东北部及四川南部，生于海拔2800-3600米山坡草地或林缘。

[附] **糙毛风毛菊 Saussurea scabrida** Franch. in Bull. Soc. Philom. sér. 8 (3): 146. 1891. 本种与昂头风毛菊的主要区别：茎密被浅褐色节毛，基生叶及下部茎生叶长椭圆形，长10-23厘米，宽1.5-4.5厘米，倒向羽状深裂，密被节毛；头状花序单生茎端，花序梗被节毛，总苞钟状，径1.5-2.5厘米。产四川西部及西南部、云南西北部、西藏东部，生于海拔3500-4200米灌丛、草地、林下、林缘或草甸。

图 904 昂头风毛菊（王金凤绘）

[附] **巴东风毛菊 Saussurea henryi** Hemsl. in Journ. Linn. Soc. Bot. 29: 311. 1892. 本种与昂头风毛菊的主要区别：茎与花序梗被蛛丝毛或糙毛，稀有棉毛；叶长椭圆形，宽2.5-4.5厘米，羽状全裂，裂片线形，全缘；总苞钟状，径1-1.3厘米；瘦果倒圆锥状，长3毫米，冠毛淡黄白色。产陕西、湖北南部及四川北部，生于海拔2000-2200米多石山坡或针叶林下。

43. 百裂风毛菊 图 905

Saussurea centiloba Hand.-Mazz. in Sitz. Akad. Wiss. Wien, Math.-Nat. Kl. 57: 144. 1920.

多年生草本。茎密被黄棕色绒毛。基生叶多数，长线形，长8-21厘米，宽1.5-2厘米，二回羽状深裂或全裂，一回侧裂片10-15对，叶柄长1-6厘米；茎生叶与基生叶同形并等样分裂；叶上面疏被蛛丝毛，下面密被灰白色绒毛。头状花序单生茎端；总苞宽钟状，径1.5-2厘米，总苞片5-7层，紫色，背面被黄色绒毛，外层线状披针形，长6毫米，中层披针形，长1.2厘米，内层长披针形，长1.5厘米。小花淡紫红色。瘦果冠毛2层，黄白色。花果期7-8月。

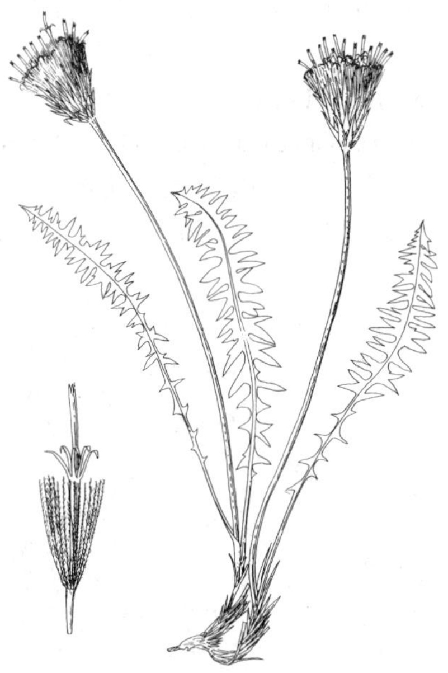

图 905 百裂风毛菊（孙英宝绘）

产四川西南部、云南西北部及东北部，生于海拔3200–4200米林缘、山坡灌丛、草地或山坡草地。

[附] **云南风毛菊 Saussurea yunnanensis** Franch. in Journ. de Bot. 2 (19): 340. 1888. 本种与百裂风毛菊的主要区别：叶椭圆形或线形，全缘、倒向浅齿裂或倒向羽状深裂，裂片6–7对；总苞长卵形，径2厘米，总苞片5层，被稍密白色长柔毛，苞片上部紫红色，外层钻状三角形，长1.2厘米，中层披针形，长1–1.3厘米，内层披针形或长椭圆形，长1.5厘米；小花紫色；瘦果冠毛污白色。产四川、云南中部及西北部，生于海拔2300–4350米石崖上、山坡草地、砾石山坡或林下。

44. 半琴叶风毛菊 图 906

Saussurea semilyrata Bur. et Franch. in Journ. de Bot. 5 (5): 76. 1891.

多年生草本。茎被白色棉毛。基生叶长圆形或椭圆形，长7–14厘米，羽状深裂或几全裂，侧裂片6–9（10）对，卵状三角形或三角形，有锯齿，齿端有刺尖或全缘，顶裂片宽三角形或戟形，叶柄长2.5–3.5厘米；茎生叶2–4，与基生叶同形并等样分裂，无柄；花序基部叶线形，全缘；叶上面被腺毛，下面密被白色绒毛。头状花序单生茎端；总苞钟状，径1.5–2（2.5）厘米，总苞片5–6层，草质，背面疏被白色长柔毛，上部及边缘紫黑色，下部黄褐色，外层披针形，长1.2厘米，中层卵状披针形，长9毫米，内层椭圆形或宽线形，长1.1–1.3厘米。小花紫色。瘦果圆柱形，长4毫米，无毛；冠毛淡褐色，2层。花果期7–9月。

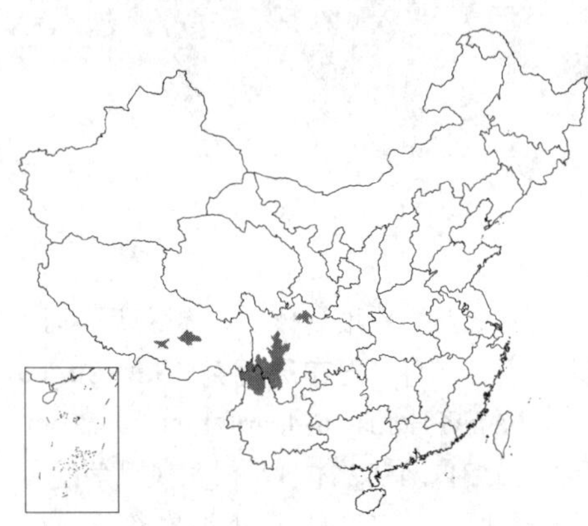

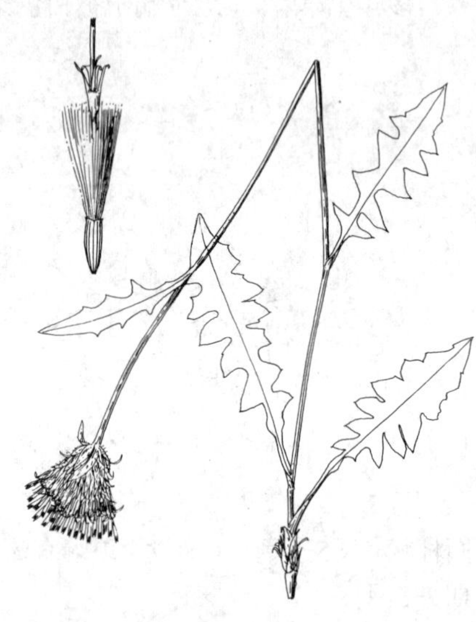

图 906 半琴叶风毛菊（孙英宝绘）

产四川北部至西南部、云南西北部及西藏，生于海拔3200–3900米林缘、林下、灌丛或草地。

[附] **尖苞风毛菊 Saussurea subulisquama** Hand.-Mazz. in Acta Hort. Gothob. 12: 326. 1938. 本种与半琴叶风毛菊的主要区别：茎密被蛛丝毛；茎生叶长椭圆形，侧裂片4–7对，全缘，上面无毛，下面薄被蛛丝状绒毛，叶柄长4–7厘米；总苞片革质，背面疏被蛛丝毛或几无毛。产甘肃、青海、四川北部及云南西北部，生于海拔2400–3500米山坡草地。

45. 川滇风毛菊 图 907

Saussurea wardii Anth. in Notes Roy. Bot. Gard. Edinb. 18: 216. 1934.

多年生草本，高达25厘米。茎紫红色，被蛛丝毛或无毛。基生叶长椭圆形，稀倒卵形，长6–8厘米，宽1–2厘米，羽状半裂或倒羽状半裂，侧裂片3–5对，卵形，稀偏三角形，全缘或有1–2小尖头，基部渐窄成叶柄；茎生叶与基生叶同形并等样分裂，或线形，齿裂；叶上面绿色，无毛，下面灰白色，被蛛丝状绒毛。头状花序单生茎端；总苞钟状，径2.5–3厘米，总苞片5–6层，背面密被长柔毛，外层长三角形，长9毫米，中层三角状披针形或披针形，

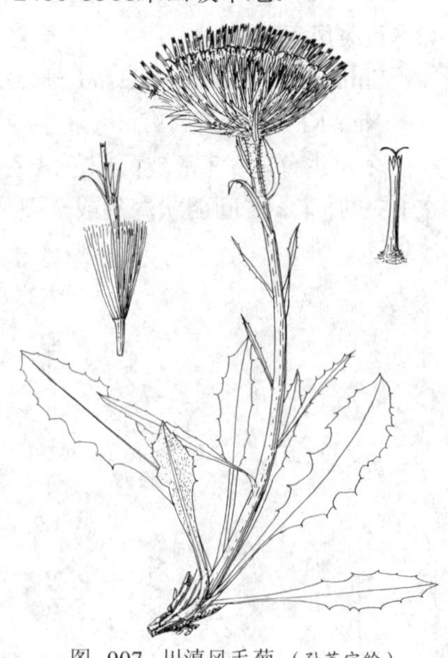

图 907 川滇风毛菊（孙英宝绘）

长1.5厘米，内层长三角形，长1.1厘米。小花紫色。瘦果圆柱形，褐色，无毛，长3-4毫米；冠毛2层，褐色。花果期7-8月。

产四川西南部及云南西北部，生于海拔3500-4000米山坡草地。

46. 东俄洛风毛菊 羽裂风毛菊 图 908

Saussurea pachyneura Franch. in Journ. de Bot. 8: 354. 1894.

Saussurea bodinieri Lévl.; 中国高等植物图鉴 4: 624. 1975.

多年生草本，高达28厘米。茎被锈色腺毛或无毛。基生叶莲座状，长椭圆形或倒披针形，长5-28厘米，羽状全裂，侧裂片6-11对，椭圆形或卵形，有三角形粗齿，叶柄长2-9厘米，紫红色，被蛛状毛；茎生叶1-3，与基生叶同形并等样分裂；叶上面疏被腺毛，下面密被白色绒毛。头状花序单生茎端；总苞钟状，径2.2-3.5厘米，总苞片5-6层，质硬，边缘紫色，上部绿色，下部麦秆黄色，背面疏被柔毛，外层长圆形或披针形，长7毫米，中层卵形或卵状披针形，先端常反折，内层披针状椭圆形，长约2厘米。小花紫色。瘦果长圆形，长3-3.5毫米，褐色，有横皱纹；冠毛白色，稍带褐色，2层。花果期8-9月。

产四川、云南、西藏东南部及南部，生于海拔3285-4700米山坡、灌丛、草甸或流沙滩。

[附] **丽江风毛菊 Saussurea likiangensis** Franch. in Journ. de Bot. 2: 311, 356. 1888. 本种与东俄洛风毛菊的主要区别：茎被白色棉毛；基生叶窄长圆形，全缘或有1-2细齿，上面疏被蛛丝状毛或无毛，下面密被白色棉毛；头状花序3-12集成球状，径0.8-1.2厘米；总苞卵圆形，径0.8-1.2厘米，总苞片上部或全部紫色。产陕西、四川、云南西北部及西藏，生于海拔3800-5100米草地、林缘或灌丛中。

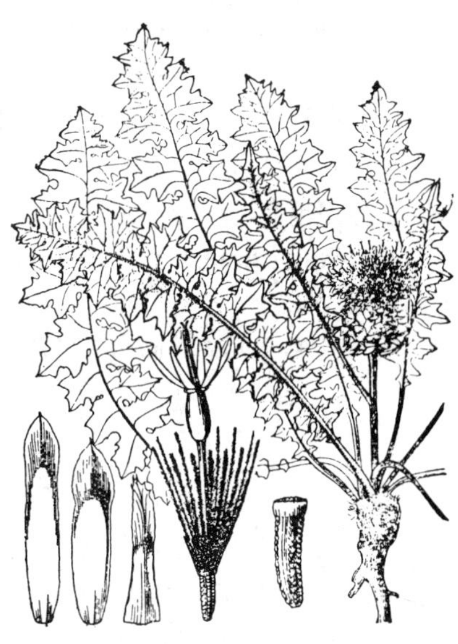

图 908 东俄洛风毛菊（引自《图鉴》）

47. 弯齿风毛菊 图 909

Saussurea przewalskii Maxim. in Bull. Acad. Imp. Sci. St. Pétersb. 27: 494. 1881.

多年生草本。茎黑紫色，被白色蛛丝状棉毛。基生叶长椭圆形，长8-15厘米，宽1-2厘米，羽状浅裂或半裂，侧裂片4-6对，三角形，疏生小齿，基部渐窄成翼柄，长4-8厘米，柄基鞘状；茎生叶3-4，与基生叶同形并等样分裂，具短柄；花序下部叶线状披针形，羽状浅裂或半裂，无柄；叶上面疏被蛛丝毛或无毛，下面密被白色蛛丝状绒毛。头状花序6-8集成球形；总苞卵圆形，径6-8毫米，总苞片5层，上部黑紫或紫色，背面疏被白色长柔毛，外层卵状披针形，长6毫米，中层椭圆形，长8毫米，内层长椭圆形，长9毫米。小花紫色。瘦果圆柱状，长3毫米，无毛；冠毛污褐色，2层。花果期7-9月。

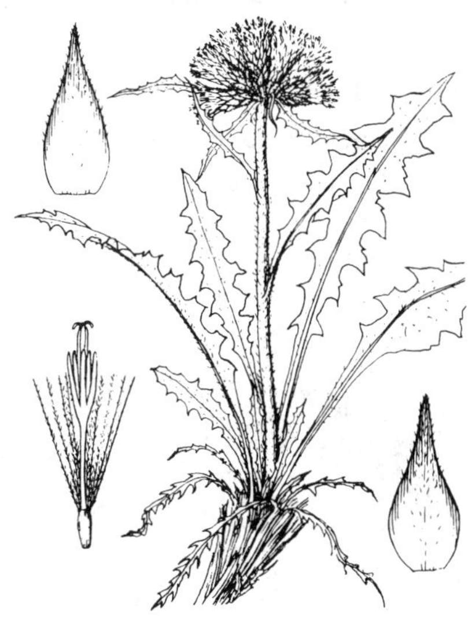

图 909 弯齿风毛菊（引自《中国植物志》）

产陕西秦岭、甘肃、青海、四川西部、云南西北部及西藏东部，生于海拔3800-4800米山坡灌丛、草地、流石滩或云杉林林缘。

[附] **怒江风毛菊 Saussurea salwinensis** Anthony in Notes Roy. Bot. Gard. Edinb. 18: 211. 1934. 本种与弯齿风毛菊的主要区别：垫状草本，高达4厘米；茎无毛；基生叶莲座状，叶柄长1-2厘米，叶坚硬，长3-7厘米；总苞片4层，上部绿色。产云南西北部及西藏东部，生于海拔3500-4450米山坡灌丛、草甸或流石坡。

48. 沙生风毛菊 图 910

Saussurea arenaria Maxim. in Bull. Acad. Imp. Sci. St. Pétersb. 27: 490. 1881.

多年生矮小草本，高达7厘米。茎极短，密被白色绒毛，或无茎。叶莲座状，长圆形或披针形，长4-11厘米，全缘、微波状或有尖齿，上面被蛛丝状毛及密腺点，下面密被白色绒毛，基部渐窄成长1.5-4厘米叶柄。头状花序单生莲座状叶中；总苞宽钟形或宽卵圆形，径2-3厘米，总苞片5层，背面疏被绒毛及腺点，外层卵状披针形，长1.6厘米，中层长椭圆形，长1.6厘米，内层丝形，长2厘米。小花紫红色，瘦果圆柱状，长3毫米，无毛；冠毛污白色，2层。花果期6-9月。

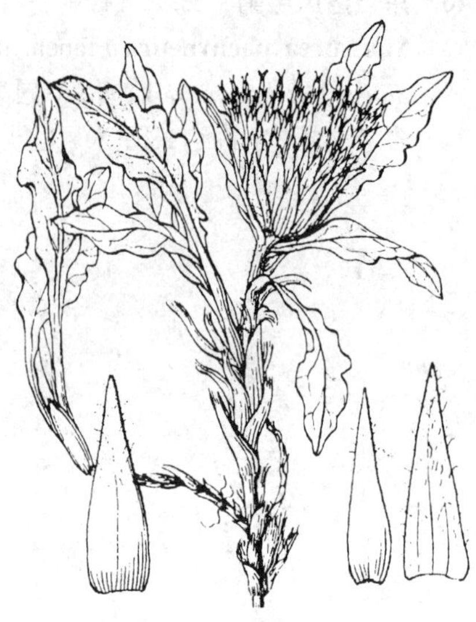

图 910 沙生风毛菊 （阎翠兰绘）

产甘肃西南部、青海、西藏东部及南部，生于海拔2800-4000米山坡、山顶、草甸、沙地或干河床。

[附] **中甸风毛菊 Saussurea dschungdienensis** Hand.-Mazz. in Sitz. Akad. Wiss. Wieh, Math.-Nat. Kl. 61: 205. 1924. 本种与沙生风毛菊的主要区别：叶长椭圆形或倒卵形，边缘浅波状成浅圆齿，叶柄长1-1.5厘米；总苞钟状或漏斗形，径1厘米，无毛，总苞片3-4层；瘦果冠毛浅褐色。花果期9-10月。产四川西部及云南西北部，生于海拔3000-4000米林缘、溪边草地或砾石山坡。

49. 川藏风毛菊 图 911

Saussurea stoliczkae Clarke, Comp. Ind. 225. 1876.

多年生矮小草本，高达6厘米。茎极短，密被白色绒毛或几无茎。叶线状长圆形或倒披针形，长3.8-8.5厘米，羽状浅裂，侧裂片5对，钝三角形或偏斜三角形，上面疏被绒毛，下面密被白色绒毛，基部渐窄成长1-2厘米叶柄。头状花序单生茎或根状顶端；总苞卵圆形，径1.2-2厘米，总苞片5层，疏被柔毛，绿色，带紫红色或上部紫色，外层卵状披针形，长1.1-1.2厘米，中层长椭圆状披针形，长1.7厘米，内层线状披针形，长1.5-2厘米。小花紫红色。瘦果圆柱状，淡褐色，长4.5毫米；冠毛污白色，2层。花果期8-10月。

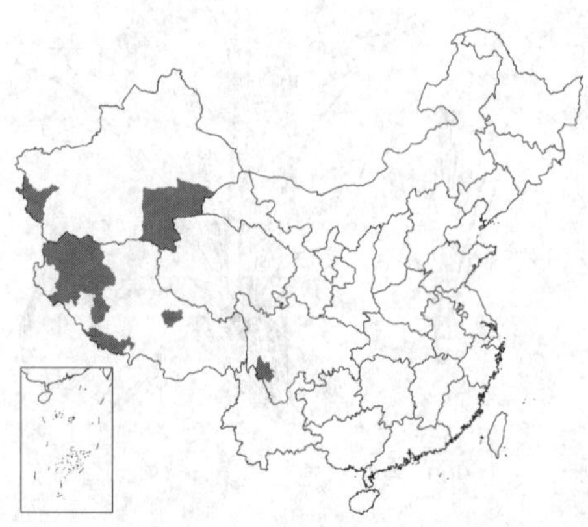

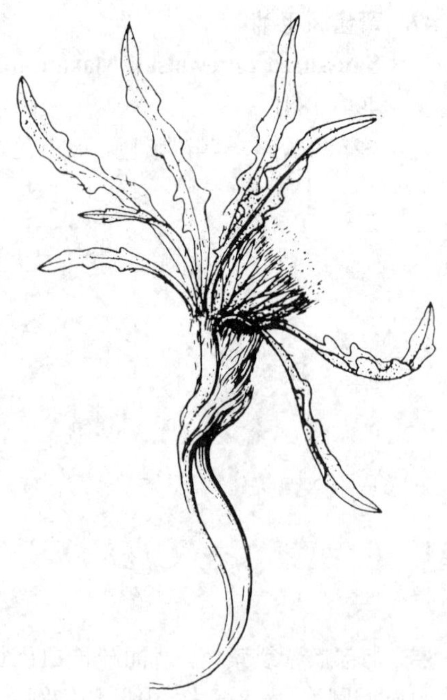

图 911 川藏风毛菊 （谭丽霞绘）

产四川西南部、西藏及新疆，生于海拔3200-5400米砾石山坡、灌丛、草原、草地、沙滩地、湖边溪旁或山沟。印度西北部及尼泊尔有分布。

[附] **褐黄色风毛菊 Saussurea ochlochleana** Hand.-Mazz. in Sitz. Acad. Wiss. Wien, Math.-Nat. Kl. 62 (3): 27. 1925. 本种与川藏风毛菊的主要区别：茎粗短，疏被白色长柔毛或无毛；叶上面无毛，下面密被黄色绒毛；头状花序3-9集生茎端，总苞径6-7毫米，总苞片3-4层；瘦果长2毫米，冠毛污褐色。花果期7-8月。产云南西北部及西藏，生于海拔4200-4900米灌丛、草地或草甸。

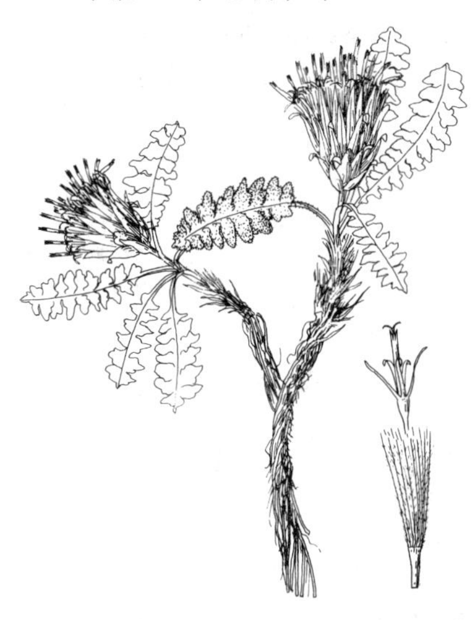

图 912 狮牙草状风毛菊（孙英宝绘）

50. 狮牙草状风毛菊　　图 912 彩片 143

Saussurea leontodontoides (DC.) Sch.-Bip. in Linnaea 19. 330. 1846.

Aplotaxis leontodontoides DC. Prodr. 6: 539. 1979.

多年生矮小草本。高达10厘米。茎极短，灰白色，密被蛛丝状棉毛至无毛。叶莲座状，线状长椭圆形，长4-15厘米，羽状全裂，侧裂片8-12对，椭圆形、半圆形或几三角形，全缘或基部一侧有小耳，顶裂片钝三角形，叶上面疏被糙毛，下面密被灰白色绒毛，叶柄长1-3厘米。头状花序单生莲座状叶丛中；总苞宽钟形，径1.5-3厘米，总苞片5层，背面无毛，外层及中层披针形，长0.9-1.2厘米，内层线形，长1.4-1.5厘米。小花紫红色。瘦果圆柱形，长4毫米，有横皱纹；冠毛淡褐色，2层。花果期8-10月。

产四川西南部、云南西北部、西藏及青海，生于海拔3280-5450米山坡林间砾石地、草地或林缘。克什米尔、尼泊尔、锡金或印度西北部有分布。

51. 齿苞风毛菊　　图 913

Saussurea odontolepis Sch.-Bip. ex Herd. in Bull. Soc. Nat. Mosc. 41 (3): 13. 1868.

多年生草本。茎几无毛，上部分枝。中部茎生叶卵形、披针形或长椭圆形，长10-12厘米，宽4-5厘米，羽状深裂或几全裂，侧裂片约7对，椭圆形或线状长椭圆形，全缘，顶裂片三角形，叶柄长约5厘米；上部及最上部叶与中部叶同形并等样分裂，有叶柄；叶上面密被糙毛，下面无毛。头状花序排成伞房状；总苞卵圆形或卵状钟状，径5-6毫米，总苞片4-5层，边缘及顶端有棉毛，外层草质，长椭圆形，长5毫米，边缘有栉齿，中层披针形或披针状椭圆形，长4-5毫米，全缘或有栉齿，内层椭圆形，长7毫米。小花紫色。瘦果圆柱状，长3毫米；冠毛2层，白色。花果期8-9月。

图 913 齿苞风毛菊（马 平绘）

产黑龙江南部、吉林、辽宁、内蒙古、河北北部、山西中南部、陕西北部及甘肃东南部，生于海拔100-650米林缘或草地。俄罗斯远东地区及朝鲜有分布。

图 914 篦苞风毛菊（引自《图鉴》）

52. 篦苞风毛菊 图 914

Saussurea pectinata Bunge in DC. Prodr. 6. 538. 1838.

多年生草本。茎上部被糙毛，下部疏被蛛丝毛。下部和中部茎生叶卵形、卵状披针形或椭圆形，长9-22厘米，宽4-12厘米，羽状深裂，侧裂片（4）5-8对，宽卵形、长椭圆形或披针形，边缘深波状或有缺齿，上面及边缘有糙毛，下面有柔毛及腺点，叶柄长4.5-5（-17）厘米；上部茎生叶有短柄，羽状浅裂或全缘。总状花序排成伞房状；总苞钟状，径1-2厘米，总苞片5层，上部被蛛丝毛，外层卵状披针形，长1厘米，边缘栉齿状，常反折，中层披针形或长椭圆状披针形，长1.1厘米，内层线形，长1.3厘米。小花紫色。瘦果圆柱形，长3毫米；冠毛2层，污白色，花果期8-10月。

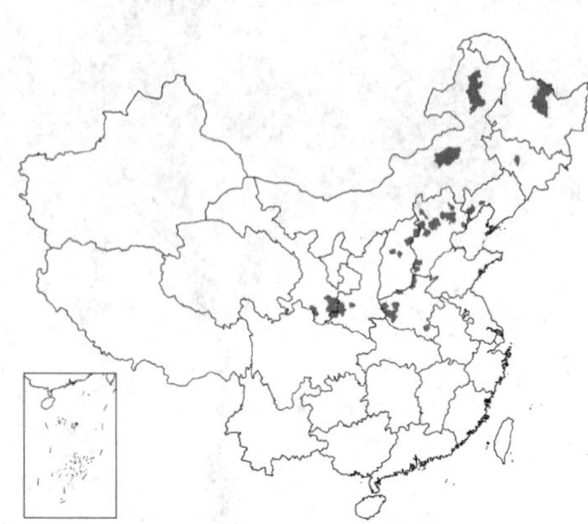

产黑龙江、吉林、辽宁、内蒙古、河北、山东、河南、山西、陕西西南部及甘肃南部，生于海拔350-1900米山坡林下、林缘、草原或沟谷。

图 915 杨叶风毛菊（张泰利绘）

53. 杨叶风毛菊 图 915

Saussurea populifolia Hemsl. in Journ. Linn. Soc. Bot. 29: 311. 1892.

多年生草本。茎上部分枝。下部与中部茎生叶心形或卵状心形，长5-11厘米，宽3-8厘米，基部心形或圆，有锯齿，上面密被糙毛，下面几无毛，叶柄长2-8厘米；上部叶卵形或卵状披针形，具短柄或几无柄。头状花序单生茎端或茎生2头状花序；总苞宽钟形，径2-2.5厘米，总苞片5-7层，带紫色，被微毛，外层卵形，长5-6毫米，中层长圆形，长7-8毫米，内层线形，长1.4厘米。小花紫色。瘦果几圆柱形，褐色，有棱，长5毫米；冠毛淡褐色，2层。花果期7-10月。

产甘肃东南部、陕西秦岭、河南西部、湖北西部、四川北部、云南西北部及东南部、西藏东南部，生于海拔1700-3400米山坡草地或沼泽地。

54. 蒙古风毛菊 华北风毛菊 图 916

Saussurea mongolica (Franch.) Franch. in Bull. Herb. Boiss. 5 (7): 539. 1897.

Saussurea ussuriensis Maxim. var. *mongolica* Franch. in Nouv. Arch.

Mus. Hist. Nat. 2 sér. 6: 60. 1883.

多年生草本。茎无毛或疏被糙毛。下部茎生叶卵状三角形或卵形，长5-20厘米，基部心形或微心形，羽状深裂或下半部羽状深裂或浅裂，上半部有粗齿；叶两面疏被糙毛，下面淡绿色，叶柄长达16厘米。头状花序多数排成伞房状或伞房圆锥状；总苞长圆形，径5-7毫米，总苞片5层，疏被蛛丝毛或柔毛，先端有马刀形附属物，附属物长渐尖，反折，外层卵形，长3.2毫米，中层长卵形，长7-8毫米，内层线形或长椭圆形，长1厘米，小花紫红色。瘦果圆柱状，长4毫米，无毛；冠毛2层，上部白色，下部淡褐色。花果期7-10月。

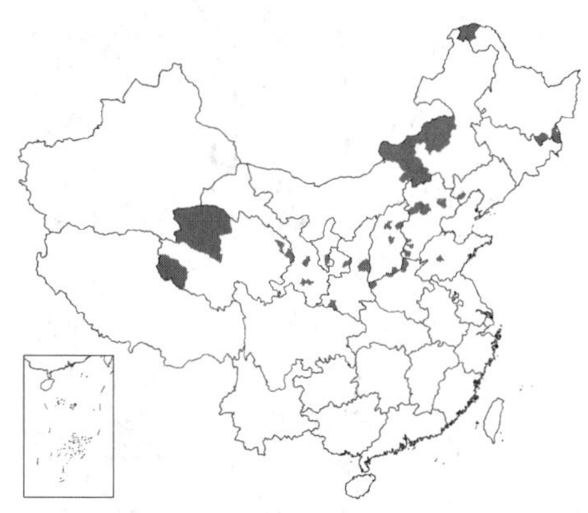

图 916　蒙古风毛菊（引自《图鉴》）

产黑龙江东南部、吉林东北部、辽宁西部、内蒙古、河北、山东、河南、山西、陕西、宁夏、甘肃及青海，生于海拔500-2900米山坡、林下、灌丛中或草坡。朝鲜有分布。

55. 心叶风毛菊　图 917

Saussurea cordifolia Hemsl. in Journ. Linn. Soc. Bot. 29: 310. 1892.

多年生草本。茎无毛。中下部茎生叶心形，长宽10-18厘米，有粗齿，叶柄长8-10厘米；上部叶心形或卵形，有锯齿，有短柄或无柄；叶上面疏被糙毛，下面无毛。头状花序具长梗，排成疏散伞房状或伞房圆锥状；总苞钟状，径0.8-1.5厘米，总苞片5层，有草质、渐尖附属物，外层卵形，长7毫米，中层卵形或长圆形，长0.8-1.1厘米，内层线形，长1.3厘米。小花紫红色。瘦果圆柱状，褐色，长6毫米，无毛；冠毛浅褐色。

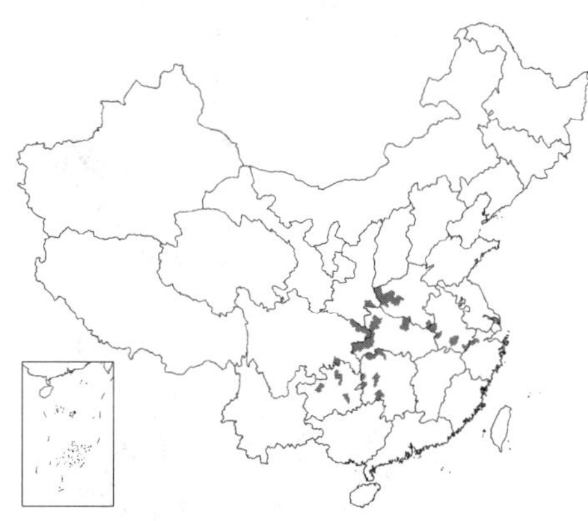

图 917　心叶风毛菊（引自《图鉴》）

产河南、安徽、浙江、湖北、湖南、贵州、四川及陕西，生于林缘、山谷、灌丛中或石崖下。

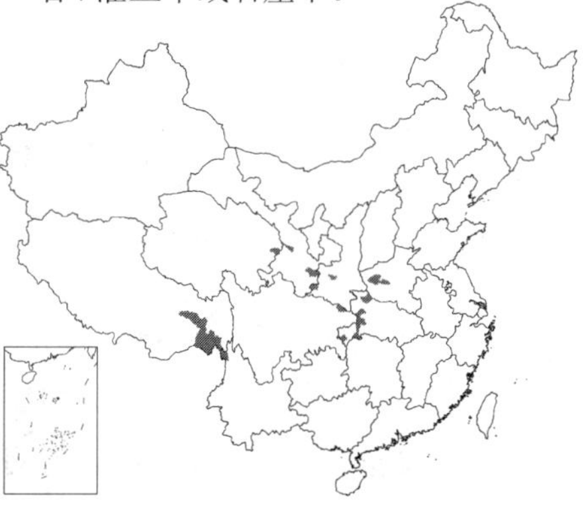

56. 少花风毛菊　图 918

Saussurea oligantha Franch. in Journ. de Bot. 10 (24): 421. 1896.

多年生草本。茎疏被节毛至无毛。下部与中部茎生叶宽卵状心形，长宽5-11厘米，有粗齿，叶柄长9-15厘米，被褐色节毛至无毛，柄基稍抱茎，上部叶长卵形或披针形，无柄；叶两面疏被糙毛至无毛。头状花序2-8排成疏散伞房状或圆锥状；总苞倒圆锥状或钟状，径1.2-1.5厘米，总苞片4-6层，先端有绿色、草质、渐尖附属物，外层卵形或宽卵形，长6毫米，中层长圆形，长0.8-1厘米，内层线形，长1厘米。小花紫色。瘦果长圆形，长3-4毫米；冠毛污白色，2层。花果期7-9月。

产河南西部、湖北西北至西南、陕西秦岭、甘肃、四川东部、青海及西藏东南部，生于海拔1300-2900米山坡、山谷林缘或林下。

[附] **喜林风毛菊 Saussurea stricta** Franch. in Journ. de Bot. 8 (20): 342. 1894. 本种与少花风毛菊的主要区别：茎近顶部被微柔毛至无毛；中部与下部茎生叶心形、宽心形或几圆形；总苞圆柱状，径5-7毫米，总苞片先端附属物尖头状；瘦果圆柱状，冠毛污黄色。花果期8-10月。产河南西部、四川东北部及云南西北部，生于海拔1400米山坡林下。

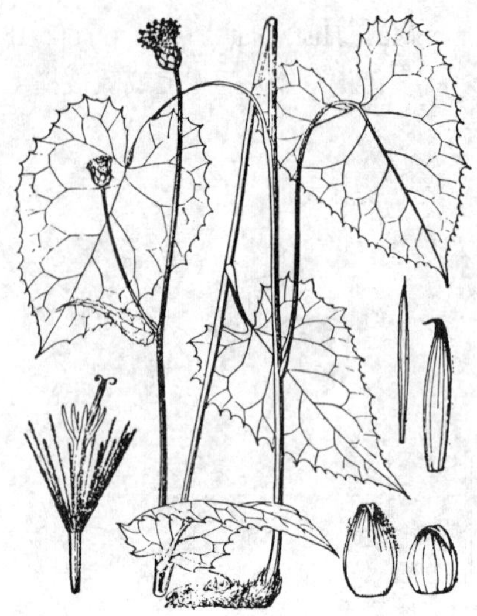

图 918 少花风毛菊（引自《图鉴》）

57. 东北风毛菊 图 919

Saussurea manshurica Kom. in Acta Hort. Petrop. 18 (3): 424. 1901.

多年生草本，高达1米。茎无毛。基生叶三角状戟形，稀卵形或长圆形，长6.5-14厘米，边缘具波状浅齿或带小尖头锯齿，两面绿色，无毛，基部心形或楔形，稀平截，叶柄长6.5-14厘米；中下部茎生叶与基生叶同形，渐小；上部叶小，披针形或长圆形，无柄。头状花序排成圆锥状；总苞圆柱状，径6毫米，总苞片5-7层，无毛或边缘及先端被微毛，先端钝，外层宽卵形或卵形，长2.2毫米，中层宽披针形或长椭圆形，长6.5毫米，内层长圆形，长1.1厘米。小花紫色。瘦果圆柱状，褐色，长3-4毫米；冠毛淡褐色，2层。花果期7-9月。

产黑龙江、吉林东部及辽宁东部，生于海拔950-1450米针阔叶混交林、杂木林内或岩缝中。朝鲜半岛北部及俄罗斯远东地区有分布。

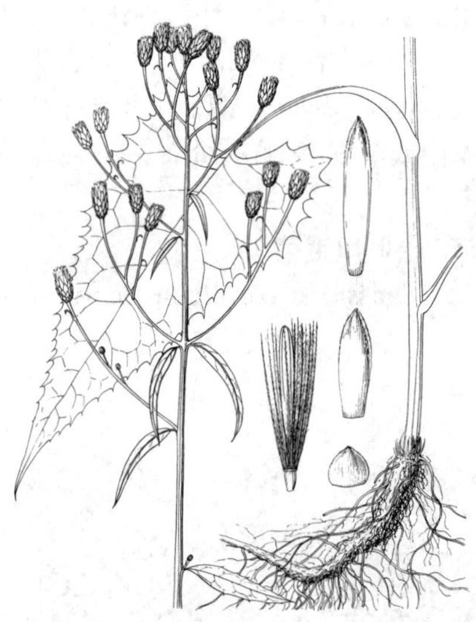

图 919 东北风毛菊（引自《图鉴》）

58. 庐山风毛菊 卢山风毛菊 图 920

Saussurea bullockii Dunn in Journ. Linn. Soc. Bot. 35: 509. 1903.

多年生草本。茎被薄棉毛或蛛丝状毛，下部毛常脱落。下部茎生叶三角状心形，长10-15厘米，宽6-12厘米，具波状尖齿，上面疏被糙毛，下面被薄蛛丝状棉毛，后脱落，叶柄长16-17厘米，柄基半抱茎；上部叶卵形或卵状三角形，有短柄。头状花序排成伞房圆锥状；总苞倒圆锥形，径1.2-1.5厘米，总苞片5-6层，先端及边缘常紫色，被蛛丝毛或脱落，外层卵形，长3毫米，先端有刺尖，中层长圆形，长1厘米，内层窄长圆形，长1.2厘米，先端钝。小花紫色。瘦果圆柱形，淡褐色，长

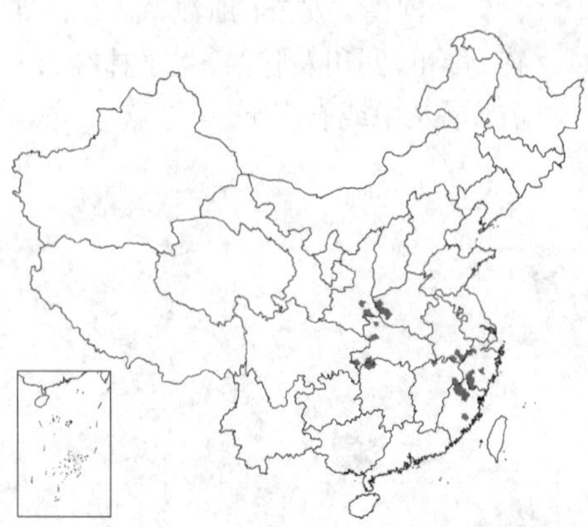

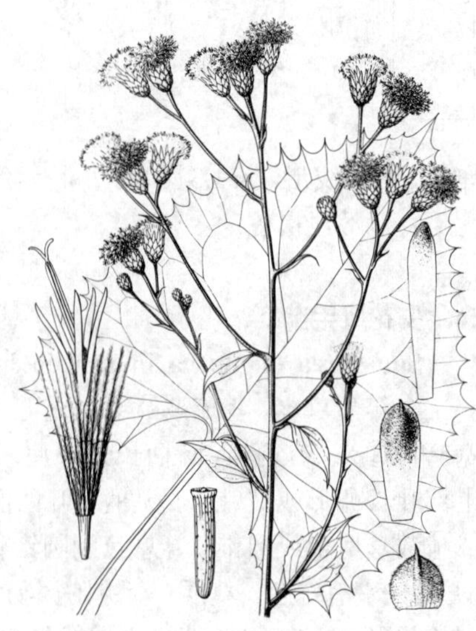

图 920 庐山风毛菊（引自《图鉴》）

4毫米，有棱，顶端有小冠；冠毛2层，淡褐色。花果期7–10月。

产陕西东南部、河南西部、安徽南部、浙江、福建、江西北部、湖北西部及湖南西北部，生于海拔900–1400米山坡草地、林下或山谷溪边。

[附] **长白山风毛菊 Saussurea tenuifolia** Kitag. in Rep. Inst. Sci. Rech. Manch. 5 (5): 159. 1941. 本种与庐山风毛菊的主要区别：茎无毛；下部茎生叶卵状心形，两面无毛，叶柄长7厘米；总苞卵圆形，径5毫米，总苞片4层；瘦果冠毛污白色。产吉林东南部及辽宁，生于海拔1100–1700米林缘。

59. 大叶风毛菊 图 921

Saussurea grandifolia Maxim. in Mém. Acad. Imp. Sci. St. Pétersb. 9: 169. 1859.

多年生草本。茎疏被糙毛或几无毛。下部和中部茎生叶心状卵形或三角形，长8–20厘米，宽4–13厘米，边缘有粗齿，叶柄长3–9厘米；上部茎生叶卵状三角形、卵状菱形或披针形，几无柄；叶坚硬，两面绿色，疏被糙毛。头状花序排成伞房状或圆锥状；总苞钟状，径1.5厘米，总苞片5–6层，质薄，先端有白色蛛丝毛，外层及中层椭圆形，长5–6毫米，内层线形，长9毫米。小花暗红色。瘦果稍弯，长5毫米；冠毛2层，白色。花果期8–9月。

产黑龙江、吉林及辽宁，生于海拔250–1050米林缘或草地。俄罗斯远东地区及朝鲜半岛北部有分布。

图 921 大叶风毛菊（引自《图鉴》）

[附] **黄山风毛菊 Saussurea hwangshanensis** Ling in Contr. Inst. Bot. Nat. Acad. Peiping 6 (2): 79–80. 1949. 本种与大叶风毛菊的主要区别：茎无毛；中部与下部茎生叶叶柄长8–13厘米，上部茎生叶卵形，上面疏被糙毛，下面无毛；总苞片4–5层；瘦果圆柱形，长3毫米。产浙江及安徽南部，生于海拔1000米林下、沟边或草地。

60. 乌苏里风毛菊 图 922

Saussurea ussuriensis Maxim. in Mém. Acad. Imp. Sci. St. Pétersb. 9: 167. 1859.

多年生草本。茎疏被柔毛。基生叶及下部茎生叶卵形、宽卵形、长圆状卵形、三角形或椭圆形，长6–10厘米，宽2.5–6厘米，有锯齿或羽状浅裂，上面有微糙毛及稠密腺点，下面疏被柔毛，叶柄长3.5–6厘米；中部与上部茎生叶长圆状卵形、披针形或线形，有细齿，叶柄短或无。头状花序排成伞房状；总苞窄钟形，径5–8毫米，总苞片5–7层，先端及边缘常带紫红色，被白色蛛丝毛，外层卵形，长2.2毫米，中层长圆形，长8毫米，内层线形，长

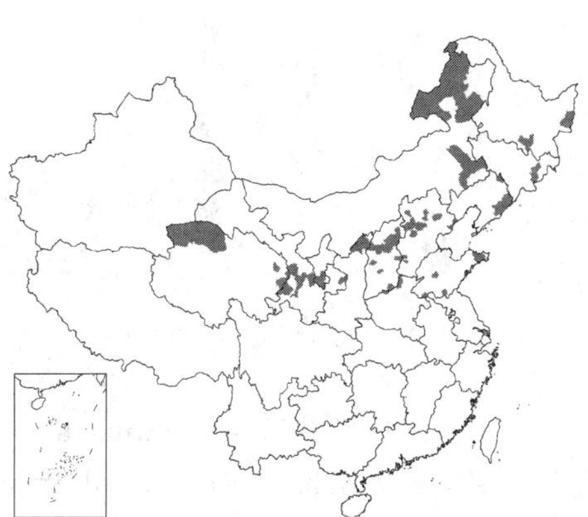

图 922 乌苏里风毛菊（冯晋庸绘）

1.4厘米。小花紫红色。瘦果浅褐色，长4-5毫米；冠毛2层，白色。花果期7-9月。

产黑龙江、吉林、辽宁、内蒙古、河北、山东、山西、陕西北部、甘肃、宁夏南部及青海，生于海拔1100-1900米山坡、草地、林下或河边。朝鲜半岛、日本及俄罗斯远东地区有分布。

61. 银背风毛菊 羊耳白背 图 923

Saussurea nivea Turcz. in Bull. Soc. Nat. Mosc. 10 (7): 153. 1837.

多年生草本。茎疏被蛛丝毛至无毛，上部分枝。下部与中部茎生叶披针状三角形、心形或戟形，长10-12厘米，宽5-6厘米，有锯齿，叶柄长3-8厘米；上部叶与中下部叶同形或卵状椭圆形、长椭圆形、披针形，几无柄；叶上面无毛，下面银灰色，密被棉毛。头状花序梗长0.5-5厘米，有线形苞片，排成伞房状；总苞钟状，径1-1.2厘米，总苞片6-7层，被白色棉毛，外层卵形，长4毫米，有紫黑色尖头，中层椭圆形或卵状椭圆形，长7毫米，内层线形，长1厘米。小花紫色。瘦果圆柱状，褐色，长5毫米；冠毛2层，白色。

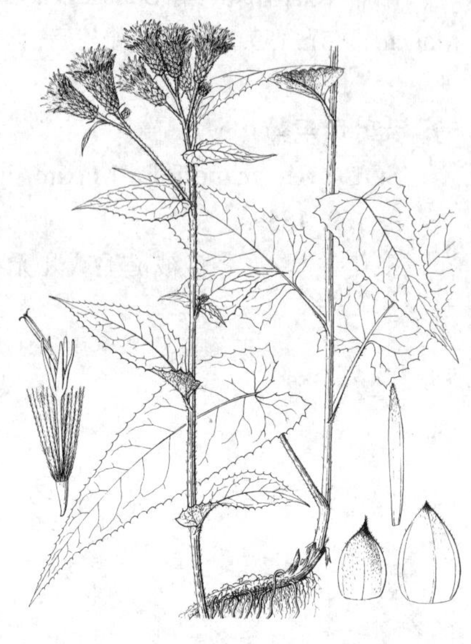

图 923 银背风毛菊（蔡淑琴绘）

产内蒙古南部、河北、河南、山西、陕西秦岭西部及宁夏北部，生于海拔400-2220米林缘、林下或灌丛中。朝鲜半岛有分布。

[附] **肾叶风毛菊 Saussurea acromeleana** Hand.-Mazz. Symb. Sin. 7 (4): 1151. 1936. 本种与银背风毛菊的主要区别：茎疏被白色棉毛；下部茎生叶叶柄长6-12厘米，叶宽肾形，宽7-17厘米；头状花序钟状，总苞径0.6-1.1厘米，总苞片5层，先端有黑色小尖头；瘦果有棱，冠毛浅褐色。花果期9-10月。产河北、河南西部、陕西南部及湖北西部，生于海拔1400-2500米山坡林下。

62. 松林风毛菊 图 924

Saussurea pinetorum Hand.-Mazz. Symb. Sin. 7 (4): 1150. 1936.

多年生草本。茎被锈色长毛，上部被白色蛛丝状毛。基生叶及下部茎生叶长圆形或卵形，长3-10厘米，有小尖齿，柄有翼，长1.5-3厘米，柄翼沿茎下沿成茎翼；中部及上部叶与下部叶同形或长圆状披针形、披针形、线状披针形或线形，有短翼柄，柄翼沿茎下延成茎翼；叶上面密被锈色节毛，下面密被白色绒毛。头状花序排成总状或窄总状圆锥状；总苞椭圆形，径7-9毫米，总苞片5层，无毛，外层卵形，长3毫米，中层椭圆形，长5-8毫米，内层宽线形，长9毫米。小花紫色。瘦果浅褐色，有肋，长2-3毫米；冠毛2层，白色。花果期7-9月。

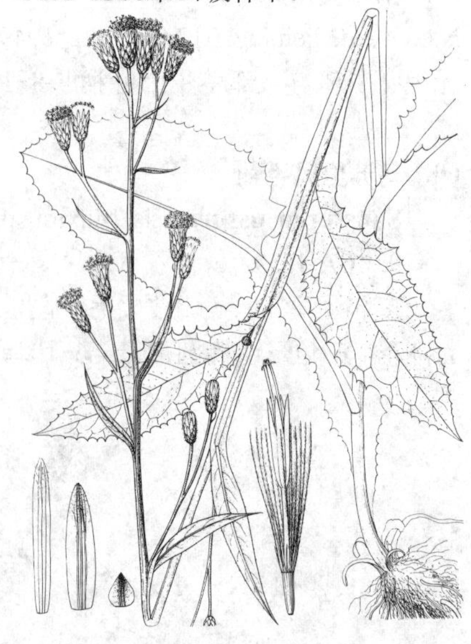

图 924 松林风毛菊（引自《图鉴》）

产湖北、四川及云南西北部，生于海拔1900-3370米松林下或草坡。

[附] **膜片风毛菊 Saussurea paleata** Maxim. in Mém. Acad. Imp.

Sci. St. Pétersb. Etrang. 9: 168. 1859. 本种与松林风毛菊的主要区别：基生叶长卵状心形，有不明显细齿或尖头，上面无毛，下面被蛛丝状薄绒毛，叶柄长5-7厘米；头状花序排成伞房状，总苞楔钟状，径7毫米，总苞片3-4层；瘦果四棱形。产辽宁及河北，生于海拔1700-2130米山坡。

图 925 大坪风毛菊（引自《图鉴》）

63. 大坪风毛菊 绵毛风毛菊 图 925

Saussurea chetchozensis Franch. in Journ. de Bot. 2 (20): 359. 1888.

Saussurea lanuginosa Vaniot; 中国高等植物图鉴 4: 637. 1975.

多年生草本。茎被蛛丝状棉毛。基生叶与下部茎生叶宽卵形，长8-10厘米，宽4-6厘米，边缘有小尖齿，叶柄长5-6厘米；上部茎生叶线状披针形，基部沿茎下延成茎翼，无柄；最上部叶线形；叶上面无毛或疏被柔毛，下面密被白色绒毛。头状花序在茎枝顶端排成伞房状；总苞长圆形，径1.2厘米，总苞片5-6层，背面被绢状长柔毛，外层卵形，内层线形。小花蓝紫色。瘦果褐色，长3毫米；冠毛污白色。花果期10月。

产四川近中部、云南西北部及湖南北部，生于海拔2000-3640米山坡林下或草地。

图 926 耳叶风毛菊（引自《图鉴》）

64. 耳叶风毛菊 图 926

Saussurea neofranchetii Lipsch. in Journ. Bot. URSS 57 (6): 676. 1972.

多年生草本。根茎颈部有残存叶。基生叶长椭圆形，基部楔形，无叶柄；中部与下部茎生叶长圆形或长圆状倒披针形，长10-15厘米，基部渐窄具翼，圆耳状抱茎，边缘有细齿；叶两面无毛。头状花序具长梗，梗上部疏被长柔毛，单生茎枝顶端；总苞钟状，径1.2-2厘米，总苞片约4层，近革质，先端常反折，外层卵形，内层长圆状披针形。小花紫红色。瘦果圆形，褐色，长4毫米，有纵肋；冠毛淡黄色，2层，外层短，糙毛状，内层长，羽毛状。花果期8月。

产四川及云南西北部，生于海拔3000-3800米林缘、山坡灌丛或草地。

65. 大耳叶风毛菊 图 927

Saussurea macrota Franch. in Journ. de Bot. 8 (20): 343. 1894.

Saussurea otophylla Diels; 中国高等植物图鉴 4: 632. 1975.

多年生草本。茎被糙毛或无毛。下部与中部茎生叶椭圆形或卵状椭圆形，长10-22厘米，宽3-6厘米，基部深心形，有抱茎大叶耳，无柄；上部叶渐小，长圆状披针形；叶边缘疏生齿，上面疏被糙毛，下面疏被褐色腺毛。头状花序2-10排成伞房状，花序梗长0.2-2厘米，被腺毛；总苞卵圆形，花后圆柱状，径6-8毫米，总苞片5-6层，厚革质，边缘及先端常紫红或褐色，疏被蛛丝毛或几无毛，外层卵形，长4毫米，中层长卵形，长7毫米，内层线形，长1.2厘米。小花深紫色。瘦果圆柱状，长4.5毫米，有纵肋；冠毛2层，淡褐色。花果期7-8月。

产陕西秦岭、宁夏南部、甘肃南部、四川及湖北西部，生于海拔2200-3300米山坡、林下或灌丛中。

图 927 大耳叶风毛菊 （蔡淑琴绘）

66. 狭翼风毛菊 窄翼风毛菊 图 928

Saussurea frondosa Hand.-Mazz. in Acta Hort. Gothob. 12: 312. 1938.

多年生草本。茎有窄翼，密被柔毛，上部或顶端分枝。下部及中部茎生叶卵形或椭圆形，长10-16厘米，不裂或大头羽状深裂，边缘有细齿，顶裂片卵形或椭圆形，侧裂片1对，小；上部叶椭圆形，几无柄，全缘；叶两面无毛。头状花序小，排成伞房状，花序梗长0.2-1厘米；总苞卵状长圆形，总苞片5层，背面疏被蛛丝毛，外层卵形，长5毫米，内层长圆形，长0.7-1厘米。小花紫红色。瘦果圆柱状，褐色，长5毫米；冠毛2层，浅褐色。花果期7-9月。

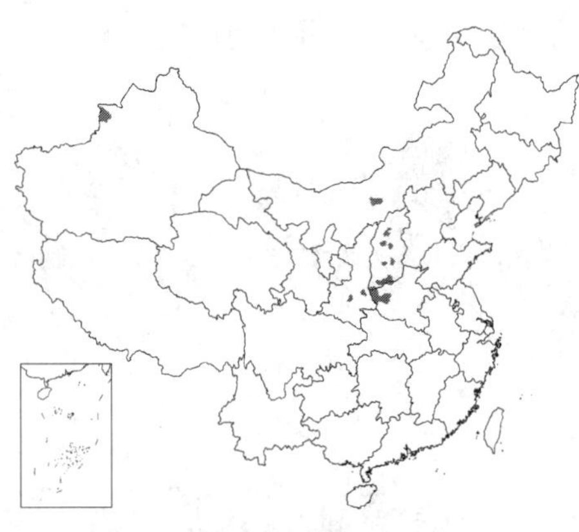

产内蒙古中南部、山西、河南西部、陕西秦岭及新疆西北部，生于海拔1450-2300米山坡林下。

图 928 狭翼风毛菊 （蔡淑琴绘）

67. 川西风毛菊 图 929

Saussurea dzeurensis Franch. in Journ. Bot. 8 (20): 339. 1894.

多年生草本，高达90厘米。茎有翼，翼有锯齿，疏被棉毛或脱落。基生叶有长柄；茎生叶倒向羽状分裂，侧裂片3-6对，三角形，有锯齿，基部沿茎下延成具齿茎翼；上部叶卵状披针形，有粗齿；叶上面疏被糙毛，下面被白色蛛丝毛。头状花序7-10排成伞房状，花序梗有线形苞叶，疏被棉毛；总苞卵圆形，长1-1.2厘米，总苞片革质，被绢状柔毛，边缘黑色，外层及中层卵形或披针形，内层长圆形。小花白色。瘦果长3.5毫米；冠毛2层，淡黄

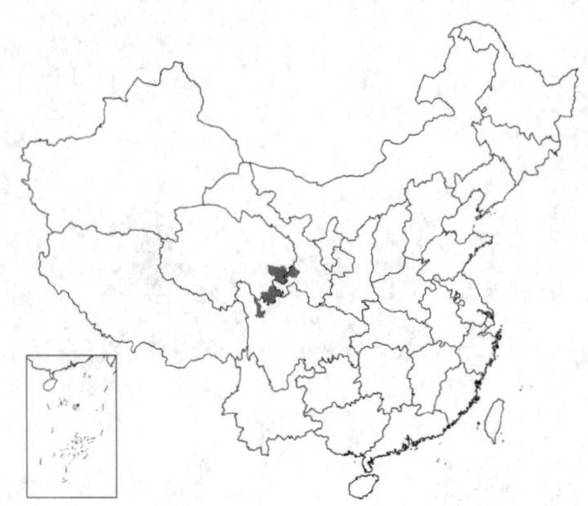

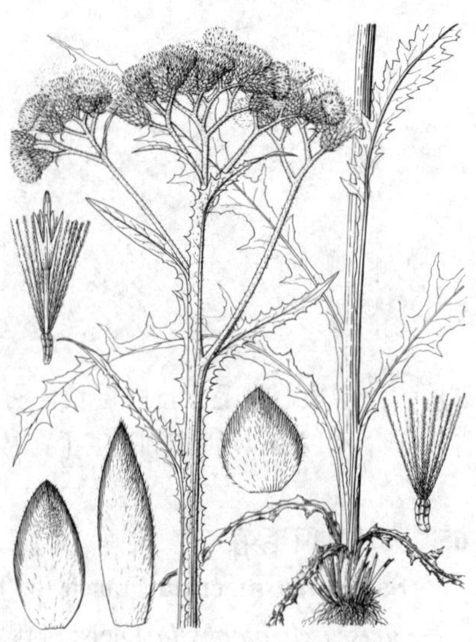
图 929 川西风毛菊 （蔡淑琴绘）

褐色。花果期9-10月。

产甘肃西南部、青海东部及四川西北部，生于海拔3500-4000米山坡草地。

[附] **台岛风毛菊 Saussurea kiraisiensis** Masamune in Jour. Soc. Trop. Agric. Taiwan 2 (3): 241. 1930. 本种与川西风毛菊的主要区别：茎高达15厘米，被柔毛；叶长圆形、卵形或宽卵形，长2-5厘米，大头羽状浅裂，侧裂片长圆形，上面被柔毛，下面被白色棉毛；总苞钟状，长7毫米。产台湾，生于高山山顶。

68. 变叶风毛菊　　图 930

Saussurea mutabilis Diels in Engl. Bot. Jahrb. 36 (5): 109. 1905.

多年生草本。茎疏被柔毛。中部茎生叶大头羽状深裂，长7-15厘米，顶裂片卵形，有锯齿，侧裂片1-2对，椭圆形或三角形，叶柄长5-11厘米；上部茎生叶大头羽状深裂，侧裂片1对，或叶不裂，卵状椭圆形，叶柄长1厘米，或无柄；叶两面无毛。头状花序排成圆锥或伞房状；总苞钟状，径4-9毫米，总苞片5-6层，背面被蛛丝毛，外层卵形，内层线状披针形。小花白色。瘦果淡褐色，长5毫米；冠毛2层，白色。花果期8-10月。

产陕西秦岭及甘肃东南部，生于海拔1300-1800米山坡林下。

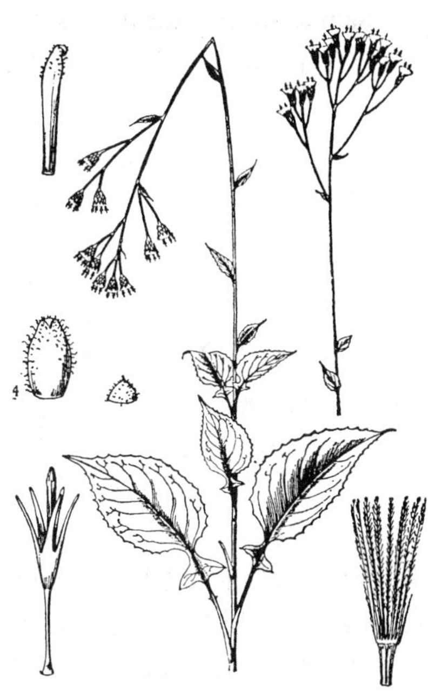

图 930 变叶风毛菊（钱存源绘）

[附] **桑叶风毛菊 Saussurea morifolia** Chen in Bull. Fan. Mem. Inst. Biol. Bot. 8: 123. 1938. 本种与变叶风毛菊的主要区别：茎无毛；中部茎生叶大头羽状全裂，顶裂片三角状戟形，具短柄；头状花序单生茎端或茎生2-4头状花序，总苞径1.5-2厘米，总苞片4-5层，无毛；小花紫色。花果期7-9月。产陕西及甘肃，生于海拔1820-2700米山坡林下或路边。

[附] **翼柄风毛菊 Saussurea alatipes** Hemsl. in Journ. Linn. Soc. Bot. 29: 308. 1892. 本种与变叶风毛菊的主要区别：茎疏被白色棉毛或无毛；基生叶与下部茎生叶有翼柄，长3.5-11厘米，叶大头羽状深裂，顶裂片卵形、卵状三角形或稍心形；总苞径0.8-1厘米，总苞片6-7层；小花淡紫色。花果期7-8月。产四川东部及湖北西部，生于海拔1500-2550米山坡草地或林下。

69. 秦岭风毛菊　　图 931

Saussurea tsinlingensis Hand.-Mazz. in Oesterr. Bot. Zeischr. 85: 223. 1936.

多年生草本。茎枝近无毛。下部茎生叶卵状长椭圆形，长6-17厘米，大头羽状深裂，顶裂片三角状卵形，基部楔形或近平截，有锯齿，侧裂片1对，偏斜三角形或披针形，叶柄长7厘米；中部叶渐小，与下部茎生叶同形并等样分裂，叶柄长2-3厘米；上部叶不裂，长椭圆形或长椭圆状披针形，全缘或有小锯，具短柄；叶上面被糙毛，下面被白色蛛丝毛。头状花序多数排成

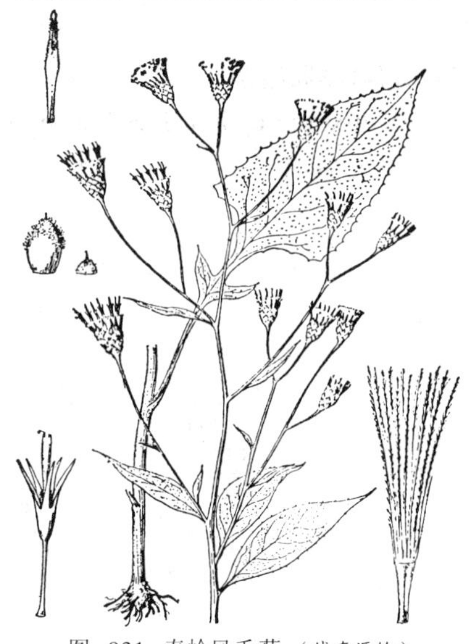

图 931 秦岭风毛菊（钱存源绘）

疏散圆锥状，花序梗密被蛛丝毛；总苞卵圆状或钟状，径0.7-1厘米，总苞片4-5层，背面疏被蛛丝毛，外层卵形，内层披针形，先端紫红色。小花紫色。瘦果圆柱状，长4毫米；冠毛2层，淡褐色。花果期8-10月。

产河南西部、陕西秦岭、甘肃南部及四川东北部，生于海拔1500-2000米山坡路旁或疏林下。

70. 长毛风毛菊 图 932

Saussurea hieracioides Hook. f. Fl. Brit. Ind. 3: 371. 1881.

多年生草本。茎密被白色长柔毛。基生叶莲座状，椭圆形或长椭圆状倒披针形，长4.5-15厘米，宽2-3厘米，全缘或疏生微浅齿，基部渐窄成具翼短柄；茎生叶与基生叶同形或线状披针形或线形，无柄；叶质薄，两面褐或黄绿色，两面及边缘疏被长柔毛。头状花序单生茎顶；总苞宽钟形，径2-3.5厘米，总苞片4-5层，边缘黑紫色，背面密被长柔毛，外层卵状披针形，长1厘米，中层披针形，长1.3厘米，内层窄披针形或线形，长2.5厘米。小花紫色。瘦果圆柱状，褐色，长2.5毫米；冠毛淡褐色，2层。花果期6-8月。

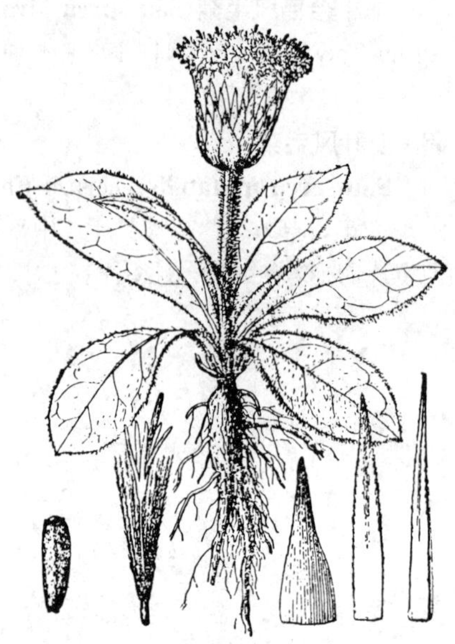

图 932 长毛风毛菊（引自《图鉴》）

产甘肃、青海东部、西藏、云南西北部及东北部、四川西部，文献记载湖北西部有分布，生于海拔4450-5200米高山碎石土坡或高山草坡。尼泊尔及锡金有分布。

[附] **卷苞风毛菊 Saussurea sclerolepis** Nakai et Kitag. in Rep. First. Sci. Exp. Manch. 4(1): 64. 1934.本种与长毛风毛菊的主要区别：茎疏被糙毛至无毛；基生叶及下部茎生叶有翼柄，长5-14厘米，柄基鞘状，叶椭圆状披针形、卵形或卵状披针形，叶缘浅波状或具不规则波状锯齿，两面无毛；总苞片6-7层，外层总苞片先端反折；瘦果圆锥状，有棱，长5-5.5毫米，冠毛淡黄色。花果期7-9月。产辽宁、内蒙古及河北，生于海拔1700-1900米山坡、草地、林缘或山沟。

[附] **腺点风毛菊 Saussurea glandulosa** Kitam in Acta Phytotax. Geobot. 3: 137. 1934.本种与长毛风毛菊的主要区别：茎无毛；下部与中部茎生叶长圆状披针形，疏生锯齿，上面粗糙，密被腺点，下面疏被柔毛；头状花序8排成伞房状，总苞圆柱头，总苞片3层。花果期8月。产台湾。

71. 柳叶菜风毛菊 图 933

Saussurea epilobioides Maxim. in Bull. Acad. Imp. Sci. St. Pétersb. 27. 495. 1881.

多年生草本。茎无毛。下部与中部茎生叶线状长圆形，长8-10厘米，基部渐窄成深心形半抱茎小耳，密生具长尖头深齿，上面被糙毛，下面有腺点，无叶柄。头状花序排成密集伞房状，花序梗短；总苞钟状或卵状钟形，径6-8毫米，总苞片4-5层，无毛，外层宽卵形，中层长圆形，先端均有黑

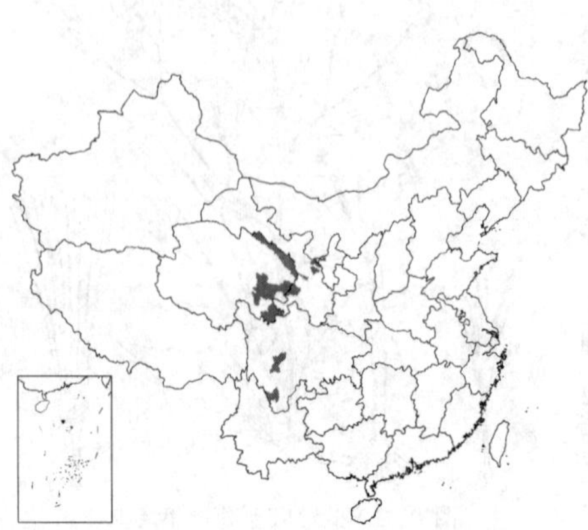

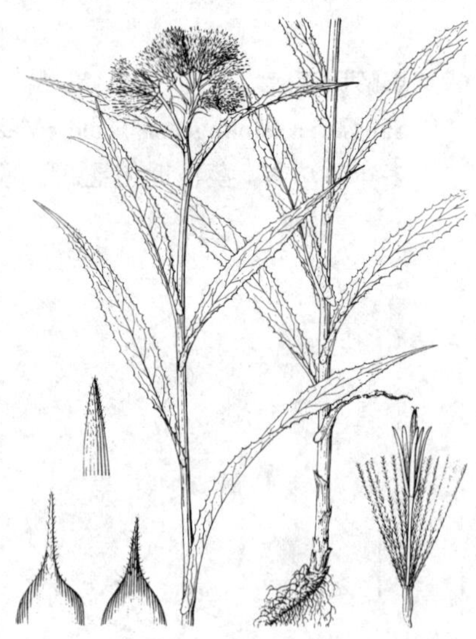

图 933 柳叶菜风毛菊（引自《图鉴》）

绿色长钻状马刀形附属物，附属物反折或稍弯曲，内层长圆形或线状长圆形。小花紫色。瘦果圆柱状，无毛，长3-4毫米；冠毛污白色，2层。花果期8-9月。

产甘肃、宁夏、青海及四川，生于海拔2600-4000米山坡。

[附] **湿地风毛菊 Saussurea umbrosa** Kom. in Acta Hort. Petrop. 8 (3): 423. 1900. 本种与柳叶菜风毛菊的主要区别：茎有棱，具窄翼，被柔毛；下部与中部茎生叶长圆形、长圆状披针形或披针形，长9-18厘米，具刺尖锯齿及缘毛；总苞钟状，径1厘米，外层与中层总苞片先端附属物马刀形，尾状长渐尖，反卷；小花淡紫色；瘦果冠毛淡褐色。花果期7-8月。产吉林及内蒙古，生于林下及林间草地。俄罗斯西伯利亚东部及朝鲜半岛有分布。

72. 小花风毛菊 图 934

Saussurea parviflora (Poir.) DC. in Ann. Mus. Hist. Nat. 16: 200. 1810. *Serratula parviflora* Poir. in Lamarck, Encycl. Method. 6: 554. 1805.

多年生草本。茎有窄翼，疏被柔毛或无毛，无腺点。下部茎生叶椭圆形，长8-30厘米，边缘有锯齿，基部沿茎下延成窄翼，翼柄长0.5-2厘米；中部叶披针形或椭圆状披针形，长12-15厘米，宽2-3.5厘米；上部叶披针形或线状披针形，无柄；叶上面被微毛，下面灰绿色，被微毛。头状花序排成伞房状；总苞钟状，径5-6毫米，总苞片5层，先端或全部暗黑色，无毛或有睫毛，外层卵形或卵圆形，长2毫米，中层长椭圆形，长1.1厘米，内层长圆形或线状长椭圆形，长1.1厘米。小花紫色。瘦果长3毫米；冠毛白色，2层。花果期7-9月。

产黑龙江、内蒙古、河北、山西、宁夏、甘肃中部、青海、新疆北部、西藏南部及四川北部，生于海拔1600-3500米山坡阴湿地、山谷灌丛中、林下或石缝中。俄罗斯及蒙古有分布。

[附] **湖北风毛菊 Saussurea hemsleyi** Lipsch. in Journ. Bot. URSS 51 (10): 1497. 1966. 本种与小花风毛菊的主要区别：茎密被黑褐色腺点；中下部茎生叶长椭圆形，长7-10厘米，边缘有锯齿及浅褐色腺毛，两面疏被褐色柔毛；总苞窄钟状，径0.5-1厘米；瘦果圆柱状，冠毛淡褐色。产湖北西部、四川西北部、贵州东北部及云南，生于海拔2200-3800米密林下或潮湿地。

图 934 小花风毛菊（引自《图鉴》）

[附] **狭头风毛菊 Saussurea dielsiana** Koidz. Symb. Or. Asiat. 50, 1930, tant. nom. nov. 本种与小花风毛菊的主要区别：下部茎生叶长圆状三角形，长8-10厘米，宽4-8厘米，具波状锯齿，叶柄长3-6厘米，两面绿色，无毛；头状花序多数，密集成伞房状，总苞径4-5毫米，窄钟状或圆柱形；外层总苞片先端外弯呈紫色；瘦果长5毫米。产山西、陕西及四川，生于海拔800-1600米山坡草地。

73. 龙江风毛菊 图 935

Saussurea amurensis Turcz. in DC. Prodr. 6: 534. 1838.

多年生草本。茎被蛛丝毛或几无毛，有叶基沿茎下延的窄翼。基生叶宽披针形、长宽圆形或卵形，长20-30厘米，基部渐窄，具长柄；边缘疏生细齿，下部与中部茎生叶披针形或绒状披针形，有细齿，基部渐窄成短柄；上部叶线状披针形或线形，全缘，无柄；叶上面无毛，下面密被白色蛛丝状棉毛。头状花序排成紧密伞房状；总苞钟状，径6-8毫米，总苞片4-5层，被棉状长柔毛，外层卵形，长3毫米，暗紫色，中层长椭圆形，长

7毫米，内层披针形或长圆状披针形，长1厘米。小花粉紫色。瘦果圆柱状，长3毫米，褐色；冠毛2层，污白色。

产黑龙江、吉林及内蒙古，生于海拔900-1300米沼泽化草甸或草甸。朝鲜半岛北部、俄罗斯东西伯利亚及远东地区有分布。

图 935 龙江风毛菊（引自《图鉴》）

74. 折苞风毛菊 图 936

Saussurea recurvata (Maxim.) Lipsch. in Not. Syst. Herb. Inst. Bot. Sci. URSS 21: 374. 1961.

Saussurea elongata DC. var. *recurvatsa* Maxim. in Mém. Acad. Imp. Sci. St. Pétersb. Sav. Etrang 9 : 167. 1859.

多年生草本。茎有棱，无毛。基生叶及下部茎生叶长三角状卵形、长三角状戟形或长卵形，长10-15厘米，羽状深裂或半裂，侧裂片具缺刻状锯齿或小裂片，稀全缘，叶柄有窄翼，长3-7厘米；中部茎生叶与下部茎生叶相似，叶羽裂或具缺刻状长齿，有短柄；上部茎生叶披针形或线状披针形，全缘或有锯齿，无叶柄；叶上面疏被糙硬毛，下面疏被柔毛。头状花序3-4密集成伞房状，花序梗短；总苞钟状，径1-1.5厘米，总苞片5-7层，外层宽卵形，先端常反折，中层卵状披针形，内层线形，常紫色。小花紫色。瘦果圆柱状，长5毫米；冠毛淡褐色。花果期7-9月。

产黑龙江、吉林东部、内蒙古、陕西西部、宁夏、甘肃东部及青海东部，生于海拔1000-2900米林缘、灌丛或山坡草地。朝鲜半岛及俄罗斯远东地区有分布。

图 936 折苞风毛菊（孙英宝绘）

154. 刺头菊属 Cousinia Cass.

（石 铸 靳淑英）

一年生、二年生或多年生草本或亚灌木。叶互生，羽状分裂或不裂，基生叶通常莲座状。头状花序同型，小花多数，单生茎顶，或有多数头状花序排成总状、圆锥状花序或伞房花序；总苞卵圆形、球形、圆柱状、钟状或碗状，总苞片多层，覆瓦状排列，坚硬，革质，先端渐尖成硬针刺，最内层苞片先端通常硬膜质，钝；花托平，密被托毛，托毛边缘糙毛状或全缘。小花均两性，管状；花丝分离，光滑，花药基部附属物箭形，羽状撕裂；花柱分枝短或较长。瘦果倒卵圆形、倒圆锥状，扁，有2边肋或5-多条肋棱或脉纹，无毛，稀有蛛丝毛，基底着生面平，顶端圆，边肋或肋棱成尖齿状或多少成齿状果缘；冠毛1-多层，冠毛刚毛等长，糙毛状，基部不连合成环，极易分散脱落，稀无冠毛。

约600种，主要分布于亚洲西南部和中亚。我国11种。

1. 茎有翼；托毛平滑，边缘无糙毛、无锯齿；头状花序小，总苞，不连同边缘针刺径6-9毫米，小花淡黄色 ………………………………………………………………………………………… 1. **翼茎刺头菊 C. alata**

1. 茎无翼。

2. 托毛平滑，边缘无糙毛、无锯齿；头状花序单生枝端，总苞球形或卵形，不连同边缘针刺径1.5-2厘米；总苞片多数，达100以上；小花白色 …………………………………………………………………………………… 2. **刺头菊 C. affinis**

2. 托毛锯齿状或糙毛状；小花花冠紫红色；叶羽状全裂或几全裂，侧裂片与羽轴成直角射出。

3. 多年生草本，茎基粗厚；叶裂片非骨针状；总苞碗状，不连同边缘针刺径1.5-2厘米 ……… 3. **丛生刺头菊 C. caespitosa**

3. 二年生草本，茎基不发育；叶裂片骨针状；头状花序大，不连同边缘针刺径3-5厘米。

4. 头状花序在茎枝顶端排成穗状花序，穗状花序中下部的头状花序常不甚发育 …… 4. **穗花刺头菊 C. falconeri**

4. 头状花序单生茎枝顶端 …………………………………………………………………………… 4(附). **毛苞刺头菊 C. thomsonii**

1. 翼茎刺头菊 图 937：1-3

Cousinia alata Schrenk, Enum. Pl. Nov. 1: 40. 1841.

二年生草本。茎有翼，圆锥状或伞房状分枝。基生叶与下部茎生叶披针形或长椭圆形，二回羽状全裂，一回侧裂片长椭圆形或窄披针形，二回侧裂片长卵形或长三角形，先端有针刺，全缘；中下部叶与基生叶及下部茎生叶同形，羽状深裂；叶两面疏生蛛丝毛，除基生叶外，基部沿两侧下延成茎翼，边缘刺齿。头状花序排成伞房或圆锥状花序；总苞长卵形，不连同边缘针刺径6-9毫米，疏被蛛丝毛，总苞片约9层，中外层披针形或长三角形，先端成针刺，内层披针状长椭圆形或倒披针形，先端成针刺，最内层宽线形；苞片下部或大部紧贴，上部或先端开展，弧行反曲；托毛平滑，边缘无糙毛亦无锯齿。小花淡黄色。花期6月。

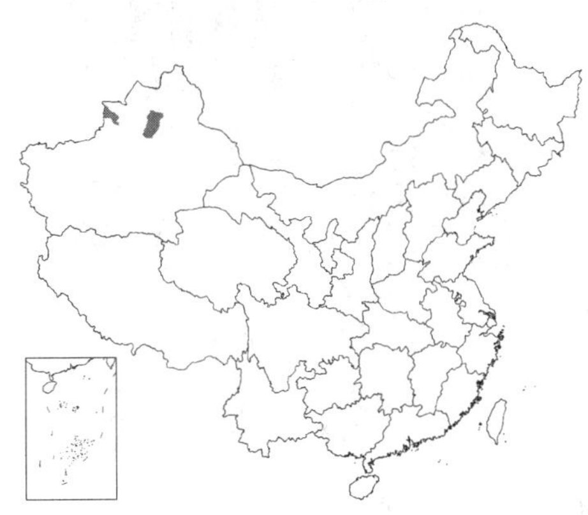

图 937：1-3. 翼茎刺头菊 4. 穗花刺头菊（引自《中国植物志》）

产新疆天山与准噶尔盆地，生于海拔约540米沙地及山坡。中亚及伊朗北部有分布。

2. 刺头菊 图 938

Cousinia affinis Schrenk, Enum. Pl. Nov. 1: 41. 1841.

多年生草本。茎灰白色，密被绒毛至无毛，茎基被褐色残存叶柄及密棉毛。基生叶椭圆形或倒披针形，向下渐窄成具翼叶柄，边缘具大锯齿或浅裂，大锯齿或浅裂片卵形、宽卵形或半圆形，先端有淡黄色针刺；下部茎生叶与基生叶同形，较小；中部叶椭圆形、披针形、卵形或长卵形，较小，上部及最上部叶小，卵形；叶上面疏被蛛丝毛，下面灰白色，被绒毛，边缘具刺齿、浅裂及针刺，中上部茎生叶无柄。头状花序单生茎枝顶端；总苞球形或卵圆形，不连同边缘针刺径1.5-2厘米，疏生蛛丝毛，总苞片9层，100以

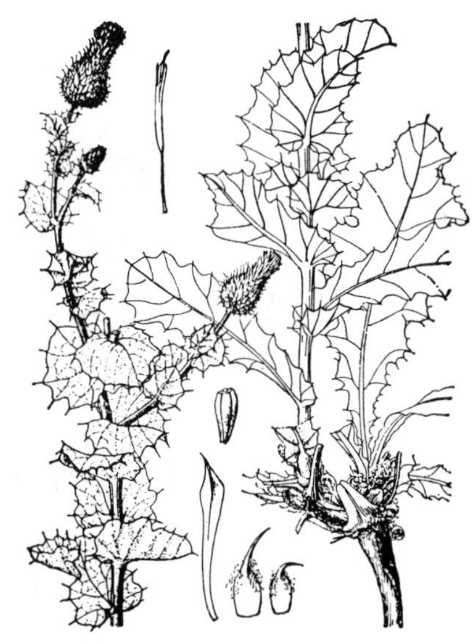

图 938 刺头菊（引自《图鉴》）

上，中外层钻状长卵形或钻状长椭圆形，先端成坚硬针刺，内层长椭圆形或宽线形，最内层线状倒披针形；托毛平滑，边缘无糙毛，无锯齿。小花白色。瘦果倒长卵圆形。花果期7-9月。

产新疆准噶尔盆地及阿尔泰山地区，生于海拔480-800米沙丘及荒漠。中亚及蒙古有分布。

3. 丛生刺头菊 图 939

Cousinia caespitosa C. Winkl. in Acta Hort. Petrop. 10: 93. 1887.

多年生小草本。茎基粗厚，被极多残存叶柄。茎簇生，被蛛丝毛，不分枝，高8-14厘米。基生叶长椭圆形，羽状全裂，侧裂片4-6对，有具窄翼叶柄；茎生叶少数，小，与基生叶同形并等样分裂，两面均灰绿色，被蛛丝毛。头状花序单生茎端；总苞碗状，径1.5-2厘米，疏被蛛丝毛，总苞片5层，内层渐长，中外层长三角形，先端渐尖或具针刺，内层宽线形，先端渐尖；苞片背面紫红色，托毛边缘糙毛状。小花紫红色。瘦果褐色，倒披针形。花果期7月。

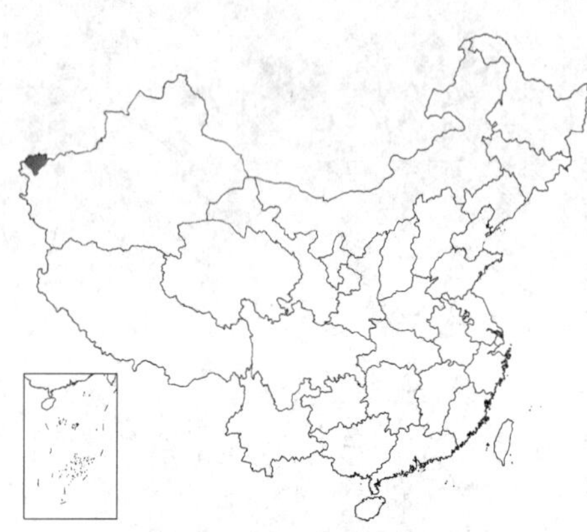

产新疆西部，生于海拔3200米山坡。中亚地区有分布。

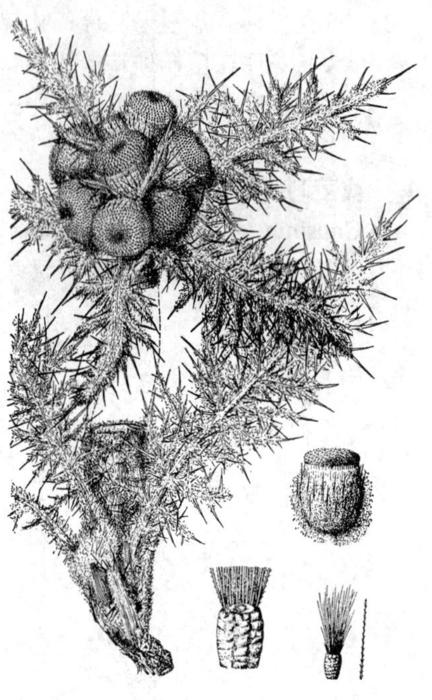

图 939 丛生刺头菊（冀朝祯绘）

4. 穗花刺头菊 图 937 : 4

Cousinia falconeri Hook. f. Fl. Brit. Ind. 3: 360. 1881.

二年生草本。高达1米。茎枝灰白色，被绒毛。基生叶长椭圆形，长13厘米，羽状全裂，侧裂片骨针状，钻状长三角形，与羽轴成直角，边缘反卷，无针刺、无刺齿，先端具黄色坚硬针刺，顶裂片与侧裂片同形，叶柄长约3厘米；中下部茎生叶与基生叶同形并等样分裂，较小，无叶柄；上部及接头状花序的叶更小，等样分裂，长椭圆形或披针形，基部半抱茎；茎生叶上面无毛，下面密被绒毛。头状花序排成穗状花序，花序中下部的头状花序常不甚发育；总苞球形或近球形，密被膨松蛛丝毛，径3-5厘米，总苞片9层，中外层长三角形，内层线形；托毛边缘糙毛状。小花紫红色。花期6月。

产西藏西部，生于海拔4100-4400米河滩砾石地或山坡。印度北部有分布。

[附] **毛苞刺头菊 Cousinia thomsonii** Clarke, Comp. Ind. 213. 1876. 本种与穗花刺头菊的区别：头状花序单生茎枝顶端。花果期7-9月。产西藏喜马拉雅山地，生于海拔3700-4300米山坡草地或河滩砾石地。

155. 虎头蓟属 Schmalhausenia C. Winkl.

（石　铸　靳淑英）

多年生草本，高约25厘米。茎不分枝，被绒毛，叶稠密，基部被残留叶柄。基生叶长椭圆状倒披针形，长35-40厘米，二回羽状全裂，二回裂片披针形，紫红色，先端渐尖成长针刺，有叶柄；茎生叶与基生叶同形或长椭圆形，并等样分裂，较小，无叶柄；叶两面均灰白或灰绿色，密被褐或污白色柔毛。头状花序同型，在茎顶排成复头状花序；总苞径2.2-4厘米，总苞片3-4层，窄披针形，先端具钻状长针刺，外层中层被褐色长柔毛；花托平，密被托毛，托毛边缘平滑。小花紫色；花丝分离，无毛，花药基部附属物短。瘦果倒卵圆形，浅黑色，具5-6肋棱，基底着生面平，顶端有果缘，果缘具5-6小齿；冠毛多层，外层细短，内层长，宽扁，基部不连合成环，极易脱落，冠毛刚毛短羽毛状，褐色。

单种属。

虎头蓟 图 940

Schmalhausenia nidulans (Regel.) Petrak in Allg. Bot. Zeitschr. 20: 117. 1914.

Cirsium nidulans Regel. in Bull. Soc. Nat. Mosc. 40 (2): 160. 1867.

形态特征同属。花果期8月。

产新疆西部帕米尔地区，生于海拔3600米草甸。中亚有分布。

图 940 虎头蓟（冀朝祯绘）

156. 牛蒡属 Arctium Linn.

（石 铸 靳淑英）

二年生草本。叶互生，通常大型，不裂，基部通常心形，有叶柄。头状花序在茎枝顶端排成伞房状或圆锥状花序，同型，具多数两性管状花；总苞卵圆形，无毛或有蛛丝毛，总苞片多层，多数，线状钻形或披针形，先端有钩刺；花托平，密被托毛，托毛初平展，后扭曲。小花均结实，花冠5浅裂；花药基部附属物箭形，花丝分离，无毛；花柱分枝线形，外弯，基部有毛环。瘦果扁，倒卵圆形或长椭圆形，顶端平截，有多数细脉纹或肋棱，基底着生面平；冠毛多层，短，冠毛刚毛不等长，糙毛状，基部不连合成环，极易分散脱落。

约10种，分布欧亚温带地区。我国2种。

1. 总苞片绿色，无毛，全部总苞片先端有较骨质钩刺；小花花冠外面无腺点 …………………………… **牛蒡 A. lappa**
1. 总苞片灰白色，被蛛丝毛，内层总苞片先端有短尖头；小花花冠外被棕黄色小腺点 ………………………………………………………………………………………… (附). **毛头牛蒡 A. tomentosum**

牛蒡 图 941 彩片 144

Arctium lappa Linn. Sp. Pl. 816. 1753.

二年生草本，高达2米。茎枝疏被乳突状短毛及长蛛丝毛并棕黄色小腺点。基生叶宽卵形，长达30厘米，宽达21厘米，基部心形，上面疏生糙毛及黄色小腺点，下面灰白或淡绿色，被绒毛，有黄色小腺点，叶柄长32厘米，灰白色，密被蛛丝状绒毛及黄色小腺点；茎生叶与基生叶近同形。头状花序排成伞房或圆锥状伞房花序，花序梗粗；总苞卵形或卵球形，径1.5-2厘米，

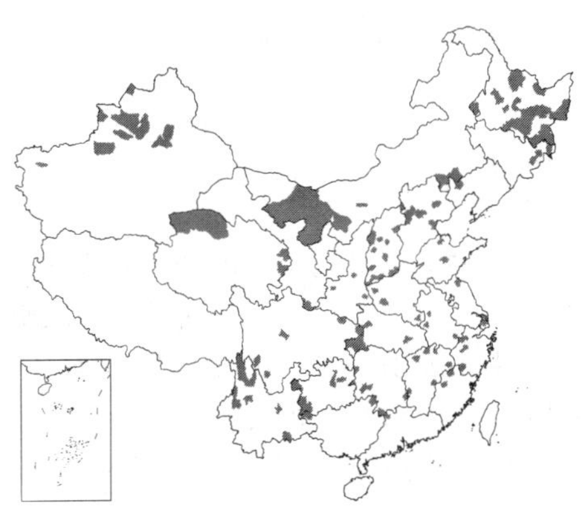

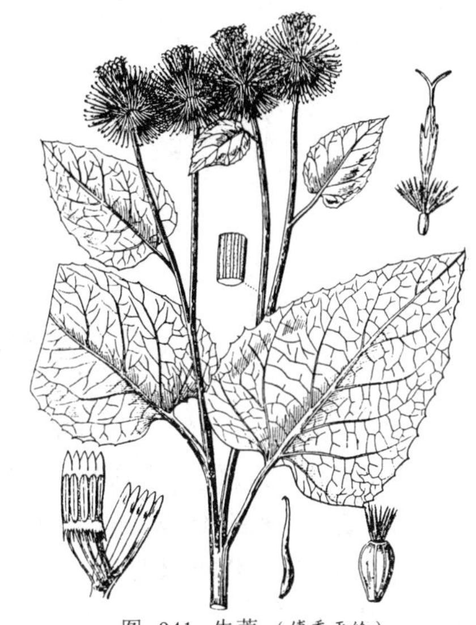

图 941 牛蒡（傅季平绘）

总苞片多层，绿色，无毛，近等长，先端有软骨质钩刺，外层三角状或披针状钻形，中内层披针状或线状钻形。小花紫红色，花冠外面无腺点。瘦果倒长卵圆形或偏斜倒长卵圆形，浅褐色，有深褐色斑或无色斑；冠毛多层，浅褐色，冠毛刚毛糙毛状，不等长。花果期6-9月。

除西藏、海南、台湾外，各省区均产，生于海拔750-3500米山坡、山谷、林缘、林中、灌丛中、河边潮湿地、村庄路旁或荒地。广布欧亚大陆至日本。果入药，疏散风热，宣肺透疹、散结解毒；根有清热解毒、疏风利咽之效。

[附] **毛头牛蒡** 彩片 145 **Arctium tomentosum** Mill. Gard. Dict. ed. 8, 3. 1768. 本种与牛蒡的主要区别：总苞灰白色，被蛛丝毛，内层总苞片先端有短尖头；小花花冠外被棕黄色小腺点。花果期7-9月。产新疆天山地区，生于山坡草地。中亚及欧洲有分布。

157. 顶羽菊属 Acroptilon Cass.

（石 铸 靳淑英）

多年生草本。茎基部分枝，茎枝被蛛丝毛，叶稠密。茎生叶长椭圆形、匙形或线形，长2.5-5厘米，全缘或疏生不明显细齿，或羽状半裂，侧裂片三角形或斜三角形，两面灰绿色，疏被蛛丝毛或无毛。头状花序在茎枝顶端排成伞房或伞房状圆锥花序；总苞卵圆形或椭圆状卵圆形，径0.5-1.5厘米，总苞片约8层，外层、中层卵形或宽倒卵形，上部有附属物，内层披针形或线状披针形，先端附属物小；苞片有白色膜质附属物，两面密被长直毛；花托有托毛。小花均两性，管状，花冠粉红或淡紫色，管部和檐部均长7毫米，花冠裂片长3毫米；花药基部附属物小，花丝无毛；花柱分枝细长，顶端钝，花柱中部有毛环。瘦果倒长卵圆形，扁，长3.5-4毫米，淡白色，有不明显细脉纹，顶端圆，无果缘，基底着生面稍偏斜；冠毛白色，多层，内层较长，长达1.2厘米，冠毛刚毛基部不连合成环，边缘短羽毛状。

单种属。

顶羽菊 图 942

Acroptilon repens (Linn.) DC. Prodr. 6: 663, 1837.

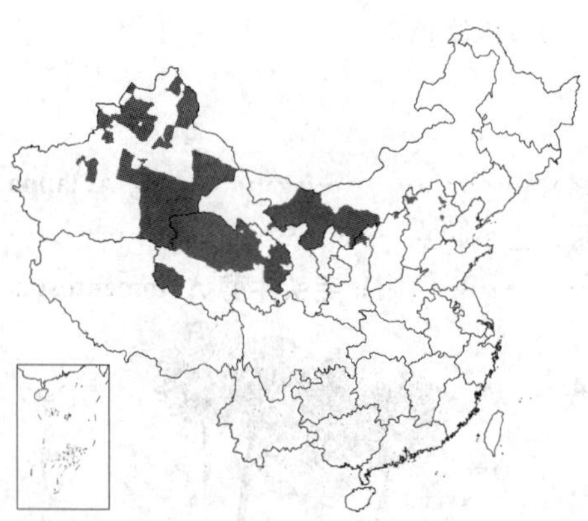

Centaurea repens Linn. Sp. Pl. ed. 2, 1293. 1763.

形态特征同属。花果期5-9月。

产内蒙古、河北、山西北部、陕西北部、甘肃、青海及新疆，生于山坡、丘陵、平原、农田或荒地。中亚、俄罗斯、西伯利亚、蒙古及伊朗有分布。

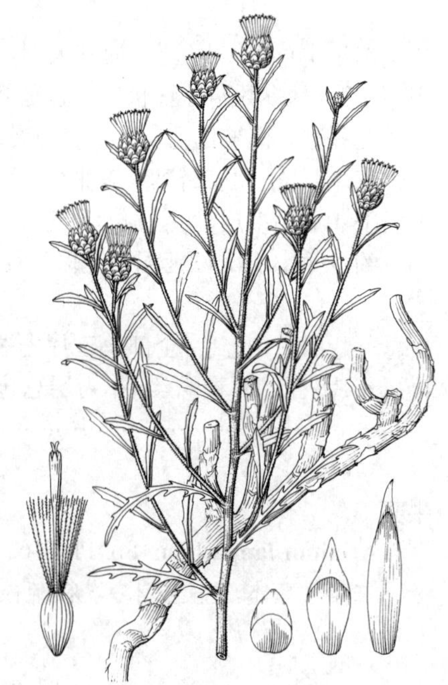

图 942 顶羽菊 （王金凤绘）

158. 黄缨菊属 Xanthopappus C. Winkl.

（石 铸 靳淑英）

多年生无茎矮小草本。茎基极短，被纤维质撕裂褐色叶柄残鞘。叶基生，莲座状，革质，长椭圆形或线状长椭圆形，长20-30厘米，羽状深裂，侧裂片8-11对，中部侧裂片半长椭圆形或卵状三角形，长2-3厘米，叶脉明显，在边缘及先端延伸成针刺，上面无毛，下面灰白色，密被蛛丝状绒毛；叶柄长达10厘米，基部鞘状，被绒毛。头状花序达20，密集成团球状，花序梗长5-6厘米，有1-2线形或线状披针形苞叶；总苞宽钟状，径达6厘米，总苞片8-9层，背面有微糙毛，外层披针形，长2-2.5厘米，革质，先端具芒刺，中内层披针形，革质，长3-3.5厘米，最内层线形，硬膜质；花托平，密被托毛。小花均两性，管状，黄色，顶端5齿裂，花冠长3.5厘米，檐部不明显；花药基部附属物箭形，花丝分离，无毛；花柱分枝极短，顶端平截，基部有毛环。瘦果偏斜倒卵圆形，顶端有平展果缘，果无锯齿，基底着生面平或稍偏斜；冠毛多层，冠毛刚毛等长，糙毛状，顶端渐细，基部连合成环，整体脱落。

我国特有单种属。

黄缨菊 图 943 彩片 146

Xanthopappus subacaulis C. Winkl. in Acta Hort. Petrop. 13: 11. 1894.

形态特征同属。花果期7-9月。

产内蒙古西部、青海、宁夏、甘肃、四川及云南西北部，生于海拔2400-4000米草甸、草原及干旱山坡。

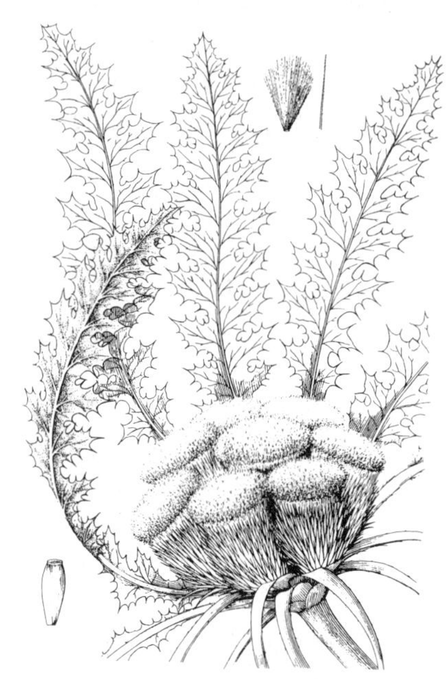

图 943 黄缨菊（蔡淑琴绘）

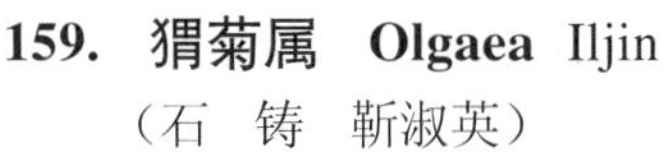

159. 猬菊属 Olgaea Iljin

（石 铸 靳淑英）

多年生草本。茎生叶沿茎下延成茎翼或无茎翼。叶革质、草质或纸质。头状花序同型，具多数小花；总苞钟状、半球形或卵球形，总苞片多层，多数，覆瓦状排列，革质，直立或上部反折或开展，先端针刺状，最内层苞片外面密被贴伏微糙毛；苞片边缘通常有针刺状缘毛；花托密被托毛。小花紫或蓝色，两性，结实，顶端5裂；雄蕊花丝分离，无毛，花药基部附属物尾状，撕裂；花柱分枝细长，长约4毫米，顶端圆或钝，大部贴合，顶端稍张开。瘦果长椭圆形或倒卵圆形，有多数纵肋或果肋不明显，顶端有果缘，果缘边缘浅波状、圆齿裂或圆缘尖锯齿，基底着生面偏斜；冠毛多层，基部连合成环，整体脱落；冠毛刚毛糙毛状或锯齿状。

约12种，分布中亚至中国。我国约7种。

1. 茎叶沿茎下延成茎翼；总苞无蛛丝毛或疏被蛛丝毛。
   2. 叶侧裂片长椭圆形、半椭圆形、长卵形或卵状披针形，草质或纸质；茎翼宽1-2毫米，边缘疏生针刺；总苞稍灰白色，疏被蛛丝状毛 ………… 1. **猬菊 O. lomonosowii**
   2. 叶侧裂片宽三角形；茎翼宽1-2厘米，边缘有刺齿；总苞绿色，无蛛丝毛或几无蛛丝毛。
      3. 叶长椭圆形、椭圆形或椭圆状披针形，宽3-5厘米，两面近同色，至少上面无光泽，灰白色，被绒毛，花期上面常脱毛；茎生叶及茎翼厚纸质；总苞片宽2.5-3毫米 ………… 2. **火媒草 O. leucophylla**
      3. 叶线形或线状长椭圆形，宽达3厘米，两面异色，上面绿色，无毛，有光泽，下面灰白色，密被绒毛；茎叶及茎翼革质；总苞片宽1-1.5毫米 ………… 3. **刺疙瘩 O. tangutica**
1. 茎无翼；总苞密被膨松长绵毛或稀疏蛛丝毛。
   4. 头状花序单生茎枝顶端；外层总苞片边缘有针刺或刺齿 ………… 4. **新疆猬菊 O. pectinata**
   4. 头状花序5-9在茎顶集聚为复头状花序，复头状花序下方叶腋无不发育头状花序；外层总苞片边缘无针刺或刺齿 ………… 4(附). **九眼菊 O. lanipes**

1. 猬菊 图 944

Olgaea lomonosowii (Trautv.) Iljin in Not. Syst. Herb. Hort. Bot. Petrop. 3: 144. 1922.

Carduus lomonosowii Trautv. in Acta Hort. Petrop. 1: 183. 1871-1872.

Takeikadzuchia lomonosowii (Trautv.) Kitag. et Kitam.; 中国高等植物图鉴 4: 605. 1975.

多年生草本，茎高达60厘米。茎密被绒毛或渐稀，茎生叶沿茎下延成茎翼，茎翼宽1-2毫米，翼缘疏生针刺。基生叶长椭圆形，羽状浅裂或深裂，向基部渐窄成叶柄；侧裂片4-7对，长椭圆形、半椭圆形、卵形、长卵形或卵状披针形，裂片边缘及先端有浅褐色针刺；下部茎生叶与基生叶同形并等样分裂，向下渐窄成翼柄；叶草质或纸质，上面无毛，下面密被灰白色绒毛。头状花序单生枝端；总苞钟状或半球形，疏被蛛丝毛，径5-7厘米，总苞片多层，质坚硬，先端针刺状长渐尖，外层与中层线状长三角形，最外层长8毫米，中层长达2.4厘米，内层与最内层长3.5厘米。小花紫色。瘦果楔状倒卵圆形；冠毛多层，褐色，冠毛刚毛糙毛状。花果期7-10月。

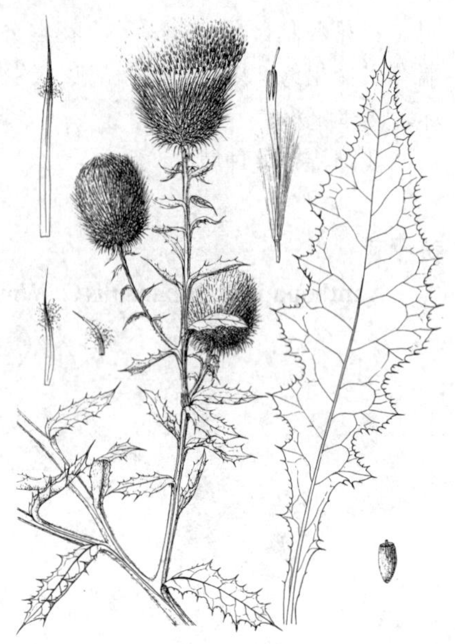

图 944 猬菊（引自《图鉴》）

产吉林西北部、内蒙古、河北、山西、甘肃中部及宁夏北部，生于海拔850-2300米山谷、山坡、沙窝或河槽地。蒙古有分布。

2. 火媒草 鳍蓟 图 945

Olgaea leucophylla (Turcz.) Iljin in Not. Syst. Herb. Hort. Bot. Petrop. 3: 145. 1922.

Carduus leucophyllus Turcz. in Bull. Soc. Nat. Mosc. 5: 194. 1832.

多年生草本。茎枝灰白色，密被蛛丝状绒毛，茎生叶沿茎下延成茎翼，翼宽1.5-2厘米。基生叶长椭圆形，宽3-5厘米，稍羽状浅裂，侧裂片7-10对，宽三角形，裂片及刺齿先端及边缘有褐或淡黄色针刺，有短柄；茎生叶与基生叶同形或椭圆状披针形，两面近同色，灰白色，被蛛丝状绒毛，厚纸质。头状花序单生茎枝顶端；总苞钟状，径3-4厘米，无毛或几无，总苞片多层，先端渐尖成针刺，外层长三角形，宽2.5-3毫米，中层披针形或长椭圆状披针形，内层线状长椭圆形或宽线形。小花紫或白色。瘦果长椭圆形，浅黄色，有棕黑色色斑；冠毛浅褐色，多层，冠毛刚毛细糙毛状。花果期5-10月。

图 945 火媒草（引自《图鉴》）

产内蒙古、河北、河南、山西、陕西北部、甘肃及宁夏北部，生于海拔750-1730米草地、农田或水渠边。蒙古有分布。

3.　刺疙瘩　　图 946

Olgaea tangutica Iljin in Not. Syst. Herb. Hort. Bot. Petrop. 3: 144. 1922.

多年生草本。茎疏被蛛丝毛，有长分枝，茎生叶基部两侧沿茎下延成茎翼。基生叶线形或线状长椭圆形，宽达3厘米，羽状浅裂或深裂，侧裂片约10对，有3刺齿，基部渐窄成叶柄；茎生叶与基生叶同形，等样分裂或边缘具刺齿或针刺；最上部叶或接头状花序下部的叶最小；叶及茎翼革质，上面绿色，有光泽，下面灰白色，密被绒毛。头状花序单生枝端；总苞钟状，无毛，总苞片多层，先端针刺状渐尖，外层短渐尖，内层及中层长渐尖，外层长三角形，中层披针形或线状披针形，内层线形。小花紫或蓝紫色。瘦果楔状长椭圆形，淡黄白色，有浅棕色色斑；冠毛多层，褐色或浅土红色，冠毛刚毛糙毛状。花果期6-9月。

产内蒙古、河北、山西、陕西、宁夏、甘肃及青海，生于海拔1200-2000米山坡、山谷灌丛中、草坡、河滩地、荒地或农田。

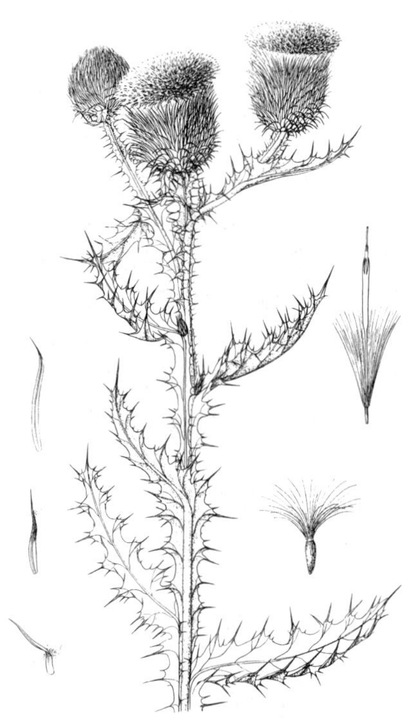

图 946　刺疙瘩（引自《图鉴》）

4.　新疆猬菊　　图 947：1

Olgaea pectinata Iljin in Bull. Jard. Bot. Rep. Russe 23: 146. 1924.

多年生草本。茎上部有分枝。茎枝灰白色，疏被绵毛。基生叶和下部茎生叶长椭圆形，羽状浅裂或深裂，侧裂片卵状三角形，有叶柄；向上的叶与基生叶及下部茎叶同形并等样分裂，较小；叶革质，上面绿色，无毛，下面灰白色，密被绒毛。头状花序单生茎枝顶端；总苞宽钟状，径约5厘米，疏被蛛丝毛，总苞片多层，外层叶状，革质，椭圆形或披针形，边缘有针刺及刺齿，中层钻状披针形或钻状长圆形，上部钻状长渐尖，内层质薄，线状披针形，上部长渐尖。小花淡紫色。冠毛淡黄或污白色，多层，冠毛刚毛锯齿状。花期7月。

产新疆西部帕米尔地区，生于海拔2900米山坡。中亚有分布。

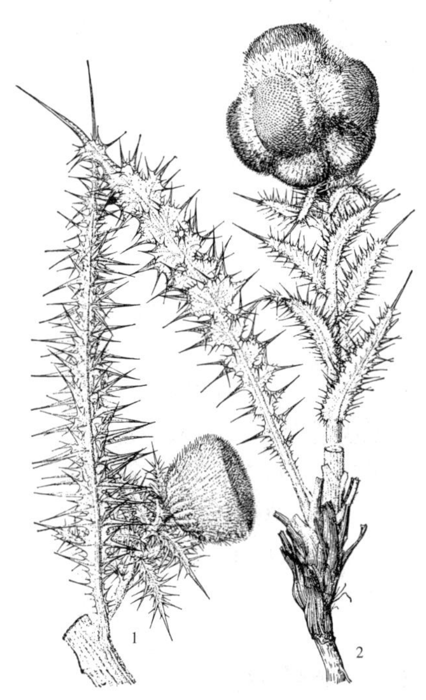

图 947：1. 新疆猬菊　2. 九眼菊
（冀朝祯绘）

[附] **九眼菊**　图 947：2 **Igaea lanipes** (C. Winkl.) Iljin in Not. Syst. Herb. Hort. Bot. Petrop. 3: 143. 1922.—— *Carduus lanipes* C. Winkl. in Acta Hort. Petrop. 9: 519. 1886. 本种与新疆猬菊的主要区别：头状花序5-9在茎顶集生成复头状花序；外层总苞片边缘无针刺或刺齿，在复头状花序下方的叶腋有不发育头状花序。花果期7-8月。产新疆天山，生于河谷或河滩砾石地。

160. 翅膜菊属 Alfredia Cass.

（石 铸 靳淑英）

多年生草本。头状花序同型，大，小花多数；总苞钟状，总苞片多层，多数，中外层苞片中部以上边缘及顶端宽膜质，附片状，先端圆或微凹，中脉伸出成短针刺，或中脉不伸出，或中外层苞片革质，中部以上或大部骨针状，向顶长渐尖，边缘膜质，流苏状撕裂，苞片被粘伏黑色长毛；花托密被托毛。小花均两性，花冠管细短，黄色，檐部长，5浅裂；花药基部附属物扁尾状，稍撕裂，花丝分离，无毛，稍有乳突；花柱分枝极短，顶端圆钝。瘦果扁、倒长卵状、偏斜倒长卵形或长椭圆形，褐或黄白色，有深褐色斑或无，有多数不明显纵肋纹或纵肋，基底着生面平或稍偏斜，顶端有果缘或不明显；冠毛多层，不等长，内层较长，顶端稍扩大，外层较短，顶端渐细，冠毛刚毛锯齿状，易脆折，基部连合成环，整体脱落。

约5种，产中国新疆及中亚。

1. 叶革质，上面无毛，基部叶和下部茎生叶羽状浅裂或几半裂 ………………………………… 1. **厚叶翅膜菊 A. nivea**
1. 叶草质，上面疏被糙毛，基部叶和下部茎生叶大头羽状深裂 ………………………… 2. **薄叶翅膜菊 A. acantholepis**

1. 厚叶翅膜菊 白背亚飞廉 图 948

Alfredia nivea Kar. et Kir. in Bull. Soc. Nat. Mosc. 15: 395. 1842.

多年生草本。茎直立，粗壮，被薄绒毛。基部叶和下部茎生叶长椭圆形或长椭圆状披针形，羽状浅裂或几半裂，侧裂片6-8对，半椭圆形或半圆形，具三角形齿裂或大齿，基部渐窄成具翼叶柄；中部茎生叶与下部及基生叶同形，较小；最上部叶长披针形或线状披针形；茎生叶革质，上面无毛，下面灰白色，密被绒毛。头状花序单生茎端；总苞钟状，径5-6厘米，总苞片多层，背面或外层基部背面密被黑色长毛，中外层革质，外层骨针状，浅黄绿或浅黄褐色，基部边缘有膜质撕裂附片，中层长三角状披针形，骨针状，最内层线形或线状披针形，硬膜质，全缘。小花黄色。瘦果长椭圆形，淡黄白色，有褐色斑；冠毛多层，褐色。花果期7-9月。

产新疆天山及准噶尔阿拉套山，生于海拔1500-2400米山坡草地。中亚有分布。

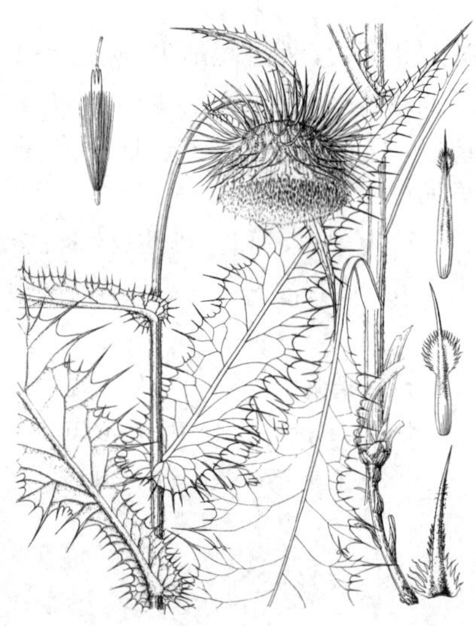

图 948 厚叶翅膜菊（引自《图鉴》）

2. 薄叶翅膜菊 图 949

Alfredia acantholepis Kar. et Kir. in Bull. Soc. Nat. Mosc. 15: 394. 1842.

多年生草本，高达1.2米。茎紫红色，被白色糠秕状长毛。基部与下部茎生叶大头羽状深裂，侧裂片2-3对，偏斜半卵形或半椭圆形，下部渐窄成翼柄；中部茎生叶与下部及基部叶等样分裂；上部叶常倒琴状；叶草质，有缘毛状针刺，上面绿色，疏被糙毛，下面灰白色，密被白色绒毛。头状

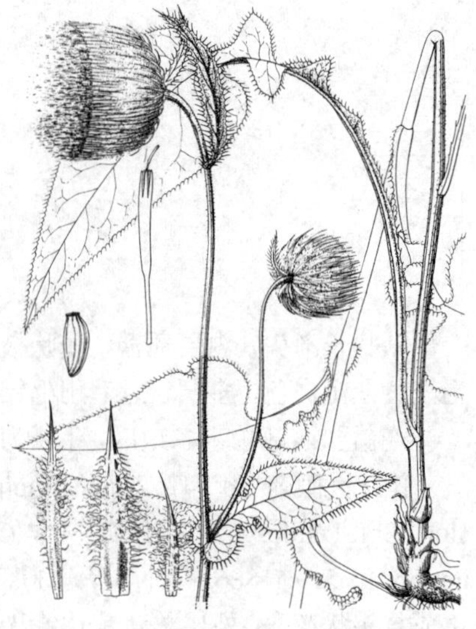

图 949 薄叶翅膜菊（引自《图鉴》）

花序单生茎顶；总苞宽钟状，径4-6厘米；总苞片多层，背面或仅中外层外面被黑色粘伏长毛，中外层骨针状，外层披针形，中层披针形，最内层线状披针形。小花黄色。瘦果淡米黄色，有褐色斑；冠毛多层，淡黄色，内层较长。花果期7-10月。

产新疆天山、准噶尔盆地及帕米尔地区，生于海拔1650-3200米草甸、草原或疏林中或阴湿处。中亚地区有分布。

161. 疆菊属 Syreitschikovia Pavl.

（石 铸 靳淑英）

多年生草本。叶线形、线状披针形或椭圆状卵形，柔软。头状花序同型，小，单生茎顶，小花多数，或少数头状花序生茎枝顶端；总苞圆柱状或钟状，总苞片多层，覆瓦状排列，先端有针刺；花托有托毛。小花均两性，管状，蓝或紫红色，檐部5裂；花药基部附属物2裂，刚毛状，花丝无毛；花柱分枝极短，贴合。瘦果椭圆形，扁，顶端有果缘，果缘有锯齿，基底着生面平；冠毛多层，异型，外层毛状，边缘锯齿状，内层扁平，几膜片状。

2种，分布俄罗斯中亚及中国。

疆菊 图 950

Syreitschikovia tenuifolia (Bong.) Pavl. in Fedde, Repert. Sp. Nov. 31: 192. 1933.

Serratula tenuifolia Bong. in Bull. Acad. Imp. Sci. St. Pétersb. 8: 340. 1841.

多年生草本。茎不分枝，被蛛丝毛或脱毛。基部及下部茎生叶柔软，线形或披状状线形，先端渐尖或尖，基部楔形，全缘，无刺齿，或基部边缘常有针刺状缘毛，基部渐窄成具翼长柄；中上部叶较小，无柄；叶上面绿色，无毛，有光泽，下面灰白色，密被绒毛。头状花序单生茎端；总苞圆柱状或钟状，径0.8-1.2厘米，总苞片6-7层，先端针刺开展或反折，外层宽三角形或卵形，中层及内层长卵形、椭圆形或宽线形。小花花冠蓝色。瘦果椭圆形；冠毛多层，外层毛状，几膜片状。花果期6-7月。

图 950 疆菊（王金凤绘）

产新疆天山，生于海拔1200-1300米草原。中亚有分布。

162. 菜蓟属 Cynara Linn.

（石 铸 靳淑英）

多年生草本。茎直立或无茎。叶宽大，羽状分裂。头状花序同型，有极多数小花；总苞球形，总苞片多层，覆瓦状排列，革质，上部渐尖或成针刺；花序托平，肉质，有密长托毛。小花两性，管状，檐部不等5裂；花丝分离，有腺点，花药基部附属物短，撕裂；花柱分枝贴合。瘦果倒卵形，具4棱，基底着生面平或稍偏斜，顶端平截，无果缘；冠毛多层，几等长，冠毛刚毛下部成膜片状，刚毛基部连合成环，整体脱落。

11-12种，分布地中海地区及加那利群岛。我国引入栽培2种。

菜蓟 图 951

Cynara scolymus Linn. Sp. Pl. 827. 1753.

多年生草本，高达2米。茎粗壮，茎枝密被蛛丝毛或稀疏。基生叶莲座状；下部茎生叶长椭圆形或宽披针形，长约1米，宽约50厘米，二回羽状全裂，下部渐窄，叶柄长；中部及上部茎生叶渐小，最上部叶长椭圆形或线形，长达5厘米；叶草质，上面无毛，下面灰白色，被绒毛。头状花序极大，生于分枝顶端，总苞多层，几无毛，硬革质，中外层苞片先端渐尖，内层苞片先端有附片，附片硬膜质，先端有小尖头。小花紫红色；花冠长4.5厘米，细管长2.8厘米，檐部长1.7厘米，花冠裂片长9毫米。瘦果长椭圆形，4棱，顶端平截，无果缘；冠毛白色，多层，长3.6厘米，冠毛刚毛羽毛状，基部联合成环，整体脱落。花果期7月。

原产地中海地区。北京等地栽培。作蔬菜或观赏。

图 951 菜蓟（引自《江苏植物志》）

163. 蓟属 Cirsium Mill.

（石 铸 靳淑英）

一年生、二年生或多年生草本，无茎或高大草本。茎分枝或不分枝。叶无毛至有毛，边缘有针刺。头状花序在茎枝顶端排成伞房状、伞房圆锥状或总状花序，或集成复头状花序，稀单生茎端；同型，或全部为两性花或全为雌花，雌雄同株，稀异株；总苞卵圆状、钟状或球形，无毛或被蛛丝毛，或被长毛；总苞片多层，全缘，无针刺或有缘毛状针刺；花托密被长托毛。小花红或红紫色，稀黄或白色；檐部5裂，有时深裂几达基部；花丝分离，有毛或乳突，稀无毛，花药基部附属物撕裂；花柱分枝基部有毛环。瘦果光滑，扁，通常有纵条纹，顶端平截或斜截，有果缘，基底着生面平；冠毛多层，冠毛刚毛长羽毛状，基部连合成环，整体脱落。

250-300种，广布欧、亚、北非、北美和中美大陆。我国50余种。

1. 雌雄同株，小花均两性；果期冠毛与小花花冠等长或短于小花花冠。
  2. 总苞片先端尖、渐尖或钻状。
    3. 叶上面无针刺或两面无针刺。
      4. 总苞片等长或近等长，外层较长或稍短，镊合状排列。外层或中外层或全部总苞片边缘有针刺，若无针刺，则小花花冠白或黄色。
        5. 总苞片边缘有针刺；小花红或紫色。
          6. 茎高0.3-1米。
            7. 总苞径4厘米，疏被蛛丝毛 …………………………………………………… 1. **魁蓟 C. leo**
            7. 总苞径2厘米，无毛 ……………………………………………………………… 2. **刺苞蓟 C. henryi**
          6. 无茎草本 ……………………………………………………………………………… 3. **葵花大蓟 C. souliei**
        5. 总苞片边缘无针刺；小花白或淡黄色 ……………………………………………… 4. **马刺蓟 C. monocephalum**
      4. 总苞片向内层渐长，覆瓦状排列，如苞片钻状，至少非钻状部分为覆瓦状排列；总苞片边缘通常无针刺。
        8. 总苞片非钻状，直立，紧贴。
          9. 叶基部不沿茎下延成茎翼。
            10. 叶不裂，边缘有缘毛状针刺或有锯齿或重锯齿。
              11. 叶两面同色，绿色，无毛或被长节毛。
                12. 总苞片外面有黑色粘腺；植株有块根 ……………………………………… 5. **块蓟 C. salicifolium**

12. 总苞片外面无黑色粘腺；植株无块根 ………………………………………… 5(附). **麻花头蓟 C. serratuloides**
11. 叶上面绿色，疏被长节毛，下面灰白色，密被绒毛 ……………………………… 6. **绒背蓟 C. vlassovianum**
10. 叶羽状分裂，浅裂、半裂或深裂。
13. 小花檐部与细管部几等长，或管部稍长，或檐部稍长。
14. 叶两面同色，绿色，两面疏被长节毛或无毛。
15. 直立有茎草本；头状花序生茎枝顶端，总苞片背面沿中肋有黑色粘腺 ………… 7. **蓟 C. japonicum**
15. 无茎草本；头状花序集生莲座状叶丛中；总苞片背面无粘腺 …………… 8. **莲座蓟 C. esculentum**
14. 叶两面或上部茎生叶两面异色，上面绿色，被长节毛，下面灰白色，密被绒毛。
16. 头状花序单生茎枝顶端或排成伞房花序 ……………………………………………… 9. **野蓟 C. maackii**
16. 头状花序在茎枝顶端排成总状花序 ……………………………………………… 10. **总序蓟 C. racemiforme**
13. 小花檐部2倍长于细管部；全部总苞片无缘毛状针刺，背面无粘腺或有粘腺 … 11. **林蓟 C. schantarense**
9. 叶基部两侧沿茎下延成茎翼 ……………………………………………………… 11(附). **准噶尔蓟 C. alatum**
8. 总苞片钻状，平展、反折或直立。
17. 小花细管部与檐部等长或檐部稍长，非细丝状；叶羽状分裂，基部无柄，抱茎。
18. 叶两面同色，绿色，无毛或被长节毛；头状花序大，下垂；总苞宽钟状，径3-4.5厘米 ……………… ……………………………………………………………………………………………… 12. **骆骑 C. handelii**
18. 叶两面异色，上面绿色，有长节毛，下面灰白色，被绒毛或蛛丝毛。
19. 叶下面密被绒毛；小花白或黄色 ……………………………………………… 13. **天山蓟 C. alberti**
19. 叶下面被薄蛛丝毛；小花紫色 ………………………………………… 13(附). **赛里木蓟 C. sairamense**
17. 小花管部细丝状，长1.6厘米，檐部长6毫米 ……………………………………… 14. **烟管蓟 C. pendulum**
3. 叶两面或上面或边缘被针刺，若叶上面无针刺，则头状花序为棉球状，总苞密被膨松绵毛。
20. 叶不沿茎下延成茎翼。
21. 叶侧裂片半椭圆形、半圆形或卵形，有3-5或大小不等三角形刺齿。
22. 叶两面同色，绿色或下面稍淡；总苞球形，被绵毛，总苞片镊合状排列 …… 15. **贡山蓟 C. eriophoroides**
22. 叶两面异色，上面绿色，被针刺，下面灰白色，密被绒毛 …………………… 16. **钻苞蓟 C. subulariforme**
21. 叶侧裂片披针形、长披针形或长三角形，边缘有缘毛状针刺或无缘毛状针刺。
23. 叶两面同色，绿或黄绿色，两面有针刺 ……………………………………… 17. **两面刺 C. chlorolepis**
23. 叶两面异色，上面绿色，有针刺，下面灰白色，密被绒毛。
24. 总苞片7层，镊合状排列，总苞径3.5厘米，疏被蛛丝毛 ………………………… 18. **灰蓟 C. griseum**
24. 总苞片10层，覆瓦状排列，总苞径4-4.5厘米，无毛 ………………………… 19. **披裂蓟 C. interpositum**
20. 叶基部两侧沿茎下延成茎翼 ……………………………………………………… 19(附). **翼蓟 C. vulgare**
2. 内层总苞片先端膜质扩大，非附片状，红色，或全部、几全部总苞片先端成附片状，淡黄色，或全部苞片边缘宽膜质，淡黄色，撕裂。
25. 内层苞片先端膜质扩大，红色。
26. 叶两面同色，绿色，无毛或沿脉有长节毛。
27. 头状花序排成不规则伞房花序，稀单生茎顶 ………………………………………… 20. **绿蓟 C. chinense**
27. 头状花序排成总状、穗状或总状圆锥花序 …………………………… 20(附). **南蓟 C. argyrancanthum**
26. 叶两面异色，上面绿色，无毛或被长节毛或被针刺，下面灰白色，密被绒毛。
28. 叶上面无针刺。
29. 叶不裂，长椭圆形、椭圆状披针形、长披针形或宽线形。
30. 叶下面或上部叶下面被蛛丝状薄毛 ………………………………………………… 21. **线叶蓟 C. lineare**
30. 叶下面密被绒毛 ……………………………………………………………………… 22. **湖北蓟 C. hupehense**
29. 叶羽状浅裂、半裂或深裂 ………………………………………………………… 23. **牛口蓟 C. shansiense**

28. 叶上面密被针刺 ………………………………………………………………………… 24. 覆瓦蓟 **C. leducei**

25. 全部或几全部总苞片先端成附片状，淡黄色，或全部总苞片边缘宽膜质，淡黄色，撕裂。

31. 全部总苞片先端有附片 ………………………………………………………………… 25. 附片蓟 **C. sieversii**

31. 中内层总苞片先端有附片，外层总苞片先端无附片 ……………………… 25(附). 无毛蓟 **C. glabrifolium**

1. 雌雄异株，雌株小花雌性，两性植株小花均两性，自花不育；果期冠毛长于小花花冠。

32. 叶不裂，有细密针刺，两面绿色或下面较淡 ………………………………………… 26. 刺儿菜 **C. setosum**

32. 叶羽状分裂，侧裂片有2-5刺齿，如羽裂不明显，则边缘2-5针刺成束。

33. 叶两面异色，上面绿色，无毛，下面灰白色，密被绒毛 …………………………… 27. 藏蓟 **C. lanatum**

33. 叶两面绿色，下面有极稀疏蛛丝毛 ………………………………………… 27(附). 丝路蓟 **C. arvense**

1. 魁蓟 图 952 彩片 147

Cirsium leo Nakai et Kitag. in Rep. First. Sci. Exped. Manch. 4 (1): 60. 1934.

多年生草本，高达1米。茎枝被长毛。基部和下部茎生叶长椭圆形或倒披针状长椭圆形，羽状深裂，侧裂片8-12对，侧裂片有三角形刺齿，叶柄长达5厘米或无柄，向上的叶渐小，与基部和下部茎生叶同形或长披针形并等样分裂，无柄或基部半抱茎，叶两面绿色，被长节毛。头状花序排成伞房花序；总苞钟状，径达4厘米，总苞片8层，镊合状排列，近等长，边缘或上部边缘有针刺，外层与中层钻状长三角形或钻状披针形，背面疏被蛛丝毛，内层硬膜质，披针形或线形。小花紫或红色，檐部长1.4厘米，细管部长1厘米。瘦果灰黑色，偏斜椭圆形，冠毛污白色。花果期5-9月。

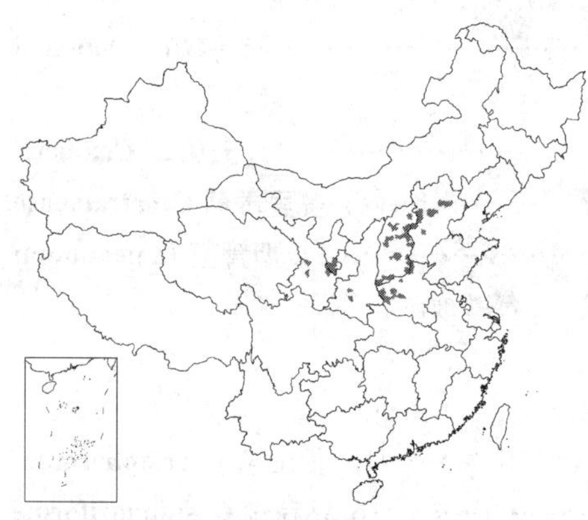

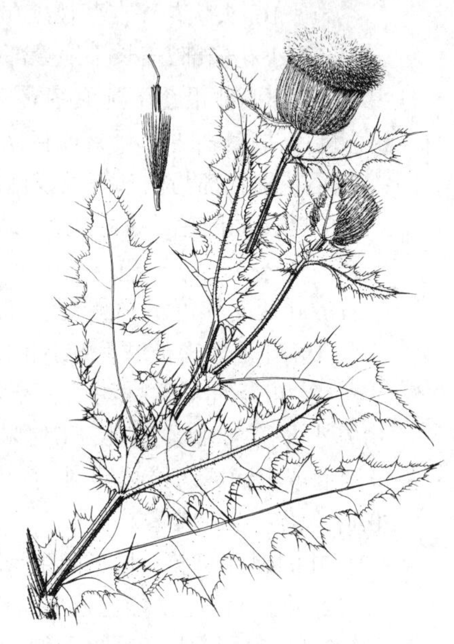

图 952 魁蓟 （引自《图鉴》）

产河北、河南、山西、陕西、甘肃及宁夏，文献记载四川西北部有分布，生于海拔700-3400米山谷、山坡草地、林缘、河滩、石滩地、岩缝中、溪旁、路旁潮湿地或田间。

2. 刺苞蓟 图 953

Cirsium henryi (Franch.) Diels in Engl. Bot. Jahrb. 29: 627. 1901.

Cnicus henryi Franch. in Journ. de Bot. 11: 21. 1897.

多年生草本，高达50厘米。茎枝被褐色长毛。基部叶和下部茎生叶披针形、倒披针形、椭圆形或长椭圆形，羽状半裂、深裂或几全裂，侧裂片5-8对，侧裂片半椭圆形、披针形或三角形，有三角形刺齿，基部渐窄成柄，半抱茎；花序下部的叶线形或宽线形，不裂，边缘有针刺或齿痕；叶两面绿色或下面色

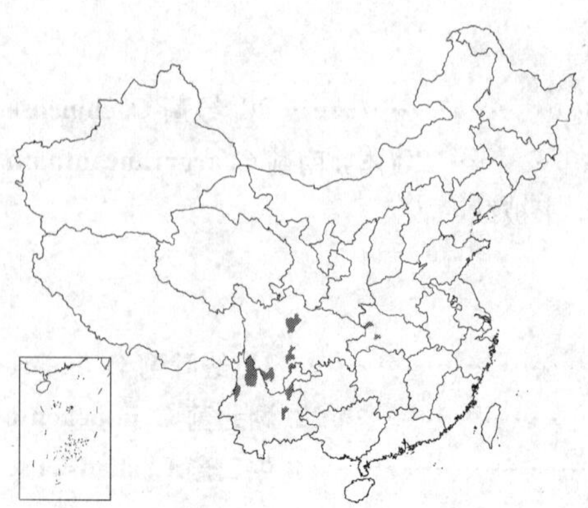

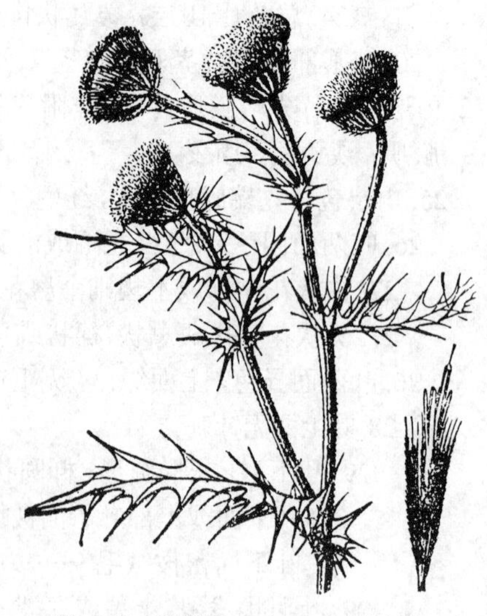

图 953 刺苞蓟 （引自《中国植物志》）

淡，两面沿脉有长节毛。头状花序排成圆锥状，稀单生茎端；总苞钟状，径2厘米，无毛，总苞片约6层，镊合状排列；近等长或最外层稍短，先端及边缘有针刺，最外层长三角形，中层及内层长三角形或披针形，最内层线状披针形，内层及最内层疏生短刺。小花紫色，檐部长6毫米，5深裂，细管部长1厘米。瘦果浅褐色，椭圆状倒圆锥形；冠毛浅褐色。花果期6-10月。

产湖北西部、四川及云南，生于海拔2700-3500米草甸。

3. 葵花大蓟 图 954 彩片 148

Cirsium souliei (Franch.) Mattf. in Journ. Arn. Arb. 14: 42. 1933.

Cnicus souliei Franch. in Journ. de Bot. 11: 21. 1897.

多年生铺散草本。无主茎。叶基生，莲座状，长椭圆形、椭圆状披针形或倒披针形，羽状浅裂、半裂、深裂或几全裂，长8-21厘米，两面绿色，下面沿脉有长节毛，侧裂片7-11对，侧裂片卵状披针形、偏斜卵状披针形、半椭圆形或宽三角形，边缘有针刺或三角形刺齿。头状花序集生莲座状叶丛中，花序梗极短；总苞片钟状，无毛，总苞片3-5层，镊合状排列，近等长，中外层三角状披针形或钻状披针形，内层及最内层披针形，边缘有针刺，或最内层边缘有刺痕。小花紫红色，檐部长8毫米，5浅裂，细管部长1.3厘米。瘦果浅黑色，长椭圆状倒圆锥形，冠毛白、污白或稍浅褐色。花果期7-9月。

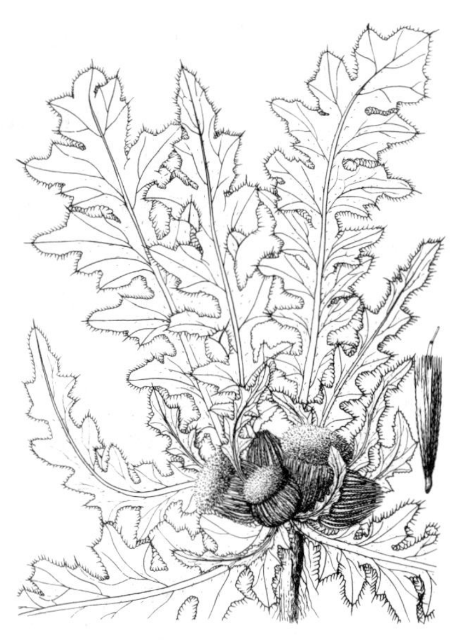

图 954 葵花大蓟 （引自《图鉴》）

产宁夏南部、甘肃、青海、四川及西藏，生于海拔1930-4800米山坡路旁、林缘、荒地、河滩地。

4. 马刺蓟 图 955 : 1

Cirsium monocephalum (Vant.) Lévl. Cat. Pl. Yunnan 41. 1915.

Cnicus monocephalus Vant. in Bull. Acad. Int. Gèogr. Bot. 12 : 122. 1903.

多年生草本。茎上部分枝，茎枝被蛛丝毛及长节毛。上部与中部茎生叶椭圆形、长椭圆形，羽状深裂，基部耳状半抱茎，顶裂片与侧裂片披针形或长披针形，基部或下部两侧有三角形刺齿，中上部边缘有缘毛状针刺，两面绿色，无毛或上面有长节毛。头状花序排成伞房状、圆锥状或圆锥状伞房花序；总苞宽钟状或半球形，径4-4.5厘米，疏被蛛丝毛，总苞片约8层，镊合状排列，近等长，线状钻形或线状披针形，边缘无针刺。小花白或淡黄色，花冠长1.8厘米，檐部长1.1厘米，不等5裂，细管部长7毫米。瘦果褐色，楔状倒长卵圆形；冠毛浅褐

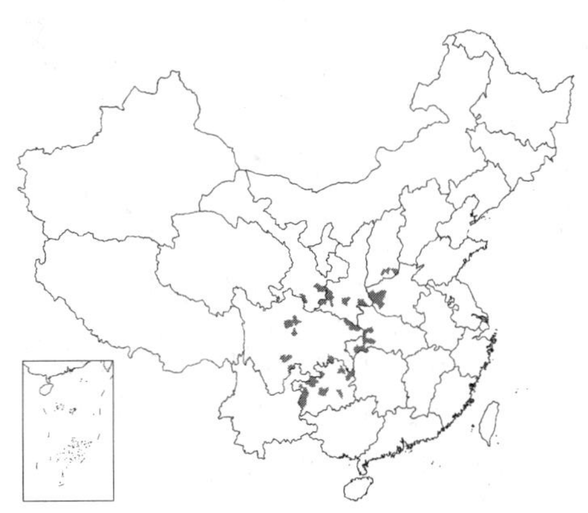

图 955 : 1. 马刺蓟 2-3. 总序蓟
（引自《中国植物志》）

色。花果期7-10月。

产山西南部、河南西部、陕西秦岭、甘肃南部、四川、湖北西南部及贵州，生于山谷、林缘、林下、灌丛中、荒地或潮湿地。

5. 块蓟

Cirsium salicifolium (Kitag.) Shih, Fl. Republ. Popul. Sin. 78 (1): 99. 1987.

Cnicus vlassovianum Fisch. ex DC. var. *salicifolium* Katag. in Bot. Mag. Tokyo 48: 112. 1934.

多年生草本。块根纺锤状。茎被长毛或上部兼有蛛丝毛。下部茎生叶椭圆形或披针形，先端具短针刺，边缘有针刺状缘毛，基部半抱茎或渐窄成长达2.5厘米翼柄，柄基半抱茎；向上叶渐小，披针形，边缘及顶端具针刺，无柄，基部耳状半抱茎；叶两面绿色，无毛或有长毛。头状花序单生茎顶或上部叶腋有1-2不发育头状花序，腋生头状花序具长梗；总苞钟状，径1.5-2厘米，总苞片约7层，覆瓦状排列，向内层渐长，全部或内层背面有黑色粘腺，外层与中层三角形或披针形，内层及最内层披针形、椭圆形或线状披针形，先端膜质渐尖。小花紫色，檐部长1厘米，5裂至中部，细管部长9毫米。瘦果扁，褐色，倒圆锥状或偏斜倒披针状。花果期8-9月。

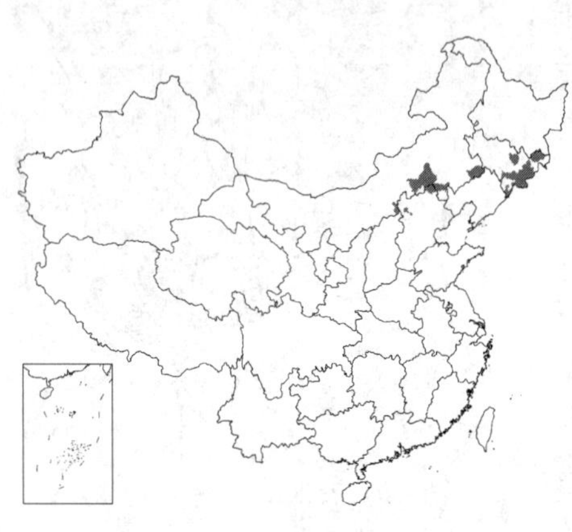

产吉林、内蒙古及河北北部，生于海拔200-2000米湿地、溪旁、路边或山坡。

[附] **麻花头蓟 Cirsium serratuloides** (Linn.) Hill. Hort. Kew 64. pro part. 1768.—— *Carduus serratuloides* Linn. Sp. Pl. 825. 1753. non Scop. (1772) 本种与块蓟的主要区别：总苞片外面无黑色粘腺；植株无块根。花果期7-10月。产新疆阿尔泰山区，生于海拔1250-1400米林下、河边或水边。蒙古、俄罗斯西伯利亚及远东有分布。

6. 绒背蓟 图 956

Cirsium vlassovianum Fisch. ex DC. Prodr. 6: 653. 1837.

多年生草本。茎枝被长毛或上部兼有稀疏绒毛。茎生叶披针形或椭圆状披针形，中部叶长6-20厘米；上部叶较小，不裂，边缘有针刺状缘毛；叶上面绿色，疏被长毛，下面密被灰白色绒毛，下部叶有柄，中部及上部叶耳状或圆形半抱茎。头状花序单生茎顶或少数排成疏散伞房或穗状花序；总苞长卵形，径2厘米，总苞片约7层，覆瓦状排列，背面均有黑色粘腺，最外层长三角形，长5毫米，中内层披针形，长0.9-1.2厘米，最内层宽线形，长2厘米，先端膜质长渐尖。小花紫色，花冠长1.7厘米，檐部长1厘米，5深裂，细管部长7毫米。瘦果褐色，倒披针状。花果期5-9月。

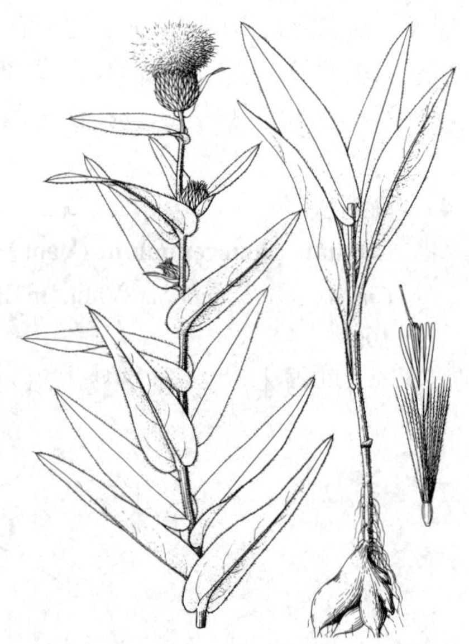

图 956 绒背蓟（引自《图鉴》）

产黑龙江、吉林、辽宁、内蒙古、河北、河南及山西，生于海拔350-1480米山坡林中、林缘、河边或潮湿地。俄罗斯远东地区及西伯利亚中部、朝鲜半岛及蒙古有分布。

7. 蓟 大蓟 图 957 彩片 149

Cirsium japonicum Fisch. ex DC. Prodr. 6: 640. 1837.

多年生草本。茎被长毛，茎端头状花序下部灰白色，被绒毛及长毛。

基生叶卵形、长倒卵形、椭圆形或长椭圆形，长8-20厘米，羽状深裂或几全裂，基部渐窄成翼柄，柄翼边缘有针刺及刺齿，侧裂片6-12对，卵状披针形、半椭圆形、斜三角形、长三角形或三角状披针形，有小锯齿，或二回状分裂；基部向上的茎生叶渐小，与基生叶同形并等样分裂，两面绿色，基部半抱茎。头状花序直立，顶生；总苞钟状，径3厘米，总苞片约6层，覆瓦状排列，向内层渐长，背面有微糙毛，沿中肋有黑色粘腺，外层与中层卵状三角形或长三角形，内层披针形或线状披针形。小花红或紫色。瘦果扁，偏斜楔状倒披针状；冠毛浅褐色。花果期4-11月。

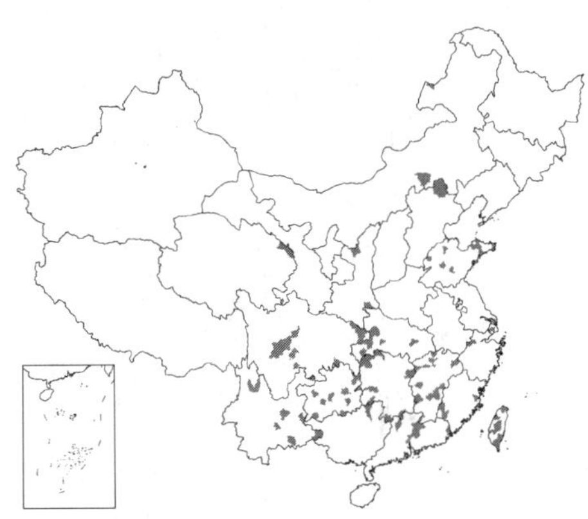

产内蒙古、陕西、河北、山东、江苏南部、浙江、福建、台湾、江西、湖北、湖南、广东、广西、云南、贵州、四川及青海东北部，生于海拔400-2100米山坡林中、林缘、灌丛中、草地、荒地、田间、路旁或溪旁。日本及朝鲜半岛有分布。

图 957　蓟（引自《中国药用植物志》）

8.　**莲座蓟**　　图 958 彩片 150

Cirsium esculentum (Sievers) C. A. Mey. in Mém. Acad. Imp. Sci. St. Pétersb. ser. 6, 6: 42. 1849.

Cnicus esculentus Sievers in Pall. Neust. Nord. Beitr. 3: 362. 1796.

多年生无茎草本。莲座状叶倒披针形、椭圆形或长椭圆形，长6-10厘米，羽状半裂、深裂或几全裂，基部渐窄成有翼叶柄，侧裂片4-7对，侧裂片偏斜卵形、半椭圆形或半圆形，有三角形刺齿及针刺，基部侧裂片常针刺状，叶两面绿色，两面或沿脉或仅沿中脉被长毛。头状花序集生莲座状叶丛中；总苞钟状，径2.5-3厘米，总苞片约6层，覆瓦状排列，向内层渐长，背面无毛，无粘腺，外层与中层长三角形或披针形，内层线状披针形或线形。小花紫色，花冠长2.7厘米，檐部长1.2厘米，细管部长1.5厘米。瘦果淡黄色，楔状长椭圆形，扁，长5毫米；冠毛白色或稍褐黄色。花果期8-9月。

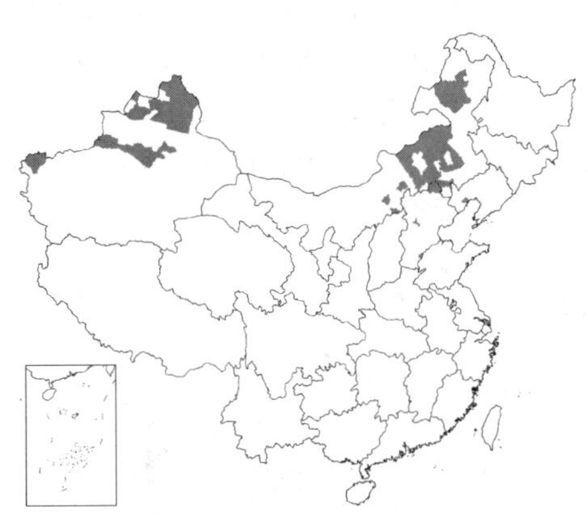

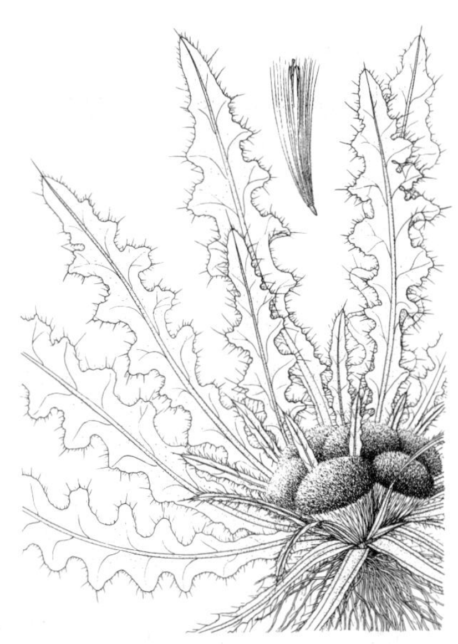

图 958　莲座蓟（引自《图鉴》）

产辽宁、内蒙古、河北及新疆，生于海拔500-3200米平原、山地潮湿地或水边。中亚、俄罗斯西伯利亚地区及蒙古有分布。

9.　**野蓟**　　图 959

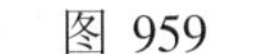

Cirsium maackii Maxim. Prim, Fl. Amur. 172. 1859.

多年生草本。茎被长毛，上端接头状花序下部灰白色，有密绒毛。基生叶和下部茎生叶长椭圆形、披针形或披针状椭圆形，向下渐窄成翼柄，柄基有时半抱茎，连翼柄长20-25厘米，羽状半裂或深裂，侧裂片4-8对，半长椭圆形，侧裂片边缘均具三角形刺

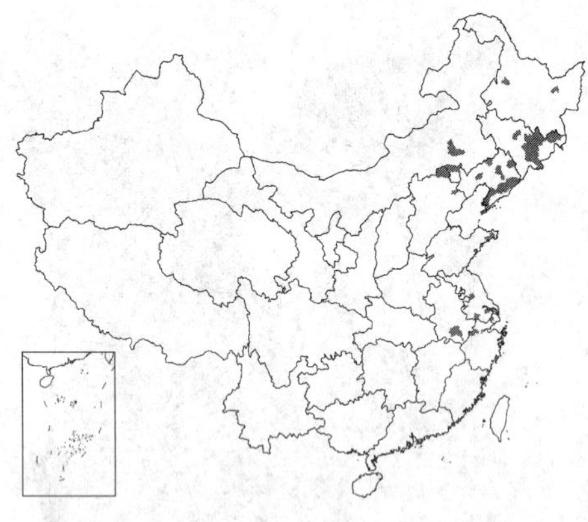

齿及缘毛状针刺；向上的叶渐小，与下部及基生叶同形，等样分裂或不裂而边缘有刺齿，基部耳状抱茎；叶上面绿色，沿脉被长毛，下面浅灰色。头状花序单生茎端，或排成伞房花序；总苞钟状，径2厘米，总苞片约5层，覆瓦状排列，向内层渐长，背面有黑色粘腺，外层及中层长三角状披针形或披针形，先端具短针刺，有缘毛，内层披针形或线状披针形。小花紫红色。瘦果淡黄色，偏斜倒披针状；冠毛白色。花果期6-9月。

产黑龙江、吉林、辽宁、内蒙古东南部、河北、山东东部、江苏、安徽南部及浙江北部，生于海拔140-1100米山坡草地、林缘或草甸。俄罗斯远东地区及朝鲜半岛有分布。

图 959 野蓟（马 平绘）

10. 总序蓟 图 955：2-3

Cirsium racemiforme Ling et Shih in Acta Phytotax. Sin. 22(6): 445. 1984.

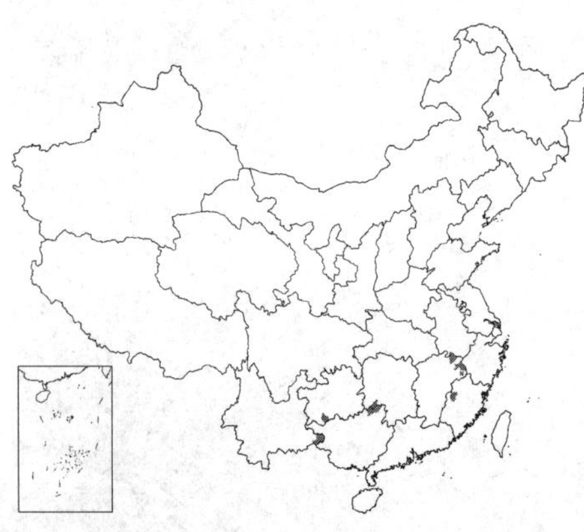

多年生草本，高达1.5米。茎被节毛及蛛丝状毛，花序枝密被绒毛。中上部茎生叶椭圆形或长椭圆形，长9-21厘米，基部耳状半抱茎，羽状浅裂或半裂，侧裂片3-8对，侧裂片半椭圆形或宽三角形，边缘有缘毛状针刺及刺齿，头状花序下部的叶与中上部茎生叶同形并等样分裂或边缘有刺齿；叶上面绿色，被短毛，下面灰白色，密被绒毛。头状花序直立，排成总状花序，长10-25厘米，花序轴及花序梗密被绒毛及长毛；总苞钟状，径2.5-3厘米，总苞片约6层，覆瓦状排列，向内层渐长，外层与中层三角形或三角状披针形，有针刺，背面被糙毛，内层线状披针形或线形，先端膜质渐尖。小花紫红色，檐部长1.1厘米，5浅裂，细管部长1.2厘米。瘦果浅黄色，楔状；冠毛浅褐色。花果期4-6月。

产福建西部、江西东北部、湖南西南部、广西东北部、云南东南部及贵州西南部，生于海拔1000-1300米山谷、山坡、山麓林缘、林下潮湿地或山坡草地。

11. 林蓟 图 960

Cirsium schantarense Trautv. et Mey. Fl. Ochot. 1(2): 58. 1856.

多年生草本。茎枝疏被长毛。中下部茎生叶椭圆形、长卵形、卵形或三角状披针形，长14-27厘米，羽状浅裂、半裂、深裂或几全裂，向下渐窄有翼柄，翼柄边缘有针刺或小刺齿，柄基耳状半抱茎；侧裂片斜三角形或宽线形，羽状浅裂、半裂、深裂或几全裂；向上的叶渐小，羽状浅裂，基部扩大抱

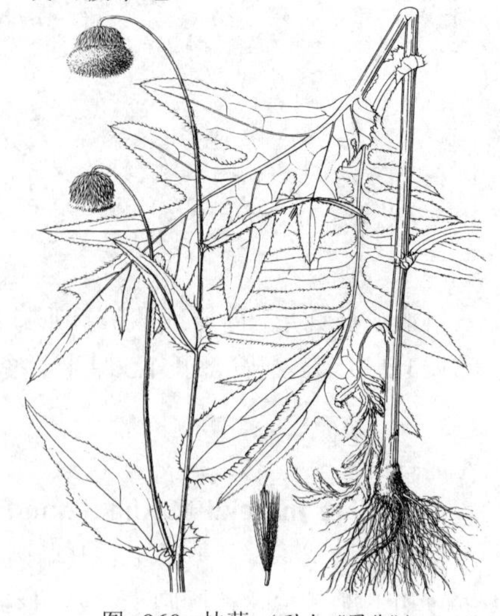

图 960 林蓟（引自《图鉴》）

茎，无柄；上部及最上部的叶线形或披针形，基部耳状半抱茎；叶两面绿色，被长毛或几无毛。头状花序下垂，顶生；总苞宽钟状，径2厘米，总苞片约6层，覆瓦状排列，向内层渐长，背面无粘腺或有粘腺，外层与中层长三角形或卵状长三角形，内层披针形或线状披针形。小花紫红色，细管部长5毫米，檐部长1.1厘米，5浅裂。瘦果淡黄色，倒披针状长椭圆形；冠毛淡褐色。花果期6-9月。

产黑龙江、吉林及辽宁，生于林中、河边或草甸。俄罗斯远东地区及善塔尔群岛有分布。

[附] **准噶尔蓟 Cirsium alatum** (S. G. Gmel.) Bobr. in Бот. Журн. СССР 43 (11): 1547. 1958. —— *Serratula alata* S. G. Gmel. Reise 1: 155. 1770. 本种与林蓟的主要区别：叶基部两侧沿茎下延成茎翼。花果期7-8月。产新疆天山与准噶尔盆地，生于湖岸草滩地、河滩或农田。俄罗斯西伯利亚、中亚及欧洲东部有分布。

12. 骆骑 图 961

Cirsium handelii Petrak ex Hand.-Mazz. in Sitz. Akad. Wiss. Wien, Math.-Nat. Kl. 63: 110. 1926.

多年生草本。茎上部有分枝，茎枝疏被长毛，上部兼有蛛丝毛。中下部茎生叶长椭圆形，长达25厘米，羽状浅裂或半裂，向下渐窄成翼柄，柄基耳状抱茎，侧裂片6-8对，半圆形、半卵状披针形或宽三角形，边缘有针刺及刺齿；向上的叶披针形，基部耳状半抱茎，边缘有刺齿或羽状浅裂或半裂；叶两面同色，被长毛或无毛。头状花序下垂，排成伞房圆锥花序或伞房花序；总苞钟状，径3-4.5厘米，无毛，总苞片约7层，覆瓦状排列，向内层渐长，钻状披针形、钻状披针状椭圆形或钻状宽线形。小花紫色，花冠长2.1厘米，管部及檐部近等长，长1.2厘米。瘦果褐色，偏斜倒披针状，长3.2毫米；冠毛浅褐色。花果期5-9月。

产云南西北部及西南部、四川中西部、贵州西北部及西南部，生于海拔1700-3400米林缘、林下、灌丛中、山坡草地或荒地。

图 961 骆骑 （引自《中国植物志》）

13. 天山蓟 图 962:1

Cirsium alberti Regel. et Schmalh. in Acta Hort. Petrop. 5 (2): 318. 1880.

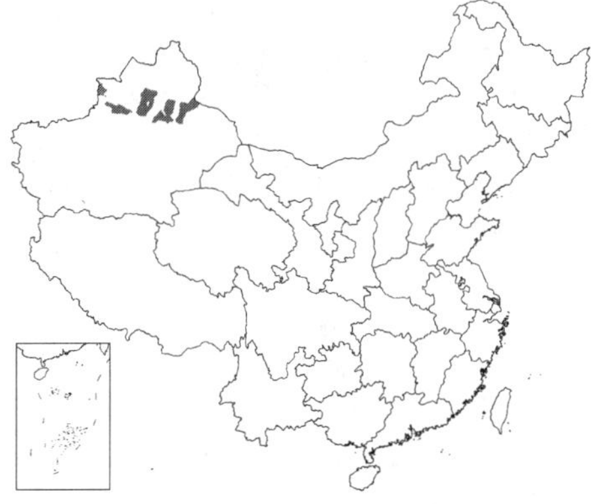

多年生草本。茎枝被长毛及蛛丝毛。下部茎生叶椭圆状披针形或披针形，长22-27厘米，羽状深裂，下部渐窄成有翼叶柄，翼缘有刺齿，侧裂片4-8对，三角状卵形或半椭圆形，边缘有刺齿及缘毛状针刺；向上的叶渐小，披针形或长披针形，基部耳状半抱茎；花序下部的叶

图 962：1. 天山蓟 2. 赛里木蓟
（引自《中国植物志》）

更小，边缘具针刺；叶上面被长毛，下面密被灰白色绒毛。头状花序直立，排成伞房状或伞房状圆锥花序；总苞卵圆形，径2厘米，无毛，总苞片7-8层，覆瓦状排列，向内层渐长，外层与中层三角状钻形、长卵状钻形或披针状钻形，内层披针形或线形，先端膜质渐尖。小花黄或白色，檐部长1.1厘米，细管部长8毫米。瘦果偏斜楔状倒披针形，褐色；冠毛白色。花果期7-9月。

产新疆天山地区及准噶尔盆地，生于海拔1000-2000米山坡、山谷林缘、草滩、河滩地或溪旁。中亚及俄罗斯有分布。

[附] **赛里木蓟** 图 962 : 2 **Cirsium sairamense** (C. Winkl.) O. et B. Fedtsch. in Перен. Раст. Typk. 4: 286. 1911.—— *Cnicus sairamensis* C. Winkl. in Acta Hort. Petrop. 9 (2): 522. 1886. 本种与天山蓟的主要区别：叶下面被薄蛛丝毛；小花紫色。产新疆天山，生于山谷、水边或湿地，中亚有分布。

14. 烟管蓟 图 963 彩片 151

Cirsium pendulum Fisch. ex DC. Prodr. 6: 650. 1837.

多年生草本，高达3米。茎枝被长节毛。基生叶及下部茎生叶长椭圆形、偏斜椭圆形、长倒披针形或椭圆形，下部渐窄成翼柄或无柄，二回羽状分裂，一回为深裂，侧裂片5-7对，半长椭圆形或偏斜披针形，一回侧裂片一侧深裂或半裂，另侧不裂，边缘有针刺状缘毛或兼有刺齿，二回裂片边缘及顶端有针刺；向上的叶渐小，无柄或耳状抱茎；叶两面绿色或下面稍淡，无毛。头状花序下垂，排成总状圆锥花序；总苞钟状，径3.5-5厘米，无毛，总苞片约10层，覆瓦状排列，向内层渐长，外层与中层长三角形或钻状披针形，上部或中部以上钻状，内层披针形或线状披针形。小花紫或红色，管部细丝状，长1.6厘米，檐部长6毫米。瘦果倒披针形；冠毛污白色。花果期6-9月。

产黑龙江、吉林、辽宁、内蒙古、河北、河南、山西、陕西、甘肃东南部及云南中西部，生于海拔300-2240米山谷、山坡草地、林缘、林下、岩缝、溪旁。俄罗斯东西伯利亚及远东地区、朝鲜半岛及日本有分布。

图 963 烟管蓟（引自《图鉴》）

15. 贡山蓟 图 964 彩片 152

Cirsium eriophoroides (Hook. f.) Petrak in Biol. Bot. 7 (8): 9. 1912.

Cnicus eriophoroides Hook. f. Fl. Brit. Ind. 3: 363. 1881.

多年生草本，高达3.5米。茎被长节毛及蛛丝毛。中下部茎生叶长椭圆形，长20-35厘米，羽状浅裂、半裂或边缘大刺齿状，有叶柄，边缘有刺齿或针刺，侧裂片半椭圆形、半圆形或卵形，边缘有2-5个刺齿，向上的叶渐小，与中下部茎生叶同形或披针形，并等样分裂，无柄或基部耳状半抱茎；叶两面绿色或下面稍淡，上面疏被针刺或几无针刺。头状花序排成伞房状花序；总

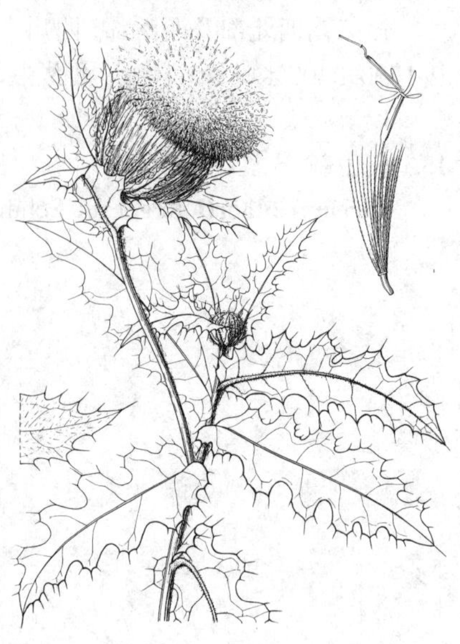

图 964 贡山蓟（引自《图鉴》）

苞球形，被棉毛，径达5厘米，基部有苞片，苞叶线形或披针形，边缘有长针刺，总苞片近6层，镊合状排列，近等长，中外层披针状钻形或三角状钻形，内层线状披针状钻形或线钻形。小花紫色，檐部长1.3厘米，细管部长2.2厘米。瘦果倒披针状长椭圆形，长5毫米，黑褐色，冠毛污白或浅褐色。花果期7-10月。

产四川西南部、云南及西藏东南部，生于海拔2080-4100米山坡灌丛中、山坡草地、草甸、河滩地或水边。锡金有分布。

16. 钻苞蓟

图 965 : 1-2

Cirsium subulariforme Shih. in Acta Phytotax. Sin. 22 (5): 391. 1984.

多年生草本，高达2米。茎被蛛丝毛。下部茎生叶椭圆形，长达33厘米，羽状半裂，叶柄长达14厘米，有翼，侧裂片7-8对，半椭圆形，边缘有3-5三角形刺齿；向上的叶渐小，长椭圆形或披针形，无柄，头状花序下部的叶针刺状；叶上面绿色，被针刺，下面灰白色，密被绒毛。头状花序排成伞房状或总状花序；总苞钟状，径3-4厘米，无毛，总苞片约7层，镊合状排列，或不明显覆瓦状排列，近等长或内层稍长，披针状钻形、椭圆状钻形或线状钻形，钻状部分长0.7-1厘米，全部或大部针刺状。小花紫红色，檐部长1.1厘米，5浅裂，细管部长1.9厘米。瘦果长椭圆状倒圆锥形，长5毫米，顶端平截；冠毛浅褐或污白色。花果期7-8月。

图 965 : 1-2. 钻苞蓟 3. 两面刺
（引自《中国植物志》）

产云南西北部及西藏东南部，生于海拔1500-2500米山坡草地、河谷灌丛或松林下。

17. 两面刺

图 965 : 3

Cirsium chlorolepis Petrak ex Hand.-Mazz. in Sitz. Akad. Wiss. Wien, Math.-Nat. Kl. 63: 109. 1926.

多年生草本。茎枝被长毛及蛛丝毛。中下部茎生叶披针形、长椭圆形或倒披针形，羽状半裂、浅裂或几全裂，无柄或基部耳状半抱茎，侧裂片5-8对，半椭圆形、半长椭圆形或卵形，叶末回侧裂片或侧裂片三角形或三角披针形；上部叶渐小，与中下部茎生叶同样并等样分裂；叶坚硬，两面有针刺，绿或黄绿色。头状花序下垂或下倾，排成总状或伞房状；总苞宽钟状，无毛或疏被蛛丝毛，径3.5-4厘米，总苞片7-8层，镊合状排列，近等长或向内层稍长，披针状钻形，背面有刺毛，先端膜质渐尖。小花红紫色，檐部长1厘米，5浅裂，细管部长1厘米。瘦果楔状倒披针形，淡黄色；冠毛浅褐色。花果期7-10月。

产云南及贵州西南部，生于海拔1300-1800米林缘及山坡草地。

18. 灰蓟 总状蓟

图 966 彩片 153

Cirsium griseum Lévl. in Fedde, Repert. Sp. Nov. 12: 284. 1913.

Cirsium botryodes Petrak ex Hand.-Mazz.; 中国高等植物图鉴 4: 613. 1975.

多年生草本。茎枝被长毛并兼有蛛丝毛。下部和中部茎生叶披针形或卵状披针形，羽状深裂或几全裂，长

12-16厘米，基部耳状抱茎，侧裂片4-7对，长三角形或披针形，边缘有针刺；向上的叶与中下部叶同形并等样分裂，头状花序下部的叶常针刺化；叶坚硬，上面淡绿色，被针刺，下面灰白色，被绒毛。头状花序排成总状或总状伞房花序；总苞宽钟状，径3.5厘米，疏被蛛丝毛，总苞片7层，镊合状排列，或不明显覆瓦状排列，向内层渐长，外层与中层钻状长卵形或钻状长椭圆形，内层线状披针形或线形。小花白或黄白色，稀紫色。瘦果楔状倒披针形；冠毛浅褐色。花果期5-9月。

产四川南部、云南、贵州西北部及湖南西部，生于海拔2800-3000米山谷或山坡草地。

图 966 灰蓟（引自《图鉴》）

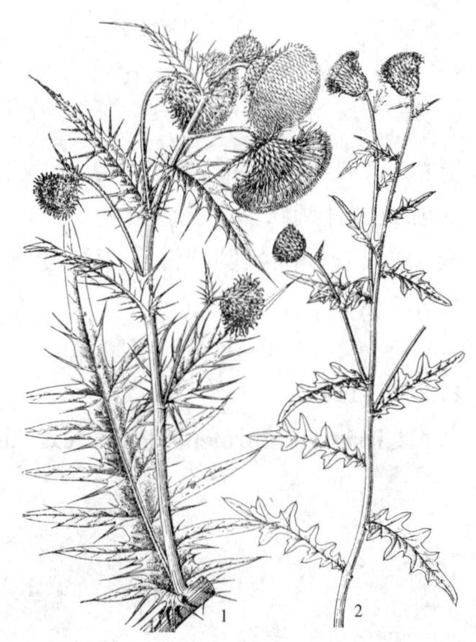

图 967：1. 披裂蓟 2. 牛口蓟
（引自《中国植物志》）

19. 披裂蓟 图 967：1

Cirsium interpositum Petrak in Fedde, Repert. Sp. Nov. 43: 283. 1838.

多年生草本，高达2.5米。茎被蛛丝毛。中部茎生叶长达60厘米，长椭圆形或椭圆形，羽状深裂或几全裂，基部耳状抱茎，耳状部分边缘长针刺，侧裂片9-11对，裂片披针形或长椭圆状披针形，长10-16厘米，多全缘，有缘毛状针刺；中部向上的叶渐小，同形并等样分裂，边缘具针刺；最上部及头状花序下部的叶披针形或线形，边缘有长针刺；叶上面被针刺，下面灰白色，密被绒毛。头状花序下垂，排成伞房状；总苞宽钟状，径4-4.5厘米，总苞片约10层，覆瓦状排列，无毛，外层长三角形或披针形，长0.8-1厘米，先端渐尖成针刺或小尖头，中内层长披针形或线形，长1.5-3厘米，先端膜质渐尖。小花紫红色，细管部长2.5厘米，檐部长1.1厘米。瘦果黑色，偏斜楔状椭圆形，长5毫米；冠毛浅褐或污白色。花果期9-11月。

产云南西部及西藏东部，生于海拔2000-2500米疏林下、林缘或山坡草地。印度西北部有分布。

[附] **翼蓟 Cirsium vulgare** (Savi) Ten. Fl. Nap. 5: 209. 1835-1836. 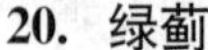*Carduus vulgaris* Savi, Fl. Pis. 2: 241. 1798. 本种与披裂蓟的主要区别：叶基部两侧沿茎下沿成茎翼。花果期7-8月。产新疆阿尔泰山、天山及准噶尔阿拉套山，生于海拔800-1800米田间及潮草地。欧洲、地中海地区、俄罗斯西伯利亚及伊朗有分布。

20. 绿蓟 图 968：1-3

Cirsium chinense Gardn. et Champ. in Journ. Bot. Kew Gard. Misc. 1: 323. 1849.

多年生草本。茎枝被长毛。中部茎生叶长椭圆形、长披针形或宽线形，长5-7厘米，羽状浅裂、半裂或深裂，侧裂片3-4对，边缘有刺齿，或叶不裂，长椭圆形、长椭圆状披针形或线形，边缘有针刺或具针刺状齿痕；叶较坚硬，两面绿色，无毛或沿脉有长毛，基部叶及下部茎生叶基部渐窄成柄，中上部茎生叶无柄或基部扩大。头状花序排成不规则伞房花序，稀单生茎端；总苞卵圆形，径2厘米，总苞片约7层，覆瓦状排列，向内层渐长，无毛，全部或大部背面沿中脉有黑色粘腺，外层长三角形或披针形，先端尖或短渐尖成针刺，内层长披针形或线状披针形，先端膜质，红色。小花紫红色，檐部长1.2厘米，细管部长1.2厘米。瘦果楔状倒卵圆形，扁；冠毛污白色。花果期6-10月。

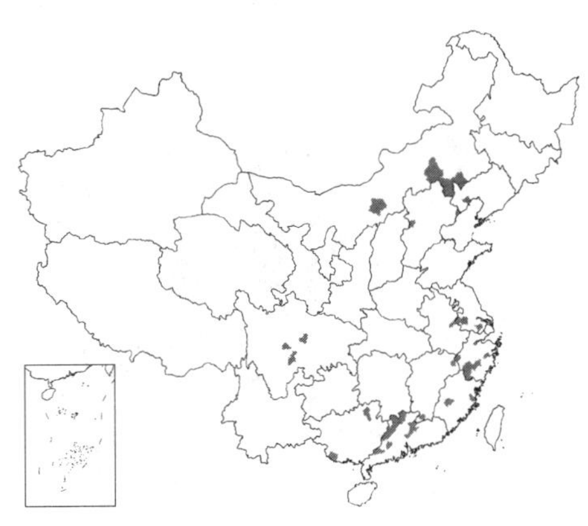

产辽宁、内蒙古、河北、山东、江苏、浙江、福建、江西、广东、香港、广西及四川，生于海拔100-1600米山坡草丛中。

[附] **南蓟** 图 968:4-6 彩片 154 **Cirsium argyrancanthum** DC. Prodr. 6: 640. 1837. 本种与绿蓟的主要区别：茎上部兼有蛛丝毛；中部茎生叶长8-14厘米；头状花序排成总状、穗状或总状圆锥花序；冠毛浅褐色。产西藏喜马拉雅及岗底斯山区、云南西北部，生于海拔2100-3650米山坡林缘、林下、草地、河边灌丛中或田边。印度及尼泊尔有分布。

图 968：1-3. 绿蓟 4-6. 南蓟（马 平绘）

21. 线叶蓟 图 969

Cirsium lineare (Thunb.) Sch.-Bip. in Linnaea 19: 335. 1874.

Carduus linearis Thunb. Fl. Jap. 305. 1784.

多年生草本。茎枝被蛛丝毛及长毛或几无毛。下部和中部茎生叶长椭圆形、披针形或倒披针形，长6-12厘米，不裂，基部渐窄成翼柄；向上叶渐小，与中下部叶同形或长披针形或线状披针形或线形，无叶柄；叶上面绿色，被长毛，下面色淡，被蛛丝状薄毛，边缘有细密针刺。头状花序排成圆锥状伞房花序；总苞卵圆形或长卵圆形，径1.5-2厘米，总苞片约6层，覆瓦状排列，向内层渐长，外层与中层三角形及三角状披针形，先端有针刺，内层披针形或三角状披针形，最内层线形或线状披针形，先端膜质，红色。小花紫红色。瘦果倒金字塔状；冠毛浅褐色，长达1.5厘米。花果期9-10月。

图 969 线叶蓟（引自《图鉴》）

产安徽南部、浙江、福建、台湾、江西东北部、四川及云南近中部，生于海拔900-1700米山坡或路旁。

22. 湖北蓟 条叶蓟 图 970

Cirsium hupehense Pamp. in Nouv. Giorn. Bot. Ital 18: 86. 1911.

Cirsium lineare auct. non (Thunb.) Sch.-Bip.: 中国高等植物图鉴 4: 614. 1975.

多年生草本。茎上部灰白色，被薄绒毛。中部茎生叶长椭圆形或长椭

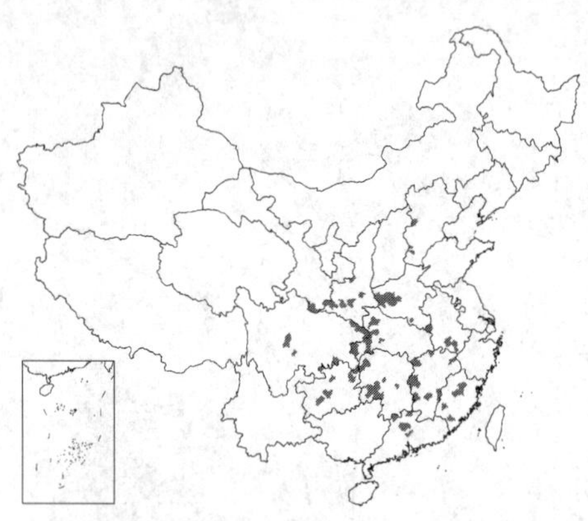

圆状披针形，长9-18厘米，不裂，边缘有针刺，下部边缘有三角形或斜三角形锯齿；向上的叶渐小，同形或长披针形或宽线形，边缘具针刺；叶厚，上面绿色，被糙伏毛，下面灰白色，密被绒毛。头状花序排成伞房花序。总苞卵圆形，径2-2.5厘米，无毛，总苞片约6层，覆瓦状排列，向内层渐长，背面沿中脉有黑色粘腺，外层长三角形，先端有针刺，中层卵状三角形，内层三角状披针形或宽线形，先端膜质。小花紫红或粉红色。瘦果偏斜楔状倒卵形；冠毛浅褐色。花果期8-11月。

产河北西部、河南、安徽、福建、江西、湖北、湖南、广东、贵州、四川、陕西及甘肃南部，文献记载云南有分布，生于海拔500-2500米山坡灌木林中、林缘、草丛、荒地或田间。

图 970 湖北蓟（引自《图鉴》）

23. 牛口蓟 图 967:2 图 971

Cirsium shansiense Petrak in Mitt. Thuring. Bot. Vereins n. f. 1: 176. 1943.

多年生草本。茎枝被长毛或绒毛。中部茎生叶卵形、披针形、长椭圆形、椭圆形或线状长椭圆形，羽状浅裂、半裂或深裂，基部渐窄，扩大抱茎；侧裂片3-6对，偏斜三角形或偏斜半椭圆形，顶裂片长三角形、宽线形或长线形，先端及边缘有针刺，向上的叶渐小，与中部茎生叶同形并等样分裂，具齿裂；叶上面绿色，被长毛，下面灰白色，密被绒毛。头状花序排成伞房花序；总苞卵圆形，无毛，径2-2.5厘米，总苞片7层，覆瓦状排列，向内层渐长，背面有黑色粘腺，最外层长三角形，外层三角状披针形或卵状披针形，先端有短针刺，内层披针形或宽线形，先端膜质，红色。小花粉红或紫色。瘦果偏斜椭圆状倒卵形；冠毛浅褐色。花果期5-11月。

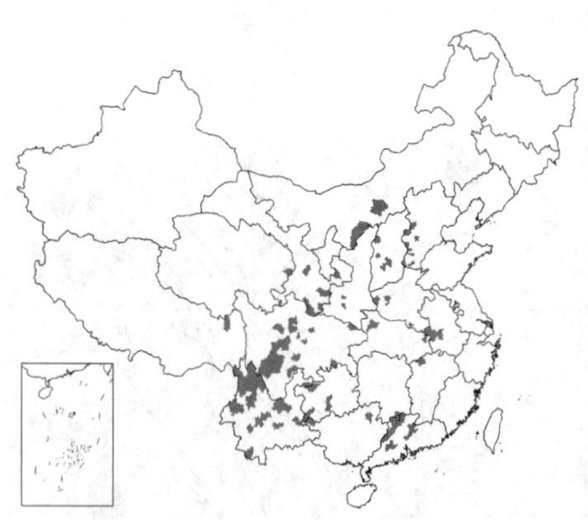

产内蒙古、河北、河南、山西、陕西南部、甘肃南部、青海东部、西藏东北部、四川、云南、贵州、湖北、湖南南部、广西东北部、广东、福建东南部、江西西北部及安徽，生于海拔1300-3400米山坡、山顶、山脚、山谷林下、灌木林下、草地、河边湿地、溪边或路旁。印度及中南半岛有分布。

图 971 牛口蓟
（引自《江苏南部种子植物手册》）

24. 覆瓦蓟 图 972:1-2

Cirsium leducei (Franch.) Lévl. Cat. Pl. Yunnan 41. 1915.

Cnicus leducei Franch. in Journ. de Bot. 11: 23. 1897.

多年生草本。茎分枝处及头状花序下部的茎枝顶端被绒毛。中部茎生叶披针形、椭圆形或长椭圆形，长4-10厘米，羽状浅裂、半裂、深裂，侧裂片3-5对，偏斜三角形或半扇形，边

缘有2刺齿或齿裂；中部向上的叶渐小，与中部茎生叶等样分裂或不裂；叶上面绿色，密被针刺，或针刺近边缘着生且有长毛，下面灰白色，密被厚绒毛。头状花序排成伞房花序；总苞钟状，径2-2.5厘米，总苞片6层，覆瓦状排列，向内层渐长，背面沿中脉有黑色粘腺，最外层长披针形，先端有针刺，中层和内层披针形，先端有短针刺，最内层椭圆状长披针形或宽线形，先端膜质，红色。小花紫红色。瘦果偏斜倒披针状，浅褐色；冠毛浅褐色。花果期8-12月。

产广东中北部、广西西部、云南、贵州及四川西北部，生于海拔500-1500米山坡林下、林缘、草地。

图 972：1-2. 覆瓦蓟 3-4. 附片蓟（王金凤绘）

25. 附片蓟 图 972：3-4

Cirsium sieversii (Fisch. et Mey.) Petrak in Oesterr. Bot. Zeitschr. 61: 324. 1911.

Echenais sieversii Fisch. et Mey. Enum. Pl. Nov. 1: 44. 1841.

多年生草本。高达2米。茎枝被长毛。上部茎生叶长椭圆形或披针形，羽状半裂，侧裂片偏斜卵形，边缘有三角形刺齿及缘毛状针刺，头状花序下部的叶线形或线状披针形，边缘锯齿针刺状；叶两面绿色或下面稍淡，两面被长毛。头状花序集生分枝顶端或排成圆锥状；总苞卵圆形，径1.5-2厘米，无毛，总苞片约7层，覆瓦状排列，先端有附片，附片中央有针刺，中层上部附片菱形或卵形，中央先端针刺长1-2毫米，内层长1-1.2厘米，附片三角形，膜质渐尖，附片边缘均锯齿状撕裂。小花紫红色。瘦果黄褐色，偏斜椭圆状倒披针形；冠毛浅褐色。花果期8-10月。

产新疆天山及准噶尔阿拉套地区，生于海拔约1600米山坡林中草地或近水旁。俄罗斯西西伯利亚及中亚地区有分布。

［附］ **无毛蓟 Cirsium glabrifolium** (C. Winkl.) O. et B. Fedtsch. in Перен. Раст. Typk. 4: 286. 1911.——*Cnicus glabrifolium* C. Winkl. in Acta Hort. Petrop. 9(2): 523. 1886. 本种与附片蓟的主要区别：全部茎枝有条棱；外层总苞片先端无附片，中层总苞片先端有附片。花果期8-9月。产新疆及西藏南部，生于海拔2600-2700米山坡或山坡灌丛中。克什米尔地区、印度北部及俄罗斯中亚地区有分布。

26. 刺儿菜 大刺儿菜 图 973 彩片 155

Cirsium setosum (Willd.) Kitam. Fl. Taur.-cauc. 3: 560. 1819.

Serratula setosa Willd. Sp. Pl. 3(3): 1664. 1803.

Cephalonoplos setosum (Milld.) Kitam.;中国高等植物图鉴 4: 609. 1975.

Cephalonoplos segetum (Bunge) Kitam.;中国高等植物图鉴 4: 608. 1975.

多年生草本。茎上部花序分枝无毛或有薄绒毛。基生叶和中部茎生叶椭圆形、长椭圆形或椭圆状倒披针形，长7-15厘米，基部楔形，通常无叶柄；上部叶渐小，椭圆形、披针形或线状披针形；茎生叶均不裂，叶缘有

细密针刺，或大部茎叶羽状浅裂或半裂或有粗大圆齿，裂片或锯齿斜三角形，先端有较长针刺，两面绿色或下面色淡，无毛，稀下面被绒毛呈灰色或两面被薄绒毛。头状花序单生茎端或排成伞房花序；总苞卵圆形或长卵形，径1.5-2厘米，总苞片约6层，覆瓦状排列，向内层渐长，先端有刺尖，外层及中层长5-8毫米，内层长椭圆形或线形，长1.1-2厘米。小花紫红或白色，雌花花冠长2.4厘米，檐部长6毫米，管部细丝状，长1.8厘米；两性花花冠长1.8厘米，檐部长6毫米，管部细丝状，长1.2毫米。瘦果淡黄色，椭圆形或偏斜椭圆形，顶端斜截；冠毛污白色。花果期5-9月。

除台湾、广东、香港、海南、广西、云南、西藏外，几遍全国各地，生于海拔170-2650米平原、丘陵、山地、山坡、河旁、荒地或田间。欧洲东部及中部、中亚、俄罗斯西西伯利亚及远东地区、蒙古、朝鲜半岛及日本有分布。全草药用，为利尿及止血剂，可消肿、催乳，治痈疮。

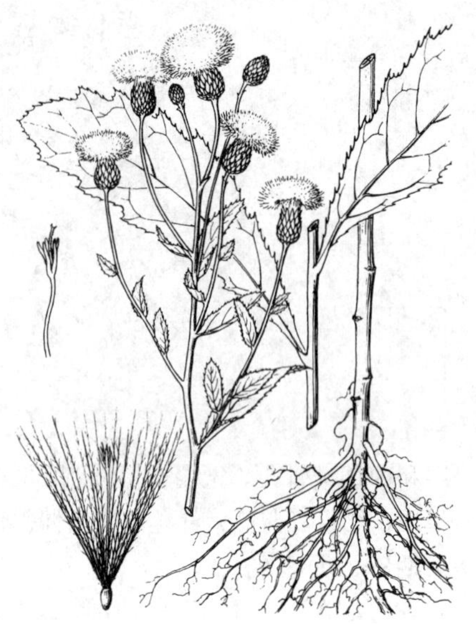

图 973 刺儿菜（引自《图鉴》）

27. 藏蓟 图 974 彩片 156

Cirsium lanatum (Roxb. ex Willd.) Spreng. Syst. 3: 372. 1826.

Carduus lanatus Roxb. ex Willd. Sp. Pl. 3: 1671. 1804.

多年生草本。茎枝灰白色，密被绒毛至毛稀。下部茎生叶长椭圆形、倒披针形或倒披针状长椭圆形，长7-12厘米，羽状浅裂或半裂，基部渐窄，侧裂片3-5对，半圆形、宽卵形或半椭圆形，边缘有长硬针刺或刺齿，齿缘有缘毛状针刺，顶裂片宽卵形、宽披针形或半圆形，边缘有缘毛状针刺，或下部茎生叶羽裂不明显，叶缘针刺常3-5成束；向上的叶与下部叶同形并具等样针刺和缘毛状针刺；叶上面绿色，无毛，下面灰白色，密被绒毛，或两面灰白色，被绒毛。头状花序排成伞房状或总状；总苞卵形或卵状长圆形，径1.5-2厘米，无毛，总苞片约7层，覆瓦状排列，向内层渐长，外层三角形，中层椭圆形，内层披针形或线形。小花紫红色，雌花花冠檐部长4毫米，细管部长1.4厘米；两性花花冠长1.5厘米，细管部长9毫米，檐部长6毫米。瘦果楔状；冠毛污白至浅褐色。花果期6-9月。

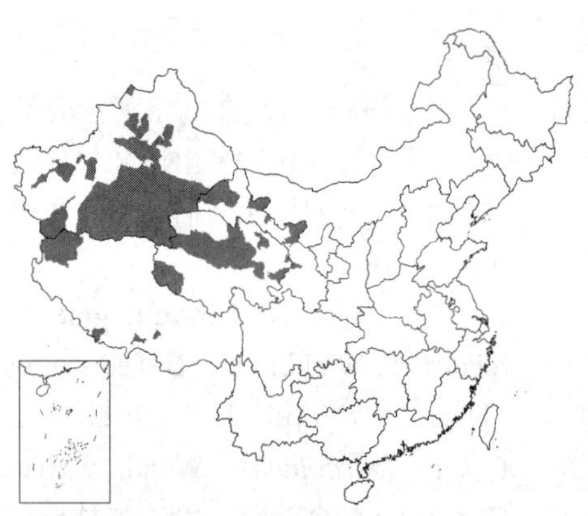

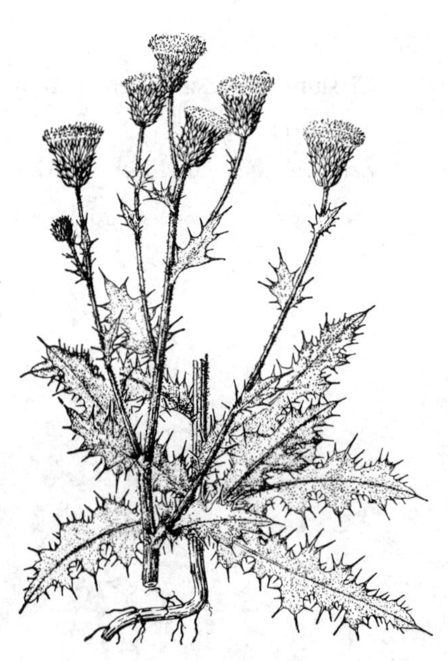

图 974 藏蓟（王金凤绘）

产西藏、青海、甘肃及新疆，生于海拔500-4300米山坡草地、潮湿地、湖滨地、村旁或路旁。印度有分布。

[附] **丝路蓟 Cirsium arvense** (Linn.) Scop. Fl. Carn. ed. 2, 2: 126. 1772. —— *Serratula arvensis* Linn. Sp. Pl. 820. 1753. 本种与藏蓟的主要区别：下部茎生叶长达17厘米，两面绿色，下面有极稀疏蛛丝毛；头状花序排成圆锥状伞房花序，总苞片约5层。花果期6-9月。产内蒙古、甘肃、新疆及西藏，生于海拔700-4250米沟边水湿地、田间或湖滨地区。欧洲、中亚、阿富汗及印度有分布。

164. 肋果蓟属 Ancathia DC.

（石 铸 靳淑英）

多年生小草本，高达20厘米。茎单生或簇生，密被绒毛。茎生叶革质，线形、线状披针形或长椭圆形，上面绿色，无毛；下面灰白色，密被绒毛，全缘，反卷，有黄白色长5-6毫米针刺，基部两侧沿茎稍下延。头状花序单生茎枝顶端，同型；总苞钟状，径3-5厘米，有蛛丝毛；总苞片多层，覆瓦状排列，向内层渐长，外层长三角形，先端针刺状渐尖，中层倒披针形，具长针刺，内层长披针形、线状长倒披针形或线形，长3-3.2厘米，中外层苞片近革质，上部或针刺反折或平展，内层苞片直立，紧贴，硬膜质；花托密被托毛。小花紫或淡红色，两性，管状；花丝分离，无毛，花药基部附属物尾状，撕裂；花柱分枝长3毫米，大部贴合。瘦果长椭圆形，长6.5毫米，棕黑或棕色；冠毛多层，淡白色，长羽毛状。

单种属。

肋果蓟 图 975

Ancathia igniaria (Spreng.) DC. in Guill. Arch. Bot. (Paris) 2: 331. 1833.

Cirsium igniarium Spreng. Syst. Veg. 3: 375. 1826.

形态特征同属。花果期7-9月。

产新疆北部及东北部，生于海拔1100-1410米干旱石质荒滩或山坡。中亚、俄罗斯西伯利亚及蒙古有分布。

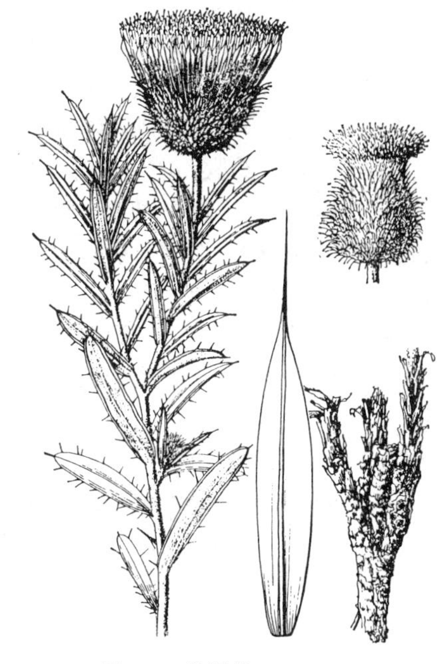

图 975 肋果蓟 （王金凤绘）

165. 泥胡菜属 Hemistepta Bunge

（石 铸 靳淑英）

一年生草本。茎单生，疏被蛛丝毛。基生叶长椭圆形或倒披针形，中下部茎生叶与基生叶同形，长4-15厘米，叶均大头羽状深裂或几全裂，侧裂片（2-）4-6对，稀1对，倒卵形、长椭圆形、匙形、倒披针形或披针形，顶裂片长菱形、三角形或卵形，全部裂片有三角形锯齿或重锯齿，侧裂片常有稀锯齿，最下部侧裂片常无齿，有时茎生叶不裂；叶上面绿色，无毛，下面灰白色，被绒毛；基生叶及下部茎生叶叶柄长达8厘米，基部抱茎；上部茎生叶叶柄渐短，最上部叶无柄。头状花序在茎枝顶端排成伞房花序，稀头状花序单生茎顶；总苞宽钟状或半球形，径1.5-3厘米，总苞片多层，覆瓦状排列，向内层渐长，最外层三角形，外层及中层椭圆形，背面近先端有紫红色鸡冠状附片，内层苞片长渐尖，上方带红色，中外层背面先端有直立的鸡冠状紫红色附片；花托平，密被托毛。小花两性，管状，花冠红或紫色，檐部长3毫米，细管部长1.1厘米；花药基部附属物尾状，稀撕裂，花丝分离，无毛；花柱分枝长0.4毫米，顶端平截。瘦果楔形或扁斜楔形，长2.2毫米，13-16细肋；冠毛2层，外层刚毛羽毛状，基部连合成环，长1.3厘米，整体脱落，内层刚毛鳞片状，3-9，极短，着生一侧，宿存。

单种属。

泥胡菜 图 976 彩片 157

Hemistepta lyrata (Bunge) Bunge in Dorp. Jahrb. Litt. 1: 221. 1833.

Cirsium lyratum Bunge in Mém. Acad. Imp. Sci. St. Pétersb. Sav. Etrang. 2: 110. 1833.

形态特征同属。花果期3-8月。

除内蒙古、宁夏、青海、新疆及西藏外，遍布全国，生于海拔50-3280

米山谷、平原、丘陵、林缘、林下、草地、荒地、田间或河边。越南、老挝、印度、朝鲜半岛、日本、中南半岛、南亚及澳大利亚有分布。

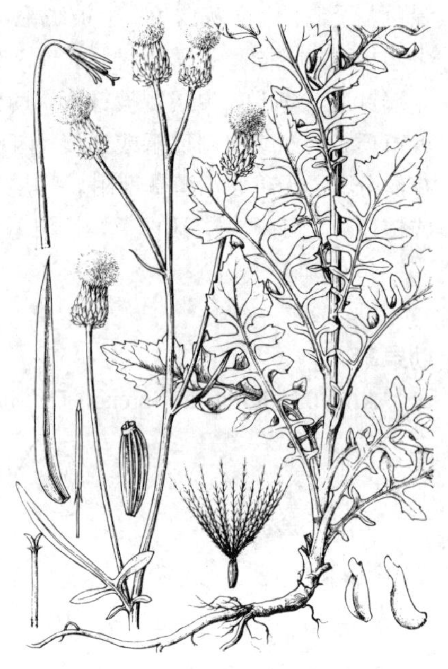

图 976 泥胡菜（引自《图鉴》）

166. 大翅蓟属 Onopordum Linn.

（石 铸 靳淑英）

二年生草本，稀多年生草本。有茎或无茎，有茎翼。头状花序同型，单一或多数顶生；总苞卵圆形、球形或长圆状球形，总苞片多层，覆瓦状排列，龙骨状或扁平，直立或反折，先端针刺状，有时成倒钩刺；花托肉质，蜂窝状，窝缘有硬膜质易脱落突起。小花两性，结实，花冠管状，紫、红、黄或白色，檐部5裂；花药基部附属物短尾状，花丝分离，无毛；花柱长，伸出花冠，花柱分枝长。瘦果长椭圆形或长倒卵形，有时稍扁，3-4肋棱，肋棱在果顶伸出成多角形果缘，基底着生面平或稍偏斜；冠毛多层，不等长，基部连合成环，整体脱落，通常有1（2-3）超长冠毛刚毛，冠毛刚毛土红色，睫毛状、糙毛状、短羽毛状或羽毛状。

约40种，分布于西亚及中亚地区。我国2种。

大翅蓟 图 977

Onopordum acanthium Linn. Sp. Pl. 827. 1753.

二年生草本，高达2米。茎无毛或被蛛丝毛。基生叶及下部茎生叶长椭圆形或宽卵形，长10-30厘米，基部渐窄成短柄；中部叶及上部叶渐小，长椭圆形或倒披针形，无柄；叶缘有三角形刺齿，或羽状浅裂，两面无毛或被薄蛛丝毛，或两面灰白色，被厚棉毛；茎翅羽状半裂或有三角形刺齿，裂片宽三角形，裂顶及齿顶有黄褐色针刺。头状花序排成伞房状，稀单生茎顶；总苞卵圆形或球形，径达5厘米，幼时被蛛丝毛，后无毛，总苞片多层，向内层渐长，有缘毛，背面有腺点，外层与中层革质，卵状钻形或披针状钻形。小花紫红或粉红色，檐部长1.2厘米，细管部长1.2厘米。瘦果倒卵圆形或长椭圆形，灰或灰黑色，有黑或棕色斑；冠毛土红色，多层，睫毛状，内层长达1.2厘米。花果期6-9月。

产新疆天山、准噶尔盆地及准噶尔阿拉套地区，生于山坡、荒地或沟边。欧洲、中亚、俄罗斯西伯利亚及伊朗有分布。

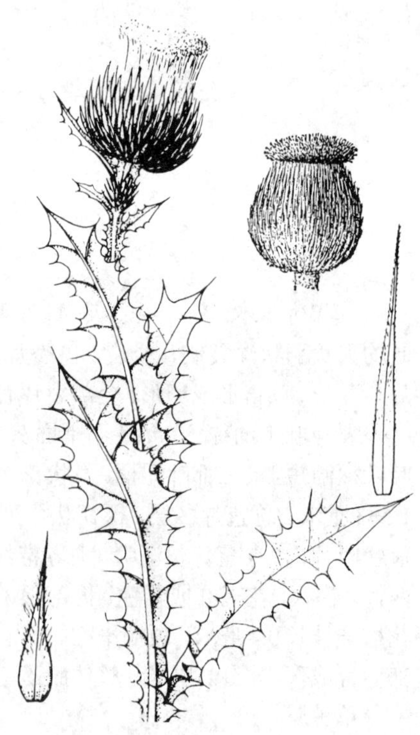

图 977 大翅蓟（谭丽霞绘）

167. 川木香属 Dolomiaea DC.

（石 铸 靳淑英）

多年生草本。无茎，极稀有茎。叶常莲座状。头状花序同型，集生茎基顶端莲座状叶丛中或茎顶苞叶丛中，稀有1个头状花序；总苞钟状，总苞片多层，覆瓦状排列，革质或坚硬，全缘有睫毛；花托平，蜂窝状，窝缘有易脱落突起。小花均两性，管状，结实；花冠紫或红色，外面有腺点；花药基部附属物尾状，撕裂，有乳突，花丝分离，无毛；花柱分枝线形，顶端尖细或花柱2裂，极短，贴合，顶端圆。瘦果3-4棱形或几圆柱状，顶端有果喙，基底着生面平；冠毛2-多层，等长，黄褐色，基部连合成环，整体脱落，冠毛刚毛易脆折，锯齿状、粗毛状或短羽毛状。

约12种，分布中国，少数种产缅甸。

1. 头状花序少数或多数，通常（2）3-8集生茎基顶端的或短茎顶端莲座状叶丛中；瘦果圆柱形；叶全部基生，莲座状。
   2. 全部冠毛直立，不包贴瘦果；叶两面疏被糙毛 …………………………………………………… 1. 膜缘川木香 O. forrestii
   2. 内层冠毛直立，外层冠毛皱曲反折，反包并紧贴瘦果；叶两面疏被糙毛和黄色小腺点 …… 2. 川木香 D. souliei
1. 头状花序单生茎基顶端莲座状叶丛中或茎顶端苞叶丛中；瘦果扁三棱形。
   3. 无茎；叶全部基生，莲座状，叶不裂，边缘浅波状凹缺或有锯齿，叶宽卵形、扁卵形或长圆形，两面被糙毛 ……………………………………………………………………………………………… 3. 厚叶川木香 D. berardioidea
   3. 无茎或有短茎；莲座状叶与茎生叶宽倒披针形、椭圆形、宽椭圆形、卵形或近圆形，不裂或羽状浅裂、半裂或深裂，两面被糙伏毛 …………………………………………………………………………… 4. 菜木香 D. edulis

1. 膜缘川木香 图 978

Dolomiaea forrestii (Diels) Shih in Acta Phytotax. Sin. 24(4): 293. 1986.

Jurinea forrestii Diels in Notes Roy. Bot. Gard. Edinb. 5. 200. 1912.

多年生草本，无茎或茎极短。叶均基生，莲座状，宽椭圆形、长椭圆形、卵形、近三角形或宽披针形，长12-18厘米，基部平截或楔形，两面绿色，下面色淡，两面疏被糙毛，羽状浅裂或近半裂，侧裂片4-7对，叶柄宽厚，长5-10厘米。头状花序集生茎基顶端或短茎顶端莲座状叶丛中；总苞钟状，径3厘米，总苞片5层，近革质，先端钝或钝圆，边缘褐色硬膜质，外层长卵形，长1.5厘米，中内层椭圆形或长椭圆形，长1.7-2.3厘米。小花紫红色。瘦果圆柱状；冠毛直立，黄褐色，多层，糙毛状。花果期7-10月。

产云南西北部、四川西南部及西藏东部，生于海拔3000-4100米山谷、山坡草甸、灌丛中、林缘或林下。

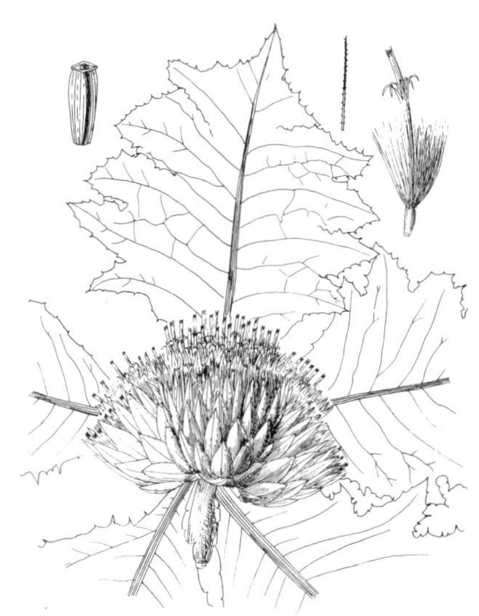

图 978 膜缘川木香（孙英宝绘）

2. 川木香 图 979

Dolomiaea souliei (Franch.) Shih in Acta Phytotax. Sin. 24(4): 294. 1986.

Jurinea souliei Franch. in Journ. de Bot. 8: 377. 1894.

多年生无茎或几无茎草本。叶全基生，莲座状，椭圆形、长椭圆形、披针形或倒披针形，长10-30厘米，羽状半裂，有长2-6（-16）厘米宽扁叶柄，两面绿色或下面色淡，两面疏被糙毛及黄色小腺点，叶柄两面密被蛛丝状绒毛、硬糙毛和黄色腺点，侧裂片4-6对，斜三角形或宽披针形，或叶不裂，边缘有锯齿、刺尖或不规则浅裂。头状花序集生茎基顶端莲座状

图 979 川木香（引自《图鉴》）

叶丛中；总苞宽钟状，径6厘米，总苞片6层，质硬，先端尾状渐尖成针刺状，边缘有稀疏缘毛，外层卵形或卵状椭圆形，长2-2.5厘米，中层偏斜椭圆形或披针形，长约3厘米，内层长披针形，长约3.5厘米。小花红色。瘦果圆柱状；冠毛黄褐色，多层，外层向下皱曲反折包围并紧贴瘦果，内层直立，冠毛短羽毛状或糙毛状。花果期7-10月。

产四川西部及西藏东部，生于海拔3700-3800米草地及灌丛中。根入药，止痛、止泻。

3. 厚叶川木香 图 980

Dolomiaea berardioidea (Franch.) Shih in Acta Phytotax. Sin. 24(4): 294. 1986.

Saussurea edulis Franch. β. *berardioidea* Franch. in Journ. de Bot. 2: 338. 1888.

Vladimiria berardioidea (Franch.) Ling; 中国高等植物图鉴 4: 645. 1975.

多年生无茎草本。叶全基生，莲座状，宽卵形、扁卵形或长圆形，长8-18厘米，基部平截，浅心形或宽楔形，边缘浅波状凹缺或有锯齿，齿顶有短刺尖或边缘稀疏短刺尖，两面绿色或下面色淡，密被糙毛及黄色小腺点；有叶柄。头状花序单生茎基顶端莲座叶丛中；总苞钟状，径5.5厘米，总苞片约4层，革质，边缘有稀疏缘毛，外层椭圆形、倒披针状椭圆形或披针状宽椭圆形，长1.5-2厘米，中层与内层披针形，长2.5-3.4厘米。小花紫红色。瘦果扁三棱形，顶端有果喙，冠毛多层，锯齿状。

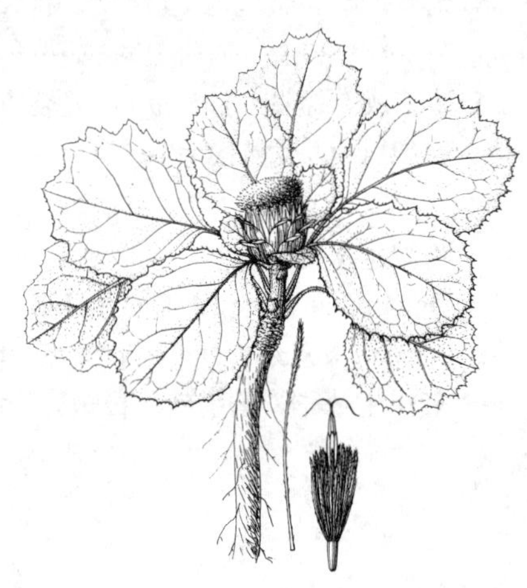

图 980 厚叶川木香（引自《图鉴》）

产云南西北部，生于海拔2800-3000米山坡草地或灌丛中。

4. 菜木香 图 981 彩片 158

Dolomiaea edulis (Franch.) Shih in Acta Phytotax. Sin. 24(4): 294. 1986.

Saussurea edulis Franch. in Journ. de Bot. 2: 377. 1888.

多年生草本，无茎或直立草本。高15-30厘米。莲座状叶与茎生叶宽倒披针形、椭圆形、宽椭圆形、卵形或几圆形，长7.5-15厘米，基部心形，楔形或平截，不裂或羽状浅裂、半裂或深裂，两面绿色，两面被糙伏毛，侧裂片3-4(-6)对，边缘或裂片有刺尖头或锯齿；叶柄宽扁，长达6厘米。头状花序单生茎基顶端莲座状叶丛中或茎顶苞叶丛中；总苞宽钟状，径4-6厘米，总苞片约5层，质坚硬，边缘有缘毛，外层与

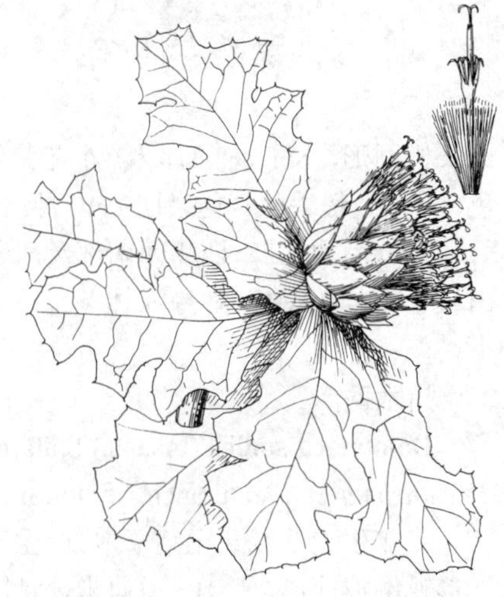

图 981 菜木香（孙英宝绘）

中层卵形或椭圆形，长1.2-1.7厘米，内层长椭圆形、披针形或宽线形，长2-3厘米。小花紫红色。瘦果扁三棱形，浅褐色；冠毛多层，黄褐色，冠毛糙毛状。花果期7-9月。

产四川西南部、云南西北部及西藏东南部，生于海拔2900-4000米山坡林缘、草地或荒地。

168. 重羽菊属 **Diplazoptilon** Ling

（石 铸 靳淑英）

多年生草本。无茎。叶全基生。头状花序同型，小花多数，单生或多数集生茎基顶端莲座状叶丛中；总苞钟状，总苞片4-5层，覆瓦状排列，革质或草质；花托平，蜂窝状，窝缘有易脱落钻状突起。小花均两性，多数，管状，檐部5裂；花药基部附属物尾状，綫状撕裂，花丝分离，无毛；花柱分枝细长，线形，顶端尖。瘦果倒圆锥状，扁，有4椭圆状纵肋，顶端有果缘，果边缘平或撕裂，基底着生面平；冠毛2层，污白色，等长，基部连合成环，整体脱落，冠毛刚毛长羽毛状，顶端纺锤状。

2种，分布中国西南部。

重羽菊 图 982

Diplazoptilon picridifolium (Hand.-Mazz.) Ling in Acta Phytotax. Sin. 10: 85. 1965.

Jurinea picridifolia Hand.-Mazz. in Sitz. Akad. Wiss. Wien, Math.-Nat. Kl. 62: 69. 1925.

多年生无茎草本。叶莲座状，质薄，长椭圆形或披针形，长8-15厘米，基部渐窄成长1-2厘米叶柄，全缘或疏生锯齿，齿顶及齿缘有刺尖，两面绿色或下面色淡，上面疏生长伏糙毛，下面无毛。头状花序单生莲座状叶丛中；总苞钟状，径2-3厘米，总苞片4-5层，质坚硬，先端渐尖，外层与中层长三角形，长1.5-2厘米，内层披针形、长椭圆形或线形，长2.5-3厘米。小花紫红色，花冠长2.7厘米。瘦果倒圆锥状，浅褐色；冠毛浅褐色，2层，长羽毛状，长2.3厘米，顶端纺锤状。花果期8-9月。

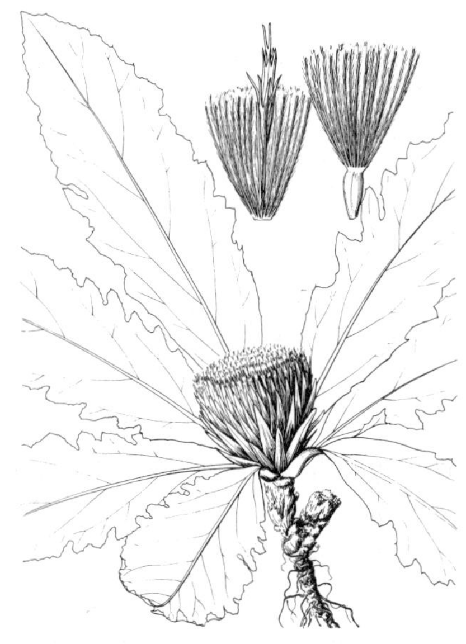

图 982 重羽菊（引自《图鉴》）

产云南西北部及西藏东南部，生于海拔3600-3800米山坡草地。

169. 飞廉属 **Carduus** Linn.

（石 铸 靳淑英）

一年生或二年生草本，稀多年生草本。茎有翼。叶互生，不裂或羽状浅裂、深裂至全裂，边缘及先端有针刺。头状花序同型同色，小花10-12或多达100，两性，结实；总苞卵状、圆柱状、钟状、倒圆锥状、球形或扁球形，总苞片8-10层，覆瓦状排列，直立，紧贴，先端有刺尖，向内层渐长，最内层苞片膜质；花托平或稍突起，密被长托毛。小花红、紫或白色，花冠管状或钟状，檐部5深裂，花冠裂片线形或披针形，1裂片较余4裂片长；花丝分离，中部有卷毛，花药基部附属物撕裂；花柱分枝短，常贴合。瘦果长椭圆形、卵圆形、楔形或圆柱形，扁，无肋，具多数纵纹及横皱纹，或无纵纹，基底着生面平，或稍偏斜，顶端平截或斜截，有果缘，果缘全缘；冠毛多层，冠毛刚毛不等长，向内层渐长，糙毛状或锯齿状，基部连合成环，整体脱落。

约95种，分布欧、亚、北非及非洲热带地区。我国3种。

1. 总苞钟状或宽钟状，径4-7厘米，中外层苞片宽4-5毫米；瘦果楔形 ……………………………… 1. **飞廉 C. nutans**
1. 总苞卵圆形，径1.5-2（-2.5）厘米，中外层总苞片宽0.7-2毫米；瘦果长椭圆形 …… 2. **节毛飞廉 C. acanthoides**

1. 飞廉 图 983

Carduus nutans Linn. Sp. Pl. 821. 1753.

二年生或多年生草本。茎单生或簇生，茎枝疏被蛛丝毛和长毛。中下部茎生叶长卵形或披针形，长(5-）10-40厘米，羽状半裂或深裂，侧裂片5-7对，斜三角形或三角状卵形，两面同色，两面沿脉被长毛。头状花序下垂或下倾，单生茎枝顶端；总苞钟状或宽钟状，径4-7厘米，总苞片多层，向内层渐长，无毛或疏被蛛丝状毛，最外层长三角形，宽4-4.5毫米，中层及内层三角状披针形，长椭圆形或椭圆状披针形，宽约5毫米，最内层苞片宽线形或线状披针形，宽2-3毫米。小花紫色。瘦果灰黄色，楔形，稍扁，有多数浅褐色纵纹及横纹，果缘全缘；冠毛白色，锯齿状。花果期6-10月。

产新疆天山、准噶尔阿拉套及准噶尔盆地，生于海拔540-2300米山谷、田边或草地。欧洲、北非、俄罗斯中亚及西伯利亚有分布。优良蜜源植物。

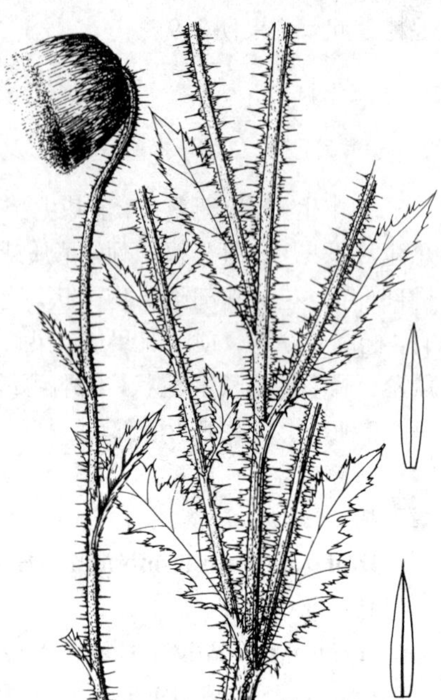

图 983 飞廉（谭丽霞绘）

2. 节毛飞廉 图 984 彩片 159

Carduus acanthoides Linn. Sp. Pl. 821. 1753.

Carduus crispus auct. non Linn.: 中国高等植物图鉴 4: 608. 1975.

二年生或多年生草本。茎单生，茎枝疏被或下部稍密长节毛。基部及下部茎生叶长椭圆形或长倒披针形，长6-29厘米，羽状浅裂、半裂或深裂，侧裂片6-12对，半椭圆形、偏斜半椭圆形或三角形；向上的叶渐小，基部及下部叶同形并等样分裂，头状花序下部叶宽线形或线形；茎生叶两面绿色；花序下部的茎翼有时为针刺状。头状花序生于茎枝端；总苞卵圆形，径1.5-2（-2.5）厘米，总苞片多层，向内层渐长，疏被蛛丝毛，最外层线形或钻状三角形，宽1.5-1.6毫米，最内层线形或钻状披针形，宽约1毫米，中外层苞片先端有针刺，最内层先端钻状长渐尖。小花红紫色。瘦果长椭圆形，浅褐色，有多数横皱纹；冠毛白色。锯齿状。花果期5-10月。

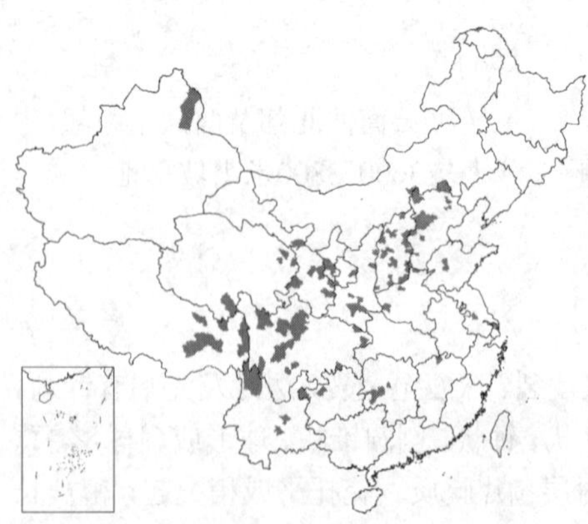

产内蒙古南部、河北、山东、河南、山西、陕西、宁夏、甘肃、新疆北部、青海东部及南部、西藏东部、四川、云南、贵州、湖南西南部、江西北部、江苏西部，生于海拔260-3500米山坡、草地、林缘、灌丛中、山谷、山沟、水边或田间。欧洲、中亚及东北亚有分布。优良蜜源植物。

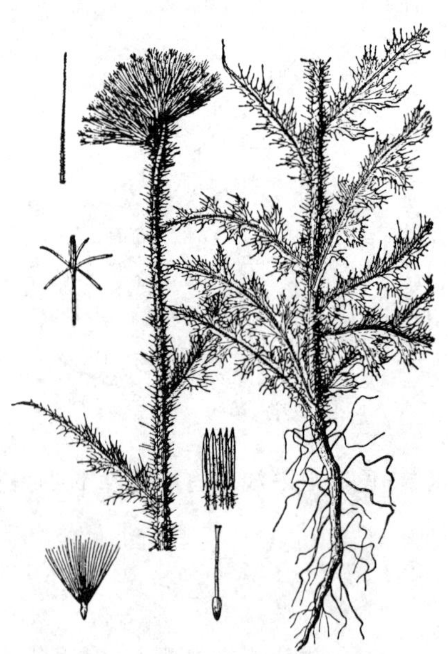

图 984 节毛飞廉（傅季平绘）

170. 寡毛菊属 Oligochaeta C. Koch

（石　铸　靳淑英）

一年生草本。分枝开展，茎枝有蛛丝毛或几无毛。叶不裂或大头羽状分裂。头状花序同型，小花少数，顶生或腋生；总苞椭圆形或椭圆状卵圆形，被蛛丝毛，总苞片多层，覆瓦状排列，绿或黄绿色，有不明显细脉纹，外层三角形或长椭圆形，内层被针形或线状披针形，先端有针刺；花托有托毛。小花均两性，管状，花冠粉红色，无毛；花药基部附属物小，花丝扁平，有乳突状毛；花柱中部有毛环，花柱分枝开展，伸出花药管。瘦果椭圆形、长椭圆形或倒披针状，顶端平截，有果缘，果缘全缘或有微齿，有时边花瘦果不明显四棱形；冠毛白色，与瘦果等长或长于瘦果，2列，外列两层，内层毛状，边缘锯齿状或糙毛状，基部连合成环，有1-2超长冠毛刚毛，内列冠毛1层，短，3-5，膜片状。

约3种，分布中亚、高加索地区。我国1种。

寡毛菊　　图 985

Oligochaeta minima (Boiss.) Briq. in Arch. Sc. Phys. et Nat. 5, 12: 113. 1930.

Microlonchus minimus Boiss Fl. Or. 3: 701. 1875.

一年生草本，植株低矮。茎极短，分枝铺散，分枝被白色绢毛。叶椭圆形或椭圆状倒卵形，长1-1.5厘米，边缘有细锯齿，叶上面稍有蛛丝毛，下面被多节毛；中下部叶有短柄，上部叶几无柄。头状花序单生枝端或腋生；总苞椭圆形或椭圆状卵圆形，径4-7毫米，高1-1.4厘米，总苞片约5层，外层与中层，卵形或长椭圆形，先端有针刺，内层线形，长1.2厘米，先端针刺长渐尖，中外层苞片背面有白色柔毛，边缘白色窄膜质。花冠粉红色。瘦果倒披针状，淡黄色，有褐色斑点；冠毛白色，外列冠毛刚毛状，两层，外层短，内层长，内列冠毛膜片状。花果期7月。

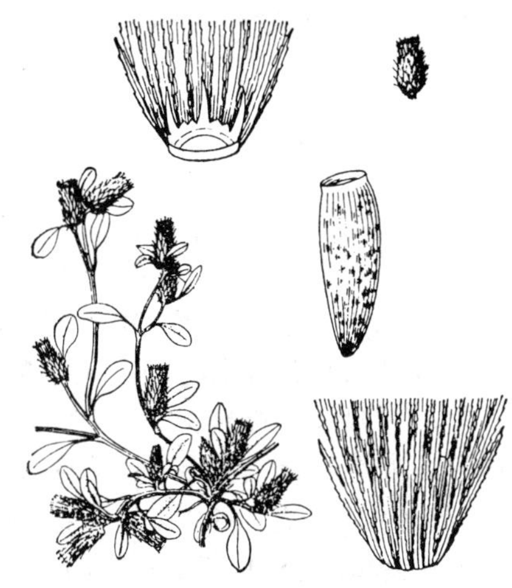

图 985　寡毛菊（引自《中国植物志》）

产新疆北部。中亚地区及伊朗有分布。

171. 水飞蓟属 Silybum Adans.

（石　铸　靳淑英）

一年生或二年生草本。叶互生，有白色花斑。头状花序下垂或倾斜，同型，有多数同型两性小花；总苞球形或卵圆形，总苞片6层，覆瓦状排列，向内层渐长，中外层苞片上部叶质附片状，附片边缘有针刺，先端钻状披针形，成长硬刺，内层苞片边缘无针刺，上部无附属物；花托平，肉质，被密毛。小花两性，管状，紫色，稀白色，檐部5裂；花丝宽扁，上部分离，下部被粘质柔毛而粘合，花药基部附属物线形撕裂；花柱上部粗，被分枝长柔毛，花柱分枝大部贴合，上部分离。瘦果长椭圆形或长倒卵圆形，果缘边缘全裂，无锯齿，软骨质；冠毛多层，刚毛状，向中层或内层渐长，边缘锯齿状，基部连合成环，最内层冠毛刚毛柔毛状，极短，全缘，排列在冠毛环上。

2种，分布中欧、南欧、地中海地区及中亚。我国引入栽培1种。

水飞蓟　　图 986

Silybum marianum (Linn.) Gaertn. De Fruct. 2: 378. 1791.

Carduus marianus Linn. Sp. Pl. 823. 1753.

一年生或二年生草本。茎枝有白色粉质复被物。莲座状基生叶与下部茎生叶有柄，椭圆形或倒披针形，长达50厘米，宽达30厘米，羽状浅裂至全裂；中部与上部叶渐小，长卵形或披针形，羽状浅裂或边缘浅波状圆齿裂，最上部茎生叶更小，不裂，披针形；叶两面绿色，具白色花斑，质薄。头状花序生枝端；总苞球形或卵圆形，径3-5厘米，总苞片6层，无毛，中外层苞片革质，中外层宽匙形、椭圆形、长菱形或披针形，上部成圆形、三角形、近菱形或三角形坚硬叶质附属物，附属物边缘或基部有硬刺，内层苞片线状披针形，上部无叶质附属物。小花红紫色，稀白色。瘦果扁，长椭圆形或长倒卵圆形，长7毫米，有线状长椭圆形深褐色斑；冠毛白色，锯齿状，最内层冠毛极短，柔毛状。花果期5-10月。

原产欧洲、地中海地区、北非及亚洲中部。各地公园、植物园或庭园有栽培。瘦果入药，有清热、解毒、保肝利胆作用。

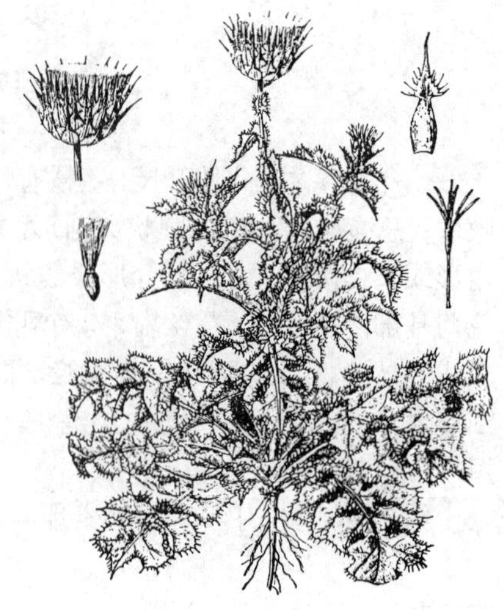
图 986 水飞蓟（引自《水飞蓟的综合利用》）

172. 革苞菊属 Tugarinovia Iljin

（陈艺林 靳淑英）

多年生低矮草本。根茎粗壮。茎基被污白色厚茸毛，上端有少数稀多数簇生或单生的花茎。花茎不分枝，长2-4厘米，密被白色茸毛，无叶。叶多数簇生茎基成莲座状，叶革质，长圆形，长7-15厘米，羽状深裂或浅裂，裂片宽短，有浅齿，齿端有长2-4毫米的硬刺，有基部扩大被长茸毛叶柄。头状花序单生花茎顶端，下垂，具多数同形的盘状两性花，径达2厘米；总苞倒卵圆形，长约1.5厘米，总苞片3-4层，上部稍紫红色，先端有刺。小花多数，花冠管状，褐黄色，5裂，裂片卵圆状披针形；花药顶端尖，基部有丝状全缘长尾部，花丝无毛；花柱分枝卵圆形，有泡状突起，花柱基部在子房上围有冠状具5齿的附片；冠毛污白色，有不等长微糙毛。瘦果有细沟，无毛。

单种属。

革苞菊 图 987 彩片 160

Tugarinovia mongolica Iljin in Bull. Jard. Bot. Princ. URSS 27: 357. f. 1. 1928.

形态特征同属。

产内蒙古中西段北部，生于海拔约1500米干旱草地。蒙古南部有分布。

图 987 革苞菊（马 平绘）

173. 半毛菊属 Crupina Cass.

（石 铸 靳淑英）

一年生草本。叶羽状分裂。头状花序异型，小花少数，在茎枝顶端排成伞房或伞房圆锥花序；总苞椭圆状，径4-8毫米，总苞片约6层，绿色，覆瓦状排列，外面有多数纵纹；花托有易脱落长毛。边花无性，无雄蕊和雌蕊；中央盘花两性，花冠外面有白色柔毛；小花花冠管状，花药基部附属物短，花丝扁平，有乳突，花柱分枝短。瘦果圆柱状，被柔毛或上半部被柔毛或无毛，顶端平截，有果缘，基底着生面平，或侧生；冠毛基部不连合成环，不脱落，两列，外列多层，由外层向内层渐长，毛状，边缘糙毛状或羽毛状，内列冠毛极短，1层，膜片状，全缘。

约3-4种，分布欧洲、西南亚及亚洲中部地区。我国1种。

半毛菊 图 988

Crupina vulgaris Cass. in Dict. Sc. Nat. 12: 68. 1818.

一年生草本。茎单生，有分枝，下部有柔毛。基生叶小，2-4，倒卵形或椭圆状倒披针形，不裂，无锯齿或有锯齿，先端钝。茎生叶羽状全裂，侧裂片3-5对，线形或宽线形，两面绿色，无毛，无柄，中部茎生叶较大，向上或向下的茎生叶渐小。头状花序排成伞房花序；总苞椭圆状，绿色，径4-6毫米，总苞片6层，向内层渐长，先端尖，背面有多数纵纹及小腺点，草质，边缘白色窄膜质，外层宽卵形或椭圆形，中层与内层椭圆状披针形。边花无性，3朵，花冠细丝状，无毛；中央两性花1朵，花冠管状，外面有白色柔毛，小花紫色。瘦果圆柱状，下半部无毛，上半部被短直毛；冠毛黄褐色。花果期7月。

产新疆西北部伊犁地区，生于海拔1100米。欧洲、高加索、中亚地区及伊朗有分布。

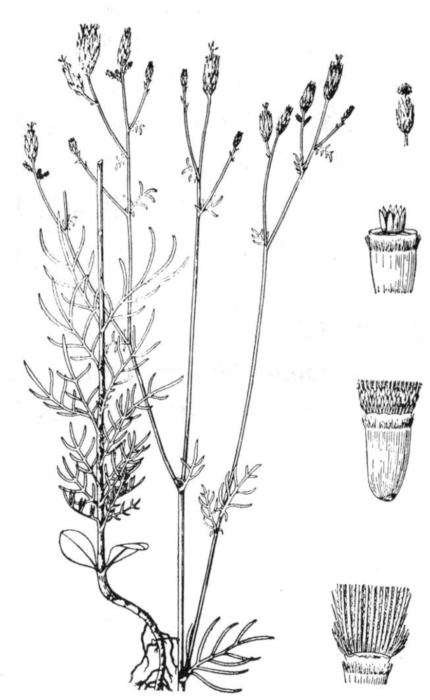

图 988 半毛菊（王金凤绘）

174. 麻花头属 Serratula Linn.

（石　铸　靳淑英）

多年生草本，有茎，极稀无茎。叶互生，羽状分裂，稀不裂，全缘或有锯齿。头状花序同型，稀异型，在茎枝顶端排成伞房花序，稀头状花序单生茎顶或茎基顶端叶丛中；总苞球形、半球形、卵形、卵圆形、碗状或圆柱形，总苞片4-12层，覆瓦状排列，向内层渐长，纸质，内层先端有附片，附片硬膜质或质软；花托平，被密毛。小花均两性，管状，花冠管红、紫红、黄或白色，檐部5裂，稀边花雌性，雄蕊发育不全；花药基部附属物箭形，花丝分离，无毛；花柱分枝细长，稀不分枝。瘦果有细纹或3-4肋棱或无细纹无肋棱，顶端平截，有果缘，着生面侧生；冠毛污白或黄褐色，同型，多层，向内层渐长，基部不连合成环，分散脱落或不脱落，冠毛刚毛毛状，边缘微锯齿状或糙毛状。

约70种，分布欧亚大陆及北非。我国17种。

1. 头状花序同型，全部小花两性。
　2. 总苞片先端钝或圆，无针刺 ······ 1. **华麻花头 S. chinensis**
　2. 总苞片先端尖，有针刺。
　　3. 总苞片先端不呈黑或黑褐色。
　　　4. 基生叶及下部茎生叶不裂，边缘有锯齿 ······ 2. **钟苞麻花头 S. cupuliformis**
　　　4. 叶大头羽状或羽状深裂，或中部茎生叶大头羽状浅裂或半裂。
　　　　5. 中部茎生叶大头羽状浅裂或半裂，叶大头羽状分裂，基部或近基部羽状分裂 ··· 2. **钟苞麻花头 S. cupuliformis**
　　　　5. 叶羽状深裂或规则大头羽状分裂。
　　　　　6. 头状花序多数，在茎枝顶端排成伞形花序。

7. 总苞径1-1.5厘米 ······ 3. **多花麻花头 S. polycephala**
7. 总苞径2-3.5厘米 ······ 3(附). **碗苞麻花头 S. chanetii**
6. 头状花序单生茎枝顶端。
8. 总苞半球形或扁球形，径（2）2.5-3.5厘米，总苞片约10层 ······ 4. **缢苞麻花头 S. strangulata**
8. 总苞卵圆形或长卵圆形，径1.5-2厘米，总苞片10-20层 ······ 5. **麻花头 S. centauroides**
3. 总苞片先端黑或黑褐色着毛；茎不分枝，头状花序单生茎顶。
9. 基生叶不裂，全缘，茎生叶边缘羽裂或有锯齿 ······ 6. **薄叶麻花头 S. marginata**
9. 叶羽状分裂，至少茎生叶羽状分裂 ······ 6(附). **全叶麻花头 S. algida**
1. 头状花序异型，边花雌性，中央盘花两性 ······ 7. **伪泥胡菜 S. coronata**

1. 华麻花头 图 989

Serratula chinensis S. Moore in Journ. Bot. 13: 228. 1875.

多年生草本。茎枝被蛛丝毛或毛脱落。中部茎生叶椭圆形、卵状椭圆形或长椭圆形，长9.3-13厘米，基部楔形，叶柄长1.5-2.5(4.5)厘米；上部叶小，无柄，与中部茎生叶同形；叶边缘有锯齿，两面被长毛及棕黄色小腺点。头状花序单生茎枝顶端；总苞碗状，径约3厘米，总苞片6-7层，先端圆或钝，无针刺，染紫红色，外层卵形或长椭圆形，长0.5-1.3厘米，内层至最内层长椭圆形或线状长椭圆形，长2-2.6厘米。小花两性，花冠紫红色，长3厘米。瘦果长椭圆形，深褐色；冠毛褐色，冠毛刚毛微锯齿状。花果期7-10月。

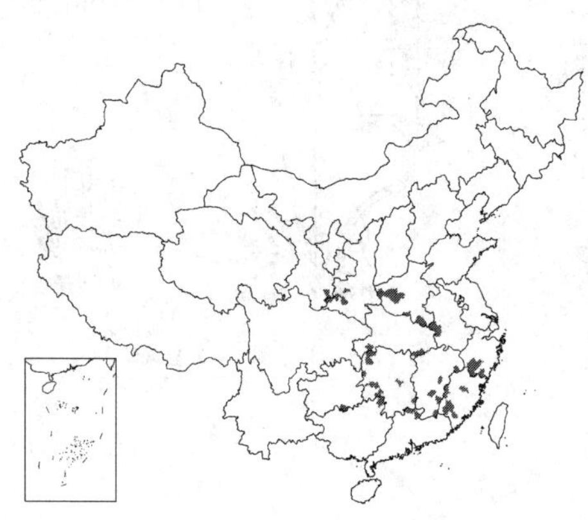

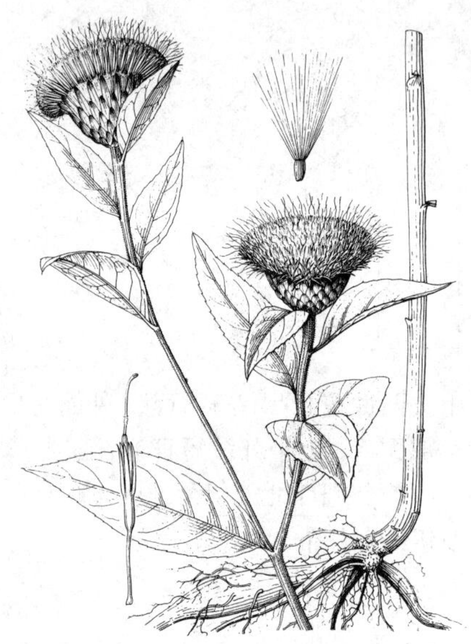

图 989 华麻花头（冀朝祯绘）

产甘肃东南部、陕西秦岭、河南、安徽西部、浙江南部、福建、江西、广东北部、广西东北部及北部、湖北、湖南及贵州，生于海拔1150-3500米山坡草地、林缘、林下、灌丛中或丛缘。

2. 钟苞麻花头 图 990

Serratula cupuliformis Nakai et Kitag. in Rep. First. Sci. Exped. Manch. 4(1): 66. 1934.

多年生草本。茎枝被长毛至无毛。基生叶与下部茎生叶长椭圆形、倒披针形或椭圆形，长9-20厘米，先端渐尖，基部渐窄，边缘有锯齿或粗锯齿，叶柄长3-6厘米；中部叶较小，与基生叶及下部叶同形，大头羽状浅裂或半裂；上部茎生叶更小，与中下部叶同形或线状长倒披针形或线形，全缘，或与中部茎生叶等样分裂；叶两面粗糙。头状花序单生茎枝顶端；总苞卵圆状，径

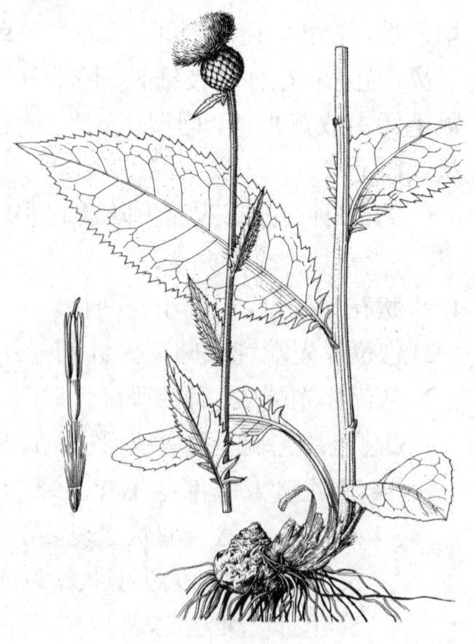

图 990 钟苞麻花头（冀朝祯绘）

（1.5）2-2.5厘米，总苞片约10层，无毛，外层与中层卵形、长椭圆形或披针形，先端尖，有针刺，内层披针形、线状披针形或窄线形，先端淡黄色硬膜质渐尖。小花紫红色。幼果冠毛带土红色，锯齿状。花果期6-9月。

产黑龙江、吉林、辽宁、河北、河南、山西及陕西秦岭，生于海拔900-2000米山坡草地和疏林下。

3.　多花麻花头　图 991

Serratula polycephala Iljin in Bull. Jard. Bot. Princ. URSS 27: 90. 1928.

多年生草本。茎上部伞房状分枝，茎枝被长毛。基生叶及下部茎生叶长倒披针形、椭圆状披针形或长椭圆形，长5-15厘米；下部叶羽状深裂，侧裂片5-9对，裂片长椭圆形、宽线形或线状长三角形，叶柄长2-6厘米；中上部茎生叶渐小，与基生叶及下部叶同形并等样分裂，无柄；叶两面沿脉疏生长毛。头状花序排成伞房花序；总苞长卵圆形，径1-1.5厘米，总苞片8-9层，外层卵形或卵状宽三角形，中层长椭圆状披针形或披针形，内层线状披针形或线形，上部淡黄色，硬膜质。小花两性，花冠紫或粉红色。瘦果淡白或褐色，楔状长椭圆形；冠毛褐色，锯齿状。

产辽宁、内蒙古、河北及山西，生于海拔600-2000米山坡、路旁或农田。蒙古有分布。

[附] **碗苞麻花头 Serratula chanetii** Lévl. in Fedde, Repert. Sp. Nov. 10: 351. 1912. 本种与多花麻花头的区别：总苞径2-3.5厘米。产内蒙古、河北、河南、山西、陕西、甘肃、山东及安徽，生于海拔200-2100米山坡草地、林下、荒地或田间。

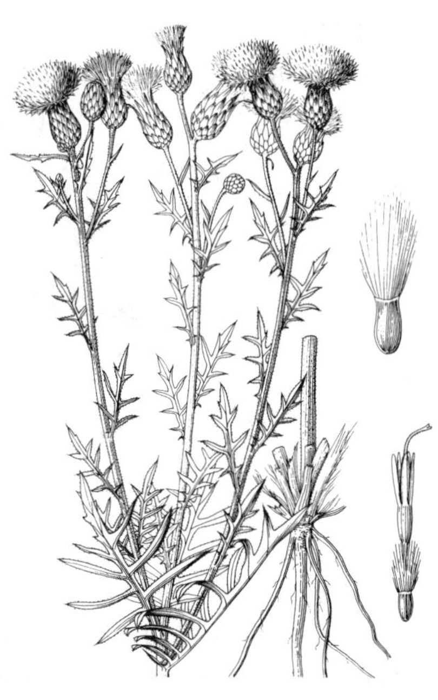

图 991　多花麻花头（冀朝祯绘）

4.　缢苞麻花头　蕴苞麻花头　图 992

Serratula strangulata Iljin in Bull. Jard. Bot. Princ. URSS 27: 89. 1928..

多年生草本。茎枝被长毛。基生叶与下部茎生叶长椭圆形、倒披针状长椭圆形或倒披针形，长10-20厘米，大头羽状或羽状深裂，侧裂片半长椭圆形、半椭圆形或三角形，顶裂片披针形、卵形、长卵形，叶柄长4-7厘米；中部茎生叶与基生叶及下部茎生叶同形并等样分裂，侧裂片常全缘或有单齿，长三角形、线状三角形或披针形；茎中上部无叶或有线形不裂小叶；叶两面粗糙，被长毛。头状花序单生茎枝顶端，几无叶；总苞半球形或扁球形，径（2）2.5-3.5厘米，总苞片约10层，上部边缘均有绢毛，外层与中层卵形、卵状披针形或长椭圆形，内层及最内层长椭圆形或线形，上部淡黄色，硬膜质。小花均两性，紫红色。瘦果带褐或淡黄色，楔状长椭圆形或偏斜楔形；冠毛黄、褐或带红色，糙毛

图 992　缢苞麻花头（冀朝祯绘）

状。花果期6-9月。

产河北西南部、河南西部、山西、陕西南部、宁夏、甘肃南部、青海、四川北部、湖北及江苏西北部，生于海拔1300-3500米草地、河滩地或田间。

5. 麻花头 图 993 彩片 161

Serratula centauroides Linn. Sp. Pl. 820, 1753.

多年生草本。茎中部以下被长毛。基生叶及下部茎生叶长椭圆形，长8-12厘米，羽状深裂，侧裂片5-8对，裂片长椭圆形或宽线形，叶柄长3-9厘米；中部茎生叶与基生叶同形，等样分裂，近无柄，上部叶羽状全裂，叶两面粗糙，具长毛。头状花序单生茎枝顶端；总苞卵圆形或长卵圆形，径1.5-2厘米，总苞片10-20层，上部淡黄白色，硬膜质，外层与中层三角形、三角状卵形或卵状披针形，长4.5-8.5毫米，内层及最内层椭圆形、披针形、长椭圆形或线形，长1-2厘米，最内层最长。小花红、红紫或白色。瘦果楔状长椭圆形，褐色；冠毛褐或略带土红色，糙毛状。花果期6-9月。

产黑龙江、吉林西部、辽宁、内蒙古、宁夏北部、陕西东北部及西南部、山西、河南、河北、山东中西部、安徽北部及东部、湖北北部，生于海拔1100-1590米山坡林缘、草原、草甸、路旁或田间。俄罗斯西伯利亚及蒙古有分布。

图 993 麻花头（冀朝祯绘）

6. 薄叶麻花头 图 994 : 1

Serratula marginata Tausch. in Flora 11 (31): 484. 1828.

多年生草本，高达35厘米。茎不分枝，基生叶椭圆形、长椭圆形或卵形，长3-6厘米，不裂，全缘，叶柄长达6厘米；茎生叶集生茎下部，无柄，披针形或线形，边缘羽裂或有锯齿；叶两面有节毛或脱落。头状花序单生茎端；总苞碗状或钟状，径约2厘米，总苞片7-8层，先端黑或黑褐色，外层与中层卵形、卵状三角形、椭圆形或卵状长椭圆形，长3-8毫米，先端渐尖，内层及最内层长披针形或线状披针形，长1.1-1.4厘米。小花均两性，紫红色。瘦果褐色；冠毛褐色，糙毛状。花期6月。

产内蒙古及新疆北部阿尔泰地区，甘肃有记载。俄罗斯西伯利亚及蒙古有分布。

[附] **全叶麻花头** 图 994 : 2 **Serratula algida** Iljin in Fedde, Repert. Sp. Nov. 35: 357. 1934. 本种与薄叶麻花头的区别：叶羽状分裂，至少茎生叶羽状分裂。产新疆天山及准噶尔盆地，生于海拔2200米山地草甸。天山西部、阿尔泰山及帕米尔有分布。

图 994 : 1. 薄叶麻花头 2. 全叶麻花头（王金凤绘）

7. 伪泥胡菜

图 995 彩片 162

Serratula coronata Linn. Sp. Pl. ed. 2, 1144. 1763.

多年生草本。茎枝无毛。基生叶与下部茎生叶长圆形或长椭圆形，长达40厘米，羽状全裂，侧裂片8对，裂片长椭圆形，叶柄长5-16厘米；茎生叶与基生叶同形并等样分裂，无柄，裂片倒披针形、披针形或椭圆形，叶裂片边缘有锯齿或大锯齿，两面绿色，有短糙毛或脱落。头状花序异型，在茎枝顶端排成伞房花序，或单生茎顶；总苞碗状或钟状，径1.5-3厘米，无毛，总苞片约7层，背面紫红色，外层三角形或卵形，长1-7毫米，中层及内层椭圆形、长椭圆形或披针形，长1-1.8厘米，最内层线形，长2厘米。小花均紫色，边花雌性，中央盘花两性，有发育雌蕊和雄蕊。瘦果倒披针状长椭圆形，长7毫米；冠毛黄褐色，糙毛状。花果期8-10月。

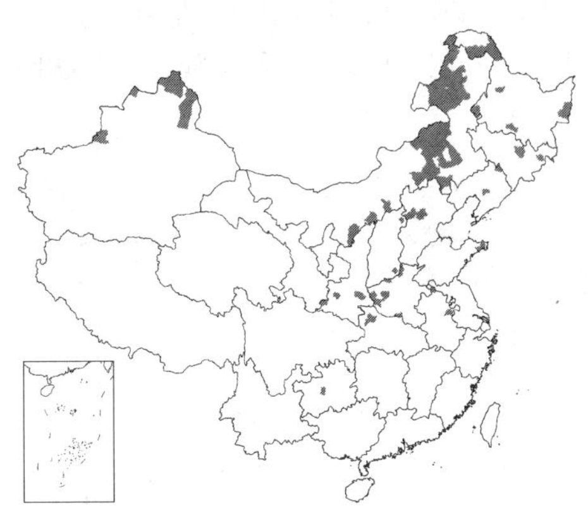

产黑龙江、吉林、辽宁、内蒙古、河北、山西、河南西部、山东东部、江苏西北部、安徽、湖北西北部、贵州、陕西南部、甘肃东南部及新疆北部，生于海拔130-1600米山坡林下、林缘、草原、草甸或河岸。欧洲、中亚、俄罗斯西伯利亚及远东地区、日本有分布。

图 995 伪泥胡菜（冀朝祯绘）

175. 纹苞菊属 Russowia C. Winkl.

（石　铸　靳淑英）

一年生草本，高达35厘米。茎多分枝，无毛。叶披针形或长圆状披针形，羽状全裂或大头羽状全裂，有时下部不裂，侧裂片1-2对，或基部茎生叶侧裂片2对以上，裂片线形、宽线形或线状披针形，基生叶与下部茎生叶有柄，中部茎生叶无柄；叶两面绿色，无毛。头状花序同型，在茎枝顶端排成疏散圆锥花序或伞房圆锥花序；总苞圆柱状，径3-5毫米，总苞片5层，质薄，背面有3-4暗红色宽脉纹，外层与中层卵形或椭圆形，长2-3.5毫米，内层及最内层椭圆状披针形，长0.6-1厘米。小花少数，管状，花冠黄、紫或红色，中上部疏被长柔毛；花药基部附属物尾状，花丝扁平，无毛；花柱分枝不贴合，分枝基部有毛环。瘦果长椭圆形，长3.5-4毫米，被白色柔毛，顶端平截，果缘有锯齿；冠毛白色，多层，冠毛刚毛锯齿状。

单种属。

纹苞菊

图 996 : 1-2

Russowia sogdiana (Bunge) B. Fedtsch. in Перен. Раст. Typk. 4: 267. 1911.

Plagiobasis sogdiana Bunge in Mém. Acad. Imp. Sci. St. Pétersb. 7: 361. 1854.

形态特征同属。花果期6-9月。

产新疆准噶尔盆地及天山。中亚有分布。

图 996 : 1-2. 纹苞菊 3-4. 斜果菊
（引自《中国植物志》）

176. 斜果菊属 Plagiobasis Schrenk

（石 铸 靳淑英）

多年生草本。茎无毛。基生叶与下部茎生叶叶柄长1.5-6厘米；中部及上部叶无柄，中部叶椭圆形，上部叶披针形；叶边缘有锯齿。头状花序异型，稀同型，在茎枝顶端排成伞房花序或疏散圆锥花序；总苞碗状，径1.5-2.5厘米；总苞片7层，外层卵形、卵圆形，长0.5-1.2厘米，先端圆，中层椭圆形，长1.3厘米，内层及最内层长椭圆形或线状披针形，连同先端膜质附属物长1.7-1.9厘米。边花雌性或无性，中央盘花两性；小花紫色，花冠管状，长2厘米，无毛，花药基部附属物尾状，花丝短，扁平，无毛，有乳突，花柱分枝开展，基部有毛环。瘦果椭圆状圆柱形，疏被易脱落白色柔毛；冠毛白色，与果近等长，多层，锯齿状。

单种属。

斜果菊 图 996：3-4

Plagiobasis centauroides Schrenk in Bull. Acad. Imp. Sci. St. Petersb. 3: (1o). 1845.

形态特征同属。花果期7-10月。

产新疆天山及准噶尔盆地，生于半荒漠或砾石地。东天山及帕米尔阿赖山地有分布。

177. 山牛蒡属 Synurus Iljin

（石 铸 靳淑英）

多年生草本。茎枝有条棱，灰白色，密被绒毛，有时下部毛脱落。基生叶与下部茎生叶心形、卵形、宽卵形、卵状三角形或戟形，长10-26厘米，基部心形、戟形或平截，边缘有三角形或斜三角形粗齿，常半裂或深裂，叶柄长达34厘米，有窄翼；向上的叶渐小，卵形、椭圆形或披针形，边缘有锯齿或针刺，叶柄短或无柄；叶上面绿色，粗糙，有长毛，下面灰白色，密被绒毛。头状花序同型，下垂，单生茎顶；总苞球形，径3-6厘米，密被蛛丝毛或渐稀，总苞片13-15层，外层与中层披针形，长0.7-2.3厘米，内层线状披针形，长2.3-2.5厘米，质坚硬；花托有长毛。小花均两性，管状，花冠紫红色；花药基部附属物结合成管，包被花丝，花丝分离，无毛；花柱2浅裂，贴合。瘦果长椭圆形，稍扁，光滑，顶端果缘有细齿，着生面侧生；冠毛多层，不等长，基部连合成环，整体脱落，冠毛刚毛糙毛状。

单种属。

山牛蒡 图 997

Synurus deltoides (Ait.) Nakai, Koryo Sikenrin no Ippan 64. 1927.

Onopordum deltoides Ait. in Hort. Kew 3: 146. 1789.

形态特征同属。花果期6-10月。

产黑龙江、吉林、辽宁、内蒙古、河北、山西、河南、山东东部、安徽南部、浙江、江西北部、湖北、湖南西北部、云南东北部、四川东部、陕西秦岭及甘肃中东部，生于海拔550-2200米山坡林缘、林下或草甸。俄罗斯东西伯利亚及远东地区、朝

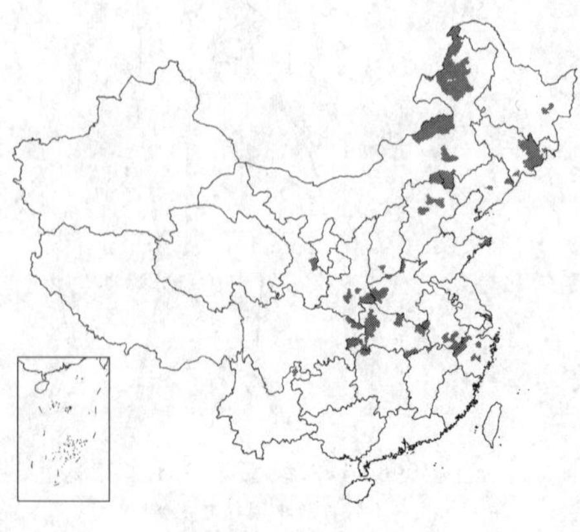

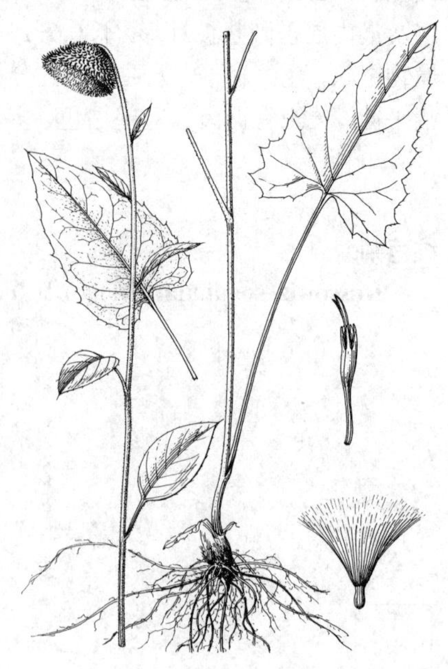

图 997 山牛蒡 （冀朝祯绘）

鲜半岛、日本及蒙古有分布。

178. 漏芦属 Stemmacantha Cass.

（石 铸 靳淑英）

多年生草本。茎单生或簇生，或无茎。头状花序同型，大，单生茎枝顶端；总苞半球形，总苞片多层多数，覆瓦状排列，向内层渐长，先端有膜质附属物；花托稍突起，被密毛。小花均两性，管状，花冠紫红色，稀黄色，花冠5裂，裂片线形；花药基部附属物箭形，结合包被花丝，花丝粗，密被乳突；花柱超出花冠，上部增粗，中部有毛环。瘦果长椭圆形，扁，具3-4棱，棱间有细脉纹，顶端有果缘，着生面侧生；冠毛2至多层，外层较短，向内层渐长，褐色，基部连合成环，整体脱落；冠毛刚毛糙毛状或短羽毛状。

约24种，分布欧洲、非洲、亚洲及大洋洲。我国2种。

1. 冠毛刚毛糙毛状 …………………………………… **漏芦 St. uniflora**
1. 冠毛刚毛短羽毛状 …………………………………… (附). **鹿草 St. carthamoides**

漏芦 祁州漏芦　　图 998 彩片 163

Stemmacantha uniflora (Linn.) Dittrich in Candollea 39: 49. 1984.

Cnicus uniflorus Linn. Mant. Altera 572. 1771.

多年生草本。茎簇生或单生，灰白色，被棉毛。基生叶及下部茎生叶椭圆形、长椭圆形、倒披针形，长10-24厘米，羽状深裂，侧裂片5-12对，椭圆形或倒披针形，有锯齿或二回羽状分裂，叶柄长6-20厘米；中上部叶渐小，与基生叶及下部叶同形并等样分裂，有短柄；叶柔软，两面灰白色，被蛛丝毛及糙毛和黄色小腺点。头状花序单生茎顶；总苞半球形，径3.5-6厘米，总苞片约9层，先端有膜质宽卵形附属物，浅褐色，外层长三角形，长4毫米，中层椭圆形或披针形，内层披针形，长约2.5厘米。小花均两性，管状，花冠紫红色。瘦果具3-4棱，楔状，长4毫米；冠毛褐色，多层，向内层渐长，糙毛状。花果期4-9月。

产黑龙江西南部、吉林西部、辽宁、内蒙古、河北、山东中西部、河南、山西、陕西、甘肃、青海东部及四川中北部，生于海拔390-2700米山坡丘陵地、松林下或桦木林下。俄罗斯远东及东西伯利亚、蒙古、朝鲜半岛及日本有分布。根及根茎入药，为排脓止血药，治跌打损伤，能驱虫和通乳。

[附] **鹿草 Stemmacantha carthamoides** (Willd.) Dittrich in Candollea 39: 46. 1984.—— *Cnicus carthamoides* Willd. Sp. Pl. 3(3): 1685. 1803. 本种与漏芦的主要区别：冠毛刚毛短羽毛状。产新疆西北部，生于海拔2000-2700米山坡草地、草甸。中亚塔尔巴哈台山地、俄罗斯西伯利亚、蒙古西部有分布。根茎药用，药效同漏芦。

图 998 漏芦（引自《图鉴》）

179. 红花属 Carthamus Linn.

（石 铸 靳淑英）

一年生草本，稀二年生或多年生草本。茎上部分枝，茎枝坚硬，淡白色，上部通常被蛛丝状柔毛、长毛或粗毛。叶互生，无柄，半抱茎或全抱茎，革质。头状花序同型，小花多数，在茎枝先端排成伞房花序，稀单生茎顶；总苞球形、卵形或长椭圆状，总苞片多层，中层或中外层顶端有卵形、卵状披针形或披针形而边缘有刺齿少无刺齿的革质绿色叶质附属物；花托平。小花均两性，管状，稀外层小花无性，花冠黄、杏黄、红或紫色，稀白色；花丝短，分离；花柱分枝短，贴合。瘦果具4棱，卵圆形、倒披针形或宽楔形，乳白色，有光泽，果棱伸出成果缘，着生面侧生；冠毛多层或无冠毛，或边缘小花的瘦果无冠毛，如有冠毛，则冠毛刚毛膜片状，不等长，最内层膜片极短，中层较长，边缘锯齿状。

18-20种，分布中亚、西南亚及地中海区。我国引入栽培2种。

1. 茎枝、叶与总苞片无毛；花丝上部无毛，小花红、桔红色；瘦果无冠毛 ………………………… **红花 C. tinctorius**
1. 茎、叶与总苞片被柔毛及腺点；花丝上部有柔毛，小花黄色；瘦果有冠毛 ……………… (附). **毛红花 C. lanatus**

红花 图 999

Carthamus tinctorius Linn. Sp. Pl. 830. 1753.

一年生草本。茎枝无毛。中下部茎生叶披针形、卵状披针形或长椭圆形，长7-15厘米，边缘有锯齿或全缘，稀羽状深裂，齿端有针刺；向上的叶披针形，有锯齿；叶革质，两面无毛无腺点，半抱茎。头状花序排成伞房花序，为苞叶所包，苞片椭圆形或卵状披针形，边缘有针刺或无针刺；总苞卵圆形，径2.5厘米，总苞片4层，无毛，外层竖琴状，中部或下部收缢，收缢以上叶质，绿色，边缘无针刺或有篦齿状针刺，先端渐尖，中内层硬膜质，倒披针状椭圆形或长倒披针形。小花红或桔红色，花丝上部无毛。瘦果倒卵圆形，乳白色，无冠毛。花果期5-8月。

原产中亚地区。黑龙江、吉林、辽宁、内蒙古、河北、山东、江苏、浙江、山西、陕西、甘肃、青海、新疆、西藏、四川及贵州有栽培。花药用，通经、活血，主治妇女病。

[附] **毛红花 Carthamus lanatus** Linn. Sp. Pl. 830. 1753. 本种与红花的主要区别：茎、叶、总苞片被柔毛及腺点；小花黄色，花丝上部有柔毛；瘦果有冠毛。花果期6-9月。原产欧洲、地中海地区及中亚。陕西（武功、西安）及北京等地有栽培。

图 999 红花
（引自《江苏南部种子植物手册》）

180. 针苞菊属 Tricholepis DC.

（石 铸 靳淑英）

多年生或一年生草本，分枝长。下部叶羽状分裂或不裂。头状花序同型，少数，生茎枝顶端；总苞钟状或半球形，总苞片多层，向内层渐长，质薄，针芒状；花托密生长毛。小花均两性，管状，花冠红或黄色；花丝密生柔毛，花药基部附属物撕裂；花柱分枝细长，开展。瘦果楔状长椭圆形，顶端有果缘，果缘有不明显细或钝锯齿，着生面侧生；冠毛多层，不等长，向内层渐长，冠毛刚毛糙毛状、短羽毛状或锯齿状，向顶端渐细，基部连合成环或不连合成环，整体脱落或分散脱落，或无冠毛。

约15种，分布阿富汗、印度、缅甸及中国。我国2种。

针苞菊 图 1000

Tricholepis furcata DC. Prodr. 6: 563. 1837.

多年生草本，高达70厘米。茎枝紫红色，无毛或被柔毛。叶椭圆形或披针形，长5-12厘米，边缘有细锯齿，两面有淡黄色小腺点，下部茎生叶

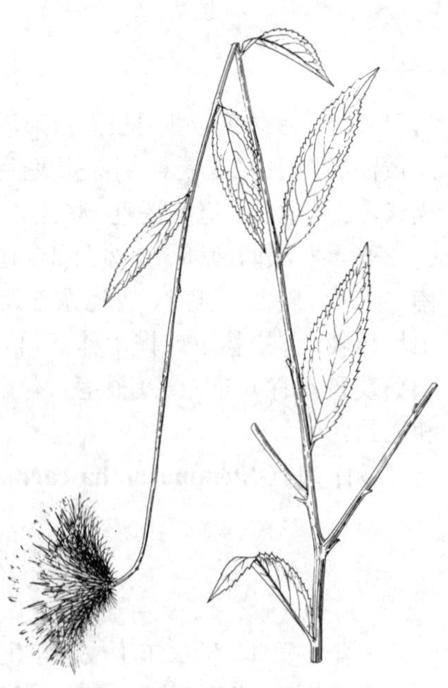

图 1000 针苞菊（孙英宝绘）

有短柄，中上部叶无柄。头状花序半球形，径约4厘米，花序枝无叶或少叶；总苞片多层，针芒状，外层短，向内层渐长，两面及边缘被糙毛。小花黄色。瘦果楔状长椭圆形，长5毫米，稍扁；冠毛刚毛毛状，多层，向内层渐长，冠毛刚毛锯齿状或糙毛状。花果期10月。

产西藏南部，生于海拔2600米山谷林缘。克什米尔、印度北部及不丹有分布。

181. 藏掖花属 **Cnicus** Linn.

（石　铸　靳淑英）

一年生草本，高达30厘米。主茎不明显，基部分枝，分枝密被长毛。叶质薄，中下部茎生叶羽状浅裂或深裂，裂片三角形、长椭圆状三角形或长椭圆形；上部叶披针形，不裂；叶两面绿色，被长毛及腺点，裂片及边缘有针刺及凹缺锯齿。头状花序异形，生于茎枝顶端，为披针形苞叶所包；总苞卵圆形，径2.5厘米，总苞片约5层，外层卵形，长1厘米，先端有被节毛的针刺，中层长椭圆形、椭圆状披针形或披针形，长1.5厘米，先端具栉齿状针刺，最内层宽线形，长约2厘米，先端有短针刺。边花1层，无性，花冠细丝状，白色；盘花两性，花冠管状，细管部长1厘米，檐部长1.5厘米，不等2-4裂，花丝密被乳突，花药基部尾状，花柱分枝极短，椭圆状卵形。瘦果圆柱状，无毛，长6毫米，约有20细肋，顶端果缘有锯齿，着生面侧生；冠毛2列，刚毛状，有锯齿。

单种属。

藏掖花　　图 1001

Cnicus benedictus Linn. Sp. Pl. 826. 1753.

形态特征同属。花果期6-7月。

产新疆。广布欧洲、地中海地区、中亚地区及印度次大陆。我国广泛栽培。全草药用，有健胃作用。

图 1001　藏掖花（引自《中国植物志》）

182. 珀菊属 **Amberboa** (Pers.) Less.

（石　铸　靳淑英）

一年生或二年生草本。茎直立。叶全缘或有锯齿，或羽状深裂，基生叶与下部茎生叶有柄，茎生叶质薄，中上部叶无柄。头状花序异型，小花多数，单生茎顶；总苞卵圆形、碗形或半球形，无毛或疏被蛛丝毛，总苞片多层，坚硬或几坚硬，覆瓦状排列，向内层渐长，中外层先端钝，无膜质附属物，内层顶端有白色膜质附属物；花托平，有毛。边花无性，1层，长于或等于中央的盘花，上部成檐部，5-20裂，花冠中部多少有毛；盘花两性，花冠5裂；小花红或黄色，花药基部附属物长椭圆形，花丝有乳突，花柱分枝细长。瘦果椭圆形或楔状，稍扁，有多数细脉纹，密被贴伏白色长直柔毛，顶端平截，有果缘，边缘有锯齿，着生面侧生；冠毛与瘦果几等长，多层，向内层渐长，不脱落，冠毛刚毛长膜片状，稀无冠毛。

约7种，分布西南亚及中亚地区。我国1种，引入栽培2种。

1. 小花黄或淡黄色，边花檐部5-10裂；下部茎生叶椭圆形或披针形，叶柄长约4.5厘米 …… 1. **黄花珀菊 A. turanica**
1. 小花紫红色，边花檐部10-20裂；下部茎生叶匙形或长椭圆形，叶柄长2厘米 …………………… 2. **珀菊 A. moschata**

1. 黄花珀菊 珀菊 图 1002

Amberboa turanica Iljin in Bull. Jard. Bot. Acat. Sci. URSS 30: 110. 1932.

一年生草本。主茎极短，茎枝疏被卷毛。基生叶及下部茎生叶椭圆形或披针形，长4-6厘米，边缘有锯齿，不裂，叶柄长约4.5厘米；中上部叶几无柄，羽状浅裂或深裂，侧裂片3-4对，披针形，边缘少锯齿；叶质薄，两面绿色，无毛。头状花序单个顶生；总苞卵圆形、碗形或半球形，径1-2厘米，总苞片5-6层，外层宽卵形或卵状椭圆形，长4-6毫米，中层椭圆形，长9毫米，内层匙状长椭圆形、宽线形或匙状宽线形，长达1.2厘米，先端有膜质披针形附属物，脱落。小花黄或淡黄色，花冠中部有白色柔毛，边花无性，檐部5-10裂，中央盘花两性。瘦果楔形，密被白色长柔毛；冠毛长膜片状。花果期6-9月。

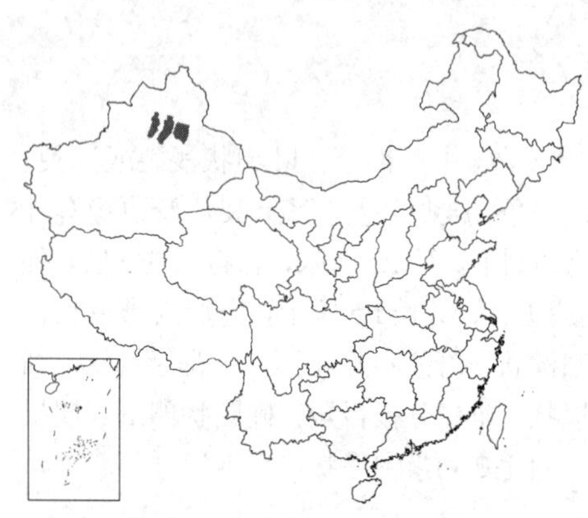

产新疆准噶尔盆地，生于海拔400米沙地、荒地、农田或休闲地。欧洲东部、中亚、俄罗斯高加索及西伯利亚有分布。

图 1002 黄花珀菊（王金凤绘）

2. 珀菊 图 1003

Amberboa moschata (Linn.) DC. Prodr. 6: 560. 1837.

Centaurea moschata Linn. Sp. Pl. 909. 1753.

二年生或一年生草本。茎枝疏被卷毛。下部茎生叶匙形或长椭圆形，长6-7厘米，边缘疏生细锯齿，叶柄长2厘米；向上的叶渐小，椭圆形或长椭圆形，羽裂；最上部叶不裂，几无柄，边缘有锯齿；叶质薄，两面绿色，疏生卷毛。头状花序单生茎枝顶端；总苞卵圆形，径2厘米，总苞片6层，外层长卵形，长4毫米，向内层渐长，中层卵形或宽卵形，最内层上部有膜质卵形或圆形附属物。小花紫红色，边花超出中央盘花，花冠中部有白色长柔毛，檐部10-20裂。瘦果密被长柔毛；冠毛刚毛膜片状，稀无冠毛。花期6月。

原产西南亚。公园、花园种植，供观赏，在甘肃已野化。

图 1003 珀菊（引自《中国植物志》）

183. 矢车菊属 Centaurea Linn.

（石 铸 靳淑英）

多年生、二年生或一年生草本。茎直立或匍匐，稀无茎。叶不裂或羽状分裂。头状花序异型，在茎枝顶端排成圆锥、伞房或总状花序，稀头状花序单生；总苞球形、卵圆形、短圆柱状、碗状或钟状，总苞片多层，覆瓦状排列，向内层渐长，坚硬，先端有附属物，稀无附属物；花托有毛。小花管状，边花无性或雌性，通常为细丝状或细毛状，顶端（4）5-8（-10）裂；中央盘花两性，花冠无毛，花丝扁平，有乳突状毛或乳突，花药基部附属物极短小，花柱分枝极短，分枝基部有毛环。瘦果无肋棱或有细脉纹，疏被柔毛或脱落，稀无毛，顶端平截，果缘有锯齿，着生面侧生；冠毛2列，白或褐色，外列冠毛多层，向内层渐长，冠毛刚毛状，边缘锯齿状或糙毛状，内列冠毛1层，膜片状，或全部冠毛状，稀无冠毛。

500-600种，主要分布地中海地区及西南亚地区。我国10种（包括栽培种）。

1. 总苞片先端附属物边缘有流苏状锯齿或先端附属物沿苞片和两侧下延成缘毛状或流苏状锯齿，或中外层先端针刺化附属物不沿苞片两侧边缘下延，先端针刺3-5掌裂；小花紫、红、蓝或白色。
  2. 总苞片先端附属物边缘流苏状锯齿或先端附属物沿苞片两侧下延成缘毛状或流苏状锯齿。
    3. 多年生草本；边花与中央盘花等大；叶羽状全裂 ………………………………………… 1. **糙叶矢车菊 C. adpressa**
    3. 一年生或二年生草本；边花长于中央盘花；叶不裂或大头羽状分裂 ………………………… 2. **矢车菊 C. cyanus**
  2. 中外层总苞片先端附属物针刺化，针刺3-5掌裂 ………………………………………… 3. **针刺矢车菊 C. iberica**
1. 内层总苞片先端有浅褐色膜质附属物，附属物不裂；小花黄色 ………………………… 4. **欧亚矢车菊 D. ruthenica**

1. 糙叶矢车菊 图 1004：1 彩片 164

Centaurea adpressa Ledeb. Ind. Sem. Hort. Dorpat. 3. 1824.

多年生草本。茎单生或簇生，茎枝疏被糙毛及卷毛。基生叶倒披针形、长椭圆形，长15-20厘米，羽状全裂，侧裂片8-11对，长椭圆形、宽线形、长倒披针形或匙形，全缘，叶柄长5-8厘米；茎生叶与基生叶同形并等样分裂，渐小；下部叶有短柄；茎生叶两面被糙毛、黄色小腺点及蛛丝毛。头状花序排成伞房或伞房状圆锥花序；总苞卵圆形或碗状，径1.5-2厘米，总苞片7层，先端有褐色膜质附属物，先端有针刺。外层宽卵形，中层长卵形或椭圆状卵形，中外层外面疏被蛛丝毛，内层宽披针形。边花无性，与中央盘花等大，盘花两性，小花紫色。瘦果椭圆形，淡白色，疏被柔毛；外列冠毛毛状，内列冠毛膜片状，膜片浅黄或淡白色。花果期6-9月。

图 1004：1. 糙叶矢车菊 2. 针刺矢车菊
（王金凤绘）

产新疆天山、阿尔泰山及准噶尔阿拉套山，生于海拔440-1325米荒漠、草原、河滩地、田间。欧洲、中亚及俄罗斯西伯利亚有分布。

2. 矢车菊 图 1005

Centaurea cyanus Linn. Sp. Pl. 911. 1753.

一年生或二年生草本。茎枝灰白色，被薄蛛丝状卷毛。基生叶及下部茎生叶长椭圆状倒披针形或披针形，全缘或疏生锯齿或大头羽状分裂，上面绿色或灰绿色，疏被蛛丝毛或脱落，下面灰白色，被薄绒毛，侧裂片1-3对，有叶柄；中部叶线形、宽线形或线状披针形，全缘，无叶柄；上部叶与中部叶同形，渐小。头状花序排成伞房或圆锥花序；总苞椭圆状，径

图 1005 矢车菊
（引自《江苏南部种子植物手册》）

1-1.5厘米，疏生蛛丝毛，总苞片约7层，由外向内椭圆形至长椭圆形，先端有浅褐或白色附属物，内层附属物较大。边花增大，长于中央盘花，蓝、白、红或紫色；盘花浅蓝或红色。瘦果椭圆形，被白色柔毛；冠毛白或浅土红色，全部冠毛毛状。花果期2-8月。

新疆、西藏、青海、甘肃、陕西、河北、山东、江苏、湖北、湖南及广东等地公园、花园栽培，供观赏。新疆、青海有野化。良好蜜源植物。花利尿，全草浸出液可明目。欧洲、中亚、俄罗斯西伯利亚及远东地区、北美有分布。

3. 针刺矢车菊 图 1004:2

Centaurea iberica Trev. in Spreng. Syst. Veg. 3: 406. 1826.

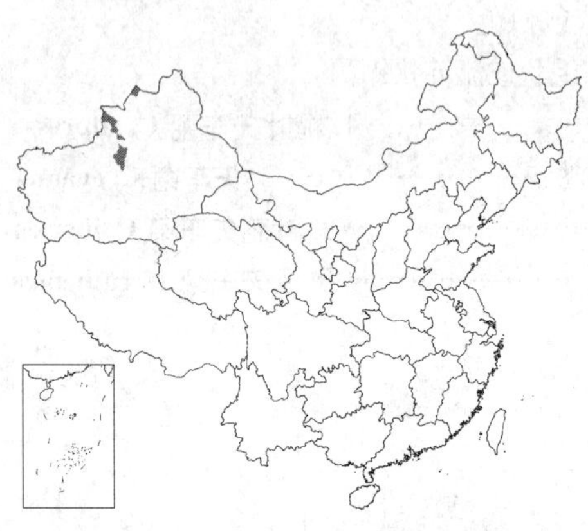

二年生草本。茎枝灰绿色，被长毛。基生叶大头羽状深裂或大头羽状全裂，有叶柄；中部茎生叶羽状深裂至全裂，侧裂片约4对，侧裂片长椭圆形、倒披针形或线状倒披针形，无叶柄；向上的叶渐小；叶两面绿色，被糙毛及柔毛和小腺点。头状花序顶生；总苞卵圆形，径1-1.8厘米，总苞片6-7层，绿或黄绿色，外层与中层卵形、宽卵形或卵状椭圆形，先端附属物针刺化，针刺3-5掌裂，针刺淡黄色，内层苞片椭圆形、长椭圆形或宽线形，先端附属物白色膜质。小花红或紫色，边花稍增大。瘦果椭圆形，被微柔毛；全部冠毛毛状。花果期8-9月。

产新疆天山及准噶尔阿拉套山，生于海拔500-800米。欧洲、高加索、中亚及西亚有分布。

4. 欧亚矢车菊 图 1006

Centaurea ruthenica Lam. Encycl. Meth. 1: 663. 1783.

多年生草本。茎单生或簇生，无毛。基生叶与下部茎生叶倒披针形，长达17厘米，羽状全裂，侧裂片8-10对，长椭圆形，叶柄长4-9厘米；中部及上部叶渐小，与基生叶及下部叶同形，渐小，无叶柄；叶两面绿色，无毛。头状花序顶生；总苞卵圆状或碗状，径2.5-3厘米，总苞片约6层，外层宽卵形，长6毫米，中层椭圆形或卵状椭圆形，长0.9-1厘米，内层长椭圆状披针形或披针形，长1.4-1.8厘米，苞片质硬，黄绿色，内层先端有浅褐色膜质附属物。小花黄色。瘦果长椭圆形，外列冠毛刚毛毛状，内列冠毛膜片状，膜片白或浅褐色。花果期7-9月。

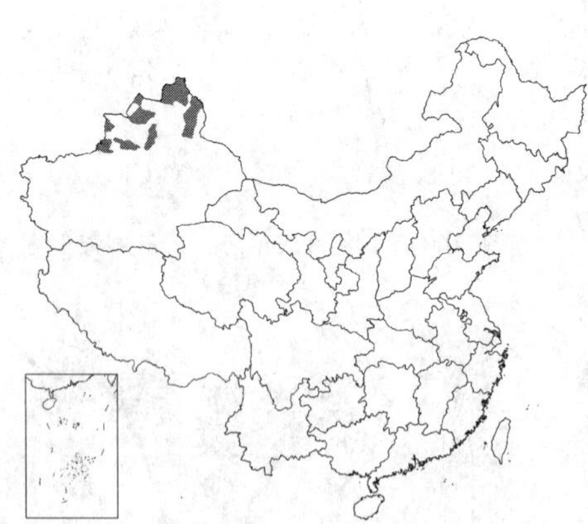

产新疆天山、准噶尔阿拉套山及阿尔泰山，生于海拔1200-1900米山坡或山沟近水处。欧洲、中亚及俄罗斯西西伯利亚有分布。

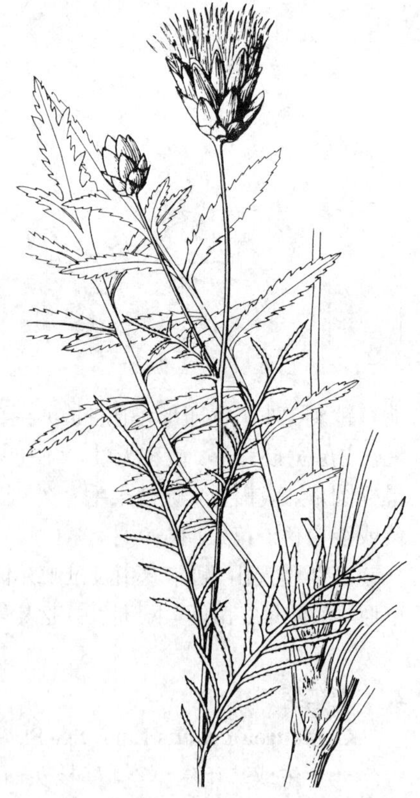

图 1006 欧亚矢车菊（谭丽霞绘）

184. 白刺菊属 Schischkinia Iljin

（石 铸 靳淑英）

一年生矮小草本，半球形铺地。主茎极短，基部多分枝，茎枝被糙毛。叶长椭圆形、倒披针形、线状倒披针形或匙形，长2-5厘米，边缘有白色针刺，刺单一或2-4分枝，基部收窄成短柄，两面绿色，无毛或下面疏被糙毛。头状花序为苞叶包被，单生枝端；总苞卵状长椭圆形，径4-5毫米，无毛，总苞片6层，覆瓦状排列，草质，先端具膜质刺尖，外层卵形，长5-6.5毫米，中层长椭圆形或长椭圆状披针形，长0.8-1厘米，内层线状长椭圆形或线形，长1.2厘米，最内层苞片上部常紫色。边花无性，花冠长5-6毫米，檐部4齿裂；中央盘花两性，花冠长5.5毫米，檐部4-5裂，裂片三角形；小花黄色，花冠上下等粗，花药基部附属物钝，花丝有乳突，花柱分枝短，贴合。瘦果长椭圆状倒卵圆形，无毛、无条棱、无脉纹，顶端平截，果缘有锯齿，着生面侧生；冠毛长于瘦果，白或红褐色，2列，外列冠毛多层，冠毛刚毛状，基部连合成环，宿存。内列1层，膜片状。

单种属。

白刺菊 图 1007

Schischkinia albispina (Bunge) Iljin in Fedde, Repert. Sp. Nov. 38: 73. 1935.

Microlonchus albispinus Bunge, Delect. Sem. Hort. Dorpat. 8. 1843.

形态特征同属。花果期6月。

产新疆准噶尔盆地，生于沙地。中亚地区、伊朗及俄罗斯有分布。

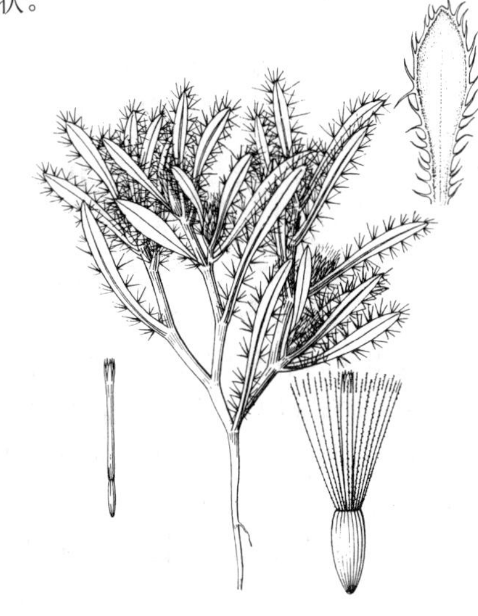

图 1007 白刺菊 （王金凤绘）

185. 薄鳞菊属 Chartolepis Cass.

（石 铸 靳淑英）

多年生草本。茎直立，有分枝。基生叶与下部茎生叶有锯齿或大头羽状分裂，或全裂，无锯齿；中上部叶全缘；茎生叶基部两侧沿茎下延成茎翼；叶两面粗糙，均被刺毛。头状花序异型，小花多数，头状花序排成总状或总状伞房花序，稀头状花序单生茎端；总苞卵圆形、长卵圆形或半球形，无毛，先端有膜质白色附属物，总苞片多层，绿或黄绿色，覆瓦状排列，向内层渐长，质硬，外层卵形、椭圆状卵形或宽椭圆形，内层披针形、线状长椭圆形或线形；花托有毛。边花无性，1层，檐部4-5裂，盘花两性，多数，檐部5裂，小花均黄色，花冠无毛，花药基部附属物小，花丝扁平，有乳突，花柱分枝极短或不分枝，花柱中部有毛环。瘦果椭圆形，扁，疏被白色柔毛，顶端平截，果缘有锯齿，着生面侧生；冠毛多层，2列，外列多层，不等长，向内层渐长，冠毛刚毛毛状，边缘羽毛状，基部连合成环，不整体脱落，内列冠毛1层，膜片状，极短。

约7种，分布欧洲、中亚、西亚及俄罗斯。我国1种。

薄鳞菊 图 1008

Chartolepis intermedia Boiss. Diagn. Pl. Or. ser. 2, 3: 64. 1856.

多年生草本。基生叶叶柄长4-20厘米，与下部茎生叶为长椭圆形或椭圆状倒披针形，长6-10厘米；中部及向上的叶渐小，同形或线状椭圆形；叶两面绿色，粗糙、均密被短刺毛及头状无柄黄色小腺点；茎生叶基部两侧沿茎下延成茎翼。头状花序在茎枝顶端排成疏散总状花序或总状伞房花

图 1008 薄鳞菊 （王金凤绘）

序；总苞长椭圆形，径1.5-2厘米，总苞片7-8层，无毛，先端有白或浅褐色膜质附属物，外层及中层卵形，内层较长，中层附属物卵形，内层附属物披针形。边花无性，小，中央两性花花冠长2.7厘米；小花管状，花冠黄色。瘦果椭圆形，长3毫米，褐色，疏被白色柔毛；冠毛红褐色。花果期6-8月。

产新疆准噶尔盆地，生于湖岸或灌丛中。欧洲东部、中亚及俄罗斯西西伯利亚有分布。

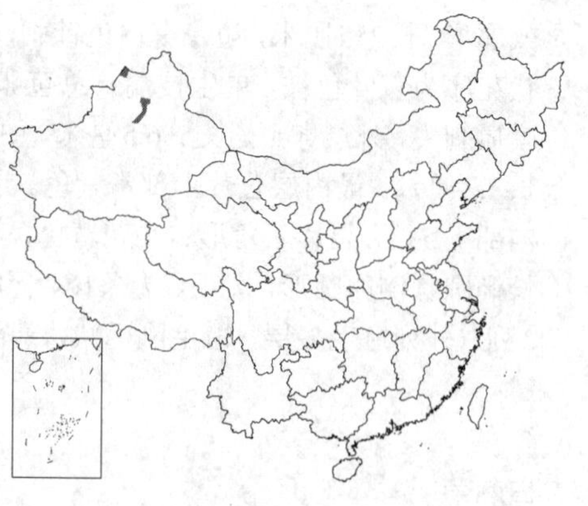

186. 琉苞菊属 Hyalea (DC.) Jaub. et Spach

（石 铸 靳淑英）

一年生草本。茎直立，多分枝，分枝细长。叶不裂，稀羽裂，疏被蛛丝毛或乳突状毛或脱落至无毛。头状花序异型，小，小花少数，多数在茎枝顶端排成伞房或圆锥花序；总苞碗状、椭圆状或卵状，总苞片多层，草质，无毛，覆瓦状排列，向内层渐长，先端有白色膜质卵形或半月形附属物，全缘，易脱落；花托有毛。边花无性，1层，小，漏斗状，檐部3（4）5不等大齿裂，中央盘花两性，檐部5裂，小花花冠红或白色，花药基部附属物短，花丝宽扁，有柔毛，花柱分枝短。瘦果无肋棱，倒卵状，疏被微柔毛，后无毛，顶端平截，果缘有细齿，着生面侧生；冠毛白色，2列，外列多层，刚毛状，边缘糙毛状，向内层渐长，内列冠毛1层，膜片状，约8片，顶端有簇毛。

2种，分布中亚等地区。我国1种。

琉苞菊 图 1009

Hyalea pulchella (Ledeb.) C. Koch in Linnaea 24: 418. 1851.

Centaurea pulchella Ledeb. Icon. Pl. Fl. Ross. 1: 22. 1829.

一年生草本。茎上部被白色蛛丝毛，向上几无毛。基生叶长椭圆状披针形，近基部羽状浅裂，有短柄；中下部茎生叶披针形或线状披针形，长2-3厘米，全缘或有小锯齿，基部渐窄，无柄；上部叶与中下部叶同形，渐小；茎生叶两面绿色，均疏被蛛丝毛及乳突状毛。头状花序排成伞房花序或圆锥花序；总苞碗状或长卵圆形，径4-6毫米，总苞片12-13层，黄绿色，先端有白色膜质半月形或卵形附属物，中外层苞片附属物较大，内层附属物较小，易脱落。边花无性，花冠长8毫米，中央两性花花冠长1厘米。瘦果倒卵状，疏被白色柔毛，后脱落；外层冠毛刚毛状，内列冠毛膜片状。花果期5-9月。

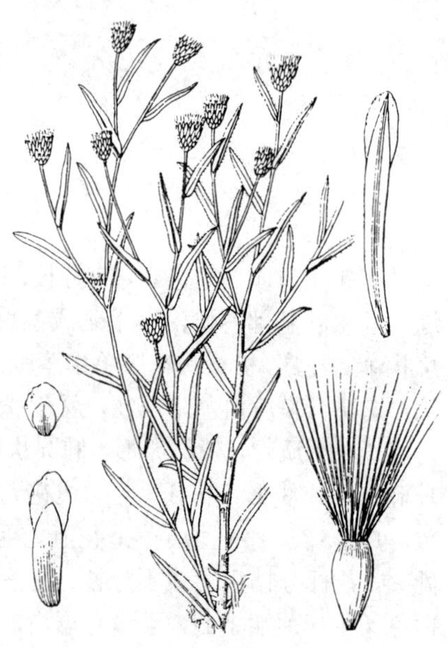

图 1009 琉苞菊（谭丽霞绘）

产新疆阿尔泰山及准噶尔盆地，生于海拔700-2400米山坡、沙地或荒漠地区。中亚地区及伊朗有分布。

187. 白菊木属 Gochnatia H. B. K.

（陈艺林 靳淑英）

灌木或小乔木。叶互生，具柄，全缘或有疏齿，下面被白色绒毛或无毛而具粘质。头状花序同型，盘状，在枝顶排成伞房状、圆锥状或复头状花序，稀单生；总苞倒锥形或近卵圆形，总苞片多层，覆瓦状排列，外层短，卵形，向内各层渐较长为披针形或长圆形；花托平，无毛或被流苏状毛。花全两性，均结实，花冠管状，檐部稍扩大，5深裂，裂片稍整齐，多少外卷；花药基部箭形，具毗连的长尾；花柱分枝稍厚，短而扁，顶端钝或圆。瘦果近圆柱形，具纵棱，常被长毛；冠毛多数，2层，外层稍短，粗糙，刚毛状。

约66种，分布于美洲和亚洲东南部。我国1种。

白菊木 图 1010

Gochnatia decora (Kurz) A. L. Cabrera in Revista Mus. La Plata Secc. Bot. 12: 131. 1971.

Leucomeris decora Kurz in Journ. Asiat. Soc. Bengal 41 (2): 317. 1872.

落叶小乔木，高2-5米。枝被绒毛。叶椭圆形或长圆状披针形，长8-18厘米，先端短渐尖或钝，边缘浅波状，具极疏胼胝体状小齿，上面光滑，下面被绒毛，侧脉8对或更多；叶柄长1.5-4厘米，多少被毛。头状花序径约1厘米，有短梗，排成复头状花序；总苞倒锥形，径4-5毫米，总苞片6-7层，外层卵形，被绵毛，先端钝，中层长卵形或卵状披针形，疏被毛，先端钝或短尖，最内层窄长圆形或线形，无毛，顶端尖。先叶开花，白色，全两性，花冠管状，长约2厘米。瘦果圆柱形，长约1.2厘米，密被倒伏绢毛；冠毛淡红色，不等长，长1.3-1.5厘米。花期3-4月。

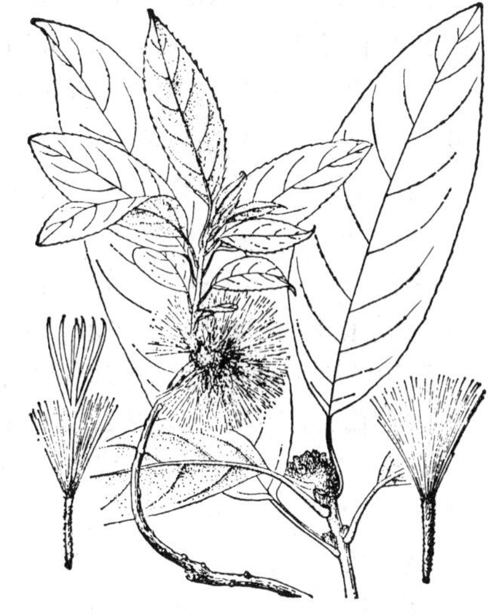

图 1010 白菊木（引自《图鉴》）

产云南，生于海拔1100-1900米山地林中。越南、泰国及缅甸有分布。

188. 帚菊属 Pertya Sch.-Bip.

（陈艺林 靳淑英）

灌木、亚灌木或多年生草本。枝纤细，斜展呈帚状，稀近攀援状，常有长枝和短枝。叶在长枝互生，在短枝数片簇生，有时无短枝，叶全互生，具柄，全缘、具疏粗齿或细齿。头状花序无梗或具长短不等的梗，腋生、顶生或生于簇生叶丛中，单生、双生、排成紧密团伞花序或疏散伞房花序，稀成具叶大圆锥花序，全为两性能育小花；总苞钟形、窄钟形或圆筒状，总苞片少至多层，覆瓦状排列，草质或近革质，外层极短，向内层渐长，先端常钝圆，稀短尖或刺尖状，背面多少被毛；花托小，平或蜂窝状，无毛或沿窝孔边缘密被长软毛。花冠管状，冠檐微扩大，5深裂，裂片窄长，外卷；花药合生，顶端尖，基部箭形，具线形长尾，仅1种其花药离生基部无尾；花柱长，花柱分枝极短，外展，顶端钝。瘦果圆柱形、倒卵圆形或倒锥形，顶端稍收窄，基部渐窄，具5-10纵棱，被柔毛；冠毛为具细齿的糙毛，1层，白、污白或褐色。

约24种，分布于亚洲。我国17种。

1. 叶长圆形、长圆状披针形、线状披针形或线形，稀近椭圆形，宽1-6（15）毫米，全缘，稀叶中部具1对角状粗齿，1脉，稀有不明显或纤细侧脉。
  2. 总苞片3（-5）层，少数；叶扁平。
    3. 总苞径5-8毫米，总苞片4-5层，背面无毛或边缘被疏毛；头状花序梗长2-3厘米；叶宽1.2-1.5厘米，下面沿脉有疏毛 …… 1. **华帚菊 P. sinensis**
    3. 总苞径2-3毫米，总苞片3层，背面密被白色绵毛；头状花序近无梗或梗长2-5毫米；叶宽2-4毫米，下面银白色，被厚绢毛 …… 2. **两色帚菊 P. discolor**
  2. 总苞片多数，6-7层；叶缘背卷几成圆柱状，若略背卷而叶片扁平，则总苞片16-18层。

4. 头状花序多，长1-1.5厘米，径0.7-1厘米，单生于叶丛中或兼生小枝顶端，每头状花序4-6花，花冠管部与檐部裂片等长，或裂片稍长或远长于管部。

5. 短枝簇生叶同型，均背卷，先端具针刺状尖头，上面无毛，下面沟槽内密被白色绢毛 … 3. **针叶帚菊 P. phylicoides**

5. 短枝簇生叶2型，有背卷近圆柱状，亦有稍背卷而扁平，二者先端均钝或圆；扁平叶长圆形或匙状长圆形，上面被白色星状毛，下面无毛 ………………………………………………………… 4. **异叶帚菊 P. berberidoides**

4. 头状花序少，单生枝顶，每头状花序具7-11花；花冠管长约2厘米，檐部裂片长为管部的1/4；总苞近钟形，长达2厘米，径约1.5厘米，总苞片约6层；叶缘背卷几成圆柱状，下面沟槽内密被白色绢毛，先端具刺状尖头 ……………………………………………………………………………… 5. **单头帚菊 P. monocephala**

1. 叶卵形或宽卵形，稀有短枝叶椭圆形，宽（2.5）3-7.5厘米，有多数锯齿，基出脉3。

6. 有长短枝，长枝叶互生，短枝叶3-4簇生；头状花序单生于长枝之顶或短枝簇生叶丛中。

7. 短枝簇生叶椭圆形或窄椭圆形；头状花序单生于短枝簇生叶丛中；总苞片先端钝、圆或具小凸尖头；花冠管长1.6-1.9厘米，檐部裂片长0.8-1厘米 ……………………………………… 6. **长花帚菊 P. glabrescens**

7. 短枝簇生叶卵形；头状花序单生于长枝之顶；总苞片自外向内先端短尖、渐尖至长渐尖；花冠管长约1.3厘米，檐部裂片约与管部等长 ………………………………………………………… 7. **台湾帚菊 P. shimozawai**

6. 枝无长枝和短枝之别，叶全互生；头状花序于上部叶腋内组成紧密团伞花序或疏散伞房花序，稀兼有双生与单生。

8. 头状花序有4-12花；总苞宽钟形或窄钟形，径0.5-1.2厘米。

9. 头状花序梗长1-4厘米，兼有单生与双生，组成疏散伞房花序；叶基部宽楔形、钝圆或平截。

10. 头状花序全两性花；总苞圆筒形，径5-6毫米；瘦果无毛或顶部疏被柔毛，冠毛干时污白色 ……………………………………………………………………………………… 8. **瓜叶帚菊 P. henanensis**

10. 头状花序外围1层为雌花，中央为两性花；总苞宽钟形，径达1.2厘米；瘦果密被粗毛，冠毛干时褐色 ……………………………………………………………………………… 8(附). **疏花帚菊 P. corymbosa**

9. 头状花序无梗，稀梗长约4毫米，常3-8组成紧密团伞花序，花序梗长0.4-2厘米；叶基部宽心形或浅心形，稀平截。

11. 叶先端短尖或钝，幼时两面被柔毛，下面有亮褐色小腺点；头状花序有9-12花，花冠管长约1.8厘米，檐部裂片长约管部2.4倍 ……………………………………………………… 9. **腺叶帚菊 P. pubescens**

11. 叶先端渐尖或长渐尖，尖头长1-2厘米，两面疏被毛，下面无腺点；头状花序有4-5花，花冠管长约6.5毫米，檐部裂片长8-9毫米 ……………………………………………… 9(附). **心叶帚菊 P. cordifolia**

8. 头状花序簇生枝顶叶腋，仅有1花；总苞圆筒形，径约3毫米 ……………… 10. **聚头帚菊 P. desmocephala**

1. 华帚菊 图 1011

Pertya sinensis Oliv. in Hook. Icon. Pl. 23: t. 2214. 1892.

落叶灌木。枝有长短枝之别，长枝纤细，具纵棱和沟槽。长枝叶互生，长圆状披针形或披针形，长3-5厘米，宽1.2-1.5厘米，基部渐窄或钝，全缘，两面沿脉被疏毛，中脉和侧脉两面均凸起，网脉明显，叶柄短，腋芽卵圆形；短枝叶簇生，长圆状披针形或窄椭圆形，大者长4-6厘米，小者为大者之半或更小。头状花序单生于短枝叶丛中，雌雄异株，雌头状花序长约1厘米，具

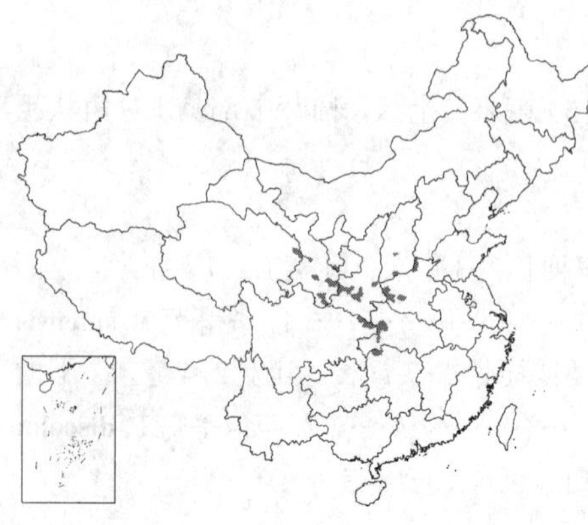

图 1011 华帚菊 （引自《图鉴》）

4-5花，雄者稍短，具9-12花；花序梗长2-3厘米，疏被毛；总苞窄钟形或近圆筒状，长约1.2厘米，总苞片4-5层，背面无毛或边缘被疏毛，外层宽卵形，长宽约2毫米，中层倒卵形，长约5.2毫米，最内层倒披针形，长8-9毫米；雌花花冠管状，长约9毫米，短者2-3毫米；退化雄蕊5。瘦果纺锤形，长约7毫米，密被粗毛；冠毛黄白色，粗糙，雌株的长约1厘米，雄株的稍短。花期7-8月。

产青海东部、甘肃南部、宁夏南部、陕西秦岭、山西南部、河南西部及北部、湖北西部、湖南西北部及四川东北部，生于海拔2100-2500米山坡或溪边灌丛或针叶林中。

图 1012 两色帚菊（引自《图鉴》）

2. 两色帚菊　　图 1012

Pertya discolor Rehd. in Journ. Arn. Arb. 10: 135. 1929.

灌木。长枝叶互生，线状披针形，长0.7-3厘米，宽2-4毫米，全缘，上面无毛或幼时疏被紧贴长柔毛，下面银白色，被厚绢毛，上面中脉凹陷，叶柄短；短枝簇生叶同型，披针形或倒披针形，长1-3.5厘米。头状花序单生于叶丛中，雄者长7-8毫米，雌者长1-1.1厘米，通常仅有2花，花序梗长2-5毫米，密被紧贴绢质长柔毛；总苞圆筒形，径2-3毫米，总苞片3层，背面密被白色绵毛，外层卵形，最内层窄椭圆形，长约6毫米。花紫红色；雌花花冠长约7毫米，雄蕊5。瘦果倒卵状长圆形或近圆柱形，长约5毫米，被贴生长柔毛；冠毛干时白色，粗糙。花期6-8月。

产青海东部、甘肃西南部、宁夏南部、陕西东南部、山西中北部、四川北部及湖北西北部，生于海拔1900-3100米山顶或山坡针叶疏林中。

3. 针叶帚菊　小叶帚菊　　图 1013

Pertya phylicoides J. F. Jeffrey in Notes Roy. Bot. Gard. Edinb. 5: 200. 1912.

灌木。小枝被褐红色柔毛。长枝叶互生，线状披针形，花期早落，其腋簇生白色绢毛；短枝叶4-6簇生，无柄，线状披针形，长3-7毫米，先端具针刺状尖头，全缘，明显背卷，上面无毛，有极密小腺点，下面沟槽内密被白色绢毛。头状花序多数，无梗单生于簇生叶丛中或小枝之顶，花期长约1.5厘米，径约1厘米；总苞圆筒形，长约1厘米，总苞片6-7层，边缘有长柔毛，先端全部刺状锐尖，外面数层小，卵形，中层窄卵形或卵状披针形，长3.5-5毫米，最内层长圆状披针形，长约1厘米。雄蕊5。花全两性，花冠管状，长约1厘米，檐部裂片远长于管部。瘦

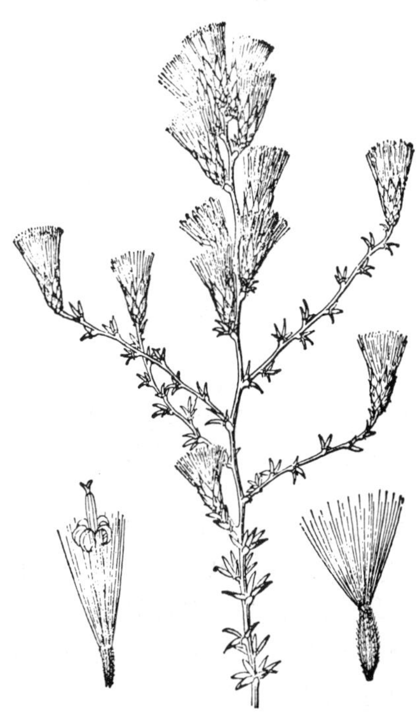

图 1013 针叶帚菊（引自《图鉴》）

果圆柱形，长5-6毫米，密被白色长柔毛；冠毛粗糙，干时污白色，长约1厘米。花期6-9月。

产云南西北部及西藏东南部，生于海拔2400-3100米山坡或干旱沟旁。

4. 异叶帚菊

Pertya berberidoides (Hand.-Mazz.) Y. C. Tseng in Guihaia 5(4): 328. 1985.

Pertya bodinieri Vaniot var. *berberidoides* Hand.-Mazz. Symb. Sin. 7: 1174. t. 31. f. 8-9. 1936.

灌木。长枝叶互生，卵形或卵状披针形，长5-8毫米，全缘或于中部稍下有一对裂片状粗齿，两面近无毛，1脉，叶柄短，基部膨大成勺状鞘，叶腋密被白色绢毛；短枝簇生叶，2型，均无柄，扁平者为长圆形或匙状长圆形，长4-9毫米，顶端钝或圆，全缘，稍背卷，上面被白色星状毛，毛易脱落，下面无毛，叶脉1，在上面凹入；圆柱形或锥状叶长2-5毫米，上面有密细腺点，下面缝内密被白色绢毛。头状花序单生于叶丛中或小枝顶；总苞圆筒形，基部稍窄，径约6毫米，总苞片6-7层，被缘毛，向内层渐长，外层卵形，中层卵形或卵状披针形，最内层披针形，先端芒尖。花全两性，花冠管状，长1.1-1.3厘米，檐部裂片稍长于或等长于管部。瘦果圆柱形，长约6毫米，密被白色倒伏长柔毛；冠毛粗糙，干时污白色。花期6-9月。

产四川西南部、云南西北部及西藏东部，生于海拔2400-3200米山坡或半干旱河谷灌丛中。

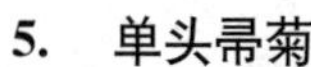

5. 单头帚菊 图 1014

Pertya monocephala W. W. Smith in Notes Roy. Bot. Gard. Edinb. 8: 212. 1914.

灌木。小枝质硬，粗糙，稍带紫褐色。长枝叶互生，腋内有密被白色绢毛的腋芽；短枝叶簇生，无柄，披针形或线状披针形，长5-6毫米，先端具刺状尖头，基部钝圆，全缘，明显背卷几成圆柱形，上面疏被蛛丝状毛或近无毛，下面纵沟内密被白色绢毛。头状花序单生枝顶；总苞近钟形，长达2厘米，径约1.5厘米，总苞片约6层，外面2层卵形，长3-5毫米，背面或边缘被白色长柔毛，先端具针刺状尖头，中间2层卵状披针形，长0.7-1厘米，边缘和先端与外层相似，最内层披针形或长圆状披针形，长达2厘米，先端渐窄，具尖头，边缘薄，白色，干膜质。花全两性，花冠管状，长约2厘米，檐部裂片长为管部的1/4。瘦果圆柱形，长约8毫米，被极密白色长柔毛；冠毛为具细齿糙毛，干时白色。花期1-2月。

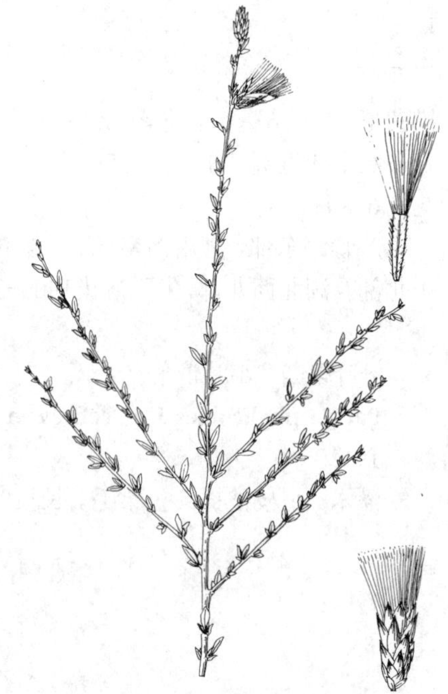

图 1014 单头帚菊（孙英宝绘）

产云南西南部及西藏东部，生于海拔1900-3000米。

6. 长花帚菊 图 1015

Pertya glabrescens Sch.-Bip. in Bonplandia 10: 109. t. 10. 1862.

多枝灌木。长枝叶互生，卵形，长2.5-3.5厘米，基脉3，具短柄；短枝叶3-4簇生，椭圆形或窄椭圆形，大者长4-6.5厘米，小者长1.5-3厘米，先端长渐尖，基部楔形，边缘有细尖锯齿，上面中脉疏被粗毛；基脉3，两面均凸起，中脉在离基1-1.5厘米处有1对侧脉，网脉明显，叶柄长2-4毫米。头状花序无梗，单生于短枝叶丛中；总苞圆筒形，长约1.5厘米，总苞片约7层，先端钝或圆，有小凸尖头，背面顶部常带紫红色，先端与边缘均疏被毛，外层宽卵形，长宽近相等，约1-1.2毫米，中层长圆形，长约7毫米，最内层窄长圆形，长约1.2厘米。花全两性，花冠管状，长1.6-1.9厘米，檐部裂片长0.8-1厘米。瘦果倒锥形，长约7毫米，被白色粗伏毛；冠毛白色，粗糙。花期7-8月。

图 1015 长花帚菊（邓盈丰绘）

产浙江南部、福建及江西东北部，生于较干旱林缘或疏林中。日本有分布。

7. 台湾帚菊　　图 1016

Pertya shimozawai Masamune in Trans. Nat. Hist. Soc. Formosa 30: 37. 1940.

茎木质，多分枝，疏被柔毛。生于去年枝的叶，互生，卵形，长2-5厘米，先端短渐尖或钝，基部圆，边缘有疏离小尖齿，两面疏被紧贴长柔毛；基出脉3，叶柄短，被粗毛；当年生短枝的叶3-4簇生，卵形，先端短尖，疏被长柔毛。头状花序单生于长枝之顶；总苞钟形，长1.4-1.7厘米，总苞片约7层，外层小，卵形，先端短尖，向内层渐长，中层长圆形，先端渐尖，最内层窄长圆形，先端长渐尖，背面多少被柔毛。花全两性，花冠管状，长约1.3厘米，檐部裂片约与管部等长。瘦果圆柱形，长约5.5毫米，密被白色长柔毛；冠毛多数，粗糙。花期11月。

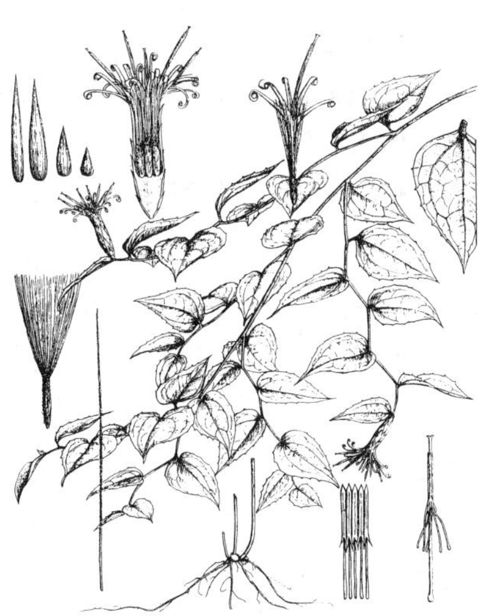

图 1016 台湾帚菊（引自《Fl. Taiwan》）

产台湾，生于疏林中。

8. 瓜叶帚菊　　图 1017

Pertya henanensis Y. C. Tseng in Guihaia 5 (4): 330. 1985.

直立草本。茎无毛。幼枝密被柔毛，后渐脱落，节间长3-4厘米。叶互生，卵形或宽卵形，长5.5-10厘米，先端渐尖，具芒状小尖头，基部宽楔形、圆钝或平截，边缘具角状疏粗齿，上面沿脉被疏毛，下面被长柔毛，有缘毛，基出脉3或5，侧脉弯拱；叶柄长5-8毫米，密被长柔毛。

图 1017 瓜叶帚菊（孙英宝绘）

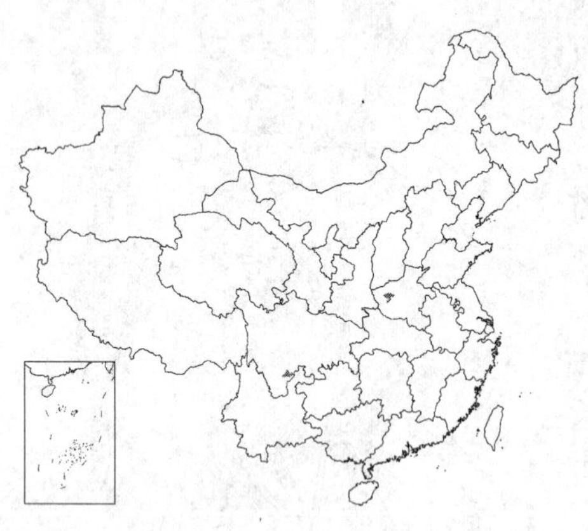

头状花序在枝顶腋生，单生或双生，径约1厘米，花序梗长0.4-1.5厘米，被柔毛；总苞圆筒形，径5-6毫米，总苞片6-7层，背部有深纵槽，被长柔毛，有缘毛，外层卵形，长约2毫米，先端近圆，向内为长卵形或长圆形，长4-9毫米，先端渐窄或钝，最内层线形，长约1.1厘米，先端稍尖。花全两性，花冠管状，长1-1.1厘米，檐部裂片约与管部等长。瘦果圆柱形，长约5毫米，无毛或顶部疏被柔毛；冠毛污白色。

产河南西部及四川南部，生于海拔950-1110米山顶疏林下或山谷密林中。

[附] **疏花帚菊 Pertya corymosa** Y. C. Tseng in Guihaia 5(4): 332. 1985. 本种与瓜叶帚菊的主要区别：头状花序外围1层为雌花，中央为两性花，花冠管长1.2-1.4厘米，檐部裂片长于管部；总苞宽钟形，径达1.2厘米；瘦果密被粗毛，冠毛干时褐色。花期7-9月。产广西北部及湖南南部，生于山地密林中。

9. 腺叶帚菊

Pertya pubescens Ling in Contr. Inst. Bot. Nat. Acad. Peiping 6: 32. 1948.

亚灌木。枝密被柔毛。叶互生，宽卵形或卵形，长5-8厘米，先端短尖或钝，基部宽心形或浅心形，稀平截，边缘有针刺状尖齿，幼时两面被柔毛，下面兼有亮褐色球形小腺点，基出脉3，稀5；叶柄长3-5毫米，密被柔毛。头状花序无梗或具密被短柔毛的短梗，常3-5在上部叶腋组成团伞花序，或单生，每头状花序具9-12花，花序梗长0.4-1.1厘米，密被柔毛；总苞窄钟形，径6-8毫米，总苞片7-8层，背面和边缘密被绢质柔毛，先端钝或内层的稍尖，外层宽卵形，长1-3毫米，中层卵状长圆形或长圆形，长6-8毫米，最内层线状长圆形，长0.9-1厘米。花全两性，花冠管状，长达1.8厘米，檐部裂片长约管部的2.4倍。瘦果近纺锤形，长5-6毫米，被贴生绢毛；冠毛近纺锤形，长5-6毫米，被贴生绢毛，干时淡褐色。花期7-10月。

产浙江西部、福建、江西北部及广东东部，生于海拔600-1000米路旁、溪边草地或山谷疏林中。

[附] **心叶帚菊** 图1018 **Pertya cordifolia** Mattf. in Natizbl. Bot. Gart. Berlin 11: 103. 1931. 本种与腺叶帚菊的主要区别：叶先端渐尖或长渐尖，尖头长1-2厘米，两面疏被毛，下面无腺点；头状花序有4-5花，花冠管长约6.5厘米，檐部裂片长8-9毫米。花期9-10月。产河南、安徽、浙江、江西、湖南、广东、广西、四川及陕西，生于海拔800-1500米山地林缘或灌丛中。

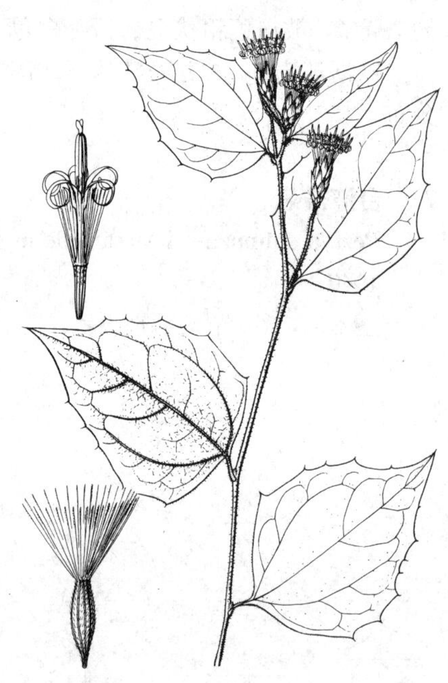

图 1018 心叶帚菊 （引自《图鉴》）

10. 聚头帚菊 图 1019

Pertya desmocephala Diels in Notizbl. Bot. Gart. Berlin 9: 1032. 1926.

草本。枝被绢毛。叶互生，宽卵形或上部卵形，长4-7.5厘米，先端短尖或渐尖，上部卵形叶基部渐窄或钝，边缘具波状锯齿，两面疏被倒伏长柔毛；叶柄疏被粗毛，基部内侧凹陷呈浅杯状，凹陷处有密被银白色绢毛

的腋芽。头状花序簇生枝顶叶腋，长2-2.5厘米，仅有1花；花序梗长1-4厘米，被绢毛，或无梗；总苞圆筒形，径约3毫米，总苞片约7层，背面先端被毛，外层卵形，长1.8-2.5毫米，中间数层披针形或长圆形，长0.7-1.1厘米，最内层线形，长1.1-1.3厘米。花全两性，花冠管状，长1.3-1.5厘米，5深裂，裂片线形，长为管部的2倍。瘦果纺锤形，被长柔毛；冠毛干时污白或淡褐色，粗糙。花期8-11月。

产浙江南部、福建、江西东部、广东东北部及湖南西南部，生于海拔500-1200米林缘或草地。

图 1019 聚头帚菊（邓晶发绘）

189. 蚂蚱腿子属 Myripnois Bunge

（陈艺林　靳淑英）

落叶小灌木。枝多而直，被柔毛。叶互生，短枝叶椭圆形或近长圆形，长枝叶宽披针形或卵状披针形，长2-6厘米，先端短尖或渐尖，基部圆或长楔形，全缘，幼时两面被长柔毛，老时脱毛，中脉1，在两面凸起，网脉密显而凸起，叶柄长3-5毫米，被柔毛，短枝叶无明显叶柄。头状花序4-9花，同性，雌花和两性花（子房不育）异株，无梗，单生于短侧枝之顶，先叶开花；总苞钟形或近圆筒状，总苞片5，覆瓦状排列，大小近相等；花托小，无毛。雌花花冠具舌片；两性花花冠管状二唇形，檐部5裂，裂片极不等长；花药基部箭形，具渐尖尾部。两性花的花柱长，顶端极钝或平截，不分枝，雌花花柱分枝通常外卷，顶端尖。瘦果纺锤形，密被白色长毛；雌花的冠毛多层，粗糙，浅白色；两性花的冠毛2-4，白色。

我国特有单种属。

蚂蚱腿子　　图 1020

Myripnois dioica Bunge in Mem. Acad. Imp. Sci. St. Petersb. Sav. Etrang. 2: 112. (Enum. Pl. Chin. Bor. 38) 1833.

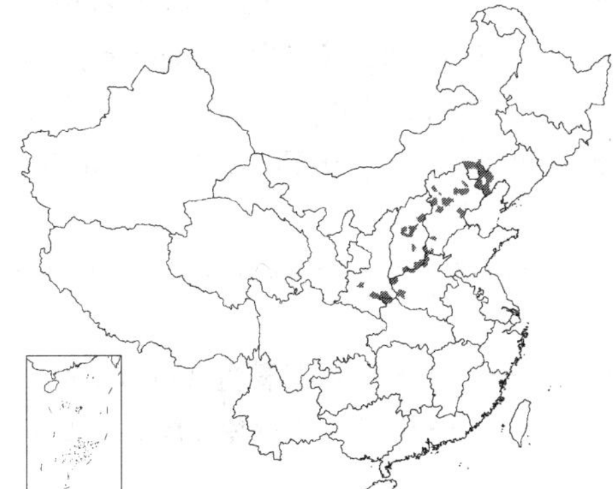

形态特征同属。花期5月。

产辽宁西部、内蒙古东南部、河北、山西、河南、陕西秦岭及湖北西北部，生于低海拔山坡或林缘路旁。

图 1020 蚂蚱腿子（引自《图鉴》）

190. 兔儿风属 Ainsliaea DC.

（陈艺林　靳淑英）

多年生草本；具根茎，根茎密被绒毛或绵毛。茎直立，单一，不分枝或仅花序分枝，稀丛生或分枝，被毛或无毛。叶互生，或基生呈莲座状，或密集茎中部呈假轮生，具柄，全缘、具齿或中裂，被毛，稀无毛。头状花序窄，单个或多个成束排成间断穗状或总状花序式，有时组成圆锥花序，同型，盘状，全为两性能育小花，每头状花序常有3花，有时4或5花，稀1朵；总苞圆筒形，总苞片多层，覆瓦状排列，向内层渐长，质坚硬，外层短，通常卵形，向内渐长，披针形或长圆形，先端钝、稍尖或长渐尖；花托小，无毛。花冠管状，冠檐二唇形，外唇3深裂，内唇2深裂，裂片长，外卷；花药顶端略尖、圆或平截，基部箭形，具耳，尾状附属物丝状；花柱分枝短，开展，内侧扁，顶端钝圆。瘦果圆柱状或两端稍窄近纺锤形，近扁，具5-10棱，稀无棱，通常被毛；冠毛1层，近等长。羽毛状。

约70种，分布于亚洲东南部。我国44种4变种。

1. 茎除花序外不分枝；头状花序组成顶生穗状、总状或圆锥花序。
  2. 叶聚生茎基部，莲座状。
    3. 头状花序于茎顶组成穗状花序，稀成总状花序。
      4. 叶基部心形。
        5. 叶柄翅宽0.5-1厘米，基生叶圆形或宽卵形，长5-11厘米，基部心形具2耳，茎生叶极少而小 ………… 1. **心叶兔儿风 A. bonatii**
        5. 叶柄无翅。
          6. 叶缘有向上弯拱缘毛，下面淡绿或稍带紫红色，先端钝或具小凸尖，基出脉5；头状花序排成间断的总状花序 ………… 2. **杏香兔儿风 A. fragrans**
          6. 叶缘无缘毛，下面非淡绿或紫红色。
            7. 叶下面密被白色绒毛。
              8. 冠毛污白色，长1.1-1.2厘米 ………… 3. **厚叶兔儿风 A. crassifolia**
              8. 冠毛深褐或紫褐色，长约7毫米 ………… 3(附). **泸定兔儿风 A. mollis**
            7. 叶下面沿脉被长柔毛，叶长3-6厘米，叶柄长2-6（-10）厘米 ………… 4. **边地兔儿风 A. chapaensis**
      4. 叶基部窄、钝圆、平截或缢缩下延叶柄成翅。
        9. 叶柄有翅。
          10. 茎被绵毛。
            11. 叶卵形或卵状披针形，基部缢缩下延于叶柄成宽翅，无缘毛；总苞片先端带紫红色。
              12. 叶下面密被白色绒毛和稍硬长毛；头状花序长1-1.5厘米，总苞径2-3毫米 ………… 5. **宽叶兔儿风 A. latifolia**
              12. 叶下面密被长柔毛；头状花序长2-2.3厘米，总苞径4-5毫米 … 5(附). **大头兔儿风 A. macrocephala**
            11. 叶披针形、窄披针形或窄椭圆形，基部长渐窄，下延成翅柄，边缘有向上弯拱密缘毛；总苞片非紫红色 ………… 6. **药山兔儿风 A. mairei**
          10. 茎被柔毛。
            13. 同一植株，闭花受精花的冠毛长约7毫米，开放的花冠冠毛长0.5-1毫米 …… 7. **异花兔儿风 A. heterantha**
            13. 同一植株，花的冠毛均近等长，长6-7毫米。
              14. 瘦果无毛；叶柄长2-5厘米 ………… 8. **长穗兔儿风 A. henryi**
              14. 瘦果密被粗毛；叶柄长4-13厘米 ………… 8(附). **长柄兔儿风 A. reflexa**
        9. 叶柄无翅。
          15. 叶倒卵形或倒卵状圆形，叶柄近无或长3-8毫米；头状花序单生或聚生；瘦果倒锥形 ………… 9. **细穗兔儿风 A. spicata**
          15. 叶卵形、卵状披针形或披针形，叶柄长2-7.5厘米，茎生叶与基生叶同形，较小；头状花序偏于花序轴一侧；瘦果近纺锤状 ………… 10. **云南兔儿风 A. yunnanensis**
    3. 头状花序组成顶生圆锥花序。

16. 叶基部心形。
17. 叶下面绿色或密被绵毛呈白色。
18. 叶下面被白色绵毛，花葶无叶，稀有1片退化叶者；瘦果圆柱形，无纵棱 …… 11. **秀丽兔儿风 A. elegans**
18. 叶下面被长柔毛，先端圆、钝，稀短尖；茎叶疏离；瘦果纺锤形，具10纵棱 … 12. **莲沱兔儿风 A. ramosa**
17. 叶下面紫红色，长卵形或披针形；圆锥花序长12-18厘米，花序轴被长硬毛 …… 13. **红背兔儿风 A. rubrifolia**
16. 叶基部钝、圆、渐窄成缢缩下延叶柄成翅。
19. 叶脉羽状，叶柄无翅。
20. 叶下面绿色。
21. 叶两面被长柔毛，下面毛密，边缘有向上弯拱的密缘毛，侧脉2对，弯拱上升，叶柄密被黄褐色长柔毛；冠毛微红色 ………………………………………………………………………… 14. **马边兔儿风 A. angustata**
21. 叶两面无毛或下面疏被长毛，无缘毛，侧脉5-6对，斜直伸，彼此近平行，叶柄无毛；冠毛污白色 ……………………………………………………………………………………… 14(附). **直脉兔儿风 A. nervosa**
20. 叶下面脉紫红色。
22. 叶上面疏生粗短糙伏毛；花序轴无毛；瘦果纺锤形 ……………………… 15. **细茎兔儿风 A. tenuicaulis**
22. 叶上面无毛；花序轴被腺状柔毛；瘦果圆柱形 …………………… 15(附). **四川兔儿风 A. sutchuenensis**
19. 叶脉掌状，基出脉3，叶柄具0.6-1厘米宽翅 ……………………………………… 16. **狭叶兔儿风 A. angustifolia**
2. 叶密集茎中部呈莲座状，或非莲座状向茎中部渐密，稀互生。
23. 叶密集茎中部，呈莲座状或非莲座状向茎中部渐密。
24. 头状花序组成顶生穗状花序或总状花序。
25. 叶两面绿色。
26. 叶近圆形，长宽近相等，7-8浅裂至中裂；基出脉9 ………………………… 17. **槭叶兔儿风 A. acerifolia**
26. 叶宽卵形或卵状披针形，稀椭圆形，宽为长1/2或不及，边缘有芒状疏齿、粗或深波状，基出脉3。
27. 叶柄无翅；花冠管长约1.3厘米 ………………………………………… 18. **灯台兔儿风 A. macroclinidioides**
27. 叶柄上部具窄翅；花冠管长1.6-1.7厘米 ………………………………… 19. **粗齿兔儿风 A. grossedentata**
25. 叶下面紫红、紫蓝或淡紫色。
28. 叶基部心形或近心形，上面亮绿色，下面紫红色；冠毛淡红色 ……………… 20. **纤枝兔儿风 A. gracilis**
28. 叶基部渐窄，楔形，淡紫或紫堇色；冠毛污黄色 ……………………………… 20(附). **蓝兔儿风 A. caesia**
24. 头状花序于茎顶组成圆锥花序。
29. 叶卵形、卵状菱形、卵状披针形或椭圆形，宽2-6厘米。
30. 叶与无翅叶柄均无毛；茎下部无鳞片状叶 ……………………………… 21. **车前兔儿风 A. plantaginifolia**
30. 叶与具宽翅叶柄均被白色卷曲长毛；茎下部有贴生鳞状叶 …………………… 22. **异叶兔儿风 A. foliosa**
29. 叶披针形或线形，宽0.3-1.3厘米。
31. 叶窄椭圆形或披针形，先端长渐尖，具6-8对芒状细齿，基出脉3 ………… 23. **三脉兔儿风 A. trinervis**
31. 叶窄长圆形或线形，先端凸尖，近顶部各具1-3对刺齿，基部1脉 ………… 24. **华南兔儿风 A. walkeri**
23. 叶在茎基部之上、中部以下均匀互生。
32. 茎中部以上的叶卵形、宽卵形或近圆形，基部心形，基脉7，叶柄无翅；穗状或窄长圆锥花 ………………
……………………………………………………………………………………… 25. **无翅兔儿风 A. aptera**
32. 茎中下部的叶窄卵形、椭圆形或长圆状披针形，基部渐窄或楔形，具羽状脉。
33. 叶干时上面非黑色，两面无毛或稀上面疏被糙伏毛 ……………………………… 26. **光叶兔儿风 A. glabra**
33. 叶干时上面黑色，茎上部的叶上面疏被长柔毛，下面被绒毛 …………………… 27. **穆坪兔儿风 A. lancifolia**
1. 茎分枝、单生或丛生；头状花序单生于叶腋或2-6组成腋生总状花序。
34. 叶下面被淡褐色贴伏长柔毛，间脱落变稀疏至近无毛 ……………………………… 28. **腋花兔儿风 A. pertyoides**
34. 叶下面被白色绒毛，多少兼有淡褐色长柔毛 ……………… 29(附). **白背兔儿风 A. pertyoides** var. **albo-tomentosa**

1. 心叶兔儿风 图 1021

Ainsliaea bonatii Beauverd in Bull. Soc. Bot. Genève ser. 2, 1: 377. f. 3. 1909.

多年生草本；茎、叶及花序均被灰白色绵毛或后脱毛。根茎长达12厘米。茎花葶状。叶基生莲座状，圆形或宽卵形，长5-11厘米，基部心形，常具2耳，边缘有胼胝体状细尖齿，侧脉3-4对，叶柄长5-14厘米，具翅，连翅宽0.5-1厘米；茎生叶极少，卵状披针形，长1-2.5厘米，基部钝或截平，具短柄及窄翅。头状花序具3花，无梗，3-6密集成束，排成间断穗状花序，苞叶状叶长0.7-1厘米，具齿；总苞圆筒形，径约3毫米，总苞片5-6层，边缘带紫红色，先端有小尖头，外层和内层1脉，中层3脉，外层卵形，长2-2.5毫米，中层近椭圆形，长7-8毫米，最内层线形，长约1.2厘米。花全两性，花冠管状。瘦果近圆柱形，长约5毫米，基部稍窄，被贴生粗毛；冠毛肉桂色。花期10-11月。

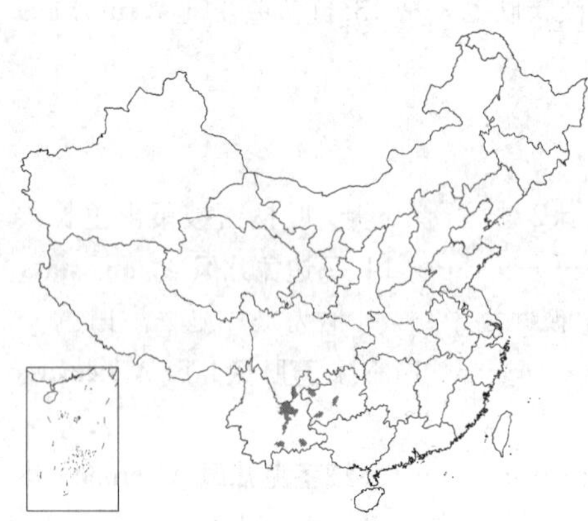

产云南及贵州，生于海拔1200-1950米山坡林下或荫湿沟边。

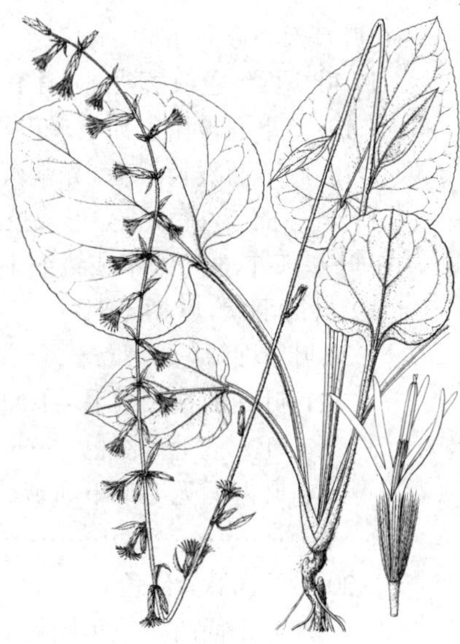

图 1021 心叶兔儿风（引自《图鉴》）

2. 杏香兔儿风 图 1022

Ainsliaea fragrans Champ. in Journ. Bot. Kew Gard. Misc. 4: 236. 1852.

多年生草本。根茎圆柱形。茎花葶状，被褐色长柔毛。叶聚生茎基部，莲座状或呈假轮生，卵形、窄卵形或卵状长圆形，长2-11厘米，先端钝或具凸尖头，基部深心形，全缘或具疏离的胼胝体状小齿，有向上弯拱的缘毛，下面淡绿色或稍带紫红色，被较密长柔毛，基出脉5，中下部具1-2对侧脉；叶柄长1.5-6厘米，无翅，密被长柔毛。头状花序有3小花，具被柔毛的短梗或无梗，排成间断总状花序，花序轴被深褐色柔毛，苞叶钻形；总苞圆筒形，径3-3.5毫米，总苞片约5层，背面有纵纹，无毛，有时先端带紫红色，外1-2层卵形，长1.8-2毫米，先端尖，中层近椭圆形，长3-8毫米，先端钝，最内层窄椭圆形，长约1.1厘米，先端渐尖，基部长渐窄，具爪。花全两性，白色，花冠管纤细。瘦果棒状圆柱形或近纺锤形，栗褐色，长约4毫米，被较密的长柔毛；冠毛淡褐色。花期11-12月。

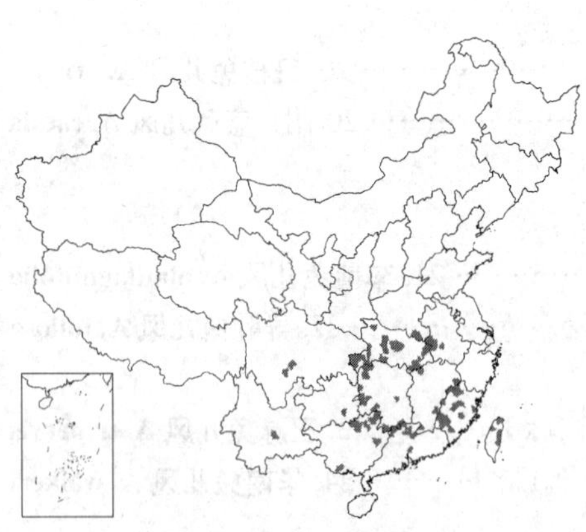

图 1022 杏香兔儿风（引自《江苏南部种子植物手册》）

产河南、安徽、浙江、福建、台湾、江西、湖北、四川、云南、贵州、湖南、广东、香港及广西，生于海拔30-850米山坡灌木林下、路旁或沟边草丛中。

3. 厚叶兔儿风 图 1023

Ainsliaea crassifolia Chang in Sinensia 6: 549. 1935.

多年生草本。根茎锥状。茎多叶，被白色厚绵毛。基生叶莲座状，卵形，长9-13厘米，基部心形，边缘具波状齿，齿端有黑色尖头，凹缺弧形弯拱，上面散生微白色小糙伏毛，下面密被白色绒毛；叶脉近掌状，叶柄长4-11厘米，被白色绵毛，无翅，基部扩大；下部茎生叶卵形，柄长5厘米，中部和上部叶更小。头状花具3花，无梗，单生或2-3聚集茎顶作穗状排列；总苞圆筒形，径6-7毫米，总苞片约5层，草质，背面具绿色中脉，近无毛，外层卵形，长2-3毫米，先端具硬锐凸尖头，中层卵状披针形，长5-6毫米，先端凸尖，最内层披针形，边缘薄，干膜质，长约1.1厘米。花全两性；花冠管状。瘦果锥状，疏被长柔毛；冠毛污白色，长1.1-1.2厘米。花期7-9月。

产云南西北部及四川西南部，生于海拔2750-3000米山坡林缘或草丛中。

[附] **泸定兔儿风 Ainsliaea mollis** Diels ex Limpr. in Fedde, Repert. Sp. Nov. Beih. 12: 514. 1922. 本种与厚叶兔儿风的区别：冠毛深褐或紫褐色，长约7毫米。产四川西部及西南部、云南西北部，生于海拔2000-2800米山坡草丛中或灌木林下。

图 1023　厚叶兔儿风（孙英宝绘）

4.　边地兔儿风　图 1024

Ainsliaea chapaensis Merr. in Journ. Arn. Arb. 21: 387. 1940.

多年生草本。茎疏被柔毛。基生叶密集呈莲座状，卵形，长3-6厘米，先端钝或具短尖头，基部浅心形，边缘浅波状，上面无毛或沿中脉被长柔毛，下面沿脉被长柔毛，侧脉常3对，叶柄长2-6厘米，稀达10厘米，无翅，被长柔毛或老时近无毛；茎生叶长圆形或窄椭圆形，下部的1或2片长约2厘米，被疏毛，柄长0.5-1.5厘米，上部叶长约1厘米，花序轴上的叶苞片状。头状花序具3-4花，单生或双生，于茎顶作穗状排列，花序轴被卷曲密毛；总苞圆筒形，径约3毫米，总苞片5-6层，绿色，背面无毛或疏被柔毛，外层卵形，长2-3毫米，中层卵形或卵状披针形，长4-5毫米，最内层长圆形，长0.9-1.1厘米。花全两性，花冠管状。瘦果圆柱形，密被倒伏长柔毛；冠毛淡褐色，长约7毫米。花期12月至翌年4月。

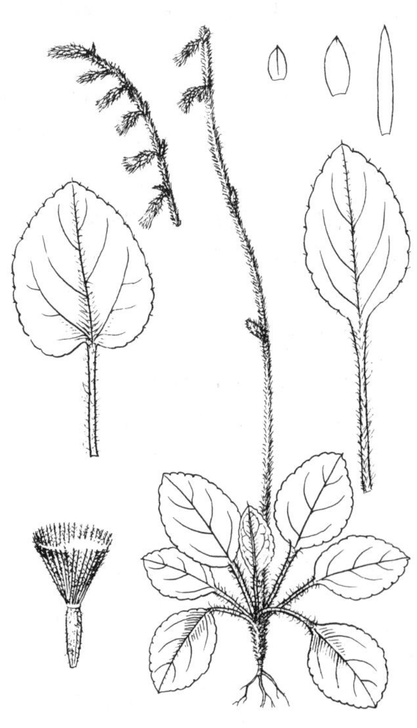

图 1024　边地兔儿风（余汉平绘）

产云南东北部、广西东北部及海南，生于海拔800米以下海滨沙地或山顶疏林中。越南北部有分布。

5.　宽叶兔儿风　宽穗兔儿风　图 1025

Ainsliaea latifolia (D. Don) Sch.-Bip. in Pollichia 18-19: 169. 1861. — *Liatris latifolia* D. Don, Prodr. Fl. Nepal. 169. 1825.

Ainsliaea triflora (Buch.-Ham. ex D. Don) Druce; 中国高等植物图鉴 4: 662. 1975.

多年生草本。茎被蛛丝状白色绵毛。叶聚生茎基部呈莲座状，卵形或窄卵形，长3-11厘米，基部缢缩下延于叶柄成宽翅，边缘有胼胝体状细齿，上面疏被长柔毛，下面密被白色绒毛和稍硬长毛，基出脉3；叶柄与叶片几等长，具翅，被毛；茎上部叶卵形、披针形或近长圆形，长2-2.5厘米，花序轴的叶苞片状，长0.5-1厘米，被毛。头状花序具3花，单个或2-4聚生苞片状叶腋组成穗状花序，花序轴被蛛丝状绵毛；总苞圆筒形，径2-3毫米，总苞片约5层，外层卵形，长约1.5毫米，中层长卵形，长约3.2毫米，先端钝或有带紫红色尖头，最内层椭圆形，长约8毫米，3脉，先端渐尖，尖头常紫红色，边缘近膜质。花全两性；花冠管状。瘦果近纺锤形，长约5.5毫米，密被倒伏绢质长毛；冠毛棕褐色。花期4-10月。

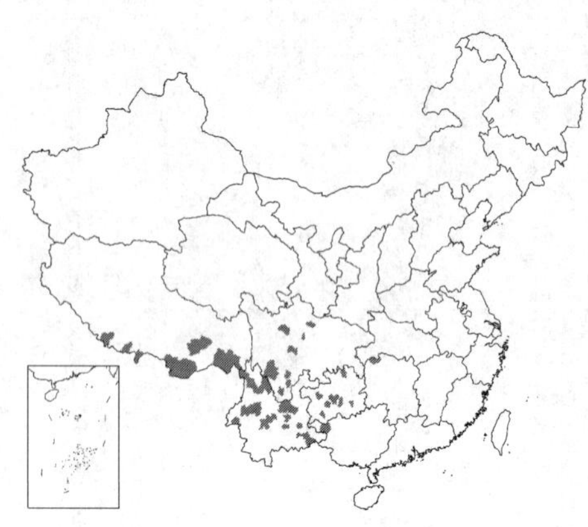

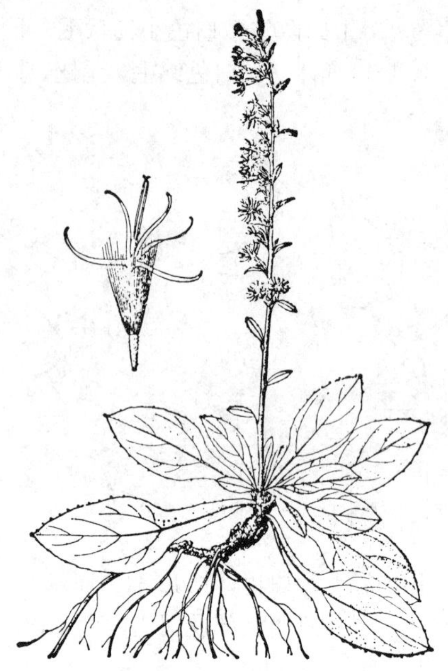

图 1025 宽叶兔儿风（引自《图鉴》）

产西藏南部及东南部、云南、四川、贵州、广西西北部及湖南西北部，生于海拔1300-3500米山地林下或路边。印度、尼泊尔、不丹、泰国及越南有分布。

[附] **大头兔儿风 Ainsliaea macrocephala** (Mattf.) Y. C. Tseng in Acta Phytotax. Sin. 31: 364. 1993.—— *Ainsliaea pteropoda* DC. var. *macrocephala* Mattf. in Notizbl. Bot. Gart. Berl.-Dahl. 11: 107. 1931.本种与宽叶兔儿风的主要区别：叶下面密被长柔毛；头状花序长2-2.3厘米，总苞径4-5毫米。花期8-9月。产云南西北部及四川西南部，生于海拔2600-3100米山坡林缘、林下或灌丛中。

6. 药山兔儿风 图 1026

Ainsliaea mairei Lévl. in Monde des Pl. 18: 31. 1916.

多年生草本。根茎圆柱形，须根长达20厘米。茎花葶状，密被白色绵毛。基生叶莲座状，披针形、窄披针形或窄椭圆形，长0.5-1厘米，先端渐尖，常具锐尖头，基部长渐窄，下延成翅柄，边缘疏生细齿，有向上弯拱的密缘毛，两面密被长柔毛，下面呈灰白色；叶柄长4-8厘米，密被毛，叶柄上部翅宽0.6-1厘米，下部翅宽约3毫米；茎生叶向上窄披针形，长1-5厘米，下部的具短柄，上部的无柄，密被毛。头状花序具2花，无梗，常5-9密集成束，沿花葶排成穗状花序，每束头状花序具叶状苞叶，密被毛；总苞圆筒形，径约3毫米，总苞片约5层，先端长渐尖成针刺状锐尖头，具1脉，外1-2层卵形，长3-4毫米，密被长柔毛，中层披针形，长0.7-1.1厘米，上部边缘被疏毛，最内层窄椭圆形，长1.4-1.5厘米，干膜质，无毛。花全两性，花冠管状，紫红色。瘦果倒圆锥形，长约4.2毫米，密被倒伏白色长柔毛；

图 1026 药山兔儿风（孙英宝绘）

冠毛污黄或黄白色，长6-7毫米。花期8-11月。

产云南、四川南部及贵州西北部，生于海拔2000-3200米林缘、坡地或山谷草丛中。

7.　异花兔儿风　图 1027

Ainsliaea heterantha Hand.-Mazz. in Oesterr. Bot. Zeitschr. 87: 128. 1938.

多年生草本。根茎长达7厘米。茎花葶状，被长柔毛。叶聚生茎基部，呈莲座状，卵形或卵状披针形，长2-5厘米，基部下延叶柄成翅，边缘浅波状，有细圆齿，上面或中脉被污黄色长柔毛，下面毛被较密；叶柄长1-5厘米，被毛，具翅；花葶的叶苞片状，近椭圆形，长0.8-2.8厘米，被毛。头状花序具3花，近无梗，单生或簇生，排成穗状花序，花序轴被柔毛；总苞圆筒形，径2-3毫米，总苞片约5层，边缘干膜质，边缘及先端带紫红色，背面无毛或内层被细毛，外层卵形，长约1.5毫米，中层卵状披针形或椭圆形，长约8毫米，二者先端渐尖，最内层长圆形，长约9毫米，先端长渐尖，尖头锐利。花全两性，二型；闭花受精的花冠长约4毫米，不裂，冠毛多，黄褐色，长约7毫米；开放的花冠长达9毫米，冠毛长0.5-1毫米。瘦果圆柱形，基部稍窄，密被长柔毛。花期5-7月。

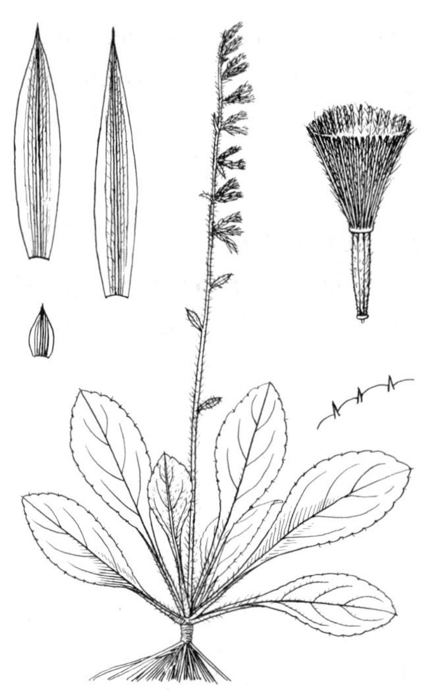

图 1027　异花兔儿风（孙英宝绘）

产四川中南部、云南及西藏南部，生于海拔1900-2800米林缘、沟边或林下。

8.　长穗兔儿风　图 1028

Ainsliaea henryi Diels in Engl. Bot. Jahrb. 29: 628. 1901.

多年生草本。茎花葶状，常暗紫色。基生叶莲座状，长卵形或长圆形，长3-8厘米，基部渐窄成翅柄，边缘具波状圆齿，上面疏被柔毛，下面淡绿有时带淡紫色，被绢质长柔毛，叶柄长2-5厘米，被柔毛，上部具宽翅，下部无翅；茎生叶苞片状，卵形，长0.8-2.5厘米，被柔毛。头状花序具3花，径约3毫米，常2-3集成小聚伞花序，茎顶排成穗状花序，花序轴被柔毛；总苞圆筒形，径约2毫米，总苞片约5层，先端具长尖头，外层卵形，长1.5-2毫米，有时紫红色，中层卵状披针形，长4-6毫米，最内层线形，长达1.6厘米，上部常带紫红色。花全两性，闭花受精的花冠圆筒形，藏于冠毛中。瘦果圆柱形，长约6毫米，无毛；冠毛污白或污黄色，均近等长，长6-7毫米。花期7-9月。

图 1028　长穗兔儿风（引自《图鉴》）

产云南、贵州、四川、湖北、湖南、广西、广东北部、福建西北部及台湾，生于海拔700-2070米坡地或林下沟边。

[附]　**长柄兔儿风　Ainsliaea**

reflexa Merr. in Philip. Journ. Sci. Bot. 1 (Suppl. 3.): 242. 1906. 本种与长穗兔儿风的主要区别：叶柄长4-13厘米；瘦果密被粗毛。花期12月至翌年3月。产海南及台湾，生于海拔500-800米山地疏林或斜坡灌丛中。菲律宾北部（吕宋）有分布。

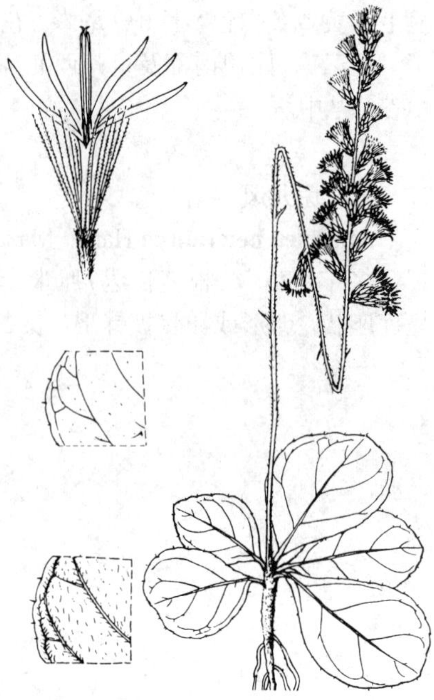

图 1029 细穗兔儿风（邓盈丰绘）

9. 细穗兔儿风 图 1029

Ainsliaea spicata Veniot in Bull. Acad. Int. Géogr. Bot. 12: 117. 1903.

多年生草本。茎花莛状，被黄褐色丛卷毛。叶聚生茎基部，莲座状，倒卵形或倒卵状圆形，长3-10厘米，边缘具细尖齿及缘毛，两面疏被柔毛，下面较密稍苍白，叶柄近无或长3-8毫米，无翅，被长柔毛。花葶的苞叶长圆形或钻状，长0.5-1.5厘米，无柄，被毛；头状花序具3花，单生或聚生，排成穗状花序，花序轴被长柔毛；总苞圆筒形，径2-3毫米，总苞片约6层，背面具1-3脉，外层质硬，卵形，长1.5-3毫米，无毛或疏被柔毛，中层长圆形或近椭圆形，长5-8毫米，先端红色，有小尖头，最内层窄椭圆形，长约1厘米，先端短渐尖，基部长渐窄，边缘干膜质。花全两性；花冠管状。瘦果倒锥形，密被白色粗毛；冠毛黄褐色。花期4-6月及9-10月。

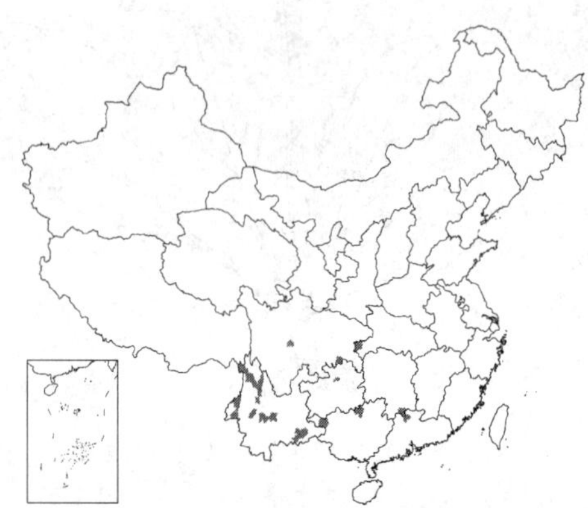

产云南、四川中部及东南部、湖北西南部、贵州北部、湖南南部、广西西部及北部、广东北部，生于海拔1100-2000米草地、林缘或林中。印度及不丹有分布。

图 1030 云南兔儿风（引自《图鉴》）

10. 云南兔儿风 图 1030

Ainsliaea yunnanensis Franch. in Journ. de Bot. 2: 70. 1888.

多年生草本。茎高2-6厘米，多少被绵毛。叶基生密集，莲座状，卵形、卵状披针形或披针形，长2-6厘米，基部圆或平截，边缘有细齿，上面被糙毛，毛脱落呈疣状凸起，下面被糙伏状长柔毛，叶柄长2-7.5厘米，无翅，被长柔毛，基部扩大；茎生叶与基生叶近同形，长0.8-2厘米，被毛，下部的柄长3-5毫米，上部的无柄。头状花序具3花，偏于花序轴一侧，常3-6密集，排成穗状花序；总苞圆筒形，径约6毫米，总苞片5-6层，边缘和顶部带紫红色，外1-3层卵形，长2.5-3.5毫米，先端短尖，中层窄长圆形，长0.9-1.3厘米，先端渐尖，最内层披针形，长约1.4厘米，先端长渐尖，膜质。花淡红色，全两性。瘦果近纺锤形，密被白色长柔毛；冠毛黄白色。花期9月至翌年1月。

产云南、贵州、四川西南部及南部，生于海拔1700-2700米林下、林缘或山坡草地。

11. 秀丽兔儿风 图 1031：1-5

Ainsliaea elegans Hemsl. in Hook. Icon. Pl. 28: t. 2747. 1902.

多年生草本。叶基生密集，莲座状，心形或卵状心形，长8-22厘米，基部凹缺深1-3厘米，下面被白色棉毛，边缘密被黄棕色而向上弯拱缘毛，有细齿，叶柄无翅，长10-22厘米，密被黄褐色长柔毛。花葶通常无叶，密被黄褐色长柔毛。头状花序多数，具梗，排成开展圆锥花序，花序轴长10-29厘米，分枝多数，长5-7厘米，均被黄褐色长柔毛；总苞圆筒形，长1.2-1.3厘米，径约3.5毫米，总苞片约5层，外层卵形，长3-3.5毫米，先端短尖，内层长圆形，长10-12厘米，有干膜质宽边，先端圆具细尖头。花白色，全两性。瘦果圆柱形，长约5.5毫米，密被白色刚毛；冠毛黄白色。花期12月至翌年3月。

产贵州南部及云南东南部，生于海拔1000-1800米林下石旁。

图 1031：1-5. 秀丽兔儿风
6-10. 莲沱兔儿风 （引自《图鉴》）

12. 莲沱兔儿风 图 1031：6-10

Ainsliaea ramosa Hemsl. in Journ. Linn. Soc. Bot. 23: 471. 1888.

多年生草本。茎密被深褐色长柔毛。叶基生密集呈莲座状，卵形、卵状长圆形或卵状披针形，长5-14厘米，先端钝圆，基部心形，有时两耳重叠，边缘有向上弯拱的深褐色密缘毛，两面被长柔毛；基出脉7；叶柄约与叶片等长，无翅，被棕褐色厚长柔毛；茎生叶少，卵状披针形，长1.5-3.5厘米，被毛，无柄或具短柄，茎顶部的叶苞片状。头状花序具3花，有短梗，排成长15-25厘米的圆锥花序，花序轴和头状花序梗密被锈色柔毛；总苞圆筒形，径3-4毫米，总苞片约5层，质较硬，先端锐尖或短渐尖，背面疏被柔毛，外层卵形，长2-2.5毫米，中层披针形，长约4.5毫米，先端常带紫红色，最内层舟状，边缘干膜质，长约9毫米。花全两性；花冠管状。瘦果纺锤形，具10纵棱，干时棕栗色，被柔毛；冠毛污黄色。花期5-11月。

产湖北西南部、湖南西南部、四川东南部、贵州南部、广西及广东，生于海拔120-800米水旁潮湿处或山地密林中。

13. 红背兔儿风 图 1032

Ainsliaea rubrifolia Franch. in Journ. de Bot. 8: 296. 1894.

多年生草本。茎花葶状，被褐色长柔毛。叶基生密集，莲座状，长卵形、卵状披针形或披针形，长5-9厘米，先端短尖，基部心形，两耳稍重叠，全缘或有小齿，具深褐色、向上弯拱的密缘毛，上面具灰白云石状斑纹，下面紫红色，被褐色长硬毛；基出脉3，中脉上部2对弧形上升的侧脉，叶柄长3-11厘米，密被深褐色硬毛；茎生叶少，披针形，长1-2.8厘米，基部钝，被毛，下部叶柄长5-8毫米，上部的近无柄。头状花序常具3花，具梗，排成长12-18厘米的圆锥花序，花序轴和分枝被长硬毛；总苞圆筒形，

径4-5毫米，总苞片约5层，无毛，外层卵形或宽卵形，长2.5-3毫米，先端长渐尖，中层窄椭圆形，长4-5毫米，先端渐尖，最内层长圆形，长约1.1厘米，先端长尖。花全两性，花期9-10月者，花冠不裂，藏于冠毛中。瘦果纺锤形，长约5毫米，疏被柔毛；冠毛近等长，褐黄色。花期5-6月及9-10月。

产四川东北部及中部、湖北西北部、河南西南部、陕西东南部及甘肃中南部，生于海拔1620-2100米坡地沟边或林地岩石上。

图 1032 红背兔儿风（引自《图鉴》）

14. 马边兔儿风 图 1033

Ainsliaea angustata Chang in Sinensia 5: 158. 1934.

多年生草本。茎密被黄褐色长柔毛。叶基生密集，莲座状，窄椭圆形或披针形，长5-9厘米，先端钝具短尖头，基部窄，边缘密被向上弯拱的黄褐色缘毛，全缘或具2-3对不显著细尖齿，上面疏被黄褐色刚毛，下面被毛较多，羽状侧脉2对，弯拱上升，叶柄长2-9厘米，无翅，密被黄褐色长柔毛；茎生叶与基生叶相似，下部的长2.5-4厘米，柄较长，上部的长1-1.5厘米，具短柄。头状花序具3花，径7-8毫米，单生，具短梗，排成窄圆锥花序，花序轴长10-20厘米，被贴生黄褐色长柔毛，具苞叶；总苞圆筒形，长约1厘米，总苞片4-5层，带紫红色，边缘干膜质，外面1-2层卵形，长2-3毫米，先端具锐利短尖头，内层长圆状披针形，长7.5-9毫米，先端短尖。花全两性，花冠管状。瘦果近纺锤形，顶端平截，密被白色细刚毛；冠毛微红色。花期3-5月。

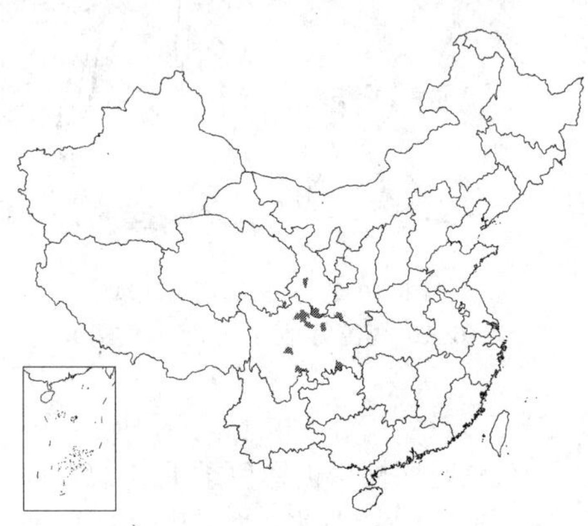

产四川、陕西南部及甘肃南部，生于海拔550-1250米水边、路旁草丛中或石上。

[附] **直脉兔儿风 Ainsliaea nervosa** Franch. in Bull. Mus. Hist. Nat. (Paris) 1: 64. 1895. 本种与马边兔儿风的主要区别：叶两面无毛或下面疏被长毛，无缘毛，侧脉5-6对，斜直升，近平行，叶柄无毛；冠毛污白色。产四川、贵州南部及云南东北部，生于海拔1000-1500米水旁、林下荫湿处或湿润草丛中。

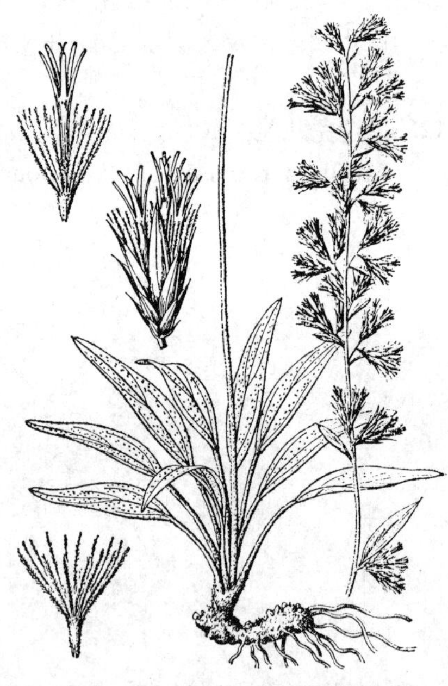

图 1033 马边兔儿风（引自《秦岭植物志》）

15. 细茎兔儿风 图 1034

Ainsliaea tenuicaulis Mattf. in Notizbl. Bot. Gart. Berl.-Dahl. 11: 108. 1931.

多年生草本。茎紫红色，花葶状。叶基生密集，莲座状，椭圆形，长8-12厘米，先端渐尖，基部渐窄成楔形，边缘有细锯齿，上面疏生短粗糙伏毛，下面无毛，侧脉5-7对，叶柄长6-10厘米，无翅，无毛；茎生叶数片，披针形或钻状，下部的长1.5-3.5厘米，上部的长约5毫米。头状花序具3花，具短梗或近无梗，排成窄圆锥花序，花序轴无毛，分枝稍被硬毛或无毛；总苞圆筒形，长8-9毫米，径4-5毫米，总苞片约5层，无毛，外

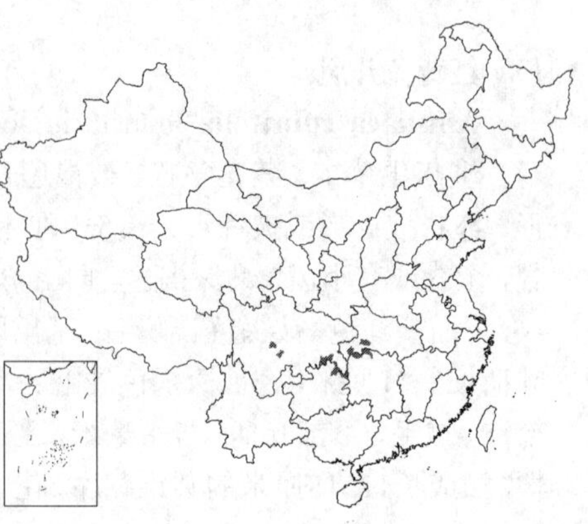

1-2层宽卵形，长1-1.5毫米，中层卵状披针形或长圆形，长为外层3倍，最内层线形，长7-8.5毫米，先端近短尖，边缘干膜质；花全两性，花冠长约8毫米。瘦果纺锤形，密被白色长柔毛；冠毛白色或污白色。花期4-7月。

产湖北西南部、湖南西北部、贵州东北部、四川中南部及东南部，生于海拔600-2000米林下或石缝中。

[附] **四川兔儿风 Ainsliaea sutchuenensis** Franch. in Journ. de Bot. 8: 296. 1894. 本种与细茎兔儿风的主要区别：叶上面无毛；花序轴被腺状柔毛；瘦果圆柱形。产四川及贵州西南部，生于海拔620-1300米沟旁荫湿处。

图 1034 细茎兔儿风（邓盈丰绘）

16. 狭叶兔儿风 图 1035

Ainsliaea angustifolia Hook. f. et Thoms. ex Clarke in Journ. Linn. Soc. Bot. 14: 421. 1875.

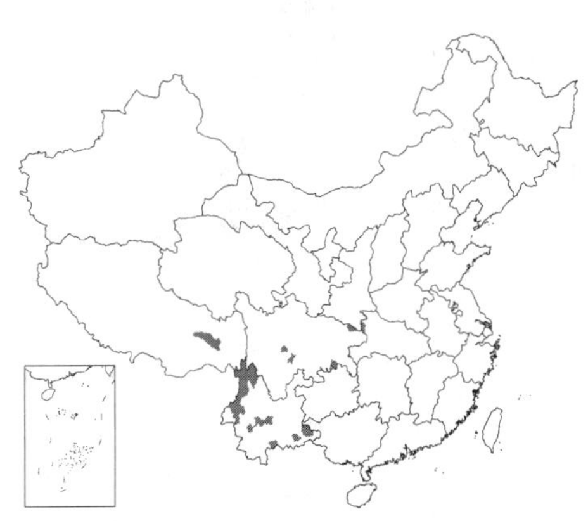

多年生草本。茎花葶状，疏被柔毛。叶聚生茎基部，莲座状，倒披针形或长圆状倒卵形，椭圆形或卵状披针形，长4-9厘米，先端短尖或近渐尖，基部下延叶柄成翅，边缘具疏齿，上面疏被毛或近无毛，下面被长柔毛，基出脉3，叶柄多少被毛，长3-9厘米，具0.6-1厘米宽翅，基部近无翅；花葶的叶苞片状，披针形或线状长圆形，长0.5-3厘米，被长柔毛。头状花序具3花，长约8毫米，单生或双生，排成长15-30厘米窄长圆锥花序，花序轴被柔毛；总苞圆筒形，径约3毫米；总苞片5层，先端长尖，背面稍被长柔毛，外层卵形，长1.5-2.5厘米，内层披针形或线形，长0.8-1.1厘米。花全两性，常闭花受精。瘦果近纺锤形，被倒伏长柔毛；冠毛污黄或淡褐色。花期8-10月。

产西藏东部、云南、贵州北部、湖北西部、四川中南部及东北部，生于海拔2000-2800米林缘或针叶林下、山坡或沟边。印度东北部有分布。

图 1035 狭叶兔儿风（钱存源绘）

17. 槭叶兔儿风 图 1036

Ainsliaea acerifolia Sch.-Bip. in Zoll. Syst. Verz. 126. 1854.

多年生草本。茎有纵棱及沟槽，疏被长毛。叶4-7聚生茎中部或上部，有时成假轮生，近圆形，长6-12厘米，基部心形，绿色，上面近无毛，下面疏生白色长毛，边缘7-8浅裂至中裂，裂片三角形，先端锐尖，疏生芒刺状硬齿，基出脉9；叶柄长5-12厘米，有纵棱，疏被长毛。头状花序具3花，集成顶生穗状花

图 1036 槭叶兔儿风（郭木森绘）

序，花序轴长14-18厘米，疏被柔毛；苞片三角形；总苞圆筒形，长约1.7厘米，总苞片8层，质硬，无毛或外层背面上部被柔毛，先端钝圆，外面几层宽卵形或卵形，长1.5-3毫米，内层窄椭圆形或窄长圆形，长1.3-1.4厘米，具脉纹。花全两性，花冠管状，长约1.6厘米，花冠管纤细，长约7毫米。瘦果圆柱形，有纵棱，长约8毫米，无毛；冠毛红褐色。花期8-10月。

产辽宁东部及吉林南部，生于林下。日本及朝鲜半岛有分布。

18. 灯台兔儿风 铁灯兔儿风 图 1037

Ainsliaea macroclinidioides Hayata in Journ. Coll. Sci. Tokyo 25 (19): 141. Pl. 22. 1908.

多年生草本。茎下部无叶，密被长柔毛或脱毛。叶聚生茎上部，或叶丛下有数片散生叶，宽卵形或卵状披针形，稀近椭圆形，长4-10厘米，先端短尖，基部圆或浅心形，边缘具芒状疏齿，绿色，上面无毛，下面疏被长毛，基出脉3；叶柄长3-8厘米，被长柔毛。头状花序具3花，单生或聚生，排成总状花序，花序轴长15-40厘米，无毛，有苞叶；总苞圆筒形，径3-4毫米，总苞片约6层，背面有纵纹，无毛或内层先端被毛，紫红色，外层卵形，长2.5-3毫米，中层卵状披针形或近长圆形，长5-6厘米，最内层窄长圆形，长约1厘米。花全两性，花冠管状，长约1.3厘米。瘦果近圆柱形，稍被柔毛；冠毛污白色。花期8-11月。

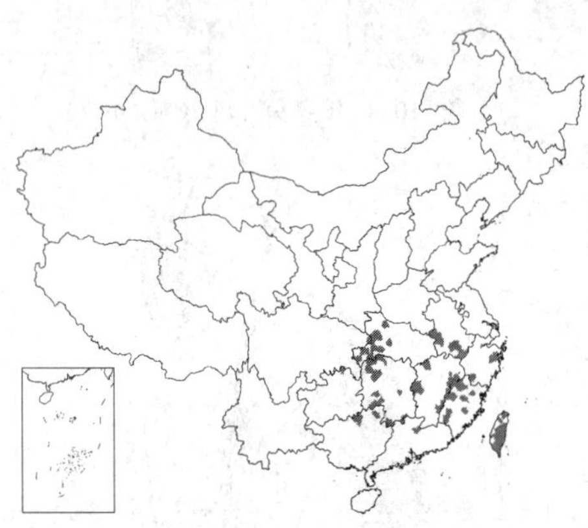

产安徽、浙江、福建、台湾、江西、湖北、湖南、广东北部、广西东北部及北部、四川东南部及东部，生于海拔500-1010米山坡、河谷林下或湿润草丛中。

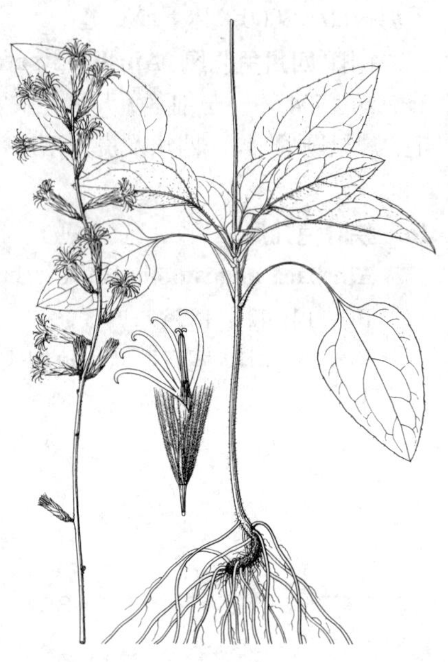

图 1037 灯台兔儿风（引自《图鉴》）

19. 粗齿兔儿风 图 1038

Ainsliaea grossedentata Franch. in Journ. de Bot. 8: 297. 1894.

多年生草本。茎疏被淡褐色长柔毛或下部无毛。叶聚生茎中部，两端叶丛下有1-2散生，叶宽卵形、卵形或卵状披针形，长3-7厘米，边缘具粗齿或深波状，上面绿色，疏生硬毛，下面淡绿色，疏被长柔毛；基出脉3；叶柄与叶片近等长，疏被长柔毛，上部具极窄翅。头状花序具3花，径6-8毫米，具被柔毛的短梗，排成稀疏总状花序；总苞圆筒形，径约3毫米，总苞片约6层，背面疏被毛或近无毛，先端带紫红色，外1-3层宽卵形，长1.5-2.5毫米，中层椭圆形，长4-5毫米，二者顶端圆，最内层窄椭圆形，长约1厘米，先端短渐尖，边缘干膜质。花全两性；花冠白色，管状，长1.6-1.7厘米。瘦果近纺锤形，近无毛；冠毛淡褐色。花期9-10月。

图 1038 粗齿兔儿风（引自《图鉴》）

产江西西部、湖北西部及西南部、湖南西北部及西南部、广西北部、贵州、四川，生于海拔1200-2100米疏林或密林下。

20. 纤枝兔儿风

Ainsliaea gracilis Franch. in Journ. de Bot. 8: 297. 1894.

多年生草本。茎被淡褐色长柔毛。叶聚生茎中下部，近轮生，有时下端有1或2叶疏离，卵形或卵状披针形，长2-6厘米，先端具刺芒状尖头，基部心形或近心形，稍下延，边缘具细齿，上面亮绿色，无毛，下面紫红色，疏被长柔毛，基出脉3；叶柄纤细，长为叶片2/3或近等长，被长柔毛。头状花序具3花，径约6毫米，排成总状花序；总苞圆筒形，径约3毫米，总苞片近7层，绿色，无毛，外1-3层卵形，长1-2.5毫米，中层长圆形或近椭圆形，长3-6毫米，最内层线状倒披针形，长1-1.2厘米。花全两性，花冠管状，长1.2-1.3厘米。瘦果近纺锤形，无毛或近无毛；冠毛淡红色。花期9-11月。

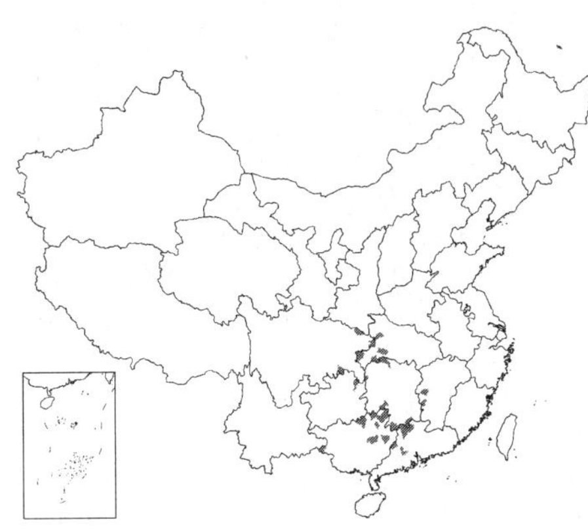

产贵州东北部、四川东部、湖北西部及西南部、湖南、广西、广东及江西西部，生于海拔400-1640米山地林中或涧旁石缝中。

[附] **蓝兔儿风 Ainsliaea caesia** Hand.-Mazz. in Beih. Bot. Centralbl. 56(B): 469. 1937.本种与纤枝兔儿风的主要区别：叶淡紫或紫蓝色，基部渐窄，楔形；冠毛污黄色。产湖南南部、江西南部及广东北部，生于海拔900-1150米山地水旁或密林中。

21. 车前兔儿风 图 1039

Ainsliaea plantaginifolia Mattf. in Notizbl. Bot. Gart. Berl.-Dahl. 11: 107. 1931.

多年生草本。茎下部无鳞片状叶，无毛或叶腋及叶痕内侧疏被长柔毛。叶聚生茎上部或顶部，卵状菱形或近卵形，长6-10厘米，先端渐尖，基部骤窄或稍渐窄沿叶柄下延，边缘浅波状，两面无毛，叶脉掌状，叶柄扁平，无翅，无毛，长4-9厘米；叶丛与花序之间有2-4叶，卵形或椭圆形，长1-2厘米，有时脱落。头状花序具3花，于叶丛之上排成圆锥花序，花序轴无毛，分枝直伸；总苞圆筒形，径约4毫米，总苞片6-7层，无毛，外层卵形，长1.5-2毫米，先端钝，中层卵状披针形，长4-5毫米，先端稍窄，最内层线状长圆形，长约1.3厘米，先端尖。花全两性；花冠管状，长约1厘米。瘦果圆柱形，密被毛；冠毛黄白色。花期8-10月。

产湖南东南部、江西南部及福建西北部，生于海拔500-700米林下湿润地。

图 1039 车前兔儿风（孙英宝绘）

22. 异叶兔儿风 图 1040

Ainsliaea foliosa Hand.-Mazz. in Acta Hort. Gothob. 12: 348. 1938.

多年生草本。茎下部有贴生鳞状叶，疏被黄褐色卷曲蛛丝状毛。叶多聚生茎近中部，卵形、卵状披针形或椭圆形，长5-10厘米，先端短尖，基部宽楔形或骤缩下延成具宽翅叶柄，边缘具疏离细齿，稀浅波状，两面疏被卷曲白色长毛，叶柄长2.5-5厘米，连翅宽0.7-1.2厘米，疏被白色卷曲长毛；茎上部叶披针形，近无柄，向上渐小成苞片状，多少被蛛丝状毛；茎下部鳞状叶3-4，长圆形，长0.8-2厘米，基部抱茎，全缘或先端具小齿。头状花序簇生或单生，排成圆锥花序，花序轴与分枝被蛛丝状毛；总苞圆筒形，长1-1.2厘米，总苞片4层，质硬，干时带麦秆黄色，有光泽，背面疏被毛至无毛，外层宽卵形，长2.5-3毫米，内层窄椭圆形，长0.8-1.1厘米。花全两性，管状，花冠窄圆筒形，长约5毫米。瘦果纺锤形，密被白色绢毛；冠毛多，棕褐色。花期7-9月。

产四川及云南西北部，生于海拔2700-4300米溪旁、灌丛中或冷杉林下。

图 1040 异叶兔儿风 （孙英宝绘）

23. 三脉兔儿风 图 1041

Ainsliaea trinervis Y. C. Tseng in Acta Phytotax. Sin. 31: 367. 1993.

多年生草本。茎下部疏被柔毛或无毛，叶丛中及叶腋密被较长毛。叶聚生茎中部，窄椭圆形或披针形，长5-9.5厘米，先端长渐尖，边缘背卷，具6-8对芒状细齿，两面无毛，基出脉3；叶柄长1-1.5厘米，基部疏被柔毛。头状花序具被柔毛的梗，具3小花，排成圆锥花序，花序轴及分枝被柔毛，基部有苞叶；总苞圆筒形，径2-3毫米，总苞片约7层，无毛，外1-3层卵形，长1-2毫米，先端钝，中层卵状披针形，长3-5毫米，先端钝，最内层窄椭圆形，长1-1.2厘米，先端渐尖。花全两性，花冠白色，长约9毫米，花冠管纤细。瘦果圆柱形，密被粗毛；冠毛淡黄或污黄色。花期7-9月。

产贵州西南部、广西北部、广东北部、湖南南部、江西及福建，生于海拔600-900米水旁或山谷密林中。

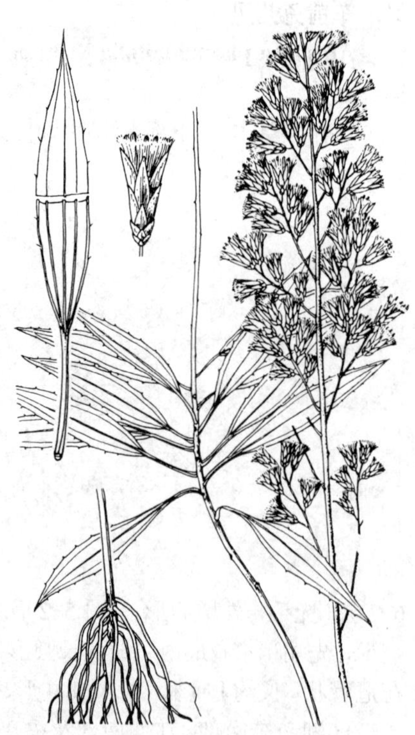

图 1041 三脉兔儿风 （邓盈丰绘）

24. 华南兔儿风 图 1042

Ainsliaea walkeri Hook. f. in Curtis's Bot. Mag. 102: t. 6225. 1876.

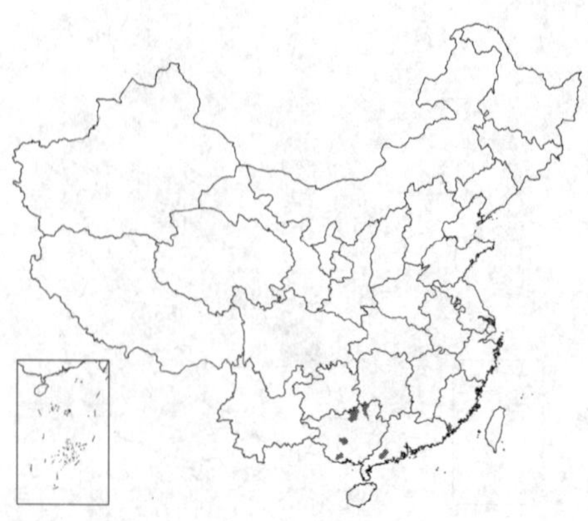

多年生草本。茎下部无毛，上部自叶丛至花序轴稍被柔毛。叶聚生茎中下部，窄长圆形或线形，长3-7厘米，先端凸尖，中部向下渐窄，边缘背卷，近先端具1-3对刺齿，两面无毛，基部1脉；叶柄长0.5-1.3厘米，无毛，基部稍扩大。头状花序具被腺状柔毛的短梗，常有3小花，排成窄圆锥花序，基部有钻形小苞叶；总苞圆筒形，径2.5-3毫米；总苞片约5层，无毛，先端和边缘带紫红色，外1-2层卵形，长1-2毫米，先端短渐尖，中层卵状披针形，长3.5-

5毫米，先端渐尖，最内层披针形，长约1厘米，先端渐尖，边缘干膜质。花全两性，花冠白色，长约1厘米，花冠管部纤细。瘦果圆柱形，密被粗毛。冠毛污白色。花期10-12月。

产广西、广东西南部及福建南部，生于海拔700米以下溪旁石上或密林下湿润处。

图 1042 华南兔儿风（引自《图鉴》）

25. 无翅兔儿风 图 1043

Ainsliaea aptera DC. Prodr. 7: 14. 1838.

多年生草本。茎被柔毛或近无毛。中部以上叶互生，卵形、宽卵形或近圆形，长5-10厘米，基部心形，边缘微波状，具细锯齿或角状粗齿，两面疏生长柔毛或近无毛；基生脉7，叶柄无翅，扁，长7-9厘米，疏被长柔毛，基部扩大，几抱茎；上部叶卵形或窄卵形，长3-4厘米，被毛，近无柄或具短柄。头状花序单生或双生，排成间断穗状花序或窄长圆锥花序，花序轴长20-40厘米，被毛；总苞圆筒形，径约4毫米，总苞片约7层，质硬，无毛或稍被柔毛，外层卵形，长3-4毫米，先端钝，中层披针形，长8-9毫米，先端短尖，最内层窄椭圆形，长1.1-1.2厘米，先端渐尖，基部长渐窄。瘦果有不明显纵肋；冠毛褐色，约与瘦果等长。花期6-9月。

产西藏南部，生于海拔3000-3600米林下、灌丛中。印度北部、尼泊尔及不丹有分布。

图 1043 无翅兔儿风（孙英宝绘）

26. 光叶兔儿风 图 1044

Ainsliaea glabra Hemsl. in Journ. Linn. Soc. Bot. 23: 471. pl. 14. 1888.

多年生草本。茎常紫红色，无毛。叶生茎近基部或下部，少而互生，卵状披针形、长圆状披针形或近椭圆形，长10-20厘米，顶端渐尖，基部渐窄，稍下延，边缘有细齿，上面无毛或稀有糙伏毛，下面脉呈紫红色，无毛，羽状脉，叶柄紫红色，长7-15厘米；茎上部叶卵状披针形或披针形，长1.5-4.5厘米，边缘具疏齿，叶柄长0.5-1.5厘米；花序叶苞片状。头状花序具3花，径3-4毫米，极多数，排成长25-35厘米的开展圆锥花序，花序轴无毛；总苞圆筒形，径2-3毫米，总苞片约5层，无毛，外1-2层卵形，长1-2毫米，中层长圆形，长4.5-5毫米，宽与外层

图 1044 光叶兔儿风（引自《图鉴》）

近相等，最内层线形，宽不及1毫米，边缘干膜质。花全两性，花冠细管状。瘦果纺锤形，干时黄褐色，长约4毫米，无毛或顶端疏被毛；冠毛黄白色。花期7-9月。

产湖北西南部、湖南北部、四川中南部、贵州东北部及南部，生于海拔800-1200米林缘或林下荫湿草丛中。

27. 穆坪兔儿风 图 1045

Ainsliaea lancifolia Franch. Nouv. Arch. Mus. Hist. Nat. ser. 2, 10: 41. 1887.

多年生草本。茎干时黑色，除基部和花序轴外无毛。叶生茎中部以下，互生，宽披针形或卵状披针形，稀近椭圆形，长8-19厘米，基部多少长楔尖，边缘有细齿，上面无毛，干时黑色，下面幼时被毛，脉羽状，淡红色，叶柄长10-18厘米；茎上部叶卵形或卵状披针形，长0.7-3厘米，上面疏被长柔毛，下面被绒毛，叶柄长0.5-1.5厘米。头状花序窄，径3-3.5毫米，排成窄长稍开展圆锥花序，长28-40厘米，花序轴无毛，分枝及头状花序梗被粉状柔毛；总苞圆筒形，径2-2.5毫米，总苞片4层，绿色或干时淡黄色，外1-2层卵形，长1-2毫米，无毛或先端疏被柔毛，中层长圆形，长4-4.5毫米，无毛，最内层线形，长约8.5毫米，基部稍窄，边缘干膜质。花全两性，花冠管状，短于冠毛。瘦果倒卵状纺锤形，无毛或顶端疏被柔毛；冠毛黄白色。花期7-9月。

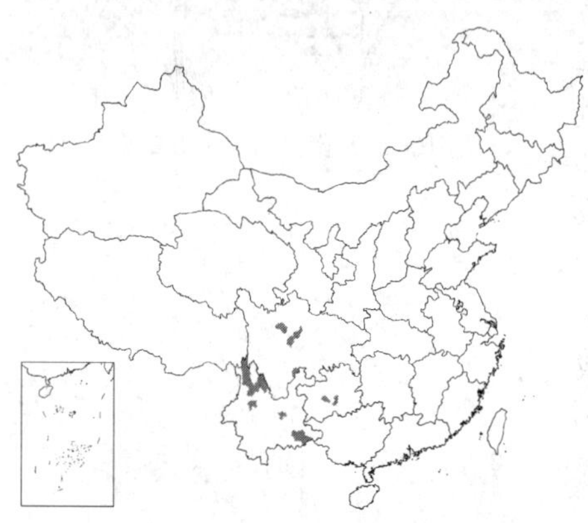

图 1045 穆坪兔儿风（孙英宝绘）

产四川、贵州及云南，生于海拔1600-2400米林下阴湿处或草丛中。

28. 腋花兔儿风 图 1046

Ainsliaea pertyoides Franch. in Journ. de Bot. 2: 70. t. 3. 1888.

多年生草本。茎被红褐色糙伏毛或微糙硬毛，多分枝。叶互生，2列，卵形或卵状披针形，生于茎上的长6.5-11厘米，生于枝上的密集，长2.5-5厘米，先端渐尖，基部心形，边缘具细尖齿，上面无毛，下面被淡褐色贴伏长柔毛，有缘毛；叶柄短，被红褐色糙伏毛。头状花序单生叶腋或成腋生总状花序；总苞圆筒形，径约3毫米，总苞片约6层，无毛或外面几层先端被柔毛，边缘膜质，外层卵形，长2-3毫米，中层卵状披针形，长3-5毫米，最内层窄长圆形或长圆形，长约1.2厘米，基部爪状。花全两性；花冠管状，白色。瘦果近纺锤形，密被绢毛；冠毛白色。花期3-6月及9-10月。

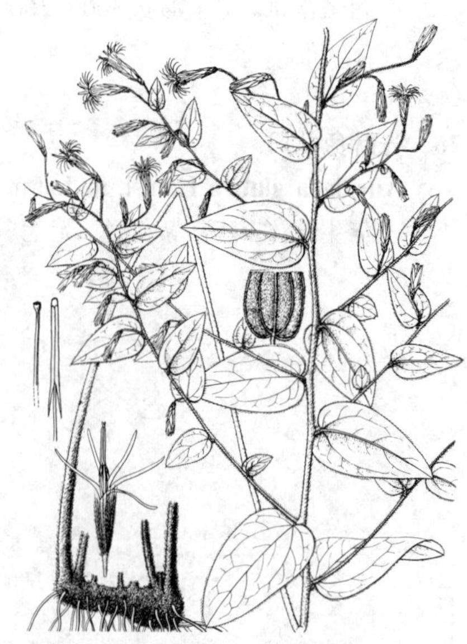

图 1046 腋花兔儿风（引自《图鉴》）

产云南、贵州中部及四川，生于海拔1500-2500米溪旁或林中地。印度有分布。

[附] **白背兔儿风 Ainsliaea**

pertyoides var. **albo-tomentosa** Beauverd in Bull. Soc. Bot. Geneve ser. 2, 1: 384. 1909. 与模式变种的主要区别：叶下面被白色绒毛，多少兼有淡红色长柔毛。花期11月至翌年1-6月。产云南、四川南部及贵州西北部，生于海拔1700-2500米阔叶林下、疏林荫处或湿润石缝中。全草药用，有止血、止痛效能。

191. 栌菊木属 Nouelia Franch.

（陈艺林　靳淑英）

灌木或小乔木，高3-4米。枝粗，常扭转，被绒毛。叶长圆形或近椭圆形，长8-19厘米，先端具短硬尖头，全缘或有小齿，上面无毛，下面被灰白色绒毛，侧脉7-8对，弧形上升；叶柄长2-3厘米，被绒毛。头状花序直立，多花，单生枝顶，无梗；总苞钟形，径2-2.5厘米；总苞片约7层，被黄褐色绒毛，革质，覆瓦状排列，外层卵形，长4-5毫米，中层长圆形，长约1.5厘米，内层披针形或线形，长2-2.5厘米；花托中央凹下，穹隆状，有窝孔。花全两性；缘花花冠二唇形，外唇舌状，舌片开展，长圆形，长约1.5厘米，内唇2深裂，裂片线形，外卷，花冠管与舌片近等长；中央盘花花冠筒状或不明显二唇形，檐部5深裂，裂片线形，外卷；花药基部箭形，尾部长约2毫米，内侧被毛；花柱分枝扁，靠合。瘦果圆柱形，长1.2-1.4厘米，有纵棱，被绢毛；冠毛1层，刚毛状，微白或黄白色。

我国特有单种属。

栌菊木　图 1047

Nouelia insignis Franch. in Journ. de Bot. 2: 67. pl. 2, 1888.

形态特征同属。花期3-4月。

产云南及四川西南部，生于海拔1000-2500米山区灌丛中。

图 1047　栌菊木（邓盈丰绘）

192. 毛大丁草属 Piloselloides (Less.) C. Jeffrey

（陈艺林　靳淑英）

多年生葶状草本。叶基生。花茎单一。头状花序单生花茎顶端，异形，放射状；总苞盘状，总苞片2层，线状披针形，外层稍短。舌状花雌性，1-2层，无退化雄蕊，外层二唇形，外唇舌状，长稍过总苞，先端具3齿，内层短，2裂，花冠较短，近管状或二唇形；盘花管状，两性，花冠二唇形，外唇具3齿，内唇2裂；花药基部有长尖尾部；花柱分枝短而钝。瘦果纺锤形，具喙，扁，具毛和纵棱；冠毛毛状，多数，宿存。

2种，分布非洲热带、南非和亚洲。我国1种，引入栽培1种。

1. 叶下面密被白色蛛丝状绵毛，全缘；头状花序径2.5-4厘米，外层雌花长1.6-1.8厘米，舌片长为花冠管2-3倍；果具长7-8毫米的喙 ······ 毛大丁草 **P. hirsuta**
1. 叶下面被柔毛或老时脱毛，边缘不规则浅裂或深裂；头状花序径6-10厘米，外层雌花长2.8-4厘米，舌片长为花冠管的8倍；果无喙 ······ (附). **非洲毛大丁草 P. jamesonii**

毛大丁草　图 1048: 1-7

Piloselloides hirsuta (Forsk.) C. Jeffrey in Kew Bull. 21: 218. 1967. — *Arnica hirsuta* Forsk. Fl. Aegypt. -Arab. 151. 1775.

Gerbera piloselloides (Linn.) Cass.; 中国高等植物图鉴 4: 667. 1975; 中国植物志 79: 94. 1996.

多年生草本。根茎短，为残存叶柄所包。叶基生，莲座状，倒卵形、倒卵状长圆形或长圆形，长6-16厘米，全缘，上面疏被粗毛，老时脱毛，下面密被白色蛛丝状绵毛，全缘，边缘有灰锈色睫毛，侧脉6-8对；叶柄长1-7.5厘米，被绵毛。花葶单生或丛生，长15-30厘米，密被毛。头状花序径2.5-4厘米，单生花葶之顶；总苞盘状，开展，长于冠毛而稍短于舌状花冠。总苞片2层，线形或线状披针形，外层长0.8-1.1厘米，内层长1.4-1.8厘米，背面除干膜质边缘外，被锈色绒毛；花托蜂窝状。外围雌花2层，外层花冠舌状，长1.6-1.8厘米，舌片上面白色，下面微红色，倒披针形或匙状长圆形，长为花冠管2-3倍；内层雌花花冠管状二唇形，外唇大，内唇短；中央两性花多数，花冠长约1.2厘米，冠檐二唇状。瘦果纺锤形，被白色细刚毛，顶端具长7-8毫米喙；冠毛橙红或淡褐色。花期2-5月及8-12月。

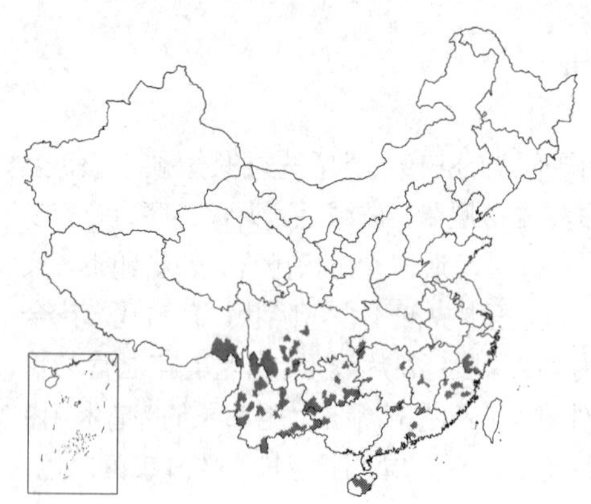

产浙江、福建、江西、湖北西南部、湖南、广东、海南、广西、贵州、云南、四川及西藏东南部，生于海拔850-2200米林缘、林内、山坡灌丛、荒草坡或次生常绿林下。日本、尼泊尔、印度、缅甸、泰国、老挝、越南、印度尼西亚、澳大利亚及非洲均有分布。根或全草作止痢、止咳、消炎镇痛药。

[附] **非洲毛大丁草** 非洲菊 图 1048 : 8-12 **Piloselloides jamesonii** (Bolus) C. Jeffrey in Kew Bull. 21: 1976.—— *Gerbera jamesonii* Bolus in Gard. Chron. 1: 772. f. 122. 1889; 中国高等植物图鉴 4: 668. 1975; 中国植物志 79: 96. 1996. 本种与毛大丁草的区别：叶下面被柔毛或老时脱毛，边缘不规则浅裂或深裂；头状花序径6-10厘米，外层雌花长2.8-4厘米，舌片长为花冠管8倍；果无喙。原产非洲。各地庭园栽培。

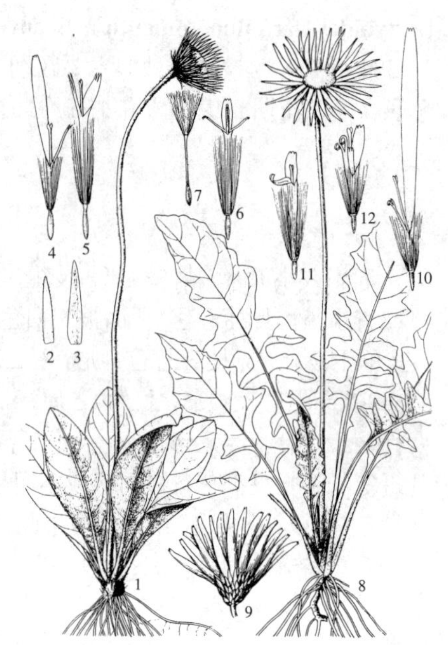

图 1048 : 1-7. 毛大丁草 8-12. 非洲毛大丁草 （邓晶发绘）

193. 扶郎花属 Gerbera Cass.

（陈艺林 靳淑英）

多年生草本。叶基生，莲座状，有缺齿或羽状分裂，下面被绒毛或绵毛，或两面无毛。花葶挺直，无苞叶或具线形、钻状或鳞片状苞叶，被绒毛或绵毛。头状花序单生花葶之顶，异型，放射状或盘状；有多数异型小花，外围雌花1-2层，舌状或管状二唇形；中央两性花多数，管状二唇形，二者均结实。总苞盘状、陀螺状或钟形，总苞片2至多层，覆瓦状排列，向内层渐长，卵形、披针形或线形，绿色或边缘和先端带紫红色，背面被绵毛或无毛；花托扁平，平滑或稍蜂窝状；雌花花冠具开展舌片，伸出冠毛外，或管状二唇形，无舌片藏于冠毛中，舌片或外唇具3细齿，内2裂丝状卷曲短于舌片，或内唇仅具2齿，花冠管内有退化雄蕊；两性花管状，檐部二唇形，外唇3-4裂，内唇2裂；花药基部箭形，具全缘或撕裂状长尾；花柱分枝内侧稍扁，顶端钝。瘦果圆柱形或纺锤形，有时稍扁，具棱，常被毛，顶端钝或渐窄成喙；冠毛粗糙，刚毛状，宿存。

约30种，主要分布于非洲，次为亚洲东部及东南部。我国17种。

1. 雌花花冠管状二唇形，藏于冠毛中，无舌片；冠檐裂片短，长为花冠管之半或不及。
   2. 叶下部琴状分裂；花葶长15-28厘米；总苞片卵状钻形或卵状披针形，外层的基部宽约1.8毫米，内层的宽3-5毫米；瘦果被白色粗毛，常有紫色斑纹 ………………………………………… 1. **丽江扶郎花 G. lijiangensis**

2. 叶缘波状倒向羽裂；花葶长30-52厘米；总苞片线状钻形，外层的基部宽约0.5毫米，内层的宽约2毫米；瘦果被贴生白色柔毛，无紫色斑纹 …………………………………………………………………… 2. **红缨扶郎花 G. ruficoma**

1. 雌花花冠舌状，舌片显著，开展，伸出冠毛外，长为花冠管1.6-4倍。

3. 头状花序花期径0.8-2厘米，总苞片2-3层；雌花的舌片长4.5-8毫米。

4. 叶缘有倒向羽裂状齿或琴状分裂；总苞稍短于冠毛，总苞片中层和内层先端钝，稀短尖；雌花具3-4丝状退化雄蕊；瘦果被柔毛 ………………………………………………………………………… 3. **早花扶郎花 G. bonatiana**

4. 叶缘具点状疏细齿，叶柄下部具宽约3毫米窄鞘；头状花序花期径约1厘米；总苞花期与冠毛等长或长于冠毛，总苞片中层和内层先端渐尖或尾尖。

5. 叶长圆状匙形，长3-5厘米；总苞片中层和内层长圆形，先端尖；冠毛白色 …… 4. **晚花扶郎花 G. serotina**

5. 叶卵形，长0.8-2厘米；总苞片中层和内层卵形，先端尾状渐尖，尖头弯曲或外反；冠毛下部紫红色，上部黄褐色 ……………………………………………………………………… 4(附). **弯苞扶郎花 G. curvisquama**

3. 头状花序径2-3.5厘米；总苞片4-5层或多层；雌花的舌片长1.3-1.5厘米。

6. 头状花序弯垂；花葶通常无苞叶或上部具钻形苞叶；瘦果无毛 ……………………… 5. **白背扶郎花 G. nivea**

6. 头状花序直伸；花葶具多数苞叶；瘦果被毛。

7. 叶披针形或长圆状披针形，干时上面黑色，密被有光泽的银灰色小腺点；总苞陀螺状钟形，总苞片内层卵形，宽3-4毫米 …………………………………………………………………… 6. **钩苞扶郎花 G. delavayi**

7. 叶卵形、卵状长圆形或长圆形，干时淡黄色，上面被无光泽腺点；总苞宽钟形，总苞片内层披针形，宽约2.2毫米 …………………………………………………………………………… 7. **蒙自扶郎花 G. henryi**

1. 丽江扶郎花　丽江大丁草

Gerbera lijiangensis Y. C. Tseng in Acta Bot. Austr. Sin. 3: 6. pl. 1: 1. 1986.

多年生草本。叶基生，莲座状，倒卵形或窄倒卵形，长3.5-7厘米，下部琴状分裂，顶裂片卵形，边缘具缺刻，侧裂2-3对，先端圆，上面无毛，有细腺点，下面密被白色绵毛，侧脉4-6对；叶柄长2.5-6厘米，上部具翅，下部具1-1.5厘米长的鞘。花葶从生或单生，长15-28厘米，上部被绵毛，下部脱毛，花序下部毛最密；苞叶疏生，线状钻形，下部的长达2厘米，上部的长为下部一半，被疏毛。头状花序单生花葶之顶，径约1厘米；总苞卵状钟形，基部圆，总苞片3层，先端长渐尖或尾尖，外层卵状钻形，长7-8毫米，宽约1.8毫米，中层卵状披针形，宽3-3.5毫米，最内层与中层长1.8-2厘米，先端尖头弯曲或外反。花紫红色，藏于冠毛中；雌花1层，花冠舌状，舌片披针形；两性花管状二唇形，约与雌花等长，外唇具3细齿，内唇2浅裂。瘦果纺锤形，10纵棱，无喙，被白色粗毛，常有紫色斑纹；冠毛暗褐色。花期8-10月。

产云南西北部、西藏东部及南部，生于海拔3200-3600米草坡、混交林或阔叶林下。

2. 红缨扶郎花　红缨大丁草　图 1049

Gerbera ruficoma Franch. in Journ. de Bot. 2: 68. 1888.

多年生草本。叶基生，莲座状，长圆形或匙状长圆形，长7-11厘米，基部下延，边缘波状倒向羽裂，裂片3-4对，上面疏被蛛丝状毛或无毛，有密细腺点，下面密被白色绵毛；叶柄长4-6厘米，具窄翅，被蛛丝状毛，基部鞘状。花葶单生或双生，长30-52厘米，被蛛丝状毛；苞叶疏生，钻形，长0.5-2厘米，基部稍扩大，被毛。头状花序单生花葶之顶，径约2厘米；总苞钟形，高于冠毛，径约1.5厘米，总苞片2-3层，背面被蛛丝状毛，先

端带紫红色，外层线状钻形，宽约0.5毫米，最内层长于冠毛，线形，宽约0.2毫米。花小，藏于冠毛中；雌花花冠极纤细，舌状，顶端具不明显3齿，花冠管丝状；两性花花冠管状二唇形，外唇大。瘦果近纺锤形，外侧鼓凸，顶端渐窄成喙状，连喙长达9毫米，8纵棱，被贴生白色柔毛；冠毛上部橙黄色。花期8-9月。

产云南西北部、西藏中南部、四川南部及中北部，生于海拔2200-2500米荒坡或松林中。

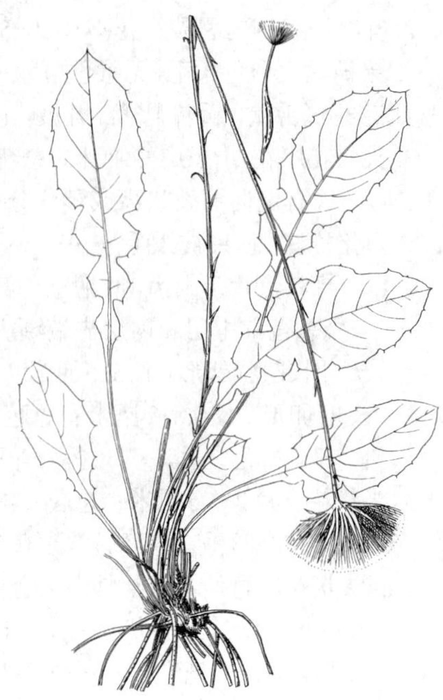

图 1049 红缨扶郎花 （孙英宝绘）

3. 旱花扶郎花 旱花大丁草

Gerbera bonatiana (Beauverd) Beauverd in Bull. Soc. Bot. Genève ser. 2, 5: 147. 1913.

Gerbera anandria (Linn.) Sch.-Bip. var. *bonatiana* Beauverd in Bull. Soc. Bot. Genève. ser. 2, 2: 45. f. 3, 1910.

多年生草本。花期无叶，花后出叶，基生，莲座状，倒披针形或倒卵状长圆形，长3-6厘米，边缘有倒向羽状裂齿或琴状分裂，上面被蛛丝状毛或旋即无毛，下面密被绵毛；叶柄长1.5-2.5厘米，下部成宽鞘。花葶丛生，稀单生，高3-13厘米，密被灰白色蛛丝状毛；苞叶窄披针形，长3-5毫米，先端渐尖或芒尖。头状花序单生花葶之顶，径0.8-1.2厘米；总苞宽钟形，稍短于冠毛，总苞片2-3层，长圆形，先端钝，带紫红色，背面被灰白色蛛丝状毛，外层的窄，长约5毫米，内层长8-9毫米，先端钝，稍具短尖。雌花舌状，舌片长圆形，干时紫红色，花冠管等粗，退化雌蕊3-4，丝状；两性花管状二唇形，外唇具3细齿，内唇2深裂。瘦果圆柱形，顶端稍窄，被柔毛；冠毛污白色。花期3-5月。

产四川南部及云南，生于海拔2700-2950米山坡或山谷中。

4. 晚花扶郎花 晚花大丁草 图 1050

Gerbera serotina Beauverd in Bull. Soc. Bot. Genève ser. 2, 5: 148. 1913.

多年生草本。叶基生，莲座状，长圆状匙形，长3-5厘米，先端钝圆具短尖头，基部渐窄，边缘波状，疏生点状细齿，上面被蛛丝状毛或后无毛，下面被白色绵毛，侧脉3-5对；叶柄长1.5-3厘米，下部成鞘。花葶单生或丛生，高7-20厘米，下部被灰色蛛丝状毛，上部被白色绵毛；苞叶疏生，窄披针形，长4-6毫米。头状花序单生花葶之顶，半球形，径约1厘米；总苞与冠毛等长或稍长，总苞片3层，背面多少被毛，外层长圆状钻形，长约6毫米，中层和内层长圆形，长0.8-1.1厘米，先端急尖，而直伸，边缘干膜质。雌花1层，花冠舌状，干时紫红色，顶

图 1050 晚花扶郎花 （孙英宝绘）

端具3齿，内2裂片线形，花冠管纤细；两性花花冠管状二唇形，外唇具3细齿，内唇2浅裂。瘦果圆柱形，近无毛；冠毛白色。花期6月。

产贵州西北部、四川中西部及西南部、云南北部及西北部，生于海拔1570-2600米旷地。

[附] **弯苞扶郎花** 弯苞大丁草 **Gerbera curvisquama** Hand.-Mazz. in Notizbl. Bot. Gart. Berl.-Dahl. 13: 660. 1937. 本种与晚花扶郎花的主要区别：叶卵形，长0.8-2厘米，总苞片中层和内层卵形，先端尾状渐尖，尖头弯曲或外反；冠毛下部紫红色，上部黄褐色。花期6-7月。产西藏及云南西北部，生于海拔3200-4300米坡地或沟边草地。

图 1051 白背扶郎花（引自《图鉴》）

5. 白背扶郎花 白背大丁草 图 1051

Gerbera nivea (DC.) Sch.-Bip. in Flora 27: 780. 1844.

Oreoseris nivea DC. Prodr. 7: 18. 1838.

多年生草本。叶基生，莲座状，倒卵状匙形，长3.5-9厘米，羽状浅裂或深裂，侧脉3-5对，上面无毛，密被白色细腺点，下面密被灰白色绵毛，侧脉5-7对；叶柄长1-4厘米，被绵毛，基部具鞘。花葶单生，高15-25厘米，被蛛丝状绵毛，无苞叶或上部具钻形苞叶。头状花序单生花葶之顶，弯垂，径2.5-3厘米；总苞钟形，稍短于舌状花冠，总苞片4层，外层钻形，宽约1毫米，基部被绵毛，内层卵状披针形或披针形，先端渐尖，最内层质薄，长圆状披针形，长为外层2倍，宽约3毫米，先端渐尖。雌花1层，花冠舌状，舌片长椭圆形，淡红色，长1.4-1.5厘米，花冠管长为舌片1/3；两性花花冠管状二唇形，外唇大，先端具3细齿，内唇2深裂，裂片线形。瘦果圆柱形，具多数纵棱，无毛；冠毛黄白色。花期8-9月。

产云南北部及西北部、四川及贵州西北部，文献记载西藏南部有分布，生于海拔3300-4100米高山草地或林缘。尼泊尔及印度有分布。

6. 钩苞扶郎花 钩苞大丁草 图 1052：1-5

Gerbera delavayi Franch. in Journ. de Bot. 2: 68. S 1888.

多年生草本。叶基生，披针形或长圆状披针形，长6-16厘米，干后黑色，上面变无毛，密被有光泽银灰色小腺点，下面除叶脉外，被白色厚绵毛，侧脉5-8对；叶柄上部具窄翅，基部具鞘，长3-7厘米，被蛛丝状绵毛。花葶丛生或单生，高10-30厘米，被蛛丝状绵毛；苞叶在花葶下部疏生，近顶部密生，线状钻形，长0.8-1.5厘米。头状花序单生花葶之顶，直伸，径2-3.5厘米；

图 1052：1-5. 钩苞扶郎花 6-8. 蒙自扶郎花（邓晶发绘）

总苞陀螺状钟形；总苞片4-5层，先端和上部边缘带紫红色，外层卵状钻形，长6-7毫米，内层卵形，宽3-4毫米，最内层披针形，长和宽为外层3倍。雌花花冠舌状，淡红色，舌片长圆形或窄椭圆形，长1.3-1.4厘米；两性花花冠管状二唇形。瘦果圆柱形，密被白色柔毛；冠毛干时黄白色。花期11月至翌年2月。

产云南、贵州西南部及四川西南部，生于海拔1800-3200米荒坡或林边草丛中。越南北部有分布。全草入药，止痢、止咳、消炎，治消化不良、扁桃体炎、感冒、咳嗽；根药用，清热利湿、杀虫。

7. 蒙自扶郎花 蒙自大丁草 图 1052:6-8

Gerbera henryi Dunn in Journ. Linn. Soc. Bot. 35: 511. 1903.

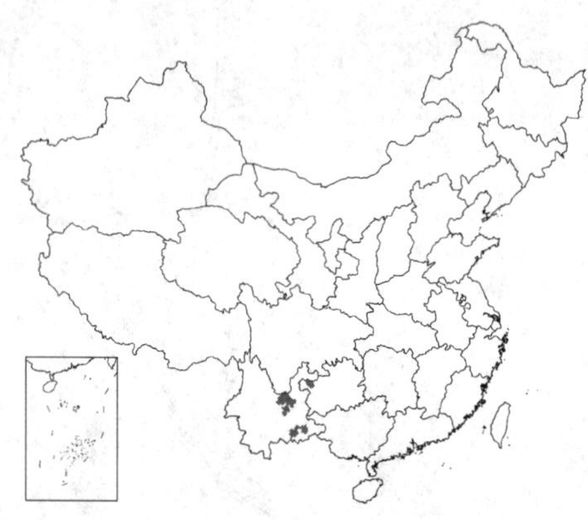

多年生草本。叶基生，卵形、卵状长圆形或长圆形，长5-15厘米，基部心形，具齿或波状凹缺，干时淡黄色，上面近无毛，密被无光泽腺点，下面厚被白色绵毛。侧脉8-10对；叶柄长1.5-7厘米，上部具窄翅，基部鞘状，被蛛丝状绵毛。花葶单生或丛生，高18-45厘米，被蛛丝状绵毛；苞叶疏生，钻形，长5-8毫米。头状花序单生花葶之顶，径2-2.5厘米；总苞宽钟形，短于舌状花冠，总苞片多层，先端紫红色，外层线状钻形，长约6毫米，内层披针形，长约1.5厘米，宽约2.2毫米；雌花花冠舌状，粉红色，舌片窄椭圆形，长1.4-1.5厘米，花冠管长为舌片1/2。两性花花冠钟状二唇形，长约1.6厘米，外唇大，内唇2深裂。瘦果圆柱形，有棱，被白色柔毛；冠毛干时黄白色。花期10月至翌年4月。

产云南北部及东南部、贵州西北部，生于海拔1800-2800米林缘、荒坡或针叶林下。

194. 大丁草属 Leibnitzia Cass.

（陈艺林 靳淑英）

多年生草本，多少被绵毛。植株有春秋二型：春型植株短小，秋型植株高大。叶常簇生基部，提琴状羽状分裂或不裂。头状花序常单生花茎顶端，同形或异形；春型植株有雌性舌状花和两性管状花；秋型植株仅有同形管状花。总状片3层，覆瓦状排列，外层较短，线形，内层线状披针形；花药基部箭头状或有长尾尖；花柱分枝短而钝。瘦果纺锤形，扁，被毛；冠毛多，纤细，平滑或粗糙。

约6种，分布于中国、尼泊尔、印度、俄罗斯西伯利亚、美国西南部、墨西哥及危地马拉。我国2种。

1. 瘦果长约5毫米，顶端无喙；冠毛污白色；雌花花冠长1-1.2厘米，舌片长6-8毫米 ……… 1. **大丁草 L. anandria**
1. 瘦果长约7毫米，顶端具喙；冠毛鲜时紫蓝色，干时栗褐色；雌花花冠长为舌片4-5倍 ……………………………… 2. **尼泊尔大丁草 L. nepalensis**

1. 大丁草 图 1053 彩片 165

Leibnitzia anandria (Linn.) Nakai in Journ. Jap. Bot. 13: 852. 1937.

Tussilago anandria Linn. Sp. Pl. 865. 1753.

Gerbera anandria (Linn) Sch.-Bip.; 中国高等植物图鉴 4: 669. 1975; 中国植物志 79: 82. 1996.

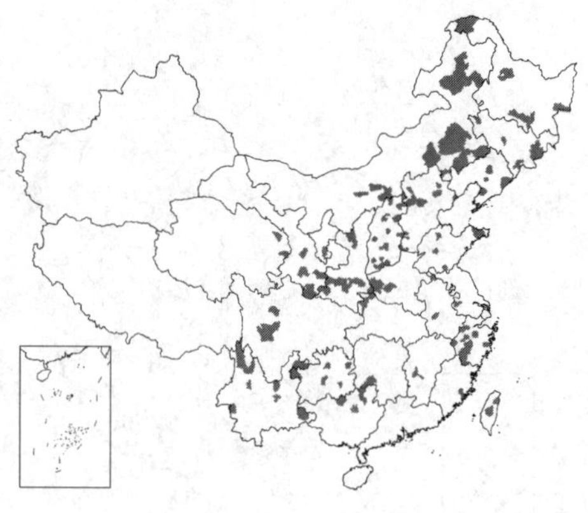

多年生草本。叶基生，莲座状，多倒披针形或倒卵状长圆形，长2-6厘米，具齿、深波状或琴状羽裂，上面被蛛丝状毛或近无毛，下面密被蛛丝状绵毛，侧脉4-6对，纤细；叶柄长2-4厘米，被白色绵毛。花葶单生或丛生，高5-20厘米，被蛛丝状毛；苞叶疏生，线形或线状钻形，长6-7毫米，常被毛。头状花序单生花葶之顶，倒卵圆形，径1-1.5厘米；总苞稍短于冠毛；总苞片约3层，外层线形，长约4毫米，内层线状披针形，长达8毫米，先端均带紫红色，被绵毛。雌花花冠舌状，长1-1.2厘米，舌片长圆形，长6-8毫米，带紫红色，花冠管纤细，长3-4毫米；两性花花冠管状二唇形，长6-8厘米，外唇宽，长约3毫米，内唇2裂丝状。瘦果纺锤形，长约5毫米，具纵棱，被白色粗毛，顶端无喙；冠毛粗糙，污白色。秋型植株花葶高达30厘米；叶长8-15厘米；头状花序外层雌花管状二唇形，无舌片。花期春秋二季。

产黑龙江、吉林、辽宁、内蒙古、河北、山西、河南西部、山东、江苏、安徽、浙江、福建、台湾、江西、广西、湖南西南部、湖北、云南、贵州、四川西部、陕西、宁夏南部、甘肃南部及青海东北部，生于海拔650-2580米山顶、山谷丛林、荒坡、沟边或风化岩石上。中亚、俄罗斯、日本及朝鲜半岛有分布。

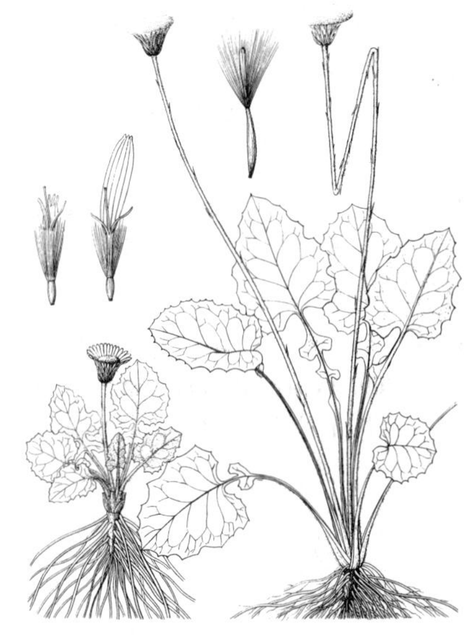

图 1053　大丁草（引自《图鉴》）

2.　尼泊尔大丁草　丁喙大丁草　长喙大丁草　　图 1054

Leibnitzia nepalensis (Kunze) Kitamura in Journ. Jap. Bot. 14: 297. 1938.

Cleistanthium nepalense Kunze in Bot. Zeit. 9: 350. 1851.

Gerbera kunzeana A. Br. et Aschers.; 中国植物志 79: 78. 1996.

多年生草本。叶基生，莲座状，倒卵状长圆形或匙状长圆形，长3-12厘米，下部琴状分裂，顶裂长1-4.5厘米，先端钝、圆或有小尖头，边缘波状或具疏齿刻，侧裂2-3对，上面无毛，有密细腺点，下面密被白色绵毛，侧脉5-7对；叶柄长2.5-7厘米，上部具窄翅，被蛛丝状毛，下部成鞘，常带紫红色，宽3-6毫米，无毛。花葶丛生或单生，高6-28厘米，下部脱毛，上部被绵毛；苞叶线状钻形，长0.7-1.5厘米，基部最宽，被毛至无毛。头状花序单生花葶之顶；总苞圆筒形或窄钟形，总苞片2层，先端渐尖带紫红色，外层窄披针形或线形，长0.7-1.2厘米，内层长圆形，长0.7-2.2厘米。花淡紫或紫红色，全部藏于冠毛中；雌花花冠纤细，舌状，花冠管长为舌片4-5倍；两性花花冠较粗短，管状二唇形；雄蕊内藏，花药基部扭曲，无明显尾部。瘦果纺锤形，长约7毫米，4纵棱，被白色粗毛，有紫红色斑点，顶端具喙；冠毛稍粗糙，鲜时紫蓝色，干时栗褐色。花期8-10月。

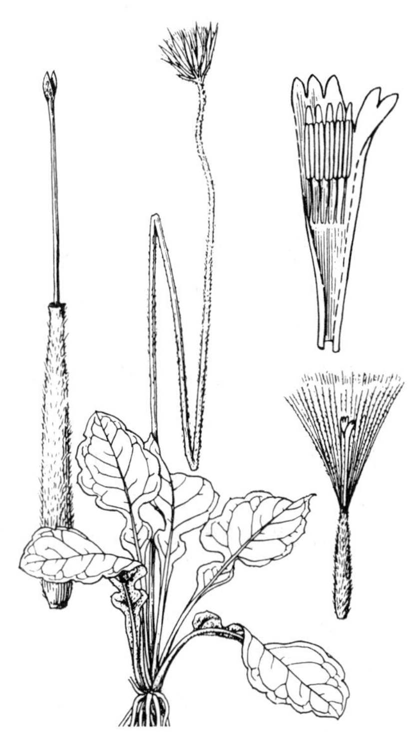

图 1054　尼泊尔大丁草（邓盈丰绘）

产西藏东部及东南部、四川西南部、云南西北部及贵州西部，生于海拔2700-3700米林缘、灌丛中或草地。印度、尼泊尔及不丹有分布。

195. 菊苣属　Cichorium Linn.

（石　铸　靳淑英）

多年生、二年生或一年生草本。茎直立。基生叶莲座状，倒向羽裂或不裂，边缘有锯齿，基部渐窄成翼柄；茎生叶无柄，基部抱茎。头状花序同型，舌状，具8-20小花，着生于茎中部或上部叶腋或单生茎枝顶端；总苞圆柱状，总苞片2层，外层披针形或卵形，下半部坚硬，上半部草质；花托平，蜂窝状，窝缘锯齿状、縫毛状或极短膜片状。小花舌状，蓝、紫或淡白色；花药基部附属物箭头形，顶端附属物钝三角形；花柱分枝细长。瘦果倒卵圆形、椭圆形或倒楔形，外层瘦果扁，紧贴内层总苞片，有3-5棱，顶端平截；冠毛极短，膜片状，2-3层。

约6种，分布欧洲、亚洲、北非，主产地中海地区及西南亚。我国3种。

1. 多年生草本；茎枝疏被弯曲糙毛或刚毛；冠毛长0.2-0.3毫米 ………………………………………… **菊苣 C. intybus**

1. 一年生或二年生草本；茎上部密被头状具柄长腺毛；冠毛长约1毫米 …………… (附). **腺毛菊苣 C. glandulosum**

菊苣 图 1055 彩片 166

Cichorium intybus Linn. Sp. Pl. 813. 1753.

多年生草本。茎枝绿色，疏被弯曲糙毛或刚毛或几无毛。基生叶莲座状，倒披针状长椭圆形，长15-34厘米，大头状倒向羽状深裂或羽状深裂或不裂，疏生尖锯齿，侧裂片3-6对或更多，侧裂片镰形或三角形，基部渐窄有翼柄；茎生叶卵状倒披针形或披针形，基部圆或戟形半抱茎，叶质薄，两面疏被长节毛，无柄。头状花序单生或集生茎枝端，或排成穗状花序；总苞圆柱状，长0.8-1.2厘米，总苞片2层，有长缘毛，背面有极稀疏的长腺毛或单毛，外层披针形，长0.8-1.3厘米，上部绿色，草质，下半部淡黄白色，革质；内层线状披针形，长达1.2厘米。舌状小花蓝色。瘦果倒卵圆形、椭圆形或倒楔形，褐色，有棕黑色色斑；冠毛长0.2-0.3毫米。花果期5-10月。

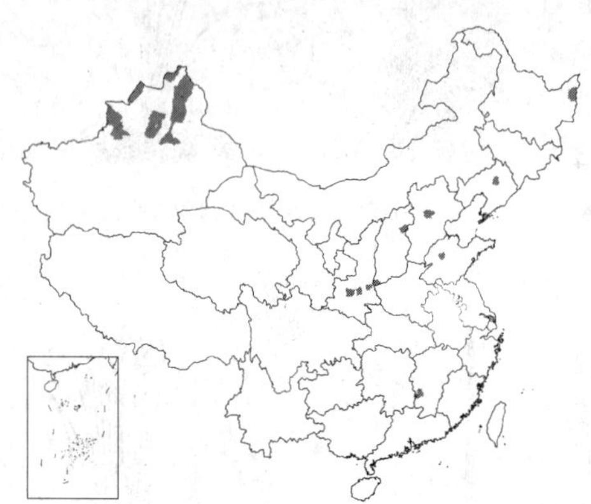

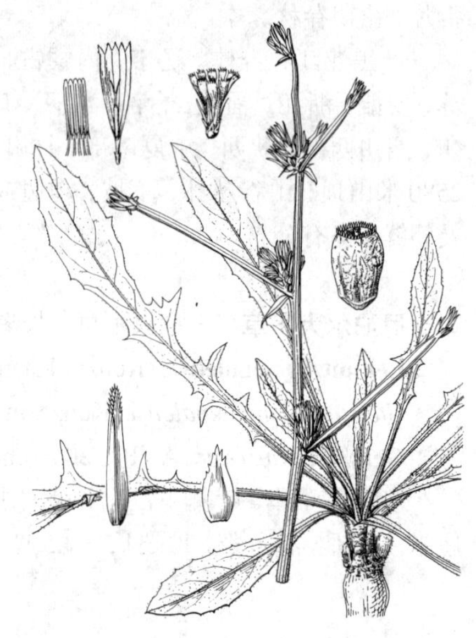

图 1055 菊苣（冀朝祯绘）

产黑龙江东北部、辽宁、河北中西部、山东、山西、陕西秦岭、新疆北部及江西西部，生于滨海荒地、河边、沟边或山坡。广布欧洲、亚洲及北非。叶作生菜；根含菊糖及芳香物质，可提制代用咖啡。

[附] **腺毛菊苣 Cichorium glandulosum** Boiss. et Huet. Boiss. Diagn. Pl. Or. Nov. ser. 2, 3:87. 1856.本种与菊苣的主要区别：一年生或二年生草本；茎上部密被头状具柄长腺毛；冠毛长约1毫米。产新疆（阿克苏），生于平原绿洲。高加索及土耳其有分布。

196. 蝎尾菊属 Koelpinia Pall.

（石 铸 靳淑英）

一年生草本。叶线形、丝形或长椭圆形。头状花序同型，具5-12舌状小花；总苞圆柱状，总苞片1-2层，草质；花托无毛或有少数托毛。小花黄色；花药基部附属物箭头状；花柱分枝细，顶端微钝。瘦果线形或圆柱状，蝎尾状内弯，具5-7肋，背面沿肋有针刺，顶端有极短、星状开展的钩状刺毛；无冠毛。

5种，分布北非、南欧、西亚、南亚部分地区、中亚。我国1种。

蝎尾菊 图 1056

Koelpinia linearis Pall. Reise 3: 755. 1776.

一年生草本，高达20厘米。茎基部分枝，疏被细柔毛。叶线形或丝形，长4.5-9厘米，先端渐尖，基部渐窄，两面几无毛，无叶柄。头状花序小，腋生或顶生枝端或生于植株下部或基部；总苞圆柱状，长6毫米，总苞片2层，背面稍被细柔毛。外层2-3枚，长三角形，长约2毫米，内层5-7枚，

长椭圆状披针形或披针形，长约6毫米。舌状小花黄色。瘦果褐色或肉红色，圆柱状线形，长达1.5厘米，蝎尾状内弯，5肋，背面沿肋有针刺，果顶针刺放射状排列；无冠毛。花果期4-7月。

产新疆北部及西藏西部，生于海拔450-1000米荒漠砾石地。西亚、俄罗斯、哈萨克斯坦、乌兹别克斯坦及北非有分布。

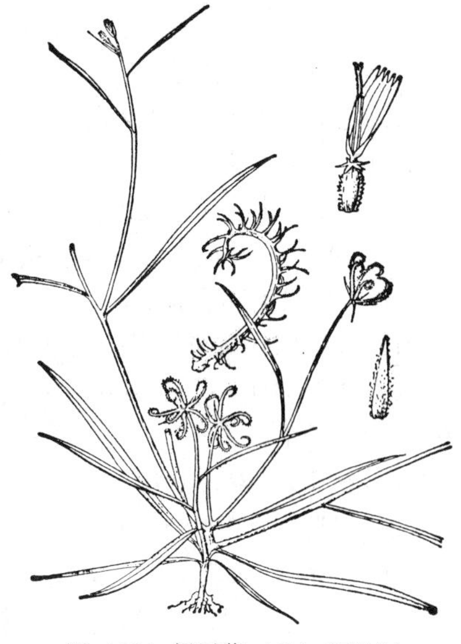

图 1056 蝎尾菊（引自《图鉴》）

197. 鸦葱属 Scorzonera Linn.

（石　铸　靳淑英）

多年生草本，稀亚灌木或一年生草本。叶不裂，全缘，叶脉平行，或羽状半裂或全裂。头状花序同型，单生茎顶或少数头状花序在茎枝顶端排成伞房、聚伞或总状花序，具多数舌状小花；总苞圆柱状、长椭圆状或楔状；花托蜂窝状，无托毛，稀有托毛；总苞片多层，覆瓦状排列，先端无角状附属物，稀有角状附属物。舌状小花黄色，稀红色或两面异色，顶端平截，5齿裂；花药基部箭头形；花柱分枝细。瘦果圆柱状或长椭圆状，无毛或被微柔毛或长柔毛，有多数钝纵肋，顶端微收窄，平截，无喙；冠毛中下部或大部羽毛状，上部锯齿状，有超长冠毛3-10，基部连合成环。

约175种，分布欧洲、西南亚及中亚，北非有少数种。我国23种。

1. 植株多分枝，成半球状或帚状植丛。
  2. 茎基部无残鞘；头状花序具4-5舌状小花；叶长达9厘米 ……… 1. **拐轴鸦葱 S. divaricata**
  2. 茎基部被纤维状撕裂残鞘；头状花序具7-12舌状小花；叶长达16厘米 ……… 2. **帚状鸦葱 S. pseudodivaricata**
1. 植株不分枝、少分枝，不形成半球状或帚状植丛。
  3. 葶状或近葶状草本或植株无茎或几无茎；头状花序单生葶顶。
    4. 茎基部被鞘状残迹。
      5. 瘦果无毛；叶缘平，基部鞘内无棉毛。
        6. 茎被污白色蛛丝状柔毛；总苞径0.8-2.8厘米 ……… 3. **毛梗鸦葱 S. radiata**
        6. 植株无毛；总苞径1-1.5厘米 ……… 3(附). **光鸦葱 S. parviflora**
      5. 瘦果上部疏被长柔毛；叶缘皱波状，基部鞘内密被长棉毛 ……… 4. **棉毛鸦葱 S. carpito**
    4. 茎基部被纤维状撕裂的鞘状残迹。
      7. 植株高4-8厘米，或植株无茎或茎极短低于枝丛。
        8. 叶线形或披针形；冠毛与瘦果连接处无蛛丝状毛环 ……… 5. **小鸦葱 S. subacaulis**
        8. 叶丝状或丝状线形；冠毛与瘦果连接处有蛛丝状毛环 ……… 6. **丝叶鸦葱 S. curvata**
      7. 植株高达53厘米，茎或花葶高出植丛。
        9. 基生叶宽卵形、宽披针形、倒披针形或椭圆状披针形，边缘皱波状 ……… 7. **桃叶鸦葱 S. sinensis**
        9. 基生叶线形、线状披针形、线状长椭圆形或长椭圆形，边缘平或稍皱波状 ……… 8. **鸦葱 S. austriaca**
  3. 非葶状草本，有茎及分枝；头状花序生茎枝顶端，成花序式排列。

10. 瘦果无毛。
11. 叶缘平，非皱波状。
12. 无串珠状球形块根。
13. 瘦果沿肋无脊瘤，冠毛与瘦果连接处无蛛丝状毛环。
14. 头状花序排成伞房花序；冠毛3-5根超长 ………… 9. **华北鸦葱 S. albicaulis**
14. 头状花序排成伞房总状花序；冠毛5-10根超长 ………… 9(附). **北疆鸦葱 S. iliensis**
13. 瘦果沿肋有脊瘤，冠毛与瘦果连接处有蛛丝状毛环 ………… 9(附). **基枝鸦葱 S. pubescens**
12. 具串珠状球形块根；叶先端钩状弯曲 ………… 9(附). **细叶鸦葱 S. pusilla**
11. 叶缘皱波状 ………… 10. **皱叶鸦葱 S. inconspicua**
10. 瘦果被长柔毛。
15. 叶缘平，非皱波状。
16. 茎常有对生的叶，叶肉质；盐渍地植物 ………… 11. **蒙古鸦葱 S. mongolica**
16. 叶互生，质薄；非盐地植物。
17. 无球形块根；总苞片先端针刺状渐尖 ………… 11(附). **剑叶鸦葱 S. ensifolia**
17. 具球形块根；总苞片先端尖 ………… 11(附). **灰枝鸦葱 S. sericeo-lanata**
15. 叶缘皱波状，两面密被绒毛；具球形块根 ………… 11(附). **皱波球根鸦葱 S. cirumflexa**

1. 拐轴鸦葱 叉枝鸦葱 图 1057

Scorzonera divaricata Turcz. in Bull. Soc. Nat. Mosc. 5: 181. 1832.

多年生草本。茎直立，基部多分枝，茎枝被尘状柔毛至无毛。茎基无鞘状残迹。叶线形或丝状，长1-9厘米，先端长渐尖，常卷曲成钩状，两面被微毛至无毛。头状花序单生茎枝顶端，组成疏散伞房状花序，具4-5舌状小花；总苞窄圆柱状，径5-6毫米，总苞片约4层，背面被柔毛或渐毛稀，外层宽卵形或长卵形，长约5毫米，中内层长椭圆状披针形或线状长椭圆形，长1.2-2厘米。舌状小花黄色。瘦果圆柱状，无毛，淡黄或黄褐色；冠毛污黄色，羽毛状，上部为细锯齿状。花果期5-9月。

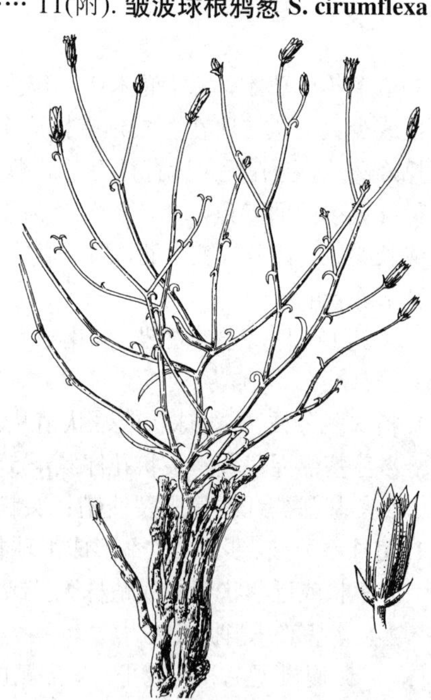

图 1057 拐轴鸦葱 （王金凤绘）

产内蒙古、河北西北部、山西北部、陕西北部、宁夏及甘肃西部，生于荒漠干河床、沟谷或固定沙丘。蒙古有分布。

2. 帚状鸦葱 图 1058:1

Scorzonera pseudodivaricata Lipsch. in Bull. Soc. Nat. Mosc. 42(2): 158. 1933.

多年生草本，高达50厘米。茎中上部多分枝，成帚状，被柔毛至无毛，茎基被纤维状撕裂残鞘。叶互生或有对生叶，线形，长达16厘米，向上的茎生叶短小或成针刺状或鳞片状，基生叶基部半抱茎，茎生叶基部半抱茎或稍扩大贴茎；叶先端渐尖或长渐尖，有时外弯成钩状，两面被白色柔毛至无

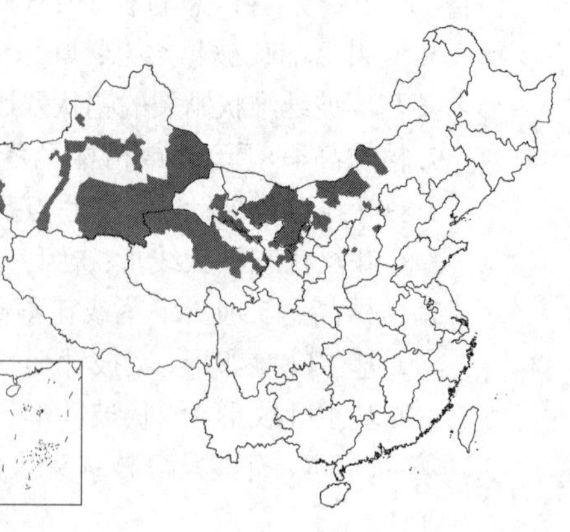

毛。头状花序单生茎枝顶端，成疏散聚伞圆锥状花序，具7-12舌状小花；总苞窄圆柱状，径5-7毫米，总苞片约5层，背面被白色柔毛，外层卵状三角形，长1.5-4毫米，中内层椭圆状披针形、线状长椭圆形或宽线形，长1-1.8厘米。舌状小花黄色。瘦果圆柱状，初淡黄色，成熟后黑绿色，无毛；冠毛污白色，长1.3厘米，多羽毛状，羽枝蛛丝毛状。花果期5-8(-10)月。

产内蒙古、山西、陕西、宁夏、甘肃、青海及新疆，生于海拔1600-3000米荒漠砾石地、干旱山坡、石质残丘、戈壁或沙地。中亚及蒙古有分布。

图 1058：1. 帚状鸦葱　2. 毛梗鸦葱
（王金凤绘）

3. 毛梗鸦葱　图 1058：2

Scorzonera radiata Fisch. in Ledeb. Fl. Alt. 4: 160. 1833.

多年生近葶状草本。茎不分枝，被污白色蛛丝状柔毛，茎基被鞘状残迹。基生叶线形、线状披针形或线状长椭圆形，长8-18厘米，向下渐窄成具翼的柄，柄基半抱茎；茎生叶线形或线状披针形，无柄，最上部茎生叶披针形，有时鳞片状；叶全缘，两面无毛。头状花序单生茎端；总苞圆柱状，径0.8-2.8厘米，总苞片约5层，背面疏被蛛丝状柔毛至无毛，外层卵状披针形，长6-7毫米，中层三角状披针形，长1.6-2厘米，内层披针状长椭圆形，长2.1厘米。舌状小花黄色。瘦果圆柱状，有多数椭圆状纵肋，无毛，无脊瘤；冠毛污黄色，中下部羽毛状，羽枝蛛丝毛状。花果期5-7月。

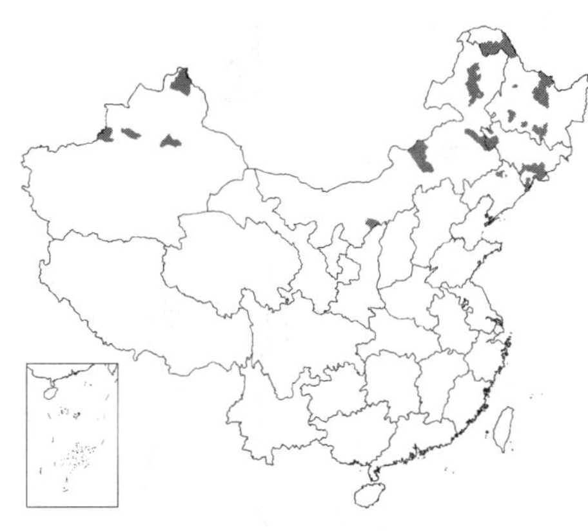

产黑龙江、吉林、辽宁、内蒙古及新疆，生于山坡林缘、林下、草地或河滩砾石地。哈萨克斯坦、蒙古、俄罗斯西伯利亚及远东地区有分布。

[附] 光鸦葱 **Scorzonera parviflora** Jacq. Fl. Austr. 4: 3. 1776. 本种与毛梗鸦葱的主要区别：植株无毛；总苞径1-1.5厘米。花果期6-9月。产新疆，生于海拔900-3100米草甸、荒漠或草滩地。地中海地区、俄罗斯、哈萨克斯坦、乌兹别克斯坦、奥地利及蒙古有分布。

4. 棉毛鸦葱　图 1059

Scorzonera carpito Maxim. in Bull. Acad. Imp. Sci. St. Petérsb. 32: 491. 1888.

多年生草本，高达13厘米。茎簇生，茎枝被蛛丝状长柔毛至无毛，茎基密被鞘状残迹，鞘内密被污白色长棉毛。基生叶莲座状，卵形、匙形、长椭圆形、披针状长椭圆形或线状长椭圆形，长5-9厘米，向下渐窄成柄，柄基半抱茎；茎生叶卵形或披针形，无柄，基部心形，半抱茎；叶稍革质，边缘皱波状，两面疏被蛛丝状柔毛至无毛。头状花序单生茎端；总苞钟状，径1.5厘米，总苞片4-5层，背面被柔毛，外层卵形或长卵形，长6-8.5毫米，中层长椭圆状披针形，长约1.4厘米，内

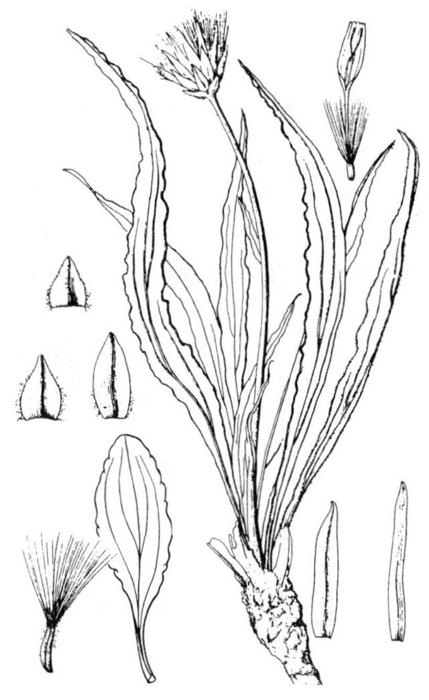
图 1059　棉毛鸦葱（田　虹绘）

层长披针形，长1.6厘米。舌状小花黄色。瘦果圆柱状，淡黄色，长约8毫米，上部疏被长柔毛；冠毛白色，长达1.7厘米，大部羽毛状。花果期5-8月。

产内蒙古及宁夏，生于海拔1100-1500米荒漠砾石地、沙质地或山前平原。蒙古有分布。

图 1060 小鸦葱（引自《图鉴》）

5. 小鸦葱 矮鸦葱 图 1060

Scorzonera subacaulis (Regel.) Lipsch. in Bull. Soc. Nat Mosc. 42 (2): 160. 1933.

Scorzonera austriaca Willd. var. *subacaulis* Regel. in Acta Hort. Petrop. 6 (2): 323. 1880.

多年生小草本，高达8厘米。茎单生，密被柔毛，或几无茎，茎基残鞘纤维状撕裂。基生叶多数，线形或披针形，宽2-4毫米，铺展或斜立，两面无毛或疏被绢毛，3出脉，中脉宽扁，侧脉不明显，基部鞘状半抱茎；茎生叶1-2，鳞片状或披针形，或无茎生叶。头状花序单生茎端或根颈顶端；总苞宽圆柱形，径1-1.5厘米，总苞片约5层，背面稍被柔毛或无毛，外层三角形或卵形，中内层长椭圆状披针形。舌状小花黄色，舌片脉纹暗红色。瘦果圆柱状，稍弯，长达8毫米，无毛；冠毛污白色，羽毛状，羽枝纤细，蛛丝毛状，上部锯齿状或糙毛状。花果期6-7月。

产新疆西北部及中北部，生于海拔2600以上山地草坡。哈萨克斯坦有分布。

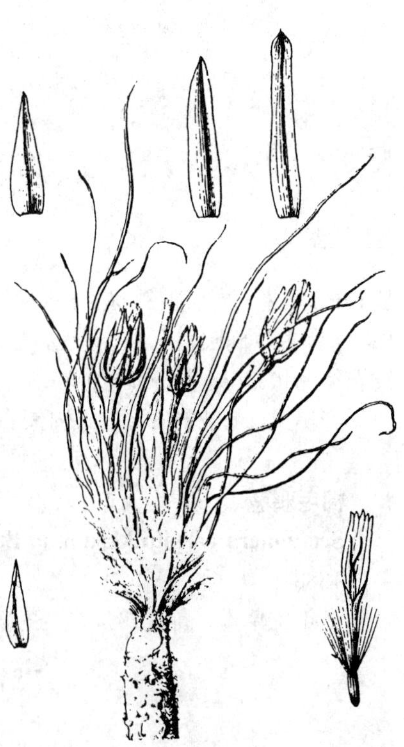

图 1061 丝叶鸦葱（田 虹绘）

6. 丝叶鸦葱 图 1061

Scorzonera curvata (Popl.) Lipsch. in Fl. URSS 29: 72. 1964.

Scorzonera austriaca Willd. var. *curvata* Popl. in B Tp. Бот. Муз. AH 15: 38. 1916.

多年生草本，高达7厘米。几无茎，单生或簇生，无毛；茎基密被纤维状撕裂鞘状残遗物。基生叶莲座状、丝状或丝状线形，灰绿色，长3-10厘米，基部鞘状，两面无毛，下部沿边缘有蛛丝状棉毛；茎生叶鳞片状，钻状披针形，或几无茎生叶。头状花序单生茎顶或无茎而头状花序生于根颈顶端；总苞钟状或窄钟状，径约1厘米，总苞片约4层，背面无毛，外层三角形或三角状披针形，长5-8毫米，中内层长椭圆状披针形，长约1厘米。舌状小花黄色。瘦果圆柱状，无毛；冠毛长1.2厘米，浅褐色，与瘦果连接处有蛛丝状毛环。花果期5-6月。

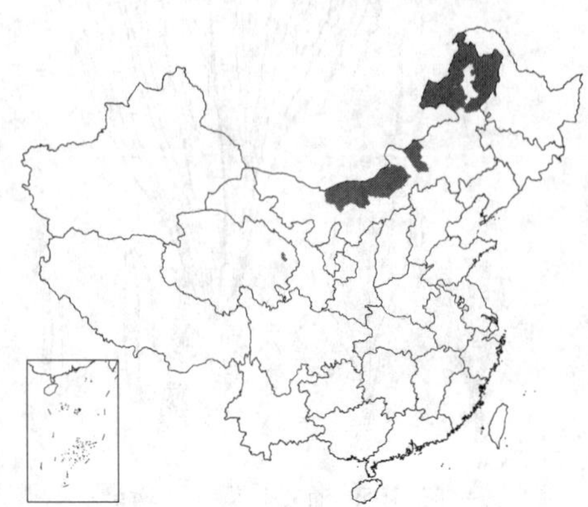

产内蒙古及青海东部，文献记载黑龙江有分布，生于丘陵坡地及干旱山坡。俄罗斯东西伯利亚及蒙古有分布。

7. 桃叶鸦葱 图 1062

Scorzonera sinensis Lipsch. et Krasch. ex Lipsch. Fragm. Monog. Gen. Scorzonera 120. 1935.

多年生草本，高达53厘米。茎光滑；茎基密被纤维状撕裂鞘状残遗物。

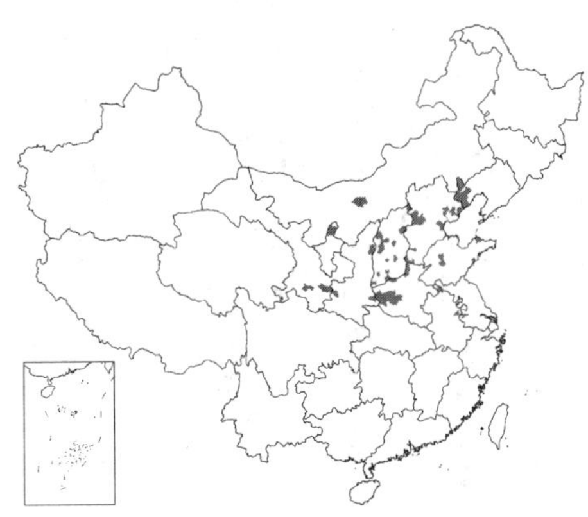

基生叶宽卵形、宽披针形、宽椭圆形、倒披针形、椭圆状披针形、线状长椭圆形或线形，连叶柄长4-33厘米，向基部渐窄成柄，柄基鞘状，两面光滑，边缘皱波状；茎生叶鳞片状、披针形或钻状披针形，基部心形，半抱茎或贴茎。头状花序单生茎顶；总苞圆柱状，径约1.5厘米，总苞片约5层，背面光滑，外层三角形，长0.8-1.2厘米，中层长披针形，长约1.8厘米，内层长椭圆状披针形，长1.9厘米。舌状小花黄色。瘦果圆柱状，肉红色，无毛；冠毛污黄色，长2厘米，大部羽毛状。花果期4-9月。

产辽宁西南部、内蒙古、宁夏北部、甘肃南部、陕西、山西、河北、河南、山东、江苏及安徽，生于海拔280-2500米山坡、丘陵地、沙丘、荒地或灌木林下。

图 1062 桃叶鸦葱 （冀朝祯绘）

8. 鸦葱 图 1063 彩片 167

Scorzonera austriaca Willd. Sp. Pl. 3: 1498. 1803.

Scorzonera ruprechtiana Lipsch. et Krasch. ex Lipsch.; 中国高等植物图鉴 4: 675. 1975.

多年生草本，高达42厘米。茎簇生，无毛，茎基密被棕褐色纤维状撕裂鞘状残遗物。

基生叶线形、窄线形、线状披针形、线状长椭圆形、线状披针形或长椭圆形，长3-35厘米，向下部渐窄成具翼长柄，柄基鞘状，边缘平或稍皱波状，两面无毛或沿基部边缘有蛛丝状柔毛；茎生叶鳞片状，披针形或钻状披针形，基部心形，半抱茎。头状花序单生茎端；总苞圆柱状，径1-2厘米，总苞片约5层，背面无毛，外层三角形或卵状三角形，长6-8毫米，中层偏斜披针形或长椭圆形，长1.6-2.1厘米，内层线状长椭圆形，长2-2.5厘米。舌状小花黄色。瘦果圆柱状；冠毛淡黄色，长1.7厘米，大部为羽毛状。花果期4-7月。

产黑龙江南部、吉林西部、辽宁、内蒙古、宁夏北部、新疆北部、青海、甘肃东南部、陕西、山西、河北、河南西部及山东，生于海拔400-2000米山坡、草滩或河滩地。欧洲中部、地中海沿岸地区、俄罗斯西伯利亚、哈萨克斯坦、奥地利及蒙古有分布。

图 1063 鸦葱 （冀朝祯绘）

9. 华北鸦葱 图 1064

Scorzonera albicaulis Bunge in Mém. Acad. Imp. Sci. St. Pétersb. Sav. Etrang. 2: 114. 1833.

多年生草本。茎枝被白色绒毛，

茎基被棕色残鞘。基生叶与茎生叶线形、宽线形或线状长椭圆形，宽0.3-2厘米，全缘，稀有浅波状微齿，两面无毛，基生叶基部抱茎。头状花序在茎枝顶端排成伞房花序，花序分枝长或排成聚伞花序；总苞圆柱状，径1厘米，总苞片约5层，被薄柔毛，果期毛稀或无毛，外层三角状卵形或卵状披针形，长5-8毫米，中内层椭圆状披针形、长椭圆形或宽线形。舌状小花黄色。瘦果圆柱状，无毛，顶端喙状；冠毛污黄色，3-5根超长，长达2.4厘米，冠毛大部羽毛状。花果期5-9月。

产黑龙江、吉林、辽宁、内蒙古、甘肃、陕西、山西、河南、河北、山东、江苏、浙江、安徽、湖北、湖南及贵州，生于海拔250-2500米山谷、山坡林下、林缘、灌丛中、荒地、火烧迹地或田间。朝鲜半岛、俄罗斯西伯利亚及远东地区有分布。

[附] **北疆鸦葱 Scorzonera iliensis** Krasch. in Acta Inst. Bot. Acad. Sci. URSS ser. 1, 1: 178. 1933. 本种与华北鸦葱的主要区别：头状花序成伞房总状花序；冠毛5-10根超长。花果期7-8月。产新疆，生于海拔900米以上石质灌丛中。哈萨克斯坦及乌兹别克斯坦有分布。

[附] **基枝鸦葱 Scorzonera pubescens** DC. Prodr. 7 (1): 122. 1938. 本种与华北鸦葱的主要区别：瘦果沿肋有脊瘤，冠毛与瘦果连接处有蛛丝状毛环。花果期6月。产新疆，生于海拔1000-1600米山坡丘陵、干谷或草地。

图 1064 华北鸦葱 （引自《图鉴》）

[附] **细叶鸦葱 Scorzonera pusilla** Pall. Reise 2: 329. 1773. 本种与华北鸦葱的主要区别：具串珠状球形块根；叶先端钩状弯曲。花果期4-7月。产新疆，生于海拔540-3370米石质山坡、荒漠砾石地、沙地、半固定沙丘、盐碱地、荒地、山前平原或沙质冲积平原。

10. 皱叶鸦葱 图 1065

Scorzonera inconspicua Lipsch. ex Pavl. in Bull. Soc. Nat. Mosc. 42 (2): 139. 1933.

多年生草本，高达26厘米。茎单生或簇生，基部、下部或中部以上分枝，或不分枝，茎枝被柔毛和分枝毛，茎基被黑褐、棕色或淡黄色叶鞘残迹。基生叶长椭圆形或宽披针形，长5-20厘米，基部渐窄成柄，柄基半抱茎，边缘软骨质，皱波状，两面被柔毛、分枝毛至无毛；中下部茎生叶披针形或披针状长椭圆形；上部茎生叶长披针形或钻状长披针形。头状花序生茎枝顶端，成伞房花序式排列；总苞窄圆柱状，径约7毫米，总苞片约4层，背面被短柔毛，外层卵形，长约8毫米，中内层披针形或长椭圆状披针形，长1.5-1.8厘米。舌状小花黄色。瘦果圆柱状，无毛；冠毛污白色，与瘦果连接处有蛛丝状毛环，大部为羽毛状。花果期5-8月。

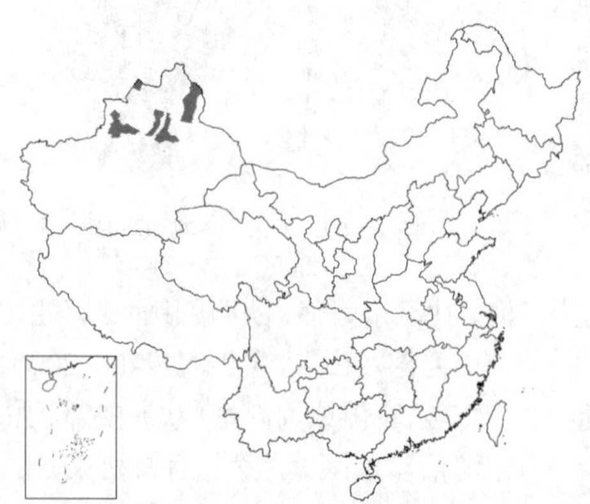

图 1065 皱叶鸦葱 （王金凤绘）

产新疆北部，生于海拔800-1700

米碎石山坡、戈壁滩或干草原。哈萨克斯坦、乌兹别克斯坦及俄罗斯西伯利亚有分布。

11. 蒙古鸦葱 图 1066

Scorzonera mongolica Maxim. in Bull. Acad. Imp. Sci. St. Pétersb. 32 (4): 492. 1888.

多年生草本。茎直立或铺散，上部有分枝，茎枝灰绿色，无毛，茎基被褐或淡黄色鞘状残迹。基生叶长椭圆形、长椭圆状披针形或线状披针形，长2-10厘米，基部渐窄成柄，柄基鞘状；茎生叶互生或对生，披针形、长披针形、长椭圆形或线状长椭圆形，基部楔形收窄，无柄；叶肉质，两面无毛，灰绿色。头状花序单生茎端，或茎生2枚头状花序，成聚伞花序状排列；总苞窄圆柱状，径约0.6毫米，总苞片4-5层，背面无毛或被蛛丝状柔毛，外层卵形、宽卵形，长3-5毫米，中层长椭圆形或披针形，长1.2-1.8厘米，内层线状披针形，长2厘米。舌状小花黄色。瘦果圆柱状，长5-7毫米，淡黄色，被长柔毛，顶端疏被柔毛；冠毛白色，长2.2厘米，羽毛状。花果期4-8月。

产辽宁、内蒙古、河北、山东、江苏东北部、河南、山西、陕西北部、宁夏、甘肃、青海及新疆，生于海拔50-2790米盐化草甸、盐化沙地、盐碱地、干湖盆、湖盆边缘、草滩或河滩地。哈萨克斯坦及蒙古有分布。

[附] **剑叶鸦葱 Scorzonera ensifolia** Bieb. Fl. Taur. Cauc. 2: 235. 1808. 本种与蒙古鸦葱的主要区别：非盐地植物；叶全互生，质薄；总苞片先端针刺状渐尖。产新疆，生于沙丘、荒地或沙质地。俄罗斯西伯利亚地区及哈萨克斯坦有分布。

[附] **灰枝鸦葱 Scorzonera sericeo-lanata** (Bunge) Krasch. et Lipsch. in Bull. Soc. Nat. Mosc. 43 (1): 141. 1934.—— *Scorzonera tuberosa* Pall. var. *sericeo-lanata* Bunge, Beitr. z. Kenntn. Fl. Russl. u. Stepp. Centr.-Asiat. 200. 1851. 本种与蒙古鸦葱以及剑叶鸦葱的主要区别：非盐地植物，具球形块根；叶均互生，质薄；总苞片先端尖。花果期4-6月。产新疆，生于海拔700-1400米荒漠或半固定沙丘。俄罗斯西伯利亚、哈萨克斯坦、乌兹别克斯坦及阿富汗有分布。

图 1066 蒙古鸦葱 （冀朝祯绘）

[附] **皱波球根鸦葱 Scorzonera circumflexa** Krasch. et Lipsch. in Bull. Soc. Nat. Mosc. 43 (1): 148. 1934. 本种与蒙古鸦葱的主要区别：具球形块根；叶缘皱波状，质薄，两面密被绒毛。花期4-5月。产新疆北部，生于碎石山坡或山前平原。乌兹别克斯坦及阿富汗有分布。

198. 鼠毛菊属 Epilasia (Bunge) Benth.

（石　铸　靳淑英）

一年生草本。茎枝被白色柔毛或几无毛。头状花序同型，卵状圆柱形；总苞片2层，外层草质，3-6，长于或等长于内层总苞片，内层常5；花托平，无托毛。小花舌状，两性，顶端5齿裂，淡黄、淡红或蓝色，边花比心花长，伸出总苞；花药基部箭头状，小耳渐尖或刚毛状渐尖；花柱分枝细。瘦果黑或灰色，向基部稍扩大成中空果柄，有5-10纵肋或无纵肋，肋有弯刺毛或无刺毛，顶端或中部有胼胝体环，自环开始着生冠毛；冠毛密，鼠灰或褐色，有5或更多冠毛易脆折，上部细锯齿状，其余冠毛长羽毛状。

3-4种。我国2种。

1. 胼胝体环位于瘦果中部，环以上被长绒毛，毛被与冠毛相粘连 ………………………………… **鼠毛菊 E. hemilasia**

1. 脐胝体环位于瘦果顶端，环以上无毛 ……………………………………………………… (附). 顶毛鼠毛菊 E. acrolasia

鼠毛菊 图 1067

Epilasia hemilasia (Bunge) Clarke, Comp. Ind. 279. 1876.

Scorzonera hemilasia Bunge, Beitr. z. Kenntn. Fl. Russl. u. Stepp. Centr.-Asiat. 201. 1851.

一年生草本。茎单生或簇生，茎枝被柔毛或几无毛。基生叶线状披针形或长椭圆状卵形，基部渐窄成叶柄；茎生叶披针形或线状披针形，下部茎生叶有长柄，上部茎生叶无柄，两面粗涩，边缘有微锯齿。头状花序生茎枝顶端，稀单生茎顶；总苞卵状圆柱形，总苞片2层，外层草质，先端渐尖，多少弯曲，背面被柔毛或无毛，内层革质，边缘稍膜质，先端钝。边缘舌状小花超出总苞，黄色，心花较短小。瘦果基部有中空果柄，有多数坚硬纵肋，沿肋有倒向软刺毛，瘦果中部有加厚脐胝体环，自环以上或自环开始密被深灰或污灰色长绒毛，绒毛与冠毛相粘连；冠毛鼠灰色，稠密，长羽毛状，先端细锯齿状。花果期4-5月。

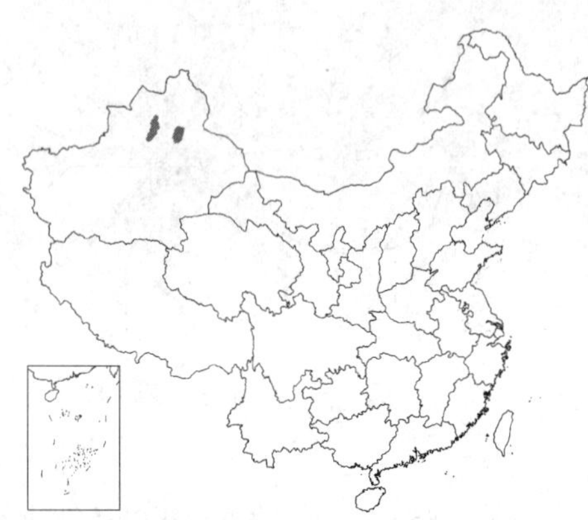

图 1067 鼠毛菊（冀朝祯绘）

产新疆北部，生于沙地、粘土地或草地。哈萨克斯坦、乌兹别克斯坦、伊朗及阿富汗有分布。

[附] **顶毛鼠毛菊 Epilasia acrolasia** (Bunge) Clarke, Comp. Ind. 279. 1876.—— *Scorzonera acrolasia* Bunge, Beitr. z. Kennth. Fl. Russl. u. Stepp. Centr.-Asiat. 202. 1851.本种与鼠毛菊的主要区别：脐胝体环位于瘦果顶端，环以上无毛。花果期5-6月。产新疆，生于沙丘背风坡、粘土或石质地。哈萨克斯坦、乌兹别克斯坦、伊朗及阿富汗有分布。

199. 婆罗门参属 Tragopogon Linn.

（石 铸 靳淑英）

多年生或二年生草本。有时具根茎，根颈裸露或被鞘状或纤维质撕裂残遗物。茎直立，不分枝或少分枝，无毛或被蛛丝状毛。头状花序同型，具多数舌状小花，单生茎顶或枝端；总苞圆柱状，总苞片1层，5-14；花托蜂窝状，无毛。舌状小花两性，黄或紫色，舌片先端5齿裂；花药基部箭头状；花柱分枝细长。瘦果圆柱状，有5-10条纵肋，无瘤状突起或具瘤状突起，顶端有喙，稀无喙或喙极短；冠毛1层，羽毛状，污白或黄色，基部连合成环，整体脱落，羽枝纤细，与喙或瘦果连接处有蛛丝状毛环或无毛环，通常有5-10顶端糙毛状的超长冠毛。

约150种，主产地中海沿岸地区、中亚及高加索。我国14种。

1. 舌状小花黄色或舌片内面黄色，外面带紫红色。
   2. 舌状小花黄色；瘦果顶端渐窄成粗或细喙。
      3. 喙顶不增粗，喙长0.8-1.1厘米，瘦果长约1.1厘米 ……………………………………… 1. 婆罗门参 T. pratensis
      3. 喙顶增粗，喙长6-8毫米，瘦果长1.5-2厘米 ……………………………………… 1(附). 黄花婆罗门参 T. orientalis
   2. 舌状小花两面异色，舌片内面黄色，外面紫红色；瘦果顶端无喙 …………………… 2. 纤细婆罗门参 T. gracilis
1. 舌状小花红、紫或紫红色。
   4. 花序梗果期膨大；总苞片长于舌状小花；喙顶不增粗，与冠毛连接处有丝毛状毛环 ……………………………………………………………………………………………… 3. 蒜叶婆罗门参 T. porrifolius

4. 花序梗果期不膨大或稍膨大。

5. 果喙粗，喙顶无毛环；冠毛淡黄或淡红褐色。

6. 叶边缘白色膜质；边缘瘦果长1.2-1.3厘米，冠毛长2.5厘米 ………………… 4. **膜缘婆罗门参 T. marginifolius**

6. 叶边缘非白色膜质；边缘瘦果1.5-1.7厘米，冠毛长1.8-2厘米 …………… 4(附). **长茎婆罗门参 T. elongatus**

5. 果喙细，喙顶与冠毛连接处有蛛丝状毛环；冠毛白色 ………………………… 5. **西伯利亚婆罗门参 T. sibiricus**

1. 婆罗门参 草地婆罗门参 图 1068

Tragopogon pratensis Linn. Sp. Pl. 789. 1753.

二年生草本。茎无毛。下部叶线形或线状披针形，基部半抱茎，全缘，有时皱波状，中上部茎生叶与下部叶同形，渐小。头状花序单生茎枝顶端，花序梗果期不扩大；总苞圆柱状，长2-3厘米，总苞片8-10，披针形或线状披针形，长2-3厘米，先端渐尖，下部棕褐色。舌状小花黄色，干时蓝紫色。瘦果灰黑或灰褐色，长约1.1厘米，喙长0.8-1.1厘米，喙顶不增粗，与冠毛连结处有蛛丝状毛环；冠毛灰白色，长1-1.5厘米。花果期5-9月。

产新疆，生于海拔1200-4500米山坡草地及林间草地。欧洲、哈萨克斯坦、西伯利亚、高加索及俄罗斯有分布。

[附] **黄花婆罗门参 Tragopogon orientalis** Linn. Sp. Pl. 789. 1753. 本种与婆罗门参的主要区别：喙顶增粗，喙长6-8毫米，果长1.5-2厘米。产新疆及内蒙古东北部，生于山地林缘及草地。欧洲、中亚及俄罗斯西伯利亚有分布。

图 1068 婆罗门参（冀朝祯绘）

2. 纤细婆罗门参 图 1069

Tragopogon gracilis D. Don in Mem. Wern. Nat. Hist. Soc. 3: 414. 1820.

多年生草本；根茎粗壮。茎高达20厘米，基部分枝。叶线形，长10厘米，基部鞘状。头状花序单生茎端，花序梗果期不膨大，总苞钟状圆柱形，长1.8-2.3厘米，果时长达4厘米，总苞片5-7，披针形。舌状小花两面异色，舌片内面黄色，外面紫红色。瘦果圆柱状纺锤形，长1.2-1.4厘米，向顶端渐窄，无喙，枯草黄色；冠毛淡黄褐色，长1.5-2厘米。花果期6-7月。

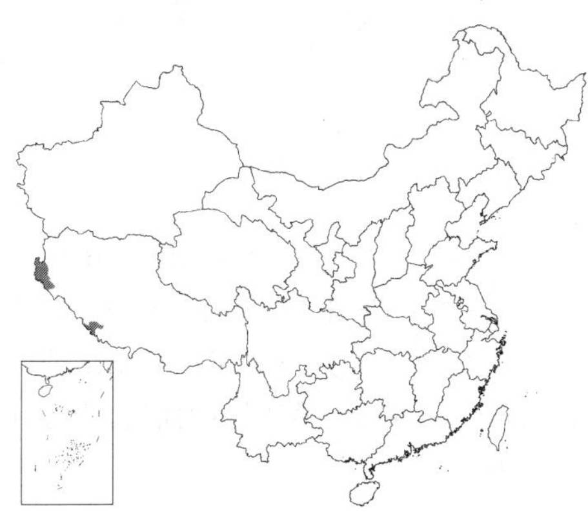

产西藏南部及西部，生于海拔2900-4300米山坡或山坡冲沟砂砾地。伊朗、阿富汗、印度西北部、尼泊尔及哈萨克斯坦有分布。

图 1069 纤细婆罗门参（蔡淑琴绘）

3. 蒜叶婆罗门参 图 1070

Tragopogon porrifolius Linn. Sp. Pl. 789. 1753.

一年生或二年生草本。根直伸。茎直立，高达1.3米，无毛或稍被蛛丝状毛。叶线状披针形，长6-18厘米，宽3-6毫米，先端渐尖，基部宽，半抱茎，上部茎生叶渐小。头状花序单生茎顶或枝端，花序梗果期膨大；总苞圆柱状钟形，长4-8厘米，总苞片8，极稀5，披针形，长3.5-5厘米，背面稍有蛛丝状柔毛。舌状小花红或紫红色，短于总苞片。瘦果黄褐或淡黄色，长0.8-1厘米，边缘有鳞片状疣形突起，上部渐窄成细喙，喙长0.8-1厘米，喙顶不增粗，与冠毛连接处有蛛丝状毛环；冠毛污黄色，长2.1-2.6厘米。花果期5-8月。

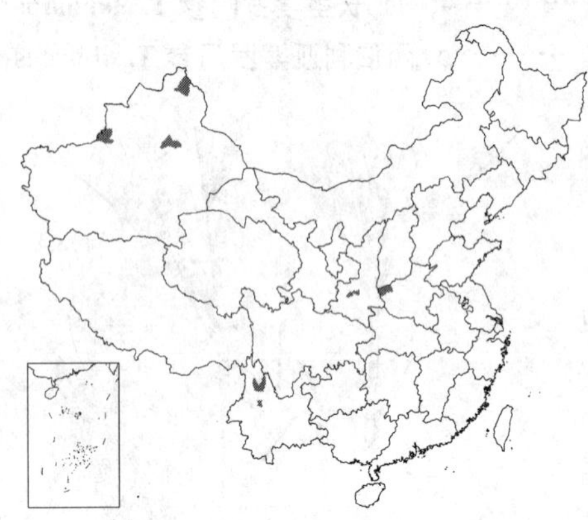

产河南西部、陕西秦岭、新疆北部及云南西北部，生于海拔730-1900米荒地、田野、荒漠或半荒漠地带。欧洲及俄罗斯欧洲部分有分布。

图 1070 蒜叶婆罗门参 （冀朝祯绘）

4. 膜缘婆罗门参 图 1071：1

Tragopogon marginifolius Pavl. in Bull. Soc. Nat. Mosc. 47: 83. 1938.

多年生草本。基部和中部分枝或不分枝，无毛或头状花序下有柔毛。基生叶和中下部茎生叶宽披针形，皱波状，宽1-3厘米，先端渐尖，基部半抱茎，边缘白色膜质；上部叶渐小，与基生叶及中下部叶同形。头状花序单生茎顶或枝端，花序梗果期不膨大；总苞圆柱状钟形，长2-4厘米，总苞片8，披针形。舌状小花紫色。边缘瘦果长1.1-1.3厘米，有纵肋，有时肋成翼状，沿肋有尖锐鳞片，向上骤缩成粗喙，喙长7-9毫米；冠毛淡黄或浅红褐色，长2.5厘米。花果期4-7月。

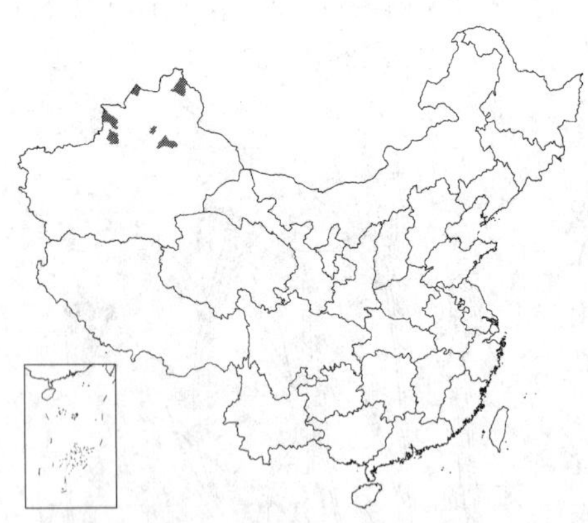

产新疆北部，生于海拔850-1400米荒漠砾石地。俄罗斯西部、哈萨克斯坦及乌兹别克斯坦有分布。

图 1071：1. 膜缘婆罗门参 2-3. 长茎婆罗门参 （蔡淑琴绘）

[附] **长茎婆罗门参** 图 1071：2-3 **Tragopogon elongatus** S. Nikit. in Not. Syst. Herb. Inst. Bot. URSS 7: 269. 1937. 本种与膜缘婆罗门参的主要区别：叶边缘非白色膜质；边缘瘦果长1.5-1.7厘米，冠毛长1.8-2厘米。产新疆，生于海拔850米山坡草地或砾石地。中亚及俄罗斯西伯利亚有分布。

5. 西伯利亚婆罗门参 图 1072

Tragopogon sibiricus Ganesch. in Trav. Mus. Bot. Imp. Sci. Acad. Pétersb. 13: 225. 1915.

二年生草本，高达1.1米。茎直立，中上部分枝或不分枝，无毛。基生叶和下部茎生叶线形或宽线形，长20-25厘米，先端渐尖，基部宽，半抱茎；中部茎生叶和上部茎生叶长4-12厘米，基部宽卵形，先端渐尖。头状花序单生于茎顶或枝端，花序梗果期稍膨大，被淡黄色柔毛；总苞花期长1.5-2厘米，果期长3-5厘米，总苞片8（-10），披针形，长1.5-3厘米。舌状花暗红或紫红色。瘦果长1.5厘米，向上渐窄成细喙，喙长0.7-1.4厘米，喙顶几不膨大，与冠毛连接处有蛛丝状毛环；冠毛白色，长约1.7厘米。花果期6-8月。

产新疆北部及东北部，生于海拔1700米林间草地或河谷。俄罗斯西伯利亚有分布。

图 1072 西伯利亚婆罗门参（蔡淑琴绘）

200. 猫儿菊属 Hypochaeris Linn.

（石 铸 靳淑英）

多年生草本，稀一年生。茎单生，不分枝或少分枝，有叶或无叶，有基生莲座状叶丛。头状花序卵状、宽半球形或钟形，1-3，单生或2-3生茎顶或枝端，有多数同形两性舌状小花；总苞片多层，覆瓦状排列；花托平，托片长膜质，线形，基部包被舌状小花。舌状小花，两性、结实，黄色，舌片先端平截，5齿裂；花药基部箭形；花柱分枝纤细，顶端微钝。瘦果圆柱形或长椭圆形，有多条纵肋，或纵肋少数，顶端有喙，喙细或短，或顶端平截无喙；冠毛羽毛状，1层。

约60种，主要分布南美洲，欧洲与亚洲有少数种。我国2种。

1. 外层总苞片线状披针形，背面被长硬毛；头状花序1-3生于茎端 ······························ 1. **新疆猫儿菊 H. maculata**
1. 外层总苞片卵形或长椭圆状卵形，背面被白色卷毛；头状花序单生茎端 ······························ 2. **猫儿菊 H. ciliata**

1. 新疆猫儿菊 图 1073

Hypochaeris maculata Linn. Sp. Pl. 810. 1753.

多年生草本，高达1.2米。茎被白色长硬毛。基生叶莲座状，椭圆形、长倒披针形、宽披针形、几卵形或匙形，基部渐窄成翼柄，连翼柄长7-14厘米，两面被白色硬毛；茎生叶1，长椭圆形或披针形，无柄，基部半抱茎；叶两面被白色硬毛，全缘或有小锯齿。头状花序1-3生于茎枝顶端；总苞半球形，长约2厘米，径约1.5厘米，总苞片3-4层，外层线状披针形，长约7毫米，先端圆，背面被长硬毛，先端及边缘具绒毛状缘毛，中层线状披针形或长椭圆状披针形，长1.2-1.5厘

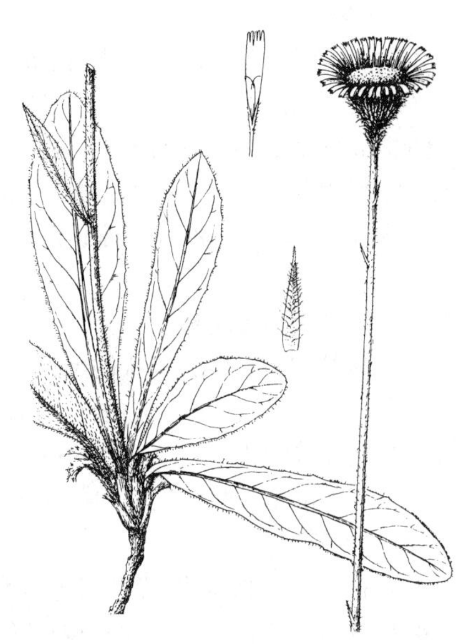

图 1073 新疆猫儿菊（蔡淑琴绘）

米，背面被长硬毛或无毛，先端有缘毛，最内层苞片披针形，背面无毛，先端及边缘无缘毛。舌状小花黄色。瘦果长椭圆形，黄褐色，喙长1.2厘米；冠毛污白色，长0.7-1.2厘米。花果期6-8月。

产新疆北部，生于海拔1000米以上山地草坡、河谷、林缘或落叶松林下。欧洲、中亚、俄罗斯西部及西伯利亚地区有分布。

2. 猫儿菊 图 1074

Hypochaeris ciliata (Thunb.) Makino in Bot. Mag. Tokyo 22: 37. 1908.

Arnica ciliata Thunb. Fl. Jap. 318. 1784.

多年生草本，高达60厘米。茎被硬刺毛或无毛，基部被枯萎叶柄。基生叶椭圆形、长椭圆形或倒披针形，基部渐窄成翼柄，连翼柄长9-21厘米，宽2-2.5厘米，边缘有尖锯齿或微尖齿；茎生叶基部平截或圆，无柄，半抱茎；下部茎生叶与基生叶同形，宽达5厘米，上部茎生叶椭圆形或卵形；叶两面密被硬刺毛。头状花序单生茎端；总苞宽钟形或半球形，径2.2-2.5厘米，总苞片3-4层，外层卵形或长椭圆状卵形，长1厘米，有缘毛，中内层披针形，长1.5-2.2厘米，无缘毛，总苞片背面沿中脉被白色卷毛。舌状小花多数，金黄色。瘦果圆柱状，浅褐色，长8毫米，顶端平截，无喙，有15-16细纵裂；冠毛浅褐色。花果期6-9月。

图 1074 猫儿菊（引自《图鉴》）

产黑龙江、吉林、辽宁、内蒙古、新疆北部、山西、河北、山东东南部及河南，生于海拔850-1200米山坡草地、林缘或灌丛中。俄罗斯西伯利亚及远东地区、蒙古及朝鲜半岛有分布。

201. 毛连菜属 Picris Linn.

（石 铸 靳淑英）

一年生、二年生或多年生分枝草本。茎枝被钩状硬毛或硬刺毛。叶互生或基生，全缘或有锯齿，稀羽状分裂。头状花序同型，在茎枝顶端排成伞房花序或圆锥花序或不明显花序，花序梗长，有时增粗；总苞钟状或坛状，总苞片约3层；花托平，无托毛。小花均舌状，多数，黄色，舌片先端平截，5齿裂；花药基部箭头形；花柱分枝纤细。瘦果椭圆形或纺锤形，有5-14纵肋，肋有横皱纹，基部收窄，顶端短收窄，无喙或喙极短；冠毛2层，外层短或极短，糙毛状，内层长，羽毛状，基部连合成环。

约40种，分布欧洲、亚洲与北非地区。我国5种。

1. 基生叶花期枯萎脱落。
  2. 茎枝被黑或黑绿色钩状硬毛 ························ 1. **日本毛连菜 P. japonica**
  2. 茎枝被光亮钩状硬毛或硬毛非钩状。
    3. 茎枝被钩状硬毛 ························ 2. **毛连菜 P. hieracioides**
    3. 茎下部密被长硬毛，硬毛非钩状 ························ 2(附). **单毛毛连菜 P. hieracioides** subsp. **fuscipilosa**
1. 基生叶花期生存。
  4. 植株叶几全部基生，茎生叶极少数或几无；瘦果无喙 ························ 3. **滇苦菜 P. divaricata**
  4. 植株有基生叶及茎生叶；瘦果喙长0.3毫米 ························ 3(附). **新疆毛连菜 P. similis**

1. 日本毛连菜 图 1075

Picris japonica Thunb. Fl. Jap. 299. 1784.

Picris hieracioides Linn. subsp. *japonica* (Thunb.) Krylov; 中国高等植物图鉴 4: 677. 1975.

多年生草本。茎枝被黑或黑绿色钩状硬毛。基生叶花期枯萎；下部茎生叶倒披针形、椭圆状披针形或椭圆状倒披针形，长12-20厘米，基部渐窄成翼柄，边缘有细尖齿、钝齿或浅波状，两面被硬毛；中部叶披针形，无柄，基部稍抱茎，两面被硬毛；上部叶线状披针形，被硬毛。头状花序排成伞房或伞房圆锥花序，有线形苞叶；总苞圆柱状钟形，总苞片3层，黑绿色，背面被近黑色硬毛，外层线形，长2.5-5毫米，内层长圆状披针形或线状披针形，长1-1.2厘米，边缘宽膜质。舌状小花黄色，舌片基部疏被柔毛。瘦果椭圆状，长3-5毫米，棕褐色；冠毛污白色。花果期6-10月。

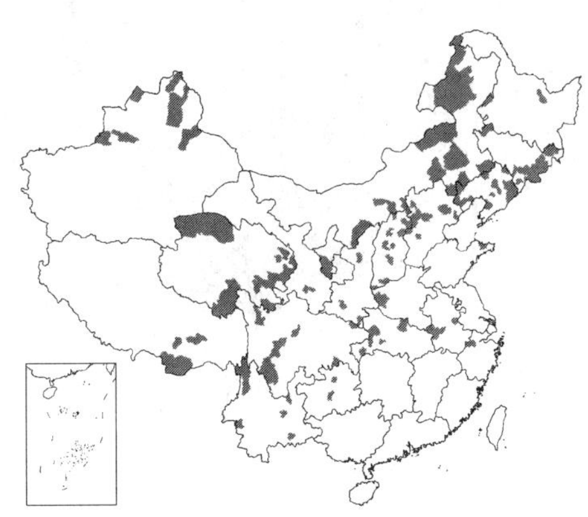

图 1075 日本毛连菜（张海燕绘）

产黑龙江、吉林、辽宁、内蒙古、河北、山东、河南、湖北、安徽、浙江、山西、陕西、宁夏、甘肃、青海、新疆、西藏、云南、四川及贵州，生于海拔650-3650米林缘、灌丛中、田边、河边、沟边或草甸。日本、俄罗斯东西伯利亚及远东地区有分布。全草药用，清热、消肿及止痛。

2. 毛连菜 图 1076

Picris hieracioides Linn. Sp. Pl. 792. 1753.

二年生草本。茎上部呈伞房状或伞房圆状分枝，被光亮钩状硬毛。基生叶花期枯萎；下部茎生叶长椭圆形或宽披针形，长8-34厘米，全缘或有锯齿，基部渐窄成翼柄；中部和上部叶披针形或线形，无柄，基部半抱茎；最上部叶全缘；叶两面被硬毛。头状花序排成伞房或伞房圆锥花序，花序梗细长；总苞圆柱状钟形，长达1.2厘米，总苞片3层，背面被硬毛和柔毛，外层线形，长2-4毫米，内层线状披针形，长1-1.2厘米，边缘白色膜质。舌状小花黄色，冠筒被白色柔毛。瘦果纺锤形，长约3毫米，棕褐色；冠毛白色。花果期6-9月。

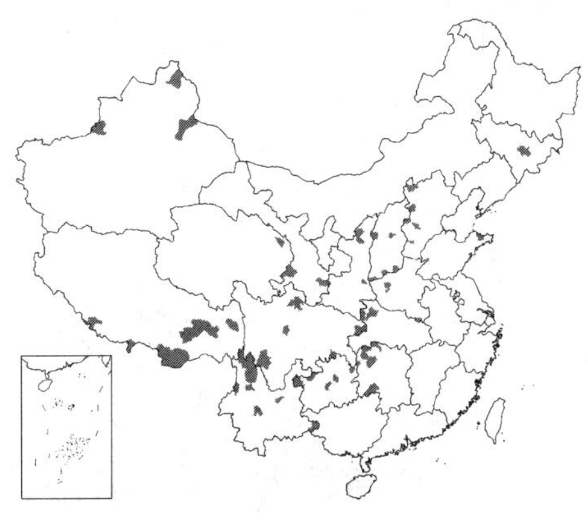

图 1076 毛连菜（孙英宝绘）

产吉林中部、河北西部、山东东部、河南、山西、陕西、甘肃、青海东部、新疆北部、西藏东部及南部、云南、贵州、四川、湖北及湖南，生于海拔560-3400米山坡草地、林下、沟边、田间、撂荒地或沙滩地。欧洲、地中海地区、伊朗、中亚、俄罗斯西部及西西伯利亚地区有分布。

[附] **单毛毛连菜** 褐毛毛连菜 **Picris hieracioides** subsp. **fuscipilosa** Hand.-Mazz. Symb. Sin. 7: 1177. 1936. 与模式变种的主要区别：茎下部密

被褐或紫褐色长硬毛，硬毛非钩状。产四川、云南及西藏，生于海拔2000-3500米山坡草地及林下。

3. 滇苦菜 图 1077

Picris divaricata Vaniot in Bull. Acad. Int. Géogr. Bot. 12: 28. 1903.

二年生草本。茎基部或上部被白色分叉钩状硬毛，向上毛稀或几无毛。叶几全基生，倒披针状长椭圆形或线状长椭圆形，长3-10厘米，基部楔形渐窄成翼柄，长达4厘米，两面被硬毛及钩状硬毛，沿中脉及叶缘较密，边缘浅波状微尖齿、浅波状或全缘；茎生叶少或几无，线状披针形，无柄，半抱茎。头状花序单生分枝顶端；总苞钟状，长1厘米，总苞片3层，背面沿中脉有1行硬毛，中外层线形、长三角形或披针形，长2-4毫米，内层线状披针形，长1厘米。舌状小花多数，黄色，舌片先端5齿裂。瘦果长椭圆形，红褐色，长4.5-4.8毫米，弯曲，有14纵肋，无喙。花果期4-11月。

产云南及西藏南部，生于海拔1400-2540米山坡草地、林缘或灌丛中。

[附] **新疆毛连菜 Picris similis** V. Vassil. in Not. Syst. Herb. Inst. Bot. Acad. Sci. URSS 17: 455. 1955. 本种与滇苦菜的主要区别：植株有基生叶及茎生叶；瘦果纺锤形，长5-6(-7)毫米，喙长0.3毫米。花果期6-9月。产新疆，生于海拔1650米石质山坡或沙砾河漫滩。哈萨克斯坦有分布。

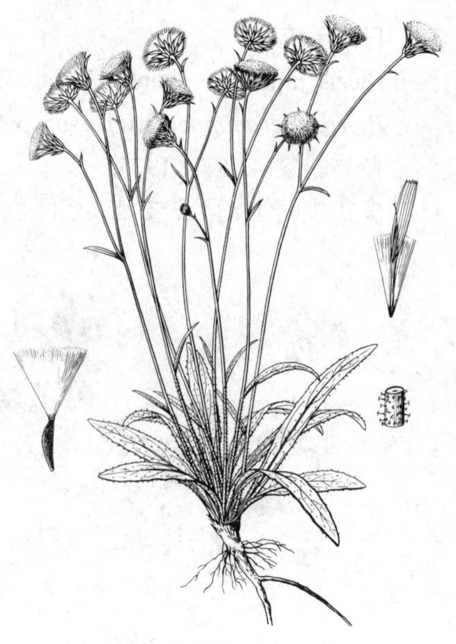

图 1077 滇苦菜 （引自《图鉴》）

202. 小疮菊属 Garhadiolus Jaub. et Spach

（石 铸 靳淑英）

一年生草本。叶缘有锯齿或羽状分裂。头状花序同型，舌状小花少数；总苞短圆柱状，总苞片2层，外层极小，内层线状披针形，果期坚硬内曲包被呈星状开展的瘦果；花托平，无毛。舌状小花黄色，稍长于总苞片；花药基部箭头状；花柱分枝细。瘦果圆柱状，弯曲，向下渐粗，内层瘦果顶端渐窄成细长的喙，喙顶有短毛状冠毛，外层瘦果顶端渐细，有小锯齿状或流苏状冠状冠毛，或全部瘦果喙顶具流苏状短冠状冠毛。

约5种，分布西亚及中亚、中东、伊朗、巴基斯坦及中国。我国1种。

小疮菊 图 1078

Garhadiolus papposus Boiss. et Buhse in Nouv. Mem. Soc. Imp. Nat. Mosc. 12: 135. 1860.

一年生草本，高达30(-40)厘米。茎直立，下部或基部分枝，茎枝被白色柔毛或无毛，有时兼有硬刺毛。基生叶倒披针形、长椭圆状倒披针形或椭圆形，长2-15厘米，大头羽状浅裂或深裂或边缘齿缺，基部渐窄成长达2厘米叶柄，上部侧裂片三角形或椭圆形，顶裂片三

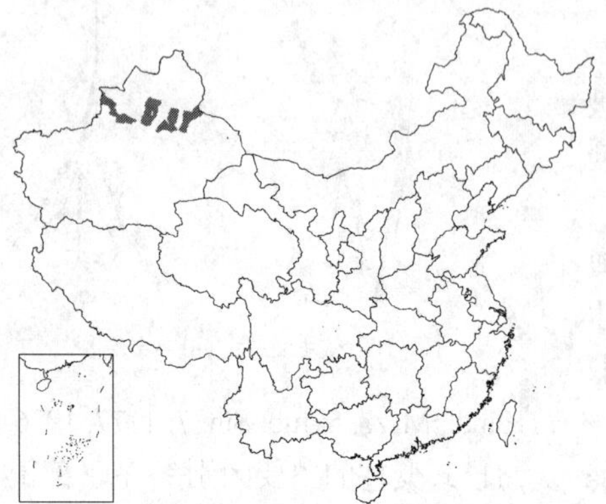

图 1078 小疮菊 （冀朝祯绘）

角形或椭圆形，裂片或下部或一侧边缘有锯齿；茎生叶与基生叶同形或长椭圆形；叶两面无毛。头状花序单生枝端或枝叉处；总苞短圆柱状，长6-9毫米，总苞2层，外层极小，内层线状披针形，长6-9毫米，密被硬毛，果期坚硬，内弯包外层瘦果。舌状小花黄色。瘦果圆柱形，内层瘦果喙顶有白色冠毛，外层瘦果顶端有小锯齿状或流苏状冠毛。瘦果上部被白色糙毛。花果期4-6月。

产新疆东北部至西北部，生于海拔680米以上平原或低山地区。伊朗及高加索有分布。

203. 苦苣菜属 Sonchus Linn.

（石 铸 靳淑英）

一年生、二年生或多年生草本。叶互生。头状花序同型，舌状小花通常80朵以上，在茎枝顶端排成伞房花序或伞房圆锥花序；总苞卵状、钟状、圆柱状或碟状，花后常下垂，总苞片3-5层，覆瓦状排列，草质，内层披针形、长椭圆形或长三角形，边缘常膜质；花托平，无毛。舌状小花黄色，两性，结实，舌片先端平截，5齿裂；花药基部短箭头状；花柱分枝纤细。瘦果卵圆形或椭圆形，稀倒圆锥形，极扁或粗厚，有多达20条纵肋，或纵肋少数，常有横皱纹，顶端较窄，无喙；冠毛多层多数，细密、柔软、白色，单毛状，基部连合成环或成组，脱落。

约50种，分布欧洲、亚洲与非洲。我国8种。

1. 瘦果肋间无横皱纹。
  2. 瘦果两面各有3细纵肋 ······ 1. **花叶滇苦菜 S. asper**
  2. 瘦果两面各有5纵肋 ······ 1(附). **沼生苦苣菜 S. palustris**
1. 瘦果肋间有横皱纹。
  3. 瘦果两面各有3细纵肋 ······ 2. **苦苣菜 S. oleraceus**
  3. 瘦果两面各有5细纵肋。
    4. 总苞片背面沿中脉有1行腺毛。
      5. 叶羽状分裂，侧裂片偏斜半椭圆形、卵形、偏斜卵形、偏斜三角形、偏斜半椭圆形、半圆形或耳形 ······ 3. **苣荬菜 S. arvensis**
      5. 叶不裂，匙形、长椭圆形或倒披针状长椭圆形 ······ 3(附). **南苦苣菜 S. lingianus**
    4. 总苞片背面无毛。
      6. 叶不裂 ······ 4. **全叶苦苣菜 S. transcaspicus**
      6. 叶羽状分裂。
        7. 叶侧裂片披针形、长披针形或长三角状披针形 ······ 4(附). **长裂苦苣菜 S. brachyotus**
        7. 叶侧裂片偏斜卵形、宽三角形或半圆形 ······ 4(附). **短裂苦苣菜 S. uliginosus**

1. **花叶滇苦菜** 断续菊 图 1079

Sonchus asper (Linn.) Hill, Herbar. Britan 1: 47. 1769.

Sonchus oleraceus Linn. γ. *asper* Linn. Sp. Pl. 794. 1753.

一年生草本。茎单生或簇生，茎枝无毛或上部及花序梗被腺毛。基生叶与茎生叶同型，较小；中下部茎生叶长椭圆形、倒卵形、匙状或匙状椭圆形，连翼柄长7-13厘米，柄基耳状抱茎或基部无柄；上部叶披针形，不裂，基部圆耳状抱茎；下部叶或全部茎生叶羽状浅裂、半裂或深裂，侧裂片4-5对，椭圆形、三角形、宽镰刀形或半圆形；叶及裂片与抱茎圆耳边缘有尖齿刺，两面无毛。头状花序排成稠密伞房花序；总苞宽钟状，长约1.5厘米，总苞片3-4层，绿色，草质，背面无毛，外层长披针形或长三角形，长3毫米，中内层长椭圆状披针形或宽线形，长达1.5厘米。舌状小花黄色。瘦果倒披针状，褐色，两面各有3条细纵肋，肋间无横皱纹；冠毛白色。花果期5-10月。

产山东东部、江苏东南部及西部、安徽东部、浙江西北部、福建西北部、台湾、江西北部、湖北、湖南西北部、四川中部及东部、贵州东北部、云南近中部、西藏中南部、新疆、陕西东部、山西南部，生于海拔1550-3650米林缘或水边。欧洲、西亚、中亚、俄罗斯西伯利亚远东地区、日本及喜马拉雅山区有分布。

[附] **沼生苦苣菜 Sonchus palustris** Linn. Sp. Pl. 793. 1753. 本种与花叶滇苦菜的主要区别：多年生草本；下部茎生叶披针形；瘦果椭圆形，两面各有5条纵肋。花果期6-9月。产新疆，生于海拔420-900米水边或湖边。欧洲、地中海地区、哈萨克斯坦、乌兹别克斯坦及俄罗斯西伯利亚地区有分布。

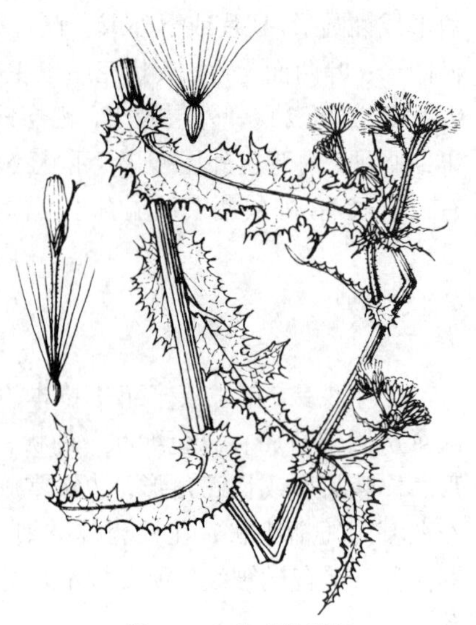
图 1079 花叶滇苦菜
（引自《江苏南部种子植物手册》）

2. 苦苣菜 滇苦荬菜 图 1080

Sonchus oleraceus Linn. Sp. Pl. 794. 1753.

一年生或二年生草本。茎枝无毛，或上部花序被腺毛。基生叶羽状深裂，长椭圆形或倒披针形，或大头羽状深裂，倒披针形，或不裂，椭圆形、椭圆状戟形、三角形、三角状戟形或圆形，基部渐窄成翼柄；中下部茎生叶羽状深裂或大头状羽状深裂，椭圆形或倒披针形，长3-12厘米，基部骤窄成翼柄，柄基圆耳状抱茎，顶裂片与侧裂片宽三角形、戟状宽三角形、卵状心形；下部叶与中下部叶同型，先端长渐尖，基部半抱茎；叶、裂片及抱茎小耳边缘有锯齿，两面无毛。头状花序排成伞房或总状花序或单生茎顶；总苞宽钟状，长1.5厘米，径1厘米，总苞片3-4层，先端长尖，背面无毛，外层长披针形或长三角形，长3-7毫米，中内层长披针形至线状披针形，长0.8-1.1厘米。舌状小花黄色。瘦果褐色，长椭圆形或长椭圆状倒披针形，长3毫米，两面各有3条细脉，肋间有横皱纹；冠毛白色。花果期5-12月。

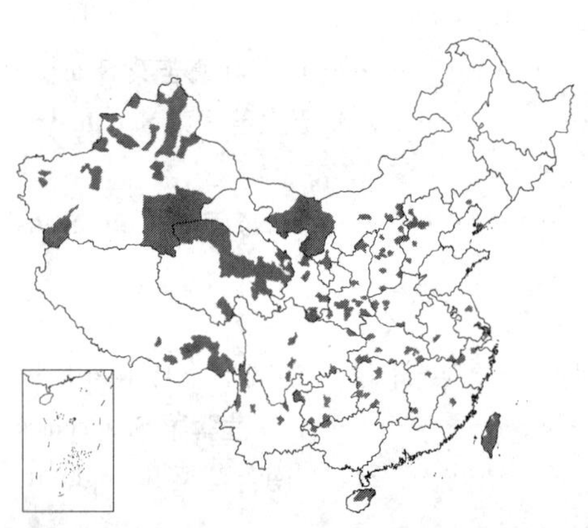

除黑龙江、吉林、广东、香港外，遍及各省区，生于海拔170-3200米山谷林缘、林下、田间、空旷或近水处。分布几遍全球。全草入药，祛湿、清热解毒。

图 1080 苦苣菜 （钱存源绘）

3. 苣荬菜 图 1081

Sonchus arvensis Linn. Sp. Pl. 793. 1753.

多年生草本。茎花序分枝与花序梗密被腺毛。基生叶与中下部茎生叶倒披针形或长椭圆形，羽状或倒向羽状深裂、半裂或浅裂，长6-24厘米，侧裂片2-5对，偏斜半椭圆形、椭圆形、卵形、偏斜卵形、偏斜三角形、半圆形或耳状，顶裂片长卵形、椭圆形或长卵状椭圆形；上部叶披针形或

图 1081 苣荬菜 （引自《江苏植物志》）

线状钻形；叶基部渐窄成翼柄，中部以上茎生叶无柄，基部圆耳状半抱茎，两面无毛，裂片边缘有小锯齿或小尖头。头状花序排成伞房状花序；总苞钟状，长1-1.5厘米，径0.8-1厘米，基部有绒毛，总苞片3层，背面沿中脉有1行腺毛，外层披针形，长4-6毫米，中内层披针形，长达1.5厘米。舌状小花黄色。瘦果长椭圆形，长3.7-4毫米，两面各有5条细纵肋，肋间有横皱纹；冠毛白色，长1.5厘米，柔软。花果期1-9月。

除黑龙江、吉林外，各省区均产，生于海拔300-2300米山坡草地、林间草地、潮湿地、近水旁、村边或河边砾石滩。分布几遍全球。

[附] **南苦苣菜** 图 1082：2 **Sonchus lingianus** Shih in Acta Phytotax. Sin. 29: 553. 1991. 本种与苣荬菜的主要区别：叶不裂，匙形、长椭圆形或倒披针状长椭圆形。产浙江、福建、江西、湖北、湖南、广东、贵州及云南，生于海拔650-1200米山坡荒地、林下、林缘、灌丛中或田边。

4. 全叶苦苣菜 图 1082：1

Sonchus transcaspicus Nevski in Acta Inst. Bot. Acad. Sci. URSS ser. 1 (4): 293. 1937.

多年生草本，有匍匐茎。茎枝无毛，头状花序下部有蛛丝状柔毛。基生叶与茎生叶同形，中下部叶灰绿或青绿色，线形，长椭圆形、匙形、披针形、倒披针形或线状长椭圆形，长4-27厘米，基部渐窄，无柄；叶全缘或有刺尖、凹齿或浅齿，两面无毛。头状花序排成伞房花序；总苞钟状，长1-1.5厘米，总苞片3-4层，背面无毛，外层披针形或三角形，长3-5毫米，中内层长披针形或长椭圆状披针形，长1.2-1.4厘米。舌状小花黄或淡黄色。瘦果椭圆形，暗褐色，长3.8毫米，两面各有5条纵肋；肋间有横皱纹。冠毛单毛状，白色。花果期5-9月。

产黑龙江东部及南部、吉林东南部、辽宁、内蒙古东南部、河北、河南西部、山西、陕西、宁夏、甘肃、青海东部、新疆北部及西北部、西藏东部及南部、云南南部、四川、湖南东部，生于海拔200-4000米山坡草地、水边湿地或田边。伊朗、印度北部、东地中海地区、高加索及乌兹别克斯坦有分布。

[附] **长裂苦苣菜 Sonchus brachyotus** DC. Prodr. 7 (1): 186. 1838. 本种与全叶苦苣菜的主要区别：一年生草本；叶羽状深裂，侧裂片披针形、长披针形或三角状披针形。产黑龙江、吉林、内蒙古、陕西、河北及山东，生于海拔350-2260米山地草坡、河边或碱地。日本、蒙古、俄罗斯远东地区有分布。

图 1082：1. 全叶苦苣菜 2. 南苦苣菜
（张泰利绘）

[附] **短裂苦苣菜 Sonchus uliginosus** Bieb. Fl. Taur. Cauc. 2: 238. 1808. 本种与全叶苦苣菜的主要区别：叶羽状分裂，侧裂片偏斜卵形、宽三角形或半圆形。花果期6-10月。产黑龙江、吉林、辽宁、内蒙古、山西、河北、河南、陕西、甘肃、新疆、青海、西藏、云南、四川、江苏及浙江，生于海拔400-4000米山沟、山坡、平地、河边或田边。俄罗斯、阿富汗、巴基斯坦及尼泊尔有分布。

204. 山莴苣属 Lagedium Sojάk.

（石 铸 靳淑英）

多年生草本。茎单生，通常淡紫红色，上部分枝，茎枝无毛。中下部茎生叶披针形、长披针形或长椭圆状披针形，长10-26厘米，宽2-3厘米，基部无柄，心形、心状耳形或箭头状半抱茎，全缘、有微齿或小尖头，两面无毛；上部叶较小，与中下部茎生叶同形。头状花序同型，约20小花，在茎枝顶端排成伞房花序或伞房圆锥花序；总苞片3-4层，常淡紫红色，背面无毛，中外层三角形、三角状卵形，长1-4毫米，内层长披针形，长1.1厘米。花托平，无毛。舌状小花蓝或蓝紫色，舌片先端5齿裂；花药基部附属物箭头状，小耳；花柱分枝细。瘦果椭圆形或长椭圆形，褐或橄榄色，扁，长约4毫米，有4-7条细肋，果颈长约1毫米，无喙，边缘有厚翅；冠毛白色，2层，长8毫米，微锯齿状。

单种属。

山莴苣 北山莴苣 图 1083

Lagedium sibiricum (Linn.) Sojάk. in Novit. Bot. Hort. Bot. Univ. Car. Prag. 34. 1961.

Sonchus sibiricus Linn. Sp. Pl. 795. 1753.

Lactuca sibirica (Linn.) Benth. ex Maxim.; 中国高等植物图鉴 4: 688. 1975.

形态特征同属。花果期7-9月。

产黑龙江、吉林、内蒙古、河北、山东南部、山西西部、陕西秦岭、甘肃中南部、新疆及青海，文献记载辽宁有分布，生于林缘、林下、草甸、河岸或湖边湿地。欧洲、中亚、俄罗斯、日本及蒙古有分布。

图 1083 山莴苣 （冀朝祯绘）

205. 乳苣属 Mulgedium Cass.

（石 铸 靳淑英）

一年生、二年生或多年生草本。叶分裂或不裂。头状花序同型，在茎枝顶端排成伞房或伞房圆锥花序或沿茎枝排成总状花序；总苞宽钟状或圆柱状，总苞片3-5层，常带紫红色，向内层渐长；花托平，无毛。舌状小花蓝或蓝紫色，多数，舌片先端平截，5齿裂，管部被白色长柔毛；花药基部箭头形；花柱分枝细。瘦果稍粗厚，纺锤形，每面有5-7条纵肋，顶端渐尖成喙；冠毛2层，纤细，微糙毛状或微锯齿状。

约15种，分布欧亚大陆。我国5种。

1. 茎枝无毛。
    2. 叶不裂或大头羽状深裂；总苞宽钟形，总苞片背面沿中脉有长柔毛；瘦果黑色，纺锤形 ………… 1. **黑苞乳苣 M. lessertianum**
    2. 叶羽状浅裂或半裂，顶裂片披针形或长三角形；总苞圆柱形或楔形，总苞片背面无毛；瘦果灰黑色，长圆状披针形 ………… 2. **乳苣 M. tataricum**
1. 茎枝被长节毛；瘦果青褐色，纺锤形 ………… 3. **苞叶乳苣 M. bracteatum**

1. 黑苞乳苣 图 1084

Mulgedium lessertianum (Wall. ex Clarke) DC. Prodr. 7: 251. 1838.

Lactuca lessertiana Wall. ex Clarke, Comp. Ind. 270. 1876.

多年生草本，高达27厘米。茎枝无毛。基生叶椭圆形或倒披针形，长4-4.5厘米，基部楔形渐窄成翼柄，翼柄长2-4厘米，几全缘或大头羽状深裂，侧裂片长2-3对，卵形或三角状卵形，顶裂片卵形；茎生叶及花序的叶及花序梗的叶线状披针形或线形，下部叶长3-5厘米，向上的叶小；叶两面无毛。头状花序沿茎枝排成总状花序；总苞宽钟状，长达2厘米，总苞片4层，外层披针形，长7毫米，中层长披针形，长1.3厘米，内层长椭圆形，长2厘米，中外层背面沿中脉有长柔毛。舌状小花紫红色。瘦果黑色，有微糙毛，纺锤状，长6毫米，顶端喙长5毫米，冠毛微锯齿状。花果期9月。

图 1084 黑苞乳苣（蔡淑琴绘）

产云南西北部、西藏东南部及南部，生于海拔2700-4500米山坡草地。巴基斯坦、印度北部、尼泊尔及锡金有分布。

2. 乳苣 蒙山莴苣 图 1085

Mulgedium tataricum (Linn) DC. Prodr. 7: 248. 1838.

Sonchus tataricus Linn. Mant. 2: 572. 1771.

Lactuca tatarica (Linn.) C. A. Mey.; 中国高等植物图鉴 4: 688. 1975.

多年生草本。茎枝无毛。中下部茎生叶长椭圆形、线状长椭圆形或线形，基部渐窄成短柄或无柄，长6-19厘米，羽状浅裂、半裂或有大锯齿，侧裂片2-5对，侧裂片半椭圆形或偏斜三角形，顶裂片披针形或长三角形；向上的叶与中部叶同形或宽线形；两面无毛，裂片全缘或疏生小尖头或锯齿。头状花序排成圆锥花序；总苞圆柱状或楔形，长2厘米；总苞片4层，背面无毛，带紫红色，中外层卵形或披针状椭圆形，长3-8毫米，内层披针形或披针状椭圆形，长2厘米。舌状小花紫或紫蓝色。瘦果长圆状披针形，灰黑色，长5毫米；冠毛白色，长1厘米。花果期6-9月。

图 1085 乳苣（引自《图鉴》）

产辽宁北部、内蒙古、河北、河南、安徽北部、山西、陕西北部、甘肃、宁夏南部、新疆、青海及西藏西部，生于海拔1200-4300米河滩、湖边、草甸、田边、固定沙丘或砾石地。欧洲、俄罗斯、哈萨克斯坦、乌兹别克斯坦、蒙古、伊朗、阿富汗及印度西北部有分布。

3. 苞叶乳苣 图 1086

Mulgedium bracteatum (Hook. f. et Thoms. ex Clarke) Shih in Acta Phytotax. Sin. 26: 390. 1988.

Lactuca bracteata Hook. f. et

Thoms. ex Clarke, Comp. Ind. 270. 1876.

一年生粗壮草本。茎枝紫红色，被长毛。基生叶及下部茎生叶卵形、椭圆状卵形或倒披针形，长3-6厘米，有长约3厘米的宽翼柄或下部茎生叶近无柄，基部耳状半抱茎，边缘有小锯齿；中部茎生叶倒披针形或披针形，长6.5-8厘米，边缘有细锯齿；上部叶及花序分枝的叶披针形，无柄，基部微耳状抱茎或不抱茎，全缘；中下部叶两面及花序分枝的苞叶疏被节毛。头状花序排成伞房或总状圆锥花序；总苞宽钟状，长1.9厘米，总苞片5层，长1.2-1.9厘米，背面无毛，干后紫红色，中外层披针形，内层线状披针形或宽线形。舌状小花淡蓝色。瘦果纺锤状，青褐色，长5毫米；冠毛白色。花果期9月。

产西藏南部，生于海拔2800-3000米林下。印度西北部、尼泊尔及锡金有分布。

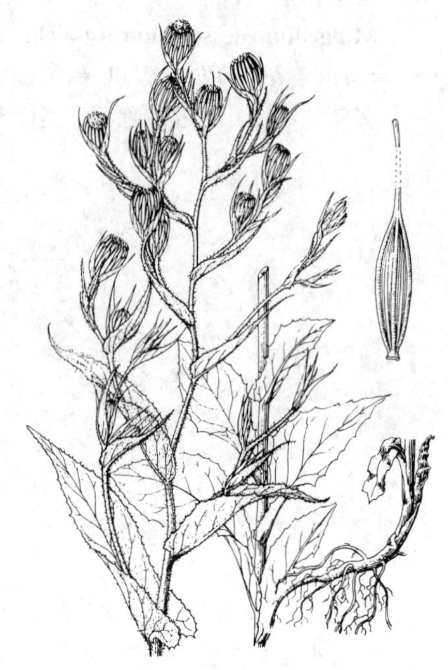

图 1086 苞叶乳苣（蔡淑琴绘）

206. 厚喙菊属 Dubyaea DC.

（石 铸 靳淑英）

多年生或一年生草本。茎分枝或不分枝成葶状。有叶或几无茎生叶，基生叶与下部茎生叶常大头羽状分裂。头状花序同型，舌状小花多数，在茎枝顶端排成伞房花序，或头状花序单生茎端；总苞钟状或圆柱状，总苞片3-4层，覆瓦状排列，向内层渐长或全部总苞片近等长，干后黑或黑绿色，外层通常背面沿中脉被黑色长毛或糙硬毛，中内层背面毛稀疏或几无毛。舌状小花紫红或蓝色，舌片先端平截，5齿裂；花柱分枝细，稍扁，顶端尖；花药基部箭头状。瘦果棒状、纺锤状或椭圆状，稍扁，淡黄或褐色，有6-17条纵肋，顶端平截，无喙；冠毛黄或棕褐色，2层，锯齿状，易断折。

约15种，集中分布中国西南地区和尼泊尔、锡金、印度北部、不丹。

1. 舌状小花黄色。
  2. 茎枝及总苞片背面沿中脉被黑或黑褐色长毛；植株高过1米。
    3. 叶不裂。
      4. 基生叶及下部茎生叶椭圆形或长椭圆形，有翼柄或无柄 …………………………………… 1. **厚喙菊 D. hispida**
      4. 基生叶及下部茎生叶卵形、长卵形，叶柄有翼 …………………………………… 1(附). **翼柄厚喙菊 D. pteropoda**
    3. 叶大头羽状浅裂、半裂或深裂 …………………………………… 1(附). **不丹厚喙菊 D. bhotanica**
  2. 茎枝及总苞片背面无毛；茎生叶莲座状，通常匙形，茎生叶通常倒披针形，植株高达28厘米 …………………………………… 2. **察隅厚喙菊 D. tsarongensis**
1. 舌状小花紫红或蓝色。
  5. 茎枝及中外层总苞片背面沿中脉被黑或黑褐色长毛；总苞宽钟状；冠毛污黄或淡黄色；叶不裂，或大头羽状浅裂或深裂，有基生叶和茎生叶；植株高达1米。
    6. 基生叶及下部茎生叶僧帽形、箭头状心形或卵状心形；瘦果有6条纵肋 ……… 3. **紫花厚喙菊 D. atropurpurea**
    6. 基生叶及下部茎生叶三角状心形、卵形或长卵形；瘦果有8-10条纵肋 ………… 3(附). **长柄厚喙菊 D. rubra**
  5. 花葶及总苞片背面无毛；总苞圆柱形；冠毛棕红色；叶不裂，几全茎生，莲座状；植株矮小，高达10厘米 …

…………………………………………………………………………………… 4. 矮小厚喙菊 D. gombalana

1. 厚喙菊 图 1087

Dubyaea hispida (D. Don) DC. Prodr. 7: 247. 1838. quoad nomen.

Hieracium hispidum D. Don, Prodr. Fl. Nepal 165. 1825.

多年生草本，高达1米。茎枝被黑褐色长毛，上部及花序分枝毛密。基生叶及下部茎生叶不裂，椭圆形或长椭圆形，长6-11厘米，基部渐窄，有翼柄或无柄；中上部叶与基生叶及下部叶同形或披针形，无柄或有短翼柄；花序下部的常线形；边缘疏生凹齿，两面被黑色长节毛，上部叶全缘。头状花序排成伞房或聚伞花序；总苞宽钟状，径1.5-2.5厘米，总苞片3层，背面沿中脉被黑或黑褐色长毛，外层长椭圆形，长8毫米，中层披针形，长1.1厘米，内层披针形或长椭圆形，长1.5厘米。舌状小花黄色。瘦果近纺锤形，上部黄色，下部黑色；冠毛淡黄色，长2厘米，微细锯齿。花果期8-10月。

产云南西北部、四川西南部、西藏南部及东南部，生于海拔3200-4200米高山林缘、林下、草甸或灌丛中。尼泊尔、锡金、不丹、印度北部及缅甸北部有分布。

[附] **翼柄厚喙菊** 图 1088:3-4 **Dubyaea pteropoda** Shih in Acta Phytotax. Sin. 31: 433. 1993. 本种与厚喙菊的主要区别：基生叶及下部茎生叶卵形、长卵形，叶柄有翼。产云南及西藏，生于海拔3100-3800米高山草甸、林下或灌丛中。尼泊尔有分布。

[附] **不丹厚喙菊** **Dubyaea bhotanica** (Hutch.) Shih in Acta Phytotax. Sin. 31: 436. 1993. —— *Crepis bhotanica* Hutch. in Kew Bull. 1916: 189. 1916. 本种与厚喙菊的主要区别：叶大头羽毛状浅裂、半裂或深裂；瘦果棒状。花果期7-11月。产四川西南部、云南西北部及西藏东部，生于海拔2200-4300米高山林缘、林下、灌丛中或草甸。不丹有分布。

图 1087 厚喙菊 （王金凤绘）

2. 察隅厚喙菊 图 1088 : 1-2

Dubyaea tsarongensis (W. W. Smith) Stebbins in Journ. Bot. 75: 17. 1937.

Lactuca tsarongensis W. W. Smith in Notes Roy. Bot. Gard. Edinb. 12: 211. 1920.

多年生草本，高达28厘米。茎枝无毛。基生叶莲座状，匙形，稀椭圆形，长1.5-11厘米，先端近圆，有小尖头，基部渐窄成有翼或无翼叶柄，柄长1-5厘米或无柄；茎生叶钻形，在较粗壮植株上，茎生叶通常倒披针形或披针形，无柄，基部有时耳状半抱茎，先端渐尖；叶全

图 1088 : 1-2. 察隅厚喙菊 3-4. 翼柄厚喙菊 （王金凤绘）

缘，两面无毛。头状花序单生茎顶或排成聚伞状花序，下垂或歪斜；总苞宽钟状，径1-2厘米，黑或黑绿色，总苞片3-4层，背面无毛，外层卵形，长6毫米，中内层披针形、椭圆形或长椭圆形，长0.8-1.4厘米。舌状小花黄色。瘦果淡黄色，近纺锤形，顶端平截，无喙，约有11条纵肋；冠毛淡黄色。花果期8-10月。

产云南西北部及西藏东南部，生于海拔2500-4100米山坡流石滩或高山草甸。

3. 紫花厚喙菊 紫舌厚喙菊 图 1089

Dubyaea atropurpurea (Franch.) Stebbins in Journ. Bot. 75: 51. 1937.

Lactuca atropurpurea Franch. in Journ. de Bot. 9: 294. 1895.

多年生草本，高达1米。茎枝被黑或黑褐色长节毛。基部叶及下部茎生叶不裂，僧帽形、箭头状心形或卵状心形，长13-14厘米，翼柄长达45厘米，或叶大头羽状浅裂或深裂，宽翼柄长达21厘米，柄基鞘状抱茎或半抱茎，顶端裂片卵状心形、箭头状心形、三角状心形或僧帽形，长5-8厘米，基部心形或浅心形，侧裂片1-3对，半椭圆形、三角形或半圆形；中上部茎生叶与基生叶及下部叶同形或披针形或倒披针形，不裂，无柄或翼柄宽达4厘米；叶及裂片与柄翼均有锯齿，两面被黑或黑褐色长毛，上面有时无毛。头状花序排成伞房状或聚伞状花序；总苞宽钟状，长1.4厘米，径2-2.5厘米，总苞片3-4层，外层长椭圆状披针形，长1.4厘米，中内层披针形，长1.2厘米，中外层背面沿中脉被黑褐色长毛，内层背面无毛。舌状小花紫红色。瘦果棒状，褐色，有6条不等粗纵肋；冠毛污黄色，长7毫米，细糙毛状。花果期7-10月。

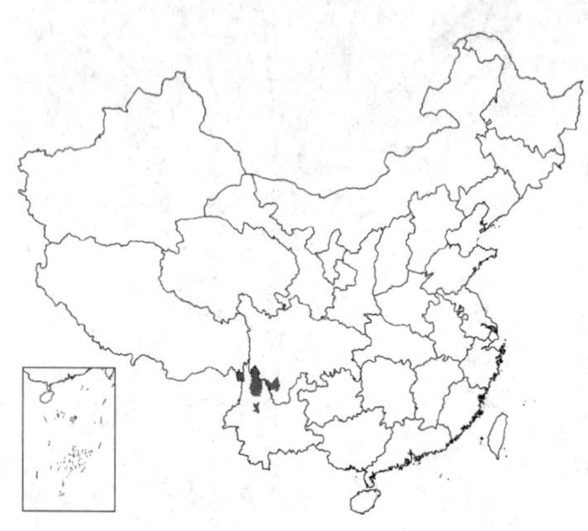

产四川西南部及云南西北部，生于海拔3000-4100米冷杉林缘、高山草甸或灌丛中。

图 1089 紫花厚喙菊 （冀朝祯绘）

[附] **长柄厚喙菊 Dubyaea rubra** Stebbins in Mem. Torrey Bot. Club. 19 (3): 17. 1940. 本种与紫花厚喙菊的主要区别：基生叶及下部茎生叶三角状心形、卵形或长卵形；瘦果有8-10条不等粗纵肋。花果期8-9月。产四川西南部及云南西北部，生于海拔3100-3600米冷杉林林缘。

4. 矮小厚喙菊 图 1090

Dubyaea gombalana (Hand.-Mazz.) Stebbins in Journ. Bot. 75: 17. 1937.

Lactuca gombalana Hand. -Mazz. in Sitz. Akad. Wiss. Wien, Math. -Nat. 61: 23. 1924.

多年生草本，高达10厘米。横走或斜升根茎顶端生出1-3花葶；花葶无叶，无毛。叶几全基生，莲座状，长椭圆形或长倒披针形，长2.5-5厘米，两面无毛，全缘，下部窄楔形或窄翼柄，柄长1-4厘米。头状花序单生花葶顶端，直立；总苞圆柱形，长1.6厘米，褐色，有时稍

图 1090 矮小厚喙菊 （王金凤绘）

红色，总苞片3层，背面无毛，外层卵形，长约6.5毫米，中内层披针形或披针状椭圆形，长1.6厘米。舌状小花约14，蓝色。幼果冠毛棕红色，长1.5厘米，细锯齿状。花期7月。

产云南西北部及西藏东南部，生于海拔3200米山坡沟边。

207. 山柳菊属 **Hieracium** Linn.

（石 铸 靳淑英）

多年生草本。茎单生或少数簇生。叶不裂，边缘有锯齿或全缘。头状花序同型，少数或多数在茎枝顶端排成圆锥、伞房或假伞形花序，有时单生茎端；总苞钟状或圆柱状，总苞片3-4层，覆瓦状排列，向内层渐长；花托平，蜂窝状，有窝孔，孔缘有小齿或无小齿，或边缘缘毛状。舌状小花多数，黄色，稀淡红或白色；舌片先端平截，5齿裂；花药基部箭头形；花柱分枝细，圆柱形。瘦果圆柱形或椭圆形，有8-14条椭圆状等粗纵肋，顶端平截，无喙；冠毛1-2层，污黄白、污白、淡黄、白、褐色，易折断。

约1000种，分布欧洲、亚洲、美洲与非洲山地。我国9种。

1. 瘦果长3毫米或3毫米以上。
  2. 植株被小刺毛、长单毛、长刚毛、星状毛或蛛丝状柔毛，至少花序分枝、花序梗、叶下面或总苞片背面如此。
    3. 基生叶及下部茎生叶花期脱落。
      4. 中部茎生叶披针形或窄线形，宽0.5-2厘米，基部窄楔形 ······ 1. **山柳菊 H. umbellatum**
      4. 中部茎生叶多卵形，宽1.5-5厘米，基部心形 ······ 1(附). **粗毛山柳菊 H. virosum**
    3. 基生叶花期存在或枯萎，有下部茎生叶。
      5. 基生叶花期存在；总苞片外面无头状具柄腺毛。
        6. 茎无毛；花序梗疏被蛛丝状柔毛；总苞外面无头状具柄腺毛及星状毛 ······ 2. **宽叶山柳菊 H. coreanum**
        6. 茎密被长柔毛，向上被蛛丝状毛及星状毛；总苞片外面被星状毛 ······ 2(附). **新疆山柳菊 H. korshinskyi**
      5. 基生叶和下部茎生叶花期枯萎；总苞片背面或沿中脉被腺毛及星状毛 ······ 3. **卵叶山柳菊 H. regelianum**
  2. 植株无毛；叶线形、宽线形或线状长椭圆形，全缘 ······ 4. **全光菊 H. hololeion**
1. 瘦果长1.5-2.2毫米。
  7. 茎下部密被贴伏棕黄色长刚毛；冠毛长4-5毫米 ······ 5. **刚毛山柳菊 H. echioides**
  7. 茎基部密被平展红褐色刚毛；冠毛长约7毫米 ······ 5(附). **棕毛山柳菊 H. procerum**

1. 山柳菊 图 1091

Hieracium umbellatum Linn. Sp. Pl. 804. 1753.

多年生草本。茎被极稀疏小刺毛，稀被长单毛，茎上部及花梗星状毛较多。基生叶及下部茎生叶花期脱落；中上部茎生叶互生，无柄，披针形或窄线形，长3-10厘米，宽0.5-2厘米，基部窄楔形，全缘或疏生尖齿，上面疏被蛛丝状柔毛，下面沿脉及边缘被硬毛；向上的叶渐小，与中上部叶同形并具毛。头状花序排成伞房或伞房圆锥花序，稀单生茎端，花序梗被星状毛及单毛；总苞黑绿色，钟状，长0.8-1厘米，总苞片3-4层，背面先端无毛，有时基部被星状毛，外层披针

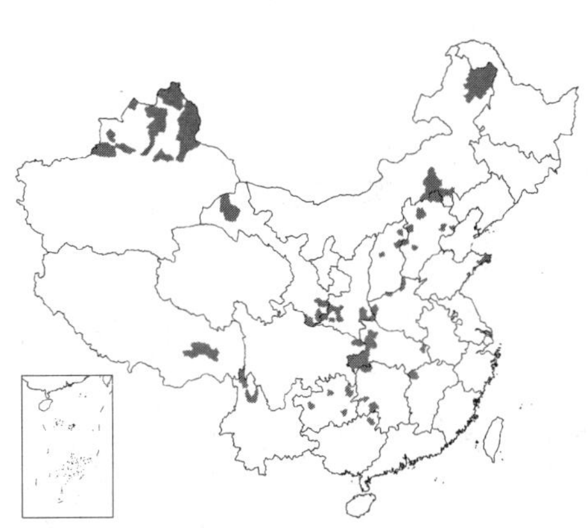

图 1091 山柳菊（引自《图鉴》）

形，长3.5-4.5毫米，内层线状长椭圆形，长0.8-1厘米。舌状小花黄色。瘦果黑紫色，长约3毫米，圆柱形，无毛；冠毛淡黄色，糙毛状。花果期7-9月。

产内蒙古、河北、山东、河南、山西、陕西南部、甘肃、新疆北部、西藏东部、云南西北部、贵州、四川、湖北、湖南、广西东北部及江西西北部，生于林缘、草丛中、伐木迹地或河滩。日本、蒙古、伊朗、巴基斯坦、印度、俄罗斯、哈萨克斯坦、乌兹别克斯坦及欧洲有分布。全草作饲料或染制羊毛与丝绸。

[附] **粗毛山柳菊 Hieracium virosum** Pall. Reise 1: 501. 1771. 本种与山柳菊的主要区别：中部茎生叶卵形，宽1.5-5厘米，基部心形。花果期6-10月。产内蒙古、陕西及新疆，生于海拔1700-2100米草地、林下或灌丛中。伊朗、印度、蒙古、日本、俄罗斯、乌兹别克斯坦及哈萨克斯坦有分布。

图 1092　宽叶山柳菊（蔡淑琴绘）

2. 宽叶山柳菊　　图 1092 彩片 168

Hieracium coreanum Nakai in Bot. Mag. Tokyo 29: 9. 1915.

多年生草本。茎枝无毛，基生叶花期存在，匙形或椭圆形，长4-8厘米，边缘有尖齿或下侧边缘有尖齿，基部楔形窄成窄翼柄；下部茎生叶椭圆形，长7-13厘米，有翼柄，柄基不抱茎或稍抱茎；中部叶椭圆形，长7-11.5厘米，基部无柄，心形半抱茎；上部或最上部叶披针形或线形，无柄，基部心形半抱茎；茎生叶不裂，边缘有篦齿状尖齿，稀下部茎生叶大头羽状深裂，下面无毛，上面密被长单毛。头状花序排成伞房花序，稀单生茎顶；花序梗疏被蛛丝状柔毛，有时兼有黑色刚毛；总苞钟状，黑或黑绿色，长1.1-1.5厘米，总苞片4层，背面无毛，中外层长三角形，长3.5-6毫米，最内层线状披针形，长1.1-1.5厘米。舌状小花黄色。瘦果圆柱状，长约5毫米，大部青灰色，上部淡黄色；冠毛白色，微糙毛状。花果期7-9月。

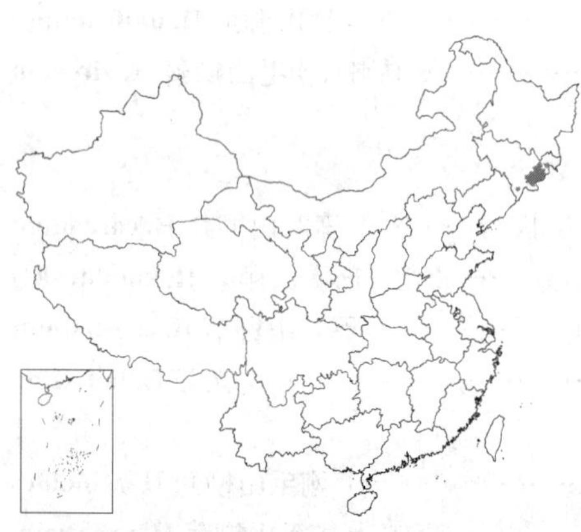

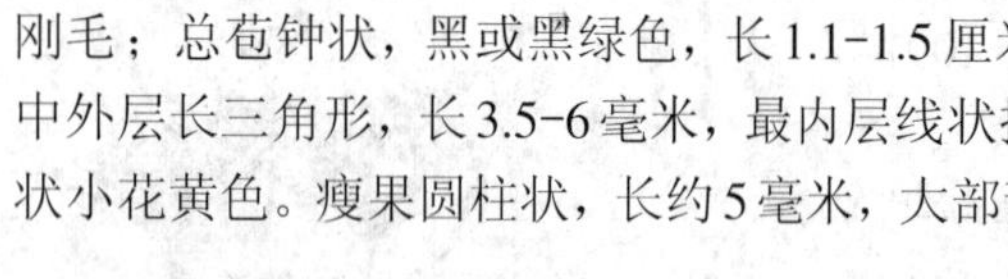

产吉林东部及南部，生于海拔1670-2200米林缘、林下、草甸或草原。朝鲜半岛北部有分布。

[附] **新疆山柳菊**　图 1093 : 3-4　**Hieracium korshinskyi** Zahn. in Pflanzenar. 4: 280. 1922. 本种与宽叶山柳菊的主要区别：茎密被长柔毛，向上被蛛丝状毛及星状毛；总苞片背面被星状毛。花果期7-9月。产新疆，生于海拔1680-2200米山坡林下、林中空地。哈萨克斯坦、俄罗斯西伯利亚及蒙古有分布。

3. 卵叶山柳菊　　图 1093 : 1-2

Hieracium regelianum Zahn. in Pflanzenar. 4: 280. 936. 1922.

多年生草本。茎下部被淡棕色长刚毛，上部毛稀或无毛。基生叶及下部茎生叶花期枯萎；中部茎生叶卵形、卵状披针形、椭圆状披针形或长椭圆形，长4-9厘米，基部耳状抱茎，全缘或有小锯齿，疏生缘毛，上面无毛，下面沿脉疏生长硬毛；向上的叶与中部叶同形并具同样毛被。头状花序排成伞房圆锥花序，花序梗无毛或被腺毛及星状毛；总苞钟状，长1厘米，总苞片3层，暗绿或近黑色，背面或沿中脉被腺毛及星状毛，外层线状披针形，长2毫米，中层线状披针形，长4毫米，内层宽线状披针形，长1厘米。舌状小花黄色。瘦果圆柱状，暗褐色，长约3.2厘米；冠毛污白色。花果期7-9月。

产新疆北部，生于海拔1700-2000米山坡林间草地。哈萨克斯坦有分布。

图 1093：1-2. 卵叶山柳菊 3-4. 新疆山柳菊（蔡淑琴绘）

4. 全光菊　　图 1094

Hieracium hololeion Maxim. in Mém. Acad. Imp. Sci. St. Pétersb. Sav. Etrang. 9: 182. 1859.

Hololeion maximoviczii Kitam.; 中国高等植物图鉴 4: 708. 1975.

多年生草本。茎单生，上部分枝，茎枝无毛，基生叶花期存在或不存在，线形、线状长椭圆形或宽线形，基部窄楔形成翼柄，连翼柄长22-32厘米，柄基稍扩大；中下部茎生叶与基生叶同形，柄基不扩大，花序分叉处的叶线状钻形；叶两面无毛，全缘。头状花序排成疏散伞房状或伞房圆锥花序；总苞宽圆柱状，长1-1.3厘米，总苞片约4层，背面无毛，外层及最外层卵形、椭圆状披针形，长2.8-4毫米，中内层椭圆形或长椭圆形，长0.6-1.3厘米。舌状小花淡黄色。瘦果圆柱状，褐色，长6.3毫米；冠毛污黄色。花果期7-9月。

产吉林及内蒙古，生于草甸、沼泽草甸及溪流湿地。朝鲜半岛北部、日本及俄罗斯远东地区有分布。

图 1094 全光菊（冀朝祯绘）

5. 刚毛山柳菊　　图 1095

Hieracium echioides Linn. Fl. Poson 1: 348. 1791.

多年生草本。茎上部分枝，下部密被贴伏棕黄色长刚毛，上部有星状毛。基生叶早枯，长椭圆形，长达16厘米；下部茎生叶披针形、线状披针形或长椭圆状披针形，长4-16厘米，宽0.5-2厘米，基部渐窄成短柄，两面密被长硬毛或星状毛；上部叶披针形，无柄，毛被与下部茎生叶相同。头状花序排成伞状花序，花序梗密被白色柔毛；总苞卵圆形或半球形，总苞片3层，苞片棕灰色，密被柔毛，外层卵状披针形，长3-5毫米，内层长椭圆状披针形，长8-9毫米。舌状小花黄色。瘦果窄圆柱形，棕褐色，长1.5-2.2毫米，有10条细肋，顶端平截，无喙；冠毛污白色，长4-5毫米，粗毛状。花果期6-9月。

产新疆北部，生于海拔2000米荒漠草原。哈萨克斯坦、俄罗斯、蒙古及伊朗有分布。

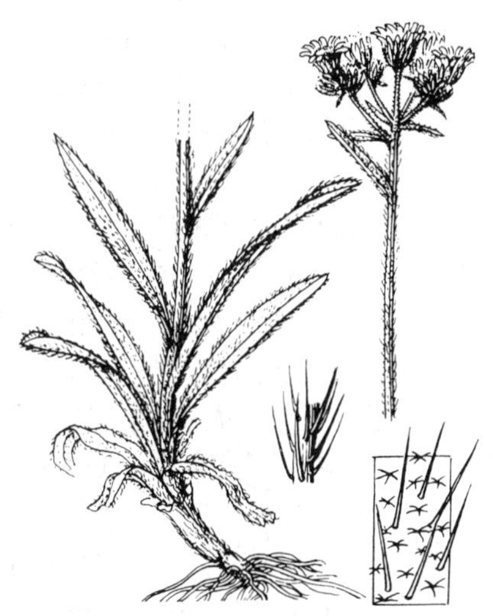
图 1095 刚毛山柳菊（张荣生绘）

[附] **棕毛山柳菊 Hieracium procerum** Fries, Symb. Hiest. Hirac. 43. 1848. 本种与刚毛山柳菊的主要区别：茎基部密被平展红褐色刚毛；冠毛长约7毫米。花果期7–8月。产新疆北部，生于海拔1200–2500米干旱山坡。叙利亚、伊拉克、伊朗、哈萨克斯坦、乌兹别克斯坦及俄罗斯西伯利亚地区有分布。

208. 还阳参属 Crepis Linn.

（石 铸 靳淑英）

多年生、二年生或一年生草本。茎有叶或无叶，叶羽状分裂或不裂，有锯齿或无齿。头状花序同型，舌状小花多数，在茎枝顶端排成伞房、圆锥或总状花序，或头状花序单生茎顶；总苞钟状或圆柱状，总苞片2–4层，背面被毛或无毛，外层及最外层短或极短，内层及最内层长或最长；花托平，蜂窝状，窝缘有缘毛或流苏状毛或无毛。小花舌状，两性，结实，黄色，稀紫红色，舌片先端5齿裂，花冠管部被柔毛或无毛；花丝基部有箭头状附属物，花柱分枝细。瘦果圆柱状、纺锤状，向两端收窄，近顶处收缢，有10–20纵肋，沿肋有微刺毛或无毛，顶端无喙或有喙状物或有长细喙；冠毛1层，白色，糙毛状。

约200余种，广布欧、亚、非及北美大陆。我国22种。

1. 植株有直立或平卧根茎。
  2. 茎生叶不裂；茎有叶。
    3. 头状花序大；总苞长1.5厘米。
      4. 茎被黑、褐或白色长硬毛；叶缘大锯齿状或羽状浅裂；植株高达1.5米 …… 1. **西伯利亚还阳参 C. sibirica**
      4. 茎枝大部疏被蛛丝状柔毛，上部及接头状花序处被黑或黑绿色长毛；叶基部以上有粗浅齿；植株高5–15厘米 …… 1(附). **金黄还阳参 C. chrysantha**
    3. 头状花序小；总苞长1厘米或不及1厘米。
      5. 舌状小花黄色。
        6. 叶卵形或圆形，全缘，基部骤窄成柄 …… 2. **矮小还阳参 C. nana**
        6. 叶椭圆形、椭圆状披针形或匙形，边缘有锯齿，基部渐窄成柄 …… 2(附). **乌恰还阳参 C. karelinii**
      5. 舌状小花紫红色 …… 2(附). **红花还阳参 C. lactea**
  2. 基生叶大头羽状浅裂、半裂或深裂；通常无茎无叶。
    7. 总苞圆柱状，总苞片背面沿中脉被腺毛及柔毛并疏生蛛丝状毛；瘦果肋上有小刺毛 …… 3. **多茎还阳参 C. multicaulis**
    7. 总苞钟状，总苞片外面沿中脉被长毛；瘦果肋上无小刺毛 …… 3(附). **藏滇还阳参 C. elongata**
1. 植株无根茎，有直根。
  8. 内层总苞片内面被贴伏糙毛。
    9. 头状花序大，单生茎端或2–4头状花序在茎枝顶端排成不明显伞房花序；总苞长1–1.5厘米；叶羽状分裂或少有羽状分裂的；茎叶基部不抱茎。
      10. 总苞长1–1.5厘米，总苞片背面被蛛丝状毛或沿中脉被黄绿色刚毛及腺毛 …… 4. **北方还阳参 C. crocea**
      10. 总苞长1厘米，总苞片背面沿中脉密被糙硬毛，兼被蛛丝状柔毛 …… 4(附). **山地还阳参 C. oreades**
    9. 头状花序小，多数在茎枝顶端排成伞房或伞房圆锥花序；总苞长7.5–8.5毫米；叶不裂或植株至少有不裂的叶；茎生叶基部尖耳状或圆耳状抱茎 …… 5. **屋根草 C. tectorum**
  8. 总苞片内面无毛。
    11. 头状花序排成窄总状或窄总状圆锥花序 …… 6. **芜菁还阳参 C. napifera**
    11. 头状花序排成伞房状或团伞状花序。
      12. 叶不裂。
        13. 基部或近基部茎生叶极小，鳞片状、线状钻形或三角形苞片状。
          14. 叶柔软 …… 7(附). **果山还阳参 C. bodinieri**

14. 叶坚硬。

15. 植株上部或中部以上分枝；中部茎生叶线形，长3-8厘米 ………………………………… 7. **还阳参 C. rigescens**

15. 植株基部或中部以下分枝；中部茎生叶丝形，长3厘米 ………………………………… 8. **绿茎还阳参 C. lignea**

13. 基生叶倒披针形，下部茎生叶窄，无柄、半抱茎，叶两面被腺毛 …………… 8(附). **抽茎还阳参 C. subscaposa**

12. 叶羽状深裂、半裂或浅裂；头状花序排成伞房或团伞状花序；总苞窄圆柱状，长6-9毫米，总苞片背面无毛 …………………………………………………………………………………………… 9. **弯茎还阳参 C. flexuosa**

1. 西伯利亚还阳参 图 1096：1-3

Crepis sibirica Linn. Sp. Pl. 807. 1753.

多年生草本，高达1.5米。根状茎粗壮。茎枝被黑、褐或白色长硬毛。

基生叶及下部茎生叶长圆状椭圆形、长圆状卵形、卵形或椭圆形，长16-20厘米，翼柄长6-15厘米或更长，边缘大锯齿状或羽状浅裂；中部茎生叶卵形、长椭圆形或披针形，基部收窄成翼柄；上部叶卵形、心形或披针形，基部半抱茎；最上部及接头状花序下部的叶椭圆形或线状披针形，全缘；茎生叶上面无毛，下面沿脉被白色糙硬毛。头状花序排成疏散伞房花序，稀单生茎顶或植株具2头状花序；总苞钟状，长1.5厘米，果期黑绿色，总苞片3-4层，背面被长硬毛，外层卵状披针形或长椭圆状披针形，长5-6毫米，内层长椭圆形或长椭圆状披针形，长约1.5厘米，内面无毛。舌状小花黄色。瘦果深褐或红褐色，纺锤状，长约9.5毫米。冠毛白或淡黄白色，微粗糙。花果期5-9月。

产内蒙古中东部及新疆北部，生于海拔1000-2680米山坡、山顶、山脚林缘、林下、林间草地或灌丛中。中欧、俄罗斯、哈萨克斯坦及蒙古有分布。

[附] **金黄还阳参** 图 1096：4-6 **Crepis chrysantha** (Ledeb.) Turcz. in Bull. Soc. Nat. Mosc. 11: 96. 1838.—— *Hieracium chrysanthum* Ledeb. Fl. Alt. 4: 129. 1833.本种与西伯利亚还阳参的主要区别：茎枝大部疏被蛛丝状柔毛，上部及接头状花序处被黑或黑绿色长毛；叶基部以上有粗浅齿；植株高5-15厘米。花果期7-9月。产新疆，生于河滩砾石地或石质坡地。蒙古、俄罗斯及哈萨克斯坦有分布。

图 1096：1-3. 西伯利亚还阳参 4-6. 金黄还阳参 （蔡淑琴绘）

2. 矮小还阳参 图 1097：1

Crepis nana Richards. Frankl. Journ. App. ed. 2, 92. 1823.

多年生草本，高达4厘米。茎基部分枝，无毛。基生叶及茎生叶卵形或圆形，连叶柄长1-4厘米，基部骤窄成柄，边缘有锯齿，叶两面无毛。头状花序少数，排成伞房花序状，花序梗弯曲；总苞圆柱状，长9.5毫米，总苞片4层，背面无毛，外层卵形或椭圆状披针形，长2-3毫米，内层线状长椭圆形，长9.5毫米，边缘白色膜质，内面无毛。舌状小花黄色，花冠管无毛。瘦果纺锤状，淡黄色，长5毫米，无喙；冠毛白色。花果期6-9月。

图 1097：1. 矮小还阳参 2. 乌恰还阳参 3-5. 红花还阳参 （张荣生 蔡淑琴绘）

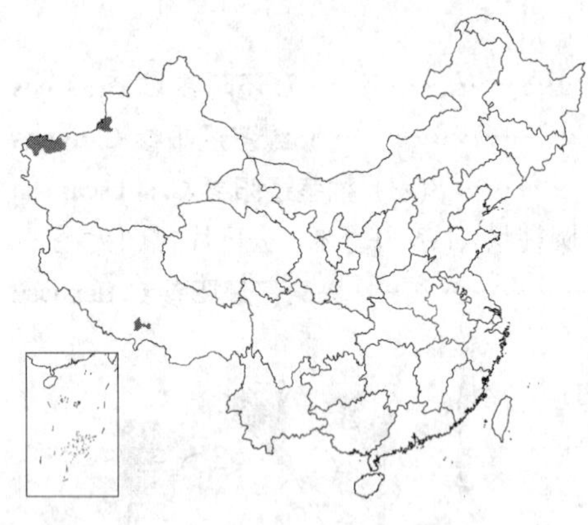

产西藏南部及新疆西北部，生于海拔4650米河滩砾石地或山麓碎石地。北美、蒙古、俄罗斯、哈萨克斯坦及乌兹别克斯坦有分布。

[附] **乌恰还阳参** 图 1097：2 **Crepis karelinii** M. Pop. et Schischk. ex Czer. in Fl. URSS 29: 656. 757. 1964. 本种与矮小还阳参的主要区别：叶椭圆形、椭圆状披针形或匙形，边缘有锯齿，基部渐窄成柄。产新疆，生于海拔2600-3500米砾石地及河滩地。

[附] **红花还阳参** 图 1097：3-5 **Crepis lactea** Lipsch. in Fedde, Repert. Sp. Nov. 42: 159. 1937. 本种与矮小还阳参的主要区别：叶椭圆形或长椭圆状倒卵形，基部楔形收窄成柄；舌状小花紫红色。产新疆及西藏，生于河滩砾石地。帕米尔地区有分布。

3. 多茎还阳参 图 1098

Crepis multicaulis Ledeb. Icon. Pl. Fl. Ross. 1: 9. 1829.

多年生草本。茎簇生，花序分枝被腺毛及柔毛，接头状花序下部被白色棉毛，茎下部疏被蛛丝状毛。基生叶长椭圆状倒披针形、卵状倒披针形、倒披针形或椭圆形，基部有细柄，连叶柄长3.5-11厘米，边缘凹缺，疏生锯齿至大头羽状深裂，或全缘；茎无叶或有线形全缘的茎生叶；叶两面及叶柄被白色柔毛或几无毛。头状花序排成圆锥状伞房或伞房花序或茎生2头状花序；总苞圆柱状，长7-9毫米，总苞片4层，背面沿中脉有腺毛及柔毛并疏生蛛丝状毛，外层卵形或长椭圆状披针形，长1-1.2毫米，内层线状披针形，长7-9毫米，边缘白色，膜质，内面无毛。舌状小花舌状，黄色。瘦果纺锤状，红褐色，长4毫米，无喙，有10-12等粗细肋，肋上有小刺毛；冠毛白色。花果期5-8月。

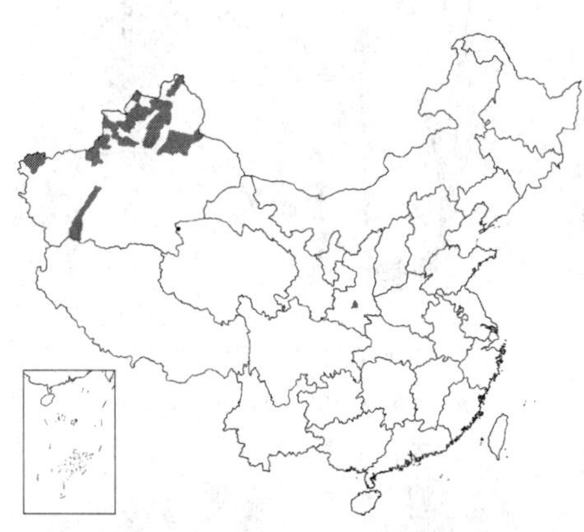

产新疆及陕西秦岭，生于海拔1640-3600米山坡林下、林缘、林间空地、草地、河滩地、溪边或水边砾石地。蒙古、俄罗斯、哈萨克斯坦及乌兹别克斯坦有分布。

[附] **藏滇还阳参** **Crepis elongata** Babcock in Univ. Calif. Publ. Bot. 14: 362. 1928. 本种与多茎还阳参的主要区别：总苞钟状，总苞片背面沿中脉被长毛；瘦果肋上无小刺毛。产云南西北部、四川及西藏东部，生于海拔600-4200米山坡、草地、灌丛中、林缘或草甸。

图 1098 多茎还阳参 （冀朝祯绘）

4. 北方还阳参 还羊参 图 1099

Crepis crocea (Lam.) Babcock in Univ. Calif. Publ. Bot. 19: 400. 1941.

Hieracium croceum Lam. Encycl. Meth. 2: 360. 1786.

多年生草本。茎被蛛丝状毛，基部被褐或黑褐色残存叶柄。基生叶倒披针形或倒披针状长椭圆形，连叶柄长2.5-10厘米，基部收窄成短翼柄，羽状浅裂或半裂，顶裂片三角形、长三角形或三角状披针形，侧裂片多对，三角

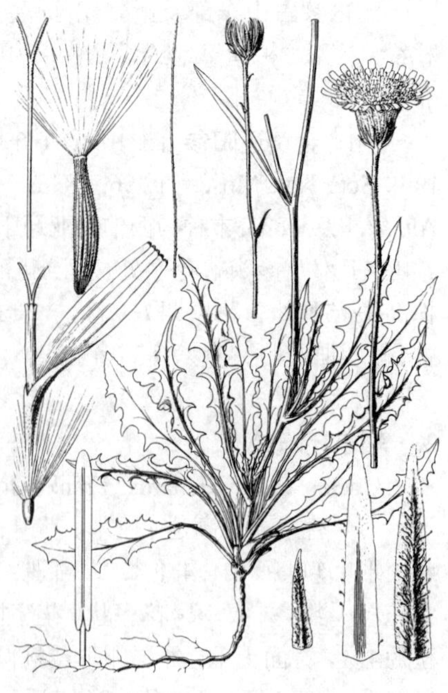

图 1099 北方还阳参 （引自《图鉴》）

形、宽三角形或窄线状披针形，全缘，或一侧有1个单锯齿；无茎生叶或茎生叶1-3，与基生叶同形，线状披针形或线状钻形，并同等分裂或不裂，全缘，无叶柄；叶两面被蛛丝状毛或无毛。头状花序直立，单生茎端或枝端；总苞钟状，长1-1.5厘米，总苞片4层，果期绿色，背面被蛛丝状柔毛，沿中脉被黄绿色刚毛及腺毛，外层线状披针形，长5毫米，内层长椭圆状披针形，长1-1.5厘米，内面无毛。舌状小花黄色。瘦果纺锤状，黑或暗紫色，长5-6毫米，有10-12条等粗纵肋；冠毛白色。花果期5-8月。

产内蒙古、河北、山西、河南、陕西、宁夏、甘肃、青海及新疆中北部，生于海拔850-2900米山坡、农田撂荒地或黄土丘陵地。蒙古及俄罗斯西伯利亚有分布。

[附] **山地还阳参 Crepis oreades** Schrenk in Fisch et Mey. Enum. Pl. Nov. 2: 32. 1842. 本种与北方还阳参的主要区别：总苞长1厘米，总苞片背面沿中脉密被糙硬毛，兼被蛛丝状柔毛。产新疆及青海柴达木盆地，生于海拔1000-3800米山坡砾石地。哈萨克斯坦、乌兹别克斯坦及阿富汗有分布。

5. 屋根草　图 1100

Crepis tectorum Linn. Sp. Pl. 807. 1753.

一年生或二年生草本。茎枝被白色蛛丝状柔毛，上部疏被腺毛或淡白色刺毛。基生叶及下部茎生叶披针状线形、披针形或倒披针形，连叶柄长5-10厘米，基部渐窄成短翼柄，边缘疏生锯齿或凹缺状锯齿至羽状全裂，羽片披针形或线形；中部叶与基生叶及下部叶同形或线形，等样分裂或不裂，无柄，基部尖耳状或圆耳状抱茎；上部叶线状披针形或线形，无柄，全缘；叶两面疏被刺毛及腺毛。头状花序排成伞房或伞房圆锥花序；总苞钟状，长7.5-8.5毫米，总苞片3-4层，背面疏被蛛丝状毛及腺毛，外层线形，长2毫米，内层长7.5-8.5毫米，长椭圆状披针形，边缘白色膜质，内面被贴伏糙毛。舌状小花黄色。瘦果纺锤形，长3毫米，有10等粗纵肋；冠毛白色。花果期7-10月。

图 1100　屋根草（张荣生绘）

产黑龙江、内蒙古东北部及新疆北部，生于海拔900-1800米山地林缘、河谷草地、田间或撂荒地。欧洲、哈萨克斯坦、蒙古、俄罗斯西伯利亚及远东地区有分布。

6. 芜菁还阳参　图 1101

Crepis napifera (Franch.) Babcock in Univ. Calif. Publ. Bot. 22: 629. 1947.

Lactuca napifera Franch. in Journ. de Bot. 9: 292. 1892..

多年生草本。根粗壮，圆柱状或芜菁状。茎不分枝或中部以上分枝，茎枝被糙毛。基生叶莲座状，长椭圆形、倒披针形或倒卵形，长7-26厘米，基部渐窄成柄，边缘圆浅裂、波状圆浅裂、浅波齿或全缘，侧裂片圆形或宽三角形；下部茎生叶与基生叶同形并等样分裂，两面及叶柄被糙毛。头状花序排成窄总状或窄总状圆锥花序；总苞圆柱状，长7-9毫米，果期黑

绿色，总苞片4层，背面无毛，外层披针形，长达3毫米，内层线状披针形，长7-9毫米。舌状小花黄色。瘦果浅黑褐色，近圆柱状，长4毫米，有10条近等粗纵肋；冠毛污黄色。花果期6-10月。

产云南、四川西南部、贵州西南部及中部，生于海拔1400-3300米山坡或河谷林下。

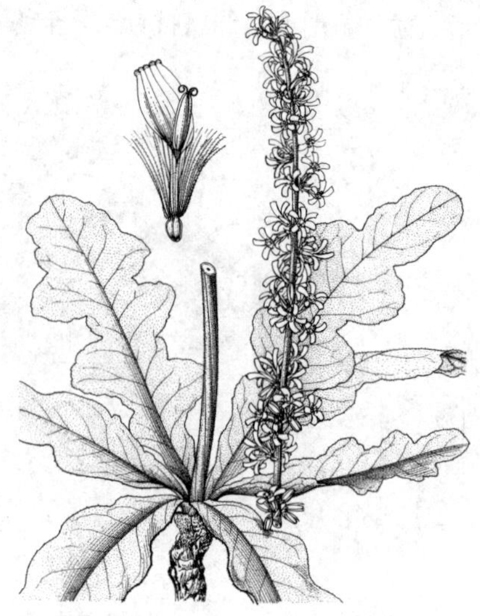

图 1101 芜菁还阳参（冀朝祯绘）

7. 还阳参 图 1102

Crepis rigescens Diels in Notes Roy. Bot. Gard. Edinb. 5: 202. 1912.

多年生草本。茎上部或中部以上分枝。基部茎生叶鳞片状或线状钻形；中部叶线形，长3-8厘米，坚硬，全缘，反卷，两面无毛，无柄。头状花序直立，排成伞房状花序；总苞圆柱状或钟状，长8-9毫米，总苞片4层，背面被白色蛛丝状毛或无毛，外层线形或披针形，长达3毫米，内层披针形或椭圆状披针形，长7-9毫米，边缘白色膜质，内面无毛。舌状小花黄色，花冠管外面无毛。瘦果纺锤形，长4毫米，黑褐色，无喙，有10-16条纵肋，肋上疏被刺毛；冠毛白色。花果期4-7月。

产四川西南部、云南西北部及中部，生于海拔1600-3000米山坡林缘、溪边或荒地。

[附] **果山还阳参 Crepis bodinieri** Lévl. in Bull. Acad. Géogr. Bot. 25: 15. 1915. 本种与还阳参的主要区别：叶柔软；瘦果有12条纵肋，肋上无刺毛或刺毛不明显。花果期6-7月。产云南西北部及中部、四川西南部及西藏东南部，生于海拔1600-2900米山坡林下或灌丛中。

图 1102 还阳参（冀朝祯绘）

8. 绿茎还阳参 万丈深 图 1103

Crepis lignea (Vaniot) Babcock in Univ. Calif. Publ. Bot. 22: 644. 1947.

Lactuca lignea Vaniot in Bull. Acad. Int. Géogr. Bot. 12. 318. 1903.

多年生草本。茎黑绿或灰绿色，下部或基部分枝，茎枝无毛或花序梗接头状花序处被蛛丝状毛。基生叶及下部茎生叶三角形，苞片状；中部叶丝形，长达3厘米，全缘，最上部叶钻状线形，苞片状，茎生叶均无毛。头状花序排成伞房状花序；总苞钟状或圆柱状，长7-9毫米，总苞片4层，背面无毛或疏被蛛丝状毛或稀被腺毛，外层长3毫米，内层长7-9毫米，披针形或长椭圆状披针形，边缘膜质，内

图 1103 绿茎还阳参（冀朝祯绘）

面无毛。舌状小花黄色，花冠筒部外面无毛。瘦果纺锤形，稍弯曲，褐色，长5毫米，喙长1毫米，肋12，肋有微刺毛；冠毛白色，长4-5毫米。花果期4-8月。

产云南、四川西南部及贵州西南部，生于海拔1580-2700米阳坡。根药用，清热，解毒。

[附] **抽茎还阳参 Crepis subscaposa** Coll. et Hemsl. in Journ. Linn. Soc. Bot. 28: 78. 1891. 本种与绿茎还阳参的主要区别：茎枝密被糙硬毛，茎上部分枝；基生叶倒披针形，下部茎生叶窄，无柄，半抱茎，叶两面被腺毛；花冠筒部被柔毛；瘦果顶端无喙。产云南。缅甸及中南半岛有分布。

9. 弯茎还阳参 图 1104 彩片 169

Crepis flexuosa (Ledeb.) Clarke, Comp. Ind. 254. 1876.

Prenanthes polymorpha Ledeb. γ. *flexuosa* Ledeb. Fl. Alt. 4: 145. 1833.

多年生草本。茎枝无毛，有多数茎生叶。基生叶及下部茎生叶倒披针形、长倒披针形、倒披针状卵形、倒披针状长椭圆形或线形，连叶柄长1-8厘米，羽状深裂、半裂或浅裂，叶柄长0.5-1.5厘米；中部与上部叶与基生叶及下部叶同形或线状披针形或窄线形，并等样分裂，无柄或有短柄；叶两面无毛。头状花序排成伞房状或团伞状花序；总苞窄圆柱状，长6-9毫米，总苞片4层，外层卵形或卵状披针形，长1.5-2毫米，内层长6-9毫米，线状长椭圆形，内面无毛，总苞片果期黑或淡黑褐色，背面无毛。舌状小花黄色。瘦果纺锤状，淡黄色，长约5毫米，有11条等粗纵肋；冠毛白色。花果期6-10月。

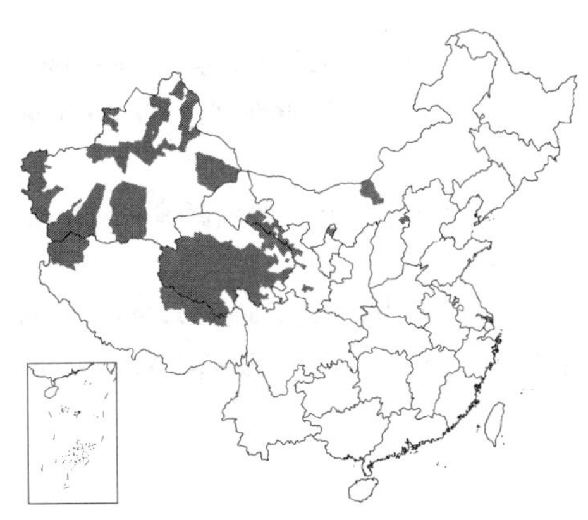

产内蒙古、山西东北部、甘肃、宁夏北部、新疆、青海及西藏，生于海拔1000-5050米山坡、河滩草地、河滩卵石地、冰川河滩地或水边沼泽地。蒙古、俄罗斯西伯利亚地区及哈萨克斯坦有分布。

图 1104 弯茎还阳参（引自《图鉴》）

209. 黄鹌菜属 Youngia Cass.

（石 铸 靳淑英）

一年生或多年生草本。叶羽状分裂或不裂。头状花序同型，具5-25舌状小花，在茎枝顶端或沿茎排成总状、伞房或圆锥状伞房花序；总苞圆柱状、圆柱状钟形、钟状或宽圆柱状，总苞3-4层，外层短，先端尖，内层长，背面先端无鸡冠状附属物或有鸡冠状附属物；花托平，蜂窝状，无毛。舌状小花两性，黄色，1层，舌片先端平截，5齿裂；花药基部附属物箭头形；花柱分枝细。瘦果纺锤形，向上收窄，近顶端收缢，无喙或收窄成粗短喙状物，有10-15纵肋；冠毛白色，稀鼠灰色，1-2层，单毛状或糙毛状，有时基部连合成环，整体脱落。

约40种，主产中国，日本、朝鲜、蒙古、俄罗斯西伯利亚及远东地区有少数种。我国37种。

1. 簇生多年生小草本；茎极短或几无主茎；头状花序生于莲座状叶丛中或叶丛之上。
  2. 总苞片无毛。
    3. 总苞长1.2-1.6厘米，花序梗无毛；叶不裂，全缘、有波状浅齿或凹尖齿 ………… 1. **无茎黄鹌菜 Y. simulatrix**
    3. 总苞长8-9毫米，花序梗被白色绒毛；叶羽状半裂或深裂 ………………………… 2. **细梗黄鹌菜 Y. gracilipes**
  2. 总苞背面被微柔毛或沿中脉有小刺毛 ……………………………………………… 2(附). **矮生黄鹌菜 Y. depressa**
1. 多年生或一年生草本，非簇生状；有发育主茎；头状花序在茎枝顶端排成伞房状、伞房圆锥、圆锥花序或侧向总状花序。

4. 头状花序自茎中部以上沿茎排成侧向总状或窄圆锥状总状花序。

5. 叶线形或线状披针形；头状花序小，在茎枝顶端排成窄圆锥形总状花序；总苞圆柱状，长8-9毫米，总苞片近先端有角状附属物 ………………………………………… 3. **碱黄鹌菜 Y. stenoma**

5. 叶卵形或箭头状心形；头状花序大，自茎中部并沿茎排成侧向总状花序；总苞宽钟状，长1.3-1.4厘米，总苞片先端无角状附属物 ………………………………………… 3(附). **总序黄鹌菜 Y. racemifera**

4. 头状花序在茎枝顶端排成伞房状或伞房圆锥状花序。

6. 冠毛鼠灰色。

7. 内层总苞片背面沿中脉被腺毛；瘦果有10条纵肋 ………………………… 4. **鼠冠黄鹌菜 Y. cineripappa**

7. 内层总苞片无腺毛；瘦果有12-14条纵肋 ………………………… 4(附). **纤细黄鹌菜 Y. stebbinsiana**

6. 冠毛白色或稍带黄白色。

8. 总苞片先端有角状、鸡冠状或爪状附属物。

9. 总苞片背面被白色弯曲绢毛。

10. 总苞长0.8-1厘米，外层长卵形，长1.2毫米 ………………………… 5. **细叶黄鹌菜 Y. tenuifolia**

10. 总苞长1-1.4厘米，外层卵状披针形，长3毫米 ………………………… 5(附). **细裂黄鹌菜 Y. diversifolia**

9. 总苞片背面无毛。

11. 叶两面密被褐色绒毛 ………………………… 6. **厚绒黄鹌菜 Y. fusca**

11. 叶两面无毛。

12. 植株多级二叉式分枝 ………………………… 6(附). **叉枝黄鹌菜 Y. tenuicaulis**

12. 植株不等二叉式分枝；叶羽状深裂，侧裂片长椭圆形或长三角形 ……………… 7. **羽裂黄鹌菜 Y. paleacea**

8. 总苞片先端无附属物。

13. 茎基有残存叶柄；多年生草本。

14. 叶侧裂片之间无栉齿。

15. 叶中部侧裂片基部下侧有1三角形裂片或三角形大齿 ………………………… 8. **长裂黄鹌菜 Y. henryi**

15. 叶中部侧裂片基部下侧无长三角形齿 ………………………… 9. **川西黄鹌菜 Y. prattii**

14. 叶侧裂片之间有栉齿 ………………………… 9(附). **栉齿黄鹌菜 Y. wilsonii**

13. 茎基无残存叶柄；一年生、二年生或多年生草本。

16. 头状花序较大；总苞长6-8毫米。

17. 瘦果顶端平截，不收窄成粗短喙状物。

18. 茎几无茎生叶，基生叶顶裂片椭圆形、卵形或卵圆形；多年生草本 …… 10. **长花黄鹌菜 Y. longiflora**

18. 茎有发育的茎生叶，基生叶顶裂片戟形、不规则戟形、卵形或披针形；一年生或二年生草本 ……… ………………………… 11. **异叶黄鹌菜 Y. heterophylla**

17. 瘦果顶端收窄成粗短喙状物 ………………………… 11(附). **川黔黄鹌菜 Y. rubida**

16. 头状花序较小；总苞长4-6毫米。

19. 瘦果顶端平截，无喙。

20. 基生叶不裂，心状戟形或卵形 ………………………… 12. **戟叶黄鹌菜 Y. longipes**

20. 基生叶及茎生叶羽状浅裂或半裂或深裂；叶非戟形，无戟形顶裂片。

21. 叶一回羽状分裂。

22. 茎无茎生叶或几无茎生叶；基生叶长2.5-13厘米，大头羽状深裂或全裂 … 13. **黄鹌菜 Y. japonica**

22. 茎有发育良好的茎生叶；茎生叶长达27厘米，羽状深裂 …… 14. **卵裂黄鹌菜 Y. pseudosenencio**

21. 叶二回羽状分裂或有二回羽状分裂叶或叶有二回小羽片 ………… 14(附). **多裂黄鹌菜 Y. rosthornii**

19. 瘦果顶端渐窄成粗短喙状物，成熟时红色；茎生叶长6厘米，大头羽状全裂 ………………………… ………………………… 15. **红果黄鹌菜 Y. erythrocarpa**

1.　无茎黄鹌菜　　图 1105 彩片 170

Youngia simulatrix (Babcock) Babcock et Stebbins in Carnegie Inst. Washington Publ. 484: 39. 1937.

Crepis simulatrix Babcock in Univ. Calif. Publ. Bot. 14: 329. 1928.

多年生矮小丛生草本。根颈被褐色残存叶柄。茎长约1厘米，顶端有极短花序分枝，茎枝无毛。叶莲座状，倒披针形，连基部渐窄叶柄长1.5-5.5厘米，全缘、具波状浅齿或稀疏凹尖齿，两面被节毛或脱落。头状花序簇生莲座状叶丛中或叶丛顶端，花序梗无毛；总苞圆柱状钟形，长1.2-1.6厘米，干后黑绿或淡黄绿色，总苞片4层，无毛，外中层卵形，长2-3毫米，内层披针形，长1.2-1.6厘米。舌状小花黄色，花冠管外面无毛。瘦果黑褐色，纺锤状，长4毫米，有14条粗细不等纵肋，肋上有小刺毛；冠毛2层，白色。花果期7-10月。

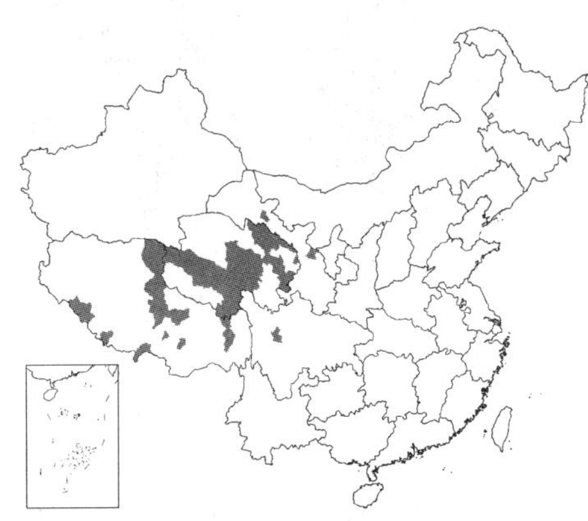

产甘肃、青海、四川及西藏，生于海拔2700-5000米山坡草地、河滩砾石地或河滩丛草地。尼泊尔及锡金有分布。

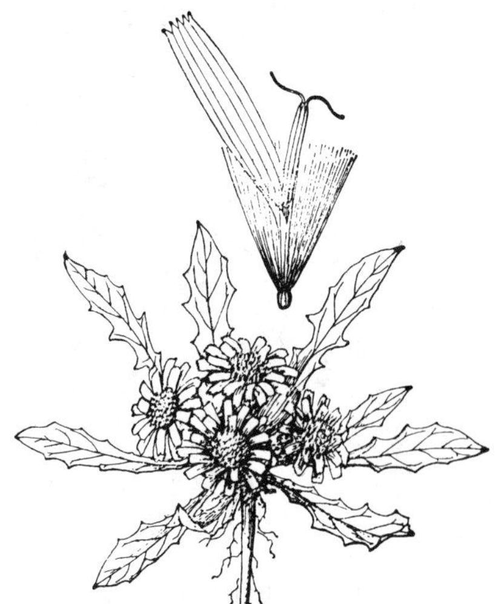

图 1105　无茎黄鹌菜（引自《图鉴》）

2.　细梗黄鹌菜　　图 1106

Youngia gracilipes (Hook. f.) Babcock et Stebbins in Carnegie Inst. Washington Publ. 484: 40. 1937.

Crepis gracilipes Hook. f. Fl. Brit. Ind. 3: 396. 1882.

多年生丛生草本。茎短或无明显主茎。叶莲座状，倒披针形、椭圆形或长椭圆形，羽状深裂、半裂、浅裂或大头羽裂，基部渐窄成长0.5-3厘米翼柄或无柄，侧裂片3-5对，椭圆形，全缘，两面疏被柔毛。头状花序具15舌状小花，簇生莲座状叶丛中，花序梗密被白色绒毛；总苞宽圆柱状，果期黑绿色，长0.8-1厘米，总苞片4层，无毛，外层披针形，长3毫米，内层披针形，长0.8-1厘米。舌状小花黄色。瘦果黑色，纺锤形，长3.8毫米，顶端无喙，有10-12条纵肋，肋上有小刺毛；冠毛白色，2层。花果期6-9月。

产西藏及四川，生于海拔2700-4800米山坡林下、林缘、草甸或草原。锡金及不丹有分布。

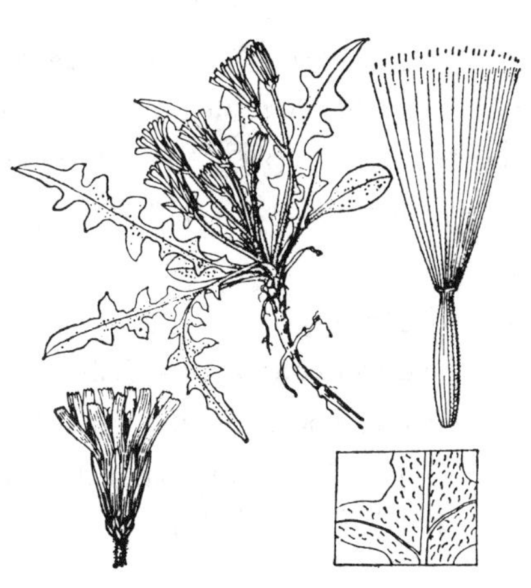

图 1106　细梗黄鹌菜（王金凤绘）

[附] **矮生黄鹌菜 Youngia depressa** (Hook. f. et Thoms.) Babcock et Stebbins in Carnegie Inst. Washington Publ. 484: 33. 1937.—— *Crepis depressa* Hook. f. et Thoms. Fl. Brit. Ind. 3: 397. 1882. pro part. 本种与细梗黄鹌菜的主要区别：基生叶卵形或偏斜卵形；总苞片背面被微柔毛或沿中脉有小刺毛。产西藏，生于海拔3200-4500米山坡草地及高山草甸。

3.　碱黄鹌菜　　图 1107

Youngia stenoma (Turcz.) Ledeb. Fl. Ross. 2: 837. 1845-1846.

Crepis stenoma Turcz. in DC. Prodr. 7: 164. 1838.

多年生草本。高达50厘米。茎无毛。基生叶及下部茎生叶线形、线状披针形或线状倒披针形，长3-12厘米，基部渐窄成具窄翼长柄，全缘或有浅波状锯齿或锯齿；中上部叶线形，无柄，全缘；叶两面无毛。头状花序小，排成总状或窄圆锥总状花序；总苞圆柱状，长8-9毫米，干后褐绿色，总苞片4层，背面无毛，近先端有角状附属物，边缘膜质，外层卵形，长1.8毫米，内层长椭圆状披针形或披针形，长8-9毫米。瘦果纺锤形，褐色，长6.5毫米，有12-14条纵肋，肋上有小刺毛；冠毛白色。花果期7-9月。

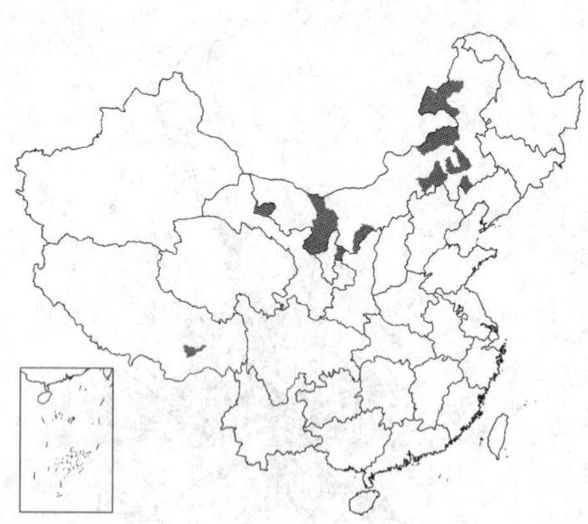

图 1107 碱黄鹌菜 （蔡淑琴绘）

产内蒙古、甘肃、宁夏东部及西藏东部，生于草原沙地或盐渍地。俄罗斯东西伯利亚地区有分布。全草入药，清热解毒、消肿止痛。

[附] **总序黄鹌菜 Youngia racemifera** (Hook. f.) Babcock et Stebbins in Univ. Calif. Publ. Bot. 18: 229. 1943.—— *Crepis racemifera* Hook. f. Fl. Bit. Ind. 3: 397. 1883.本种与碱黄鹌菜的主要区别：叶卵形或箭头状心形；头状花序大，自茎中部并沿茎排成侧向总状花序；总苞宽钟状，长1.3-1.4厘米，总苞片先端无角状附属物。花果期8-9月。产云南东南部及西北部、四川、西藏，生于海拔2800-3600米山坡草地、云杉林缘或林下。尼泊尔、不丹及锡金有分布。

4. 鼠冠黄鹌菜 图 1108：1-2

Youngia cineripappa (Babcock) Babcock et Stebbins in Carnegie Inst. Washington Publ. 484: 60. 1937.

Crepis cineripappa Babcock in Univ. Calif. Publ. Bot. 14: 325. 1928.

多年生草本。茎枝无毛。基生叶倒披针形、倒卵形、椭圆形或窄倒披针形，长4-14厘米，基部渐窄成窄翼柄，疏生宽三角形大尖凹齿或圆锯齿，或羽状半裂或大头羽毛状半裂，顶裂片长三角形，裂片全缘或浅波状，基部渐窄成翼柄或无柄；茎生叶两面无毛，上部叶披针形或长披针形，长5.5-18厘米，基部无柄，全缘或有凹齿。头状花序排成圆锥或伞房花序，花序梗疏被腺毛；总苞圆柱状，果期黑绿色，长7-8毫米，总苞片4层，外层长三角形或长卵形，长1.5毫米，内层披针形，长7-8毫米，边缘白色膜质，背面沿中脉被腺毛。舌状小花黄色。瘦果褐色，纺锤状，长3.5毫米，有10条纵肋，肋上有小刺毛；冠毛灰鼠色。花果期6-10月。

产湖南、广西北部、贵州、云南及四川，生于海拔600-3000米山谷水旁潮湿地、山坡草地、疏林或灌丛中。中南半岛及印度有分布。

图 1108：1-2. 鼠冠黄鹌菜 3-5. 羽裂黄鹌菜 （蔡淑琴绘）

[附] **纤细黄鹌菜 Youngia stebbinsiana** S. Y. Hu in Quart. Journ. Taiwan Mus. 22 (1-2): 37. 1969.本种与鼠冠黄鹌菜的主要区别：内层总

苞片无腺毛；瘦果有12-14条纵肋。产云南西北部、四川及西藏东南部，生于海拔900-3000米林缘、林下或灌丛中。锡金及印度东北部有分布。

5. 细叶黄鹌菜 图 1109

Youngia tenuifolia (Willd.) Babcock et Stebbins in Carnegie Inst. Washington Publ. 484: 46. 1937. pro part.

Crepis tenuifolia Willd. Sp. Pl. 3: 1606. 1803.

多年生草本。茎枝无毛。基生叶多数，长7-17厘米，羽状全裂或深裂，侧裂片6-12对，长椭圆形、披针形、线形或线状披针形，稀线状丝形，全缘或疏生锯齿或线状尖裂片，两面无毛，叶柄长3-9厘米，内面有棕或浅褐色长绒毛；中上部茎生叶与基生叶同形并等样分裂或线形不裂，基部渐窄有翼柄；花序梗的叶线状钻形。头状花序排成伞房或伞房圆锥花序；总苞圆柱状，长0.8-1厘米，总苞片4层，背面疏被白色弯曲长绢毛，近先端有角状附属物，外层长卵形，长达1.2毫米，内层披针形，长0.8-1厘米。舌状小花黄色。瘦果黑或黑褐色，纺锤形，长4-6毫米，有10-12条纵肋，肋有刺毛；冠毛白色。花果期7-9月。

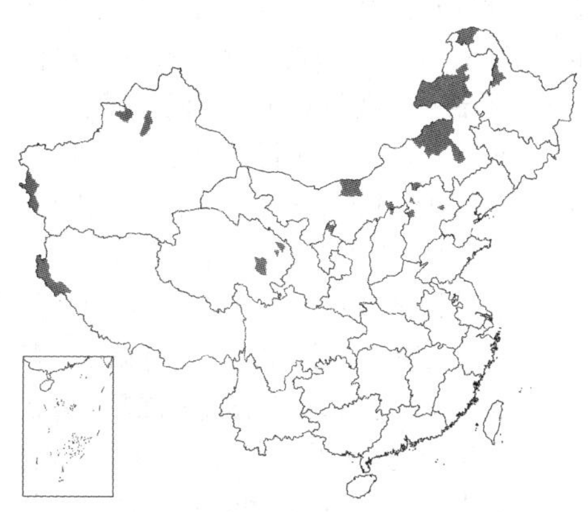

产黑龙江、内蒙古、河北、山西北部、宁夏北部、青海东部、西藏西部、新疆西北部及西部，生于山坡、高山及河滩草甸、水边或沟底砾石地。蒙古及俄罗斯西伯利亚地区有分布。

[附] **细裂黄鹌菜 Youngia diversifolia** (Ledeb. ex Spreng.) Ledeb. Fl. Ross. 2: 837. 1845.—— *Prenanthes diversifolia* Ledeb. ex Spreng. Syst. Veg. 3: 657. 1826.本种与细叶黄鹌菜的主要区别：总苞宽圆柱状，长1-1.4厘米，外层总状片卵状披针形，长达3毫米。产甘肃（酒泉）、青海（湟源）、新疆及西藏西南部，生于海拔1800-4650米山坡、岩坡或河滩砾石坡。哈萨克斯坦、俄罗斯西伯利亚、印度北部、锡金及尼泊尔有分布。

图 1109 细叶黄鹌菜（引自《图鉴》）

6. 厚绒黄鹌菜 图 1110：1-2

Youngia fusca (Babcock) Babcock et Stebbins in Carnegie Inst. Washington Publ. 484: 76. 1937.

Crepis fusca Babcock in Univ. Calif. Publ. Bot. 14: 327. 1928.

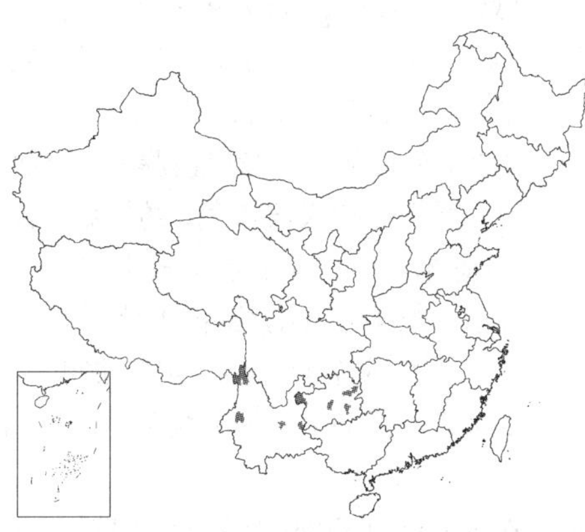

多年生草本。茎枝被褐色绒毛。基生叶及下部茎生叶倒披针形或线状长椭圆形，连叶柄长5.5-10厘米，基部渐窄成短翼柄，大头羽状浅裂，侧裂片1-8对，椭圆形或三角形，疏生小尖头或全缘，顶裂片椭圆形、长椭圆形或三角形，有锯齿或无锯齿；中部叶少数，与基生叶及下部叶同形并等样分裂；花序叶线形、钻形或苞片状，不裂；茎生叶两面密被褐色绒毛。头状花序小；总苞圆柱状，长6-8毫米，黑

图 1110：1-2. 厚绒黄鹌菜 3. 长裂黄鹌菜（蔡淑琴绘）

绿色，总苞片4层，背面无毛，外层宽卵形，长1毫米，内层长披针形，长6-8毫米，边缘白色窄膜质，背面近先端有鸡冠状附属物。花冠管外面被白色柔毛。瘦果黑褐色，纺锤状，长约3毫米，有14纵肋；冠毛白色。

产云南及贵州，生于海拔2000-3500米山顶或溪边。

[附] **叉枝黄鹌菜 Youngia tenuicaulis** (Babcock et Stebbins) Dzer. in Fl. URSS 29: 385. 1964.—— *Youngia tenuifolia* (Willd.) Babcock et Stebbins subsp. *tenuicaulis* Babcock et Stebbins in Carnegie Inst. Washington Publ. 484: 52. 1937.本种与厚绒黄鹌菜的主要区别：茎基部向上多级二叉式分枝；叶两面无毛。产河北、内蒙古、甘肃及新疆，生于海拔1400-4900米山坡草地或河滩砾石地。俄罗斯西伯利亚地区有分布。

7. 羽裂黄鹌菜 图 1108 : 3-5

Youngia paleacea (Diels) Babcock et Stebbins in Carnegie Inst. Washington Publ. 484: 67. 1937.

Crepis paleacea Diels in Notes Roy. Bot. Gard. Edinb. 25: 202. 1912.

多年生草本，高达1米。茎基部或上部不等二叉式分枝，茎枝无毛或有极稀疏白色绒毛。基生叶倒披针形、长椭圆形或椭圆形，长4.5-12厘米，羽状深裂或倒向羽状深裂，侧裂片6-7对，长椭圆形或长三角形，无锯齿或少锯齿，或叶倒向羽状浅裂，或叶大头羽状浅裂，侧裂片2-5对，椭圆形，叶柄长达6厘米；中下部茎生叶与基生叶同形并等样分裂，基部渐窄成翼柄；花序分枝的叶及花梗或花序梗基部的叶线状钻形；叶两面被长毛。头状花序排成圆锥状伞房花序；总苞长0.9-1.3厘米，黑绿色，总苞片4层，外层长0.7-1.4毫米，宽卵形，内层披针形或长椭圆形，长0.9-1.3厘米，边缘白色膜质，内面有微毛，背面无毛，近先端有爪状附属物。舌状小花黄色。瘦果纺锤形，褐色，长4.2毫米，有14-15纵肋，冠毛白色。花果期6-8月。

产云南北部及西北部、四川、西藏东南部，生于海拔1800-3400米林下、林缘或灌丛中。

8. 长裂黄鹌菜 图 1110 : 3

Youngia henryi (Diels) Babcock et Stebbins in Carnegie Inst. Washington Publ. 484: 83. 1937.

Crepis henryi Diels in Engl. Bot. Jahr. 29: 633. 1901.

多年生草本。茎基有残存叶柄，茎枝无毛。基生叶二型，有具窄翼的叶柄，柄基有褐色棉毛，早期基生叶宽卵形，不裂，长达6厘米，全缘或羽状半裂，侧裂片2-6对，椭圆形，顶裂片较宽大，先端尖，晚期基生叶披针形，羽状深裂或全裂，侧裂片约5对，与顶裂片均窄线形；中下部茎生叶长椭圆形，长5-6厘米，基部有长1.5-3厘米窄翼柄，羽状深裂，侧裂片3-6对，披针形、线形、窄线形或镰刀形，顶裂片窄线形、长三角形或披针形；花梗下部的叶钻形，苞片状；叶侧裂片或部分侧裂片全缘，中下部侧裂片基部常有1三角形裂片或三角形大齿。头状花序排成伞房或伞房圆锥花序；总苞窄圆柱状，长7-9毫米，总苞片4层，背面无毛，外层卵形，长1毫米，内层披针形或长披针形，长7-9毫米，先端钝，边缘白色膜质，内面有微糙毛。瘦果浅褐色，纺锤状，长3.5毫米，有12条纵肋；冠毛白或微黄色，长4.5毫米，微糙毛状。

产陕西秦岭、河南西部、湖北西部及四川中部，生于山坡草地。

9. 川西黄鹌菜 图 1111

Youngia prattii (Babcock) Babcock et Stebbins in Carnegie Inst. Washington Publ. 484: 81. 1937.

Crepis prattii Babcock in Univ.

Calif. Publ. Bot. 14: 331. 1928.

多年生草本。茎基有残存叶柄，茎枝无毛。基生叶倒披针形、长椭圆形，长5.5-12.5厘米，基部渐窄成翼柄，大头羽状或倒向羽状浅裂、半裂或深裂，顶裂片宽三角形、线状披针形或窄线形，侧裂片3-6对，中部侧裂片较大，基部无长三角形齿，最下部侧裂片常锯齿状，下部及中部和上部茎生叶与基生叶同形并等样分裂，或中上部茎生叶窄线形，不裂；花序分枝的叶线形；叶两面无毛。头状花序排成伞房或伞房圆锥花序，花序梗无毛；总苞窄圆柱状，长0.7-1.1厘米，苞片背面无毛，外层卵形，长1-2毫米，内层长0.7-1.1厘米，内面被微糙毛。舌状小花黄色。瘦果褐色，圆柱状，长3.7毫米，有13条纵肋；冠毛白色，微糙毛状。花果期6-7月。

产河南西部、山西中南部、陕西秦岭、湖北西部及四川中西部，生于海拔1500-1770米山坡灌丛或草地。

[附] **栉齿黄鹌菜 Youngia wilsonii** (Babcock) Babcock et Stebbins in Carnegie Inst. Washington Publ. 484: 79. 1937.—— *Crepis wilsonii* Babcock in Univ. Calif. Publ. Bot, 14: 331. 1928. 本种与川西黄鹌菜的主要区别：叶侧裂片之间常有1对小栉齿。产湖北西部及四川东部，生于海拔1500米草坪。

图 1111 川西黄鹌菜（冀朝祯绘）

10. 长花黄鹌菜 图 1112:1

Youngia longiflora (Babcock et Stebbins) Shih, Fl. Reipubl. Popul. Sin. 80(1): 150. 1997.

Youngia japonica (Linn.) DC. subsp. *longiflora* Babcock et Stebbins in Carnegie Inst. Washington Publ. 484: 97. 1937.

多年生草本。茎簇生，下部有节毛或无毛。基生叶倒披针形或卵状倒披针形，长6.5-23厘米，有柄，大头倒向羽状浅裂、深裂或几全裂，顶裂片椭圆形、卵形或卵圆形，有锯齿，侧裂片3-8对，椭圆形或三角形，最下部侧裂片常锯齿状；无茎生叶或稀有1茎生叶，披针形，几全缘或少锯齿，无柄或有短柄；花序分枝及花梗的叶线状钻形；叶两面被节毛。头状花序排成伞房花序；总苞圆柱状，长6-8毫米，总苞片4层，背面无毛，外层卵形，长达1.4毫米，内层长披针形，长6-8毫米，边缘白色宽膜质，内面无毛。舌状小花黄色。瘦果黑紫褐色，纺锤状，长2毫米，无喙，有11-13条纵肋；冠毛白色。花果期4-8月。

图 1112:1. 长花黄鹌菜 2. 卵裂黄鹌菜（蔡淑琴绘）

产江苏、安徽东部、浙江、福建西南部、台湾、江西北部、湖南及西藏东北部，生于山坡或路边草丛中。

11. 异叶黄鹌菜 图 1113

Youngia heterophylla (Hemsl.) Babcock et Stebbins in Carnegie Inst. Washington Publ. 484: 87. 1937.

Crepis heterophylla Hemsl. in Journ. Linn. Soc. Bot. 23: 475. 1888.

一年生或二年生草本。茎枝疏生节毛。基生叶椭圆形，边缘有凹尖齿，或倒披针状长椭圆形，大头羽状深裂，长达23厘米，顶裂片戟形、不规则戟形、卵形或披针形，长约8厘米，全缘或有锯齿，齿顶有小尖头，侧裂片1-8对，椭圆形或耳状，叶柄长3.5-11厘米，叶柄及叶两面疏生柔毛；中下部茎生叶与基生叶同形并等样分裂或戟形，不裂；上部叶大头羽状3全裂或戟形，不裂；最上部茎生叶披针形或窄披针形，不裂；花序梗下部及花序分枝的叶线状钻形；全部叶或仅基生叶下面紫红色。头状花序排成伞房花序；总苞圆柱状，长6-7毫米，总苞片4层，背面无毛。外层卵形，长1毫米，内层长6-7毫米，内面稍有糙毛。舌状小花黄色。瘦果黑褐紫色，纺锤形，长3毫米，无喙，有14-15条纵肋；冠毛白色。花果期4-10月。

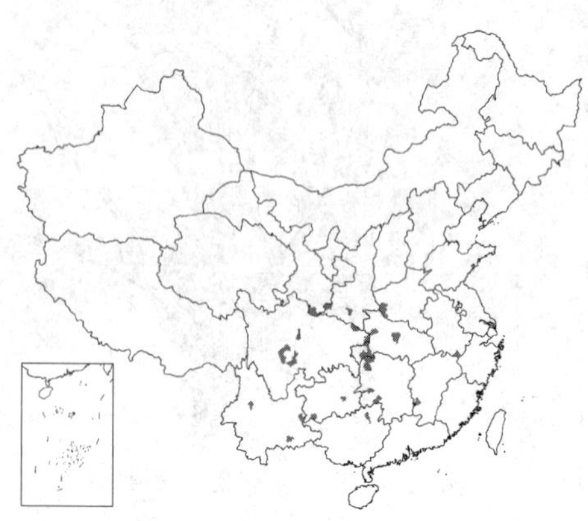

产甘肃南部、陕西南部、河南西南部、安徽南部、江西西部、广西东北部、湖北、湖南西北部及西南部、贵州、四川、云南，生于海拔420-2250米山坡林缘、林下或荒地。

图 1113 异叶黄鹌菜（冀朝祯绘）

［附］ **川黔黄鹌菜 Youngia rubida** Babcock et Stebbins in Carnegie Inst. Washington Publ. 484: 100. 1937. 本种与异叶黄鹌菜的主要区别：基生叶倒披针形；瘦果顶端收窄成粗短喙状物，有12条纵肋。产湖南西部、四川及贵州西南部，生于山坡林缘、林下、岩缝中或土壁上。

12. 戟叶黄鹌菜 图 1114

Youngia longipes (Hemsl.) Babcock et Stebbins in Carnegie Inst. Washington Publ. 484: 92. 1937.

Crepis longipes Hemsl. in Journ. Linn. Soc. Bot. 23: 476. 1888.

多年生草本。茎枝无毛。基生叶心状戟形，有时卵形，长约10厘米，疏生小尖头或三角形浅锯齿，齿缘及齿顶有小尖头，叶柄长7.5厘米；中上部茎生叶大头羽状全裂，顶裂片宽三角形，长7厘米，先端渐尖，侧裂片1-2，长卵形或耳状，基部与叶轴相连；花序分枝叶披针形或窄线形，基部收窄成短柄；最上部叶钻形或线状钻形，叶两面无毛。头状花序排成伞房圆锥花序；总苞圆柱状，长5-6毫米，总苞片4层，外层长宽不及1毫米，内层披针形，长5-6毫米，边缘白色窄膜质，内面有细糙毛。舌状小花黄色。瘦果淡红色，纺锤状，长约2毫米，顶端平截，有12-14条纵肋；冠毛白色。花果期6月。

图 1114 戟叶黄鹌菜（蔡淑琴绘）

产浙江南部及湖北中西部，生于沙地或谷地。

13. 黄鹌菜 图 1115

Youngia japonica (Linn.) DC. Prodr. 7: 194. 1838.

Prenanthes japonica Linn. Mant. 107. 1767.

多年生草本。茎下部被柔毛。基生叶倒披针形、椭圆形、长椭圆形或宽线形，长2.5-13厘米，大头羽状深裂或全裂，叶柄长1-7厘米，有翼或无翼，顶裂片卵形、倒卵形或卵状披针形，有锯齿或几全缘，侧裂片3-7对，椭圆形，最下方侧裂片耳状，侧裂片均有锯齿或细锯齿或有小尖头，稀全缘，叶及叶柄被柔毛；无茎生叶或极少有茎生叶，头状花序排成伞房花序；总苞圆柱状，长4-5毫米，总苞片4层，背面无毛，外层宽卵形或宽形，长宽不及0.6毫米，内层长4-5毫米，披针形，边缘白色宽膜质，内面有糙毛。舌状小花黄色。瘦果纺锤形，褐或红褐色，长1.5-2毫米，无喙，有11-13条纵肋；冠毛糙毛状。花果期4-10月。

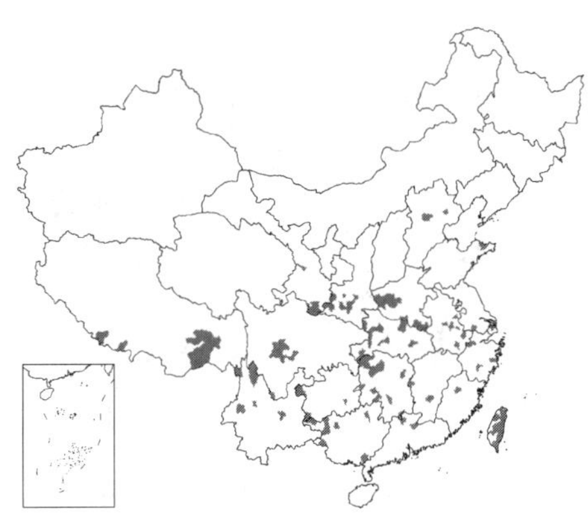

图 1115 黄鹌菜（引自《江苏植物志》）

产河北、河南、山东胶东半岛、江苏南部、安徽、浙江、福建、台湾、江西、湖北、湖南、广东北部、广西、贵州、云南、西藏、四川、陕西南部及甘肃南部，生于山坡、山谷及山沟林缘、林下、林间草地、潮湿地、河边沼泽地、田间或荒地。日本、朝鲜半岛、中南半岛、印度、菲律宾及马来半岛有分布。

14. 卵裂黄鹌菜 图 1112:2

Youngia pseudosenecio (Vaniot) Shih, Fl. Reipubl. Popul. Sin. 80(1): 157. 1997.

Lactuca (Mycelis) pseudosenecio Vaniot in Bull. Acad. Int. Géogr. Bot. 12: 320. 489. 1903.

一年生草本。茎中下部被长柔毛。基生叶及中下部茎生叶长倒披针形或长椭圆形，长达27厘米，羽状深裂，叶柄翼极窄，长1.5-5厘米，顶裂片椭圆形，边缘有较大锯齿，侧裂片3-7对，椭圆形或三角形，下方侧裂片渐小，最下方侧裂片常锯齿状；中上部叶与基生叶及下部茎生叶同形并等样分裂，侧裂片较少；花序分枝的叶苞片状或钻形。头状花序排成窄圆锥或伞房圆锥花序；总苞圆柱状，长4-5.5毫米，总苞片4层，淡绿色，外层卵形或宽卵形，长不及1毫米，内层披针形，长4-5.5毫米，边缘白色膜质。舌状小花黄色，外面被白色柔毛。瘦果褐色，纺锤形，长约2毫米，无喙，有11-13条纵肋；冠毛白色。花果期4-11月。

产山东东南部、江苏西南部、安徽南部、浙江北部、福建西南部、江西、湖北西北部、湖南西南部、广东北部、云南中西部、贵州西南部、四川中南部、陕西南部及甘肃东南部，生于海拔350-2460米山坡草地、沟谷地、水边阴湿处或草丛中。

[附] **多裂黄鹌菜 Youngia rosthornii** (Diels) Babcock et Stebbins in Carnegie Inst. Washington Publ. 484: 92. 1937.—— *Crepis rosthornii* Diels in Engl. Bot. Jahrb. 29: 632. 1901. 本种与卵裂黄鹌菜的主要区别：叶二回羽状分裂或有二回羽状分裂叶或叶有二回小羽片。花果期6-10月。产浙江（杭州）、四川（南川）、湖北西部。

15. 红果黄鹌菜 图 1116

Youngia erythrocarpa (Vaniot) Babcock et Stebbins in Carnegie Inst. Washington Publ. 484: 102. 1937.

Lactuca erythrocarpa Vaniot in Bull. Acad. Int. Géogr. Bot. 12: 319. 1903.

一年生草本。茎枝无毛。基生叶倒披针形，长6厘米，大头羽状全裂，叶柄长达5厘米，顶裂片宽卵状三角形或三角状戟形，边缘有锯齿，齿顶有小尖头，侧裂片(1)2-3对，有锯齿；茎生叶多数，与基生叶同形并等样分裂，有短柄；花序的叶不裂，长椭圆形，无柄或有短柄；叶两面被节毛或毛脱落。头状花序排成伞房圆锥花序；总苞圆柱状，长4-6毫米，总苞片4层，背面无毛，外层卵形或宽卵形，长0.5-0.8毫米，内层披针形，长4-6毫米，边缘白色窄膜质，内面被糙毛。舌状小花黄色。瘦果红色，纺锤形，长达2.5毫米，向顶端渐窄成粗短喙状物，有11-14条纵肋；冠毛白色。花果期4-8月。

图 1116 红果黄鹌菜 （冀朝祯绘）

产安徽南部、浙江西北部、江西东南部、湖北西部、湖南西北部、贵州、云南东部、四川东北部及陕西东南部，生于海拔460-1850米山坡草丛、沟地或荒地。

210. 河西菊属 Hexinia H. L. Yang

（石 铸 靳淑英）

多年生草本，高达40(-50)厘米。根茎无纤维质叶鞘残遗物，根茎生出多数茎。茎基部及下部多级等二叉状分枝，成球状，茎枝无毛。基生叶与下部茎生叶少数，线形，革质，长0.5-4厘米，宽2-5毫米，基部半抱茎；茎中部与上部茎生叶或基生叶三角状鳞片形。头状花序同型，极多数，有4-7舌状小花，单生于末级等二叉状分枝顶端，花序梗粗短；总苞圆柱状，长0.8-1厘米，总苞片2-3层，外层三角形或三角状卵形，长2-4毫米，内层长椭圆形或长椭圆状披针形，长0.8-1厘米；总苞片外面无毛；花托平，无托毛。舌状小花两性，黄色，花冠管无毛，顶端平截，5齿裂；花药基部附属物箭头形；花柱分枝细。瘦果圆柱状，长约4毫米，淡黄或黄棕色，顶端圆，基部稍窄，有15纵肋；冠毛白色，5-10层，基部连成环，整体脱落。

我国特有单种属。

河西菊 图 1117

Hexinia polydichotoma (Ostenf.) H. L. Yang in Fl. Desert. Republ. Popul. Sin. 3: 459. 1992.

Chondrilla polydichotoma Ostenf. in Hedin, South. Tibet. 6(3): 29. 1922.

Scorzonera divaricata auct. non Turcz.: 中国高等植物图鉴 4: 674. 1985.

形态特征同属。花果期5-9月。

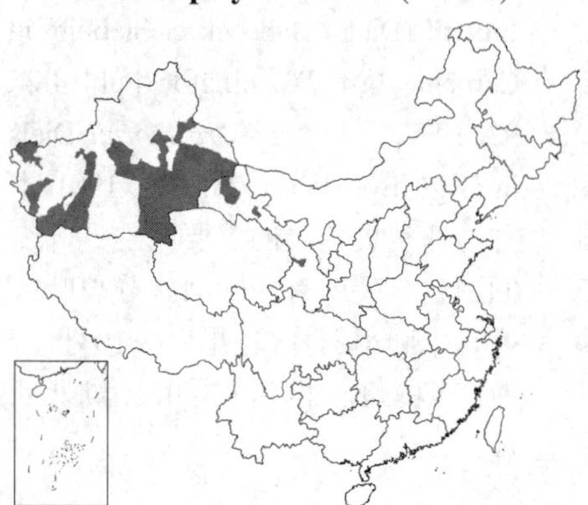

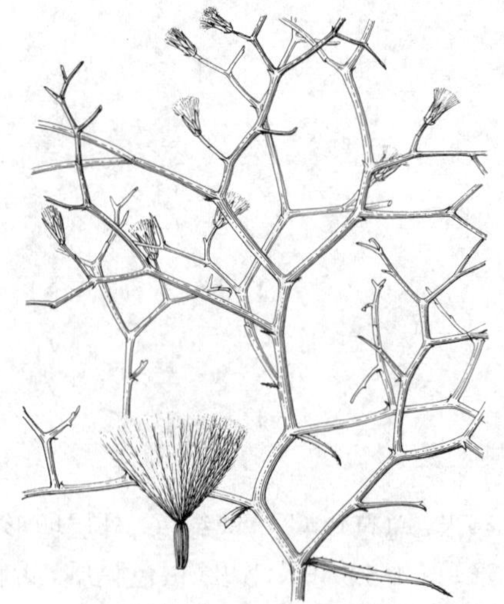

图 1117 河西菊 （冀朝祯绘）

产甘肃及新疆，生于海拔1800米以下沙地、沙丘间低地、戈壁冲沟或沙地田边。

211. 假还阳参属 Crepidiastrum Nakai

（石 铸 靳淑英）

亚灌木或多年生草本。茎生叶集生枝端或互生；基生叶莲座状；叶不裂或羽状浅裂，有叶柄。头状花序同型，具多数舌状小花，多数头状花序排成伞房状花序；总苞圆柱状，总苞片2-3层，非覆瓦状排列，外层最短，3-5，内层长5-8毫米；花托平，无毛。舌状小花黄或白色，舌片先端平截，5齿裂；花药基部附属箭头形；花柱分枝细长。瘦果圆柱形，微扁，有10条纵肋，顶端平截，无喙；冠毛1层，白色，糙毛状。

约7种，分布中国、日本及朝鲜半岛南部。我国2种。

假还阳参 图 1118

Crepidiastrum lanceolatum (Houtt.) Nakai in Bot. Mag. Tokyo 34: 150. 1920.

Prenanthes lanceolata Houtt. in Nat. Hist. 10: 383. 1779.

基生叶匙形，长10-12厘米，先端钝或圆，基部收窄，全缘，稍厚，两面无毛；茎生叶披针形，长3.5厘米，稀疏排列。头状花序稀疏伞房状排列；总苞圆柱状钟状，长5-6毫米，总苞片2层，外层小，披针形，内层披针形，长约5毫米，先端钝，两面无毛。全部小花舌状，花冠管外面被柔毛。瘦果扁，近圆柱状，长约4毫米，有10条纵肋；冠毛白色，长3.5毫米，糙毛状。染色体2n=10。

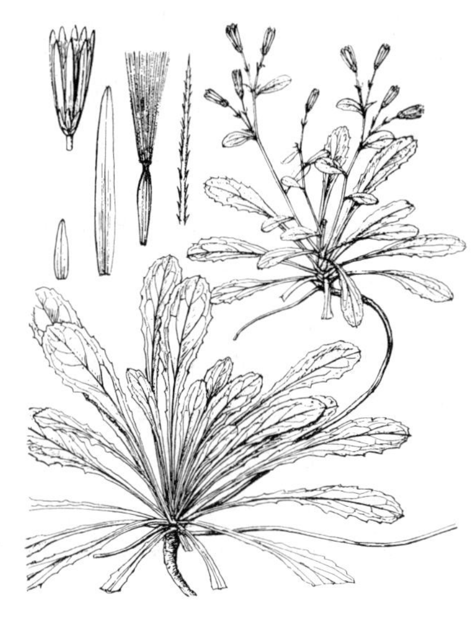

图 1118 假还阳参（引自《Fl. Taiwan》）

产台湾，生于丘陵岩坡。朝鲜半岛南部及日本有分布。

212. 栓果菊属 Launaea Cass.

（石 铸 靳淑英）

二年生或多年生草本或亚灌木。有茎或无茎。叶不裂、羽状浅裂或半裂，边缘通常有刺齿。头状花序同型，在茎枝或葶枝顶端排成伞房状、圆锥状、总状花序，或单生或少数簇生茎顶；总苞圆柱状，总苞片3-4层，非覆瓦状排列，外层短，内层长，边缘膜质；花托平，无毛。小花舌状，黄或红紫色，舌状先端平截，5齿裂；花药基部附属物箭头状；花柱分枝细长。瘦果同型，顶端平截，无喙，有3-6条纵肋；冠毛极纤细，单毛状，白色，整体脱落或宿存。

约50种，分布非洲、南欧、西南亚及中亚。我国2种。

1. 植株无匍匐枝；叶长卵形、匙形、匙状倒长卵形、线形或或线状倒披针形；头状花序排成伞房状花序；瘦果披针形或椭圆状披针形，有6条纵肋 …… **光茎栓果菊 L. acaulis**
1. 植株有匍匐枝，枝节生不定根及叶；叶倒披针形，边缘浅波状、羽状半裂或大头羽状半裂；头状花序单生于莲座状叶丛中；瘦果钝圆柱形，有4条纵肋 …… (附). **匍枝栓果菊 L. sarmentosa**

光茎栓果菊 无茎栓果菊 图 1119 彩片 171

Launaea acaulis (Roxb.) Babcock ex Kerr. in Craib. Fl. Siam. Enum. 2: 299. 1936.

Prenanthes acaulis Roxb. Fl. Ind.

ed. 2. 3: 403. 1832.

多年生草本，高达35厘米。无茎或几无茎，自根颈或茎基生出少数花葶，花葶分枝无毛。基生叶莲座状，匙形、长卵形、匙状倒长卵形、线形或线状倒披针形，长5-14厘米，边缘有细尖齿或浅波状细齿或近全缘，向基部渐窄成短柄或无柄；花序分枝的叶苞片状；叶两面无毛。头状花序在葶枝排成伞房状花序；总苞圆柱状，长1.3-1.5厘米，总苞片3-4层，背面无毛。外层卵形、三角形或披针形，长2-4毫米，内层长1.3-1.5厘米。舌状小花黄色。瘦果披针形或椭圆状披针形，长4.8毫米，有6条纵肋；冠毛白色。花果期4-5月。

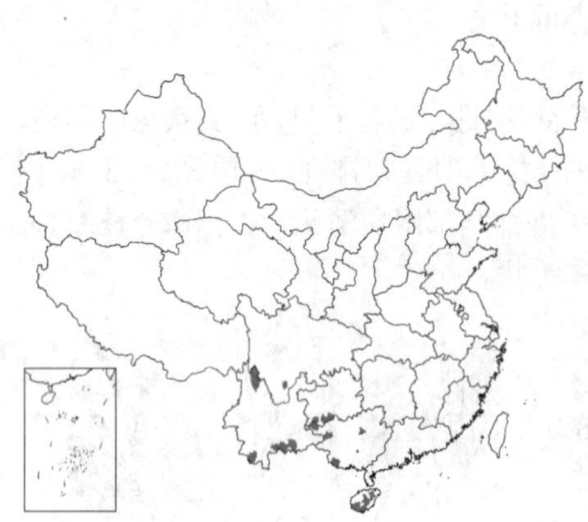

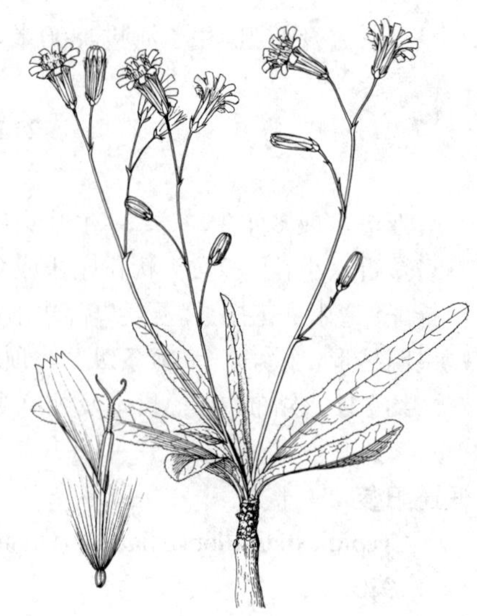

图 1119 光茎栓果菊（冀朝祯绘）

产广西、海南、云南南部及西北部、贵州西南部及四川南部，生于海拔500-3600米山坡旱田、路旁、荒地或稀树草原。印度、阿富汗、巴基斯坦、不丹、缅甸及泰国有分布。

[附] **匍枝栓果菊** 彩片 172 **Launaea sarmentosa** (Willd.) Merr. et Chun in Sunyatsenia 2: 328. 1935.—— *Prenanthes sarmentosa* Willd. Phyt. 10. 1794. 本种与光茎栓果菊的主要区别：植株有匍匐枝，枝节生不定根及叶；叶倒披针形，边缘浅波状、羽状半裂或大头羽状半裂；头状花序单生于莲座状叶丛中；瘦果钝圆柱状，有4条纵肋。花果期6-12月。产海南，生于海滨沙地、旷地。斯里兰卡、印度、埃及、非洲西部及中南半岛有分布。

213. 花佩菊属 Faberia Sch.-Bip.

（石 铸 靳淑英）

多年生葶状草本。叶大头羽状分裂或不裂。头状花序同型，具多数舌状小花；总苞钟状，扁楔形，总苞片3-5层；花托平或稍突起，无毛。小花紫红或淡蓝色，两性，舌片先端平截，5齿裂或中裂片舌状先端3齿裂，两侧各有1全裂达基部的线形裂片；花药基部附属物尖耳状或箭头状；花柱分枝细长，有乳突或小刺毛。瘦果长椭圆形，扁，每面有7-10条纵肋或脉纹，有小刺毛，顶端平截，无喙；冠毛褐、淡黄白或红色，1-3层，等长，糙毛状。

约4种，我国特有属。

花佩菊 图 1120 彩片 173

Faberia sinensis Hemsl. in Journ. Linn. Soc. Bot. 23: 479. 1888.

多年生草本。根茎短。花葶上部分枝或不分枝，有长毛。基生叶簇生，大头羽状深裂，长4-10厘米，叶柄长2-15厘米，被长毛，顶裂片椭圆状心形、卵状心形、椭圆形或卵形，先端渐尖，边缘有三角形大锯齿或圆锯齿，基部心形、圆或稍平截，侧裂片3-9对，半圆形或耳状，羽轴被长节毛；花序分枝叶线状钻形，苞片状，上面无毛，下面沿脉被长毛。头状花序排成伞房状花序，

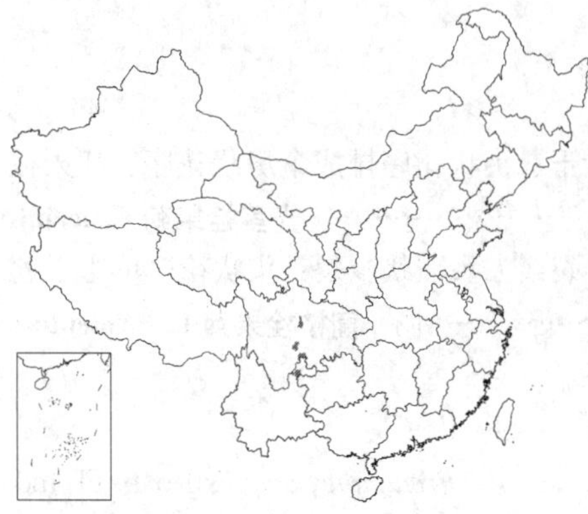

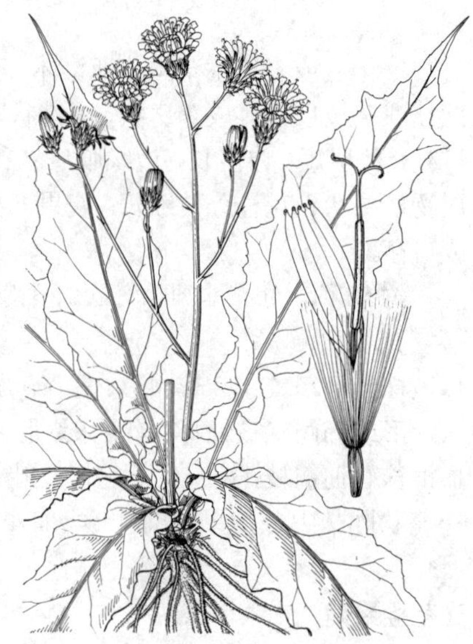

图 1120 花佩菊（冀朝祯绘）

稀单生葶端；总苞钟状，长1.5厘米，总苞片5层，背面或近顶端外面染紫色，无毛，最外层披针形，长2.5毫米，中层长5毫米，披针形，最内层线形或宽线形，长1.5厘米。舌状小花紫色。瘦果长椭圆形，褐色；冠毛褐色，1-2层。花果期6-9月。

产四川中部至南部、云南东北部，生于海拔600米山坡林缘、林下或岩下潮湿处。全草入药，具生精作用。

214. 假花佩菊属 **Faberiopsis** Shih et Y. L. Chen

（石 铸 靳淑英）

多年生草本，植株具乳液。根茎短。茎单生，中部以下分枝，茎枝紫红色，无毛。基生叶线状长椭圆形，长8-10厘米，先端短渐尖，基部楔形渐窄成柄，柄长5-8厘米，边缘疏生凹齿，两面无毛；茎生叶线状长椭圆形，柄长6厘米，下面紫红色，无毛，最上部叶窄线形，几无柄。头状花序同型，在茎枝顶端排成伞房状圆锥花序；总苞钟形或楔状钟形，长1.3厘米，总苞片4层，背面无毛，外层卵状三角形或长卵形，内层长椭圆形。小花两性，舌状，蓝色；花冠3全裂，花冠管短，无毛，中裂片宽，3齿裂，侧裂片线形；花药顶端附属物长圆形，基部箭头状；花柱长，分枝细，疏生刺毛，顶端钝。瘦果椭圆状倒披针形；无毛，无喙；冠毛褐色，微粗糙。

我国特有单种属。

假花佩菊 南川花佩菊 图 1121

Faberiopsis nanchuanensis (Shih) Shih et Y. L. Chen in Acta Phytotax. Sin. 34(4): 439. 1996.

Faberia nanchuanensis Shih in Acta Phytotax. Sin. 33 (2): 195. f. 7. 1995.

形态特征同属。花期6月。

产四川东南部，生于沟边及阴湿地。

图 1121 假花佩菊（蔡淑琴绘）

215. 假福王草属 **Paraprenanthes** Chang ex Shih

（石 铸 靳淑英）

一年生或多年生草本。茎上部分枝。叶不裂或羽状分裂。头状花序小，同型，具4-15舌状小花，在茎枝顶端排成圆锥状或伞房状花序；总苞圆柱状，总苞片3-4层，背面通常淡红紫色；花托平，无毛。舌状小花红或紫色，舌片先端平截，5齿裂，喉部有白色柔毛；花药基部附属物箭头状；花柱分枝细。瘦果黑色，纺锤状，粗厚，向上渐窄，顶端白色，无喙或有不明显喙状物，每面有4-6条纵肋；冠毛2-3层，白色，微糙毛状。

分布东亚及南亚。我国15种。

1. 叶不裂或掌状3浅裂或3半裂。
  2. 茎枝无毛；叶三角状戟形或卵状戟形，不裂 ························ 1. **林生假福王草 P. sylvicola**
  2. 茎枝密被节毛；叶不规则戟形，掌状3浅裂或深裂 ························ 1(附). **三裂假福王草 P. multiformis**
1. 叶羽状或大头羽状分裂，侧裂片1-5对。
  3. 花序分枝无毛。

4. 叶大头羽状半裂或深裂，顶裂片宽三角状戟形、三角状心形、三角形或宽卵状三角形；舌状小花粉红色 ……… 2. **假福王草 P. sororia**

4. 叶羽状深裂，顶裂片菱形、披针形或长三角形；舌状小花蓝紫色 ………………… 3. **雷山假福王草 P. heptantha**

3. 花序分枝被长毛。

5. 植株基生叶不裂，卵状心形、三角状心形或戟状心形 ……………………… 4. **异叶假福王草 P. prenanthoides**

5. 植株全部或中下部茎生叶羽状或大头羽状分裂。

6. 叶顶裂片大或稍宽大。

7. 叶顶裂片披针形，叶柄长达11厘米 ……………………… 4(附). **绿春假福王草 P. luchunensis**

7. 叶顶裂片非披针形。

8. 叶侧裂片椭圆形，无翼柄，叶柄长3-5厘米 ……………………… 5. **节毛假福王草 P. pilipes**

8. 叶侧裂片菱形，基部渐窄或骤窄成具窄翼的小叶柄，叶柄长9-12厘米 ……………………… 5(附). **蕨叶假福王草 P. polypodifolia**

6. 叶顶裂片较窄，线形、宽线形、线状长椭圆形或长披针形；舌状小花蓝紫色 ……………………… 6. **密毛假福王草 P. glandulosissima**

1. 林生假福王草 异叶莴苣 图 1122

Paraprenanthes sylvicola Shih in Acta Phytotax. Sin. 26: 419. 1988.

Lactuca diversifolia auct. non Vant.: 中国高等植物图鉴 4: 693. 1975.

一年生草本，高达1.5米。茎上部分枝，茎枝无毛。基生叶及中下部茎生叶三角状戟形或卵状戟形，长5.5-15厘米，边缘波状浅锯齿，有小尖头，基部戟形、心形或平截，叶柄长5-9厘米，有翼或无翼；上部叶或花序下部的叶与基生叶及中下部茎生叶同形，或三角形、椭圆状披针形，有长1.5-2.5厘米翼柄或无翼柄；叶两面无毛。头状花序排成总状圆锥或窄圆锥花序；总苞片4层，绿色，稀染红紫色，无毛，外层卵状三角形或长三角形，长1-2毫米，内层线状长椭圆形或宽线形，长0.9-1厘米。舌状小花紫红或紫蓝色。瘦果纺锤状，微扁，长4毫米，顶端白色，每面有5-6条细肋。花果期2-8月。

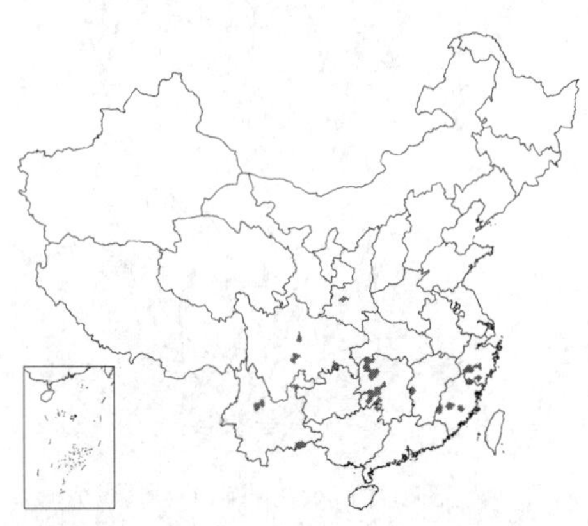

图 1122 林生假福王草（冀朝祯绘）

产浙江、福建、江西西部、湖南西北部至西南部、广西东北部、云南、四川及陕西秦岭，生于山谷或山坡林下潮湿地。

[附] 三裂假福王草 **Paraprenanthes multiformis** Shih in Acta Phytotax. Sin. 26: 420. 1988. 本种与林生假福王草的主要区别：茎枝密被节毛；叶不规则戟形，掌状3浅裂或深裂，两面疏被糠秕状毛；舌状小花红色。花果期5-8月。产福建西北部、江西、湖南西部及四川中部，生于海拔600-800米山坡林缘及林下。

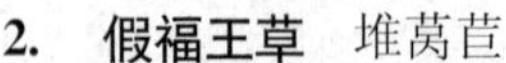

2. 假福王草 堆莴苣 图 1123

Paraprenanthes sororia (Miq.) Shih in Acta Phytotax. Sin. 26: 422. 1988.

Lactuca sororia Miq.; 中国高等植物图鉴 4: 694. 1975.

一年生草本。茎上部分枝，茎枝无毛。下部及中部茎生叶大头羽状半裂或深裂，有长4-7厘米翼柄，顶裂片宽三角状戟形、三角状心形、三角形或宽卵状三角形，长5.5-15厘米，边缘有锯齿或重锯齿，基部戟形、心形或平截，稀顶裂片与侧裂等大，披针形或菱状披针形，长4-11厘米，羽轴有翼；上部叶不裂，戟形、卵状戟形、披针形或长椭圆形，有短翼柄或无柄；叶两面无毛。头状花序排成圆锥状花序，花序分枝无毛；总苞圆柱状，长1.1厘米，总苞片4层，背面无毛，有时淡紫红色，外层卵形或披针形，长1-2毫米，内层长1.1厘米，线状披针形。舌状小花粉红色。瘦果黑色，纺锤状，淡黄白色，长4.3-5毫米，每面有5条纵肋。花果期5-8月。

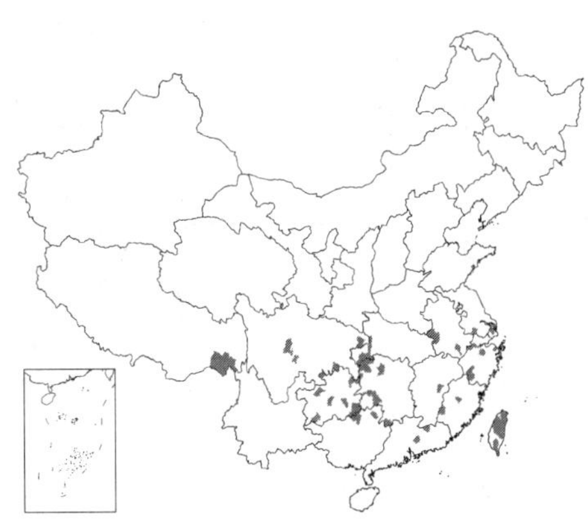

产江苏南部、安徽南部及西部、浙江、福建、台湾、江西东部、湖北西南部、湖南、广东、广西东北部及北部、贵州、四川、西藏东南部，生于海拔200-3200米山坡、山谷灌丛或林下。日本、朝鲜半岛及中南半岛有分布。

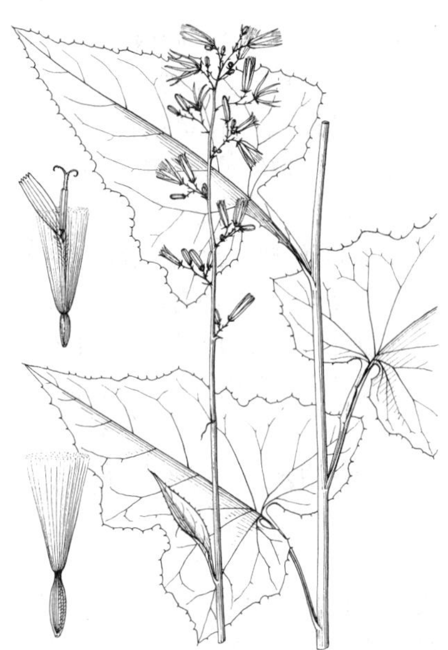

图 1123 假福王草（冀朝祯绘）

3. 雷山假福王草　　图 1124

Paraprenanthes heptantha Shih et D. J. Liou in Acta Phytotax. Sin. 26: 423. 1988.

一年生草本。茎枝无毛。中部及上部茎生叶长椭圆形，羽状深裂，长12-24厘米，柄长2.5-10厘米，顶裂片菱形、披针形或长三角形，侧裂片3-4对，椭圆形、三角形或不规则菱形；上部及花序下部的叶线状长椭圆形，长约10厘米，柄极短；叶两面无毛。头状花序排成圆锥状花序，花序分枝无毛；总苞圆柱状，长9毫米，总苞片约4层，背面无毛，外层三角状卵形或椭圆状披针形，内层线状长椭圆形，长9毫米。舌状小花蓝紫色。瘦果黑色，纺锤状，长约4毫米，顶端淡黄白色，每面有5条纵肋。花果期5-7月。

产江西南部、湖南北部、湖北西南部、四川及贵州，生于海拔650-1200米山坡草地或林下。

图 1124 雷山假福王草（蔡淑琴绘）

4. 异叶假福王草　　图 1125

Paraprenanthes prenanthoides (Hemsl.) Shih in Acta Phytotax. Sin. 26: 423. 1988.

Crepis prenanthoides Hemsl. in Journ. Linn. Soc. Bot. 23: 477. 1888.

一年生草本。茎枝被节毛。基生叶卵状心形、三角状心形或戟状心形，

不裂，长7-11厘米，叶柄长约8.5厘米，边缘有锯齿或浅波状圆齿；中下部茎生叶大头羽状全裂，顶裂片三角状戟形，侧裂片1（2）对，椭圆形或卵形，或羽状深裂，叶柄长1.5-2.5厘米，顶裂片窄线形、长椭圆形、线状披针形或宽披针形，侧裂片3-4对，宽线形或线形，疏生小锯齿；向上的茎生叶羽状全裂，裂片线形或线状长披针形，无叶柄；叶两面无毛。头状花序排成圆锥状或伞房圆锥状花序，分枝被节毛；总苞圆柱状，长1厘米，总苞片3-4层，背面有时染红色，无毛，外层宽三角状卵形或披针形，内层长披针形，长1厘米。舌状小花紫红色。瘦果几纺锤形，黑色，长4.2毫米，顶端淡黄白色，无喙或有极短喙状物，每面有5-6条纵肋。花果期4-5月。

产四川东南部、贵州南部及云南西北部，生于海拔500-1100米山坡林下。

[附] **绿春假福王草 Paraprenanthes luchunensis** Shih in Acta Phytotax. Sin. 33. 194. 1995. 本种与异叶假福王草的主要区别：基生叶及下部茎生叶大头羽状全裂，顶裂片披针形，叶柄长达11厘米；舌状小花淡红色；瘦果具粗喙状物。花果期5-6月。产四川中部及云南南部，生于海拔546-1200米山坡。

图 1125 异叶假福王草（蔡淑琴绘）

5. 节毛假福王草 图 1126

Paraprenanthes pilipes (Migo) Shih in Acta Phytotax. Sin. 26: 424. 1988.

Mycelis sororia (Miq.) Nakai var. *pilipes* Migo in Journ. Shanghai Sci. Inst. 3 (4): 173. 1939.

一年生草本。茎枝密被节毛。基生叶与中下部茎生叶大头羽状深裂、全裂或羽状深裂，顶裂片稍宽大，卵形、宽三角状戟形、椭圆形或长菱形，侧裂片2-3对，椭圆形，边缘有小尖头，叶柄长3-5厘米，无翼；最上部叶及花序下方的叶3裂，基部楔形收窄，无柄；叶两面无毛。头状花序排成圆锥状花序，分枝被节毛；总苞圆柱状，长1厘米，总苞片4层，背面无毛，淡红紫色，外层卵形或披针形，长1-2毫米，内层线状披针形，长1厘米。舌状小花红紫色。瘦果黑色，纺锤形，长3.5毫米，顶端淡黄白色，无喙，每面有5条纵肋。花果期5-7月。

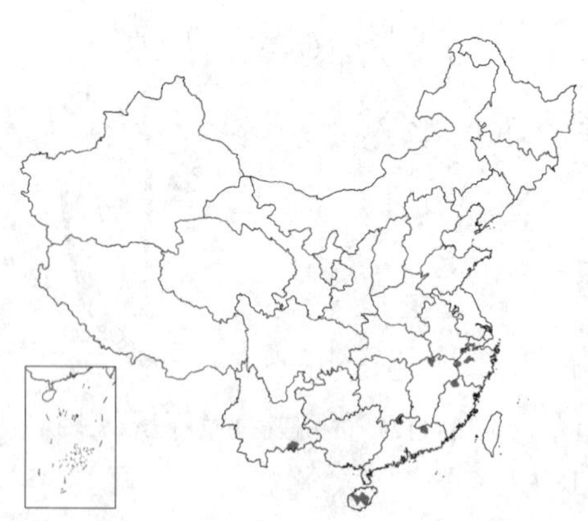

产浙江、福建西北部、江西北部、湖南南部、广东北部、海南及云南东南部，生于山坡。日本有分布。

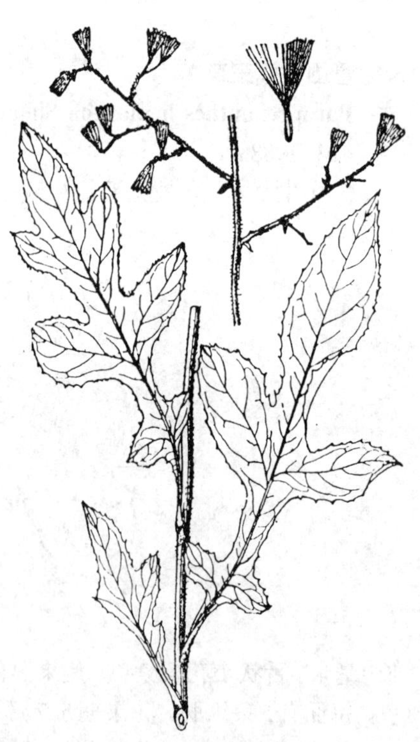

图 1126 节毛假福王草（引自《浙江植物志》）

[附] **蕨叶假福王草 Paraprenanthes polypodifolia** (Franch.) Chang ex Shih, Fl. Reipubl. Popul. Sin. 80 (1): 181. 1997.—— *Lactuca polypodifolia* Franch. in Journ. de Bot. 9: 265. 1895. 本种与节毛假福王草的主要区别：叶侧裂片菱形或不规则菱形，基部渐窄或骤窄成具翼小叶柄，叶柄长9-12厘米；瘦果顶端有粗短喙状物，每面7纵肋。产广西、四川及云南，生于山坡路旁、山谷林下。

6. 密毛假福王草 图 1127

Paraprenanthes glandulosissima (Chang) Shih, Fl. Reipubl. Popul. Sin. 80 (1): 182. 1997.

Lactuca glandulosissima Chang in Contr. Biol. Lab. Sci. China, Bot. 9: 130. 1934.

一年生草本。茎枝被节毛。叶羽状全裂，中部茎生叶叶柄长3-5厘米，顶裂片线形、宽线形、线状长椭圆形或长披针形，长6-10厘米，全缘或有微尖头，侧裂片2-8对，下方侧裂片菱形或锯齿状，长1.5-2厘米，边缘少锯齿，沿羽轴中上方的侧裂片菱形、线形、宽线形、线状披针形、椭圆形或线状长椭圆形，长2.5-6厘米，全缘或有小尖头；上部叶与中部叶等样分裂或3全裂，侧裂片与顶裂片与中部叶同形，有短柄或无柄；叶两面无毛。头状花序排成伞房状花序，被节毛；总苞圆柱状，长1厘米，总苞片4层，背面无毛，外层长三角状或椭圆状披针形，长1.2-2.4毫米，内层线形或线状披针形，长1厘米，有时紫红色。舌状小花蓝紫色。瘦果黑色，纺锤状，长4毫米，顶端淡黄白色，喙状物短，每面有5条纵肋。花果期4-5月。

图 1127 密毛假福王草（蔡淑琴绘）

产云南东南部及西北部、贵州西南部、四川南部，生于海拔520-2300米山坡林缘或林下。

216. 福王草属 Prenanthes Linn.

（石 铸 靳淑英）

多年生草本。茎直立，单生，分枝，稀不分枝。头状花序同型，小，具5，稀10-11舌状小花，多数沿茎枝排成圆锥状花序；总苞圆柱状或窄圆柱状，总苞片3-4层，外层短小，内层背面绿色；花托平，无毛。舌状小花紫或红色，舌片先端平截，5齿裂；花药基部有尖的小耳状或短渐尖膜质附属物；花柱分枝细长。瘦果褐或黑色，圆柱状或楔形，向上渐宽，顶端平截，向下收窄，或上下等粗，有4-5条纵肋；冠毛白、褐、污黄色，2-3层，细锯齿状或单毛状。

约40种，广布欧洲、亚洲及热带非洲。我国7种。

1. 叶不裂。
  2. 草质藤本；
    3. 舌状小花5，蓝紫色；瘦果淡黄色 ………… 1. **藤本福王草 P. scandens**
    3. 舌状小花10-11，紫红色，瘦果黑紫色 ………… 1(附). **云南福王草 P. yakoensis**
  2. 草本，非藤本植物。
    4. 叶心形、卵状心形、宽三角状卵形、线状披针形、近菱形或卵形，叶柄长7-17厘米；圆锥状或总状花序 ………… 2. **福王草 P. tatarinowii**
    4. 叶五角形，叶柄长约2.5厘米；花序窄圆锥状 ………… 3. **狭锥福王草 P. faberi**
1. 叶大头羽状或羽状分裂。
  5. 叶大头羽状分裂，顶裂片卵状心形、心形、戟状心形或宽三角状戟形 ………… 2. **福王草 P. tatarinowii**
  5. 叶掌式羽状分裂，圆形或长圆形 ………… 4. **多裂福王草 P. macrophylla**

1. **藤本福王草** 图 1128

Prenanthes scandens Hook. f. et Thoms. ex Clarke, Comp. Ind. 274. 1876.

多年生草质藤本。茎枝被节毛至无毛。叶卵形、长卵形、心形、长卵状箭头形、长心形或三角状卵形，长6-15厘米，边缘有小尖头，叶柄长1-4厘米，与叶两面均被节毛；上部叶具短柄，与叶两面均被节毛或无毛。头状花序具5舌状小花，排成圆锥花序；总苞圆柱状，长1.1厘米，总苞片3-4层，背面染红紫色，外层长1-2.5毫米，内层长椭圆形，长1.1厘米。舌状小花5，蓝紫色。瘦果淡黄色，圆柱状，长3-4毫米，有5条纵肋；冠毛白色，长1厘米，糙毛状。花果期10-12月。

产西藏东南部，生于海拔950-2000米林缘及林下。锡金有分布。

[附] **云南福王草 Prenanthes yakoensis** J. F. Jeffrey ex Diels in Notes Roy. Bot. Gard. Edinb. 5: 203. 1912. 本种与藤本福王草的主要区别：茎无毛；舌状小花10-11，紫红色；瘦果黑紫色。花果期8-11月。产云南西部及西北部，生于海拔1300-2800米河谷林缘或林下。

图 1128 藤本福王草（王金凤绘）

2. **福王草** 盘果菊 图 1129

Prenanthes tatarinowii Maxim. in Mém. Acad. Imp. Sci. St. Pétersb. Sav. Etrang. 9: 475. 1859.

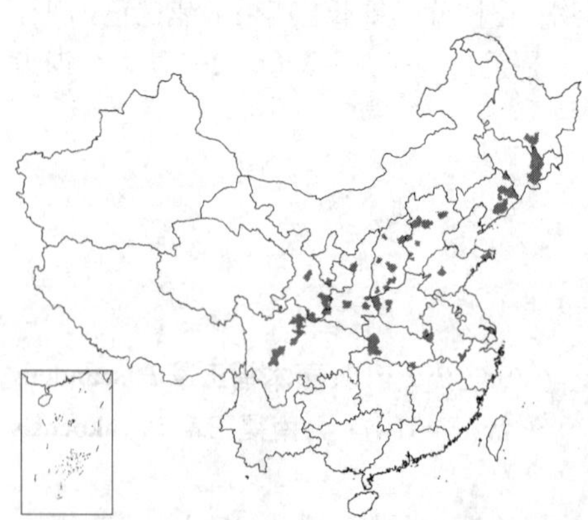

多年生草本。茎枝无毛。中下部茎生叶心形或卵状心形，长8.5-14厘米，全缘、有锯齿或大头羽状全裂，叶柄长7-17厘米，顶裂片卵状心形、心形、戟状心形或三角状戟形，长5-15厘米，基部心形、近心形或戟形，边缘有锯齿，侧裂片1（2-3）对，椭圆形、卵状披针形、偏斜卵形或耳状，长0.6-5.5厘米；向上的叶渐小，上部茎生叶与花序分枝下部或花序分枝上的与中下部茎生叶同形或宽三角状卵形、线状披针形、近菱形或卵形，不裂，有短柄；叶两面被刚毛。头状花序具5舌状小花，排成圆锥状或总状花序；总苞窄圆柱状，长1-1.1厘米，总苞片3层，卵形或长卵形，长1-2毫米，内层线状长披针形或线形，长1厘米，背面疏被卷毛。舌状小花紫或粉红色。瘦果线形或长椭圆状，长4.5毫米，紫褐色，无喙，有5条纵肋；冠毛细锯齿状，浅土红或褐色。花果期8-10月。

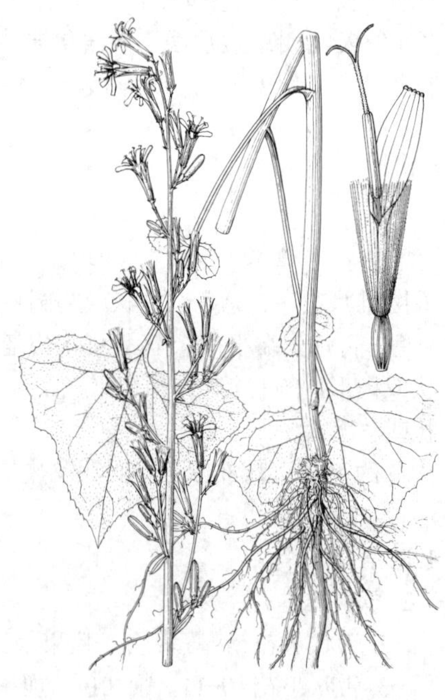

图 1129 福王草（冀朝祯绘）

产黑龙江南部、吉林东部、辽宁东部及南部、河北、山东、安徽、湖北、河南、山西、陕西、宁夏、甘肃及四川，生于海拔510-2980米林缘、林下、草地或水旁。俄罗斯远东地区及朝鲜半岛有分布。

3. 狭锥福王草 图 1130

Prenanthes faberi Hemsl. in Journ. Linn. Soc. Bot. 23: 486. 1888.

多年生草本。茎无毛。茎生叶五角形，长9-14厘米，先端渐尖，基部戟形，边缘有小尖头，两面无毛；叶柄粗，长约2.5厘米。头状花序多数，排成密集窄圆锥花序，花序分枝短粗，无毛，花序梗密被卷毛；总苞圆柱状，长1厘米，总苞片3层，外2层卵形或卵状三角形，长1-2毫米，内层长椭圆形，长1厘米，宽2毫米。舌状小花5枚，紫色。瘦果褐色，圆柱状，长3.5毫米，顶端平截，有5条纵肋；冠毛褐色，细锯齿状，长8毫米。花果期8月。

产湖北西南部、四川东南部及中南部、贵州北部，生于海拔约1850米山坡或路旁。

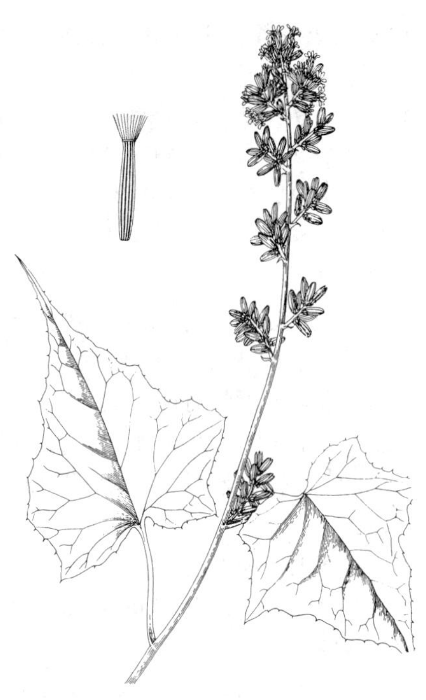

图 1130 狭锥福王草（王金凤绘）

4. 多裂福王草 大叶盘果菊 图 1131

Prenanthes macrophylla Franch. in Journ. de Bot. 4: 307. 1890.

多年生草本，高达1.5米。茎枝有节毛或无毛。中下部茎生叶掌式羽状深裂，圆形或长圆形，长8.5-29厘米，叶柄长9-14厘米，顶裂片3深裂，二回裂片长椭圆形，边缘有锯齿，侧裂片通常1对，椭圆形、长椭圆形或菱形，长3-8厘米，不裂或3深裂，二回中裂片长椭圆形，二回两侧裂片三角形，全部侧裂片或二回裂片全缘，稀锯齿；上部叶与中下部叶同形并等样分裂或3深裂；花序分枝的叶长椭圆形、披针形或线形，长2.5-7厘米。头状花序排成圆锥花序；总苞窄圆柱状，长1.2-1.4厘米，总苞片约3层，背面疏生卷毛或无毛，外2层卵形或卵状三角形，长1-2毫米，内层5，线状长披针形，长1.2-1.4厘米。舌状小花5，淡红紫色。瘦果圆柱状，长4毫米，棕色，有5条纵肋；冠毛浅土红色。花果期7-10月。

图 1131 多裂福王草（冀朝祯绘）

产内蒙古、河北、河南、山西、陕西南部、甘肃、青海东部、四川及安徽，生于海拔1100-2300米山坡、山谷林下、草丛中或潮湿地。

217. 绢毛苣属 **Soroseris** Stebbins

（石 铸 靳淑英）

多年生或一年生草本。茎直立，有时粗而中空，或茎极短至无茎，有时有直立地下茎。叶沿茎螺旋排列或在茎基部或根端排成莲座状，羽状分裂或皱波状锯齿或不裂；地下茎的叶鳞片状，卵形或披针形，无色或白色。头状花序多数或极多数，沿茎排成圆柱状花序或在茎基或根端的莲座状叶丛中排成半球状团伞花序，具4-6舌状小花；总苞圆柱状，总苞片2层，外层2，线形，内层4-5，长椭圆形或披针形，近等长，基部粘合或结合。舌状小花黄色，稀白色；花药基部附属物短尾状；花柱分枝细，平凸状，顶端钝。瘦果长圆柱状或长倒圆锥形，微扁，无喙，有17-30条纵肋；冠毛3层，等长，锯齿状，基部不连合成环，分散脱落。

约6种，主要分布喜马拉雅山区及中国。我国均产。

1. 叶不裂。
  2. 叶线状舌形、椭圆形或线状长椭圆形 …… 1. **空桶参 S. erysimoides**
  2. 叶匙形、长椭圆形或倒卵形 …… 2. **绢毛苣 S. glomerata**
1. 叶羽状或皱波状羽状分裂。
  3. 叶、花序梗及内层总苞片背面无毛 …… 3. **金沙绢毛苣 S. gillii**
  3. 叶、花序梗及内层总苞片背面被柔毛 …… 4. **羽裂绢毛苣 S. hirsuta**

1. 空桶参 糖芥绢毛菊 图 1132 彩片 174

Soroseris erysimoides (Hand.-Mazz.) Shih in Acta Phytotax. Sin. 31: 444. 1993.

Crepis gillii S. Moore var. *erysimoides* Hand.-Mazz. in Acta Hort. Gothob. 12: 355. 1938.

Soroseris hookeriana (Clarke) Stebbins subsp. *erysimoides* (Hand.-Mazz.) Stebb.; 中国高等植物图鉴 4: 687. 1975.

多年生草本，高达30厘米。茎不分枝，无毛或上部被白色柔毛。中下部茎生叶线状舌形、椭圆形或线状长椭圆形，基部楔形渐窄成柄，连叶柄长4-11厘米，全缘，平或皱波状；上部叶及团伞花序下部的叶与中下部叶同形；叶两面无毛或叶柄被柔毛。头状花序集成径为2.5-5厘米的团伞状花序；总苞窄圆柱状，径2毫米，总苞片外层2，线形，无毛或疏生长柔毛，内层4，披针形或长椭圆形，长约1厘米，背面无毛或疏被长柔毛。舌状小花黄色，4。瘦果微扁，近圆柱状，长5毫米，红棕色，有5条细肋；冠毛鼠灰或淡黄色。花果期6-10月。

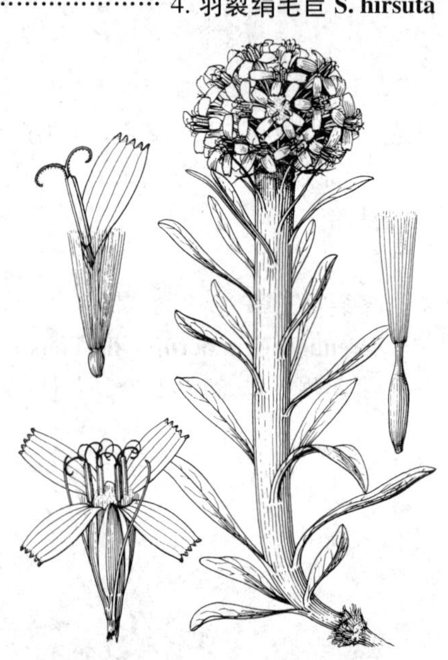

图 1132 空桶参 （冀朝祯绘）

产陕西秦岭、甘肃、青海、云南西北部、四川及西藏，生于海拔3300-5500米高山灌丛、草甸、流石滩或碎石带。尼泊尔至不丹有分布。全草入药，治跌打损伤、咽喉肿痛。

2. 绢毛苣 图 1133

Soroseris glomerata (Decne.) Stebbins in Mem. Torrey Bot. Club 19 (3): 33. 1940.

Prenanthes glamerata Decne. ex Jacq. Voy. Ind. 99. 1844.

多年生草本，高达20厘米。地下根状茎直立，被鳞片状叶。地上茎极

图 1133 绢毛苣 （王金凤绘）

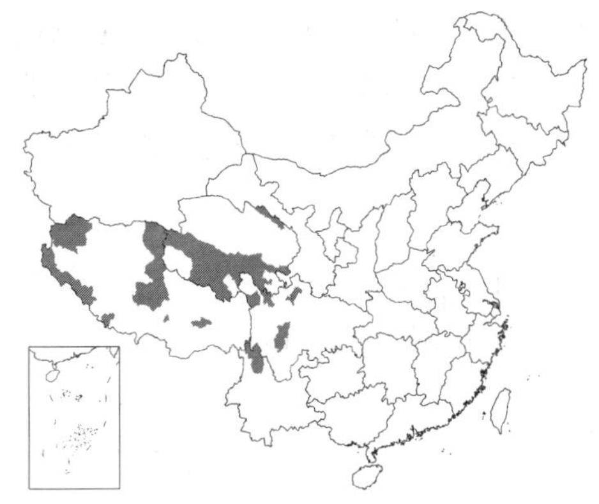

短，密生莲座状叶，叶匙形、长椭圆形或倒卵形，基部楔形渐窄成翼柄或柄，连叶柄长2-3.5厘米，全缘或有齿；地下茎常生出与莲座状叶丛同形的叶，叶柄长3-6厘米；叶及其叶柄被白色长柔毛或无毛。头状花序在莲座状叶丛中集成径3-5厘米的团伞花序，花序梗长3-8毫米，被长柔毛或无毛；总苞窄圆柱状，径2毫米，总苞片外层2，线状长披针形或线形，长0.9-1.3厘米，被长柔毛，内层4-5，长椭圆形，长0.7-1.1厘米，背面被白色长柔毛。舌状小花4-6，黄色。瘦果长圆柱状，长6毫米，有20-30条细肋；冠毛灰或浅黄色，细锯齿状。花果期5-9月。

产云南西北部、四川西部及西北部、西藏、青海，生于海拔3200-5600米高山流石滩或高山草甸。印度西北部、尼泊尔及锡金有分布。

3. 金沙绢毛菊　　图 1134 彩片 175

Soroseris gillii (S. Moore) Stebbins in Mem. Torrey Bot. Club 19(3): 41. 1940.

Crepis gillii S. Moore in Journ. Bot. 47: 170. 1899.

多年生草本。茎极短，或几无茎。叶螺旋状密集或莲座状排列，倒披针形、倒披针状长椭圆形、线状长椭圆形或长椭圆形，长2-8厘米，倒向或不规则倒向羽状深裂或羽状深裂，中部侧裂片较大，侧裂片三角形、偏斜三角形、半圆形或椭圆形，顶裂片三角形或椭圆形，裂片全缘或少锯齿，两面无毛，叶柄长达8厘米，有窄翼或无翼。头状花序团伞状，生于茎顶莲座状叶丛中，径7-12厘米，花序梗长达8毫米，无毛；总苞窄圆柱状，径3（4）毫米，总苞片外层2，线形，长达1.5厘米，内层4，长椭圆形或披针状长椭圆形，长1.2厘米，背面无毛。舌状小花4，黄色。瘦果圆柱状，长4毫米，细肋多达20；冠毛黄或灰色。花果期7-9月。

产青海南部、四川及云南西北部，生于海拔3300-4450米高山流石滩或草甸。

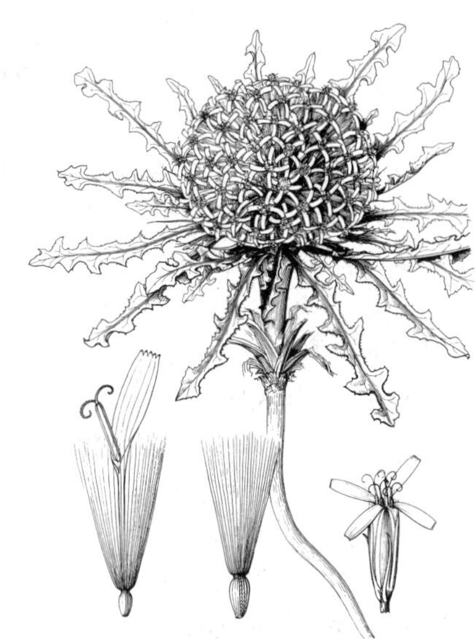

图 1134　金沙绢毛菊（冀朝祯绘）

4. 羽裂绢毛苣　　图 1135

Soroseris hirsuta (Anth.) Shih in Acta Phytotax. Sin. 31: 446. 1993.

Crepis gillii S. Moore var. *hirsuta* Anth. in Notes Roy. Bot. Gard. Edinb. 18: 193. 1934.

多年生草本，茎短，无毛。茎生叶多数，螺旋状密集或几成莲座状，叶倒卵形、长椭圆形、椭圆形、宽线形或倒卵状披针形，倒向羽状或羽状浅裂或深裂，基部渐窄成叶柄，连柄叶长3-15厘米，顶裂片卵状三角形、卵形或椭圆形，侧裂片3-7对，三角形、偏斜三角形、椭圆形或三角状锯齿

图 1135　羽裂绢毛苣（王金凤绘）

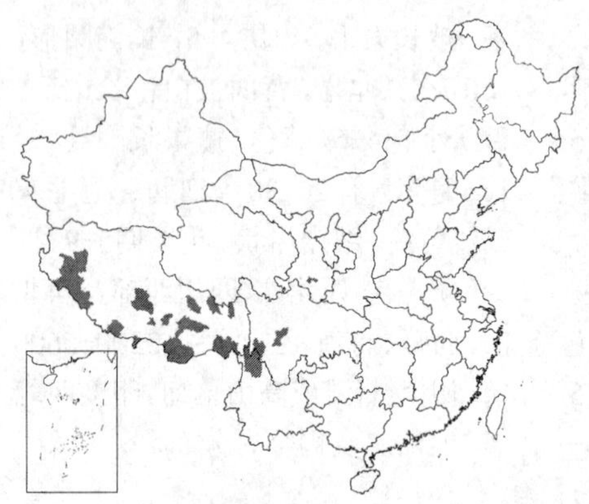

形；团伞花序下方的叶线形或线状披针形，不裂；叶两面及叶柄被褐色长柔毛。头状花序排成团伞花序状，径5-7厘米，花序梗长0.8-1厘米，被长柔毛或无毛；总苞窄圆柱状，径3-4毫米，总苞片外层2，线形，长1.2厘米，被长柔毛，内层4，长椭圆形，长1.1厘米，背面被柔毛。舌状小花4，黄色。瘦果长圆柱状，棕红色，长4毫米，有多至17条细肋；冠毛鼠灰或黄色。花果期7-10月。

产甘肃南部、四川中西部及西南部、云南西北部、西藏，生于海拔2800-5300米高山草甸、多石山坡或流石滩。

218. 合头菊属 Syncalathium Lipsch.

（石 铸 靳淑英）

多年生或一年生草本。茎低矮或几无茎或稍高大。头状花序同型，舌状，在茎端密集成团伞花序；总苞窄圆柱状，总苞片1层，3-5，有时有1枚线形小苞片，紧贴总苞或疏离总苞；花托小，无托片，无毛。舌状小花3-5，两性，紫或紫红色，稀黄色，舌片先端平截，5齿裂；花药基部附属物耳状；花柱分枝细，平凸状，顶端钝。瘦果椭圆形或椭圆状卵圆形，顶端收窄成极短喙状物，或无喙状物，扁，每面有1-2条凸起细肋或细脉纹；冠毛3层，细锯齿状或微糙毛状，外层基部稍粗，内层纤细，上下等粗，冠毛基部不连合成环，易脱落。

9种。我国8种。

1. 头状花序具4-6舌状小花；总苞片4-6。
 2. 叶不裂。
  3. 叶圆形或椭圆形 ………………………… 1. **圆叶合头菊 S. orbiculariforme**
  3. 叶匙形、倒卵形或长倒披针形 ………………………… 2. **盘状合头菊 S. disciforme**
 2. 叶大头羽状全裂 ………………………… 3. **康滇合头菊 S. souliei**
1. 头状花序具3舌状小花；总苞片3；叶大头或几大头羽状深裂 ………………………… 3(附). **柔毛合头菊 S. pilosum**

1. 圆叶合头菊 图 1136

Syncalathium orbiculariforme Shih in Acta Phytotax. Sin. 31: 442. 1993.

多年生草本，高达10厘米，莲座状。茎极短，在团伞花序下膨大。叶密集成莲座状，圆形或椭圆形，长0.8-2厘米，基部平截或微心形，全缘或有锯齿，叶柄长0.6-4.5厘米，柄基鞘状，叶柄及叶片两面疏被长柔毛。头状花序集成径1.5-3.5厘米团伞花序，具4-5舌状小花；总苞窄圆柱状，径3毫米，总苞片4-5，披针形或椭圆状披针形，长约9毫米，背面被黑色硬毛或无毛。舌状小花蓝或淡蓝色。瘦果长倒卵状，顶端圆，喙状物长3毫米，一面有1条、另一面有2条纵肋；冠毛锯齿状，淡黄色。花果期7-9月。

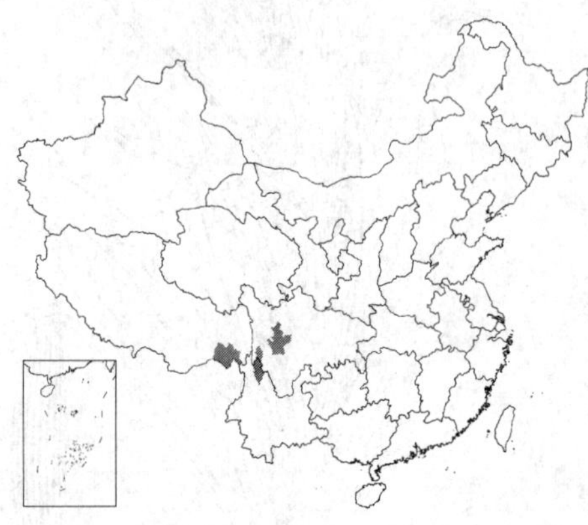

图 1136 圆叶合头菊 （王金凤绘）

产云南西北部、四川中西部及西藏东南部，生于海拔3900-4260米山坡林下、沟边或岩石上。

2.　盘状合头菊　　图 1137 彩片 176

Syncalathium disciforme (Mattf.) Ling in Acta Phytotax. Sin. 10: 286. 1965.

Crepis disciformis Mattf. in Notizbl. Bot. Gart. Berl.-Dahl. 12: 685. 1935.

多年生草本，高达4厘米，莲座状。茎极短，接花序下部膨大。茎生叶及莲座叶丛的叶匙形、长倒披针形或倒卵形，连翼柄长约2厘米，有锯齿，通常紫红色，上面下部及叶柄密被白色柔毛。头状花序具5舌状小花，在膨大茎顶集成径2-6厘米团伞花序；总苞窄圆柱状，径3毫米，总苞片5，长椭圆形，长1.3厘米，背面沿中脉疏生小硬毛至无毛。舌状小花蓝花。瘦果倒披针形，扁，长3毫米，无喙，一面有1条，另一面有2条纵纹；冠毛灰黑色，微锯齿状。花果期9-10月。

产甘肃西南部、青海及四川西北部，生于海拔3900-4500米高山草地或砾石地。

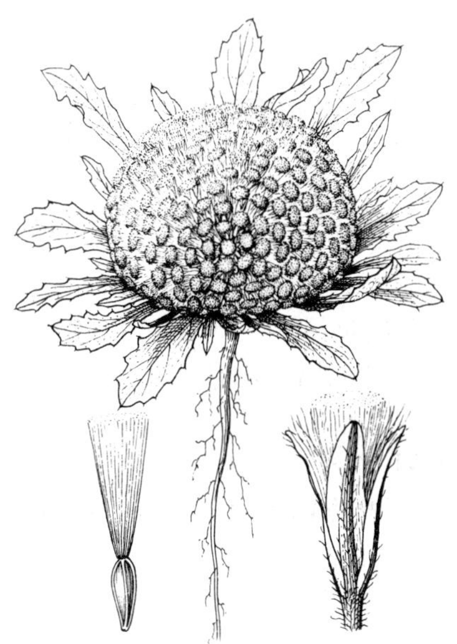

图 1137　盘状合头菊（冀朝祯绘）

3.　康滇合头菊　　图 1138

Syncalathium souliei (Franch.) Ling in Acta Phytotax. Sin. 10(3): 286. 1965.

Lactuca souliei Franch. in Journ. de Bot. 9: 257. 1895.

多年生草本，高达3厘米。叶密集成莲座状，大头羽状全裂，长3-5厘米，有叶柄，紫红或紫褐色，顶裂片卵形、心形、几圆形、宽倒披针形、椭圆形或三角状卵形，长1-3厘米，边缘浅波状，有小尖头或全缘，侧裂片1-3对，耳形、椭圆形、半圆形、三角形或几圆形，裂片两面无毛，叶柄疏生白色长柔毛至无毛。头状花序在茎端莲座状叶丛中集成团伞花序，具4-6舌状小花，花序梗长4毫米，有长椭圆状小苞片；总苞窄圆柱状，径4.5毫米，总苞片4-6，椭圆形或长椭圆形，长1.3厘米，背面疏被白色硬毛至无毛。舌状小花紫红或蓝色，舌片先端平截，5微齿裂。瘦果长倒卵圆形，长4毫米，有极短喙状物，两面各有1条细肋；冠毛白色，稍带黄或污黄褐色。花果期8月。

产四川西北部至西南部、云南西北部、西藏东南部，生于海拔2700-4300米草甸、流石山坡、河谷碎石地。

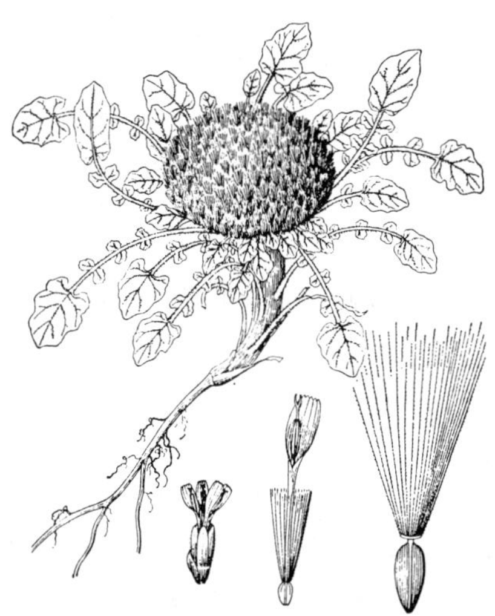

图 1138　康滇合头菊（王金凤绘）

[附] **柔毛合头菊 Syncalathium pilosum** (Ling) Shih in Acta Phytotax. Sin. 31: 444. 1993.—— *Syncalathium sukaczevii* Lipsch. var. *pilosum* Ling in Acta Phytotax. Sin. 10(3): 287. 1965. 本种与康滇合头菊的主要区别：叶裂片两面被白色长柔毛；头状花序具3小花；总苞片3。花果期7-9月。产青海南部及西藏，生于海拔4100-5200米高山草原、流石滩或干旱河谷砾石地。

219. 肉菊属 Stebbinsia Lipsch.

（石 铸 靳淑英）

多年生肉质草本，高达15厘米。茎极短，无毛。叶全基生，莲座状，紫红色，外层叶卵形、卵圆形或卵状椭圆形，长3.5-8厘米，先端圆，基部圆或浅心形，边缘疏生小尖头或细尖齿，两面及叶柄被棕黄色硬毛，叶柄宽厚，无翼或有窄翼，长4-11厘米。头状花序在莲座状叶丛中密集成团伞花序，具10-25舌状小花，花序梗粗，长2.5-4厘米，被硬毛，小苞片2，线形，边缘及外面疏被长硬毛；总苞圆柱状，总苞片3层，10-15，长1.4-1.6厘米，长椭圆形，背面被长硬毛。舌状小花黄色，舌片先端平截，5齿裂。瘦果长圆柱形，棕黄色，无喙，长6毫米，有11条细纵肋；冠毛3（4）层，细锯齿状。

我国特有单种属。

肉菊 伞花绢毛菊 图 1139

Stebbinsia umbrellata (Franch.) Lipsch. in 75 th Anniv. Vol. Sukatsch. 362. 1956.

Crepis umbrellata Franch. in Journ. de Bot. 9: 255. 1905.

Soroseris umbrellata (Franch.) Stebb.; 中国高等植物图鉴 4: 687. 1975.

形态特征同属。花果期7-9月。

产四川中西部、云南西北部、西藏东南部及南部，生于海拔2500-4600米高山草甸或流石滩。

图 1139 肉菊 （引自《图鉴》）

220. 稻槎菜属 Lapsana Linn.

（石 铸 靳淑英）

一年生或多年生草本。叶缘有锯齿、羽状深裂或全裂。头状花序同型，小，具8-15舌状小花，在茎枝顶端排成疏散伞房状或圆锥状花序；总苞圆柱状钟形或钟形，总苞片2层，外层小，3-5，卵形，内层线形或线状披针形；花托平，无毛。舌状小花黄色，两性。瘦果稍扁，长椭圆形、长椭圆状披针形或圆柱状，稍弯曲，有12-20条细纵肋，顶端无冠毛。

约10种，分布欧亚温带地区及非洲西北部。我国2-4种。

稻槎菜 图 1140

Lapsana apogonoides Maxim. in Bull. Acad. Imp. Sci. St. Pétersb. 18: 288. 1873.

一年生小草本，高达20厘米。茎基部簇生分枝及莲座状叶丛；茎枝被柔毛或无毛。基生叶椭圆形、长椭圆状匙形或长匙形，长3-7厘米，大头羽状全裂或几全裂，叶柄长1-4厘米，顶裂片卵形、菱形或椭圆

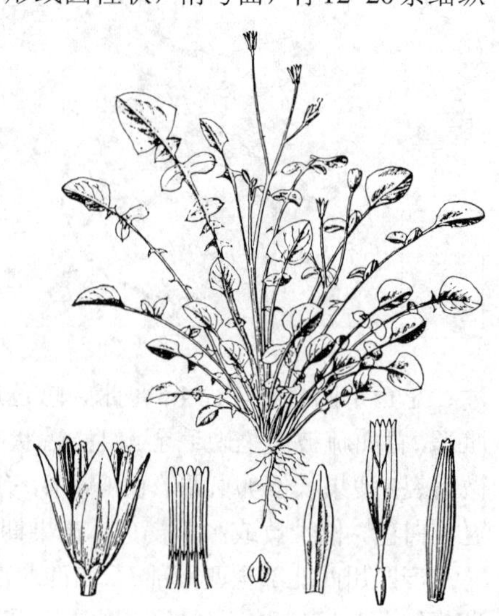

图 1140 稻槎菜 （钱存源绘）

形，边缘有极稀疏小尖头，或长椭圆形有大锯齿，齿顶有小尖头，侧裂片2-3对，椭圆形，全缘或有极稀疏小尖头；茎生叶与基生叶同形并等样分裂，向上茎叶不裂；叶两面绿色，或下面淡绿色，几无毛。头状花序排成疏散伞房状圆锥花序；总苞椭圆形或长圆形，长约5毫米，总苞片2层，草质，背面无毛，外层卵状披针形，长达1毫米，内层椭圆状披针形，长5毫米，先端喙状。舌状小花黄色，两性。瘦果淡黄色，椭圆形或长椭圆状倒披针形，长4.5毫米，有12条纵肋，顶端两侧有1枚长钩刺；无冠毛。花果期1-6月。

产陕西秦岭、河南、江苏南部、安徽南部、浙江、福建、江西北部、湖北、湖南、广东、广西、云南及四川南部，生于田野、荒地及路边。日本及朝鲜半岛有分布。可作猪饲料。

221. 紫菊属 Notoseris Shih

（石　铸　靳淑英）

多年生草本。茎上部分枝。叶分裂或不裂，有柄或无柄。头状花序同型，有3-5舌状小花；总苞窄钟状，直立、下垂或下倾；花托平，无毛，总苞片3（-5）层，非覆瓦状排列，先端钝、圆或尖，紫红色，中外层短，内层长。舌状小花紫红色，舌片先端5齿裂，花冠筒喉部有白色柔毛；花药基部附属物箭头形；花柱分枝细。瘦果长倒披针形，扁，紫色，顶端平截，无喙，每面有6-9条纵肋，被糙毛；冠毛2层，白色，纤细，微糙毛状，易脆折。

11种，均产我国。

1. 叶不裂，箭头状心形、卵状心形或心形，叶柄长达21厘米，无翼 ………… 1. **紫菊 N. psilolepis**
1. 叶大头或稍大头羽状分裂或羽状分裂。
  2. 叶大头羽状全裂，顶裂片三角状戟形 ………… 2. **细梗紫菊 N. gracilipes**
  2. 叶羽状分裂。
    3. 叶侧裂片椭圆形、不规则菱形或倒卵形，长5-10厘米，宽2.5-6厘米，有二回裂片 …… 3. **多裂紫菊 N. henryi**
    3. 叶侧裂片长椭圆形或偏斜长椭圆形，长3-4厘米，宽1-1.5厘米，无二回裂片 ………… 3(附). **南川紫菊 N. porphyrolepis**

1. 紫菊　光苞紫菊　图 1141

Notoseris psilolepis Shih in Acta Phytotax. Sin. 25: 197. 1987.

多年生草本。茎枝无毛。基生叶及中下部茎生叶箭头状心形、卵状心形或心形，长7-14厘米，先端尖或渐尖，有细锯齿，叶柄长达21厘米，上部叶与基生叶及中下部叶同形或箭头状三角形或心形，叶柄长达2厘米；接花序下部的叶长椭圆形，长4-6.5厘米，几无柄；叶两面粗糙。头状花序排成圆锥花序；总苞圆柱状，长1.3厘米，径3毫米，总苞片3层，紫红色，背面无毛，外中层卵形或卵状披针形，长2-4毫米，内层长线状披针形，长1.4厘米。舌状小花紫红色，5。瘦果长披针形，扁，黑紫色，长6毫米，顶端平截，无喙，每面有7纵肋，有微糙毛；冠毛长8毫米。花果期9-11月。

图 1141　紫菊（蔡淑琴绘）

产江西西部、湖北西南部、湖南西南部、广东北部、广西西北部、云南近中部、贵州东北部及四川，生于海拔850–2250米山谷近水旁或林下。

2. 细梗紫菊 川滇盘果菊 图 1142

Notoseris gracilipes Shih in Acta Phytotax. Sin. 25: 198. 1987.

Prenanthes henryi auct. non Dunn: 中国高等植物图鉴 4: 695. 1975.

多年生草本。茎枝被节毛。中下部茎生叶大头羽状全裂，叶柄长4–8厘米，顶裂片三角状戟形，长10–14厘米，侧裂片1–2(3)对，椭圆形，长2.5–4.5厘米；中上部叶宽披针形、卵状披针形或线状长椭圆形；叶两面沿脉疏被节毛，边缘有尖齿。头状花序排成圆锥状花序；总苞圆柱状，长1厘米，径3–4毫米，总苞片3层，紫红色，无毛，外中层三角状披针形或披针形，长2–4毫米，内层长椭圆形或长椭圆状披针形，长1厘米。舌状小花5，紫色。瘦果倒披针形，扁，棕黑色，长4毫米，每面有7条纵肋，顶端平截；冠毛白色。花果期6月。

产湖北西部及西南部、湖南西北部、广东北部、四川中南部及东南部、贵州东北部，生于海拔1600–2100米山坡林下。

图 1142 细梗紫菊 （冀朝祯绘）

3. 多裂紫菊 川滇盘果菊 图 1143

Notoseris henryi (Dunn) Shih in Acta Phytotax. Sin. 25: 202. 1987.

Prenanthes henryi Dunn in Journ. Linn. Soc. Bot. 35: 514. 1903.

多年生草本，高达2米。茎枝无毛。中下部茎生叶羽状深裂或几全裂，卵形，长12–22厘米，叶柄长10–17厘米，顶裂片椭圆形或菱形，长6–15厘米，先端钝或圆，有浅圆齿或锯齿，侧裂片2–3对，椭圆形、不规则菱形或倒卵形，长5–10厘米，宽2.5–6厘米，下方的较小，边缘有锯齿或羽状浅裂或深裂，二回裂片椭圆形或三角形，叶两面粗糙，有糙毛。头状花序排成圆锥状花序；总苞圆柱状，长1.5厘米，总苞片3层，无毛，紫红色，外中层长2–6毫米，先端尖或渐尖，内层长椭圆形，长1.5厘米，先端圆形。舌状小花紫红或粉红色。瘦果棕红色，倒披针形，无喙，每面有7条纵肋；冠毛白色。花果期8–12月。

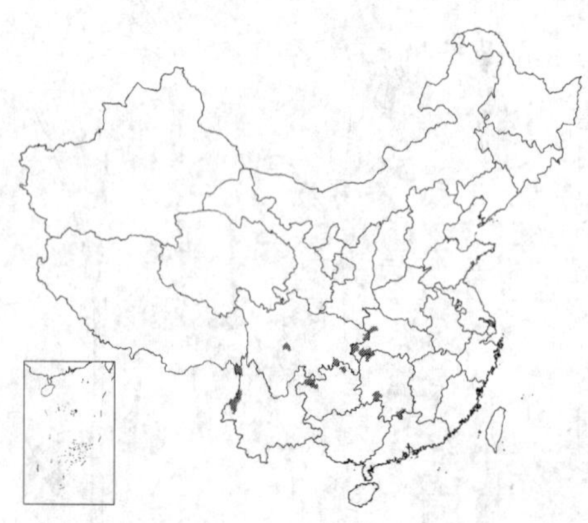

产湖北西部及西南部、湖南、云南、贵州、四川，生于海拔1325–2200米山坡林缘、林下。

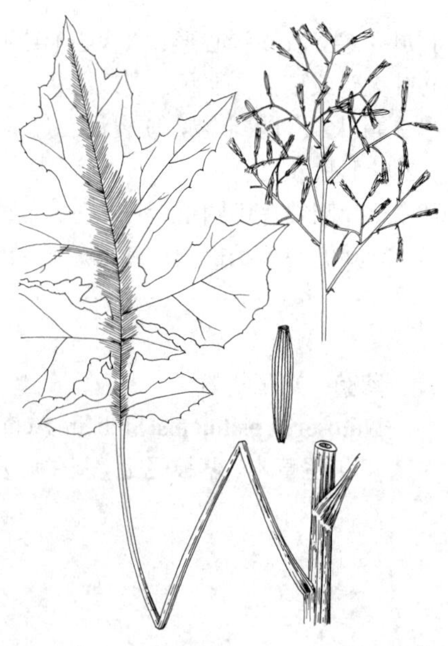

图 1143 多裂紫菊 （王金凤绘）

[附] **南川紫菊 Notoseris porphyrolepis** Shih in Acta Phytotax. Sin. 25: 25. 201. 1987. 本种与多裂紫菊的主要区别：叶侧裂片椭圆形或偏斜长椭圆形，长3–4厘米，宽1–1.5厘米，无二回裂片；瘦果每面有9条纵肋。花果期9月。产四川东南部及贵州东北部，生于海拔1850米山坡林下。

222. 耳菊属 Nabalus Cass.

（石　铸　靳淑英）

多年生草本。叶羽状分裂。头状花序同型，有25-35舌状小花，沿茎枝顶端排成总状或圆锥花序；总苞钟状；总苞片3-4层，三角形或长披针形；花托平，无毛。舌状小花黄或白色；花药基部有渐尖附属物；花柱分枝细长。瘦果肉红或褐色，扁，倒披针形，顶端平截，无喙，每面有多数凸起细肋；冠毛2-3层，褐色，细锯齿状或糙毛状。

约15种，分布亚洲与北美地区。我国1种。

耳菊　　图 1144

Nabalus ochroleucus Maxim. in Bull. Acad. Imp. Sci. St. Pétersb. 15: 376. 1870.

多年生草本。茎上部分枝，茎枝被节毛或长刚毛。基生叶及中下部茎生叶大头羽状全裂，翼柄长达26厘米，有波状浅尖齿，柄基半抱茎，顶裂片宽三角形或近圆形，长宽均6-9厘米，侧裂片1-2对，椭圆形、菱形或不规则菱形，长5.5-7厘米；上部叶三角形，长5.5厘米，翼柄长达4.5厘米，柄基半抱茎，翼缘有波状浅齿；花序下部的叶披针形，长5.5厘米，无柄，基部抱茎；叶裂片与叶缘有锯齿，两面疏被糙毛。头状花序具舌状小花21，排成总状或窄圆锥状总状花序，花序分枝及花序梗密被刚毛；总苞窄钟状，长1.7厘米，总苞片背面被黑色长硬毛。舌状小花黄色。瘦果椭圆形，褐色，每面有11细肋；冠毛浅褐色。花果期8月。

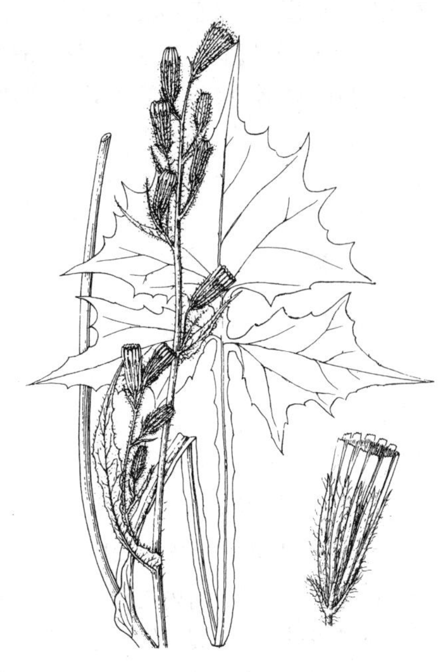

图 1144　耳菊（蔡淑琴绘）

产吉林东部，生于林下潮湿地。日本、朝鲜半岛及俄罗斯远东地区有分布。

223. 岩参属 Cicerbita Wallr.

（石　铸　靳淑英）

多年生草本。叶不裂、羽状分裂或大头羽状分裂。头状花序同型，具舌状小花10-25（30），稀具4-6小花，沿茎枝顶端排成总状、圆锥或伞房花序；总苞圆柱状或钟状，总苞片2（-5）层；花托平，无毛。舌状小花蓝或紫色，稀黄色；花药基部附属物箭头状；花柱分枝细。瘦果长椭圆形，每面有6-9条纵肋，顶端平截或近顶端缢缩，无喙，被糙毛或无毛；冠毛2层，外层极短，糙毛状，内层长，细，微糙，白或红褐色，易脱落。

约35种，分布欧洲、中亚及西南亚和喜马拉雅山区。我国4种。

岩参　　图 1145

Cicerbita azurea (Ledeb.) Beauverd in Bull. Soc. Bot. Genéve. ser. 2, 2: 123. 1910.

Sonchus azureus Ledeb. Fl. Alt. 4: 138. 1833.

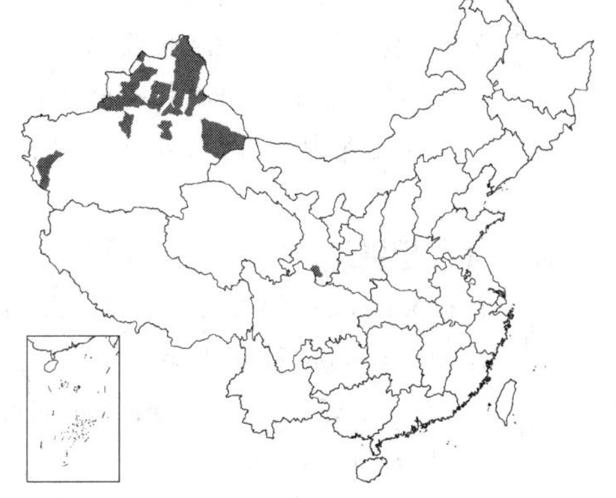

多年生草本。茎上部分枝，花序分枝被腺毛，下部无毛。基生叶及下部茎生叶大头羽状全裂，叶柄长4.5（5.5）厘米，有窄翼或无翼，柄基抱茎，顶裂片心形、卵形或三角状戟形，稀肾形，长2-8厘米，边缘有锯齿，侧裂片1对，椭圆形、三角形或锯齿状；中部叶与基生叶及下部叶同形并等样分裂或不裂，叶柄短，有翼；上部或最上部茎生叶线形或线状披针形；叶下面疏被糙毛。头状花序排成总状花序；总苞钟状，长1.1厘米，径约6毫米，总苞片3层，背面有腺毛，外2层披针形，长2.5-4毫米，内层长椭圆状披针形或线状长椭圆形，长1.1厘米。舌状小花紫、紫蓝或蓝色，12-18。瘦果长椭圆形，长4-5毫米，无毛，每面有8细肋，浅褐色；外层冠毛极短，内层冠毛长毛状。花果期7-10月。

产新疆及甘肃南部，生于海拔1680-2850米山坡林缘、林间空地或平原草地。哈萨克斯坦、俄罗斯西伯利亚及蒙古有分布。

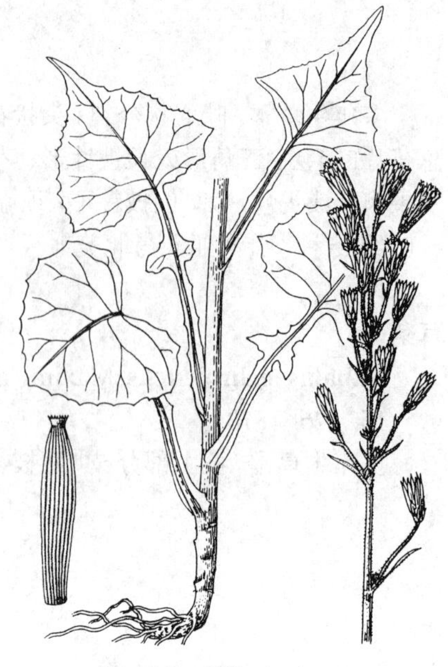

图 1145 岩参 （王金凤绘）

224. 翅果菊属 Pterocypsela Shih

（石 铸 靳淑英）

一年生或多年生草本。叶分裂或不裂，头状花序同型，在茎枝顶端排成伞房、圆锥或总状圆锥花序；总苞卵圆形，总苞片4-5层，向内层渐长，覆瓦状排列，总苞片质厚，绿色；花托平，无毛。舌状小花9-25，黄色，稀白色，舌片先端平截，5齿裂，喉部有白色柔毛；花药基部附属物箭头形；花柱分枝细。瘦果倒卵圆形、椭圆形或长椭圆形，扁，黑、黑棕、棕红或黑褐色，边缘有翅，顶端有粗短喙，稀有细丝状喙；冠毛2层，白色，细，微糙。

约7种，分布东亚。我国均产。

1. 瘦果每面有3条脉纹。
  2. 叶不裂，卵形、宽卵形、椭圆形、三角状卵形、三角形或椭圆形，两面粗糙 ……………… 1. **高大翅果菊 P. elata**
  2. 叶羽状分裂或大头羽状深裂或浅裂，顶裂片三角形、卵状三角形、近菱形或卵状披针形，两面有长柔毛 ……… ……… 2. **毛脉翅果菊 P. raddeana**
1. 瘦果每面有1条脉纹。
  3. 果喙粗短，长0.1-0.5毫米。
    4. 叶不裂。
      5. 叶三角状戟形、宽卵形或宽卵状心形 ……… 3. **翼柄翅果菊 P. triangulata**
      5. 叶线形、线状长椭圆形、长椭圆形或倒披针状长椭圆形 ……… 4. **翅果菊 P. indica**
    4. 叶二回羽状分裂 ……… 4(附). **多裂翅果菊 P. laciniata**
  3. 果喙细丝状，长2-2.8毫米。
    6. 叶不裂，倒披针形、长椭圆形或披针形；茎枝无毛 ……… 5. **细喙翅果菊 P. sonchus**
    6. 叶羽状深裂或近全裂；上部茎枝有长刚毛至无毛 ……… 6. **台湾翅果菊 P. formosana**

1. 高大翅果菊 高莴苣 图 1146

Pterocypsela elata (Hemsl.) Shih in Acta Phytotax. Sin. 26: 385. 1988.

Lactuca elata Hemsl. in Journ. Linn. Soc. Bot. 23: 481. 1888.

Lactuca raddeana Maxim. var. *elata* (Hemsl.) Kitam.; 中国高等植物图鉴 4: 690. 1975.

多年生草本。茎紫红或带紫红色斑纹，有节毛至无毛，上部分枝。中下部茎生叶卵形、宽卵形、三角状卵形、椭圆形或三角形，长5-11厘米，基部楔形渐窄或骤窄成翼柄；向上的叶与中下部叶同形或披针形；叶两面粗糙，边缘有锯齿或无齿。头状花序排成窄圆锥或总状圆锥花序；总苞片4层，外层卵形，长1.5-3.5毫米，中内层长1-1.1厘米。舌状小花黄色。瘦果椭圆形，黑褐色，边缘有宽厚翅，每面有3条细脉纹，顶端具长0.5毫米粗喙。花果期6-10月。

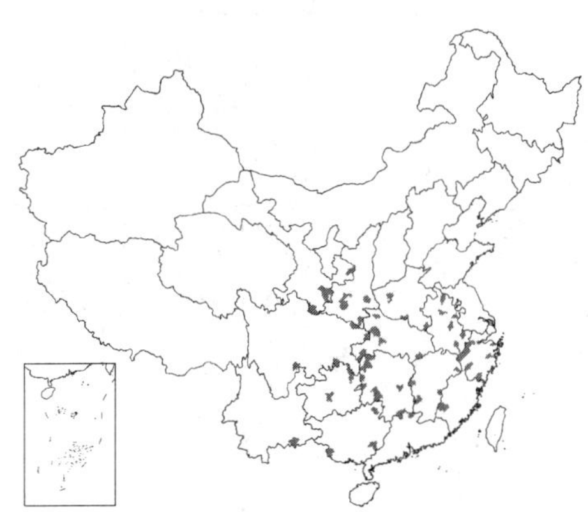

产甘肃东南部、陕西秦岭、河南、安徽、浙江、福建西部、江西、湖北、湖南、广东北部、广西、云南东南部、贵州及四川，生于山谷或山坡林缘、林下、灌丛中或路边。俄罗斯远东地区、朝鲜半岛及日本有分布。

图 1146 高大翅果菊（孙英宝绘）

2. 毛脉翅果菊 毛脉山莴苣 图 1147

Pterocypsela raddeana (Maxim.) Shih in Acta Phytotax. Sin. 26: 386. 1988.

Lactuca raddeana Maxim. in Bull. Acad. Sci. St. Pétersb. 19 : 526. 1874.; 中国高等植物图鉴 4: 690. 1975.

二年生草本。茎中下部密被长柔毛，上部茎枝无毛。中下部茎生叶羽状分裂或大头羽状深裂或浅裂，长5-11厘米，叶柄具宽翼或窄翼，长4-10厘米，顶裂片三角状、卵状三角形、近菱形或卵状披针形，边缘有锯齿，侧裂片1-3对，椭圆形，有小齿；向上的叶卵形、椭圆形或卵状椭圆形，基部楔形收窄成翼柄；叶两面有长柔毛。头状花序排成窄圆锥或伞房状圆锥花序；总苞果期长卵圆形，长约1厘米，总苞片4层，淡紫红色，外层三角形或宽三角形，长1-1.8毫米，中内层披针形或椭圆状披针形，长0.4-1厘米。舌状小花黄色。瘦果椭圆形、椭圆状披针形，黑色，顶端喙长0.1-0.3毫米，每面有3条细脉纹，边缘有宽厚翅。花果期5-9月。

产吉林东北部、河北、山西中南部、河南、山东东南部、安徽西部、福建西部、江西西南部、四川中南部、甘肃南部及陕西秦岭，生于海拔380-2240米山坡林缘、灌丛中、潮湿处或田间。俄罗斯远东地区、日本、朝鲜半岛及中南半岛有分布。

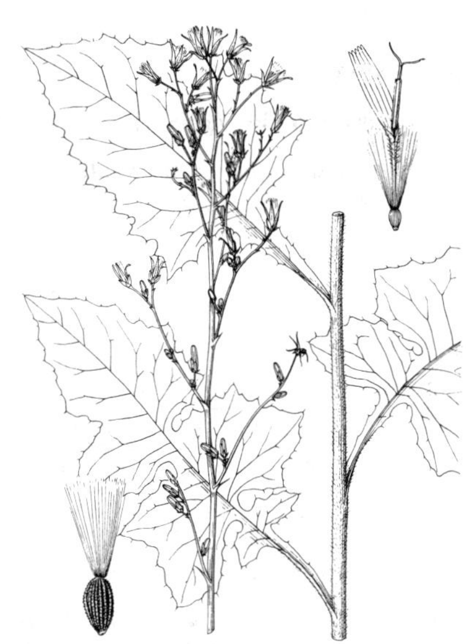

图 1147 毛脉翅果菊（冀朝祯绘）

3. 翼柄翅果菊 翼柄山莴苣 图 1148

Pterocypsela triangulata (Maxim.) Shih in Acta Phytotax. Sin. 26: 386. 1988.

Lactuca triangulata Maxim. in Mém. Acad. Imp. Sci. St. Pétersb. Sav. Etag. 9: 177. 1859; 中国高等植物图鉴 4: 692. 1975.

二年生草本或多年生草本。茎枝无毛。中下部茎生叶三角状戟形、宽卵形、宽卵状心形，长8.5-13厘米，边缘有三角形锯齿，叶柄有翼，长6-

13厘米，柄基耳状半抱茎；向上的叶与中下部叶同形或椭圆形、菱形，基部楔形渐窄成短翼柄，柄基耳状或箭头状半抱茎；叶两面无毛。头状花序排成圆锥花序；总苞果期卵圆形，长1.4厘米；总苞片4层，外层长三角形或三角状披针形，长2.5-3毫米，中内层披针形或线状披针形，长1.4厘米，染红紫色或边缘染红紫色。舌状小花黄色。瘦果黑或黑棕色，椭圆形，长3.8毫米，边缘有宽翅，每面有1条细脉纹，顶端具长0.1毫米粗短喙。

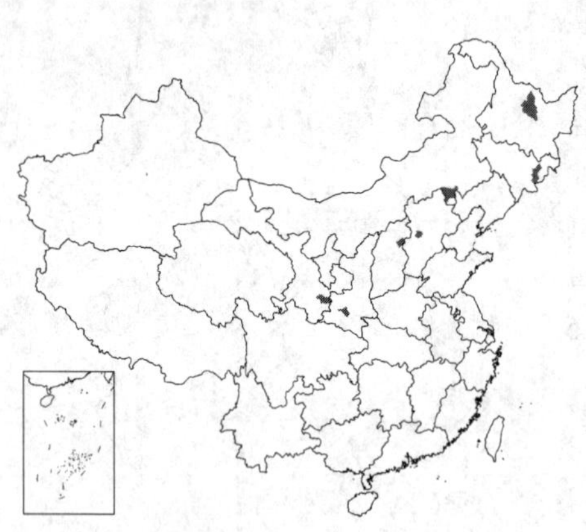

产黑龙江中北部、吉林东部、内蒙古东南部、河北西部、山西东部、陕西秦岭及甘肃东南部，生于海拔700-1900米山坡草地、林缘或路边。日本及俄罗斯远东地区有分布。

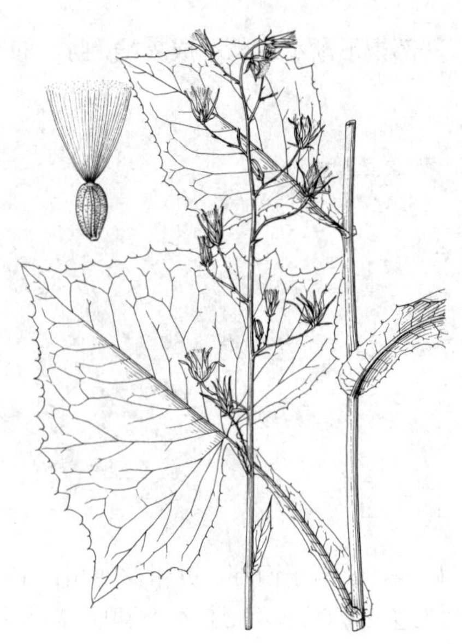

图 1148 翼柄翅果菊（冀朝祯绘）

4. 翅果菊 山莴苣 图 1149

Pterocypsela indica (Linn.) Shih in Acta Phytotax. Sin. 26: 387. 1988. *Lactuca indica* Linn. Mant. 278. 1771; 中国高等植物图鉴 4: 692. 1975.

一年生或二年生草本。茎枝无毛。茎生叶线形，无柄，两面无毛，中部茎生叶长达21厘米或过之，边缘常全缘或基部或中部以下有小尖头或疏生细齿或尖齿，或茎生叶线状长椭圆形、长椭圆形或倒披针状长椭圆形，中下部茎生叶长15-20厘米，边缘有三角形锯齿或偏斜卵状大齿。头状花序果期卵圆形，排成圆锥花序；总苞长1.5厘米，总苞片4层，边缘染紫红色，外层卵形或长卵形，长3-3.5毫米，中内层长披针形或线形披针形，长1厘米或过之。舌状小花25，黄色。瘦果椭圆形，长3-5毫米，黑色，边缘有宽翅，顶端具长0.5-1.5毫米的喙，每面有1条细纵脉纹。花果期4-11月。

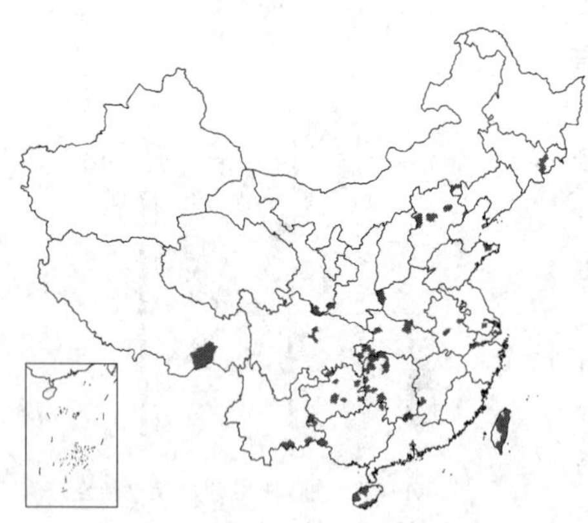

产吉林东部、内蒙古东南部、河北、河南西部、山东胶东半岛、江苏南部、安徽、浙江西北部、台湾、江西西南部、湖北、湖南、广东、海南、广西、云南东南部、贵州、四川、西藏东南部、甘肃及陕西，生于山谷、山坡林缘及林下、灌丛中、沟边、山坡草地或田间。俄罗斯东西伯利亚及远东地区、日本、菲律宾、印度尼西亚及印度西北部有分布。

[附] **多裂翅果菊 Pterocypsela laciniata** (Houtt.) Shih in Acta Phytotax. Sin. 26: 388. 1988.—— *Prenanthes laciniata* Houtt. in Nat. Hist. 10: 381. 1779. 本种与翅果菊的主要区别：中下部茎生叶二回羽状分裂；舌状小花21；喙长0.5毫米。花果期7-10月。产黑龙江东南部及西部、吉林东部、河北、河南西部、陕西南部、山东胶东半岛、江苏南部、安徽中部、浙江西北部、福建西南部、江西西部、湖南西南部、广东北部及中部、云南中北部、四川中部，生于海拔300-2000米山谷、山坡林缘、灌丛、草地或荒地。朝鲜半岛、日本及东亚有分布。

图 1149 翅果菊（引自《图鉴》）

5. 细喙翅果菊 图 1150

Pterocypsela sonchus (Lévl. et Vaniot) Shih in Acta Phytotax. Sin. 26: 388. 1988.

Lactuca sonchus Lévl. et Vaniot in Fedde, Repert. Sp. Nov. 8. 449. 1901.

一年生草本。茎枝无毛。基生叶及下部茎生叶长椭圆形或倒披针形，长4-8厘米，基部楔形渐窄成翼柄或无柄，基部耳状半抱茎；中部及中下部叶倒披针形，长7-10厘米，无柄，基部耳状半抱茎；上部叶及花序下部的叶披针形或长披针形；叶缘多有锯齿，最上部叶全缘。头状花序排成伞房状花序；总苞果期卵圆形，长1.4厘米，总苞片5层，有时染红紫色，外层卵形，长3-5毫米，中层椭圆形，长约7毫米，内层披针形，长1.2厘米。舌状小花黄色。瘦果椭圆形或倒卵圆形，长4毫米，边缘有宽翅，每面有1条细脉纹，顶端具长2毫米细丝状喙。花果期4-9月。

图 1150 细喙翅果菊 （蔡淑琴绘）

产湖南西部、四川中部、贵州中部及西南部，生于海拔1010-1300米山坡灌丛中、林下或山谷草地。

6. 台湾翅果菊 台湾山苦荬 图 1151

Pterocypsela formosana (Maxim.) Shih in Acta Phytotax. Sin. 26: 389. 1988.

Lactuca formosana Maxim. in Bull. Acad. Imp. Sci. St. Pétersb. 19: 525. 1874.

一年生草本，高达1.5米。上部茎枝有长刚毛或无毛。下部及中部茎生叶椭圆形、披针形或倒披针形，羽状深裂或近全裂，翼柄长达5厘米，柄基抱茎，顶裂片长披针形、线状披针形或三角形，侧裂片2-5对，椭圆形或宽镰刀状，上方侧裂片较大，裂片有锯齿；上部叶与中部叶同形并等样分裂或不裂为披针形，全缘，基部圆耳状半抱茎；叶两面粗糙。头状花序排成伞房状花序；总苞果期卵圆形，长1.5厘米，总苞片4-5层，最外层宽卵形，长2毫米，外层椭圆形，长7毫米，中内层披针形或长椭圆形，长达1.5厘米。舌状小花黄色。瘦果椭圆形，长4毫米，棕黑色，边缘有宽翅，每面有1条细纵脉纹，顶端具长2.8毫米细丝状喙。花果期4-11月。

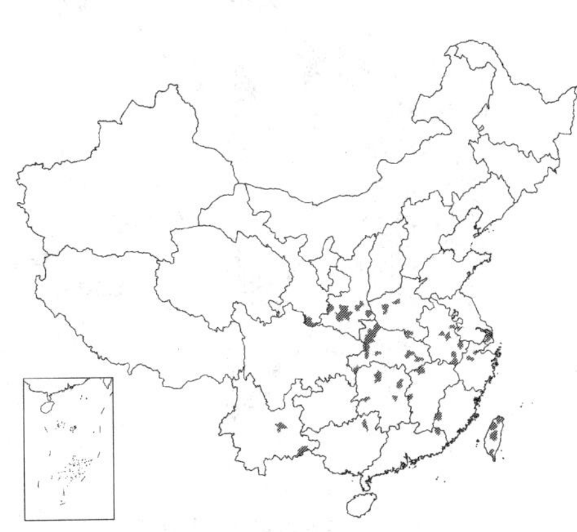

图 1151 台湾翅果菊 （钱存源绘）

产甘肃南部、陕西秦岭、河南、安徽、江苏南部、浙江、福建、台湾、江西、湖北、湖南、广东东北部、广西东北部、云南及四川东部，生于海拔140-2000米山坡草地、田间或路旁。

225. 莴苣属 Lactuca Linn.

（石 铸 靳淑英）

一年、二年或多年生草本。叶分裂或不裂。头状花序同型，小，在茎枝顶端排成伞房或圆锥花序；总苞果期长卵圆形，总苞片3-5层，质薄，覆瓦状排列；花托平，无毛。舌状小花黄色，舌片先端平截，5齿裂；花药基部附属物箭头形，有尖小耳；花柱分枝细。瘦果褐色，倒卵圆形、倒披针形或长椭圆形，扁，每面有3-10条细脉纹或细肋，稀每面有1条细脉纹，顶端具细丝状细喙，与瘦果等长或短于瘦果，或长于瘦果；冠毛白色，纤细，2层，微锯齿状或几单毛状。

约75种，主要分布北美洲、欧洲、中亚、西亚及地中海地区。我国7种。

1. 果喙长3-5毫米，基部两侧无芽状附属物。
  2. 果喙等长或短于瘦果。
    3. 叶不裂，倒披针形、椭圆形、椭圆状披针形、线形或线状长披针形。
      4. 叶倒披针形、椭圆形或椭圆状倒披针形；瘦果每面有6-7细脉纹，果喙等长瘦果 ………… 1. **莴苣 L. sativa**
      4. 叶线形或线状长披针形；瘦果每面有3-5细脉纹，果喙短于瘦果 ………… 1(附). **长叶莴苣 L. dolichophylla**
    3. 叶不裂，通常全缘；茎有硬刺；瘦果每面有6-8条细肋；果喙与瘦果近等长 ……… 2. **阿尔泰莴苣 L. altaica**
  2. 果喙长于瘦果。
    5. 瘦果每面有8-10条细脉；舌状小花15-25，黄色 ………………………………………… 2(附). **野莴苣 L. serriola**
    5. 瘦果每面有3条细脉纹；舌状小花约15，蓝或蓝紫色 ……………………………………… 3. **裂叶莴苣 L. dissecta**
1. 果喙长约1.2厘米，基部每侧有1下垂的芽状附属物，瘦果每面有1条细肋或脉纹 ………… 4. **飘带果 L. undulata**

1. 莴苣 图 1152

Lactuca sativa Linn. Sp. Pl. 785. 1753.

一年生或二年生草本。茎上部分枝。基生叶及下部茎生叶不裂，倒披针形、椭圆形或椭圆状倒披针形，长6-15厘米，无柄，基部心形或箭头状半抱茎，边缘波状或有细锯齿；向上的叶渐小，与基生叶及下部叶同形或披针形；花序分枝的叶极小，卵状心形，无柄，基部心形或箭头状抱茎，全缘；叶两面无毛。头状花序排成圆锥花序；总苞果期卵球形，长1.1厘米，总苞片5层，背面无毛，最外层宽三角形，长约1毫米，外层三角形或披针形，长5-7毫米，中层披针形或卵状披针形，长约9毫米，内层线状长椭圆形，长1厘米。瘦果倒披针形，长4毫米，浅褐色，每面有6-7条细脉纹，顶端喙细丝状，长约4毫米。花果期2-9月。

全国各地栽培，有野化。作生菜用。

[附] **长叶莴苣 Lactuca dolichophylla** Kitam. Fl. East. Himal. 341. 1966. 本种与莴苣的主要区别：叶线形或线状长披针形；瘦果每面有3-5条细脉纹，果喙短于瘦果。花果期9月。产云南中部及西北部、西藏，生于沙地灌丛中。阿富汗、巴基斯坦、印度西北部、尼泊尔及克什米尔地区有分布。

图 1152 莴苣

（引自《江苏南部种子植物手册》）

2. 阿尔泰莴苣 图 1153 图 1154：1-2

Lactuca altaica Fisch. et Mey. in Ind. Sem. Hort. Petrop. 11: 73. 1846.

二年生草本。高达70（120）厘米。茎基部带紫红色，有白色硬刺或无白色硬刺，上部分枝。基部或下部茎生叶披针形或长披针形，长5-17厘米，基部渐窄无柄，全缘；中上部叶线形、线状披针形或长椭圆形，全缘；叶基部均箭头形，下面沿中脉常有淡黄色刺毛。头状花序排成圆锥或总状圆锥花序；总苞长卵球形，长1.3厘米，总苞片5层，背面无毛，有时紫红色，外层三角形或椭圆形，长2-3.5毫米，中层披针形，长约8毫米，内层线状长椭圆形，长1.3厘米。舌状小花黄色。瘦果倒披针形，浅褐色，长3.5毫米，每面有6-8条细肋，上部有糙毛，顶端喙长3毫米，细丝状。花果期8-9月。

产新疆北部，生于海拔750-2000米山谷及河漫滩。俄罗斯、东地中海地区、哈萨克斯坦、乌兹别克斯坦及伊朗有分布。

[附] **野莴苣 Lactuca serriola** Linn. Centur. 2: 29. 1756. 本种与阿尔泰莴苣的主要区别：中下部茎生叶倒披针形或长椭圆形，长3-7.5厘米；瘦果每面有8-10凸起细肋，果喙长于瘦果。花果期6-8月。产新疆，生于海拔502-1680米荒地、路边、河滩砾石地、山坡石缝中或草地。欧洲、俄罗斯、伊朗、哈萨克斯坦、乌兹别克斯坦、印度东北部及蒙古有分布。

图 1153 阿尔泰莴苣（引自《图鉴》）

3. 裂叶莴苣 图 1154：3-4

Lactuca dissecta D. Don, Prodr. Fl. Nepal. 164. 1825.

一年生草本。茎基部不等二叉式分枝，茎枝无毛。中部与下部茎生叶倒披针形，羽状深裂或几全裂，长3-7厘米，侧裂片3-6对，菱形、扇形、圆形或栉齿状，顶裂片菱形；上部叶及花序基部的叶披针形或线状披针形，全缘；叶两面无毛，无柄，基部箭头状或耳状半抱茎。头状花序排成疏散伞房状花序；总苞果期卵圆形，长1.2厘米；总苞片3层，背面无毛，染红紫色，外层卵形、椭圆状披针形或长三角形，长2-3毫米，中层长披针形，长6毫米，内层线形或宽线形，长1.2厘米。舌状小花蓝或蓝紫色。瘦果浅褐色，倒披针形，长2.5毫米，每面有3条细脉纹，顶端细丝状喙长4毫米。花果期6月。

图 1154：1-2. 阿尔泰莴苣 3-4. 裂叶莴苣（引自《中国植物志》）

产西藏南部，生于海拔2000米山坡草地。阿富汗、孟加拉、巴基斯坦、不丹、尼泊尔及锡金有分布。

4. 飘带果 波缘乳苣 图 1155

Lactuca undulata Ledeb. Icon. Pl. Fl. Ross. 2: 12. 1830.

一年生草本。茎枝无毛。叶羽状全裂，倒披针形或长椭圆形，长2-5厘米，两面无毛，无柄，基部耳状半抱茎，顶裂片披针形或椭圆形，有锯齿，侧裂片2-6对，椭圆形，有锯齿；基生叶匙形，不裂或浅齿裂，最

上部茎生叶线状披针形，全缘。头状花序排成伞房状或圆锥状花序；总苞果期长卵圆形，长1.8厘米，总苞片4层，背面无毛，外层卵形，长2-4毫米，中层长披针形，内层线状长披针形，长1.8厘米。舌状小花淡蓝或紫色。瘦果倒卵圆形，长3毫米，上部有乳突状毛，每面有1条细肋或脉纹，顶端喙长1.2厘米，细丝状，喙基每侧有1下垂芽状附属物。花果期5-9月。

产新疆北部，生于海拔500-2000米山坡或河谷潮湿地。东地中海地区、阿富汗、伊朗、约旦、俄罗斯西伯利亚及高加索、哈萨克斯坦、乌兹别克斯坦有分布。

图 1155 飘带果（冀朝祯绘）

226. 雀苣属 **Scariola** F. W. Schmidt

（石 铸 靳淑英）

二年生或多年生草本或小亚灌木。头状花序同型，有5舌状小花，多数在茎枝顶端排成穗状或穗状总状花序；总苞圆柱状，总苞片3-4层，草质，内层边缘膜质，先端钝。舌状小花黄色，花药基部附属物箭头形，花柱分枝细。瘦果多少扁或近圆柱形，被短毛，有5-7或7-8条凸起纵肋，顶端渐尖成喙；冠毛纤细，多数，易脱落。

约10种，主要分布欧亚大陆。我国1种。

雀苣

Scariola orientalis (Boiss.) Soják. in Novit. Bot. Hort. Bot. Univ. Car. Prag. 46. 1962.

Phaenopus orientalis Boiss. Voy. Bot. Esp. 2: 390. 1839-1845.

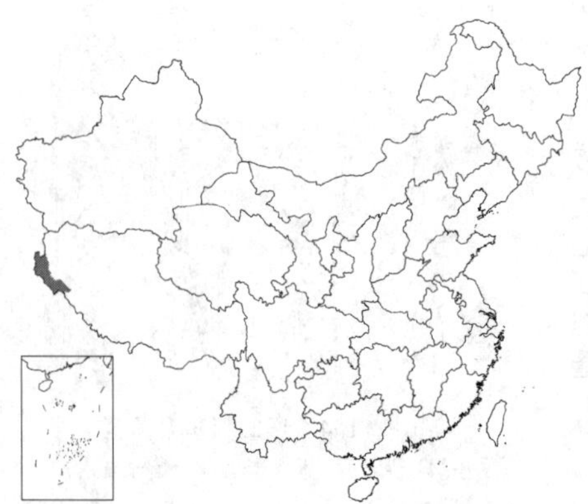

小亚灌木，基部分枝，无毛或几无毛。小枝淡白色，顶端刺状。叶灰绿色，下部茎叶羽状浅裂或深裂，基部收窄成宽而半抱茎的叶柄，侧裂片2-4对，三角形；中部叶与下部叶同形并等样分裂；上部茎叶线形，全缘，无柄。头状花序具5舌状小花，单生枝端或少数排成穗状圆锥花序，无花序梗，稀有长花序梗。总苞宽圆柱状，果期长0.7-1.5厘米；总苞片3-4层，草质，绿或蓝紫色，外层卵形，背面有柔毛，内层苞片长于外层苞片，边缘膜质，先端钝。舌状小花黄色。瘦果长椭圆状，扁，褐红色，长7-8毫米，有5-7条纵肋，被柔毛，上部窄成喙；冠毛纤细，白色，糙毛状，等长或稍短于瘦果，易脱落。花果期6-9月。

产西藏西部。俄罗斯、哈萨克斯坦、高加索、地中海地区、伊拉克、伊朗及巴基斯坦有分布。

227. 苦荬菜属 **Ixeris** Cass.

（石 铸 靳淑英）

一年生或多年生草本。基生叶花期生存。头状花序同型，具舌状小花10-26，在茎枝顶端排成伞房状花序；总苞花期圆柱状或钟状，果期有时卵球形，总苞片2-3层，外层短，内层长；花托平，无托毛。舌状小花黄色，舌片顶端5齿裂；花药基部附属物箭头形；花柱分枝细。瘦果扁，褐色，纺锤形或椭圆形，无毛，有10尖翅肋，顶端具细丝状喙，异色；冠毛白色，2层，纤细，不等长，微粗糙。

约20种，分布东亚和南亚。我国4种。

1. 叶基部不扩大抱茎，匙状倒披针形或舌形，有锯齿、羽状分裂或大头羽裂 ………………………1. **剪刀股 I. japonica**
1. 叶基部扩大，箭头状半抱茎，线形、线状披针形或披针形。
  2. 叶不裂，全缘；总苞圆柱形 ………………………………………………………………2. **苦荬菜 I. polycephala**
  2. 叶羽状深裂；总苞钟形 ……………………………………………………………2(附). **深裂苦荬菜 I. dissecta**

1. 剪刀股 图 1156

Ixeris japonica (Burm. f.) Nakai in Bot. Mag. Tokyo 40: 575. 1926.

Lapsana japonica Burm. f. Fl. Ind. 181. 1768.

Ixeris debilis A. Gray; 中国高等植物图鉴 4: 703. 1975.

多年生草本，高达35厘米。茎基部平卧，基部有匍匐茎，节上生不定根与叶。基生叶匙状倒披针形或舌形，长3-11厘米，基部渐窄成具窄翼柄，边缘有锯齿、羽状半裂或深裂，或大头羽状半裂或深裂，侧裂片1-3对，偏斜三角形或椭圆形，顶裂片椭圆形、长倒卵形或长椭圆形，先端有小尖头；茎生叶与基生叶同形或长椭圆形或长倒披针形，无柄或渐窄成短柄；花序分枝或花序梗的叶卵形。头状花序1-6排成伞房花序；总苞钟状，长1.4厘米，总苞片2-3层，外层卵形，长2毫米，内层长椭圆状披针形或长披针形，长1.4厘米，背面顶端有或无小鸡冠状突起。舌状小花24，黄色。瘦果褐色，几纺锤形，长5毫米，无毛，有10条凸起尖翅肋，喙长2毫米，细丝状。花果期3-5月。

图 1156 剪刀股
（引自《江苏南部种子植物手册》）

产河南北部、江苏东南部、浙江、福建东南部、广东、湖南西北部、湖北及贵州西南部，文献记载辽宁南部有分布，生于路边潮湿地或田边。日本及朝鲜半岛有分布。

2. 苦荬菜 多头苦荬 图 1157

Ixeris polycephala Cass. in Dict. Sci. Nat. 24: 50. 1822.

一年生草本，高达80厘米。茎无毛。基生叶线形或线状披针形，连叶柄长7-12厘米，基部渐窄成柄；中下部茎生叶披针形或线形，长5-15厘米，基部箭头状半抱茎，叶两面无毛，全缘。头状花序排成伞房状花序；总苞圆柱形，长5-7毫米，总苞片3层，外层及中层卵形，长0.5毫米，内层卵状披针形，长7毫米，背面近顶端有或无鸡冠状突起。舌状小花黄色，稀白色。瘦果长椭圆形，长2.5毫米，有10条凸起尖翅肋，顶端喙细丝状，长1.5毫米。花果期3-6月。

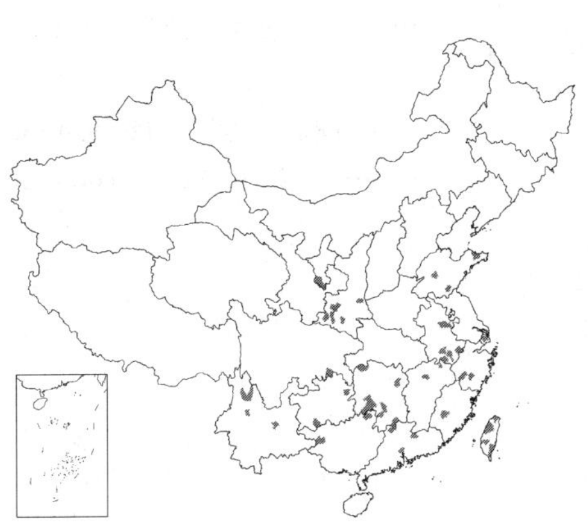

图 1157 苦荬菜
（引自《江苏南部种子植物手册》）

产山东、江苏东南部、安徽、浙江、福建、台湾、江西、湖南、广东、广西、贵州、云南、四川东南部、陕西南部及宁夏南部，生于海拔300-2200米山坡林缘、灌丛中、草地、田野或路旁。

[附] **深裂苦荬菜 Ixeris dissecta** (Makino) Shih in Acta Phytotax. Sin. 31: 536. 1993.——*Lactuca matsumurae* Makino var. *dissecta* Makino in Bot. Mag. Tokyo 24: 252. 1910. 本种与苦荬菜的主要区别：基生叶羽状深裂；总苞钟形。花果期6-10月。产江苏、浙江、福建、台湾、湖南、广东及陕西南部，生于海拔700-1130米田边、溪边。朝鲜半岛及日本有分布。

228. 小苦荬属 Ixeridium (A. Gray) Tzvel.

（石 铸 靳淑英）

多年生草本。有时有长根茎。茎直立，上部分枝，或基部分枝。叶羽状分裂或不裂，基生叶花期生存，稀枯萎脱落。头状花序在茎枝顶端排成伞房状花序，同型；总苞圆柱状，总苞片2-4层，外层及最外层短，内层长。舌状小花（5）7-27，黄色，稀白或紫红色；花药基部附属物箭头形，花柱分枝细。瘦果扁或几扁，褐色，稀黑色，有8-10凸起钝肋，上部常有小硬毛，顶端具细丝状喙；冠毛白或褐色，不等长，糙毛状。

20-25种，分布东亚及东南亚地区。我国13种。

1. 冠毛白色。
  2. 叶三角状或五角状戟形、半圆状戟形或披针形；茎枝被节毛 ························ 1. **戟叶小苦荬 I. sagittaroides**
  2. 叶形非上述；茎枝无毛。
    3. 叶不裂。
      4. 叶倒披针形、椭圆形或宽线形，边缘有并生刺齿 ························ 2. **并齿小苦荬 I. biparum**
      4. 叶丝形或线状丝形，全缘 ························ 3. **丝叶小苦荬 I. graminifolium**
    3. 叶羽状分裂或植株至少有羽状分裂的叶。
      5. 总苞长0.7-1.1厘米；果喙长2.5-4毫米。
        6. 茎生叶2-4，长披针形或长椭圆状披针形，基部耳状抱茎；瘦果长2.2毫米 ······ 4. **中华小苦荬 I. chinense**
        6. 茎生叶1-2，披针形，基部稍抱茎。
          7. 总苞长0.9-1.1厘米；瘦果长4毫米 ························ 4(附). **光滑小苦荬 I. strigosum**
          7. 总苞长7-8毫米；瘦果长2.5毫米 ························ 5. **窄叶小苦荬 I. gramineum**
      5. 总苞长5-6毫米；果喙长0.7-0.8毫米。
        8. 叶侧裂片半椭圆形、三角形或线形，非叶柄状收窄 ························ 6. **抱茎小苦荬 I. sonchifolium**
        8. 叶侧裂片菱形、不规则菱形或宽三角形，基部收窄成叶柄状 ························ 6(附). **精细小苦荬 I. elegans**
1. 冠毛褐、淡黄或麦秆黄色。
  9. 叶长椭圆形、线形、窄线形、线状长椭圆形，全缘 ························ 7. **细叶小苦荬 I. gracile**
  9. 叶长椭圆形、椭圆形或倒披针形，边缘有凹齿或羽状深裂。
    10. 叶边缘有凹齿或羽状深裂；舌状小花10-11 ························ 8. **褐冠小苦荬 I. laevigatum**
    10. 叶全缘或中下部叶缘疏生缘毛；舌状小花5-7 ························ 9. **小苦荬 I. dentatum**

1. 戟叶小苦荬 图 1158：1-2

Ixeridium sagittaroides (Clarke) Shih in Acta Phytotax. Sin. 31: 538. 1993.

Lectuca sagittaroides Clarke, Comp. Ind. 265. 1876.

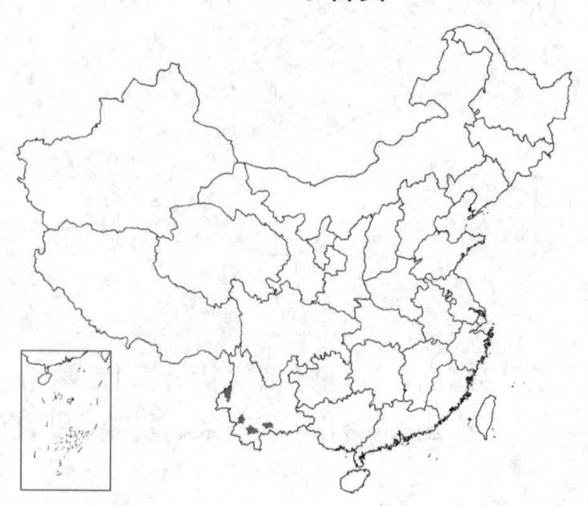

多年生草本。茎枝被节毛。基生叶多数，叶形有3类：三角状或五角状戟形，长1.5-4厘米，半圆状戟形，长3厘米，披针形，长2.5厘米，叶缘有圆或大锯齿或细锯，翼柄长3-10厘米，翼窄，边缘全缘或有锯齿；下部茎生叶少数与基生叶同形，较小或几无下部茎叶；中上部茎无叶或有小叶，花序分枝及花序梗下部有长披针形小苞片；叶及小苞片两面无毛。头状花序伞房状排列；总苞圆柱状，长7毫米，总苞片2-3层，外层长卵形，长2毫米，内层线状长椭圆形，长7毫米。舌状小花黄色。瘦果褐色，长椭圆状披针形，具细喙；冠毛白色。花期4月。

产云南西部至南部，生于海拔1920米。印度、缅甸、尼泊尔及不丹有分布。

图 1158：1-2. 戟叶小苦荬 3-4. 丝叶小苦荬 （王金凤绘）

2. 并齿小苦荬 图 1159

Ixeridium biparum Shih in Acta Phytotax. Sin. 31: 539. 1993.

多年生草本。茎基部或上部分枝，无毛。基生叶簇生，莲座状，倒披针形、椭圆形或宽线形，长2.5-9厘米，叶缘有并生刺齿，成双排列；极稀无并生刺齿；茎生叶2-4，与基生叶同形，边缘有或无并生刺齿，无柄或有短柄，上部叶基生半抱茎，基部两侧常有长耳或长齿，最上部叶线形、披针形或钻形；叶均不裂，无毛。头状花序排成伞房状或伞房圆锥花序；总苞圆柱形，长7-9毫米，总苞片3层，无毛，外层宽卵形，长0.8-1毫米，内层长7-9毫米。舌状小花淡黄色，稀淡红色。瘦果纺锤形，长3毫米，有10条纵肋，肋上有微刺毛，具长3毫米细丝状喙；冠毛白色。花果期6-10月。

产湖北西部及西南部、湖南西北部及东部、四川南部及贵州西南部，生于海拔508-2000米山坡。

图 1159 并齿小苦荬 （王金凤绘）

3. 丝叶小苦荬 图 1158：3-4

Ixeridium graminifolium (Ledeb.) Tzvel. in Fl. URSS 29: 392. 1964.

Crepis graminifolia Ledeb. in Mem. Acad. Imp. Sci. St. Pétersb. 5: 558. 1814.

多年生草本。茎基部多分枝，茎枝无毛。基生叶丝形或线状丝形；茎生叶极少，与基生叶同形；叶两面无毛，全缘。头状花序排成伞房状花序或单生枝端；总苞圆柱状，长7-7.5毫米，总苞片2-3层，背面无毛，外层卵形，长1毫米，内层线状长椭圆形，长7-7.5毫米。舌状小花黄色，稀白色。瘦果长椭圆形，长3毫米，有10条钝肋，肋上部有小刺毛，喙细丝状，长3毫米；冠毛白色。花果期6-8月。

产吉林西部、辽宁北部、内蒙古、河北西部及陕西北部，生于海拔1200米路旁、田野、河岸、沙丘或草甸。俄罗斯东西伯利亚及蒙古有分布。

4. 中华小苦荬 山苦荬 图 1160 彩片 177

Ixeridium chinense (Thunb.) Tzvel. in Fl. URSS 29: 390. 1964.

Prenanthes chinensis Thunb. Fl. Jap. 310. 1784. pro part.

Ixeris chinensis (Thunb.) Nakai; 中国高等植物图鉴 4: 702. 1975.

多年生草本。茎上部分枝。基生叶长椭圆形、倒披针形、线形或舌形，连叶柄长2.5-15厘米，基部渐窄成翼柄，全缘，不裂或羽状浅裂、半裂或深裂，侧裂片2-4对，长三角形、线状三角形或线形；茎生叶2-4，长披针形或长椭圆状披针形，不裂，全缘，基部耳状抱茎；叶两面无毛。头状花序排成伞房花序；总苞圆柱状，长8-9毫米，总苞片3-4层，外层宽卵形，长1.5毫米，内层长椭圆状倒披针形，长8-9毫米。舌状小花黄色。瘦果长椭圆形，长2.2毫米，有10条钝肋，肋有小刺毛，喙细丝状，长2.8毫米；冠毛白色。花果期1-10月。

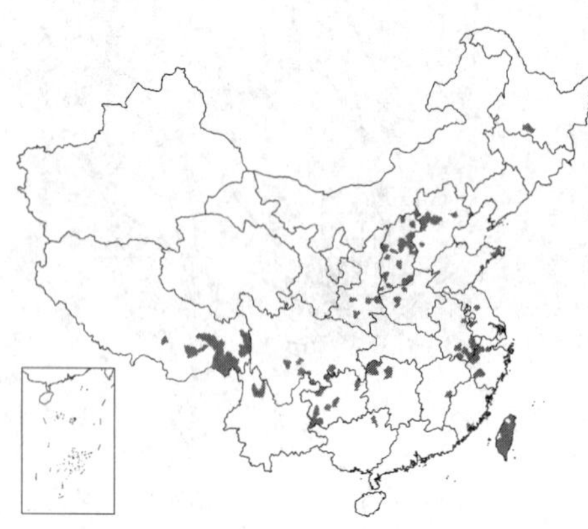

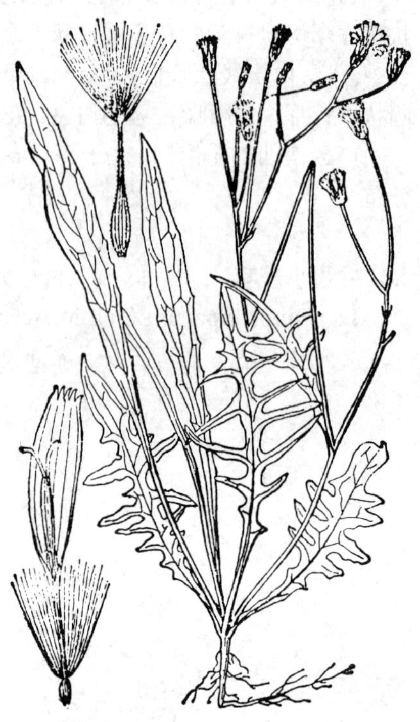

图 1160 中华小苦荬 （引自《图鉴》）

产黑龙江南部、河北、山西、河南西部、山东胶东半岛、江苏、安徽、浙江、福建东南部、台湾、江西东部、湖南西北部、广西东北部、贵州、云南西北部、西藏东部、四川南部及陕西南部，生于山坡路旁、田野、河边灌丛或岩缝中。俄罗斯远东地区及西伯利亚、日本及朝鲜半岛有分布。

［附］ **光滑小苦荬 Ixeridium strigosum** (Lévl. et Vaniot) Tzvel. in Fl. URSS 29: 390. 1964.—— *Lactuca strigosa* Lévl. et Vaniot in Bull. Acad. Int. Géogr. Bot. 20: 114. 1909. 本种与中华小苦荬的主要区别：茎生叶1-2，披针形，基部稍抱茎；总苞长0.9-1.1厘米；舌状小花有紫色色斑；瘦果长4毫米。花果期4-7月。产黑龙江、吉林、辽宁、内蒙古、河北、江苏、浙江、安徽及四川，生于山坡草丛中。俄罗斯远东地区、日本及朝鲜半岛有分布。

5. 窄叶小苦荬 齿缘苦荬 图 1161

Ixeridium gramineum (Fisch.) Tzvel. in Fl. URSS 29: 391. 1964.

Prenanthes graminea Fisch. in Mem. Soc. Imp. Nat. Mosc. 3: 67. 1812.

Ixeris chinensis auct. non (Thunb.) Nakai: 中国高等植物图鉴 4: 702. 1975.

Ixeris dentata auct. non (Thunb.) Nakai: 中国高等植物图鉴 4: 703. 1975.

多年生草本。主茎不明显，基部多分枝，茎枝无毛。基生叶匙状长椭圆形、长椭圆形、长椭圆状倒披针形、披针形、倒披针形或线形，连叶柄长3.5-7.5厘米，不裂，全缘、有尖齿或羽状浅裂或深裂，或基生叶中有羽状分裂的叶，基部渐窄成柄，侧裂片1-7对，中裂片长椭圆形、镰刀形或窄线形；茎生叶1-2，不裂，与基生叶同形，基部无柄，稍抱茎；叶两面无毛。头状花

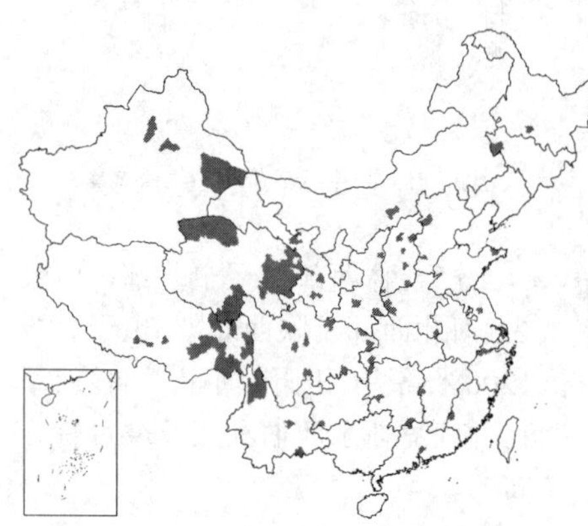

图 1161 窄叶小苦荬
（引自《江苏南部种子植物手册》）

序排成伞房或伞房圆锥花序；总苞圆柱状，长7-8毫米，总苞片2-3层，外层宽卵形，长0.8毫米，内层线状长椭圆形，长7-8毫米。舌状小花黄色。瘦果红褐色，长椭圆形，长2.5毫米，有10条钝肋，喙细丝状，长2.5毫米；冠毛白色。花果期3-9月。

产黑龙江南部、吉林西部、内蒙古中南部、河北西部、山西、河南西南部及东南部、山东东部、江苏、浙江西北部、福建西部、江西西部、湖北西南部、湖南、广东、贵州西南部、云南、西藏、四川、陕西、甘肃、新疆、青海，生于海拔100-4000米山坡草地、林缘、林下、河边、沟边、荒地或沙地。朝鲜半岛、蒙古、俄罗斯西伯利亚及远东地区有分布。

6. 抱茎小苦荬 抱茎苦荬菜 苦荬菜 图 1162 彩片 178

Ixeridium sonchifolium (Maxim.) Shih in Acta Phytotax. Sin. 31: 543. 1993.

Youngia sonchifolia Maxim. Prim. Fl. Amur. 180. 1859.

Ixeris sonchifolia Hance; 中国高等植物图鉴 4: 706. 1975.

多年生草本。茎上部分枝，茎枝无毛。基生叶莲座状，匙形、长倒披针形或长椭圆形，连基部渐窄宽翼柄长3-15厘米，不裂或大头羽状深裂，顶裂片近圆形、椭圆形或卵状椭圆形，侧裂片3-7对，半椭圆形、三角形或线形；中下部茎生叶长椭圆形、匙状椭圆形、倒披针形或披针形，羽状浅裂或半裂，基部心形或耳状抱茎；上部叶心状披针形，多全缘，基部心形或圆耳状抱茎；叶两面无毛。头状花序排成伞房或伞房圆锥花序；总苞圆柱形，长5-6毫米，总苞片背面无毛。舌状小花黄色。瘦果黑色，纺锤形，有10条钝肋，上部沿肋有小刺毛，细丝状喙长0.8毫米；冠毛白色。花果期3-5月。

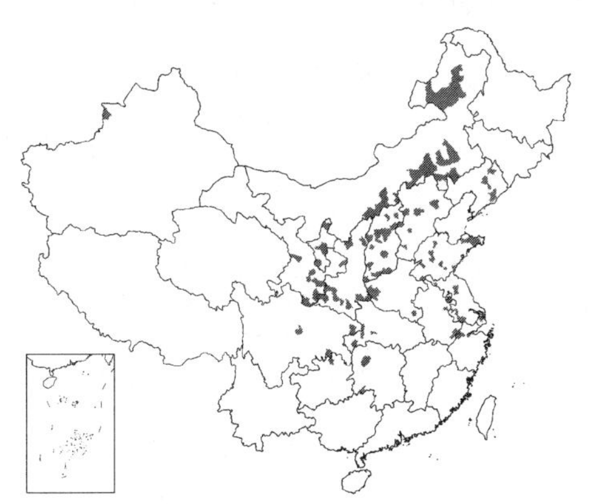

图 1162 抱茎小苦荬（引自《图鉴》）

产辽宁、内蒙古、河北、山西、河南、山东、江苏、安徽、浙江、湖北西南部、湖南、贵州东北部、四川、陕西、宁夏及甘肃南部，生于海拔100-2700米山坡、平原路旁、林下、河滩地或岩缝中。全草药用，清热解毒、活血。

[附] **精细小苦荬 Ixeridium elegans** (Franch.) Shih in Acta Phytotax. Sin. 31: 543. 1993. —— *Lactuca elegans* Franch. in Journ. de Bot. 9: 262. 1895. 本种与抱茎小苦荬的主要区别：叶侧裂片菱形、不规则菱形或宽三角形，基部收窄成叶柄状。花果期8-9月。产河南西部、山西、陕西中南部、甘肃及四川，生于海拔1150-1900米山坡、路旁或河谷。

7. 细叶小苦荬 图 1163

Ixeridium gracile (DC.) Shih in Acta Phytotax. Sin. 31: 545. 1993.

Lactuca gracilis DC. Prodr. 7: 140. 1838.

多年生草本，高达70厘米。茎上部或基部分枝，茎枝无毛。基生叶长椭圆形、线状长椭圆形、线形或窄线形，长4-15厘米，基部有窄翼柄；茎生叶窄披针形、线状披针形或窄线形，基部无柄；叶两面无毛，全缘。头状花序排成伞房或伞房圆锥花序，具6舌状小花，花序梗极纤细；总苞圆柱状，长6毫米，总苞片外层2-3，卵形，长不及1毫米，内层线状长椭圆形，长6毫米。瘦果褐色，长圆锥状，长3毫米，有细肋或细脉10条，喙细丝状；冠毛褐或淡黄色。花果期3-10月。

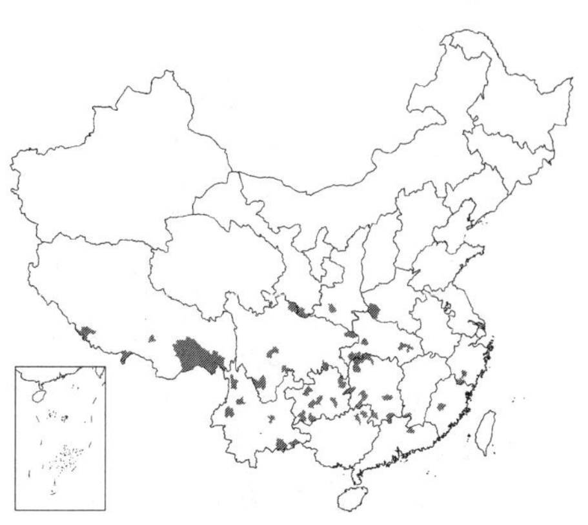

产浙江南部、福建、江西南部、湖北、湖南、广东、广西东北部、贵州、云南、西藏东南部及南部、四川、甘肃南部、陕西秦岭及河南西南部，生于海拔800-3000米山坡、山谷林缘、林下、田间、荒地或草甸。尼泊尔、不丹、印度西北部及缅甸有分布。

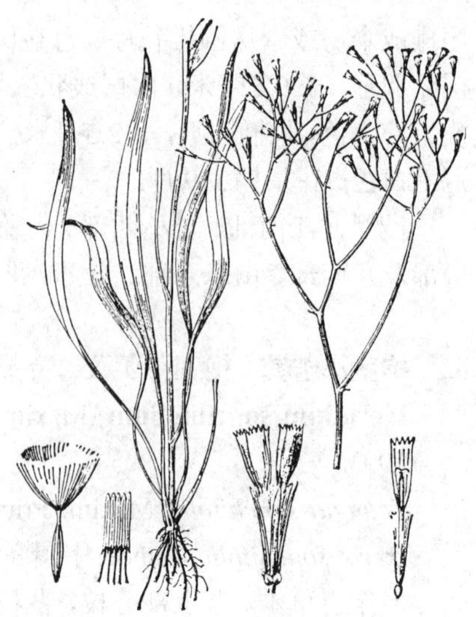

图 1163 细叶小苦荬（引自《秦山植物志》）

8. 褐冠小苦荬 平滑苦荬菜 图 1164

Ixeridium laevigatum (Bl.) Shih in Acta Phytotax. Sin. 31: 545. 1993.

Prenanthes laevigata Bl. Bijdr. 886. 1826.

Ixeris laevigata (Bl.) Sch.-Bip.; 中国高等植物图鉴 4: 704. 1975.

多年生草本。茎上部分枝，茎枝无毛。基生叶椭圆形、长椭圆形、倒披针形或窄线形，长5-18厘米，边缘有凹齿，或羽状深裂，侧裂片1-4对，半圆形或偏卵形，叶柄长1-8厘米，有窄翼；茎生叶不裂，与基生叶同形，边缘有凹齿或尖齿，先端尾尖，基部无柄或柄极短；叶两面无毛。头状花序排成伞房或圆锥状花序；总苞圆柱状，长5-6毫米，总苞片外层卵状披针形，长1-1.5毫米，内层线状披针形，长5-6毫米，下部沿中脉海绵质增厚。舌状小花10-11，黄色。瘦果褐色，长圆锥状，长3毫米，有10条钝肋，喙细丝状，长1.8毫米；冠毛褐色或麦秆黄色。花果期3-8月。

产福建及台湾，生于海拔500-600米山坡林缘、林下或草丛中。日本、中南半岛、菲律宾及印度尼西亚有分布。

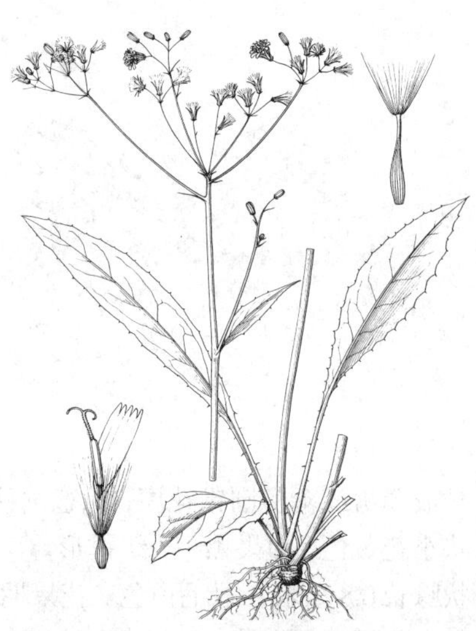

图 1164 褐冠小苦荬（冀朝祯绘）

9. 小苦荬 图 1165

Ixeridium dentatum (Thunb.) Tzvel. in Fl. URSS 29: 392. 1964.

Prenanthes dentata Thunb. Fl. Jap. 310. 1784.

多年生草本。茎上部分枝，茎枝无毛。基生叶长倒披针形、长椭圆形、或椭圆形，长1.5-15厘米，不裂，全缘或中下部边缘疏生缘毛或长尖头状锯齿，基部渐窄成翼柄，长2.5-6厘米，极稀羽状分裂，侧裂片1-3对，线状长三角形或偏斜三角形；茎生叶少数，披针形、长椭圆状披针形或倒披针形，不裂，基部耳状抱茎，中部以下或基部边缘有缘毛状锯齿；叶两面无毛。头状花序排成伞房状花序；总苞圆柱状，长7-8毫米。舌状小花5-7，黄色，稀白色。瘦果纺锤形，长3毫米，

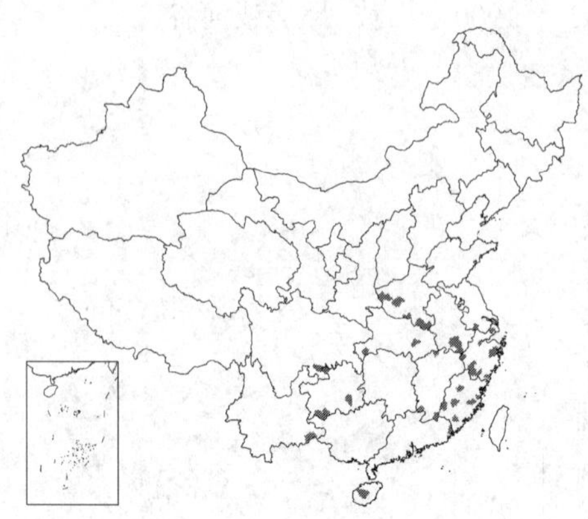

图 1165 小苦荬（王金凤绘）

稍扁，有10细肋，细丝状喙长约1毫米；冠毛麦秆黄或黄褐色。花果期4-8月。

产河南、安徽南部、江苏南部、浙江、福建、广东东部、海南、江西、湖北、四川南部、贵州及云南东南部，生于海拔380-1050米山坡、林下、潮湿地或田边。俄罗斯远东地区、日本及朝鲜半岛有分布。

229. 沙苦荬属 **Chorisis** DC.

（石 铸 靳淑英）

多年生草本，无毛。茎匍匐，节间短，节生不定根。叶宽卵形，长1.5-3厘米，一至二回掌状3-5浅裂、深裂或全裂，裂片或末回裂片椭圆形、长椭圆形、圆形或不规则圆形，基部渐窄，有或无翼柄，叶缘波状或一侧有1大钝齿，两面无毛。头状花序单生叶腋，花序梗长，或2-5头状花序排成腋生疏散伞房花序；总苞圆柱形，长1.4厘米，总苞片2-3层，背面无毛，外2层卵形或椭圆形，长3-7毫米，内层长椭圆状披针形，长1.4厘米。舌状小花12-60，黄色。瘦果圆柱状，稍扁，长4毫米，无毛，有10条钝肋，顶端粗喙长2毫米；冠毛白色，长6毫米，粗糙。花果期5-10月。

单种属。

沙苦荬菜 匍匐苦荬菜 图 1166

Chorisis repens (Linn.) DC. Prodr. 7: 178. 1838.

Prenanthes repens Linn. Sp. Pl. 798. 1753.

Ixeris repens (Linn.) A. Gray; 中国高等植物图鉴 4: 705. 1975.

形态特征同属。花果期5-10月。

产辽宁、河北东北部、山东胶东半岛、福建沿海地带、台湾、香港及澳门，生于海边沙地。俄罗斯远东地区、日本及朝鲜半岛有分布。

图 1166 沙苦荬菜（冀朝祯绘）

230. 黄瓜菜属 **Paraixeris** Nakai

（石 铸 靳淑英）

一年生草本或二年生草本。叶互生，不裂或羽状分裂，基生叶花期枯萎，稀生存。头状花序同型，在茎枝顶端排成伞房或伞房状圆锥花序；总苞圆柱状，长4.5-9毫米，总苞片（2）3层，向内渐长，外层卵形，内层披针形、椭圆形、披针状长椭圆形、长椭圆状线形、线状长椭圆形或长披针形，基部沿中脉海绵质或无海绵质增厚；花托平，无毛。舌状小花5-19，黄或桔黄色，花药基部附属物箭头状；花柱分枝细。瘦果黑或褐色，椭圆形或纺锤形，有10-12条纵肋，上部沿肋有小刺毛，顶端具粗喙；冠毛白色。糙毛状，1层，易脱落。

8-10种，分布东亚、东南亚。我国6种。

1. 叶不裂，边缘锯齿或全缘 ························ 1. **黄瓜菜 P. denticulata**
1. 叶大头羽状分裂，羽状浅裂或半裂，或深裂。
  2. 叶大头羽状分裂，顶裂片心状五角形或多角形 ························ 1(附). **心叶黄瓜菜 P. humifusa**
  2. 叶羽状浅裂、半裂或深裂。
    3. 头状花序约有12舌状小花；总苞长7-8毫米；果喙长0.4毫米 ························ 2. **羽裂黄瓜菜 P. pinnatipartita**

3. 头状花序有15-19舌状小花；总苞长4.5-5.5毫米；果喙长0.7毫米 ………………… 2(附). 尖裂黄瓜菜 **P. serotina**

1. **黄瓜菜** 苦荬菜 图 1167 彩片 179

Paraixeris denticulata (Houtt.) Nakai in Bot. Mag. Tokyo 34: 156. 1920.

Prenanthes denticulata Houtt. in Nat. Hist. 10: 385. 1779.

Ixeris denticulata (Houtt.) Stebbins; 中国高等植物图鉴 4: 706. 1975.

一年生或二年生草本。茎枝无毛。基生叶及下部茎生叶花期脱落；中下部茎生叶卵形、琴状卵形、椭圆形或披针形，不裂，长3-10厘米，有宽翼柄，基部圆耳状抱茎，或无柄，基部圆耳状抱茎，或耳状抱茎，边缘有锯齿或全缘；上部及最上部叶与中下部叶同形，有锯齿或全缘，无柄，基部耳状抱茎；叶两面无毛。头状花序排成伞房或伞房圆锥状花序；总苞圆柱状，长7-9毫米，总苞片背面无毛，外层卵形，内层披针形或长椭圆形，长7-9毫米。舌状小花黄色。瘦果长椭圆形，黑或黑褐色，长2.1毫米，有10-11条纵肋，喙长0.4毫米；冠毛白色。花果期5-11月。

产黑龙江南部、吉林、辽宁、内蒙古、河北、山西、河南南部、江苏西南部、安徽、浙江近北部、江西西北部、湖北西南部、湖南、广东北部、广西东北部、贵州、四川东北部、陕西北部、甘肃南部及青海东北部，生于山坡林缘、林下、田边、岩石上或岩缝中。俄罗斯远东地区、蒙古、朝鲜半岛及日本有分布。

[附] **心叶黄瓜菜 Paraixeris humifusa** (Dunn) Shih in Acta Phytotax. Sin. 31: 547. 1933.—— *Lactuca humifusa* Dunn in Journ. Linn. Soc. Bot. 35: 512. 1903.本种与黄瓜菜的主要区别：叶大头羽状分裂，顶裂片心状五角形或多角形。花果期8-9月。产湖北、四川及云南，生于海拔1100米河边草地。

图 1167 黄瓜菜
（引自《江苏南部种子植物手册》）

2. **羽裂黄瓜菜** 图 1168

Paraixeris pinnatipartita (Makino) Tzvel. in Fl. URSS 29: 398. 1964.

Lactuca denticulata (Houtt.) Maxim. f. *pinnatipartita* Makino in Bot. Mag. Tokyo 13: 49. 1

一年生草本。茎枝无毛。基生叶花期脱落；中下部茎生叶椭圆形或披针形，长3-14厘米，羽状浅裂、半裂或深裂，有宽翼柄，柄基圆耳状抱茎，侧裂片2-4对，长椭圆形或斜三角形，边缘有锯齿或全缘，顶裂片三角状卵形或长椭圆形；上部叶与花序分枝的叶与中下部叶同形并等样分裂或不裂，基部圆耳状抱茎；叶两面无毛。头状花序排成伞房花序

图 1168 羽裂黄瓜菜 （王金凤绘）

状；总苞圆柱状，长4-8毫米，总苞片背面无毛，先端尖，外层卵形或长卵形，长0.5-1毫米，内层长椭圆形，长7-8毫米。舌状小花约12。瘦果褐或黑色，长椭圆形，长2.8毫米，有10条纵肋，喙粗，长0.4毫米；冠毛白色。花果期6-11月。

产吉林西北部、河北西南部、山西中南部、山东胶东半岛、湖南南部及四川东南部，生于山坡、河谷潮湿地或岩石间。俄罗斯远东地区、日本及朝鲜半岛有分布。

[附] **尖裂黄瓜菜 Paraixeris serotina** (Maxim.) Tzvel. in Fl. URSS 29. 399. 1964.—— *Youngia serotina* Maxim. Prim. Fl. Amur. 180. 1859.本种与羽裂黄瓜菜的主要区别：头状花序具15-19小花，总苞长4.5-5.5毫米；果喙长0.7毫米。花果期5-9月。产黑龙江、吉林、河北、山东及河南，生于海拔850-1530米山坡草地。俄罗斯远东地区及朝鲜半岛有分布。

231. 毛鳞菊属 Chaetoseris Shih.

（石 铸 靳淑英）

多年生草本。叶羽状分裂或不裂。头状花序同型，具10-40舌状小花，多数在茎枝顶端排成圆锥状、总状或伞房花序；总苞钟状、长卵状或圆柱状，总苞片3-5层，覆瓦状或不明显覆瓦状排列，背面沿中脉有1行扁刚毛或无毛；花托平，无毛。舌状小花红或蓝色，稀黄或白色，花药基部附属物箭头形，花柱分枝细。瘦果黑或褐色，椭圆形或倒披针形，扁，边缘宽厚，每面有3-6凸起细钝纵肋，肋或肋间有毛，上部及边缘有硬毛，喙长1.5-4毫米；冠毛2层，外层极短，糙毛状，稀无，内层长，白色，糙毛状、细锯齿状或髯毛状。

18种，分布于我国西南部至锡金、不丹、尼泊尔。我国均产。

1. 总苞片背面沿中脉无毛，极少有稀疏长刚毛。
 2. 总苞片边缘无扁缘毛；瘦果黑褐色，长6.5-7毫米 …………………… 1. **大花毛鳞菊 Ch. grandiflora**
 2. 总苞片或外层总苞片有白色宽扁缘毛；瘦果褐色，长6毫米 …………… 1(附). **缘毛毛鳞菊 Ch. macrantha**
1. 总苞片外面沿中脉有1行扁刚毛或刚毛。
 3. 叶不裂。
  4. 茎分枝密被褐或紫红色头状具柄长刚毛或节毛 …………………… 2. **蓝花毛鳞菊 Ch. cyanea**
  4. 花序分枝及花序梗疏被头状具柄节毛 …………………… 2(附). **滇藏毛鳞菊 Ch. hastata**
 3. 叶大头羽状分裂。
  5. 叶大头羽状分裂。
   6. 茎枝被节毛；叶两面被扁刚毛，侧裂片1-2对 …………………… 3. **毛鳞菊 Ch. lyriformis**
   6. 茎上部分枝疏被白色刺毛；叶两面无毛，侧裂片2-7对 …………… 4. **川甘毛鳞菊 Ch. roborowskii**
  5. 叶羽状分裂，或大头状羽状分裂。
   7. 叶顶裂片卵形、三角形、卵状箭头形、线形或披针形；上部茎分枝疏被白色刺毛 ……………………………… 4. **川甘毛鳞菊 Ch. roborowskii**
   7. 叶顶裂片椭圆状披针形；上部茎枝被腺毛 …………………… 4(附). **四川毛鳞菊 Ch. sichuanensis**

1. 大花毛鳞菊 大花莴苣 图 1169

Chaetoseris grandiflora (Franch.) Shih in Acta Phytotax. Sin. 29: 401. 1991.

Lactuca grandiflora Franch. in Journ. de Bot. 9 : 368. 1895.; 中国高等植物图鉴 4: 691. 1975.

多年生草本。茎枝被节毛。基生叶椭圆形，长20-30厘米，大头羽状或羽状深裂或全裂，叶柄有窄翼，长13-25厘米，顶裂片三角状戟形、菱形、不规则菱形、椭圆形或披针形，长13-18厘米，基部戟形或圆，侧裂片3-5对，椭圆形，基部下延叶轴；中下部茎生叶与基生叶同形并等样分裂，顶裂片卵形、菱形或三角状戟形，侧裂片3-7对；上部叶与中下部叶及基生叶同形，羽状分裂，无柄，半抱茎；最上部叶披针形或长椭圆形，不裂或羽状浅裂，无柄，基部半抱茎；花序分枝下部的叶线状披针形；叶裂片或叶缘均有锯齿。头状花序排成疏散长总状花序，花序梗长10-20厘米；总苞宽钟状，长2.5厘米，总苞片覆瓦状排列，背面无毛，外层三角形或卵形，长6-7毫米，中层长椭圆形、匙状或菱状长椭圆形，长0.7-1.1厘米，内层长椭圆形或披针状长椭圆形，长2.5厘米。舌状小花约30，蓝或蓝紫色。瘦果黑褐色，倒披针形，长6.5-7毫米，每面有4-6条细肋，顶端喙长2毫米。花果期7-11月。

产四川西南部、贵州西北部、云南及西藏东南部，生于海拔2800-4000米山坡林缘、林下或灌丛中。

[附] **缘毛毛鳞菊 Chaetoseris macrantha** (Clarke) Shih in Acta Phytotax. Sin. 29: 403. 1991.—— *Lactuca macrantha* Clarke, Comp. Ind. 267. 1876. 本种与大花毛鳞菊的主要区别：舌状小花40；总苞片或外层总苞片有白色宽扁缘毛；瘦果褐色，长6毫米，每面有4条细肋。产西藏东南及南部，生于海拔3250-4040米山坡林下或灌丛。尼泊尔、不丹及锡金有分布。

图 1169 大花毛鳞菊 （冀朝祯绘）

2. 蓝花毛鳞菊 图 1170

Chaetoseris cyanea (D. Don) Shih in Acta Phytotax. Sin. 29: 404. 1991. *Sonchus cyaneus* D. Don, Prodr. Fl. Napel 164. 1825.

多年生草本。茎分枝密被紫红或褐色长刚毛或节毛。中部茎生叶卵形、浅戟状卵形或三角形，长5-8厘米，基部平截或浅戟形，先端渐尖，柄长达9.5厘米，有窄翼；上部叶与中部叶同形；花序下部的叶长卵形或椭圆状披针形，叶柄短；叶两面被乳突状毛或长糙毛。头状花序排成总状或圆锥状花序，具11-14舌状小花；总苞钟状，长1.5厘米，总苞片5层，外层三角形，长2-3毫米，中层披针形，长7-9毫米，内层线状长椭圆形或线形，长达1.5厘米，中外层背面沿中脉有1行长刚毛。舌状小花紫红色。瘦果黑褐色，倒宽披针形，长4毫米，每面有3-4条细肋，有直毛。花果期9-10月。

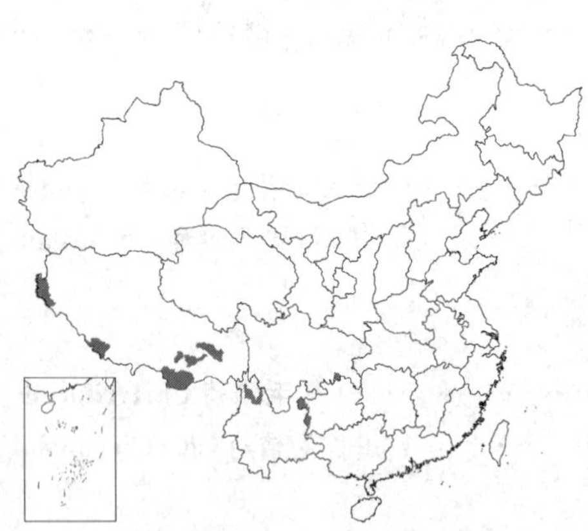

产四川东南部、贵州西部、云南西北部及西藏，生于海拔1800-2800米山坡灌丛中。尼泊尔及锡金有分布。

[附] **滇藏毛鳞菊 Chaetoseris hastata** (Wall. ex DC.) Shih in Acta Phytotax. Sin. 29: 404. 1991.—— *Lactuca hastata* Wall. ex DC. Prodr. 7: 139. 1838. 本种与蓝花毛鳞菊的主要区别：花序分枝及花序梗疏被头状具柄节毛。花果期10-11月。产四川东南部、云南及西藏中东部，生于海拔1860-2850米山谷林下潮湿地或山坡荒地。印度及尼泊尔有分布。

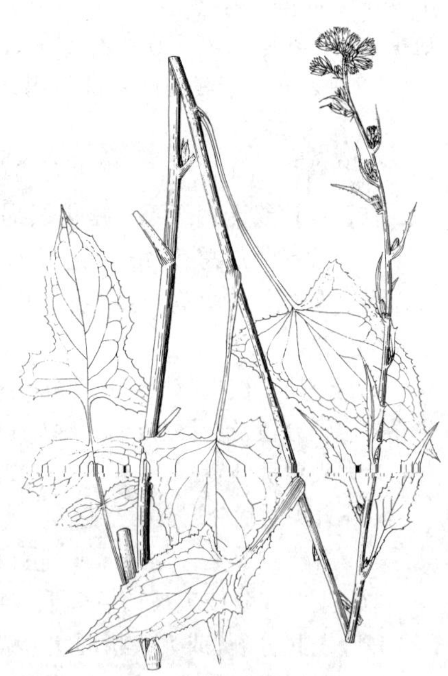
图 1170 蓝花毛鳞菊 （孙英宝绘）

3. 毛鳞菊 图 1171

Chaetoseris lyriformis Shih in Acta Phytotax. Sin. 29: 405. 1991.

多年生草本。茎枝被节毛。中下部茎生叶大头羽状全裂，叶柄长3-7厘米，顶裂片宽三角状戟形、卵形或三角形，长6-8厘米，侧裂片1-2对，椭圆形；上部叶与中下部叶同形并等样分裂；花序分枝叶不裂，线形、线状披针形或椭圆形，无柄；叶两面被

扁刚毛，裂片及叶缘有锯齿。头状花序排成圆锥花序，具舌状小花23；总苞圆柱状，长1.5厘米，总苞片4层，背面沿中脉有1行扁刚毛，外层长三角形，长3.5-6毫米，中层披针形或长椭圆形，长1.2厘米，内层宽线形，长1.5厘米。舌状小花紫色。瘦果黑褐色，椭圆形，长5毫米，每面有3条细肋，两面有直毛，喙长3毫米。花果期8-9月。

产四川西南部、云南西北部及西藏东部，生于海拔3100-3640米山坡林下、荒地或农田。

图 1171 毛鳞菊（王金凤绘）

4. 川甘毛鳞菊 青甘莴苣　　图 1172

Chaetoseris roborowskii (Maxim.) Shih in Acta Phytotax. Sin. 29: 407. 1991.

Lactuca roborowskii Maxim. in Bull. Acad. Imp. Sci. St. Pétersb. 29: 177. 1883.; 中国高等植物图鉴 4: 691. 1975.

多年生草本。茎疏被白色刺毛。基生叶大头羽状或羽状深裂，长4.5-10厘米，顶裂片卵形、三角形、卵状箭头形、线形或披针形，全缘、微波状或有小尖头，侧裂片2-7对，长椭圆形、长三角形或线形，全缘或一侧有1锯齿，最下方侧裂片常锯齿状；中下部茎生叶有翼柄，基部耳状，顶裂片长椭圆状披针形、披针形或线状披针形，侧裂片1-6对；最上部叶披针形或线状披针形，不裂，无柄，基部箭头状或小耳状；叶两面无毛。头状花序排成圆锥状花序；总苞圆柱状，长1厘米，总苞片紫红色，外层三角形或长卵形，长2-3.5毫米，中内层长椭圆形或线状长椭圆形，长0.9-1厘米。舌状小花10-12，紫红色。瘦果长椭圆形，红黑色，长3.2毫米，每面有3-5条细肋，两面密被毛，喙长1.5毫米。花果期7-9月。

产宁夏北部、甘肃、青海、四川、西藏东部及东北部，生于海拔1900-4200米山坡林下、灌丛或草地。

[附] **四川毛鳞菊 Chaetoseris sichuanensis** Shih in Acta Phytotax. Sin. 29: 408. 1991. 本种与川甘毛鳞菊的主要区别：叶顶裂片椭圆状披针形；上部茎枝被腺毛；瘦果倒披针形，淡褐色，长6毫米。花果期8-10月。产四川及云南西北部，生于海拔2700-3640米。

图 1172 川甘毛鳞菊（引自《图鉴》）

232. 细莴苣属 Stenoseris Shih

（石　铸　靳淑英）

多年生或一年生草本。叶互生，羽状分裂、大头羽状分裂或不裂。头状花序同型，小，在茎枝顶端排成圆锥花序；总苞窄圆柱状，总苞片1-2层，外层极小；花托平，无托片或托毛。小花舌状，3-5，紫或蓝色，舌片先端5

齿裂，花药基部附属物箭头形，花柱分枝细。瘦果扁，倒披针形，褐色，常有色斑，边缘宽厚，每面有4-7条细脉或细肋，两面无毛，顶端粗喙长1毫米；外层冠毛极短或无，内层冠毛多数，纤细，长6-8毫米，淡白或淡黄白色。

约6种，主要分布中国西南部、缅甸、不丹、尼泊尔及锡金。我国均产。

1. 叶大头羽状全裂。
  2. 叶羽轴无栉齿，顶裂片三角状戟形、卵状戟形、披针状戟形或宽三角形；茎枝无毛 …… 1. **细莴苣 S. graciliflora**
  2. 叶羽轴有栉齿，顶裂片宽卵形、心形、卵状披针形或椭圆形 ………………………… 1(附). **栉齿细莴苣 S. triflora**
1. 叶羽状全裂，叶裂片等大或几等大，顶裂片长椭圆形、披针形或菱形；茎枝疏被扁糙毛或腺毛 …………………………………………………………………………………………………… 2. **大理细莴苣 S. taliensis**

1. 细莴苣 细花莴苣 图 1173：1-2

Stenoseris graciliflora (Wall. ex DC.) Shih in Acta Phytotax. Sin. 29: 413. 1991.

Lactuca graciliflora Wall. ex DC. Prodr. 7 : 139. 1838; 中国高等植物图鉴 4: 693. 1975.

多年生草本，高达1米。茎枝无毛。中下部茎生叶大头羽状全裂，叶柄长4-7厘米，顶裂片三角状戟形、卵状戟形、披针状戟形、卵状心形或宽三角形，长5.5-11厘米，基部戟形、心形或平截，侧裂片2对；向上的叶与中下部叶同形并等样分裂；最上部叶及花序下部的叶不裂，有叶柄；叶及裂片边缘有锯齿，两面疏生糙毛。头状花序排成圆锥状花序；总苞窄圆柱状，长1.5厘米，总苞片外层卵形或椭圆形，长1.5-3毫米，内层披针形，长1.5厘米。舌状小花3，蓝紫色。瘦果倒披针形，浅褐色，有棕色色斑，长4毫米，每面有3-6条细肋，两面无毛，粗喙长1.3毫米；外层冠毛极短，糙毛状，内层冠毛毛状，黄白色。花果期7-9月。

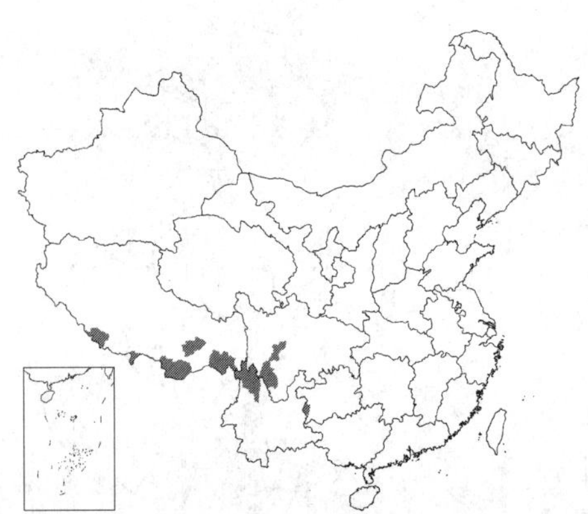

产云南西北部、贵州西部、四川中西部及西南部、西藏东南部及南部，生于海拔2800-3500米山坡灌丛或林缘。印度北部、尼泊尔、锡金、不丹及缅甸有分布。

[附] **栉齿细莴苣** 图 1173：3 **Stenoseris triflora** Chang ex Shih in Acta Phytotax. Sin. 29: 413. 1991. 本种与细莴苣的主要区别：叶羽轴有栉齿，顶端裂片宽卵形、心形、椭圆形或卵状披针形。产云南，生于海拔2100-2600米河谷林缘或林下。

图 1173：1-2. 细莴苣 3. 栉齿细莴苣
（蔡淑琴绘）

2. 大理细莴苣 图 1174

Stenoseris taliensis (Franch.) Shih in Acta Phytotax. Sin. 29: 415. 1991.

Lactuca taliensis Franch. in Journ. de Bot. 9: 263. 1895.

Lactuca graciliflora auct. non (Wall.) DC.: 中国高等植物图鉴 4: 693. 1975.

多年生草本。茎枝疏被扁糙毛或节毛。中下部茎生叶羽状全裂，裂片

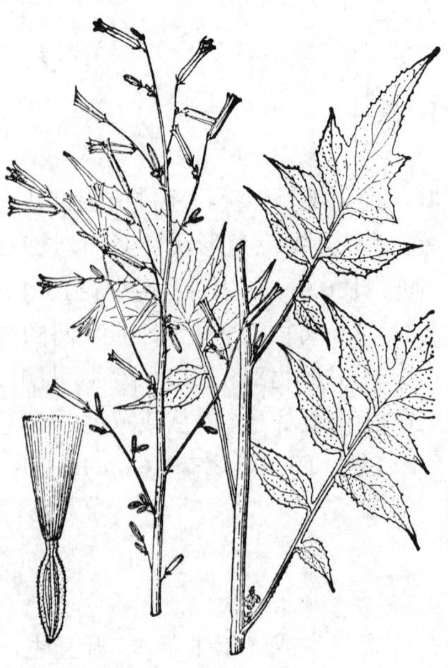
图 1174 大理细莴苣（引自《图鉴》）

近等大，叶柄长达7厘米，顶裂片长椭圆形、披针形或菱形，长4-6厘米，侧裂片2-3对，椭圆形，长2.5-4.5厘米，基部下延至叶轴，裂片有不明显小尖头；最上部叶三角状戟形；叶两面沿脉均被糙毛。头状花序端排成圆锥状；总苞窄柱形，长1.3厘米，总苞片背面无毛，外层卵形或披针形，长1-2毫米，内层宽线形，长1.3厘米。舌状小花3，紫红色。瘦果褐色，扁，倒披针形，长5毫米，一面有3-4条细肋，另一面有6-7条细肋，无毛，粗喙长1毫米；外层冠毛糙毛状，内层冠毛长6毫米。花果期6-9月。

产四川中西部、云南西北部及西藏东南部，生于海拔2900-3000米山坡林下、灌丛中或草地。

233. 头嘴菊属 Cephalorrhynchus Boiss.

（石 铸 靳淑英）

多年生草本。茎单生，上部分枝。头状花序同形，在茎枝顶端排成伞房或伞房圆锥花序；总苞钟状或宽圆柱状，总苞片3-4层。舌状小花8-25；紫红、蓝、淡紫或黄色，稀白色，舌片先端5齿裂，花药基部附属物箭头，花柱分枝细。瘦果稍粗厚、扁或纺锤形，每面有4-6条细肋，被短毛及排列成横皱波状的密短直毛；外层冠毛极短，糙毛状，内层冠毛长，纤细，细锯齿状。

约10种，主要分布俄罗斯、哈萨克斯坦、乌兹别克斯坦、伊朗、阿富汗、土耳其及高加索。我国3种。

1. 总苞片背面无毛 ································ **头嘴菊 C. macrorrhizus**

1. 总苞片背面沿中脉疏被长刺毛 ································ (附). **岩生头嘴菊 C. saxatilis**

头嘴菊

图 1175

Cephalorrhynchus macrorrhizus (Royle) Tsuil in Ann. Naturhist. Mus. Wien. 72: 618. 1968.

Mulgedium macrorrhizum Royle, Ill. Bot. Himal. 251. 1835.

多年生草本。茎枝无毛。基生叶与下部茎生叶小，与中部茎生叶同形并等样分裂；中部叶长6-10厘米，大头羽状全裂，叶柄长2.5-4.5厘米，柄基耳状半抱茎，顶裂片心形、卵状心形、心状椭圆形、偏斜卵形、肾形或椭圆形，侧裂片2-4对，椭圆形或偏斜椭圆形，花序下部的叶披针形、宽线形或鳞片状；叶及叶裂片全缘、浅波状或有不明显锯齿。头状花序排成伞房或伞房圆锥花序；总苞窄钟状，长1.2厘米，总苞片4层，背面无毛，外层卵状三角形或三角形，长3毫米，中层披针形，长6毫米，内层长椭圆形，长1.2厘米。舌状小花8-10，紫红、蓝或淡紫色。瘦果浅黑色，长椭圆形，长4.5毫米，每面有5-6条细肋，两面密被横皱状排列的短毛及上指短毛，喙长2-2.8毫米。花果期7-10月。

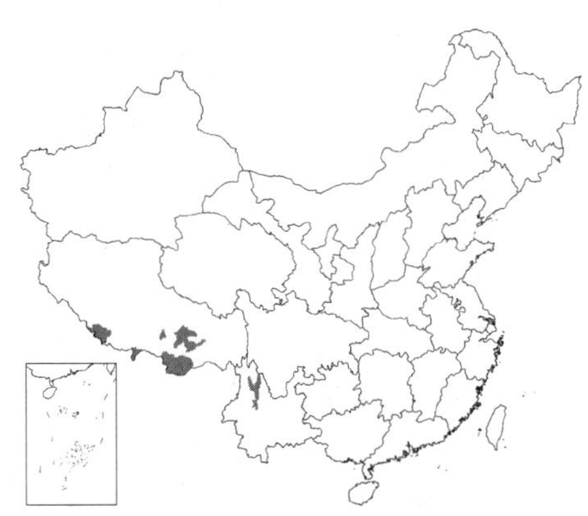

图 1175 头嘴菊（王金凤绘）

产云南西北部及西藏，生于海拔2700-4000米山谷、山坡林下、灌丛或草地。印度西北部、克什米尔地区及锡金有分布。

[附] **岩生头嘴菊 Cephalorrh-**

ynchus saxatilis (Edgew.) Shih in Acta Phytotax. Sin. 29: 416. 1991.——*Melanoseris saxatilis* Edgew. in Trans. Linn. Soc. 20: 79. 1846.本种与头嘴菊的主要区别：总苞片背面沿中脉疏被长刺毛。产西藏西南部，生于海拔3500-3980米山坡沟边或石缝中。巴基斯坦、克什米尔地区、尼泊尔、不丹、锡金及缅甸有分布。

234. 粉苞菊属 Chondrilla Linn.

（石 铸 靳淑英）

多年生草本，稀二年生草本。茎基部或上部分枝。头状花序同形，集生枝端；总苞窄圆柱状，总苞片2-3层，外层极小，内层近等长，边缘膜质，外面被蛛丝状柔毛或近无毛，有时沿中脉有刚毛；花托平，无托毛。舌状花5-13，黄色，舌片先端5齿裂；花药基部附属物极短，全缘或撕裂；花柱分枝细长，密被乳突。瘦果近圆柱状，有5条纵肋，肋间有纵沟，上部或中部以上有疣状或鳞片状突起，果喙基部周围有5个全缘或3浅裂的膜质鳞片组成的齿冠，稀无齿冠，顶端有细丝状喙，或喙短粗，喙基部或基部以上有关节，或喙无关节，而喙不规则断裂；冠毛2-4层，白色，等长，单毛状或糙毛状。

约30种，主要分布中亚、北亚和欧洲。我国9种。

1. 头状花序具9-12舌状小花，内层总苞片8，背面密被柔毛，沿中脉被刚毛。
  2. 瘦果有小瘤状或鳞片状突起，果冠冠鳞5，披针状线形，果喙无关节。
    3. 茎生叶长椭圆形、宽卵形、披针形或线状披针形，宽0.8-4厘米，被蛛丝状柔毛或下面中脉有刚毛。
      4. 茎生叶革质，长椭圆状卵形、宽卵形或披针形，宽1-3厘米，下面沿中脉有刚毛，基部几抱茎；果冠冠鳞5，披针状线形 …… 1. 硬叶粉苞菊 Ch. aspera
      4. 上部及最上部茎生叶披针形或线状披针形，宽0.8-1厘米，被蛛丝状柔毛；果冠冠鳞3浅裂 …… 1(附). 灰白粉苞菊 Ch. canescens
    3. 茎生叶窄线形或线状披针形，宽1-5毫米，无毛或下面疏被硬毛 …… 1(附). 短喙粉苞菊 Ch. brevirostris
  2. 瘦果上部无鳞片状或小瘤状突起，果冠冠鳞5，3全裂成窄齿，果喙有关节。
    5. 果冠冠鳞3裂成3窄齿；下部茎生叶长椭圆状倒卵形或椭圆状倒披针形，长3.5-5厘米 …… 2. 粉苞菊 Ch. piptocoma
    5. 果冠冠鳞不裂；下部茎生叶长椭圆状披针形，长4-10厘米 …… 2(附). 基节粉苞菊 Ch. rouillieri
1. 头状花序具5舌状小花，内层总苞片5，背面无毛或被蛛丝状柔毛 …… 3. 沙地粉苞菊 Ch. ambiqua

1. 硬叶粉苞菊 图 1176

Chondrilla aspera (Schrad. ex Willd.) Poir. in Encycl. Meth. Suppl. 2: 329. 1811.

Prenanthes aspera Schrad. ex Willd. Sp. Pl. 3 (3): 1539.

多年生草本。茎枝被灰白色柔毛，茎下部密被长硬毛，有时茎枝亦被长刚毛。基生叶莲座状，与最下部茎生叶倒向羽裂，长椭圆状倒卵形，长6-18厘米，被蛛丝状柔毛，下面沿中脉有刚毛；中部与上部叶长椭圆状卵形、宽卵形或披针形，长2-10厘米，宽1-3厘米，叶缘密生硬毛，下面沿中脉有刚毛，基部几抱茎。头状花序具9-12舌状小花；内层总苞片8，长1.2-1.3厘米，背

图 1176 硬叶粉苞菊 （蔡淑琴绘）

面密被柔毛，沿中脉密被刚毛。瘦果长3-4毫米，有小瘤状或鳞片状突起，果冠冠鳞5，披针状线形，果喙长（1-）3-4（5）毫米，无关节。花果期8-9月。

产新疆北部，生于海拔1100-1400米。俄罗斯西伯利亚及哈萨克斯坦有分布。

[附] **短喙粉苞菊 Chondrilla brevirostris** Fisch. et Mey. Ind. Sem. Hort. Petrop. 3: 32. 1837. 本种与硬叶粉苞菊的主要区别：茎生叶窄线形或线状披针形，宽1-5毫米，无毛或下面疏被硬毛。花果期6-9月。产新疆，生于海拔1300米荒漠草原或森林草地。俄罗斯及哈萨克斯坦有分布。

2. 粉苞菊 图 1177

Chondrilla piptocoma Fisch. et Mey. Ind. Sem. Hort. Petrop. 8: 54. 1841.

多年生草本。茎枝密被蛛丝状柔毛，上部与分枝有时无毛。下部茎生叶长椭圆状倒卵形或长椭圆状倒披针形，长3.5-5厘米，倒向羽裂或疏生锯齿；中部与上部叶线状丝形或窄线形，长4-6厘米，全缘；叶被蛛丝状柔毛或无毛。头状花序单生枝端；外层总苞片椭圆状卵形，长1-2毫米，内层总苞片8-9，披针状线形，长0.9-1.2厘米，背面被蛛丝状柔毛或无毛，淡绿色。舌状小花9-12，黄色。瘦果窄圆柱状，长3-5毫米，上部无鳞片状或小瘤状突起，冠鳞5，3全裂成窄齿，喙有关节，关节位于喙基或稍高于齿冠。花果期6-9月。

产新疆，生于海拔1100-3200米河漫滩砾石地带。俄罗斯西伯利亚及哈萨克斯坦有分布。

[附] **基节粉苞菊 Chondrilla rouillieri** Kar. in Bull. Soc. Nat. Mosc. 14: 456. 1841. 本种与粉苞菊的主要区别：果冠冠鳞不裂；下部茎生叶长椭圆状披针形，长4-10厘米。产新疆，生于河谷砾石地、砂地或林下。俄罗斯西伯利亚及哈萨克斯坦有分布。

3. 沙地粉苞菊 图 1178

Chondrilla ambiqua Fisch. ex Kar. et Kir. in Bull. Soc. Nat. Mosc. 15: 398. 1842.

多年生草本，高达1米。茎无毛，下部有时淡紫色，基部以上分枝。下部茎生叶线状披针形或披针形，长3-7厘米，全缘或有1齿；中部及上部叶线状丝形或丝形，长0.5-2（-7）厘米；叶无毛。头状花序具5舌状小花；外层总苞片卵状披针形，长1-2毫米，内层总苞片5，长椭圆状线形，长1-1.4厘米，背面无毛或被蛛丝状柔毛。舌状小花黄色。瘦果长5-7（-9）毫米，上部无鳞片状突起，无冠鳞，顶端无喙或有粗喙，长0.1-0.3（-0.5）毫

[附] **灰白粉苞菊 Chondrilla canescens** Kar. et Kir. in Bull. Soc. Nat. Mosc. 15: 397. 1842. 本种与硬叶粉苞菊的主要区别：上部及最上部茎生叶披针形或线状披针形，宽0.8-1厘米，被蛛丝状柔毛；果冠冠鳞3浅裂。花果期6-9月。产新疆阿尔泰准噶尔。阿富汗、俄罗斯及哈萨克斯坦有分布。

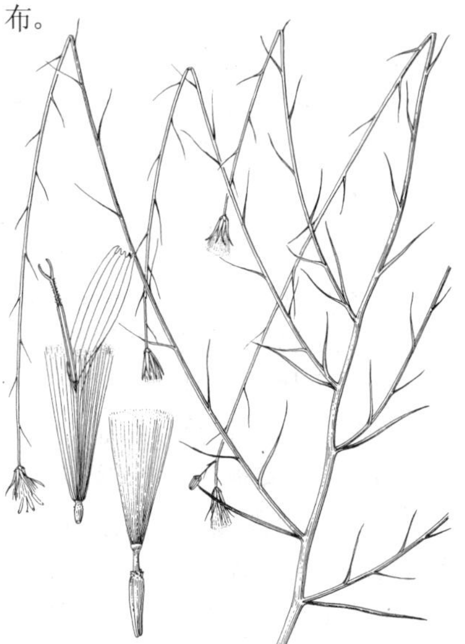

图 1177 粉苞菊 （冀朝祯绘）

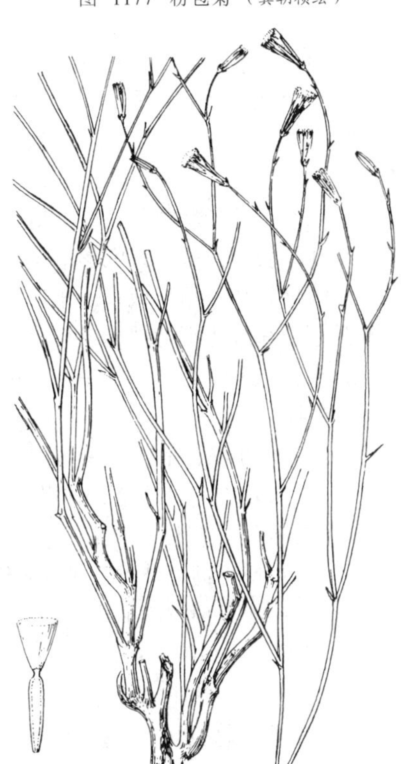

图 1178 沙地粉苞菊 （蔡淑琴绘）

米。花果期6-9月。

产新疆，生于海拔1000-3520米沙丘。俄罗斯、哈萨克斯坦及乌兹别克斯坦有分布。

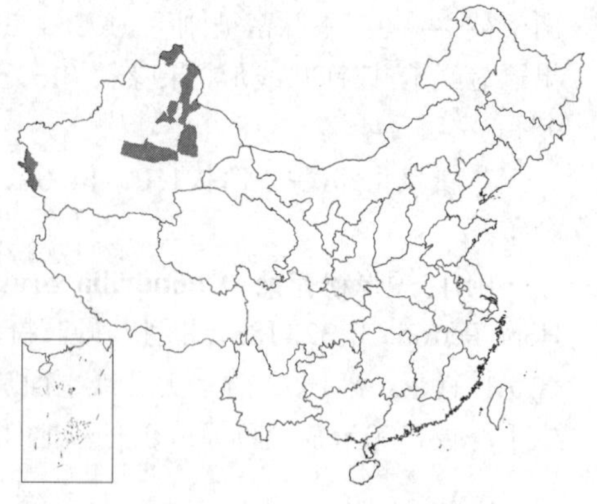

235. 蒲公英属 Taraxacum F. H. Wigg.

（郭学军）

多年生葶状草本，具白色乳液。茎花葶状，1至数个，直立、中空，上部被蛛丝状柔毛或无毛。叶基生，密集成莲座状，匙形、倒披针形或披针形，羽状深裂或浅裂，裂片多倒向或平展，具波状齿，稀全缘，具柄或无柄。头状花序单生花葶顶端；总苞钟状或窄钟状，总苞片数层，有时先端背部增厚或有小角，外层短于内层，通常稍宽，常有浅色边缘，线状披针形或卵形，伏贴或反卷，内层多少呈线形，直立；花序托多少平，有小窝孔，无毛，稀有毛；全为舌状花，两性、结实；头状花序通常有花数十朵，有时100余朵，舌片黄色，稀白、红或紫红色，先端截平，具5齿，边缘花舌片背面常具暗色条纹；雄蕊5，花药聚合，筒状，基部具尾，戟形，先端有三角形附属物，花丝离生，着生花冠筒上；花柱细长，伸出聚药雄蕊外，柱头2裂，裂瓣线形。瘦果纺锤形或倒锥形，有纵沟，上部或几全部有刺状或瘤状突起，稀光滑，上端缢缩或渐收缩为圆柱形或圆锥形的喙基，喙细长，少粗短，稀无喙；冠毛多层，白色或淡色，毛状，易脱落。

约2000余种，主产北半球温带至亚热带地区，少数产热带南美洲。我国70种、1变种。一些种类的根药用，有清热、解毒、利尿、散结的功能。

1. 舌状花舌片紫红色。
  2. 总苞片黑绿色，外层总苞片几无膜质边缘，伏贴或稍开展；瘦果喙长2.5-4毫米 ··· 33. **紫花蒲公英 T. lilacinum**
  2. 总苞片绿色，外层总苞片具膜质窄缘，反卷；瘦果喙长6-8毫米 ·········· 33(附). **绯红蒲公英 T. pseudoroseum**
1. 舌状花舌片黄、亮黄、黄白或白色。
  3. 外层总苞片先端背部具长小角，小角长度超过总苞片基部的宽度。
    4. 叶顶裂片箭头形或戟形；瘦果淡黄褐或淡砖红色 ······························ 27. **角苞蒲公英 T. stenoceras**
    4. 叶顶裂片三角形或长三角形；瘦果暗褐色 ······························ 28. **长角蒲公英 T. pseudostenoceras**
  3. 外层总苞片先端背部无或具较短小角，小角长不及总苞片基部的宽度。
    5. 头状花序花后下垂 ······························ 34. **垂头蒲公英 T. nutans**
    5. 头状花序直立。
      6. 瘦果红褐、红、浅红、橘红或深紫色。
        7. 外层总苞片直立、伏贴，墨绿色；瘦果深紫、红棕或橘红色 ················ 31. **锡金蒲色英 T. sikkimense**
        7. 外层总苞片开展或反卷，浅绿色。
          8. 瘦果顶端渐收缩成近圆锥状喙基，喙基长0.8-1毫米，喙长0.7-1厘米 ··· 35. **天山蒲公英 T. tianschanicum**
          8. 瘦果顶端缢缩成较短圆柱形喙基，喙基长0.5-0.7毫米，喙长5-8毫米 ······························ 35(附). **红果蒲公英 T. erythrospermum**
      6. 瘦果黄、浅褐、黑褐或灰色。
        9. 外层总苞片宽3毫米以上。
          10. 外层总苞片多少开展或外卷 ······························ 20. **反苞蒲公英 T. grypodon**

10. 外层总苞片直立、伏贴。
11. 外层总苞片披针形，长约1.2厘米 ………………………………………………… 19. **多毛蒲公英 T. lanigerum**
11. 外层总苞片宽卵形。
12. 外层总苞片有宽白色膜质边缘 ………………………………………………… 21. **白缘蒲公英 T. platypecidum**
12. 外层总苞片具窄膜质边缘。
13. 外层总苞片干后黑或墨绿色，具白或淡褐色膜质边缘。
14. 瘦果倒披针形，顶端渐收缩成圆锥形喙基，喙长约1毫米 ………… 17. **大头蒲公英 T. calanthodium**
14. 瘦果倒卵状楔形，顶端缢缩成短柱状喙基，喙长3-4毫米 ………………… 18. **川甘蒲公英 T. lugubre**
13. 外层总苞片干后绿色，先端暗紫色，窄膜质边缘白色 ……………………… 22. **东北蒲公英 T. ohwianum**
9. 外层总苞片较窄，宽不及3毫米。
15. 外层总苞片花期开展或反折。
16. 总苞片或部分总苞片先端背部有小角。
17. 花葶无毛；花冠无毛；瘦果倒锥形，灰褐色，下部有小瘤突 ………… 25. **荒漠蒲公英 T. monochlamydeum**
17. 花葶上部疏被蛛丝状毛；花冠喉部与舌片下部外面密生柔毛；瘦果圆柱形，黄褐色，下部有多数较粗大钝瘤 ……………………………………………………………… 25(附). **长锥蒲公英 T. longipyramidatum**
16. 总苞片先端背部无角或稍增厚。
18. 花葶顶端密被蛛丝状毛；花冠喉部与舌片下部背面密生柔毛；瘦果长3-4毫米，下部具小瘤突，喙长0.7-1.2厘米 ……………………………………………………………… 26. **药用蒲公英 T. officinale**
18. 花葶上部疏生蛛丝状毛或无毛；外层总苞片先端无乳头状纤毛，内层总苞片长为外层总苞片2-2.5倍；花冠喉部与舌片下部密生柔毛；瘦果下部有多数较粗大钝瘤 …… 25(附). **长锥蒲公英 T. longipyramidatum**
15. 外层总苞片花期伏贴。
19. 瘦果喙较粗，长1.5-2.5毫米；总苞片无毛或具缘毛，外层总苞片绿色 ………… 1. **短喙蒲公英 T. brevirostre**
19. 瘦果具喙，喙纤细，等长或长于瘦果。
20. 瘦果近光滑，稀上部有稀少小刺。
21. 外层总苞片无白色膜质边缘；花冠无毛；叶全缘或具齿至羽状浅裂 ………… 12. **光果蒲公英 T. glabrum**
21. 外层总苞片有窄的白色膜质边缘；花冠喉部及舌片下部外面被柔毛，叶全缘，稀具波状齿 ……………………………………………………………………… 12(附). **窄边蒲公英 T. pseudoatratum**
20. 瘦果上部有较密小刺，下部光滑或具小瘤。
22. 总苞片暗绿、墨绿或黑色。
23. 柱头干时黑色。
24. 瘦果非上述特征。
25. 外层总苞片宽卵形或卵状披针形，无膜质边缘，先端稍扩大；瘦果淡褐色 ……………………………………………………………………… 29. **藏蒲公英 T. tibetanum**
25. 外层总苞片披针形或卵形，常有膜质边缘。
26. 外层总苞片披针形或卵状披针形，先端增厚具小角 ………………… 30. **毛柄蒲公英 T. eriopodum**
26. 外层总苞片卵形，具网状脉 ……………………………………… 30(附). **网苞蒲公英 T. forrestii**
24. 瘦果倒卵状楔形，顶端缢缩成长0.5毫米圆锥形喙基；舌状花舌片黄色；冠毛污白色 ……………………………………………………………………… 32. **天全蒲公英 T. apargiaeforme**
23. 柱头干时黄或黄绿色；总苞片先端全部有小角。
27. 瘦果灰或深灰褐色 ……………………………………………………… 37. **灰果蒲公英 T. maurocarpum**
27. 瘦果麦秆黄、黄褐、淡褐或淡橘黄色。
28. 喙基长达1.8毫米；内层总苞片无小角，先端背部不增厚 ……………… 36. **拉萨蒲公英 T. sherriffii**
28. 喙基长约1毫米；内层总苞片先端具小角。

29. 外层总苞片先端小角正三角形 …………………………………………………………… 38. 苍叶蒲公英 T. glaucophyllum
29. 外层总苞片先端小角窄三角形，具极窄白色膜质边缘；舌状花舌片喉部与下部外面有柔毛 ……………………………………………………………………………………… 38(附). 阿尔泰蒲公英 T. altaicum
22. 总苞片绿或淡绿色。
30. 舌状花舌片白色，稀淡黄色；喙较粗 ……………………………………………… 2. 白花蒲公英 T. leucanthum
30. 舌状花舌片黄或淡黄色，稀白色；喙纤细或稍粗壮。
31. 总苞片先端背部具角。
32. 花托有卵形膜质托片 …………………………………………………………… 16. 芥叶蒲公英 T. brassicaefolium
32. 花托无托片。
33. 叶上面有暗紫色斑点 ……………………………………………………… 15. 斑叶蒲公英 T. variegatum
33. 叶上面无紫色斑点。
34. 内层总苞片先端具1小角。
35. 瘦果顶端渐收缩成喙基，喙长达1厘米。
36. 舌状花舌片黄色；外层总苞片边缘宽膜质，上部紫红色，基部淡绿色 … 13. 蒲公英 T. mongolicum
36. 舌状花舌片白色，稀淡黄色；外层总苞片边缘疏生缘毛，先端带红紫色 ……………………………………………………………………………… 14. 朝鲜蒲公英 T. coreanum
35. 瘦果顶端缢缩成喙基，喙长5-6毫米 ……………………………………… 23. 橡胶草 T. kok-saghyz
34. 内层总苞片先端常具2或1小角 ………………………………………… 24. 双角蒲公英 T. bicorne
31. 总苞片先端背部无小角或稍增厚。
37. 外层总苞片窄披针形或近线形，常带紫红或红紫色 ……………………… 11. 窄苞蒲公英 T. bessarabicum
37. 外层总苞片等宽或宽于内层总苞片，披针形或卵圆形，有时先端带紫色。
38. 瘦果先端缢缩成喙基。
39. 果喙长4.6-6.5毫米 ……………………………………………………… 8. 堆叶蒲公英 T. compactum
39. 果喙长0.8-1厘米；外层总苞片淡绿色，有白色膜质边缘。
40. 瘦果上部有小瘤 ……………………………………………………… 10. 印度蒲公英 T. indicum
40. 瘦果上部有多数小刺 ……………………………………………… 10(附). 深裂蒲公英 T. stenolobum
38. 瘦果先端渐收缩成喙基。
41. 舌状花舌片淡黄或白色，外层总苞片卵状披针形或披针形 ……………… 3. 粉绿蒲公英 T. dealbatum
41. 舌状花舌片黄色，外层总苞片宽卵形、卵形或卵状披针形。
42. 外层总苞片卵状披针形，先端背部无角状突起，或有时微增厚 ………… 4. 华蒲公英 T. borealisinense
42. 外层总苞片宽卵形、卵形或卵状披针形，先端背部具角状突起或增厚。
43. 外层总苞片有较宽膜质边缘；喙长4-9毫米。
44. 总苞长1-1.3厘米。
45. 瘦果麦秆黄或褐色；花葶高10-30厘米，顶端光滑或上部疏被蛛丝状柔毛 ……………………………………………………………………………… 5. 亚洲蒲公英 T. asiaticum
45. 瘦果淡橘黄或棕色；花葶高3-10厘米，顶端密被蛛丝状柔毛 …… 9. 小花蒲公英 T. parvulum
44. 总苞长1.6-2厘米 ………………………………………………………… 6. 光苞蒲公英 T. lamprolepis
43. 外层总苞片具窄膜质边缘；喙长1厘米，瘦果上部具刺突 ……………… 7. 异苞蒲公英 T. heterolepis

1. 短喙蒲公英 图 1179

Taraxacum brevirostre Hand.-Mazz. Monogr. Tarax. 46. t. 1. f. 18. 1907.

多年生草本。叶线状披针形，长3-5厘米，羽状深裂，裂片小，侧裂片常线形或窄三角形，多全缘，先端倒向，裂片间无小齿，顶端裂片披针形或三角形，光滑或被绵毛。花葶1至数个，高3-9厘米，上端被蛛丝状柔毛；头状花序径1.3-1.8厘米；总苞钟状，长约1厘米，总苞片无毛或

具缘毛，外层绿色，卵形，具白色宽膜质边缘，先端背部具小角，内层长为外层2-2.5倍，披针形；舌状花黄色，边缘花舌片背面有浅灰或暗紫色条纹，柱头和花柱黄或淡绿色。瘦果窄长圆形，草黄绿色，长5毫米，中上部有小刺，向上刺渐少至近无刺，顶端渐窄成不显著喙基，长0.2-0.5毫米，喙较粗，长1.5-2.5毫米；冠毛白色，长5-6毫米。花果期5-8月。染色体2n=16。

产甘肃西部、青海及西藏，生于海拔1700-5000米山坡草地。阿富汗、巴基斯坦、伊拉克、伊朗及土耳其有分布。

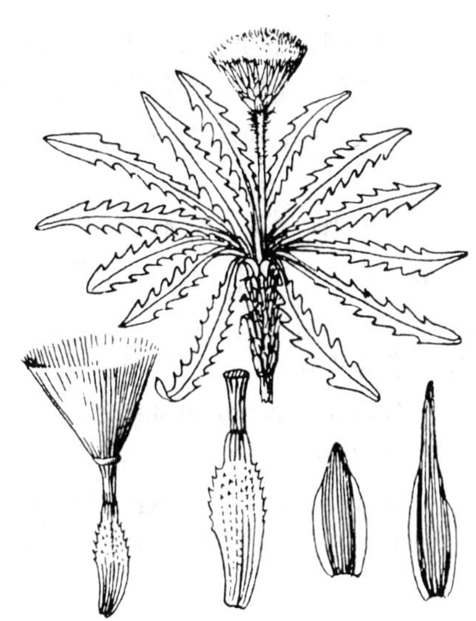

图 1179 短喙蒲公英（余汉平绘）

2. 白花蒲公英 图 1180

Taraxacum leucanthum (Ledeb.) Ledeb. Fl. Ross. 2: 815. 1846. pro part.

Leontodon leucanthum Ledeb. Icon. Pl. Fl. Ross. 2: 12. t. 132. 1830.

多年生矮小草本。叶线状披针形，近全缘或浅裂，稀半裂，具小齿，长（2-）3-5（-8）厘米，两面无毛。花葶1至数个，长2-6厘米，无毛或顶端疏被蛛丝状柔毛；头状花序径2.5-3厘米；总苞长0.9-1.3厘米，总苞片绿或淡绿色，先端背面具小角或增厚，外层卵状披针形，稍宽于至等于内层，具宽膜质边缘；舌状花白色，稀淡黄色，边缘花舌片背面有暗色条纹，柱头干时黑色。瘦果倒卵状长圆形，枯麦秆黄、淡褐或灰褐色，长4毫米，上部1/4具小刺，顶端渐收缩成长0.5-1.2毫米喙基，喙较粗，长3-6毫米；冠毛长4-5毫米，带淡红色，稀污白色。花果期6-8月。

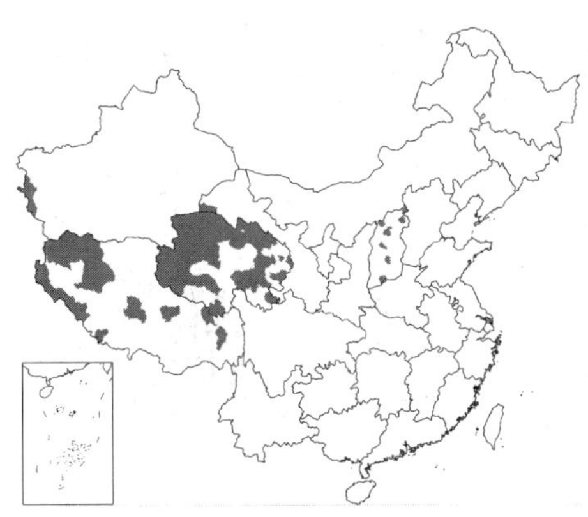

产甘肃西部、青海、西藏、新疆西部及山西，生于海拔2500-6000米山坡湿润草地、沟谷、河滩草地或沼泽草甸。印度西北部、伊朗、巴基斯坦及俄罗斯有分布。

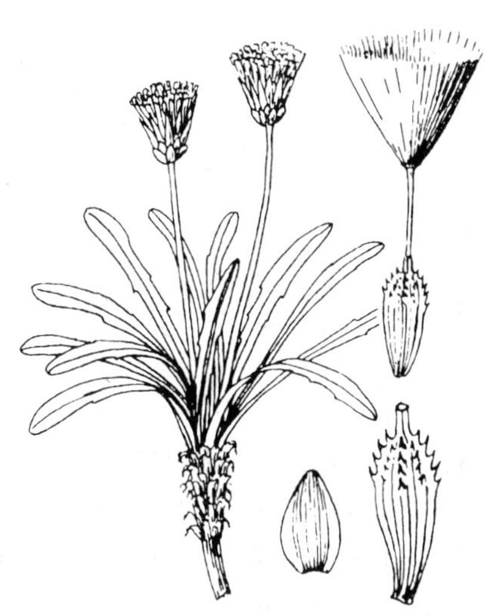

图 1180 白花蒲公英（余汉平绘）

3. 粉绿蒲公英 图 1181

Taraxacum dealbatum Hand.-Mazz. Monogr. Tarax. 30. 1907.

多年生草本。叶倒披针形或倒披针状线形，长5-15厘米，羽状深裂，顶裂片线状戟形，全缘，每侧裂片4-9，长三角形或线形，全缘，裂片间无齿，无小裂片，叶柄常紫红色。花葶1-7，高10-20厘米，果时长于叶，常带粉红色，顶端被密蛛丝状短毛；头状花序径1.5-2厘米；总苞钟状，长1-1.5厘米，总苞片先端常紫红色，先端背面无小角，外层淡绿色，卵状披针形或披针形，长4-7毫米，伏贴，边缘白色膜质，等宽或稍宽于内层，内层绿色，长为外层2倍；舌状花淡黄或白色，基部喉部及舌片下部背面被

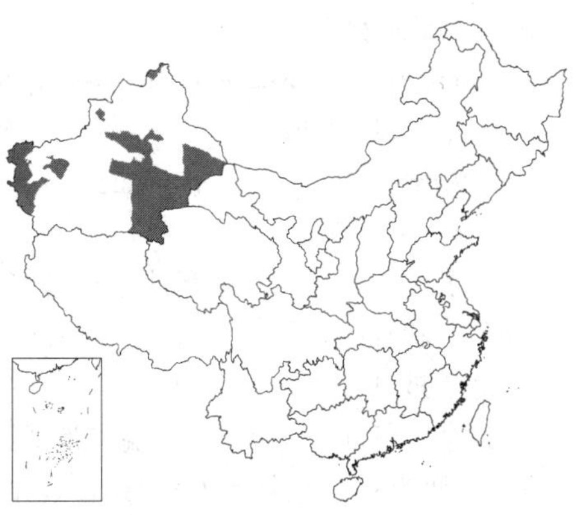

柔毛，舌片长0.9-1厘米，基部筒长约4毫米，边缘花舌片背面有紫色条纹，柱头深黄色。瘦果淡黄褐或浅褐色，长约3毫米，上部1/3有小刺，余部分具小瘤状突起，喙基长0.6-1毫米，喙长3-6（-8）毫米；冠毛白色，长6-7毫米。花果期6-8月。

产新疆，生于河漫滩草甸或农田水边。俄罗斯、哈萨克斯坦及蒙古有分布。

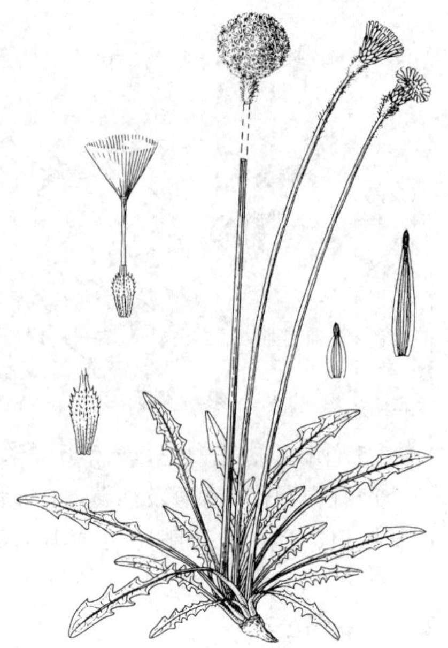
图 1181 粉绿蒲公英（余汉平绘）

4. 华蒲公英 图 1182

Taraxacum borealisinense Kitam. in Acta Phytotax. Geobot. 31 (1-3): 45. 1980.

Taraxacum sinicum Kitag.; 中国高等植物图鉴 4: 679. 1975.

多年生草本。叶倒卵状披针形或窄披针形，稀线状披针形，长4-12厘米，边缘羽状浅裂或全缘，具波状齿，内层叶倒向羽状深裂，顶裂片较大，长三角形或戟状三角形，每侧裂片3-7，窄披针形或线状披针形，全缘或具小齿，两面无毛，叶柄和下面叶脉常紫色。花葶高5-20厘米，顶端被蛛丝状毛或近无毛；头状花序径2-2.5厘米；总苞长0.8-1.2厘米，淡绿色；总苞片3层，先端淡紫色，无角状突起，或有时微增厚，外层卵状披针形；内层披针形，长于外层2倍；舌状花黄色，稀白色，边缘花舌片背面有紫色条纹，舌片长约8毫米。瘦果倒卵状披针形，淡褐色，长3-4毫米，上部有刺突，下部有稀疏钝小瘤，顶端渐收缩成长约1毫米圆锥状或圆柱形喙基，喙长3-4.5毫米；冠毛白色，长5-6毫米。花果期6-8月。2n=24。

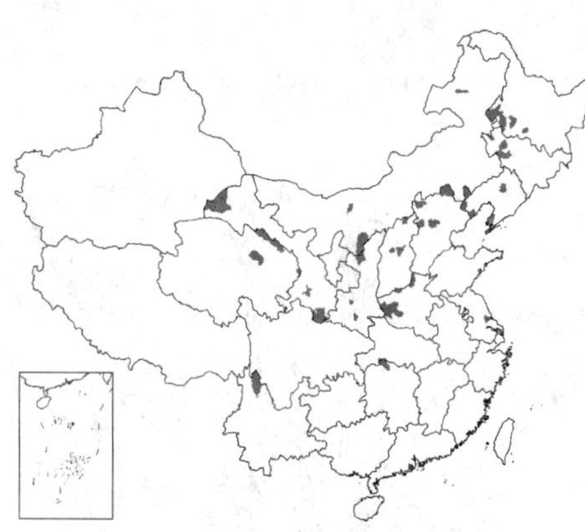

产黑龙江西南部、吉林西部、辽宁、内蒙古、河北、山西、河南、陕西、甘肃、青海、四川北部、云南西北部、湖南北部及湖北西南部，生于海拔300-2900米稍潮湿的盐碱地或原野、砾石中。蒙古及俄罗斯有分布。用途同蒲公英。

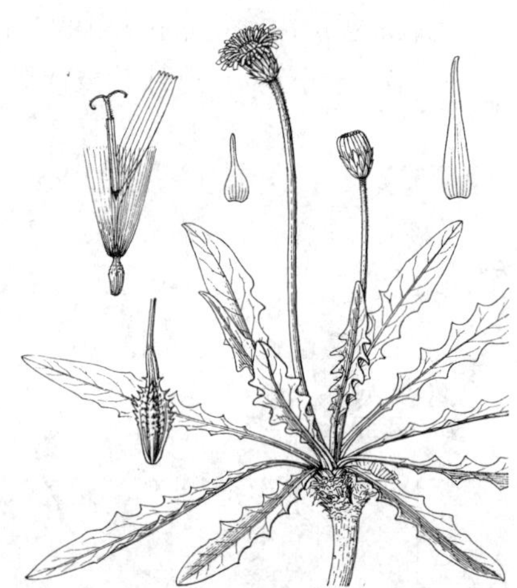
图 1182 华蒲公英（引自《图鉴》）

5. 亚洲蒲公英 图 1183

Taraxacum asiaticum Dahlst. in Acta Hort. Gothob. 2: 173. f. 11. t. 3. f. 9-12. 1926.

Taraxacum leucanthum auct. non (Ledeb.) Ledeb.: 中国高等植物图鉴 4: 681. 1975.

多年生草本。叶线形或窄披针形，长4-20厘米，具波状齿，羽状浅裂至羽状深裂，顶裂片较大，戟形或窄戟形，两侧小裂片窄尖，侧裂片三角状披针形或线形，裂片间常有缺刻或小裂片，无毛或疏被柔毛。花葶数个，高10-30厘米，顶端光滑或上部疏被蛛丝状柔毛；头状花序径3-3.5厘米；总苞长1-1.2厘米，基部卵圆形，外层宽卵形、卵形或卵状

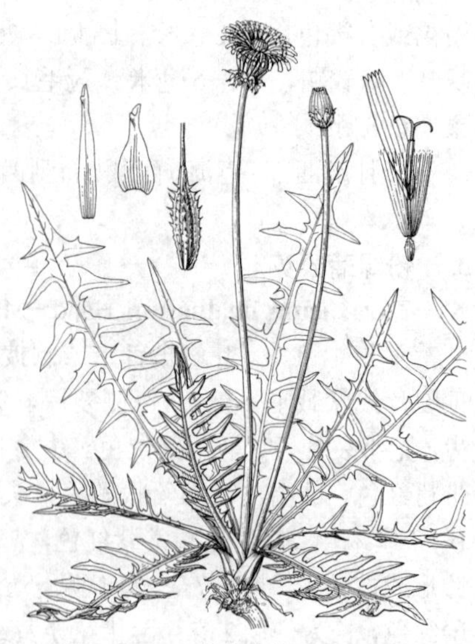
图 1183 亚洲蒲公英（冀朝祯绘）

披针形，有宽膜质边缘，先端背部有紫红色突起或较短小角，内层线形或披针形，较外层长2-2.5倍，先端背部有紫色稍钝突起或不明显小角；舌状花黄色，稀白色，边缘花舌片背面有暗紫色条纹，柱头淡黄或暗绿色。瘦果倒卵状披针形，麦秆黄或褐色，长3-4毫米，上部有刺瘤，下部近光滑，顶端渐收缩为长1毫米圆柱形喙基，喙长5-9毫米；冠毛污白色，长5-7毫米。花果期4-9月。

产黑龙江、吉林、辽宁、内蒙古、河北、山西、陕西、宁夏、甘肃、青海、四川东南部、湖北西部及西南部，生于草甸、河滩或林地边缘。俄罗斯及蒙古有分布。用途同蒲公英。

6. 光苞蒲公英 图 1184

Taraxacum lamprolepis Kitag. in Rep. Inst. Sci. Res. Manch. 2: 306. 1938.

多年生草本。叶倒披针形或线形，长5-10厘米，倒向羽状深裂，顶端裂片小，戟形、正三角形或窄卵形，每侧裂片6-8，裂片长三角形或三角状披针形，倒向。花葶顶端疏被蛛丝状毛或无毛，高10-25厘米；头状花序径约4厘米；总苞钟状，长1.6-2厘米，外层宽卵形或长卵形，长1.6-2厘米，先端渐尖，先端背面稍增厚或具短角状突起，有黑绿色透明边缘，无毛或疏被蛛丝状毛，内层线形，先端背面多少具暗紫色短角状突起；舌状花黄色，边缘花舌片背面具暗色条纹。瘦果长倒卵圆形，棕褐色，长约4毫米，上部具刺突，下部多少具瘤突，顶端缢缩成长0.8毫米圆柱形喙基，喙长8.5-9毫米；冠毛白色，长6-8毫米。花果期5-7月。

产黑龙江、吉林及内蒙古东北部，生于山野向阳地。

图 1184 光苞蒲公英（孙英宝绘）

7. 异苞蒲公英 图 1185

Taraxacum heterolepis Nakai et Koidz. ex Kitag. in Bot. Mag. Tokyo 47: 829. f. 6. f. 10(8). 1933.

多年生草本。叶倒披针形或线形，长10-25厘米，两面无毛，不规则羽状深裂，顶端裂片三角形，侧裂片平展或稍倒向，三角形或线形，具疏齿或全缘，裂片间有小裂片或细齿。花葶高10-15厘米，疏被白色蛛丝状绵毛；头状花序径约3.5厘米；总苞钟形，长1.3厘米；外层披针形，伏贴，具窄膜质边缘，光滑或有极稀缘毛，先端微红色，增厚或稍具小角，内层线形，基部稍宽，长2厘米，先端暗红色，稍增厚；舌状花黄色，边缘花舌片背面稍有色。瘦

图 1185 异苞蒲公英（张桂芝绘）

果倒圆锥形，褐色，长4.5毫米，两面具2深沟，上部具刺突，下部光滑，顶端渐收缩成长1毫米圆锥状或圆柱形喙基，喙长1厘米；冠毛白或淡褐色，长5-7毫米。花果期4-6月。

产黑龙江北部、吉林、辽宁、内蒙古及河北，生于山坡、路旁或湿地。

8. 堆叶蒲公英 图 1186

Taraxacum compactum Schischk. in Anim. Syst. Herb. Univ. Tomsk. 1-2: 5. 1949.

多年生草本。叶基腋部有褐色皱曲毛。叶窄倒披针形或长椭圆形，长18-25厘米，两面无毛，不裂而具齿至大头羽状浅裂或深裂，顶端裂片宽三角形，全缘，每侧裂片3-6，裂片三角形或长三角形，全缘或具牙齿，裂片间无或有齿，或为小裂片。花葶2-5，高10-35厘米，顶端密生蛛丝状毛；总苞宽钟状，长0.9-1.5厘米，总苞片绿色，无角，外层披针状卵圆形或披针形，长3-7毫米，伏贴，无或具极窄膜质边，与内层等宽，内层长为外层1.5-2倍；舌状花黄色，花冠喉部及舌片下部背面疏生短柔毛，舌片长0.8-1.2厘米，基部筒长4-6毫米，边缘花舌片背面有紫色条纹，柱头暗黄色。瘦果黄褐色，圆柱形，长2.5-3毫米，上部1/3有小刺，余部有或无小瘤突，喙基长0.4-0.6毫米，喙纤细，长4.6-6.5毫米；冠毛白色，长5-6毫米。花果期6-8月。

图 1186 堆叶蒲公英 （张荣生绘）

产新疆西北部，生于海拔700-1700米森林草甸、草原或荒漠草原。哈萨克斯坦有分布。

9. 小花蒲公英 图 1187

Taraxacum parvulum Wall. ex DC. Prodr. 7 (1): 148. 1838.

多年生矮小草本。叶倒披针形，长5-10厘米，全缘或大头羽状半裂至深裂，每侧裂片4-5，侧裂片近三角形或长三角形。花葶高3-10厘米，顶端密生蛛丝状柔毛；头状花序径约2-3厘米；总苞长1-1.3厘米，外层8-10，卵状披针形，淡绿色，长4-6毫米，具宽膜质边缘，先端增厚或光滑，中间常为黑色条带，内层线形，有膜质边缘，先端紫色。舌状花黄色，边缘花舌片背面有紫色条纹，花柱和柱头黄色。瘦果淡橘黄或棕色，长3-4毫米，上部疏生小刺，顶端渐收缩成圆锥形喙基，喙基长约1毫米，喙长4-6毫米；冠毛白色，长4-7毫米。

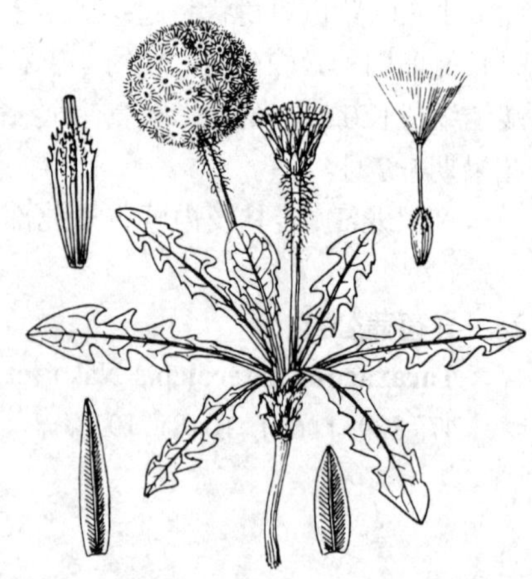

图 1187 小花蒲公英 （余汉平绘）

产山西北部、青海东北部、四川北部、云南西北部及西藏，生于海拔1500-4500米沼泽地、河滩草甸或山坡草地。不丹、印度尼西亚及巴基斯坦北部有分布。

10. 印度蒲公英

Taraxacum indicum Hand.-Mazz. Monogr. Tarax. 50. t. 2. f. 2. 1907.

多年生草本。叶倒卵状披针形或线状披针形，倒向羽裂或稀羽状深裂，侧裂片三角形，全缘或有小齿，顶端裂片三角形、戟形或菱形，无毛或疏被微柔毛。花葶多数，高5-20厘米，幼时密被绵毛；头状花序径1.5-2.5厘米；总苞片先端增厚，外层伏贴或稍展开，卵形或披针形，长1厘米，淡绿色，具白色膜质边缘，内层披针形，长为外层2倍。舌状花黄色，边缘花舌片背面有紫色条纹。瘦果淡褐色，连喙基长4-5毫米，上部有较长小瘤，顶端缢缩成圆锥形喙基，喙纤细，长0.8-1厘米；冠毛白色。

产四川西南部、云南中部及西北部，生于海拔1300-3800米路旁草地。印度及越南有分布。

［附］**深裂蒲公英 Taraxacum stenolobum** Stschegl. in Bull. Soc. Nat. Mosc. 27: 180. 1954. 本种与印度蒲公英的主要区别：瘦果上部有多数小刺。产新疆北部，生于河谷草甸或低山草甸。俄罗斯及哈萨克斯坦有分布。

11. 窄苞蒲公英　　图 1188

Taraxacum bessarabicum (Hornem.) Hand.-Mazz. Monogr. Tarax. 26. t. 1. f. 7. 1907.

Leontodon bessarabicus Hornem. Hort. Hafn. Suppl. 88. 1819.

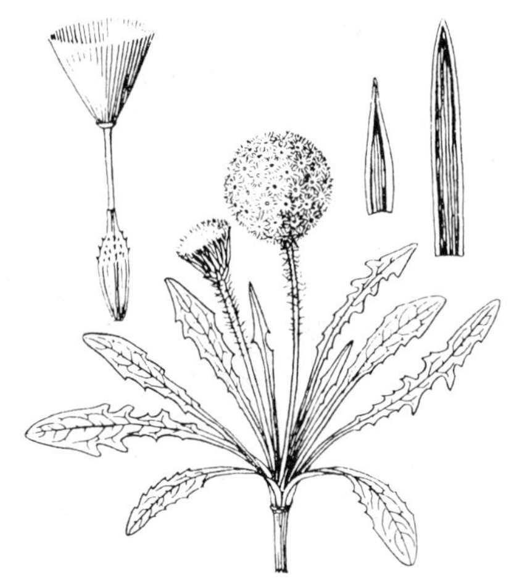

图 1188　窄苞蒲公英（余汉平绘）

多年生草本。叶线形或窄倒披针形，长4-16厘米，不裂、全缘，或具波状齿或羽状浅裂，稀近深裂，有时稍肉质灰绿色（碱地生者），分裂叶顶端裂片长三角形或宽三角形，全缘，每侧裂片4-8，三角形，全缘或具齿，裂片间有或无齿与小裂片。花葶高6-20厘米，有时带紫红色，顶端有稀疏蛛丝状毛，有时果期无毛；头状花序径1.5-2厘米；总苞钟状，长0.8-1.5厘米，总苞片先端背面无角或有不明显胼胝状增厚，外层淡绿色、常带紫红色，或红紫色，窄披针形或近线形，长4-9毫米，伏贴或稍开展，边缘膜质，上部有缘毛，内层绿色，长为外层1.5-2倍。舌状花黄色，花冠喉部至舌片下部外面疏生柔毛，舌片长约7毫米，基部筒长约4毫米，边缘花舌片背面有紫色条纹。柱头黄色。瘦果浅灰褐色，长4-5毫米，上部1/3-1/4疏生小刺，余部无瘤突，顶端渐收缩成长1-1.5毫米喙基，喙长3-5毫米；冠毛污白色，长5-6毫米。花果期7-10月。

产新疆北部，生于河漫滩草甸、盐碱地或水旁。蒙古、哈萨克斯坦、伊朗及欧洲有分布。

12. 光果蒲公英　　图 1189

Taraxacum glabrum DC. Prodr. 7(1): 147. 1838.

多年生矮小草本。叶窄倒卵形或倒披针形，长4-9厘米，不裂、全缘，或具齿至羽状浅裂，顶端裂片三角形，全缘，每侧裂片2-3，裂片三角形，平展，裂片全缘，裂片间无齿、无小裂片。花葶2-4，高5-10厘米，常带紫红色，无毛；头状花序径3-4厘米；总苞钟状，长0.8-1.6厘米，外层暗绿色，卵状披针形或披针形，长4-6毫米，伏贴，无膜质边缘，无角，内层暗绿色，先端钝，无角，稀具短角，长为外层的2-2.5倍。舌状花黄色，花冠无毛，舌片长1-1.4厘米，基部筒长3-5毫米，边缘花舌片背面有紫色条纹，柱头干时黑色。瘦果淡褐色，长3.5-4毫米，光滑，稀上部有微小瘤突，顶端渐收缩成长约0.6毫米喙基，喙长5-7毫米；冠毛白色，长5-6毫米。花果期7-8月。

产新疆中北部及西部，生于海拔2300-4200米草甸或草甸草原。哈萨克斯坦及俄罗斯有分布。

[附] **窄边蒲公英 Taraxacum pseudoatratum** Oraz. in Fl. Kazak. 9: 491. t. 53. f. 3. 1966. 本种与光果蒲公英的主要区别：外层总苞片有窄的白色膜质边缘；花冠喉部及舌片下部背面被柔毛；柱头暗黄绿色；叶全缘，稀具波状齿。产新疆，生于高山及亚高山草甸。哈萨克斯坦及俄罗斯有分布。

图 1189 光果蒲公英 （余汉平绘）

13. 蒲公英 图 1190 彩片 180

Taraxacum mongolicum Hand.-Mazz. Monogr. Tarax. 67. t. 2. f. 13. 1907. pro part.

多年生草本。叶倒卵状披针形、倒披针形或长圆状披针形，长4-20厘米，边缘有时具波状齿或羽状深裂，有时倒向羽状深裂或大头羽状深裂，顶端裂片较大，三角形或三角状戟形，全缘或具齿，每侧裂片3-5，裂片三角形或三角状披针形，通常具齿，平展或倒向，裂片间常生小齿，基部渐窄成叶柄，叶柄及主脉常带红紫色，疏被蛛丝状白色柔毛或几无毛。花葶1至数个，高10-25厘米，上部紫红色，密被蛛丝状白色长柔毛。头状花序径3-4厘米；总苞钟状，长1.2-1.4厘米，淡绿色，总苞片2-3层，外层卵状披针形或披针形，长0.8-1厘米，边缘宽膜质，基部淡绿色，上部紫红色，先端背面增厚或具角状突起；内层线状披针形，长1-1.6厘米，先端紫红色，背面具小角状突起。舌状花黄色，舌片长约8毫米，边缘花舌片背面具紫红色条纹，花药和柱头暗绿色。瘦果倒卵状披针形，暗褐色，长约4-5毫米，上部具小刺，下部具成行小瘤，顶端渐收缩成长约1毫米圆锥形或圆柱形喙基，喙长0.6-1厘米，纤细；冠毛白色，长约6毫米。花期4-9月，果期5-10月。染色体2n=24，32。

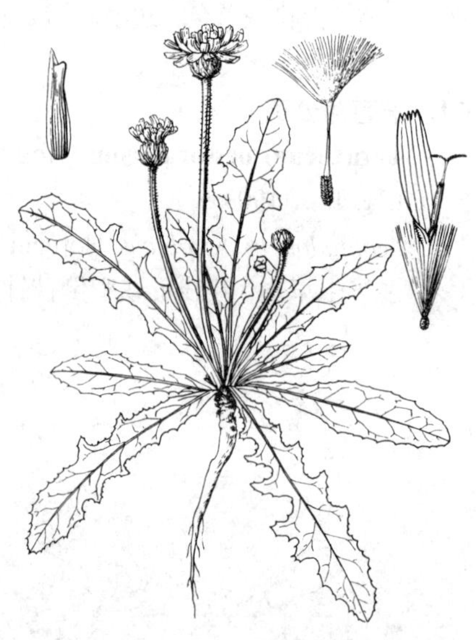

图 1190 蒲公英 （引自《图鉴》）

产黑龙江、吉林、辽宁、内蒙古、河北、山西、河南、山东、江苏、安徽、浙江、福建、台湾、江西东北部、湖北、湖南、广东北部、广西西北部、贵州、云南、四川、陕西北部、甘肃及青海，生于中、低海拔山坡草地、田野或河滩。朝鲜半岛、蒙古及俄罗斯有分布。全草药用，清热解毒、消肿散结。

14. 朝鲜蒲公英 图 1191

Taraxacum coreanum Nakai in Bot. Mag. Tokyo 46: 62. 1932.

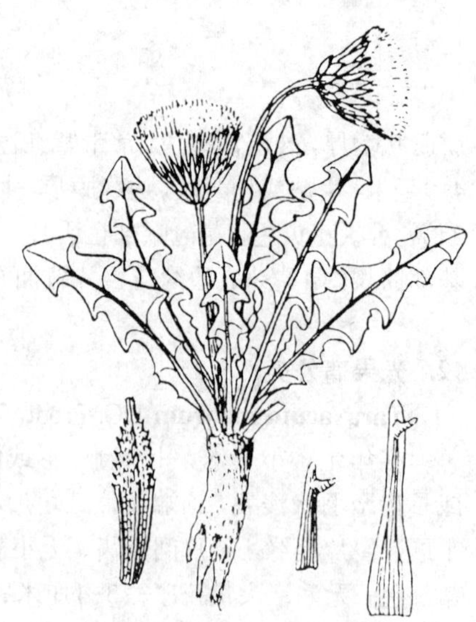

图 1191 朝鲜蒲公英 （余汉平绘）

多年生草本。叶倒披针形或线状披针形，长5-15厘米，上面无毛，下面疏被毛，基部渐窄成柄，羽状浅裂至深裂，顶端裂片三角状戟形、宽菱形或正三角形，侧裂片窄三角形或线形，平展或倒向，全缘或常在裂片间有小裂片或齿。花葶数个，高10-15厘米，顶端幼时密被白色绵毛；头状花序径3-3.5厘米；总苞宽钟状，长约1.5厘米，外层卵形或卵状披针形，先端背面具角状突起，带红紫色，边缘疏生缘毛，内层线状披针形，先端暗紫色，增厚或具小角状突起。舌状花白色，稀淡黄色，边缘花舌片背面有紫色条纹。瘦果褐色，长3.5-5毫米，上部具刺突，中部以下具瘤突，顶端渐收缩成长1毫米圆锥形或圆柱形喙基，喙纤细，长0.4-1厘米；冠毛白色，长7-8毫米。花果期4-6月。染色体2n=32。

产黑龙江南部、吉林东北部及南部、辽宁中东部及南部，生于原野或路旁。朝鲜半岛及俄罗斯有分布。

15. 斑叶蒲公英　　图 1192

Taraxacum variegatum Kitag. in Rep. Inst. Sci. Res. Mansh. 2: 302. f. 1. 1938.

多年生草本。叶倒披针形或长圆状披针形，两面稍被蛛丝状毛或无毛，上面有暗紫色斑点，基部渐窄成柄，近全缘，不裂或具倒向羽状深裂，顶端裂片三角状戟形，每侧裂片4-5，裂片三角形或长三角形，全缘或具小尖齿或缺刻状齿。花葶上端疏被蛛丝状毛，高5-15厘米；头状花序径达4（-6）厘米；总苞钟状，长1.7-2.3厘米，外层卵形或卵状披针形，先端背部具微短角状突起，内层线状披针形，先端背部增厚或具极短小角，边缘白色膜质。舌状花黄色，边缘花舌片背面具暗绿色宽带。瘦果倒披针形或长圆状披针形，淡褐色，长3-4.5毫米，上部有刺突，下部有小瘤，顶端稍缢缩成长0.5-0.8毫米圆形或圆柱形喙基，喙长达1厘米；冠毛白色，长5.5-8.5毫米。花果期4-6月。

产黑龙江西南部、吉林及河北，生于山地草甸或路旁。

图 1192　斑叶蒲公英（孙英宝绘）

16. 芥叶蒲公英　　图 1193

Taraxacum brassicaefolium Kitag. in Rep. Inst. Sci. Res. Mansh. 2: 308. f. 4-5. 1938.

多年生草本。叶宽倒披针形或宽线形，长10-35厘米，羽状深裂或大头羽状半裂，基部渐窄成短柄，具翅，侧裂片正三角形或线形，常上倾，稀倒向，全缘或有小齿，裂片间无或有锐尖小齿，顶端裂片正三角形，宽，全缘。花葶数个，高30-50厘米，初疏被蛛丝状柔毛，常紫褐色；头状花序径达5.5厘米；总苞宽钟状，长2.2厘米，基部圆形或截圆，先端具短角状突起；外层总苞片窄卵形或线状披针形；内层总苞片线状披针形，先端带紫色；花序托有小卵形膜质托片。舌状花黄色，边缘花舌片背面具紫色条

图 1193　芥叶蒲公英（孙英宝绘）

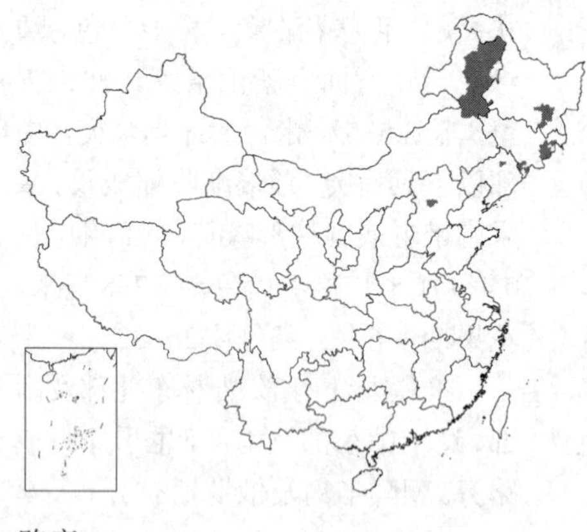

纹。瘦果倒卵状长圆形，淡绿褐色，长约4毫米，上部具刺突，中部有短钝小瘤，下部渐光滑，顶端微缢缩成圆柱形喙基，长0.5-0.7毫米，喙长1-1.5厘米；冠毛白色，长7-9毫米。花果期4-6月。

产黑龙江东南部、吉林东部及南部、辽宁东北部、内蒙古东部及河北，生于河边、林缘或路旁。

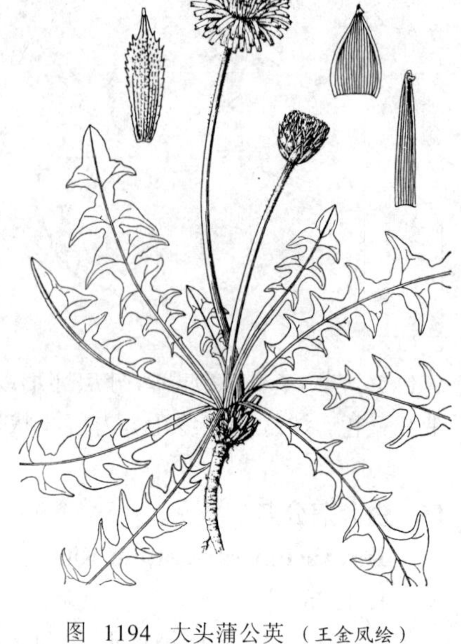

图 1194 大头蒲公英（王金凤绘）

17. 大头蒲公英 图 1194

Taraxacum calanthodium Dahlst. in Acta Hort. Gothob. 2: 150. f. 3. t. 1. f. 8-11. 1926.

多年生草本。叶宽披针形或倒卵状披针形，长7-20厘米，下面疏被蛛丝状长柔毛，羽状深裂，侧裂片短三角形或宽三角形，平展或倒向，全缘，侧裂片间具小齿，顶端裂片较大，戟状三角形或戟形。花葶数个，高达25厘米，顶端稍密被蛛丝状柔毛；头状花序径5-6厘米；总苞长1.5-2厘米，总苞片干后黑色或墨绿色，有白或淡褐色膜质边缘，外层宽卵状披针形或卵形，宽（3-）5-8毫米，先端背部增厚或具短小角；内层宽线形，先端背部增厚或微具小角。舌状花黄色，舌片长约1.2厘米，边缘花舌片背面具红紫色条纹，花柱和柱头暗绿色，干时黑色。瘦果倒披针形，黄褐色，长约4毫米，上部1/3-1/2有小刺，顶端渐收缩成圆锥形喙基，喙长1-1.1毫米；冠毛长4-7毫米，淡污黄白色。

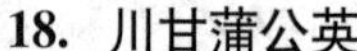

产陕西秦岭西部、甘肃南部、青海东部、西藏、四川西部及西北部，生于海拔2500-4300米高山草地。

18. 川甘蒲公英 图 1195

Taraxacum lugubre Dahlst. in Acta Hort. Gothob. 2: 148. t. 1. f. 4-7. 1926.

多年生草本。根垂直，叶线状披针形，长10-25厘米，下面疏被蛛丝状柔毛，羽状深裂，侧裂片多数，裂片短三角形或宽三角形，倒向，全缘，顶端裂片较大，戟状三角形或戟形；叶柄长，常粉紫色。花葶数个，高达25厘米，顶端密被蛛丝状柔毛；头状花序径3.5-5.5厘米；总苞长1.5-2厘米，暗紫色，外层宽卵状披针形或卵形，先端无小角，稀增厚，具白色膜质边缘，内层总苞片宽线形，长约为外层的

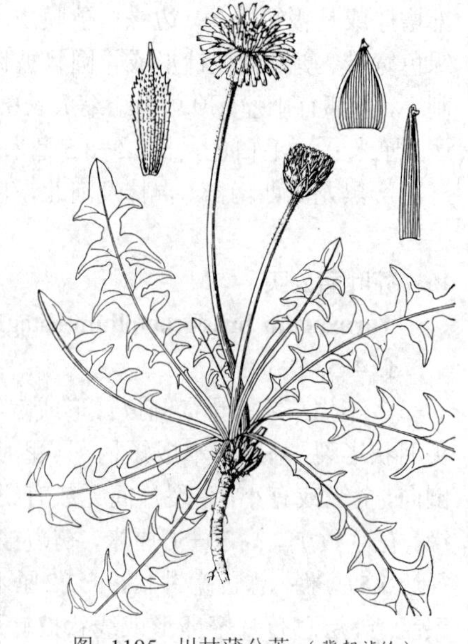

图 1195 川甘蒲公英（冀朝祯绘）

2倍，先端钝。舌状花黄色，边缘花舌片背面具紫色条纹，花柱和柱头暗绿色，干时黑色。瘦果倒卵状楔形，麦秆黄色，长约4毫米，上部有短尖小瘤，顶端缢缩成短柱状喙基，喙长3-4毫米；冠毛白色。

产陕西秦岭、甘肃、青海东南部及南部、四川中北部、西藏东北部，生于海拔2800-4200米高山草地。

19. 多毛蒲公英 图 1196

Taraxacum lanigerum V. Soest in Bull. Brit. Mus. (Nat. Hisb.) Bot. 2 (10): 269. t. 27. 1961.

多年生矮小草本。叶卵状披针形，长约10厘米，两面被蛛丝状柔毛或绵毛，羽状深裂，每侧裂片5，侧裂片三角形、镰形或线形，平展或倒向，裂片间具小齿，顶端裂片近戟形，基部2小裂片常倒向伸长。花葶2-4，高7-9厘米，被蛛丝状毛，顶端密被蛛丝状柔毛；头状花序径约4厘米；总苞长1.9厘米，近黑色，外层直立、伏贴，披针形，长约1.2厘米，具窄白或绿色膜质边缘，先端背部有小角，上部和边缘具蛛丝状柔毛，内层宽线形，具宽膜质边缘，先端增厚，具蛛丝状柔毛。舌状花黄色，边缘花舌片背面具近黑色条纹，花柱和柱头干时黑色；冠毛白色。

图 1196 多毛蒲公英（余汉平绘）

产西藏及青海南部，生于海拔3900-4600米林缘或高山草甸。尼泊尔有分布。

20. 反苞蒲公英 图 1197

Taraxacum grypodon Dahlst. in Acta Hort. Gothob. 2: 157. f. 6. t. 2. f. 5-8. 1926.

多年生草本。叶披针形或线状披针形，长10-20厘米，边缘的叶全缘或浅裂，先端钝；中层和内层叶每侧有3-4裂片，顶端裂片戟形，全缘或近全缘，侧裂片三角形，倒向，裂片间全缘或有稀疏小齿。花葶高达30厘米，上端被蛛丝状长柔毛；头状花序径5.5-6厘米；总苞钟形，长约2厘米，外层多，卵状披针形，多少展开或外卷，有窄膜质边缘，内层先端多少紫色。舌状花亮黄色，边缘花舌片背面有宽紫红色条纹，花柱和柱头暗绿色，干后黑色。瘦果麦秆黄色，长3毫米，上部有小刺，顶端缢缩成长0.5-1毫米圆锥状或圆柱形喙基，喙纤细，长0.9-1.2厘米；冠毛白色，长6毫米。

产四川北部、西藏东部及东北部，生于中、高海拔地区松林下或山坡草地。

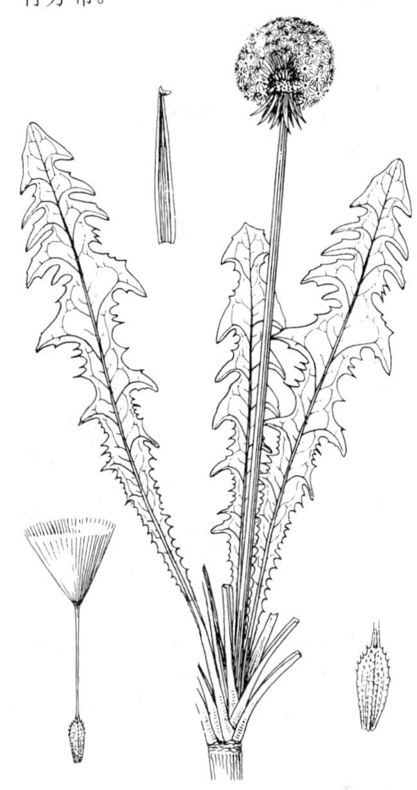

图 1197 反苞蒲公英（余汉平绘）

21. 白缘蒲公英 热河蒲公英 图 1198 彩片 181

Taraxacum platypecidum Diels in Fedde, Repert. Sp. Nov. Beih. 12: 515. 1922.

多年生草本。叶宽倒披针形或披针状倒披针形，长10-30厘米，疏被蛛丝状柔毛或几无毛，羽状分裂，每侧裂片5-8，裂片三角形，全缘或有疏齿，顶裂片三角形。花葶1至数个，高达45厘米，上部密被白色蛛丝状绵毛；头状花序径4-4.5厘米；总苞宽钟状，长1.5-1.7厘米，总苞片3-4层，先端背面有或无小角，外层宽卵形，中央有暗绿色宽带，边缘宽白色膜质，上端粉红色，疏被睫毛，内层长圆状线形或线状披针形，长约为外层的2倍。舌状花黄色，边缘花舌片背面有紫红色条纹，花柱和柱头暗绿色，干时多少黑色。瘦果淡褐色，长约4毫米，上部有刺瘤，顶端缢缩成圆锥形或圆柱形喙基，长约1毫米，喙长0.8-1.2厘米；冠毛白色，长0.7-1厘米。花果期3-6月。

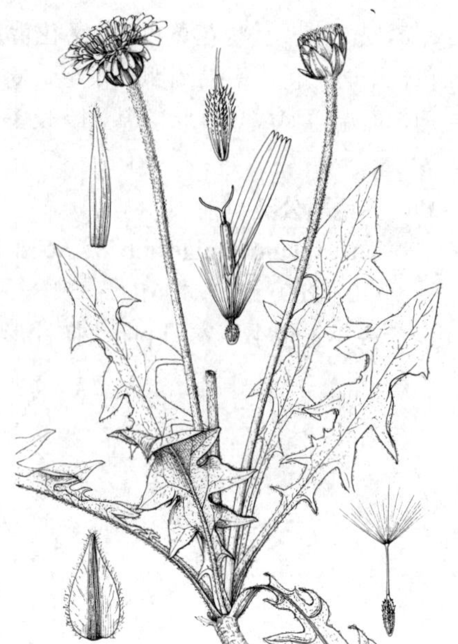

图 1198 白缘蒲公英（冀朝祯绘）

产黑龙江、吉林、辽宁、内蒙古、河北、山东、山西、河南西部、湖北西部、四川、青海、甘肃、宁夏及陕西，生于海拔1900-3400米山坡草地或路旁。俄罗斯、朝鲜半岛及日本有分布。全草供药用，功效同蒲公英。

22. 东北蒲公英 图 1199

Taraxacum ohwianum Kitam. in Acta Phytotax. Geobot. 2: 124. 1933.

多年生草本。叶倒披针形，长10-30厘米，两面疏生柔毛或无毛，不规则羽状浅裂至深裂，顶端裂片菱状三角形或三角形，每侧裂片4-5，裂片三角形或长三角形，全缘或疏生齿。花葶多数，高10-20厘米，微被疏柔毛，近顶端密被白色蛛丝状毛；头状花序径2.5-3.5厘米；总苞长1.3-1.5厘米，外层花期伏贴，宽卵形，长6-7毫米，先端无或有不明显增厚，暗紫色，具白色膜质窄边缘，边缘疏生缘毛，内层线状披针形，长于外层2-2.5倍，先端无角状突起。舌状花黄色，边缘花舌片背面有紫色条纹。瘦果长椭圆形，麦秆黄色，长3-3.5毫米，上部有刺突，向下近平滑，顶端稍缢缩成圆锥状或圆柱形喙基，长0.5-1毫米，喙纤细，长0.8-1.1厘米；冠毛污白色，长8毫米。花果期4-6月。

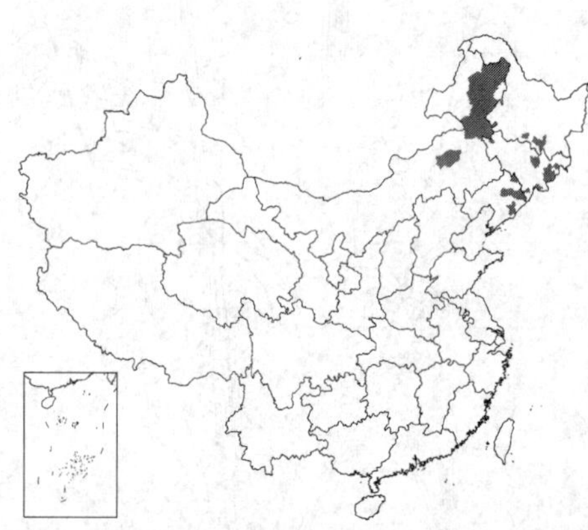

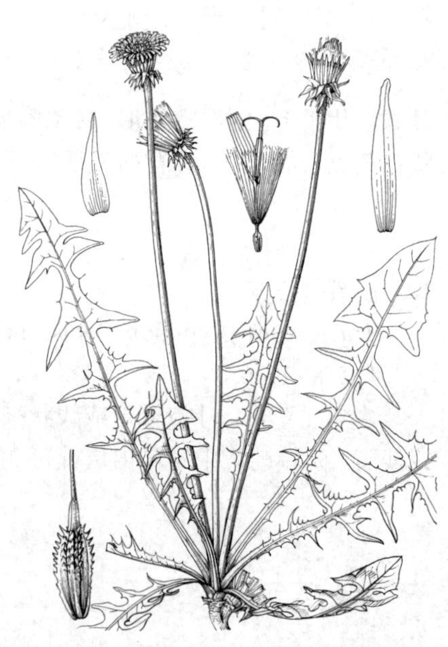

图 1199 东北蒲公英（冀朝祯绘）

产黑龙江南部、吉林、辽宁及内蒙古东部，生于低海拔地区山野或山坡路旁。朝鲜半岛北部及俄罗斯远东地区有分布。

23. 橡胶草 图 1200

Taraxacum kok-saghyz Rodin in Acta Inst. Bot. Acad. Sci. URSS ser. 1, Fasc. 1. 187. f. 1-10. 1933.

多年生草本。叶窄倒卵形或倒披

针形，长4.5-5厘米，不裂、全缘或具波状齿，有时主脉红色。花葶1-3，高7-24厘米，有时带紫红色，顶端疏被蛛丝状毛；头状花序径2.5-3厘米；总苞钟状，长0.8-1.1厘米，总苞片浅绿色，先端常带紫红色，背部有较长尖的角，外层披针状卵圆形或披针形，长4-5毫米，伏贴，具白色膜质边缘，等宽或稍宽于内层，内层长为外层的1.5-2.5倍。舌状花黄色，花冠喉部及舌片下部外面疏生柔毛，舌片长约7毫米，基部筒长约5毫米，边缘花舌片背面有紫色条纹，柱头黄色。瘦果淡褐色，长（2-）2.5-3.5毫米，上部1/3-1/2有多数小刺，余部具小瘤突或无瘤突，顶端缢缩成喙基，喙基长1-1.8毫米，喙长5-6毫米；冠毛白色，长4-5毫米。花果期5-7月。染色体2n=16，24，32。

产新疆，生于河漫滩草甸、盐碱化草甸或农田水渠边。哈萨克斯坦及欧洲有分布。根含乳汁，可提取橡胶，用于制造一般橡胶制品。

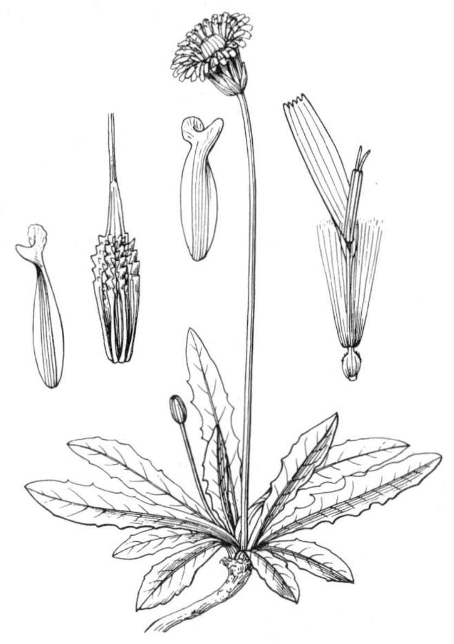

图 1200 橡胶草（冀朝祯绘）

24. 双角蒲公英 图 1201

Taraxacum bicorne Dahlst. in Arkiv. Bot. Stockh. 5(9): 29. 1905-1906.

多年生草本。叶线形、窄倒披针形或长椭圆形，长5-20厘米，有时灰蓝绿色，羽状浅裂或深裂，顶端裂片三角状戟形或长戟形，全缘，每侧裂片5-7，裂片三角形、长圆形或线形，裂片先端尖或渐尖，全缘或具牙齿，裂片间有齿或有小裂片；叶基有时紫红色。花葶2-5，高10-25厘米，基部常带紫红色，顶端密被蛛丝状毛；头状花序径3-3.5厘米；总苞钟状，长1.1-1.3(-1.5)厘米，外层苍白绿色，卵状披针形，长3-5毫米，伏贴，具白色膜质边缘，先端常紫红色，背部有长角，等宽于内层；内层绿色，长为外层总苞片2.5倍，先端背面常具2或1小角。舌状花黄色，花冠喉部及舌片下部背面被柔毛，舌片长8-9毫米，基部筒长约5毫米，边缘花舌片背面有紫色条纹，柱头黄色。瘦果黄褐色，圆柱形，长3-4毫米，中部以上有多数小刺，以下具小瘤突，喙基长0.8-1.2毫米，喙纤细，长7-9毫米；冠毛雪白色，长5.5-7毫米。花果期4-7月。染色体2n=24。

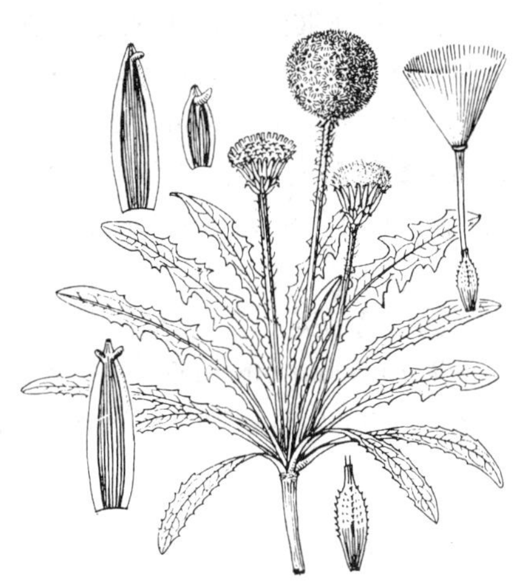

图 1201 双角蒲公英（余汉平绘）

产内蒙古西部、甘肃西部、青海及新疆，生于河漫滩草甸、盐碱地或农田水渠旁。哈萨克斯坦、吉尔吉斯斯坦及伊朗有分布。

25. 荒漠蒲公英 图 1202:1-4

Taraxacum monochlamydeum Hand.-Mazz. Monogr. Tarax. 43. t. 1. f. 16. 1907. pro part.

多年生草本。叶灰绿色，窄倒披针形或长椭圆形，长5-10厘米，羽状浅裂或深裂，顶端裂片长三角形、长戟形或三角状戟形，全缘，侧裂片长三角形、三角形，稀线形，具齿、稀全缘，裂片间有齿或有小裂片，叶脉常紫红色。花葶1-5，高8-15厘米，无毛；头状花序径1.5-3厘米；总苞钟状，长0.8-1.4厘米，外层淡绿色，卵圆形或卵状披针形，长4-6毫米，稍开展或反卷，具白色膜质边缘，先端渐尖，常紫红色，背部有小角，稀无角，宽于内层，内层绿色，先端背部有角，长为外层的2.5-3倍。舌状花黄色，花冠无毛，舌片长6-7毫米，基部筒长5-6毫米，边缘花舌片背面有紫色条纹，柱头黄色。瘦果倒锥形，灰褐色，长2.5-3(-3.5)毫米，中上部具多数小刺，下部有小瘤突，喙基长1-1.3毫米，喙纤细，长6-9毫米；冠毛白色，长5-6毫米。花果期4-7月。染色体2n=24。

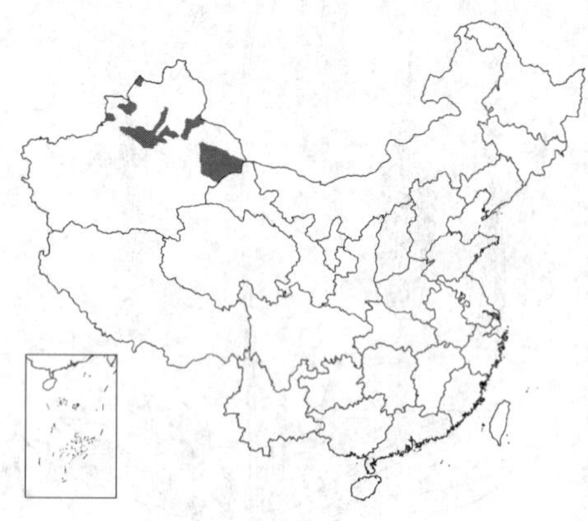

产新疆，生于荒漠水洼地或盐渍化草甸、农田水边或路旁。哈萨克斯坦、阿富汗、巴基斯坦、印度及伊朗有分布。

[附] **长锥蒲公英** 图 1202：5-8 **Taraxacum longipyramidatum** Schischk. in Fl. URSS 29: 735. 489. 1964. 本种与荒漠蒲公英的主要区别：花葶上部被蛛丝状毛；花冠喉部及舌片下部外面密生柔毛；瘦果圆柱形，黄褐色，下部有多数较粗大钝瘤。产新疆，生于低海拔地区草原、荒漠洼地、农田水边或路旁。哈萨克斯坦及吉尔吉斯斯坦有分布。

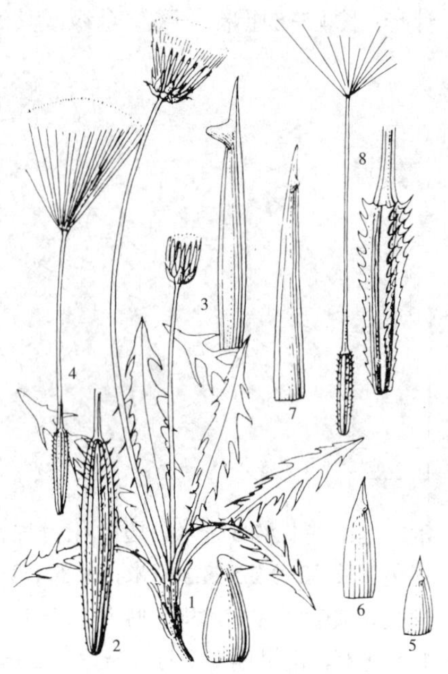

图 1202：1-4. 荒漠蒲公英 5-8. 长锥蒲公英 （张荣生绘）

26. 药用蒲公英 图 1203 彩片 182

Taraxacum officinale F. H. Wigg. in Prim. Fl. Holsat. 56. 1780.

多年生草本。叶窄倒卵形或长椭圆形，稀倒披针形，长4-20厘米，大头羽状深裂或羽状浅裂，稀不裂而具波状齿，顶端裂片三角形或长三角形，全缘或具齿，每侧裂片4-7，裂片三角形或三角状线形，全缘或具牙齿，裂片间常有小齿或小裂片；叶基有时红紫色，无毛或沿主脉疏被蛛丝状柔毛。花葶多数，高5-40厘米，顶端密被多数蛛丝状毛，基部常红紫色；头状花序径2.5-4厘米；总苞宽钟状，长1.3-2.5厘米，总苞片绿色，无角，有时稍胼胝状增厚，外层宽披针形或披针形，长0.4-1厘米，反卷，无或有极窄膜质边缘，等宽或稍宽于内层；内层长为外层总苞片的1.5倍。舌状花亮黄色，花冠喉部及舌片下部背面密生柔毛，舌片长7-8毫米，基部筒长3-4毫米，边缘花舌片背面有紫色条纹，柱头暗黄色。瘦果浅黄褐色，长3-4毫米，中上部有多数小尖刺，余部具瘤突，顶端缢缩成长0.4-0.6毫米喙基，喙纤细，长0.7-1.2厘米；冠毛白色，长6-8毫米。花果期6-8月。

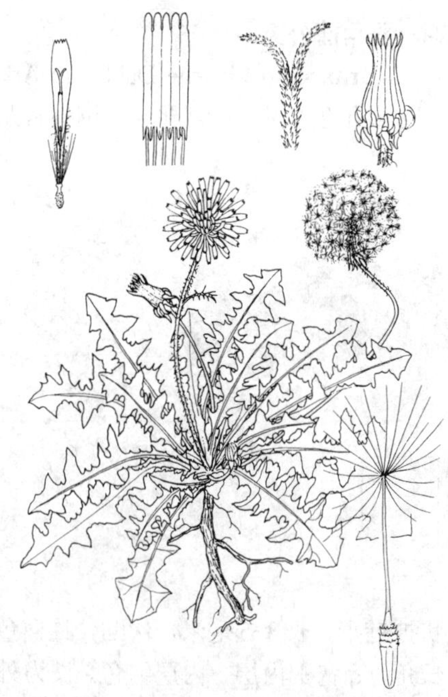

图 1203 药用蒲公英 （引自《Fl. Taiwan》）

产新疆北部及辽宁，生于海拔700-2200米的低山草原、森林草甸、田间或路边。哈萨克斯坦、吉尔吉斯斯坦、欧洲及北美洲有分布。

27. 角苞蒲公英 图 1204

Taraxacum stenoceras Dahlst. in Acta Hort. Gothob. 2: 166. f. 8. t 2. f. 9-11. 1926.

图 1204 角苞蒲公英 （余汉平绘）

多年生草本。叶倒披针形，长5-15厘米，全缘、羽状浅裂或深裂，无毛，稀疏生蛛丝状柔毛，基部渐窄，具短柄，顶裂片箭头形或戟形，全缘，侧裂片三角形或线形，倒向，近全缘或上部具1-2浅裂片。花葶长5-15厘米；头状花序径约4厘米；总苞长1.2-1.5厘米，总苞片干后淡墨绿至墨绿色，外层披针形，稍窄于或约等宽于内层，先端背部具长尖小角，内层先端背面有较短的小角。舌状花黄色，边缘花舌片背面有紫色条纹。瘦果倒卵状长圆形，淡黄褐或淡砖红色，长约4毫米，全部具小瘤突或1/3以上具小刺，顶端渐收缩成长约1毫米喙基，喙长5-9毫米；冠毛长5-6毫米，淡黄白色。

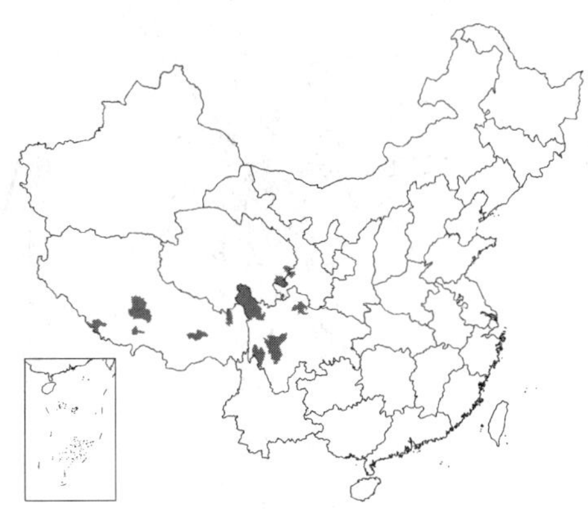

产甘肃西南部、青海东部、四川西部及西藏，生于海拔3000-4500米山坡草地或田边湿地。

28. 长角蒲公英 图 1205

Taraxacum pseudostenoceras V. Soest in Bull. Brit. Mus. (Nat. Hist.) Bot. 2 (10): 271. 1961.

图 1205 长角蒲公英 （余汉平绘）

多年生矮小草本。叶倒披针形，无毛，长4-10厘米，几全缘，具三角形小齿或羽状深裂，顶裂片三角形或长三角形，侧裂片窄三角形或线形，全缘，裂片间无小齿，倒向。花葶数个，高达9厘米；头状花序径约4厘米；总苞钟形，长约1.4厘米，外层卵状披针形，有窄膜质边缘，上部细长，先端背部有长窄小角，小角常粉红色；内层总苞片线形，先端背部有小角。舌状花黄色，边缘花舌片背面有红紫色条纹，花柱和柱头污黄色。瘦果暗褐色，长3-3.5毫米，上部有小刺，下部疏生小瘤，顶端稍骤缢缩成长约1毫米圆柱形或圆锥形喙基，喙长6-8毫米；冠毛淡黄白色，长5-6毫米。花果期7-8月。

产甘肃西南部及青海东部，生于海拔2300-3500米山坡草地。尼泊尔有分布。

29. 藏蒲公英 图 1206

Taraxacum tibetanum Hand.-Mazz. Monogr. Tarax. 67. t. 2. f. 12. 1907.

多年生矮小草本。叶倒披针形，长4-8厘米，通常羽状深裂，稀浅裂，具4-7对侧裂片，侧裂片三角形，倒向，近全缘。花葶1或数个，高3-7厘米，无毛或顶端有蛛丝状柔毛；头状花序径2.8-3.2厘米；总苞钟形，长1-1.2厘米，总苞片干后墨绿或黑色，外层宽卵形或卵状披针形，宽于内层，先端稍

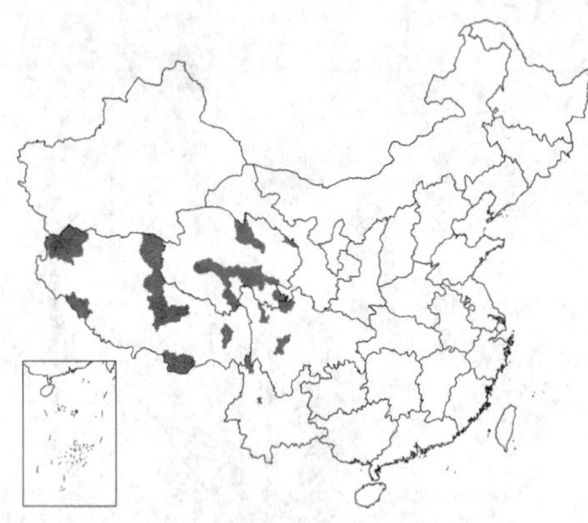

扩大，无膜质边缘或有极窄不明显膜质边缘。舌状花黄色，边缘花舌片背面有紫色条纹，柱头和花柱干后黑色。瘦果倒卵状长圆形或长圆形，淡褐色，长2.8-3.5毫米，上部1/3具小刺，顶端常缢缩成长约0.5毫米的圆锥至圆柱形喙基，喙纤细，长2.5-4毫米；冠毛长约6毫米，白色。

产青海、四川西部、云南西北部及西藏，生于海拔3600-5300米山坡草地、台地或河边草地。锡金及不丹有分布。

图 1206 藏蒲公英（王金凤绘）

30. 毛柄蒲公英 图 1207

Taraxacum eriopodum (D. Don) DC. Prodr. 7 (1): 147. 1838.

Leontodon eriopodum D. Don in Mem. Wern. Nat. Hist. Soc. 3: 413. 1821.

多年生矮小草本。叶倒披针形，长8-15厘米，羽状浅裂或半裂，稀不裂，侧裂片3-4对，裂片钝三角形或线形，平展或倒向，全缘，顶端裂片稍宽，长1-3厘米。花葶1至数个，高5-12厘米，上部疏生淡褐色蛛丝状柔毛；头状花序径3-4厘米；总苞钟形，长1.1-1.4厘米，总苞片干后墨绿色，外层伏贴，直立，披针形或卵状披针形，先端增厚或背部有小角，长(5.5-)6.5-7.5毫米，无膜质边缘或有极窄膜质边缘，内层暗绿色，常具红色边缘，先端增厚或背部有小角，长1.2-1.4厘米。舌状花黄色，边缘花舌片背面有暗紫色条纹，花柱和柱头干时黑色。瘦果淡麦秆黄色，长4.5-5毫米，上部1/3-1/2具小刺，顶端多少渐收缩成长约1毫米圆锥形喙基，喙长4.5-7毫米；冠毛长5-7毫米，淡黄色。染色体2n=32。

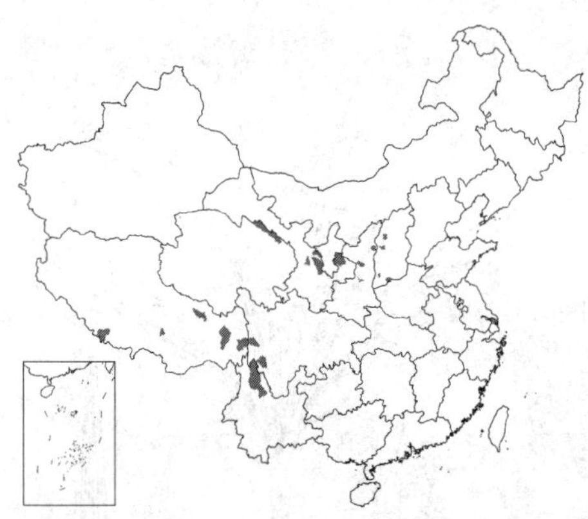

图 1207 毛柄蒲公英（余汉平绘）

产山西、陕西、甘肃、青海东北部、云南西北部、四川西部及西藏，生于海拔3000-5300米山坡草地或河边沼泽地。印度西北部、锡金、不丹及尼泊尔有分布。

[附] **网苞蒲公英 Taraxacum forrestii** V. Soest in Bull. Brit. Mus. (Nat. Hist.) Bot. 2 (10): 265. pl. 23. 1961. 本种与毛柄蒲公英的主要区别：外层总苞片卵形，具网状脉。产云南西北部及西藏东南部，生于海拔4200米干旱山坡。印度有分布。

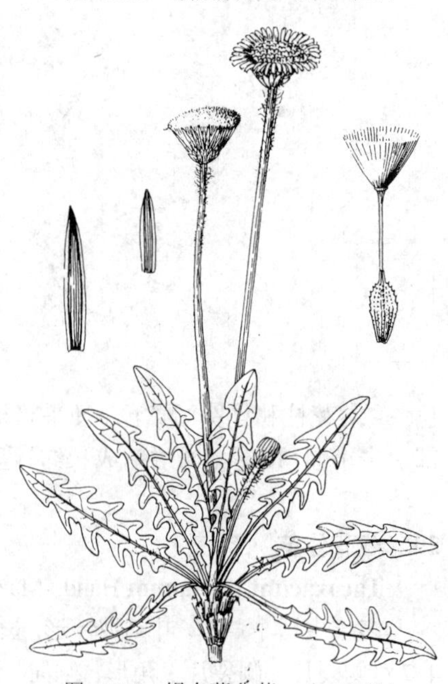

图 1208 锡金蒲公英（余汉平绘）

31. 锡金蒲公英 图 1208

Taraxacum sikkimense Hand.-Mazz. Monogr. Tarax. 103. t. 3. f. 6. t.

5, f. 5. 1907.

多年生草本。叶倒披针形，长5-12厘米，无毛，稀被蛛丝状毛，通常羽状半裂至深裂，稀具浅齿，每侧裂片4-6，裂片三角形或线状披针形，平展或倒向，近全缘，顶端裂片三角形或线形。花葶长5-30厘米，无毛，稀有蛛丝状毛；头状花序径4-5厘米；总苞钟形，长约1.5厘米，总苞片干后淡墨绿或黑绿色，外层披针形或卵状披针形，直立，伏贴，窄或与内层等宽，先端稍扩大，具膜质窄缘，内层先端多少扩大。舌状花黄、淡黄或白色，先端有时带红晕，边缘花舌片背面有紫色条纹，花柱和柱头干时黑色。瘦果倒卵状长圆形，深紫色、红棕或橘红色，长约3毫米，上部1/3-1/2有小刺，顶端缢缩成长0.5-1毫米喙基，喙纤细，长6-8毫米；冠毛白色，长5-6毫米。染色体2n=32，40。

产青海、四川西部、云南西北部及西藏南部，生于海拔2800-4800米山坡草地或路旁。锡金、尼泊尔及巴基斯坦有分布。

32. 天全蒲公英

Taraxacum apargiaeforme Dahlst. in Acta Hort. Gothob. 2: 178. f. 14. t. 3. f. 19-21. 1926.

多年生矮小草本。叶长3-4厘米，不裂或羽状深裂，每侧裂片5-6，裂片三角形，全缘，或线形，具小齿，端部倒向，顶端裂片戟形。花葶高达5厘米，无毛；头状花序径3.5-4.5厘米；总苞窄钟形，长约1.2厘米，暗绿色，外层卵状披针形，伏贴或平展，几无或稀有白色边缘或多少有粉红色边缘，内层宽线形，宽于外层。舌状花黄色，边缘花舌片背面无彩色条纹，花柱和柱头暗绿色，干时黑色。瘦果倒卵状楔形，暗麦秆黄色，长3.5-4毫米，上部有小刺，顶端缢缩成长0.5毫米圆锥形喙基，喙长6-8毫米；冠毛污白色。

产四川北部及西藏北部，生于海拔3000-3800米高山草地。巴基斯坦有分布。

33. 紫花蒲公英 图 1209：1-3

Taraxacum lilacinum Krassn. ex Schischk. in Not. Syst. Herb. Inst. Bot. Sci. URSS 7: 4. 1937.

多年生草本。叶长椭圆形，长3-10厘米，不裂、全缘或具齿或羽状浅裂，顶裂片小，全缘，每侧裂片2-3，三角形，平展，全缘，裂片间无齿或具小裂片，无毛。花葶1-2，高7-15厘米，无毛；头状花序径1.5-2厘米；总苞宽钟状，长0.9-1.4厘米，总苞片黑绿色，先端无角或稍胼胝状加厚，外层卵状披针形或披针形，长3-4毫米，伏贴或稍开展，几无膜质边缘，等宽或稍宽于内层；内层长为外层的1.5-2倍。舌状花紫红色，花冠无毛，舌片长1-1.1厘米，基部筒长3-3.5毫米，柱头干时黑色。瘦果淡黄褐色，长约3毫米，上部1/4有多数小刺，余部有

图 1209：1-3. 紫花蒲公英 4-6. 绯红蒲公英 （余汉平绘）

少数小瘤突或无，顶端渐缩成长0.5-0.7毫米喙基，喙长2.5-4毫米；冠毛白色，长约6毫米。花果期6-7月。

产新疆北部及西北部，生于海拔2500米以上高山草甸或草甸草原。哈萨克斯坦及吉尔吉斯斯坦有分布。

[附] **绯红蒲公英** 图 1209:4-6 **Taraxacum pseudoroseum** Schischk. in Fl. URSS 29: 744. 528. 1964.本种与紫花蒲公英的主要区别：总苞片绿色，外层总苞片具膜质窄边，反卷；瘦果喙长6-8毫米。产新疆，生于海拔2500-3300米高山及亚高山草甸或森林草甸。哈萨克斯坦及吉尔吉斯斯坦有分布。

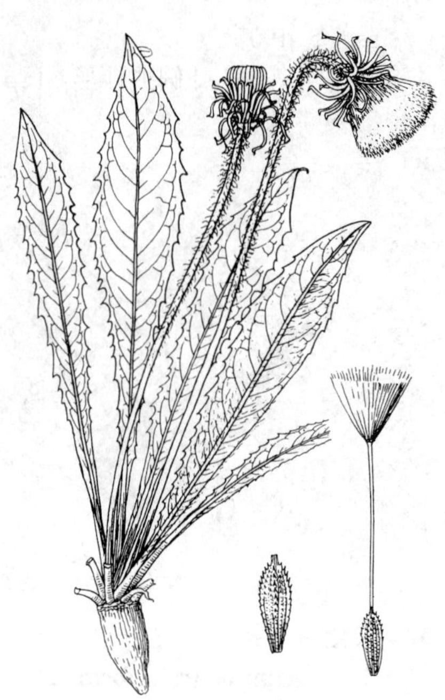

图 1210 垂头蒲公英 （余汉平绘）

34. 垂头蒲公英 图 1210

Taraxacum nutans Dahlst. in Svensk Bot. Tidskr. 26: 264. f. 1. 1932.

多年生草本。叶披针形、窄披针形或倒卵状披针形，长10-15厘米，具尖齿或全缘，稀具浅裂片；外层叶无毛或疏被蛛丝毛，内层叶密被蛛丝状毛。花葶高10-30厘米，上部密被白色蛛丝状毛，下部毛较疏；头状花序径5-5.5厘米，花后常下垂；总苞钟状，长1.8-2厘米，总苞片约4层，近等长，线形，基部弧状或稍弯曲，先端背部有带紫色短角状突起。舌状花橙黄褐色，舌片长2.5厘米，初平展，后反卷，边缘花舌片背面有紫色条纹，花柱和柱头暗绿色。瘦果长3.5-4毫米，污褐色，先端尖，具刺突，下部多少具瘤突或光滑，喙基圆柱形，长0.5-1毫米，喙长1-1.5厘米；冠毛污白或淡黄白色，长6-8毫米。花果期6-7月。染色体2n=16。

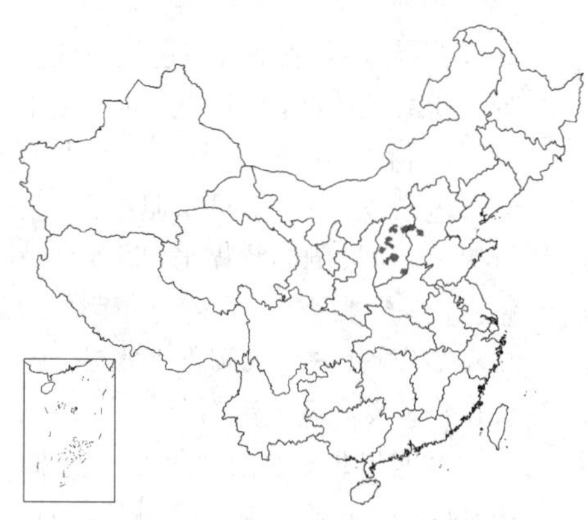

产山西及河北西部，生于海拔1100-3200米山坡草地或林下。

35. 天山蒲公英

Taraxacum tianschanicum Pavl. in Bull. Acad. Sc. Kazak. SSSR 8: 30. f. 20. 1950.

多年生草本。叶长椭圆形或倒披针形，长5-25厘米，羽状浅裂或大头羽状深裂，顶裂片三角形或短戟形，每侧裂片3-6，裂片三角形、线形或披针形，全缘或具牙齿或小裂片，裂片间有齿或有小裂片，稀全缘；叶基有时紫红色。花葶2-5（-9），常带紫红色，高10-35（-40）厘米，上端密被蛛丝状毛，果时毛少；头状花序径2.5-3.5厘米；总苞宽钟状，长1-1.5厘米，外层浅绿色，卵圆状披针形，长5-8毫米，边缘窄膜质，先端无角，常带紫红色，稀具不明显小角，开展或反卷，等宽或稍宽于内层；内层绿色，无角或具暗色小角，长为外层的1.5-2倍。舌状花黄色，花冠喉部及舌片下部外面疏被柔毛，舌片长约8毫米，基部筒长约5毫米，边缘花舌片背面有紫色条纹，柱头深黄色。瘦果红褐或浅红色，长（2.3-）2.5-3毫米，上部1/3具多数尖瘤，下部有钝瘤，顶端渐收缩成近圆锥状喙基，喙基长0.8-1毫米，喙长0.7-1厘米；冠毛白色，长4-5毫米。花果期6-8月。

产新疆天山地区，生于海拔900-2500米草甸草原、森林草甸、山地草原、荒漠草原带、平原地区农田或水旁。哈萨克斯坦有分布。

[附] **红果蒲公英 Taraxacum erythrospermum** Andrz. ex Bess. Enum. Pl. Volhyn. 75. 1822.本种与天

山蒲公英的主要区别：瘦果顶端缢缩成较短圆柱形喙基，喙基长0.5-0.7毫米，喙长5-8毫米。产新疆北部，生于山地草原、草甸、荒漠草原、河谷及渠边。哈萨克斯坦及欧洲有分布。

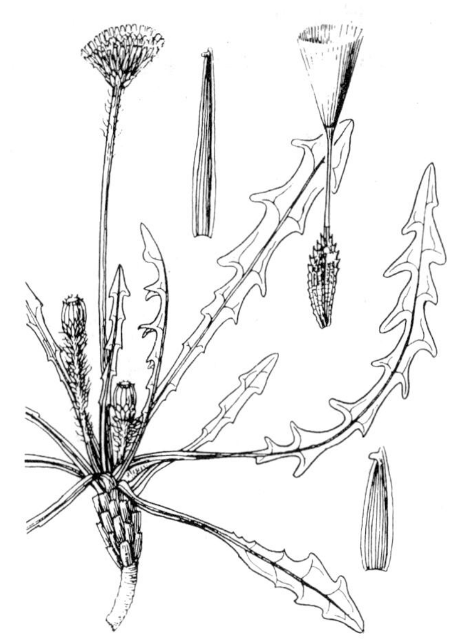

图 1211 拉萨蒲公英（余汉平绘）

36. 拉萨蒲公英 图 1211

Taraxacum sherriffii V. Soest in Bull. Brit. Mus. (Nat. Hist.) Bot. 2(10): 272. 1961.

多年生矮小草本。叶长13-15厘米，外层叶先端钝，近全缘，或每侧具3裂，侧裂片正三角形；内层叶每侧具5裂，侧裂片披针形或线形，全缘或有1小齿，平展或倒向，裂片间距长达1.5厘米，顶端裂片常大；叶柄短。花葶2-3，纤细，高10-12厘米，不等长，上端有蛛丝柔毛或近无毛；头状花序径2-2.5厘米；总苞钟形，长约1.1厘米，暗绿色，外层伏贴，披针形，具白或绿色宽边缘，先端背部有小角。内层总苞片线形，具膜质边缘，无毛。舌状花黄色，边缘花舌片背面有灰紫色条纹，柱头和花柱黄色。瘦果麦秆黄色，长3-4毫米，上部具小刺，下部具小瘤，顶端稍缢缩成长1.8毫米圆柱形喙基，喙长6毫米；冠毛白色，长6-7毫米。

产青海及西藏，生于海拔2300-4500米山坡草地。克什米尔有分布。

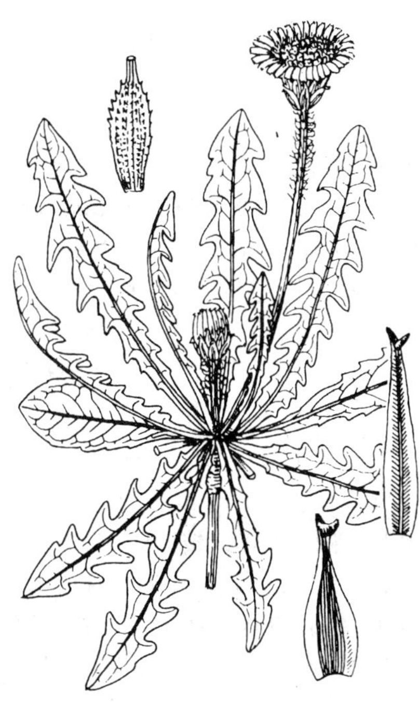

图 1212 灰果蒲公英（余汉平绘）

37. 灰果蒲公英 图 1212

Taraxacum maurocarpum Dahlst. in Acta Hort. Gothob. 2: 175. f. 12. t. 3. f. 16-18. 1926.

多年生草本。叶窄披针形，长7-12厘米，疏被柔毛或几无毛，边缘羽状深裂，具齿，少数外叶近全缘，每侧裂片（3）4-6，裂片平展或倒向，窄三角形或近线状披针形，全缘，顶端裂片窄戟形或长圆状披针形，全缘。花葶高10-25厘米，无毛或上端有蛛丝状毛；头状花序径约3厘米；总苞长1-1.1厘米，总苞片干后淡墨绿色，外层披针形或卵状披针形，等宽或稍宽于内层，先端背部有小角，粉红色，具较窄膜质边缘，内层线形，先端稍具小角或稍扩大。舌状花黄色，边缘花舌片背面有暗紫色条纹，柱头和花柱黄色。瘦果倒卵状长圆形，灰或深灰褐色，长2.5-4毫米，上部1/5-1/3具小刺，余部具小瘤突或近平滑，顶端缢缩成长约1毫米圆锥形喙基，喙长4-8毫米；冠毛长5-6毫米，淡污黄色。

产青海、四川、云南西北部及西藏，生于海拔3000-4500米高山草坡或河边。伊朗、阿富汗及巴基斯坦有分布。

38. 苍叶蒲公英 图 1213

Taraxacum glaucophyllum V. Soest in Bull. Brit. Mus. (Nat. Hist.) Bot. 2(10): 266. pl. 24. 1961.

多年生草本。叶灰绿色，中间的叶脉苍白色，宽线形或线状倒披针形，长11-12厘米，基部窄长，具小齿或疏生短齿，或齿长3-4毫米，顶端裂片长约3厘米，全缘，具短柄，叶柄紫色。花葶高达20厘米；头状花序径约2.5厘米；总苞长约1.5厘米，暗绿色，外层披针形，窄于内层，长约6毫米，具宽的白或玫瑰色边缘，先端背部有正三角状小角，内层总苞片宽线形，长约1.2厘米，具白色膜质边缘，先端紫色，背部具小角或增厚。舌状花黄色，边缘花舌片背面有紫色条纹，柱头和花柱黄色。瘦果倒圆锥形，麦秆黄色，长3毫米，上部具小刺，顶端稍缢缩成圆锥形喙基，长1毫米，喙长3.5毫米；冠毛白色，长6毫米。

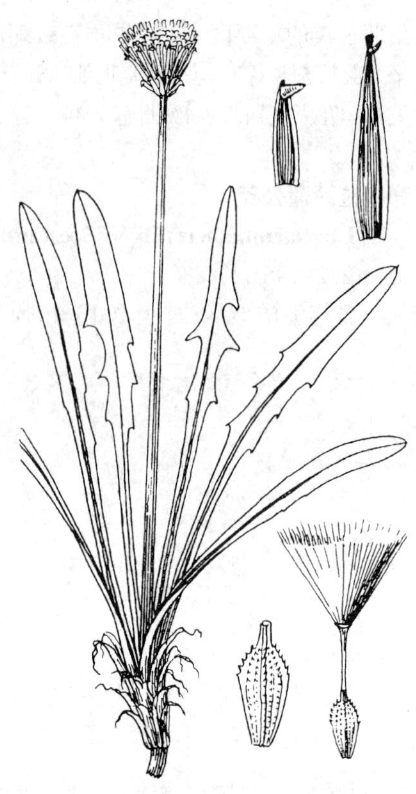

图 1213 苍叶蒲公英 （余汉平绘）

产青海东北部、四川西南部、云南西北部及西藏，生于海拔2800-4300米山坡草地。

[附] **阿尔泰蒲公英 Taraxacum altaicum** Schischk. in Animad. Syst. Herb. Univ. Tomsk. 1-2: 6. 1949. 本种与苍叶蒲公英的主要区别：外层总苞片先端的小角窄三角形，具极窄白色膜质边缘；舌状花舌片喉部与下部外面有柔毛。产新疆，生于海拔2000-2500米森林草甸。哈萨克斯坦及俄罗斯有分布。

236. 异喙菊属 Heteracia Fisch. et C. A. Mey.

（石 铸 靳淑英）

一年生草本。茎少分枝或基部有铺散分枝，分枝不等二叉状，茎枝无毛。基生叶长椭圆形或长椭圆状倒卵形，连叶柄长3-8厘米，边缘有锯齿、羽状浅裂或深裂，基部渐窄成柄；茎生叶长椭圆状卵形或披针形，长3-7厘米，基部箭头状抱茎或半抱茎，全缘或有小锯齿；叶两面无毛。头状花序单生枝端或枝叉，无花序梗或梗极短，或少数头状花序排成穗状，无花序梗；总苞钟状，总苞片2层，外层极小，2-5，内层8-10，披针形，草质，基部连合。舌状小花多数，黄色。外层瘦果倒卵圆形，灰褐色，扁，边缘有翅，喙长0.8-1.8毫米，无冠毛；内层瘦果脱落，长圆柱形，上部被瘤状或鳞片状突起，喙长8毫米，冠毛白色，长4-5毫米。

单种属。

异喙菊 图 1214

Heteracia szovitsii Fisch. et C. A. Mey. in Ind. Sem. Hort. Petrop 1: 29. 1835.

形态特征同属。花果期4-6月。

产新疆中北部，生于荒漠或半荒漠。俄罗斯、高加索、哈萨克斯坦、乌

图 1214 异喙菊 （引自《图鉴》）

兹别克斯坦、西亚及伊朗有分布。

237. 假小喙菊属 Paramicrorhynchus Kirp.

（石 铸 靳淑英）

一年生或多年生草本。叶羽状分裂。头状花序同型，单生茎端或在茎枝顶端排成伞房状花序；总苞圆柱状，总苞片3-5层，边缘白色膜质。舌状小花15-30，黄色，舌片先端5齿裂，花药基部附属物尾状，花柱分枝细。外层瘦果棕或灰色，有多数纵肋，有横皱纹，顶端三角形渐尖，有不明显易脱落的短细喙；内层瘦果黄色，三棱状圆柱状，约5凸起纵肋，无横皱纹，顶端有短细喙；冠毛白色，纤细，糙毛状或几锯齿状。

约10种，分布西欧、东地中海、伊朗、阿富汗、哈萨克斯坦及印度北部。我国1种。

假小喙菊 图 1215

Paramicrorhynchus procumbens (Roxb.) Kirp. in Fl. URSS 29: 237. 1964.

Prenanthes procumbens Roxb. Fl. Ind. 3: 404. 1832.

一年生小草本。茎不等二叉状分枝，被尘状柔毛或无毛。基生叶莲座状，羽状浅裂、深裂或半裂，匙形或倒披针形，长5-7厘米，基部渐窄成翼柄，顶裂片披针形或椭圆形，侧裂片3-4对，椭圆形或三角形，裂片边缘有白色弯刺；茎生叶少数，披针形，无柄，边缘有刺尖，或无茎生叶；叶两面无毛。头状花序单生茎端或排成伞房状；总苞圆柱状，长1厘米。总苞片3-5层，无毛，边缘白色宽膜质，中层及外层宽卵形、卵状三角形或椭圆状披针形，长2-4毫米，内层披针形，长1厘米。舌状小花黄色。瘦果外层圆柱状，灰白或褐色，有10条纵肋，肋有横皱纹及微齿，具细喙；内层瘦果黄色，倒圆锥状楔形，有6条纵肋，肋无横皱纹无微齿，具短细喙；瘦果长2-3毫米，喙顶均有白色冠毛。花果期6-10月。

图 1215 假小喙菊（王金凤绘）

产新疆，文献记载甘肃北部有分布，生于盐碱地、草甸、草原、河滩或灌溉地。地中海地区、哈萨克斯坦、伊朗、阿富汗、印度、巴基斯坦及伊拉克有分布。

本卷审校、图编、绘图、摄影及工作人员

审　校	傅立国　洪　涛
图　编	傅立国（形态图　分布图）郎楷永（彩片）
绘　图	（按绘图量排列）孙英宝　王金凤　冀朝祯　张荣生　余汉平　吴彰桦　张泰利　蔡淑琴　冯晋庸　马　平　张春方　邓盈丰　阎翠兰　钱存源　王　颖　许梅娟　郭木森　黄少容　邓晶发　谭黎霞　余　峰　刘全儒　宁汝莲　张海燕　娄凤鸣　王鸿青　傅季平　李志民　刘进军　田　虹　张桂芝　何　平　夏　泉　张大成　路桂兰
摄　影	（按彩片数量排列）郎楷永　刘尚武　刘玉锈　武全安　李泽贤　陈艺林　黄祥童　吴光第　陈家瑞　林余霖　陈虎彪　邬家林　郭　柯　李延辉　李渤生　马　平　熊济华　谭策铭　韦毅刚
工作人员	李　燕　孙英宝　陈慧颖　童怀燕

Contributors

(Names are listed in alphabetical order)

Revisers Fu Likuo and Hong Tao

Graphic Editors Fu Likuo and Lang Kaiyung

Illustrations Cai Shuqin, Deng Jingfa, Deng Yingfeng, Feng Jinrong, Fu Jiping, Guo Musen, He Ping, Huang Shaorong, Ji Chaozhen, Li Huimin, Liu Guilan, Liu Jinjun, Liu Quanru, Lou Fengming, Ma Ping, Ning Rulian, Qian Cunyuan, Sun Yingbao, Tan Lixia, Tian Hong, Wang Hongqing, Wang Jinfeng, Wang Ying, Wu Zhanghua, Xia Quan, Xu Meijuan, Yan Cuilan, Yu Feng, Yu Hanping, Zhang Chunfang, Zhang Dacheng, Zhang Guizhi, Zhang Haiyan, Zhang Rongsheng and Zhang Taili

Photographs Chen Hubiao, Chen Jiarui, Chen Yilin, Guo Ke, Huang Xiangtong, Lang Kaiyung, Li Buosheng, Li Yanhui, Li Zexian, Lin Yulin, Liu Shangwu, Liu Yuxiu, Ma Ping, Tan Ceming, Wei Yigang, Wu Guangdi, Wu Jialin, Wu Quanan and Xiong Jihua

Clerical Assistance Chen Huiying, Li Yan, Sun Yingbao and Tong Huaiyan

彩片 1　血满草　*Sambucus adnata*（陈家瑞）

彩片 2　接骨草　*Sambucus chinensis*（刘玉琇）

彩片 3　接骨木　*Sambucus williamsii*（刘玉琇）

彩片 4　蒙古荚蒾　*Viburnum mongolicum*（陈家瑞）

彩片 5　漾濞荚蒾　*Viburnum chingii*（武全安）

彩片 6　珊瑚树　*Viburnum odoratissimum*（武全安）

彩片 7　常绿荚蒾 *Viburnum sempervirens*（李泽贤）

彩片 8　直角荚蒾 *Viburnum foetidum* var. *rectangulatum*（武全安）

彩片 9　桦叶荚蒾 *Viburnum betulifolium*（郎楷永）

彩片 10　荚蒾 *Viburnum dilatatum*（谭策铭）

彩片 11　鸡条树 *Viburnum opulus* var. *calvescens*（黄祥童）

彩片 12　穿心莛子藨 *Triosteum himalayanum*（郎楷永）

彩片 13　毛核木　*Symphoricarpos sinensis*（武全安）

彩片 14　糯米条　*Abelia chinensis*（郎楷永）

彩片 15　双盾木　*Dipelta floribunda*（郎楷永）

彩片 16　鬼吹箫　*Leycesteria formosa*（李延辉）

彩片 17　狭萼鬼吹箫　*Leycesteria formosa* var. *stenosepala*（武全安）

彩片 18　岩生忍冬　*Lonicera rupicola*（熊济华）

彩片 19　红脉忍冬 *Lonicera nervosa*（刘尚武）

彩片 20　葱皮忍冬 *Lonicera ferdinandii*（郎楷永）

彩片 21　北京忍冬 *Lonicera elisae*（郎楷永）

彩片 22　长白忍冬 *Lonicera ruprechtiana*（黄祥童）

彩片 23　金银忍冬 *Lonicera maackii*（郎楷永）

彩片 24　毛花忍冬 *Lonicera trichosantha*（刘尚武）

彩片 25　忍冬 *Lonicera japonica*（郎楷永）

彩片 26　盘叶忍冬 *Lonicera tragophylla*（郎楷永）

彩片 27　五福花 *Adoxa moschatellina*（刘尚武）

彩片 28　华福花 *Sinadoxa corydalifolia*（刘尚武）

彩片 29　岩败酱 *Patrinia rupestris*（陈虎彪）

彩片 30　蜘蛛香 *Valeriana jatamansi*（吴光第）

彩片 31　缬草 *Valeriana officinalis*（刘玉琇）

彩片 32　刺续断 *Morina nepalensis*（郎楷永）

彩片 33　大花刺参 *Morina nepalensis* var. *delavayi*（武全安）

彩片 34　日本续断 *Dipsacus japonicus*（郎楷永）

彩片 35　大头续断 *Dipsacus chinensis*（陈虎彪）

彩片 36　匙叶翼首花 *Ptreocephalus hookeri*（陈虎彪）

彩片 37　大花蓝盆花 *Scabiosa tschiliensis* var. *superba*（郎楷永）

彩片 38　南川斑鸠菊 *Vernonia bockiana*（邬家林）

彩片 39　糙叶斑鸠菊 *Vernonia aspera*（李泽贤）

彩片 40　多须公 *Eupatorium chinense*（李泽贤）

彩片 41　异叶泽兰 *Eupatorium heterophyllum*（邬家林）

彩片 42　白头婆 *Eupatorium japonicum*（李泽贤）

彩片 43　一枝黄花 *Solidago decurrens*（李泽贤）

彩片 44　圆舌粘冠草 *Myriactis nepalensis*（李泽贤）

彩片 45　马兰 *Kalimeris indica*（吴光第）

彩片 46　山马兰 *Kalimeris lautureana*（黄祥童）

彩片 47　阿尔泰狗娃花 *Heteropappus altaicus*（郎楷永）

彩片 48　东风菜 *Doellingeria scaber*（吴光第）

彩片 49　紫菀 *Aster tataricus*（林余霖）

彩片 50　三脉紫菀 *Aster ageratoides*（郎楷永）

彩片 51　小舌紫菀 *Aster albescens*（邬家林）

彩片 52　白舌紫菀 *Aster baccharoides*（李泽贤）

彩片 53　缘毛紫菀 *Aster souliei*（郎楷永）

彩片 54　星舌紫菀 *Aster asteroides*（郎楷永）

彩片 55　萎软紫菀 *Aster flaccidus*（郭　柯）

彩片 56　重冠紫菀 *Aster diplostephioides*（李渤生）

彩片 57　夏河云南紫菀 *Aster yunnanensis* var. *labrangensis*（刘尚武）

彩片 58　巴塘紫菀 *Aster batangensis*（陈家瑞）

彩片 59　中亚紫菀木 *Asterothamnus centrali-asiaticus*（刘尚武）

彩片 60　橙花飞蓬 *Erigeron aurantiacus*（郎楷永）

彩片 61　阿尔泰飞蓬 *Erigeron altaicus*（郎楷永）

彩片 62　展苞飞蓬 *Erigeron patentisquamus*（郎楷永）

彩片 63　飞蓬 *Erigeron acer*（陈虎彪）

彩片 64　假泽山飞蓬 *Erigeron pseudoseravschanicus*（郎楷永）

彩片 65　香芸火绒草 *Leontopodium haplophylloides*（刘尚武）

彩片 66　山野火绒草 *Leontopodium campestre*（郎楷永）

彩片 67　绢茸火绒草 *Leontopodium smithianum*（郎楷永）

彩片 68　线叶珠光香青 *Anaphalis margaritacea* var. *japonica*（陈家瑞）

彩片 69　土木香 *Inula helenium*（刘玉琇）

彩片 70　总状土木香 *Inula racemosa*（刘玉琇）

彩片 71　水朝阳旋覆花 *Inula helianthus-aquatica*（武全安）

彩片 72　臭蚤草 *Pulicaria insignis*（郎楷永）

彩片 73　苍耳 *Xanthium sibiricum*（李泽贤）

彩片 74　腺梗豨莶　*Siegesbeckia pubescens*（刘玉琇）

彩片 75　鳢肠　*Eclipta prostrata*（林余霖）

彩片 76　蟛蜞菊　*Wedelia chinensis*（刘玉琇）

彩片 77　蓍　*Achillea millefolium*（刘玉琇）

彩片 78　云南蓍　*Achillea wilsoniana*（邬家林）

彩片 79　野菊　*Dendranthema indicum*（李泽贤）

彩片 80　小红菊 *Dendranthema chanetii*（郎楷永）

彩片 81　甘菊 *Dendranthema lavandulifolium*（郎楷永）

彩片 82　川西小黄菊 *Pyrethrum tatsienense*（陈艺林）

彩片 83　小甘菊 *Cancrinia discoidea*（陈家瑞）

彩片 84　西藏多榔菊 *Doronicum thibetanum*（李渤生）

彩片 85　中亚多榔菊 *Doronicum turkestanicum*（郎楷永）

彩片 86　大吴风草 *Farfugium japonicum*（林余霖）

彩片 87　大黄橐吾 *Ligularia duciformis*（郎楷永）

彩片 88 莲叶橐吾 *Ligularia nelumbifolia*（郎楷永）

彩片 89 舟叶橐吾 *Ligularia cymbulifera*（郎楷永）

彩片 90 牛蒡叶橐吾 *Ligularia lapathifolia*（郎楷永）

彩片 91 东俄洛橐吾 *Ligularia tongolensis*（陈艺林）

彩片 92 藏橐吾 *Ligularia rumicifolia*（刘尚武）

彩片 93 天山橐吾 *Ligularia narynensis*（郎楷永）

彩片 94 蹄叶橐吾 *Ligularia fischeri*（吴光第）

彩片 95 离舌橐吾 *Ligularia veitchiana*（郎楷永）

彩片 96　窄苞橐吾　*Ligularia intermedia*（郎楷永）

彩片 97　苍山橐吾　*Ligularia tsangchanensis*（陈艺林）

彩片 98　长白山橐吾　*Ligularia jamesii*（黄祥童）

彩片 99　侧茎橐吾　*Ligularia pleurocaulis*（郎楷永）

彩片 100　黄帚橐吾　*Ligularia virgaurea*（吴光第）

彩片 101　长柱垂头菊　*Cremanthodium rhodocephalum*（武全安）

彩片 102　喜马拉雅垂头菊　*Cremanthodium decaisnei*（刘尚武）

彩片 103　狭舌垂头菊　*Crementhodium stenoglossum*（刘尚武）

彩片 104　矮垂头菊 *Cremanthodium humile*（刘尚武）

彩片 105　戟叶垂头菊 *Cremanthodium potaninii*（郎楷永）

彩片 106　条叶垂头菊 *Cremanthodium lineare*（刘尚武）

彩片 107　褐毛垂头菊 *Cremanthodium brunneo-pilosum*（刘尚武）

彩片 108　华蟹甲 *Sinacalia tangutica*（郎楷永）

彩片 109　款冬 *Tussilago farfara*（刘尚武）

彩片 110　狗舌草　*Tephroseris kirilowii*
（陈艺林）

彩片 111　长白狗舌草　*Tephroseris phaeantha*
（黄祥童）

彩片 112　锯叶合耳菊　*Synotis nagensium*
（郎楷永）

彩片 113　麻叶千里光　*Senecio cannabifolius*
（黄祥童）

彩片 114　林荫千里光　*Senecio nemorensis*
（郎楷永）

彩片 115　纤花千里光　*Senecio graciliflorus*
（陈家瑞）

彩片 116　峨眉千里光　*Senecio faberi*
（邬家林）

彩片 117　菊状千里光　*Senecio laetus*
（陈艺林）

彩片 118　额河千里光　*Senecio argunensis*
（林余霖）

彩片 119　千里光 *Senecio scandens*（刘玉琇）

彩片 120　野茼蒿 *Crassocephalum crepidioides*（邬家林）

彩片 121　菊三七 *Gynura japonica*（吴光第）

彩片 122　硬叶蓝刺头 *Gynura ritro*（郎楷永）

彩片 123　驴欺口 *Echinops latifolius*（刘玉琇）

彩片 124　白术 *Atractylodes macrocephala*（刘玉琇）

彩片 125　红柄雪莲　*Saussurea erubescens*（陈虎彪）

彩片 126　苞叶雪莲　*Saussurea obvallata*（刘尚武）

彩片 127　毡毛雪莲　*Saussurea velutina*（郎楷永）

彩片 128　球花雪莲　*Saussurea globosa*（陈艺林）

彩片 130　星状雪兔子　*Saussurea stella*（郎楷永）

彩片 129　紫苞雪莲 *Saussurea iodostegia*（郎楷永）

彩片 131　草甸雪兔子 *Saussurea thoroldii*（刘尚武）

彩片 132　羌塘雪兔子 *Saussurea wellbyi*（郭　柯）

彩片 133　昆仑雪兔子 *Saussurea depsangensis*（郭　柯）

彩片 134　黑毛雪兔子 *Saussurea hypsipeta*（郭　柯）

彩片 135　槲叶雪兔子 *Saussurea quercifolia*（郎楷永）

彩片 136　羽裂雪兔子 *Saussurea leucoma*（郎楷永）

彩片 137　绵头雪兔子 *Saussurea laniceps*（李渤生）

彩片 138　水母雪兔子 *Saussurea medusa*（刘尚武）

彩片 139　风毛菊 *Saussurea japonica*（刘玉琇）

彩片 140　重齿风毛菊 *Saussurea katochaete*（陈虎彪）

彩片 141　无梗风毛菊 *Saussurea apus*（刘尚武）

彩片 142　鸢尾叶风毛菊 *Saussurea romuleifolia*（武全安）

彩片 143　狮牙草状风毛菊 *Saussurea leontodontoides*（郎楷永）

彩片 144　牛蒡 *Arctium lappa*（武全安）

彩片 145　毛头牛蒡 *Arctium tomentosum*（郎楷永）

彩片 146　黄缨菊 *Xanthopappus subacaulis*（刘尚武）

彩片 147　魁蓟 *Cirsium leo*（郎楷永）

彩片 148　葵花大蓟 *Cirsium souliei*（郎楷永）

彩片 149　蓟 *Cirsium japonicum*（李泽贤）

彩片 150　莲座蓟 *Cirsium esculentum*（郎楷永）

彩片 151　烟管蓟 *Cirsium pendulum*（郎楷永）

彩片 152　贡山蓟 *Cirsium eriophoroides*（武全安）

彩片 153　灰蓟　*Cirsium griseum*（武全安）

彩片 154　南蓟　*Cirsium argyrancanthum*（陈家瑞）

彩片 157　泥胡菜 *Hemistepta lyrata*（刘玉琇）

彩片 155　刺儿菜　*Cirsium setosum*（郎楷永）

彩片 156　藏蓟　*Cirsium lanatum*（刘尚武）

彩片 159　节毛飞廉　*Carduus acanthoides*（郎楷永）

彩片 158　菜木香 *Dolomiaea edulis*（郎楷永）

彩片 160　革苞菊 *Tugarinovia mongolica*（马　平）

彩片 161　麻花头 *Serratula centauroides*（林余霖）

彩片 162　伪泥胡菜 *Serratula coronata*（黄祥童）

彩片 163　漏芦 *Stemmacantha uniflora*（刘玉琇）

彩片 164　糙叶矢车菊 *Centaurea adpressa*（郎楷永）

彩片 165　大丁草 *Leibnitzia anandria*（林余霖）

彩片 166　菊苣 *Cichorium intybus*（郎楷永）

彩片 168　宽叶山柳菊 *Hieracium coreanum*（陈艺林）

彩片 167　鸦葱 *Scorzonera austriaca*（黄祥童）

彩片 169　弯茎还阳参 *Crepis flexuosa*（刘尚武）

彩片 170　无茎黄鹌菜 *Youngia simulatrix*（郎楷永）

彩片 171　光茎栓果菊 *Launaea acaulis*（李延辉）

彩片 172　匍枝栓果菊 *Launaea sarmentosa*（李泽贤）

彩片 173　花佩菊 *Faberia sinensis*（吴光第）

彩片 174　空桶参 *Soroseris erysimoides*（郎楷永）

彩片 175　金沙绢毛菊 *Soroseris gillii*（郎楷永）

彩片 176　盘状合头菊 *Syncalathium disciforme*（刘尚武）

彩片 177　中华小苦荬 *Ixeridium chinense*（刘玉琇）

彩片 178　抱茎小苦荬 *Ixeridium sonchifolium*（郎楷永）

彩片 179　黄瓜菜 *Paraixeris denticulata*（陈艺林）

彩片 180　蒲公英 *Taraxacum mongolicum*（韦毅刚）

彩片 181　白缘蒲公英 *Taraxacum platypecidum*（刘玉琇）

彩片 182　药用蒲公英 *Taraxacum officinale*（林余霖）